機械設計製圖便覽(第 13 版)

JIS にもとづく機械設計製図便覧

大西　清　原著
施議訓　編譯

Ohmsha 株式会社　オーム社

全華圖書股份有限公司

原序

曾著作「依據 JIS 之標準製圖法」之大西清先生，今再撰本書公諸於世。

此種優良便覽之書籍，不但是設計者、製圖者，同時對現場技術人員以及學生等而言，亦莫不渴望其早日出版。但此舉談何容易，因其乃至難之作業是也。

凡「機械設計製圖便覽」應該具備者爲，以國家所訂規格爲基礎，同時顧及設計，製圖之基本理論，與實用上、經驗上之必要事項，而且易於應用之各種情況。

此次大西清先生所著之本書，包括所有必要的日本工業規格(JIS)，又參考海外各種主要資料，並搜集豐富之插圖及實例，且對於理論與經驗亦作適當之統一性分類，其利用價值誠然極大。同時本書不只限於設計，製圖之方面，且將設計者、製圖者及現場技術人員不可或缺之實際工作知識亦一併記載，實爲難能可貴之佳作。

屆此一本書即將發行，本人不但敬佩大西清先不斷之鑽研，且敢向讀者諸賢推薦此書以供工作上之參考。故聊綴數言以爲之序。

工學博士　津村　利光

初版序

於我著「依據 JIS 之標準製圖法」之後，即聽多數讀者之要求，務必及時出版以設計、製圖爲整體化之實用手冊。

因此本書之出版可以說是由各位讀者不斷之要求與鼓勵的成果。

在工業上其全部之生產工程，莫不要經過製圖過程，同時設計圖以設計爲基礎之事實是無庸置疑的。如無設計則不但製圖不能成立，而且不經過製圖之設計，亦無從發揮其眞價値。

我在前著「依據 JIS 之標準製圖法」的書上曾強調製圖非依據日本工業規格(JIS)不可，同樣的設計上亦不可忽視日本工業規格之規定，否則將只是在紙上談兵終無助於實際之生產。此事顯然證明設計及製圖兩者之關聯，如不經過日本工業規格之媒介則絕不發揮其能力。本書基於以上觀點，務使設計、製圖融爲一體乃出版此實用手冊以求完善。

我在本書特別留意設計、製圖之關聯，儘量避色贅述無謂之理論，而以許多實際例子爲基礎並選擇利用說明，多列舉圖表以利理解爲方針，凡有關機械所必要 JIS 規格及重要資料，莫不網羅而加以說明，其目的是使設計者、製圖者、現場工作人員、學生等均可隨心所欲的利用。

關於基礎事項方面，增補過去被忽視的工作上的必要知識，而充實其內容。惟不自揣淺陋尚乞讀者諸君予指正。

本書之出版自當得力於恩師津村利光先生之指導與鼓勵，對於提供本書編纂所需要之國內外各種文獻及著作之著者，暨對於始終鼎力協助之理工學社社長中川乃信先生以及編輯部之各位同仁謹此一併致謝。

大西　清

第 13 版自序

時間過得眞快，本書初版發行時間在 1955 年 5 月，說也奇怪，正好是自岩波書店之廣辭苑初版發行的同一年。其後跨越新世紀至今日，本書承蒙全國機械科系莘莘學子，及眾多具專業實務之技術者們的愛用，得以一再出版增印。這些都要感謝來自讀者大眾的大力支持，進行本書修訂的同時，也深感責任重大。

在這幾年中，可見技術或規格亦有許多變遷。其中，對於必要部分，除於增印時加以訂正外，在過去 10 次亦進行全面的修正。前次第 11 版的修訂雖於 2009 年 2 月發行，原作者大西清先生卻未能等到書籍完成，已在 2008 年底逝世。雖然未能親眼目睹本書全新改版後的風貌，原作者在改版作業進行時，已請託其好友，已逝世之理工學社前編輯部長富田弘先生協助。

2019 年 5 月，修訂《機械製圖》（JIS B 0001:2019），《日本工業標準（JIS）》擴大了標準範圍，對《日本工業標準》（2019 年 7 月 1 日）進行了再修訂。爲此，出版商改爲 Ohmsha，並出版了第 13 版。 基於大西清教授最近修訂的代表著作《基於JIS的標準起草方法（第 15 修訂版）》，我們重新審查修訂內容，並在數位化和全球化部分進行更新，機械標準的基礎。

我希望與從事教育事業的讀者一起探討這個問題。此外，我們也加入東京城市大學的白木尚人教授，作爲新的修訂合作者，除了上述機械圖紙之外，我們還根據 2021 年 7 月修訂的JIS標準，並檢查了整個內容，並修改了本書的相關部分。

在此，除了向已故原作者大西清先生報告本書之完成，並以第 13 版的序言形式，期盼本書無論是實務與學習面上，都能活用於產學兩界的作業現場，發揮實用之便覽功效。

2021 年 10 月

大西清設計製圖研究會

大西清設計製圖研究會

大西正敏　愛知工科大學教授

平野重雄　東京都市大學名譽教授　(公社)日本設計工學會監事

範例說明

1. 機械設計、製圖、製造有關的全部 JIS 規格全部收錄，解說已以適用於各工業部門。
2. 主要金屬材料表及重量表，是以 JIS 金屬表做爲基礎。
3. 以簡易圖解詳說一般工學基礎理論。
4. 關於多量生產方式所必要的治具、夾具、沖壓等設計、製圖亦做解說。
5. 置入豐富的圖、表，說明理論的設計數值的求法及經驗的設計數值，主要著眼於能做立即的實務參考。
6. 介紹日本及外國最近的工具機，同時說明其作業上的知識、注意事項。
7. 參照全國主要工場、學校相關人員的意見及本國、外國之主要文獻及規格，以充實其內容。
8. 本文中，“以上”，“以下”，“超過”，“未滿”等用語時，均依 JIS Z8301 所規定。其規定如下。
   (1) 以上……“以上”文字之前的數字是包括在內的，表示較其大者。
       【例】10 以上……表示 10 或較 10 大。
   (2) 以下……“以下”文字之前的數字是包括在內的，表示較其小者。
       【例】5 以下……表示 5 或較 5 小。
   (3) 超過……“超過”文字之前的數字不包括在內，表示較其大者。
       【例】超過 10……表示較 10 大(不包括 10)。
   (4) 未滿……“未滿”文字之前的數字不包括在內，表示較其小者。
       【例】未滿 5……表示較 5 小(不包括 5)。
9. 本文中所採用的各項表格，都是使用 JIS 最新制定的表格。

編輯部序

「系統編輯」是我們的編輯方針，我們所提供給您的，絕不只是一本書，而是關於這門學問的所有知識，它們由淺入深，循序漸進。

本書由出版發行至今，已將多年來發展之新技術及規格納入本版中。網羅所有機械元件之材料特性，繪圖標註方法，設計之計算及相關的各項 JIS 規格。不僅提供讀者在機械設計領域中所需的數據及資料，也例舉出多個應用的實例。在理論與實務並重的學習趨勢下，可望帶給讀者對此門科學領域一個全新的觀點。

若您有任何問題，歡迎來函連繫，我們將竭誠爲您服務。

目錄

Contents

第 7 章 幾何畫法 7-1

第 9 章 軸、軸聯結器與離合器的設計 ·················· 9-1

第 10 章 軸承的設計 ··································10-1

1 單　位

1.1 單位制

當研究自然現象時，不得不選取各種量度，以長度之量爲例，欲測量之長度應先行與另一基準長度相比，究竟有若干倍數以求其數值。此時將所選取之基準長度之基準量稱爲單位。

如將單位限定爲各自獨立之少數基本量(一般以長度，質量，時間爲限)，則其他之單位，通常是使各單位作適當之組合即可表示。在此情形下，被選取爲基本之單位稱爲基本單位。將基本單位組合而成之單位稱爲導出單位。

反言之則如選用之基本單位所組合之導出單位既不能表示之量，必須非將之重新作爲基本單位不可。(例如：……溫度，電流等)。

又就基本單位或導初單位而言，在實用上可能產生過大過小之不便，在此情形下，不妨使用該單位數值之倍數或分數之值而配合事實需要。

如上所述以若干基本單位爲基礎，對其他之量所導出各種導出單位而成立之某種一系列單位稱爲單位制。

由於日本於 1885 年曾經簽公制條約，所以在國內非實施公制不可。公制單位一向使用 CGS 單位制(公分 cm，公克 g，秒 s)，MKS單位制(公尺m，公斤kg，秒s)，重力單位制(公尺 m，重量公斤 kgf，秒 s)等。以往在理學上以CGS爲主，工學上大致使用 MKS 制及重力制。

就國際觀點而言，除 FPS 單位制(呎 f，磅 p，秒 s)以外，尙有各種單位制。互相不同之單位制，於彼此之交流上有極大障礙，因此各國莫不盼望使用一致且具系統之單位制，至 1960 年在巴里所舉行的第十一屆國際度量衡會議(係公制條約最高議決機關 Conférence Générale des Poids et Mesaures，CGPM)，通過採用以公制爲基礎之國際單位制(Systéme International d' Unités，SI)，根據以上決議在日本國內，決定自 1974 年 4 月起開始進行國際單位制(SI)之制度。

1.2 國際單位制(SI)

1. SI 之特長

SI 具有以下各種特長。

(1) SI是出於具備安定標準之基本單位，且有一貫系統之單位制。

(2) 以一種單位對應一種物理量。

(3) 採用十進制。

如上述SI因有以上各種特長，不但既採用公制單位之國家，亦莫不致力改用SI。其趨勢不論洋之東西，全球上之各國行將採用，可能形成唯一無二之國際單位，幾無疑問，在日本亦分期擬逐漸改用 SI，以期在 1980 年完成其目標之下，各準備工作正進行中。

但是關於改用單位制是屬大工程，在施行上困難重重不可能在一朝一夕間達成目標。因此在短暫時期內不得不分期併用(或併記)舊單位制以利推行。

2. JIS 規格擬更改為 SI 之程序

一旦更改國際單位制，則以 JIS 以及其他規格首當其衝所受影響最大。因此導入 SI 時，使日本將此 JIS 化，將採取如下述之分期推行辦法。

① **第一階段**：在各 JIS 規格仍以非國際單位制之數值表明，但接其後以括弧另塡國際單位制之數値。視上述期間之進行情況是否順利，若尙稱順利則再進行第二階段。

② **第二階段**：於各 JIS 規格，將非國際單位數値悉改爲國際單位制，但接其後以括弧仍塡舊制單位數値，而作參考。

③ **第三階段**：於各 JIS 規格均以國際單位制之單位表示之。

因此，日本依上述各階段的轉換結果，目前，所有的規格均已完全改用 SI 制。

3. 改用 SI 後之概數

國際單位制之採用，在機械工程學上可能最成問題的是力及應力之單位。向來在工程學上力之單位幾以重量公斤 kg(kgf) 表示，但是國際單位制則改用 newton(N)。其換算率依 JIS Z 8202-3 附錄 C 所示，即

1 kf = 9.80665 N
1 N = 0.10197 kgf

因此在概數計算時得以成立如下之概算式。

1 kgf≒10 N (誤差率約＋2 %)
1 N≒0.1 kgf (誤差率約－2 %)

壓力之單位亦相同，依上述 JIS，即

1 kgf/m^2 = 9.80665 Pa
1 kgf/mm^2 = 9.80665 MPa
1 MPa = 0.10197 kgf/mm^2

因此，同理，

1 kgf/mm^2≒10 MPa (誤差率約＋2 %)
1 MPa≒0.1 kgf/mm^2 (誤差率約－2 %)

即上記之概算不妨作大略之估計。

至於溫度(熱力學溫度)之 SI 單位爲 kelvin(K)，以往稱爲絕對溫度，與一般所用之攝氏溫度(celsins 溫度)間之關係爲 0 K = －273.15℃，又 0℃ = 273.15K，其溫標刻度大小均相同。因此「celsins 溫度 t，在 T_o = 273.15 K 時，兩熱力學溫度 T 與 T_o 之插，等於 $t = T - T_o$」。關於溫度之劃分過去使用 deg 記號，但是改用 SI，則示以 K 或 ℃，兩者均可。

1.3 國際單位制(SI)與其使用方法

1. SI 之構成

SI 由基本單位，導出單位，**接詞頭語**所構成，其構成如表 1.1 所示。

表 1.1 SI 之構成

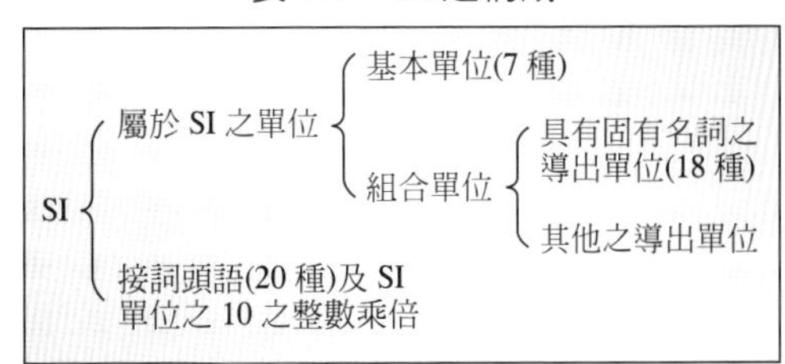

⑴ **基本單位**

係表示SI基本常用之單位，如表1.2所示計有7種。

⑵ **SI組合單位**

組合單位是組合上述的基本單位，形成一種代數的表示單位，表1.3示由SI基本單位所衍生出的組合單位例。表1.4示具有固有名稱及記號的組合單位例。這些名稱大多是根據當時發現該原理的歷史人名稱呼之。

其中，平面角及立體角二單位，於2000年修訂規格前，稱爲補助單位，當做爲基本單位與組合單位之中分類處理，但在2000年的修訂作業中，即廢止了補助單位，而收錄於基本單位中。

表1.2 基本單位(JIS Z8000-1)

量	基本單位		定義*
	單位名稱	單位記號	
①長度	公尺	m	公尺是指在1/299792458秒的時間內，光在眞空中傳送行程的長度。
②質量	公斤	kg	公斤(不是重量，也不是力)是質量單位，等於國際公斤原器之質量。
③時間	秒	s	秒是以Cs-133的原子之基底狀態之二個超微細準位間遷移對應放射9192631770次所需時間。
④電流	安培	A	安培是指在眞空中，放置間隔1公尺的二條平行，截面積無限小的圓形且無限長的直線導體通電後，這些導體每1公尺長度所產生相互作用力爲2×10^{-7}牛頓者。
⑤熱力學溫度	Kelvin	K	Kelvin是水之三重點之熱力學溫度之1/273.16。
⑥物質量	mole	mol	mole是與存在於0.012公斤C-12中原子數相等之元素粒子，或元素粒子之集合體(限組成明確者)所構成系統的物質量，做特定元素粒子或元素粒子之集合體使用。
⑦亮度	candela	cd	candela是指單色放射以540×10^{12}赫茲之頻率，於指定的方向，其放射強度爲每立體角(steradian) 1/683瓦的光線在該方向的亮度。

*JIS規範手冊：標準化，參照P11，2014年。

表 1.3　由基本單位所導出之 SI 組合單位之實例

量	組合單位		量	組合單位	
	名稱	記號		名稱	記號
面積	平方米	m^2	電流密度	安培／米^2	A/m^2
體積	立方米	m^3	磁場強度	安培／米	A/m
速率	米／秒	m/s	(物質量)之濃度	摩爾／米^2	mol/m^2
加速度	米／秒^2	m/s^2	比容	米^3／千克	m^3/kg
波數	每米	m^{-1}	亮度	新燭光／米^2	cd/m^2
密度	公斤／立方米	kg/m^3			

表 1.4　具有固有名稱及記號之組合單位(JIS Z8203)

組合量	SI 組合單位		
	固有名稱	固有記號	依 SI 基本單位及 SI 組合單位表示法
平面角	radian	rad	1 rad ＝ 1 m/m ＝ 1
立體角	steradian	sr	1 sr ＝ a m^2/m^2＝ 1
頻率	hertz	Hz	1 Hz ＝ 1 s^{-1}
力	newton	N	1 N ＝ 1 kg · m/s^2
壓力、應力	pascal	Pa	1 Pa ＝ 1 N/m^2
能、功、熱量	joule	J	1 J ＝ 1 N · m
電力	watt	W	1 W ＝ 1 J/s
電荷	Coulomb	C	1 C ＝ 1 A · s
電位	Volt	V	1 V ＝ 1 W/A
靜電量	farad	F	1 F ＝ 1 C/V
電阻	ohm	Ω	1 Ω＝ 1 V/A
電子電導	siemens	S	1 S ＝ 1 $Ω^{-1}$
磁通	weber	Wb	1 Wb ＝ 1 V · s
磁通密度	tesla	T	1 T ＝ 1 Wb/m^2
電感	henry	H	1 H ＝ 1 Wb/A
溫度(攝氏)	celsius	℃	1 ℃＝ 1 K
光通量	lumen	lm	1 lm ＝ 1 cd · sr
照度	lux	lx	1 lx ＝ 1 lm/m^2

表 1.5 為維護人體健康所認定之具有固有名稱及記號的 SI 組合單位(JIS Z8000-1)

組合量	SI 組合單位		
	固有名稱	記號	依 SI 基本單位及 SI 組合單位表示法
輻射能	Bacquerel	Bq	$1\ Bq = 1\ s^{-1}$
吸收輻射量、質量能、伽馬、吸收輻射量率	Gray	Gy	1 Gy = 1 J/kg
輻射量當量	Sievert	Sv	1 Sv = 1 J/kg
酵素催化	katal	kat	kat = mol/s

表 1.6 接頭語(JIS Z8000-1)

單位之乘倍數	接頭語		單位之乘倍數	接頭語	
	名稱	符號		名稱	符號
10^{24}	yotta	Y	10^{-1}	deci	d
10^{21}	Zetta	Z	10^{-2}	centi	c
10^{18}	Exa	E	10^{-3}	milli	m
10^{15}	Peta	P	10^{-6}	micro	μ
10^{12}	Tera	T	10^{-9}	nano	n
10^{9}	giga	G	10^{-12}	pico	p
10^{6}	mega	M	10^{-15}	femto	f
10^{3}	kilo	k	10^{-18}	atto	a
10^{2}	hecto	h	10^{-21}	zepto	z
10^{1}	deka	da	10^{-24}	yocto	y

表 1.5 示具公認人體健康不受威脅固有名稱的 SI 組合單位。

(3) SI 單位之 10 倍數

存在於大自然的量，大小不一。上述的單位，在實用上可能產生過大或太小的不便，因此可採用適當的 10 之整數被搭配該單位。表 1.6 示 20 個SI單位接頭語，將之附加於 SI 單位之前。

從前的規格是10^{18}～10^{-18}共 16 個，於 2000 年修訂時，增列yotea(Y，10^{24})，Zetta(Z，10^{21})，zepto(z，10^{-21})及yocto(y，10^{-24})六個。

(4) **SI單位及其整數倍的用法**

使用這些SI單位及其整數倍時，必須注意以下幾點。

① 接頭語符號是直接連結形成主體符號。因此，依其結合性質而形成新的10之整數倍符號。此新的符號常附加正負之乘方指數，且亦可與其他單位之符號結合而形成組合單位。

【例】$1\ cm^3=(10^{-2}\ m)^3=10^{-6}\ m^3$

$1\ \mu s^{-1}=(10^{-6}\ s)^{-1}=10^6\ s^{-1}$

$1\ mm^2/s=(10^{-3}\ m)^2/S=10^{-6}\ m^2/s$

接頭語符號不可以複合形之方式使用。例如：10^{-9} m(nano meter)爲nm，而不可用mμm表示。

② 質量的基本單位是爲kilogram，因過去使用的習慣，是唯一含所謂"kilo"接頭語的名稱。因此，質量單位之10的整數倍名稱，必須由在"gram"之前附加接頭語來構成。例如：microkilogram(μkg)的稱呼是錯的，正確的表示方法是minigram(mg)。

③ SI單位之10的整數倍，亦常配合使用當時的情況而做適當的選擇。但此時所選擇的10之整數倍，必須是在實用上所容許範圍內顯示數值。

④ 適當0.1～1000範圍內的數值，常選用10之整數倍表示。但若含有平方、3次方單位所合成的組合單位時，就不一定用此方式。

【例】1.2×10^2 N是寫爲0.12 kN。

0.00394 m則寫爲3.94 mm。

1401 Pa寫爲1.401 kPa。

3.1×10^{-8} s寫爲31 ns。

但要表示同一量的各種數值時，或這類數值要在某一前後關係範圍內做檢討時，數值有超過0.1～1000範圍的部分，通常亦常採對所有數值使用同一10之整數倍方式。

此外，在特定的場合，對於特定的量，有時亦只使用同一個10的整數倍。例如：在機械方面的設計圖，幾乎都只採用mm。

⑤ 使用於由數個單位合成的組合單位的接頭語數量，必須具備不與實用上造成不方便與矛盾。

⑥ 爲避免計算上的錯誤，所有的量最好是採用取代接頭語的10之乘方SI單位表示。

(5) **單位符號的寫法**

① 單位符號採羅馬體(直立體)方式，複數之場合亦同。

② 單位符號通常爲小寫，但其名稱爲專有名詞時，符號的第一個字要大寫。

【例】m meter，s 秒

A Ampere，Wb Weber

③ 組合單位是由二個以上的單位相乘而得時，則採下列方式表示。

N · m，Nm

④ 兩個單位相除時，其表示方式如下。

$\frac{m}{s}$，m/s或$m\cdot s^{-1}$

表 1.7 可與 SI 單位併用之單位(JIS Z8000-1)

量	單位之名稱	單位記號	定量
時間	分 時 日	min h d	1 min = 60 s 1 h = 60 min 1 d = 24 h
平面角	度 分 秒	° ′ ″	1°=(r/180) rad 1′=(1/60) 1″=(1/60)
體積	公升	l	1 l = 1 dm^3
質量	噸	t	1 t = 10^3 kg
級	奈培	N_p B	1N_p = Ine = 1 1B = $(\frac{1}{2})$ln10N_p ≈ 1.151293

表 1.8 與 SI 單位並用的單位，且依 SI 單位之值可在實驗上求得的單位

量	單位		
	名稱	符號	定義
能量	電子伏特	eV	電子伏特是指電子在通過眞空中具有 1 伏特電位差所獲得的運動能量。 1 eV≈1.602177×10^{-19} J
質量	道爾頓	Da	在靜止基態下核素^{12}C原子質量的 1/12。
長度	天文單位	ua	約與太陽地球間之距離平均值幾乎相同的慣用值。
[註] 過去稱爲統一原子質量單位(u)。			

(6) SI 單位及其與 10 的整數倍並用的 SI 範圍外單位

SI 還有範圍以外的單位，因爲有其實用上的重要性，日後亦常被繼續使用，且爲國際度量衡委員會(CIPM)認定的一些單位，如表 1.7，表 1.8 所示。

表中所示的單位，有時亦常附加表 1.6 的接頭語。例如：毫升(ml)。

但亦有受到限制的場合，這些表中的單位與 SI 單位及 10 的整數倍亦可構成組合單位。例如：kg/h，km/h。

2. SI 所採用之各種單位

列於表 1.9 者，係相對於一般常用之量，SI 單位之 10 的整數乘方及其他使用亦可之單位的例。

此外，表 1.10 爲其他單位之換算率表。

表 1.9 SI 單位及其 10 的整數乘方及使用亦可之 SI 以外之單位的例(舊 JIS Z 8203 附錄 A)

(1)空間及時間

量	SI 單位	應選擇之SI單位之 10 之乘方	CIPM 使用認可之 SI 以外單位及 SI 單位之組合的特例		特殊範圍內所使用單位及備註
			單位	左欄所示單位之 10 的整數乘方	
角度 (平面角)	rad (radian)	mrad，μrad	°(度)，′(分)，″(秒)， $1° = \frac{\pi}{180}$ rad		1 gon(或 grade) $= \frac{\pi}{200}$ rad
立體角	sr (steradian)				
長度	m (meter)	km，cm，mm，μm，nm，pm，fm			1 海里* = 1852 m(正確)
面積	m^2	km^2，dm^2，cm^2，mm^2			ha*(hect re) 1 ha $= 10^4$ m^2 a*(are) 1 a $= 10^2$ m^2
體積	m^3	dm^3，cm^3，mm^3	1, L(liter) $1l = 10^{-3}m^3$ $= 1\ dm^3$	hl, cl, ml $1\ hl = 10^{-1}m^3$ $1\ cl = 10^{-5}m^3$ $1\ ml = 10^{-6}$ $m^3 = 1cm^3$	高精度測試時，不使用公升(liter)較佳。
時間	s (秒)	ks，ms，μs，ns	d(日)，h(時)，min(分)		除此之外，也可使用星期、月、年。
角速度	rad/s				
速度	m/s		m/h	km/h	1 knot * = 1.852 km/h = 0.514444 m/s
加速度	m/s^2				

表 1.9 SI 單位及其 10 的整數乘方及使用亦可之 SI 以外之單位的例(Z 8203 附錄 A)(續)

(2)週期現象及相關現象

量	SI 單位	應選擇之SI單位之 10 之乘方	CIPM 使用認可之 SI 以外單位及 SI 單位之組合的特例		特殊範圍內所使用單位及備註
			單位	左欄所示單位之 10 的整數乘方	
頻率	Hz (hertz)	THz，GHz，MHz，kHz			
轉數(轉速)	S^{-1}		min^{-1}		每分鐘轉數(r/min) 每秒轉數(r/s)
角周波數	rad/s				

(3)力學

量	SI 單位	應選擇之 SI 單位之 10 之乘方	CIPM 使用認可之 SI 以外單位及 SI 單位之組合的特例		特殊範圍內所使用單位及備註
			單位	左欄所示單位之 10 的整數乘方	
質量	kg (kilogram)	Mg，g，mg，μg	t(噸) 1 t = 10 m^3 kg		英語的噸(ton)爲英噸
密度，體積質量，質量密度	kg/m^3	Mg/m^3 kg/dm^3，g/cm^3	t/m^3或 kg/l	g/ml，g/l	
線質量，線密度	kg/m	mg/m			1 tex $=10^{-6}$ kg/m = 1 g/km (用於纖維工業)
慣性矩	kg · m^2				
運動量	kg · m/s				
力	N (newton)	MN，kN，mN，μN			

表 1.9 SI 單位及其 10 的整數乘方及使用亦可之 SI 以外之單位的例(Z 8203 附錄 A)(續)

(3)力學

量	SI 單位	應選擇之 SI 單位之 10 之乘方	CIPM 使用認可之 SI 以外單位及 SI 單位之組合的特例		特殊範圍內所使用單位及備註
			單位	左欄所示單位之 10 的整數乘方	
運動量矩率角運動量	kg · m^2/s				
力矩	N · m	MN·m，kN·m，mN·m，μN·m			
壓力	Pa (pascal)	GPa，MPa，kPa，hPa，mPa，μPa			1 bar*(巴) = 100 kPa 1 mbar = 1 hPa
應力	Pa	GPa，MPa，kPa			N/m^2 1 N/m^2 = 1 Pa
黏度(力學的黏度)	Pa · s	mPa·s			P(poise) 1 cP = 1 mPa·s
動黏度	m^2/s	mm^2/s			St(stokes) 1 cSt = 1 mm^2/s
表面張力	N/m	mN/m			
熱量 作功	J (joule)	EJ，PJ，TJ GJ，MJ，kJ mJ			
作功率	W (watt)	GW，MW，kW，mW，μW			
註	〔註〕*現階段，CIPM 之使用不被認可。 上表以外，尚有(4)熱、(5)電磁、(6)光及相關電磁輻射，(7)音、(8)物理化學及分子物理學等，本書省略之。				

表 1.10　相對 SI 單位之其他單位換算率表

量之分類	單位名稱	單位記號	定義	相對 SI 單位之換算率
角度(平面角)	radian	rad		
	度	°	$\frac{\pi}{180}$ rad	1.74533×10^{-2} rad
	分	′	$\frac{1}{60}$°	2.90888×10^{-4} rad
	秒	″	$\frac{1}{60}$′	4.84814×10^{-6} rad
	點	pt	$\frac{\pi}{16}$ rad (= 11.25°)	1.96350×10^{-1} rad
	直角	∟	$\frac{\pi}{2}$ rad	1.57080 rad
	grade(法制度)	…g，gon	$\frac{1}{100}$ ∟	1.57080×10^{-2} rad
長度	公尺	m		
	micron	μ	1 μm	1×10^{-6} m
	angstrom	Å	10^{-10} m	1×10^{-10} m
	nantical mile	M，NM nml，nm	1852 m	1.852×10^{3} m
	碼	yd	0.9144 m	9.144×10^{-1} m
	呎	ft	$\frac{1}{3}$ yd	3.048×10^{-1} m
	吋	in	$\frac{1}{12}$ ft	2.54×10^{-2} m
	chain	chain	22 yd	2.01168×10 m
	哩	mile	80 chain	1.60934×10^{3} m
	千分之一吋	mil	10^{-3} in	2.54×10^{-5} m
面積	平方米	m^2		
	公畝	a	100 m^2	1×10^{2} m^2
	barn	b	100 fm^2	1×10^{-28} m^2

表 1.10 相對 SI 單位之其他單位換算率表(續)

量之分類	單位名稱	單位記號	定義	相對 SI 單位之換算率
面積	平方碼	yd^2		$8.36127\times10^{-1}\ m^2$
	平方呎	ft^2		$9.29030\times10^{-2}\ m^2$
	平方吋	in^2		$6.4516\times10^{-4}\ m^2$
	英畝	acre	$4840\ yd^2$	$4.04686\times10^{3}\ m^2$
	平方哩	$mile^2$		$2.58999\times10^{6}\ m^2$
體積	立方米	m^3		
	公升	l，L		$1\times10^{-3}\ m^3$
	噸	T	$\begin{cases}10^2\ ft^3\\ \frac{1000}{353}\ m^3\end{cases}$	$\begin{cases}2.83168\ m^3\\ 2.83286\ m^3\end{cases}$
	立方碼	yd^3		$7.64555\times10^{-1}\ m^3$
	立方呎	ft^3		$\approx2.83168\times10^{-2}\ m^3$
	立方吋	in^3		$1.63871\times10^{-5}\ m^3$
	英制加侖	gal(UK)	英國度量衡法	$4.54609\times10^{-3}\ m^3$
	英制品脫	pt(UK)	$\frac{1}{8}$ gal(UK)	$5.68261\times10^{-4}\ m^3$
	英制液用盎司	fl oz (UK)	$\frac{1}{160}$ gal(UK)	$2.84130\times10^{-5}\ m^3$
	英制蒲式耳	bushel(UK)	8 gal(UK)	$3.63687\times10^{-2}\ m^3$
	美制加侖	gal(US)	$231\ in^3$	$\approx3.78541\times10^{-3}\ m^3$
	美制液用品脫	liq pt(US)	$\frac{1}{8}$ gal(US)	$4.73176\times10^{-4}\ m^3$
	美制液用盎司	fl oz (US)	$\frac{1}{128}$ gal(US)	$2.95735\times10^{-5}\ m^3$
	美制巴雷耳	barrel(US)	42 gal(US)	$1.58987\times10^{-1}\ m^3$
	美制蒲式耳	bu(US)	$2150.42\ in^3$	$3.52391\times10^{-2}\ m^3$
	穀用品脫	dry pt(US)	$\frac{1}{64}$ bu(US)	$5.50610\times10^{-4}\ m^3$
	穀用巴雷耳	bbl(US)	$7056\ in^3$	$1.15627\times10^{-1}\ m^3$

表 1.10 相對 SI 單位之其他單位換算率表(續)

量之分類	單位名稱	單位記號	定義	相對 SI 單位之換算率
時間	秒	s		
	分	min	60 s	6×10 s
	時	h	60 min	3.6×10^{3} s
	日	d	24 h	8.64×10^{4} s
速度	米／秒	m/s		
	千米／時	km/h		2.77778×10^{-1} m/s
	海里	kn，kt	1 M/h	5.14444×10^{-1} m/s
	哩／時	mile/h		4.4704×10^{-1} m/s
加速度	米／秒^{2}	m/s^{2}		
	gal	Gal	$\frac{1}{100}$ m/s^{2}	1×10^{-2} m/s^{2}
	g	G	9.80665 m/s^{2}	9.80665 m/s^{2}
質量	公斤	kg		
	噸	t	10^{3} kg	1×10^{3} kg
	carat	ct，car	200 mg	2×10^{-4} kg
	磅	lb		4.53592×10^{-1} kg
	grain	gr	$\frac{1}{7000}$ lb	6.47989×10^{-5} kg
	盎司	oz	$\frac{1}{16}$ lb	2.83495×10^{-2} kg
	troy ounce (藥劑用盎司)	troy ounce	480 gr	3.11035×10^{-2} kg
	英制百重	cwt(UK)	112 lb	5.08023×10 kg
	英制噸(長噸)	ton(UK)	2240 lb	1.01605×10^{3} kg

表 1.10　相對 SI 單位之其他單位換算率表(續)

量之分類	單位名稱	單位記號	定義	相對 SI 單位之換算率
質量	美制百重	cwt(US)	100 lb	4.53592×10 kg
	美制噸(短噸)	ton(US) sh·tn，sh·ton	2000 lb	9.07185×10^2 kg
密度	公斤／立方米	kg/m^3		
	磅／立方呎	lb/ft^3		1.60185×10 kg/m^3
力	牛頓	N	1 kg · m/s^2	
	達因	dyn	10^{-5} N	1×10^{-5} N
	重量公斤	kgf		9.80665 N
	磅達	pdl	$lb\cdot ft/s^2$	$\approx1.38255\times10^{-1}$ N
	重量磅	lbf		≈4.44822 N
力矩、扭矩	牛頓·公尺	N·m		
	重量公斤·公尺	kgf·m，kgw·m		9.80665 N·m
	重量呎·磅	lbw·ft		1.35582 N·m
壓力及應力	巴斯噶	Pa	1 N/m^2	
	巴	bar，b	10^5 Pa	1×10^5 Pa
	重量千克／米^2	kg/m^2		9.80665 Pa
	重量千克／毫米^2	kg/mm^2		9.80665×10^6 Pa
	重量千克／厘米^2	kgf/cm^2		9.80665×10^4 Pa
	水柱公尺	mH_2O，mAq		9.80665×10^3 Pa
	水柱公厘	mmH_2O，mmAq		9.80665 Pa
	氣壓	atm	101325 Pa	1.01325×10^5 Pa

表 1.10　相對 SI 單位之其他單位換算率表(續)

量之分類	單位名稱	單位記號	定義	相對 SI 單位之換算率
壓力及應力	水銀柱公尺	mHg	$\frac{1}{0.76}$ atm	1.33322×10^5 Pa
	水銀柱公厘	mmHg		1.33322×10^2 Pa
	托爾	Torr	1mmHg	1.33322×10^2 Pa
	重量磅／吋^2	lbf/in^2，psi		$\approx6.89476\times10^3$ Pa
	水柱呎	ftH_2O，ftAq		2.98907×10^3 Pa
	水柱吋	inH_2O，inAq		2.49089×10^2 Pa
	水銀柱吋	inHg		3.38639×10^3 Pa
	重量英長噸／吋^2	ton w/in^2		1.54443×10^7 Pa
	重量美短噸／吋^2	sh·ton w/in^2		1.37895×10^7 Pa
黏度	巴斯噶／秒	Pa·s	1 N·s/m^2	
	泊	P	10^{-1} N·s/m^2	1×10^{-1} N·s/m^2
動黏度	平方米／秒	m^2/s		
	斯托克	St	10^{-4} m^4/s	1×10^{-4} m^4/s
作功 能量 熱量	焦耳	J	1 N·m	
	瓦特秒	W·s	1 J	1 J
	爾格	erg	10^{-7} J	1×10^{-7} J
	重量仟克米	kgf·m		9.80665 J
	瓦特時	W·h	3600 W·s	3.6×10^3 J
	卡路里	cal(計算法)		4.18605 J
	度卡路里	cai_{15}		4.1855 J

表 1.10　相對 SI 單位之其他單位換算率表(續)

量之分類	單位名稱	單位記號	定義	相對 SI 單位之換算率
作功 能量 熱量	熱化學卡路里	cal_{th}		4.184 J
	公升氣壓	l·atm		1.01325×10^{2} J
	電子伏特	eV		$\approx1.60219\times10^{-19}$ J
	I.T.卡路里	cal, cal_{IT}, cal(IT)		4.1868 J
	呎重量磅	ft·lbf		≈1.35582 J
	英制熱量	Btu		$\approx1.05506\times10^{3}$ J
動力，作功率，導熱量(熱流量)	瓦特	W	1 J/s	
	重量仟克米／秒	kgf · m/s		9.80665 W
	爾格／秒	erg/s		1×10^{-7} W
	I.T.卡路里／時	cal_{IT}/h		1.163×10^{-3} W
	公制馬力	PS	75 kgf · m/s	$\approx7.35499\times10^{2}$ W
	英制馬力	hp，HP	550 ft · lbf/s	$\approx7.45700\times10^{2}$ W
	呎重量磅／秒	ft · lbf/s		≈1.35582 W
	英制熱量／時	Btu/h		$\approx2.93071\times10^{-1}$ W
溫度	愷氏	K		
	攝氏度	℃	t℃$=(t+273.15)$ K	
	華氏度	°F	t°F$=\left(\frac{t+459.67}{1.8}\right)$K t°F$=\left(\frac{5t-160}{9}\right)$℃	
磁場強度	安培／米	A/m		
	奧斯特(oersted)	Oe	$\frac{10^3}{4\pi}$ A/m	7.95775×10 A/m

表 1.10 相對 SI 單位之其他單位換算率表(續)

量之分類	單位名稱	單位記號	定義	相對 SI 單位之換算率
磁通密度	tesla	T	$1 Wb/m^2 (= V \cdot s/m^2)$	
	gauss	Gs，G	10^{-4} T	1×10^{-4} T
	gamma	γ	10^{-9} T	1×10^{-9} T
磁通	韋伯(weber)	Wb	$1 V \cdot s$	
	馬克士威(Maxwell)	Mx	10^{-8} Wb	1×10^{-8} Wb
光量	勒克司(Lux)	lx	$1 lm/m^2$	
	幅透(phot)	ph	10^4 lx	1×10^4 lx
亮度	新燭光／米^2	cd/m^2		
	斯迪伯(stilb)	sb	$10^4 cd/m^2$	$1 \times 10^4 cd/m^2$
放射性	每秒	Bq，s^{-1}		
	居里(curie)	Ci		3.7×10^{10} Bq
吸收線量	弋雷(gray)	Gy	1 J/kg	
	拉德(rad)	rad，rd	10^{-2} J/kg	1×10^{-2} Gy
輻射量	庫倫／千克	C/kg		
	倫琴(roentgen)	R		2.58×10^{-4} C/kg

【註】換算率之數值，其正確之數值如在有效數字 6 位以下時，照所得之數值予以表示，如超過 7 位數以上則以化整為有效數字 6 位數值表示之。

參考表　數値的化整方法(JIS Z8401)

1. 適用範圍　此規格是有關在礦業所用十進位的數值化整方法的規定。
2. 數值的化整方法。
  (a)化整係指將某數値，由選自某一定化整範圍的一些整數倍系列中的數値予以替換。此取代後的數值稱爲化整數。
  例 1. 若化整的幅度爲 0.1，而數値爲 12.XX 時，則其整數倍爲 12.1，12.2，12.3，12.4……。
  例 2. 若化整的幅度爲 10，而數値爲 12XX 時，則其整數倍爲 1210，1220，1230，1240……。
  (b)若數値最接近的整數倍不只一個時，則該數値就直接做爲化整後的數値。
  例 1. 若化整的幅度爲 0.1，下列數値的化整方法請參考。
  12.223→12.2，12.251→12.3，12.275→12.3。
  例 2. 若化整的幅度爲 10，下列數値的化整方法請參考。
  1222.3→1220，1225.1→1230，1227.5→1230。
  (c)若數値是有二個前後接近相等的整數倍時，則採下列規則。
  規則：選擇偶數倍做爲化整數值。
  例 1. 若化整的幅度爲 0.1，則數値如下方式化整。
  12.25→12.2，12.35→12.4。
  例 2. 若化整的幅度爲 10，則數値如下方式化整。
  1225.0→1220，1235.0→1240。
  【備註】此規則的特別優點在於以此法處理一連串的量測值時，化整的誤差最小。
  (d)化整方法常須在一個程序中予以完成。
  例：12.251 應化整爲 12.3，而不可先化爲 12.25，再化爲 12.2。

2 數學

2.1 代　數

1. 恆等式

(1) $a^2-b^2=(a+b)(a-b)$

(2) $a^3-b^3=(a-b)(a^2+ab+b^2)$

(3) $a^3+b^3=(a+b)(a^2-ab+b^2)$

(4) $a^n-b^n=(a-b)(a^{n-1}+a^{n-2}b+\cdots+ab^{n-2}+b^{n-1})$

(∵n爲正整數)

2. 二次方程式之根

$ax^2+bx+c=0(a\neq0)$其二次方程式之根爲

$$x=\frac{-b\pm\sqrt{b^2-4ac}}{2a}$$

其根，若

$b^2-4ac>0$時，則有相異實根

$b^2-4ac=0$時，則有相等複數根

$b^2-4ac<0$時，則有相異虛根

3. 二項式定理

$$(a+b)^n=a^n+na^{n-1}b+\frac{n(n-1)}{1\times2}a^{n-2}b^2+\frac{n(n-1)(n-2)}{1\times2\times3}a^{n-3}b^3+\cdots$$

$$(a-b)^n=a^n-na^{n-1}b+\frac{n(n-1)}{1\times2}a^{n-2}b^2-\frac{n(n-1)(n-2)}{1\times2\times3}a^{n-3}b^3+\cdots$$

若n爲正整數時，則右邊級數爲有限級數，b^n爲最後一項。

若n爲分數或負數時，則爲無窮級數。

4. 指數法則

(1) $(a^m)^n=a^{mn}$

(2) $(ab)^n=a^nb^n$

(3) $\left(\frac{a}{b}\right)^n=\frac{a^n}{b^n}$

(4) $a^0=1$

(5) $a^{-n}=\frac{1}{a^n}$

5. 次方根

設某數或某式a的n次方爲b，則此時

$a^n=b$

$a=\sqrt[n]{b}$

(1) $\sqrt{ab}=\sqrt{a}\sqrt{b}$

(2) $\sqrt{\frac{b}{a}}=\frac{\sqrt{b}}{\sqrt{a}}$

(3) $\sqrt[n]{a^m}=a^{\frac{m}{n}}=\sqrt[np]{a^{mp}}=\sqrt[\frac{n}{q}]{a^{\frac{m}{q}}}$

(4) $a\sqrt[n]{b}=\sqrt[n]{a^nb}$

(5) $\sqrt[m]{\sqrt[n]{a}}=\sqrt[mn]{a}$

6. 對數

a通常爲不等於 1 的正數，設

$a^x=N$..(1)

時，x爲以a爲底數(或底)的N對數，用

$$x = \log_a N \quad \cdots\cdots (2)$$

表示之，(1)及(2)所示之a，N，x關係完全相同，為10為底的對數，稱之常用對數，而以e= 2.71828為底的對數，稱為自然對數，常用對數的記法為$\log_{10}x$，但10可省略，寫成$\log x$。

(1)　$\log ab = \log a + \log b$

(2)　$\log \dfrac{a}{b} = \log a - \log b$

(3)　$\log N^P = P \log N$

(4)　$\log \sqrt[P]{N} = \dfrac{1}{P} \log N$

7.　級數之和

(1)　首項a，公差=δ，末項=$\{a+(n-1)\delta\}$，項數=n之等差級數之和S為

$$S = a + (a+\delta) + (a+2\delta) + \cdots + \{a+(n-1)\delta\}$$

$$= \frac{n}{2}\{2a+(n-1)\delta\}$$

(2)　首項=a，公比=r，末項=ar^{n-1}，項數=n之等比級數之和S為

$$S = a + ar + ar^2 + \cdots + ar^{n-1}$$

$$= \frac{a(r^n-1)}{r-1}$$

$n=\infty$，設r為正或負分數則：

$$S = \frac{a}{1-r}$$

2.2　三角函數

1.　三角函數之定義

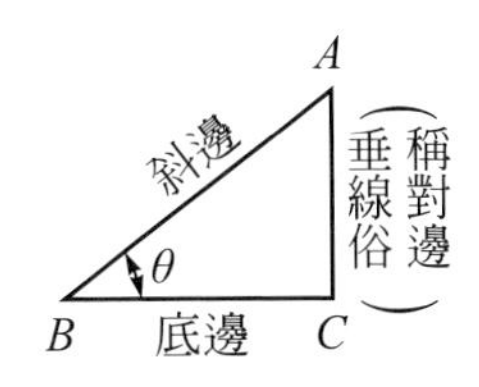

圖 2.1　三角函數之定義

在直角三角形ABC中若$\angle ABC=\theta$則

$\sin\theta = \dfrac{AC}{AB}$　$\cos\theta = \dfrac{BC}{AB}$

$\tan\theta = \dfrac{AC}{BC}$　$\sec\theta = \dfrac{AB}{BC}$

$\cot\theta = \dfrac{BC}{AC}$　$\csc\theta = \dfrac{AB}{AC}$

圖2.2所示為各函數值之變化圖示。

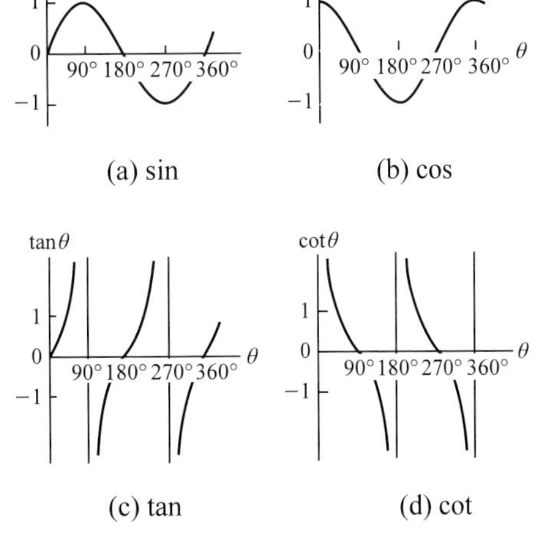

圖 2.2　三角函數圖示

2. 三角函數相互關係

(1) $\sin^2\theta + \cos^2\theta = 1$

(2) $\dfrac{\sin\theta}{\cos\theta} = \tan\theta$

(3) $\dfrac{\cos\theta}{\sin\theta} = \cot\theta$

(4) $\tan\theta \cdot \cot\theta = 1$

3. 負之三角函數

(1) $\sin(-\theta) = -\sin\theta$

(2) $\cos(-\theta) = \cos\theta$

(3) $\tan(-\theta) = -\tan\theta$

(4) $\cot(-\theta) = -\cot\theta$

4. 餘角與補角之三角函數

(1) $\sin(90° + \theta) = \cos\theta$

(2) $\cos(90° + \theta) = -\sin\theta$

(3) $\tan(90° + \theta) = -\cot\theta$

(4) $\sin(180° + \theta) = -\sin\theta$

(5) $\cos(180° + \theta) = -\cos\theta$

(6) $\tan(180° + \theta) = \tan\theta$

(7) $\sin(90° - \theta) = \cos\theta$

(8) $\cos(90° - \theta) = \sin\theta$

(9) $\tan(90° - \theta) = \cot\theta$

(10) $\sin(180° - \theta) = \sin\theta$

(11) $\cos(180° - \theta) = -\cos\theta$

(12) $\tan(180° - \theta) = -\tan\theta$

5. 和與差之三角函數

(1) $\sin(\alpha + \beta) = \sin\alpha\cos\beta + \cos\alpha\sin\beta$

(2) $\sin(\alpha - \beta) = \sin\alpha\cos\beta - \cos\alpha\sin\beta$

(3) $\cos(\alpha + \beta) = \cos\alpha\cos\beta - \sin\alpha\sin\beta$

(4) $\cos(\alpha - \beta) = \cos\alpha\cos\beta + \sin\alpha\sin\beta$

(5) $\tan(\alpha + \beta) = \dfrac{\tan\alpha + \tan\beta}{1 - \tan\alpha\tan\beta}$

(6) $\tan(\alpha - \beta) = \dfrac{\tan\alpha - \tan\beta}{1 + \tan\alpha\tan\beta}$

(7) $\cot(\alpha + \beta) = \dfrac{\cot\alpha\cot\beta - 1}{\cot\beta + \cot\alpha}$

(8) $\cot(\alpha - \beta) = \dfrac{\cot\alpha\cot\beta + 1}{\cot\beta - \cot\alpha}$

6. 二倍角之三角函數

(1) $\sin 2\alpha = 2\sin\alpha\cos\alpha$

(2) $\cos 2\alpha = \cos^2\alpha - \sin^2\alpha$

(3) $\tan 2\alpha = \dfrac{2\tan\alpha}{1 - \tan^2\alpha}$

(4) $\cot 2\alpha = \dfrac{\cot^2\alpha - 1}{2\cot\alpha}$

7. 三倍角之三角函數

(1) $\sin 3\alpha = 3\sin\alpha - 4\sin^3\alpha$

(2) $\cos 3\alpha = 4\cos^3\alpha - 3\cos\alpha$

(3) $\tan 3\alpha = \dfrac{3\tan\alpha - \tan^3\alpha}{1 - 3\tan^2\alpha}$

(4) $\cot 3\alpha = \dfrac{\cot^3\alpha - 3\cot\alpha}{3\cot^2\alpha - 1}$

8. 半角三角函數

(1) $\sin\dfrac{\alpha}{2} = \pm\sqrt{\dfrac{1}{2}(1 - \cos\alpha)}$

(2) $\cos\dfrac{\alpha}{2} = \pm\sqrt{\dfrac{1}{2}(1 + \cos\alpha)}$

(3) $\tan\dfrac{\alpha}{2} = \pm\sqrt{\dfrac{1 - \cos\alpha}{1 + \cos\alpha}}$

(4) $\cot\dfrac{\alpha}{2} = \pm\sqrt{\dfrac{1 + \cos\alpha}{1 - \cos\alpha}}$

9.　三角函數之和與差

(1)　$\sin x+\sin y=2\sin\frac{x+y}{2}\cos\frac{x-y}{2}$

(2)　$\sin x-\sin y=2\cos\frac{x+y}{2}\sin\frac{x-y}{2}$

(3)　$\cos x+\cos y=2\cos\frac{x+y}{2}\cos\frac{x-y}{2}$

(4)　$\cos x-\cos y=-2\sin\frac{x+y}{2}\sin\frac{x-y}{2}$

10. 三角形之性質

圖 2.3 的三角形中

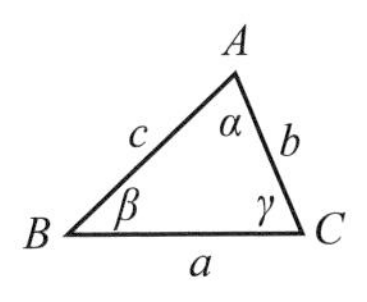

圖 2.3

$BC=a$，$AC=b$

$AB=c$，$\angle BAC=\alpha$

$\angle ABC=\beta$

$\angle ACB=\gamma$

$a+b+c=2S$

則

(1)　$\alpha+\beta+\gamma=180°$

(2)　$\frac{a}{\sin\alpha}=\frac{b}{\sin\beta}=\frac{c}{\sin\gamma}$

(稱為正弦定律)

(3)　$a^2=b^2+c^2-2bc\cos\alpha$

$b^2=c^2+a^2-2ca\cos\beta$

$c^2=a^2+b^2-2ab\cos\gamma$

(4)①　$\sin\frac{1}{2}\alpha=\sqrt{\frac{(s-b)(s-c)}{bc}}$

②　$\cos\frac{1}{2}\alpha=\sqrt{\frac{s(s-a)}{bc}}$

③　$\tan\frac{1}{2}\alpha=\sqrt{\frac{(s-b)(s-c)}{s(s-a)}}$

④　$\sin\frac{1}{2}\beta=\sqrt{\frac{(s-c)(s-a)}{ca}}$

⑤　$\cos\frac{1}{2}\beta=\sqrt{\frac{s(s-b)}{ca}}$

⑥　$\tan\frac{1}{2}\beta=\sqrt{\frac{(s-c)(s-a)}{s(s-b)}}$

⑦　$\sin\frac{1}{2}\gamma=\sqrt{\frac{(s-a)(s-b)}{ab}}$

⑧　$\cos\frac{1}{2}\gamma=\sqrt{\frac{s(s-c)}{ab}}$

⑨　$\tan\frac{1}{2}\gamma=\sqrt{\frac{(s-a)(s-b)}{s(s-c)}}$

(5)　$\triangle ABC$之面積$=\frac{1}{2}bc\sin\alpha$

$=\frac{1}{2}ca\sin\beta=\frac{1}{2}ab\sin\gamma$

$=\sqrt{s(s-a)(s-b)(s-c)}$

2.3　平面曲線

1.　座標

(1)　**直角座標**：在平面上決定P點之位置，如圖 2.4 所示，取任意O點，過O點作兩條直線OX，OY，再自P作兩條垂直線PB與PA，PB、PA的長度x、y可決定P的位置，此情況之O點稱為原點，正交之二條直線稱之直角座標軸，OX為橫軸，OY為縱軸。

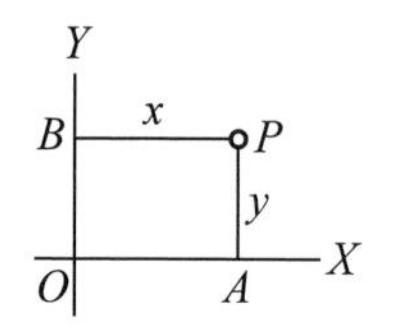

圖 2.4 直角座標

(x, y)稱爲P點之座標。

直角座標將平面劃分爲四大部分，如圖 2.5 所示，從右上角開始逆時針方向算起，分別稱爲第一、第二、第三及第四象限，座標X，Y的正負如表 2.1 所示。

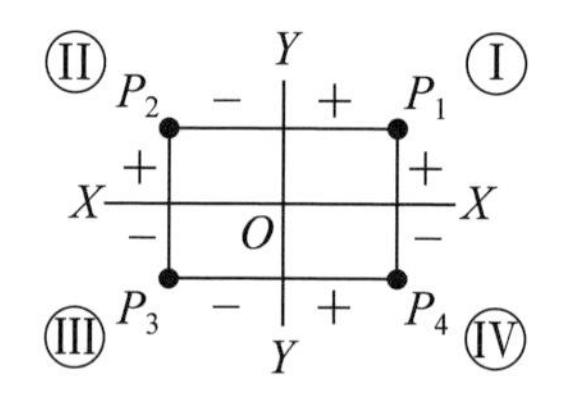

圖 2.5 象限之稱呼

表 2.1

座標＼象限	I	II	III	IV
x	＋	－	－	＋
y	＋	＋	－	－

(2) **極座標**：在平面上決定P點位置，亦可使用極座標，如圖 2.6 所示，先取任意O點，過O點作無窮半直線，連接OP，設$OP=\rho$，$\angle POX=\theta$，則ρ與θ可決定P點之位置，此情形之ρ稱爲動徑，θ稱爲夾角(ρ,θ)稱爲P點之極座標。

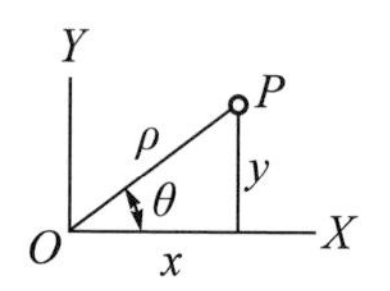

圖 2.6 極座標

(3) **直角座標與極座標之關係**：設P點之直角座標爲(x, y)極座標爲(ρ, θ)，則

$$x=\rho\cos\theta，y=\rho\sin\theta，\rho^2=x^2+y^2，$$

$$\theta=\tan^{-1}\frac{y}{x}$$

2. 直線方程式

(1) 設直線與x軸夾角爲α，y軸之截距爲k(圖 2.7)，若$\tan\alpha=m$時，則直線方程式爲

$$y = mx + k$$

上式m稱之方向係數(斜率)

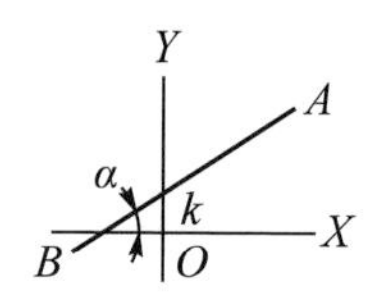

圖 2.7

(2) 一般直線之方程式爲

$$ax + by + c = 0$$

$$b\neq 0 \text{ 時}\quad m=-\frac{a}{b}，k=-\frac{c}{b}$$

(3) 通過三原點之直線爲$y=mx$

(4) 若x，y兩軸截距爲ab，則直線方程式爲

$$\frac{x}{a}+\frac{y}{b}=1$$

3. 圓方程式

⑴ 以(a, b)為中心，r為半徑之圓方程式為(圖 2.8)：

$$(x-a)^2+(y-b)^2=r^2$$

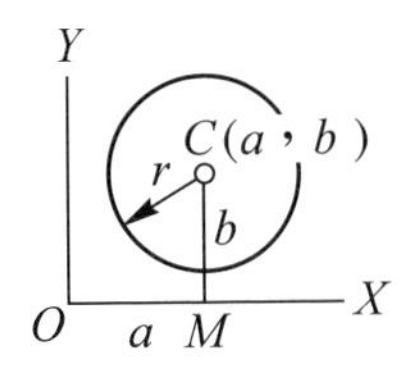

圖 2.8

⑵ 原點為中心，r為半徑之圓方程式為：

$$x^2+y^2=r^2$$

⑶ 圓一般方程式(通式)

$$ax^2+2hxy+by^2+2gx+2fy+c=0$$

上式中圓心$=\left(-\frac{g}{a},-\frac{f}{a}\right)$

半徑$=\frac{\sqrt{g^2+f^2-ac}}{a}$

$g^2+f^2-ac>0$……實圓

$g^2+f^2-ac=0$……圓點

$g^2+f^2-ac<0$……虛點

4. 橢圓

⑴ 橢圓方程式如圖 2.9 所示，若

$OA=a$，$OB=b$

$OB_1=-b$，$OA_1=-a$

則橢圓方程式為：

$$\frac{x^2}{a^2}+\frac{y^2}{b^2}=1$$

圖中AA_1，稱為長軸，BB_1為短軸。

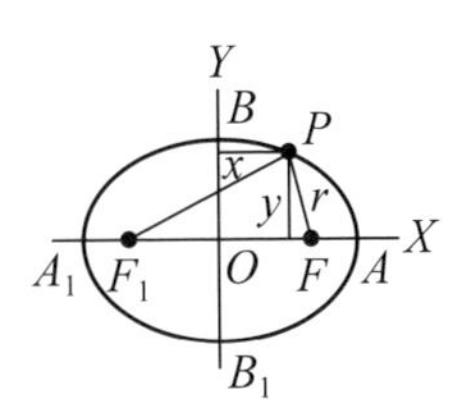

圖 2.9

⑵ 如圖 2.9 所示，設

$OF=\sqrt{a^2-b^2}$，$OF_1=-\sqrt{a^2-b^2}$

則F，F_1稱為橢圓之焦點

設P為橢圓上之任意點

$PF+PF_1=2a$

5. 雙曲線

⑴ 雙曲線方程式如下所述：參考圖 2.10，設

$OA=a$，$OA'=-a$

$OB=b$，$OB'=-b$

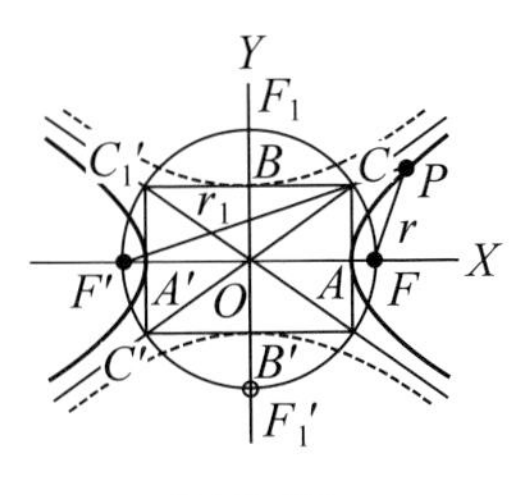

圖 2.10

則

$$\frac{x^2}{a^2}-\frac{y^2}{b^2}=1 \quad (a>0，b>0) \text{.....(1)}$$

若把(1)式中a與b對換，可得

$$\frac{x^2}{a^2}-\frac{y^2}{b^2}=-1 \text{..................................(2)}$$

(1)與(2)可稱爲共軛雙曲線。

(2) 參考圖 2.10，設

$$OF=\sqrt{a^2+b^2}，OF'=-\sqrt{a^2+b^2}$$

則F，F'爲雙曲線的焦點。

(3) 若P爲雙曲線上之任意點，則

$$PF\sim PF'=2a$$

(4) 漸近線如圖 2.10 所示，自A，A'，B，B'作垂直x、y軸之直線，可得C、C'、C_1、C_1'，再連接兩對角線$C_1'C_1$與$C'C$即爲漸近線。

(5) 漸近線互相垂直之雙曲線稱爲直角雙曲線(圖 2.11)，自直角雙曲線上之任意點作垂直漸近線之PM，PN，則：

$$PM，PN=\frac{a^2}{2}=一定$$

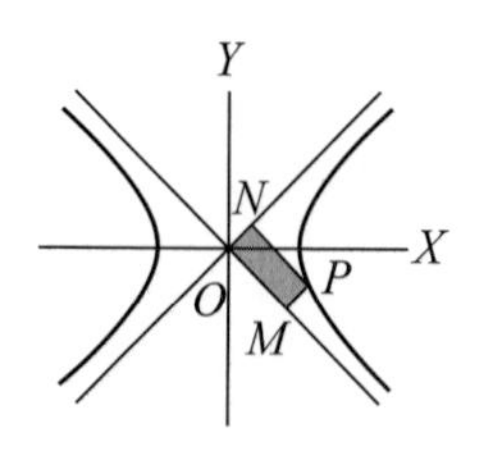

圖 2.11

6. 拋物線

(1) 拋物線方程式爲

$$y^2=2px$$

(2) 如圖 2.12 的x軸上，焦點及準線爲：

$$OF=\frac{p}{2} \quad F點$$

$$OL=-\frac{p}{2} \quad L點稱爲焦點$$

與Y軸平行之直線LL'稱爲準線。

取拋物線上任意點P，自P劃垂直於準線之PM，則：

$$PM=PF$$

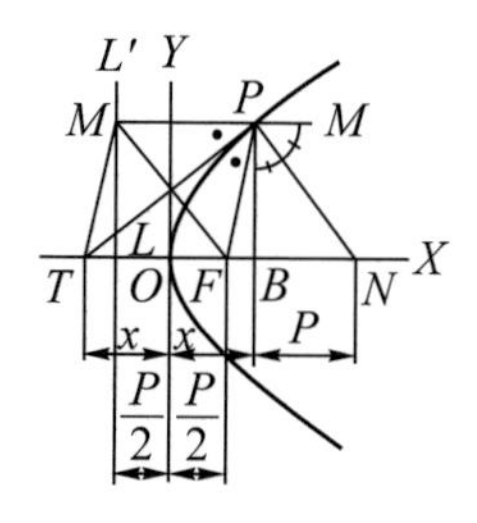

圖 2.12

7. 正弦曲線

如圖 2.13 所示，將中心爲O，直徑爲AB的圓周予以任意數等分，然後自這些交點畫$\overline{AB}$的平行線。且$\overline{JK}$的長度與波長相等。再將$\overline{JK}$以上述的等分數量分割成線段，並自各點畫$\overline{JK}$的垂線，將各自與平行線的交點連結起來所形成的線即爲正弦曲線。

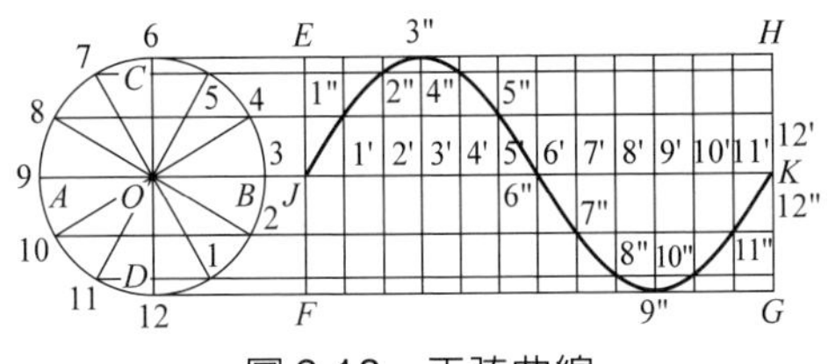

圖 2.13　正弦曲線

8. 渦旋線

(1) 阿基米得渦旋線

極座標爲$r=a\theta$的曲線，稱爲阿基米得渦旋線。如圖 2.14。

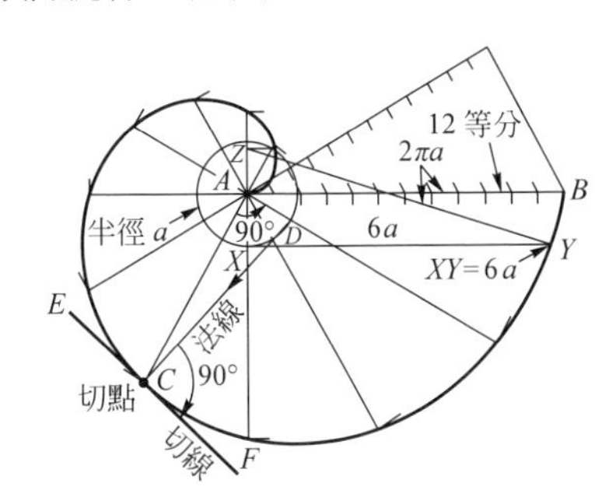

圖 2.14　阿基米得渦旋線

(2) 對數渦旋線

以極座標爲$r=a^{\theta}$或$\log r=\theta\log a$所顯示的曲線，稱之爲對數渦旋線。如圖 2.15。

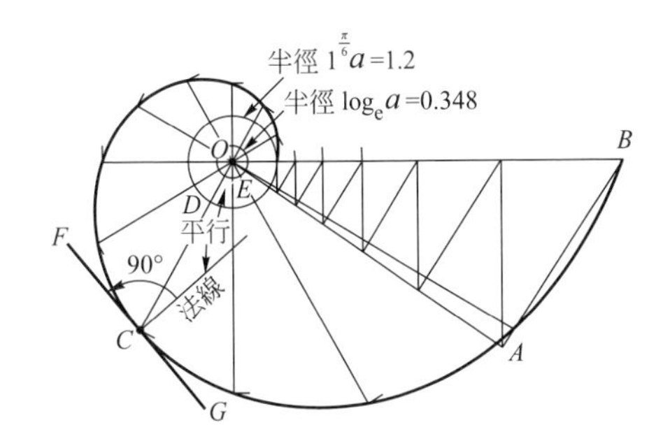

圖 2.15　對數渦旋線

9. 漸開線

連接在圖上的直線在圓上滾動時，直線上任意點所畫出的軌跡稱爲漸開線，如圖 2.16。

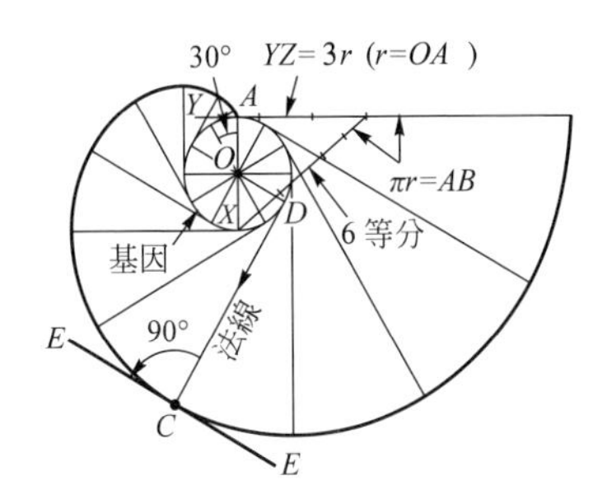

圖 2.16　圓的漸開線

10. 擺線

(1) 擺線

圓在某一直線上滾動時，該圓之圓周上某一定點所描繪出的軌跡稱爲擺線。如圖 2.17。若該定點非在圓周上，而是在圓外時，其所描繪出的軌跡稱爲高擺線，而若在圓內的一點所繪的軌跡稱爲低擺線。

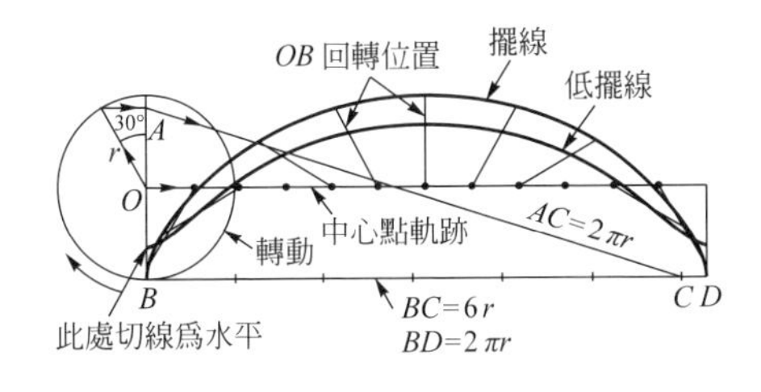

圖 2.17　擺線

(2) 外擺線、內擺線

某圓在某一定圓的外側滾動時，在該轉圓上之一點所描繪的軌跡稱爲外擺線。如圖 2.18。若轉圓在定圓的內側滾動時，該轉圓上的一點所描繪出的軌跡稱為內擺線。

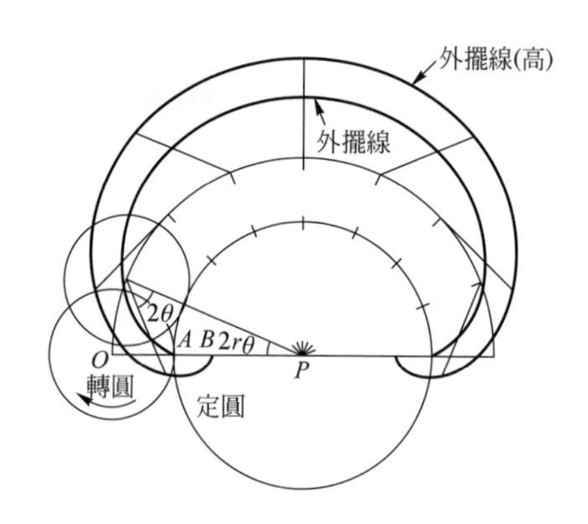

圖 2.18　擺線

不在轉圓上，而在轉圓外側或內側的一點所描繪的軌跡，與上述(1)的情形相同，分別稱為高或低外擺線，及高或低內擺線。

3

力　學

3.1 力　矩

1. 運動與靜止

若有一物體對另一基準物體隨時改變其位置稱為運動，停止於固定位置者稱為靜止。

2. 力

使物體運動狀態改變的起因稱為力，受力而生的運動狀態之變化，取決於作用力之大小、方向與作用點(著力點)，此為力的三要素，如以圖表示力，可參考圖3.1，由力的作用點沿作用方向畫直線，在此直線上取與力的大小成比例的長度，並在末端加箭頭表示之。

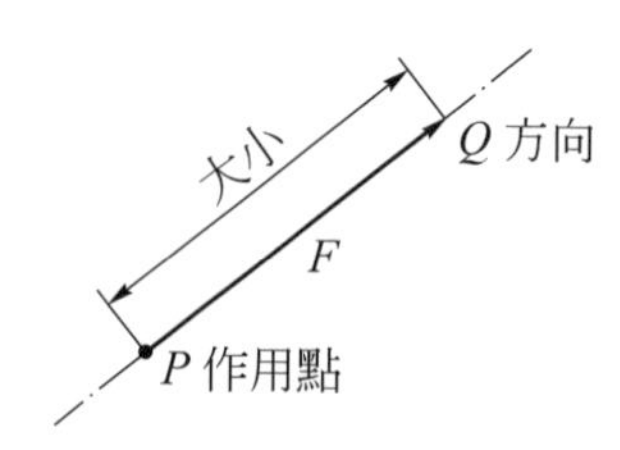

圖 3.1　力之圖示

3.2 力的合成、分解與平衡

1. 向量與純量

力有大小且須指定方向者稱為向量，只由大小決定者稱為純量，如面積、密度與質量。

2. 力的合成與分解

二個力以上作用於一物體時，可用一力代替產生相同之效應，此力稱為合力，而該合力即稱為力的合成，如果把一力分解成產生同效果的二力或多力，這些力稱為分力，而該分力即稱為力的分解，例如：在齒輪與軸之間安裝置鍵時，如圖 3.2 所示，作用於鍵的力量實際上只有F_1分力而已。

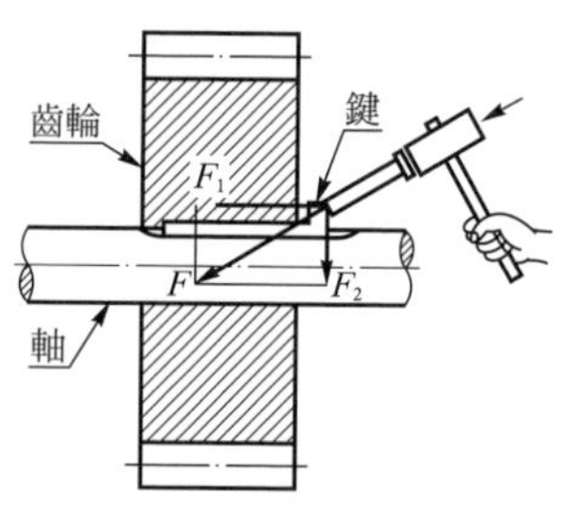

圖 3.2　水平

(1) **兩點兩力之合成**：設物體受力F_1與F_2作用在同點時，此物體所受之力等於F_1與F_2所作平行四邊形對角線之F力，圖3.3 為以向量表示之。

$$F=\sqrt{F_1^2+F_2^2+2F_1F_2\cos\alpha}$$

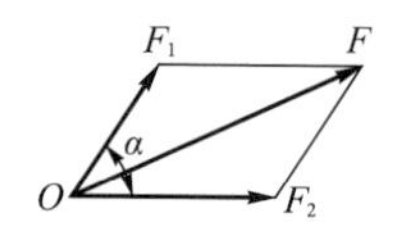

圖 3.3　二力之合成

(2) **同點的力之合成**：設物體受F_1，F_2，F_3，F_4，F_5…等多力作用，要求合力大小時，先決定第一點O，再由此點開始作平行，且大小等於F_1，F_2，F_3，F_4，

F_5之各力多邊形，最後再連接E點與O點，表示向量OE。(圖 3.4)

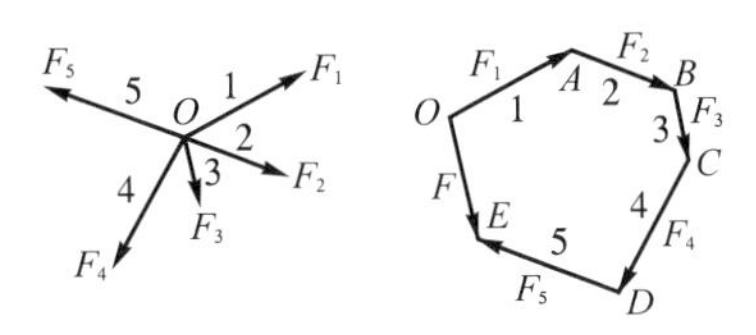

號碼相同的力，大小相等且相互平行

圖 3.4 多力之合成

(3) **異點二力之合成**：物體受相異兩點P、Q上二力F_1、F_2作用之合力F爲：過作用線交點，做$F_1'=F_1$，$F_2'=F_2$，再以平行四邊形的對角線表示合力(圖 3.5)。

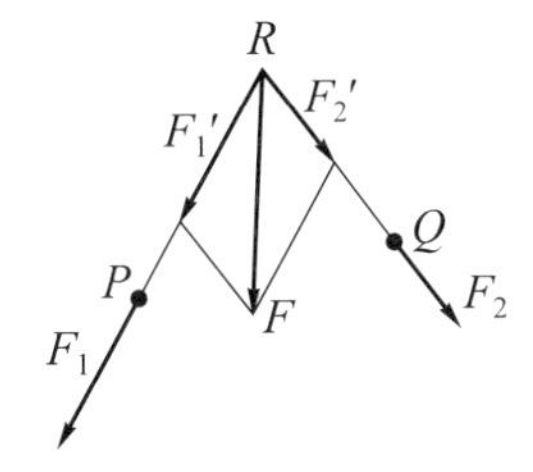

圖 3.5 異點兩力之合成

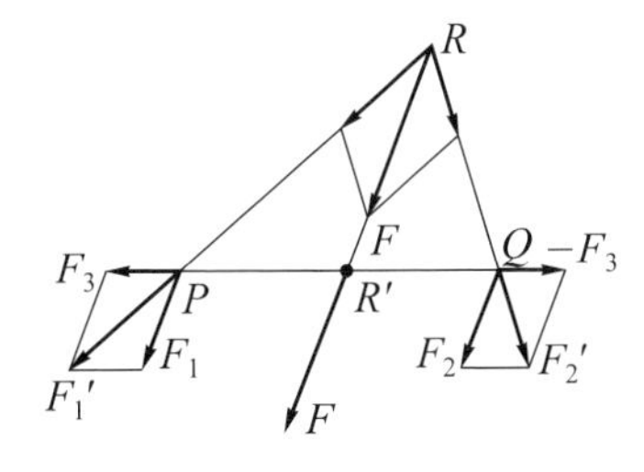

圖 3.6 平行力之合成

(4) **同方向且平行二力的合成**：同方向且平行二力之合力爲：首先自作用點P、Q取任意補助力F_3與$-F_3$，再求F_1與F_2與其之合力F_1'、F_2'，再按上述(3)項之方法求得F_1與F_2的合力F；此情形下，二平行且同方向力之合力作用點在：二力作用點P、Q之間與兩分力大小成反比的分點(圖 3.6)。

(5) **方向相反但平行二力之合成**

F_1與F_2二平行力作用於相反方向，且$F_1>F_2$，求其合力時，首先連接作用點P、Q，求取P與Q間與大小成反比例的分點R，即$F_1/F_2=QR/PR$，此爲合力之作用點，再將力F_1-F_2，以F_1的方向、F_2'之大小畫於R處，F即爲合力之大小(圖 3.7)。

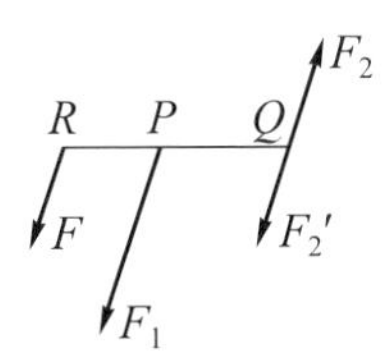

圖 3.7 方向相反二平行力之合成

(6) **力偶**：大小相同、方向相反之兩平行力合成時，使物體產生迴轉，這樣的一組力稱爲力偶。

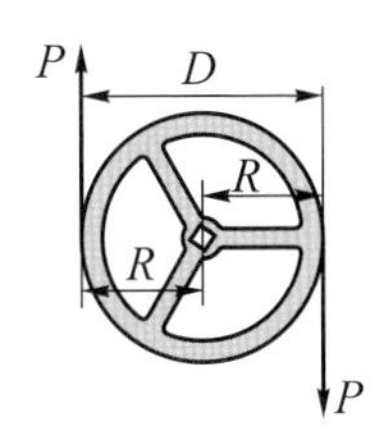

圖 3.8 力偶

3. 力之平衡和正弦定律

兩力以上同時作用於同一物體，但其結果卻與無受力時相同，此時之力稱爲平衡，此情況下，物體處於朋模狀態；若F_1，F_2，F_3作用在物體之同一點，而呈平衡狀態的話，如力之合成⑵說明，總合力爲0，可做成F_1，F_2，F_3之多邊形，但各力如作用在不同點，則問題顯得複雜而不易解決。

參考圖3.9，作用在同點而呈平衡的三力，其相互關係爲

$$\frac{F_1}{\sin\alpha}=\frac{F_2}{\sin\beta}=\frac{F_3}{\sin\gamma}$$

此爲正弦定律。

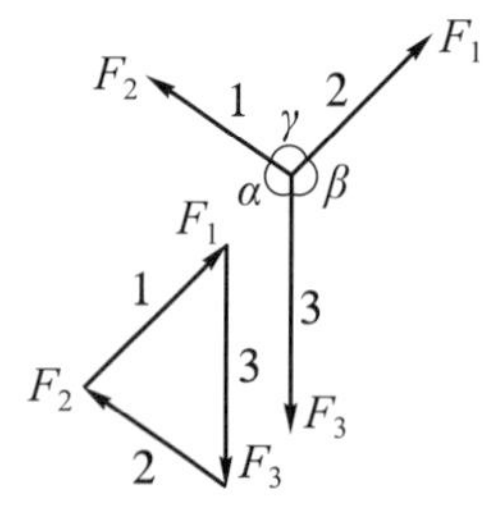

編號相同之力，大小相同且相互平行

圖3.9 正弦定律

4. 剛體之平衡及運動

⑴ **力矩**：作用力施於以軸爲中心而自由迴轉之剛體時，剛體的迴轉程度，依力的大小F及軸到作用點距離r的乘積而定，Fr稱爲力矩以M記號表示，(圖3.10)即

$$M=Fr$$

其r稱爲力臂。

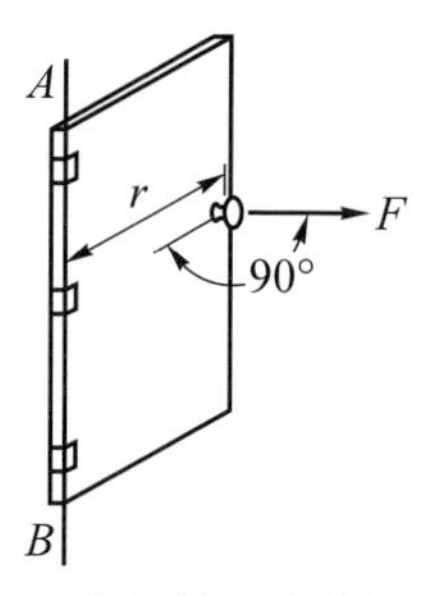

圖3.10 力矩

⑵ **力偶與力矩**：如前所述，力偶可使物體迴轉，其力矩與軸之位置並無關係，力偶矩

$$=F\times OA+F\times OB=F\times AB$$

參考圖3.11，此情形下，AB的長度稱爲力偶臂，力偶矩在工業上稱爲扭力(torque)。

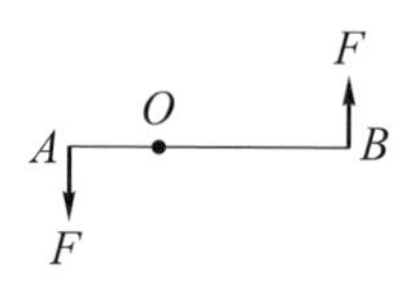

圖3.11 扭力

5. 結構物之作用力

剛體各部的諸作用力，通常是由一力偶、或一力與一力偶中之一所合成，以圖解法求解時，首先應求作用在結構物之力狀態結構圖，並作與其相關的向量算法之向量圖，以指示結構物的桁或指力線分割的空間，如圖3.12所示，依順時針方向加註符號，如圖(a)加註A、B、C、D、E之記號，AB表示F_1D，BC表示F_2D，同時，如以圖(b)之向量圖表示各力時，連接ab、bc……來表明各力之相互關係。

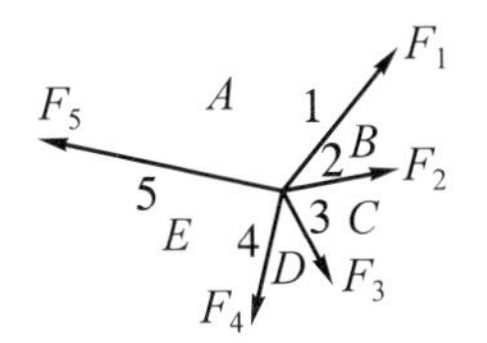

(a) 結構圖

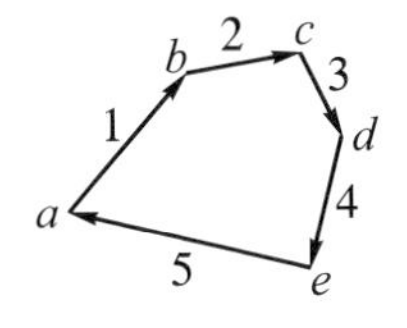

(b) 向量圖(五力之平衡)

圖 3.12 號碼相同的力，大小相等且平行

⑴ **桁架(部材)之作用力**：如圖 3.13(a)所示結構之桁架，受作用力狀態如圖(b)所示，求此向量時，首先在空間上加註 A、B、C記號，其次畫相當W的CA力之向量ca(例如：1 cm 代表 1 kg 力)，自ac之兩端畫平行線ab與cb，得交點b而成向量圖，借以求出桁架上力之大小。

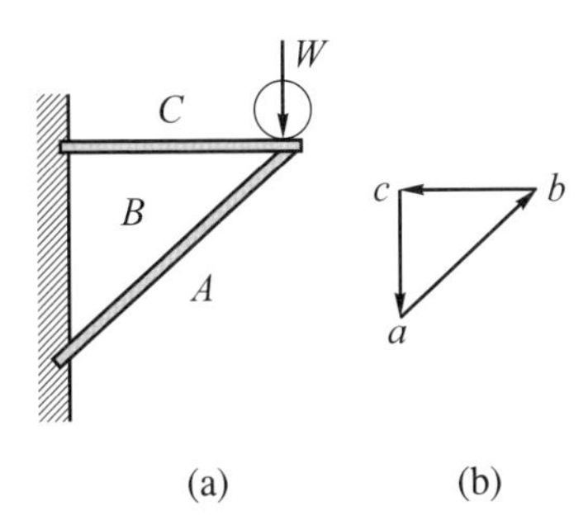

(a) (b)

圖 3.13 桁架之作用力

⑵ **同平面相異作用點多作用力之合力**：三力同時作用在圖 3.14(a)所示之結構圖時，首先繪製向量圖，取任意點O，連接向量圖之各頂點，相對平行線 41，12，23，34 標註構造圖，則合力大小為ab且通過 4 點。

⑶ **三平行作用力之合成**：如圖 3.15 所示，三平行力F_1、F_2、F_3作用之情況，利用圖 3.4 所示相同方法可求合力F，至於三力之任意點P力矩為合力與距離r之乘積，即$M=Fr$。

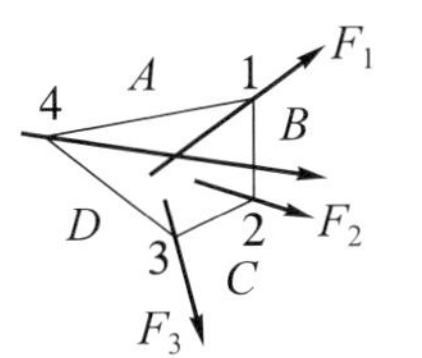

(a) 結構圖

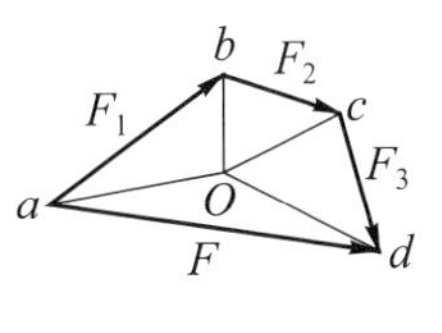

(b) 向量圖

圖 3.14 同平面相異作用點多作用力之合力

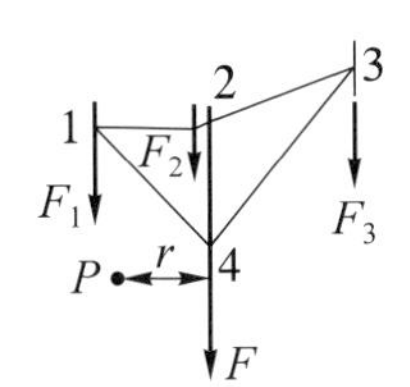

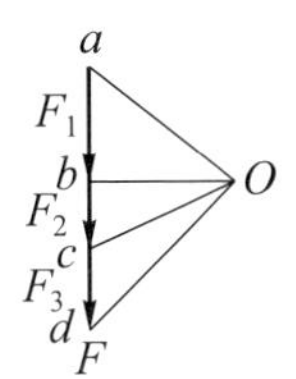

圖 3.15 三平行作用力之合成

⑷ **樑架之反作用力**：二點支承的樑上，承載W_1、W_2及W_3重量時，求反作用力R_1與R_2(圖 3.16)首先用圖 3.15 所示之方法求三力W_1、W_2、W_3的向量圖，合力F應經點 4，連接 14 與 43 的延長線得其交點mn，將mn之平行線繪於向量圖上，ed與de即表示反作用力R_1與R_2之大小。

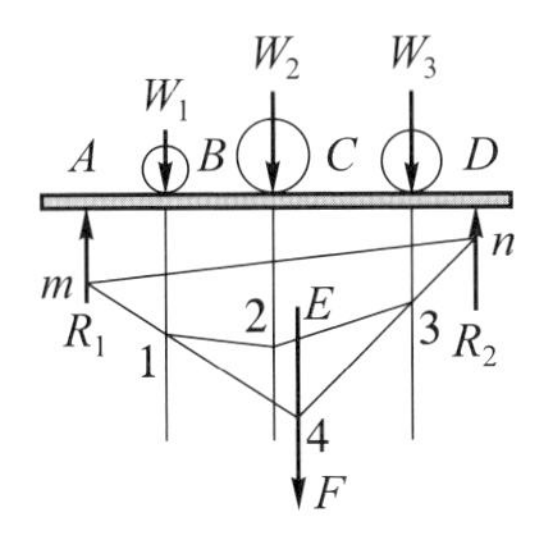

(a)

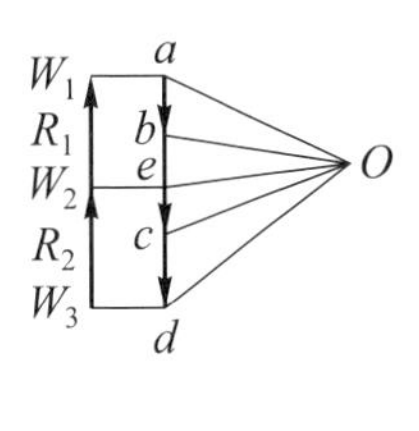

(b)

圖 3.16 樑架之反作用力

⑸ **房屋、鐵塔等作用力**：結合多數桁架之起重機、鐵塔、橋樑與房屋等結構

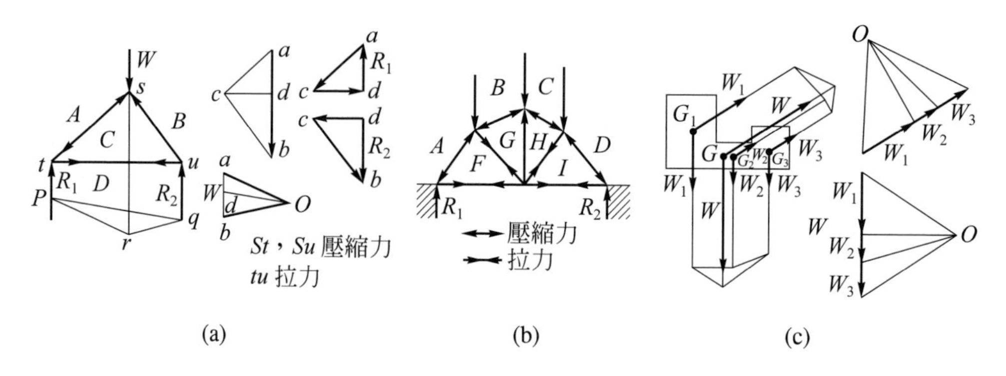

圖 3.17　房屋、鐵塔等之作用力

物受外力時，各桁架產生拉力與壓縮力以保持平衡。

受W(N)作用力時，以圖 3.17 之方法求得反作用力、壓縮力與拉力；若將薄板分割成幾部分，先求得各部分之重心，則可得知整體之重心G，如圖 3.17 取任意兩方向之各部分作用力之合力方向線交點G即爲重心。

6.　重力與重心

地球上之任何物體，均受垂直向下之地心引力，此地心引力稱爲重力。物體之重力可由平行作用於各點之重心合成求得，合力之作用點爲該物體之重心。

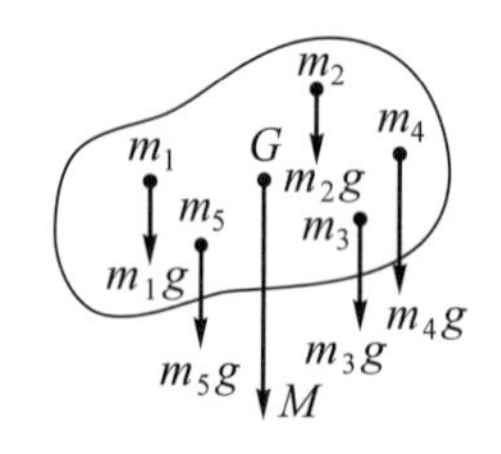

圖 3.18　重心

3.3　質量的運動

1.　質點的運動與位移

物體雖有大小，但在考慮物體的運動，而沒有必要考慮其大小時，爲了簡便起見，可將物體視爲一點，稱爲質點，參考圖 3.19 所示，此質點自任意點 A 沿著隨意路徑移動到 B 時，不管其經過的路徑爲何，而其考慮其始與終之位置，此位置之變化稱爲位移。

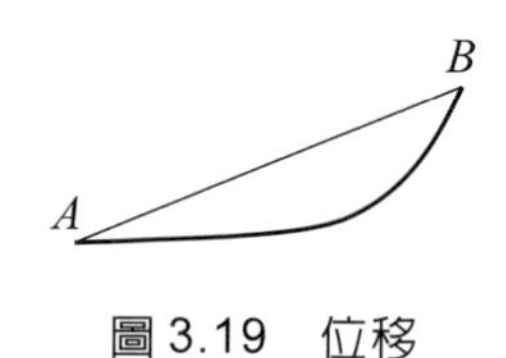

圖 3.19　位移

2.　速度與加速度

運動快慢之程度稱爲速度，單位時間內產生的速度變化稱爲加速度。

(1)　**等速運動**：速度沒有變化之運動稱爲等速運動，物體在t秒中移動x cm時：

速度$v=\frac{x}{t}$ (cm/s)

⑵ **等加速直線運動**：加速度的大小與方向保持與初速度時相同稱為等加速直線運動，則加速度a為

$$a=\frac{V_2-V_1}{t_1}\ (\text{cm/s}^2)$$

式中v_1＝初速度，v_2＝末速度，t_1＝v_1至v_2所經過的時間，如平均速度為v則：

$$V=\frac{V_1+V_2}{2}$$

如速度為v，時間為t則

$$v=V_1+at$$

移動之距離

$$x=vt=v_1t+1/2at^2$$

或$2ax=v_2^2-v_1^2$

⑶ **自由落體**：對地球表面而言，物體自由落下時，任何之物體均會垂直向下產生一定的加速度1做等加速直線運動，此固定的加速度以g表示，其值與物體之質量大小無關，為 980 cm/sec^2。

設物體的落下速度為y，以初速度v_1垂直往下投時，可得公式如下：

$$y=V_1t+\frac{1}{2}gt^2$$

或是

$$V_2=V_1+gt\text{，}2gy=V_2^2-V_1^2$$

式中：v_1＝初速度，v_2＝末速度，t＝經過的時間

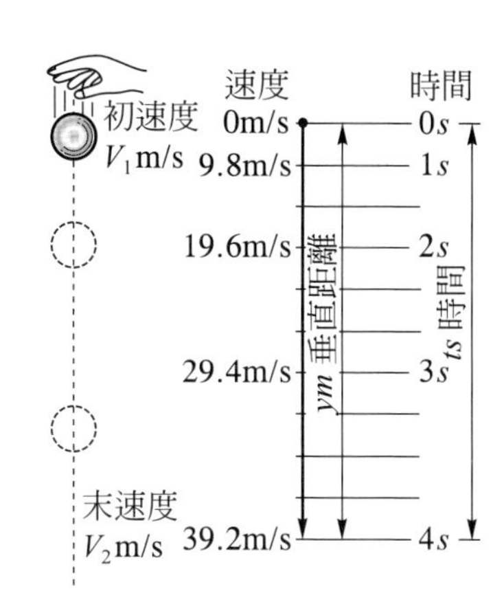

圖 3.20 自由落體

⑷ **角速度與角加速度**：對一軸或一點做圓運動或迴轉運動時，以轉動角表示運動量為宜。

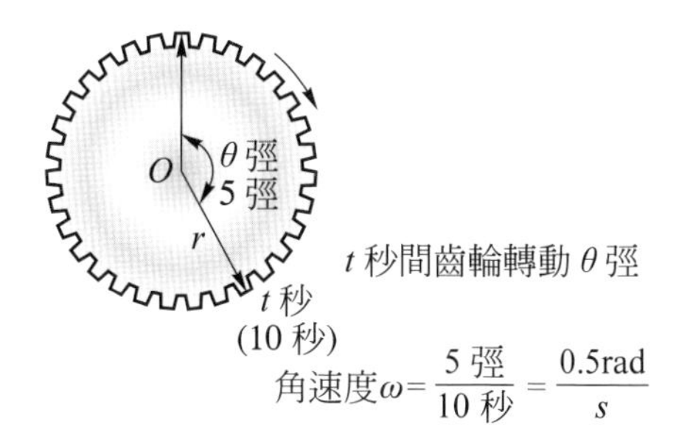

圖 3.21 角速度

物體迴轉時角位移快慢之程度稱為角速度，若t秒中角位移為θ，則：

$$\text{角速度}\omega=\frac{\theta}{t}\ (\text{deg/sec})$$

$$\theta\text{單位為弳時}\omega=\frac{\theta}{t}\ (\text{deg/sec})$$

此情況下，從運動中心點到質點之距離為動徑r，若其單位為弳，質點之位移距離為x，因$x=\theta r$，t秒間質點的線速度V，

則

$$V=\frac{x}{t}=\frac{\theta r}{t}$$

且，單位時間的角速度變化率稱爲角加速度，若物體在t秒中由角速度ω_1變化到ω_2，則角加速度α爲：

$$\alpha=\frac{\omega_2-\omega_1}{t}$$

由$V=\frac{\theta r}{t}$，$\omega=\frac{\theta}{t}$可得$V=r\omega$，設初線速度$=V_1$，末線速度爲V_2，則可得線加速度及角加速度的關係爲：

$$\alpha=\frac{\omega_2-\omega_1}{t}=\frac{V_2-V_1}{rt}=\frac{a}{r}$$

式中，a爲線加速度

3. 慣性

物體不受外力作用時，則靜者恆靜，動者恆動，這種保持現狀之性質稱爲慣性。

4. 質量與重量

構成物體之物質量稱爲質量，質量m與體積v、密度ρ之乘積成正比：

$$m=\rho v$$

作用在物體之重力大小稱爲物體的重量，質量大小不受測定地點及物理變化之影響，重量卻隨重力大小而異，且受測定地點影響。

5. 動量與衝量

物體的質量m與速度V的乘積，稱爲物體的動量，力作用於質點使速度產生變化之程度，與力之大小及作用時間有關，固定的力f在t時間內作用在質點時，則ft爲質點作用力之衝量。

固定的力f在t秒內產生的衝量，等於此時間中動量的變化，設力產生的動量爲mv_1，t秒後的動量爲mv_2，則得下列公式：

$$ft=mv_2-mv_1$$

(1) **衝力**：力f在極短之時間t內作用於物體時，物體的速度產生大變化(v_1-v_2)，此力稱爲衝擊力。(圖 3.22)

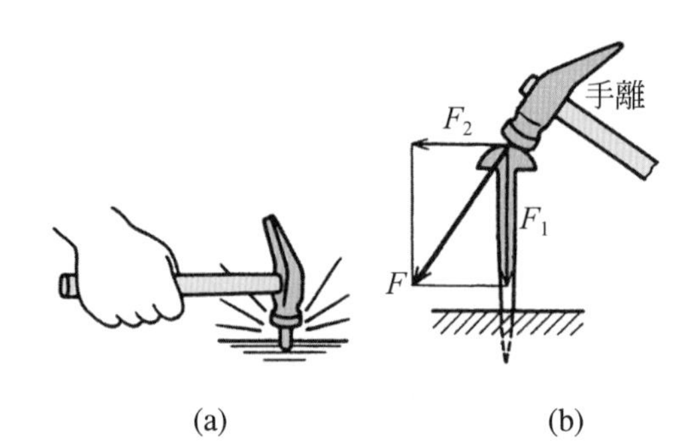

F：衝力，F_1：打釘之有效作用力，
F_2：無效之力

圖 3.22　衝力

(2) **衝撞**：設速度相異之兩物體以同方向運動時$(v_1>v_2)$，兩物體必產生衝撞，衝撞前後的動量依動量不減定律，故無變化，如二物體之質量分別爲m_1與m_2，原速度爲v_1與v_2，衝撞後速度變爲v_1'與v_2'，則可得下式：

$$m_1V_1'+m_2V_2'=m_1V_1+m_2V_2$$

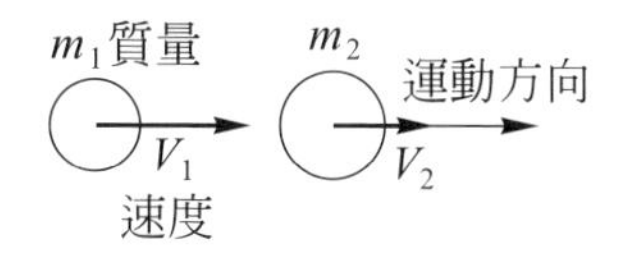

圖 3.23 衝撞($V_1 > V_2$)

6. 向心力與離心力

質點以動徑r，速度V等速圓周運動時，必產生朝向中心的大加速度v_2/r，此使質點可以做圓周運動的加速度稱爲向心力，此情況下，爲使圓周運動的質點保持平衡，應另有一與向心力大小相同，方向相反的假想力作用，才有可能，此假想力即離心力，考慮動質點之平衡時，通常將假想大小相等、方向相反的力，稱爲慣性力，離心力亦屬其中一種。

設力f作用於質量m知物體，產生a加速度之運動方程式爲

$$f = ma$$

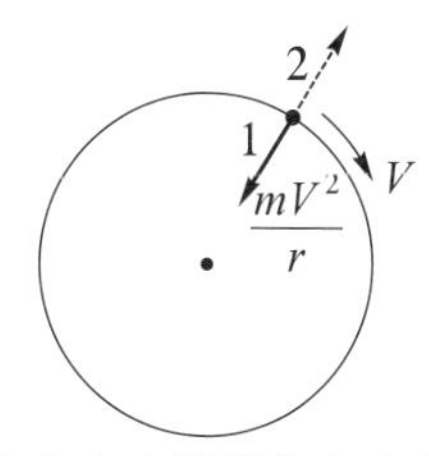

圖 3.24 向心力與離心力

假設物體另有一ma的慣性力，才使物體平衡，此就是達蘭伯定理，極適用於解決動力學之問題，但如擊球線中斷，使向心力消失，則球必定沿著圓周的切線方向飛出，但此並非離心力使然，球向切線方向飛離，是因物體慣性之故。

7. 迴轉體與慣性矩

剛體對直線軸以角速度ω迴轉時，物體質量m的任意微小部分的能量W爲

$$W = \frac{1}{2}mr^2\omega^2$$

物體各點m_1、m_2、$\cdots m_n$可依此求法，因其各點的迴轉臂爲r_1、$r_2 \cdots r_n$，故得

$$W = \frac{1}{2}\omega^2 \sum_{i=1}^{i=n} m_i r_i^2$$

式中之$m_1 r_1^2$稱爲迴轉體的慣性矩，其爲迴轉運動的重要因素，可用I表示，則

$$W = \frac{1}{2}I\omega^2$$

設物體的總質爲M時，可得下列關係

$$I = MK^2，K = \sqrt{\frac{I}{M}}$$

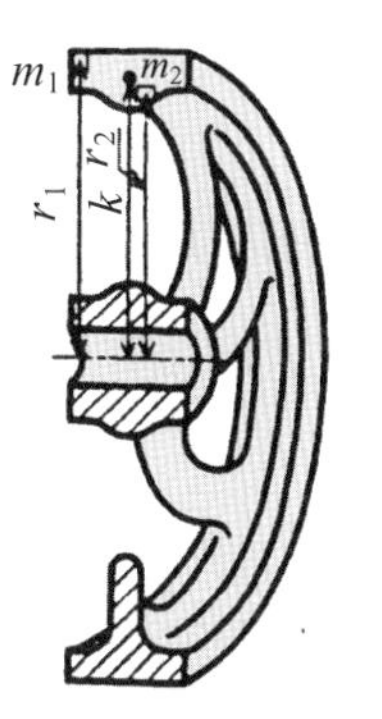

圖 3.25 迴轉體

如將總質量視爲集中於從迴轉軸算起，距離K點時，則慣性矩與I相等，K稱爲此物體之迴轉半徑。

3.4 作功與能量

力作用於重量爲ω之物體，移動x距離時，則力對物體做功(圖 3.26)，功可由下式表示。

$$W = \omega x$$

物體有做功之能力或實現功時，物體應具做功之要素，稱爲能(量)。

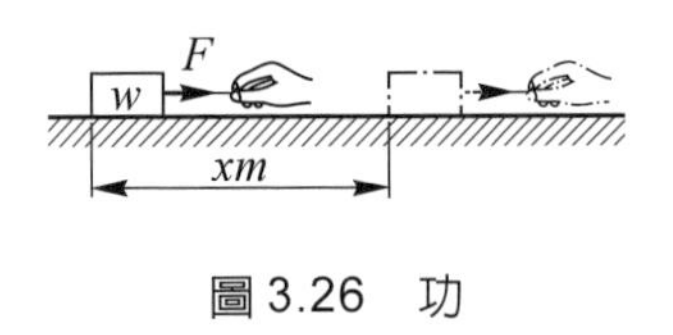

圖 3.26 功

1. 動力(功率)

單位時間內完成之功稱爲功率，設做功時耗費時間爲t，則

$$功率 = \frac{\omega x}{t} \ (\text{kgf} \cdot \text{m/h})$$

工業界常使用馬力或千瓦做爲功率單位。

2. 位能

物體在高處落下做功時，稱爲此物體具有位能，設質量m之物體自h高處落下，則此物體之位能爲：

$$P.E = mgh$$

式中，g爲重力加速度(圖 3.27)。

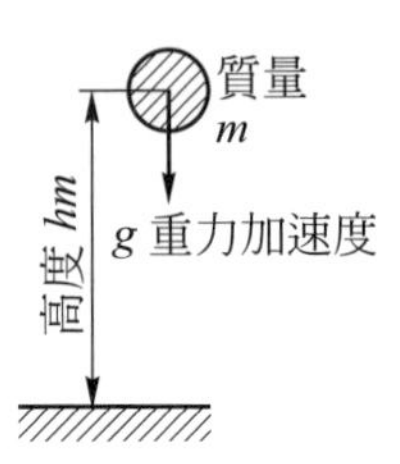

圖 3.27 位能

3. 動能

質量m之物體以速度V運動，較靜止時增加$1/2mV^2$之能量(圖 3.28)，稱爲動能。

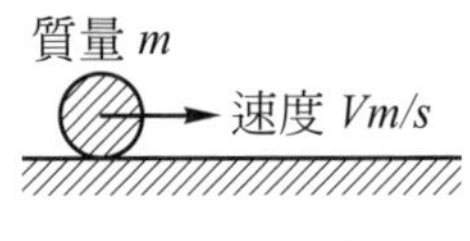

圖 3.28 動能

動能KE爲：

$$K.E = \frac{1}{2} mV^2$$

3.5 摩 擦

1. 摩擦力

要使靜止之物體運動時，所加力量若未達到特定程度則無法移動，而且，正在運動中的物體，如除去外力，物體即靜止，此乃由於相接觸物體接觸面間存在阻力之故，此爲摩擦力，物體由靜止開始運動時，接觸面的相對阻力爲靜摩擦，而運動中物體接觸面的相對阻力爲動摩擦。

2.　摩擦係數與摩擦角

加力於靜止之物體，開始運動前瞬間最大阻力，稱爲最大靜止摩擦力，單稱摩擦力時，通常是指最大靜止摩擦阻力，如圖 3.29 所示，摩擦力F與物體垂直方向分力N成正比：

$$F = \mu N$$

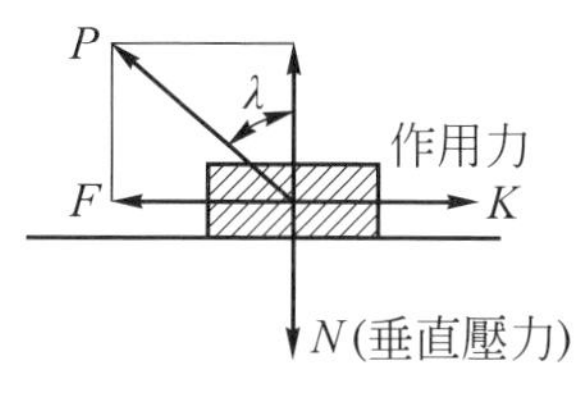

F 摩擦力，λ摩角擦

圖 3.29　摩擦力

式中μ爲比例常數，取決於接觸物體與接觸面的狀態，稱之爲摩擦係數。

最大靜止摩擦力與分力x之合力和垂直方向的夾角λ (λ稱爲摩擦角)，相對間之關係如下

$$\tan\lambda = \frac{F}{N} = \mu$$

3.　滑動摩擦與滾動摩擦

兩物體接觸滑動時之摩擦爲滑動摩擦(表 3.1)，一物體在另一物體上滾動時之摩擦稱爲滾動摩擦(表 3.2)，滾動摩擦的摩擦力遠小於滑動摩擦，因此如在搬運笨重物件時，底下要舖滾子，即基於此理。

表 3.1　滑動摩擦

1
2

表面之種類	μ
木材與材	0.25～0.50
木材與麻繩	0.35～0.50
木材與鑄鐵	0.20～0.60
金屬與金屬	0.15～0.20
金屬與皮革	0.56
木材與皮革	0.27

表 3.2　滾動摩擦

1
2

車輪 (1)	平面 (2)	μ
硬木	硬木	0.05～0.08
鑄鐵	鑄鐵	0.005
軟鋼	軟鋼	0.005
淬火之鋼珠	鋼製軸承	0.0005～0.001

參考圖 3.30，物體置於斜面上，如斜面之斜角逐漸增加，直到物體開始滑落之傾斜角λ，則：

$$K = W\sin\lambda$$
$$N = W\cos\lambda$$

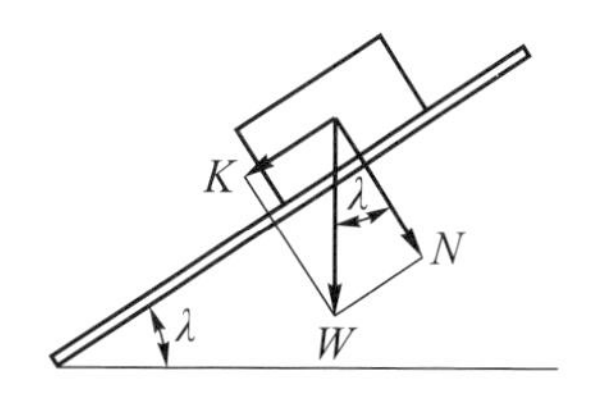

圖 3.30　物體在斜面上

式中；W＝物體之重量，K＝物體重量沿斜面之分力，N＝物體重量對斜面之分力。

物體在斜面上開始滑動時，可得下列關係

$$K > F$$

式中$F = \mu N = \tan\lambda \cdot N$

且，車輪在地面上滾動之情況：

$$M = \mu' N$$

$$K = \frac{M}{\tau} N$$

式中N＝垂直負荷

M＝摩擦力矩

μ'＝滾動摩擦係數

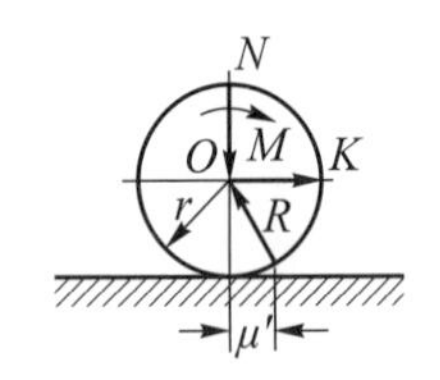

圖 3.31 車輪滾動

3.6 振 動

物體在等時間間隔內重覆相同狀態或特定狀態之現象，稱爲振動，此定時間之間隔稱爲振動週期。

1. 非(不)阻尼自由振動

無外力作用之振動稱爲自由振動，無系統的阻尼作用時，質量的運動方程式表示爲(參考圖 3.32)：

$$m\ddot{x} + KX = 0$$

或 $$\ddot{x} + p^2 x = 0 \quad \cdots\cdots(1)$$

式中K彈簧常數，$p^2 = k/m$

且(1)式的解爲

$$x = A\cos(pt - \theta) \quad \cdots\cdots(2)$$

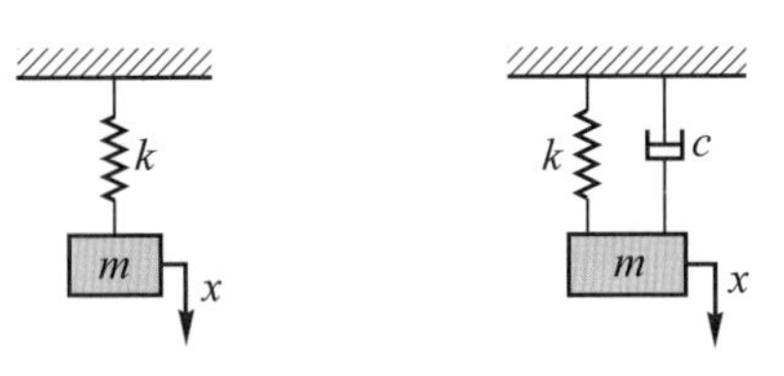

圖 3.32 非阻尼 1 自由度系統　圖 3.33 黏性阻尼 1 自由度系統

常數A，θ由初期條件決定，位移x是對時間t所做的週期運動，如此之振動稱爲簡單振動或調諧振動，此處，A爲振幅，$P = \sqrt{K/m}$爲圓振動數，θ爲初相位。振動數、週期T及圓振動數P之間的關係爲：

$$fn = \frac{1}{T} = \frac{p}{2\pi} \text{ (Hz 或 c/s)} \quad \cdots\cdots(3)$$

簡單振動的週期振動數由系統的m與k決定，此振動數稱爲原振動數。

表 3.3 是指示各種彈簧用彈性體的振動系統的原振動數。

2. 阻尼自由振動

阻尼力是摩擦或非彈性的阻力，即由於空氣阻力及內部摩擦等使振動的能量須經周圍的媒介物逃出至系統外散熱時，引起的運動阻力，可分黏性阻尼、構造阻尼、緩衝阻尼等。

表 3.3　1自由度系統的原振動數

f_n：原振動數，J：以振動中心軸廻轉之振動體之慣性矩，E，G：彈簧，棒，桿材料之縱彈性係數，橫彈性係數，I：剖面慣性矩，I_p：圓剖面軸之慣性矩					
(1) 縱振動 $f_n=\frac{1}{2\pi}\sqrt{\frac{k}{m}}$	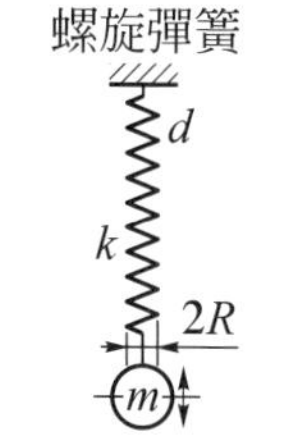 螺旋彈簧	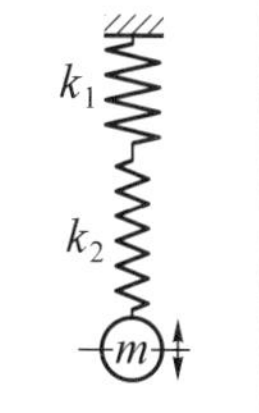	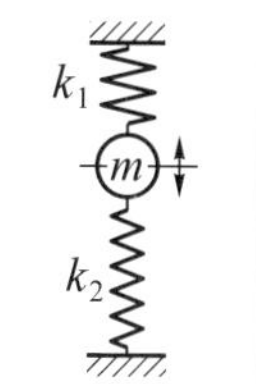	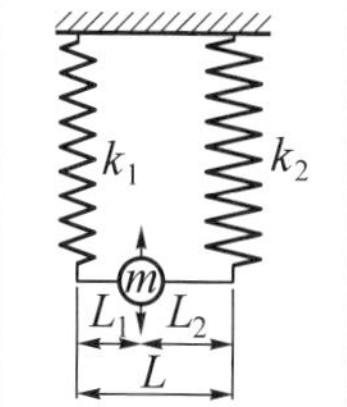	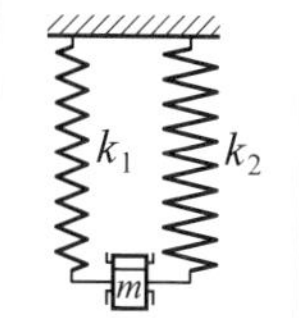
	$k=\frac{Gd^3}{64nR^3}$ n…有效圈數	$k=\frac{k_1k_2}{k_1+k_2}$	$k=k_1+k_2$	$k=\frac{k_1k_2l^2}{k_1l_1^2+k_2l_2^2}$	$k=k_1+k_2$
(2) 橫振動 $f_n=\frac{1}{2\pi}\sqrt{\frac{k}{m}}$	$k=\frac{3EI}{l^3}$	$k=3EI\frac{l}{l_1^2l_2^2}$	$k=3EI\frac{l^3}{l_1^3l_2^3}$		
(3) 螺旋振動 $f_n=\frac{1}{2\pi}\sqrt{\frac{k}{J}}$	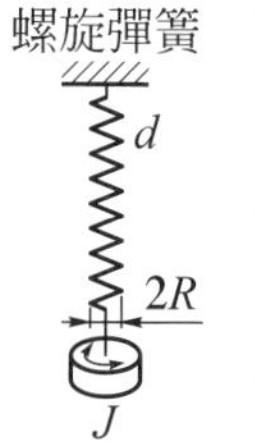 螺旋彈簧	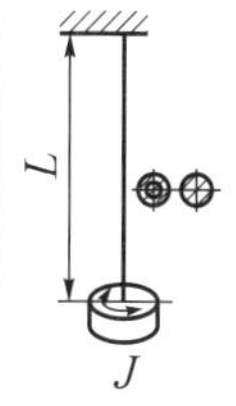	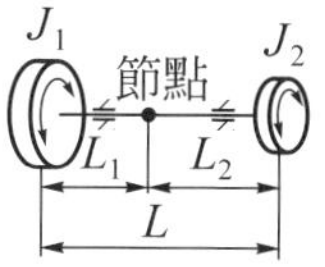 節點	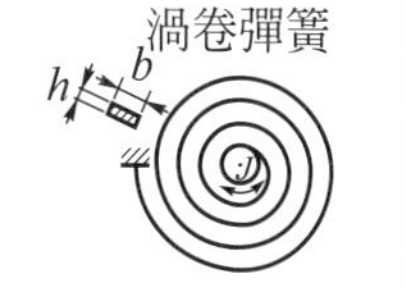 渦卷彈簧	
	$k=\frac{Ed^4}{128nR}$ n…有效圈數	$k=\frac{GI_p}{l}$	$k=\frac{GI_p}{l}$，$J=\frac{J_1J_2}{J_1+J_2}$ $\frac{l_1}{l}=\frac{J_2}{J_1+J_2}$，$\frac{l_2}{l}=\frac{J_1}{J_1+J_2}$	$k=\frac{EI}{l}$ l=彈簧全長 $I=\frac{bh^4}{12}$	

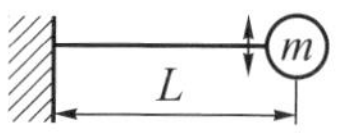

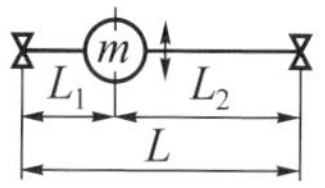

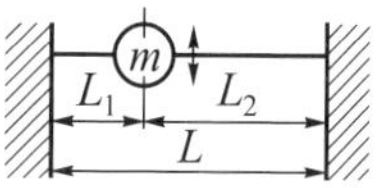

阻尼力與速度成比例的黏性阻尼力作用時，運動方程式為(參考圖 3.3)：

$$m\ddot{x} + c\ddot{x} + kx = 0$$

$$\ddot{x} + 2\beta\rho\ddot{x} + p^2x = 0 \quad \text{.......(4)}$$

式中；$\beta=c/2\sqrt{km}$，$\rho=\sqrt{k/m}$，設c為正常數之阻尼係數，則(4)式解之c值的運動變為無週期運動或阻尼運動，此情況的c值$C_c=2\sqrt{km}$稱為臨界阻尼係數，且$\beta=C/C_c$為黏性阻尼比率，由$\beta \gtreqless 1$時可得下列不同之解：

(1)　$\beta>1(C>C_c)$時

$$x=e^{-\beta pt}(Ae^{p\sqrt{\beta^2-1}\cdot t}+Be^{-p\sqrt{\beta^2-1}\cdot t}) \quad \text{....(5)}$$

上式接近無振動之平衡位置，此狀態稱爲阻尼狀態。

(2) $\beta=1(C=C_c)$時

$$x=e^{-pt}(A+Bt) \quad \cdots\cdots(6)$$

(3) $\beta<1(C<C_c)$時

$$x=e^{-\beta pt}(A\cos p\sqrt{1-\beta^2}t+B\sin p\sqrt{1-\beta^2}t)=Ce^{-\beta pt}\sin(\sqrt{1-\beta^2}pt+\theta) \quad \cdots\cdots(7)$$

上式之振幅隨時間而減小之阻尼振動，其振動週期爲

$$T=\frac{2\pi}{p\sqrt{1-\beta^2}} \quad \cdots\cdots(8)$$

振幅的減少係成等比級數，一週期的振幅由$C_c{}^{-\beta pt}$減少至$C_e{}^{-\beta p(t+T)}$，二振幅之比爲定値，稱爲阻尼比，設阻尼比爲Δ，則

$$\Delta=e^{\beta pT} \quad \cdots\cdots(9)$$

取其自然對數，則稱對數阻尼比：

$$\lambda=\log\Delta=\beta pT=\frac{2\pi\beta}{\sqrt{1-\beta^2}} \quad \cdots\cdots(10)$$

(7)式中A、B爲任意常數，而c、θ取決於初期條件。

3. 強制振動

系統受外部強制力產生動作，而引起的振動稱爲強制振動。

(1) **非阻尼強制振動**：如圖 3.32 之質量m以$F(t)=F_o\sin\omega t$動作時，運動方程式爲

$$m\ddot{x}+kx=F_o\sin\omega t$$

$$\ddot{x}+p^2x=\frac{P_o}{m}\sin\omega t \quad \cdots\cdots(11)$$

其解$p\neq\omega$時可用下式表示：

$$x=A\cos pt+B\sin pt+\frac{F_o/k}{1-(\omega^2/p^2)}\sin\omega t \quad \cdots\cdots(12)$$

(12)式右邊第一項是自由振動，第二項是強制振動，且F_o/k爲靜位移x_{st}，強制振動項的振幅爲x_{max}時稱爲x_{max}/x_{st}倍率，$p=\omega$時，振幅無限大，此現象稱爲共振。

(2) **黏性阻尼強制振動**：圖 3.33 的質量m以$F(t)$動作時之運動方程式爲：由(4)式可知：

$$(\ddot{x})+2\beta p\dot{x}+p^2x=\frac{F_o}{m}\sin\omega t \quad \cdots\cdots(13)$$

其解爲

$$x=Ae^{-\beta pt}\cos(p\sqrt{1-\beta^2}t+\theta)+\frac{F_o/k}{\sqrt{\{1-(\omega^2/p^2)\}^2-4\beta^2\omega^2/p^2}}\sin(\omega t-\gamma) \quad \cdots\cdots(14)$$

式中

$$\gamma=\tan^{-1}\left(\frac{2\beta\omega/p}{1-(\omega^2/p^2)}\right)$$

(14)式中第一項的自由振動雖因時間變化使阻尼力漸消失，但強制振動項制定振幅的調諧振動，故仍持續定振動，這種定常狀態，換言之存有自由振動之狀態，稱爲過度振動，系統受外力作用

反應時，通常會產生這種過度振動問題，另外，外力$F(t)$無法以調諧係數表示時，無法變為定常狀態。

由⒁式的強制振動，可得振幅，相位對振動比及阻尼比率之關係，如圖 3.34 所示，此圖稱為共振曲線圖。

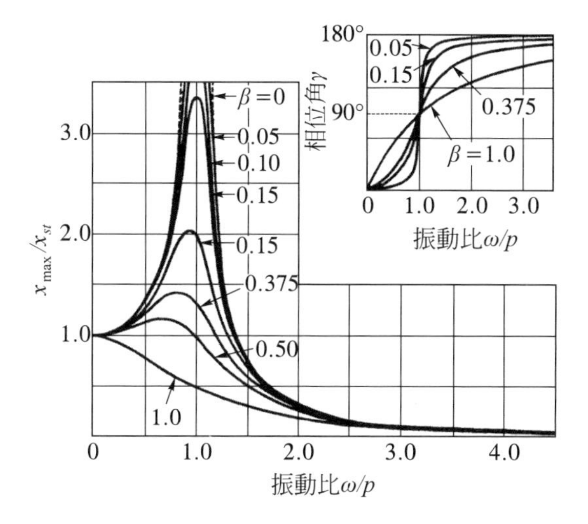

圖 3.34　共振曲線

材料力學

4.1 應 力

材料受力作用時，爲了平衡外力，材料內部產生方向相反的同量抵抗力，稱爲內力，單位面積的內力稱爲應力，若抗衡的應力小於外力則材料遭受破壞。

1. 拉應力與壓應力

材料受拉伸力P作用時，材料內部產生拉應力σ_t；長度不致太長(對斷面積而言)的材料受壓縮力P作用時，材料內部產生壓應力σ_c。

$$拉應力\sigma_t=\frac{P}{A}\ (\text{kgf/cm}^2)$$

$$壓應力\sigma_c=\frac{P}{A}\ (\text{kgf/cm}^2)$$

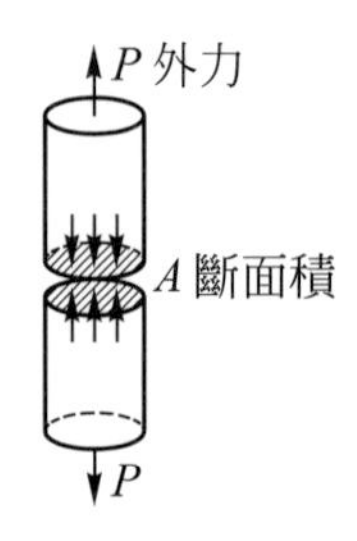

圖 4.1 應力

2. 剪應力

用鐵皮剪刀剪切板金材料時，如圖 4.2 所示，材料極相近之兩點受平行力作用，此時之外力稱爲剪力，參考圖中$X-X$剖面所示，爲了平衡此外力，沿此剖面必須產生內力，此爲剪應力，剪力F所誘導的剪應力爲τ時；

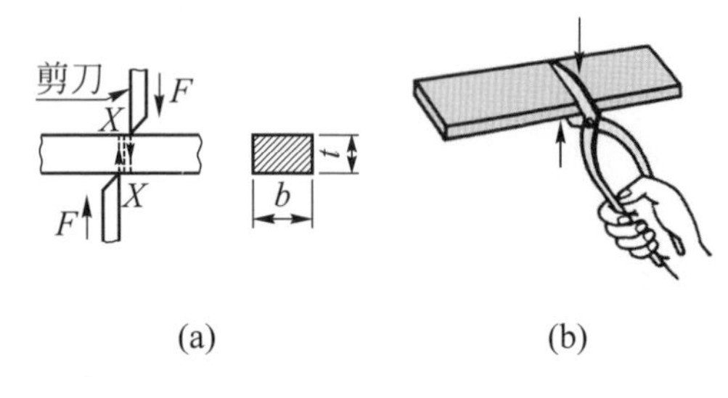

圖 4.2 剪應力

$$\tau=\frac{F}{A}\ (\text{kgf/cm}^2)$$

A爲剖面積

以上之拉應力與壓應力係與材料剖面呈直角作用，故稱直角應力，因剪應力係沿材料剖面發生，故又稱爲切線應力，以上三種應力均爲簡單應力，其它應力通常可由單純應力之合成求得。

3. 負荷

作用在物體的外力稱爲負荷，負荷從作用方式可分動負荷及靜負荷兩種。

動負荷係：

⑴ 重覆單方向振動的覆變負荷。

⑵ 拉力及壓縮力交互作用之交變負荷。

與上述相反，無急激變化的靜止作用負荷，稱爲靜負荷。

4. 應變

材料受外力作用時，產生抵抗應力之同時，亦出現變形之情況，變形後的材料與原狀態相比之程度稱爲應變。

因拉力而生之應變爲拉應變，因壓縮

力而生之應變爲壓縮應變，設材料的原長度爲l，受外力作用時的長度爲l'，應變爲ε，則

$$\varepsilon=\frac{l'-l}{l}=\frac{\lambda}{l}$$

上述情況，由於外力方向相反，所以拉應變與壓縮應變的ε分別用正與負區別。

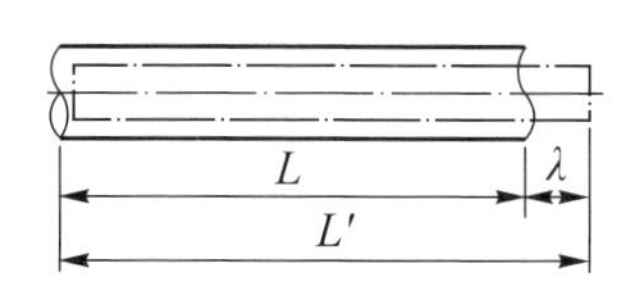

圖 4.3　拉應變

因剪力而生的應變，稱爲剪應變，此情況如圖 4.4 所示，應變爲對ab所生之變形bb'，此應變如在後述的彈性限內，其値極小，可視爲等於同圖中ϕ(徑)，因此，剪應變可由下式求得

$$\varepsilon=\phi\doteqdot\frac{bb'}{ab}\ (\text{rad})$$

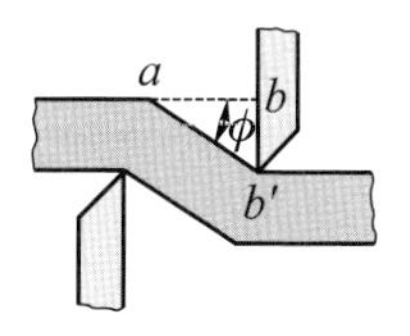

圖 4.4　剪應變

5.　彈性與彈性限

如材料受一定限制範圍內之外力作用時，外力除去後，材料內應力及應變消失，恢復原狀態，這種材料性質稱爲彈性，但材料受超過一定限度之外力作用時，即使外力除去，仍會留下部分應變，此限度稱爲彈性限。在此限度內，應變的變化與外力成正比，此爲虎克定律，外力除去後，殘留無法恢復的應變，稱爲永久應變。

鐵、鋼等彈性限非常明顯，但鑄鐵、銅、砲銅等則非常不明顯。

將試想安置於材料試驗機，逐漸增加負荷使材料伸長記下試桿裂斷過程中試驗應力與試桿誘導應變的關係，如圖所示曲線，稱爲應力-應變圖，此應力-應變圖之形式隨不同材料而異。

圖 4.5 所示爲應力-應變圖之一例，由負荷開始作用起，至彈性限內止。材料依虎克定律，應力與應變之關係成正比，如圖OA直線所示，如負荷再繼續增加，應變突然增加，曲線BC部分係材料表面開始出現皺紋，此點稱爲降伏點，超過此點後，加工硬化使應力與應變大幅增加，直到最大之O點，在此附近，材料開始產生頸縮，應力降低，應變愈加增大，直至E點破裂。

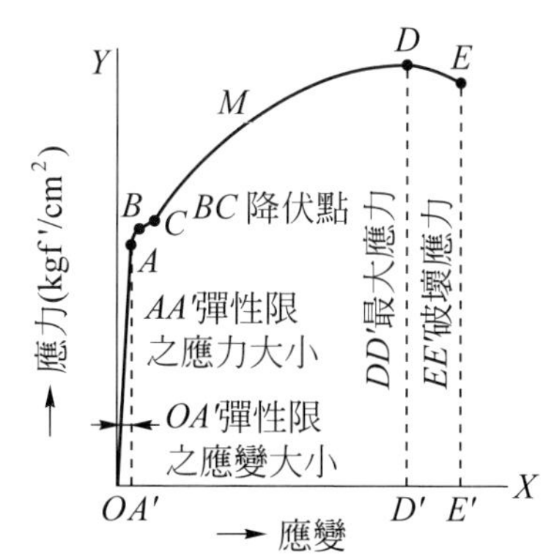

A：彈性限界，B：上降伏點
C：下降伏點，AE：永久應變

圖 4.5　應力-應變圖

D點之應力，稱爲材料的最大應力，E點的應力稱爲破壞應力，這兩點極接近，最大應力亦稱極限應力，上述兩者無明顯區別，常被混用。

材料如果沒有明顯的降伏點，通常以產生 2 %的永久應變做爲降伏點。

6. 縱彈性係數、橫彈性係數與體彈性係數

設有角應力爲σ，應變爲ε，則其關係如下

$$E=\frac{\sigma}{\varepsilon}$$

材料的E係固定常數，此爲縱彈性係數，楊氏係數或簡稱彈性係數。

同理可知剪應力τ，應變ϕ之關係爲：

$$G=\frac{\tau}{\phi}$$

G稱爲橫彈性係數或剛性係數。

以上之係數用來表示材料應變之難、易程度，是瞭解材料強弱的重要因素。

由以上各式，代入拉應力及應變可得

$$E=\frac{\sigma}{\varepsilon}=\frac{\frac{P}{A}}{\frac{\lambda}{l}}=\frac{Pl}{A\lambda}\quad \therefore \lambda=\frac{Pl}{AE}$$

λ爲長度l桿之伸長，若代入剪應力及應變可得：

$$\lambda_s=\frac{Pl}{GA}$$

表 4.1 材料之強度表

材料	縱彈性係數	橫彈性係數	彈性限	降伏點	極限強度 (N/mm²)			比重
	E (N/mm²)	G (N/mm²)	σ_d (N/mm²)	σ_s (N/mm²)	拉伸 f_t	壓縮 f_c	剪斷 f_s	
熟鐵(與纖維平行)	196×10^3	75×10^3	≧127	176 200	320 370	$=\sigma_s$	250 320	7.85
軟鋼	206×10^3	79×10^3	≧176	≧185	330 440	$=\sigma_s$	280 370	〃
鋼	216×10^3	83×10^3	245 490	≧275	440 880	$=\sigma_s$(硬質) $\leqq f_t$(軟質)	>400	〃
彈簧鋼(未淬火)	216×10^3	83×10^3	≧490	—	≧ 980	—	—	〃
彈簧鋼(淬火)	216×10^3	83×10^3	≧735	—	≧1660	—	—	〃
鑄鐵	74×10^3 103×10^3	26×10^3 39×10^3	— —	— —	120 235	690 830	130 250	7.3
鑄鋼	211×10^3	81×10^3	≧196	≧205	350	質鋼同	390	7.85
黃銅(鑄造) (壓延)	78×10^3 108×10^3	29×10^3 49×10^3	63 —	— —	150 150	100 —	150 150	8.5
青銅	88×10^3	—	—	—	200	—	—	8.8
鋁(鑄造) (壓延)	67×10^3 72×10^3	25×10^3 —	— 47	— —	100 150	— —	— —	2.56 〃
銅	118×10^3	39×10^3	—	—	200	—	—	8.6

表 4.2　容許應力

材料	拉伸 σ_t (N/mm²)			壓縮 σ_c (N/mm²)		彎曲 σ_b (N/mm²)			剪斷 τ (N/mm²)			扭轉 τ (N/mm²)		
	a	*b*	*c*	*a*	*b*	*a*	*b*	*c*	*a*	*b*	*c*	*a*	*b*	*c*
熟鐵	90	60	30	90	60	90	60	30	70	50	23	35	23	10
軟鋼	90～150	60～100	30～50	90～150	60～100	90～150	60～100	30～50	70～120	50～80	23～40	60～120	40～80	20～40
硬鋼	120～180	80～180	40～60	120～180	80～120	120～180	80～120	40～60	90～140	60～90	30～50	90～140	60～90	30～50
淬火彈簧鋼	—	—	—	—	—	735	50	—	—	—	—	590	390	—
鑄鋼	60 120	40 80	20 40	90 150	60 100	70 120	50 80	25 40	50 90	30 80	15 30	50 90	30 60	15 30
鑄鐵	30	20	10	90	60	40	30	15	30	20	10	30	20	10
銅(壓延)	60	30	—	40 50	26 —	—	—	—	—	—	—	—	—	—
磷青銅	70	45	—	60 90	—	—	—	—	50	30	—	30	20	—
青銅	30	20	10	30 40	10	—	—	—	—	—	—	—	—	—
黃銅	20	15	—	40 60	26	—	—	—	—	—	—	—	—	—

[備註] 表中數值只對無衝擊而言。有衝擊之場合，則取其 1/2。若有不明確之內力時，則應取其小值。
表中 *a* 爲靜負荷，*b* 爲反復振動負荷，*c* 爲交變負荷。*a* :*b* :*c* :3:2:1。

7. 材料的極限強度、容許應力與安全因素

材料受破壞前，材料承受之最大應力，除以當時材料之斷面積，稱爲該材料之極限強度，破壞強度有時視同極限強度。

材料遭受破壞時的應力，稱爲破壞應力，材料受外力而又可安全工作的應力稱爲容許應力，又稱工作應力或常用應力，破壞應力與容許應力之比稱爲安全因素：

$$安全因素=\frac{破壞應力}{容許應力}$$

(參考表 4.1～4.3)

表 4.3　安全因素

材料	靜負荷	活負荷		
		覆變	交變	衝擊
鑄鐵	4	6	10	15
軟鋼	3	5	8	12
鑄鋼	3	5	8	15
銅與合金	5	6	9	15
木材	7	10	15	20
石材、混泥土	20	30	(25)	(30)

8. 蒲松比

材料的縱應變與橫應變的比是爲常數，其比值稱爲蒲松比，以$1/m$表示，縱彈性係

數E、橫彈性係數G與體積彈性係數K之關係爲

$$G=\frac{mE}{2(m+1)}$$

$$K=\frac{mE}{3(m-2)}$$

物體受熱或冷卻時，因膨脹與收縮，故發生對應之應力，稱爲熱應力。

兩端固定之長棒l，溫度自t_o℃上升到t℃時之熱應力爲σ_e爲：

$$\sigma_e=E\varepsilon=E\frac{\lambda}{l}=E\frac{\alpha(t-t_o)l}{l}$$
$$=E\alpha(t-t_o)$$

α爲膨脹係數。

4.2 樑

1. 樑的種類

受彎曲負荷之棒稱爲樑，樑的種類有一端固定，一端自由的懸臂樑，兩端皆固定的樑，兩端支持之樑，一端固定，一端支持的樑，三個以上支座的連續樑。(參考圖 4.6)

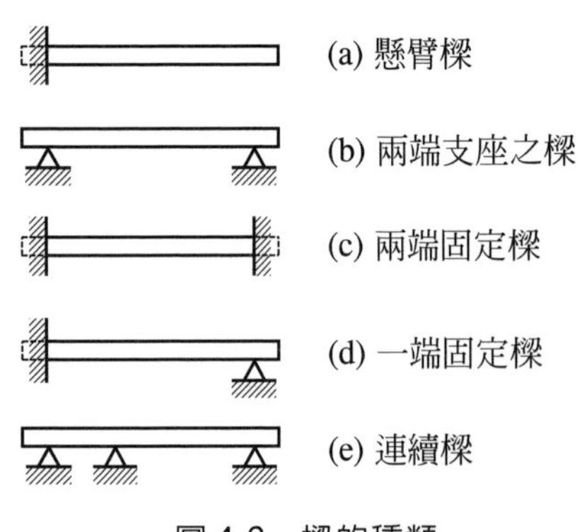

圖 4.6 樑的種類

作用於樑的負荷，如圖 4.7 所示。

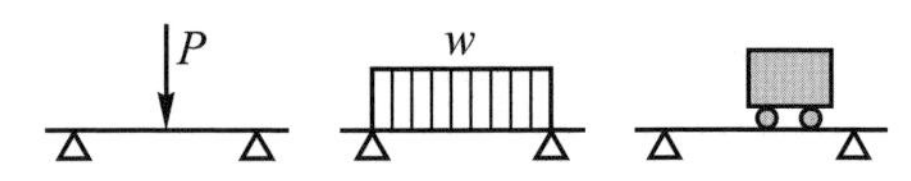

(a) 集中負荷 (b) 分布負荷 (c) 移動負荷

圖 4.7 負荷之種類

2. 樑之作用力與強度

設作用於樑之未知抗力爲外力，樑爲了平衡此外力，外力之垂直與水平分力對任意點迴轉的力矩總和須爲 0。

設任意點迴轉之力矩爲M，則：

垂直方向$\Sigma Y=0$
水平方向$\Sigma X=0$
力矩$\Sigma M=0$

由上式求得未知抗力之樑係靜力樑，考慮變形條件及境界條件求得未知抗力之樑爲不靜力樑。

(1) **反作用力**：如圖 4.8(a)所示，樑軸以A、B兩點支承，受垂直負荷作用時，樑爲了平衡，軸上之A、B點各產生垂直反作用力R_1與R_2，此情形下，平衡的條件可由下式得知

$$R_1=\{P_1(l-l_1)+P_2(l-l_2)\}\times\frac{1}{l}$$

$$R_2=(P_1l_1+P_2l_2)\times\frac{1}{l}$$

$$P_1+P_2=R_1+R_2$$

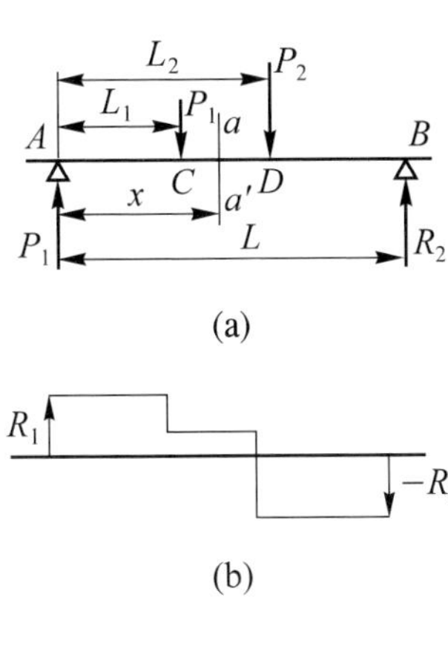

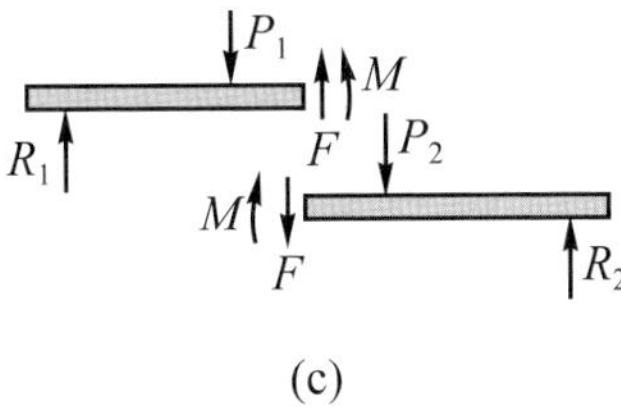

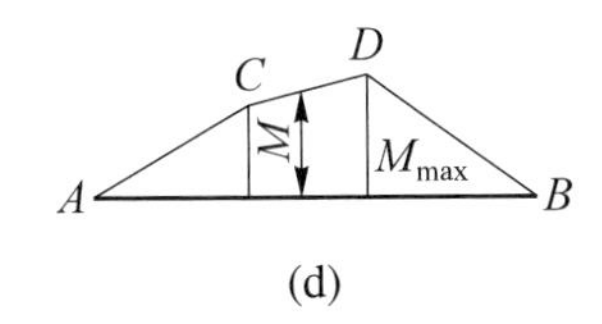

圖 4.8　反作用力、剪力、彎曲力矩

式中：P_1、P_2爲集中負荷，l_1、l_2爲A到P_1、P_2之距離，l爲支點間的距離，R_1與R_2是反作用力。

⑵　**剪力**：參考圖 4.8(a)，斷距A與支點A距離X之處，設樑斷面爲aa'，則斷面左右部分爲保持平衡，故剪力F作用在此斷面(圖 4.8(b))，剪力F爲：

$$F = R_1 - P_1$$

此情形下，各斷面的圖示剪力，稱爲剪力圖，其正、負如圖 4.9 所示。

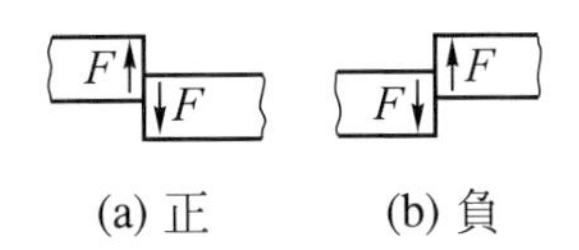

圖 4.9　剪力之正負

⑶　**彎曲力矩**：樑受外力時產生彎曲，係因外力引起力矩所致，此力矩稱爲彎曲力矩，樑之斷面受彎曲力矩時，爲了保持平衡，必然產生抵抗力矩。如圖 4.8 (a)所示，彎曲力矩由以下表示：

$$M = R_1 x - P_1(x - l_1)$$

最大彎曲力矩M_{max}係發生在剪力爲零之斷面，此斷面稱爲危險斷面，如圖 4.8(b)所示，樑之各斷面圖示彎曲力矩，稱爲彎曲力矩圖，其正、負如圖 4.10 所示。

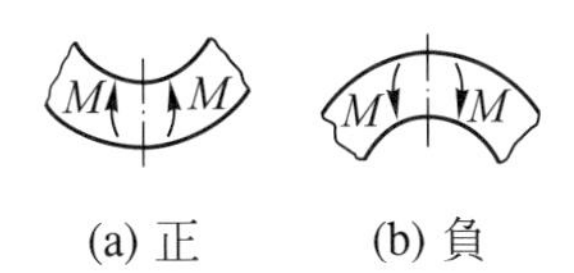

圖 4.10　彎曲力矩的正、負

任意斷面的剪力F與彎曲力矩M的關係爲：

$$\frac{dM}{dx} = F$$

分佈負荷ω與剪力F之關係爲：

$$\frac{dF}{dx} = -\omega$$

⑷　**彎曲應力**：樑受彎曲力矩作用時，樑的上面受拉力作用，下面受壓縮力作用，這兩力都向樑斷面的中央逐漸降低，因而存在一面不受拉力，也不受壓縮力作用的中立面，中立面通過樑之剖面重

心，以此中立面爲界，樑的上面產生拉應力，下面爲壓應力，均稱爲彎曲應力，可用來表示樑的強度。

考慮以上樑之基本強度，可得下列公式：

其彎曲應力σ_b爲

$$\sigma_b=\frac{M}{Z}$$

式中

M＝彎曲力矩

又Z稱爲斷面係數，斷面係數Z爲

$$Z=\frac{I}{y}$$

剪應力τ爲

$$\tau=\frac{FS}{Z_1 I}$$

式中

I＝斷面慣性矩＝$\int_A y^2 dA$

S＝斷面一次矩＝$\int_A y dA$

Z_1＝自中立軸到任意距離的橫斷面寬

I是中立面的軸(稱爲中立軸)之慣性矩，y是自中立軸到截面上任意點之距離(圖 4.11)。各種截面之I與Z值如附錄(附表 3)所示，必要時參考此表即可。

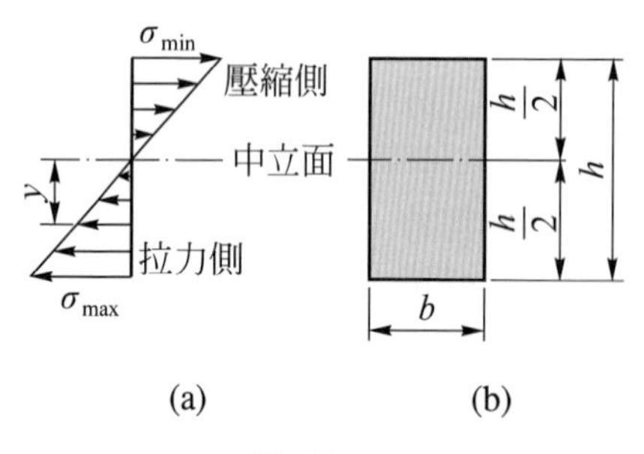

圖 4.11

(5) **樑斷面形狀的選擇**：圖 4.11 所示圖例，係自中立軸到最大拉力及最大壓縮力之距離相等情況，亦即斷面對中立軸呈對稱形狀關係。

圓、正方形、長方形等，斷面通常對中立軸呈對稱關係，最大拉力與最大壓縮力相等，但如T形及L形之非對稱形斷面卻不相等，圖 4.12 所示爲T型斷面彎曲應力，由此可知，對壓縮力與拉力之強度相等者，例如：鋼類材料，最好選用對稱形斷面樑，對鑄鐵類抗拉力弱者，最好選用最大壓縮力極大、最大拉力極小之斷面樑。

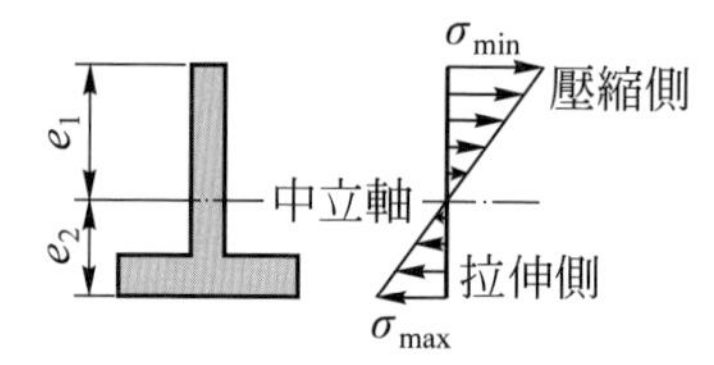

圖 4.12　非對稱形斷面之彎曲應力

(6) **懸臂樑之強度**：設懸臂樑之彎曲應力爲σ_b則：

$$\sigma_{b\max}=\frac{M}{Z}$$

懸臂樑的負荷如均勻分佈於全長時，稱爲分佈負荷，均佈負荷ω作用於樑時：

$M=\omega l^2$

ωl爲均佈負荷的總合，故

$\omega l=W$或$M=Wl$

設自由端之撓度爲δ，則

$$\delta=\frac{Wl^3}{3EI}$$

式中

E＝楊氏係數

樑因彎曲力矩而彎曲時，任意斷面的彎曲力矩M與曲線的曲率半徑關係如下式：

$$\frac{d^2y}{dx^2}=\pm\frac{M}{EI}$$

式中

M＝彎曲力矩

由樑的種類與作用負荷，解上式所得結果摘錄於表 4.4。

(7) **兩端支持樑之強度**：兩端支持樑的支點爲平衡負荷產生及作用力，因此求兩端支持樑的彎曲力矩時，須先求支點的反作用力，取樑上任意點，自右支點求取力矩，並自左支點求取力矩，因兩力矩須平衡，故保持相等。集中負荷作用在中央時：

$$M_{\max}=\frac{Wl}{4}，\sigma_{b\max}=\frac{Wl}{4Z}$$

負荷作用偏向任一端時之反作用力爲

$$反作用力R_1=\omega\times\frac{l_2}{l_1+l_2}=\frac{\omega l_2}{l}$$

$$反作用力R_2=\omega\times\frac{l_1}{l_1+l_2}=\frac{\omega l_1}{l}$$

$$M_{\max}=R_1l_1=R_2l_2$$

(8) **兩個以上負荷作用之情況**：考慮ω_1與ω_2荷重作用於樑上兩點(圖 4.13)。可由B點之力矩求出R_1，即由ω_1與ω_2在B點所產生之力矩保持平衡，可得下式

$$R_1l-\omega_1(l_2+l_3)-\omega_2l_3=0$$

$$由上式可求得R_1=\frac{\omega_1(l_2+l_3)+\omega_2l_3}{l}$$

$$\therefore R_2=(\omega_1+\omega_2)-R_1$$

兩個以上負荷作用時亦相同，因自最左端求得之値，與自最右端者相同，故可選較有利者使用。

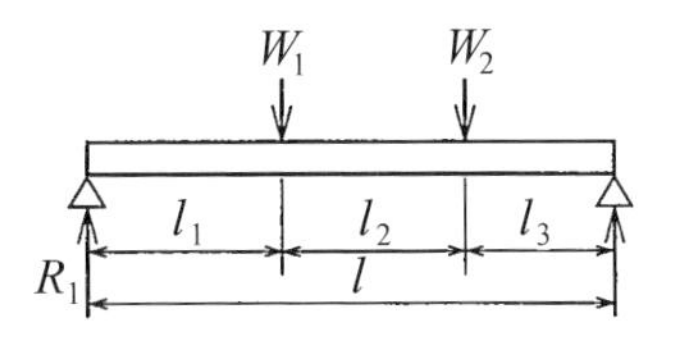

圖 4.13　兩個以上負荷作用之情況

圖 4.14 是兩端支持樑受P_1＝ 300 kgf，P_2＝ 700 kgf，P_3＝ 1200 kgf 三個負荷作用時，彎曲力矩與剪力圖之例。

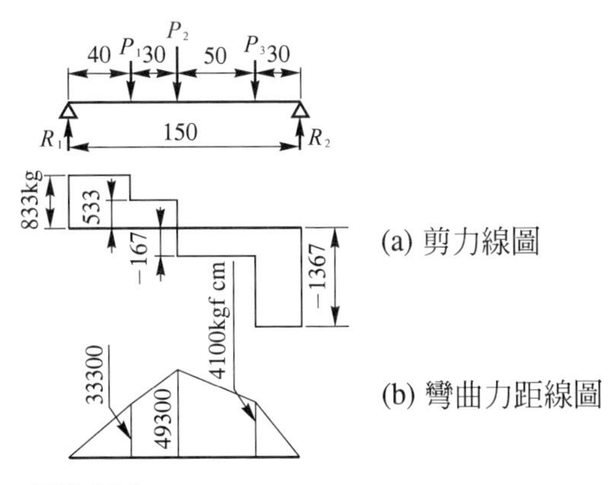

反作用力

R_1 =833kgf

R_2 =P_1 +P_2 +P_3 − R_1 =2200−833=1367kgf

剪力

R_1P_1間　F=R_1 =833

P_1P_2間　F=R_1 − P_1 =533

P_2P_3間　F=R_1 − P_1 − P_2 =−167

P_3R_2間　F=R_1 − P_1 − P_2 − P_3 =−R_2

=−1367

圖 4.14　二個以上負荷作用時的力矩與剪力

圖 4.15 與表 4.4 是各種樑的計算、剪力圖與彎曲力矩圖例。

表 4.4　樑的計算

	樑的種類	$M(M_{max})$	R_1	R_2	最大撓度	F
靜定樑	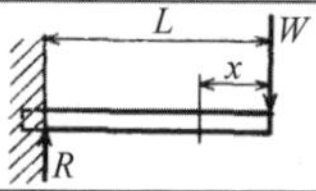 L W x R	$M_x = Wx$ $M_{max} = Wl$	$R_1 = W$	—	$\frac{Wl^3}{3EI}$ (自由端)	W
	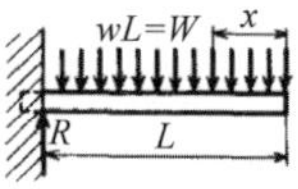 wL=W x R L	$M_x = \frac{wx^2}{2}$ $M_{max} = \frac{1}{2}wl^2$	$R_1 = wl$	—	$\frac{wl^4}{8EI}$ (自由端)	$F_x = wx$ $F_{max} = wl$
	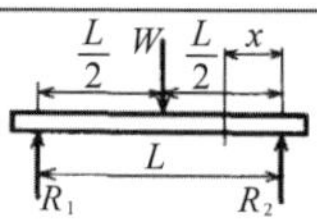 L/2 W L/2 x L R_1 R_2	$M_x = \frac{Wx}{2}$ $M_{max} = \frac{1}{4}Wl$	$R_1 = \frac{W}{2}$	$R_2 = \frac{W}{2}$	$\frac{Wl^3}{48EI}$ (中央)	$\frac{W}{2}$
	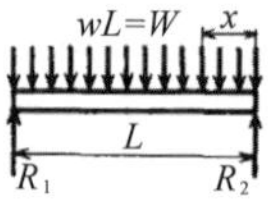 wL=W x L R_1 R_2	$M_{max} = \frac{1}{8}wl^2$ $M_x = \frac{wx}{2}(l-x)$	$R_1 = \frac{wl}{2}$	$R_2 = \frac{wl}{2}$	$\frac{5wl^4}{384EI}$ (中央)	$F_x =$ $\left(\frac{l}{2}-x\right)w$
靜不定樑	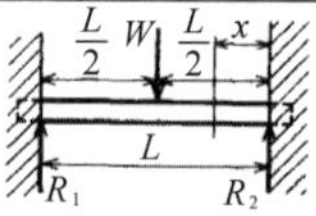 L/2 W L/2 x L R_1 R_2	$M_{max} = \frac{1}{8}Wl$ $M_x = \frac{-W}{2}\left(\frac{l}{4}-x\right)$	$\frac{W}{2}$	$\frac{W}{2}$	$\frac{Wl^3}{192EI}$ (中央)	$\frac{W}{2}$
	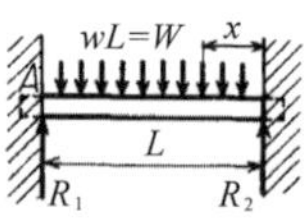 wL=W x A L R_1 R_2	$M_{max} = -\frac{wl^2}{12}$ $M_x = -\frac{wl^2}{2}$ $\left(\frac{1}{6}-\frac{x}{l}+\frac{x^2}{l^2}\right)$	$\frac{wl}{2}$	$\frac{wl}{2}$	$\frac{wl^4}{384EI}$ (中央)	$F_x =$ $\left(\frac{l}{2}-x\right)w$
	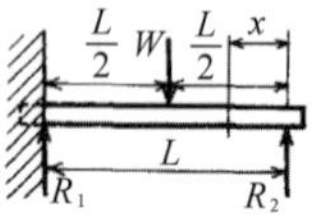 L/2 W L/2 x L R_1 R_2	$M_{max} = M_A$ $M_A = \frac{-3Wl}{16}$ $M_x = \frac{5Wx}{16}$	$R_1 = \frac{11W}{16}$	$R_2 = \frac{5W}{16}$	$\sqrt{\frac{1}{5}} \times \frac{Wl^3}{48EI}$ 距自由端 $\sqrt{\frac{1}{5}}\,l$	$F_1 = \frac{11}{16}W$ $F_2 = \frac{5}{16}W$
	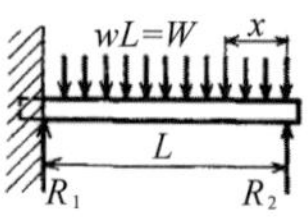 wL=W x L R_1 R_2	$M_{max} = \frac{wl^2}{8}$ $M_x = \frac{wl^2}{4}$ $\times\left(\frac{3}{4}-\frac{x}{l^2}\right)$	$\frac{5}{8}wl$	$\frac{3}{8}wl$	$\frac{wl^4}{185EI}$ 距自由端 $0.4215\,l$	$F_1 = \frac{5}{8}wl$ $F_2 = \frac{3}{8}wl$
連續樑	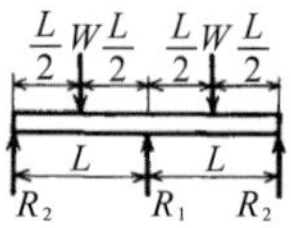 L/2 W L/2 L/2 W L/2 L L R_2 R_1 R_2	M_{max} (R_1斷面) $= \frac{3Wl}{16}$	$\frac{11W}{8}$	$R_2 = R_2'$ $R_2' = \frac{5W}{16}$	$\sqrt{\frac{1}{5}} \times \frac{Wl^3}{48EI}$ 距自由端 $\sqrt{\frac{1}{5}}\,l$	—
	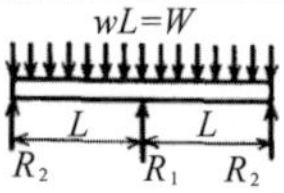 wL=W L L R_2 R_1 R_2	M_{max} (R_1斷面) $= \frac{wl^2}{8}$	$\frac{5}{4}wl$	$R_2 = R_2'$ $R_2' = \frac{3}{8}wl$	$\frac{wl^4}{185EI}$ 距自由端 $0.4512\,l$	—

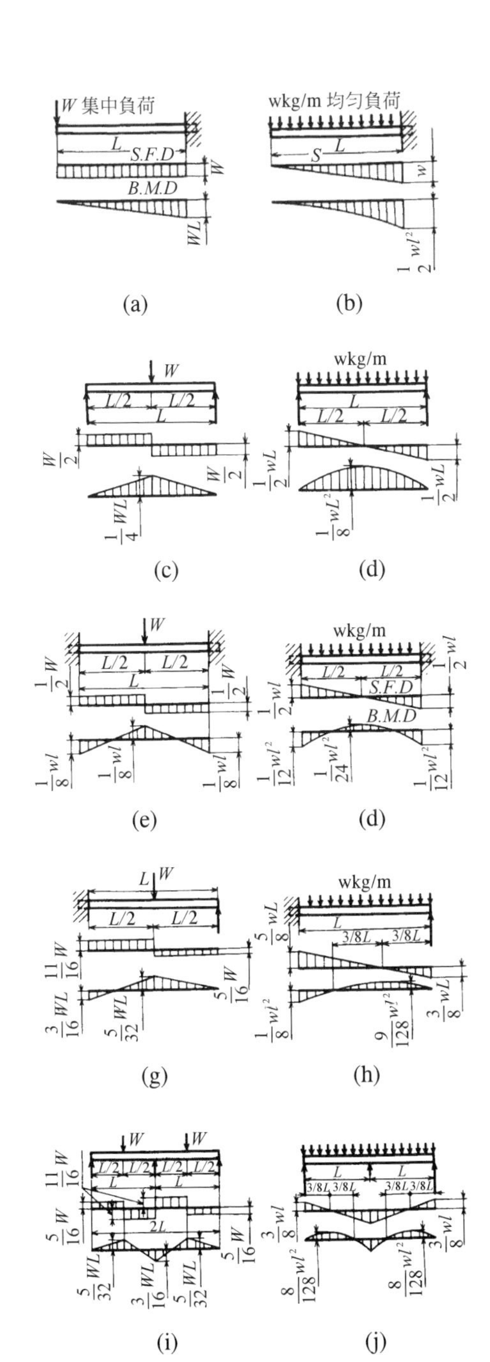

圖 4.15　樑之剪力線圖與彎曲力矩線圖

(9)　**樑最大負荷計算**：有一I形斷面，長 360 cm的兩端支持水平樑，設容許應力爲 630 kgf/cm^2，樑之斷面尺寸如圖 4.16 所示，則此水平樑中央可承受之最大負荷如下式。

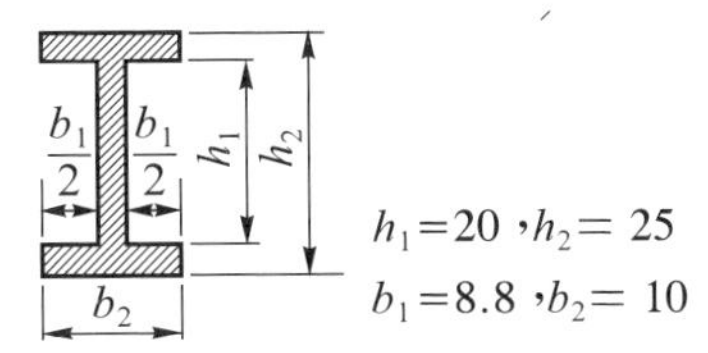

圖 4.16　樑的計算(單位 cm)

M爲最大彎曲力矩，P爲最大負荷，l爲樑的長度：

$$M=\frac{Pl}{4}$$

上述情況$l=360$ cm，故

$$M=\frac{P\times 360}{4}=90P\ \text{kgf}\cdot\text{cm}$$

對中立面的慣性矩I與斷面係數Z爲

$$I=\frac{1}{12}(10\times 25^3-8.8\times 20^3)=7150\ \text{cm}^4$$

$$Z=\frac{I}{h_2/2}=\frac{7150\times 2}{25}=572\ \text{cm}^3$$

彎曲應力σ_b爲

$$\sigma_b=\frac{M}{Z}，\sigma_b=630\ \text{kgf/cm}^2$$

$$P=\frac{630\times 572}{90}=4004\ \text{kgf}\fallingdotseq 4\ \text{ton}$$

即最大負荷爲 4 ton。

(10)　**等強度樑(之一)**：設沿樑軸之彎曲力矩有極大變化，對斷面相同的樑而言，彎曲力矩最大的危險斷面，亦產生最大彎曲應力。其他彎曲力矩皆比此值小。而且斷面不一樣樑的場合(圖 4.17)，或者，有效使用樑的材料時，對應各斷面的彎曲力矩之使彎曲應力應儘量保持均勻，亦即$\sigma_b = M/Z$，斷面係數(Z)與彎曲力矩(M)要成比例變化爲佳。

⑾ **等強度樑(之二)**：集中負荷P作用於懸臂樑的自由端，則距自由端x距離之斷面彎曲力矩M_x爲

$$M_x = Px$$

設樑之斷面爲長方形，寬爲b、高爲h，則斷面係數$Z = bh^2/6$，產生在斷面的均勻之彎曲應力σ_b爲：

$$\sigma_b = \frac{M_x}{Z}，因此$$

$\sigma_b = 6Px/bh^2$，設式中寬b爲固定值，則$h = \sqrt{6Px/b\sigma_b}$，高度呈拋物線變化，此情況下，$x = l$時$h_o = \sqrt{6Pl/b\sigma_b}$，設高度固定，則$b = 6Px/h^2\sigma_b$，寬爲三角形，且$x = l$時$b_o = 6Pl/h^2\sigma_b$。

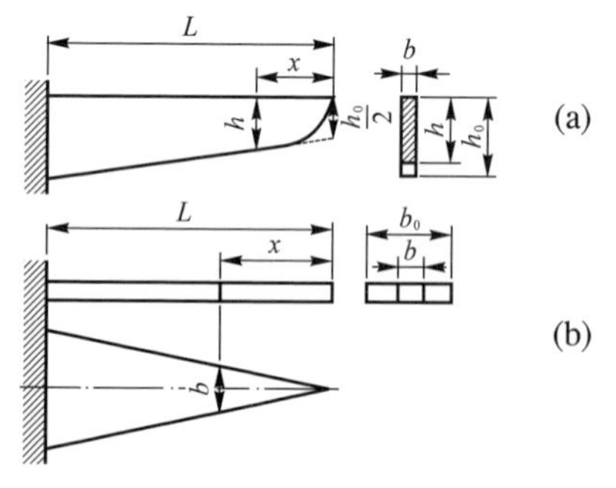

圖 4.17　懸臂樑

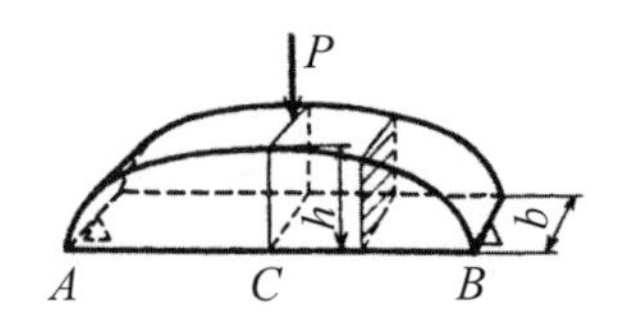

(a) 寬度b 固定時

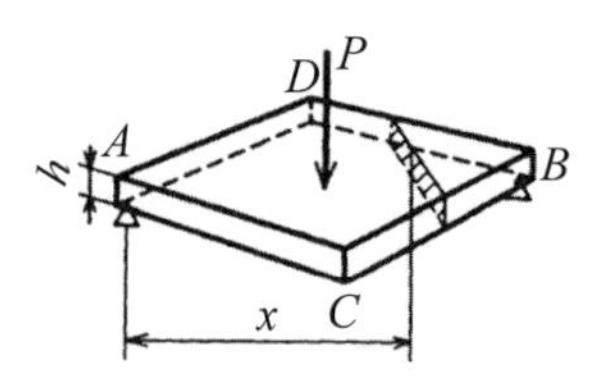

(b) 高度h 固定時

圖 4.18　等強度樑

4.3 扭　力

1. 扭力

如圖 4.19 所示，力偶矩M_t作用於軸時，軸因扭轉而產生剪應變與剪應力，此力偶矩稱爲扭轉力矩，但軸之中心不會產生剪應力，此點稱爲中立點，它與斷面之重心相合。

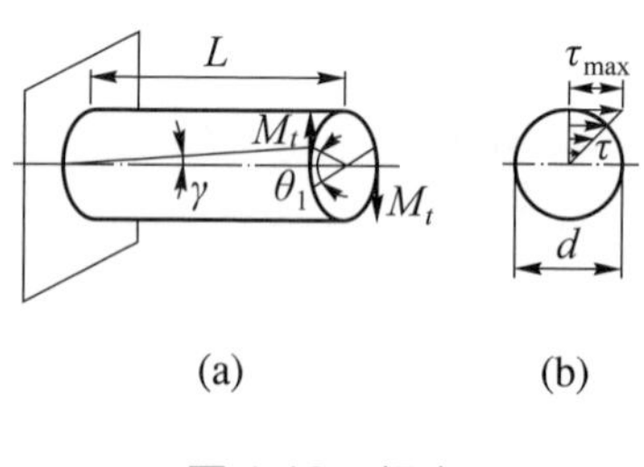

圖 4.19　扭力

設受扭轉之軸直徑為d，剪斷力為τ，則可得下式：

$$\tau=\frac{M_t}{2I_p}d$$

式中I_p稱為極斷面係數，其值由斷面形狀決定。斷面為圓形時，則

$$I_p=\frac{\pi d^4}{32}$$

由此可得

$$\tau=\frac{16M_t}{\pi d^4}d$$

軸外周之剪應力最大，$\tau=d/2$時剪應力$\tau_{\max}$為

$$\tau_{\max}=\frac{32M_t}{\pi d^4}\times\frac{d}{2}=\frac{16M_t}{\pi d^3}$$

圖4.19之γ剪應變稱為剪角，θ稱為扭轉角。

$$\gamma=\frac{\tau_{\max}}{G}(\text{弳})$$

$$\theta=\frac{M_t}{GI_p}(\text{弳})$$

(G＝橫彈性係數)

斷面為圓形時$\theta=\dfrac{32M_t}{\pi d^4 G}$

剪角γ與軸長無關，θ與軸長成比例，設軸長為l，則軸全扭轉角θ_l為

$$\theta_l=\frac{M_t}{GI_p}l$$

斷面為圓形時：

$$\theta_l=\frac{32M_t}{\pi d^4 G}l$$

如軸係圖4.20所示之空心軸，空心軸之極斷面係數I_p為

$$I_p=\frac{\pi}{16}\left(\frac{d_2^4-d_1^4}{d_2}\right)$$

扭轉力矩M_{t2}為

$$M_{t2}=\tau\times\frac{\pi}{16}\left(\frac{d_2^4-d_1^4}{d_2}\right)$$

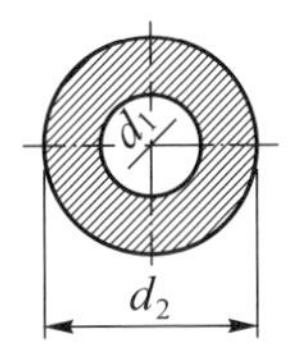

圖4.20　中空軸的斷面係數

上式與實體軸的力矩M_{t1}相比，實體軸如前所述：

由$M_{t1}=\tau\times\dfrac{\pi}{16}d^3$可得

$$\frac{M_{t2}}{M_{t1}}=\frac{d_2^4-d_1^4}{d_2}\times\frac{1}{d^3}$$

$$=\frac{d_2^4-d_1^4}{d_2}\times\frac{1}{(\sqrt{d_2^2-d_1^2})^3}$$

$$\therefore\frac{M_{t2}}{M_{t1}}=\frac{1+\left(\dfrac{d_1}{d_2}\right)^2}{\sqrt{1-\left(\dfrac{d_1}{d_2}\right)^2}}>1$$

因$M_{t2}>M_{t1}$，故對扭轉而言，空心軸比實體軸強，如空心軸與實體軸承受相同力矩，可滿足下列條件，則應選不同的直徑。

$$d^3=\frac{d_2^4-d_1^4}{d_2}$$

2. 受扭轉與彎曲力矩的軸

如皮帶輪類的軸，同時承受扭轉力矩與彎曲力矩，軸上產生兩力矩之合成應力，軸徑當然是依據此合力應力求得較適當，但實際上只用其中之一扭力做計算，亦即假設軸只受單純扭轉，再由其最大剪應力求得軸直徑，對合成應力的扭轉力矩而言，計算所用的扭轉力矩可稱為相當扭轉力矩。

同樣假設軸只受彎曲力矩，由最大彎曲應力求得軸徑的彎曲力矩，對合成應力的彎曲力矩而言，可稱為相當彎曲力矩，對軸之：

扭轉力矩 $= T$
彎曲力矩 $= M$
相當扭轉力矩 $= T_e$
相當彎曲力矩 $= M_e$

可得下列之關係式

$$M_e = \frac{1}{2}M + \frac{1}{2}\sqrt{M^2 + T^2}$$

$$T_e = \sqrt{M^2 + T^2}$$

或

$$M_e = \frac{M}{2}\left[1 + \sqrt{1 + \left(\frac{T}{M}\right)^2}\right]$$

$$T_e = M\sqrt{1 + \left(\frac{T}{M}\right)^2}$$

因此，相當彎曲力矩引起之彎曲應力 σ_e 為：

$$\sigma_e = \frac{M_e}{Z} = \frac{1}{2}(M + \sqrt{M^2 + T^2})\frac{1}{Z}$$

或

$$\sigma_e = \frac{1}{2}\sigma_b + \sqrt{\frac{1}{4}\sigma_b^2 + \tau_1^2}$$

上式 σ_e 是合成力引起彎曲力矩而產生的彎曲應力，τ_1 為剪應力。

其次，設相當扭轉力矩而產生的最大剪應力為 τ_{max}，則

$$\tau_{max} = \frac{1}{2Z}\sqrt{M_e^2 + T_e^2}$$

決定軸徑時，如軸材具有延展性者，應使用最大剪應力求解為宜，設剪應力為 τ (N/mm²)，則直徑 d (mm)可由下式求得：

$$d = \sqrt[3]{\frac{16}{\pi\tau}\sqrt{M_e^2 + T_e^2}} \text{ (mm)}$$

3. 承受扭轉力矩之傳動軸

設傳遞馬力為 H (kW)，則以

$$H = \frac{2\pi n M_t}{1000 \times 60 \times 1000}, \quad M_t = \frac{\pi}{16}d^3\tau_{al}$$

表示。故

$$d = \sqrt[3]{\frac{16}{\pi\tau}M_t} = \sqrt[3]{\frac{60 \times 10^6 H}{2\pi n} \cdot \frac{16}{\pi\tau}}$$

$$= \sqrt[3]{9.55 \times 10^6 \times \frac{16H}{\pi n\tau}} \text{ (mm)}$$

式中

n：rpm
M_t：扭轉力矩(N·m)
d：軸徑(mm)
τ：容許剪斷應力(N/mm²)

表 4.5 軸徑與容許剪應力

τ (N/mm²)	20	30	40
d (mm)	$135\sqrt[3]{\frac{H}{n}}$	$118\sqrt[3]{\frac{H}{n}}$	$107\sqrt[3]{\frac{H}{n}}$
τ (N/mm²)	50	60	70
d (mm)	$99\sqrt[3]{\frac{H}{n}}$	$93\sqrt[3]{\frac{H}{n}}$	$89\sqrt[3]{\frac{H}{n}}$

例題

求傳輸動力 15 kW，1500 rpm 的傳動軸直徑。容許剪斷應力τ= 60 N/mm²。

解 $d=\sqrt[3]{\dfrac{9.55\times10^6\times16\times15}{\pi\times1500\times60}}\doteqdot 20$ mm

4.4 薄壁圓筒與球

1. 受外壓的薄壁圓筒

受外壓的薄圓筒，如外壓P在臨界壓力內：則

$$\sigma_t=-\frac{Pr}{t}$$

如P為了達到臨界外壓，則圓筒產生凹陷，此情況下P之近似值為：

$$P=E\left\{\frac{m^2}{4(m^2-1)}\right\}\left(\frac{t}{r}\right)^3$$

式中，

E＝楊氏係數，

$\frac{1}{m}$＝蒲松比，

r＝圓筒的內徑，

t＝圓筒的厚度

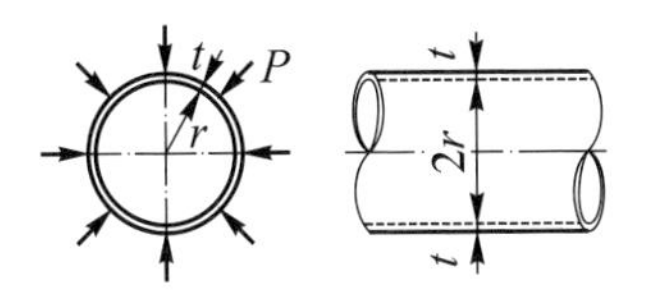

圖 4.21 受外壓的薄壁圓筒

2. 受內壓的薄壁圓筒

如圖 4.22 所示，內側半徑為r (mm)，厚度為t (mm)的薄壁圓筒受到內側P (N/mm²)的壓力作用時：

圓周向應力$\sigma_t=\dfrac{Pr}{t}$

軸向應力$\sigma_z=\dfrac{Pr}{2t}$

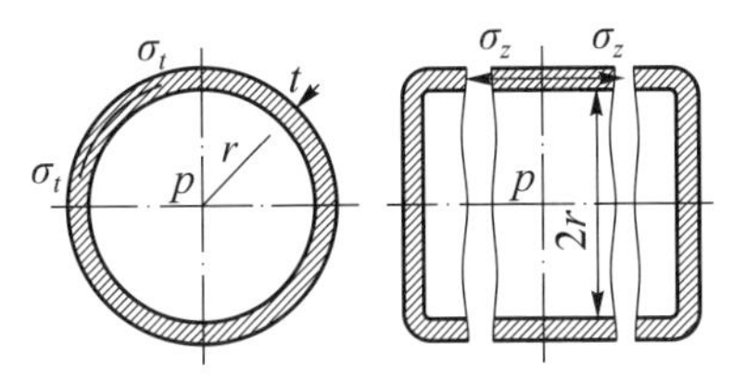

圖 4.22 受內壓的薄壁圓筒

3. 受內壓的薄壁球

受內壓的薄壁球的圓周應力σ_t為

$$\sigma_t=\frac{1}{2}\times\frac{Pr}{t}$$

半徑增加δ_r為：

$$\delta_r = \frac{pr^2}{2Et}\left(1-\frac{1}{m}\right)$$

式中，

r＝球的內半徑
t＝壁的厚度
E＝楊氏係數
$\frac{1}{m}$＝蒲松比

圖 4.23　受內壓的薄壁球

4.5 迴轉圓輪與圓板

1. 迴轉圓輪

飛輪、皮帶輪等之迴轉圓輪，因轉動而產生離心力，不僅受內壓力作用，同時，又產生拉力(圖 4.24)，周向應力σ_t爲：

$$\sigma_t = \frac{\pi^2\gamma^2 N^2}{900g}$$

且

$$N = \frac{30}{\pi r}\sqrt{\frac{g\sigma_t}{\gamma}}$$

式中，

r＝平均半徑
t＝厚度
γ＝單位體積的重量
ω＝角速度
g＝重力加速度
p＝作用在單位面積的離心力
N＝圓輪的 rpm

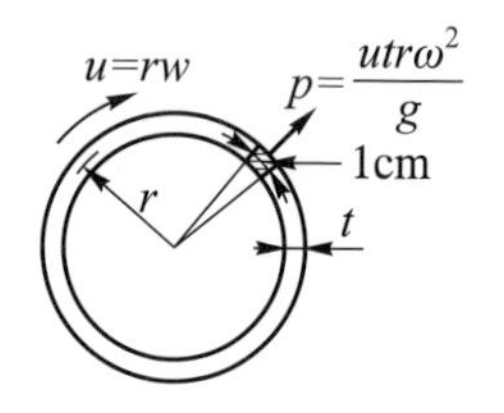

圖 4.24　迴轉圓輪

2. 圓周受均佈負荷之圓板

如圖 4.25 所示的圓板，受均佈負荷作用，周向(切線方向)應力σ_t，徑向應力σ_r對中心而言

$$\sigma_{t\max} = \sigma_{r\max} = \pm\frac{3P(3m+1)R^2}{8mt^2}$$

對中心而言，$\delta_{\max}$撓曲爲

$$\delta_{\max} = \frac{3(m-1)(5m+1)}{16Em^2t^3}PR^4$$

式中，

P＝總負荷
R＝板之半徑
t＝板厚
E＝楊氏係數
$\frac{1}{m}$＝蒲松比

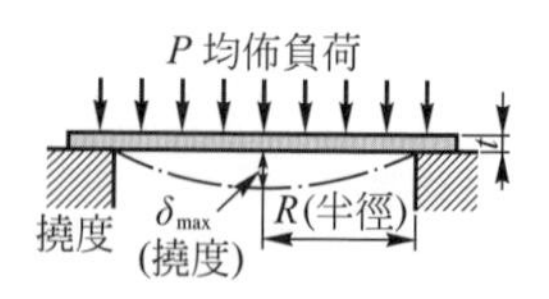

圖 4.25　支持圓板

3. 圓周固定受均佈負荷的圓板

如圖 4.26 所示固定圓板的外周應力爲

$$\sigma_t = \pm \frac{3PR^2}{4mt^2}$$

且

$$\sigma_{r\max} = \pm \frac{3PR^2}{4t^2}$$

對中心而言

$$\sigma_{t\max} = \sigma_r = \mp \frac{3(m+1)PR^2}{8mt^2}$$

中心的撓曲$\delta_{\max}$爲

$$\delta_{\max} = \frac{3(m^2-1)PR^4}{16Em^2t^3}$$

式中，

P＝總負荷，
R＝板之半徑
t＝板厚
E＝楊氏係數
$\frac{1}{m}$＝蒲松比

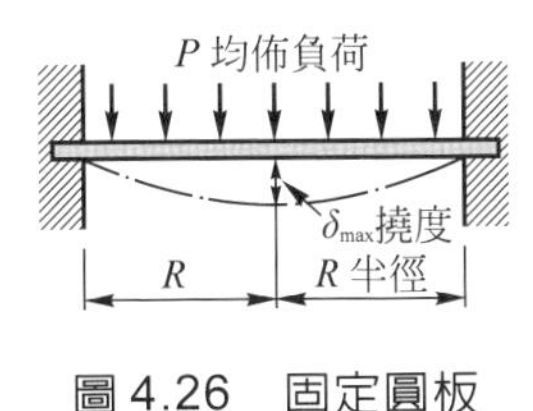

圖 4.26　固定圓板

4. 圓周支持同心圓上受均佈負荷的圓板

如圖 4.27 所示，外周支持，均佈負荷作用在定範圍內的同心圓時，中心應力爲

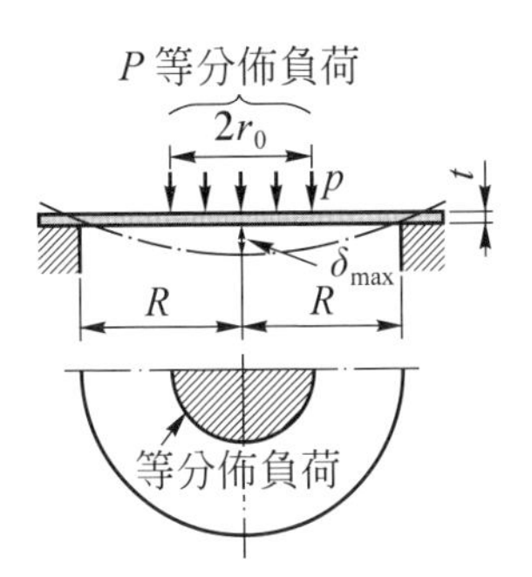

圖 4.27　圓周支持，同心圓上受均佈負荷的圓板

$$\sigma_{t\max} = \sigma_{r\max} = \mp \frac{3(m+1)P}{2\pi mt^2}\left(\frac{m}{m+1} + \log\frac{R}{r_o} - \frac{m-1}{m+1}\frac{r_o^2}{4R^2}\right)$$

且中心的撓度$\delta_{\max}$爲(r_o比R小時)

$$\delta_{\max} = \frac{3(m-1)(3m+1)PR^2}{4\pi Em^2t^3}$$

式中，

P＝同心圓上的總負荷

$P = \pi r_o^2 p$

R＝板之半徑
t＝板厚
E＝楊氏係數
$\frac{1}{m}$＝蒲松比

5. 圓周固定，同心圓上受均佈負荷的圓板

圓周固定的圓板，圖 4.28 所示受均佈

負荷作用時，外周應力爲：

$$\sigma_t = \pm\frac{3P}{2\pi m t^2}\left(1-\frac{r_o^2}{2R^2}\right)$$

且

$$\sigma_r = \pm\frac{3P}{2\pi t^2}\left(1-\frac{r_o^2}{2R^2}\right)$$

中心處：

$$\sigma_t = \sigma_r = \mp\frac{3(m+1)}{2\pi m t^2}P\left(\log\frac{R}{r_o}+\frac{r_o^2}{4R^2}\right)$$

中心的撓度$\delta_{\max}$爲：

$$\delta_{\max} \doteqdot \frac{3(m-1)(7m+3)PR^2}{16\pi E m^2 t^3}$$

式中，

P＝同心圓上的總負荷

$P = \pi r_o^2 p$

P＝板之半徑

t＝板厚

E＝楊氏係數

$\frac{1}{m}$＝蒲松比

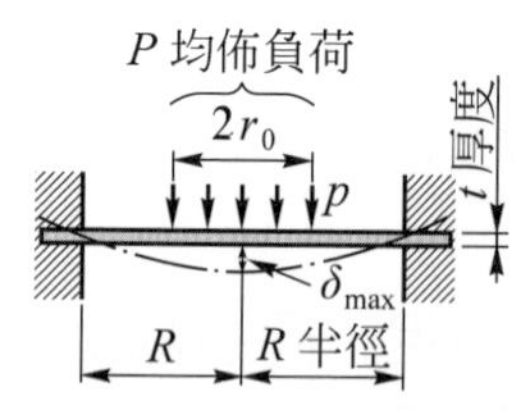

圖 4.28　圓周固定，同心圓上受均佈負荷的圓板

表 4.6　彈簧

彈簧的形狀	斷面與負荷 $P(\mathrm{kgf/mm^2})$	撓度 δ(mm)
螺旋彈簧 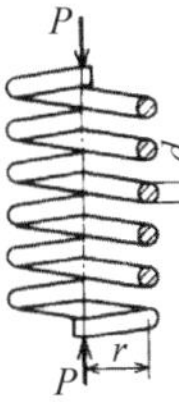	$\frac{\pi d^3 \tau}{16 r}$ 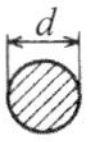	$\frac{64 n r^3 P}{d^4 G}$ 或 $\frac{4 \pi n r^2 \tau}{d G}$ (應剪力)
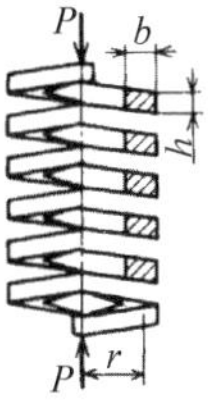	$\frac{2 h^3 \tau}{9 r}$ 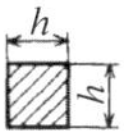	$\frac{14.4 \pi n r^3 P}{h^4 G}$ 或 $\frac{4 \pi n r^2 \tau}{h G}$
	$\frac{2 b h^2 \tau}{9 r}$ 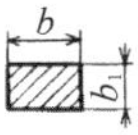	$\frac{7.2 \pi n r^3 (b^2+h^2) P}{b^3 h^3 G}$ 或 $\frac{1.6 \pi n r^2 (b^2+h^2) \tau}{b^2 h G}$
渦旋彈簧 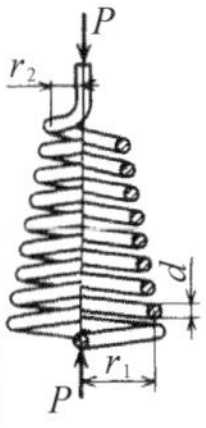	$\frac{\pi d^3 \tau}{16 r_1}$ 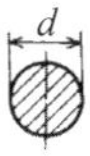	$\frac{16 n (r_1+r_2)(r_1^2+r_2^2) P}{d^4 G}$ 或 $\frac{\pi n (r_1+r_2)(r_1^2+r_2^2) \tau_s}{r_1 d G}$
	$\frac{\pi a b^2 \tau}{2 r_1}$ 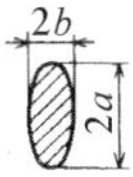	$\frac{n (r_1+r_2)(r_1^2+r_2^2)(a^2+b^2) P}{2 a^3 b^3 G}$
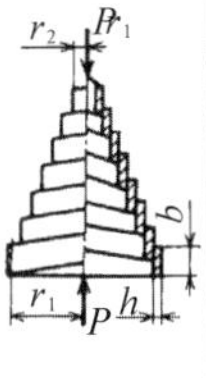	$\frac{2 b h^2 \tau}{9 r_1}$ 	$\frac{1.8 \pi n (r_1+r_2)(r_1^2+r_2^2)(b^2+h^2) P}{b^3 h^3 G}$ 或 $\frac{0.4 \pi n (r_1+r_2)(r_1^2+r_2^2)(b^2+h^2) \tau}{r_1 b^2 h G}$

彈簧的形狀	負荷 P	撓度 δ(mm)
板片彈簧 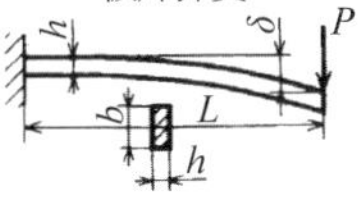	$\frac{b h^2 \sigma}{6 l}$ (σ…彎曲應力)	$\frac{4 l^3 P}{b h^3 E}$ 或 $\frac{2 l^2 \sigma}{3 h E}$
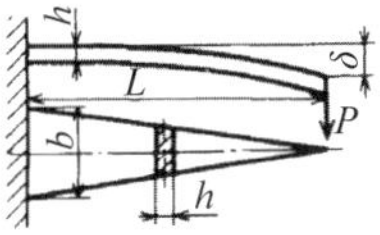	$\frac{b h^2 \sigma}{6 l}$	$\frac{6 l^3 P}{b h^3 E}$ 或 $\frac{l^2 \sigma}{h E}$
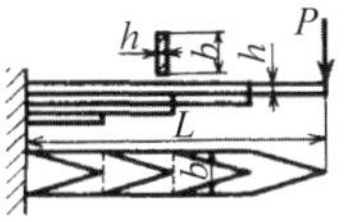	$\frac{n b h^2 \sigma}{6 l}$	$\frac{6 l^3 P}{n b h^3 E}$ 或 $\frac{l^2 \sigma}{h E}$
扭轉彈簧 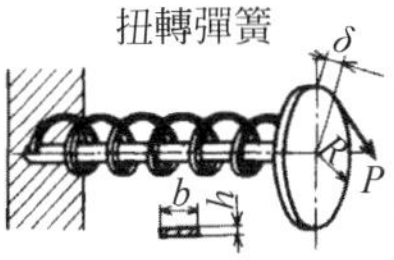	$\frac{b h^2 \sigma}{6 R}$	$\frac{12 l R^2 P}{b h^3 E}$ 或 $\frac{2 l R \sigma}{h E}$
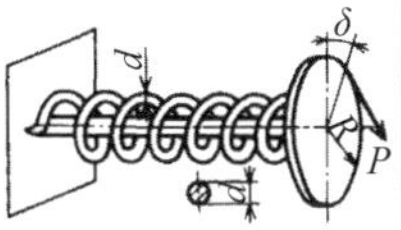	$\frac{\pi d^3 \sigma}{32 R}$	$\frac{64 l R^2 P}{\pi d^4 E}$ 或 $\frac{2 l R \sigma}{d E}$
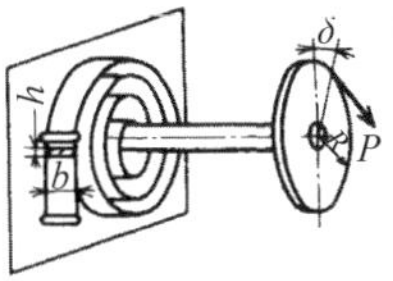	$\frac{b h^2 \sigma}{6 R}$	$\frac{12 l R^2 P}{b h^3 E}$ 或 $\frac{2 l R \sigma}{h E}$
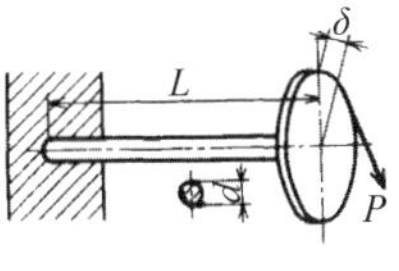	$\frac{\pi d^3 \tau}{16 R}$	$\frac{32 l R^2 P}{\pi d^4 G}$ 或 $\frac{2 l R \tau}{d G}$
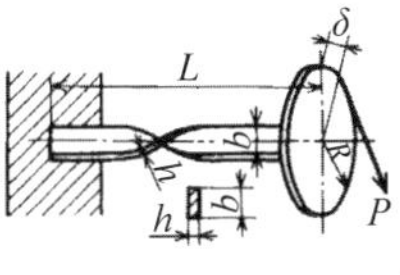	$\frac{2 b h^2 \tau}{9 R}$	$\frac{0.8 l R (b^2+h^2) \tau}{b^2 h G}$ 或 $\frac{3.6 l R^2 (b^2+h^2) P}{b^3 h^3 G}$

4.6 彈 簧

表 4.6 是各種彈簧在各種狀況下的負荷、撓度之關係，有關彈簧的計算，參考第十二章的彈簧項。

4.7 挫 曲

1. 短柱

柱長比直徑短時，假設只受單純壓力計算，亦即負荷P作用在斷面積A的短柱，則

$$P = \sigma_c A$$

σ_c＝壓應力(kgf/cm^2)

短柱受如圖 4.29 所示之負荷P作用在距軸心e距離處，則短柱受到壓縮與彎曲的合成力作用；設柱爲保持平衡，則軸心處應有一力，其大小與偏心負荷相等，方向相反，亦即短柱受P的壓縮與P_e的力矩變曲作用。

P所引起的壓縮壓力σ_c爲

$$\sigma_c = \frac{P}{A}$$

(A＝短柱之斷面積)

自軸心到任意距離y的P_e所引起的彎曲應力$\sigma_b = \dfrac{P_e \cdot y}{I}$

(此情況之I是對Z軸的慣性矩)，由上式得合成應力σ_r爲：

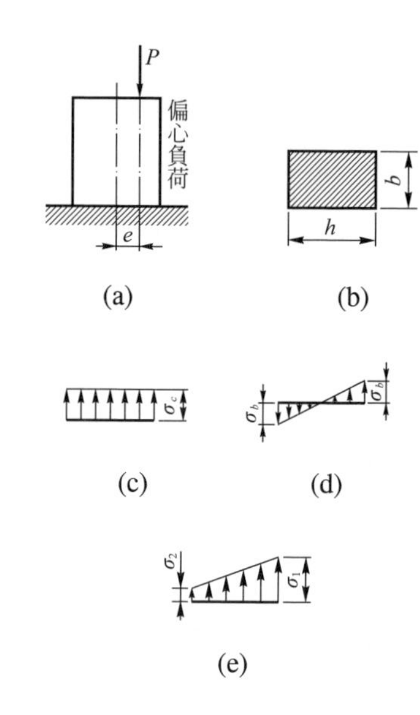

圖 4.29 短柱的強度

$$\sigma_r = -\sigma_c - \sigma_b = -\frac{P}{A} - \frac{P_e \cdot y}{I}$$

產生最大合成應力的y爲$-h/2$，代入此式，則：

$$\sigma_{r\max} = -\frac{P}{A} + \frac{P_e \cdot h}{2I}$$

斷面爲長方形時，$I = bh^3/12$，$A = bh$，

$$\sigma_{r\max} = -\frac{P}{bh} + \frac{6P_e}{bh^2} = -\frac{P}{bh}\left(1 - \frac{6e}{h}\right)$$

代入$y = h/2$，得最小合成應力$\sigma_{e\min}$爲

$$\sigma_{r\min} = -\frac{P}{bh}\left(1 + \frac{6e}{h}\right)$$

決定斷面時，σ_c容許壓應力要滿足下式：

$$\frac{P}{bh}\left(1 + \frac{6e}{h}\right) \leqq \sigma_c$$

表 4.8　郎肯公式的常數

常數＼材料	鑄鐵	軟鋼	硬鋼	熟鐵	木材
σ_d (N/mm²)	550	330	480	245	50
a	$\frac{1}{1600}$	$\frac{1}{7500}$	$\frac{1}{5000}$	$\frac{1}{9000}$	$\frac{1}{750}$
$\frac{l}{k}$ 之使用範圍	$<80\sqrt{n}$	$<90\sqrt{n}$	$<85\sqrt{n}$	$<100\sqrt{n}$	$<60\sqrt{n}$

表 4.9　Tetmaier 公式之常數

常數＼材料	熟鐵	軟鋼	硬鋼	鑄鐵	木材
σ_d (N/mm²)	300	300	330	760	30
a	0.00426	0.00368	0.00185	0.01546	0.00626
b	—	—	—	0.00007	—
$\frac{l}{k}$ 之使用範圍	<112	<105	<90	<88	<100

2. 長柱

長度比斷面長的長柱受壓縮作用時，因壓縮使柱彎曲而破壞，稱爲挫曲，此時的負荷稱爲挫曲負荷。

長柱的挫曲強度σ_{cr}的相關公式如下。

(1) 郎肯公式

$$\sigma_{cr}=\frac{\sigma_d}{\left\{1+\left(\frac{l}{k}\right)^2\frac{a}{n}\right\}}，P_{cr}=A\sigma_{cr}$$

式中，

P_{cr}＝挫曲負荷(N)

σ_{cr}＝挫曲強度 (N/mm²)

l＝柱長(mm)

σ_d＝壓縮強度(實驗值參考表 4.8)

a＝實驗常數(參考表 4.8)

n＝柱兩端的條件常數(參考表 4.7)

A＝柱的斷面積(mm²)

表 4.7　郎肯公式，歐拉公式之n值

兩端條件	兩端鉸接	一端固着他端自由	一端固着他端蝶番	兩端固着
n 值	1	$\frac{1}{4}$	2.046≒2	4
長柱圖	P	P		

(2) 歐拉公式

$$P_{cr}=n\pi^2\left(\frac{EI}{l^2}\right)，\sigma_{cr}=\frac{P_{cr}}{A}=n\pi^2E\left(\frac{k}{l}\right)^2$$

式中，

P_{cr}＝挫曲負荷(N)

σ_{cr}＝挫曲強度 (N/mm^2)

l＝柱長(mm)

A＝柱的斷面積(mm^2)

I＝橫斷面的最小慣性矩(mm^4)

K＝最小迴轉半徑(mm)

n＝柱兩端的條件常數(參考表 4.7)

上述的σ_{cr}應在材料的彈性限以內才可成立。長柱主要使用此式。

(3) Tetmaier 公式

$$\sigma_{cr}=\sigma_d\left\{1-a\frac{l}{k}+b\left(\frac{l}{k}\right)^2\right\}$$

式中，

σ_{cr}＝挫曲強度(N/mm^2)

σ_d＝壓縮強度(實驗值參考表 4.9)

l＝柱長(mm)

K＝最小迴轉半徑(mm)

a、b＝實驗常數(參考表 4.9)

上式之$\frac{l}{k}$值如大於表 4.9 所示之使用範圍時，要改用歐拉公式。

5 機械材料

工程材料有許多種類，而機械材料主要是採用金屬；至於機械零件所採用之非金屬材料，比較直接且重要者，分述於相關項目中，本章僅介紹基礎材料之一般重要事項。

5.1 金屬材料

1. 金屬材料之性質

工程用金屬材料大都採用合金，因合金通常比單純金屬更具有優良性質。

金屬的共同性質：

(1) **為熱與電的良導體**，金屬中混合雜質過多時，其傳導性顯著降低，傳導性最佳者爲銀，其次爲銅、金，最差者爲鉍。

(2) **金屬有彈性體之特性**，亦即在彈性限內，雖受外力而變形，但外力除去後，恢復原有狀態之特性。

(3) **金屬在熔解後可形成適當的形狀**，亦即有可鑄性，及加熱後鍛造成形的可鍛性。

(4) **金屬加熱通常會膨脹**，鉛的膨脹率最高，但鉍受熱時反而收縮。

(5) **金屬之缺點為具腐蝕性**，但鉑及金等例外，鋁及錫等，雖表面會生一層鏽，但內部卻不受腐蝕。

(6) **金屬中比重最輕者為鎂**，最重者爲鉑，熔解溫度最高者爲鎢，最低者爲錫。

(7) **金屬中硬度最高者為鋼**，最軟者爲鉛。

合金之通性有：

(1) 抗拉強度比成份中各別金屬強。

(2) 通常可增加硬度。

(3) 通常可增加可鑄性。

(4) 可鍛性降低，近乎沒有。

(5) 熔點降低。

(6) 導電性一般降低。

(7) 對化學腐蝕之抵抗通常較大。

2. 金屬平衡相圖

圖 5.1 是A與B成分的合金平衡相圖，A成分中加入m(%)的B成分，由熔融狀態慢慢冷卻至a點時，A成份的結晶漸增，此時剩餘的溶液中，B的濃度係隨A成份的結晶而增加，在任意溫度t_2的結晶A與溶液的比以bd：bc表示。即CE線，爲過程中的合金凝固溫度和溶液濃度的變化所表示之曲線，但到達E點時，剩餘之溶液同時析出A、B晶體，在E點結晶的溶液稱爲共晶。

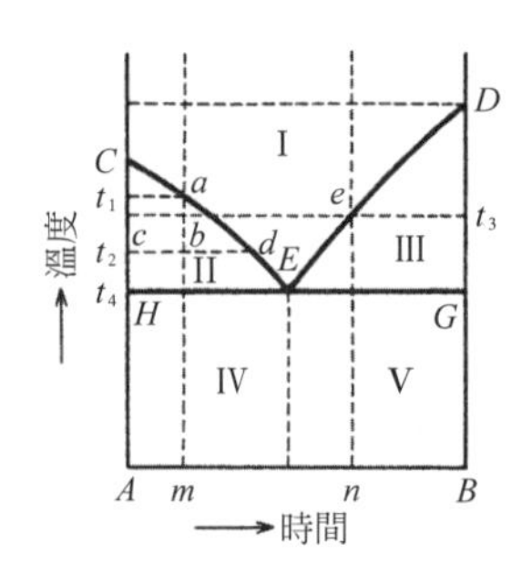

圖 5.1 平衡相圖

上述合金成份比例，如靠近E點右側之e點，e點之成份中B佔有n (% A)之比例，且e點首先是析出B結晶，此情況下，DE曲線所示與CE曲線相同，e點析出B結晶成份，且於剩餘溶液中，同時變爲凝固的共晶，表 5.1 所述即爲其組織的變化過程。

表 5.1

範圍	I	II	II	IV	V
組織	溶液	結晶A＋溶液	結晶B＋溶液	結晶A＋共晶	結晶B＋共晶

A、B成份比例為通過E點之比例時，溶液全部在E點凝固，因此時溶液成份比例是一種共晶組織。

但有某些合金，隨溫度之下降，其成份金屬相互熔融，各成份金屬未分離而凝固，此狀態稱為固溶體。

金屬結晶為固體狀態，雖各有其特殊的原子排列，但有些金屬在固體狀態中，原子排列會隨溫度而改變，稱為變態，其溫度稱為變態點，因此，變態點之上下可視為不同的金屬，例如：鐵約在 900℃與1400℃時會有變態點，此變態點稱為A_3變態點與A_4變態點，A_3以下是α鐵，A_3和A_4間是γ鐵，A_4和熔點間為δ鐵。

上述α鐵與δ鐵的原子排列如圖 5.2 所示，圖(a)原子在正方體的各頂點及中心，圖(b)γ鐵之原子在正方體之頂點及各個面的中心，前者稱為體心立方格子，後者稱為面心立方格子。

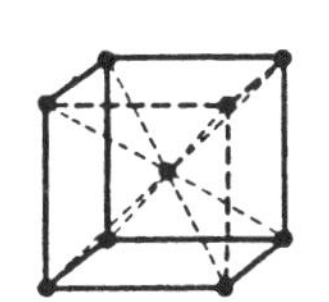

(a) 體心立方格子

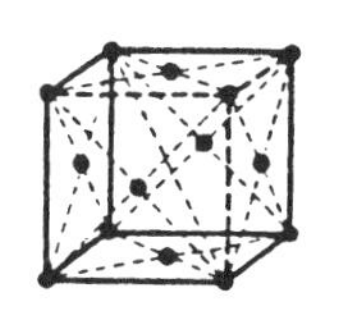

(b) 面心立方格子

圖 5.2 體心立方格子(a)與面心立方格子(b)

由上述例子可知，金屬平衡圖是瞭解熔融、凝固與變態溫度之金屬組成不可或缺者。

3. 鋼的狀態

鋼是鐵與碳的合金，此情況下，兩成份的結合狀態，對α、γ、δ鐵而言，碳為結合成固熔體狀態之要素，其固溶體分別稱為α固溶體、γ固溶體和δ固溶體，當含碳量為 6.67 時，幾乎完全產生碳化鐵之化合物，稱此組織為雪明碳鐵，α固溶體稱為母鐵或肥粒鐵，γ固溶體為沃斯田鐵，肥粒鐵與雪明碳鐵的共晶混合物稱為波來鐵。

鋼的平衡圖如圖 5.3 所示，各種範圍之組織如表 5.2。

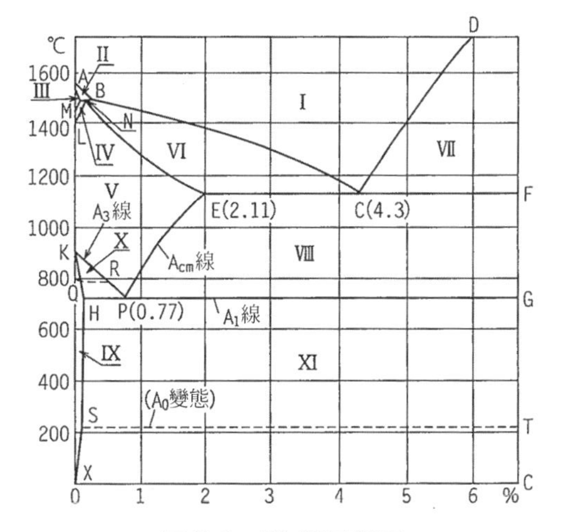

圖 5.3 鐵-碳平衡圖

圖 5.3 平衡圖的溫度 HPG 稱為A_1點，γ固溶體為α固溶體與雪明碳鐵的共析，但過程並非一次變化，而是經過下列之過程

γ固溶體(沃斯田鐵)→[α固溶體(含碳量多)]→(α鐵＋雪明碳鐵)(波來鐵)

過程中不安定狀態者，稱為麻田散鐵，此情況中，由A_1點以上急速冷卻的話，組織無法進行完全變化，鋼的組織成為沃斯

表 5.2 鋼之組織

範圍	I	II	II	IV	V	VI
組織	溶液	δ固溶體＋溶液	δ固溶體	δ固溶體＋γ固溶體	γ固溶體	溶液＋γ固溶體
範圍	VII	VIII	IX	X	XI	－
組織	溶液＋雪明碳體	γ固溶液＋雪明碳體	α固溶體	γ固溶體＋α固溶體	α固溶體＋雪明碳鐵	－

表 5.3 鋼之組織與硬度

硬度 ＼ 組織	雪明碳鐵	麻田散鐵	吐粒散鐵	糙斑鐵	波來鐵	肥粒鐵
勃氏硬度 10/3000/30	800	680	約 400	約 270	225	90

田鐵或麻田散鐵，如冷卻速度稍慢，則多少引起麻田散鐵→波來鐵之變化，此時波來鐵中的雪明碳鐵晶粒非常小，存在α鐵中，此種組織稱爲吐粒散鐵。

上述急冷所得之沃斯田鐵或麻田散鐵之組織，如反過來在A_1點以下之溫度加熱，其組織變化為：

麻田散鐵→肥粒鐵＋雪明碳鐵
沃斯田鐵→麻田散鐵→肥粒鐵＋雪明碳鐵

沃斯田鐵在 250°附近變爲麻田散鐵，並產生雪明碳鐵，此時的雪明碳鐵與急冷產生的吐粒散鐵相同，如溫度再昇高，上述雪明碳鐵變爲凝集的粗大晶粒，此時之組織稱爲糙斑鐵。

以上各種狀態的硬度相互比較如表 5.3 所示。

由表中可知，雪明碳鐵的硬度最大，而糙斑鐵之硬度最小，但其韌性最大，故適於反覆負荷或衝擊負荷之情況。

圖 5.3 的KP曲線稱爲A_2線，指示A_3變態點，EP線稱爲A_{cm}線，固溶體析出碳，表示，其濃度接近P點，溫度HPG稱爲A_1點。

鐵在常溫下是強磁性體，但隨溫度之上升，磁性亦漸消失，790°附近變爲常磁性體，圖上以點線表示，此爲物理變化，而非變態，稱之A_2變態，同樣的，雪明碳鐵再常溫下也是強磁性體，但在 215℃附近變爲常磁性體，此稱爲A_0變態。

上述之變態點在加熱與冷卻時，多少有些差異，故在加熱時寫成A_{c3}，A_{c1}，冷卻時寫成A_{r3}、A_{r1}以資區別。

鐵碳中含有其它某些雜質合金，稱爲碳鋼，爲使碳鋼具特殊性質，而加入其它金屬元素，成爲合金鋼。

工業用金屬材料大都爲碳鋼、合金鋼及與上述鋼之標準組織稍有不同的鑄鋼和生鐵。

鑄鐵含碳量 2 %以上的鐵碳合金，富有可鑄性，用於鑄件材時，鑄鐵通常可分爲灰鑄鐵與白鑄鐵，灰鑄鐵含有薄板狀石墨，其破壞面呈灰色，所謂白鑄鐵即其破斷面呈細密晶體的白色組織，質地堅硬，適於特殊鑄件或製鋼。

4. 鋼的熱處理

利用不同溫度使鋼的結構改變，進而獲得所需鋼件性質之操作，稱爲鋼的熱處理(圖 5.4～5.7)。

⑴ **正常化**：目的係在消除常溫加工、鍛造、或急冷而產生的變形、組織之粗大，使鋼恢復正常狀態；加熱至A_{c3}線或A_{cm}線以上 30°～50℃之溫度，使其變成均勻的沃斯田鐵，再置於靜止的空氣中，稱爲正常化。

⑵ **退火**：與正常化之目的相同，爲組織正常化所進行之操作，主要有下列幾種：

① 完全退火：亞共析鋼加熱至A_{c3}以上，過共析鋼加熱至A_{c1}溫度以上，保留一段時間後，置於爐內慢慢冷卻。

② 球狀化退火：使鋼狀與層狀之碳化物球狀化，以提高加工性或改善機械性質之操作。

③ 恆溫退火：以更短時間使鋼達到軟化韌化且品質更均勻；鋼加熱至A_{c3}或A_{c1}以上適當溫度，再移至保持A_{c1}附近適當熱浴(主要是鹽浴)中或加熱爐中，保持適當時間完成變態後，再予冷卻。

④ 消除內應力之退火：爲消除鑄造、鍛造、正常化、淬火、回火、機械加工、銲接等引起之內應力操作。

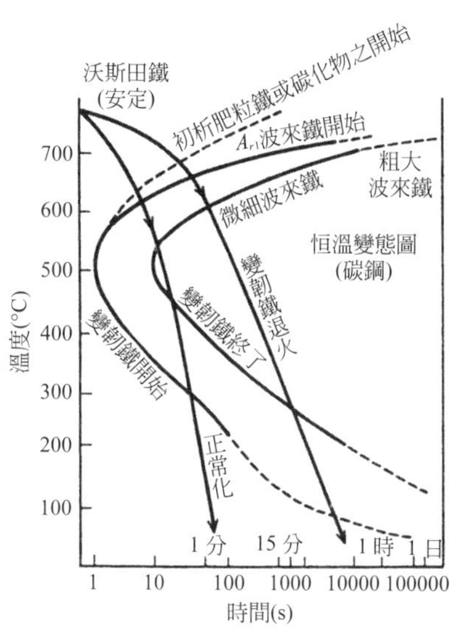

圖 5.4 正常化、退火

⑶ **淬火**：由A_{c1}線以上之適當溫度(約 30°～50℃)急速冷卻，以得到高硬度化麻田散鐵組織，稱爲淬火。淬火速度依水、油等冷卻劑與其溫度、淬火溫度高低而定，淬化操作過急易生淬裂，故應小心。溫度超過A_{c1}的淬火操作，淬裂即開始產生。

⑷ **回火**：鋼經淬火後，硬度雖高，但卻易脆，不適一般用途，因此淬火的鋼再加熱至A_1點以下之溫度，使其恢復必要的韌性，稱爲回火，再加熱之溫度，因目的不同而異，降低硬度，加強韌性時，溫度宜高，防止硬度降低時，溫度宜低。

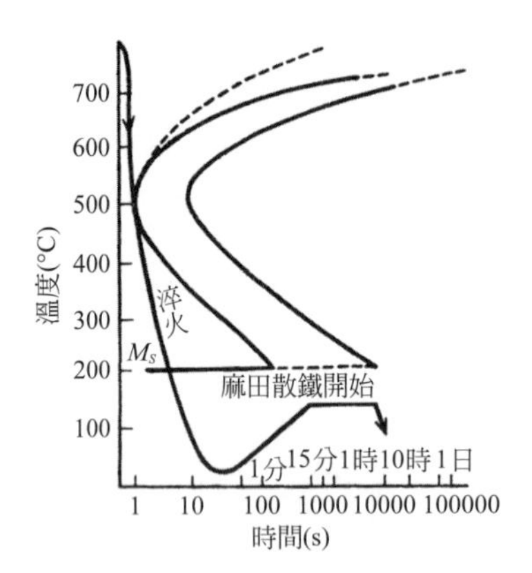

圖 5.5　淬火、回火(碳鋼)

表 5.4 所示為回火溫度與回火顏色的關係。

表 5.4　回火溫度與回火顏色的關係

回火溫度	回火顏色	回火溫度	回火顏色
220～230	淡麥色	285	藍紫色
240	濃麥色	295	帶黃藍色
255	帶黃咖啡色	310～315	明柑碧色
265	帶紅咖啡色	330	綠色
275	草綠色		

⑸　**沃斯回火**：鋼通常經淬火與回火二次處理後使用；鋼加熱至A_{c3}或A_{c1}以上的適當溫度，使沃斯田鐵安定後，在適當溫度的熱恆溫浴中淬火，並在此溫度中保持變態必要的時間，再予以急冷或徐冷，沃斯回火法以一次處理，即可得適當硬度及強度的鋼。

⑹　**麻淬火**：鋼受淬火過程中，在保持麻田散鐵開始之前或比稍高溫度之熱浴中淬火，保持一段時間，直到使工件一各部分的溫度相同，且在麻田散鐵開始與終了之範圍以空氣冷卻，借以產生麻田散鐵之操作，稱為麻淬火，此法因鋼之內外溫差少，故殘留應力產生小，可減少淬火產生之變形或淬裂。

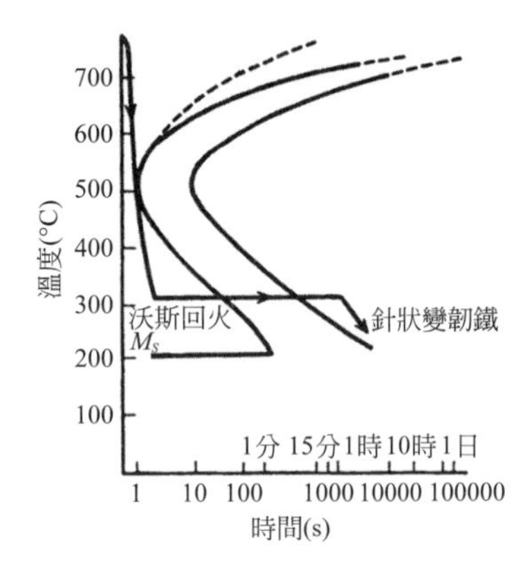

圖 5.6　沃斯回火(碳鋼)

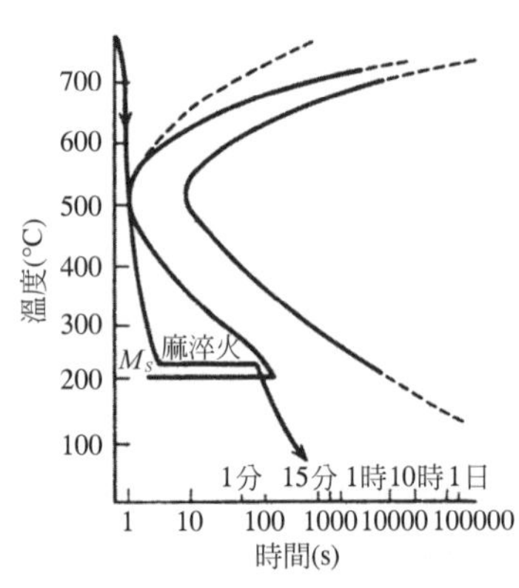

圖 5.7　麻淬火(碳鋼)

⑺　**加工硬化之防止**：金屬之加工依溫度分有：熱加工(鍛造等)與常溫或近似常溫加工的冷加工(抽線、輥軋等)；冷加工時，硬度隨加工提高，且延展性降低，稱為加工硬化。

鋼的硬化現象，可在某溫度中做淬火，以保持糙斑鐵組織消除之。

表 5.5 滲碳硬化層的硬度

鋼種	Ni	Cr	淬火溫度(℃)	冷卻法	硬度 V.P.H			
					淬火狀態	100℃-1h* 油	150℃-1h 油	200℃-1h 油
碳鋼	0	0	760	水	895	870	847	743
			780	水	870	870	803	707
			800	水	843	847	782	690
2.5/0.3 Ni-Cr 鋼	2.43	0.32	760	水	824	824	762	724
			760	油	782	803	724	690
			780	水	824	847	782	707
			780	油	803	824	762	707
			800	水	847	847	762	690
			800	油	803	803	743	673
3.0/0.6 Ni-Cr 鋼	3.15	0.57	760	水	824	824	782	724
			760	油	824	824	762	724
			780	水	824	824	782	743
			780	油	824	803	762	707
			800	水	803	782	743	690
			800	油	803	782	743	673
5.0 Ni-Cr 鋼	3.11	1.00	760	水	782	762	724	673
			760	油	762	743	724	673
			780	水	762	762	707	673
			780	油	762	743	690	657
			800	水	743	743	690	642
			800	油	724	707	690	627
3/1 Ni-Cr 鋼	3.11	1.00	760	水	847	824	803	724
			760	油	847	824	782	724
			780	水	824	803	762	707
			780	油	824	803	762	707
			800	水	824	824	762	707
			800	油	824	803	762	707
4/1 Ni-Cr 鋼	4.18	1.00	730	水	824	803	762	707
			730	油	824	803	762	707
			750	水	824	803	743	690
			750	油	803	782	743	690
			780	水	803	782	743	690
			780	油	803	782	743	673

[註] *h 為時間

(8) **鋼的表面硬化法**：低碳鋼雖富韌性，且比高碳鋼便宜，但硬度卻不夠，因此，若以低碳鋼材做原料之機件，皆要增加其表面硬度來彌補其缺陷，鋼的表面硬化有加工硬化與化學硬化兩種，化學硬化法通常採用滲碳法與氮化法，其中以前者使用機會較多。滲碳法係將鋼材與滲碳劑同時封閉，加熱至 800℃左右，使碳擴散至鋼件表面，而得表面硬度之方法。

滲碳速度與加熱溫度及加熱時間有關，滲碳劑可用固體或液體滲碳劑。

滲後如再淬火，則表面硬度更高，表 5.5 所示為實施淬火與回火的滲碳層硬度之變化。

氮化法是使表面具氮化合物以提高硬度之方法，經氮化之鋼稱為氮化鋼。

圖 5.8 是否各種組織的鋼，以適當藥劑腐蝕後，在顯微鏡下放大之圖例。

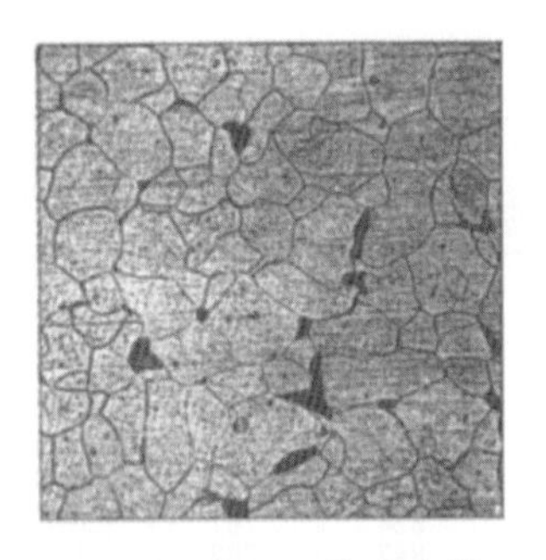

(a) 含碳量 0.12%的波來鐵
(白色爲肥粒鐵，黑色爲波來鐵)

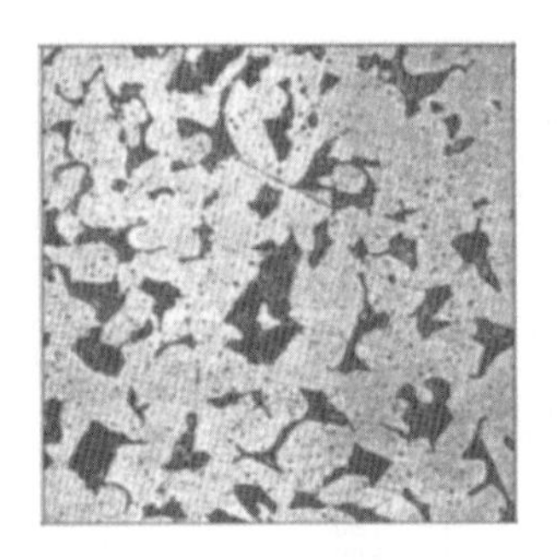

(b) 含碳量 0.22%的波來鐵
(白色爲肥粒鐵，黑色爲波來鐵)

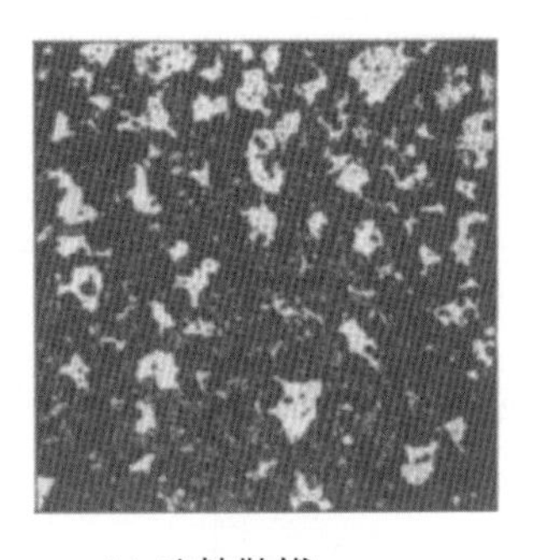

(c) 吐粒散鐵
(白色爲麻田散鐵)

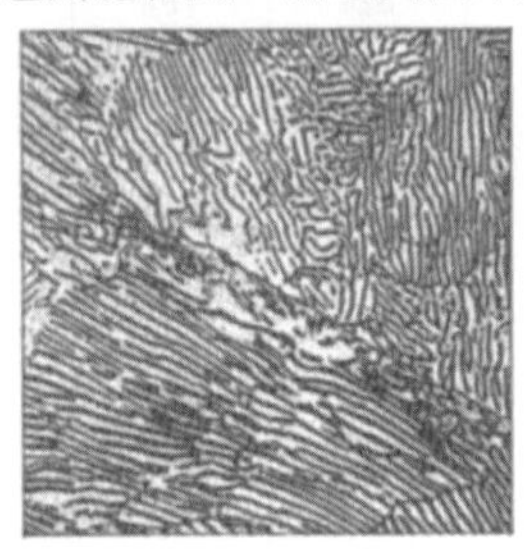

(d) 波來鐵
(C=0.9%)

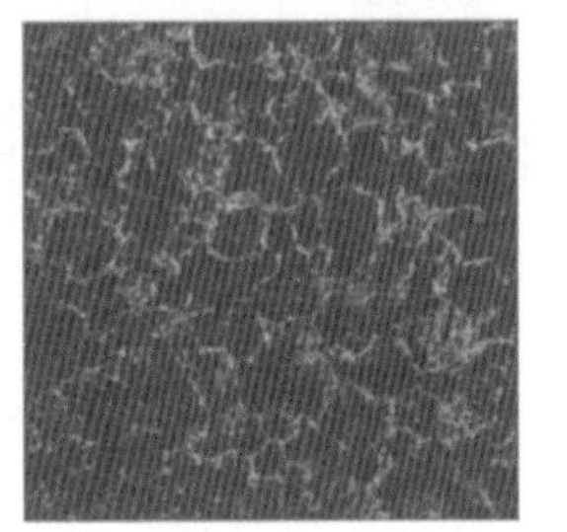

(e) 雪明碳鐵
(C=1.12%，黑色爲波來鐵)

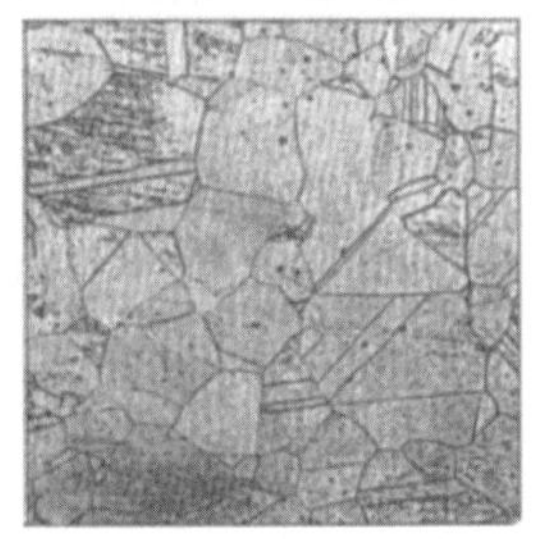

(f) 沃斯田鐵
(不銹鋼)

圖 5.8　金屬之組織例

5.　材質的識別法

鐵與鐵合金以外的金屬，比較容易由其色澤與重量識別材質種類，鐵與鐵合金的識別以採用火花試驗法最簡便。

JIS對鋼的火花試驗法之規定，簡單說明如下：

⑴　**目的**：鋼之火花試驗係鋼在砂輪上研磨而產生火花，觀察火花依其特徵來鑑定不明鋼種，或鑑別混入異材及確認有無。此外，試樣除測試樣品外，亦準備標準試樣。標準試樣係幾種已知化學成分之鋼棒，與測試樣品相同履歷更佳。

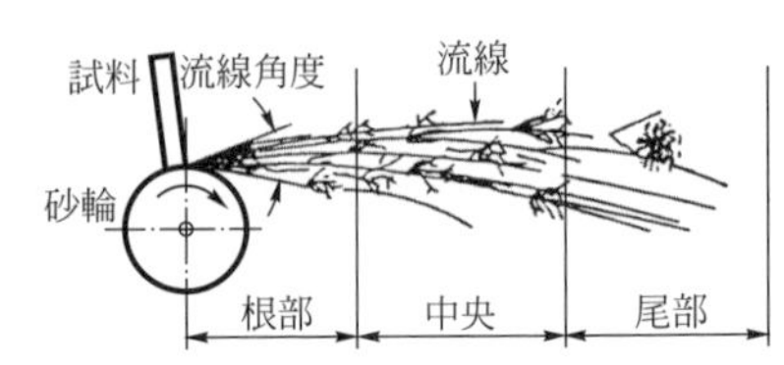

圖 5.9　火花的形狀與名稱

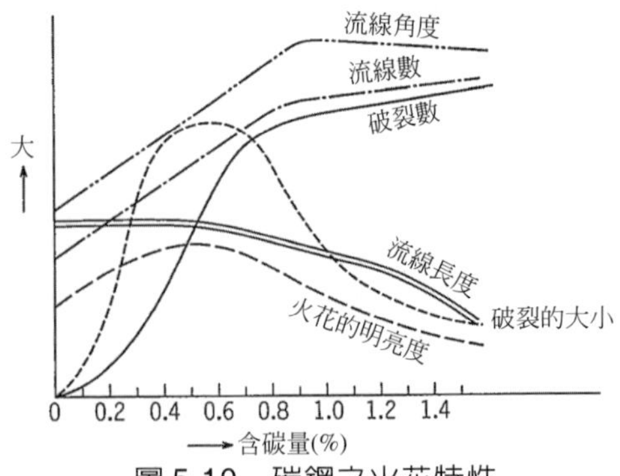

圖 5.10　碳鋼之火花特性

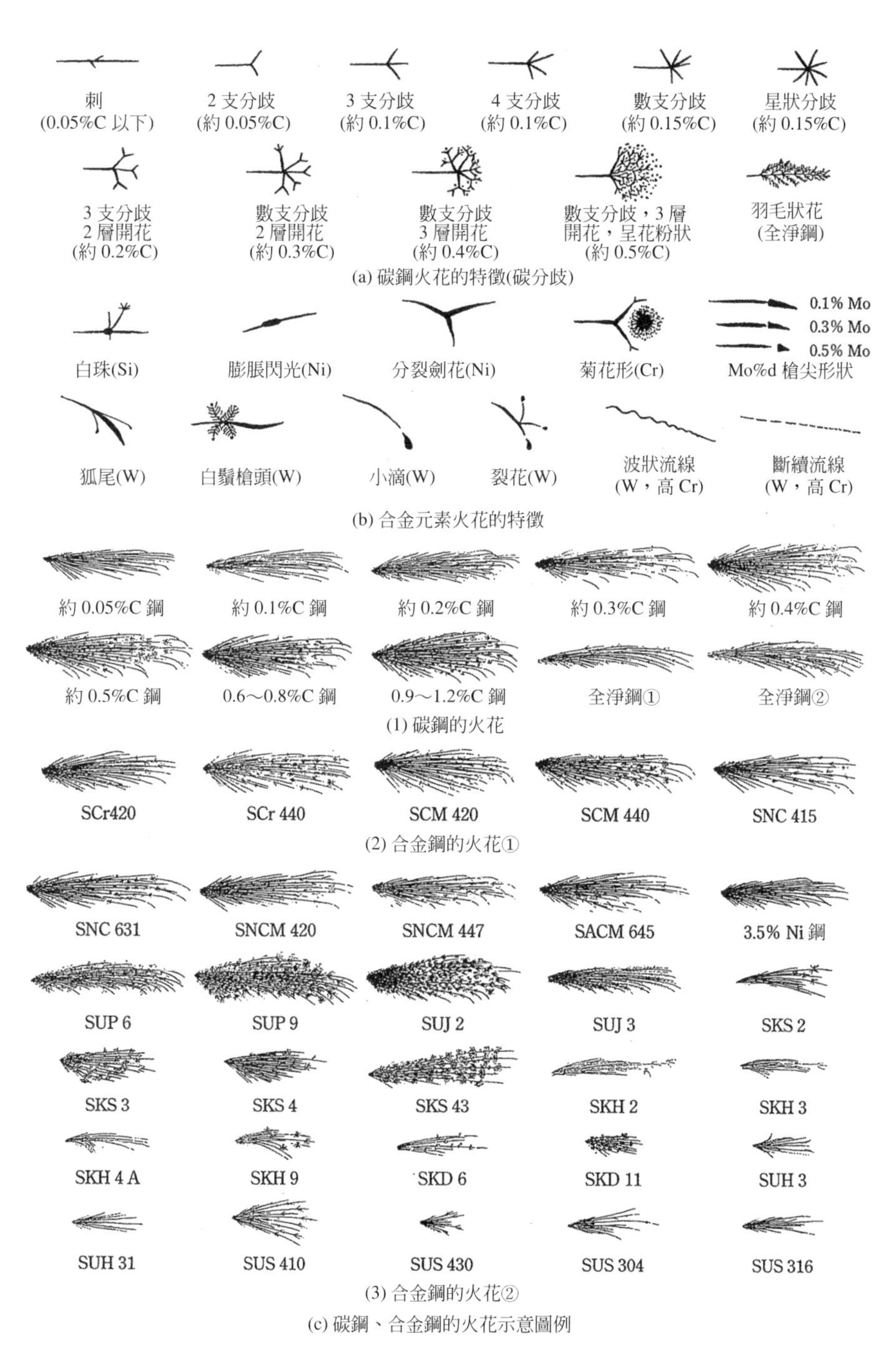
刺
(0.05%C 以下)
2 支分歧
(約 0.05%C)
3 支分歧
(約 0.1%C)
4 支分歧
(約 0.1%C)
數支分歧
(約 0.15%C)
星狀分歧
(約 0.15%C)
3 支分歧
2 層開花
(約 0.2%C)
數支分歧
2 層開花
(約 0.3%C)
數支分歧
3 層開花
(約 0.4%C)
數支分歧，3 層
開花，呈花粉狀
(約 0.5%C)
羽毛狀花
(全淨鋼)
(a) 碳鋼火花的特徵(碳分歧)
白珠(Si)
膨脹閃光(Ni)
分裂劍花(Ni)
菊花形(Cr)
0.1% Mo
0.3% Mo
0.5% Mo
Mo%d 槍尖形狀
狐尾(W)
白鬚槍頭(W)
小滴(W)
裂花(W)
波狀流線
(W，高 Cr)
斷續流線
(W，高 Cr)
(b) 合金元素火花的特徵
約 0.05%C 鋼
約 0.1%C 鋼
約 0.2%C 鋼
約 0.3%C 鋼
約 0.4%C 鋼
約 0.5%C 鋼
0.6～0.8%C 鋼
0.9～1.2%C 鋼
全淨鋼①
全淨鋼②
(1) 碳鋼的火花
SCr420
SCr 440
SCM 420
SCM 440
SNC 415
(2) 合金鋼的火花①
SNC 631
SNCM 420
SNCM 447
SACM 645
3.5% Ni 鋼
SUP 6
SUP 9
SUJ 2
SUJ 3
SKS 2
SKS 3
SKS 4
SKS 43
SKH 2
SKH 3
SKH 4 A
SKH 9
SKD 6
SKD 11
SUH 3
SUH 31
SUS 410
SUS 430
SUS 304
SUS 316
(3) 合金鋼的火花②
(c) 碳鋼、合金鋼的火花示意圖例

圖 5.11　碳鋼、合金鋼之火花特徵及其示意圖例

表 5.6　碳鋼的火花特性

C（%）	流線					分歧				手感
	色	明暗	長度	粗細	數	形狀	大小	數目	花粉	
0.05 以下	橙色	暗	長	粗	少	分歧(無明顯之刺)				軟
0.05	↓					2 支分歧	小	少	無	↓
0.1						3 支分歧			無	
0.15						數支分歧			無	
0.2						3 支分歧 2 層開花			無	
0.3						數支分歧 2 層開花			開始時有	
0.4						數支分歧 3 層開花			有	
0.5		明	長	粗		↓	大			
0.6										
0.7										
0.8										
0.8 以上	紅	暗	短	細	多	複雜	小	多	多	硬

表 5.7　合金元素對火花特性的影響

影響區別	添加元素	流線				破裂				手感	特徵	
		顏色	明暗	長度	粗細	顏色	形狀	數目	花粉		形狀	位置
助長碳分歧	Mn	黃白色	明	短	粗	白色	複雜，細樹枝狀	多	有	軟	花粉	中央
	Cr	橙色	暗	短	細	橙色	菊狀花	不變	有	硬	花	尖端
	V	變化少				變化少	細	多	—	—	—	—
阻止碳分歧	W	暗紅色	暗	短	細 波狀斷繞	紅色	小滴弧	少	無	硬	狐尾	尖端
	Si	黃色	暗	短	粗	白色	白玉	少	無	—	白珠	中央
	Ni	帶紅黃色	暗	短	細	帶紅黃色	膨脹閃光	少	無	硬	膨脹閃光	中央
	Mo	帶紅橙色	暗	短	細	帶紅橙色	尖粒	少	無	硬	尖粒	尖端

表 5.8 鋼種的判定順序

第一分類			第二分類			第三分類			鋼種判定	
觀察	特徵	分類	觀察	特徵	分類	觀察	特徵	分類	特徵	判定鋼種例
有無碳分歧	有碳分歧	碳分歧系	分歧之多寡	數支分歧	0.25 % C 以下	特殊火花	無特殊火花 碳火花	碳鋼	—	碳鋼鋼材(S10C，515CK) 軋延鋼材(SS400)
									羽毛狀	未淨鋼
							有特殊火花	低合金鋼	膨脹閃光，分裂劍花 Ni 菊花狀，手中查覺硬 附近破裂平整 Cr 粒尖 Mo	Ni，Cr 鋼(SNC415) Cr 鋼(SCr420) Cr，Mo 鋼(SCM415)
				數支、數層分歧	0.25 % C 以下 0.5 % C 以下	特殊火花	無特殊火花 碳火花	碳鋼	—	碳鋼鍛造品(SF540) 碳鋼鋼材(S30C，S45C)
							有特殊火花	低合金鋼	膨脹閃光，分裂劍花 Ni 菊花狀，手中查覺硬 附近破裂平整 Cr 尖粒 Mo	Ni，Cr 鋼(SNC631) Cr 鋼(SCr440) Cr，Mo 鋼(SCM440) Ni，Cr，Mo 鋼(SNC447)
				分歧多的樹枝狀	0.5 % C 以上	特殊火花	無特殊火花 碳火花	碳鋼	—	碳工具鋼(SK3，SK5) 彈簧鋼(SUP3，4)
							有特殊火花	低合金鋼	菊狀花，手中覺得硬 附近破裂平整 Cr	軸承鋼(SUJ1，2，3)
									白珠 Si	彈簧鋼(SUP6，7)
	無碳分歧	流線系	流線之顏色	橙色	橙色系	特殊火花	無破裂	純鐵	—	SUY1(電磁軟鐵)
				帶紅橙色	橙色系	特殊火花	尾部膨脹	不銹鋼	附於磁鐵	SUS42052
									不附於磁鐵	SUS304
				暗紅色流線細	暗紅色系	特殊火花	無破裂，尾部膨脹	耐熱鋼	—	SUH3
						特殊火花	無破裂 斷續波狀流線	高速工具鋼	破裂火花，小滴	SKH2
									破裂火花，小滴	SKH3
									破裂火花，無小滴	SKH4
									尾部膨脹帶花	SKH9
						特殊火花	白鬚槍頭	合金工具鋼(SKD 系)	—	SKD2，3，4
						特殊火花	菊花狀複雜	合金工具鋼(SKD 系)	—	SKD1，11

⑵ **試驗的要領**：火花試驗的操作要領如下：

① 砂輪通常使用無機質系磨石粒，粒度 36 或 46，結合度 P 或 Q 左右，轉速 20 m/s 以上爲標準。

② 砂輪的其它條件應保持相同。

③ 在適度薄暗之室內，若室外或明亮場所，宜使用補助器具調整亮度。

④ 避開風的影響，特別是避免迎風面之火產生。

⑤ 研磨部位需避開鋼材表面之脫碳層、浸碳層、氮化層、氣體切斷層、銹皮等。

⑥ 試樣研磨時，盡可能加負荷試樣壓力相同。壓力大小原則上以C 0.2％碳鋼之火花長度在 500mm 左右。

⑦ 火花以水平或斜上飛出爲宜，觀察原則上由流線後方或側向，由根部、中央、尾部各部分，詳細觀察流線顏色、明暗度、長度、粗細、數目、花粉及手的感覺。

⑶ **判定的要領**：

① 鋼種之鑑定：依下述執行。

❶ 由試驗之火花的流線，分歧特徵，參考表 5.6、表 5.7、圖 5.10 及圖 5.11 所示火花特性及示意圖，推測碳含量及合金元素種類與量來判斷鋼種(概略推斷)。程序依表 5.8 所示。

❷ 其次，與推測鋼種之標準試樣之火花比較，以補正推測結果。

❸ 此外，判別困難之場合，則用化學分析方法等試驗法來判別。

② 異材的鑑定：首先，由該試驗品鋼種之標準試樣之火花試驗確認後，將所有試驗品全數測試，觀察火花，如下所述。

❶ 所有項目與標準試樣沒有差異時，推定無異材混入。

❷ 觀察項目一個以上與標準試樣有明顯差異時，其有差異者視爲異材。

❸ 觀察項目中，出現完全不相同的場合，則併用分析試驗加以確認。

5.2 金屬材料試驗

1. 金屬材料試驗用試片

⑴ **拉伸試桿**：係用於拉伸試驗，爲了便利比較試驗的結果，應採用規定固定規格的試桿，依照 JIS Z 2241 附錄規定下述之試桿種類。

*記號爲 JIS 獨有的種類，其中+記號的 3 號、6 號、7 號試桿已在 2004 年廢止。

① 1 號試桿：主要用於鋼板，平鋼與型鋼的拉伸試驗。

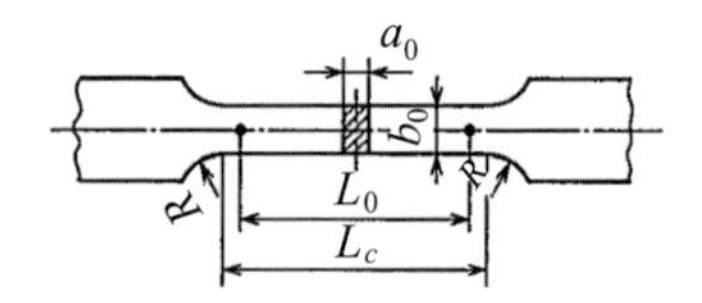

試桿 1A 的場合，寬 b_0=40± 0.7mm，同 1B 的場合，b_0=25± 0.7mm，其他則相同，如下所示。

標稱距離 $L_0 = 200$mm
平行部長度 $L_c \geq$約 200mm
肩部之半徑 $R \geq 25$mm
試桿厚度 a_0 爲原來之厚度

圖 5.12 1 號試桿

② 2 號試桿：主要用於鋼棒的拉伸試驗，圖 5.13 爲其形狀及尺寸，此外，此試桿使用公稱直徑(或對邊距離) 25mm 以下之棒材。

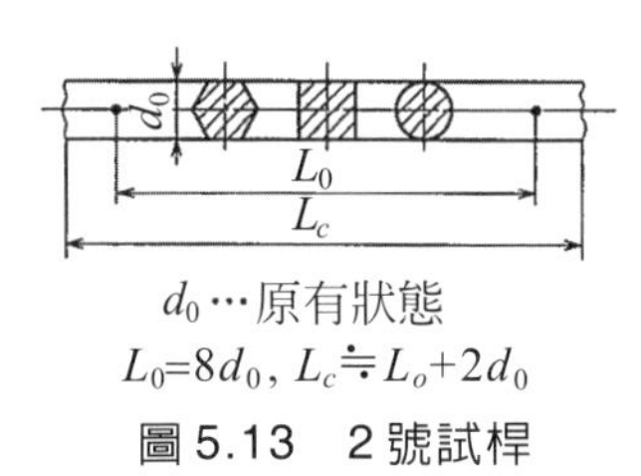

d_0…原有狀態

$L_0=8d_0$, $L_c \doteqdot L_o+2d_0$

圖 5.13　2 號試桿

③ 3 號試桿：此爲公稱直徑超過 25 m 鋼棒拉伸試驗用，圖 5.14 所示之形狀。

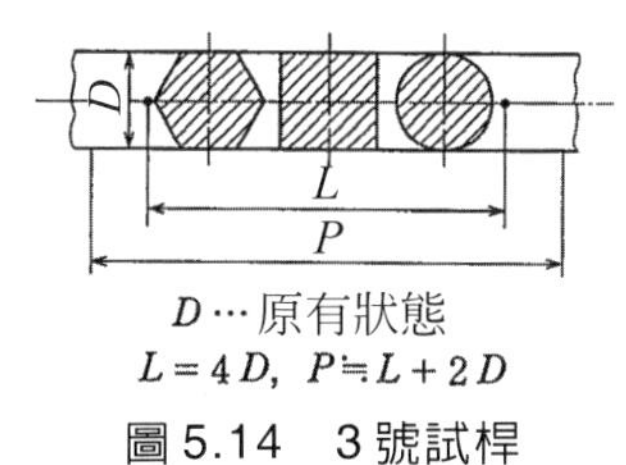

D…原有狀態

$L=4D$, $P \fallingdotseq L+2D$

圖 5.14　3 號試桿

④ 4 號試桿：主要用於鑄鍛鋼品、輥軋鋼材、展性鑄件、球狀石墨鑄件、非鐵金屬(或其合金)之棒與鑄件之拉伸試驗，圖 5.15 爲其形狀。

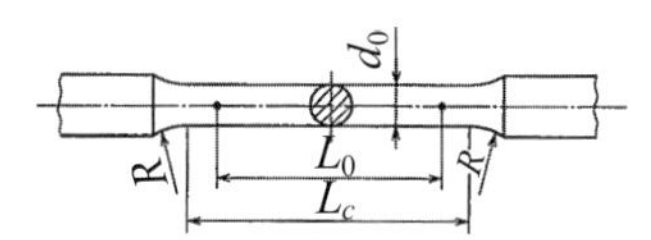

$L_0=50$, $d_0=14\pm0.5$, $L_c\geq60$, $R\geqq15$

圖 5.15　4 號試桿(單位 mm)

此試桿的平行部剖面必須是經加工之圓形，但展性鑄件則不可經加工，因材料之關係無法製成上述尺寸時，按下式決定標點距離

$L_0=4\sqrt{S_0}=3.54d_0$

式中，S_0＝試桿平行剖之斷面積，此情況之標點距離以採整數値爲宜。

⑤ 5 號試桿：主要用於管類、鋼板及非鐵金屬，或非鐵金屬之合金板與形鋼之拉伸試驗，圖 5.16 示其形狀，但薄鐵板的肩部半徑須爲$R=$ 20～30 mm，夾持部位寬$B\geq1.2b_0$ mm。

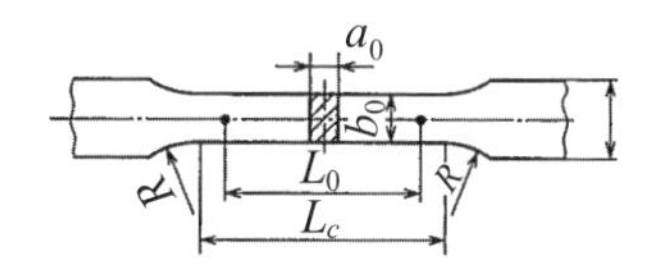

$L_0=50$, $b_0=25\pm0.7$, $L_c\doteqdot60$, $R=20\sim23$,
a_0…原有厚度

圖 5.16　5 號試桿(單位 mm)

⑥ 6 號試桿：主要用於厚度在 6 mm 以下之板材與形鋼之拉伸試驗，圖 5.17 爲其形狀。

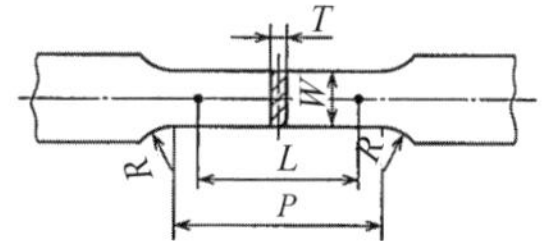

$L=8\sqrt{A}$ (A 是平行部之斷面積)，
$P\fallingdotseq L+10$, $W=15$, $R\geqq15$,
T… 原有厚度

圖 5.17　6 號試桿(單位 mm)

⑦ 7 號試桿：主要用於抗拉強度大的平鋼、鋼板、及角鋼的拉試驗用，圖 5.18 爲其形狀，厚度爲材料之原厚度，但原則上寬度應比厚度大。

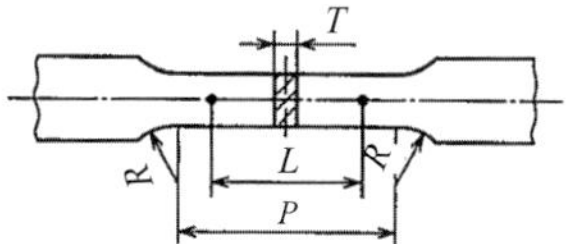

$L=4\sqrt{A}$ (A 是平行部之斷面積)，
$P\fallingdotseq1.2L$, $R\geqq15$,
T… 原有厚度

圖 5.18　7 號試桿(單位 mm)

⑧ 8 號試桿：主要用於普通鑄件之拉伸試驗，表 5.9 所示爲試桿的形狀與尺寸。

表 5.9 8 號試桿的尺寸 (單位 mm)

試桿之區別	試桿鑄造尺寸(徑)	平行部長度L_c	直徑 d_0	肩部之半徑 R
8A	約 13	約 8	8	16 以上
8B	約 20	約 12.5	12.5	25 以上
8C	約 30	約 20	20	40 以上
8D	約 45	約 32	32	64 以上

⑨ 9 號試桿：主要用於鋼線、非鐵金屬(或其合金)線之拉伸試驗，表 5.10 爲試桿之原標稱距離與形狀。

表 5.10 9 號試桿 (單位 mm)

試桿之區別	標稱距離 L_0	夾持間隔 L_c
9 A	100±1	150 以上
9 B	200±2	250 以上

⑩ 10 號試桿：主要用於軟鋼的熔填金屬、鍛鋼品、鑄鋼品與輥軋鋼材的拉伸試驗，試桿的斷面必須是經加工的圓形，且平行部一定要用熔填金屬製成。圖 5.19 所示爲其形狀。

⑪ 11 號試桿：用於以管狀試驗之管類拉伸試驗，試桿之材料取自原材料，兩端再塞入型心，或用錘擊扁，後者之平行部之長度必須大於 100 mm。

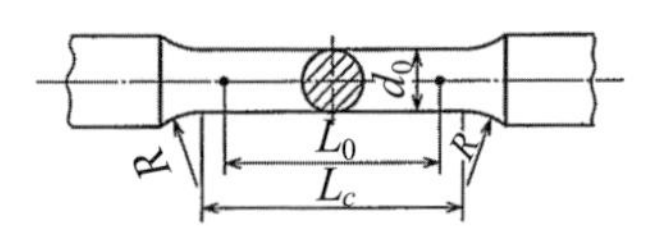

L_0=50, d_0=12.5±0.5,
L_c≧60, R≧15

圖 5.19 10 號試桿(單位 mm)

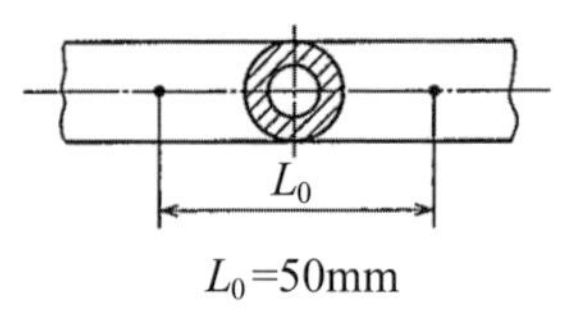

L_0=50mm

圖 5.20 11 號試桿

⑫ 12 號試桿：用在非管狀試驗之管類拉伸試驗，試桿兩端的夾持部，在常溫下錘扁，表 5.11 表示其形狀與寬。

表 5.11 12 號試桿之尺寸

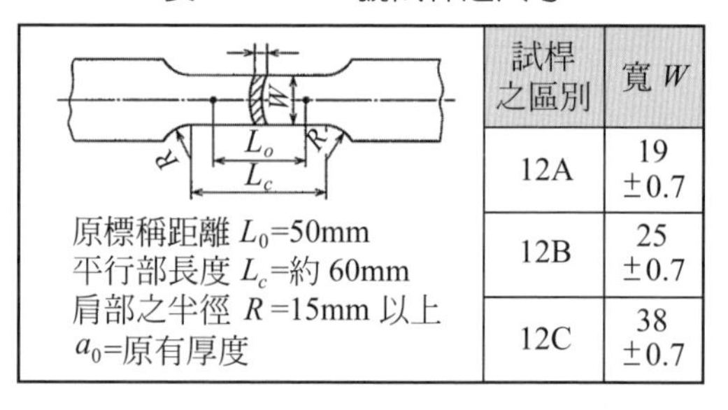

原標稱距離 L_0=50mm
平行部長度 L_c=約 60mm
肩部之半徑 R =15mm 以上
a_0=原有厚度

試桿之區別	寬 W
12A	19 ±0.7
12B	25 ±0.7
12C	38 ±0.7

⑬ 13 號試桿：主要用於薄板材拉伸試驗，表 5.12 爲其形狀與尺寸。

表 5.12 13 號試桿的尺寸

試桿之區別	寬 b_0	標稱距離L_0	平行部之展度L_c	肩部之半徑 R	夾持部寬度 B
13A	20±0.7	80	約 120	20～30	≥1.2b_0
13B	12.5±0.5	50	約 60	20～30	≥1.2b_0

厚度 a_0 爲原有厚度

⑭ 14A 號試桿：主要用於鋼材的拉伸試驗。

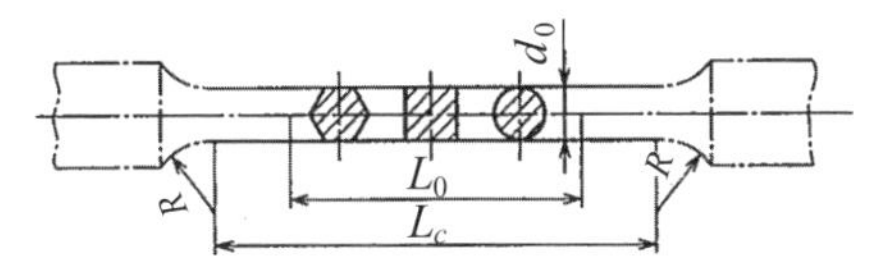

$L_0 = 5.65\sqrt{S_0}$ (S_0 是平行部之原斷面積)，
$L_c = (5.5 \sim 7)d_0$，$R \geqq 15$mm
平行部斷面爲圓形的場合$L_0 = 5d_0$，方形的場合$L_0 = 5.65d_0$，六角形的場合$L_0 = 5.26d_0$
夾持部之直徑，可與平行部直徑相同，
但是$L_c \geqq 8d_0$。

圖 5.21　14A 號試桿

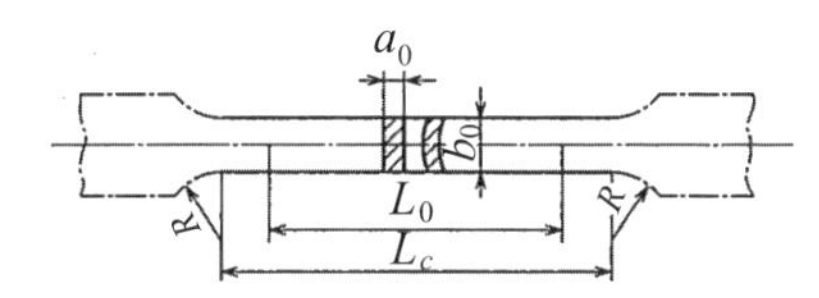

$L_0 = 5.65\sqrt{S_0}$ (S_0平行部之斷面積)，
$b_0 \geqq 8a_0$，$L_c = L_0 + (1.5 \sim 2.5)\sqrt{S_0}$，$R \geqq 15$mm，
a_0…原有厚度

此外，平行部長度，盡可能爲$L_c = L_0 + 2\sqrt{S_0}$。夾持部寬度，可與平行部寬度一樣。但是，$L_c = L_0 + 3\sqrt{S_0}$。

試桿之標準尺寸如下表所示。每一適當之板厚範圍，盡可能使一致尺寸。

標準尺寸			(單位mm)
板厚	寬 b_0	原標稱距離 L_0	平行部長度L_c
超過 5.5　7.5 以下	12.5 ±0.5	50	80
超過 7.5　10 以下		60	
超過 10　13 以下	20 ±0.7	85	130
超過 13　19 以下		100	
超過 19　27 以下	40 ±0.7	170	265
超過 27　40 以下		205	

圖 5.22　14B 號試桿

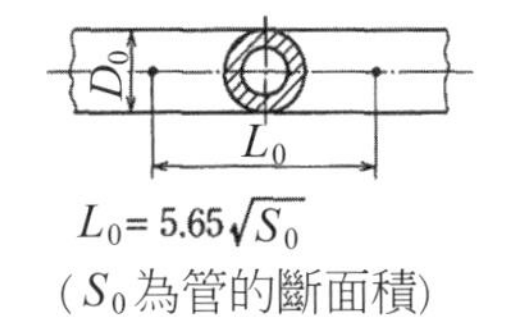

圖 5.23　14C 號試桿

⑮ 14B 號試桿：主要用於鋼材的拉伸試驗擊以非管狀試驗的管類之拉伸試驗。

⑯ 14C 號試桿：主要用於管狀試驗的管類拉伸試驗。試桿之斷面，直接由管材切取。夾持部置入芯材。此時，無芯材可變形部分之長度爲$L_0+(0.5 \sim 2)D_0$，盡可能取 (L_0+2D_0)。

⑵ **衝擊試桿**：依 JIS Z 2242 如表 5.13 所示，規定Charpy衝擊試驗用2種試桿。

⑶ **抗彎試桿**：抗彎試桿係用於以二支點支持材料，而在中央加負荷時，材料所能承受最大負荷與撓曲之試驗，依JIS規定適用於鑄件，表5.14表示試件規格。

2.　金屬材料試驗法

⑴ **拉伸試驗法**：利用拉伸試驗機實施，負荷作用於該桿之軸方向，圖 5.24 是使用最多的拉伸試驗機Amsles試驗機，拉伸試驗機可測定材料的降伏點、抗拉強度、伸長與收縮及耐疲勞全部或一部分(JIS 降伏強度 Z2241)，降伏點的求法爲材料達到降伏點時之最大負荷P_s除以試桿平行部之原斷面積A_0。

$$降伏點\sigma_s = \frac{P_s}{A_0}\ (\text{N/mm}^2)$$

表 5.13　Charpy 衝擊試桿之尺寸容許差(JIS Z 2242)　　(單位 mm)

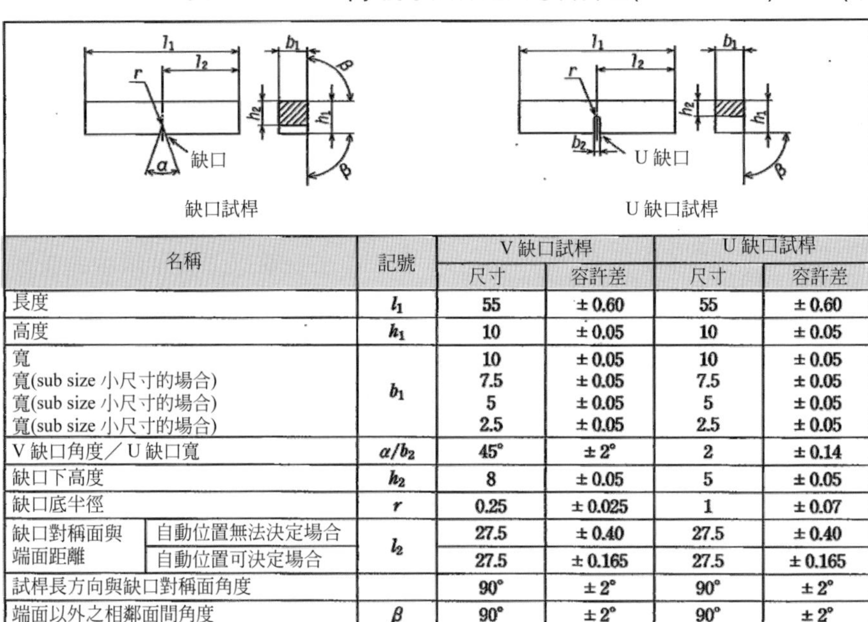

名稱		記號	V 缺口試桿		U 缺口試桿	
			尺寸	容許差	尺寸	容許差
長度		l_1	55	± 0.60	55	± 0.60
高度		h_1	10	± 0.05	10	± 0.05
寬 寬(sub size 小尺寸的場合) 寬(sub size 小尺寸的場合) 寬(sub size 小尺寸的場合)		b_1	10 7.5 5 2.5	± 0.05 ± 0.05 ± 0.05 ± 0.05	10 7.5 5 2.5	± 0.05 ± 0.05 ± 0.05 ± 0.05
V 缺口角度／U 缺口寬		α/b_2	45°	± 2°	2	± 0.14
缺口下高度		h_2	8	± 0.05	5	± 0.05
缺口底半徑		r	0.25	± 0.025	1	± 0.07
缺口對稱面與端面距離	自動位置無法決定場合	l_2	27.5	± 0.40	27.5	± 0.40
	自動位置可決定場合		27.5	± 0.165	27.5	± 0.165
試桿長方向與缺口對稱面角度			90°	± 2°	90°	± 2°
端面以外之相鄰面間角度		β	90°	± 2°	90°	± 2°

表 5.14　抗彎試件(單位 mm)

試桿的種類	徑(D)	直徑容許公差	支點間距離 L	長度 P
A 號	13	± 1.0	200	約 300
B 號	20	± 1.0	300	約 350
C 號	30	± 1.5	450	約 500
D 號	45	± 2.0	600	約 650

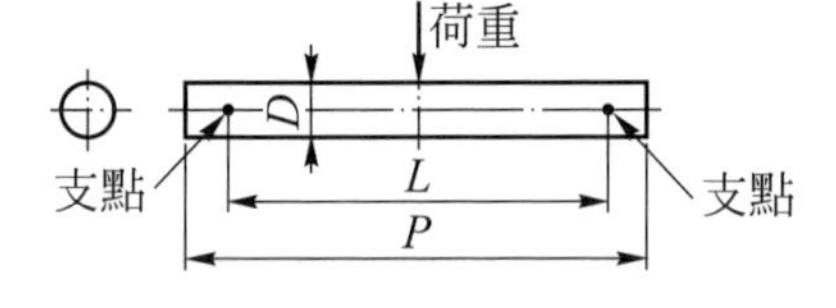

JIS Z 2203：2005 年廢止

此情況所謂之原斷面積是由試桿上做記號的標點距離之兩端部與中央部三處剖面積之平均值(以下皆同)。

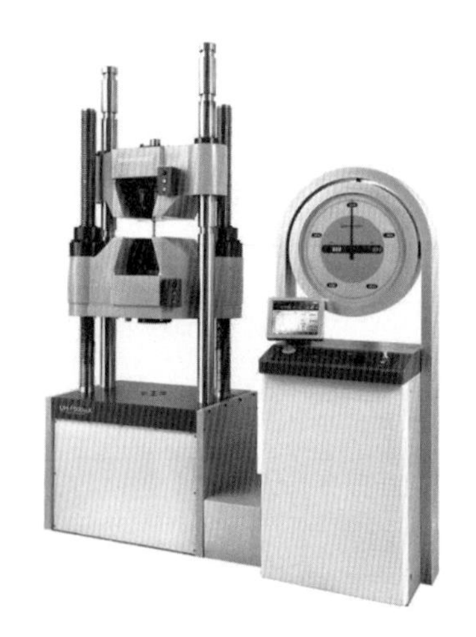

圖 5.24　Amsles 試驗機

降伏強度是材料超過彈性限度，開始產生永久變形達到標體距離 0.2 %時之負荷$P_{0.2}$除以平行部的原斷面積。

$$降伏強度\sigma_{0.2}=\frac{P_{0.2}}{A_0}\ (\text{N/mm}^2)$$

抗拉強度是拉伸試驗中試桿所能承受最大負荷除以剖面積：

$$抗拉強度\sigma_B=\frac{P_{max}}{A_0}\ (\text{N/mm}^2)$$

伸長率是試桿斷裂時標點距離l與原標點距離l_o差對原標點距離l_o的百分比：

$$伸長\delta=\frac{l-l_o}{l_o}\times 100\ \%$$

上述之標點距離l是自拉斷後再重組測定，故不十分正確，JIS對伸長推薦值之求法如下。

破斷面在如圖 5.25 所示之標點間，標點O_1O_2之間取適當長度預先做好等分刻線，試驗後，如在$O_1P<O_2P$的P點斷裂，先重組斷裂面，再以斷裂後較短之桿標點O_1爲中心，求P的對稱點，亦即最接近之刻度A，測定O_1A，其次，O_2A之間等分爲n刻度，n爲偶數時，應自A到O_2方向$n/2$之刻度，n爲奇數時，應在$n-1/2$與$n+1/2$刻度之間取B，測定AB之間距，以下式求得推薦值：

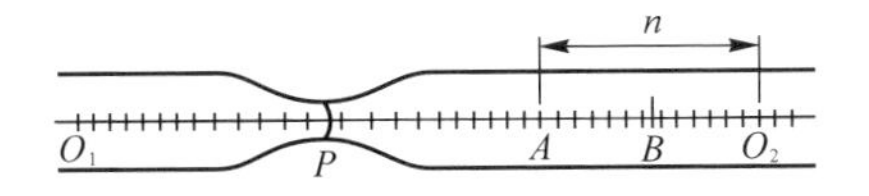

圖 5.25 推薦值的求取方法

伸長之推薦值

$$=\frac{O_1A+2AB-標點距離}{標點距離}\times 100\ \%$$

收縮率爲試桿斷裂後的最小剖面積A與原斷面積A_o的差，對原斷面積A_o之百分比，如下式所示：

$$收縮率=\frac{A_o-A}{A_o}\times 100\ \%$$

(2) **衝擊試驗法**：衝擊試驗是用衝擊試驗機測定衝擊試片的操作。

JIS 是規定用夏比(charpy)衝擊試驗機與伊查得(izod)試驗機進行操作。

圖 5.26 是夏比衝擊試驗機。

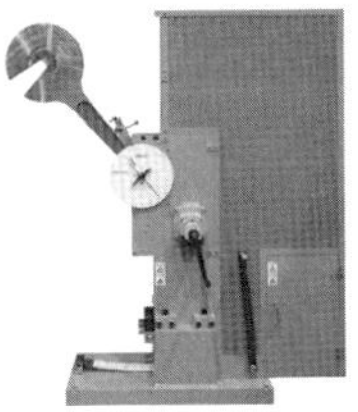

(a)試驗機外觀

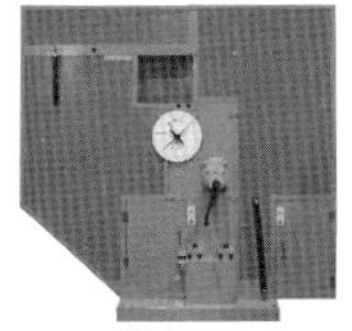

(b)安裝盒

圖 5.26 夏比試驗機

但對衝擊強度低的鑄鐵、壓鑄合金而言，並不適用 JIS 規定。

夏比衝擊試驗機是以擺錘衝擊試片來試驗，試片切口在中央，兩端夾持著，自缺口背部衝擊。JIS規格中，如表 5.13 所示，規定有 U 形缺口與 V 形缺口相距 40mm，由 2mm 或 8mm 之衝擊刀擦擊缺口之背面。衝擊值爲使衝擊片破斷所需能量(吸收能)除以缺口部之原斷面積之值。

衝擊所須能量E爲：

$$E = WR(\cos\beta - \cos\alpha)$$

式中，

W＝擺錘重量

β＝衝斷後擺錘的反彈角度

α＝擺錘上舉的角度

R＝自迴轉軸中心到重心的距離(圖 5.27)

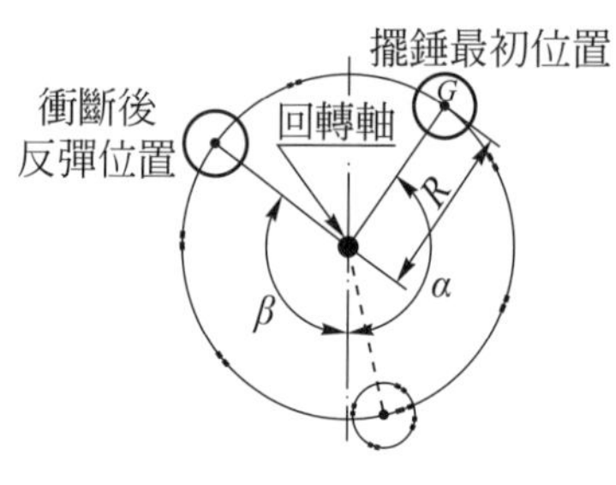

圖 5.27

因此，衝擊值$=\frac{E}{A}$ (J/mm²)

(3) **硬度試驗法**

① 勃氏硬度試驗：利用圖 5.28 所示的勃氏硬度試驗機。使用鋼珠或超硬合金球做壓針，加壓於試片上，該加壓壓力除以試片因加壓而陷下之表面積，即爲該材料之硬度。使用鋼珠壓針時，以HBS符號表示，使用超硬合金壓針時，以 HBW 符號表示。(JIS Z2243)。

圖 5.28　勃氏硬度試驗機

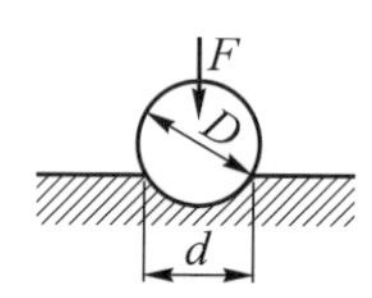

F… 試驗荷重(N)
D…鋼球直徑(mm)
d… 壓痕平均直徑(mm)

圖 5.29

$$\text{HBS(或HBW)} = 0.102\frac{2F}{\pi D(D-\sqrt{D^2-d^2})}$$

硬度值爲無單位。壓針及試驗荷重的大小，可採表 5.15 的任一組合。

表 5.15　硬度記號及其條件

硬度記號	壓針直徑 D (mm)	$\frac{0.102F}{D^2}$ *	試驗荷重
HBW 10/3000	10	30	29.42 kN
HBW 10/1500	10	15	14.71 kN
HBW 10/1000	10	10	9.807 kN
HBW 10/500	10	5	4.903 kN
HBW 5/750	5	30	7.355 kN
HBW 5/250	5	10	2.452 kN
HBW 2.5/187.5	2.5	30	1.839 kN
HBW 2.5/62.5	2.5	10	612.9 N
HBW 1/30	1	30	294.2 N
HBW 1/10	1	10	98.07 N

〔註〕* 此欄之數值，因應試樣材質，硬度而定(單位N/mm²)。此外，上表爲拔粹。

② 維氏硬度試驗：利用圖 5.30 所示的維氏硬度試驗機，搭配四角錐狀的鑽石壓針壓在試片上，由凹陷對角線所求得之表面積除以負荷即爲維氏硬度。用 HV 表示(JIS Z2244)

$$HV = 0.102\frac{2F\sin\alpha/2}{d^2} = 0.1891\ F/d^2$$

式中，

F：試驗荷重(N)

d：凹陷之對角線之長度平均値(mm)

α：鑽石壓針的對面角(136°)

圖 5.30　維氏硬度試驗機

HV 的數値沒有單位。

③ 洛氏硬度試驗：利用圖 5.31 所示的洛氏硬度試驗機，採用鑽石、鋼珠或超硬合金球壓於試片上，如圖 5.32 所示，首先負載基準荷重，接著再負載試驗荷重，再度回復到負載基準荷重時，由壓針的壓痕深度(永久壓痕深度 h)，求得之硬度稱爲洛氏硬度。該數値可由量具的刻度上讀取。

表 5.16　硬度記號與試驗荷重*

	硬度記號	試驗荷重(N)		硬度記號	試驗荷重(N)
①	HV5	49.03	③	HV0.001	0.009807
①	HV10	98.07	③	HV0.002	0.01961
①	HV20	196.1	③	HV0.003	0.02942
①	HV30	294.2	③	HV0.005	0.04903
①	HV50	490.3	③	HV0.01	0.09807
①	HV100	980.7	③	HV0.015	0.1474
②	HV0.2	1.961	③	HV0.02	0.1961
②	HV0.3	2.942	③	HV0.025	0.2452
②	HV0.5	4.903	③	HV0.03	0.2942
②	HV1	9.807	③	HV0.05	0.4903
②	HV2	19.61	③	HV0.01	0.9807
②	HV3	29.42			

〔註〕①維氏硬度試驗
②小負荷維氏硬度試驗
③顯微維氏硬度試驗

圖 5.31　洛氏硬度試驗機

初荷重爲 98.07N，依壓力種類及試驗荷重有如表 5.17 所示之尺度，洛氏硬度記號 HR 前爲硬度値，其後附記尺度，如 59HRC，60HRBW 之稱呼。

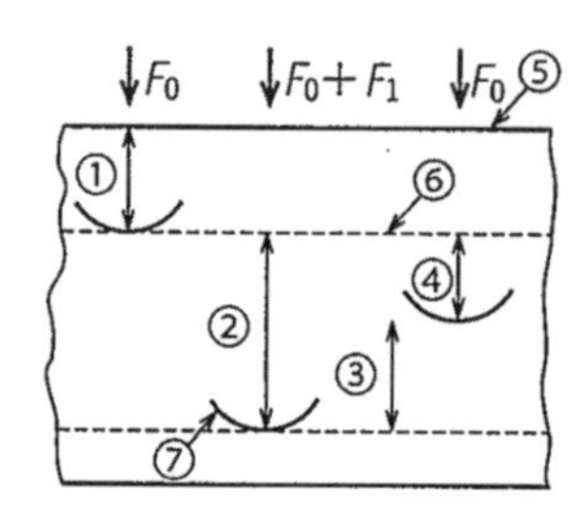

①由初荷重 F_0 形成之凹痕。
②由追加荷重 F_1 形成之凹痕。
③移去追加荷重 F_1 之彈性回復。
④永久凹痕深度 h。
⑤試樣表面。
⑥測試永久凹痕深度之基準面。
⑦壓針位置。

圖 5.32

洛氏強度試驗方法中，除上述外，也有規定初荷重爲 29.42N 之洛氏表面硬度(參考表 5.17)。

洛氏試驗的特點是亦可使用的試材既薄且小。試驗所造成的壓痕極小。

④ 蕭氏硬度試驗：前述各種硬度試驗機均是以某種形式的壓針施壓於試片，再以比較的方式而定其硬度。而圖 5.33 所示的蕭氏硬度試驗機的測試硬度方法是於鑽石或經淬火的鋼之端部掛附一定重量的鋼錘，將之掉落於試片之表面，依其反彈之高度，而決定其硬度。並顯示於刻度盤上。

表 5.17 洛氏硬度及洛氏表面硬度之尺度與相關事項

	尺度	硬度記號	壓針	初荷重 F_0 (N)	全荷重 F_1 (N)	①	②	適用範圍
洛氏硬度	A	HRA	圓錐形鑽石	98.07	588.4	0.002	100	20~95HRA
	B	HRB	球 1.5875mm		980.7	0.002	130	20~100HRB
	C	HRC	圓錐形鑽石		1471	0.002	100	20*~70HRC
	D	HRD			980.7	0.002	100	40~77HRD
	E	HRE	球 3.175mm		980.7	0.002	130	70~100HRE
	F	HRF	球 1.5875mm		588.4	0.002	130	60~100HRF
	G	HRG			1471	0.002	130	30~94HRG
	H	HRH	球 3.175mm		588.4	0.002	130	80~100HRH
	K	HRK			1471	0.002	130	40~100HRK
洛氏表面硬度	15N	HR15N	圓錐形鑽石	29.42	147.1	0.001	100	70~94HR15N
	30N	HR30N			294.2	0.001	100	42~86HR30N
	45N	HR45N			441.3	0.001	100	20~77HR45N
	15T	HR15T	球 1.5875mm		147.1	0.001	100	67~93HR15T
	30T	HR30T			294.2	0.001	100	29~82HR30T
	45T	HR45T			441.3	0.001	100	10~72HR45T

上表中，①欄表示換算常數 S（mm）。②欄表示爲特定常數 N。
③如果壓頭尺寸正確，範圍可以達到 10 HRC。

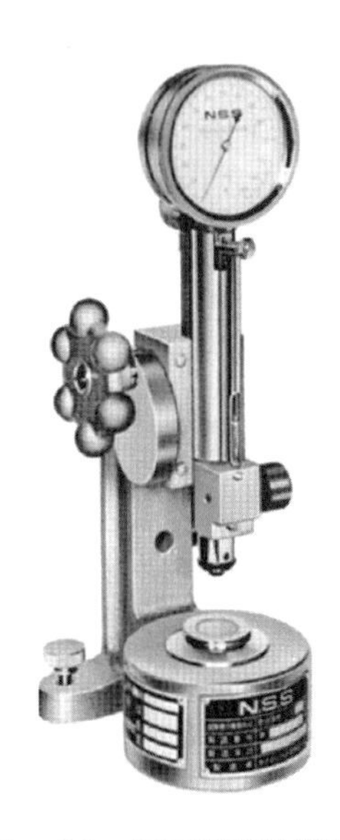

圖 5.33　蕭氏硬度試驗機

JIS 對蕭氏硬度 HS 的規定可由下式決定。自h_o高度落下的鋼錘，其反彈的高度爲h時，則

$$HS = k \times \frac{h}{h_o}$$

k值依試驗機之計測筒不同形式，如下所示。

標示形(C 形)時

$k = 10000/65$

目測形(D 形)時

$k = 140$

此試驗法不得只於一處測試，必須在數處進行並求其平均值。此法簡單，且試驗機亦較其他方法便宜，因而廣被使用。

(4)　**彎曲試驗法**：JIS 規定彎曲試驗是以規定的內側半徑，彎曲材料至規定之角度，借以檢查是否有裂痕和其它缺陷。

其方法有加壓彎曲法(圖 5.34)與捲繞法(圖 5.35)，V 形塊法(圖 5.36)三種規定(JIS Z 2248)。

(5)　**艾利克生試驗法**：艾利克生試驗是測定金屬薄板的艾利克生值之試驗，利用如圖 5.37 所示之裝置，艾利克生是把薄板置在衝頭使衝模之間加壓，使內側至少有一處產生裂痕爲止，衝頭端部至加壓面之移動距離即表示該值。

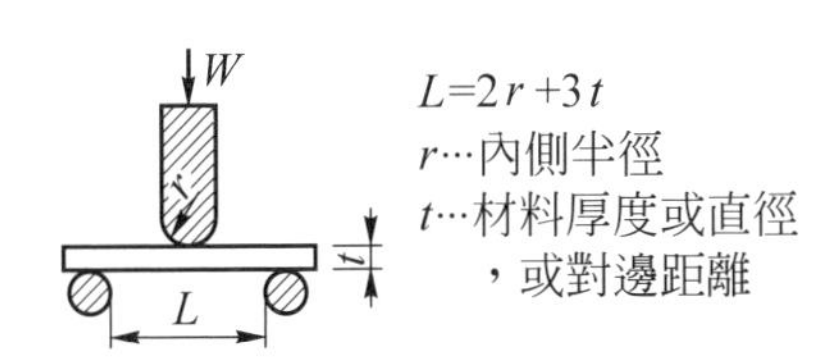

圖 5.34　加壓彎曲法

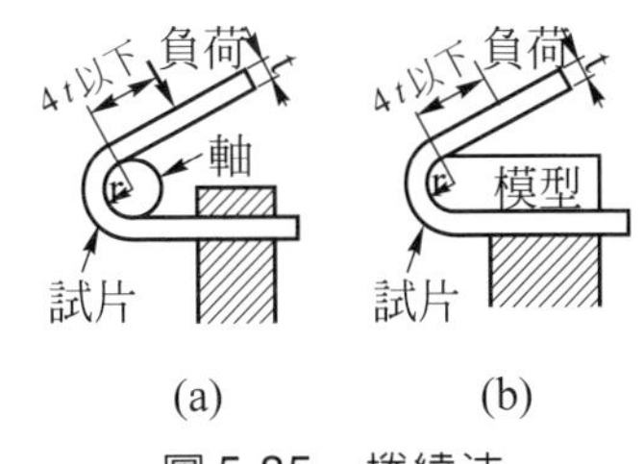

圖 5.35　捲繞法

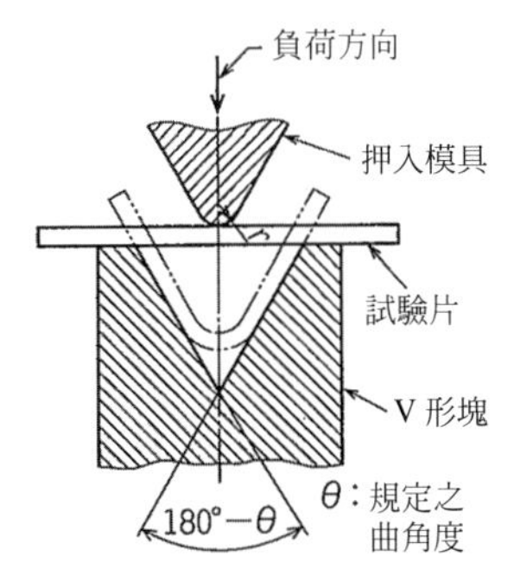

圖 5.36　V 形塊法

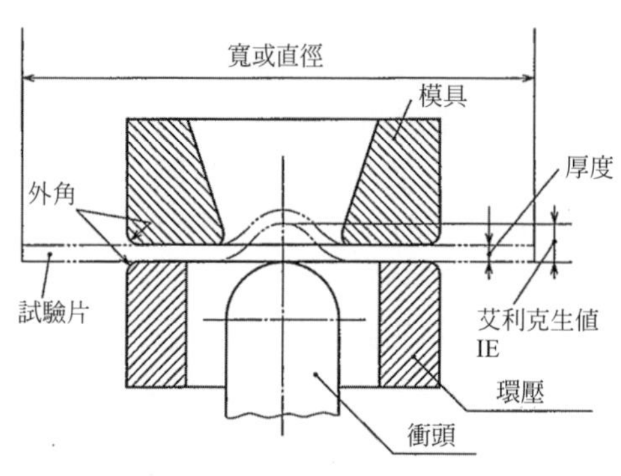

圖 5.37　艾利克生試驗機

本實驗機是利用艾利克生試驗機(圖 5.38)，依 JIS 規定，適合此試驗之薄板，厚度 0.1～2.0mm，寬度 90mm 以上，30 ≤ 寬度＜ 90mm 的條(帶)，2 ＜厚度≤ 3mm 的板也適用。此外，試片及艾利克生符號如表 5.18 所規定。

圖 5.38　艾利克生試驗機

試驗方法係先在試片兩面輕塗石墨油，試片寬度之中心線或圓形中心，對準衝頭、衝模中心裝妥。而且，標準試片凹痕中心，設定在自試片之任何邊均在 45mm 以上。衝頭以一定速度靜靜地壓下試片。其速度以 5～20mm/min 爲標準。條(帶)的場合，凹痕相互中心間之距離，至少在 90mm 以上。

試驗至少要執行 3 次以上，求取平均值。

3. 其它材料試驗

⑴ **潛變試驗**：材料受負荷作用便會產生應變，此情況下如作用於材料之負荷固定，則產生的應變也固定，但實際上負荷可能時時在改變，即材料之應變係隨時在增加，鐵合金等材料如溫度未達 250℃以上，此種現象不太顯著，然而對熔點低之鉛、銅、軟合金等在常溫下也會產生此現象，上述情況稱爲潛變。

圖 5.39　潛變試驗機

表 5.18　試片及艾利克生值符號 (單位 mm)

符號	定義	試驗及艾利克生值符號			
		標準試片	比標準試片厚或窄之試片		
IE	艾利克生值符號	IE_0	IE_{40}	IE_{21}	IE_{11}
a	試片厚度	0.1 以上 2 以下	大於 2 3 以下	0.1 以上 2 以下	0.1 以上 1 以下
b	試片寬或直徑	90 以上	90 以上	55 以上 50 未滿	30 以上 55 未滿

潛變試驗方法有拉伸潛變試驗與潛變破壞試驗兩種，分別以JIS Z 2271 與JIS Z 2272 規定之。

(2) **放射線透視試驗**：以X線、γ線等類放射線透視金屬材料或其成品，藉以發現缺陷，稱爲放射線透視試驗，試驗方法有透視照片法與單純透視法兩種，後者對輕金屬材料與其製品的製程簡化頗有效用。

此試驗的規定依據 JIS Z 2341。

(3) **螢光滲透探傷試驗**：此法利用具有適當標示度、良好滲透性、容易沖洗、對材料無腐蝕性，對人體無危害等特性之螢光液滲透試件的表面，照射紫外線探測缺陷之試驗，經由螢光劑之發光可找出材料的裂痕、多孔性窩、不完全銲接與其它缺陷之部位。此試驗的規定依據 JIS Z 2343。

(4) **超音波探傷試驗**：對著金屬材料發射超音波，利用其音波之反射探測材料缺陷之試驗方法，JIS Z 2344 對試驗法有詳細規定，上述之放射線透視試驗、螢光滲透探傷試驗及超音波探傷試驗通常稱爲非破壞試驗法，同類之試驗尚有磁粉探傷試驗，渦流探傷試驗等。

5.3 各種金屬材料之JIS規定

1. 金屬符號的表示法

工業材料以金屬材料最多，而其中又以鋼鐵材料佔壓倒性多數。

JIS金屬符號規定如下，符號分爲三大部分表示：

(1) **頭段部分—材質**：英文或羅馬字母的字頭或化學元素符號——表 5.19(a)。

(2) **中段部分—規格或成品名**：英文或羅馬字母的字頭——表 5.19(b)。

(3) **尾段部分—表示種別**：材料最低抗拉強度或種類編號之號數。

【例】一般構造用輥軋鋼材第一種　SS330
　　碳工具鋼鋼材　SK140

除了表示鋼鐵材料的種類與符號以外，如尚須表示形狀與製造方法等，應以表 5.20 (a)之符號接在種類與符號之後表示。

銅、鋁等非鐵金屬材料要在金屬符號後加一符號，再添加如表 5.20(b)所示之質別符號(或熱處理符號)。

2. JIS 材料表注意事項

(1) **有關化學成分部分**：JIS 材料表所示之各材料成份，碳鋼用 C、Si、Mn、P 與 S 等 5 元素之順序表示，特殊鋼則用 Ni、Cr、Mo、W、V 與 Co。

(2) **有關機械性質部分**：規格表示之各種材料機械性質之各種數據，不是專指該材料特有之數據，上述之各種數據，只要材料在規格指定熱處理範圍內，選用適當的熱處理，且其本身無缺陷，則可獲得規格規定的機械性質，因此，材料之使用者，如再實施規格外之熱處理，可使其具備特定之性質便於使用。

表 5.19　材質名稱及製品名稱符號與其組合例

(a)材質名稱符號及組合例(頭段部分)

符號	名稱	備註	符號	名稱	備註
A	鋁	Aluminium	PB	磷青銅	Phoshor Bronze
Mcr	金屬鉻	Metallic Cr	S	鋼	Steel
Bs	黃銅	Brass	SCM	鉻鉬鋼	Chromium Molybdenum
C	碳	Carbon(元素符號)	SCr	鉻鋼	Chromium
C	銅	Copper	SMn	錳鋼	Manganese
C	鉻	Chromium	SNC	鎳鉻鋼	Nickel Chomium
DCu	磷脫氧銅	Deoxidized Copper	Si	矽	Silicon(元素符號)
F	鐵	Ferrum	SzB	矽青銅	Silzin Bronze
HBs	高級黃銅	High Strength Brass	T	鈦	Titanium
M	鉬	Molybdenum	Ta	鉭	Tantal
M	鎂	Magnesium	W	白合金	White Metal
Mn	錳	Manganses(元素符號)	W	錳	Wolfram(元素符號)
Ni	鎳	Nickel(元素符號)	Zn	鋅	Zinc(元素符號)
P	磷	Phosphorus(元素符號)			
Pb	鉛	Plumbun(元素符號)			

表 5.19　材質名稱及製品名稱符號與其組合例(續)

(b)製品名稱符號及組合例(中段部分)

符號	名稱	備註	符號	名稱	備註
B	棒或鍋爐	Bar，Boiler	M	中碳鋼、耐侯性鋼	Medium carbon，Marine
BC	鏈用圓鋼	Bar Chain	P	薄板	Plate
C	鑄件	Casting	PC	冷軋延鋼板	Cold-rolled steel Plates
C	冷加工件	Cold work	PH	熱軋延鋼板	Hot-rolled steel Plates
CMB	黑心可鍛鑄件	Malleable Casting Black	PT	鍍錫板	Tinplate
CMW	白心可鍛鑄件	Malleable Casting White	PV	壓力容器用鋼板	Pressure Vessel
CMP	波來鐵可鍛鑄件	Malleable Casting Pearlite	R	條	Ribbon
CP	冷軋板	Cold Plate	S	一般構造用軋延板	Structual
CS	冷軋帶	Cold Strip	SC	冷成形鋼	Structual Cold foming
D	冷抽拉	Drawing	SD	異形棒鋼	Deformed
DC	壓鑄件	Die Casting	T	管	Tube
F	鍛造件	Forging	TB	鍋爐、熱交換器用管	Boiler，heat exchanger
GP	氣管	Gas Pipe	TP	配管用管	Tube Piping
H	高碳	High carbon	U	特殊用途鋼	Special-Use
H	熱加工件	Hot work	UH	耐熱鋼	Heat-resisting Use
H	保證淬火性結構鋼	Hardenbility bands	UJ	軸承鋼	羅馬字母
HP	熱軋板	Hot Plate	UM	易削鋼	Machinability
HS	熱軋帶	Hot Strip	UP	彈簧鋼	Spring
K	工具鋼	Kôgu(羅馬字母)	US	不銹鋼	Stainless
KH	高速鋼	Kôgu High speed	V	鉚釘用壓延材	Rivet
KS	合金工具鋼	Kôgu Special	V	閥、電子鎗用	Valbe
KD	合金(模具鋼)	羅馬字母	W	線	Wire
KT	合金(鍛造模鋼)	羅馬字母	WO	油回火線	Oiltemper Wire
L	低碳	Low carbon	WP	琴鋼線	Piano Wire
			WR	線桿	Wire Rod

表 5.20 表示製造方法及質別、熱處理的符號

(a)製造方法的符號(鐵鋼材料)

符號	名稱	備註	符號	名稱	備註
-R	半淨鋼		-A	電弧焊接鋼管	Arc Welding
-A	鋁淨鋼		-A-C	冷加工電弧焊接鋼管	Arc Welding Cold
-K	全淨鋼		-D 9	冷抽拉(9 是容許差等級 IT 9)	Drawing
-S-H	熱加工無縫鋼管	Seamless Hot	-RCH	冷壓造用線材	Rod by Cold Heading
-S-C	冷加工無縫鋼管	Seamless Cold	-WCH	冷壓造用線	Wire by cold Heading
-E	電阻焊接鋼管	Electric resistance Welding	-T8	切削(8 是容許差等級 IT 8)	Cutting
-E-H	熱加工電阻焊接鋼管	Electric resistance Welding Hot	-G7	研削(7 是容許差等級 IT 7)	Grinding
-E-C	冷加工電阻焊接鋼管	Electric resistance Welding Cold	-CSP	彈簧用冷軋延鋼帶	Cold Strip Spring
-E-G	電阻焊接鋼管	Electric resistance General	-M	特殊研磨帶鋼	MIGAKI
-B	對頭焊接鋼管	Butt Welding			
-B-C	冷加工對頭焊接鋼管	Butt Welding Cold			

(b)質別及熱處理的符號(非鐵鋼材料)

符號	名稱	符號	名稱
-F	製造(製出)狀態	-OM	軋延硬化材軟質
-O	軟質(退火狀態)	-HM	軋延硬化材硬質
-OL	輕軟質	-EHM	軋延硬化材特硬質
-1/4H	1/4 硬質	-SR	應心消除
-1/2H	1/2 硬質(半硬質)	-W	固溶處理狀態
-3/4H	3/4 硬質	-T	熱處理 F、O、H 以外的安定質別
-H	硬質(加工硬化狀態)	-S	固溶處理材
-EH	特硬質(H 與 SH 中間)	-AH	時效處理材
-SH	特硬質(彈簧質)	-TH	液體化處理後時效處理材
-ESH	特硬質(特彈簧質)		

規格中所指定之機械性質數據，必須是使用規定試件，且保持在規定熱處理範圍內所得者，直徑或厚度通常大多在 25 mm 以下，此規格值通常是指示上述尺寸以下的材料強度，因此，如實際上一採用的設計值是直接使用產生相同強度的規格值時，應加以考慮修正。

另外，特殊鋼等經過熱處理後試驗者，若材料大小超過某些程度時，抗拉強度與其它數據將比規格數據低。實際成品會因形狀與大小引起上述情況，故設計時務必十分仔細。

5.4 鋼　鐵

1. 化學成份、機械性質

表 5.21～表 5.52 表示 JIS 規定的鋼鐵化學成份與機械性質等。

表 5.21　一般構造用壓延鋼材(JIS G 3101)

種類符號	舊符號(參考)	化學成份(%)				拉伸試驗					摘要
						降伏點或降伏強度 N/mm² {kgf/mm²}				抗拉強度 N/mm² {kgf/mm²}	
						厚度、直徑、邊或對邊距離 (mm)					
		C	Mn	P	S	16 以下	16 以上 40 以下	40 以上 100 以下	100 以上		
SS 330	SS 34	—	—	0.050 以下	0.050 以下	205以上	195以上	175以上	165以上	330～430	鋼板、鋼帶、平條鋼、鋼棒
SS 400	SS 41	—	—	0.050 以下	0.050 以下	245以上	235以上	215以上	205以上	400～510	鋼板、鋼帶、平條鋼、鋼棒、型鋼
SS 490	SS 50	—	—	0.050 以下	0.050 以下	285以上	275以上	255以上	245以上	490～610	鋼板、鋼帶、平條鋼、鋼棒、型鋼
SS 540	SS 55	0.30 以下	1.60 以下	0.040 以下	0.040 以下	400以上	390以上	—	—	540以上	厚度40mm以下的鋼板、鋼帶、平條鋼、型鋼、直徑、旁、對邊距離40mm以下的鋼棒

表 5.22　鍋爐及壓力容器用碳鋼及鉬鋼板(JIS G 3103)

種類符號	舊符號(參考)	化學成份(%)						拉伸試驗		摘要(厚度)
		C [1]	Si	Mn	P	S	Mo	降伏點 N/mm²	抗拉強度 N/mm²	
SB 410	SB 42	0.24 以下	0.15 ～0.40	0.90 以下	0.020 以下	0.020 以下	—	225 以上	410 ～ 550	6 mm 以上 200 mm 以下
SB 450	SB 46	0.28 以下	0.15 ～0.40	0.90 以下	0.020 以下	0.020 以下	—	245 以上	450 ～ 590	6 mm 以上 200 mm 以下
SB 480	SB 49	0.31 以下	0.15 ～0.40	1.20 以下	0.020 以下	0.020 以下	—	265 以上	480 ～ 620	6 mm 以上 200 mm 以下
SB 450 M	SB 46M	0.18 以下	0.15 ～0.40	0.90 以下	0.020 以下	0.020 以下	0.45 ～0.60	255 以上	450 ～ 590	6 mm 以上 150 mm 以下
SB 480 M	SB 49M	0.20 以下	0.15 ～0.40	0.90 以下	0.020 以下	0.020 以下	0.45 ～0.60	275 以上	480 ～ 620	6 mm 以上 150 mm 以下

[註][1] C%示厚度 25mm 以下時。

表 5.23 鉚釘用圓鋼(JIS G 3104)

種類符號	舊符號(參考)	化學成分(%)		抗拉強度(N/mm²)
		P	S	
SV330	SV34	0.040 以下	0.040 以下	330～400
SV400	SV41	0.040 以下	0.040 以下	400～490

(2011 年廢止)

表 5.24 鏈條用圓鋼(JIS G 3105)

種類符號	舊符號(參考)	化學成份(%)					抗拉強度 N/mm²
		C	Si	Mn	P	S	
SBC300	SBC31	0.13 以下	0.04 以下	0.50 以下	0.040 以下	0.040 以下	300以上
SBC490	SBC50	0.25 以下	0.15 ～0.40	1.00 ～1.50	0.040 以下	0.040 以下	490以上
SBC690	SBC70	0.36 以下	0.15 ～0.55	1.00 ～1.90	0.040 以下	0.040 以下	690以上

表 5.25 銲接結構用軋延鋼材(JIS G 3106)

種類符號	化學成分(%)					拉伸試驗		摘要(厚度 mm)
	C [1]	Si	Mn	P	S	抗拉強度[2] (N/mm²)	降伏點 (N/mm²)	
SM 400 A	0.23 以下	–	2.5× C 以上	0.035 以下	0.035 以下	400～510 *	215 以上	鋼板、鋼帶、型鋼、平條鋼 200mm 以下
SM 400 B	0.20 以下	0.35 以下	0.60 ～1.40	0.035 以下	0.035 以下			
SM 400 C	0.18 以下	0.35 以下	1.40 以下	0.035 以下	0.035 以下			鋼板、鋼帶、型鋼 100 以下，平條鋼 50 以下
SM 490 A	0.20 以下	0.55 以下	1.60 以下	0.035 以下	0.035 以下	490～610 *	295 以上	鋼板、鋼帶、型鋼、平條鋼之厚度 200 以下
SM 490 B	0.18 以下	0.55 以下	1.60 以下	0.035 以下	0.035 以下			
SM 490 C	0.18 以下	0.55 以下	1.60 以下	0.035 以下	0.035 以下			鋼板、鋼帶、型鋼 100 以下，平條鋼 50 以下
SM 490 YA SM 490 YB	0.20 以下	0.55 以下	1.60 以下	0.035 以下	0.035 以下	490～610	325 以上	鋼板、鋼帶、型鋼、平條鋼 100 以下
SM 520 B	0.20 以下	0.55 以下	1.60 以下	0.035 以下	0.035 以下	520～640	325 以上	鋼板、鋼帶、型鋼、平條鋼 100 以下
SM 520 C								鋼板、鋼帶、型鋼 100 以下，平鋼 40 以下
SM 570	0.18 以下	0.55 以下	1.60 以下	0.035 以下	0.035 以下	570～720	420 以上	鋼板、鋼帶、型鋼 100 以下，平鋼 40 以下

〔註〕[1] C%爲厚度 50mm 以下時。
[2] 厚度 100mm 以下時，100<厚度≦200mm 時與*印相同。

表 5.26 熱軋延軟鋼板及鋼帶(JIS G 3131)

種類符號	化學成分(%)				抗拉強度 (N/mm²)	摘要
	C	Mn	P	S		
SPHC	0.15 以下	0.60 以下	0.050 以下	0.050 以下	270 以上	厚度 1.2mm 以上，14mm 以下，一般用
SPHD	0.10 以下	0.50 以下	0.040 以下	0.040 以下	270 以上	厚度 1.2mm 以上，14mm 以下，加工用
SPHE	0.10 以下	0.50 以下	0.030 以下	0.035 以下	270 以上	厚度 1.2mm 以上，8mm 以下，加工用
SPHF	0.08 以下	0.50 以下	0.025 以下	0.025 以下	270 以上	厚度 1.4mm 以上，8mm 以下，加工用

表 5.27 冷軋鋼板及鋼帶(JIS G 3141)

種類符號	化學成分(%)				抗拉強度 (N/mm²)	用途
	C	Mn	P	S		
SPCC	0.15 以下	0.60 以下	0.100 以下	0.035 以下	–	一般用
SPCD	0.10 以下	0.50 以下	0.040 以下	0.035 以下	270 以上	抽拉用
SPCE	0.08 以下	0.45 以下	0.030 以下	0.030 以下	270 以上	深抽拉用
SPCF	0.06 以下	0.45 以下	0.030 以下	0.030 以下	270 以上	非時效性深抽用
SPCG	0.02 以下	0.25 以下	0.020 以下	0.020 以下	270 以上	非時效性超深抽用

表 5.28 一般構造用碳鋼管(JIS G 3444)

種類符號	舊符號(參考)	化學成分(%)					抗拉強度 (N/mm²)	適用範圍
		C	Si	Mn	P	S		
STK290	STK30	—	—	—	0.050 以下	0.050 以下	290以上	鐵塔、樁、支柱、地基樁、抗滑樁等土木、建築構造用物
STK400	STK41	0.25 以下	—	—	0.040 以下	0.040 以下	400以上	
STK490	STK50	0.18 以下	0.55 以下	1.65 以下	0.035 以下	0.035 以下	490以上	
STK500	STK51	0.30 以下	0.35 以下	0.30 ~1.00	0.040 以下	0.040 以下	500以上	
STK540	STK55	0.23 以下	0.55 以下	1.50 以下	0.040 以下	0.040 以下	540以上	

表 5.29 機械構造用碳鋼管(JIS G 3445)

種類符號	化學成分(%)						抗拉強度 (N/mm²)	適用範圍
	C	Si	Mn	P	S	Nb 或 V		
STKM11A	0.12 以下	0.35 以下	0.60 以下	0.040 以下	0.040 以下	—	290以上	機械器具、飛機、自行車、家具、器具、其他機械零件用
STKM12A STKM12B STKM12C	0.20 以下	0.35 以下	0.60 以下	0.040 以以	0.040 以下	—	340以上 390以上 470以上	
STKM13A STKM13B STKM13C	0.25 以下	0.35 以下	0.30 ~0.90	0.040 以下	0.040 以下	—	370以上 440以上 510以上	
STKM14A STKM14B STKM14C	0.30 以下	0.35 以下	0.30 ~1.00	0.040 以下	0.040 以下	—	410以上 500以上 550以上	
STKM15A STKM15C	0.25 ~0.35	0.35 以下	0.30 ~1.00	0.040 以下	0.040 以下	—	470以上 580以上	
STKM16A STKM16C	0.35 ~0.45	0.40 以下	0.40 ~1.00	0.040 以下	0.040 以下	—	510以上 620以上	
STKM17A STKM17C	0.45 ~0.55	0.40 以下	0.40 ~1.00	0.040 以下	0.040 以下	—	550以上 650以上	
STKM18A STKM18B STKM18C	0.18 以下	0.55 以下	1.50 以下	0.040 以下	0.040 以下	—	440以上 490以上 510以上	
STKM19A STKM19C	0.25 以下	0.55 以下	1.50 以下	0.040 以下	0.040 以下	—	490以上 550以上	
STKM20A	0.25 以下	0.55 以下	1.60 以下	0.040 以下	0.040 以下	0.15 以下	540以上	

表 5.30　配管用碳鋼管(JIS G 3452)

種類符號	化學成分(%)		抗拉強度 (N/mm²)	區分	適用範圍
	P	S			
SGP	0.040 以下	0.040 以下	290以上	黑管(未鍍鋅) 白管(鍍鋅)	使用壓力較低的蒸氣、水(自來水管線除外)、油、瓦斯及空氣等支配管用

表 5.31　壓力配管用碳鋼管(JIS G 3454)

種類符號	化學成分(%)					抗拉強度	適用範圍
	C	Si	Mn	P	S	N/mm²	
STPG370	0.25 以下	0.35 以下	0.30 ~0.90	0.040 以下	0.040 以下	370以上	使用於350°C以下的壓力配管用
STPG410	0.30 以下	0.35 以下	0.30 ~1.00	0.040 以下	0.040 以下	410以上	

表 5.32　高壓配管用碳鋼管(JIS G 3455)

種類符號	化學成份(%)					拉伸試驗	
						抗拉強度	降伏點
	C	Si	Mn	P	S	N/mm²	N/mm²
STS370	0.25以下	0.10 ~0.35	0.30~1.10	0.035 以下	0.035 以下	370以上	215以上
STS410	0.30以下		0.30~1.40			410以上	245以上
STS480	0.33以下		0.30~1.50			480以上	275以上

表 5.33　高溫配管用碳鋼管(JIS G 3456)

種類符號	化學成份(%)					拉伸試驗	
	C	Si	Mn	P	S	抗拉強度 N/mm²	降伏點 N/mm²
STPT370	0.25以下	0.10 ~ 0.35	0.30~0.90	0.035 以下	0.035 以下	370以上	215以上
STPT410	0.30以下		0.30~1.00			410以上	245以上
STPT480	0.33以下		0.30~1.00			480以上	275以上

表 5.34　配管用合金鋼管(JIS G 3458)

種類符號	化學成份(%)							拉伸試驗	
	C	Si	Mn	P	S	Cr	Mo	抗拉強度 N/mm²	降伏點 N/mm²
STPA12	0.10~0.20	0.10~0.50	0.30~0.80	0.035以下	0.035以下	—	0.45~0.65	380以上	205以上
STPA20	0.10~0.20	0.10~0.50	0.30~0.60	0.035以下	0.035以下	0.50~0.80	0.40~0.65	410以上	205以上
STPA22	0.15以下	0.50以下	0.30~0.60	0.035以下	0.035以下	0.80~1.25	0.45~0.65	410以上	205以上
STPA23	0.15以下	0.50~1.00	0.30~0.60	0.030以下	0.030以下	1.00~1.50	0.45~0.65	410以上	205以上
STPA24	0.15以下	0.50以下	0.30~0.60	0.030以下	0.030以下	1.90~2.60	0.87~1.13	410以上	205以上
STPA25	0.15以下	0.50以下	0.30~0.60	0.030以下	0.030以下	4.00~6.00	0.45~0.65	410以上	205以上
STPA26	0.15以下	0.25~1.00	0.30~0.60	0.030以下	0.030以下	8.00~10.00	0.90~1.10	410以上	205以上

表 5.35　鍋爐、熱交換器用碳鋼管(JIS G 3461)

種類符號	化學成份(%)					拉伸試驗	
	C	Si	Mn	P	S	抗拉強度 N/mm²	降伏點 N/mm²
STB 340	0.18以下	0.35以下	0.30~0.60	0.035以下	0.035以下	340以上	175以上
STB 410	0.32以下	0.35以下	0.30~0.80	0.035以下	0.035以下	410以上	255以上
STB 510	0.25以下	0.35以下	1.00~1.50	0.035以下	0.035以下	510以上	295以上

表 5.36　鍋爐、熱交換器用合金鋼管(JIS G 3462)

種類符號	化學成分(%)						
	C	Si	Mn	P	S	Cr	Mo
STBA12(1)	0.10~0.20	0.10~0.50	0.30~0.80	0.035以下	0.035以下	—	0.45~0.65
STBA13(1)	0.15~0.25	0.10~0.50	0.30~0.80	0.035以下	0.035以下	—	0.45~0.65
STBA20(2)	0.10~0.20	0.10~0.50	0.30~0.60	0.035以下	0.035以下	0.50~0.80	0.40~0.65
STBA22(2)	0.15以下	0.50以下	0.30~0.60	0.035以下	0.035以下	0.80~1.25	0.45~0.65
STBA23(2)	0.15以下	0.50~1.00	0.30~0.60	0.030以下	0.030以下	1.00~1.50	0.45~0.65
STBA24(2)	0.15以下	0.50以下	0.30~0.60	0.030以下	0.030以下	1.90~2.60	0.87~1.13
STBA25(2)	0.15以下	0.50以下	0.30~0.60	0.030以下	0.030以下	4.00~6.00	0.45~0.65
STBA26(2)	0.15以下	0.25~1.00	0.30~0.60	0.030以下	0.030以下	8.00~10.0	0.90~1.10

〔註〕(1) 鉬鋼鋼管
(2) 鉻鉬鋼鋼管

表 5.37　軟鋼線(JIS G 3505)

種類符號	化學成分(%)			
	C	Mn	P	S
SWRM 6	0.08以下	0.60以下	0.040 以下	0.040 以下
SWRM 8	0.10以下	0.60以下	0.040 以下	0.040 以下
SWRM 10	0.08～0.13	0.30～0.60	0.040 以下	0.040 以下
SWRM 12	0.10～0.15	0.30～0.60	0.040 以下	0.040 以下
SWRM 15	0.13～0.18	0.30～0.60	0.040 以下	0.040 以下
SWRM 17	0.15～0.20	0.30～0.60	0.040 以下	0.040 以下
SWRM 20	0.18～0.23	0.30～0.60	0.040 以下	0.040 以下
SWRM 22	0.20～0.25	0.30～0.60	0.040 以下	0.040 以下

表 5.38　硬鋼線(JIS G 3506)

種類符號	化學成分(%)				
	C	Si	Mn	P	S
SWRH 27	0.24～0.31	0.15～0.35	0.30～0.60	0.030 以下	0.030 以下
SWRH 32	0.29～0.36	0.15～0.35	0.30～0.60	0.030 以下	0.030 以下
SWRH 37	0.34～0.41	0.15～0.35	0.30～0.60	0.030 以下	0.030 以下
SWRH 42A	0.39～0.46	0.15～0.35	0.30～0.60	0.030 以下	0.030 以下
SWRH 42B	0.39～0.46	0.15～0.35	0.60～0.90	0.030 以下	0.030 以下
SWRH 47A	0.44～0.51	0.15～0.35	0.30～0.60	0.030 以下	0.030 以下
SWRH 47B	0.44～0.51	0.15～0.35	0.60～0.90	0.030 以下	0.030 以下
SWRH 52A	0.49～0.56	0.15～0.35	0.30～0.60	0.030 以下	0.030 以下
SWRH 52B	0.49～0.56	0.15～0.35	0.60～0.90	0.030 以下	0.030 以下
SWRH 57A	0.54～0.61	0.15～0.35	0.30～0.60	0.030 以下	0.030 以下
SWRH 57B	0.54～0.61	0.15～0.35	0.60～0.90	0.030 以下	0.030 以下
SWRH 62A	0.59～0.66	0.15～0.35	0.30～0.60	0.030 以下	0.030 以下
SWRH 62B	0.59～0.66	0.15～0.35	0.60～0.90	0.030 以下	0.030 以下
SWRH 67A	0.64～0.71	0.15～0.35	0.30～0.60	0.030 以下	0.030 以下
SWRH 67B	0.64～0.71	0.15～0.35	0.60～0.90	0.030 以下	0.030 以下
SWRH 72A	0.69～0.76	0.15～0.35	0.30～0.60	0.030 以下	0.030 以下
SWRH 72B	0.69～0.76	0.15～0.35	0.60～0.90	0.030 以下	0.030 以下
SWRH 77A	0.74～0.81	0.15～0.35	0.30～0.60	0.030 以下	0.030 以下
SWRH 77B	0.74～0.81	0.15～0.35	0.60～0.90	0.030 以下	0.030 以下
SWRH 82A	0.79～0.86	0.15～0.35	0.30～0.60	0.030 以下	0.030 以下
SWRH 82B	0.79～0.86	0.15～0.35	0.60～0.90	0.030 以下	0.030 以下

表 5.39　機械構造用碳鋼材(JIS G 4051)

符號	化學成分(%)					備註
	C	Si	Mn	P	S	
S10C	0.08～0.13	0.15～0.35	0.30～0.60	0.030以下	0.035以下	螺栓、螺帽、鉚釘、馬達軸、小零件、桿、槓桿、曲軸、連桿、鍵、銷等。
S12C	0.10～0.15	0.15～0.35	0.30～0.60	0.030以下	0.035以下	
S15C	0.13～0.18	0.15～0.35	0.30～0.60	0.030以下	0.035以下	
S17C	0.15～0.20	0.15～0.35	0.30～0.60	0.030以下	0.035以下	
S20C	0.18～0.23	0.15～0.35	0.30～0.60	0.030以下	0.035以下	
S22C	0.20～0.25	0.15～0.35	0.30～0.60	0.030以下	0.035以下	
S25C	0.22～0.28	0.15～0.35	0.30～0.60	0.030以下	0.035以下	
S28C	0.25～0.31	0.15～0.35	0.60～0.90	0.030以下	0.035以下	
S30C	0.27～0.33	0.15～0.35	0.60～0.90	0.030以下	0.035以下	
S33C	0.30～0.36	0.15～0.35	0.60～0.90	0.030以下	0.035以下	
S35C	0.32～0.38	0.15～0.35	0.60～0.90	0.030以下	0.035以下	
S38C	0.35～0.41	0.15～0.35	0.60～0.90	0.030以下	0.035以下	
S40C	0.37～0.43	0.15～0.35	0.60～0.90	0.030以下	0.035以下	
S43C	0.40～0.46	0.15～0.35	0.60～0.90	0.030以下	0.035以下	
S45C	0.42～0.48	0.15～0.35	0.60～0.90	0.030以下	0.035以下	
S48C	0.45～0.51	0.15～0.35	0.60～0.90	0.030以下	0.035以下	
S50C	0.47～0.53	0.15～0.35	0.60～0.90	0.030以下	0.035以下	
S53C	0.50～0.56	0.15～0.35	0.60～0.90	0.030以下	0.035以下	
S55C	0.52～0.58	0.15～0.35	0.60～0.90	0.030以下	0.035以下	
S58C	0.55～0.61	0.15～0.35	0.60～0.90	0.030以下	0.035以下	
S 9CK	0.07～0.12	0.10～0.35	0.30～0.60	0.025以下	0.025以下	表面硬化用
S15CK	0.13～0.18	0.15～0.35	0.30～0.60	0.025以下	0.025以下	
S20CK	0.18～0.23	0.15～0.35	0.30～0.60	0.025以下	0.025以下	

表 5.40　保證硬化能的構造用鋼材(H 鋼)(JIS G 4052)

種類符號	鋼種	種類符號	鋼種
SMn 420H SMn 433H SMn 438H SMn 443H	錳鋼材 〔參考表 5-41(a)〕	SCM 415H SCM 418H SCM 420H SCM 425H SCM 435H SCM 440H SCM 445H SCM 822H	鉻鉬鋼鋼材 〔參考表 5-41(c)〕
SMnC 420H SMnC 443H	錳鉻鋼材 〔參考表 5-41(a)〕	SNC 415H SNC 631H SNC 815 H	鎳鉻鋼鋼材 〔參考表 5-41(d)〕
SCr 415H SCr 420H SCr 430H SCr 435H SCr 440H	鉻鋼鋼材 〔參考表 5-41(b)〕	SNCM 220H SNCM 420H	鎳鉻鉬鋼鋼材 〔參考表 5-41(e)〕

表 5.41 機械構造用合金鋼鋼材(JIS G 4053)

(a) 錳鋼鋼材及錳鉻鋼鋼材

種類符號	化學成分(%)						
	C	Si	Mn	P	S	Ni	Cr
SMn 420	0.17～0.23	0.15～0.35	1.20～1.50	0.030 以下	0.030 以下	0.25 以下	0.35 以下
SMn 433	0.30～0.36	0.15～0.35	1.20～1.50	0.030 以下	0.030 以下	0.25 以下	0.35 以下
SMn 438	0.35～0.41	0.15～0.35	1.35～1.65	0.030 以下	0.030 以下	0.25 以下	0.35 以下
SMn 443	0.40～0.46	0.15～0.35	1.35～1.65	0.030 以下	0.030 以下	0.25 以下	0.35 以下
SMnC 420	0.17～0.23	0.15～0.35	1.20～1.50	0.030 以下	0.030 以下	0.25 以下	0.35～0.70
SMnC 443	0.40～0.46	0.15～0.35	1.35～1.65	0.030 以下	0.030 以下	0.25 以下	0.35～0.70

(b) 鉻鋼鋼材

種類符號	化學成分(%)						
	C	Si	Mn	P	S	Ni	Cr
SCr 415	0.13～0.18	0.15～0.35	0.60～0.90	0.030 以下	0.030 以下	0.25 以下	0.90～1.20
SCr 420	0.18～0.23	0.15～0.35	0.60～0.90	0.030 以下	0.030 以下	0.25 以下	0.90～1.20
SCr 430	0.28～0.33	0.15～0.35	0.60～0.90	0.030 以下	0.030 以下	0.25 以下	0.90～1.20
SCr 435	0.33～0.38	0.15～0.35	0.60～0.90	0.030 以下	0.030 以下	0.25 以下	0.90～1.20
SCr 440	0.38～0.43	0.15～0.35	0.60～0.90	0.030 以下	0.030 以下	0.25 以下	0.90～1.20
SCr 445	0.43～0.48	0.15～0.35	0.60～0.90	0.030 以下	0.030 以下	0.25 以下	0.90～1.20

(c) 鉻鉬鋼鋼材

種類符號	化學成分(%)							
	C	Si	Mn	P	S	Ni	Cr	Mo
SCM 415	0.13～0.18	0.15～0.35	0.60～0.90	0.030 以下	0.030 以下	0.25 以下	0.90～1.20	0.15～0.25
SCM 418	0.16～0.21	0.15～0.35	0.60～0.90	0.030 以下	0.030 以下	0.25 以下	0.90～1.20	0.15～0.25
SCM 420	0.18～0.23	0.15～0.35	0.60～0.90	0.030 以下	0.030 以下	0.25 以下	0.90～1.20	0.15～0.25
SCM 421	0.17～0.23	0.15～0.35	0.70～1.00	0.030 以下	0.030 以下	0.25 以下	0.90～1.20	0.15～0.25
SCM 425	0.23～0.28	0.15～0.35	0.60～0.90	0.030 以下	0.030 以下	0.25 以下	0.90～1.20	0.15～0.30
SCM 430	0.28～0.33	0.15～0.35	0.60～0.90	0.030 以下	0.030 以下	0.25 以下	0.90～1.20	0.15～0.30
SCM 432	0.27～0.37	0.15～0.35	0.30～0.60	0.030 以下	0.030 以下	0.25 以下	1.00～1.50	0.15～0.30
SCM 435	0.33～0.38	0.15～0.35	0.60～0.90	0.030 以下	0.030 以下	0.25 以下	0.90～1.20	0.15～0.30
SCM 440	0.38～0.43	0.15～0.35	0.60～0.90	0.030 以下	0.030 以下	0.25 以下	0.90～1.20	0.15～0.30
SCM 445	0.43～0.48	0.15～0.35	0.60～0.90	0.030 以下	0.030 以下	0.25 以下	0.90～1.20	0.15～0.30
SCM 822	0.20～0.25	0.15～0.35	0.60～0.90	0.030 以下	0.030 以下	0.25 以下	0.90～1.20	0.35～0.45

(d) 鎳鉻鋼鋼材

種類符號	化學成分(%)							用途例(參考)	
	C	Si	Mn	P	S	Ni	Cr		
SNC 236	0.32～0.40	0.15～0.35	0.50～0.80	0.030 以下	0.030 以下	1.00～1.50	0.50～0.90	螺栓、螺帽	
SNC 415	0.12～0.18	0.15～0.35	0.35～0.65	0.030 以下	0.030 以下	2.00～2.50	0.20～0.50	表面硬化用	活塞銷、齒輪
SNC 631	0.27～0.35	0.15～0.35	0.35～0.65	0.030 以下	0.030 以下	2.50～3.00	0.60～1.00	曲軸、軸類、齒輪	
SNC 815	0.12～0.18	0.15～0.35	0.35～0.65	0.030 以下	0.030 以下	3.00～3.50	0.60～1.00	表面硬化用	凸輪軸、齒輪
SNC 836	0.32～0.40	0.15～0.35	0.35～0.65	0.030 以下	0.030 以下	3.00～3.50	0.60～1.00	軸類、齒輪	

表 5.41 機械構造用合金鋼鋼材(JIS G 4053)(續)

(e) 鎳鉻鉬鋼鋼材

種類符號	化學成分(%)							
	C	Si	Mn	P	S	Ni	Cr	Mo
SNCM 220	0.17～0.23	0.15～0.35	0.60～0.90	0.030 以下	0.030 以下	0.40～0.70	0.40～0.60	0.15～0.25
SNCM 240	0.38～0.43	0.15～0.35	0.70～1.00	0.030 以下	0.030 以下	0.40～0.70	0.40～0.60	0.15～0.30
SNCM 415	0.12～0.18	0.15～0.35	0.40～0.70	0.030 以下	0.030 以下	1.60～2.00	0.40～0.60	0.15～0.30
SNCM 420	0.17～0.23	0.15～0.35	0.40～0.70	0.030 以下	0.030 以下	1.60～2.00	0.40～0.60	0.15～0.30
SNCM 431	0.27～0.35	0.15～0.35	0.60～0.90	0.030 以下	0.030 以下	1.60～2.00	0.60～1.00	0.15～0.30
SNCM 439	0.36～0.43	0.15～0.35	0.60～0.90	0.030 以下	0.030 以下	1.60～2.00	0.60～1.00	0.15～0.30
SNCM 447	0.44～0.50	0.15～0.35	0.60～0.90	0.030 以下	0.030 以下	1.60～2.00	0.60～1.00	0.15～0.30
SNCM 616	0.13～0.20	0.15～0.35	0.80～1.20	0.030 以下	0.030 以下	2.80～3.20	1.40～1.80	0.40～0.60
SNCM 625	0.20～0.30	0.15～0.35	0.35～0.60	0.030 以下	0.030 以下	3.00～3.50	1.00～1.50	0.15～0.30
SNCM 630	0.25～0.35	0.15～0.35	0.35～0.60	0.030 以下	0.030 以下	2.50～3.50	2.50～3.50	0.50～0.70(2)
SNCM 815	0.12～0.18	0.15～0.35	0.30～0.60	0.030 以下	0.030 以下	4.00～4.50	0.70～1.00	0.15～0.30
SNCM 645(3)	0.40～0.50	0.15～0.50	0.60 以下	0.030 以下	0.030 以下	0.25 以下	1.30～1.70	0.15～0.30

〔註〕(1) 表(a)至表(e)所有鋼材，混入Cu不可超過0.30%
(2) 依交易雙方之間約定，下限可在0.30%
(3) SACM645的A1，爲0.70~1.20%

表 5.42 高溫用合金鋼螺栓材(JIS G 4107)

種類	種類符號	化學成份(%)								拉伸試驗	
		C	Si	Mn	P	S	Cr	Mo	V	直徑(mm)	N/mm²
1種	SNB 5	0.10 以上	1.00 以下	1.00 以下	0.040 以下	0.030 以下	4.00 ～6.00	0.40 ～0.65	–	100 以下	690 以上
2種	SNB 7	0.38 ～0.48	0.20～ 0.35	0.75 ～1.00	0.040 以下	0.040 以下	0.80 ～1.10	0.15 ～0.25	–	63 以下 63 をこえ 100 以下 100 をこえ 120 以下	860 以上 800 以上 690 以上
3種	SNB 16	0.36～ 0.44	0.20～ 0.35	0.45～ 0.70	0.040 以下	0.040 以下	0.80～ 1.15	0.50～ 0.65	0.25～ 0.35	63 以下 63 をこえ 100 以下 100 をこえ 180 以下	860 以上 760 以上 690 以上

表 5.43 鍋爐與壓力容器用鉻鉬鋼鋼板(JIS G 4109)

種類符號	化學成分(%)							拉伸試驗	
	C	Si	Mn	P	S	Cr	Mo	抗拉強度 (N/mm²)	降伏點 (N/mm²)
SCMV 1	0.21 以下	0.40 以下	0.55 ～0.80	0.020 以下	0.020 以下	0.50 ～0.80	0.45 ～0.60	380 ～550	225 以上
SCMV 2	0.17 以下	0.40 以下	0.40 ～0.65	0.020 以下	0.020 以下	0.8 ～1.15	0.45 ～0.60	380 ～550	225 以上
SCMV 3	0.17 以下	0.50 ～0.80	0.40 ～0.65	0.020 以下	0.020 以下	1.00 ～1.50	0.45 ～0.65	410 ～590	235 以上
SCMV 4	0.17 以下	0.50 以下	0.30 ～0.60	0.020 以下	0.020 以下	2.00 ～2.50	0.90 ～1.10	410 ～590	205 以上
SCMV 5	0.17 以下	0.50 以下	0.30 ～0.60	0.020 以下	0.020 以下	2.75 ～3.25	0.90 ～1.10	410 ～590	205 以上
SCMV 6	0.15 以下	0.50 以下	0.30 ～0.60	0.020 以下	0.020 以下	4.00 ～6.00	0.45 ～0.65	410 ～590	205 以上

表 5.44 鋁鉻鉬鋼鋼材(JIS G 4202) (2008 年廢止)

種類符號	舊符號(參考)	化學成分(%)								用途例
		C	Si	Mn	P	S	Cr	Mo	Al	
SACM 645	SACM 1	0.40 ～0.50	0.15 ～0.50	0.60 以下	0.030 以下	0.030 以下	1.30 ～1.70	0.15 ～0.30	0.70 ～1.20	表面氮化作用

表 5.45　不銹鋼的種類(JIS G 4303～4309)

分類	種類符號	概略組成	分類	種類符號	概略組成
沃斯田鐵系	SUS 201	17 Cr-4.5 Ni-6 Mn-N	沃斯田鐵系	SUS 321	18 Cr-9 Ni-Ti
	SUS 202	18 Cr-5 Ni-8 Mn-N		SUS 347	18 Cr-9 Ni-Mb
	SUS 301	17 Cr-7 Ni		SUS 384	16 Cr-18 Ni
	SUS 301 h	17 Cr-7 Ni-N-低 C		SUSXM 7	18 Cr-9 Ni-3.5 Cu
	SUS 301 J 1	17 Cr-7 Ni-0.1 C		SUSXM 15 J 1	18 Cr-13 Ni-4 Si
	SUS 302	18 Cr-8 Ni-0.1 C	沃斯田鐵肥粒鐵系	SUS 329 J 1	25 Cr-4.5 Ni-2 Mo
	SUS 302 B	18 Cr-8 Ni-2.5 Si		SUS 329 J 3 L	25 Cr-5 Ni-3 Mo-N-低 C
	SUS 303	18 Cr-8 Ni-高 S		SUS 329 J 4 L	25 Cr-6 Ni-3 Mo-N-低 C
	SUS 303 Se	18 Cr-8 Ni-Se	肥粒鐵系	SUS 405	13 Cr-A 1
	SUS 303 Cu	18 Cr-8 Ni-2.5 Cu		SUS 410 L	13 Cr-低 C
	SUS 304	18 Cr-8 Ni		SUS 429	16 Cr
	SUS 304 Cu	18 Cr-8 Ni-1 Cu		SUS 430	18 Cr
	SUS 304 L	18 Cr-9 Ni-低 C		SUS 430 LX	18 Cr-(Ti, Nb)-低 C
	SUS 304 N 1	18 Cr-8 Ni-N		SUS 430 J 1 L	18 Cr-N-(Ti, Nb, Zr)-低 C
	SUS 304 N 2	18 Cr-8 Ni-N-Nb		SUS 430 F	18 Cr-高 S
	SUS 304 LN	18 Cr-8 Ni-N-低 C		SUS 434	18 Cr-1 Mo
	SUS 304 J 1	16 Cr-7 Ni-2 Cu		SUS 436 L	18 Cr-1 Mo-0.5 Cu-N-(Ti, Nb, Zr)-低 C
	SUS 304 J 2	16 Cr-7 Ni-4 Mo-2 Cu		SUS 436 J 1 L	18 Cr-0.5 Mo-N-(Ti, Nb, Zr)-低 C
	SUS 304 J 3	18 Cr-8 Ni-2 Cu		SUS 444	18 Cr-2 Mo-N-(Ti, Nb, Zr)-低 C
	SUS 305	18 Cr-12 Ni-0.1 C		SUS 445 J 1	22 Cr-1 Mo-N-低 C
	SUS 305 J 1	18 Cr-12 Ni		SUS 445 J 2	22 Cr-2 Mo-N-低 C
	SUS 309 S	22 Cr-12 Ni		SUS 447 J 1	30 Cr-2 Mo-N-極低 C
	SUS 310 S	25 Cr-20 Ni		SUSXM 27	26 Cr-1 Mo-極低(C, N)
	SUS 312 L	20 Cr-18 Ni-6.5 Mo-0.8 Cu-N-低 C	麻田散鐵系	SUS 403	13 Cr-極 Si
	SUS 315 J 1	18 Cr-8 Ni-2 Si-1 Mo-3 Cu		SUS 410	13 Cr
	SUS 315 J 2	18 Cr-12 Ni-3 Si-1 Mo-3 Cu		SUS 410 J 1	13 Cr-Mo
	SUS 316	18 Cr-12 Ni-2.5 Mo		SUS 410 F 2	13 Cr-0.1 C-Pb
	SUS 316 L	18 Cr-12 Ni-2.5 Mo-低 C		SUS 410 S	13 Cr
	SUS 316 N	18 Cr-12 Ni-2.5 Mo-N		SUS 416	13 Cr-0.1 C-高 S
	SUS 316 LN	18 Cr-12 Ni-2.5 Mo-N-低 C		SUS 420 J 1	13 Cr-0.2 C
	SUS 316 Ti	18 Cr-12 Ni-2.5 Mo-Ti		SUS 420 J 2	13 Cr-0.3 C
	SUS 316 J 1	18 Cr-12 Ni-2 Mo-2 Cu		SUS 420 F	13 Cr-0.3 C-高 S
	SUS 316 J 1 L	18 Cr-12 Ni-2 Mo-2 Cu-低 C		SUS 420 F 2	13 Cr-0.2 C-Pb
	SUS 316 F	18 Cr-12 Ni-2.5 Mo-高 S		SUS 431	16 Cr-2 Ni
	SUS 317	18 Cr-12 Ni-3.5 Mo		SUS 440 A	18 Cr-0.7 C
	SUS 317 L	18 Cr-12 Ni-3.5 Mo-低 C		SUS 440 B	18 Cr-0.8 C
	SUS 317 LN	18 Cr-13 Ni-3.5 Mo-N-低 C		SUS 440 C	18 Cr-1 C
	SUS 317 J 1	18 Cr-16 Ni-5 Mo-低 C		SUS 440 F	18 Cr-1 C-高 S
	SUS 317 J 2	24 Cr-14 Ni-1 Mo-N	析出硬化系	SUS 630	17 Cr-4 Ni-4 Cu-Nb
	SUS 836 L	20 Cr-25 Ni-6 Mo-N-低 C		SUS 631	17 Cr-7 Ni-1 Al
	SUS 890 L	20 Cr-24 Ni-4.5 Mo-2.5 Cu-低 C		SUS 631 J 1	17 Cr-8 Ni-1 Al

[備考] 省略 JIS G 4316(焊接用不銹鋼線材)所規定的種類

表 5.46　碳工具鋼材(JIS G 4401)

符號	化學成分(%)					用途例
	C	Si	Mn	P	S	
SK 140	1.30～1.50	0.10～0.35	0.10～0.50	0.030 以下	0.030 以下	銼刀、磨刀
SK 120	1.15～1.25	0.10～0.35	0.10～0.50	0.030 以下	0.030 以下	鑽頭、小形冲頭、刮刀、鐵工銼刀、刀具、鋼鋸、發條
SK 105	1.00～1.10	0.10～0.35	0.10～0.50	0.030 以下	0.030 以下	鋼鋸、鏨子量具、發條、冲模、治具、刀具
SK 95	0.90～1.00	0.10～0.35	0.10～0.50	0.030 以下	0.030 以下	木工用鋸、斧鏨子、發條、筆尖、鑿子、裁切刀、冲模、量具、縫針
SK 90	0.85～0.95	0.10～0.35	0.10～0.50	0.030 以下	0.030 以下	冲模、發條、量具針
SK 85	0.80～0.90	0.10～0.35	0.10～0.50	0.030 以下	0.030 以下	字模、冲模、發條、帶鋸、治具、刀具、圓鋸、量具、針
SK 80	0.75～0.85	0.10～0.35	0.10～0.50	0.030 以下	0.030 以下	字模、冲模、發條
SK 75	0.70～0.80	0.10～0.35	0.10～0.50	0.030 以下	0.030 以下	字模、鉚釘頭模、圓鋸、發條、冲模
SK 70	0.65～0.75	0.10～0.35	0.10～0.50	0.030 以下	0.030 以下	字模、鉚釘頭模、發條、冲模
SK 65	0.60～0.70	0.10～0.35	0.10～0.50	0.030 以下	0.030 以下	字模、鉚釘頭模、冲模、刀子
SK 60	0.55～0.65	0.10～0.35	0.10～0.50	0.030 以下	0.030 以下	字模、鉚釘頭模、冲模

表 5.47　高速工具鋼鋼材(JIS G 4403)

分類	符號	化學成分(%)										用途例
		C	Si	Mn	P	S	Cr	Mo	W	V	Co	
鎢系	SKH 2	0.73～0.83	0.45 以下	0.40 以下	0.030 以下	0.030 以下	3.80～4.50	—	17.20～18.70	1.00～1.20	—	一般切削用及其他各種刀具
	SKH 3	0.73～0.83	0.45 以下	0.40 以下	0.030 以下	0.030 以下	3.80～4.50	—	17.00～19.00	0.80～1.20	4.50～5.50	高速重切削用及其他各種刀具
	SKH 4	0.73～0.83	0.45 以下	0.40 以下	0.030 以下	0.030 以下	3.80～4.50	—	17.00～19.00	1.00～1.50	9.00～11.00	難削材切削用及其他各種刀具
	SKH 10	1.45～1.60	0.45 以下	0.40 以下	0.030 以下	0.030 以下	3.80～4.50	—	11.50～13.50	4.20～5.20	4.20～5.20	高難削材切削及其他各種工具
*	SKH 40	1.23～1.33	0.45 以下	0.40 以下	0.030 以下	0.030 以下	3.80～4.50	4.70～5.30	5.70～6.70	2.70～3.20	8.00～8.80	要求硬度、韌性、耐摩耗性之一般切削用及其他各種工具
鉬系	SKH 50	0.77～0.87	0.70 以下	0.45 以下	0.030 以下	0.030 以下	3.50～4.50	8.00～9.00	1.40～2.00	1.00～1.40	—	要求韌性之一般切削用及其他各種刀具
	SKH 51	0.80～0.88	0.45 以下	0.40 以下	0.030 以下	0.030 以下	3.80～4.50	4.70～5.20	5.90～6.70	1.70～2.10	—	
	SKH 52	1.00～1.10	0.45 以下	0.40 以下	0.030 以下	0.030 以下	3.80～4.50	5.50～6.25	5.90～6.70	2.30～2.60	—	比較需要韌性必要高硬度材切削用及其他各種刀具
	SKH 53	1.15～1.25	0.45 以下	0.40 以下	0.030 以下	0.030 以下	3.80～4.50	4.70～5.20	5.90～6.70	2.70～3.20	—	
	SKH 54	1.25～1.40	0.45 以下	0.40 以下	0.030 以下	0.030 以下	3.80～4.50	4.20～5.00	5.20～6.00	3.70～4.20	—	高難削材切削用及其他各種工具
	SKH 55	0.87～0.95	0.45 以下	0.40 以下	0.030 以下	0.030 以下	3.80～4.50	4.70～5.20	5.90～6.70	1.70～2.10	4.50～5.00	比較需要韌性之高速重切削用及其他各種工具
	SKH 56	0.85～0.95	0.45 以下	0.40 以下	0.030 以下	0.030 以下	3.80～4.50	4.70～5.20	5.90～6.70	1.70～2.10	7.00～9.00	
	SKH 57	1.20～1.35	0.45 以下	0.40 以下	0.030 以下	0.030 以下	3.80～4.50	3.20～3.90	9.00～10.00	3.00～3.50	9.50～10.50	高難削材切削用及其他各種工具
	SKH 58	0.95～1.05	0.70 以下	0.40 以下	0.030 以下	0.030 以下	3.50～4.50	8.20～9.20	1.50～2.10	1.70～2.20	—	要求韌性之一般切削用及其他各種工具
	SKH 59	1.05～1.15	0.70 以下	0.40 以下	0.030 以下	0.030 以下	3.50～4.50	9.00～10.00	1.20～1.90	0.90～1.30	7.50～8.50	比較需要韌性之高速重切削用及其他各種工具

[注] *粉末冶金製造之鉬系

表 5.48 合金工具鋼鋼材(JIS G 4404)

(a) 切削刀具用

符號	化學成分(%)									用途例
	C	Si	Mn	P	S	Ni	Cr	W	V	
SKS 11	1.20～1.30	0.35以下	0.50以下	0.030以下	0.030以下	—	0.20～0.50	3.00～4.00	0.10～0.30	車刀、冷抽拉模
SKS 2	1.00～1.10	0.35以下	0.80以下	0.030以下	0.030以下	—	0.50～1.00	1.00～1.50	(0.20以下)	螺絲攻、鉆頭、刀具、沖模、扭斷模
SKS 21	1.00～1.10	0.35以下	0.50以下	0.030以下	0.030以下	—	0.20～0.50	0.50～1.00	0.10～0.25	螺絲攻、鉆頭、刀具、沖模、扭斷模
SKS 5	0.75～0.85	0.35以下	0.50以下	0.030以下	0.030以下	0.70～1.30	0.20～0.50	—	—	圓鋸、帶鋸
SKS 51	0.75～0.85	0.35以下	0.50以下	0.030以下	0.030以下	1.30～2.00	0.20～0.50	—	—	圓鋸、帶鋸
SKS 7	1.10～1.20	0.35以下	0.50以下	0.030以下	0.030以下	—	0.20～0.50	2.00～2.50	(0.20以下)	弓鋸
SKS 81	1.10～1.30	0.35以下	0.50以下	0.030以下	0.030以下	—	0.20～0.50	—	—	替刀、刀物、弓鋸
SKS 8	1.30～1.50	0.35以下	0.50以下	0.030以下	0.030以下	—	0.20～0.50	—	—	銼刀、銼刀組

(b) 耐衝擊工具用

符號	化學成分(%)								用途例
	C	Si	Mn	P	S	Cr	W	V	
SKS 4	0.45～0.55	0.35以下	0.50以下	0.030以下	0.030以下	0.50～1.00	0.50～1.00	—	鏨、沖、鉚釘頭模
SKS 41	0.35～0.45	0.35以下	0.50以下	0.030以下	0.030以下	1.00～1.50	2.50～3.50	—	鏨、沖、鉚釘頭模
SKS 43	1.00～1.10	0.10～0.30	0.10～0.40	0.030以下	0.030以下	—	—	0.10～0.20	鏨岩機用活塞、鍛頭模
SKS 44	0.80～0.90	0.25以下	0.30以下	0.030以下	0.030以下	—	—	0.10～0.25	鏨、鍛頭模

(c) 冷作模具用

符號	化學成分(%)									用途例
	C	Si	Mn	P	S	Cr	Mo	W	V	
SKS 3	0.90～1.00	0.35以下	0.90～1.20	0.030以下	0.030以下	0.50～1.00	—	0.50～1.00	—	量具、剪切刃、沖模、螺紋切割模
SKS 31	0.95～1.05	0.35以下	0.90～1.20	0.030以下	0.030以下	0.80～1.20	—	1.00～1.50	—	量具、沖模、螺紋切割模
SKS 93	1.00～1.10	0.50以下	0.80～1.10	0.030以下	0.030以下	0.20～0.60	—	—	—	
SKS 94	0.90～1.00	0.50以下	0.80～1.10	0.030以下	0.030以下	0.20～0.60	—	—	—	剪刀刃、量具、沖模
SKS 95	0.80～0.90	0.50以下	0.80～1.10	0.030以下	0.030以下	0.20～0.60	—	—	—	
SKD 1	1.90～2.20	0.10～0.60	0.20～0.60	0.030以下	0.030以下	11.00～13.00	—	—	(0.30以下)	抽線模、沖模煉瓦模、粉末成形模
SKD 2	2.00～2.30	0.10～0.40	0.30～0.60	0.030以下	0.030以下	11.00～13.00	—	0.60～0.80	—	
SKD 10	1.45～1.60	0.10～0.60	0.20～0.60	0.030以下	0.030以下	11.00～13.00	0.70～1.00	—	0.70～1.00	
SKD 11	1.40～1.60	0.40以下	0.60以下	0.030以下	0.030以下	11.00～13.00	0.80～1.20	—	0.20～0.50	量具、螺紋輾牙模、金屬刀具、滾造轉子、沖模
SKD 12	0.95～1.05	0.10～0.40	0.40～0.80	0.030以下	0.030以下	4.80～5.50	0.90～1.20	—	0.15～0.35	

表 5.48 合金工具鋼鋼材(JIS G 4404)(續)

(d) 熱作模具用

符號	化學成分(%)											用途例
	C	Si	Mn	P	S	Ni	Cr	Mo	W	V	Co	
SKD 4	0.25 ～0.35	0.40 以下	0.60 以下	0.030 以下	0.020 以下	—	2.00 ～3.00	—	5.00 ～6.00	0.30 ～0.50	—	沖模、壓鑄模、擠型工具、剪切刀片
SKD 5	0.25 ～0.35	0.01 ～0.40	0.15 ～0.45	0.030 以下	0.020 以下	—	2.50 ～3.20	—	8.50 ～9.50	0.30 ～0.50	—	
SKD 6	0.32 ～0.42	0.80 ～1.20	0.50 以下	0.030 以下	0.020 以下	—	4.50 ～5.50	1.00 ～1.50	—	0.30 ～0.50	—	
SKD 61	0.35 ～0.42	0.80 ～1.20	0.25 ～0.50	0.030 以下	0.020 以下	—	4.80 ～5.50	1.00 ～1.50	—	0.80 ～0.15	—	
SKD 62	0.32 ～0.40	0.80 ～1.20	0.20 ～0.50	0.030 以下	0.020 以下	—	4.75 ～5.50	1.00 ～1.60	1.00 ～1.60	0.20 ～0.50	—	沖模、擠型工具
SKD 7	0.28 ～0.35	0.01 ～0.40	0.15 ～0.45	0.030 以下	0.020 以下	—	2.70 ～3.20	2.50 ～3.00	—	0.40 ～0.70	—	沖模、擠型工具
SKD 8	0.35 ～0.45	0.15 ～0.50	0.20 ～0.50	0.030 以下	0.020 以下	—	4.00 ～4.70	0.30 ～0.50	3.80 ～4.50	1.70 ～2.10	4.00 ～4.50	沖模、擠型工具、壓鑄模
SKT 3	0.50 ～0.60	0.35 以下	0.60 以下	0.030 以下	0.020 以下	0.25 ～0.60	0.90 ～1.20	0.30 ～0.50	—	(0.20 以下)	—	鍛造模、沖模、擠型工具
SKT 4	0.50 ～0.60	0.10 ～0.40	0.60 ～0.90	0.030 以下	0.020 以下	1.50 ～1.80	0.80 ～1.20	0.35 ～0.55	—	0.55 ～0.15	—	
SKT 6	0.40 ～0.50	0.10 ～0.40	0.20 ～0.50	0.030 以下	0.020 以下	3.80 ～4.30	1.20 ～1.50	0.15 ～0.35	—	—	—	

表 5.49 彈簧鋼鋼材(JIS G 4801)

種類符號	化學成分(%)									主要用途例
	C	Si	Mn	P*	S*	Cr	Mo	V	B	
SUP 6	0.56 ～0.64	1.50 ～1.80	0.70 ～1.00	0.030 以下	0.030 以下	—	—	—	—	疊板彈簧、螺旋彈簧、扭力桿
SUP 7	0.56 ～0.64	1.80 ～2.20	0.70 ～1.00	0.030 以下	0.030 以下	—	—	—	—	
SUP 9	0.52 ～0.60	0.15 ～0.35	0.65 ～0.95	0.030 以下	0.030 以下	0.65 ～0.95	—	—	—	
SUP 9 A	0.56 ～0.64	0.15 ～0.35	0.70 ～1.00	0.030 以下	0.030 以下	0.70 ～1.00	—	—	—	
SUP 10	0.47 ～0.55	0.15 ～0.35	0.65 ～0.95	0.030 以下	0.030 以下	0.80 ～1.10	—	0.15 ～0.25	—	螺旋彈簧、扭力桿
SUP 11 A	0.56 ～0.64	0.15 ～0.35	0.70 ～1.00	0.030 以下	0.030 以下	0.70 ～1.00	—	—	0.0005 以下	大型疊板彈簧、螺旋彈簧、扭力桿
SUP 12	0.51 ～0.59	1.20 ～1.60	0.60 ～0.90	0.030 以下	0.030 以下	0.60 ～0.90	—	—	—	螺旋彈簧
SUP 13	0.56 ～0.64	0.15 ～0.35	0.70 ～1.00	0.030 以下	0.030 以下	0.70 ～0.90	0.25 ～0.35	—	—	大型疊板彈簧、螺旋彈簧

[注] Cu的數値皆在0.30以下。P，S 値依買賣當事者雙方協議，分別在 0.035%以下也可。

表 5.50　碳鋼鍛件(JIS G 3201)

種類符號	化學成分(%) C	Si	Mn	P	S	抗拉強度 (N/mm²)
SF 340A SF 390A SF 440A SF 490A SF 540A SF 590A	0.60以下	0.15～0.50	0.30～1.20	0.030以下	0.035以下	340～440 390～490 440～540 490～590 540～640 590～690
SF 540B SF 590B SF 640B						540～690 590～740 640～780

表 5.51　碳鋼鑄件(JIS G 5101)

種類符號	舊符號(參考)	化學成分(%) C	P	S	抗拉強度 (N/mm²)	(伸長率%)	適用
SC 360	SC 37	0.20以下	0.040以下	0.040以下	360以上	23以上	一般構造用，電動機零件用
SC 410	SC 42	0.30以下	0.040以下	0.040以下	410以上	21以上	一般構造用
SC 450	SC 46	0.35以下	0.040以下	0.040以下	450以上	19以上	一般構造用
SC 480	SC 49	0.40以下	0.040以下	0.040以下	480以上	17以上	一般構造用

表 5.52　灰鑄鐵件(JIS G 5501)

種類符號	另鑄試樣		附本件試樣(A)及實體強度用試樣(B) 抗拉強度 (N/mm²)					
	抗拉強度 (N/mm²)	硬度 (HB)	10≦鑄件厚度＜20mm		20≦鑄件厚度＜40mm		40≦鑄件厚度＜80mm	
			A	B	A	B	A	B
FC 100	100 以上	201 以下	—	90 以上	—	—	—	—
FC 150	150 以上	212 以下	—	130 以上	120 以上	110 以上	110 以上	95 以上
FC 200	200 以上	223 以下	—	180 以上	170 以上	155 以上	150 以上	130 以上
FC 250	250 以上	241 以下	—	225 以上	210 以上	195 以上	190 以上	170 以上
FC 300	300 以上	262 以下	—	270 以上	250 以上	240 以上	220 以上	210 以上
FC 350	350 以上	277 以下	—	315 以上	290 以上	280 以上	260 以上	250 以上

2.　形狀、尺寸與重量

(1)　**一般構造用鋼**：表 5.53～5.58 所示爲 JIS 一般構造用鋼的形狀、尺寸與重量。

表 5.53　熱軋棒鋼與螺旋線之形狀、尺寸與重量(JIS G 3191)

(a) 圓鋼(含螺旋線)的標準直徑　(單位 mm)

5.5	6	7	8	9	10	11	12	13	(14)	16	(18)	19
20	22	24	25	(27)	28	30	32	(33)	36	38	(39)	42
(45)	46	48	50	(52)	55	56	60	64	65	(68)	70	75
80	85	90	95	100	110	120	130	140	150	160	180	200

[備註] 1.儘量使用括號以外之標準直徑
2.適用圓鋼直徑 9mm 以上，螺旋直徑 50mm 以下

(b) 棒鋼之標準長度　(單位 m)

3.5	4.0	4.5	5.0	5.5	6.0	6.5	7.0	8.0	9.0	10.0

表 5.53　熱軋棒鋼與螺旋線之形狀、尺寸與重量(JIS G 3191)(續)

(c)重量之計算方法

計算順序	計算方法		有效數值
基本重量 (kg/cm²/m)	0.785×10^{-3}(截面積1 mm²，長度 1 m 的質量)		–
斷面積(cm²)	圓鋼	$D^2\times0.7854$ 其中，D為直徑(mm)	化為 4 位有效數字
	角鋼	A^2 其中，A為邊(mm)	
	六角鋼	$B^2\times0.8660$ 其中，B為對邊距離(mm)	
單位重量 (kg/m)	基本重量(kg/mm²/m)×斷面積(mm²)		化為 3 位有效數字
一根重量 (kg)	單位重量(kg/m)×長度(m)		化為 3 位有效數字，超過 1000 kg 者的 kg 化為整數
總重量 (kg)	1 根之重量(kg)×同一尺寸之總根數		kg 化為整數

〔備註〕*1.* 上表未規定的棒鋼斷面積算法和客戶協議
2. 數字化法依據 JIS Z 8401

(d) 圓鋼標準直徑的斷面積與單位重量

直徑(D) (mm)	截面積 (mm²)	單位重量 (kg/m)	直徑(D) (mm)	截面積 (mm²)	單位重量 (kg/m)	直徑(D) (mm)	截面積 (mm²)	單位重量 (kg/m)
5.5	23.76	0.186	28	615.8	4.83	(68)	3632	28.5
6	28.27	0.222	30	706.9	5.55	70	3848	30.2
7	38.48	0.302	32	804.2	6.31	75	4418	34.7
8	50.27	0.395	(33)	855.3	6.71	80	5027	39.5
9	63.62	0.499	36	1018	7.99	85	5675	44.5
10	78.54	0.617	38	1134	8.90	90	6362	49.9
11	95.03	0.746	(39)	1195	9.38	95	7088	55.6
12	113.1	0.888	42	1385	10.9	100	7854	61.7
13	132.7	1.04	(45)	1590	12.5	110	9503	74.6
(14)	153.9	1.21	46	1662	13.0	120	11310	88.8
16	201.1	1.58	48	1810	14.2	130	13270	104
(18)	254.5	2.00	50	1964	15.4	140	15390	121
19	283.5	2.23	(52)	2124	16.7	150	17670	139
20	314.2	2.47	55	2376	18.7	160	20110	158
22	308.1	2.98	56	2463	19.3	180	25450	200
24	452.4	3.55	60	2827	22.2	200	31420	247
25	490.9	3.85	64	3217	25.3			
(27)	572.6	4.49	65	3318	26.0			

表 5.54 熱軋形鋼的形狀尺寸與重量(JIS G 3192)

(a) 形鋼之標準長度

(單位m)

6.0	7.0	8.0	9.0	10.0	11.0	12.0	13.0

(b) 等邊角鋼

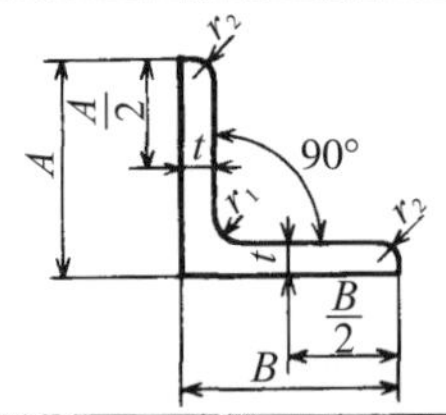

[注] (b)～(i)表中所示力矩之數值依表 5-64 所示。

標準斷面尺寸 (mm)				斷面積 (cm²)	單位重量 (kg/m)	標準斷面尺寸 (mm)				斷面積 (cm²)	單位重量 (kg/m)
$A\times B$	t	r_1	r_2			$A\times B$	t	r_1	r_2		
25×25	3	4	2	1.427	1.12	90× 90	7	10	5	12.22	9.59
30×30	3	4	2	1.727	1.36	90× 90	10	10	7	17.00	13.3
40×40	3	4.5	2	2.336	1.83	90× 90	13	10	7	21.71	17.0
40×40	5	4.5	3	3.755	2.95	100×100	7	10	5	13.62	10.7
45×45	4	6.5	3	3.492	2.74	100×100	10	10	7	19.00	14.9
45×45	5	6.5	3	4.302	3.38	100×100	13	10	7	24.31	19.1
50×50	4	6.5	3	3.892	3.06	120×120	8	12	5	18.76	14.7
50×50	5	6.5	3	4.802	3.77	130×130	9	12	6	22.74	17.9
50×50	6	6.5	4.5	5.644	4.43	130×130	12	12	8.5	29.76	23.4
60×60	4	6.5	3	4.692	3.68	130×130	15	12	8.5	36.75	28.8
60×60	5	6.5	3	5.802	4.55	150×150	12	14	7	34.77	27.3
65×65	5	8.5	3	6.367	5.00	150×150	15	14	10	42.74	33.6
65×65	6	8.5	4	7.527	5.91	150×150	19	14	10	53.38	41.9
65×65	8	8.5	6	9.761	7.66	175×175	12	15	11	40.52	31.8
70×70	6	8.5	4	8.127	6.38	175×175	15	15	11	50.21	39.4
75×75	6	8.5	4	8.727	6.85	200×200	15	17	12	57.75	45.3
75×75	9	8.5	6	12.69	9.96	200×200	20	17	12	76.00	59.7
75×75	12	8.5	6	16.56	13.0	200×200	25	17	12	93.75	73.6
80×80	6	8.5	4	9.327	7.32	250×250	25	24	12	119.4	93.7
90×90	6	10	5	10.55	8.28	250×250	35	24	18	162.6	128

表 5.54 熱軋形鋼的形狀尺寸與重量(JIS G 3192)(續)

(c) 不等邊角鋼

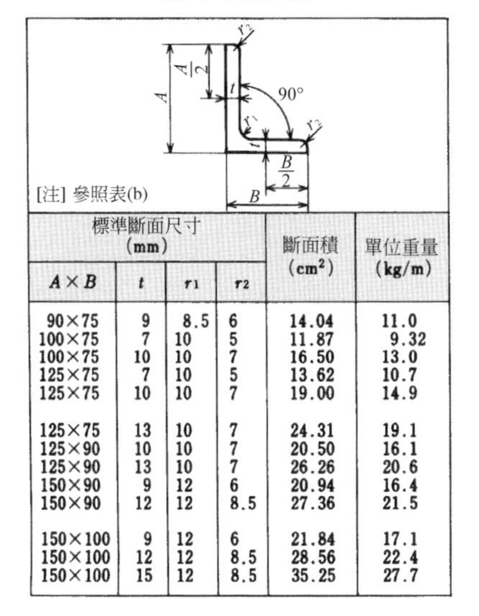

[注] 參照表(b)

標準斷面尺寸 (mm)				斷面積 (cm²)	單位重量 (kg/m)
A×B	t	r1	r2		
90×75	9	8.5	6	14.04	11.0
100×75	7	10	5	11.87	9.32
100×75	10	10	7	16.50	13.0
125×75	7	10	5	13.62	10.7
125×75	10	10	7	19.00	14.9
125×75	13	10	7	24.31	19.1
125×90	10	10	7	20.50	16.1
125×90	13	10	7	26.26	20.6
150×90	9	12	6	20.94	16.4
150×90	12	12	8.5	27.36	21.5
150×100	9	12	6	21.84	17.1
150×100	12	12	8.5	28.56	22.4
150×100	15	12	8.5	35.25	27.7

(d) 不等邊不等厚角鋼

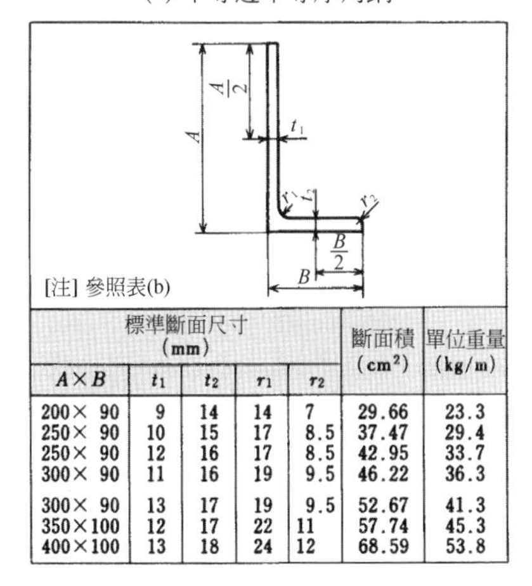

[注] 參照表(b)

標準斷面尺寸 (mm)					斷面積 (cm²)	單位重量 (kg/m)
A×B	t1	t2	r1	r2		
200× 90	9	14	14	7	29.66	23.3
250× 90	10	15	17	8.5	37.47	29.4
250× 90	12	16	17	8.5	42.95	33.7
300× 90	11	16	19	9.5	46.22	36.3
300× 90	13	17	19	9.5	52.67	41.3
350×100	12	17	22	11	57.74	45.3
400×100	13	18	24	12	68.59	53.8

(e) I 形鋼

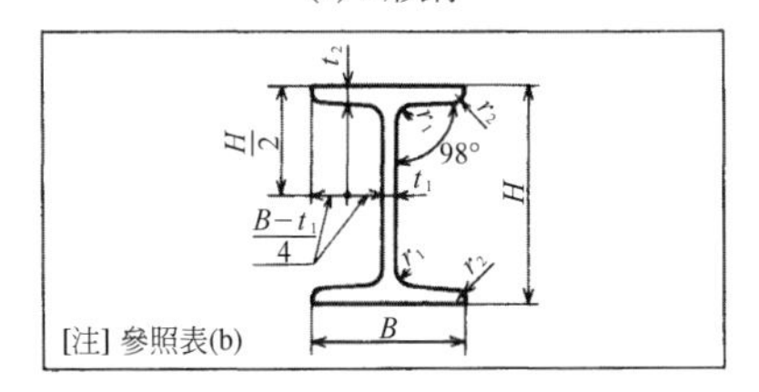

[注] 參照表(b)

標準斷面尺寸 (mm)					斷面積 (cm²)	單位重量 (kg/m)
H×B	t1	t2	r1	r2		
100×75	5	8	7	3.5	16.43	12.9
125×75	5.5	9.5	9	4.5	20.45	16.1
150×75	5.5	9.5	9	4.5	21.83	17.1
150×125	8.5	14	13	6.5	46.15	36.2
180×100	6	10	10	5	30.06	23.6
200×100	7	10	10	5	33.06	26.0
200×150	9	16	15	7.5	64.16	50.4
250×125	7.5	12.5	12	6	48.79	38.3
250×125	10	19	21	10.5	70.73	55.5
300×150	8	13	12	6	61.58	48.3
300×150	10	18.5	19	9.5	83.47	65.5
300×150	11.5	22	23	11.5	97.88	76.8
350×150	9	15	13	6.5	74.58	58.5
350×150	12	24	25	12.5	111.1	87.2
400×150	10	18	17	8.5	91.73	72.0
400×150	12.5	25	27	13.5	122.1	95.8
450×175	11	20	19	9.5	116.8	91.7
450×175	13	26	27	13.5	146.1	115
600×190	13	25	25	12.5	169.4	133
600×190	16	35	38	19	224.5	176

(f) U 型鋼

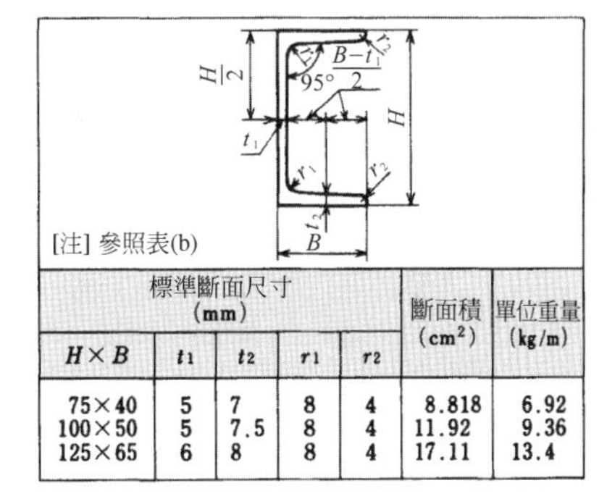

[注] 參照表(b)

標準斷面尺寸 (mm)					斷面積 (cm²)	單位重量 (kg/m)
H×B	t1	t2	r1	r2		
75×40	5	7	8	4	8.818	6.92
100×50	5	7.5	8	4	11.92	9.36
125×65	6	8	8	4	17.11	13.4

(g) 圓邊扁形鋼

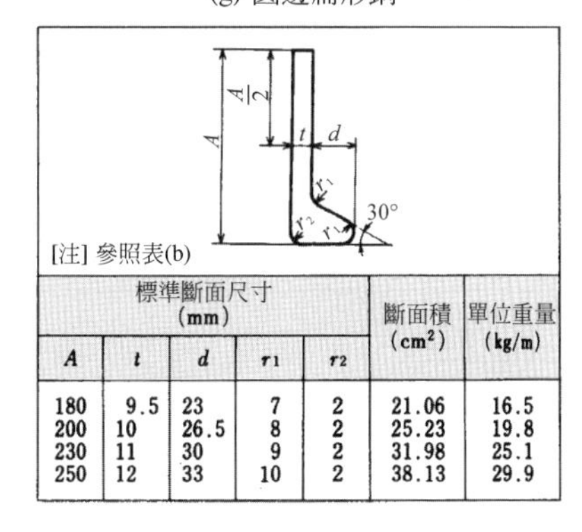

[注] 參照表(b)

標準斷面尺寸 (mm)					斷面積 (cm²)	單位重量 (kg/m)
A	t	d	r1	r2		
180	9.5	23	7	2	21.06	16.5
200	10	26.5	8	2	25.23	19.8
230	11	30	9	2	31.98	25.1
250	12	33	10	2	38.13	29.9

表 5.54 熱軋形鋼的形狀尺寸與重量(JIS G 3192)(續)

標準斷面尺寸 (mm)					斷面積 (cm²)	單位重量 (kg/m)
H×B	t_1	t_2	r_1	r_2		
150×75	6.5	10	10	5	23.71	18.6
150×75	9	12.5	15	7.5	30.59	24.0
180×75	7	10.5	11	5.5	27.20	21.4
200×80	7.5	11	12	6	31.33	24.6
200×90	8	13.5	14	7	38.65	30.3
250×90	9	13	14	7	44.07	34.6
250×90	11	14.5	17	8.5	51.17	40.2
300×90	9	13	14	7	48.57	38.1
300×90	10	15.5	19	9.5	55.74	43.8
300×90	12	16	19	9.5	61.90	48.6
380×100	10.5	16	18	9	69.39	54.5
380×100	13	16.5	18	9	78.96	62.0
380×100	13	20	24	12	85.71	67.3

(h)T 形鋼

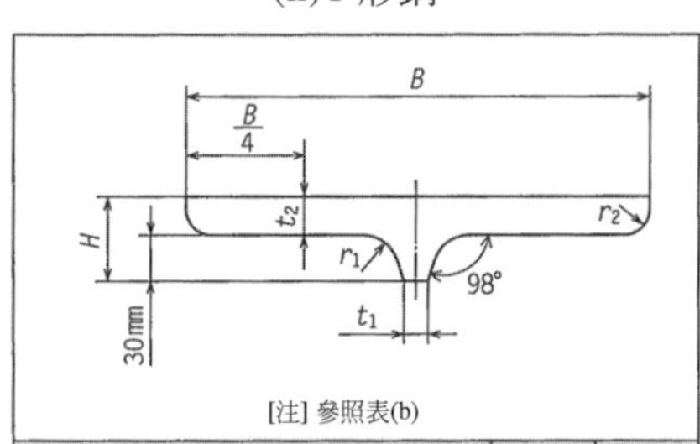

標準截面尺寸 (mm)							截面積 (cm²)	單位重量 (kg/m)
公稱尺寸 $B\times t_2$	B	H	t_1	t_2	r_1	r_2		
150× 9	150	39	12	9	8	3	18.52	14.5
150×12	150	42	12	12	8	3	23.02	18.1
150×15	150	45	12	15	8	3	27.52	21.6
200×12	200	42	12	12	8	3	29.02	22.8
200×16	200	46	12	16	8	3	37.02	29.1
200×19	200	49	12	19	8	3	43.02	33.8
200×22	200	52	12	22	8	3	49.02	38.5
220×16	250	46	12	16	20	3	46.05	36.2
220×19	250	49	12	19	20	3	53.55	42.0
250×22	250	52	12	22	20	3	61.05	47.9
250×25	250	55	12	25	20	3	68.55	53.8

(i) H 形鋼

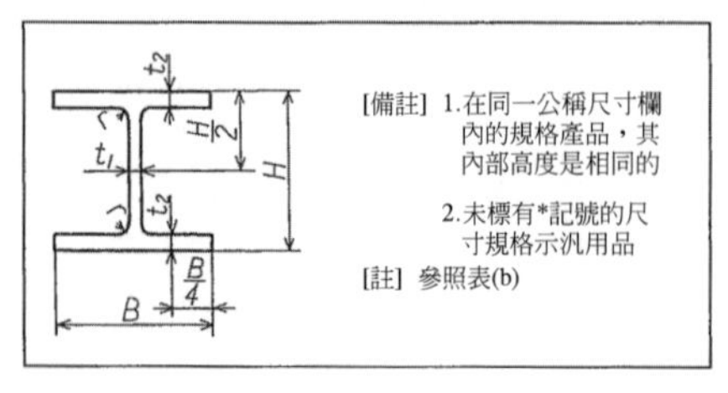

標準斷面尺寸 (mm)					斷面積 (cm²)	單位重量 (kg/m)
公稱尺寸 (高×邊)	H×B	t_1	t_2	r		
100× 50	100× 50	5	7	8	11.85	9.30
100×100	100×100	6	8	8	21.59	16.9
125× 60	125× 60	6	8	8	16.69	13.1
125×125	125×125	6.5	9	8	30.00	23.6
150× 75	150× 75	5	7	8	17.85	14.0
150×100	148×100	6	9	8	26.35	20.7
150×150	150×150	7	10	8	39.65	31.1
175× 90	175× 90	5	8	8	22.90	18.0
175×175	175×175	7.5	11	13	51.42	40.4
200×100	*198× 99	4.5	7	8	22.69	17.8
	200×100	5.5	8	8	26.67	20.9
200×150	194×150	6	9	8	38.11	29.9
200×200	200×200	8	12	13	63.53	49.9
250×125	*248×124	5	8	8	31.99	25.1
	250×125	6	9	8	36.97	29.0
250×175	244×175	7	11	13	55.49	43.6
250×250	250×250	9	14	13	91.43	71.8
300×150	*298×149	5.5	8	13	40.80	32.0
	300×150	6.5	9	13	46.78	36.7
300×200	294×200	8	12	13	71.05	55.8
300×300	300×300	10	15	13	118.4	93.0
350×175	*346×174	6	9	13	52.45	41.2
	350×175	7	11	13	62.91	49.4
350×250	340×250	9	14	13	99.53	78.1
350×350	350×350	12	19	13	171.9	135
400×200	*396×199	7	11	13	71.41	56.1
	400×200	8	13	13	83.37	65.4
400×300	390×300	10	16	13	133.2	105
400×400	400×400	13	21	22	218.7	172
	*414×405	18	28	22	295.4	232
	*428×407	20	35	22	360.7	283
	*458×417	30	50	22	528.6	415
	*498×432	45	70	22	770.1	605
450×200	*446×199	8	12	13	82.97	65.1
	450×200	9	14	13	95.43	74.9
450×300	440×300	11	18	13	153.9	121
500×200	*496×199	9	14	13	99.29	77.9
	500×200	10	16	13	112.2	88.2
500×300	*482×300	11	15	13	141.2	111
	488×300	11	18	13	159.2	125
600×200	*596×199	10	15	13	117.8	92.5
	600×200	11	17	13	131.7	103
600×300	*582×300	12	17	13	169.2	133
	588×300	12	20	13	187.2	147
	*594×302	14	23	13	217.1	170
700×300	*692×300	13	20	18	207.5	163
	700×300	13	24	18	231.5	182
800×300	*792×300	14	22	18	239.5	188
	800×300	14	26	18	263.5	207
900×300	*890×299	15	23	18	266.9	210
	900×300	16	28	18	305.8	240
	912×302	18	34	18	360.1	283
	*918×303	19	37	18	387.4	304

表 5.55 熱軋型鋼的斷面積計算式(JIS G 3192)

種類	計算式	備考
等邊角鋼	$t(2A-t)+0.215(r_1^2-2r_2^2)$	利用右式求得之計算值乘以 1/100 變爲 cm² 單位 有效數字化爲 4 位 * 將H形鋼的腹板切斷分割後之鋼材，包含外包尺寸固定CT形鋼。
不等邊角鋼	$t(A+B-t)+0.215(r_1^2-2r_2^2)$	
不等邊不等厚角鋼	$At_1+t^2(B-t_1)+0.215(r_1^2-r_2^2)$	
I 形鋼	$Ht_1+2t_2(B-t_1)+0.615(r_1^2-r_2^2)$	
U 形鋼	$Ht_1+2t_2(B-t_1)+0.349(r_1^2-r_2^2)$	
圓邊扁平鋼	$At+dr_1+0.289d(2r_1+d)-0.215(r_1^2+r_2^2)$	
T 形鋼	$Bt_2+0.307r_1^2+482.6$	
H 形鋼	$t_1(H-2t_2)+2Bt_2+0.858r_2$	
CT 形鋼*	$t_1(H-t_2)+Bt_2+0.429r_2$	

表 5.56 熱軋形鋼的斷面特性(JIS G 3192)

(a) 等邊角

斷面慣性矩 $I=ai^2$

斷面二次半徑 $i=\sqrt{I/a}$

斷面係數 $Z=I/e$

(a =斷面積)

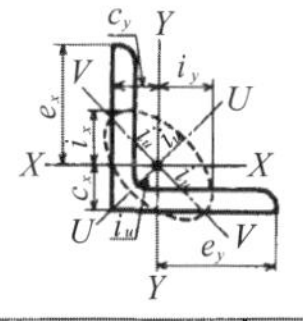

標準斷面尺寸 (mm) A×B	t	重心之位置 (cm) Cx	Cy	斷面慣性矩 (cm⁴) Ix	Iy	Iu	Iv	斷面二次半徑 (cm) ix	iy	iu	iv	斷面係數 (cm³) Zx	Zy
25×25	3	0.719	0.719	0.797	0.797	1.26	0.332	0.747	0.747	0.940	0.483	0.448	0.448
30×30	3	0.844	0.844	1.42	1.42	2.26	0.590	0.908	0.908	1.14	0.585	0.661	0.661
40×40	3	1.09	1.09	3.53	3.53	5.60	1.46	1.23	1.23	1.55	0.790	1.21	1.21
40×40	5	1.17	1.17	5.42	5.42	8.59	2.25	1.20	1.20	1.51	0.774	1.91	1.91
45×45	4	1.24	1.24	6.50	6.50	10.3	2.70	1.36	1.36	1.72	0.880	2.00	2.00
45×45	5	1.28	1.28	7.91	7.91	12.5	3.29	1.36	1.36	1.71	0.874	2.46	2.46
50×50	4	1.37	1.37	9.06	9.06	14.4	3.76	1.53	1.53	1.92	0.983	2.49	2.49
50×50	5	1.41	1.41	11.1	11.1	17.5	4.58	1.52	1.52	1.91	0.976	3.08	3.08
50×50	6	1.44	1.44	12.6	12.6	20.0	5.23	1.50	1.50	1.88	0.963	3.55	3.55
60×60	4	1.61	1.61	16.0	16.0	25.4	6.62	1.85	1.85	2.33	1.19	3.66	3.66
60×60	5	1.66	1.66	19.6	19.6	31.2	8.09	1.84	1.84	2.32	1.18	4.52	4.52
65×65	5	1.77	1.77	25.3	25.3	40.1	10.5	1.99	1.99	2.51	1.28	5.35	5.35
65×65	6	1.81	1.81	29.4	29.4	46.6	12.2	1.98	1.98	2.49	1.27	6.26	6.26
65×65	8	1.88	1.88	36.8	36.8	58.3	15.3	1.94	1.94	2.44	1.25	7.96	7.96
70×70	6	1.93	1.93	37.1	37.1	58.9	15.3	2.14	2.14	2.69	1.37	7.33	7.33
75×75	6	2.06	2.06	46.1	46.1	73.2	19.0	2.30	2.30	2.90	1.48	8.47	8.47
75×75	9	2.17	2.17	64.4	64.4	102	26.7	2.25	2.25	2.84	1.45	12.1	12.1
75×75	12	2.29	2.29	81.9	81.9	129	34.5	2.22	2.22	2.79	1.44	15.7	15.7
80×80	6	2.18	2.18	56.4	56.4	89.6	23.2	2.46	2.46	3.10	1.58	9.70	9.70
90×90	6	2.42	2.42	80.7	80.7	128	33.4	2.77	2.77	3.48	1.78	12.3	12.3
90×90	7	2.46	2.46	93.0	93.0	148	38.3	2.76	2.76	3.48	1.77	14.2	14.2
90×90	10	2.57	2.57	125	125	199	51.7	2.71	2.71	3.42	1.74	19.5	19.5
90×90	13	2.69	2.69	156	156	248	65.3	2.68	2.68	3.38	1.73	24.8	24.8
100×100	7	2.71	2.71	129	129	205	53.2	3.08	3.08	3.88	1.98	17.7	17.7
100×100	10	2.82	2.82	175	175	278	72.0	3.04	3.04	3.83	1.95	24.4	24.4
100×100	13	2.94	2.94	220	220	348	91.1	3.00	3.00	3.78	1.94	31.1	31.1
120×120	8	3.24	3.24	258	258	410	106	3.71	3.71	4.67	2.38	29.5	29.5
130×130	9	3.53	3.53	366	366	583	150	4.01	4.01	5.06	2.57	38.7	38.7
130×130	12	3.64	3.64	467	467	743	192	3.96	3.96	5.00	2.54	49.9	49.9
130×130	15	3.76	3.76	568	568	902	234	3.93	3.93	4.95	2.53	61.5	61.5
150×150	12	4.14	4.14	740	740	1180	304	4.61	4.61	5.82	2.96	68.1	68.1
150×150	15	4.24	4.24	888	888	1410	365	4.56	4.56	5.75	2.92	82.6	82.6
150×150	19	4.40	4.40	1090	1090	1730	451	4.52	4.52	5.69	2.91	103	103
175×175	12	4.73	4.73	1170	1170	1860	480	5.38	5.38	6.78	3.44	91.8	91.8
175×175	15	4.85	4.85	1440	1440	2290	589	5.35	5.35	6.75	3.42	114	114
200×200	15	5.46	5.46	2180	2180	3470	891	6.14	6.14	7.75	3.93	150	150
200×200	20	5.67	5.67	2820	2820	4490	1160	6.09	6.09	7.68	3.90	197	197
200×200	25	5.86	5.86	3420	3420	5420	1410	6.04	6.04	7.61	3.88	242	242
250×250	25	7.10	7.10	6950	6950	11000	2860	7.63	7.63	9.62	4.90	388	388
250×250	35	7.45	7.45	9110	9110	14400	3790	7.49	7.49	9.42	4.83	519	519

表 5.56 熱軋型鋼的斷面積計算式(JIS G 3192)(續)

(b) 不等邊角鋼

斷面慣性矩 $I=ai^2$

斷面二次半徑 $i=\sqrt{I/a}$

斷面係數 $Z=I/e$

(a =斷面積)

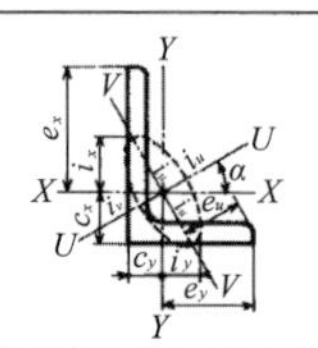

標準斷面尺寸 (mm)		重心之位置 (cm)		斷面慣性矩 (cm^4)				斷面二次半徑 (cm)				tan α	斷面係數 (cm^3)	
A×B	t	Cx	Cy	Ix	Iy	最大 Iu	最小 Iv	ix	iy	最大 iu	最小 iv		Zx	Zy
90× 75	9	2.75	2.00	109	68.1	143	34.1	2.78	2.20	3.19	1.56	0.676	17.4	12.4
100× 75	7	3.06	1.83	118	56.9	144	30.8	3.15	2.19	3.49	1.61	0.548	17.0	10.0
100× 75	10	3.17	1.94	159	76.1	194	41.3	3.11	2.15	3.43	1.58	0.543	23.3	13.7
125× 75	7	4.10	1.64	219	60.4	243	36.4	4.01	2.11	4.23	1.64	0.362	26.1	10.3
125× 75	10	4.22	1.75	299	80.8	330	49.0	3.96	2.06	4.17	1.61	0.357	36.1	14.1
125× 75	13	4.35	1.87	376	101	415	61.9	3.93	2.04	4.13	1.60	0.352	46.1	17.9
125× 90	10	3.95	2.22	318	138	380	76.2	3.94	2.59	4.30	1.93	0.505	37.2	20.3
125× 90	13	4.07	2.34	401	173	477	96.3	3.91	2.57	4.26	1.91	0.501	47.5	25.9
150× 90	9	4.95	1.99	485	133	537	80.4	4.81	2.52	5.06	1.96	0.361	48.2	19.0
150× 90	12	5.07	2.10	619	167	685	102	4.76	2.47	5.00	1.93	0.357	62.3	24.3
150×100	9	4.76	2.30	502	181	579	104	4.79	2.88	5.15	2.18	0.439	49.1	23.5
150×100	12	4.88	2.41	642	228	738	132	4.74	2.83	5.09	2.15	0.435	63.4	30.1
150×100	15	5.00	2.53	782	276	897	161	4.71	2.80	5.04	2.14	0.431	78.2	37.0

(c) 不等邊不等厚角鋼

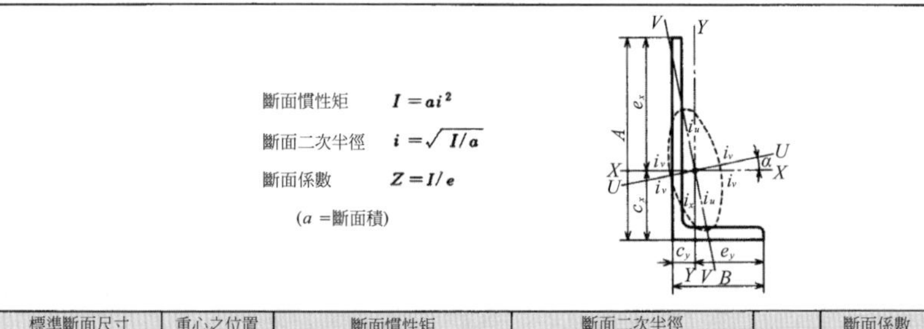

標準斷面尺寸 (mm)			重心之位置 (cm)		斷面慣性矩 (cm^4)				斷面二次半徑 (cm)				tan α	斷面係數 (cm^3)	
A×B	t1	t2	Cx	Cy	Ix	Iy	最大 Iu	最小 Iv	ix	iy	最大 Iu	最小 iv		Zx	Zy
200× 90	9	14	6.36	2.15	1210	200	1290	125	6.39	2.60	6.58	2.05	0.263	88.7	29.2
250× 90	10	15	8.61	1.92	2440	223	2520	147	8.08	2.44	8.20	1.98	0.182	149	31.5
250× 90	12	16	8.99	1.89	2790	238	2870	160	8.07	2.35	8.18	1.93	0.173	174	33.5
300× 90	11	16	11.0	1.76	4370	245	4440	168	9.72	2.30	9.80	1.90	0.136	229	33.8
300× 90	13	17	11.3	1.75	4940	259	5020	181	9.68	2.22	9.76	1.85	0.128	265	35.8
350×100	12	17	13.0	1.87	7440	362	7550	251	11.3	2.50	11.4	2.08	0.124	338	44.5
400×100	13	18	15.4	1.77	11500	388	11600	277	12.9	2.38	13.0	2.01	0.0996	467	47.1

(d) I 形鋼

斷面慣性矩 $I=ai^2$

斷面二次半徑 $i=\sqrt{I/a}$

斷面係數 $Z=I/e$

(a =斷面積)

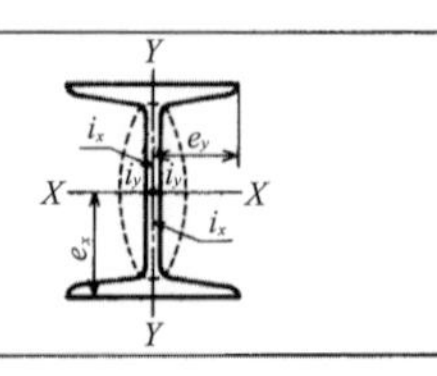

表 5.56　熱軋型鋼的斷面積計算式(JIS G 3192)(續)

標準斷面尺寸 (mm)			重心之位置 (cm)		斷面慣性矩 (cm^4)		斷面二次半徑 (cm)		斷面係數 (cm^3)	
$H \times B$	t_1	t_2	Cx	Cy	Ix	Iy	ix	iy	Zx	Zy
100× 75	5	8	0	0	281	47.3	4.14	1.70	56.2	12.6
125× 75	5.5	9.5	0	0	538	57.5	5.13	1.68	86.0	15.3
150× 75	5.5	9.5	0	0	819	57.5	6.12	1.62	109	15.3
150×125	8.5	14	0	0	1760	385	6.18	2.89	235	61.6
180×100	6	10	0	0	1670	138	7.45	2.14	186	27.5
200×100	7	10	0	0	2170	138	8.11	2.05	217	27.7
200×150	9	16	0	0	4460	753	8.34	3.43	446	10.0
250×125	7.5	12.5	0	0	5180	337	10.3	2.63	414	53.9
250×125	10	19	0	0	7310	538	10.2	2.76	585	86.0
300×150	8	13	0	0	9480	588	12.4	3.09	632	78.4
300×150	10	18.5	0	0	12700	886	12.3	3.26	849	118
300×150	11.5	22	0	0	14700	1080	12.2	3.32	978	143
350×150	9	15	0	0	15200	702	14.3	3.07	870	93.5
350×150	12	24	0	0	22400	1180	14.2	3.26	1280	158
400×150	10	18	0	0	24100	864	16.2	3.07	1200	115
400×150	12.5	25	0	0	31700	1240	16.1	3.18	1580	165
450×175	11	20	0	0	39200	1510	18.3	3.60	1740	173
450×175	13	26	0	0	48800	2020	18.3	3.72	2170	231
600×190	13	25	0	0	98400	2460	24.1	3.81	3280	259
600×190	16	35	0	0	130000	3540	24.1	3.97	4330	373

(e) U 形鋼

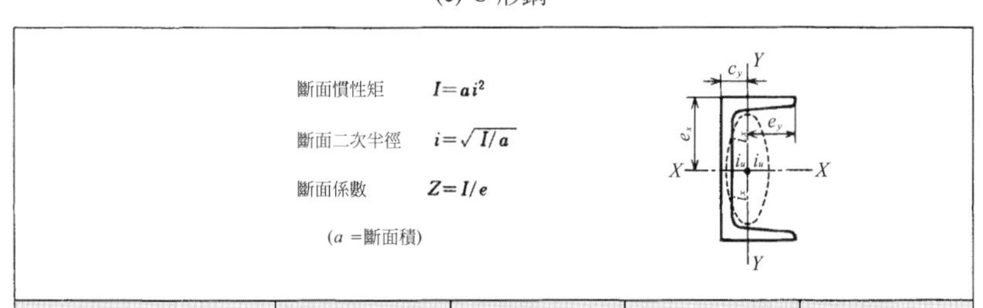

標準斷面尺寸 (mm)			重心之位置 (cm)		斷面慣性矩 (cm^4)		斷面二次半徑 (cm)		斷面係數 (cm^3)	
$H \times B$	t_1	t_2	Cx	Cy	Ix	Iy	ix	iy	Zx	Zy
75× 40	5	7	0	1.28	75.3	12.2	2.92	1.17	20.1	4.47
100× 50	5	7.5	0	1.54	188	26.0	3.97	1.48	37.6	7.52
125× 65	6	8	0	1.90	424	61.8	4.98	1.90	67.8	13.4
150× 75	6.5	10	0	2.28	861	117	6.03	2.22	115	22.4
150× 75	9	12.5	0	2.31	1050	147	5.86	2.19	140	28.3
180× 75	7	10.5	0	2.13	1380	131	7.12	2.19	153	24.3
200× 80	7.5	11	0	2.21	1950	168	7.88	2.32	195	29.1
200× 90	8	13.5	0	2.74	2490	277	8.02	2.68	249	44.2
250× 90	9	13	0	2.40	4180	294	9.74	2.58	334	44.5
250× 90	11	14.5	0	2.40	4680	329	9.56	2.54	374	49.9
300× 90	9	13	0	2.22	6440	309	11.5	2.52	429	45.7
300× 90	10	15.5	0	2.34	7410	360	11.5	2.54	494	54.1
300× 90	12	16	0	2.28	7870	379	11.3	2.48	525	56.4
380×100	10.5	16	0	2.41	14500	535	14.5	2.78	763	70.5
380×100	13	16.5	0	2.33	15600	565	14.1	2.67	823	73.6
380×100	13	20	0	2.54	17600	655	14.3	2.76	926	87.8

表 5.56 熱軋型鋼的斷面積計算式(JIS G 3192)(續)

(f) 圓邊扁形鋼

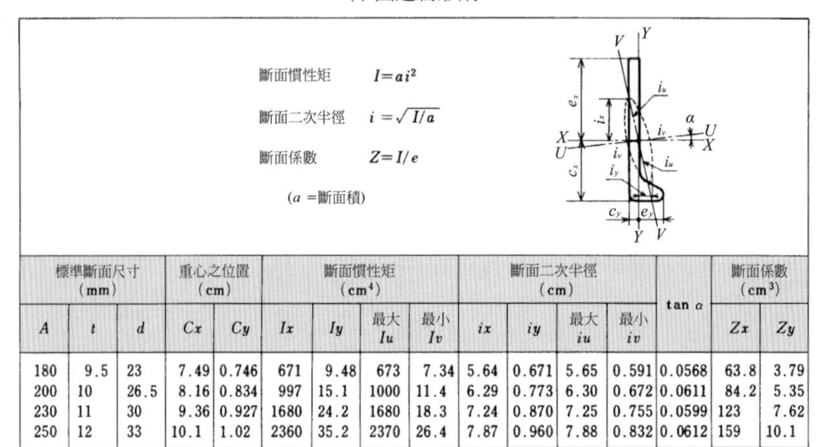

標準斷面尺寸 (mm)			重心之位置 (cm)		斷面慣性矩 (cm^4)				斷面二次半徑 (cm)				tan α	斷面係數 (cm^3)	
A	t	d	Cx	Cy	Ix	Iy	最大 Iu	最小 Iv	ix	iy	最大 iu	最小 iv		Zx	Zy
180	9.5	23	7.49	0.746	671	9.48	673	7.34	5.64	0.671	5.65	0.591	0.0568	63.8	3.79
200	10	26.5	8.16	0.834	997	15.1	1000	11.4	6.29	0.773	6.30	0.672	0.0611	84.2	5.35
230	11	30	9.36	0.927	1680	24.2	1680	18.3	7.24	0.870	7.25	0.755	0.0599	123	7.62
250	12	33	10.1	1.02	2360	35.2	2370	26.4	7.87	0.960	7.88	0.832	0.0612	159	10.1

(g) T 形鋼

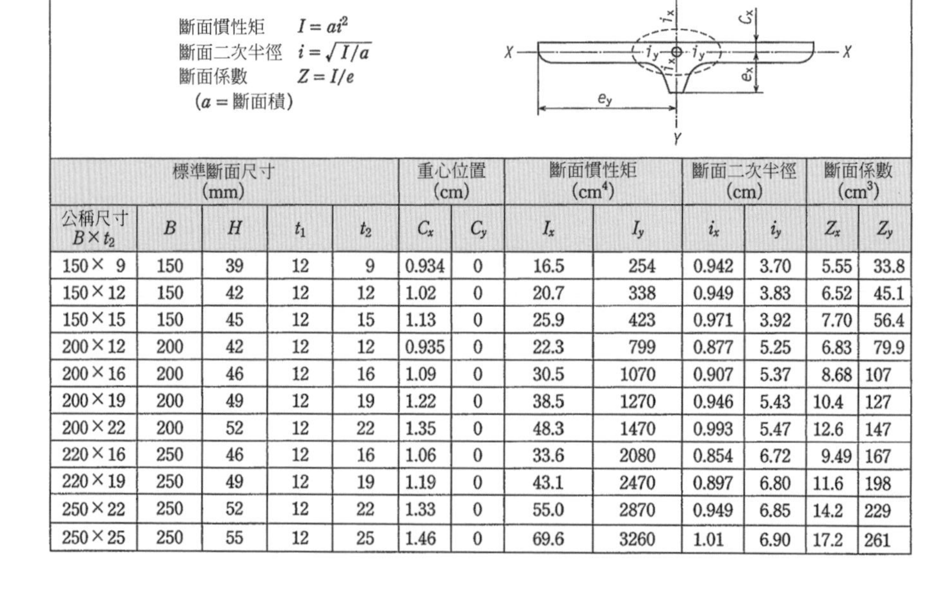

標準斷面尺寸 (mm)					重心位置 (cm)		斷面慣性矩 (cm^4)		斷面二次半徑 (cm)		斷面係數 (cm^3)	
公稱尺寸 $B\times t_2$	B	H	t_1	t_2	C_x	C_y	I_x	I_y	i_x	i_y	Z_x	Z_y
150× 9	150	39	12	9	0.934	0	16.5	254	0.942	3.70	5.55	33.8
150×12	150	42	12	12	1.02	0	20.7	338	0.949	3.83	6.52	45.1
150×15	150	45	12	15	1.13	0	25.9	423	0.971	3.92	7.70	56.4
200×12	200	42	12	12	0.935	0	22.3	799	0.877	5.25	6.83	79.9
200×16	200	46	12	16	1.09	0	30.5	1070	0.907	5.37	8.68	107
200×19	200	49	12	19	1.22	0	38.5	1270	0.946	5.43	10.4	127
200×22	200	52	12	22	1.35	0	48.3	1470	0.993	5.47	12.6	147
220×16	250	46	12	16	1.06	0	33.6	2080	0.854	6.72	9.49	167
220×19	250	49	12	19	1.19	0	43.1	2470	0.897	6.80	11.6	198
250×22	250	52	12	22	1.33	0	55.0	2870	0.949	6.85	14.2	229
250×25	250	55	12	25	1.46	0	69.6	3260	1.01	6.90	17.2	261

表 5.56 熱軋型鋼的斷面積計算式(JIS G 3192)(續)

(h) H 形鋼

斷面慣性矩 $I = ai^2$
斷面二次半徑 $i = \sqrt{I/a}$
斷面係數 $Z = I/e$
(a = 斷面積)

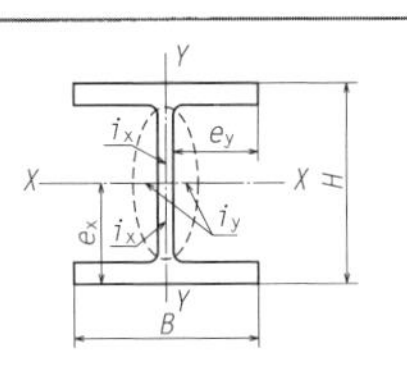

公稱尺寸(高度×邊)	斷面二次慣性矩 (cm⁴)		斷面二次半徑 (cm)		斷面係數 (cm³)	
	I_x	I_y	i_x	i_y	Z_x	Z_y
100×50	187	14.8	3.98	1.12	37.5	5.91
100×100	378	134	4.18	2.49	75.6	26.7
125×60	409	29.1	4.95	1.32	65.5	9.71
125×125	839	293	5.29	3.13	134	46.9
150×75	666	49.5	6.11	1.66	88.8	13.2
150×100	1000	150	6.17	2.39	135	30.1
150×150	1620	563	6.40	3.77	216	75.1
175×90	1210	97.5	7.26	2.06	138	21.7
175×175	2900	984	7.50	4.37	331	112
200×100	1540	113	8.25	2.24	156	22.9
	1810	134	8.23	2.24	181	26.7
200×150	2630	507	8.30	3.65	271	67.6
200×200	4720	1600	8.62	5.02	472	160
250×125	3450	255	10.4	2.82	278	41.1
	3960	294	10.4	2.82	317	47.0
250×175	6040	984	10.4	4.21	495	112
250×250	10700	3650	10.8	6.32	860	292
300×150	6320	442	12.4	3.29	424	59.3
	7210	508	12.4	3.29	481	67.7
300×200	11100	1600	12.5	4.75	756	160
300×300	20200	6750	13.1	7.55	1350	450
350×175	11000	791	14.5	3.88	638	91.0
	13500	984	14.6	3.96	771	112
350×250	21200	3650	14.6	6.05	1250	292
350×350	39800	13600	15.2	8.89	2280	776
400×200	19800	1450	16.6	4.50	999	145
	23500	1740	16.8	4.56	1170	174

公稱尺寸(高度×邊)	斷面二次慣性矩 (cm⁴)		斷面二次半徑 (cm)		斷面係數 (cm³)	
	I_x	I_y	i_x	i_y	Z_x	Z_y
400×300	37900	7200	16.9	7.35	1940	480
400×400	66600	22400	17.5	10.1	3330	1120
	92800	31000	17.7	10.2	4480	1530
	119000	39400	18.2	10.4	5570	1930
	187000	60500	18.8	10.7	8170	2900
	298000	94400	19.7	11.1	12000	4370
450×200	28100	1580	18.4	4.36	1260	159
	32900	1870	18.6	4.43	1460	187
450×300	54700	8110	18.9	7.26	2490	540
500×200	40800	1840	20.3	4.31	1650	185
	46800	2140	20.4	4.36	1870	214
500×300	58300	6760	20.3	6.92	2420	450
	68900	8110	20.8	7.14	2820	540
600×200	66600	1980	23.8	4.10	2240	199
	75600	2270	24.0	4.16	2520	227
600×300	98900	7660	24.2	6.73	3400	511
	114000	9010	24.7	6.94	3890	601
	134000	10600	24.8	6.98	4500	700
700×300	168000	9020	28.5	6.59	4870	601
	197000	10800	29.2	6.83	5640	721
800×300	248000	9920	32.2	6.44	6270	661
	286000	11700	33.0	6.67	7160	781
900×300	339000	10300	35.6	6.20	7610	687
	404000	12600	36.4	6.43	8990	842
	491000	15700	36.9	6.59	10800	1040
	535000	17200	37.2	6.67	11700	1140

表 5.57 熱軋鋼板與鋼帶之形狀、尺寸與重量(JIS G 3193)

(a)鋼板與鋼帶之標準尺寸

(單位 mm)

1.2	1.4	1.6	1.8	2.0	2.3	2.5	(2.6)	2.8	(2.9)	3.2	3.6
4.0	4.5	5.0	5.6	6.0	6.3	7.0	8.0	9.0	10.0	11.0	12.0
12.7	13.0	14.0	15.0	16.0	(17.0)	18.0	19.0	20.0	22.0	25.0	25.4
28.0	(30.0)	32.0	36.0	38.0	40.0	45.0	50.0				

[備註] 1.最好使用未加括符之標準厚度
2.鋼帶與自銅帶切割之板適用厚度在 12.7mm 以下

(b)鋼板與鋼帶之標準寬度

(單位 mm)

600	630	670	710	750	800	850	900	914	950	1000	1060
1100	1120	1180	1200	1219	1250	1300	1320	1400	1500	1524	1600
1700	1800	1829	1900	2000	2100	2134	2438	2500	2600	2800	3000
3048											

[備註] 1.鋼帶與自鋼帶切割之板，適用寬度 2000mm 以下
2.鋼板(除自鋼帶切割之板外)適用寬度 914mm，1219mm 與 1400mm 以上

(c)鋼板之標準長度

(單位 mm)

1829	2438	3048	6000	6096	7000	8000	9000	9144	10000	12000	12192

[備註] 不適用於由鋼帶切割之板

(d)鋼板重量之計算方法

計算順序	計算方法	有效位數
基本重量(kg/mm/m^2)	7.85(長 1 mm，面積1 m^{2}之重量)	—
單位重量(kg/m^2)	單位重量(kg/mm/m^2)×板之厚度(mm)	化為 4 位有效數字
鋼板面積(m^2)	寬(m)×長(m)	化為 4 位有效數字
1 片重量(kg)	單位重量(kg/m^2)×面積(m^2)	化為 3 位有效數字超過 1000kg 者 kg 化為整數

〔備註〕有效位數的化法依 JIS Z 8401 規則 A。結成一束(或捆包)時可省略。

表 5.58　熱軋平鋼的形狀、尺寸與重量(JIS G 3194)

(a)平鋼之標準長度

(單位 m)

3.5,	4.0,	4.5,	5.0,	5.5,	6.0,	6.5,	7.0,	8.0,	9.0,	10.0,	11.0,
12.0,	13.0,	14.0,	15.0								

(b) 平鋼之標準斷面尺寸與其斷面積單位重量

標準斷面尺寸 (mm)		斷面積 (cm^2)	單位重量 (kg/m)	標準斷面尺寸 (mm)		斷面積 (cm^2)	單位重量 (kg/m)	標準斷面尺寸 (mm)		斷面積 (cm^2)	單位重量 (kg/m)
厚	寬			厚	寬			厚	寬		
4.5	25	1.125	0.883	8	44	3.520	2.76	9	280	25.20	19.8
4.5	32	1.440	1.13	8	50	4.000	3.14	9	300	27.00	21.2
4.5	38	1.710	1.34	8	65	5.200	4.08	9	350	31.50	24.7
4.5	44	1.980	1.55	8	75	6.000	4.71	9	400	36.00	28.3
4.5	50	2.250	1.77	8	90	7.200	5.65	12	25	3.000	2.36
4.5	65	2.925	2.30	8	100	8.000	6.28	12	32	3.840	3.01
4.5	75	3.375	2.65	8	125	10.00	7.85	12	38	4.560	3.58
4.5	90	4.050	3.18	8	150	12.00	9.42	12	44	5.280	4.14
4.5	100	4.500	3.53	8	180	14.40	11.3	12	50	6.000	4.71
4.5	125	5.625	4.42	8	200	16.00	12.6	12	65	7.800	6.12
4.5	150	6.750	5.30	8	230	18.40	14.4	12	75	9.000	7.06
6	25	1.500	1.18	8	250	20.00	15.7	12	90	10.80	8.48
6	32	1.920	1.51	8	280	22.40	17.6	12	100	12.00	9.42
6	38	2.280	1.79	8	300	24.00	18.8	12	125	15.00	11.8
6	44	2.640	2.07	8	350	28.00	22.0	12	150	18.00	14.1
6	50	3.000	2.36	8	400	32.00	25.1	12	180	21.60	17.0
6	65	3.900	3.06	9	25	2.250	1.77	12	200	24.00	18.8
6	75	4.500	3.53	9	32	2.880	2.26	12	230	27.60	21.7
6	90	5.400	4.24	9	38	3.420	2.68	12	250	30.00	23.6
6	100	6.000	4.71	9	44	3.960	3.11	12	280	33.60	26.4
6	125	7.500	5.89	9	50	4.500	3.53	12	300	36.00	28.3
6	150	9.000	7.06	9	65	5.850	4.59	12	350	42.00	33.0
6	180	10.80	8.48	9	75	6.750	5.30	12	400	48.00	37.7
6	200	12.00	9.42	9	90	8.100	6.36	16	32	5.120	4.02
6	230	13.80	10.8	9	100	9.000	7.06	16	38	6.080	4.77
6	250	15.00	11.8	9	125	11.25	8.83	16	44	7.040	5.53
6	280	16.80	13.2	9	150	13.50	10.6	16	50	8.000	6.28
6	300	18.00	14.1	9	180	16.20	12.7	16	65	10.40	8.16
8	25	2.000	1.57	9	200	18.00	14.1	16	75	12.00	9.42
8	32	2.560	2.01	9	230	20.70	16.2	16	90	14.40	11.3
8	38	3.040	2.39	9	250	22.50	17.7	16	100	16.00	12.6

表 5.58　熱軋平鋼的形狀、尺寸與重量(JIS G 3194)(續)

標準斷面尺寸 (mm)		斷面積 (cm^2)	單位重量 (kg/m)	標準斷面尺寸 (mm)		斷面積 (cm^2)	單位重量 (kg/m)	標準斷面尺寸 (mm)		斷面積 (cm^2)	單位重量 (kg/m)
厚	寬			厚	寬			厚	寬		
16	125	20.00	15.7	22	450	99.00	77.7	32	500	160.0	126
16	150	24.00	18.8	22	500	110.0	86.4	36	75	27.00	21.2
16	180	28.80	22.6	25	50	12.50	9.81	36	90	32.40	25.4
16	200	32.00	25.1	25	65	16.25	12.8	36	100	36.00	28.3
16	230	36.80	28.9	25	75	18.75	14.7	36	125	45.00	35.3
16	250	40.00	31.4	25	90	22.50	17.7	36	150	54.00	42.4
16	280	44.80	35.2	25	100	25.00	19.6	36	180	64.80	50.9
16	300	48.00	37.7	25	125	31.25	24.5	36	200	72.00	56.5
16	350	56.00	44.0	25	150	37.50	29.4	36	230	82.80	65.0
16	400	64.00	50.2	25	180	45.00	35.3	36	250	90.00	70.6
16	450	72.00	56.5	25	200	50.00	39.2	36	280	100.8	79.1
16	500	80.00	62.8	25	230	57.50	45.1	36	300	108.0	84.8
19	38	7.220	5.67	25	250	62.50	49.1	36	350	126.0	98.9
19	44	8.360	6.56	25	280	70.00	55.0	36	400	144.0	113
19	50	9.500	7.46	25	300	75.00	58.9	36	450	162.0	127
19	65	12.35	9.69	25	350	87.50	68.7	36	500	180.0	141
19	75	14.25	11.2	25	400	100.0	78.5	40	75	30.00	23.6
19	90	17.10	13.4	25	450	112.5	88.3	40	90	36.00	28.3
19	100	19.00	14.9	25	500	125.0	98.1	40	100	40.00	31.4
19	125	23.75	18.6	28	75	21.00	16.5	40	125	50.00	39.2
19	150	28.50	22.4	28	90	25.20	19.8	40	150	60.00	47.1
19	180	34.20	26.8	28	100	28.00	22.0	40	180	72.00	56.5
19	200	38.00	29.8	28	125	35.00	27.5	40	200	80.00	62.8
19	230	43.70	34.3	28	150	42.00	33.0	40	230	92.00	72.2
19	250	47.50	37.3	28	180	50.40	39.6	40	250	100.0	78.5
19	280	53.20	41.8	28	200	56.00	44.0	40	280	112.0	87.9
19	300	57.00	44.7	28	230	64.40	50.6	40	300	120.0	94.2
19	350	66.50	52.2	28	250	70.00	55.0	40	350	140.0	110
19	400	76.00	59.7	28	280	78.40	61.5	40	400	160.0	126
19	450	85.50	67.1	28	300	84.00	65.9	40	450	180.0	141
19	500	95.00	74.6	28	350	98.00	76.9	40	500	200.0	157
22	50	11.00	8.64	28	400	112.0	87.9	45	75	33.75	26.5
22	65	14.30	11.2	28	450	126.0	98.9	45	90	40.50	31.8
22	75	16.50	13.0	28	500	140.0	110	45	100	45.00	35.3
22	90	19.80	15.5	32	75	24.00	18.8	45	125	56.25	44.2
22	100	22.00	17.3	32	90	28.80	22.6	45	150	67.50	53.0
22	125	27.50	21.6	32	100	32.00	25.1	45	180	81.00	63.6
22	150	33.00	25.9	32	125	40.00	31.4	45	250	112.5	88.3
22	180	39.60	31.1	32	150	48.00	37.7	45	280	126.0	98.9
22	200	44.00	34.5	32	230	73.60	57.8	45	300	135.0	106
22	230	50.60	39.7	32	250	80.00	62.8	45	350	157.5	124
22	250	55.00	43.2	32	280	89.60	70.3	45	400	180.0	141
22	280	61.60	48.4	32	300	96.00	75.4	45	450	202.5	159
22	300	66.00	51.8	32	350	112.0	87.9	45	500	225.0	177
22	350	77.00	60.4	32	400	128.0	100				
22	400	88.00	69.1	32	450	144.0	113				

[備註] 單位重量以基本重量(kg/cm^2 /m)之 0.785 計算

⑵ **合金鋼**：表 5.59 爲結構用合金鋼鋼材之標準尺寸。表中括號所示之尺寸，係將來會取消之尺寸，設計時最好採用沒有括號的尺寸。JIS 規定之結構合金鋼中，除 JIS G 4051(機械構造用碳鋼)，JIS G 4052(保證硬化能之構造用鋼材＜H鋼＞)外，尚有JIS G 4053(機械構造用合金鋼鋼材、鎳鉻鋼鋼材、鎳鉻鉬鋼鋼材、鉻鋼鋼材、鉻鉬鋼鋼材、鋁鉻鉬鋼鋼材等規定，在此統合之)。

表 5.59　構造用碳鋼、H 鋼及合金鋼鋼材之標準尺寸(JIS G 4051～4053) (單位 mm)

圓鋼(直徑)					角鋼(對邊距離)			六角鋼(對邊距離)			線材(直徑)			
(10)	11	(12)	13	(14)	40	45	50	(12)	13	14	5.5	6	7	8
(15)	16	(17)	(18)	19	55	60	65	17	19	22	9	9.5	(10)	11
(20)	22	(24)	25	(26)	70	75	80	24	27	30	(12)	13	(14)	(15)
28	30	32	34	36	85	90	95	32	36	41	16	(17)	(18)	19
38	40	42	44	46	100	(105)	110	46	50	55	(20)	22	(24)	25
48	50	55	60	65	(115)	120	130	60	63	67	(26)	28	30	32
70	75	80	85	90	140	150	160	71	(75)	(77)	34*	36*	38*	40*
95	100	(105)	110	(115)	180	200		(81)			42*	44*	46*	48*
120	130	140	150	160							50*			
(170)	180	(190)	200								(* 只適用於碳鋼)			

5.5 非鐵金屬

表 5.60～5.71 爲 JIS 規定之非鐵金屬種類、特性及化學成分等。

1. 種類、化學成份與機械性質

表 5.60　銅與銅合金之板與條(JIS H 3100)

(a) 種類與用途例

種類 合金符號	附加記號[1]	參考 名稱	參考 特性及用途例
C1020	P*, PS*, R*, RS*	無氧銅	導電性、熱傳導、延展性、引伸加工性優異，焊接性、耐蝕性、耐候性佳，電氣用，化工用。
C1100	P*, PS*, R*, RS*	韌煉銅	導電性、熱傳導優異，延展性、引伸加工性、耐蝕性、耐候性佳，電氣，蒸餾鍋爐，建築用，化工用，襯墊等器具用。特別是表面平滑。凸版印刷用。
	PP[2]	印刷用銅	特別是表面平滑。凸版印刷用。

表 5.60 銅與銅合金之板與條(JIS H 3100)(續)

(a) 種類與用途例(續)

種類 合金符號	附加記號[1]	參考 名稱	特性及用途例
C1201	P, PS, R, RS	磷脫氧銅	延展性、引伸加工性、焊接性、耐蝕性、耐候性、熱傳導佳，C1201導電性比C1220及C1221佳。熱水鍋爐，熱水器、襯墊，建築用，化工用等。
C1220	P, PS, R, RS		
C1221[2]	P, PS, R, RS		
	PP	印刷用銅	特別是表面平滑。凸版印刷用。
C1401[2]	PP		特別是表面平滑具耐熱性。照片凸版用。
C1441	PS*, RS*	含錫銅	導電性、熱傳導、耐熱性、延展性優異。半導體用導線架，配線機器，其他電氣電子零件，熱水器等。
C1510	PS*, RS*	含鋯銅	導電性、熱傳導、耐熱性、延展性優異。半導體用導線架等。
C1921	PS*, RS*	含鐵銅	導電性、熱傳導、強度、耐熱性優異，加工性佳。半導體用導線架，端子、連接器等電子零件等。
C1940	PS*, RS*		
C2051	R	雷管用銅	特別是引伸加工性優異。雷管用。
C2100	P, R, RS	紅銅	色澤美，延展性、引伸加工性、耐候性佳。建築用，裝飾、化粧箱等。
C2200	P, R, RS		
C2300	P, R, RS		
C2400	P, R, RS		
C2600	P*, R*, RS*	黃銅	延展性、引伸加工性優，電鍍性佳。端子連接器等。
C2680	P*, R*, RS*	黃銅	延展性、引伸加工性、電鍍性佳。鉚釘頭模、照相機、熱水瓶之引伸加工用，端子連接器、配線器具等。
C2720	P, R, RS		延展性、引伸加工性佳。淺之引伸加工用等。
C2801	P*, R*, RS*		強度高、具有延展性。沖製成形成折彎使用之配線器具零件，名牌，計器板等。

表 5.60 銅與銅合金之板與條(JIS H 3100)(續)

(a) 種類與用途例(續)

種類 合金符號	附加記號[1]	參考 名稱	特性及用途例
C3560[2]	P, R	易切削黃銅	特別是切削性優，沖製性佳。手錶時鐘零件、齒輪等。
C3561[2]	P, R		
C3710	P, R		特別是沖製性優，切削性佳。手錶時鐘零件、齒輪等。
C3713	P, R		
C4250	P, R, RS	含錫黃銅	耐應力腐蝕破裂性、耐磨耗性、彈簧特性佳。開關、膜片、連接器、各種彈簧零件等。
C4430[2]	P, R	海軍黃銅	耐蝕性。特別是耐海水特性。厚件用於熱交換器用管板，薄件用於熱交換器，氣體配管用焊接管等。
C4450	R	含磷海軍黃銅	耐蝕性佳。氣體配管用焊接管等。
C4621	P	船用黃銅	耐蝕性。特別是耐海水性佳。厚件用於熱交換器用管板，薄件用於船舶海水取入口用等(C4621爲Lloyd船級用，NK船級用，C4640爲AB船級用)。
C4640	P		
C6140	P	鋁青銅	強度高，耐蝕性，特別是耐海水性、耐磨耗性佳，機械零件，化工用，船舶用等。
C6161	P		
C6280	P		
C6301[2]	P		
C6711[2]	P	樂器閥用黃銅	沖製加工性、耐疲勞性佳。口琴、風琴、手風琴等閥片。
C6712[2]	P		
C7060	P	白銅	耐蝕性，特別是耐海水性佳，適合比較高溫用。熱交換器用管板，焊接管等。
C7150	P		
C7250	PS, RS	鎳錫銅	延展性、成形加工性、疲勞特性、耐熱性、耐蝕性佳。電子、電氣機器用彈簧，開關、膜片，導線架，連接器等。

〔註〕(1) 形狀，板以P，條以R符號標示。此外，等級以S標示特殊級，無S標示者爲普通級。板及條之符號，在合金符號之後，附記此欄之符號。

〔例〕合金符號C2600，則條，特殊級之場合…C2600RS

此外，導電用的場合(*標示)，則上述符號後附記C。

(2) 2012年JIS已廢止。

表 5.60　銅與銅合金之板與條(JIS H 3100)(續)

(b) 化學成分

合金符號	化學成分(%)									
	Cu	Pb	Fe	Sn	Zn	Al	Mn	Ni	P	其他
C 1020	99.96以上	—	—	—	—	—	—	—	—	—
C 1100	99.90以上	—	—	—	—	—	—	—	—	—
C 1201	99.90以上	—	—	—	—	—	—	—	0.004～0.015(未滿)	—
C 1220	99.90以上	—	—	—	—	—	—	—	0.015～0.040	—
C 1221[1]	99.75以上	—	—	—	—	—	—	—	0.004～0.040	—
C 1401[1]	99.30以上	—	—	—	—	—	—	0.10～0.20	—	—
C 1441	餘量	0.03以下	0.02以下	0.10～0.20	0.10以下	—	—	—	0.001～0.020	—
C 1510	餘量	—	—	—	—	—	—	—	—	Zr 0.05～0.15
C 1921	餘量	—	0.05～0.15	—	—	—	—	—	0.015～0.050	—
C 1940	餘量	0.03以下	2.1～2.6	—	0.05～0.20	—	—	—	0.015～0.150	Cu分析之場合Cu+Pb+Fe+Zn+P99.8以上
C 2051	98.0～99.0	0.05以下	0.05以下	—	餘量	—	—	—	—	—
C 2100	94.0～96.0	0.03以下	0.05以下	—	餘量	—	—	—	—	—
C 2200	89.0～91.0	0.05以下	0.05以下	—	餘量	—	—	—	—	—
C 2300	84.0～86.0	0.05以下	0.05以下	—	餘量	—	—	—	—	—
C 2400	78.5～81.5	0.05以下	0.05以下	—	餘量	—	—	—	—	—
C 2600	68.5～71.5	0.05以下	0.05以下	—	餘量	—	—	—	—	—
C 2680	64.0～68.0	0.05以下	0.05以下	—	餘量	—	—	—	—	—
C 2720	62.0～64.0	0.07以下	0.07以下	—	餘量	—	—	—	—	—
C 2801	59.0～62.0	0.10以下	0.07以下	—	餘量	—	—	—	—	—
C 3560[1]	61.0～64.0	2.0～3.0	0.10以下	—	餘量	—	—	—	—	—
C 3561[1]	57.0～61.0	2.0～3.0	0.10以下	—	餘量	—	—	—	—	—
C 3710	58.0～62.0	0.6～1.2	0.10以下	—	餘量	—	—	—	—	—
C 3713	58.0～62.0	1.0～2.0	0.10以下	—	餘量	—	—	—	—	—

表 5.60 銅與銅合金之板與條(JIS H 3100)(續)

(b) 化學成分(續)

合金符號	化學成分(%)									
	Cu	Pb	Fe	Sn	Zn	Al	Mn	Ni	P	其他
C 4250	87.0 ～90.0	0.05 以下	0.05 以下	1.5 ～3.0	餘量	—	—	—	0.35 以下	—
C 4430(1)	70.0 ～73.0	0.05 以下	0.05 以下	0.9 ～1.2	餘量	—	—	—	—	As 0.02 ～0.06
C 4450	70.0 ～73.0	0.05 以下	0.03 以下	0.8 ～1.2	餘量	—	—	—	0.002 ～0.100	—
C 4621	61.0 ～64.0	0.20 以下	0.10 以下	0.7 ～1.5	餘量	—	—	—	—	—
C 4640	59.0 ～62.0	0.20 以下	0.10 以下	0.5 ～1.0	餘量	—	—	—	—	—
C 6140	88.0 ～92.5	0.01 以下	1.5 ～3.5	—	0.20 以下	6.0 ～8.0	1.0 以下	—	0.015 以下	Cu+Pb+Fe+Zn +Al+Mn+P 99.5 以上
C 6161	83.0 ～90.0	0.02 以下	2.0 ～4.0	—	—	7.0 ～10.0	0.50 ～2.0	0.50 ～2.0	—	Cu+Fe+Al+Mn +Ni 99.5 以上
C 6280	78.0 ～85.0	0.02 以下	1.5 ～3.5	—	—	8.0 ～11.0	0.50 ～2.0	4.0 ～7.0	—	Cu+Fe+Al+Mn +Ni 99.5 以上
C 6301	77.0 ～84.0	0.02 以下	3.5 ～6.0	—	—	8.5 ～10.5	0.50 ～2.0	4.0 ～6.0	—	Cu+Fe+Al+Mn +Ni 99.5 以上
C 6711(1)	61.0 ～65.0	0.10 ～1.0	—	0.7 ～1.5	餘量	—	0.05 ～1.0	—	—	Fe+Al+Si 1.0 以上
C 6712(1)	58.0 ～62.0	0.10 ～1.0	—	—	餘量	—	0.05 ～1.0	—	—	Fe+Al+Si 1.0 以上
C 7060	餘量	0.02 以下	1.0 ～1.8	—	0.50 以下	—	0.20 ～1.0	9.0 ～11.0	—	Cu分析之場合 Cu+Ni+Fe+Mn 99.5 以上
C 7150	餘量	0.02 以下	0.40 ～1.0	—	0.50 以下	—	0.20 ～1.0	29.0 ～33.0	—	Cu分析之場合 Cu+Fe+Mn+Ni 99.5 以上
C 7250	餘量	0.05 以下	0.6 以下	1.8 ～2.8	0.50 以下	—	0.20 以下	8.5 ～10.5	—	Cu 測定之場合 Cu+Pb+Fe+Sn +Zn+Mn+Ni 99.8 以上

〔註〕(1) 2012年JIS已廢止。

表 5.61　磷青銅與白銅板、條(JIS H 3110)

(a) 種類與用途例

種類	用途例		種類	用途例	
合金符號	名稱	特性與用途例	合金符號	名稱	特性與用途例
C 5050 C 5071 C 5111 C 5102 C 5191 C 5212	磷青銅 (PB)	延展性、耐疲勞性、耐蝕性佳。C5050、C5071之導電性、熱傳導優異。C5191、C5212適用於彈簧材。但是，特別要求高性能彈簧性時，則使用彈簧用磷青銅。電子、電氣機器用彈簧，開關，導線架、連接器，膜片、風箱、保險絲夾、滑動片軸承、襯套，打擊樂器等。	C 7351 C 7451 C 7521 C 7541	白銅	光澤美，延展性、耐疲勞性、耐蝕性佳。C7351、C7521富抽製性。水晶振盪器盒、電晶體蓋、調控用滑動片、時鐘文字板、框，裝飾品，洋式食器、醫療機器、建築用、管樂器等。

〔註〕形狀分別有板(P)與條(R)，符號則在合金符號後附記此等符號。
〔例〕合金符號 C 5050，板的場合…C 5050 P

(b) 化學成分

合金符號	化學成分(%)									
	Cu	Pb	Fe	Sn	Zn	Mn	Ni	P	Cu+Sn+P	Cu+Sn+Ni+P
C 5050	—	0.02以下	0.10以下	1.0～1.7	0.20以下	—	—	0.15以下	99.5以上	—
C 5071	—	0.02以下	0.10以下	1.7～2.3	0.20以下	—	0.10～0.40	0.15以下	—	99.5以上
C 5111	—	0.02以下	0.10以下	3.5～4.5	0.20以下	—	—	0.03～0.35	99.5以上	—
C 5102	—	0.02以下	0.10以下	4.5～5.5	0.20以下	—	—	0.03～0.35	99.5以上	—
C 5191	—	0.02以下	0.10以下	5.5～7.0	0.20以下	—	—	0.03～0.35	99.5以上	—
C 5212	—	0.02以下	0.10以下	7.0～9.0	0.20以下	—	—	0.03～0.35	99.5以上	—
C 7351	70.0～75.0	0.03以下	0.25以下	—	餘量	0～0.50	16.5～19.5	—	—	—
C 7451	63.0～67.0	0.03以下	0.25以下	—	餘量	0～0.50	8.5～11.0	—	—	—
C 7521	62.0～66.0	0.03以下	0.25以下	—	餘量	0～0.50	16.5～19.5	—	—	—
C 7541	60.0～64.0	0.03以下	0.25以下	—	餘量	0～0.50	12.5～15.5	—	—	—

表 5.62 彈簧用鈹銅、磷青銅與白銅板與條(JIS H 3130)

(a) 種類與用途例

種類	參考	
合金符號	名稱	特性與用途例
C1700	彈簧用鈹銅	耐蝕性佳，時效硬化處理前富延展性，時效硬化處理後，耐疲勞性、導電性提高。除軋延硬化材(製造業者執行適切冷加工及時效硬化處理，達到規定之機械性質)外，時效硬化處理在成形加工後實施。高性能彈簧、繼電器彈簧、電器機器用彈簧、微動開關、膜片、風箱、保險絲夾、連接器、插座等。
C1720		
C1751	彈簧用低鈹銅	耐蝕性佳，時效硬化處理後耐疲勞性、導電性提高。特別是導電性，具有純銅一半以上之導電率。開關、繼電器、電極等。
C1990	彈簧用鈦銅	時效硬化性銅合金之軋延硬化(mill harden)材，延展性、耐蝕性、耐磨耗性、耐疲勞特性佳，特別是應力緩和特性、耐熱性優異之高性能彈簧材。電子、通訊、資訊、電機、測試器等用開關、連接器、夾具、繼電器等。
C5210	彈簧用鏻青銅	延展性、耐疲勞性、耐蝕性佳。特別是實施低溫退火，因此適合高性能彈簧材。質別 SH 用於幾乎不實施彎曲加工之板彈簧。電子、通訊、資訊、電氣、計測機器用開關、連接器、繼電器等。
C5240		
C7270	彈簧用鎳錫銅	耐熱性、耐蝕性佳，時效硬化處理前富延展性，時效硬化處理後可改善應力緩和特性、耐疲勞性、導電性，適合高性能彈簧材。除mill harden 材外，時效硬化處理在成形加工後實施。電子、通訊、資訊、電氣、計測機器用端子，連接器、插座，開關，繼電器，電刷等。
C7701	彈簧用白銅	光澤優美，延展性、耐疲勞性、耐蝕性佳。特別是實施低溫退火，因此適合高性能彈簧材。質別 SH 用於幾乎不實施彎曲加工之板彈簧。電子、通訊、資訊、電氣、計測機器用開關，連接器，繼電器等。

〔註〕形狀分別有板(P)與條(R)，符號則在合金符號之後，附記此等形狀符號。

〔例〕合金符號 C1700，板的場合…C1700P

表 5.62 彈簧用鈹銅、磷青銅與白銅板與條(JIS H 3130)(續)

(b) 化學成分

合金符號	化學成分(%)															
	Cu	Pb	Fe	Sn	Zn	Be	Mn	Ni	Ni+Co	Ni+Co+Fe	P	Ti	Cu+Sn+P	Cu+Be+Ni	Cu+Be+Ni+Co+Fe	Cu+Ti
C 1700	—	—	—	—	—	1.60~1.79	—	—	0.20以上	0.6以下	—	—	—	—	99.5以上	—
C 1720	—	—	—	—	—	1.80~2.00	—	—	0.20以上	0.6以下	—	—	—	—	99.5以上	—
C 1751	—	—	—	—	—	0.2~0.6	—	1.4~2.2	—	—	—	—	—	99.5以上	—	—
C 1990	—	—	—	—	—	—	—	—	—	—	—	2.9~3.5	—	—	—	99.5以上
C 5210	—	0.02以下	0.10以下	7.0~9.0	0.20以下	—	—	—	—	—	0.03~0.35	—	99.5以上	—	—	—
C 5240	—	0.02以下	0.10以下	7.0~11.0	0.20以下	—	—	—	—	—	0.03~0.35	—	99.5以上	—	—	—
C 7270	餘量	0.02以下	0.50以下	5.5~6.5	—	—	0.50以下	8.5~9.5	—	—	—	—	—	—	—	—
C 7701	54.0~58.0	0.03以下	0.25以下	—	餘量	—	0.50以下	16.5~19.5	—	—	—	—	—	—	—	—

表 5.63 銅與銅合金符號表示方法

材質符號　拉伸銅件之材質符號，以 C 與 4 位數字表示。

C　×　×　×　×

第 1 位　第 2 位　第 3 位　第 4 位　第 5 位

第 1 位　以 C 表示銅與銅合金

第 2 位　主要添加元素合金系統符號

<table>
<tr><td>1×××</td><td>Cu
高 Cu 系合金</td><td>5×××</td><td>Cu-Sn 系合金
Cu-Sn-Pb 系合金</td><td rowspan="4">7×××</td><td rowspan="4">Cu-Ni 系合金
Cu-Ni-Zn 系合金</td></tr>
<tr><td>2×××</td><td>Cu-Zn 系合金</td><td rowspan="3">6×××</td><td rowspan="3">Cu-Al 系合金
Cu-Si 系合金
特殊 Cu-Zn 系合金</td></tr>
<tr><td>3×××</td><td>Cu-Zn-Pb 系合金</td></tr>
<tr><td>4×××</td><td>Cu-Zn-Sn 系合金</td></tr>
</table>

第 2 位，第 3 位，第 4 位　表示 CDA(Copper Development Association)之合金符號。

第 5 位　0……與 CDA 相同之基本合金，1~9……其改良合金。

其他　4 位數字之後，表示材料形狀之符號，以 1~3 位羅馬字附記。

表示形狀符號

符號	意義	符號	意義	符號	意義
P(PS)	板、圓板(同左特殊級)	BB	母線	BF	鍛造棒
R(RS)	條(同左特殊級)	W	線	T(TS)	管(同左特殊級)
PP	印刷用板	BE	擠製棒	T(TWS)	焊接管(同左特殊級)
B	棒	BD	引伸棒	V	壓力容器

表示質別時，在上述金屬符號之後，以一附記質別符號(包含熱處理符號等)。

表示質別符號

符號	意義	符號	意義	符號	意義
-F	製造狀態	-3/4H	3/4 硬質	-SSH	特硬質(超特彈簧質)
-O	軟質	-H	硬質	-OM	軋硬材*軟質
-OL	輕軟質	-EH	特硬質(H與SH之間)	-HM	軋硬材硬質
-1/4H	1/4 硬質			-EHM	軋硬材特硬質
-1/2H	1/2 硬質	-SH	特硬質(彈簧質)	-SR	應力消除
		-ESH	特硬質(特彈簧質)		

[註] *表 5.62(a)參照

表 5.64　鋁與鋁合金之種類別特性與主要用途例(JIS H 4000)

種類 合金符號	符號	參考 特性與用途例
1085	A1085P	純鋁之強度低，但成形性、焊接性、耐蝕性佳。 反射板，照明器具，裝飾品，化工用儲槽，導電材等。
1080	A1080P	
1070	A1070P	
1050	A1050P	
1050A	A1050AP	比 1050 有較高強度之合金。
1060	A1060P	導體用純鋁，導電性高。銅排(bus bar)等。
1100	A1100P	強度比較低，但持形性、焊接性、耐蝕性佳。 一般器具，建築用材，電氣器材，各種容器，印刷板等。
1200	A1200P	
IN00	A IN00P	強度較 1100 略高，成形性亦優。日用品等。
IN30	A IN30P	延展性、耐蝕性佳。鋁箔素材等。
2014	A2014P A2014PC	強度高之熱處理型合金。貼合板，表面貼金 6003 改善耐蝕性。航空機用材，各種結構用材等。
2014A	A2014AP	強度比 2014 略低之熱處理型合金。
2017	A2017P	熱處理型合金，強度高，切削加工性也佳。航空機用材，各種結構用材等。
2017A	A2017AP	強度比 2017 高之合金。
2219	A2219P	強度高，耐熱性、焊接性佳。航太機器等。
2024	A2024P A2024PC	強度比 2017 高，切削加工性也佳。貼合板，表面貼合 1230 以改善耐蝕性。航空機用材，各種結構用材等。
3003	A3003P	強度較 1100 略高，成形性、焊接性、耐蝕性也佳。一般器具，建築用材，船舶用材，散熱鰭片，各種容器等。
3103	A3103P	
3203	A3203P	
3004	A3004P	強度比 3003 高，成形性優異，耐蝕性也佳。飲料罐，屋頂板，門框用材，彩色鋁板，電燈頭座等。
3104	A3104P	
3005	A3005P	強度比 3003 高，耐蝕性也佳。建築用材，彩色鋁板等。
3105	A3105P	強度比 3003 略高，成形性、耐蝕性佳。建築用材，彩色鋁板，蓋子等。
5005	A5005P	與 3003 相同程度之強度，耐蝕性、焊接性、加工性佳。建築內外裝潢材，車輛內部裝潢材等。
5021	A5021P	與 5052 相同程度之強度，耐蝕性、成形性佳。飲料罐用材等。
5042	A5042P	與 5052 及 5182 中等強度之合金，耐蝕性、成形性佳。飲料罐用材等。
5052	A5052P	具有中等強度之代表性合金，耐蝕性、成形性、焊接性佳。船舶、車輛、建築用材，飲料罐等。

表 5.64 鋁與鋁合金之種類別特性與主要用途例(JIS H 4000)(續)

種類 合金符號	符號	參考 特性與用途例
5652	A5652P	限定 5052 中之雜質元素，抑制過氧化氫分解之合金，其他特性與 5052 相同。過氧化氫容器等。
5154	A5154P	具有 5052 及 5083 之中等強度之合金，耐蝕性、成形性、焊接性佳。船舶、車輛用材，壓力容器等。
5254	A5254P	限定 5154 雜質元素，抑制過氧化氫分解之合金，其他特性與 5154 相同。過氧化氫容器等。
5454	A5454P	強度比 5052 高，耐蝕性、成形性、焊接性佳。汽車輪圈等。
5754	A5754P	具有 5052 與 5454 間強度之合金。
5082	A5082P	與 5083 幾乎相同程度，成形性、耐蝕性佳。飲料罐等。
5182	A5182P	
5083*	A5083P	非熱處理型合金中強度最高，耐蝕性、焊接性佳。船舶、車輛用材，低溫用儲槽，壓力容器等。
	A5083PS	液化天然氣儲槽。
5086	A5086P	強度比 5154 高，耐蝕性優異之焊接結構用合金。船舶用材，壓力容器，磁碟等。
5N01	A5N01P	與 3003 相同程度之強度，化學或電解研磨等輝光處理後之陽極氧化處理，可獲得高的輝光性。成形性、耐蝕性亦佳。裝飾品，廚房用具，銘牌等。
6101	A6101P	高強度導體用合金，導電性高，銅排(bus bar)等。
6061	A6061P	具有良好耐蝕性，主要用於螺栓，鉚釘結合用構造材。船舶、車輛用材，陸上結構物等。
6082	A6082P	強度與 6061 幾乎相同程度，耐蝕性也佳。滑雪器具等。
7010	A7010P	強度與 7075 幾乎相同程度之合金。
7075	A7075P	鋁合金中強度最高之一，貼合板，表面貼合 7072 可改善耐蝕性。航空機用材，滑雪器具等。
	A7075PC	
7475	A7475P	與 7075 幾乎相同程度之強度，韌性佳。超塑性材，航空機用材等。
7178	A7178P	比 7075 強度高之合金。球棒用材，滑雪器具等。
7N01	A7N01P	強度高，耐蝕性也佳的焊接構造用合金。車輛或其他陸上構造物等。
8021	A8021P	強度比IN30 高，延展性及耐蝕性佳。鋁箔用素材等。裝飾用，電氣通訊用，包裝用材等。
8079	A8079P	

〔註〕*等級有普通級(A5083P)與特殊級(A5083PS)。

〔備註〕1. 表示質別的符號，在表的符號後附記。

2. A2014PC，A2024PC，A7075PC，限使用於貼合板。

3. A5083PS，限使用於液化天然氣的側板，環形板及肘節板。

4. A1060P，A6101P，限用於導體。

在 2014 年的修訂，已刪除上表之合金符號 5652，追加(修訂)1100A、1230A、2124、5050、5110A、5456、7050、7204、8011A。

表 5.65 鋁與鋁合金之板與條之化學成分(JIS H 4000)

合金符號	化學成分(%)											
	Si	Fe	Cu	Mn	Mg	Cr	Zn	Ga, V, Ni, B, Zr	Ti	其他[2]		Al
										個別	合計	
1085	0.10以下	0.12以下	0.03以下	0.02以下	0.02以下	—	0.03以下	Ga 0.03 以下, V 0.05 以下	0.02以下	0.01以下	—	99.85以上
1080	0.15以下	0.15以下	0.03以下	0.02以下	0.02以下	—	0.03以下	Ga 0.03 以下, V 0.05 以下	0.03以下	0.02以下	—	99.80以上
1070	0.20以下	0.25以下	0.04以下	0.03以下	0.03以下	—	0.04以下	V 0.05 以下	0.03以下	0.03以下	—	99.70以上
1060	0.25以下	0.35以下	0.05以下	0.03以下	0.03以下	—	0.05以下	V 0.05 以下	0.03以下	0.03以下	—	99.60以上
1050	0.25以下	0.40以下	0.05以下	0.05以下	0.05以下	—	0.05以下	V 0.05 以下	0.03以下	0.03以下	—	99.50以上
1050 A	0.25以下	0.40以下	0.05以下	0.05以下	0.05以下	—	0.07以下	—	0.05以下	0.03以下	—	99.50以上
100	Si+Fe 0.95以下		0.05~0.20	0.05以下	—	—	0.10以下	—	—	0.05以下	0.15以下	99.00以上
1200	Si+Fe 1.00以下		0.05以下	0.05以下	—	—	0.10以下	—	0.05以下	0.05以下	0.15以下	99.00以上
1 N 00	Si+Fe 1.0以下		0.05~0.20	0.05以下	0.10以下	—	0.10以下	—	0.10以下	0.05以下	0.15以下	99.00以上
1 N 30	Si+Fe 0.7以下		0.10以下	0.05以下	0.05以下	—	0.05以下	—	—	0.03以下	—	99.30以上
2014	0.50~1.2	0.7以下	3.9~5.0	0.40~1.2	0.20~0.8	0.10以下	0.25以下	—	0.15以下	0.05以下	0.15以下	餘量
2014[1]	0.50~1.2	0.7以下	3.9~5.0	0.40~1.2	0.20~0.8	0.10以下	0.25以下	—	0.15以下	0.05以下	0.15以下	餘量
	0.35~1.0	0.6以下	0.10以下	0.8以下	0.8~1.5	0.35以下	0.20以下	—	0.10以下	0.05以下	0.15以下	餘量
2014 A	0.50~0.9	0.50以下	3.9~5.0	0.40~1.2	0.20~0.8	0.10以下	0.25以下	Ni 0.10 以下, Zr + Ti 0.20 以下	0.15以下	0.05以下	0.15以下	餘量
2017	0.20~0.8	0.7以下	3.5~4.5	0.40~1.0	0.40~0.8	0.10以下	0.25以下	—	0.15以下	0.05以下	0.15以下	餘量
2017 A	0.20~0.8	0.7以下	3.5~4.5	0.40~1.0	0.40~1.0	0.10以下	0.25以下	Zr + Ti 0.25 以下	—	0.05以下	0.15以下	餘量
2219	0.20以下	0.30以下	5.8~6.8	0.20~0.40	0.02以下	—	0.10以下	V 0.05 ~ 0.15, Zr 0.10 ~ 0.25	0.02~0.10	0.05以下	0.15以下	餘量
2024	0.50以下	0.50以下	3.8~4.9	0.30~0.9	1.2~1.8	0.10以下	0.25以下	—	0.15以下	0.05以下	0.15以下	餘量
2024[1]	0.50以下	0.50以下	3.8~4.9	0.30~0.9	1.2~1.8	0.10以下	0.25以下	—	0.15以下	0.05以下	0.15以下	餘量
	Si+Fe 0.70以下		0.10以下	0.05以下	0.05以下	—	0.10以下	V 0.05 以下	0.03以下	0.03以下	—	99.30以上
3003	0.6以下	0.7以下	0.05~0.20	1.0~1.5	—	—	0.10以下	—	—	0.05以下	0.15以下	餘量
3103	0.50以下	0.7以下	0.10以下	0.9~1.5	0.30以下	0.10以下	0.20以下	Zr + Ti 0.10 以下	—	0.05以下	0.15以下	餘量
3203	0.6以下	0.7以下	0.05以下	1.0~1.5	—	—	0.10以下	—	—	0.05以下	0.15以下	餘量
3004	0.30以下	0.7以下	0.25以下	1.0~1.5	0.8~1.3	—	0.25以下	—	—	0.05以下	0.15以下	餘量
3104	0.6以下	0.8以下	0.05~0.25	0.8~1.4	0.8~1.3	—	0.25以下	Ga 0.05 以下, V 0.05 以下	0.10以下	0.05以下	0.15以下	餘量
3005	0.6以下	0.7以下	0.30以下	1.0~1.5	0.20~0.6	0.10以下	0.25以下	—	0.10以下	0.05以下	0.15以下	餘量
3105	0.6以下	0.7以下	0.30以下	0.30~0.8	0.20~0.8	0.20以下	0.40以下	—	0.10以下	0.05以下	0.15以下	餘量

表 5.65 鋁與鋁合金之板與條之化學成分(JIS H 4000)(續)

合金符號	化學成分(%)											
	Si	Fe	Cu	Mn	Mg	Cr	Zn	Ga, V, Ni, B, Zr 等	Ti	其他[2] 個別	其他[2] 合計	Al
5005	0.30以下	0.7以下	0.20以下	0.20以下	0.50~1.1	0.10以下	0.25以下	—	—	0.05以下	0.15以下	餘量
5021	0.40以下	0.50以下	0.15以下	0.10~0.50	2.2~2.8	0.15以下	0.15以下	—	—	0.05以下	0.15以下	餘量
5042	0.20以下	0.35以下	0.15以下	0.20~0.50	3.0~4.0	0.10以下	0.25以下	—	0.10以下	0.05以下	0.15以下	餘量
5052	0.25以下	0.40以下	0.10以下	0.10以下	2.2~2.8	0.15~0.35	0.10以下	—	—	0.05以下	0.15以下	餘量
5652	Si+Fe 0.40以下		0.04以下	0.01以下	2.2~2.8	0.15~0.35	0.10以下	—	—	0.05以下	0.15以下	餘量
5154	0.25以下	0.40以下	0.10以下	0.10以下	3.1~3.9	0.15~0.35	0.20以下	—	0.20以下	0.05以下	0.15以下	餘量
5254	Si+Fe 0.45以下		0.05以下	0.01以下	3.1~3.9	0.15~0.35	0.20以下	—	0.05以下	0.05以下	0.15以下	餘量
5454	0.25以下	0.40以下	0.10以下	0.50~1.0	2.4~3.0	0.05~0.20	0.25以下	—	0.20以下	0.05以下	0.15以下	餘量
5754	0.40以下	0.40以下	0.10以下	0.50以下	2.6~3.6	0.30以下	0.20以下	Mn + Cr 0.10 ~ 0.6	0.15以下	0.05以下	0.15以下	餘量
5082	0.20以下	0.35以下	0.15以下	0.15以下	4.0~5.0	0.15以下	0.25以下	—	0.10以下	0.05以下	0.15以下	餘量
5182	0.20以下	0.35以下	0.15以下	0.20~0.50	4.0~5.0	0.10以下	0.25以下	—	0.10以下	0.05以下	0.15以下	餘量
5083	0.40以下	0.40以下	0.10以下	0.40~1.0	4.0~4.9	0.05~0.25	0.25以下	—	0.15以下	0.05以下	0.15以下	餘量
5086	0.40以下	0.50以下	0.10以下	0.20~0.7	3.5~4.5	0.05~0.25	0.25以下	—	0.15以下	0.05以下	0.15以下	餘量
5N01	0.15以下	0.25以下	0.20以下	0.20以下	0.20~0.6	—	0.03以下	—	—	0.05以下	0.10以下	餘量
6101	0.30~0.7	0.50以下	0.10以下	0.03以下	0.35~0.8	0.03以下	0.10以下	B 0.06 以下	—	0.03以下	0.10以下	餘量
6061	0.40~0.8	0.7以下	0.15~0.40	0.15以下	0.8~1.2	0.04~0.35	0.25以下	—	0.15以下	0.05以下	0.15以下	餘量
6082	0.7~1.3	0.50以下	0.10以下	0.40~1.0	0.6~1.2	0.25以下	0.20以下	—	0.10以下	0.05以下	0.15以下	餘量
7010	0.12以下	0.15以下	1.5~2.0	0.10以下	2.1~2.6	0.05以下	5.7~6.7	Ni 0.05 以下, Zr 0.10 ~ 0.16	0.06以下	0.05以下	0.15以下	餘量
7075	0.40以下	0.50以下	1.2~2.0	0.30以下	2.1~2.9	0.18~0.28	5.1~6.1	—	0.20以下	0.05以下	0.15以下	餘量
7075 貼合板[1]	0.40以下	0.50以下	1.2~2.0	0.30以下	2.1~2.9	0.18~0.28	5.1~6.1	—	0.20以下	0.05以下	0.15以下	餘量
	Si+Fe 0.7以下		0.10以下	0.10以下	0.10以下	—	0.8~1.3	—	—	0.05以下	0.15以下	餘量
7475	0.10以下	0.12以下	1.2~1.9	0.06以下	1.9~2.6	0.18~0.25	5.2~6.2	—	0.06以下	0.05以下	0.15以下	餘量
7178	0.40以下	0.50以下	1.6~2.4	0.30以下	2.4~3.1	0.18~0.28	6.3~7.3	—	0.20以下	0.05以下	0.15以下	餘量
7 N 01	0.30以下	0.35以下	0.20以下	0.20~0.7	1.0~2.0	0.30以下	4.0~5.0	V 0.10 以下, Zr 0.25 以下	0.20以下	0.05以下	0.15以下	餘量
8021	0.15以下	1.2~1.7	0.05以下	—	—	—	—	—	—	0.05以下	0.15以下	餘量
8079	0.05~0.30	0.7~1.3	0.05以下	—	—	—	0.10以下	—	—	0.05以下	0.15以下	餘量

[注] [1]合金符號 2014、2024 及 7075 貼合材之化學成分，上列爲心材，下列爲皮材。此外，皮材之合金符號分別爲 6003、1230 及 7072。

[2]"其他"之化學成分，表中以"－"表示爲化學成分在規定成分值以下。

關於2014年的修訂，請參照前表5.64備註欄

表 5.66　鋁與鋁合金的材質符號表示方法

材質符號　鋁展伸材之材質符號，以 A 與 4 位數字表示。

A	×	×	×	×
第 1 位	第 2 位	第 3 位	第 4 位	第 5 位

第 1 位　以 A 表示鋁與鋁合金

第 2 位　純鋁用數字 1，鋁合金依主要添加元素以 2～8 附記區分。

A1×××	Al 純度 99.00%以上の純 Al	A5×××	Al-Mg 系合金
A2×××	Al-Cu-Mg 系合金	A6×××	Al-Mg-Si-(Cu)系合金
A3×××	Al-Mn 系合金	A7×××	Al-Zn-Mg-(Cu)系合金
A4×××	Al-Si 系合金	A8×××	上述以外的系合金

第 3 位　用數字 0～9，若第 4 位與第 5 位數字相同場合，0 代表基本合金，1～9 代表其改良合金。日本獨自之合金，且國際未登錄合金以 N 表示。

第 4 位　第 5 位　純 Al 之 Al 純度之小數點後 2 位數表示，合金則原則上使用舊 Alcoa 符號，日本獨自合金系列，則以 01～99 表示制訂順序。

其他　4 位數後續附記 1～3 個羅馬字，表示製造工程或成品形狀。此外，質別符號標註在上述符號之後，在“－”後附記下表之符號。

表示質別符號

符號	意義	符號	意義
P (PS)	板、條、圓板(同左特殊級)	TWA	電弧焊接管
PC	合板	S (SS)	擠製形材(同左特殊級)
BE (BES)	擠製棒(同左特殊級)	FD	型打鍛造品
BD (BDS)	引伸棒(同左特殊級)	FH	自由鍛造品
W (WS)	引伸棒(同左特殊級)	H	箔
TE (TES)	擠製無縫管(同左特殊級)	BY	溶加棒
TD (TDS)	引伸無縫管(同左特殊級)	WY	焊條
TW (TWS)	焊接管(同左特殊級)		

表 5.67　銅及銅合金鑄件(JIS H 5120)

種類符號	合金系	鑄造法之區分	參考(合金特性及用途例)
銅鑄件 1 種 CAC101	Cu 系	砂模、金屬模、離心、精密	鑄造性佳。導電性、熱傳導性、機械性質佳。葉片，大葉片，冷卻板，熱風閥，電極夾具，一般機械零件等。
銅鑄件 2 種 CAC102	Cu 系		導電性、熱傳導性比CA101 佳。葉片，電機用端子，分叉襯套，連接器，導體，一般電機零件等。
銅鑄件 3 種 CAC103	Cu 系		銅鑄件中導電性、熱傳導性最佳。轉爐用導管噴嘴，電機用端子，分叉襯套，通電支架，導體，一般電機用零件等。

表 5.67 銅及銅合金鑄件(JIS H 5120)(續)

種類符號	合金系	鑄造法之區分	參考(合金特性及用途例)
黃銅鑄件 1 種 CAC201	Cu-Zn 系	砂模、金屬模、離心、精密	易於軟焊。法蘭類，電機零件，裝飾用品等。
黃銅鑄件 2 種 CAC202	Cu-Zn 系		黃鋼鑄件中比較容易鑄造。電機零件，量測零件，一般機械零件等。
黃銅鑄件 3 種 CAC203	Cu-Zn 系		機械性質比 CAC202 佳。給排水補金，電機零件，建築用五金，一般機械零件，日用品，雜貨品等。
高力黃銅鑄件 1 種 CAC301	Cu-Zn-Mn-Fe-Al 系	砂模、金屬模、離心、精密	強度、硬度高，耐蝕性、韌性佳。船用螺旋漿，螺旋漿骨架，軸承，閥座，閥桿，軸承保持器，操作桿，操作臂，齒輪，船舶用內裝飾品等。
高力黃銅鑄件 2 種 CAC302	Cu-Zn-Mn-Fe-Al 系		強度高，耐磨耗性佳。硬度比 CAC301 高，具有剛性。船用螺旋漿，軸承，軸承保持器，襯套，端板，閥座，閥桿，特殊氣缸，一般機械零件等。
高力黃銅鑄件 3 種 CAC303	Cu-Zn-Al-Mn-Fe 系		特別是強度、硬度高，即使高荷重場合之耐磨耗性佳。低速高荷重之滑動零件，大型閥，擠桿，軸襯，螺桿齒輪，軸襯，凸輪，水壓缸零件等。
高力黃銅鑄件 4 種 CAC304	Cu-Zn-Al-Mn-Fe 系		高強度黃銅鑄件中最強，硬度最高，高荷重場合之耐磨耗性也佳。低速高荷重之滑動零件，橋樑用支撐板，軸承，襯套，螺栓，螺桿齒輪，耐磨耗板等。
青銅鑄件 1 種 CAC401	Cu-Zn-Pb-Sn 系	砂模、金屬模、離心、精密	溶湯流度性、切削性佳。軸承，銘牌，一般機械零件等。
青銅鑄件 2 種 CAC402	Cu-Sn-Zn 系		耐壓性、耐磨耗性、耐蝕性佳。且機械性質也佳。鉛滲出量非常少。軸承，襯套，軸襯，泵浦殼體，葉輪，閥，齒輪，船用圓窗，電動機零件等。
青銅鑄件 3 種 CAC403	Cu-Sn-Zn 系		耐壓性、耐磨耗性、機械性質佳，且耐蝕性比 CAC402 佳。鉛滲出量非常少。軸承，襯套，軸襯，泵浦殼體，葉輪，閥，齒輪，船用圓窗，電動機零件，一般機械零件等。

表 5.67 銅及銅合金鑄件(JIS H 5120)(續)

種類符號	合金系	鑄造法之區分	參考(合金特性及用途例)
青銅鑄件 6 種 CAC406	Cu-Sn-Zn-Pb 系	砂模、金屬模、離心、精密	耐壓性、耐磨耗性、切削性、鑄造性佳。閥，泵浦殼體，葉輪，給水栓，軸承，襯套，軸襯，一般機械零件，景觀鑄件，美術鑄件等。
青銅鑄件 7 種 CAC407	Cu-Sn-Zn-Pb 系		機械性質比CAC406佳。軸承，小形泵浦零件，閥，燃料泵，一般機械零件等。
磷青銅鑄件 2 種 A CAC502A	Cu-Sn-P 系	砂模、離心、精密	耐蝕性、耐磨耗性佳。鉛滲出量非常少。齒輪，螺桿齒輪，軸承，軸襯，襯套，葉輪，一般機械零件等。
磷青銅鑄件 2 種 B CAC502B	Cu-Sn-P 系	金屬模、離心*	
磷青銅鑄件 3 種 A CAC503A	Cu-Sn-P 系	砂模、離心、精密	硬度高，耐磨耗性佳。鉛滲出量非常少。滑動零件，油壓缸，襯套，齒輪，製紙用各種輥輪等。
磷青銅鑄件 3 種 B CAC503B	Cu-Sn-P 系	金屬模、離心*	
鉛青銅鑄件 2 種 CAC602	Cu-Sn-Pb 系	砂模、金屬模、離心、精密	耐壓性、耐磨耗性佳。中高速、高荷重用軸承，氣缸，閥等。
鉛青銅鑄件 3 種 CAC603	Cu-Sn-Pb 系		適合面壓高軸承，配合性佳。中高速、高荷重用軸承，大型引擎用軸承等。
鉛青銅鑄件 4 種 CAC604	Cu-Sn-Pb 系		配合性比CAC603佳。中高速、高荷重用軸承，車輛用軸承，白金屬之裏金等。
鉛青銅鑄件 5 種 CAC605	Cu-Sn-Pb 系		鉛青銅鑄件中配合性、耐燒附性尤其佳。中高速、低荷重用軸承，引擎用軸承等。
鋁青銅鑄件 1 種 CAC701	Cu-Al-Fe-Ni-Mn 系	砂模、金屬模、離心、精密	強度、韌性高，彎曲強度也強。耐蝕性、耐熱性、耐磨耗性、低溫特性佳。耐酸泵浦，軸承，軸襯，齒輪，閥座，柱塞，製紙用輥輪等。
鋁青銅鑄件 2 種 CAC702	Cu-Al-Fe-Ni-Mn 系		強度高，耐蝕性、耐磨耗性佳。船用小型螺旋槳，軸承，齒輪，軸襯，閥座，葉輪，螺帽，螺栓，安全工具，不銹鋼用軸承等。
鋁青銅鑄件 3 種 CAC703	Cu-Al-Fe-Ni-Mn 系		適合大型鑄件，強度尤其高，耐蝕性、耐磨耗性佳。船用螺旋槳，葉輪，閥，齒輪，泵浦零件，化工用機械零件，不銹鋼用軸承，食品加工用機械零件等。

表 5.67 銅及銅合金鑄件(JIS H 5120)(續)

種類符號	合金系	鑄造法之區分	參考(合金特性及用途例)
鋁青銅鑄件 4 種 CAC704	Cu-Al-Fe-Ni-Mn 系	砂模、金屬模、離心、精密	適合單純形狀之大型鑄件，強度尤其高，耐蝕性、耐磨耗性佳。船用螺旋槳，襯套，齒輪，化學用機器零件等。
矽鋅青銅鑄件 1 種 CAC801	Cu-Si-Zn 系	砂模、金屬模、離心、精密	溶湯流動性佳。強度高，耐蝕性佳。船舶用內裝零件，軸承，齒輪等。
矽鋅青銅鑄件 2 種 CAC802	Cu-Si-Zn 系		強度比 CAC801 高。船舶用內裝零件，軸承，齒輪，船用螺旋槳等。
矽鋅青銅鑄件 3 種 CAC803	Cu-Si-Zn 系		溶湯流動性佳。退火脆性少。強度高，耐蝕性佳。船舶用內裝零件，軸承，齒輪等。
矽鋅青銅鑄件 4 種 CAC804	Cu-Si-Zn 系		鉛滲出量幾乎沒有。溶湯流動性佳。強度、伸長率高，耐蝕性也良好。切削性比CAC406 差。給水裝飾器具類(自來水錶，閥類，接管類，水栓閥等)等。
鉍青銅鑄件 1 種 CAC901	Cu-Sn-Zn-Bi 系	砂模、金屬模、離心、精密	鉛滲出量幾乎沒有。機械性質，耐壓性比 CAC902 佳，但切削性差。溶湯流動性與 CAC406 相同程度。給水裝置器具類(閥類，接管類，減壓閥，水栓閥，自來水錶等)，自來水設施器具類(隔離閥，接管)，閥，接管類等。
鉍青銅鑄件 2 種 CAC902	Cu-Sn-Zn-Bi 系		鉛滲出量幾乎沒有。具有與 CAC406 相等之機械性質，但切削性稍差。溶湯流動性與CAC406 相同程度。給水裝置器具類(閥類，接管類，減壓閥，水栓閥，自來水錶等)，自來水設施器具類(隔離閥，接管)，閥，接管類等。
鉍青銅鑄件 3 種 B CAC903B	Cu-Sn-Zn-Bi 系	金屬模、離心*	鉛滲出量幾乎沒有。具有與 CAC406 相同之切削性。與 CAC406 金屬模鑄造有相同之機械性質，溶湯流度性與 CAC406 相同程度。給水裝置器具類附屬零件(蓋子類，螺栓等)，自來水設施器具類(蓋子類，螺栓等)等。
鉍鍶青銅鑄件 1 種 CAC911	Cu-Sn-Zn-Bi-Se 系	砂模、金屬模、離心、精密	鉛滲出量幾乎沒有。具有與 CAC406 相同之機械性質。切削性比 CAC902 佳。溶湯流動性與 CAC406 相同程度。給水裝置器具類(閥類，接管類，減壓類，水栓閥，自來水錶等)，自來水設施器具類(隔離閥，接管)，閥，接管等。

〔註〕*使用砂模與金屬模之離心鑄造中，CAC502B，CAC503B，CAC903B 使用金屬模鑄造。在 2009 年的修訂，已追加青銅鑄件 8 種(CAC408)、11 種(CAC411)，鉍青銅鑄件 4 種(CAC904)，鉍鍶青銅鑄件 2 種(CAC912)。

表 5.68　鋁合金鑄件(JIS H 5202)

種類的符號	相似對應 ISO 符號	適用鑄物	參考(合金系)	參考(合金特性及用途例)
AC1B	Al-Cu4MgTi	砂模、金屬模	Al-Cu 系	機械性質優異，切削性也佳，但鑄造性不好，因此依鑄件形狀必須注意熔解，鑄造方案。架線用零件，重機電零件，自行車零件，航空機零件。
AC2A	A1Si5Cu3Mn	砂模、金屬模	Al-Cu-Si 系	鑄造性佳，抗拉強度佳，但伸長率低。適合一般用。岐管，差速箱，泵浦殼體，汽缸頭，汽車用迴轉零件。
AC2B	A1Si5Cu3Mn	砂模、金屬模	Al-Cu-Si 系	鑄造性佳，一般使用廣泛。閥體，齒輪箱，離合器殼。
AC3A	A1Sil2(b)	砂模、金屬模	Al-Si 系	流動性優異，耐蝕性也佳，但降伏強度低。殼體類，蓋子類，殼體之薄壁，複雜形狀，幕壁。
AC4A	A1Si10Mg	砂模、金屬模	Al-Si-Mg 系	鑄造性佳，具有強度與韌性。可焊接。煞車鼓，變速箱殼體，曲軸箱，齒輪箱，船用，車輛用零件。
AC4B	A1Si8Cu3	砂模、金屬模	Al-Si-Cu 系	鑄造性佳，具有強度。可焊接。曲軸箱，汽缸頭，岐管。
AC4C	Al-Si7Mg	砂模、金屬模	Al-Si-Mg 系	鑄造性佳，耐壓性、耐蝕性也佳。油壓零件，變速箱殼，飛輪殼體，航空機用零件，幕壁，八形船舶用引擎零件。
AC4CH (高純度合金)	Al-Si7Mg0.3	砂模、金屬模	Al-Si-Mg 系	鑄造性優，機械性質也優。用於高級鑄件。汽車用車輪，架線五金，航空機用引擎零件及油壓零件。

表 5.68　鋁合金鑄件(JIS H 5202)(續)

種類的符號	相似對應 ISO 符號	適用鑄物	參考(合金系)	參考(合金特性及用途例)
AC4D	Al-Si 5 Cu 1 Mg	砂模、金屬模	Al-Si-Cu-Mg 系	鑄造性佳，機械性質也佳。使用於需要耐壓性零件。水冷汽缸頭，曲輪箱，汽缸體，燃料泵體，鼓風機殼。
AC5A	–	砂模、金屬模	Al-Cu-Ni-Mg 系	高溫抗拉強度佳。鑄造性不好。空冷汽缸頭，柴油引擎用活塞。
AC7A	AlMg5	砂模、金屬模	Al-Mg 系	耐蝕性優異，韌性佳，陽極氧化性佳。鑄造性不好。架線五金，舷窗，箱蓋，把手，雕刻素材，事務機器，椅子。
AC8A	A1Si12CuMg Ni	金屬模	Al-Si-Cu-Ni-Mg 系	耐熱性優異，耐磨耗性也佳，熱膨脹係數小，抗拉強度高。汽車用活塞，柴油引擎用活塞，船用活塞，皮帶盤，軸承。
AC8B	–	金屬模	Al-Si-Cu-Mg 系	耐熱性優，耐磨耗性也佳。熱膨脹係數低，抗拉強度也高。汽車用活塞，皮帶盤，軸承。
AC8C	–	金屬模	Al-Si-Cu-Mg 系	耐熱性優，耐磨耗性也佳。熱膨脹係數低，抗拉強度也高。汽車用活塞，皮帶盤，軸承。
AC9A	–	金屬模	Al-Si-Cu-Ni-Mg 系	耐熱性優，熱膨脹係數低。耐磨耗性佳，但鑄造性或切削性不好。活塞(空冷二行程用)。
AC9B	–	金屬模	Al-Si-Cu-Ni-Mg 系	耐熱性優，熱膨脹係數低。耐磨耗性佳，但鑄造性或切削性不好。活塞(柴油引擎用)，空冷汽缸。

表 5.69 鋁合金壓鑄(JIS H 5302)

符號	化學成分(%)										
	Cu	Si	Mg	Zn	Fe	Mn	Ni	Sn	Pb	Ti	Al
ADC 1	1.0 以下	11.0 ～13.0	0.3 以下	0.5 以下	1.3 以下	0.3 以下	0.5 以下	0.1 以下	0.20 以下	0.30 以下	餘量
ADC 3	0.6 以下	9.0 ～11.0	0.4 ～0.6	0.5 以下	1.3 以下	0.3 以下	0.5 以下	0.1 以下	0.15 以下	0.30 以下	餘量
ADC 5	0.2 以下	0.3 以下	4.0 ～8.5	0.1 以下	1.8 以下	0.3 以下	0.1 以下	0.1 以下	0.10 以下	0.20 以下	餘量
ADC 6	0.1 以下	1.0 以下	2.5 ～4.0	0.4 以下	0.8 以下	0.4 ～0.6	0.1 以下	0.1 以下	0.10 以下	0.20 以下	餘量
ADC 10	2.0 ～4.0	7.5 ～9.5	0.3 以下	1.0 以下	1.3 以下	0.5 以下	0.5 以下	0.2 以下	0.2 以下	0.30 以下	餘量
ADC 10 Z	2.0 ～4.0	7.5 ～9.5	0.3 以下	3.0 以下	1.3 以下	0.5 以下	0.5 以下	0.2 以下	0.2 以下	0.30 以下	餘量
ADC 12	1.5 ～3.5	9.6 ～12.0	0.3 以下	1.0 以下	1.3 以下	0.5 以下	0.5 以下	0.2 以下	0.2 以下	0.30 以下	餘量
ADC 12 Z	1.5 ～3.5	9.6 ～12.0	0.3 以下	3.0 以下	1.3 以下	0.5 以下	0.5 以下	0.2 以下	0.2 以下	0.30 以下	餘量
ADC 14	4.0 ～5.0	16.0 ～18.0	0.45 ～0.65	1.5 以下	1.3 以下	0.5 以下	0.3 以下	0.3 以下	0.2 以下	0.30 以下	餘量

[注] 除上述外，尚有以下合，Al Si 9, Al Si 12(Fe), Al Si 10 Mg(Fe), Al Si 8 Cu 3, Al Si 9 Cu 3(Fe), Al Si 9 Cu 3(Fe)(Zn), Al Si 11 Cu 2(Fe), Al Si 11 Cu 3(Fe), Al Si 12 Cu 1(Fe), Al Si 17 Cu 4 Mg, Al Mg 9

表 5.70 鎂合金壓鑄(JIS H 5303)

種類	符號	化學成分(%)								
		Mg	Al	Zn	Mn	Si	Cu	Ni	Fe	其他個別
1 種 B	MDC1B	餘量	8.3 ～9.7	0.35 ～1.0	0.13 ～0.50	0.50 以下	0.35 以下	0.03 以下	0.03 以下	0.05 以下
1 種 D	MDC1D	餘量	8.3 ～9.7	0.35 ～1.0	0.15 ～0.50	0.10 以下	0.030 以下	0.002 以下	0.005 以下	0.01 以下
2 種 B	MDC2B	餘量	5.5 ～6.5	0.30 以下	0.24 ～0.6	0.10 以下	0.010 以下	0.002 以下	0.005 以下	0.01 以下
3 種 B	MDC3B	餘量	3.5 ～5.0	0.20 以下	0.35 ～0.7	0.50 ～1.5	0.02 以下	0.002 以下	0.0035 以下	0.01 以下
4 種	MDC4	餘量	4.4 ～5.3	0.30 以下	0.26 ～0.6	0.10 以下	0.010 以下	0.002 以下	0.004 以下	0.01 以下
5 種	MDC5	餘量	1.6 ～2.5	0.20 以下	0.33 ～0.70	0.08 以下	0.008 以下	0.001 以下	0.004 以下	0.01 以下
6 種	MDC6	餘量	1.8 ～2.5	0.20 以下	0.18 ～0.70	0.7 ～1.2	0.008 以下	0.001 以下	0.004 以下	0.01 以下

表 5.71 白金屬(JIS H5401)

種類	符號	化學成分(%)													適用
		Sn	Sb	Cu	Pb	Zn	As	雜質							
								Pb	Fe	Zn	Al	Bi	As	Cu	
1種	WJ 1	餘量	5.0~7.0	3.0~5.0	—	—	—	0.50以下	0.08以下	0.01以下	0.01以下	0.08以下	0.10以下	—	高速高荷重軸承用
2種	WJ 2	餘量	8.0~10.0	5.0~6.0	—	—	—	0.50以下	0.08以下	0.01以下	0.01以下	0.08以下	0.10以下	—	
2種B	WJ 2 B	餘量	7.5~9.5	7.5~8.5	—	—	—	0.50以下	0.08以下	0.01以下	0.01以下	0.08以下	0.10以下	—	
3種	WJ 3	餘量	11.0~12.0	4.0~5.0	3.0以下	—	—	—	0.10以下	0.01以下	0.01以下	0.08以下	0.10以下	—	高速中荷重軸承用
4種	WJ 4	餘量	11.0~13.0	3.0~5.0	13.0~15.0	—	—	—	0.10以下	0.01以下	0.01以下	0.08以下	0.10以下	—	中速中荷重軸承用
5種	WJ 5	餘量	—	2.0~3.0	—	28.0~29.0	—	—	0.10以下	—	0.05以下	—	—	—	
6種	WJ 6	44.0~46.0	11.0~13.0	1.0~3.0	餘量	—	—	—	0.10以下	0.05以下	0.01以下	—	0.20以下	—	高速小荷重軸承用
7種	WJ 7	11.0~13.0	13.0~15.0	1.0以下	餘量	—	—	—	0.10以下	0.05以下	0.01以下	—	0.20以下	—	中速中荷重軸承用
8種	WJ 8	6.0~8.0	16.0~18.0	1.0以下	餘量	—	—	—	0.10以下	0.05以下	0.01以下	—	0.20以下	—	
9種	WJ 9	5.0~7.0	9.0~11.0	—	餘量	—	—	—	0.10以下	0.05以下	0.01以下	—	0.20以下	0.30以下	中速小荷重軸承用
10種	WJ 10	0.8~1.2	14.0~15.5	0.1~0.5	餘量	—	0.75~1.25	—	0.10以下	0.05以下	0.01以下	—	—	—	

2. 尺寸

表5.72～表5.73及表5.74分別爲銅與銅合金及鋁與鋁合金之標準尺寸。此外，表 5.72 中A爲圓形時的直徑，正方形時的邊，正六角形時的對邊距離。

表 5.72 銅與銅合金棒的標準尺寸(參考)(JIS H 3250 附錄) (單位 mm)

A＼形狀	圓形	正六角形	正方形	A＼形狀	圓形	正六角形	正方形	A＼形狀	圓形	正六角形	正方形	A＼形狀	圓形	正六角形	正方形
3	○	—	—	12	○	○	○	24	○	○	○	41	—	○	○
3.5	○	—	—	13	○	○	○	25	○	○	○	42	○	—	—
4	○	○	—	14	○	○	—	26	○	○	—	45	○	○	—
4.5	○	○	—	15	○	○	○	27	○	○	○	46	—	○	—
5	○	○	○	16	○	—	—	28	○	—	—	48	○	—	—
5.5	○	○	○	17	○	○	○	29	○	○	—	50	○	○	—
6	○	○	○	18	○	—	—	30	○	○	○	60	○	—	—
7	○	○	○	19	○	○	○	32	○	○	○	70	○	—	—
8	○	○	○	20	○	○	○	35	○	○	○	80	○	—	—
9	○	○	○	21	○	○	—	36	○	○	○	90	○	—	—
10	○	○	○	22	○	○	○	38	○	—	—	100	○	—	—
11	○	○	—	23	○	○	—	40	○	○	○	A爲直徑或對邊距離			

表 5.73 銅與銅合金的板與條尺寸(JIS H 3100)

(a) 板之標準尺寸

(單位 mm)

厚度＼寬×長	365×1200	1000×2000	厚度＼寬×長	365×1200	1000×2000	厚度＼寬×長	365×1200	1000×2000
0.1	○	—	0.6	◎○	○	3.5	◎○	○
0.15	○	—	0.7	◎○	○	4	◎○	○
0.2	○	—	0.8	◎○	○	5	◎○	○
0.25	○	—	1	◎○	○	6	◎○	○
0.3	○	—	1.2	◎○	○	7	◎○	○
0.35	○	—	1.5	◎○	○	8	◎○	○
0.4	◎○	—	2	◎○	○	10	○	○
0.45	◎○	—	2.5	◎○	○			
0.5	◎○	○	3	◎○	○			

[備註] 1. ○表示合金符號，C1020、C1100、C1201、C1220、C1221、C2100、C2200、C2300、C2400、C2600、C2680、C2720、C2801
◎表示，C3710、C3713

(b) 銅條線圈的標準內徑

厚度	標準內徑						
	150	200	250	300	400	450	500
0.3以下	○	○	○	○	○	○	○
0.3以上 0.8以下	—	○	○	○	○	○	○
0.8以上 1.5以下	—	—	—	○	○	○	○
1.5以上 4以下	—	—	—	—	○	○	○

表 5.74 鋁與鋁合金板的標準尺寸(JIS H 4000) (單位 mm)

厚度＼寬×長	400×1200	1000×2000	1250×2500	1525×3050	厚度＼寬×長	400×1200	1000×2000	1250×2500	1525×3050
0.3	○	○	○	○	1.5	○	○	○	○
0.4	○	○	○	○	1.6	○	○	○	○
0.5	○	○	○	○	2	○	○	○	○
0.6	○	○	○	○	2.5	○	○	○	○
0.7	○	○	○	○	3	○	○	○	○
0.8	○	○	○	○	4	○	○	○	○
1	○	○	○	○	5	○	○	○	○
1.2	○	○	○	○	6	○	○	○	○

5.6 非金屬材料

1. 合成樹脂

合成樹脂是化學合成的高分子有機化合物，通常稱爲塑膠，具有許多特點，廣泛地應用於各種場合。

表 5.75 所示爲塑膠主要之性質。

表 5.75 代表性塑膠的物理性質

塑膠種類	比重	熱度形溫度(°C) (荷重 1.18 MPa) (*同 0.45 MPa)	抗拉強度 (N/mm^2)
酚樹脂	1.34 ～ 1.95	150 ～ 315	34 ～ 62
尿樹脂	1.47 ～ 1.52	130 ～ 140	38 ～ 89
三聚氰胺樹脂	1.47 ～ 1.52	150	48 ～ 83
環氧樹脂	1.11 ～ 2.00	121 ～ 260	27 ～ 137
矽樹脂	–	290	27
聚酯樹脂	1.10 ～ 2.30	200 ～ 260	21 ～ 89
聚醯胺樹脂(尼龍)	1.12 ～ 1.14	149 ～ 185 *	69 ～ 81
苯乙烯樹脂	1.05 ～ 1.06	70 ～ 105	24 ～ 62
聚乙烯樹脂	0.90 ～ 0.97	41 ～ 82 *	4 ～ 38
氯化乙烯樹脂	1.30 ～ 1.58	57 ～ 82 *	41 ～ 52
氯化亞乙烯樹脂	1.88	185 ～ 200	22 ～ 37
丙烯樹脂	1.18 ～ 1.17	65 ～ 100	48 ～ 69

表 5.76 熱硬性樹脂之性質與用途

樹脂名稱	性質	用途例
石硫酸樹脂、酚樹脂	電氣絕緣性、耐酸性、耐水性、耐熱性、耐鹹性差	電氣絕緣材料、機械零件、食具、耐酸器具、殼模
尿樹脂	無色透明、配色容易、類似酚樹脂、耐水性極差	鈕、蓋、食具、接著劑、櫃
三聚青胺樹脂	似脲樹脂、硬度、耐水性、耐藥性，電氣絕緣性良好	裝飾板、食具、織品、紙的樹脂加工電氣零件
不飽和樹脂、多元樹脂	電氣絕緣性、耐熱性、耐藥性良好、可低壓成形，用玻璃纖維做加強材料時加大韌性	強化塑膠建材、車輛、汽車、耐熱塗料、構造材料、窗柱、椅子用、射出成形品
矽樹脂	耐高、低溫，電氣絕緣性、耐濕性、耐熱性大，除水性佳	電氣絕緣體、耐熱、耐塞網、脫水劑、脫模到除濕劑、除泡劑

表 5.76　熱硬性樹脂之性質與用途(續)

樹脂名稱	性質	用途例
環氧樹脂	與金屬的連接性大、耐藥品性好	金屬塗料、金屬接著劑
氟樹脂(fran)	耐藥性，尤其是鹹性與橡膠、木材、玻璃、陶瓷、等相連性大	接著劑、金屬塗料
烯纖維	可做塗料接著劑，耐候性好，有光澤	外裝塗料、軟化劑
聚醯胺樹脂	成形性、絕緣抵抗性大、耐鹹性，富彈性，耐磨耗	油漆接合劑、海棉、卸塞材料帶、成形材料、絕緣管

表 5.77　熱塑性樹脂之種類與性質

樹脂名稱	性質	用途例
鹽化乙烯	強度大，電氣絕緣性、耐酸鹼性、耐水性非常優良、加工性、著色性佳	膠片、板片、建材、塗層、水道配管、罐器、絕緣體
鹽化乙烯	比鹽化乙烯的耐藥性，難燃性更大	各種網、織品、耐藥成形品
酢酸乙烯	透明無色、接合性大，可溶於各種溶劑	塗料、接合劑、維尼龍原料
苯乙烯樹脂	透明無色，電氣絕緣性、耐水性、耐藥性佳	廚具、罐具、日用品、雜貨
耐龍樹脂	強韌的耐磨耗性	合成纖維、電線塗膜、醫療器具、齒輪等耐磨耗用品
聚乙烯樹脂	比水輕、柔軟、電氣絕緣性、耐水性、接合性良好	包裝膜、電線塗膜、瓶、容器
丙烯樹脂	透明度大、化學性安定、加工性接合性佳	航空、車輛之有機纖維、建材、照明設備
氟樹脂	高低溫均有電氣絕緣性、耐藥性良好、強度極大	高級電絕緣材料，襯墊、耐藥品
纖維素塑膠	透明性、可撓性、加工性良好	難燃塞璐珞
聚丙烯	比聚乙烯優良，透明度大、耐藥性、加工性優良	膜類、包裝材料等

表 5.78　天然橡膠與合成橡膠種類

種類				化學構造	特性與用途例
泛用橡膠	天然橡膠		NR	異戊二烯	取得各種性質之平衡。
泛用橡膠	合成橡膠	異戊二烯橡膠(Isoprene)	IR	異戊二烯	接近天然橡膠，安定之合成橡膠。
泛用橡膠	合成橡膠	丁二烯橡膠(Butadiene)	BR	聚丁二烯	耐磨耗性佳，具非常高之反作用彈性。
泛用橡膠	合成橡膠	苯乙烯丁鄰二烯橡膠(Styrene Butadiene)	SBR	丁二烯・苯乙烯聚合體	耐磨耗性、耐老化性比天然橡膠優異。
特殊橡膠	合成橡膠	丁基橡膠*(Butyl)	IIR	異丁烯・異戊二烯聚合體	氣體穿透性小，耐候性、衝擊吸收性優異。
特殊橡膠	合成橡膠	乙丙膠*(Ethylene・Propylene)	EPOM	苯乙烯・丙烯聚合體	耐候性、耐臭氧性、耐熱性優之戶外用橡膠。
特殊橡膠	合成橡膠	氯丁二烯橡膠(Chloroprene)	CR	聚氯丁二烯	耐候性、耐臭氧性特別優異，具均衡性質。
特殊橡膠	合成橡膠	氯黃化聚乙烯橡膠(Chlorosulfon・Polyethylene)	CSM	氯黃化聚乙烯	耐候性、耐臭氧性、耐化學藥品性優。
特殊橡膠	合成橡膠	丁腈膠(Nitrile)	NBR	丙烯腈・丁二烯聚合體	耐油性、耐磨耗性、耐熱性優。
特殊橡膠	合成橡膠	壓克力橡膠(Acryl)	ACM	丙烯醛酸酯・丙烯腈聚合體	高溫下耐油性優。
特殊橡膠	合成橡膠	聚氨酯膠(Urethane)	U	聚氨酯	耐磨耗性佳，撕裂強度高，耐油性、耐寒性優。
特殊橡膠	合成橡膠	矽橡膠(Silicone)	MQ	聚矽氧烷	耐熱性、耐寒性、電絕緣性優。
特殊橡膠	合成橡膠	氟橡膠(Fluorine)	FKM	偏氯乙烯共聚合體	具有最高之耐熱性、耐藥品性。

〔註〕*泛用橡膠分類也有。

合成樹脂依化學結構可分爲熱硬(凝)性樹脂與熱塑性樹脂。

(1) **熱硬性樹脂**：原料開始受熱時顯示可塑性，但接著逐漸硬化後，縱使再加熱，亦不軟化，表 5.76 表示熱硬化樹脂的種類與性質。

(2) **熱塑性樹脂**：加熱時顯示可塑性，冷卻至常溫又恢復硬化，這種往復加熱，可保持其可塑性但不改變其性質的樹脂，稱爲熱塑性樹脂。

表 5.77 示主要的熱塑性樹脂的種類與性質。

2. 橡膠

橡膠是把產自熱帶地區的橡樹乳液，加入酸類製成生膠後，再加硫酸，並加熱至 100～150℃煉製，成品稱爲天然橡膠。

但天然橡膠的耐油性與耐熱性通常較差，因此，現在大都採用化學合成的各種合成橡膠，表 5.78 是合成橡膠的性質與用途。

3. 木材

木材是製作模型的重要材料，亦使用於車輛、其他機械類或運送打包等，表 5.79～5.80 表示主要木材的強度。

天然木材性質不均，而且有裂痕、裂隙、翹曲等缺陷，因此，現在大都改用合板或集合材料，可避免上述之缺陷。

合板是由面板、心材與裡板交互成直角重疊黏合而成，比一般木材的膨脹、收縮小，但防水、防腐性更大。

表 5.79　日本產木材的強度(單位N/mm^2)

樹種	乾比重	壓縮強度	抗拉強度	剪抗強度	彎曲強度
杉木	0.39	39	44	5	56
檜木	0.46	51	56	7	79
樅木	0.43	44	50	6	62
椹木	0.33	33	27	5	46
栂木	0.52	54	57	8	73
紅松	0.53	51	56	8	72
黑松	0.54	43	51	7	69
枇杷松	0.43	37	54	7	59
姬小松	0.47	31	54	7	62
蝦夷松	0.41	45	48	6	58

表 5.80　外國產木材的強度

樹種	比重	含水量(%)	彎曲強度(N/mm^2)	壓縮強度(N/mm^2)
松木	0.48	15	74	45
杉木	0.42	14	73	47
樅木	0.37	15	54	30
檜木	0.53	16	90	47
栂木	0.51	16	76	45
白柳木	0.49	15	76	43
紅柳木	0.58	19	85	40
柚木	0.50	21	78	33

合板的種類很多，構造用普通合板，依耐水性能可分三種：1 類(完全耐水性)、2 類(高耐水性)、3 類(耐濕性，厚度通常爲 3，4，6，9 與 12 mm，大小有 910×1820，910×2130，1220×2440 等多種。(單位均爲 mm)。

集成材料是把板片或小角材以纖維方向相互平行接合在一起之材料，角材與平角材等的構造，可用各種材料製作。

4. 水泥、混凝土

(1) 水泥

表 5.81 示目前所使用水泥之分類。

表 5.82 示主要水泥的特性及用途。表 5.83 示水泥的物性。

(2) 混凝土

混凝土是將水泥、基材、水以適當的比例混合、攪拌而成。其混合比例(參考表 5.84)影響其強度、耐久性及混凝土打入時之柔軟度，因此必須依照使用目的而調整其混合比。

表 5.81　主要水泥之分類

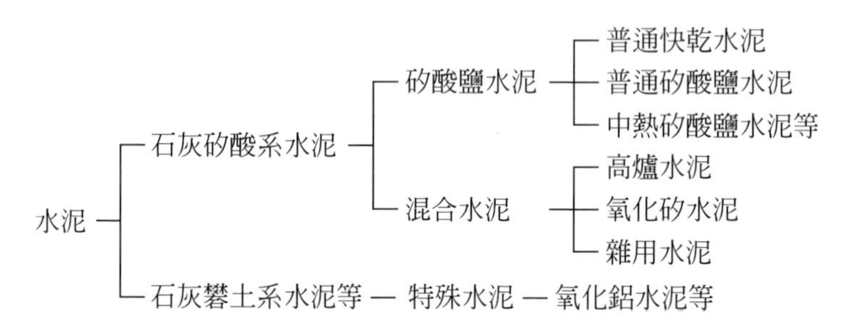

表 5.82　主要水泥的特性與用途

種類	特性	用途
矽酸鹽水泥	燒成後，不混入其它物質。灰綠色。	一般泥水匠工程應用廣泛。
快乾矽酸鹽水泥	短期內強度達到最大(較氧化鋁水泥差)。寒冷不減其強度。	道路工程，短期搶修工程。
高爐水泥	初期強度小，而長期則變大。緩慢凝結，抗化學性大，耐磨耗性大。	用於接觸下水道，海水的部分。
矽水泥	乾燥收縮大，易受凍害。	—

表 5.83　水泥的品質(JIS R 5210～5213)

種類	凝結		壓縮強度 (N/mm²)				水和熱 (J/g)	
	開始 (min)	終結 (h)	1 日	3 日	7 日	28 日	7 日	28 日
快乾水泥	60 以上	10 以下	—	12.5 以上	22.5 以上	42.5 以上	—	—
普通水泥	45 以上	10 以下	10.0 以上	20.0 以上	32.5 以上	47.5 以上	—	—
中熱水泥	60 以上	10 以下	—	7.5 以上	15.0 以上	32.5 以上	290 以下	340 以下
高爐水泥(B 種)	60 以上	10 以下	—	10.0 以上	17.5 以上	42.5 以上	—	—
氧化矽水泥(B 種)	60 以上	10 以下	—	10.0 以上	17.5 以上	37.5 以上	—	—
雜用水泥(B 種)	60 以上	10 以下	—	10.0 以上	17.5 以上	37.5 以上	—	—
再生水泥(普通)	60 以上	10 以下	—	12.5 以上	22.5 以上	42.5 以上	—	—

表 5.84　混凝土的混合(容積比)及用途

水泥：砂：碎石	特性、用途
1：1：2	壓縮強度、水密性大。
1：1：3	壓縮強度較前者小。
1：2：4	標準混合，鋼筋混凝土的混合等所採用。
1：2：5	用於機械基礎、橋墩、橋面、一般的地板等。
1：3：6	用於未承載太大荷重場合。
1：4：8	用於只承受自重的場合。

表 5.85　混凝土之容許力度

區分	長期荷重時			短期荷重
	壓縮強度* (N/mm^2)	抗拉、剪斷強度	附著強度 (N/mm^2)	
普通混凝土	6～9	壓縮的 1/10	0.7	各強度爲長期荷重的 2 倍
輕量混凝土	6～9	壓縮的 1/10	0.6	
〔註〕*設計基準強度 18～36N/mm^2。				

表 5.85 示混凝土的容許力度。

至於水泥與水的比例是混凝土強度的理論基礎，對於水泥水量重量比的表示法爲水．水泥比(水：水泥，W/C)，或水泥．水比(水泥：水，C/W)。

5. 陶瓷材料

陶瓷材料(ceramics)是黏土經過高溫燒結而成的無機非金屬材料。

當中特別像是新型陶瓷材料，因爲擁有超硬、高強度且耐腐蝕、耐熱等極優秀的性能，其原料被製成許多工業製品如氧化鋁、二氧化鋯、氮化矽、碳化矽陶瓷等等。

6. 塗料

塗料廣泛用於金屬、木材的耐腐蝕用，種類如下：

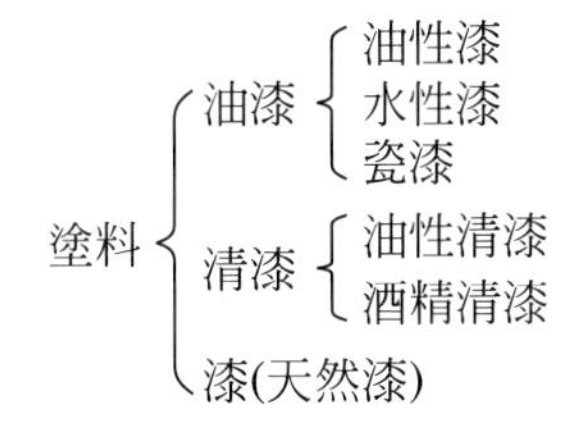

(1) **油漆**：油漆係顏料加乾燥油製成，用揮發性溶劑稀釋後使用。

(2) **清漆**：因清漆呈透明，故防腐性、防熱性比油漆差，但裝飾效果極佳，主要用於木材塗料。

⑶ **塗料油**：配合顏料攪拌者有油、桐油、麻油、豆油及魚油等，稀釋及乾燥劑有松香油、石油精、苯及酒精等。

7. 接合劑

從前的接合劑主要使用於紙布、木材等的接合，均缺乏耐水性與耐候性，故限於室內使用。

但近年來，由於合成樹脂的發達，接合劑的結合力大增，且爲了提高耐水性、耐熱性及耐藥性，使用範圍已擴大到與木材結合構造之裝置，木材與混泥土、金屬與混泥土、金屬與金屬等的結合，表 5.86 表示接合強度之實例，表 5.87 爲主要接合劑的種類與性質、用途。

表 5.86 環氧樹脂的接著強度

材料		剪斷強度(N/mm²)
銅-環氧樹脂	相同對口材料	16
鋁-環氧樹脂		16～31
鋅-環氧樹脂		9～11
黃銅-環氧樹脂		17～20
鑄鐵-環氧樹脂		19
鋼-環氧樹脂		27
玻璃-環氧樹脂		至 4 時玻璃破裂
木材與鋁		至 12 時木板部分破裂

表 5.87 主要接合劑之種類與性質、用途

系列	種類	性質、用途
熱硬性合成樹脂系	環氧樹脂	2 液性、強力、耐水性、電氣絕緣性均佳，方能形接著劑
	異氰酸脂類	同類金屬、橡膠、其它固體多元鹽化烯纖維、皮革等接合用
	酚樹脂	耐水性佳脂木構造材、木材與金屬、塑膠與金屬之接合用
	脲樹脂	主要用於合板製造用
	二甲苯樹脂	耐候性、耐藥品性、電氣絕緣性、耐水性、耐熱性均佳
	不飽合多元系	接合力比環氧系差、適用塑膠接合家具組、薄板、樣本、一般家庭用
熱塑性合成樹脂系	多元酢酸乙烯纖維	家具組、薄板、樣本、一般家庭用
	多元乙烯	紙、織品等用
	氰乙化纖維	瞬間接著劑、耐油性、耐藥品性、耐熱性均佳
合成橡膠	氮化橡膠系	煞車蹄、煞車襯套、製鞋用
	可路路系	金屬、橡膠、皮革等接合用
	丁二烯	橡膠與纖維連接用

8. 複合材料

一般來說複合材料是由 2 種以上的單一材料(基材與強化材)組成，擁有比單一材料更好的特性。基材(matrix)的種類分類如表 5.88。

表 5.88 依基材種類之複合材料分類

塑膠基複合材料(PMC, FRP)
金屬基複合材料(MMC, FRM)
陶瓷基複合材料(CMC, FRC)
金屬間化合物基複合材料(IMC)
玻璃纖維基複合材料(FRG)
碳複合材料(C/C composite)

9. 功能材料

功能材料是在原材料上加入新功能，使該材料擁有全新特殊的功能，種類如表 5.89 所示。

表 5.89 功能材料之種類

金屬間化合物(intermetallic compound)
形狀記憶合金(shape memory alloy)
非晶體合金(amorphous alloy)
儲氫合金(hydrogen storage alloys, metal hydride)
減振合金(high damping alloy)
超塑性合金(super-plasticity alloy)
超導材料(superconducting material)
磁性材料(magnetic material)

6

機械設計製圖相關知識

6.1 機械的製造工程

一般的機械製造情況，通常必經如圖 6.1 所示的製造工程，亦即依據設計製圖者

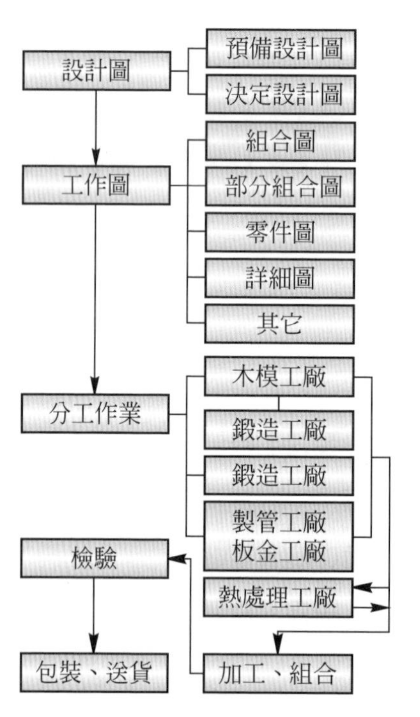

圖 6.1　從設計到製品之完成

繪製之工作圖，經過木模，鑄造、鍛造、加工、機製及其它各工廠進行各種分工作業，最後再經組合與校驗工程而完成製品。

由上述可知，製圖對整個製造工程實佔有重要的領導地位，製圖首要條件爲正確、清晰易懂，使每一工作人員皆可理解，達成生產之合理化，因此，製圖員爲了繪製滿足上述要求之工作圖，首先充份認識產品之製造工程與製造者所擔任之角色，以下即詳加說明。

6.2 鑄　造

鑄件係熔融金屬流入模型內成形而言，其模型稱爲鑄模。鑄模依模型製成。模型依材料，可分成木模，金屬模，塑膠模。木模加工與操作容易，與其他相較便宜，因而廣泛使用。另一方面，金屬模價昂，但尺寸精度高，鑄件表面、耐久性、長期保存等優點，應用於金屬以外之塑膠製品等大量生產，同時也應用在鑄造以外之沖鍛或鍛造加工。

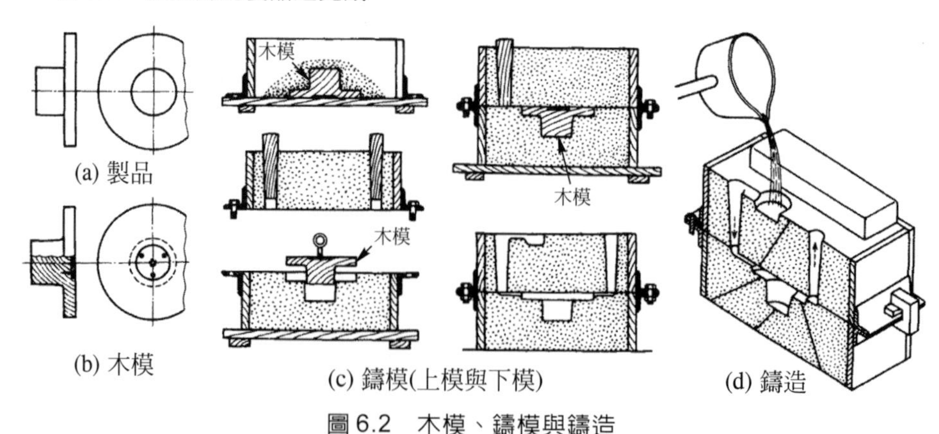

圖 6.2　木模、鑄模與鑄造

1. 木模、鑄模與鑄造

鑄模通常以砂爲主，鑄模的原型是木模。木模的主要材料有松木、櫻木、杉木、檜木、朴木等，木模的種類可區分如下

⑴ **整體模**：爲一種實體模，用於鑄件與鑄模外形與尺寸大致相同時。

① 單體木模：製作簡單鑄件時所用的單體(一個)木模(圖 6.3)。

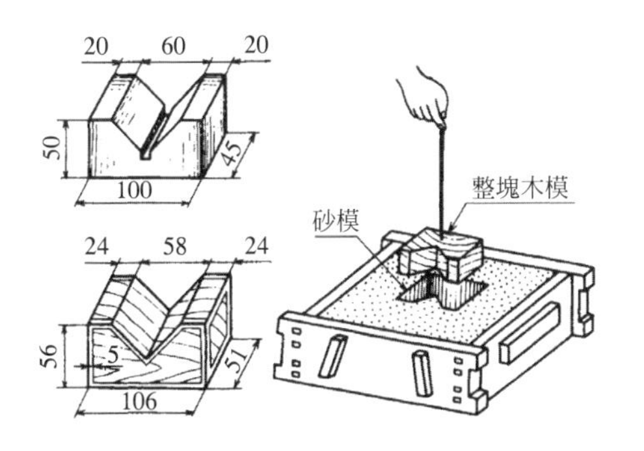

圖 6.3 單體木模

② 分割木模：爲使鑄模製作容易，分爲若干部分之木模(圖 6.4)。

③ 組合木模：製作複雜形狀之鑄模時，如分割木模無法勝任，即在分割後的部分再增加小木模。

⑵ **部分模**：形狀不複雜之大形工件，如能分割成多個相同之部分，則爲了節省木模之製作工作，可只製出部分木模，重覆使用直到完成鑄模之木模(圖 6.6)。

⑶ **旋刮模**：長方形的刮板製入砂中，以其中一邊爲軸迴轉，可製成中空之圓筒，旋刮模就是利用此原理的木模，由版之斷片形狀而成形(圖 6.7)。

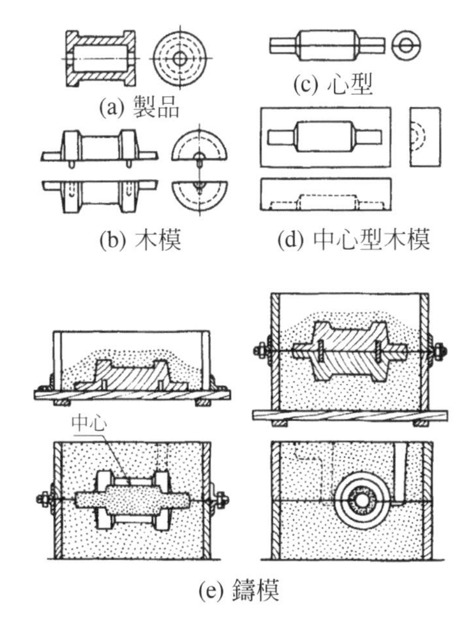

圖 6.4 分割木模

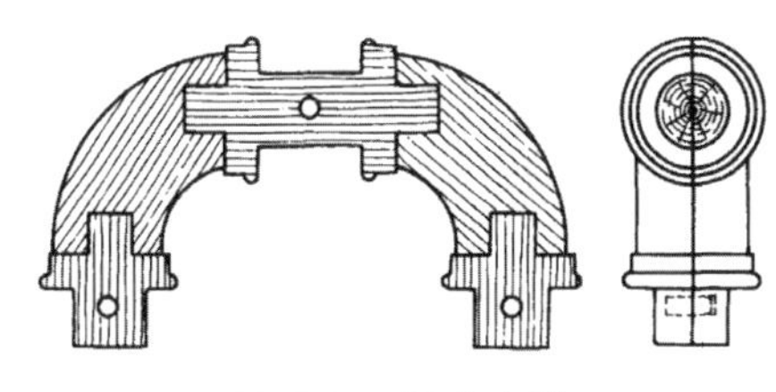

圖 6.5 組合木模

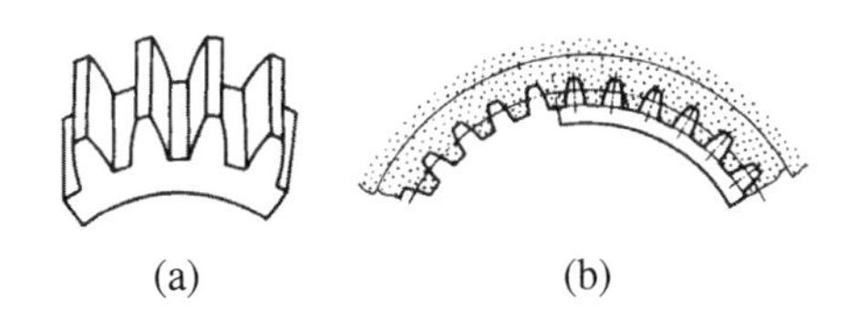

圖 6.6 部分模

⑷ **骨架木模**：製作量少之大鑄件，爲節省製造工程，可用骨架式木模，鋼模製作時必要用手輔助完成，上述之木模即骨架木模。

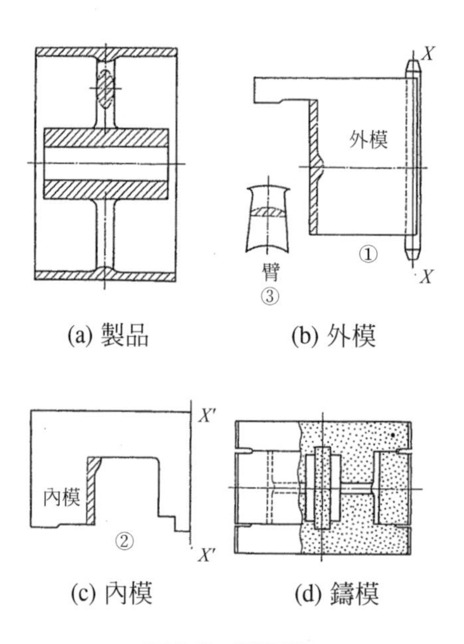

圖 6.7　引用模

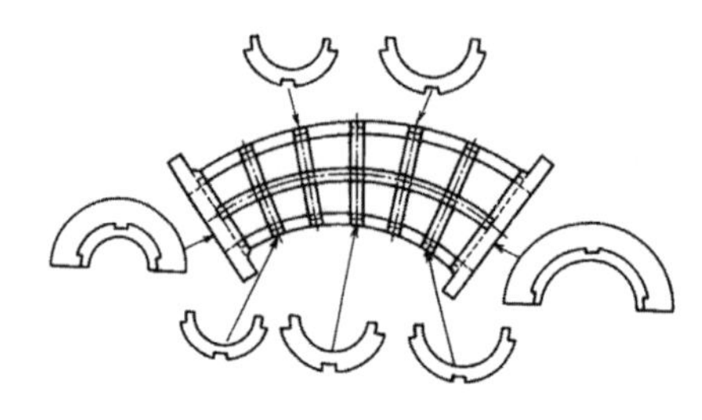

圖 6.8　骨架木模

⑸　**心型木模**：製作空心鑄件時，應將與空心部相同的鑄模裝入主模，使鑄造時熔融的金屬不得流入該部分，製作此空心所用的鑄模，稱為心型鑄模，而製作心型之木模，稱為心型木模，如圖 6.9 之(b)所示即是，且(c)所示為心型使用實例。

心型為配合於主模時的支承實部，稱為端承。

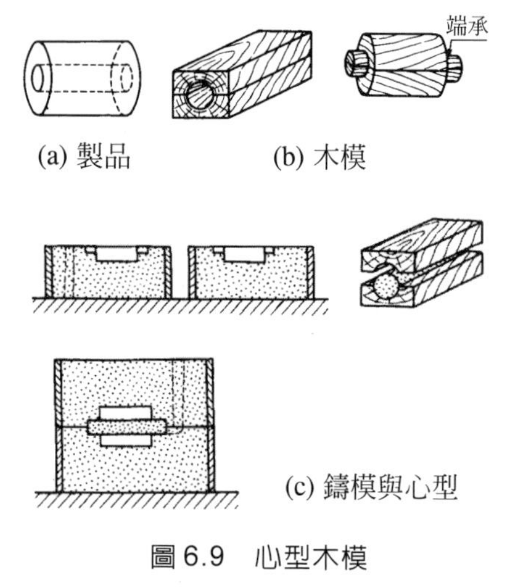

圖 6.9　心型木模

⑹　**平刮模**：製作管狀類鑄件時，最好使用上下兩個半圓型組合的鑄模，並在配合後插入心型，半圓型鑄模如使用與鑄件剖面相等的刮板沿導板刮砂，則可輕易地製成鑄模，用於此目的之木模，稱為平刮模，如圖 6.10 所示。

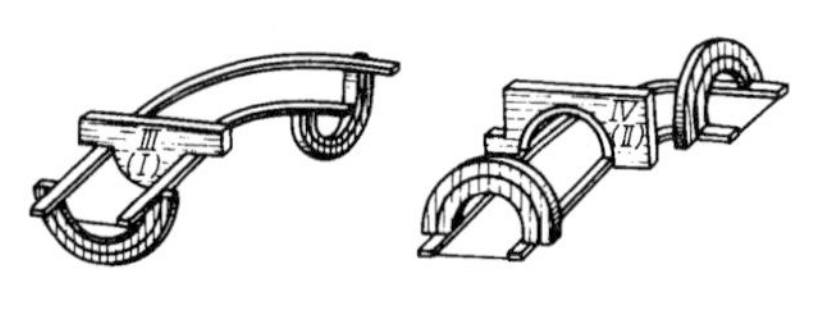

(a) 下模之製作　(b) 上模之製作

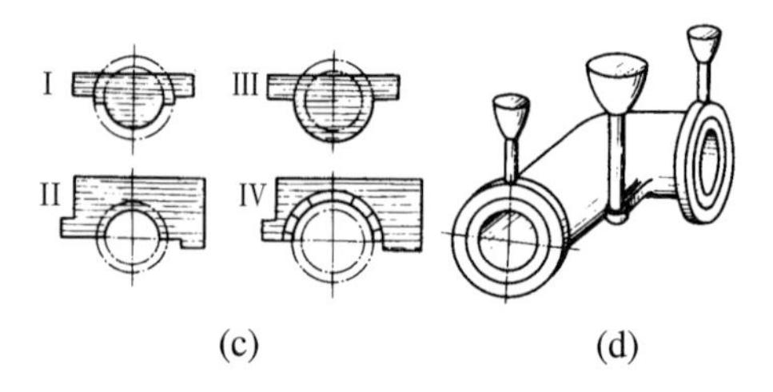

圖 6.10　平刮模

2. 收縮裕度與鑄造尺

由於熔融金屬冷卻凝固後，產生收縮，所以鑄模的大小必須大於鑄件之尺寸，此收縮尺寸，稱爲收縮裕度。

製作木模時，考慮收縮裕度使用的特別尺度，稱爲鑄造尺，收縮裕度之比例，因金屬不同而異，表 6.1 爲主要金屬之收縮率，表 6.2 所示爲各個鑄造尺之伸長量。

表 6.1　金屬與收縮率

金屬名稱	收縮率	金屬名稱	收縮率
鐘用青銅	$\frac{1}{65}$	鉛	$\frac{1}{92}$
黃同	$\frac{1}{65}$	鑄鋼	$\frac{1}{50}$
青銅	$\frac{1}{63}$	鋼	$\frac{1}{64}$
鑄鐵	$\frac{1}{96}$	錫	$\frac{1}{128}$
砲銅	$\frac{1}{134}$	亞鋅鉛	$\frac{1}{62}$

表 6.2　鑄造尺之伸長量

金屬名稱	1 m 金屬的鑄造尺伸長量(mm)
鑄鐵	5～10
鑄鋼	15～20
砲銅	12～13
黃銅	14～15
鋅	20～24
銅	17
鉛	20
鋁合金	8～13
鎂	12

3. 拔模斜度

自鑄砂鐘取出木模時，如圖 6.11 所示，木模沿拔出方向稍具斜度，可使拔出作業較順利，此斜度稱爲拔模斜度，1 m 的斜度通常爲 6～10 mm。

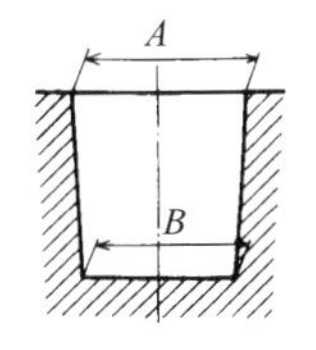

圖 6.11　拔模斜度

雖製作拔模斜度可便利鑄模之製作，但卻增加鑄件之重量，使機械加工更困難，故宜儘量擇其最小者使用。

4. 加工裕度

鑄件的一部分或全面須要機械加工時，則該鑄件表面必須預留多餘的金屬以供切削，稱爲加工裕度，加工裕度之大小，影響成品的良劣及工作效率甚大，故宜詳細考慮。表 6.3 所示爲主要材料的加工裕度。

表 6.3　各種材質的加工裕度

(單位 mm)

種類	150 以下	300 以下	600 以下	1000 以下	1000 以上
鑄鐵	3	4	5	6	另定
鑄鋼	5	7	9	11	另定
展性鑄鐵	2	3	4	5	另定
青銅	2	3	4	5	另定
鋁	2	3	4	5	另定

表 6.4 鑄造之種類與特性與成本

鑄造方法	砂模鑄造	殼模鑄造	永久模鑄造	塑模鑄造	包模鑄造	眞空鑄造
材質	範圍廣泛、鐵、飛鐵及輕金屬	範圍廣泛除低碳鋼外，餘同左列	受限制，黃銅、青銅、鋁、鑄鐵	範圍狹窄，黃銅、青銅、鋁	範圍廣泛，鑄造對機械加工困難者	範圍狹窄，錫、鋁、黃銅、鎂
表面之狀態	低劣	良好	良好	良好	優良	良好
最大尺寸	適用大尺寸	1500 mm 以下小鑄件	鋁的實用極限爲 50 kg	7 kg	適用 1 kg 以下	鋁至 35 kg，錫至 100 kg
最小尺寸(t 爲厚度)	實際最小斷面$3t$	斷面$1.6t$	斷面$2.5t$	斷面$0.8t$	斷面$0.8t$	斷面$0.8t$
尺寸公差(20 mm)	±0.8～1.6	±0.25～1	鋁±1.6	±0.25～0.13	±0.13	±0.13
原材料費	低～中 金屬類	低～中	中 非鐵金屬	中 非金屬	高–最適合貴金屬	中
工具與模之費用	低	低～中	中	中	低～中 使用模具	比其它鑄造方法貴
最佳批量	自少量到多量	複雜鑄件少量至多量	1000 個時最適當	100～2000 個最適當	最適合少量	1000 個～10000 個
精加工費	須清潔、除毛邊機械加工	低	低	低——甚至不要機械加工	低——通常不要機械加工	條邊外，大部不要再機械加工

5. 鑄造之種類、特性與成本

表 6.4 爲各種鑄造法分類與其特性，以及生產成本之關係。除這些鑄造法之外，近年來金屬模鑄造法也廣被採用。

爲獲得無缺陷且合乎經濟性鑄造件設計，必須充分考慮發揮使用條件與鑄造特性之設計，適當材料之選定與形狀之設計，可獲得無縮孔、裂縫等缺陷之鑄件。

6. 木模用木材與鑄件重量

木模用木材種類有許多，但主要的有下列幾種：

(1) **檜木**：加工容易、強度足夠、翹曲少，但價格貴。

(2) **杉木**：加工容易且價格便宜，但容易翹曲，不適合精密木模，主要用於大型鑄件。

⑶ **朴木**：質料細(緻)密且強度高，適合精密零件的木模。

⑷ **松木**：紅松、姬小松加工容易、價格便宜，但易翹曲，爲一般機械木模採用。

表 6.5 所示爲木模與鑄件成品的重量換算係數，利用本表可由木模材質與木模重量求得各種材質的鑄件成品重量，例如：使用 10 kg 重量之小松木模，則相對鑄件的重量爲 10×16 kg，使用心型時自上述之成品重量再減除砂心的重量，鑄鐵爲乘 4，青銅爲乘 4.65，鋁爲乘 1.4，自上述質量減掉。

表 6.5 以木模決定鑄件的重量

木模材料	用模決定鑄件重量的換算係數				
	灰鑄鐵	鋁	鋼	鋅	黃銅
小松	16.00	5.70	19.60	15.00	19.00
桃花心木	12.00	4.50	14.70	11.50	14.00
灰鑄鐵	1.00	0.35	1.22	0.95	1.17
櫻木	10.50	3.80	13.00	10.00	12.50
鋁	2.85	1.00	3.44	2.70	3.30

7. 鑄件相關注意事項

⑴ **冷卻之緩和**：鑄造鑄件時必須注意冷卻引起的收縮率，同鑄件內薄壁部分先冷卻，厚壁部分後冷卻，因此最先冷卻部會受後冷卻的厚壁部分殘留應力影響，如將厚、薄壁相連接部分改成大圓角，則可緩和冷卻時的不均勻變化。

例如：輪輻類的外徑粗大且壁甚厚時，如輪輻呈直線狀，則會受到外週作用力而彎曲，故將以彎曲輪輻修正之(圖 6.12)。

鑄件經常產生氣孔係因熔融金屬自表面先冷卻凝固，無法同時冷卻放氣所致，爲防止氣孔產生，必須使鑄件均勻冷卻，以帶輪爲例，應將輻之斷面改爲橢圓形，由於非輪等輪緣比輪輻粗厚，故輻斷面以 H 型、十字型爲宜，使輪緣與輪輻的冷卻速度一致(圖 6.13)。

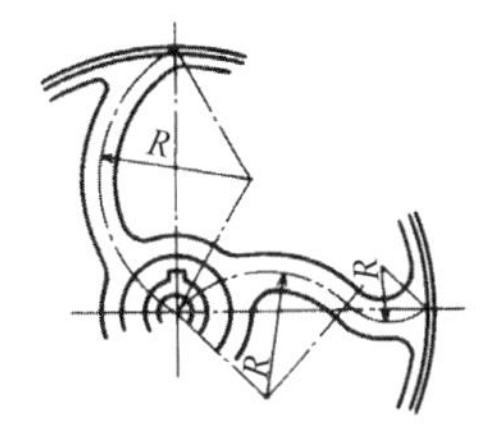

圖 6.12 輪輻與輪緣

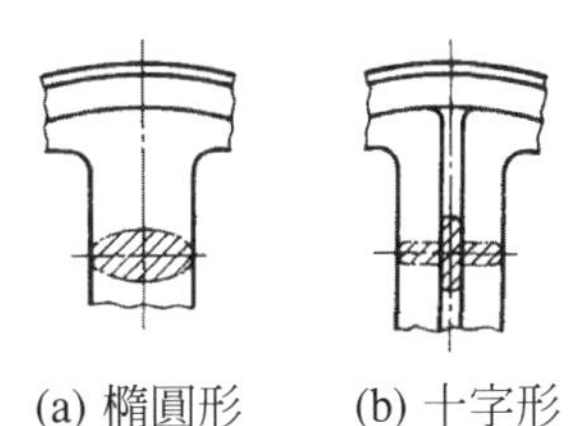

(a) 橢圓形 (b) 十字形

圖 6.13 飛輪輪輻斷面

⑵ **鑄件之厚度**：就鑄件性質而言，過薄、細之製品通常具有危險性。而且，金屬溶液流過鑄模狹窄部分時，前端部位往往先行凝固，無法流入整個鑄模，有時更因熔液之亂流，破壞狹窄部分，無法製成預定的鑄件成品，因此，鑄件厚度須在 3 mm 以上，表 6.6 所示爲鑄件厚度標準。

⑶ **圓角**：鑄件的角隅部應適應鑄件之形狀作成適當的圓角，其理由如圖 6.14 之(a)所示，角偶如不製成圓角，則分子

排列如虛線所示，鑄件極脆弱，因此如圖(b)所示修改為圓角，不但可加大其強度，亦可避免傷及人體。輪輻根部之圓角大小通常以下式表示(圖 6.15)。

$$R=\frac{A+B}{4}\text{(鑄鐵)}$$

$$R=\frac{A+B}{2}\text{(鑄鋼)}$$

如母材非常厚時，R取上式之 2/3 或 1/2 為宜。

表 6.6 鑄件厚度

(單位 mm)

材質	簡單形			普通形			複雜形		
	小形	中形	大形	小形	中形	大形	小形	中形	大形
鑄鐵	4	6	7	5	6	8	5	8	10
鑄鋼	5	6	8	6	8	9	6	8	10
青銅	3	5	7	3	6	8	5	6	8
輕合金	2	5	8	2	5	8	4	6	8

[備註] 簡單形：(例如旋塞類)，普通形：(例如凸緣閥)，複雜形：(例如缸類)
小形：10ton 以下，中形：10～50ton，大形：50ton 以上

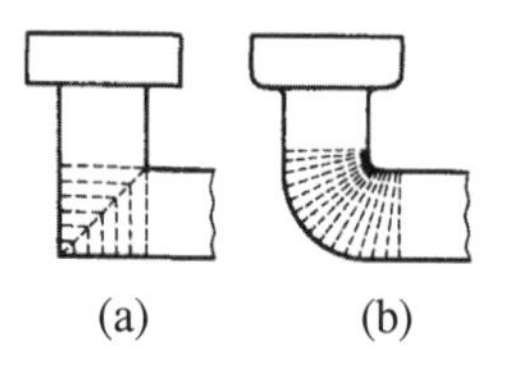
(a) (b)

圖 6.14 鑄件圓角及該部之分子

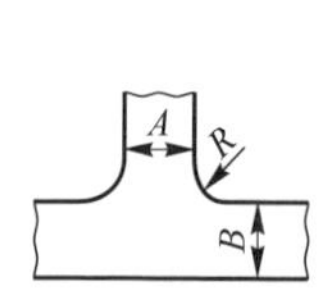

圖 6.15 輻之根部R

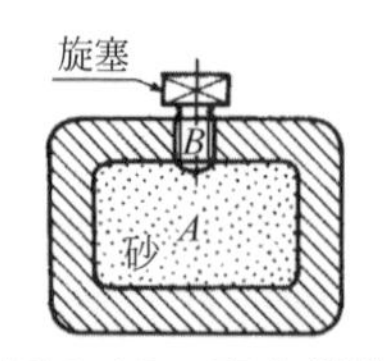

圖 6.16 空心鑄件

(4) **清砂孔**：鑄造空心鑄件時，如圖 6.16 所示，鑄砂陷於空心部，鑄造後鐵砂A必須由B孔清出，再用螺栓塞住B孔，再切除螺栓頭。

(5) **鑄件各部壁厚容許變化與最小圓角**：表 6.7 所示為鑄件各部壁後容許變化與最小圓角值之計算式。

表 6.7 壁厚容許變化與最小圓角計算式

	形狀	計算式
壁厚變化部		$t<T\leq\frac{3}{2}t$ $R=\frac{T}{2}$
		$\frac{3}{2}t<T\leq 3t$ $R=\frac{T}{2}$，$L=4(T-t)$
L形、V形交叉部		$t\leq T\leq 3t$ $R_1=\frac{T+t}{2}$，$R_2=T+t$
		$t\leq T\leq\frac{3}{2}t$ $R=\frac{T}{3}$
		$\frac{3}{2}t<T\leq 3t$ $R=\frac{T}{3}$，$L=4(T-t)$ $a=T-t$
T形交叉部		$t\leq T\leq\frac{3}{2}t$ $R=\frac{T}{3}$
		$\frac{3}{2}t<T\leq 3t$ $R=\frac{T}{3}$，$L=2(T-t)$ $a=\frac{1}{2}(T-t)$
		$t\leq T\leq\frac{3}{2}t$ $R=\frac{T}{3}$
		$\frac{3}{2}t<T\leq 3t$ $R=\frac{T}{3}$，$L=2(T-t)$ $a=\frac{1}{4}(T-t)$

式中 T =厚壁部的厚度，t =薄壁部的厚度，L =錐度長度，a =錐度高度，R =圓角，R_1(內側)，R_2(外側)

6.3 鍛　造

1. 鍛造加工原理

鍛造是將材料加熱至再結晶溫度以上高溫，再利用鍛造工具或鍛造機械加工成形之操作；因鍛造係在加熱狀態加工，故有因材料延展性增大，減少加工作業，與因材料受鎚擊同時改善其性質之優點。

⑴ **鍛造變形**：鍛造是實施連續壓縮之工程，其變形為減少壓縮方向之尺寸，增加直角方向之尺寸，亦即材料受力後週邊擴展之變形，但因材料與工具接觸面存在摩擦，故實際上之變形如圖 6.17 所示，並非呈一定比例。

(a) 圓柱

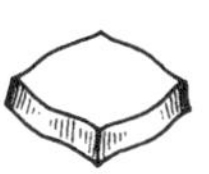
(b) 四角

(c) 長方形

圖 6.17　鍛造變形

⑵ **鍛煉效果**：如上所述，鍛造作業不但使材料變形，且同時破壞粗大晶粒改善材料性質(材料內部受均勻壓縮力作用)；因鍛造所得之效果，稱為鍛煉效果；假設斷面積由 4 變為 1 時，則鍛造比就為 4。

2. 鍛造機械

⑴ **鍛造機械之種類**：鍛造用機械最主要的有鍛造錘與壓床，鍛造錘可分為落鍛錘、氣動錘、蒸氣錘等，各種鍛造錘都是用衝柱落下的能量打擊材料，鍛造錘的能力以落下部之重量表示，如 1 噸、3/4 噸等。

圖 6.18　氣動鍛造錘

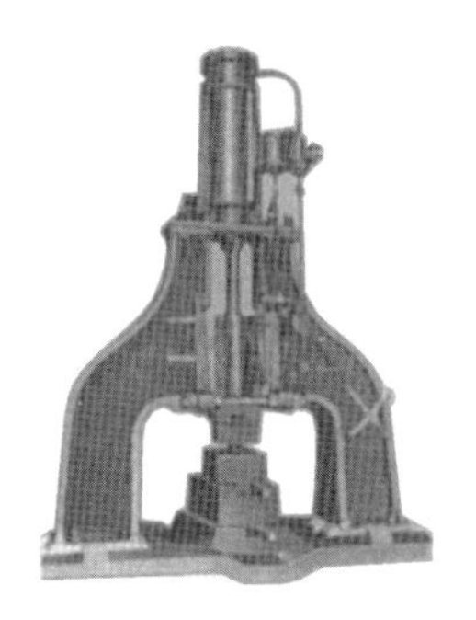

圖 6.19　蒸氣鍛造錘

鍛造壓床可分油壓床與水壓床，兩者都是由缸、衝柱、壓床主體、泵與蓄壓機等之液壓供給裝置、操作裝置等組成，鍛造壓床是用衝柱作用的全液壓(噸)表示其能力。

⑵ **鍛造機械的能力**：鍛造加工必須按材料之大小選擇適當能量之鍛造機，如鍛造機選用不當，易造成加工困難。

表 6.8 是表示鍛造材料大小與鍛造機械能量的標準。

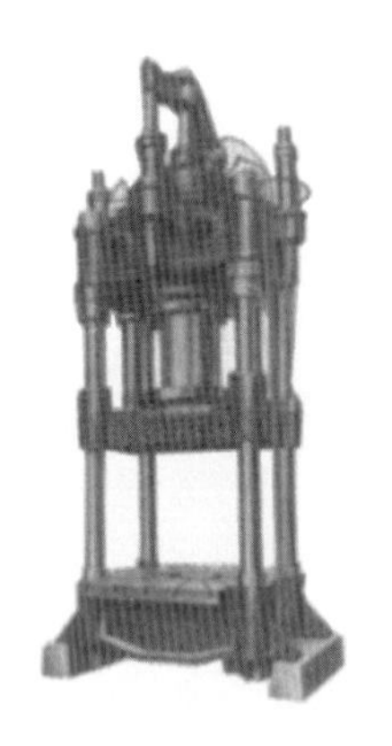

圖 6.20　壓床

表 6.8　鍛造機械之能力

蒸氣鍛造錘(tf)	$\frac{1}{2}$	$\frac{3}{4}$	1	2	3	4	5	10	20
壓床(tf)	100	150	200	300	400	500	600	1000	1500
加工所得圓棒之最大直徑(mm)	130	150	200	250	300	360	400	610	910

3.　鍛造材料與鍛造溫度

⑴　**鍛造材料**：鍛造材料須具顯著之熱可塑性，其主要有鋼、青銅、黃銅與鋁合金等，其中鋼又佔大部分。

⑵　**鍛造材料與鍛造溫度**：鍛造加工最重要的莫過於材料之加熱溫度，以適當的溫度進行適量的加工，則鍛件強度可提高 2～5 倍，表 6.9 所示爲鍛造材料的開始鍛造溫度(最高溫度)與停止鍛造溫度(最低溫度)。

⑶　**決定材料**：如自庫存中取出鍛造作業必須的材料，應先決定材料重量。

①　製品的重量：從製圖求得體積，再乘比重算出，型模鍛造時，將鉛鑄入型模中，由其重量可算出製品的重量。

②　氧化損失：材料在高溫加熱爐中，必產生氧化物，使原來重量減少，因此在計算重量時應先加以考慮，氧化損失因材料表面與加熱時間而異，表 6.10 爲一般損失値。

表 6.9　材質與鍛造溫度

材料	最高溫度(°C)	最低溫度(°C)	摘要
普通鍛鋼	1200	750	
高張力鋼	1200	850	
高碳鋼	1150	900	
鎳鋼	1200	850	
高速鋼	1200	1000	
海軍青銅	800	650	
錳青銅	750	500	1.5%Mn 以下
	850	700	4%Mn 以下
鎳青銅	850	550	2%Ni 以下
	950	800	15%Ni 以下
鋁青銅	850	600	
磷青銅	800	650	

表 6.10　氧化損失的重量

製品之重量(kg)	損失重量(%)
4.5 以下	7.5
4.5～11	6
11 以上	5

③　毛邊重量：型模鍛造時產生之毛邊，在計算重量時要加以考慮，毛邊重量依製品形狀、重量而異，表 6.11 所示爲毛邊之最大厚度。

表 6.11　毛邊的最大厚度

製品之重量(kg)	毛邊厚度(mm)	
	熱拔模	冷拔模
0～2.3	3.2	1.6
2.3～4.5	4.0	2.4
4.5～6.8	5.0	3.2
6.8～11.5	5.5	4.0
11.5～22.7	6.4	4.8
22.7～45.5	8.0	6.5

4. 鍛造作業

⑴ **自由鍛造**：製作大型或不規則形狀之鍛件用，可製作型模鍛造的預鍛造胚材，或用於小量生產，使用如圖 6.22 之簡單工具操作，可做伸長、截取、開槽、彎曲、開孔等工作，圖 6.21 爲自由鍛造例，圖 6.22 爲自由鍛造用工具之實例。

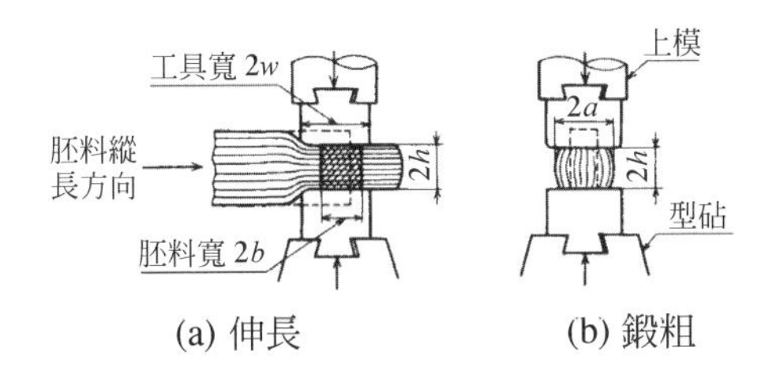

圖 6.21　自由鍛造

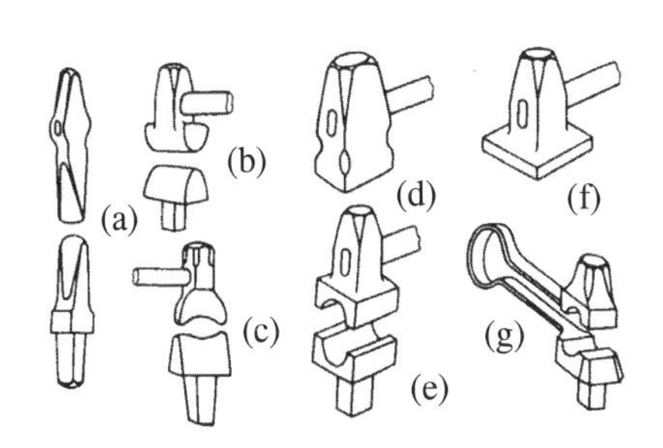

圖 6.22　自由鍛造用工具

⑵ **鍛接作業**：鍛接是加熱軟鋼後，錘打接合之操作。

① 鍛接條件：鍛接是在高溫加熱下進行激烈的打擊，所以接合部要乾淨。鍛接溫度大約 1300～1400℃，接合面通常以鍛接劑清淨之。

② 鍛接劑：如前所述，鍛造材料在高溫下容易產生氧化鐵與其它化合物，會危害鍛接部分的密著，爲完全除去氧化膜通常使用鹼酸溶劑或硼砂，氧化劑則用氧化錳或磷。

③ 鍛接的方法：鍛接的方法如圖 6.23 所示，無論那一種方法都是要使接合部的切口突出，以便錘打時容易流出。

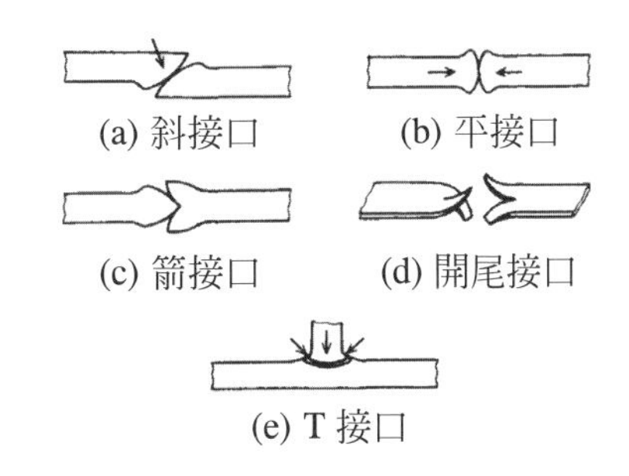

圖 6.23　鍛接接口

⑶ **型模鍛造**：型模鍛造是使用形狀符合成品的上、下彫刻型模，上模爲鍛造錘，下模爲基座，加熱後的紅色胚料置在下模，用上模落下實施鍛造。型模鍛造的成品優點爲：表面光澤優美，如經正確加工，可得優秀的成品，鍛造型模可分一次成形，二次成形，三次成形。

鍛造型模所用材質通常爲碳工具鋼、合金工具鋼等，均須實施熱處理使表面硬化。

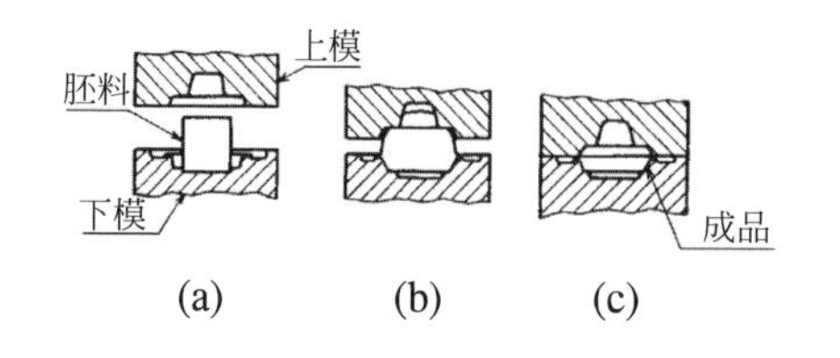

圖 6.24　型模鍛造

型模表面實施鍍銅，是從畫成的平面圖，到使用彫刻機彫刻而製成，形彫時要估計成品的收縮率與拔模裕度。收縮率因製品的材質、加工溫度等而異，一般冷拔模時爲 1/65 左右，熱拔模之大型鍛件爲 1/100 左右。

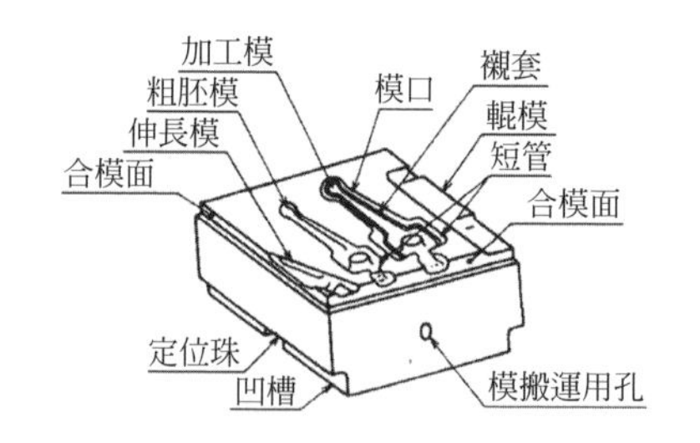

圖 6.25　鍛造模各部名稱

拔模裕度如圖 6.26 所示，最小要 3°，深度較深者要用 7°，環狀成品的內側要有 10°以上拔模裕度。

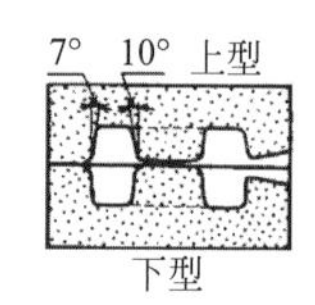

圖 6.26　拔模裕度

(4)　**鍛粗**：屬於型模鍛造一種，係將小直徑之軸，以軸向加壓成爲各種形狀成品的操作，材料浪費少，適用大量生產，作業安靜廣受採用。

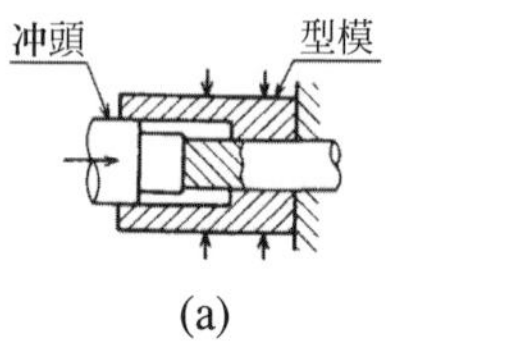

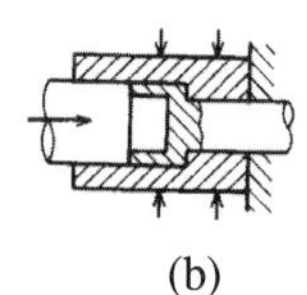

圖 6.27　鍛粗

鍛粗作業時，如鍛粗部的長度超過材料直徑的 2 倍時，容易產生挫曲，此種情況，應分二次鍛造加工。

表 6.12 表示鍛粗作業的鍛長與體積、鍛造次數之關係。

表 6.12　鍛粗長度與體積、工程數之關係(d材料直徑)

鍛粗長度(l)	鍛粗體積(V)	工程數之關係
$2.3d$ 以下	$1.80d^3$ 以下	1
$(2.3\sim4.5)d$	$(1.80\sim3.53)d^3$	2
$(4.5\sim8)d$	$(3.53\sim6.28)d^3$	3
$8d$ 以上	$6.28d^3$ 以上	3 以上

6.4 輥軋、抽線、擠製與製管

1.　輥軋

金屬以高溫或低溫狀態通過回轉中的輥子間隙，製成軌條、板材等操作稱爲輥軋，以輥軋方式製造的成品，比沖壓、鍛造及鑄造之操作快且生產費便宜，符合輥軋操作方式的輥軋機種類很多，表 6.13 爲輥軋機之形式。

表 6.13　輥軋機之形式

型式名稱	構造	摘要
雙重式		薄板小型輥軋與冷輥軋用，輥軋之廠所採用機構之一
逆轉雙重式		分塊大型厚板用輥軋
複二重式		小型輥軋用
連結式		小鋼片、桿輥軋用小型鋼帶輥軋工廠使用
三重式		分塊大、中、小形厚板輥軋用與冷輥軋使用
多重式		主要用於鋼板與鐵帶之冷輥軋
萬向式		平鋼、鋼板與特殊形狀用

板材輥軋用輥子爲單純圓筒狀，軌條類輥軋用輥子必須用有形狀之輥軋模(圖 6.28)。

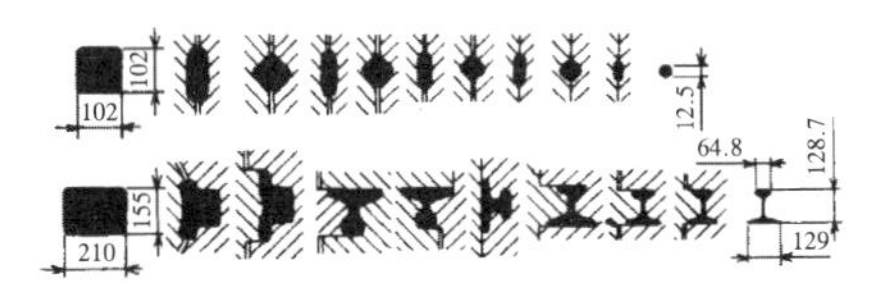

圖 6.28　條料輥軋用輥子

2.　抽線

如圖 6.29 所示，線材通過模孔而抽拉，以得到必要直徑之線，稱爲抽線，爲取得成品直徑的線，必須經過數次抽線，每次抽線即增加線材硬化，故要實施製程退火，以達韌化爲目的時，加熱溫度約 600℃，5 號線～15 號線不實施退火作業，更細的線大約加熱至 900℃，軟鋼線的退火須在 A cm 線(請參照第 5 章 5.1 節之第 3 項)之下進行，硬鋼線的材質須爲糙斑鐵組織。

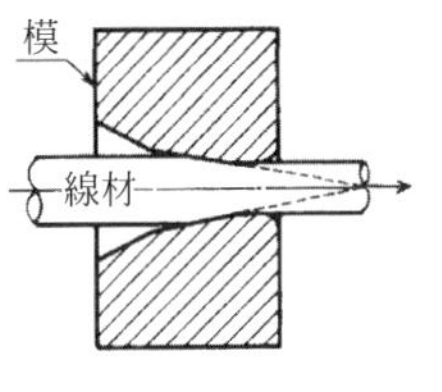

圖 6.29　抽線

抽線方法有單式及連續式，前者用單模抽拉，後者以多個模連續抽拉。

3.　擠製

與抽線剛好相反，如圖 6.30 所示之胚料被擠壓通過模孔，製成必要的成品，稱爲擠壓，圖中(a)是直接法與(b)是間接法，擠製成品不須再加工，有時稍加整修即可。

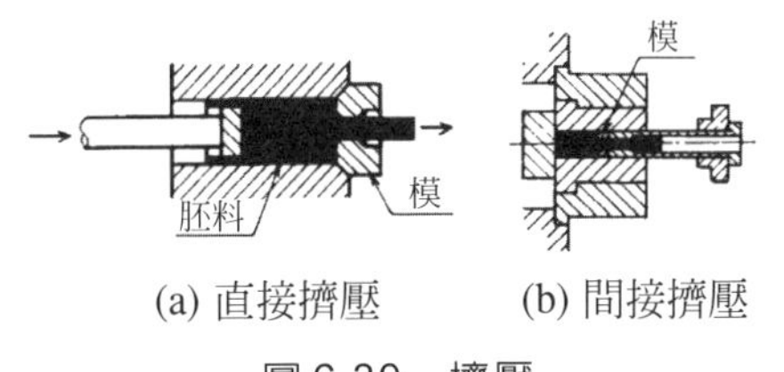

(a) 直接擠壓　(b) 間接擠壓

圖 6.30　擠壓

4.　製管

管大致可分爲無縫管及熔接管兩種。

無縫管的製作方式有許多種，使用最多者用輥軋機的曼氏法。

曼氏法如圖 6.31 所示，胚料置在特殊輥子間，輥子以箭頭方向迴轉時，胚料的內、外部因流動差產生中空，在空心部致入心軸可製成空心粗管。

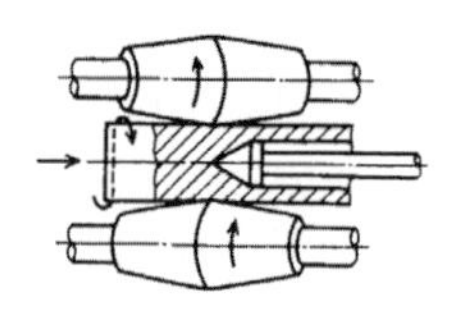

圖 6.31　曼氏法

另一種尤氏法是在胚料、模具與夾持器之間，塗敷玻璃質潤滑劑，以免損傷模具及夾持器，並可使鋼管表面更光滑。

上述方法所得之粗管，須經輥軋或抽拉才能成為可用的鋼管，抽拉管係將曼氏法成形的空心粗管，再經如圖 6.32 所示抽拉所得之管。

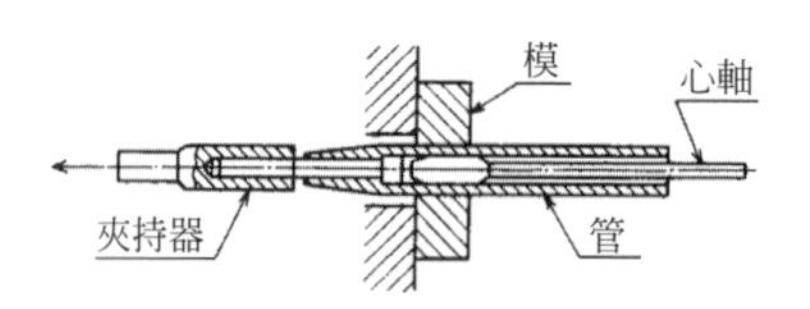

圖 6.32　抽製管

另外電阻銲接的有縫鋼管，是以鋼帶或鋼板捲成圓筒狀，再以電阻銲接縫口之連續製造者，中、小直徑鋼管的縫口通常為縱長之直線，而大直徑鋼管是以鋼帶捲成螺旋狀，再由兩面銲接螺旋線之縫口。

6.5 鈑金作業

1. 鈑金沖壓工作

主要使用薄金屬板製成各種形狀的成品稱為鈑金工作，從事鈑金工作之工廠即鈑金工廠，廣義的鈑金工作包含使用簡單手工具及人力機器之操作，但其重點仍在沖壓加工，亦即以衝模製作各種形狀之成品。

沖壓加工的重要性近來日益增加，應用範圍亦更擴大。

(1) **壓床種類**：主要的沖壓分述如下：

① 曲軸壓床：利用如圖 6.33 所示之曲軸機構，將飛輪的迴轉運動變成衝頭的直線運動，為使用最廣泛之一種，也有使用在曲軸迴轉之偏心軸者，稱為偏心壓床。

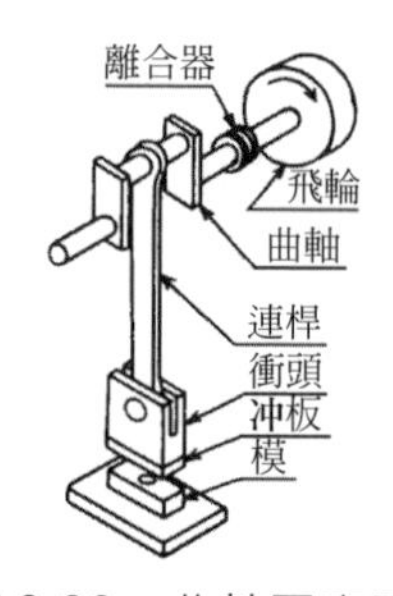

圖 6.33　曲軸壓床原理

② 凸輪式複動壓床：如圖 6.34 所示，衝頭滑塊對著曲軸上下運動，其兩側設置如圖所示之凸輪，利用沖壓滑塊的動作，沖壓材料之沖床，最適於較小型的抽拉加工、與深抽製加工，圖 6.36 所示為凸輪式複動壓床。

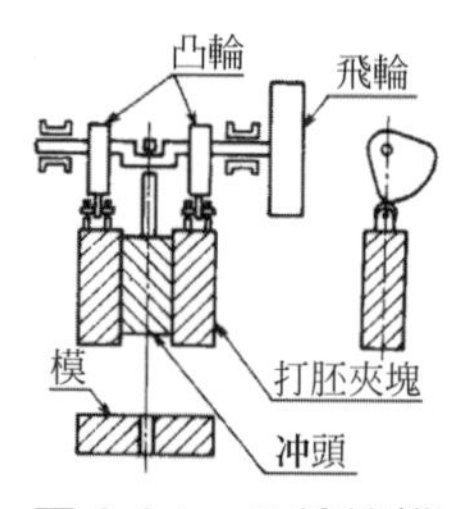

圖 6.34　凸輪機構

圖 6.35　曲軸壓床

圖 6.36　凸輪式複動壓床

③　肘節複動壓床：胚滑塊利用圖 6.37 所示之肘節機構壓床，此機構在下死點附近時衝頭的壓縮速度最小，可連續輸出比曲軸壓床更大之例，最適合深抽製與沖壓成形加工。

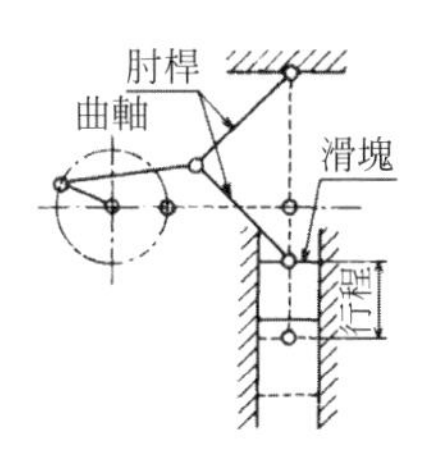

圖 6.37　肘節機構

還有其它使用水油壓作用之液壓床，是一種小型的強力壓床，廣泛地用於壓印、彎曲、抽製、切斷與打胚等。

⑵　**沖壓模具**：沖壓模具通常是由沖頭(公模)與模具(母模)合成一組，利用沖頭之上下運動，將胚料置於靜止之模具上，完成造形加工，作業包含彎曲、壓印、沖胚、抽製或以上之組合等，模具亦因使用目的而異。圖 6.38 所示為沖模之一例，圖(a)為打胚模，圖(b)為彎曲模，圖(c)為抽製模，圖(d)為捲邊模。

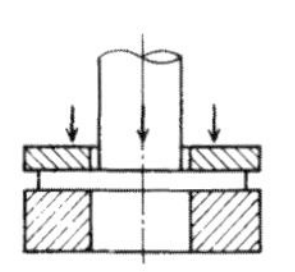

(a) 打胚模

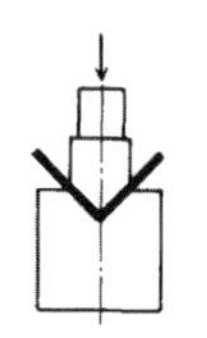

(b) 彎曲胚

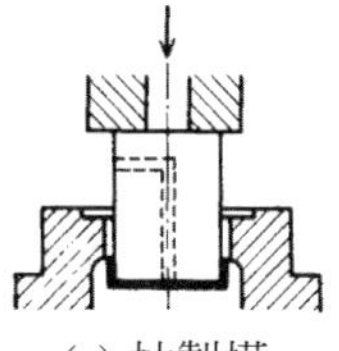

(c) 抽製模

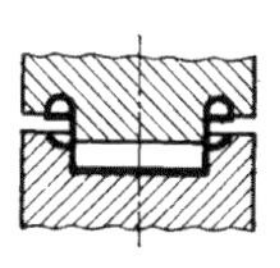

(d) 捲邊模

圖 6.38　沖模

2.　沖模加工注意事項

⑴　沖壓加工製造之成品，應避免帶銳角，否則會使模具快速磨耗，且易使角偶發生應力集中現象，削弱該部分強度。

表 6.14 指示沖模的角偶與圓角值。

表 6.14　角偶與圓角值

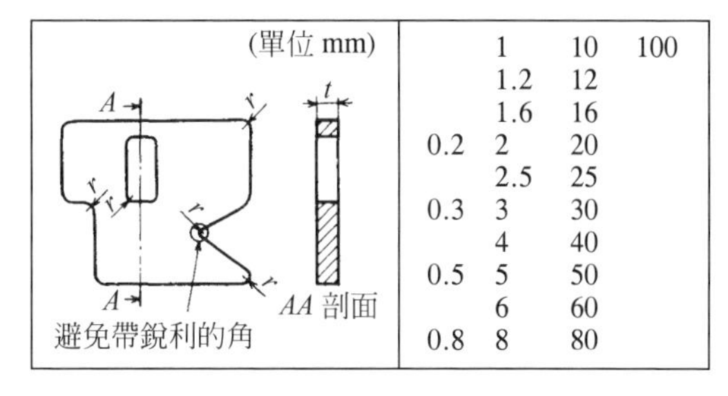

	1	10	100
	1.2	12	
	1.6	16	
0.2	2	20	
	2.5	25	
0.3	3	30	
	4	40	
0.5	5	50	
	6	60	
0.8	8	80	

⑵　製品上之鑽孔直徑要大於板厚，孔與孔之位置不可太靠近。

如圖 6.39 所示在有孔加工處做彎曲時，孔外緣離彎曲部應為板厚之 1.5 倍以上。

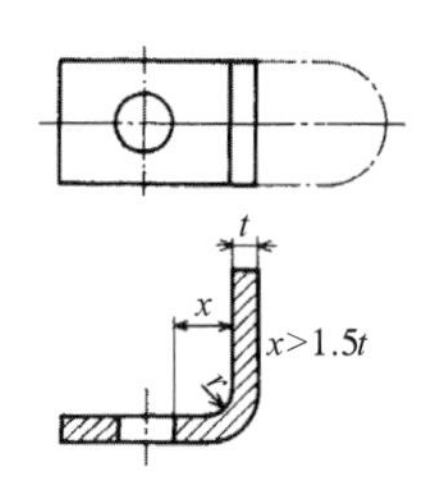

圖 6.39　彎曲加工的孔位置

⑶　切斷胚料時，模具受到橫向推力，必須注意。

⑷　取料的方法對材料之損失或節省有極大之影響，因此，取料之形狀與方法要周詳地考慮。

圖 6.40 係說明取料方法之實例，圖(a)取料之形狀應改爲圖(b)取料之方法，以節省材料。

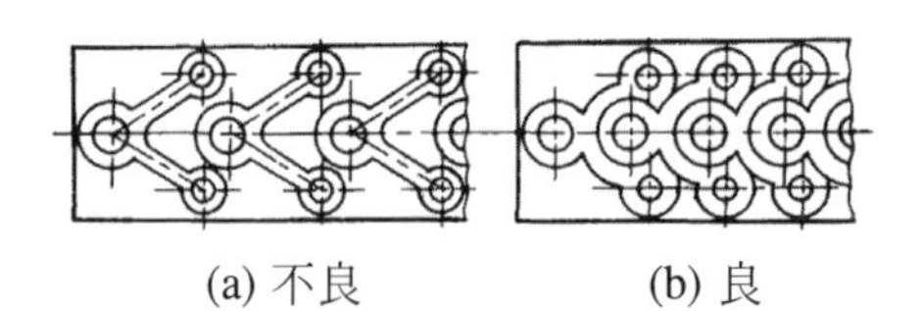

(a) 不良　　(b) 良

圖 6.40　變更設計以節省材料

⑸　使用一般壓沖做彎曲加工時，應依據表 6.15 所示之最少彎曲半徑。

表 6.15　最小彎曲半徑

	材質	R (最小)
	極軟鋼	$(0.3 \sim 1.0)t$
	軟鋼、黃銅、銅	$(1.0 \sim 2.0)t$
	碳鋼	$3.0t$
	鋁合金	$(2.0 \sim 3.0)t$

⑹　深抽製加工之衝頭外徑(成品內徑) d_1與胚料外徑D_o之比d_1/D_o稱爲抽製率，是表示抽製加工程度之標準，此抽製率小時，可製成直徑比高的抽製成品，但如超過一定限度，則材料加工時會生破裂，此可作加工之最小抽製率稱爲臨界抽製率，臨界值大小因材質、熱處理條件、板厚與加工法而異，表 6.16 是一般深抽製用材料的臨界抽製率。

表 6.16　實用臨界抽製率

材料	深抽製 d_1/D_0	二次抽製 (直徑減少率)%
深抽製鋼皮	0.55～0.60	0.75～0.80
不銹鋼板	0.50～0.55	0.80～0.85
鍍鋼板	0.58～0.65	0.88
銅板	0.55～0.60	0.85
黃銅板	0.50～0.55	0.75～0.80
鋅板	0.65～0.70	0.85～0.90
鋁板	0.53～0.60	0.80
杜拉鋁板	0.55～0.60	0.90

6.6 機械加工

經過鑄造、鍛造及其它工廠製成之胚料，須在機械工廠加工爲成品，實施機械切削加工之機械稱爲工具機。

工具機大致可分爲：同一部機械可做各種加工的萬能工具機與限定加工對象的單能機，只限一種工作使用的專用機，單一製品全部加工或部分加工在一部機器實施之單位工具機。

主要之機械加工分述如下：

1.　車床加工

車床是最基本的工具機，如不考慮工作效率，則幾乎可做所有的加工，圖 6.41 爲標準齒輪式車床。

圖 6.41　標準齒輪式車床

車床之大小以圖 6.42 所示之部分表示，車床係以車刀固定，而工件迴轉加工，圖 6.43 與圖 6.44 爲車床用車刀種類與加工部分。

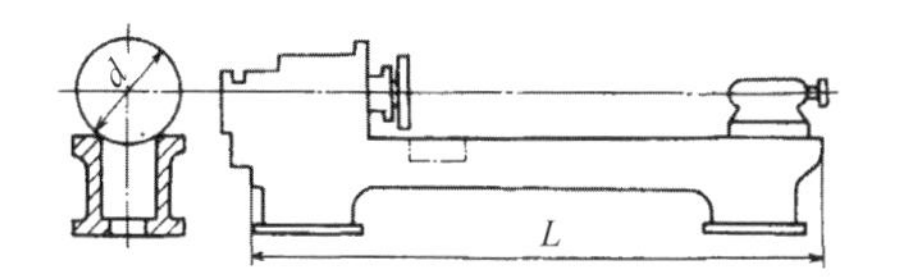

圖 6.42　車床之尺寸

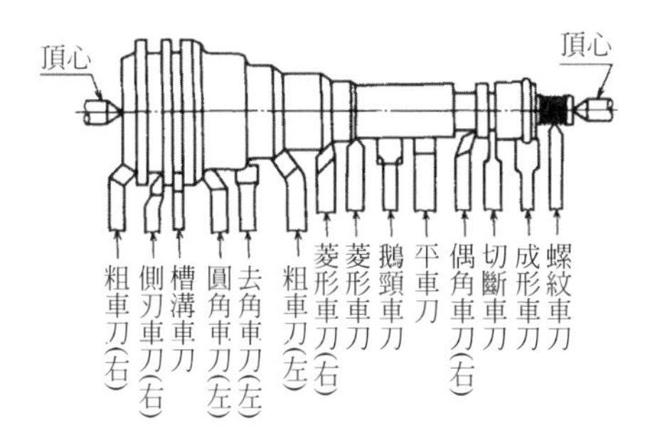

圖 6.43　車刀形狀與車削

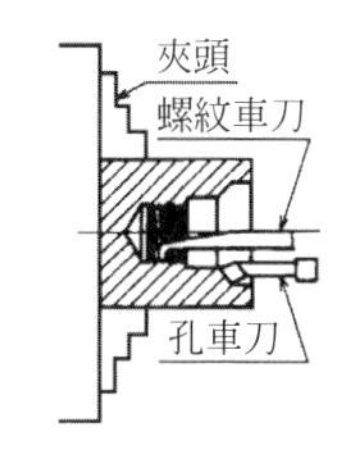

圖 6.44　車刀的形狀與車削(夾頭加工)

圖 6.43 所示係工件兩端用頂心支持之情況，稱爲頂心加工，圖 6.44 所示用夾頭固定工件車削，稱爲夾頭加工，圖 6.45 所示爲車床做各種車削加工之實例。

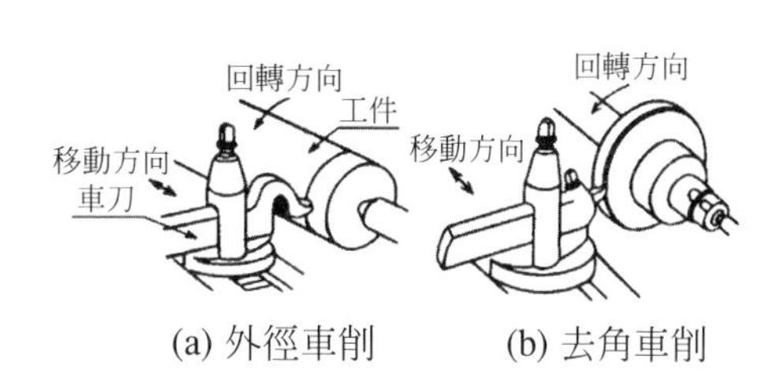

(a) 外徑車削　(b) 去角車削

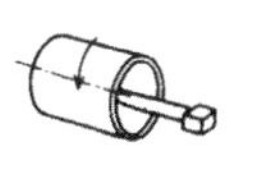

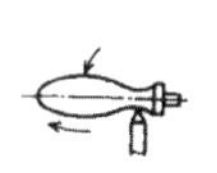

(c) 內徑車削　(d) 正面車削　(e) 成型車削

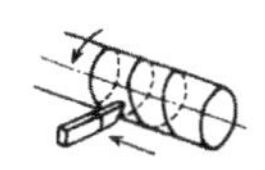
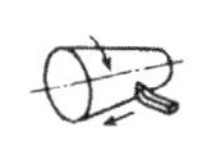

(f) 球面車削　(g) 螺紋車削　(h)推拔車削

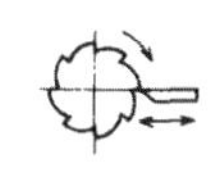

(i) 輥花車削　(j) 鏟齒車削

圖 6.45　車床加工

車床的種類有許多，常見的有：各種加工用普通車床、直徑比長度大的正面車削用正面車床、用多支車刀同時作多種加工的六角車床、小型精密零件用桌上車床，有效實行特殊加工的車床，如旋臂車床、多軸車床等特殊車床，材料的進給、加工位置之固定、車刀移送等自動化的自動車床等(圖 6.46)。

(a) 傳統車床

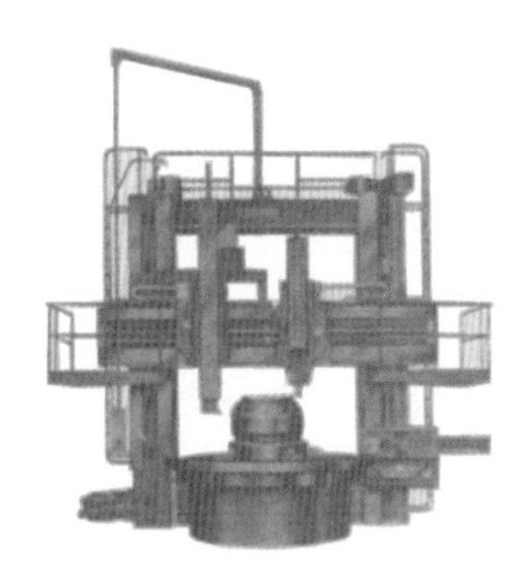

(b) 立式車床

(c) 六角車床

(d) 桌上車床

(e) 自動車床

圖 6.46　車床之種類

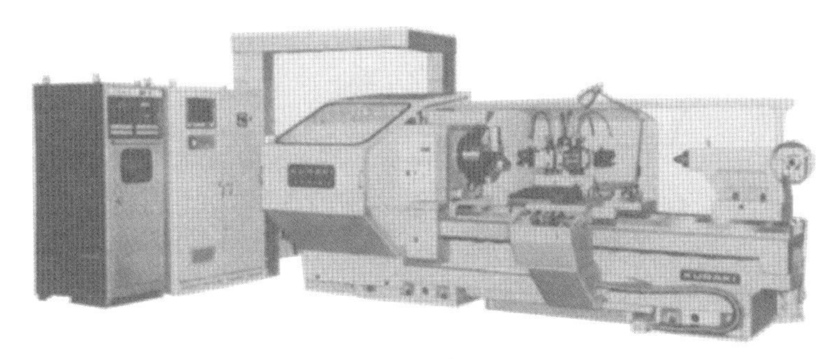

(f) NC 車床

圖 6.46　車床之種類(續)

2. 鑽床作業

鑽床如圖 6.47 所示，主軸裝有迴轉之鑽頭，下降運動時對工件鑽孔，或作精密加工。

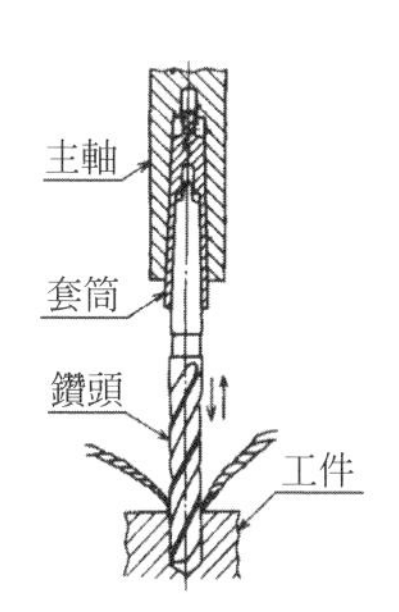

圖 6.47　鑽孔

圖 6.48 爲利用鑽床做各種加工之實例。

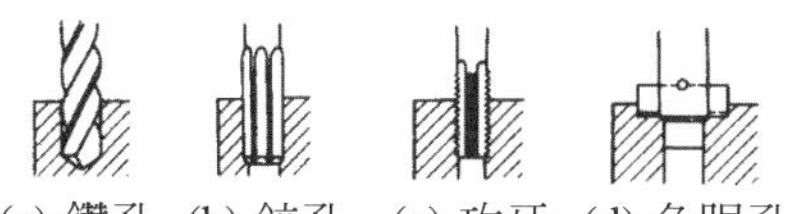

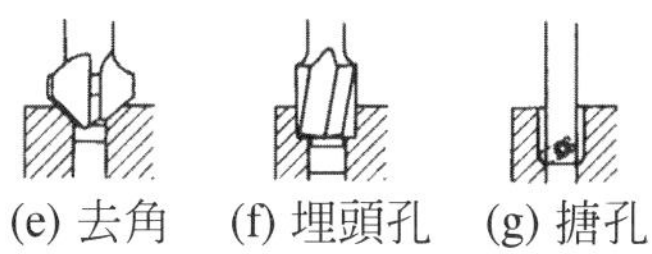

圖 6.48　鑽床作業

常用的鑽床有立式鑽床(圖 6.49)、主軸可移動加工大工件用懸臂車床(圖 6.50)、可做連續孔加工之排列車床(圖 6.51)、主軸有許多支，一次可作的多孔加工的多軸鑽床(圖 6.52)。

圖 6.53 爲鑽頭之各部位名稱。

鑽頭的種類有許多，一般常用的如圖 6.54 所示之麻花鑽頭，麻花鑽頭又有直柄與斜柄兩種，形狀與尺寸依 JIS B 4301、4302 規定。

直柄者以夾頭固定在主軸，斜柄者插入套孔固定於主軸。

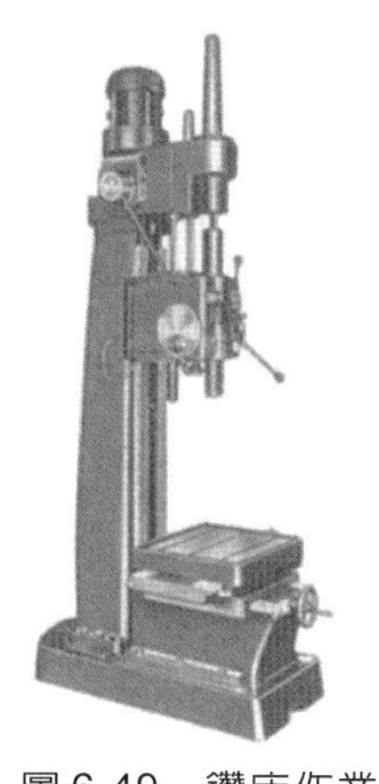

圖 6.49　鑽床作業　　圖 6.50　懸臂鑽床

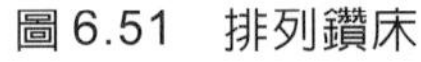

圖 6.51　排列鑽床　　　圖 6.52　多軸鑽床

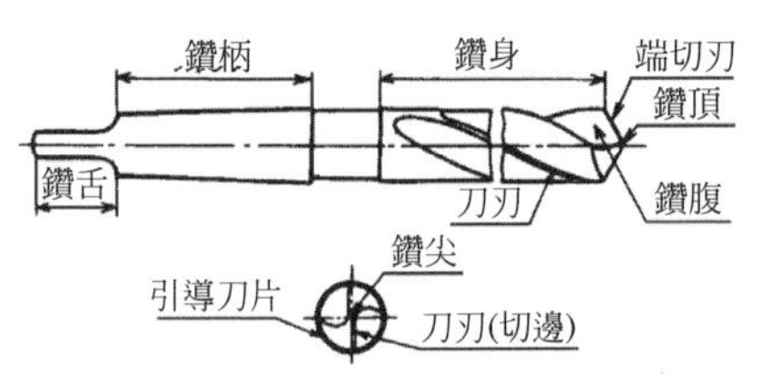

圖 6.53　鑽頭部位名稱

圖 6.53 示鑽床各部名稱。

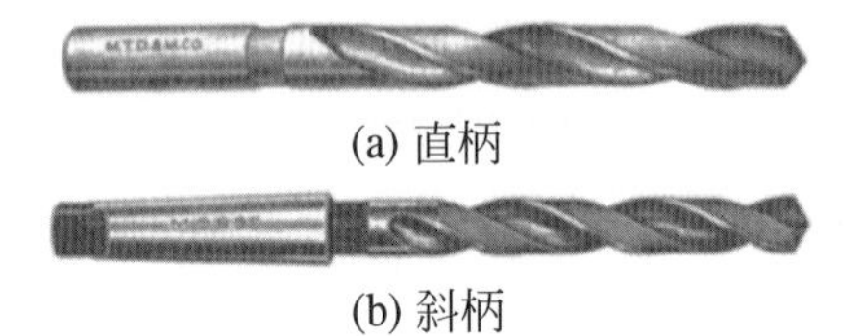

(a) 直柄

(b) 斜柄

圖 6.54　麻花鑽頭

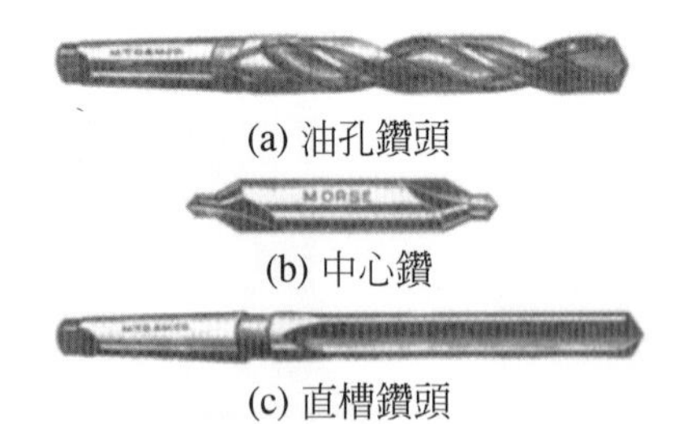

(a) 油孔鑽頭

(b) 中心鑽

(c) 直槽鑽頭

圖 6.55　特殊鑽頭

刀規格依 JIS 規定，可分平行與錐度二種。

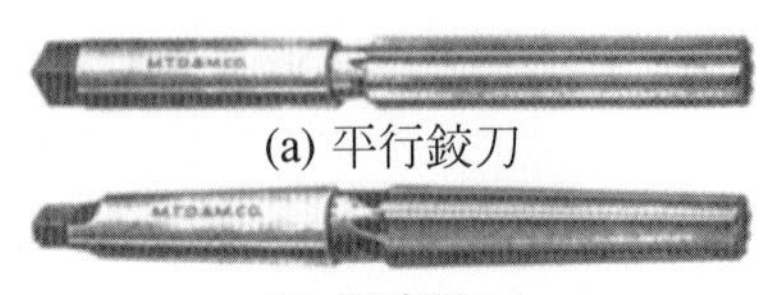

(a) 平行鉸刀

(b) 錐度鉸刀

圖 6.56　鉸刀

特殊鑽頭有鑽深孔用的由孔鑽頭(圖 6.55 之(a))，鑽中心孔用的中心鑽頭(圖 6.55 之(b))與鋁、銅等輕合金材料鑽孔用的直槽鑽頭等(圖 6.55 之(c))。

3.　銑削加工

平面、圓面、槽溝、特殊曲面、凸輪、齒輪等範圍廣泛之加工稱爲銑削，有效使用銑刀的機械稱爲銑床。

普通常用之銑床加工如圖 6.57 所示，銑刀裝在水平軸迴轉，同時工件以各種方法進給銑削加工者爲臥床銑床(圖 6.58)，臥式銑床上裝置工件的床台可迴轉者爲萬能銑床(圖 6.59)，其操作範圍比臥式銑床廣泛，麻花鑽頭、螺旋齒輪等加工皆可勝任；立式銑床與上述兩者不同，爲銑刀垂直裝置之銑床，適於銑溝加工。

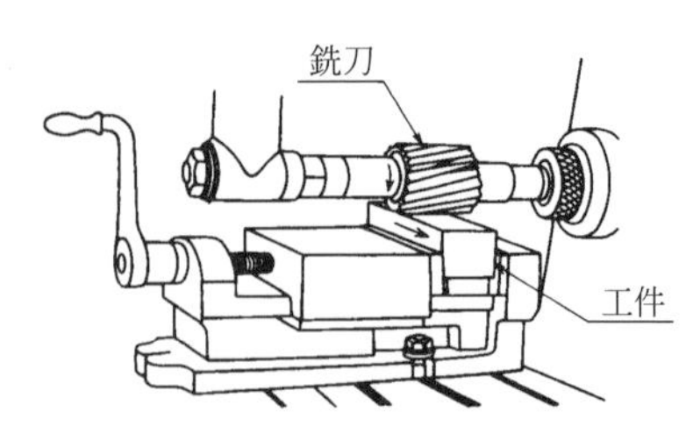

圖 6.57　銑削加工

圖 6.58 臥式銑床

圖 6.59 萬能銑床

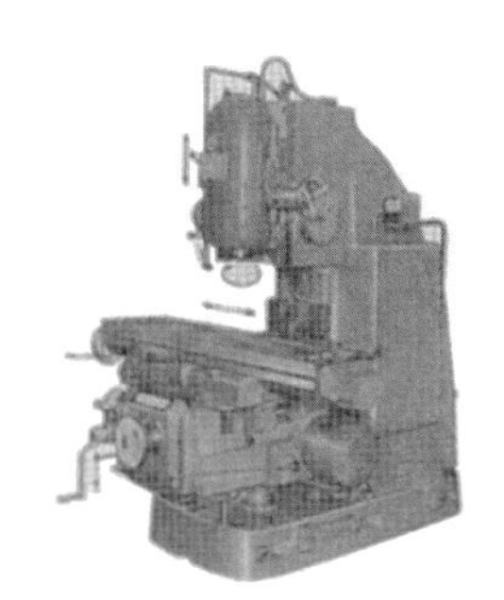

圖 6.60 立式銑床

圖 6.61 所示為銑床加工與銑刀形狀。

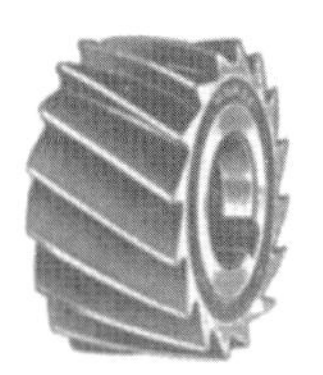

(a)一般用

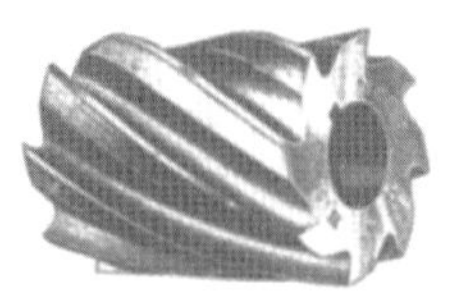

(b) 粗銑削用

(1) 平銑刀

(a) 一般用

(b) 單面

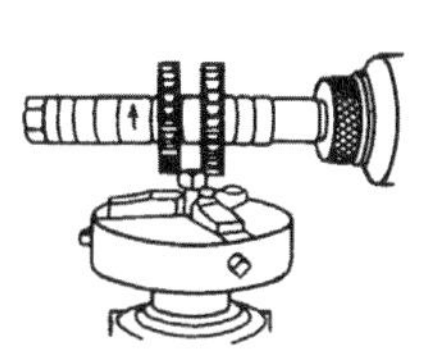

(c) 組合

(2) 側銑刀

(3) 平面銑刀(嵌刃)

(4) 金屬鋸

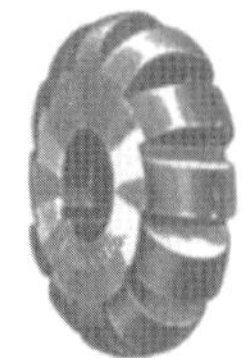

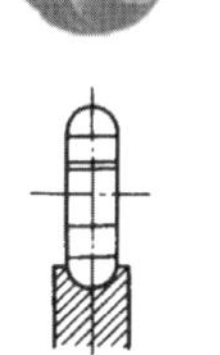

(a) 外圖　(b) 內圓　(c) 複雜形

(5) 曲線銑刀

圖 6.61 銑刀形狀與銑削加工

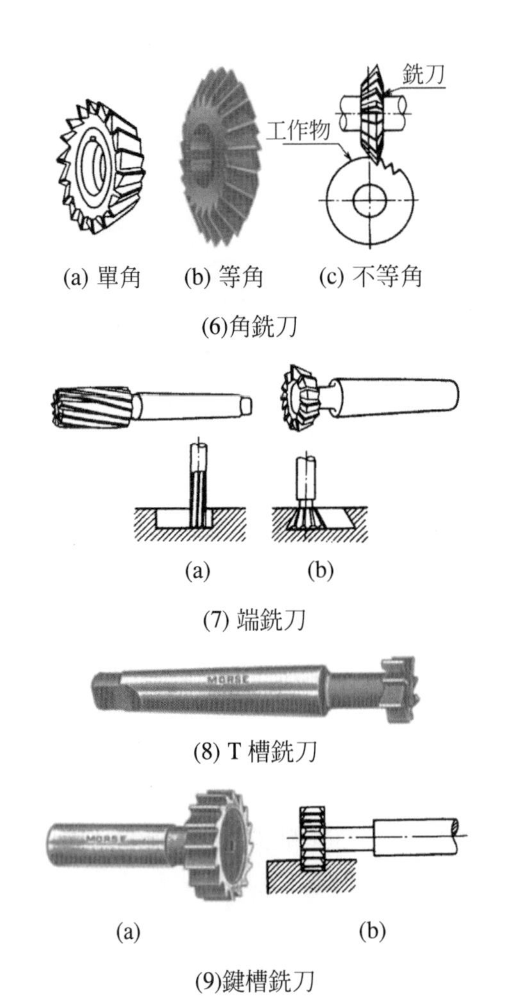

圖 6.61 銑刀形狀與銑削加工(續)

圖⑴為平銑刀，為了減少切削震動，刀刃呈螺旋狀排列，可分普通刀刃與粗刀刃二種，主要用於平銑削。

圖⑵為側銑刀，廣泛用於側面銑削，刀刃有普通刀刃，粗刀刃與鋸齒刀刃三種，圖⑵之(c)是組合側銑刀做為成型銑刀，稱為組合銑刀。

圖⑶為平面銑刀，主要用於平面銑削，直徑大的銑刀使用嵌刀刃。

圖⑷為金屬鋸，有普通刀刃與粗刀刃二種，主要用於棵材之切割。

圖⑸為曲線銑刀，所有刀面在研磨時均須在半徑方向實施，以免因研磨而變形。

圖⑹為角剪刀，有單角、不等角、等角三種。

圖⑺為端銑刀，主要用於端面及槽溝之銑削。

圖⑻為 t 槽銑刀，圖⑼為鍵槽銑刀。

4. 平面切削

前述之銑床雖可做平面切削，但為提高工作效率，則應使用牛頭鉋床，插床與龍門鉋床。

牛頭鉋床係刨刀做前後往復運動，進給裝置操作主要是使工作台橫向進給，圖 6.62 所示為牛頭鉋床操作實例，適用於較小的工件加工。

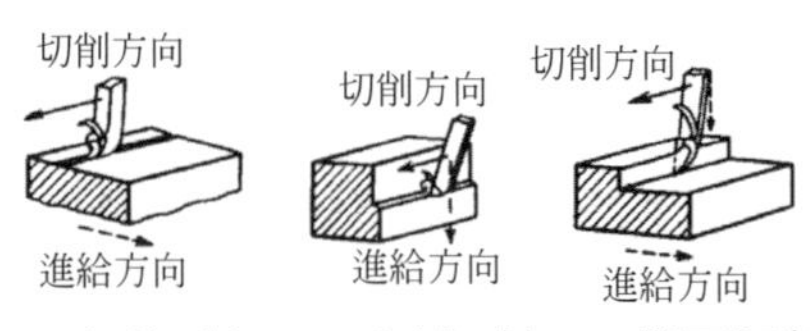

(a) 平面切削 (b) 垂直切削 (c) 側面切削

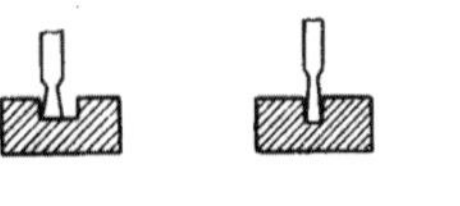

(d) 槽溝切削 (e) 槽溝切削 (f) 斜角切削

圖 6.62 鉋床作業

插床的衝柱上裝有插刀可做上下運動，工作台的進給操作主要是前後左右進給，亦可旋轉進給，衝柱可作傾斜，前後左右之進刀適用於方孔與內槽溝之插削。

龍門鉋床有單柱式與雙柱式兩種，單柱式比雙柱式的裝置材料更大，更具彈性，龍門鉋床係工件固定於工作台作往復運動，適用於大工件，進給裝置係使用刀具橫向進給。

圖 6.63～6.65 所示爲分別爲牛頭鉋床、插床與龍門鉋床。

龍門鉋床裝有銑刀頭者稱爲雙柱式(門型)龍門鉋床，用一台機械可做平面加工、銑削加工、鑽孔與攻牙等多樣加工，如圖 6.66 所示。

圖 6.63　牛頭鉋床

圖 6.64　插床

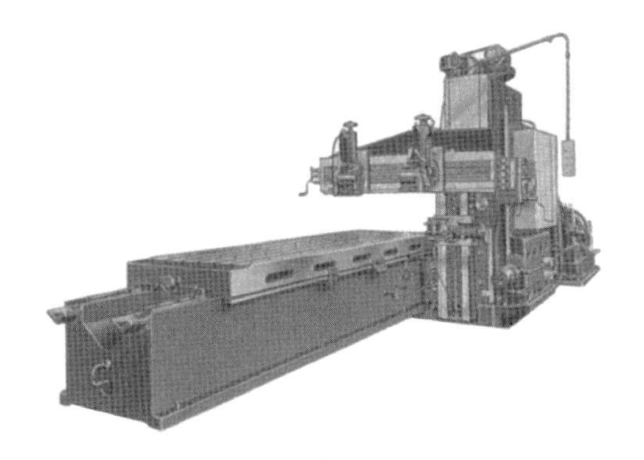

圖 6.65　單柱式龍門鉋床

圖 6.66　雙柱式龍門鉋床

5. 搪孔加工

鑽削與鑄造所得之孔，無法達到要求的尺寸與精度，擴大上述之孔，以得到正確尺寸之操作稱爲搪孔加工，此加工所用之機械爲搪床，其目的在於加工達成正確地中心位置與尺寸，搪孔主要作業爲搪孔，但亦可做銑削、鉸孔、外週切削、鑽孔等加工。

搪床以如圖 6.67 所示之搪桿做迴轉運動，切削工件，搪桿上裝有刀具，可由工件做進給運動，亦可用迴轉之搪桿進給，適用於迴轉困難之複雜大型工件切削。

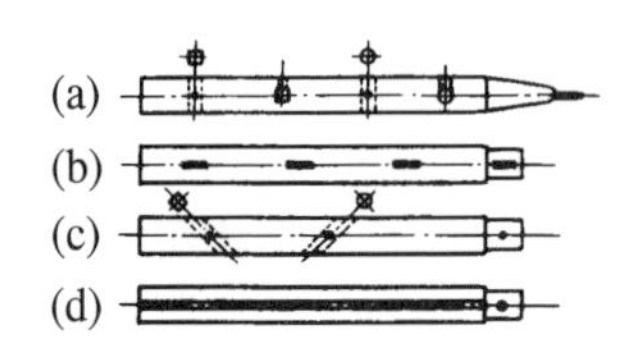

圖 6.67　搪桿

搪床依構造及性能可分：臥式搪床、立式搪床、工模搪床三種，圖 6.68 為臥式搪床，圖 6.69 為門型工模搪床。

圖 6.68　臥式搪床

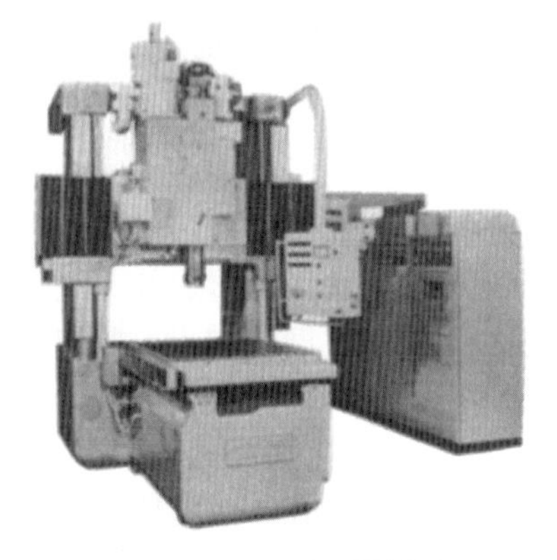

圖 6.69　門形工模搪床

6.　研削加工

研削加工係利用高速迴轉的表面研削磨粒對工件做細微切削之加工，此加工專用機械稱為磨床。

磨粒是極硬的礦物質做成，故無論是普通金屬或淬火鋼，超硬合金鋼等難切削材料皆可研削加工，細微磨粒是以玻璃質黏結劑結合，切削面積極小，因此，研削面比切削工具所得之切削面更良好，尺寸精度更佳，圖 6.70 所示是磨石研削的狀態。

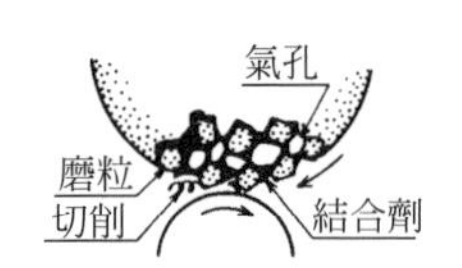

圖 6.70　磨輪切削狀態

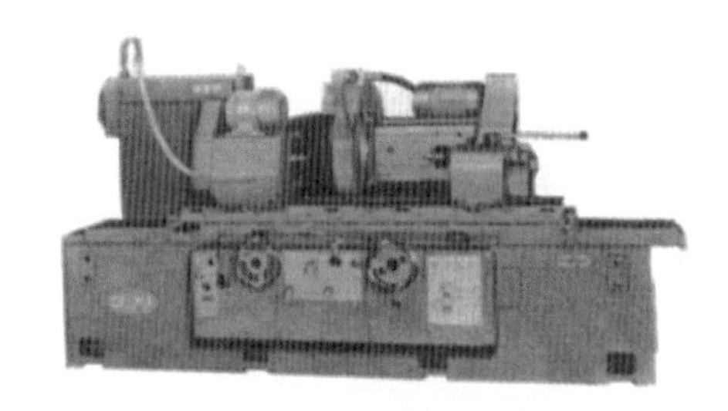

圖 6.71　圓筒磨床

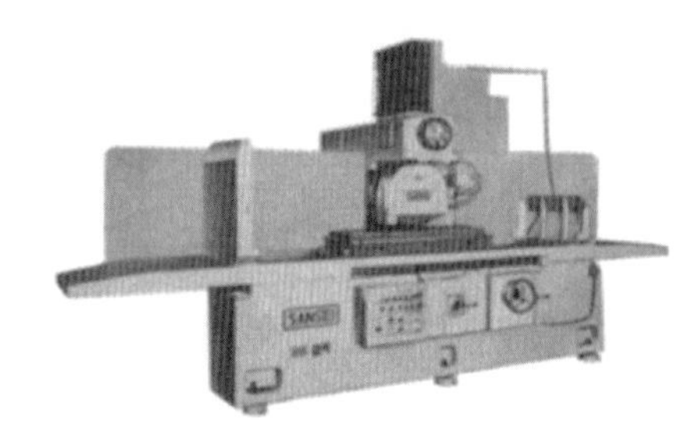

圖 6.72　平面磨床

磨床種類有許多，如圓筒磨床、內面磨床、平面磨床、萬能磨床、無心圓筒磨床、無心內面磨床等，上述之磨床都是利用高速迴轉做材料的精密加工，為防範振動等問題，構造、驅動方式等均須詳細考處，構造要堅固，驅動以無停頓的皮帶傳動或油壓運動爲佳，圖 6.71 與 6.72 分別爲圓筒磨床與平面磨床，圖 6.73～6.78 爲各種研削加工實例。

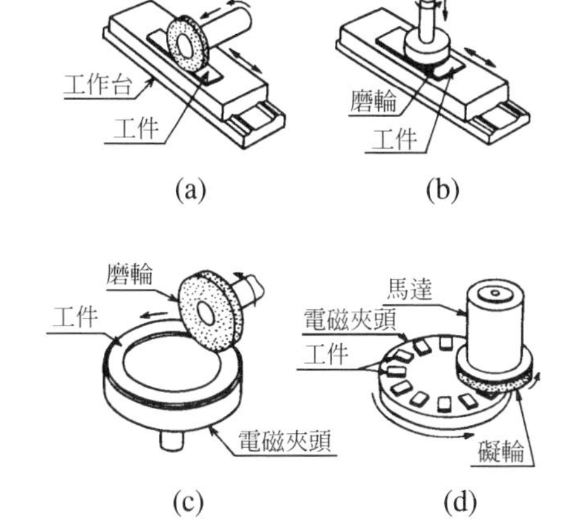

圖 6.73　平面研削

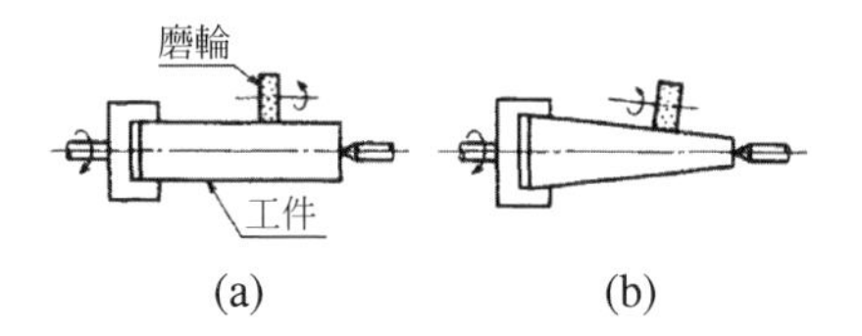

圖 6.74　圓筒研削

7.　切齒加工

齒輪的切齒法大至可分爲創成切齒法與成形切齒法二種。

創成切齒法是利用漸開曲線之原理，刀具爲齒條或小齒輪形，在刀具與胚料運動關係中刻出漸開線齒形、切齒刀具的模數與壓力角與製作之齒輪相同，可得正確加工之齒輪，具有許多優點，現在之齒輪大都採用創成切齒法加工。

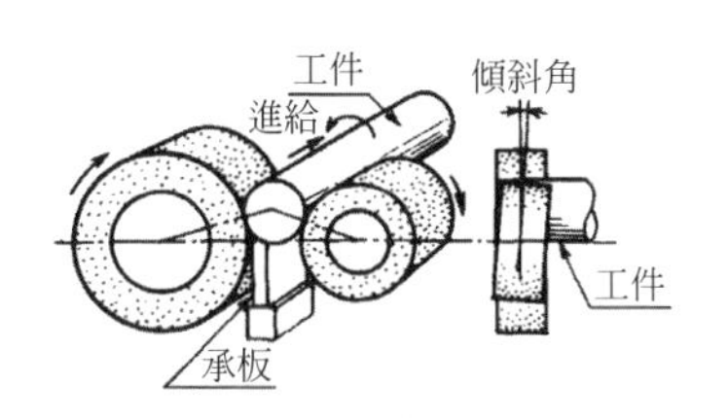

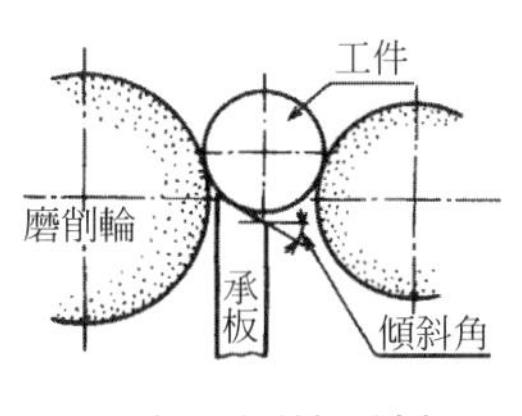

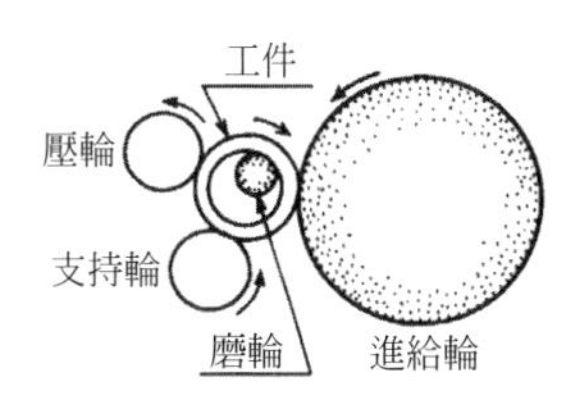

圖 6.75　無心研削

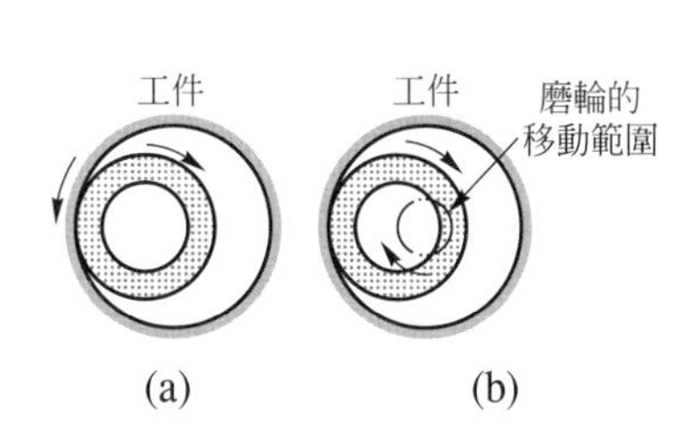

圖 6.76　內面研削

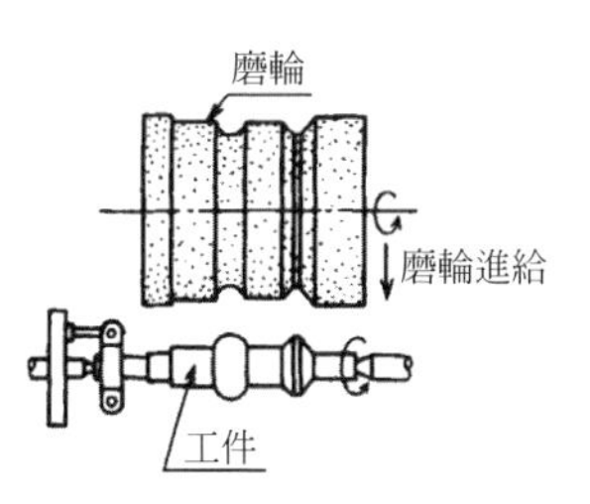

圖 6.77　複雜形狀磨削

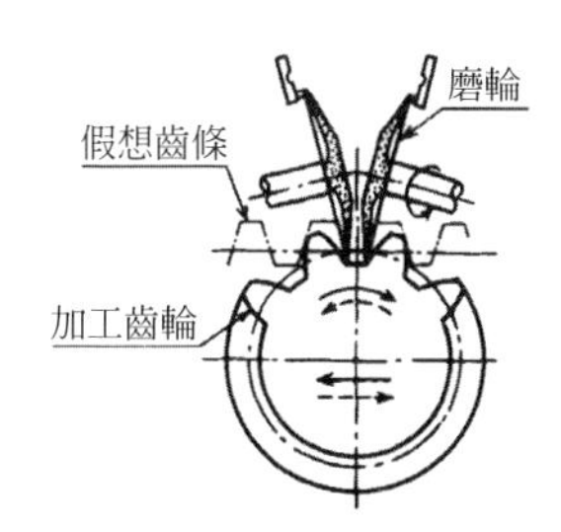

圖 6.78　齒輪研削原理

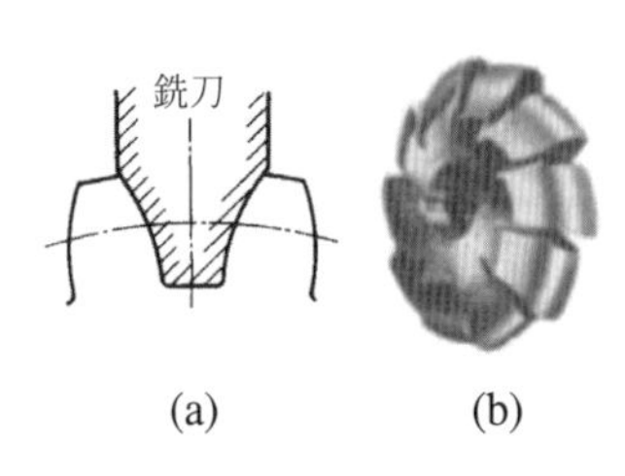

圖 6.79 銑刀切齒

另有一種成形切齒法，是利用具有與齒輪齒槽輪廓相同之刀刃銑削成齒之加工，刀具的曲線原本本重現於齒輪，此法使用一個銑刀切齒，齒輪的齒數很有限，現大都不採用，因此以下只敘述創成切齒法。

創成切齒所使用之切齒機機構有：銑床形、刨床形等機構，或特殊機構，依切削刀刃區別加工法則大至可分：

⑴ 如圖 6.80 所示之小齒輪狀刀刃加工。

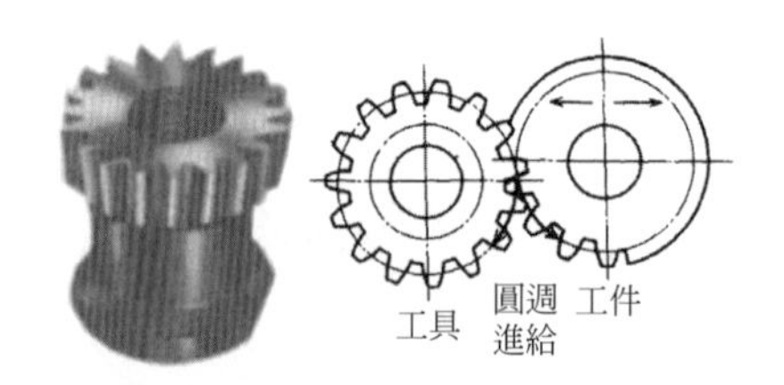

圖 6.80 小齒輪形刀具加工法

⑵ 如圖 6.81 所示之齒條狀刀刃加工。

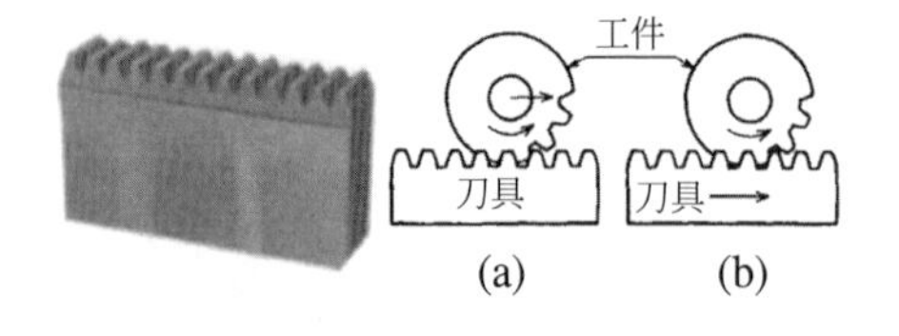

圖 6.81 齒條刀具加工法

⑶ 如圖 6.82 所示之螺旋狀滾齒加工。

圖 6.83 所示爲齒輪鉋床，採用小齒輪刀具或齒條刀具，利用類似一對齒合齒輪之原理，使刀具與胚料同做正面迴轉，用刀具的上下運動創成齒形，切削成型的齒輪有外接平、斜齒輪及內接平、斜齒輪與齒條等，其加工範圍廣泛。

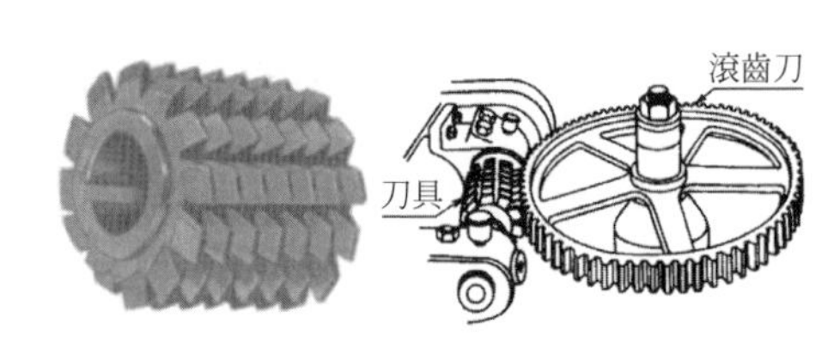

圖 6.82 滾齒加工法

圖 6.83 齒輪鉋床

圖 6.84 滾齒機

圖 6.84 所示爲滾齒機，係用有基準齒條形狀之螺旋狀滾齒刀做迴轉，同時進給齒輪胚料切削成形。

8. 拉削加工(broaching)

拉孔又稱串孔；工件在拉孔前先製有形狀大略相似之圓孔，再以所謂的拉刀穿過圓孔拉削成如圖 6.85 所示各種形狀之孔加工，是一種精密之孔加工。

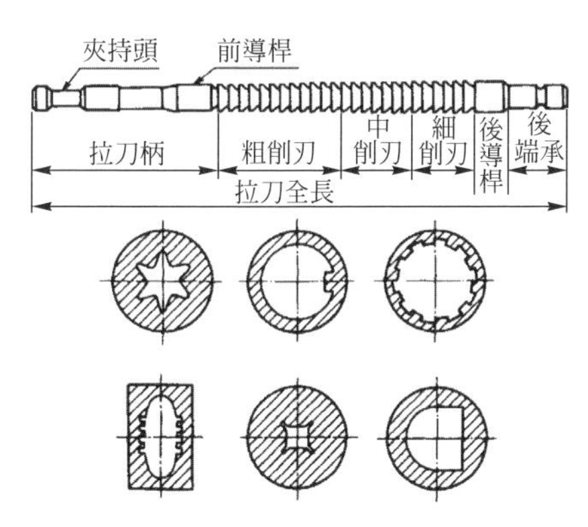

圖 6.85　拉刀與拉孔加工例

實施拉削加工之機械稱爲拉床，可分爲立式拉床與臥式拉床兩種，拉刀拉削工件之方法，又可分爲拉出型與壓出型，圖 6.86 爲立式多軸拉床。

圖 6.86　立式多軸拉床加工情況

9. 研磨、搪磨與超光製

研磨、搪磨與超光製(super finishing)是製作正確、精密加工面的精密加工法。

(1) **研磨加工**：如圖 6.87 所示爲使用研磨劑與研磨工具磨削工件，製作比研削加工更精密的加工面，研磨作業是手工操作，但大量生產時用如圖 6.88 所示之研磨機加工。

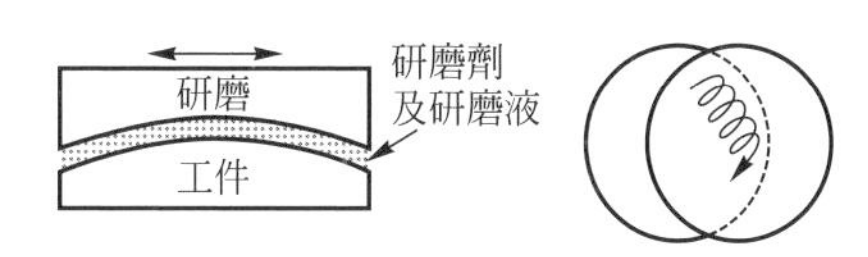

圖 6.87　研磨加工

圖 6.88　研磨機

(2) **搪磨加工**：孔內面的精度須比搪孔或研削孔加工面高時之加工，如圖 6.89 所示，搪磨石是由三～五個獨立磨石組成，分別以彈簧抵住於加工面，同時做迴轉與往復運動，精密搪磨加工面，如圖 6.90 所示爲大量生產用搪磨床，表 6.17 則表示搪磨加工裕度。

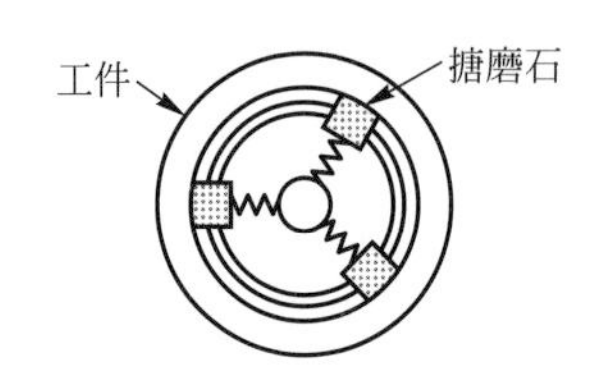

圖 6.89　搪磨

圖 6.90　搪磨機

表 6.17　搪磨加工裕度

(單位 mm)

工件內徑	鋼	鑄鐵
25～150	0.008～0.04	0.02～0.1
150～300	0.04～0.05	0.1～0.17
300～500	0.05～0.06	0.17～0.2

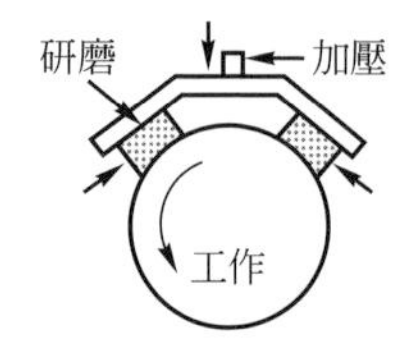

圖 6.91　超光製

(3) **超光製**：超光製爲製作光滑且精度極高的加工面加工，如圖 6.91 以 9 mm 以下之極短磨石，做每分鐘 200～500 迴轉，同時使工件振動，利用磨石與加工品間的波狀磨削，製作加工面，加工時間約 10 餘秒，圖 6.92 爲超光製機。

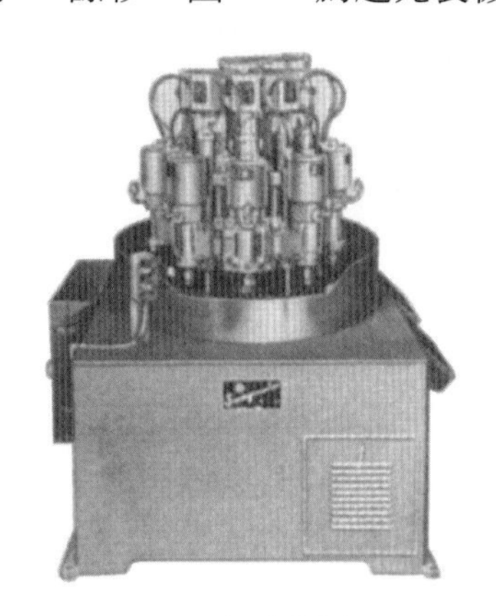

圖 6.92　超光製專用機

10. 放電加工

放電加工法是一種使工件與電極間產生火花放電，並利用放電作用在工件表面鑽孔、切斷等加工操作，其特點爲對超硬合金等非常硬的金屬與非金屬皆可輕易地加工，且加工時無須任何機械式外力，不

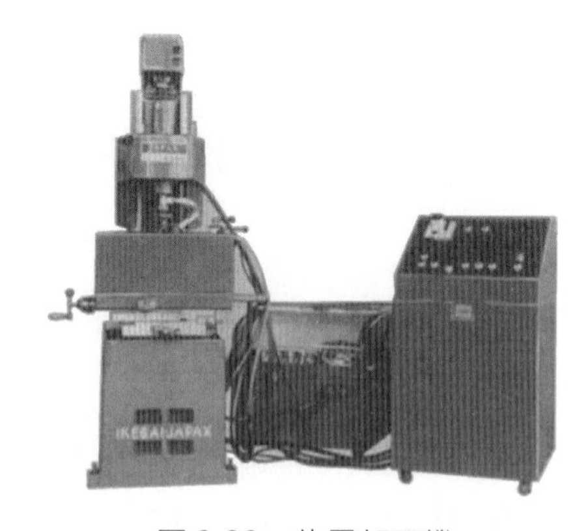

圖 6.93　放電加工機

必擔心工件之變形，但相反的亦有其缺點，如加工面係非鏡面，故容易使尺寸精度降低，圖 6.93 所示為放電加工機。

11. 螺紋輥軋

小螺絲、螺栓等螺紋通常是用螺紋輥軋法製作，如圖 6.94 所示，圓周有螺紋狀的二個螺模夾住螺紋胚料，加壓螺模轉動胚料會使其形成螺紋。

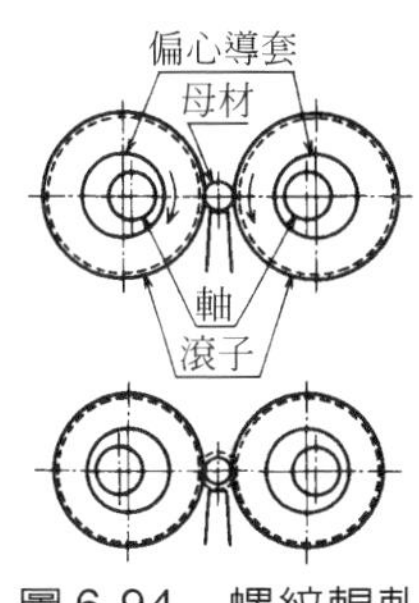

圖 6.94　螺紋輥軋

上述之操作稱為螺紋輥軋法，輥軋螺紋的強度、精度皆比切削螺紋佳，且製作之效率極高，故廣受採用，輥子亦可使用平模式。

6.7 數值控制工具機

1. 數值控制

所謂數值控制，係指利用數值資料輸入來控制動作，工具機主要是由打孔帶(打孔機將數值符號化所得之指令帶)之指令來操作工具機之一種自動控制方式，通常稱為NC(Numerical Control之簡稱)。其後，不使用帶，利用電腦內藏，直接輸入數值控制之 CNC(也單稱為 NC)。

2. 數值控制工具機

數控工具機(NC工具機)基本上是改良普通工具機進給驅動機構，再組合*NC*控制裝置做成，但是，最近已朝所謂綜合加工機(MC)NC 加工方向來設計工具機。

3. NC 裝置概要

NC裝置是控制機械運動的裝置。操作NC 設備的程式就是數值控稱之為程式。數控單元是以加工程式為基礎的數控機械。它是控制機器運動的系統的總稱。

數控該裝置由以下四個要素組成。

⑴ 顯示控制單元（NC 操作面板）

② 數值計算部分

③ 控製程式順序的順序系統

④ 控制主軸和工作台驅動的伺服控制由各種功能組成，根據製造商的不同，設備也有多種類型。功能和加工效率可能會因 NC 裝置而異。例如，マクロ之（程式的應用功能）和獨特的加工程式以不同的方式處理，同時操作多台數控機械時必要小心。

接下來，描述 NC 設備的概況。

⑴ 顯示控制單元（NC操作面板）操作員是數據操作的面板部分。數控程式的輸入和編輯、加工內容的確認等可以進行各種操作

⑵ 數值計算部分主要作用的添加 NC 單元。將數控程式輸入電腦，然後應用於順序控制部分和伺服控制部分。傳輸工作指令。

⑶ 順序控制單元可程式編寫，它使用邏輯控制器（PLC）的編寫。數字根據值計算單元發送的命令，NC 過程安裝

在機械上，的各種傳輸器及外圍設備來精確控制。

⑷ 伺服控制部分主軸及工作台位置/控制旋轉和速度的基本機制是。接受數值計算部分的命令，交流伺服電機（交流主軸）驅動工具和移動工件。繼電器用於檢測電機的位置和轉速。近距離編碼器、光柵尺等高精度傳感器使用傳輸器，並將信息實時發送給 NC 回饋。這樣就實現了數控機械的高精度加工。因此，需要穩定的反應再現性。

4. 數控程式

由 NC 單元控制命令的機械的移動。加工程式是由位址和數字組合組成的代碼描述，控制軸移動量是設定的。被稱爲代碼的數據被輸入 NC 裝置，計算由主軸和工作台的計算機執行移動。審查第 6 章機械設計繪圖員所需的機械加工知識 在 NC 程式中，是必要的切削條件和加工程式；另外描述 ATC(自動換刀系統)更換工具的時機、切削油的開/關等。注意程式輸入是由操作員和 PC 手動輸入。

5. 數控程式的結構

在數控程式中，一個操作由一行程式描述。這一單行程式稱爲程式段，加工通過連續的程式段進行。

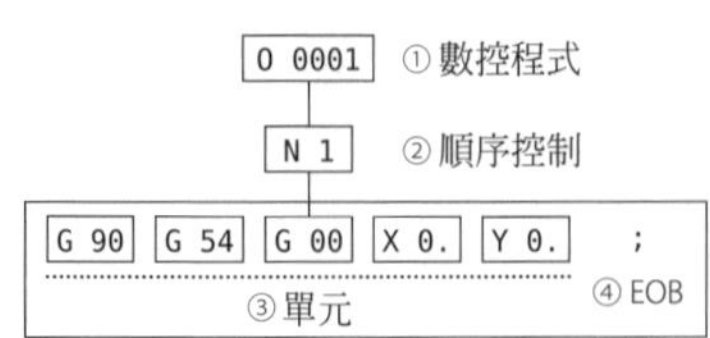

圖 6.95 數控程式的結構圖例

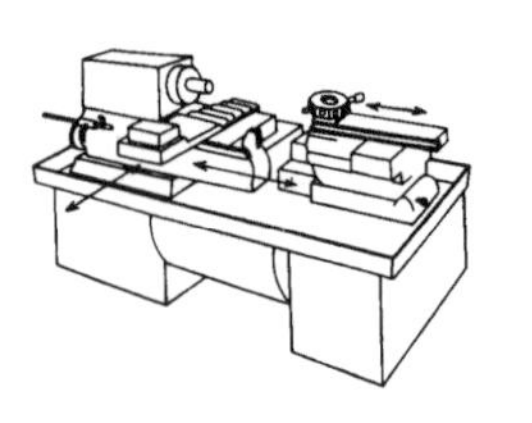

(a) 六角車床 3 軸控制

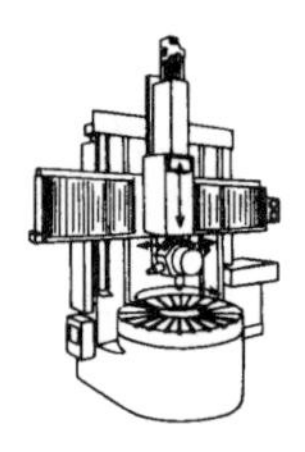

(b) 轉搭型立式車床的 3 軸控制

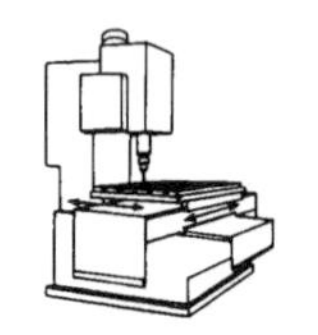

(c) 立式鑽床的 2 軸控制

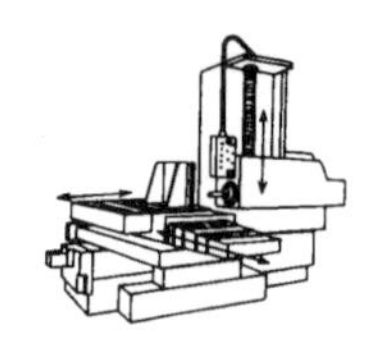

(d) 搪銑床的 3 軸控制

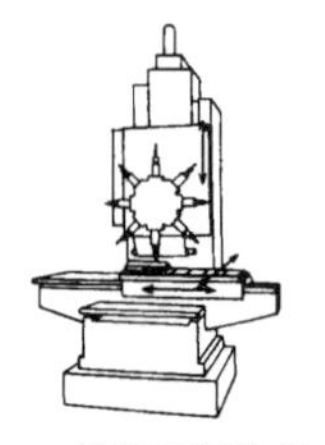

(e) 轉搭型鑽床的 3 軸控制

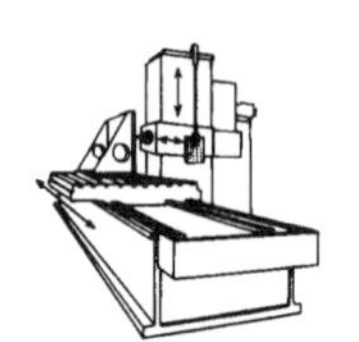

(f) 臥式銑床的 3 軸控制

圖 6.96 臥室銑床的 3 軸控制

圖 6.97 NC 車床

圖 6.98 加工中心機

一個字股由字母和數字的組合組成。例如圖 6-95 顯示了 NC 程式配置的圖例。程式的內容因 NC 設備的製造商而異。

⑴ 程式編號 以 O 開頭的 1 至 4 位數字。它用作識別 NC 程式的名稱。在程式的開頭和結尾加“%”。

⑵ 序號 以“N”開頭的序號。它用作識別字股的名稱。字股編號由字股中的行數表示。

⑶ 單元 字股程式的最小單位。一個詞代表一個動作。它由指定機器操作的位址(字母)和指定特定內容的數據(數值)的組合組成。

⑷ EOB (End of Block)符號“;”附加在字股的末尾。附加到字股結束的信號。

⑸ 單元指令實際操作機器的字股程式。每行描述一個動作的命令。字股指令從上到下逐行處理。

6. 數控機械種類及控制系統

數控機床包括數控車床、數控鑽床、數控鏜床、數控銑床等是。

6.8 機械加工注意事項

1. 切削光製裕度

切削光製裕度係工件光製切削製成品形狀、尺寸與光製面之前，工件預留之最經濟多餘尺寸，JIS 尺寸公差等級原則上以 IT8 以上(參照表 16.3)最終切削光製裕度爲基準，如表 6.18 所示的規定。

2. 餘隙

⑴ **刀刃餘隙：**
機械加工時零件之角隅往往不便加工，故製成如圖 6.99 所示的角隅餘隙！以便切削工件。

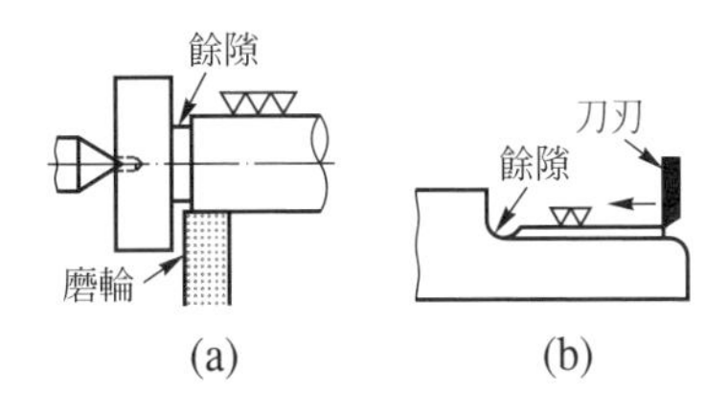

圖 6.99 餘隙

⑵ **工件配合面餘隙**：如圖 6.100 所示，二個零件組合之工件，圖(a)之接觸面無法正確加工光製，故須改善成如圖(b)所示之餘隙以利加工。

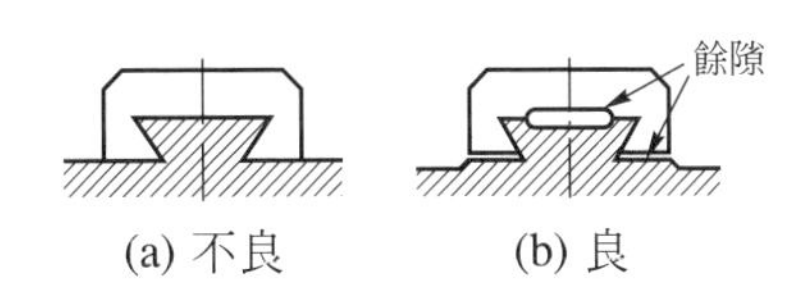

圖 6.100 配合零件之餘隙

表 6.18　切削光製裕度(JIS B 0712)

<table>
<tr><th>加工方法</th><th colspan="3">光製裕度(mm)</th><th>影響加工裕度之原因</th></tr>
<tr><td>車削</td><td colspan="3">0.1～0.5(指直徑)</td><td>①端面與孔內面切削，取較小之加工裕度
②如用鵝頸刀具加工，光製裕度應爲 0.05～0.15 mm
③如用鑽石刀具加工，光製裕度應爲 0.05～0.2 mm</td></tr>
<tr><td>搪孔</td><td colspan="3">0.05～0.4(指直徑)</td><td>①如用懸臂形搪桿，易受切削阻力而撓曲，取較小之加工裕度
②兩端支持時，取比①大之裕度
③使用雙刀刃時，取 0.1～0.15 mm 之裕度</td></tr>
<tr><td>銑削</td><td colspan="3">0.1～0.3</td><td>①如使用端銑刀加工時，取 0.5 mm 之加工裕度
②向上銑削時應注意開始時銑刀刃之經常滑移
③平面銑削時，取較大之光製裕度</td></tr>
<tr><td>鉋削</td><td colspan="3">0.2～0.5</td><td>使用平刃加工時，取 0.03～0.1 mm 之光製裕度</td></tr>
<tr><td>成形</td><td colspan="3">0.1～0.25</td><td>使用平刃加工時，取 0.03～0.05 mm 之光製裕度</td></tr>
<tr><td>插削</td><td colspan="3">0.1～0.2</td><td>使用平刃加工時，取 0.03～0.1 mm 之光製裕度</td></tr>
<tr><td rowspan="5">鉸光</td><td colspan="2">光製孔徑(mm)</td><td>加工裕度</td><td rowspan="5">①爲得到良好之光製面及精度，應取較小之光製裕度
②切削鑄鐵及切屑易脫落之金屬時，取比鋼類小之光製裕度
③加工前先用拉刀加工或粗鉸孔，光製裕度約取左表之 1/2
④長度比直徑大之孔加工，取較大之光製裕度</td></tr>
<tr><td>以上</td><td>以下</td><td>(指直徑)</td></tr>
<tr><td>—</td><td>10</td><td>0.1～0.5</td></tr>
<tr><td>10</td><td>20</td><td>0.2～0.7</td></tr>
<tr><td>20</td><td>—</td><td>0.2～1.0</td></tr>
</table>

表 6.19　各種加工法所得到粗糙度範圍

加工方法	表面粗度 R_a (μm)											
	50~25	25~12.5	12.5~6.3	6.3~3.2	3.2~1.6	1.6~0.8	0.8~0.4	0.4~0.2	0.2~0.1	0.1~0.05	0.05~0.025	0.025~0.013
火焰切割	□	■	□									
鋸切	□	■	■	■	□							
龍門鉋削、鉋床鉋削	□	■	■	■	■	■	□					
鉆孔			□	■	■	□						
化學研磨			□	■	■	□						
放電加工			□	□■	■	□						
銑削		□	□	■	■	■	□	□				
拉削				□	■	■	□					
鉸光				□	■	■	□					
搪削、車削		□	□	■	■	■	■	□	□	□		
滾筒研磨					□	□	■	■	□	□		
電解研磨							□■	■	□			
輥軋加工							□	■	□			
研磨				□	□	■	■	■	■	□	□	
搪磨						□	■	■	■	□	□	
擦光							□	■	■	□	□	□
磨光							□	■	■	■	□	□
超光製							□	□	■	■	□	□
砂模鑄造	□	■	□									
高溫壓延	□	■	□									
鍛造		□	■	■	□							
金屬模鑄造				□	■	□						
包模鑄造				□	■	□						
押出			□	□	■	■	□					
低溫壓延、抽製				□	■	■	□	□				
壓鑄					□	■	□					

[註] ■ 一般所獲得的粗度範圍　　□ 特別的條件下所得到的粗度範圍

3.　鑽孔

(1)　**斜孔鑽法**：如圖 6.101(a)所示之斜孔，實際上很難定中心鑽削，故須改良成如圖(b)所示，將鑽孔部分加工成平面以利鑽孔。

(2)　**靠近側壁之鑽法**：在靠近零件之側壁鑽孔，由於圖(a)之鑽頭易偏向側壁而易斷掉之意，故宜改善爲圖(b)所示之鑽法以避免鑽頭彎曲。

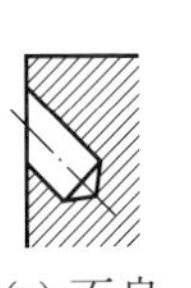

(a) 不良

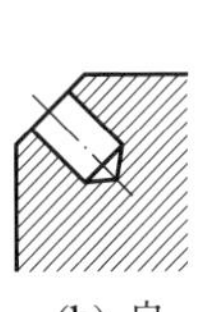

(b) 良

圖 6.101　斜孔鑽法

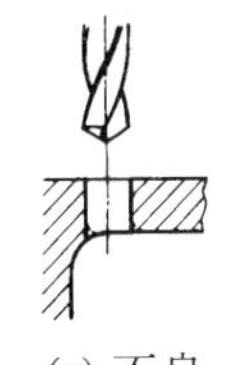

(a) 不良

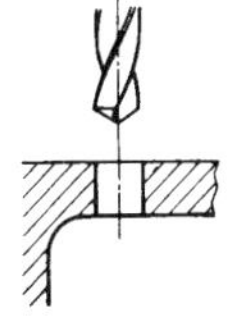

(b) 良

圖 6.102　靠近側壁的鑽法

4. 加工次數與加工面積之減少

如圖 6.103 所示之零件，各座圈之高度不一(圖(a))，無法同時在各座加工，故宜改善爲圖(b)所示，使各座圈高度一定，以節省加工次數。

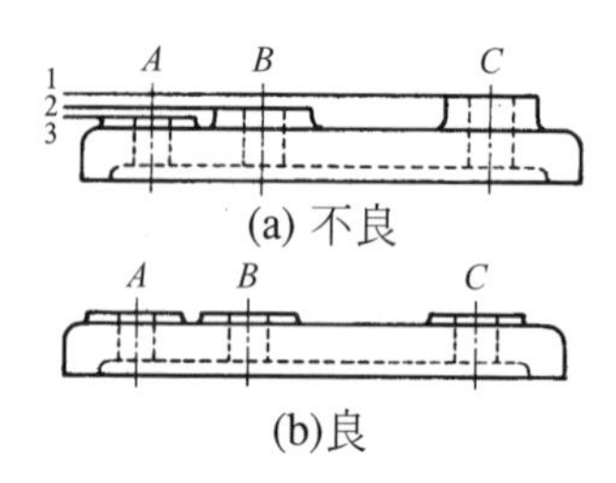

圖 6.103 節省加工次數

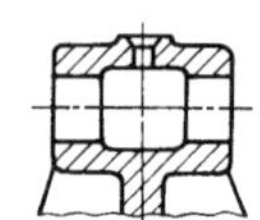

圖 6.104 節省光製面積

長度相當長之軸承等，僅加工其支承之部分，其它部分則內凹，因此可減少切削面積，節省光製面之加工。

5. 加工符號

表 6.20 所示爲 JIS 規定加工符號，僅摘錄重要而常用者。

6. 普通容許公差

記載於製圖之尺寸，例如：軸之直徑尺寸記載爲ϕ50；如嚴格要求應該是加工到 50.000 才正確，但實際上卻不可能達成，因此必須給予容許範圍，也就是要指定尺寸容許公差。

本節所指的尺寸容許公差，與本書第十六章配合中所述的功能及製作時的工作精度，兩者涵義完全不同。

特別是後者之尺寸容許公差並無顯著意義，有時數值太小而未標註，或實際尺寸往往比標註的更小或更大，故 JIS 在這類情況以 JIS B 0403～0416 規範了各種加工方法的普通容許公差。此處所指之容許公差係指使用於規格表及製圖上未要求特別的功能精度及未個別標註容許公差之情況，給予指示全部之容許公差。

表 6.20 加工方法符號(JIS B 0122)

分類		加工方法	記號	參考
鑄造 C Casting		砂模鑄造 金屬模鑄造 精密鑄造 壓鑄 離心鑄造	CS CM CR CD CCR	Sand Mold Casting Metal Mold Casting Precision Casting Die Casting Centrifugal Casting
塑性加工 P* Plastic Working	鍛造 F Forging	自由鍛造 模鍛造	FF FD	Free Forging Dies Forging

表 6.20　加工方法符號(JIS B 0122)(續)

分類		加工方法	記號	參考
塑性加工 P* Plastic Working	沖壓加工 P Press Working	剪斷(切斷)	PS	Shearing　此欄的符號，若不與其他加工方法混淆的話，亦可省略前一符號。
		沖孔	PP	Punching
		彎曲	PB	Bending
		抽製	PD	Drawing
		成形	PE	Forming
	軋延 RL Rolling	螺紋軋延	RLTH	Thread Rolling
		齒輪軋延	RLT	Gear Rolling(Toothed Wheel Rolling)
		栓槽軸軋延	RLSP	Spline Rolling
		鋸齒軸軋延	RLSR	Seration Rolling
		輥紋	RLK	Kunrling
		擦光	RLB	Burnishing
機械加工 M* Machining	切削 C* Cutting	車削	L	Turning (Lathe Turning)
		外圓車削	L	
		推拔車削	LTP	：Taper Turning
		面車削	LFC	：Facing
		螺紋車削	LTH	：Thread Cutting
		鑽孔	D	Drilling
		鉸孔	DR	：Reaming
		攻牙	DR	：Tapping
		搪孔	B	Boring
		銑削	M	Milling
		平銑	MP	：Plain Milling
		面銑	MFC	：Face Milling
		側削	MSD	：Side Milling
		鉋削	P	Planing
		平削	SH	Shaping
		插削	SL	Slotting
		拉削	BR	Broaching
		鋸切	SW	Sawing
		切齒	TC	Toothed Wheel Cutting

表 6.20　加工方法符號(JIS B 0122)(續)

<table>
<tr><th colspan="2">分類</th><th>加工方法</th><th>記號</th><th colspan="2">參考</th></tr>
<tr><td rowspan="12">機械加工
M*
Machining</td><td rowspan="7">研削
G
Grinding</td><td>外圓研削</td><td>GE</td><td colspan="2">External Culindrical Grinding</td></tr>
<tr><td>內孔研削</td><td>GI</td><td colspan="2">Internal Grinding</td></tr>
<tr><td>表面研削</td><td>GS</td><td colspan="2">Surface Grinding</td></tr>
<tr><td>無心研削</td><td>GCL</td><td colspan="2">Centreless Grinding</td></tr>
<tr><td>研磨</td><td>GL</td><td colspan="2">Lapping</td></tr>
<tr><td>搪磨</td><td>GH</td><td colspan="2">Horning</td></tr>
<tr><td>超光製</td><td>GSPR</td><td colspan="2">Super Finishing</td></tr>
<tr><td rowspan="5">特殊加工
SP
Special Pro-
cessing</td><td>放電加工</td><td>SPED</td><td colspan="2">Electric Discharge Machining</td></tr>
<tr><td>電化學加工</td><td>SPEC</td><td colspan="2">Electro-Chemical Machining</td></tr>
<tr><td>超音波加工</td><td>SPU</td><td colspan="2">Ultrasonic Machining</td></tr>
<tr><td>電子束加工</td><td>SPEB</td><td colspan="2">Electron Beam Machining</td></tr>
<tr><td>雷射加工</td><td>SPLB</td><td colspan="2">Laser Beam Maching</td></tr>
<tr><td colspan="2" rowspan="3">手光製
F
Finishing</td><td>鋰削</td><td>FF</td><td colspan="2">Filing</td></tr>
<tr><td>鉸削</td><td>FR</td><td colspan="2">Reaming</td></tr>
<tr><td>刮削</td><td>FS</td><td colspan="2">Scraping</td></tr>
<tr><td colspan="2" rowspan="5">熔接
W
Welding</td><td>電弧銲</td><td>WA</td><td colspan="2">Arc Welding</td></tr>
<tr><td>電阻銲</td><td>WR</td><td colspan="2">Resistance Welding</td></tr>
<tr><td>氣銲</td><td>WG</td><td colspan="2">Gas Welding</td></tr>
<tr><td>硬銲</td><td>WB</td><td colspan="2">Brazing</td></tr>
<tr><td>硬銲</td><td>WS</td><td colspan="2">Soldering</td></tr>
<tr><td colspan="2" rowspan="7">熱處理
H
Heat Treatment</td><td>正常化</td><td>HNR</td><td>Normalizing</td><td rowspan="7">此欄之9符號，若不與其他加工方法混淆的話，亦可省略前一符號。</td></tr>
<tr><td>退火</td><td>HA</td><td>Annealing</td></tr>
<tr><td>淬火</td><td>HQ</td><td>Quenching</td></tr>
<tr><td>回火</td><td>HT</td><td>Tempering</td></tr>
<tr><td>季化</td><td>HG</td><td>Agening</td></tr>
<tr><td>滲碳</td><td>HC</td><td>Carburizing</td></tr>
<tr><td>氮化</td><td>HNT</td><td>Nitriding</td></tr>
<tr><td colspan="6">【註】標示*者，除單獨使用外，原則上可以省略</td></tr>
</table>

表 6.21 倒角長度(圓角及倒角尺寸)容許差(JIS B 0405)

(單位：mm)

公差等級		基準尺寸區分		
符號	說明	0.5[1]以上 3 以下	3 以上 6 以下	6 以上
		容許差		
f	精密級	±0.2	±0.5	±1
m	中級			
c	粗級	±0.4	±1	±2
v	級粗級			

【註】[1]對於未滿 0.5 mm 的基準尺寸，則延續該基準尺寸容許差分別指示。

表 6.22 除倒角部分，對於長度尺寸的容許差(JIS B 0405)

(單位：mm)

公差等級		基準尺寸之區分							
符號	說明	0.5[1]以上 3 以下	3 以上 6 以下	6 以上 30 以下	30 以上 120 以下	120 以上 400 以下	400 以上 1000 以下	1000 以上 2000 以下	2000 以上 4000 以下
		容許差							
f	精密級	±0.05	±0.05	±0.1	±0.15	±0.2	±0.3	±0.5	—
m	中級	±0.1	±0.1	±0.2	±0.3	±0.5	±0.8	±1.2	±2
c	粗級	±0.2	±0.3	±0.5	±0.8	±1.2	±2	±3	±4
v	極粗級	—	±0.5	±1	±1.5	±2.5	±4	±6	±8

【註】[1]對於未滿 0.5 mm 之基準尺寸，則延續該基準尺寸容許差分別指示。

表 6.23　角度尺寸的容許差(JIS B 0405)

(單位：mm)

公差等級		以角度爲對象短邊長度之區分				
符號	說明	10 以下	10 以上 50 以下	50 以上 120 以下	120 以上 400 以下	400 以上
		容許差				
f	精密級	±1°	±30'	±20'	±10'	±5'
m	中級					
c	粗級	±1°30'	±1°	±30'	±15'	±10'
v	極粗級	±3°	±2°	±1°	±30'	±20'

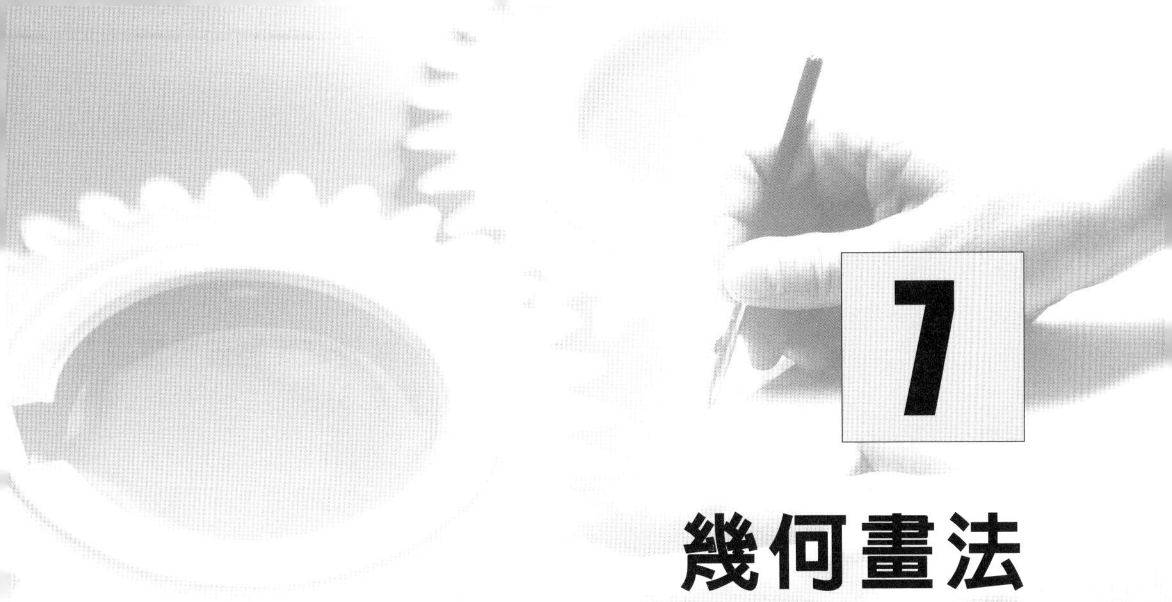

7 幾何畫法

7.1　平面幾何畫法(平面圖學)

7.2　投影畫法(立體圖學)

幾何畫法就是依據幾何學理論繪製各種圖形之方法，大致可分為繪製平面圖形與繪製立體圖形之二種方法，前者稱為平面幾何畫法，後者稱為投影幾何畫法。

7.1 平面幾何畫法(平面圖學)

1. 邊或圓弧的等分法(圖 7.1)

設已知直線$\overline{AB}$ 以A及B為圓心，畫半徑大於 1/2$\overline{AB}$的圓弧，求得交點C、D，連接CD或$\overline{CD}$做$\overline{AB}$之等分線，$\overline{AB}$為圓弧時亦相同。

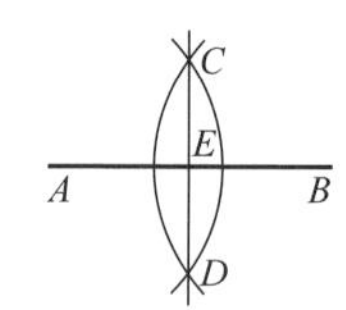

圖 7.1 邊或圓弧的等分法

2. 在已知直線之定點上畫垂直線之方法(圖 7.2)

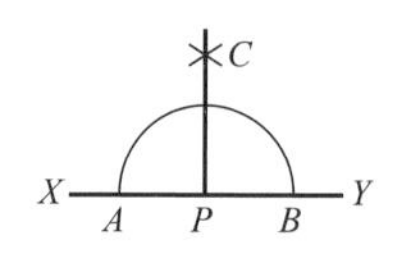

圖 7.2 在已知直線之定點畫垂直線之方法

設P點為$\overline{XY}$直線上之定點，以P為圓心畫任意半徑之圓弧，與直線相交於A、B，以A、B為圓心畫徑大於 1/2$\overline{AB}$的圓弧，得其交點C，連接$\overline{CP}$直線，$\overline{CP}$為$\overline{XY}$之垂直線。

3. 從直線外之定點畫垂直線之方法(圖 7.3)

設已知直線$\overline{XY}$外一定點P，以P為圓心，畫任意半徑之圓弧，得交點A、B，再以A、B為圓心，畫半徑大於 1/2$\overline{AB}$之圓弧，得交點C，連接C與P之直線，$\overline{AB}$與$\overline{XY}$之交點為E，PE即所求之垂直線。

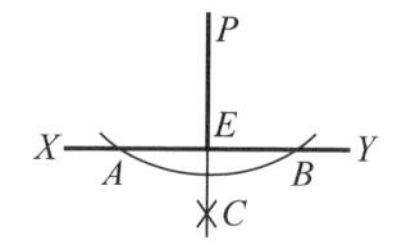

圖 7.3 從直線外之定點畫垂直線之方法

4. 在已知直線之一端畫垂直線的方法(圖 7.4)

在已知直線$\overline{AB}$之一端B畫垂線之方法為：首先以任意點O為圓心畫通過B之圓弧，求得$\overline{AB}$之交點C，其次連接$\overline{CO}$的延長線，得與圓弧之交點D，連接BD直線，$\overline{BD}$即所求垂直線。

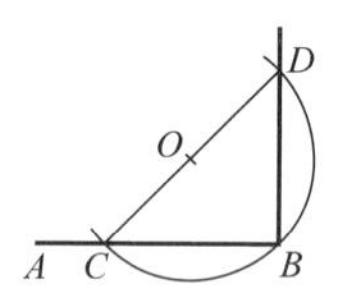

圖 7.4 在已知直線之一端畫垂直線的方法

5. 角的等分法(圖 7.5)

$\angle AOB$之等分法：首先以頂點O為圓心，畫任意圓弧，得與$\overline{OA}$、$\overline{OB}$交點A、

B，接著以A、B為圓心，畫等半徑之圓弧，得其交點C，連接C與O，$\overline{OC}$為$\angle ACB$之等分線。

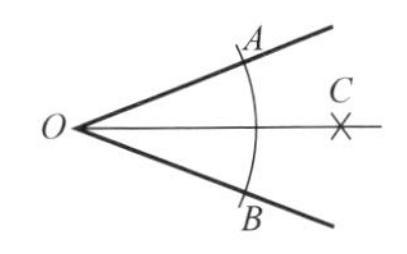

圖 7.5　角的等分法

6.　直角的三等分法(圖 7.6)

直角AOB的三等分法：首先以O為圓心畫任意圓弧，得與$\overline{AO}$及$\overline{BO}$之交點A、B，以A、B為圓心，畫半徑為OA(或$\overline{OB}$)之圓弧，得交點C與D，則$\overline{OC}$與$\overline{CD}$為直角的三等分線。

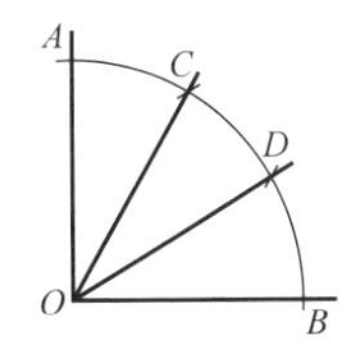

圖 7.6　直角的三角等分法

7.　過定點對定直線畫平行線之方法(圖 7.7)

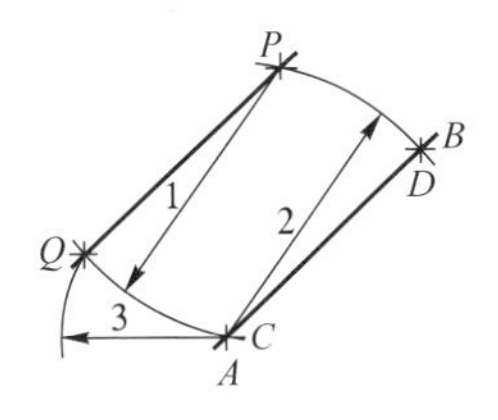

圖 7.7　過定點對定直線畫平行線之方法

設定直線$\overline{AB}$及定點對定直線平行線畫之方法P，以P為圓心畫任意半徑圓弧CQ，得與$\overline{AB}$之交點C，再以C為圓心，畫等半徑之圓弧，得與$\overline{AB}$之交點D，其次以C為圓心畫半徑為PD之圓弧，得與CQ之交點Q，連接PQ直線，$\overline{PQ}$即為所求之平行線。

8.　對定直線畫定距離平行線之方法(圖 7.8)

設直線為$\overline{AB}$，已知距離為d，以$\overline{AB}$上任一點C為中心畫半徑等於d之圓弧，同樣地，在$\overline{AB}$上適當距離之D點畫半徑為d之等圓弧，其次畫兩圓弧之共同切線，即所求之平行線。

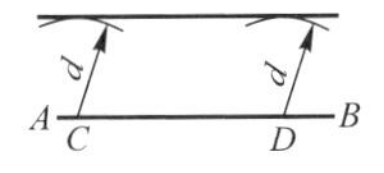

圖 7.8　對定直線畫定距離平行線之方法

9.　定直線的等分法(圖 7.9)

定直線$\overline{AB}$之等分法(設分 4 等分)：由A、B點之任一端畫任意夾角$\overline{AE}$直線，在$\overline{AE}$上畫 4 斷任意等長線段，各點為 1，2，3，4，連接最後的 4 點與B，其次畫過 1，2，3 點且平行$\overline{B4}$之直線，得交點$3'$，$2'$，$1'$，等分$\overline{AB}$線為 4 等長線段。

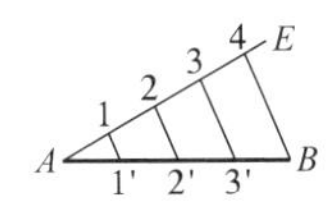

圖 7.9　定直線的等分法

10. 圓心之求法(圖 7.10)

做任意弦AB，利用三角板做A、B之垂直線，得圓上交點C、D，其次連接CB與AO，得交點O即所求圓心。

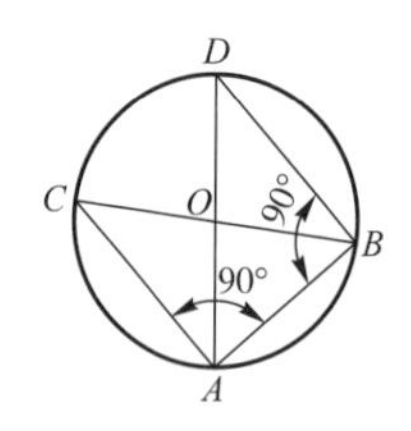

圖 7.10　圓心之求法

11. 過二定點畫已知半徑圓之方法(圖 7.11)

設二定點P、Q，半徑r，首先以P、Q爲圓心，畫半徑爲r之兩圓弧，得其交點O，即所求之圓心。

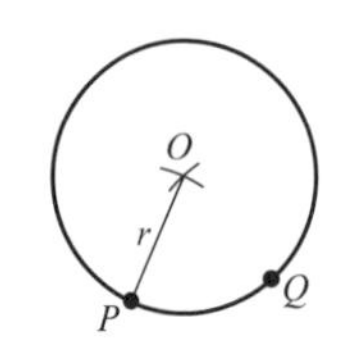

圖 7.11　過二定點畫已知半徑圓之方法

12. 過三定點畫圓之方法

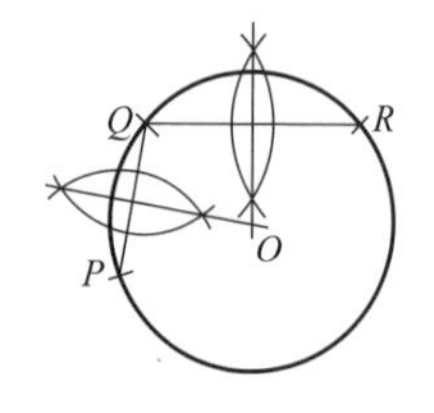

圖 7.12　過三定點畫圓之方法

首先連接已知三定點P、Q、R之直線，其次作$\overline{PQ}$與$\overline{QR}$之垂直等分線，得其交點O，即所求圓心。

13. 切定直線過定點畫已知半徑之圓(圖 7.13)

定直線$\overline{AB}$，定點爲P，已知半徑爲r，用平行線的畫法自$\overline{AB}$畫距離r之平行線$\overline{CD}$，其次，以P爲圓心，畫半徑爲r之圓弧，得$\overline{CD}$上之交點O，即所求之圓心。

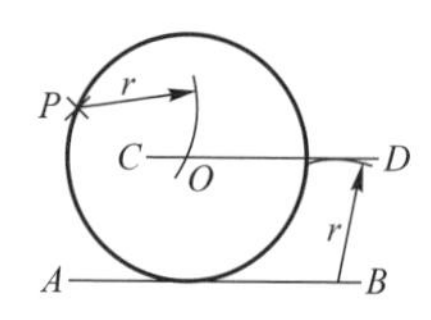

圖 7.13　切定直線過定點畫已知半徑之圓

14. 切定直線上定點並過直線外定點畫圓之方法(圖 7.14)

直線$\overline{AB}$上之定點P，直線外定點S，首先連接P與S，其次做$\overline{PS}$之垂直等分線$\overline{CD}$，再自P畫垂直線$\overline{AB}$，得$\overline{PS}$線之交點O，O即所求之圓心。

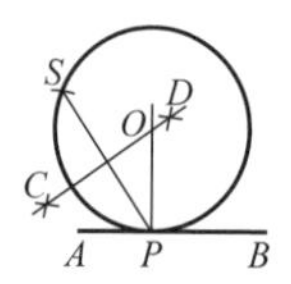

圖 7.14　切定直線上定點並過直線外定點畫圓之方法

15. 切直角兩邊畫已知半徑之圓弧(圖 7.15)

以兩直線爲AB與AC之交點A爲圓心，用已知半徑r畫圓弧，得$\overline{AB}$、$\overline{AC}$上之交點T_1與T_2，再以T_1及T_2爲圓心，畫半徑爲r之圓弧，得其交點O，O即所求之圓心。

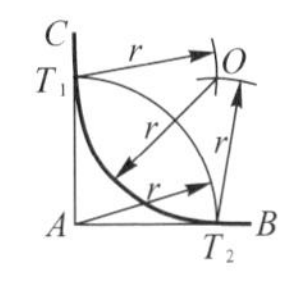

圖 7.15　切直角兩邊畫已知半徑之圓弧

16. 切兩不平行線畫圓之方法(圖 7.16)

由二直線AB、CD，各作距離r之平行線，得其交點O，再由O畫垂直$\overline{AB}$與$\overline{CD}$之直線，得交點T_1與T_2，T_1與T_2即所求圓弧之切點，以O爲圓心畫半徑爲r之圓弧。

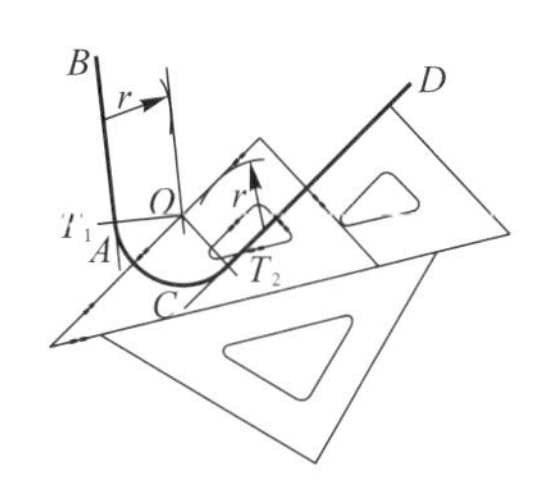

圖 7.16　切兩不平行線畫圓之方法

17. 切定直線與定圓弧畫已知半徑之圓弧

自定直線$\overline{AB}$畫距離爲已知半徑r之平行線CD，再以O爲圓心，畫半徑爲$r_1 + r$之圓弧，得$\overline{CD}$上交點O'，O'即所求圓弧之圓心，因此以O'爲圓心，畫已知半徑r之圓弧。(圖 7.17)

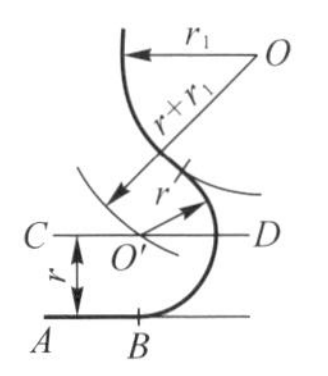

圖 7.17　切定直線與定圓弧畫已知半徑之圓弧

18. 切已知二圓畫半徑R之圓弧

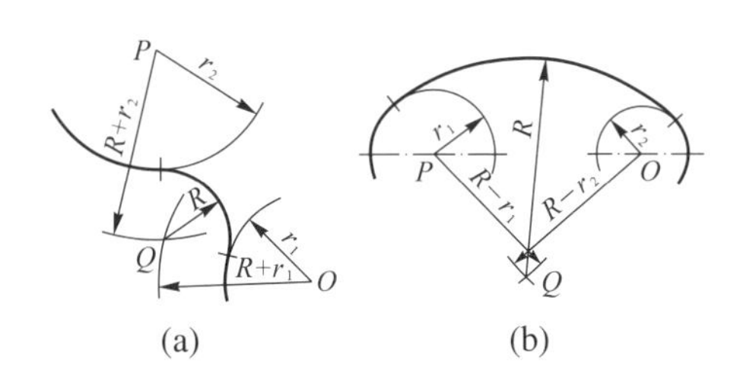

圖 7.18　切已知二圓畫半徑R之圓弧

(1) **兩已知圓之圓心在欲求圓弧之外時：** 以已知一圓之圓心P爲圓心，畫半徑爲$R + r_2$之圓弧，再以另一已知圓之圓心O爲圓心，畫半徑爲$R + r_1$之圓弧，得其交點Q，Q即所求圓弧之圓心。

(2) **兩已知圓之圓心在欲求圓弧之內時：** 以已知一圓之圓心P爲圓心，畫半徑爲$R-r_1$之圓弧，同樣地，以O爲圓心，作半徑爲$R-r_2$之圓弧，得其交點Q，Q即所求圓弧之圓心。

19. 切已知兩直線及割線上定點P的反曲線

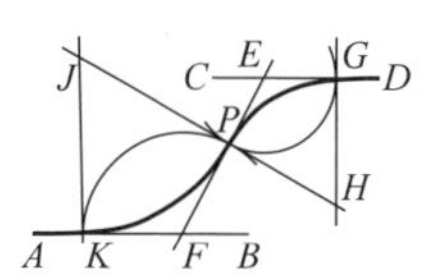

圖 7.19　切已知兩直線及割線上定點P的反曲線

直線EF割直線$\overline{AB}$及$\overline{CD}$於E及F，割線上定點為P，首先以EP為半徑，E為中心畫圓弧，得$\overline{CD}$上之交點G，再自P畫垂直線JH及自G作垂直線GH，得其交點H，同法求得J，H及J即所求曲線圓心。

20. 已知圓弧的近似長度直線之畫法(圖 7.20)

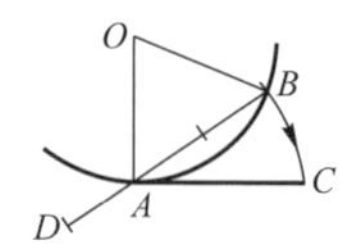

圖 7.20　已知圓弧的近似長度直線之畫法

以已知圓弧$\overset{\frown}{AB}$之一端A為切點，畫與$\overset{\frown}{AB}$相切之直線AC，其次連接AB直線，由其延長線上之A畫長等 1/2AB的D點，以D為圓心，畫半徑為DB的圓弧，得AC交點C，則$\overline{AC}$之長等於$\overset{\frown}{AB}$。

21. 已知定直線的近似長度圓弧之畫法(圖 7.21)

畫圓弧$\overset{\frown}{AD}$之切線AB，取適當長度$\overline{AB}$，其次作長度為 1/4$\overline{AB}$的C點，以C點為圓心，畫半徑為CB的圓弧，得圓弧與$\overset{\frown}{AD}$的交點D，$\overset{\frown}{AD}$即所求長度。

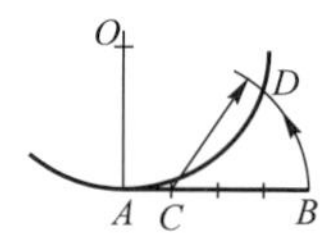

圖 7.21　已知定直線的近似長度圓弧之畫法

22. 圓內接正五角形畫法(圖 7.22)

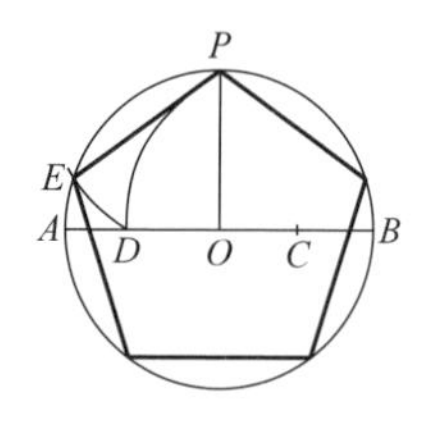

圖 7.22　圓的內接正五角形畫法

求半徑OB之等分點C，由圓心畫$\overline{AB}$之垂直線，得與圓之交點P，其次以C為圓心，畫半徑為CP的圓弧，得與$\overline{AB}$之交點D，以P為圓心，畫半徑為$\overline{PD}$之圓弧，得與圓之交點E，$\overline{PE}$即所求五角形之一邊。

23. 圓的內接或外接正六角形之畫法(圖 7.23)

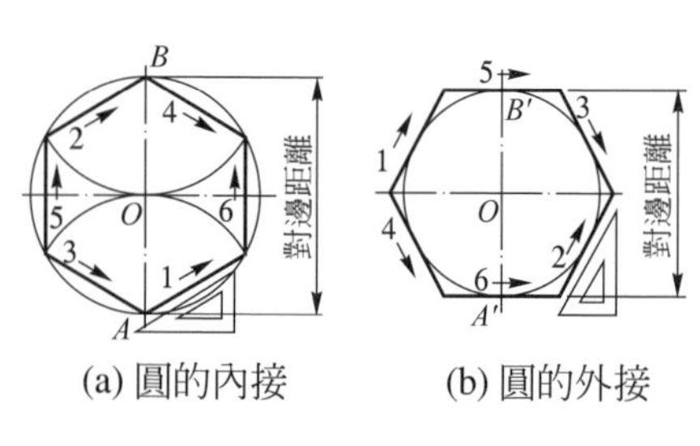

圖 7.23　正六角形的畫法

作圓O之直徑$\overline{AB}$，以長度爲半徑之大小依序切圓，依序連接其交點，即得正六角形，若已知對邊距離，則以$\overline{A'B'}$爲直徑畫圓，再使用60°與30°之三角板畫正六角形。

24. 正方形的內接正八角形的畫法(圖 7.24)

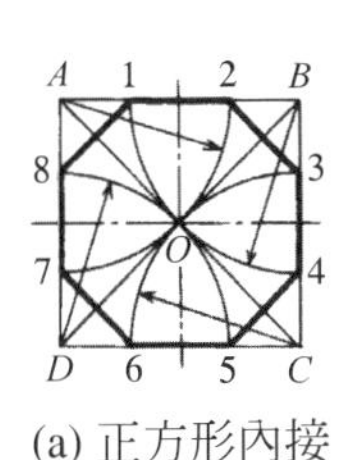

(a) 正方形內接

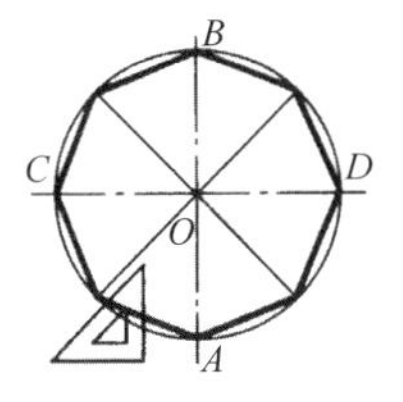

(b) 圓的內接

圖 7.24 正八邊形的畫法

畫$ABCD$正方形的對直線$\overline{AC}$與$\overline{BD}$，得交點O，以OA爲半徑，由正方形之每個頂點畫圓弧，連接交點1，2，3，…8，即得正八角形，另外圓的正八角形，如圖之(b)所示，可用45°三角板畫兩條交叉線求得。

25. 已知一邊長度畫正多邊形之方法(以七邊形為例)(圖 7.25)

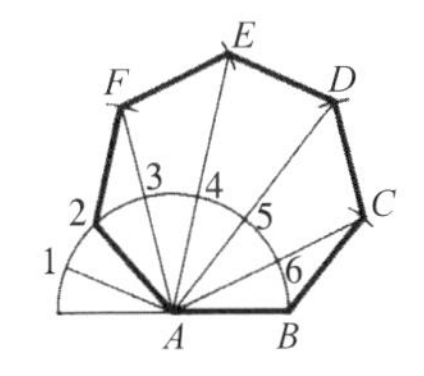

圖 7.25 已知一邊長度畫正多邊形之方法

已知一邊爲$\overline{AB}$，以A爲圓心，畫半徑爲AB之半圓，將半圓分爲 7 等分，連接A與 2，其次以 2 爲圓心，畫半徑爲AB之圓弧，得與$\overline{A3}$之延長線之交點F，連接F與2，依此類推分別求得E、D、C，連接這些點，即所求正七邊形。

26. 橢圓的畫法(圖 7.26)

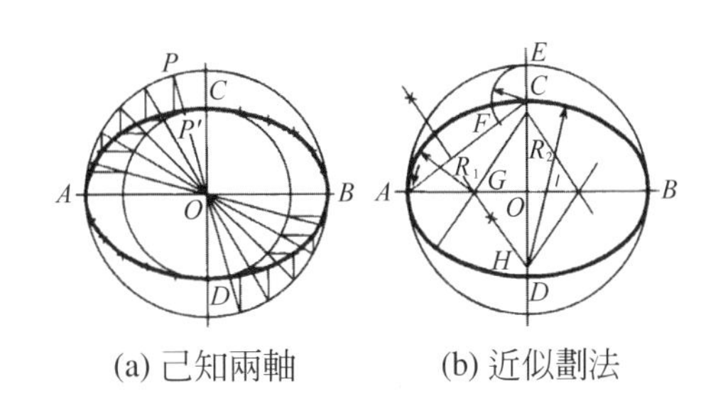

圖 7.26 橢圓的畫法

以兩軸$\overline{AB}$及$\overline{CD}$爲直徑畫二個同心圓，將兩個圓分爲任意等分，由大小兩圓週上分別畫$\overline{AB}$，$\overline{CD}$的平行線，得其交點，用曲線板連接各交點即成橢圓。

同圖之(b)爲橢圓之近似畫法，由於最近市面上已有各種橢圓樣板出售，故妥善運用即可輕易完成橢圓。

27. 拋物線的畫法(圖 7.27)

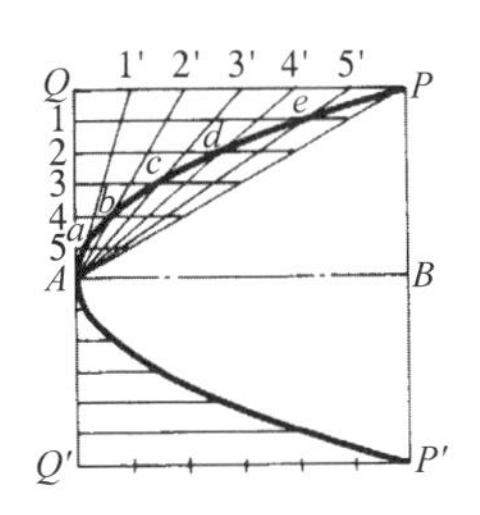

圖 7.27 拋物線之畫法

以A爲頂點，軸爲$\overline{AB}$，P爲拋物線上之已知點，由P畫AB之垂直線PB，以$\overline{AB}$與$\overline{PB}$

爲兩邊作長方形$ABPQ$，$\overline{AQ}$與$\overline{PQ}$分爲任意同等分(例如：6 等分)，取各分點爲 1，2，3，4，5 與$1'$，$2'$，$3'$，$4'$，$5'$，其次$1'$，$2'$，$3'$，$4'$，$5'$分別連接A，再自 1，2，3，4，5 分別畫$\overline{AB}$之平行線，交各交點a、b、c、d⋯用曲線板連接A，a，b，c⋯p即所求拋物線之半邊。

28. 等邊雙曲線的畫法(圖 7.28)

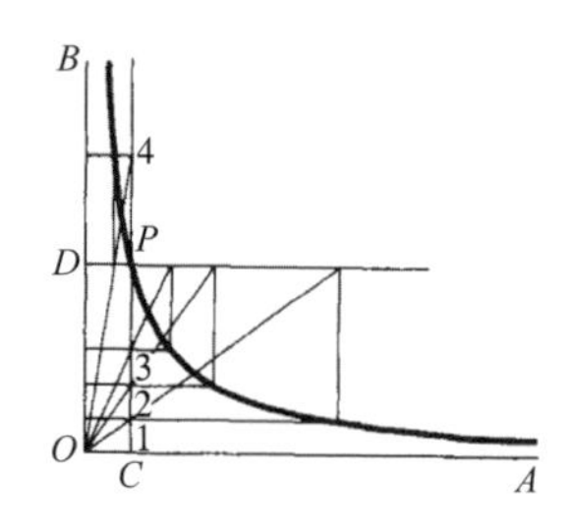

圖 7.28 等邊雙曲線

$\overline{OA}$與$\overline{OB}$爲漸近線，P爲曲線上之一點，畫圓所示之$\overline{PC}$與$\overline{PD}$，作PC上任意點 1，2，3⋯，再由各交點畫$\overline{OA}$之平行線，連接 1，2，3 各點與O，得與$\overline{DP}$上之交點，由 1，2，3 各點分別畫OA之平行線連接各垂直線，求得其交點，用曲線邊連接各交點，即得所求雙曲線。

29. 擺曲線之畫法(圖 7.29)

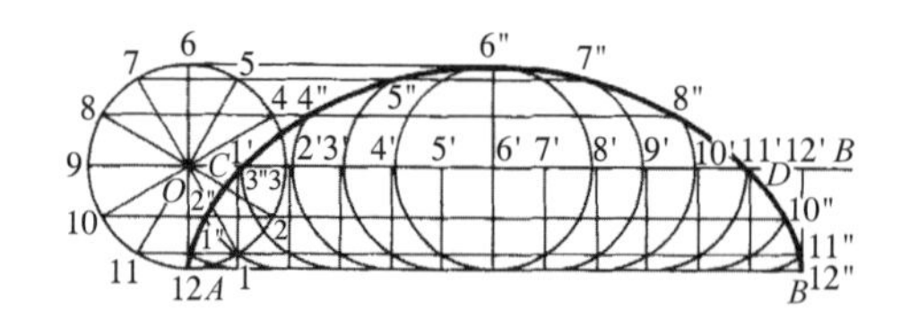

圖 7.29 擺曲線之畫法

將如圖所示之滾圓週分爲任意等分，畫長度等於圓週之切線AB，再作滾圓之中心CD，$\overline{CD}$分爲與滾圓上相同之等分，以各交點爲中心，畫與滾圓相同之圓，由滾圓上最初的等分點畫$\overline{AB}$之平行線，求得各個對應圓的交點，連接各點即得擺曲線。

30. 漸開線的畫法(圖 7.30)

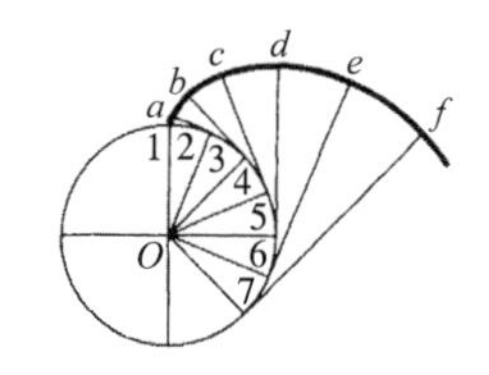

圖 7.30 漸開線之畫法

將圓周分爲任意等分，作各分點之切線，由此切線之切點，畫長度等於各圓弧之切點，畫長度等於各圓弧之切線，得a、b、c⋯各點，連接所得各點即所求漸開線，此漸開線用於齒輪的齒形曲線。

31. 正弦曲線的畫法

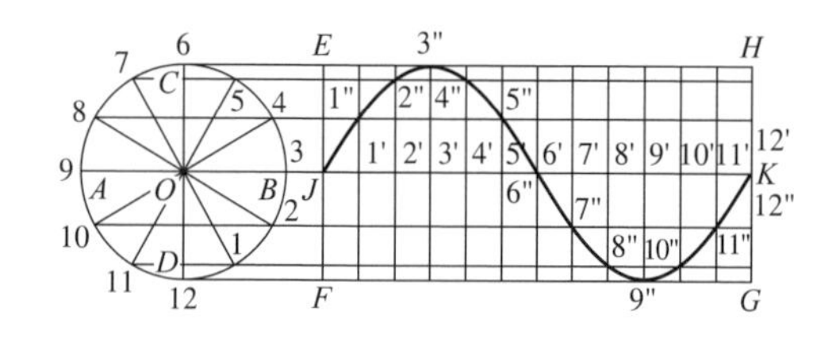

圖 7.31 正弦曲線之畫法

將定圓O之圓週分爲任意等分(例如：12 等分)，得 1，2⋯12，由各分點畫直徑$\overline{AB}$之平行線$\overline{JK}$⋯$\overline{EH}$，$\overline{JK}$之長度等於波長，將JK分爲與定圓相同之等分$1'$，$2'$，⋯$12'$，

由這些點畫$\overline{JK}$之垂直線，連接所得各交點1″，2″，…12″即所求之曲線。

7.2 投影畫法(立體圖學)

物體置於平坦的牆壁前，自物體之後方投射光線，則牆面上出現物體的畫像，投影畫法即應用此原理，利用一定的方法在一平面上表示物體位置、形狀、大小之畫法，相當於牆面者稱為投影面。

投影畫法的投影方法、物體與投影面之關係可分類如下：

- 投影劃法
  - 正投影劃法
    - 正視劃法
    - 等角劃法
    - 不等角劃法
  - 斜投影劃法
  - 透視劃法

1. 正投影畫法

正投影畫法是將垂直投影面之平行光線投射物體，所得物體投影圖之畫法，依物體放置情況，可分正視畫法、等角畫法與不等角畫法。

(1) **正視畫法**：圖 7.32 所示為正視畫法之原理，如圖所示，表示投影物體之深、寬、高之三主軸為$\overline{OX}$、$\overline{OY}$、$\overline{OZ}$，如相互直角相交，則正視畫法對投影面之$\overline{OX}$、$\overline{OZ}$兩軸平行，對$\overline{OY}$成直角，設$\overline{OX}$軸為水平，以垂直投影面的平行光線投影之畫法。

(2) **等角與不等角畫法**：圖 7.33 所示為等角畫法，三主軸$\overline{OX}$、$\overline{OY}$、$\overline{OZ}$的投影相互呈 120°之角，α、β兩斜角均為 30°傾斜所投影之畫法。

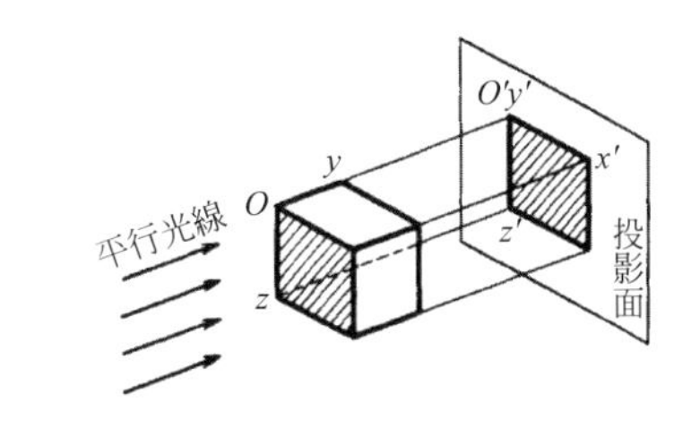

圖 7.32　正視畫法

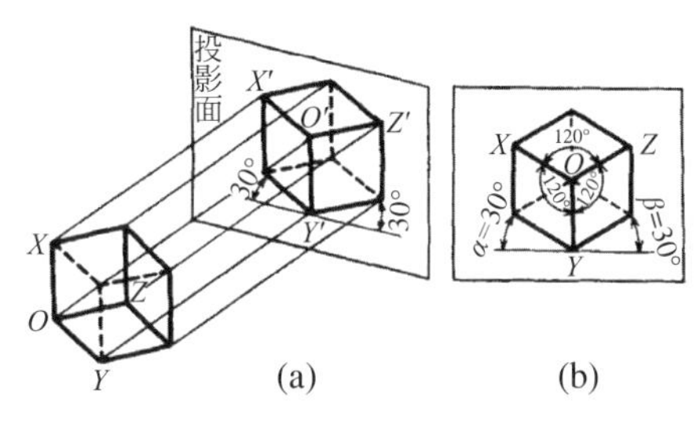

圖 7.33　等角畫法

圖 7.34 所示為不等角畫法，與等角畫法之α、β不同，α、β之角度不相等之投影畫法，3 主軸$\overline{OX}$、$\overline{OY}$、$\overline{OZ}$的長度不一。

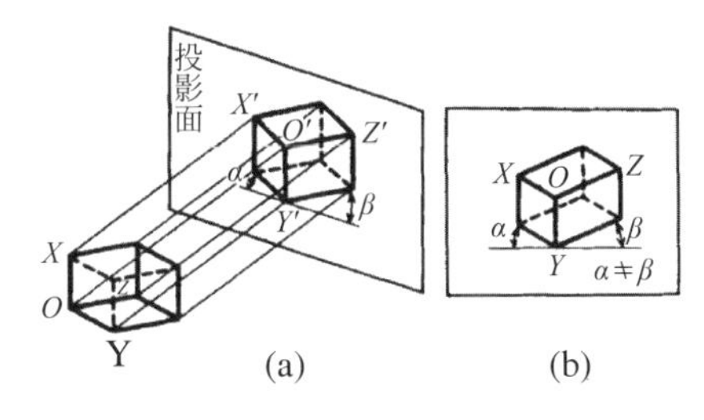

圖 7.34　不等角畫法

2. 斜投影畫法與透視畫法

斜投影畫法如圖 7.35 所示，物體對畫面的關係位置與正視畫法相同，唯投影面與投影線呈α角度所投影之畫法。

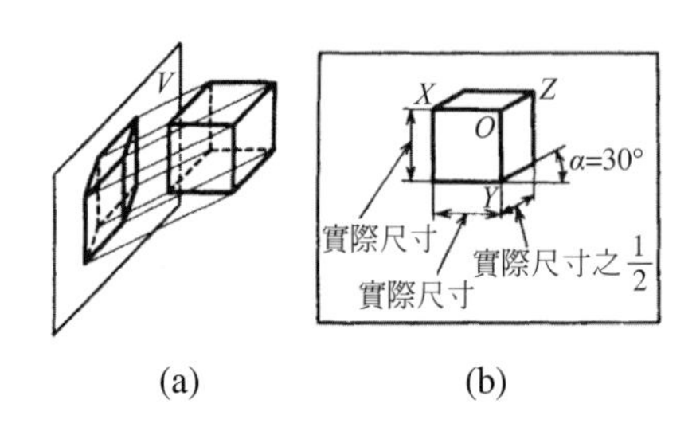

圖 7.35　斜投影畫法

透視畫法如圖 7.36 所示，連接視點S與物體之各點，以放射狀之投影線畫出圖形之方法，物體愈近視點部分顯示愈大。

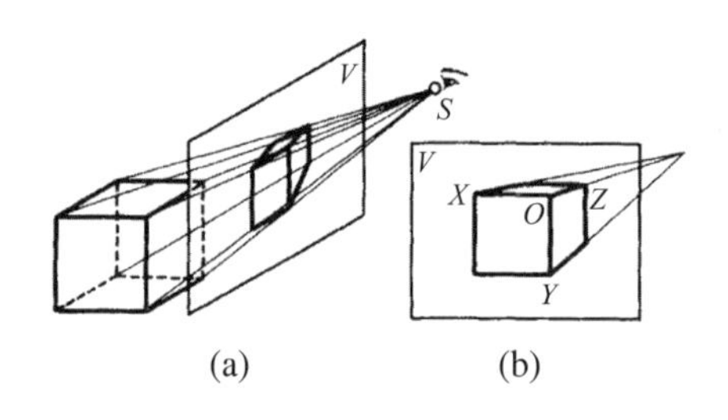

圖 7.36　透視畫法

3.　前視圖、俯視圖、側視圖

上述之各投影畫法，皆為物體某面之投影，無法表現其整體，因此以如圖 7.37 所示各圖顯示其整體，另加H、P做為物體投射時的側面與水平面，即由三個投影面表示，此三投影面分別稱為H水平投影面，P側投影面及V垂直投影面，投影於H的投影圖稱為斜視圖(但在物體下方投影所得之平面圖稱為俯視圖)，投影P的投影圖，稱為側視圖，投影於V的投影圖，稱為前視圖。

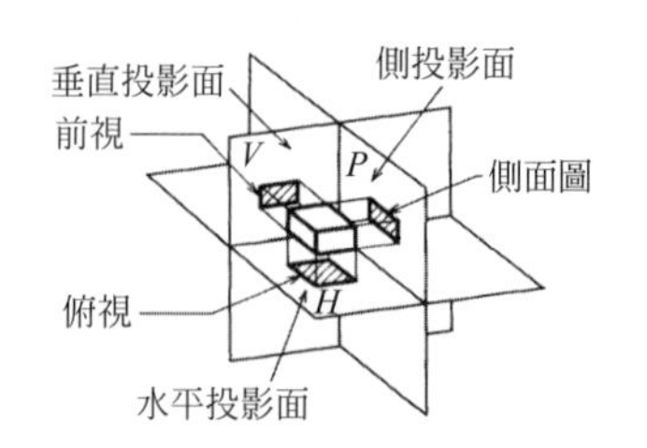

圖 7.37　前視圖、俯視圖、側視圖

4.　線與面之投影

線與面如與投影面傾斜時，投影面無法表示實長，實形或實角(直線及投影面的夾角稱為實角，投影及基線之夾角稱為投影角)，因此，必須迴轉直線或面，使其平行於水平投影面或垂直投影面，才能求得實長，如圖 7.38 所示。

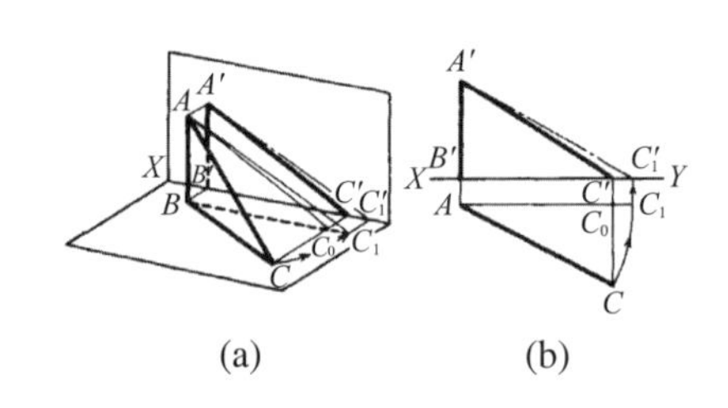

圖 7.38　對投影面傾斜之線與面之投影

5.　立體之投影

立體的投影是由面及線的投影所組成，立體所包含的面或線，如與投影面呈傾斜時，與前述之面、線之投影情況相同，無法表示實形，因此如要求得實形，必須以前述之方法求得投影面，或特別假設平行該面之投影面，求得順斜面之實際形狀，此假設平行面稱為投影面，如圖 7.39 所示。

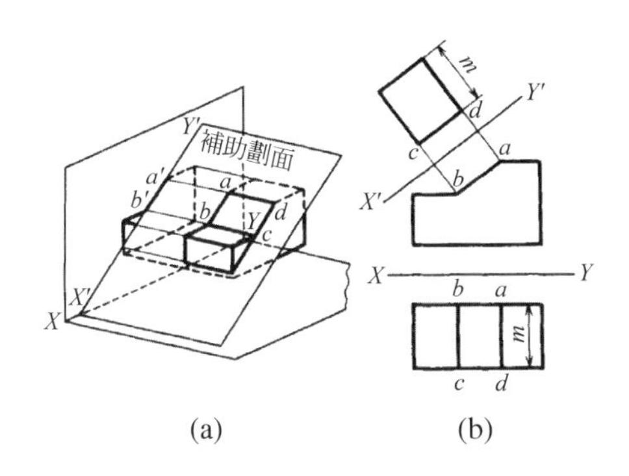

圖 7.39　補助投影面

6.　立體剖面

用平面切割立體之剖面投影面或實形的表示圖形稱為剖面圖，圖 7.40 是用平面 *ST* 切割圓錐之剖面實形之投影實側。

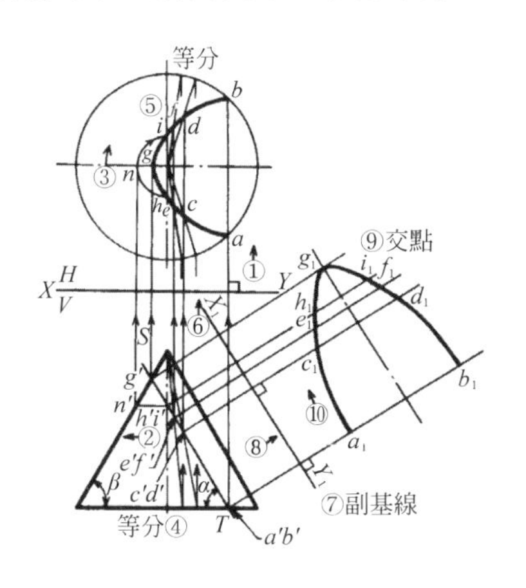

圖 7.40　圓錐之剖面

7.　相貫體之投影

二個以上相互交差之立體稱為相貫體，相貫立體的表面和表面之交切線稱為相貫線，如欲求得相貫體之投影，應先求得相貫線，圖 7.41 所示為方柱及方柱之相實體投影圖，圖 7.42 是兩圓柱相貫體之投影圖，由圖可知，平面組成立體之相貫線通常為直線，而曲面立體為曲線。

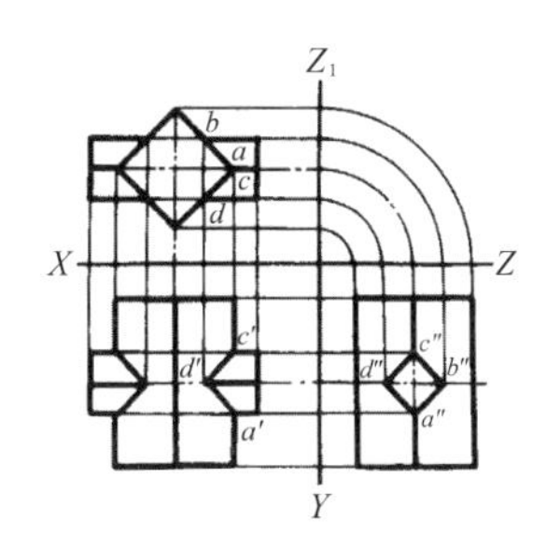

圖 7.41　方柱相貫體

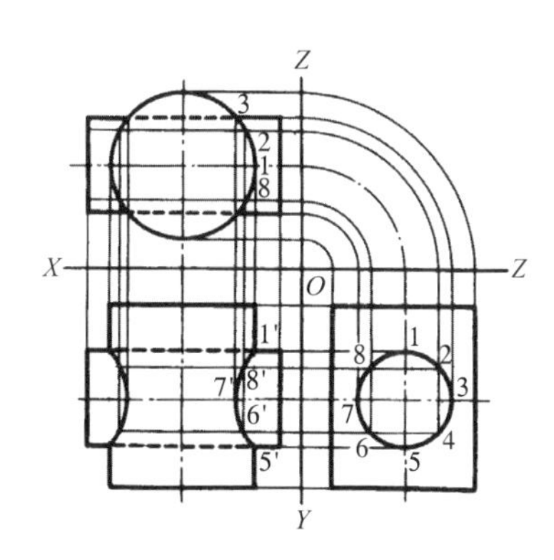

圖 7.42　圓筒之相貫體

8.　立體之展開圖

立體之表面展開在一平面上之圖形稱為立體之展開圖，展開圖也是以投影圖方法描繪，如為相貫體時應先求相貫線，展開圖係描繪物體之實長，故如投影圖未顯示實長者，應先求其實長。

以下所示為展開圖之實例(圖 7.43～7.52)。

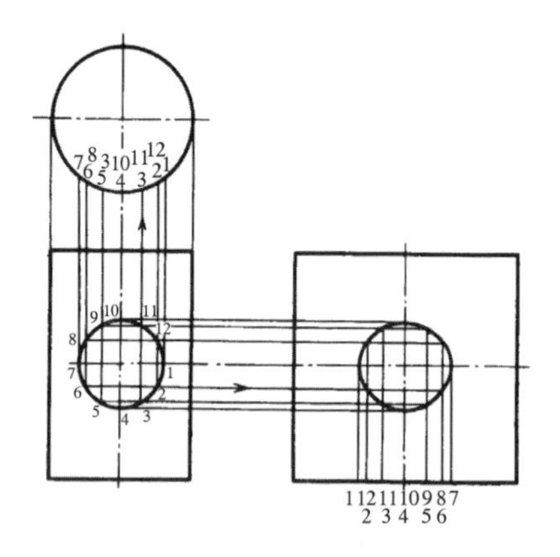

圖 7.43　有貫通孔的圓筒展開

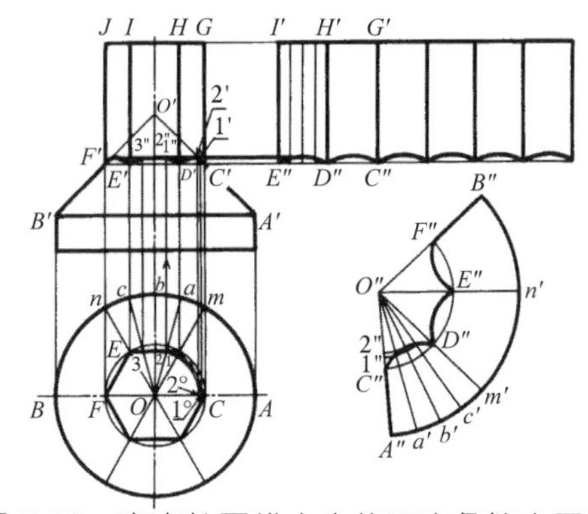

圖 7.46　直立於圓錐中心的正方角管之展開

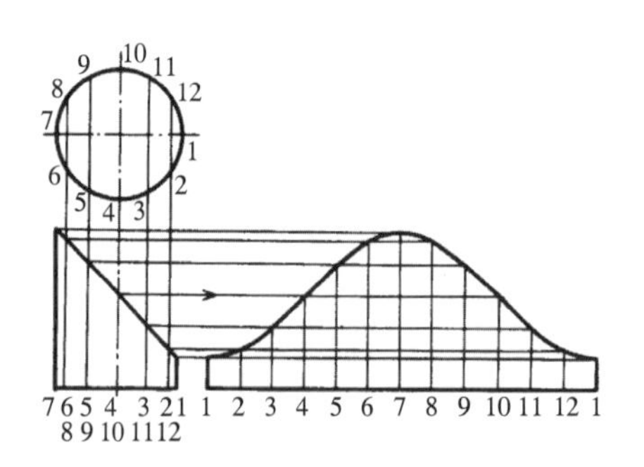

圖 7.44　斜列圓筒展開

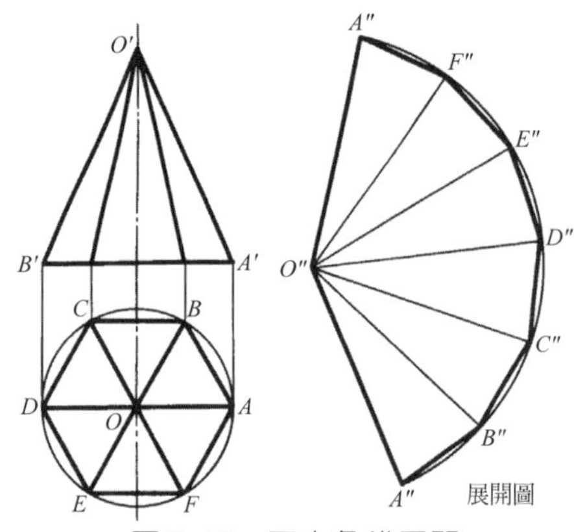

圖 7.47　正六角錐展開

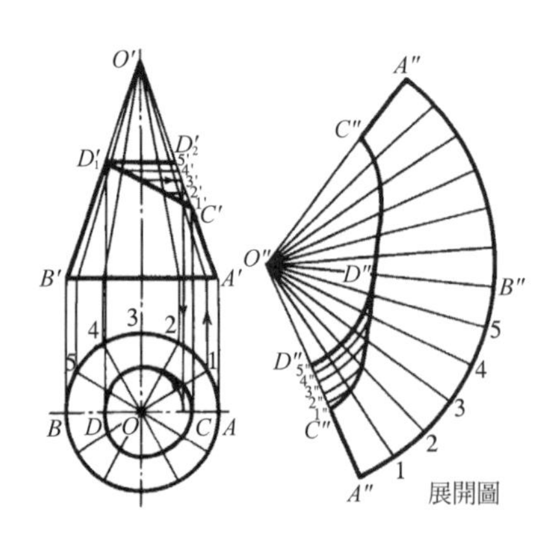

圖 7.45　斜切圓錐之展開

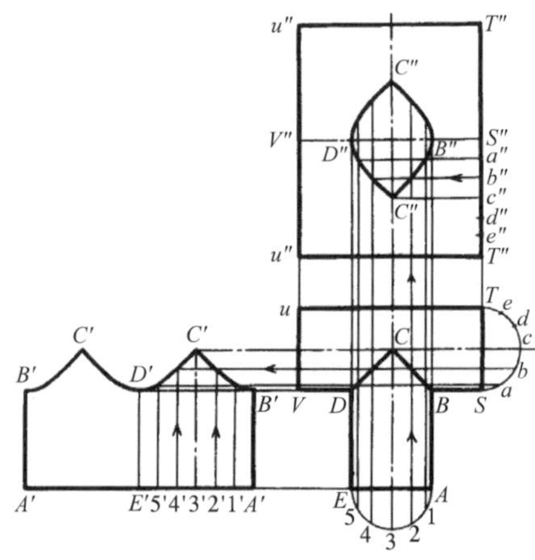

圖 7.48　T 字管的展開

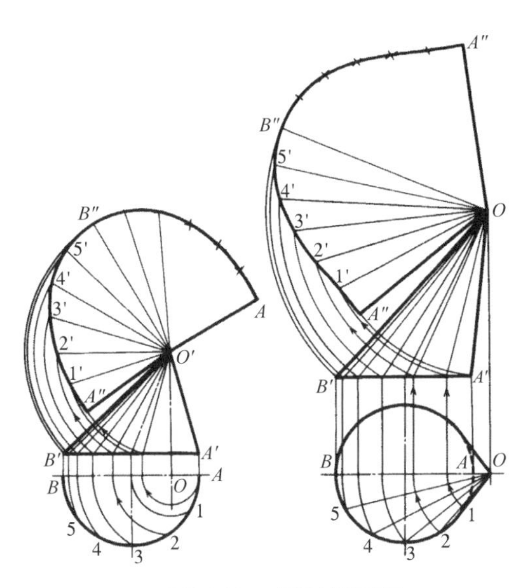

圖 7.49　斜圓斜展開

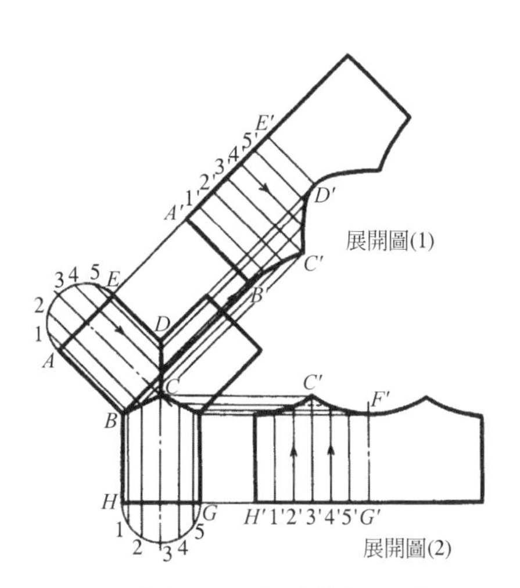

圖 7.50　Y 字管的展開

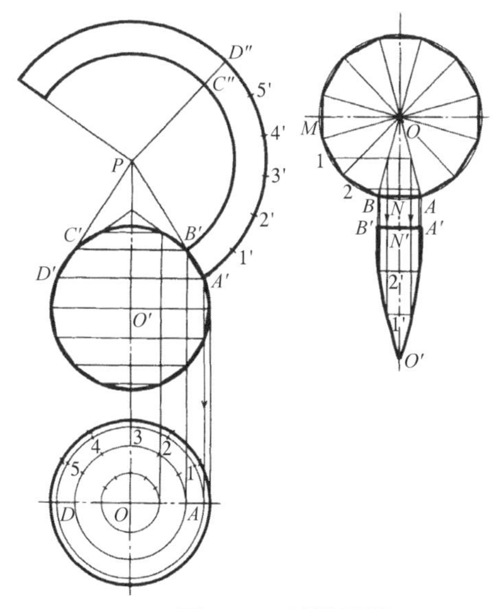

圖 7.51　球體展開

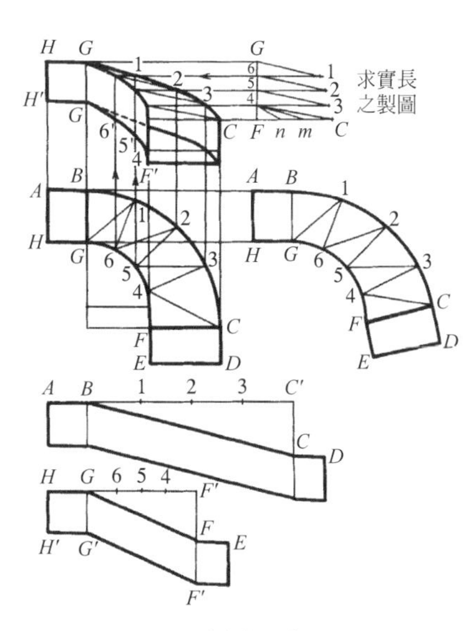

圖 7.52　彎曲方管的展開

立體之展開大致可分爲下列三種①如圖 7.43 所示，由立體的投影圓畫出平行線求其展開圖之方法，②如圖 7.47 所示，首先將立體展開爲扇形，再求得實際開圖之方法，③如圖 7.50 所示，首先將立體畫分爲數個適當的三角形，再求得展開圖之方法，圖 7.43 到圖 7.52 所示者，係以上三種方法之典型圖例，其它的立體亦是由上述三種方法之任一種或適當組合而求得展開圖，實例圖中所示之箭頭指示展開之順序。

9. 凸輪線圖

凸輪係行迴轉運動之一種機械輪，通常具有彎曲的週邊，大多是由主動件作用，使接觸在其曲線的從動件，產生週期性運動。

圖 7.53 所示爲各種凸輪之實例，依凸輪之運動可分使從動件作(a)、(b)、(d)上下運動，(e)、(f)往復運動和(b)擺動三種，其中應用最廣泛者爲(a)之板凸輪。

10. 凸輪線圖與凸輪的畫法

凸輪的運動數利用凸輪迴轉與依附迴轉之從動件之運動關係，通常由橫座標代表凸輪所轉的迴轉角度，縱座標爲從動件之上升與下降長度，凸輪之畫法即依據凸輪線圖。

圖 7.54 所示爲板凸輪之線圖，此線圖中，凸輪由最初之位置迴轉 180°，從動件慢慢上升，在 180°之時，快速下降，最後等速下降到 360°爲止。

圖 7.55 爲圖 7.54 所示凸輪之畫法，畫此凸輪時，首先以AC爲半徑、C爲圓心畫圓，半圓週分爲如圖所示六等分，各等分點分別取a'、b'、c'、d'、e'、f'，連接各點與C之延長線。

取AB之高度與凸輪線圖所示從動件上升部分的高度相等，以AB爲直徑畫半圓，再把此半圓週分爲六等份，由各等分點畫垂直$\overline{AB}$之直線，得其交點 1、2、3、4、5、6。

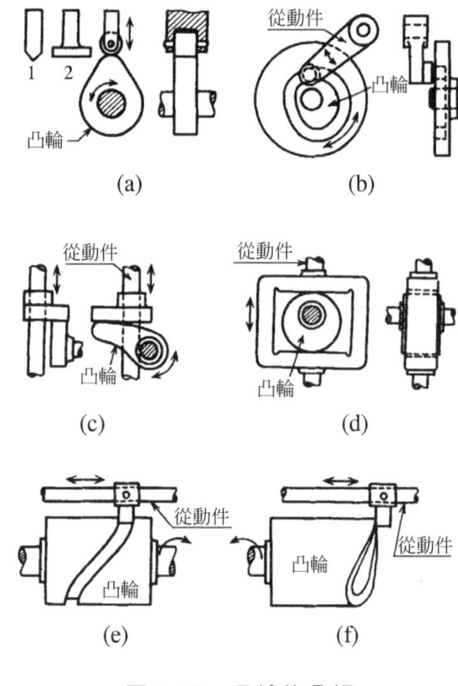

圖 7.53　凸輪的分類

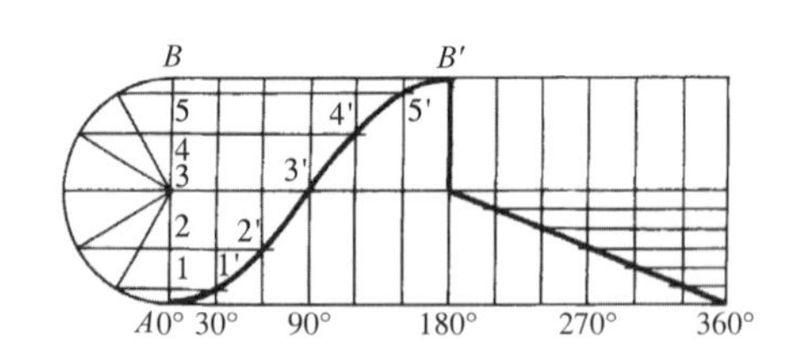

圖 7.54　凸輪線圖

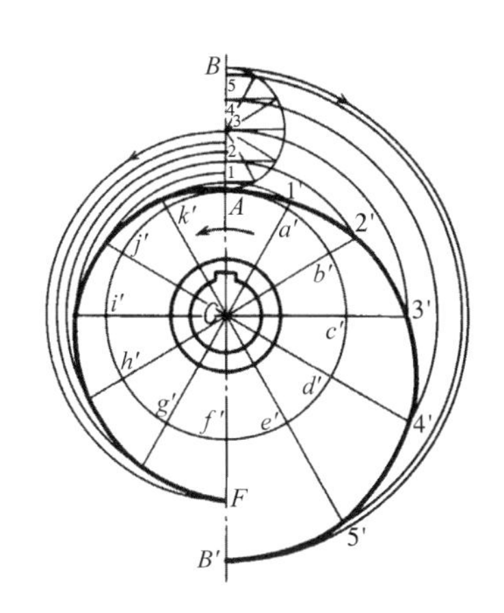

圖 7.55 凸輪的畫法

以C爲圓心，$C1$、$C2$、$C3$…爲半徑畫圓弧，得圖所示之$1'$、$2'$、$3'$…，連接這些點即得凸輪上升部分之外形。

在 180°時，B點之下降高度由圖 7.54 所示凸輪線圖可知等於$B3$長度。

180°到 360°等速下降部分的畫法，先把$A3$分爲 6 等分，再按前述之方法求其輪廓。

圖 7.56 所示爲使用刀緣從動件之等速凸輪之畫法；製圖方法如下：首先以OA爲半徑畫圓，將圖中所示之 1/4 圓週分爲 6 等分，由各分點取a'、b'、c'、d'、e'並由中點O作過各分點之延長線，最大升程L由OB延長線之B點畫至C點，將L分爲 6 等分，取爲 1、2、3、4、5。

以O爲圓心，$O1$、$O2$、$O3$…等爲半徑畫圓弧，求得圖示之$1'$、$2'$、$3'$…，連接各交點即得凸輪上升部分之輪廓。

接著，下半部的 1/4 圓週按前述之方法製成。

以上所得之凸輪圖形爲刀線從動件之等速凸輪，凸輪在 90°迴轉間達到最大升程L，接下來的 90°等速迴轉恢復到原來位置。

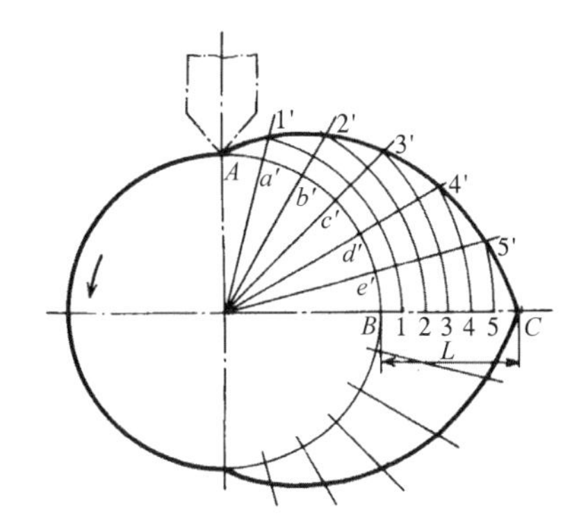

圖 7.56 等速凸輪的畫法

8 機械結件之設計

機械設計通常必經下列過程：機械的使用目的→滿足此目的的機構→決定機構各部分的材料及強度→實際工作產生之問題，例如：經濟方面或工作方法等之考慮與各部分尺寸之決定→製作圖之完成(俗稱工作圖)。

機械設計通常是研究機械的共同元件，如齒輪、螺絲及傳動裝置等，以做為各種機械的設計基礎，上述共同且重要的元件，為達大量生產之目的，實際上必須採行統一的規格，設計所計畫之尺寸，自然必須使用最接近規格之成品，以下從第 8 章至第 15 章，皆是說明主要的機械元件。

8.1 螺 紋

1. 關於螺紋

(1) **螺紋各部名稱**：如圖 8.1 所示，三角形abc捲繞在圓筒的圓週時，斜線ac所形成之曲線，稱為螺紋線(helix)，如螺紋線切割成三角形或四角形等剖面之溝槽，則圓筒的曲面變為有峰與底之立體，稱為螺紋(screw)，螺紋的螺紋線所形成的三角形abc之$\angle cab=\theta$，稱為導程角，螺紋線在圓筒上迴轉一週，軸方向前進距離p，稱為節距(或稱螺距，螺紋的節距為相鄰兩螺峰之距離)，即三角形abc前進節距之距離時，底邊ab捲繞圓筒一週，如圖筒之直徑時，則：

$$ab=\pi D$$

螺紋迴轉一圈、前進一個節距時，導程角θ、圓筒的直徑D、節距p的相對關係為：

$$\tan\theta=\frac{P}{\pi D}$$

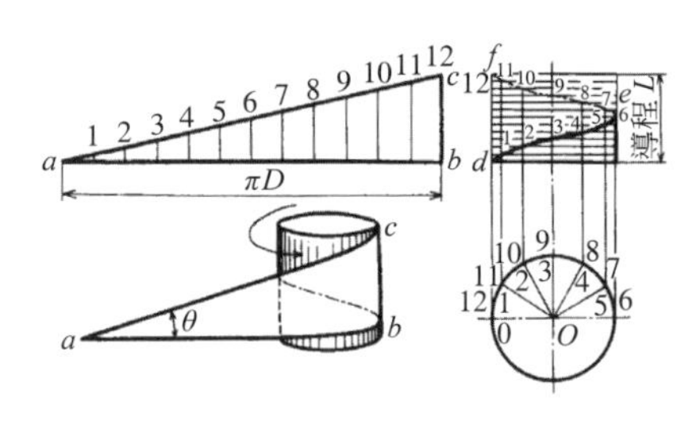

圖 8.1 螺紋

螺紋之捲繞方法，如圖 8.2(a)所示向右上方捲繞者稱為右螺紋，反之如圖(b)所示者稱為左螺紋，一節距間有一條螺紋線者，稱為單線螺紋(或稱單口螺紋)，有二條者稱為雙線螺紋(或稱雙口螺紋)，有三條者稱為三線螺紋(或稱三口螺紋)，螺紋線的條數有二條以上者。又稱為多口螺紋(圖 8.3)。

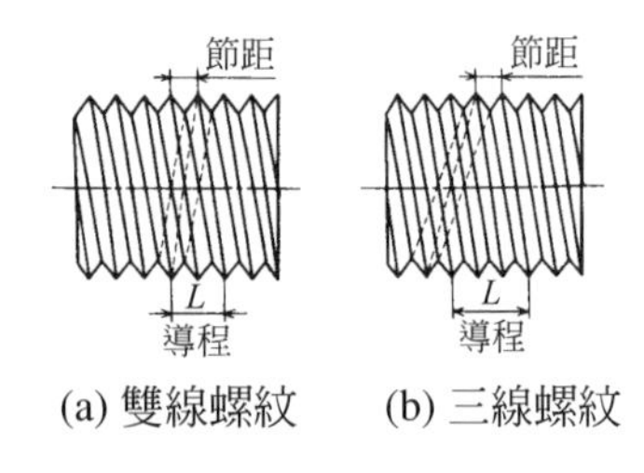

(a) 雙線螺紋　(b) 三線螺紋

圖 8.2 多線螺紋

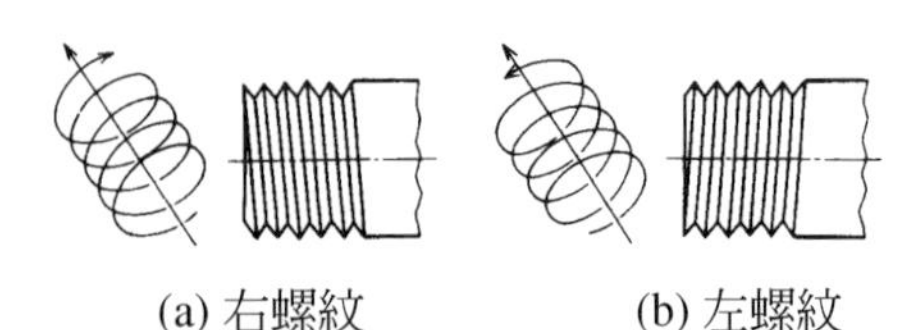
(a) 右螺紋　(b) 左螺紋

圖 8.3 右螺紋與左螺紋

⑵ **陽螺紋與陰螺紋**：螺紋形成於圓筒表面者稱爲陽螺紋(圖 8.4 之(a))，陰螺紋係螺紋形成於圓筒狀孔的內面，如圖 8.4 之(b)，陽螺紋與陰螺紋的螺旋線、直徑均一致時，可以相互配合成一對螺紋，平常使用的螺紋即此陽螺紋與陰螺紋之組合。

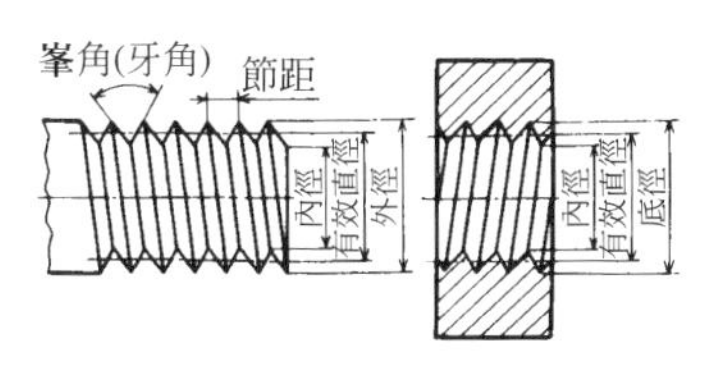

圖 8.4　陽螺紋與陰螺紋的各部名稱

⑶ **螺紋的用途**：螺紋之使用目的如下：

① 聯接用：聯接二種各自獨立之零件，或其它須要聯接之情況。

【例】螺帽、螺栓(圖 8.5)。

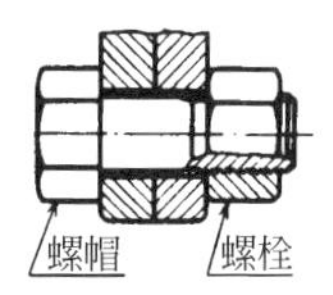

圖 8.5　螺栓與螺帽

② 增減兩零件之距離用：細密地調整二零件間的距離時間。

【例】分厘卡(圖 8.6)

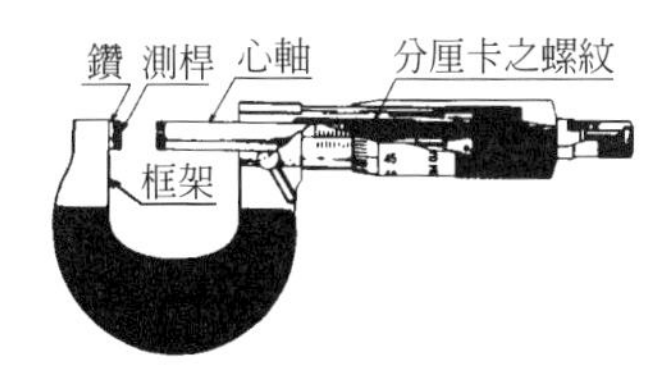

圖 8.6　分厘卡

③ 傳達運動或動力用：使零件運動而傳送動力或移動用。

【例】虎鉗(圖 8.7)、工具機的進給裝置。

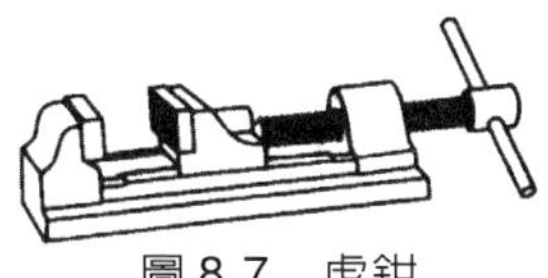

圖 8.7　虎鉗

2.　螺紋的分類與其特點

如圖 8.8 所示爲各種基本螺紋，以下再加以詳細說明。

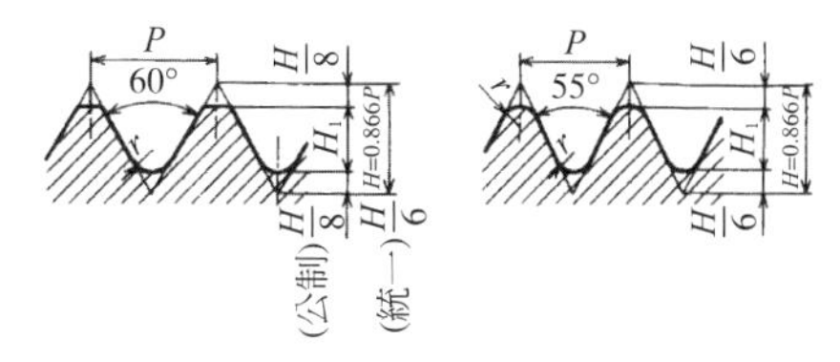

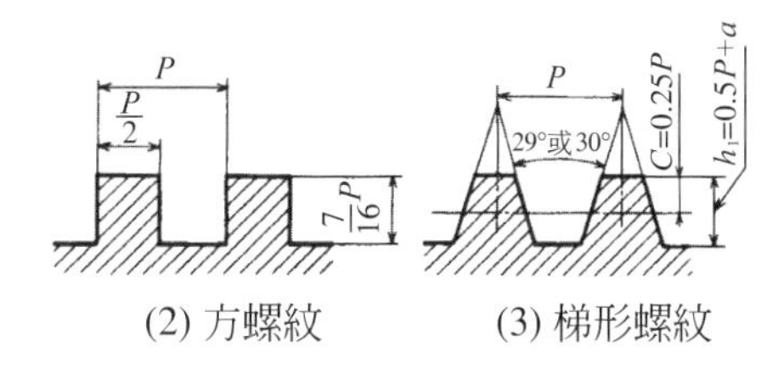

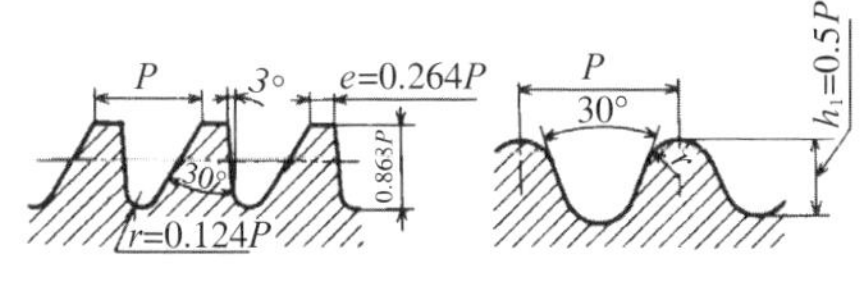

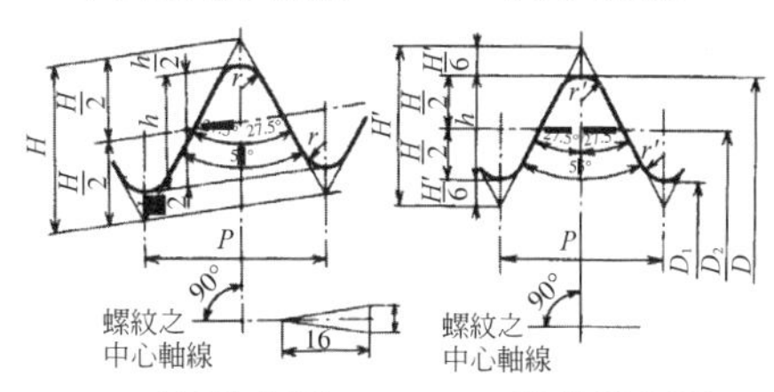

圖 8.8　各種基本螺紋

⑴ **三角螺紋**：螺紋的剖面爲三角形，主要用於聯結用，製作容易。此三角螺紋在 JIS 規格中，規定有公制之一般用螺紋(“粗牙”，“細牙”)(表 8.1～表 8.3)，及英制統一標準粗牙(表 8.4)，統一標準細牙(表 8.7)。以往之公制粗牙及公制細牙，均統括爲“一般用公制螺紋”，本書依以往慣例加以區別。

其中，所謂細牙螺紋，其基本峰形與粗牙相同，但直徑(公稱直徑)與節距之比率較細。

規格中對特殊三角螺紋之規定有：表 8.8 小型螺紋、表 8.9 腳踏車用螺紋，表 8.10 縫衣機用螺紋，以上之螺峰角度皆爲 60°，各個細密部分(直徑至 1.4～0.3 mm)均爲腳踏車、縫衣機的專用螺紋。

表 8.1　一般用公制螺紋“粗牙”之基準尺寸與節距之選擇(JIS B 0205-1～4)

(單位 mm)

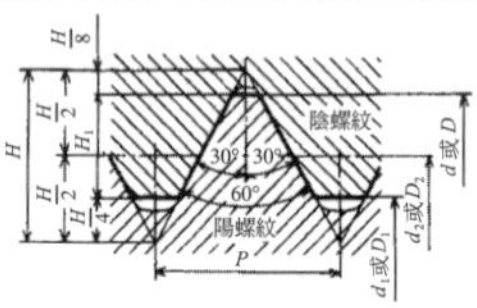

粗實線爲基本峰形

$$H=\frac{\sqrt{3}}{2}P=0.866025P$$

$$H_1=\frac{5}{8}H=0.541266P$$

$$d_2=d-0.649519P$$
$$d_1=d-1.082532P$$
$$D=d,\quad D_2=d_2,\quad D_1=d_1$$

螺紋的稱呼	順序*	節距 P	作用高度 H_1	陰螺紋 底徑 D / 陽螺紋 外徑 d	陰螺紋 有效直徑 D_2 / 陽螺紋 有效直徑 d_2	陰螺紋 內徑 D_1 / 陽螺紋 底徑 d_1
M 1	1	0.25	0.135	1.000	0.838	0.729
M 1.1	2	0.25	0.135	1.100	0.938	0.829
M 1.2	1	0.25	0.135	1.200	1.038	0.929
M 1.4	2	0.3	0.162	1.400	1.205	1.075
M 1.6	1	0.35	0.189	1.600	1.373	1.221
M 1.8	2	0.35	0.189	1.800	1.573	1.421
M 2	1	0.4	0.217	2.000	1.740	1.567
M 2.2	2	0.45	0.244	2.200	1.908	1.713
M 2.5	1	0.45	0.244	2.500	2.208	2.013
M 3×0.5	1	0.5	0.271	3.000	2.675	2.459
M 3.5	2	0.6	0.325	3.500	3.110	2.850
M 4×0.7	1	0.7	0.379	4.000	3.545	3.242
M 4.5	2	0.75	0.406	4.500	4.013	3.688
M 5×0.8	1	0.8	0.433	5.000	4.480	4.134
M 6	1	1	0.541	6.000	5.350	4.917
M 7	3	1	0.541	7.000	6.350	5.917
M 8	1	1.25	0.677	8.000	7.188	6.647
M 9	3	1.25	0.677	9.000	8.188	7.647
M 10	1	1.5	0.812	10.000	9.026	8.376
M 11	3	1.5	0.812	11.000	10.026	9.376
M 12	1	1.75	0.947	12.000	10.863	10.106
M 14	2	2	1.083	14.000	12.701	11.835
M 16	1	2	1.083	16.000	14.701	13.835
M 18	2	2.5	1.353	18.000	16.376	15.294
M 20	1	2.5	1.353	20.000	18.376	17.294
M 22	2	2.5	1.353	22.000	20.376	19.294
M 24	1	3	1.624	24.000	22.051	20.752
M 27	2	3	1.624	27.000	25.051	23.752
M 30	1	3.5	1.894	30.000	27.727	26.211
M 33	2	3.5	1.894	33.000	30.727	29.211
M 36	1	4	2.165	36.000	33.402	31.670
M 39	2	4	2.165	39.000	36.402	34.670
M 42	1	4.5	2.436	42.000	39.077	37.129
M 45	2	4.5	2.436	45.000	42.077	40.129
M 48	1	5	2.706	48.000	44.752	42.587
M 52	2	5	2.706	52.000	48.752	46.587
M 56	1	5.5	2.977	56.000	52.428	50.046
M 60	2	5.5	2.977	60.000	56.428	54.046
M 64	1	6	3.248	64.000	60.103	57.505
M 68	2	6	3.248	68.000	64.103	61.505

〔註〕⑴ 順位 1 爲優先，必要時依 2，3 順位選取。
此外，順位 1，2，3 與規定之 ISO 公制螺紋之公稱直徑之選擇基準一致。
⑵ 粗字之節距，在公稱直徑 1～64mm 範圍，作爲螺紋零件之選擇尺寸是一般工業用所推薦的。

〔備註〕此規一般用於公制螺紋「粗牙」之規定。
“粗牙”，“細牙”(表 8.2，表 8.3)之用語，依以往之慣例使用，由此用語，不可與品質的概念連想。
“粗牙”之節距，爲實際流通最大之公制節距。

表 8.2　一般用公制螺紋“細牙”之節距選擇(JIS B 0205-2)

(單位 mm)

公稱直徑	順序 (1)	節距 (2)	公稱直徑	順序 (1)	節距 (2)	公稱直徑	順序 (1)	節距 (2)
1	1	0.2	33	2	(3) **2** 1.5	135	3	6 4 3 2
1.1	2	0.2	35(4)	3	1.5	140	1	6 4 3 2
1.2	1	0.2	36	1	**3** 2 1.5	145	3	6 4 3 2
1.4	2	0.2	38	3	1.5	150	2	6 4 3 2
1.6	1	0.2	39	2	**3** 2 1.5	155	3	6 4 3
1.8	2	0.2	40	3	3 2 1.5	160	1	6 4 3
2	1	0.25	42	1	4 3 2 1.5	165	3	6 4 3
2.2	2	0.25	45	2	4 **3** 2 1.5	170	2	6 4 3
2.5	1	0.35	48	1	4 **3** 2 1.5	175	3	6 4 3
3	1	0.35	50	3	3 2 1.5	180	1	6 4 3
3.5	2	0.35	52	2	**4** 3 2 1.5	185	3	6 4 3
4	1	0.5	55	3	4 3 2 1.5	190	2	6 4 3
4.5	2	0.5	56	1	**4** 3 2 1.5	195	3	6 4 3
5	1	0.5	58	3	4 3 2 1.5	200	1	6 4 3
5.5	3	0.5	60	2	**4** 3 2 1.5	205	3	6 4 3
6	1	0.75	62	3	4 3 2 1.5	210	2	6 4 3
7	2	0.75	64	1	**4** 3 2 1.5	215	3	6 4 3
8	1	**1** 0.75	65	3	4 3 2 1.5	220	1	6 4 3
9	3	1 0.75	68	2	4 3 2 1.5	225	3	6 4 3
10	1	**1.25** **1** 0.75	70	3	6 4 3 2 1.5	230	3	6 4 3
11	3	1 0.75	72	1	6 4 3 2 1.5	235	3	6 4 3
12	1	**1.5** **1.25** 1	75	3	4 3 2 1.5	240	2	6 4 3
14	2	**1.5** 1.25(3) 1	76	2	6 4 3 2 1.5	245	3	6 4 3
15	3	1.5 1	78	3	2	250	1	6 4 3
16	1	**1.5** 1	80	1	6 4 3 2 1.5	255	3	6 4
17	3	1.5 1	82	3	2	260	2	6 4
18	2	**2** **1.5** 1	85	2	6 4 3 2	265	3	6 4
20	1	**2** **1.5** 1	90	1	6 4 3 2	270	3	6 4
22	2	**2** **1.5** 1	95	2	6 4 3 2	275	3	6 4
24	1	**2** 1.5 1	100	1	6 4 3 2	280	1	6 4
25	3	2 1.5 1	105	2	6 4 3 2	285	3	6 4
26	3	**1.5**	110	1	6 4 3 2	290	3	6 4
27	2	**2** 1.5 1	115	2	6 4 3 2	295	3	6 4
28	3	2 1.5 1	120	2	6 4 3 2	300	2	6 4
30	1	(3) **2** 1.5 1	125	1	6 4 3 2			
32	3	2 1.5	130	2	6 4 3 2			

〔註〕(1)順序由 1 優先選取。此與 ISO 公制螺紋之公稱直徑之選擇基準一致。
(2)粗字之節距，爲一般工業用所推薦之尺寸(參考表 8.3 之【註】)
(3)公稱直徑 14mm，節距 1.25mm 之螺紋，只限用於引擎用火星塞之螺紋。
(4)公稱直徑 35mm 之螺紋，只限用於滾動軸承固定螺紋。

〔備註〕1.附有括號之節距，儘量不要使用。
2.若需要上表所述螺紋節距更細之螺紋的場合，參考表 8.3【備考】之 2。

表 8.3　一般用公制螺紋“細牙”之基本尺寸(JIS B 0205-1～4)

(單位 mm)

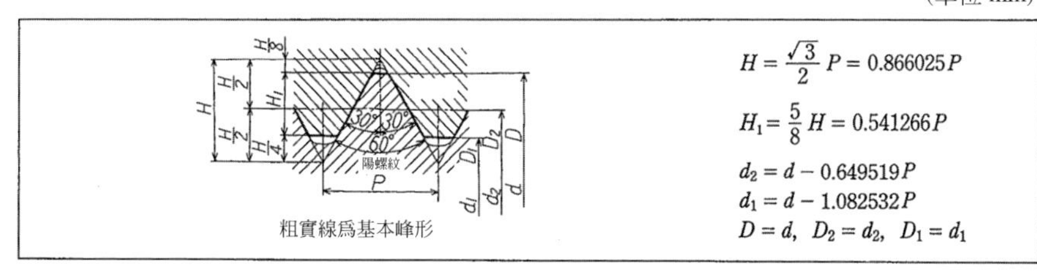

粗實線爲基本峰形

表 8.3 一般用公制螺紋“細牙”之基本尺寸(JIS B 0205-1～4)(續)

(單位 mm)

螺紋的稱呼	節距 P[1]	作用高度 H_1	陰螺紋		
			底徑 D	有效直徑 D_2	內徑 D_1
			陽螺紋		
			外徑 d	有效直徑 d_2	底徑 d_1
M1 × 0.2	0.2	0.108	1.000	0.870	0.783
M1.1 × 0.2	0.2	0.108	1.100	0.970	0.883
M1.2 × 0.2	0.2	0.108	1.200	1.070	0.983
M1.4 × 0.2	0.2	0.108	1.400	1.270	1.183
M1.6 × 0.2	0.2	0.108	1.600	1.470	1.383
M1.8 × 0.2	0.2	0.108	1.800	1.670	1.583
M2 × 0.25	0.25	0.135	2.000	1.838	1.729
M2.2 × 0.25	0.25	0.135	2.200	2.038	1.929
M2.5 × 0.35	0.35	0.189	2.500	2.273	2.121
M3 × 0.35	0.35	0.189	3.000	2.773	2.621
M3.5 × 0.35	0.35	0.189	3.500	3.273	3.121
M4 × 0.5	0.5	0.271	4.000	3.675	3.459
M4.5 × 0.5	0.5	0.271	4.500	4.175	3.959
M5 × 0.5	0.5	0.271	5.000	4.675	4.459
M5.5 × 0.5	0.5	0.271	5.500	5.175	4.959
M6 × 0.75	0.75	0.406	6.000	5.513	5.188
M7 × 0.75	0.75	0.406	7.000	6.513	6.188
M8 × 1	1	0.541	8.000	7.350	6.917
M8 × 0.75	0.75	0.406	8.000	7.513	7.188
M9 × 1	1	0.541	9.000	8.350	7.917
M9 × 0.75	0.75	0.406	9.000	8.513	8.188
M10 × 1.25	1.25	0.677	10.000	9.188	8.647
M10 × 1	1	0.541	10.000	9.350	8.917
M10 × 0.75	0.75	0.406	10.000	9.513	9.188
M11 × 1	1	0.541	11.000	10.350	9.917
M11 × 0.75	0.75	0.406	11.000	10.513	10.188
M12 × 1.5	1.5	0.812	12.000	11.026	10.376
M12 × 1.25	1.25	0.677	12.000	11.188	10.647
M12 × 1	1	0.541	12.000	11.350	10.917
M14 × 1.5	1.5	0.812	14.000	13.026	12.376
M14 × 1.25	1.25[2]	0.677	14.000	13.188	12.647
M14 × 1	1	0.541	14.000	13.350	12.917
M15 × 1.5	1.5	0.812	15.000	14.026	13.376
M15 × 1	1	0.541	15.000	14.350	13.917
M16 × 1.5	1.5	0.812	16.000	15.026	14.376
M16 × 1	1	0.541	16.000	15.350	14.917
M17 × 1.5	1.5	0.812	17.000	16.026	15.376
M17 × 1	1	0.541	17.000	16.350	15.917
M18 × 2	2	1.083	18.000	16.701	15.835
M18 × 1.5	1.5	0.812	18.000	17.026	16.376
M18 × 1	1	0.541	18.000	17.350	16.917
M20 × 2	2	1.083	20.000	18.701	17.835
M20 × 1.5	1.5	0.812	20.000	19.026	18.376
M20 × 1	1	0.541	20.000	19.350	18.917
M22 × 2	2	1.083	22.000	20.701	19.835
M22 × 1.5	1.5	0.812	22.000	21.026	20.376
M22 × 1	1	0.541	22.000	21.350	20.917
M24 × 2	2	1.083	24.000	22.701	21.835
M24 × 1.5	1.5	0.812	24.000	23.026	22.376
M24 × 1	1	0.541	24.000	23.350	22.917
M25 × 2	2	1.083	25.000	23.701	22.835
M25 × 1.5	1.5	0.812	25.000	24.026	23.376
M25 × 1	1	0.541	25.000	24.350	23.917
M26 × 1.5	1.5	0.812	26.000	25.026	24.376
M27 × 2	2	1.083	27.000	25.701	24.835
M27 × 1.5	1.5	0.812	27.000	26.026	25.376
M27 × 1	1	0.541	27.000	26.350	25.917
M28 × 2	2	1.083	28.000	26.701	25.835
M28 × 1.5	1.5	0.812	28.000	27.026	26.376
M28 × 1	1	0.541	28.000	27.350	26.917
M30 × 3	(3)	1.624	30.000	28.051	26.752
M30 × 2	2	1.083	30.000	28.701	27.835
M30 × 1.5	1.5	0.812	30.000	29.026	28.376
M30 × 1	1	0.541	30.000	29.350	28.917
M32 × 2	2	1.083	32.000	30.701	29.835
M32 × 1.5	1.5	0.812	32.000	31.026	30.376
M33 × 3	(3)	1.624	33.000	31.051	29.752
M33 × 2	2	1.083	33.000	31.701	30.835
M33 × 1.5	1.5	0.812	33.000	32.026	31.376
M35 × 1.5[3]	1.5	0.812	35.000	34.026	33.376
M36 × 3	3	1.624	36.000	34.051	32.752
M36 × 2	2	1.083	36.000	34.701	33.835
M36 × 1.5	1.5	0.812	36.000	35.026	34.376
M38 × 1.5	1.5	0.812	38.000	37.026	36.376
M39 × 3	3	1.624	39.000	37.051	35.752
M39 × 2	2	1.083	39.000	37.701	36.835
M39 × 1.5	1.5	0.812	39.000	38.026	37.376
M40 × 3	3	1.624	40.000	38.051	36.752
M40 × 2	2	1.083	40.000	38.701	37.835
M40 × 1.5	1.5	0.812	40.000	39.026	38.376
M42 × 4	4	2.165	42.000	39.402	37.670
M42 × 3	3	1.624	42.000	40.051	38.752
M42 × 2	2	1.083	42.000	40.701	39.835
M42 × 1.5	1.5	0.812	42.000	41.026	40.376
M45 × 4	4	2.165	45.000	42.402	40.670
M45 × 3	3	1.624	45.000	43.051	41.752
M45 × 2	2	1.083	45.000	43.071	42.835
M45 × 1.5	1.5	0.812	45.000	44.026	43.376
M48 × 4	4	2.165	48.000	45.402	43.670
M48 × 3	3	1.624	48.000	46.051	44.752
M48 × 2	2	1.083	48.000	46.701	45.835
M48 × 1.5	1.5	0.812	48.000	47.026	46.376
M50 × 3	3	1.624	50.000	48.051	46.752
M50 × 2	2	1.083	50.000	48.701	47.835
M50 × 1.5	1.5	0.812	50.000	49.026	48.376
M52 × 4	4	2.165	52.000	49.402	47.670
M52 × 3	3	1.624	52.000	50.051	48.752
M52 × 2	2	1.083	52.000	50.701	49.835
M52 × 1.5	1.5	0.812	52.000	51.026	50.376
M55 × 4	4	2.165	55.000	52.402	50.670
M55 × 3	3	1.624	55.000	53.051	51.752
M55 × 2	2	1.083	55.000	53.701	52.835
M55 × 1.5	1.5	0.812	55.000	54.026	53.376
M56 × 4	4	2.165	56.000	53.402	51.670
M56 × 3	3	1.624	56.000	54.051	52.752
M56 × 2	2	1.083	56.000	54.701	53.835
M56 × 1.5	1.5	0.812	56.000	55.026	54.376
M58 × 4	4	2.165	58.000	55.402	53.670
M58 × 3	3	1.624	58.000	56.051	54.752
M58 × 2	2	1.083	58.000	56.701	55.835
M58 × 1.5	1.5	0.812	58.000	57.026	56.376

表 8.3　一般用公制螺紋“細牙”之基本尺寸(JIS B 0205-1～4)(續)

(單位 mm)

螺紋的稱呼	節距 P (1)	作用高度 H_1	陰螺紋		
			底徑 D	有效直徑 D_2	內徑 D_1
			陽螺紋		
			外徑 d	有效直徑 d_2	底徑 d_1
M60 × 4	4	2.165	60.000	57.402	55.670
M60 × 3	3	1.624	60.000	58.051	56.752
M60 × 2	2	1.083	60.000	58.701	57.835
M60 × 1.5	1.5	0.812	60.000	59.026	58.376
M62 × 4	4	2.165	62.000	59.402	57.670
M62 × 3	3	1.624	62.000	60.051	58.752
M62 × 2	2	1.083	62.000	60.701	59.835
M62 × 1.5	1.5	0.812	62.000	61.026	60.376
M64 × 4	4	2.165	64.000	61.402	59.670
M64 × 3	3	1.624	64.000	62.051	60.752
M64 × 2	2	1.083	64.000	62.701	61.835
M64 × 1.5	1.5	0.812	64.000	63.026	62.376
M65 × 4	4	2.165	65.000	62.402	60.670
M65 × 3	3	1.624	65.000	63.051	61.752
M65 × 2	2	1.083	65.000	63.701	62.835
M65 × 1.5	1.5	0.812	65.000	64.026	63.376
M68 × 4	4	2.165	68.000	65.402	63.670
M68 × 3	3	1.624	68.000	66.051	64.752
M68 × 2	2	1.083	68.000	66.701	65.835
M68 × 1.5	1.5	0.812	68.000	67.026	66.376
M70 × 6	6	3.248	70.000	66.103	63.505
M70 × 4	4	2.165	70.000	67.402	65.670
M70 × 3	3	1.624	70.000	68.051	66.752
M70 × 2	2	1.083	70.000	68.701	67.835
M70 × 1.5	1.5	0.812	70.000	69.026	68.376
M72 × 6	6	3.248	72.000	68.103	65.505
M72 × 4	4	2.165	72.000	69.402	67.670
M72 × 3	3	1.624	72.000	70.051	68.752
M72 × 2	2	1.083	72.000	70.701	69.835
M72 × 1.5	1.5	0.812	72.000	71.026	70.376
M75 × 4	4	2.165	75.000	72.402	70.670
M75 × 3	3	1.624	75.000	73.051	71.752
M75 × 2	2	1.083	75.000	73.701	72.835
M75 × 1.5	1.5	0.812	75.000	74.026	73.376
M76 × 6	6	3.248	76.000	72.103	69.505
M76 × 4	4	2.165	76.000	73.402	71.670
M76 × 3	3	1.624	76.000	74.051	72.752
M76 × 2	2	1.083	76.000	74.701	73.835
M76 × 1.5	1.5	0.812	76.000	75.026	74.376
M78 × 2	2	1.083	78.000	76.701	75.835
M80 × 6	6	3.248	80.000	76.103	73.505
M80 × 4	4	2.165	80.000	77.402	75.670
M80 × 3	3	1.624	80.000	78.051	76.752
M80 × 2	2	1.083	80.000	78.701	77.835
M80 × 1.5	1.5	0.812	80.000	79.026	78.376
M82 × 2	2	1.083	82.000	80.701	79.835
M85 × 6	6	3.248	85.000	81.103	78.505
M85 × 4	4	2.165	85.000	82.402	80.670
M85 × 3	3	1.624	85.000	83.051	81.752
M85 × 2	2	1.083	85.000	83.701	82.835
M90 × 6	6	3.248	90.000	86.103	83.505
M90 × 4	4	2.165	90.000	87.402	85.670
M90 × 3	3	1.624	90.000	88.051	86.752
M90 × 2	2	1.083	90.000	88.701	87.835
M95 × 6	6	3.248	95.000	91.103	88.505
M95 × 4	4	2.165	95.000	92.402	90.670
M95 × 3	3	1.624	95.000	93.051	91.752
M95 × 2	2	1.083	95.000	93.701	92.835

螺紋的稱呼	節距 P	作用高度 H_1	陰螺紋		
			底徑 D	有效直徑 D_2	內徑 D_1
			陽螺紋		
			外徑 d	有效直徑 d_2	底徑 d_1
M100 × 6	6	3.248	100.000	96.103	93.505
M100 × 4	4	2.165	100.000	97.402	95.670
M100 × 3	3	1.624	100.000	98.051	96.752
M100 × 2	2	1.083	100.000	98.701	97.835
M105 × 6	6	3.248	105.000	101.103	98.505
M105 × 4	4	2.165	105.000	102.402	100.670
M105 × 3	3	1.624	105.000	103.051	101.752
M105 × 2	2	1.083	105.000	103.701	102.835
M110 × 6	6	3.248	110.000	106.103	103.505
M110 × 4	4	2.165	110.000	107.402	105.670
M110 × 3	3	1.624	110.000	108.051	106.752
M110 × 2	2	1.083	110.000	108.701	107.835
M115 × 6	6	3.248	115.000	111.103	108.505
M115 × 4	4	2.165	115.000	112.402	110.670
M115 × 3	3	1.624	115.000	113.051	111.752
M115 × 2	2	1.083	115.000	113.701	112.835
M120 × 6	6	3.248	120.000	116.103	113.505
M120 × 4	4	2.165	120.000	117.402	115.670
M120 × 3	3	1.624	120.000	118.051	116.752
M120 × 2	2	1.083	120.000	118.701	117.835
M125 × 8	8	4.330	125.000	119.804	116.340
M125 × 6	6	3.248	125.000	121.103	118.505
M125 × 4	4	2.165	125.000	122.402	120.670
M125 × 3	3	1.624	125.000	123.051	121.752
M125 × 2	2	1.083	125.000	123.701	122.835
M130 × 8	8	4.330	130.000	124.804	121.340
M130 × 6	6	3.248	130.000	126.103	123.505
M130 × 4	4	2.165	130.000	127.402	125.670
M130 × 3	3	1.624	130.000	128.051	126.752
M130 × 2	2	1.083	130.000	128.701	127.835
M135 × 6	6	3.248	135.000	131.103	128.505
M135 × 4	4	2.165	135.000	132.402	130.670
M135 × 3	3	1.624	135.000	133.051	131.752
M135 × 2	2	1.083	135.000	133.701	132.835
M140 × 8	8	4.330	140.000	134.804	131.340
M140 × 6	6	3.248	140.000	136.103	133.505
M140 × 4	4	2.165	140.000	137.402	135.670
M140 × 3	3	1.624	140.000	138.051	136.752
M140 × 2	2	1.083	140.000	138.701	137.835
M145 × 6	6	3.248	145.000	141.103	138.505
M145 × 4	4	2.165	145.000	142.402	140.670
M145 × 3	3	1.624	145.000	143.051	141.752
M145 × 2	2	1.083	145.000	143.701	142.835
M150 × 8	8	4.330	150.000	144.804	141.340
M150 × 6	6	3.248	150.000	146.103	143.505
M150 × 4	4	2.165	150.000	147.402	145.670
M150 × 3	3	1.624	150.000	148.051	146.752
M150 × 2	2	1.083	150.000	148.701	147.835
M155 × 6	6	3.248	155.000	151.103	148.505
M155 × 4	4	2.165	155.000	152.402	150.670
M155 × 3	3	1.624	155.000	153.051	151.752
M160 × 8	8	4.330	160.000	154.804	151.340
M160 × 6	6	3.248	160.000	156.103	153.505
M160 × 4	4	2.165	160.000	157.402	155.670
M160 × 3	3	1.624	160.000	158.051	156.752
M165 × 6	6	3.248	165.000	161.103	158.505
M165 × 4	4	2.165	165.000	162.402	160.670
M165 × 3	3	1.624	165.000	163.051	161.752

表 8.3　一般用公制螺紋“細牙”之基本尺寸(JIS B 0205-1～4)(續)

(單位 mm)

螺紋的稱呼	節距 P	作用高度 H_1	陰螺紋		
			底徑 D	有效直徑 D_2	內徑 D_1
			陽螺紋		
			外徑 d	有效直徑 d_2	底徑 d_1
M170 × 8	8	4.330	170.000	164.804	161.340
M170 × 6	6	3.248	170.000	166.103	163.505
M170 × 4	4	2.165	170.000	167.402	165.670
M170 × 3	3	1.624	170.000	168.051	166.752
M175 × 6	6	3.248	175.000	171.103	168.505
M175 × 4	4	2.165	175.000	172.402	170.670
M175 × 3	3	1.624	175.000	173.051	171.752
M180 × 8	8	4.330	180.000	174.804	171.340
M180 × 6	6	3.248	180.000	176.103	173.505
M180 × 4	4	2.165	180.000	177.402	175.670
M180 × 3	3	1.624	180.000	178.051	176.752
M185 × 6	6	3.248	185.000	181.103	178.505
M185 × 4	4	2.165	185.000	182.402	180.670
M185 × 3	3	1.624	185.000	183.051	181.752
M190 × 8	8	4.330	190.000	184.804	181.340
M190 × 6	6	3.248	190.000	186.103	183.505
M190 × 4	4	2.165	190.000	187.402	185.670
M190 × 3	3	1.624	190.000	188.051	186.752
M195 × 6	6	3.248	195.000	191.103	188.505
M195 × 4	4	2.165	195.000	192.402	190.670
M195 × 3	3	1.624	195.000	193.051	191.752
M200 × 8	8	4.330	200.000	194.804	191.340
M200 × 6	6	3.248	200.000	196.103	193.505
M200 × 4	4	2.165	200.000	197.402	195.670
M200 × 3	3	1.624	200.000	198.051	196.752
M205 × 6	6	3.248	205.000	201.103	198.505
M205 × 4	4	2.165	205.000	202.402	200.670
M205 × 3	3	1.624	205.000	203.051	201.752
M210 × 8	8	4.330	210.000	204.804	201.340
M210 × 6	6	3.248	210.000	206.103	203.505
M210 × 4	4	2.165	210.000	207.402	205.670
M210 × 3	3	1.624	210.000	208.051	206.752
M215 × 6	6	3.248	215.000	211.103	208.505
M215 × 4	4	2.165	215.000	212.402	210.670
M215 × 3	3	1.624	215.000	213.051	211.752
M220 × 8	8	4.330	220.000	214.804	211.340
M220 × 6	6	3.248	220.000	216.103	213.505
M220 × 4	4	2.165	220.000	217.402	215.670
M220 × 3	3	1.624	220.000	218.051	216.752
M225 × 6	6	3.248	225.000	221.103	218.505
M225 × 4	4	2.165	225.000	222.402	220.670
M225 × 3	3	1.624	225.000	223.051	221.752
M230 × 8	8	4.330	230.000	224.804	221.340
M230 × 6	6	3.248	230.000	226.103	223.505
M230 × 4	4	2.165	230.000	227.402	225.670
M230 × 3	3	1.624	230.000	228.051	226.752
M235 × 6	6	3.248	235.000	231.103	228.505
M235 × 4	4	2.165	235.000	232.402	230.670
M235 × 3	3	1.624	235.000	233.051	231.752
M240 × 8	8	4.330	240.000	234.804	231.340
M240 × 6	6	3.248	240.000	236.103	233.505
M240 × 4	4	2.165	240.000	237.402	235.670
M240 × 3	3	1.624	240.000	238.051	236.752
M245 × 6	6	3.248	245.000	241.103	238.505
M245 × 4	4	2.165	245.000	242.402	240.670
M245 × 3	3	1.624	245.000	243.051	241.752
M250 × 8	8	4.330	250.000	244.804	241.340
M250 × 6	6	3.248	250.000	246.103	243.505
M250 × 4	4	2.165	250.000	247.402	245.670
M250 × 3	3	1.624	250.000	248.051	246.752
M255 × 6	6	3.248	255.000	251.103	248.505
M255 × 4	4	2.165	255.000	252.402	250.670
M260 × 8	8	4.330	260.000	254.804	251.340
M260 × 6	6	3.248	260.000	256.103	253.505
M260 × 4	4	2.165	260.000	257.402	255.670
M265 × 6	6	3.248	265.000	261.103	258.505
M265 × 4	4	2.165	265.000	262.402	260.670
M270 × 8	8	4.330	270.000	264.804	261.340
M270 × 6	6	3.248	270.000	266.103	263.505
M270 × 4	4	2.165	270.000	267.402	265.670
M275 × 6	6	3.248	275.000	271.103	268.505
M275 × 4	4	2.165	275.000	272.402	270.670
M280 × 8	8	4.330	280.000	274.804	271.340
M280 × 6	6	3.248	280.000	276.103	273.505
M280 × 4	4	2.165	280.000	277.402	275.670
M285 × 6	6	3.248	285.000	281.103	278.505
M285 × 4	4	2.165	285.000	282.402	280.670
M290 × 8	8	4.330	290.000	284.804	281.340
M290 × 6	6	3.248	290.000	286.103	283.505
M290 × 4	4	2.165	290.000	287.402	285.670
M295 × 6	6	3.248	295.000	291.103	288.505
M295 × 4	4	2.165	295.000	292.402	290.670
M300 × 8	8	4.330	300.000	294.804	291.340
M300 × 6	6	3.248	300.000	296.103	293.505
M300 × 4	4	2.165	300.000	297.402	295.670

〔註〕(1)在公稱直徑 1～64mm 範圍，作爲螺紋零件用之選擇尺寸，一般工業用推薦粗字之節距。
(2)公稱直徑 14mm，節距 1.25mm 之螺紋，只限用於引擎用火星塞之螺紋。
(3)公稱直徑 35mm 之螺紋，只限用於滾動軸承固定螺紋。

〔備註〕1.附有括號之節距，儘量不要使用。
2.若需要上表所述螺紋節距更細之螺紋的場合，由以下之節距選取。

3　2　1.5　1　0.75　0.5　0.35　0.25　0.2 mm

此外，比下表所示更大之公稱直徑，一般不使用標示之節距即可。

節距 (mm)	0.5	0.75	1	1.5	2	3
最大公稱直徑 (mm)	22	33	80	150	200	300

表 8.4 統一標準粗牙螺紋(JIS B 0206)

(單位 mm)

螺紋的稱呼	*順序	峯數(25.4 mm之間) n	節距 P(參考)	作用高度 H_1	陰螺紋 底徑 D / 陽螺紋 外徑 d	陰螺紋 有效直徑 D_2 / 陽螺紋 有效直徑 d_2	陰螺紋 內徑 D_1 / 陽螺紋 底徑 d_1
No. 1−64UNC	2	64	0.3969	0.215	1.854	1.598	1.425
No. 2−56UNC	1	56	0.4536	0.246	2.184	1.890	1.694
No. 3−48UNC	2	48	0.5292	0.286	2.515	2.172	1.941
No. 4−40UNC	1	40	0.6350	0.344	2.845	2.433	2.156
No. 5−40UNC	1	40	0.6350	0.344	3.175	2.764	2.487
No. 6−32UNC	1	32	0.7938	0.430	3.505	2.990	2.647
No. 8−32UNC	1	32	0.7938	0.430	4.166	3.650	3.307
No. 10−24UNC	1	24	1.0583	0.573	4.826	4.138	3.680
No. 12−24UNC	2	24	1.0583	0.573	5.486	4.798	4.341
1/4−20UNC	1	20	1.2700	0.687	6.350	5.524	4.976
5/16−18UNC	1	18	1.4111	0.764	7.938	7.021	6.411
3/8−16UNC	1	16	1.5875	0.859	9.525	8.494	7.805
7/16−14UNC	1	14	1.8143	0.982	11.112	9.934	9.149
1/2−13UNC	1	13	1.9538	1.058	12.700	11.430	10.584
9/16−12UNC	1	12	2.1167	1.146	14.288	12.913	11.996
5/8−11UNC	1	11	2.3091	1.250	15.875	14.376	13.376
3/4−10UNC	1	10	2.5400	1.375	19.050	17.399	16.299
7/8− 9UNC	1	9	2.8222	1.528	22.225	20.391	19.169
1 − 8 UNC	1	8	3.1750	1.719	25.400	23.338	21.963
1 1/8− 7 UNC	1	7	3.6286	1.964	28.575	26.218	24.648
1 1/4− 7 UNC	1	7	3.6286	1.964	31.750	29.393	27.823
1 3/8− 6 UNC	1	6	4.2333	2.291	34.925	32.174	30.343
1 1/2− 6 UNC	1	6	4.2333	2.291	38.100	35.349	33.518
1 3/4− 5 UNC	1	5	5.0800	2.750	44.450	41.151	38.951
2 − 4 1/2UNC	1	4 1/2	5.6444	3.055	50.800	47.135	44.689
2 1/4− 4 1/2UNC	1	4 1/2	5.6444	3.055	57.150	53.485	51.039
2 1/2− 4 UNC	1	4	6.3500	3.437	63.500	59.375	56.627
2 3/4− 4 UNC	1	4	6.3500	3.437	69.850	65.725	62.977
3 − 4 UNC	1	4	6.3500	3.437	76.200	72.075	69.327
3 1/4− 4 UNC	1	4	6.3500	3.437	82.550	78.425	75.677
3 1/2− 4 UNC	1	4	6.3500	3.437	88.900	84.775	82.027
3 3/4− 4 UNC	1	4	6.3500	3.437	95.250	91.125	88.377
4 − 4 UNC	1	4	6.3500	3.437	101.600	97.475	94.727

粗實線表示基本峯形

$P=\frac{25.4}{n}$,

$H=\frac{0.866025}{n}\times 25.4$,

$H_1=\frac{0.541266}{n}\times 25.4$,

$d=(d)\times 25.4$,

$d_2=\left(d-\frac{0.649519}{n}\right)\times 25.4$,

$d_1=\left(d-\frac{1.082532}{n}\right)\times 25.4$,

$D=d$, $D_2=d_2$, $D_1=d_1$

〔註〕*依序優先採用 1，如有必要再選用 2

〔備註〕與 ISO263 規定的 ISO 英制螺紋粗牙系列螺紋相同

表 8.5 惠氏粗螺紋(參考)

(單位 mm)

螺紋的稱呼	峯數(25.4mm之間) n	節距 P	作用高度 H_1	陽螺紋的底圓槽 r	陰螺紋 底徑 D / 陽螺紋 外徑 d	陰螺紋 底徑 D_2 / 陽螺紋 有效直徑 d_2	陰螺紋 內徑 D_1 / 陽螺紋 底徑 d_1
(W1/4)	20	1.2700	0.813	0.174	6.350	5.537	4.724
(W5/16)	18	1.4111	0.904	0.194	7.938	7.034	6.130
W3/8	16	1.5875	1.016	0.218	9.525	8.509	7.493
W7/16	14	1.8143	1.162	0.249	11.112	9.950	8.788
W1/2	12	2.1167	1.355	0.291	12.700	11.345	9.990
(W9/16)	12	2.1167	1.355	0.291	14.288	12.933	11.578
W5/8	11	2.3091	1.479	0.317	15.875	14.396	12.917
W3/4	10	2.5400	1.626	0.349	19.050	17.424	15.798
W7/8	9	2.8222	1.807	0.387	22.225	20.418	18.611
W 1	8	3.1750	2.033	0.436	25.400	23.367	21.334

粗實線表示基本峯形

表 8.5 惠氏粗螺紋(參考)(續)

(單位 mm)

$P=\frac{25.4}{n}$,

$H=0.9605P$,

$H_1=0.6403P$

$d_2=d-H_1$, $D=d$,

$d_1=d-2H_1$, $D_2=d_2$,

$r=0.1373P$, $D_1=d_1$,

$D_1'=d_1+2\times0.0769H$

螺紋的稱呼	牙數 (25.4mm 之間) n	節距 P	作用高度 H_1	陽螺紋的底圓槽 r	陰螺紋 底徑 D	陰螺紋 底徑 D_2	陰螺紋 內徑 D_1
					陽螺紋 外徑 d	陽螺紋 有效直徑 d_2	陽螺紋 底徑 d_1
W 1⅛	7	3.6286	2.323	0.498	28.575	26.252	23.929
W 1¼	7	3.6286	2.323	0.498	31.750	29.427	27.104
W 1⅜	6	4.2333	2.711	0.581	34.925	32.214	29.503
W 1½	6	4.2333	2.711	0.581	38.100	35.389	32.678
W 1⅝	5	5.0800	3.253	0.697	41.275	38.022	34.769
W 1¾	5	5.0800	3.253	0.697	44.450	41.197	37.944
W 1⅞	4½	5.6444	3.614	0.775	47.625	44.011	40.397
W 2	4½	5.6444	3.614	0.775	50.800	47.186	43.572
W 2¼	4	6.3500	4.066	0.872	57.150	53.084	49.018
W 2½	4	6.3500	4.066	0.872	63.500	59.434	55.368
W 2¾	3½	7.2571	4.647	0.996	69.850	65.203	60.556
W 3	3½	7.2571	4.647	0.996	76.200	71.553	66.906
W 3¼	3¼	7.8154	5.004	1.073	82.550	77.546	72.542
W 3½	3¼	7.8154	5.004	1.073	88.900	83.896	78.892
W 3¾	3	8.4667	5.421	1.162	95.250	89.829	84.408
W 4	3	8.4667	5.421	1.162	101.600	96.179	90.758
(W 4¼)	2⅞	8.8348	5.657	1.213	107.950	102.293	96.636
W 4½	2⅞	8.8348	5.657	1.213	114.300	108.643	102.986
(W 4¾)	2¾	9.2364	5.914	1.268	120.650	114.736	108.822
W 5	2¾	9.2364	5.914	1.268	127.000	121.086	115.172
(W 5¼)	2⅝	9.6762	6.196	1.329	133.350	127.154	120.958
W 5½	2⅝	9.6762	6.196	1.329	139.700	133.504	127.308
(W 5¾)	2½	10.1600	6.505	1.395	146.050	139.545	133.040
W 6	2½	10.1600	6.505	1.395	152.400	145.895	139.390

〔註〕JIS B 0206(1968 年廢止)

表 8.6 由惠氏螺紋轉換為公制螺紋的對照表

惠氏粗牙螺紋			公制螺紋					
			1 欄(推薦)			2 欄		
螺紋稱呼	外徑 (mm)	有效剖面積 (mm²)	螺紋稱呼	有效剖面積 (mm²)	有效剖面積比	螺紋稱呼	有效斷面積 (mm²)	有效剖面積比
W ¼	6.35	20.0	M 6	19.1	0.95	—	—	—
W 5/16	7.94	33.1	M 8	34.9	1.05	—	—	—
W ⅜	9.53	49.1	M 10	55.6	1.13	—	—	—
W 7/16	11.11	67.4	M 12	80.9	1.20	—	—	—
W ½	10.7	87.4	M 12	80.9	0.93	M 14	111	1.27
W ⅝	15.88	144	M 16	152	1.05	—	—	—
W ¾	19.05	213	M 20	238	1.11	M 18	186	0.87
W ⅞	22.23	295	M 24	342	1.16	M 22	295	1.00
W 1	25.4	387	M 24	342	0.88	M 27	448	1.16
W 1⅛	28.58	488	M 30	546	1.12	M 27	448	0.92
W 1¼	31.75	620	M 30	546	0.88	M 33	677	1.09
W 1⅜	34.93	739	M 36	797	1.08	M 33	677	0.92
W 1½	38.1	900	M 36	797	0.89	M 39	954	1.06
W 1⅝	41.28	1028	M 42	1096	1.07	—	—	—
W 1¾	44.45	1216	M 42	1096	0.90	M 45	1279	1.05
W 1⅞	47.63	1384	M 48	1442	1.04	—	—	—
W 2	50.8	1601	M 48	1442	0.90	M 52	1767	1.10
W 2¼	57.15	2027	M 56	2042	1.01	—	—	—
W 2½	63.5	2565	M 64	2691	1.05	—	—	—
W 2¾	69.85	3078	M 72×6	3477	1.13	M 68	3071	1.00
W 3	76.2	3734	M 80×6	4363	1.17	M 76×6	3907	1.05

〔備註〕優先選用 1 欄，必要時再選用 2 欄

表 8.7　統一制細牙螺紋(JIS B 0208)

(單位 mm)

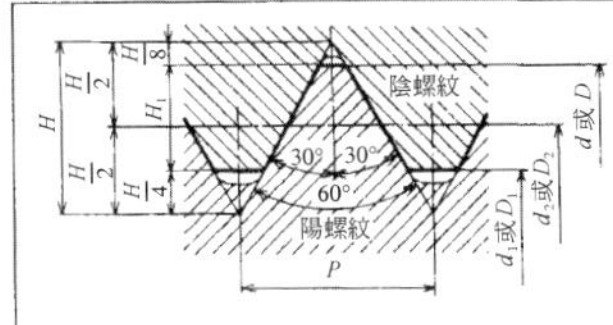

$$P=\frac{25.4}{n},\quad H=\frac{0.866025}{n}\times 25.4,\quad d=(d)\times 25.4,\quad D=d$$

$$H_1=\frac{0.541266}{n}\times 25.4,\quad d_2=\left(d-\frac{0.649519}{n}\right)\times 25.4,\quad D_2=d_2$$

$$d_1=\left(d-\frac{1.082532}{n}\right)\times 25.4,\quad D_1=d_1$$

粗實線表示基本峯形

〔註〕*優先選用順序 1 者，如有必要再選順序 2 者

螺紋稱呼	順序*	螺紋牙數 (25.4mm 之間) n	節距 P (參考)	作用高度 H_1	陰螺紋 底徑 D / 陽螺紋 外徑 d	陰螺紋 有效直徑 D_2 / 陽螺紋 有效直徑 d_2	陰螺紋 內徑 D_1 / 陽螺紋 底徑 d_1
No. 0−80 UNF	1	80	0.3175	0.172	1.524	1.318	1.181
No. 1−72 UNF	2	72	0.3528	0.191	1.854	1.626	1.473
No. 2−64 UNF	1	64	0.3969	0.215	2.184	1.928	1.755
No. 3−56 UNF	2	56	0.4536	0.246	2.515	2.220	2.024
No. 4−48 UNF	1	48	0.5292	0.286	2.845	2.502	2.271
No. 5−44 UNF	1	44	0.5773	0.312	3.175	2.799	2.550
No. 6−40 UNF	1	40	0.6350	0.344	3.505	3.094	2.817
No. 8−36 UNF	1	36	0.7056	0.382	4.166	3.708	3.401
No. 10−32 UNF	1	32	0.7938	0.430	4.826	4.310	3.967
No. 12−28 UNF	2	28	0.9071	0.491	5.486	4.897	4.503
1/4−28 UNF	1	28	0.9071	0.491	6.350	5.761	5.367
5/16−24 UNF	1	24	1.0583	0.573	7.938	7.249	6.792
3/8−24 UNF	1	24	1.0583	0.573	9.525	8.837	8.379
7/16−20 UNF	1	20	1.2700	0.687	11.112	10.287	9.738
1/2−20 UNF	1	20	1.2700	0.687	12.700	11.874	11.326
9/16−18 UNF	1	18	1.4111	0.764	14.288	13.371	12.761
5/8−18 UNF	1	18	1.4111	0.764	15.875	14.958	14.348
3/4−16 UNF	1	16	1.5875	0.859	19.050	18.019	17.330
7/8−14 UNF	1	14	1.8143	0.982	22.225	21.046	20.262
1−12 UNF	1	12	2.1167	1.146	25.400	24.026	23.109
1 1/8−12 UNF	1	12	2.1167	1.146	28.575	27.201	26.284
1 1/4−12 UNF	1	12	2.1167	1.146	31.750	30.376	29.459
1 3/8−12 UNF	1	12	2.1167	1.146	34.925	33.551	32.634
1 1/2−12 UNF	1	12	2.1167	1.146	38.100	36.726	35.809

表 8.8　小螺紋(JIS B 0201)粗實線表示基準峰形

(單位 mm)

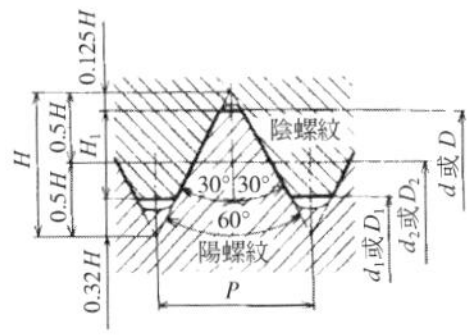

螺紋稱呼	順序*	節距 P	作用高度 H_1	陰螺紋 底徑 D / 陽螺紋 外徑 d	陰螺紋 有效直徑 D_2 / 陽螺紋 有效直徑 d_2	陰螺紋 內徑 D_1 / 陽螺紋 底徑 d_1
S 0.3	1	0.08	0.0384	0.300	0.248	0.223
S 0.35	2	0.09	0.0432	0.350	0.292	0.264
S 0.4	1	0.1	0.0480	0.400	0.335	0.304
S 0.45	2	0.1	0.0480	0.450	0.385	0.354
S 0.5	1	0.125	0.0600	0.500	0.419	0.380
S 0.55	2	0.125	0.0600	0.550	0.469	0.430
S 0.6	1	0.15	0.0720	0.600	0.503	0.456
S 0.7	2	0.175	0.0840	0.700	0.586	0.532
S 0.8	1	0.2	0.0960	0.800	0.670	0.608
S 0.9	2	0.225	0.1080	0.900	0.754	0.684
S 1	1	0.25	0.1200	1.000	0.838	0.760
S 1.1	2	0.25	0.1200	1.100	0.938	0.860
S 1.2	1	0.25	0.1200	1.200	1.038	0.960
S 1.4	2	0.3	0.1440	1.400	1.205	1.112

粗實線表示基本峯形

$H=0.866025P$，$H_1=0.48P$

$d_2=d-0.649519P$

$d_1=d-0.96P$

$D=d$，$D_2=d_2$，$D_1=d_1$

〔註〕*優先選用順序 1 者，如有必要再選順序 2 者

表 8.9 腳踏車用螺紋(JIS B 0225)

(a) 一般用

(單位 mm)

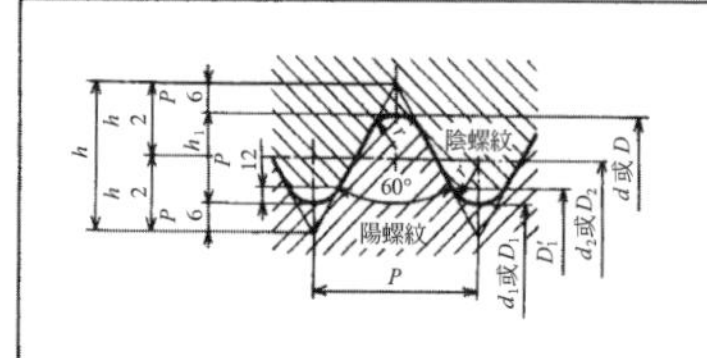

粗實線表示基本峯形

$P=\dfrac{25.4}{n}$　　$h=0.8660P$　　$h_1=0.5327P$

$d=D$　　$d_1=d-2h_1$　　$d_2=d-h_1$　　$D_1=d_1$

$D_2=d_2$　　$D_1'=d_1+2\times\dfrac{P}{12}$　　$r=\dfrac{P}{6}$

稱呼	螺紋牙數 (25.4 mm 之間) n	節距 P	作用高度 h_1	底圓槽用 r	陽螺紋			陰螺紋			用途例 (參考)
					外徑 d	有效直徑 d_2	底徑 d_1	底徑 D	有效直徑 D_2	內徑[1] D_1'	
BC 5/16	26	0.977	0.52	0.16	7.94	7.42	6.90	7.94	7.42	7.06	前轂軸
BC 3/8	26	0.977	0.52	0.16	9.53	9.01	8.49	9.53	9.01	8.65	前轂軸
BC 7/16	26	0.977	0.52	0.16	11.11	10.59	10.07	11.11	10.59	10.23	重負荷用前轂軸
BC 1/2	20	1.270	0.68	0.21	12.70	12.02	11.34	12.70	12.02	11.55	踏板軸、齒輪曲軸(左右)
BC 9/16	20	1.270	0.68	0.21	14.29	13.61	12.93	14.29	13.61	13.14	
BC 5/8	20	1.270	0.68	0.21	15.88	15.20	14.52	15.88	15.20	14.73	托車用輪轂軸
BC 11/16	24	1.058	0.56	0.18	17.46	16.90	16.34	17.46	16.90	16.48	吊架(左)
BC 3/4	30	0.847	0.45	0.14	19.05	18.60	18.15	19.05	18.60	18.29	吊架
BC 31/32	30	0.847	0.45	0.14	24.61	24.16	23.71	24.61	24.16	23.85	前叉軸
BC 1	24	1.058	0.56	0.18	25.40	24.84	24.28	25.40	24.84	24.46	前叉軸
BC 1.29	24	1.058	0.56	0.18	32.77	32.21	31.65	32.77	32.21	31.83	後轂軸鎖緊螺帽
BC 1.37	24	1.058	0.56	0.18	34.80	34.24	33.68	34.80	34.24	33.86	後轂、手煞車鼓、小齒輪
BC 1 7/16	24	1.058	0.56	0.18	36.51	35.95	35.39	36.51	35.95	35.57	吊架
(BC 1.45)	24	1.058	0.56	0.18	36.83	36.27	35.71	36.83	36.27	35.89	吊架
BC 1 9/16	24	1.058	0.56	0.18	39.69	39.13	38.57	39.69	39.13	38.75	飛輪、襯輪

(b) 輪輻用

(單位 mm)

稱呼[2]	螺紋牙數 (25.4 mm 之間) n	節距 P	作用高度 h_1	底圓槽用 r	陽螺紋			陰螺紋			用途例 (參考)	輪輻號碼 (參考)
					外徑 d	有效直徑 d_2	底徑 d_1	底徑 D	有效直徑 D_2	內徑[1] D_1'		
BC1.8	56	0.454	0.24	0.08	2.06	1.82	1.58	2.06	1.82	1.66	輕便車用	# 15
BC2	56	0.454	0.24	0.08	2.27	2.03	1.79	2.27	2.03	1.87	實用車用	# 14
BC2.3	56	0.454	0.24	0.08	2.57	2.33	2.09	2.57	2.33	2.17		# 13
BC2.6	56	0.454	0.24	0.08	2.87	2.63	2.39	2.87	2.63	2.47	托車及重負荷用	# 12
BC2.9	44	0.577	0.31	0.10	3.24	2.93	2.62	3.24	2.93	2.72		# 11
BC3.2	40	0.635	0.34	0.11	3.57	3.23	2.89	3.57	3.23	3.00		# 10
BC3.5	40	0.635	0.34	0.11	3.87	3.53	3.19	3.87	3.53	3.30		# 9
BC4	32	0.794	0.42	0.13	4.45	4.03	3.61	4.45	4.03	3.74		# 8

〔註〕1. 表示陰螺紋內徑最小尺寸 D_1 者，陰螺紋內徑的尺寸公差之基本尺寸應使用陰螺紋內徑 D_1，其數值與陽螺紋的底徑 d_1。

2. 輻輻用螺紋的公稱直徑為輪輻線之直徑。

〔備註〕1. 陽螺紋的峯頂與陰螺紋的峯底之間原則上應設有少許間隙。

2. 附括符之公稱尺寸應少採用。

表 8.10 縫紉機用螺紋(JIS B 0226)

(單位 mm)

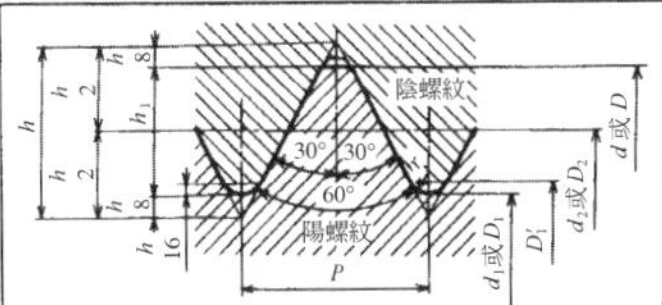

$P=\frac{25.4}{n}$， $h_1=0.6495P$， $d_1=d-2h_1$， $D=d$

$h=0.8660P$， $r=0.1083P$， $D_1'=d_1+2\times\frac{h}{16}$， $D_2=d_2$

$d_2=d-h_1$ $D_1=d_1$

粗實線表示基本峯形

稱呼	螺紋牙數(25.4mm之間) n	節距 P	陽螺紋的螺峯高度 h_1	陽螺紋的底圓角 r	陽螺紋			陰螺紋		
					外徑 d	有效直徑 d_2	底徑 d_1	底徑 D	有效直徑 D_2	內徑 D_1'
SM 1/16	80	0.3175	0.206	0.034	1.588	1.382	1.176	1.588	1.382	1.210
SM 5/64	64	0.3969	0.258	0.043	1.984	1.726	1.468	1.984	1.726	1.511
SM 3/32	100	0.2540	0.165	0.028	2.381	2.216	2.051	2.381	2.216	2.079
SM 3/32	56	0.4536	0.295	0.049	2.381	2.086	1.791	2.381	2.086	1.840
(SM 1/8)	48	0.5292	0.344	0.057	3.175	2.831	2.487	3.175	2.831	2.544
SM 1/8	44	0.5773	0.375	0.062	3.175	2.800	2.425	3.175	2.800	2.487
SM 1/8	40	0.6350	0.412	0.069	3.175	2.763	2.351	3.175	2.763	2.420
SM 9/64	40	0.6350	0.412	0.069	3.572	3.160	2. 48	3.572	3.160	2.817
SM 11/64	40	0.6350	0.412	0.069	4.366	3.954	3. 42	4.366	3.954	3.611
(SM 11/64)	32	0.7938	0.516	0.086	4.366	3.850	3.334	4.366	3.850	3.420
(SM 3/16)	40	0.6350	0.412	0.069	4.762	4.350	3.938	4.762	4.350	4.007
SM 3/16	32	0.7938	0.516	0.086	4.762	4.246	3.730	4.762	4.246	3.816
SM 3/16	28	0.9071	0.589	0.098	4.762	4.173	3.584	4.762	4.173	3.682
(SM 3/16)	24	1.0583	0.687	0.115	4.762	4.075	3.388	4.762	4.075	3.502
(SM 13/64)	32	0.7938	0.516	0.086	5.159	4.643	4.127	5.159	4.643	4.213
SM 7/32	32	0.7938	0.516	0.086	5.556	5.040	4.524	5.556	5.040	4.610
SM 15/64	28	0.9071	0.589	0.098	5.953	5.364	4.775	5.953	5.364	4.873
SM 1/4	40	0.6350	0.412	0.069	6.350	5.938	5.526	6.350	5.938	5.595
SM 1/4	28	0.9071	0.589	0.098	6.350	5.761	5.172	6.350	5.761	5.270
SM 1/4	24	1.0583	0.687	0.115	6.350	5.663	4.976	6.350	5.663	5.090
SM 9/32	28	0.9071	0.589	0.098	7.144	6.555	5.966	7.144	6.555	6.064
SM 9/32	20	1.2700	0.825	0.138	7.144	6.319	5.494	7.144	6.319	5.631
SM 5/16	28	0.9071	0.589	0.098	7.938	7.349	6.760	7.938	7.349	6.858
SM 5/16	24	1.0583	0.687	0.115	7.938	7.251	6.564	7.938	7.251	6.678
SM 5/16	18	1.4111	0.916	0.153	7.938	7.022	6.104	7.938	7.022	6.259
(SM 11/32)	28	0.9071	0.589	0.098	8.731	8.142	7.553	8.731	8.142	7.651
SM 3/8	28	0.9071	0.589	0.098	9.525	8.936	8.347	9.525	8.936	8.445
SM 3/8	18	1.4111	0.916	0.153	9.525	8.609	7.693	9.525	8.609	7.846
SM 7/16	28	0.9071	0.589	0.098	11.112	10.523	9.934	11.112	10.523	10.032
SM 7/16	16	1.5875	1.031	0.172	11.112	10.081	9.050	11.112	10.081	9.222
SM 1/2	28	0.9071	0.589	0.098	12.700	12.111	11.522	12.700	12.111	11.620
SM 1/2	20	1.2700	0.825	0.138	12.700	11.875	11.050	12.700	11.875	11.188
SM 1/2	12	2.1167	1.375	0.229	12.700	11.325	9.950	12.700	11.325	10.179
SM 9/16	20	1.2700	0.825	0.138	14.288	13.463	12.638	14.288	13.463	12.775
SM1 3/16	24	1.0583	0.687	0.115	30.162	29.475	28.788	30.162	29.475	28.902

表 8.11 賽勒氏標準方螺紋

(單位 mm)

公稱直徑	d	d_1	N	公稱直徑	d	d_1	N	公稱直徑	d	d_1	N
10	10	7.2	9	36	36	30.4	4.5	90	90	81.5	3
12	12	8.8	8	40	40	33.6	4	95	95	85	2.5
14	14	10.8	8	44	44	37.6	4	100	100	90	2.5
16	16	12.4	7	48	48	41.6	4	110	110	100	2.5
18	18	14.4	7	52	52	45.6	4	120	120	110	2.5
20	20	15.8	6	56	56	48.7	3.5	130	130	120	2.5
22	22	17.8	6	60	60	52.7	3.5	140	140	128	2
24	24	19.8	6	65	65	57.7	3.5	150	150	138	2
26	26	20.9	5	70	70	62.7	3.5	160	160	148	2
28	28	22.9	5	75	75	66.5	3	170	170	158	2
30	30	24.9	5	80	80	71.5	3	180	180	165	1 2/3
32	32	26.4	4.5	85	85	76.5	3	190	190	175	1 2/3

〔註〕表中之 N 爲 25.4mm 間的牙數

⑵ **方螺紋**：螺峰之剖面呈正方形，使用於要求力量大之沖壓機等，主要功用爲傳達動力，一般的方螺紋大都採用塞勒氏標準之方螺紋(表 8.11)。

⑶ **梯形螺紋**：螺峰之剖面呈梯形，JIS 中規定公制梯形螺紋(表 8.12)。此螺紋用於車床之主軸螺紋。

⑷ **鋸齒形螺紋**：由三角螺紋及方螺紋組合而成，用於單方向負荷之動力傳達。

⑸ **圓螺紋**：最大的特徵爲峰頂與峰底均爲圓形，主要用於螺峰不易破壞之燈泡頭，是以薄板圓筒製成。

⑹ **管螺紋**：主要用於管、管用零件、流體機械等之聯接，可分平行與推拔螺紋兩種，主要目的爲機械接合時用平行螺紋，主要目的爲螺紋部必須要具有緊密性時，則用推拔螺紋，表 8.15～8.17 表示其尺寸及形狀。管螺紋之稱呼是沿用最初氣管的稱呼方法(內徑"吋"尺寸)，但如今由於技術不斷的改進，管壁逐漸縮減，而使內徑更加大，產生與實際尺寸之差異。

8.2 螺紋零件

1. 六角螺栓、螺帽

實際上使用最多之螺紋爲圖 8.9 所示之螺栓與螺帽，其種類與形狀雖多，但以螺栓頭部及螺帽呈六角形者最多，稱爲六角螺栓及六角螺帽。

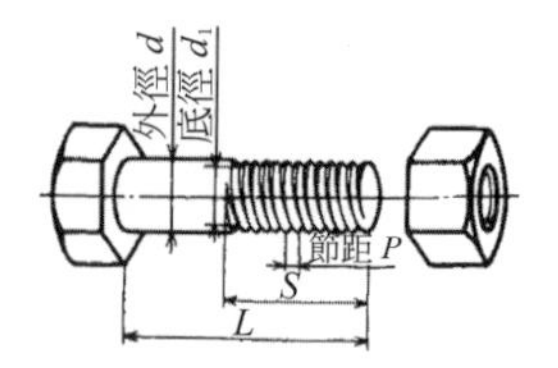

圖 8.9 螺栓與螺帽

螺栓依使用目的可分類如下：

⑴ **貫通螺栓**：如圖 8.10 所示爲貫通螺栓，顧名思義，係貫通二個以上之鑽孔零件，再以螺帽鎖緊零件。

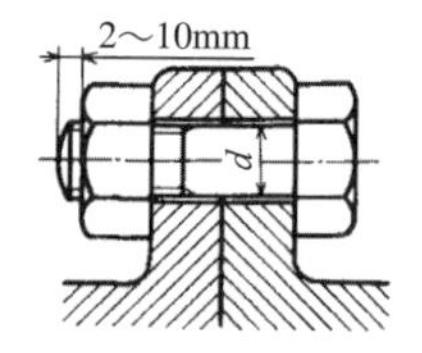

圖 8.10 貫通螺栓

⑵ **帶頭螺栓**：零件的鑽孔攻陰螺紋，以螺栓將另一零件鎖住，圖 8.11(a)。

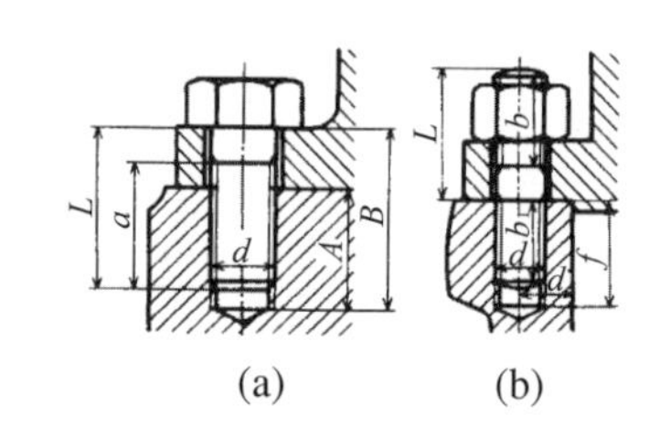

圖 8.11 (a)帶頭螺栓；(b)螺樁

⑶ **螺樁**：桿之兩端製成螺紋，一端爲半永久性地栓入機器之主體，一再以螺帽鎖住零件，主要作爲固定用(圖 8.11 (b)。

表 8.12　公制梯形螺紋(JIS B 0216)

(單位 mm)

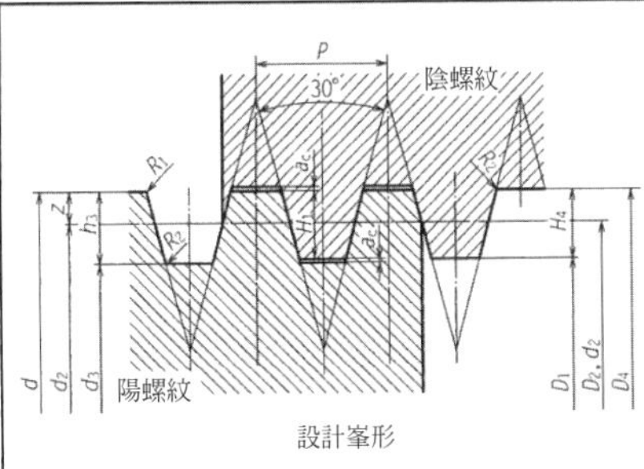

設計峯形

公式

$H_1 = 0.5P$

$H_4 = H_1 + a_c = 0.5P + a_c$

$h_3 = H_1 + a_c = 0.5P + a_c$

$z = 0.25P = H_1/2$

$D_1 = d - 2H_1 = d - P$

$D_4 = d + 2a_c$

$d_3 = d - 2h_3$

$d_2 = D_2 = d - 2z = d - 0.5P$

R_1 最大 $= 0.5a_c$

R_2 最大 $= a_c$

a_c：陰螺紋或陽螺紋的峯底間隙

H_1：(基準的)作用高度

H_4：陰螺紋的作用高度

h_3：陽螺紋的作用高度

(此部分數值請參照規格表)

不同於基準峯形，設計峯形須參照陰螺紋或陽螺紋峯底間隙規格。

公稱直徑 D, d 公稱直徑	順序	節距 P	有效直徑 $d_2=D_2$	陰螺紋底徑 D_4	陽螺紋底徑 d_3	陰螺紋內徑 D_1
8	1	1.5	7.250	8.300	6.200	6.500
9	2	1.5	8.250	9.300	7.200	7.500
9		2	8.000	9.500	6.500	7.000
10	1	1.5	9.250	10.300	8.200	8.500
10		2	9.000	10.500	7.500	8.000
11	2	2	10.000	11.500	8.500	9.000
11		3	9.500	11.500	7.500	8.000
12	1	2	11.000	12.500	9.500	10.000
12		3	10.500	12.500	8.500	9.000
14	2	2	13.000	14.500	11.500	12.000
14		3	12.500	14.500	10.500	11.000
16	1	2	15.000	16.500	13.500	14.000
16		4	14.000	16.500	11.500	12.000
18	2	2	17.000	18.500	15.500	16.000
18		4	16.000	18.500	13.500	14.000
20	1	2	19.000	20.500	17.500	18.000
20		4	18.000	20.500	15.500	16.000
22	2	3	20.500	22.500	18.500	19.000
22		5	19.500	22.500	16.500	17.000
22		8	18.000	23.000	13.000	14.000
24	1	3	22.500	24.500	20.500	21.000
24		5	21.500	24.500	18.500	19.000
24		8	20.000	25.000	15.000	16.000
26	2	3	24.500	26.500	22.500	23.000
26		5	23.500	26.500	20.500	21.000
26		8	22.000	27.000	17.000	18.000
28	1	3	26.500	28.500	24.500	25.000
28		5	25.500	28.500	22.500	23.000
28		8	24.000	29.000	19.000	20.000
30	2	3	28.500	30.500	26.500	27.000
30		6	27.000	31.000	23.000	24.000
30		10	25.000	31.000	19.000	20.000
32	1	3	30.500	32.500	28.500	29.000
32		6	29.000	33.000	25.000	26.000
32		10	27.000	33.000	21.000	22.000
34	2	3	32.500	34.500	30.500	31.000
34		6	31.000	35.000	27.000	28.000
34		10	29.000	35.000	23.000	24.000
36	1	3	34.500	36.500	32.500	33.000
36		6	33.000	37.000	29.000	30.000
36		10	31.000	37.000	25.000	26.000

公稱直徑 D, d 公稱直徑	順序	節距 P	有效直徑 $d_2=D_2$	陰螺紋底徑 D_4	陽螺紋底徑 d_3	陰螺紋內徑 D_1
38	2	3	36.500	38.500	34.500	35.000
38		7	34.500	39.000	30.000	31.000
38		10	33.000	39.000	27.000	28.000
40	1	3	38.500	40.500	36.500	37.000
40		7	36.500	41.000	32.000	33.000
40		10	35.000	41.000	29.000	30.000
42	2	3	40.500	42.500	38.500	39.000
42		7	38.500	43.000	34.000	35.000
42		10	37.000	43.000	31.000	32.000
44	1	3	42.500	44.500	40.500	41.000
44		7	40.500	45.000	36.000	37.000
44		12	38.000	45.000	31.000	32.000
46	2	3	44.500	46.500	42.500	43.000
46		8	42.000	47.000	37.000	38.000
46		12	40.000	47.000	33.000	34.000
48	1	3	46.500	48.500	44.500	45.000
48		8	44.000	49.000	39.000	40.000
48		12	42.000	49.000	35.000	36.000
50	2	3	48.500	50.500	46.500	47.000
50		8	46.000	51.000	41.000	42.000
50		12	44.000	51.000	37.000	38.000
52	1	3	50.500	52.500	48.500	49.000
52		8	48.000	53.000	43.000	44.000
52		12	46.000	53.000	39.000	40.000
55	2	3	53.500	55.500	51.500	52.000
55		9	50.500	56.000	45.000	46.000
55		14	48.000	57.000	39.000	41.000
60	1	3	58.500	60.500	56.500	57.000
60		9	55.500	61.000	50.000	51.000
60		14	53.000	62.000	44.000	46.000
65	2	4	63.000	65.500	60.500	61.000
65		10	60.000	66.000	54.000	55.000
65		16	57.000	67.000	47.000	49.000
70	1	4	68.000	70.500	65.500	66.000
70		10	65.000	71.000	59.000	60.000
70		16	62.000	72.000	52.000	54.000
75	2	4	73.000	75.500	70.500	71.000
75		10	70.000	76.000	64.000	65.000
75		16	67.000	77.000	57.000	59.000
80	1	4	78.000	80.500	75.500	76.000
80		10	75.000	81.000	69.000	70.000
80		16	72.000	82.000	62.000	64.000

表 8.12　公制梯形螺紋(JIS B 0216)(續)

公稱直徑D, d		節距	有效直徑	陰螺紋底	陽螺紋底	陰螺紋內	公稱直徑D, d		節距	有效直徑	陰螺紋底	陽螺紋底	陰螺紋內
公稱直徑	順序	P	$d_2=D_2$	徑 D_4	徑 d_3	徑 D_1	公稱直徑	順序	P	$d_2=D_2$	徑 D_4	徑 d_3	徑 D_1
85	2	4	83.000	85.500	80.500	81.000	170	2	6	167.000	171.000	163.000	164.000
85		**12**	79.000	86.000	72.000	73.000	170		**16**	162.000	172.000	152.000	154.000
85		18	76.000	87.000	65.000	67.000	170		28	156.000	172.000	140.000	142.000
90	1	4	88.000	90.500	85.500	86.000	175		8	171.000	176.000	166.000	167.000
90		**12**	84.000	91.000	77.000	78.000	175		**16**	167.000	177.000	157.000	159.000
90		18	81.000	92.000	70.000	72.000	175		28	161.000	177.000	145.000	147.000
95	2	4	93.000	95.500	90.500	91.000	180	1	8	176.000	181.000	171.000	172.000
95		**12**	89.000	96.000	82.000	83.000	180		**18**	171.000	182.000	160.000	162.000
95		18	86.000	97.000	75.000	77.000	180		28	166.000	182.000	150.000	152.000
100	1	4	98.000	100.500	95.500	96.000	185		8	181.000	186.000	176.000	177.000
100		**12**	94.000	101.000	87.000	88.000	185		**18**	176.000	187.000	165.000	167.000
100		20	90.000	102.000	78.000	80.000	185		32	169.000	187.000	151.000	153.000
105		4	103.000	105.500	100.500	101.000	190	2	8	186.000	191.000	181.000	182.000
105		**12**	99.000	106.000	92.000	93.000	190		**18**	181.000	192.000	170.000	172.000
105		20	95.000	107.000	83.000	85.000	190		32	174.000	192.000	156.000	158.000
110	2	4	108.000	110.500	105.500	106.000	195		8	191.000	196.000	186.000	187.000
110		**12**	104.000	111.000	97.000	98.000	195		**18**	186.000	197.000	175.000	177.000
110		20	100.000	112.000	88.000	90.000	195		32	179.000	197.000	161.000	163.000
115		6	112.000	116.000	108.000	109.000	200	1	8	196.000	201.000	191.000	192.000
115		**14**	108.000	117.000	99.000	101.000	200		**18**	191.000	202.000	180.000	182.000
115		22	104.000	117.000	91.000	93.000	200		32	184.000	202.000	166.000	168.000
120	1	6	117.000	121.000	113.000	114.000	210	2	8	206.000	211.000	201.000	202.000
120		**14**	113.000	122.000	104.000	106.000	210		**20**	200.000	212.000	188.000	190.000
120		22	109.000	122.000	96.000	98.000	210		36	192.000	212.000	172.000	174.000
125		6	122.000	126.000	118.000	119.000	220	1	8	216.000	221.000	211.000	212.000
125		**14**	118.000	127.000	109.000	111.000	220		**20**	210.000	222.000	198.000	200.000
125		22	114.000	127.000	101.000	103.000	220		36	202.000	222.000	182.000	184.000
130	2	6	127.000	131.000	123.000	124.000	230	2	8	226.000	231.000	221.000	222.000
130		**14**	123.000	132.000	114.000	116.000	230		**20**	220.000	232.000	208.000	210.000
130		22	119.000	132.000	106.000	108.000	230		36	212.000	232.000	192.000	194.000
135		6	132.000	136.000	128.000	129.000	240	1	8	236.000	241.000	231.000	232.000
135		**14**	128.000	137.000	119.000	121.000	240		**22**	229.000	242.000	216.000	218.000
135		24	123.000	137.000	109.000	111.000	240		36	222.000	242.000	202.000	204.000
140	1	6	137.000	141.000	133.000	134.000	250	2	12	244.000	251.000	237.000	238.000
140		**14**	133.000	142.000	124.000	126.000	250		**22**	239.000	252.000	226.000	228.000
140		24	128.000	142.000	114.000	116.000	250		40	230.000	252.000	208.000	210.000
145		6	142.000	146.000	138.000	139.000	260	1	12	254.000	261.000	247.000	248.000
145		**14**	138.000	147.000	129.000	131.000	260		**22**	249.000	262.000	236.000	238.000
145		24	133.000	147.000	119.000	121.000	260		40	240.000	262.000	218.000	220.000
150	2	6	147.000	151.000	143.000	144.000	270	2	12	264.000	271.000	257.000	258.000
150		**16**	142.000	152.000	132.000	134.000	270		**24**	258.000	272.000	244.000	246.000
150		24	138.000	152.000	124.000	126.000	270		40	250.000	272.000	228.000	230.000
155		6	152.000	156.000	148.000	149.000	280	1	12	274.000	281.000	267.000	268.000
155		**16**	147.000	157.000	137.000	139.000	280		**24**	268.000	282.000	254.000	256.000
155		24	143.000	157.000	129.000	131.000	280		40	260.000	282.000	238.000	240.000
160	1	6	157.000	161.000	153.000	154.000	290	2	12	284.000	291.000	277.000	278.000
160		**16**	152.000	162.000	142.000	144.000	290		**24**	278.000	292.000	264.000	266.000
160		28	146.000	162.000	130.000	132.000	290		44	268.000	292.000	244.000	246.000
165		6	162.000	166.000	158.000	159.000	300	1	12	294.000	301.000	287.000	288.000
165		**16**	157.000	167.000	147.000	149.000	300		**24**	288.000	302.000	274.000	276.000
165		28	151.000	167.000	135.000	137.000	300		44	278.000	302.000	254.000	256.000

〔註〕 1. 陰螺紋內徑D_1與基準峯形之陽螺紋底徑d_1相同。
2. 公稱直徑根據順序優先選擇。
3. 節距組成優先使用"節距"欄粗體字數字。
4. 螺紋稱呼以文字"Tr"在前，將公稱直徑與節距數值以"×"分隔，單位為mm。
〔例〕Tr8×1.5(單螺紋時)

表 8.13　30 度梯形螺紋(JIS B 0216 但書)

(a) 30 度梯形螺紋的螺峯基本尺寸　(b) 30 度梯形螺紋的節距系列(單位 mm)

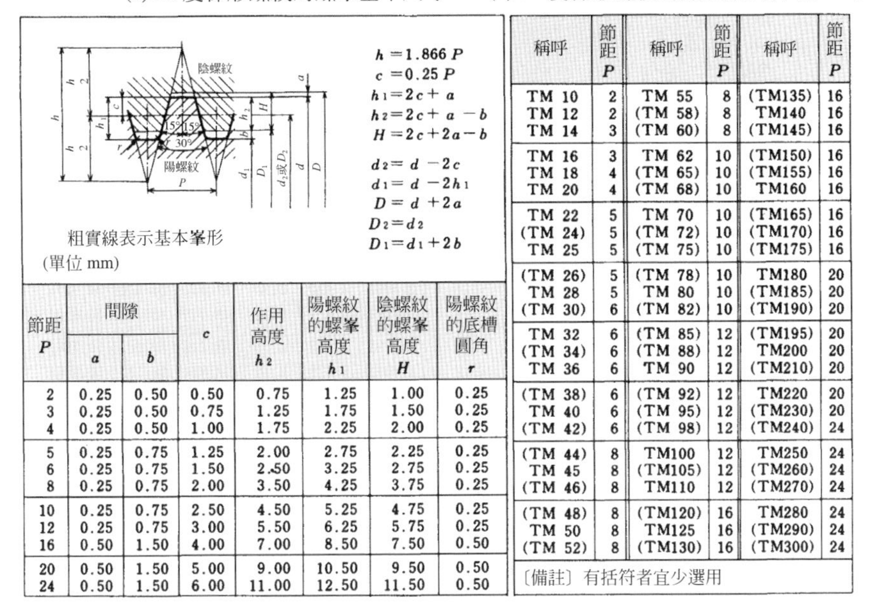

粗實線表示基本峯形
(單位 mm)

節距 P	間隙 a	間隙 b	c	作用高度 h_2	陽螺紋的螺峯高度 h_1	陰螺紋的螺峯高度 H	陽螺紋的底槽圓角 r
2	0.25	0.50	0.50	0.75	1.25	1.00	0.25
3	0.25	0.50	0.75	1.25	1.75	1.50	0.25
4	0.25	0.50	1.00	1.75	2.25	2.00	0.25
5	0.25	0.75	1.25	2.00	2.75	2.25	0.25
6	0.25	0.75	1.50	2.50	3.25	2.75	0.25
8	0.25	0.75	2.00	3.50	4.25	3.75	0.25
10	0.25	0.75	2.50	4.50	5.25	4.75	0.25
12	0.25	0.75	3.00	5.50	6.25	5.75	0.25
16	0.50	1.50	4.00	7.00	8.50	7.50	0.50
20	0.50	1.50	5.00	9.00	10.50	9.50	0.50
24	0.50	1.50	6.00	11.00	12.50	11.50	0.50

稱呼	節距 P	稱呼	節距 P	稱呼	節距 P
TM 10	2	TM 55	8	(TM135)	16
TM 12	2	(TM 58)	8	TM140	16
TM 14	3	(TM 60)	8	(TM145)	16
TM 16	3	TM 62	10	(TM150)	16
TM 18	4	(TM 65)	10	(TM155)	16
TM 20	4	(TM 68)	10	TM160	16
TM 22	5	TM 70	10	(TM165)	16
(TM 24)	5	(TM 72)	10	(TM170)	16
TM 25	5	(TM 75)	10	(TM175)	16
(TM 26)	5	(TM 78)	10	TM180	20
TM 28	5	TM 80	10	(TM185)	20
(TM 30)	6	(TM 82)	10	(TM190)	20
TM 32	6	(TM 85)	12	(TM195)	20
(TM 34)	6	(TM 88)	12	TM200	20
TM 36	6	TM 90	12	(TM210)	20
(TM 38)	6	(TM 92)	12	TM220	20
TM 40	6	(TM 95)	12	(TM230)	20
(TM 42)	6	(TM 98)	12	(TM240)	24
(TM 44)	8	TM100	12	TM250	24
TM 45	8	(TM105)	12	(TM260)	24
(TM 46)	8	TM110	12	(TM270)	24
(TM 48)	8	(TM120)	16	TM280	24
TM 50	8	TM125	16	(TM290)	24
(TM 52)	8	(TM130)	16	(TM300)	24

〔備註〕有括符者宜少選用

表 8.14　29 度梯形螺紋(JIS B 0222，1996 廢止)

(a) 29 度梯形螺紋之基本尺寸　(b) 29 度梯形螺紋的牙數系列(單位 mm)

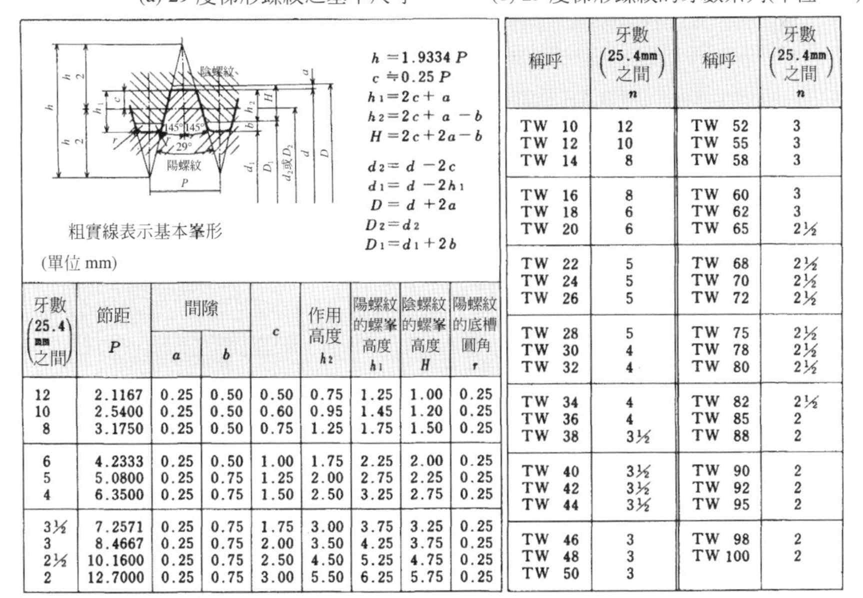

粗實線表示基本峯形
(單位 mm)

牙數 (25.4 mm 之間)	節距 P	間隙 a	間隙 b	c	作用高度 h_2	陽螺紋的螺峯高度 h_1	陰螺紋的螺峯高度 H	陽螺紋的底槽圓角 r
12	2.1167	0.25	0.50	0.50	0.75	1.25	1.00	0.25
10	2.5400	0.25	0.50	0.60	0.95	1.45	1.20	0.25
8	3.1750	0.25	0.50	0.75	1.25	1.75	1.50	0.25
6	4.2333	0.25	0.50	1.00	1.75	2.25	2.00	0.25
5	5.0800	0.25	0.75	1.25	2.00	2.75	2.25	0.25
4	6.3500	0.25	0.75	1.50	2.50	3.25	2.75	0.25
3½	7.2571	0.25	0.75	1.75	3.00	3.75	3.25	0.25
3	8.4667	0.25	0.75	2.00	3.50	4.25	3.75	0.25
2½	10.1600	0.25	0.75	2.50	4.50	5.25	4.75	0.25
2	12.7000	0.25	0.75	3.00	5.50	6.25	5.75	0.25

稱呼	牙數 (25.4mm 之間) n	稱呼	牙數 (25.4mm 之間) n
TW 10	12	TW 52	3
TW 12	10	TW 55	3
TW 14	8	TW 58	3
TW 16	8	TW 60	3
TW 18	6	TW 62	3
TW 20	6	TW 65	2½
TW 22	5	TW 68	2½
TW 24	5	TW 70	2½
TW 26	5	TW 72	2½
TW 28	5	TW 75	2½
TW 30	4	TW 78	2½
TW 32	4	TW 80	2½
TW 34	4	TW 82	2½
TW 36	4	TW 85	2
TW 38	3½	TW 88	2
TW 40	3½	TW 90	2
TW 42	3½	TW 92	2
TW 44	3½	TW 95	2
TW 46	3	TW 98	2
TW 48	3	TW 100	2
TW 50	3		

表 8.15　平行管螺紋(JIS B 0202)

(單位 mm)

粗實線表示基本峯形

$P=\frac{25.4}{n}$

$H=0.960491P$

$h=0.640327P$

$r=0.137329P$

$d_2=d-h$

$d_1=d-2h$

$D_2=d_2$

$D_1=d_1$

螺紋稱呼	螺紋牙數 (25.4mm 之間) n	節距 P (參考)	螺峯高度 h	峯頂與底圓角 r	陽螺紋 外徑 d	陽螺紋 有效直徑 d_2	陽螺紋 底徑 d_1
					陰螺紋 底徑 D	陰螺紋 有效直徑 D_2	陰螺紋 內徑 D_1
G 1/16	28	0.9071	0.581	0.12	7.723	7.142	6.561
G 1/8	28	0.9071	0.581	0.12	9.728	9.147	8.566
G 1/4	19	1.3368	0.856	0.18	13.157	12.301	11.445
G 3/8	19	1.3368	0.856	0.18	16.662	15.806	14.950
G 1/2	14	1.8143	1.162	0.25	20.955	19.793	18.631
G 5/8	14	1.8143	1.162	0.25	22.911	21.749	20.587
G 3/4	14	1.8143	1.162	0.25	26.441	25.279	24.117
G 7/8	14	1.8143	1.162	0.25	30.201	29.039	27.877
G 1	11	2.3091	1.479	0.32	33.249	31.770	30.291
G 1 1/8	11	2.3091	1.479	0.32	37.897	36.418	34.939
G 1 1/4	11	2.3091	1.479	0.32	41.910	40.431	38.952
G 1 1/2	11	2.3091	1.479	0.32	47.803	46.324	44.845
G 1 3/4	11	2.3091	1.479	0.32	53.746	52.267	50.788
G 2	11	2.3091	1.479	0.32	59.614	58.135	56.656
G 2 1/4	11	2.3091	1.479	0.32	65.710	64.231	62.752
G 2 1/2	11	2.3091	1.479	0.32	75.184	73.705	72.226
G 2 3/4	11	2.3091	1.479	0.32	81.534	80.055	78.576
G 3	11	2.3091	1.479	0.32	87.884	86.405	84.926
G 3 1/2	11	2.3091	1.479	0.32	100.330	98.851	97.372
G 4	11	2.3091	1.479	0.32	113.030	111.551	110.072
G 4 1/2	11	2.3091	1.479	0.32	125.730	124.251	122.772
G 5	11	2.3091	1.479	0.32	138.430	136.951	135.472
G 5 1/2	11	2.3091	1.479	0.32	151.130	149.651	148.172
G 6	11	2.3091	1.479	0.32	163.830	162.351	160.872
PF 7	11	2.3091	1.479	0.32	189.230	187.751	186.272
PF 8	11	2.3091	1.479	0.32	214.630	213.151	211.672
PF 9	11	2.3091	1.479	0.32	240.030	238.551	237.072
PF 10	11	2.3091	1.479	0.32	265.430	263.951	262.472
PF 12	11	2.3091	1.479	0.32	316.230	314.751	313.272

〔備註〕1. 表中的平行管螺紋符號 G 或 PF，必要時可省略。
2. PF7～PF12 之螺紋係規格，近來已擬廢止。

表 8.16　平行錐度螺紋(JIS B 0203)

(單位 mm)

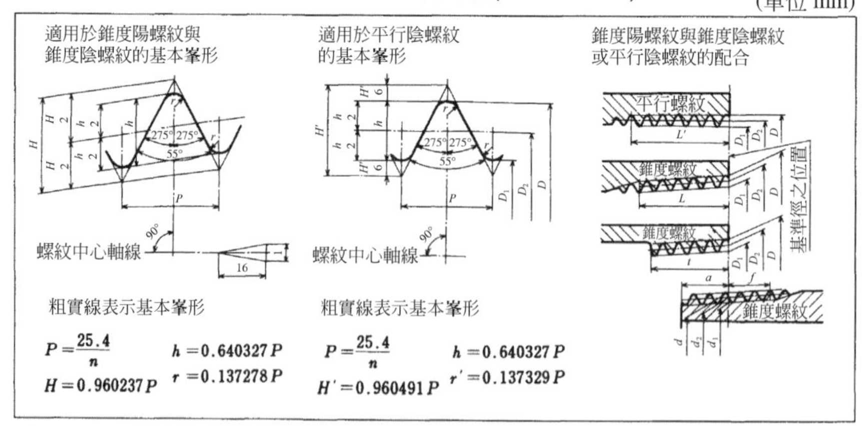

表 8.16　平行錐度螺紋(JIS B 0203)(續)

螺紋稱呼	陽螺峯 螺紋牙數 (25.4 mm 之間) n	陽螺峯 節距 P (參考)	陽螺峯 峯高 h	陽螺峯 圓角 r 或 r'	基準直徑 陽螺紋 外徑 d / 陰螺紋 底徑 D	基準直徑 陽螺紋 有效直徑 d_2 / 陰螺紋 有效直徑 D_2	基準直徑 陽螺紋 底徑 d_1 / 陰螺紋 內徑 D_1	基準直徑的位置 陽螺紋 距管端 基準長度 a	基準直徑的位置 陽螺紋 距管端 軸方向的容許公差 $\pm b$	基準直徑的位置 陰螺紋 管端部 軸方向的容許公差 $\pm c$	平行陰螺紋的 D、D_2 與 D_1 之容許公差 $\pm$	有效螺紋部的長度(最小) 陽螺紋 自基準直徑位置到大徑側 f	有效螺紋部的長度(最小) 陰螺紋 有不完全螺紋部時 錐度陰螺紋 自基準直徑位置到小徑側 l	有效螺紋部的長度(最小) 陰螺紋 有不完全螺紋部時 平行陰螺紋 自管或管接頭端 l' (參考)	有效螺紋部的長度(最小) 陰螺紋 無不完全螺紋部時 錐度與本行陰螺紋 自基準直徑或管、管接頭端 t	配管用碳鋼管之尺寸(參考) 外徑	配管用碳鋼管之尺寸(參考) 厚度
R 1/16	28	0.9071	0.581	0.12	7.723	7.142	6.561	3.97	0.91	1.13	0.071	2.5	6.2	7.4	4.4	—	—
R 1/8	28	0.9071	0.581	0.12	9.728	9.147	8.566	3.97	0.91	1.13	0.071	2.5	6.2	7.4	4.4	10.5	2.0
R 1/4	19	1.3368	0.856	0.18	13.157	12.301	11.445	6.01	1.34	1.67	0.104	3.7	9.4	11.0	6.7	13.8	2.3
R 3/8	19	1.3368	0.856	0.18	16.662	15.806	14.950	6.35	1.34	1.67	0.104	3.7	9.7	11.4	7.0	17.3	2.3
R 1/2	14	1.8143	1.162	0.25	20.955	19.793	18.631	8.16	1.81	2.27	0.142	5.0	12.7	15.0	9.1	21.7	2.8
R 3/4	14	1.8143	1.162	0.25	26.441	25.279	24.117	9.53	1.81	2.27	0.142	5.0	14.1	16.3	10.2	27.2	2.8
R 1	11	2.3091	1.479	0.32	33.249	31.770	30.291	10.39	2.31	2.89	0.181	6.4	16.2	19.1	11.6	34	3.2
R 1¼	11	2.3091	1.479	0.32	41.910	40.431	38.952	12.70	2.31	2.89	0.181	6.4	18.5	21.4	13.4	42.7	3.5
R 1½	11	2.3091	1.479	0.32	47.803	46.324	44.845	12.70	2.31	2.89	0.181	6.4	18.5	21.4	13.4	48.6	3.5
R 2	11	2.3091	1.479	0.32	59.614	58.135	56.656	15.88	2.31	2.89	0.181	7.5	22.8	25.7	16.9	60.5	3.8
R 2½	11	2.3091	1.479	0.32	75.184	73.705	72.226	17.46	3.46	3.46	0.216	9.2	26.7	30.1	18.6	76.3	4.2
R 3	11	2.3091	1.479	0.32	87.884	86.405	84.926	20.64	3.46	3.46	0.216	9.2	29.8	33.3	21.1	89.1	4.2
R 4	11	2.3091	1.479	0.32	113.030	111.551	110.072	25.40	3.46	3.46	0.216	10.4	35.8	39.3	25.9	114.3	4.5
R 5	11	2.3091	1.479	0.32	138.430	136.951	135.472	28.58	3.46	3.46	0.216	11.5	40.1	43.5	29.3	139.8	4.5
R 6	11	2.3091	1.479	0.32	163.830	162.351	160.872	28.58	3.46	3.46	0.216	11.5	40.1	43.5	29.3	165.2	5.0
PT 7	11	2.3091	1.479	0.32	189.230	187.751	186.272	34.93	5.08	5.08	0.318	14.0	48.9	54.0	35.1	190.7	5.3
PT 8	11	2.3091	1.479	0.32	214.630	213.151	211.672	38.10	5.08	5.08	0.318	14.0	52.1	57.2	37.6	216.3	5.8
PT 9	11	2.3091	1.479	0.32	240.030	238.551	237.072	38.10	5.08	5.08	0.318	14.0	52.1	57.2	37.6	241.8	6.2
PT 10	11	2.3091	1.479	0.32	265.430	263.951	262.472	41.28	5.08	5.08	0.318	14.0	55.2	60.3	40.1	267.4	6.6
PT 12	11	2.3091	1.479	0.32	316.230	314.751	313.272	41.28	6.35	6.35	0.397	17.5	58.7	65.1	41.9	318.5	6.9

〔備註〕1. 表中之錐度管螺紋符號 R 或 PT，必要時亦可省略，必須表示配合錐度陽螺紋之平行陰螺紋符號時，R 採用 R_P，PT 採用 PS。
2. 螺峯應與中心軸線呈直角側定，而節距則平行中心軸線。
3. 有效螺紋部的長度爲完全切成螺峯之部份長度，最後數牙的螺峯可遺留在管或管接頭的表面，如管或管接頭末端去角時，該部份亦屬有效長度。
4. a、f 或 t 無法依據本表之數據時，宜依照特定之零件規格。
5. PT7～PT12 之螺紋，爲規格本文之但書規定，擬於將來停止採用。

表 8.17 電線管螺紋(JIS B 8305 附錄)

(a) 厚鋼電線管螺紋

(單位 mm)

螺紋之稱呼	適用管稱呼	螺紋牙數(25.4 mm 之間) n	節距 P (參考)	作用高度 H_1	陽螺紋 外徑 d	陽螺紋 有效直徑 d_2	陽螺紋 底徑 d_1
					陰螺紋 底徑 D	陰螺紋 有效直徑 D_2	陰螺紋 內徑 D_1
CTG 16	16	14	1.8143	1.017	20.955	19.793	18.922
CTG 22	22	14	1.8143	1.017	26.441	25.279	24.408
CTG 28	28	11	2.3091	1.294	33.249	31.770	30.661
CTG 36	36	11	2.3091	1.294	41.910	40.431	39.322
CTG 42	42	11	2.3091	1.294	47.803	46.324	45.215
CTG 54	54	11	2.3091	1.294	59.614	58.135	57.026
CTG 70	70	11	2.3091	1.294	75.184	73.705	72.596
CTG 82	82	11	2.3091	1.294	87.884	86.405	85.296
CTG 92	92	11	2.3091	1.294	100.330	98.851	97.742
CTG 104	104	11	2.3091	1.294	113.030	111.551	110.442

粗實線表示基本峯形

$P=\frac{25.4}{n}$　$H=0.960491P$　$H_1=0.560286P$

$d_2=d-0.640327P$

$d_1=d-1.120572P$

$D=d$

$D_2=d_2$

$D_1=d_1$

(b) 薄鋼電線管

(單位 mm)

螺紋之稱呼	適用管稱呼	螺紋牙數(25.4 mm 之間) n	節距 P (參考)	作用高度 H_1	陽螺紋 外徑 d	陽螺紋 有效直徑 d_2	陽螺紋 底徑 d_1
					陰螺紋 底徑 D	陰螺紋 有效直徑 D_2	陰螺紋 內徑 D_1
CTC 19	19	16	1.5875	0.696	19.100	18.343	17.708
CTC 25	25	16	1.5875	0.696	25.400	24.643	24.008
CTC 31	31	16	1.5875	0.696	31.800	31.043	30.408
CTC 39	39	16	1.5875	0.696	38.100	37.343	36.708
CTC 51	51	16	1.5875	0.696	50.800	50.043	49.408
CTC 63	63	16	1.5875	0.696	63.500	62.743	62.108
CTC 75	75	16	1.5875	0.696	76.200	75.443	74.808

粗實線表示基本峯形

$P=\frac{25.4}{n}$　$D=d$

$H=0.59588P$　$D_2=d_2$

$H_1=0.43851P$　$D_1=d_1$

$H_2=0.09778P$

$d_2=d-0.47670P$

$d_1=d-0.87703P$

JIS對螺栓之分類，依材料可分鋼製螺栓、不銹鋼螺栓與非鐵金屬製螺栓；依螺紋的公稱直徑(d)與二面寬(B)之比可分六角螺栓(B/d值 1.45 以上，如須與小螺栓明顯區別時，可稱粗六角螺栓)與小六角螺栓(B/d值 1.45 以下)兩大類。

2. 六角螺栓、螺帽之新規格

螺牙零件，尤其是六角頭螺栓及六角螺帽，是最具互換性者，因此極早以前即已著手其標準化。

日本自 1961 年制定六角頭螺栓及六角螺帽之規格以來，歷經數次的修正，但引進 ISO 螺紋至今只廢除惠氏螺紋，餘則未再做大幅度的修訂。

之後在 ISO 方面，與上述 JIS 規格在樣式上差異的這些規格是在 1979 年制定，因此JIS方面亦盡量與ISO整合，而在 1985 年做規格修訂。

此修訂新規格，因是以全新構想來完成，故不單只是做修訂而已，且與舊規格之相對應極不充分，但因舊規格亦廣被使用，所以難以很快的改採新規格。因此新規格方面，在規格本體是以 ISO 爲藍本，而舊規格幾乎直接轉記於附屬書上，形成被遺置。且這些之廢止時期，除非在影響大時，否則不要故意去使用它(2009 年廢止)。

現在JIS規格是 2004 年修訂的，係依據 1990 年修訂之 ISO 之規定。

此外，在此修訂中，也顯示規格中所規定尺寸及製品以外所要求場合之選擇基準(JIS B0205-4，B0209-1 等)，依此基準，可製造各種不同尺寸及強度區分之六角螺栓・螺帽。

⑴ **新六角螺栓**

① 六角螺栓的種類：六角螺栓依其形狀，區分爲公稱直徑螺栓、有效徑六角螺栓及全牙六角螺栓 3 種。如圖 8.12 所示。

❶ 公稱直徑六角螺栓：螺栓軸部由螺紋部與圓柱部組成，圓柱部的直徑幾乎等於公稱直徑者。

❷ 有效徑六角螺栓：與上述螺栓同，但圓柱部的直徑幾乎與有效徑相同。

❸ 全牙六角螺栓：六角螺栓軸部全部有螺牙，而無圓柱部者。

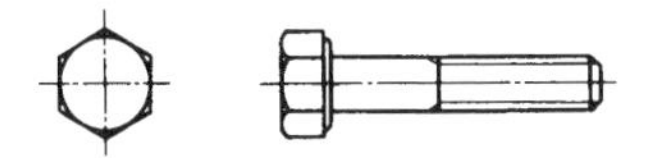
(a) 公稱直徑六角螺栓

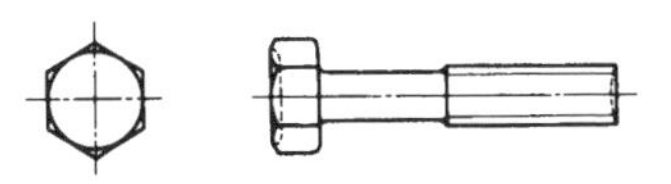
(b) 有效徑六角螺栓

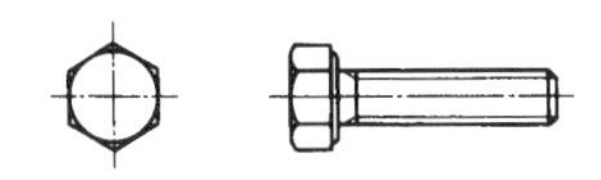
(c) 全牙六角螺栓

圖 8.12　新六角螺栓種類

② 六角螺栓的零件等級：六角螺栓依精度等級區分爲A、B、C級共 3 級。這是依 JIS B 1021(螺紋零件之公差方式)的規定，但尤其是六角螺栓，亦有依其尺寸(螺紋的公稱直徑d，公稱長度l)而做區分的。

表 8.18　零件等級 A 及 B 的尺寸區分

螺紋公稱直徑d		M1.6～24 之間(1)	M27～64 之間(2)
螺紋公稱長度 l	10d 或 150 mm 以下	零件等級A之區域	
	10d或 150 mm 以上	零件等級B之區域	

〔註〕(1)細螺紋的場合 M8～24。
(2)有效直徑六角螺紋時，只有等級B時，M3～20。

即零件等級 A，係以螺紋稱呼 M1.6～24，而且稱呼長度10d或150mm以下爲對象，零件等級 B，係指螺紋稱呼 M27～64，及其以下，但稱呼長度超過10d或 150 mm 的任一者爲對象。表 8.18 為其關係。此外，零件等級C，則以M5～64為對象(無細螺紋)。

表 8.19 示零件等級對應公差的大小。同表中括號內數值示表面粗度的算術平均值。

表 8.19 零件等級對應公差

零件等級	公差等級	
	軸部及座面	其它形體
A	精密(6.3*a*)	精密(6.3*a*)
B	精密(6.3*a*)	粗糙(12.5*a*)
C	粗糙(12.5*a*)	粗糙(12.5*a*)

【備註】括號內表示粗糙度。

③ 六角螺栓強度區分：表 8.20 示對六角螺栓的種類及其零件等級所做的強度區分。

此強度區分之數值，例如 8.8 之最初的數字 8，表示公稱抗拉強度(N/mm²)的百分之一，第 2 數字 8 代表公稱下降伏點(N/mm²)或 0.2 降伏強度(N/mm²)，為公稱抗拉強度的 80%。

此外，不銹鋼製六角螺栓是採性狀區分來取代強度區分，規格中之螺栓，使用 A2-70，A4-50 等。此 A2，A4 為鋼種區分(A 為沃斯田鐵系)，50，70 為強度(50…軟質，70…冷加工，80……冷強加工。

表 8.20 六角螺栓(粗牙)的強度區分

材質	螺栓種類	零件等級	螺牙之公稱直徑(mm)	強度區分
鋼	公稱直徑螺栓 全螺牙螺栓	*A*・*B*	$d < 3$* $3 \leqq d \leqq 39^{(1)}$ $d > 39$*	※ 5.6，8.8，9.8，10.9 ※
	公稱直徑螺栓 全螺牙螺栓	*C*	$d \leqq 39$ $d > 39$	3.6，4.6，4.8 ※
	有效徑螺栓	*B*	所有尺寸	5.8，6.8，8.8
不銹鋼	公稱直徑螺栓 全螺牙螺栓	*A*・*B*	$d \leqq 24$* $20 \leqq d \leqq 39$* $d > 39$*	A2～70，A4～70 A2～50，A4～50 ※
	有效徑螺栓	*B*	所有尺寸	A2～70
非鐵金屬	公稱直徑螺栓 全螺牙螺栓	*A*・*B*	所有尺寸*	依 JIS B 1057
	有效徑螺栓	*B*	同上	同上

【註】※視買售(賣)當事者間的協定。
*細螺紋之場合亦依此準則，但是，(1)中$d \leqq 39$…5.6，8.8，10.9。

表 8.21　六角螺帽(粗牙)的強度區分

<table>
<tr><th>螺帽種類</th><th>零件等級</th><th>材質</th><th>螺牙公稱直徑(D)</th><th>強度區分</th></tr>
<tr><td rowspan="3">六角螺帽型式1</td><td rowspan="3">A・B</td><td>鋼</td><td>$D<5$
$5≦D≦39$
$D≦39$(1)
$D≦16$(1)
$D>39$*</td><td>※
6，8，10
6，8
10
※</td></tr>
<tr><td>不銹鋼</td><td>$D≦24$*
$24<D≦39$*
$D>39$*</td><td>A2～70，A4～70
A2～50*，A4～50
A4～70(1)
※</td></tr>
<tr><td>非鐵金屬</td><td>所有尺寸*</td><td>依 JIS B 1057</td></tr>
<tr><td>六角螺帽型式2</td><td>A・B</td><td>鋼</td><td>所有尺寸
$D≦16$(1)
$D≦36$(1)</td><td>8，9，10，12
8，12
10</td></tr>
<tr><td>六角螺帽</td><td>C</td><td>鋼</td><td>$5<D≦39$
$D>39$</td><td>5
※</td></tr>
<tr><td rowspan="3">六角螺帽—二面倒角</td><td rowspan="3">A・B</td><td>鋼</td><td>$D<5$
$5≦D≦39$
$D≦39$(1)
$D>39$*</td><td>※
04，05
同上
※</td></tr>
<tr><td>不銹鋼</td><td>$D≦24$*
$24<D≦39$*
$D>39$*</td><td>A2～035,A4～035
A2～025,A4～025
※</td></tr>
<tr><td>非鐵金屬</td><td>所有尺寸*</td><td>依 JIS B 1057</td></tr>
<tr><td rowspan="2">六角薄螺帽—無倒角</td><td rowspan="2">B</td><td>鋼(St)</td><td rowspan="2">所有尺寸</td><td>110HV30 以上</td></tr>
<tr><td>非鐵金屬</td><td>依 JIS B 1057</td></tr>
<tr><td colspan="5">【註】※視買售(賣)當事者間的協定。
*細螺紋之場合亦依此準則。
(1)只有細螺紋。</td></tr>
</table>

至於非鐵金屬製六角螺栓的機械性質，則依買售(賣)雙方間的協定。

④　六角螺栓的形狀與尺寸：表 8.22～表 8.31 表示規定的六角螺栓形狀及尺寸(省略零件等級 C)。

(2)　**新六角螺帽**

①　六角螺帽之種類：依六角螺帽的公稱高度，可區分為六角螺帽及六角薄螺帽二種。

❶　六角螺帽：螺帽的公稱高度是螺牙公稱直徑(d)之 $0.8d$ 以上者。

❷　六角薄螺帽：螺帽的公稱高度小於 $0.8d$ 者。

②　依六角螺帽之形式分類：相對於零件等級(參照下節)A 及 B，在規格中，螺帽依其高度不同，分成形式 1 及形式 2。形式 2 的高度較形式 1 高約 10％。

引用形式 1 及形式 2 螺帽的原因，當同一強度螺栓與螺帽組合而要做降伏點鎖緊時，若採用形式 2，除具足夠強度外，對於要區分某設定強度的螺帽，使用形式 1 必須施以熱處理，而若使用形式 2 則不須要。在經濟性的考慮方面具有其優點。

③　依六角薄螺帽之形式分類：六角薄螺帽並未有形式上的區分，而是依有無倒角來區分。

④　六角螺帽的零件等級：與六角螺栓的情形相同。六角螺帽亦依其精度及尺寸，而規定 A、B、C 之零件等級。

表 8.22 公稱直徑六角螺栓－普通螺紋，零件等級 A 和 B－(第 1 選擇)形狀、尺寸(JIS B 1180)

(單位 mm)

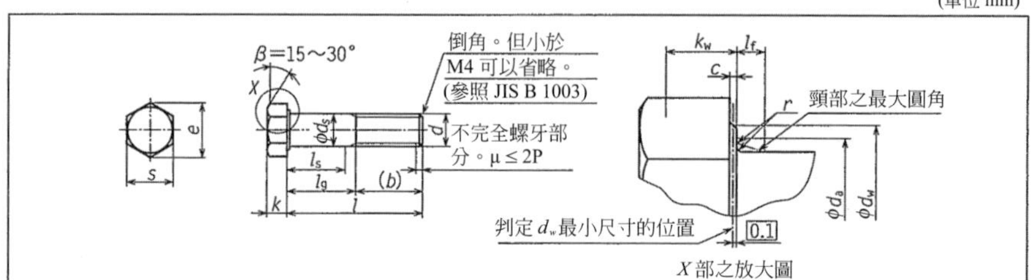

〔備註〕尺寸符號對應意義，依 JIS B 0143 規定。

螺紋公稱 d			M 1.6	M 2	M 2.5	M 3	M 4	M 5	M 6	M 8	M 10
螺距 P			0.35	0.4	0.45	0.5	0.7	0.8	1	1.25	1.5
b (參考)		(1)	9	10	11	12	14	16	18	22	26
		(2)	15	16	17	18	20	22	24	28	32
		(3)	28	29	30	31	33	35	37	41	45
c		最大	0.25	0.25	0.25	0.40	0.40	0.50	0.50	0.60	0.60
		最小	0.10	0.10	0.10	0.15	0.15	0.15	0.15	0.15	0.15
d_a		最大	2	2.6	3.1	3.6	4.7	5.7	6.8	9.2	11.2
d_s	基準尺寸＝最大		1.60	2.00	2.50	3.00	4.00	5.00	6.00	8.00	10.00
	零件等級 A	最小	1.46	1.86	2.36	2.86	3.82	4.82	5.82	7.78	9.78
	零件等級 B	最小	1.35	1.75	2.25	2.75	3.70	4.70	5.70	7.64	9.64
d_w	零件等級 A	最小	2.27	3.07	4.07	4.57	5.88	6.88	8.88	11.63	14.63
	零件等級 B	最小	2.3	2.95	3.95	4.45	5.74	6.74	8.74	11.47	14.47
e	零件等級 A	最小	3.41	4.32	5.45	6.01	7.66	8.79	11.05	14.38	17.77
	零件等級 B	最小	3.28	4.18	5.31	5.88	7.50	8.63	10.89	14.20	17.59
l_f		最大	0.6	0.8	1	1	1.2	1.2	1.4	2	2
k	基準尺寸		1.1	1.4	1.7	2	2.8	3.5	4	5.3	6.4
	零件等級 A	最大	1.225	1.525	1.825	2.125	2.925	3.65	4.15	5.45	6.58
	零件等級 A	最小	0.975	1.275	1.575	1.875	2.675	3.35	3.85	5.15	6.22
	零件等級 B	最大	1.3	1.6	1.9	2.2	3.0	3.26	4.24	5.54	6.69
	零件等級 B	最小	0.9	1.2	1.5	1.8	2.6	2.35	3.76	5.06	6.11
k_w (4)	零件等級 A	最小	0.68	0.89	1.10	1.31	1.87	2.35	2.70	3.61	4.35
	零件等級 B	最小	0.63	0.84	1.05	1.26	1.82	2.28	2.63	3.54	4.28
r		最小	0.1	0.1	0.1	0.1	0.2	0.2	0.25	0.4	0.4
s	基準尺寸＝最大		3.20	4.00	5.00	5.50	7.00	8.00	10.00	13.00	16.00
	零件等級 A	最小	3.02	3.82	4.82	5.32	6.78	7.78	9.78	12.73	15.73
	零件等級 B	最小	2.90	3.70	4.70	5.20	6.64	7.64	9.64	12.57	15.57

螺紋公稱 d			M 12	M 16	M 20	M 24	M 30	M 36	M 42	M 48	M 56	M 64
螺距 P			1.75	2	2.5	3	3.5	4	4.5	5	5.5	6
b (參考)		(1)	30	38	46	54	66	—	—	—	—	—
		(2)	36	44	52	60	72	84	96	108	—	—
		(3)	49	57	65	73	85	97	109	121	137	153
c		最大	0.60	0.8	0.8	0.8	0.8	0.8	1.0	1.0	1.0	1.0
		最小	0.15	0.2	0.2	0.2	0.2	0.2	0.3	0.3	0.3	0.3
d_a		最大	13.7	17.7	22.4	26.4	33.4	39.4	45.6	52.6	63	71
d_s	基準尺寸＝最大		12.00	16.00	20.00	24.00	30.00	36.00	42.00	48.00	56.00	64.00
	零件等級 A	最小	11.73	15.73	19.67	23.67	—	—	—	—	—	—
	零件等級 B	最小	11.57	15.57	19.48	23.48	29.48	35.38	41.38	47.38	55.26	63.26
d_w	零件等級 A	最小	16.63	22.49	28.19	33.61	—	—	—	—	—	—
	零件等級 B	最小	16.47	22	27.7	33.25	42.75	51.11	59.95	69.45	78.66	88.16

表 8.22　公稱直徑六角螺栓－普通螺紋，零件等級 A 和 B－(第 1 選擇)形狀、尺寸(JIS B 1180)(續)

螺紋公稱 d			M 12	M 16	M 20	M 24	M 30	M 36	M 42	M 48	M 56	M 64
e	零件等級 A	最小	20.03	26.75	33.53	39.98	—	—	—	—	—	—
	零件等級 B	最小	19.85	26.17	32.95	39.55	50.85	60.79	71.3	82.6	93.56	104.86
l_f		最大	3	3	4	4	6	6	8	10	12	13
k	基準尺寸		7.5	10	12.5	15	18.7	22.5	26	30	35	40
	零件等級 A	最大	7.68	10.18	12.715	15.215	—	—	—	—	—	—
		最小	7.32	9.82	12.285	14.785	—	—	—	—	—	—
	零件等級 B	最大	7.79	10.29	12.85	15.35	19.12	22.92	26.42	30.42	35.5	40.5
		最小	7.21	9.71	12.15	14.65	18.28	22.08	25.58	29.58	34.5	39.5
k_w (4)	零件等級 A	最小	5.12	6.87	8.6	10.35	—	—	—	—	—	—
	零件等級 B	最小	5.05	6.8	8.51	10.26	12.8	15.46	17.91	20.71	24.15	27.65
r		最小	0.6	0.6	0.8	0.8	1	1	1.2	1.6	2	2
s	基準尺寸＝最大		18.00	24.00	30.00	36.00	46	55.0	65.0	75.0	85.0	95.0
	零件等級 A	最小	17.73	23.67	29.67	35.38	—	—	—	—	—	—
	零件等級 B	最小	17.57	23.16	29.16	35.00	45	53.8	63.1	73.1	82.8	92.8

〔註〕(1) $\ell_{nom} \leq 125$mm，(2) 125mm< $\ell_{nom} \leq 200$mm。
(3) $\ell_{nom} > 200$mm，(4) $k_{w\cdot min} = 0.7k_{min}$。
此外，推薦之公稱長度依表 8.30 規定。

表 8.23　公稱直徑六角螺栓－普通螺紋，零件等級 A 和 B－(第 2 選擇)形狀、尺寸(JIS B 1180)

(單位 mm)

螺紋公稱 d			M 3.5	M 14	M 18	M 22	M 27	M 33	M 39	M 45	M 52	M 60
螺距 P			0.6	2	2.5	2.5	3	3.5	4	4.5	5	5.5
b (參考)		(1)	13	34	42	50	60	—	—	—	—	—
		(2)	19	40	48	56	66	78	90	102	116	—
		(3)	32	53	61	69	79	91	103	115	129	145
c		最大	0.40	0.60	0.8	0.8	0.8	0.8	1.0	1.0	1.0	1.0
		最小	0.15	0.15	0.2	0.2	0.2	0.2	0.3	0.3	0.3	0.3
d_a		最大	4.1	15.7	20.2	24.4	30.4	36.4	42.4	48.6	56.6	67
d_s	基準尺寸＝最大		3.50	14.00	18.00	22.00	27.00	33.00	39.00	45.00	52.00	60.00
	零件等級 A	最小	3.32	13.73	17.73	21.67	—	—	—	—	—	—
	零件等級 B	最小	3.20	13.57	17.57	21.48	26.48	32.38	38.38	44.38	51.26	59.26
d_w	零件等級 A	最小	5.07	19.64	25.34	31.71	—	—	—	—	—	—
	零件等級 B	最小	4.95	19.15	24.85	31.35	38	46.55	55.86	64.7	74.2	83.41
e	零件等級 A	最小	6.58	23.36	30.14	37.72	—	—	—	—	—	—
	零件等級 B	最小	6.44	22.78	29.56	37.29	45.2	55.37	66.44	76.95	88.25	99.21
l_f		最大	1	3	3	4	6	6	6	8	10	12
k	基準尺寸		2.4	8.8	11.5	14	17	21	25	28	33	38
	零件等級 A	最大	2.525	8.98	11.715	14.215	—	—	—	—	—	—
		最小	2.275	8.62	11.285	13.785	—	—	—	—	—	—
	零件等級 B	最大	2.6	9.09	11.85	14.35	17.35	21.42	25.42	28.42	33.5	38.5
		最小	2.2	8.51	11.15	13.65	16.65	20.58	24.58	27.58	32.5	37.5
k_w (4)	零件等級 A	最小	1.59	6.03	7.9	9.65	—	—	—	—	—	—
	零件等級 B	最小	1.54	5.96	7.81	9.56	11.66	14.41	17.21	19.31	22.75	26.25
r		最小	0.1	0.6	0.6	0.8	1	1	1	1.2	1.6	2
s	基準尺寸＝最大		6.00	21.00	27.00	34.00	41	50	60.0	70.0	80.0	90.0
	零件等級 A	最小	5.82	20.67	26.67	33.38	—	—	—	—	—	—
	零件等級 B	最小	5.70	20.16	26.16	33.00	40	49	58.8	68.1	78.1	87.8

〔註〕形狀依表 8.22。(1) $\ell_{稱呼} \leq 125$mm，(2) 125mm< $\ell_{稱呼} \leq 200$mm。
(3) $\ell_{稱呼} > 200$mm，(4) $k_{w\cdot 最小} = 0.7k_{最小}$。
此外，推薦之公稱長度依表 8.31 規定。

表 8.24 公稱直徑六角螺栓－細螺紋，零件等級 A 和 B －(第 1 選擇)形狀、尺寸(JIS B 1180)

(單位 mm)

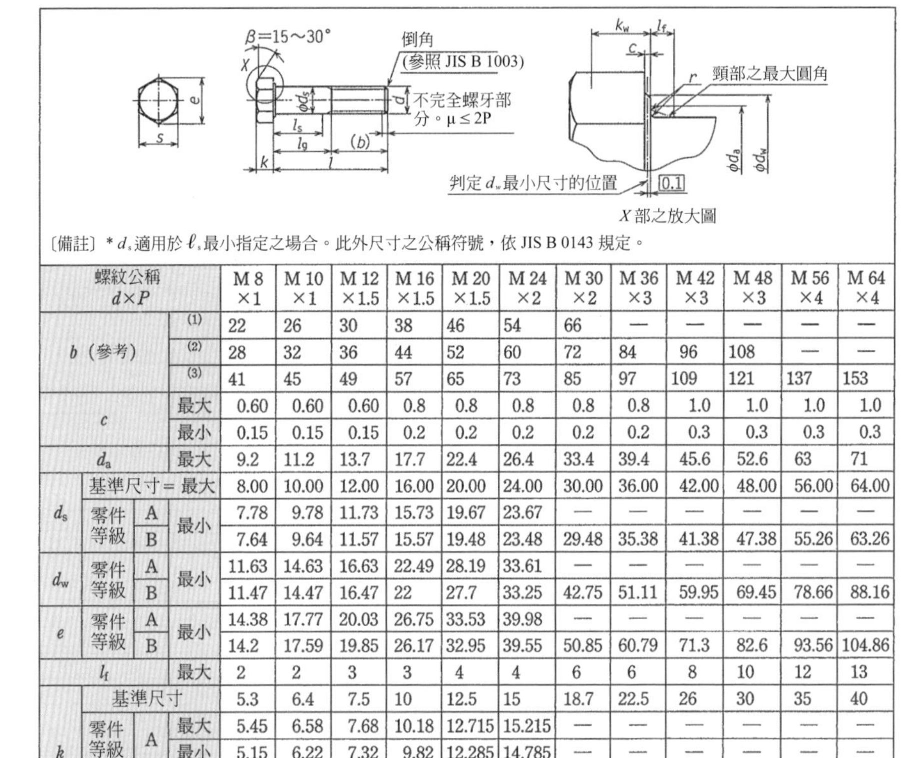

〔備註〕 * d_s 適用於 ℓ_s 最小指定之場合。此外尺寸之公稱符號，依 JIS B 0143 規定。

螺紋公稱 $d \times P$			M 8 ×1	M 10 ×1	M 12 ×1.5	M 16 ×1.5	M 20 ×1.5	M 24 ×2	M 30 ×2	M 36 ×3	M 42 ×3	M 48 ×3	M 56 ×4	M 64 ×4
b (參考)		(1)	22	26	30	38	46	54	66	—	—	—	—	—
		(2)	28	32	36	44	52	60	72	84	96	108	—	—
		(3)	41	45	49	57	65	73	85	97	109	121	137	153
c		最大	0.60	0.60	0.60	0.8	0.8	0.8	0.8	0.8	1.0	1.0	1.0	1.0
		最小	0.15	0.15	0.15	0.2	0.2	0.2	0.2	0.2	0.3	0.3	0.3	0.3
d_a		最大	9.2	11.2	13.7	17.7	22.4	26.4	33.4	39.4	45.6	52.6	63	71
d_s	基準尺寸＝最大		8.00	10.00	12.00	16.00	20.00	24.00	30.00	36.00	42.00	48.00	56.00	64.00
	零件等級 A	最小	7.78	9.78	11.73	15.73	19.67	23.67	—	—	—	—	—	—
	零件等級 B	最小	7.64	9.64	11.57	15.57	19.48	23.48	29.48	35.38	41.38	47.38	55.26	63.26
d_w	零件等級 A	最小	11.63	14.63	16.63	22.49	28.19	33.61	—	—	—	—	—	—
	零件等級 B	最小	11.47	14.47	16.47	22	27.7	33.25	42.75	51.11	59.95	69.45	78.66	88.16
e	零件等級 A	最小	14.38	17.77	20.03	26.75	33.53	39.98	—	—	—	—	—	—
	零件等級 B	最小	14.2	17.59	19.85	26.17	32.95	39.55	50.85	60.79	71.3	82.6	93.56	104.86
l_f		最大	2	2	3	3	4	4	6	6	8	10	12	13
k	基準尺寸		5.3	6.4	7.5	10	12.5	15	18.7	22.5	26	30	35	40
	零件等級 A	最大	5.45	6.58	7.68	10.18	12.715	15.215	—	—	—	—	—	—
		最小	5.15	6.22	7.32	9.82	12.285	14.785	—	—	—	—	—	—
	零件等級 B	最大	5.54	6.69	7.79	10.29	12.85	15.35	19.12	22.92	26.42	30.42	35.5	40.5
		最小	5.06	6.11	7.21	9.71	12.15	14.65	18.28	22.08	25.58	29.58	34.5	39.5
k_w (4)	零件等級 A	最小	3.61	4.35	5.12	6.87	8.6	10.35	—	—	—	—	—	—
	零件等級 B	最小	3.54	4.28	5.05	6.8	8.51	10.26	12.8	15.46	17.91	20.71	24.15	27.65
r		最小	0.4	0.4	0.6	0.6	0.8	0.8	1	1	1.2	1.6	2	2
s	基準尺寸＝最大		13.00	16.00	18.00	24.00	30.00	36.00	46	55.0	65.0	75.0	85.0	95.0
	零件等級 A	最小	12.73	15.73	17.73	23.67	29.67	35.38	—	—	—	—	—	—
	零件等級 B	最小	12.57	15.57	17.57	23.16	29.16	35	45	53.8	63.1	73.1	82.8	92.8

〔註〕 (1) $\ell_{nom} \leq 125$mm，(2) 125mm$< \ell_{nom} \leq 200$mm。
(3) $\ell_{nom} > 200$mm，(4) $k_{w,min} = 0.7 k_{min}$。
此外，推薦之公稱長度依表 8.30 規定。

表 8.25 公稱六角螺栓－細螺紋，零件等級 A 和 B －(第 2 選擇)形狀、尺寸(JIS B 1180)

(單位 mm)

螺紋公稱 $d \times P$		M 10 ×1.25	M 12 ×1.25	M 14 ×1.5	M 18 ×1.5	M 20 ×2	M 22 ×1.5	M 27 ×2	M 33 ×2	M 39 ×3	M 45 ×3	M 52 ×4	M 60 ×4
b (參考)	(1)	26	30	34	42	46	50	60	—	—	—	—	—
	(2)	32	36	40	48	52	56	66	78	90	102	116	—
	(3)	45	49	57	61	65	69	79	91	103	115	129	145

表 8.25 公稱六角螺栓－細螺紋，零件等級 A 和 B －(第 2 選擇)形狀、尺寸(JIS B 1180)(續)

螺紋公稱 $d \times P$				M 10 ×1.25	M 12 ×1.25	M 14 ×1.5	M 18 ×1.5	M 20 ×2	M 22 ×1.5	M 27 ×2	M 33 ×2	M 39 ×3	M 45 ×3	M 52 ×4	M 60 ×4
c			最大	0.60	0.60	0.60	0.8	0.8	0.8	0.8	0.8	1.0	1.0	1.0	1.0
			最小	0.15	0.15	0.15	0.2	0.2	0.2	0.2	0.2	0.3	0.3	0.3	0.3
d_a			最大	11.2	13.7	15.7	20.2	22.4	24.4	30.4	36.4	42.4	48.6	56.6	67
d_s	基準尺寸＝最大			10.00	12.00	14.00	18.00	20.00	22.00	27.00	33.00	39.00	45.00	52.00	60.00
	零件等級	A	最小	9.78	11.73	13.73	17.73	19.67	21.67	—	—	—	—	—	—
		B	最小	9.64	11.57	13.54	17.57	19.48	21.48	26.48	32.38	38.38	44.38	51.26	59.26
d_w	零件等級	A	最小	14.63	16.63	19.64	25.34	28.19	31.71	—	—	—	—	—	—
		B	最小	14.47	16.47	19.15	24.85	27.7	31.35	38	46.55	55.86	64.7	74.2	83.41
e	零件等級	A	最小	17.77	20.03	23.36	30.14	33.53	37.72	—	—	—	—	—	—
		B	最小	17.59	19.85	22.78	29.56	32.95	37.29	45.2	55.37	66.44	76.95	88.25	99.21
l_f			最大	2	3	3	3	4	4	6	6	6	8	10	12
k	基準尺寸			6.4	7.5	8.8	11.5	12.5	14	17	21	25	28	33	38
	零件等級	A	最大	6.58	7.68	8.98	11.715	12.715	14.215	—	—	—	—	—	—
			最小	6.22	7.32	8.62	11.285	12.285	13.785	—	—	—	—	—	—
	零件等級	B	最大	6.69	7.79	9.09	11.85	12.85	14.35	17.35	21.42	25.42	28.42	33.5	38.5
			最小	6.11	7.21	8.51	11.15	12.15	13.65	16.65	20.58	24.58	27.58	32.5	37.5
k_w (4)	零件等級	A	最小	4.35	5.12	6.03	7.9	8.6	9.65	—	—	—	—	—	—
		B	最小	4.28	5.05	5.96	7.81	8.51	9.56	11.66	14.41	17.21	19.31	22.75	26.25
r			最小	0.4	0.6	0.6	0.6	0.8	0.8	1	1	1	1.2	1.6	2
s	基準尺寸＝最大			16.00	18.00	21.00	27.00	30.00	34.00	41	50	60.0	70.0	80.0	90.0
	零件等級	A	最小	15.73	17.73	20.67	26.67	29.67	33.38	—	—	—	—	—	—
		B	最小	15.57	17.57	20.16	26.16	29.16	33.00	40	49	58.8	68.1	78.1	87.8

〔註〕形狀依表 8.24。(1) $\ell_{nom} \leq 125$mm，(2) 125mm$< \ell_{nom} \leq 200$mm。
(3) $\ell_{nom} > 200$mm，(4) $k_{w,min} = 0.7k_{min}$。
此外，推薦之公稱長度依表 8.31 規定。

表 8.26 全牙六角螺栓－普通螺紋，零件等級 A 和 B －(第 1 選擇)形狀、尺寸(JIS B 1180)

(單位 mm)

β=15～30°
倒角。但小於 M4 可以省略(參照 JIS B 1003)
不完全螺牙部分。μ ≤ 2P
判定 d_w 最小尺寸的位置
X 部之放大圖
d_s(大約爲螺紋有效直徑)
此形狀亦可

〔備註〕尺寸之公稱符號，依 JIS B 0143 規定。

螺紋公稱 d		M 1.6	M 2	M 2.5	M 3	M 4	M 5	M 6	M 8	M 10	M 12
螺距 P		0.35	0.4	0.45	0.5	0.7	0.8	1	1.25	1.5	1.75
a	最大(1)	1.05	1.2	1.35	1.5	2.1	2.4	3	4	4.5	5.3
	最小	0.35	0.4	0.45	0.5	0.7	0.8	1	1.25	1.5	1.75
c	最大	0.25	0.25	0.25	0.40	0.40	0.50	0.50	0.60	0.60	0.60
	最小	0.10	0.10	0.10	0.15	0.15	0.15	0.15	0.15	0.15	0.15
d_a	最大	2	2.6	3.1	3.6	4.7	5.7	6.8	9.2	11.2	13.7

表 8.26　全牙六角螺栓－普通螺紋，零件等級 A 和 B－(第 1 選擇)形狀、尺寸(JIS B 1180)(續)

螺紋公稱 d				M 1.6	M 2	M 2.5	M 3	M 4	M 5	M 6	M 8	M 10	M12
螺距 P				0.35	0.4	0.45	0.5	0.7	0.8	1	1.25	1.5	1.75
d_w	零件等級	A	最小	2.27	3.07	4.07	4.57	5.88	6.88	8.88	11.63	14.63	16.63
		B		2.30	2.95	3.95	4.45	5.74	6.74	8.74	11.47	14.47	16.47
e	零件等級	A	最小	3.41	4.32	5.45	6.01	7.66	8.79	11.05	14.38	17.77	20.03
		B		3.28	4.18	5.31	5.88	7.50	8.63	10.89	14.20	17.59	19.85
k	基準尺寸			1.1	1.4	1.7	2	2.8	3.5	4	5.3	6.4	7.5
	零件等級	A	最大	1.225	1.525	1.825	2.125	2.925	3.65	4.15	5.45	6.58	7.68
			最小	0.975	1.275	1.575	1.875	2.675	3.35	3.85	5.15	6.22	7.32
	零件等級	B	最大	1.3	1.6	1.9	2.2	3.0	3.74	4.24	5.54	6.69	7.79
			最小	0.9	1.2	1.5	1.8	2.6	3.26	3.76	5.06	6.11	7.21
k_w (2)	零件等級	A	最小	0.68	0.89	1.10	1.31	1.87	2.35	2.70	3.61	4.35	5.12
		B		0.63	0.84	1.05	1.26	1.82	2.28	2.63	3.54	4.28	5.05
r			最小	0.1	0.1	0.1	0.1	0.2	0.2	0.25	0.4	0.4	0.6
s	基準尺寸 ＝ 最大			3.20	4.00	5.00	5.50	7.00	8.00	10.00	13.00	16.00	18.00
	零件等級	A	最小	3.02	3.82	4.82	5.32	6.78	7.78	9.78	12.73	15.73	17.73
		B		2.90	3.70	4.70	5.20	6.64	7.64	9.64	12.57	15.57	17.57

螺紋公稱 d				M 16	M 20	M 24	M 30	M 36	M 42	M 48	M 56	M 64
螺距 P				2	2.5	3	3.5	4	4.5	5	5.5	6
a			最大(1)	6	7.5	9	10.5	12	13.5	15	16.5	18
			最小	2	2.5	3	3.5	4	4.5	5	5.5	6
c			最大	0.8	0.8	0.8	0.8	0.8	1.0	1.0	1.0	1.0
			最小	0.2	0.2	0.2	0.2	0.2	0.3	0.3	0.3	0.3
d_a			最大	17.7	22.4	26.4	33.4	39.4	45.6	52.6	63	71
d_w	零件等級	A	最小	22.49	28.19	33.61	—	—	—	—	—	—
		B		22	27.7	33.25	42.75	51.11	59.95	69.45	78.66	88.16
e	零件等級	A	最小	26.75	33.53	39.98	—	—	—	—	—	—
		B		26.17	32.95	39.55	50.85	60.79	71.3	82.6	93.56	104.86
k	基準尺寸			10	12.5	15	18.7	22.5	26	30	35	40
	零件等級	A	最大	10.18	12.715	15.215	—	—	—	—	—	—
			最小	9.82	12.285	14.785	—	—	—	—	—	—
	零件等級	B	最大	10.29	12.85	15.35	19.12	22.92	26.42	30.42	35.5	40.5
			最小	9.71	12.15	14.65	18.28	22.08	25.58	29.58	34.5	39.5
k_w (2)	零件等級	A	最小	6.87	8.6	10.35	—	—	—	—	—	—
		B		6.8	8.51	10.26	12.8	15.46	17.91	20.71	24.15	27.65
r			最小	0.6	0.8	0.8	1	1	1.2	1.6	2	2
s	基準尺寸 ＝ 最大			24.00	30.00	36.00	46	55.0	65.0	75.0	85.0	95.0
	零件等級	A	最小	23.67	29.67	35.38	—	—	—	—	—	—
		B		23.16	29.16	35.00	45	53.8	63.1	73.1	82.8	92.8

〔註〕(1) a 最大值，依 JIS B 1006 之一般系列。(2) $k_{w,最小} = 0.7\,k_{最小}$。
此外，推薦之公稱長度依表 8.30 規定。

表 8.27　全牙六角螺栓－普通螺紋，零件等級 A 和 B －(第 2 選擇)形狀、尺寸(JIS B 1180)

(單位 mm)

螺紋公稱 d				M 3.5	M 14	M 18	M 22	M 27	M 33	M 39	M 45	M 52	M 60
螺距 P				0.6	2	2.5	2.5	3	3.5	4	4.5	5	5.5
a			最大(1)	1.8	6	7.5	7.5	9	10.5	12	13.5	15	16.5
			最小	0.6	2	2.5	2.5	3	3.5	4	4.5	5	5.5
c			最大	0.40	0.60	0.8	0.8	0.8	0.8	1.0	1.0	1.0	1.0
			最小	0.15	0.15	0.2	0.2	0.2	0.2	0.3	0.3	0.3	0.3
d_a			最大	4.1	15.7	20.2	24.4	30.4	36.4	42.4	48.6	56.6	67
d_w	零件等級	A	最小	5.07	19.64	25.34	31.71	—	—	—	—	—	—
		B		4.95	19.15	24.85	31.35	38	46.55	55.86	64.7	74.2	83.41
e	零件等級	A	最小	6.58	23.36	30.14	37.72	—					
		B		6.44	22.78	29.56	37.29	45.2	55.37	66.44	76.95	88.25	99.21
k	基準尺寸			2.4	8.8	11.5	14	17	21	25	28	33	38
	零件等級	A	最大	2.525	8.98	11.715	14.215	—	—	—	—	—	—
			最小	2.275	8.62	11.285	13.785	—	—	—	—	—	—
	零件等級	B	最大	2.6	9.09	11.85	14.35	17.35	21.42	25.42	28.42	33.5	38.5
			最小	2.2	8.51	11.15	13.65	16.65	20.58	24.58	27.58	32.5	37.5
k_w(2)	零件等級	A	最小	1.59	6.03	7.9	9.65	—	—	—	—	—	—
		B		1.54	5.96	7.81	9.56	11.66	14.41	17.21	19.31	22.75	26.25
r			最小	0.1	0.6	0.6	0.8	1	1	1	1.2	1.6	2
s	基準尺寸 ＝ 最大			6.00	21.00	27.00	34.00	41	50	60.0	70.0	80.0	90.0
	零件等級	A	最小	5.82	20.67	26.67	33.38	—	—	—	—	—	—
		B		5.70	20.16	26.16	33.00	40	49	58.8	68.1	78.1	87.8

〔註〕形狀依表 8.26 所示。(1) a 最大值，依 JIS B 1006 之一般系列。(2) $k_{w,min} = 0.7\,k_{min}$。
此外，推薦之公稱長度依表 8.31 規定。

表 8.28　全牙六角螺栓－細螺紋，零件等級 A 和 B －(第 1 選擇)形狀、尺寸(JIS B 1180)

(單位 mm)

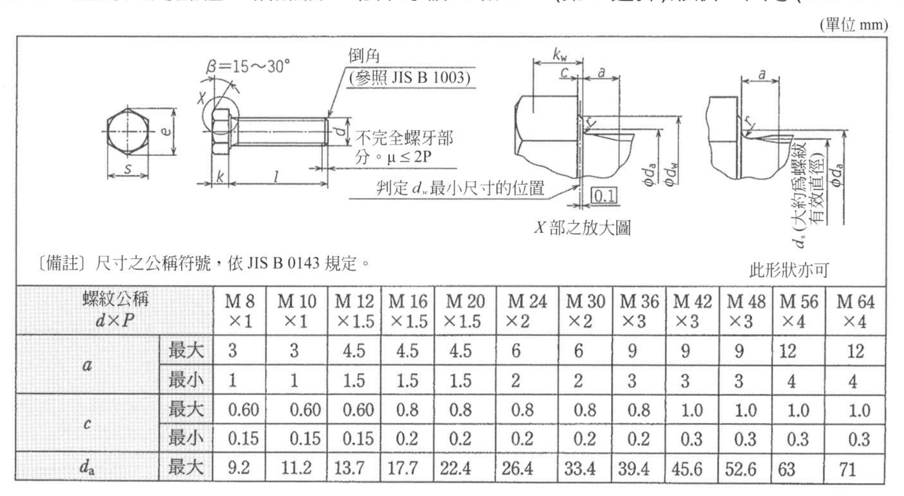

〔備註〕尺寸之公稱符號，依 JIS B 0143 規定。

螺紋公稱 $d \times P$		M 8 ×1	M 10 ×1	M 12 ×1.5	M 16 ×1.5	M 20 ×1.5	M 24 ×2	M 30 ×2	M 36 ×3	M 42 ×3	M 48 ×3	M 56 ×4	M 64 ×4
a	最大	3	3	4.5	4.5	4.5	6	6	9	9	9	12	12
	最小	1	1	1.5	1.5	1.5	2	2	3	3	3	4	4
c	最大	0.60	0.60	0.60	0.8	0.8	0.8	0.8	0.8	1.0	1.0	1.0	1.0
	最小	0.15	0.15	0.15	0.2	0.2	0.2	0.2	0.2	0.3	0.3	0.3	0.3
d_a	最大	9.2	11.2	13.7	17.7	22.4	26.4	33.4	39.4	45.6	52.6	63	71

表 8.28 全牙六角螺栓－細螺紋，零件等級 A 和 B －(第 1 選擇)形狀、尺寸(JIS B 1180)(續)

螺紋公稱 $d \times P$				M 8 ×1	M 10 ×1	M 12 ×1.5	M 16 ×1.5	M 20 ×1.5	M 24 ×2	M 30 ×2	M 36 ×3	M 42 ×3	M 48 ×3	M 56 ×4	M 64 ×4
d_w	零件等級	A	最小	11.63	14.63	16.63	22.49	28.19	33.61	—	—	—	—	—	—
		B		11.47	14.47	16.47	22	27.7	33.25	42.75	51.11	59.95	69.45	78.66	88.16
e	零件等級	A	最小	14.38	17.77	20.03	26.75	33.53	39.98	—	—	—	—	—	—
		B		14.20	17.59	19.85	26.17	32.95	39.55	50.85	60.79	71.3	82.6	93.56	104.86
k	基準尺寸			5.3	6.4	7.5	10	12.5	15	18.7	22.5	26	30	35	40
	零件等級	A	最大	5.45	6.58	7.68	10.18	12.715	15.215	—	—	—	—	—	—
			最小	5.15	6.22	7.32	9.82	12.285	14.785	—	—	—	—	—	—
	零件等級	B	最大	5.54	6.69	7.79	10.29	12.85	15.35	19.12	22.92	26.42	30.42	35.5	40.5
			最小	5.06	6.11	7.21	9.71	12.15	14.65	18.28	22.08	25.58	29.58	34.5	39.5
k_w(1)	零件等級	A	最小	3.61	4.35	5.12	6.87	8.6	10.35	—	—	—	—	—	—
		B		3.54	4.28	5.05	6.8	8.51	10.26	12.8	15.46	17.91	20.71	24.15	27.65
r			最小	0.4	0.4	0.6	0.6	0.8	0.8	1	1	1.2	1.6	2	2
s	基準尺寸＝最大			13.00	16.00	18.00	24.00	30.00	36.00	46	55.0	65.0	75.0	85.0	95.0
	零件等級	A	最小	12.73	15.73	17.73	23.67	29.67	35.38	—	—	—	—	—	—
		B		12.57	15.57	17.57	23.16	29.16	35.00	45	53.8	63.1	73.1	82.8	92.8

〔註〕(1) $k_{w,min} = 0.7k_{min}$
此外，推薦之公稱長度依表 8.30 規定。

表 8.29 全牙六角螺栓－細螺紋，零件等級 A 和 B －(第 2 選擇)形狀、尺寸(JIS B 1180)

(單位 mm)

螺紋公稱 $d \times P$				M 10 ×1.25	M 12 ×1.25	M 14 ×1.5	M 18 ×1.5	M 20 ×2	M 22 ×1.5	M 27 ×2	M 33 ×2	M 39 ×3	M 45 ×3	M 52 ×4	M 60 ×4
a			最大	4	4	4.5	4.5	6	4.5	6	6	9	9	12	12
			最小	1.25	1.25	1.5	1.5	2	1.5	2	2	3	3	4	4
c			最大	0.60	0.60	0.60	0.8	0.8	0.8	0.8	0.8	1.0	1.0	1.0	1.0
			最小	0.15	0.15	0.15	0.2	0.2	0.2	0.2	0.2	0.3	0.3	0.3	0.3
d_a			最大	11.2	13.7	15.7	20.2	22.4	24.4	30.4	36.4	42.4	48.6	56.6	67
d_w	零件等級	A	最小	14.63	16.63	19.64	25.34	28.19	31.71	—	—	—	—	—	—
		B		14.47	16.47	19.15	24.85	27.7	31.35	38	46.55	55.86	64.7	74.2	83.41
e	零件等級	A	最小	17.77	20.03	23.36	30.14	33.53	37.72	—	—	—	—	—	—
		B		17.59	19.85	22.78	29.56	32.95	37.29	45.2	55.37	66.44	76.95	88.25	99.21
k	基準尺寸			6.4	7.5	8.8	11.5	12.5	14.00	17	21	25	28	33	38
	零件等級	A	最大	6.58	7.68	8.98	11.715	12.715	14.215	—	—	—	—	—	—
			最小	6.22	7.32	8.62	11.285	12.285	13.785	—	—	—	—	—	—
	零件等級	B	最大	6.69	7.79	9.09	11.85	12.85	14.35	17.35	21.42	25.42	28.42	33.5	38.5
			最小	6.11	7.21	8.51	11.15	12.15	13.65	16.65	20.58	24.58	27.58	32.5	37.5
k_w(1)	零件等級	A	最小	4.35	5.12	6.03	7.9	8.6	9.65	—	—	—	—	—	—
		B		4.28	5.05	5.96	7.81	8.51	9.56	11.66	14.41	17.21	19.31	22.75	26.25
r			最小	0.4	0.6	0.6	0.6	0.8	0.8	1	1	1	1.2	1.6	2
s	基準尺寸＝最大			16.00	18.00	21.00	27.00	30.00	34.00	41	50	60.0	70.0	80.0	90.0
	零件等級	A	最小	15.73	17.73	20.67	26.67	29.67	33.38	—	—	—	—	—	—
		B		15.57	17.57	20.16	26.16	29.16	33.00	40	49	58.8	68.1	78.1	87.8

〔註〕形狀依表 8.28 所示，(1) $k_{w,最小} = 0.7k_{最小}$
此外，推薦之公稱長度依表 8.31 規定。

表 8.30 公稱直徑六角螺栓、全牙六角螺栓之建議公稱長度(第 1 選擇)形狀、尺寸(JIS B 1180)

(單位 mm)

公稱長度 l	M1.6	M2	M2.5	M3	M4	M5	M6	M8	M10	M12	M16	M20	M24	M30	M36	M42	M48	M56	M64
2	△																		
3	△																		
4	△	△																	
5	△	△	△																
6	△	△	△	△															
8	△	△	△	△	△														
10	△	△	△	△	△	△													
12	□	△	△	△	△	△	△												
16	□	□	□	△	△	△	△	△											
20		□	□	□	△	△	△	△	△										
25			□	□	□	□	△	△	△	△									
30				□	□	□	□	△	△	△	△								
35					□	□	□	△	△	△	△								
40					□	□	□	□	△	△	△	△	△	△	△				
45						□	□	□	□	△	△	△	△	△	△				
50						□	□	□	□	□	△	△	△	△	△				
55							□	□	□	□	△	△	△	△	△				
60							□	□	□	□	△	△	△	△	△				
65								□	□	□	□	△	△	△	△				
70								□	□	□	□	△	△	△	△				
80								□	□	□	□	□	△	△	△	△			
90									□	□	□	□	□**	△	△	△			
100									□	□	□	□	□	△	△	△	△		
110										□	□	□	□	□**	△	△	△	△	
120										□	□	□	□	□	△	△	△	△	△
130											□	□	□	□	△	△	△	△	△
140											□	□	□	□	□	△	△	△	△
150											□	□	□	□	□	△	△	△	△
160											□	□	□	□	□	□	△	△	△
180											△	□	□	□	□	□	□**	△	△
200											△	□	□	□	□	□	□	△	△
220													○	○	○	□*	□*	□*	△
240													○	○	○	□*	□*	□*	△
260														○	○	□*	□*	□*	□*
280														○	○	□*	□*	□*	□*
300														○	○	□*	□*	□*	□*
320															○	□*	□*	□*	□*
340															○	□*	□*	□*	□*
360															○	□*	□*	□*	□*
380																□*	□*	□*	□*
400																□*	□*	□*	□*
420																□*	□*	□*	□*
440																○	□*	□*	□*
460																	□*	□*	□*
480																	□*	□*	□*
500																		□*	□*

〔註〕公稱直徑六角螺栓，其公稱尺寸比本表建議短時，依全牙六角螺栓。

〔備註〕

○ 公稱直徑六角螺栓場合。

△ 全牙六角螺栓場合。

□ 上述(○與△)兩種場合。

但是，(實線框) 只適用普螺紋。

(虛線框) 只適用細螺紋。

* 全牙六角螺栓場合只適用細螺紋。

** 公稱六角螺栓場合只適用普通螺紋。

—·— 線之上方爲零件等級 A，線下方爲零件等級 B。

表 8.31 公稱直徑六角螺栓、全牙六角螺栓之建議公稱長度(第 2 選擇)形狀、尺寸(JIS B 1180)

(單位 mm)

公稱長度 l	M3.5	M10	M12	M14	M18	M20	M22	M27	M33	M39	M45	M52	M60
8	△												
10	△												
12	△												
16	△												
20	□	△											
25	□	△	△										
30	□	△	△	△									
35	□	△	△	△	△								
40	(1)	△	△	△	△	△							
45		□	△	△	△	△	△						
50		□	□	△	△	△	△						
55		□	□	△	△	△	△	△					
60		□	□	□	△	△	△	△					
65		□	□	□	△	△	△	△	△				
70		□	□	□	□	△	△	△	△				
80		□	□	□	□	□	△	△	△	△			
90		□	□	□	□	□	□	△	△	△	△		
100		□	□	□	□	□	□	□**	△	△	△	△	
110			□	□	□	□	□	□	△	△	△	△	
120			□	□	□	□	□	□	△	△	△	△	△
130				□	□	□	□	□	□	△	△	△	△
140				□	□	□	□	□	□	△	△	△	△
150					□	□	□	□	□	□	△	△	△
160					□	□	□	□	□	□	△	△	△
180					□	□	□	□	□	□	□	△	△
200					△	□	□	□	□	□	□	□	△
220							□*	□*	□*	□*	□*	□*	△
240								□*	□*	□*	□*	□*	□*
260								□*	□*	□*	□*	□*	□*
280									□*	□*	□*	□*	□*
300									□*	□*	□*	□*	□*
320									□*	□*	□*	□*	□*
340									△	□*	□*	□*	□*
360									△	□*	□*	□*	□*
380										□*	□*	□*	□*
400											□*	□*	□*
420											□*	□*	□*
440											□*	□*	□*
460												□*	□*
480												□*	□*
500												△	□*

〔註〕公稱直徑六角螺栓，其公稱尺寸比本表建議短時，依全牙六角螺栓。

〔備註〕
○公稱直徑六角螺栓場合。
△全牙六角螺栓場合。
□上述(○與△)兩種場合。
但是，(實線框) 只適用普螺紋。
(虛線框) 只適用細螺紋。
* 全牙六角螺栓場合只適用細螺紋。
** 公稱六角螺栓場合只適用普通螺紋。
—·— 線之上方爲零件等級 A，線下方爲零件等級 B。

表 8.32 有效徑六角螺栓－普通螺紋，零件等級 A 和 B 之形狀、尺寸(JIS B 1180)

(單位 mm)

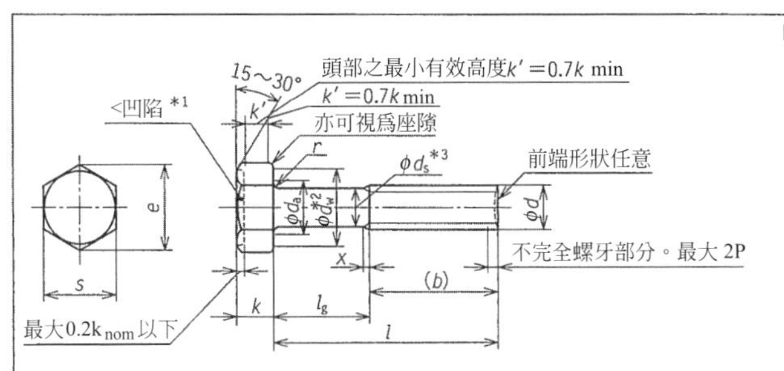

〔備註〕

*1 有無凹陷及形狀，若使用者無特別指定時，製造業者可可任意決定。

*2 二面寬<21mm 場合：$d_{w,min} = s_{,min} - IT16$
二面寬≥21mm 場合：$d_{w,min} = 0.95\,s_{,min}$

*3 圓筒部直徑 d_s 大約爲螺紋有效直徑，但是，自座面到 $0.5d$ 之範圍，容許爲螺紋之稱呼直徑。

螺紋公稱 d		M 3	M 4	M 5	M 6	M 8	M 10	M 12	(M 14)[3]	M 16	M 20
螺距 P		0.5	0.7	0.8	1	1.25	1.5	1.75	2	2	2.5
b(參考)	(1)	12	14	16	18	22	26	30	34	38	46
	(2)	—	—	—	—	28	32	36	40	44	52
d_a	最大	3.6	4.7	5.7	6.8	9.2	11.2	13.7	15.7	17.7	22.4
d_s	(約)	2.6	3.5	4.4	5.3	7.1	8.9	10.7	12.5	14.5	18.2
d_w	最小	4.4	5.7	6.7	8.7	11.4	14.4	16.4	19.2	22	27.7
e	最小	5.98	7.50	8.63	10.89	14.20	17.59	19.85	22.78	26.17	32.95
k	基準尺寸	2	2.8	3.5	4	5.3	6.4	7.5	8.8	10	12.5
	最小	1.80	2.60	3.26	3.76	5.06	6.11	7.21	8.51	9.71	12.15
	最大	2.20	3.00	3.74	4.24	5.54	6.69	7.79	9.09	10.29	12.85
k'	最小	1.3	1.8	2.3	2.6	3.5	4.3	5.1	6	6.8	8.5
r	最小	0.1	0.2	0.2	0.25	0.4	0.4	0.6	0.6	0.6	0.8
s	最大	5.5	7	8	10	13	16	18	21	24	30
	最小	5.20	6.64	7.64	9.64	12.57	15.57	17.57	20.16	23.16	29.16
x	最大	1.25	1.75	2	2.5	3.2	3.8	4.3	5	5	6.3
公稱長度 l	20	○	○								
	25	○	○	○	○						
	30	○	○	○	○	○					
	35		○	○	○	○					
	40		○	○	○	○	○				
	45			○	○	○	○	○			
	50			○	○	○	○	○	○		
	55				○	○	○	○	○	○	
	60				○	○	○	○	○	○	
	65					○	○	○	○	○	○
	70					○	○	○	○	○	○
	80					○	○	○	○	○	○
	90						○	○	○	○	○
	100						○	○	○	○	○
	110							○	○	○	○
	120							○	○	○	○
	130								○	○	○
	140								○	○	○
	150									○	○

〔註〕(1) $\ell_{nom} \leq 125$mm，(2) 125mm< $\ell_{nom} \leq 200$mm，(3)附有抬號者，儘可能不用。
此外，推薦之公稱長度依粗線內所示。

表 8.33　六角螺帽－形式 1 －普通螺紋(第 1 選擇)之形狀、尺寸(JIS B 1181)

(單位 mm)

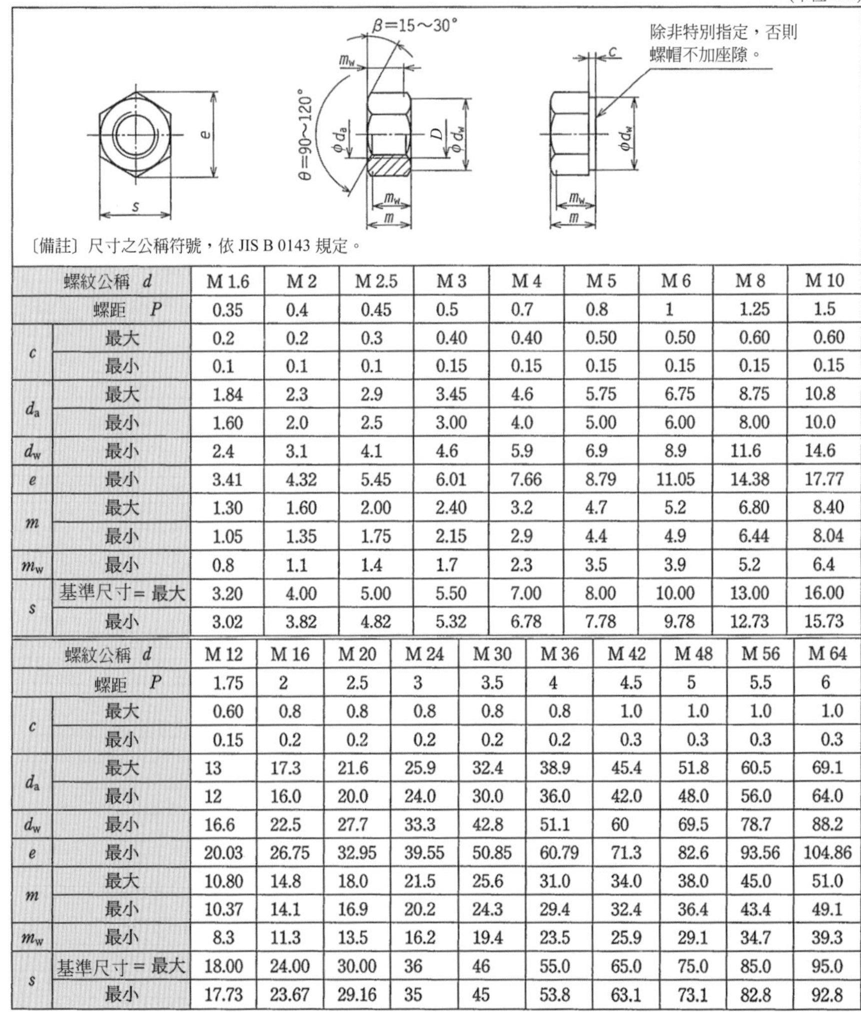

〔備註〕尺寸之公稱符號，依 JIS B 0143 規定。

螺紋公稱 d		M 1.6	M 2	M 2.5	M 3	M 4	M 5	M 6	M 8	M 10
螺距 P		0.35	0.4	0.45	0.5	0.7	0.8	1	1.25	1.5
c	最大	0.2	0.2	0.3	0.40	0.40	0.50	0.50	0.60	0.60
	最小	0.1	0.1	0.1	0.15	0.15	0.15	0.15	0.15	0.15
d_a	最大	1.84	2.3	2.9	3.45	4.6	5.75	6.75	8.75	10.8
	最小	1.60	2.0	2.5	3.00	4.0	5.00	6.00	8.00	10.0
d_w	最小	2.4	3.1	4.1	4.6	5.9	6.9	8.9	11.6	14.6
e	最小	3.41	4.32	5.45	6.01	7.66	8.79	11.05	14.38	17.77
m	最大	1.30	1.60	2.00	2.40	3.2	4.7	5.2	6.80	8.40
	最小	1.05	1.35	1.75	2.15	2.9	4.4	4.9	6.44	8.04
m_w	最小	0.8	1.1	1.4	1.7	2.3	3.5	3.9	5.2	6.4
s	基準尺寸＝最大	3.20	4.00	5.00	5.50	7.00	8.00	10.00	13.00	16.00
	最小	3.02	3.82	4.82	5.32	6.78	7.78	9.78	12.73	15.73

螺紋公稱 d		M 12	M 16	M 20	M 24	M 30	M 36	M 42	M 48	M 56	M 64
螺距 P		1.75	2	2.5	3	3.5	4	4.5	5	5.5	6
c	最大	0.60	0.8	0.8	0.8	0.8	0.8	1.0	1.0	1.0	1.0
	最小	0.15	0.2	0.2	0.2	0.2	0.2	0.3	0.3	0.3	0.3
d_a	最大	13	17.3	21.6	25.9	32.4	38.9	45.4	51.8	60.5	69.1
	最小	12	16.0	20.0	24.0	30.0	36.0	42.0	48.0	56.0	64.0
d_w	最小	16.6	22.5	27.7	33.3	42.8	51.1	60	69.5	78.7	88.2
e	最小	20.03	26.75	32.95	39.55	50.85	60.79	71.3	82.6	93.56	104.86
m	最大	10.80	14.8	18.0	21.5	25.6	31.0	34.0	38.0	45.0	51.0
	最小	10.37	14.1	16.9	20.2	24.3	29.4	32.4	36.4	43.4	49.1
m_w	最小	8.3	11.3	13.5	16.2	19.4	23.5	25.9	29.1	34.7	39.3
s	基準尺寸＝最大	18.00	24.00	30.00	36	46	55.0	65.0	75.0	85.0	95.0
	最小	17.73	23.67	29.16	35	45	53.8	63.1	73.1	82.8	92.8

表 8.34　六角螺帽－形式 1 －普通螺紋(第 2 選擇)之形狀、尺寸(JIS B 1181)

(單位 mm)

螺紋公稱 d		M 3.5	M 14	M 18	M 22	M 27	M 33	M 39	M 45	M 52	M 60
螺距 P		0.6	2	2.5	2.5	3	3.5	4	4.5	5	5.5
c	最大	0.40	0.60	0.8	0.8	0.8	0.8	1.0	1.0	1.0	1.0
	最小	0.15	0.15	0.2	0.2	0.2	0.2	0.3	0.3	0.3	0.3
d_a	最大	4.0	15.1	19.5	23.7	29.1	35.6	42.1	48.6	56.2	64.8
	最小	3.5	14.0	18.0	22.0	27.0	33.0	39.0	45.0	52.0	60.0
d_w	最小	5	19.6	24.9	31.4	38	46.6	55.9	64.7	74.2	83.4
e	最小	6.58	23.36	29.56	37.29	45.2	55.37	66.44	76.95	88.25	99.21

表 8.34　六角螺帽－形式 1 －普通螺紋(第 2 選擇)之形狀、尺寸(JIS B 1180)(續)

螺紋公稱 d		M 3.5	M 14	M 18	M 22	M 27	M 33	M 39	M 45	M 52	M 60
螺距　P		0.6	2	2.5	2.5	3	3.5	4	4.5	5	5.5
m	最大	2.80	12.8	15.8	19.4	23.8	28.7	33.4	36.0	42.0	48.0
	最小	2.55	12.1	15.1	18.1	22.5	27.4	31.8	34.4	40.4	46.4
m_w	最小	2	9.7	12.1	14.5	18	21.9	25.4	27.5	32.3	37.1
s	基準尺寸＝最大	6.00	21.00	27.00	34	41	50	60.0	70.0	80.0	90.0
	最小	5.82	20.67	26.16	33	40	49	58.8	68.1	78.1	87.8

〔註〕形狀如表 8.33 所示。

表 8.35　六角螺帽－形式 1 －細螺紋(第 1 選擇)之形狀、尺寸(JIS B 1181)

(單位 mm)

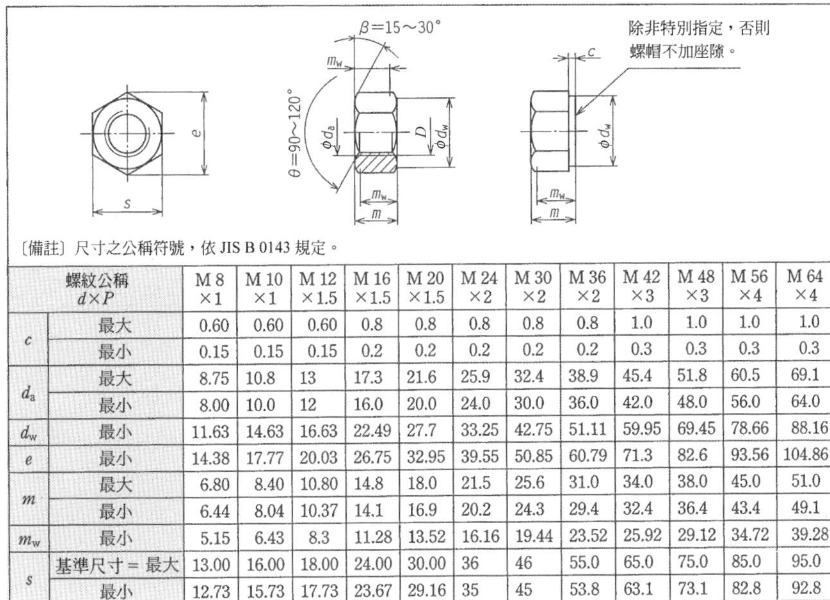

〔備註〕尺寸之公稱符號，依 JIS B 0143 規定。

螺紋公稱 $d \times P$		M 8 ×1	M 10 ×1	M 12 ×1.5	M 16 ×1.5	M 20 ×1.5	M 24 ×2	M 30 ×2	M 36 ×2	M 42 ×3	M 48 ×3	M 56 ×4	M 64 ×4
c	最大	0.60	0.60	0.60	0.8	0.8	0.8	0.8	0.8	1.0	1.0	1.0	1.0
	最小	0.15	0.15	0.15	0.2	0.2	0.2	0.2	0.2	0.3	0.3	0.3	0.3
d_a	最大	8.75	10.8	13	17.3	21.6	25.9	32.4	38.9	45.4	51.8	60.5	69.1
	最小	8.00	10.0	12	16.0	20.0	24.0	30.0	36.0	42.0	48.0	56.0	64.0
d_w	最小	11.63	14.63	16.63	22.49	27.7	33.25	42.75	51.11	59.95	69.45	78.66	88.16
e	最小	14.38	17.77	20.03	26.75	32.95	39.55	50.85	60.79	71.3	82.6	93.56	104.86
m	最大	6.80	8.40	10.80	14.8	18.0	21.5	25.6	31.0	34.0	38.0	45.0	51.0
	最小	6.44	8.04	10.37	14.1	16.9	20.2	24.3	29.4	32.4	36.4	43.4	49.1
m_w	最小	5.15	6.43	8.3	11.28	13.52	16.16	19.44	23.52	25.92	29.12	34.72	39.28
s	基準尺寸＝最大	13.00	16.00	18.00	24.00	30.00	36	46	55.0	65.0	75.0	85.0	95.0
	最小	12.73	15.73	17.73	23.67	29.16	35	45	53.8	63.1	73.1	82.8	92.8

表 8.36　六角螺帽－形式 1 －細螺紋(第 2 選擇)之形狀、尺寸(JIS B 1181)

(單位 mm)

螺紋公稱 $d \times P$		M 10 ×1.25	M 12 ×1.25	M 14 ×1.5	M 18 ×1.5	M 20 ×2	M 22 ×1.5	M 27 ×2	M 33 ×2	M 39 ×3	M 45 ×3	M 52 ×4	M 60 ×4
c	最大	0.60	0.60	0.60	0.8	0.8	0.8	0.8	0.8	1.0	1.0	1.0	1.0
	最小	0.15	0.15	0.15	0.2	0.2	0.2	0.2	0.2	0.3	0.3	0.3	0.3
d_a	最大	10.8	13	15.1	19.5	21.6	23.7	29.1	35.6	42.1	48.6	56.2	64.8
	最小	10.0	12	14.0	18.0	20.0	22.0	27.0	33.0	39.0	45.0	52.0	60.0
d_w	最小	14.63	16.63	19.64	24.85	27.7	31.35	38	46.55	55.86	64.7	74.2	83.41
e	最小	17.77	20.03	23.36	29.56	32.95	37.29	45.2	55.37	66.44	76.95	88.25	99.21
m	最大	8.40	10.80	12.8	15.8	18.0	19.4	23.8	28.7	33.4	36.0	42.0	48.0
	最小	8.04	10.37	12.1	15.1	16.9	18.1	22.5	27.4	31.8	34.4	40.4	46.4
m_w	最小	6.43	8.3	9.68	12.08	13.52	14.48	18	21.92	25.44	27.52	32.32	37.12
s	基準尺寸＝最大	16.00	18.00	21.00	27.00	30.00	34	41	50	60.0	70.0	80.0	90.0
	最小	15.73	17.73	20.67	26.16	29.16	33	40	49	58.8	68.1	78.1	87.8

〔註〕形狀依表 8.33 所示。

表 8.37　六角螺帽－形式 2－普通螺紋之形狀、尺寸(JIS B 1181)

(單位 mm)

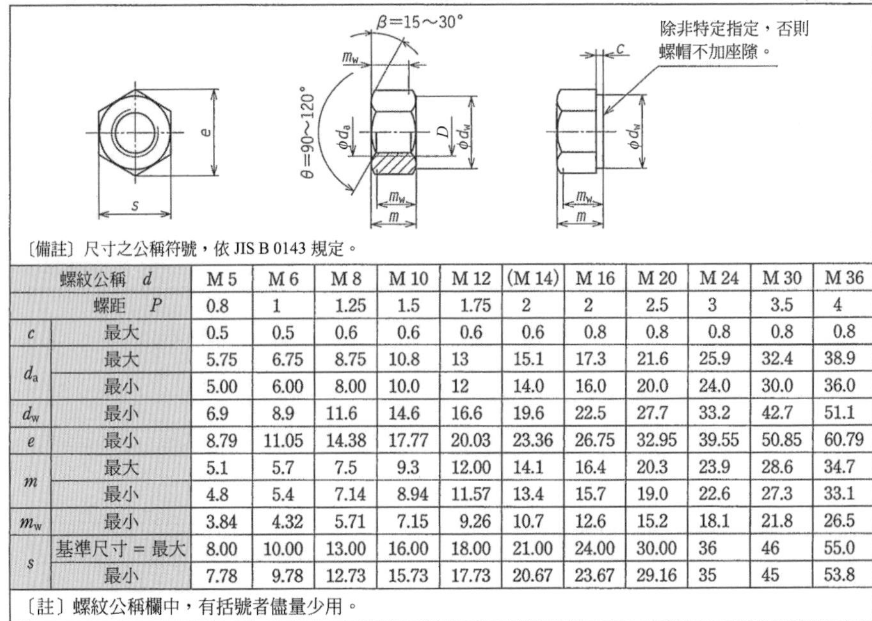

〔備註〕尺寸之公稱符號，依 JIS B 0143 規定。

螺紋公稱 d		M 5	M 6	M 8	M 10	M 12	(M 14)	M 16	M 20	M 24	M 30	M 36
螺距 P		0.8	1	1.25	1.5	1.75	2	2	2.5	3	3.5	4
c	最大	0.5	0.5	0.6	0.6	0.6	0.6	0.8	0.8	0.8	0.8	0.8
d_a	最大	5.75	6.75	8.75	10.8	13	15.1	17.3	21.6	25.9	32.4	38.9
	最小	5.00	6.00	8.00	10.0	12	14.0	16.0	20.0	24.0	30.0	36.0
d_w	最小	6.9	8.9	11.6	14.6	16.6	19.6	22.5	27.7	33.2	42.7	51.1
e	最小	8.79	11.05	14.38	17.77	20.03	23.36	26.75	32.95	39.55	50.85	60.79
m	最大	5.1	5.7	7.5	9.3	12.00	14.1	16.4	20.3	23.9	28.6	34.7
	最小	4.8	5.4	7.14	8.94	11.57	13.4	15.7	19.0	22.6	27.3	33.1
m_w	最小	3.84	4.32	5.71	7.15	9.26	10.7	12.6	15.2	18.1	21.8	26.5
s	基準尺寸＝最大	8.00	10.00	13.00	16.00	18.00	21.00	24.00	30.00	36	46	55.0
	最小	7.78	9.78	12.73	15.73	17.73	20.67	23.67	29.16	35	45	53.8

〔註〕螺紋公稱欄中，有括號者儘量少用。

表 8.38　六角螺帽－形式 2－細螺紋之形狀、尺寸(JIS B 1181)

(單位 mm)

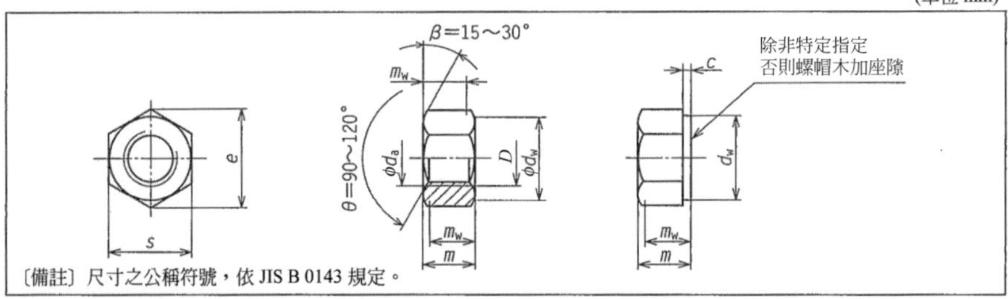

〔備註〕尺寸之公稱符號，依 JIS B 0143 規定。

(a) 第 1 選擇場合

螺紋公稱 $D\times P$		M 8×1	M 10×1	M 12×1.5	M 16×1.5	M 20×1.5	M 24×2	M 30×2	M 36×3
c	最大	0.60	0.60	0.60	0.8	0.8	0.8	0.8	0.8
	最小	0.15	0.15	0.15	0.2	0.2	0.2	0.2	0.2
d_a	最大	8.75	10.8	13	17.3	21.6	25.9	32.4	38.9
	最小	8.00	10.0	12	16.0	20.0	24.0	30.0	36.0
d_w	最小	11.63	14.63	16.63	22.49	27.7	33.25	42.75	51.11
e	最小	14.38	17.77	20.03	26.75	32.95	39.55	50.85	60.79
m	最大	7.50	9.30	12.00	16.4	20.3	23.9	28.6	34.7
	最小	7.14	8.94	11.57	15.7	19.0	22.6	27.3	33.1
m_w	最小	5.71	7.15	9.26	12.56	15.2	18.08	21.84	26.48
s	基準尺寸＝最大	13.00	16.00	18.00	24.00	30.00	36	46	55.0
	最小	12.73	15.73	17.73	23.67	29.16	35	45	53.8

表 8.38　六角螺帽－形式 2 －細螺紋之形狀、尺寸(JIS B 1181)(續)

(b)第 2 選擇場合

螺紋公稱 D×P		M 10×1.25	M 12×1.25	M 14×1.5	M 18×1.5	M 20×2	M 22×1.5	M 27×2	M 33×3
c	最大	0.60	0.60	0.60	0.8	0.8	0.8	0.8	0.8
	最小	0.15	0.15	0.15	0.2	0.2	0.2	0.2	0.2
d_a	最大	10.8	12	15.1	19.5	21.6	23.7	29.1	35.6
	最小	10.0	13	14.0	18.0	20.0	22.0	27.0	33.0
d_w	最小	14.63	16.63	19.64	24.85	27.7	31.35	38	46.55
e	最小	17.77	20.03	23.36	29.56	32.95	37.29	45.2	55.37
m	最大	9.30	12.00	14.1	17.6	20.3	21.8	26.7	32.5
	最小	8.94	11.57	13.4	16.9	19.0	20.5	25.4	30.9
m_w	最小	7.15	9.26	10.72	13.52	15.2	16.4	20.32	24.72
s	基準尺寸＝最大	16.00	18.00	21.00	27.00	30.00	34	41	50
	最小	15.73	17.73	20.67	26.16	29.16	33	40	49

表 8.39　六角薄螺帽－兩面倒角－普通螺紋之形狀、尺寸(JIS B 1181)

(單位 mm)

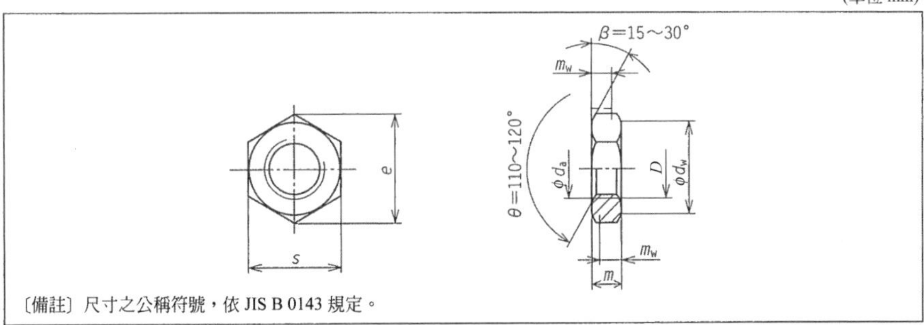

〔備註〕尺寸之公稱符號，依 JIS B 0143 規定。

(a) 第 1 選擇場合

螺紋公稱 d		M 1.6	M 2	M 2.5	M 3	M 4	M 5	M 6	M 8	M 10	M 12
螺距 P		0.35	0.4	0.45	0.5	0.7	0.8	1	1.25	1.5	1.75
d_a	最大	1.84	2.3	2.9	3.45	4.6	5.75	6.75	8.75	10.8	13
	最小	1.60	2.0	2.5	3.00	4.0	5.00	6.00	8.00	10.0	12
d_w	最小	2.4	3.1	4.1	4.6	5.9	6.9	8.9	11.6	14.6	16.6
e	最小	3.41	4.32	5.45	6.01	7.66	8.79	11.05	14.38	17.77	20.03
m	最大	1.00	1.20	1.60	1.80	2.20	2.70	3.2	4.0	5.0	6.0
	最小	0.75	0.95	1.35	1.55	1.95	2.45	2.9	3.7	4.7	5.7
m_w	最小	0.6	0.8	1.1	1.2	1.6	2	2.3	3	3.8	4.6
s	基準尺寸＝最大	3.20	4.00	5.00	5.50	7.00	8.00	10.00	13.00	16.00	18.00
	最小	3.02	3.82	4.82	5.32	6.78	7.78	9.78	12.73	15.73	17.73

螺紋公稱 d		M 16	M 20	M 24	M 30	M 36	M 42	M 48	M 56	M 64
螺距 P		2	2.5	3	3.5	4	4.5	5	5.5	6
d_a	最大	17.3	21.6	25.9	32.4	38.9	45.4	51.8	60.5	69.1
	最小	16.0	20.0	24.0	30.0	36.0	42.0	48.0	56.0	64.0
d_w	最小	22.5	27.7	33.2	42.8	51.1	60	69.5	78.7	88.2
e	最小	26.75	32.95	39.55	50.85	60.79	71.3	82.6	93.56	104.86
m	最大	8.00	10.0	12.0	15.0	18.0	21.0	24.0	28.0	32.0
	最小	7.42	9.1	10.9	13.9	16.9	19.7	22.7	26.7	30.4
m_w	最小	5.9	7.3	8.7	11.1	13.5	15.8	18.2	21.4	24.3
s	基準尺寸＝最大	24.00	30.00	36	46	55.0	65.0	75.0	85.0	95.0
	最小	23.67	29.16	35	45	53.8	63.1	73.1	82.8	92.8

表 8.39　六角薄螺帽－兩面倒角－普通螺紋之形狀、尺寸(JIS B 1181)(續)

(b) 第 2 選擇場合

螺紋公稱 d		M 3.5	M 14	M 18	M 22	M 27	M 33	M 39	M 45	M 52	M 60
螺距　P		0.6	2	2.5	2.5	3	3.5	4	4.5	5	5.5
d_a	最大	4.0	15.1	19.5	23.7	29.1	35.6	42.1	48.6	56.2	64.8
	最小	3.5	14.0	18.0	22.0	27.0	33.0	39.0	45.0	52.0	60.0
d_w	最小	5.1	19.6	24.9	31.4	38	46.6	55.9	64.7	74.2	83.4
e	最小	6.58	23.36	29.56	37.29	45.2	55.37	66.44	76.95	88.25	99.21
m	最大	2.00	7.00	9.00	11.0	13.5	16.5	19.5	22.5	26.0	30.0
	最小	1.75	6.42	8.42	9.9	12.4	15.4	18.2	21.2	24.7	28.7
m_w	最小	1.4	5.1	6.7	7.9	9.9	12.3	14.6	17	19.8	23
s	基準尺寸＝最大	6.00	21.00	27.00	34	41	50	60.0	70.0	80.0	90.0
	最小	5.82	20.67	26.16	33	40	49	58.8	68.1	78.1	87.8

表 8.40　六角薄螺帽－兩面倒角－細螺紋之形狀、尺寸(JIS B 1181)

(單位 mm)

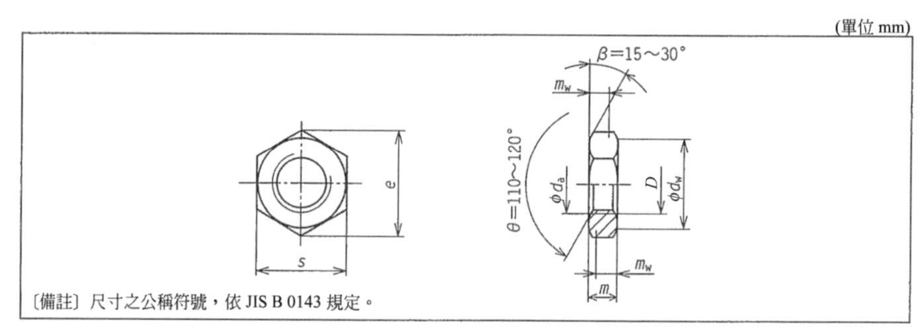

〔備註〕尺寸之公稱符號，依 JIS B 0143 規定。

(a) 第 1 選擇場合

螺紋公稱 $D \times P$		M 8 ×1	M 10 ×1	M 12 ×1.5	M 16 ×1.5	M 20 ×1.5	M 24 ×2	M 30 ×2	M 36 ×3	M 42 ×3	M 48 ×3	M 56 ×4	M 64 ×4
d_a	最大	8.75	10.8	13	17.3	21.6	25.9	32.4	38.9	45.4	51.8	60.5	69.1
	最小	8.00	10.0	12	16.0	20.0	24.0	30.0	36.0	42.0	48.0	56.0	64.0
d_w	最小	11.63	14.63	16.63	22.49	27.7	33.25	42.75	51.11	59.95	69.45	78.66	88.16
e	最小	14.38	17.77	20.03	26.75	32.95	39.55	50.85	60.79	71.3	82.6	93.56	104.86
m	最大	4.0	5.0	6.0	8.00	10.0	12.0	15.0	18.0	21.0	24.0	28.0	32.0
	最小	3.7	4.7	5.7	7.42	9.1	10.9	13.9	16.9	19.7	22.7	26.7	30.4
m_w	最小	2.96	3.76	4.56	5.94	7.28	8.72	11.12	13.52	15.76	18.16	21.36	24.32
s	基準尺寸＝最大	13.00	16.00	18.00	24.00	30.00	36	46	55.0	65.0	75.0	85.0	95.0
	最小	12.73	15.73	17.73	23.67	29.16	35	45	53.8	63.1	73.1	82.8	92.8

(b) 第 2 選擇場合

螺紋公稱 $D \times P$		M 10 ×1.25	M 12 ×1.25	M 14 ×1.5	M 18 ×1.5	M 20 ×2	M 22 ×1.5	M 27 ×2	M 33 ×2	M 39 ×3	M 45 ×3	M 52 ×4	M 60 ×4
d_a	最大	10.8	13	15.1	19.5	21.6	23.7	29.1	35.6	42.1	48.6	56.2	64.8
	最小	10.0	12	14.0	18.0	20.0	22.0	27.0	33.0	39.0	45.0	52.0	60.0
d_w	最小	14.63	16.63	19.64	24.85	27.7	31.35	38	46.55	55.86	64.7	74.2	83.41
e	最小	17.77	20.03	23.36	29.56	32.95	37.29	45.2	55.37	66.44	76.95	88.25	99.21
m	最大	5.0	6.0	7.00	9.00	10.0	11.0	13.5	16.5	19.5	22.5	26.0	30.0
	最小	4.7	5.7	6.42	8.42	9.1	9.9	12.4	15.4	18.2	21.2	24.7	28.7
m_w	最小	3.76	4.56	5.14	6.74	7.28	7.92	9.92	12.32	14.56	16.96	19.76	22.96
s	基準尺寸＝最大	16.00	18.00	21.00	27.00	30.00	34	41	50	60.0	70.0	80.0	90.0
	最小	15.73	17.73	20.67	26.16	29.16	33	40	49	58.8	68.1	78.1	87.8

表 8.41　陽螺紋零件之保證荷重測試力(粗牙場合) (JIS B 1051)

(單位 N)

螺旋公稱 d	有效截面積 As,nom (mm^2)	陽螺紋零件的強度區分								
		4.6	4.8	5.6	5.8	6.8	8.8	9.8	10.9	12.9/12.9
		保證荷重測試力Fp=As,nom×Sp,nom(保證荷重應力)								
M 3	5.03	1130	1560	1410	1910	2210	2920	3270	4180	4880
M 3.5	6.78	1530	2100	1900	2580	2980	3940	4410	5630	6580
M 4	8.78	1980	2720	2460	3340	3860	5100	5710	7290	8520
M 5	14.2	3200	4400	3980	5400	6250	8230	9230	11800	13800
M 6	20.1	4520	6230	5630	7640	8840	11600	13100	16700	19500
M 7	28.9	6500	8960	8090	11000	12700	16800	18800	24000	28000
M 8	36.6	8240	11400	10200	13900	16100	21200	23800	30400	35500
M 10	58.0	13000	18000	16200	22000	25500	33700	37700	48100	56300
M 12	84.3	19000	26100	23600	32000	37100	48900*	54800	70000	81800
M 14	115	25900	35600	32200	43700	50600	66700*	74800	95500	112000
M 16	157	35300	48700	44000	59700	69100	91000*	102000	130000	152000
M 18	192	43200	59500	53800	73000	84500	115000	—	159000	186000
M 20	245	55100	76000	68600	93100	108000	147000	—	203000	238000
M 22	303	68200	93900	84800	115000	133000	182000	—	252000	294000
M 24	353	79400	109000	98800	134000	155000	212000	—	293000	342000
M 27	459	103000	142000	128000	174000	202000	275000	—	381000	445000
M 30	561	126000	174000	157000	213000	247000	337000	—	466000	544000
M 33	694	156000	215000	194000	264000	305000	416000	—	570000	673000
M 36	817	184000	253000	229000	310000	359000	490000	—	678000	792000
M 39	979	220000	303000	273000	371000	429000	586000	—	810000	947000

〔註〕鋼結構用螺栓場合，這些數值如下置換。
48900 N → 50700 N，66700 N → 68800 N，91000 N → 94500 N

六角螺帽中，螺牙公稱直徑 M16 以下者爲零件等級 A，M18 或 M20 以上者爲零件等級 B。此外零件等級 C 爲 M5～M64。

⑤　六角螺帽的強度區分：表 8.21 示六角螺帽的強度區分。

表中之強度區分數值，六角薄螺帽(雙倒角)的 04，05 場合，其公稱保證荷重應力(N/mm²)分別爲 400 及 500。

且六角薄螺帽無倒角的機械性質定爲維氏硬度(Hv)高於 110。

⑥　六角螺帽之形狀及尺寸：表 8.32～表 8.40 爲新規格所示之六角螺帽形狀及尺寸(省略無倒角及零件等級 C)。

⑶　**螺栓的保證荷重及其組合之螺帽：** 舊規格中，對於六角螺栓各尺寸均有強度區分，規定其最小拉伸荷重及最大拉伸荷重，但此次修訂 JIS 則將螺牙零件之機械性質各自獨立成規格，且廢除最大拉伸荷重，甚至其最小值亦稍高於舊規格。

保證荷重應力(參照表 8-41)，應力比在新舊規格中均同，但因降伏點(或降伏強度)之值有改變，因此在強度區分上，幾乎都變高了。

保證荷重應力是相當於螺栓本身在彈性極限時之應力，降伏點(或降伏強度)之最小值乘以應力比後之值即是。斷裂後的延伸約 20％者，應力比爲 0.94，約 10％者的應力比爲 0.91(強度區分 6.8 例外)，未滿 10％者，變成 0.88。

表 8.41 示依新規格所定的陽螺紋零件保證荷重(公制粗牙時)。

而與這些螺栓組合的螺帽，若使用表 8.42 所示的強度區分，則鎖緊力可達到螺栓或螺紋的保證荷重。

表 8.42　粗牙厚螺帽(樣式 1)及高螺帽(樣式 2)與陽螺紋零件之強度區分及與其組合的螺栓(JIS B 1052-2)

螺帽強度區分	可與陽螺紋零件組合之最大強度區分	
4	3.6, 4.6, 4.8	大於 M16
5	3.6, 4.6, 4.8	M16 以下
	3.6, 5.8	M39 以下
6	6.8	M39 以下
8	8.8	M39 以下
9	9.8	M16 以下
10	10.9	M39 以下
12	12.9	M39 以下

〔註〕可將低強度區分換成更高強度區分的螺帽。

目前爲止，螺栓與螺帽組合使用的場合，使用時之螺栓之軸力，大都設在螺栓降伏軸力的 80%以下，近年來則將螺栓之軸力取接近降伏軸力，充分利用螺栓強度之設計法，甚至超越此範圍之塑性區域設計法，因此依此修訂，也可使用此種塑性區域締結，規定螺栓強度。

3. 植入式螺栓

表 8.43 示植入式螺栓的形狀、尺寸。依被植入側的材質，植入側的長度由 3 原則決定。原則如下：

1 種——軟鋼或者青銅之類

2 種——鑄鐵之類

3 種——鋁合金之類

4. 其他螺紋零件

除上文所述外，還有很多種類的螺紋零件，下文只針對其中較主要者列出說明。

⑴ **方螺栓、螺帽**：頭部呈四角形之螺栓及螺帽分別稱爲方螺栓及方螺帽，外觀較六角螺栓、螺帽不雅，主要用於不會洩露部分之鎖緊用，表 8.44 與 8.45 爲 JIS 方螺栓及螺帽的規定，表中主要規定木質鎖緊用大形方螺栓。

⑵ **固定螺釘**：圖 8.13 所示爲機器螺釘的頭部與端部之各種形狀，用於防止機械零件的迴轉或滑動，亦可做爲鍵的代用品及少零件之固定。

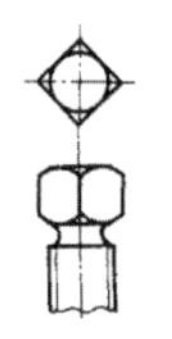
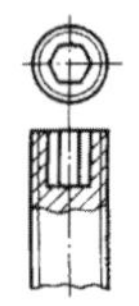

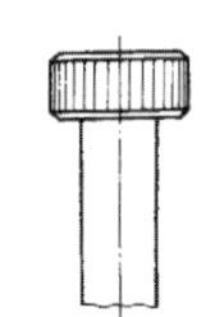

(a) 方頭　(b) 方角槽頭　(c) 平槽頭　(d) 指輪頭

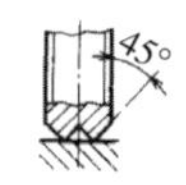

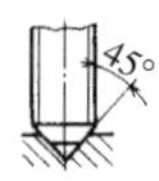

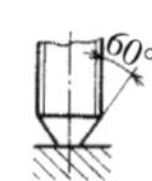

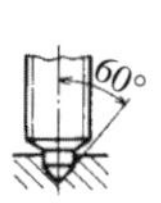

(e) 杯端　(f) 平端　(g) 錐端　(h) 桿端

圖 8.13　機器螺釘的頭部與端部

JIS 對平槽頭固定螺釘(JIS B 1117)、方頭固定螺釘(JIS B 1118)與六角槽頭固定螺釘(JIS B 1177)之規定如表 8.46 至表 8.47 所示之規格。

表 8.48 所示爲 JIS 螺釘端部的形狀與尺寸之規定。

表 8.43　植入式螺栓之形狀、尺寸 (JIS B 1173)

(單位 mm)

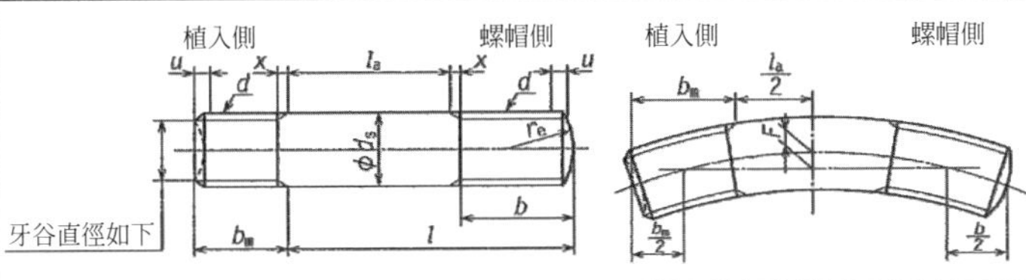

〔註〕
x 及 μ (不完全螺紋)部長度) ≤ 2P
F 爲螺栓之彎曲，其容許值如下所示規定。

公稱直徑 d		4	5	6	8	10	12	(14)	16	(18)	20
螺距 P	粗牙	0.7	0.8	1	1.25	1.5	1.75	2	2	2.5	2.5
	細牙	—	—	—	—	1.25	1.25	1.5	1.5	1.5	1.5
d_s (1)		4	5	6	8	10	12	14	16	18	20
b (2)	$l \leq 125$	14	16	18	22	26	30	34	38	42	46
	$l > 125$	—	—	—	—	—	—	—	—	48	52
b_m (2)	1種	—	—	—	—	12	15	18	20	22	25
	2種	6	7	8	11	15	18	21	24	27	30
	3種	8	10	12	16	20	24	28	32	36	40
r_e (約)		5.6	7	8.4	11	14	17	20	22	25	28
公稱長度 l		12 ~ (16) ~ 40	12 ~ (18) ~ 45	12 ~ (20) ~ 50	16 ~ (25) ~ 55	20 ~ (30) ~ 100	22 ~ (35) ~ 100	25 ~ (40) ~ 100	32 ~ (45) ~ 100	32 ~ (50) ~ 160	35 ~ (50) ~ 160

〔備註〕1. (1) 最大(基準尺寸)，(2) 最小基準尺寸。b_m 之種別依買方指定。
2. 公稱直徑欄有標示括號者，盡量少用。
3. 螺紋稱呼之推薦稱呼長度(l)，上表範圍由以下數值選取。

12, 14, 16, 18, 20, 22, 25, 28, 30, 32, 35, 38, 40, 45, 50, 55, 60, 65, 70, 80, 90, 100, 110, 120, 140, 160

但是，括號內值以下者，稱呼長度(ℓ)短，無法確保規定之螺紋長度螺帽側螺紋長度，也可取上表 b 最小值更小數值，但不可比下表所示 $d+2P$(d 爲螺紋公稱直徑，P 爲螺距，使用一般牙之值)還小。此外，這些圓筒部長度，原則上爲下表 l_a 以上。

螺紋公稱 d(mm)	4	5	6	8	10	12	14	16	18	20
$d+2P$	5.4	6.6	8	10.5	13	14	18	20	23	25
l_a	1		2		2.5		3		4	

4. 植入側之螺紋端爲倒角，螺帽側之螺紋端爲圓端。

〔製品的稱呼方法〕螺栓的稱呼方法由規格編號或規格名稱，螺紋公稱直徑 × l，機械性質的強度區分，植入側的螺距系列，b_m 的種別，螺帽側的螺距系列及指定事項所組成。
至於需要表示螺帽側螺牙之等級時，則附記於螺帽側螺距系列之後。

〔例〕

JIS B 1173	4×20	4.8	粗	2種	粗	
植入式螺栓	12×60	8.8	粗	2種	細	A2K
‖	‖	‖	‖	‖	‖	‖
(規格編號或規格名稱)	(公稱直徑 ×l)	(強度區分)	(植入側之螺距系列)	(b_m之種別)	(螺帽側之螺距系列)	(指定事項)

(3) **小螺釘**：小螺釘(圖 8.14)是一種小形的螺栓，大多指M1～M8之小直徑螺紋，頭部的形狀亦有許多種，爲了便於鎖緊，故頭部開有平槽或十字槽，分別稱爲一字螺釘或十字螺釘，表 8.49～表 8.55 所示之規格係JIS平槽小螺釘(JIS B 1101)及十字槽小螺釘(JIS B 1111)形狀尺寸之規定。

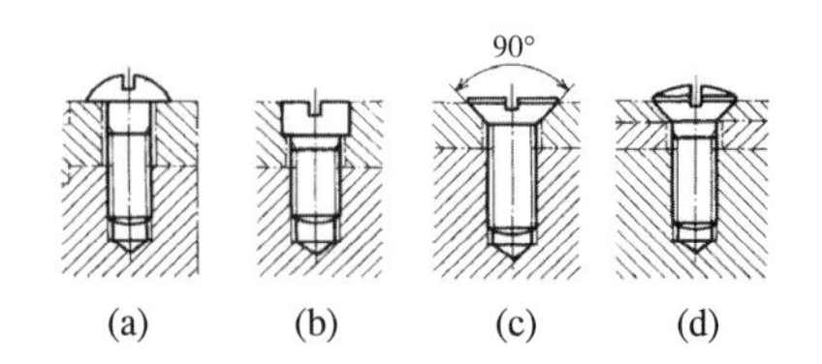

圖 8.14　小螺釘

表 8.44　方螺帽　精、中、粗(JIS B 1182)

(單位 mm)

<table>
<tr><td rowspan="3">螺紋公稱 d</td><td rowspan="3">螺距 P</td><td colspan="4">dd_s</td><td colspan="4">k</td><td colspan="4">s</td><td>e</td><td>dl_k</td><td>r</td><td>d_a</td><td>z</td></tr>
<tr><td rowspan="2">基準尺寸</td><td colspan="3">容許差</td><td rowspan="2">基準尺寸</td><td colspan="3">容許差</td><td rowspan="2">基準尺寸</td><td colspan="3">許容差</td><td rowspan="2">約</td><td rowspan="2">約</td><td rowspan="2">最小</td><td rowspan="2">最大</td><td rowspan="2">約</td></tr>
<tr><td>上</td><td>中</td><td>粗</td><td>上</td><td>中</td><td>粗</td><td>上</td><td>中</td><td>粗</td></tr>
<tr><td>M 3</td><td>0.5</td><td>3</td><td rowspan="4">0
−0.1</td><td rowspan="3"></td><td rowspan="3"></td><td>2</td><td rowspan="2">±0.1</td><td rowspan="3"></td><td rowspan="3"></td><td>5.5</td><td rowspan="4">0
−0.2</td><td rowspan="3"></td><td rowspan="3"></td><td>7.8</td><td>5.3</td><td>0.1</td><td>3.6</td><td>0.6</td></tr>
<tr><td>M 4</td><td>0.7</td><td>4</td><td>2.8</td><td>7</td><td>9.9</td><td>6.8</td><td>0.2</td><td>4.7</td><td>0.8</td></tr>
<tr><td>M 5</td><td>0.8</td><td>5</td><td>3.5</td><td rowspan="3">±0.15</td><td>8</td><td>11.3</td><td>7.8</td><td>0.2</td><td>5.7</td><td>0.9</td></tr>
<tr><td>M 6</td><td>1</td><td>6</td><td rowspan="3">0
−0.2</td><td>+0.6
−0.15</td><td>4</td><td rowspan="2">±0.25</td><td rowspan="2">±0.6</td><td>10</td><td>0
−0.6</td><td>0
−0.6</td><td>14.1</td><td>9.8</td><td>0.25</td><td>6.8</td><td>1</td></tr>
<tr><td>M 8</td><td>1.25</td><td>8</td><td rowspan="2">0
−0.15</td><td rowspan="2">+0.7
−0.2</td><td>5.5</td><td>13</td><td rowspan="2">0
−0.25</td><td rowspan="2">0
−0.7</td><td rowspan="2">0
−0.7</td><td>18.4</td><td>12.5</td><td>0.4</td><td>9.2</td><td>1.2</td></tr>
<tr><td>M 10</td><td>1.5</td><td>10</td><td>7</td><td rowspan="7">±0.2</td><td rowspan="3">±0.3</td><td rowspan="3">±0.8</td><td>17</td><td>24</td><td>16.5</td><td>0.4</td><td>11.2</td><td>1.5</td></tr>
<tr><td>M 12</td><td>1.75</td><td>12</td><td rowspan="7">0
−0.2</td><td rowspan="4">0
−0.25</td><td rowspan="4">+0.9
−0.2</td><td>8</td><td>19</td><td rowspan="5">0
−0.35</td><td rowspan="5">0
−0.8</td><td rowspan="5">0
−0.8</td><td>26.9</td><td>18</td><td>0.6</td><td>14.2</td><td>2</td></tr>
<tr><td>(M 14)</td><td>2</td><td>14</td><td>9</td><td>22</td><td>31.1</td><td>21</td><td>0.6</td><td>16.2</td><td>2</td></tr>
<tr><td>M 16</td><td>2</td><td>16</td><td>10</td><td rowspan="5">±0.35</td><td rowspan="5">±0.9</td><td>24</td><td>33.9</td><td>23</td><td>0.6</td><td>18.2</td><td>2</td></tr>
<tr><td>(M 18)</td><td>2.5</td><td>18</td><td>12</td><td>27</td><td>38.2</td><td>26</td><td>0.6</td><td>20.2</td><td>2.5</td></tr>
<tr><td>M 20</td><td>2.5</td><td>20</td><td rowspan="3">0
−0.35</td><td rowspan="3">+0.95
−0.35</td><td>13</td><td>30</td><td>42.4</td><td>29</td><td>0.8</td><td>22.4</td><td>2.5</td></tr>
<tr><td>(M 22)</td><td>2.5</td><td>22</td><td>14</td><td>32</td><td rowspan="2">0
−0.4</td><td rowspan="2">0
−1</td><td rowspan="2">0
−1</td><td>45.3</td><td>31</td><td>0.8</td><td>24.4</td><td>2.5</td></tr>
<tr><td>M 24</td><td>3</td><td>24</td><td>15</td><td>36</td><td>50.9</td><td>34</td><td>0.8</td><td>26.4</td><td>3</td></tr>
</table>

〔備註〕1. 螺紋公稱欄中，有括號者，盡量少採用。
2. 公稱長度(l)，螺紋部長度(b)及不完全螺牙部之長度(x)，參考表 8.36。
3. 沒有特別指定時，螺紋公稱小於 M6 者，螺牙端部爲粗胚面，大於 M6 者，需倒角或採圓頭端，依訂製者的指定方式加工。
4. 頭部的偏位應≦0.2~1.8mm，基座和側面的傾斜度應≦1c~2c
5. 滾製螺牙時，沒有特別指定的話，小於 M6，d_s即約爲螺牙之有效徑。而大於 M6 者，可指定 d_s近於螺牙之有效徑。

表 8.45　方螺帽　精、中、粗(JIS B 1182)　(單位 mm)

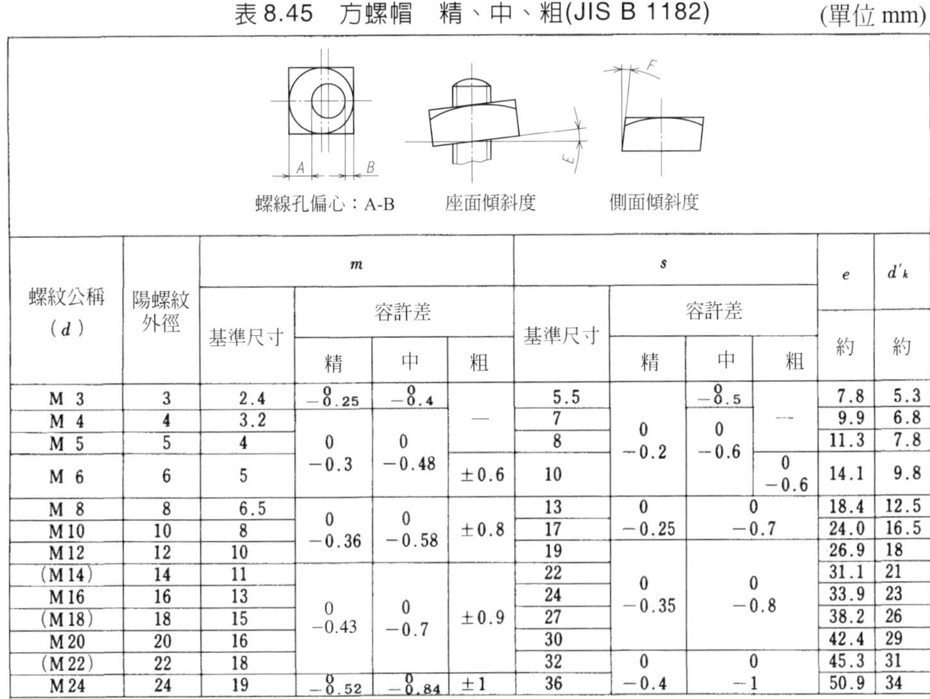

螺紋公稱 (*d*)	陽螺紋外徑	*m* 基準尺寸	*m* 容許差 精	*m* 容許差 中	*m* 容許差 粗	*s* 基準尺寸	*s* 容許差 精	*s* 容許差 中	*s* 容許差 粗	*e* 約	*d'ₖ* 約
M 3	3	2.4	0 −0.25	0 −0.4	—	5.5	0 −0.2	0 −0.5	—	7.8	5.3
M 4	4	3.2	0 −0.3	0 −0.48		7		0 −0.6		9.9	6.8
M 5	5	4				8				11.3	7.8
M 6	6	5			±0.6	10			0 −0.6	14.1	9.8
M 8	8	6.5	0 −0.36	0 −0.58	±0.8	13	0 −0.25	0 −0.7		18.4	12.5
M10	10	8				17				24.0	16.5
M12	12	10				19	0 −0.35	0 −0.8		26.9	18
(M14)	14	11	0 −0.43	0 −0.7	±0.9	22				31.1	21
M16	16	13				24				33.9	23
(M18)	18	15				27				38.2	26
M20	20	16				30				42.4	29
(M22)	22	18				32	0 −0.4	0 −1		45.3	31
M24	24	19	0 −0.52	0 −0.84	±1	36				50.9	34

〔備註〕1. 螺紋公稱欄中，有括號者，盡量少用。
2. 螺牙孔的倒角，其直徑應稍大於陰螺紋的底徑。但有特別指定時，螺紋等級 7H 之螺帽，可以省略孔之倒角。
3. 螺紋公稱小於 M10 之螺帽，沒有特別指定的話，角部可以不倒角。
4. 在特定場合，高度(*m*)有指定採陽螺紋外徑之情形。

至於小螺釘之情形亦與前述的六角螺栓、螺帽相同，於 1987 年與ISO整合而產生新規格。這些新規格如表 8.49、表 8.50 所示。

但採用舊規格的製品亦依然廣泛的產出，故不易很快的全面改採新規格。因此，在此時規格本體亦應以 ISO 為基準來規定，從前的舊規格，幾乎以原貌移往附錄，當做“非 ISO 小螺釘”，至於何時廢止則尚未論及。

以下的表 8.51～表 8.55 即是。

(4)　**木螺釘、自攻螺釘**：木螺釘如圖 8.15 所示，端部有自攻作用，可以直接栓入木材中，頭部有圓頭、扁圓頂錐頭、平頂錐頭三種，附有一字槽及十字槽兩種。

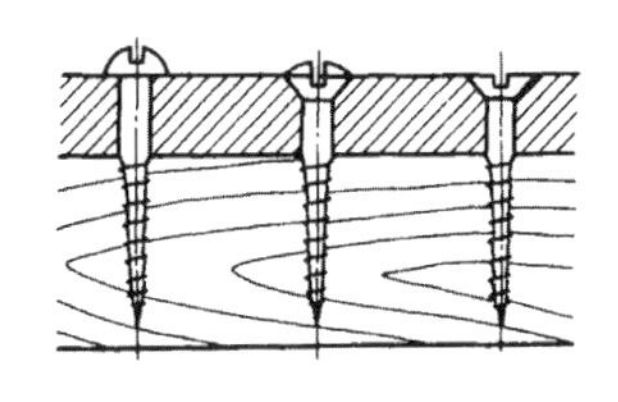

圖 8.15　木螺釘

表 8.46 一字槽頭固定螺釘(JIS B 1117)

(單位 mm)

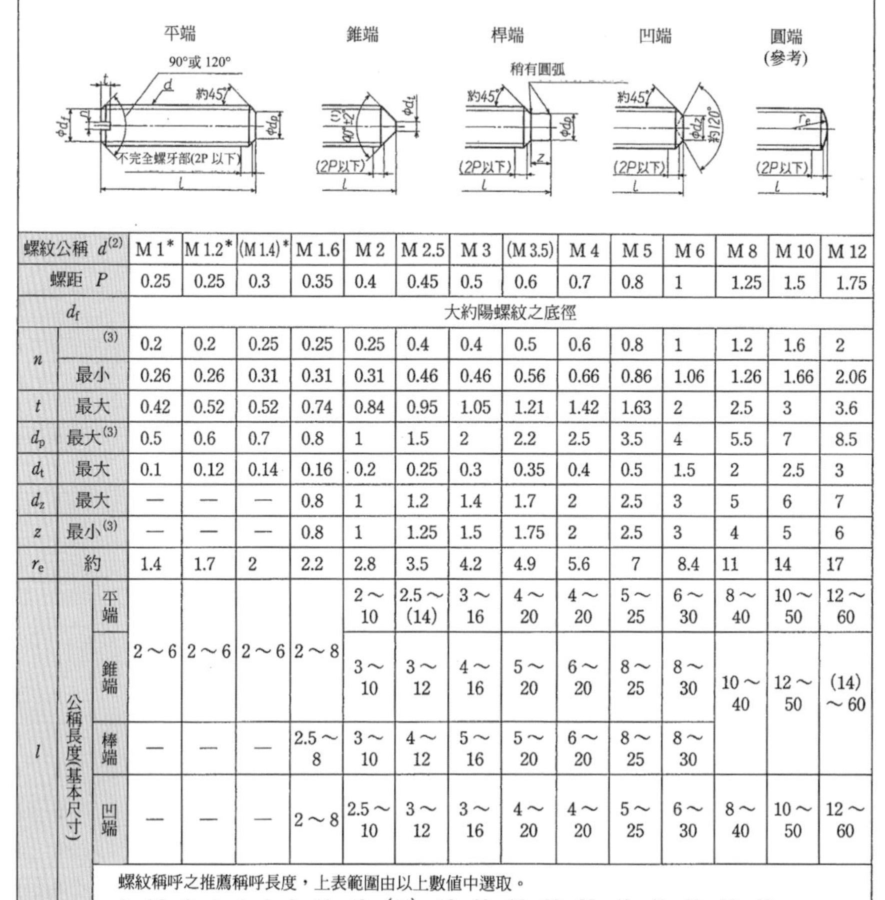

螺紋公稱 $d^{(2)}$		M 1*	M 1.2*	(M 1.4)*	M 1.6	M 2	M 2.5	M 3	(M 3.5)	M 4	M 5	M 6	M 8	M 10	M 12
螺距 P		0.25	0.25	0.3	0.35	0.4	0.45	0.5	0.6	0.7	0.8	1	1.25	1.5	1.75
d_f		大約陽螺紋之底徑													
n	(3)	0.2	0.2	0.25	0.25	0.25	0.4	0.4	0.5	0.6	0.8	1	1.2	1.6	2
	最小	0.26	0.26	0.31	0.31	0.31	0.46	0.46	0.56	0.66	0.86	1.06	1.26	1.66	2.06
t	最大	0.42	0.52	0.52	0.74	0.84	0.95	1.05	1.21	1.42	1.63	2	2.5	3	3.6
d_p	最大(3)	0.5	0.6	0.7	0.8	1	1.5	2	2.2	2.5	3.5	4	5.5	7	8.5
d_t	最大	0.1	0.12	0.14	0.16	0.2	0.25	0.3	0.35	0.4	0.5	1.5	2	2.5	3
d_z	最大	—	—	—	0.8	1	1.2	1.4	1.7	2	2.5	3	5	6	7
z	最小(3)	—	—	—	0.8	1	1.25	1.5	1.75	2	2.5	3	4	5	6
r_e	約	1.4	1.7	2	2.2	2.8	3.5	4.2	4.9	5.6	7	8.4	11	14	17
l 公稱長度(基本尺寸)	平端	2～6	2～6	2～6	2～8	2～10	2.5～(14)	3～16	4～20	4～20	5～25	6～30	8～40	10～50	12～60
	錐端					3～10	3～12	4～16	5～20	6～20	8～25	8～30	10～40	12～50	(14)～60
	棒端	—	—	—	2.5～8	3～10	4～12	5～16	5～20	6～20	8～25	8～30			
	凹端	—	—	—	2～8	2.5～10	3～12	3～16	4～20	4～20	5～25	6～30	8～40	10～50	12～60
		螺紋稱呼之推薦稱呼長度，上表範圍由以上數值中選取。2, 2.5, 3, 4, 5, 6, 8, 10, 12, (14), 16, 20, 25, 30, 35, 40, 45, 50, 55, 60													

〔註〕(1) 120°只適用於 l 尺寸極短者。
(2) 有 *記號的公稱規格，不適用桿端、凹端。
(3) 基準尺寸適用。

〔備註〕1. 有括號者，盡量少用。
2. M1、M1.4 及圓端的固定螺釘不在 ISO 規格中。

〔製品的稱呼方法〕固定螺釘的稱呼方法由規格編號或規格名稱、種類、螺紋公稱(d)×公稱長度(l)、機械性質的強度區分(不銹鋼固定螺釘則為特性區分)、材料及指定事項所組成。必須表示螺紋等級時，則標示於 l 之後。

〔例〕					
JIS B 1117	錐端	M 6×12	−22 H		A 2 K
一字槽頭固定螺釘	桿端	M 8×20	−A1-50		
一字槽頭固定螺釘	平端	M 10×25		S 12 C (滲碳)	
‖	‖	‖	‖	‖	‖
(規格編號或規格名稱)	(種類)	$d \times l$	(強度區分)	(材料)	(指定事項)

表 8.47　六角槽頭固定螺釘(JIS B 1177)

(單位 mm)

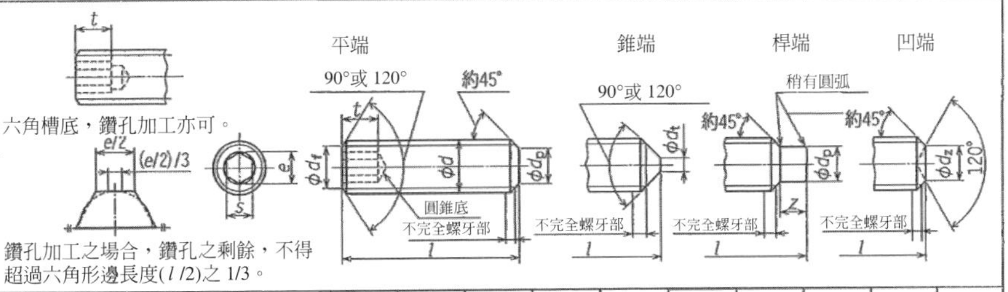

平端　錐端　桿端　凹端

90°或 120°　約45°　90°或 120°　稍有圓弧　約45°　約45°　120°

圓錐底　不完全螺牙部

六角槽底，鑽孔加工亦可。

鑽孔加工之場合，鑽孔之剩餘，不得超過六角形邊長度(l /2)之 1/3。

螺紋公稱 d			M 1.6	M 2	M 2.5	M 3	M 4	M 5	M 6	M 8	M 10	M 12	M 16	M 20	M 24
螺距 P			0.35	0.4	0.45	0.5	0.7	0.8	1.0	1.25	1.5	1.75	2.0	2.5	3.0
d_f			大約陽螺紋之底徑												
e	最小		0.809	1.011	1.454	1.733	2.303	2.873	3.443	4.583	5.723	6.863	9.149	11.429	13.716
s	公稱		0.7	0.9	1.3	1.5	2.0	2.5	3.0	4.0	5.0	6.0	8.0	10.0	12.0
	最小		0.710	0.887	1.275	1.520	2.020	2.520	3.020	4.020	5.020	6.020	8.025	10.025	12.032
t	最小	(1)	0.7	0.8	1.2	1.2	1.5	2.0	2.0	3.0	4.0	4.8	6.4	8.0	10.0
		(2)	1.5	1.7	2.0	2.0	2.5	3.0	3.5	5.0	6.0	8.0	10.0	12.0	15.0
d_p	最大		0.8	1.0	1.5	2.0	2.5	3.5	4.0	5.5	7.0	8.5	12.0	15.0	18.0
d_t	最大		0.4	0.5	0.65	0.75	1	1.25	1.5	2.0	2.5	3.0	4.0	5.0	6.0
d_z	最大		0.8	1.0	1.2	1.4	2.0	2.5	3.0	5.0	6.0	8.0	10.0	14.0	16.0
z	短(1)	最小	0.40	0.50	0.63	0.75	1.00	1.25	1.50	2.00	2.50	3.00	4.0	5.0	6.0
	長(2)	最大	1.05	1.25	1.50	1.75	2.25	2.75	3.25	4.3	5.3	6.3	8.36	10.36	12.43
l	公稱長度(基本尺寸)	平端	(2)～8	2～(3)～10	2.5～(3)～12	(3)～16	(4)～20	(5)～25	(6)～30	(8)～40	(10)～50	(12)～60	(16)～60	(20)～60	(25)～60
		錐端	2～(2.5)～8			3～(4)～16	4～(5)～20	5～(6)～25							
		棒端		2.5～(3)～10	3～(4)～12	4～(5)～16	5～(6)～20	(6)～25	(8)～30	8～(10)～40	10～(12)～50	12～(16)～60	16～(20)～60	20～(25)～60	25～(30)～60
		凹端	(2)～8	2～(2.5)～10	2.5～(3)～12	3～(4)～16	4～(5)～20	(5)～25	(6)～30	(8)～40	(10)～50	(12)～60	(16)～60	(20)～60	(25)～60
			螺紋稱呼之推薦稱呼長度，由上表之數值中選用。此外，顯示範圍者，則由以下之數值中選取。 2, 2.5, 3, 4, 5, 6, 8, 10, 12, 16, 20, 25, 30, 35, 40, 45, 50, 55, 60												

〔註〕*稱呼長度(l)在表中所示( )內數值以下者，取 120°倒角。

** 此圓錐角度，適用於直徑較陽螺紋底徑小的端部，稱呼長度在( )內數值以下者，取 120°，( )內數值以上者，取 90°。

(1) t(最小)及 z(桿端場合)之值，稱呼長度適用( )內數值以下之螺紋。

(2) 與(1)相同，稱呼長度適用( )內數值以上之螺紋。

〔製品的稱呼方法〕依表 8.46 一字槽頭固定螺釘的模式。

表 8.48 陽螺紋零件稱呼長度包含螺釘端部尺寸場合之螺釘端部形狀與尺寸(JIS B 1003)

(單位 mm)

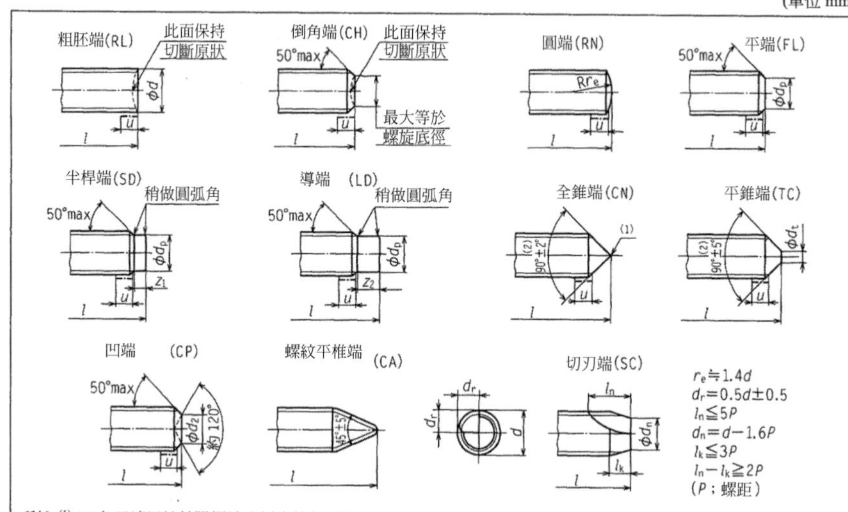

〔註〕[1] 45°角只適用於較陽螺紋底徑小的傾斜部。
[2] 對於公稱長度(l)短者，取 120°±2°。
此外不完全螺紋部長度 $u \leq 2P$。

螺紋公稱 d	d_p 容許差 h 14 [4]	d_t [3] 容許差 h 16	d_z 容許差 h 14	z_1 容許差 $^{+IT14}_{0}$ [5]	z_2 容許差 $^{+IT14}_{0}$ [5]	螺紋公稱 d	d_p 容許差 h 14 [4]	d_t [3] 容許差 h 16	d_z 容許差 h 14	z_1 容許差 $^{+IT14}_{0}$ [5]	z_2 容許差 $^{+IT14}_{0}$ [5]
1.6	0.8	—	0.8	0.4	0.8	14	10	4	8.5	3.5	7
1.8	0.9	—	0.9	0.45	0.9	16	12	4	10	4	8
2	1	—	1	0.5	1	18	13	5	11	4.5	9
2.2	1.2	—	1.1	0.55	1.1	20	15	5	14	5	10
2.5	1.5	—	1.2	0.63	1.25	22	17	6	15	5.5	11
3	2	—	1.4	0.75	1.5	24	18	6	16	6	12
3.5	2.2	—	1.7	0.88	1.75	27	21	8	—	6.7	13.5
4	2.5	—	2	1	2	30	23	8	—	7.5	15
4.5	3	—	2.2	1.12	2.25	33	26	10	—	8.2	16.5
5	3.5	—	2.5	1.25	2.5	36	28	10	—	9	18
6	4	1.5	3	1.5	3	39	30	12	—	9.7	19.5
7	5	2	4	1.75	3.5	42	32	12	—	10.5	21
8	5.5	2	5	2	4	45	35	14	—	11.2	22.5
10	7	2.5	6	2.5	5	48	38	14	—	12	24
12	8.5	3	8	3	6	52	42	16	—	13	26

〔註〕[3] 螺紋公稱直徑，5mm 以下之稱呼，螺紋前端並非平的，稍有圓弧亦可。
[4] 1mm 以下基準尺寸之容許差，適用 h13。
[5] 1mm 以下基準尺寸之容許差，適用 $^{+IT13}_{0}$。

表 8.49　一字槽頭小螺釘(JIS B 1101)

(a) 一字槽圓頭小螺釘

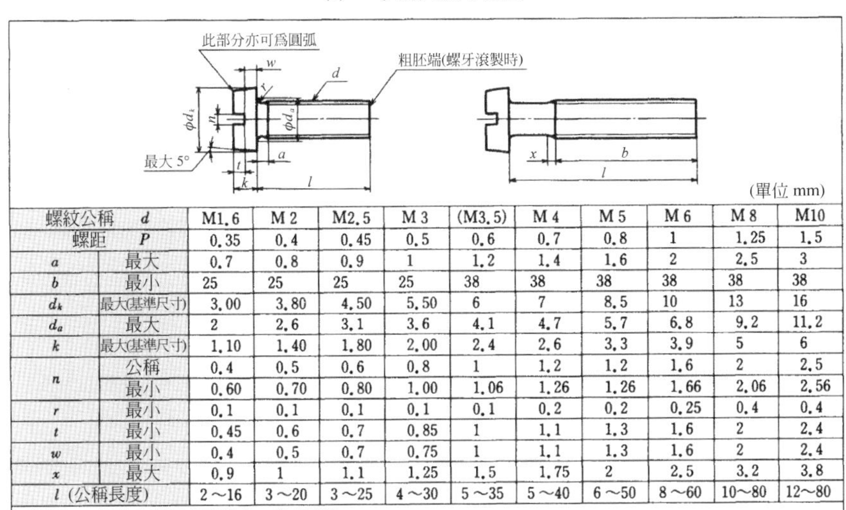

(單位 mm)

螺紋公稱	d	M1.6	M 2	M2.5	M 3	(M3.5)	M 4	M 5	M 6	M 8	M10
螺距	P	0.35	0.4	0.45	0.5	0.6	0.7	0.8	1	1.25	1.5
a	最大	0.7	0.8	0.9	1	1.2	1.4	1.6	2	2.5	3
b	最小	25	25	25	25	38	38	38	38	38	38
d_k	最大(基準尺寸)	3.00	3.80	4.50	5.50	6	7	8.5	10	13	16
d_a	最大	2	2.6	3.1	3.6	4.1	4.7	5.7	6.8	9.2	11.2
k	最大(基準尺寸)	1.10	1.40	1.80	2.00	2.4	2.6	3.3	3.9	5	6
n	公稱	0.4	0.5	0.6	0.8	1	1.2	1.2	1.6	2	2.5
	最小	0.60	0.70	0.80	1.00	1.06	1.26	1.26	1.66	2.06	2.56
r	最小	0.1	0.1	0.1	0.1	0.1	0.2	0.2	0.25	0.4	0.4
t	最小	0.45	0.6	0.7	0.85	1	1.1	1.3	1.6	2	2.4
w	最小	0.4	0.5	0.7	0.75	1	1.1	1.3	1.6	2	2.4
x	最大	0.9	1	1.1	1.25	1.5	1.75	2	2.5	3.2	3.8
l (公稱長度)		2～16	3～20	3～25	4～30	5～35	5～40	6～50	8～60	10～80	12～80

〔備註〕1. 螺紋公稱欄有括號者，盡量不用。
2. 對於螺紋公稱直徑的建議公稱長度(l)，在上表的範圍內，自下列值中選用。但有括號者，盡量不用。
2，3，4，5，6，8，10，12，(14)，16，20，25，30，35，40，45，50，(55)，60，(65)，70，(75)，80
3. 無螺牙部分(圓筒部)之直徑，通常接近螺紋有效徑，但以近於螺紋公稱直徑亦可，但其直徑，必須小於螺牙外徑之最大值。
4. 螺牙端部形狀，滾製螺牙者爲粗胚端，切削者爲倒角端。其它形狀的端由需求者指定。

(b) 一字槽平頭小螺釘

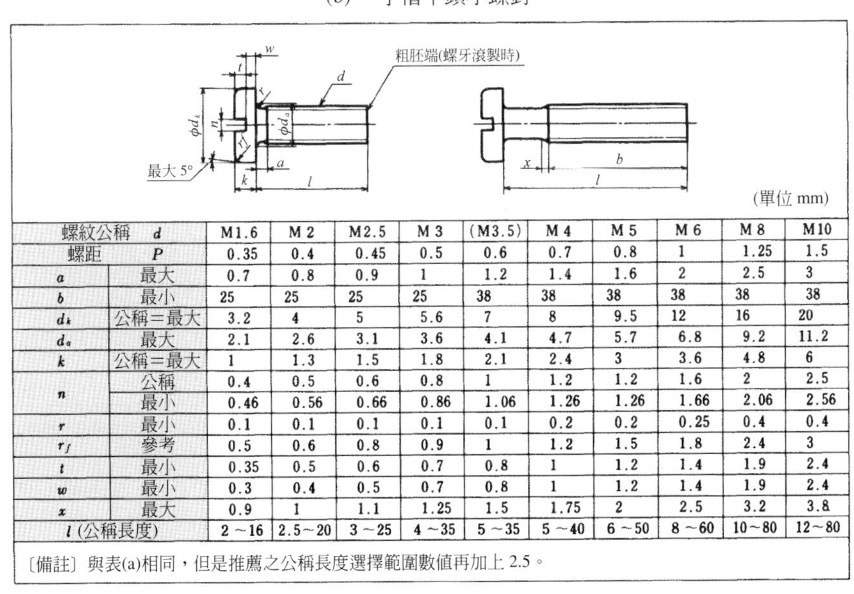

(單位 mm)

螺紋公稱	d	M1.6	M 2	M2.5	M 3	(M3.5)	M 4	M 5	M 6	M 8	M10
螺距	P	0.35	0.4	0.45	0.5	0.6	0.7	0.8	1	1.25	1.5
a	最大	0.7	0.8	0.9	1	1.2	1.4	1.6	2	2.5	3
b	最小	25	25	25	25	38	38	38	38	38	38
d_k	公稱＝最大	3.2	4	5	5.6	7	8	9.5	12	16	20
d_a	最大	2.1	2.6	3.1	3.6	4.1	4.7	5.7	6.8	9.2	11.2
k	公稱＝最大	1	1.3	1.5	1.8	2.1	2.4	3	3.6	4.8	6
n	公稱	0.4	0.5	0.6	0.8	1	1.2	1.2	1.6	2	2.5
	最小	0.46	0.56	0.66	0.86	1.06	1.26	1.26	1.66	2.06	2.56
r	最小	0.1	0.1	0.1	0.1	0.1	0.2	0.2	0.25	0.4	0.4
r_f	參考	0.5	0.6	0.8	0.9	1	1.2	1.5	1.8	2.4	3
t	最小	0.35	0.5	0.6	0.7	0.8	1	1.2	1.4	1.9	2.4
w	最小	0.3	0.4	0.5	0.7	0.8	1	1.2	1.4	1.9	2.4
x	最大	0.9	1	1.1	1.25	1.5	1.75	2	2.5	3.2	3.8
l (公稱長度)		2～16	2.5～20	3～25	4～35	5～35	5～40	6～50	8～60	10～80	12～80

〔備註〕與表(a)相同，但是推薦之公稱長度選擇範圍數值再加上 2.5。

表 8.49 一字槽頭小螺釘(JIS B 1101)(續)

(c) 一字槽平錐頭小螺釘

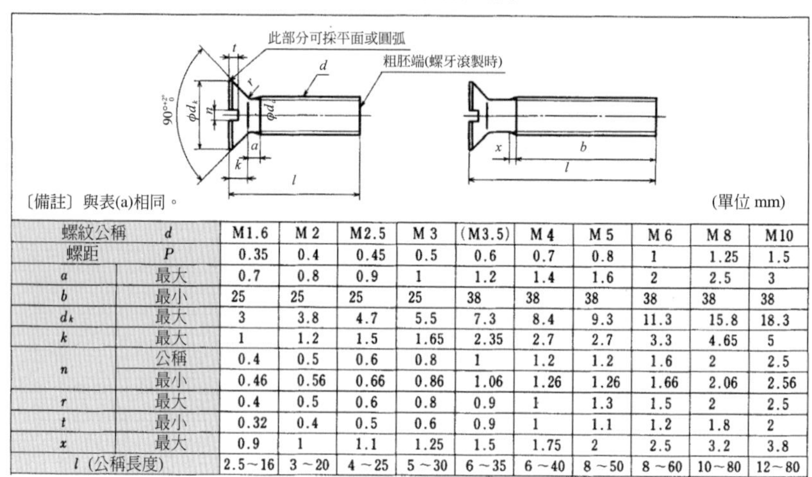

〔備註〕與表(a)相同。 (單位 mm)

螺紋公稱	d	M1.6	M 2	M2.5	M 3	(M3.5)	M 4	M 5	M 6	M 8	M10
螺距	P	0.35	0.4	0.45	0.5	0.6	0.7	0.8	1	1.25	1.5
a	最大	0.7	0.8	0.9	1	1.2	1.4	1.6	2	2.5	3
b	最小	25	25	25	25	38	38	38	38	38	38
d_k	最大	3	3.8	4.7	5.5	7.3	8.4	9.3	11.3	15.8	18.3
k	最大	1	1.2	1.5	1.65	2.35	2.7	2.7	3.3	4.65	5
n	公稱	0.4	0.5	0.6	0.8	1	1.2	1.2	1.6	2	2.5
	最小	0.46	0.56	0.66	0.86	1.06	1.26	1.26	1.66	2.06	2.56
r	最大	0.4	0.5	0.6	0.8	0.9	1	1.3	1.5	2	2.5
t	最小	0.32	0.4	0.5	0.6	0.9	1	1.1	1.2	1.8	2
x	最大	0.9	1	1.1	1.25	1.5	1.75	2	2.5	3.2	3.8
l (公稱長度)		2.5～16	3～20	4～25	5～30	6～35	6～40	8～50	8～60	10～80	12～80

(d) 一字槽圓錐頭小螺釘

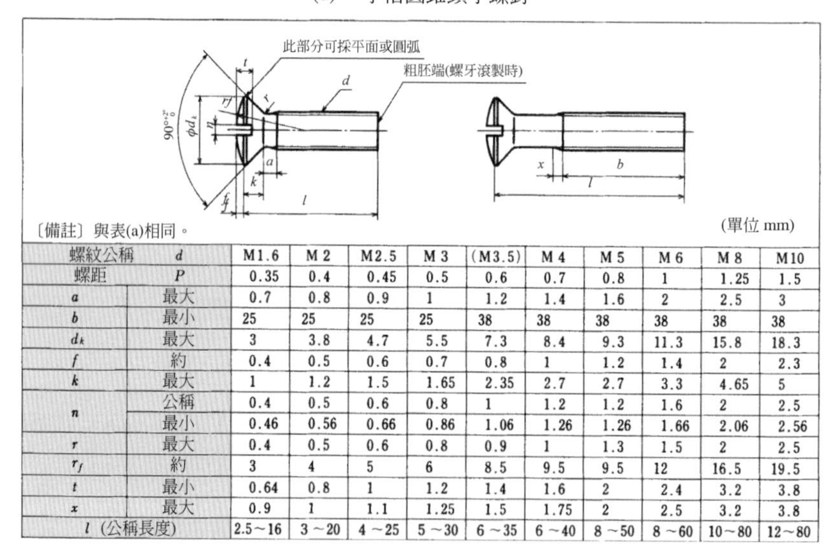

〔備註〕與表(a)相同。 (單位 mm)

螺紋公稱	d	M1.6	M 2	M2.5	M 3	(M3.5)	M 4	M 5	M 6	M 8	M10
螺距	P	0.35	0.4	0.45	0.5	0.6	0.7	0.8	1	1.25	1.5
a	最大	0.7	0.8	0.9	1	1.2	1.4	1.6	2	2.5	3
b	最小	25	25	25	25	38	38	38	38	38	38
d_k	最大	3	3.8	4.7	5.5	7.3	8.4	9.3	11.3	15.8	18.3
f	約	0.4	0.5	0.6	0.7	0.8	1	1.2	1.4	2	2.3
k	最大	1	1.2	1.5	1.65	2.35	2.7	2.7	3.3	4.65	5
n	公稱	0.4	0.5	0.6	0.8	1	1.2	1.2	1.6	2	2.5
	最小	0.46	0.56	0.66	0.86	1.06	1.26	1.26	1.66	2.06	2.56
r	最大	0.4	0.5	0.6	0.8	0.9	1	1.3	1.5	2	2.5
r_f	約	3	4	5	6	8.5	9.5	9.5	12	16.5	19.5
t	最小	0.64	0.8	1	1.2	1.4	1.6	2	2.4	3.2	3.8
x	最大	0.9	1	1.1	1.25	1.5	1.75	2	2.5	3.2	3.8
l (公稱長度)		2.5～16	3～20	4～25	5～30	6～35	6～40	8～50	8～60	10～80	12～80

(e) 製品的稱呼方法

小螺釘之稱呼方法，依規格符號(亦可省略)，小螺釘種類、零件等級，螺紋稱呼(d)×稱呼長度(l)、機械性質之強度區分符號(不銹鋼小螺釘之場合為鋼種區分．強度區分符號，非鐵金屬場合為材質區分符號)及指定事項(必要時)。

〔例〕	規格符號	小螺釘種類	零件等級	$d \times l$	強度區分符號	指定事項
鋼小螺釘場合	**JIS B 1101**	一字槽平頭小螺釘	− A	− M3×12	− 4.8	− A2K
不銹鋼小螺釘場合		一字槽平錐小螺釘	− A	− M5×16	− A2-50	
非鐵金屬小螺釘場合		一字槽錐頭小螺釘	− A	− M6×20	− CU2	− 平端

表 8.50 十字槽頭小螺釘(JIS B 1111)

(a) 十字槽圓頭小螺釘

(單位 mm)

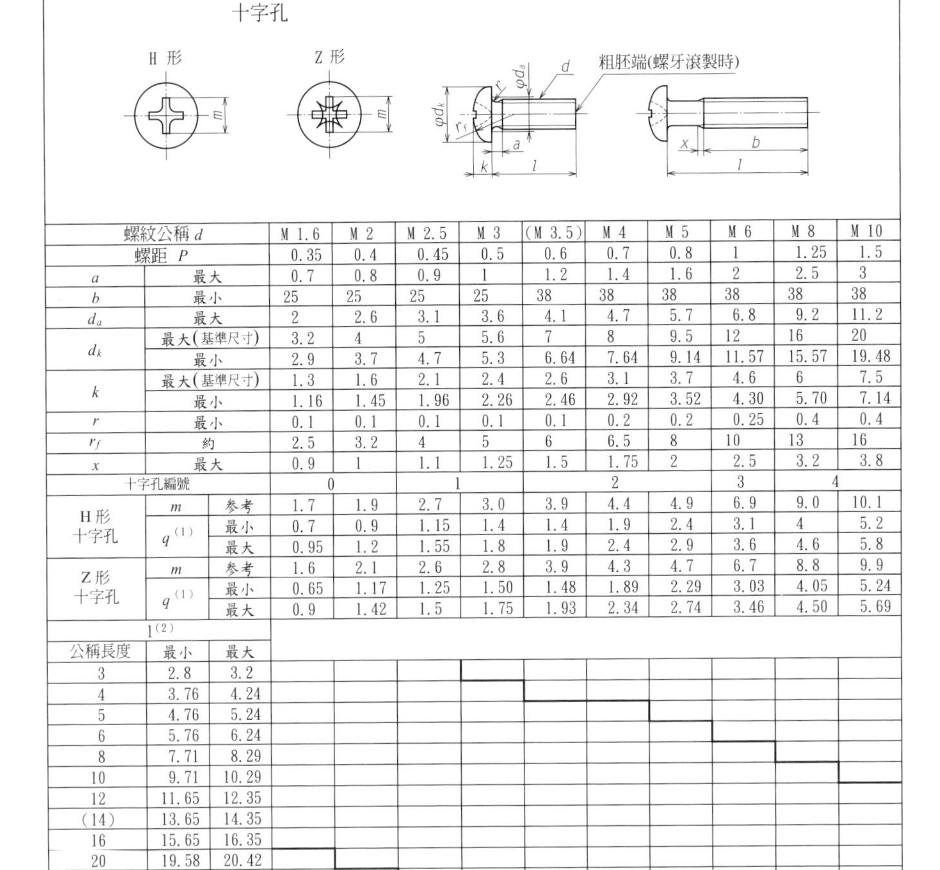

螺紋公稱 d			M 1.6	M 2	M 2.5	M 3	(M 3.5)	M 4	M 5	M 6	M 8	M 10
螺距 P			0.35	0.4	0.45	0.5	0.6	0.7	0.8	1	1.25	1.5
a	最大		0.7	0.8	0.9	1	1.2	1.4	1.6	2	2.5	3
b	最小		25	25	25	25	38	38	38	38	38	38
d_a	最大		2	2.6	3.1	3.6	4.1	4.7	5.7	6.8	9.2	11.2
d_k	最大(基準尺寸)		3.2	4	5	5.6	7	8	9.5	12	16	20
	最小		2.9	3.7	4.7	5.3	6.64	7.64	9.14	11.57	15.57	19.48
k	最大(基準尺寸)		1.3	1.6	2.1	2.4	2.6	3.1	3.7	4.6	6	7.5
	最小		1.16	1.45	1.96	2.26	2.46	2.92	3.52	4.30	5.70	7.14
r	最小		0.1	0.1	0.1	0.1	0.1	0.2	0.2	0.25	0.4	0.4
r_f	約		2.5	3.2	4	5	6	6.5	8	10	13	16
x	最大		0.9	1	1.1	1.25	1.5	1.75	2	2.5	3.2	3.8
十字孔編號			0		1		2			3	4	
H形十字孔	m	參考	1.7	1.9	2.7	3.0	3.9	4.4	4.9	6.9	9.0	10.1
	q [1]	最小	0.7	0.9	1.15	1.4	1.4	1.9	2.4	3.1	4	5.2
		最大	0.95	1.2	1.55	1.8	1.9	2.4	2.9	3.6	4.6	5.8
Z形十字孔	m	參考	1.6	2.1	2.6	2.8	3.9	4.3	4.7	6.7	8.8	9.9
	q [1]	最小	0.65	1.17	1.25	1.50	1.48	1.89	2.29	3.03	4.05	5.24
		最大	0.9	1.42	1.5	1.75	1.93	2.34	2.74	3.46	4.50	5.69

l [2] 公稱長度	最小	最大	M 1.6	M 2	M 2.5	M 3	(M 3.5)	M 4	M 5	M 6	M 8	M 10
3	2.8	3.2										
4	3.76	4.24										
5	4.76	5.24										
6	5.76	6.24										
8	7.71	8.29										
10	9.71	10.29										
12	11.65	12.35										
(14)	13.65	14.35										
16	15.65	16.35										
20	19.58	20.42										
25	24.58	25.42										
30	29.58	30.42										
35	34.5	35.5										
40	39.5	40.5										
45	44.5	45.5										
50	49.5	50.5										
(55)	54.05	55.95										
60	59.05	60.95										

適用於沉頭小螺絲和圓沉頭小螺絲

〔註〕[1] q 是量具測得十字孔的深度。
[2] 對於螺紋公稱規格的建議公稱長度(l)，取粗線內之值，點線(平頭小螺釘場合)或細點線(平錐小螺釘、錐頭小螺釘場合)之位置短者，其稱呼長度爲全螺紋。此種場合，$b = l - a$ (平頭小螺釘以外，$b = l - (k+a)$)。此外，l 中有括號者，盡量不用。

〔備註〕1.螺絲名稱盡可能避免使用括號。
2.圓柱部分（無螺紋部分）的直徑可用螺紋有效直徑或螺紋外徑。但不得超過螺絲的外徑。
3.螺絲尖端的形狀應符合 JIS B 1003 的粗糙尖端（RL）（請參閱表 8/48）。

表 8.50　十字槽頭小螺釘(JIS B 1111)(續)

(b) 十字槽平錐頭小螺釘

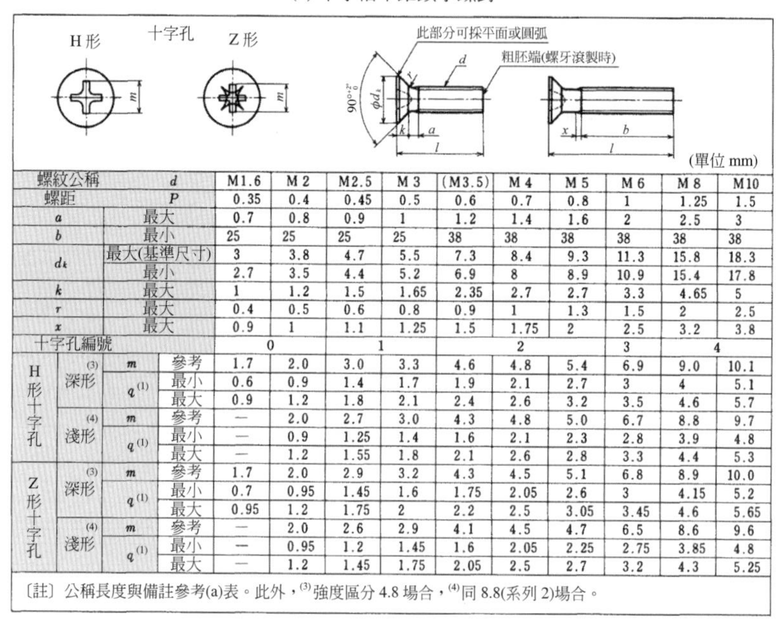

(單位 mm)

螺紋公稱			d	M1.6	M 2	M2.5	M 3	(M3.5)	M 4	M 5	M 6	M 8	M10
螺距			P	0.35	0.4	0.45	0.5	0.6	0.7	0.8	1	1.25	1.5
a			最大	0.7	0.8	0.9	1	1.2	1.4	1.6	2	2.5	3
b			最小	25	25	25	25	38	38	38	38	38	38
d_k			最大(基準尺寸)	3	3.8	4.7	5.5	7.3	8.4	9.3	11.3	15.8	18.3
			最小	2.7	3.5	4.4	5.2	6.9	8	8.9	10.9	15.4	17.8
k			最大	1	1.2	1.5	1.65	2.35	2.7	2.7	3.3	4.65	5
r			最大	0.4	0.5	0.6	0.8	0.9	1	1.3	1.5	2	2.5
x			最大	0.9	1	1.1	1.25	1.5	1.75	2	2.5	3.2	3.8
十字孔編號				0		1		2			3	4	
H形十字孔	深形[3]	m	參考	1.7	2.0	3.0	3.3	4.6	4.8	5.4	6.9	9.0	10.1
		q[1]	最小	0.6	0.9	1.4	1.7	1.9	2.1	2.7	3	4	5.1
			最大	0.9	1.2	1.8	2.1	2.4	2.6	3.2	3.5	4.6	5.7
	淺形[4]	m	參考	—	2.0	2.7	3.0	4.3	4.8	5.0	6.7	8.8	9.7
		q[1]	最小	—	0.9	1.25	1.4	1.6	2.1	2.3	2.8	3.9	4.8
			最大	—	1.2	1.55	1.8	2.1	2.6	2.8	3.3	4.4	5.3
Z形十字孔	深形[3]	m	參考	1.7	2.0	2.9	3.2	4.3	4.5	5.1	6.8	8.9	10.0
		q[1]	最小	0.7	0.95	1.45	1.6	1.75	2.05	2.6	3	4.15	5.2
			最大	0.95	1.2	1.75	2	2.2	2.5	3.05	3.45	4.6	5.65
	淺形[4]	m	參考	—	2.0	2.6	2.9	4.1	4.5	4.7	6.5	8.6	9.6
		q[1]	最小	—	0.95	1.2	1.45	1.6	2.05	2.25	2.75	3.85	4.8
			最大	—	1.2	1.45	1.75	2.05	2.5	2.7	3.2	4.3	5.25

〔註〕公稱長度與備註參考(a)表。此外，[3]強度區分 4.8 場合，[4]同 8.8(系列 2)場合。

(c) 十字槽圓錐頭小螺釘

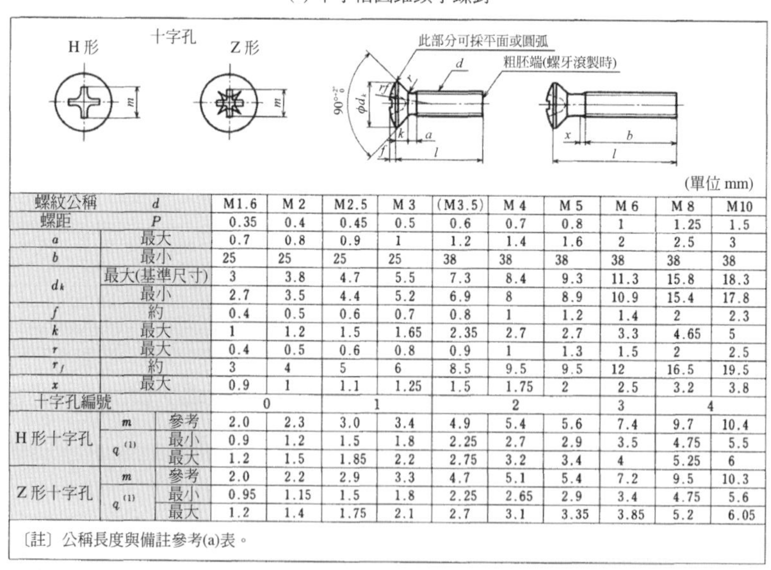

(單位 mm)

螺紋公稱		d	M1.6	M 2	M2.5	M 3	(M3.5)	M 4	M 5	M 6	M 8	M10
螺距		P	0.35	0.4	0.45	0.5	0.6	0.7	0.8	1	1.25	1.5
a		最大	0.7	0.8	0.9	1	1.2	1.4	1.6	2	2.5	3
b		最小	25	25	25	25	38	38	38	38	38	38
d_k		最大(基準尺寸)	3	3.8	4.7	5.5	7.3	8.4	9.3	11.3	15.8	18.3
		最小	2.7	3.5	4.4	5.2	6.9	8	8.9	10.9	15.4	17.8
f		約	0.4	0.5	0.6	0.7	0.8	1	1.2	1.4	2	2.3
k		最大	1	1.2	1.5	1.65	2.35	2.7	2.7	3.3	4.65	5
r		最大	0.4	0.5	0.6	0.8	0.9	1	1.3	1.5	2	2.5
r_f		約	3	4	5	6	8.5	9.5	9.5	12	16.5	19.5
x		最大	0.9	1	1.1	1.25	1.5	1.75	2	2.5	3.2	3.8
十字孔編號			0		1		2			3	4	
H形十字孔	m	參考	2.0	2.3	3.0	3.4	4.9	5.4	5.6	7.4	9.7	10.4
	q[1]	最小	0.9	1.2	1.5	1.8	2.25	2.7	2.9	3.5	4.75	5.5
		最大	1.2	1.5	1.85	2.2	2.75	3.2	3.4	4	5.25	6
Z形十字孔	m	參考	2.0	2.2	2.9	3.3	4.7	5.1	5.4	7.2	9.5	10.3
	q[1]	最小	0.95	1.15	1.5	1.8	2.25	2.65	2.9	3.4	4.75	5.6
		最大	1.2	1.4	1.75	2.1	2.7	3.1	3.35	3.85	5.2	6.05

〔註〕公稱長度與備註參考(a)表。

[註] 本表中省略了十字槽機螺絲。產品名稱請參閱表 8-53（p.8-050）。

表 8.51　非 ISO 一字槽頭小螺釘(JIS B 1101 附錄)

(單位 mm)

螺紋公稱	螺距		截錐頭小螺釘						平頂錐頭小螺釘				扁圓頂錐頭小螺釘						扁圓頭小螺釘				
形狀																							
(d)	P	n	d_k	k	r_{f1} 約	r_{f2} 約	t	r 最小	d_k	k	c 約	t	d_k	k	c 約	f	$k+f$	t	d_k	k	r_f 約	t	r 最小
M 1	0.25	0.32	2	0.65	3	0.3	0.3	0.1	2	0.6	0.1	0.25	2	0.6	0.1	0.2	0.8	0.35	—	—	—	—	—
M 1.2	0.25	0.32	2.3	0.8	3.5	0.4	0.4	0.1	2.4	0.7	0.1	0.3	2.4	0.7	0.1	0.3	1	0.45	—	—	—	—	—
(M 1.4)	0.3	0.32	2.6	0.9	3.7	0.5	0.5	0.1	2.8	0.85	0.15	0.3	2.8	0.85	0.15	0.3	1.15	0.5	—	—	—	—	—
* M 1.6	0.35	0.4	3	1	4	0.5	0.55	0.1	3.2	0.95	0.15	0.35	3.2	0.95	0.15	0.35	1.3	0.55	—	—	—	—	—
** (M 1.7)	0.35	0.4	3.2	1.1	4.2	0.6	0.6	0.1	3.4	1	0.15	0.4	3.4	1	0.15	0.4	1.4	0.6	—	—	—	—	—
* M 2	0.4	0.6	3.5	1.3	4.5	0.7	0.7	0.1	4	1.2	0.2	0.5	4	1.2	0.2	0.4	1.6	0.7	4.5	1.2	3	0.6	0.1
(M 2.2)	0.45	0.6	4	1.5	5	0.8	0.8	0.1	4.4	1.3	0.2	0.5	4.4	1.3	0.2	0.5	1.8	0.8	5	1.3	3.2	0.65	0.1
** (M 2.3)	0.4	0.6	4	1.5	5	0.8	0.8	0.1	4.6	1.35	0.2	0.5	4.6	1.35	0.2	0.5	1.85	0.8	5.2	1.4	3.4	0.7	0.1
* M 2.5	0.45	0.8	4.5	1.7	6	0.9	0.9	0.1	5	1.45	0.2	0.6	5	1.45	0.2	0.55	2	0.9	5.7	1.5	3.7	0.75	0.1
** (M 2.6)	0.45	0.8	4.5	1.7	6	0.9	0.9	0.1	5.2	1.5	0.2	0.6	5.2	1.5	0.2	0.6	2.1	0.9	5.9	1.6	3.9	0.8	0.1
* M 3	0.5	0.8	5.5	2	7	1.1	1.1	0.1	6	1.75	0.25	0.7	6	1.75	0.25	0.7	2.45	1.1	6.9	1.9	4.6	0.95	0.1
* (M 3.5)	0.6	1	6	2.3	8	1.3	1.25	0.1	7	2	0.25	0.8	7	2	0.25	0.8	2.8	1.2	8.1	2.2	5.4	1.1	0.1
* M 4	0.7	1	7	2.6	9	1.5	1.4	0.2	8	2.3	0.3	0.9	8	2.3	0.3	0.9	3.2	1.4	9.4	2.5	6.1	1.25	0.2
(M 4.5)	0.75	1	8	2.9	11	1.7	1.6	0.2	9	2.55	0.3	1	9	2.55	0.3	1	3.55	1.5	10.6	2.8	6.9	1.4	0.2
* M 5	0.8	1.2	9	3.3	12	1.9	1.8	0.2	10	2.8	0.3	1.1	10	2.8	0.3	1.2	4	1.7	11.8	3.1	7.7	1.6	0.2
* M 6	1	1.2	10.5	3.9	14	2.3	2.1	0.25	12	3.4	0.4	1.4	12	3.4	0.4	1.4	4.8	2.1	14	3.7	9.1	1.9	0.25
* M 8	1.25	1.6	14	5.2	18	3	2.8	0.4	16	4.4	0.4	1.8	16	4.4	0.4	1.8	6.2	2.7	17.8	4.8	11.7	2.4	0.4

表 8.51 非 ISO 一字槽頭小螺釘(JIS B 1101 附錄)(續)

螺紋公稱	螺距		定位小螺釘						圓頭小螺釘						平頭小螺釘				扁圓平頭小螺釘					
(d)	P	n	d_k	k 約	f	$k+f$	t	r 最小	d_k	k	r_1 約	r_2 約	t	r 最小	d_k	k	t	r 最小	d_k	k	f 約	$k+f$	t	r 最小
形狀																								
M 1	0.25	0.32	—	—	—	—	—	—	2	0.8	1.2	0.7	0.45	0.1	2	0.65	0.3	0.1	2	0.55	0.2	0.75	0.4	0.1
M 1.2	0.25	0.32	—	—	—	—	—	—	2.3	0.9	1.4	0.8	0.5	0.1	2.3	0.8	0.4	0.1	2.3	0.65	0.25	0.9	0.5	0.1
(M 1.4)	0.3	0.32	—	—	—	—	—	—	2.6	1	1.6	0.9	0.6	0.1	2.6	0.9	0.5	0.1	2.6	0.7	0.3	1	0.55	0.1
M 1.6	0.35	0.4	—	—	—	—	—	—	3	1.1	1.8	1	0.65	0.1	3	1	0.55	0.1	3	0.8	0.35	1.15	0.65	0.1
※(M 1.7)	0.35	0.4	—	—	—	—	—	—	3.2	1.2	1.9	1.1	0.7	0.1	3.2	1.1	0.6	0.1	3.2	0.85	0.4	1.25	0.7	0.1
M 2	0.4	0.6	4.3	0.85	0.35	1.2	0.65	0.1	3.5	1.3	2.1	1.2	0.8	0.1	3.5	1.3	0.7	0.1	3.5	1	0.45	1.45	0.8	0.1
(M 2.2)	0.45	0.6	4.7	0.9	0.4	1.3	0.7	0.1	4	1.5	2.4	1.3	0.9	0.1	4	1.5	0.8	0.1	4	1.15	0.5	1.65	0.9	0.1
※(M 2.3)	0.4	0.6	4.9	1	0.4	1.4	0.7	0.1	4	1.5	2.4	1.3	0.9	0.1	4	1.5	0.8	0.1	4	1.15	0.5	1.65	0.9	0.1
M 2.5	0.45	0.8	5.3	1	0.5	1.5	0.8	0.1	4.5	1.7	2.7	1.5	1	0.1	4.5	1.7	0.9	0.1	4.5	1.3	0.6	1.9	1	0.1
※(M 2.6)	0.45	0.8	5.5	1.1	0.5	1.6	0.85	0.1	4.5	1.7	2.7	1.5	1	0.1	4.5	1.7	0.9	0.1	4.5	1.3	0.6	1.9	1	0.1
M 3×0.5	0.5	0.8	6.3	1.3	0.6	1.9	1	0.1	5.5	2	3.3	1.8	1.2	0.1	5.5	2	1.1	0.1	5.5	1.5	0.7	2.2	1.2	0.1
(M 3.5)	0.6	1	7.3	1.5	0.7	2.2	1.15	0.1	6	2.3	3.6	2	1.4	0.1	6	2.3	1.25	0.1	6	1.75	0.8	2.55	1.4	0.1
M 4×0.7	0.7	1	8.3	1.7	0.8	2.5	1.3	0.2	7	2.6	4.2	2.3	1.6	0.2	7	2.6	1.4	0.2	7	1.9	1	2.9	1.55	0.2
(M 4.5)	0.75	1	9.3	1.9	0.9	2.8	1.5	0.2	8	3	4.8	2.7	1.9	0.2	8	2.9	1.6	0.2	8	2.1	1.1	3.2	1.7	0.2
M 5×0.8	0.8	1.2	10.3	2.1	1	3.1	1.7	0.2	9	3.4	5.4	3	2.1	0.2	9	3.3	1.8	0.2	9	2.4	1.2	3.6	1.9	0.2
M 6	1	1.2	12.4	2.4	1.3	3.7	2	0.25	10.5	4	6.3	3.5	2.5	0.25	10.5	3.9	2.1	0.25	10.5	2.8	1.5	4.3	2.3	0.25
M 8	1.25	1.6	16.4	3.1	1.7	4.8	2.8	0.4	14	5.4	8.4	4.6	3.3	0.4	14	5.2	2.8	0.4	14	3.7	2	5.7	3	0.4

〔註〕* 截錐頭小螺釘，平頂錐頭小螺釘，扁圓頂錐頭小螺釘(強度區分 88 除外)，爲確保國際性，依本體規定即可。 ** 1996 年廢止。

表 8.52　非 ISO 一字槽頭小螺釘的l與b(JIS B 1101 附錄)

(單位 mm)

螺紋公稱	M 1	M1.2	M1.4	M1.6	M1.7	M 2	M2.2	M2.3	M2.5	M2.6	M 3	M3.5	M 4	M4.5	M 5	M 6	M 8
b	6	6	8	8	8	8	10	10	12	12	12	14	16	20	20	25	30
l	3*	3*	3*	3*	4*	4*	4*	5*	5*	5*	5*	5*	6*	6*	8*	8*	10*
	4	4	4	4*	5	5	5*	6	6	6	6	6*	8	8*	10	10*	12*
	5	5	5	5	6	6	6	8	8	8	8	8	10	10	12	12	14
	6	6	6	6	8	8	8	10	10	10	10	10	12	12	14	14	16
	8	8	8	8	10	10	10	12	12	12	12	12	14	14	16	16	20
	10	10	10	10	12	12	12	14	14	14	14	14	16	16	20	20	25
		12	12	12	14	14	14	16	16	16	16	16	20	20	25	25	30
			14	14	16	16	16	20	20	20	20	20	25	25	30	30	35
				16	20	20	20	25	25	25	25	25	30	30	35	35	40
								30	30	30	30	30	35	35	40	40	45
											35	35	40	40	45	45	50
											40	40	45	45	50	50	55
													50	50		55	60
																60	

〔備註〕 l是對應各小螺釘公稱規格的建議長度，有*者不適於平頂錐頭小螺釘與扁圓頂錐頭小螺釘。必要時，可使用上表以外之長度l。

表 8.53　十字槽小螺絲產品型號範例（JIS B 1111:2017）

機器螺絲的名稱包括機器螺絲的類型、標準號、對應的 ISO 標準、螺紋代號(d)#公稱長度(l)、機械性能的強度分級、十字槽型式(頭部形狀)和合適的規格。

〔例〕

十字槽盤頭小螺絲	−JIS B 1111	−ISO 7045	−M5×20	−4.8	−Z
十字槽沉頭機螺絲一型	− JIS B 1111	−ISO 7046-1	−M5×20	−4.8	−Z
十字槽圓沉頭小螺絲	−JIS B 1111	−ISO 7047	−M5×20	−4.8	−Z
‖	‖	‖	‖	‖	‖
小螺絲種類	規格編號	ISO規格編號對照	d×1	區分	十字槽種類

表 8.54　十字槽頭小螺釘的l與b(JIS B 1111 附錄)

(單位 mm)

螺紋公稱	M 2	M 2.2	M 2.3	M 2.5	M 2.6	M 3	M 3.5	M 4	M 4.5	M 5	M 6	M 8
b	8	10	10	12	12	12	14	16	20	20	25	30
l	4*	4*	5*	5*	5*	5*	5*	6*	6*	8*	8*	10*
	5	5*	6	6	6	6	6*	8	8*	10	10*	12*
	6	6	8	8	8	8	8	10	10	12	12	14
	8	8	10	10	10	10	10	12	12	14	14	16
	10	10	12	12	12	12	12	14	14	16	16	20
	12	12	14	14	14	14	14	16	16	20	20	25
	14	14	16	16	16	16	16	20	20	25	25	30
	16	16	20	20	20	20	20	25	25	30	30	35
	20	20	25	25	25	25	25	30	30	35	35	40
			30	30	30	30	30	35	35	40	40	45
						35	35	40	40	45	45	50
						40	40	45	45	50	50	55
								50	50		55	60
											60	

〔備註〕 l是對應各小螺釘公稱規格的建議長度，有*者不適於平頂錐頭小螺釘與扁圓頂錐頭小螺釘。必要時，可使用上表以外之長度l。

表 8.55 非 ISO 十字槽頭小螺釘(JIS B 1111 附錄)

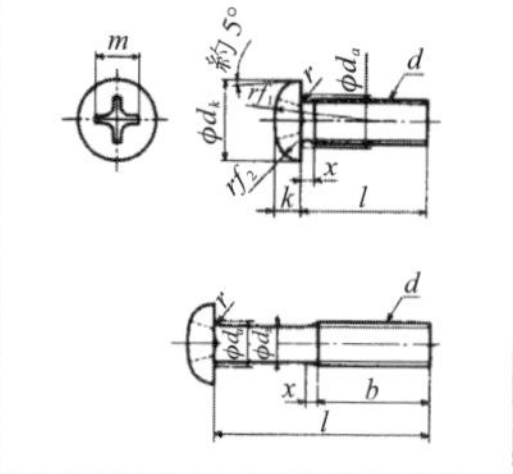

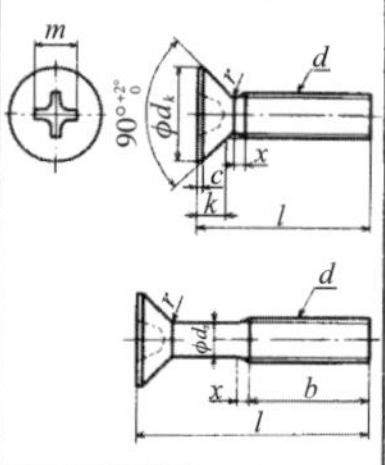

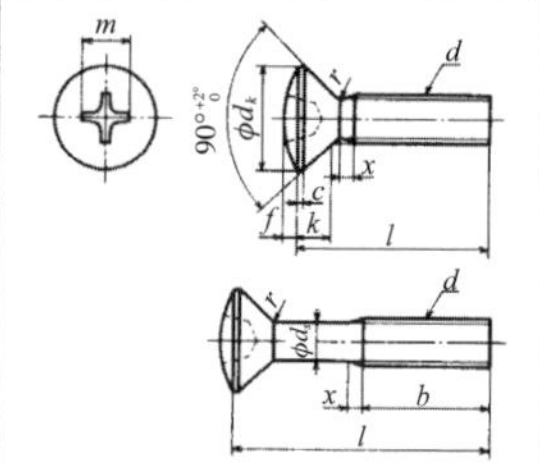

螺紋公稱 (d)	螺距 P	截錐頭小螺釘							平頂錐頭小螺釘					扁圓頂錐頭小螺釘						
		十字孔編號	d_k	k	r_{f1} 約	r_{f2} 約	m 最大	r 最小	十字孔編號	d_k	k	c 約	m 最大	十字孔編號	d_k	k	c 約	f 約	$k+f$	m 最大
M 1	0.4	1	3.5	1.3	4.5	0.6	2.2	0.1	1	4	1.2	0.2	2.2	1	4	1.2	0.2	0.4	1.6	2.4
M 1.2 (M 1.4)	0.45	1	4	1.5	5	0.7	2.4	0.1	1	4.4	1.3	0.2	2.4	1	4.4	1.3	0.2	0.5	1.8	2.7
* M 1.6	0.4	1	4	1.5	5	0.7	2.4	0.1	1	4.6	1.35	0.2	2.4	1	4.6	1.35	0.2	0.5	1.85	2.7
**(M 1.7)	0.45	1	4.5	1.7	6	0.8	2.6	0.1	1	5	1.45	0.2	2.6	1	5	1.45	0.2	0.55	2	2.9
* M 2																				
(M 2.2) **(M 2.3)	0.45	1	4.5	1.7	6	0.8	2.6	0.1	1	5.2	1.5	0.2	2.6	1	5.2	1.5	0.2	0.6	2.1	2.9
* M 2.5	0.5	2	5.5	2	7	1.0	3.5	0.1	2	6	1.75	0.25	3.5	2	6	1.75	0.25	0.7	2.45	3.7
**(M 2.6)	0.6	2	6	2.3	8	1.1	3.8	0.1	2	7	2	0.25	4.0	2	7	2	0.25	0.8	2.8	4.2
* M 3	0.7	2	7	2.6	9	1.3	4.1	0.2	2	8	2.3	0.3	4.4	2	8	2.3	0.3	0.9	3.2	4.6
*(M 3.5)																				
* M 4 (M 4.5)	0.75	2	8	2.9	11	1.5	4.5	0.2	2	9	2.55	0.3	4.8	2	9	2.55	0.3	1	3.55	5.0
* M 5	0.8	2	9	3.3	12	1.6	4.8	0.2	2	10	2.8	0.3	5.0	2	10	2.8	0.3	1.2	4	5.2
* M 6	1	3	10.5	3.9	14	1.9	6.2	0.25	3	12	3.4	0.4	6.6	3	12	3.4	0.4	1.4	4.8	6.8
* M 8	1.25	3	14	5.2	18	2.6	7.7	0.4	3	16	4.4	0.4	8.3	3	16	4.4	0.4	1.8	6.2	8.5

螺紋公稱 (d)	螺距 P	扁圓頭小螺釘						定位小螺釘							圓頭小螺釘						
		十字孔編號	d_k	k	r_f 約	m 最大	r 約	十字孔編號	d_k	k 約	f	$k+f$	m 最大	r 最小	十字孔編號	d_k	k	r_{f1} 約	r_{f2} 約	m 最大	r 最小
M 2	0.4	1	4.5	1.2	3	2.2	0.1	1	4.3	0.85	0.35	1.2	2.2	0.1	1	3.5	1.3	2.1	1.2	2.1	0.1
(M 2.2)	0.45	1	5	1.3	3.2	2.3	0.1	1	4.7	0.9	0.4	1.3	2.3	0.1	1	4	1.5	2.4	1.3	2.3	0.1
**(M 2.3)	0.4	1	5.2	1.4	3.4	2.4	0.1	1	4.9	1	0.4	1.4	2.4	0.1	1	4	1.5	2.4	1.3	2.3	0.1
M 2.5	0.45	1	5.7	1.5	3.7	2.5	0.1	1	5.3	1	0.5	1.5	2.5	0.1	1	4.5	1.7	2.7	1.5	2.5	0.1
**(M 2.6)	0.45	1	5.9	1.6	3.9	2.6	0.1	1	5.5	1.1	0.5	1.6	2.6	0.1	1	4.5	1.7	2.7	1.5	2.5	0.1
M 3×0.5	0.5	1	6.9	1.9	4.6	2.9	0.1	2	6.3	1.3	0.6	1.9	3.6	0.1	2	5.5	2	3.3	1.8	3.4	0.1
(M 3.5)	0.6	2	8.1	2.2	5.4	3.9	0.1	2	7.3	1.5	0.7	2.2	3.9	0.1	2	6	2.3	3.6	2	3.7	0.1
M 4×0.7	0.7	2	9.4	2.5	6.1	4.2	0.2	2	8.3	1.7	0.8	2.5	4.2	0.2	2	7	2.6	4.2	2.3	4.0	0.2
(M 4.5)	0.75	2	10.6	2.8	6.9	4.6	0.2	2	9.3	1.9	0.9	2.8	4.6	0.2	2	8	3	4.8	2.7	4.4	0.2
M 5×0.8	0.8	2	11.8	3.1	7.7	4.9	0.2	2	10.3	2.1	1	3.1	4.9	0.2	2	9	3.4	5.4	3	4.7	0.2
M 6	1	3	14	3.7	9.1	6.2	0.25	3	12.4	2.4	1.3	3.7	6.2	0.25	3	10.5	4	6.3	3.5	6.1	0.25
M 8	1.25	3	17.8	4.8	11.7	7.7	0.4	3	16.4	3.1	1.7	4.8	7.7	0.4	3	14	5.4	8.4	4.6	7.6	0.4

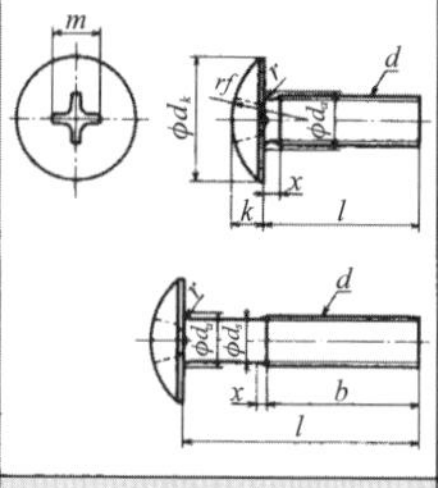

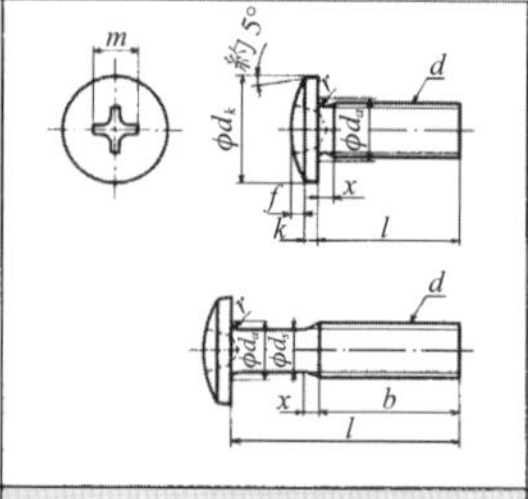

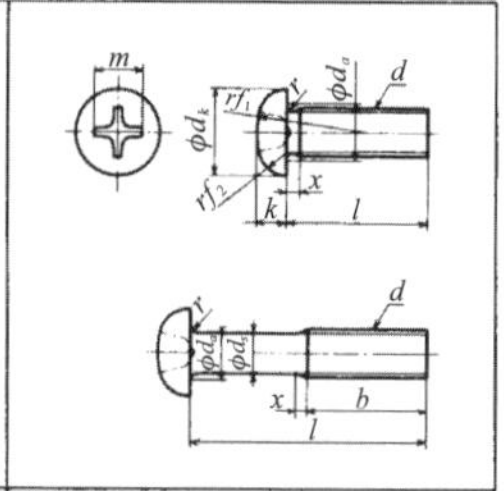

〔註〕*, ** 與表 8.51 同。

表 8.56 為 JIS 規定各種木螺釘之尺，此外表 8.57 為木螺釘之長度l。

JIS規定的一字槽頭自攻螺釘如表8.58，顧名思義，自攻螺釘係具有攻牙之螺釘。

表 8.56　一字槽頭木螺釘及十字槽木螺釘

(a) 一字槽頭木螺釘(JIS B 1135)　(單位 mm)

形狀			一字槽圓頭木螺釘							一字槽平頂錐頭木螺釘				
稱呼直徑	d	P 約	d_K	K	r_1 約	r_2 約	n	t	r 最大	d_K	K	c 約	n	t
1.6	1.6	0.8	3	1.3	1.6	1.1	0.4	0.8	0.1	3.2	0.95	0.15	0.4	0.4
1.8	1.8	0.9	3.3	1.4	1.8	1.2	0.6	0.9		3.6	1.05	0.15	0.6	0.5
2.1	2.1	1	3.9	1.6	2.3	1.4	0.6	1		4.2	1.25	0.2	0.6	0.5
2.4	2.4	1.1	4.4	1.8	2.6	1.5	0.7	1.1		4.8	1.4	0.2	0.7	0.6
2.7	2.7	1.2	5	2	3	1.7	0.8	1.2	0.2	5.4	1.55	0.2	0.8	0.7
3.1	3.1	1.3	5.7	2.3	3.4	1.9	0.9	1.4		6.2	1.8	0.25	0.9	0.8
3.5	3.5	1.4	6.5	2.5	4	2.1	1	1.6		7	2	0.25	1	0.9
3.8	3.8	1.6	7	2.7	4.4	2.3	1	1.7		7.6	2.15	0.25	1	0.9
4.1	4.1	1.8	7.6	2.9	4.8	2.4	1.2	1.8	0.3	8.2	2.35	0.3	1.2	1
4.5	4.5	1.9	8.3	3.1	5.2	2.6	1.2	1.9		9	2.55	0.3	1.2	1.1
4.8	4.8	2.1	8.9	3.3	5.7	2.8	1.3	2		9.6	2.7	0.3	1.3	1.2
5.1	5.1	2.2	9.4	3.5	6	2.9	1.4	2.2		10.2	2.85	0.3	1.4	1.2
5.5	5.5	2.4	10.2	3.8	6.5	3.2	1.4	2.4		11	3.05	0.3	1.4	1.3
5.8	5.8	2.6	10.7	4	6.9	3.3	1.6	2.5		11.6	3.2	0.3	1.6	1.4
6.2	6.2	2.7	11.5	4.2	7.4	3.5	1.6	2.6		12.4	3.5	0.4	1.6	1.5
6.8	6.8	3.1	12.6	4.6	8.2	3.8	1.6	2.8		13.6	3.8	0.4	1.6	1.6
7.5	7.5	3.3	13.9	5	9.1	4.2	1.8	3.1	0.4	15	4.15	0.4	1.8	1.8
8	8	3.3	14.8	5.3	9.7	4.4	1.8	3.3		16	4.4	0.4	1.8	1.9
9.5	9.5	3.8	17.6	6.3	11.6	5.2	2	3.9		19	5.15	0.4	2	2.2

(b) 十字槽頭木螺釘(JIS B 1112)　(單位 mm)

形狀				十字槽圓頭木螺釘						十字槽扁圓頂錐頭木螺釘					
稱呼直徑	十字孔號碼	d	P 約	ϕd_K	K	r_1 約	r_2 約	m 最大	r 最大	ϕd_K	k	c 約	f 約	$k+f$	m 最大
2.1	1	2.1	1	3.9	1.6	2.3	1.4	2.5	0.1	4.2	1.25	0.2	0.5	1.75	2.7
2.4		2.4	1.1	4.4	1.8	2.6	1.5	2.7		4.8	1.4	0.2	0.6	2	2.9
2.7		2.7	1.2	5	2	3	1.7	2.9	0.2	5.4	1.55	0.2	0.7	2.25	3.1
3.1	2	3.1	1.3	5.7	2.3	3.4	1.9	3.7		6.2	1.8	0.25	0.8	2.6	3.9
3.5		3.5	1.4	6.5	2.5	4	2.1	3.9		7	2	0.25	0.8	2.8	4.3
3.8		3.8	1.6	7	2.7	4.4	2.3	4.1		7.6	2.15	0.25	0.9	3.05	4.6
4.1		4.1	1.8	7.6	2.9	4.8	2.4	4.3	0.3	8.2	2.35	0.3	1	3.35	4.9
4.5		4.5	1.9	8.3	3.1	5.2	2.6	4.5		9	2.55	0.3	1.1	3.65	5.3
4.8		4.8	2.1	8.9	3.3	5.7	2.8	4.7		9.6	2.7	0.3	1.1	3.8	5.5
5.1	3	5.1	2.2	9.4	3.5	6	2.9	5.9		10.2	2.85	0.3	1.2	4.05	6.5
5.5		5.5	2.4	10.2	3.8	6.5	3.2	6.1		11	3.05	0.3	1.3	4.35	6.8
5.8		5.8	2.6	10.7	4	6.9	3.3	6.3		11.6	3.2	0.3	1.4	4.6	7.1
6.2		6.2	2.7	11.5	4.2	7.4	3.5	6.6		12.4	3.5	0.4	1.4	4.9	7.4
6.8		6.8	3.1	12.6	4.6	8.2	3.8	6.9		13.6	3.8	0.4	1.6	5.4	7.9
7.5	4	7.5	3.3	13.9	5	9.1	4.2	8.4	0.4	15	4.15	0.4	1.8	5.95	9.2
8		8	3.3	14.8	5.3	9.7	4.4	8.7		16	4.4	0.4	1.8	6.2	9.5
9.5		9.5	3.8	17.6	6.3	11.6	5.2	9.7		19	5.15	0.4	2.3	7.45	10.5

此一字槽頭、自攻螺釘，依頭部形狀有截錐頭、平頂錐頭、扁圓頂錐頭 3 種，而且螺紋部形狀又有 C 形、F 形、其組合均有規定。

自攻螺釘之規定有十字槽頭自攻螺釘(JIS B 1122)與六角自攻螺釘(JIS B 1123)。

表 8.57　一字槽頭木螺釘即十字槽頭木螺釘之 l　(單位 mm)

公稱直徑	1.6*	1.8*	2.1	2.4	2.7	3.1	3.5	3.8	4.1	4.5	4.8	5.1	5.5	5.8	6.2	6.8	7.5	8	9.5
長度 l	6.3	6.3	6.3	6.3	10	10	13	13	16	16	20	20	20	(22)	25	25	25	32	32
	10	10	10	10	13	13	16	16	20	20	(22)	(22)	(22)	25	32	32	32	(38)	(38)
		13	13	13	16	16	20	20	(22)	(22)	25	25	25	32	(38)	(38)	(38)	40	40
				16	20	20	(22)	(22)	25	25	32	32	32	(38)	40	40	40	45	45
				20		(22)	25	25	32	32	(38)	(38)	(38)	40	45	45	45	50	50
						25	32	32	(38)	(38)	40	40	40	45	50	50	50	56	56
							(38)	(38)	40	40	45	45	45	50	56	56	56	63	63
							40	40	45	45	50	50	50	56	63	63	63	70	70
									50	50	56	56	56	63	70	70	70	(75)	(75)
										56	63	63	63	70	(75)	(75)	(75)	80	80
										63	70	70	70	(75)	80	80	80	90	90
													(75)	80		90	90	100	100
													80			100	100		

〔備註〕1. 有括弧之 l 度宜少採用。
2. 有*符號之公稱直徑者不宜用於十字槽頭木螺釘。

表 8.58　一字槽頭自攻螺釘(JIS B 1115)　(單位 mm)

截錐頭螺釘 C 形

此部分平的圓的均可。

扁圓頂錐頭螺釘 C 形

上述兩螺釘 F 形

	螺紋公稱		ST2.2	ST2.9	ST3.5	ST4.2	ST4.8	ST5.5	ST6.3	ST8	ST9.5
	螺距 P		0.8	1.1	1.3	1.4	1.6	1.8	1.8	2.1	2.1
截錐頭螺釘	a	最大	0.8	1.1	1.3	1.4	1.6	1.8	1.8	2.1	2.1
	d_a	最大	2.8	3.5	4.1	4.9	5.5	6.3	7.1	9.2	10.7
	d_k	最大	4	5.6	7	8	9.5	11	12	16	20
		最小	3.7	5.3	6.6	7.6	9.1	10.6	11.6	15.6	19.5
	k	最大	1.3	1.8	2.1	2.4	3	3.2	3.6	4.8	6
		最小	1.1	1.6	1.9	2.2	2.7	2.9	3.3	4.5	5.7
	n	公稱	0.5	0.8	1	1.2	1.2	1.6	1.6	2	2.5
		最小	0.56	0.86	1.06	1.26	1.26	1.66	1.66	2.06	2.56
	r	最小	0.1	0.1	0.1	0.2	0.2	0.25	0.25	0.4	0.4
	r_f	參考	0.6	0.8	1	1.2	1.5	1.6	1.8	2.4	3
	t	最小	0.5	0.7	0.8	1	1.2	1.3	1.4	1.9	2.4
	w	最小	0.5	0.7	0.8	0.9	1.2	1.3	1.4	1.9	2.4
	y (參考)	C 形場合	2	2.6	3.2	3.7	4.3	5	6	7.5	8
		F 形場合	1.6	2.1	2.5	2.8	3.2	3.6	3.6	4.2	4.2
扁圓頂錐頭螺釘	d_k	最大	3.8	5.5	7.3	8.4	9.3	10.3	11.3	15.8	18.3
		最小	3.5	5.2	6.9	8	8.9	9.9	10.9	15.4	17.8
	f	約	0.5	0.7	0.8	1	1.2	1.3	1.4	2	2.3
	k	最大	1.1	1.7	2.35	2.6	2.8	3	3.15	4.65	5.25
	r	最大	0.8	1.2	1.4	1.6	2	2.2	2.4	3.2	4
	r_f	約	4	6	8.5	9.5	9.5	11	12	16.5	19.5
	t	最小	0.8	1.2	1.4	1.6	2	2.2	2.4	3.2	3.8
		最大	1	1.45	1.7	1.9	2.4	2.6	2.8	3.7	4.4

〔註〕扁圓頂錐頭螺釘現有項目，則與截錐頭螺釘相同，a，y 爲不完全螺紋部。

⑸ **特殊形狀之螺栓、螺帽**：螺栓及螺帽因使用目的不同而製成各種形狀，以下僅就 JIS 有規定者加以說明。

① 六角槽頭螺栓：如表 8.59 所示，螺栓的頭部埋入承窩孔之中，用於螺釘頭不宜突出之情況，頭部有輥紋可先以手栓入。

表 8.59 六角槽頭螺銓(JIS B 1176)

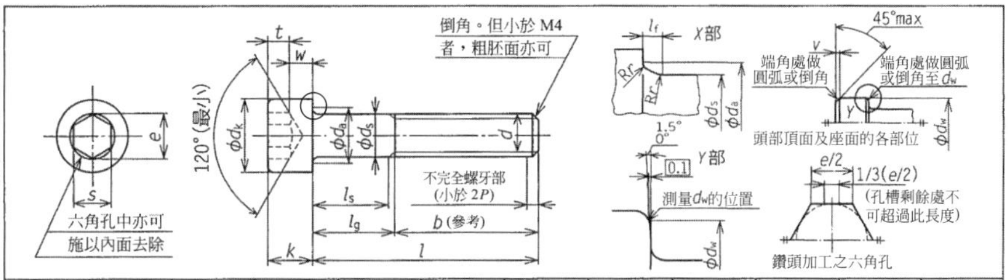

螺紋公稱 d		M1.6	M2	M2.5	M3	M4	M5	M6	M8	M10	M12
螺紋 P		0.35	0.4	0.45	0.5	0.7	0.8	1	1.25	1.5	1.75
b ⁽¹⁾	參考	15	16	17	18	20	22	24	28	32	36
d_k	最大 ⁽²⁾	3.00	3.80	4.50	5.50	7.00	8.50	10.00	13.00	16.00	18.00
	最大 ⁽³⁾	3.14	3.98	4.68	5.68	7.22	8.72	10.22	13.27	16.27	18.27
d_a	最大	2	2.6	3.1	3.6	4.7	5.7	6.8	9.2	11.2	13.7
d_s	最大	1.60	2.00	2.50	3.00	4.00	5.00	6.00	8.00	10.00	12.00
e ⁽⁴⁾	最小	1.733	1.733	2.303	2.873	3.443	4.583	5.723	6.863	9.149	11.429
l_f	最大	0.34	0.51	0.51	0.51	0.6	0.6	0.68	1.02	1.02	1.45
k	最大	1.60	2.00	2.50	3.00	4.00	5.00	6.0	8.00	10.00	12.00
r	最小	0.1	0.1	0.1	0.1	0.2	0.2	0.25	0.4	0.4	0.6
s	公稱	1.5	1.5	2	2.5	3	4	5	6	8	10
	最大	1.58	1.58	2.08	2.58	3.08	4.095	5.14	6.14	8.175	10.175
t	最小	0.7	1	1.1	1.3	2	2.5	3	4	5	6
v	最大	0.16	0.2	0.25	0.3	0.4	0.5	0.6	0.8	1	1.2
d_w	最小	2.72	3.48	4.18	5.07	6.53	8.03	9.38	12.33	15.33	17.23
w	最小	0.55	0.55	0.85	1.15	1.4	1.9	2.3	3.3	4	4.8
公稱長度 l ⁽⁵⁾		2.5～(16)16	3～(16)20	4～(20)25	5～(20)30	6～(25)40	8～(25)50	10～(30)60	12～(35)80	16～(40)100	20～(50)120

螺紋公稱 d		(M14)	M16	M20	M24	M30	M36	M42	M48	M56	M64
螺紋 P		2	2	2.5	3	3.5	4	4.5	5	5.5	6
b ⁽¹⁾	參考	40	44	52	60	72	84	96	108	124	140
d_k	最大 ⁽²⁾	21.00	24.00	30.00	36.00	45.00	54.00	63.00	72.00	84.00	96.00
	最大 ⁽³⁾	21.33	24.33	30.33	36.39	45.39	54.46	63.46	72.46	84.54	96.54
d_a	最大	15.7	17.7	22.4	26.4	33.4	39.4	45.6	52.6	63	71
d_s	最大	14.00	16.00	20.00	24.00	30.00	36.00	42.00	48.00	56.00	64.00
e ⁽⁴⁾	最小	13.716	15.996	19.437	21.734	25.154	30.854	36.571	41.131	46.831	52.531
l_f	最大	1.45	1.45	2.04	2.04	2.89	2.89	3.06	3.91	5.95	5.95
k	最大	14.00	16.00	20.00	24.00	30.00	36.00	42.00	48.00	56.00	64.00
r	最小	0.6	0.6	0.8	0.8	1	1	1.2	1.6	2	2
s	公稱	12	14	17	19	22	27	32	36	41	46
	最大	12.212	14.212	17.23	19.275	22.275	27.275	32.33	36.33	41.33	46.33
t	最小	7	8	10	12	15.5	19	24	28	34	38
v	最大	1.4	1.6	2	2.4	3	3.6	4.2	4.8	5.6	6.4
d_w	最小	20.17	23.17	28.87	34.81	43.61	52.54	61.34	70.34	82.26	94.26
w	最小	5.8	6.8	8.6	10.4	13.1	15.3	16.3	17.5	19	22
公稱長度 l ⁽⁵⁾		25～(55)140	25～(60)160	30～(70)200	40～(80)200	45～(100)200	55～(110)200	60～(130)300	70～(150)300	80～(160)300	90～(180)300

〔註〕本表爲一般牙螺紋之場合(M14 儘可能不用)。細牙螺紋($d \times P$)有 M8×1，M10×1，M12×1.5，M16×1.5，M20×1.5，M24×2，M30×2，M36×3，M42×3，M48×3，M56×4，M64×4，這些尺寸，與一般牙螺紋相同稱呼(d)相同(但是，推薦稱呼長度 l，並無 M10×1 的場合 l = 16mm)。

⁽¹⁾ 稱呼長度適用超過( )內數值。其中 $l_{g最大} = l_{稱呼} - b$，$l_{s最小} = l_{g最大} - 5P$。

⁽²⁾ 適用無止滑頭部。

⁽³⁾ 適用有止滑頭部。

⁽⁴⁾ $e_{最小} = 1.14\, s_{最小}$。

⁽⁵⁾ 稱呼長度在( )內數值以下者爲全螺紋場合，$\mu \leq 3P$。

此外，螺紋稱呼之推薦稱呼長度，表顯示之範圍中，選取以下數值。

2.5, 3, 4, 5, 6, 8, 10, 12, 16, 20, 25, 30, 35, 40, 45, 50, 55, 60, 65, 70, 80, 90, 100, 110, 120, 130, 140, 150, 160, 180, 200, 220, 240, 260, 280, 300

② 環首螺栓、螺帽：吊升重機械時，可使用環首螺栓及繩索完成之(表 8.60 與 8.61)。

③ 蝶形螺栓、螺帽：頭部呈蝶形之螺栓及螺帽，可以不使用板手做拆裝工作(表 8.62～表 8.64)。

④ 平頂錐形螺栓：螺栓頭部不宜突出時使用(表 8.65)。

表 8.60 環首螺栓的形狀、尺寸與使用負荷(JIS B 1168) (單位 mm)

螺紋的稱呼 d	a	b	c	D	t	h	H (參考)	l	e	g (最小)	r_1 (最小)	d_a (最大)	r_2 (約)	k (約)	使用荷重 垂直吊昇	使用荷重 45°吊昇 (每 2 個)
M 8	32.6	20	6.3	16	5	17	33.3	15	3	6	1	9.2	4	1.2	0.785	0.785
M 10	41	25	8	20	7	21	41.5	18	4	7.7	1.2	11.2	4	1.5	1.47	1.47
M 12	50	30	10	25	9	26	51	22	5	9.4	1.4	14.2	6	2	2.16	2.16
M 16	60	35	12.5	30	11	30	60	27	5	13	1.6	18.2	6	2	4.41	4.41
M 20	72	40	16	35	13	35	71	30	6	16.4	2	22.4	8	2.5	6.18	6.18
M 24	90	50	20	45	18	45	90	38	8	19.6	2.5	26.4	12	3	9.32	9.32
M 30	110	60	25	60	22	55	110	45	8	25	3	33.4	15	3.5	14.7	14.7
M 36	133	70	31.5	70	26	65	131.5	55	10	30.3	3	39.4	18	4	22.6	22.6
M 42	151	80	35.5	80	30	75	150.5	65	12	35.6	3.5	45.6	20	4.5	33.3	33.3
M 48	170	90	40	90	35	85	170	70	12	41	4	52.6	22	5	44.1	44.1
M 64	210	110	50	110	42	105	210	90	14	55.7	5	71	25	6	88.3	88.3
M 80×6	266	140	63	130	50	130	263	105	14	71	5	87	35	6	147	147
(M 90×6)	302	160	71	150	55	150	301	120	14	81	5	97	35	6	177	177
M 100×6	340	180	80	170	60	165	335	130	14	91	5	108	40	6	196	196

〔註〕45 度吊昇的使用負荷，吊昇時螺栓的座面須對稱且裝妥。適用於二個螺栓的桿方向如上圖所示在相同平面之情況。M90×6 儘可能不使用。

表 8.61 環首螺栓的形狀、尺寸與使用負荷(JIS B 1169) (單位 mm)

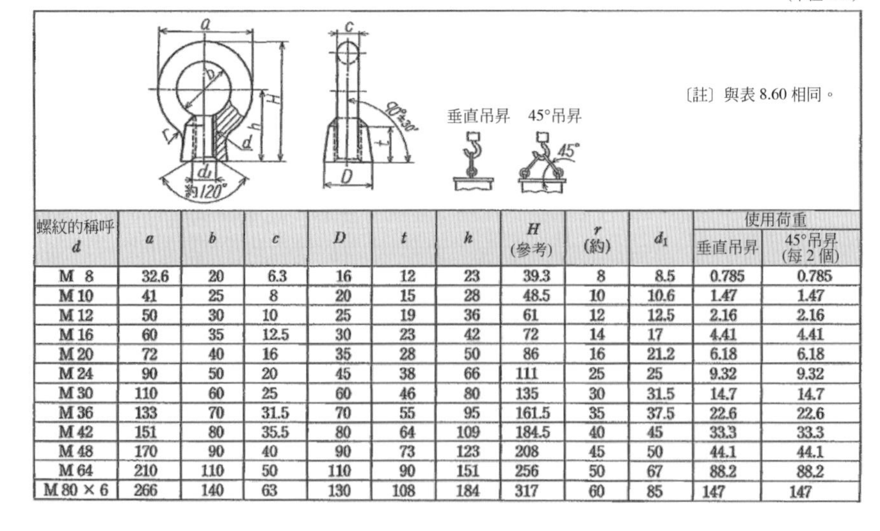

〔註〕與表 8.60 相同。

螺紋的稱呼 d	a	b	c	D	t	h	H (參考)	r (約)	d_1	使用荷重 垂直吊昇	使用荷重 45°吊昇 (每 2 個)
M 8	32.6	20	6.3	16	12	23	39.3	8	8.5	0.785	0.785
M 10	41	25	8	20	15	28	48.5	10	10.6	1.47	1.47
M 12	50	30	10	25	19	36	61	12	12.5	2.16	2.16
M 16	60	35	12.5	30	23	42	72	14	17	4.41	4.41
M 20	72	40	16	35	28	50	86	16	21.2	6.18	6.18
M 24	90	50	20	45	38	66	111	25	25	9.32	9.32
M 30	110	60	25	60	46	80	135	30	31.5	14.7	14.7
M 36	133	70	31.5	70	55	95	161.5	35	37.5	22.6	22.6
M 42	151	80	35.5	80	64	109	184.5	40	45	33.3	33.3
M 48	170	90	40	90	73	123	208	45	50	44.1	44.1
M 64	210	110	50	110	90	151	256	50	67	88.2	88.2
M 80 × 6	266	140	63	130	108	184	317	60	85	147	147

表 8.62 蝶形螺栓(JIS B 1184) (單位 mm)

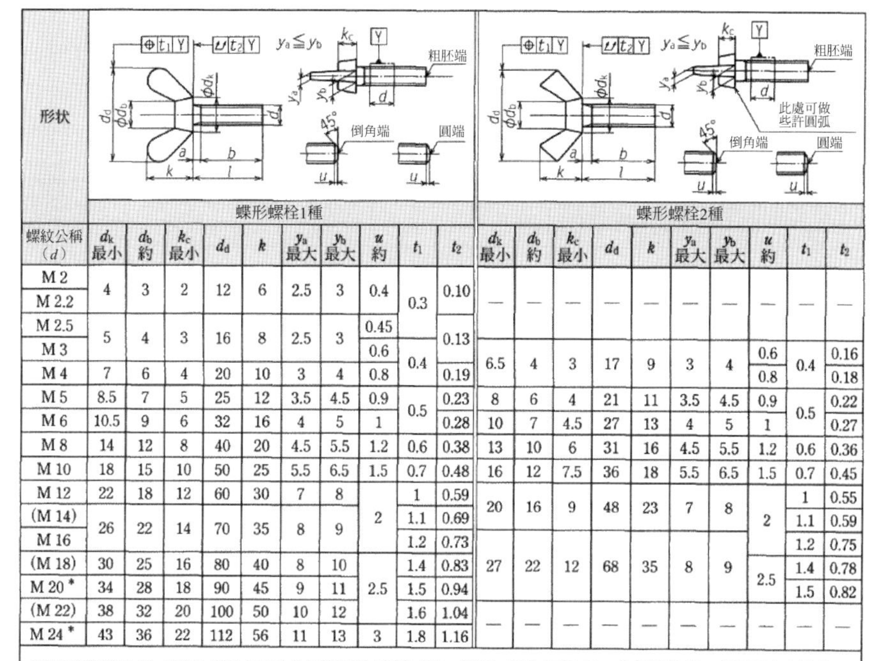

螺紋公稱 (d)	蝶形螺栓1種										蝶形螺栓2種									
	d_k 最小	d_b 約	k_c 最小	d_d	k	y_a 最大	y_b 最大	u 約	t_1	t_2	d_k 最小	d_b 約	k_c 最小	d_d	k	y_a 最大	y_b 最大	u 約	t_1	t_2
M 2	4	3	2	12	6	2.5	3	0.4	0.3	0.10	—	—	—	—	—	—	—	—	—	—
M 2.2																				
M 2.5	5	4	3	16	8	2.5	3	0.45		0.13										
M 3								0.6	0.4		6.5	4	3	17	9	3	4	0.6	0.4	0.16
M 4	7	6	4	20	10	3	4	0.8		0.19								0.8		0.18
M 5	8.5	7	5	25	12	3.5	4.5	0.9	0.5	0.23	8	6	4	21	11	3.5	4.5	0.9	0.5	0.22
M 6	10.5	9	6	32	16	4	5	1		0.28	10	7	4.5	27	13	4	5	1		0.27
M 8	14	12	8	40	20	4.5	5.5	1.2	0.6	0.38	13	10	6	31	16	4.5	5.5	1.2	0.6	0.36
M 10	18	15	10	50	25	5.5	6.5	1.5	0.7	0.48	16	12	7.5	36	18	5.5	6.5	1.5	0.7	0.45
M 12	22	18	12	60	30	7	8	2	1	0.59	20	16	9	48	23	7	8	2	1	0.55
(M 14)	26	22	14	70	35	8	9		1.1	0.69									1.1	0.59
M 16									1.2	0.73	27	22	12	68	35	8	9		1.2	0.75
(M 18)	30	25	16	80	40	8	10	2.5	1.4	0.83								2.5	1.4	0.78
M 20 *	34	28	18	90	45	9	11		1.5	0.94									1.5	0.82
(M 22)	38	32	20	100	50	10	12		1.6	1.04	—	—	—	—	—	—	—	—	—	—
M 24 *	43	36	22	112	56	11	13	3	1.8	1.16										

〔製品的稱呼方式〕螺栓的稱呼方法是由規格編號或規格名稱、種類、螺紋公稱(d)×公稱長度(l)、保證扭力之區分、材料及指定事項所組成。

〔例〕

JIS B 1184	1種 (大形)	M 8×50	－A	SS 400	鍍鋅
‖	‖	‖	‖	‖	‖
規格編號 或規格名稱	種類	$d \times l$	保證扭力之區分	材料	指定事項

表 8.63 蝶形螺栓的 l、b 及 x (單位 mm)

螺紋公稱 d	M 2	M2.2 (M2.3)	M2.5 (M2.6)	M 3	M 4	M 5	M 6	M 8	M10	M12	(M14)	M16	(M18)	M20	(M22)	M24
公稱長度 (l)	5 6 8 10 12 14 16 (18) 20 (22) 25 30	5 6 8 10 12 14 16 (18) 20 (22) 25 30	5 6 8 10 12 14 16 (18) 20 (22) 25 30	5 6 8 10 12 14 16 (18) 20 (22) 25 30 35 40	6 8 10 12 14 16 (18) 20 (22) 25 30 35 40	8 10 12 14 16 (18) 20 (22) 25 30 35 40 45 50	8 10 12 14 16 (18) 20 (22) 25 30 35 40 45 50 55 60	12 14 16 (18) 20 (22) 25 30 35 40 45 50 55 60 65 70 80	14 16 (18) 20 (22) 25 30 35 40 45 50 55 60 65 70 80 90 100	(18) 20 (22) 25 30 35 40 45 50 55 60 65 70 80 90 100	20 (22) 25 30 35 40 45 50 55 60 65 70 80 90 100 110 120	(22) 25 30 35 40 45 50 55 60 65 70 80 90 100 110 120	25 30 35 40 45 50 55 60 65 70 80 90 100 110 120 130 140 150	30 35 40 45 50 55 60 65 70 80 90 100 110 120 130 140 150	30 35 40 45 50 55 60 65 70 80 90 100 110 120 130 140 150	35 40 45 50 55 60 65 70 80 90 100 110 120 130 140 150

〔備註〕1. l 值有括號者，盡量不用。
2. b 爲螺牙部的長度，不限指定爲全螺紋，此時之不完全螺牙部長度(x)約 3 牙。
3. 依需要，可以指定表內未列的 l 及 b 值。

表 8.64　蝶形螺帽(JIS B 1185)

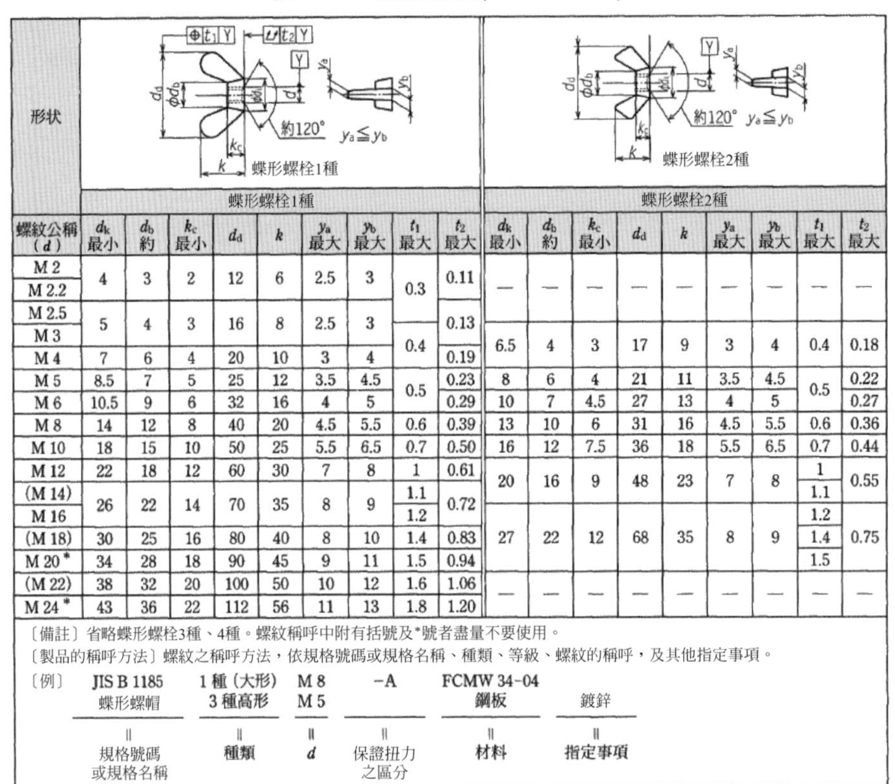

螺紋公稱 (d)	蝶形螺栓1種									蝶形螺栓2種								
	d_k 最小	d_b 約	k_c 最小	d_d	k	y_a 最大	y_b 最大	t_1 最大	t_2 最大	d_k 最小	d_b 約	k_c 最小	d_d	k	y_a 最大	y_b 最大	t_1 最大	t_2 最大
M 2	4	3	2	12	6	2.5	3	0.3	0.11	—	—	—	—	—	—	—	—	—
M 2.2																		
M 2.5	5	4	3	16	8	2.5	3		0.13									
M 3								0.4		6.5	4	3	17	9	3	4	0.4	0.18
M 4	7	6	4	20	10	3	4		0.19									
M 5	8.5	7	5	25	12	3.5	4.5	0.5	0.23	8	6	4	21	11	3.5	4.5	0.5	0.22
M 6	10.5	9	6	32	16	4	5		0.29	10	7	4.5	27	13	4	5		0.27
M 8	14	12	8	40	20	4.5	5.5	0.6	0.39	13	10	6	31	16	4.5	5.5	0.6	0.36
M 10	18	15	10	50	25	5.5	6.5	0.7	0.50	16	12	7.5	36	18	5.5	6.5	0.7	0.44
M 12	22	18	12	60	30	7	8	1	0.61	20	16	9	48	23	7	8	1	0.55
(M 14)	26	22	14	70	35	8	9	1.1	0.72								1.1	
M 16								1.2		27	22	12	68	35	8	9	1.2	0.75
(M 18)	30	25	16	80	40	8	10	1.4	0.83								1.4	
M 20*	34	28	18	90	45	9	11	1.5	0.94								1.5	
(M 22)	38	32	20	100	50	10	12	1.6	1.06	—	—	—	—	—	—	—	—	—
M 24*	43	36	22	112	56	11	13	1.8	1.20									

〔備註〕省略蝶形螺栓3種、4種。螺紋稱呼中附有括號及*號者盡量不要使用。

〔製品的稱呼方法〕螺紋之稱呼方法，依規格號碼或規格名稱、種類、等級、螺紋的稱呼，及其他指定事項。

〔例〕

JIS B 1185 蝶形螺帽	1 種（大形） 3 種高形	M 8 M 5	−A	FCMW 34-04 鋼板	鍍鋅
‖	‖	‖	‖	‖	‖
規格號碼 或規格名稱	種類	d	保證扭力 之區分	材料	指定事項

表 8.65　平頂錐頭螺栓　上(JIS B 1179)

(單位 mm)

θ　D　a　b　d1　c　H　x　s　l　d　約45°　平端　k　圓端

螺紋的稱呼 (d) 粗牙	細牙	d_1	D	D_1 (參考)	H (最大)	c (約)	θ	a	b	k (約)	l
M10	M10×1.25	10	20	21	5.5	0.5	$90^{\circ}\,{}^{+2^{\circ}}_{0}$	2	2.5	1.5	16～100
M12	M12×1.25	12	24	25	6.5	0.5		2	2.5	2	18～140
(M14)	(M14×1.5)	14	27	28	7	0.5		3	3.5	2	20～140
M16	M16×1.5	16	30	31	7.5	0.5		3	3.5	2	25～140
(M18)	(M18×1.5)	18	33	34	8	0.5		3	3.5	2.5	25～200
M20	M20×1.5	20	36	37	8.5	0.5		4	4.5	2.5	28～200
(M22)	(M22×1.5)	22	36	37.2	13.2	1	$60^{\circ}\,{}^{+2^{\circ}}_{0}$	4	5	2.5	32～200
M24	M24×2	24	39	40.2	14	1		4	5	3	35～200
M30	M30×2	30	48	49.2	16.6	1		5	6	3.5	45～240
M36	M36×3	36	57	58.2	19.2	1		6	7	4	50～240

〔備註〕 *有括號者宜少採用。 此外 l 尺寸只有上限、下限(詳細請參考表 8.59)。
( ) 內數值以下為全螺紋。

表 8.66　有槽六角螺帽(JIS B 1170)

(單位 mm)

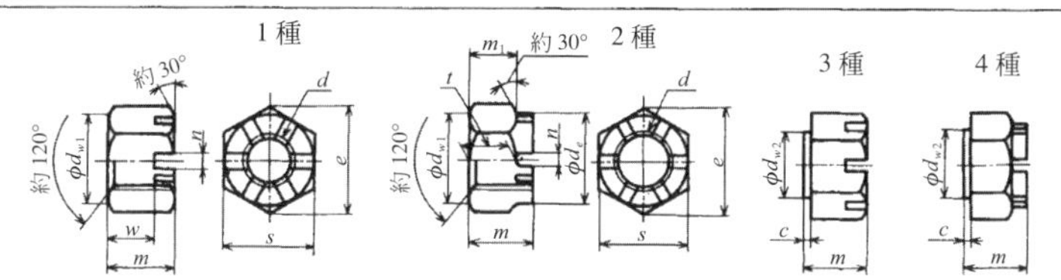

螺紋公稱		高形				低形				s	e	d_{w1}	d_e	n	d_{w2}	c	槽數	(參考)
粗牙	細牙	形狀區分	m	w	m_1 約	形狀區分	m	w	m_1 約		約	約	約		最小	約		開口銷之尺寸
M4	—	—	5	3.2	—	—	—	—	—	7	8.1	6.8	—	1.2	—	—	6	1×12
(M4.5)	—	—	6	4	—	—	—	—	—	8	9.2	7.8	—	1.2			6	1×12
M5	—	—	6	4	—	—	—	—	—	8	9.2	7.8	—	1.4	7.2	0.4	6	1.2×12
M6	—	—	7.5	5	—	—	—	—	—	10	11.5	9.8	—	2	9.0		6	1.6×16
(M7)	—	—	8	5.5	—	—	—	—	—	11	12.7	10.8	—	2	10		6	1.6×16
M8	M 8×1	—	9.5	6.5	—	—	—	—	—	13	15	12.5	—	2.5	11.7		6	2×18
M10	M10×1.25	—	12	8	—	—	8	4.5	—	17	19.6	16.5	—	2.8	15.8		6	2.5×25
M12	M12×1.25	1種與3種	15	10	10	—	10	6	—	19	21.9	18	17	3.5	17.6	0.6	6	3.2×25
(M14)	(M14×1.5)		16	11	11	1種與3種	11	7	7	22	25.4	21	19	3.5	20.4		6	3.2×28
M16	M16×1.5		19	13	13		13	8	8	24	27.7	23	22	4.5	22.3		6	4×32
(M18)	(M18×1.5)		21	15	15		13	8	8	27	31.2	26	25	4.5	25.6		6	4×36
M20	M20×1.5		22	16	16		13	8	8	30	34.6	29	28	4.5	28.5		6	4×40
(M22)	(M22×1.5)		26	18	18		13	8	8	32	37	31	30	5.5	30.4		6	5×40
M24	M24×2		27	19	19		14	9	9	36	41.6	34	34	5.5	34.2		6	5×45
(M27)	(M27×2)		30	22	22		16	10	10	41	47.3	39	38	5.5	—	—	6	5×50
M30	M30×2		33	24	24		18	11	11	46	53.1	44	42	7			6	6.3×56
(M33)	(M33×2)		35	26	26		20	13	13	50	57.7	48	46	7			6	6.3×63
M36	M36×3		38	29	29		21	14	14	55	63.5	53	50	7			6	6.3×71
(M39)	(M39×3)	2種與4種	40	31	31	2種與4種	23	15	15	60	69.3	57	55	7			6	6.3×71
M42	—	—	46	34	34	—	25	16	16	65	75	62	58	9			8	8×71
(M45)	—	—	48	36	36	—	27	18	18	70	80.8	67	62	9			8	8×80
M48	—	—	50	38	38	—	29	20	20	75	86.5	72	65	9			8	8×80
(M52)	—	—	54	42	42	—	31	21	21	80	92.4	77	70	9			8	8×90
M56	—	—	57	45	45	—	34	23	23	85	98.1	82	75	9			8	8×90
(M60)	—	—	63	48	48	—	36	23	23	90	104	87	80	11			8	10×100
M64	—	—	66	51	51	—	38	25	25	95	110	92	85	11			8	10×100
(M68)	—	—	69	54	54	—	40	27	27	100	115	97	90	11			8	10×112
—	M72×6	—	73	58	58	—	42	28	28	105	121	102	95	11			10	10×125
—	(M76×6)	—	76	61	61	—	46	32	32	110	127	107	100	11			10	10×125
—	M80×6	—	79	64	64	—	48	34	34	115	133	112	105	11			10	10×140
—	(M85×6)	—	88	68	68	—	50	34	34	120	139	116	110	14			10	13×140
—	M90×6	—	92	72	72	—	54	38	38	130	150	126	120	14			10	13×140
—	(M95×6)	—	96	76	76	—	57	41	41	135	156	131	125	14			10	13×160
—	M100×6	—	100	80	80	—	60	44	44	145	167	141	135	14			10	13×160

〔備註〕螺絲型號中盡量避免使用括號。

〔產品代號〕螺帽的代號取決於型號、標準號、螺紋代號、螺紋公差等級、形狀區分、類型、機械性能強度分級、材料和光潔度等級。

〔例〕								
有槽六角螺紋	JIS B 1170	M16	6H	第 2 種	高形	5		精
小形有槽六角螺紋	JIS B 1170	M8	2	第 1 種	低形		SUS305	精
‖	‖	‖	‖	‖	‖	‖	‖	‖
(種類)	(規格編號)	(螺紋公稱)	(螺紋等級)	(形狀區分)	(形式)	(強度區分)	(材料)	(加工程度)

表 8.67 小形有槽六角螺帽(JIS B 1170) (單位 mm)

螺紋公稱 (*d*) 粗牙	細牙	高形 形狀區分		高形 *m*	高形 *w*	高形 m_1 約	低形 形狀區分		低形 *m*	低形 *w*	低形 m_1 約	*s*	*e* 約	d_{w1} 約	d_e 約	*n*	d_{w2} 最小	*c* 約	槽數	(參考) 開口銷之尺寸
M8	M8×1	1種及3種	—	9.5	6.5	—	1種及3種	—	8	4.5	—	12	13.9	11.5	—	2.5	10.8	0.4	6	2×18
M10	M10×1.25		—	12	8	—		—	8	4.5	—	14	16.2	13.5	—	2.8	12.6		6	2.5×20
M12	M12×1.25		2種及4種	15	10	10		—	10	6	—	17	19.6	16.5	16	3.5	15.8	0.6	6	3.2×25
(M14)	(M14×1.5)			16	11	11		2種及4種	11	7	7	19	21.9	18	17	3.5	17.6		6	3.2×25
M16	M16×1.5			19	13	13			13	8	8	22	25.4	21	19	4.5	20.4		6	4×28
(M18)	(M18×1.5)			21	15	15			13	8	8	24	27.7	23	22	4.5	22.3		6	4×32
M20	M20×1.5			22	16	16			13	8	8	27	31.2	26	25	4.5	25.6		6	4×36
(M22)	(M22×1.5)			26	18	18			13	8	8	30	34.6	29	28	5.5	28.5		6	5×40
M24	M24×2			27	19	19			14	9	9	32	37	31	30	5.5	30.4		6	5×45

〔註〕圖、備註及製品的稱呼方法與表 8.66 同。

⑤ 有槽六角螺帽：為防止使用中之螺帽鬆脫，故在螺帽上開槽並以開口銷貫穿固定，稱為有槽螺帽，表 8.66 與 8.67 為此種螺帽之規格。

⑥ T 槽螺栓、螺帽：如欲將工件裝設在工具機的工作台上時，須使用此種螺栓、螺帽之頭部鑲入 T 槽中，表 8.68 與 8.69 所示為其 JIS 規格。

⑦ 組合墊圈六角螺栓：現代之螺栓及小螺紋大都以輥造方法製造，因此可預先配入墊圈，待螺紋成形後，墊圈受阻不會脫落，使用比較方便，JIS 的規定有組合墊圈六角螺栓(JIS B 1187)與組合墊圈十字槽小螺紋(JIS B 1188)等。

表 8.68 T 槽螺栓(JIS B 1166)

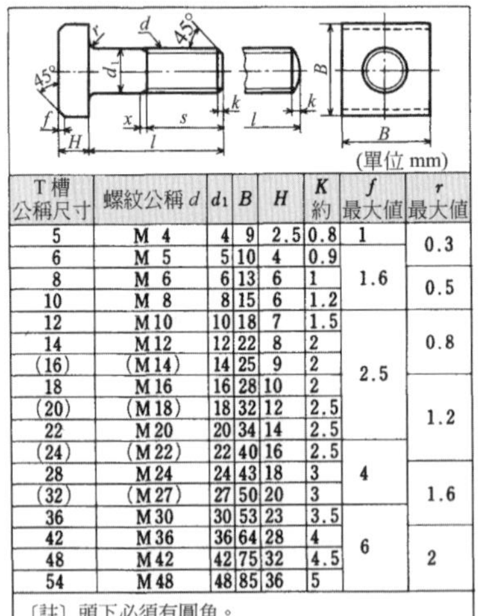

(單位 mm)

T 槽公稱尺寸	螺紋公稱 *d*	d_1	*B*	*H*	*K* 約	*f* 最大值	*r* 最大值
5	M 4	4	9	2.5	0.8	1	0.3
6	M 5	5	10	4	0.9	1.6	
8	M 6	6	13	6	1		0.5
10	M 8	8	15	6	1.2		
12	M10	10	18	7	1.5	2.5	0.8
14	M12	12	22	8	2		
(16)	(M14)	14	25	9	2		
18	M16	16	28	10	2		1.2
(20)	(M18)	18	32	12	2.5		
22	M20	20	34	14	2.5		
(24)	(M22)	22	40	16	2.5		
28	M24	24	43	18	3	4	1.6
(32)	(M27)	27	50	20	3		
36	M30	30	53	23	3.5		
42	M36	36	64	28	4	6	2
48	M42	42	75	32	4.5		
54	M48	48	85	36	5		

〔註〕頭下必須有圓角。
〔備註〕1. 有括號者宜少採用。
2. 稱呼長度(*l*)、螺紋部長度(*b*)與不完全螺紋部長度(*x*)依據表 8.70。
3. 頭部之端角，倒角約 0.1mm。

表 8.69 T 槽螺帽(JIS B 1167)

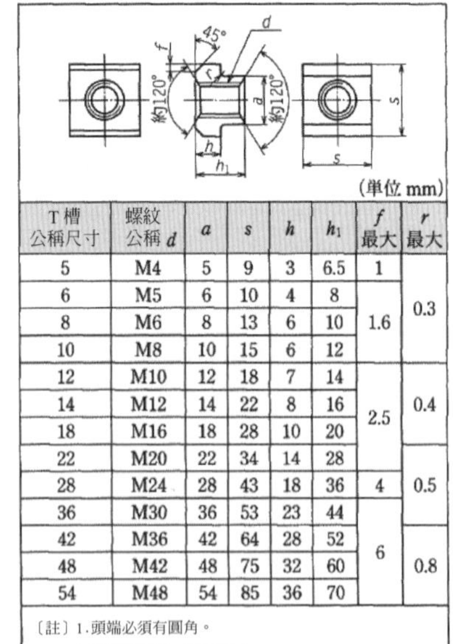

(單位 mm)

T 槽公稱尺寸	螺紋公稱 *d*	*a*	*s*	*h*	h_1	*f* 最大	*r* 最大
5	M4	5	9	3	6.5	1	0.3
6	M5	6	10	4	8	1.6	
8	M6	8	13	6	10		
10	M8	10	15	6	12		
12	M10	12	18	7	14	2.5	0.4
14	M12	14	22	8	16		
18	M16	18	28	10	20		
22	M20	22	34	14	28		0.5
28	M24	28	43	18	36	4	
36	M30	36	53	23	44	6	
42	M36	42	64	28	52		0.8
48	M42	48	75	32	60		
54	M48	54	85	36	70		

〔註〕1. 頭端必須有圓角。
2. 螺帽之端角，倒角約0.1mm。

表 8.70　T 槽螺栓的l與s(JIS B 1166)

螺紋的稱呼(d)	M 4	M 5	M 6	M 8	M10	M12	(M14)	M16	(M18)	M20	(M22)	M24	(M27)	M30	M36	M42	M48
長度(l)	螺紋部的長度(s)																
20	10	10															
25	15	15	15	15	15												
32	15	15	15	20	20	20	20										
40	18	18	18	25	25	25	25										
50	18	18	18	25	25	25	25	25	25	25							
65			20	25	30	30	30	30	30	30	30	30					
80				30	30	30	30	30	30	40	40	40					
100					40	40	40	40	40	40	50	50	60	60			
125						45	45	50	50	50	50	50	60	60	70	80	
160						60	60	60	60	60	70	70	70	70	70	80	90
200							80	80	80	80	80	80	80	80	80	80	100
250								100	100	100	100	100	100	100	100	100	100
320										125	125	125	125	125	125	125	125
400										160	160	160	160	160	160	160	160
500											200	200	200	200	200	200	200

〔註〕不完全螺紋部之長度(x)約為 2 牙。

圖 8.16 爲組合墊圈六角螺栓之一例。

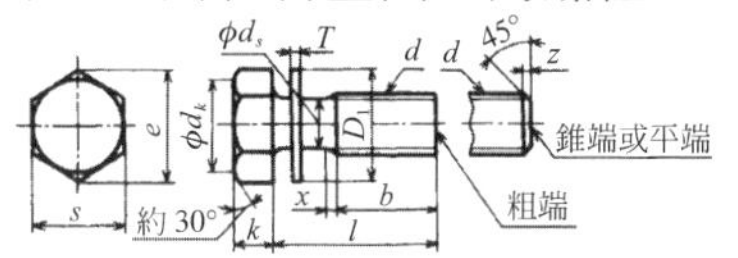

圖 8.16　組合墊圈六角螺栓

⑧　有凸緣六角螺栓、螺帽：螺栓及螺帽的六角部分以鍛粗法成形時(參閱第 6 章)，可將墊圈同時成形，JIS 對大小爲M5～M16者之規定爲JIS B 1189、1190，圖 8.17，圖 8.18 爲其一例。

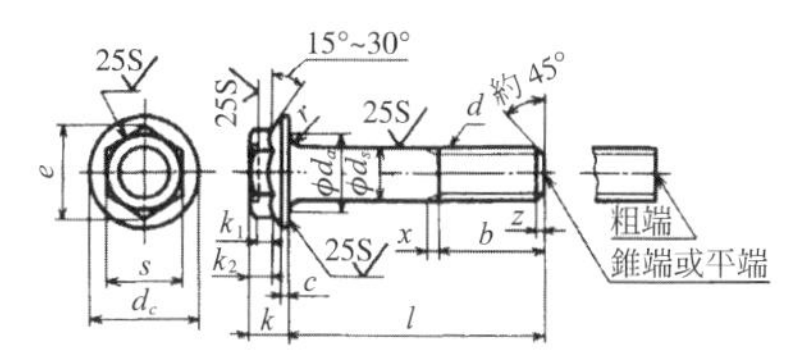

圖 8.17　有凸緣六角螺栓

(公稱徑螺紋：標準形)

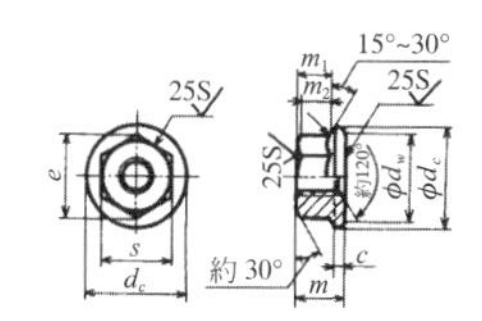

圖 8.18　有凸緣六角螺帽

⑨　基座螺栓：機械之本體安裝於地面時，可將螺栓之一端加工成各種形狀插入混泥土中永久固定，形狀依使用目的不同而異，圖 8.19 爲JIS B 1178 對基座螺栓之形狀及名稱之規定。

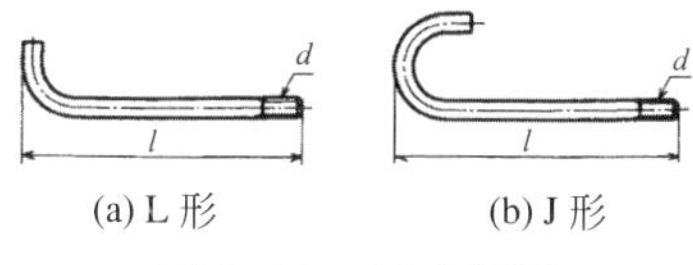

圖 8.19　基座螺紋

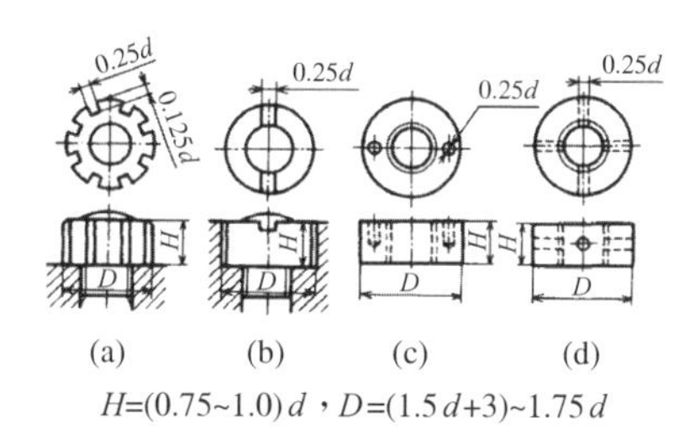

H=(0.75~1.0) d，D=(1.5 d+3)~1.75 d

圖 8.20　圓螺帽

⑩　圓形螺帽：外形呈圓形且在外週切槽、或頂面、側面開 2～4 個槽孔之螺帽，圖 8.20 所示爲常用之圓形螺帽。

5.　螺紋零件之公差方式

上述之螺紋零件，在生產製造時當然有公差設定。表 8.71 爲 JIS 制訂，具有一般用公制螺紋之螺栓、螺釘，植入式螺栓及螺帽公差，零件依其粗細分成 A、B 及 C3 種等級，分別規定其公差範圍。零件等級不僅關係到製品的品質水準，也關係到公差的大小，零件等級 A 較 B，B 較 C 嚴格。適用於精密機器零件之 F 級，則由規定中削除。此外，複製螺紋公差亦省略之。

表 8.71 螺紋零件之公差(JIS B 1021)

螺栓、螺紋及植入式螺帽之尺寸公差

1. 公差水準

項目及形狀	零件等級對應公差		
	A	B	C
軸部及座面	精 (close)	精 (close)	粗 (wide)
除此之外之形狀	精 (close)	粗 (wide)	粗 (wide)

2. 陽螺紋

項目及形狀	零件等級對應公差		
	A	B	C
	6g	6g	8g 強度區分 8.8 以上爲 6g

〔摘要〕對於特定零件及皮膜處理零件之齒峰，其他公差域等級依各別零件規格規定之。

3. 鎖緊部之形狀

(1) 外側形狀

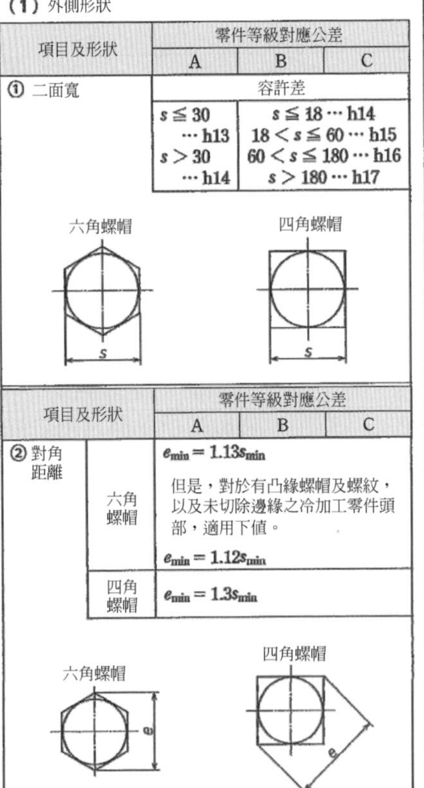

項目及形狀	零件等級對應公差		
	A	B	C
① 二面寬	容許差		
	$s \leqq 30$ … h13 $s > 30$ … h14	$s \leqq 18$ … h14 $18 < s \leqq 60$ … h15 $60 < s \leqq 180$ … h16 $s > 180$ … h17	

項目及形狀		零件等級對應公差		
		A	B	C
② 對角距離	六角螺帽	$e_{min} = 1.13s_{min}$ 但是，對於有凸緣螺帽及螺紋，以及未切除邊緣之冷加工零件頭部，適用下值。 $e_{min} = 1.12s_{min}$		
	四角螺帽	$e_{min} = 1.3s_{min}$		

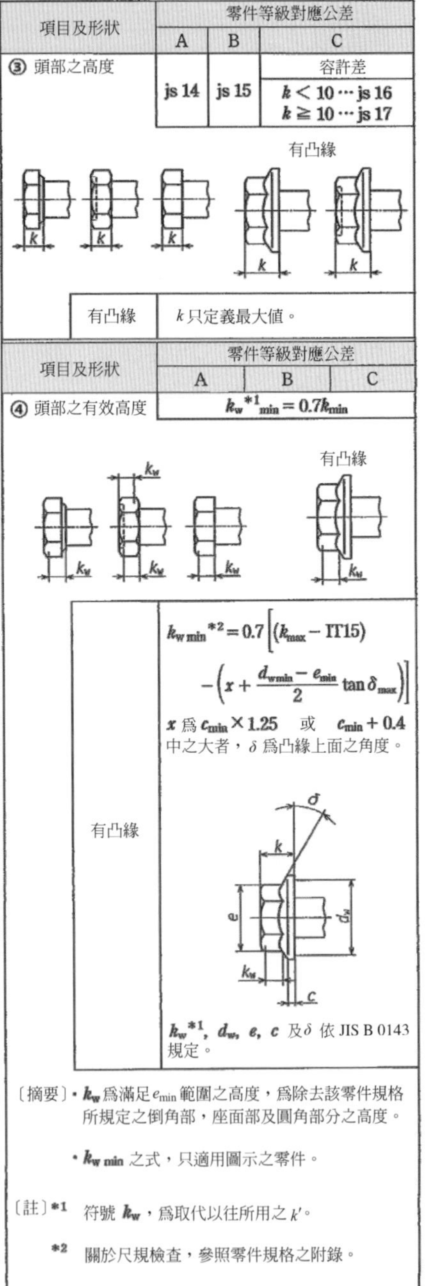

項目及形狀	零件等級對應公差		
	A	B	C
③ 頭部之高度	js 14	js 15	容許差 $k < 10$ … js 16 $k \geqq 10$ … js 17
有凸緣	k 只定義最大值。		

項目及形狀	零件等級對應公差		
	A	B	C
④ 頭部之有效高度	$k_w{}^{*1}{}_{min} = 0.7k_{min}$		
有凸緣	$k_{w\,min}{}^{*2} = 0.7\left[(k_{max} - \mathrm{IT15}) - \left(x + \dfrac{d_{w\,min} - e_{min}}{2}\tan\delta_{max}\right)\right]$ x 爲 $c_{min} \times 1.25$ 或 $c_{min} + 0.4$ 中之大者，δ 爲凸緣上面之角度。 $k_w{}^{*1}$, d_w, e, c 及 δ 依 JIS B 0143 規定。		

〔摘要〕• k_w 爲滿足 e_{min} 範圍之高度，爲除去該零件規格所規定之倒角部，座面部及圓角部分之高度。

• $k_{w\,min}$ 之式，只適用圖示之零件。

〔註〕*1 符號 k_w，爲取代以往所用之 k'。

*2 關於尺規檢查，參照零件規格之附錄。

表 8.71　螺紋零件之公差(JIS B 1021)(續)

(2) 內側形狀

項目及形狀	零件等級對應公差					
	A					
① 六角孔	$e_{min}=1.14s_{min}$					
	s	容許差	s	容許差	s	容許差
	0.7	EF8	2.5	D11	8	E12
	0.9	JS9	3	D11	10	E12
	1.3	K9	4	E11	12	E12
	1.5	D11	5	E12	14	E12
	2	D11	6	E12	＞14	D12

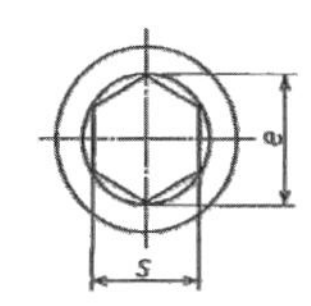

項目及形狀	零件等級對應公差					
	A					
② 一字孔	n	容許差	n	容許差	n	容許差
	≦1	+0.20 +0.06	1＞, ≦3	+0.31 +0.06	3＞, ≦6	+0.37 +0.07

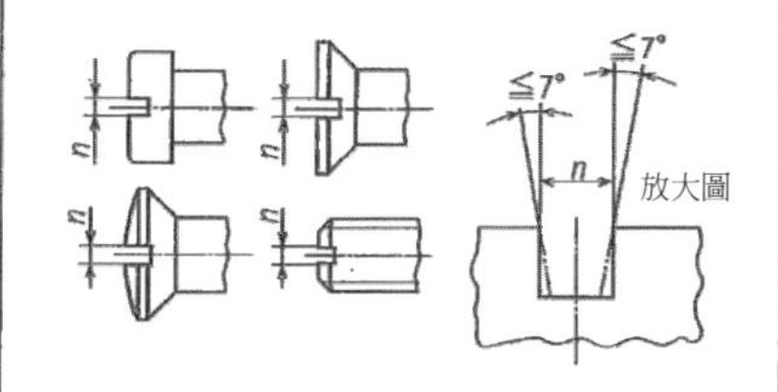

〔摘要〕公差域如下規定。

$n\leqq1$ 時 C13

$n>1$ 時 C14

項目及形狀	零件等級對應公差
	A
③ 六角孔之一字孔深度	六角孔及一字孔深度，零件規格只規定最小值。受限於最小壁厚 W。

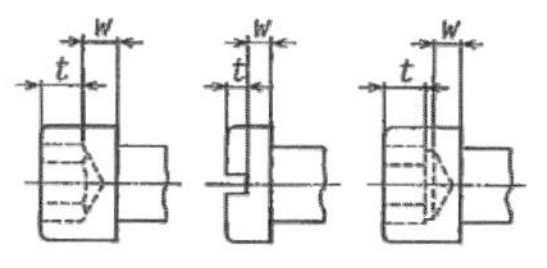

〔摘要〕目前，一般可應用之公差並無規定。

項目及形狀	零件等級對應公差		
	A	B	C
④ 十字孔	溝槽深度以外之所有尺寸，依 JIS B1012 規定。溝槽深度則依該零件規格。		
⑤ 放射狀六角孔	溝槽深度以外之所有尺寸，依 JIS B1015 規定。溝槽深度則依該零件規格。		

4. 其他形狀

(1) 頭部直徑

項目及形狀	零件等級對應公差
	A
①	h13 *

〔註〕有側面止滑之頭部，為±IT13。

項目及形狀	零件等級對應公差
	A
②	h14

〔摘要〕平頭螺紋，依 JIS B 1013 或 JIS B 1194，綜合檢查頭部直徑與高度。

(2) 頭部高度(六角頭除外)

項目及形狀	零件等級對應公差
	A
①	≦M5…h13 ＞M5…h14

項目及形狀	零件等級對應公差		
	A	B	C
②	平頭螺紋之 k，零件規格中只定義最大值。		

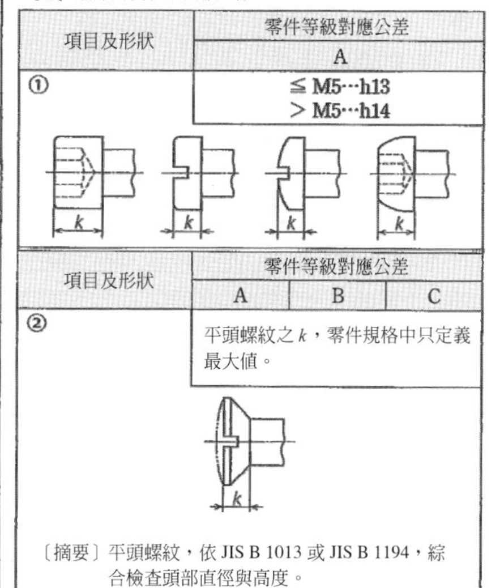

〔摘要〕平頭螺紋，依 JIS B 1013 或 JIS B 1194，綜合檢查頭部直徑與高度。

表 8.71 螺紋零件之公差(JIS B 1021)(續)

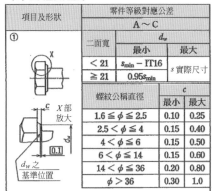

(3) 座面直徑及座高

項目及形狀	零件等級對應公差		
	A～C		
①	二面寬	d_w 最小	d_w 最大
	< 21	s_{min} − IT16	s 實際尺寸
	≧ 21	$0.95s_{min}$	

螺紋公稱直徑	c 最小	c 最大
1.6 ≦ ϕ ≦ 2.5	0.10	0.25
2.5 < ϕ ≦ 4	0.15	0.40
4 < ϕ ≦ 6	0.15	0.50
6 < ϕ ≦ 14	0.15	0.60
14 < ϕ ≦ 36	0.20	0.80
ϕ > 36	0.30	1.0

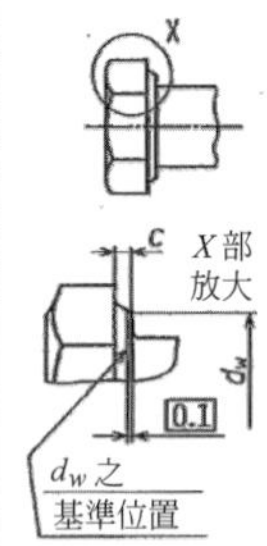

〔摘要〕零件等級 C 之零件，沒有座亦可。

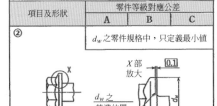

項目及形狀	零件等級對應公差		
	A	B	C
②	d_w之零件規格中，只定義最小值		

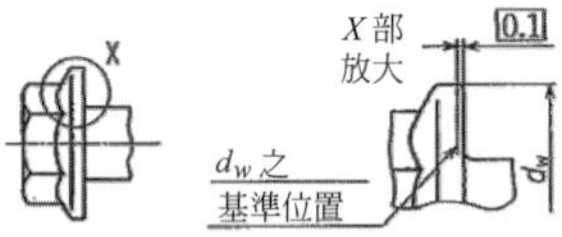

項目及形狀	零件等級對應公差	
	A	
③	螺紋公稱直徑	d_w
以上	以下	最小
	2.5	$d_{k\,min}$ − 0.14
2.5	5	$d_{k\,min}$ − 0.25
5	10	$d_{k\,min}$ − 0.4
10	16	$d_{k\,min}$ − 0.5
16	24	$d_{k\,min}$ − 0.8
24	36	$d_{k\,min}$ − 1
36	—	$d_{k\,min}$ − 1.2

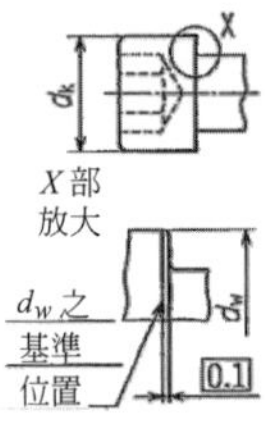

項目及形狀	零件等級對應公差		
	A	B	C
④	無脫離溝槽零件之d_a，依 JIS B 1005 規定。		

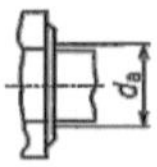

〔摘要〕有脫離溝槽零件之d_a，參照該零件規格。

(4) 長度

項目及形狀	零件等級對應公差		
	A	B	C
	js15	js17	l ≦ 150…js17 l > 150…± IT17

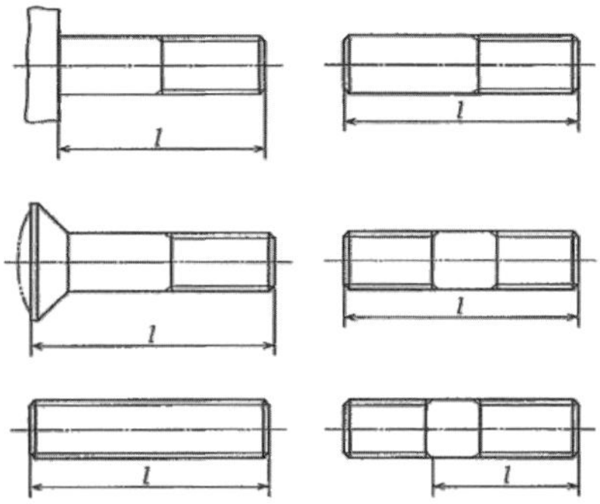

(5) 螺紋部長度

項目及形狀	零件等級對應公差		
	A	B	C
① 螺栓	b^{+2P}_{0}	b^{+2P}_{0}	b^{+2P}_{0}
② 兩頭螺栓	b^{+2P}_{0}	b^{+2P}_{0}	b^{+2P}_{0}
③ 植入式螺栓	b^{+2P}_{0} $b_m$js16	b^{+2P}_{0} $b_m$js17	b^{+2P}_{0} $b_m$js17

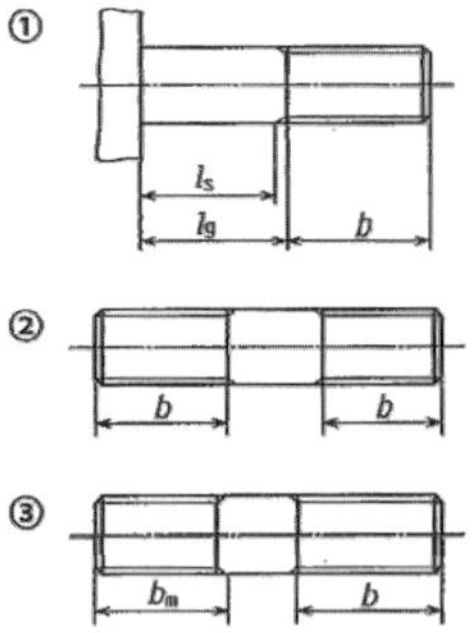

〔摘要〕
- P 爲螺距。
- l_s 爲無螺紋圓筒部之最小長度。
- l_g 爲無螺紋圓筒部之最大長度，最小之螺紋長度(clamping length)。
- 關於尺寸 b，$+2P$ 之容許差，只在 l_s，l_g 零件規格中未規定場合適用。
- b_m 爲植入式螺栓側之長度。

表 8.71 螺紋零件之公差(JIS B 1021)(續)

(6) 圓筒部直徑

項目及形狀	零件等級對應公差		
	A	B	C
	h13 *	h14 *	± IT15 *
	圓筒部直徑≒螺紋有效直徑		

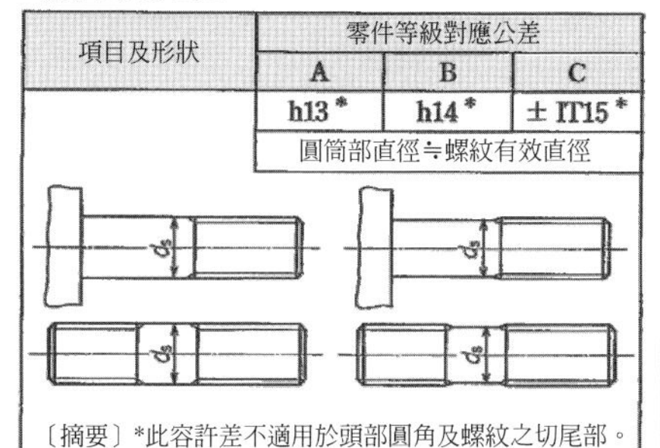

〔摘要〕*此容許差不適用於頭部圓角及螺紋之切尾部。

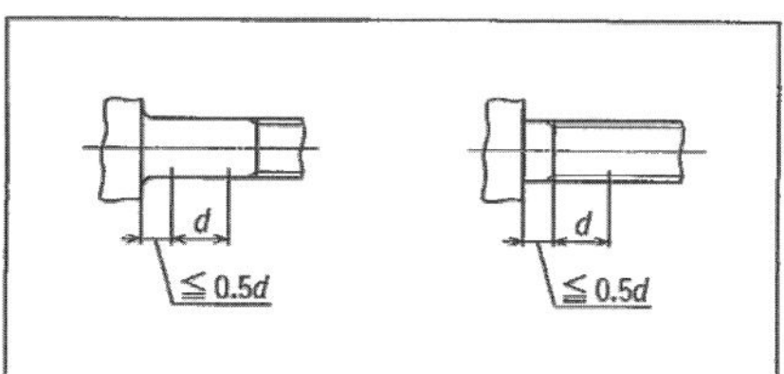

〔註〕[*1] 數據 A，盡可能取接近頭部座面，為自座面距離 0.5 *d* 以下。此外，包括所有圓筒部，或所有的螺紋部，不含螺紋切尾部及頭部圓角部。
[*2] MD 代表公差對應於螺紋之外徑圓筒軸線所賦予的公差。(參考 JIS B0021)。
[*3] 適用 3 方向。

(b) 螺栓、螺紋及植入式螺栓之幾何公差。

1. 鎖緊部之形狀

(1) 形狀

① 外側形狀

② 內側形狀

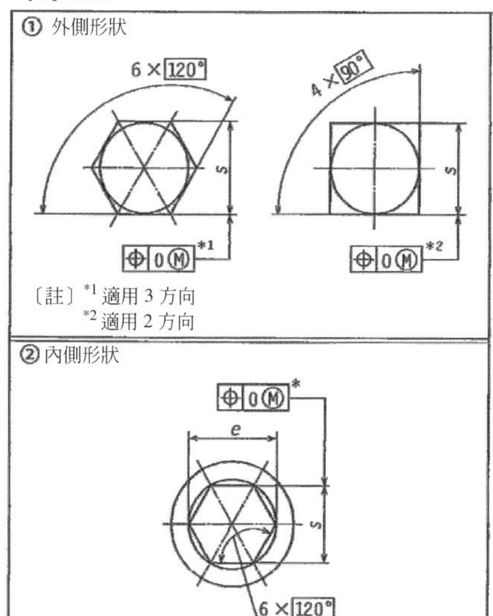

① 〔註〕[*1] 適用 3 方向
[*2] 適用 2 方向

② 〔註〕* 適用 3 方向

(2) 位置度公差

項目及形狀	零件等級對應公差			*t* 基準尺寸
	A	B	C	
①	2 IT13	2 IT14	2 IT15	*s*

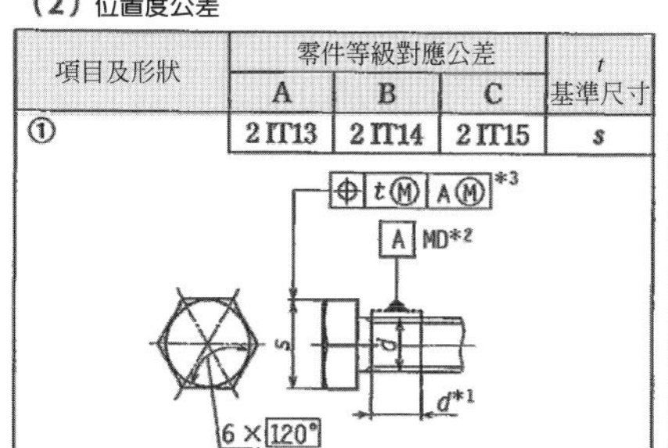

項目及形狀	零件等級對應公差			*t* 基準尺寸
	A	B	C	
②	2 IT13	2 IT14	—	*s*

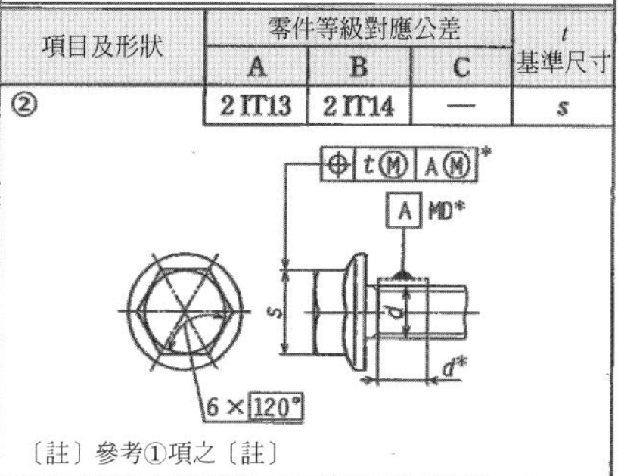

〔註〕參考①項之〔註〕

項目及形狀	零件等級對應公差			*t* 基準尺寸
	A	B	C	
③	2 IT13	—	—	*d*

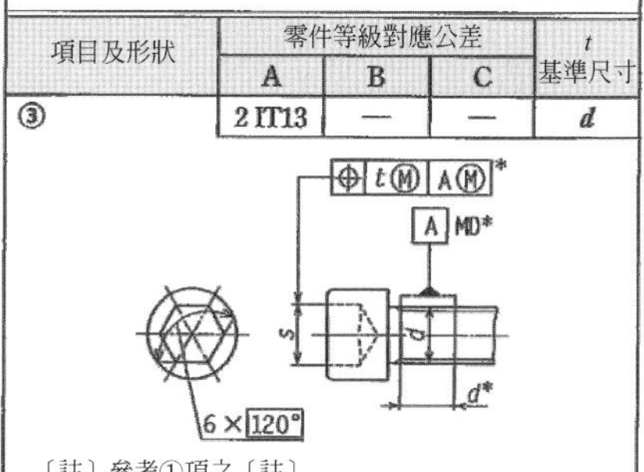

〔註〕參考①項之〔註〕

項目及形狀	零件等級對應公差			*t* 基準尺寸
	A	B	C	
④	2 IT13	—	—	*d*

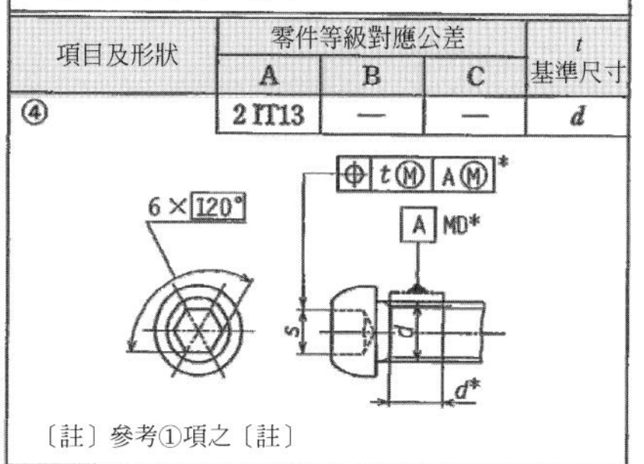

〔註〕參考①項之〔註〕

表 8.71　螺紋零件之公差(JIS B 1021)(續)

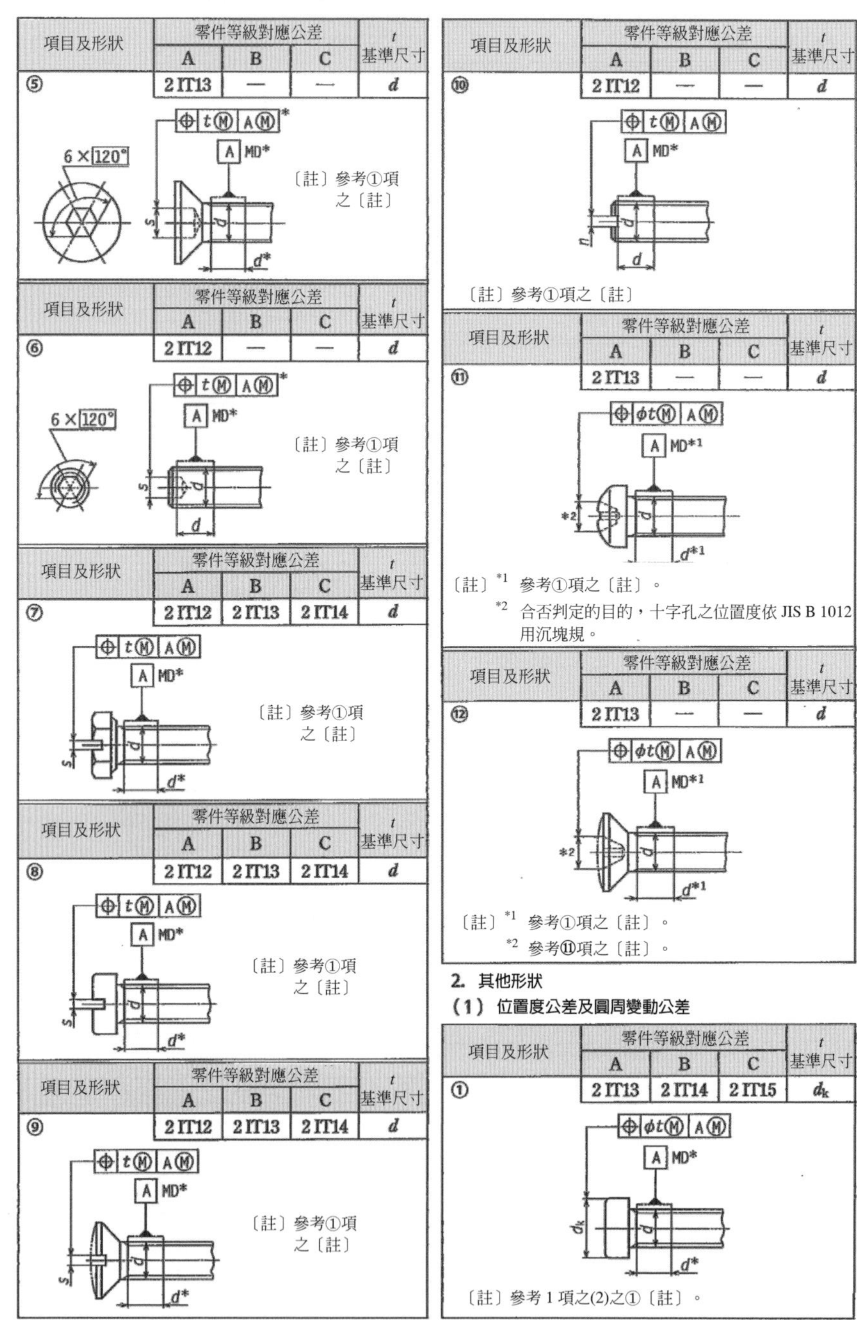

項目及形狀	零件等級對應公差			t 基準尺寸
	A	B	C	
⑤	2 IT13	—	—	d
〔註〕參考①項之〔註〕				

項目及形狀	零件等級對應公差			t 基準尺寸
	A	B	C	
⑥	2 IT12	—	—	d
〔註〕參考①項之〔註〕				

項目及形狀	零件等級對應公差			t 基準尺寸
	A	B	C	
⑦	2 IT12	2 IT13	2 IT14	d
〔註〕參考①項之〔註〕				

項目及形狀	零件等級對應公差			t 基準尺寸
	A	B	C	
⑧	2 IT12	2 IT13	2 IT14	d
〔註〕參考①項之〔註〕				

項目及形狀	零件等級對應公差			t 基準尺寸
	A	B	C	
⑨	2 IT12	2 IT13	2 IT14	d
〔註〕參考①項之〔註〕				

項目及形狀	零件等級對應公差			t 基準尺寸
	A	B	C	
⑩	2 IT12	—	—	d
〔註〕參考①項之〔註〕				

項目及形狀	零件等級對應公差			t 基準尺寸
	A	B	C	
⑪	2 IT13	—	—	d
〔註〕*1 參考①項之〔註〕。*2 合否判定的目的，十字孔之位置度依 JIS B 1012 用沉塊規。				

項目及形狀	零件等級對應公差			t 基準尺寸
	A	B	C	
⑫	2 IT13	—	—	d
〔註〕*1 參考①項之〔註〕。*2 參考⑪項之〔註〕。				

2. 其他形狀

(1) 位置度公差及圓周變動公差

項目及形狀	零件等級對應公差			t 基準尺寸
	A	B	C	
①	2 IT13	2 IT14	2 IT15	d_k
〔註〕參考 1 項之(2)之①〔註〕。				

表 8.71　螺紋零件之公差(JIS B 1021)(續)

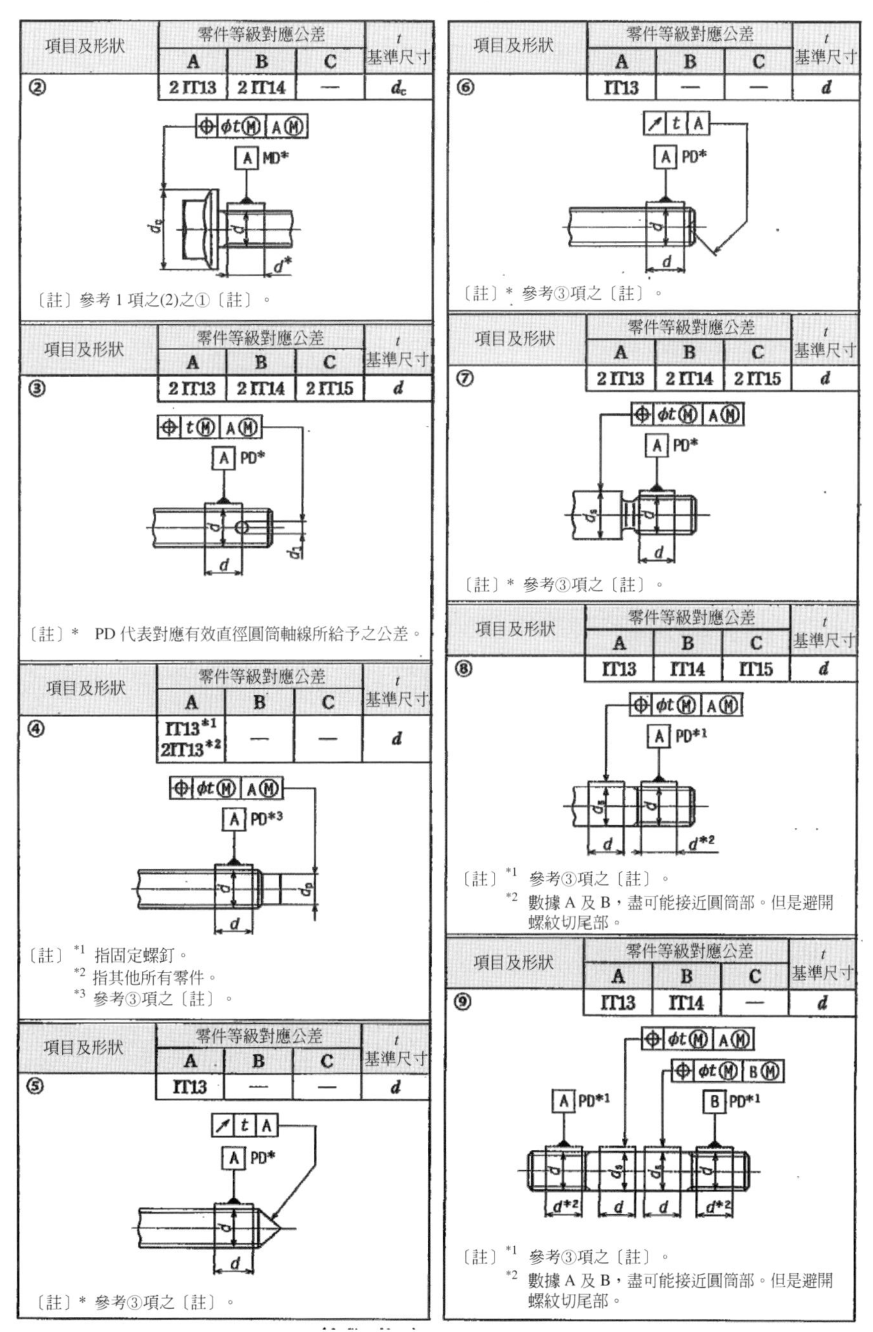

項目及形狀	零件等級對應公差			t 基準尺寸
	A	B	C	
②	2 IT13	2 IT14	—	d_c

〔註〕參考 1 項之(2)之①〔註〕。

項目及形狀	零件等級對應公差			t 基準尺寸
	A	B	C	
③	2 IT13	2 IT14	2 IT15	d

〔註〕* PD 代表對應有效直徑圓筒軸線所給予之公差。

項目及形狀	零件等級對應公差			t 基準尺寸
	A	B	C	
④	IT13*1 2IT13*2	—	—	d

〔註〕*1 指固定螺釘。
*2 指其他所有零件。
*3 參考③項之〔註〕。

項目及形狀	零件等級對應公差			t 基準尺寸
	A	B	C	
⑤	IT13	—	—	d

〔註〕* 參考③項之〔註〕。

項目及形狀	零件等級對應公差			t 基準尺寸
	A	B	C	
⑥	IT13	—	—	d

〔註〕* 參考③項之〔註〕。

項目及形狀	零件等級對應公差			t 基準尺寸
	A	B	C	
⑦	2 IT13	2 IT14	2 IT15	d

〔註〕* 參考③項之〔註〕。

項目及形狀	零件等級對應公差			t 基準尺寸
	A	B	C	
⑧	IT13	IT14	IT15	d

〔註〕*1 參考③項之〔註〕。
*2 數據 A 及 B，盡可能接近圓筒部。但是避開螺紋切尾部。

項目及形狀	零件等級對應公差			t 基準尺寸
	A	B	C	
⑨	IT13	IT14	—	d

〔註〕*1 參考③項之〔註〕。
*2 數據 A 及 B，盡可能接近圓筒部。但是避開螺紋切尾部。

表 8.71 螺紋零件之公差(JIS B 1021)(續)

(2) 真直度

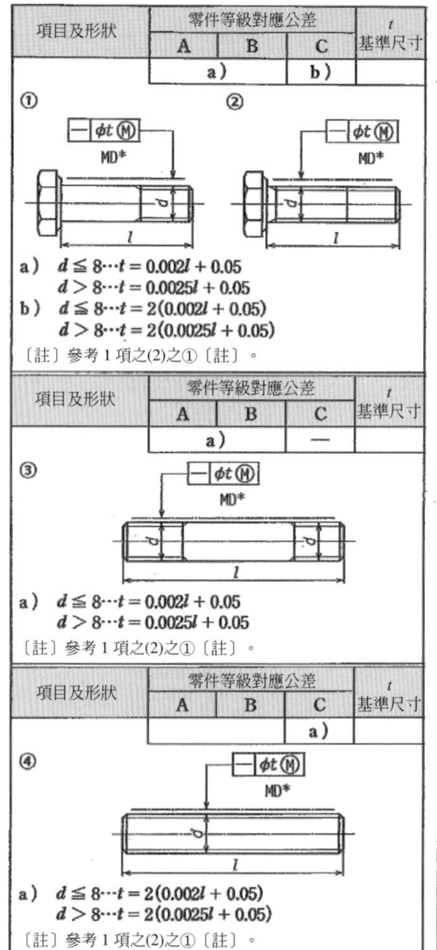

a) $d \leqq 8 \cdots t = 0.002l + 0.05$
$d > 8 \cdots t = 0.0025l + 0.05$
b) $d \leqq 8 \cdots t = 2(0.002l + 0.05)$
$d > 8 \cdots t = 2(0.0025l + 0.05)$

〔註〕參考 1 項之(2)之①〔註〕。

項目及形狀	零件等級對應公差			t 基準尺寸
	A	B	C	
③	a)		—	

a) $d \leqq 8 \cdots t = 0.002l + 0.05$
$d > 8 \cdots t = 0.0025l + 0.05$

〔註〕參考 1 項之(2)之①〔註〕。

項目及形狀	零件等級對應公差			t 基準尺寸
	A	B	C	
④			a)	

a) $d \leqq 8 \cdots t = 2(0.002l + 0.05)$
$d > 8 \cdots t = 2(0.0025l + 0.05)$

〔註〕參考 1 項之(2)之①〔註〕。

(3) 全變動

項目及形狀	零件等級對應公差 A B	C	t 基準尺寸
①	0.04	—	1.6
			2
	0.08		2.5
			3
			3.5
			4
	0.15	0.3	5
			6
②	0.15	0.3	7
	0.17	0.34	8
	0.21	0.42	10
	0.25	0.50	12
	0.29	0.58	14
	0.34	0.68	16
	0.38	0.76	18
	0.42	0.84	20
③	0.46	0.92	22
	0.50	1.00	24
	0.57	1.14	27
	0.63	1.26	30
	0.69	1.38	33
	0.76	1.52	36
	0.82	1.64	39
④	0.44	0.88	42
	0.47	0.94	45
	0.50	1	48
	0.55	1.1	52
⑤			
⑥			

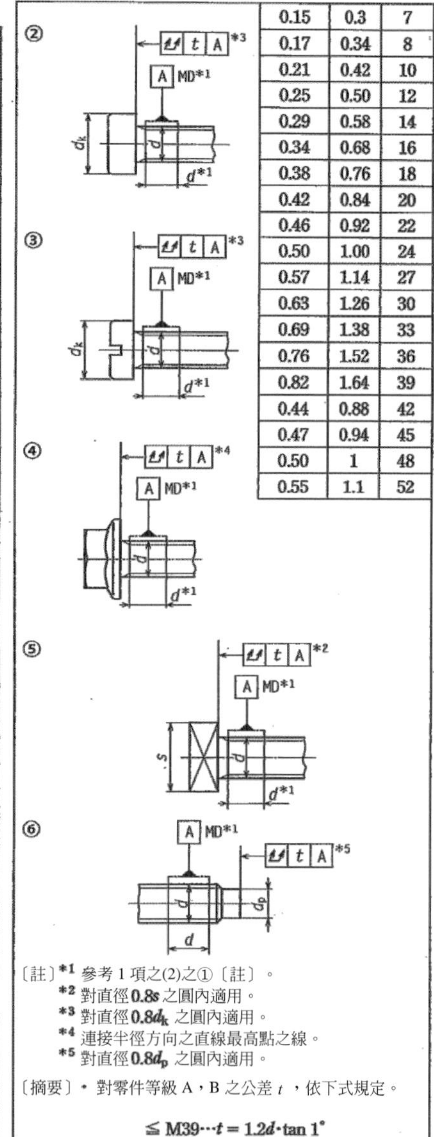

〔註〕*1 參考 1 項之(2)之①〔註〕。
*2 對直徑 **0.8*s*** 之圓內適用。
*3 對直徑 **$0.8d_k$** 之圓內適用。
*4 連接半徑方向之直線最高點之線。
*5 對直徑 **$0.8d_p$** 之圓內適用。

〔摘要〕
- 對零件等級 A，B 之公差 t，依下式規定。

$$\leqq \text{M39} \cdots t = 1.2d \cdot \tan 1^\circ$$
$$> \text{M39} \cdots t = 1.2d \cdot \tan 0.5^\circ$$

- 零件等級 C 之公差 t。為等級 A 及 B 公差之 2 倍。
- 有凸緣螺栓場合，適用 F 型座面及 U 型座面。
- ⑥只對棒尖適用，導管尖不適用。

表 8.71 螺紋零件之公差(JIS B 1021)(續)

(4) 自座面形狀的偏差

項目及形狀	零件等級對應公差			t 基準尺寸
	A	B	C	
	$0.005d$			d

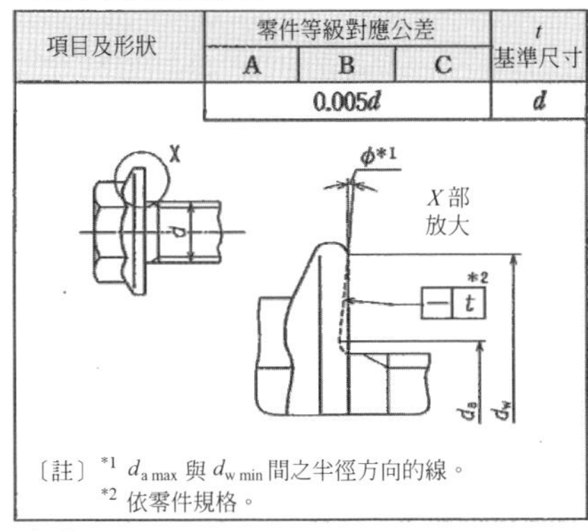

〔註〕*1 $d_{a\,max}$ 與 $d_{w\,min}$ 間之半徑方向的線。
*2 依零件規格。

(c) 螺帽尺寸公差

1. 公差水準

項目及形狀	零件等級對應公差		
	A	B	C
座面	精 (close)	精 (close)	粗 (wide)
其他之形狀	精 (close)	粗 (wide)	粗 (wide)

2. 陰螺紋

項目及形狀	零件等級對應公差		
	A	B	C
	6H	6H	7H

① $\geqq 0.5m_{max}$　$\geqq 0.5m_{max}$

$m \geq 0.8d$ 高度之螺帽，至少要在 $0.5m_{max}$ 之範圍內，陰螺紋內徑必須在規定之公差範圍內(只對≥ M3 尺寸者)。

② $\geqq 0.35m_{max}$

$0.5d \leq m \leq 0.8d$ 高度之螺帽，至少要在 $0.35m_{max}$ 範圍內，陰螺紋內徑必須在規定之公差範圍內。

③ * * $\leqq 0.35d$　$\leqq 0.35d$

止鎖形螺帽，不含止鎖部之端面 $0.35d$ 以下高度之範圍內，陰螺紋內徑超過規定之公差範圍亦可。

〔註〕* 外形依止鎖形螺帽之形狀而異。

〔摘要〕(①～③)
對於特定零件或皮膜處理零件之螺紋峰，各公差範圍在各別零件規格中規定。

3. 鎖緊部之形狀

項目及形狀	零件等級對應公差		
	A	B	C
① 二面寬	容許差		
	$s \leqq 30$ …h13 $s > 30$ …h14	$s \leqq 18$ … h14 $18 < s \leqq 60$ … h15 $60 < s \leqq 180$ … h16 $s > 180$ … h17	

項目及形狀	零件等級對應公差		
	A	B	C
② 對角距離	$e_{min} = 1.13s_{min}$ (六角螺帽) $e_{min} = 1.3s_{min}$ (四角螺帽)		

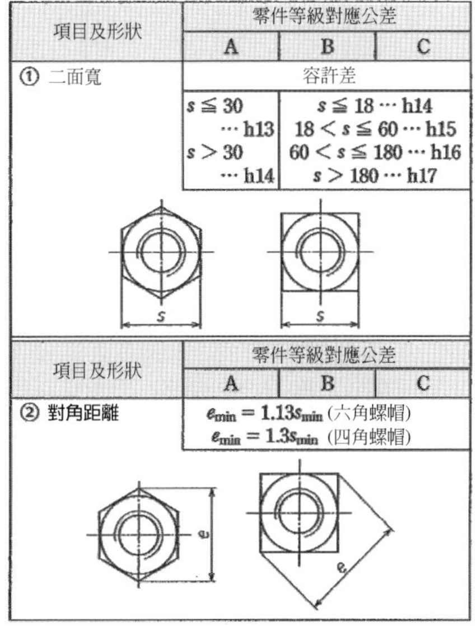

4. 其他形狀

(1) 螺帽高度

項目及形狀	零件等級對應公差		
	A	B	C
	$d \leqq 12$ mm…h14 $12 < d \leqq 18$ mm…h15 $d > 18$ mm…h16		h17

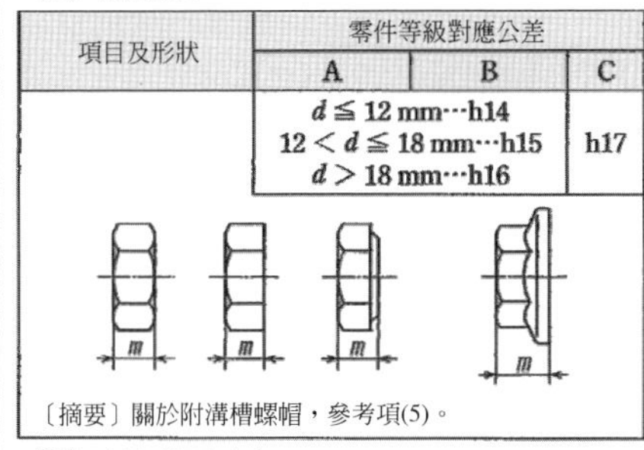

〔摘要〕關於附溝槽螺帽，參考項(5)。

(2) 止鎖形螺之高度

項目及形狀	零件等級對應公差		
	A	B	C
	h 尺寸公差，零件規格		

① 附有非金屬插入材　　② 全金屬製六角螺帽

h　h

表 8.71　螺紋零件之公差(JIS B 1021)(續)

(3) 螺帽之有效高度

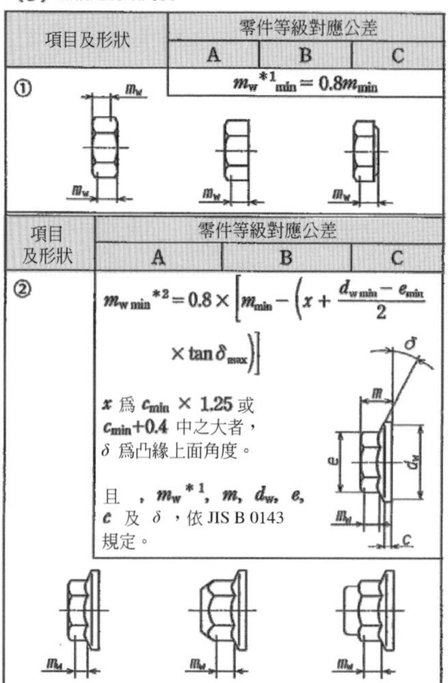

項目及形狀	零件等級對應公差		
	A	B	C
①	$m_w{}^{*1}{}_{min} = 0.8 m_{min}$		

項目及形狀	零件等級對應公差		
	A	B	C
②	$m_{w\,min}{}^{*2} = 0.8 \times \left[m_{min} - \left(x + \frac{d_{w\,min} - e_{min}}{2} \times \tan\delta_{max} \right) \right]$ x 為 $c_{min} \times 1.25$ 或 $c_{min}+0.4$ 中之大者，δ 為凸緣上面角度。 且，$m_w{}^{*1}$, m, d_w, e, c 及 δ，依 JIS B 0143 規定。		

〔註〕(①及②)

*1 符號 m_w 爲取代以往所用 m' 符號。

*2 關於塊規檢查，參考零件規格之附錄 A。

〔摘要〕(①及②)

- m_w 爲滿足 e_{min} 範圍之高度，除了該零件規格所規定之倒角部，座面部及圓角部分。
- $m_{w\,min}$ 之式，只適用圖示之部分。

(4) 座面直徑 B 座高

項目及形狀	零件等級對應公差 A～C		
①	二面寬	d_w 最小	d_w 最大
	< 21	s_{min}−IT16	s 實尺寸
	≧ 21	$0.95 s_{min}$	

螺紋公稱直徑 ϕ	c 最小	c 最大
$1.6 \leqq \phi \leqq 2.5$	0.10	0.25
$2.5 < \phi \leqq 4$	0.15	0.40
$4 < \phi \leqq 6$	0.15	0.50
$6 < \phi \leqq 14$	0.15	0.60
$14 < \phi \leqq 36$	0.2	0.8
$\phi > 36$	0.3	1.0

X 部放大

〔註〕* 相對 d_w 之基準位置。

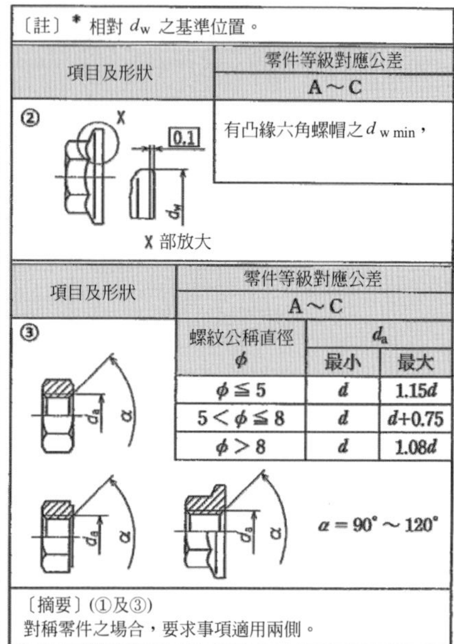

項目及形狀	零件等級對應公差 A～C
② X 部放大	有凸緣六角螺帽之 $d_{w\,min}$，

項目及形狀	螺紋公稱直徑 ϕ	d_a 最小	d_a 最大
③	$\phi \leqq 5$	d	$1.15d$
	$5 < \phi \leqq 8$	d	$d+0.75$
	$\phi > 8$	d	$1.08d$

$\alpha = 90° \sim 120°$

〔摘要〕(①及③)
對稱零件之場合，要求事項適用兩側。

(5) 特別零件

項目及形狀		A	B	C
有溝槽螺帽	d_e	h14	h15	h16
	m	h14	h15	h17
	n	H14	H14	H15
	w	h14	h15	h17

m_w：參考型式 1 之六角螺帽之 m_w 值 (JIS B 1181)。

(d) 螺帽幾何公差

1. 鎖緊部之形狀

(1) 形狀

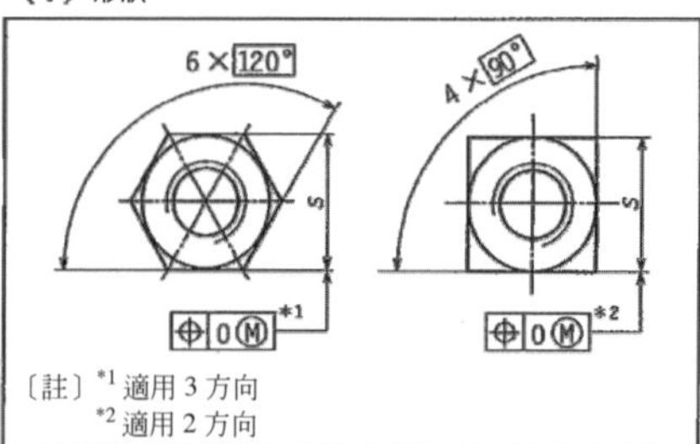

〔註〕*1 適用 3 方向
*2 適用 2 方向

表 8.71 螺紋零件之公差(JIS B 1021)(續)

(2) 位置度

項目及形狀	零件等級對應公差			t 基準尺寸
	A	B	C	
①	2 IT13	2 IT14	2 IT15	s
②	2 IT13	2 IT14	—	s
③	2 IT13	2 IT14	2 IT15	s

①

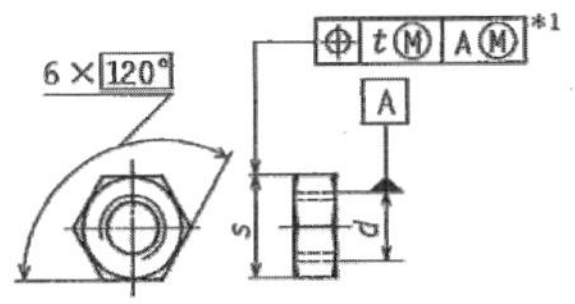

②

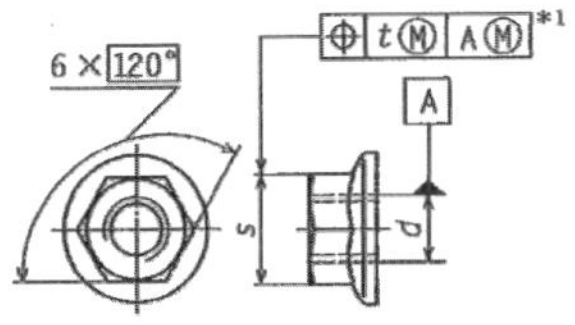

③

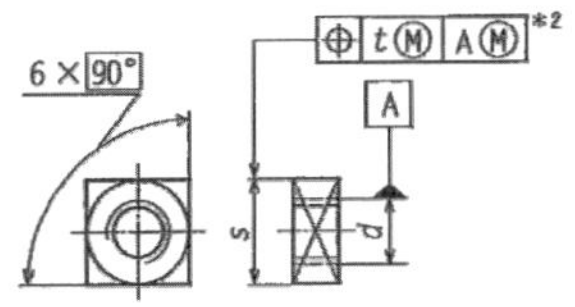

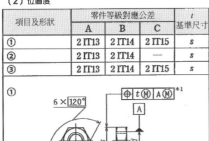

〔註〕[*1] 適用 3 方向
[*2] 適用 2 方向

2. 其他形狀

(1) 位置度

項目及形狀	零件等級對應公差			t 基準尺寸
	A	B	C	
①	2 IT14	2 IT15	—	d_c
②	2 IT13	2 IT14	2 IT15	d
③	2 IT13	2 IT14	—	d_k

①

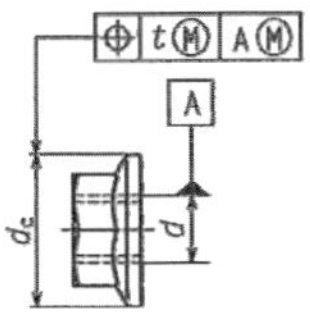

②

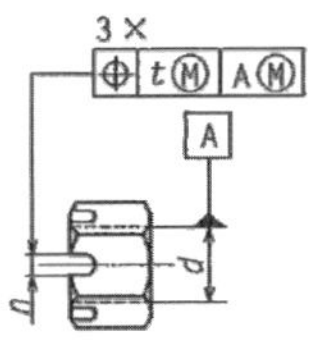

③

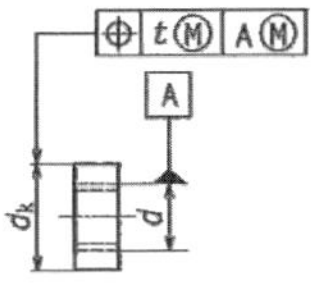

(2) 全變動

項目及形狀	零件等級對應公差		t 基準尺寸
	A B	C	
①	0.04	—	1.6
			2
	0.08		2.5
			3
			3.5
			4
②	0.15	0.3	5
			6
			7
	0.17	0.34	8
	0.21	0.42	10
	0.25	0.50	12
	0.29	0.58	14
③	0.34	0.68	16
	0.38	0.76	18
	0.42	0.84	20
	0.46	0.92	22
	0.50	1	24
	0.57	1.14	27
④	0.63	1.26	30
	0.69	1.38	33
	0.76	1.52	36
	0.82	1.64	39
	0.44	0.88	42
	0.47	0.94	45
	0.50	1	48
	0.55	1.1	52

①

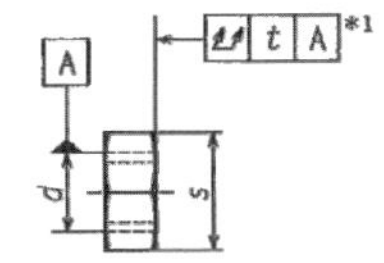

②

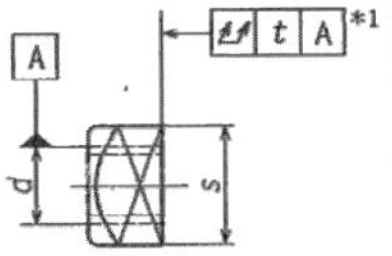

③

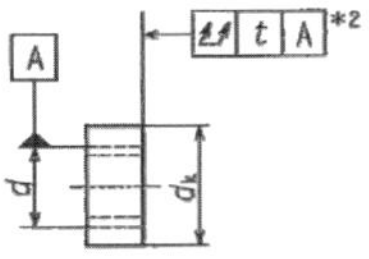

④

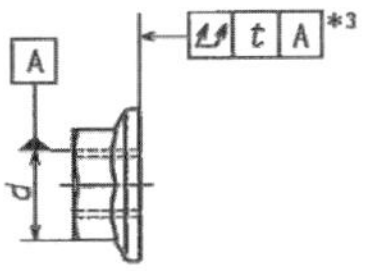

*1 適用直徑 $0.8s$ 之圓內
*2 適用直徑 $0.8d_k$ 之圓內
*3 連接半徑方向直線上最高點之線

〔摘要〕對稱零件場合，全變動之要求事項，適用兩側座面。

(3) 自座面形狀之偏差

項目及形狀	零件等級對應公差		
	A	B	C
	0.005d		

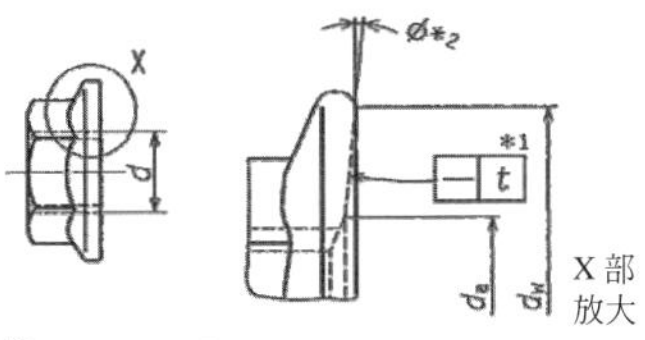

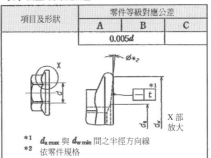

*1 $d_{a\,max}$ 與 $d_{w\,min}$ 間之半徑方向線
*2 依零件規格

6. 扳手、起子

扳手使用於螺栓、螺帽之拆裝，種類如下：

(1) **普通扳手**：圖 8.21(a)圖所示爲六角螺栓、方螺栓用開口板扳手，(a)圖爲單頭，(b)圖爲雙頭，兩者皆常使用，JIS 對普通扳手之形狀、標準尺寸之規定如表 8.72 所示。

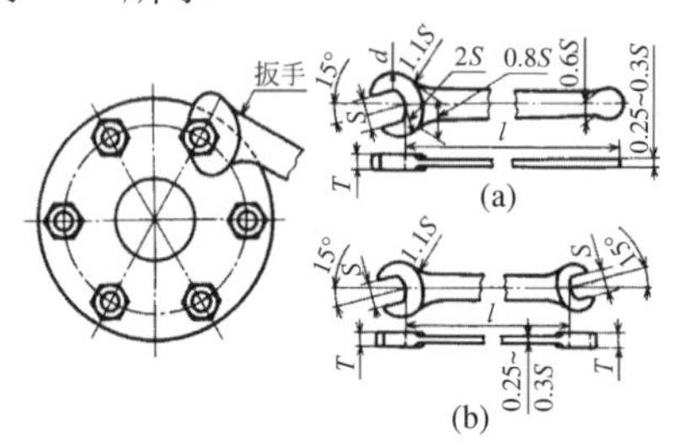

圖 8.21 普通扳手

除上述以外之六角螺栓、螺帽與方螺栓、螺帽用扳手如圖 8.22 所示，係應用於工具機等之工作。

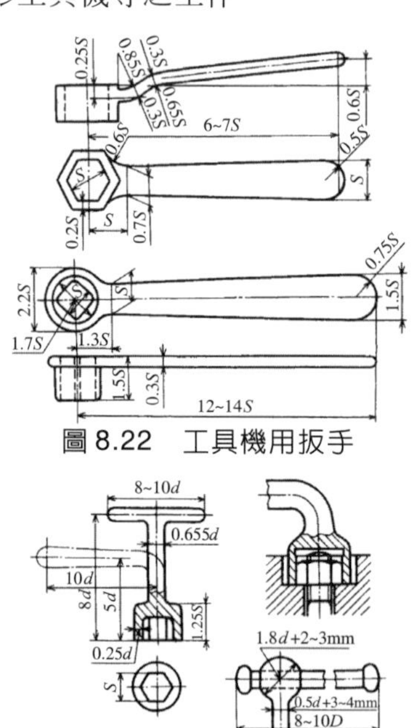

圖 8.22 工具機用扳手

圖 8.23 套筒扳手

(2) **套筒扳手**：螺栓之頭，或螺帽埋於圓孔中時使用之扳手(圖 8.23)。

(3) **螺樁扳手**：圖 8.24 所示爲螺樁用扳手。

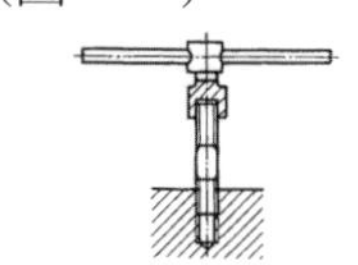

圖 8.24 螺栓扳手

(4) **起子**：JIS 對有柄螺絲起子之規定如表 8.74 所示，起子依扭轉力矩之大小可分強力級與普通級兩種，但其形狀及尺寸相同。

JIS B 4633 係十字螺絲起子之規定，其端部剖面呈十字槽，用於十字槽頭小螺釘(圖 8.25)。

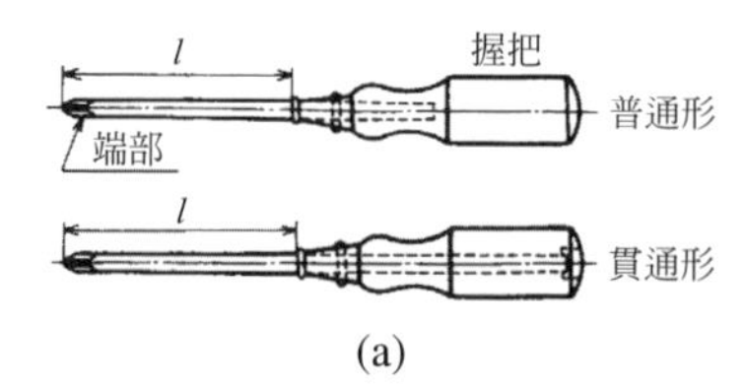

(a)

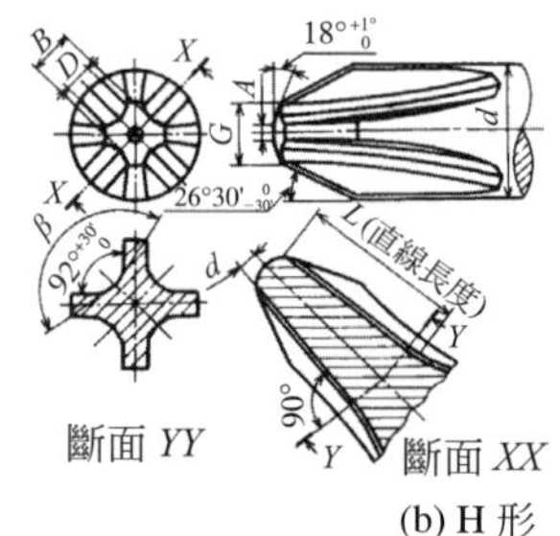

(單位 mm)

	稱呼號碼	l
H形	1 號	75
	2 號	100
	3 號	150
	4 號	200
S形	－	75

(b) H 形

圖 8.25 十字螺絲起子

(5) **六角扳手**：使用於六角槽頭螺栓或六角槽頭小螺絲之扳手(表 8.73)。

(6) **圓形螺帽起子**：圖 8.26 所示爲圓形螺帽用起子。

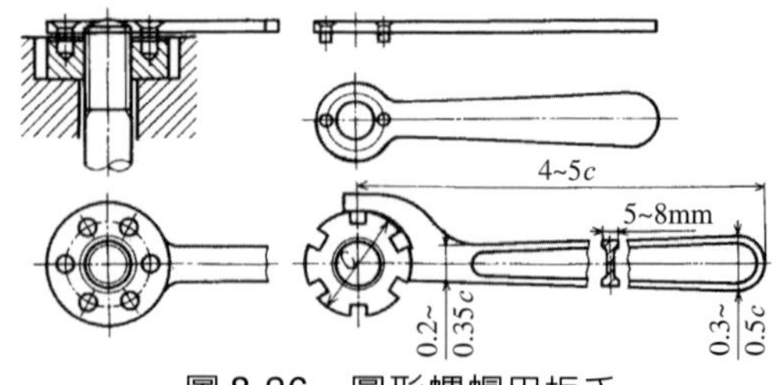

圖 8.26 圓形螺帽用扳手

表 8.72　開口扳手(JIS B 4630)

(a) 種類與等級

頭部形狀	開口數	等級與符號
圓形	單口、雙口	普通級N、強力級H
矛形	單口、雙口	S

(b) 圓形單口開口扳手

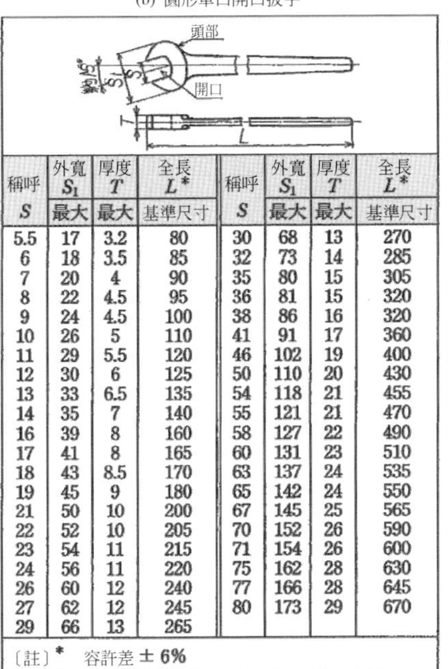

稱呼 S	外寬 S_1 最大	厚度 T 最大	全長 L* 基準尺寸	稱呼 S	外寬 S_1 最大	厚度 T 最大	全長 L* 基準尺寸
5.5	17	3.2	80	30	68	13	270
6	18	3.5	85	32	73	14	285
7	20	4	90	35	80	15	305
8	22	4.5	95	36	81	15	320
9	24	4.5	100	38	86	16	320
10	26	5	110	41	91	17	360
11	29	5.5	120	46	102	19	400
12	30	6	125	50	110	20	430
13	33	6.5	135	54	118	21	455
14	35	7	140	55	121	21	470
16	39	8	160	58	127	22	490
17	41	8	165	60	131	23	510
18	43	8.5	170	63	137	24	535
19	45	9	180	65	142	24	550
21	50	10	200	67	145	25	565
22	52	10	205	70	152	26	590
23	54	11	215	71	154	26	600
24	56	11	220	75	162	28	630
26	60	12	240	77	166	28	645
27	62	12	245	80	173	29	670
29	66	13	265				

〔註〕* 容許差 ± 6%

(c) 圓形雙口開口扳手

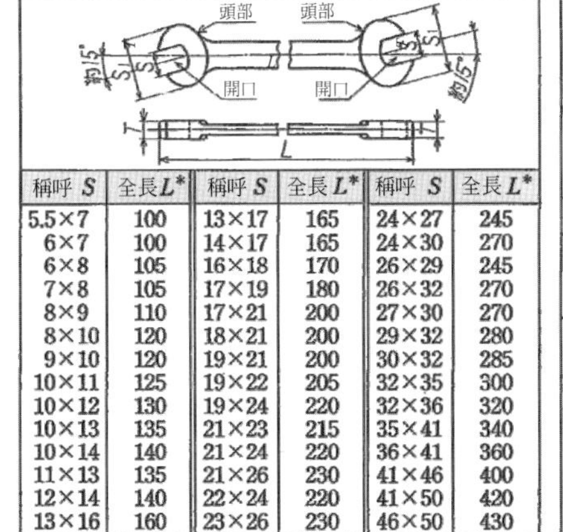

稱呼 S	全長 L*	稱呼 S	全長 L*	稱呼 S	全長 L*
5.5×7	100	13×17	165	24×27	245
6×7	100	14×17	165	24×30	270
6×8	105	16×18	170	26×29	245
7×8	105	17×19	180	26×32	270
8×9	110	17×21	200	27×30	270
8×10	120	18×21	200	29×32	280
9×10	120	19×21	200	30×32	285
10×11	125	19×22	205	32×35	300
10×12	130	19×24	220	32×36	320
10×13	135	21×23	215	35×41	340
10×14	140	21×24	220	36×41	360
11×13	135	21×26	230	41×46	400
12×14	140	22×24	220	41×50	420
13×16	160	23×26	230	46×50	430

〔註〕* 容許差 ± 6%

(d)矛形單口開口扳手　(單位 mm)

稱呼 S	外寬 S_1 最大	開口深度 F 最小	厚度 T 最大	全長 L* 基準尺寸	稱呼 S	外寬 S_1 最大	開口深度 F 最小	厚度 T 最大	全長 L* 基準尺寸
5.5	13	6	2.4	80	17	37	18.5	8	165
6	14	6.5	2.8	85	18	39	19.5	8	170
7	16	7.5	3.2	90	19	41	20.5	8.5	180
8	18	8.5	4	95	21	45.5	23	9	200
9	20	9.5	4.5	100	22	47.5	24	9.5	205
10	22	11	5	110	23	49.5	25	10	215
11	24	12	5.5	120	24	51.5	26	10	220
12	26.5	13	6	125	26	56	28.5	11	240
13	28.5	14	6.5	135	27	58	29.5	11	245
14	30.5	15	7	140	29	62	31.5	12	265
16	35	17.5	7.5	160	30	64	33	12	270

* 容許差 ± 6%

(e)矛形雙口開口扳手

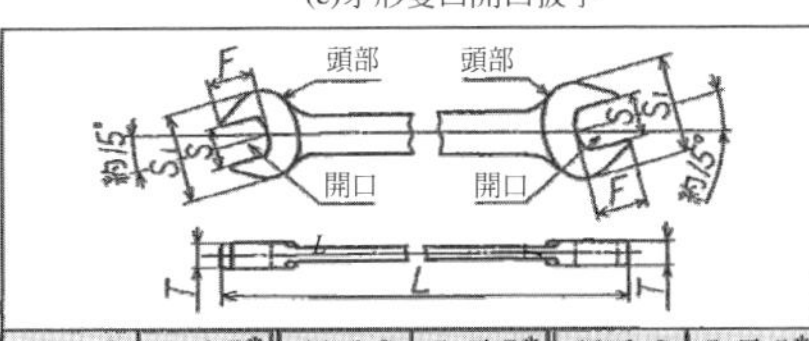

稱呼 S	全長 L*	稱呼 S	全長 L*	稱呼 S	全長 L*
5.5×7	100	12×14	140	21×24	220
6×7	100	13×16	160	21×26	230
6×8	105	13×17	165	22×24	220
7×8	105	14×17	165	23×26	230
8×9	110	16×18	170	24×27	245
8×10	120	17×19	180	24×30	270
9×10	120	17×21	200	26×29	245
10×11	125	18×21	200	26×32	270
10×12	130	19×21	200	27×30	270
10×13	135	19×22	205	29×32	280
10×14	140	19×24	220	30×32	285
11×13	135	21×23	215		

〔註〕* 容許差 ± 6%

〔備註〕雙口開口扳手 S，S_1，F 及 T 均分別參照單口開口扳手所對應稱呼規格的尺寸。

〔製品的稱呼方法〕開口扳手的稱呼方法是由規格編號或規格名稱、種類、等級及稱呼所組成。

〔例〕JIS B 4630 圓形雙口開口扳手強力形 8×10
開口扳手　矛形單口開口扳手 12

表 8.73 六角扳手(JIS B 4648)

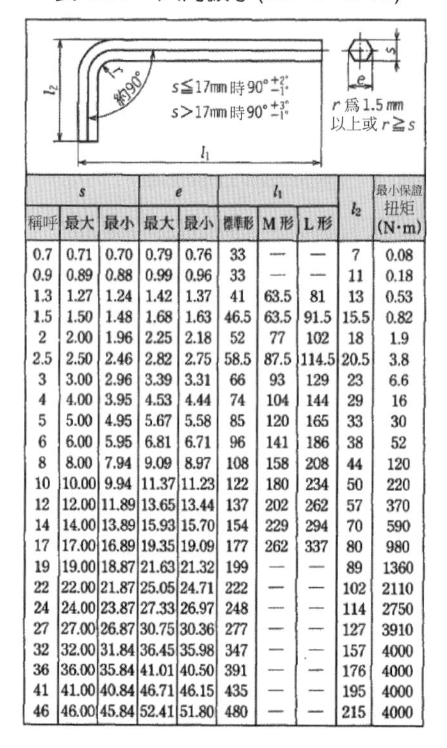

稱呼	s 最大	s 最小	e 最大	e 最小	l_1 標準形	l_1 M形	l_1 L形	l_2	最小保證扭矩 (N·m)
0.7	0.71	0.70	0.79	0.76	33	—	—	7	0.08
0.9	0.89	0.88	0.99	0.96	33	—	—	11	0.18
1.3	1.27	1.24	1.42	1.37	41	63.5	81	13	0.53
1.5	1.50	1.48	1.68	1.63	46.5	63.5	91.5	15.5	0.82
2	2.00	1.96	2.25	2.18	52	77	102	18	1.9
2.5	2.50	2.46	2.82	2.75	58.5	87.5	114.5	20.5	3.8
3	3.00	2.96	3.39	3.31	66	93	129	23	6.6
4	4.00	3.95	4.53	4.44	74	104	144	29	16
5	5.00	4.95	5.67	5.58	85	120	165	33	30
6	6.00	5.95	6.81	6.71	96	141	186	38	52
8	8.00	7.94	9.09	8.97	108	158	208	44	120
10	10.00	9.94	11.37	11.23	122	180	234	50	220
12	12.00	11.89	13.65	13.44	137	202	262	57	370
14	14.00	13.89	15.93	15.70	154	229	294	70	590
17	17.00	16.89	19.35	19.09	177	262	337	80	980
19	19.00	18.87	21.63	21.32	199	—	—	89	1360
22	22.00	21.87	25.05	24.71	222	—	—	102	2110
24	24.00	23.87	27.33	26.97	248	—	—	114	2750
27	27.00	26.87	30.75	30.36	277	—	—	127	3910
32	32.00	31.84	36.45	35.98	347	—	—	157	4000
36	36.00	35.84	41.01	40.50	391	—	—	176	4000
41	41.00	40.84	46.71	46.15	435	—	—	195	4000
46	46.00	45.84	52.41	51.80	480	—	—	215	4000

表 8.74 起子(槽頭螺紋用)(JIS B 4609)

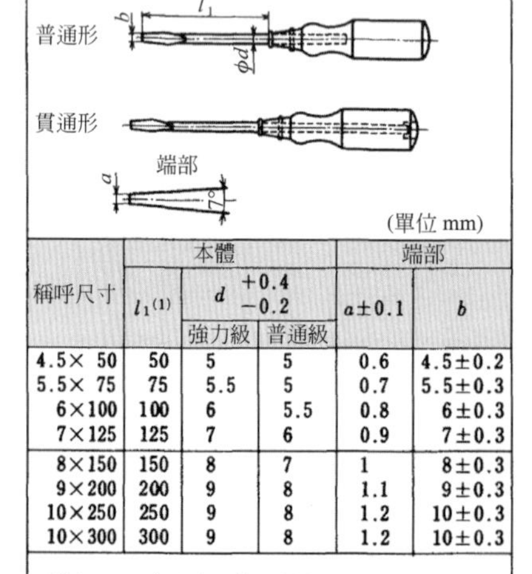

(單位 mm)

稱呼尺寸	本體 l_1(1)	本體 d +0.4/−0.2 強力級	本體 d +0.4/−0.2 普通級	端部 a±0.1	端部 b
4.5×50	50	5	5	0.6	4.5±0.2
5.5×75	75	5.5	5	0.7	5.5±0.3
6×100	100	6	5.5	0.8	6±0.3
7×125	125	7	6	0.9	7±0.3
8×150	150	8	7	1	8±0.3
9×200	200	9	8	1.1	9±0.3
10×250	250	9	8	1.2	10±0.3
10×300	300	9	8	1.2	10±0.3

〔註〕(1) l_1之尺寸可依用途縮短。

表 8.75 手動扭矩扳手(平板形)(JIS B 4650)

(單位 mm)

稱呼	可使用扭矩範圍 (N·m)	尺寸 l(最小)	尺寸 L(最大)	尺寸 H(最大)	尺寸 B(最大)
23N	3～23	33	300	42	22
45N	5～45	36	350	47	24
90N	10～90	40	400	54	26
130N	20～130	42	450	58	28
180N	30～180	45	500	60	32
280N	50～280	48	600	65	36
420N	70～420	48	850	65	47
560N	100～560	56	960	67	49
700N	100～700	56	1200	67	52
850N	150～850	60	1400	68	58
1000N	200～1000	60	1600	68	62

7. 墊圈

螺栓與螺帽使用於座合面不平滑之零件時，為防止操作中鬆脫，故使用圖 8.27 所示之墊圈，墊圈的形式有許多，可以單獨使用一只，亦可同時使用二只以上組合。

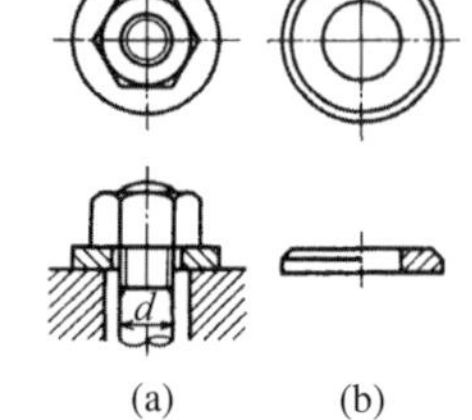

圖 8.27 平墊圈

表 8.76 平墊圈的種類(JIS B 1256)

種類	零件等級	硬度區分 (HV)	適用公稱直徑 (mm)	備註
小形	A	200, 300	1.6～36	適用結合零件為一般用螺栓，小螺紋及螺帽，每一種墊圈的種類，例示可適用零件之強度區分，材種，零件等級等。
普通形	A	200, 300	1.6～64	
	C	100		
普通形倒角	A	200, 300	5～64	
大形	A	200, 300	3～36	
	C	100		
特大形	C	100	5～36	

表 8.77～表 8.80 所示為墊圈的 JIS 規格，而表 8.76 則表示使用平墊圈時適用之零件。

表 8.77 平墊圈(JIS B 1256)

(a) 小形－零件等級 A 的形狀、尺寸

$\sqrt{\ } = \begin{cases} h \leqq 3: \sqrt{Ra\ 1.6} \\ h > 3: \sqrt{Ra\ 3.2} \end{cases}$

φd₁ φd₂ h

(尺寸單位 mm, 表面粗糙度 μm)

	公稱直徑(組合螺紋公稱直徑 d)	內徑 d_1 基準尺寸(最小)	內徑 d_1 最大	外徑 d_2 基準尺寸(最大)	外徑 d_2 最小	厚度 h 基準尺寸	厚度 h 最大	厚度 h 最小
第1選擇	1.6	1.7	1.84	3.5	3.2	0.3	0.35	0.25
	2	2.2	2.34	4.5	4.2	0.3	0.35	0.25
	2.5	2.7	2.84	5	4.7	0.5	0.55	0.45
	3	3.2	3.38	6	5.7	0.5	0.55	0.45
	4	4.3	4.48	8	7.64	0.5	0.55	0.45
	5	5.3	5.48	9	8.64	1	1.1	0.9
	6	6.4	6.62	11	10.57	1.6	1.8	1.4
	8	8.4	8.62	15	14.57	1.6	1.8	1.4
	10	10.5	10.77	18	17.57	1.6	1.8	1.4
	12	13	13.27	20	19.48	2	2.2	1.8
	16	17	17.27	28	27.48	2.5	2.7	2.3
	20	21	21.33	34	33.38	3	3.3	2.7
	24	25	25.33	39	38.38	4	4.3	3.7
	30	31	31.39	50	49.38	4	4.3	3.7
	36	37	37.62	60	58.8	5	5.6	4.4
第2選擇	3.5	3.70	3.88	7.00	6.64	0.5	0.55	0.45
	14	15.00	15.27	24.00	23.48	2.5	2.7	2.3
	18	19.00	19.33	30.00	29.48	3	3.3	2.7
	22	23.00	23.33	37.00	36.38	3	3.3	2.7
	27	28.00	28.33	44.00	43.38	4	4.3	3.7
	33	34.00	34.62	56.0	54.8	5	5.6	4.4

(b) 粗形－零件等級 A 的形狀、尺寸

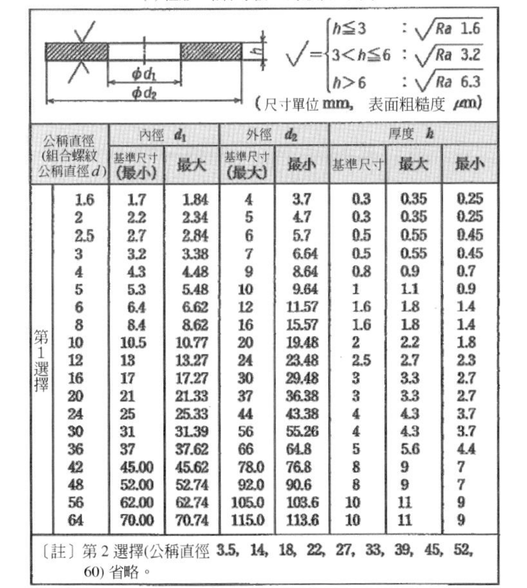

$\sqrt{\ } = \begin{cases} h \leqq 3 : \sqrt{Ra\ 1.6} \\ 3 < h \leqq 6 : \sqrt{Ra\ 3.2} \\ h > 6 : \sqrt{Ra\ 6.3} \end{cases}$

φd₁ φd₂ h

(尺寸單位 mm, 表面粗糙度 μm)

	公稱直徑(組合螺紋公稱直徑 d)	內徑 d_1 基準尺寸(最小)	內徑 d_1 最大	外徑 d_2 基準尺寸(最大)	外徑 d_2 最小	厚度 h 基準尺寸	厚度 h 最大	厚度 h 最小
第1選擇	1.6	1.7	1.84	4	3.7	0.3	0.35	0.25
	2	2.2	2.34	5	4.7	0.3	0.35	0.25
	2.5	2.7	2.84	6	5.7	0.5	0.55	0.45
	3	3.2	3.38	7	6.64	0.5	0.55	0.45
	4	4.3	4.48	9	8.64	0.8	0.9	0.7
	5	5.3	5.48	10	9.64	1	1.1	0.9
	6	6.4	6.62	12	11.57	1.6	1.8	1.4
	8	8.4	8.62	16	15.57	1.6	1.8	1.4
	10	10.5	10.77	20	19.48	2	2.2	1.8
	12	13	13.27	24	23.48	2.5	2.7	2.3
	16	17	17.27	30	29.48	3	3.3	2.7
	20	21	21.33	37	36.38	3	3.3	2.7
	24	25	25.33	44	43.38	4	4.3	3.7
	30	31	31.39	56	55.26	4	4.3	3.7
	36	37	37.62	66	64.8	5	5.6	4.4
	42	45.00	45.62	78.0	76.8	8	9	7
	48	52.00	52.74	92.0	90.6	8	9	7
	56	62.00	62.74	105.0	103.6	10	11	9
	64	70.00	70.74	115.0	113.6	10	11	9

〔註〕第 2 選擇(公稱直徑 3.5, 14, 18, 22, 27, 33, 39, 45, 52, 60) 省略。

表 8.78 彈簧墊圈(JIS B 1251 彈簧墊圈)

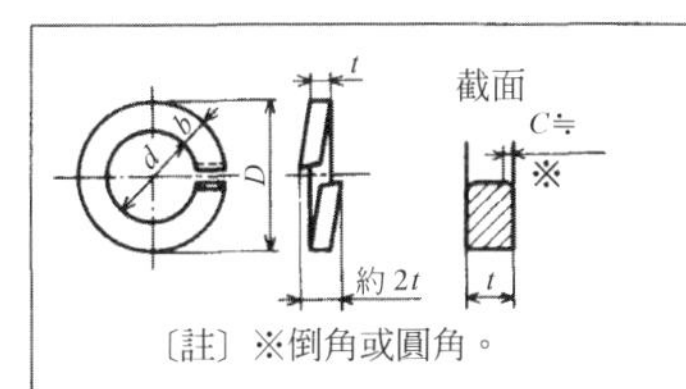

〔註〕※倒角或圓角。

(單位 mm)

稱呼	內徑 d	截面尺寸(最小) 一般用 寬 b×厚 t	截面尺寸(最小) 重負荷用 寬 b×厚 t	外徑(最大) 一般用	外徑(最大) 重負荷用
2	2.1	0.9×0.5		4.4	
2.5	2.6	1.0×0.6		5.2	
3	3.1	1.1×0.7		5.9	
(3.5)	3.6	1.2×0.8	—	6.6	—
4	4.1	1.4×1.0		7.6	
(4.5)	4.6	1.5×1.2		8.3	
5	5.1	1.7×1.3		9.2	
6	6.1	2.7×1.5	2.7×1.9	12.2	12.2
(7)	7.1	2.8×1.6	2.8×2.0	13.4	13.4
8	8.2	3.2×2.0	3.3×2.5	15.4	15.6
10	10.2	3.7×2.5	3.9×3.0	18.4	18.8
12	12.2	4.2×3.0	4.4×3.6	21.5	21.9
(14)	14.2	4.7×3.5	4.8×4.2	24.5	24.7
16	16.2	5.2×4.0	5.3×4.8	28.0	28.2
(18)	18.2	5.7×4.6	5.9×5.4	31.0	31.4
20	20.2	6.1×5.1	6.4×6.0	33.8	34.4
(22)	22.5	6.8×5.6	7.1×6.8	37.7	38.3
24	24.5	7.1×5.9	7.6×7.2	40.3	41.3
(27)	27.5	7.9×6.8	8.6×8.3	45.3	46.7
30	30.5	8.7×7.5		49.9	
(33)	33.5	9.5×8.2		54.7	
36	36.5	10.2×9.0	—	59.1	—
(39)	39.5	10.7×9.5		63.1	

〔註〕$*t=\frac{T_1+T_2}{}$，此時 T_2-T_1 必須小於 $0.064b$。

〔備註〕稱呼欄中有括號之規格，盡量不用。

表 8.79　有齒墊圈(JIS B 1255)

(單位 mm)

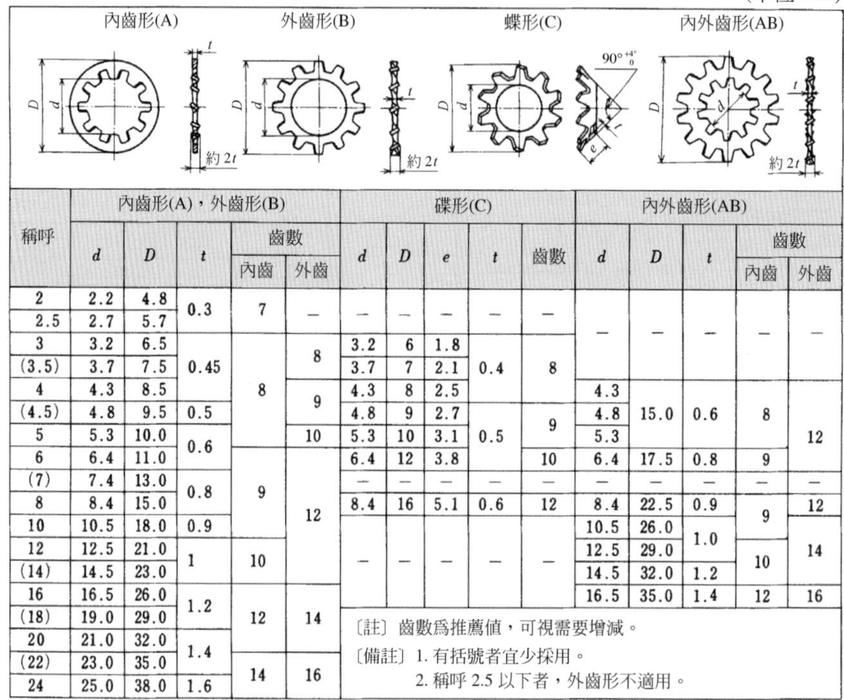

稱呼	內齒形(A)，外齒形(B)					碟形(C)					內外齒形(AB)				
	d	*D*	*t*	齒數		*d*	*D*	*e*	*t*	齒數	*d*	*D*	*t*	齒數	
				內齒	外齒									內齒	外齒
2	2.2	4.8	0.3	7	—	—	—	—	—	—	—	—	—	—	—
2.5	2.7	5.7													
3	3.2	6.5	0.45	8	8	3.2	6	1.8	0.4	8					
(3.5)	3.7	7.5				3.7	7	2.1							
4	4.3	8.5			9	4.3	8	2.5			4.3	15.0	0.6	8	12
(4.5)	4.8	9.5	0.5			4.8	9	2.7	0.5	9	4.8				
5	5.3	10.0	0.6		10	5.3	10	3.1			5.3				
6	6.4	11.0		9	12	6.4	12	3.8		10	6.4	17.5	0.8	9	
(7)	7.4	13.0	0.8			—	—	—	—	—	—	—	—	—	—
8	8.4	15.0				8.4	16	5.1	0.6	12	8.4	22.5	0.9	9	12
10	10.5	18.0	0.9			—	—	—	—	—	10.5	26.0	1.0		14
12	12.5	21.0	1	10							12.5	29.0		10	
(14)	14.5	23.0									14.5	32.0	1.2		
16	16.5	26.0	1.2	12	14						16.5	35.0	1.4	12	16
(18)	19.0	29.0													
20	21.0	32.0	1.4												
(22)	23.0	35.0		14	16										
24	25.0	38.0	1.6												

〔註〕齒數爲推薦值，可視需要增減。

〔備註〕1. 有括號者宜少採用。
2. 稱呼 2.5 以下者，外齒形不適用。

表 8.80　盤形彈簧墊圈(JIS B 1251 彈簧墊圈)

(單位 mm)

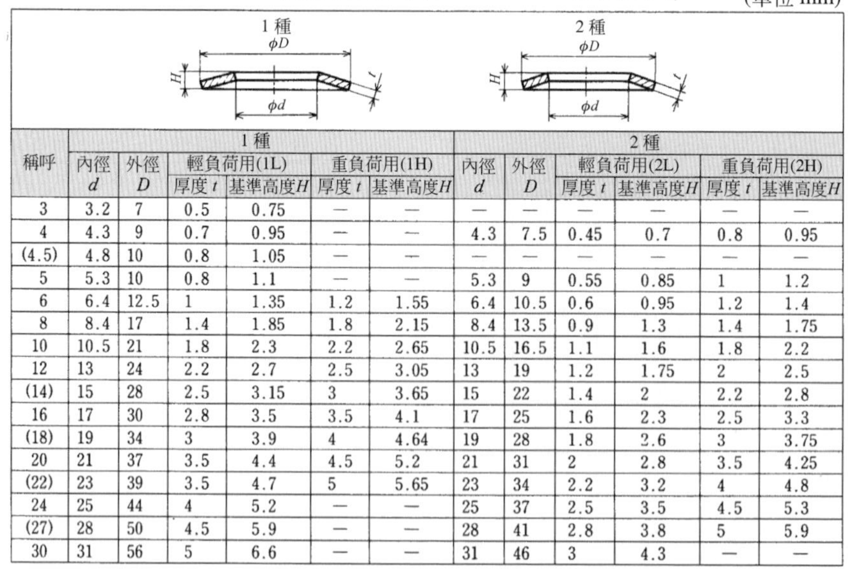

稱呼	1 種						2 種					
	內徑 *d*	外徑 *D*	輕負荷用(1L)		重負荷用(1H)		內徑 *d*	外徑 *D*	輕負荷用(2L)		重負荷用(2H)	
			厚度 *t*	基準高度 *H*	厚度 *t*	基準高度 *H*			厚度 *t*	基準高度 *H*	厚度 *t*	基準高度 *H*
3	3.2	7	0.5	0.75	—	—	—	—	—	—	—	—
4	4.3	9	0.7	0.95	—	—	4.3	7.5	0.45	0.7	0.8	0.95
(4.5)	4.8	10	0.8	1.05	—	—	—	—	—	—	—	—
5	5.3	10	0.8	1.1	—	—	5.3	9	0.55	0.85	1	1.2
6	6.4	12.5	1	1.35	1.2	1.55	6.4	10.5	0.6	0.95	1.2	1.4
8	8.4	17	1.4	1.85	1.8	2.15	8.4	13.5	0.9	1.3	1.4	1.75
10	10.5	21	1.8	2.3	2.2	2.65	10.5	16.5	1.1	1.6	1.8	2.2
12	13	24	2.2	2.7	2.5	3.05	13	19	1.2	1.75	2	2.5
(14)	15	28	2.5	3.15	3	3.65	15	22	1.4	2	2.2	2.8
16	17	30	2.8	3.5	3.5	4.1	17	25	1.6	2.3	2.5	3.3
(18)	19	34	3	3.9	4	4.64	19	28	1.8	2.6	3	3.75
20	21	37	3.5	4.4	4.5	5.2	21	31	2	2.8	3.5	4.25
(22)	23	39	3.5	4.7	5	5.65	23	34	2.2	3.2	4	4.8
24	25	44	4	5.2	—	—	25	37	2.5	3.5	4.5	5.3
(27)	28	50	4.5	5.9	—	—	28	41	2.8	3.8	5	5.9
30	31	56	5	6.6	—	—	31	46	3	4.3	—	—

8. 鎖緊裝置

螺紋常因受振動等而逐漸鬆脫，故使用鎖緊裝置，一般採用的鎖緊裝置如下：

⑴ **使用螺帽**：圖 8.28 所示係重疊兩個螺帽以防止另一螺帽之鬆脫，下層之螺帽稱爲鎖緊螺帽或固定螺帽，因此螺帽不受負荷，故比上螺帽薄，圖(b)則使用兩個相同螺帽，因上層螺帽須受壓力作用，故用銷阻止鬆弛(銷之部分請參考 8.4 節)，常用的鎖緊螺帽可使用 JIS 六角螺帽之第 3 種，同圖(c)爲鎖緊螺帽鎖緊機器螺釘之實例。

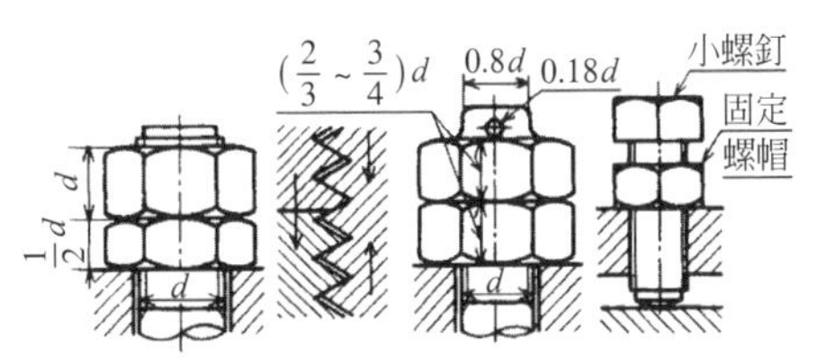

圖 8.28 螺帽鎖緊裝置

⑵ **貫穿銷**：圖 8.29(a)爲以銷(開口銷、平行銷、推拔銷)穿過螺栓鑽孔防止螺帽之鬆弛，圖(b)則以銷穿過螺栓及螺帽之鑽孔防止鬆弛，同圖(c)係使用有槽螺帽之例子，孔與槽的位置可依須要適當調整配合。

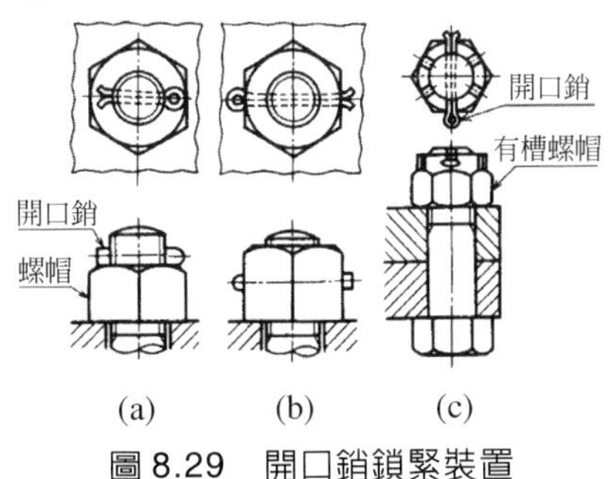

圖 8.29 開口銷鎖緊裝置

⑶ **使用小螺釘**：圖 8.30 係使用小螺釘來防止鬆弛之各種實例，如圖所示有小螺釘鎖緊於螺帽之一部分、小螺釘接觸螺帽與螺帽、螺釘的接觸部使用小螺釘等三種方法。

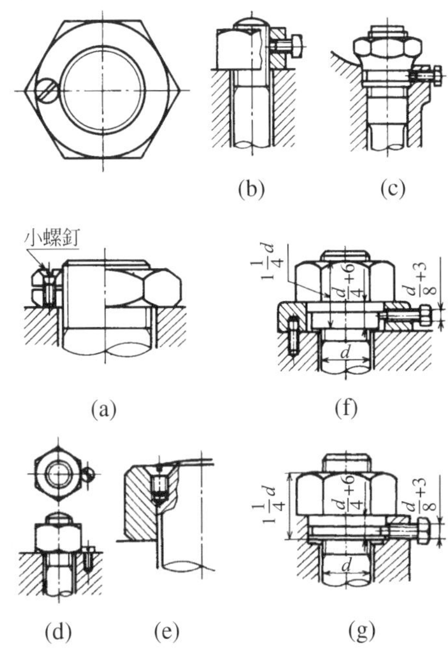

圖 8.30 小螺釘鎖緊裝置

⑷ **使用墊圈**：防止鬆弛用墊圈除可用前述的彈簧墊圈與有齒墊圈外，尚有許多特殊墊圈。

圖 8.31 所示爲使用有舌墊圈之鎖緊裝置，利用舌部或圓週的部分彎曲來固定螺帽。

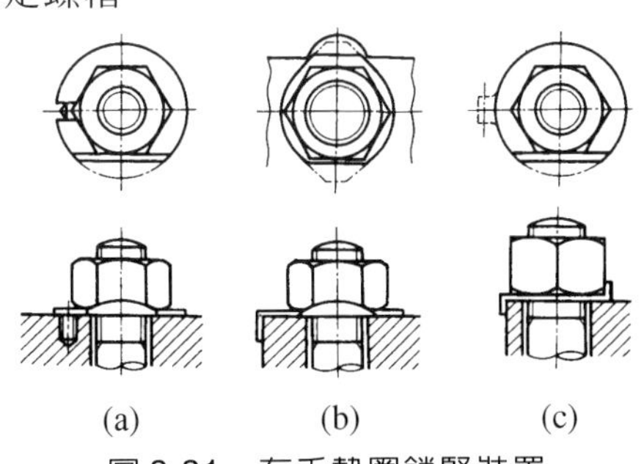

圖 8.31 有舌墊圈鎖緊裝置

圖 8.32 爲使用各種特殊墊圈防止鬆弛的構造。除了這些以外，還可使用橡皮、塑膠等非鐵金製墊圈。

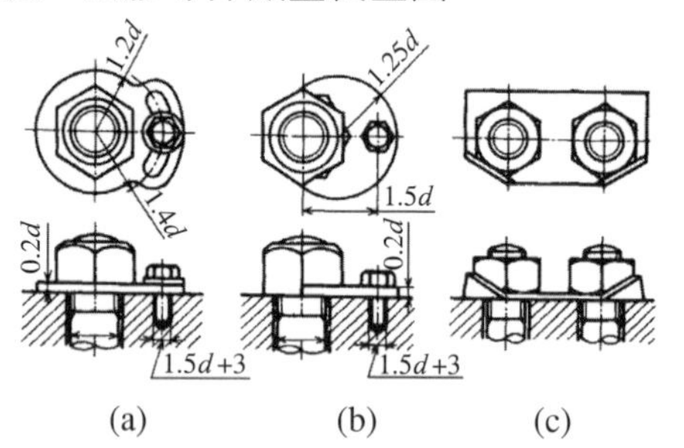

圖 8.32 特殊墊圈鎖緊裝置

⑸ **其它方法**：圖 8.33 示使用鐵絲及其它方法的防鬆例子。

若螺牙部分不需要完全拆解時，可用塗接著劑方式鎖緊或如圖 8.33(c)所示，在螺紋的頭部等，用沖子沖打螺牙頂使其固定。

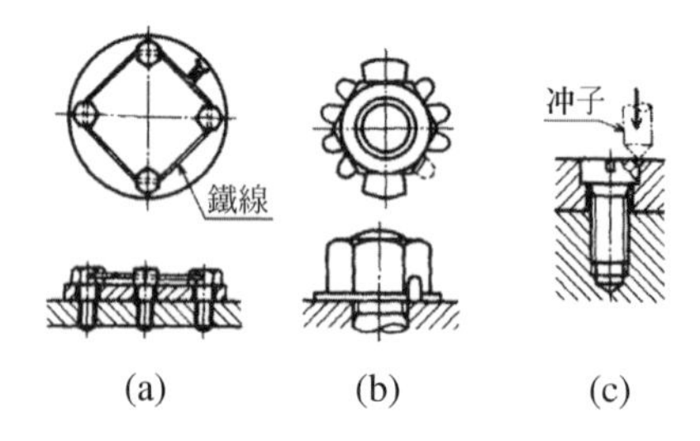

圖 8.33 利用特殊方法鎖緊

9. 螺紋直徑之計算

⑴ **受拉力時**：三角螺紋螺栓受軸方向拉力作用截斷螺紋的根徑時，設

W＝軸方向的負荷(N)

d＝螺紋的外徑(mm)

σ_t＝螺紋材料的容許拉伸應力(N/mm²)

d_1＝螺紋的根徑(mm)

依根徑剖面可得下式：

$$\sigma_t = \frac{W}{\frac{\pi}{4}d_1^2} \quad \cdots\cdots(1)$$

或

$$W = \frac{\pi}{4}d_1^2\sigma_t \quad \cdots\cdots(2)$$

上式之σ_t由螺紋的材料決定，W取使用時所受最大負荷，但σ_t之值因其負荷條件而異。

如上式之W及σ_t爲已知，則可求得螺紋之根徑d_1，但螺紋一般係以外徑d稱呼，故可將⑵式改爲：

$$W = \frac{\pi}{4}\left(\frac{d_1}{d}\right)^2 d^2\sigma_t \quad \cdots\cdots(3)$$

再由表 8.81 求取$(d_1/d)^2$之值代入上式即得d值。

表 8.81 (單位 mm)

螺紋稱呼	M12	M16	M20	M24	M30	M42
$\left(\frac{d_1}{d}\right)^2$	0.70	0.75	0.75	0.76	0.76	0.78

由表 8.81 可知$(d_1/d)^2$之值隨螺紋之大小而異，若最小值爲公制螺紋，則取 0.70 代入⑶式，可得

$$W = \frac{\pi}{4}\left(\frac{d_1}{d}\right)^2 d^2\sigma_t = \frac{\pi}{4}\times 0.70d^2\sigma_t$$

$$\fallingdotseq 0.5d^2\sigma_t \quad \cdots\cdots(4)$$

假設螺紋材料爲軟鋼，且受動負荷作用，由表 4.2 可知，動負荷W的σ_t＝60～100 N/mm²，再加安全上之考慮，故取 60 N/mm²，由⑷可得：

$$W = 30d^2,\ d = \sqrt{\frac{W}{30}} \quad \cdots\cdots(5)$$

如負荷W爲已知，則可求得d之值。

例題 1

使用軟鋼爲材料支持負荷 50 kN 之物體，試求螺栓之大小？

代入(5)式，得

$$d=\sqrt{\frac{50000}{30}}=\frac{\sqrt{5}}{\sqrt{30}}\times 100$$

由表 20.3 得知分母、分子之值：

$$d=100\times\frac{2.236}{5.477}\fallingdotseq 4.1\text{ cm}=40.8\text{ mm}$$

由JIS規格表(公制螺紋)查得最接近外徑 40.8 mm 者爲$d=42$ mm。

(2) **受拉力與扭矩時**：三角螺紋螺栓受軸方向迴轉時，螺紋即受拉伸力與扭矩作用。

此情況之計算，容許應力應取 75 % 之值，適用(4)式，亦即：

$$W=0.5d^2\sigma_t$$

如材料爲軟鋼，可代入

$$\sigma_t=60\times 0.75=45\text{ N/mm}^2$$

可得：

$$W=0.5\times 45\times d^2=22.5d^2$$

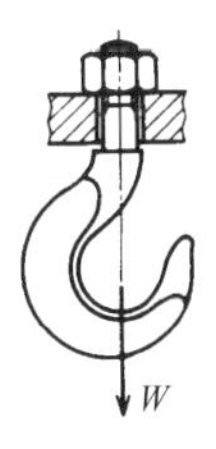

圖 8.34

(3) **螺紋的牙數**：計算螺紋的牙數應考慮螺紋之彎曲、剪力與螺牙之接觸面壓力，但通常都使用接觸面壓力來計算，故取此值爲安全值，設

W＝軸方向負荷(N)

q＝接觸面壓力(N/mm^2)

n＝牙數

d＝外徑(mm)

d_1＝根徑(mm)；則

$$q=\frac{W}{n\frac{\pi}{4}(d^2-d_1^2)}=\frac{W}{n\frac{\pi}{4}d^2\left\{1-\left(\frac{d_1}{d}\right)^2\right\}}\cdots(6)$$

由表 8.81 可得$(d_1/d)^2=0.70$，代入上式得：

$$q\fallingdotseq\frac{W}{0.2nd^2}\text{或}q\fallingdotseq\frac{10W}{2nd^2}\cdots\cdots(7)$$

接觸面壓力q用表 8.82 之值。

表 8.82　螺紋的接觸面壓力

螺栓	螺帽	鎖緊用螺紋q (N/mm^2)	移動用螺紋q (N/mm^2)
軟鋼	軟鋼或青銅	30	10
硬鋼	軟鋼或青銅	40	13
硬鋼	硬鋼或青銅	40	13
硬鋼	鑄鐵或青銅	15	5

例題 2

試設計垂直吊升 120 kN 的物體所用的環首螺栓。

若螺栓使用材質爲軟鋼，可用(5)式，而與【例題 1】相同。

$$d=\sqrt{\frac{120000}{30}}\fallingdotseq 63\text{ mm}$$

由 JIS 規格表(公制螺紋)求得外徑d＝64 mm。

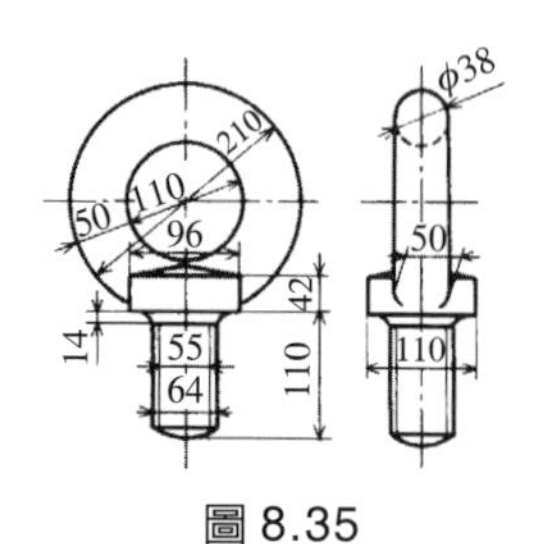

圖 8.35

螺栓之螺牙鎖入深度$H=1.5d$，代入$d=64$ mm，則採公制時，$H=1.5\times64=96$ mm。

例題 3

試求支持負荷 8 kN 之軟鋼製夾緊螺栓之外徑與螺帽之高度。

$W=8$ kN 代入(5)式得

$$d=\sqrt{\frac{W}{30}}=\sqrt{\frac{8000}{30}}\fallingdotseq16.3 \text{ mm}$$

由JIS公制螺紋規格查得外徑$d=20$ mm

$W=8000$ N、$d=20$ mm，軟鋼夾緊螺栓、螺帽之$q=30$ N/mm²代入(7)式，則：

$$由q=\frac{10W}{2nd^2}\ 得\ =\frac{10W}{2qd^2}=\frac{10\times8000}{2\times30\times20^2}$$

$\fallingdotseq3.3$

上式螺牙數n與節距p之積等於螺紋部之長度，故可$H=np$而求得。

由公制螺紋規格可得$d=20$ mm時，$p=2.5$ mm，故由上式得$H=3.3\times2.5=8.3$ mm。

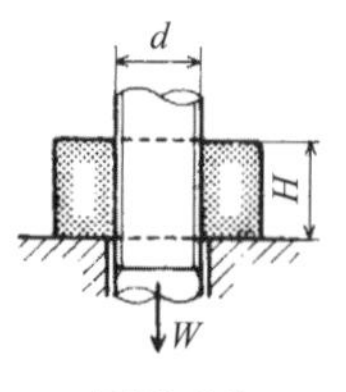

圖 8.36

(4) **固定用、防漏用螺栓**：固定用或防漏用三角螺紋的根徑與負荷的關係由經驗公式導得下式

$$d_1=c\sqrt{W}+5 \text{ mm} \quad\cdots\cdots(8)$$

依(8)式之容許安全負荷值如表 8.84 所示。

表 8.83　c之值

$c=0.04$	鉚材、軟墊	工作優良時
$c=0.045$	優良螺栓材料軟墊	工作良好時
$c=0.055$	優良螺栓材料	工作不良時

表 8.84　c與容許安全負荷值

螺紋公稱	W (N)		
	$c=0.04$	$c=0.045$	$c=0.055$
M10	343	274.4	186
M12	1499	1166.2	793
M16	3567	2832.2	1920
M20	6536	5145	3449
M24	10192	8045	5409
M30	20041	15836	10593
M36	34329	27067	18120
M42	50842	40150	26891
M48	72882	57545	38533
M56	116237	91855	61475
M64	149655	118227	79115
M72× 6	174802	138023	92404
M80× 6	213640	168814	112974

例題 4

轉動螺旋千斤頂之把手，昇高負荷$W=30$ kN 之物體，試求螺桿(軟鋼製)產生之應力、螺帽的高度與把手之直徑。

設方螺紋之外徑$d=40$ mm，節距$p=10$ mm，螺紋的摩擦係數$\mu=0.15$，把手長度$l=500$ mm，螺帽的材料爲黃銅。

因螺桿之平均半徑$d_e=d+d_1/2$，故由外徑$d=40$ mm時之內徑$d_1=30$ mm可得

$$d_e=\frac{40+30}{2}=35\text{ mm}$$

受負荷W轉動時之力矩M如下式：

$$M=W\frac{d_e}{2}\times\frac{P+\mu\pi d_e}{\pi d_e-\mu P}\text{ N/mm}^2 \quad\cdots\cdots(9)$$

由

$W=30000$ kN，$P=10$ mm，$\mu=0.15$

可得

$$M=30000\times\frac{35}{2}\left(\frac{10+0.15\times\pi\times35}{35\pi-0.15\times10}\right)=128\times10^3\text{ N}\cdot\text{mm}$$

螺桿因此力矩所產生之扭應力τ爲：

$$\tau=\frac{M}{\frac{\pi}{16}d_1^3}\text{ N/mm}^2 \quad\cdots\cdots(10)$$

將(9)式所求得的力矩代入(10)式可得

$$\tau=\frac{128\times10^3}{\frac{\pi}{16}\times30^3}=24.2\text{ N/mm}^2$$

假設螺桿只受壓縮作用時，則壓縮應力σ_c爲：

$$\sigma_c=\frac{W(\text{荷重})}{\frac{\pi}{4}d_1^2(\text{斷面積})}\text{ N/mm}^2$$

可得：

$$\sigma_c=\frac{30000}{\frac{\pi}{4}\times30^2}=42.5\text{ N/mm}^2$$

壓縮力與扭力矩同時作用時，則相當壓縮應力σ爲：

$$\sigma=0.35\sigma_c+0.65\sqrt{\sigma_c^2+4(a_o\tau)^2} \quad\cdots\cdots(11)$$

上式之

$$a_o=\frac{\sigma_{ca}}{1.3\tau_a}$$

σ_{ca}＝容許壓縮應力，

τ_a＝容許扭應力

如適用(11)式求得之σ，則爲軟鋼材料在靜負荷之情況；$\sigma_{ca}=90\sim120$ N/mm^2，$\tau_a=60\sim100$ N/mm^2，假設取其值爲$\sigma_{ca}=90$ N/mm^2，$\tau_a=60$ N/mm^2，則先求a_o，

$$a_o=\frac{\sigma_{ca}}{1.3\tau_a}=\frac{90}{1.3\times60}=1.15$$

$$\sigma=0.35\times42.5+0.65\sqrt{42.5^2+4(1.15\times24.2)^2}=60.4\text{ N/mm}^2$$

由此得知誘導應力爲60.4 N/mm^2

其次再求螺帽之高度

設容許接觸壓力爲q則

$$W=\frac{\pi}{4}d_1^2\sigma_c=\frac{\pi}{4}(d^2-d_1^2)nq \quad\cdots\cdots(12)$$

如螺旋的有效牙數爲n則

$$H=nP$$

將之代入(12)式則得

$$W=\frac{\pi}{4}(d^2-d_1^2)\frac{H}{P}q$$

$$H=\frac{4WP}{\pi(d^2-d_1^2)q} \quad\cdots\cdots(13)$$

將$W=30000$ N、$P=10$ mm、$d=40$ mm、$d_1=30$ mm 代入⒀式，且因$q \leq 10$ N (參考表 8.82)，故取$q=8.5$ N/mm²代入計算而得：

$$H=\frac{4\times 30000\times 10}{\pi(40^2-30^2)\times 8.5}=64 \text{ mm}$$

由上式得知螺帽的高度爲 64 mm。

設把手的迴轉力爲F則：

$$F=\frac{M}{l} \quad \cdots\cdots (14)$$

將$M=128\times 10^3$ N/mm²，$l=500$ mm 代入⒁式計算則得

$$F=\frac{128\times 10^3}{500}=256 \text{ N}$$

由容許彎曲應力σ_b及平衡之條件考慮時，則

$$M=Fl=\frac{\pi}{32}d_o^3\sigma_b$$

由此求得把手之直徑：

$$d_o=\sqrt[3]{\frac{32M}{\pi\sigma_b}} \quad \cdots\cdots (15)$$

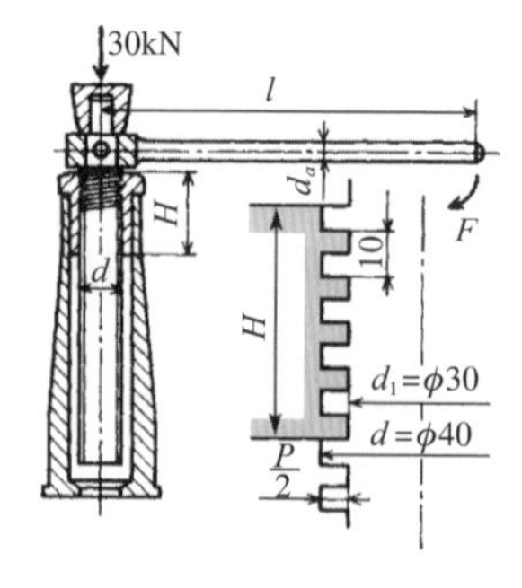

圖 8.37

如σ_b爲軟鋼材料受靜負荷時則爲 90 N/mm²～120 N/mm²，取$\sigma_b=100$ N/mm²則⒂式爲

$$d_o=\sqrt[3]{\frac{32M}{\pi\sigma_b}}=\sqrt[3]{\frac{32\times 128\times 10^3}{\pi\times 100}} \doteqdot 24 \text{ mm}$$

由上式可得把手之直徑爲 24 mm。

例題 5

如圖 8.38 所示之托架，以 3 支外徑 20 mm 之軟鋼製螺栓裝置在牆壁上，求其安全負荷之大小？

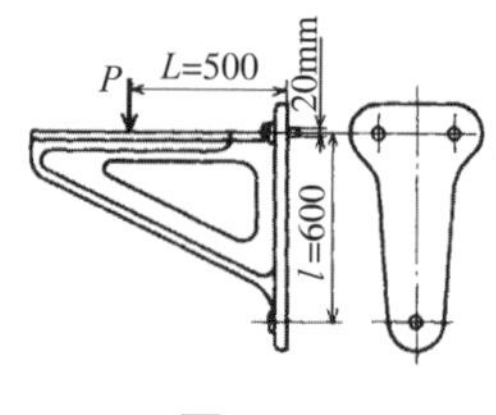

圖 8.38

軟鋼的容許抗拉應力在動負荷時爲 54～70 N/mm²，在此取其中間值 60 N/mm²。

設負荷P作用於距離支點L之位置，作用力矩爲M，因作用力矩與阻力矩相等，故

$$M_1=PL \quad \cdots\cdots (16)$$

此情況下，螺栓主要做固定用，上兩支螺栓主要承受拉伸力作用，則 1 支螺栓所能承受之力Q爲

$$Q=A\sigma_{ta}\text{N}$$

上式，

σ_{ta}＝容許拉伸應力，

A＝螺紋部的剖面積，

設最大阻力矩M_2、上下螺栓之間隔爲l則：

$$M_2 = 2Ql \quad (17)$$

因$M_1 = M_2$故由(16)(17)式得

$$PL = 2Ql$$

$$P = \frac{2Ql}{L} = \frac{2A\sigma_{ta}l}{L}$$

$\sigma_{ta} = 60\ \text{N/mm}^2$，$l = 600$ mm，$L = 500$ mm代入上式，再依表 8.1 取$A = 234.9\ \text{mm}^2$之數値計算，則

$$P = \frac{2 \times 234.9 \times 600 \times 60}{500} = 33.8 \times 10^3\ \text{N}$$

但安全負荷宜取 30KN。

例題 6

用螺栓鎖緊零件時，如扳手過度扭緊，則螺栓先行破壞，而零件則無恙。

螺緊力太大時，又必須考慮螺紋座合面產生之摩擦阻力。

設力作用於扳手而產生之鎖緊力爲Q，則螺栓之力矩M_2與座合面力矩M_2如下：

$$M_1 = Qr\tan(\alpha + \rho) \quad (18)$$

$$M_2 = QR\tan\rho \quad (19)$$

上式：r＝螺紋之平均半徑＝外徑＋根徑／4 (mm)，ρ＝摩擦角，α爲螺紋之傾斜角，R 爲圖 8.39(a)所示之距離，ρ 通常爲 5°～10°，設R爲根徑d_1 mm，則$R = 1.5/2\ d_1$ mm。

轉動扳手之力矩爲

$$M = PL \quad (20)$$

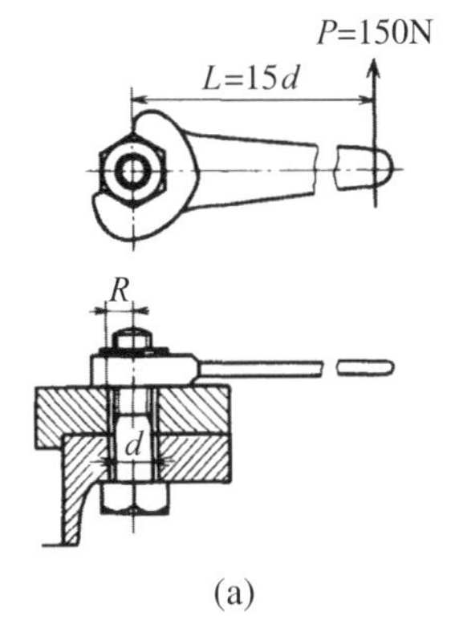

(a)

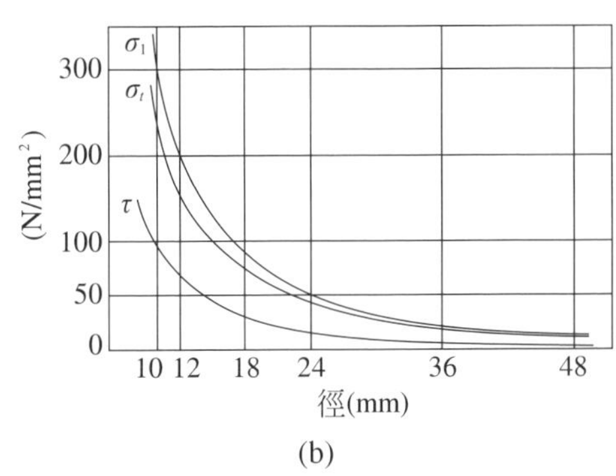

(b)

圖 8.39

又因$M = M_1 + M_2$，故由(18)、(19)可得：

$$M = Q\{r\tan(\alpha + \rho) + R\tan\rho\} \quad (21)$$

由(20)、(21)可得

$$Q = \frac{PL}{\{r\tan(\alpha + \rho) + R\tan\rho\}} \quad (22)$$

螺栓產生之拉應力σ_t與扭應力τ爲：

$$\sigma_t = \frac{Q}{\frac{\pi}{4}d_1^2} \quad (23)$$

$$\tau = \frac{Qr\tan(\alpha + \rho)}{\frac{\pi}{16}d_1^3} \quad (24)$$

此拉應力與扭應力之相當應力σ_1可由下式求取：

$$\sigma_1 = 0.35\sigma_t + 0.65\sqrt{\sigma_t^2 + 4(a_o\tau)^2} \ldots\ldots (25)$$

上式$a_o = \sigma_a/1.3\tau_a$，σ_a＝容許拉(或壓)應力，τ_a＝容許剪應力。

設取$P = 150$ N，$L = 15d$而計算各種公制螺紋直徑之σ_1、σ_t與τ值圖解(圖 8.39 (b))。

由上圖得知扳手之長度與螺栓之直徑成正比，加力於扳手之一端而轉動螺栓時，其座合面的摩擦均集中於半徑R之處，故螺栓產生之相當應力與螺栓直徑成反比，即直徑愈大則相當應力愈小。

10. 底徑

上述螺紋中之三角陰螺紋，最常使用的製造方法是先用適當直徑之鑽頭鑽孔後，再用螺絲攻製作陰螺紋，因此，底徑之大小甚重要，底徑過大時，螺紋的強度削弱，但如底徑過小，將使得攻牙加工困難，故須選用適當的底徑鑽頭。

JIS對於陰螺紋預鑽底徑之規定事項如下：

(1) **裕量比**：規定之螺牙作用高度(H_1)爲基準，再由下列公式所得之值稱爲以裕量比(%)：

$$裕量比 = \frac{螺紋外徑之基準尺寸-底徑}{2\times 基準作用高度}\times 100\ \%$$

由圖 8.40 可知，底徑等於規定陰螺紋之內徑時，裕量比等於 100 %，底徑等於節徑時，裕量比爲 60 %。

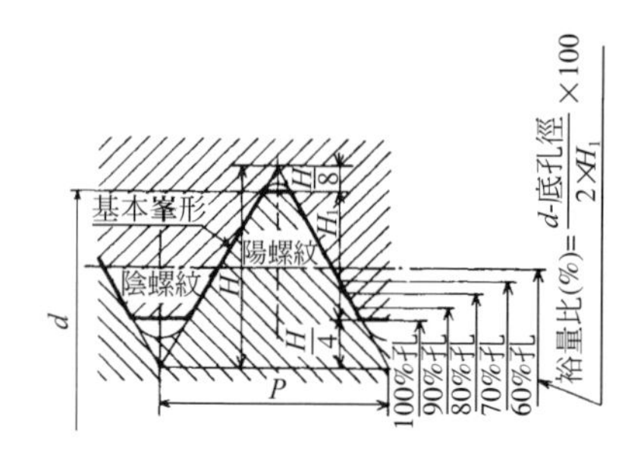

圖 8.40 裕量比率

依裕量比所得之底徑系列如表 8.85 所示，規定分爲 9 大類。

表 8.85 底徑系列

裕量比率(%)	100	95	90	85	80	75	70	65	60
底徑系列	100	95	90	85	80	75	70	65	60

(2) **底徑的求法**：底徑的求法如下式所示：

$$底徑 = d - 2H_1\left(\frac{裕量比}{100}\right)$$

表 8.87 所示爲公制粗牙螺紋之底徑，其它如公制細牙螺紋、統一標準粗牙螺紋、統一螺紋等未詳列出，利用各種規格之H_1尺寸，由上列公式可輕易求出其尺寸。

表 8.86 孔徑實例 (單位 mm)

螺紋公稱	節距(P)	$d-P$	鑽孔
M10	1.5	8.5	8.5
M12	1.75	10.25	10.2
M16	2	14	14
M20	2.5	17.5	17.5
M24	3	21	21
M30	3.5	26.5	26.5
M36	4	32	32

表 8.87 底徑(公制粗牙)(JIS B 1004)

(單位 mm)

螺紋				底徑[2]								陰螺紋內徑[3](參考)			
螺紋稱呼	螺紋公稱直徑 d	節距 P	基本作用高度 H_1[1]	系列 100	95	90	85	80	75	70	65	最小容許尺寸	最大容許尺寸 4H(M1.4以下) 5H(M1.6以上)	5H(M1.4以下) 6H(M1.6以上)	7H
M1	1	0.25	0.135	0.73	0.74	0.76	0.77	0.78	0.80	0.81	0.82	0.729	0.774	0.785	—
M1.1	1.1	0.25	0.135	0.83	0.84	0.86	0.87	0.88	0.90	0.91	0.92	0.829	0.874	0.885	—
M1.2	1.2	0.25	0.135	0.93	0.94	0.96	0.97	0.98	1.00	1.01	1.02	0.929	0.974	0.985	—
M1.4	1.4	0.3	0.162	1.08	1.09	1.11	1.12	1.14	1.16	1.17	1.19	1.075	1.128	1.142	—
M1.6	1.6	0.35	0.189	1.22	1.24	1.26	1.28	1.30	1.32	1.33	1.35	1.221	1.301	1.321	—
M1.8	1.8	0.35	0.189	1.42	1.44	1.46	1.48	1.50	1.52	1.53	1.55	1.421	1.501	1.521	—
M2	2	0.4	0.217	1.57	1.59	1.61	1.63	1.65	1.68	1.70	1.72	1.567	1.657	1.679	—
M2.2	2.2	0.45	0.244	1.71	1.74	1.76	1.79	1.81	1.83	1.86	1.88	1.713	1.813	1.838	—
M2.5	2.5	0.45	0.244	2.01	2.04	2.06	2.09	2.11	2.13	2.16	2.18	2.013	2.113	2.138	—
M3×0.5	3	0.5	0.271	2.46	2.49	2.51	2.54	2.57	2.59	2.62	2.65	2.459	2.571	2.599	2.639
M3.5	3.5	0.6	0.325	2.85	2.88	2.92	2.95	2.98	3.01	3.05	3.08	2.850	2.975	3.010	3.050
M4×0.7	4	0.7	0.379	3.24	3.28	3.32	3.36	3.39	3.43	3.47	3.51	3.242	3.382	3.422	3.466
M4.5	4.5	0.75	0.406	3.69	3.73	3.77	3.81	3.85	3.89	3.93	3.97	3.688	3.838	3.878	3.924
M5×0.8	5	0.8	0.433	4.13	4.18	4.22	4.26	4.31	4.35	4.39	4.44	4.134	4.294	4.334	4.384
M6	6	1	0.541	4.92	4.97	5.03	5.08	5.13	5.19	5.24	5.30	4.917	5.107	5.153	5.217
M7	7	1	0.541	5.92	5.97	6.03	6.08	6.13	6.19	6.24	6.30	5.917	6.107	6.153	6.217
M8	8	1.25	0.677	6.65	6.71	6.78	6.85	6.92	6.99	7.05	7.12	6.647	6.859	6.912	6.982
M9	9	1.25	0.677	7.65	7.71	7.78	7.85	7.92	7.99	8.05	8.12	7.647	7.859	7.912	7.982
M10	10	1.5	0.812	8.38	8.46	8.54	8.62	8.70	8.78	8.86	8.94	8.376	8.612	8.676	8.751
M11	11	1.5	0.812	9.38	9.46	9.54	9.62	9.70	9.78	9.86	9.94	9.376	9.612	9.676	9.751
M12	12	1.75	0.947	10.1	10.2	10.3	10.4	10.5	10.6	10.7	10.8	10.106	10.371	10.441	10.531
M14	14	2	1.083	11.8	11.9	12.1	12.2	12.3	12.4	12.5	12.6	11.835	12.135	12.210	12.310
M16	16	2	1.083	13.8	13.9	14.1	14.2	14.3	14.4	14.5	14.6	13.835	14.135	14.210	14.310
M18	18	2.5	1.353	15.3	15.4	15.6	15.7	15.8	16.0	16.1	16.2	15.294	15.649	15.744	15.854
M20	20	2.5	1.353	17.3	17.4	17.6	17.7	17.8	18.0	18.1	18.2	17.294	17.649	17.744	17.854
M22	22	2.5	1.353	19.3	19.4	19.6	19.7	19.8	20.0	20.1	20.2	19.294	19.649	19.744	19.854
M24	24	3	1.624	20.8	20.9	21.1	21.2	21.4	21.6	21.7	21.9	20.752	21.152	21.252	21.382
M27	27	3	1.624	23.8	23.9	24.1	24.2	24.4	24.6	24.7	24.9	23.752	24.152	24.252	24.382
M30	30	3.5	1.894	26.2	26.4	26.6	26.8	27.0	27.2	27.3	27.5	26.211	26.661	26.771	26.921
M33	33	3.5	1.894	29.2	29.4	29.6	29.8	30.0	30.2	30.3	30.5	29.211	29.661	29.771	29.921
M36	36	4	2.165	31.7	31.9	32.1	32.3	32.5	32.8	33.0	33.2	31.670	32.145	32.270	32.420
M39	39	4	2.165	34.7	34.9	35.1	35.3	35.5	35.8	36.0	36.2	34.670	35.145	35.270	35.420
M42	42	4.5	2.436	37.1	37.4	37.6	37.9	38.1	38.3	38.6	38.8	37.129	37.659	37.799	37.979
M45	45	4.5	2.436	40.1	40.4	40.6	40.9	41.1	41.3	41.6	41.8	40.129	40.659	40.799	40.979
M48	48	5	2.706	42.6	42.9	43.1	43.4	43.7	43.9	44.2	44.5	42.587	43.147	43.297	43.487
M52	52	5	2.706	46.6	46.9	47.1	47.4	47.7	47.9	48.2	48.5	46.587	47.147	47.297	47.487
M56	56	5.5	2.977	50.0	50.3	50.6	50.9	51.2	51.5	51.8	52.1	50.046	50.646	50.796	50.996
M60	60	5.5	2.977	54.0	54.3	54.6	54.9	55.2	55.5	55.8	56.1	54.046	54.646	54.796	54.996
M64	64	6	3.248	57.5	57.8	58.2	58.5	58.8	59.1	59.5	59.8	57.505	58.135	58.305	58.505
M68	68	6	3.248	61.5	61.8	62.2	62.5	62.8	63.1	63.5	63.8	61.505	62.135	62.305	62.505

〔註〕 1. $H_1=0.541266P$

2. 底徑$=d-2\times H_1\left(\frac{\text{裕量比}}{100}\right)$

3. 陰螺紋內徑的容許限度尺寸係依據 JIS B 0209(公制粗牙螺紋的容許限度尺寸與公差)之規定。

〔備註〕 自一·一線┄┄線與── 線左側起到粗實線爲上之數値分別是依據 JIS B 0209 規定之 4H(M1.4 以下)或 5H(M1.6 以上，5H(M1.4 以下)或 6H(M1.6 以上)及 7H 之陰螺紋內徑之容許限度尺寸範圍內。

⑶ **底徑的選法**：底徑之選法通常須注意下列各項：

① 由攻牙加工觀點而言，底徑的大小受螺牙刀具的壽命、加工之難易、加工精度等影響，故在陰螺紋之內徑尺寸限制內，底徑宜儘量取大尺寸爲宜。

② 較易攻牙之材料，陰陰螺紋之內徑易生擴大之傾向，故陰螺紋之內徑宜較底徑稍少。

③ 螺紋之配合長度宜長，或陰螺牙的材料強度比螺栓之破壞強度大時，爲使攻牙容易，宜加大底徑。

④ 反之，配合長度甚短，螺紋之鎖緊扭力不足時，在攻牙不困難之情況下，宜縮小底徑。

⑤ 利用鑽頭鑽底徑時，由於各種因素之影響，底徑通常要比鑽頭大，因此作業前要先加考慮。

⑥ 底徑的擴大量與螺紋之等級有關，以下爲 6h(2 級)程度之螺紋在孔加工時之擴大量，由下列公式可求得：

$D = d - P$

式中，

D＝底徑

d＝螺紋的外徑基準尺寸

P＝節距

由上式，可知底徑大約比陰螺紋內徑之標準尺寸大 $0.082532P$。故常以此值作爲鑽頭之底徑。

表 8.86 爲依據上式所求得之底徑實例。

8.3 鍵

鍵之目的是要將齒輪、帶倫等機件固定在迴轉軸上，如圖 8.41 所示；鍵的種類雖多，JIS 對於埋頭鍵，活鍵與半圓鍵及其槽鍵均有規定；以下即針對這些鍵與特殊情況使用之鍵加以探討。

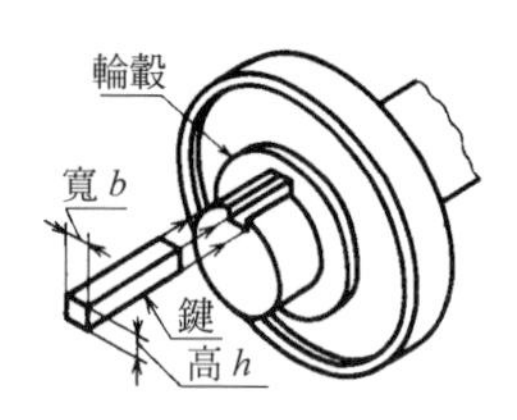

圖 8.41 鍵之使用例

1. 鍵的種類

JIS 中所規定的鍵，依其形狀有埋頭鍵(附有螺絲用孔，無螺絲用孔)，斜鍵(無頭，有頭)，及半圓鍵(圓底、平底)6 種。

⑴ **埋頭鍵**：軸與軸轂有共通的鍵槽，將鍵嵌配於此，如圖 8.42 所示。圖 8.43 示鍵本身附有螺紋用孔。表 8.88 示 JIS 所規定埋頭鍵及其鍵槽之形狀、尺寸。

表 8.88(b)中，依鍵槽尺寸容許差，區分爲滑動形、普通形及卡入形。滑動形可用在轂在軸向移動時之軸上，故以前稱之爲滑鍵或活鍵。此時，鍵通常是以固定螺絲將之固定於軸上。如表中之圖示，除固定螺絲用的孔外，最好亦有拔取用之螺絲孔，以爲拔取鍵所需。

普通形就是預先將鍵置於軸上之鍵槽(餘隙配合)，再套入轂，故以前稱之粗級。

表 8.88 埋頭鍵及鍵槽(JIS B 1301)

(a) 埋頭鍵的形狀及尺寸

(單位 mm)

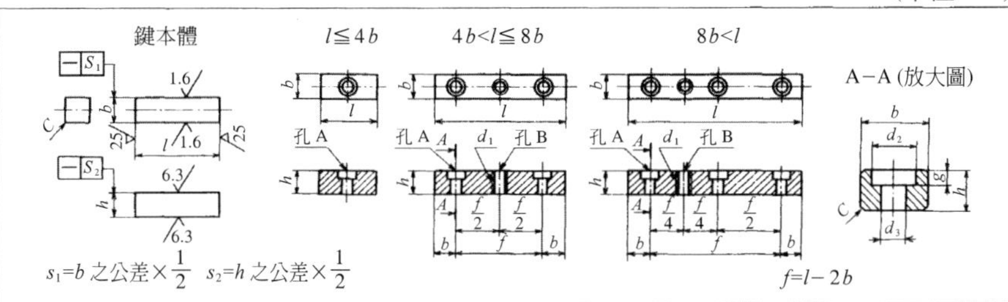

鍵之公稱尺寸 b×h	鍵之尺寸 b 基準尺寸	b 容許差 (h 9)	h 基準尺寸	h 容許差		$c^{(2)}$	$l^{(1)}$	d_1	螺絲用孔 螺紋之公稱 d_1	d_2	d_3	g
2× 2	2	0 −0.025	2	0 −0.025	h 9	0.16 ~0.25	6~ 20	−	−	−	−	−
3× 3	3		3				6~ 36	−	−	−	−	−
4× 4	4	0 −0.030	4	0 −0.030			8~ 45	−	−	−	−	−
5× 5	5		5			0.25 ~0.40	10~ 56	−	−	−	−	−
6× 6	6		6				14~ 70	−	−	−	−	−
(7× 7)	7	0 −0.036	7	0 −0.036			16~ 80	−	−	−	−	−
8× 7	8		7	0 −0.090	h11		18~ 90	6.0	M 3	6.0	3.4	2.3
10× 8	10		8			0.40 ~0.60	22~110	6.0	M 3	6.0	3.4	2.3
12× 8	12	0 −0.043	8				28~140	8.0	M 4	8.0	4.5	3.0
14× 9	14		9				36~160	10.0	M 5	10.0	5.5	3.7
(15×10)	15		10				40~180	10.0	M 5	10.0	5.5	3.7
16×10	16		10				45~180	10.0	M 5	10.0	5.5	3.7
18×11	18		11	0 −0.110			50~200	11.5	M 6	11.5	6.6	4.3
20×12	20	0 −0.052	12			0.60 ~0.80	56~220	11.5	M 6	11.5	6.6	4.3
22×14	22		14				63~250	11.5	M 6	11.5	6.6	4.3
(24×16)	24		16				70~280	15.0	M 8	15.5	9.0	5.7
25×14	25		14				70~280	15.0	M 8	15.5	9.0	5.7
28×16	28		16				80~320	17.5	M10	17.5	11.0	10.8
32×18	32	0 −0.060	18				90~360	17.5	M10	17.5	11.0	10.8
(35×22)	35		22	0 −0.130		1.00 ~1.20	100~400	17.5	M10	17.5	11.0	10.8
36×20	36		20				−	20.0	M12	20.0	14.0	13.0
(38×24)	38		24				−	17.5	M10	17.5	11.0	10.8
40×22	40		22				−	20.0	M12	20.0	14.0	13.0
42×26	42		26				−	17.5	M10	17.5	11.0	10.8
45×25	45		25				−	20.0	M12	20.0	14.0	13.0
50×28	50		28				−	20.0	M12	20.0	14.0	13.0
56×32	56	0 −0.074	32	0 −0.160		1.60 ~2.00	−	20.0	M12	20.0	14.0	13.0
63×32	63		32				−	20.0	M12	20.0	14.0	13.0
70×36	70		36				−	26.0	M16	26.0	18.0	17.5
80×40	80		40			2.50 ~3.00	−	26.0	M16	26.0	18.0	17.5
90×45	90	0 −0.087	45				−	32.0	M20	32.0	22.0	21.5
100×50	100		50				−	32.0	M20	32.0	22.0	21.5

〔註〕(1) l 是表之範圍內，且由下列數值中選取。至於 l 之尺寸容許差，原則是取 JIS B 0401 之 h12。
6，8，10，12，14，16，18，20，22，25，28，32，36，40，45，50，56，63，70，80，90，100，110，125，140，160，180，200，220，250，280，320，360，400

(2) 以圓弧(r)取代 45°倒角(c)亦可。

〔備註〕附有括號之公稱尺寸，無對應的國際規格規定，新設計時不要使用。

表 8.88　埋頭鍵及鍵槽(JIS B 1301)(續)

(b) 埋頭鍵之鍵形狀及尺寸

(單位 mm)

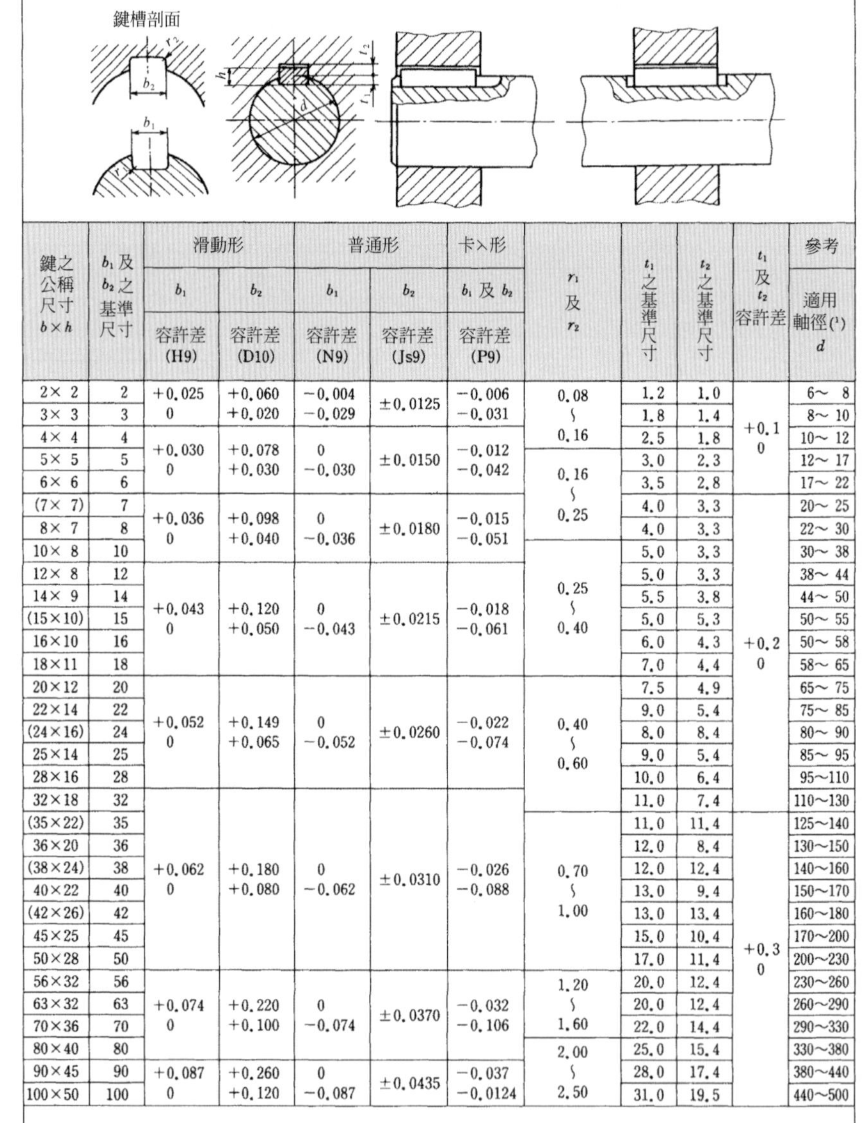

鍵之公稱尺寸 $b \times h$	b_1 及 b_2 之基準尺寸	滑動形 b_1 容許差 (H9)	滑動形 b_2 容許差 (D10)	普通形 b_1 容許差 (N9)	普通形 b_2 容許差 (Js9)	卡入形 b_1 及 b_2 容許差 (P9)	r_1 及 r_2	t_1 之基準尺寸	t_2 之基準尺寸	t_1 及 t_2 容許差	參考 適用軸徑(1) d
2×2	2	+0.025 0	+0.060 +0.020	−0.004 −0.029	±0.0125	−0.006 −0.031	0.08 ~ 0.16	1.2	1.0	+0.1 0	6~8
3×3	3							1.8	1.4		8~10
4×4	4	+0.030 0	+0.078 +0.030	0 −0.030	±0.0150	−0.012 −0.042		2.5	1.8		10~12
5×5	5						0.16 ~ 0.25	3.0	2.3		12~17
6×6	6							3.5	2.8		17~22
(7×7)	7	+0.036 0	+0.098 +0.040	0 −0.036	±0.0180	−0.015 −0.051		4.0	3.3	+0.2 0	20~25
8×7	8							4.0	3.3		22~30
10×8	10						0.25 ~ 0.40	5.0	3.3		30~38
12×8	12	+0.043 0	+0.120 +0.050	0 −0.043	±0.0215	−0.018 −0.061		5.0	3.3		38~44
14×9	14							5.5	3.8		44~50
(15×10)	15							5.0	5.3		50~55
16×10	16							6.0	4.3		50~58
18×11	18							7.0	4.4		58~65
20×12	20	+0.052 0	+0.149 +0.065	0 −0.052	±0.0260	−0.022 −0.074	0.40 ~ 0.60	7.5	4.9		65~75
22×14	22							9.0	5.4		75~85
(24×16)	24							8.0	8.4		80~90
25×14	25							9.0	5.4		85~95
28×16	28							10.0	6.4		95~110
32×18	32	+0.062 0	+0.180 +0.080	0 −0.062	±0.0310	−0.026 −0.088		11.0	7.4		110~130
(35×22)	35						0.70 ~ 1.00	11.0	11.4	+0.3 0	125~140
36×20	36							12.0	8.4		130~150
(38×24)	38							12.0	12.4		140~160
40×22	40							13.0	9.4		150~170
(42×26)	42							13.0	13.4		160~180
45×25	45							15.0	10.4		170~200
50×28	50							17.0	11.4		200~230
56×32	56	+0.074 0	+0.220 +0.100	0 −0.074	±0.0370	−0.032 −0.106	1.20 ~ 1.60	20.0	12.4		230~260
63×32	63							20.0	12.4		260~290
70×36	70							22.0	14.4		290~330
80×40	80						2.00 ~ 2.50	25.0	15.4		330~380
90×45	90	+0.087 0	+0.260 +0.120	0 −0.087	±0.0435	−0.037 −0.0124		28.0	17.4		380~440
100×50	100							31.0	19.5		440~500

〔註〕(1) 適用軸徑是由鍵之強度所對應扭力求得，表中値是一般用途估算值。鍵之大小所對應傳動扭力適切時，亦常採用較適用軸徑粗的軸。此時，鍵之側面，即 t_1 及 t_2 常修正使軸及轂兩者相等。最好不要用較適用軸徑細的軸。

〔備註〕附有括號的公稱尺寸，因在對應的國際規格來做規定，故新設計時，不要使用。

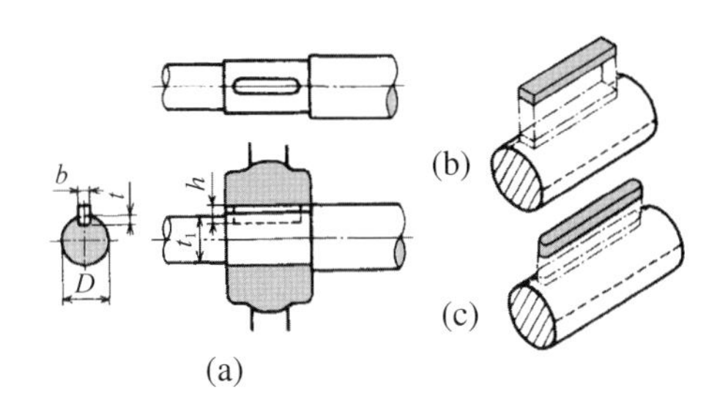

圖 8.42　埋頭鍵(無螺絲用孔)

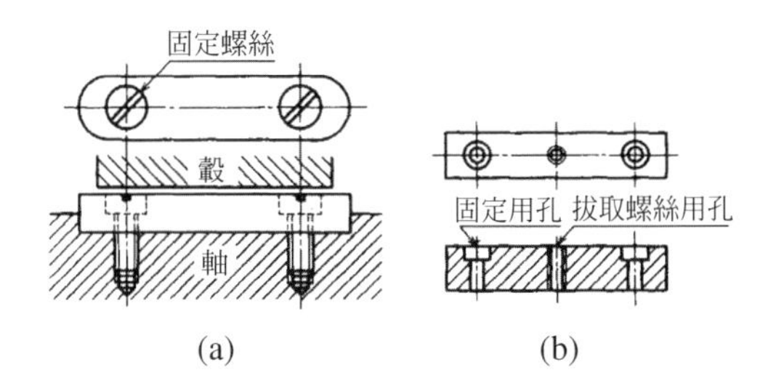

圖 8.43　埋頭鍵(有螺絲用孔)

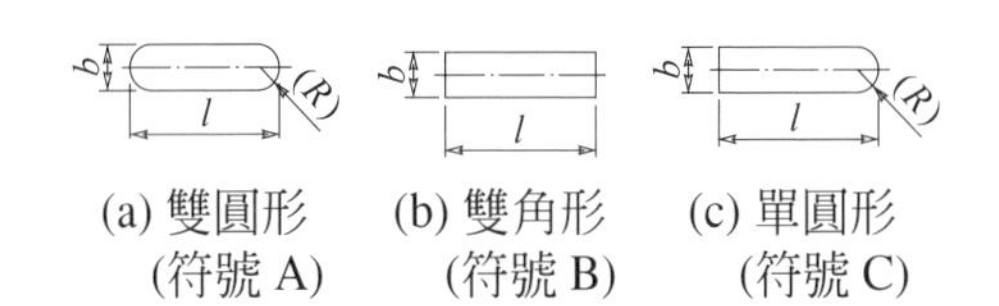

圖 8.44　鍵之端部

而卡入形則是預先將鍵置於軸上鍵槽(中間配合)，再套入轂，故以前稱之精密級。

圖 8.44 示埋頭鍵之端部形狀及符號。其中圓形之端部，亦常加以大倒角，未指定時則爲雙角形。

⑵　**斜鍵**：此爲使用有斜度的鍵，將鍵打入而固定者，如圖 8.45 所示。分爲有頭及無頭。

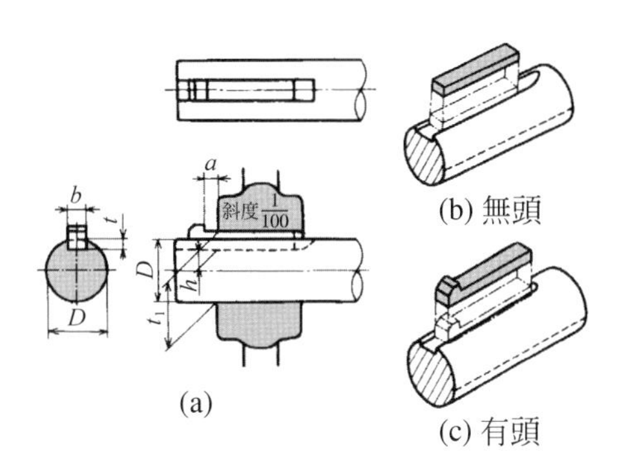

圖 8.45　斜鍵

表 8.89 示斜鍵及其鍵槽形狀與尺寸。

斜鍵通常只是鍵本身有斜度，轂孔鍵槽無斜度，但鍵打入時，轂中心與軸心造成偏心，故使用於機械的重要部位時，轂孔鍵槽亦常設計爲斜度。

⑶　**半圓鍵**：如圖 8.46 所示，側視是半月形的鍵，故稱之爲半圓鍵。容易加工鍵及鍵槽，但槽太深是其缺點，但可防止鍵傾斜，大都用於工具機、汽車等小扭力傳動。另亦用於船舶推進器大軸徑的斜度軸上。

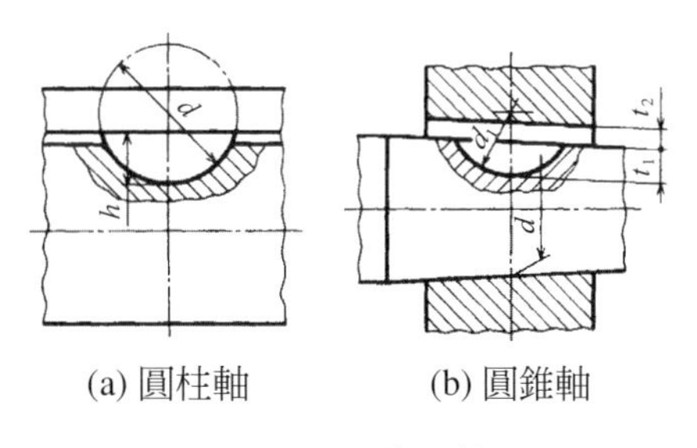

圖 8.46　半圓鍵

半圓鍵有圓底及平底，圓底通常利用車床加工，平底則利用沖床沖料。

表 8.89 斜鍵及鍵槽(JIS B 1301)

(a) 斜鍵之形狀及尺寸

(單位 mm)

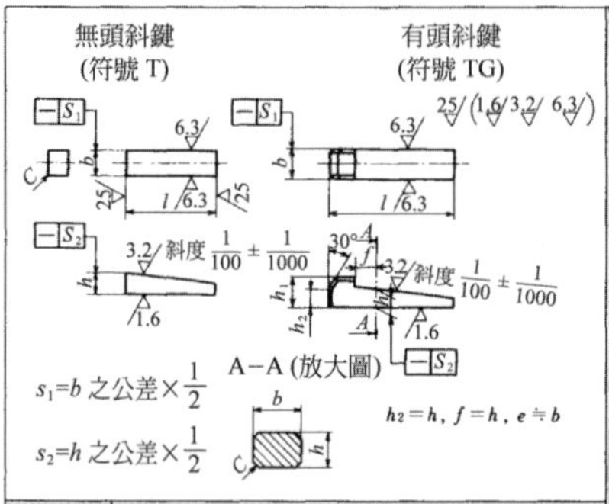

無頭斜鍵 (符號 T)　　有頭斜鍵 (符號 TG)

斜度 $\frac{1}{100} \pm \frac{1}{1000}$

A−A (放大圖)

s_1=b 之公差×$\frac{1}{2}$

s_2=h 之公差×$\frac{1}{2}$

$h_2=h$, $f=h$, $e \fallingdotseq b$

鍵之公稱尺寸 $b \times h$	鍵本體 b 基準尺寸	b 容許差 (h9)	h 基準尺寸	h 容許差		h_1	c (2)	l (1)
2× 2	2	0 / −0.025	2	0 / −0.025	h9	−	0.16 ~ 0.25	6 ~ 30
3× 3	3		3			−		6 ~ 36
4× 4	4	0 / −0.030	4	0 / −0.030		7		8 ~ 45
5× 5	5		5			8	0.25 ~ 0.40	10~ 56
6× 6	6		6			10		14~ 70
(7× 7)	7	0 / −0.036	7.2	0 / −0.036		10		16~ 80
8× 7	8		7	0 / −0.090	h11	11		18~ 90
10× 8	10		8			12	0.40 ~ 0.60	22~110
12× 8	12	0 / −0.043	8			12		28~140
14× 9	14	0 / −0.043	9			14	0.40 ~ 0.60	36~160
(15×10)	15		10.2	0 / −0.070	h10	15		40~180
16×10	16		10	0 / −0.090	h11	16		45~180
18×11	18		11	0 / −0.110		18		50~200
20×12	20	0 / −0.052	12			20	0.60 ~ 0.80	56~220
22×14	22		14			22		63~250
(24×16)	24		16.2	0 / −0.070	h10	24		70~280
25×14	25		14	0 / −0.110	h11	22		70~280
28×16	28		16			25		80~320
32×18	32	0 / −0.062	18			28		90~360
(35×22)	35		22.3	0 / −0.084	h10	32	1.00~1.20	100~400
36×20	36	0 / −0.062	20	0 / −0.130	h11	32	1.00 ~ 1.20	−
(38×24)	38		24.3	0 / −0.084	h10	36		−
40×22	40		22	0 / −0.130	h11	36		−
(42×26)	42		26.3	0 / −0.084	h10	40		−
45×25	45		25	0 / −0.130	h11	40		−
50×28	50		28			45		−
56×32	56	0 / −0.074	32	0 / −0.160		50	1.60 ~ 2.00	−
63×32	63		32			50		−
70×36	70		36			56		−
80×40	80		40			63	2.50 ~ 3.00	−
90×45	90	0 / −0.087	45			70		−
100×50	100		50			80		−

〔註〕及〔備註〕與表 8.88 表(a)同。

(b) 斜鍵之鍵槽形狀及尺寸

(單位 mm)

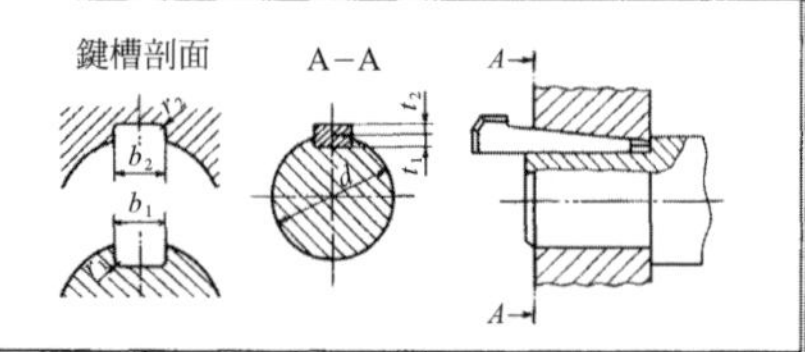

鍵槽剖面　A−A

鍵之公稱尺寸 $b \times h$	b_1 及 b_2 基準尺寸	b_1 及 b_2 容許差 (D10)	r_1 及 r_2	t_1 之基準尺寸	t_2 之基準尺寸	t_1 及 t_2 容許差	參考 (5) 適用軸徑 d
2× 2	2	+0.060 / +0.020	0.08 ~ 0.16	1.2	0.5	+0.05 / 0	6~ 8
3× 3	3			1.8	0.9		8~ 10
4× 4	4	+0.078 / +0.030		2.5	1.2	+0.1 / 0	10~ 12
5× 5	5		0.16 ~ 0.25	3.0	1.7		12~ 17
6× 6	6			3.5	2.2		17~ 22
(7× 7)	7	+0.098 / +0.040		4.0	3.0		20~ 25
8× 7	8			4.0	2.4	+0.2 / 0	22~ 30
10× 8	10		0.25 ~ 0.40	5.0	2.4		30~ 38
12× 8	12	+0.120 / +0.050		5.0	2.4		38~ 44
14× 9	14			5.5	2.9		44~ 50
(15×10)	15			5.0	5.0	+0.1 / 0	50~ 55
16×10	16			6.0	3.4	+0.2 / 0	50~ 58
18×11	18		0.25~0.40	7.0	3.4	+0.2 / 0	58~ 65
20×12	20	+0.149 / +0.065	0.40 ~ 0.60	7.5	3.9		65~ 75
22×14	22			9.0	4.4		75~ 85
(24×16)	24			8.0	8.0	+0.1 / 0	80~ 90
25×14	25			9.0	4.4	+0.2 / 0	85~ 95
28×16	28			10.0	5.4		95~110
32×18	32	+0.180 / +0.080		11.0	6.4		110~130
(35×22)	35		0.70 ~ 1.00	11.0	11.0	+0.15 / 0	125~140
36×20	36			12.0	7.1	+0.3 / 0	130~150
(38×24)	38			12.0	12.0	+0.15 / 0	140~160
40×22	40			13.0	8.1	+0.3 / 0	150~170
(42×26)	42			13.0	13.0	+0.15 / 0	160~180
45×25	45			15.0	9.1	+0.3 / 0	170~200
50×28	50			17.0	10.1		200~230
56×32	56	+0.220 / +0.100	1.20 ~ 1.60	20.0	11.1		230~260
63×32	63			20.0	11.1		260~290
70×36	70			22.0	13.1		290~330
80×40	80		2.00 ~ 2.50	25.0	14.1		330~380
90×45	90	+0.260 / +0.120		28.0	16.1		380~440
100×50	100			31.0	18.1		440~500

〔備註〕公稱尺寸有括號者，對應之國際規格來予規定，所以新設計時不使用。

表 8.90　半圓鍵、鍵槽及適合之軸徑(JIS B 1301)

(a) 半圓鍵之形狀及尺寸

(單位 mm)

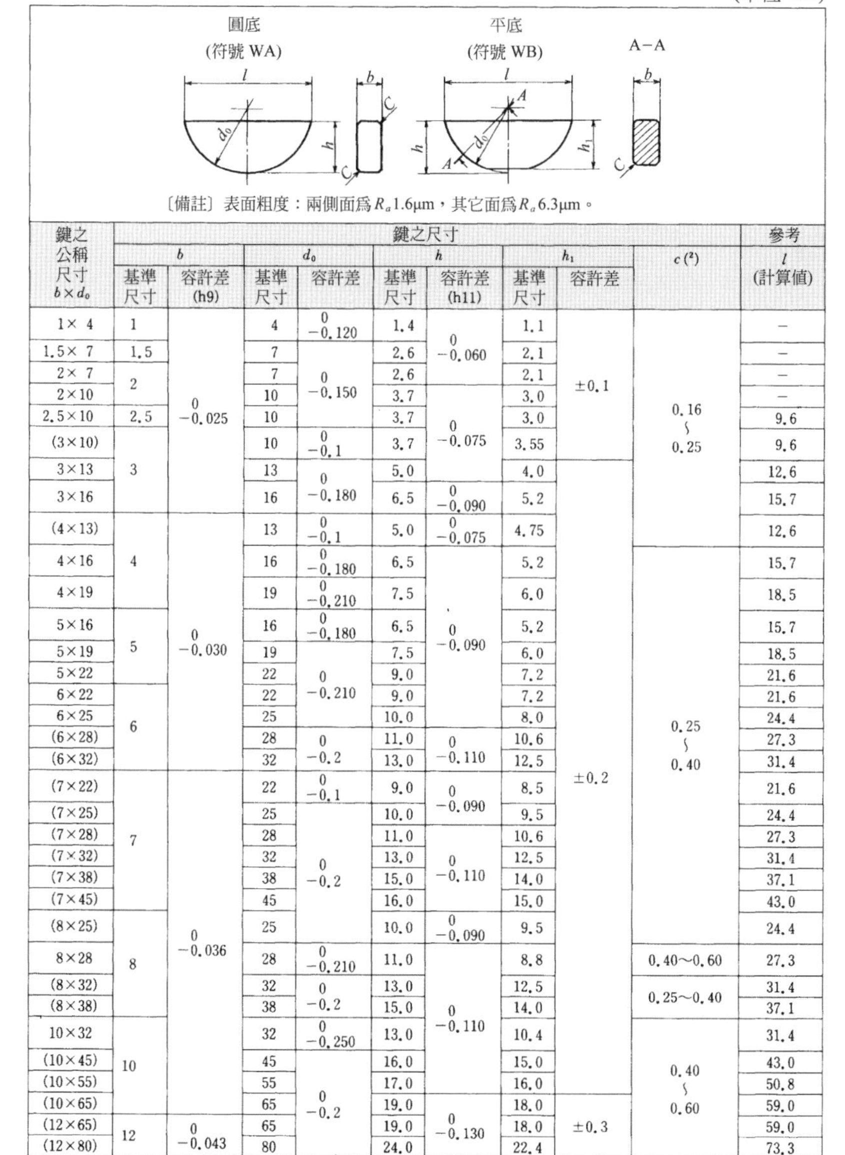

〔備註〕表面粗度：兩側面爲 R_a1.6μm，其它面爲 R_a6.3μm。

鍵之公稱尺寸 $b \times d_0$	鍵之尺寸									參考
	b		d_0		h		h_1		c (²)	l (計算值)
	基準尺寸	容許差 (h9)	基準尺寸	容許差	基準尺寸	容許差 (h11)	基準尺寸	容許差		
1×4	1	0 −0.025	4	0 −0.120	1.4	0 −0.060	1.1	±0.1	0.16 ~ 0.25	−
1.5×7	1.5		7	0 −0.150	2.6		2.1			−
2×7	2		7		2.6		2.1			−
2×10			10		3.7	0 −0.075	3.0			−
2.5×10	2.5		10		3.7		3.0			9.6
(3×10)	3		10	0 −0.1	3.7		3.55			9.6
3×13			13	0 −0.180	5.0		4.0	±0.2		12.6
3×16			16		6.5	0 −0.090	5.2			15.7
(4×13)	4	0 −0.030	13	0 −0.1	5.0	0 −0.075	4.75			12.6
4×16			16	0 −0.180	6.5	0 −0.090	5.2		0.25 ~ 0.40	15.7
4×19			19	0 −0.210	7.5		6.0			18.5
5×16	5		16	0 −0.180	6.5		5.2			15.7
5×19			19	0 −0.210	7.5		6.0			18.5
5×22			22		9.0		7.2			21.6
6×22	6		22		9.0		7.2			21.6
6×25			25		10.0		8.0			24.4
(6×28)			28	0 −0.2	11.0	0 −0.110	10.6			27.3
(6×32)			32		13.0		12.5			31.4
(7×22)	7	0 −0.036	22	0 −0.1	9.0	0 −0.090	8.5			21.6
(7×25)			25	0 −0.2	10.0		9.5			24.4
(7×28)			28		11.0	0 −0.110	10.6			27.3
(7×32)			32		13.0		12.5			31.4
(7×38)			38		15.0		14.0			37.1
(7×45)			45		16.0		15.0			43.0
(8×25)	8		25		10.0	0 −0.090	9.5			24.4
8×28			28	0 −0.210	11.0	0 −0.110	8.8		0.40～0.60	27.3
(8×32)			32	0 −0.2	13.0		12.5		0.25～0.40	31.4
(8×38)			38		15.0		14.0			37.1
10×32	10		32	0 −0.250	13.0		10.4		0.40 ~ 0.60	31.4
(10×45)			45	0 −0.2	16.0		15.0			43.0
(10×55)			55		17.0		16.0			50.8
(10×65)			65		19.0	0 −0.130	18.0	±0.3		59.0
(12×65)	12	0 −0.043	65		19.0		18.0			59.0
(12×80)			80		24.0		22.4			73.3

〔備註〕附有括號之公稱尺寸，於對應國際規格來做規定，新設計時，不要使用。

表 8.90 半圓鍵、鍵槽及適合之軸徑(JIS B 1301)(續)

(b) 半圓鍵的鍵槽形狀及尺寸

(單位 mm)

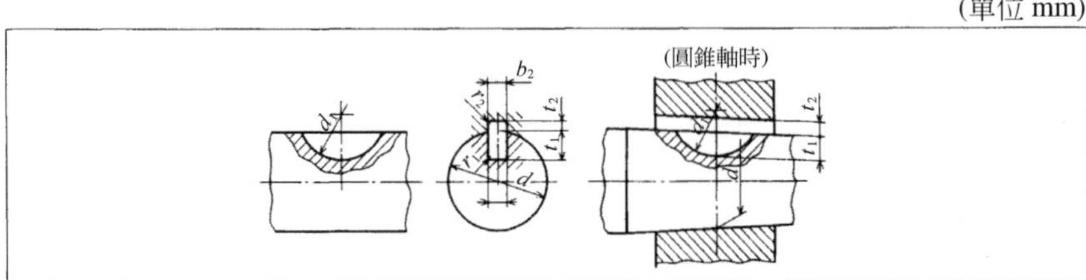

鍵之公稱尺寸 $b \times d_0$	b_1 及 b_2 基準尺寸	普通形		卡入形	t_1		t_2		r_1 及 r_2	d_1	
		b_1 容許差 (N9)	b_2 容許差 (Js9)	b_1 及 b_2 容許差 (P9)	基準尺寸	容許差	基準尺寸	容許差		基準尺寸	容許差
1× 4	1	0.004 −0.029	±0.012	−0.006 −0.031	1.0	+0.1 0	0.6	+0.1 0	0.08 ～ 0.16	4	+0.1 0
1.5× 7	1.5				2.0		0.8			7	
2× 7	2				1.8		1.0			7	
2×10					2.9					10	+0.2 0
2.5×10	2.5				2.7		1.2			10	
(3×10)	3				2.5		1.4			10	
3×13					3.8	+0.2 0				13	
3×16					5.3					16	
(4×13)	4	0 −0.030	±0.015	−0.012 −0.042	3.5	+0.1 0	1.7			13	
4×16					5.0	+0.2 0	1.8		0.16 ～ 0.25	16	
4×19					6.0					19	+0.3 0
5×16	5				4.5		2.3			16	+0.2 0
5×19					5.5					19	+0.3 0
5×22					7.0	+0.3 0				22	
6×22	6				6.5		2.8	+0.2 0		22	
6×25					7.5					25	
(6×28)					8.6	+0.1 0	2.6	+0.1 0		28	
(6×32)					10.6					32	
(7×22)	7	0 −0.036	±0.018	−0.015 −0.051	6.4		2.8			22	
(7×25)					7.4					25	
(7×28)					8.4					28	
(7×32)					10.4					32	
(7×38)					12.4					38	
(7×45)					13.4					45	
(8×25)	8				7.2		3.0			25	
8×28					8.0	+0.3 0	3.3	+0.2 0	0.25～0.40	28	
(8×32)					10.2	+0.1 0	3.0	+0.1 0	0.16～0.25	32	
(8×38)					12.2					38	
10×32	10				10.0	+0.3 0	3.3	+0.2 0	0.25 ～ 0.40	32	
(10×45)					12.8	+0.1 0	3.4	+0.1 0		45	
(10×55)					13.8					55	
(10×65)					15.8					65	+0.5 0
(12×65)	12	0 −0.043	±0.022	−0.018 −0.061	15.2		4.0			65	
(12×80)					20.2					80	

〔備註〕 1. 附有括號之公稱尺寸，於對應國際規格中來做規定，新設計時，不要使用。
2. 適用軸徑請參考(c)表。

表 8.90 半圓鍵、鍵槽及適合之軸徑(JIS B 1301)(續)

(c) 半圓鍵適用軸徑

(單位 mm)

鍵之公稱尺寸	系列 1	系列 2	系列 3	剪斷截面積 (mm^2)	鍵之公稱尺寸	系列 1	系列 2	系列 3	剪斷截面積 (mm^2)
1× 4	3～4	3～4	－	－	(6×32)	－	－	24～34	180
1.5× 7	4～5	4～6	－	－	(7×22)	－	－	20～29	139
2× 7	5～6	6～8	－	－	(7×25)	－	－	22～32	159
2×10	6～7	8～10	－	－	(7×28)	－	－	24～34	179
2.5×10	7～8	10～12	7～12	21	(7×32)	－	－	26～37	209
(3×10)	－	－	8～14	26	(7×38)	－	－	29～41	249
3×13	8～10	12～15	9～16	35	(7×45)	－	－	31～45	288
3×16	10～12	15～18	11～18	45	(8×25)	－	－	24～34	181
(4×13)	－	－	11～18	46	8×28	28～32	40～－	26～37	203
4×16	12～14	18～20	12～20	57	(8×32)	－	－	28～40	239
4×19	14～16	20～22	14～22	70	(8×38)	－	－	30～44	283
5×16	16～18	22～25	14～22	72	10×32	32～38	－	31～46	295
5×19	18～20	25～28	15～24	86	(10×45)	－	－	38～54	406
5×22	20～22	28～32	17～26	102	(10×55)	－	－	42～60	477
6×22	22～25	32～36	19～28	121	(10×65)	－	－	46～65	558
6×25	25～28	36～40	20～30	141	(12×65)	－	－	50～73	660
(6×28)	－	－	22～32	155	(12×80)	－	－	58～82	834

〔備註〕1. 附有括號之公稱尺寸，於對應國際規格中來做規定，新設計時，不要使用。
2. 系列 1 及系列 2 是在對應的國際規格中列舉的軸徑，原則如下。
系列 1：適用以鍵傳達扭力之結合。
系列 2：適用在利用鍵做定位時，例如：軸與轂是緊密配合而不用鍵做為傳達扭力。
3. 系列 3 是上表中所示剪斷截面積所對應之鍵的剪斷強度。該剪斷截面積是指鍵完全沈入鍵槽時，受剪斷部分的計算值。

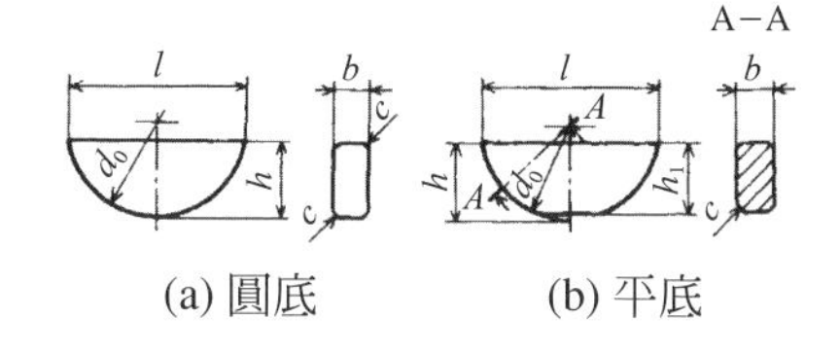

圖 8.47 半圓鍵之形狀

表 8.90 示半圓鍵及半圓鍵之鍵槽形狀及尺寸。其鍵槽亦因其尺寸容許而有普通形及卡入形之規定。

表 8.90(c)示半圓鍵的適用軸徑。但視鍵本身是否有傳遞扭力而分為系列 1 及系列 2，甚至系列 3 在表中是以剪斷截面積對應鍵之剪斷強度，故最好依計算結果選擇必要的尺寸。

(4) **平鍵**：如圖 8.48 所示，軸的一部分切削成與鍵寬等寬之平面，而將鍵插入者，用於輕負荷之場合。

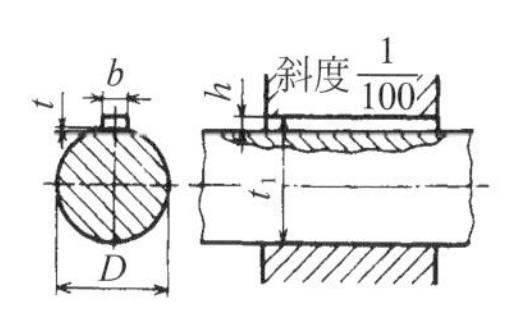

圖 8.48 平鍵

(5) **方鍵**：圖 8.49 示其呈正方形的剖面。適用於重負荷，槽太深是其缺點。

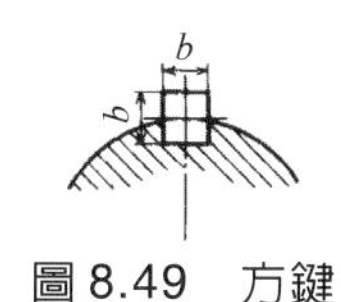

圖 8.49 方鍵

(6) **圓鍵**：如圖 8.50 所示。用錐度銷打入，使其具有鍵的功能。

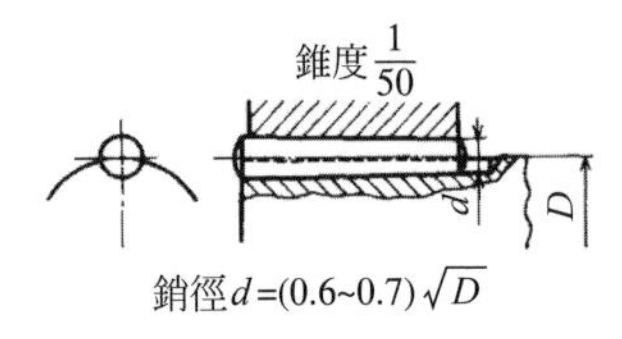

圖 8.50　圓鍵

2.　鍵的計算

(1) **鍵的選擇**：鍵的尺寸可依軸徑不同由下列經驗公式求得。

$h = 0.125d + 1.5$ mm

$b = 2h$

式中，

d＝軸徑(mm)

h＝鍵的高度(mm)

b＝鍵的寬度

適用於各種軸徑之鍵大小可由表 8.88～8.90 求得，設鍵長爲l，軸徑爲d (圖 8.51)，則：

$l \geqq 1.3d$

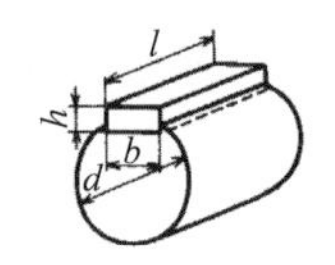

圖 8.51　埋頭鍵

鍵的材料通常選用比軸材料稍硬者。

(2) **鍵的強度(打入鍵或鑲入鍵)**

如圖 8.52 所示，軸與轂用鍵嵌合，利用扭力矩傳達動力時，鍵受剪力與鍵槽側面之壓縮力作用，此時，鍵之抗力矩可較軸所具有之扭力矩大，設：

d＝軸徑(mm)

l＝鍵的有效長度(mm)

h＝鍵的高度(mm)

b＝鍵的寬度(mm)

τ_s＝鍵的誘導剪應力(N/mm^2)

σ_c＝鍵的誘導壓應力(N/mm^2)

τ＝鍵的誘導扭剪應力(N/mm^2)，則：

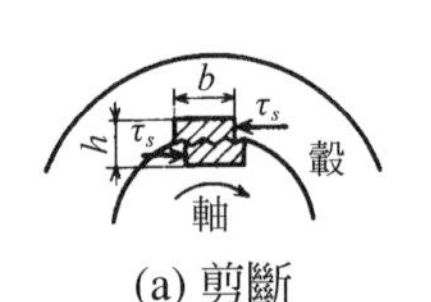

(a) 剪斷　　(b) 壓縮

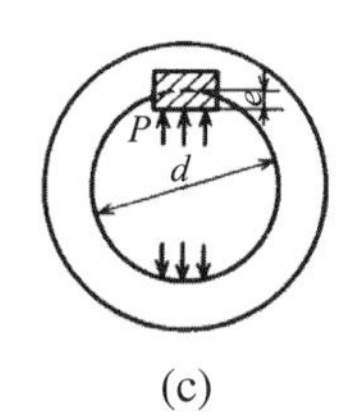

(c)

圖 8.52　鍵的受力

① 鍵之剪斷

鍵的剪斷阻力$=bl\sigma_s$

對軸心的剪斷阻力矩M_1爲：

$$M_1 = bl\tau_s\frac{d}{2}$$

且，軸的傳達扭力矩T爲：

$$T=\frac{\pi}{16}d^3\tau$$

上式力矩應等於剪斷阻力矩，則對實心軸而言：

$$bl\tau_s\frac{d}{2}=\frac{\pi}{16}d^3\tau$$

因此

$$b=\frac{\pi}{8}\times\frac{\tau}{\tau_s}\times\frac{d^2}{l}$$

鍵的深度$e=\frac{\pi}{8}\times\frac{\tau_d}{p}\times\frac{d^2}{l}$

τ_d＝鍵的容許扭應力(N/mm^2)

但此情況之p係鍵槽內之鍵與迴轉軸的壓縮力(N/mm^2)，p值通常是小直徑迴轉軸時爲 80 N/mm^2，大直徑爲 100 N/mm^2，高速時約取 1/2 左右。

② 鍵之壓縮

鍵之壓縮阻力$=\frac{h}{2}l\sigma_c$

對軸心壓縮阻力矩M_2爲

$$M_2=l\frac{h}{2}\sigma_c\frac{d}{2}=\frac{lh\sigma_c d}{4}$$

設鍵之剪力與壓縮阻力相等，則

$$h=2b\frac{\tau_s}{\sigma_c}$$

因此，鍵之尺寸如由規格或經驗公式決定時，可將各尺寸代入上述公式，計算M_1與M_2之值，並核對此值較軸所傳達之扭力矩T大或小，如M_1與M_2大於T，表示鍵沒有危險。

8.4 銷

1. 銷的種類

銷應用在接合與栓接頭等之輔助接合、螺栓與螺帽等的定位或鎖緊。

銷的種類有圓柱銷、錐度銷、末端開槽錐度銷與開口銷等，將銷打入開孔時，銷須有漏氣孔使空氣漏除，如只承受小的力及定位(防鬆)等，可以選用開口銷，有時銷的剪斷也要考慮。

表 8.91 爲錐度銷、表 8.92 爲末端開槽錐度銷、表 8.93 爲圓柱銷、表 8.94 爲開口銷之形狀與標準尺寸。

這些規格是根據 ISO 而在最近制度。表 8.95 示從前非ISO的形狀、尺寸，供參考。

表 8.96 示彈簧銷。它是用薄板捲繞圓筒狀並施以熱處理，將之裝入孔中時，利用其彈性而密著於孔的內壁表面，而產生大的結合力之銷。

彈簧銷較諸上述的實體銷，其機械的性質更佳，且中空質輕，利用彈簧作用來固定，因此不需要上述實體銷所要求的精密鉸孔，只要鑽孔或沖孔即可。因爲有這些優點，因此近來廣被採用。

表 8.91　錐度銷的形狀與尺寸(JIS B 1352)

(單位 mm)

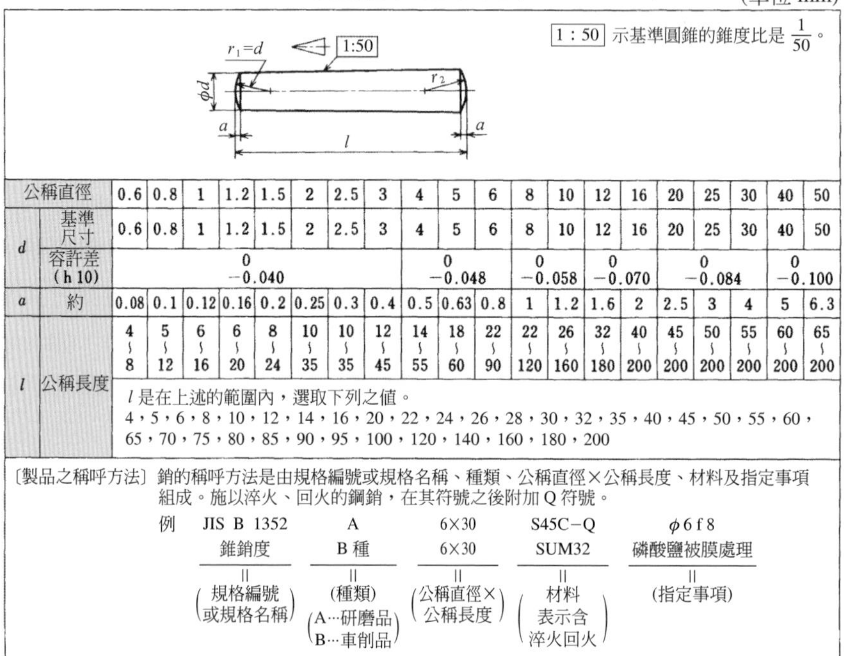

1 : 50 示基準圓錐的錐度比是 $\frac{1}{50}$。

	公稱直徑	0.6	0.8	1	1.2	1.5	2	2.5	3	4	5	6	8	10	12	16	20	25	30	40	50
d	基準尺寸	0.6	0.8	1	1.2	1.5	2	2.5	3	4	5	6	8	10	12	16	20	25	30	40	50
d	容許差 (h 10)	0 −0.040								0 −0.048			0 −0.058		0 −0.070		0 −0.084			0 −0.100	
a	約	0.08	0.1	0.12	0.16	0.2	0.25	0.3	0.4	0.5	0.63	0.8	1	1.2	1.6	2	2.5	3	4	5	6.3
l	公稱長度	4 ~ 8	5 ~ 12	6 ~ 16	6 ~ 20	8 ~ 24	10 ~ 35	10 ~ 35	12 ~ 45	14 ~ 55	18 ~ 60	22 ~ 90	22 ~ 120	26 ~ 160	32 ~ 180	40 ~ 200	45 ~ 200	50 ~ 200	55 ~ 200	60 ~ 200	65 ~ 200
l	公稱長度	*l* 是在上述的範圍內，選取下列之值。 4，5，6，8，10，12，14，16，20，22，24，26，28，30，32，35，40，45，50，55，60，65，70，75，80，85，90，95，100，120，140，160，180，200																			

〔製品之稱呼方法〕銷的稱呼方法是由規格編號或規格名稱、種類、公稱直徑×公稱長度、材料及指定事項組成。施以淬火、回火的鋼銷，在其符號之後附加 Q 符號。

例	JIS B 1352 / 錐銷度	A / B 種	6×30 / 6×30	S45C−Q / SUM32	ϕ6 f 8 / 磷酸鹽被膜處理
	‖	‖	‖	‖	‖
	(規格編號或規格名稱)	(種類) (A…研磨品 B…車削品)	(公稱直徑×公稱長度)	(材料 表示含淬火回火)	(指定事項)

表 8.92　末端開槽錐度銷的形狀與尺寸(JIS B 1353)

(單位 mm)

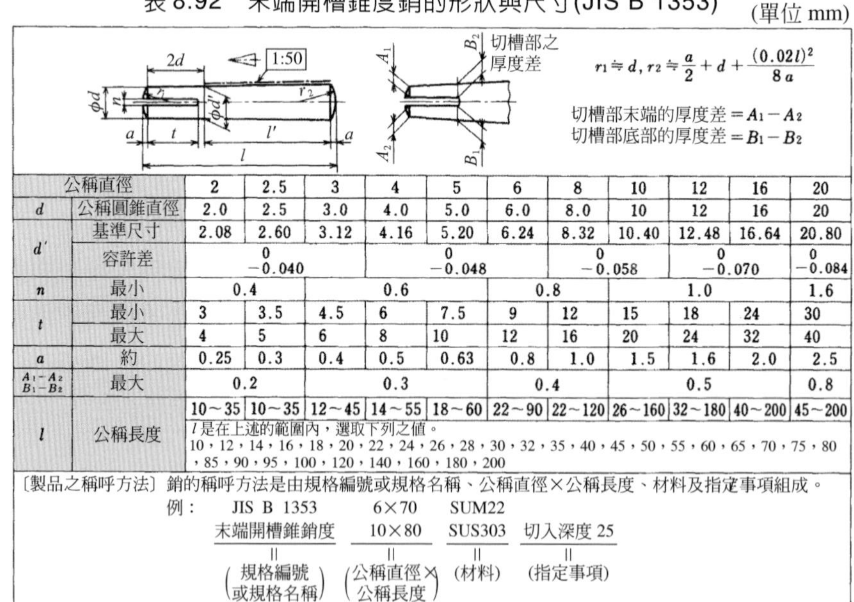

$r_1 \doteqdot d,\ r_2 \doteqdot \frac{a}{2} + d + \frac{(0.02l)^2}{8a}$

切槽部末端的厚度差 $= A_1 - A_2$
切槽部底部的厚度差 $= B_1 - B_2$

	公稱直徑	2	2.5	3	4	5	6	8	10	12	16	20
d	公稱圓錐直徑	2.0	2.5	3.0	4.0	5.0	6.0	8.0	10	12	16	20
d′	基準尺寸	2.08	2.60	3.12	4.16	5.20	6.24	8.32	10.40	12.48	16.64	20.80
d′	容許差	0 −0.040			0 −0.048			0 −0.058		0 −0.070		0 −0.084
n	最小	0.4		0.6			0.8		1.0			1.6
t	最小	3	3.5	4.5	6	7.5	9	12	15	18	24	30
t	最大	4	5	6	8	10	12	16	20	24	32	40
a	約	0.25	0.3	0.4	0.5	0.63	0.8	1.0	1.5	1.6	2.0	2.5
A_1-A_2 B_1-B_2	最大	0.2		0.3			0.4		0.5			0.8
l	公稱長度	10～35	10～35	12～45	14～55	18～60	22～90	22～120	26～160	32～180	40～200	45～200
l	公稱長度	*l* 是在上述的範圍內，選取下列之值。 10，12，14，16，18，20，22，24，26，28，30，32，35，40，45，50，55，60，65，70，75，80，85，90，95，100，120，140，160，180，200										

〔製品之稱呼方法〕銷的稱呼方法是由規格編號或規格名稱、公稱直徑×公稱長度、材料及指定事項組成。

例：	JIS B 1353 / 末端開槽錐銷度	6×70 / 10×80	SUM22 / SUS303	切入深度 25
	‖	‖	‖	‖
	(規格編號或規格名稱)	(公稱直徑×公稱長度)	(材料)	(指定事項)

表 8.93 圓柱銷的形狀與尺寸(JIS B 1354)

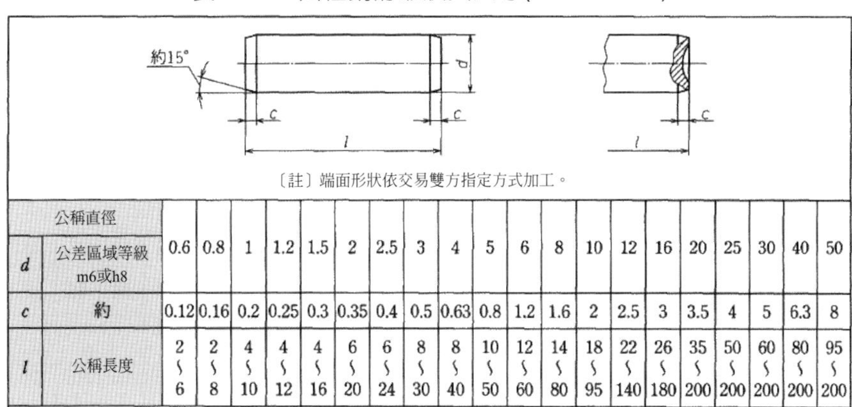

〔註〕端面形狀依交易雙方指定方式加工。

d	公稱直徑																				
	公差區域等級 m6或h8	0.6	0.8	1	1.2	1.5	2	2.5	3	4	5	6	8	10	12	16	20	25	30	40	50
c	約	0.12	0.16	0.2	0.25	0.3	0.35	0.4	0.5	0.63	0.8	1.2	1.6	2	2.5	3	3.5	4	5	6.3	8
l	公稱長度	2～6	2～8	4～10	4～12	4～16	6～20	6～24	8～30	8～40	10～50	12～60	14～80	18～95	22～140	26～180	35～200	50～200	60～200	80～200	95～200

〔備註〕
1.d的公差區域等級m6及h8，係依據JIS B 0401-2。但依交易雙方指定方式亦可使用其他公差區域等級。
2.銷的公稱直徑之建議公稱長度(*l*)，依上表範圍選用數値如下。
2, 3, 4, 5, 6, 8, 10, 12, 14, 16, 18, 20, 22, 24, 26, 28, 30, 32, 35, 40, 45, 50, 55, 60, 65, 70, 75, 80, 85, 90, 95, 100, 120, 140, 160, 180, 200。超過200mm的公稱長度，以每20mm累進之。

表 8.94 開口銷的形狀與尺寸(JIS B 1351)

(單位 mm)

公稱直徑			0.6	0.8	1	1.2	1.6	2	2.5	3.2	4	5	6.3	8	10	13	16	20
d		基準尺寸	0.5	0.7	0.9	1	1.4	1.8	2.3	2.9	3.7	4.6	5.9	7.5	9.5	12.4	15.4	19.3
		容許差	0 −0.1						0 −0.2							0 −0.3		
D		基準尺寸	1	1.4	1.8	2	2.8	3.6	4.6	5.8	7.4	9.2	11.8	15	19	24.8	30.8	38.6
		容許差	0 −0.1	0 −0.2		0 −0.3	0 −0.4		0 −0.6	0 −0.7	0 −0.9	0 −1.2	0 −1.5	0 −1.9	0 −2.4	0 −3.1	0 −3.8	0 −4.8
a		約	2	2.4	3	3	3.2	4	5	6.4	8	10	12.6	16	20	26	32	40
H		約	1.6	1.6	1.6	2.5	2.5	2.5	2.5	3.2	4	4	4	4	6.3	6.3	6.3	6.3
適用螺栓及銷的直徑	螺栓	以上	—	2.5	3.5	4.5	5.5	7	9	11	14	20	27	39	56	80	120	170
		以下	2.5	3.5	4.5	5.5	7	9	11	14	20	27	39	56	80	120	170	—
	馬啼鉤銷	以上	—	2	3	4	5	6	8	9	12	17	23	29	44	69	110	160
		以下	2	3	4	5	6	8	9	12	17	23	29	44	69	110	160	—
銷孔徑		(參考)	0.6	0.8	1	1.2	1.6	2	2.5	3.2	4	5	6.3	8	10	13	16	20
l			4～12	5～16	6～20	8～25	8～32	10～40	12～50	14～63	18～80	22～100	32～125	40～160	45～200	71～250	112～280	160～280
			上述之*l*値由下列數値選用。4，5，6，8，10，12，14，16，18，20，22，25，28，32，36，40，45，50，56，63，71，80，90，100，112，125，140，160，180，200，224，250，280															
*l*之尺寸公差			25 以下±0.5，25 以上 56 以下±0.8，56 以上 125 以下±1.2，125 以上±2。															

〔備註〕1. 公稱直徑是依銷孔徑而定。
2. *d*爲末端算起*l*/2 之值。
3. 末端的形狀可爲尖端或平端，必要時亦可特別指定。

表 8.95　非 ISO 錐度銷及末端開槽錐度銷的形狀與尺寸

(a) 錐度銷(JIS B 1352 附錄)

(單位 mm)

公稱直徑		0.6	0.8	1	1.2	1.6	2	2.5	3	4	5	6	8	10	13	16	20	25	30	40	50
	基準尺寸	0.6	0.8	1	1.2	1.6	2	2.5	3	4	5	6	8	10	13	16	20	25	30	40	50
	容許差	+0.018 0		+0.025 0						+0.030 0			+0.036 0		+0.043 0		+0.052 0			+0.062 0	
l	公稱長度	4 ∫ 10	5 ∫ 14	6 ∫ 16	8 ∫ 18	10 ∫ 25	12 ∫ 28	14 ∫ 36	16 ∫ 50	18 ∫ 63	25 ∫ 70	28 ∫ 80	36 ∫ 125	45 ∫ 140	56 ∫ 160	70 ∫ 200	80 ∫ 225	100 ∫ 250	100 ∫ 280	100 ∫ 280	100 ∫ 280
		l 是在上述的範圍內，由下列數值中選取。 4, 5, 6, 8, 10, 12, 14, 16, 18, 20, 22, 24, 26, 28, 30, 32, 36, 40, 45, 50, 55, 60, 65, 70, 75, 80, 85, 90, 95, 100, 120, 140, 160, 180, 200, 225, 250, 280																			

(b) 末端開槽錐度銷(JIS B 1353 附錄)

(單位 mm)

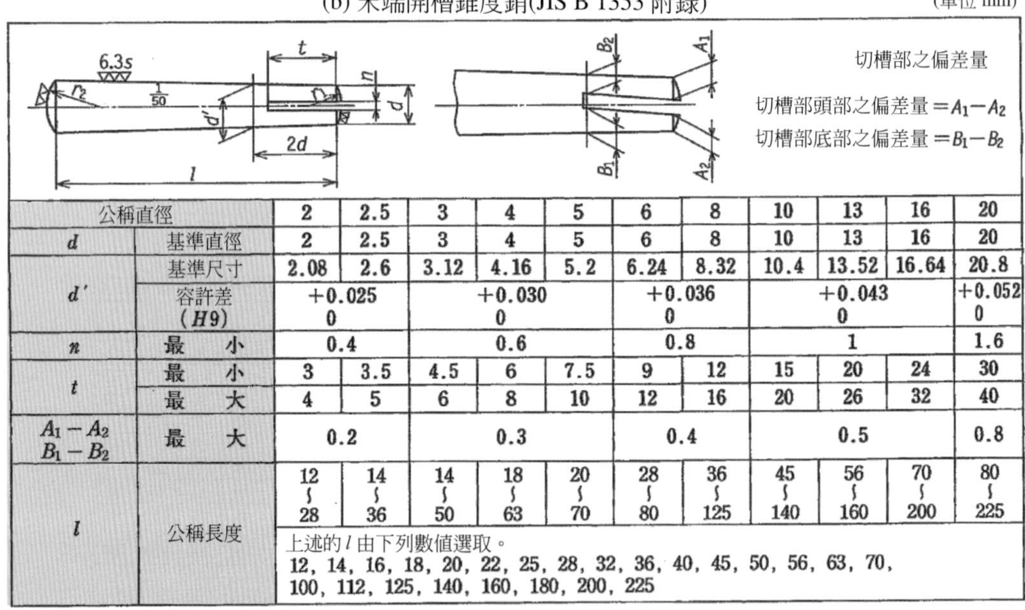

公稱直徑		2	2.5	3	4	5	6	8	10	13	16	20
d	基準直徑	2	2.5	3	4	5	6	8	10	13	16	20
d'	基準尺寸	2.08	2.6	3.12	4.16	5.2	6.24	8.32	10.4	13.52	16.64	20.8
	容許差 ($H9$)	+0.025 0		+0.030 0			+0.036 0		+0.043 0			+0.052 0
n	最　小	0.4		0.6			0.8		1			1.6
t	最　小	3	3.5	4.5	6	7.5	9	12	15	20	24	30
	最　大	4	5	6	8	10	12	16	20	26	32	40
A_1-A_2 B_1-B_2	最　大	0.2		0.3			0.4		0.5			0.8
l	公稱長度	12 ∫ 28	14 ∫ 36	14 ∫ 50	18 ∫ 63	20 ∫ 70	28 ∫ 80	36 ∫ 125	45 ∫ 140	56 ∫ 160	70 ∫ 200	80 ∫ 225
		上述的 l 由下列數值選取。 12, 14, 16, 18, 20, 22, 25, 28, 32, 36, 40, 45, 50, 56, 63, 70, 100, 112, 125, 140, 160, 180, 200, 225										

表 8.96　有槽彈簧銷的形狀與尺寸(JIS B 2808)

(單位mm)

溝槽邊　ϕd_2　ϕd_3　ϕd_1　a　L　雙側倒角(W型)

45°　45°　s　D_1　D_2　D_3

溝槽邊　a　L　單側倒角(V型)

〔備註〕
1. d_1最大值爲彈簧銷圓周上之最大值，d_1之最小值爲D_1、D_2及D_3之平均值。
2. 輕負荷用彈簧銷的"雙重剪斷強度"欄之上段爲ISO13337數值（參考）。下段為JIS的數值。
3. L依L欄範圍選擇以下數值。
4, 5, 6, 8, 10, 12, 14, 16, 18, 20, 22, 24, 26, 28, 30, 32, 35, 40, 45, 50, 55, 60, 65, 70, 75, 80, 85, 90, 95, 100, 120, 140, 160, 180, 200。超過200mm的公稱長度，依交易雙方指定方式。

（a）重負荷用彈簧銷

公稱直徑		1	1.5	2	2.5	3	3.5	4	4.5	5	6	8	10	12	13	14	16	18	20	21	25	28	30	32	35	38	40	45	50
安裝前 d_1	最大	1.3	1.8	2.4	2.9	3.5	4.0	4.6	5.1	5.6	6.7	8.8	10.8	12.8	13.8	14.8	16.8	18.9	20.9	21.9	25.9	28.9	30.9	32.9	35.9	38.9	40.9	45.9	50.9
	最小	1.2	1.7	2.3	2.8	3.3	3.8	4.4	4.9	5.4	6.4	8.5	10.5	12.5	13.5	14.5	16.5	18.5	20.5	21.5	25.5	28.5	30.5	32.5	35.5	38.5	40.5	45.5	50.5
安裝前 d_2（參考）		0.8	1.1	1.5	1.8	2.1	2.3	2.8	2.9	3.4	4	5.5	6.5	7.5	8.5	8.5	10.5	11.5	12.5	13.5	15.5	17.5	18.5	20.5	21.5	23.5	25.5	28.5	31.5
倒角角度 a	最大	0.35	0.45	0.55	0.6	0.7	0.8	0.85	1.0	1.1	1.4	2.0	2.4	2.4	2.4	2.4	2.4	2.4	3.4	3.4	3.4	3.4	3.4	3.6	3.6	4.6	4.6	4.6	4.6
	最小	0.15	0.25	0.35	0.4	0.5	0.6	0.65	0.8	0.9	1.2	1.6	2.0	2.0	2.0	2.0	2.0	2.0	3.0	3.0	3.0	3.0	3.0	3.0	3.0	4.0	4.0	4.0	4.0
板厚 s		0.2	0.3	0.4	0.5	0.6	0.75	0.8	1	1	1.2	1.5	2	2.5	2.5	3	3	3.5	4	4	5	5.5	6	6	7	7.5	7.5	8.5	9.5
雙重剪斷強度最小值 (kN)		0.7	1.58	2.82	4.38	6.32	9.06	11.24	15.36	17.54	26.04	42.76	70.16	104.1	115.1	144.7	171	222.5	280.6	298.2	438.5	542.6	631.4	684	859	1003	1068	1360	1685
建議公稱長度 L		4～20	4～20	4～30	4～30	4～40	4～40	4～50	5～50	5～80	10～100	10～120	10～160	10～180	10～180	10～200	10～200	10～200	10～200	14～200	14～200	14～200	14～200	20～200	20～200	20～200	20～200	20～200	20～200
		L數值請參考上方"備註"欄。																											

（b）輕負荷用彈簧銷

公稱直徑		2	2.5	3	3.5	4	4.5	5	6	8	10	12	13	14	16	18	20	21	25	28	30	35	40	45	50
安裝前 d_1	最大	2.4	2.9	3.5	4.0	4.6	5.1	5.6	6.7	8.8	10.8	12.8	13.8	14.8	16.8	18.9	20.9	21.9	25.9	28.9	30.9	35.9	40.9	45.9	50.9
	最小	2.3	2.8	3.3	3.8	4.4	4.9	5.4	6.4	8.5	10.5	12.5	13.5	14.5	16.5	18.5	20.5	21.5	25.5	28.5	30.5	35.5	40.5	45.5	50.5
	最大	2.25	2.75	3.25	—	4.4	—	5.4	6.4	—	—	—	—	—	—	—	—	—	—	—	—	—	—	—	—
	最小	2.15	2.65	3.15	—	4.2	—	5.2	6.2	—	—	—	—	—	—	—	—	—	—	—	—	—	—	—	—
安裝前 d_2（參考）		1.9	2.3	2.7	3.1	3.4	3.9	4.4	4.9	7	8.5	10.5	11	11.5	13.5	15	16.5	17.5	21.5	23.5	25.5	28.5	32.5	37.5	40.5
倒角直徑 d_3	最大	1.9	2.4	2.9	—	3.9	—	4.8	5.8	—	—	—	—	—	—	—	—	—	—	—	—	—	—	—	—
倒角角度 a	最大	0.4	0.45	0.45	0.5	0.7	0.7	0.7	0.9	1.8	2.4	2.4	2.4	2.4	2.4	2.4	2.4	2.4	3.4	3.4	3.4	3.6	4.6	4.6	4.6
	最小	0.2	0.25	0.25	0.3	0.5	0.5	0.5	0.7	1.5	2.0	2.0	2.0	2.0	2.0	2.0	2.0	2.0	3.0	3.0	3.0	3.0	4.0	4.0	4.0
板厚 s		0.2	0.25	0.3	0.35	0.5	0.5	0.5	0.75	0.75	1	1	1.2	1.5	1.5	1.7	2	2	2	2.5	2.5	3.5	4	4	5
雙重剪斷強度最小值 (kN)		1.5	2.4	3.5	4.6	8	8.8	10.4	18	24	40	48	66	84	98	126	158	168	202	280	302	490	634	720	1000
		1.55	2.42	3.49	—	6.21	—	9.7	14	—	—														
建議公稱長度 L		4～30	4～30	4～40	4～40	4～50	5～50	5～80	10～100	10～120	10～180	10～180	10～200	10～200	10～200	10～200	10～200	14～200	14～200	14～200	14～200	18～200	18～200	18～200	18～200
		L數值請參考上方"備註"欄。																							

2. 銷的強度

銷接頭的銷徑d(mm)可用下式求出。

$$d=\sqrt{\frac{W}{mp}}\text{，}W=dbp\text{，}b=md$$

W：負荷(N)

b：與銷接觸的長度(mm)

p：回轉處所用銷之投影面之面壓力(N/mm^2)

m：係數，通常的銷接頭為 1.5

由下式計算銷的剪斷及彎曲強度。

剪斷強度 $W=2\times\frac{\pi}{4}d^2\tau$

彎曲強度 $\frac{Wl}{4}=\frac{\pi}{16}d^3\sigma(l=md)$

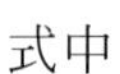

式中

τ：剪斷應力(N/mm^2)

σ：彎曲應力(N/mm^2)

3. 關節接頭

如圖 8.53 所示，一根連接銷插入二根桿圓孔中之接頭，屬於栓接頭之一種，以連接銷為中心，兩桿可以自由振動，結構與栓接頭不同，使用於結構物之車引桿。

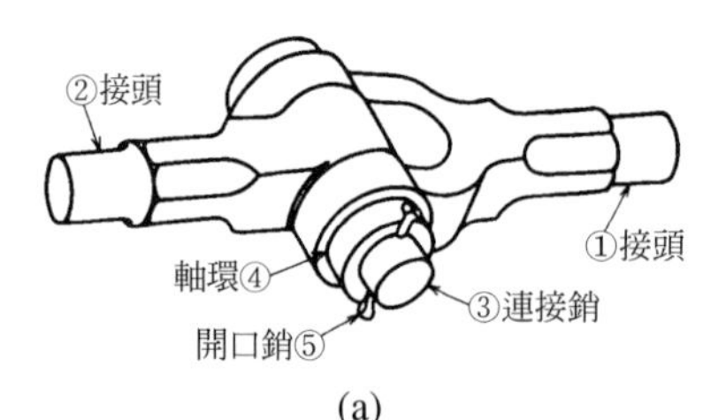

(a)

圖 8.53 關節接頭

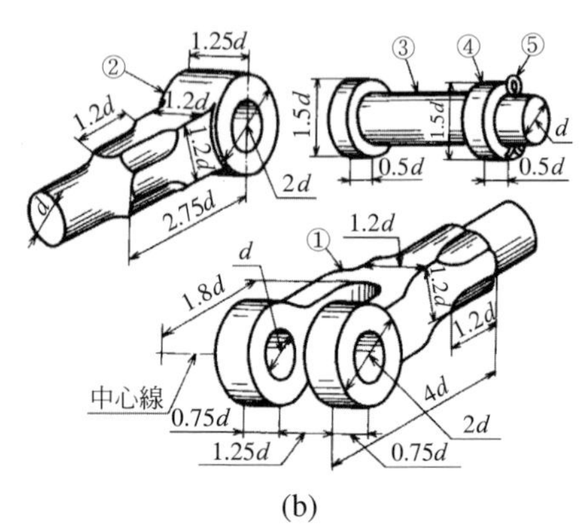

(b)

圖 8.53 關節接頭(續)

8.5 栓與栓接頭

1. 栓

栓如圖 8.54 所示，用於兩機件之連接，或是位置、壓力之調整，有單側傾斜與兩側傾斜兩種，一般多採用單側傾斜，圖 8.55 所示為兩種栓。

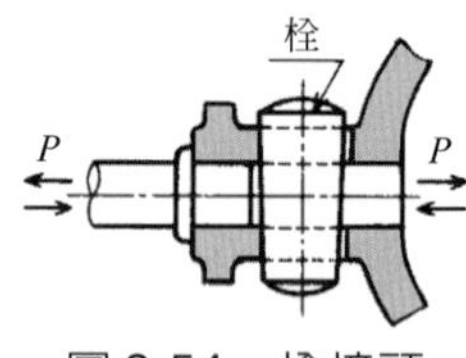

圖 8.54 栓接頭

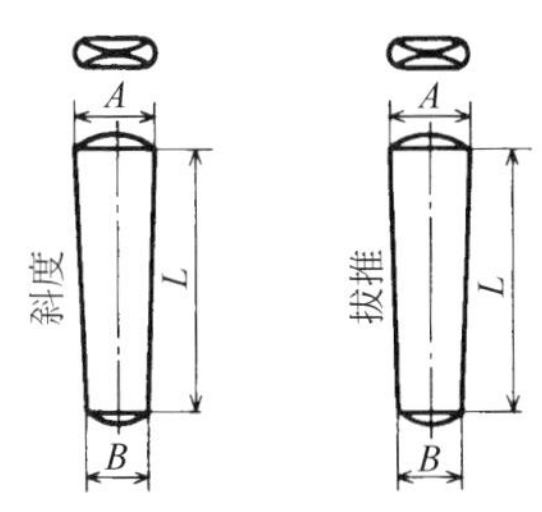

(a) 單側傾斜　(b) 兩側傾斜

圖 8.55　栓

栓之斜度在不拆裝之情況，可以較小，但在拆卸時稍有困難，相反地，大斜度可便於鬆脫，利用打入的程度可以調整緊度，接頭用栓通常採用 1/25 錐度最實用，調整用栓應併合防止鬆脫的螺栓、螺帽使用。

2.　栓的接頭

利用栓接合之接頭稱爲栓接頭，使用於往復運動式引擎的連桿及鑽床的嵌合部分，以下討論平常使用的形狀與尺寸比率。

圖 8.56 是使用 1 個栓的栓接頭，圖 8.57 是使用 2 個栓的栓接頭實例。

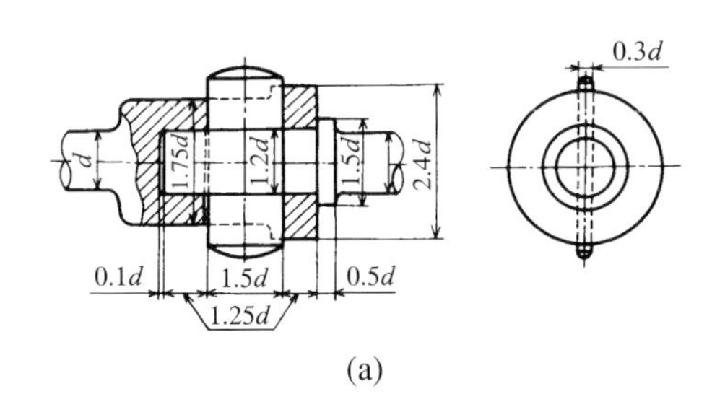

(a)

圖 8.56　使用 1 個栓的接頭

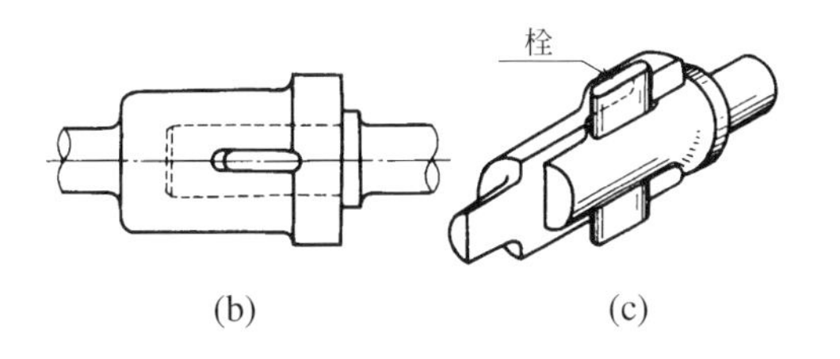

(b)　(c)

圖 8.56　使用 1 個栓的接頭(續)

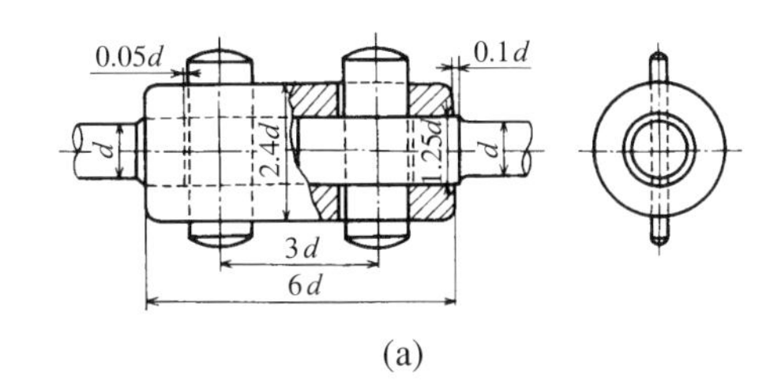

(a)

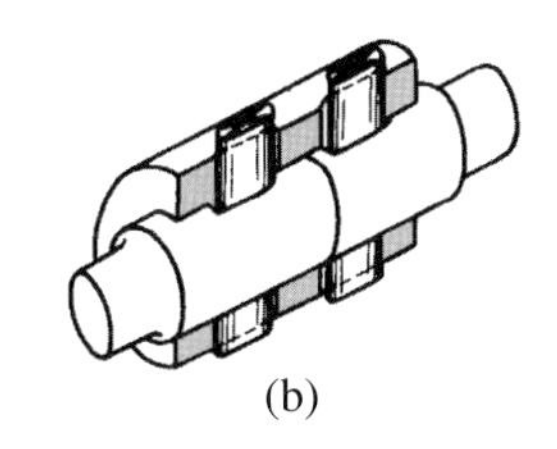

(b)

圖 8.57　使用 2 個栓的接頭

3.　栓的計算

(1)　**栓的傾斜角**：栓可分單側傾斜與雙側傾斜兩種，一般都採用製作容易的單側傾斜，對於經常拆卸者，傾斜角α比較大(約 5°～11°)，幾乎不拆卸者較小(1°～3°)，$\tan\alpha$通常爲 1/20～1/40。

調整用栓的tanα爲 1/5～1/15，此情況下，爲防止脫出須使用固定銷，傾斜爲 1/5～1/10 時使用螺栓、螺帽，如有振動時亦採同樣對策。

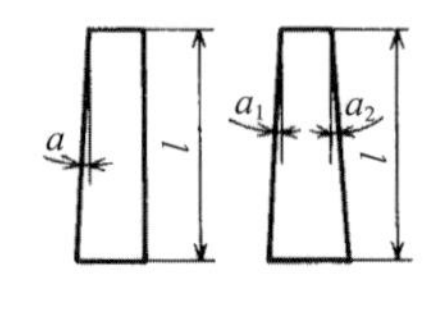

圖 8.58

⑵ **栓接頭的強度**：如圖 8.59(a)所示之栓接頭強度，可用下列公式表示，桿本身被拉斷之強度P_1爲(圖 8.59(b))：

$$P_1=\frac{\pi}{4}d^2\sigma_t$$

式中，

d＝桿的直徑(mm)

σ_t＝拉抗應力(N/mm^2)

栓孔之強度P_2爲(圖 8.59(c))：

$$P_2=\left(\frac{\pi}{4}d^2-dt\right)\sigma_t$$

套筒在栓孔處被拉斷時之套口強度P_3(圖 8.59(d))：

$$P_3=\left\{\frac{\pi}{4}(d_2^2-d_1^2)-(d_2-d_1)t\right\}\sigma_t$$

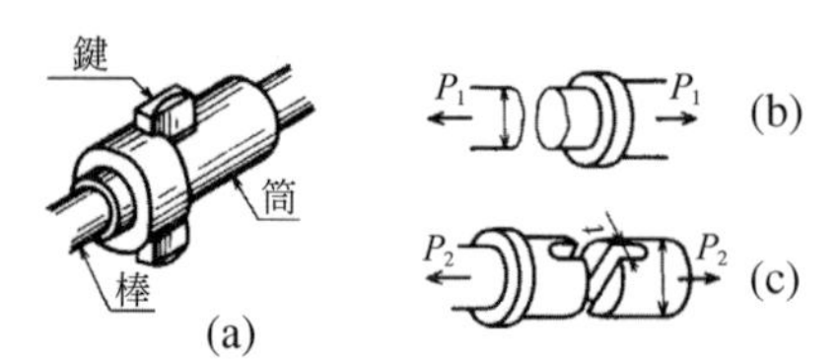

圖 8.59 栓接頭的破壞形式

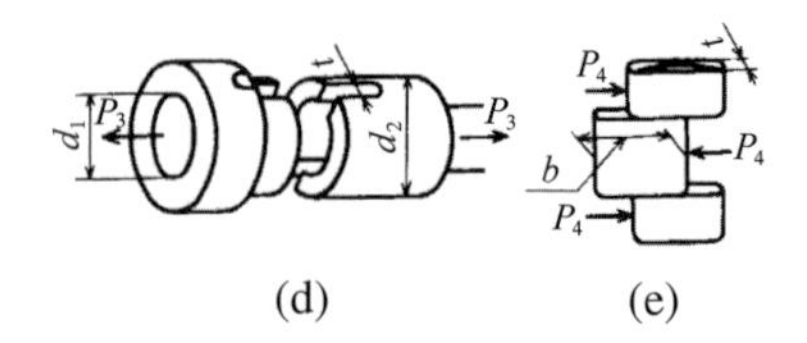

圖 8.59 栓接頭的破壞形式(續)

栓被剪斷時，2 個位置因抗剪力而誘導之強度P_4(圖 8.59(e))爲：

$$P_4=2bt\tau_s$$

式中：τ_s＝剪應力(N/mm^2)

接頭以上P_1～P_4中最小負荷作用時，按各部形式不同發生破壞。

因各部之尺寸取決於經驗尺寸(參考圖 8.56)，故可將經驗所得之各種尺寸代入P_2～P_4計算，查核該值是否大於P_1。

⑶ **栓之尺寸**：栓之大小由栓與軸的接觸壓力、彎曲應力、剪應力等方面的安全來決定。

參考圖 8.60 所示，連桿呈圓形斷面時之計算式爲：

接觸面壓力$p=\dfrac{P}{td}$，

$$p'=\frac{P}{t(D-a)}$$

式中

p、p'＝一般爲 80 N

D＝套筒的外徑(mm)

d＝桿的直徑(mm)

P＝作用在桿上的負荷(N)

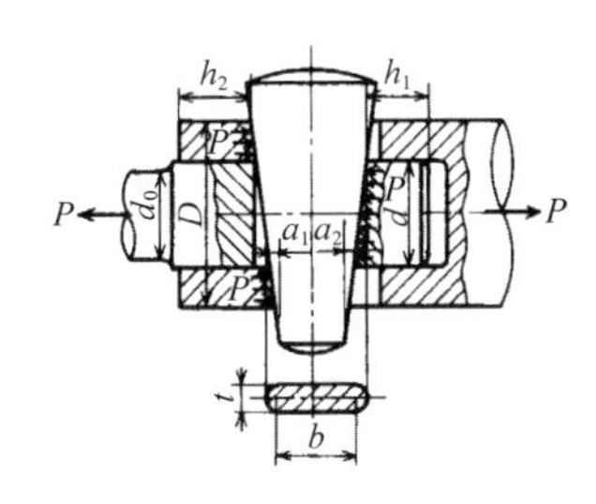

圖 8.60　栓之尺寸

栓的尺寸與d等，通常取下列之比例

$$t=\left(\frac{1}{3}\sim\frac{1}{4}\right)d，d=\frac{3}{4}d_o$$

由作用在栓的彎曲力矩為

$$\frac{PD}{8}=\frac{tb^2\sigma_b}{6}$$

之關係式可得下列公式

$$b=\sqrt{\frac{3PD}{4t\sigma_b}}\ (\text{mm})$$

式中σ_b＝容許彎曲應力kgf/cm^{2}此情況之h_1與h_2為

$$h_1，h_2=\left(\frac{1}{2}\sim\frac{2}{3}\right)b\ (\text{mm})$$

8.6 扣　環

扣環分為內扣環與外扣環兩大類，內扣環是利用本身彈力擴張抵住於孔的槽中，外扣環則以縮小之彈力緊縮於軸上的槽中，兩者都是用以防止相對裝配機件之移動，JIS對扣環之規定有：C型扣環(JIS B 2804)、E型扣環(JIS B 2805)與C型同心扣環(JIS B 2806)，但E型扣環只用於軸。表8.97所示為其詳細之規定。

表 8.97　扣環(JIS B 2804)

（a）軸用C形扣環

(單位mm)

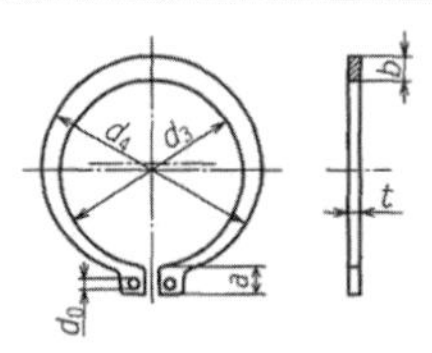

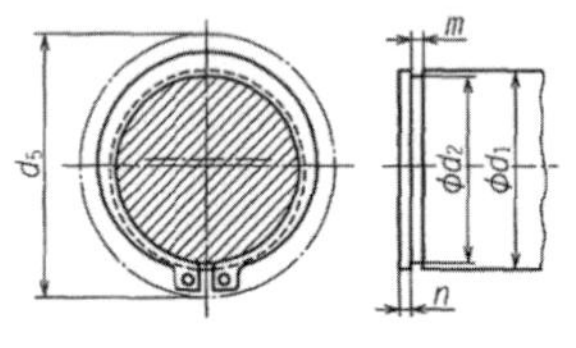

d_5為扣環外部有干涉物時之干涉物最小內徑。

公稱尺寸[(1)]		環扣					適用軸徑(參考)				
1	2	d_3	t	b 約	a 約	d_0 最小	d_5	d_1	d_2	m	n 最小
10		9.3	1	1.6	3	1.2	17	10	9.6	1.15	1.5
	11	10.2		1.8	3.1		18	11	10.5		
12		11.1		1.8	3.2	1.5	19	12	11.5		
14		12.9		2	3.4	1.7	22	14	13.4		
15		13.8		2.1	3.5		23	15	14.3		
16		14.7		2.2	3.6		24	16	15.2		
17		15.7		2.2	3.7		25	17	16.2		
18		16.5	1.2	2.6	3.8		26	18	17	1.35	
	19	17.5		2.7	3.8	2	27	19	18		
20		18.5		2.7	3.9		28	20	19		
22		20.5		2.7	4.1		31	22	21		
	24	22.2		3.1	4.2		33	24	22.9		
25		23.2		3.1	4.3		34	25	239		
	26	24.2		3.1	4.4		35	26	24.9		
28		25.9	1.5 (1.6)[(2)]	3.1	4.6		38	28	26.6	1.65 (1.75)[(2)]	
30		27.9		3.5	4.8		40	30	28.6		
32		29.6		3.5	5	2.5	43	32	30.3		
35		32.2		4	5.4		46	35	33		
	36	33.2	1.75 (1.8)[(2)]	4	5.4		47	36	34	1.90 (1.95)[(2)]	2
	38	35.2		4.5	5.6		50	38	36		
40		37		4.5	5.8		53	40	38		
	42	38.5		4.5	6.2		55	42	39.5		
45		41.5		4.8	6.3		58	45	42.5		
	48	44.5		4.8	6.5		62	48	45.5		
50		45.8	2	5	6.7		64	50	47	2.2	
55		50.8		5	7		70	55	52		
	56	51.8		5	7		71	56	53		
60		55.8		5.5	7.2		75	60	57		
65		60.8	2.5	6.4	7.4		81	65	62	2.7	2.5
70		65.5		6.4	7.8		86	70	67		
75		70.5		7	7.9		92	75	72		
80		74.5		7.4	8.2		97	80	76.5		
85		79.5	3	8	8.4	3	103	85	81.5	3.2	3
90		84.5		8	8.7		108	90	86.5		
95		89.5		8.6	9.1		114	95	91.5		
100		94.5		9	9.5		119	100	96.5		
	105	98	4	9.5	9.8		125	105	101	4.2	4
100		103		9.5	10		131	110	106		
120		113		10.3	10.9		143	120	116		

〔備註〕

1.公稱尺寸以1欄為優先，再依需要依序為2欄。

2.依交易雙方指定方式亦可使用t1.6及1.8，但m須各調整為1.75及1.95。

表 8.97　扣環(JIS B 2804)(續)

(b)孔用C形扣環　(單位mm)

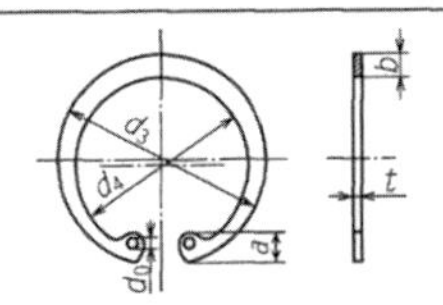

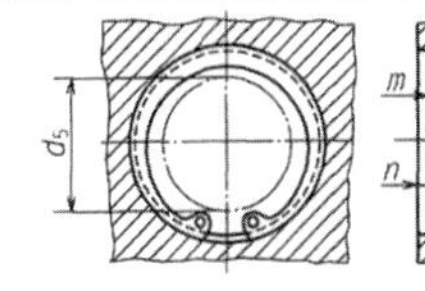

$d_4 = d_3 - (1.4 \sim 1.5)b$, d_5 爲扣環內部有干涉物時之干涉物最大外徑。

公稱尺寸(1)		扣環					適用軸徑(參考)				
1	2	d_3	t	b 約	a 約	d_0 最小	d_5	d_1	d_2	m	n 最小
10		10.7	1	1.8	3.1	1.2	3	10	10.4	1.15	1.5
11		11.8		1.8	3.2		4	11	11.4		
12		13		1.8	3.3	1.5	5	12	12.5		
	13	14.1		1.8	3.5		6	13	13.6		
14		15.1		2	3.6	1.7	7	14	14.6		
	15	16.2		2	3.6		8	15	15.7		
16		17.3		2	3.7		8	16	16.8		
	17	18.3		2	3.8		9	17	17.8		
18		19.5		2.5	4		10	18	19		
19		20.5		2.5	4	2	11	19	20		
20		21.5		2.5	4		12	20	21		
22		23.5		2.5	4.1		13	22	23		
	24	25.9	1.2	2.5	4.3		15	24	25.2	1.35	
25		26.9		3	4.4		16	25	26.2		
	26	27.9		3	4.6		16	26	27.2		
28		30.1		3	4.6		18	28	29.4		
30		32.1		3	4.7		20	30	31.4		
32		34.4		3.5	5.2	2.5	21	32	33.7		
35		37.8	1.5 (1.6)(2)	3.5	5.2		24	35	37	1.65 (1.75)(2)	2
	36	38.8		3.5	5.2		25	36	38		
37		39.8		3.5	5.2		26	37	39		
	38	40.8		4	5.3		27	38	40		
40		43.5	1.75 (1.8)(2)	4	5.7		28	40	42.5	1.90 (1.95)(2)	
42		45.5		4	5.8		30	42	44.5		
45		48.5		4.5	5.9		33	45	47.5		
47		50.5		4.5	6.1		34	47	49.5		
	48	51.5		4.5	6.2		35	48	50.5		
50		54.2	2	4.5	6.5		37	50	53	2.2	
52		56.2		5.1	6.5		39	52	55		
55		59.2		5.1	6.5		41	55	58		
	56	60.2		5.1	6.6		42	56	59		
60		64.2		5.5	6.8		46	60	63		
62		66.2		5.5	6.9		48	62	65		
	63	67.2		5.5	6.9		49	63	66		
	65	69.2	2.5	5.5	7		50	65	68	2.7	2.5
68		72.5		6	7.4		53	68	71		
	70	74.5		6	7.4		55	70	73		
72		76.5		6.6	7.4		57	72	75		
75		79.5		6.6	7.8		60	75	78		
80		85.5		7	8		64	80	83.5		
85		90.5	3	7	8	3	69	85	88.5	3.2	3
90		95.5		7.6	8.3		73	90	93.5		
95		100.5		8	8.5		77	95	98.5		
100		105.5		8.3	8.8		82	100	103.5		

表 8.97　扣環(JIS B 2804)(續)

<table>
<tr><th colspan="2">公稱尺寸 (1)</th><th colspan="5">扣環</th><th colspan="5">適用軸徑(參考)</th></tr>
<tr><th>1</th><th>2</th><th>d_3</th><th>t</th><th>b
約</th><th>a
約</th><th>d_0
最小</th><th>d_5</th><th>d_1</th><th>d_2</th><th>m</th><th>n
最小</th></tr>
<tr><td></td><td>105</td><td>112</td><td rowspan="6">4</td><td>8.9</td><td>9.1</td><td rowspan="5">3</td><td>86</td><td>105</td><td>109</td><td rowspan="6">4.2</td><td rowspan="6">4</td></tr>
<tr><td>110</td><td></td><td>117</td><td>8.9</td><td>10.2</td><td>89</td><td>110</td><td>114</td></tr>
<tr><td></td><td>112</td><td>119</td><td>8.9</td><td>10.2</td><td>90</td><td>112</td><td>116</td></tr>
<tr><td></td><td>115</td><td>122</td><td>9.5</td><td>10.2</td><td>94</td><td>115</td><td>119</td></tr>
<tr><td>120</td><td></td><td>127</td><td>9.5</td><td>10.7</td><td>98</td><td>120</td><td>124</td></tr>
<tr><td>125</td><td></td><td>132</td><td>10</td><td>10.7</td><td>3.5</td><td>103</td><td>125</td><td>129</td></tr>
</table>

〔備註〕1.公稱尺寸以1欄為優先，再依需要依序為2欄。
2.依交易雙方指定方式亦可使用t1.6及1.8，但m須各調整為1.75及1.95。

(c)軸用同心扣環

(單位mm)

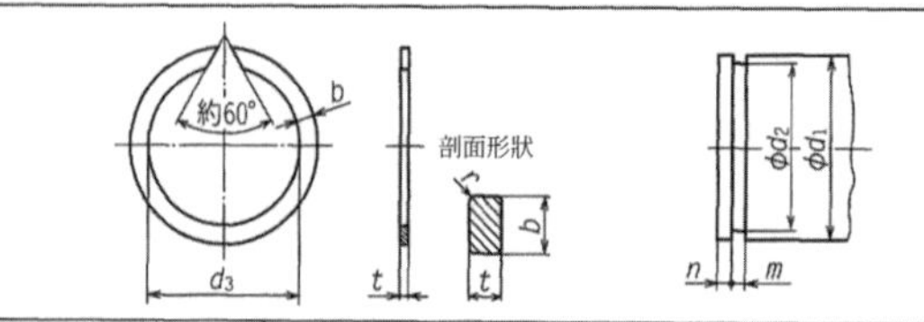

〔備註〕扣環末端的形狀並不受限於圖示。

<table>
<tr><th colspan="2">公稱尺寸 (1)</th><th colspan="4">扣環</th><th colspan="4">適用軸徑(參考)</th></tr>
<tr><th>1</th><th>2</th><th>d_3</th><th>t</th><th>b</th><th>r
最大</th><th>d_1</th><th>d_2</th><th>m</th><th>n
最小</th></tr>
<tr><td>20</td><td></td><td>18.7</td><td rowspan="3">1.2</td><td rowspan="3">2</td><td rowspan="3">0.3</td><td>20</td><td>19</td><td rowspan="3">1.35</td><td rowspan="7">1.5</td></tr>
<tr><td>22</td><td></td><td>20.7</td><td>22</td><td>21</td></tr>
<tr><td>25</td><td></td><td>23.4</td><td>25</td><td>23.9</td></tr>
<tr><td>28</td><td></td><td>26.1</td><td rowspan="4">1.5
(1.6) (2)</td><td rowspan="4">2.8</td><td rowspan="4">0.5</td><td>28</td><td>26.6</td><td rowspan="4">1.65
(1.75) (2)</td></tr>
<tr><td>30</td><td></td><td>28.1</td><td>30</td><td>28.6</td></tr>
<tr><td>32</td><td></td><td>29.8</td><td>32</td><td>30.3</td></tr>
<tr><td>35</td><td></td><td>32.5</td><td>35</td><td>33</td></tr>
<tr><td>40</td><td></td><td>37.4</td><td rowspan="3">1.75</td><td rowspan="3">3.5</td><td rowspan="15">0.7</td><td>40</td><td>38</td><td rowspan="3">1.9</td><td rowspan="7">2</td></tr>
<tr><td></td><td>42</td><td>38.9</td><td>42</td><td>39.5</td></tr>
<tr><td>45</td><td></td><td>41.9</td><td>45</td><td>42.5</td></tr>
<tr><td>50</td><td></td><td>46.3</td><td rowspan="4">2</td><td rowspan="4">4</td><td>50</td><td>47</td><td rowspan="4">2.2</td></tr>
<tr><td>55</td><td></td><td>51.3</td><td>55</td><td>52</td></tr>
<tr><td></td><td>56</td><td>52.3</td><td>56</td><td>53</td></tr>
<tr><td>60</td><td></td><td>56.3</td><td>60</td><td>57</td></tr>
<tr><td>65</td><td></td><td>61.3</td><td rowspan="4">2.5</td><td rowspan="4">5</td><td>65</td><td>62</td><td rowspan="4">2.7</td><td rowspan="4">2.5</td></tr>
<tr><td>70</td><td></td><td>66</td><td>70</td><td>67</td></tr>
<tr><td>75</td><td></td><td>71</td><td>75</td><td>72</td></tr>
<tr><td>80</td><td></td><td>75.1</td><td>80</td><td>76.5</td></tr>
<tr><td>85</td><td></td><td>80.1</td><td rowspan="4">3</td><td rowspan="4">6</td><td>85</td><td>81.5</td><td rowspan="4">3.2</td><td rowspan="4">3</td></tr>
<tr><td>90</td><td></td><td>85.1</td><td>90</td><td>86.5</td></tr>
<tr><td>95</td><td></td><td>90.1</td><td>95</td><td>91.5</td></tr>
<tr><td>100</td><td></td><td>95.1</td><td>100</td><td>96.5</td></tr>
<tr><td>105</td><td></td><td>98.8</td><td rowspan="12">4</td><td rowspan="4">8</td><td rowspan="12">1.2</td><td>105</td><td>101</td><td rowspan="12">4.2</td><td rowspan="12">4</td></tr>
<tr><td>110</td><td></td><td>103.8</td><td>110</td><td>106</td></tr>
<tr><td>120</td><td></td><td>113.8</td><td>120</td><td>116</td></tr>
<tr><td></td><td>125</td><td>118.7</td><td>125</td><td>121</td></tr>
<tr><td>130</td><td></td><td>123.7</td><td rowspan="8">10</td><td>130</td><td>126</td></tr>
<tr><td>140</td><td></td><td>133.7</td><td>140</td><td>136</td></tr>
<tr><td>150</td><td></td><td>142.7</td><td>150</td><td>145</td></tr>
<tr><td>160</td><td></td><td>151.7</td><td>160</td><td>155</td></tr>
<tr><td>170</td><td></td><td>161.2</td><td>170</td><td>165</td></tr>
<tr><td>180</td><td></td><td>171.2</td><td>180</td><td>175</td></tr>
<tr><td>190</td><td></td><td>181.1</td><td>190</td><td>185</td></tr>
<tr><td>200</td><td></td><td>191.1</td><td>200</td><td>195</td></tr>
</table>

〔備註〕1.公稱尺寸以1欄為優先，再依需要依序為2欄。
2.依交易雙方指定方式亦可使用t1.6，但m須調整為1.75。

表 8.97 扣環(JIS B 2804)(續)

(d)孔用同心扣環 (單位mm)

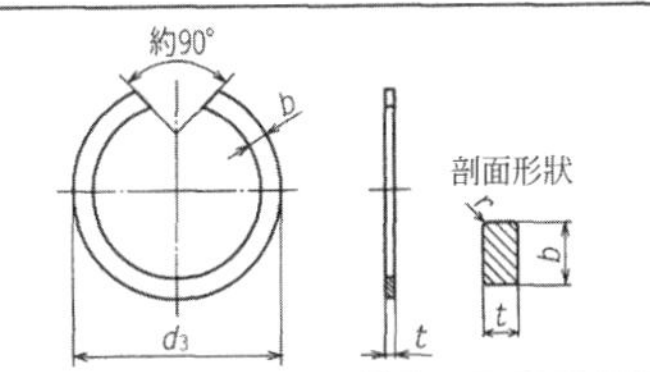

〔備註〕扣環末端的形狀並不受限於圖示。

公稱尺寸[1]		扣環				適用軸徑(參考)			
1	2	d_3	t	b	r 最大	d_1	d_2	m	n 最小
20		21.3	1	2	0.3	20	21	1.15	1.5
22		23.3				22	23		
25		26.7	1.2			25	26.2	1.35	
28		29.9				28	29.4		
30		31.9				30	31.4		
	32	34.2				32	33.7		
35		37.5	1.5 (1.6)[2]	2.8	0.5	35	37	1.65 (1.75)[2]	2
	37	39.5				37	39		
40		43.1	1.75	3.5	0.7	40	42.5	1.9	
	42	45.1				42	44.5		
45		48.1				45	47.5		
	47	50.1				47	49.5		
50		53.8	2	4		50	53	2.2	
52		55.8				52	55		
55		58.8				55	58		
	56	59.8				56	59		
62		65.8				62	65		
	63	66.8				63	66		
68		72.1	2.5	5		68	71	2.7	2.5
72		76.1				72	75		
75		79.1				75	78		
80		85				80	83.5		
85		90	3	6		85	88.5	3.2	3
90		95				90	93.5		
95		100				95	98.5		
100		105				100	103.5		
105		111.2	4	8	1.2	105	109	4.2	4
110		116.2				110	114		
115		121.2				115	119		
120		126.3				120	124		
125		131.5				125	129		
130		136.5		10		130	134		
140		146.5				140	144		
150		157.5				150	155		
160		167.7				160	165		
170		178.2				170	175		
180		188.2				180	185		
190		198.2				190	195		
200		208.2				200	205		

〔備註〕1.公稱尺寸以1欄爲優先，再依需要依序爲2欄。
2.依交易雙方指定方式亦可使用t1.6，但m須調整爲1.75。

表 8.97　扣環(JIS B 2804)(續)

(e) E形扣環

(單位mm)

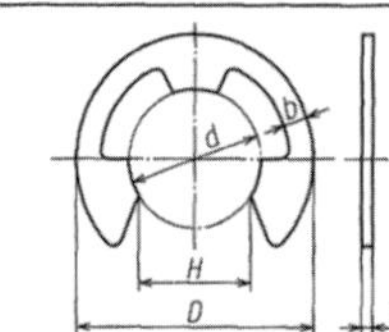

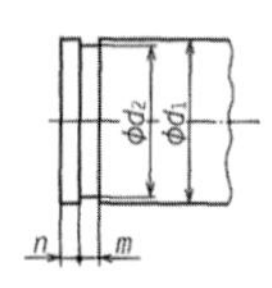

〔備註〕1.d之測量是使用圓筒形量具。
2.依交易雙方指定方式亦可使用t1.6，但m須調整為1.75。

公稱尺寸	扣環					適用軸徑(參考)				
	d (1)	D	H	t	b 約	d_1之區分 以上	d_1之區分 以上	d_2	m	n 最小
0.8	0.8	2	0.7	0.2	0.3	1	1.4	0.82	0.3	0.4
1.2	1.2	3	1	0.3	0.4	1.4	2	1.23	0.4	0.6
1.5	1.5	4	1.3	0.4	0.6	2	2.5	1.53	0.5	0.8
2	2	5	1.7	0.4	0.7	2.5	3.2	2.05		1
2.5	2.5	6	2.1	0.4	0.8	3.2	4	2.55		
3	3	7	2.6	0.6	0.9	4	5	3.05	0.7	
4	4	9	3.5	0.6	1.1	5	7	4.05		1.2
5	5	11	4.3	0.6	1.2	6	8	5.05		
6	6	12	5.2	0.8	1.4	7	9	6.05	0.9	
7	7	14	6.1	0.8	1.6	8	11	7.10		1.5
8	8	16	6.9	0.8	1.8	9	12	8.10		1.8
9	9	18	7.8	0.8	2.0	10	14	9.10		2
10	10	20	8.7	1.0	2.2	11	15	10.15	1.15	
12	12	23	10.4	1.0	2.4	13	18	12.15		2.5
15	15	29	13.0	1.5 (1.6) (2)	2.8	16	24	15.15	1.65 (1.75) (2)	3
19	19	37	16.5		4.0	20	31	19.15		3.5
24	24	44	20.8	2.0	5.0	25	38	24.15	2.2	4

(f) 夾扣環

(單位mm)

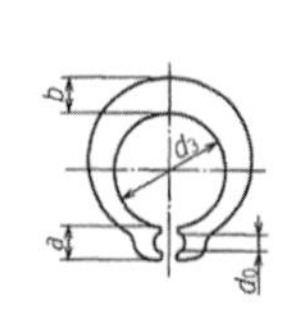

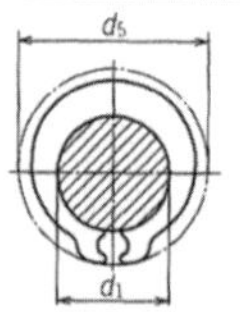

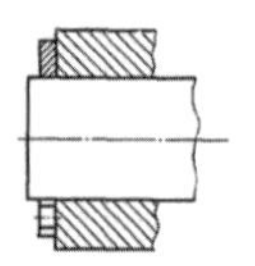

d_5 示裝在軸上時的最大外徑。

公稱尺寸	扣環						止推負荷(最小)(N)	適用軸徑(參考) d_1
	d_3	t	b 約	a 約	d_0 最小	d_5 最大		
2	1.9	0.6	1	1.9	0.9	6	29.4	2
2.5	2.35		1.2			6.5	35.3	2.5
3	2.85		1.4	2.1		7.4	44.1	3
4	3.8	0.8	1.8	2.7	1.2	9.6	58.8	4
5	4.75		2.2	2.9	1.3	11	76.5	5
6	5.7	1	2.4	3.2	1.4	12.6	100.0	6
7	6.7		2.7	3.4		14	105.9	7
8	7.7		3	3.5		15.2	117.7	8
9	8.65	1.2	3.3	4.7	1.6	18.6	135.3	9
10	9.65		3.5			19.6	147.1	10

9

軸、軸聯結器與離合器的設計

9.1 軸

軸係使用於傳達動力或運動的迴轉部分，如汽車主軸等主要承受彎曲負荷者稱爲傳動軸，而車床等工具機之主軸稱爲心軸。

傳動軸依構造可分實心圓軸及空心圓軸，依形狀可分直軸及曲軸。

1. 關於軸的 JIS 規格

表 9.1～表 9.3 是 JIS 軸尺寸之規格。

表 9.1 軸的直徑(JIS B 0901)

(單位 mm)

軸徑	(參考)軸徑數值之依據位置					軸徑	(參考)軸徑數值之依據位置					軸徑	(參考)軸徑數值之依據位置					軸徑	(參考)軸徑數值之依據位置				
	標準數(1)			(2)圓筒軸承	(3)滾珠軸承		標準數(1)			(2)圓筒軸承	(3)滾珠軸承		標準數(1)			(2)圓筒軸承	(3)滾珠軸承		標準數(1)			(2)圓筒軸承	(3)滾珠軸承
	R 5	R 10	R 20				R 5	R 10	R 20				R 5	R 10	R 20				R 5	R 10	R 20		
4	○	○	○		○	22				○	○	71			○	○		240				○	○
4.5			○			22.4			○			75				○	○	250	○	○	○	○	
5		○	○		○	24				○		80		○	○	○	○	260				○	○
5.6			○			25	○	○	○	○	○	85				○	○	280			○	○	○
6				○	○	28			○	○	○	90			○	○	○	300				○	○
6.3	○	○	○			30				○	○	95				○	○	315		○	○		
7				○	○	31.5		○	○			100	○	○	○	○	○	320				○	○
7.1			○			32				○	○	105					○	340				○	○
8		○	○	○	○	35				○	○	110				○	○	355			○		
9			○	○	○	35.5			○			112			○			360				○	○
10	○	○	○	○	○	38				○		120				○	○	380				○	○
11				○		40	○	○	○	○	○	125		○	○	○		400	○	○	○	○	○
11.2			○			42				○		130				○	○	420				○	○
12				○	○	45			○	○	○	140			○	○	○	440				○	○
12.5		○	○			48				○		150				○	○	450			○	○	
14			○	○		50		○	○	○	○	160	○	○	○	○	○	460				○	○
15					○	55				○	○	170				○	○	480				○	○
16	○	○	○	○		56			○	○		180			○	○	○	500		○	○	○	○
17					○	60				○	○	190				○	○	530				○	○
18			○	○		63	○	○	○	○		200		○	○	○	○	560			○	○	○
19				○		65				○	○	220				○	○	600				○	○
20		○	○	○	○	70				○	○	224			○			630	○	○	○	○	○

〔備註〕(1) 依據 JIS Z 8601(標準數)。
(2) 依據 JIS B 0903(圓筒軸端)的軸端直徑。
(3) 依據 JIS B 1512(滾珠軸承之主要尺寸)之軸承內徑。
〔參考〕表中的○符號是軸徑數值的依據位置，例如：軸徑 4.5 是依據標準數的 R20。

表 9.2 圓筒軸端(JIS B 0903)

(單位 mm)

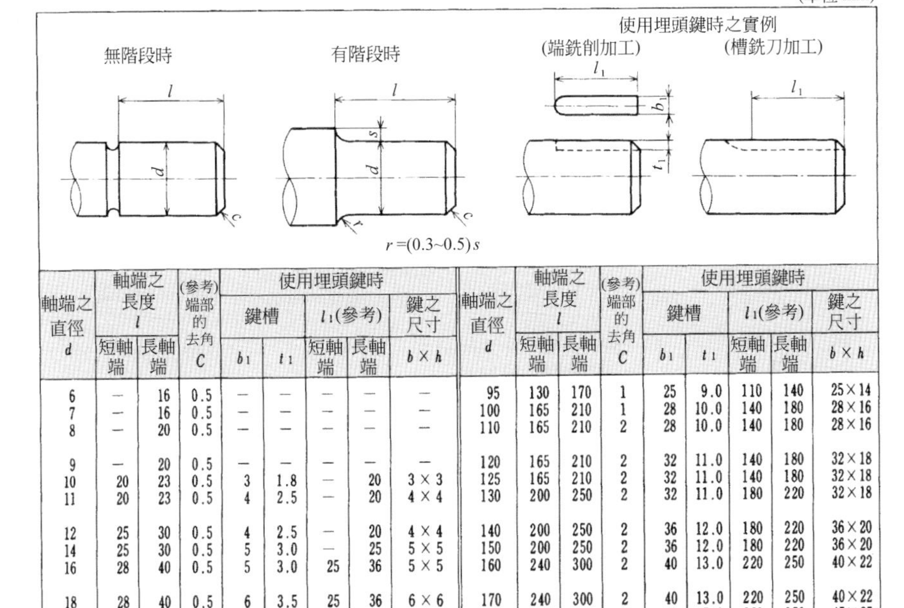

軸端之直徑 d	軸端之長度 l 短軸端	軸端之長度 l 長軸端	(參考)端部的去角 C	使用埋頭鍵時 鍵槽 b_1	鍵槽 t_1	l_1(參考) 短軸端	l_1(參考) 長軸端	鍵之尺寸 b × h
6	—	16	0.5	—	—	—	—	—
7	—	16	0.5	—	—	—	—	—
8	—	20	0.5	—	—	—	—	—
9	—	20	0.5	—	—	—	—	—
10	20	23	0.5	3	1.8	—	20	3 × 3
11	20	23	0.5	4	2.5	—	20	4 × 4
12	25	30	0.5	4	2.5	—	20	4 × 4
14	25	30	0.5	5	3.0	—	25	5 × 5
16	28	40	0.5	5	3.0	25	36	5 × 5
18	28	40	0.5	6	3.5	25	36	6 × 6
19	28	40	0.5	6	3.5	25	36	6 × 6
20	36	50	0.5	6	3.5	32	45	6 × 6
22	36	50	0.5	6	3.5	32	45	6 × 6
24	36	50	0.5	8	4.0	32	45	8 × 7
25	42	60	0.5	8	4.0	36	50	8 × 7
28	42	60	1	8	4.0	36	50	8 × 7
30	58	80	1	8	4.0	50	70	8 × 7
32	58	80	1	10	5.0	50	70	10 × 8
35	58	80	1	10	5.0	50	70	10 × 8
38	58	80	1	10	5.0	50	70	10 × 8
40	82	110	1	12	5.0	70	90	12 × 8
42	82	110	1	12	5.0	70	90	12 × 8
45	82	110	1	14	5.5	70	90	14 × 9
48	82	110	1	14	5.5	70	90	14 × 9
50	82	110	1	14	5.5	70	90	14 × 9
55	82	110	1	16	6.0	70	90	16 × 10
56	82	110	1	16	6.0	70	90	16 × 10
60	105	140	1	18	7.0	90	110	18 × 11
63	105	140	1	18	7.0	90	110	18 × 11
65	105	140	1	18	7.0	90	110	18 × 11
70	105	140	1	20	7.5	90	110	20 × 12
71	105	140	1	20	7.5	90	110	20 × 12
75	105	140	1	20	7.5	90	110	20 × 12
80	130	170	1	22	9.0	110	140	22 × 14
85	130	170	1	22	9.0	110	140	22 × 14
90	130	170	1	25	9.0	110	140	25 × 14

軸端之直徑 d	軸端之長度 l 短軸端	軸端之長度 l 長軸端	(參考)端部的去角 C	使用埋頭鍵時 鍵槽 b_1	鍵槽 t_1	l_1(參考) 短軸端	l_1(參考) 長軸端	鍵之尺寸 b × h
95	130	170	1	25	9.0	110	140	25 × 14
100	165	210	1	28	10.0	140	180	28 × 16
110	165	210	2	28	10.0	140	180	28 × 16
120	165	210	2	32	11.0	140	180	32 × 18
125	165	210	2	32	11.0	140	180	32 × 18
130	200	250	2	32	11.0	180	220	32 × 18
140	200	250	2	36	12.0	180	220	36 × 20
150	200	250	2	36	12.0	180	220	36 × 20
160	240	300	2	40	13.0	220	250	40 × 22
170	240	300	2	40	13.0	220	250	40 × 22
180	240	300	2	45	15.0	220	250	45 × 25
190	280	350	2	45	15.0	250	280	45 × 25
200	280	350	2	45	15.0	250	280	45 × 25
220	280	350	2	50	17.0	250	280	50 × 28
240	330	410	2	56	20.0	280	360	56 × 32
250	330	410	2	56	20.0	280	360	56 × 32
260	330	410	3	56	20.0	280	360	56 × 32
280	380	470	3	63	20.0	320	400	63 × 32
300	380	470	3	70	22.0	320	400	70 × 36
320	380	470	3	70	22.0	320	400	70 × 36
340	450	550	3	80	25.0	400	—	80 × 40
360	450	550	3	80	25.0	400	—	80 × 40
380	450	550	3	80	25.0	400	—	80 × 40
400	540	650	3	90	28.0	—	—	90 × 45
420	540	650	3	90	28.0	—	—	90 × 45
440	540	650	3	90	28.0	—	—	90 × 45
450	540	650	3	100	31.0	—	—	100 × 50
460	540	650	3	100	31.0	—	—	100 × 50
480	540	650	3	100	31.0	—	—	100 × 50
500	540	650	3	100	31.0	—	—	100 × 50
530	680	800	3	—	—	—	—	—
560	680	800	3	—	—	—	—	—
600	680	800	3	—	—	—	—	—
630	680	800	3	—	—	—	—	—

〔備註〕1. b_1，t_1 b 與 h 之尺寸容許公差依據 JIS B 1301。

2. l 之尺寸容許公差，取 JIS B 0405 之中級。

3. 而且，上表所示 l_1 之尺寸容許公差取 JIS B 0405 之中級。

〔參考〕d 之尺寸容許差由 JIS B 0401-1 之數值選取。

表 9.3　1/10 圓錐軸端(JIS B 0904)

(單位 mm)

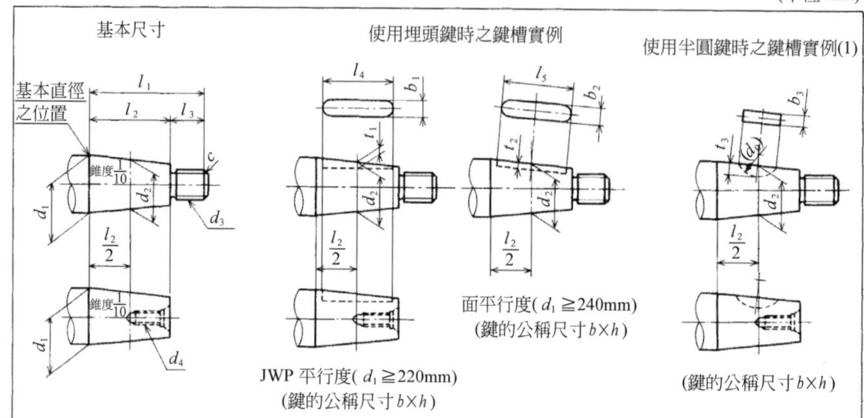

〔備註〕以下所示之鍵槽形狀係端銑削加工之情況。

軸端的基本直徑	短軸端			長軸端			螺紋			鍵與鍵槽									
							陽螺紋		陰螺紋	埋頭鍵							半圓鍵(1)		
							螺紋公稱	倒角	螺紋公稱	鍵槽		鍵的公稱尺寸	短軸端		長軸端		鍵槽		鍵的公稱尺寸
d_1	l_1	l_2	l_3	l_1	l_2	l_3	d_3	C*	d_4	b_1 或 b_2	t_1 或 t_2	$b \times h$	d_2	l_4 或 l_5	d_2	l_4 或 l_5	b_3	t_3	$b' \times d_0$
6	—	—	—	16	10	6	M 4	0.8	—	—	—	—	—	—	5.5	—	—	—	—
7	—	—	—	16	10	6	M 4	0.8	—	—	—	—	—	—	6.5	—	—	—	—
8	—	—	—	20	12	8	M 6	1	—	—	—	—	—	—	7.4	—	2.5	2.5	2.5×10
9	—	—	—	20	12	8	M 6	1	—	—	—	—	—	—	8.4	—	2.5	2.5	2.5×10
10	—	—	—	23	15	8	M 6	1	—	—	—	—	—	—	9.25	—	2.5	2.5	2.5×10
11	—	—	—	23	15	8	M 6	1	—	2	1.2	2 × 2	—	—	10.25	12	2.5	2.5	2.5×10
12	—	—	—	30	18	12	M 8×1	1	M4×0.7	2	1.2	2 × 2	—	—	11.1	16	3	2.5	3×10
14	—	—	—	30	18	12	M 8×1	1	M4×0.7	3	1.8	3 × 3	—	—	13.1	16	4	3.5	4×13
16	28	16	12	40	28	12	M10×1.25	1.2	M4×0.7	3	1.8	3 × 3	15.2	14	14.6	25	4	3.5	4×13
18	28	16	12	40	28	12	M10×1.25	1.2	M5×0.8	4	2.5	4 × 4	17.2	14	16.6	25	5	4.5	5×16
19	28	16	12	40	28	12	M10×1.25	1.2	M5×0.8	4	2.5	4 × 4	18.2	14	17.6	25	5	4.5	5×16
20	36	22	14	50	36	14	M12×1.25	1.2	M 6	4	2.5	4 × 4	18.9	20	18.2	32	5	4.5	5×16
22	36	22	14	50	36	14	M12×1.25	1.2	M 6	4	2.5	4 × 4	20.9	20	20.2	32	5	7	5×22
24	36	22	14	50	36	14	M12×1.25	1.2	M 6	5	3	5 × 5	22.9	20	22.2	32	5	7	5×22
25	42	24	18	60	42	18	M16×1.5	1.5	M 8	5	3	5 × 5	23.8	22	22.9	36	5	7	5×22
28	42	24	18	60	42	18	M16×1.5	1.5	M 8	5	3	5 × 5	26.8	22	25.9	36	6	8.6	6×28
30	58	36	22	80	58	22	M20×1.5	1.5	M10	5	3	5 × 5	28.2	32	27.1	50	6	8.6	6×28
32	58	36	22	80	58	22	M20×1.5	1.5	M10	6	3.5	6 × 6	30.2	32	29.1	50	6	8.6	6×28
35	58	36	22	80	58	22	M20×1.5	1.5	M10	6	3.5	6 × 6	33.2	32	32.1	50	8	10.2	8 × 32
38	58	36	22	80	58	22	M24× 2	2	M12	6	3.5	6 × 6	36.2	32	35.1	50	8	10.2	8 × 32
40	82	54	28	110	82	28	M24× 2	2	M12	10	5	10× 8	37.3	50	35.9	70	8	10.2	8 × 32
42	82	54	28	110	82	28	M24× 2	2	M12	10	5	10× 8	39.3	50	37.9	70	8	12.2	8 × 38
45	82	54	28	110	82	28	M30× 2	2	M16	12	5	12× 8	42.3	50	40.9	70	8	12.2	8 × 38
48	82	54	28	110	82	28	M30× 2	2	M16	12	5	12× 8	45.3	50	43.9	70	10	12.8	10×45
50	82	54	28	110	82	28	M36× 3	3	M16	12	5	12× 8	47.3	50	45.9	70	10	12.8	10×45
55	82	54	28	110	82	28	M36× 3	3	M20	14	5.5	14× 9	52.3	50	50.9	70	10	12.8	10×45
56	82	54	28	110	82	28	M36× 3	3	M20	14	5.5	14× 9	53.3	50	51.9	70	10	12.8	10×45

表 9.3　1/10 圓錐軸端(JIS B 0904)(續)　(單位 mm)

軸端的基本直徑	短軸端			長軸端			螺紋			鍵與鍵槽										
							陽螺紋		陰螺紋	埋頭鍵							半圓鍵[1]			
							螺紋公稱	倒角	螺紋公稱	鍵槽		鍵的公稱尺寸	短軸端		長軸端		鍵槽		鍵的公稱尺寸
d_1	l_1	l_2	l_3	l_1	l_2	l_3	d_3	C*	d_4	b_1 或 b_2	t_1 或 t_2	$b \times h$	d_2	l_4 或 l_5	d_2	l_4 或 l_5	b_3	t_3	$b' \times d_0$
60	105	70	35	140	105	35	M 42×3	3	M 20	16	6	16×10	56.5	63	54.75	100	10	12.8	10×45
63	105	70	35	140	105	35	M 42×3	3	M 20	16	6	16×10	59.5	63	57.75	100	12	15.2	12×65
65	105	70	35	140	105	35	M 42×3	3	M 20	16	6	16×10	61.5	63	59.75	100	12	15.2	12×65
70	105	70	35	140	105	35	M 48×3	3	M 24	18	7	18×11	66.5	63	64.75	100	12	15.2	12×65
71	105	70	35	140	105	35	M 48×3	3	M 24	18	7	18×11	67.5	63	65.75	100	12	15.2	12×65
75	105	70	35	140	105	35	M 48×3	3	M 24	18	7	18×11	71.5	63	69.75	100	12	20.2	12×80
80	130	90	40	170	130	40	M 56×4	4	M 30	20	7.5	20×12	75.5	80	73.5	110	12	20.2	12×80
85	130	90	40	170	130	40	M 56×4	4	M 30	20	7.5	20×12	80.5	80	78.5	110	12	20.2	12×80
90	130	90	40	170	130	40	M 64×4	4	M 30	22	9	22×14	85.5	80	83.5	110	—	—	—
95	130	90	40	170	130	40	M 64×4	4	M 36	22	9	22×14	90.5	80	88.5	110	—	—	—
100	165	120	45	210	165	45	M 72×4	4	M 36	25	9	25×14	94	110	91.75	140	—	—	—
110	165	120	45	210	165	45	M 80×4	4	M 42	25	9	25×14	104	110	101.75	140	—	—	—
120	165	120	45	210	165	45	M 90×4	4	M 42	28	10	28×16	114	110	111.75	140	—	—	—
125	165	120	45	210	165	45	M 90×4	4	M 48	28	10	28×16	119	110	116.75	140	—	—	—
130	200	150	50	250	200	50	M100×4	4	—	28	10	28×16	122.5	125	120	180	—	—	—
140	200	150	50	250	200	50	M100×4	4	—	32	11	32×18	132.5	125	130	180	—	—	—
150	200	150	50	250	200	50	M110×4	4	—	32	11	32×18	142.5	125	140	180	—	—	—
160	240	180	60	300	240	60	M125×4	4	—	36	12	36×20	151	160	148	220	—	—	—
170	240	180	60	300	240	60	M125×4	4	—	36	12	36×20	161	160	158	220	—	—	—
180	240	180	60	300	240	60	M140×6	6	—	40	13	40×22	171	160	168	220	—	—	—
190	280	210	70	350	280	70	M140×6	6	—	40	13	40×22	179.5	180	176	250	—	—	—
200	280	210	70	350	280	70	M160×6	6	—	40	13	40×22	189.5	180	186	250	—	—	—
220	280	210	70	350	280	70	M160×6	6	—	45	15	45×25	209.5	180	206	250	—	—	—
240	—	—	—	410	330	80	M180×6	6	—	50	17	50×28	—	—	223.5	280	—	—	—
250	—	—	—	410	330	80	M180×6	6	—	50	17	50×28	—	—	233.5	280	—	—	—
260	—	—	—	410	330	80	M200×6	6	—	50	17	50×28	—	—	243.5	280	—	—	—
280	—	—	—	470	380	90	M220×6	6	—	56	20	56×32	—	—	261	320	—	—	—
300	—	—	—	470	380	90	M220×6	6	—	63	20	63×32	—	—	281	320	—	—	—
320	—	—	—	470	380	90	M250×6	6	—	63	20	63×32	—	—	301	320	—	—	—
340	—	—	—	550	450	100	M280×6	6	—	70	22	70×36	—	—	317.5	400	—	—	—
360	—	—	—	550	450	100	M280×6	6	—	70	22	70×36	—	—	337.5	400	—	—	—
380	—	—	—	550	450	100	M300×6	6	—	70	22	70×36	—	—	357.5	400	—	—	—
400	—	—	—	650	540	110	M320×6	6	—	80	25	80×40	—	—	373	—	—	—	—
420	—	—	—	650	540	110	M320×6	6	—	80	25	80×40	—	—	393	—	—	—	—
440	—	—	—	650	540	110	M350×6	6	—	80	25	80×40	—	—	413	—	—	—	—
450	—	—	—	650	540	110	M350×6	6	—	90	28	90×45	—	—	423	—	—	—	—
460	—	—	—	650	540	110	M380×6	6	—	90	28	90×45	—	—	433	—	—	—	—
480	—	—	—	650	540	110	M380×6	6	—	90	28	90×45	—	—	453	—	—	—	—
500	—	—	—	650	540	110	M420×6	6	—	90	28	90×45	—	—	473	—	—	—	—
530	—	—	—	800	680	120	M420×6	6	—	100	31	100×50	—	—	496	—	—	—	—
560	—	—	—	800	680	120	M450×6	6	—	100	31	100×50	—	—	526	—	—	—	—
600	—	—	—	800	680	120	M500×6	6	—	100	31	100×50	—	—	566	—	—	—	—
630	—	—	—	800	680	120	M550×6	6	—	100	31	100×50	—	—	596	—	—	—	—

〔備註〕1. 陽螺紋的公稱爲 M4 及 M6 依 JIS B 0205-4。
2. 陰螺紋的公稱爲 M4 以上 M48 以下依 JIS B 0205-4。
3. 使用埋頭鍵時，依 JIS B 1301。
4. 軸端之長度(l_2)之普通公差，依 JIS B 0405 之 m。
5. 螺紋部之長度(l_3)之普通公差，依 JIS B 0405 之 m。
* 參考值。　[1]半圓鍵於 2001 年隨 JIS 修訂，已予廢除。

2. 軸強度之計算

(1) 受彎曲力矩作用的軸

受彎曲力矩作用之軸，強度因軸的支持方法與外力的種類而異，但通常以兩端自由支持，而條件較嚴苛的部分考慮。設：

M＝作用於軸的彎曲力矩(N·mm)

d＝實心軸的直徑(mm)

d_1＝空心圓軸的內徑(mm)

d_2＝空心圓軸的外徑(mm)

σ_b＝軸的容許彎曲應力(N/mm²)

$$M=Z\sigma_b$$

上式之Z係垂直軸剖面的形狀斷面係數。

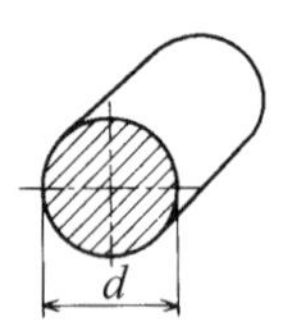

(a) 實心圓軸

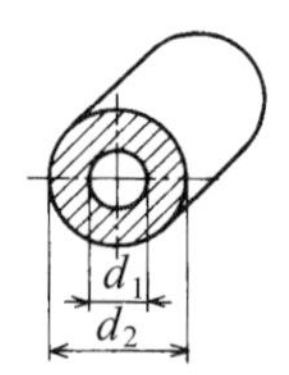

(b) 空心圓軸

圖 9.1 空心圓軸

① 實心圓軸之情況

$$Z=\frac{\pi}{32}d^3，M=\frac{\pi}{32}d^3\sigma_b=\frac{d^3}{10.2}\sigma_b$$

$$d=\sqrt[3]{\frac{10.2M}{\sigma_b}}=2.17\sqrt[3]{\frac{M}{\sigma_b}}$$

② 空心圓軸之情況

$$Z=\frac{\pi}{32}\left(\frac{d_2^4-d_1^4}{d_2}\right)=\frac{\pi}{32}d_2^3(1-n^4)$$

$$M=\frac{\pi}{32}\left(\frac{d_2^4-d_1^4}{d_2}\right)\sigma_b=\frac{(d_2^4-d_1^4)}{10.2d_2}\sigma_b$$

$$=\frac{d_2^3}{10.2}(1-n^4)\sigma_b$$

$$d_2=\sqrt[3]{\frac{32M}{\pi(1-n^4)\sigma_b}}=2.17\sqrt[3]{\frac{M}{(1-n^4)\sigma_b}}$$

$$\left(\frac{d_1}{d_2}=n\right)$$

另外，由於作用在軸表面之應力，係拉伸與壓縮最大之部位，最易造成材料疲勞破壞，故容許彎曲應力值應選安全範圍內的最低值。

(2) 受扭矩作用的軸

設：

T＝作用於軸的扭矩(N·mm)

τ＝軸的容許扭應力(剪應力，N/mm²)

上式之Z_a與彎曲力矩時相同，係扭矩之斷面係數。

① 實心圓軸之情況

$$Z_a=\frac{\pi}{32}d^3，T=\frac{\pi}{16}d^3\tau=\frac{d^3}{5.1}\tau$$

$$d=\sqrt[3]{\frac{5.1T}{\tau}}=1.72\sqrt[3]{\frac{T}{\tau}}$$

② 空心圓軸之情況

$$Z_a=\frac{\pi(d_2^4-d_1^4)}{16d_2}$$

$$T=\frac{\pi}{16}\left(\frac{d_2^4-d_1^4}{d_2}\right)\tau=\frac{(d_2^4-d_1^4)}{5.1d_2}\tau$$

$$=\frac{d_2^3}{5.1}(1-n^4)\tau$$

$$d_2=\sqrt[3]{\frac{16T}{\pi(1-n^4)\tau}}=\sqrt[3]{\frac{5.1T}{(1-n^4)\tau}}$$
$$=1.72\sqrt[3]{\frac{T}{(1-n^4)\tau}}$$
$$\left(\frac{d_1}{d_2}=n\right)$$

假設實心圓軸與空心圓軸之強度相等；則

$$\frac{d_2}{d}=\sqrt[3]{\frac{1}{1-n^4}}$$

如強度相等之情況下，空心圓軸之重量的確比實心圓軸輕，然而製造費用也相對地增加，故除了在要求輕量化之條件下，甚少採用。

又假設：

H＝傳達動力(kW)

N＝每分鐘之迴轉數(rpm)

則扭矩T(N·mm)為：

$$T=9550\frac{H}{N}\times10^3\ (\text{N}\cdot\text{mm})$$

因此：

① 實心圓軸

$$d=\sqrt[3]{\frac{487\times10^5}{\tau}\frac{H}{N}}$$
$$=365\sqrt[3]{\frac{H}{\tau N}}$$

② 空心圓軸

$$d_2=\sqrt[3]{\frac{487\times10^5}{(1-n^4)\tau}\frac{H}{N}}$$
$$=365\sqrt[3]{\frac{H}{(1-n^4)\tau N}}$$

容許扭應力τ值通常由軸所使用的材料與條件決定，但如軸另外又受其它力作用時，扭矩的計算不能決定軸徑之大小，亦即，必須使用比平均扭力大之扭力作用時，容許扭應力τ值安全範圍內最低值計算，例如：使用中機械因停止、起動或迴轉時均愈引起不平衡之扭力。

另一方面，扭轉角度如超過某一範圍，必然產生各種不合理之情況，故依Buch氏限定，1 m長軸的扭轉角度不可超過1/4°。又設

θ＝扭轉角度(度)

l＝軸之長度(mm)

G＝橫彈性係數(N/mm^2)

α＝軸的扭轉角度(rad)

則：

$$\alpha=\frac{32Tl}{\pi Gd^4}=10.2\frac{Tl}{Gd^4},$$
$$\theta=\frac{180}{\pi}\alpha=583.6\frac{Tl}{Gd^4}$$

軟鋼(C0.12～0.20％)之$G=79\times10^3$ N/mm^2，對於$l=1000$ mm之軸扭轉角度$\theta=1/4°$為適當，如傳達動力為H kW。

$$T=9550\frac{H}{N}\times10^3$$

代入上式則：

$$d\doteqdot128\sqrt[4]{\frac{H}{N}}$$

另外，扭轉角度的限制實例，一般的軸為：

$l=20d$，則$\theta\leqq1°$

$l=1000$ mm 則$\theta \leqq \frac{1}{4}$。

(3) 同時受扭矩與彎曲力矩作用的軸

如軸同時受扭矩與彎曲力矩作用時，產生兩者之組合力矩，因此必須使用相當扭力矩T_e或相當彎曲力矩M_e計算，以其中較大之數值來求得軸徑，T_e與M_e之數值可由下列公式求得。

最大主應力公式(郎肯)：

$$M_e=\frac{1}{2}(M+\sqrt{M^2+T^2})=\frac{d^3}{10.2}\sigma_b$$

最大剪應力公式(Guest)：

$$T_e=\sqrt{(M^2+T^2)}=\frac{d^3}{5.1}\tau$$

軸材料的抗拉強度通常比較低，如為延性材料時，採用最大剪應力公式計算；如為鑄鐵等脆性材料，採用最大主應力公式計算：

① 實心圓軸之情況

延性材料$\tau=\frac{16}{\pi d^3}\sqrt{M^2+T^2}$

$$d=\sqrt[3]{\frac{5.1}{\tau}\sqrt{M^2+T^2}}$$

脆性材料$\sigma_b=\frac{16}{\pi d^3}(M+\sqrt{M^2+T^2})$

$$d=\sqrt[3]{\frac{5.1}{\sigma_b}(M+\sqrt{M^2+T^2})}$$

② 空心圓軸之情況

延性材料

$$\tau=\frac{16}{\pi(1-n^4)d_2^3}\sqrt{M^2+T^2}$$

$$d=\sqrt[3]{\frac{5.1}{(1-n^4)\tau}\sqrt{M^2+T^2}}$$

脆性材料

$$\sigma_b=\frac{16}{\pi(1-n^4)d_2^3}(M+\sqrt{M^2+T^2})$$

$$d_2=\sqrt[3]{\frac{5.1}{(1-n^4)\sigma_b}(M+\sqrt{M^2+T^2})}$$

(4) 應力集中與缺陷效應

如階段軸、螺紋部等，斷面有急激變化之軸，其周邊會產生遠比平常計算之抗拉應力與彎曲應力大之應力，稱為應力集中。

如以單純抗拉負荷除以斷面積，彎曲力矩除以斷面係數，所求得之彎曲應力為σ_n，而應力集中之最大應力為σ_{max}時，設：

$$\alpha_k=\frac{\sigma_{max}}{\sigma_n}$$

上式之α_k稱為應力集中係數，或形狀係數，用來表示應力集中之程度。α_k值的大小，假設缺陷的形狀、負荷的方法相似時，與物件的大小、材質無關，為一常數。

而且，如果缺陷部的斷面變化很大，則α_k值甚大，因此，如階段軸等，形狀變化很大之缺陷部，在設計時必須考慮預留足夠之圓角。

一般常見缺陷的α_k值是由實驗方法求得，如圖 9.2～9.4 所示之α_k值，如能善加利用即可。

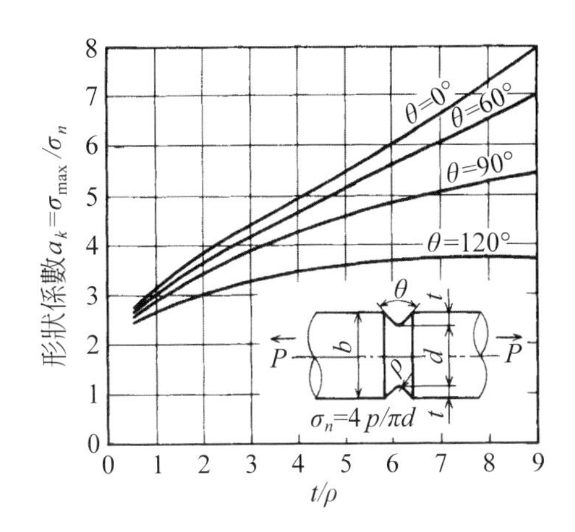

圖 9.2 有 V 型槽之圓軸之拉伸時形狀係數

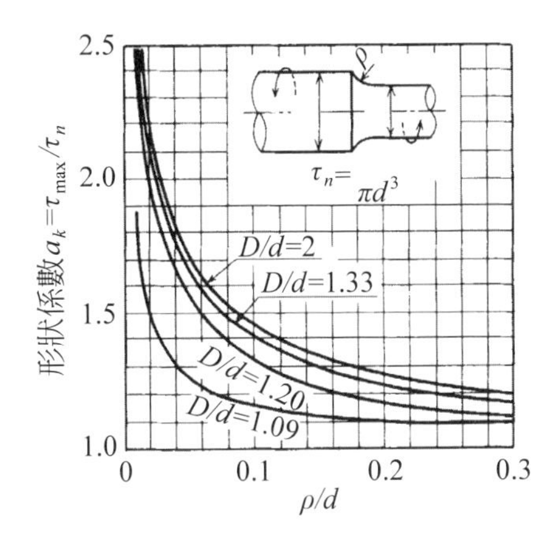

圖 9.3 受之階段圓軸之形狀係數

由上述可知，因而降低零件的疲勞強度，今設：

$$\beta_k=\frac{\text{無缺陷時之疲勞強度}}{\text{有缺陷時之疲勞強度}}$$

則β_k稱爲缺陷係數。

如圖 9.5～圖 9.8 所示爲階段圓軸之缺陷係數，β_k值的求法是依據材料的抗拉強度與各部位之尺寸比率，再由各個圖表讀取ζ_1～ζ_4之值，再代入計算而得：

$$\beta_k=1+\zeta_1\cdot\zeta_2\cdot\zeta_3\cdot\zeta_4$$

前述之形狀係數α_k值與材料性質無關，係由尺寸比率決定，而缺陷係數β_k除了尺寸比率外，又與尺寸大小與材料性質有關，通常是$\alpha_k>\beta_k$，設計時基於安全因素大多採形狀係數α_k，材料容易形成因而浪費，故不妨改用缺陷係數β_k來計算。

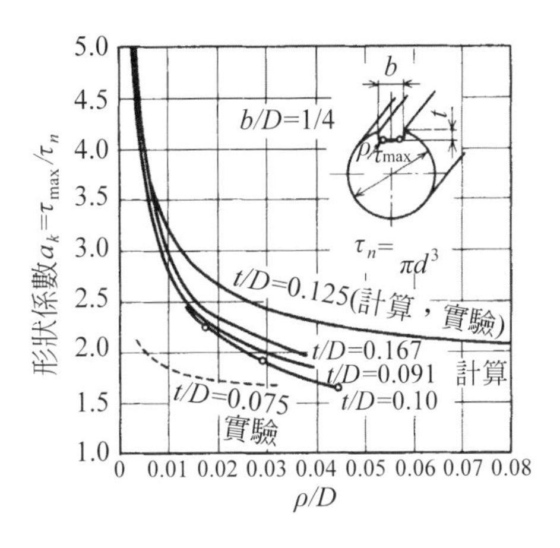

圖 9.4 有鍵槽圓軸之形狀係數

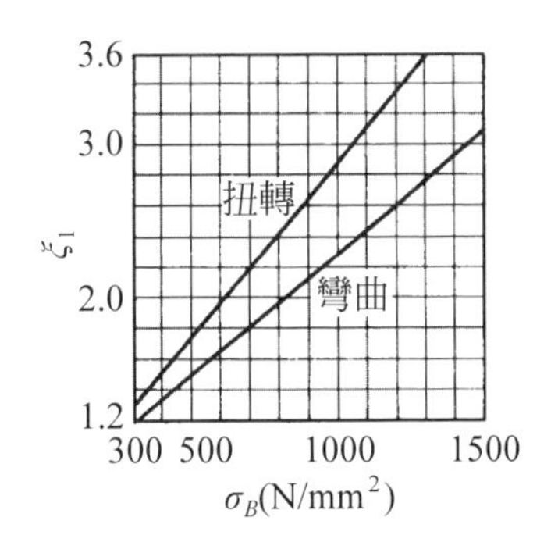

圖 9.5 階級圓軸之ζ_1

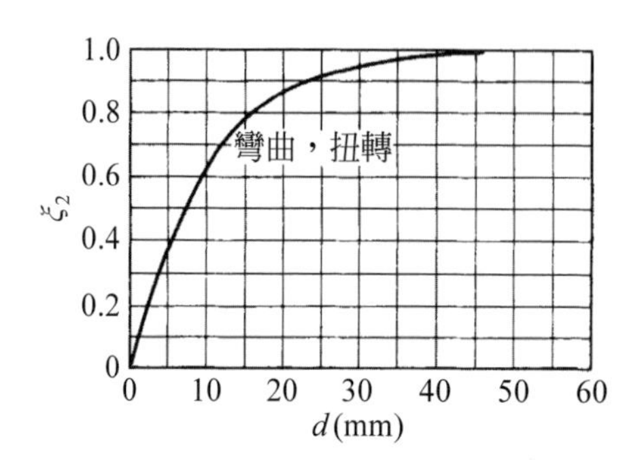

圖 9.6　階段圓軸之ζ_2

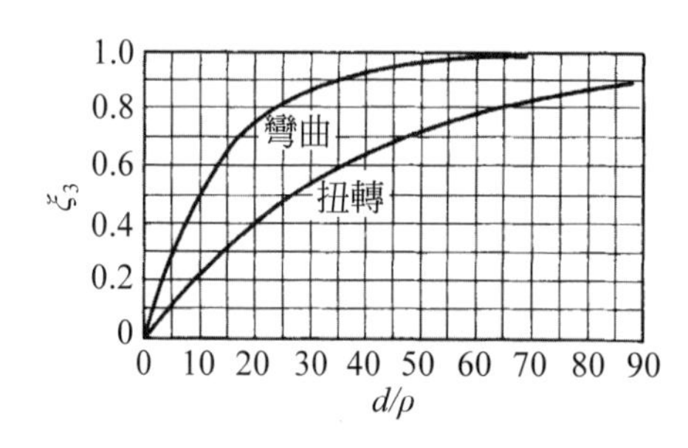

圖 9.7　階段圓軸之ζ_3

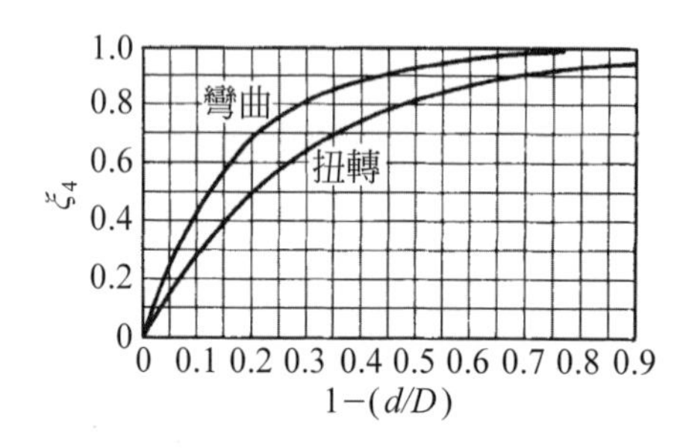

圖 9.8　階段圓軸ζ_4

例題 1

試求每分鐘 1400 迴轉、傳達 3.7 kW 之有槽鍵軸之軸徑？設軸的材料爲 S40C，只受單純扭矩作用，且埋頭鍵的材料爲 S45C-D，容許剪應力爲 30 N/mm²。

解 軸之迴轉數N= 1400 rpm，傳達動力H= 3.7 kW，傳達動力T(軸所受之扭矩)：

$$T = 9550 \times \frac{H}{N} \times 10^3$$

$$= 9550 \times \frac{3.7}{1400} \times 10^3 = 25240\ (\mathrm{N \cdot mm})$$

因此，軸徑d爲：

$$d = \sqrt[3]{\frac{16T}{\pi \tau_{wa}}} = \sqrt[3]{\frac{16 \times 25240}{\pi \times 30}}$$

$$= \sqrt[3]{4284.8} = 16.24\ (\mathrm{mm})$$

爲了安全因素軸徑取得d= 20 mm，依據 JIS B 1301 埋頭鍵與鍵槽的規格，適用直徑 17 以上、22 以下時，鍵槽深度應爲 3.5 mm，接著再考慮鍵槽的應力集中，依據圖 9.4 之數據，檢查決定軸徑＝ 20 mm 是否恰當；鍵槽的寬度b= 6、ρ= 0.2：

$$\tau_n = \frac{16T}{\pi d^3} = \frac{16 \times 25240}{\pi \times 20^3}$$

$$\fallingdotseq 16\ (\mathrm{N/mm^2})$$

而

$$\frac{b}{d} = \frac{6}{20} = 0.3，\frac{t}{d} = \frac{3.5}{20} = 0.175，$$

$$\frac{\rho}{d} \fallingdotseq \frac{0.26}{20} = 0.013$$

由圖 9.4 得$\alpha_k \fallingdotseq 2.62$

因此

$$\tau_{max} = \alpha_k \cdot \tau_n = 2.62 \times 16 \fallingdotseq 42\ (\mathrm{N/mm^2})$$

由上述檢討可知，基於安全考慮，軸徑大小適當。

例題 2

如圖 9.9 所示之尺寸，試求依據圖 9.5～圖 9.8 所定之缺陷係數β_k，設軸材料的抗拉強度為 550 N/mm²。

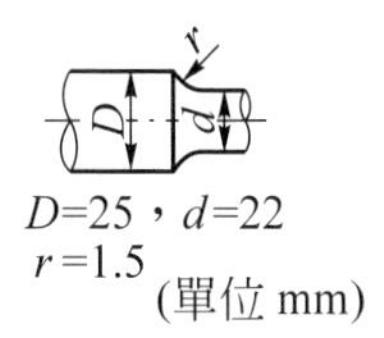

圖 9.9

解 由圖 9.5 得$\zeta_1 \fallingdotseq 1.60$

由圖 9.6 得$\zeta_2 \fallingdotseq 0.90$

由圖 9.7 得$\zeta_3 \fallingdotseq 0.65$

由圖 9.8 得$\zeta_4 \fallingdotseq 0.45$

因此，圖 9.9 之缺陷係數為

$$\beta_k = 1 + \zeta_1 \cdot \zeta_2 \cdot \zeta_3 \cdot \zeta_4$$
$$= 1 + 1.60 \times 0.90 \times 0.65 \times 0.45$$
$$\fallingdotseq 1.42$$

3. 軸承間的距離

雖然軸承間的距離愈長愈經濟，但受橫負荷作用時，必然產生撓曲或傾斜，故須加以限制，距離之長距離因負荷大小而異，但與傳動軸直徑間的關係如下：如圖 9.10 所示，軸上須要多個軸承時，如軸之直徑為d。

受普通負荷作用，承受軸本身重量時：

$$l = l_1 = 100\sqrt{d}$$
$$= l_2 = 125\sqrt{d}$$

軸上裝配許多帶輪、齒輪等作用時：

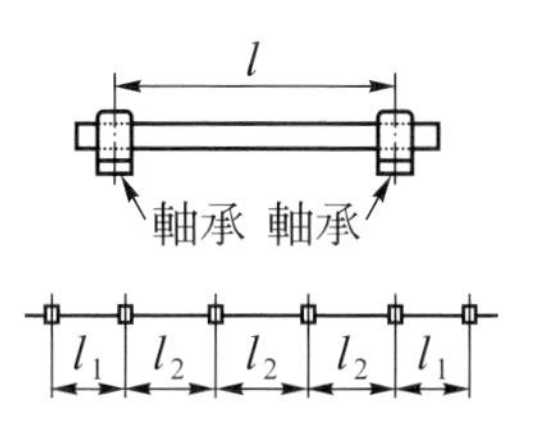

圖 9.10　軸承間之距離

$$l \leqq 50\sqrt[3]{d^2}$$

又據 Unwin 氏所定之軸承間隔距離為

$$L = K\sqrt{d^3} \text{ (mm)}$$

上式中；承受軸本身重量時，$K = 2.85 \sim 3.79$，有 2～3 個齒輪時，$K = 2.53 \sim 2.78$，紡織和其它製造工廠時，$K = 2.02 \sim 2.28$。

4. 曲軸

(1) 曲軸之形式

曲軸用來將往復運動變成迴轉運動，或與此相反之運動轉變，依支持方式可分中央支持式與單支持式，依製作方法可分整體鍛造式及組合式，前者用於小型機器，後者用於大型機器，或是由軸銷要安裝滾動軸承時。

圖 9.11　曲軸(汽車引擎用)

如再依據曲柄數，又可分單曲式與多曲式，曲柄有多個者，即稱多曲式；自軸方向觀察曲臂之斜角，稱為曲柄角度，如由迴轉時的平衡觀點而言，曲柄之角度必須相對稱(雙曲柄呈 180°，3 個曲柄呈 120°，餘類推)。

⑵ **曲軸之強度**

僅從研究曲軸之強度，難獲得眞正之應力狀態，因此不可單由研討靜態強度，來推斷實際曲軸類似之狀況。

亦即如圖 9.12 所示之多曲柄，主軸承超出軸身，只能以單純支持時考慮力作用在曲柄平面內之應力。

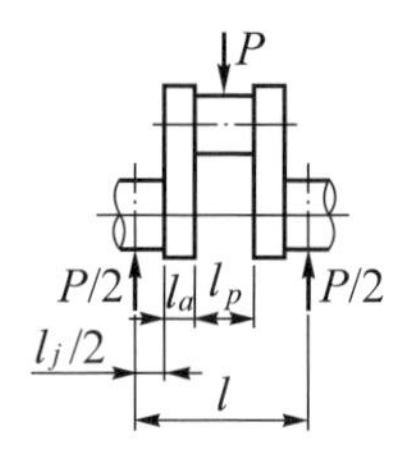

圖 9.12

例如：設同圖中銷之彎曲力矩$M_1 = Pl/4$，臂的彎曲應力$M_2 = (l_j + l_a) \times P/4$，軸承部的彎曲力矩$M_3 = l_jP/4$，各個斷面係數分別爲$Z_1$、$Z_2$、$Z_3$，由彎曲應力求得$\sigma_{b1}$、$\sigma_{b2}$、$\sigma_{b3}$爲$M/Z$。

參考圖 9.13 所示，設

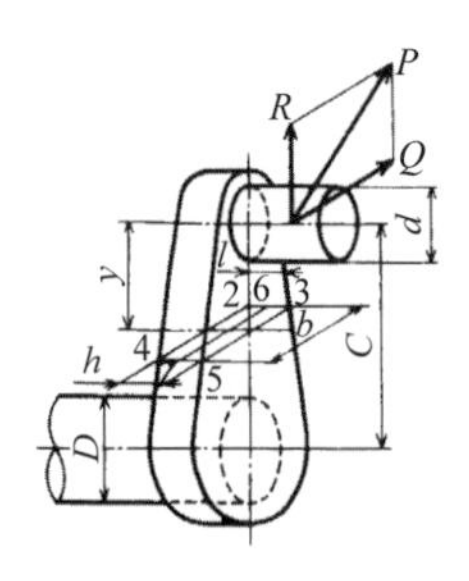

圖 9.13

P＝作用在銷上的最大力量(N)

d＝銷直徑(mm)

l＝銷的長度(mm)

P爲銷中央的集中作用力，如曲軸爲單支持方式時，則彎曲應力σ與剪應力τ分別爲

$$\sigma = \frac{32}{\pi d^3} \cdot \frac{Pl}{2}$$

$$\tau = \frac{4P}{\pi d^3}$$

如爲中央支持式銷的兩端在曲臂固定時，則

$$\sigma = \frac{32}{\pi d^3} \cdot \frac{Pl}{8}$$

$$\tau = \frac{2P}{\pi d^2}$$

且最大剪應力τ_{max}爲：

$$\tau_{max} = \frac{1}{2}\sqrt{\sigma^2 + 4\tau^2}$$

再研究曲臂之強度，設曲臂之寬度爲b、厚度爲h，參考圖 9.13 所示。

將P分爲垂直曲面的分力Q與向內之分力R，則作用在曲臂的單純抗拉應力σ與彎曲應力σ_b分別爲：

$$\sigma = \frac{R}{bh}$$

$$\sigma_b = \frac{6Rl_1}{bh^2} \cdots (3\sim5\ 面)$$

$$\sigma_{b1} = \frac{6Q_y}{hb^2} \cdots (4\sim5\ 面)$$

依據單純剪應力τ與扭力，可得剪應力τ_t爲：

$$\tau=\frac{Q}{bh}\text{，}\tau_t=\frac{9Ql_1}{2hb^2}\cdots(6\sim7\text{ 面})$$

因此，曲臂誘生的合成垂直應力σ_{res}爲

$$\sigma_{\mathrm{res}}=\sigma+\sigma_b=\frac{R}{bh}+\frac{6Rl_1}{bh^2}$$

由於一般$h<b$，所以$\sigma_b>\sigma_{b1}$，故不可對σ_{b1}來研討合成應力。

且合成切線應力τ_{res}爲：

$$\tau_{\mathrm{res}}=\tau+\tau_t=\frac{Q}{bh}+\frac{9Ql_1}{2hb^2}$$

因此，最大剪應力爲

$$\tau_{\max}=\frac{1}{2}\sqrt{\sigma_{\mathrm{res}}{}^2+4\tau_{\mathrm{res}}{}^2}$$

如爲中央支持式時，可分別取上式之1/2。

最後再探討主軸之強度，爲了簡化起見，假設條件如下：

作用在主軸之彎曲力矩$M=Rl_1$，則彎曲應力σ_b爲：

$$\sigma_b=\frac{32Rl_1}{\pi D^3}$$

扭矩$T=QC$，則剪應力τ爲：

$$\tau=\frac{16QC}{\pi D^3}$$

且最大剪應力$\tau_{\max}$爲：

$$\tau_{\max}=\frac{1}{2}\sqrt{\sigma_b^2+4\tau^2}$$

上式之$\tau_{\max}$如在容許應力範圍內，表示設計適當。

5. 軸的臨界轉數

軸的重心與軸之中心通常不易合而爲一，多少具有偏心，因此軸在高速迴轉時，會因偏心而產生離心力，造成撓曲，當速度達到某一點時，離心力突破軸之鋼性阻力，使軸之撓曲程度加大，導致偏心加大，甚至使軸破壞，此時之速度稱爲臨界速度。

如圖 9.14 所示，是彈性軸上裝配質量爲M之迴轉圓盤，該圓盤之偏心量爲e，軸之撓曲爲y，此時作用在圓盤之離心力爲：

$$F=M\omega^2(y+e)$$

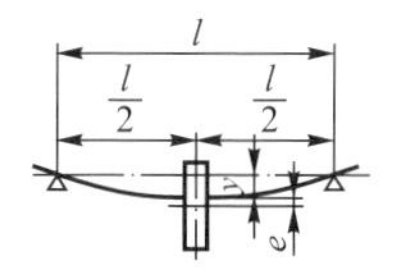

圖 9.14 軸之撓曲

上式之ω＝角速度，

由此得：

$$M\omega^2(y+e)=ky$$

上式之k＝常數

$$\therefore y=\frac{M\omega^2 e}{k-M\omega^2}=\frac{e}{\dfrac{k}{M\omega^2}-1}$$

$e\neq0$，$k=M\omega^2$時，$y=\infty$，可得臨界角速度ω_c爲

$$\omega_c=\sqrt{\frac{k}{M}}$$

g爲重力加速度，圓盤本身的重量$W=M_g$，W引起之撓曲爲y_o，則

表 9.4 臨界轉數

軸之種類	臨界轉數 N_c	軸之種類	臨界轉數 N_c	軸之種類	臨界轉數 N_c
l_1 W l	$Nc=\frac{30}{\pi}\sqrt{\frac{3000gEI}{Wl_1^2 l}}$	l_1 W l_2 l	$Nc=\frac{30}{\pi}\sqrt{\frac{3000gEIl}{Wl_1^2 l_2^2}}$	l_1 W l_2 l	$Nc=\frac{30}{\pi}\sqrt{\frac{3000gEIl^3}{Wl_1^3 l_2^3}}$
W l	$Nc=\frac{30}{\pi}\sqrt{\frac{3000gEI}{Wl^3}}$	l_1 W W l_1 l	$Nc=\frac{30}{\pi}\sqrt{\frac{6000gEI}{Wl_1^2(3l-4l_1)}}$	W l	$Nc=\frac{30}{\pi}\sqrt{\frac{502000gEI}{Wl^3}}$
W l	$Nc=\frac{30}{\pi}\sqrt{\frac{12400gEI}{Wl^3}}$	W l	$Nc=\frac{30}{\pi}\sqrt{\frac{98000gEI}{Wl^3}}$	l_1 W l_2 l	$Nc=\frac{30}{\pi}\sqrt{\frac{12000gEIl^3}{Wl_1^3 l_2^2(3l+l_2)}}$

〔註〕E …軸材料之縱彈性係數(N/mm²)，I …軸之斷面慣性矩(mm⁴) W …負荷(N) g …重力加速度 9.8(m/s²)。

$$W = ky_o$$

$$\omega_c = \sqrt{\frac{g}{y_o}}$$

由ω_c求得臨界轉數N_c爲

$$N_c = \frac{60\omega_c}{2\pi} = \frac{30}{\pi}\sqrt{\frac{g}{y_o}}\ (\text{rpm})$$

撓度y_o由樑的撓曲求得，隨軸之負荷點與支持條件而異，各種不同條件下之臨界轉數如表 9.4 所示。

9.2 軸聯結器

連接兩根軸之機件稱爲軸聯結器，用來使一軸之迴轉傳達至另一軸。

軸聯結器可分爲兩軸完全固定聯結之固定軸聯結器，兩軸間容許某些程度撓曲之可撓性軸聯結器，雙軸互呈傾斜之萬向接頭。

1. 固定軸聯結器

使用於兩軸接合關係呈一直線時，可分類如下：

(1) **凸緣聯結器**

固定聯結器中用途廣泛者，如圖 9.15 所示。軸之兩端以鍵固定裝置凸緣，再以 4～6 根螺栓相對接合，因係依據螺栓之剪應力計算傳達之扭力，故通常採用鉸孔螺栓。

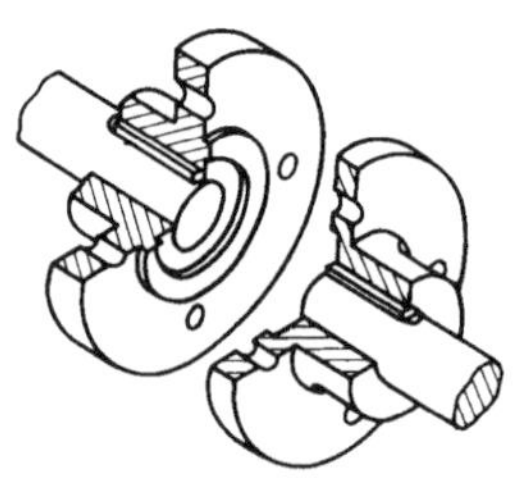

圖 9.15 凸緣聯結器

表 9.5 與表 9.6 所示爲 JIS 對凸緣形固定軸聯結器之規定；各部尺寸的公差爲：聯結器軸孔$H7$，同尺寸之外徑爲$g7$，配合部爲$H7/g7$，螺栓及螺柱孔爲$H7/h7$。

表 9.5 凸緣形固定軸聯結器(JIS B 1451)

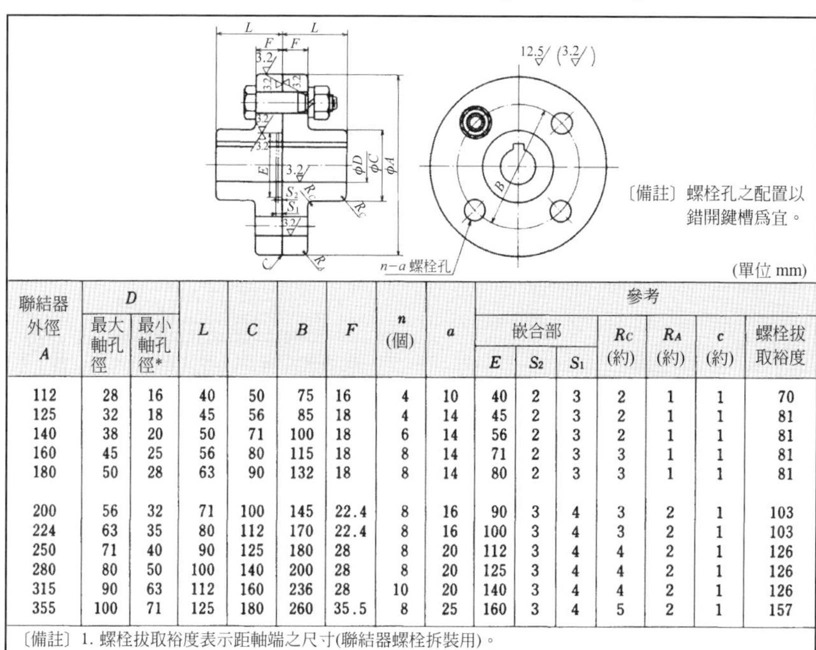

〔備註〕螺栓孔之配置以錯開鍵槽為宜。

(單位 mm)

聯結器外徑 A	D 最大軸孔徑	D 最小軸孔徑*	L	C	B	F	n (個)	a	參考 嵌合部 E	S_2	S_1	R_C (約)	R_A (約)	c (約)	螺栓拔取裕度
112	28	16	40	50	75	16	4	10	40	2	3	2	1	1	70
125	32	18	45	56	85	18	4	14	45	2	3	2	1	1	81
140	38	20	50	71	100	18	6	14	56	2	3	2	1	1	81
160	45	25	56	80	115	18	8	14	71	2	3	3	1	1	81
180	50	28	63	90	132	18	8	14	80	2	3	3	1	1	81
200	56	32	71	100	145	22.4	8	16	90	3	4	3	2	1	103
224	63	35	80	112	170	22.4	8	16	100	3	4	3	2	1	103
250	71	40	90	125	180	28	8	20	112	3	4	4	2	1	126
280	80	50	100	140	200	28	8	20	125	3	4	4	2	1	126
315	90	63	112	160	236	28	10	20	140	3	4	4	2	1	126
355	100	71	125	180	260	35.5	8	25	160	3	4	5	2	1	157

〔備註〕1. 螺栓拔取裕度表示距軸端之尺寸(聯結器螺栓拆裝用)。
2. 為使聯結器易於自軸上拔出之螺絲孔，需適當配置。
* 參考值

表 9.6 凸緣形固定軸聯結器用螺栓(JIS B 1451)

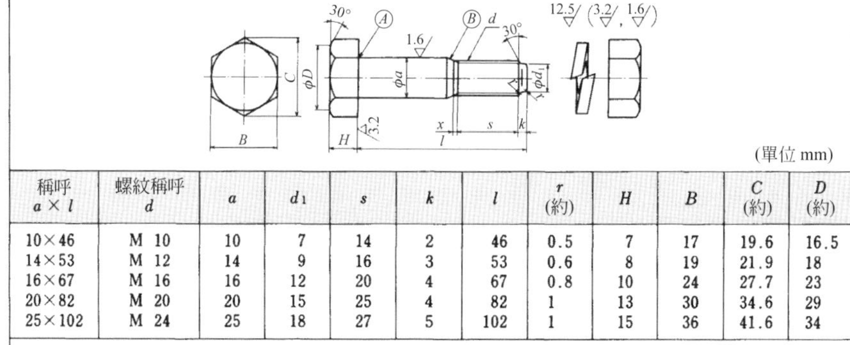

(單位 mm)

稱呼 $a\times l$	螺紋稱呼 d	a	d_1	s	k	l	r (約)	H	B	C (約)	D (約)
10×46	M 10	10	7	14	2	46	0.5	7	17	19.6	16.5
14×53	M 12	14	9	16	3	53	0.6	8	19	21.9	18
16×67	M 16	16	12	20	4	67	0.8	10	24	27.7	23
20×82	M 20	20	15	25	4	82	1	13	30	34.6	29
25×102	M 24	25	18	27	5	102	1	15	36	41.6	34

〔備註〕1. 六角螺帽係用 JIS B 1181 第一種粗加工，強度區分為 4 螺紋精度為 6H(或 2 級)。
2. 彈簧墊圈依據 JIS B 1251 之 2 號 S。
3. 兩面寬度尺寸依 JIS B 1002 尺寸容許公差第二種。
4. 螺紋端的形狀、尺寸用 JIS B 1003 之半桿端。
5. 螺紋精度依據 JIS B 0209 之 6g(或 2 級)。
6. (A)部份可為研削用之離隙，(B)部可分為錐度或階段。
7. x 可為不完全螺紋部份，螺紋切削用離隙，但如為不完全螺紋部份時，其長度須為兩牙。

⑵ **圓筒形半搭接聯結器**

如圖 9.16 所示之聯結器，兩軸端各削去一半，再重疊兩傾斜面，並以共通之鍵結合，達成抗扭、抗拉之目的。

$D=(1.0\sim1.25)d$

$L=(2\sim3)d$，$b=0.5d$

$l=(1.0\sim1.2)d$

斜率＝1：2

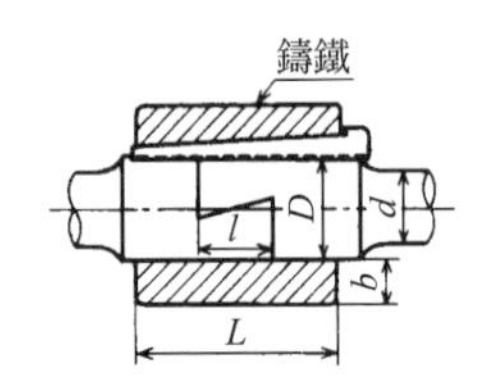

圖 9.16　圓筒形半搭接聯結器

⑶ **摩擦圓筒形聯結器**

外周加工成圓錐形之鑄鐵製分割圓筒配於軸面上，再用兩個鋼環將圓筒壓緊，但如用於有振動作用之軸，軸徑不可超過 150 mm，參考如圖 9.17 所示，各部尺寸之比例如下：

$\left.\begin{matrix} L=3.3d \\ D_1=2.5d \end{matrix}\right\}$大形軸　$\left.\begin{matrix} L=4d \\ D_1=3.7d \end{matrix}\right\}$小形軸

$D=2d$，$b=d$，$\tan\dfrac{\alpha}{2}=\dfrac{1}{20}\sim\dfrac{1}{30}$

⑷ **塞勒氏圓錐聯結器**

如圖 9.18 所示，利用雙重圓筒接合而成，內圓筒與外圓筒之錐面以三根螺栓銷緊，聯結器各部之尺寸比率如下：

$L=3.3d\sim4d$，$D=2.5d+1.5$ mm

$D_1=2d+10$ mm，$l=1.5d$

$\tan\dfrac{\alpha}{2}=\dfrac{1}{6.5}\sim\dfrac{1}{10}$

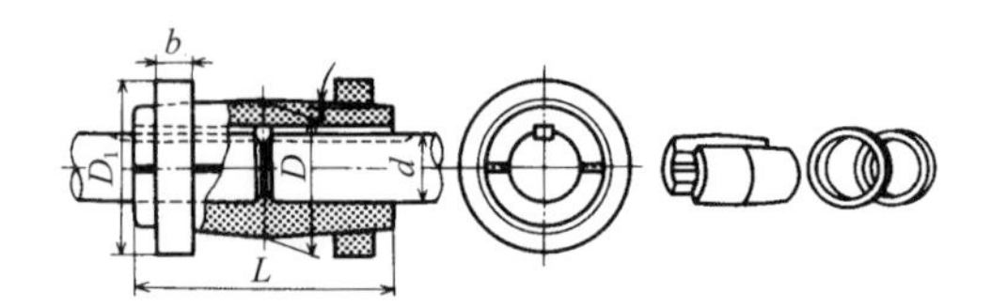

圖 9.17　摩擦圓筒形聯結器

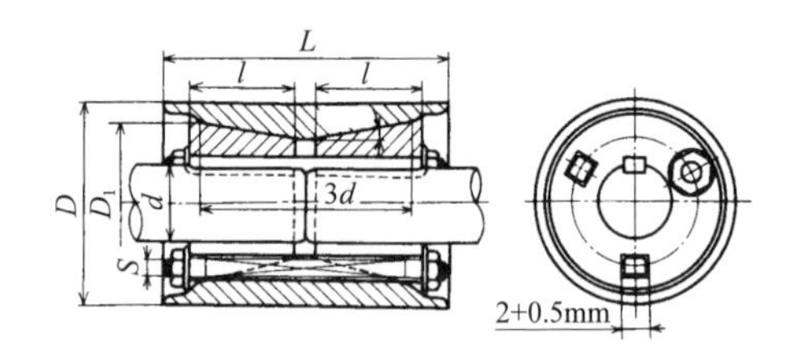

圖 9.18　塞勒氏圓錐聯結器

⑸ **圓筒聯結器**

兩軸端對接，接合部分用筒形套筒嵌合，再由兩端打入鍵固定之，多用於小軸之傳達迴轉(如圖 9.19)。

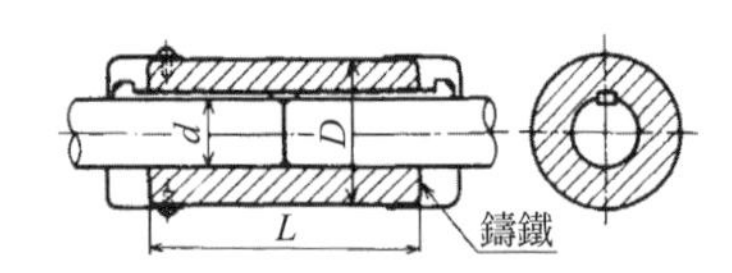

圖 9.19　圓筒聯結器

鍵頭之覆蓋板金以小螺釘固定做爲安全裝置。

$L=(3\sim4)d$

$D=1.8d+20$ mm

上式之d＝軸徑

⑹ **組合筒形聯結器(抱合聯結器)**

使用兩個半圓筒形鑄鐵或鑄鋼包覆軸端，再以鍵固定、螺栓鎖緊之聯結器，如圖 9.20 所示，小形軸之單側鎖緊螺栓數爲 2 根，大形軸爲 3～4 根，最大軸徑達 200 mm，軸與軸間稍留間隙，如傳達之扭力不大，可以不用鍵，如須用鍵固定，宜採用平行鍵，鏈頭不可突出，如圖 9.21 所示，外部以薄板圓筒包覆以策安全，各部尺寸爲：

$L=(3.5\sim5.2)d$

$D=(2\sim4)d$

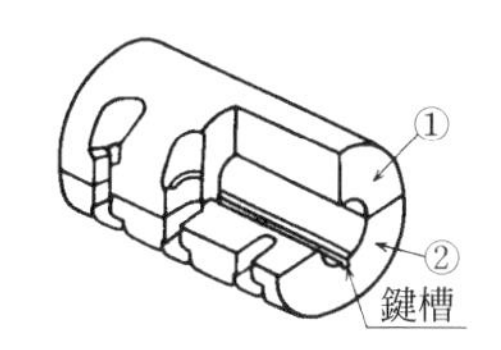

圖 9.20　組合筒形聯結器

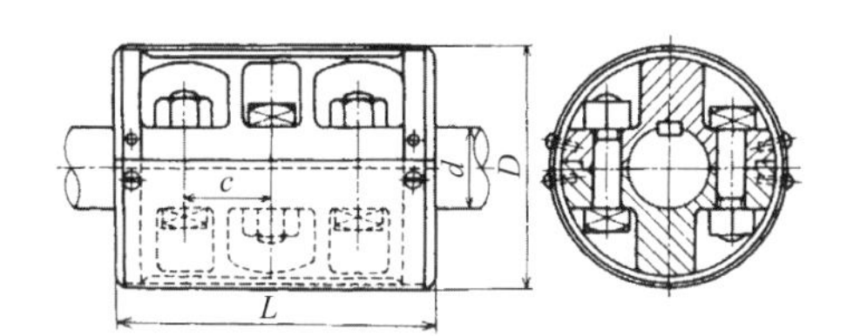

圖 9.21　用薄板圓筒包覆組合筒形聯結器

2. 撓性聯結器

兩軸間使用皮革、橡膠類彈性物接合，當兩軸中心線恰好對準時，兼具防震與絕緣之聯結器，種類如下。

(1) 凸緣形撓性聯結器

聯結器螺栓加套膠套之凸緣聯結器，雖可容許軸心偏位，但仍不可過大，設計時必須考慮兩軸心之偏差。

表 9.8 與 9.9 爲 JIS 凸緣形撓性聯結器之規定，表 9.7 則爲撓性聯結器之最高轉軸與圓週速度。

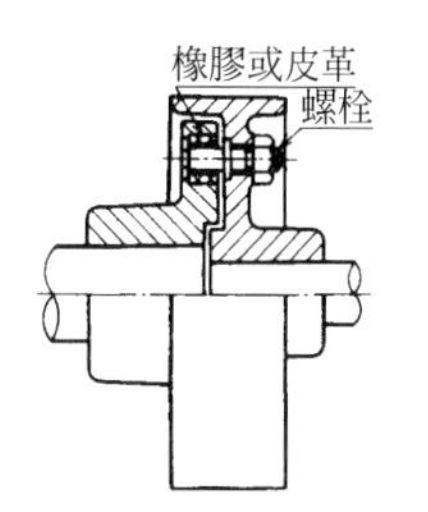

圖 9.22　撓性聯結器

表 9.7　撓性聯結器之最高轉軸與圓週速度

聯結器外徑 A (mm)	最高轉速與圓周速度					
	FC 200		SC 410		S 25 C 或 SF 440	
	rpm	m/s	rpm	m/s	rpm	m/s
90	4000	18.9	5500	26.0	6000	28.4
100	4000	21.0	5500	28.7	6000	31.5
112	4000	23.5	5500	32.3	6000	35.2
125	4000	26.4	5500	36.0	6000	39.2
140	4000	29.3	5500	40.2	6000	44.0
160	4000	33.5	5500	46.0	6000	50.3
180	3500	33.4	4750	45.2	5250	50.3
200	3200	33.3	4300	45.0	4800	50.0
224	2850	33.4	3850	45.0	4300	50.4
250	2550	33.4	3500	45.1	3800	49.8
280	2300	33.6	3100	45.2	3450	50.3
315	2050	33.6	2750	45.2	3050	50.0
355	1800	33.5	2450	45.2	2700	50.3
400	1600	33.6	2150	45.2	2400	50.5
450	1400	33.0	1900	44.8	2150	50.7
560	1150	33.8	1550	44.5	1700	50.0
630	1000	33.0	1350	44.5	1500	49.5

(2) 齒輪形軸聯結器

外圓筒切削成內凹形齒輪，內圓筒切削成冠狀齒輪，利用齒面之接觸傳達扭力，外圓筒與內圓筒中心線之傾斜可達 1.5°，因係以齒面接觸，故運轉中兩軸之距離變動可達±25 %，適於平常之迴轉傳達。

表 9.8 凸緣形撓性軸聯結器(JIS B 1450)

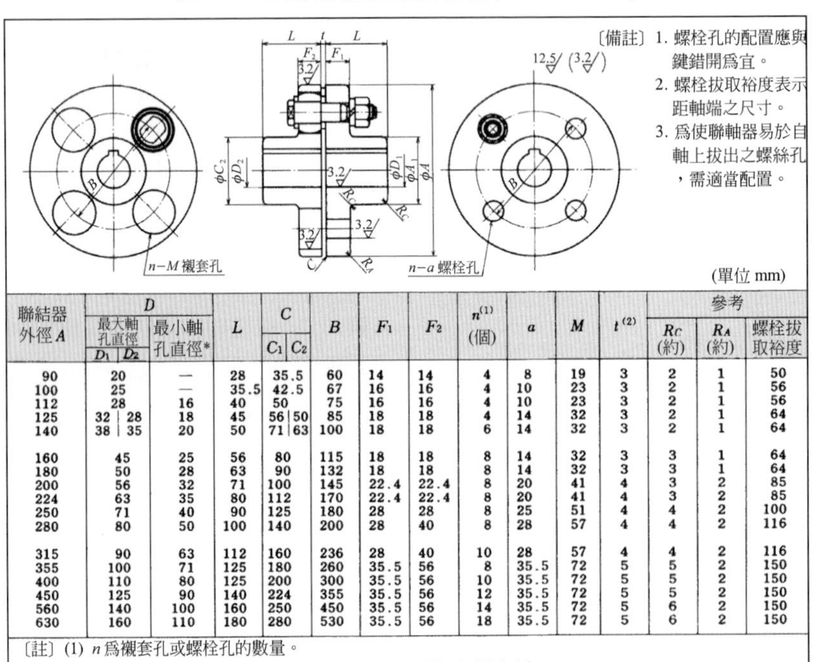

〔備註〕1. 螺栓孔的配置應與鍵錯開爲宜。
2. 螺栓拔取裕度表示距軸端之尺寸。
3. 爲使聯軸器易於自軸上拔出之螺絲孔，需適當配置。

(單位 mm)

聯結器外徑 *A*	*D* 最大軸孔直徑 D_1	*D* 最大軸孔直徑 D_2	*D* 最小軸孔直徑*	*L*	*C* C_1	*C* C_2	*B*	F_1	F_2	$n^{(1)}$ (個)	*a*	*M*	$t^{(2)}$	參考 R_C (約)	參考 R_A (約)	參考 螺栓拔取裕度
90	20		—	28	35.5		60	14	14	4	8	19	3	2	1	50
100	25		—	35.5	42.5		67	16	16	4	10	23	3	2	1	56
112	28		16	40	50		75	16	16	4	10	23	3	2	1	56
125	32	28	18	45	56	50	85	18	18	4	14	32	3	2	1	64
140	38	35	20	50	71	63	100	18	18	6	14	32	3	2	1	64
160	45		25	56	80		115	18	18	8	14	32	3	3	1	64
180	50		28	63	90		132	18	18	8	14	32	3	3	1	64
200	56		32	71	100		145	22.4	22.4	8	20	41	4	3	2	85
224	63		35	80	112		170	22.4	22.4	8	20	41	4	3	2	85
250	71		40	90	125		180	28	28	8	25	51	4	4	2	100
280	80		50	100	140		200	28	40	8	28	57	4	4	2	116
315	90		63	112	160		236	28	40	10	28	57	4	4	2	116
355	100		71	125	180		260	35.5	56	8	35.5	72	5	5	2	150
400	110		80	125	200		300	35.5	56	10	35.5	72	5	5	2	150
450	125		90	140	224		355	35.5	56	12	35.5	72	5	5	2	150
560	140		100	160	250		450	35.5	56	14	35.5	72	5	6	2	150
630	160		110	180	280		530	35.5	56	18	35.5	72	5	6	2	150

〔註〕(1) *n* 爲襯套孔或螺栓孔的數量。
(2) *t* 爲聯結器本體組合時之間隙，相當於聯結器螺栓之墊圈厚度。
*參考值

表 9.9 凸緣形撓性聯結器用螺栓(JIS B 1452)

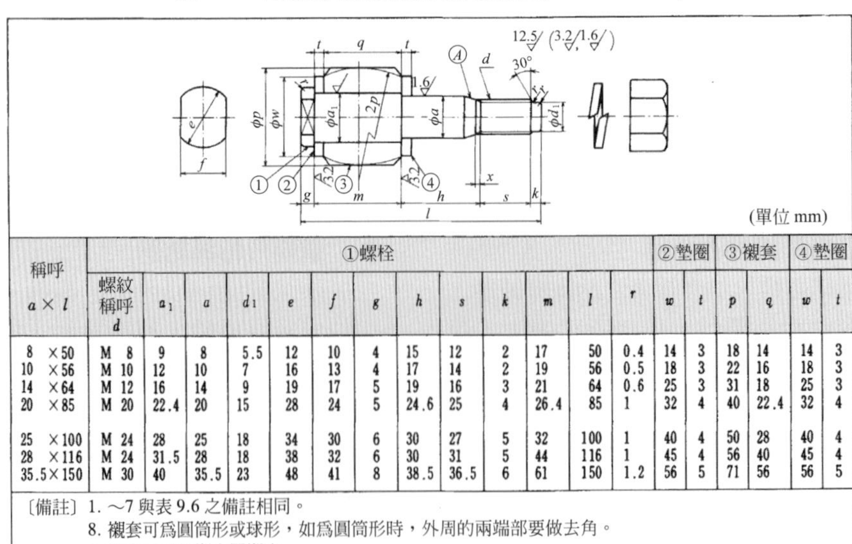

(單位 mm)

稱呼 $a \times l$	①螺栓 螺紋稱呼 *d*	①螺栓 a_1	①螺栓 *a*	①螺栓 d_1	①螺栓 *e*	①螺栓 *f*	①螺栓 *g*	①螺栓 *h*	①螺栓 *s*	①螺栓 *k*	①螺栓 *m*	①螺栓 *l*	①螺栓 *r*	②墊圈 *w*	②墊圈 *t*	③襯套 *p*	③襯套 *q*	④墊圈 *w*	④墊圈 *t*
8 ×50	M 8	9	8	5.5	12	10	4	15	12	2	17	50	0.4	14	3	18	14	14	3
10 ×56	M 10	12	10	7	16	13	4	17	14	2	19	56	0.5	18	3	22	16	18	3
14 ×64	M 12	16	14	9	19	17	5	19	16	3	21	64	0.6	25	3	31	18	25	3
20 ×85	M 20	22.4	20	15	28	24	5	24.6	25	4	26.4	85	1	32	4	40	22.4	32	4
25 ×100	M 24	28	25	18	34	30	6	30	27	5	32	100	1	40	4	50	28	40	4
28 ×116	M 24	31.5	28	18	38	32	6	30	31	5	44	116	1	45	4	56	40	45	4
35.5×150	M 30	40	35.5	23	48	41	8	38.5	36.5	6	61	150	1.2	56	5	71	56	56	5

〔備註〕1. ~7 與表 9.6 之備註相同。
8. 襯套可爲圓筒形或球形，如爲圓筒形時，外周的兩端部要做去角。
9. 襯套可以加襯金屬襯皮。

齒輪形軸聯結器之種類有許多種，表 9.10 爲其中之一列，表示雙排形之尺寸與形狀，表 9.11 則表示聯結器的容許傳達扭力與容許迴轉數。

表 9.10 齒輪形軸聯結器 JIS B 1453(雙排形 SS)

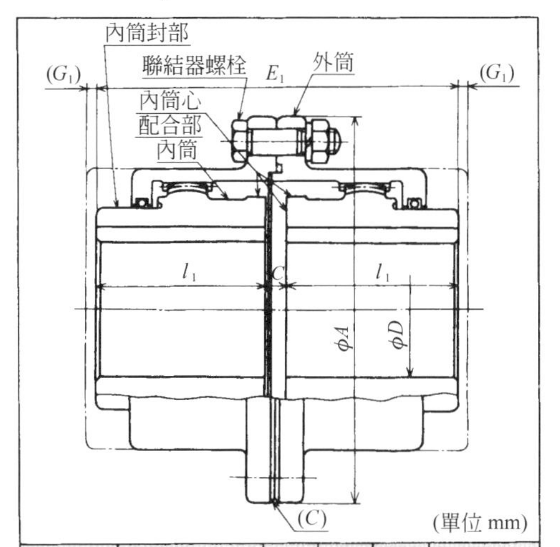

(單位 mm)

聯結器外徑 A	D 最大軸孔直徑	D 最小軸孔直徑	l_1	C	E_1	參考 G_1	參考 c(約)
100	25	16	40	8	88	18	1
112	32	20	45	8	98	18	1
125	40	25	50	8	108	18	1
140	50	32	63	8	134	22	1
160	63	40	80	10	170	22	1
180	71	45	90	10	190	28	1
200	80	50	100	10	210	28	1
224	90	56	112	12	236	28	1
250	100	63	125	12	262	32	1
280	125	80	140	14	294	32	1
315	140	90	160	14	334	32	1
355	160	110	180	16	376	40	1
400	180	125	200	16	416	40	1

〔備註〕1. 爲便利軸自聯結器上拆取，螺紋孔應適當配置。
2. 圖中所示之構造爲其中一例。
3. G_1 是內筒與外筒配合時，必要最小之尺寸。

表 9.11 齒輪形軸聯結器之容許傳達扭力與容許轉數

聯結器之外徑 A (mm)	最大軸孔直徑 D (mm)	容許傳達扭力(1) T (N·m)	軸的剪應力 τ (N/mm²)	容許轉數(2) N (rpm)	聯結器外徑之圓同速度 v (m/s)
100	25	196	63.9	4000	20.9
112	32	392	61.0	4000	23.5
125	40	784	62.5	4000	26.2
140	50	1225	50.0	4000	29.3
160	63	1764	36.0	4000	33.5
180	71	2450	35.0	4000	37.7
200	80	3479	35.0	3750	40.0
224	90	4900	34.5	3350	40.0
250	100	6958	35.5	3000	40.0
280	125	10980	29.0	2650	40.0
315	140	15680	29.5	2360	40.0
355	160	24500	30.5	2120	40.0
400	180	34790	30.5	1900	40.0

〔註〕(1) 轉速 N=100rpm，傾斜角 α=0°時之值。
(2) 傾斜角 α=1.5°時之值，且傳達動力很小時。

(3) 橡膠軸聯結器

橡膠軸聯結器是利用橡膠之剪變形、壓縮變形等傳達動力，優點爲構造簡單，能吸收軸心偏差、振動、衝擊等，且不需潤滑，運轉中不會產生噪音，亦可做爲兩軸間之絕緣體；廣泛用於機械、汽車、船舶、火車等。

市面上出售之橡膠聯結器式樣繁多，而 JIS 對其相關形狀的互換尺寸與性能方面的規定如表 9.12 所示之規格。

(4) 滾子鏈軸聯結器

以一條雙列滾子鏈捲繞在同向鏈輪組之軸聯結器，因力作用點在圓周附近，而且由多只鏈齒共同分擔，故對同一扭力傳達而言，重量輕、體積小。鏈聯結器的軸心偏差不可太大，偏心(平行誤差)大約爲鏈條節距之 2 %，角度偏差爲 1

%，如果速度甚高時，只可用上述值之1/2，如果偏差過大或速度太高，極易加速各部磨耗。

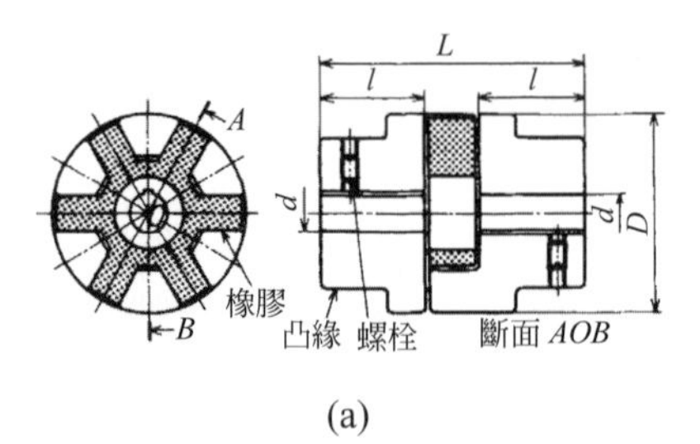

(a)

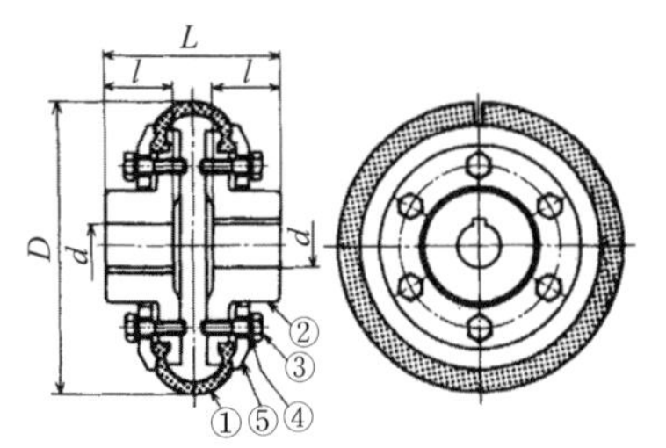

①橡膠 ②凸緣 ③螺栓 ④彈簧墊圈 ⑤壓力環

(b)

圖 9.23　橡膠軸聯結器

表 9.14 爲 JIS 滾子鏈軸聯結器之規定，表 9.13 則爲其傳達扭力、軸應力與容許迴轉速度。

表 9.13　滾子鏈軸聯結器的傳達扭力、軸應力與容許迴轉速度

稱呼	容許傳達扭力(1) T (Nf·m)	最大軸孔直徑之軸應力 τ (Nf/mm²)	容許迴轉速度 n (rpm)	
			無外殼	有外殼
4012 4014 4016	78.4 109.76 156.8	36.75 24.5 24.5	1250 1000 1000	4500 4000 4000
5014 5016 5018	219.52 274.4 347.9	24.5 22.05 19.6	800 800 630	3550 3150 2800
6018 6022	617.4 882	16.2 12.25	630 500	2500 2240
8018 8022	1372 2195.2	13.72 10.98	400 400	2000 1800
10020	3479	12.25	315	1600
12018 12022	4900 6958	12.25 12.25	250 250	1400 1250
16018 16022	10976 17640	13.72 10.98	200 200	1120 1000

〔註〕(1) 依聯結器的轉速與軸心偏差乘以修正係數。

表 9.12　橡膠軸聯結器(JIS B 1455)

(單位 mm)

公稱	常用扭力 T (N·m)	軸孔 d		軸孔長度 l	全長 L				外徑(最大) D	
		最大直徑	最小直徑							
10	10	16	—	25	56	63	71	80	63	100
20	20	20	12	31.5	71	80	90	100	80	125
40	40	25	16	40	90	100	112	125	100	160
80	80	32	20	50	112	125	140	160	125	200
160	160	40	25	56	140	160	180	200	160	250
315	315	50	32	63	160	180	200	224	200	315
630	630	63	40	80	200	224	250	280	250	400
1250	1250	80	50	100	250	280	315	355	315	500
2500	2500	100	63	125	315	355	400	450	400	630
5000	5000	125	80	140	355	400	450	500	500	800
7100	7100	140	90	160	400	450	500	560	560	900
10000	10000	160	100	180	450	500	560	630	630	1000
14000	14000	180	110	200	500	560	630	710	710	1120
20000	20000	200	125	224	560	630	710	800	800	1250

〔備註〕公稱欄附有括號的尺寸，盡量不用。
〔註〕全長 L 及外徑 D，可自表中選取。

圖中尺寸是說明用，非實際構造。

表 9.14 JIS 滾子鏈軸聯結器(JIS B 1456)

a 部詳細

(單位 mm)

D 之區分	c
20 以下	1
20 以上 32 以下	1.2
32 以上 50 以下	1.6
50 以上 80 以下	2.5
80 以上 125 以下	3
125 以上 200 以下	5

本圖所之構造爲其中一例

(單位 mm)

稱呼[1]	D		B	l	參考					
	最大軸孔直徑	最小軸孔直徑	(最小)		A	C	L	G	E (最大)	F (最大)
4012	22	—	34	36	61.2	7.4	79.4	10	75	75
4014	28	—	42	36	69.2		79.4	10	85	75
4016	32	16	48	40	77.2		87.4	6	95	85
5014	35	16	53	45	86.5	9.7	99.7	12	106	95
5016	40	18	56	45	96.5		99.7	12	112	95
5018	45	18	63	45	106.6		99.7	12	125	95
6018	56	22	80	56	127.9	11.5	123.5	15	150	118
6022	71	28	100	56	152.0		123.5	15	180	118
8018	80	32	112	63	170.5	15.2	141.2	30	200	132
8022	100	40	140	71	202.7		157.2	22	236	150
10020	110	45	160	80	233.2	18.8	178.8	30	280	170
12018	125	50	170	90	255.7	22.7	202.7	50	315	190
12022	140	56	200	100	304.0		222.7	40	375	212
16018	160	63	224	112	340.9	30.1	254.1	68	425	250
16022	200	80	280	140	405.3		310.1	40	475	300

〔備註〕爲便利軸自鏈輪拆下，螺紋孔宜做適當配置。

〔註〕(1) 稱呼是依據滾子鏈的稱呼號碼(前 2 位或前 3 位)與鏈輪齒數(後 2 位)之組合。

(5) 歐式聯結器

應用於兩軸平行，而軸心不在同一直線之連接，如圖 9.24 所示，各部尺寸如圖所示。

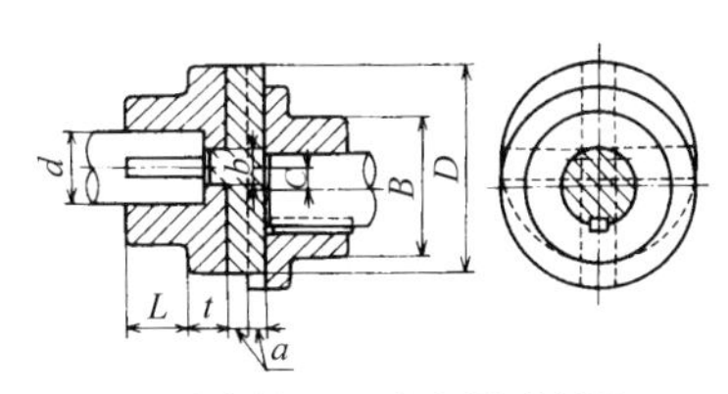

$B=1.8d+25\text{mm}$，$d=0.4D+0.15C$

$F=3d+C$，$a=0.25D+0.1C$

$L=0.75D+13\text{mm}$，$t=0.6D+0.25C$

圖 9.24 歐式聯結器

表 9.16 軛行萬向接頭

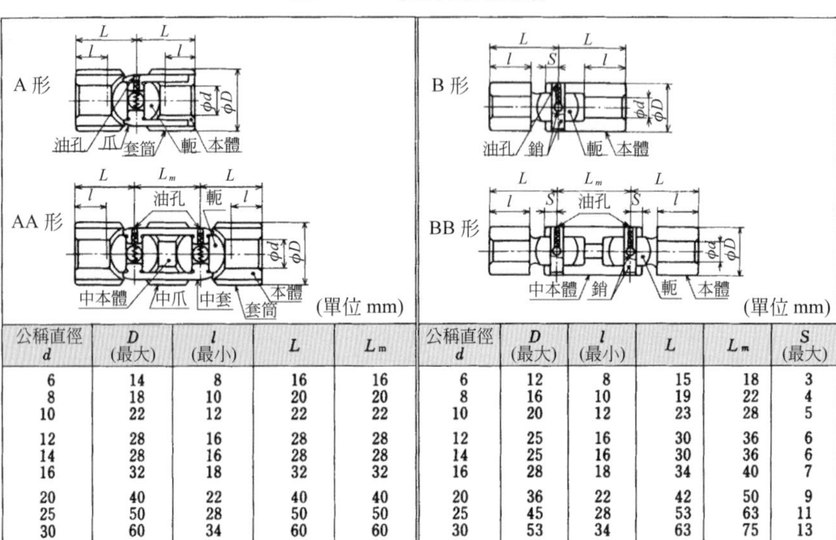

公稱直徑 d	D (最大)	l (最小)	L	L_m	公稱直徑 d	D (最大)	l (最小)	L	L_m	S (最大)
6	14	8	16	16	6	12	8	15	18	3
8	18	10	20	20	8	16	10	19	22	4
10	22	12	22	22	10	20	12	23	28	5
12	28	16	28	28	12	25	16	30	36	6
14	28	16	28	28	14	25	16	30	36	6
16	32	18	32	32	16	28	18	34	40	7
20	40	22	40	40	20	36	22	42	50	9
25	50	28	50	50	25	45	28	53	63	11
30	60	34	60	60	30	53	34	63	75	13
32	63	36	63	63	32	56	36	67	80	14
35	71	40	71	71	35	63	40	71	85	16
40	80	45	80	80	40	71	45	80	95	18
50	100	56	100	100	50	90	56	100	118	22

〔備註〕1. 有括號者，不宜採用。
2. 軸孔d 之尺寸容許公差依據 JIS B 0401-2(尺寸公差及嵌合方式－第 2 部－)之 H7 規定。而且，L，L_m 只顯示基準尺寸而已。
3. l 爲軸之嵌合長度。
4. 本圖爲構造之一例。

表 9.17 軛行萬向接頭的容許傳達扭力與最高轉數(夾角 10°)

表中⑴爲容許傳達扭力T(N·m)，⑵爲軸之剪應力τ(N/mm²)

公稱直徑 d (mm)	A 形								B 形								最高轉速 N rpm
	100rpm		200rpm		500rpm		1000rpm		100rpm		200rpm		500rpm		1000rpm		
	(1)	(2)	(1)	(2)	(1)	(2)	(1)	(2)	(1)	(2)	(1)	(2)	(1)	(2)	(1)	(2)	
6	0.4	9.5	0.4	9.5	0.32	7.5	0.25	6	0.5	11.8	0.5	11.8	0.4	9.5	0.32	7.5	3500
8	0.8	8	0.63	6.3	0.5	5	0.4	4	1	10	0.8	8	0.63	6.3	0.5	5	3500
10	1.6	8	1.25	6.3	1	5	0.63	3.2	2	10	1.6	8	1.25	6.3	1	5	2800
12	3.15	9.5	2	6	1.25	3.6	1	3	4	11.8	2.5	7.5	2	6	1.6	4.8	2240
14	3.15	5.6	2	3.6	1.25	2.3	1	1.8	4	7.1	2.5	4.5	2	3.6	1.6	2.8	2000
16	5	6.3	3.15	4	2	2.5	1.25	1.6	6.3	8	5	6.3	4	5	2.5	3.2	1800
20	8	5	6.3	4	3.15	2	2	1.3	12.5	8	8	5	6.3	4	4	2.5	1430
25	14	4.5	10	3.2	5	1.6	3.15	1	20	6.3	12.5	4	10	3.2	6.3	2	1120
30	20	3.8	14	2.7	7.1	1.3	4	0.8	28	5.3	20	3.8	14	2.7	9	1.7	950
32	22.4	3.5	16	2.5	8	1.3	5	0.8	31.5	5	25	4	16	2.5	10	1.6	900
35	28	3.3	18	2.1	9	1.1	—	—	40	4.8	28	3.3	14	1.7	—	—	800
40	40	3.2	25	2	12.5	1	—	—	63	5	40	3.2	20	1.6	—	—	710
50	63	2.5	40	1.6	20	0.8	—	—	25	5	80	3.2	40	1.6	—	—	560

3. 萬向接頭

使用於兩軸呈夾角時之動力傳達，如圖 9.25 所示，為位於同一平面之兩軸以虎克接頭連接，兩軸之轉速比因軸之傾斜角度而異，當其中一軸以等速迴轉時，另一軸以非等速迴轉，表 9.15 為兩軸間因夾角而產生之角速度變化。

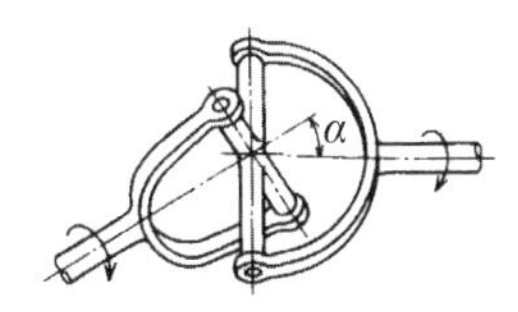

圖 9.25　虎克萬向接頭

表 9.15　兩軸間的夾角與角速比之變化

α	6°	8°	10°	12°	14°	16°	18°	20°	24°	28°	30°
變化率	1.1	2	3	4.4	6	7.9	10	12.4	18	25	28.9

為了防止這種速度比引起的振動，可用如圖 9.26 所示之兩軸間插入中間軸方法改善，兩軸之夾角必須相等，但又不可超過 30°以上。

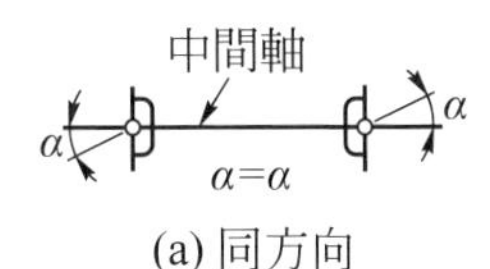

(a) 同方向

主動軸　中間軸　被動軸

α　α=α　α

(b) 相反方向

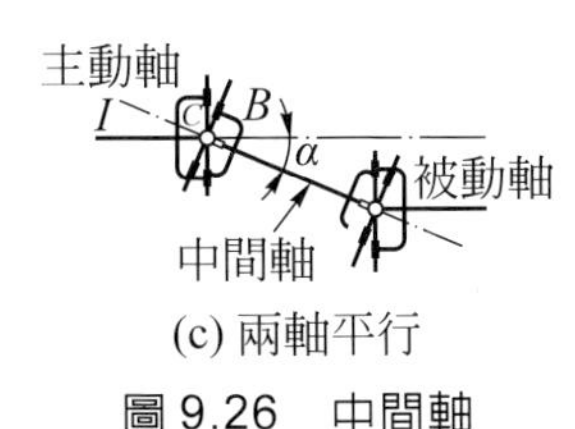

(c) 兩軸平行

圖 9.26　中間軸

9.3 離合器

設置於兩軸之間，用於傳達或中止迴轉機件稱為離合器。

離合器依構造可分爪牙離合器與摩擦離合器、液體離合器與電磁離合器。

1. 爪牙離合器

利用爪牙相互嵌合與分離，以達成傳達或中斷迴轉之離合器，通常是一端的離合器固定在軸上，另一端以活鍵或栓槽滑動裝配在軸上，表 9.18 所示為普通爪牙離合器之形狀與各部尺寸。

表 9.18　爪牙離合器

(單位 mm)

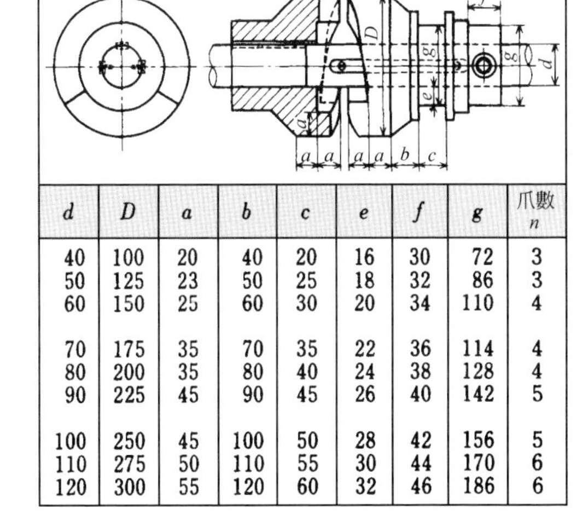

d	D	a	b	c	e	f	g	爪數 n
40	100	20	40	20	16	30	72	3
50	125	23	50	25	18	32	86	3
60	150	25	60	30	20	34	110	4
70	175	35	70	35	22	36	114	4
80	200	35	80	40	24	38	128	4
90	225	45	90	45	26	40	142	5
100	250	45	100	50	28	42	156	5
110	275	50	110	55	30	44	170	6
120	300	55	120	60	32	46	186	6

離合器的控製機構通常是使用移動離合器活動端之撥桿，撥桿之一端裝配青銅製滑環，參考如圖 9.27 所示。

如圖 9.28 是一般廣泛採用之離合器爪牙形狀，如圖 9.28(a)適用於雙方向傳達之情況，如圖 9.28(b)只能傳達單方向迴轉，逆轉時打滑，稱自由輪機械構或單向離合器。

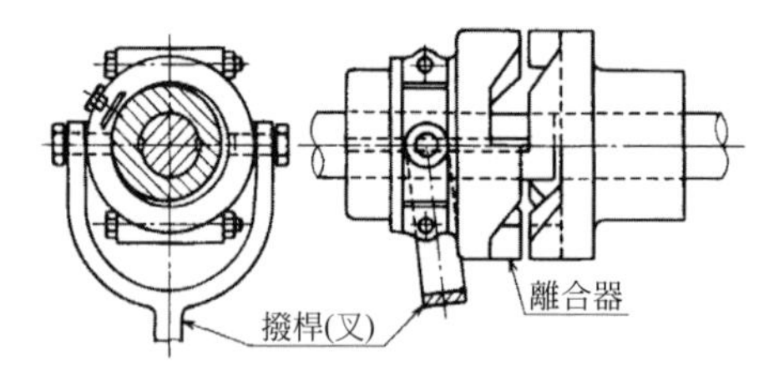

圖 9.27　離合器控制裝置

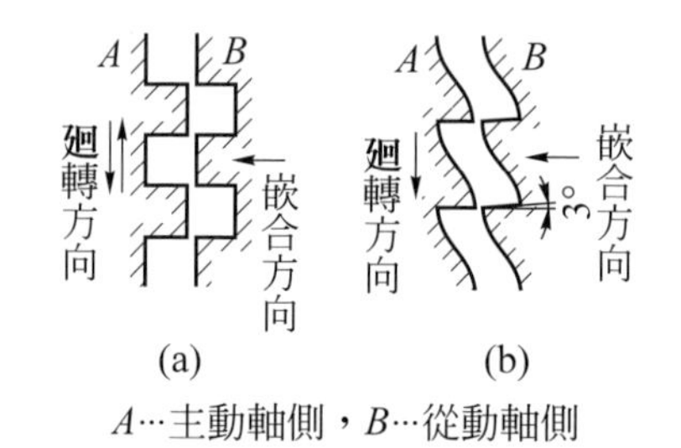

A…主動軸側，*B*…從動軸側

圖 9.28　爪牙形狀

表 9.19 所示爲各種爪牙形狀與適用實例。

2. 摩擦離合器

以從動軸圓滑地接觸主動軸完成連接之離合器，兩接觸面剛開始接觸時稍滑差，當摩擦力逐漸增加時，被動軸轉速隨之增加，直到兩軸轉速相等爲止，依據接觸面之外形大致可分圓錐式與圓筒式兩大類，至於詳細分類如圖 9.29 所示。

(1) 圓盤離合器

圓盤離合器如圖 9.30 所示，圓盤*A*固定在一方之軸端，圓盤則在另一軸上左右滑動，利用撥叉作用於*E*時，兩圓盤連接傳達動力，設圓盤上之壓力爲*P* (kg)(涉及中作用在直徑*D* (mm)之圓周上)，摩擦係數爲μ(參考表 9.20)，則*A*、*B*之間的摩擦力大小爲μ*P*，此時軸心之力矩*T*爲

$$T=\mu P\frac{D}{2}$$

表 9.19　各種爪牙形狀與適用實例

種類	形狀	適用實例
三角形(負荷比較小的小形機械用離合器)		靜止、運轉中皆可離合，迴轉方向有變化之地方。
		迴轉方向固定的部位。
方形(重負荷用)		嵌合須在靜止時，中斷則靜止、運轉中皆可，適用於迴轉方向有變化之機械。
梯形(大負荷用)		比前者離合更自由，而且迴轉方向可以改變。
		只限用於迴轉方向固定之機件。

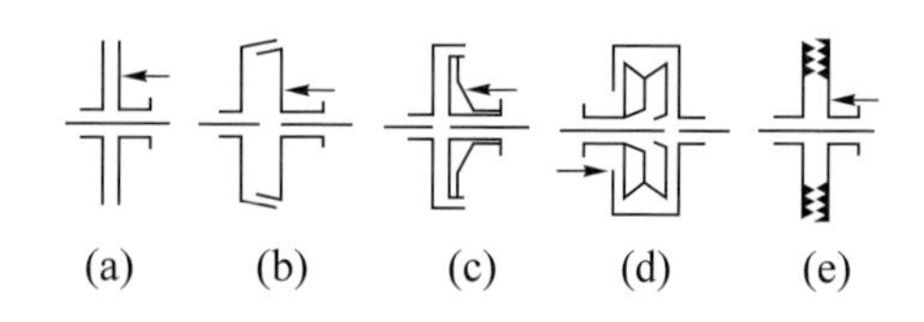

圖 9.29　摩擦離合器之形式

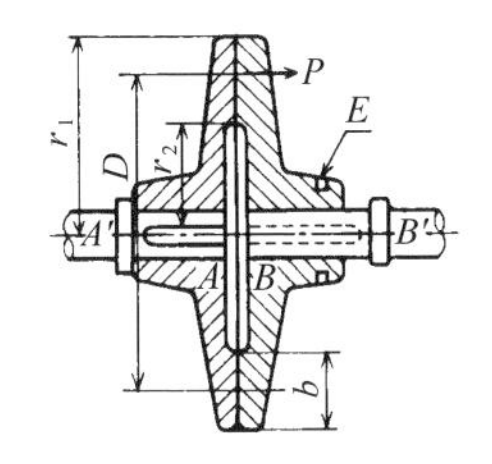

圖 9.30　圓盤離合器

表 9.20　摩擦係數μ之值

材質	狀態	μ
皮革與鑄鐵	稍有油氣時取較小之值無給油時取較大之值	0.20～0.25
鑄鐵與鑄鐵或青銅		0.15～0.20
金屬與軟木	有油氣時	0.32
金屬與軟木	乾燥時	0.35
金屬與金屬		0.15

因摩擦力而產生之力矩如果大於軸傳達動力而產生之扭矩時，即可把一軸之迴轉傳達至另一軸，今設摩擦面上之單位壓力爲q (N/mm^2)，則

$$P=\pi D(r_2-r_1)q=\pi Dbq$$

式中：r_1與r_2爲接觸面之內、外半徑(mm)、b爲摩擦面的寬度(mm)(參考如圖9.30)。

而且，圓盤離合器所傳達之動力H (kW)爲

$$H=\frac{TN\times 2\pi}{102\times 60\times 1000}\doteqdot\frac{\mu PDN}{974000\times 2}$$

$$=\frac{\mu\pi D^2bqN}{1948000}\doteqdot\frac{\mu qD^2bN}{620000}$$

N＝每分鐘迴轉數(rpm)

由上述之討論可知，如果使用 1 組圓盤，無法傳達所要求之馬力時，不妨採用如圖 9.31 所示之多盤式離合器，此式之B移動片受壓力作用時，C與D間因摩擦而連接兩軸，圓盤是由青銅與鋼板交互疊成，爲了減少分開時之摩擦，通常在裝置內加滿油，μ通常爲0.085～0.009左右，q爲 0.05～0.1 (N/mm^2)。

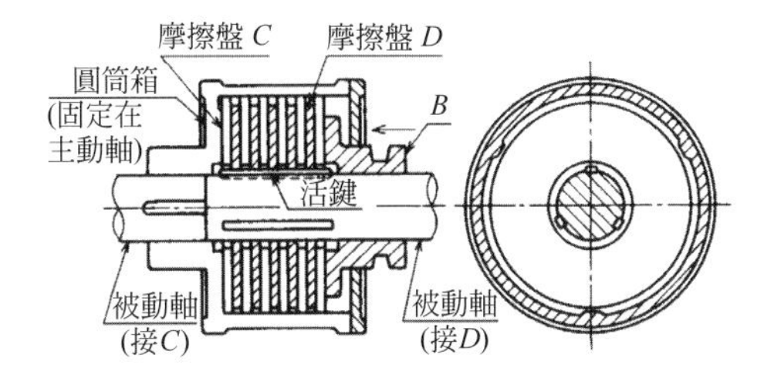

圖 9.31　多盤式圓盤離合器

表 9.21 與表 9.22 是 JIS 規定濕式機械多盤離合器與濕式油壓離合器之基本尺寸。

⑵　**圓錐摩擦離合器**

係利用圓錐面之摩擦，達成運動之斷續作用，摩擦面舖設皮革、石棉等摩擦係數大之材料。

參考如圖 9.32 所示之圓錐離合器，當右方圓錐凸緣向左移動時，壓在左圓錐凸緣上，圓錐表面因而產生壓力，到此壓力誘導之摩擦以傳達動力，此時軸上之扭矩T (N·mm)如下之公式：

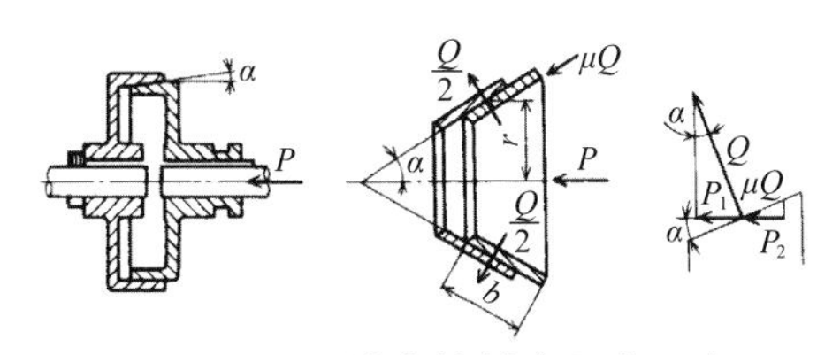

圖 9.32　圓錐摩擦離合器作用力

表 9.21 濕式機械多盤離合器(JIS B 1401，1999 年廢止)

稱呼號碼 10-14 以下　　稱呼號碼 20-45 以上　　單式　　複式

(單位 mm)

稱呼號碼	d	b	t	C_1	A 方耳	A 齒輪	B	C	D	E	L 單式	L 複式	M	N (開放式)	O	P	Q 單式	Q 複式	R	S	方耳 W	方耳 數	齒輪 齒數
1.2-18	18	5	2	1	63	62.7	56	28	63	50	63	106	24	13.5	10	18	10	53	8	1	11.7	6	40
1.2-20	20																						
2.5-22.4	22.4	7	3	1	78	79.6	71	37.5	78	63	80	134	27.5	16.5	12.5	24	13	67	10.5	1	15.5	6	38
2.5-25	25																						
5-28	28	7	3	1	98	99.6	90	45	100	80	100	168	37	22.5	16	28	16	84	12	1	17.5	6	48
5-31.5	31.5	10	3.5																				
10-35.5	35.5	10	3 .5	1	124	124.5	112	56	125	100	112	190	39	23	20	32	17	95	16	1	19.5	6	48
10-40	40																						
20-45	45	12	3 .5	1	152	152.4	140	63	138	110	132	226	50.4	29	22.4	36	19	113	18	1	15.5	12	49
20-50	50																						
40-56	56	15	5	1.6	196	195.37	180	80	170	136	160	276	63.5	37.5	25	42	22	138	23	1	19.5	12	54
40-63	63	18	6																				
80-71	71	20	6	1.6	240	241.36	224	100	200	165	170	300	69	40	25	48	25	150	26	1	25.5	12	58
80-80	80																						

〔註〕各個稱呼號碼前必須：單式方耳形加 SL，複式方耳形加 DL，單式齒輪形加 ST，複式齒輪形加 DT 之符號。

表 9.22　濕式油壓多盤離合器(JIS B 1402，1999 年廢止)　　(單位 mm)

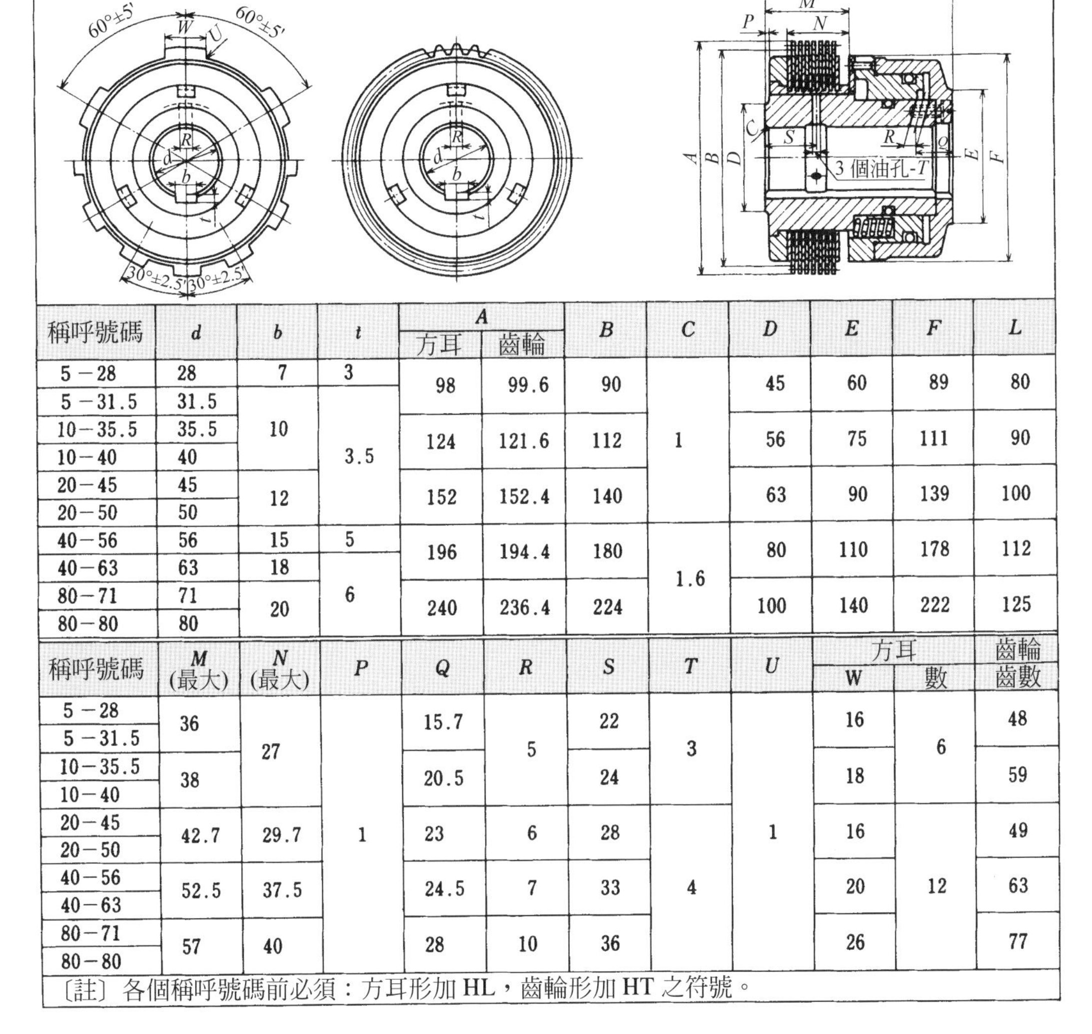

稱呼號碼	d	b	t	A 方耳	A 齒輪	B	C	D	E	F	L
5－28	28	7	3	98	99.6	90	1	45	60	89	80
5－31.5	31.5	10	3.5								
10－35.5	35.5			124	121.6	112		56	75	111	90
10－40	40										
20－45	45	12		152	152.4	140		63	90	139	100
20－50	50										
40－56	56	15	5	196	194.4	180	1.6	80	110	178	112
40－63	63	18	6								
80－71	71	20		240	236.4	224		100	140	222	125
80－80	80										

稱呼號碼	M (最大)	N (最大)	P	Q	R	S	T	U	方耳 W	方耳 數	齒輪齒數
5－28	36	27	1	15.7	5	22	3	1	16	6	48
5－31.5											
10－35.5	38			20.5		24			18		59
10－40											
20－45	42.7	29.7		23	6	28	4		16	12	49
20－50											
40－56	52.5	37.5		24.5	7	33			20		63
40－63											
80－71	57	40		28	10	36			26		77
80－80											

〔註〕各個稱呼號碼前必須：方耳形加 HL，齒輪形加 HT 之符號。

$T \leqq Q\mu\gamma$且，$Q = 2\pi rbq$

式中

Q＝作用在圓錐表面上之總壓力(N)

γ＝圓錐的平均半徑(mm)

b＝圓錐接觸面的寬度(mm)

g＝圓錐接觸面間的單位壓力(N/mm^2)(參考表 9.23)

如圓錐之半頂角爲α，則接合離合器時之軸方向壓力P (N)爲

$$P = P_1 + P_2 = Q\sin\alpha + \mu Q\cos\alpha$$
$$= Q(\sin\alpha + \mu\cos\alpha)\ (\text{N})$$
$$\therefore P \geqq \frac{T}{\mu r}(\sin\alpha + \mu\cos\alpha)$$

表 9.23 μ，α與q的值

摩擦面	μ	α	q (N/mm^2)
皮革與金屬(油濕狀態)	0.2	10°~13°	0.05~0.08
石綿織品與金屬(油濕很少)	0.3	11°~14.5°	0.05~0.08
螺旋在金屬與金屬之間(同上)	0.25	8°~12°	–
鑄鐵與鑄鐵(同上)	0.02 以下	8°~11°	0.28~0.35
〔註〕tan $\alpha>\mu$			

其次，分開時軸向壓力P' (N)與離合器接合瞬間動力P'，爲(設不考慮振動等因素之影響)：

$$P' = \frac{T}{\mu r}(\sin\alpha - \mu\cos\alpha)$$

且

$$T = 974000\frac{H}{N} = \frac{P\mu r}{(\sin\alpha + \mu\cos\alpha)}$$
$$\therefore P = \frac{974000H(\sin\alpha + \mu\cos\alpha)}{N\mu r}$$

10 軸承的設計

用來支撐受負荷迴轉軸之機械元件稱爲軸承，軸以軸承支持之部分稱爲軸頸。軸頸與軸承之間的摩擦，會使大量動力損失，因此，探討軸承時必須考慮減少摩擦的方法，而且凡是軸所受之負荷，皆由軸承來承當，故須具有足夠的強度。

10.1 軸承的種類

軸承依接觸的狀態與負荷作用之情況，可以分類如下：

1. 滑動軸承

軸與軸承呈滑動接觸，又稱爲平軸承，依負荷之方式可分成下類幾種。

⑴ **徑向軸承**：使用於負荷垂直於軸心之軸。

⑵ **止推軸承**：使用於負荷平行於軸承之軸，此軸承可分立軸承(樞軸承)與有領軸承。

2. 滾動軸承

軸與軸承之間鑲入滾珠或滾子，呈滾動接觸之軸承，前者稱滾珠軸承，後者稱滾子軸承。

滾動軸承依受負荷之方式，可分徑向、止推軸承等數種。

10.2 滑動軸承

1. 徑向軸承

⑴ **整體軸承**：承受負荷的滑動軸承中，構造最簡單一種，如圖 10.1 之⑴所示，軸承以外部位，以適當的螺栓安裝即可，同如圖 10.1 之⑵是加裝襯套之軸承，可使軸之迴轉更平滑，而且磨耗後，容易隨時更換，這種軸承俗稱整體軸承。

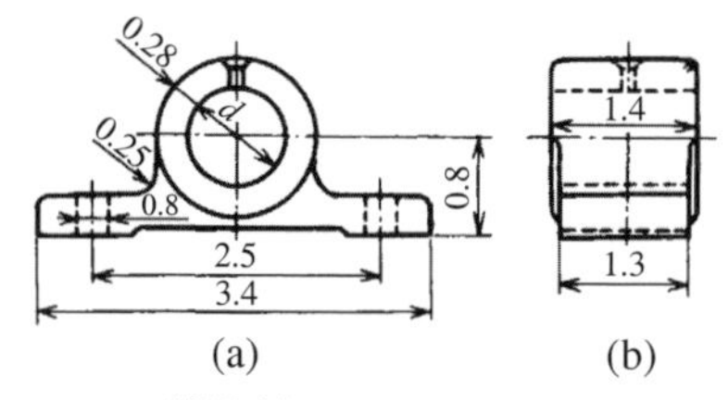

(1) 簡單軸承(單位=d+12mm)

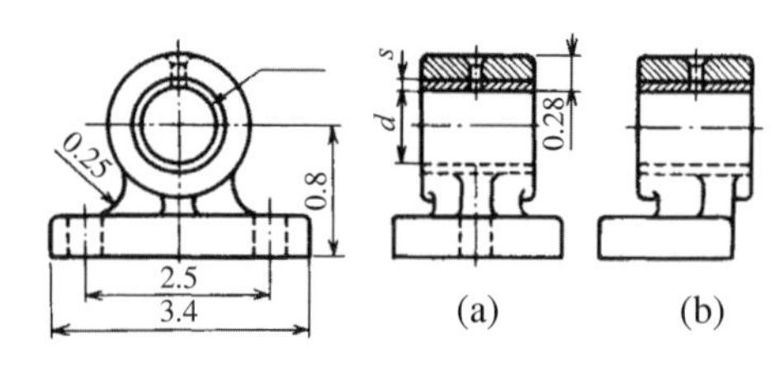

(2) 整體軸承(單位=d+12mm)

d=軸徑(mm)

s=0.05d+5mm～0.07d+5mm

圖 10.1 簡單軸承之尺寸

⑵ **對合軸承**：上述之整體軸承，若要將軸橫向裝入軸承時，非常困難，爲了改善此缺點，故將軸承分爲上下二部分(上部爲軸承蓋，下部爲軸承座)，如圖 10.2 所示，當軸置入軸承座之後，配合軸承蓋，再用螺栓鎖緊，此時如使用襯套，亦須分爲上下兩部分。

⑶ **油環軸承**：亦屬合軸承，如表 10.1 之附圖 所示，軸承本體之下部設有油槽，軸上裝配油環，當軸運轉時，油環之油自動供油潤滑之軸承。

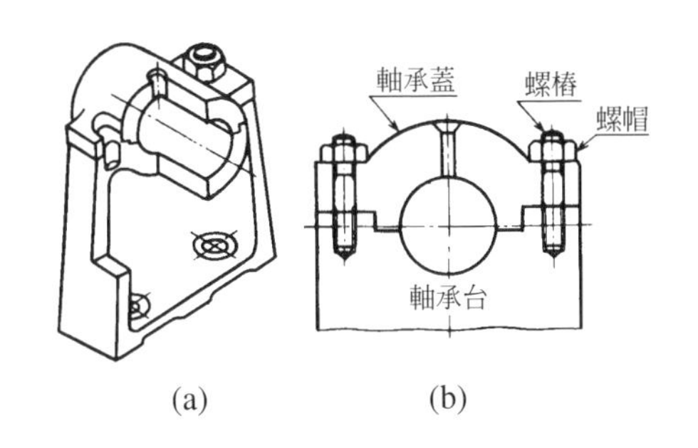

圖 10.2　分割軸承

表 10.1　油環軸承的尺寸實例

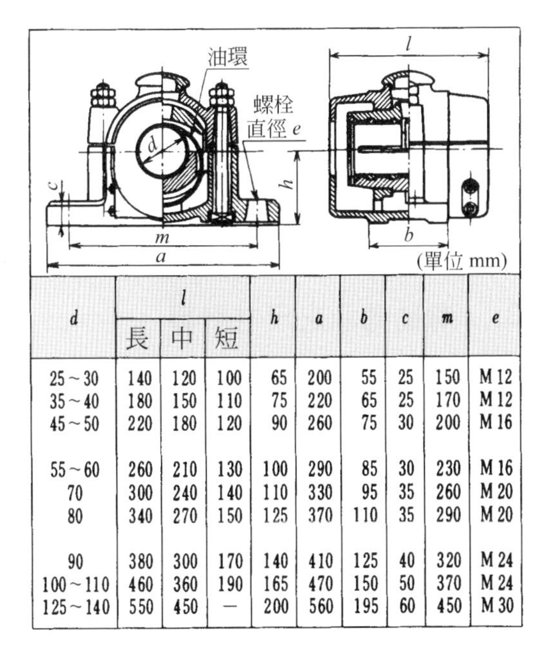

d	l 長	l 中	l 短	h	a	b	c	m	e
25～30	140	120	100	65	200	55	25	150	M 12
35～40	180	150	110	75	220	65	25	170	M 12
45～50	220	180	120	90	260	75	30	200	M 16
55～60	260	210	130	100	290	85	30	230	M 16
70	300	240	140	110	330	95	35	260	M 20
80	340	270	150	125	370	110	35	290	M 20
90	380	300	170	140	410	125	40	320	M 24
100～110	460	360	190	165	470	150	50	370	M 24
125～140	550	450	—	200	560	195	60	450	M 30

(4)　**滑動軸承用襯套**：襯套與軸頸的材料通常不同，軸頸爲一般之鋼材，襯套則用鋼以外之金屬，比軸頸材料軟、耐磨耗，又具相當強度之材料。

通常採用鑄鐵、青銅、白合金等。

JIS 對滑動軸承用襯套之規定如表 10.2 所示，表中之第 1 種爲全軸承合金鑄件，第 2 種是表層附有軸承合金，第 3 種爲軸承合金捲撓而成，第 4 種是以鋼板爲基金屬內層在捲撓軸承合金。

此外，襯套內徑加工後以符號 F，內徑須再加工以符號 S 表示。襯套第 1 種與第 2 種，規定襯套 F 內徑之容許差爲E6，而外徑相對內徑之同軸度爲IT8。而且，襯套 3 種與 4 種也顯示公差之尺寸值。

近年來，主要之小形機器等，廣泛使用燒結含油軸承。其表面多孔性可含 18%以上油，因此無需注油，而且，粉末冶金製品之化學成分自由度高，因此非常普及(JIS B1581 規定，而在 1995 年廢除)。

2.　止推軸承

(1)　**立軸承(樞軸承)**：用於支持垂直軸底端之軸承，因係以軸端之軸頸抵抗軸向推力，故外來之作用力之中心線須與軸心線相同。

立軸承之下端製成平行或碟形，材料爲銅或鋼。

如圖 10.3 爲簡單構造之立軸承，軸承金屬爲鋼製，但在下端嵌入鉛板，如圖 10.4 下端呈球面，用兩個軸承對合而成，使於拆裝，此種立軸承之摩擦係數爲 0.020～0.005。

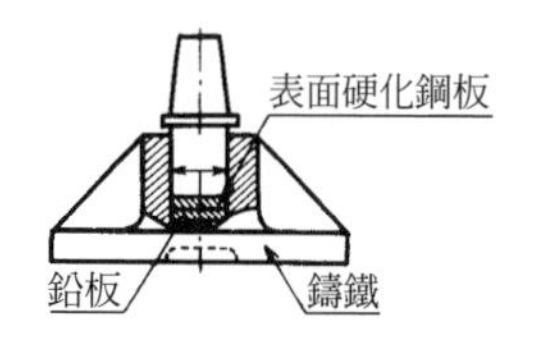

圖 10.3　簡單立軸承

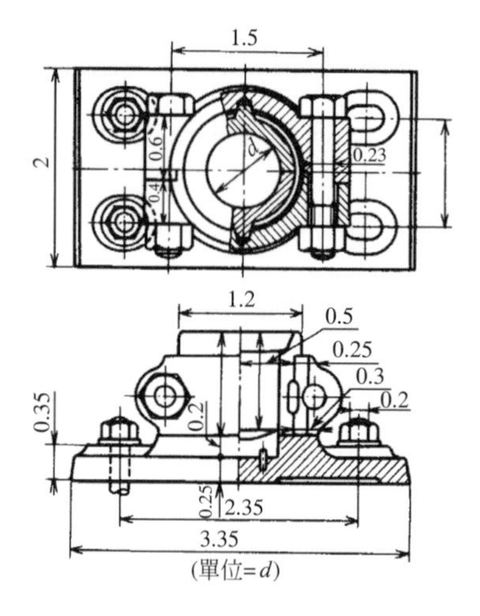

圖 10.4　分割為兩部分之立軸承

⑵　**米西爾止推軸承**：如圖 10.5 所示，爲廣泛做爲船舶止推軸承之米西爾止推軸承，構造如圖 10.5(b)所示，止推面由數個扇形片組合而成，各扇形片間各自擺動，使潤滑油容易進入軸頸與軸承之間，提供均勻的給油，潤滑非常優良。

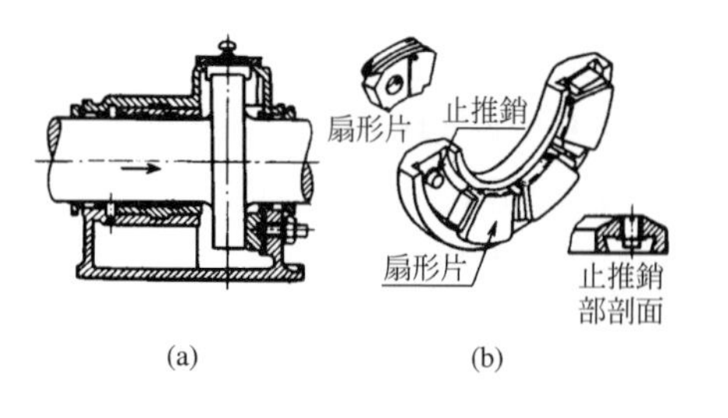

圖 10.5　米西爾軸承

⑶　**有領軸承**：軸上裝配多個套環，配合同形之槽所組合之軸承，用於船舶推進軸、承輪、渦輪泵軸等承受推力之迴轉軸，如圖 10.6 所示，以有領軸承之側面承受側推力；軸承的材料小型爲黃銅製，大型爲鑄鐵或鑄鋼製，表層再鍍上白合金。

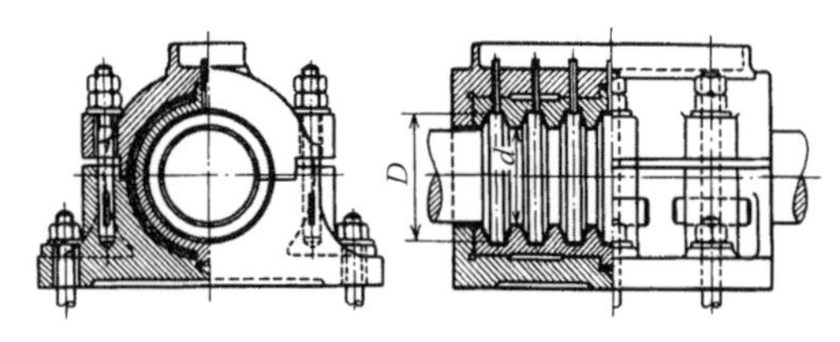

圖 10.6　有領軸承

有領軸承的潤滑油分佈比一般平軸承差，容易生熱，故容許承受壓力亦較小，一般爲 0.45 N/mm^2，最大爲 0.7 N/mm^2，摩擦係數爲 0.038～0.054 左右。

3.　滑動軸承之尺寸計算

軸承的設計係先假定容許承受壓力，求得剖面係數，以決定適用剖面之形狀，或假定剖面，求得應力，計算其強度。

⑴　**徑向軸承**：如圖 10.7 所示

壓力面積$A=dl$　負荷$P=pdl$

式中

d＝軸頸之直徑(mm)

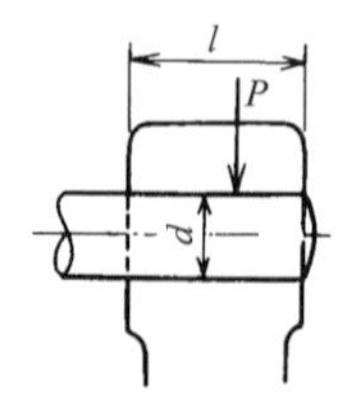

圖 10.7　徑向軸承之計算

表 10.2 滑動軸承用襯套(JIS B 1582：2017)

(a) 襯套 1 種，2 種

(單位 mm)

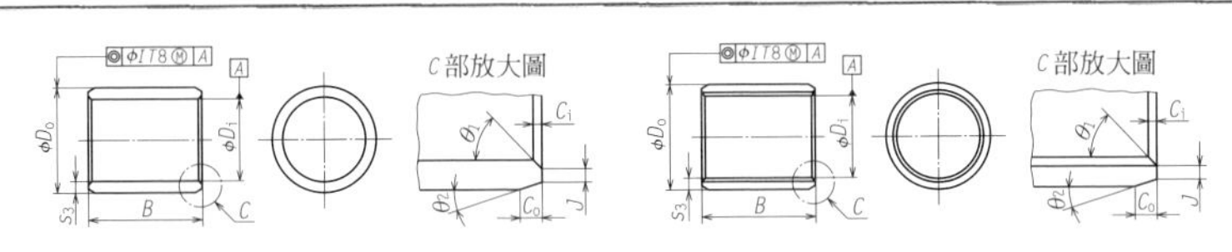

第 1 種(軸承合金鑄件製成)　　第 2 種(鋼管內層之軸承合金製成)

內徑之基本尺寸 d	厚度 T (參考) 1.0	1.5	2.0	2.5	3.0	3.5	4.0	5.0	7.5	10.0	12.5	15.0	內徑面倒角 C_1 (最大) $\theta_1=45\pm5°$	內徑面倒角 C_2 (最大) $\theta_2=15\pm5°$
	對應各種厚度之外徑標準尺寸 D													
6	8*	9	10*	11	12*								0.3	1
8	10*	11	12*	13	14*									
10	12*	13	14*	15	16*									
12	14*	15	16*	17	18*								0.5	2
14	16*	17	18*	19	20*									
15	17*	18	19*	20	21*									
16	18*	19	20*	21	22*									
18	20*	21	22*	23	24*									
20		23*	24*	25	26*									
22		25*	26*	27	28*									
24		27*	28*	29	30*									
25		28*	29	30*	31	32*								
27		30*	31	32*	33	34*								
28			32*	33	34*	35	36*							
30			34*	35	36*	37	38*							
32			36*	37	38*	39	40*						0.8	3
33			37*	38	39	40*	41							
35			39*	40	41*	42	43	45*						
36			40*	41	42*	43	44	46*						
38			42*	43	44	45*	46	48*						
40			44*	45	46	47	48	50*						
42			46*	47	49	49	50	52*						
45				50*	51	52	53*	55*						
48				53*	54	55	56*	58*						
50				55*	56	57	58*	60*						
55				60*	61	62	63*	65*					1	4
60				65*	66	67	68	70*	75*					
65				70*	71	72	73	75*	80*					
70				75*	76	77	78	80*	85*					
75				80*	81	82	83	85*	90*					
80				85*	86	87	88	90*	95*					
85				90*	91	92	93	95*	100*					
90					96	97	98	100*	105*	110*				
95					101	102	103	105*	110*	115*				
100					106	107	108	110*	115*	120*				
105					111	112	113	115*	120*	125*				
110						117	118	120*	125*	130*				
120						127	128	130*	135*	140*				
130						137	138	140*	145*	150*			2	5
140							148	150*	155*	160*				
150							158	160*	165*	170*				
160								170*	175	180*	185*			
170								180*	185	190*	195*			
180								190*	195	200*	205	210*		
190								200*	205	210*	215	220*		
200								210*	215	220*	225	230*		

〔備註〕 1. 完成品(襯套下)之內徑容許差，相對內徑之外徑同軸度省略。
2. 附*印之外徑基準尺寸，與 ISO 4379 一致)。
3. 內徑之基準尺寸 18mm 以下者，不適用襯套 2 種。
4. B 尺寸爲 0.3mm 以上或厚度 T 之 1/4 以上。
5.外徑面倒角由買賣雙方協議可以θ_2爲 45 ± 5°之內徑面倒角相同尺寸。
6. 含內徑加工完成量襯套(襯套 s)之內徑容許差及同同軸度由買賣雙方協議之。

(b) 圓柱襯套 (JIS 1584 : 2010)

(單位 mm)

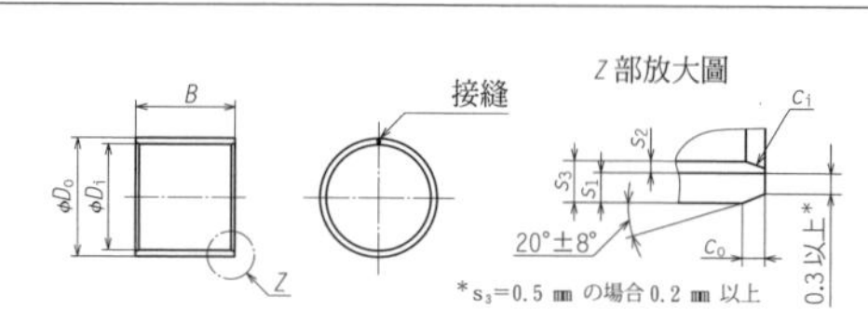

襯套內徑 Di	壁厚 S_3 0.5	0.75	1.0	1.5	2.0	2.5
	每種壁厚的襯套外徑 D_o					
2	3	3.5				
3	4	4.5	5			
4	5	5.5	6			
5	6					
6	7		8			
7			9			
8	9		10			
9			11			
10	11		12			
12			14			
13			15			
14			16			
15			17			
16			18			
17			19			
18			20			
19						
20						

襯套內徑 Di	壁厚 S_3 0.5	0.75	1.0	1.5	2.0	2.5
	每種壁厚的襯套外徑 D_o					
22				25		
24				27		
25				28		
28				31	32	
30					34	
32					36	
35					39	
37					40	
38					42	
40					44	
45						50
50						55
55						60
60						65
65						70
70						75
75						80
80						85

襯套內徑 Di	壁厚 S_3 0.5	0.75	1.0	1.5	2.0	2.5
	每種壁厚的襯套外徑 D_o					
85						90
90						95
95						100
100						105
105						110
110						115
115						120
120						125
125						130
130						135
135						140
140						145
150						155
160						165
170						175
180						185

〔備註〕關於襯套寬度 B，顯示了每個建議尺寸 3、4、5、6、7、8、10、12、15、20、25、30、40、50、60、70、80、100、115 mm 公差。其他套管寬度公差由供需雙方協議決定。

l＝軸承面有效長度(mm)

p＝容許承受壓力(N/mm²)

此情況下可用容許承受壓力做爲軸承設計的基礎，表 10.3 所示爲其設計值。

⑵ **止推軸承**

① 軸端承受推力之立軸承(如圖 10.8 所示)。

壓力面積

$$A=\frac{\pi}{4}d^2$$

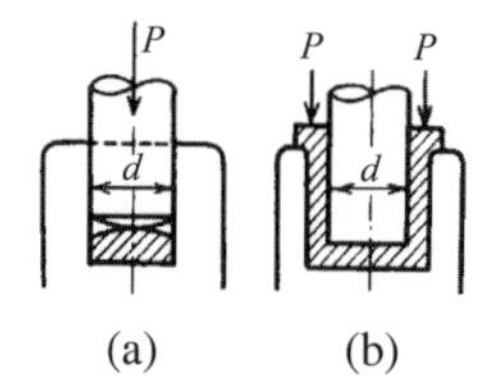

圖 10.8 止推軸承的計算

表 10.3　依據軸承之材料與形狀而定之容許承受壓力

接觸面材料		容許承受壓力 p (N/mm^2)
軸頸	軸承	
淬火研磨鋼	鋼	15
鋼	鑄鐵	2.5~3
鋼	青銅	9
鋼	白合金	6
淬火研磨鋼	青銅	8
淬火研磨鋼	白合金	9
軟鋼	青銅	5
軟鋼	白合金	4
鑄鐵	鑄鐵	1

負荷

$$P=\frac{\pi}{4}d^2p$$

$$p=\frac{P}{\frac{\pi}{4}d^2}$$

普通情況下：

$p=$ 1.5～2.0 N/mm^2

考慮摩擦熱時限制爲：

$p^v=$ 1.5～2.0 N/mm$^2\cdot$m/sec

② 軸上裝配數個套環，這些套環承受推力之有領軸承(如圖 10.9 所示)。壓力面積

$$A=\frac{\pi}{4}(d_2^2-d_1^2)$$

設套環數爲n個，則

$$P=\frac{\pi}{4}(d_2^2-d_1^2)np$$

$$p=\frac{P}{\frac{\pi}{4}(d_2^2-d_1^2)n}$$

上式之pv值應爲立軸承之一半。

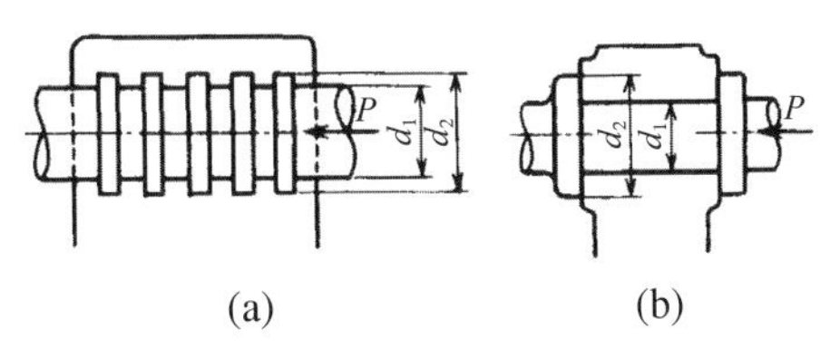

圖 10.9　有領軸承之計算

4.　滑動軸承各部的強度

本單元介紹軸承主要部分之強度(軸承蓋、軸承座與鎖緊螺栓)，如圖 10.10 之彎曲狀軸承蓋，可用樑考慮來計算。

表 10.4　pv之容許值(單位N/mm$^2\cdot$m/sec)

火車車輪	6.5
內燃機白合金軸承	≧3
船用軸承	3～4
襯套白合金曲軸軸承	5
傳動軸軸承	1～2
往復式引擎曲軸銷	5～7

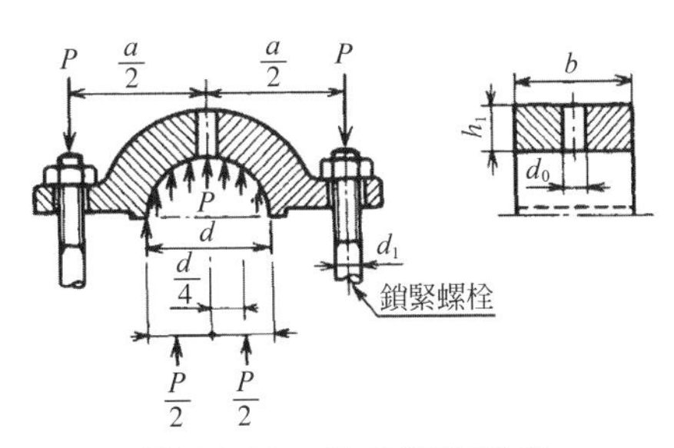

圖 10.10　軸承蓋的強度

負荷以垂直方向作用時，中央剖面產

生最大彎曲力矩M爲：

$$M=\frac{P}{2}\left(\frac{a}{2}-\frac{d}{4}\right)=\frac{(b-d_o)h_1^2}{6}\sigma_b$$

上式之σ_b取爲 25 N/mm²，但如軸頸不受交變壓力時，σ_b可取至 40 N/mm²。

軸承座如圖 10.11 所示，因受負荷與底板的壓力作用，考慮彎曲作用時之最大彎曲力矩M爲：

$$M=\frac{P}{2}\left(\frac{l-d}{4}\right)=\frac{bh_2^2}{6}\sigma_b$$

底板厚度h_2在最差條件時，$P/2$限制作用在距螺栓中央 $3/4d_2$ (d_2＝底板裝置螺栓的直徑)之外側。

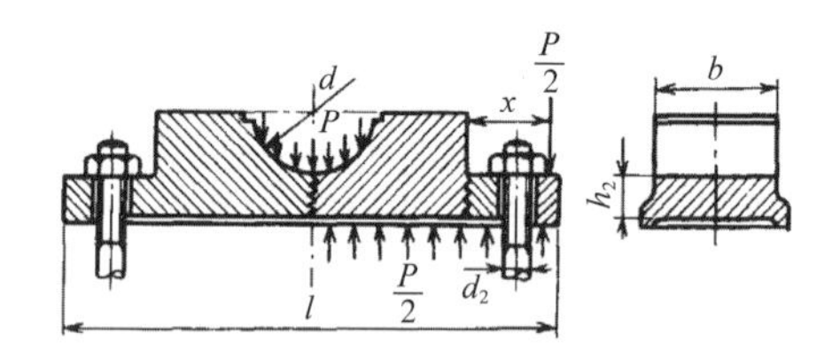

圖 10.11　軸承座的強度

亦即破壞面爲x，可由下式求得

$$\frac{P}{2}x=\frac{bh_2^2}{6}\sigma_b$$

再者，鎖緊螺栓d_1，如軸徑在 150 mm 以下，通常用 2 根，超過 150 mm 以上，則用 4 根，螺栓直徑d_1爲

2 根螺栓時

$$d_1=\sqrt{\frac{2P}{\pi\sigma_t}}$$

4 根螺栓時

$$d_1=\sqrt{\frac{P}{\pi\sigma_t}}$$

上式之σ_t爲螺栓材料的容許抗拉應力。

10.3 滾動軸承

1. 滾動軸承的種類

如前所述，滾動軸承大致可分滾珠軸承與滾柱軸承兩大類，如依負荷方式可分徑向軸承(承受與軸心垂直之負荷)與止推軸承(承受軸心方向之負荷)，滾動軸承之接觸摩擦遠比滑動軸承小，大部分呈滾動摩擦，摩擦所消耗之功只有滑動軸承之 15％以下，大幅度提高機械效率，廣泛用於機械的迴轉部分。

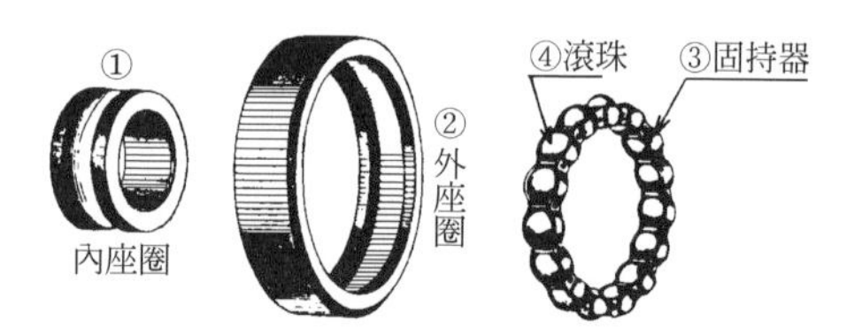

圖 10.12　滾珠軸承

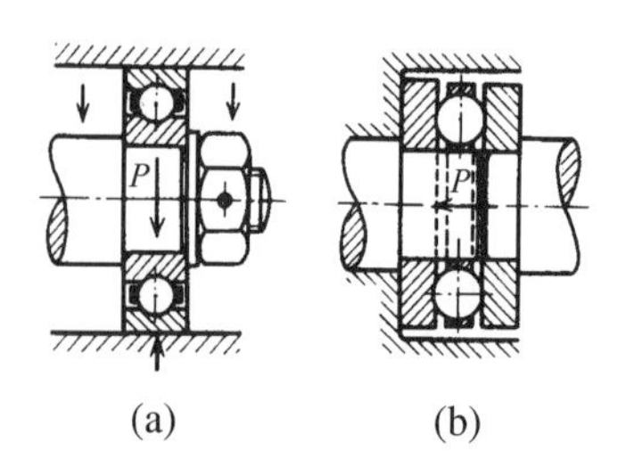

圖 10.13　徑向軸承(a)與止推軸承(b)

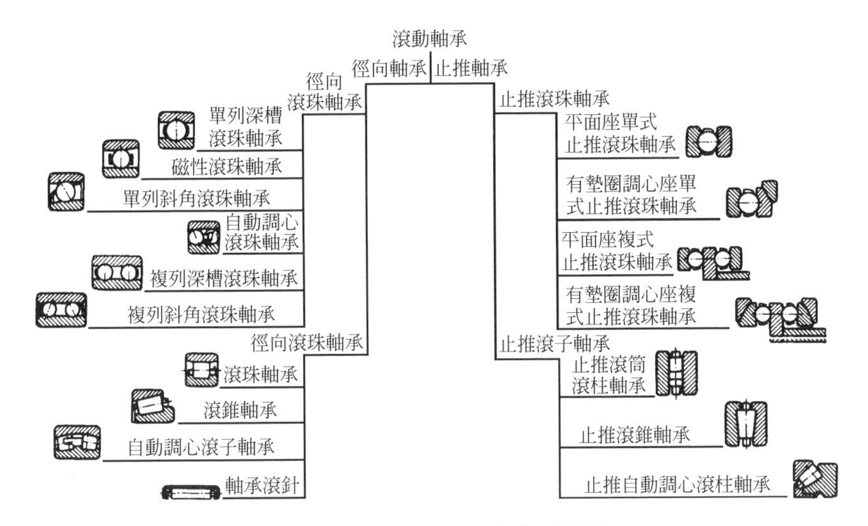

圖 10.14　主要之徑向滾子軸承

滾動軸承是由座圈(內、外座圈)與滾動元件(滾珠、滾柱)與固持器所組成，滾動元件之形狀除滾珠及搭柱外，稍有滾錐、滾針、滾筒。

徑向軸承因形狀之差異，多少會承受一些推力負荷，相反地，上推軸承除了特殊形狀以外，大部分不受徑向負荷作用。

如依滾動元件之排列及數目，可分單列、雙列與四列等；如按內外座圈是否可分開，又可分分離形及非分離形；受單一方向推力之止推軸承爲單式，雙方向推力爲複式。

如圖 10.14 是滾動軸承之種類畫分方法，以下詳細說明各種滾動軸承。

(1) **深槽滾珠軸承**：最具代表性的滾動軸承，因內外座圈的深槽滾珠軌道而得名，可負擔徑向負荷、雙方向之推力負荷，或聯合負荷，構造簡單，精度高，最適合高速迴轉用。深槽滾珠軸承除了開放形以外，爲了保存潤滑劑並防止外來雜質侵入，外座圈通常裝設膠封(封形)與鋼板製封板(罩形)，兩種皆可分爲單側裝置與兩側裝置。

(2) **斜角滾珠軸承**：此種軸承係由滾珠與內外座圈接觸點的連接直線與徑向呈斜角而得名，此夾角稱爲接觸角，由於結構上的關係，除了徑向負荷以外，尚可承受單方向之推力負荷，接觸角愈大，推力負荷能力愈大，而且因滾珠的數量多於深槽形，故負荷能力也比較大，標準接觸角爲 30°，此外亦有 20°、40°或其它之接觸角。

(3) **自動調心滾珠軸承**：軸承的外座圈軌槽爲球面，其中心與軸承中心重疊，具有自動調心功能，裝在軸、軸承箱工作時，自調調整軸心之偏差，可以避免產生額外之作用力，但推力負荷能力有限。

⑷ **滾柱軸承**：滾動元件使用圓筒形滾子之軸承，滾珠軸承係點接觸，而滾柱軸承則行線接觸，徑向負荷能力極高，最適用於重負荷，高速迴轉。滾柱軸承之內座圈或外座圈有護罩之形式，不可以承受推力負荷，只適裝在自由端之軸承。

⑸ **滾針軸承**：用許多直徑在 5 mm 以下之滾針組合而成，沒有固持器，通常有內、外座圈，如果無內座圈，可以借用軸體直接裝置。

滾針軸承比較其它軸承寬度廣、外徑小，所以負荷能力甚大，可以達成機械小形化、輕量化之目的，最近深受歡迎。

⑹ **滾錐軸承**：滾動元件是圓錐狀之滾子，內座圈、外座圈與圓錐滾子的頂點集中於一點，利用內座圈的護照引導滾錐，因此具有承受徑向負荷與推力負荷之合成負荷之大負荷能力，但如果只有單純承受徑向負荷作用時，反而會對產生軸心方向之分力，通常要成對使用。

⑺ **自動調心滾子軸承**：與自動調心滾珠軸承相同，外座圈的軌槽中心與軸承中心一致，呈球面狀，滾動元件是使用筒型滾子，一般都屬雙列式，除性質與自動調心滾珠軸承相同，能承受大徑向負荷之外，亦可承受雙方向之推力負荷，適用於承受重負荷與衝擊之情況。

⑻ **止推滾珠軸承**：軸承的座圈像墊圈狀，裝置於軸之座圈稱爲內座圈，裝置於外殼的座圈稱爲外座圈。

可分爲單式、複式兩種，單式之內、外座圈之間鑲入滾珠，用於單向推力負荷，不適合高速迴轉。

複式軸承在兩個外座圈之間多一個中座圈，並分別鑲入滾珠，可以承受雙方向之負荷。

無論是單式或複式，外座圈的座圈都有平面(平面座形)與球面(調心座形)兩種，球面座形是調心座圈，或外殼做成球面，具有自動調心功能。

⑼ **止推自動調心滾子軸承**：屬於單列軸承，接觸角非常大，固推力負荷能力亦大，可以承受某些程度之與徑向負荷之合成負荷；這種軸承不適合用黃油潤滑，必須使用專用潤滑油。

2. 滾動軸承之主要尺寸

普通滾動軸承都是直接採用各製造廠之成品，使用時直接需要之尺寸，有稱呼軸承內徑、外徑、寬度、高度及倒角，除此之外的詳細尺寸不須特別留意，因此，JIS 只對滾動軸承之主要尺寸加以規定。

JIS滾動軸承之尺寸以稱呼軸承內徑爲基準，再組合各種外徑與寬度(或高度)，利用下列各系列來表示。

⑴ **直徑系列**：內徑相同的滾動軸承，外徑愈大，承受負荷能力愈大，直徑系列就是依據軸承內徑改變軸承外徑之系列，規格中規定各種軸承之外徑，依外徑大小排序計有 7、8、9、0、1、2、3 與 4 等八種，其順序依寬度或高度由小至大。

⑵ **寬度系列或高度系列**：內徑相同、外徑相同之軸承寬度(專指徑向軸承)或高度(專指止推軸承)愈大，負荷能力愈大，相對於稱呼軸承內徑、外徑，表示

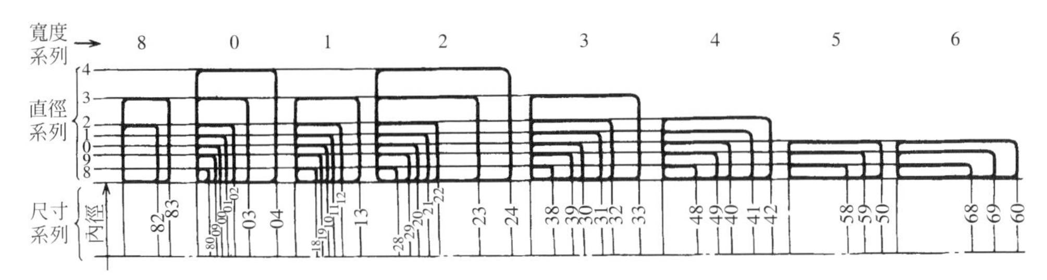

圖 10.15　徑向軸承的尺寸系列示意圖(JIS B 1512)

不同寬度或高度之系列，按數種不同階段規定各種寬度或高度，依寬度或高度大小順序排列，計有 8、0、1、2、3、4、5 與 6 共八種。

⑶ **尺寸系列**：由上述之寬度(或高度)符號及直徑符合組合成之尺寸系列，對於軸承內徑相同者，以寬度或高度表示及與軸承外徑之系列，此系列之數字按上述順序組合，用 2 位數字表示。

如圖 10.15 所示爲組合之分配，由圖中得知，例如：寬度系列爲 8、直徑系列爲 2 時，尺寸系列以 82 表示。

圓錐滾動軸承場合之尺寸系列，角度系列組合表示。角度系列，以稱呼接觸角範圍，以 1 字的阿拉伯數字表示。

⑷ **軸承的主要尺寸**：JIS 對上述之直徑系列畫分有詳細之尺寸系列，針對軸承內徑如圖 10.16 所示者之軸承外徑、寬度與高度與去角尺寸規定如表 10.14～表 10.24。

3. 滾動軸承之稱呼碼

由上述可知，滾動軸承之種類繁多，因此 JIS 定有下列之稱呼號碼。

稱呼號碼大致爲基本號碼與輔助號碼，分配方法原則上如表 10.5 所示。

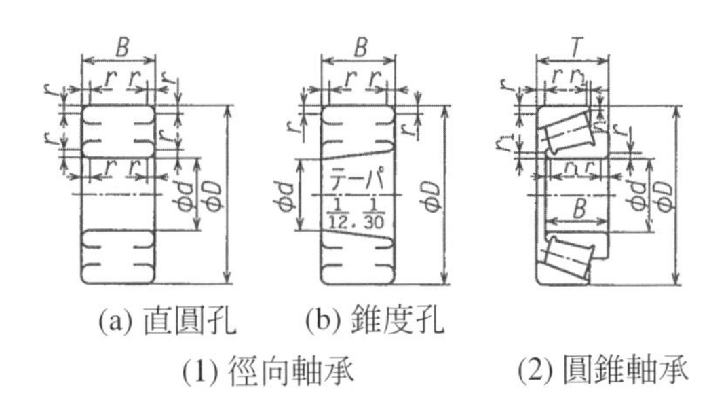

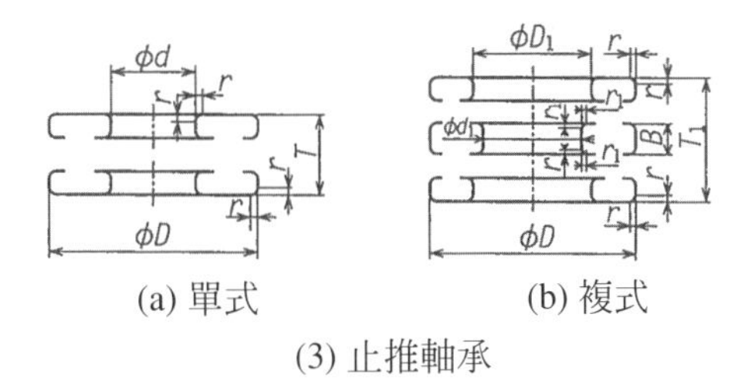

圖 10.16　滾動軸承之主要尺寸

號碼與符號之含義詳述如下：

⑴ **軸承系列符號**：依據各種軸承之形式指定形式符號，並與尺寸系列組合成爲所謂的軸承系列符號。如表 10.6 所示爲軸承系列之符號。表中軸承系列符號 213 原本是應 203，但一般慣用 213(參考表 10.7)。

表 10.5　稱呼符號的分配

基本符號			輔助符號					
軸承系列符號	內徑符號	接觸角符號	內部尺寸	封閉板符號或罩符號	座圈形狀符號	組合符號	間隙符號	等級符號

【備註】 1. 軸承系列符號由形式符號及尺寸系列符號(寬或高系列符號及直徑系列符號)所構成。
2. 輔助符號由買賣雙方協議可在基本符號前後附記之。

(2)　**內徑號碼**：指示軸承內徑，如表 10.8 與表 10.9 所示。

① 內徑 20 mm 以上 500 mm 以下，用 5 除以該數所得之商表示(兩位數)。

② 比上述小者 17 mm、15 mm、12 mm、10 mm 分別用 03、02、01、00 表示。

③ 極小內徑(9 mm 以下)軸承以內徑尺寸直接做為內徑號碼。

④ 0.6mm、1.5mm、2.5mm、22 mm、28 mm、32 mm與 500mm以上之軸承，在內徑尺寸之前加斜線表示，以 /0.6、/22、/32、/560 等表示。

表 10.6　一般用之滾動軸承的種類與系列符號(JIS B 1513)

軸承形式			斷面簡圖	形式記號	尺寸系列	軸承系列符號
深槽滾珠軸承	單列無裝入槽分離形			6	17 18 19 10	67 68 69 60
斜角滾珠軸承	單列非分離形			7	19 10 02	79 70 72
自動調心滾珠軸承	複列非分離形外座軌槽球面			1	02 03 22	12 13 22
圓筒滾柱軸承(單列)	外座圈有護罩	內座圈無護罩		NU	10 02 22 03	NU 10 NU 2 NU 22 NU 3
		內座圈單護罩(1)		NJ	02 22 03	NJ 2 NJ 22 NJ 3
				NUP	02 22 03	NUP 2 NUP 22 NUP 3
				NH	02 22 03	NH 2 NH 22 NH 3
	外座圈無護罩	內座圈雙護罩		N	10 02 22	N 10 N 2 N 22
	外座圈單護罩			NF	10 02 22	NF 10 NF 2 NF 22

軸承形式			斷面簡圖	形式記號	尺寸系列	軸承系列符號
圓筒滾柱軸承(複列)	外座圈雙護罩	內座圈無護罩		NNU	49	NNU 49
	外座圈無護罩	內座圈雙護罩		NN	30	NN 30
滾針軸承	外座圈雙護罩	單列有內座圈		NA	48 49 59	NA 48 NA 49 NA 59
		單列無內座圈		RNA	—	RNA 48(2) RNA 49(2) RNA 59(2)
滾軸軸承	單列分離形			3	29 20 30 31	329 320 330 331
自動調心滾子軸承	複列非分離形外座圈軌槽球面			2	39 30 40 41	239 230 240 241
止推滾珠軸承	單式平座圈形分離形			5	11 12 13	511 512 513
	複式平座圈形分離形			5	22 23 24	522 523 524
自動調心滾子軸承	單式平座圈形分離形軌槽軌道盤軌道球面			2	92 93 94	292 293 294

〔註〕上表之系列符號部分省略(詳表 10.7)。(1) NUP 為內座圈有護罩，NH 為有 L 形護罩。(2) 軸承系列 NA 48 等之軸承去除內圈座即為副系列符號

表 10.7 一般用之滾動軸承系列符號一覽表

軸承形式	尺寸系列 / 尺寸符號	17	18 48	19	29 39	49	59	69	10 20	30	40	11 31	41	92 02	12 22	32	93 03	13	23	94 04	14 24
深槽滾珠軸承	6	67	68	69					60					62			63			64	
斜角滾珠軸承	7			79					70					72			73			74	
自動調心滾珠軸承	1													12	22		13		23		
圓筒滾柱軸承	NU								NU10					NU2	NU22		NU3		NU23	NU4	
	NJ													NJ2	NJ22		NJ3		NJ23	NJ4	
	NUP													NUP 2	NUP 22		NUP 3		NUP 23	NUP 4	
	NH													NH2	NH22		NH3		NH23	NH4	
	N								N10					N2	N22		N3		N23	N4	
	NF								NF10					NF2	NF22		NF3		NF23	NF4	
	NNU					NNU 49															
	NN									NN30											
滾針軸承	NA		NA48			NA49	NA59	NA69													
	RNA		RNA 48			RNA 49	RNA 59	RNA 69	(RNA：參考表 10.6〔註〕)												
滾錐軸承	3				329				320	330		331		302	322 322C	332	303 303D	313	323 323C		
止推自動調心滾珠軸承	2				239					230	240	231	241		222	232	213		223		
止推滾珠軸承	5											511			512 522			513	523		514 524
自動調心滾子軸承	2													292			293			294	

表 10.8 內徑符號

稱呼軸承內徑 (mm)	內徑符號	稱呼軸承內徑 (mm)	內徑符號	稱呼軸承內徑 (mm)	內徑符號	稱呼軸承內徑 (mm)	內徑符號	稱呼軸承內徑 (mm)	內徑符號	稱呼軸承內徑 (mm)	內徑符號
0.6	/0.6*	17	03	75	15	190	38	480	96	1120	/1120
1	1	20	04	80	16	200	40	500	/500	1180	/1180
1.5	/1.5*	22	/22	85	17	220	44	530	/530	1250	/1250
2	2	25	05	90	18	240	48	560	/560	1320	/1320
2.5	/2.5*	28	/28	95	19	260	52	600	/600	1400	/1400
3	3	30	06	100	20	280	56	630	/630	1500	/1500
4	4	32	/32	105	21	300	60	670	/670	1600	/1600
5	5	35	07	110	22	320	64	710	/710	1700	/1700
6	6	40	08	120	24	340	68	750	/750	1800	/1800
7	7	45	09	130	26	360	72	800	/800	1900	/1900
8	8	50	10	140	28	380	76	850	/850	2000	/2000
9	9	55	11	150	30	400	80	900	/900	2120	/2120
10	00	60	12	160	32	420	84	950	/950	2240	/2240
12	01	65	13	170	34	440	88	1000	/1000	2360	/2360
15	02	70	14	180	36	460	92	1060	/1060	2500	/2500

〔註〕複式平面座形止推軸承之內徑符號,與具有同一直徑系列相同稱呼外徑之單式的內徑符號相同。*也可以使用其他符號。

表 10.9 內徑號碼表示法

軸承內徑 d (mm)		內徑號碼表示法	實例
0.6		/0.6	68/1.5 1.5 — 內徑 d=1.5mm 68 — 軸承系列號碼
1.5		/1.5	
2.5		/2.5	
1～9 (1 位整數)		mm 單位內徑以 1 位數表示	69 5 5 — 內徑 d=5mm 69 — 軸承系列號碼
10		00	62 01 01 — 內徑 d=12mm 62 — 軸承系列號碼
12		01	
15		02	
17		03	
中間尺寸	22	/22	63/28 28 — 內徑 d=28mm 63 — 軸承系列號碼
	28	/28	
	32	/32	
20～480 (5 之倍數)		mm 單位內徑尺寸以 1/5 倍數字表示	232 24 24 — 內徑 d=120mm 232 — 軸承系列號碼
500 以上		/ 斜劃加在 mm 單位內徑尺寸之數字表示	231/710 710 — 內徑 d=710mm 231 — 軸承系列號碼

表 10.10 接觸角符號(JIS B 1513)

軸承形式	稱呼接觸角	接觸角符號
單列斜角滾珠軸承	稱呼接觸角 10°以上 22°以下	C
	稱呼接觸角 22°以上 32°以下	A[1]
	稱呼接觸角 32°以上 45°以下	B
滾錐軸承	稱呼接觸角 17°以上 24°以下	C
	稱呼接觸角 24°以上 32°以下	D

【註】[1]A 可以省略

(3) **接觸角**：單列斜角滾珠軸承之接觸角如表 10.10 所示，稱呼接觸角 22°以上 32°以下時爲*A*，比此小者爲*C*，比此大者爲*B*，單列滾錐軸承時，大稱呼接觸角爲*D*表示。*A*符號可以省略。

表 10.11 輔助符號(JIS B 1513)

規格	內容		記號
內部尺寸	主要尺寸及副系列之尺寸與 ISO 355 一致		J3[1]
油封、側蓋	雙油封		UU[1]
	單油封		U[1]
	雙側蓋		ZZ[1]
	單側蓋		Z[1]
軌道輪形狀	內輪圓筒孔		無
	有凸緣		F[1]
	內圈錐孔(基準錐度)	1/12	K
		1/30	K30
	有軌槽		N
	有扣環		NR

規格	區分	記號
軸承組合	背面組合	DB
	正面組合	DF
	並列組合	DT
內部間隙	C2 間隙	C2
	CN 間隙	CN[2]
	C3 間隙	C3
	C4 間隙	C4
	C5 間隙	C5

規格	區分	記號
精度等級	0 級	無
	6X 級	P6X
	6 級	P6
	5 級	P5
	4 級	P4
	2 級	P2

[1]其他符號可。
[2]省略可。

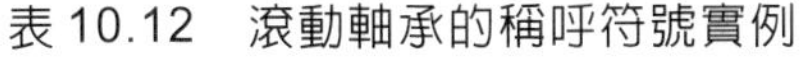

表 10.12　滾動軸承的稱呼符號實例

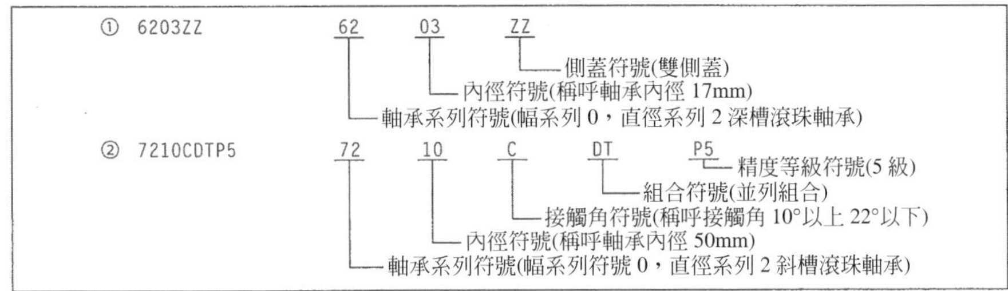

接觸角的符號與數值不同於製造廠之記載。

(4)　**輔助符號**：輔助符號規定如表 10.11 所示。

(5)　**稱呼號碼實例**：如表 10.12 爲稱呼號碼之實例。

4.　滾動軸承的精度

軸承的精度依據軸承內徑、外徑、軸、寬度等不同的尺寸精度，與類似徑向振動、斜角振動、橫向振動與外徑擺動等迴轉精度，分別規定各等級的容許公差或容許值。

JIS 通常將其精度分爲 0 級、6 級、5 級、4 級及 2 級共 5 個等級。依其順序，精度變高。

一般用途，0 級就具有足夠之精度，5 級與 4 級適於工具機的主軸、儀器或高速迴轉之機器，6 級適用介於上述兩種情況之間。參考表 10.13 所示之 JIS 規定。

5.　滾動軸承的稱呼號碼與尺寸

如前所述，JIS 對滾動軸承的稱呼號碼有詳細規定，如表 10.14～表 10.24 所示爲軸承種類、稱呼號碼與主要尺寸。這些尺寸列屬於 JIS B 1512-1～6 所制定的規範中，根據一般使用之軸承尺寸範圍，將尺寸系列詳載於各表上。

使用這些表時，須注意下列各點：

參考之基本額定荷重依製造廠型錄記載。

表 10.13　軸承形式與精度等級

軸承形式	精度等級(粗↔精)				
深槽滾珠軸承	0 級	6 級	5 級	4 級	2 級
斜角滾珠軸承	0 級	6 級	5 級	4 級	2 級
自動調心滾珠軸承	0 級	—	—	—	—
滾柱軸承	0 級	6 級	5 級	4 級	2 級
滾錐軸承	0 級	6X 級*	5 級	4 級	—
自動調心滾子軸承	0 級	—	—	—	—
平座圈止推滾珠軸承	0 級	6 級	5 級	4 級	—
止推自動調心滾子軸承	0 級	—	—	—	—
滾針軸承	0 級	—	—	—	—

〔註〕*以往之 6 級，參考附錄。

(1)　**深槽滾珠軸承**：關於單列無裝入槽之深槽滾珠軸承，依 JIS 規定。本書中表中之稱呼符號，只顯示基本形(開放形)而已，但在「其他」欄中，顯示密閉形式，○爲側蓋，◎爲油封與側蓋也可裝

表 10.14 深槽滾珠軸承的公稱編號與尺寸

(單位mm)

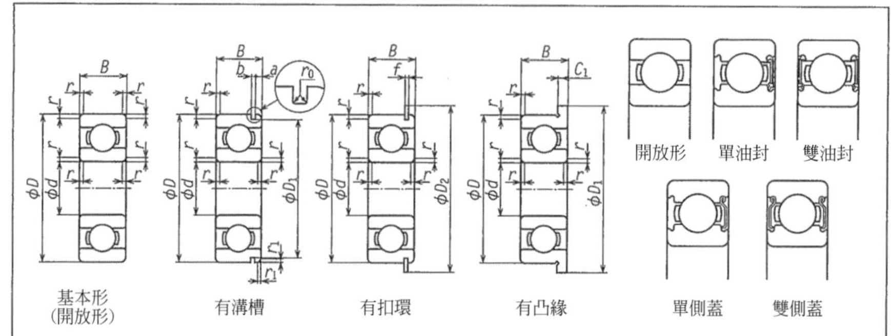

稱呼符號	其他	尺寸 d	尺寸 D	尺寸 B	尺寸 $r_{s\,min}$	尺寸系列	基本額定負荷 (kN)（參考）C_r	基本額定負荷 (kN)（參考）C_{0r}
673	—	3	6	2	0.08	17	0.24	0.09
683	—	3	7	2	0.1	18	0.39	0.13
693	—	3	8	3	0.15	19	0.56	0.18
603	—	3	9	3	0.15	10	0.64	0.22
623	◎	3	10	4	0.15	02	0.64	0.22
633	○	3	13	5	0.2	03	1.30	0.49
674	—	4	7	2	0.08	17	0.22	0.09
684	—	4	9	2.5	0.1	18	0.64	0.22
694	◎	4	11	4	0.15	19	0.72	0.28
604	◎	4	12	4	0.2	10	0.97	0.36
624	◎	4	13	5	0.2	02	1.31	0.49
634	○	4	16	5	0.3	03	1.76	0.68
675	—	5	8	2	0.08	17	0.22	0.91
685	—	5	11	3	0.15	18	0.72	0.28
695	◎	5	13	4	0.2	19	1.08	0.43
605	◎	5	14	5	0.2	10	1.33	0.51
625	◎	5	16	5	0.3	02	1.76	0.68
635	◎	5	19	6	0.3	03	2.34	0.89
676	—	6	10	2.5	0.1	17	0.47	0.20
686	—	6	13	3.5	0.15	18	1.08	0.44
696	◎	6	15	5	0.2	19	1.35	0.53
606	◎	6	17	6	0.3	10	2.19	0.87
626	◎	6	19	6	0.3	02	2.34	0.89
636	◎	6	22	7	0.3	03	3.30	1.37
677	—	7	11	2.5	0.1	17	0.56	0.27
687	—	7	14	3.5	0.15	18	1.17	0.51
697	◎	7	17	5	0.3	19	1.61	0.72
607	◎	7	19	6	0.3	10	2.24	0.91
627	◎	7	22	7	0.3	02	3.35	1.40
637	◎	7	26	9	0.3	03	4.55	1.97
678	—	8	12	2.5	0.1	17	0.52	0.25
688	—	8	16	4	0.2	18	1.61	0.72
698	◎	8	19	6	0.3	19	1.99	0.87
608	◎	8	22	7	0.3	10	3.35	1.40
628	◎	8	24	8	0.3	02	4.00	1.59
638	◎	8	28	9	0.3	03	4.55	1.97
679	—	9	14	3	0.1	17	0.92	0.47
689	—	9	17	4	0.2	18	1.72	0.82
699	◎	9	20	6	0.3	19	2.48	1.09
609	◎	9	24	7	0.3	10	3.40	1.45
629	◎	9	26	8	0.3	02	4.55	1.96
639	○	9	30	10	0.6	03	5.10	2.39

稱呼符號	其他	尺寸 d	尺寸 D	尺寸 B	尺寸 $r_{s\,min}$	尺寸系列	基本額定負荷 (kN)（參考）C_r	基本額定負荷 (kN)（參考）C_{0r}
6800	◎	10	19	5	0.3	18	1.83	0.925
6900	◎	10	22	6	0.3	19	2.7	1.27
6000	◎	10	26	8	0.3	10	4.55	1.96
6200	◎	10	30	9	0.6	02	5.10	2.39
6300	◎	10	35	11	0.6	03	8.20	3.50
6801	◎	12	21	5	0.3	18	1.92	1.04
6901	◎	12	24	6	0.3	19	2.89	1.46
6001	◎	12	28	8	0.3	10	5.10	2.39
6201	◎	12	32	10	0.6	02	6.10	2.75
6301	◎	12	37	12	1	03	9.70	4.20
6802	◎	15	24	5	0.3	18	2.08	1.26
6902	◎	15	28	7	0.3	19	3.65	2.00
6002	◎	15	32	9	0.3	10	5.60	2.83
6202	◎	15	35	11	0.6	02	7.75	3.60
6302	◎	15	42	13	1	03	11.4	5.45
6803	◎	17	26	5	0.3	18	2.23	1.46
6903	◎	17	30	7	0.3	19	4.65	2.58
6003	◎	17	35	10	0.3	10	6.80	3.35
6203	◎	17	40	12	0.6	02	9.60	4.60
6303	◎	17	47	14	1	03	13.5	6.55
6804	◎	20	32	7	0.3	18	4.00	2.47
6904	◎	20	37	9	0.3	19	6.40	3.70
6004	◎	20	42	12	0.6	10	9.40	5.05
6204	◎	20	47	14	1	02	12.8	6.65
6304	◎	20	52	15	1.1	03	15.9	7.90
60/22	◎	22	44	12	0.6	10	9.40	5.05
62/22	◎	22	50	14	1	02	12.9	6.80
63/22	◎	22	56	16	1.1	03	18.4	9.25
6805	◎	25	37	7	0.3	18	4.30	2.95
6905	◎	25	42	9	0.3	19	7.05	4.55
6005	◎	25	47	12	0.6	10	10.1	5.85
6205	◎	25	52	15	1	02	14.0	7.85
6305	◎	25	62	17	1.1	03	21.2	10.9
60/28	◎	28	52	12	0.6	10	12.5	7.40
62/28	◎	28	58	16	1	02	17.9	9.75
63/28	◎	28	68	18	1.1	03	26.7	14.0
6806	◎	30	42	7	0.3	18	4.70	3.65
6906	◎	30	47	9	0.3	19	7.25	5.00
6006	◎	30	55	13	1	10	13.2	8.3
6206	◎	30	62	16	1	02	19.5	11.3
6306	◎	30	72	19	1.1	03	26.7	15.0

表 10.14　深槽滾珠軸承的公稱編號與尺寸(續)

稱呼符號	其他	尺寸				尺寸系列	基本額定負荷 (kN)（參考）	
		d	D	B	$r_{s\,min}$		C_r	C_{0r}
60/32	◎	32	58	13	1	10	11.8	8.05
62/32	◎	32	65	17	1	02	20.7	11.6
63/32	◎	32	75	20	1.1	03	29.8	16.9
6807	◎	35	47	7	0.3	18	4.90	4.05
6907	◎	35	55	10	0.6	19	9.55	6.85
6007	◎	35	62	14	1	10	16.0	10.3
6207	◎	35	72	17	1.1	02	25.7	15.3
6307	◎	35	80	21	1.5	03	33.5	19.1
6808	◎	40	52	7	0.3	18	5.10	4.40
6908	◎	40	62	12	0.6	19	12.2	8.90
6008	◎	40	68	15	1	10	16.8	11.5
6208	◎	40	80	18	1.1	02	29.1	17.8
6308	◎	40	90	23	1.5	03	40.5	24.0
6809	◎	45	58	7	0.3	18	5.35	4.95
6909	◎	45	68	12	0.6	19	13.1	10.4
6009	◎	45	75	16	1	10	21.0	15.1
6209	◎	45	85	19	1.1	02	32.5	20.4
6309	◎	45	100	25	1.5	03	53.0	32.0
6810	◎	50	65	7	0.3	18	6.60	6.10
6910	◎	50	72	12	0.6	19	13.4	11.2
6010	◎	50	80	16	1	10	21.8	16.6
6210	◎	50	90	20	1.1	02	35.0	23.2
6310	◎	50	110	27	2	03	62.0	38.5
6811	◎	55	72	9	0.3	18	8.80	8.10
6911	◎	55	80	13	1	19	16.0	13.3
6011	◎	55	90	18	1.1	10	28.3	21.2
6211	◎	55	100	21	1.5	02	43.5	29.2
6311	◎	55	120	29	2	03	71.5	45.0
6812	◎	60	78	10	0.3	18	11.5	10.6
6912	◎	60	85	13	1	19	16.4	14.3
6012	◎	60	95	18	1.1	10	29.5	23.2
6212	◎	60	110	22	1.5	02	52.5	36.0
6312	◎	60	130	31	2.1	03	82.0	52.0
6813	◎	65	85	10	0.6	18	11.6	11.0
6913	◎	65	90	13	1	19	17.4	16.1
6013	◎	65	100	18	1.1	10	30.5	25.2
6213	◎	65	120	23	1.5	02	57.5	40.0
6313	◎	65	140	33	2.1	03	92.5	60.0
6814	◎	70	90	10	0.6	18	12.1	11.9
6914	◎	70	100	16	1	19	23.7	21.2
6014	◎	70	110	20	1.1	10	38.0	31.0
6214	◎	70	125	24	1.5	02	62.0	44.0
6314	◎	70	150	35	2.1	03	104	68.0
6815	◎	75	95	10	0.6	18	12.5	12.9
6915	◎	75	105	16	1	19	24.4	22.6
6015	◎	75	115	20	1.1	10	39.5	33.5
6215	◎	75	130	25	1.5	02	66.0	49.5
6315	◎	75	160	37	2.1	03	113	77.0
6816	◎	80	100	10	0.6	18	12.7	13.3
6916	◎	80	110	16	1	19	24.9	24.0
6016	◎	80	125	22	1.1	10	47.5	40.0
6216	◎	80	140	26	2	02	72.5	53.0
6316	◎	80	170	39	2.1	03	123	86.5
6817	◎	85	110	13	1	18	18.7	19.0
6917	◎	85	120	18	1.1	19	32.0	29.6
6017	◎	85	130	22	1.1	10	49.5	43.0

稱呼符號	其他	尺寸				尺寸系列	基本額定負荷 (kN)（參考）	
		d	D	B	$r_{s\,min}$		C_r	C_{0r}
6217	◎	85	150	28	2	02	83.5	64.0
6317	◎	85	180	41	3	03	133	97.0
6818	◎	90	115	13	1	18	19.0	19.7
6918	◎	90	125	18	1.1	19	33.0	31.5
6018	◎	90	140	24	1.5	10	58.0	49.5
6218	◎	90	160	30	2	02	96.0	71.5
6318	◎	90	190	43	3	03	143	107
6819	◎	95	120	13	1	18	19.3	20.5
6919	◎	95	130	18	1.1	19	33.5	33.5
6019	◎	95	145	24	1.5	10	60.5	54.0
6219	◎	95	170	32	2.1	02	109	82.0
6319	◎	95	200	45	3	03	153	119
6820	◎	100	125	13	1	18	19.6	21.2
6920	◎	100	140	20	1.1	19	41.0	39.5
6020	◎	100	150	24	1.5	10	60.0	54.0
6220	◎	100	180	34	2.1	02	122	93.0
6320	◎	100	215	47	3	03	173	141
6821	◎	105	130	13	1	18	19.8	22.0
6921	◎	105	145	20	1.1	19	42.5	42.0
6021	◎	105	160	26	2	10	72.5	65.5
6221	◎	105	190	36	2.1	02	133	105
6321	◎	105	225	49	3	03	184	153
6822	◎	110	140	16	1	18	24.9	28.2
6922	◎	110	150	20	1.1	19	43.5	44.5
6022	◎	110	170	28	2	10	82.0	73.0
6222	◎	110	200	38	2.1	02	144	117
6322	◎	110	240	50	3	03	205	179
6824	◎	120	150	16	1	18	28.9	33.0
6924	◎	120	165	22	1.1	19	53.0	54.0
6024	◎	120	180	28	2	10	85.0	79.5
6224	◎	120	215	40	2.1	02	155	131
6324	◎	120	260	55	3	03	207	185
6826	◎	130	165	18	1.1	18	37.0	41.0
6926	◎	130	180	24	1.5	19	65.0	67.5
6026	◎	130	200	33	2	10	106	101
6226	◎	130	230	40	3	02	167	146
6326	○	130	280	58	4	03	229	214
6828	◎	140	175	18	1.1	18	38.5	44.5
6928	○	140	190	24	1.5	19	66.5	71.5
6028	◎	140	210	33	2	10	110	109
6228	◎	140	250	42	3	02	166	150
6328	○	140	300	62	4	03	253	246
6830	◎	150	190	20	1.1	18	47.5	55.0
6930	◎	150	210	28	2	19	85.0	90.5
6030	◎	150	225	35	2.1	10	126	126
6230	○	150	270	45	3	02	176	168
6330	—	150	320	65	4	03	274	284
6832	◎	160	200	20	1.1	18	48.5	57.0
6932	△	160	220	28	2	19	87.0	96.0
6032	◎	160	240	38	2.1	10	143	144
6232	◎	160	290	48	3	02	185	186
6332	—	160	340	68	4	03	278	286
6834	◎	170	215	22	1.1	18	60.0	70.5
6934	—	170	230	28	2	19	86.0	95.5
6034	○	170	260	42	2.1	10	168	172
6234	○	170	310	52	4	02	212	223
6334	—	170	360	72	4	03	325	355

表 10.14　深槽滾珠軸承的公稱編號與尺寸(續)

稱呼符號	其他	尺寸				尺寸系列	基本額定負荷 (kN)（參考）	
		d	D	B	$r_{s\,min}$		C_r	C_{0r}
6836	◎	180	225	22	1.1	18	60.5	73.0
6936	—	180	250	33	2	19	110	119
6036	○	180	280	46	2.1	10	189	199
6236	—	180	320	52	4	02	227	241
6336	—	180	380	75	4	03	355	405
6838	○	190	240	24	1.5	18	73.0	88.0
6938	—	190	260	33	2	19	113	127
6038	○	190	290	46	2.1	10	197	215
6238	—	190	340	55	4	02	255	281
6338	—	190	400	78	5	03	355	415
6840	—	200	250	24	1.5	18	74.0	91.5
6940	○	200	280	38	2.1	19	157	168
6040	—	200	310	51	2.1	10	218	243
6240	○	200	360	58	4	02	269	310
6340	—	200	420	80	5	03	410	500
6844	—	220	270	24	1.5	18	76.5	98.0
6944	—	220	300	38	2.1	19	160	180
6044	○	220	340	56	3	10	241	289
6244	—	220	400	65	4	02	297	365
6344	—	220	460	88	5	03	410	520
6848	—	240	300	28	2	18	85.0	112
6948	—	240	320	38	2.1	19	170	203
6048	—	240	360	56	3	10	249	310
6248	—	240	440	72	4	02	340	430
6348	—	240	500	95	5	03	470	625

稱呼符號	其他	尺寸				尺寸系列	基本額定負荷 (kN)（參考）	
		d	D	B	$r_{s\,min}$		C_r	C_{0r}
6852	—	260	320	28	2	18	87.0	120
6952	—	260	360	46	2.1	19	222	280
6052	—	260	400	65	4	10	291	375
6252	—	260	480	80	5	02	400	540
6352	—	260	540	102	6	03	505	710
6856	—	280	350	33	2	18	137	177
6956	—	280	380	46	2.1	19	227	299
6056	—	280	420	65	4	10	325	420
6256	—	280	500	80	5	02	400	550
6356	—	280	580	108	6	03	570	840
6860	—	300	380	38	2.1	18	162	210
6960	—	300	420	56	3	19	276	375
6060	—	300	460	74	4	10	355	480
6260	—	300	540	85	5	02	465	670
6864	—	320	400	38	2.1	18	168	228
6964	—	320	440	56	3	19	285	405
6064	—	320	480	74	4	10	370	530
6264	—	320	580	92	5	02	530	805
6068	—	340	520	82	5	10	420	610
6072	—	360	540	82	5	10	440	670
6076	—	380	560	82	5	10	455	725
6080	—	400	600	90	5	10	510	825
6084	—	420	620	90	5	10	530	895
6088	—	440	650	94	6	10	550	965
6092	—	460	680	100	6	10	605	1080
6096	—	480	700	100	6	10	605	1090
60/500	—	500	720	100	6	10	630	1170

〔註〕1.公稱符號五位數之16001～16064，不在本表中。

2.本表～表10.23之$\gamma_s$min，γ_{1s}min，各表示γ、γ_1之最小實測尺寸。

○…側蓋　◎…油封及側蓋　△…油封

上軸承。表示這些軸承時，基本形的稱呼號碼使用表 10.11 之U，Z輔助符號，雙封為UU，單封為U，雙蓋為ZZ，單蓋為Z等之另加符號表示(參考表 10.12 之①)。

必須注意這些符號有時候會因不同製造廠而異。而即使其它之軸承為共通，但在 JIS 中有所規定，卻未加工的尺寸則將之省略。

參考之基本額定負荷依製造廠目錄記載。

⑵ **斜角滾珠軸承**：稱呼接觸角如表 10.15 所示，與製造廠記載之角度與符號不同，本表係NTN之目錄所摘錄，A ＝ 30°，B ＝ 40°，C ＝ 15°。

⑶ **滾柱軸承**：依據有無護罩而分NF、N、NJ、NU等形，N與NU形除直圓孔外，亦規定錐度孔之規格，這些符號一律加在稱呼號碼之前，如為錐度孔另加K之符號。

⑷ **滾錐軸承**：303 軸承系列規定稱呼接觸角比一般大之軸承，公稱編號後附加D之符號。

6. 滾動軸承的安裝相關尺寸

⑴ **滾動軸承的安裝方法**：滾動軸承安裝在軸上時，如圖 10.17 所示，軸製成階段，以便正確地裝配內座圈，再使用墊圈與螺帽鎖緊，墊圈的爪牙配合螺帽之切口折彎以防鬆弛，除上述之固定方法外，還有使用扣環、接頭環等方法(圖 10.18)。

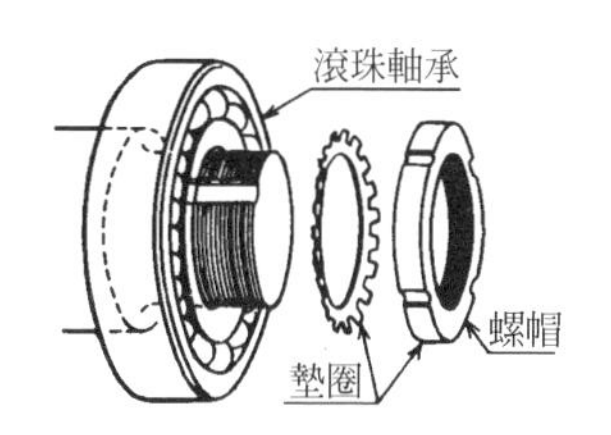

圖 10.17 滾動軸承的安裝

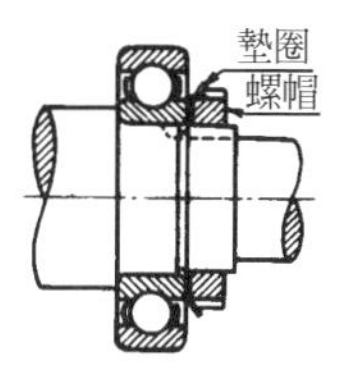

(a) 使用墊圈與螺帽的方法

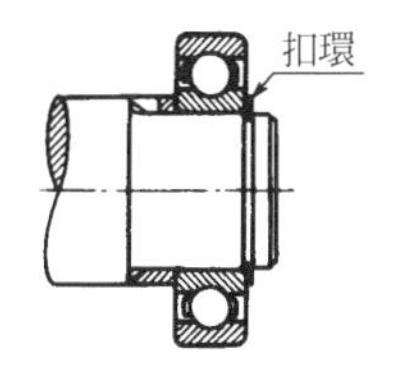

(b) 使用扣環的方法

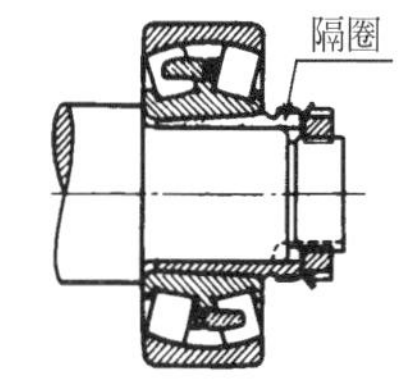

(c) 使用隔圈的方法

接頭套

(d) 使用接頭套的方法

圖 10.18 滾動軸承裝置之方法

表 10.15 斜角滾珠軸承的公稱編號與尺寸(JIS B 1522) (單位 mm)

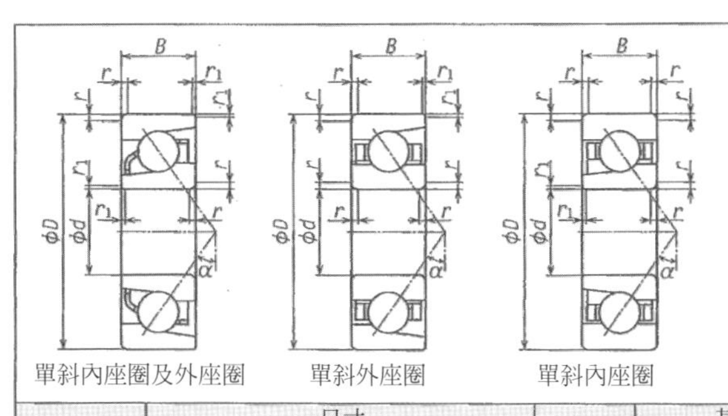

〔註〕(1) 公稱符號，22° < α ≤ 32° 時爲 A，32° < α ≤ 45° 時爲 B，10° < α ≤ 22° 時爲 C。
*印無 B 之規定。而且可省略符號 A。
(2) 公稱接觸角，表示 A = 30° (括號內爲 25°)，B = 40°，C = 15° 之場合。

稱呼符號 (1)	尺寸					尺寸系列	基本額定負荷 (kN) (2) (參考)					
							A		B		C	
	d	D	B	$r_{s\,min}$	$r_{1s\,min}$ (參考)		C_r	C_{0r}	C_r	C_{0r}	C_r	C_{0r}
7900*	10	22	6	0.3	0.15	19	(2.88)	(1.45)	—	—	3.0	1.52
7000	10	26	8	0.3	0.15	10	5.35	2.60	—	—	5.3	2.49
7200	10	30	9	0.6	0.3	02	5.4	2.71	5.0	2.5	5.4	2.61
7300	10	35	11	0.6	0.3	03	9.3	4.3	8.75	4.05	—	—
7901*	12	24	6	0.3	0.15	19	(3.2)	(1.77)	—	—	3.35	1.86
7001	12	28	8	0.3	0.15	10	5.8	2.98	—	—	5.8	2.9
7201	12	32	10	0.6	0.3	02	8.0	4.05	7.45	3.75	7.9	3.85
7301	12	37	12	1	0.6	03	9.45	4.5	8.85	4.2	—	—

表 10.15　斜角滾珠軸承的公稱編號與尺寸(續)

稱呼符號[1]	尺寸					尺寸系列	基本額定負荷 (kN)[2] (參考)					
							A		B		C	
	d	D	B	$r_{s\ min}$	$r_{1s\ min}$ (參考)		C_r	C_{0r}	C_r	C_{0r}	C_r	C_{0r}
7902*	15	28	7	0.3	0.15	19	(4.55)	(2.53)	—	—	4.75	2.64
7002	15	32	9	0.3	0.15	10	6.1	3.45	—	—	6.25	3.4
7202	15	35	11	0.6	0.3	02	8.65	4.65	7.95	4.3	8.65	4.55
7302	15	42	13	1	0.6	03	13.4	7.1	12.5	6.6	—	—
7903*	17	30	7	0.3	0.15	19	(4.75)	(2.8)	—	—	5.0	2.94
7003	17	35	10	0.3	0.15	10	6.4	3.8	—	—	6.6	3.8
7203	17	40	12	0.6	0.3	02	10.8	6.0	9.95	5.5	10.9	5.85
7303	17	47	14	1	0.6	03	15.9	8.65	14.8	8.0	—	—
7904*	20	37	9	0.3	0.15	19	(6.6)	(4.05)	—	—	6.95	4.25
7004	20	42	12	0.6	0.3	10	10.8	6.6	—	—	11.1	6.55
7204	20	47	14	1	0.6	02	14.5	8.3	13.3	7.65	14.6	8.05
7304	20	52	15	1.1	0.6	03	18.7	10.4	17.3	9.65	—	—
7905*	25	42	9	0.3	0.15	19	(7.45)	(5.15)	—	—	7.85	5.4
7005	25	47	12	0.6	0.3	10	11.3	7.4	—	—	11.7	7.4
7205	25	52	15	1	0.6	02	16.2	10.3	14.8	9.4	16.6	10.2
7305	25	62	17	1.1	0.6	03	26.4	15.8	24.4	14.6	—	—
7906*	30	47	9	0.3	0.15	19	(7.85)	(5.95)	—	—	8.3	6.25
7006	30	55	13	1	0.6	10	14.5	10.1	—	—	15.1	10.3
7206	30	62	16	1	0.6	02	22.5	14.8	20.5	13.5	23.0	14.7
7306	30	72	19	1.1	0.6	03	33.5	20.9	31.0	19.3	—	—
7907*	35	55	10	0.6	0.3	19	(11.4)	(8.7)	—	—	12.1	9.15
7007	35	62	14	1	0.6	10	18.3	13.4	—	—	19.1	13.7
7207	35	72	17	1.1	0.6	02	29.7	20.1	27.1	18.4	30.5	19.9
7307	35	80	21	1.5	1	03	40.0	26.3	36.5	24.2	—	—
7908*	40	62	12	0.6	0.3	19	(14.3)	(11.2)	—	—	15.1	11.7
7008	40	68	15	1	0.6	10	19.5	15.4	—	—	20.6	15.9
7208	40	80	18	1.1	0.6	02	35.5	25.1	32.0	23.0	36.5	25.2
7308	40	90	23	1.5	1	03	49.0	33.0	45.0	30.5	—	—
7909*	45	68	12	0.6	0.3	19	(15.1)	(12.7)	—	—	16.0	13.4
7009	45	75	16	1	0.6	10	23.1	18.7	—	—	24.4	19.3
7209	45	85	19	1.1	0.6	02	39.5	28.7	36.0	26.2	41.0	28.8
7309	45	100	25	1.5	1	03	63.5	43.5	58.5	40.0	—	—
7910*	50	72	12	0.6	0.3	19	(15.9)	(14.2)	—	—	16.9	15.0
7010	50	80	16	1	0.6	10	24.5	21.1	—	—	26.0	21.9
7210	50	90	20	1.1	0.6	02	41.5	31.5	37.5	28.6	43.0	31.5
7310	50	110	27	2	1	03	74.0	52.0	68.0	48.0	—	—
7911*	55	80	13	1	0.6	19	(18.1)	(16.8)	—	—	19.1	17.7
7011	55	90	18	1.1	0.6	10	32.5	27.7	—	—	34.0	28.6
7211	55	100	21	1.5	1	02	51.0	39.5	46.5	36.0	53.0	40.0
7311	55	120	29	2	1	03	86.0	61.5	79.0	56.5	—	—
7912*	60	85	13	1	0.6	19	(18.3)	(17.7)	—	—	19.4	18.7
7012	60	95	18	1.1	0.6	10	33.0	29.5	—	—	35.0	30.5
7212	60	110	22	1.5	1	02	62.0	48.5	56.0	44.5	64.0	49.0
7312	60	130	31	2.1	1.1	03	98.0	71.5	90.0	65.5	—	—
7913*	65	90	13	1	0.6	19	(19.1)	(19.4)	—	—	20.2	20.5
7013	65	100	18	1.1	0.6	10	35.0	33.0	—	—	37.0	34.5
7213	65	120	23	1.5	1	02	70.5	58.0	63.5	52.5	73.0	58.5
7313	65	140	33	2.1	1.1	03	111	82.0	102	75.5	—	—
7914*	70	100	16	1	0.6	19	(26.5)	(26.3)	—	—	28.1	27.8
7014	70	110	20	1.1	0.6	10	44.0	41.5	—	—	47.0	43.0
7214	70	125	24	1.5	1	02	76.5	63.5	69.0	58.0	79.5	64.5
7314	70	150	35	2.1	1.1	03	125	93.5	114	86.0	—	—
7915*	75	105	16	1	0.6	19	(26.9)	(27.7)	—	—	28.6	29.3
7015	75	115	20	1.1	0.6	10	45.0	43.5	—	—	48.0	45.5
7215	75	130	25	1.5	1	02	76.0	64.5	68.5	58.5	83.0	70.0
7315	75	160	37	2.1	1.1	03	136	106	125	97.5	—	—
7916*	80	110	16	1	0.6	19	(27.3)	(29.0)	—	—	29.0	30.5
7016	80	125	22	1.1	0.6	10	55.0	53.0	—	—	58.5	55.5
7216	80	140	26	2	1	02	89.0	76.0	80.5	69.5	93.0	77.5
7316	80	170	39	2.1	1.1	03	147	119	135	109	—	—

表 10.15　斜角滾珠軸承的公稱編號與尺寸(續)

稱呼符號[1]	尺寸					尺寸系列	基本額定負荷(kN)[2] (參考)					
	d	D	B	$r_{s\,min}$	$r_{1s\,min}$ (參考)		A		B		C	
							C_r	C_{0r}	C_r	C_{0r}	C_r	C_{0r}
7917*	85	120	18	1.1	0.6	19	(36.5)	(38.5)	—	—	39.0	40.5
7017	85	130	22	1.1	0.6	10	56.5	56.0	—	—	60.0	58.5
7217	85	150	28	2	1	02	103	89.0	93.0	81.0	107	90.5
7317	85	180	41	3	1.1	03	159	133	146	122	—	—
7918*	90	125	18	1.1	0.6	19	(39.5)	(43.5)	—	—	41.5	46.0
7018	90	140	24	1.5	1	10	67.5	66.5	—	—	71.5	69.0
7218	90	160	30	2	1	02	118	103	107	94.0	123	105
7318	90	190	43	3	1.1	03	171	147	156	135	—	—
7919*	95	130	18	1.1	0.6	19	(40.0)	(45.5)	—	—	42.5	48.0
7019	95	145	24	1.5	1	10	67.0	67.0	—	—	73.5	73.0
7219	95	170	32	2.1	1.1	02	128	111	116	101	133	112
7319	95	200	45	3	1.1	03	183	162	167	149	—	—
7920*	100	140	20	1.1	0.6	19	(47.5)	(51.5)	—	—	50.0	54.0
7020	100	150	24	1.5	1	10	68.5	70.5	—	—	75.5	77.0
7220	100	180	24	2.1	1.1	02	144	126	130	114	149	127
7320	100	215	47	3	1.1	03	207	193	190	178	—	—
7921*	105	145	20	1.1	0.6	19	(48.0)	(54.0)	—	—	51.0	57.0
7021	105	160	26	2	1	10	80.0	81.5	—	—	88.0	89.5
7221	105	190	36	2.1	1.1	02	157	142	142	129	162	143
7321	105	225	49	3	1.1	03	208	193	191	177	—	—
7922*	110	150	20	1.1	0.6	19	(49.0)	(56.0)	—	—	52.0	59.5
7022	110	170	28	2	1	10	96.5	95.5	—	—	106	104
7222	110	200	38	2.1	1.1	02	170	158	154	144	176	160
7322	110	240	50	3	1.1	03	220	215	201	197	—	—
7924*	120	165	22	1.1	0.6	19	(67.5)	(17.0)	—	—	72.0	81.0
7024	120	180	28	2	1	10	102	107	—	—	—	—
7224	120	215	40	2.1	1.1	02	183	177	165	162	—	—
7324	120	260	55	3	1.1	03	246	252	225	231	—	—
7926*	130	180	24	1.5	1	19	(74.0)	(86.0)	—	—	78.5	91.0
7026	130	200	33	2	1	10	117	125	—	—	—	—
7226	130	230	40	3	1.1	02	189	193	171	175	—	—
7326	130	280	58	4	1.5	03	273	293	250	268	—	—
7928*	140	190	24	1.5	1	19	(75.0)	(90.0)	—	—	79.5	95.5
7028	140	210	33	2	1	10	120	133	—	—	—	—
7228	140	250	42	3	1.1	02	218	234	197	213	—	—
7328	140	300	62	4	1.5	03	300	335	275	310	—	—
7930*	150	210	28	2	1	19	(96.5)	(115)	—	—	102	122
7030	150	225	35	2.1	1.1	10	137	154	—	—	—	—
7230	150	270	45	3	1.1	02	248	280	225	254	—	—
7330	150	320	65	4	1.5	03	315	370	289	340	—	—
7932*	160	220	28	2	1	19	—	—	—	—	106	133
7032	160	240	38	2.1	1.1	10	155	176	—	—	—	—
7232	160	290	48	3	1.1	02	263	305	238	279	—	—
7332	160	340	68	4	1.5	03	345	420	315	385	—	—
7934*	170	230	28	2	1	19	—	—	—	—	113	148
7034	170	260	42	2.1	1.1	10	186	214	—	—	—	—
7234	170	310	52	4	1.5	02	295	360	266	325	—	—
7334	170	360	72	4	1.5	03	390	485	355	445	—	—
7936*	180	250	33	2	1	19	—	—	—	—	145	184
7036	180	280	46	2.1	1.1	10	207	252	—	—	—	—
7236	180	320	52	4	1.5	02	305	385	276	350	—	—
7336	180	380	75	4	1.5	03	410	535	375	490	—	—
7938*	190	260	33	2	1	19	—	—	—	—	147	192
7038	190	290	46	2.1	1.1	10	224	280	—	—	—	—
7238	190	340	55	4	1.5	02	315	410	284	375	—	—
7338	190	400	78	5	2	03	450	600	410	550	—	—
7940*	200	280	38	2.1	1.1	19	—	—	—	—	189	244
7040	200	310	51	2.1	1.1	10	240	310	—	—	—	—
7240	200	360	58	4	1.5	02	335	450	305	410	—	—
7340	200	420	80	5	2	03	475	660	430	600	—	—

表 10.16　自動調心滾珠軸承的公稱編號與尺寸(JIS B 1523) (單位 mm)

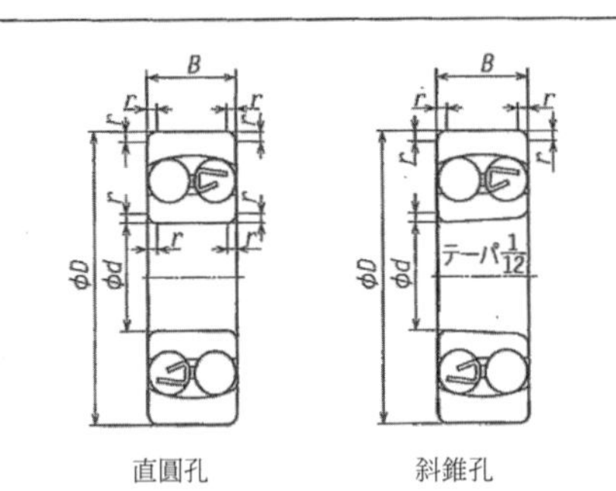

直圓孔　　　斜錐孔

〔註〕公稱符號有直圓孔與斜錐孔。但是，斜錐孔的場合，是跟稱呼符號只限有印*者。此時稱呼符號之後，附記 K 符號(例：1204K)。

稱呼符號	尺寸				尺寸系列	基本額定負荷 (kN) (參考)	
	d	D	B	$r_{s\,min}$		C_r	C_{0r}
1200	10	30	9	0.6	02	5.55	1.19
2200	10	30	14	0.6	22	7.45	1.59
1300	10	35	11	0.6	03	7.35	1.62
2300	10	35	17	0.6	23	9.2	2.01
1201	12	32	10	0.6	02	5.7	1.27
2201	12	32	14	0.6	22	7.75	1.73
1301	12	37	12	1	03	9.65	2.16
2301	12	37	17	1	23	12.1	2.73
1202	15	35	11	0.6	02	7.6	1.75
2202	15	35	14	0.6	22	7.8	1.85
1302	15	42	13	1	03	9.7	2.29
2302	15	42	17	1	23	12.3	2.91
1203	17	40	12	0.6	02	8.0	2.01
2203	17	40	16	0.6	22	9.95	2.42
1303	17	47	14	1	03	12.7	3.2
2303	17	47	19	1	23	14.7	3.55
1204*	20	47	14	1	02	10.0	2.61
2204*	20	47	18	1	22	12.8	3.3
1304*	20	52	15	1.1	03	12.6	3.35
2304*	20	52	21	1.1	23	18.5	4.70
1205*	25	52	15	1	02	12.2	3.30
2205*	25	52	18	1	22	12.4	3.45
1305*	25	62	17	1.1	03	18.2	5.0
2305*	25	62	24	1.1	23	24.9	6.6
1206*	30	62	16	1	02	15.8	4.65
2206*	30	62	20	1	22	15.3	4.55
1306*	30	72	19	1.1	03	21.4	6.3
2306*	30	72	27	1.1	23	32.0	8.75
1207*	35	72	17	1.1	02	15.9	5.1
2207*	35	72	23	1.1	22	21.7	6.6
1307*	35	80	21	1.5	03	25.3	7.85
2307*	35	80	31	1.5	23	40.0	11.3
1208*	40	80	18	1.1	02	19.3	6.5
2208*	40	80	23	1.1	22	22.4	7.35
1308*	40	90	23	1.5	03	29.8	9.7
2308*	40	90	33	1.5	23	45.5	13.5
1209*	45	85	19	1.1	02	22.0	7.35
2209*	45	85	23	1.1	22	23.3	8.15
1309*	45	100	25	1.5	03	38.5	12.7
2309*	45	100	36	1.5	23	55.0	16.7
1210*	50	90	20	1.1	02	22.8	8.10
2210*	50	90	23	1.1	22	23.3	8.45
1310*	50	110	27	2	03	43.5	14.1
2310*	50	110	40	2	23	65.0	20.2
1211*	55	100	21	1.5	02	26.9	10.0
2211*	55	100	25	1.5	22	26.7	9.9
1311*	55	120	29	2	03	51.5	17.9
2311*	55	120	43	2	23	76.5	24.0
1212*	60	110	22	1.5	02	30.5	11.5
2212*	60	110	28	1.5	22	34.0	12.6
1312*	60	130	31	2.1	03	57.5	20.8
2312*	60	130	46	2.1	23	88.5	28.3
1213*	65	120	23	1.5	02	31.0	12.5
2213*	65	120	31	1.5	22	43.5	16.4
1313*	65	140	33	2.1	03	62.5	22.9
2313*	65	140	48	2.1	23	97.0	32.5
1214	70	125	24	1.5	02	35.0	13.8
2214	70	125	31	1.5	22	44.0	17.1
1314	70	150	35	2.1	03	75.0	27.7
2314	70	150	51	2.1	23	111	37.5
1215*	75	130	25	1.5	02	39.0	15.7
2215*	75	130	31	1.5	22	44.5	17.8
1315*	75	160	37	2.1	03	80.0	30.0
2315*	75	160	55	2.1	23	125	43.0
1216*	80	140	26	2	02	40.0	17.0
2216*	80	140	33	2	22	49.0	19.9
1316*	80	170	39	2.1	03	89.0	33.0
2316*	80	170	58	2.1	23	130	45.0
1217*	85	150	28	2	02	49.5	20.8
2217*	85	150	36	2	22	58.5	23.6
1317*	85	180	41	3	03	98.5	38.0
2317*	85	180	60	3	23	142	51.5
1218*	90	160	30	2	02	57.5	23.5
2218*	90	160	40	2	22	70.5	28.7
1318*	90	190	43	3	03	117	44.5
2318*	90	190	64	3	23	154	57.5
1219*	95	170	32	2.1	02	64.0	27.1
2219*	95	170	43	2.1	22	84.0	34.5
1319*	95	200	45	3	03	129	51.0
2319*	95	200	67	3	23	161	64.5
1220*	100	180	34	2.1	02	69.5	29.7
2220*	100	180	46	2.1	22	94.5	38.5
1320*	100	215	47	3	03	140	57.5
2320*	100	215	73	3	23	187	79.0
1221	105	190	36	2.1	02	75.0	32.5
2221	105	190	50	2.1	22	109	45.0
1321	105	225	49	3	03	154	64.5
2321	105	225	77	3	23	200	87.0
1222*	110	200	38	2.1	02	87.0	38.5
2222*	110	200	53	2.1	22	122	51.5
1322*	110	240	50	3	03	161	72.0
2322*	110	240	80	3	23	211	94.5

表 10.17　平面座形止推滾珠軸承的公稱編號與尺寸(JIS B 1532) (單位 mm)

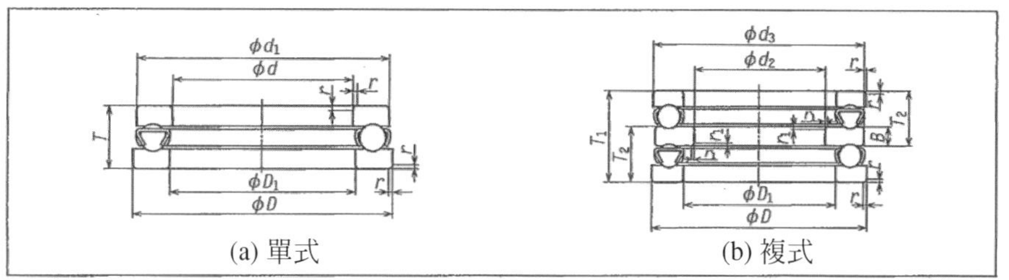

(a) 單式　(b) 複式

(a) 單式的場合

稱呼符號	尺寸						尺寸系列	基本額定負荷 (kN)(參考)	
	d	D	T	$d_{1s\,max}$	$D_{1s\,min}$	$r_{s\,min}$		C_a	C_{0a}
51100	10	24	9	24	11	0.3	11	10.1	14.0
51200	10	26	11	26	12	0.6	12	12.8	17.1
51101	12	26	9	26	13	0.3	11	10.4	15.4
51201	12	28	11	28	14	0.6	12	13.3	19.0
51102	15	28	9	28	16	0.3	11	10.6	16.8
51202	15	32	12	32	17	0.6	12	16.7	24.8
51103	17	30	9	30	18	0.3	11	11.4	19.5
51203	17	35	12	35	19	0.6	12	17.3	27.3
51104	20	35	10	35	21	0.3	11	15.1	26.6
51204	20	40	14	40	22	0.6	12	22.5	37.5
51105	25	42	11	42	26	0.6	11	19.7	37.0
51205	25	47	15	47	27	0.6	12	28.0	50.5
51305	25	52	18	52	27	1	13	36.0	61.5
51405	25	60	24	60	27	1	14	56.0	89.5
51106	30	47	11	47	32	0.6	11	20.6	42.0
51206	30	52	16	52	32	0.6	12	29.5	58.0
51306	30	60	21	60	32	1	13	43.0	78.5
51406	30	70	28	70	32	1	14	73.0	126
51107	35	52	12	52	37	0.6	11	22.1	49.5
51207	35	62	18	62	37	1	12	39.5	78.0
51307	35	68	24	68	37	1	13	56.0	105
51407	35	80	32	80	37	1.1	14	87.5	155
51108	40	60	13	60	42	0.6	11	27.1	63.0
51208	40	68	19	68	42	1	12	47.5	98.5
51308	40	78	26	78	42	1	13	70.0	135
51408	40	90	36	90	42	1.1	14	103	188
51109	45	65	14	65	47	0.6	11	28.1	69.0
51209	45	73	20	73	47	1	12	48.0	105
51309	45	85	28	85	47	1	13	80.5	163
51409	45	100	39	100	47	1.1	14	128	246
51110	50	70	14	70	52	0.6	11	29.0	75.5
51210	50	78	22	78	52	1	12	49.0	111
51310	50	95	31	95	52	1.1	13	97.5	202
51410	50	110	43	110	52	1.5	14	147	288
51111	55	78	16	78	57	0.6	11	35.0	93.0
51211	55	90	25	90	57	1	12	70.0	159
51311	55	105	35	105	57	1.1	13	115	244
51411	55	120	48	120	57	1.5	14	181	350
51112	60	85	17	85	62	1	11	41.5	113
51212	60	95	26	95	62	1	12	71.5	169
51312	60	110	35	110	62	1.1	13	119	263
51412	60	130	51	130	62	1.5	14	202	395

稱呼符號	尺寸						尺寸系列	基本額定負荷 (kN)(參考)	
	d	D	T	$d_{1s\,max}$	$D_{1s\,min}$	$r_{s\,min}$		C_a	C_{0a}
51113	65	90	18	90	67	1	11	42.0	117
51213	65	100	27	100	67	1	12	75.5	189
51313	65	115	36	115	67	1.1	13	123	282
51413	65	140	56	140	68	2	14	234	495
51114	70	95	18	95	72	1	11	43.5	127
51214	70	105	27	105	72	1	12	74.0	189
51314	70	125	40	125	72	1.1	13	137	315
51414	70	150	60	150	73	2	14	252	555
51115	75	100	19	100	77	1	11	43.5	131
51215	75	110	27	110	77	1	12	78.0	209
51315	75	135	44	135	77	1.5	13	159	365
51415	75	160	65	160	78	2	14	254	560
51116	80	105	19	105	82	1	11	45.0	141
51216	80	115	28	115	82	1	12	79.0	218
51316	80	140	44	140	82	1.5	13	164	395
51416	80	170	68	170	83	2.1	14	272	620
51117	85	110	19	110	87	1	11	46.5	150
51217	85	125	31	125	88	1	12	96.0	264
51317	85	150	49	150	88	1.5	13	207	490
51417	85	180	72	177	88	2.1	14	310	755
51118	90	120	22	120	92	1	11	60.0	190
51218	90	135	35	135	93	1.1	12	114	310
51318	90	155	50	155	93	1.5	13	214	525
51418	90	190	77	187	93	2.1	14	330	825
51120	100	135	25	135	102	1	11	86.0	268
51220	100	150	38	150	103	1.1	12	135	375
51320	100	170	55	170	103	1.5	13	239	595
51420	100	210	85	205	103	3	14	370	985
51122	110	145	25	145	112	1	11	88.0	288
51222	110	160	38	160	113	1.1	12	136	395
51322	110	190	63	187	113	2	13	282	755
51422	110	230	95	225	113	3	14	415	1150
51124	120	155	25	155	122	1	11	90.0	310
51224	120	170	39	170	123	1.1	12	141	430
51324	120	210	70	205	123	2.1	13	330	930
51424	120	250	102	245	123	4	14	480	1400
51126	130	170	30	170	132	1	11	105	350
51226	130	190	45	187	133	1.5	12	183	550
51326	130	225	75	220	134	2.1	13	350	1030
51426	130	270	110	265	134	4	14	525	1590

表 10.17　平面座形止推滾珠軸承的公稱編號與尺寸(JIS B 1532)　(續)

(a) 單式的場合

稱呼符號	尺寸						尺寸系列	基本額定負荷 (kN) (參考)	
	d	D	T	$d_{1s\,max}$	$D_{1s\,min}$	$r_{s\,min}$		C_a	C_{0a}
51128	140	180	31	178	142	1	11	107	375
51228	140	200	46	197	143	1.5	12	186	575
51328	140	240	80	235	144	2.1	13	370	1130
51428	140	280	112	275	144	4	14	550	1750
51130	150	190	31	188	152	1	11	110	400
51230	150	215	50	212	153	1.5	12	238	735
51330	150	250	80	245	154	2.1	13	380	1200
51430	150	300	120	295	154	4	14	620	2010
51132	160	200	31	198	162	1	11	113	425
51232	160	225	51	222	163	1.5	12	249	805
51332	160	270	87	265	164	3	13	475	157
51432	160	320	130	315	164	5	14	650	2210
51134	170	215	34	213	172	1.1	11	135	510
51234	170	240	55	237	173	1.5	12	280	915
51334	170	280	87	275	174	3	13	465	1570
51434	170	340	135	335	174	5	14	715	2480
51136	180	225	34	222	183	1.1	11	136	530
51236	180	250	56	247	183	1.5	12	284	955
51336	180	300	95	295	184	3	13	480	1680
51436	180	360	140	355	184	5	14	750	2730
51138	190	240	37	237	193	1.1	11	172	655
51238	190	270	62	267	194	2	12	320	1110
51338	190	320	105	315	195	4	13	550	1960
51438	190	380	150	375	195	5	14	—	—
51140	200	250	37	247	203	1.1	11	173	675
51240	200	280	62	277	204	2	12	315	1110
51340	200	340	110	335	205	4	13	600	2220
51440	200	400	155	395	205	5	14	—	—

稱呼符號	尺寸						尺寸系列	基本額定負荷 (kN) (參考)	
	d	D	T	$d_{1s\,max}$	$D_{1s\,min}$	$r_{s\,min}$		C_a	C_{0a}
51144	220	270	37	267	223	1.1	11	179	740
51244	220	300	63	297	224	2	12	325	1210
51444	220	420	160	415	225	6	14	—	—
51148	240	300	45	297	243	1.5	11	229	935
51248	240	340	78	335	244	2.1	12	420	1650
51448	240	440	160	435	245	6	14	—	—
51152	260	320	45	317	263	1.5	11	233	990
51252	260	360	79	355	264	2.1	12	435	1800
51452	260	480	175	475	265	6	14	—	—
51156	280	350	53	347	283	1.5	11	315	1310
51256	280	380	80	375	284	2.1	12	450	1950
51456	280	520	190	515	285	6	14	—	—
51160	300	380	62	376	304	2	11	360	1560
51260	300	420	95	415	304	3	12	540	2410
51460	300	540	190	535	305	6	14	—	—
51164	320	400	63	396	324	2	11	365	1660
51264	320	440	95	435	325	3	12	585	2680
51464	320	580	205	575	325	7.5	14	—	—
51168	340	420	64	416	344	2	11	375	1760
51268	340	460	96	455	345	3	12	595	2800
51468	340	620	220	615	345	7.5	14	—	—
51172	360	440	65	436	364	2	11	385	1860
51272	360	500	110	495	365	4	12	705	3500
51472	360	640	220	635	365	7.5	14	—	—

(b) 複式的場合

稱呼符號	尺寸									尺寸系列	基本額定負荷 (kN) (參考)	
	d_2	D	T_1	T_2 (參考)	B	$d_{3s\,max}$	$D_{1s\,min}$	$r_{s\,min}$	$r_{1s\,min}$		C_a	C_{0a}
52202	10	32	22	13.5	5	32	17	0.6	0.3	22	16.7	24.8
52204	15	40	26	16	6	40	22	0.6	0.3	22	22.5	37.5
52405	15	60	45	28	11	60	27	1	0.6	24	56.0	89.5
52205	20	47	28	17.5	7	47	27	0.6	0.3	22	28.0	50.5
52305	20	52	34	21	8	52	27	1	0.3	23	36.0	61.5
52406	20	70	52	32	12	70	32	1	0.6	24	73.0	126
52206	25	52	29	18	7	52	32	0.6	0.3	22	29.5	58.0
52306	25	60	38	23.5	9	60	32	1	0.3	23	43.0	78.5
52407	25	80	59	36.5	14	80	37	1.1	0.6	24	87.5	155
52207	30	62	34	21	8	62	37	1	0.3	22	39.5	78.0
52208	30	68	36	22.5	9	68	42	1	0.6	22	47.5	98.5
52307	30	68	44	27	10	68	37	1	0.3	23	56.0	105
52308	30	78	49	30.5	12	78	42	1	0.6	23	70.0	135
52408	30	90	65	40	15	90	42	1.1	0.6	24	103	188
52209	35	73	37	23	9	73	47	1	0.6	22	48.0	105
52309	35	85	52	32	12	85	47	1	0.6	23	80.5	163
52409	35	100	72	44.5	17	100	47	1.1	0.6	24	128	246
52210	40	78	39	24	9	78	52	1	0.6	22	49.0	111
52310	40	95	58	36	14	95	52	1.1	0.6	23	97.5	202
52410	40	110	78	48	18	110	52	1.5	0.6	24	147	288
52211	45	90	45	27.5	10	90	57	1	0.6	22	70.0	159
52311	45	105	64	39.5	15	105	57	1.1	0.6	23	115	244
52411	45	120	87	53.5	20	120	57	1.5	0.6	24	181	350

表 10.17　平面座形止推滾珠軸承的公稱編號與尺寸(JIS B 1532) (續)

(b) 複式的場合

稱呼符號	尺寸									尺寸系列	基本額定負荷 (kN) (參考)	
	d_2	D	T_1	T_2 (參考)	B	$d_{3s\,max}$	$D_{1s\,min}$	$r_{s\,min}$	$r_{1s\,min}$		C_a	C_{0a}
52212	50	95	46	28	10	95	62	1	0.6	22	71.5	169
52312	50	110	64	39.5	15	110	62	1.1	0.6	23	119	263
52412	50	130	93	57	21	130	62	1.5	0.6	24	202	395
52413	50	140	101	62	23	140	68	2	1	24	234	495
52213	55	100	47	28.5	10	100	67	1	0.6	22	75.5	189
52214	55	105	47	28.5	10	105	72	1	1	22	74.0	189
52313	55	115	65	40	15	115	67	1.1	0.6	23	123	282
52314	55	125	72	44	16	125	72	1.1	1	23	137	315
52414	55	150	107	65.5	24	150	73	2	1	24	252	555
52215	60	110	47	28.5	10	110	77	1	1	22	78.0	209
52315	60	135	79	48.5	18	135	77	1.5	1	23	159	365
52415	60	160	115	70.5	26	160	78	2	1	24	254	560
52216	65	115	48	29	10	115	82	1	1	22	79.0	218
52316	65	140	79	48.5	18	140	82	1.5	1	23	164	395
52416	65	170	120	73.5	27	170	83	2.1	1	24	272	620
52417	65	180	128	78.5	29	179.5	88	2.1	1.1	24	310	755
52217	70	125	55	33.5	12	125	88	1	1	22	96.0	264
52317	70	150	87	53	19	150	88	1.5	1	23	207	490
52418	70	190	135	82.5	30	189.5	93	2.1	1.1	24	330	825
52218	75	135	62	38	14	135	93	1.1	1	22	114	310
52318	75	155	88	53.5	19	155	93	1.5	1	23	214	525
52420	80	210	150	91.5	33	209.5	103	3	1.1	24	370	985
52220	85	150	67	41	15	150	103	1.1	1	22	135	375
52320	85	170	97	59	21	170	103	1.5	1	23	239	595
52422	90	230	166	101.5	37	229	113	3	1.1	24	415	1150
52222	95	160	67	41	15	160	113	1.1	1	22	136	395
52322	95	190	110	67	24	189.5	113	2	1	23	282	755
52424	95	250	177	108.5	40	249	123	4	1.5	24	515	1540
52224	100	170	68	41.5	15	170	123	1.1	1.1	22	141	430
52324	100	210	123	75	27	209.5	123	2.1	1.1	23	330	930
52426	100	270	192	117	42	269	134	4	2	24	525	1590
52226	110	190	80	49	18	189.5	133	1.5	1.1	22	183	550
52326	110	225	130	80	30	224	134	2.1	1.1	23	350	1030
52428	110	280	196	120	44	279	144	4	2	24	550	1750
52228	120	200	81	49.5	18	199.5	143	1.5	1.1	22	186	575
52328	120	240	140	85.5	31	239	144	2.1	1.1	23	370	1130
52430	120	300	209	127.5	46	299	154	4	2	24	620	2010
52230	130	215	89	54.5	20	214.5	153	1.5	1.1	22	238	735
52330	130	250	140	85.5	31	249	154	2.1	1.1	23	380	1200
52432	130	320	226	138	50	319	164	5	2	24	650	2210
52434	135	340	236	143	50	339	174	5	2.1	24	715	2480
52232	140	225	90	55	20	224.5	163	1.5	1.1	22	249	805
52332	140	270	153	93	33	269	164	3	1.1	23	475	1570
52436	140	360	245	148.5	52	359	184	5	3	24	750	2730
52234	150	240	97	59	21	239.5	173	1.5	1.1	22	280	915
52236	150	250	98	59.5	21	249	183	1.5	2	22	284	955
52334	150	280	153	93	33	279	174	3	1.1	23	465	1570
52336	150	300	165	101	37	299	184	3	2	23	480	1680
52238	160	270	109	66.5	24	269	194	2	2	22	320	1110
52338	160	320	183	111.5	40	319	195	4	2	23	550	1960
52240	170	280	109	66.5	24	279	204	2	2	22	315	1110
52340	170	340	192	117	42	339	205	4	2	23	600	2220
52244	190	300	110	67	24	299	224	2	2	22	325	1210

表 10.18　滾柱軸承(單列)的公稱編號與尺寸(JIS B 1533)

(單位 mm)

NU 形　NJ 形　NUP 形　N 形　NF 形

稱呼符號		尺寸							尺寸系列	基本額定負荷 (kN) (參考)	
		d	D	B	$r_{s\,min}$	$r_{1s\,min}$ (參考)	F_w	E_w		C_r	C_{0r}
204	①	20	47	14	1	0.6	27	40	02	15.4	12.7
204E	②	20	47	14	1	0.6	26.5	—	02	25.7	22.6
2204	②	20	47	18	1	0.6	27	—	22	20.7	18.4
2204E	②	20	47	18	1	0.6	26.5	—	22	30.5	28.3
304	①	20	52	15	1.1	0.6	28.5	44.5	03	21.4	17.3
304E	②	20	52	15	1.1	0.6	27.5	—	03	31.5	26.9
2304	②	20	52	21	1.1	0.6	28.5	—	23	30.5	27.2
2304E	②	20	52	21	1.1	0.6	27.5	—	23	42.0	39.0
1005	③	25	47	12	0.6	0.3	30.5	—	10	15.1	14.1
205	①	25	52	15	1	0.6	32	45	02	17.7	15.7
205E	②	25	52	15	1	0.6	31.5	—	02	29.3	27.7
2205	②	25	52	18	1	0.6	32	—	22	—	—
2205E	②	25	52	18	1	0.6	31.5	—	22	35.0	34.5
305	①	25	62	17	1.1	1.1	35	53	03	29.3	25.2
305E	②	25	62	17	1.1	1.1	34	—	03	41.5	37.5
2305	②	25	62	24	1.1	1.1	35	—	23	—	—
2305E	②	25	62	24	1.1	1.1	34	—	23	57.0	56.0
1006	③	30	55	13	1	0.6	36.5	—	10	19.7	19.6
206	①	30	62	16	1	0.6	38.5	53.5	02	24.9	23.3
206E	②	30	62	16	1	0.6	37.5	—	02	39.0	37.5
2206	②	30	62	20	1	0.6	38.5	—	22	—	—
2206E	②	30	62	20	1	0.6	37.5	—	22	49.0	50.0
306	①	30	72	19	1.1	1.1	42	62	03	38.5	35.0
306E	②	30	72	19	1.1	1.1	40.5	—	03	53.0	50.0

稱呼符號		尺寸							尺寸系列	基本額定負荷 (kN) (參考)	
		d	D	B	$r_{s\,min}$	$r_{1s\,min}$ (參考)	F_w	E_w		C_r	C_{0r}
2306	②	30	72	27	1.1	1.1	42	—	23	—	—
2306E	②	30	72	27	1.1	1.1	40.5	—	23	74.5	77.5
1007	③	35	62	14	1	0.6	42	—	10	22.6	23.2
207	①	35	72	17	1.1	0.6	43.8	61.8	02	35.5	34.0
207E	②	35	72	17	1.1	0.6	44	—	02	50.5	50.0
2207	②	35	72	23	1.1	0.6	43.8	—	22	—	—
2207E	②	35	72	23	1.1	0.6	44	—	22	61.5	65.0
307	①	35	80	21	1.5	1.1	46.2	68.2	03	49.5	47.0
307E	②	35	80	21	1.5	1.1	46.2	—	03	71.0	71.0
2307	②	35	80	31	1.5	1.1	46.2	—	23	—	—
2307E	②	35	80	31	1.5	1.1	46.2	—	23	99.0	109
1008	③	40	68	15	1	0.6	47	—	10	27.3	29.0
208	①	40	80	18	1.1	1.1	50	70	02	43.5	43.0
208E	②	40	80	18	1.1	1.1	49.5	—	02	55.5	55.5
2208	②	40	80	23	1.1	1.1	50	—	22	58.0	62.0
2208E	②	40	80	23	1.1	1.1	49.5	—	22	72.5	77.5
308	①	40	90	23	1.5	1.5	53.5	77.5	03	58.5	57.0
308E	②	40	90	23	1.5	1.5	52	—	03	83.0	81.5
2308	②	40	90	33	1.5	1.5	53.5	—	23	82.5	88.0
2308E	②	40	90	33	1.5	1.5	52	—	23	114	122
1009	③	45	75	16	1	0.6	52.5	—	10	31.0	34.0
209	①	45	85	19	1.1	1.1	55	75	02	46.0	47.0
209E	②	45	85	19	1.1	1.1	54.5	—	02	63.0	66.5
2209	②	45	85	23	1.1	1.1	55	—	22	61.5	68.0

表 10.18　滾柱軸承(單列)的公稱編號與尺寸(JIS B 1533)(續)

稱呼符號		尺寸							尺寸系列	基本額定負荷 (kN) (參考)	
		d	D	B	$r_{s\,min}$	$r_{1s\,min}$ (參考)	F_w	E_w		C_r	C_{0r}
2209E	②	45	85	23	1.1	1.1	54.5	—	22	76.0	84.5
309	①	45	100	25	1.5	1.5	58.5	86.5	03	74.0	71.0
309E	②	45	100	25	1.5	1.5	58.5	—	03	97.5	98.5
2309	②	45	100	36	1.5	1.5	58.5	—	23	99.0	104
2309E	②	45	100	36	1.5	1.5	58.5	—	23	137	153
1010	③	50	80	16	1	0.6	57.5	—	10	32.0	36.0
210	①	50	90	20	1.1	1.1	60.4	80.4	02	48.0	51.0
210E	②	50	90	20	1.1	1.1	59.5	—	02	66.0	72.0
2210	②	50	90	23	1.1	1.1	60.4	—	22	64.0	73.5
2210E	②	50	90	23	1.1	1.1	59.5	—	22	79.5	91.5
310	①	50	110	27	2	2	65	95	03	87.0	86.0
310E	②	50	110	27	2	2	65	—	03	110	113
2310	②	50	110	40	2	2	65	—	23	121	131
2310E	②	50	110	40	2	2	65	—	23	163	187
1011	③	55	90	18	1.1	1	64.5	—	10	37.5	44.0
211	①	55	100	21	1.5	1.1	66.5	88.5	02	58.0	62.5
211E	②	55	100	21	1.5	1.1	66	—	02	82.5	93.0
2211	②	55	100	25	1.5	1.1	66.5	—	22	75.5	87.0
2211E	②	55	100	25	1.5	1.1	66	—	22	97.0	114
311	①	55	120	29	2	2	70.5	104.5	03	111	111
311E	②	55	120	29	2	2	70.5	—	03	137	143
2311	②	55	120	43	2	2	70.5	—	23	148	162
2311E	②	55	120	43	2	2	70.5	—	23	201	233
1012	③	60	95	18	1.1	1	69.5	—	10	40.0	48.5
212	①	60	110	22	1.5	1.5	73.5	97.5	02	68.5	75.0
212E	②	60	110	22	1.5	1.5	72	—	02	97.5	107
2212	②	60	110	28	1.5	1.5	73.5	—	22	96.0	116
2212E	②	60	110	28	1.5	1.5	72	—	22	131	157
312	①	60	130	31	2.1	2.1	77	113	03	124	126
312E	②	60	130	31	2.1	2.1	77	—	03	150	157
2312	②	60	130	46	2.1	2.1	77	—	23	169	188
2312E	②	60	130	46	2.1	2.1	77	—	23	222	262
1013	③	65	100	18	1.1	1	74.5	—	10	41.0	51.0
213	①	65	120	23	1.5	1.5	79.6	105.6	02	84.0	94.5
213E	②	65	120	23	1.5	1.5	78.5	—	02	108	119
2213	②	65	120	31	1.5	1.5	79.6	—	22	120	149
2213E	②	65	120	31	1.5	1.5	78.5	—	22	149	181
313	①	65	140	33	2.1	2.1	83.5	121.5	03	135	139
313E	②	65	140	33	2.1	2.1	82.5	—	03	181	191
2313	②	65	140	48	2.1	2.1	83.5	—	23	188	212
2313E	②	65	140	48	2.1	2.1	82.5	—	23	248	287
1014	③	70	110	20	1.1	1	80	—	10	58.5	70.5
214	①	70	125	24	1.5	1.5	84.5	110.5	02	83.5	95.0
214E	②	70	125	24	1.5	1.5	83.5	—	02	119	137
2214	②	70	125	31	1.5	1.5	84.5	—	22	119	151
2214E	②	70	125	31	1.5	1.5	83.5	—	22	156	194
314	①	70	150	35	2.1	2.1	90	130	03	158	168
314E	②	70	150	35	2.1	2.1	89	—	03	205	222
2314	②	70	150	51	2.1	2.1	90	—	23	223	262
2314E	②	70	150	51	2.1	2.1	89	—	23	274	325
1015	③	75	115	20	1.1	1	85	—	10	60.0	74.5
215	①	75	130	25	1.5	1.5	88.5	116.5	02	96.5	111
215E	②	75	130	25	1.5	1.5	88.5	—	02	130	156
2215	②	75	130	31	1.5	1.5	88.5	—	22	130	162
2215E	②	75	130	31	1.5	1.5	88.5	—	22	162	207
315	①	75	160	37	2.1	2.1	95.5	139.5	03	190	205
315E	②	75	160	37	2.1	2.1	95	—	03	240	263
2315	②	75	160	55	2.1	2.1	95.5	—	23	258	300
2315E	②	75	160	55	2.1	2.1	95	—	23	330	395
1016	③	80	125	22	1.1	1	91.5	—	10	72.5	90.5
216	①	80	140	26	2	2	95.3	125.3	02	106	122
216E	②	80	140	26	2	2	95.3	—	02	139	167
2216	②	80	140	33	2	2	95.3	—	22	147	186
2216E	②	80	140	33	2	2	95.3	—	22	186	243
316	①	80	170	39	2.1	2.1	103	147	03	190	207
316E	②	80	170	39	2.1	2.1	101	—	03	256	282
2316	②	80	170	58	2.1	2.1	103	—	23	274	330
2316E	②	80	170	58	2.1	2.1	101	—	23	355	430
1017	③	85	130	22	1.1	1	96.5	—	10	74.5	95.5
217	①	85	150	28	2	2	101.8	133.8	02	120	140
217E	②	85	150	28	2	2	100.5	—	02	167	199
2217	②	85	150	36	2	2	101.8	—	22	170	218
2217E	②	85	150	36	2	2	100.5	—	22	217	279
317	①	85	180	41	3	3	108	156	03	212	228
317E	②	85	180	41	3	3	108	—	03	291	330
2317	②	85	180	60	3	3	108	—	23	315	380
2317E	②	85	180	60	3	3	108	—	23	395	485
1018	③	90	140	24	1.5	1.1	103	—	10	88.0	114
218	①	90	160	30	2	2	107	143	02	152	178
218E	②	90	160	30	2	2	107	—	02	182	217

表 10.18　滾柱軸承(單列)的公稱編號與尺寸(JIS B 1533)(續)

稱呼符號		尺寸							尺寸系列	基本額定負荷 (kN)(參考)	
		d	D	B	$r_{s\,min}$	$r_{1s\,min}$ (參考)	F_w	E_w		C_r	C_{0r}
2218	②	90	160	40	2	2	107	—	22	197	248
2218E	②	90	160	40	2	2	107	—	22	242	315
318	①	90	190	43	3	3	115	165	03	240	265
318E	②	90	190	43	3	3	113.5	—	03	315	355
2318	②	90	190	64	3	3	115	—	23	325	395
2318E	②	90	190	64	3	3	113.5	—	23	435	535
1019	③	95	145	24	1.5	1.1	108	—	10	90.5	120
219	①	95	170	32	2.1	2.1	113.5	151.5	02	166	195
219E	②	95	170	32	2.1	2.1	112.5	—	02	220	265
2219	②	95	170	43	2.1	2.1	113.5	—	22	230	298
2219E	②	95	170	43	2.1	2.1	112.5	—	22	286	370
319	①	95	200	45	3	3	121.5	173.5	03	259	285
319E	②	95	200	45	3	3	121.5	—	03	335	385
2319	②	95	200	67	3	3	121.5	—	23	370	460
2319E	②	95	200	67	3	3	121.5	—	23	460	585
1020	③	100	150	24	1.5	1.1	113	—	10	93.0	126
220	①	100	180	34	2.1	2.1	120	160	02	183	217
220E	②	100	180	34	2.1	2.1	119	—	02	249	305
2220	②	100	180	46	2.1	2.1	120	—	22	258	340
2220E	②	100	180	46	2.1	2.1	119	—	22	335	445
320	①	100	215	47	3	3	129.5	185.5	03	299	335
320E	②	100	215	47	3	3	127.5	—	03	380	425
2320	②	100	215	73	3	3	129.5	—	23	410	505
2320E	②	100	215	73	3	3	127.5	—	23	570	715
1021	③	105	160	26	2	1.1	119.5	—	10	105	142
221	①	105	190	36	2.1	2.1	126.8	168.8	02	201	241
2221	②	105	190	50	2.1	2.1	126.8	—	22	—	—
321	①	105	225	49	3	3	135	195	03	320	360
2321	②	105	225	77	3	3	135	—	23	—	—
1022	③	110	170	28	2	1.1	125	—	10	131	174
222	①	110	200	38	2.1	2.1	132.5	178.5	02	240	290
222E	②	110	200	38	2.1	2.1	132.5	—	02	293	365
2222	②	110	200	53	2.1	2.1	132.5	—	22	320	415
2222E	②	110	200	53	2.1	2.1	132.5	—	22	385	515
322	①	110	240	50	3	3	143	207	03	360	400
322E	②	110	240	50	3	3	143	—	03	450	525
2322	②	110	240	80	3	3	143	—	23	605	790
2322E	②	110	240	80	3	3	143	—	23	675	880
1024	③	120	180	28	2	1.1	135	—	10	139	191
224	①	120	215	40	2.1	2.1	143.5	191.5	02	260	320
224E	②	120	215	40	2.1	2.1	143.5	—	02	335	420
2224	②	120	215	58	2.1	2.1	143.5	—	22	350	460
2224E	②	120	215	58	2.1	2.1	143.5	—	22	450	620
324	①	120	260	55	3	3	154	226	03	450	510
324E	②	120	260	55	3	3	154	—	03	530	610
2324	②	120	260	86	3	3	154	—	23	710	920
2324E	②	120	260	86	3	3	154	—	23	795	1030
1026	③	130	200	33	2	1.1	148	—	10	172	238
226	①	130	230	40	3	3	156	204	02	270	340
226E	②	130	230	40	3	3	153.5	—	02	365	455
2226	②	130	230	64	3	3	156	—	22	380	530
2226E	②	130	230	64	3	3	153.5	—	22	530	735
326	①	130	280	58	4	4	167	243	03	560	665
326E	②	130	280	58	4	4	167	—	03	615	735
2326	②	130	280	93	4	4	167	—	23	840	1130
2326E	②	130	280	93	4	4	167	—	23	920	1230
1028	③	140	210	33	2	1.1	158	—	10	176	250
228	①	140	250	42	3	3	169	221	02	310	400
228E	②	140	250	42	3	3	169	—	02	395	515
2228	②	140	250	68	3	3	169	—	22	445	635
2228E	②	140	250	68	3	3	169	—	22	575	835
328	①	140	300	62	4	4	180	260	03	615	745
328E	②	140	300	62	4	4	180	—	03	665	795
2328	②	140	300	102	4	4	180	—	23	920	1250
2328E	②	140	300	102	4	4	180	—	23	1020	1380
1030	③	150	225	35	2.1	1.5	169.5	—	10	202	294
230	①	150	270	45	3	3	182	238	02	345	435
230E	②	150	270	45	3	3	182	—	02	450	595
2230	②	150	270	73	3	3	182	—	22	500	710
2230E	②	150	270	73	3	3	182	—	22	660	980
330	①	150	320	65	4	4	193	277	03	665	805
330E	②	150	320	65	4	4	193	—	03	760	920
2330	②	150	320	108	4	4	193	—	23	1020	1400
2330E	②	150	320	108	4	4	193	—	23	1160	1600
1032	③	160	240	38	2.1	1.5	180	—	10	238	340
232	①	160	290	48	3	3	195	255	02	430	570
232E	②	160	290	48	3	3	195	—	02	500	665
2232	②	160	290	80	3	3	195	—	22	630	940
2232E	②	160	290	80	3	3	193	—	22	810	1190
332	①	160	340	68	4	4	208	292	03	700	875

表 10.18 滾柱軸承(單列)的公稱編號與尺寸(JIS B 1533)(續)

稱呼符號		尺寸							尺寸系列	基本額定負荷 (kN)(參考)	
		d	D	B	$r_{s\,min}$	$r_{1s\,min}$ (參考)	F_w	E_w		C_r	C_{0r}
332E	②	160	340	68	4	4	204	—	03	860	1050
2332	②	160	340	114	4	4	208	—	23	1070	1520
2332E	②	160	340	114	4	4	204	—	23	1310	1820
1034	③	170	260	42	2.1	2.1	193	—	10	278	400
234	①	170	310	52	4	4	208	272	02	475	635
234E	②	170	310	52	4	4	207	—	02	605	800
2234	②	170	310	86	4	4	208	—	22	715	1080
2234E	②	170	310	86	4	4	205	—	22	965	1410
334	①	170	360	72	4	4	220	310	03	795	1010
2334	②	170	360	120	4	4	220	—	23	1220	1750
1036	③	180	280	46	2.1	2.1	205	—	10	340	485
236	①	180	320	52	4	4	218	282	02	495	675
236E	②	180	320	52	4	4	217	—	02	625	850
2236	②	180	320	86	4	4	218	—	22	745	1140
2236E	②	180	320	86	4	4	215	—	22	1010	1510
336	①	180	380	75	4	4	232	328	03	905	1150
2336	②	180	380	126	4	4	232	—	23	1380	1990
1038	③	190	290	46	2.1	2.1	215	—	10	350	510
238	①	190	340	55	4	4	231	299	02	555	770
238E	②	190	340	55	4	4	230	—	02	695	955
2238	②	190	340	92	4	4	231	—	22	830	1290
2238E	②	190	340	92	4	4	228	—	22	1100	1670
338	①	190	400	78	5	5	245	345	03	975	1260
2338	②	190	400	132	5	5	245	—	23	1520	2220
1040	③	200	310	51	2.1	2.1	229	—	10	390	580
240	①	200	360	58	4	4	244	316	02	620	865
240E	②	200	360	58	4	4	243	—	02	765	1060
2240	②	200	360	98	4	4	244	—	22	925	1440
2240E	②	200	360	98	4	4	241	—	22	1220	1870
340	①	200	420	80	5	5	260	360	03	975	1270
2340	②	200	420	138	5	5	260	—	23	1510	2240
1044	③	220	340	56	3	3	250	—	10	500	750
244	①	220	400	65	4	4	270	350	02	760	1080
2244	②	220	400	108	4	4	270	—	22	1140	1810
344	①	220	460	88	5	5	284	396	03	1190	1570
2344	②	220	460	145	5	5	284	—	23	1780	2620
1048	③	240	360	56	3	3	270	—	10	530	820
248	①	240	440	72	4	4	295	385	02	935	1340
2248	②	240	440	120	4	4	295	—	22	1440	2320

稱呼符號		尺寸							尺寸系列	基本額定負荷 (kN)(參考)	
		d	D	B	$r_{s\,min}$	$r_{1s\,min}$ (參考)	F_w	E_w		C_r	C_{0r}
348	①	240	500	95	5	5	310	430	03	1430	1950
2348	②	240	500	155	5	5	310	—	23	2100	3200
1052	③	260	400	65	4	4	296	—	10	645	1000
252	①	260	480	80	5	5	320	420	02	1150	1660
2252	②	260	480	130	5	5	320	—	22	1780	2930
352	①	260	540	102	6	6	336	464	03	1620	2230
2352	②	260	540	165	6	6	336	—	23	2340	3600
1056	③	280	420	65	4	4	316	—	10	660	1050
256	①	280	500	80	5	5	340	440	02	1190	1760
2256	②	280	500	130	5	5	340	—	22	1840	3100
356	①	280	580	108	6	6	362	498	03	1820	2540
2356	②	280	580	175	6	6	362	—	23	2700	4250
1060	③	300	460	74	4	4	340	—	10	855	1340
260	①	300	540	85	5	5	364	476	02	1400	2070
2260	②	300	540	140	5	5	364	—	22	2180	3650
1064	③	320	480	74	4	4	360	—	10	875	1410
264	①	320	580	92	5	5	390	510	02	1600	2390
2264	②	320	580	150	5	5	390	—	22	2550	4350
1068	③	340	520	82	5	5	385	—	10	1050	1670
1072	③	360	540	82	5	5	405	—	10	1080	1750
1076	③	380	560	82	5	5	425	—	10	1100	1840
1080	③	400	600	90	5	5	450	—	10	1320	2190
1084	③	420	620	90	5	5	470	—	10	1350	2290
1088	③	440	650	94	6	6	493	—	10	1430	2430
1092	③	460	680	100	6	6	516	—	10	1540	2630
1096	③	480	700	100	6	6	536	—	10	1580	2750
10/500	③	500	720	100	6	6	556	—	10	1610	2870

〔註〕1. 公稱符號，依表中之圈數字，在公稱符號前附記下述所示各種形式符號(例如：2204E→NU2204E)。

①…所有形式(NU 形，NJ 形，NUP 形，N 形，NF 形)之規定(有 N 形及 NF 形規定只有此形式)。

②…NU 形，NJ 形，NUP 形之規定。

③…NU 形之規定。

2. 基本符號相同之公稱符號，附記 E 之軸承與未附記軸承，在於滾子之尺寸及(或)個數不同。而且，符號 E 亦可用其他符號。

表 10.19　滾柱軸承(複列)的公稱編號與尺寸

(單位 mm)

NF 形(圓筒孔)　NN 形(錐形)　NNU(圓筒孔)　NNU 形(錐形)

錐度 $\frac{1}{12}$

稱呼符號	尺寸							尺寸系列	基本額定負荷 (kN) (參考)	
NN 形、NNU 形	d	D	B	$r_{s\,min}$	$r_{1s\,min}$ (參考)	F_w (參考)	E_w		C_r	C_{0r}
NN 3005	25	47	16	0.6	0.6	—	41.3	30	25.8	30.0
NN 3006	30	55	19	1	1	—	48.5	30	31.0	37.0
NN 3007	35	62	20	1	1	—	55	30	38.0	47.5
NN 3008	40	68	21	1	1	—	61	30	43.5	55.5
NN 3009	45	75	23	1	1	—	67.5	30	52.0	68.5
NN 3010	50	80	23	1	1	—	72.5	30	53.0	72.5
NN 3011	55	90	26	1.1	1.1	—	81	30	69.5	96.5
NN 3012	60	95	26	1.1	1.1	—	86.1	30	71.0	102
NN 3013	65	100	26	1.1	1.1	—	91	30	75.0	111
NN 3014	70	110	30	1.1	1.1	—	100	30	94.5	143
NN 3015	75	115	30	1.1	1.1	—	105	30	96.5	149
NN 3016	80	125	34	1.1	1.1	—	113	30	116	179
NN 3017	85	130	34	1.1	1.1	—	118	30	122	194
NN 3018	90	140	37	1.5	1.5	—	127	30	143	228
NN 3019	95	145	37	1.5	1.5	—	132	30	146	238
NNU 4920	100	140	40	1.1	1.1	113	—	49	131	260
NN 3020	100	150	37	1.5	1.5	—	137	30	153	256
NNU 4921	105	145	40	1.1	1.1	118	—	49	133	268
NN 3021	105	160	41	2	2	—	146	30	198	320
NNU 4922	110	150	40	1.1	1.1	123	—	49	137	284
NN 3022	110	170	45	2	2	—	155	30	229	375
NNU 4924	120	165	45	1.1	1.1	134.5	—	49	183	360
NN 3024	120	180	46	2	2	—	165	30	233	390
NNU 4926	130	180	50	1.5	1.5	146	—	49	220	440
NN 3026	130	200	52	2	2	—	182	30	284	475
NNU 4928	140	190	50	1.5	1.5	156	—	49	227	470
NN 3028	140	210	53	2	2	—	192	30	298	515
NNU 4930	150	210	60	2	2	168.5	—	49	345	690
NN 3030	150	225	56	2.1	2.1	—	206	30	335	585
NNU 4932	160	220	60	2	2	178.5	—	49	355	740
NN 3032	160	240	60	2.1	2.1	—	219	30	375	660
NNU 4934	170	230	60	2	2	188.5	—	49	360	765
NN 3034	170	260	67	2.1	2.1	—	236	30	440	775
NNU 4936	180	250	69	2	2	202	—	49	460	965
NN 3036	180	280	74	2.1	2.1	—	255	30	565	995
NNU 4938	190	260	69	2	2	212	—	49	475	1030
NN 3038	190	290	75	2.1	2.1	—	265	30	580	1040
NNU 4940	200	280	80	2.1	2.1	225	—	49	555	1180
NN 3040	200	310	82	2.1	2.1	—	282	30	655	1170
NNU 4944	220	300	80	2.1	2.1	245	—	49	585	1300
NN 3044	220	340	90	3	3	—	310	30	815	1480
NNU 4948	240	320	80	2.1	2.1	265	—	49	610	1410
NN 3048	240	360	92	3	3	—	330	30	855	1600
NNU 4952	260	360	100	2.1	2.1	292	—	49	900	2070
NN 3052	260	400	104	4	4	—	364	30	1060	1990
NNU 4956	280	380	100	2.1	2.1	312	—	49	925	2200
NN 3056	280	420	106	4	4	—	384	30	1080	2080
NNU 4960	300	420	118	3	3	339	—	49	1200	2800
NN 3060	300	460	118	4	4	—	418	30	1330	2560
NNU 4964	320	440	118	3	3	359	—	49	1240	2970
NN 3064	320	480	121	4	4	—	438	30	1350	2670
NNU 4968	340	460	118	3	3	379	—	49	1270	3150
NN 3068	340	520	133	5	5	—	473	30	1620	3200
NNU 4972	360	480	118	3	3	399	—	49	1270	3250
NN 3072	360	540	134	5	5	—	493	30	1650	3300
NNU 4976	380	520	140	4	4	426	—	49	1630	4050
NN 3076	380	560	135	5	5	—	512	30	1690	3450
NNU 4980	400	540	140	4	4	446	—	49	1690	4300
NNU 4984	420	560	140	4	4	466	—	49	1740	4500
NNU 4988	440	600	160	4	4	490	—	49	2150	5550
NNU 4992	460	620	160	4	4	510	—	49	2220	5850
NNU 4996	480	650	170	5	5	534	—	49	2280	5900
NNU 49/500	500	670	170	5	5	554	—	49	2360	6200

〔註〕公稱符號表示圓筒孔及錐形孔。而且，錐形孔場合，公稱符號後附記 K 符號（例如：NN3005 K）

表 10.20 滾錐軸承的公稱編號與尺寸(JIS B 1534)

(單位mm)

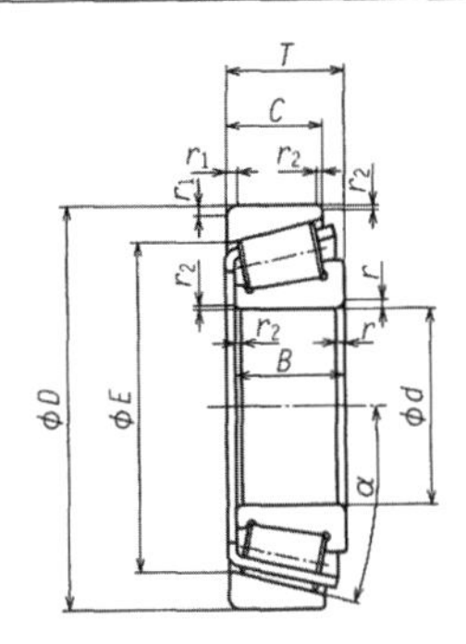

〔註〕1.公稱符號以JIS優先表示。本表僅顯示以往公開之公稱符號。
2.公稱符號中之J3，其主要尺寸與副尺寸依JIS B 1512–3規定。此外，J3也可使用其他符號。
3.請參照ISO 10317。

稱呼符號 (1)		尺寸										基本額定負荷 (kN) (參考)	
JIS (2)	ISO (3)	d	D	T	B	C	$r_{s\,min}$	$r_{1s\,min}$	$r_{2s\,min}$ (參考)	α	E	C_r	C_{0r}
30302J3	T2FB015	15	42	14.25	13	11	1	1	0.3	10°45′29″	33.272	23.2	20.8
30203J3	T2DB017	17	40	13.25	12	11	1	1	0.3	12°57′10″	31.408	20.5	20.3
32203J3	T2DD017	17	40	17.25	16	14	1	1	0.3	11°45′	31.170	27.3	28.3
30303J3	T2FB017	17	47	15.25	14	12	1	1	0.3	10°45′29″	37.420	28.9	26.3
32303J3	T2FD017	17	47	20.25	19	16	1	1	0.3	10°45′29″	36.090	37.5	36.5
32004J3	T3CC020	20	42	15	15	12	0.6	0.6	0.15	14°	32.781	24.9	27.9
30204J3	T2DB020	20	47	15.25	14	12	1	1	0.3	12°57′10″	37.304	28.2	28.7
32204J3	T2DD020	20	47	19.25	18	15	1	1	0.3	12°28′	35.810	36.5	39.5
30304J3	T2FB020	20	52	16.25	15	13	1.5	1.5	0.6	11°18′36″	41.318	35.0	33.5
32304J3	T2FD020	20	52	22.25	21	18	1.5	1.5	0.6	11°18′36″	39.518	46.5	48.5
320/22J3	T3CC022	22	44	15	15	11.5	0.6	0.6	0.15	14°50′	34.708	27.0	31.5
32005J3	T4CC025	25	47	15	15	11.5	0.6	0.6	0.15	16°	37.393	27.8	33.5
30205J3	T3CC025	25	52	16.25	15	13	1	1	0.3	14°02′10″	41.135	31.5	34.0
32205J3	T2CD025	25	52	19.25	18	16	1	1	0.3	13°30′	41.331	42.0	47.0
30305J3	T2FB025	25	62	18.25	17	15	1.5	1.5	0.6	11°18′36″	50.637	48.5	47.5
30305DJ3	T7FB025	25	62	18.25	17	13	1.5	1.5	0.6	28°48′39″	44.130	40.5	43.5
32305J3	T2FD025	25	62	25.25	24	20	1.5	1.5	0.6	11°18′36″	48.637	61.5	64.5
320/28J3	T4CC028	28	52	16	16	12	1	1	0.3	16°	41.991	33.0	40.5
32006J3	T4CC030	30	55	17	17	13	1	1	0.3	16°	44.438	37.5	46.0
30206J3	T3DB030	30	62	17.25	16	14	1	1	0.3	14°02′10″	49.990	43.5	48.0
32206J3	T3DC030	30	62	21.25	20	17	1	1	0.3	14°02′10″	48.982	54.5	64.0
30306J3	T2FB030	30	72	20.75	19	16	1.5	1.5	0.6	11°51′35″	58.287	60.0	61.0
30306DJ3	T7FB030	30	72	20.75	19	14	1.5	1.5	0.6	28°48′39″	51.771	48.5	51.5
32306J3	T2FD030	30	72	28.75	27	23	1.5	1.5	0.6	11°51′35″	55.767	81.0	90.0
320/32J3	T4CC032	32	58	17	17	13	1	1	0.3	16°50′	46.708	37.0	46.5
302/32J3	T3DB032	32	65	18.25	17	15	1	1	0.3	14°	52.500	48.5	54.0
32007J3	T4CC035	35	62	18	18	14	1	1	0.3	16°50′	50.510	41.5	52.5
30207J3	T3DB035	35	72	18.25	17	15	1.5	1.5	0.6	14°02′10″	58.844	55.5	61.5
32207J3	T3DC035	35	72	24.25	23	19	1.5	1.5	0.6	14°02′10″	57.087	72.5	87.0
30307J3	T2FB035	35	80	22.75	21	18	2	1.5	0.6	11°51′35″	65.769	75.0	77.0
30307DJ3	T7FB035	35	80	22.75	21	15	2	1.5	0.6	28°48′39″	58.861	63.5	70.0
32307J3	T2FE035	35	80	32.75	31	25	2	1.5	0.6	11°51′35″	62.829	101	115
32008J3	T3CD040	40	68	19	19	14.5	1	1	0.3	14°10′	56.897	50.0	65.5
30208J3	T3DB040	40	80	19.75	18	16	1.5	1.5	0.6	14°02′10″	65.730	61.0	67.0
32208J3	T3DC040	40	80	24.75	23	19	1.5	1.5	0.6	14°02′10″	64.715	79.5	93.5
30308J3	T2FB040	40	90	25.25	23	20	2	1.5	0.6	12°57′10″	72.703	91.5	102
30308DJ3	T7FB040	40	90	25.25	23	17	2	1.5	0.6	28°48′39″	66.984	77.0	85.5
32308J3	T2FD040	40	90	35.25	33	27	2	1.5	0.6	12°57′10″	69.253	122	150
32009J3	T3CC045	45	75	20	20	15.5	1	1	0.3	14°40′	63.248	57.5	76.5
30209J3	T3DB045	45	85	20.75	19	16	1.5	1.5	0.6	15°06′34″	70.440	67.5	78.5
32209J3	T3DC045	45	85	24.75	23	19	1.5	1.5	0.6	15°06′34″	69.610	82.0	100

表 10.20 滾錐軸承的公稱編號與尺寸(JIS B 1534)(續)

稱呼符號 [1]		尺寸										基本額定負荷 (kN) (參考)	
JIS [2]	ISO [3]	d	D	T	B	C	$r_{s\,min}$	$r_{1s\,min}$	$r_{2s\,min}$ (參考)	α	E	C_r	C_{0r}
30309J3	T2FB045	45	100	27.25	25	22	2	1.5	0.6	12°57′10″	81.780	111	126
30309DJ3	T7FB045	45	100	27.25	25	18	2	1.5	0.6	28°48′39″	75.107	96.0	109
32309J3	T2FD045	45	100	38.25	36	30	2	1.5	0.6	12°57′10″	78.330	154	191
32010J3	T3CC050	50	80	20	20	15.5	1	1	0.3	15°45′	67.841	62.5	88.0
30210J3	T3DB050	50	90	21.75	20	17	1.5	1.5	0.6	15°38′32″	75.078	77.0	93.0
32210J3	T3DC050	50	90	24.75	23	19	1.5	1.5	0.6	15°38′32″	74.226	87.5	109
30310J3	T2FB050	50	110	29.25	27	23	2.5	2	0.6	12°57′10″	90.633	133	152
30310DJ3	T7FB050	50	110	29.25	27	19	2.5	2	0.6	28°48′39″	82.747	113	130
32310J3	T2FD050	50	110	42.25	40	33	2.5	2	0.6	12°57′10″	86.263	184	232
32011J3	T3CC055	55	90	23	23	17.5	1.5	1.5	0.6	15°10′	76.505	80.5	118
30211J3	T3DB055	55	100	22.75	21	18	2	1.5	0.6	15°06′34″	84.197	93.0	111
32211J3	T3DC055	55	100	26.75	25	21	2	1.5	0.6	15°06′34″	82.837	108	134
30311J3	T2FB055	55	120	31.5	29	25	2.5	2	0.6	12°57′10″	99.146	155	179
30311DJ3	T7FB055	55	120	31.5	29	21	2.5	2	0.6	28°48′39″	89.563	132	154
32311J3	T2FD055	55	120	45.5	43	35	2.5	2	0.6	12°57′10″	94.316	215	275
32012J3	T4CC060	60	95	23	23	17.5	1.5	1.5	0.6	16°	80.634	82.0	123
30212J3	T3EB060	60	110	23.75	22	19	2	1.5	0.6	15°06′34″	91.876	105	125
32212J3	T3EC060	60	110	29.75	28	24	2	1.5	0.6	15°06′34″	90.236	130	164
30312J3	T2FB060	60	130	33.5	31	26	3	2.5	1	12°57′10″	107.769	180	210
30312DJ3	T7FB060	60	130	33.5	31	22	3	2.5	1	28°48′39″	98.236	150	176
32312J3	T2FD060	60	130	48.5	46	37	3	2.5	1	12°57′10″	102.939	244	315
32013J3	T4CC065	65	100	23	23	17.5	1.5	1.5	0.6	17°	85.567	83.0	128
30213J3	T3EB065	65	120	24.75	23	20	2	1.5	0.6	15°06′34″	101.934	123	148
32213J3	T3EC065	65	120	32.75	31	27	2	1.5	0.6	15°06′34″	99.484	159	206
30313J3	T2GB065	65	140	36	33	28	3	2.5	1	12°57′10″	116.846	203	238
30313DJ3	T7GB065	65	140	36	33	23	3	2.5	1	28°48′39″	106.359	173	204
32313J3	T2GD065	65	140	51	48	39	3	2.5	1	12°57′10″	111.786	273	350
32014J3	T4CC070	70	110	25	25	19	1.5	1.5	0.6	16°10′	93.633	105	160
30214J3	T3EB070	70	125	26.25	24	21	2	1.5	0.6	15°38′32″	105.748	131	162
32214J3	T3EC070	70	125	33.25	31	27	2	1.5	0.6	15°38′32″	103.765	166	220
30314J3	T2GB070	70	150	38	35	30	3	2.5	1	12°57′10″	125.244	230	272
30314DJ3	T7GB070	70	150	38	35	25	3	2.5	1	28°48′39″	113.449	193	229
32314J3	T2GD070	70	150	54	51	42	3	2.5	1	12°57′10″	119.724	310	405
32015J3	T4CC075	75	115	25	25	19	1.5	1.5	0.6	17°	98.358	106	167
30215J3	T4DB075	75	130	27.25	25	22	2	1.5	0.6	16°10′20″	110.408	139	175
32215J3	T4DC075	75	130	33.25	31	27	2	1.5	0.6	16°10′20″	108.932	168	224
30315J3	T2GB075	75	160	40	37	31	3	2.5	1	12°57′10″	134.097	255	305
30315DJ3	T7GB075	75	160	40	37	26	3	2.5	1	28°48′39″	122.122	215	256
32315J3	T2GD075	75	160	58	55	45	3	2.5	1	12°57′10″	127.887	355	470
32016J3	T3CC080	80	125	29	29	22	1.5	1.5	0.6	15°45′	107.334	139	216
30216J3	T3EB080	80	140	28.25	26	22	2.5	2	0.6	15°38′32″	119.169	160	200
32216J3	T3EC080	80	140	35.25	33	28	2.5	2	0.6	15°38′32″	117.466	199	265
30316J3	T2GB080	80	170	42.5	39	33	3	2.5	1	12°57′10″	143.174	291	350
30316DJ3	T7GB080	80	170	42.5	39	27	3	2.5	1	28°48′39″	129.213	236	283
32316J3	T2GD080	80	170	61.5	58	48	3	2.5	1	12°57′10″	136.504	395	525
32017J3	T4CC085	85	130	29	29	22	1.5	1.5	0.6	16°25′	111.788	142	224
30217J3	T3EB085	85	150	30.5	28	24	2.5	2	0.6	15°38′32″	126.685	183	232
32217J3	T3EC085	85	150	38.5	36	30	2.5	2	0.6	15°38′32″	124.970	224	300
30317J3	T2GB085	85	180	44.5	41	34	4	3	1	12°57′10″	150.433	305	365
30317DJ3	T7GB085	85	180	44.5	41	28	4	3	1	28°48′39″	137.403	247	293
32317J3	T2GD085	85	180	63.5	60	49	4	3	1	12°57′10″	144.223	405	525
32018J3	T3CC090	90	140	32	32	24	2	1.5	0.6	15°45′	119.948	168	270
30218J3	T3FB090	90	160	32.5	30	26	2.5	2	0.6	15°38′32″	134.901	208	267
32218J3	T3FC090	90	160	42.5	40	34	2.5	2	0.6	15°38′32″	132.615	262	360
30318J3	T2GB090	90	190	46.5	43	36	4	3	1	12°57′10″	159.061	335	405
30318DJ3	T7GB090	90	190	46.5	43	30	4	3	1	28°48′39″	145.527	270	320
32318J3	T2GD090	90	190	67.5	64	53	4	3	1	12°57′10″	151.701	450	595
32019J3	T4CC095	95	145	32	32	24	2	1.5	0.6	16°25′	124.927	171	280
30219J3	T3FB095	95	170	34.5	32	27	3	2.5	1	15°38′32″	143.385	226	290

表 10.20 滾錐軸承的公稱編號與尺寸(JIS B 1534)(續)

稱呼符號[1]		尺寸										基本額定負荷 (kN) (參考)	
JIS[2]	ISO[3]	d	D	T	B	C	$r_{s\,min}$	$r_{1s\,min}$	$r_{2s\,min}$ (參考)	α	E	C_r	C_{0r}
32219J3	T3FC095	95	170	45.5	43	37	3	2.5	1	15°38′32″	140.259	299	415
30319J3	T2GB095	95	200	49.5	45	38	4	3	1	12°57′10″	165.861	365	445
30319DJ3	T7GB095	95	200	49.5	45	32	4	3	1	28°48′39″	151.584	296	355
32319J3	T2GD095	95	200	71.5	67	55	4	3	1	12°57′10″	160.318	505	670
32020J3	T4CC100	100	150	32	32	24	2	1.5	0.6	17°	129.269	170	281
30220J3	T3FB100	100	180	37	34	29	3	2.5	1	15°38′32″	151.310	258	335
32220J3	T3FC100	100	180	49	46	39	3	2.5	1	15°38′32″	148.184	330	465
30320J3	T2GB100	100	215	51.5	47	39	4	3	1	12°57′10″	178.578	410	500
32320J3	T2GD100	100	215	77.5	73	60	4	3	1	12°57′10″	171.650	570	770
32021J3	T4DC105	105	160	35	35	26	2.5	2	0.6	16°30′	137.685	201	335
30221J3	T3FB105	105	190	39	36	30	3	2.5	1	15°38′32″	159.795	287	380
32221J3	T3FC105	105	190	53	50	43	3	2.5	1	15°38′32″	155.269	380	540
30321J3	T2GB105	105	225	53.5	49	41	4	3	1	12°57′10″	186.752	435	530
32321J3	T2GD105	105	225	81.5	77	63	4	3	1	12°57′10″	179.359	610	825
32022J3	T4DC110	110	170	38	38	29	2.5	2	0.6	16°	146.290	236	390
30222J3	T3FB110	110	200	41	38	32	3	2.5	1	15°38′32″	168.548	325	435
32222J3	T3FC110	110	200	56	53	46	3	2.5	1	15°38′32″	164.022	420	605
30322J3	T2GB110	110	240	54.5	50	42	4	3	1	12°57′10″	199.925	480	590
32322J3	T2GD110	110	240	84.5	80	65	4	3	1	12°57′10″	192.071	705	970
32024J3	T4DC120	120	180	38	38	29	2.5	2	0.6	17°	155.239	245	420
30224J3	T4FB120	120	215	43.5	40	34	3	2.5	1	16°10′20″	181.257	345	470
32224J3	T4FD120	120	215	61.5	58	50	3	2.5	1	16°10′20″	174.825	460	680
30324J3	T2GB120	120	260	59.5	55	46	4	3	1	12°57′10″	214.892	560	695
32324J3	T2GD120	120	260	90.5	86	69	4	3	1	12°57′10″	207.039	815	1130
32026J3	T4EC130	130	200	45	45	34	2.5	2	0.6	16°10′	172.043	320	545
30226J3	T4FB130	130	230	43.75	40	34	4	3	1	16°10′20″	196.420	375	505
32226J3	T4FD130	130	230	67.75	64	54	4	3	1	16°10′20″	187.088	530	815
30326J3	T2GB130	130	280	63.75	58	49	5	4	1.5	12°57′10″	232.028	650	830
32028J3	T4DC140	140	210	45	45	34	2.5	2	0.6	17°	180.720	330	580
30228J3	T4FB140	140	250	45.75	42	36	4	3	1	16°10′20″	212.270	420	570
32228J3	T4FD140	140	250	71.75	68	58	4	3	1	16°10′20″	204.046	610	920
30328J3	T2GB140	140	300	67.75	62	53	5	4	1.5	12°57′10″	247.910	735	950
32030J3	T4EC150	150	225	48	48	36	3	2.5	1	17°	193.674	370	655
30230J3	T4GB150	150	270	49	45	38	4	3	1	16°10′20″	227.408	450	605
32230J3	T4GD150	150	270	77	73	60	4	3	1	16°10′20″	219.157	700	1070
30330J3	T2GB150	150	320	72	65	55	5	4	1.5	12°57′10″	265.955	825	1070
32032J3	T4EC160	160	240	51	51	38	3	2.5	1	17°	207.209	435	790
30232J3	T4GB160	160	290	52	48	40	4	3	1	16°10′20″	244.958	525	720
32232J3	T4GD160	160	290	84	80	67	4	3	1	16°10′20″	234.942	890	1420
30332J3	T2GB160	160	340	75	68	58	5	4	1.5	12°57′10″	282.751	915	1200
32034J3	T4EC170	170	260	57	57	43	3	2.5	1	16°30′	223.031	500	895
30234J3	T4GB170	170	310	57	52	43	5	4	1.5	16°10′20″	262.483	610	845
32234J3	T4GD170	170	310	91	86	71	5	4	1.5	16°10′20″	251.873	1000	1600
30334J3	T2GB170	170	360	80	72	62	5	4	1.5	12°57′10″	299.991	1010	1320
32036J3	T3FD180	180	280	64	64	48	3	2.5	1	15°45′	239.898	645	1170
30236J3	T4GB180	180	320	57	52	43	5	4	1.5	16°41′57″	270.928	630	890
32236J3	T4GD180	180	320	91	86	71	5	4	1.5	16°41′57″	259.938	1030	1690
32038J3	T4FD190	190	290	64	64	48	3	2.5	1	16°25′	249.853	655	1210
30238J3	T4GB190	190	340	60	55	46	5	4	1.5	16°10′20″	291.083	715	1000
32238J3	T4GD190	190	340	97	92	75	5	4	1.5	16°10′20″	279.024	1150	1850
32040J3	T4FD200	200	310	70	70	53	3	2.5	1	16°	266.039	800	1470
30240J3	T4GB200	200	360	64	58	48	5	4	1.5	16°10′20″	307.196	785	1110
32240J3	T3GD200	200	360	104	98	82	5	4	1.5	15°10′	294.880	1320	2130
32044J3	T4FD220	220	340	76	76	57	4	3	1	16°	292.464	920	1690
32048J3	T4FD240	240	360	76	76	57	4	3	1	17°	310.356	930	1760
32052J3	T4FC260	260	400	87	87	65	5	4	1.5	16°10′	344.432	1200	2270
32056J3	T4FC280	280	420	87	87	65	5	4	1.5	17°	361.811	1220	2350
32060J3	T4GD300	300	460	100	100	74	5	4	1.5	16°10′	395.676	1490	2830
32064J3	T4GD320	320	480	100	100	74	5	4	1.5	17°	415.640	1520	2940

表 10.21　自動調心滾子軸承之公稱編號與尺寸(JIS B 1535)　(單位 mm)

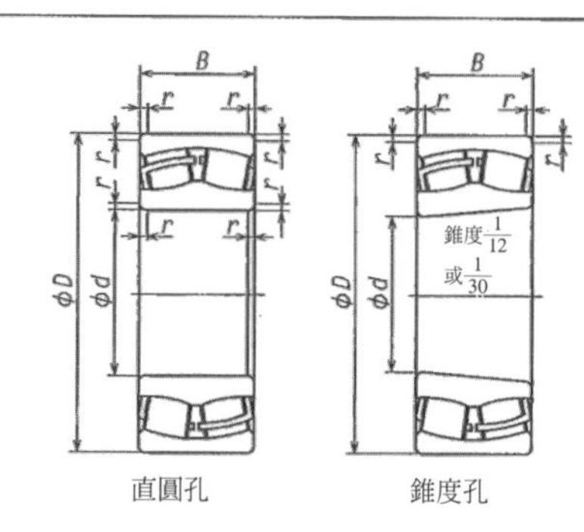

直圓孔　錐度孔

〔註〕公稱符號有直圓孔與錐度孔。但是錐度孔的場合，在公稱符號後附記 K(*印時用 K30)。此外，K 或 K30 其各別之內座圈錐度之基準錐度比爲 1/20 或 1/30。

稱呼符號	尺寸				尺寸系列	基本額定負荷 (kN) (參考)	
	d	D	B	$r_{s\,min}$		C_r	C_{0r}
22205	25	52	18	1	22	36.5	36.0
21305	25	62	17	1.1	03	43.0	40.5
22206	30	62	20	1	22	49.0	49.0
21306	30	72	19	1.1	03	55.0	54.0
22207	35	72	23	1.1	22	69.5	71.0
21307	35	80	21	1.5	03	71.5	76.0
22208	40	80	23	1.1	22	79	88.5
21308	40	90	23	1.5	03	88	90
22308	40	90	33	1.5	23	121	128
22209	45	85	23	1.1	22	82.5	95
21309	45	100	25	1.5	03	102	106
22309	45	100	36	1.5	23	148	167
22210	50	90	23	1.1	22	86	102
21310	50	110	27	2	03	118	127
22310	50	110	40	2	23	186	212
22211	55	100	25	1.5	22	93.5	110
21311	55	120	29	2	03	145	163
22311	55	120	43	2	23	204	234
22212	60	110	28	1.5	22	115	147
21312	60	130	31	2.1	03	167	191
22312	60	130	46	2.1	23	238	273
22213	65	120	31	1.5	22	143	179
21313	65	140	33	2.1	03	194	228
22313	65	140	48	2.1	23	265	320
22214	70	125	31	1.5	22	154	201
21314	70	150	35	2.1	03	220	262
22314	70	150	51	2.1	23	325	380
22215	75	130	31	1.5	22	166	223
21315	75	160	37	2.1	03	239	287
22315	75	160	55	2.1	23	330	410
22216	80	140	33	2	22	179	239
21316	80	170	39	2.1	03	260	315
22316	80	170	58	2.1	23	385	470
22217	85	150	36	2	22	206	272
21317	85	180	41	3	03	289	355
22317	85	180	60	3	23	415	510
22218	90	160	40	2	22	256	345
23218	90	160	52.4	2	32	315	455
21318	90	190	43	3	03	320	400
22318	90	190	64	3	23	480	590
22219	95	170	43	2.1	22	294	390
23219	95	170	56.6	2.1	32	—	—
21319	95	200	45	3	03	335	420
22319	95	200	67	3	23	500	615
23120	100	165	52	2	31	310	470
22220	100	180	46	2.1	22	315	415
23220	100	180	60.3	2.1	32	405	580
21320	100	215	47	3	03	370	465
22320	100	215	73	3	23	605	755
23022	110	170	45	2	30	282	455
23122	110	180	56	2	31	370	580
24122*	110	180	69	2	41	450	755
22222	110	200	53	2.1	22	410	570
23222	110	200	69.8	2.1	32	515	760
21322	110	240	50	3	03	495	615
22322	110	240	80	3	23	745	930
23024	120	180	46	2	30	296	495
24024*	120	180	60	2	40	390	670
23124	120	200	62	2	31	455	705
24124*	120	200	80	2	41	575	945
22224	120	215	58	2.1	22	485	700
23224	120	215	76	2.1	32	585	880
22324	120	260	86	3	23	880	1120
23026	130	200	52	2	30	375	620
24026*	130	200	69	2	40	505	895
23126	130	210	64	2	31	495	795
24126*	130	210	80	2	41	585	995
22226	130	230	64	3	22	570	790
23226	130	230	80	3	32	685	1060
22326	130	280	93	4	23	1000	1290
23028	140	210	53	2	30	405	690
24028*	140	210	69	2	40	510	945
23128	140	225	68	2.1	31	540	895
24128*	140	225	85	2.1	41	670	1150
22228	140	250	68	3	22	685	975
23228	140	250	88	3	32	805	1270
22328	140	300	102	4	23	1130	1460
23030	150	225	56	2.1	30	445	775
24030*	150	225	75	2.1	40	585	1060
23130	150	250	80	2.1	31	730	1190
24130*	150	250	100	2.1	41	885	1520
22230	150	270	73	3	22	775	1160
23230	150	270	96	3	32	935	1460
22330	150	320	108	4	23	1270	1750
23032	160	240	60	2.1	30	505	885
24032*	160	240	80	2.1	40	650	1200
23132	160	270	86	2.1	31	840	1370
24132*	160	270	109	2.1	41	1040	1780
22232	160	290	80	3	22	870	1290
23232	160	290	104	3	32	1050	1660
22332	160	340	114	4	23	1410	1990

表 10.21 自動調心滾子軸承之公稱編號與尺寸(JIS B 1535)(續)

稱呼符號	尺寸				尺寸系列	基本額定負荷 (kN) (參考)	
	d	D	B	$r_{s\,min}$		C_r	C_{0r}
23034	170	260	67	2.1	30	630	1080
24034*	170	260	90	2.1	40	800	1470
23134	170	280	88	2.1	31	885	1490
24134*	170	280	109	2.1	41	1080	1880
22234	170	310	86	4	22	1000	1520
23234	170	310	110	4	32	1180	1960
22334	170	360	120	4	23	1540	2180
23936	180	250	52	2	39	440	835
23036	180	280	74	2.1	30	740	1290
24036*	180	280	100	2.1	40	965	1770
23136	180	300	96	3	31	1030	1730
24136*	180	300	118	3	41	1250	2210
22236	180	320	86	4	22	1040	1610
23236	180	320	112	4	32	1230	2000
22336	180	380	126	4	23	1740	2560
23938	190	260	52	2	39	460	890
23038	190	290	75	2.1	30	755	1350
24038*	190	290	100	2.1	40	995	1850
23138	190	320	104	3	31	1190	2020
24138*	190	320	128	3	41	1420	2480
22238	190	340	92	4	22	1160	1810
23238	190	340	120	4	32	1400	2330
22338	190	400	132	5	23	1870	2790
23940	200	280	60	2.1	39	545	1100
23040	200	310	82	2.1	30	915	1620
24040*	200	310	109	2.1	40	1160	2140
23140	200	340	112	3	31	1350	2270
24140*	200	340	140	3	41	1630	2900
22240	200	360	98	4	22	1310	2010
23240	200	360	128	4	32	1610	2640
22340	200	420	138	5	23	2040	3050
23944	220	300	60	2.1	39	565	1170
23044	220	340	90	3	30	1060	1920
24044*	220	340	118	3	40	1350	2570
23144	220	370	120	4	31	1540	2670
24144*	220	370	150	4	41	1880	3400
22244	220	400	108	4	22	1580	2460
23244	220	400	144	4	32	2010	3350
22344	220	460	145	5	23	2350	3500
23948	240	320	60	2.1	39	565	1190
23048	240	360	92	3	30	1130	2140
24048*	240	360	118	3	40	1410	2770
23148	240	400	128	4	31	1730	3050
24148*	240	400	160	4	41	2110	3800
22248	240	440	120	4	22	1940	3100
23248	240	440	160	4	32	2430	4100
22348	240	500	155	5	23	2720	4100
23952	260	360	75	2.1	39	760	1580
23052	260	400	104	4	30	1420	2620
24052*	260	400	140	4	40	1830	3550
23152	260	440	144	4	31	2140	3850
24152*	260	440	180	4	41	2510	4600
22252	260	480	130	5	22	2230	3600
23252	260	480	174	5	32	2760	4700
22352	260	540	165	6	23	3100	4750
23956	280	380	75	2.1	39	830	1750
23056	280	420	106	4	30	1510	2920
24056*	280	420	140	4	40	1950	3950
23156	280	460	146	5	31	2300	4250
24156*	280	460	180	5	41	2730	5200
22256	280	500	130	5	22	2310	3800
23256	280	500	176	5	32	2930	5150
22356	280	580	175	6	23	3500	5350
23960	300	420	90	3	39	1110	2320
23060	300	460	118	4	30	1890	3550
24060*	300	460	160	4	40	2450	4950
23160	300	500	160	5	31	2750	5000
24160*	300	500	200	5	41	3300	6400
22260	300	540	140	5	22	2670	4350
23260	300	540	192	5	32	3450	6000
23964	320	440	90	3	39	1140	2460
23064	320	480	121	4	30	1960	3850
24064*	320	480	160	4	40	2510	5200
23164	320	540	176	5	31	3100	5800
22264	320	580	150	5	22	3100	5050
23264	320	580	208	5	32	4000	7050
23968	340	460	90	3	39	1220	2650
23068	340	520	133	5	30	2310	4550
24068*	340	520	180	5	40	3000	6200
23168	340	580	190	5	31	3600	6600
23268	340	620	224	6	32	4450	8000
23972	360	480	90	3	39	1320	2930
23072	360	540	134	5	30	2370	4700
23172	360	600	192	5	31	3750	7050
23272	360	650	232	6	32	4850	8700
23976	380	520	106	4	39	1560	3550
23076	380	560	135	5	30	2510	5150
23176	380	620	194	5	31	3900	7500
23276	380	680	240	6	32	5200	9650
23980	400	540	106	4	39	1580	3650
23080	400	600	148	5	30	2980	6050
23180	400	650	200	6	31	4200	8050
23280	400	720	256	6	32	5850	10600
23984	420	560	106	4	39	1630	3850
23084	420	620	150	5	30	3100	6400
23184	420	700	224	6	31	5200	9950
23284	420	760	272	7.5	32	6550	12000
23988	440	600	118	4	39	2030	4700
23088	440	650	157	6	30	3300	6850
23188	440	720	226	6	31	5200	10100
23288	440	790	280	7.5	32	6900	12800
23992	460	620	118	4	39	2100	4950
23092	460	680	163	6	30	3600	7450
23192	460	760	240	7.5	31	5700	11400
23292	460	830	296	7.5	32	7750	14500
23996	480	650	128	5	39	2330	5500
23096	480	700	165	6	30	3650	7700
23196	480	790	248	7.5	31	6200	12300
23296	480	870	310	7.5	32	8300	15500
239/500	500	670	128	5	39	2370	5600
230/500	500	720	167	6	30	3850	8300
231/500	500	830	264	7.5	31	6950	13700
232/500	500	920	336	7.5	32	9400	17800
239/530	530	710	136	5	39	2640	6450
239/560	560	750	140	5	39	2830	6700
239/600	600	800	150	5	39	3150	7800

表 10.22 滾針軸承(尺寸到 49)*之主要尺寸(JIS B 1536-1) (單位 mm)

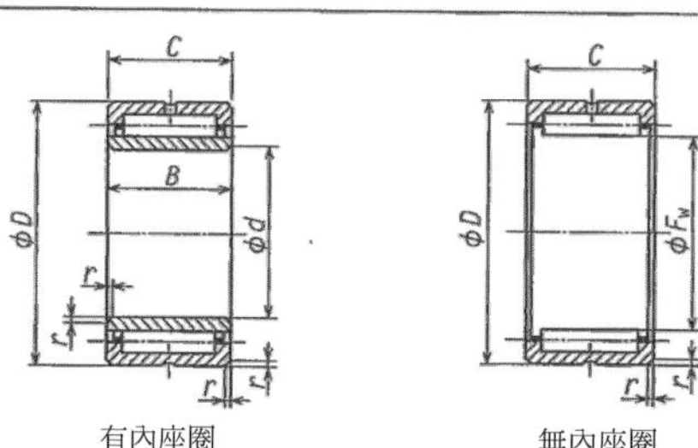

有內座圈 無內座圈

〔備註〕有內座圈及無內座圈軸承中，具有附有保持器或無保持器，單列或複列，以及外座圈油槽有油孔或外座圈油槽無油孔。

〔註〕*舊名稱爲固形滾針軸承。

有內座圈及無內座圈及軸承					稱呼符號 (2)		基本額定負荷 (kN) (參考)	
d	F_w	D	B, C	$r_{s\,min}$ (1)	有內輪軸承	無內輪軸承	C_r	C_{0r}
5	7	13	10	0.15	NA 495	RNA 495	2.67	2.35
6	8	15	10	0.15	NA 496	RNA 496	3.15	3.0
7	9	17	10	0.15	NA 497	RNA 497	3.6	3.65
8	10	19	11	0.2	NA 498	RNA 498	4.3	3.95
9	12	20	11	0.3	NA 499	RNA 499	4.85	4.9
10	14	22	13	0.3	NA 4900	RNA 4900	8.6	9.2
12	16	24	13	0.3	NA 4901	RNA 4901	9.55	10.9
15	20	28	13	0.3	NA 4902	RNA 4902	10.3	12.8
17	22	30	13	0.3	NA 4903	RNA 4903	11.2	14.6
20	25	37	17	0.3	NA 4904	RNA 4904	21.3	25.5
22	28	39	17	0.3	NA 49/22	RNA 49/22	23.2	29.3
25	30	42	17	0.3	NA 4905	RNA 4905	24.0	31.5
28	32	45	17	0.3	NA 49/28	RNA 49/28	24.8	33.5
30	35	47	17	0.3	NA 4906	RNA 4906	25.5	35.5
32	40	52	20	0.6	NA 49/32	RNA 49/32	31.5	47.5
35	42	55	20	0.6	NA 4907	RNA 4907	32.0	50.0
40	48	62	22	0.6	NA 4908	RNA 4908	43.5	66.5
45	52	68	22	0.6	NA 4909	RNA 4909	46.0	73.0
50	58	72	22	0.6	NA 4910	RNA 4910	48.0	80.0
55	63	80	25	1	NA 4911	RNA 4911	58.5	99.5
60	68	85	25	1	NA 4912	RNA 4912	61.5	108
65	72	90	25	1	NA 4913	RNA 4913	62.5	112
70	80	100	30	1	NA 4914	RNA 4914	85.5	156
75	85	105	30	1	NA 4915	RNA 4915	87.0	162
80	90	110	30	1	NA 4916	RNA 4916	90.5	174
85	100	120	35	1.1	NA 4917	RNA 4917	112	237
90	105	125	35	1.1	NA 4918	RNA 4918	116	252
95	110	130	35	1.1	NA 4919	RNA 4919	118	260
100	115	140	40	1.1	NA 4920	RNA 4920	127	260
110	125	150	40	1.1	NA 4922	RNA 4922	131	279
120	135	165	45	1.1	NA 4924	RNA 4924	180	380
130	150	180	50	1.5	NA 4926	RNA 4926	202	455
140	160	190	50	1.5	NA 4928	RNA 4928	209	485

〔註〕(1) 倒角尺寸最大值依 JIS B 1514-3 規定。
(2) 無保持器軸承，其本符號後附記輔助符號 V。

表 10.23　止推自動調心滾子軸承之公稱編號與尺寸

(單位mm)

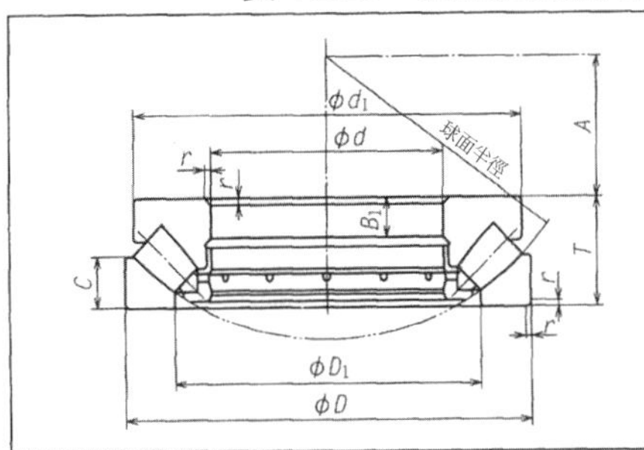

稱呼符號	尺寸				尺寸系列	基本額定負荷 (kN)（參考）	
	d	D	T	$r_{s\,min}$		C_a	C_{0a}
29412	60	130	42	1.5	94	283	805
29413	65	140	45	2	94	330	945
29414	70	150	48	2	94	365	1040
29415	75	160	51	2	94	415	1190
29416	80	170	54	2.1	94	460	1380
29317	85	150	39	1.5	93	265	820
29417	85	180	58	2.1	94	490	1480
29318	90	155	39	1.5	93	285	915
29418	90	190	60	2.1	94	545	1680
29320	100	170	42	1.5	93	345	1160
29420	100	210	67	3	94	685	2130
29322	110	190	48	2	93	445	1500
29422	110	230	73	3	94	845	2620
29324	120	210	54	2.1	93	535	1770
29424	120	250	78	4	94	975	3050
29326	130	225	58	2.1	93	615	2100
29426	130	270	85	4	94	1080	3550
29328	140	240	60	2.1	93	685	2360
29428	140	280	85	4	94	1110	3750
29230	150	215	39	1.5	92	340	1340
29330	150	250	60	2.1	93	675	2390
29430	150	300	90	4	94	1280	4350
29232	160	225	39	1.5	92	360	1460
29332	160	270	67	3	93	820	2860
29432	160	320	95	5	94	1500	5150
29234	170	240	42	1.5	92	425	1770
29334	170	280	67	3	93	855	3050
29434	170	340	103	5	94	1660	5750
29236	180	250	42	1.5	92	450	1920
29336	180	300	73	3	93	995	3600
29436	180	360	109	5	94	1840	6200
29238	190	270	48	2	92	530	2230
29338	190	320	78	4	93	1150	4250
29438	190	380	115	5	94	2010	6800
29240	200	280	48	2	92	535	2300
29340	200	340	85	4	93	1280	4600
29440	200	400	122	5	94	2230	7650
29244	220	300	48	2	92	555	2480
29344	220	360	85	4	93	1390	5200
29444	220	420	122	6	94	2300	8100
29248	240	340	60	2.1	92	825	3600
29348	240	380	85	4	93	1380	5250
29448	240	440	122	6	94	2400	8700
29252	260	360	60	2.1	92	870	3950
29352	260	420	95	5	93	1710	6800
29452	260	480	132	6	94	2740	10000
29256	280	380	60	2.1	92	875	4050
29356	280	440	95	5	93	1800	7250
29456	280	520	145	6	94	3350	12400
29260	300	420	73	3	92	1190	5350
29360	300	480	109	5	93	2140	8250
29460	300	540	145	6	94	3450	13200
29264	320	440	73	3	92	1260	5800
29364	320	500	109	5	93	2220	8800
29464	320	580	155	7.5	94	3700	14200
29268	340	460	73	3	92	1240	5800
29368	340	540	122	5	93	2650	10700
29468	340	620	170	7.5	94	4400	17500
29272	360	500	85	4	92	1510	7050
29372	360	560	122	5	93	2710	11100
29472	360	640	170	7.5	94	4500	18500
29276	380	520	85	4	92	1590	7650
29376	380	600	132	6	93	3200	13300
29476	380	670	175	7.5	94	4900	19700
29280	400	540	85	4	92	1620	7950
29380	400	620	132	6	93	3400	14500
29480	400	710	185	7.5	94	5450	22100
29284	420	580	95	5	92	2100	10400
29384	420	650	140	6	93	3600	15500
29484	420	730	185	7.5	94	5500	22800
29288	440	600	95	5	92	2150	10900
29388	440	680	145	6	93	3800	16400
29488	440	780	206	9.5	94	6400	26200
29292	460	620	95	5	92	2150	11000
29392	460	710	150	6	93	4200	18500
29492	460	800	206	9.5	94	6600	27900
29296	480	650	103	5	92	2400	12000
29396	480	730	150	6	93	4200	18700
29496	480	850	224	9.5	94	7500	31500
292/500	500	670	103	5	92	2540	13000
293/500	500	750	150	6	93	4300	19300
294/500	500	870	224	9.5	94	7850	33000

表 10.24　磁性滾珠軸承的稱呼號碼與尺寸

(單位 mm)

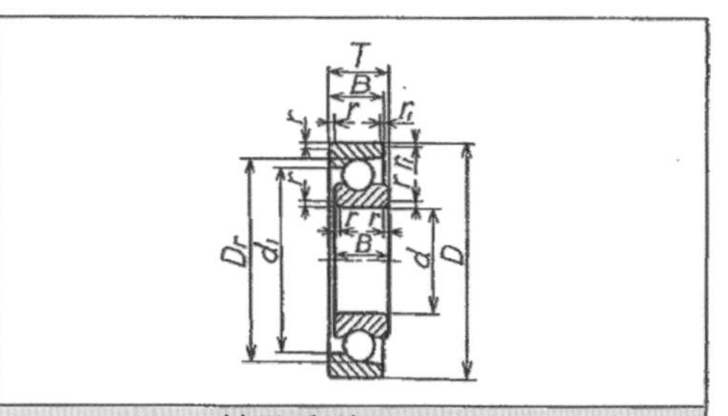

軸承系列 E, EN						
稱呼符號	d	D	B	T	r	r_1
3	3	16	5	5	0.3	0.2
4	4	16	5	5	0.3	0.2
5	5	16	5	5	0.3	0.2
6	6	21	7	7	0.5	0.3
7	7	22	7	7	0.5	0.3
8	8	24	7	7	0.5	0.3
9	9	28	8	8	0.5	0.3
10	10	28	8	8	0.5	0.3
11	11	32	7	7	0.5	0.3
12	12	32	7	7	0.5	0.3
13	13	30	7	7	0.5	0.3
14	14	35	8	8	0.5	0.3
15	15	35	8	8	0.5	0.3
16	16	38	10	10	0.7	0.4
17	17	44	11	11	1.0	0.6
18	18	40	9	9	0.7	0.4
19	19	40	9	9	0.7	0.4
20	20	47	12	12	1.5	1.0

〔註〕JIS B 1538；1998 年廢除。

此外，由軸之強點來把階段部位做成大圓角，或軸肩低的場合，如圖(d)所示，軸肩與內座圈之間，置入座圈使達充分之接觸。

表 10.25 爲滾動軸承用鎖緊螺帽。公稱符號AN(或ANL)40 以下，HN42(或HNL41)以上，使用表 10.26 所示之墊圈，公稱符號 AN(或 ANL)44 以上，使用表 10.27 所示之鎖緊墊圈，鎖緊螺帽之螺紋孔，以小螺釘固定。

而且有錐孔之滾動軸承，也有安裝在錐度軸的場合，一般卸下滾動軸承用接頭，用接頭套安裝。接頭爲滾動軸承用接頭套，滾動軸承用鎖緊螺帽及座圈(或墊圈)之組合。

表 10.28 爲接頭及拔出頭套與適合軸承之關係。此外，表 10.29 爲各系列接頭尺寸。接頭之公稱符號，由接頭之系列符號(H30，H31 等)及使用軸承之內徑符號(參考表 10.8)所構成。且接頭套之分割寬度有寬分割形與窄分割形，窄分割形使用 X 形墊圈時，上述公稱符號後附記 X 符號。

此外，表 10.31 爲傳動軸等使用之軸台軸承箱，使用在接頭之滾動軸承。

(2)　角隅部的圓角半徑與肩部高度

軸與外殼角隅部的圓角半徑如未比滾動軸承座圈角隅的最小去角尺寸(參照表 10.33～表 10.34)，則會產生干涉，無法正確安裝軸承，因此 JIS 對其最大值之規定如表 10.32 所示。

表 10.25 滾動軸承用鎖緊螺帽(JIS B 1554) (單位 mm)

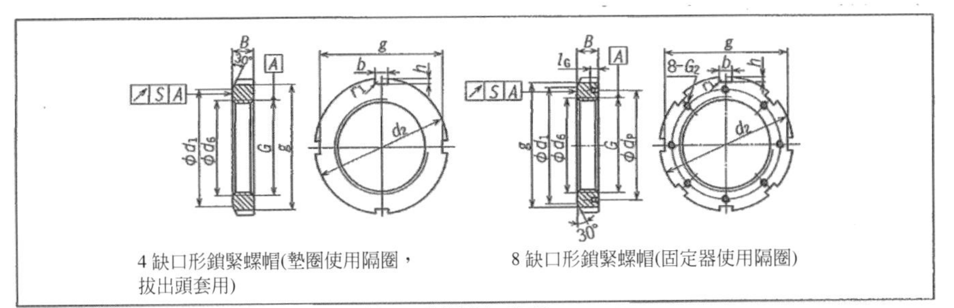

4 缺口形鎖緊螺帽(墊圈使用隔圈，拔出頭套用)　　8 缺口形鎖緊螺帽(固定器使用隔圈)

(a) 4 缺口形螺帽(系列 AN，HN)

公稱符號	G	d	d_1	d_2	B	b	h	(參考)		
								d_6	g	r_1(最大)
AN 00	M 10×0.75	10	13.5	18	4	3	2	10.5	14	0.4
AN 01	M 12×1	12	17	22	4	3	2	12.5	18	0.4
AN 02	M 15×1	15	21	25	5	4	2	15.5	21	0.4
AN 03	M 17×1	17	21	28	5	4	2	17.5	24	0.4
AN 04	M 20×1	20	26	32	6	4	2	20.5	28	0.4
AN/22	M 22×1	22	28	34	6	4	2	22.5	30	0.4
AN 05	M 25×1.5	25	32	38	7	5	2	25.8	34	0.4
AN/28	M 28×1.5	28	36	42	7	5	2	28.8	38	0.4
AN 06	M 30×1.5	30	38	45	7	5	2	30.8	41	0.4
AN/32	M 32×1.5	32	40	48	8	5	2	32.8	44	0.4
AN 07	M 35×1.5	35	44	52	8	5	2	35.8	48	0.4
AN 08	M 40×1.5	40	50	58	9	6	2.5	40.8	53	0.5
AN 09	M 45×1.5	45	56	65	10	6	2.5	45.8	60	0.5
AN 10	M 50×1.5	50	61	70	11	6	2.5	50.8	65	0.5
AN 11	M 55×2	55	67	75	11	7	3	56	69	0.5
AN 12	M 60×2	60	73	80	11	7	3	61	74	0.5
AN 13	M 65×2	65	79	85	12	7	3	66	79	0.5
AN 14	M 70×2	70	85	92	12	8	3.5	71	85	0.5
AN 15	M 75×2	75	90	98	13	8	3.5	76	91	0.5
AN 16	M 80×2	80	95	105	15	8	3.5	81	98	0.6
AN 17	M 85×2	85	102	110	16	8	3.5	86	103	0.6
AN 18	M 90×2	90	108	120	16	10	4	91	112	0.6
AN 19	M 95×2	95	113	125	17	10	4	96	117	0.6
AN 20	M 100×2	100	120	130	18	10	4	101	122	0.6
AN 21	M 105×2	105	126	110	18	12	5	106	130	0.7
AN 22	M 110×2	110	133	145	19	12	5	111	135	0.7
AN 23	M 115×2	115	137	150	19	12	5	116	140	0.7
AN 24	M 120×2	120	138	155	20	12	5	121	145	0.7
AN 25	M 125×2	125	148	160	21	12	5	126	150	0.7
AN 26	M 130×2	130	149	165	21	12	5	131	155	0.7
AN 27	M 135×2	135	160	175	22	14	6	136	163	0.7
AN 28	M 140×2	140	160	180	22	14	6	141	168	0.7
AN 29	M 145×2	145	171	190	24	14	6	146	178	0.7
AN 30	M 150×2	150	171	195	24	14	6	151	183	0.7
AN 31	M 155×3	155	182	200	25	16	7	156.5	186	0.7
AN 32	M 160×3	160	182	210	25	16	7	161.5	196	0.7
AN 33	M 165×3	165	193	210	26	16	7	166.5	196	0.7
AN 34	M 170×3	170	193	220	26	16	7	171.5	206	0.7
AN 36	M 180×3	180	203	230	27	18	8	181.5	214	0.7
AN 38	M 190×3	190	214	240	28	18	8	191.5	224	0.7
AN 40	M 200×3	200	226	250	29	18	8	201.5	234	0.7
HN 42	Tr 210×4	210	238	270	30	20	10	212	250	0.8
HN 44	Tr 220×4	220	250	280	32	20	10	222	260	0.8
HN 46	Tr 230×4	230	260	290	34	20	10	232	270	0.8
HN 48	Tr 240×4	240	270	300	34	20	10	242	280	0.8

表 10.25　滾動軸承用鎖緊螺帽(JIS B 1554)(續)

公稱符號	G	d	d_1	d_2	B	b	h	(參考)		
								d_6	g	r_1(最大)
HN 50	Tr 250×4	250	290	320	36	20	10	252	300	0.8
HN 52	Tr 260×4	260	300	330	36	24	12	262	306	0.8
HN 56	Tr 280×4	280	320	350	38	24	12	282	326	0.8
HN 58	Tr 290×4	290	330	370	40	24	12	292	346	0.8
HN 60	Tr 300×4	300	340	380	40	24	12	302	356	0.8
HN 62	Tr 310×5	310	350	390	42	24	12	312.5	366	0.8
HN 64	Tr 320×5	320	360	400	42	24	12	322.5	376	0.8
HN 66	Tr 330×5	330	380	420	52	28	15	332.5	390	1
HN 68	Tr 340×5	340	400	440	55	28	15	342.5	410	1
HN 70	Tr 350×5	350	410	450	55	28	15	352.5	420	1
HN 72	Tr 360×5	360	420	460	58	28	15	362.5	430	1
HN 74	Tr 370×5	370	430	470	58	28	15	372.5	440	1
HN 76	Tr 380×5	380	450	490	60	32	18	382.5	454	1
HN 80	Tr 400×5	400	470	520	62	32	18	402.5	484	1
HN 84	Tr 420×5	420	490	540	70	32	18	422.5	504	1
HN 88	Tr 440×5	440	510	560	70	36	20	442.5	520	1
HN 92	Tr 460×5	460	540	580	75	36	20	462.5	540	1
HN 96	Tr 480×5	480	560	620	75	36	20	482.5	580	1
HN 100	Tr 500×5	500	580	630	80	40	23	502.5	584	1
HN 102	Tr 510×6	510	590	650	80	40	23	513	604	1
HN 106	Tr 530×6	530	610	670	80	40	23	533	624	1
HN 110	Tr 550×6	550	640	700	80	40	23	553	654	1

(b) 4 缺口形螺帽(系列 ANL，HNL)

公稱符號	G	d	d_1	d_2	B	b	h	(參考)		
								d_6	g	r_1(最大)
ANL 24	M 120×2	120	133	145	20	12	5	121	135	0.7
ANL 24B*	M 120×2	120	135	145	20	12	5	121	135	0.7
ANL 26	M 130×2	130	143	155	21	12	5	131	145	0.7
ANL 26B*	M 130×2	130	145	155	21	12	5	131	145	0.7
ANL 28	M 140×2	140	151	165	22	14	6	141	153	0.7
ANL 28B*	M 140×2	140	155	165	22	12	5	141	153	0.7
ANL 30	M 150×2	150	164	180	24	14	6	151	168	0.7
ANL 30B*	M 150×2	150	170	180	24	14	5	151	168	0.7
ANL 32	M 160×3	160	174	190	25	16	7	161.5	176	0.7
ANL 32B*	M 160×3	160	180	190	25	14	5	161.5	176	0.7
ANL 34	M 170×3	170	184	200	26	16	7	171.5	186	0.7
ANL 34B*	M 170×3	170	190	200	26	16	5	171.5	186	0.7
ANL 36	M 180×3	180	192	210	27	18	8	181.5	194	0.7
ANL 36B*	M 180×3	180	200	210	27	16	5	181.5	194	0.7
ANL 38	M 190×3	190	202	220	28	18	8	191.5	204	0.7
ANL 38B*	M 190×3	190	210	220	28	16	5	191.5	204	0.7
ANL 40	M 200×3	200	218	240	29	18	8	201.5	224	0.7
ANL 40B*	M 200×3	200	222	240	29	18	8	201.5	224	0.7
HNL 41	Tr 205×4	205	232	250	30	18	8	207	234	0.8
HNL 43	Tr 215×4	215	242	260	30	20	9	217	242	0.8
HNL 44	Tr 220×4	220	242	260	30	20	9	222	242	0.8
HNL 47	Tr 235×4	235	262	280	34	20	9	237	262	0.8
HNL 48	Tr 240×4	240	270	290	34	20	10	242	270	0.8
HNL 52	Tr 260×4	260	290	310	34	20	10	262	290	0.8
HNL 56	Tr 280×4	280	310	330	38	24	10	282	310	0.8
HNL 60	Tr 300×4	300	336	360	42	24	12	302	336	0.8
HNL 64	Tr 320×5	320	356	380	42	24	12	322.5	356	1
HNL 68	Tr 340×5	340	376	400	45	24	12	342.5	376	1
HNL 69	Tr 345×5	345	384	410	45	28	13	347.5	384	1
HNL 72	Tr 360×5	360	394	420	45	28	13	362.5	394	1
HNL 73	Tr 365×5	365	404	430	48	28	13	367.5	404	1
HNL 76	Tr 380×5	380	422	450	48	28	14	382.5	422	1
HNL 77	Tr 385×5	385	422	450	48	28	14	387.5	422	1
HNL 80	Tr 400×5	400	442	470	52	28	14	402.5	442	1
HNL 82	Tr 410×5	410	452	480	52	32	14	412.5	452	1

表 10.25　滾動軸承用鎖緊螺帽(JIS B 1554)(續)

公稱符號	G	d	d_1	d_2	B	b	h	(參考)		
								d_6	g	r_1(最大)
HNL 84	Tr 420×5	420	462	490	52	32	14	422.5	462	1
HNL 86	Tr 430×5	430	472	500	52	32	14	432.5	472	1
HNL 88	Tr 440×5	440	490	520	60	32	15	442.5	490	1
HNL 90	Tr 450×5	450	490	520	60	32	15	452.5	490	1
HNL 92	Tr 460×5	460	510	540	60	32	15	462.5	510	1
HNL 94	Tr 470×5	470	510	540	60	32	15	472.5	510	1
HNL 96	Tr 480×5	480	530	560	60	36	15	482.5	530	1
HNL 98	Tr 490×5	490	550	580	60	36	15	492.5	550	1
HNL 100	Tr 500×5	500	550	580	68	36	15	502.5	550	1
HNL 104	Tr 520×6	520	570	600	68	36	15	523	570	1
HNL 106	Tr 530×6	530	590	630	68	40	20	533	590	1
HNL 108	Tr 540×6	540	590	630	68	40	20	543	590	1

(c) 8 缺口形螺帽(系列 AN)

公稱符號	G	d	d_1	d_2	B	b	h	(參考)					
								d_6	g	r_1 (最大)	l_G	G_2	d_p
AN 44	Tr 220×4	220	250	280	32	20	10	222	260	0.8	15	M 8	238
AN 48	Tr 240×4	240	270	300	34	20	10	242	280	0.8	15	M 8	258
AN 52	Tr 260×4	260	300	330	36	24	12	262	306	0.8	18	M 10	281
AN 56	Tr 280×4	280	320	350	38	24	12	282	326	0.8	18	M 10	301
AN 60	Tr 300×4	300	340	380	40	24	12	302	356	0.8	18	M 10	326
AN 64	Tr 320×5	320	360	400	42	24	12	322.5	376	0.8	18	M 10	345
AN 68	Tr 340×5	340	400	440	55	28	15	342.5	410	1	21	M 12	372
AN 72	Tr 360×5	360	420	460	58	28	15	362.5	430	1	21	M 12	392
AN 76	Tr 380×5	380	450	490	60	32	18	382.5	454	1	21	M 12	414
AN 76B*	Tr 380×5	380	440	490	60	32	18	382.5	454	1	21	M 12	414
AN 80	Tr 400×5	400	470	520	62	32	18	402.5	484	1	27	M 16	439
AN 80B*	Tr 400×5	400	460	520	62	32	18	402.5	484	1	27	M 16	439
AN 84	Tr 420×5	420	490	540	70	32	18	422.5	504	1	27	M 16	459
AN 88	Tr 440×5	440	510	560	70	36	20	442.5	520	1	27	M 16	477
AN 92	Tr 460×5	460	540	580	75	36	20	462.5	540	1	27	M 16	497
AN 96	Tr 480×5	480	560	620	75	36	20	482.5	580	1	27	M 16	527
AN 100	Tr 500×5	500	580	630	80	40	23	502.5	584	1	27	M 16	539

(d) 8 缺口形螺帽(系列 ANL)

公稱符號	G	d	d_1	d_2	B	b	h	(參考)					
								d_6	g	r_1 (最大)	l_G	G_2	d_p
ANL 44	Tr 220×4	220	242	260	30	20	9	222	242	0.8	12	M 6	229
ANL 48	Tr 240×4	240	270	290	34	20	10	242	270	0.8	15	M 8	253
ANL 52	Tr 260×4	260	290	310	34	20	10	262	290	0.8	15	M 8	273
ANL 56	Tr 280×4	280	310	330	38	24	10	282	310	0.8	15	M 8	293
ANL 60	Tr 300×4	300	336	360	42	24	12	302	336	0.8	15	M 8	316
ANL 64	Tr 320×5	320	356	380	42	24	12	322.5	356	0.8	15	M 8	335
ANL 68	Tr 340×5	340	376	400	45	24	12	342.5	376	1	15	M 8	355
ANL 72	Tr 360×5	360	394	420	45	28	13	362.5	394	1	15	M 8	374
ANL 76	Tr 380×5	380	422	450	48	28	14	382.5	422	1	18	M 10	398
ANL 80	Tr 400×5	400	442	470	52	28	14	402.5	442	1	18	M 10	418
ANL 84	Tr 420×5	420	462	490	52	32	14	422.5	462	1	18	M 10	438
ANL 88	Tr 440×5	440	490	520	60	32	15	442.5	490	1	21	M 12	462
ANL 92	Tr 460×5	460	510	540	60	32	15	462.5	510	1	21	M 12	482
ANL 96	Tr 480×5	480	530	560	60	36	15	482.5	530	1	21	M 12	502
ANL 100	Tr 500×5	500	550	580	68	36	15	502.5	550	1	21	M 12	522

〔註〕*以往 JIS 並沒有，對應國際規格所制定的。此外，本表中省略部分公稱符號之大者。

表 10.26　滾動軸承用座圈(JIS B 1554:2016)　(單位 mm)

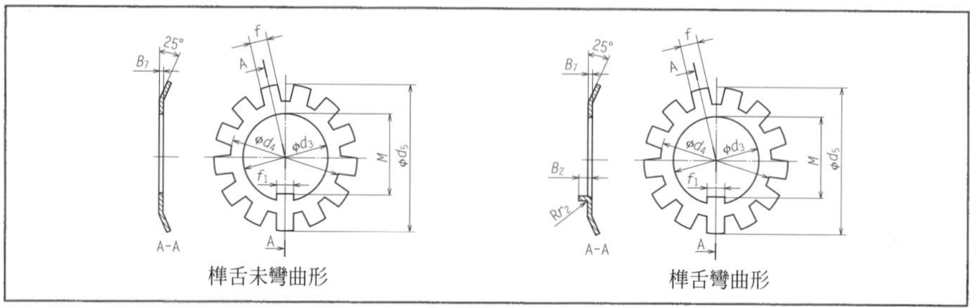

榫舌未彎曲形　榫舌彎曲形

(a) 系列 AW

公稱符號 末彎曲形 (X)(1) / 彎曲形 (A, B)(1)	AW-X, AW-A, AW-B d_3	d_4	d_5 ≒	f_1	M	f(3)	B_7 ≒	N(4) (最小)	AW-A B_2	AW-B B_2	AW-A r_2 (參考)	AW-B r_2 (參考)
AW 00	10	13.5	21	3	8.5	3	1	9	—	3	—	1
AW 01	12	17	25	3	10.5	3	1	11	—	3	—	1
AW 02	15	21	28	4	13.5	4	1	11	3.5	4	1	1
AW 03	17	24	32	4	15.5	4	1	11	3.5	4	1	1
AW 04	20	26	36	4	18.5	4	1	11	3.5	4	1	1
AW /22	22	28	38	4	20.5	4	1	11	3.5	4	1	1
AW 05	25	32	42	5	23	5	1.25	13	3.75	4	1	1
AW /28	28	36	46	5	26	5	1.25	13	3.75	4	1	1
AW 06	30	38	49	5	27.5	5	1.25	13	3.75	4	1	1
AW /32	32	40	52	5	29.5	5	1.25	13	3.75	4	1	1
AW 07	35	44	57	6	32.5	5	1.25	13	3.75	4	1	1
AW 08	40	50	62	6	37.5	6	1.25	13	3.75	5	1	1
AW 09	45	56	69	6	42.5	6	1.25	13	3.75	5	1	1
AW 10	50	61	74	6	47.5	6	1.25	13	3.75	5	1	1
AW 11	55	67	81	8	52.5	7	1.5	17	5.5	5	1	1
AW 12	60	73	86	8	57.5	7	1.5	17	5.5	6	1.2	1.2
AW 13	65	79	92	8	62.5	7	1.5	17	5.5	6	1.2	1.2
AW 14	70	85	98	8	66.5	8	1.5	17	5.5	6	1.2	1.2
AW 15	75	90	104	8	71.5	8	1.5	17	5.5	6	1.2	1.2
AW 16	80	95	112	10	76.5	8	1.8	17	5.8	6	1.2	1.2
AW 17	85	102	119	10	81.5	8	1.8	17	5.8	8	1.2	1.2
AW 18	90	108	126	10	86.5	10	1.8	17	5.8	8	1.2	1.2
AW 19	95	113	133	10	91.5	10	1.8	17	5.8	8	1.2	1.2
AW 20	100	120	142	12	96.5	10	1.8	17	7.8	8	1.2	1.2
AW 21	105	126	145	12	100.5	12	1.8	17	7.8	10	1.2	1.2
AW 22	110	133	154	12	105.5	12	1.8	17	7.8	10	1.2	1.2
AW 23	115	137	159	12	110.5	12	2	17	8	10	1.5	1.5
AW 24	120	138	164	14	115	12	2	17	8	10	1.5	1.5
AW 25	125	148	170	14	120	12	2	17	8	10	1.5	1.5
AW 26	130	149	175	14	125	12	2	17	8	10	1.5	1.5
AW 27	135	160	185	14	130	14	2	17	8	10	1.5	1.5
AW 28	140	160	192	16	135	14	2	17	10	—	1.5	—
AW 29	145	171	202	16	140	14	2	17	10	—	1.5	—
AW 30	150	171	205	16	145	14	2	17	10	—	1.5	—
AW 31	155	182	212	16	147.5	16	2.5	19	10.5	12	1.5	1.5
AW 32	160	182	217	18	154	16	2.5	19	10.5	12	1.5	1.5
AW 33	165	193	222	18	157.5	16	2.5	19	10.5	12	1.5	1.5
AW 34	170	193	232	18	164	16	2.5	19	10.5	12	1.5	1.5
AW 36	180	203	242	20	174	18	2.5	19	10.5	12	1.5	1.5
AW 38	190	214	252	20	184	18	2.5	19	10.5	12	1.5	1.5
AW 40	200	226	262	20	194	18	2.5	19	10.5	12	1.5	1.5

表 10.26 滾動軸承用座圈(JIS B 1554)(續)

(b) 系列 AWL

公稱符號		AWL-X, AWL-Y, AWL-A				AWL -X	AWL -Y	AWL -A	AWL -X	AWL -Y	AWL -A	AWL -X	AWL -Y	AWL -A	AWL -X	AWL -Y	AWL -A	AWL -A	AWL -A
未彎曲形 (X, Y)(2)	彎曲形 (A)(2)	d_3	f_1	M	B_7 ≒	d_4			d_5 ≒			f			N (最小)			B_2	r_2 (參考)
AWL 24		120	14	115	2	133	135	133	155	151	155	12	12	12	19	17	19	8	1.5
AWL 26		130	14	125	2	143	145	143	165	161	165	12	12	12	19	17	19	8	1.5
AWL 28		140	16	135	2	151	155	151	175	171	175	14	12	14	19	17	19	10	1.5
AWL 30		150	16	145	2	164	170	164	190	188	190	14	14	14	19	17	19	10	1.5
AWL 32		160	18	154	2.5	174	180	174	200	199	200	16	14	16	19	19	19	10.5	1.5
AWL 34		170	18	164	2.5	184	190	184	210	211	210	16	16	16	19	19	19	10.5	1.5
AWL 36		180	20	174	2.5	192	200	192	220	221	220	18	16	18	19	19	19	10.5	1.5
AWL 38		190	20	184	2.5	202	210	202	230	231	230	18	16	18	19	19	19	10.5	1.5
AWL 40		200	20	194	2.5	218	222	218	250	248	250	18	18	18	19	19	19	10.5	1.5

〔註〕(1) 公稱符號，未彎曲場合在符號之後附記 X，彎曲場合符號之後附記 A 或 B。
X，A：以往國內規格，Y：對應國際規格(以往 JIS 無)。
B：與 Y 相同，對應 A，主要之榫舌長度 B_2 不同。
此外，符號 A 的場合，也可以省略。
(2) 與上述相同，未彎曲形之場合，符號後附記 X 或 Y，彎曲形之場合附記 A。其他與上述相同。
(3) f 必須比鎖緊螺帽之切口寬 b 小。
(4) N 爲墊圈之齒輪數，與鎖緊螺帽之缺口數合併，以奇數爲佳。
本表中，系列 AW 公稱符號大者部分省略。

表 10.27 滾動軸承用固定器(JIS B 1554：2016) (單位 mm)

固定器及適用螺栓

(a) 系列 AL

公稱符號	s ≒	s_1 (1)	h_1	d_6	e	l (2) ≒	G_2	L_3
AL 44	4	20	12	9	22.5	16	M 8	30.5
AL 52	4	24	12	12	25.5	20	M 10	33.5
AL 60	4	24	12	12	30.5	20	M 10	38.5
AL 64	5	24	15	12	31	20	M 10	41
AL 68	5	28	15	14	38	25	M 12	48
AL 76	5	32	15	14	40	25	M 12	50
AL 80	5	32	15	18	45	30	M 16	55
AL 88	5	36	15	18	43	30	M 16	53
AL 96	5	36	15	18	53	30	M 16	63
AL 100	5	40	15	18	45	30	M 16	55

(b) 系列 ALL

公稱符號	s ≒	s_1 (1)	h_1	d_6	e	l (2) ≒	G_2	L_3
ALL 44	4	20	12	7	13.5	12	M 6	21.5
ALL 48	4	20	12	9	17.5	16	M 8	25.5
ALL 56	4	24	12	9	17.5	16	M 8	25.5
ALL 60	4	24	12	9	20.5	16	M 8	28.5
ALL 64	5	24	15	9	21	16	M 8	31
ALL 72	5	28	15	9	20	16	M 8	30
ALL 76	5	28	15	12	24	20	M 10	34
ALL 84	5	32	15	12	24	20	M 10	34
ALL 88	5	32	15	14	28	25	M 12	38
ALL 96	5	36	15	14	28	25	M 12	38

〔註〕(1) b_1 必須比螺帽之缺口幅 b 小。
(2) 此固定器使用螺帽之螺紋長，建議使用表中之尺寸。

表 10.28　隔圈及拔出頭套之適合軸承(JIS B 1552)　(單位 mm)

(a) 隔圈與適合之軸承

隔圈系列		H 30	H 31		H 2	H 32	H 3		H 23		H 39
適合軸承之尺寸系列		30	31	22	02	32	22	03	32	23	39
軸承之內徑符號範圍		24～/500	20～/500	24～64	02～22	60～/500	02～22	02～22	18～56	02～56	36K～/600
適合之軸承	自動調心滾珠軸承	—	—	—	1202K～1222K	—	2202K～2222K	1302K～1322K	—	2302K～2322K	—
	自動調心滾子軸承	23023K～230/500K	23120K～231/500K	22224K～22264K	—	23260K～232/500K	22205K～22222K	21305K～21322K	23218K～23256K	22308K～22356K	23936K～239/600K

(b) 拔出頭套與適合之軸承

拔出頭套系列		AH 30	AH 31		AH 2	AH 22	AH 32	
適合軸承之尺寸系列		30	31	22	02	22	32	
軸承內徑符號範圍		24～/500	22～/500	22～34	08～22	36～64	18～40	60～/500
適合之軸承	自動調心滾珠軸承	—	—	2222K	1208K～1222K	—	—	—
	自動調心滾子軸承	23024K～230/500K	23122K～231/500K	22222K～22234K	—	22236K～22264K	23218K～23240K	23260K～232/500K

拔出頭套系列		AH 3		AH 23		AH 39	AH 240	AH 241
適合軸承之尺寸系列		03	22	23	32	39	40	41
軸承內徑符號範圍		08～22	08～20	08～22	44～56	36～/600	26～68	22～56
適合之軸承	自動調心滾珠軸承	1308K～1322K	2208K～2220K	2308K～2322K	—	—	—	—
	自動調心滾子軸承	21308K～21322K	22208K～22220K	22308K～22356K	23244K～23256K	23936K～239/600	24026K30～24068K30	24122K30～24156K30

表 10.29　滾動軸承用隔圈(JIS B 1552)　(單位 mm)

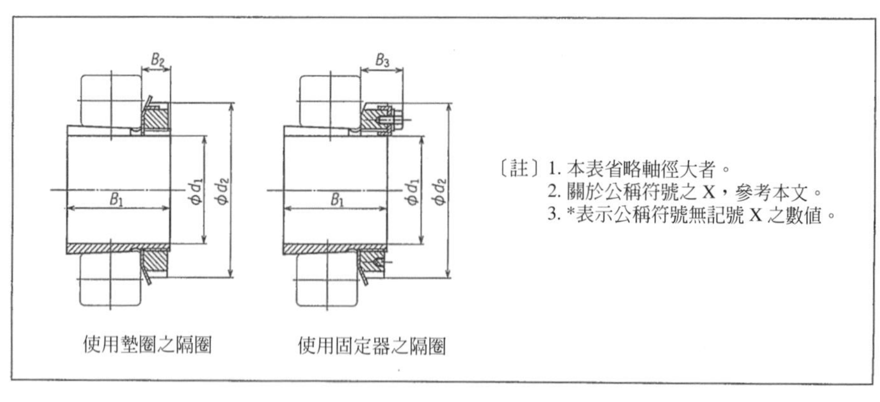

使用墊圈之隔圈　　使用固定器之隔圈

〔註〕1. 本表省略軸徑大者。
2. 關於公稱符號之 X，參考本文。
3. *表示公稱符號無記號 X 之數值。

表 10.29 滾動軸承用隔圈(JIS B 1552)(續)

隔圈系列 H30

公稱符號	d_1	B_2	B_3	d_2	B_1
H 3024 X	110	22	—	145	72
H 3026 X	115	23	—	155	80
H 3028 X	125	24	—	165	82
H 3030 X	135	26	—	180	87
H 3032 X	140	28	—	190	93
H 3034 X	150	29	—	200	101
H 3036 X	160	30	—	210	109
H 3038 X	170	31	—	220	112
H 3040 X	180	32	—	240	120
H 3044	200	—	41	260	126
H 3048	220	—	46	290	133
H 3052	240	—	46	310	145
H 3056	260	—	50	330	152
H 3060	280	—	54	360	168
H 3064	300	—	55	380	171
H 3068	320	—	58	400	187
H 3072	340	—	58	420	188
H 3076	360	—	62	450	193
H 3080	380	—	66	470	210
H 3084	400	—	66	490	212
H 3088	410	—	77	520	228
H 3092	430	—	77	540	234
H 3096	450	—	77	560	237
H 30/500	470	—	85	580	247

隔圈系列 H31

公稱符號	d_1	B_2	B_3	d_2	B_1
H 3120 X	90	20	—	130	76
H 3121 X	95	20	—	140	80
H 3122 X	100	21	—	145	81
H 3124 X	110	22	—	155	88
H 3126 X	115	23	—	165	92
H 3128 X	125	24	—	180	97
H 3130 X	135	26	—	195	111
H 3132 X	140	28	—	210	119
H 3134 X	150	29	—	220	122
H 3136 X	160	30	—	230	131
H 3138 X	170	31	—	240	141
H 3140 X	180	32	—	250	150
H 3144 X	200	35	44*	280	158*, 161
H 3148 X	220	37	46*	300	169*, 172
H 3152 X	240	39	49*	330	187*, 190
H 3156 X	260	41	51*	350	192*, 195
H 3160	280	—	53	380	208
H 3164	300	—	56	400	226
H 3168	320	—	72	440	254
H 3172	340	—	75	460	259
H 3176	360	—	77	490	264
H 3180	380	—	82	520	272
H 3184	400	—	90	540	304
H 3188	410	—	90	560	307
H 3192	430	—	95	580	326
H 3196	450	—	95	620	335
H 31/500	470	—	100	630	356

隔圈系列 H2

公稱符號	d_1	B_2	d_2	B_1
H 202 X	12	6	25	19
H 203 X	14	6	28	20
H 204 X	17	7	32	24
H 205 X	20	8	38	26
H 206 X	25	8	45	27
H 207 X	30	9	52	29
H 208 X	35	10	58	31
H 209 X	40	11	65	33
H 210 X	45	12	70	35
H 211 X	50	12	75	37
H 212 X	55	13	80	38
H 213 X	60	14	85	40
H 214 X	60	14	92	41
H 215 X	65	15	98	43
H 216 X	70	17	105	46
H 217 X	75	18	110	50
H 218 X	80	18	120	52
H 219 X	85	19	125	55
H 220 X	90	20	130	58
H 221 X	95	20	140	60
H 222 X	100	21	145	63

隔圈系列 H3

公稱符號	d_1	B_2	d_2	B_1
H 302 X	12	6	25	22
H 303 X	14	6	28	24
H 304 X	17	7	32	28
H 305 X	20	8	38	29
H 306 X	25	8	45	31
H 307 X	30	9	52	35
H 308 X	35	10	58	36
H 309 X	40	11	65	39
H 310 X	45	12	70	42
H 311 X	50	12	75	45
H 312 X	55	13	80	47
H 313 X	60	14	85	50
H 314 X	60	14	92	52
H 315 X	65	15	98	55
H 316 X	70	17	105	59
H 317 X	75	18	110	63
H 318 X	80	18	120	65
H 319 X	85	19	125	68
H 320 X	90	20	130	71
H 321 X	95	20	140	74
H 322 X	100	21	145	77

表 10.29　滾動軸承用隔圈(JIS B 1552)(續)

隔圈系列 H23					
公稱符號	d_1	B_2	B_3	d_2	B_1
H 2302 X	12	6	—	25	25
H 2303 X	14	6	—	28	27
H 2304 X	17	7	—	32	31
H 2305 X	20	8	—	38	35
H 2306 X	25	8	—	45	38
H 2307 X	30	9	—	52	43
H 2308 X	35	10	—	58	46
H 2309 X	40	11	—	65	50
H 2310 X	45	12	—	70	55
H 2311 X	50	12	—	75	59
H 2312 X	55	13	—	80	62
H 2313 X	60	14	—	85	65
H 2314 X	60	14	—	92	68
H 2315 X	65	15	—	98	73
H 2316 X	70	17	—	105	78
H 2317 X	75	18	—	110	82
H 2318 X	80	18	—	120	86
H 2319 X	85	19	—	125	90
H 2320 X	90	20	—	130	97
H 2321 X	95	20	—	140	101
H 2322 X	100	21	—	145	105
H 2324 X	110	22	—	155	112
H 2326 X	115	23	—	165	121
H 2328 X	125	24	—	180	131
H 2330 X	135	26	—	195	139
H 2332 X	140	28	—	210	147
H 2334 X	150	29	—	220	154
H 2336 X	160	30	—	230	161
H 2338 X	170	31	—	240	169
H 2340 X	180	32	—	250	176
H 2344 X	200	35	44*	280	183*, 186
H 2348 X	220	37	46*	300	196*, 199
H 2352 X	240	39	49*	330	208*, 211
H 2356 X	260	41	51*	350	221*, 224

表 10.30　滾動軸承用拔出頭套(JIS B 1552)

(單位 mm)

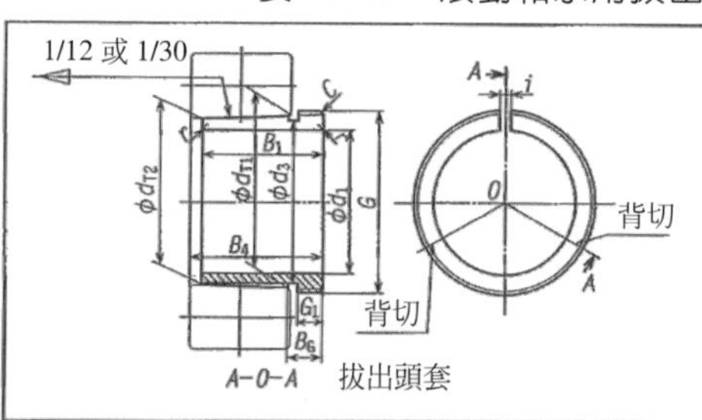

〔註〕公稱符號，由拔出頭套符號 AH 與相同尺寸系列符號 30，31，…241 所構成。
公稱符號之後附記 Y，爲對應國際規格變更螺紋外徑尺寸(X 爲以往之規格)。

拔出頭套系列 AH30						
公稱符號	G	d_1	B_1	B_4	d_{T1}	B_G
AH 3032	M 170×3	150	77	82	165.25	19
AH 3034	M 180×3	160	85	90	175.83	20
AH 3036	M 190×3	170	92	98	186.08	25
AHY 3038	M 200×3	180	96	102	196.50	24
AH 3038	Tr 205×4	180	96	102	196.50	24
AHY 3040	Tr 210×4	190	102	108	206.92	25
AH 3040	Tr 215×4	190	102	108	206.92	25
AHY 3044	Tr 230×4	200	111	117	227.58	26
AH 3044	Tr 235×4	200	111	117	227.58	26
AH 3048	Tr 260×4	220	116	123	248.00	27
AH 3052	Tr 280×4	240	128	135	268.83	29
AH 3056	Tr 300×4	260	131	139	289.08	30
AH 3060	Tr 320×5	280	145	153	310.08	32
AHY 3064	Tr 340×5	300	149	157	330.33	33
AH 3064	Tr 345×5	300	149	157	330.33	33
AHY 3068	Tr 360×5	320	162	171	351.42	34
AH 3068	Tr 365×5	320	162	171	351.42	34
AHY 3072	Tr 380×5	340	167	176	371.67	36
AH 3072	Tr 385×5	340	167	176	371.67	36
AHY 3076	Tr 400×5	360	170	180	391.92	37
AH 3076	Tr 410×5	360	170	180	391.92	37
AHY 3080	Tr 420×5	380	183	193	412.83	39
AH 3080	Tr 430×5	380	183	193	412.83	39
AHY 3084	Tr 440×5	400	186	196	433.00	40
AH 3084	Tr 450×5	400	186	196	433.00	40
AHY 3088	Tr 460×5	420	194	205	453.67	41
AHY 3092	Tr 480×5	440	202	213	474.17	43
AHX 3096	Tr 520×5	460	205	217	494.42	44
AHY 30/500	Tr 530×6	480	209	221	514.58	46

拔出頭套系列 AH31						
公稱符號	G	d_1	B_1	B_4	d_{T1}	B_G
AH 3120	M 110×2	95	64	68	104.50	14
AH 3121	M 115×2	100	68	72	109.83	14
AH 3132	M 180×3	150	103	108	167.42	19
AH 3134	M 190×3	160	104	109	177.50	19
AHY 3136	M 190×3	170	116	122	188.33	22
AH 3136	M 200×3	170	116	122	188.33	22
AHY 3138	M 200×3	180	125	131	198.75	26
AH 3138	Tr 210×4	180	125	131	198.75	26
AH 3140	Tr 220×4	190	134	140	209.42	27
AH 3144	Tr 240×4	200	145	151	230.17	29
AH 3148	Tr 260×4	220	154	161	250.83	31

表 10.30　滾動軸承用拔出頭套(JIS B 1552)(續)

公稱符號	G	d_1	B_1	B_4	d_{T1}	B_G
AHY 3152	Tr 280×4	240	172	179	272.25	32
AH 3152	Tr 290×4	240	172	179	272.25	32
AHY 3156	Tr 300×4	260	175	183	292.42	34
AH 3156	Tr 310×5	260	175	183	292.42	34
AHY 3160	Tr 320×5	280	192	200	313.67	36
AH 3160	Tr 330×5	280	192	200	313.67	36
AHY 3164	Tr 340×5	300	209	217	335.00	37
AH 3164	Tr 350×5	300	209	217	335.00	37
AHY 3168	Tr 360×5	320	225	234	356.25	39
AH 3168	Tr 370×5	320	225	234	356.25	39
AHY 3172	Tr 380×5	340	229	238	376.42	41
AH 3172	Tr 400×5	340	229	238	376.42	41
AHY 3176	Tr 400×5	360	232	242	396.67	42
AH 3176	Tr 420×5	360	232	242	396.67	42
AHY 3180	Tr 420×5	380	240	250	417.17	44
AH 3180	Tr 440×5	380	240	250	417.17	44
AHY 3184	Tr 440×5	400	266	276	439.17	46
AH 3184	Tr 460×5	400	266	276	439.17	46
AHY 3188	Tr 460×5	420	270	281	459.42	48
AHY 3192	Tr 480×5	440	285	296	480.58	49
AHY 3196	Tr 500×5	460	295	307	501.33	51
AHY 31/500	Tr 530×6	480	313	325	522.67	53

拔出頭套系列 AH32

公稱符號	G	d_1	B_1	B_4	d_{T1}	B_G
AH 3219	M 105×2	90	67	71	99.75	14
AH 3221	M 115×2	100	78	82	110.67	14
AHY 3222	M 120×2	105	82	86	116.00	14
AHY 3224	M 130×2	115	90	94	126.50	16
AHY 3226	M 140×2	125	98	102	137.00	18
AHY 3228	M 150×2	135	104	109	147.58	18
AHY 3230	M 160×3	145	114	119	158.25	20
AHY 3232	M 170×3	150	124	130	168.92	23
AH 3232	M 180×3	150	124	130	168.92	23
AHY 3234	M 180×3	160	134	140	179.42	27
AH 3234	M 190×3	160	134	140	179.42	27
AHY 3236	M 190×3	170	140	146	189.92	27
AH 3236	M 200×3	170	140	146	189.92	27
AHY 3238	M 200×3	180	145	152	200.08	31
AH 3238	Tr 210×4	180	145	152	200.08	31
AH 3240	Tr 220×4	190	153	160	210.75	31
AH 3244	Tr 240×4	200	181	189	233.00	33
AH 3248	Tr 260×4	220	189	197	253.50	35
AH 3252	Tr 280×4	240	205	213	274.75	36
AH 3256	Tr 300×4	260	212	220	295.17	38
AHY 3260	Tr 320×5	280	228	236	316.33	40
AH 3260	Tr 330×5	280	228	236	316.33	40
AHY 3264	Tr 340×5	300	246	254	337.67	42
AH 3264	Tr 350×5	300	246	254	337.67	42
AHY 3268	Tr 360×5	320	264	273	359.08	44
AH 3268	Tr 370×5	320	264	273	359.08	44
AHY 3272	Tr 380×5	340	274	283	379.75	46
AH 3272	Tr 400×5	340	274	283	379.75	46
AHY 3276	Tr 400×5	360	284	294	400.50	48
AH 3276	Tr 420×5	360	284	294	400.50	48
AHY 3280	Tr 420×5	380	302	312	421.83	50
AH 3280	Tr 440×5	380	302	312	421.83	50
AHY 3284	Tr 440×5	400	321	331	443.25	52
AH 3284	Tr 460×5	400	321	331	443.25	52
AHY 3288	Tr 460×5	420	330	341	463.92	54
AHY 3292	Tr 480×5	440	349	360	485.33	56
AHY 3296	Tr 500×5	460	364	376	506.50	58
AHY 32/500	Tr 530×6	480	393	405	528.75	60

拔出頭套系列 AH3

公稱符號	G	d_1	B_1	B_4	d_{T1}	B_G
AH 308	M 45×1.5	35	29	32	41.92	9
AH 309	M 50×1.5	40	31	34	47.08	9
AHY 313	M 70×2	60	42	45	67.83	11
AH 313	M 75×2	60	42	45	67.83	11
AHY 314	M 75×2	65	43	47	73.00	11
AH 314	M 80×2	65	43	47	73.00	11
AHY 315	M 80×2	70	45	49	78.17	11
AH 315	M 85×2	70	45	49	78.17	11
AH 316	M 90×2	75	48	52	83.42	11
AHX 322	M 120×2	105	63	67	114.33	15
AHX 324	M 130×2	115	69	73	124.75	16
AHX 326	M 140×2	125	74	78	135.08	17
AHX 328	M 150×2	135	77	82	145.42	17
AHY 330	M 160×3	145	83	88	155.83	18
AHX 330	M 165×3	145	83	88	155.83	18
AHY 332	M 170×3	150	88	93	166.17	19
AH 332	M 180×3	150	88	93	166.17	19
AHY 334	M 180×3	160	93	98	176.50	20
AH 334	M 190×3	160	93	98	176.50	20

拔出頭套系列 AH23

公稱符號	G	d_1	B_1	B_4	d_{T1}	B_G
AH 2308	M 45×1.5	35	40	43	42.75	10
AH 2309	M 50×1.5	40	44	47	48.00	11
AHY 2313	M 70×2	60	61	64	69.08	15
AH 2313	M 75×2	60	61	64	69.08	15
AHY 2314	M 75×2	65	64	68	74.42	15
AHY 2315	M 80×2	70	68	72	79.75	15
AH 2321	M 115×2	100	94	98	111.58	19
AHY 2322	M 120×2	105	98	102	116.92	19
AHY 2324	M 130×2	115	105	109	127.42	20
AHY 2326	M 140×2	125	115	119	138.08	22
AHY 2328	M 150×2	135	125	130	148.92	23
AHY 2330	M 160×3	145	135	140	159.42	27
AHY 2332	M 170×3	150	140	146	169.92	27
AH 2332	M 180×3	150	140	146	169.92	27
AHY 2334	M 180×3	160	146	152	180.42	27
AH 2334	M 190×3	160	146	152	180.42	27
AHY 2336	M 190×3	170	154	160	190.92	29
AH 2336	M 200×3	170	154	160	190.92	29
AHY 2338	M 200×3	180	160	167	201.25	32
AH 2338	Tr 210×4	180	160	167	201.25	32
AH 2340	Tr 220×4	190	170	177	211.75	36
AH 2344	Tr 240×4	200	181	189	232.75	36
AH 2348	Tr 260×4	220	189	197	253.42	36
AH 2352	Tr 290×4	240	205	213	274.75	36
AH 2356	Tr 310×5	260	212	220	295.33	36

表 10.31　滾動軸承用平軸台軸承箱(JIS B 1551 節錄)　(單位 mm)

軸承箱(系列 SN5，SN6，SN30，SN31)

公稱符號	尺寸及容許差															參考		
																適用軸承		適用隔圈
	d_a	D_a	Δ_{Das} (H8)	H	Δ_{Hs} (h13)	J	N	N_1 (最小)	A (最大)	L (最大)	A_1	H_1 (最大)	H_2 (最大)	C_a	G	自動調心滾珠軸承	自動調心滾子軸承	
SN 505	20	52	+0.046 0	40	0 −0.39	130	15	15	72	170	46	22	75	25	M 12	1205 K 2205 K	— 22205 K	H 205 X H 305 X
SN 605	20	62	+0.046 0	50	0 −0.39	150	15	15	82	190	52	22	90	34	M 12	1305 K 2305 K	— —	H 305 X H 2305 X
SN 506	25	62	+0.046 0	50	0 −0.39	150	15	15	82	190	52	22	90	30	M 12	1206 K 2206 K	— 22206 K	H 206 X H 306 X
SN 606	25	72	+0.046 0	50	0 −0.39	150	15	15	85	190	52	22	95	37	M 12	1306 K 2306 K	— —	H 306 X H 2306 X
SN 507	30	72	+0.046 0	50	0 −0.39	150	15	15	85	190	52	22	95	33	M 12	1207 K 2207 K	— 22207 K	H 207 X H 307 X
SN 607	30	80	+0.046 0	60	0 −0.46	170	15	15	92	210	60	25	110	41	M 12	1307 K 2307 K	— —	H 307 X H 2307 X
SN 508	35	80	+0.046 0	60	0 −0.46	170	15	15	92	210	60	25	110	33	M 12	1208 K 2208 K	— 22208 K	H 208 X H 308 X
SN 608	35	90	+0.054 0	60	0 −0.46	170	15	15	100	210	60	25	115	43	M 12	1308 K 2308 K	21308 K 22308 K	H 308 X H 2308 X
SN 509	40	85	+0.054 0	60	0 −0.46	170	15	15	92	210	60	25	112	31	M 12	1209 K 2209 K	— 22209 K	H 209 X H 309 X

表 10.31　滾動軸承用平軸台軸承箱(JIS B 1551 節錄)(續)

公稱符號	尺寸及容許差															參考		
																適用軸承		
	d_a	D_a	Δ_{Das} (H8)	H	Δ_{Hs} (h13)	J	N	N_1 (最小)	A (最大)	L (最大)	A_1	H_1 (最大)	H_2 (最大)	C_a	G	自動調心滾珠軸承	自動調心滾子軸承	適用隔圈
SN 609	40	100	+ 0.054 0	70	0 −0.46	210	18	18	105	270	70	28	130	46	M 16	1309 K 2309 K	21309 K 22309 K	H 309 X H 2309 X
SN 510	45	90	+ 0.054 0	60	0 −0.46	170	15	15	100	210	60	25	115	33	M 12	1210 K 2210 K	— 22210 K	H 210 X H 310 X
SN 610	45	110	+ 0.054 0	70	0 −0.46	210	18	18	115	270	70	30	135	50	M 16	1310 K 2310 K	21310 K 22310 K	H 310 X H 2310 X
SN 511	50	100	+ 0.054 0	70	0 −0.46	210	18	18	105	270	70	28	130	33	M 16	1211 K 2211 K	— 22211 K	H 211 X H 311 X
SN 611	50	120	+ 0.054 0	80	0 −0.46	230	18	18	120	290	80	30	150	53	M 16	1311 K 2311 K	21311 K 22311 K	H 311 X H 2311 X
SN 512	55	110	+ 0.054 0	70	0 −0.46	210	18	18	115	270	70	30	135	38	M 16	1212 K 2212 K	— 22212 K	H 212 X H 312 X
SN 612	55	130	+ 0.063 0	80	0 −0.46	230	18	18	125	290	80	30	155	56	M 16	1312 K 2312 K	21312 K 22312 K	H 312 X H 2312 X
SN 513	60	120	+ 0.054 0	80	0 −0.46	230	18	18	120	290	80	30	150	43	M 16	1213 K 2213 K	— 22213 K	H 213 X H 313 X
SN 613	60	140	+ 0.063 0	95	0 −0.54	260	22	22	135	330	90	32	175	58	M 20	1313 K 2313 K	21313 K 22313 K	H 313 X H 2313 X
SN 514	60	125	+ 0.063 0	80	0 −0.46	230	18	18	120	290	80	30	155	44	M 16	—	22214 K	H 314 X
SN 614	60	150	+ 0.063 0	95	0 −0.54	260	22	22	140	330	90	32	185	61	M 20	—	21314 K 22314 K	H 314 X H 2314 X
SN 515	65	130	+ 0.063 0	80	0 −0.46	230	18	18	125	290	80	30	155	41	M 16	1215 K 2215 K	— 22215 K	H 215 X H 315 X
SN 615	65	160	+ 0.063 0	100	0 −0.54	290	22	22	145	360	100	35	195	65	M 20	1315 K 2315 K	21315 K 22315 K	H 315 X H 2315 X
SN 516	70	140	+ 0.063 0	95	0 −0.54	260	22	22	135	330	90	32	175	43	M 20	1216 K 2216 K	— 22216 K	H 216 X H 316 X
SN 616	70	170	+ 0.063 0	112	0 −0.54	290	22	22	150	360	100	35	212	68	M 20	1316 K 2316 K	21316 K 22316 K	H 316 X H 2316 X
SN 517	75	150	+ 0.063 0	95	0 −0.54	260	22	22	140	330	90	32	185	46	M 20	1217 K 2217 K	— 22217 K	H 217 X H 317 X

表 10.31　滾動軸承用平軸台軸承箱(JIS B 1551 節錄)(續)

公稱符號	尺寸及容許差															參考		
																適用軸承		適用隔圈
	d_a	D_a	Δ_{Das} (H8)	H	Δ_{Hs} (h13)	J	N	N_1 (最小)	A (最大)	L (最大)	A_1	H_1 (最大)	H_2 (最大)	C_a	G	自動調心滾珠軸承	自動調心滾子軸承	
SN 617	75	180	+ 0.063 0	112	0 −0.54	320	26	26	165	400	110	40	223	70	M 24	1317 K 2317 K	21317 K 22317 K	H 317 X H 2317 X
SN 518	80	160	+ 0.063 0	100	0 −0.54	290	22	22	145	360	100	35	195	62.4	M 20	1218 K 2218 K —	— 22218 K 23218 K	H 218 X H 318 X H 2318 X
SN 618	80	190	+ 0.072 0	112	0 −0.54	320	26	26	160	400	110	40	230	74	M 24	1318 K 2318 K	— 22318 K	H 318 X H 2318 X
SN 519	85	170	+ 0.063 0	112	0 −0.54	290	22	22	150	360	100	35	210	53	M 20	1219 K 2219 K	— 22219 K	H 219 X H 319 X
SN 619	85	200	+ 0.072 0	125	0 −0.63	350	26	26	177	420	120	45	250	77	M 24	1319 K 2319 K	— 22319 K	H 319 X H 2319 X
SN 520	90	180	+ 0.063 0	112	0 −0.54	320	26	26	165	400	110	40	223	70.3	M 24	1220 K 2220 K —	— 22220 K 23220 K	H 220 X H 320 X H 2320 X
SN 620	90	215	+ 0.072 0	140	0 −0.63	350	26	26	187	420	120	45	270	83	M 24	1320 K 2320 K	— 22320 K	H 320 X H 2320 X
SN 3122	100	180	+ 0.063 0	112	0 −0.54	320	26	26	165	400	110	40	223	66	M 24	—	23122 K	H 3122 X
SN 522	100	200	+ 0.072 0	125	0 −0.63	350	26	26	177	420	120	45	250	80	M 24	1222 K 2222 K —	— 22222 K 23222 K	H 222 X H 322 X H 2322 X
SN 622	100	240	+ 0.072 0	150	0 −0.63	390	28	28	190	460	130	50	300	90	M 24	1322 K 2322 K	— 22322 K	H 322 X H 2322 X
SN 3024	110	180	+ 0.063 0	112	0 −0.54	320	26	26	165	400	110	40	223	56	M 24	—	23024 K	H 3024 X
SN 3124	110	200	+ 0.072 0	125	0 −0.63	350	26	26	177	420	120	45	250	72	M 24	—	23124 K	H 3124 X
SN 524	110	215	+ 0.072 0	140	0 −0.63	350	26	26	187	420	120	45	270	76	M 24	— —	22224 K 23224 K	H 3124 X H 2324 X
SN 624	110	260	+ 0.081 0	160	0 −0.63	450	33	33	205	540	160	60	320	96	M 30	—	22324 K	H 2324 X
SN 3026	115	200	+ 0.072 0	125	0 −0.63	350	26	26	177	420	120	45	250	62	M 24	—	23026 K	H 3026 X

表 10.31　滾動軸承用平軸台軸承箱(JIS B 1551 節錄)(續)

公稱符號	尺寸及容許差															參考		
																適用軸承		適用隔圈
	d_a	D_a	Δ_{Das} (H8)	H	Δ_{Hs} (h13)	J	N	N_1 (最小)	A (最大)	L (最大)	A_1	H_1 (最大)	H_2 (最大)	C_a	G	自動調心滾珠軸承	自動調心滾子軸承	
SN 3126	115	210	+0.072 0	140	0 −0.63	350	26	26	177	420	120	45	270	74	M 24	—	23126 K	H 3126 X
SN 526	115	230	+0.072 0	150	0 −0.63	380	28	28	192	450	130	50	290	90	M 24	— —	22226X 23226 K	H 3126 X H 2326 X
SN 626	115	280	+0.081 0	170	0 −0.63	470	33	33	215	560	160	60	340	103	M 30	—	22326 K	H 2326 X
SN 3028	125	210	+0.072 0	140	0 −0.63	350	26	26	177	420	120	45	270	63	M 24	—	23028 K	H 3028 X
SN 3128	125	225	+0.072 0	150	0 −0.63	380	28	28	180	445	130	50	290	78	M 24	—	23128 K	H 3128 X
SN 528	125	250	+0.072 0	150	0 −0.63	420	33	33	207	510	150	50	305	98	M 30	— —	22228 K 23228 K	H 3128 X H 2328 X
SN 628	125	300	+0.081 0	180	0 −0.63	520	35	35	235	630	170	65	365	112	M 30	—	22328 K	H 2328 X
SN 3030	135	225	+0.072 0	150	0 −0.63	380	28	28	180	445	130	50	290	66	M 24	—	23030 K	H 3030 X
SN 3130	135	250	+0.072 0	150	0 −0.63	420	33	33	200	500	150	50	305	90	M 30	—	23130 K	H 3130 X
SN 530	135	270	+0.081 0	160	0 −0.63	450	33	33	224	540	160	60	325	106	M 30	— —	22230 K 23230 K	H 3130 X H 2330 X
SN 630	135	320	+0.089 0	190	0 −0.72	560	35	35	245	680	180	65	385	118	M 30	—	22330 K	H 2330 X
SN 3032	140	240	+0.072 0	150	0 −0.63	390	28	28	190	450	130	50	300	70	M 24	—	23032 K	H 3032 X
SN 3132	140	270	+0.081 0	160	0 −0.63	450	33	33	224	540	160	60	325	96	M 30	—	23132 K	H 3132 X
SN 532	140	290	+0.081 0	170	0 −0.63	470	33	33	237	560	160	60	345	114	M 30	— —	22232 K 23232 K	H 3132 X H 2332 X
SN 632	140	340	+0.089 0	200	0 −0.72	580	42	42	255	710	190	70	405	124	M 36	—	22332 K	H 2332 X

〔註〕本表揭載一般比較常用者。

如爲徑向軸承時，軸與外殼的肩高 h 必能與座圈側面穩定地接觸，而且爲便利使用拆卸工具，亦須有適當高度，高度之最小値亦示於表 10.32 所示。

表中去角稱呼尺寸小的有護罩深槽滾珠軸承等，因外座圈的側面高度較低，固肩高不可彼此最小値大太多。

止推軸承的肩部直徑必須高於座圈側面之中央以上，最小値與最大値如表 10.33 及表 10.34 所示。

⑶ **滾柱軸承與滾針軸承的裝置關係尺寸**：滾柱軸承與滾針軸承的內、外座圈可以分離，外座圈須可由外殼，內座圈由軸拆下。

如表 10.35 與表 10.36 爲安裝時之相關尺寸。

⑷ **滾錐軸承的裝置相關尺寸**：滾錐軸承的固持器突出外座圈之側面，因此須避免與其接觸，類似這種與座圈側面之關係，軸與外殼之相關尺寸，須符合表 10.37 規定之範圍。

表 10.32 軸與外殼之角隅圓角半徑及對於徑向軸承之軸與外殼的肩高(JIS B 1566) (單位 mm)

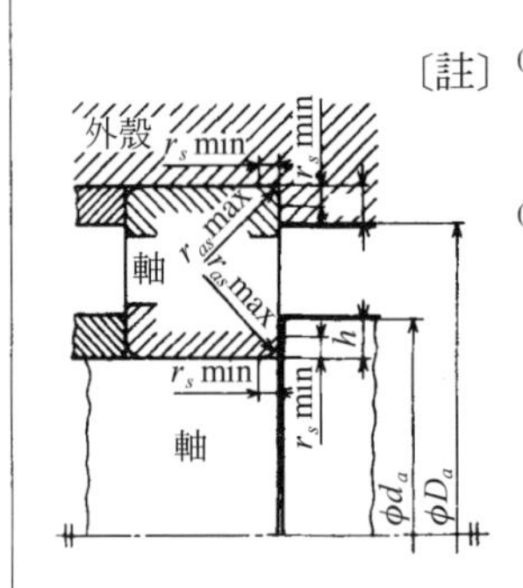

〔註〕 (1) 承受大的徑向負荷時，肩高要大於此值。
(2) 用於徑向負荷小時，這些值並不適於圓錐滾柱軸承，斜角滾珠軸承及自動調心滾柱軸承。

$r_{s\,min}$	$r_{as\,max}$	一般場合(1)	特殊場合(2)
		h (最小)	
0.1	0.1	0.4	
0.15	0.15	0.6	
0.2	0.2	0.8	
0.3	0.3	1.25	1
0.6	0.6	2.25	2
1	1	2.75	2.5
1.1	1	3.5	3.25
1.5	1.5	4.25	4
2	2	5	4.5
2.1	2	6	5.5
2.5	2	6	5.5
3	2.5	7	6.5
4	3	9	8
5	4	11	10
6	5	14	12
7.5	6	18	16
9.5	8	22	20

表 10.33　平座圈止推滾珠軸承的軸及外殼肩部之直徑(JIS B 1566) (單位 mm)

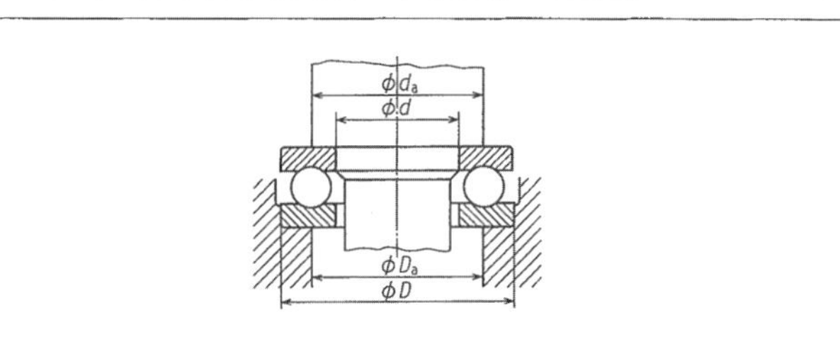

軸承內徑 d	軸承系列 511			軸承系列 512			軸承系列 513			軸承系列 514		
	D	d_a (最小)	D_a (最大)	D	d_a (最小)	D_a (最大)	D	d_a (最小)	D_a (最大)	D	d_a (最小)	D_a (最大)
10	24	18	16	26	20	16	–	–	–	–	–	–
12	26	20	18	28	22	18	–	–	–	–	–	–
15	28	23	20	32	25	22	–	–	–	–	–	–
17	30	25	22	35	28	24	–	–	–	–	–	–
20	35	29	26	40	32	28	–	–	–	–	–	–
25	42	35	32	47	38	34	52	41	36	60	46	39
30	47	40	37	52	43	39	60	48	42	70	54	46
35	52	45	42	62	51	46	68	55	48	80	62	53
40	60	52	48	68	57	51	78	63	55	90	70	60
45	65	57	53	73	62	56	85	69	61	100	78	67
50	70	62	58	78	67	61	95	77	68	110	86	74
55	78	69	64	90	76	69	105	85	75	120	94	81
60	85	75	70	95	81	74	110	90	80	130	102	88
65	90	80	75	100	86	79	115	95	85	140	110	95
70	95	85	80	105	91	84	125	103	92	150	118	102
75	100	90	85	110	96	89	135	111	99	160	125	110
80	105	95	90	115	101	94	140	116	104	170	133	117
85	110	100	95	125	109	101	150	124	111	180	141	124
90	120	108	102	135	117	108	155	129	116	190	149	131
100	135	121	114	150	130	120	170	142	128	210	165	145
110	145	131	124	160	140	130	190	158	142	230	181	159
120	155	141	134	170	150	140	210	173	157	250	196	174
130	170	154	146	190	166	154	225	186	169	270	212	188
140	180	164	156	200	176	164	240	199	181	280	222	198
150	190	174	166	215	189	176	250	209	191	300	238	212
160	200	184	176	225	199	186	270	225	205	–	–	–
170	215	197	188	240	212	198	280	235	215	–	–	–
180	225	207	198	250	222	208	300	251	229	–	–	–
190	240	220	210	270	238	222	320	266	244	–	–	–
200	250	230	220	280	248	232	340	282	258	–	–	–
220	270	250	240	300	268	252	–	–	–	–	–	–
240	300	276	264	340	299	281	–	–	–	–	–	–
260	320	296	284	360	319	301	–	–	–	–	–	–
280	350	322	308	380	339	321	–	–	–	–	–	–
300	380	348	332	420	371	349	–	–	–	–	–	–
320	400	368	352	440	391	369	–	–	–	–	–	–
340	420	388	372	460	411	389	–	–	–	–	–	–
360	440	408	392	500	442	418	–	–	–	–	–	–

表 10.34 止推自動調心滾子軸承的軸及外殼肩部之直徑(JIS B 1566) (單位 mm)

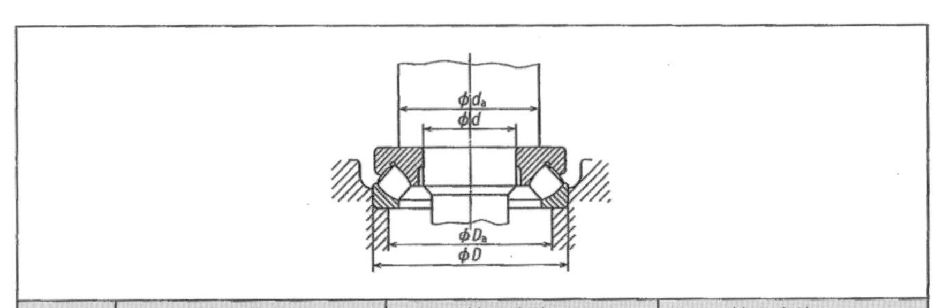

軸承內徑 d	軸承系列 292			軸承系列 293			軸承系列 294		
	D	d_a* (最小)	D_a (最大)	D	d_a* (最小)	D_a (最大)	D	d_a* (最小)	D_a (最大)
60	—	—	—	—	—	—	130	90	108
65	—	—	—	—	—	—	140	100	115
70	—	—	—	—	—	—	150	105	125
75	—	—	—	—	—	—	160	115	132
80	—	—	—	—	—	—	170	120	140
85	—	—	—	150	115	135	180	130	150
90	—	—	—	155	120	140	190	135	157
100	—	—	—	170	130	150	210	150	175
110	—	—	—	190	145	165	230	165	190
120	—	—	—	210	160	180	250	180	205
130	—	—	—	225	170	195	270	195	225
140	—	—	—	240	185	205	280	205	235
150	—	—	—	250	195	215	300	220	250
160	—	—	—	270	210	235	320	230	265
170	—	—	—	280	220	245	340	245	285
180	—	—	—	300	235	260	360	260	300
190	—	—	—	320	250	275	380	275	320
200	280	235	255	340	265	295	400	290	335
220	300	260	275	360	285	315	420	310	355
240	340	285	305	380	300	330	440	330	375
260	360	305	325	420	330	365	480	360	405
280	380	325	345	440	350	390	520	390	440
300	420	355	380	480	380	420	540	410	460
320	440	375	400	500	400	440	580	435	495
340	460	395	420	540	430	470	620	465	530
360	500	420	455	560	450	495	640	485	550
380	520	440	475	600	480	525	670	510	575
400	540	460	490	620	500	550	710	540	610
420	580	490	525	650	525	575	730	560	630
440	600	510	545	680	550	600	780	595	670
460	620	530	570	710	575	630	800	615	690
480	650	555	595	730	595	650	850	645	730
500	670	575	615	750	615	670	870	670	750

〔註〕* 荷重負載時，充分支撐內輪之緣。

表 10.35 滾針軸承(尺寸系列 48、49)*之裝置關係尺寸 (單位 mm)

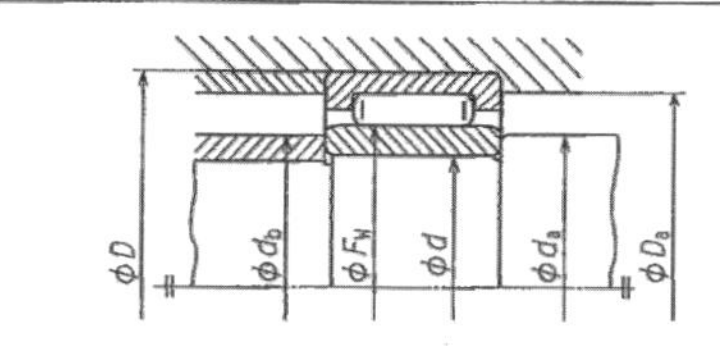

〔備註〕徑向軸承之軸肩直徑 d_a 之最小值，爲該軸承稱呼軸承內徑 d 加上 2 倍肩高(h)之値。肩高依對應該軸承內座圈之最小容許倒角尺寸(r_{smin})之表 10.32 規定。

〔註〕*舊名稱爲固形滾針軸承。

軸承系列 NA48				軸承系列 NA49							
軸承內徑 d	D	F_w	d_b (最大)	軸承內徑 d	D	F_w	d_b (最大)	軸承內徑 d	D	F_w	d_b (最大)
—	—	—	—	15	28	20	19	60	85	68	66
—	—	—	—	17	30	22	21	65	90	72	70
—	—	—	—	20	37	25	24	70	100	80	78
110	140	120	118	22	39	28	27	75	105	85	83
120	150	130	128	25	42	30	29	80	110	90	88
130	165	145	143	28	45	32	31	85	120	100	98
140	175	155	153	30	47	35	34	90	125	105	103
150	190	165	163	32	52	40	39	95	130	110	108
160	200	175	173	35	55	42	41	100	140	115	113
170	215	185	183	40	62	48	47	110	150	125	123
180	225	195	193	45	68	52	51	120	165	135	133
190	240	210	203	50	72	58	57	130	180	150	148
200	250	220	218	55	80	63	61	140	190	160	158

表 10.36 滾柱軸承之裝置關係尺寸(JIS B 1566) (單位 mm)

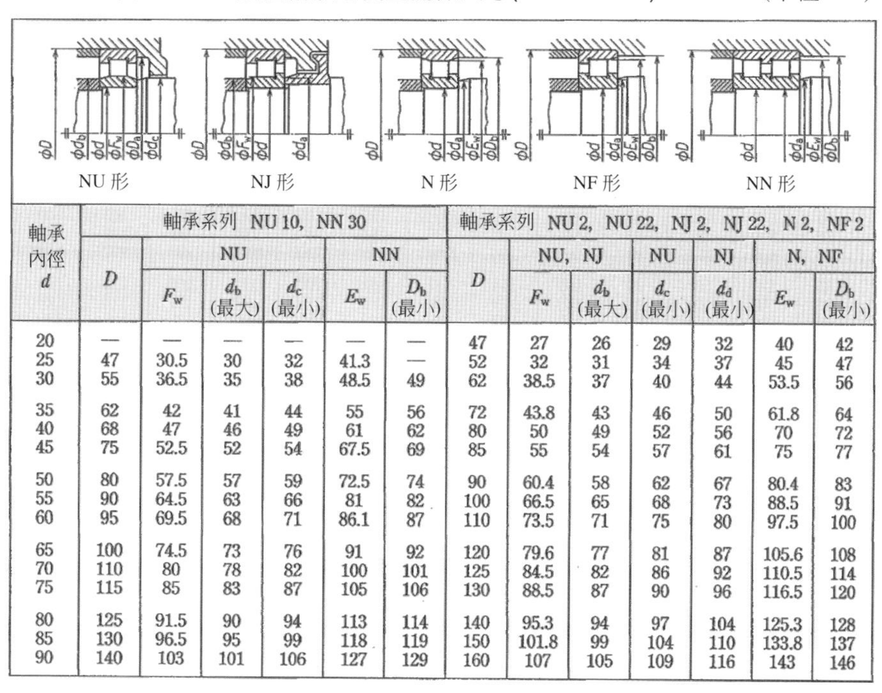

NU 形　NJ 形　N 形　NF 形　NN 形

軸承內徑 d	軸承系列 NU 10, NN 30						軸承系列 NU 2, NU 22, NJ 2, NJ 22, N 2, NF 2						
	D	NU			NN		D	NU, NJ		NU	NJ	N, NF	
		F_w	d_b (最大)	d_c (最小)	E_w	D_b (最小)		F_w	d_b (最大)	d_c (最小)	d_d (最小)	E_w	D_b (最小)
20	—	—	—	—	—	—	47	27	26	29	32	40	42
25	47	30.5	30	32	41.3	—	52	32	31	34	37	45	47
30	55	36.5	35	38	48.5	49	62	38.5	37	40	44	53.5	56
35	62	42	41	44	55	56	72	43.8	43	46	50	61.8	64
40	68	47	46	49	61	62	80	50	49	52	56	70	72
45	75	52.5	52	54	67.5	69	85	55	54	57	61	75	77
50	80	57.5	57	59	72.5	74	90	60.4	58	62	67	80.4	83
55	90	64.5	63	66	81	82	100	66.5	65	68	73	88.5	91
60	95	69.5	68	71	86.1	87	110	73.5	71	75	80	97.5	100
65	100	74.5	73	76	91	92	120	79.6	77	81	87	105.6	108
70	110	80	78	82	100	101	125	84.5	82	86	92	110.5	114
75	115	85	83	87	105	106	130	88.5	87	90	96	116.5	120
80	125	91.5	90	94	113	114	140	95.3	94	97	104	125.3	128
85	130	96.5	95	99	118	119	150	101.8	99	104	110	133.8	137
90	140	103	101	106	127	129	160	107	105	109	116	143	146

表 10.36　滾柱軸承之裝置關係尺寸(JIS B 1566)(續)

軸承內徑 d	軸承系列 NU 10, NN 30						軸承系列 NU 2, NU 22, NJ 2, NJ 22, N 2, NF 2						
	D	NU			NN		D	NU, NJ		NU	NJ	N, NF	
		F_w	d_b (最大)	d_c (最小)	E_w	D_b (最小)		F_w	d_b (最大)	d_c (最小)	d_d (最小)	E_w	D_b (最小)
95	145	108	106	111	132	134	170	113.5	111	116	123	151.5	155
100	150	113	111	116	137	139	180	120	117	122	130	160	164
105	160	119.5	118	122	146	148	190	126.8	124	129	137	168.8	173
110	170	125	124	128	155	157	200	132.5	130	135	144	178.5	182
120	180	135	134	138	165	167	215	143.5	141	146	156	191.5	196
130	200	148	146	151	182	183	230	156	151	158	168	204	208
140	210	158	156	161	192	194	250	169	166	171	182	221	225
150	225	169.5	167	173	206	208	270	182	179	184	196	238	242
160	240	180	178	184	219	221	290	195	192	197	210	255	261
170	260	193	190	197	236	238	310	208	204	211	223	272	278
180	280	205	203	209	255	257	320	218	214	221	233	282	288
190	290	215	213	219	265	267	340	231	227	234	247	299	305
200	310	229	226	233	282	285	360	244	240	247	261	316	323
220	340	250	248	254	310	313	400	270	266	273	289	350	357
240	360	270	268	275	330	333	440	295	293	298	316	385	392
260	400	296	292	300	364	367	480	320	318	323	343	420	428

軸承內徑 d	軸承系列 NU 3, NU 23, NJ 3, NJ 23, N 3, NF 3							軸承系列 NU 4, NJ 4				
	D	NU, NJ				N, NF		D	NU, NJ			
		F_w	d_b (最大)	d_c (最小)	d_d	E_w	D_b (最小)		F_w	d_b (最大)	d_c (最小)	d_d (最小)
20	52	28.5	27	30	33	44.5	47	—	—	—	—	—
25	62	35	33	37	40	53	55	—	—	—	—	—
30	72	42	40	44	48	62	64	90	45	44	47	52
35	80	46.2	45	48	53	68.2	71	100	53	52	55	61
40	90	53.5	51	55	60	77.5	80	110	58	57	60	67
45	100	58.5	57	60	66	86.5	89	120	64.5	63	66	74
50	110	65	63	67	73	95	98	130	70.8	69	73	81
55	120	70.5	69	72	80	104.5	107	140	77.2	76	79	87
60	130	77	75	79	86	113	116	150	83	82	85	94
65	140	83.5	81	85	93	121.5	125	160	89.3	88	91	100
70	150	90	87	92	100	130	134	180	100	99	102	112
75	160	95.5	93	97	106	139.5	143	190	104.5	103	107	118
80	170	103	99	105	114	147	151	200	110	109	112	124
85	180	108	106	110	119	156	160	210	113	111	115	128
90	190	115	111	117	127	165	169	225	123.5	122	125	139
95	200	121.5	119	124	134	173.5	178	240	133.5	132	136	149
100	215	129.5	125	132	143	185.5	190	250	139	137	141	156
105	225	135	132	137	149	195	199	260	144.5	143	147	162
110	240	143	140	145	158	207	211	280	155	153	157	173
120	260	154	151	156	171	226	230	310	170	168	172	190
130	280	167	164	169	184	243	247	340	185	183	187	208
140	300	180	176	182	198	260	266	360	198	195	200	222
150	320	193	190	195	213	277	283	380	213	210	216	237
160	340	208	200	211	228	292	298	—	—	—	—	—
170	360	220	216	223	241	310	316	—	—	—	—	—
180	380	232	227	235	255	328	335	—	—	—	—	—
190	400	245	240	248	268	345	352	—	—	—	—	—
200	420	260	254	263	283	360	367	—	—	—	—	—

〔備註〕d_a 之最小值及 D_a 之最大值，依表 10.35 之備註。

表 10.37　滾錐軸承之裝置關係尺寸(JIS B 1566)　(單位 mm)

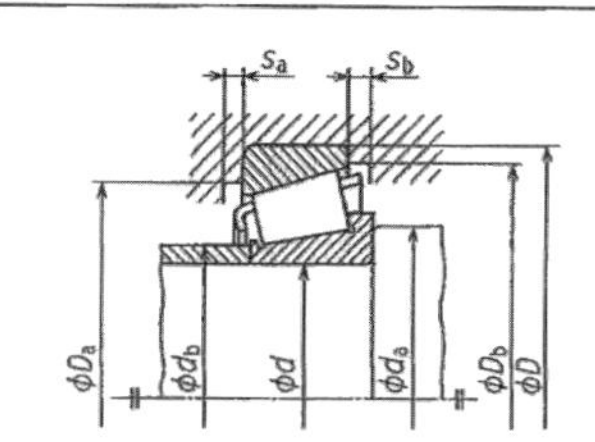

〔註〕*比此值大的數值，可視爲最小值。此外 d_a 之最小值及 D_a 之最大值，依表 10.35 之備註。

d	D	軸承系列 302					軸承系列 322				
		d_b (最大)	D_a (最小)	D_b (最小)	S_a (最小)	S_b (最小)	d_b (最大)	D_a (最小)	D_b (最小)	S_a (最小)	S_b (最小)
17	40	23	34	37	2	2	—	—	—	—	—
20	47	26	40	44	2	3	—	—	—	—	—
25	52	31	44	48	2	3	—	—	—	—	—
30	62	37	53	57	2	3	37	52	58	2	4
35	72	44	62	67	3	3	43	61	67	3	5
40	80	49	69	75	3	3.5	48	68	75	3	5.5
45	85	54	74	80	3	4.5	53	73	81	3	5.5
50	90	58	79	85	3	4.5	58	78	85	3	5.5
55	100	64	88	94	4	4.5	63	87	95	4	5.5
60	110	70	96	103	4	4.5	69	95	104	4	5.5
65	120	77	106	113	4	4.5	75	104	115	4	5.5
70	125	81	110	118	4	5	80	108	119	4	6
75	130	85	115	124	4	5	85	114	125	4	6
80	140	91	124	132	4	6	90	122	134	4	7
85	150	97	132	141	5	6.5	96	130	142	5	8.5
90	160	103	140	150	5	6.5	102	138	152	5	8.5
95	170	110	149	159	5	7.5	108	145	161	5	8.5
100	180	116	157	168	5	8	114	154	171	5	10
105	190	122	165	178	6	9	119	161	180	6	10
110	200	129	174	188	6	9	126	170	190	6	10
120	215	140	187	203	6	9.5	136	181	204	6*	11.5
130	230	152	203	218	7	9.5	—	—	—	—	—
140	250	163	219	237	7*	9.5	—	—	—	—	—
150	270	175	234	255	7*	11	—	—	—	—	—

d	D	軸承系列 303					軸承系列 303D					軸承系列 323				
		d_b	D_a (最大)	D_b (最小)	S_a (最小)	S_b (最小)	d_b (最大)	D_a (最小)	D_b (最小)	S_a (最小)	S_b (最小)	d_b (最大)	D_a (最小)	D_b (最小)	S_a (最小)	S_b (最小)
15	42	22	36	38	2	3	—	—	—	—	—	—	—	—	—	—
17	47	24	40	42	3	3	—	—	—	—	—	—	—	—	—	—
20	52	28	44	47	3	3	—	—	—	—	—	27	43	47	3	4
25	62	34	54	57	3	3	33	47	58.5	3	5	32	52	57	3	5
30	72	40	62	66	3	4.5	39	55	68	3	6.5	38	59	66	3	5.5
35	80	45	70	74	3	4.5	44	62	76.5	3	7.5	43	66	74	3	7.5
40	90	52	77	82	3	5	50	71	86.5	3	8	50	73	82	3	8
45	100	59	86	93	3	5	56	79	96	3	9	56	82	93	3	8
50	110	65	95	102	3	6	62	87	105	3	10	62	90	102	3	9
55	120	71	104	111	4	6.5	68	94	113	4	10.5	68	99	111	4	10.5
60	130	77	112	120	4	7.5	73	103	124	4	11.5	74	107	120	4	11.5
65	140	83	122	130	4	8	79	111	133	4	13	80	117	130	4	12

表 10.37 滾錐軸承之裝置關係尺寸(JIS B 1566)(續)

d	D	軸承系列 303					軸承系列 303D					軸承系列 323				
		d_b	D_a (最大)	D_b (最小)	S_a (最小)	S_b (最小)	d_b (最大)	D_a (最小)	D_b (最小)	S_a (最小)	S_b (最小)	d_b (最大)	D_a (最小)	D_b (最小)	S_a (最小)	S_b (最小)
70	150	89	130	140	4	8	84	118	142	4	13	86	125	140	4	12
75	160	95	139	149	4	9	—	—	—	—	—	91	133	149	4	13
80	170	102	148	159	4	9.5	—	—	—	—	—	98	142	159	4	13.5
85	180	107	156	167	5	10.5	—	—	—	—	—	102	150	167	5	14.5
90	190	113	165	177	5	10.5	—	—	—	—	—	108	157	177	5	14.5
95	200	118	172	186	5*	11.5	—	—	—	—	—	113	166	186	5	16.5
100	215	127	184	200	5*	12.5	—	—	—	—	—	121	177	200	5*	17.5
105	225	132	193	209	6*	12.5	—	—	—	—	—	128	185	209	6*	18.5
110	240	141	206	222	6*	12.5	—	—	—	—	—	135	198	222	6*	19.5
120	260	152	221	239	6*	13.5	—	—	—	—	—	145	213	239	6*	21.5

表 10.38 有接頭徑向軸承的裝置關係尺寸(JIS B 1566) (單位 mm)

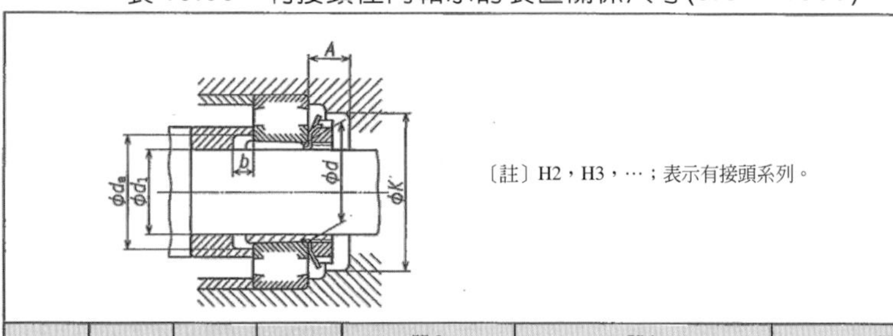

〔註〕H2，H3，⋯；表示有接頭系列。

軸徑 d_1	軸承內徑 d	A (最小)	K (最小)	H 2		H 3			H 23		
				d_e (最小)	b (最小) 尺寸系列 02	d_e (最小)	b (最小) 尺寸系列 22	b (最小) 尺寸系列 03	d_e (最小)	b (最小) 尺寸系列 32	b (最小) 尺寸系列 23
17	20	—	—	23	5	24	5	8	24	—	5
20	25	15	45	28	5	29	5	6	29	—	5
25	30	15	50	33	5	34	5	6	35	—	5
30	35	17	58	38	5	39	5	7	40	—	5
35	40	17	65	44	5	44	5	5	45	—	5
40	45	17	72	49	5	49	8	5	50	—	5
45	50	19	76	53	5	54	10	5	56	—	5
50	55	19	85	60	6	60	11	6	61	—	6
55	60	20	90	64	5	65	9	5	66	—	5
60	65	21	96	70	5	70	8	5	72	—	5
65	75	23	110	80	5	80	12	5	82	—	5
70	80	25	120	85	5	86	12	5	87	—	5
75	85	27	128	90	6	91	12	6	94	—	6
80	90	28	139	95	6	96	10	6	99	18	6
85	95	29	145	101	7	102	9	7	105	18	7
90	100	30	150	106	7	107	8	7	110	19	7
100	110	32	170	116	7	117	6	9	121	17	7
110	120	33	180	—	—	—	—	—	131	17	7
115	130	34	190	—	—	—	—	—	142	21	8
125	140	36	205	—	—	—	—	—	152	22	8
135	150	37	220	—	—	—	—	—	163	20	8

表 10.38　有接頭徑向軸承的裝置關係尺寸(JIS B 1566)(續)

軸徑 d_1	軸承內徑 d	A (最小)	K (最小)	H 2		H 3			H 23		
				d_e (最小)	b (最小) 尺寸系列	d_e (最小)	b (最小) 尺寸系列		d_e (最小)	b (最小) 尺寸系列	
					02		22	03		32	23
140	160	39	230	—	—	—	—	—	174	18	8
150	170	40	250	—	—	—	—	—	185	18	8
160	180	41	260	—	—	—	—	—	195	22	8
170	190	43	270	—	—	—	—	—	206	21	9
180	200	46	280	—	—	—	—	—	216	20	10
200	220	—	—	—	—	—	—	—	236	11	10
220	240	—	—	—	—	—	—	—	257	6	11
240	260	—	—	—	—	—	—	—	278	2	11
260	280	—	—	—	—	—	—	—	299	11	12

軸徑 d_1	軸承內徑 d	A (最小)	K (最小)	H 30				H 31				H 32	
				d_e (最小)	b (最小) 尺寸系列			d_e (最小)	b (最小) 尺寸系列			d_e (最小)	b (最小) 尺寸系列
					30	02	03		31	22	03		32
100	110	32	170	—	—	—	—	117	7	—	—	—	—
110	120	33	180	127	7	13	—	128	7	11	14	—	—
115	130	34	190	137	8	20	—	138	8	8	14	—	—
125	140	36	205	147	8	19	—	149	8	8	14	—	—
135	150	37	220	158	8	19	—	160	8	15	23	—	—
140	160	39	230	168	8	20	—	170	8	14	26	—	—
150	170	40	250	179	8	23	—	180	8	10	24	—	—
160	180	41	260	189	8	30	—	191	8	18	29	—	—
170	190	43	270	199	9	30	—	202	9	21	35	—	—
180	200	46	280	210	10	34	—	212	10	24	42	—	—
200	220	—	—	231	12	37	14	233	10	22	—	—	—
220	240	—	—	251	11	31	8	254	11	19	—	—	—
240	260	—	—	272	13	37	15	276	11	25	—	—	—
260	280	—	—	292	12	38	10	296	12	28	—	—	—
280	300	—	—	313	12	45	—	317	12	32	—	321	12
300	320	—	—	334	13	42	—	339	13	39	—	343	13
320	340	—	—	355	14	—	—	360	14	—	—	364	14
340	360	—	—	375	14	—	—	380	14	—	—	385	14
360	380	—	—	396	15	—	—	401	15	—	—	405	15
380	400	—	—	417	15	—	—	421	15	—	—	427	15
400	420	—	—	437	16	—	—	443	16	—	—	448	16
410	440	—	—	458	17	—	—	464	17	—	—	469	17
430	460	—	—	478	17	—	—	485	17	—	—	491	17
450	480	—	—	499	18	—	—	505	18	—	—	512	18
470	500	—	—	519	18	—	—	527	18	—	—	534	18

⑸　**有接頭之徑向軸承之裝置相關尺寸**：爲使有接頭之徑向軸徑正確安裝軸方向，並且容易拆卸接頭，螺帽側、相對側的尺寸必須符合表10.38之規定，如圖 10.19 係有接頭徑向軸承定位裝置時，使用隔圈之實例，如圖 10.20 則爲使用工具拆卸接頭之實例。

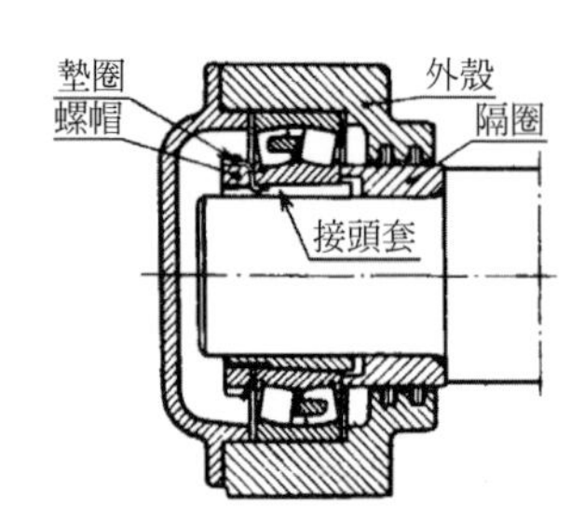

圖 10.19 拆卸接頭套

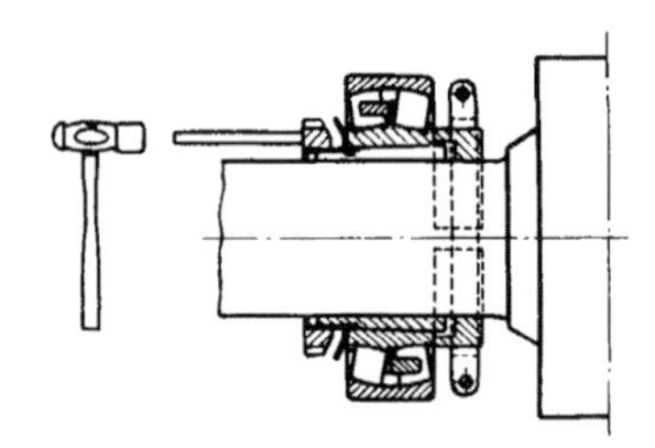

圖 10.20 使用隔圈之實例

7. 滾動軸承的配合

滾動軸承的軸承內徑與軸、軸承外徑與外殼間的配合，一般推荐採用之配合種類，如表 10.39～表 10.40 所示(有關配合請參閱第十六章)。

依據負荷種類，選定配合之原則如下各項：

⑴ **徑向軸承**：徑向軸承受內座圈迴轉負荷作用時，軸承內徑與軸的配合爲緊密配合，負荷愈大，配合愈緊，而軸承外徑與外殼的配合爲餘隙配合。如外座圈受迴轉負荷時，軸承內徑與軸採用餘隙配合，軸承外徑與外殼採用緊密配合。

負荷方向不固定時，內座圈與外座圈都不宜採用餘隙配合。

⑵ **止推軸承**：止推軸承的軸承內徑與軸之配合爲中間配合或餘隙配合；中心受推力負荷作用時，爲使外座圈軌槽自動調整對正內座圈，軸承外徑與外殼之間宜裝置間隙。

徑向軸承受合成負荷作用時，原則與上述之⑴相同。

⑶ **配合的選擇與數據**：0 級與 6 級滾動軸承之軸與外殼間的配合，一般原則如表 10.41～表 10.44 所示。

本表之重負荷指$P > 0.12C$，普通負荷指$P = 0.06 \sim 0.12C$，輕負荷指$P < 0.06C$(設P＝動態等值負荷，C＝基本動態額定負荷)。

配合之數據依表 10.45～表 10.48 之規定。

8. 基本額定負荷與壽命

軸承在正常條件下，使用一段時期後，滾動表面會產生破裂(剝落)現象，不能繼續使用，或安裝不適當、保養不週全等，亦會導致異常磨耗及熔著等故障。

軸承壽命的定義是指在上述正常使用條件下，使各個軸承迴轉，直到座圈或滾動元件因疲勞而產生材料破壞時，總計運轉的迴轉數(但是，若採用迴轉速度固定來討論，壽命是用時間來表示)。

表 10.39 徑向軸承直圓孔的配合

(a)對於徑向軸承之內環的配合

軸承等級	內環回轉負荷或方向不定負荷							內環靜止負荷		
	軸之公差域分級									
0 級，6X 級，6 級	r6	p6	n6	m6，m5	k6，k5	js6，js5	h5	h6，h5	g6，g5	f6
5 級	—	—	—	m5	k4	js4	h4	h5	—	—
配合	緊配合					中間配合				餘隙配合

(b)對於徑向軸承外環的配合

軸承等級	外環靜止負荷				方向不定負荷或外環回轉負荷				
	孔之公差域分級								
0 級，6X 級，6 級	G7	H7，H6	JS7，JS6	—	JS7，JS6	K7，K6	M7，M6	N7，N6	P7
5 級	—	H5	JS5	K5	—	K5	M5	—	—
配合	緊配合		中間配合						餘隙配合

表 10.40 止推軸承(直圓孔)的配合

(a)對於止推軸承內環的配合

軸承等級	中心徑向負荷(全部止推軸承)		合成負荷(止推自動調心滾柱軸承時)			
			內環回轉負荷或方向不定負荷			內環靜止負荷
	軸之公差域分級					
0 級，6 級	js6	h6	n6	m6	k6	js6
配合	中間配合		緊配合			中間配合

(b)對於止推軸承外環的配合

軸承等級	中心徑向負荷(全部止推軸承)		合成負荷(止推自動調心滾柱軸承時)				
			外環回轉負荷或方向不定負荷			外環回轉負荷	
	孔之公差域分級						
0 級，6 級	—	H8	G7	H7	JS7	K7	M7
配合	餘隙配合				中間配合		

表 10.41 滾動軸承之軸心容許公差

徑向軸承(0 級，6X 級，6 級)常用的軸之公差域等級)

<table>
<tr><th colspan="2" rowspan="3">條件</th><th colspan="2">滾珠軸承</th><th colspan="2">滾柱軸承
滾錐軸承</th><th colspan="2">自動調心
滾柱軸承</th><th rowspan="3">軸心公差域分級</th><th rowspan="3">備註</th></tr>
<tr><th colspan="6">軸徑(mm)</th></tr>
<tr><th>以上</th><th>以下</th><th>以上</th><th>以下</th><th>以上</th><th>以下</th></tr>
<tr><td colspan="10">圓筒孔軸承(0 級、6X 級、6 級)</td></tr>
<tr><td rowspan="3">內環回轉負荷或方向不定負荷</td><td>輕負荷[1]或變動負荷</td><td>—
18
100
—</td><td>18
100
200
—</td><td>—
—
40
140</td><td>—
40
140
200</td><td>—
—
—
—</td><td>—
—
—
—</td><td>h5
js6
k6
m6</td><td>要求精密時，以 js5、k5、m5 取代 js6、k6、m6。</td></tr>
<tr><td>普通負荷[1]</td><td>—
18
100
140
200
—
—</td><td>18
100
140
200
280
—
—</td><td>—
—
40
100
140
200
—</td><td>—
40
100
140
200
400
—</td><td>—
—
40
65
100
140
280</td><td>—
40
65
100
140
280
500</td><td>js5
k5
m5
m6
n6
p6
r6</td><td>單列斜角滾珠軸承及滾錐軸承時，不須考慮不同配合的內部間隙變化，故可用 k6、m6 取代 k5、m5。</td></tr>
<tr><td>重負荷[1]或衝擊負荷</td><td>—
—
—</td><td>—
—
—</td><td>50
140
200</td><td>140
200
—</td><td>50
100
140</td><td>100
140
200</td><td>n6
p6
r6</td><td>必須使用內部間隙較普通間隙之軸承爲大的軸承。</td></tr>
<tr><td rowspan="2">內環靜止負荷</td><td>內環必須要容易在軸上移動</td><td colspan="6">全部軸徑</td><td>g6</td><td>要求精密時，採用 g5。大軸承要能容易移動，亦可採 f6。</td></tr>
<tr><td>內環不必在軸上移動</td><td colspan="6">全部軸徑</td><td>h6</td><td>要求精密時，採用 h5。</td></tr>
<tr><td colspan="2">中心軸向負荷</td><td colspan="6">全部軸徑</td><td>js6</td><td>—</td></tr>
<tr><td colspan="10">斜錐孔軸承(0 級)(有接頭或拆卸接頭附襯套)</td></tr>
<tr><td colspan="2">各種負荷</td><td colspan="6">全部軸徑</td><td>h9/IT5[2]</td><td>於傳動軸等方面，亦可採 h10/IT7[2]。</td></tr>
</table>

【註】(1)輕負荷、普通負荷及重負荷，是指動等值徑向負荷分別爲使用軸承之基本動徑向額定負荷之 6 %以下，6 %以上 12 %以下及 12 %以上。

(2) IT5 及 IT7 示軸的眞圓度公差，圓筒度公差等之値。

【備註】此表適用於鋼製實心軸。

表 10.42　徑向軸承(0 級、6X 級、6 級)常用的外殼孔徑公差域分級(JIS B 1566)

<table>
<tr><th colspan="4">條件</th><th rowspan="2">外殼孔徑的公差域等級</th><th rowspan="2">備註</th></tr>
<tr><th>外殼</th><th colspan="2">負荷之種類</th><th>外環之軸向方向移動(2)</th></tr>
<tr><td rowspan="3">外殼一體形或分割爲二的外殼</td><td rowspan="3">外環靜止負荷</td><td>所有種類的負荷</td><td>易移動</td><td>H7</td><td>大軸承或外環與外殼的溫度大時，亦可用 G7。</td></tr>
<tr><td>輕負荷(1)或普通負荷(1)</td><td>易移動</td><td>H8</td><td>－</td></tr>
<tr><td>軸及內環高溫</td><td>易移動</td><td>G7</td><td>大軸承或外環與外殼的溫差大時，亦可用 F7。</td></tr>
<tr><td rowspan="9">外殼一體形</td><td rowspan="3">外環靜止負荷</td><td rowspan="2">輕負荷或普通負荷且要精密回轉</td><td>原則上不能移動</td><td>K6</td><td>主要適用在滾柱軸承。</td></tr>
<tr><td>可移動</td><td>JS6</td><td>主要是用在滾珠軸承。</td></tr>
<tr><td>要求靜音運轉</td><td>可容易移動</td><td>H6</td><td>－</td></tr>
<tr><td rowspan="3">方向不定的負荷</td><td>輕負荷或普通負荷</td><td>通常可移動</td><td>JS7</td><td rowspan="2">要求精密時，用 JS6，K6 取代 JS7，K7。</td></tr>
<tr><td>普通負荷或重負荷(1)</td><td>原則上不能移動</td><td>K7</td></tr>
<tr><td>大的衝擊負荷</td><td>不能移動</td><td>M7</td><td>－</td></tr>
<tr><td rowspan="3">外環回轉負荷</td><td>輕負荷或變動負荷</td><td>不能移動</td><td>M7</td><td>－</td></tr>
<tr><td>普通負荷或重負荷</td><td>不能移動</td><td>N7</td><td>主要適用在滾珠軸</td></tr>
<tr><td>薄外殼且重負荷或大的衝擊負荷</td><td>不能移動</td><td>P7</td><td>主要適用在滾柱軸承</td></tr>
</table>

【註】(1)依據表 10.4 之註(1)。
(2)關於非分離軸承，表示外環可在軸向移動或不能移動的區分。

【備註】1. 此表適用在鑄鐵製或鋼製外殼。
2. 軸承只承受中心軸向負荷時，外環要選擇徑向之間隙公差域等級。

表 10.43　止推軸承(0 級、6 級)常用的軸之公差域等級(JIS B 1566)

條件		軸徑(mm)		軸之公差域等級	備註
		以上	以下		
中心軸向負荷(全部止推軸承)		全部軸徑		js6	亦可用 h6。
合成負荷(止推自動調心滾柱軸承)	內環靜止負荷	全部軸徑		js6	–
	內環回轉負荷或方向不定負荷	– 200 400	200 400 –	k6 m6 n6	亦可用js6、k6、m6 分別取代 k6、m6、n6。

表 10.44　止推軸承(0 級、6 級)常用外殼孔之公差域等級(JIS B 1566)

條件		外殼孔之公差域等級	備註
中心軸向負荷(全部止推軸承)		–	外環徑向間隙要選擇適當的公差域等級。
		H8	滾珠止推軸承且要求精度時。
合成負荷(止推自動調心滾柱軸承)	外環靜止負荷	H7	–
	方向不定負荷或外環回轉負荷	K7	普通的使用條件時。
		M7	徑向負荷比較大時。

表 10.45 徑向軸承(滾錐軸承除外)(0 級)之內徑與軸之配合相關數值(JIS B 1566)

(單位 mm)

公稱軸承內徑及軸公稱直徑(mm)		軸承之平面內，平均內徑容許差		軸之公差域等級																											
				f6		g5		g6		h5		h6		js5		js6		k5		k6		m5		m6		n6		p6		r6	
				間隙		間隙	緊度	間隙	緊度	間隙	緊度	間隙	緊度	間隙	緊度	間隙	緊度	緊度		緊度		緊度		緊度		緊度		緊度		緊度	
以上	以下	上	下	最大	最小	最大		最大		最大		最大		最大		最大		最小	最大	最小	最大	最小	最大	最小	最大	最小	最大	最小	最大	最小	最大
3	6	0	−8	18	2	9	4	12	4	5	8	8	8	—	—	—	—	—	—	—	—	—	—	—	—	—	—	—	—	—	—
6	10	0	−8	22	5	11	3	14	3	6	8	9	8	3	11	4.5	12.5	—	—	—	—	—	—	—	—	—	—	—	—	—	—
10	18	0	−8	27	8	14	2	17	2	8	8	11	8	4	12	5.5	13.5	—	—	—	—	—	—	—	—	—	—	—	—	—	—
18	30	0	−10	33	10	16	3	20	3	9	10	13	10	4.5	14.5	6.5	16.5	2	21	2	25	—	—	—	—	—	—	—	—	—	—
30	50	0	−12	41	13	20	3	25	3	11	12	16	12	5.5	17.5	8	20	2	25	2	30	9	32	9	37	—	—	—	—	—	—
50	80	0	−15	49	15	23	5	29	5	13	15	19	15	6.5	21.5	9.5	24.5	2	30	2	36	11	39	11	45	20	54	—	—	—	—
80	120	0	−20	58	16	27	8	34	8	15	20	22	20	7.5	27.5	11	31	3	38	3	45	13	48	13	55	23	65	37	79	—	—
120	140	0	−25	68	18	32	11	39	11	18	25	25	25	9	34	12.5	37.5	3	46	3	53	15	58	15	65	27	77	43	93	63	113
140	160	0	−25	68	18	32	11	39	11	18	25	25	25	9	34	12.5	37.5	3	46	3	53	15	58	15	65	27	77	43	93	65	115
160	180	0	−25	68	18	32	11	39	11	18	25	25	25	9	34	12.5	37.5	3	46	3	53	15	58	15	65	27	77	43	93	68	118
180	200	0	−30	79	20	35	15	44	15	20	30	29	30	10	40	14.5	44.5	4	54	4	63	17	67	17	76	31	90	50	109	77	136
200	225	0	−30	79	20	35	15	44	15	20	30	29	30	10	40	14.5	44.5	4	54	4	63	17	67	17	76	31	90	50	109	80	139
225	250	0	−30	79	20	35	15	44	15	20	30	29	30	10	40	14.5	44.5	4	54	4	63	17	67	17	76	31	90	50	109	84	143
250	280	0	−35	88	21	40	18	49	18	23	35	32	35	11.5	46.5	16	51	4	62	4	71	20	78	20	87	34	101	56	123	94	161
280	315	0	−35	88	21	40	18	49	18	23	35	32	35	11.5	46.5	16	51	4	62	4	71	20	78	20	87	34	101	56	123	98	165
315	355	0	−40	98	22	43	22	54	22	25	40	36	40	12.5	52.5	18	58	4	69	4	80	21	86	21	97	37	113	62	138	108	184
355	400	0	−40	98	22	43	22	54	22	25	40	36	40	12.5	52.5	18	58	4	69	4	80	21	86	21	97	37	113	62	138	114	190
400	450	0	−45	108	23	47	25	60	25	27	45	40	45	13.5	58.5	20	65	5	77	5	90	23	95	23	108	40	125	68	153	126	211
450	500	0	−45	108	23	47	25	60	25	27	45	40	45	13.5	58.5	20	65	5	77	5	90	23	95	23	108	40	125	68	153	132	217

表 10.46 徑向軸承(滾錐軸承除外)(0 級)之外徑與外殼孔之配合相關數值(JIS B 1566)

(單位 mm)

公稱軸承外徑及孔公稱直徑(mm)		軸承之平面內，平均外徑容許差		孔之公差域等級																							
				G7		H6		H7		JS6		JS7		K6		K7		M6		M7		N6		N7		P7	
				間隙		間隙		間隙		間隙	緊度	間隙	緊度	間隙	緊度	間隙	緊度	間隙	緊度	間隙	緊度	間隙	緊度	間隙	緊度	緊度	
以上	以下	上	下	最大	最小	最大	最小	最大	最小	最大		最大		最大		最大		最大		最大		最大		最大		最小	最大
6	10	0	−8	28	5	17	0	23	0	12.5	4.5	15	7	10	7	13	10	5	12	8	15	1	16	4	19	1	24
10	18	0	−8	32	6	19	0	26	0	13.5	5.5	17	9	10	9	14	12	4	15	8	18	1	20	3	23	3	29
18	30	0	−9	37	7	22	0	30	0	15.5	6.5	19	10	11	11	15	15	5	17	9	21	2	24	2	28	5	35
30	50	0	−11	45	9	27	0	36	0	19	8	23	12	14	13	18	18	7	20	11	25	1	28	3	33	6	42
50	80	0	−13	53	10	32	0	43	0	22.5	9.5	28	15	17	15	22	21	8	24	13	30	1	33	4	39	8	51
80	120	0	−15	62	12	37	0	50	0	26	11	32	17	19	18	25	25	9	28	15	35	1	38	5	45	9	59
120	150	0	−18	72	14	43	0	58	0	30.5	12.5	38	20	22	21	30	28	10	33	18	40	2	45	6	52	10	68
150	180	0	−25	79	14	50	0	65	0	37.5	12.5	45	20	29	21	37	28	17	33	25	40	5	45	13	52	3	68
180	250	0	−30	91	15	59	0	76	0	44.5	14.5	53	23	35	24	43	33	22	37	30	46	8	51	16	60	3	79
250	315	0	−35	104	17	67	0	87	0	51	16	61	26	40	27	51	36	26	41	35	52	10	57	21	66	1	88
315	400	0	−40	115	18	76	0	97	0	58	18	68	28	47	29	57	40	30	46	40	57	14	62	24	73	1	98
400	500	0	−45	128	20	85	0	108	0	65	20	76	31	53	32	63	45	35	50	45	63	18	67	28	80	0	108

表 10.47 徑向軸承(滾錐軸承除外)(6 級)之內徑與軸之配合相關數值(JIS B 1566)

(單位 mm)

公稱軸承內徑及軸之公稱直徑(mm)		軸承之平面內，平均內徑容許差		軸之公差域等級																											
				f 6		g 5		g 6		h 5		h 6		js 5		js 6		k 5		k 6		m 5		m 6		n 6		p 6		p 6	
				間隙		間隙	緊度	間隙	緊度	間隙	緊度	間隙	緊度	間隙	緊度	間隙	緊度	緊度		緊度		緊度		緊度		緊度		緊度		緊度	
以上	以下	上	下	最大	最小	最大		最大		最大		最大		最大		最大		最小	最大	最小	最大	最小	最大	最小	最大	最小	最大	最小	最大	最小	最大
3	6	0	−7	18	3	9	3	12	3	5	7	8	7	—	—	—	—	—	—	—	—	—	—	—	—	—	—	—	—	—	—
6	10	0	−7	22	5	11	2	14	2	6	7	9	7	3	10	4.5	11.5	—	—	—	—	—	—	—	—	—	—	—	—	—	—
10	18	0	−7	27	7	14	1	17	1	8	7	11	7	4	11	5.5	12.5	—	—	—	—	—	—	—	—	—	—	—	—	—	—
18	30	0	−8	33	12	16	1	20	1	9	8	13	8	4.5	12.5	6.5	14.5	2	19	2	23	—	—	—	—	—	—	—	—	—	—
30	50	0	−10	41	15	20	1	25	1	11	10	16	10	5.5	15.5	8	18	2	23	2	28	9	30	9	35	—	—	—	—	—	—
50	80	0	−12	49	18	23	2	29	2	13	12	19	12	6.5	18.5	9.5	21.5	2	27	2	33	11	36	11	42	20	51	—	—	—	—
80	120	0	−15	58	21	27	3	34	3	15	15	22	15	7.5	22.5	11	26	3	33	3	40	13	43	13	50	23	60	37	74	—	—
120	140	0	−18	68	25	32	4	39	4	18	18	25	18	9	27	12.5	30.5	3	39	3	46	15	51	15	58	27	70	43	86	63	106
140	160	0	−18	68	25	32	4	39	4	18	18	25	18	9	27	12.5	30.5	3	39	3	46	15	51	15	58	27	70	43	86	65	108
160	180	0	−18	68	25	32	4	39	4	18	18	25	18	9	27	12.5	30.5	3	39	3	46	15	51	15	58	27	70	43	86	68	111
180	200	0	−22	79	28	35	7	44	7	20	22	29	22	10	32	14.5	36.5	4	46	4	55	17	59	17	68	31	82	50	101	77	128
200	225	0	−22	79	28	35	7	44	7	20	22	29	22	10	32	14.5	36.5	4	46	4	55	17	59	17	68	31	82	50	101	80	131
225	250	0	−22	79	28	35	7	44	7	20	22	29	22	10	32	14.5	36.5	4	46	4	55	17	59	17	68	31	82	50	101	84	135
250	280	0	−25	88	31	40	8	49	8	23	25	32	25	11.5	36.5	16	41	4	52	4	61	20	68	20	77	34	91	56	113	94	151
280	315	0	−25	88	31	40	8	49	8	23	25	32	25	11.5	36.5	16	41	4	52	4	61	20	68	20	77	34	91	56	113	98	155

表 10.48 徑向軸承(滾錐軸承除外)(6 級)外徑與外殼孔之配合相關數值(JIS B 1566)

(單位 mm)

公稱軸承外徑及孔之公稱直徑(mm)		軸承之平面內，平均外徑容許差		孔之公差域等級																							
				G7		H6		H7		JS6		JS7		K6		K7		M6		M7		N6		N7		P7	
				間隙		間隙		間隙		間隙		間隙	緊度	間隙	緊度	間隙	緊度	間隙	緊度	間隙	緊度	緊度		間隙	緊度	緊度	
以上	以下	上	下	最大	最小	最大	最小	最大	最小	最大	最小	最大		最大		最大		最大		最大		最小	最大	最大		最小	最大
6	10	0	−7	27	5	16	0	22	0	11.5	4.5	14	7	9	7	12	10	4	12	7	15	0	16	3	19	2	24
10	18	0	−7	31	6	18	0	25	0	12.5	5.5	16	9	9	9	13	12	3	15	7	18	2	20	2	23	4	29
18	30	0	−8	36	7	21	0	29	0	14.5	6.5	18	10	10	11	14	15	4	17	8	21	3	24	1	28	6	35
30	50	0	−9	43	9	25	0	34	0	17	8	21	12	12	13	16	18	5	20	9	25	3	28	1	33	8	42
50	80	0	−11	51	10	30	0	41	0	20.5	9.5	26	15	15	15	20	21	6	24	11	30	3	33	2	39	10	51
80	120	0	−13	60	12	35	0	48	0	24	11	30	17	17	18	23	25	7	28	13	35	3	38	3	45	11	59
120	150	0	−15	69	14	40	0	55	0	27.5	12.5	35	20	19	21	27	28	7	33	15	40	5	45	3	52	13	68
150	180	0	−18	72	14	43	0	58	0	30.5	12.5	38	20	22	21	30	28	10	33	18	40	2	45	6	52	10	68
180	250	0	−20	81	15	49	0	66	0	34.5	14.5	43	23	25	24	33	33	12	37	20	46	2	51	6	60	13	79
250	315	0	−25	94	17	57	0	77	0	41	16	51	26	30	27	41	36	16	41	25	52	0	57	11	66	11	88
315	400	0	−28	103	18	64	0	85	0	46	18	56	28	35	29	45	40	18	46	28	57	2	62	12	73	13	98
400	500	0	−33	116	20	73	0	96	0	53	20	64	31	41	32	51	45	23	50	33	63	6	67	16	80	12	108

一群相同軸承在相同的條件下運轉，研究其軸承的相當壽命時，是依據軸承的平均壽命評估，以期在實際使用軸承時，保證大部分軸承之壽命，以下說明 JIS 額定壽命、基本動態額定負荷與其計算方法。

⑴ **額定壽命**：額定壽命的定義：一批相同軸承在一樣的運轉條件下，各別運轉到 90 %的軸承，因滾動疲勞而導致材料破壞時之迴轉總數；或是轉速固定時，同時間來表示壽命。

額定壽命相當於軸承全部平均壽命的五分之一左右。

⑵ **基本動態額定負荷**：基本動態額定負荷是保證軸承有 100 萬轉額定壽命的固定負荷，JIS的定義為「徑向軸承在內座圈迴轉，外座圈靜止的條件下；止推軸承則為一側座圈迴轉，另一側座圈靜止的條件下，一群相同的軸承，分別運轉時，可以完成 100 萬轉，而方向、大小不變的負荷上。基本動態額定負荷規定徑向軸承受徑向負荷，止推軸承受中心軸上推力負荷，單列斜角軸承，因內、外座圈間相互移位，因此受徑向負荷時係以徑向分力為依據」。

JIS滾動軸承的基本動態額定負荷的計算方法，有 JIS B 1518 規定，由於計算相當複雜，所以一般都採用製造廠商型錄之記載數據，參考表 10.14～表 10.23 所示之數據。

⑶ **動態相當負荷**：上述的基本動態額定負荷限定單受徑向負荷或推力負荷作用，而實際上大多受兩種負荷同時作用，因此，必須假定實際受負荷作用時，會產生相同影響之軸承壽命的徑向或推力負荷來計算，這種假想負荷稱為相當負荷，JIS定義如下：「方向與大小不變的負荷，實際負荷與迴轉條件相同時達成相同壽命的負荷」。

徑向軸承或推力軸承的負荷方式與上述之基本動態額定負荷相同。

⑷ **額定壽命的計算公式**：軸承的額定壽命、基本動態額定負荷與動態相當負荷間的關係為：

$$L=\left(\frac{C}{P}\right)^{p} \quad\cdots\cdots(1)$$

式中

L＝額定壽命(單位10^6迴轉)

C＝基本動態額定負荷(N)參考公式⑵

P＝動態相當負荷(N)參考公式⑹

p＝ 3(滾珠軸承時)

p＝ 10/3(滾子軸承時)

如前所述，因額定壽命為 100 萬迴轉(10^6迴轉)，則相當於 33.3 rpm500 小時的運轉($33.3\times60\times500\div10^6$ rev)，因此，通常迴轉數與壽命小時皆以 33.3 rpm 與 500 小時為基準。

表示額定壽命的總迴轉數，如以行走公里數表示壽命更方便；用小時表示時，以速度不變較方便。

用於滾動軸承的壽命計算公式⑴的基本動態額定負荷C可用下列公式求得

$$C=\frac{f_h}{f_n}\cdot P\mathrm{N} \quad\cdots\cdots(2)$$

式中

f_h＝壽命係數，參考公式⑷

f_n＝速度係數，參考公式⑸

P＝動態相當負荷(N)，參考公式⑹

$$L_h = 500 f_h^{\,p} \quad \cdots\cdots (3)$$

$$f_h = \left(\frac{L_h}{500}\right)^{\frac{1}{p}} \quad \cdots\cdots (4)$$

$$f_n = \left(\frac{33.3}{n}\right)^{1/p} \quad \cdots\cdots (5)$$

$$P_r = X \cdot V \cdot F_r + YF_a \quad \cdots\cdots (6)$$

$$P_a = X \cdot F_r + YF_a \quad \cdots\cdots (7)$$

式中

L_n＝壽命小時(h)

n＝軸承的每分鐘迴轉數

P_r＝徑向軸承的動態相當負荷(N)

P_a＝止推軸承的動態相當負荷(N)

X＝徑向係數

V＝迴轉係數

Y＝推力係數

F_r＝徑向負荷(N)

F_a＝推力負荷(N)

上述的X及Y值，如表 10.50。

表中的(a)，(b)表內未表示的F_a/C_{or}、iF_a/C_{or}、F_a/iZD_ω^2、F_a/ZD_ω^2或α對應的X、Y及e之值，可利用比例法求得(參照例題 2)

式中，

i＝轉動體列數

Z＝轉動體數

D_ω＝滾珠直徑

而對應滾珠軸承及滾柱軸承每分鐘轉數n的f_n值及對應L_n之f_n值，可用圖 10.21 之刻度尺求得。

表 10.49 示不同用途的軸承壽命係數及計算壽命。

(5) **基本靜態額定負荷**：軸承除了上述的壽命之外，受靜止負荷作用時，滾動元件與座圈也會產生局部永久變形的問題。

局部永久變形超過某一限度時，對於往後的運轉形成障礙，JIS 規定之限度爲，受最大應接觸部的振動元件與座圈永久變形量之和，等於滾動元件直徑的 0.0001 倍時的負荷，稱爲基本靜態額定負荷。

rpm n 10 15 20 30 40 60 80 100 150 200 300 400 600 800 1000 1500 2000 3000 4000 6000 8000 10000 15000 20000 30000 40000 60000

f_n 1.49 1.4 1.3 1.2 1.1 1.0 0.9 0.8 0.7 0.6 0.5 0.4 0.3 0.28 0.24 0.22 0.20 0.18 0.16 0.14 0.12 0.10 0.09 0.082

HOUR L_h 200 300 400 500 600 700 800 900 1000 2000 3000 4000 6000 8000 10000 20000 30000 40000 60000 80000

f_h 0.74 0.75 0.80 0.85 0.90 0.95 1.0 1.1 1.2 1.3 1.4 1.5 1.6 1.7 1.8 1.9 2 2.5 3 3.5 4 4.5 5 5.4

滾柱軸承

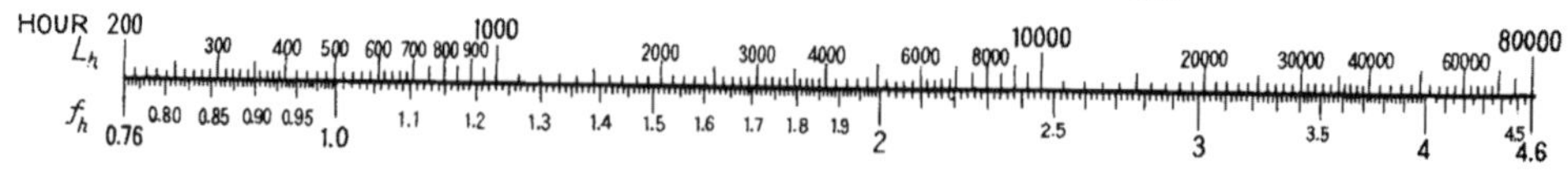

圖 10.21 滾珠軸承及滾柱軸承每分鐘轉數n對應 f_n 之值及L_n對應 f_n 之值

表 10.49　不同用途的壽命係數與計算壽命

使用機械	壽命係數 f_h	壽命小時L_n(上部：滾珠軸承，下部：滾柱軸承)
不必經常迴轉的器具裝置，例如：車門開閉裝置，汽車方向指示器等。	1	500 500
短時間或間歇使用的機械，如有故障產生無甚大影響者，例如：手工具、機械工廠捲昇裝置、手動機械、農業機械、鑄造廠的起動機、自動送料裝置、家庭器具。	2～2.5	4000～8000 5000～10000
未連續運轉，但運轉時必須相當確實、積極之機械，例如：發電廠的補助機械、流程作業的輸送機、昇降機、起動機、使用率低的工具機等。	2.5～3	8000～14000 10000～20000
1 天 8 小時偶而運轉的機械，例如：工廠馬達、一般齒輪裝置。	3～3.5	14000～20000 20000～30000
1 天 8 小時全天候運轉之機械，例如：機械廠的一般機械、起動機、鼓風機。	3.5～4	20000～30000 30000～50000
24 小時連續運轉的機械，例如：分離器、壓縮器、泵、主軸、輥軋機、輥子、運送輥子、捲昇機、馬達等。	4.5～5	50000～60000 80000～100000
24 小時連續運轉，絕不可有故障的機器，例如：塞璐璐製造機器、製紙機器、發電廠、礦廠排水泵、接到地下水道設備等。	6～7	100000～200000 200000～300000

表 10.50 係數X及Y之值(JIS B 1518)

(a) 徑向滾珠軸承

軸承的形式	α	軸向負荷比		單列軸承				多列軸承				e	
				$F_a/F_r \leqq e$		$F_a/F_r > e$		$F_a/F_r \leqq e$		$F_a/F_r > e$			
				X	Y	X	Y	X	Y	X	Y		
深槽滾珠軸承		$\frac{F_a}{C_{0r}}$	$\frac{F_a}{iZD_w^2}$										
		0.014 0.028 0.056 0.084 0.11 0.17 0.28 0.42 0.56	0.172 0.345 0.689 1.03 1.38 2.07 3.45 5.17 6.89	1	0	0.56	2.30 1.99 1.71 1.55 1.45 1.31 1.15 1.04 1.00	1	0	0.56	2.30 1.99 1.71 1.55 1.45 1.31 1.15 1.04 1.00	0.19 0.22 0.26 0.28 0.30 0.34 0.38 0.42 0.44	
斜角滾珠軸承	α	$\frac{iF_a}{C_{0r}}$	$\frac{F_a}{ZD_w^2}$									單列	多列
	5°	0.014 0.028 0.056 0.085 0.11 0.17 0.28 0.42 0.56	0.172 0.345 0.689 1.03 1.38 2.07 3.45 5.17 6.89	1	0	0.56	2.30 1.99 1.71 1.55 1.45 1.31 1.15 1.04 1.00	1	2.78 2.40 2.07 1.87 1.75 1.58 1.39 1.26 1.21	0.78	3.74 3.23 2.78 2.52 2.36 2.13 1.87 1.69 1.63	0.19 0.22 0.26 0.28 0.30 0.34 0.38 0.42 0.44	0.23 0.26 0.30 0.34 0.36 0.40 0.45 0.50 0.52
	10°	0.014 0.029 0.057 0.086 0.11 0.17 0.29 0.43 0.57	0.172 0.345 0.689 1.03 1.38 2.07 3.45 5.17 6.89	1	0	0.46	1.88 1.71 1.52 1.41 1.34 1.23 1.10 1.01 1.00	1	2.18 1.98 1.76 1.63 1.55 1.42 1.27 1.17 1.16	0.75	3.06 2.78 2.47 2.29 2.18 2.00 1.79 1.64 1.63	0.29 0.32 0.36 0.38 0.40 0.44 0.49 0.54 0.54	
	15°	0.015 0.029 0.058 0.087 0.12 0.17 0.29 0.44 0.58	0.172 0.345 0.689 1.03 1.38 2.07 3.45 5.17 6.89	1	0	0.44	1.47 1.40 1.30 1.23 1.19 1.12 1.02 1.00 1.00	1	1.65 1.57 1.46 1.38 1.34 1.26 1.14 1.12 1.12	0.72	2.39 2.28 2.11 2.00 1.93 1.82 1.66 1.63 1.63	0.38 0.40 0.43 0.46 0.47 0.50 0.55 0.56 0.56	
	20° 25° 30° 35° 40° 45°	— — — — — —	— — — — — —	1	0	0.43 0.41 0.39 0.37 0.35 0.33	1.00 0.87 0.76 0.66 0.57 0.50	1	1.09 0.92 0.78 0.66 0.55 0.47	0.70 0.67 0.63 0.60 0.57 0.54	1.63 1.41 1.24 1.07 0.93 0.81	0.57 0.68 0.80 0.95 1.14 1.34	
自動調心滾珠軸承				1	0	0.40	0.4cotα	1	0.42cotα	0.65	0.65cotα	1.5tanα	
磁性滾珠軸承				0	0	0.5	2.5	—	—	—	—	0.2	

(b) 止推滾珠軸承

α	單式軸承(1)		複式軸承				e
	$F_a/F_r>e$		$F_a/F_r \leqq e$		$F_a/F_r>e$		
	X	Y	X	Y	X	Y	
45°	0.66	1	1.18	0.59	0.66	1	1.25
50°	0.73		1.37	0.57	0.73		1.49
55°	0.81		1.60	0.56	0.81		1.79
60°	0.92		1.90	0.55	0.92		2.17
65°	1.06		2.30	0.54	1.06		2.68
70°	1.28		2.90	0.53	1.28		3.43
75°	1.66		3.89	0.52	1.66		4.67
80°	2.43		5.86	0.52	2.43		7.09
85°	4.80		11.75	0.51	4.80		14.29

〔註〕(1) 不適 $F_a/F_r \leqq e$ 時之單式軸承使用。

(c) 止推滾柱軸承

軸承的形式	$F_a/F_r \leqq e$		$F_a/F_r>e$		e
	X	Y	X	Y	
單式，α≠90°	−(1)	−(1)	tan α	1	1.5tanα
複式，α≠90°	1.5tanα	0.67	tan α	1	1.5tanα

〔註〕(1) 不適 $F_a/F_r \leqq e$ 時之單式軸承使用。

(d) 徑向滾柱軸承

軸承的形式	$F_a/F_r \leqq e$		$F_a/F_r>e$		e
	X	Y	X	Y	
單列，α≠0°	1	0	0.4	0.4cotα	1.5tanα
複列，α≠0°	1	0.45cotα	0.67	0.67cotα	1.5tanα

基本靜態額定負荷限定負荷方向與前述的基本動態額定負荷相同，但如同時受徑向與推力負荷作用時，一樣要假設產生同等影響，此稱爲靜態相當負荷。此時限定負荷方向的方法與前述同。

基本靜態負荷負荷通常採用製造廠目錄記載的數據，參考表 10.14～表 10.23 所示。

滾動軸承的基本靜態負荷C_{or}的大約數值，可用下列公式求得

$C_{or}=f_s \cdot P_o$ (N) ....(8)

式中

f_s ＝靜負荷比(得自表 10.52)。

P(或P_{oa})＝靜態相當負荷(N)，參考公式(9)、(10)

$P_o=X_o \cdot F_r+Y_o \cdot F_a$(但$P_o>f_a$)…徑向軸承時............................(9)

表 10.51　係數X_o及Y_o之值(JIS B 1519)

軸承的形式		單列軸承		多列軸承	
		X_0	Y_0	X_0	Y_0
深槽滾珠軸承		0.6	0.5	0.6	0.5
斜角滾珠軸承	$\alpha=15°$	0.5	0.46	1	0.92
	20°	0.5	0.42	1	0.84
	25°	0.5	0.38	1	0.76
	30°	0.5	0.33	1	0.66
	35°	0.5	0.29	1	0.58
	40°	0.5	0.26	1	0.52
	45°	0.5	0.22	1	0.44
自動調薪滾珠軸承$\alpha\neq0°$		0.5	0.22 $\cot\alpha$	1	0.44 $\cot\alpha$

表 10.52　一般用f_s值

迴轉條件	負荷	f_s之下限
常迴轉軸承	普通負荷	1～2
	衝擊負荷	2～3
不常迴轉軸承(搖動等)	普通負荷	0.5
	衝擊不均佈負荷	1～1.5

$P_{oa}=F_a\times2.3F_r \cdot \tan\alpha$…止推軸承時的場合............................(10)

式中

X_o ＝靜態徑向係數

Y_o ＝靜態推力係數

F_r＝徑向或推力負荷(N)

X_o與Y_o的值如表 10.51 所示。

靜態負荷比一般採用表 10.52 所示之值，如受衝擊負荷、振動負荷時，表中數值要乘 1.5～2 倍。

例題 1

深槽滾珠軸承(單列、單護蓋)6010，轉數 750 rpm，且徑向負荷 2 kN 時，求其壽命小時。

解 只受徑向負荷，故相當徑向負荷P_r爲

$P_r=F_r=2$ (kN)

由表 10.14 知 6010 的基本動態額定負荷$C_r=21.8$ kN。因此，對於 750 rpm 的滾珠軸承速度係數，由圖 10.21 標尺求得$f_n=0.35$。壽命係數由公式(2)求得

$f_h = f_n \cdot \frac{C_r}{P_r} = 0.35 \times \frac{21.8}{2} = 3.8$

由圖 10.21 的標尺求得此壽命係數的對應壽命時間爲 27000 小時。

例題 2

援用例題 1，若推力負荷 930 N，則該滾珠軸承的壽命爲何？

解 由表 10.14 知 6010 的基本靜態額定負荷$C_{or} = 16.6$ kN。在因此由表 10.50 得

$\frac{F_a}{C_{or}} = \frac{930}{16600} = 0.056$，且$\frac{F_a}{F_r} = 0.465$

此 0.465 較同表對應$F_a/C_{or} = 0.056$的e值 0.26 大，故由同表右欄的係數$X = 0.56$，$Y = 1.71$。因此由公式(7)求動態相當負荷P_r

$P_r = XF_r + YF_a = 0.56 \times 2000 + 1.71 \times 930 = 2710$ N

公式(2)的P除以P_r，算出f_h 值

$f_h = 0.35 \times \frac{21800}{2710} = 2.82$

由圖 10.21 的標尺，求出 11000 小時。

例題 3

使用 60 系列單列深槽滾珠軸承，1430 rpm 且徑向負荷爲 1500 N，軸向負荷爲 530 N，要求使用壽命大於 8000 小時，則應選擇的軸承公稱編號爲何？

解 因爲有軸向負荷，所以由表 10.50 求e值。

$\frac{F_a}{F_r} = \frac{530}{1500} = 0.35$

但在本表中的X及Y值，是依左欄的徑向負荷比F_a/C_{or}而定，因此當C_{or}未知時，則以較上述F_a/F_r值小的e值來假設F_a/C_{or}值。$X = 0.56$，$Y = 1.31$。據此並用公式(6)求動態相當徑向負荷P_r。

$P_r = XF_r + YF_a = 0.56 \times 1500 + 1.31 \times 530 = 1534$ (N)

由圖 10.21，對應 10000 小時的壽命係數$f_h = 2.7$，以及對應 1430 rpm 的速度係數$f_n = 0.29$。

基本動態額定負荷C_r，由公式(2)

$C_r = \frac{f_h}{f_n} \cdot P_r = \frac{2.7}{0.29} \times 1534 = 14282$ (N)

因此，由表 10.14 選擇公稱編號 6007 (軸孔徑 35)軸承。

然後再針對此公稱編號確認使用壽命看看。由表知同一軸承的C_{or}是 10.3 kN。軸向負荷比爲

$\frac{F_a}{C_{or}} = \frac{530}{10300} = 0.051$

因F_a/F_r值是 0.36，由表 10.50，$F_a/F_r > e$，可求得$X = 0.56$，但因爲$F_a/C_{or} = 0.051$，故以表中所示 0.056 及 0.028 值，利用比例法求Y之值爲

$Y = 1.99 + \frac{1.71 - 1.99}{0.056 - 0.028} \times (0.051 - 0.028)$

$= 1.76$

依此求動態相當徑向負荷P_r爲

$P_r = XF_r + YF_a$

$= 0.56 \times 1500 + 1.76 \times 530$

$= 1773$ (N)

由表 10.14 查出 6007 之C_r是 16.0 kN，故由公式(2)求

$f_h = f_n \cdot \frac{C_r}{P_r} = 0.29 \times \frac{16000}{1772} = 2.62$ 利用圖 10.21 刻度尺求得f_h = 2.62 的壽命約 9500 小時，可以滿足題目要求。若壽命值有過及不足時，可取公稱編號之上下數碼反復計算，求得所需值。

10.4 潤　滑

1. 潤滑原理

軸承要安裝正確、潤滑適當，才能充分發揮功能，潤滑的功用有：

(1) 減少摩擦與磨耗。
(2) 散熱。
(3) 減震。
(4) 防止雜質混入。

2. 潤滑劑

一般採用的潤滑劑有滑脂及潤滑油，種類繁多，必須正確選擇，以達最適當的潤滑，表 10.53 爲滑脂與潤滑油脂比較。

(1) **滑脂**：滑脂是基油(礦油或合成油)添加增稠劑(金屬石鹼等)製成膏狀潤滑劑。

表 10.54 爲一般用滑脂的種類與性質。

(2) **潤滑油**：選擇滾動軸承用潤滑油時最重要的是選用最適當的粘度，一般使用條件、運轉溫度下，最少要使用下列各種粘度以上脂潤滑油。

滾珠軸承、滾柱軸承……13×10^{-6} m²/s

表 10.53　滑脂與油潤滑的比較

項目	滑脂	油
迴轉數	低，中速用	高速度
潤滑劑之更換	很繁雜	簡易
潤滑劑之壽命	比較短	長
密封裝置	簡易	要注意
冷卻效果	不好	良好
潤滑性能	良好	非常良好
雜物過濾	困難	容易
油膜之緩衝性	極劣	良好

滾錐軸承、自動調心滾子軸承……20×10^{-6} m²/s

但要注意如果使用高於上列粘度時，引起之溫度上升、扭力增加。一般而言，軸承愈大、負荷愈大時，粘度愈高，轉速高時使用低粘度。

表 10.55 所示爲油浴潤滑、循環潤滑時的潤滑油選擇參考指引。

3. 潤滑方法

(1) **滑脂潤滑方法**：因滑脂之粘高，故密封裝置簡單，半年～2 年補充一次，應用廣泛。

利用滑脂潤滑時，外殼的內寬通常是軸承寬的 1.5～2 倍，在此空間加入 40～60 %的滑脂；縱使在低速時無任何阻礙出現，亦須注意高速時是否有過熱、變質等故障，滑脂使用一段時間劣化後，要加以更換。

表 10.54　各種滑脂的一般性能

性能 ＼ 名稱(通稱)	鋰滑脂			鈉滑脂	鈣滑脂	混合基滑脂	複合滑脂	非石鹼基滑脂
增稠劑	Li 鹼矽油			Na 石鹼	Ca 石鹼	Na＋Ca 石鹼 Li＋Ca 石鹼等	Ca 複合物 Al 複合物	矽化合物 耐熱性有機化合物
基油	礦油	蒸餾油	鹼矽油	礦油	礦油	礦油	礦油	礦油
使用溫度範圍(℃)	−20～100	−50～100	−50～150	−20～100	−10～50	−10～80	−20～100	0～150
使用速度範圍($d_m n$)	～30×10^4	～30×10^4	～20×10^4	～30×10^4	～15×10^4	～30×10^4	～30×10^4	～15×10^4
機械的安定性	良	良	良	良	劣	良	良	良
耐壓性	中	中	弱	強～中	強～弱	強	強	中～弱
耐水性	良	良	良	劣	良	加入 Na 變劣	良	良
特點與用途	用途最廣泛，各種滾動軸承用	低溫特性，摩擦特性好，儀單、小型馬達軸承用	主要用於高速、高負荷、高溫、滑動部分之多只軸承用	有長線狀與短線狀，長線形不適合高速用	高溫高負荷使用，高黏度油加入極壓添加劑成爲極壓油脂	輥子軸承、大形滾珠軸承、高速時用	具極壓性，機械安定性大	高溫部分的潤滑，耐酸、耐鹼性

表 10.55　選擇潤滑油指引

軸承運轉溫度	d_n 值*	普通負荷	重負荷或衝擊負荷	軸承
−30℃～0℃	至限制轉數	2號，特2號冷凍機油(150)	–	所有種類
0℃～60℃	至 15000	2號電機油(110) 2號透平油(140)	3 號透平油(180)，250，350 柴油	同上
	至 75000	3號錠子油(150) 1號透平油(90) 2號電機油(110)	2號電機油(110) 2 號，3 號透平油(140，180)	同上
	至 150000	3號錠子油(150)	1號透平油(90)	止推滾珠軸承除外
	至 300000	特 1 號，2 號錠子油(白，60)	3號錠子油(150)	單列徑向滾珠軸承及滾柱軸承
	至 450000	特 1 號，2 號錠子油(白，60)	特 1 號，2 號錠子油(白，60)	
60℃～100℃	至 15000	250，350 柴油	450，B450柴油，1號汽缸油(90)	所有種類
	至 75000	3 號，特 3 號透平油(180)，250 柴油	250，350，B350柴油	同上
	至 150000	2號，3號，特2號，特 3 號透平油(140，180)	3 號，特 3 號透平油(180)，250 柴油	止推滾珠軸承除外
	至 300000	1 號，特 1 號透平油(90)，2 號電機油	2 號電機油(110)，2號，3號，特2號，特3號透平油(140，180)	單列徑向滾珠軸承及滾柱軸承
	至 450000	3 號錠子油(150)，1號，特1號透平油(90)	1 號，特 1 號透平油(90)，2號電機油(110)	
100℃～150℃	至限制轉數	B450，B700 柴油 1號，2號汽缸油(90，120)		所有種類
150℃以上		3號汽缸油(過熱)，B700 柴油(尤其是高溫場所，必須有防止氧化的添加劑)		同上
0℃～60℃		2號電機油(110) 2號，3號透平油(140，180)		自動調心滾子軸承
60℃～100℃		3號，特 3 號透平油(180) 250，350，B350，B450 柴油		

【註】*d_n 值是 d(軸承內徑 mm)×n(轉數 rpm)之值。

【備註】括號內示舊名稱(數字是雷氏粘度(秒))。

滑脂更換週期概略基準，可採運轉時間為之。用下式計算求得。

滾珠軸承$t_f=\dfrac{105\times10^6}{kn\sqrt{d}}-6d$ .... (11)

滾柱軸承$t_f=\dfrac{52\times10^6}{kn\sqrt{d}}-3d$.................. (12)

自動調心滾子軸承，滾錐軸承

$t_f=\dfrac{27\times10^6}{kn\sqrt{d}}-2d$ .... (13)

式中，

t_f：更換滑脂的平均時間(h)

n：轉數(rpm)

d：軸承內徑(mm)

$k=0.85$…直徑系列 2

$=1.0$…直徑系列 3

$=1.2$…直徑系列 4

這些公式求得之值是以異物、水份等有害物較不易混入的場合為對象。若有這些不良影響時，則更換時間必須再縮短。

(2) **油潤滑方法**：潤滑油方法如下各種：

① 油浴潤滑：軸承的一部分浸在油面下之潤滑油方法，通常在停止時，最低位置的轉動元件以在油面附近為宜，這種情況要用如圖 10.22 所示之油計，以便經常檢查油量。

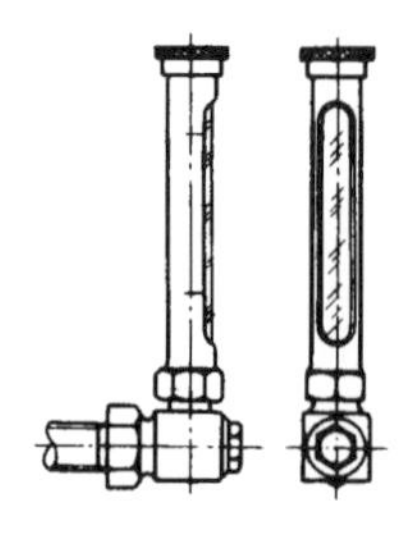

圖 10.22 油位計

② 飛濺潤滑：利用齒輪、葉輪等撥油潤滑。相當高轉數可採用。

③ 循環潤滑：又稱為強制潤滑。使用油泵強制循環潤滑油，因此潤滑系統中可以設置過濾器、冷卻器，適於高速迴轉的場合。

至於超高速的場合，亦可設一或數個噴嘴，將油以一定的壓力噴向潤滑目標，即所謂噴射潤滑。圖 10.23～圖 10.25 示循環潤滑及噴射潤滑例。

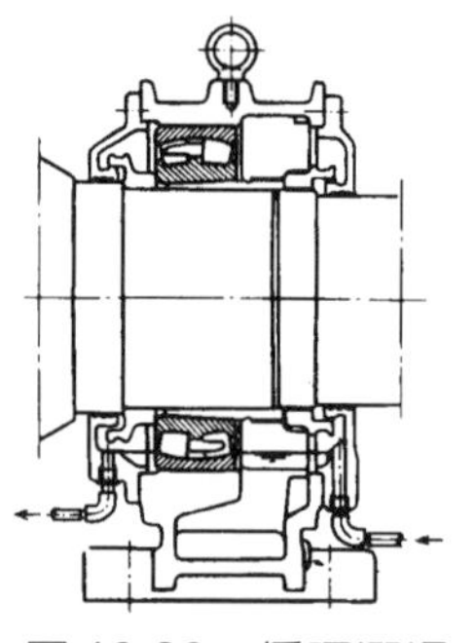

圖 10.23 循環潤滑

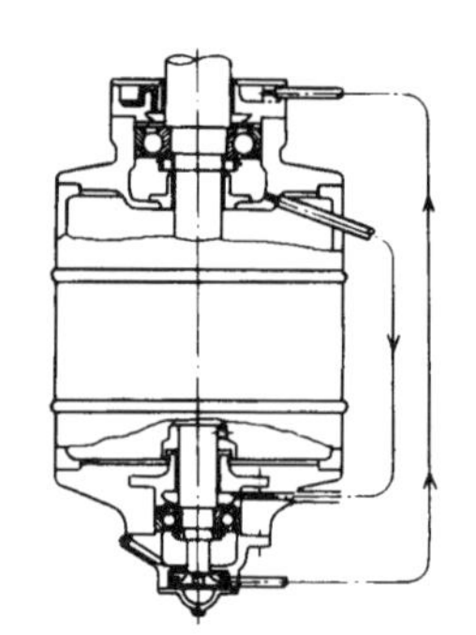

圖 10.24 循環潤滑

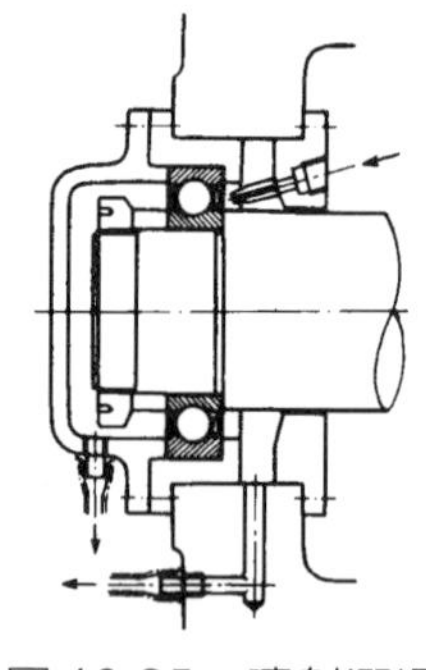

圖 10.25 噴射潤滑

4. 容許極限速度

考慮配合軸承形式等因素，使軸承能以最安全且長時間運轉，可以考慮所謂的極限轉數。此極限轉數是一經驗值，依軸承使用條件不同而改變，在選取適當的潤滑方法時，是一項評估指標。

同一尺寸系列的同形式軸承d_n＝一定(d：軸承內徑mm，n：轉數rpm)，但若尺寸系列不同，$d_m n$＝一定(d_m：軸承之節圓直徑 mm)關係成立。以上為求取極限轉數的方法。

但特別小的軸承或大的軸承等，經驗上，必須取低的$d_m n$值，且與軸承的負荷有關，故通常利用下列公式做補正。

徑向軸承$n_o = \dfrac{f_1 \cdot f_2 \cdot A}{d_m}$ ....(14)

止推軸承$n_o = \dfrac{f_1' \cdot A}{\sqrt{D \cdot H}}$ ....(15)

n_o：容許轉數(rpm)

d_m：軸承之節圓直徑≒(內徑＋外徑)×1/2 (mm)

f_1，f_1'：尺寸係數(圖 10.26，圖 10.27)

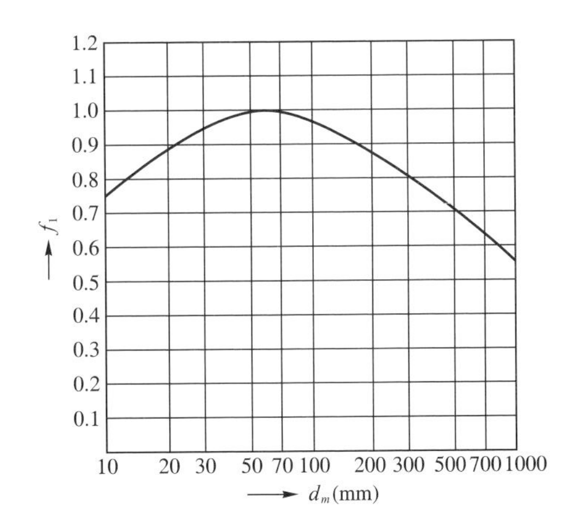

圖 10.26 徑向軸承之尺寸係數

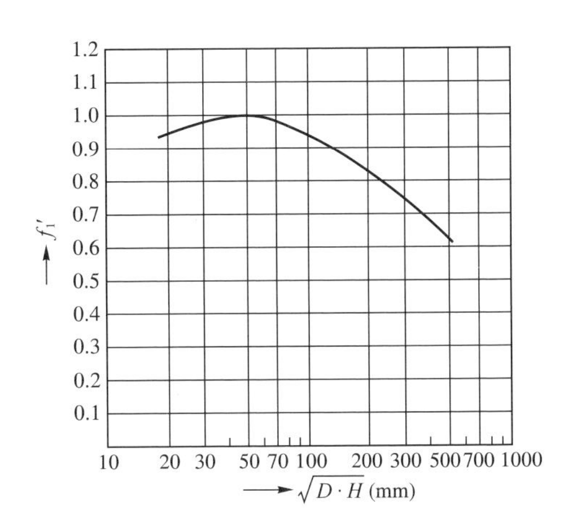

圖 10.27 止推軸承的尺寸係數

表 10.56 求容許轉數之常數A

軸承形式	滑脂(1)	潤滑油(2)
深槽滾珠軸承	320000	500000
斜角滾珠軸承(α= 15°)(3)	320000	500000
斜角滾珠軸承(α= 40°)(3)	280000	400000
複列斜角滾珠軸承	180000	320000
自動調心滾珠軸承	250000	350000
滾柱軸承	280000	450000
滾針軸承(附保持器)	250000	400000
滾錐軸承(3)	180000	300000
自動調心滾子軸承	150000	280000
止推滾珠軸承	80000	120000
止推自動調心滾子軸承	－	150000

【註】(1)油脂潤滑的油脂壽命基準取 1000～1200 小時。
(2)油潤滑係指普通的油浴潤滑。
(3)斜角滾珠軸承，滾錐軸承等組合而成者，則取上表值之 85 %。

A：常數(表 10.56)

D：軸承外徑(mm)

H：軸承高度(mm)

f_2：負荷係數(表 10.57)

最常使用的直徑率列 2 或 3 之內徑 20～200mm左右之徑向軸承，負荷較小時(C/P＞15時)，f_1 及 f_2 均取 1 亦可。

表 10.57 負荷係數

$f_n^{(1)}$ \ d_m(mm)	100	200	300	500	700	1000
1.5	0.9	0.85	0.75	0.6	0.45	0.3
2	0.95	0.9	0.8	0.7	0.6	0.45
3	1	0.95	0.9	0.85	0.8	0.7
4	1	1	1	0.95	0.9	0.85
5	1	1	1	1	1	1

【註】⑴f_n(壽命係數)參照公式⑷及表 10.50。

11

傳動用機械元件設計

11.1 齒　輪

齒輪爲積極傳動的元件，由傳動輪圓週製成齒形而成，具有下列主要特點

① 積極傳達迴轉，適用於兩軸距離較短之傳動。

② 改變齒輪的齒數，可以輕易地改變轉速比。

③ 經久耐用。

④ 嵌合齒輪兩軸不平行時，也能積極傳達迴轉(但要用斜齒輪、螺旋齒輪、蝸輪等)。

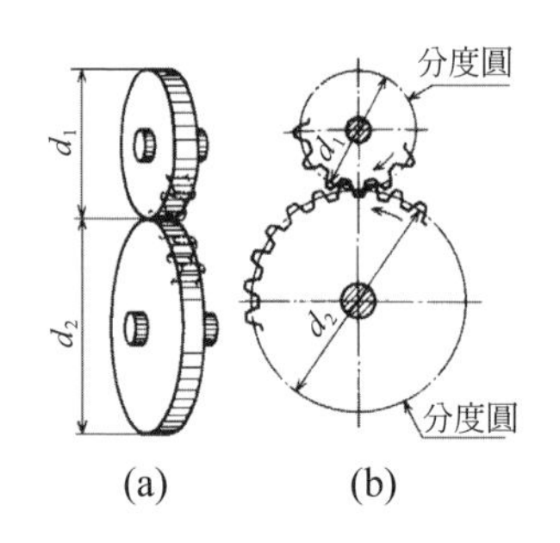

圖 11.1　齒輪的原理

齒輪具有許多優點，廣泛地用於傳動裝置、變速裝置。

1. 齒形曲線

齒輪的齒形可分爲兩種基本曲線：漸開線與擺線，通常都採用漸開線。

⑴ **漸開線齒形**：漸開線齒形是依據漸開線製作之齒形，曲線比較簡單，齒輪的中心線即使稍有誤差，也可正確地嚙合，而且齒形的加工容易。

漸開線是由捲繞於圓上之線端放開時描出之螺線(參考第七章幾何畫法)，此曲線做爲齒輪之嵌合部分，如圖 11.2 所示。

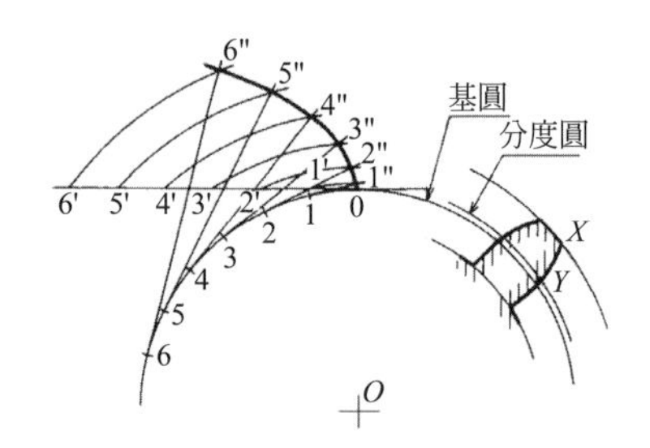

圖 11.2　漸開線齒形

⑵ **擺線齒形**：擺線齒形的干涉比漸開線齒形少，製造很麻煩，現已很少使用；製作這種齒形的擺線是滾圓在基線上時，圓周上某定點形成的曲線，擺線齒形是以此曲線做爲齒輪的嵌合部分(如圖 11.3 所示)。

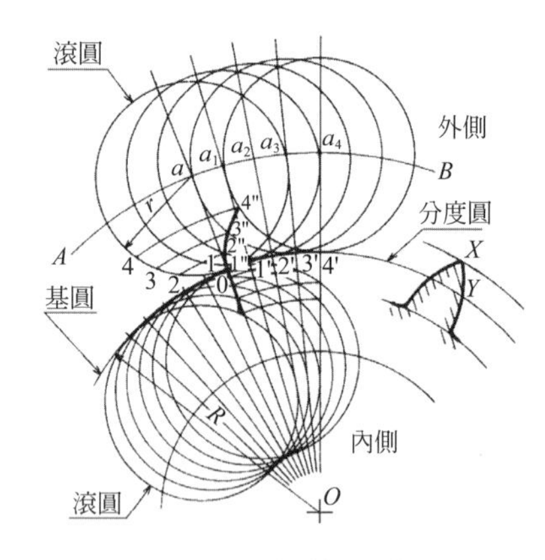

圖 11.3　擺線齒形

2. 齒輪的種類

齒輪依形狀與嚙合齒輪軸的關係可以分類如下：

⑴ **正齒輪**：如圖 11.4 所示之齒輪，亦即在圓周面上切削出與軸平行之直線形齒之齒輪，用於平行軸之迴轉傳達，圖中之(a)是大齒輪與小齒輪呈外接之外齒輪，圖(b)是呈內接之內齒輪，如要把迴轉運動變成直線運動時，可用圖(c)之齒桿與小齒輪，齒桿可視為直徑無限大之齒輪。

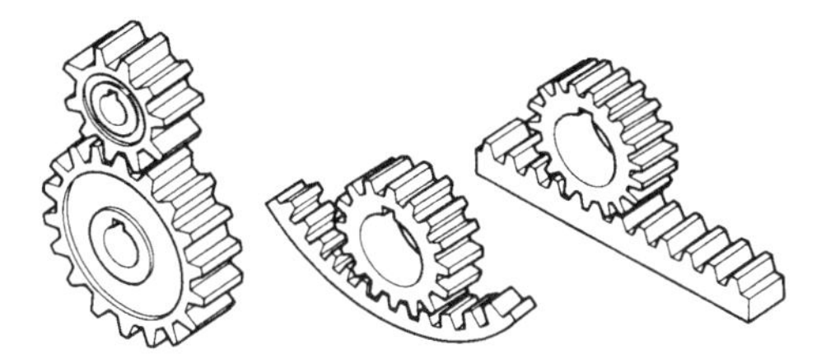

(a) 外齒輪　(b) 內齒輪　(c) 齒桿與小齒輪

圖 11.4　正齒輪

⑵ **螺旋齒輪**：如圖 11.5 所示將正齒輪的正齒沿著圓筒面之螺旋切製，亦即齒輪的齒與軸線呈一斜角，利用這種齒輪傳動力時，二軸的關係與正齒輪相同；因螺旋齒輪同時嵌合之齒數增加，齒輪轉動時無餘隙，可耐高速迴轉，缺點是齒形為螺旋形，傳達動力時會產生軸向推力，使得軸承的構造顯得繁雜，為改善此缺點，可用圖 11.6 所示螺旋方向相反、傾斜角相等之螺旋齒輪組合，稱為人字齒輪。

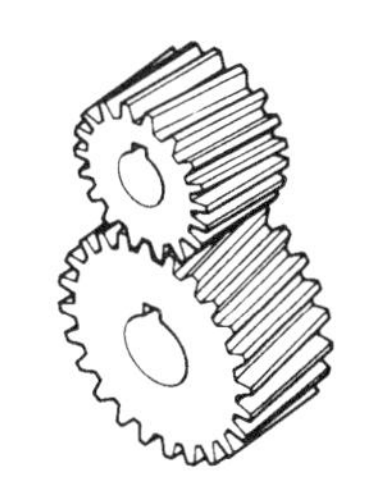

圖 11.5　螺旋齒輪

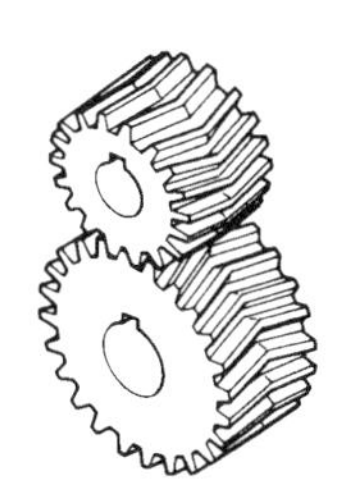

圖 11.6　人字齒輪

⑶ **斜齒輪**：圓錐面上具備輻射狀齒形之齒輪，又稱為傘齒輪，斜齒輪的主動軸與被動軸不是平行(通常多為 90°)，使用於互呈交角之動力傳達。如圖 11.7 所示為斜齒輪，(a)為直斜齒輪、齒形軸線呈輻射向分佈，(b)為歪斜齒輪，(c)為螺旋斜齒輪，齒形的一螺旋線為圓弧的一部分，高速傳動時比直斜齒輪安靜，(d)為戟齒輪，兩軸不在同一平面上相交之斜齒輪。

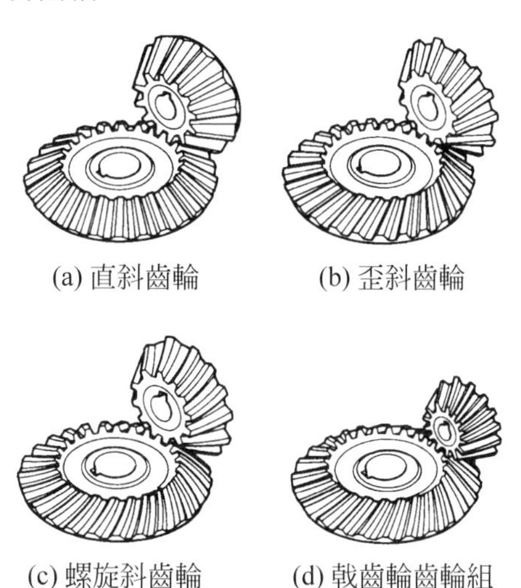

(a) 直斜齒輪　(b) 歪斜齒輪

(c) 螺旋斜齒輪　(d) 戟齒輪齒輪組

圖 11.7　斜齒輪

⑷ **交差螺旋齒輪**：此齒輪與螺旋齒輪同形，但如圖 11.8 所示，咬合齒輪之兩軸互呈夾角與螺旋齒輪不同。隨此角度不同，齒形之螺旋隨之改變，實際上使用 90°場合居多。

⑸ **蝸桿與蝸輪**：蝸桿與蝸輪如圖 11.9 所示，用於互呈直角而不相交之兩軸，亦屬螺旋齒輪之一種，蝸桿為梯型螺旋狀，與一般螺紋相同，有 2、3 條螺紋

等，與嵌合之大齒輪稱爲蝸輪組，動力只能由蝸桿傳動蝸輪，不可以逆向轉動，常用於減速裝置。蝸輪與蝸桿的組合稱爲蝸輪組，迴轉中比其它齒輪噪音少，速度比非常大，相反地，齒面的摩擦也大，材質、硬度改變時，須特別注意潤滑油與潤滑的方法，以防發熱及磨耗。

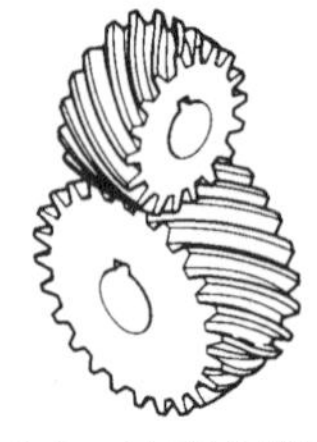

圖 11.8　交差螺旋齒輪

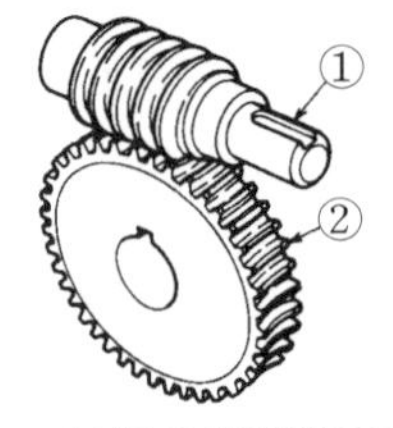

圖 11.9　蝸桿①與蝸輪②(蝸輪組)

3.　齒形各部名稱

如圖 11.10 是齒輪齒形的各部名稱，以下說明齒輪各部位主要之名稱。

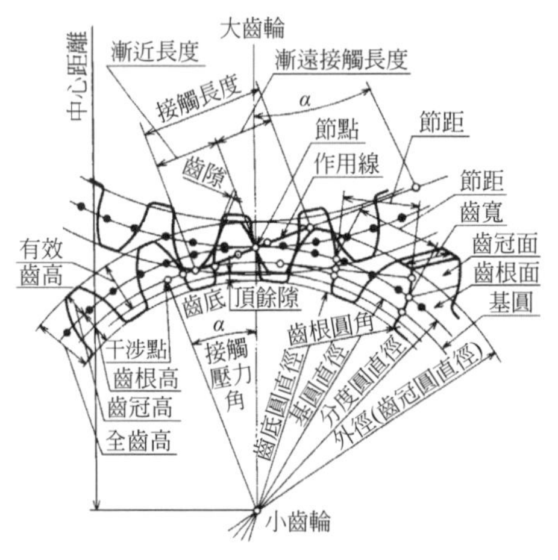

圖 11.10　齒形各部之名稱

⑴　**節距**：相鄰兩尺相對應部分間的距離，節圓上的節距稱爲周節(正面周節)。

⑵　**分度圓**：垂直於軸的平面和節面相交差所得之圓。

⑶　**節面**：考慮一組相互囓合齒輪的滾動接觸曲面時，稱爲節圓柱，於圓錐時稱爲節圓錐。

⑷　**基節距**：依齒之大小基圓所得之節距，稱爲基節距，等於基齒桿節距。

⑸　**齒冠圓**：連接齒冠之圓，其直徑等於齒輪之外徑。

⑹　**齒根圓**：連接齒根之圓。

⑺　**基圓**：製作漸開線齒形之基本圓。

⑻　**節點**：一對齒輪的囓合節圓的接點。

⑼　**全齒深度**：齒冠高加齒根深。

⑽　**齒冠深度**：自節圓到齒冠圓之距離。

⑾　**齒根深度**：自節圓到齒根圓之距離。

⑿　**有效齒高**：一對齒輪齒冠高度之和。

⒀　**齒厚**：齒之厚度，依測定方法可分圓弧齒厚、弦齒厚、鉗齒厚、直齒厚等。

⒁　**齒槽寬度**：節圓上測得之齒間隙。

⒂　**頂餘隙**：由齒輪之齒冠圓到其囓合齒輪齒根圓之距離。

⒃　**齒隙**：一組齒輪囓合時，齒面間的間隙。

⒄　**齒寬**：齒的軸向剖面長度。

⒅　**作用線**：一對漸開線齒輪的接觸點軌跡，通過節點兩基圓之切線。

⒆　**壓力角**：作用線與節圓切線的夾角。

⒇　**囓合壓力角**：一對囓合齒輪的囓合節圓上之壓力角。

(21)　**刀具壓力角**：製作漸開線齒輪，齒形工具之壓力角。此基準齒形之壓力角稱爲基準壓力角。

(22)　**囓合長度**：囓合齒輪的接觸點軌跡中，實際囓合部分的長度，囓合長度又分：自嚙合開始到節點爲止的漸近嚙合長度，自節點到嚙合終止之漸離嚙合長度。

4. 齒輪符號

如前六所述，齒輪有許多的述語，計算時作爲所需的幾何學數據符號，在 JIS 中，均予以詳細規定，如表 11.1、表 11.2 所示。

5. 壓力角

如圖 11.11 是相互接觸的齒形，當動力由主動側傳達到被動側時；力的方向落在兩個基圓的共同切線上，從一開始接觸到接觸終了，接觸點始終在這條線上移動，B_1B_2線稱爲作用線，而圖中的α稱爲壓力角。

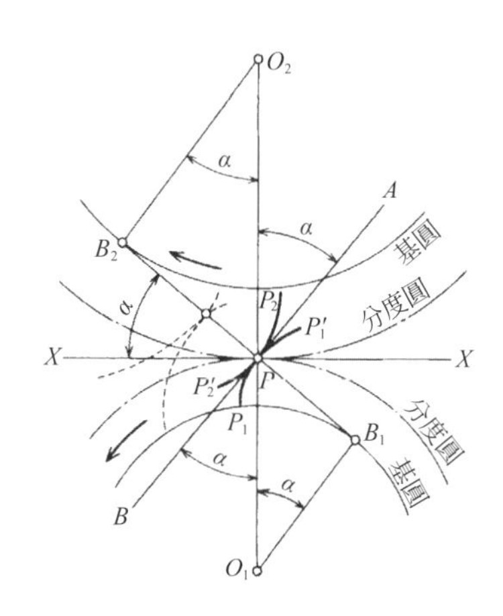

圖 11.11 壓力角

JIS 規定基圓壓力角爲 20°，最早規定的 14.5°壓力角，雖有噪音小的優點，但亦有強度減弱的缺點，因此，最近大都改用 20°。

6. 漸開線函數

計算齒輪時常常會用到函數，以下僅做簡單之介紹。

取圖 11.12 漸開線PP'上任意一點P，作接觸曲線之切線AB，從P'到圓O畫切線B'，由漸開線性質得：

$$\overline{P'B'}=\widehat{PB'}=r(\theta+\alpha)\ (\mathrm{rad})$$

$$\overline{P'B'}=r\tan\alpha$$

$$\therefore r(\theta+\alpha)=r\tan\alpha$$

$$\therefore \theta=\tan\alpha-\alpha\ (\mathrm{rad})$$

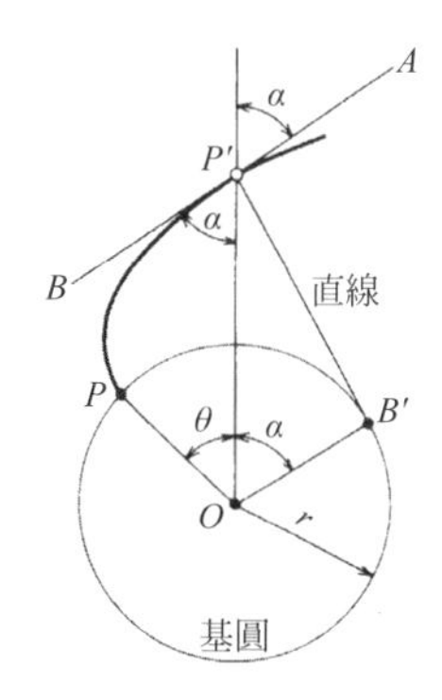

圖 11.12 漸開線三角法

亦即θ爲α的函數，換句話說，如果已知曲線上任一意P'的壓力角，則可求得θ，此θ稱爲α的漸開線函數，用

$$\theta=\mathrm{inv}\alpha$$

表示。

表 11.1 齒輪符號——幾何學的數據符號(JIS B 0121)

(a)主符號

符號	意義	符號	意義
a	中心距離	s	齒厚
b	齒寬	u	齒數比
c	頂餘隙	W	跨齒厚尺寸
d	直徑或分度圓直徑	x	轉位係數
e	齒溝寬	y	中心距離修正係數
g	接觸長度	z	齒數
h	齒高	α	壓力角
	(全齒高、齒冠高、齒根高)	β	螺旋角、斜齒輪角
i	速度比	γ	導程角
j	背隙	δ	圓錐角
M	跨銷或鋼珠尺寸	ε	正面或重疊接觸率
m	模數	η	齒溝寬半角
p	周節或導程	θ	斜齒輪的齒角(齒冠角、齒根角)
q	蝸桿直徑比	ρ	曲率半徑
R	圓椎距離	Σ	轉角
r	半徑	ψ	齒厚半角

(b)主添字

添字	參照項目	添字	參照項目
a	齒頂	r	半徑方向
b	基(圓)	t	軸直角、正面
e	外	u	有用
f	齒底	w	接觸
i	內	x	軸方向
k	圓周的一部分	y	任意點
	(跨齒厚、部分累積周節誤差)	z	導程
m	平均、中央	α	齒形方向
n	齒直角	β	齒筋方向
P	基準齒條齒形	γ	全接觸

(c)略號添字

添字	參照項目	添字	參照項目
act	實	min	最小
max	最大	pr	凸角

(d)數字添字

添字	參照項目	添字	參照項目
0	工具	3	標準齒輪
1	小齒輪	4,5,…	其他齒輪
2	大齒輪		

(e)添字順序

順序	添字	參照項目	順序	添字	參照項目
1	a,b,m,f	圓筒或圓錐	4	n,r,t,x	平面或方向
2	e,i	外、內	5	max,min	略號
3	pr	凸角	6	0,1,2,3,…	齒輪等等的區別

表 11.2　齒輪符號範例(JIS B 0121)

添字	參照項目	添字	參照項目
u	齒數比	d_{w2}	大齒輪之(接觸)節圓直徑
m_n	齒直角模數	R_2	人字齒輪之圓錐距離
α_{wt}	正面接觸壓力角	ψ_{bn1}	小齒輪之基圓上齒直角齒厚半角
d_1	小齒輪之分度圓直徑		

7. 接觸比

上述之作用線，是齒輪實際接觸之範圍，如圖 11.13 所示，兩齒輪的齒根圓作用線在K_1～K_2的範圍內(長度g範圍)，稱爲接觸長度，接觸長度g除以法節p_b之直稱爲接觸比(ε)，可用下列公式表示

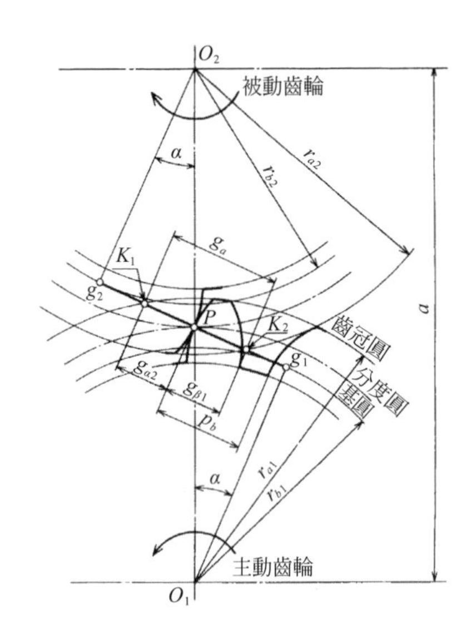

圖 11.13 接觸長度

$$\varepsilon=\frac{g_a}{p_b}=\frac{\sqrt{r_{a1}^2-r_{b1}^2}+\sqrt{r_{a2}^2-r_{b2}^2}-a\cdot\sin\alpha}{\pi m\cos\alpha}$$

式中

ε＝接觸比，p_b＝法節

r_{a1}，r_{a2}＝小、大齒輪的齒冠圓半徑

r_{b1}，r_{b2}＝小、大齒輪的基圓半徑

a＝兩齒輪的中心距離

例如：ε＝ 1.5，則接觸長度之起始及終了為 $0.5p_b$間，接觸齒為兩組，靠近節點的剩餘部分，表示有一組接觸齒，齒輪接觸一般不得少於一齒，即ε＝ 1，是最小限制，普通大約為 1.5～2；螺旋齒輪之螺旋角愈大，接觸比愈大。

8. 齒的干涉與最小齒數

漸開線齒輪的齒數少於某一程度時，嚙合齒輪的齒根與齒冠會相互抵擋無法迴轉，稱為齒的干涉。

參考圖 11.13，二齒輪的接觸點常在g_1g_2線上，所以接觸範圍自然在g_1g_2，亦即小齒輪的齒冠不可超過以O_1g_2為半徑所做之圓，大齒輪的齒冠圓不可超過以O_2g_1為半徑所做之圓，如接觸點超過g_1g_2範圍，漸開線不在基圓內，無法得到齒之接觸時，稱為干涉點。

以齒桿工具接觸為例，圖 11.14 的齒輪之齒根挖深後，勢必減低齒的強度、接觸長度及有效齒面，絕非優良齒輪，上述情況稱為過切。理論上，產生齒輪干涉的限界齒數z_g為：

$$z_b=\frac{2}{\sin^2\alpha_o}$$

式中

α_o＝工具壓力角

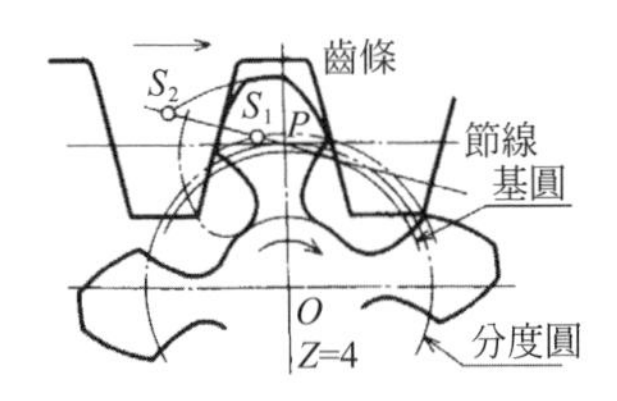

圖 11.14 齒的過切

因此，如壓力角 14.5°時 32 齒、20°時 17 齒以下即產生干涉，但因實際製造時之過切關係，實用標準齒輪 14.5°可為 26 齒，20°可為 14 齒。

9. 表示齒形大小的基本尺寸

表示齒輪大小的方法有以下三種：

⑴ **模數(符號＝m)**： 模數用來表示公制齒輪的大小，節徑d (mm)除以齒數z所得之值即為模數，m值愈大，齒形愈大。

即

$$m=\frac{\text{直徑 (mm)}}{\text{齒數}}=\frac{d}{z}$$

而且，如齒輪的齒冠圓直徑爲d_a，則

$$m=\frac{d_a}{z+2}$$

(2) **徑節(符號＝P)**：徑節用來表示英制齒輪之大小，爲齒數除以節徑d (in)之值，亦即每 25.4 mm(1 吋)直徑內之齒數，與模數情況相反，P值愈小，齒形愈大。

$$P=\frac{\text{齒數}}{\text{直徑 (in)}}=\frac{z}{d}\text{(無名數)}$$

而且，如齒輪的外徑爲d_a，則

$$P=\frac{z+2}{d_a}$$

(3) **正面周節(符號…p)**：正面周節是相鄰兩齒對應部分的分度圓圓弧距離，等於分度圓周除以齒數之數值，設

d＝分度圓的直徑
z＝齒數
π＝圓周率
d_a＝齒輪外徑

$$p=\frac{\text{分度圓圓周}}{\text{齒數}}=\frac{\pi d}{z}\ \text{(mm 或 in)}$$

$$=\frac{\pi d_a}{z+2}$$

正面周節只用於鑄造後不加工齒輪。

JIS B 1701-2 規定模數之基準，如表 11.3 所示爲 JIS 規定的標準模數，如表 11.4 指示模數、徑節與周節之關係。

表 11.3 模數標準值 (單位 mm)

(a) 1mm 以上的模數

I	II	I	II
1	1.125	8	9
1.25	1.375	10	11
1.5	1.75	12	14
2	2.25	16	18
2.5	2.75	20	22
3	3.5	25	28
4	4.5	32	36
5	5.5	40	45
6	(6.5) *	50	
	7	*儘可能避免	

(b) 小於 1mm 的模數

I	II
0.1	0.15
0.2	0.25
0.3	0.35
0.4	0.45
0.5	0.55
0.6	0.7
	0.75
0.8	0.9

〔備註〕以 I 欄優先，必要時才選 II 欄。

表 11.4 模數、徑節與正面周節的關係

種類與符號	m爲基本	P爲基本	p爲基本
模數m	$\frac{d}{z}$	$\frac{25.4}{P}$	$\frac{p}{\pi}$
徑節P	$\frac{25.4}{m}$	$\frac{z}{d}$	$\frac{\pi}{p}$
正面周節p	πm	$\frac{\pi}{P}$	$\frac{\pi d}{z}$

10. 漸開齒輪的基本齒形

漸開線之直徑變爲無限大時(直線)，齒形也變成直線齒形，相當於齒條之齒形。

如圖 11.15 爲 JIS B 1701-1 規定壓力角 20°之漸開齒輪之齒形，圖示之齒條齒形稱爲基本齒形，係依據模數m所定之齒形尺寸。

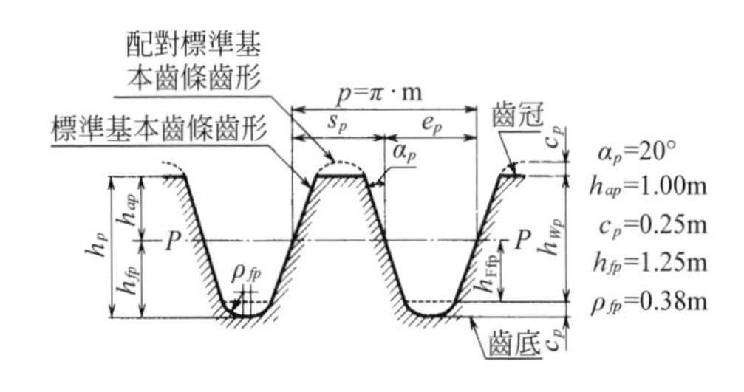

圖 11.15 基本齒條

圖示之齒形傾斜角相當於壓力角，也可說：齒條的齒形斜線與壓力角(成傾斜角)一致。

規格指示為齒條時，須以齒條之齒形為基準考慮，即可知正齒輪、螺旋齒輪的各個齒形，壓力角與高度的尺寸比率亦可試用。

頂餘隙(徑向間隙)c之值 JIS 之基準齒條規定為 0.25m(模數的 0.25 倍)，餘隙值大時，工具的齒冠圓角愈大。因而具有緩和齒輪齒冠應力集中之優點，一般的齒輪以 0.25m最為恰當，但對小形齒輪，研磨與飽削齒形，應取稍大之值較佳。

但標準齒輪與一對齒輪轉位係數和較大時，要較小於此值。

11. 轉位齒輪

利用前述基本齒條的輪廓做為齒條形工具，進行滾動接觸可創成如圖 11.16 所示之標準齒輪。

如果切削齒形時，把齒條的基本節線移出切齒節線外xm，亦即模數x倍處進行切齒時，工具的變位稱為轉位，xm為轉位量，x為轉位係數，轉位為自節圓移至外側時稱為正轉位，反之為負轉位。

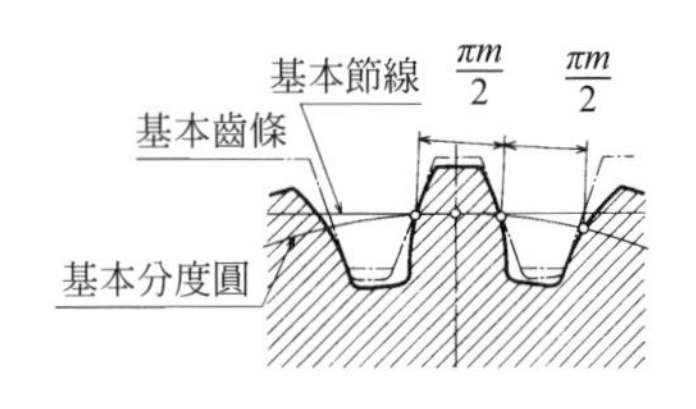

圖 11.16 標準齒輪

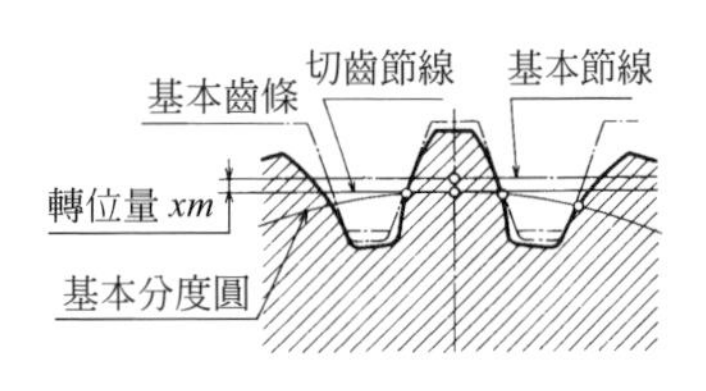

圖 11.17 轉位齒輪

如圖 11.18 比較轉位量 0 與正轉位時之齒形，轉位齒輪的齒槽比無轉位時狹窄，因此齒形較厚、粗，但卻不改變漸開線之性質。

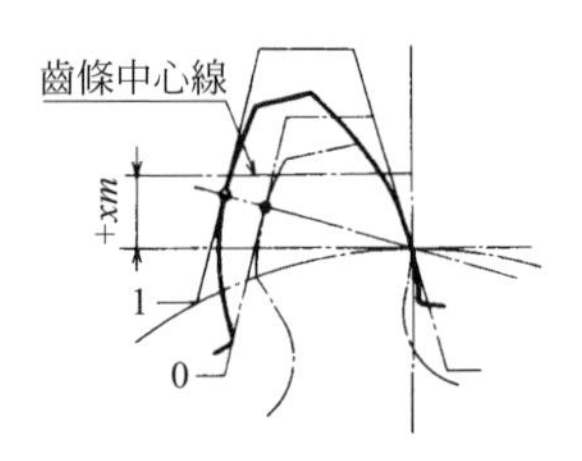

圖 11.18 轉位齒形

轉位可防止齒的干涉並增加強度；如為減小滑動比，對齒數少之齒輪，亦可增大齒厚，而簡短相對齒輪的齒冠深。

12. 軸直角方式與齒直角方式

決定螺旋齒輪、蝸桿等之壓力角、模數的方法有二種：垂直於軸之剖面與垂直於齒筋之剖面上決定，前者稱為軸直角方式，後者稱爲齒直角方式，如圖 11.19 所示。

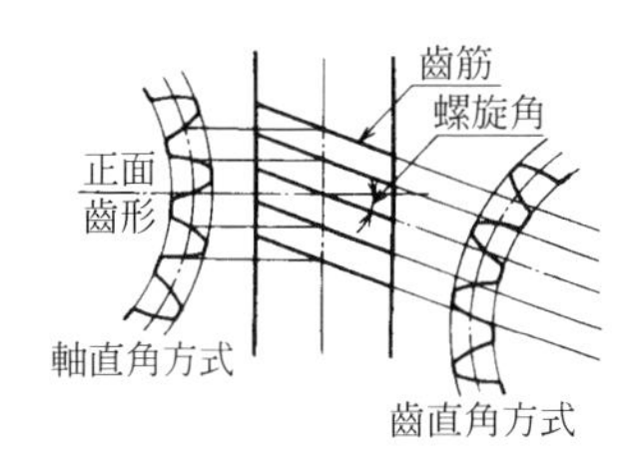

圖 11.19 軸直角方式與齒直角方式

通常採用齒直角方式居多，齒直角方式決定之模數，稱爲法面模數。

表 11.5 爲 JIS 規定漸開正齒輪與螺旋齒輪的尺寸，法線模數mn與切面模數之間，法面壓力角α_n與切面壓力角α_t之間的關係如下：

$$m_t=\frac{m_n}{\cos\beta}，m_n=m_t\cos\beta$$

$$\tan\alpha_t=\frac{\tan\alpha_n}{\cos\beta}，\tan\alpha_n=\tan\alpha_t\cos\beta$$

式中

β＝基本節圓筒上的螺旋角

13. 齒輪的轉速比

齒輪的轉速比與各個囓合齒輪的節圓直徑成反比。

(1) **正齒輪的轉速比**：今設一對囓合之齒輪，A爲主動輪，N爲被動輪，而

d＝節圓直徑

i＝轉速比

z＝齒數

n＝轉速(rpm)

則：

$$正齒輪 i=\frac{nN}{nA}=\frac{d_A}{d_N}=\frac{zA}{zN}$$

表 11.5 漸開正齒輪與交差螺旋齒輪尺寸

項目	正齒輪		交叉螺旋齒輪			
			齒直角方式		軸直角方式	
	標準	轉位	標準	轉位	標準	轉位
模數	m		m_n		m_t	
基本壓力角	$\alpha=20°$		$\alpha_n=20°$		$\alpha_t=20°$	
基節徑	zm		$zm_n/\cos\beta$		zm_t	
全齒深[(1)(2)]	$h\geqq 2.25m$		$h\geqq 2.25m_n$		$h\geqq 2.25m_t$	
轉位量	0	xm	0	xm_n	0	xm_t
齒冠深[(1)(2)]	m	$(1+x)m$	m_n	$(1+x)m_n$	m_t	$(1+x)m_t$
正面圓弧齒厚[(3)]	$\frac{\pi m}{2}$	$\left(\frac{\pi}{2}\pm 2x\tan\alpha\right)m$	$\frac{\pi m_n}{2\cos\beta}$	$\left(\frac{\pi}{2}\pm 2x\tan\alpha_n\right)\frac{m_n}{\cos\beta}$	$\frac{\pi m_t}{2}$	$\left(\frac{\pi}{2}\pm 2x\tan\alpha_t\right)m_t$

〔註〕(1) 適用於上表相同之嚙合外齒輪。 (2) 1 對齒輪的轉位係數和大時，取比表中更小之數值。 (3) 複號爲正時適用外齒輪，負時適用內齒輪。
〔備註〕z爲齒數，β爲基圓筒螺旋角。

…單級齒輪裝置(圖 11.20(a))

正齒輪$i=\frac{nN}{nA}$

$=\frac{\text{各主動輪的齒數乘積}}{\text{各被動輪的齒數乘積}}$

…雙級齒輪裝置(圖 11.20(b))

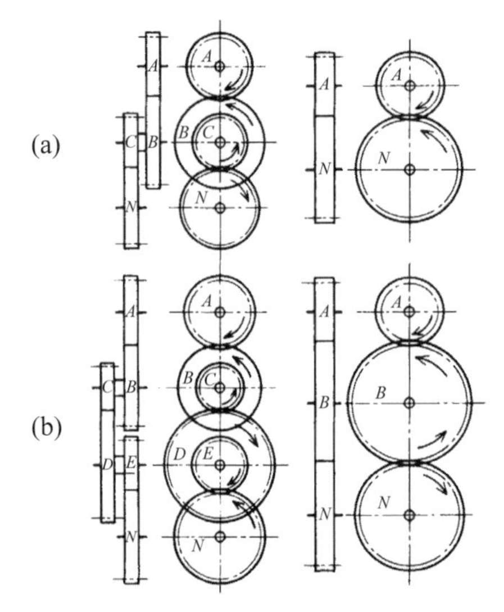

圖 11.20　正齒輪的轉速比

A齒輪與N齒輪的迴轉方向為：中間軸數等於零或偶數時轉向相反，奇數時轉向相同。

正齒輪的轉速比限制：低速時為 1/7(人字齒輪為 1/12)，高速時為 1/5(人字齒輪為 1/8)。

⑵　**斜齒輪的轉速比**

$$i=\frac{n_a}{n_b}=\frac{d_b}{d_a}=\frac{z_b}{z_a}=\frac{\sin\delta_b}{\sin\delta_a}$$

式中

n_a，n_b＝大、小齒輪的轉速

d_a，d_b＝大、小齒輪的節圓直徑

z_a，z_b＝大、小齒輪的齒速

δ_a，δ_b＝大、小齒輪的節圓錐角(圖 11.21)

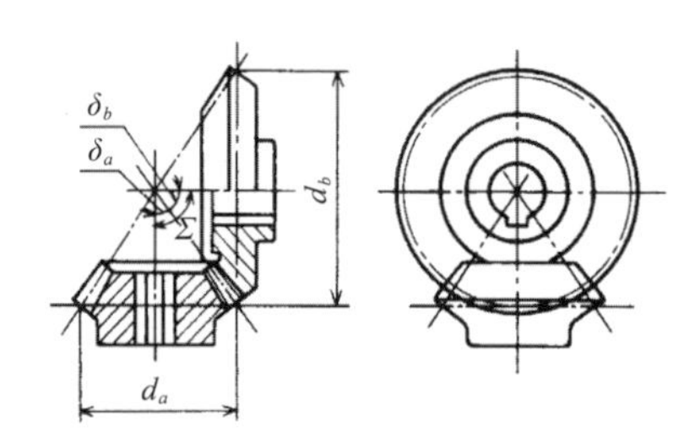

圖 11.21　斜齒輪的轉速比

一組之速度比通常是：低速時為 1/5、高速度為 1/5，二軸間的夾角$\Sigma=\delta_a+\delta_b$，一般採用最多的是直角(90°)，此時：

$$\tan\delta_a=\frac{z_a}{z_b}，\tan\delta_b=\frac{z_b}{z_a}$$

⑶　**螺旋齒輪的轉速比**

$$i=\frac{z_a}{z_b}=\frac{n_b}{n_a}=\frac{d_a\cos\beta_a}{d_b\cos\beta_b}$$

式中

z＝齒輪的齒數

n＝齒輪的轉數

附加字a＝主動輪

b＝被動輪

兩軸的夾角Σ，在接觸位置為AB方向時，如圖 11.22 所示之 I 、II 輪

(a)之情況　$\Sigma=\beta_a+\beta_b$

(b)之情況　$\Sigma=\beta_a-\beta_b$

式中

β＝螺旋角

轉速與齒數成反比，與直徑大小無比例關係，利用螺旋角β_a，β_b值的改變，可以變化轉速比，如圖 11.23 與圖 11.24 爲螺旋齒輪、交叉螺旋齒輪的轉向、軸向推力。

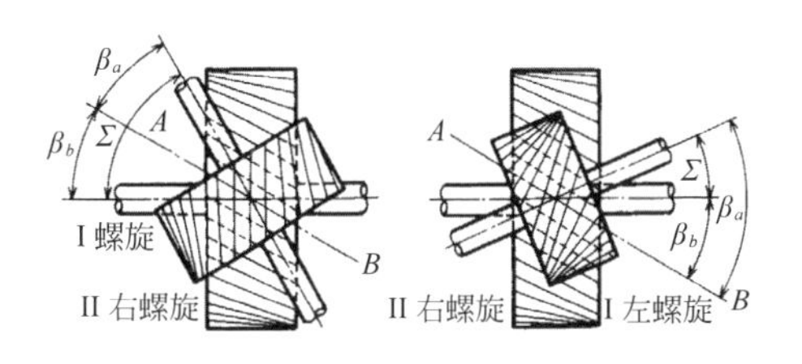

圖 11.22　交叉螺旋齒輪之迴轉比

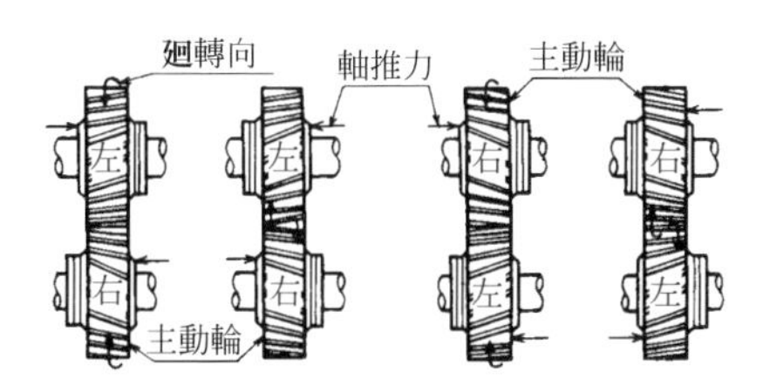

圖 11.23　螺旋齒輪的轉向與推力

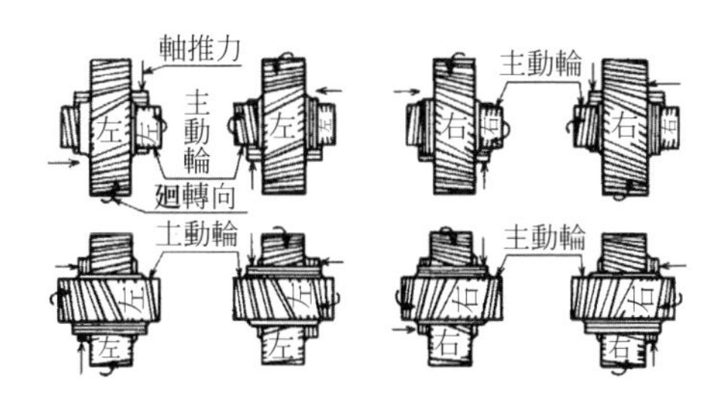

圖 11.24　交叉螺旋齒輪的轉向與推力

⑷　**蝸輪的轉速比**

$$i=\frac{n_a}{n_b}=\frac{z_b}{z_a}=\frac{p_z}{\pi d}$$

式中

n_a＝蝸桿的轉速(rpm)

n_b＝蝸輪的轉速(rpm)

z_a＝蝸桿的齒條數

z_b＝蝸輪的齒數

d＝蝸輪的節徑

p_z＝蝸桿的導程

蝸桿與蝸輪的轉速比以 1：10～1：20 使用最多，1：30 左右也可以使用。

14. 齒輪各部的尺寸計算

⑴　**標準正齒輪的計算**：如表 11.7 指示標準正齒輪之計算公式，由已知尺寸，可求得其它尺寸，設計齒輪之初最少要決定中心距離、齒數比與模數。

因標準齒輪的基節圓直徑是模數之齒數(整數)倍，如中心距離受限，爲符合中心距離之要求，而使模數較原先預定之值大時，易致使齒之強度不足，若齒數過多，又會增加加工成本，這時得改用轉位齒輪或螺旋齒輪。

例題 1

兩軸之中心距離爲 180 mm，轉速爲 1：4，試計算標準正齒輪之尺寸，設模數須在 4～6 的範圍內。

解　由題意得知：

$\frac{d_1}{d_2}=\frac{1}{4}$，$a=180$

$\therefore d_1=72$，$d_2=288$

JIS 規定 4～6 範圍內的標準模數有 4、4.5、5.5 與 6，其中 5 與 5.5 不是齒數之倍數，不可採用，因此用 4、4.5、6 分別計算：

$m=4$ 時　$z_1=18$，$z_2=72$

$m = 4.5$ 時　$z_1 = 16$，$z_2 = 64$

$m = 6$ 時　$z_1 = 12$，$z_2 = 48$

上述之情況皆滿足題意，但因$m = 6$時，$z_1 = 12$，標準齒輪會產生過切現象。

而4.5爲第2系列，不宜優先採用，故$m = 4$爲本題之解，表11.7是依此數據計算出來的各部尺寸。

⑵　**轉位正齒輪的計算**：轉位齒輪的最大特色：①中心距離可以改變，②防止過切，③增加強度。

①　改變中心距離時：假設法線齒隙小於模數，則：

$$\mathrm{inv}\alpha' = 2\tan\alpha_0\left(\frac{x_1 + x_2}{z_1 + z_2}\right) + \mathrm{inv}\alpha_o$$

$$a = \left(\frac{z_1 + z_2}{2} + y\right)m$$

表 11.6　【例題 1】之解

(單位 mm)

名稱	小齒輪 1	大齒輪 2
基節徑	$d_1 = 72$	$d_2 = 288$
齒數	$z_1 = 18$	$z_2 = 72$
齒冠圓直徑	$d_{a1} = 80$	$d_{a2} = 296$
齒底圓直徑	$d_{f1} = 62$	$d_{f2} = 278$
齒冠深	$h_a = 4$	
齒根深	$h_f = 5$	
頂餘隙	$c = 1$	
全齒深	$h = 9$	

表 11.7　標準正齒輪的計算公式

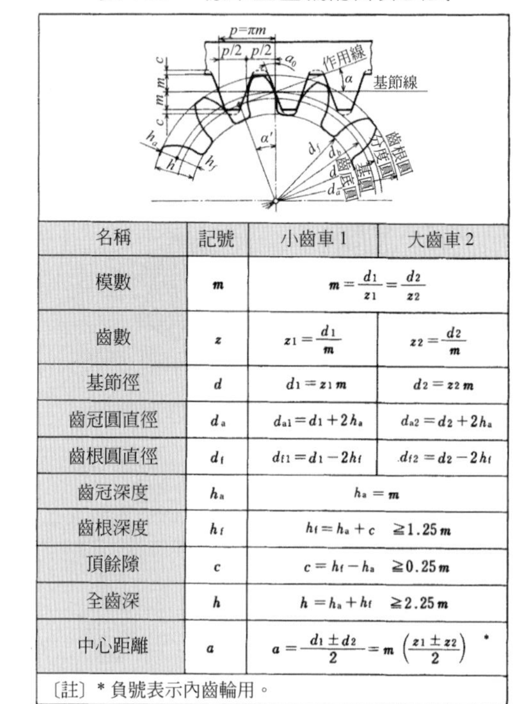

名稱	記號	小齒車 1	大齒車 2
模數	m	$m = \frac{d_1}{z_1} = \frac{d_2}{z_2}$	
齒數	z	$z_1 = \frac{d_1}{m}$	$z_2 = \frac{d_2}{m}$
基節徑	d	$d_1 = z_1 m$	$d_2 = z_2 m$
齒冠圓直徑	d_a	$d_{a1} = d_1 + 2h_a$	$d_{a2} = d_2 + 2h_a$
齒根圓直徑	d_f	$d_{f1} = d_1 - 2h_f$	$d_{f2} = d_2 - 2h_f$
齒冠深度	h_a	$h_a = m$	
齒根深度	h_f	$h_f = h_a + c \quad \geq 1.25m$	
頂餘隙	c	$c = h_f - h_a \quad \geq 0.25m$	
全齒深	h	$h = h_a + h_f \quad \geq 2.25m$	
中心距離	a	$a = \frac{d_1 \pm d_2}{2} = m\left(\frac{z_1 \pm z_2}{2}\right)$ *	

〔註〕* 負號表示內齒輪用。

式中

α'＝接觸壓力角

α_o＝刀具壓力角

x_1，x_2＝大、小齒輪的轉位係數

z_1，z_2＝小、大齒輪的齒數

a＝中心距離(mm)

m＝模數(mm)

則y＝中心距離增加係數爲：

$$y = \frac{z_1 + z_2}{2}\left(\frac{\cos\alpha_o}{\cos\alpha'} - 1\right)$$

小、大齒輪的外徑d_{a1}、d_{a2}分別爲

$$d_{a1} = \{z_1 + 2 + 2(y - x_2)\}m$$

$$d_{a2} = \{z_2 + 2 + 2(y - x_1)\}m$$

表 11.8　轉位正齒輪的計算方式

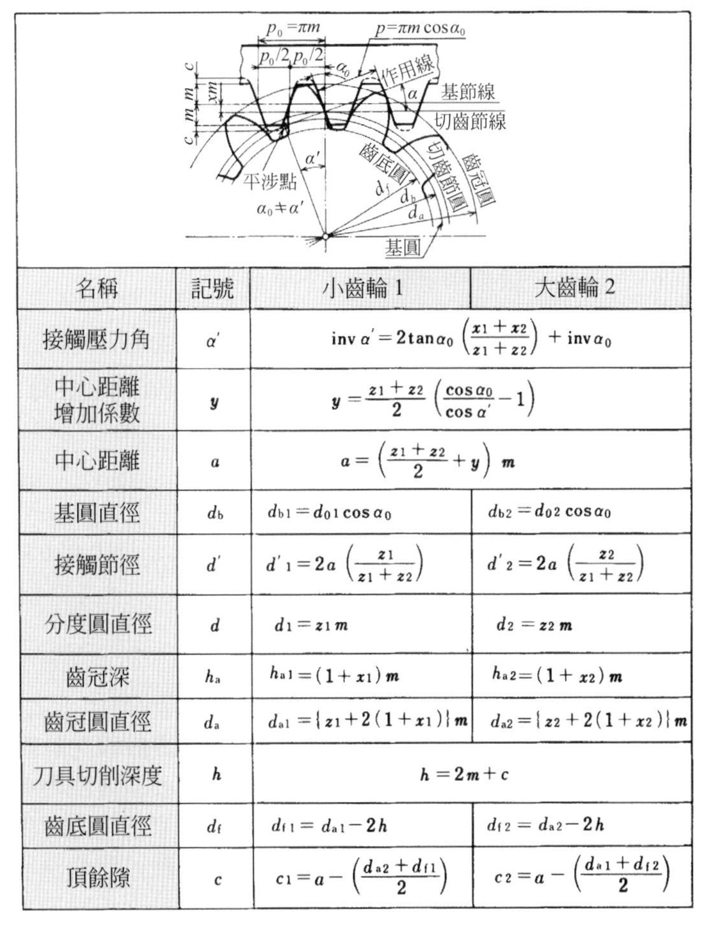

名稱	記號	小齒輪 1	大齒輪 2
接觸壓力角	α'	$\mathrm{inv}\,\alpha'=2\tan\alpha_0\left(\frac{x_1+x_2}{z_1+z_2}\right)+\mathrm{inv}\,\alpha_0$	
中心距離增加係數	y	$y=\frac{z_1+z_2}{2}\left(\frac{\cos\alpha_0}{\cos\alpha'}-1\right)$	
中心距離	a	$a=\left(\frac{z_1+z_2}{2}+y\right)m$	
基圓直徑	d_b	$d_{b1}=d_{01}\cos\alpha_0$	$d_{b2}=d_{02}\cos\alpha_0$
接觸節徑	d'	$d'_1=2a\left(\frac{z_1}{z_1+z_2}\right)$	$d'_2=2a\left(\frac{z_2}{z_1+z_2}\right)$
分度圓直徑	d	$d_1=z_1 m$	$d_2=z_2 m$
齒冠深	h_a	$h_{a1}=(1+x_1)m$	$h_{a2}=(1+x_2)m$
齒冠圓直徑	d_a	$d_{a1}=\{z_1+2(1+x_1)\}m$	$d_{a2}=\{z_2+2(1+x_2)\}m$
刀具切削深度	h	$h=2m+c$	
齒底圓直徑	d_f	$d_{f1}=d_{a1}-2h$	$d_{f2}=d_{a2}-2h$
頂餘隙	c	$c_1=a-\left(\frac{d_{a2}+d_{f1}}{2}\right)$	$c_2=a-\left(\frac{d_{a1}+d_{f2}}{2}\right)$

如頂餘隙爲c，全齒深爲h，則：

$$h=\{2+c+y-(x_1+x_2)$$

依上面所述求得轉位係數，即$x=x_1+x_2$爲兩齒輪的轉位係數和，可分別分配至兩齒輪。

齒數多之齒輪通常無法直接獲得轉位優點，因此不宜轉位；小齒輪實施正轉位時，中心距離較上述者增加；中心距離要保持與標準齒輪相同時，大齒輪須做等於轉位量之負轉位。

$$x=x_1+(-x_2)=0$$

式中

$$x=x_2$$

表 11.8 是轉位正齒輪的計算公式。

② 防止過切時：爲了防止過切採用轉位齒輪時，如壓力角爲 20°，則轉位係數x爲：

$$x=\frac{17-z}{17}$$

齒數少時，可採用大的正轉位，但須注意齒冠之圓角。

例題 2

模數$m=4$，齒數$z_1=20$，$z_2=30$，$x_1=+0.2$，$x_2=0$ 之齒輪，試求中心距離，設壓力角爲$\alpha_o=20°$。

解 ①接觸壓力角(α')之計算

$$\text{inv}\alpha'=2tan\alpha_o\left\{\frac{x_1+x_2}{z_1+z_2}\right\}+\text{inv}\alpha_o$$
$$=2\tan20°\left\{\frac{0.2+0}{20+30}\right\}+\text{inv}20°$$
$$=2\times0.36397\times\frac{0.2}{50}+0.014904$$
$$=0.0178157$$
$$\therefore\alpha'=21°11'$$

②中心距離增加(y)之計算

$$y=\frac{z_1+z_2}{2}\times\left\{\frac{\cos\alpha_o}{\cos\alpha'}-1\right\}$$
$$=\frac{20+30}{2}\times\left\{\frac{\cos20°}{\cos21°11'}-1\right\}$$
$$=0.194751$$

③中心距離(a)之計算

$$a=\left\{\frac{z_1+z_2}{2}+y\right\}m$$
$$=\left\{\frac{20+30}{2}+0.194751\right\}\times4$$
$$\doteqdot100.78$$

例題 3

模數$m=4$，齒數$z_1=20$(轉位)，$z_2=30$(標準)之組合，如中心距離爲 100.4 mm，試求轉位係數？

解 ①中心距離增加係數(y)之計算

$$y=\frac{\alpha}{m}-\frac{z_1+z_2}{2}=\frac{100.4}{4}-\frac{20+30}{2}$$
$$=0.1$$

②接觸壓力角(α')之計算

$$\cos\alpha'=\frac{\cos\alpha}{\frac{2y}{z_1+z_2}+1}=\frac{\cos20°}{\frac{2\times0.1}{20+30}+1}$$
$$=0.935949$$
$$\therefore\alpha'=20°37'$$

③轉位係數(x_1)之計算

$$x_1+x_2$$
$$=(z_1+z_2)\times\left\{\frac{\text{inv}\alpha'-\text{inv}\alpha_o}{2\tan\alpha}\right\}$$
$$=(20+30)\times\left\{\frac{0.016379-0.014904}{2\times\tan20°}\right\}$$
$$\doteqdot0.101$$

因$x_2=0$

故$x_1=0.101$ 爲所求之答案。

(3) **標準螺旋齒輪之計算**：如前所述，螺旋齒輪有齒垂直法與軸垂直法，一般都採用齒垂直法，其理由是齒垂直法之切齒刀具模數可照齒法面模數，亦即用切製正齒輪時之相同刀具，傾斜至螺旋角時可直接切製，模數、壓力角值皆與刀具相同。

但以軸垂直(切線面)模數爲標準模數時，則

$$m_n=m_t\cos\beta$$

因此，不可使用標準模數之刀具切製齒輪，須使用特殊刀具加工。

表 11.9 爲標準螺旋齒輪的計算公式，螺旋角β在公式中多以$\cos\beta$出現，用

正齒輪之$\beta = 0$，而$\cos 0° = 1$，故螺旋齒輪與正齒輪之計算即有上述之差異，應加以注意。

由於節徑與β成比例，故齒數相同，模數相同之齒輪。β改變時，中心距離亦隨之改變，參考例題 4。

所謂相當正齒輪數，如圖 11.25 所示，以垂直於軸之剖面考慮時，節點附近之囓合，近似ρ爲半徑所做之正齒輪，因而此時可求出近似正齒輪的齒數，並將螺旋齒輪充當正齒輪進行各項計算，這些近似正齒輪的齒數，稱爲相當正齒輪(用z_v表示)，以做爲各種計算值之因素，參考【例題4】與【例題6】之計算。

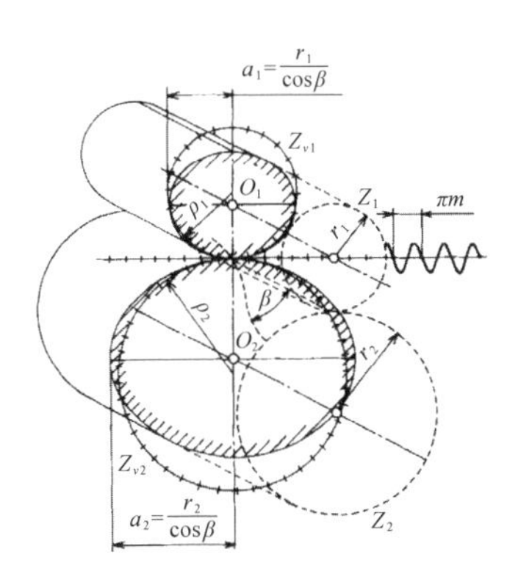

圖 11.25　相當正齒輪

例題 4

中心距離$a = 116$ mm，齒數$z_1 = 22$，$z_2 = 32$之標準螺旋齒輪的螺旋角β，基節徑d_1與d_2，試求相當正齒輪齒數z_{v1}與z_{v2}，設法面模數$mn = 4$。

解 ①由先求螺旋角，自表 11.9 得知

$a = \dfrac{(z_1 + z_2)m_n}{2\cos\beta}$之變形

$$\cos\beta = \frac{(z_1 + z_2)m_n}{2a} = \frac{(22 + 32) \times 4}{2 \times 116}$$

$$= 0.9310344$$

$$\therefore \beta = 21°24'$$

表 11.9　標準螺旋齒輪之計算公式

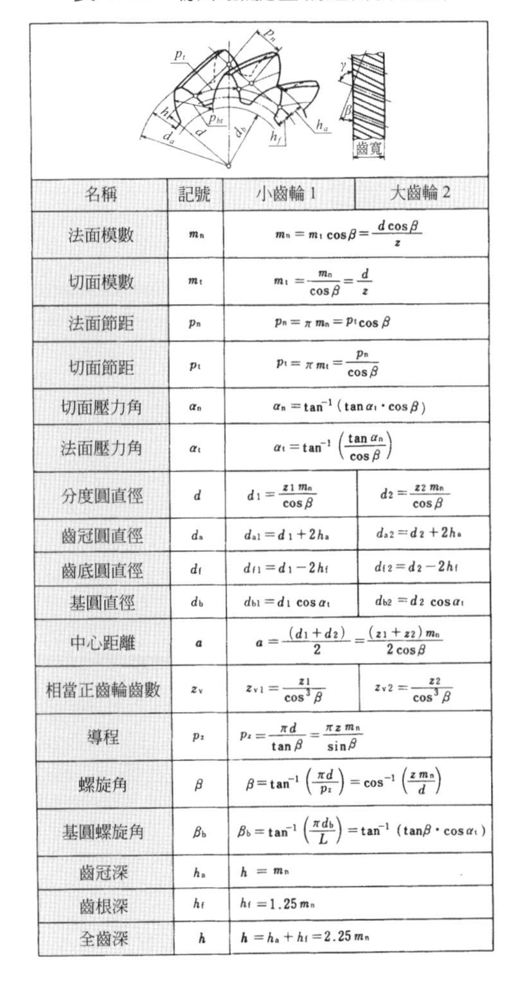

名稱	記號	小齒輪 1	大齒輪 2
法面模數	m_n	$m_n = m_t \cos\beta = \frac{d\cos\beta}{z}$	
切面模數	m_t	$m_t = \frac{m_n}{\cos\beta} = \frac{d}{z}$	
法面節距	p_n	$p_n = \pi m_n = p_t \cos\beta$	
切面節距	p_t	$p_t = \pi m_t = \frac{p_n}{\cos\beta}$	
切面壓力角	α_n	$\alpha_n = \tan^{-1}(\tan\alpha_t \cdot \cos\beta)$	
法面壓力角	α_t	$\alpha_t = \tan^{-1}\left(\frac{\tan\alpha_n}{\cos\beta}\right)$	
分度圓直徑	d	$d_1 = \frac{z_1 m_n}{\cos\beta}$	$d_2 = \frac{z_2 m_n}{\cos\beta}$
齒冠圓直徑	d_a	$d_{a1} = d_1 + 2h_a$	$d_{a2} = d_2 + 2h_a$
齒底圓直徑	d_f	$d_{f1} = d_1 - 2h_f$	$d_{f2} = d_2 - 2h_f$
基圓直徑	d_b	$d_{b1} = d_1 \cos\alpha_t$	$d_{b2} = d_2 \cos\alpha_t$
中心距離	a	$a = \frac{(d_1 + d_2)}{2} = \frac{(z_1 + z_2)m_n}{2\cos\beta}$	
相當正齒輪齒數	z_v	$z_{v1} = \frac{z_1}{\cos^3\beta}$	$z_{v2} = \frac{z_2}{\cos^3\beta}$
導程	p_z	$p_z = \frac{\pi d}{\tan\beta} = \frac{\pi z m_n}{\sin\beta}$	
螺旋角	β	$\beta = \tan^{-1}\left(\frac{\pi d}{p_z}\right) = \cos^{-1}\left(\frac{z m_n}{d}\right)$	
基圓螺旋角	β_b	$\beta_b = \tan^{-1}\left(\frac{\pi d_b}{L}\right) = \tan^{-1}(\tan\beta \cdot \cos\alpha_t)$	
齒冠深	h_a	$h = m_n$	
齒根深	h_f	$h_f = 1.25 m_n$	
全齒深	h	$h = h_a + h_f = 2.25 m_n$	

表 11.10　轉位螺旋齒輪之計算公式

名稱	記號	小齒輪 1	大齒輪 2
垂直於軸的接觸壓力角	α'	$\text{inv}\,\alpha' = 2\tan\alpha_0 \frac{x_1+x_2}{z_1+z_2} + \text{inv}\,\alpha_t$	
中心距離增加係數	y	$y = \frac{z_1+z_2}{2\cos\beta}\left(\frac{\cos\alpha_t}{\cos\alpha'} - 1\right)$	
中心距離	a	$a = \left(\frac{z_1+z_2}{2\cos\beta} + y\right) m_n$	
接觸節徑	d'	$d'_1 = 2a\left(\frac{z_1}{z_1+z_2}\right)$	$d'_2 = 2a\left(\frac{z_2}{z_1+z_2}\right)$
齒冠圓直徑	d_a	$d_{a1} = \left\{\frac{z_1}{\cos\beta} + 2 + 2(y - x_2)\right\} m_n$	$d_{a2} = \left\{\frac{z_2}{\cos\beta} + 2 + 2(y - x_1)\right\} m_n$
基圓直徑	d_b	$d_{b1} = \frac{z_1 m_n \cos\alpha_t}{\cos\beta}$	$d_{b2} = \frac{z_2 m_n \cos\alpha_t}{\cos\beta}$
刀具切入深度	h	$h = (2 + y - x_1 - x_2) m_n + c$	
〔註〕*inv α'…表示漸開函數，inv α' = tan(α'−α)			

②其次求基節圓

$$d_1 = \frac{z_1 m_n}{\cos\beta} = \frac{22\times 4}{0.9310344} = 94.52$$

同理

$$d_2 = 137.48$$

此解代入：

$$a = \frac{(d_1 + d_2}{2}$$

$$a = \frac{94.52 + 137.48}{2} = 116$$

因此$\beta = 21°24'$所得之中心距離滿足題意。

③相當正齒輪齒數之計算

$$z_{v1} = \frac{z_1}{\cos^3\beta} = \frac{22}{\cos^3 21°24'} = 27.258097$$

同理

$$z_{v2} = 39.64814$$

(4)　**轉位螺旋齒輪之計算**：轉位螺旋齒輪的計算方式與前述之轉位正齒輪大致相同，表 11.10 爲轉位螺旋齒輪的計算公式。

例題 5

法面模數＝5，齒數$z_1 = 25$，$z_2 = 50$，螺旋角$\beta =$ 15°，轉位量$x_1 =$ 0.25，$x_2 =$ 0，試求此轉位螺旋齒輪的中心距離，設刀具壓力角$\alpha_o = 20°$。

解　①軸垂直接觸壓力角(α')之計算首先計算切面壓力角α_t：

$$\alpha_t = \tan^{-1}\left(\frac{\tan\alpha_n}{\cos\beta}\right) = \tan^{-1}\left(\frac{\tan 20°}{\cos 15°}\right)$$

$$= \tan^{-1}\left(\frac{0.36397}{0.96593}\right)$$

$$= \tan^{-1} 0.37681$$

$$= 20°39'$$

$$\text{inv}\alpha' = 2\tan\alpha_o\left(\frac{x_1 + x_2}{z_1 + z_2}\right) + \text{inv}\alpha_t$$

$$= 2\tan 20°\left(\frac{0.25 + 0}{25 + 50}\right) + \text{inv}20°39'$$

$$= 0.72794\left(\frac{0.25}{75}\right) + 0.0164610$$

$$= 0.018887$$

$$\therefore \alpha' = 21°35'$$

②中心距離增加係數(y)之計算

$$y = \frac{z_1 + z_2}{2\cos\beta} \times \left(\frac{\cos\alpha_t}{\cos\alpha'} - 1\right)$$

$$= \frac{25 + 50}{2\cos 15°} \times \left(\frac{\cos 20°39'}{\cos 21°35'} - 1\right)$$

$$= \frac{75}{1.9319} \times \left(\frac{0.93575}{0.92988} - 1\right)$$

$$= 0.2467$$

③中心距離(a)之計算

$$a = \left(\frac{z_1 + z_2}{2\cos\beta} + y\right)m_n$$

$$= \left(\frac{25 + 50}{2\cos 15°} + 0.2451\right) \times 5$$

$$= \left(\frac{75}{1.9319} + 0.2451\right) \times 5$$

$$= 195.339$$

…【答】195.339 mm

例題 6

模數$m_n = 2$，刀具壓力角$\alpha_o = 20°$，$z = 12$，$z_2 = 25$，螺旋角$\beta = 22°$，試計算上述諸元之無過切螺旋齒輪？

解 ①相當正齒輪齒數之計算

$$z_{v1} = \frac{12}{\cos^3 22°} = 15.06,$$

$$z_{v2} = \frac{25}{\cos^3 22°} = 31.36$$

②無過切轉位係數之計算

$$x_1 = 1 - \frac{z_{r1}}{17} = 1 - \frac{15.06}{17} = 0.114$$

x_2之轉位係數取為0。

③垂直於軸之接觸壓力角

α_t類似例題5之計算得$21°26'$：

$$\text{inv}\alpha' = 0.72794 \times \frac{0.114}{37} + 0.018485$$

$$= 0.0207278$$

$$\therefore \alpha' = 22°14'$$

④中心距離增加係數

$$y = \frac{12 + 25}{2\cos 22°} \times \left(\frac{\cos 21°16'}{\cos 22°14'} - 1\right) \fallingdotseq 0.135$$

⑤中心距離

$$a = \left(\frac{12 + 25}{2\cos 22°} + 0.135\right) \times 2 \fallingdotseq 40.18$$

⑥齒冠圓直徑d_{a1}，d_{a2}

$$d_{a1} = \left\{\frac{12}{\cos 22°} + 2 + 2(0.112 - 0)\right\} \times 2$$

$$\fallingdotseq 30.33 \text{ mm}$$

$$d_{a2}$$

$$= \left\{\frac{25}{\cos 22°} + 2 + 2(0.112 - 0.114)\right\}2$$

$$\fallingdotseq 57.92 \text{ mm}$$

⑦基圓直徑d_{b1}，d_{b2}

$$d_{b1} = \frac{12 \times 2 \times 0.9308}{0.9272} \fallingdotseq 24.10 \text{ mm}$$

$$d_{b2} = \frac{25 \times 2 \times 0.9308}{0.9272} \fallingdotseq 50.20 \text{ mm}$$

(5) **直斜齒輪、交差螺旋齒輪、蝸輪的計算公式**：表11.11～表11.13為這些齒輪的計算公式。

表 11.11　標準斜齒輪之計算公式

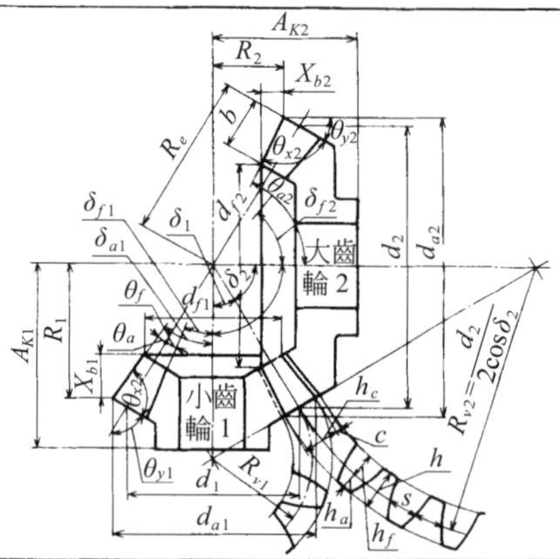

名稱	記號	小齒輪 1	大齒輪 2
分度圓直徑	d	$d_1 = z_1 m$	$d_2 = z_2 m$
節錐角	δ	$\delta_1 = \tan^{-1}\dfrac{z_1}{z_2}$	$\delta_2 = 90^\circ - \delta_1$
圓錐距離	R_e	$R_e = \dfrac{d_2}{2\sin\delta_2}$	
齒冠角	θ_a	$\theta_a = \tan^{-1}\dfrac{h_a}{R_e}$	
齒根角	θ_f	$\theta_f = \tan^{-1}\dfrac{h_f}{R_e}$	
齒根圓錐角	δ_a	$\delta_{a1} = \delta_1 + \theta_a$	$\delta_{a2} = \delta_2 + \theta_a$
齒冠圓錐角	δ_f	$\delta_{f1} = \delta_1 - \theta_f$	$\delta_{f2} = \delta_2 - \theta_f$
齒冠圓直徑(外端)	d_a	$d_{a1} = d_1 + 2h_a \cos\delta_1$	$d_{a2} = d_2 + 2h_a \cos\delta_2$
背圓錐角	δ_b	$\delta_{b1} = 90^\circ - \delta_1$	$\delta_{b2} = 90^\circ - \delta_2$
齒冠圓錐角 背圓錐夾角	θ_1	$\theta_1 = 90^\circ - \theta_a$	
至圓錐頂 到外端	R	$R_1 = \dfrac{d_2}{2} - h_a \sin\delta_1$	$R_2 = \dfrac{d_1}{2} - h_a \sin\delta_2$
齒冠間的 軸向距離	X_b	$X_{b1} = \dfrac{b\cos\delta_{a1}}{\cos\theta_a}$	$X_{b2} = \dfrac{b\cos\delta_{a2}}{\cos\theta_a}$
軸角	Σ	$\Sigma = \delta_1 + \delta_2 = 90^\circ$	
齒幅	b	$b = \dfrac{d}{6\sin\delta}$ または $b \leqq \dfrac{R_e}{3}$	

表 11.12　交叉螺旋齒輪之計算公式

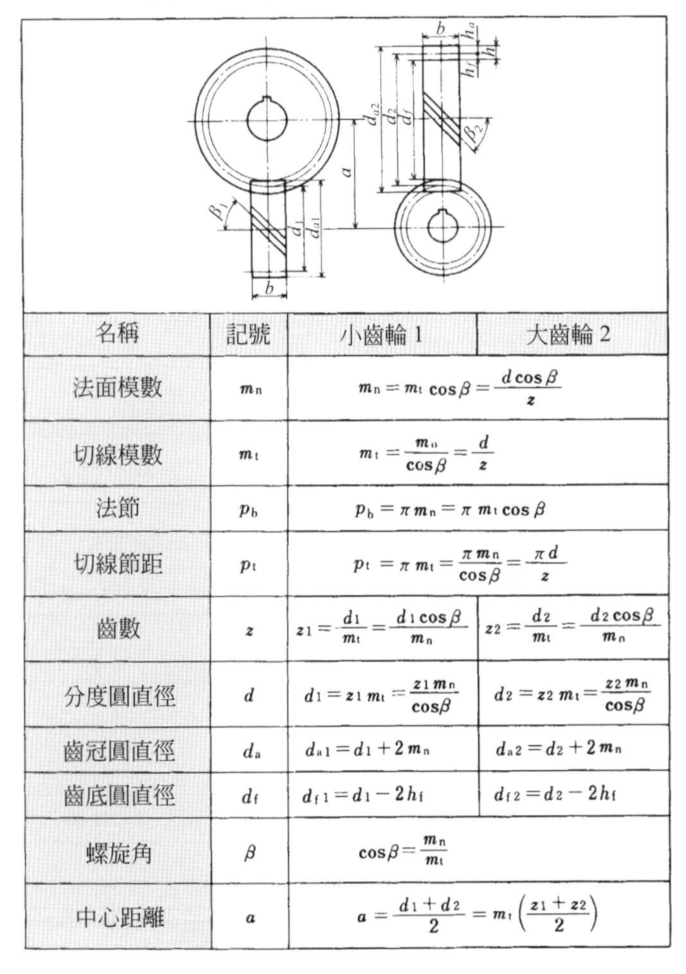

名稱	記號	小齒輪 1	大齒輪 2
法面模數	m_n	$m_n = m_t \cos\beta = \dfrac{d\cos\beta}{z}$	
切線模數	m_t	$m_t = \dfrac{m_n}{\cos\beta} = \dfrac{d}{z}$	
法節	p_b	$p_b = \pi m_n = \pi m_t \cos\beta$	
切線節距	p_t	$p_t = \pi m_t = \dfrac{\pi m_n}{\cos\beta} = \dfrac{\pi d}{z}$	
齒數	z	$z_1 = \dfrac{d_1}{m_t} = \dfrac{d_1\cos\beta}{m_n}$	$z_2 = \dfrac{d_2}{m_t} = \dfrac{d_2\cos\beta}{m_n}$
分度圓直徑	d	$d_1 = z_1 m_t = \dfrac{z_1 m_n}{\cos\beta}$	$d_2 = z_2 m_t = \dfrac{z_2 m_n}{\cos\beta}$
齒冠圓直徑	d_a	$d_{a1} = d_1 + 2m_n$	$d_{a2} = d_2 + 2m_n$
齒底圓直徑	d_f	$d_{f1} = d_1 - 2h_f$	$d_{f2} = d_2 - 2h_f$
螺旋角	β	$\cos\beta = \dfrac{m_n}{m_t}$	
中心距離	a	$a = \dfrac{d_1 + d_2}{2} = m_t\left(\dfrac{z_1 + z_2}{2}\right)$	

表 11.13　標準蝸輪的計算公式

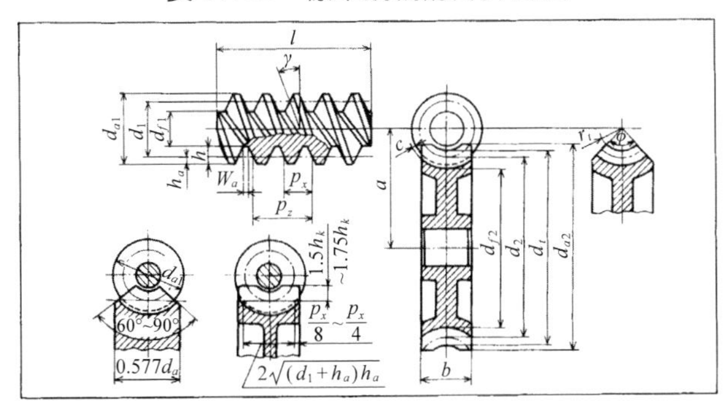

表 11.13 標準蝸輪的計算公式

名稱	記號	蝸桿	蝸輪
中心距離	a	$a=\frac{d_1+d_2}{2}$	
軸向節距	p_x	$p_x=\frac{p_z}{z_1}=\frac{p_n}{\cos\gamma}=\pi m_t$	—
正面切線節距	p_t	—	$p_t=\frac{\pi d_2}{z}=\frac{p_n}{\cos\gamma}$
法面節距	p_n	$p_n=\pi m_n=p_x\cos\gamma$	
導程	p_z	$p_z=z_1 p_x=z_1\pi m_t$	—
導角	γ	$\gamma=\tan^{-1}\left(\frac{p_z}{\pi d_1}\right)$	
分度圓直徑	d	$d_1=\frac{p_z}{\pi\tan\gamma}$	$d_2=\frac{z_2 m_n}{\cos\gamma}$
齒冠圓直徑	d_a	$d_{a1}=d_1+2h_a$	$d_{a2}=d_t+2r_t\left(1-\cos\frac{\theta}{2}\right)$
齒底圓直徑	d_f	$d_{f1}=d_1-2h_f$	$d_{f2}=d_2-2h_f$
圓角半徑	r_t	—	$r_t=\frac{d_1}{2}-h_a=a-\frac{d_t}{2}$
喉部直徑	d_t	—	$d_t=d+2h_a$
軸向壓力角	α_a	$\alpha_a=\tan^{-1}\left(\frac{\tan\alpha_n}{\cos\gamma}\right)$	
法面壓力角	α_n	$\alpha_n=\tan^{-1}(\tan\alpha_a\cos\gamma)$ または 20°	
切線模數	m_t	$m_t=\frac{p_x}{\pi}=\frac{m_n}{\cos\gamma}$	
法面模數	m_n	$m_n=m_t\cos\gamma=\frac{p_x\cos\gamma}{\pi}$	
齒數(條數)	z	$z_1=\frac{p_z}{p_x}$	$z_2=\frac{d_2\cos\gamma}{m_n}=\frac{\pi d_2}{p_t}$

15. 齒輪之齒強度

計算齒的強度時，通常是由彎曲強度與齒面強度兩方面來評估。而高速齒輪等用於嚴苛條件下的齒輪，亦需依其潤滑油膜破斷而衍生的Calling強度列入檢討。下文將說明計算彎曲強度及齒面強度的方法。

(1) 基本計算式

計算齒的強度時，於正面基準節圓上的切線力F_t (N)，動力P (kW)及扭矩T (N·m)之間，有下列的關係存在。

$$F_t=\frac{2000T_{1,2}}{d_{1,2}}=\frac{1.91\times10^7P}{d_{1,2}\cdot n_{1,2}}=\frac{1000P}{v}\text{(1)}$$

$$T_{1,2}=\frac{F_t\cdot d_{1,2}}{2000}=\frac{9550P}{n_{1,2}}\text{......(2)}$$

$$P=\frac{F_t\cdot v}{1000}=\frac{T_{1,2}\cdot n_{1,2}}{9550}\text{......(3)}$$

式中，

v：嚙合節圓上的周速(m/s)

$$v=\frac{d_{1,2}\cdot n_{1,2}}{1.91\times10^4}\text{......(4)}$$

$d_{1,2}$：小、大齒輪的節圓直徑(mm)

$n_{1,2}$：小、大齒輪的轉數(rpm)

(2) **正齒輪與螺旋齒輪的彎曲強度計算式**

爲滿足彎曲強度需求，應由切線力F_t求得齒根隅部所發生的齒根彎曲應力σ_F，並確認其等於齒根容許彎曲應力σ_{FP}或小於σ_{FP}。

$$\sigma_F\leqq\sigma_{FP}\text{......(5)}$$

$$\sigma_F=\sigma_{Fo}\cdot K_A\cdot K_v\cdot K_{F\beta}\cdot K_{F\alpha}\text{......(6)}$$

$$\sigma_{Fo}=\frac{F_t}{b\cdot m_n}Y_{FS}\cdot Y_\varepsilon\cdot Y_\beta\text{......(7)}$$

$$\sigma_{FP}=\frac{2\sigma_{F\lim}\cdot Y_N}{S_{FM}}\cdot Y_R\cdot Y_X\text{......(8)}$$

此計算方法稱爲 Hoofer 的 30°切線法。如圖 11.26 所示，與齒形中心線成30°的直線與齒根隅角曲線之接點形成的斷面，是會因彎曲而成危險斷面，該危險斷面的齒厚S_{FN}及求從該中點至齒端負荷作用線的距離h_{Fa}，即將齒輪的齒視爲一種懸臂樑，而求其彎曲強度的一種方法。

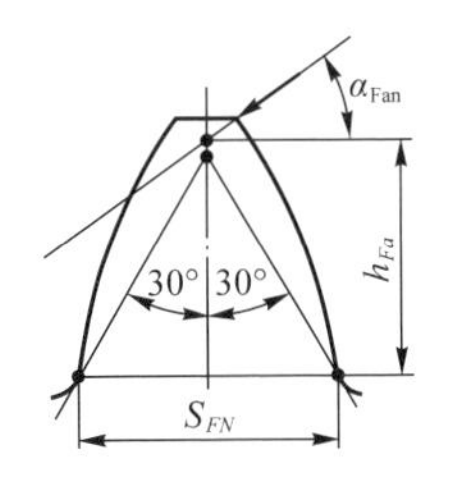

圖 11.26　30°切線法

上列計算式中，使用了許多係數。表 11.14 爲係數一覽表。下文說明這些係數的內涵。

表 11.14　齒之彎曲強度計算式中各種符號一覽表

符號	名稱	本文編號
Y_{FS}	複合齒形係數	①
Y_ε	嚙合率係數	②
Y_β	螺旋角係數	③
Y_N	壽命係數	④
Y_X	尺寸係數	⑤
Y_R	表面狀態係數	⑥
K_A	使用係數	⑦
K_V	動負荷係數	⑧
$K_{F\beta}$	齒跡負荷分佈係數	⑨
$K_{F\alpha}$	正面負荷分佈係數	⑩
S_{FM}	材料安全率	⑪
$\sigma_{F\lim}$	材料疲勞限度	⑫

①　複合齒形係數Y_{FS}：在 1 齒之齒端某點承受負荷時，齒根部分之齒形，會受到該發生應力影響強度的係數。由圖 11.27 求出。

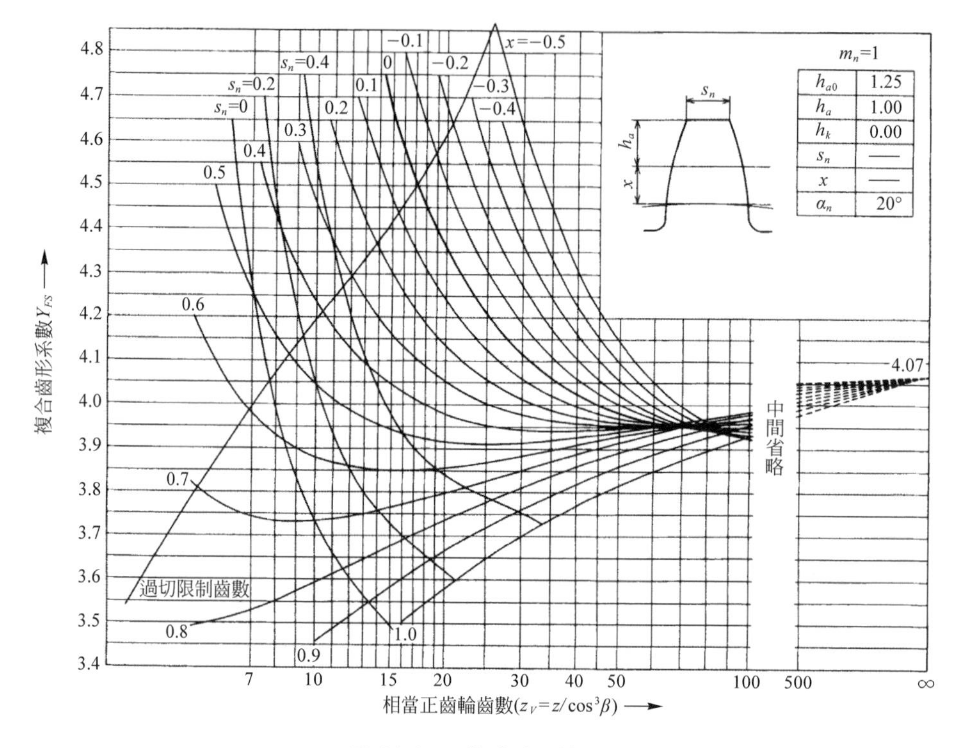

圖 11.27 複合齒形係數

② 嚙合率係數Y_ε：指因齒端施加負荷而產生齒根應力，即在外側之最大負荷點，或一組嚙合範圍最外側點上施加負荷時，要轉換爲齒根應力的係數。

嚙合率係數Y_ε爲正面嚙合率ε_α的倒數。

$$Y_\varepsilon=\frac{1}{\varepsilon_\alpha} \qquad (11)$$

表 11.15 示 20°基準壓力角之標準正齒輪的正面嚙合率ε_α。螺旋齒輪的正面嚙合率ε_α，可由相當的正齒輪齒數z_{v1}及z_{v2}，由表 11.15 及公式(12)求得。

$$\cos^2\beta_b=1-\sin^2\beta\cdot\cos^2\alpha_n \qquad (12)$$

例題 7

$z_1=22$，$z_2=32$，$\beta=21°24'$，求螺旋齒輪的ε_α。

解 首先由表 11.9 求相當正齒輪齒數z_v(由【例題4】知$z_{v1}\doteqdot27.26$，$z_{v2}=39.65$)。由表 11.15 查其相近齒數，由比例法求

26 與 38 時$\varepsilon\alpha=1.662$
差 0.005
26 與 40 時$\varepsilon\alpha=1.667$
差 0.009
28 與 40 時$\varepsilon\alpha=1.676$

表 11.15 標準正齒輪之正面嚙合率ε_α

z_{v2} \ z_{v1}	17	18	19	20	21	22	24	25	26	28	30	32	34	36	38	40	42	45	48	50	52	55
17	1.515																					
18	1.522	1.530																				
19	1.529	1.537	1.544																			
20	1.536	1.543	1.550	1.557																		
21	1.542	1.549	1.556	1.563	1.569																	
22	1.548	1.555	1.562	1.569	1.575	1.581																
24	1.558	1.566	1.573	1.579	1.586	1.591	1.602															
25	1.563	1.571	1.578	1.584	1.590	1.596	1.607	1.612														
26	1.568	1.575	1.582	1.589	1.595	1.601	1.611	1.616	1.621													
28	1.576	1.584	1.591	1.597	1.604	1.609	1.620	1.625	1.629	1.638												
30	1.584	1.592	1.599	1.605	1.611	1.617	1.628	1.633	1.637	1.646	1.654											
32	1.591	1.599	1.606	1.612	1.618	1.624	1.635	1.640	1.644	1.653	1.661	1.668										
34	1.598	1.605	1.612	1.619	1.625	1.631	1.641	1.646	1.651	1.659	1.667	1.674	1.681									
36	1.604	1.611	1.618	1.625	1.631	1.637	1.647	1.652	1.657	1.665	1.673	1.680	1.687	1.692								
38	1.609	1.617	1.624	1.630	1.636	1.642	1.653	1.658	1.662	1.671	1.678	1.686	1.692	1.698	1.703							
40	1.614	1.622	1.629	1.635	1.641	1.647	1.658	1.663	1.667	1.676	1.684	1.691	1.697	1.703	1.708	1.714						
42	1.619	1.626	1.633	1.640	1.646	1.652	1.662	1.667	1.672	1.680	1.688	1.695	1.702	1.708	1.713	1.718	1.723					
45	1.625	1.633	1.640	1.646	1.652	1.658	1.669	1.674	1.678	1.687	1.695	1.702	1.708	1.714	1.720	1.725	1.729	1.736				
48	1.631	1.639	1.646	1.652	1.658	1.664	1.675	1.680	1.684	1.693	1.701	1.708	1.714	1.720	1.725	1.731	1.735	1.742	1.748			
50	1.635	1.642	1.649	1.656	1.662	1.668	1.678	1.683	1.688	1.696	1.704	1.711	1.718	1.724	1.729	1.734	1.739	1.745	1.751	1.755		
52	1.638	1.646	1.653	1.659	1.665	1.671	1.682	1.687	1.691	1.700	1.707	1.715	1.721	1.727	1.732	1.737	1.742	1.749	1.754	1.758	1.761	
55	1.643	1.650	1.657	1.664	1.670	1.676	1.686	1.691	1.696	1.704	1.712	1.719	1.726	1.732	1.737	1.742	1.747	1.753	1.759	1.763	1.766	1.771

正齒輪 $$\varepsilon_\alpha = \frac{\sqrt{r_{a1}^2 - r_{b1}^2} + \sqrt{r_{a2}^2 - r_{b2}^2} - a \cdot \sin \alpha_w}{\pi\, m \cos \alpha} \quad (9)$$

螺旋齒輪 $$\varepsilon_\alpha = \frac{\sqrt{r_{a1}^2 - r_{b1}^2} + \sqrt{r_{a2}^2 - r_{b2}^2} - a \cdot \sin \alpha_{wt}}{\pi\, m_t \cos \alpha_t} \quad (10)$$

$$a = 0.005 \times \frac{39.65-38}{40-38} = 0.004125$$

$$b = 0.009 \times \frac{27.26-26}{28-26} = 0.00567$$

26 與 38 的$\varepsilon_\alpha = 1.662 = c$，則

$a + b + c = 1.671795$

由公式⑿

$\cos^2\beta_b = 1 - \sin^2\beta \cdot \cos^2\alpha_n = 0.88244$

則

$\varepsilon_\alpha = 1.671795 \times 0.88244 \div 1.475$

③ 螺旋角係數Y_β：此爲計算相當正齒輪 1 齒的懸臂樑上之 1 點施加負荷所算得之應力，要轉換爲含有螺旋齒輪 1 齒之傾斜接觸線的懸臂樑應力的係數。可用下式計算。

$$Y_\beta = 1 - \varepsilon_\beta \frac{\beta}{120} \quad (13)$$

$$\varepsilon_\beta = \frac{b \cdot \sin\beta}{\pi \cdot m_n} \quad (14)$$

式中，ε_β爲重疊嚙合率。$\varepsilon_\beta > 1$時，取$\varepsilon_\beta = 1$。

④ 使用係數K_A：此係考慮加之於齒上之外力不均一性係數。主要是驅動設備，原動機及聯軸器等外部因素造成可用表 11.16 求出。

至於由原動機經撓性聯軸器、離合器、減速機等而由齒輪傳達動力時，K_A值可較上表所列值稍低。

⑤ 動負荷係數K_v：此係求因爲齒輪的誤差，造成嚙合時所產生動態的負荷之係數。表 11.17 示其例。

⑥ 齒跡負荷分佈係數$K_{F\beta}$：負荷使齒輪發生彈性變形造成片面接觸，其對於齒寬方向的負荷分佈，要求其彎曲負荷的增加量之係數。

表 11.16　使用係數K_A

驅動機械		被動機械的運轉特性			
運轉特性	驅動機械種類	均一負荷	中度之衝擊	重衝擊	極大衝擊
均一負荷	馬達、蒸汽渦輪機、瓦斯渦輪機等	1.00	1.25	1.50	1.75
輕度衝擊	蒸汽渦輪機，瓦斯渦輪機，油壓馬達，馬達等	1.10	1.35	1.60	1.85
中度衝擊	多缸內燃機	1.25	1.50	1.75	2.0
劇烈衝擊	單缸內燃機	1.50	1.70	2.0	≧2.25

表 11.17　動負荷係數

精度等級 (JIS B 1702)		嚙合節圓上的周速(m/s)						
齒形		1 以下	1 以上 3 以下	3 以上 5 以下	5 以上 8 以下	8 以上 12 以下	12 以上 18 以下	18 以上 25 以下
非修整	修整							
	1	—	—	1.0	1.0	1.1	1.2	1.3
1	2	—	1.0	1.05	1.1	1.2	1.3	1.5
2	3	1.0	1.1	1.15	1.2	1.3	1.5	—
3	4	1.0	1.2	1.3	1.4	1.5	—	—
4		1.0	1.3	1.4	1.5	—	—	—
5		1.1	1.4	1.5	—	—	—	—
6		1.2	1.5	—	—	—	—	—

表 11.18　正面負荷分佈係數$K_{F\alpha}$

負荷($F_t \cdot K_A/b$)	≧100 N/mm								＜100 N/mm
精度等級(JIS B 1702)	5	6	7	8	9	10	11	12	5……12
正齒輪(表面硬化)	1.0	1.0	1.1	1.2	$\frac{1}{Y_\varepsilon}$大於 1.2 者。				
螺旋齒輪(表面硬化)	1.0	1.1	1.2	1.4	$\frac{\varepsilon_a}{\cos^2\beta_b}$大於 1.4 者。				
正齒輪(表面未硬化)	1.0	1.0	1.0	1.1	1.2	$\frac{1}{Y_\varepsilon}$大於 1.2 者			
螺旋齒輪(表面未硬化)	1.0	1.0	1.1	1.2	1.4	$\frac{\varepsilon_a}{\cos^2\beta_b}$大於 1.4 者。			

此值需要較複雜的計算，本文省略之。在負載運轉中若無片面接觸且可確保良好的嚙合時，取$K_{F\beta}=1$，通常為1～2左右。

⑦ 正面負荷分佈係數$K_{F\alpha}$：嚙合的數對齒之間的負荷分佈，要據以求得齒輪精度或對咬合影響程度的係數。可由表11.18查得。

⑧ 壽命係數Y_N：因嚙合而增加應力的次數，較之對應疲勞壽命的次數少時，齒根容許應力σ_{FP}可以取較大值。求其增大部分的係數，稱為壽命係數。可由圖11.28求得。

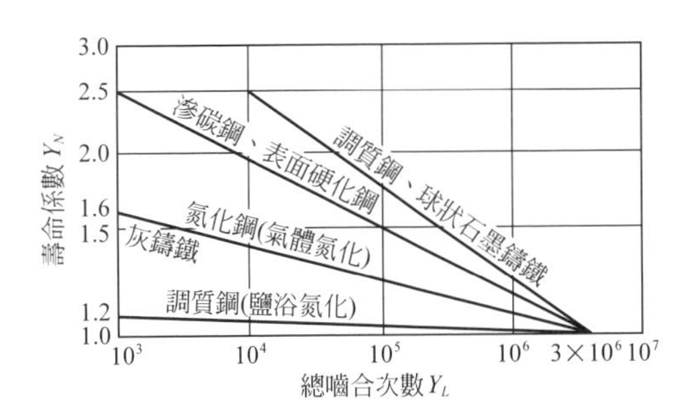

圖 11.28 壽命係數Y_N

⑨ 尺寸係數Y_X：齒的模數越大，齒的彎曲疲勞限度反而降低。而求其降低多少，則需用此尺寸係數。由圖11.29求得。

⑩ 表面狀態係數Y_R：主要是考慮齒根隅角部表面粗度對於齒根彎曲強度影響的係數。由圖11.30求得。

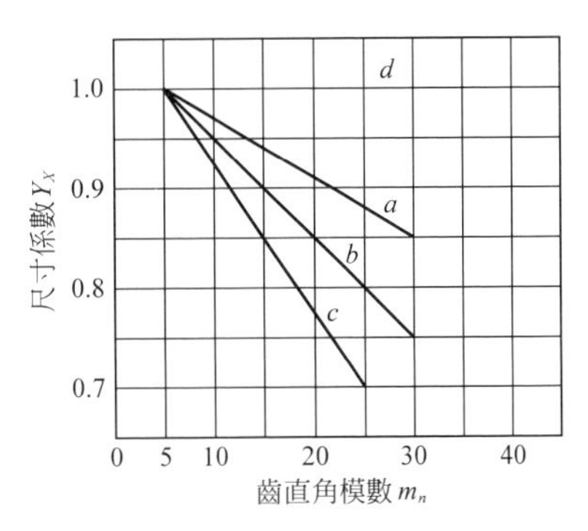

圖 11.29 尺寸係數Y_X

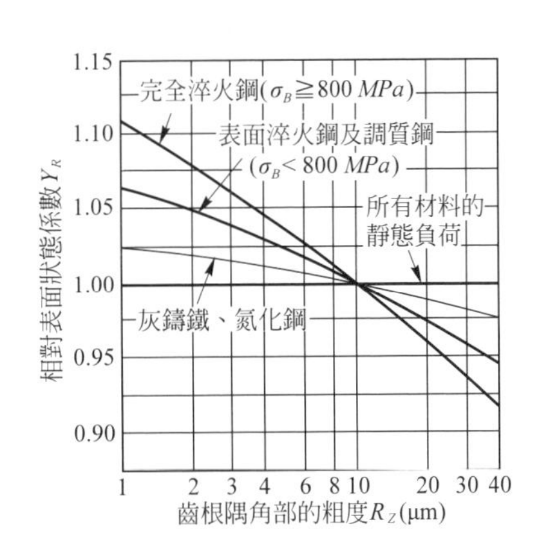

圖 11.30 相對表面狀態係數Y_R

⑪ 材料安全率S_{FM}：對於無法預測現象所考慮的安全性係數。表11.19～表11.21示鋼鐵材料的$\sigma_{F\lim}$值。材料瑕疵為1％時的安全率為1.0。

表 11.19　鑄鐵、鑄鋼及不銹鋼齒輪σ_{Flim}

材料		硬度 HB	降伏點 MPa	抗拉強度 MPa	σ_{Flim} MPa
灰鑄鐵	FC 200			196～245	41.2
	FC 250			245～294	51.4
	FC 300			294～343	61.8
球狀石墨鑄鐵	FCD 400	121～201		392以上	85.0
	FCD 450	143～217		441以上	100
	FCD 500	170～241		490以上	113
	FCD 600	192～269		588以上	121
	FCD 700	229～302		685以上	132
	FCD 800	248～352		785以上	139
鑄鋼	SC 360		117以上	363以上	71.2
	SC 410		206以上	412以上	82.4
	SC 450		226以上	451以上	90.6
	SC 480		245以上	481以上	97.5
	SCC 3A	143以上	265以上	520以上	108
	SCC 3B	183以上	373以上	618以上	122
	SCMn 3A	170以上	373以上	637以上	128
	SCMn 3B	197以上	490以上	683以上	137
不銹鋼 SUS 304		187以下	206以上 降伏強度	520以上	103

齒輪的損傷是由內在的及外在的各種要因造成，故難以定值決定，但至少要大於 1.2，有信賴性要求者，甚至取至 4。

⑫　材料之疲勞強度σ_{Flim}：公式(8)所用材料之疲勞限度值，如表 11.19～表 11.21 所示。此值是齒的囓合總次數$N_L > 3\times10^6$，在齒根隅角部亦不會有裂痕或產生 0.2 %永久變形的應力值，以材料的片面拉伸疲勞限度除以應力集中係數 1.4 即是。

兩方向負荷，左右兩齒面均等或近似相等，而承受負荷的齒輪，σ_{Flim}取表中值的 2/3。硬度爲齒根中心部的硬度。

表 11.20　未表面硬化齒輪σ_{Flim}

材料(箭頭爲參考)		硬度 HB	硬度 HV	抗拉強度下限 MP_a(參考)	σ_{Flim} MPa
正常化機械構造用碳鋼	S25C、S35C、S43C、S48C、S53C、S58C	120	126	412	135
		130	136	447	145
		140	147	475	155
		150	157	508	165
		160	167	536	173
		170	178	570	180
		180	189	604	186
		190	200	635	191
		200	210	670	196
		210	221	699	201
		220	230	735	206
		230	242	769	211
		240	252	796	216
		250	263	832	221
淬火回火機械構造用碳鋼	S35C、S43C、S48C、S53C、S58C	160	167	536	178
		170	178	570	190
		180	189	604	198
		190	200	635	206
		200	210	670	216
		210	221	699	226
		220	231	735	230
		230	242	769	235
		240	252	796	240
		250	263	832	245
		260	273	868	250
		270	285	905	255
		280	295	935	255
		290	306	968	260
淬火回火機械構造用合金鋼	SMn443、SNC836、SCM435、SCM440、SNCM439	230	242	769	255
		240	252	796	264
		250	263	832	274
		260	273	868	283
		270	285	905	293
		280	295	935	302
		290	306	968	312
		300	316	995	321
		310	327	1026	331
		320	337	1060	340
		330	349	1092	350
		340	359	1129	359
		350	370	1170	369

(3)　**正齒輪與螺旋齒輪的齒間強度計算式**

正齒輪及螺旋齒輪的齒面是做線接觸。此類型接觸所產生的應力，若超過齒輪材料的容許限度，齒面會有節狀(pitching)傷痕。在接觸點的齒面，若換成以其曲率半徑分別做半徑而做成二個圓筒，求在該點發生的赫茲應力σ_H，必須確認等於或小於大、小齒輪的容許赫茲應力σ_{HP}。

表 11.21　高周波淬火齒輪$\sigma_{F\lim}$

	材料(箭頭為參考)		高周波淬火前的熱處理條件	心部硬度 HB	心部硬度 HV	齒面硬度 HV	$\sigma_{F\lim}$ MPa
完全淬火至齒底時(否則為右列值的 75%)	機械構造用碳鋼	S48C、S43C	正常化	160	167	550以上	206
				180	189	〃	206
				220	231	〃	211
				240	252	〃	216
		S48C、S43C	淬火回火	200	210	550以上	226
				210	221	〃	230
				220	231	〃	235
				230	242	〃	240
				240	252	〃	245
				250	263	〃	245
	機械構造用合金鋼	SMn443H、SCM440H、SCM435H、SNC836、SNCM439	淬火回火	240	252	550以上	275
				250	263	〃	284
				260	273	〃	294
				270	285	〃	304
				280	295	〃	314
				290	306	〃	324
				300	316	〃	333
				310	327	〃	343
				320	337	〃	353

$$\sigma_H \leq \sigma_{HP} \quad \text{(15)}$$

$$\sigma_H = \sigma_{Ho}\sqrt{K_A \cdot K_v \cdot K_{H\alpha} \cdot K_{H\beta}}$$

$$\sigma_{Ho} = Z_H \cdot Z_c \cdot Z_E \cdot Z_\varepsilon \sqrt{\frac{F_t}{d_1 \cdot b_H}\frac{u+1}{u}} \quad \text{(16)}$$

$$\sigma_{HP} = \frac{\sigma_{H\lim} \cdot Z_n}{S_{H\min}} Z_L \cdot Z_v \cdot Z_R \cdot Z_w \quad \text{(17)}$$

式中

d_1：小齒輪的節圓直徑，b_H：有效齒寬

u：齒數比

表 11.22 示這些計算式中各種係數一覽。下文說明這些係數內涵。

① 領域係數Z_H：在考慮嚙合節點處對應齒面之曲率對切線應力的影響，且要將基準節圓上的切線力轉換為嚙合節圓上之齒面法線力之係數。可由圖 11.31 求得。正齒輪的$\beta = 0°$。

表 11.22　齒面強度計算式中各種符號一覽

符號	名稱	本文編號
Z_H	領域係數	①
Z_C	最大負荷點係數	②
Z_E	材料常數係數	③
Z_ε	嚙合率係數	④
Z_L	潤滑油係數	⑤
Z_V	潤滑速度係數	⑥
Z_R	齒面粗度係數	⑦
Z_W	硬度比係數	⑧
Z_N	壽命係數	⑨
K_A	使用係數	⑩
K_V	動負荷係數	⑪
$K_{H\beta}$	齒跡負荷分佈係數	⑫
$K_{H\alpha}$	正面負荷分佈係數	⑬
$S_{H\min}$	材料安全率	⑭

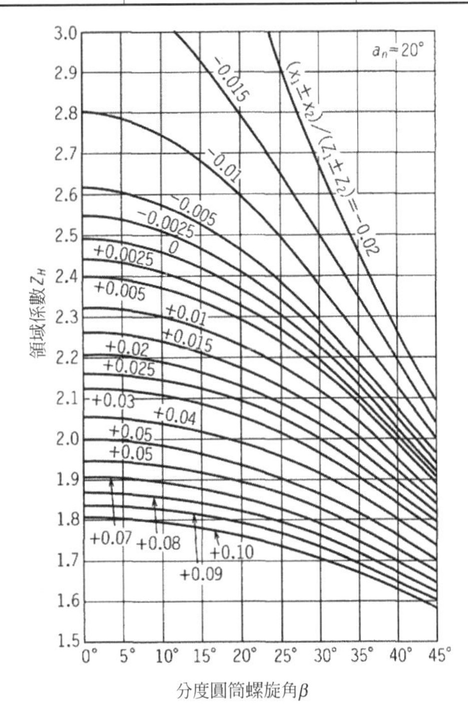

圖 11.31　領域係數

Z_H

② 最大負荷點係數Z_C：將嚙合節點處的赫茲應力，轉換爲大、小齒輪之最大負荷點(在一對齒輪的嚙合作用線上，爲1組嚙合之內側點)之赫茲應力係數。利用齒數比u_n，可自圖11.32求得。

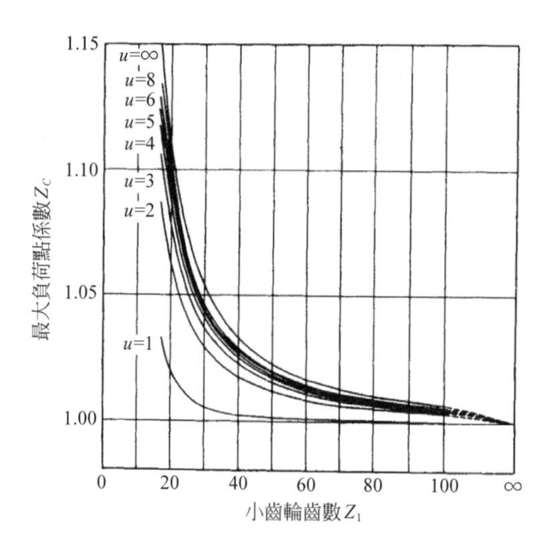

圖 11.32 標準正齒輪的最大負荷點係數Z_C

③ 材料常數係數Z_E：此爲考慮影響接觸應力的材料縱彈性係數E及蒲松比ν之係數。可自表11.23求得。

④ 嚙合率係數Z_ε：此係考慮接觸線長度對接觸應力影響之係數。可自圖11.33求得。

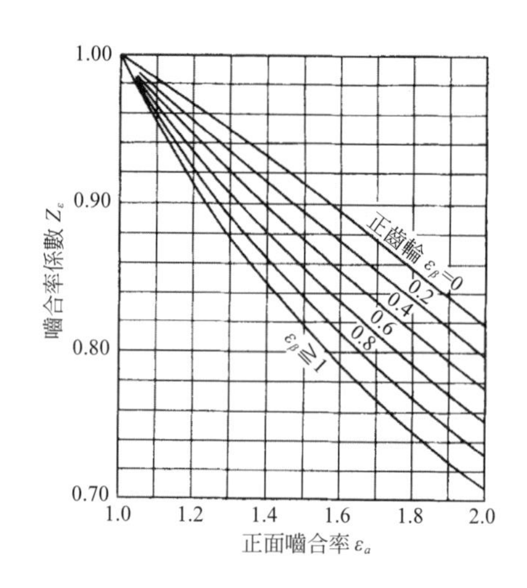

表 11.23 材料常數係數Z_E(材料之組合例)

齒輪			搭配之齒輪			材料常數係數
材料	縱彈性係數 (MPa)	蒲松比	材料	縱彈性係數 (MPa)	蒲松比	($\sqrt{\text{MPa}}$)
鋼(*)	206000	0.3	鋼(*)	206000	0.3	189.8
			鑄鋼	202000		188.9
			球狀石墨鑄鐵	173000		181.4
			灰鑄鐵	118000		162.0
鑄鋼	202000	0.3	鑄鋼	202000	0.3	188.0
			球狀石墨鑄鐵	173000		180.5
			灰鑄鐵	118000		161.5
球狀石墨鑄鐵	173000	0.3	球狀石墨鑄鐵	173000	0.3	173.9
			灰鑄鐵	118000		156.6
灰鑄鐵	118000	0.3	灰鑄鐵	118000	0.3	143.7

(*) 碳鋼、合金鋼、氮化鋼及不銹鋼。

圖 11.33　囓合率係數Z_ε

⑤　潤滑油係數Z_L：考慮潤滑油的動黏度影響容許赫茲應力σ_{HP}的係數，可由圖 11.34 求得。

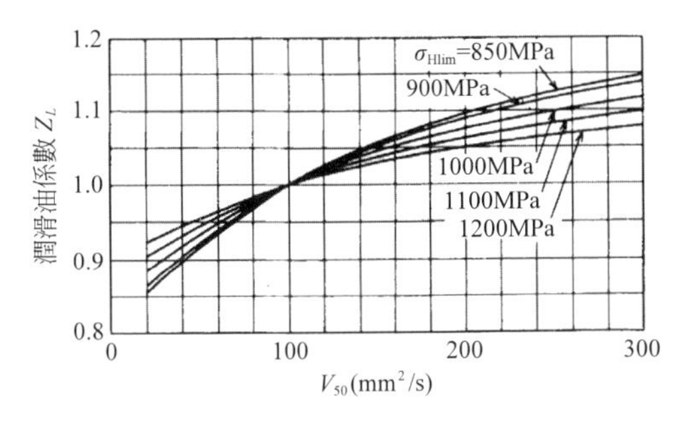

圖 11.34　潤滑油係數Z_L

⑥　潤滑速度係數Z_V：此爲考慮囓合齒面間的切線方向速度對容許赫茲應力σ_{HP}影響的係數，可由圖 11.35 求得。

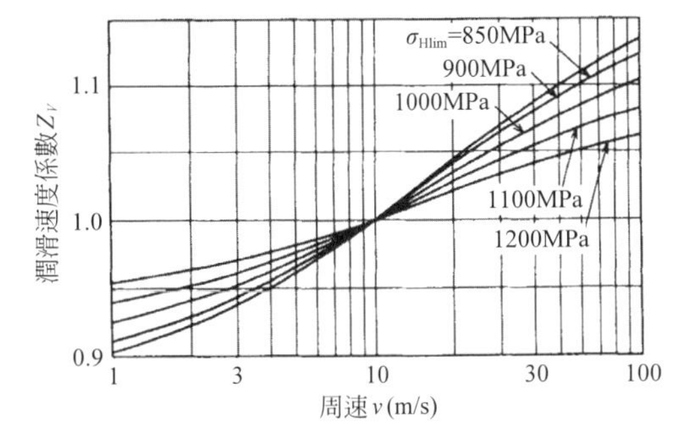

圖 11.35　潤滑速度係數Z_V

⑦　齒面粗度係數Z_R：此爲考慮相互囓合齒面咬合後之粗度，對容許赫茲應力影響的係數。可由圖 11.36 求得

⑧　硬度比係數Z_W：小齒輪使用表面硬化鋼材，齒面研磨粗度R_Z= 6 μm以上，考慮大齒輪未施以齒面硬化時，其容許赫茲應力σ_{HP2}增大之係數，可由圖 11.37 求得。

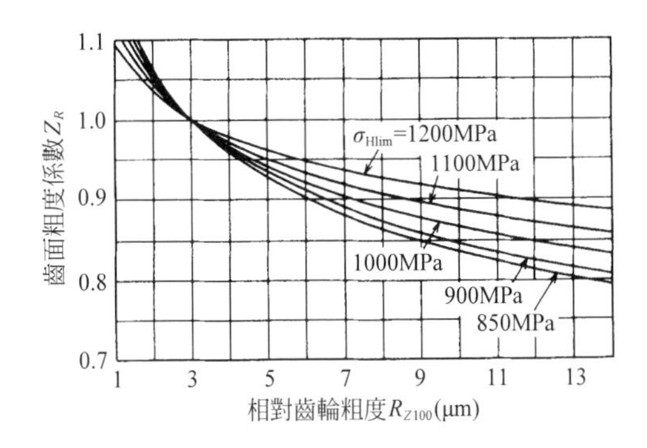

圖 11.36　齒面粗度係數Z_R

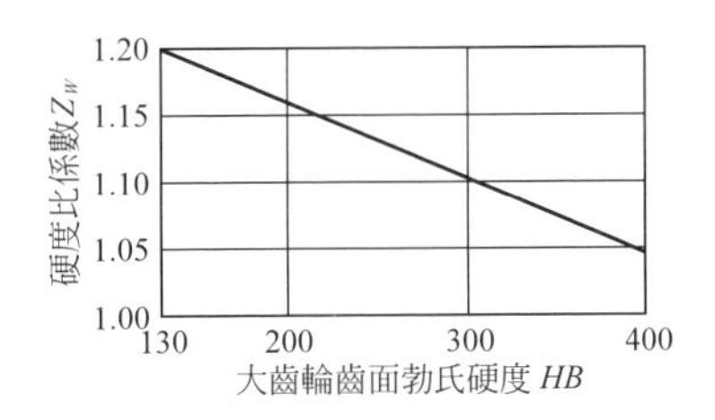

圖 11.37　硬度比係數Z_W

⑨　壽命係數Z_N：設計時，考慮齒輪的總囓合次數，較達到疲勞壽命時之總囓合次數少時的影響係數。如圖 11.38。

⑩　使用係數K_A：(參考前節④)。

⑪　動負荷係數K_V：(參考前節⑤)。

⑫　齒跡負荷分佈係數$K_{H\beta}$：(參考前節⑥)。

⑬　正面負荷分佈係數$K_{H\alpha}$：(參考前節⑦，但表中Y_ε要改讀Z_ε)。

⑭　材料安全率$S_{H\min}$：(參考前節⑪，

但$\sigma_{H\lim}$值，參考表 11.24，表 11.25)。

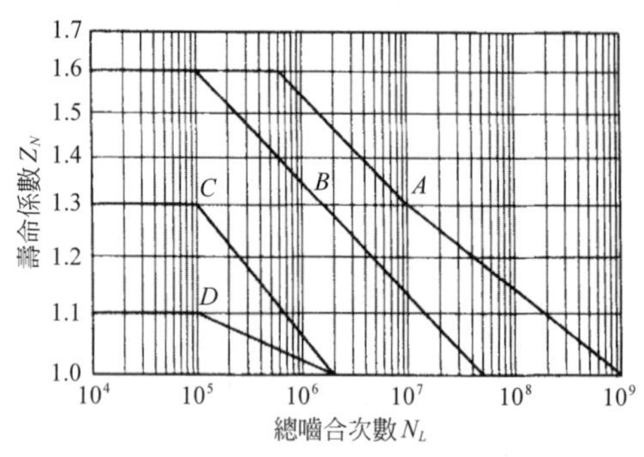

曲線 A…調質鋼、球狀石墨鑄鐵及通常的表面硬化鋼，容許發生輕微的節狀痕。

曲線 B…完全不容許曲線 A 有節狀痕時。

曲線 C…調質鋼經瓦斯氮化時，氮化鋼經瓦斯氮化時，灰鑄鐵。

曲線 D…調質鋼經鹽浴氮化時。

圖 11.38 壽命係數Z_N

表 11.24 鑄鐵、鑄鋼及不銹鋼齒輪$\sigma_{H\lim}$

材料		硬度 (HB)	降伏點 (MPa)	抗拉強度 (MPa)	$\sigma_{H\lim}$ (MPa)
灰鑄鐵	FC 200			196～245	330
	FC 250			245～294	345
	FC 300			294～343	365
球狀石墨鑄鐵	FCD 400	121～201		392以上	405
	FCD 450	143～217		441以上	435
	FCD 500	170～241		490以上	465
	FCD 600	192～269		588以上	490
	FCD 700	229～302		685以上	540
	FCD 800	248～352		785以上	560
鑄鋼	SC 360		117以上	363以上	335
	SC 410		206以上	412以上	345
	SC 450		226以上	451以上	355
	SC 480		245以上	481以上	365
	SCC 3A	143以上	265以上	520以上	390
	SCC 3B	183以上	373以上	618以上	435
	SCMn3A	170以上	373以上	637以上	420
	SCMn3B	197以上	490以上	683以上	450
不銹鋼 SUS304		187以下	260以上 (降伏強度)	520以上	405

表 11.25 表面未硬化齒輪$\sigma_{H\lim}$

材料(箭頭為參考)		硬度 HB	硬度 HV	抗拉強度下限 MP_a(參考)	$\sigma_{H\lim}$ (MPa)
正常化機械構造用碳鋼	S25C, S35C, S43C, S48C, S53C, S58C	120	126	382	405
		130	136	412	415
		140	147	441	430
		150	157	471	440
		160	167	500	455
		170	178	539	465
		180	189	569	480
		190	200	598	490
		200	210	628	505
		210	221	667	515
		220	231	696	530
		230	242	726	540
		240	253	755	555
		250	263	794	565
淬火回火機械構造用碳鋼	S35C, S43C, S48C, S53C, S58C	160	167	500	500
		170	178	539	515
		180	189	569	530
		190	200	598	545
		200	210	628	560
		210	221	667	575
		220	231	696	590
		230	242	726	600
		240	252	755	615
		250	263	794	630
		260	273	824	640
		270	284	853	655
		280	295	883	670
		290	305	912	685
淬火回火機械構造用合金鋼	SMn443, SNCM836, SCM435, SCM440, SNCM439	220	231	696	685
		230	242	726	700
		240	252	755	715
		250	263	794	730
		260	273	824	745
		270	284	853	760
		280	295	883	775
		290	305	912	795
		300	316	951	810
		310	327	981	825
		320	337	1010	840
		330	347	1040	855
		340	358	1079	870
		350	369	1108	885
		360	380	1147	900

⑮ 齒面的材料疲勞限度$\sigma_{H\lim}$：齒面的疲勞限度因材料之組成，材料製造歷程及齒輪材料的熱處理管理等而異，通常可自表 11.24～表 11.26 求得。

表中之硬度是在齒輪節點附近的硬度。用齒輪之圓周方向及齒寬方向所測得硬度中之最小值。

表 11.26　高周波淬火齒輪$\sigma_{H\lim}$

材料		高周波淬火面之熱處理條件	齒面硬度 HV (淬火後)	$\sigma_{H\lim}$ MPa
機械構造用碳鋼	S43C S48C	正常化	420	750
			440	785
			460	805
			480	835
			500	855
			520	885
			540	900
			560	915
			580	930
			600以上	940
		淬火回火	500	940
			520	970
			540	990
			560	1010
			580	1030
			600	1045
			620	1055
			640	1065
			660	1070
			680以上	1075
機械構造用合金鋼	SMn443H SCM435H SCM440H SNCM439 SNC836	淬火回火	500	1070
			520	1100
			540	1130
			560	1150
			580	1170
			600	1190
			624	1210
			640	1220
			660	1230
			680以上	1240

無法量測節點附近的硬度時，可用齒冠面及齒底面之硬度平均值。

16. 齒厚的測量

⑴ 利用齒厚規的方法

如圖 11.39(a)所示，使用齒厚規其垂直側的爪，調整至同圖(b)的h_j上(此稱之爲齒厚規齒厚)，量測其在分度圓上的弦齒厚，此法用與由計算式算得理論值比較誤差量。

同圖(b)，可利用下式求轉位係數爲x之正齒輪齒厚規齒厚h_j。

$$\bar{h}=\frac{mz}{2}\left[1-\cos\frac{\pi}{2z}+\frac{2x\tan\alpha}{z}\right]+\frac{d_k-d_o}{2} \quad (18)$$

式中，

$\bar{h}$：齒厚規齒厚

m：模數

z：齒數

α：壓力角

x：轉位係數

d_k：齒頂圓直徑

d_o：分度圓直徑

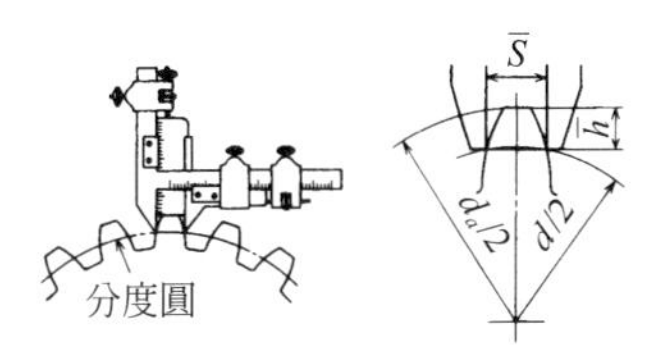

(a) 齒厚量測　(b) 齒形

圖 11.39　利用齒厚規量測齒厚

弦齒厚(s_j)的理論值，由下式計算。

$$\bar{s}=mz\sin\left(\frac{\pi}{2z}+\frac{2z\tan\alpha}{z}\right) \quad (19)$$

式中，

$\bar{s}$：弦齒厚

m：模數

z：齒數

α：壓力角

⑵ 跨齒厚量測法

此法是使用測微器，量測跨越數齒的寬度(稱之爲跨齒厚)，工作物在齒輪加工機上亦可進行量測作業，非常方便。

跨齒數及跨齒厚的計算值可由下式求得。

① 正齒輪時

$$跨齒數 z_m=z\frac{\alpha_o}{180}+0.5 \quad (20)$$

跨齒厚W

$$=m\cos\alpha_o[z\mathrm{inv}\alpha_o+\pi(z_m-0.5)]$$
$$+2xm\sin\alpha_o \quad (21)$$

② 螺旋齒輪時

$$跨齒數z_m=z\left(\frac{\alpha_s}{180°}+\frac{\tan\alpha_s\tan^2\beta_g}{\pi}\right)+0.5 \quad (22)$$

跨齒厚W

$$=m_n\cos\alpha_n[z\mathrm{inv}\alpha_s+\pi(z_m-0.5)]$$
$$+2x_nm_n\sin\alpha_n \quad (23)$$

式中，

m_n：齒直角模數

α_n：齒直角壓力角

α_s：軸直角壓力角

z：齒數

β_g：基礎圓筒螺旋角

x_n：齒直角轉位係數

量測時，會摻入許多齒厚以外的節距誤差，因此爲避開其影響，必須取數處量測之，而取其平均值。

量測數量多時，可用極限規量測較具效率。

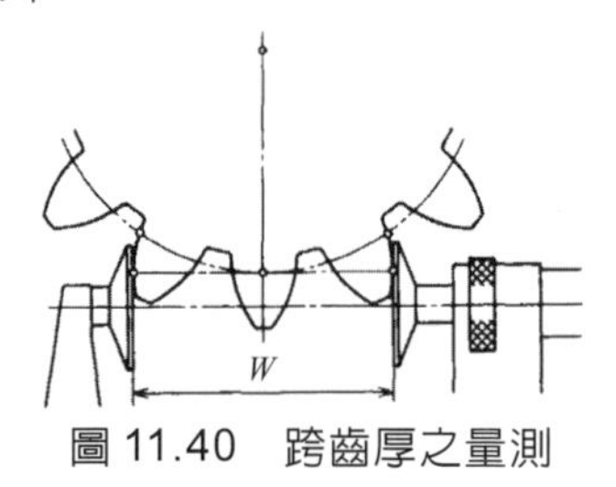

圖 11.40 跨齒厚之量測

(3) 跨銷法

如圖 11.41 所示，置入適當直徑的銷或鋼珠，用測微器量其外側距離，而與計算值比較的方法。

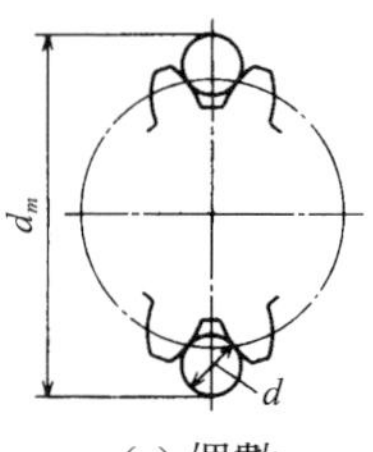

(a) 偶數

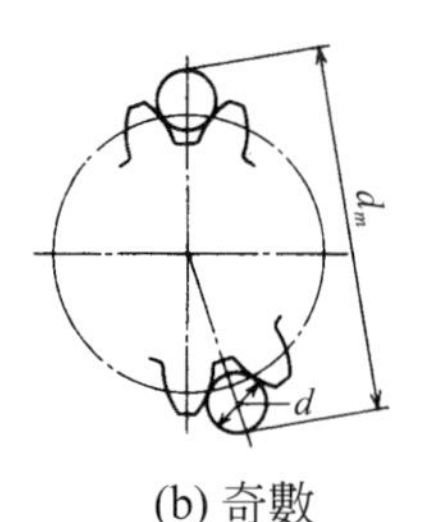

(b) 奇數

圖 11.41 跨銷徑

$$d_m=zm+d(齒數爲偶數時) \quad (24)$$

$$d_m=zm\cos\left(\frac{90°}{z}\right)+d_o(奇數齒時) \quad (25)$$

式中，

z：齒數

m：模數

d：銷或珠徑

跨銷法的跨銷徑小於齒冠圓直徑，或銷、珠觸及齒底的話，則無法量測。因此要選擇適當直徑的銷或珠，通常建議能接觸於節圓上的齒面之直徑者爲宜。表 11.27 示模數(m)＝1 時，接觸於基準節圓的珠或銷直徑。

表 11.27 珠或銷的直徑

齒數	直徑	齒數	直徑	齒數	直徑
5	1.961	11	1.776	20	1.724
6	1.896	12	1.766	24	1.715
7	1.854	13	1.757	30	1.706
8	1.826	14	1.750	50	1.692
9	1.805	15	1.744	75	1.685
10	1.789	17	1.735	100	1.681

$m\neq1$ 時，則表中數值乘以模數即可。

但轉位係數(x)大，接觸於分度圓上齒面不適當時，則使用能接觸於以$(z+2x)m$爲直徑的圓與齒形之交點處之跨銷徑。圖 11.42 示求其珠或銷直徑的線圖。

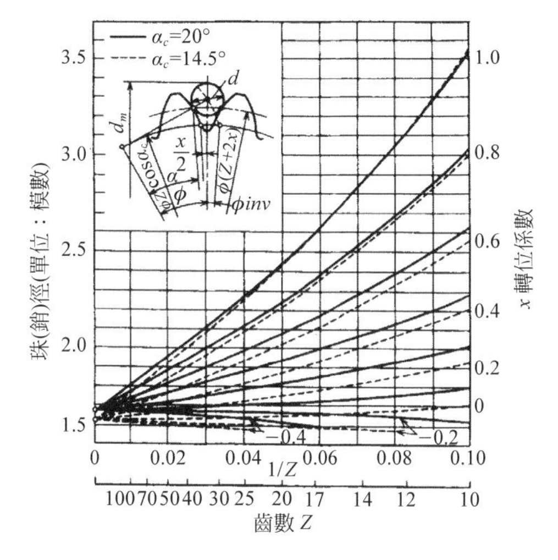

圖 11.42　使用跨銷法的珠或銷直徑

17. 齒輪各部構造與尺寸比例

齒輪可分爲齒、緣、臂及轂四部分。關於齒的部分已於前文討論，下文將討論其他部分。

圖 11.43 示一般所使用齒輪各部構造及其尺寸比例之例。其中p表示圓節，並以其做單位。

通常，小齒輪厚度與齒寬相同，臂則爲圓板狀。

輕負荷時，臂的斷面形狀採橢圓形，如圖 11.44(a)，中負荷時，採 T 形，如同圖(b)，或採十字形，如同圖(c)所示。特別重的負荷時，採用 H 形。但傘齒輪大多採 T 形。

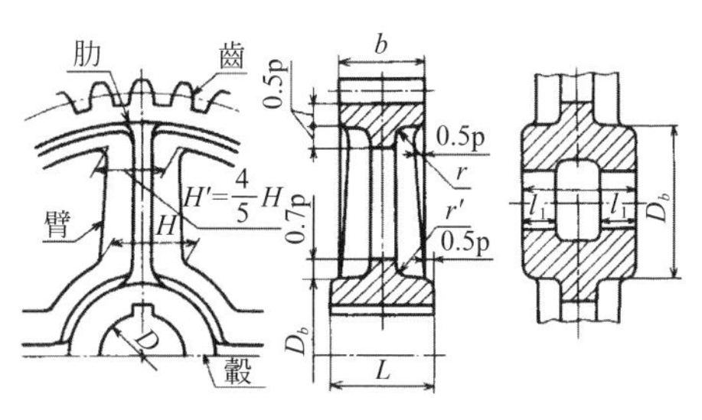

p…正面周節，H'…0.8H，H…2.5p(橢圓時)，H=3.2p(I 形，H 形時)。

圖 11.43　齒輪各部名稱及尺寸比例

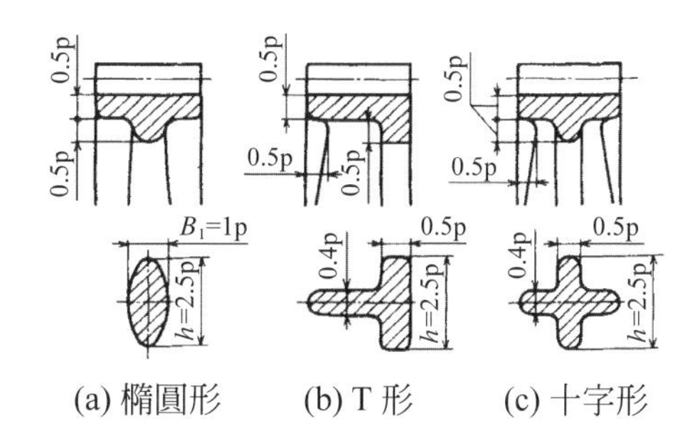

圖 11.44　齒輪之臂斷面及尺寸

圖 11.43 中，肋與轂之r及r'大都有斜度，通常其斜度比例爲 1：40 至 1：60。這是方便鑄造時，木模脫模用。表 11.28 示轂之尺寸。

表 11.28　轂之尺寸

材料	直徑D_b	長度L	l_1(寬度大之轂)
鑄鐵、軟材料	$2D$	$(1.2\sim1.5)D \geqq b+0.025D$	$(0.4\sim0.5)D$
鑄鋼、鋼	$1.5D+5$ mm		

表 11.29 ① 一般用正齒輪之形狀與尺寸(JIS B 1721：1999 年廢止)

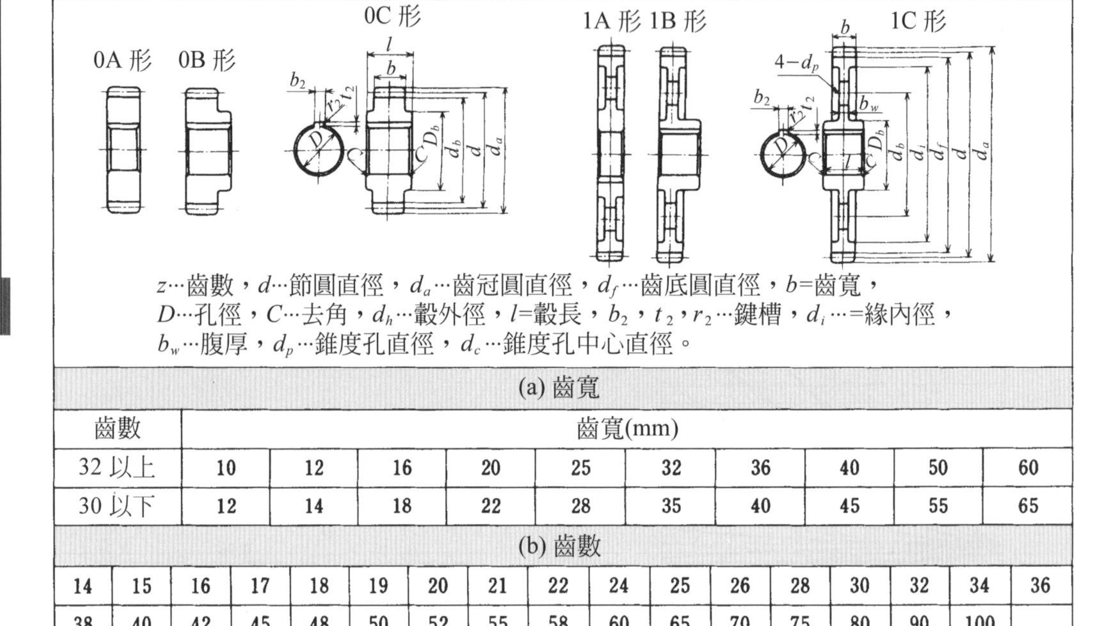

z…齒數，d…節圓直徑，d_a…齒冠圓直徑，d_f…齒底圓直徑，b=齒寬，D…孔徑，C…去角，d_h…轂外徑，l=轂長，b_2，t_2，r_2…鍵槽，d_i…=緣內徑，b_w…腹厚，d_p…錐度孔直徑，d_c…錐度孔中心直徑。

(a) 齒寬

齒數	齒寬(mm)									
32 以上	10	12	16	20	25	32	36	40	50	60
30 以下	12	14	18	22	28	35	40	45	55	65

(b) 齒數

14	15	16	17	18	19	20	21	22	24	25	26	28	30	32	34	36
38	40	42	45	48	50	52	55	58	60	65	70	75	80	90	100	

(c) 齒數範圍

種類	齒寬	模寬(mm)						
		1.5	2	2.5	3	4	5	6
0 A	窄寬 廣寬	20～50 20～50	16～45 18～45	15～45 18～45	15～36 18～36	14～30 16～30	14～30 14～30	14～30 14～30
0 B，0 C	窄寬 廣寬	25～50 25～50	19～45 20～45	18～45 20～45	17～36 20～36	17～30 18～30	16～30 16～30	16～30 16～30
1 A	窄寬 廣寬	— —	48～60 48～80	48～60 48～60	38～60 38～60	32～55 32～55	32～48 32～48	32～48 32～48
1 B，1 C	窄寬 廣寬	52～60 52～80	48～60 48～100	48～60 48～80	38～60 38～100	32～55 32～100	32～48 32～80	32～48 32～65

此外，JIS 對於一般用的正齒輪、螺旋齒輪及蝸輪組之形狀及各部尺寸的規定(JIS B 1721～1723，均省略詳細尺寸)，附記供參考。

表 11.29 ①所示爲模數 1.5，2，2.5，3，4，5 與 6 mm的正齒輪種類與規格，同表所示之窄寬爲模數之6倍，廣寬爲10倍。

表 11.29 ②爲一般用螺旋齒輪，形狀之種類與正齒輪相同，模數有 1.5，2，2.5，3 與4 mm共5種，螺旋角有下列三種：

11°21′54″，15°56′33″，19°22′12″

螺旋齒輪的窄寬爲模數的 12 倍左右，中寬與廣寬爲 15 與 20 倍左右。

表 11.29 ③爲圓筒蝸輪之尺寸。

表 11.29 ② 一般用螺旋齒輪之形狀與尺寸(JIS B 1722：1999 年廢止)

(a) 齒寬											
齒數	齒寬(mm)										
32 以上	18	24	30	32	36	38	40	45	50	60	80
30 以下	20	26	33	35	39	42	45	50	55	65	85

(b) 齒數													
16	17	18	19	20	21	22	24	25	26	28	30	32	34
36	38	40	42	45	48	50	55	60	65	70	80	90	100

(c) 齒數範圍						
種類	齒寬	模寬(mm)				
		1.5	2	2.5	3	4
0 A	廣寬 窄寬 廣寬	18～50 20～50 22～50	18～45 17～48 22～50	17～45 19～45 20～45	16～36 18～42 19～45	16～30 17～38 18～45
0 B, 0 C	廣寬	20～50	19～45	19～45	18～36	16～30
1 A	廣寬 窄寬 廣寬	— — —	48～80 50～100 55～100	48～60 48～60 48～80	38～60 45～80 48～90	32～55 40～70 48～70
1 B, 1 C	廣寬	55～80	48～100	48～80	38～90	32～70
〔備註〕形狀與表 11-29 ①中的圖相同。						

表 11.29 ③ 圓筒蝸輪之尺寸(JIS B 1723)

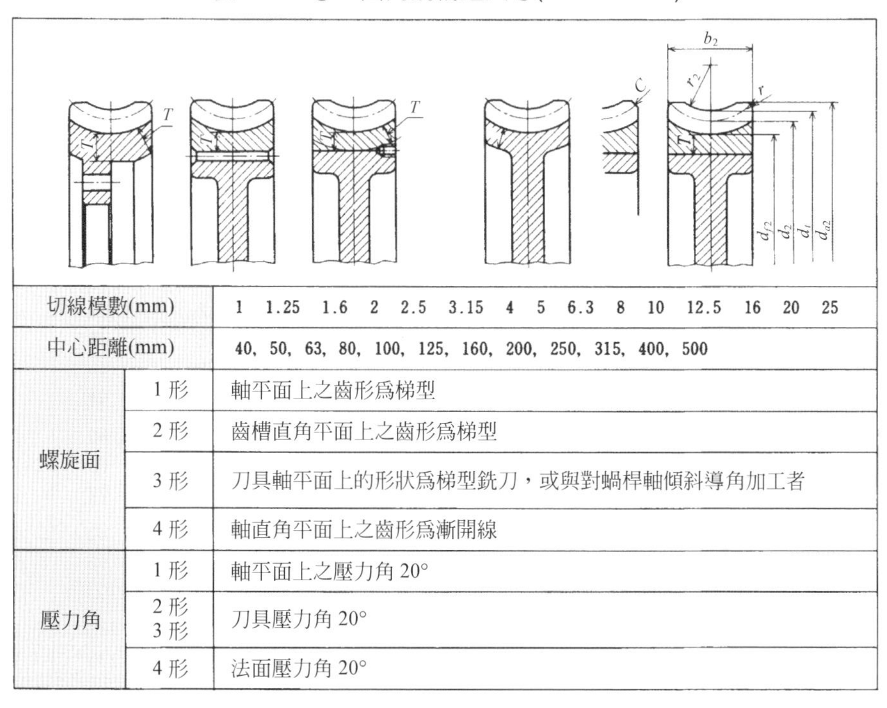

切線模數(mm)		1 1.25 1.6 2 2.5 3.15 4 5 6.3 8 10 12.5 16 20 25
中心距離(mm)		40, 50, 63, 80, 100, 125, 160, 200, 250, 315, 400, 500
螺旋面	1 形	軸平面上之齒形爲梯型
	2 形	齒槽直角平面上之齒形爲梯型
	3 形	刀具軸平面上的形狀爲梯型銑刀，或與對蝸桿軸傾斜導角加工者
	4 形	軸直角平面上之齒形爲漸開線
壓力角	1 形	軸平面上之壓力角 20°
	2 形 3 形	刀具壓力角 20°
	4 形	法面壓力角 20°

11.2 栓槽軸與鋸齒軸

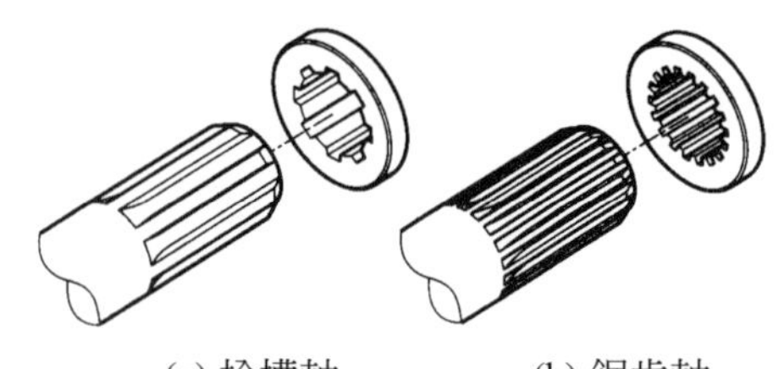

(a) 栓槽軸　　(b) 鋸齒軸

圖 11.45　栓槽軸與鋸齒軸

栓槽與鋸齒，如圖 11.45 所示。軸與轂分別直接切削出數條(6～60 條)的鍵與鍵槽，軸本身有數個齒，利用鍵即可傳達極大的扭矩。通常，軸與轂可滑動並傳達動力者，稱爲栓槽軸。而軸與轂兩者固定者，稱爲鋸齒軸。

表 11.30　方栓槽之基準尺寸(JIS B 1601)

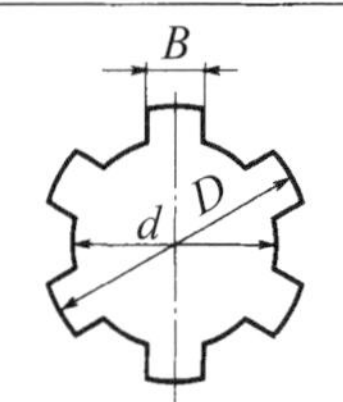

〔稱呼方法〕栓槽孔或栓槽軸的稱呼方法爲依栓槽數 N，小徑 d，大徑 D 順序表示，再以符號“×”將這三個數字分開。
例：孔(或軸) 6×23×26

d (mm)	輕負荷用				中負荷用			
	稱呼方法	N	D (mm)	B (mm)	稱呼方法	N	D (mm)	B (mm)
11	—	—	—	—	6×11×14	6	14	3
13	—	—	—	—	6×13×16	6	16	3.5
16	—	—	—	—	6×16×20	6	20	4
18	—	—	—	—	6×18×22	6	22	5
21	—	—	—	—	6×21×25	6	25	5
23	6×23×26	6	26	6	6×23×28	6	28	6
26	6×26×30	6	30	6	6×26×32	6	32	6
28	6×28×32	6	32	7	6×28×34	6	34	7
32	8×32×36	8	36	6	8×32×38	8	38	6
36	8×36×40	8	40	7	8×36×42	8	42	7
42	8×42×46	8	46	8	8×42×48	8	48	8
46	8×46×50	8	50	9	8×46×54	8	54	9
52	8×52×58	8	58	10	8×52×60	8	60	10
56	8×56×62	8	62	10	8×56×65	8	65	10
62	8×62×68	8	68	12	8×62×72	8	72	12
72	10×72×78	10	78	12	10×72×82	10	82	12
82	10×82×88	10	88	12	10×82×92	10	92	12
92	10×92×98	10	98	14	10×92×102	10	102	14
102	10×102×108	10	108	16	10×102×112	10	112	16
112	10×112×120	10	120	18	10×112×125	10	125	18

JIS 對於方栓槽軸(JIS B 1601)，漸開鋸齒軸(JIS B 1602：1999 年廢止)及漸開栓槽軸(JIS B 1603)均有規定。下文分別說明之。

1. 方栓槽軸

方栓槽是指由具有相互平行且所有面均與中心軸平行的方形齒面所構成者。軸與轂可相互滑動，且具強之動力傳達，廣泛使用於一般機械，尤其是工具機、汽車等。

⑴ **ISO 方栓槽軸**：日本用於汽車的平行齒方栓槽，於暫時制定JES臨時規格。及至戰後，才制定亦適用於一般機械的方栓槽 JIS B 1601，至今已經過數次的修正。

因國際規格 ISO 與 JIS 稍有差異，為制定最合理的方栓槽規格，日本著手修正舊JIS，於1996年與國際規格整合，制定新的 JIS B 1601 至今。

新規格如表 11.30 所示。利用小徑(軸為齒底圓直徑，孔為齒頂圓直徑)做為配合中心，定出輕負荷用及中負荷用之圓軸方栓槽。其槽數有6，8，10三種。

表 11.31 示這些方栓槽之孔及軸之尺寸公差及對稱度公差。

⑵ **舊 JIS 方栓槽(J 形方栓槽)**：日本工業界過去廣泛使用舊 JIS 方栓槽。而其基本尺寸的範圍、尺寸公差及配合的基準均超出 ISO 的規定，兩者間沒有互換性，因此有人強烈期盼舊JIS繼續使用，故在 1996 年修正時，於附錄中續保留 J 形方栓槽。但因該附錄未與國際規格整合，故於新設計時，盡可能以適用規格本體為之。

表 11.32(a)示 J 形方栓槽的基準尺寸，表中粗字體的尺寸與新規格一致。其它則為舊規格尺寸。表 11.32 之(b)、(c)示詳細尺寸及尺寸公差、配合。

2. 漸開鋸齒軸

鋸齒側面具有漸開曲線，用於軸與孔固定結合之場合。因為是漸開齒形，故軸亦可與齒輪同樣採創成齒切削法加工。且只有小齒輪是軸，大齒輪是孔，齒頂圓直徑稱為大徑，齒底圓直徑稱為小徑；稱呼異於齒輪，其用語的意義可參考齒輪章節。

⑴ **構成的基本要件**：漸開鋸齒軸之基本構件如表 11.33 之規定。

⑵ **齒的基本形狀**：如圖 11.46 是表示基本齒形之基本齒條，鋸齒軸的基節圓是連接基本齒條的切齒節線。

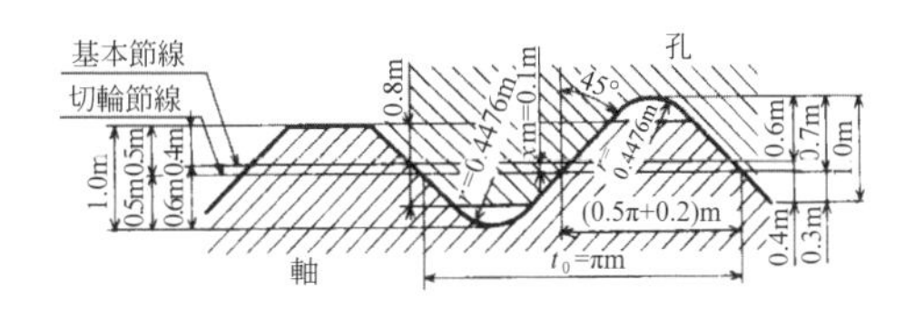

圖 11.46 齒之基本形狀

⑶ **各部名稱、符號與基本公式**：表 11.34 是漸開鋸齒軸各部之名稱、符號與算出各部尺寸之基本公式。

JIS除上述規定外，特別對汽車、動力傳達用軸與孔接合用漸開栓槽軸另做 JIS B 1603 之規定。

表 11.31 方栓槽之公差(JIS B 1601)

(a) 孔及軸的尺寸公差

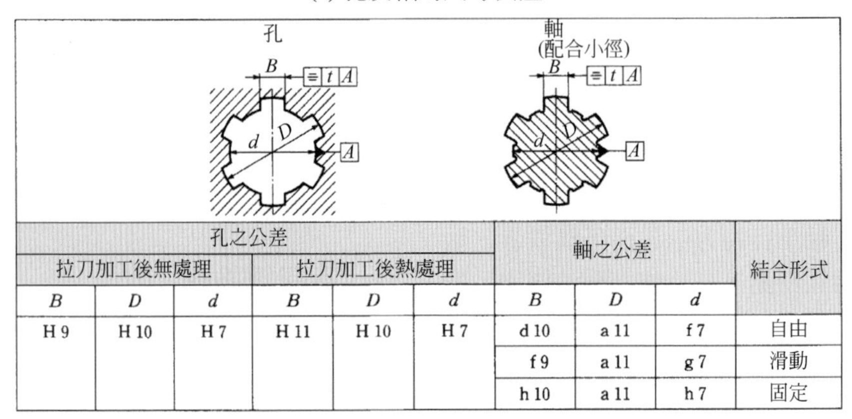

孔之公差						軸之公差			結合形式
拉刀加工後無處理			拉刀加工後熱處理						
B	*D*	*d*	*B*	*D*	*d*	*B*	*D*	*d*	
H 9	H 10	H 7	H 11	H 10	H 7	d 10	a 11	f 7	自由
						f 9	a 11	g 7	滑動
						h 10	a 11	h 7	固定

(b) 對稱度公差

栓槽寬 *B*	3	3.5，4，5，6	7，8，9，10	12，14，16，18
對稱度公差 *t*	0.010 (IT 7)	0.012 (IT 7)	0.015 (IT 7)	0.018 (IT 7)

表 11.32 舊 JIS J 形方栓槽(JIS B 1601 附錄)

(a) 基準尺寸

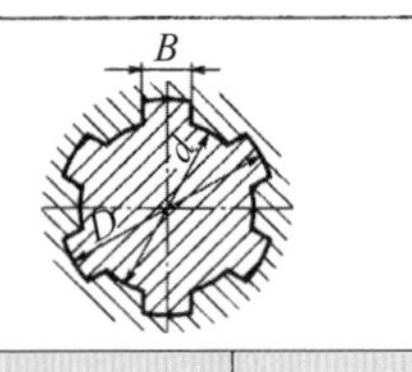

(單位 mm)

形式	1形						2形					
槽數	6		8		10		6		8		10	
公稱直徑 *d*	大徑 *D*	寬 *B*	大徑 *D*	寬 *B*	大徑 *D*	寬 *B*	大徑 *D*	寬 *B*	大徑 *D*	寬 *B*	大徑 *D*	寬 *B*
11	—	—	—	—	—	—	**14**	**3**	—	—	—	—
13	—	—	—	—	—	—	**16**	**3.5**	—	—	—	—
16	—	—	—	—	—	—	**20**	**4**	—	—	—	—
18	—	—	—	—	—	—	**22**	**5**	—	—	—	—
21	—	—	—	—	—	—	**25**	**5**	—	—	—	—
23	**26**	**6**	—	—	—	—	**28**	**6**	—	—	—	—
26	**30**	**6**	—	—	—	—	**32**	**6**	—	—	—	—
28	**32**	**7**	—	—	—	—	**34**	**7**	—	—	—	—
32	36	8	**36**	**6**	—	—	38	8	**38**	**6**	—	—
36	40	8	**40**	**7**	—	—	42	8	**42**	**7**	—	—
42	46	10	**46**	**8**	—	—	48	10	**48**	**8**	—	—
46	50	12	**50**	**9**	—	—	54	12	**54**	**9**	—	—
52	58	14	**58**	**10**	—	—	60	14	**60**	**10**	—	—
56	62	14	**62**	**10**	—	—	65	14	**65**	**10**	—	—
62	68	16	**68**	**12**	—	—	72	16	**72**	**12**	—	—

表 11.32 舊 JIS J 形方栓槽(JIS B 1601 附錄)(續)

(a) 基準尺寸

形式	1形						2形					
槽數	6		8		10		6		8		10	
公稱直徑 d	大徑 D	寬 B	大徑 D	寬 B	大徑 D	寬 B	大徑 D	寬 B	大徑 D	寬 B	大徑 D	寬 B
72	78	18	—	—	**78**	**12**	82	18	—	—	**82**	**12**
82	88	20	—	—	**88**	**12**	92	20	—	—	**92**	**12**
92	98	22	—	—	**98**	**14**	102	22	—	—	**102**	**14**
102	—	—	—	—	**108**	**16**	—	—	—	—	**112**	**16**
112	—	—	—	—	**120**	**18**	—	—	—	—	**125**	**18**

〔備註〕粗字體所示尺寸與用本體所定者一致。但必須注意在此附錄所定的不同尺寸公差。

(b) 詳細尺寸

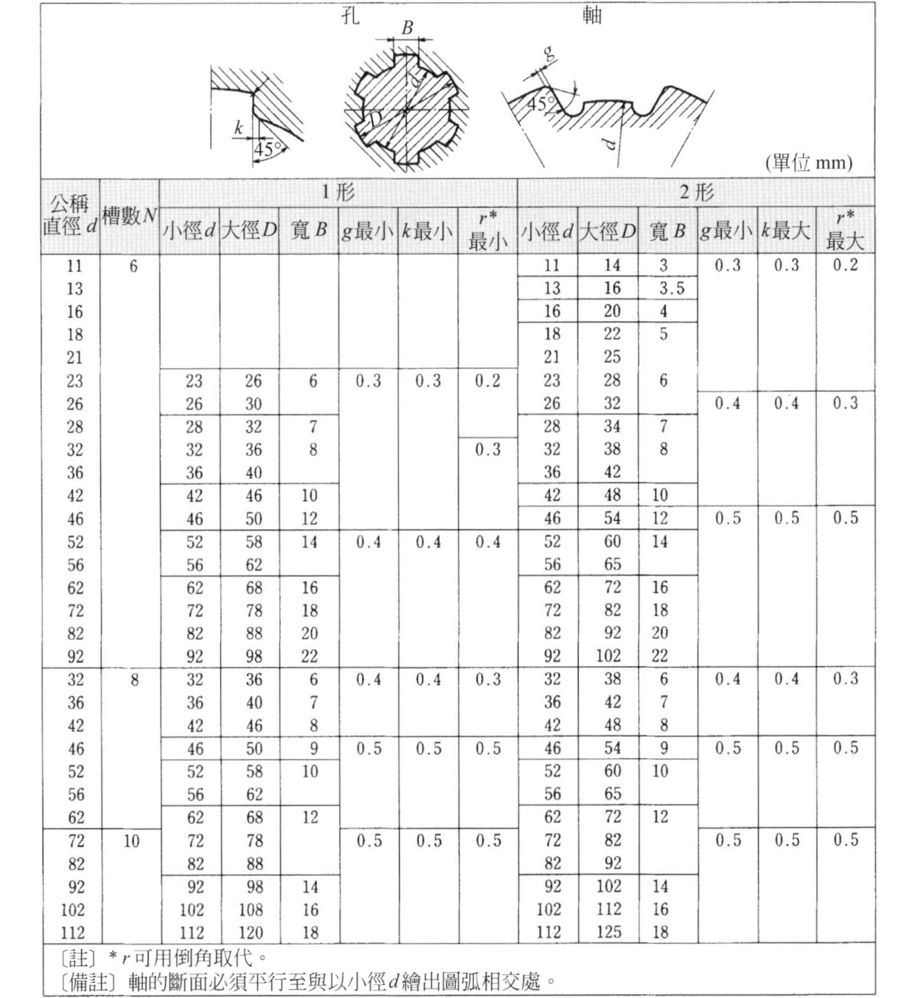

(單位 mm)

公稱直徑 d	槽數 N	1形 小徑 d	1形 大徑 D	1形 寬 B	1形 g 最小	1形 k 最小	1形 r* 最小	2形 小徑 d	2形 大徑 D	2形 寬 B	2形 g 最小	2形 k 最大	2形 r* 最大
11	6							11	14	3	0.3	0.3	0.2
13								13	16	3.5			
16								16	20	4			
18								18	22	5			
21								21	25				
23		23	26	6	0.3	0.3	0.2	23	28	6			
26		26	30					26	32		0.4	0.4	0.3
28		28	32	7				28	34	7			
32		32	36	8			0.3	32	38	8			
36		36	40					36	42				
42		42	46	10				42	48	10			
46		46	50	12				46	54	12	0.5	0.5	0.5
52		52	58	14	0.4	0.4	0.4	52	60	14			
56		56	62					56	65				
62		62	68	16				62	72	16			
72		72	78	18				72	82	18			
82		82	88	20				82	92	20			
92		92	98	22				92	102	22			
32	8	32	36	6	0.4	0.4	0.3	32	38	6	0.4	0.4	0.3
36		36	40	7				36	42	7			
42		42	46	8				42	48	8			
46		46	50	9	0.5	0.5	0.5	46	54	9	0.5	0.5	0.5
52		52	58	10				52	60	10			
56		56	62					56	65				
62		62	68	12				62	72	12			
72	10	72	78		0.5	0.5	0.5	72	82		0.5	0.5	0.5
82		82	88					82	92				
92		92	98	14				92	102	14			
102		102	108	16				102	112	16			
112		112	120	18				112	125	18			

〔註〕* r 可用倒角取代。

〔備註〕軸的斷面必須平行至與以小徑 d 繪出圖弧相交處。

表 11.32 舊 JIS J 形方栓槽(JIS B 1601 附錄)(續)

(c)尺寸公差及配合

		寬度B		小徑d	大徑D	參考
		孔未淬火	孔有淬火			選擇配合的基準
孔	滑動及固定	D9	F10	H7	H11	—
寬度	滑動時	f9	d9	e8	a11	配合長度長(配合長度約小徑 2 倍以上)一般的場合。不須精密的配合時。
		h8	e8	f7		一般的場合。配合長度長(配合長度約小徑 2 倍以上)要求精密時。
		js7[(1)]或 k7[(2)]	f7	g6		要求特別精密配合時。
	固定時	n7	h7	js7	a11	一般的場合
		p6	h6	js6		要求精密時
		s6	js6	k6		
		s6[(1)]或 u6[(2)]	js6[(1)]或 k6[(2)]	m6		特別堅固固定時
		u6	m6	n6		不拆卸時

〔註〕(1)適用寬度 6 mm 以下者。

(2)寬度超過 6 mm 以上者適用。

〔備註〕*1.* 配合是依據 JIS B 0401(尺寸公差及配合)。

2. 寬度B及小徑d尺寸容許差互有關連，故必須在同一行中選用適當的配合符號。例如：以小徑選取 f7 時，對於未淬火的孔，寬度選 h8。

表 11.33 漸開鋸齒軸的構成要件(JIS B 1602：1999 年廢止)

區分	基本要素
模數m(mm)	0.5，0.75，1.0，1.5，2.0，2.5
齒數z	由 10～60 之各齒數
壓力角α_0	基節圓之壓力角 45°
有效齒深h_k+h_{k1}	0.8m
轉位量	0.1m

表 11.34 漸開鋸齒軸之各部名稱、符號與基本公式(JIS B 1602：1999 年廢止)

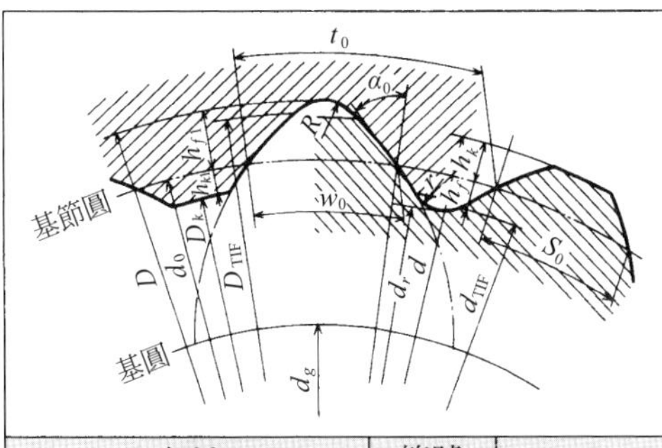

〔稱呼方法〕漸開鋸齒軸之孔與軸稱呼方法：
公稱直徑、齒數、模數。
〔例〕漸開鋸齒軸　軸 37×36×1
漸開鋸齒軸　孔 37×36×1

名稱		符號	基本公式
公稱直徑		d	$d=(z+0.8+2x)m=(z+1)m$
基準節徑		t_0	$t_0=\pi m$
基圓直徑		d_g	$d_g=d_0\cos\alpha_0$
分度圓直徑		d_0	$d_0=zm$
孔	大直徑	D	$D=(z+1.4)m=d+0.4m$
孔	小直徑	D_k	$D_k=(z-0.6)m=d-1.6m$
孔	漸開限界直徑	D_{TIF}	$D_{TIF}=(z+1.1)m$
孔	齒冠深	h_{k1}	$h_{k1}=(0.4-x)m=0.3m$
孔	齒根深	h_{f1}	$h_{f1}=(0.6+x)m=0.7m$
孔	分度圓上之齒槽寬(弧)	w_0	$w_0=\left(\frac{\pi}{2}+2x\tan\alpha_0\right)m=(0.5\pi+0.2)m$
軸	大直徑	d	$d=(z+0.8+2x)m=(z+1)m$
軸	小直徑	d_r	$d_r=(z-1)m=d-2m$
軸	漸開限界直徑	d_{TIF}	$d_{TIF}=(z-0.7)m$
軸	齒冠深	h_k	$h_k=(0.4+x)m=0.5m$
軸	齒根深	h_f	$h_f=(0.6-x)m=0.5m$
軸	基節圓上之齒厚(弧)	S_0	$S_0=\left(\frac{\pi}{2}+2x\tan\alpha_0\right)m=(0.5\pi+0.2)m$

11.3 滾子鏈傳動

鏈條掛在鏈輪上以傳達動力之裝置，稱為鏈傳動裝置。

鏈的種類有許多種，最常用的一種稱為滾子鏈，因滾子與鏈輪以滾動接觸，所以傳動效率好，拉長與滑動等損失少，故廣受採用。

1. 滾子鏈

⑴ **滾子鏈的構成**：JIS B 1081 規定一般動力傳達用滾子鏈規格，滾子鏈如圖 11.47 所示，銷桿與滾子桿組合之接頭，表 11.35 指示使用之接頭桿或偏位桿。

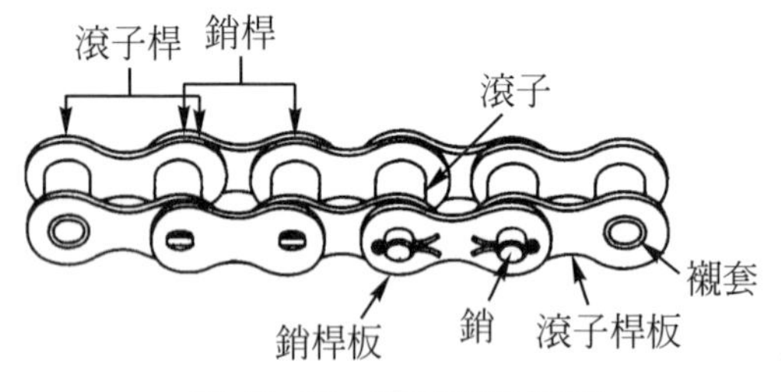

圖 11.47　滾子鏈之構成

⑵ **滾子鏈的稱呼號碼**：滾子鏈除節距大小之分外，依稱呼號碼之附加字不同，有 A 系及 B 系，A 系更分為三種類，如表 11.36 所示。

A 系鏈是日本從以前開始即使用的尺寸規格，與 ISO 相同的抗拉強度。A 系 H 級之抗拉強度不變但連桿寬度等尺寸規格加大。2014 年修訂後追加之 A 系 HE 級的抗拉強度、尺寸皆加大。

此外，B 系是依據 ISO 之規定，主要為 EC(歐洲共同體，European Communities)，目前是 EU(European Union)各國所採用。

滾子鏈的稱呼號碼以節距為基準並附加其它字。例如：A 系鏈之節距是以 3.175mm(=1/8 英吋)除後之數值再附加 0(有滾子)、5(無滾子；襯套鏈)，或 1(輕量用)等表示。

B 系鏈之節距是以 1.5875mm(1/16 英吋)除後的數值分別再附加 A 及 B 表示。但 081、083 及 084 為特別系列故除外。

本書因受限篇幅及其使用範圍有限，省略*B*系的說明。

表 11.35　桿接頭之種類及各部名稱

名稱		略圖
外接頭	一列外接頭	外板、銷
	多列外接頭	外板、中間板、銷
內接頭		內板、滾子、襯套
偏位接頭		偏位板、偏位銷、滾子、襯套、開口銷、偏位板
連結桿	開口銷形連結桿	外板、連結銷、連結板、開口銷
	夾鉗形連結桿	連結銷、外板、夾鉗、連結板

表 11.36 滾子鏈的稱呼號碼(JIS B 1801)

節距(基準尺寸) mm	稱呼編號				鏈之形式
	A系鏈	A系H級鏈	A系HE級鏈	B系鏈	
6.35	25	—	—	—	襯套鏈(1)
9.525	35	—	—	—	襯套鏈(1)
8.00	—	—	—	05 B	滾子鏈
9.525	—	—	—	06 B	滾子鏈
12.70	—	—	—	081(2)	滾子鏈
12.70	—	—	—	083(2)	滾子鏈
12.70	—	—	—	084(2)	滾子鏈
12.70	41(2)	—	—	—	滾子鏈
12.70	40	—	—	08 B	滾子鏈
15.875	50	—	—	10 B	滾子鏈
19.05	60	60H	60HE	12 B	滾子鏈
25.40	80	80H	80HE	16 B	滾子鏈
31.75	100	100H	100HE	20 B	滾子鏈
38.10	120	120H	120HE	24 B	滾子鏈
44.45	140	140H	140HE	28 B	滾子鏈
50.80	160	160H	160HE	32 B	滾子鏈
57.15	180	180H	180HE	—	滾子鏈
63.50	200	200H	200HE	40 B	滾子鏈
76.20	240	240H	240HE	48 B	滾子鏈
88.90	—	—	—	56 B	滾子鏈
101.60	—	—	—	64 B	滾子鏈
114.30	—	—	—	72 B	滾子鏈

〔註〕(1)無滾子，(2)僅第一列有。

【例】 ①A系鏈稱呼號碼60，是鏈節19.05 mm(19.05 mm÷3.175 mm ＝6)之滾子式。

②稱呼號碼 35，是鏈節 9.525 mm (9.525 mm÷3.175 mm ＝ 3)之無滾子式。

③稱呼號碼 41，是鏈節 12.70 mm (12.70 mm÷3.175 mm ＝ 4)之輕量形。

④稱呼號碼80-2，是鏈節25.40 mm 之雙列滾子鏈。

(3) **滾子鏈的形狀與尺寸：** 如表 11.37 是 JIS 規定滾子鏈之形狀與尺寸。

(4) **鏈長之計算**：鏈長之計算如下：

① 由兩鏈輪的軸間距離與齒數決定時

$$N=\frac{n_1+n_2}{2}+2C+\frac{\left(\frac{n_1-n_2}{2\pi}\right)^2}{C} \quad \text{.............(1)}$$

式中

N＝表示鏈長之桿數

n_1＝大鏈輪的齒數

n_2＝小鏈輪的齒數

C＝表示軸間距離爲桿數

上式所得之N值尾數比須爲整數，如桿數爲奇數時，只能使用偏位桿，故改變軸間距離，變成偶數桿爲宜。

② 由鏈桿數與齒數決定時：

$$C=\frac{1}{8}\left\{2N-n_1-n_2+\sqrt{(2N-n_1-n_2)^2-\frac{8}{3\pi}(n_1-n_2)^2}\right\} \quad (2)$$

2. 鏈輪

滾子鏈係配合鏈輪使用，如圖 11.48 所示。

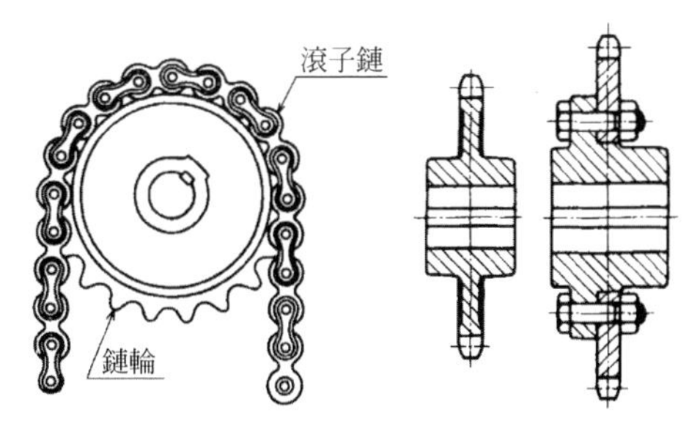

圖 11.48 鏈輪

表 11.37　傳動用滾子鏈之尺寸(JIS B 1801)　(單位 mm)

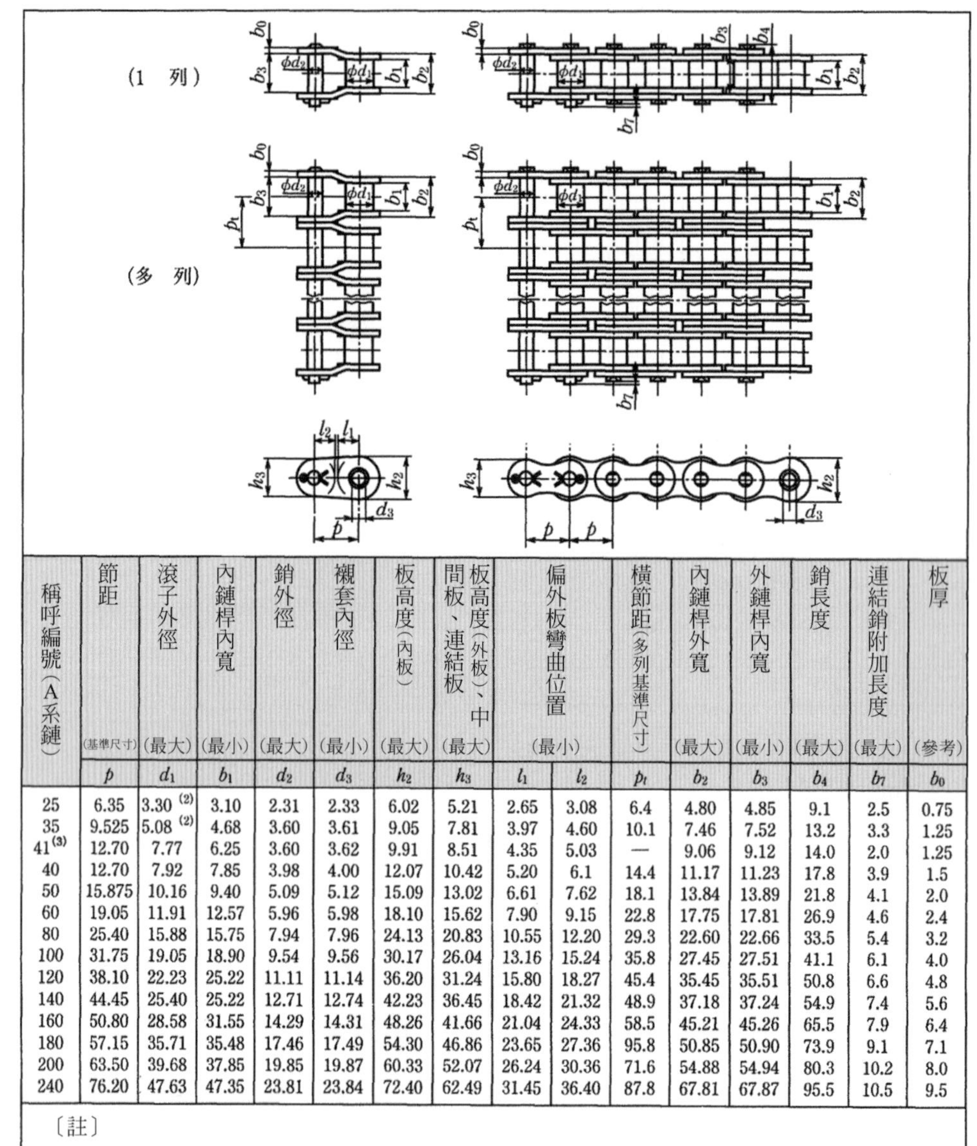

稱呼編號(A系鏈)	節距(基準尺寸)	滾子外徑(最大)	內鏈桿內寬(最小)	銷外徑(最大)	襯套內徑(最小)	板高度(內板)(最大)	板高度(外板)、中間板、連結板(最大)	偏外板彎曲位置(最小)		橫節距(多列基準尺寸)	內鏈桿外寬(最大)	外鏈桿內寬(最小)	銷長度(最大)	連結銷附加長度(最大)	板厚(參考)
	p	d_1	b_1	d_2	d_3	h_2	h_3	l_1	l_2	p_t	b_2	b_3	b_4	b_7	b_0
25	6.35	3.30 (2)	3.10	2.31	2.33	6.02	5.21	2.65	3.08	6.4	4.80	4.85	9.1	2.5	0.75
35	9.525	5.08 (2)	4.68	3.60	3.61	9.05	7.81	3.97	4.60	10.1	7.46	7.52	13.2	3.3	1.25
41(3)	12.70	7.77	6.25	3.60	3.62	9.91	8.51	4.35	5.03	—	9.06	9.12	14.0	2.0	1.25
40	12.70	7.92	7.85	3.98	4.00	12.07	10.42	5.20	6.1	14.4	11.17	11.23	17.8	3.9	1.5
50	15.875	10.16	9.40	5.09	5.12	15.09	13.02	6.61	7.62	18.1	13.84	13.89	21.8	4.1	2.0
60	19.05	11.91	12.57	5.96	5.98	18.10	15.62	7.90	9.15	22.8	17.75	17.81	26.9	4.6	2.4
80	25.40	15.88	15.75	7.94	7.96	24.13	20.83	10.55	12.20	29.3	22.60	22.66	33.5	5.4	3.2
100	31.75	19.05	18.90	9.54	9.56	30.17	26.04	13.16	15.24	35.8	27.45	27.51	41.1	6.1	4.0
120	38.10	22.23	25.22	11.11	11.14	36.20	31.24	15.80	18.27	45.4	35.45	35.51	50.8	6.6	4.8
140	44.45	25.40	25.22	12.71	12.74	42.23	36.45	18.42	21.32	48.9	37.18	37.24	54.9	7.4	5.6
160	50.80	28.58	31.55	14.29	14.31	48.26	41.66	21.04	24.33	58.5	45.21	45.26	65.5	7.9	6.4
180	57.15	35.71	35.48	17.46	17.49	54.30	46.86	23.65	27.36	95.8	50.85	50.90	73.9	9.1	7.1
200	63.50	39.68	37.85	19.85	19.87	60.33	52.07	26.24	30.36	71.6	54.88	54.94	80.3	10.2	8.0
240	76.20	47.63	47.35	23.81	23.84	72.40	62.49	31.45	36.40	87.8	67.81	67.87	95.5	10.5	9.5

〔註〕

1.多列鏈時的銷長度，由 $b_4+p_t\times$(鏈列數－1)算出。

2.此時 d_1 的爲襯套外徑

3.稱呼號碼41只一列。

關於測定張力及最小抗拉強度請見表11.41。

鏈輪之各齒可以分擔負擔，而且鏈之接觸係滾動接觸，故如材質與齒輪相同時，傳動性能優於齒輪，但如有下述之情況齒部必須實施表面硬化。

① 齒數 24 以內之小齒輪，做高速迴轉時。

② 轉速比 4：1 以上時之小鏈輪。

③ 使用在低速重負荷時。

④ 使用在齒易磨耗之環境時。

⑴ **鏈輪之基本尺寸**：表 11.38 示JIS規定的鏈輪基本尺寸。表 11.39 示用以計算基本尺寸的單位節距(節距 1)之滾子鏈用鏈輪的數表，由此表所得單位節距之節圓直徑值，乘以使用鏈條之節距(mm，例如：稱呼號碼 40 之鏈條時爲 12.70 mm)而求得鏈輪的節圓直徑。

⑵ **鏈輪的齒形**：鏈輪的齒形不像齒輪的齒形般，有一定的曲線存在，故可想像各種類型的齒形。更可依用途而增加各種不同的想法。

但 JIS 規定了圖 11.49 所示的 S 齒形、U 齒形及 ISO 齒形 3 種，使用上，均自這 3 種中選定。通常所生產規格大都爲 S 齒形。

U 齒形是在 S 齒形的節圓方向，附加間隙 U，該處齒厚變薄，其它則均與 S 齒形相同。

ISO 齒形是在 1997 年所採用的齒形，直接就將 ISO 的規定引用。

表 11.38 鏈輪的基本尺寸(JIS B 1801 附錄)

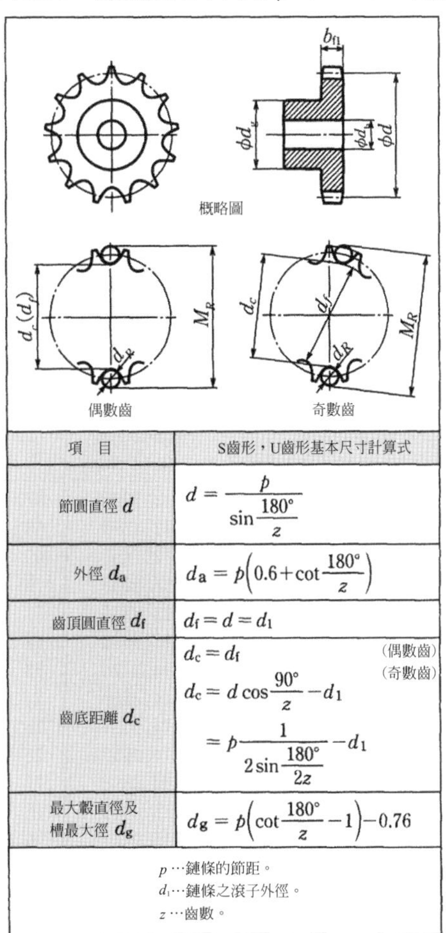

項 目	S齒形，U齒形基本尺寸計算式
節圓直徑 d	$d=\dfrac{p}{\sin\dfrac{180°}{z}}$
外徑 d_a	$d_a=p\left(0.6+\cot\dfrac{180°}{z}\right)$
齒頂圓直徑 d_f	$d_f=d=d_1$
齒底距離 d_c	$d_c=d_f$ （偶數齒） （奇數齒）$d_c=d\cos\dfrac{90°}{z}-d_1$ $=p\dfrac{1}{2\sin\dfrac{180°}{2z}}-d_1$
最大轂直徑及槽最大徑 d_g	$d_g=p\left(\cot\dfrac{180°}{z}-1\right)-0.76$

p…鏈條的節距。
d_1…鏈條之滾子外徑。
z…齒數。

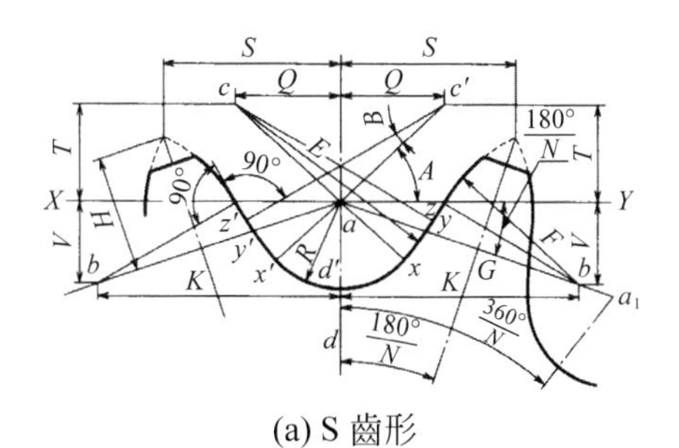

(a) S 齒形

圖 11.49 鏈輪的齒形

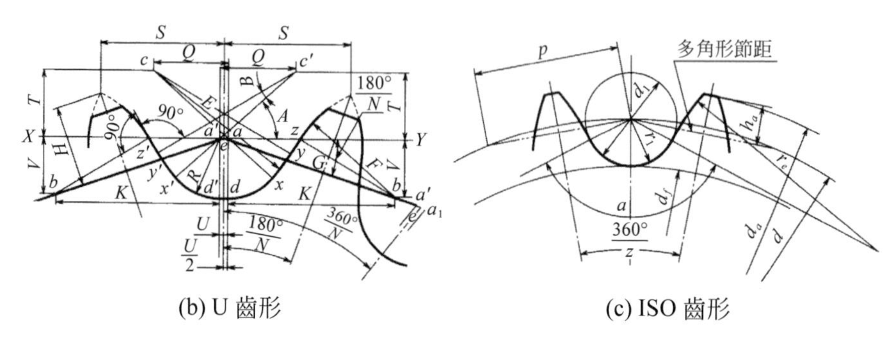

(b) U 齒形　(c) ISO 齒形

圖 11.49　鏈輪的齒形(續)

表 11.39　單位節距(p = 1 mm)之節圓直徑

齒數 z	單位節距的節圓直徑 d (mm)	齒數 z	單位節距的節圓直徑 d (mm)	齒數 z	單位節距的節圓直徑 d (mm)	齒數 z	單位節距的節圓直徑 d (mm)	齒數 z	單位節距的節圓直徑 d (mm)
9	2.9238	38	12.1096	67	21.3346	96	30.5632	125	39.7929
10	3.2361	39	12.4275	68	21.6528	97	30.8815	126	40.1112
11	3.5494	40	12.7455	69	21.971	98	31.1997	127	40.4295
12	3.8637	41	13.0635	70	22.2892	99	31.518	128	40.4748
13	4.1786	42	13.3815	71	22.6074	100	31.8362	129	41.066
14	4.494	43	13.6995	72	22.9256	101	32.1545	130	41.3843
15	4.8097	44	14.0176	73	23.2438	102	32.4727	131	41.7026
16	5.1258	45	14.3356	74	23.562	103	32.791	132	42.0209
17	5.4422	46	14.6537	75	23.8802	104	33.1093	133	42.3391
18	5.7588	47	14.4917	76	24.1985	105	33.4275	134	42.6574
19	6.0755	48	15.2898	77	24.5167	106	33.7458	135	42.9757
20	6.3925	49	15.6079	78	24.8349	107	34.064	136	43.294
21	6.7095	50	15.926	79	25.1531	108	34.3823	137	43.6123
22	7.0266	51	16.2441	80	25.4713	109	34.7006	138	43.9306
23	7.3439	52	16.5622	81	25.7896	110	35.0188	139	44.2488
24	7.6613	53	16.8803	82	26.1078	111	35.3371	140	44.5671
25	7.9787	54	17.1984	83	26.426	112	35.6554	141	44.8854
26	8.2962	55	17.5166	84	26.7443	113	35.9737	142	45.2037
27	8.6138	56	17.8347	85	27.0625	114	36.2919	143	45.522
28	8.9314	57	18.1529	86	27.3807	115	36.6102	144	45.8403
29	9.2491	58	18.471	87	27.699	116	36.9285	145	46.1585
30	9.5668	59	18.7892	88	28.0172	117	37.2467	146	46.4768
31	9.8845	60	19.1073	89	28.3355	118	37.565	147	46.7951
32	10.2023	61	19.4255	90	28.6537	119	37.8833	148	47.1134
33	10.5201	62	19.7437	91	28.9719	120	38.2016	149	47.4317
34	10.838	63	20.0619	92	29.2902	121	38.5198	150	47.75
35	11.1558	64	20.38	93	29.6084	122	38.8381		
36	11.4737	65	20.6982	94	29.9267	123	39.1564		
37	11.7916	66	21.0164	95	30.2449	124	39.4746		

表 11.40 橫齒形的計算式

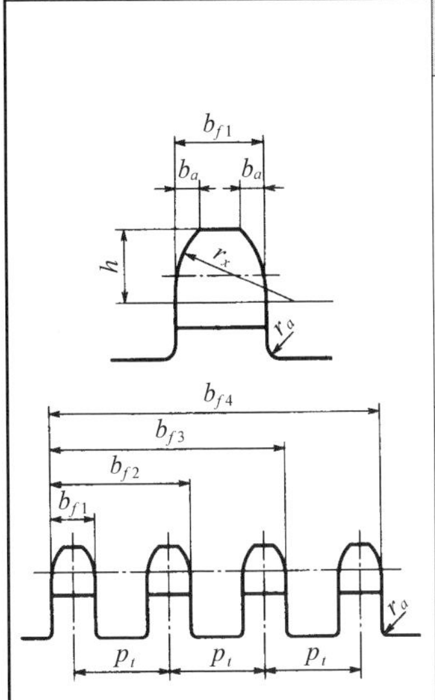

p：鏈條之節距
n：鏈條之列數
p_r：多列鏈條之橫節距
b_1：鏈條內連桿內寬

項目	計算式	
齒寬 b_{f1}(最大)	節距小於 12.7 mm 時	單列 $b_{f1} = 0.93b_1$ 2 列、3 列 $b_{f1} = 0.91b_1$ 4 列以上 $b_{f1} = 0.89b_1$(參考)
	節距大於 12.7 mm 時	單列 $b_{f1} = 0.95b_1$ 2 列、3 列 $b_{f1} = 0.93b_1$ 4 列以上 $b_{f1} = 0.91b_1$(參考)
全齒寬 b_{fn}	b_{f1}，b_{f2}，$b_{f3}\cdots$，$b_{fn} = p_t(n-1) + b_{f1}$	
倒角寬 b_a (約)	鏈條稱呼號碼 085 及 41 時 $b_a = 0.06p$ 其它之鏈條時 $b_a = 0.13p$	
倒角深度 h(參考)	$h = 0.5p$	
倒角半徑 $r_x^{(1)}$(最小)	$r_x = p$	
隅角 $r_a^{(2)}$(最大)	$r_a = 0.04p$	

〔註〕(1) 倒角半徑通常採取上式之最小值。大於此值，亦可能變成無限大(圓弧變直線)。
(2) 隅角(最大)是採用最大轂直徑及溝直徑最大值時。

表 11.40 示鏈輪的橫齒形形狀(剖開包含軸的平面時的齒斷面形狀)及尺寸。

鏈輪與鏈條均同為購自專業製造廠的產品，然後加工軸孔即可使用。圖 11.50 示一般所使用的鏈輪形狀。

齒數約 10～70 左右，過少則運轉時不圓滑，一般 17 齒以上的奇數大都可以得到很好的性能，最大轉速比為 1：7，常用者為 1：5，兩軸距離為滾子鏈結之 $P\times 40$～50 倍最理想，最小距離為鏈節的 30 倍，最大距離為鏈結的 80 倍，效率為 96 %～98 %。

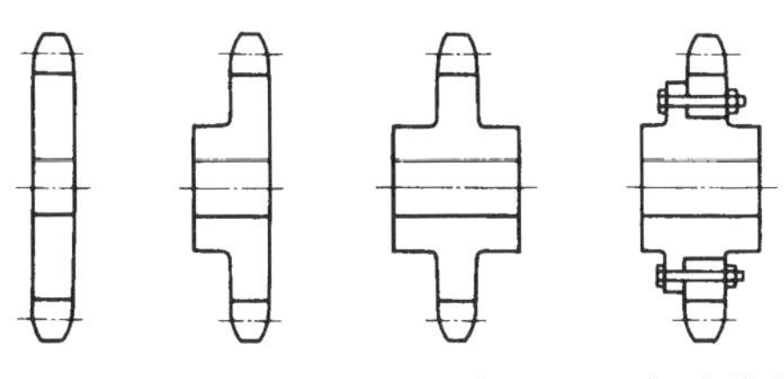

(a) 平板形 (A 形)　(b) 單轂形 (B 形)　(c) 雙轂形 (C 形)　(d) 轂分離形 (D 形)

圖 11.50 鏈輪的形式

3. 滾子鏈的選用

在選用滾子鏈時，必須求取鏈之速度與作用於鏈之負荷，可由下式求得。

表 11.41　滾子鏈條(A系)、A系H級的測定張力、最小抗拉強度及疲勞限(JIS B 1801)

(單位mm)

稱呼編號	測定張力 (N)	最小抗拉強度 (kN)						疲勞限 (參考值) (KN)
		A系鏈			A系H級鏈			
		1列	2列	3列	1列	2列	3列	
25	50	3.5	7.0	10.5	—	—	—	0.48
35	70	7.9	15.8	23.7	—	—	—	1.1
41	80	6.7	—	—	—	—	—	0.96
40	120	13.9	27.8	41.7	—	—	—	1.9
50	200	21.8	43.6	65.4	—	—	—	3.0
60	280	31.3	6.26	93.9	31.3	6.26	93.9	4.3
80	500	55.6	111.2	166.8	55.6	111.2	166.8	7.6
100	780	87.0	174.0	261.0	87.0	174.0	261.0	11
120	1110	125.0	250.0	375.0	125.0	250.0	375.0	16
140	1510	170.0	340.0	510.0	170.0	340.0	510.0	21
160	2000	223.0	446.0	669.0	223.0	446.0	669.0	27
180	2670	281.0	562.0	843.0	281.0	562.0	843.0	32
200	3110	347.0	694.0	1041.0	347.0	694.0	1041.0	40
240	4450	500.0	1000.0	1500.0	500.0	1000.0	1500.0	57

$$V=\frac{pN_n}{1000}\ (\text{m/min}) \quad \cdots\cdots (3)$$

$$f=\frac{60\ \text{kW}}{V}\ (\text{kN}) \quad \cdots\cdots (4)$$

式中

V＝鏈之速度

p＝鏈節(mm)

N＝鏈輪之齒數

n＝鏈輪的轉速(rpm)

f＝鏈所受之作用負荷(KN)

kW＝傳動動力(kW)×使用係數k_1 (表 11.42)。

表 11.41 示A系鏈條之拉伸荷重。

於一般傳達動力時，滾子鏈條承受之負荷，爲了避免因反復負荷造成疲勞破壞，負荷必須小於破壞負荷，計算時因而採用同表之容許負荷值。

(1) **一般情況之選用法**：滾鏈的選用一般依照下列順序執行。

首先，將傳動動力(kW)乘以欲傳動之機械或原動機種類之使用係數(表 11.42)，所得到之補正 kW(縱軸)之值及使用轉速，由圖 11.51 可求取鏈之稱呼號碼與鏈輪之齒數。

表 11.42　使用係數k_1

使用機械[1]		馬達或蝸輪	內燃機關	
			流體機構	非流體機構
A	平滑傳動	1.0	1.1	1.3
B	伴隨中程度衝擊之傳動	1.4	1.5	1.7
C	衝擊大衝擊之傳動	1.8	1.9	2.1

〔註〕[1] 使用機械的分類如下。

A＝負荷變動少的皮帶輸送機、鏈輪送機、離心泵、離心鼓風機、一般纖維機械、無負荷變動的普通機械。

B＝離心壓縮機、船舶推進機、有少許負荷變動的運輸送機、自動爐、乾燥機、粉碎機、工具機、壓縮機、土木建設機械、製紙機械。

C＝壓沖床、破碎機、開礦機械、振動機械、石油開採機、混膠機器、輥軋機、逆轉或衝擊負荷之一般機械。

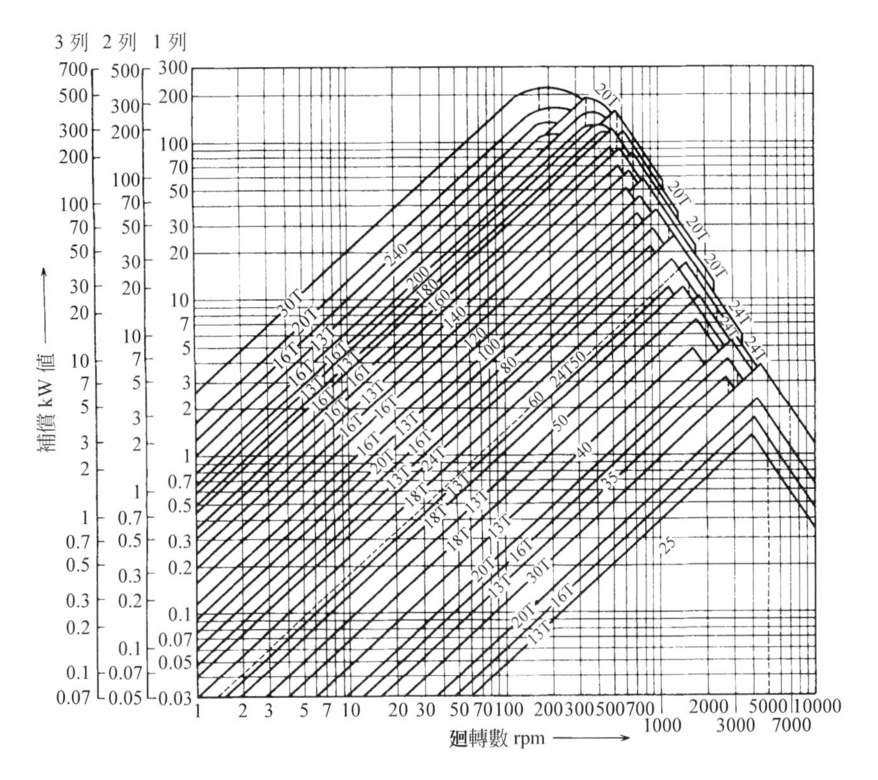

圖 11.51 滾子鏈的選用表

此時，宜選出具有要求傳達能力之最小鏈節的鏈條，可以得到比較安靜、圓滑的運轉。

如果單列鏈不足以勝任時，應改用多列鏈，此時各列所受之負荷應正確地分攤，其傳動能力不等於單列時之列數倍而定，如表 11.43 所示之多列係數。

表 11.43 多列係數

鏈列數	2	3	4	5	6
多列係數	1.7	2.5	3.3	3.9	4.6

例題 1

1160 rpm 之馬達帶動 3.5 kW 之壓縮機，試選用滾鏈規格。

解 首先自表 11.42 決定使用係數爲 1.4，補正 kW = 3.5 × 1.4 = 4.9，因此得知稱呼號碼 50(圖 11.51)，小鏈輪之齒數爲13T，稱呼號碼 50 之鏈節爲 15.875，鏈速度爲：

$$V=\frac{PNn}{1000}=\frac{15.875\times 13\times 1160}{1000}$$

$$\fallingdotseq 239.4 \text{ (m/min)}$$

作用負荷：

$$f=\frac{60\text{ kW}}{V}=\frac{60\times4.9}{239.4}$$

$= 1.23$ (kN)

由表 11.41 得知稱呼號碼 50 之最大容許負荷爲 3.0 kN，求其安全因素爲：

$30\div1.23 = 2.44$

普通之安全因素爲 2～5 左右，故得選用之鏈正確。

⑵ **低速傳動時之選用法**：鏈速每分鐘在 50 m 以下時，傳動能力比上述情況下，通常可以使用最大容許負荷之極值，亦可用下列公式求得：

$$F\geqq f\cdot k_1\cdot k_2\ (\text{kN})\quad\cdots(5)$$

式中

F＝鏈的最大容許負荷(KN，表 11.41)

f＝作用負荷(KN，公式⑷)

k_1＝使用係數(表 11.42)

k_2＝速度係數(表 11.44)

表 11.44　速度係數k_2

滾子鏈的速度 (m/min)	0～15	15～30	30～50
速度係數k_2	1.0	1.2	1.4

⑶ **特殊情況之選用法**：　激烈起動、停止、煞車制動、逆轉制動時，衝擊負荷高達額定動力之數倍，故須依下列公式求出鏈之最大容許負荷。

$$F\geqq f_T\cdot k_2\cdot k_3\ (\text{kN})\quad\cdots(6)$$

式中

F＝鏈的最大容許負荷(KN，表 11.41)

f_T＝原動機之起動扭力算出之鏈作用負荷(kN)

k_2＝速度係數(表 11.44)

k_3＝衝擊係數(圖 11.52)

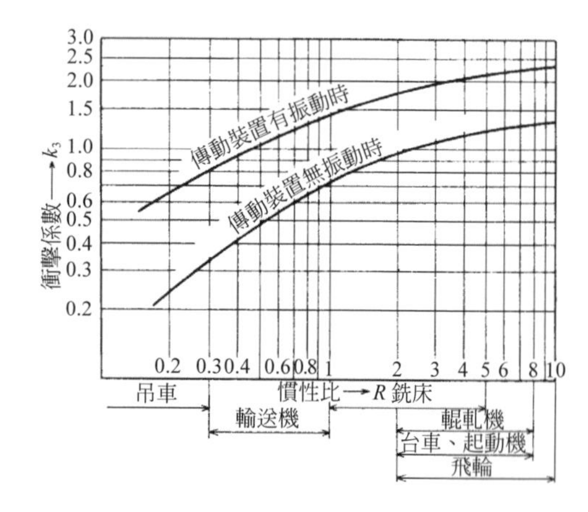

圖 11.52　衝擊係數k_3

4. 滾子鏈的潤滑

滾子鏈的銷及襯套磨耗時對鏈條壽命影響最大，因此銷及襯套間應有適當潤滑，通常溫度在 0～40°時，可以使用 SAE 30 左右之良質潤滑油。

11.4 皮帶傳動

二個帶輪之間利用圈狀皮帶傳達動力之裝置，皮帶之型式有 V 型皮帶、窄邊 V 型皮帶、鑲齒皮帶、平皮帶等幾種。

1. V 型皮帶傳動

V 型皮帶如圖 11.53 所示，是剖面呈梯型之橡膠繩製無接縫環帶，使用時跨接在有 V 型槽的二個 V 型帶輪之間傳動。

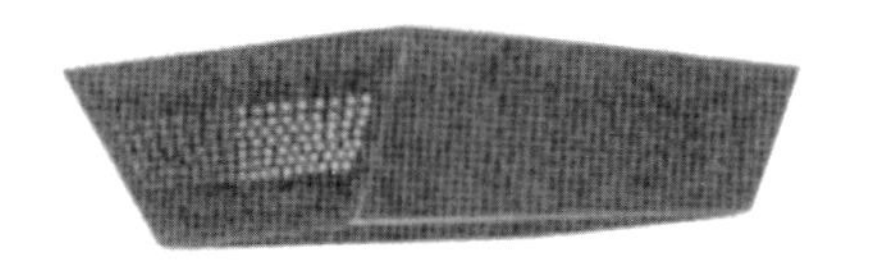

圖 11.53　V 型皮帶

V 型皮帶是由優良的棉布、棉線與配合成橡膠經壓縮加硫製成，依構造可分為如圖 11.55 的樣式。

JIS 中，標準形 V 型皮帶規定為一般用V型皮帶(JIS K 6323)，與比一般用更窄之窄邊 V 型皮帶(JIS K 6368)(皆不包括汽車用 V 型皮帶)。本節敘述一般用 V 型皮帶，下節敘述窄邊 V 型皮帶。

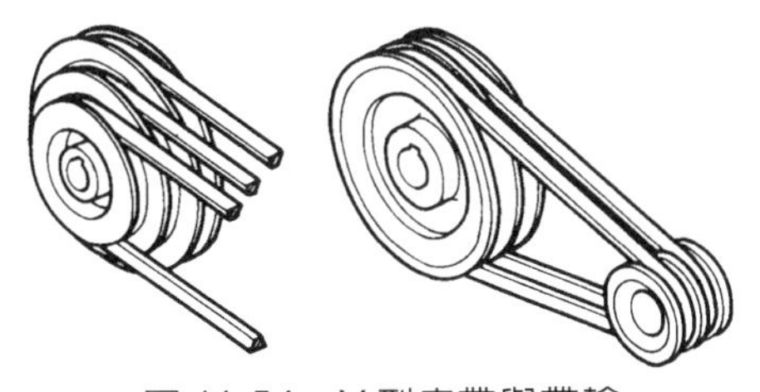

圖 11.54　V 型皮帶與帶輪

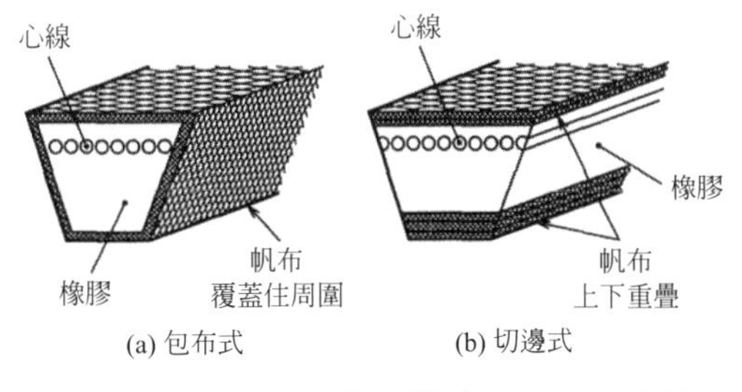

圖 11.55　V 型皮帶的構造(JIS K 6323)

此外，V 型皮帶傳動之特徵如下。

① 用比較小的張力可以傳動大動力。

② 緊密地鑲入 V 帶輪槽中，利用鍥面傳動，滑動少。

③ 衝擊少、迴轉安靜。

④ 必要時可以增加皮帶條數。

(1) **V 皮帶的種類與性能**：標準型 V 皮帶是一般使用的泛用皮帶，參考表 11.45 所示JIS規定，共有M型、A型、B型、C 型、D 型與 E 型六種。形狀亦示於同表之圖中，為左右對稱之梯型，梯型角皆為 40°。

表 11.45　V 皮帶的形式與尺寸(JIS K 6323)

形	b_t (mm)	h (mm)	α_b (度)
M	10.0	5.5	40
A	12.5	9.0	40
B	16.5	11.0	40
C	22.0	14.0	40
D	31.5	19.0	40
E	38.0	25.5	40

依V皮帶形式規定之性能如表 11.46 之 JIS 規定。

表 11.46　V型皮帶的抗拉強度、彎曲強度(JIS K 6323)

試驗項目 ＼ 種類		M	A	B	C	D	E
拉伸試驗	每根之抗拉強度 (kN)	1.2 以上	2.4 以上	3.5 以上	5.9 以上	10.8 以上	14.7 以上
	伸長率 (%)	7 以下	7 以下	7 以下	8 以下	8 以下	8 以下

試驗項目 ＼ 種類		A	B	
彎曲疲勞試驗	彎曲次數	10^7 以上	10^7 以上	〔註〕*依規格所定之一定條件下，負載下述力 M…0.8，A…1.4，B…2.4，C…3.9，D…7.8，E…11.8，kN
	24 小時後輪槽之軸間距離變化率(%)	2 以下	2 以下	

表 11.47　V 型皮帶的長度及容許差(JIS K 6323) (單位 mm)

稱呼號碼	長度	形式					容許差
20	508	M	A	—	—	—	+8 −16
21	533	M	A				
22	559	M	A				
23	584	M	A				
24	610	M	A	—	—	—	+9 −18
25	635	M	A				
26	660	M	A				
27	686	M	A				
28	711	M	A				
29	737	M	A				
30	762	M	A	B	—	—	+10 −20
31	787	M	A	B			
32	813	M	A	B			
33	838	M	A	B			
34	864	M	A	B			
35	889	M	A	B			
36	914	M	A	B	—	—	+11 −22
37	940	M	A	B	—		
38	965	M	A	B	—		
39	991	M	A	B	—		
40	1016	M	A	B	—		
41	1041	M	A	B	—		
42	1067	M	A	B	—		
43	1092	M	A	B	—		
44	1118	M	A	B	—		
45	1143	M	A	B	C		
46	1168	M	A	B	—		
47	1194	M	A	B	—		
48	1219	M	A	B	C	—	+12 −24
49	1245	M	A	B	—		
50	1270	M	A	B	C		
51	1295	—	A	B	—		
52	1321	—	A	B	C		
53	1346	—	A	B	—		
54	1372	—	A	B	C		
55	1397	—	A	B	C		
56	1422	—	A	B	—		
57	1448	—	A	B	—		
58	1473	—	A	B	C		
59	1499	—	A	B	—		
60	1524	—	A	B	C		
61	1549	—	A	B	—		
62	1575	—	A	B	C		
63	1600	—	A	B	—		
64	1626	—	A	B	—	—	+12 −24
65	1651		A	B	C		
66	1676		A	B	—		
67	1702		A	B	—		
68	1727		A	B	C		
69	1753		A	B	—		
70	1778		A	B	C		
71	1803		A	B	—		
72	1829		A	B	C		
73	1854		A	B	—		
74	1880	—	A	B	—	—	+13 −26
75	1905		A	B	C		
76	1930		A	B	—		
77	1956		A	B	—		
78	1981		A	B	C		
79	2007		A	B	—		
80	2032	—	A	B	C	—	+13 −26
81	2057		A	B	—		
82	2083		A	B	C		
83	2108		A	B	—		
84	2134		A	B	—		
85	2159		A	B	C		
86	2184		A	B	—		
87	2210		A	B	—		
88	2235		A	B	C		
89	2261		A	B	—		
90	2286		A	B	C		
91	2311		A	B	—		
92	2337		A	B	C		
93	2362		A	B	—		
94	2388		A	B	—		
95	2413	—	A	B	C	—	+14 −28
96	2438		A	B	—	—	
97	2464		A	B	—	—	
98	2489		A	B	C	—	
99	2515		A	B	—	—	
100	2540		A	B	C	D	
102	2591		A	B	C	—	
105	2667		A	B	C	D	
108	2743		A	B	C	—	
110	2794	—	A	B	C	D	+15 −30
112	2845		A	B	C	—	
115	2921		A	B	C	D	
118	2997		A	B	C	—	
120	3048	—	A	B	C	D	+16 −32
122	3099		A	B	C	—	
125	3175		A	B	C	D	
128	3251	—	A	B	C	—	+17 −34
130	3302		A	B	C	D	
132	3353		—	B	C	—	
135	3429		A	B	C	D	
138	3505		—	B	C	—	
140	3556	—	A	B	C	D	+18 −36
142	3607		—	—	C	—	
145	3683		A	B	C	D	
148	3759		—	—	C	—	
150	3810	—	A	B	C	D	+19 −38
155	3937		A	B	C	D	
160	4064	—	A	B	C	D	+20 −40
165	4191		—	B	C	D	
170	4318	—	A	B	C	D	+22 −45
180	4572		A	B	C	D	
190	4826		—	B	C	D	
200	5080	—	—	B	C	D	+25 −50
210	5334			B	C	D	
220	5588			—	C	D	
230	5842			—	C	D	
240	6096	—	—	—	C	D	+27 −55
250	6350				C	D	
260	6604				—	D	
270	6858	—	—	—	—	D	+30 −60
280	7112					D	
300	7620	—	—	—	—	D	+35 −70
310	7874					D	
330	8382					D	

(2) **V 皮帶的長度**：表 11.47 爲JIS規定V 皮帶的稱呼符號與長度，稱呼符號乘以 1 英吋(1"＝25.4 mm)所表示之數來稱呼(長度參考同表之註)。

(3) **V 帶輪**： 帶輪是懸掛皮帶之帶輪，通常是由鑄鐵製成，M 型～C 型是由鋼板製成。

皮帶輪爲配合皮帶，其溝槽角度因皮帶輪徑而異。V 型皮帶輪溝槽角度爲 40°，但皮帶彎曲時，下部會膨脹，所以輪槽直徑愈小，溝槽之角度也就愈小。表 11.48 爲 V 型輪槽之形狀與尺寸。

此外，槽寬如圖 11.56 所示，皮帶常正好完全嵌入，且槽底嵌入皮帶時，需有 6～10 mm 左右之間隙，槽與槽之間的距離，必須比皮帶寬 b_t 大 3～6 mm。

另外，使用 A 型、B 型、C 型之 V 型皮帶用鑄鐵製 V 型輪槽，如圖 11.57 所示寸規定有 1 型～5 型之形狀與尺寸。表 11.49 是依此規格指定的公稱直徑：如圖 11.57 所示節圓 d_p 基本尺寸、轉速比等計算亦用此規定。

表 11.48 V 帶輪之槽部尺寸與形狀(JIS B 1854) (單位 mm)

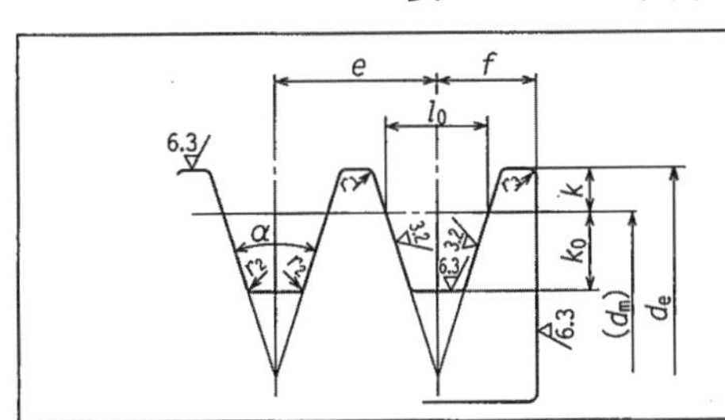

〔註〕 (1) M 形，原則上只掛 1 根。
(2) 圖中直徑稱 d_m，皮帶長之測試，採用以轉速比之估算，溝槽基準寬爲具有 l_0 時之直徑。

V 皮帶種類	公稱直徑 [2]	α(°)	l_0	k	k_0	e	f	r_1	r_2	r_3	(參考) V 皮帶厚度
M	50 以上 71 以下 71 以上 90 以下 90 以上	34 36 38	8.0	2.7	6.3	— [1]	9.5	0.2～0.5	0.5～1.0	1～2	5.5
A	71 以上 100 以下 100 以上 125 以下 125 以上	34 36 38	9.2	4.5	8.0	15.0	10.0	0.2～0.5	0.5～1.0	1～2	9
B	125 以上 160 以下 160 以上 200 以下 200 以上	34 36 38	12.5	5.5	9.5	19.0	12.5	0.2～0.5	0.5～1.0	1～2	11
C	200 以上 250 以下 250 以上 315 以下 315 以上	34 36 38	16.9	7.0	12.0	25.5	17.0	0.2～0.5	1.0～1.6	2～3	14
D	355 以上 450 以下 450 以上	36 38	24.6	9.5	15.5	37.0	24.0	0.2～0.5	1.6～2.0	3～4	19
E	500 以上 630 以下 630 以上	36 38	28.7	12.7	19.3	44.5	29.0	0.2～0.5	1.6～2.0	4～5	24

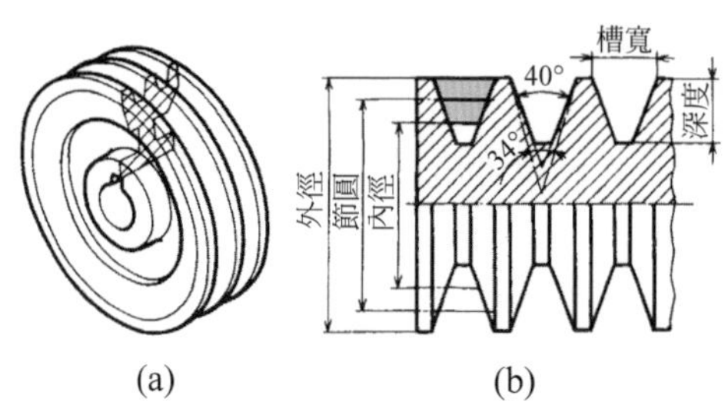

圖 11.56　V 帶輪

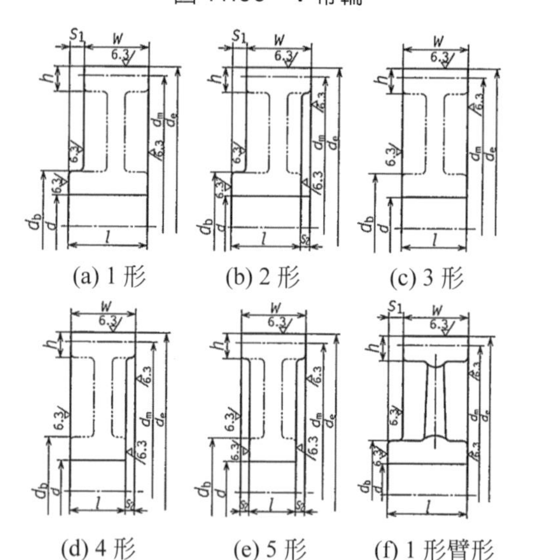

〔註〕(a)～(e)圖為平板形，其他分別有臂形

圖 11.57　V 帶輪形狀(JIS B 1854)

表 11.49　V 型帶輪槽之公稱直徑　(單位 mm)

A 形	B 形	C 形	A 形	B 形	C 形
75	125	200	200	450	710
80	132	212	224	500	800
85	140	224	250	560	900
90	150	236	280	630	
95	160	250	300	710	
100	170	265	315	800	
106	180	280	355	900	
112	200	300	400		
118	224	315	450		
125	250	355	500		
132	280	400	560		
140	300	450	630		
150	315	500	710		
160	355	560			
180	400	630			

(4)　**標準 V 皮帶的計算**：選用 V 皮帶時依下列之順序進行計算。

①　設計馬力之計算：設計馬力是依據傳動馬力與負荷補正係數而求出，所謂傳動馬力係指原動機之定額馬力或被動機之實際負荷。

$$P_d = P_r \times K_o \qquad (1)$$

式中

P_d＝設計馬力(kW)

P_r＝傳動馬力(kW)

K_o＝負荷補正係數(表 11.50)

表 11.50 是使用機械之實例，其它之機械可以比照後斟酌決定使用係數。如果使用在惰輪時，必須補加表 11.51 所示之補正係數。

②　V 皮帶種類的選定：皮帶形式之選定是依據設計馬力與小帶輪之轉數自圖 11.58 中選出，如有兩種皮帶都接近邊界線時，應分別做計算，以使用最經濟者為宜。

③　V 帶輪的直徑：帶輪直徑大小，容易縮短皮帶之壽命，因此最小帶輪直徑應依表 11.52 之規定。大 V 帶輪的節徑可用下列公式算出

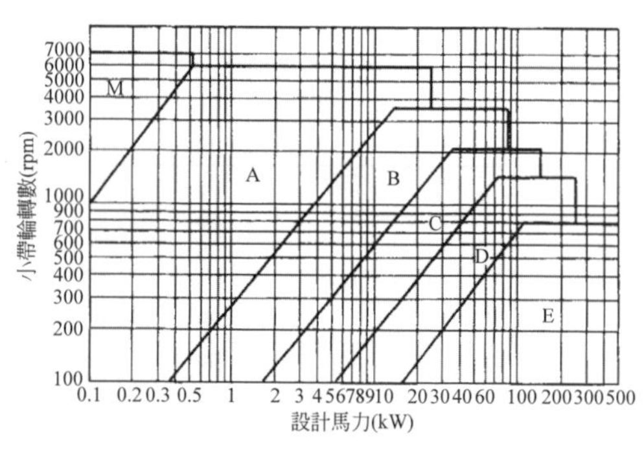

圖 11.58　皮帶形式的選用圖

表 11.50 使用機械與負荷補正係數k_o

使用機械[1]		原動機					
		最大輸出在定額 300 %以下者			最大輸出超過定額 300 %者		
		交流馬達(標準馬達、同步馬達) 直流馬達(分卷) 雙汽缸引擎			交流馬達 直流馬達 單汽缸引擎、主軸、離合器運轉		
		運轉時間[2]			運轉時間[2]		
		I	II	III	I	II	III
A	非常平滑的傳動	1.0	1.1	1.2	1.1	1.2	1.3
B	普通平滑的傳動	1.1	1.2	1.3	1.2	1.3	1.4
C	承受衝擊的傳動	1.2	1.3	1.4	1.4	1.5	1.6
D	激烈衝擊的傳動	1.3	1.4	1.5	1.5	1.6	1.8

〔註〕[1] 使用機械實例如下：

A＝攪拌機(流體)、鼓風機(7.5 kW以下)、離心泵、離心壓縮機、輕負荷用輸送機等。

B＝皮帶輸送機、攪粉機、鼓風機(7.5kW以上)、發電機、主軸、大型清洗機、工具機、沖、壓床、剪斷機、印刷機、迴轉泵等。

C＝昇降機、激磁機、往復壓縮機、輸送機、螺桿輸送機、製紙加熱機、活塞泵、魯氏鼓風機、粉碎機、木工機械、纖維機械等。

D＝破碎機、起重機、加橡膠加工機等。

[2] I＝間歇使用(1 天 3～5 小時)

II＝普通使用(1 天 8～10 小時)

III＝連續使用(1 天 16～24 小時)

〔備註〕啓動、停止次數多之場合，不容易裝檢之場合，粉塵多易產生摩擦之場合，高溫場所使用之場合，及油類、水等易附著之場合，上表之值再加 0.2。

表 11.51 用於惰輪的補正係數

惰輪的安裝條件		補正係數
V 皮帶鬆側	自 V 皮帶內側裝置入	0
	自 V 皮帶外側裝置入	0.1
V 皮帶緊側	自 V 皮帶內側裝置入	0.1
	自 V 皮帶外側裝置入	0.2

表 11.52 V 皮帶的最小直徑

形式	M	A	B	C	D	E
V 帶輪的最小直徑＊	50	75	125	230	330	530

〔註〕＊M 形指示外徑，A～D 指示節徑。

$$D_p=\frac{n_1}{n_2}d_p \cdots\cdots (2)$$

式中

D_p，d_p＝大、小V帶輪之公稱直徑(mm)

n_1，n_2＝大、小V帶輪之轉數(rpm)

④ V皮帶的長度：皮帶之長度可用下列公式計算；也可自表 11.47 中最近者選出。

$$L=2C+1.57(D_p+d_p)+\frac{(D_p-d_p)^2}{4C} \cdots (3)$$

式中

L＝V皮帶長度(mm)

C＝軸間距離(mm)

D_p，d_p＝大、V型帶輪之直徑(mm)

⑤ 軸間距離：上式使用之軸間距離是由假定而來，如已知V皮帶長度，可由下式算出軸距 C。

$$C=\frac{B+\sqrt{B^2-2(D_p-d_p)^2}}{4} \cdots\cdots (4)$$

式中

D_p，d_p＝如前

L＝V皮帶的長度

$B=L-1.57(D_p+d_p)$

⑥ V皮帶的傳動馬力：V皮帶的傳動馬力是基本傳動馬力再加轉速比之附加馬力，可以用下列公式計算，基本馬力是指基本長度的V皮帶(表 11.56，V皮帶長度之補正係數在 1.00 之皮帶)在接觸角度φ爲 180°時，V皮帶的傳動馬力

$$P_r=d_p\cdot n\left[C_1(d_p\cdot n)^{-0.09}-\frac{C_2}{d_p}-C_3(d_p\cdot n)^2\right]+C_2\cdot n\left(1-\frac{1}{K_r}\right) \cdots (5)$$

式中

P＝每一V型皮帶的傳動能量(kW)

d_p＝小V帶輪的公稱直徑(mm)

n＝小V帶輪之轉速×10^{-3} (rpm)

C_1、C_2、C_3＝常數(表 11.53)

K_r＝轉速比之補正係數(表 11.54)

表 11.53 常數C_1、C_2、C_3之值

種類	C_1	C_2	C_3
M	8.5016×10^{-3}	1.7332×10^{-1}	6.3533×10^{-9}
A	3.1149×10^{-2}	1.0399	1.1108×10^{-8}
B	5.4974×10^{-2}	2.7266	1.9120×10^{-8}
C	1.0205×10^{-1}	7.5815	3.3961×10^{-8}
D	2.1805×10^{-1}	2.6894×10	6.9287×10^{-8}
E	3.1892×10^{-1}	5.1372×10	9.9837×10^{-8}

表 11.54 轉速比之補正係數K_r值

轉速比	K_r	轉速比	K_r
1.00～1.01	1.0000	1.19～1.24	1.0719
1.02～1.04	1.0136	1.25～1.34	1.0875
1.05～1.08	1.0276	1.35～1.51	1.1036
1.09～1.12	1.0419	1.52～1.99	1.1202
1.13～1.18	1.0567	2.0 以上	1.1373

表 11.55 小帶輪接觸角之補正係數K_φ

$\frac{D_p-d_p}{C}$	小帶輪接觸角 φ(度)	補正係數 K_φ
0.00	180	1.00
0.10	174	0.99
0.20	169	0.97
0.30	163	0.96
0.40	157	0.94
0.50	151	0.93
0.60	145	0.91
0.70	139	0.89
0.80	133	0.87
0.90	127	0.85
1.00	120	0.82
1.10	113	0.80
1.20	106	0.77
1.30	99	0.73
1.40	91	0.70
1.50	83	0.65

表 11.56　依 V 型皮帶長度之補正係數 K

稱呼號碼	種類				
	M	A	B	C	D
20～25	0.92	0.80	0.78		
26～30	0.94	0.81	0.79		
31～34	0.99	0.84	0.80		
35～37	0.98	0.87	0.81		
38～41	1.00*	0.88	0.83		
42～45	1.02	0.90	0.85	0.78	
46～45	1.04	0.92	0.87	0.79	
51～54		0.94	0.89	0.80	
55～59		0.96	0.90	0.81	
60～67		0.98	0.92	0.82	
68～74		1.00*	0.95	0.85	
75～79		1.02	0.97	0.87	
80～84		1.04	0.98	0.89	
85～89		1.05	0.99	0.90	
90～95		1.06	1.00*	0.91	
96～104		1.08	1.02	0.92	0.83
105～111		1.10	1.04	0.94	0.84
112～119		1.11	1.05	0.95	0.85
120～127		1.13	1.07	0.97	0.86
128～144		1.14	1.08	0.98	0.87
145～154		1.15	1.11	1.00*	0.90
155～169		1.16	1.13	1.02	0.92
170～179		1.17	1.15	1.04	0.93
180～194		1.18	1.16	1.05	0.94
195～209			1.18	1.07	0.96
210～239			1.19	1.08	0.98
240～269				1.11	1.00*
270～299				1.14	1.03
300～329					1.05
330～359					1.07
360～389					1.09

〔註〕*1.00之V爲基準長度之V型皮帶。

表 11.57　最小調整範圍　(單位 mm)

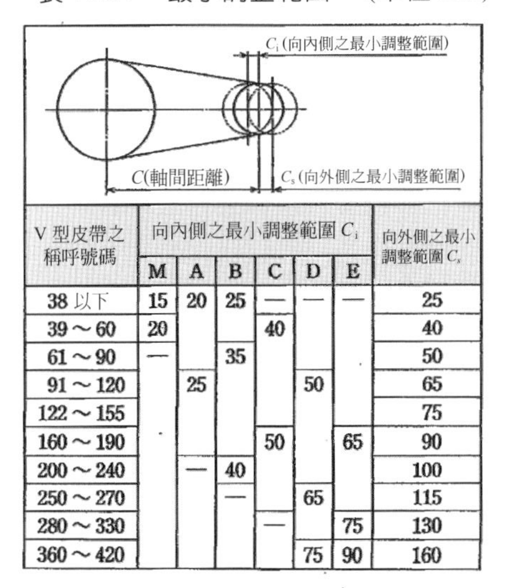

V 型皮帶之稱呼號碼	向內側之最小調整範圍 C_i						向外側之最小調整範圍 C_s
	M	A	B	C	D	E	
38 以下	15	20	25	—	—	—	25
39～60	20			40			40
61～90	—		35				50
91～120		25			50		65
122～155							75
160～190				50		65	90
200～240		—	40				100
250～270			—		65		115
280～330				—		75	130
360～420					75	90	160

此外，表 11.58～11.63，爲各形式之V型皮帶之小V型帶輪之轉數(馬達之定額轉速)及相對於公稱直徑之基準傳動容量與附加傳動容量。

⑦　V 皮帶的接觸角度：前項乃 V 皮帶的接觸角爲 180°時之計算式，如對其它之角度，則必須補正基本傳動馬力。

V皮帶的接觸角度φ是由下式求出

$$\varphi = 180°\pm 2\sin^{-1}\frac{D_p-d_p}{2C} \quad \cdots\cdots(6)$$

上式若爲“＋”則指大 V 帶輪，若爲“－”則指小 V 帶輪。

表 11.55 是依據$\frac{D_p-d_p}{C}$所得接觸角φ與接觸補正係數K_φ。

⑧　V 皮帶的使用條數：V 皮帶的使用條數可由下式決定，但小數須化爲整數。

$$N=\frac{P_d}{P_c} \quad \cdots\cdots(7)$$

式中

N＝ V 皮帶的使用條數

P_d＝設計馬力(kW)

P_c＝每條 V 皮帶的補正傳動馬力能量(kW)

例如：P_d＝ 5.5，P_c＝ 2.21 時，則：

$$N=\frac{5.5}{2.21}\fallingdotseq 2.5$$

由於小數點必須化爲整數，故 V 皮帶使用三條。

表 11.58 V 皮帶 M 形的基本傳動容量(kW)

小帶輪轉數 (rpm)	小型帶輪直徑(mm)												
	40	42	45	47	50	53	56	60	63	67	71	75	80
725	0.06	0.07	0.08	0.09	0.10	0.11	0.12	0.14	0.15	0.16	0.18	0.20	0.22
870	0.06	0.08	0.09	0.10	0.11	0.13	0.14	0.16	0.17	0.19	0.21	0.23	0.25
950	0.07	0.08	0.09	0.11	0.12	0.14	0.15	0.17	0.19	0.21	0.23	0.25	0.27
1160	0.08	0.09	0.11	0.12	0.14	0.16	0.18	0.20	0.22	0.24	0.27	0.29	0.32
1425	0.09	0.11	0.13	0.14	0.16	0.19	0.21	0.24	0.26	0.29	0.31	0.34	0.38
1750	0.10	0.12	0.15	0.17	0.19	0.22	0.24	0.28	0.30	0.34	0.37	0.40	0.44
2850	0.13	0.16	0.20	0.23	0.26	0.30	0.34	0.39	0.43	0.47	0.52	0.57	0.62
3450	0.14	0.18	0.22	0.25	0.29	0.34	0.38	0.43	0.48	0.53	0.58	0.63	0.68

小帶輪轉數 (rpm)	轉速比之附加傳動容量									
	1.00～1.01	1.02～1.04	1.05～1.08	1.09～1.12	1.13～1.18	1.19～1.24	1.25～1.34	1.35～1.51	1.52～1.99	2.00以上
725	0.00	0.00	0.00	0.01	0.01	0.01	0.01	0.01	0.01	0.02
870	0.00	0.00	0.00	0.01	0.01	0.01	0.01	0.01	0.02	0.02
950	0.00	0.00	0.00	0.01	0.01	0.01	0.01	0.02	0.02	0.02
1160	0.00	0.00	0.01	0.01	0.01	0.01	0.02	0.02	0.02	0.02
1425	0.00	0.00	0.01	0.01	0.01	0.02	0.02	0.02	0.03	0.03
1750	0.00	0.00	0.01	0.01	0.02	0.02	0.02	0.03	0.03	0.04
2850	0.00	0.01	0.01	0.02	0.03	0.03	0.04	0.05	0.05	0.06
3450	0.00	0.01	0.02	0.02	0.03	0.04	0.05	0.06	0.06	0.07

表 11.59 V 皮帶 A 形的基本傳動容量(kW)

小帶輪轉數 (rpm)	小型帶輪直徑(mm)												
	67	71	75	80	85	90	95	100	106	112	118	125	132
725	0.31	0.37	0.43	0.50	0.57	0.64	0.71	0.78	0.86	0.94	1.02	1.12	1.21
870	0.35	0.42	0.49	0.57	0.65	0.74	0.82	0.90	1.00	1.09	1.19	1.30	1.41
950	0.37	0.45	0.52	0.61	0.70	0.79	0.88	0.97	1.07	1.18	1.28	1.40	1.52
1160	0.42	0.51	0.60	0.71	0.81	0.92	1.03	1.13	1.26	1.38	1.50	1.65	1.79
1425	0.48	0.59	0.69	0.82	0.95	1.08	1.20	1.33	1.48	1.62	1.77	1.94	2.10
1750	0.54	0.67	0.79	0.94	1.10	1.25	1.40	1.55	1.72	1.89	2.06	2.26	2.45
2850	0.67	0.85	1.04	1.26	1.48	1.70	1.91	2.12	2.36	2.59	2.82	3.07	3.32
3450	0.69	0.90	1.11	1.36	1.61	1.85	2.08	2.31	2.57	2.81	3.05	3.30	3.54

小帶輪轉數 (rpm)	轉速比之附加傳動容量									
	1.00～1.01	1.02～1.04	1.05～1.08	1.09～1.12	1.13～1.18	1.19～1.24	1.25～1.34	1.35～1.51	1.52～1.99	2.00以上
725	0.00	0.01	0.02	0.03	0.04	0.05	0.06	0.07	0.08	0.09
870	0.00	0.01	0.02	0.04	0.05	0.06	0.07	0.08	0.10	0.11
950	0.00	0.01	0.03	0.04	0.05	0.07	0.08	0.09	0.11	0.12
1160	0.00	0.02	0.03	0.05	0.06	0.08	0.10	0.11	0.13	0.15
1425	0.00	0.02	0.04	0.06	0.08	0.10	0.12	0.14	0.16	0.18
1750	0.00	0.02	0.05	0.07	0.10	0.12	0.15	0.17	0.20	0.22
2850	0.00	0.04	0.08	0.12	0.16	0.20	0.24	0.28	0.32	0.36
3450	0.00	0.05	0.10	0.14	0.19	0.24	0.29	0.34	0.38	0.43

表 11.60 V 皮帶 B 形的基本傳動容量(kW)

小帶輪轉數 (rpm)	小型帶輪直徑(mm)												
	118	125	132	140	155	160	170	180	190	200	212	224	236
725	1.16	1.33	1.50	1.68	2.03	2.15	2.38	2.61	2.83	3.06	3.32	3.59	3.85
870	1.33	1.52	1.72	1.94	2.35	2.48	2.75	3.02	3.28	3.54	3.85	4.15	4.45
950	1.41	1.62	1.83	2.07	2.51	2.66	2.95	3.23	3.51	3.79	4.12	4.45	4.77
1160	1.62	1.87	2.12	2.40	2.92	3.09	3.43	3.76	4.09	4.41	4.79	5.16	5.53
1425	1.85	2.15	2.44	2.77	3.38	3.58	3.97	4.35	4.73	5.09	5.52	5.94	6.34
1750	2.09	2.43	2.77	3.16	3.85	4.08	4.52	4.95	5.36	5.77	6.23	6.67	7.08
2850	2.45	2.91	3.34	3.81	4.62	4.86	5.32	5.73	6.09	6.39			
3450	2.33	2.79	3.22	3.66	4.37	4.57							

小帶輪轉數 (rpm)	轉速比之附加傳動容量									
	1.00～1.01	1.02～1.04	1.05～1.08	1.09～1.12	1.13～1.18	1.19～1.24	1.25～1.34	1.35～1.51	1.52～1.99	2.00以上
725	0.00	0.03	0.05	0.08	0.11	0.13	0.16	0.19	0.21	0.24
870	0.00	0.03	0.06	0.10	0.13	0.16	0.19	0.22	0.25	0.29
950	0.00	0.03	0.07	0.10	0.14	0.17	0.21	0.24	0.28	0.31
1160	0.00	0.04	0.08	0.13	0.17	0.21	0.25	0.25	0.34	0.38
1425	0.00	0.05	0.10	0.16	0.21	0.26	0.31	0.36	0.42	0.47
1750	0.00	0.06	0.13	0.19	0.26	0.32	0.38	0.45	0.51	0.58
2850	0.00	0.10	0.21	0.31	0.42	0.52	0.63	0.73	0.83	0.94
3450	0.00	0.13	0.25	0.38	0.50	0.63	0.76	0.88	1.01	1.14

表 11.61　V 皮帶 C 形的基本傳動容量(kW)

小帶輪轉數 (rpm)	小型帶輪直徑(mm)												
	180	190	200	212	224	236	250	265	280	300	315	335	355
575	2.56	2.90	3.25	3.65	4.06	4.46	4.92	5.41	5.90	6.54	7.02	7.64	8.26
690	2.92	3.32	3.72	4.19	4.66	5.13	5.67	6.24	6.80	7.54	8.09	8.80	9.51
725	3.02	3.44	3.85	4.35	4.84	5.33	5.88	6.48	7.06	7.83	8.39	9.14	9.86
870	3.41	3.90	4.39	4.96	5.53	6.09	6.73	7.41	8.07	8.94	9.58	10.41	11.22
950	3.61	4.14	4.66	5.27	5.88	6.47	7.16	7.88	8.58	9.50	10.17	11.04	11.88
1160	4.07	4.68	5.28	5.99	6.69	7.37	8.14	8.95	9.74	10.75	11.47	12.40	13.28
1425	4.51	5.21	5.90	6.70	7.48	8.23	9.09	9.96	10.79	11.83	12.56	13.46	14.28
1750	4.83	5.60	6.36	7.23	8.06	8.85	9.72	10.58	11.37	12.31	12.92		

小帶輪轉數 (rpm)	轉速比之附加傳動容量									
	1.00～1.01	1.02～1.04	1.05～1.08	1.09～1.12	1.13～1.18	1.19～1.24	1.25～1.34	1.35～1.51	1.52～1.99	2.00 以上
575	0.00	0.06	0.12	0.18	0.23	0.29	0.35	0.41	0.47	0.53
690	0.00	0.07	0.14	0.21	0.28	0.35	0.42	0.49	0.56	0.63
725	0.00	0.07	0.15	0.22	0.29	0.37	0.44	0.52	0.59	0.66
870	0.00	0.09	0.18	0.27	0.35	0.44	0.53	0.62	0.71	0.80
950	0.00	0.10	0.19	0.29	0.39	0.48	0.58	0.68	0.77	0.87
1160	0.00	0.12	0.24	0.35	0.47	0.59	0.71	0.83	0.94	1.06
1425	0.00	0.14	0.29	0.43	0.58	0.72	0.87	1.01	1.16	1.30
1750	0.00	0.18	0.36	0.53	0.71	0.89	1.07	1.25	1.42	1.60

表 11.62　V 皮帶 D 形的基本傳動容量(kW)

小帶輪轉數 (rpm)	小型帶輪直徑(mm)												
	300	315	335	355	375	400	425	450	475	500	530	560	600
485	7.01	7.89	9.07	10.22	11.37	12.78	14.17	15.55	16.90	18.23	19.79	21.33	23.33
575	7.84	8.86	10.20	11.52	12.83	14.43	16.01	17.56	19.07	20.55	22.29	23.98	26.15
690	8.76	9.93	11.47	12.98	14.46	16.28	18.04	19.76	21.44	23.06	24.94	26.74	29.01
725	9.01	10.22	11.81	13.37	14.90	16.77	18.59	20.35	22.06	23.71	25.61	27.42	29.70
870	9.86	11.23	13.02	14.76	16.45	18.49	20.45	22.33	24.11	25.80	27.70	29.45	31.56
950	10.21	11.66	13.53	15.34	17.10	19.20	21.19	23.08	24.85	26.50	28.32	29.96	31.83
1160	10.69	12.27	14.28	16.19	18.00	20.10	22.02	23.76	25.29				

小帶輪轉數 (rpm)	轉速比之附加傳動容量									
	1.00～1.01	1.02～1.04	1.05～1.08	1.09～1.12	1.13～1.18	1.19～1.24	1.25～1.34	1.35～1.51	1.52～1.99	2.00 以上
485	0.00	0.18	0.35	0.52	0.70	0.87	1.05	1.22	1.40	1.57
575	0.00	0.21	0.42	0.62	0.83	1.04	1.24	1.45	1.66	1.87
690	0.00	0.25	0.50	0.75	1.00	1.24	1.49	1.74	1.99	2.24
725	0.00	0.26	0.52	0.78	1.05	1.31	1.57	1.83	2.09	2.35
870	0.00	0.31	0.63	0.94	1.26	1.57	1.88	2.20	2.51	2.82
950	0.00	0.34	0.69	1.03	1.37	1.71	2.06	2.40	2.74	3.08
1160	0.00	0.42	0.84	1.25	1.67	2.09	2.51	2.93	3.35	3.77

表 11.63　V 皮帶 E 形的基本傳動容量(kW)

小帶輪轉數 (rpm)	小型帶輪直徑(mm)													
	40	42	45	47	50	53	56	60	63	67	71	75	80	85
485	16.91	18.89	20.84	23.14	25.39	28.32	30.46	33.24	35.92	38.52	41.62	44.56	47.33	49.93
575	18.78	21.00	23.17	25.72	28.20	31.39	33.69	36.65	39.46	42.12	45.23	48.08	50.67	52.98
690	20.65	23.10	25.48	28.24	30.89	34.23	36.60	39.56	42.28	44.76	47.50			
725	21.09	23.60	26.02	28.82	31.49	34.84	37.19	40.09	42.73	45.08				
870	22.27	24.90	27.39	30.19	32.78	35.90	37.96							
950	22.43	25.05	27.49	30.18	32.60	35.40								
1160	21.00	23.28												

小帶輪轉數 (rpm)	轉速比之附加傳動容量									
	1.00～1.01	1.02～1.04	1.05～1.08	1.09～1.12	1.13～1.18	1.19～1.24	1.25～1.34	1.35～1.51	1.52～1.99	2.00 以上
485	0.00	0.33	0.67	1.00	1.34	1.67	2.00	2.34	2.67	3.01
575	0.00	0.40	0.79	1.19	1.58	1.98	2.38	2.77	3.17	3.57
690	0.00	0.48	0.95	1.43	1.90	2.38	2.85	3.33	3.80	4.28
725	0.00	0.50	1.00	1.50	2.00	2.50	3.00	3.50	4.00	4.50
870	0.00	0.60	1.20	1.80	2.40	3.00	3.60	4.20	4.80	5.40
950	0.00	0.65	1.31	1.96	2.62	3.27	3.93	4.58	5.24	5.89
1160	0.00	0.80	1.60	2.40	3.20	4.00	4.79	5.59	6.39	7.19

⑨ 軸間距離的調整：V 皮帶在安裝時必須偏向內側，以便運轉時由於 V 皮帶之伸長，利用向外調整來修正。

表 11.57 是軸間距離之最小調整範圍，因此設計時軸間距離調整值須比表中之值大。

例題 1

以 V 皮帶運轉之壓縮機，馬達 10 kW，轉速 1750 rpm，壓縮機的 V 皮帶轉速 250 rpm，軸間距離爲 800 mm，使用時間 24 小時／每天，試決定皮帶的型式、長度與大、小 V 帶輪之直徑。

解 ①設計馬力之計算

由表 11.50 得壓縮機之補正係數K_o爲 1.4。

由(1)式得設計馬力：

$$P_d = 10 \times 1.4$$
$$= 14 \text{ (kW)}$$

② V 皮帶的型式

由圖 11.58 選出 V 皮帶的型式爲 B 型。

③ V 帶輪的直徑

由表 11.49 得馬達側的 V 帶輪的節徑爲 125 mm，壓縮機側的 V 帶輪由(2)得：

$$D_p = \frac{1750}{250} \times 125$$
$$= 875 \text{ (mm)}$$

因此，小 V 帶輪的外徑爲 136 mm，大 V 帶輪的外徑爲 886 mm。

④ V 皮帶的長度

V 皮帶的長度L由(3)式得：

$$L = 2 \times 800 + 1.57(875 + 125) + \frac{(875-125)^2}{4 \times 800}$$
$$\fallingdotseq 3345.8 \text{ (mm)}$$

因此，由表 11.47 得$L = 3353$ mm之稱呼號碼爲 132。

⑤軸間距離

由已決定之 V 皮帶長度代入(4)式得假設值之軸間距離得：

$$B = 3353 - 1.57(875 + 125)$$
$$= 1783$$

$$C = \frac{1783 + \sqrt{1783^2 - 2(875-125)^2}}{4}$$
$$= 804.05 \text{ (mm)}$$

因此，軸間距離爲 804 mm。

⑥ V 皮帶的傳動馬力能量

每條 V 皮帶的基本傳動馬力P_r由表 11.60 得：

$$P_r = 2.43 + 0.58 = 3.01 \text{ kW}$$

⑦ V 皮帶的接觸角度

由表 11.55 得 V 皮帶的接觸φ爲 127 度，補正係數K_φ爲 0.85，皮帶長度之補正係數K_L由表 11.56 得知爲 1.08。

由以上之數值得每條 V 皮帶之補正傳動容量P_c爲：

$$P_c = P_r \times K_\varphi \times K_L$$
$$= 3.01 \times 0.85 \times 1.08 \fallingdotseq 2.76 \text{ (kW)}$$

⑧ V 皮帶的使用條數

V 皮帶的使用條數Z由(7)式得：

$$Z = \frac{14}{2.76} = 5.07$$

因此，使用條數爲 6 條。

⑨軸間距離之調整範圍

軸間距離之調整範圍，由表 11.57 稱呼號碼 132，B 型時，內側最小調整範圍$C_i = 32$ mm，外側最小調整範圍$C_s = 76$ mm。

2. 窄邊 V 皮帶傳動

⑴ **窄邊 V 皮帶之特徵**：此 V 型皮帶比前述標準型 V 型皮帶窄，厚度較大，作爲一般工業用傳動皮帶，最近之需求急速擴大。寬度窄具緻密化，且壽命 2 倍以上等許多優點。

窄邊 V 皮帶爲與標準型區別起見，稱呼號碼爲長度以 1 吋表示數字的 10 倍。

⑵ **窄邊 V 皮帶的種類**：依剖面尺寸有表 11.64 所示3V、5V與8V等三種。

表 11.64 窄邊 V 皮帶的種類(JIS B 6368)

種類	b_t (mm)	h (mm)	α_b (度)
3V	9.5	8.0	40
5V	16.0	13.5	40
8V	25.5	23.0	40

⑶ **窄邊 V 皮帶的長度**：表 11.65 是窄邊V皮帶的稱呼號碼與長度(有效外週)。

V 皮帶的長度，如圖 11.59 所示爲應用長度測定V帶輪時連接外週之長度，窄邊 V 皮帶，無法全部嵌入 V 帶輪槽，稍微凸出亦可。

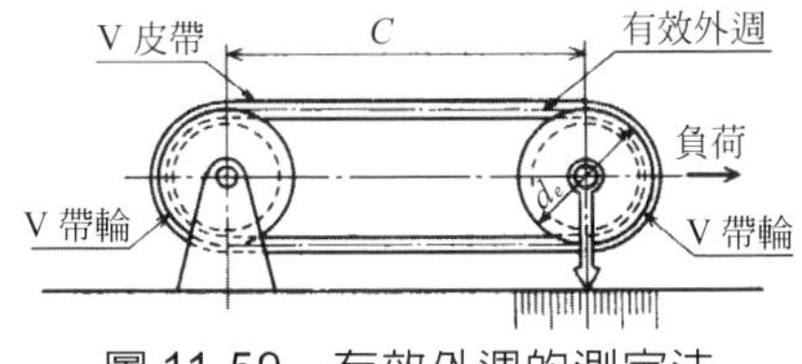

圖 11.59 有效外週的測定法

表 11.65 窄邊 V 皮帶的稱呼號碼與有效周長 (JIS K 6368) (單位 mm)

稱呼號碼	長度 3 V	長度 5 V	長度 8 V	稱呼號碼	長度 3 V	長度 5 V	長度 8 V
250	635	–	–	1180	2997	2997	2997
265	673	–	–	1250	3175	3175	3175
280	711	–	–	1320	3353	3353	3353
300	762	–	–	1400	3556	3556	3556
315	800	–	–	1500	–	3810	3810
335	851	–	–	1600	–	4064	4064
355	902	–	–	1700	–	4318	4318
375	953	–	–	1800	–	4572	4572
400	1016	–	–	1900	–	4826	4826
425	1080	–	–	2000	–	5080	5080
450	1143	–	–	2120	–	5385	5385
475	1207	–	–	2240	–	5690	5690
500	1270	1270	–	2360	–	5994	5994
530	1346	1346	–	2500	–	6350	6350
560	1422	1422	–	2650	–	6731	6731
600	1524	1524	–	2800	–	7112	7112
630	1600	1600	–	3000	–	7620	7620
670	1702	1702	–	3150	–	8001	8001
710	1803	1803	–	3350	–	8509	8509
750	1905	1905	–	3550	–	9017	9017
800	2032	2032	–	3750	–	–	9525
850	2159	2159	–	4000	–	–	10160
900	2286	2286	–	4250	–	–	10795
950	2413	2413	–	4500	–	–	11430
1000	2540	2540	2540	4750	–	–	12065
1060	2692	2692	2692	5000	–	–	12700
1120	2845	2845	2845				

⑷ **窄邊 V 帶輪**：表 11.66 爲窄邊 V 帶輪的溝槽部形狀，直徑愈大，梯型角較 V 皮帶輪大。表 11.67 指示窄邊 V 帶輪的基本稱呼外徑與節徑。

⑸ **窄邊 V 皮帶的計算**：窄邊 V 皮帶的計算方法大致與前節的標準V皮帶相同，只是公式與資料上的差異，本節不作贅述，僅以例題順便說明其公式與資料。

例題 2

輸出爲 30 kW之工具機以 300 rpm運轉，馬達的轉速＝1450 rpm，馬達與工

表 11.66　窄邊 V 帶輪的溝槽部形狀、尺寸(JIS B 1855)　(單位 mm)

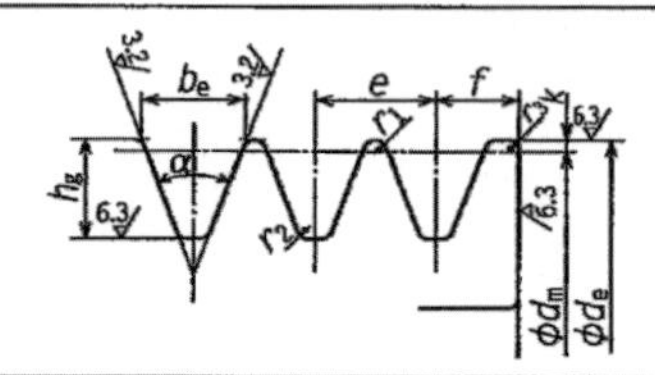

V 型皮帶種類	稱呼外徑*	α	b_e	h_g	k	e	f (最小尺寸)	r_1	r_2	r_3
3V	67 以下　90 以下 90 以上　150 以下 150 以上　300 以下 300 以上	36° 38° 40° 42°	8.9	9	0.6	10.3	8.7	0.2～0.5	0.5～1	1～2
5V	180 以下　250 以下 250 以上　400 以下 400 以上	38° 40° 42°	15.2	15	1.3	17.5	12.7	0.2～0.5	0.5～1	2～3
8V	315 以下　400 以下 400 以上　560 以下 560 以上	38° 40° 42°	25.4	25	2.5	28.6	19	0.2～0.5	1～1.5	3～5

〔註〕*槽寬 b_e 本表中之直徑 d_e，一般與外徑相同。而且，皮帶長之測試，由轉速比之概略值計算時採用直徑 d_n。

具機之軸間距離爲 1200 mm，試求窄邊 V 皮帶的種類和有效周長與係數，係數與 V 帶輪的稱呼外徑？

解 以下列之順序進行計算：

①設計馬力

設計馬力可將傳達動力與過負荷係數代入下式算出，傳動馬力爲原動機的定額馬力或被動機的實際負荷。

$P_d = P_r \times K_o$ ……(8)

式中 P_d＝設計馬力(kW)

P_r＝傳動馬力(kW)

K_o＝過負荷係數

(參考表 11.50)

由題意知

$P_d = 30 \times 1.3 = 39$ (kW)

② V 皮帶種類之決定

表 11.67　窄邊 V 帶輪的稱呼外徑與直徑

(單位 mm)

3V		5V		8V	
稱呼外徑 (d_e)	直徑 (d_m)	稱呼外徑 (d_e)	直徑 (d_m)	稱呼外徑 (d_e)	直徑 (d_m)
67	65.8	180	177.4	315	310
71	69.8	190	187.4	335	330
75	73.8	200	197.4	355	350
80	78.8	212	209.4	375	370
90	88.8	224	221.4	400	395
100	98.8	236	233.4	425	420
112	110.8	250	247.4	450	445
125	123.8	280	277.4	475	470
140	138.8	315	312.4	500	495
160	158.8	355	352.4	560	555
180	178.8	400	397.4	630	625
200	198.8	450	447.4	710	705
250	248.8	500	497.4	800	795
315	313.8	630	627.4	1000	995
400	398.8	800	797.4	1250	1245
500	498.8	1000	997.4	1600	1595
630	628.8	—	—	—	—

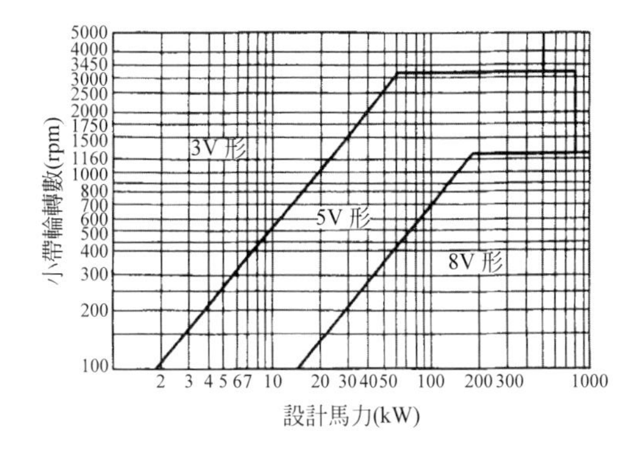

圖 11.60　V 皮帶種類之選用圖

V 皮帶之種類是由圖 11.60 之傳動馬力與小 V 帶輪轉數決定，如同時有二種類的邊界線相似時，兩種都要加以計算，再選出最經濟之種類。故由圖 11.60 選定 5V 型。

③原動機側的帶輪直徑

使用帶輪直徑過小時，易導致皮帶壽命驟減，故由表 11.67 取稱呼外徑d_e爲 212 mm，直徑d_m爲 209.4 mm。

表 11.68 指示最小帶輪外徑。

表 11.68　最小帶輪外徑　(單位 mm)

型式	3V	5V	8V
最小帶輪外徑	70	180	300

④被動機側的帶輪直徑

被動機側的帶輪直徑可由下式算出，再選定與計算值最接近之基本稱呼外徑與節徑>

$$D_p=\frac{n_1}{n_2}d_p \quad \cdots\cdots (9)$$

式中

d_p＝原動機側帶輪直徑(mm)

D_p＝被動機側帶輪直徑(mm)

n_1＝原動機側轉數(rpm)

n_2＝被動機側轉數(rpm)

由題意知：

$$D_p=\frac{1450}{300}\times 209.4 \fallingdotseq 1012$$

因此，由表 11.67 選得節徑D_p爲 997.4 mm，稱呼外徑D_e爲 1000 mm。

轉速比可由下式求出：

$$轉速比=\frac{大\text{ V }帶輪直徑}{小\text{ V }帶輪直徑}=\frac{997.4}{209.4}=4.76$$

⑤ V 皮帶長度決定

V 皮帶長度用下列公式計算後，再自表 11.65 選出最接近之長度。

$$L=2C+1.57(D_e+d_e)+\frac{(D_e-d_e)^2}{4C} \quad \cdots\cdots (10)$$

式中

L＝ V 皮帶的長度

C＝軸間距離(設計之初)

D_e＝大 V 帶輪的有效直徑(mm)

d_e＝小 V 帶輪的有效直徑(mm)

出題意知：

$$L=2\times 1200+1.57(1000+212)+\frac{(1000-212)^2}{4\times 1200}=4432.2\ (mm)$$

由表 11.65 選定 V 皮帶長度L爲 4318 mm，稱呼號碼 1700。

⑥ V 皮帶的基本傳動馬力能量與傳動馬力能量之計算。

V 皮帶的基本傳動馬力容量是指基

本長度的 V 皮帶(表 11.75 所示長度補正係數爲 1.00 之 V 皮帶)，當接觸角如圖 11.61 所示φ爲 180°時之V皮帶傳動馬力。

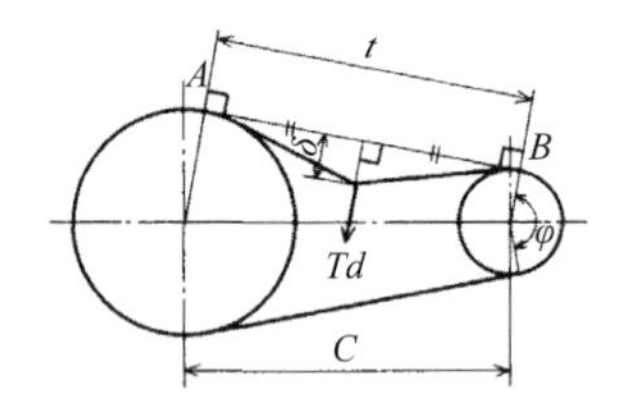

圖 11.61　V 帶輪之接觸角

表 11.69　定數 C_1、C_2、C_3、C_4 的值及由轉速比之補正係數的 K_r 值

	種類	C_1	C_2
常數	3V 5V 8V	6.2624×10^{-5} 1.8045×10^{-4} 4.8510×10^{-4}	1.5331×10^{-3} 8.6789×10^{-3} 4.4129×10^{-2}
	種類	C_3	C_4
	3V 5V 8V	9.8814×10^{-18} 3.0208×10^{-17} 8.2692×10^{-17}	5.5904×10^{-6} 1.5705×10^{-5} 4.1103×10^{-5}

轉速比之補正係數	轉速比	K_r	轉速比	K_r
	1.00 ～ 1.01	1.0000	1.27 ～ 1.38	1.0805
	1.02 ～ 1.05	1.0096	1.39 ～ 1.57	1.0956
	1.06 ～ 1.11	1.0266	1.58 ～ 1.94	1.1089
	1.12 ～ 1.18	1.0473	1.95 ～ 3.38	1.1198
	1.19 ～ 1.26	1.0655	3.39 以上	1.1278

V 皮帶的傳動馬力能量是基本傳動馬力加上因轉速比所得之附加馬力，可用下式求得；小 V 帶輪的稱呼外徑與轉數(取馬達之定額轉速)之基本傳動馬力能量與轉速比之附加傳動馬力，如表 11.71 與表 11.73 所示。

3V：P

$$=d_m\cdot n\left[6.2624\times10^{-5}-\frac{1.5331\times10^{-3}}{d_m}-9.8814\times10^{-18}(d_m\cdot n)^2-5.5904\times10^{-6}(\log d_m+\log n)\right]+K_r\cdot n \quad (11)$$

5V：P

$$=d_m\cdot n\left[1.8045\times10^{-4}-\frac{8.6789\times10^{-3}}{d_p}-3.0208\times10^{-17}(d_m\cdot n)^2-1.5705\times10^{-5}(\log d_m+\log n)\right]+K_r\cdot n \quad (12)$$

8V：P

$$=d_m\cdot n\left[4.8510\times10^{-4}-\frac{4.4129\times10^{-2}}{d_m}-8.2692\times10^{-17}(d_m\cdot n)^2-4.1103\times10^{-5}(\log d_m+\log n)\right]+K_r\cdot n \quad (13)$$

表 11.70　軸間距離之最小調整範圍(單位mm)

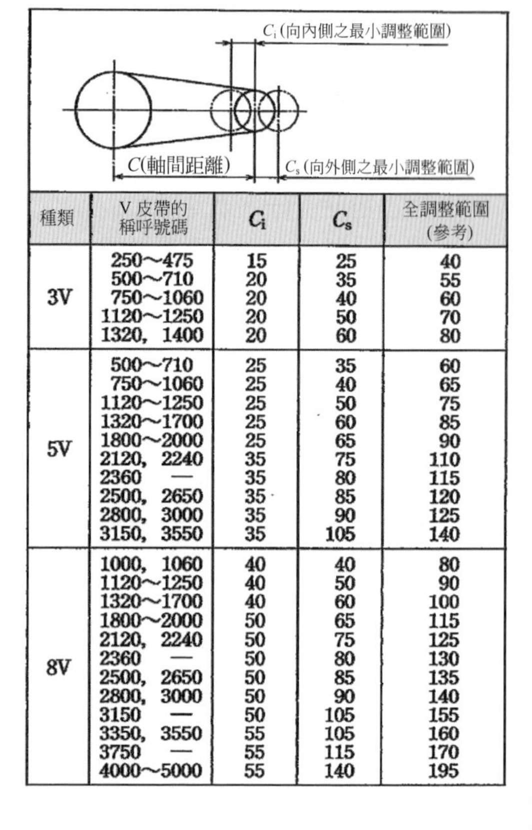

種類	V 皮帶的稱呼號碼	C_i	C_s	全調整範圍(參考)
3V	250～475	15	25	40
	500～710	20	35	55
	750～1060	20	40	60
	1120～1250	20	50	70
	1320，1400	20	60	80
5V	500～710	25	35	60
	750～1060	25	40	65
	1120～1250	25	50	75
	1320～1700	25	60	85
	1800～2000	25	65	90
	2120，2240	35	75	110
	2360　—	35	80	115
	2500，2650	35	85	120
	2800，3000	35	90	125
	3150，3550	35	105	140
8V	1000，1060	40	40	80
	1120～1250	40	50	90
	1320～1700	40	60	100
	1800～2000	50	65	115
	2120，2240	50	75	125
	2360　—	50	80	130
	2500，2650	50	85	135
	2800，3000	50	90	140
	3150　—	50	105	155
	3350，3550	55	105	160
	3750　—	55	115	170
	4000～5000	55	140	195

表 11.71　窄邊 V 皮帶 3V 之基準傳動容量(kW)

小帶輪轉速 (min^{-1})	小型帶輪之有效直徑(mm)														
	67	71	75	80	90	100	112	125	140	150	160	180	200	250	315
690	0.60	0.70	0.79	0.91	1.14	1.37	1.64	1.93	2.26	2.48	2.70	3.14	3.57	4.62	5.94
725	0.63	0.73	0.82	0.95	1.19	1.43	1.71	2.02	2.37	2.60	2.83	3.28	3.73	4.83	6.21
870	0.73	0.84	0.96	1.10	1.39	1.67	2.01	2.37	2.78	3.05	3.32	3.86	4.38	5.67	7.27
950	0.78	0.91	1.03	1.19	1.50	1.80	2.17	2.56	3.00	3.30	3.59	4.17	4.73	6.11	7.83
1160	0.91	1.07	1.22	1.40	1.77	2.14	2.58	3.05	3.58	3.93	4.27	4.96	5.63	7.25	9.22
1425	1.07	1.26	1.44	1.66	2.11	2.55	3.08	3.63	4.27	4.69	5.10	5.91	6.70	8.58	10.81
1750	1.26	1.47	1.69	1.96	2.50	3.03	3.66	4.32	5.07	5.57	6.05	7.00	7.91	10.04	12.45
2850	1.78	2.12	2.45	2.86	3.67	4.47	5.39	6.35	7.41	8.09	8.75	9.98	11.09		
3450	2.01	2.41	2.80	3.28	4.22	5.12	6.17	7.24	8.41	9.13	9.82	11.05			

小帶輪轉速 (min^{-1})	轉速比之附加傳動容量(kW)									
	1.00～1.01	1.02～1.05	1.06～1.11	1.12～1.18	1.19～1.26	1.27～1.38	1.39～1.57	1.58～1.94	1.95～3.38	3.39以上
690	0.00	0.01	0.03	0.05	0.07	0.08	0.09	0.10	0.11	0.12
725	0.00	0.01	0.03	0.05	0.07	0.08	0.10	0.11	0.12	0.13
870	0.00	0.01	0.03	0.06	0.08	0.10	0.12	0.13	0.14	0.15
950	0.00	0.01	0.04	0.07	0.09	0.11	0.13	0.14	0.16	0.17
1160	0.00	0.02	0.05	0.08	0.11	0.13	0.16	0.17	0.19	0.20
1425	0.00	0.02	0.06	0.10	0.13	0.16	0.19	0.21	0.23	0.25
1750	0.00	0.03	0.07	0.12	0.16	0.20	0.23	0.26	0.29	0.30
2850	0.00	0.04	0.11	0.20	0.27	0.33	0.38	0.43	0.47	0.50
3450	0.00	0.05	0.14	0.24	0.33	0.39	0.46	0.52	0.57	0.60

表 11.72　窄邊 V 皮帶 5V 之基準傳動容量(kW)

小帶輪轉速 (min^{-1})	小型帶輪之有效直徑(mm)											
	180	190	200	212	224	236	250	280	315	355	400	450
575	5.36	5.90	6.44	7.08	7.71	8.35	9.08	10.64	12.43	14.44	16.65	19.06
690	6.26	6.90	7.53	8.29	9.03	9.78	10.64	12.46	14.55	16.89	19.45	22.21
725	6.53	7.20	7.86	8.64	9.43	10.20	11.10	13.00	15.18	17.61	20.27	23.13
870	7.61	8.39	9.17	10.09	11.01	11.91	12.96	15.17	17.69	20.49	23.52	26.73
950	8.19	9.03	9.87	10.86	11.85	12.82	13.95	16.32	19.01	21.99	25.19	28.56
1160	9.63	10.63	11.62	12.79	13.95	15.09	16.41	19.16	22.25	25.61	29.16	32.78
1425	11.31	12.49	13.65	15.02	16.37	17.70	19.21	22.35	25.81	29.47	33.17	36.73
1750	13.15	14.52	15.86	17.43	18.97	20.46	22.16	25.60	29.26	32.93		
2850	17.31	19.00	20.60	22.40	24.06							

小帶輪轉速 (min^{-1})	轉速比之附加傳動容量(kW)									
	1.00～1.01	1.02～1.05	1.06～1.11	1.12～1.18	1.19～1.26	1.27～1.38	1.39～1.57	1.58～1.94	1.95～3.38	3.39以上
575	0.00	0.05	0.13	0.23	0.31	0.37	0.44	0.49	0.53	0.57
690	0.00	0.06	0.16	0.27	0.37	0.45	0.52	0.59	0.64	0.68
725	0.00	0.06	0.16	0.28	0.39	0.47	0.55	0.62	0.67	0.71
870	0.00	0.07	0.20	0.34	0.46	0.56	0.66	0.74	0.81	0.86
950	0.00	0.08	0.21	0.37	0.51	0.61	0.72	0.81	0.88	0.93
1160	0.00	0.10	0.26	0.45	0.62	0.75	0.88	0.99	1.08	1.14
1425	0.00	0.12	0.32	0.56	0.76	0.92	1.08	1.21	1.32	1.40
1750	0.00	0.14	0.39	0.69	0.93	1.13	1.33	1.49	1.62	1.72
2850	0.00	0.24	0.64	1.12	1.52	1.84	2.16	2.43	2.65	2.80

表 11.73　窄邊 V 皮帶 8V 之基準傳動容量(kW)

小帶輪轉速 (min^{-1})	小型帶輪之有效直徑(mm)											
	315	335	355	375	400	425	450	475	500	560	630	710
485	19.26	21.66	24.05	26.42	29.35	32.26	35.14	38.00	40.82	47.48	55.04	63.39
575	22.15	24.94	27.71	30.44	33.83	37.18	40.49	43.76	46.98	54.55	63.06	72.33
690	25.64	28.89	32.11	35.28	39.20	43.06	46.86	50.59	54.26	62.80	72.24	82.30
725	26.66	30.04	33.38	36.68	40.75	44.75	48.69	52.55	56.34	65.12	74.78	84.98
870	30.61	34.52	38.35	42.13	46.76	51.28	55.70	60.00	64.18	73.73	83.90	94.15
950	32.63	36.79	40.87	44.87	49.76	54.52	59.15	63.63	67.96	77.72	87.89	
1160	37.29	42.03	46.63	51.11	56.51	61.69	66.63	71.33	75.78	85.34		
1425	41.78	47.00	51.99	56.76	62.38	67.60	72.41					
1750	44.87	50.23	55.20	59.77								

小帶輪轉速 (min^{-1})	轉速比之附加傳動容量(kW)									
	1.00～1.01	1.02～1.05	1.06～1.11	1.12～1.18	1.19～1.26	1.27～1.38	1.39～1.57	1.58～1.94	1.95～3.38	3.39以上
485	0.00	0.20	0.55	0.97	1.32	1.59	1.87	2.10	2.29	2.43
575	0.00	0.24	0.66	1.15	1.56	1.89	2.21	2.49	2.71	2.88
690	0.00	0.29	0.79	1.38	1.87	2.27	2.66	2.99	3.26	3.45
725	0.00	0.30	0.83	1.44	1.97	2.38	2.79	3.14	3.42	3.63
870	0.00	0.37	0.99	1.73	2.36	2.86	3.35	3.77	4.11	4.35
950	0.00	0.40	1.09	1.89	2.58	3.12	3.66	4.12	4.49	4.75
1160	0.00	0.49	1.33	2.31	3.15	3.81	4.47	5.03	5.48	5.80
1425	0.00	0.60	1.63	2.84	3.87	4.68	5.49	6.18	6.73	7.13
1750	0.00	0.73	2.00	3.49	4.75	5.75	6.74	7.58	8.26	8.75

式中

P：每一皮帶之傳動容量(kW)

d_m：小V帶輪的基準直徑(mm)

n：小V帶輪轉速(rpm)

K_r：轉速比之補正係數(表 11.69)

由表 11.72 得基本傳動馬力爲 15.02，可獲得轉速比之附加傳動容量，所以

$P_r = 15.02 + 1.40 = 16.42$ (kW)

⑦軸間距離

軸間距離可由下式算出(假設值可以變更)；軸間距離的最小調整範圍如表 11.70 所示。

$$C = \frac{B + \sqrt{B^2 - 2(D_e - d_e)^2}}{4} \quad \cdots\cdots (14)$$

式中

C＝軸間距離(mm)

D_e＝大V帶輪之有效直徑(mm)

d_e＝小V帶輪之有效直徑(mm)

$B = L - 1.57(D_e + d_e)$ (mm)

L＝V皮帶的長度(mm)

由題意知：

$B = 4318 - 1.57(1000 + 212) \fallingdotseq 2415$

$$C = \frac{2415 + \sqrt{2415^2 - 2(1000-212)^2}}{4}$$

$\fallingdotseq 1139$ (mm)

可知軸間距離 1139 (mm)由表 11.70 之稱呼號碼 1700，可知軸間距離之最小調整範圍爲 $C_i = 25$ (mm)，$C_s = 60$ (mm)。

⑧V皮帶的接觸角、接觸角補正係數

如圖 11.61 所示之V皮帶接觸角度φ可用下列公式算出，亦可由表 11.74 所示之接觸角度補正係數求出補正角度φ與接觸角度補正係數K_φ。

$$\varphi = 180° \pm 2\sin^{-1}\frac{D_e - d_e}{2C} \quad \cdots\cdots (15)$$

式中

D_c＝大V帶輪之有效直徑(mm)

d_c＝小V帶輪之有效直徑(mm)

C＝軸間距離(mm)

"＋"用於求取大V帶輪之接觸角，

"－"用於求取小V帶輪之接觸角。

由表 11.74 得小V帶輪側之接觸角度φ爲 139 度，接觸角度補正係數K_φ爲 0.89。

表 11.74 接觸角度補正係數

$\frac{D_e - d_e}{C}$	小V帶輪之接觸角度φ(度)	K_φ
0.00	180	1.00
0.10	174	0.99
0.20	169	0.97
0.30	163	0.96
0.40	157	0.94
0.50	151	0.93
0.60	145	0.91
0.70	139	0.89
0.80	133	0.87
0.90	127	0.85
1.00	120	0.82
1.10	113	0.80
1.20	106	0.77
1.30	99	0.73
1.40	91	0.70
1.50	83	0.65

⑨V皮帶輪的補正傳動馬力能量

V皮帶的補正傳動馬力能量可用下式算出：

$$P_c = P \times K_l \times K_\varphi \quad \cdots\cdots (16)$$

式中

P_c＝補正傳動容量(kW)

P＝每一V型皮帶之傳動容量(kW)

K_l＝長度補正係數(參考表 11.75)

K_{φ}＝接觸角補正係數(參考表 11.74)

由題意知：

P_c＝ 16.42×1.05×0.89

≒15.4 (kW)

表 11.75　長度之補正係數

稱呼號碼	長度之補正係數K_l			稱呼號碼	長度之補正係數K_l		
	3 V	5 V	8 V		3 V	5 V	8 V
250	0.83	—	—	1180	1.12	0.99	0.89
265	0.84	—	—	1250	1.13	1.00	0.90
280	0.85	—	—	1320	1.14	1.01	0.91
300	0.86	—	—	1400	1.15	1.02	0.92
315	0.87	—	—	1500	—	1.03	0.93
335	0.88	—	—	1600	—	1.04	0.94
355	0.89	—	—	1700	—	1.05	0.94
375	0.90	—	—	1800	—	1.06	0.95
400	0.92	—	—	1900	—	1.07	0.96
425	0.93	—	—	2000	—	1.08	0.97
450	0.94	—	—	2120	—	1.09	0.98
475	0.95	—	—	2240	—	1.09	0.98
500	0.96	0.85	—	2360	—	1.10	0.99
530	0.97	0.86	—	2500	—	1.11	1.00
560	0.98	0.87	—	2650	—	1.12	1.01
600	0.99	0.88	—	2800	—	1.13	1.02
630	1.00	0.89	—	3000	—	1.14	1.03
670	1.01	0.90	—	3150	—	1.15	1.03
710	1.02	0.91	—	3350	—	1.16	1.04
750	1.03	0.92	—	3550	—	1.17	1.05
800	1.04	0.93	—	3750	—	—	1.06
850	1.06	0.94	—	4000	—	—	1.07
900	1.07	0.95	—	4250	—	—	1.08
950	1.08	0.96	—	4500	—	—	1.09
1000	1.09	0.96	0.87	4750	—	—	1.09
1060	1.10	0.97	0.88	5000	—	—	1.10
1120	1.11	0.98	0.88				

⑩ V 皮帶的使用條數

V 皮帶的使用條數可用下式求出，小數點以下須化爲整數。

$$N=\frac{P_d}{P_c} \quad \cdots\cdots (17)$$

式中

N＝ V 皮帶的使用條數

P_d＝設計馬力(kW)

P_c＝每條V 皮帶的補正傳動能量(kW)

由題意知：

$$N=\frac{39}{15.4}= 2.54$$

故選用 3 條。

3.　鑲齒帶傳動

近年來由於機械走向高速化、自動化、輕量化等以提高性能，故不斷開發各種傳動機構因應變化，下述之鑲齒帶傳動機構即其中之一。

鑲齒帶有時亦稱定時帶，如圖 11.62 所示，如圖 11.62 所示，平帶內側設置與 40°(部分型式 50°)梯形突起部相同節距，因此帶與帶輪用來傳動時，不會產生滑移及變速等毛病，而且具有形狀緊湊，驅動安靜等優點，目前廣受採用。

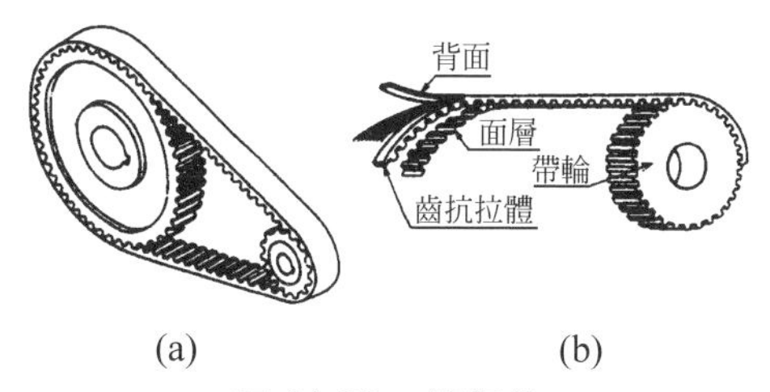

圖 11.62　鑲齒帶

JIS 對於一般用的鑲齒帶及其帶輪，分別在 JIS K 6372 及 JIS B 1856 中有所規定。這些都是直接以 ISO 規格的吋表示。市售品亦可發現有採公制表示者。

(1)　鑲齒帶

①　鑲齒帶的構造：鑲齒帶之構造如圖 11.62 所示，係由許多條玻璃纖維組合成抗拉體，再以高分子材料包覆與帶齒一體成形，帶之摩擦部分被覆尼龍帆布製成，與 V 型皮帶相同，製作出無接縫之輪狀。

②　鑲齒帶的種類：鑲齒帶依節距可分表 11.76 所示之 5 種，帶長是沿節線

測得之長度，稱呼方法與窄邊 V 皮帶相同，長度稱呼號碼爲英制尺寸之 100 倍，寬度易爲英制尺寸之 100 倍爲其稱呼號碼。(但有些製造廠，亦以齒數表示皮帶長度。)

表 11.76 通用梯形齒形帶和齒形帶輪的類型 (JIS B 1856:2018)

齒形	參考齒距	皮帶構造		滑輪齒
		單面齒型	雙側齒型	
MXL*	2.032	MXL*	DMXL	MXL
XXL*	3.175	XXL*	—	XXL
XL	5.080	XL	DXL	XL
L	9.525	L	DL	L
H	12.700	H	DH	H
XH	22.225	XH	—	XH
XXH	31.750	XXH	—	XXH

*2018 年新增

表 11.77 爲稱呼與帶寬之詳細，表 11.78 爲一般市面上出售之標準形鑲齒帶型式、帶寬、帶長。

表 11.77 一般通用齒形帶的標稱寬度與間距 (JIS B 1856:2018)

類型	標稱寬度*	皮帶標準寬度(mm)	類型	標稱寬度*	皮帶標準寬度(mm)
MXL DMXL	3.2	3.2	H DH	075	19.1
	4.5	4.8		100	25.4
	6.4	6.4		150	38.1
XXL	3.2	3.2		200	50.8
	4.8	4.8		300	76.2
	6.4	6.4	XH	200	50.8
XL DXL	023	6.4		300	76.2
	031	7.9		400	101.6
	037	9.4	XXH	200	50.8
L DL	050	12.7		300	76.2
	075	19.1		400	101.6
	100	25.4		500	127.0

*MXL、XXL、DMXL、皮帶參考寬度 (mm)

表 11.78 一般市售用鑲齒帶的帶寬稱呼與寬度

	XL		L		H		XH		XXH	
型式	稱呼	節距 (mm)	稱呼	節距 (mm)	稱呼	節距 (mm)	稱呼	節距 (mm)	稱呼	節距 (mm)
	XL	5.08	L	9.525	H	12.7	XH	22.225	XXH	31.75
帶寬	稱呼	寬度 (mm)	稱呼	寬度 (mm)	稱呼	寬度 (mm)	稱呼	寬度 (mm)	稱呼	寬度 (mm)
	025	6.4	050	12.7	075	19.1	200	50.8	200	50.8
	031	7.9	075	19.1	100	25.4	300	76.2	300	76.2
	037	9.5	100	25.4	150	38.1	400	101.6	400	101.6
					200	50.8			500	127.0
					300	76.2				

帶長	稱呼	帶長 (mm)	齒數	稱呼	帶長 (mm)	齒數	稱呼	帶長 (mm)	齒數	稱呼	帶長 (mm)	齒數	稱呼	帶長 (mm)	齒數
	60	152.4	30	124	314.3	33	240	609.6	48	507	1289.1	58	700	1778.0	56
	70	177.8	35	150	381.0	40	270	685.8	54	560	1422.4	64	800	2032.0	64
	80	203.2	40	187	476.3	50	300	762.0	60	630	1600.2	72	900	2286.0	72
	90	228.6	45	210	533.4	56	330	838.2	66	700	1778.0	80	1000	2540.0	80
	100	254.0	50	225	571.5	60	360	914.4	72	770	1955.8	88	1200	3048.0	96
	110	279.4	55	240	609.6	64	390	990.6	78	840	2133.6	96	1400	3556.0	112
	120	304.8	60	255	647.7	68	420	1066.8	84	980	2489.2	112	1600	4064.0	128
	130	330.2	65	270	685.8	72	450	1143.0	90	1120	2844.8	128	1800	4572.0	144
	140	355.6	70	285	723.9	76	480	1219.2	96	1264	3200.4	144			
	150	381.0	75	300	762.0	80	510	1295.4	102	1400	3556.0	160			
	160	406.4	80	322	819.2	86	540	1371.6	108	1540	3911.6	176			
	170	431.8	85	345	876.3	92	570	1447.8	114	1750	4445.0	200			
	180	457.2	90	367	933.5	98	600	1524.0	120						
	190	482.6	95	390	990.6	104	630	1600.2	126						
	200	508.0	100	420	1066.8	112	660	1676.4	132						
	210	533.4	105	450	1143.0	120	700	1778.0	140						
	220	558.8	110	480	1219.2	128	750	1905.0	150						
	230	584.2	115	510	1295.4	136	800	2032.0	160						
	240	609.6	120	540	1371.6	144	850	2159.0	170						
	250	635.0	125	600	1524.0	160	900	2286.0	180						
	260	660.4	130				1000	2540.0	200						

⑵ **鑲齒帶用帶輪**：鑲齒帶用帶輪通常是與鑲齒帶整組出售，可由市面上購入使用。因鑲齒帶係以抗拉體傳動，故在運轉中帶子有偏向單側之趨勢，因此至少要有一個帶輪製有凸緣。凸緣如圖11.63(a)所示，通常是齒數少的帶輪附有凸緣，圖(b)爲兩帶輪之相對側各有一邊凸緣，圖(c)則在兩帶輪之間加裝有凸緣的帶輪。

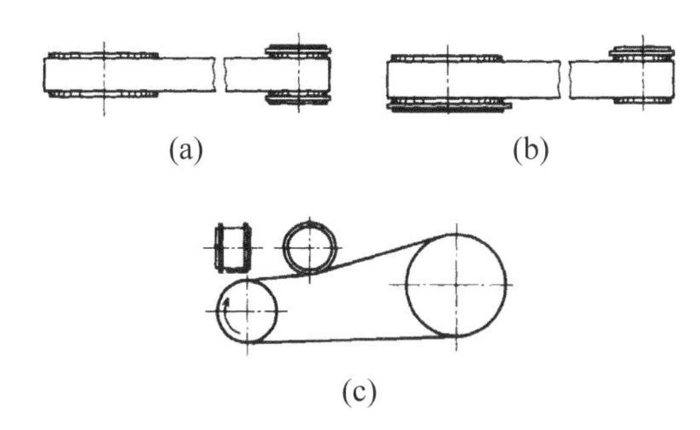

圖 11.63　凸緣型式

表 11.79 是帶輪各部尺寸之算法。

⑶ **鑲齒帶的計算**

① 設計馬力之計算：設計馬力用下列公式計算：

$$P_d = P_m \times (K_0 + K_i + K_s) \quad (18)$$

式中

P_d＝設計馬力(kW)

P_m＝傳動馬力(kW)

K_0＝負荷補正係數(表 11.80)

K_i＝使用惰輪之補正係數(表 11.81)

K_s＝加速之補正係數(表 11.82)

表 11.80 是使用機械之分類，其它機械可以參考選定。使用惰輪時過負荷係數比須增加表 11.81 所示之補

表 11.79　帶輪各部尺寸　(單位 mm)

有凸緣　無凸緣
W　W_f　W_b　凸緣內寬　帶寬　凸緣厚 S　側隙 C　h_t
凸緣外徑 D_f　輪外徑 D_p　輪節徑 D_o　凸緣內徑 D_i
W_W　輪外徑 D_p　輪節徑 D_o

種類	計算式
節徑	$D_p = \frac{nP}{\pi}$
標準外徑	$D_0 = D_p - 2t$
凸緣外徑	D_F(參考(c) 表)
凸緣內徑	$D_f = D_e - 3h_t - (2\sim4\text{mm})$
凸緣內寬	$W_f = W_b +$ ((a) 表之值)
齒寬	$W \geqq (W_f + 2s)$
齒寬	$W_W = W_b +$ ((b) 表之值)
引導部高	$h_f = \frac{D_F - D_e}{2}$

式中　P…帶節(mm)，n…帶輪齒數，h_t…輪齒深(mm，(d) 表)，W_b…帶寬(mm)，s…凸緣厚度 mm，t…節線深度(mm，(d) 表)

(a) 凸緣內寬(W_f)

帶型式	加在帶寬之尺寸
XL, L	2
H	3
XH	6
XXH	10

(b) 無凸緣時之輪寬(W_W)

兩輪之軸間距離	加在帶寬之尺寸	
	XL, L, H	XH, XXH
250 以下	4.8	
250 以上　500 以下	6.4	12
500 以上　750 以下	8.0	15
750 以上　1000 以下	9.6	18
1000 以上　1250 以下	12.7	22

(c) 凸緣外徑(D_F)，凸緣厚度(s)

型式	凸緣外徑(D_F)	凸緣厚度(s)
XL	D_0＋ 6.4 以上	1.5 以上
L	D_0＋ 6.4 以上	2.0 以上
H	D_0＋ 6.4 以上	2.5 以上
XH	D_0＋16.4 以上	4.0 以上
XXH	D_0＋21.7 以上	5.4 以上

(d) 輪齒深度(h_t)，節線深度(t)

型式	XL	L	H	XH	XXH
輪齒深度(h_t)	1.40	2.13	2.59	6.88	10.29
節線深度(t)	0.25	0.38	0.69	1.40	1.52

表 11.80　使用機械與負荷補正係數K_0

使用機械[1]		原動機					
		最大輸出在定額 300 %以下			最大輸出在定額 300 %以上		
		交流馬達(標準馬達、同期馬達) 直流馬達(分捲) 2 汽缸以上引擎			特殊馬達(扭力) 直流馬達(直捲) 單汽缸引擎 利用線軸或離合器運轉		
		運轉時間[2]			運轉時間[2]		
		I	II	III	I	II	III
A	非常平滑的傳動	1.0	1.2	1.5	1.2	1.4	1.6
		1.2	1.4	1.6	1.4	1.6	1.8
		1.2	1.5	1.7	1.5	1.7	1.9
B	普通平滑的傳動	1.4	1.3	1.8	1.6	1.8	2.0
C	稍有衝擊之傳動	1.5	1.7	1.9	1.7	1.9	2.1
D	稍有衝擊之傳動	1.6	1.8	2.0	1.8	2.0	2.2
E	相當受衝擊之傳動	1.7	1.9	2.1	1.9	2.1	2.3
F	大衝擊之傳動	1.8	2.0	2.2	2.0	2.2	2.4

〔註〕[1] 使用機器的分類如下：

A…①展示器具、放映機、測試機器、醫療機器，②吸塵器、針車、影印機、木工車床、帶鋸機，③輕荷重用皮帶、輸送機、捆包機、過篩等。

B…液體攪拌機、鑽孔機、車床、螺紋、切機、圓鋸床、切削機、洗衣機、製紙機械、印刷機械等。

C…攪拌機(水泥、黏性體)、皮帶、輸送機(礦石、碳、砂）、研磨機、形磨機、內鉋機、研削機、壓縮機(離心式)、振動過篩、纖維機械(整線機、捲線機)、旋轉壓縮機、壓縮機(往復式)等。

D…輸送機、抽出泵、洗衣機、扇、鼓風機(離心、吸引、排氣)、發電機、激磁機、起重機、電梯、橡膠加工機、纖維機械等。

E…離心分離機、機螺旋輸送機、錘碎機、製紙機械等。

F…窯業機械(磚、黏土混練機)、礦山用螺旋機、強制通風機等。

[2] 運轉時間

I…間歇使用(1 天 3～5 小時運轉)。

II…正常使用(1 天 8～10 小時運轉)。

III…連續使用(1 天 16～24 小時運轉)。

表 11.81　使用惰輪之補正係數K_i

惰輪之使用條件		K_i
帶之鬆側	由帶之內側使用惰輪時	0.0
	由帶之外側使用惰輪時	0.1
帶之緊側	由帶之內側使用惰輪時	0.1
	由帶之外側使用惰輪時	0.2

表 11.82　加速之補正係數K_s

加速比	K_s
1.00 以上 1.24 以下	0.0
1.24 以上 1.74 以下	0.1
1.74 以上 2.49 以下	0.2
2.49 以上 3.49 以下	0.3
3.49 以上	0.4

償係數，加速傳動時如表 11.82 之補正係數。

② 帶種類之選用：帶之型式是由圖 11.64 中依據設計馬力與小帶輪的轉數而選定，如有兩種邊界線都相近時，都須加以計算，再選出最經濟者。

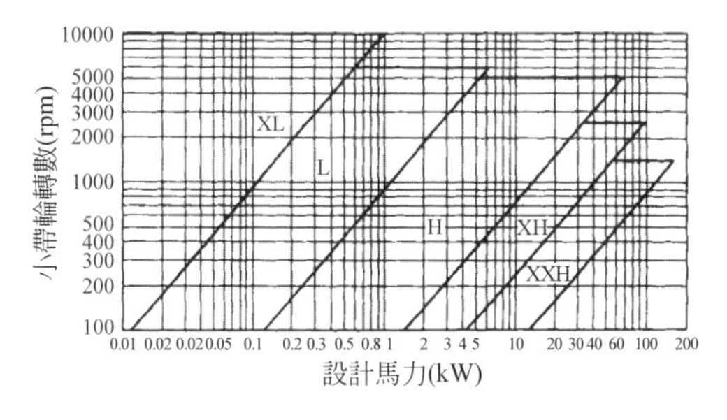

圖 11.64　鑲齒帶選定圖

③ 帶輪之齒數：使用直徑過小之帶輪，易縮短帶子之壽命，小帶輪之最小齒數不可少於表 11.83 之規定。

表 11.83　帶輪之最小容許齒數

小帶輪轉數 (rpm)	皮帶種類				
	XL	L	H	XH	XXH
900 以下	10	12	14	22	22
900 以上 1200 以下	10	12	16	24	24
1200 以上 1800 以下	12	14	18	26	26
1800 以上 3600 以下	12	16	20	30	−
3600 以上 4800 以下	15	18	22	−	−

大帶輪的齒數可用下列公式求得：

$$z_2 = \frac{n_1}{n_2} z_1 \quad \cdots\cdots (19)$$

式中

z_1，z_2＝小、大帶輪的齒數

n_1，n_2＝小、大帶輪的轉數

④ 帶長：帶長由下式計算，再由表 11.78 選出最接近之長度。

$$L = 2C + 1.57(D_p + d_p) + \frac{(D_p - d_p)^2}{4C} \quad \cdots (20)$$

式中

L＝帶長(mm)

C＝軸間距離(mm)

D_p，d_p＝大、小帶輪的節徑(mm，表 11.79)

(4) **軸間距離**：上式使用之軸間距離爲假設值，如已知帶長，可用下式算出軸間距離：

$$C = \frac{B + \sqrt{B^2 - 2(D_p - d_p)^2}}{4} \quad \cdots\cdots (21)$$

式中

$B=L-1.57(D_p+d_p)$

(5) **帶之傳動馬力能量**：指示每單位寬(25.4 mm)鑲齒帶的傳動馬力；即基本傳動馬力乘上補正係數，所謂基本傳動馬力是單位寬(25.4 mm)之帶當接觸 6 齒以上時之傳動馬力，而接觸補正係數是小帶輪接觸不足 6 齒時，補強帶齒剪斷強度所乘之係數，如表 11.85 所示，基本傳動馬力求法如下：

$$P_{rs}=0.5135\times10^{-6}d_p\cdot n\times[T_a-T_c] \quad (22)$$

$$T_c=\frac{\omega V^2}{g}\left(V=\frac{d_p\cdot n}{19100}\right) \quad (23)$$

式中

P_{rs}＝每單位寬之基本傳動容量(kW)

d_p＝小帶輪的節徑(mm)

n＝小帶輪的轉數(rpm)

T_a＝每單位寬之容許張力(表 11.84，N)

T_c＝鑲齒帶 25.4 mm 寬的離心力(N)

ω＝鑲齒帶每單位寬度的單位重量(N/m，表 11.84)

V＝鑲齒帶速度(m/sec)

因此，每單位寬的帶傳動容量爲

$$P_{re}=P_{rs}\times K_m \quad (24)$$

式中

P_{rs}＝如前述

P_{re}＝每單位寬的傳動容量 (kW)

K_m＝接觸補正係數(表 11.85)

(6) **帶寬之決定**：帶寬是先用下列公式算出寬係數，再由圖 11.65 求得皮帶的稱呼寬度。

$$K_\omega=\frac{P_{rd}}{P_{rs}\times K_T} \quad (25)$$

式中

K_ω＝寬係數

表 11.84 鑲齒帶每單位寬的容許張力T_a及單位重量w

皮帶形式	T_a (kN)	w (N/m)
XL	0.182	0.67
L	0.244	0.94
H	0.622	1.30
XH	0.85	3.06
XXH	1.04	3.94

表 11.85 接觸補正係數K_m

小帶輪上帶齒的接觸數	K_m
6 以上	1.0
5	0.8
4	0.6
3	0.4
2	0.2

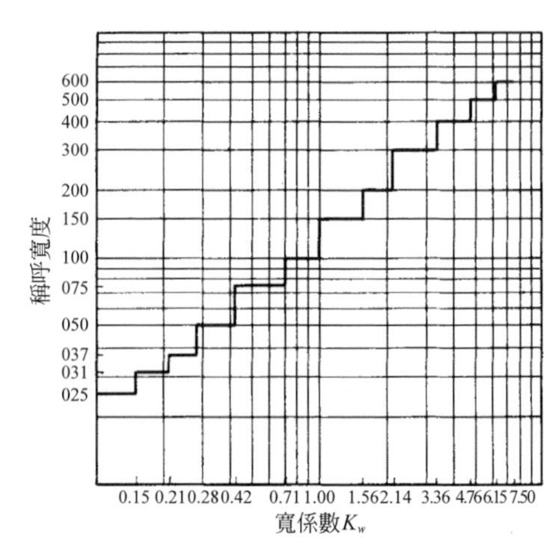

圖 11.65 帶寬K_T

(7) **軸間距離的調整範圍**：鑲齒帶與 V 皮帶一樣，裝妥以後要調整，故軸間距離要有調整範圍，表 11.86 表示其最少之調整範圍。

表 11.86 軸間距離之調整範圍 (單位 mm)

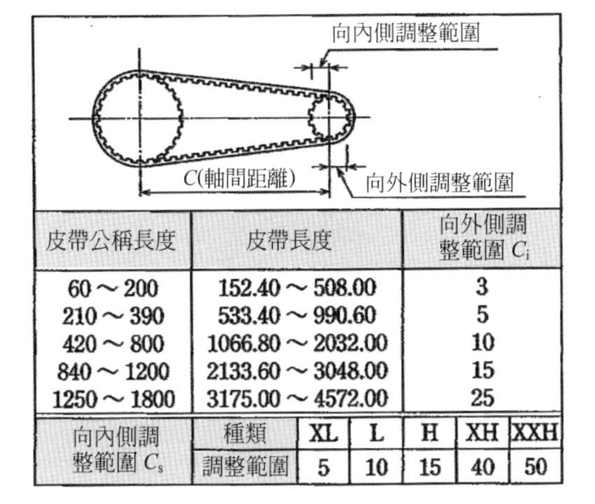

皮帶公稱長度	皮帶長度	向外側調整範圍 C_i
60～200	152.40～508.00	3
210～390	533.40～990.60	5
420～800	1066.80～2032.00	10
840～1200	2133.60～3048.00	15
1250～1800	3175.00～4572.00	25

向內側調整範圍 C_s	XL	L	H	XH	XXH
種類	XL	L	H	XH	XXH
調整範圍	5	10	15	40	50

例題 3

有部機器 1 天運轉 12 小時，機器的轉數爲 750 rpm，馬達的定額馬力 200 W (約 0.27 ps)4 極、轉數 1500 rpm，負荷變動程度屬中等級，假設軸間距離 220 mm，試求鑲齒帶的型式、長度及寬度。

解 ①設計馬力的計算

由表 11.80 得負荷特性之補正係數 K_M爲 1.4，因此，設計馬力P_{rd}由⒅式得：

$P_{rd} = 200 \times 1.4 \fallingdotseq 280$ (W)

②型式

由圖 11.64 選定型式爲 L 型。

③帶輪的齒數

小帶輪的齒數由表 11.83 選爲$z_1 =$ 14，大帶輪之齒數z_2由⒆式得：

$$z_2 = \frac{1500}{750} \times 14 = 28$$

大小帶輪的標準外徑與節徑，由表 11.79 分別決定如下：

大帶輪的外徑$D_o = 84.13$ (mm)

大帶輪的節徑$D_p = 84.89$ (mm)

小帶輪的外徑$d_o = 41.69$ (mm)

小帶輪的節徑$d_p = 42.45$ (mm)

④帶長

帶長L由⒇式得

$$L = 2 \times 220 + 1.57(84.89 + 42.45) + \frac{(84.89 - 42.45)^2}{4 \times 220} = 641.97 \text{ (mm)}$$

因此，由表 11.78 得鑲齒帶長L爲 647.7 mm 之稱呼號碼 255。

⑤軸間距離

已知帶長，由(21)式求軸間距離C：

$$B = 647.7 - 1.57(84.89 + 42.45) = 447.78$$

故

$$C = \frac{447.78 + \sqrt{447.78^2 - 2(84.89 - 42.45)^2}}{4} \fallingdotseq 223 \text{ (mm)}$$

⑥鑲齒帶每單位寬之傳動馬力

先求皮帶速度

$$V = \frac{d_p \cdot n}{19100} = \frac{42.45 \times 1500}{19100} \fallingdotseq 3.33 \text{ (m/s)}$$

次求T_c，由式(23)

$$T_c = \frac{\omega V^2}{g} = \frac{0.94 \times 3.33^2}{9.8} = 1.06\ (\text{N})$$

由式(22)求P_{rs}

$$P_{rs} = 0.5135 \times 10^{-6} \times d_p \times n(T_a - T_c)$$
$$= 0.5135 \times 10^{-6} \times 42.45 \times 1500 \times (0.24 \times 10^3 - 1.06)$$
$$\fallingdotseq 7.8\ (\text{kW})$$

⑦帶寬

由式(25)，帶寬係數K_ω為

$$K_\omega = \frac{280}{7.8 \times 10^3 \times 1.0} \fallingdotseq 0.036$$

由圖 11.65 知帶寬為稱呼寬度 025 (即 6.35 mm 寬)。

⑧軸間距離的調整範圍

由表 11.86 得：

內側最小調整範圍$C_i = 5$ (mm)

外側最小調整範圍$C_s = 5$ (mm)

4. 平帶傳動

二個平帶輪捲繞平狀帶，利用帶輪與平帶之間的摩擦而傳動之裝置，用於二軸間距離大且不須要正確轉速比之情況，通常用於兩軸平行，有時亦可用於非平行之兩軸。

⑴ **傳動方法**：平帶的傳動有下列二種：

① 平行傳動(開口傳動)：兩軸之轉向相同(如圖 11.66(a)所示)。

② 十字傳動(交叉傳動)：兩軸之轉向相反(如圖 11.66(b)所示)。

圖(a)之開口傳動時，下側為緊側T_1(主動側)，上側為鬆側T_2，接觸角α愈大，摩擦力愈大，滑移愈小，緊側與鬆側可在任一邊；當平帶之速度過快時，會因波動而脫離帶輪，普通平帶之速度為 20 m/sec。

另外，如兩軸相隔距離太近時(或帶輪直徑比超過 1：5)皮帶容易產生滑移，為增加接觸角以防止上述之滑移，可用惰輪改善，如圖 11.67 所示。

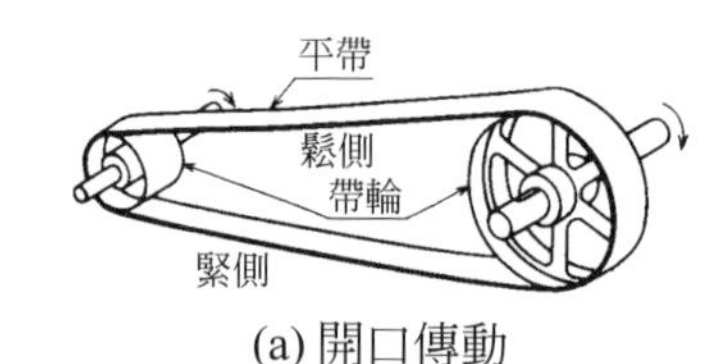

(a) 開口傳動

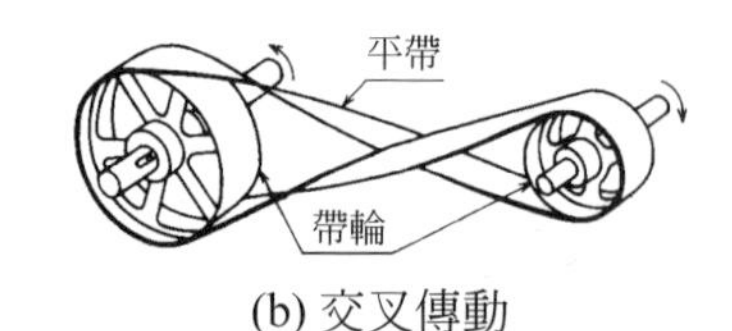

(b) 交叉傳動

圖 11.66 平帶傳動

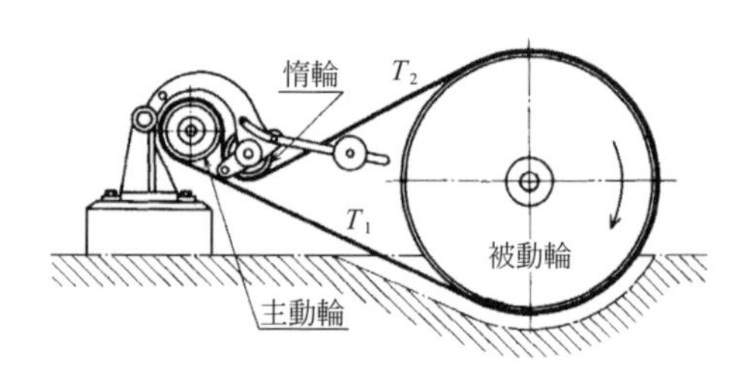

圖 11.67 惰輪

⑵ **平帶**：平帶的材料有皮革、木棉、橡膠、鋼等，皮帶是以牛皮製造，一條皮革的厚度為 4～5 mm，如須要較厚時，可以重疊 2～3 條使用。

甚至有使用帆布縫合而成的木棉帶(皮帶強度 360～520 kgf/cm^2)及浸滲橡膠的橡膠帶等。亦有使用薄鋼板製成的鋼帶。

表 11.87，表 11.89 爲工業用平皮帶，工業用圓皮帶之標準尺寸與強度。此外，表 11.89(a)、(b)分別爲平橡膠帶之標準寬度與強度。

⑶ **平帶輪**：平帶輪如圖 11.68 所示，由輪緣、輪臂與轂 3 部分組成，主要是由鑄鐵製造，速度在 30 m/sec 以上時，使用鋼製成。

表 11.87 工業用平皮帶(JIS K 6501：1995 年廢止)

(a)強度與拉伸

種別	抗拉強度 (N/mm^2)	拉伸(%) (19.6 N/mm^2 時)
1 級品	24.5 以上	16 以下
2 級品	19.6 以上	20 以下
〔註〕材質係使用優良的牛皮或水牛皮。		

(b)標準尺寸 (單位 mm)

單帶		二條重疊帶		三條重疊帶	
寬	厚	寬	厚	寬	厚
25	3 以上	51	6 以上	203	10以上
32	3 以上	63	6 以上	229	10以上
38	3 以上	76	6 以上	254	10以上
44	3 以上	89	6 以上	279	10以上
51	4 以上	102	6 以上	305	10以上
57	4 以上	114	6 以上	330	10以上
63	4 以上	127	7 以上	336	10以上
70	4 以上	140	7 以上	381	10以上
76	4 以上	152	7 以上	406	10以上
83	4 以上	165	7 以上	432	10以上
89	4 以上	178	7 以上	457	10以上
95	4 以上	191	8 以上	483	10以上
102	5 以上	203	8 以上	508	10以上
114	5 以上	229	8 以上	559	10以上
127	5 以上	254	8 以上	610	10以上
140	5 以上	279	8 以上	660	10以上
152	5 以上	305	8 以上	711	10以上
				762	10以上

表 11.88 工業用圓皮帶(JIS K 6502：1995 年廢止)

抗拉強度(N/mm^2)		24.5 以上
拉伸(%)(19.6 N/mm^2 時)		1.6 以下
直徑	6 mm，8 mm，10 mm，12 mm，15 mm	
〔註〕材質爲優良的牛皮或水牛皮。		

表 11.89 平橡膠帶(JIS K 6321：1995 年廢止)

(a)布層數與寬度

布層數	3	4	5	6	7	8
寬度 (mm)	25	50	125	150	200	250
	30	63	—	175	250	300
	38	75	—	—	—	—
	50	90	—	—	—	—
	63	100	—	—	—	—
	75	—	—	—	—	—

(b)平橡膠帶的強度

項目 \ 種類	1 種	2 種	3 種
抗拉強度(N) (對於布層 1 片、寬度 10 mm)	540 以上	490 以上	440 以上
延伸率(%)	20 以下	20 以下	20 以下
剝離負荷(N) (對於寬度 25 mm)	70 以上	60 以上	60 以上

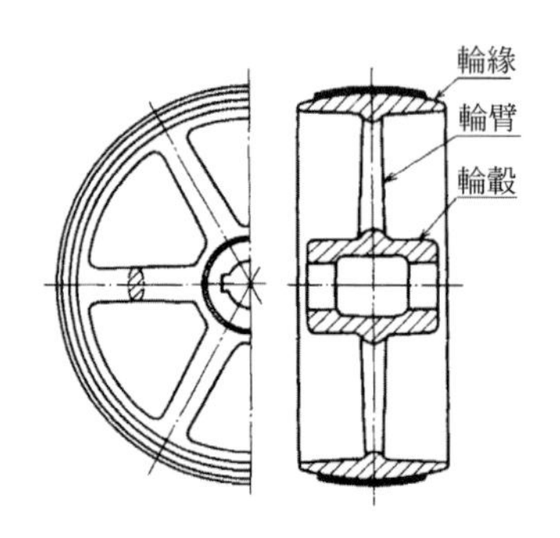

圖 11.68　帶輪

設帶輪的寬爲B，則

$$B = 1.1b + 10 \text{ mm}$$

式中

b＝帶寬(mm)，交叉傳動時提高 10～20％

表 11.90 爲平帶輪之標準尺寸。

輪緣厚度S (mm)爲：

$$S = 0.005D + 2 \text{ mm}$$

設$S > 3$ mm

圓角高之尺寸W爲：

$$W = \left(\frac{1}{4} \sim \frac{1}{3}\right)\sqrt{B}$$

主要尺寸中，平帶輪直徑D，寬度B及輪緣之圓角高度尺寸(中高尺寸：稱爲crown)如表 11.90 所示。若有中高，皮帶才不會脫落。

臂數n爲：

$$n = \left(\frac{1}{7} \sim \frac{1}{8}\right)\sqrt{D} \text{ (mm)}$$

普通用 4 根(500 mm 以下)～6 根(500 mm 以上)。

表 11.90　平帶輪(JIS B 1852) (單位 mm)

(a)平帶輪的公稱寬度及公稱直徑

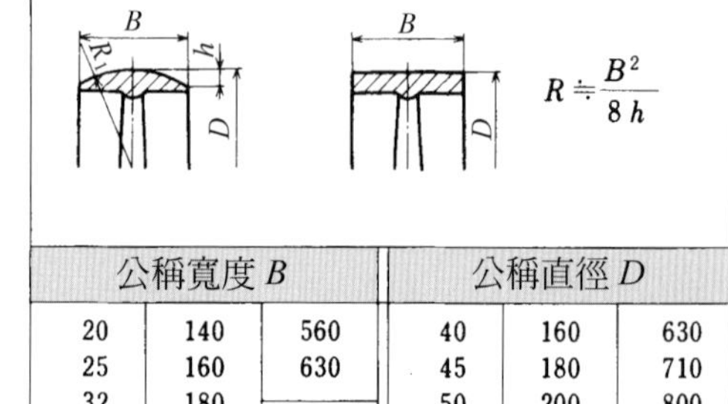

公稱寬度 B			公稱直徑 D		
20	140	560	40	160	630
25	160	630	45	180	710
32	180		50	200	800
40	200		56	224	900
50	224		63	250	1000
63	250		71	280	1120
71	280		80	315	1250
80	315		90	355	1400
90	355		100	400	1600
100	400		112	450	1800
112	450		125	500	2000
125	500		140	560	

(b)中高的高度(公稱直徑小於 355mm)

公稱直徑 (D)	中高 (h)	公稱直徑 (D)	中高 (h)
40～112	0.3	200, 224	0.6
125, 140	0.4	250, 280	0.8
160, 180	0.5	315, 355	1.0

臂之斷面通常是橢圓形，尺寸比率如圖 11.69 所示。

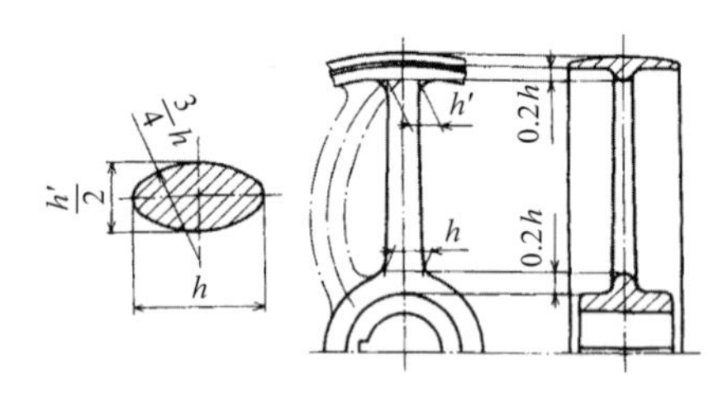

圖 11.69　臂的形狀

臂底大小h爲：

$$h = \sqrt[3]{\frac{BD}{1.6n}}，h' = (0.75 \sim 0.8)h$$

式中

n＝臂數

D＝帶直徑(cm)

B＝帶寬(cm)

臂有直形與彎曲形兩種，如爲防止鑄造後冷卻收縮可採用彎曲臂。

轂之厚度e與寬l'(圖 11.70)通常爲：

$$e=\frac{d}{3}+5\ (\mathrm{mm})$$

$$l'=B(\text{寬}B\text{大時 }1.2d\sim1.5d)$$

設

$B>1.5d$時$l'=0.7B$

有惰輪時$l'=2d$

長轂時，如圖 11.70(c)所示要留空位。

表 11.91 是小型三相感應馬達用帶輪之尺寸。

表 11.91　平帶輪的尺寸(舊 JIS C 4210)

定額輸出(kW)		平帶輪的尺寸(mm)	
4 極	6 極	直徑 *PD*	寬 *PW*
0.2	－	50	38
0.4	－	75	65
0.75	0.4	75	65
1.5	0.75	100	75
2.2	1.5	125	75
3.7	2.2	140	100
5.5	3.7	140	125
7.5	5.5	180	125
11	7.5	180	150
15	11	230	150

(4)　**階段輪**

像工具機等，由於切削速度之關係，原動軸與被動軸之間必須有速度變化時，可使用階段輪。

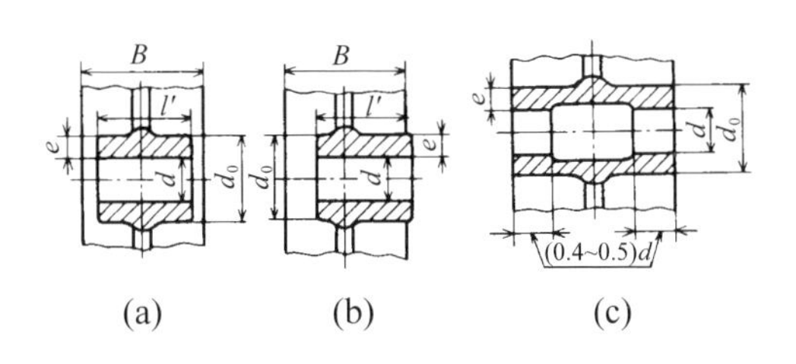

圖 11.70　轂之形狀

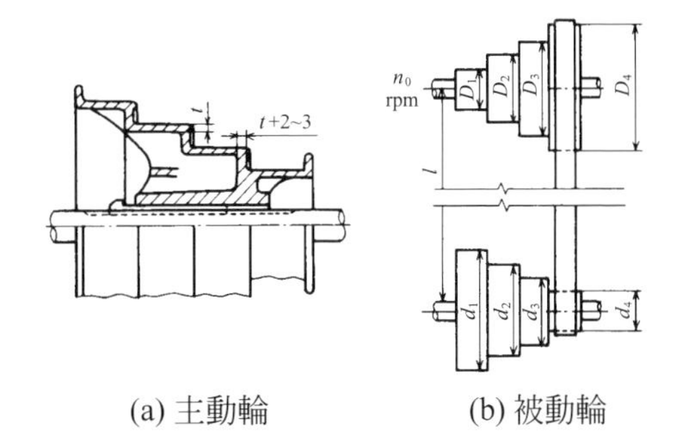

(a) 主動輪　(b) 被動輪

圖 11.71　階段輪

階段輪以 3～4 級居多，各級所懸捲之帶長相同，但各級之速度不相同，如爲等比級數時，主動輪與被動輪的形狀相稱，以下敘述階段輪之計算：

設階段輪之公比爲ϕ，主動輪之固定轉數n_o爲：

$$n_o=\sqrt{n_1,n_x}$$

$$n_2=n_1\phi$$

$$n_3=n_2\phi=n_1\phi^2$$

$$n_x=n_1\phi^{x-1}$$

$$\phi=\sqrt[x-1]{\frac{n_x}{n_1}}$$

式中

n_1，n_2，…，n_x＝被動輪之各種轉數

普通ϕ＝1.25～2 左右

主動軸轉數n_o爲：

$$n_o = n_1\sqrt{\phi^{x-1}} = n_1\sqrt{\frac{n_x}{n_1}}$$

⑸ **帶移動裝置**

像工具機等須要停止動力傳達時，除了用離合器外，亦可使用如圖 11.72 所示之固定輪與惰輪，惰輪之輪緣比較小，以使運轉停止中，使皮帶鬆弛，同時減低軸承壓力；移動裝置不可設置在帶之進入側。

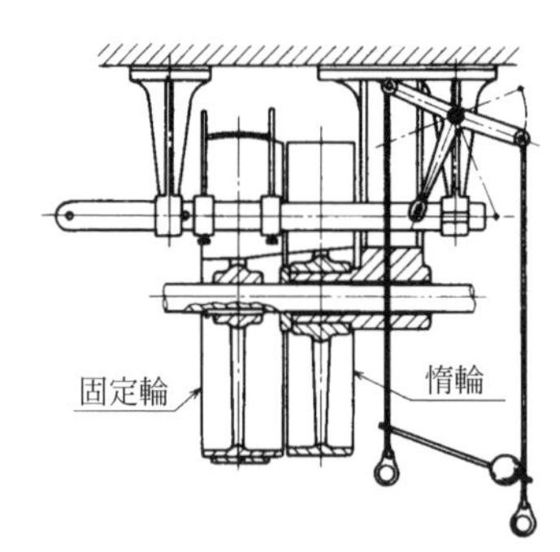

圖 11.72 帶移動裝置

11.5 鋼索傳動

鋼索傳動適合於距離相當長之情況，廣泛用於起重機、昇降機等負載機械。

1. 鋼索

鋼索是以細鋼線(稱爲鋼絲)撚絞成子股之後，中心再嵌合蔴或PP等合成纖維做成，亦有在子股中心嵌入股心。

鋼索之特點如下所述：

① 彈性高且具柔軟性，用於索輪之捲撓時，力的方向改變容易。

② 拉力大、本身重量小、高速運轉時慣性小。

③ 可製成可靠性高的成品，保養、檢修方便。

⑴ **鋼索的構造**：鋼索是由鋼絲及股心所構成，種類繁多，表 11.93 爲JIS規定依構造之分類，共有 24 種。

⑵ **鋼索之撚法(絞法)**：鋼索之撚法如圖 11.73 所示，有索與股按反方向撚撓之普通撚法，與相同方向撚撓之蘭格撚法，依索之撚向又可分*Z*撚法與*S*撚法，原則上多採用*Z*撚法。

普通 Z 撚法　普通 S 撚法　蘭格 Z 撚法　蘭格 S 撚法

圖 11.73 鋼索的撚法

表 11.92 鋼絲種類的區分

種別	公稱抗拉強度(2) (N/mm^2)	摘要(3)*
E 種(1)	1320	裸線及電鍍
G 種	1470	電鍍
A 種	1620	裸線及電鍍
B 種	1770	裸線及電鍍
T 種	1910	裸線

〔註〕
(1)最外層鋼絲之公稱抗拉強度，比內層鋼絲之公稱抗拉強度低之雙強度鋼索。
(2)如表 11.96～11.105，表示以鋼索破斷力計算基礎算出之鋼絲抗拉強度(N/mm^2=MPa)。
(3)*表中電鍍係包括電鍍後冷加工。

表 11.93　鋼索的構造及剖面(JIS G 3525)

稱呼	7 絲 6 股	12 絲 6 股*	19 絲 6 股	24 絲 6 股	30 絲 6 股*	37 絲 6 股
構成符號	6 × 7	6 × 12	6 × 19	6 × 24	6 × 30	6 × 37
剖面	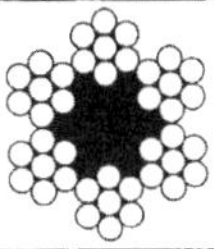	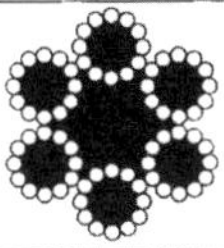	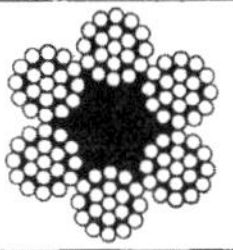			
稱呼	61 絲 6 股*	S 形 19 絲 6 股	S 形 19 絲 6 股 加心索	W 形 19 絲 6 股	W 形 19 絲 6 股 加心索	F 形 25 絲 6 股
構成符號	6 × 61	6 × S (19)	IWRC 6 × S (19)	6 × W (19)	IWRC 6 × W (19)	6 × Fi (25)
剖面		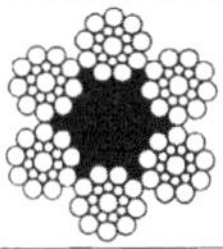	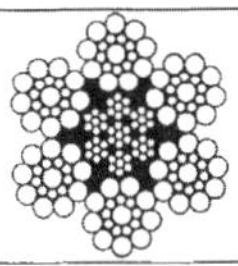			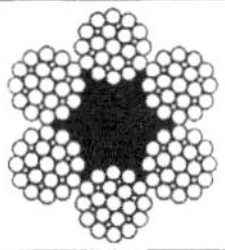
稱呼	F 形 25 絲 6 股 加心索	WS 形 26 絲 6 股	WS 形 26 絲 6 股 加心索	F 形 29 絲 6 股	F 形 29 絲 6 股 加心索	WS 形 31 絲 6 股
構成符號	IWRC 6 × Fi (25)	6 × WS (26)	IWRC 6 × WS (26)	6 × Fi (29)	IWRC 6 × Fi (29)	6 × WS (31)
剖面	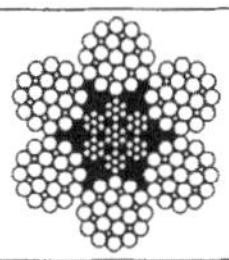	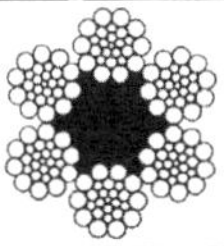	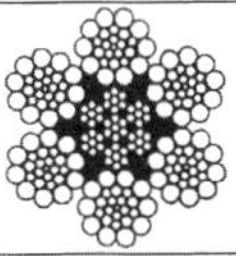	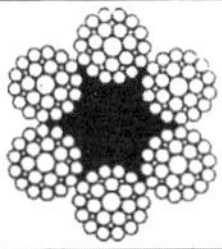		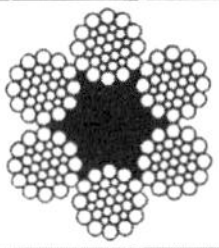
稱呼	WS 形 31 絲 6 股 加心索	WS 形 36 絲 6 股	WS 形 36 絲 6 股 加心索	WS 形 41 絲 6 股	WS 形 41 絲 6 股 加心索	SS 形 37 絲 6 股*
構成符號	IWRC 6 × WS (31)	6 × WS (36)	IWRC 6 × WS (36)	6 × WS (41)	IWRC 6 × WS (41)	6 × SeS (37)
剖面	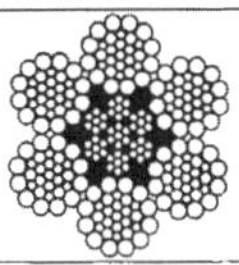	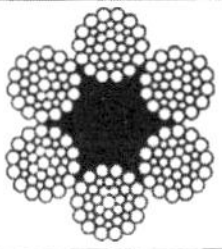	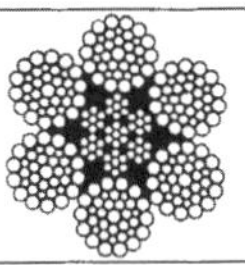	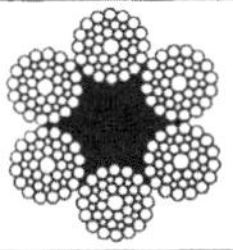	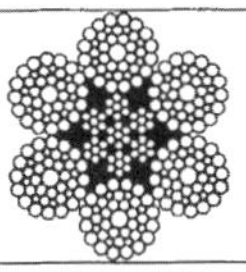	
稱呼	SS 形 37 絲 6 股 加心索*	S 形 19 絲 8 股	W 形 19 絲 8 股	F 形 25 絲 8 股	武王星形 7 絲 18 股*	武王星形 7 絲 19 股
構成符號	IWRC 6 × SeS (37)	8 × S (19)	8 × W (19)	8 × Fi (25)	18 × 7	19 × 7
剖面		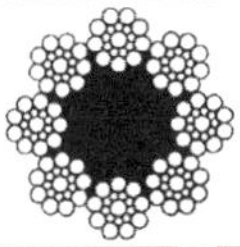	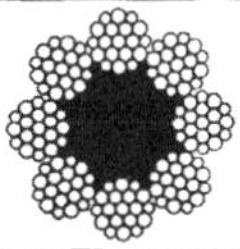		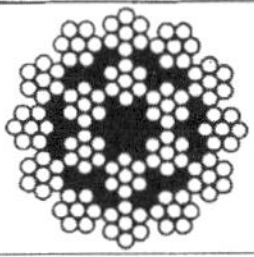	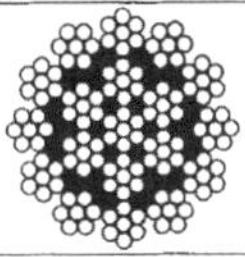
稱呼	Naflex 形 7 絲 34 股*	Naflex 形 7 絲 35 股*	平面形圓線 三角心 7 絲 6 股*	平面形圓線 三角心 24 絲 6 股*	〔註〕 * 示 1998 年更正已廢止。	
構成符號	34 × 7	35 × 7	6 × F [(3 × 2 + 3) + 7]	6 × F [(3 × 2 + 3) + 12 + 12]		
剖面		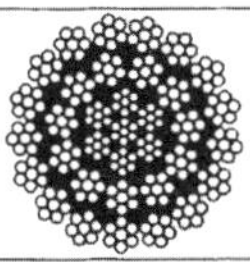	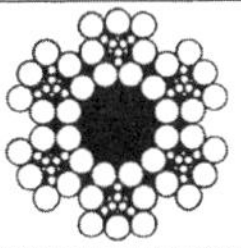	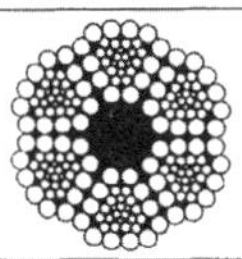		

表 11.94　依鋼索區分所做之組合(JIS G 3525)

子股			索心種類	構造符號	有無電鍍							
					裸線				電鍍			
層數	撚法	條數			E 種	A 種	B 種	T 種	E 種	G 種	A 種	B 種
單層	交叉撚法	6	纖維心	6×7		○				○		
				6×19		○				○		
				6×24		○				○		
				6×37		○				○		
	平行撚法	6	纖維心	6×S (19)	○	○	○	○	○		○	○
				6×W (19)	○	○	○	○	○		○	○
				6×Fi (25)	○	○	○	○	○		○	○
				6×WS (26)			○	○				○
				6×Fi (29)			○	○				○
				6×WS (31)			○	○				○
				6 × WS (36)			○	○				○
				6×WS (41)			○	○				○
			鋼索心	IWRC 6×S (19)			○	○				○
				IWRC 6×W (19)			○	○				○
				IWRC 6×Fi (25)			○	○				○
				IWRC 6×WS (26)			○	○				○
				IWRC 6×Fi (29)			○	○				○
				IWRC 6×WS (31)			○	○				○
				IWRC 6×WS (36)			○	○				○
				IWRC 6×WS (41)			○	○				○
		8	纖維心	8×S (19)	○	○	○	○	○		○	○
				8×W (19)	○	○	○	○	○		○	○
				8×Fi (25)	○	○	○	○	○		○	○
多層	交叉撚法	18	子股心	19×7							○	

〔備註〕此規格，適用○印之組合。

(3)　**鋼絲的種類**：鋼索依使用鋼絲之抗拉強度不同，有表 11.92 所示之E種、G種、A 種、B 種與 T 種共五種。

(4)　**子股的撚法**：子股的撚法分爲子股的各層素線是點接觸或線接觸。前者稱爲交叉撚法，後者稱爲平行撚法。且後者更因各層素線的組合方式，分爲密封形(*S*形)，威林頓形(*W*形)，塡充形(*F*形)，威林頓密封形(*WS*形)，半密封形(*SS*形)等(參考表 11.93)。

表 11.95　起重機用索的安全因素

負荷狀態	使用頻率	安全率	用途實例
任意 很少全負荷使用	小 普通	6～6.5	有掛鉤之各種起重機吊升、伸臂、懸臂等。
很少全負荷使用 常常全負荷運轉	大 普通	6.5～7	有掛鉤之馬頭起重機、製鐵製鋼作業用起重機之吊升。
常常全負荷運轉	大	7～8	抓爪挖浚機用起重機，有電磁鐵之起重機吊升用。
索在火焰中 負荷變化激烈時	–	8～10	鑄造起重機、鋼塊起重機、鍛造起重機的捲升。
天井起重機	–	10 以上	在運轉室、運轉台之重物升降時。
		4 以上	沒有吊升之抗摩擦，橫向移動、行走、迴轉。
索起重機時		2.7 以上	索起重機的捲索或主索。
		4 以上	鑄件抗拉材料用靜索，索起重機的主索吊升。

⑸　**依分類所做之組合**：依構造、撚法、鋼絲分類所成之組合，如表 11.94 所示。

⑹　**索徑的測定方法**：如圖 11.74 所示，使用游標尺測定外切圓之直徑(2 個位置以上之平均值)。

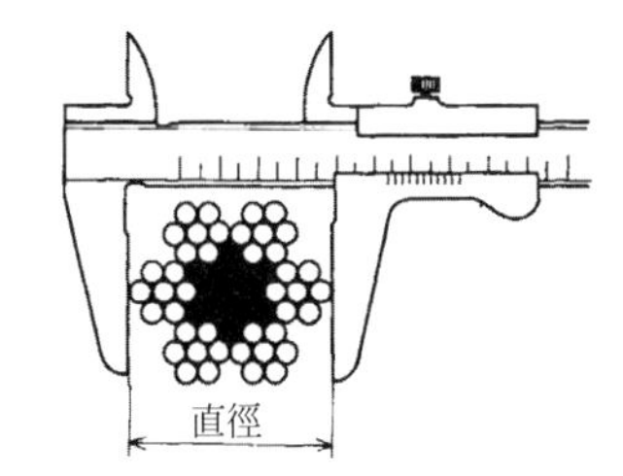

圖 11.74　直徑的測定方法

⑺　**鋼索的破斷力與重量**：鋼索的破斷力用"絲線之總切斷負荷×撚絞效率"表示，撚絞效率主要隨索之構造、撚長、絲線的抗拉強度等因素改變，表 11.96～表 11.105 為 JIS 規定之破斷力(必須在此值之上)及單位長度之質量。

表 11.96　6×7 鋼索之破斷力

公稱直徑 (mm)	破斷力(最小值)(kN) 電鍍 G 種[1]	破斷力(最小值)(kN) 裸線 A 種[2]	(參考) 單位質量概算 (kg/m)
6	19.0	21.4	0.134
8	33.8	38.1	0.237
9	42.8	48.2	0.300
10	52.8	59.5	0.371
12	76.0	85.6	0.534
14	103	117	0.727
16	135	152	0.950
18	171	193	1.20
20	211	238	1.48
22	256	288	1.80
24	304	343	2.14
26	357	402	2.51
28	414	466	2.91
30	475	535	3.34
32	541	609	3.80

〔註〕
(1)普通撚，(2)蘭格撚，(3)表示普通撚法與蘭格撚法(以下至表11.105皆同)。

表 11.97　6×19 鋼索之破斷力

公稱直徑 (mm)	破斷力(最小值)(kN) 電鍍 G 種[1]	破斷力(最小值)(kN) 裸線 A 種[2]	(參考) 單位質量概算 (kg/m)
6	18.1	19.4	0.131
8	32.1	34.6	0.233
9	40.7	43.8	0.295
10	50.2	54.0	0.364
12	72.3	77.8	0.524
14	98.4	106	0.713
16	128	138	0.932
18	163	175	1.18
20	201	216	1.46
22	243	261	1.76
24	289	311	2.10
26	339	365	2.46
28	393	424	2.85

表 11.98　6×24 鋼索之破斷力

公稱直徑 (mm)	破斷力(最小值)(kN) 電鍍 G 種[1]	破斷力(最小值)(kN) 裸線 A 種[1]	(參考) 單位質量概算 (kg/m)
6	16.5	17.7	0.120
8	29.3	31.6	0.212
9	37.1	39.9	0.269
10	45.8	49.3	0.332
12	65.9	71.0	0.478
14	89.7	96.6	0.651
16	117	126	0.850
18	148	160	1.08
20	183	197	1.33
22	222	239	1.61
24	264	284	1.91
26	309	333	2.24
28	359	387	2.60
30	412	444	2.99
32	469	505	3.40
36	593	639	4.30
40	732	789	5.31
20	183	197	1.33
22	222	239	1.61
24	264	284	1.91
26	309	333	2.24
28	359	387	2.60
30	412	444	2.99
32	469	505	3.40
36	593	639	4.30
40	732	789	5.31

表 11.99　6×37 鋼索之破斷力

公稱直徑 (mm)	破斷力(最小值)(kN) 電鍍 G 種[1]	破斷力(最小值)(kN) 裸線 A 種[1]	(參考) 單位質量概算 (kg/m)
6	17.8	19.1	0.129
8	31.6	34.0	0.230
9	40.0	43.0	0.291
10	49.4	53.1	0.359
12	71.1	76.5	0.517
14	96.7	104	0.704
16	126	136	0.920
18	160	172	1.16
20	197	212	1.44
22	239	257	1.74
24	284	306	2.07
26	334	359	2.43
28	387	416	2.82
30	444	478	3.23
32	505	544	3.68
36	640	688	4.66
40	790	850	5.75
44	956	1030	6.96
48	1140	1220	8.28
52	1330	1440	9.72
56	1550	1670	11.3
60	1780	1910	12.9

表 11.100　6×S(19)，6×W(19)，6×Fi(25)，6×WS(26)鋼索之破斷力

公稱直徑 (mm)	破斷力(最小值)(kN) 裸線、電鍍 E 種[1]	裸線、電鍍 A 種[3]	裸線、電鍍 B 種[3]	裸線 T 種[3]	(參考) 單位值量概算 (kg/m)
4	—	—	9.29	9.77	0.0617
5	—	—	14.5	15.3	0.0965
6	16.1	19.6	20.9	22.0	0.139
6.3	17.7	21.6	23.0	24.2	0.153
8	28.6	34.9	37.2	39.1	0.247
9	36.2	44.1	47.0	49.5	0.312
10	44.7	54.5	58.1	61.1	0.386
11.2	56.1	68.3	72.8	76.6	0.484

表 11.100 6×S(19)，6×W(19)，6×Fi(25)，6×WS(26)鋼索之破斷力(續)

公稱直徑(mm)	破斷力(最小值)(kN)				(參考)單位值量概算(kg/m)
	裸線、電鍍			裸線	
	E種(1)	A種(3)	B種(3)	T種(3)	
12	64.4	78.5	83.6	88.0	0.556
12.5	69.9	85.1	90.7	95.4	0.603
14	87.7	107	114	120	0.756
16	115	139	149	156	0.988
18	145	176	188	198	1.25
20	179	218	232	244	1.54
22.4	224	273	291	306	1.94
25	280	340	363	382	2.41
28	—	—	455	479	3.02
30	—	—	523	550	3.47
31.5	—	—	576	606	3.83
33.5	—	—	652	685	4.33
35.5	—	—	732	770	4.86
37.5	—	—	816	859	5.43
40	—	—	929	977	6.17

〔註〕
6×S(19)之公稱直徑：E、A種爲6～25mm，B、T種爲6mm以上。
6×W(19)之公稱直徑：E、A種爲6～25mm，B、T種爲4mm以上。
6×Fi(25)之公稱直徑：E、A種爲6～25mm，B、T種爲8mm以上。
6×WS(26)之公稱直徑：僅B、T種，爲8mm以上。

表 11.101 IWRC6×S(19)，IWRC6×W(19)，IWRC6×Fi(25)，IWRC6×WS(26)鋼索之破斷力

公稱直徑(mm)	破斷力(最小值)(kN)		(參考)單位值量概算(kg/m)
	裸線、電鍍	裸線	
	B種(3)	T種(3)	
10	66.2	69.5	0.430
11.2	83.0	87.2	0.539
12.5	103	109	0.672
14	130	136	0.843
16	169	178	1.10
18	214	225	1.39
20	265	278	1.72
22.4	332	349	2.16
25	414	435	2.69
28	519	545	3.37
30	596	626	3.87
31.5	657	690	4.27
33.5	743	780	4.83
35.5	834	876	5.42
37.5	931	978	6.05
40	1060	1110	6.88

表 11.102 6×Fi(29)，6×WS(31)，6×WS(36)，6×WS(41)鋼索之破斷力

公稱直徑(mm)	破斷力(最小值)(kN)		(參考)單位值量概算(kg/m)
	裸線、電鍍	裸線	
	B種(3)	T種(3)	
8	37.9	39.9	0.253
9	48.0	50.4	0.321
10	59.2	62.3	0.396
11.2	74.3	78.1	0.496
12.5	92.5	97.3	0.618
14	116	122	0.776
16	152	159	1.01
18	192	202	1.28
20	237	249	1.58
22.4	297	312	1.99
25	370	389	2.47
28	464	488	3.10
30	533	560	3.56
31.5	588	618	3.93
33.5	665	699	4.44
35.5	746	785	4.99
37.5	833	876	5.57
40	948	996	6.33
42.5	1070	1120	7.15
45	1200	1260	8.01
47.5	1340	1400	8.93
50	1480	1560	9.90
53	1660	1750	11.1
56	1860	1950	12.4
60	2130	2240	14.2

〔備註〕6×Fi(29)之公稱直徑在 8mm 以上，6×WS(31)及 6×WS(36)之公稱直徑在 20mm 以上，6×WS(41)之公稱直徑在 30mm 以上。

表 11.103 IWRC6×Fi(29)，IWRC6×WS(31)，IWRC6×WS(36)，IWRC6×WS(41)鋼索之破斷力

公稱直徑 (mm)	破斷力(最小值) (kN)		(參考) 單位值量概算 (kg/m)
	裸線、電鍍	裸線	
	B 種(3)	T 種(3)	
10	67.7	71.1	0.440
11.2	84.9	89.2	0.552
12.5	106	111	0.688
14	133	139	0.863
16	173	182	1.13
18	219	230	1.43
20	271	284	1.76
22.4	340	357	2.21
25	423	444	2.75
28	531	558	3.45
30	609	640	3.96
31.5	672	706	4.37
33.5	760	798	4.94
35.5	853	896	5.55
37.5	952	1000	6.19
40	1080	1140	7.04
42.5	1220	1280	7.95
45	1370	1440	8.91
47.5	1530	1600	9.93
50	1690	1780	11.0
53	1900	2000	12.4
56	2120	2230	13.8
60	2440	2560	15.8

〔備註〕
IWRC 6×Fi(29)之公稱直徑在10mm以上。
IWRC 6×WS(31)及IWRC 6×WS(36)之公稱直徑在20mm以上
IWRC 6×WS(41)之公稱直徑在30mm以上。

表 11.104 8×S(19)，8×W(19)，8×Fi(25)鋼索之破斷力

公稱直徑 (mm)	破斷力(最小值)(kN)				(參考) 單位值量概算 (kg/m)
	裸線、電鍍		裸線		
	E 種(3)	A 種(3)	B 種(3)	T 種(3)	
8	26.0	30.8	32.8	34.5	0.220
10	40.6	48.1	51.3	53.9	0.343
11.2	51.0	60.3	64.3	67.6	0.430
12	58.5	69.2	73.8	77.7	0.494
12.5	63.5	75.1	80.1	84.3	0.536
14	79.6	94.3	100	106	0.672
16	104	123	131	138	0.878
18	132	156	166	175	1.11
20	162	192	205	216	1.37
22.4	204	241	257	271	1.72
25	254	301	320	337	2.14

表 11.105 19×7 鋼索之破斷力

公稱直徑 (mm)	破斷力(最小值)(kN) 電鍍 A 種(1)	(參考) 單位值量概算 (kg/m)
12	84.7	0.612
14	115	0.833
16	151	1.09
18	191	1.38
20	235	1.70
22	285	2.06

表 11.106 索筒溝槽部尺寸

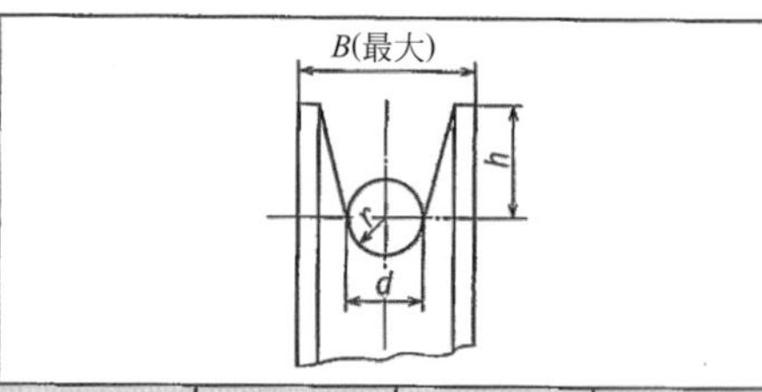

索徑 d	槽底半徑 r	槽深度 h	索輪寬度 B (最大)
5	2.8	7.5	17
6	3.35	9	19
6.3	3.55	9.5	20
8	4.5	12.5	25
9	5	14	28
10	5.6	15	31.5
11.2	6	17	35.5
12	6.7	18	35.5
12.5	6.7	19	35.5
14	7.5	21.2	40
16	9	25	45
18	10	28	50
20	11.2	30	56
22	11.8	33.5	63
22.4	12.5	35.5	63
24	13.2	37.5	71
25	14	37.5	71
26	14	40	75
28	15	42.5	80
30	17	45	90
31.5	17	47.5	90
32	18	50	90
33.5	18	53	100
(34)	19	53	100
35.5	19	56	100
36	20	56	100
37.5	21.2	60	112
(38)	21.2	60	112
40	22.4	60	112
42.5	23.6	67	118
45	25	71	125

〔備註〕括號內之索徑，爲 JIS 內沒有的。

(8) **安全破斷力與安全因素**： JIS表示之破斷力數值係指示索之最低保證破斷力，破斷力因索之結構、撚長等而異，但實際破斷力應比絲線破斷力低 8～18%左右。

安全因素是繩索所受最大負荷與破斷力之比，依使用方法與重要性等而定，表 11.95 是以純拉力作用時，起重機用鋼索之安全因素參考值。

2. 索輪與捲筒

(1) **索輪**：索輪的槽底應製成較廣之圓底，槽之半徑應比索半徑大，開口角度爲30°～60°，表11.106爲索輪之槽尺寸。

(2) **索筒**：表 11.107 是捲昇用鋼索用索筒之尺寸，索筒通常由鑄鐵製成，有時亦使用鋼製成或鋼板製成。

索筒外周如表 11.107 所示，也可設計成鋼索之嵌入式索袋狀之溝槽。

(3) **索輪與索筒的直徑**：鋼索捲撓在索輪、索筒時，由於彎曲拉伸使構成鋼索之絲線因屈曲疲勞及絲線間相互摩擦會產生斷線，尤其是在捲筒、索輪直徑小到某程度時，索線受到激烈的拉伸、挫曲疲勞及負荷不均勻、絲線相互摩擦等，更易使索之壽命大幅度縮短，因此，爲提高索之使用壽命，捲筒與索輪宜使用大直徑，理論上，筒徑須爲絲徑之1000倍以上，若有其它因素影響，也不可低於 500 倍，絲徑與索徑倍率之換算如表 11.108 所示。

表 11.107 索筒之索槽尺寸

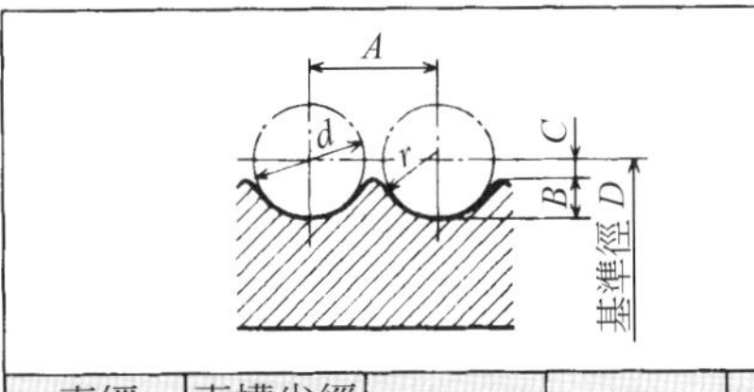

索徑 d	索槽半徑 r	A	B	C
10	6.3	11.2	4	1
11.2	6.3	12.5	4	1.6
12.5	7.1	14	4.5	1.75
14	8	16	5	2
16	9	18	5.6	2.4
18	10	20	6.3	2.7
20	11.2	22.4	7.1	2.9
22.4	12.5	25	8	3.2
25	14	28	9	3.5
28	16	31.5	10	4
31.5	18	35.5	11.2	4.55
35.5	20	40	12.5	5.25
40	22.4	45	14	6
45	25	50	16	6.5
50	28	56	18	7
56	31.5	63	20	8

表 11.108 捲筒與索輪之換算直徑

索之結構(JIS G 3525)	絲徑之1000倍時	絲徑之 500 倍時
6×7(1 號)	索徑之 111 倍	索徑之 56 倍
6×19(3 號)	索徑之 67 倍	索徑之 34 倍
6×24(4 號)	索徑之 56 倍	索徑之 28 倍
6×37(6 號)	索徑之 48 倍	索徑之 24 倍

表 11.109 爲各種索徑d與輪徑D之比值。

(4) **索之偏位角**：索之偏位角如圖 11.75 所示，即連接索輪與索筒之中心線與連接索輪與索筒外側所成之夾角，無索槽之索筒，夾角須在 1.5°以內，有槽索筒爲 4°，才可使索順利操作，如果偏位角超過此限，則鋼索接近索筒端時容易重疊，必須加以注意。

表 11.109　*D*/*d*之値

適用條件	*D*/*d*
平衡索輪等操作中不迴轉之索輪	16
運轉率低、無耗損問題且希望直徑小時	20
一般起重用索輪	25
活動式起重機索輪，彎曲匝數多，效率長，欲延長壽命時	31.5
索起重機之索輪，索輪直徑稍大，又希望壽命長時	40

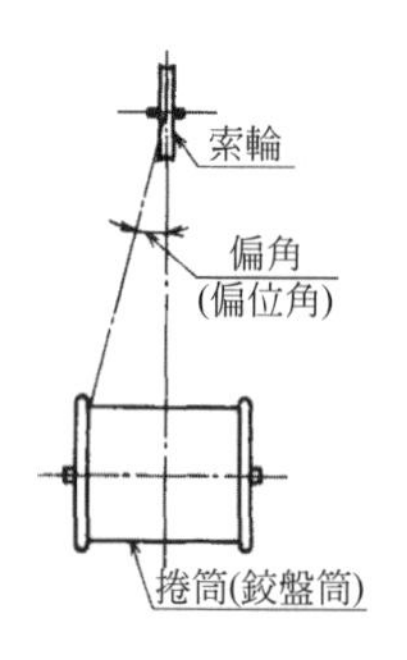

圖 11.75　偏位角

表 11.110　吊索的角度與負荷係數

吊索角度	負荷係數	吊索角度	負荷係數	吊索角度	負荷係數
0	500	60	577	130	1183
10	502	70	610	140	1462
20	508	80	653	150	1932
30	518	90	707	160	2880
40	532	100	778	170	5734
45	541	110	872	180	∞
50	552	120	1000	–	–

(5)　**懸吊鋼索之負荷係數**：吊索所產生之負荷力，即使同重之物件，亦因吊索角度而異，如表 11.110 與圖 11.76 所示。

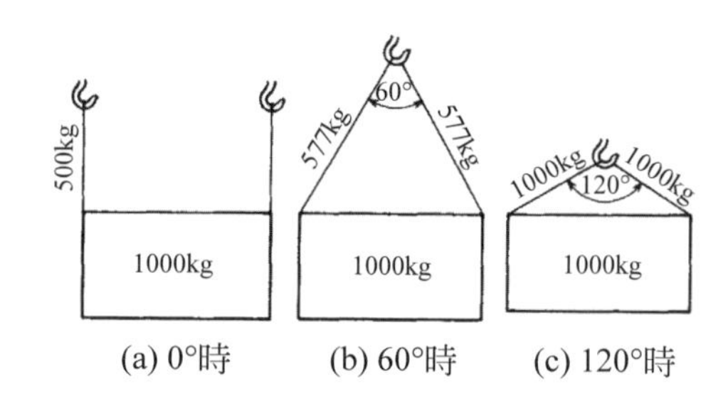

圖 11.76　因吊索角度而產生之負荷變化

3.　鋼索配件

使用鋼索時通常以圖 11.77 所示之方法接合。

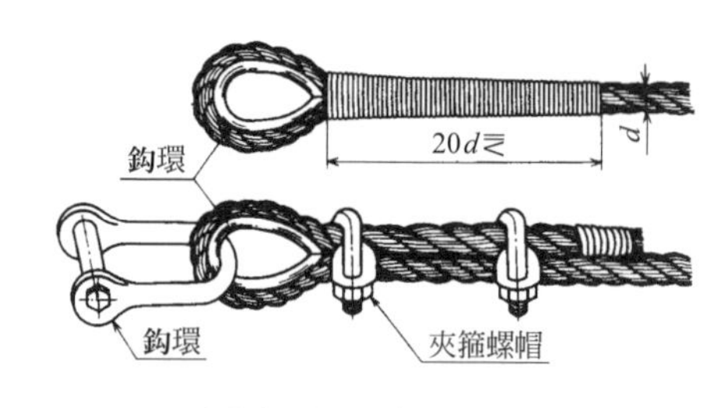

圖 11.77　鋼索配件

接合鋼索之配件有夾箍、**鉤**環與索眼，表 11.111 與表 11.112 爲索眼之形狀與尺寸，表 11.113 與表 11.114 爲**鉤**環之種類與形狀，不同**鉤**環直徑之使用負荷。

表 11.115 爲 JIS 規定夾箍中鋼索用*FR*形、*MR*形之形狀與尺寸，表 11.116 爲其抗拉負荷降伏值，圖 11.78 則爲其使用方法。

表 11.111　鋼索用鉤環A形(JIS B 2802：1989年廢止)　(單位 mm)

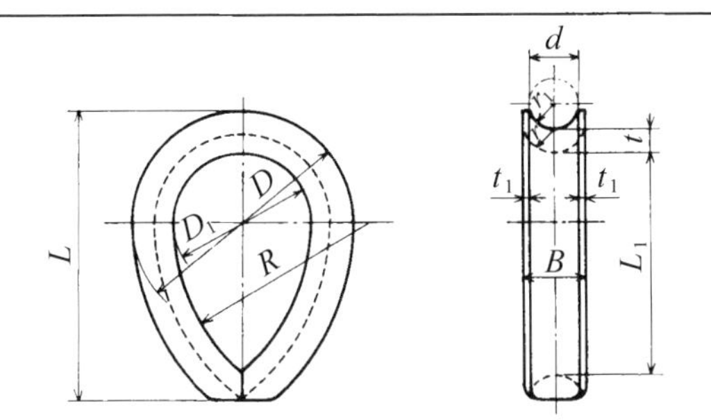

〔註〕用於無被覆鋼索。

稱呼	B	D	D_1 (最小)	L	L_1 (最小)	R	r	r_1	t	t_1	適用索徑 d	(參考) 計算質量 (kg)
6	9	32	16	45	29	32	4.5	3.5	6	1	6.3	0.02
8	10	41	22	59	40	44	5	4.5	7	1	8	0.04
9	11	45	25	65	45	50	5.5	5	7	1	9	0.06
10	13	50	28	72	51	56	6.5	5.5	7	1.5	10	0.07
12	16	60	34	86	62	68	8	6.5	8	1.5	12.5	0.08
14	17	66	38	96	69	76	8.5	7.5	9	1.5	14	0.09
16	20	76	44	110	80	88	10	9	10	2	16	0.15
18	22	80	48	118	87	96	11	10	10	2	18	0.18
20	24	91	54	134	98	108	12	11	12	2	20	0.3
22	28	102	60	149	110	120	14	12	13	2.5	22.4	0.45
(24)	29	110	65	162	119	130	14.5	13	14	2.5	(24)	0.58
26	31	118	70	172	128	140	15.5	14	14	2.5	25 (26)	0.73
28	33	129	75	186	137	150	16.5	15	16	2.5	28	0.86
30	35	135	80	198	146	160	17.5	16.5	17	2.5	30	1.0
32	38	144	85	210	155	170	19	17.5	18	3	31.5(32)	1.19
34	40	155	90	224	164	180	20	18.5	20	3	33.5(34)	1.34
36	42	160	95	235	174	190	21	19.5	20	3	35.5(36)	1.56
38	44	171	100	249	183	200	22	20.5	22	3	37.5	1.75
40	46	180	105	262	191	210	23	21.5	23	3	40	1.95
42	51	189	110	277	200	220	25.5	22.5	24	4	42.5	2.45
45	53	200	115	290	210	230	26.5	24	26	4	45	2.95
48	56	214	125	312	228	250	28	26	27	4	47.5	3.96
50	58	224	130	322	242	260	29	27	28	4	50	4.47
53	63	240	135	345	246	270	31.5	28	32	5	53	5.33
56	66	248	142	358	258	284	33	29.5	32	5	56	6.77
60	70	274	155	396	282	310	35	32.5	38	5	60	9.04
63	73	281	160	406	291	320	36.5	33.5	38	5	63	9.44

〔備註〕1. 儘量少用有括號之稱呼與鋼索徑。
2. 端部接合除特定外，皆指熔接。

表 11.112　鋼索用鉤環*B*形(JIS B 2802：1989 年廢止)　(單位 mm)

〔註〕用於被覆鋼索。

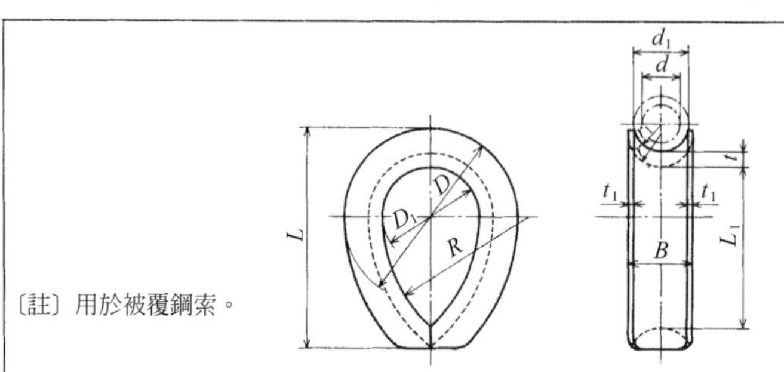

稱呼	B	D	D_1 (最小)	L	L_1 (最小)	R	r	r_1	t	t_1	適用索徑 d	參考		
												被覆用索徑	鋼索被覆部直徑 d_1	計算質量 (kg)
6	15	41	20	55	36	40	7.5	6.5	6	1	6.3	3	11	0.06
8	16	44	22	61	40	44	8	7.5	7	1	8	3	13	0.07
9	17	50	25	67	45	50	8.5	8	7	1	9	3	14	0.08
10	19	54	28	74	51	56	9.5	8.5	7	1.5	10	3	15	0.09
12	22	64	34	89	62	68	11	9.5	8	1.5	12.5	3	17	0.15
14	23	69	38	97	69	75	11.5	10.5	9	1.5	14	3	19	0.21
16	28	81	44	113	80	88	14	13	10	2	16	4	23	0.36
18	30	86	48	121	87	96	15	14	10	2	18	4	25	0.54
20	32	99	54	137	98	108	16	15	12	2	20	4	27	0.68
22	36	113	60	155	110	120	18	16	13	2.5	22.4	4	29	0.90
(24)	37	117	65	166	119	130	18.5	17	14	2.5	(24)	4	31	1.00
26	39	128	70	176	128	140	19.5	18	14	2.5	25 (26)	4	33	1.35
28	41	135	75	190	137	154	20.5	19	16	2.5	28	4	35	1.55
30	43	144	80	200	146	160	21.5	20.5	17	2.5	30	4	37	1.79
32	50	153	85	214	155	170	25	23.5	18	3	31.5(32)	6	38	2.55
34	52	165	90	230	164	180	26	24.5	20	3	33.5(34)	6	42	3.52
36	54	174	95	241	174	190	27	25.5	20	3	35.5(36)	6	44	4.10
38	56	183	100	257	183	200	28	26.5	22	3	37.5	6	46	4.85
40	58	190	105	266	191	210	29	27.5	23	3	40	6	48	5.64
42	63	202	110	280	200	220	31.5	28.5	24	4	42.5	6	50	6.30
45	65	212	115	298	210	235	32.5	30	26	4	45	6	52	7.15
48	68	229	125	316	228	250	34	32	27	4	47.5	6	58	8.60
50	70	241	130	335	243	264	35	33	28	4	50	6	60	9.05
53	75	251	135	350	246	270	37.5	34	32	5	53	6	62	10.65
56	78	264	142	368	258	284	39	35.5	32	5	56	6	65	12.50
60	82	287	155	401	282	310	41	38.5	38	5	60	6	70	15.94
63	85	298	160	415	291	320	42.5	39.5	38	5	63	6	72	17.30

〔備註〕1. 儘量少用有括號之稱呼與鋼索徑。
2. 端部接合除特定外，皆指熔接。

表 11.113　鉤環之種類(JIS B 2801)

BA　BB　BC　BD
SA　SB　SC　SD

〔註〕*記號表示使用開口銷。

種類	鉤環本體之符號	螺栓式銷		形式符號	公稱直徑範圍 (mm)	螺栓或銷接合
		形狀	符號			
彎鉤環	B	平頭銷	A	BA	34~90	圓線*
		六角螺栓	B	BB	20~90	螺帽*
		環首螺栓	C	BC	6~40	螺絲
		環首螺栓	D	BD	6~20	螺絲
直鉤環	S	平頭銷	A	SA	34~90	圓線*
		六角螺栓	B	SB	20~90	螺帽*
		環首螺栓	C	SC	6~40	螺絲
		環首螺栓	D	SD	10~58	螺絲

表 11.114　*BA*、*BB*、*BC*、*SA*、*SB*、*SC*鉤環本體(JIS B 2802)(1989 年廢止) (單位 mm)

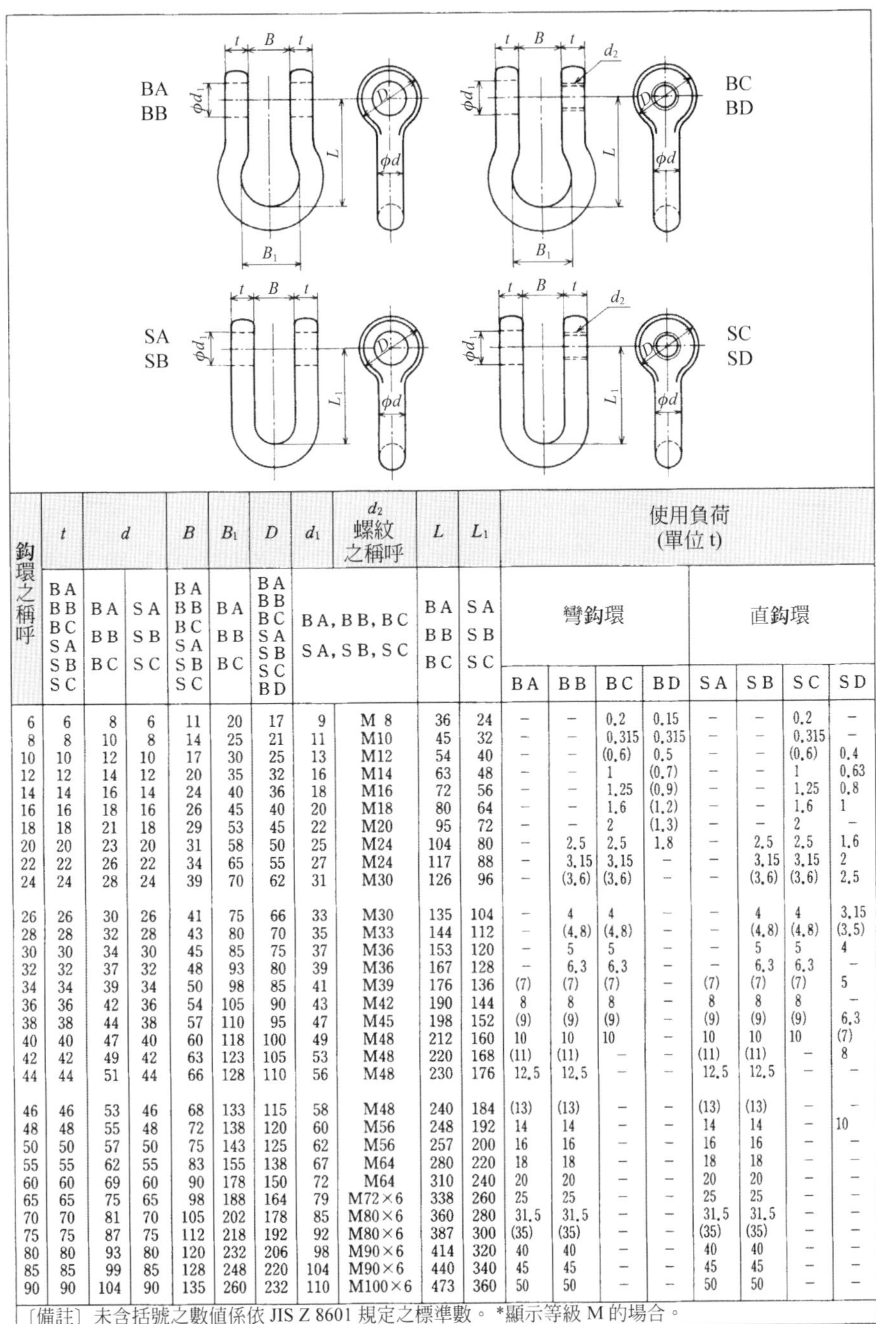

鉤環之稱呼	t	d		B	B_1	D	d_1	d_2 螺紋之稱呼	L	L_1	使用負荷 (單位 t)							
	BA BB BC SA SB SC	BA BB BC	SA SB SC	BA BB BC SA SB SC	BA BB BC	BA BB BC SA SB SC BD	BA, BB, BC SA, SB, SC		BA BB BC	SA SB SC	彎鉤環				直鉤環			
											BA	BB	BC	BD	SA	SB	SC	SD
6	6	8	6	11	20	17	9	M 8	36	24	–	–	0.2	0.15	–	–	0.2	–
8	8	10	8	14	25	21	11	M10	45	32	–	–	0.315	0.315	–	–	0.315	–
10	10	12	10	17	30	25	13	M12	54	40	–	–	(0.6)	0.5	–	–	(0.6)	0.4
12	12	14	12	20	35	32	16	M14	63	48	–	–	1	(0.7)	–	–	1	0.63
14	14	16	14	24	40	36	18	M16	72	56	–	–	1.25	(0.9)	–	–	1.25	0.8
16	16	18	16	26	45	40	20	M18	80	64	–	–	1.6	(1.2)	–	–	1.6	1
18	18	21	18	29	53	45	22	M20	95	72	–	–	2	(1.3)	–	–	2	–
20	20	23	20	31	58	50	25	M24	104	80	–	2.5	2.5	1.8	–	2.5	2.5	1.6
22	22	26	22	34	65	55	27	M24	117	88	–	3.15	3.15	–	–	3.15	3.15	2
24	24	28	24	39	70	62	31	M30	126	96	–	(3.6)	(3.6)	–	–	(3.6)	(3.6)	2.5
26	26	30	26	41	75	66	33	M30	135	104	–	4	4	–	–	4	4	3.15
28	28	32	28	43	80	70	35	M33	144	112	–	(4.8)	(4.8)	–	–	(4.8)	(4.8)	(3.5)
30	30	34	30	45	85	75	37	M36	153	120	–	5	5	–	–	5	5	4
32	32	37	32	48	93	80	39	M36	167	128	–	6.3	6.3	–	–	6.3	6.3	–
34	34	39	34	50	98	85	41	M39	176	136	(7)	(7)	(7)	–	(7)	(7)	(7)	5
36	36	42	36	54	105	90	43	M42	190	144	8	8	8	–	8	8	8	–
38	38	44	38	57	110	95	47	M45	198	152	(9)	(9)	(9)	–	(9)	(9)	(9)	6.3
40	40	47	40	60	118	100	49	M48	212	160	10	10	10	–	10	10	10	(7)
42	42	49	42	63	123	105	53	M48	220	168	(11)	(11)	–	–	(11)	(11)	–	8
44	44	51	44	66	128	110	56	M48	230	176	12.5	12.5	–	–	12.5	12.5	–	–
46	46	53	46	68	133	115	58	M48	240	184	(13)	(13)	–	–	(13)	(13)	–	–
48	48	55	48	72	138	120	60	M56	248	192	14	14	–	–	14	14	–	10
50	50	57	50	75	143	125	62	M56	257	200	16	16	–	–	16	16	–	–
55	55	62	55	83	155	138	67	M64	280	220	18	18	–	–	18	18	–	–
60	60	69	60	90	178	150	72	M64	310	240	20	20	–	–	20	20	–	–
65	65	75	65	98	188	164	79	M72×6	338	260	25	25	–	–	25	25	–	–
70	70	81	70	105	202	178	85	M80×6	360	280	31.5	31.5	–	–	31.5	31.5	–	–
75	75	87	75	112	218	192	92	M80×6	387	300	(35)	(35)	–	–	(35)	(35)	–	–
80	80	93	80	120	232	206	98	M90×6	414	320	40	40	–	–	40	40	–	–
85	85	99	85	128	248	220	104	M90×6	440	340	45	45	–	–	45	45	–	–
90	90	104	90	135	260	232	110	M100×6	473	360	50	50	–	–	50	50	–	–

〔備註〕未含括號之數值係依 JIS Z 8601 規定之標準數。*顯示等級 M 的場合。

表 11.115　長線夾(JIS B 2809：2018)　(單位 mm)

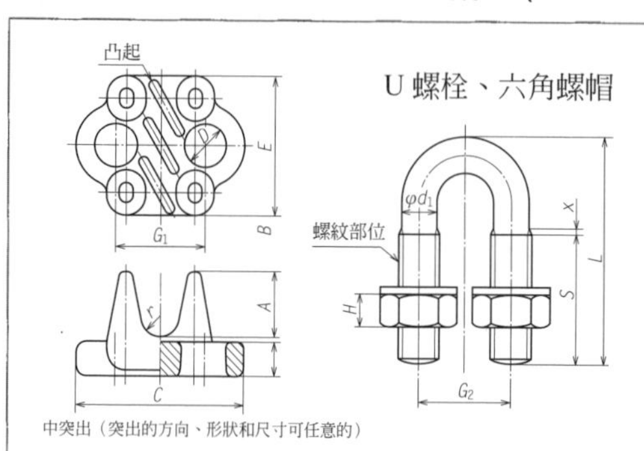

〔備註〕1. 圓頭直徑 d_1 的值一般約等於螺桿的有效直徑。
2. x 是不完整螺紋的長度，大約應爲 2 個螺紋。

〔註〕螺帽必須是 JIS B 1181 中規定的六角螺帽（非倒角面與主體接觸）或六角螺帽-C 型螺帽（JIS B 1256 中規定的帶平墊圈的小尺寸或平均尺寸）。

種類	本體							U 螺栓			
	A	B	C	D	E	G_1	r	(d)	G_2	L	S
F 8	12	6	36	10	31	18	4.5	M 8	18	40	20
F10	15	7	45	12	35	22	5.5	M10	22	50	28
F12	18	8	51	14.5	39	26	6.5	M12	26	60	35
F14	21	9	53	14.5	45	28	7.5	M12	28	65	40
F16	24	10	60	16.5	48	32	8.5	M14	32	75	45
F18	25	11	62	16.5	53	34	9.5	M14	34	80	50
F20−22	31	12	78	21.5	62	44	12	M18	44	100	60
F24−25	34	13	86	23.5	68	48	13.5	M20	48	110	65
F26−28	39	14	94	25.5	75	54	15	M22	54	120	70
F30−32	42	15	98	25.5	79	58	17	M22	58	130	75
F33−38	49	16	120	31.5	93	70	20	M27	70	150	85
F40−45	53	19	136	34.5	100	80	24.5	M30	80	175	95
F47−50	60	21	150	37.5	115	89	27	M33	89	195	100

表 11.116　鋼索用夾箍的抗拉負荷值(JIS B 2809)

種類	抗拉負荷 kN	鎖緊扭力及再鎖緊扭力 N·m	再鎖緊時之抗拉力 kN
F 8	8.5	17	6
F10	14	30	9
F12	20	45	12.5
F14	28	67	18
F16	36	106	23
F18	43	106	30
F20−22	60	250	45
F24−25	63	335	53
F26−28	85	425	71
F30−32	106	425	95
F33−38	150	630	132
F40−45	200	850	180
F47−50	250	1250	224

(a) 正確方法

(b) 錯誤方法

(c) 錯誤方法

圖 11.78　夾箍的使用方法

表 11.117　鉤(JIS B 2803)

(a) 鉤的種類

鉤編號	等級				
	4	5	6	8	10
1	○	○	○	○	○
2	○	○	○	○	○
3	○	○	○	○	○
4	○	○	○	○	○
5	○	○	○	○	○
6	○	○	○	○	○
7	○	○	○	○	○
8	○	○	○	○	○
9	○	○	○	○	○
10	○	○	○	○	○
11	○	○	○	○	○
12	○	○	○	○	○
13	○	○	○	○	○
14	○	○	○	○	○
15	○	○	○	○	○
16	○	○	○	○	○
17	○	○	○	○	○
18	○	○	○	○	○
19	○	○	○	○	○
20	○	○	○	○	○
21	○	○	○	○	○
22	○	○	○	○	○
23	○	○	○	○	○
24	○	○	○	○	○
25	○	○	○	○	○
26	○	○	○	○	—
27	○	○	○	—	—
28	○	○	—	—	—
29	○	—	—	—	—

〔備註〕旋軸鉤爲粗線範圍內，環首鉤範圍則爲虛線起至粗線爲止。

(b) 鉤之使用負荷(最大)及試驗負荷

鉤編號	使用負荷(最大)(單位 t)					試驗負荷(單位 kN)				
	4	5	6	8	10	4	5	6	8	10
1	0.1	0.13	0.16	0.2	0.25	2	2.6	3.2	4	5
2	0.13	0.16	0.2	0.25	0.32	2.6	3.2	4	5	6.3
3	0.16	0.2	0.25	0.32	0.4	3.2	4	5	6.3	8
4	0.2	0.25	0.32	0.4	0.5	4	5	6.3	8	10
5	0.25	0.32	0.4	0.5	0.63	5	6.3	8	10	12.5
6	0.32	0.4	0.5	0.63	0.8	6.3	8	10	12.5	16
7	0.4	0.5	0.63	0.8	1	8	10	12.5	16	20
8	0.5	0.63	0.8	1	1.25	10	12.5	16	20	25
9	0.63	0.8	1	1.25	1.6	12.5	16	20	25	31.5
10	0.8	1	1.25	1.6	2	16	20	25	31.5	40
11	1	1.25	1.6	2	2.5	20	25	31.5	40	50
12	1.25	1.6	2	2.5	3.2	25	31.5	40	50	63
13	1.6	2	2.5	3.2	4	31.5	40	50	63	80
14	2	2.5	3.2	4	5	40	50	63	80	100
15	2.5	3.2	4	5	6.3	50	63	80	100	125
16	3.2	4	5	6.3	8	63	80	100	125	160
17	4	5	6.3	8	10	80	100	125	160	200
18	5	6.3	8	10	12.5	100	125	160	200	250
19	6	8	10	12.5	16	125	160	200	250	315
20	8	10	12.5	16	20	160	200	250	315	400
21	10	12.5	16	20	25	200	250	315	400	500
22	12.5	16	20	25	31.5	250	315	400	500	630
23	16	20	25	31.5	40	315	400	500	630	800
24	20	25	31.5	40	50	400	500	630	800	1000
25	25	31.5	40	50	63	500	630	800	1000	1250
26	31.5	40	50	63	—	630	800	1000	1250	—
27	40	50	63	—	—	800	1000	1250	—	—
28	50	63	—	—	—	1000	1250	—	—	—
29	63	—	—	—	—	1250	—	—	—	—

(c) 鉤之主要尺寸

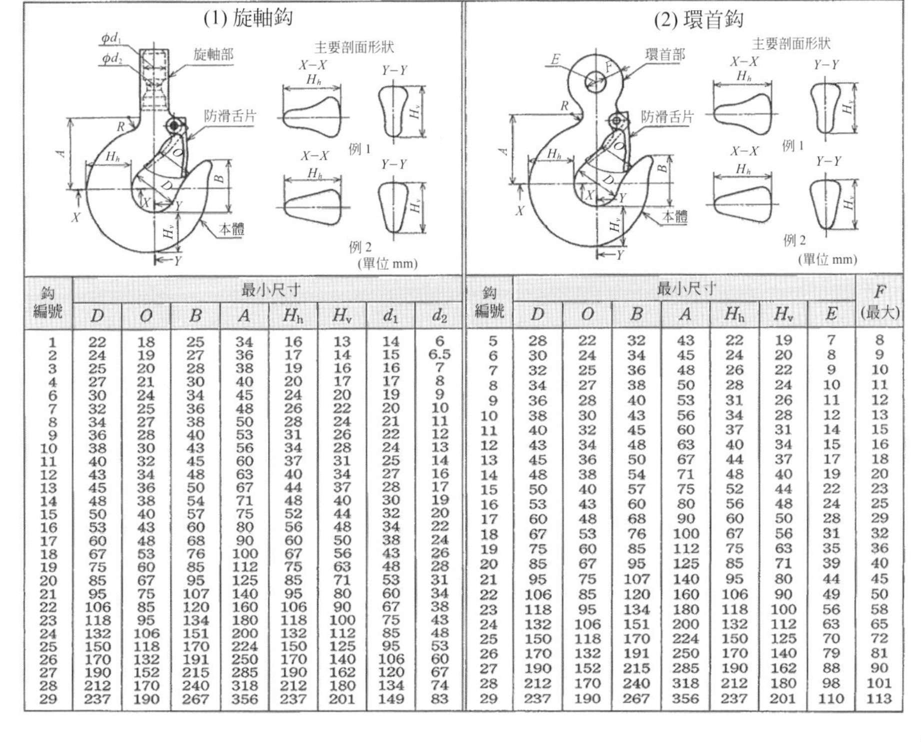

(1) 旋軸鉤

鉤編號	最小尺寸							
	D	O	B	A	H_h	H_v	d_1	d_2
1	22	18	25	34	16	13	14	6
2	24	19	27	36	17	14	15	6.5
3	25	20	28	38	19	16	16	7
4	27	21	30	40	20	17	17	8
6	30	24	34	45	24	20	19	9
7	32	25	36	48	26	22	20	10
8	34	27	38	50	28	24	21	11
9	36	28	40	53	31	26	22	12
10	38	30	43	56	34	28	24	13
11	40	32	45	60	37	31	25	14
12	43	34	48	63	40	34	27	16
13	45	36	50	67	44	37	28	17
14	48	38	54	71	48	40	30	19
15	50	40	57	75	52	44	32	20
16	53	43	60	80	56	48	34	22
17	60	48	68	90	60	50	38	24
18	67	53	76	100	67	56	43	26
19	75	60	85	112	75	63	48	28
20	85	67	95	125	85	71	53	31
21	95	75	107	140	95	80	60	34
22	106	85	120	160	106	90	67	38
23	118	95	134	180	118	100	75	43
24	132	106	151	200	132	112	85	48
25	150	118	170	224	150	125	95	53
26	170	132	191	250	170	140	106	60
27	190	152	215	285	190	162	120	67
28	212	170	240	318	212	180	134	74
29	237	190	267	356	237	201	149	83

(2) 環首鉤

鉤編號	最小尺寸							F (最大)
	D	O	B	A	H_h	H_v	E	
5	28	22	32	43	22	19	7	8
6	30	24	34	45	24	20	8	9
7	32	25	36	48	26	22	9	10
8	34	27	38	50	28	24	10	11
9	36	28	40	53	31	26	11	12
10	38	30	43	56	34	28	12	13
11	40	32	45	60	37	31	14	15
12	43	34	48	63	40	34	15	16
13	45	36	50	67	44	37	17	18
14	48	38	54	71	48	40	19	20
15	50	40	57	75	52	44	22	23
16	53	43	60	80	56	48	24	25
17	60	48	68	90	60	50	28	29
18	67	53	76	100	67	56	31	32
19	75	60	85	112	75	63	35	36
20	85	67	95	125	85	71	39	40
21	95	75	107	140	95	80	44	45
22	106	85	120	160	106	90	49	50
23	118	95	134	180	118	100	56	58
24	132	106	151	200	132	112	63	65
25	150	118	170	224	150	125	70	72
26	170	132	191	250	170	140	79	81
27	190	152	215	285	190	162	88	90
28	212	170	240	318	212	180	98	101
29	237	190	267	356	237	201	110	113

4. 鈎

依用途不同，有各種形式的**鈎**，通常所使用的是旋軸**鈎**(Shank hook)與環首**鈎**(Eye hook)。表 11.117 示JIS規定的單**鈎**。表(a)示**鈎**的形狀、編號、等級。

表(b)示規定使用負荷，表中亦同時有附記試驗負荷規定。

12

緩衝與制動用機械元件之設計

12.1 彈　簧

12.2 避震器

12.3 煞　車

12.1 彈　簧

彈簧是用富有彈性之材料製成特別形狀或構造，以吸收或貯存能量爲目的，依使用之位置可分螺旋彈簧、板片彈簧、平蝸旋彈簧、扭桿及其它各種形狀。

1. 彈簧材料

只要富有彈性的材料，大抵都可做彈簧材料，但最普遍的是彈簧鋼(SUP)，依使用目的分，其它還有硬鋼線(SW)、鋼琴線(SWP)等，彈簧的主要用途分類用材料實例，如表 12.1 所示。

2. 彈簧的種類

(1) **螺旋彈簧**：是由金屬線捲撓成螺旋狀而成，如圖 12.1 所示，大致可分壓縮螺旋彈簧、拉伸螺旋彈簧、扭轉螺旋彈簧。

表 12.1　彈簧用材料

種類	規格號碼	符號	用途(參考)						備註
			汎用	導電	非磁	耐熱	耐食	耐疲勞	
彈簧鋼鋼材	JIS G 4801	SUP 6	○					○	主要用於熱作成形
		SUP 7	○					○	
		SUP 9	○					○	
		SUP 9A	○					○	
		SUP10	○					○	
		SUP11A	○					○	
		SUP12	○					○	
		SUP13	○					○	
硬鋼線	JIS G 3521	SW-B, SW-C	○						主要用於冷作成形
鋼琴線	JIS G 3522	SWP	○					○	
彈簧用碳鋼回火線	JIS G 3560	SWO, SWOSM	○						
閥彈簧用碳鋼回火線	JIS G 3561	SWO-V						○	
閥彈簧用 CrV 鋼回火線	JIS G 3561	SWOCV-V				○		○	
閥彈簧用 SiCr 鋼回火線	JIS G 3561	SWOSC-V				○		○	
彈簧用 SiCr 鋼回火線	JIS G 3560	SWOSC-B	○			○			
彈簧用不銹鋼線	JIS G 4314	SUS 302	○			○	○		
		SUS 304, 304N1	○			○	○		
		SUS 316	○			○	○		
		SUS 631 J 1	○			○	○		
黃銅線	JIS H 3260	C 2600 W		○	○		○		
		C 2700 W		○	○		○		
		C 2800 W		○	○		○		
白銅線	JIS H 3270	C 7521 W		○	○		○		
		C 7541 W		○	○		○		
		C 7701 W		○	○		○		
磷青銅線		C 5102 W		○	○		○		
		C 5191 W		○	○		○		
		C 5212 W		○	○		○		
鈹銅線		C 1720 W		○	○		○		

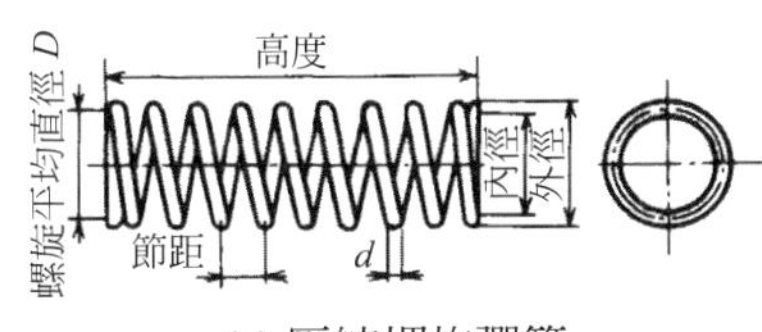

(a) 壓縮螺旋彈簧

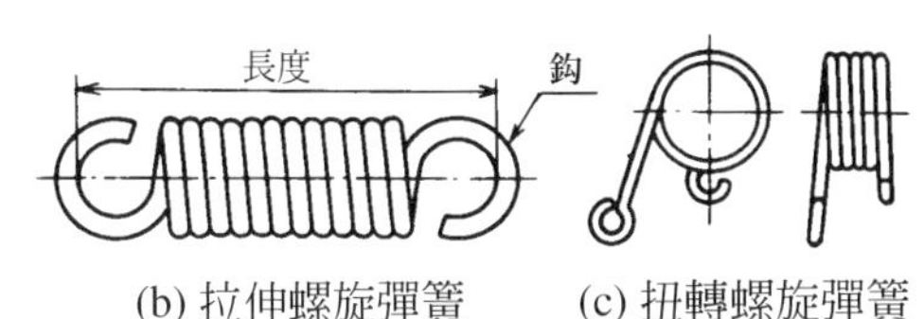

(b) 拉伸螺旋彈簧　(c) 扭轉螺旋彈簧

圖 12.1　各種螺旋彈簧

螺旋彈簧採用的絲線剖面形狀通常是圓形，有時也使用正方形或長方形。

① 壓縮螺旋彈簧：壓縮螺旋彈簧的端部稱爲座，普通都是加工成平形，座端之形式如圖 12.2 所示，爲避免彈簧軸心彎曲時，座爲 1 1/2 圈，可以稍有彎曲時爲 3/4 圈，通常爲 1 圈。

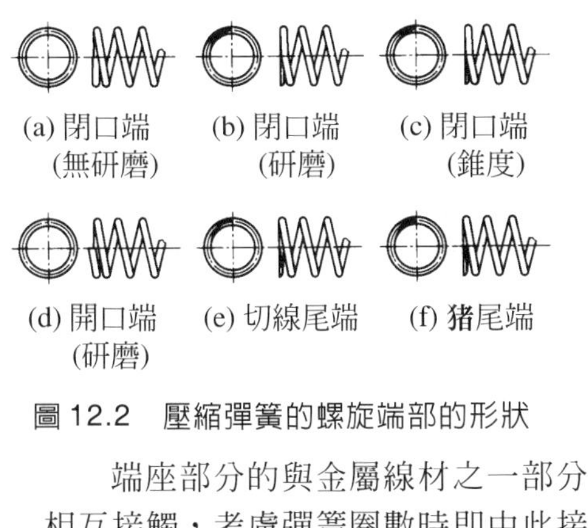

(a) 閉口端(無研磨)　(b) 閉口端(研磨)　(c) 閉口端(錐度)

(d) 開口端(研磨)　(e) 切線尾端　(f) 豬尾端

圖 12.2　壓縮彈簧的螺旋端部的形狀

端座部分的與金屬線材之一部分相互接觸，考慮彈簧圈數時即由此接觸點算起，但除去座端部分，稱之爲有效圈數，計算時是依據有效圈數。壓縮螺旋彈簧如依螺旋部之形狀又分圓錐螺旋彈簧、腰鼓螺旋彈簧、橢圓螺旋彈簧，如圖 12.3 所示。

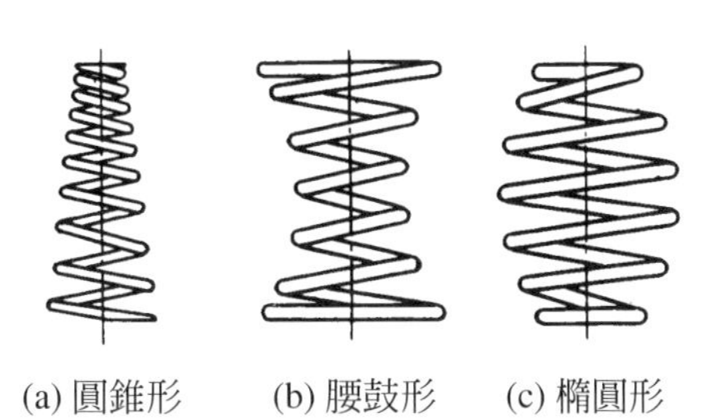

(a) 圓錐形　(b) 腰鼓形　(c) 橢圓形

圖 12.3　特殊螺旋彈簧

② 拉伸螺旋彈簧：拉伸螺旋彈簧的端部通常是如圖 12.1 所示之突出鉤，鉤的形式有多種，典形的例子如圖 12.4 所示。

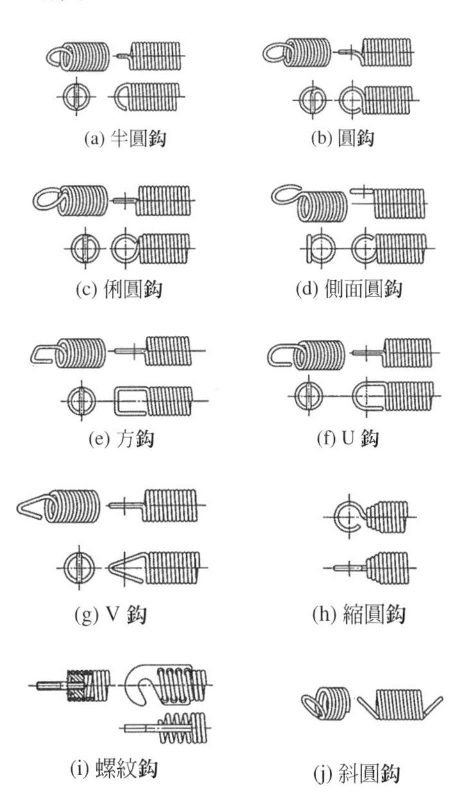

(a) 半圓鉤　(b) 圓鉤

(c) 俐圓鉤　(d) 側面圓鉤

(e) 方鉤　(f) U 鉤

(g) V 鉤　(h) 縮圓鉤

(i) 螺紋鉤　(j) 斜圓鉤

圖 12.4　拉伸彈簧的鉤形狀

③ 扭轉螺旋彈簧：如圖 12.1(c)所示，螺旋中心線之四週受扭矩作用。

⑵ **蝸形彈簧**：如圖 12.5 所示，彈簧材料是薄鋼板鋼帶，同一平面上捲成蝸形，用於鐘錶之發條，螺旋彈簧係受扭轉應力，而此彈簧則受彎曲應力。

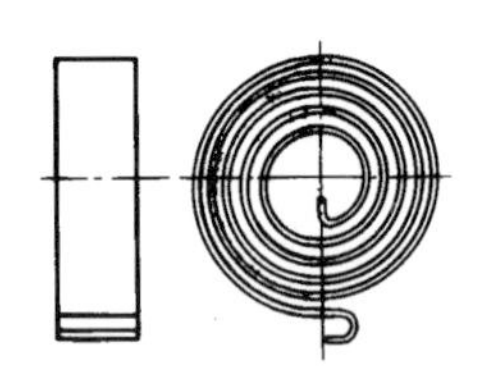

圖 12.5 渦形彈簧

圖 12.6 筍狀彈簧

⑶ **筍狀彈簧**：筍狀彈簧是由鋼帶漸昇撓捲而成，如圖 12.6 爲典型之實例。

⑷ **板片彈簧**：板片彈簧如彈簧墊圈除以單板作用外，亦可如圖 12.7 所示，重疊數枚板片成爲疊板彈簧，疊板彈簧用於鐵路火車、汽車等車輛緩衝。

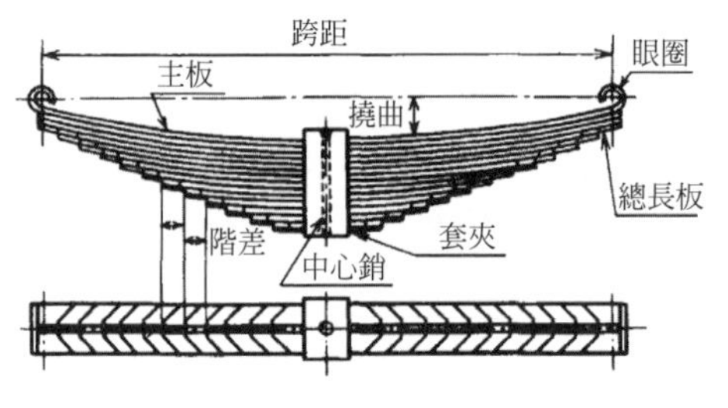

圖 12.7 疊板彈簧

3. 壓縮、拉伸螺旋彈簧之計算

設圖 12.8 所示壓縮螺旋彈簧受軸方向力P作用時，彈簧絲線之斷面受$M=PR$之力矩與壓縮力P作用，且假定

① 一般使用之彈簧節角如在 10°以下，可以忽略彎曲力矩與壓縮力之影響。

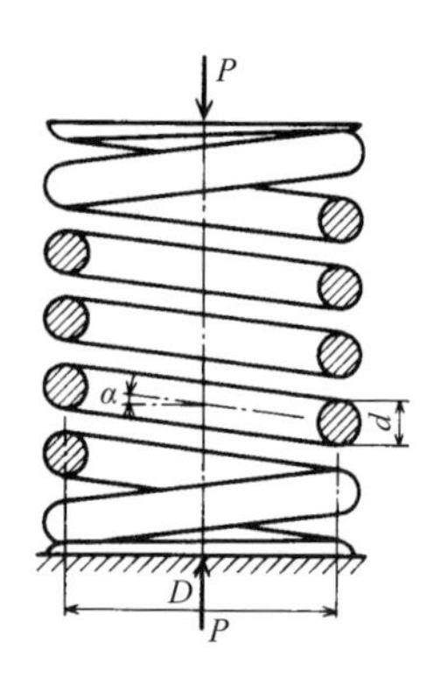

圖 12.8 螺旋彈簧的計算

② 彈簧指數大時($C \geqq 4$)，剪力影響與扭力更大。

③ 單圈之撓曲角很小。

彈簧受扭矩PR作用，因此扭應力τ_o如下：

$$\tau_o=\frac{8PD}{\pi d^3} \quad \cdots\cdots (1)$$

式中

τ_o＝扭應力(N/mm^2)

P＝彈簧作用負荷(N)

D＝螺旋平均直徑(mm)

d＝線徑(mm)

⑴ **扭轉修正應力**：上述⑴式之計算係假設材料的四週產生相同的扭應力，但實際上彈簧卻因螺旋的曲率及剪力之影響，使螺旋內側之應力比外側之應力大，爲考慮此影響，故須依華爾因素做修正：

$$\tau_{max}=\frac{8PD}{\pi d^3}\left(\frac{4c-1}{4c-4}+\frac{0.615}{c}\right) \quad \cdots\cdots (2)$$

式中

$c=\dfrac{D}{d}$彈簧指數

上式之c值稱爲彈簧指數，c值過大或過小，都將造成製造與檢查上之困難，且亦造成捲撓工程困難，此值一般爲4～10 之間。如果將⑵式括弧內之修正係數用x代替，則x之值可由圖 12.9 求出。

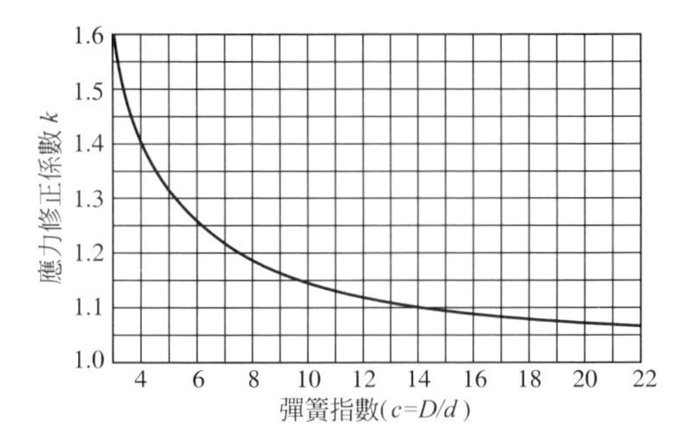

圖 12.9　x之值

⑵　**撓曲**：螺旋之撓曲，通常僅視爲扭轉之效果：

$$\delta = \frac{8N_aD^3P}{Gd^4} \quad \cdots\cdots(3)$$

式中

δ＝彈簧的撓曲(mm)

D＝橫彈性係數(N/mm^2)

N_a＝有效圈數

D＝螺旋平均直徑(mm)

d＝金屬線徑(mm)

上式之橫彈性係數G值依彈簧材料之不同可使用表 12.2 所示之數值。

有效圈數N_a通常等於自由圈數N_f，如爲壓縮彈簧之情況，必須考慮螺旋兩端部分之座圈數，可由下式算出，設N_t爲總圈數。

①　螺旋兩端連接另一自由螺旋時，如圖 12.2(b)、(c)所示：

$$N_a = N_t - 2 \quad \cdots\cdots(4)$$

②　螺旋頂端不連接另一自由螺旋，研磨部長度爲 3/4 圈時，如圖 12.2(e)所示：

$$N_a = N_t - 1.5 \quad \cdots\cdots(5)$$

有效圈數一般要在 3 以上。

表 12.2　橫彈性係數G值(單位N/mm^2)

材料	符號	G 值
彈簧鋼鋼材 硬鋼線 琴鋼線 油回火線	SUP SW SWP SWO	7.85×10^4
彈簧用不銹鋼線	SUS 302 SUS 304 SUS 304 NI SUS 316	6.85×10^4
	SUS 631 J1	7.35×10^4
黃銅線 白銅線	BsW NSWS	3.90×10^4
磷青銅線	PBW	4.20×10^4
鈹銅線	BeCuV	4.40×10^4

⑶　**螺旋彈簧的線徑與有效圈數之求法**：已知負荷、撓曲、螺旋平均直徑與扭應力，可用⑹～⑻之公式求出有效圈數與線徑，參考例題及圖 12.11。

$$kc^3 = \tau\frac{\pi D^2}{8P} \quad \cdots\cdots(6)$$

$$N_a = \frac{GD\delta}{8c^4P} \quad \cdots\cdots(7)$$

$$d = \frac{D}{c} \quad \cdots\cdots(8)$$

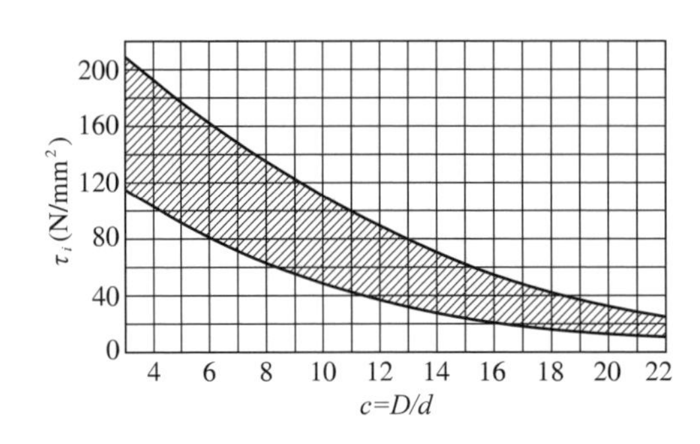

圖 12.10　τ_i之值

例題 1

負荷P＝ 2500 N，彈簧的撓曲δ＝ 26 mm，螺旋平均直徑D＝ 55 mm，扭應力τ ＝ 490 N/mm^2，試求線徑與有效圈數，設材料用彈簧鋼(SUP4)。

解 由公式(6)：

$$kc^3 = \tau\frac{\pi d^2}{8P} = \frac{490\times3.14\times55^2}{8\times2500} = 232.7$$

由圖 12.11 找出kc^3＝ 232.7 之刻度沿線向上延伸，至左曲線之交點向右伸長至與右曲線相交，由此向下讀得c＝ 5.67。

由公式(8)：

$$d = \frac{D}{c} = \frac{55}{5.67} = 9.7$$

因最接近d＝ 9.75 mm 爲 10 mm，故d

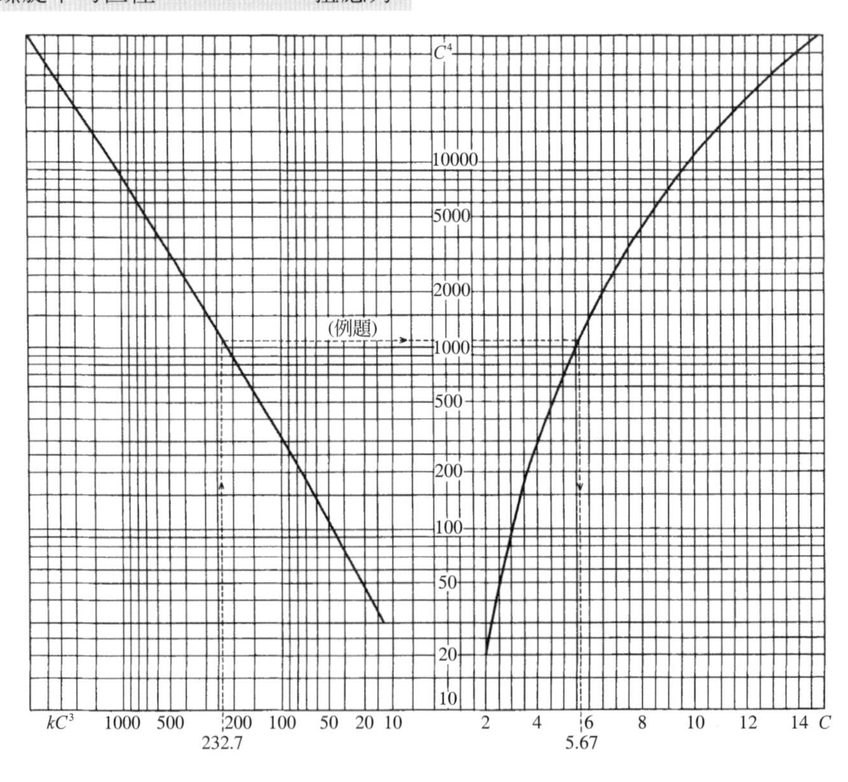

圖 12.11　由kc^3求c之線圈

取爲 10 mm，求c爲：

$$c=\frac{D}{d}=\frac{55}{10}=5.5$$

由表 12.2 得彈簧鋼的橫彈性係數$G=7.85\times10^4$ N/mm²，由公式(7)得N_a爲：

$$N_a=\frac{GD\delta}{8c^4P}=\frac{7.85\times10^4\times55\times26}{8\times5.5^4\times2500}=6.13$$

(4) **拉伸彈簧之初拉力**：拉伸彈簧一般都採密接捲繞成形，冷作成形拉伸彈簧成形後，彈簧的軸向彈性變形會受阻，故不受負荷時，螺旋間產生相互密接之力，稱爲初拉力，初拉力求法如下：

$$P_i=\frac{\pi d^3}{8D}\tau_i \qquad (9)$$

式中

P_i＝初拉力(N)

D＝螺旋平均直徑(mm)

d＝材料之直徑(mm)

τ_i＝初拉力之誘導應力(N/mm²)

鋼彈簧時之τ_i值原則上須用如圖 12.10 所示之範圍內。

(5) **實體高度**：壓縮彈簧之最大應力及撓曲係產生於實體高度之狀態，故極重要，但由於螺旋端部、節距之細微差異所影響，通常困難達到完全密合之實體高度，因此，實際計算時通常使用下列公式計算。

$$H_s=(N_t-1)d+x \qquad (10)$$

式中

H_s＝實體高度(mm)

N_t＝總圈數

d＝材料之直徑(mm)

x＝螺旋兩端部之厚度和(mm)

(6) **顫動**：像引擎的氣門彈簧等承受快速反覆負荷，反覆速度若接近固有振動數，必然產生激烈的共振，導致彈簧損壞，此共振現象稱爲顫動，因此，爲避免彈簧之顫動，固有振動數通常須爲凸輪最大轉數的 8 倍以上；彈簧的故有振動數f可由下列公式求得：

$$f=a\frac{22.36d}{\pi N_a D^2}\sqrt{\frac{G}{m}} \qquad (11)$$

式中

$a=\frac{i}{2}$⋯(兩端自由或固定時)

$a=\frac{2i-1}{4}$⋯(一端固定，另一端自由時)

$i=1，2，3$⋯

m＝每單位體積之重量(N/mm)

(7) **彈簧特性**：指定彈簧特性，係指定高度時之負荷(或指定負荷時之高度)，此時應設定撓度爲試該負荷時撓度之 20～80 %之間。

彈簧常數係試驗負荷之撓度爲 30～70 %時，二負荷點之負荷差與撓度差。

(8) **彈簧之尺寸與彈簧特性之容許公差**：表 12.3 所示係彈簧尺寸與彈簧特性之容許公差。

(9) **設計應力之取法**

① 受靜負荷之彈簧：此時之設計應力可由前述之公式(1)求得，壓縮彈簧之最大容許應力，如圖 12.12 所示，壓實應力不可超過此值，故試驗負荷時之應力亦不可超過此值，爲考慮常用應力之情況，故最大值取爲圖示值之 80 %以下。

表 12.3 彈簧之尺寸與彈簧特性之容許公差(JIS B 2704 附錄：2000)

<table>
<tr><th colspan="2">項目</th><th>熱作成形螺旋彈簧
(附錄 1)</th><th>冷作成壓縮螺旋彈簧
(附錄 2)</th><th>冷作成形拉伸螺旋彈簧
(附錄 3)</th></tr>
<tr><td colspan="2">自由高度或長度之容許公差</td><td>彈簧特性有指定時自由高度做爲參考值，無指定時之自由高度容許公差取爲自由高度的±2%。</td><td colspan="2">彈簧特性有指定時做爲參考值，無指定時依據以下數值(括號內爲最小值)。
<table>
<tr><th>D/d</th><th>1 級</th><th>2 級</th><th>3 級</th></tr>
<tr><td>4 以上
8 以下</td><td>±1.0%
±0.2mm</td><td>±2.0%
±0.5mm</td><td>±3.0%
±0.7mm</td></tr>
<tr><td>8 以上
15 以下</td><td>±1.5%
±0.5mm</td><td>±3.0%
±0.7mm</td><td>±4.0%
±0.8mm</td></tr>
<tr><td>15 以上
22 以下</td><td>±2.0%
±0.6mm</td><td>±4.0%
±0.8mm</td><td>±6.0%
±1.0mm</td></tr>
</table></td></tr>
<tr><td colspan="2">螺旋直徑之容許公差(1)</td><td>螺旋內徑或外徑皆有規定，其數值依據如下：
<table>
<tr><th>自由高度 mm</th><th>容許差</th></tr>
<tr><td>250 以下</td><td>螺旋平均直徑之±1%
最小±1.5mm</td></tr>
<tr><td>250 以上
500 以下</td><td>螺旋平均直徑之±1.5%
最小±1.5mm</td></tr>
<tr><td>500 以上</td><td>依協定</td></tr>
</table></td><td colspan="2">螺旋內徑或外徑皆有規定，其數值依據如下：
<table>
<tr><th>D/d</th><th>1 級</th><th>2 級</th><th>3 級</th></tr>
<tr><td>4 以上
8 以下</td><td>±1.0%
±0.15mm</td><td>±1.5%
±0.2mm</td><td>±2.5%
±0.4mm</td></tr>
<tr><td>8 以上
15 以下</td><td>±1.5%
±0.2mm</td><td>±2.0%
±0.3mm</td><td>±3.0%
±0.5mm</td></tr>
<tr><td>15 以上
22 以下</td><td>±2.0%
±0.30m</td><td>±3.0%
±0.50mm</td><td>±4.0%
±0.70mm</td></tr>
</table></td></tr>
<tr><td colspan="2">總圈數之容許公差</td><td colspan="3">彈簧特性有指定時，總圈數做爲參考值，沒有指定時，壓縮彈簧爲 1/4 圈，拉伸彈簧依據含有鉤圈對角容許公差之協定。</td></tr>
<tr><td colspan="2">螺旋之傾斜度容許公差</td><td colspan="2">e　H_0　H_0…自由高度
無負荷之狀態下測定每端與軸心傾斜角(e)，依下列數值(H_0…自由高度)：
<table>
<tr><th></th><th>1 級</th><th>2 級</th><th>3 級*</th></tr>
<tr><td>傾斜度 e</td><td>$0.02H_0$
(1.15°)</td><td>$0.05H_0$
(2.9°)</td><td>$0.08H_0$
(4.6°)</td></tr>
</table>
附錄 1 並無無規定</td><td>—</td></tr>
<tr><td colspan="2">節距不同之容許公差</td><td colspan="2">等節距壓縮彈簧之全撓曲爲 80%壓縮之情況，除兩端部外，不可有接觸。</td><td>—</td></tr>
<tr><td colspan="2">壓實高度之容許公差</td><td colspan="2">彈簧的壓實高度原則上不指定，但如爲兩端面有 3/4 圈研磨之彈簧時，必須特別注重壓實高度，指定由下列公式算出之最大值。
$H_S = N_t \times d_{max}$　式中　H_S =壓實高度，N_t =總圈數
d_{max} =材料之直徑最大値</td><td>—</td></tr>
<tr><td rowspan="3">(2)彈簧特性</td><td>指定高度時(或指定長度時)的容許公差</td><td>± [1.5mm+指定高度之設計撓度(mm)之 3%] ×彈簧常數(kgf)
$\frac{\pm[1.5\text{mm}+\tau(\text{mm})\times 0.03]}{\tau(\text{mm})}\times 100\%$
式中τ =至指定高度之設計撓曲</td><td>
<table>
<tr><th>有效圈數</th><th>1 級</th><th>2 級</th><th>3 級</th></tr>
<tr><td>3 以上
10 以下</td><td>±5%</td><td>±10%</td><td>±15%</td></tr>
<tr><td>10 以上</td><td>±4%</td><td>±8%</td><td>±12%</td></tr>
</table></td><td>有效圈數 5 圈以上時± [(初拉力×α)+{(指定長度時之負荷−初拉力)×β}]
<table>
<tr><th>等級</th><th>1 級</th><th>2 級</th><th>3 級</th></tr>
<tr><td>α</td><td>0.10</td><td>0.15</td><td>0.20</td></tr>
<tr><td>$\beta^{(1)}$</td><td>0.05</td><td>0.10</td><td>0.15</td></tr>
<tr><td>$\beta^{(2)}$</td><td>0.04</td><td>0.08</td><td>0.12</td></tr>
<tr><td colspan="4">(1) 有效圈數 3～10
(2) 超過 10</td></tr>
</table></td></tr>
<tr><td>指定負荷時之長度容許公差</td><td>± [1.5mm+指定負荷時之設計撓曲(mm)之 3%] (mm)</td><td>—</td><td>—</td></tr>
<tr><td>彈簧常數之容許公差</td><td>±10%
對特別需要精度之彈簧可指定爲±5%</td><td colspan="2">
<table>
<tr><th>有效圈數</th><th>1 級</th><th>2 級</th><th>3 級</th></tr>
<tr><td>3 以上 10 以下</td><td>±5%</td><td>±10%</td><td>±15%</td></tr>
<tr><td>10 以上</td><td>±4%</td><td>±8%</td><td>±12%</td></tr>
</table></td></tr>
</table>

〔註〕(1) 此容許差，必要場合容許差範圍可取單側。
(2) 彈簧特性容許差，熱成形壓縮彈簧，適用自由高度。
(i) 900mm 以下，(ii) 彈簧常數 4～15，(iii) 縱橫比 0.8～4，(iv)有效圈數 3 以上，(v)節距 0.5D 以下之彈簧。

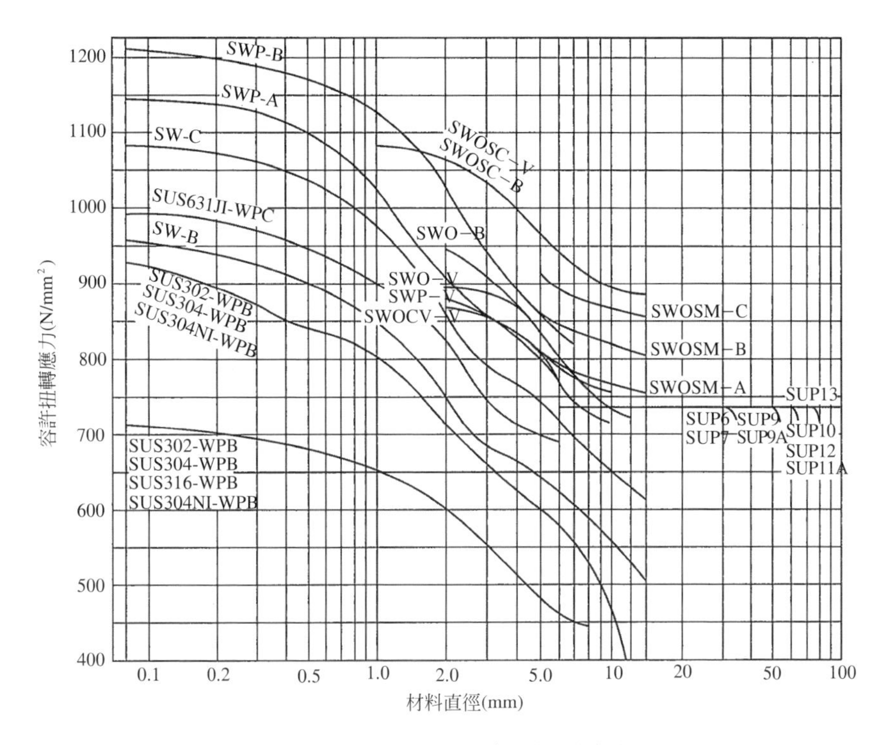

圖 12.12 壓縮彈簧的容許扭轉應力

此外，拉伸彈簧之場合，容許扭轉應力在冷加工成形彈簧爲同圖所示之 80 %以下，熱加工成形彈簧爲 67 %以下，考慮常用應力時，最大值分別爲其値之 80 %以下亦可(即圖 12.12 所示之 64 %及 53.6 %)。

② 受動負荷之彈簧：此時之彈簧應力必須比上述靜負荷應力低。如受反覆負荷作用時，應力值可由下式計算，考慮彈簧使用之下限應力與上限應力之關係，反覆次數，表面狀態等影響疲勞強度之各因素，選擇適當值。

$\tau = \kappa\tau_o$ ....(12)

式中

τ＝扭轉修正應力(N/mm^2)

κ＝應力修正係數(圖 12.9)

τ_o＝扭應力(N/mm^2…(1)式)

4. 扭轉彈簧的計算

扭轉螺旋彈簧如圖 12.13 所示，軸線之四週承受扭轉負荷作用，誘導之應力爲彎曲應力。

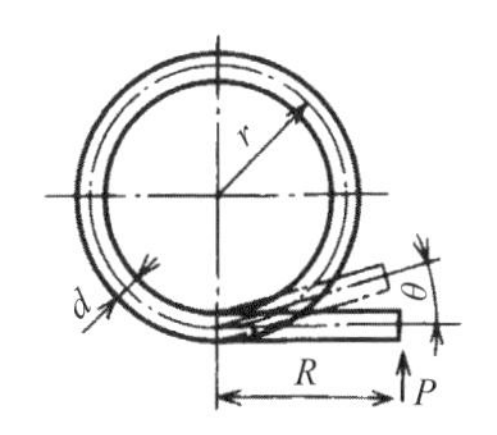

圖 12.13 扭轉彈簧所受的負荷

扭轉螺旋彈簧的圈數在 3 圈以上時，通常要有導桿，彈簧之一端臂與導桿裝置在相同之迴轉體，此種彈簧通常是受捲撓方向之負荷，如受相反之負荷係屬特別狀況，以下只作簡略說明。

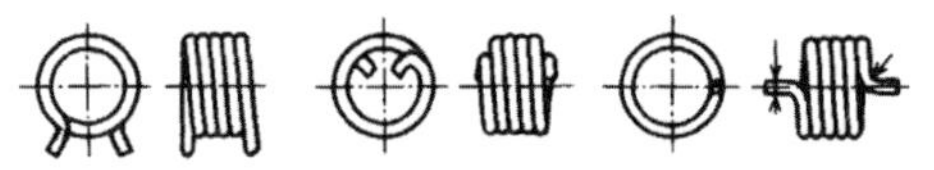

圖 12.14 短臂時

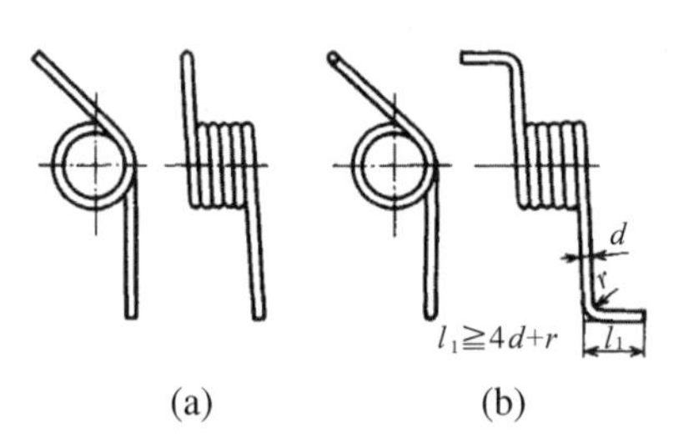

圖 12.15 長臂時

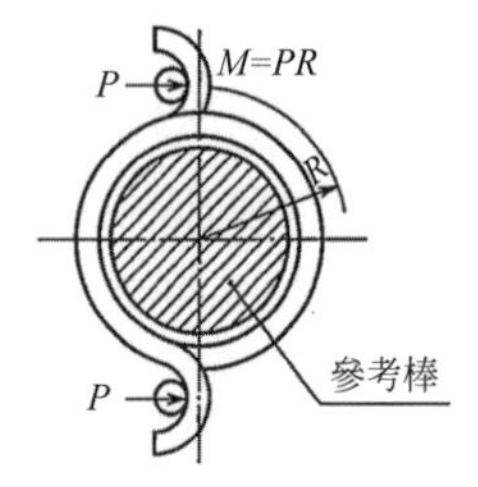

圖 12.16 考慮臂長度之場合

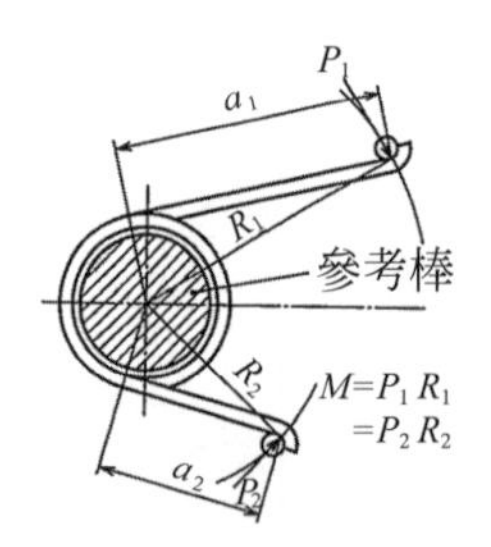

圖 12.17 須考慮臂長度之場合

如圖 12.16 所示，短臂之計算不必考慮臂長之影響，如爲長臂時須考慮臂長(圖 12.17)。

⑴ **彈簧設計用基本公式**：上述之普通扭轉螺旋彈簧基本公式如下：

① 不考慮臂長時：

$$L \fallingdotseq \pi DN \quad \cdots\cdots (13)$$

$$\phi = \frac{64MDN}{Ed^4} \quad \cdots\cdots (14)$$

$$k_T = \frac{Ed^4}{64DN} \quad \cdots\cdots (15)$$

$$\sigma = \frac{Ed\phi}{2\pi DN} \quad \cdots\cdots (16)$$

式中

L＝彈簧有效部分展開長度(mm)

D＝螺旋平均直徑(mm)

N＝圈數

ϕ＝彈簧的螺旋角(rad)

E＝縱彈性係數(N/mm^2，表 12.4)

d＝線徑(mm)

表 12.4 縱彈性係數(E)

材料		E 值 (N/mm^2)
硬鋼線		206×10^3
琴鋼線		206×10^3
油回火線		206×10^3
不銹鋼線	SUS 302	186×10^3
	SUS 304	
	SUS 304 NI	
	SUS 316	
	SUS 631 J1	196×10^3
黃銅線		98×10^3
白銅線		108×10^3
磷青銅線		98×10^3
鈹銅線		127×10^3

M＝扭力矩(N·mm)

k_T＝彈簧常數(N·mm/rad)

σ＝彎曲應力(N/mm²)

上式之螺旋角是用弳度(rad)表示，如改用角度則公式如下：

$$\phi_d=\frac{64MDN}{Ed^4}\cdot\frac{180}{\pi}\fallingdotseq\frac{3667MDN}{Ed^4} \quad (17)$$

$$k_{Td}=\frac{Ed^4}{64DN}\cdot\frac{\pi}{180}\fallingdotseq\frac{Ed^4}{3667DN} \quad (18)$$

$$\sigma=\frac{Ed\phi_d}{360DN} \quad (19)$$

式中

ϕ_d＝螺旋角(°)

k_{Td}＝彈簧常數(N·mm／度)

② 考慮臂長時：考慮臂長時之公式如下：

$$L\fallingdotseq\pi DN+\frac{1}{3}(a_1+a_2) \quad (20)$$

$$\phi=\frac{64M}{E\pi d^4}\left[\pi DN+\frac{1}{3}(a_1+a_2)\right] \quad (21)$$

$$k_T=\frac{E\pi d^4}{64[\pi DN+1/3(a_1+a_2)]} \quad (22)$$

式中

a_1，a_2＝臂長

(21)與(22)式如改用角度表示則：

$$\phi_d\fallingdotseq\frac{3667MDN}{Ed^4}+\frac{389M}{Ed^4}(a_1+a_2) \quad (23)$$

$$k_{Td}\fallingdotseq\frac{Ed^4}{3667DN+389(a_1+a_2)} \quad (24)$$

上式之臂長(a_1，a_2)如以懸臂樑考慮，忽略臂長之影響則：

$(a_1+a_2)\geqq 0.09\times\pi DN$

③ 導桿的直徑：當扭轉彈簧受捲撓方向之負荷作用時，螺旋之直徑隨負荷而縮小，因此導桿之直徑(D_e)約爲最大使用螺旋內徑($D_1-\Delta D$)之 90％：

$$\Delta D=\frac{\phi_{\max}D}{2\pi N}=\frac{\phi d_{\max}}{360N}D \quad (25)$$

$$D_s=0.9(D_1-\Delta D) \quad (26)$$

式中

$\phi_{\max}$，$\phi d_{\max}$＝最大螺旋角

④ 末端：末端的形狀大致爲單純之形狀，並可做大彎曲，例如：直線鉤形因設計條件而有高應力產生，故彎曲半徑須大於線徑(d)。

(2) **彈簧受逆撓方向負荷時**：此時之螺旋內側產生最大拉應力($\sigma_{\max}$)可用下列公式求出：

$$\sigma_{\max}=\frac{32(R+D/2)Pk_b}{\pi d^3} \quad (27)$$

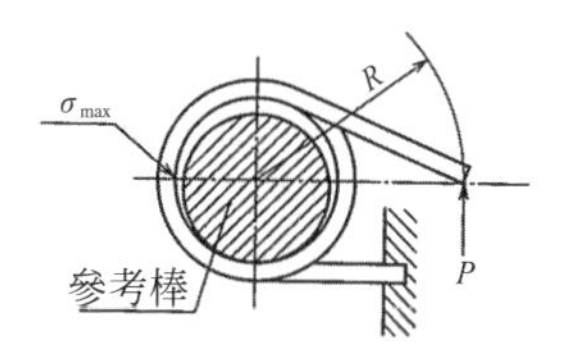

圖 12.18 逆向扭轉場合

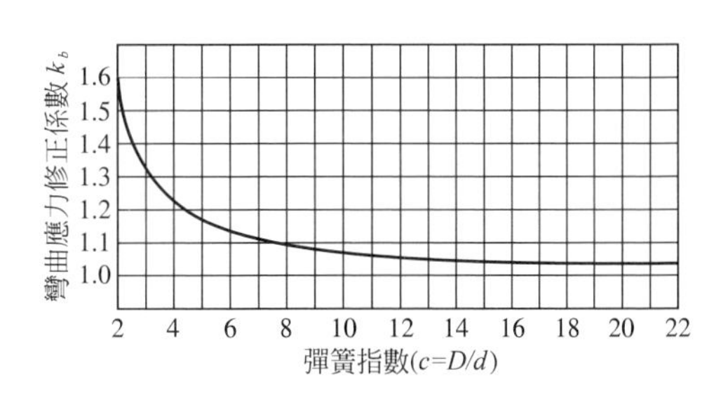

圖 12.19 彎曲應力修正係數

式中

σ_{max}＝最大拉應力(N/mm²)

R＝負荷作用半徑(mm)

P＝彈簧所受負荷(N)

x_b＝彎曲應力修正係數(圖 12.19)

例題 2

如圖 12.20 所示，硬鋼線材料的線徑 10 mm，螺旋平均直徑 50 mm，有效圈數 12 圈，試求此彈簧之螺旋角(扭角)與彎曲應力；假設彈簧受逆向負荷時，試求螺旋內側產生之最大拉應力？

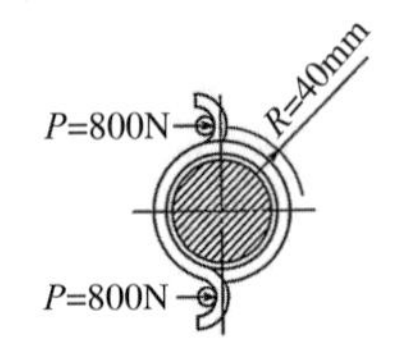

圖 12.20

解 首先決定是否要考慮臂長：

$(a_1 + a_2) \geqq 0.09 \times \pi DN$

$(50 + 50) = 0.09 \times 3.14 \times 50 \times 12$

$100 \leqq 169.6$

故不考慮臂長。

①彈簧有效部分展開長度，依公式⒀得：

$L \fallingdotseq \pi DN = \pi \times 50 \times 12 \fallingdotseq 1885$ (mm)

②螺旋角

如用ϕ角度表示，則依⒄之公式得

$$\phi_d = \frac{64MDN}{Ed^4} \cdot \frac{180}{\pi} \fallingdotseq \frac{3667MDN}{Ed^4}$$

$$= \frac{3667 \times 3200 \times 50 \times 12}{21 \times 10^3 \times 10^4} = 33.5°$$

上式$M = PR$，故

$M = 800 \times 40 = 32000$ (N·mm)

③彈簧常數依公式⒅得：

$$k_{Td} = \frac{Ed^4}{64DN} \cdot \frac{\pi}{180} \fallingdotseq \frac{Ed^4}{3667DN}$$

$$= \frac{206 \times 10^3 \times 10^4}{3667 \times 50 \times 12}$$

$$\fallingdotseq 936.3 \text{ (N·mm/deg)}$$

④彎曲應力依公式⒆得：

$$\sigma = \frac{Ed\phi_d}{360DN} = \frac{206 \times 10^3 \times 33.5 \times 10}{360 \times 50 \times 12}$$

$$= 319.5 \text{ (N/mm}^2\text{)}$$

最大拉應力依公式㉗得：

$$\sigma_{max} = \frac{32(R + D/2)Pk_b}{\pi d^3}$$

$$= \frac{32(40 + 50 \div 2)800 \times 1.18}{\pi \times 10^3}$$

$$= 625 \text{ (N/mm}^2\text{)}$$

上式k_b爲：

$$k_b = \frac{4c^2 - c - 1}{4c(c-1)} = \frac{4 \times 5^2 - 5 - 51}{4 \times 5(5-1)}$$

$$= 1.18$$

⑶ **設計應力的取法**：彈簧的應力高低與體積之大小成反比例，而且與材料的彈性係數有關，因此，設計彈簧時，須使用適當之材料並確保壽命合乎要求，以下爲探討滿足壽命要求之設計。

① 受靜負荷之彈簧：靜負荷係指彈簧在使用時幾乎不受負荷變動或反覆負荷，且在整個彈簧壽命過程中不超過一萬次之情況。

靜負荷之最大容許應力如圖 12.21 所示，圖中所示之抗拉強度下限係以降伏比作爲係數相乘後之圓滑曲線。

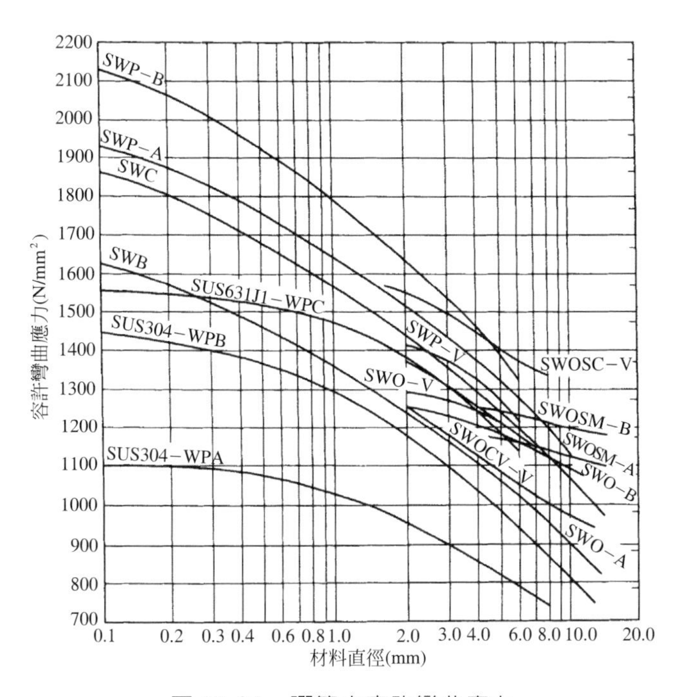

圖 12.21　彈簧之容許彎曲應力

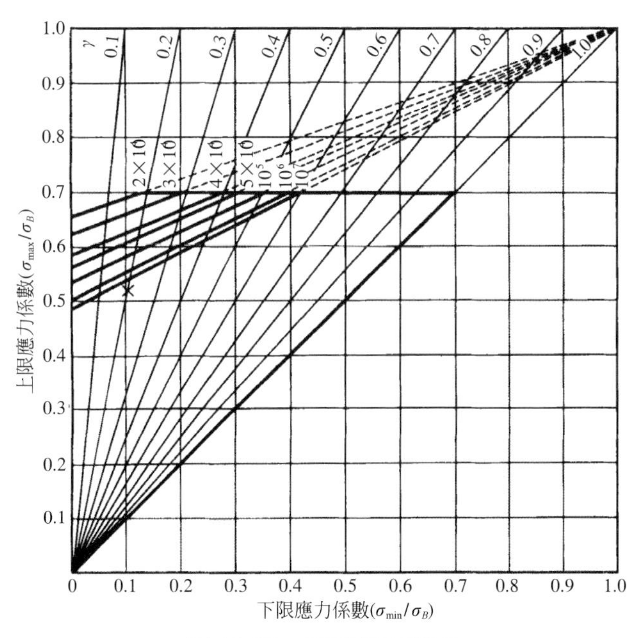

圖 12.22　疲勞強度線圖

使用此圓時須注意：圖中之數值係用於一般之情況，如有特殊之問題，例如：限制扭力離合器之彈簧等，此應力值必須再降低。

② 受反覆負荷之彈簧：彈簧受反覆負荷作用時，必須詳細考慮使用時之下限應力與上限應力之關係、反覆次數、表面狀態、影響疲勞強度等因素後，再選擇適當的應力值，通常都採用如圖 12.22 所示之方法推定其壽命，但此圖所指之彈簧材料限於鋼琴線、閥彈簧用油回火線、彈簧用不銹鋼線等耐疲勞性佳之材料，如果改為硬鋼線、彈簧用油回火線等材料時，要做適度修正。

圖中之上限應力與下限應力比為：

$$\gamma=\frac{\sigma_{\min}}{\sigma_{\max}}=\frac{M_{\min}}{M_{\max}}=\frac{\phi_{d\min}}{\phi_{d\max}}$$

例題 3

彈簧材料使用 SW-C，$d=1.0$ mm，$D=9.0$ mm，$N=4$，末端形狀為短鉤形之彈簧，$M_{\max}=100$ N·mm，$M_{\min}=20$ N·mm，彈簧受捲撓向負荷作用，要使用 10^5 次，試研究此彈簧之壽命？

解

$$\sigma_{\max}=\frac{32M_{\max}}{\pi d^3}=\frac{32\times 100}{\pi\times 1.0^3}=1019\ \text{N/mm}^2$$

上限應力係數為：

$$\frac{\sigma_{\max}}{\sigma_B}=\frac{1019\ \text{N/mm}^2}{1960\text{N/mm}^2}\doteqdot 0.52$$

σ_B 係材料之抗拉強度(N/mm^2)：

$\sigma_B=1960$ N/mm^2

為規格中之最小值

$$\gamma=\frac{M_{\min}}{M_{\max}}=\frac{20}{100}=0.2$$

從圖 12.22 之×記號得近似 10^7 次之線，故此彈簧之保證使用壽命判定為 10^5 次。

5. 疊板彈簧之計算

疊板彈簧用於汽車、火車等之懸吊系統，通常其斷面為長方形，厚度比長度小之鋼板重疊多片所形成，如圖 12.7 所示，如以半邊考慮時，如圖 12.23，可當作懸臂樑之裝置，為使板之強度相同，理論上應做成如圖(a)所示三角板，但因其寬度過大，故實際上製成相同效果之(b)圖疊板彈簧。

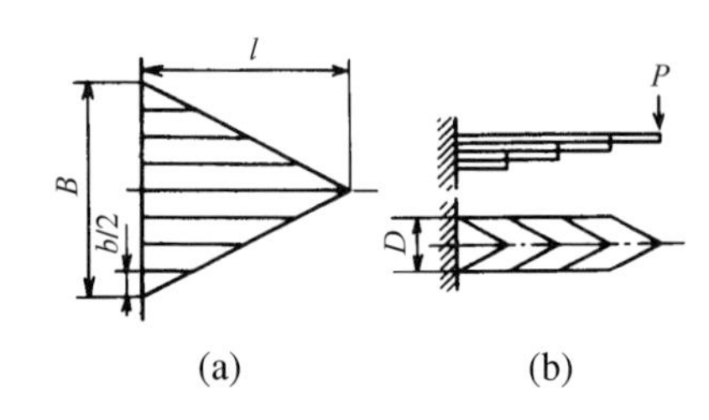

圖 12.23 板彈簧

設計彈簧所用的基本公式可考慮上述之三角板(或梯形板)之展開法及考慮板與板之間力傳達之板端法兩種；展開法是簡略之計算式，用來大略地決定彈簧板之構成，求出的應力只是各彈簧板代表值之推測強度。

板端法之計算方法非常麻煩，依此所得之彈簧常數計算值與實際值幾近相符，用於詳細計算時，算出各彈簧板產生之應力分佈。

(1) **展開法**：依據展開法求得之計算基本公式如下列所示，分為如圖 12.24 所示之階段狀展開之情況，與圖 12.25 之梯型展開情況。

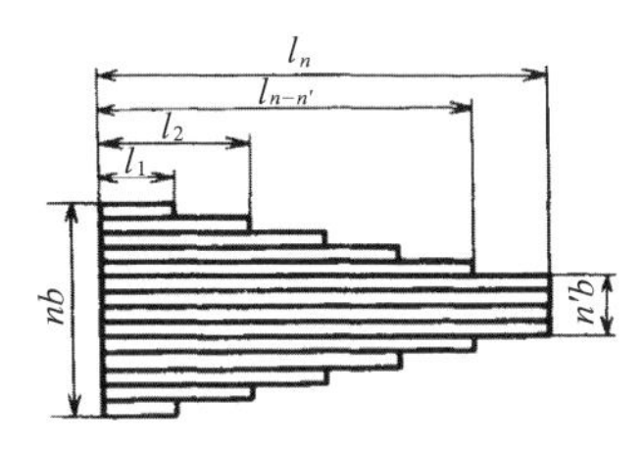

圖 12.24　階段狀展開圖

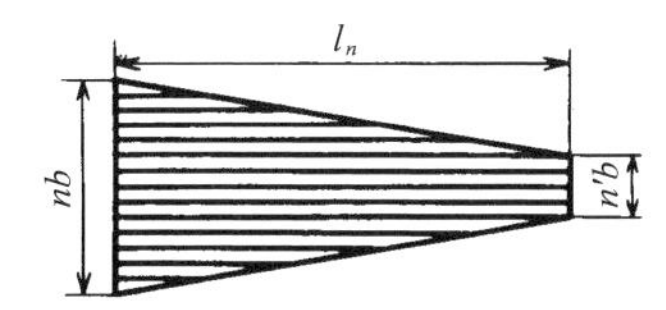

圖 12.25　梯形狀展開圖

① 階段狀展開時之基本公式：

$$k=\frac{1}{K_S}\frac{6EI_n}{l_n^3} \quad \text{(28)}$$

$$K_S=I_n\left[\frac{1}{\sum\limits_{i=1}^{n} I_i}+\sum_{i=1}^{n-n'}\frac{I_i(1-\lambda_i)^3}{\left(\sum\limits_{j=1}^{n} I_j\right)\left(\sum\limits_{j=i+1}^{n} I_j\right)}\right] \quad \text{(29)}$$

$$\sigma_i=\frac{t_i\cdot l_n}{2\sum\limits_{j=1}^{n} I_j}P \quad \text{(30)}$$

式中

k＝彈簧常數$2P/\delta$ (N/mm)

E＝縱彈性係數 206×10^3 (N/mm^2)

I＝截面慣性矩(mm^4)

l＝跨距之 1/2

$\lambda_i=l_i/l_n$

σ＝彎曲應力(N/mm^2)

t＝板厚(mm)

P＝彈簧之垂直作用負荷之 1/2 (N)

上述之符號中附加字j或i是關於最短之彈簧板算起j數目或i數目之彈簧板之計算，而附加字n是有關主板之計算。

例題 4

如圖 12.24 所示之疊板彈簧階段狀展開圖尺寸如下，試求彈簧常數及彎曲應力？

板數$n=6$，全板長的數目$n=2$，板寬$b=50$ mm，板厚$t=4$ mm，跨距$l_1=100$ mm，跨距$l_2=180$ mm，$l_3=270$ mm，$l_4=320$ mm，$l_5=l_6=410$ mm，設l_1，l_2，…l_6為實際尺寸之一半，縱彈性係數$E=206\times10^3$ N/mm^2，截面慣性矩$I=50\times4^3/12=267$ mm^4(單板)。

解 由公式(28)、(29)得：

$i=1$時

$$K_1=I_2\left[\frac{1}{267\times6}+\sum_{i=1}^{2}\frac{267\left(1-\frac{100}{410}\right)^3}{(267\times6)\times(267\times5)}\right]$$

$$=267[6.24\times10^{-4}+2\times(5.39\times10^{-5}]$$

$$=0.20$$

$i=2$時

$$K_2=267\left[6.24\times10^{-4}+2\frac{267\left(1-\frac{180}{410}\right)^3}{(267\times5)\times(267\times4)}\right]$$

$$=0.18$$

同理可得$i=3$時$K_3=0.17$、$i=4$時$K_4=0.17$、$i=5$時$K_5=0.17$，因此：

$$K_{1-5}=\frac{(0.20+0.18+0.17+0.17+0.17)}{5}$$

$$=0.178$$

$$\therefore k=\frac{6\times 206\times 10^3\times 267}{410^3}\times\frac{1}{0.178}$$

$$=26.9=26.9\ (\text{N/mm})$$

作用負荷取爲$2P$時，由公式(30)得

$$\sigma_i=\frac{t_i\cdot l_n}{2\sum_{i=1}^{n} I_r}\cdot P=\frac{4\times 410}{2\times(267\times 6)}\cdot P$$

$$=0.512P\ (\text{N/mm}^2)$$

②梯形狀展開時之基本公式

$$k=\frac{1}{K_T}\ \frac{6nEI}{l_n^3}\ \cdots\cdots (31)$$

$$K_T=\frac{3}{(1-\eta)^3}\left[\frac{1}{2}-2\eta+\eta^2\left(\frac{3}{2}-\log_e\eta\right)\right]$$

$$\eta=\frac{n'}{n}$$

$$\sigma=\frac{l_n}{nZ}\cdot P\ \cdots\cdots (32)$$

公式(31)之K_T值由圖 12.26 讀取。

(2) **板端法**：利用板端法之彈簧設計基本式如下所示。

由短端至第i彈簧板之開口，板端形狀係數K_i如下(由圖 12.27 讀取亦可)

$$K_i=\frac{3\beta_i{}^2}{(\xi_i-\beta_i)^3}\log_e\frac{\xi_i}{\beta_i}+\frac{3(\xi_i-3\beta_i)}{2(\xi_i-\beta_i)^2}-1\cdots (33)$$

但是，彈簧板端之相對寬$\beta_i=b_i'/b_i$，相對厚度$\xi_i=t_i'/t_i$ (參考圖 12.28)

其中，係數η_i依式(34)之定義。

$$\eta_i=B_i-a_{i-1}C_{i-1}\ \cdots\cdots (34)$$

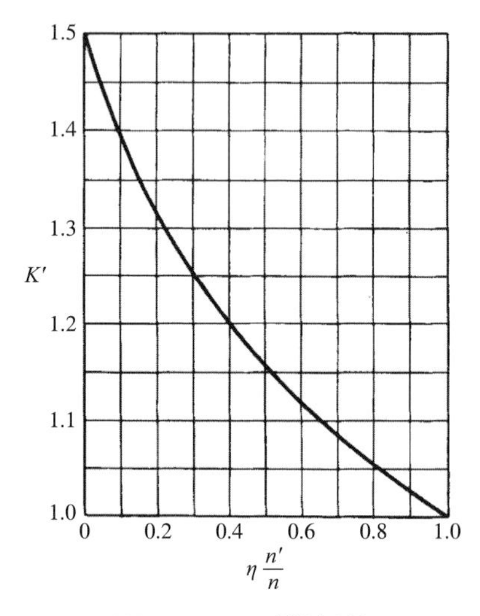

圖 12.26 形狀係數

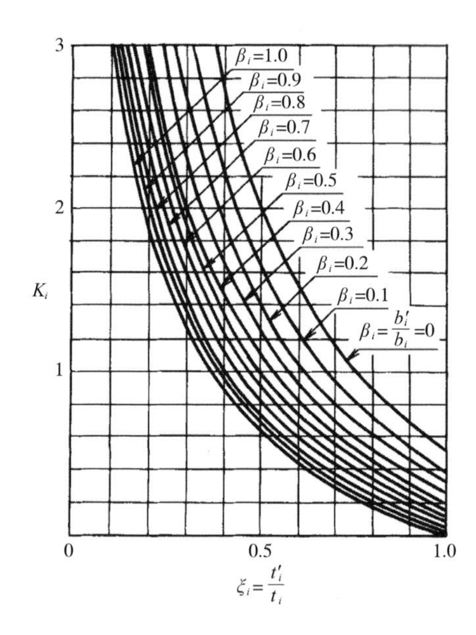

圖 12.27 板端形狀係數

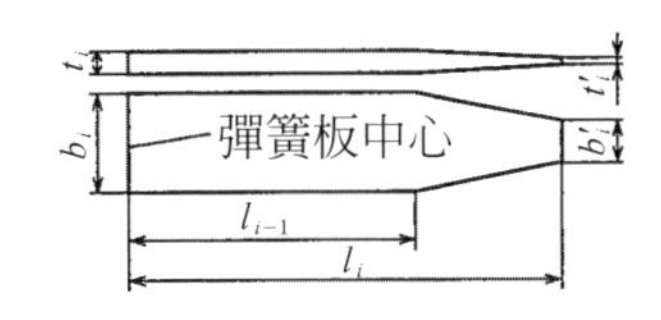

圖 12.28　板端寬度與厚度

式中，a_i-1爲$i-1$彈簧板端作用力與i彈簧板端作用力之比，由式(35)，(36)可得

$$a_{i-1}=\frac{A_{i-1}}{D_{i-1}}\varphi_{i-1} \quad (35)$$

$$D_{i-1}=\varphi_{i-1}+\eta_{i-1} \quad (36)$$

其中$A_{i-1}=\dfrac{3-\mu_{i-1}}{2\mu_{i-1}}$

$$B_i=1+(1-\mu_{i-1})^3K_i$$

$$C_{i-2}=\frac{(3-\mu_{i-1})}{2}\mu_{i-1}^2$$

$$\varphi_{i-1}=\frac{I_{i-1}}{I_i}$$

此外，μ爲力之輸出位置，$\mu_{i-1}=l_{i-1}/l_i$，彈簧常數k由式(37)

$$k=\frac{1}{\eta_n}\frac{6KI_n}{I_n^3} \quad (37)$$

因此，i彈簧板之中央部應力σ_{io}由式(38)，與$i-1$彈簧板之接觸點應力σ_{ic}由(39)可得。

$$\sigma_{io}=(1-\alpha_{i-1}\mu_{i-1})\prod_{i=1}^{n-1}\alpha_i=\frac{Pl_1}{Z_i} \quad (38)$$

$$\sigma_{ic}=(1-\mu_{i-1})\prod_{i=1}^{n-1}\alpha_i=\frac{Pl_1}{Z_i} \quad (39)$$

依照板端法計算彈簧常數與應力，可依下列順序進行：

① 決定彈簧諸元，依此判定φ_{i-1}、A_{i-1}、B_i、C_{i-1}之値，求得$\alpha_o=0$。

② 由(a)式求出η_1。

③ η_i代入(c)求出D_1。

④ D_1代入(b)求出α_1。

⑤ α_1再代入(a)求出η_2。

⑥ 重覆上述計算，直至最後η_n求出。

⑦ η_n代入(33)式，求出彈簧常數。

⑧ 上述計算中所得α_1代入(34)、(35)式可求出應力值。

6. 扭桿彈簧之計算

扭桿彈簧通常是圓截面之桿狀彈簧，利用扭力承受彈簧作用，常用在汽車、火車等之懸吊裝置。

(1) **扭桿之形狀**：一般形狀如圖 12.29 所示，兩端之角隅部有六角形與鋸齒形等(參考十一章)。

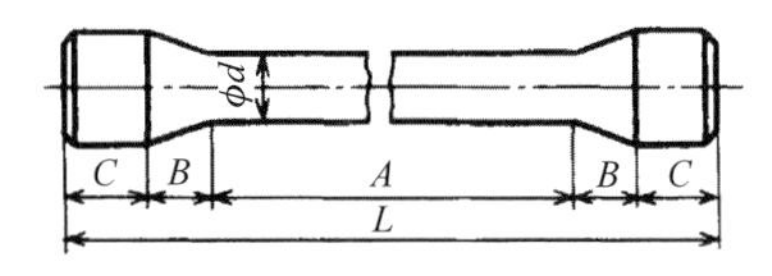

圖 12.29　扭桿

表 12.5 與 12.6 是 JIS B 2705(1998 年廢除)規定之角隅部尺寸。

(2) **彈簧的特性**：扭桿的彈簧特性，如以彈簧常數指定時，用下列公式算出：

表 12.5　二面寬度B之基本尺寸 (單位 mm)

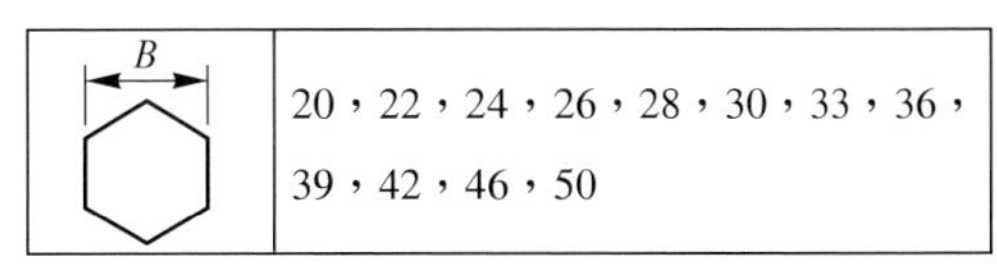	20，22，24，26，28，30，33，36，39，42，46，50

表 12.6　角隅部是鋸齒形時

模數	壓力角	齒數	角隅部大直徑 (mm)
0.75	45°	25	19.50
0.75	45°	28	21.75
0.75	45°	31	24.00
0.75	45°	34	26.25
0.75	45°	37	28.50
0.75	45°	40	30.75
0.75	45°	43	33.00
0.75	45°	46	35.25
0.75	45°	49	37.50
1.00	45°	38	39.00
1.00	45°	40	41.00
1.00	45°	43	44.00
1.00	45°	46	47.00
1.00	45°	49	50.00

表 12.7　錐盤彈簧(JIS B 2706)

(a) 輕負荷用

(單位mm)

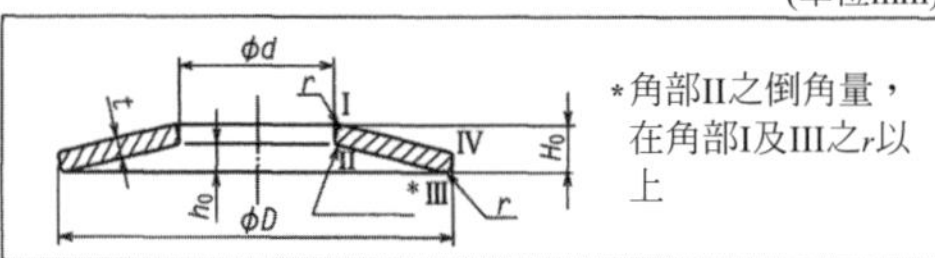

(a) 輕負荷用(L)

稱呼	組	尺寸						負荷特性			
		外徑 D	內徑 d	厚度 t	自由高度 H_0	全變形量 h_o	倒角量 r(參考)	負荷(參考) P $\delta=0.5h_o$ (N)	負荷 P $H_t=H_o-0.75h_o$ (N)	最大應力 σ_I $H_t=H_o-0.75h_o$ (N/mm²)	最大應力 σ_{II}
8	1	8	4.2	0.3	0.55	0.25	0.1	97	128	−2322	1312
10		10	5.2	0.4	0.7	0.3	0.1	166	223	−2299	1281
12.5		12.5	6.2	0.5	0.85	0.35	0.1	226	308	−2093	1114
14		14	7.2	0.5	0.9	0.4	0.1	220	292	−1990	1101
16		16	8.2	0.6	1.05	0.45	0.1	316	426	−2016	1109
18		18	9.2	0.7	1.2	0.5	0.1	431	586	−2035	1114
20		20	10.2	0.8	1.35	0.55	0.1	564	772	−2050	1118
22.5		22.5	11.2	0.8	1.45	0.65	0.1	548	727	−2006	1079
25		25	12.2	0.9	1.6	0.7	0.1	660	883	−1940	1023
28		28	14.2	1	1.8	0.8	0.1	851	1132	−1986	1086
31.5	2	31.5	16.3	1.2	2.1	0.9	0.1	1289	1738	−2083	1156
35.5		35.5	18.3	1.2	2.2	1	0.1	1168	1541	−1881	1045
40		40	20.4	1.6	2.75	1.15	0.2	2392	3249	−2170	1186
45		45	22.4	1.8	3.1	1.3	0.2	2991	4058	−2179	1165
50		50	25.4	2	3.4	1.4	0.2	3578	4881	−2097	1140
56		56	28.5	2	3.6	1.6	0.2	3410	4537	−1987	1090
63		63	31	2.5	4.25	1.75	0.3	5422	7397	−2059	1088
71		71	36	2.5	4.5	2	0.3	5188	6903	−1931	1055
80		80	41	3	5.3	2.3	0.3	8023	10770	−2074	1142
90		90	46	3.5	6	2.5	0.3	10630	14460	−2035	1114
100		100	51	3.5	6.3	2.8	0.3	10010	13310	−1909	1049
112		112	57	4	7.2	3.2	0.5	13720	18250	−1987	1090
125		125	64	5	8.5	3.5	0.5	22480	30660	−2099	1149
140		140	72	5	9	4	0.5	21460	28550	−1990	1101
160		160	82	6	10.5	4.5	0.5	31030	41810	−2016	1109
180		180	92	6	11.1	5.1	0.5	29050	38150	−1875	1035
200	3	200	102	8	13.6	5.6	1	57760	78790	−2098	1145
225		225	112	8	14.5	6.5	1	54790	72680	−2006	1079
250		250	127	10	17	7	1	89450	122000	−2097	1140

(b) 重負荷用(H)

稱呼	組	尺寸						負荷特性			
		外徑 D	內徑 d	厚度 t	自由高度 H_0	全變形量 h_o	倒角量 R(參考)	負荷(參考) P $\delta=0.5h_o$ 時 (N)	負荷 P $\delta=0.75h_o$ 時 (N)	最大應力 σ_I $\delta=0.75h_o$ 時 (N/mm²)	最大應力 σ_{II}
8	1	8	4.2	0.4	0.6	0.2	0.1	160	228	−2162	1218
10		10	5.2	0.5	0.75	0.25	0.1	244	347	−2159	1218
12.5		12.5	6.2	0.7	1	0.3	0.1	480	693	−2240	1382
14		14	7.2	0.8	1.1	0.3	0.1	573	834	−1997	1308
16		16	8.2	0.9	1.25	0.35	0.1	725	1053	−2019	1301
18		18	9.2	1	1.4	0.4	0.1	895	1298	−2035	1295
20		20	10.2	1.1	1.55	0.45	0.1	1083	1569	−2048	1290
22.5	2	22.5	11.2	1.2	1.7	0.5	0.1	1215	1757	−1965	1229
25		25	12.2	1.6	2.15	0.55	0.2	2541	3716	−2257	1538
28		28	14.2	1.6	2.25	0.65	0.2	2479	3592	−2192	1385
31.5		31.5	16.3	1.8	2.5	0.7	0.2	3014	4380	−2086	1343
35.5		35.5	18.3	2	2.8	0.8	0.2	3705	5374	−2095	1332
40		40	20.4	2.2	3.1	0.9	0.2	4333	6275	−2048	1290
45		45	22.4	2.5	3.5	1	0.3	5540	8036	−2031	1296
50		50	25.4	3	4.1	1.1	0.3	8526	12430	−2142	1418
56		56	28.5	3	4.3	1.3	0.3	8162	11770	−2080	1274
63		63	31	3.5	4.9	1.4	0.3	10660	15460	−2030	1296
71		71	36	4	5.6	1.6	0.5	14790	21450	−2091	1332
80		80	41	5	6.7	1.7	0.5	23850	34900	−2130	1453
90		90	46	5	7	2	0.5	22380	32460	−2035	1295
100		100	51	6	8.2	2.2	0.5	33980	49540	−2143	1418
112		112	57	6	8.5	2.5	0.5	31060	44930	−1985	1239
125	3	125	64	8	10.6	2.6	1	61620	90370	−2120	1471
140		140	72	8	11.2	3.2	1	61490	89190	−2155	1370
160		160	82	10	13.5	3.5	1	98430	143900	−2203	1486
180		180	92	10	14	4	1	89520	129800	−2035	1295
200		200	102	12	16.2	4.2	1	129200	188800	−2030	1369
225		225	112	12	17	5	1	121500	175700	−1965	1229
250		250	127	14	19.6	5.6	1.5	178100	258300	−2067	1316

$$k=\frac{T_2-T_1}{\theta_2-\theta_1} \quad \cdots\cdots (40)$$

式中

k＝彈簧常數(N·mm/rad)

T_2＝相當於試驗扭力T(用(37)式算出)之70 %扭力(N·mm)

T_1＝基本扭力(N·mm，試驗扭力T×10 %)

θ_2＝T_2時之扭角(度)

θ_1＝T_1時之扭角(度)

$$T=\frac{\pi d^3}{16}\tau \quad \cdots\cdots (41)$$

式中

T＝試驗扭力(N·mm)

τ＝桿之表面應力(850 N/mm²)

d＝桿之直徑(mm)

7. 錐盤彈簧

錐盤彈簧的目的與錐盤彈簧墊圈相同，詳細規定為 JIS B 2706，可分為輕負荷用(符號L)與重負荷用(符號H)二種，表 12.7 為 JIS 規格。

錐盤彈簧如有必要時可以組合多個使用，組合時又分並聯組合與串聯組合兩種。

12.2 避震器

1. 基本原理

汽車等之緩衝作用，除了使用螺旋彈簧、疊板彈簧、扭桿等之外，亦可使用避震器來吸收震動。

路面上的凹凸不平所引起之振動，利用彈簧緩衝的結果，彈簧本身亦產生共振作用，而且在緩衝後持續存在，所以須合併避震器，以吸收各種顫動，提高乘座之舒適性。

如圖 12.30 簡單說明避震器之作用情形。

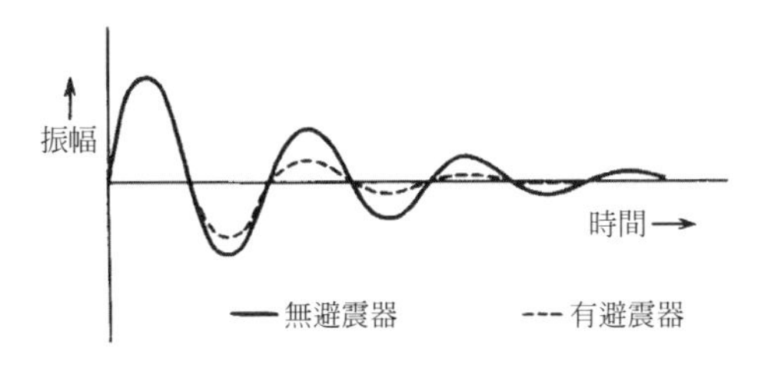

圖 12.30 避震器的作用

2. 避震器的種類與構造

一般使用的避震器為伸縮式，如圖 12.31(a)所示，二個伸縮缸內加滿油，活塞上開有油孔，利用油出入小孔之阻力，阻礙兩缸之相對運動，而達到避震之效果，如果只有在拉伸時有阻尼力作用，而壓縮行程時之阻尼力為 0 時，稱為單動形，而往復行程都有阻尼力作用者稱為複動形。

最近又有一種新型避震器，單缸內封入氮氣與油，具有獨立的自由活塞，稱為充氣式避震器，如圖 12.31(b)所示，此式與伸縮式之差異為油與氣完全分離，不會產生油氣混合與真空，對於微小振動與低速區也有阻尼能力。

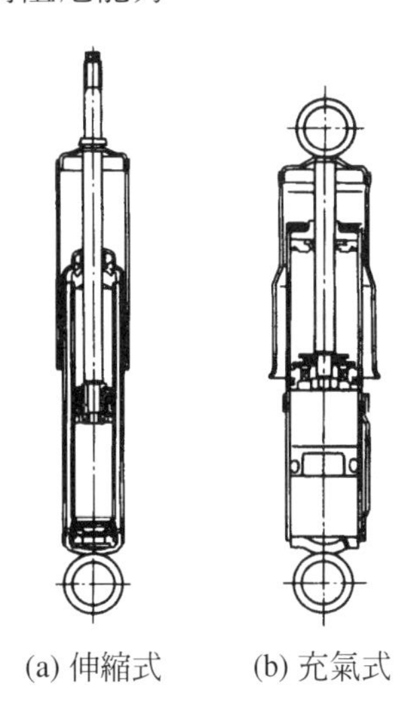

(a) 伸縮式　(b) 充氣式

圖 12.31 避震器

另一種類似之避震器為構造簡單的氣彈簧，如圖 12.32 所示，缸內有與活塞桿同方向移動之活塞，缸內充有A與B兩種氣體，利用氣體之壓力充當彈簧之功用。

表 12.8　圓筒避震器(JASO C 602-1)

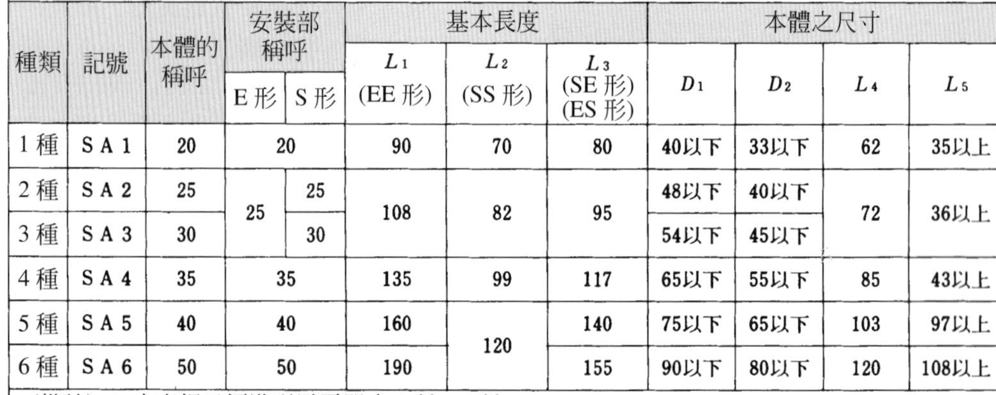

種類	記號	本體的稱呼	安裝部稱呼		基本長度			本體之尺寸			
			E 形	S 形	L_1 (EE 形)	L_2 (SS 形)	L_3 (SE 形) (ES 形)	D_1	D_2	L_4	L_5
1 種	S A 1	20	20		90	70	80	40以下	33以下	62	35以上
2 種	S A 2	25	25	25	108	82	95	48以下	40以下	72	36以上
3 種	S A 3	30		30				54以下	45以下		
4 種	S A 4	35	35		135	99	117	65以下	55以下	85	43以上
5 種	S A 5	40	40		160	120	140	75以下	65以下	103	97以上
6 種	S A 6	50	50		190		155	90以下	80以下	120	108以上

〔備註〕1. 本表揭示標準形避震器之 1 種～6 種。
2. 避震器無防塵套亦可。
3.本體之稱呼，一般在缸內徑尺寸前附記符號。

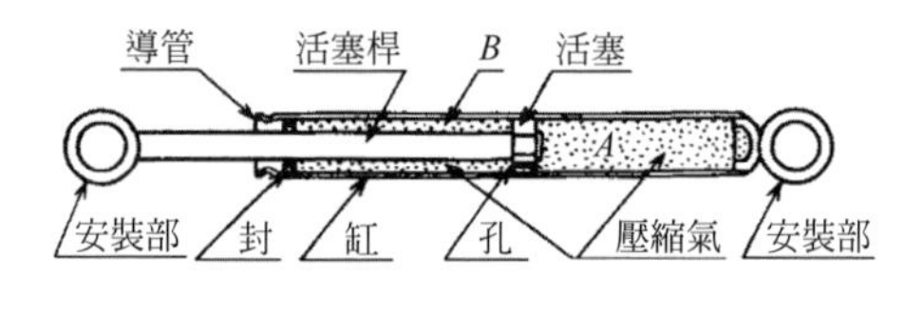

圖 12.32　氣彈簧

氣彈簧之優良爲構造簡單且安裝方便，汽車、建築物之窗戶開關，傢俱等需緩衝之處皆使用之，亦可用於桌子與椅子的高度調整。

3.　避震器的規格

表 12.8 是汽車用圓筒避震器之規格(JASO C 602-1)，表中之*E*形指示眼圈型，*S*形是桿型。

而且，避震器不僅是車輛用，各種產業機械之緩衝用及防震用也相當廣泛，但只能請參考各別領域業者之型錄。

12.3 煞　車

煞車裝置是利用物體間的相互摩擦，使運轉中的速度減慢或停止，依用途大致可提供汽車使用與一般機械用煞車，依形狀分類，則無明確的類別，但通常可做下列之分類：塊煞車、帶煞車與碟盤煞車等機械式摩擦煞車。

1. 煞車材料

煞車材料須與摩擦係數、摩擦速度、接觸壓力、散熱、耐熱、磨耗、更換之價格等方面考慮、選用。

煞車鼓的摩擦面須經精密加工、摩擦係數(μ)之值高，為減少磨耗，可以加入少量的滑劑，但不可使μ值過低，各種煞車材料之μ值與容許應力P值，如表 12.9 所示，但其車鼓之材料為鑄鐵或鑄鋼。

表 12.9　塊煞車與帶煞車之摩擦係數μ

摩擦材料		摩擦係數 μ		容許應力 P (N/cm²)
		乾燥	適度潤滑	
塊煞車	鋼鐵	0.18~0.20	0.1~0.15	≦100
	石綿編織品	0.5~0.6	0.20~0.30	25~35
帶煞車	鋼帶	0.15~0.20	0.10~0.15	－
	木、皮革或石綿編織品	0.3~0.5	0.2~0.3	－

2. 有關散熱的各種計算

煞車的制動馬力f可由下式求出：

$$f = P_v = \mu p A_v$$

式中

P＝全制動壓(N)

v＝週邊速度(m/sec)

μ＝摩擦係數

p＝制動壓力強度(N/mm²)

A＝摩擦面積(mm²)

因為煞車(或制動)是把摩擦功變成熱量散發，因此必須考慮散熱，依使用目的之不同單位摩擦面積之吸收能量也有限制，因：

制動能量(每 1 mm²制動面積每秒所吸收之功)＝μP_v

此值在自然冷卻式煞車時：

使用程度激烈(常用)者：

$\mu pv = 0.6\ \text{N}\cdot\text{m/mm}^2\cdot\text{sec}$

普通使用之$\mu pv = 1\ \text{N}\cdot\text{m/mm}^2\cdot\text{sec}$

冷卻、潤滑完全、普通使用情況下v＝40～50 sec 時：

$\mu pv \leqq 3\ \text{N}\cdot\text{m/mm}^2\cdot\text{sec}$

3. 塊狀煞車

塊狀煞車如圖 12.33 所示，制動輪之周邊利用兩個或一個塊狀加壓制動之裝置，可分為單塊式與雙塊式，主要用於受負荷之機械等，各種計算式簡述如下：

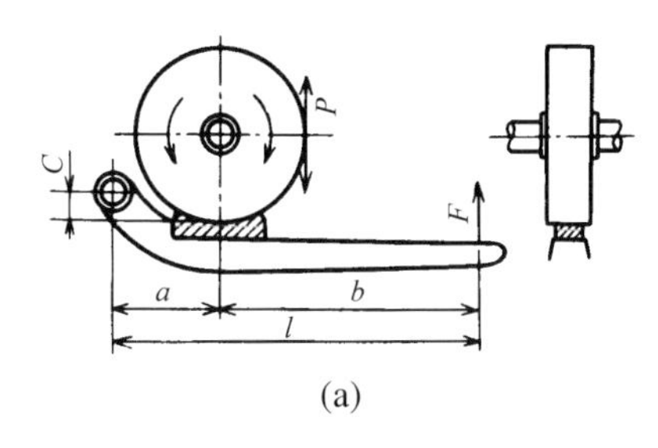

(a)

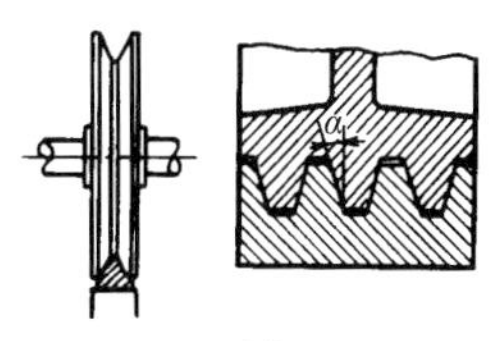

(b) 槽形

圖 12.33　單塊狀煞車

⑴ **單塊狀煞車**：如圖 12.33(a)所示之單塊狀煞車時：

F＝桿端之作用力(N)

P＝制動輪緣之切線力(N)

μ＝帶與輪間的摩擦係數

$$右迴轉時F=\frac{\frac{Pb}{\mu}+Pc}{a+b}=\frac{Pb}{a+b}\left(\frac{1}{\mu}+\frac{c}{b}\right)=\frac{Pb}{l}\left(\frac{1}{\mu}+\frac{c}{b}\right)$$

$$左迴轉時F=\frac{\frac{Pb}{\mu}-Pc}{a+b}=\frac{Pb}{a+b}\left(\frac{1}{\mu}-\frac{c}{b}\right)=\frac{Pb}{l}\left(\frac{1}{\mu}-\frac{c}{b}\right)$$

同圖之(b)，如把制動輪與塊之間製成槽形，則上式中μ應換爲μ/sinα＋μcosα，此時α爲槽開角之 1/2。

圖 12.34 時

$$右迴轉時F=\frac{\frac{Pb}{\mu}-Pc}{a+b}=\frac{Pb}{a+b}\left(\frac{1}{\mu}-\frac{c}{b}\right)=\frac{Pb}{l}\left(\frac{1}{\mu}-\frac{c}{b}\right)$$

$$左迴轉時F=\frac{\frac{Pb}{\mu}+Pc}{a+b}=\frac{Pb}{a+b}\left(\frac{1}{\mu}+\frac{c}{b}\right)=\frac{Pb}{l}\left(\frac{1}{\mu}+\frac{c}{b}\right)$$

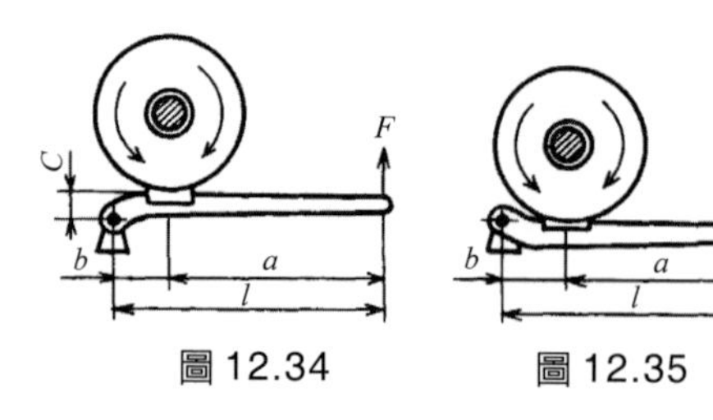

圖 12.34　　圖 12.35

圖 12.35 之左右迴轉時均爲：

$$F=P\frac{b}{a+b}\times\frac{1}{\mu}=\frac{Pb}{a+b}\left(\frac{1}{\mu}\right)=\frac{Pb}{l}\left(\frac{1}{\mu}\right)$$

單塊狀煞車之煞車桿a：b通常爲 1：3～1：6 左右，最大到 1：10，煞車輪與塊之間隙(鬆脫時)一般爲 2～3 mm。

⑵ **雙塊式煞車**：圖 12.36 所示之雙塊式煞車，廣泛用於礦場之起重機、電動捲車等，使用於須要大制動力之情況，制動力F是加上機械利益後之作用力，如使用與單塊式相同之符號，並參考圖 12.36，則：

$$Q=\frac{P}{\mu}，Z_1=\frac{K_1}{\cos\alpha}，Z_2=\frac{K_2}{\cos\alpha}$$

$$K_1=\frac{\frac{1}{2}Q(b+\mu c)}{l_1}，K_2=\frac{\frac{1}{2}Q(b-\mu c)}{l_1}$$

$$F=\frac{Z_1d+Z_2d}{l}=Q\frac{bd}{l_1l}\frac{1}{\cos\alpha}$$

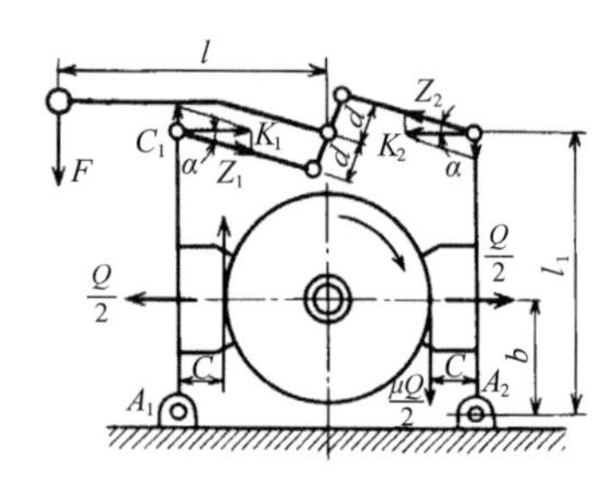

圖 12.36　雙塊式煞車

4.　帶煞車

如圖 12.37 所示利用有摩擦材料之鋼帶制動轉輪之裝置，圖 12.38 之帶煞車輪向右轉時：

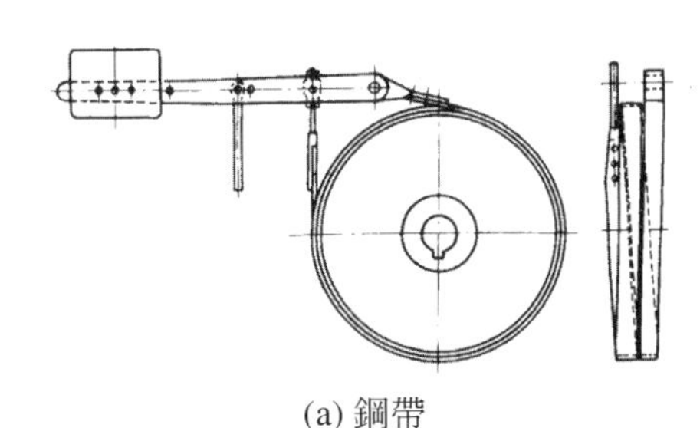

(a) 鋼帶

(b) 帶上墊有木材、皮帶等

圖 12.37 帶煞車

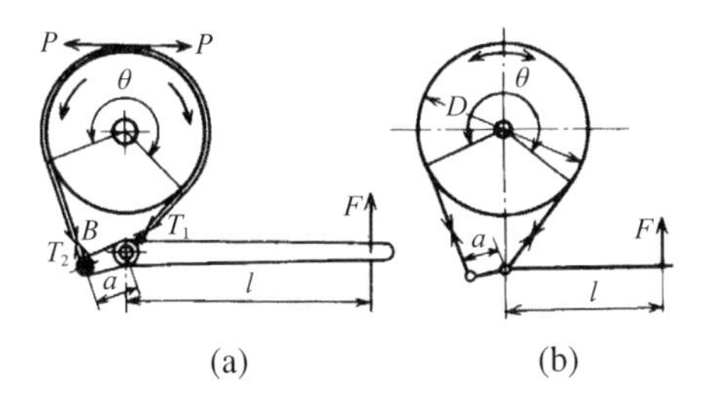

圖 12.38 同心帶煞車

作用在A部分的帶拉力T_1爲

$$T_1=P\frac{1}{e^{\mu\theta}-1}\ (\mathrm{N})$$

作用在B部分的拉力T_2爲

$$T_2=P\frac{e^{\mu\theta}}{e^{\mu\theta}-1}\ (\mathrm{N})$$

式中

P＝作用在制動輪緣的切線力(N)

μ＝帶與輪間的摩擦係數

e＝自然對數之底

＝2.71828

θ＝帶在輪上的包覆角度(接觸角，rad)

b，ℓ＝桿之長度(cm)

F＝作用在桿端之力(N)

上式中$e^{\mu\theta}$之值由對數算出，亦即由(μ×θ之值由出，e之對數乘上其值計算求出此對數之眞數，例如：接觸角＝240 度，摩擦係數μ＝0.2，則：

$$\theta=\frac{240}{180}\times\pi=4.19\ (\mathrm{rad})$$

$$\therefore e^{\mu\theta}=2.71828^{0.2\times4.18}=2.71828^{0.836}$$

$$=2.31$$

但由於$e^{\mu\theta}$之值計算麻煩，故通常查閱表 12.10 得知。

作用在桿端之力F：

右迴轉時(順時鐘轉向)：

$$F=\frac{\alpha T_2}{l}=\frac{Pa}{l}\left(\frac{e^{\mu\theta}}{e^{\mu\theta}-1}\right)$$

左迴轉時(逆時鐘轉向)：

$$F=\frac{\alpha T_1}{l}=\frac{Pa}{l}(1e^{\mu\theta}-1$$

圖 12.39 之單式帶煞車時：

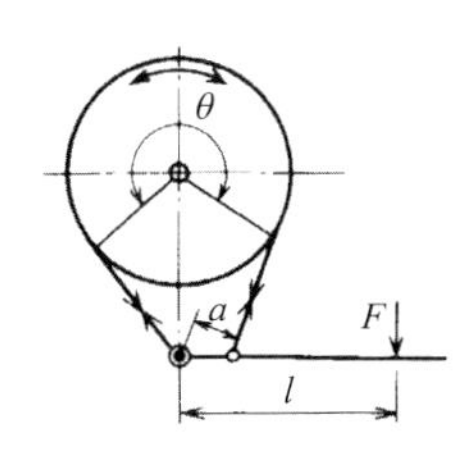

圖 12.39 單式帶煞車

表 12.10　$e^{\mu\theta}$之值

μ	θ°與θ (rad)									
	90° ½ π	120° ⅔ π	150° ⅚ π	180° π	210° 7/6 π	240° 4/3 π	270° 3/2 π	300° 5/3 π	330° 11/6 π	360° 2 π
0.1	1.17	1.23	1.30	1.37	1.44	1.52	1.60	1.69	1.78	1.87
0.18	1.33	1.46	1.60	1.76	1.93	2.13	2.33	2.57	2.82	3.10
0.2	1.37	1.52	1.69	1.87	2.08	2.31	2.57	2.85	3.16	3.51
0.25	1.48	1.69	1.93	2.19	2.50	2.85	3.25	3.71	4.22	4.81
0.3	1.60	1.87	2.43	2.57	3.00	3.51	4.12	4.82	5.63	6.58
0.4	1.87	2.31	2.85	3.51	4.32	5.34	6.59	8.13	9.98	12.33
0.5	2.19	2.84	3.71	4.81	6.23	8.08	10.59	13.74	17.71	23.14

右迴轉時$F=\dfrac{\alpha T_1}{l}=\dfrac{Pa}{l}\left(\dfrac{1}{e^{\mu\theta}-1}\right)$

左迴轉時$F=\dfrac{\alpha T_2}{2l}=\dfrac{Pa}{l}\left(\dfrac{e^{\mu\theta}}{e^{\mu\theta}-1}\right)$

圖 12.40 之差動式煞車時：

右迴轉時$F=\dfrac{b_2T_2-b_1T_1}{l}$

$$=\frac{P}{l}\left(\frac{b_2e^{\mu\theta}-b_1}{e^{\mu\theta}-1}\right)$$

左迴轉時$F=\dfrac{b_2T_1-b_1T_2}{l}$

$$=\frac{P}{l}\left(\frac{b_2-b_1e^{\mu\theta}}{e^{\mu\theta}-1}\right)$$

如$b_2 \leqq b_1e^{\mu\theta}$時，則力$F$以零或負値之自然煞車作用。

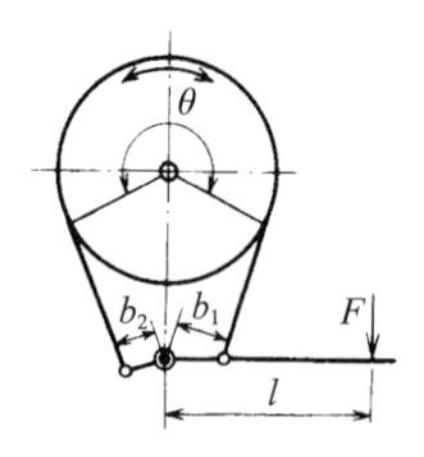

圖 12.40　差動式帶煞車(1)

圖 12.44 之差動帶煞車時：

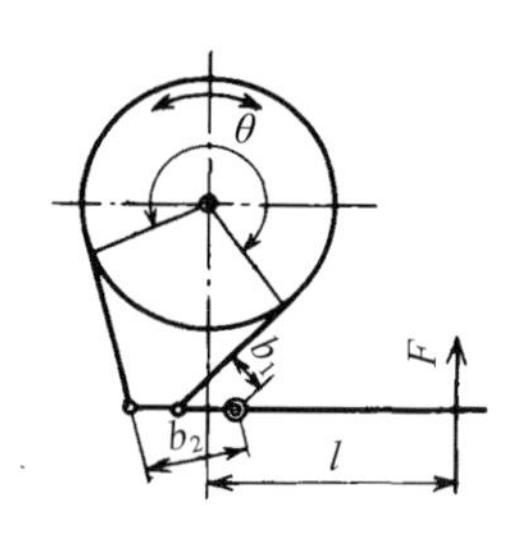

圖 12.41　差動式帶煞車(2)

右迴轉時$F=\dfrac{b_2T_2+b_1T_1}{l}$

$$=\frac{P}{l}\left(\frac{b_2e^{\mu\theta}+b_1}{e^{\mu\theta}-1}\right)$$

左迴轉時$F=\dfrac{b_1T_2+b_2T_1}{l}$

$$=\frac{P}{l}\left(\frac{b_1e^{\mu\theta}+b_2}{e^{\mu\theta}-1}\right)$$

$b_2=b_1$時

$$F=\frac{Pb_1}{l}\left(\frac{e^{\mu\theta}+1}{e^{\mu\theta}-1}\right)$$

此時，無論左或右迴轉，F値皆相等。

5.　帶煞車輪與帶之尺寸與安裝方法

煞車輪(或煞車鼓)常用材料爲鑄鐵或鑄鋼，表 12.11 所示爲帶與煞車輪之尺寸。

表 12.11　制動輪與襯墊之尺寸

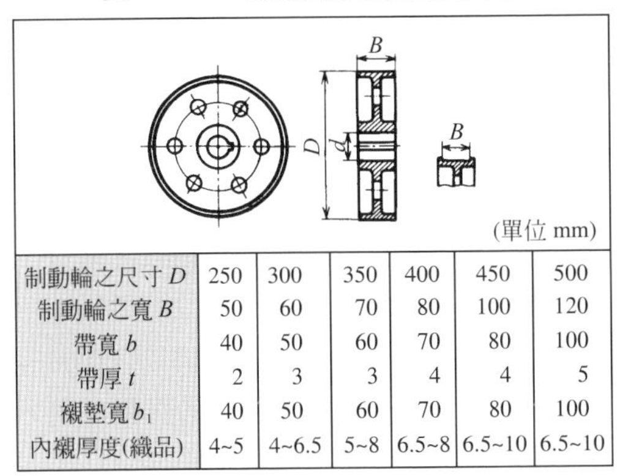

制動輪之尺寸 D	250	300	350	400	450	500
制動輪之寬 B	50	60	70	80	100	120
帶寬 b	40	50	60	70	80	100
帶厚 t	2	3	3	4	4	5
襯墊寬 b_1	40	50	60	70	80	100
內襯厚度(織品)	4~5	4~6.5	5~8	6.5~8	6.5~10	6.5~10

如果煞車帶或塊上，有木材、皮革等舖襯時，通常用圖 12.42 所示之螺栓或銅、鋁鉚釘結合，須注意頭都不可突出，帶端的裝置法如圖 12.43 所示。

6.　碟盤煞車

碟盤煞車的基本原理如圖 12.44 所示，利用迴轉圓盤兩側之鉗夾皮墊或摩擦材料加壓圓盤產生制動力，由於可靠性很高，今日已廣受汽車與工業機械廣泛使用。

(1)　碟盤煞車之種類

碟盤煞車大致可分離合器式與跑車式兩種，離合器式之碟盤全部都是摩擦墊皮，用於多盤離合器之馬達，航空機等，跑車式則在碟盤上襯墊一部分墊皮，最近客車大都採用此形，跑車形的分泵固定方法有固定鉗夾形或淨動鉗夾形二種。

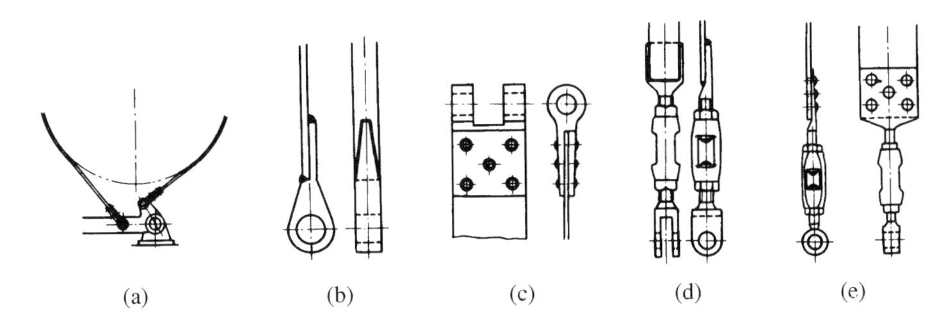

圖 12.43　安裝方法

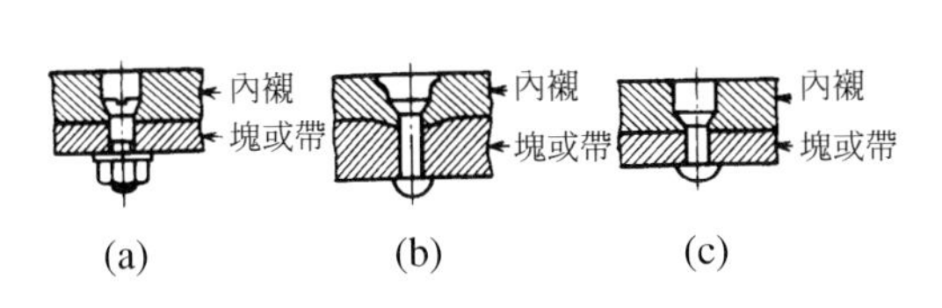

圖 12.42　襯墊之安裝方法

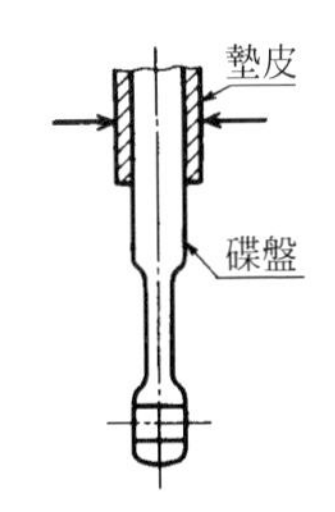

圖 12.44　碟盤煞車的基本原理

① 固定鉗夾形(如圖 12.45)

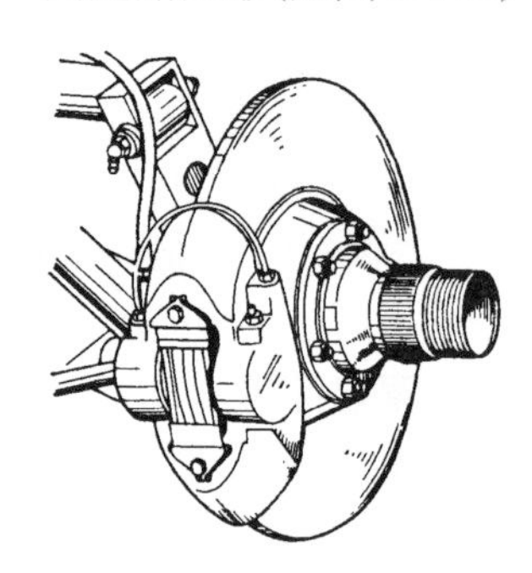

圖 12.45 固定鉗夾型

分泵固定在碟盤之兩側，墊皮利用活塞之油壓力加壓於碟盤，此式之優點爲活塞部與墊皮具安定性且鉗夾之鋼性高，但缺點爲活塞與分泵的加工精度高，左右分泵之安裝精度要求高，成本也相對提高。

② 浮動鉗夾式(如圖 12.46)

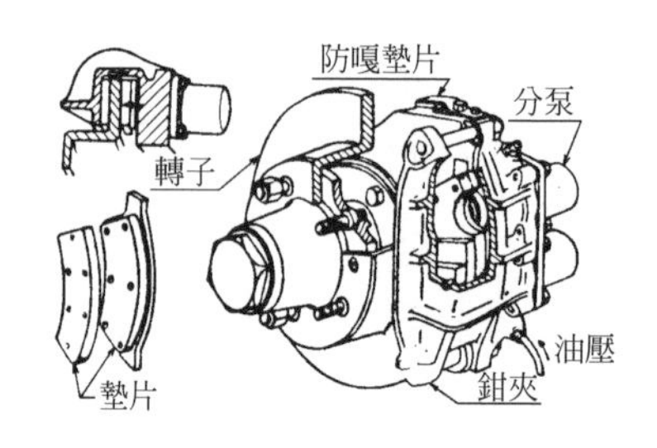

圖 12.46 浮動鉗夾型

活塞在碟盤之單側，一個墊皮壓在碟盤上，另一個墊皮以其反作用使鉗夾滑動，而墊皮壓住碟盤，由於只有一處輸入，冷卻容易，分泵與活塞可以減半，成本降低。

這種碟盤煞車是最具代表性之機構。

⑵ **碟盤煞車的優點**

① 無自動伺服性，煞車力不受摩擦係數之影響，安定性高。

② 滑動面的碟盤暴露，故散熱性好。

③ 煞車力左右平衡，不必擔心單側作用時之偏振。

④ 長方形之摩擦墊皮，耐熱性優良，材料製造方便。

⑤ 墊皮與轉子之間的間隙只有0.02～0.3左右，自動調整裝置安裝方便，容易保持正確的間隙。

⑶ **碟盤煞車的問題**

① 生銹之危險性高。

② 低速、低踏踩力時效果不佳，或容易產生煞車噪音。

③ 一迴轉制動所須的煞車油量比其它形式多。

⑷ **碟盤煞車制動扭力之計算**

碟盤煞車沒有自動伺服(自動倍力)作用，故其制動扭力係用下式求得：

$$T = 2 \cdot \mu \cdot A \cdot P \cdot R$$

式中

T＝制動扭力(N · m)

μ＝摩擦係數(除特殊情況外，一般爲0.3～0.4)

A＝活塞的有效面積(cm^2)

P＝煞車之動作油壓(N/cm^2)

R＝有效半徑(m)

有效半徑隨墊皮之形狀、安裝位置而異，如以碟盤迴轉中心至分泵中心之距離計算，就有足夠之精度。

13

鉚接、銲接之設計

13.1 鉚釘與鉚接

利用鉚釘接合稱爲鉚接，廣泛用於機械零件、壓力容器、鐵架結構、橋樑、造船等，由於最近銲接(熔接)技術之發達，上述之範圍亦常採用銲接；但因工作方便與接合確實等優點，現在仍有使用鉚接之價值。

1. 鉚釘

鉚釘依製造方法可分頭部以冷作成型之冷作鉚釘(公稱直徑 1～22 mm)、頭部以熱做成型之熱作鉚釘(公稱直徑 10～44 mm)等二種。

表 13.1　冷作成形鉚釘(JIS B 1213)

(a) 圓鉚釘

公稱直徑[1]	1 欄	3		4		5	6	8	10	12			16			20	
	2 欄		3.5		4.5							14		18			22
	3 欄										13				19		
軸徑(d)		3	3.5	4	4.5	5	6	8	10	12	13	14	16	18	19	20	22
頭部直徑(d_k)		5.7	6.7	7.2	8.1	9	10	13.3	16	19	21	22	26	29	30	32	35
頭部高度(K)		2.1	2.5	2.8	3.2	3.5	4.2	5.6	7	8	9	10	11	12.5	13.5	14	15.5
頭座圓角(r)		0.15	0.18	0.2	0.23	0.25	0.3	0.4	0.5	0.6	0.65	0.7	0.8	0.9	0.95	1.0	1.1
孔徑(d_1)		3.2	3.7	4.2	4.7	5.3	6.3	8.4	10.6	12.8	13.8	15	17	19.5	20.5	21.5	23.5
長度(l)[2]		3～20	4～22	4～24	5～26	5～30	6～36	8～40	10～50	12～60	14～65	14～70	18～80	20～90	22～100	24～110	28～120

〔註〕[1] 優先採用第 1 欄，如有必要時再依序選用 2、3 欄。
[2] 長度 l 在表中指示之範圍內自表 13-2 之尺寸中選出。

(b)小型圓鉚釘(如同上表)

公稱直徑[1]	1 欄	1	1.2		1.6		2		2.5		3		4	5
	2 欄			1.4								3.5		
	3 欄					1.7		2.3		2.6				
軸徑(d)		1	1.2	1.4	1.6	1.7	2	2.3	2.5	2.6	3	3.5	4	5
頭部直徑(d_k)		1.8	2.2	2.5	3		3.5	4	4.5		5.2	6.2	7	8.8
頭部高度(K)		0.6	0.7	0.8	1		1.2	1.4	1.6		1.8	2.1	2.4	3
頭座圓角(r)		0.05	0.06	0.07	0.09		0.1	0.12	0.13		0.15	0.18	0.2	0.25
孔徑(d_1)		1.1	1.3	1.5	1.7	1.8	2.1	2.4	2.7	2.8	3.2	3.7	4.2	5.3
長度(l)[2]		1～10	1.5～10	1.5～12	2～14	2～14	2～14	2.5～16	3～20	3～20	3～20	4～22	4～24	5～30

〔註〕[1][2] 如同表(a)。

表 13.1 冷作成形鉚釘(JIS B 1213)(續)

(c)斜座鉚釘

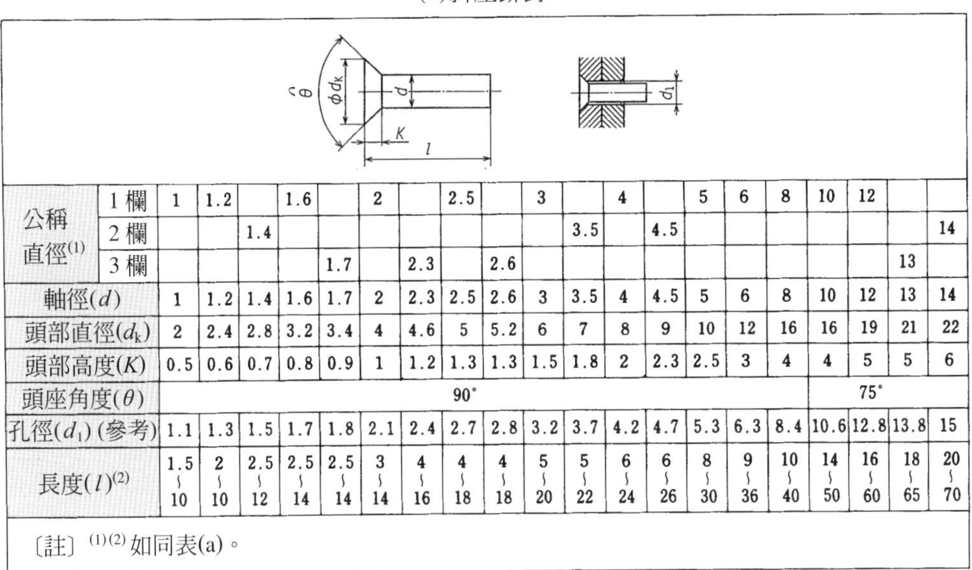

公稱直徑[1]	1欄	1	1.2		1.6		2		2.5		3		4		5	6	8	10	12		
	2欄			1.4								3.5		4.5							14
	3欄					1.7		2.3		2.6										13	
軸徑(d)		1	1.2	1.4	1.6	1.7	2	2.3	2.5	2.6	3	3.5	4	4.5	5	6	8	10	12	13	14
頭部直徑(d_k)		2	2.4	2.8	3.2	3.4	4	4.6	5	5.2	6	7	8	9	10	12	16	16	19	21	22
頭部高度(K)		0.5	0.6	0.7	0.8	0.9	1	1.2	1.3	1.3	1.5	1.8	2	2.3	2.5	3	4	4	5	5	6
頭座角度(θ)		90°																75°			
孔徑(d_1)(參考)		1.1	1.3	1.5	1.7	1.8	2.1	2.4	2.7	2.8	3.2	3.7	4.2	4.7	5.3	6.3	8.4	10.6	12.8	13.8	15
長度(l)[2]		1.5～10	2～10	2.5～12	2.5～14	2.5～14	3～14	4～16	4～18	4～18	5～20	5～22	6～24	6～26	8～30	9～36	10～40	14～50	16～60	18～65	20～70

〔註〕[1][2]如同表(a)。

(d)薄平鉚釘

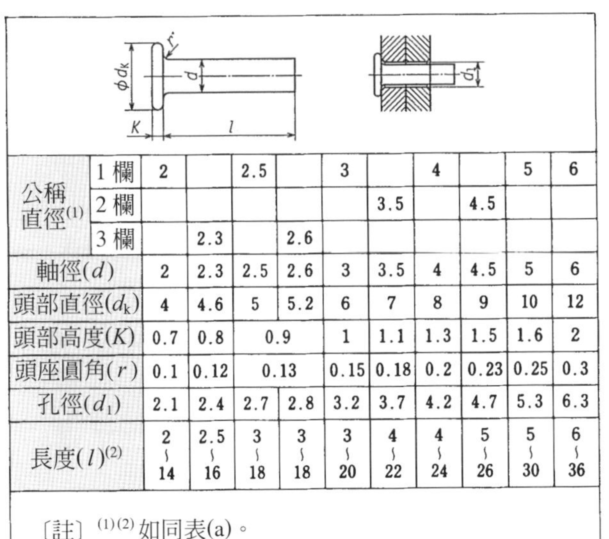

公稱直徑[1]	1欄	2		2.5		3		4		5	6
	2欄						3.5		4.5		
	3欄		2.3		2.6						
軸徑(d)		2	2.3	2.5	2.6	3	3.5	4	4.5	5	6
頭部直徑(d_k)		4	4.6	5	5.2	6	7	8	9	10	12
頭部高度(K)		0.7	0.8	0.9		1	1.1	1.3	1.5	1.6	2
頭座圓角(r)		0.1	0.12	0.13		0.15	0.18	0.2	0.23	0.25	0.3
孔徑(d_1)		2.1	2.4	2.7	2.8	3.2	3.7	4.2	4.7	5.3	6.3
長度(l)[2]		2～14	2.5～16	3～18	3～18	3～20	4～22	4～24	5～26	5～30	6～36

〔註〕[1][2]如同表(a)。

(e)扁圓鉚釘

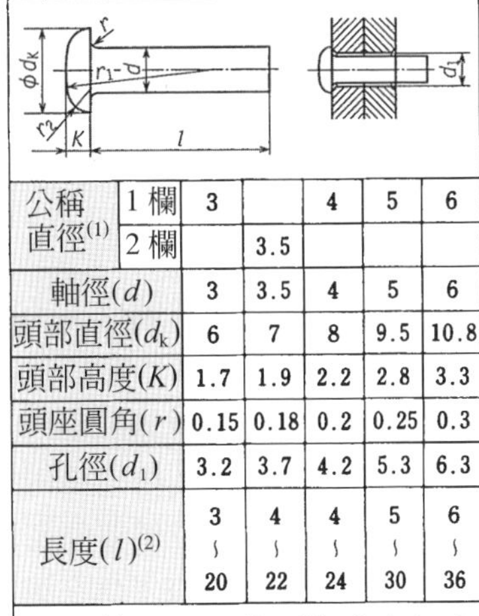

公稱直徑[1]	1欄	3		4	5	6
	2欄		3.5			
軸徑(d)		3	3.5	4	5	6
頭部直徑(d_k)		6	7	8	9.5	10.8
頭部高度(K)		1.7	1.9	2.2	2.8	3.3
頭座圓角(r)		0.15	0.18	0.2	0.25	0.3
孔徑(d_1)		3.2	3.7	4.2	5.3	6.3
長度(l)[2]		3～20	4～22	4～24	5～30	6～36

〔註〕[1]優先採用第1欄，如有必要時再依序選用第2。
[2]如同表(a)。

表 13.2　冷作成形鉚釘長度　(單位 mm)

1，1.5，2，2.5，3，4，5，6，7，8，9，10，11，12，13，14，15，16，18，20，22，24，26，28，30，32，34，36，38，40，42，45，48，50，52，58，60，62，65，68，70，72，75，80，85，90，95，100，105，110，115，120

除此之外，直徑較小的鉚釘中有一種軸端側有鉚孔者，稱爲半管式鉚釘，最近常用於金屬品以外之塑膠、皮革等。

如圖 13.1 爲半管式鉚釘之鉚合狀態，係使用專用鉚沖鉚合。

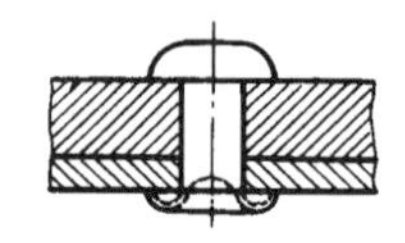

圖 13.1　半管式鉚釘之鉚接

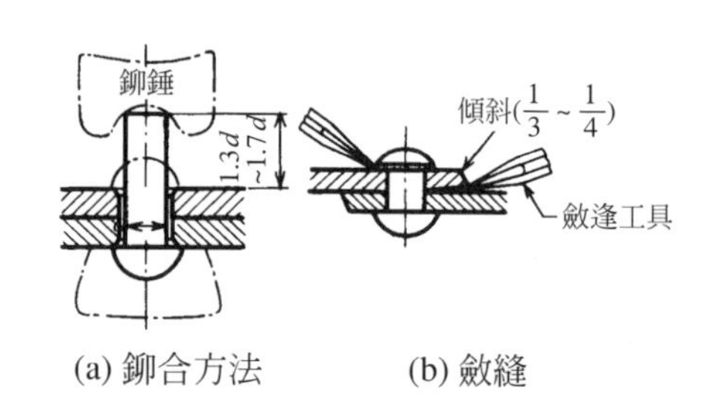

(a) 鉚合方法　(b) 斂縫

圖 13.2　鉚釘之鉚合法

表 13.1～表 13.6 是 JIS 規定鉚釘的形狀與尺寸。

鉚釘材料：冷做成型鉚釘與半管式鉚釘爲鋼、黃銅、銅、鋁，熱做成型鉚釘使用鉚釘圓鋼(JIS G 3140)之規格規定(SV330、SV400)。

2.　鉚接

鉚接是用鉚釘把二個或更多的鋼板、鋼材等重疊接合爲半永久性之固定。

如圖 13.2 所示，首先將頭與桿加熱至紅熱狀態，再插入鉚孔中，再用鉚釘錘在另一端敲打鉚合，如果須要氣密時，如本圖之(b)所示，使用斂縫工具在鉚接之板端打成 1/3～1/4 的傾斜，稱之爲斂縫作業。如果板端不可做斂縫，在鉚釘頭亦可做斂縫。

如圖 13.3 與圖 13.4 所示，鉚接大致可分搭接與對接二種，如依鉚釘之列數又可分單列鉚接、雙列鉚接與三列鉚接；依鉚釘之排列可分並排與交錯形。

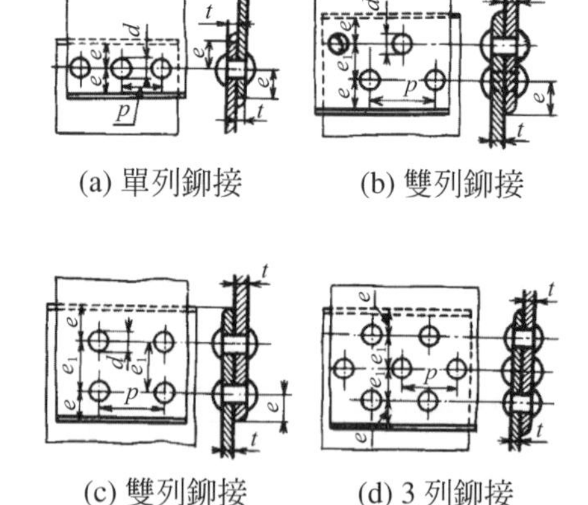

(a) 單列鉚接　(b) 雙列鉚接

(c) 雙列鉚接　(d) 3 列鉚接

圖 13.3　搭接

表 13.3　熱作成形鉚釘(JIS B 1214)

(a)圓鉚釘(一般用)

〔註〕[(1)]優先採用第 1 欄，如有必要時再依序選用 2、3 欄。
[(2)]長度 l 在表中指示之範圍內自表 13-4 之尺寸中選出。

項目																			
公稱直徑[(1)]	1 欄	10	12			16			20		24				30			36	
	2 欄				14		18			22			27				33		40
	3 欄			13				19				25		28		32			
軸徑(d)		10	12	13	14	16	18	19	20	22	24	25	27	28	30	32	33	36	40
頭部直徑(d_k)		16	19	21	22	26	29	30	32	35	38	40	43	45	48	51	54	58	64
頭部高度(K)		7	8	9	10	11	12.5	13.5	14	15.5	17	17.5	19	19.5	21	22.5	23	25	28
頭座圓角(r)		0.5	0.6	0.65	0.7	0.8	0.9	0.95	1	1.1	1.2	1.25	1.35	1.4	1.5	1.6	1.65	1.8	2
孔徑(d_1)		11	13	14	15	17	19.5	20.5	21.5	23.5	25.5	26.5	28.5	29.5	32	34	35	38	42
長度(l)[(2)]		10~50	12~60	14~65	16~70	18~80	20~90	22~100	24~110	28~120	32~130	36~130	38~140	38~140	40~150	45~160	45~160	50~180	60~190

(b)斜座鉚釘(一般用)

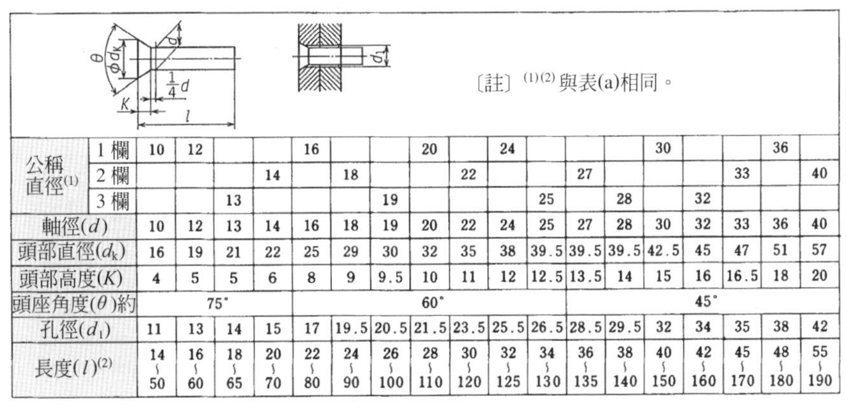

〔註〕[(1)(2)]與表(a)相同。

項目																			
公稱直徑[(1)]	1 欄	10	12			16			20		24				30			36	
	2 欄				14		18			22			27				33		40
	3 欄			13				19				25		28		32			
軸徑(d)		10	12	13	14	16	18	19	20	22	24	25	27	28	30	32	33	36	40
頭部直徑(d_k)		16	19	21	22	25	29	30	32	35	38	39.5	39.5	39.5	42.5	45	47	51	57
頭部高度(K)		4	5	5	6	8	9	9.5	10	11	12	12.5	13.5	14	15	16	16.5	18	20
頭座角度(θ)約		75°				60°						45°							
孔徑(d_1)		11	13	14	15	17	19.5	20.5	21.5	23.5	25.5	26.5	28.5	29.5	32	34	35	38	42
長度(l)[(2)]		14~50	16~60	18~65	20~70	22~80	24~90	26~100	28~110	30~120	32~125	34~130	36~135	38~140	40~150	42~160	45~170	48~180	55~190

(c) 平鉚釘(一般用)

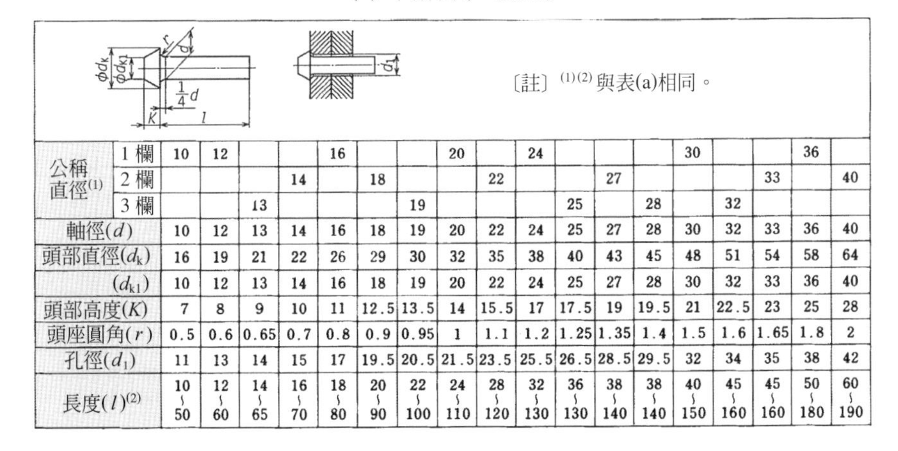

〔註〕[(1)(2)]與表(a)相同。

項目																			
公稱直徑[(1)]	1 欄	10	12			16			20		24				30			36	
	2 欄				14		18			22			27				33		40
	3 欄			13				19				25		28		32			
軸徑(d)		10	12	13	14	16	18	19	20	22	24	25	27	28	30	32	33	36	40
頭部直徑(d_k)		16	19	21	22	26	29	30	32	35	38	40	43	45	48	51	54	58	64
(d_{k1})		10	12	13	14	16	18	19	20	22	24	25	27	28	30	32	33	36	40
頭部高度(K)		7	8	9	10	11	12.5	13.5	14	15.5	17	17.5	19	19.5	21	22.5	23	25	28
頭座圓角(r)		0.5	0.6	0.65	0.7	0.8	0.9	0.95	1	1.1	1.2	1.25	1.35	1.4	1.5	1.6	1.65	1.8	2
孔徑(d_1)		11	13	14	15	17	19.5	20.5	21.5	23.5	25.5	26.5	28.5	29.5	32	34	35	38	42
長度(l)[(2)]		10~50	12~60	14~65	16~70	18~80	20~90	22~100	24~110	28~120	32~130	36~130	38~140	38~140	40~150	45~160	45~160	50~180	60~190

表 13.3 熱作成形鉚釘(JIS B 1214)(續)

(d)圓扁圓鉚釘

〔註〕(1)(2)與表(a)相同。

項目																		
公稱直徑(1) 1欄	10	12			16			20		24				30			36	
公稱直徑(1) 2欄				14		18			22			27				33		40
公稱直徑(1) 3欄			13				19				25		28		32			
軸徑(d)	10	12	13	14	16	18	19	20	22	24	25	27	28	30	32	33	36	40
頭部直徑(d_k)	16	19	21	22	25	29	30	32	35	38	39.5	39.5	39.5	42.5	45	47	51	57
頭部高度(K)	4	5	5	6	8	9	9.5	10	11	12	12.5	13.5	14	15	16	16.5	18	20
f	1.5	2	2	2	2.5	2.5	3	3	3.5	3.5	4	4	4	4.5	5	5	5.5	6
頭座角度(θ)約	75°				60°							45°						
孔徑(d_1)	11	13	14	15	17	19.5	20.5	21.5	23.5	25.5	26.5	28.5	29.5	32	34	35	38	42
長度(l)(2)	10~50	12~60	14~65	16~70	18~80	20~90	22~100	24~110	28~120	32~130	36~130	38~140	38~140	40~150	45~160	45~160	50~180	60~190

(e)鍋爐用鉚釘

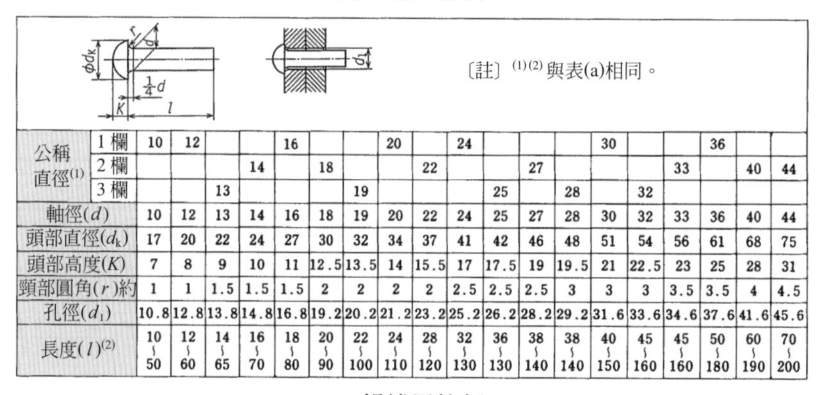

〔註〕(1)(2)與表(a)相同。

項目																			
公稱直徑(1) 1欄	10	12			16			20		24				30			36		
公稱直徑(1) 2欄				14		18			22			27				33		40	44
公稱直徑(1) 3欄			13				19				25		28		32				
軸徑(d)	10	12	13	14	16	18	19	20	22	24	25	27	28	30	32	33	36	40	44
頭部直徑(d_k)	17	20	22	24	27	30	32	34	37	41	42	46	48	51	54	56	61	68	75
頭部高度(K)	7	8	9	10	11	12.5	13.5	14	15.5	17	17.5	19	19.5	21	22.5	23	25	28	31
頸部圓角(r)約	1	1	1.5	1.5	1.5	2	2	2	2	2.5	2.5	2.5	3	3	3	3.5	3.5	4	4.5
孔徑(d_1)	10.8	12.8	13.8	14.8	16.8	19.2	20.2	21.2	23.2	25.2	26.2	28.2	29.2	31.6	33.6	34.6	37.6	41.6	45.6
長度(l)(2)	10~50	12~60	14~65	16~70	18~80	20~90	22~100	24~110	28~120	32~130	36~130	38~140	38~140	40~150	45~160	45~160	50~180	60~190	70~200

(f)鍋爐用鉚釘

〔註〕(1)(2)與表(a)相同。

項目																			
公稱直徑(1) 1欄	10	12			16			20		24				30			36		
公稱直徑(1) 2欄				14		18			22			27				33		40	44
公稱直徑(1) 3欄			13				19				25		28		32				
軸徑(d)	10	12	13	14	16	18	19	20	22	24	25	27	28	30	32	33	36	40	44
頭部直徑(d_k)	15.5	18	21	22	25	29	30	32	35	38	39.5	39.5	39.5	42.5	45	47	51	57	62
頭部高度(K)	3.5	5	5	6	8	9	9.5	10	11	12	12.5	13.5	14	15	16	16.5	18	20	22
f	1.5	2	2	2	2.5	2.5	3	3	3.5	3.5	4	4	4	4.5	5	5	5.5	6	7
c約	0				1.5				2										
頭座角度(θ)約	75°				60°							45°							
孔徑(d_1)	10.8	12.8	13.8	14.8	16.8	19.2	20.2	21.2	23.2	25.2	26.2	28.2	29.2	31.6	33.6	34.6	37.6	41.6	45.6
長度(l)(2)	10~50	12~60	14~65	16~70	18~80	20~90	22~100	24~110	28~120	32~130	36~130	38~140	38~140	40~150	45~160	45~160	50~180	60~190	70~200

表 13.3 熱作成形鉚釘(JIS B 1214)(續)

(g) 船用扁圓鉚釘

〔註〕(1)(2)與表(a)相同。

公稱直徑(1)																		
1 欄	10	12			16			20		24				30			36	
2 欄				14		18			22			27				33		40
3 欄			13				19				25		28		32			
軸徑(d)	10	12	13	14	16	18	19	20	22	24	25	27	28	30	32	33	36	40
頭部直徑(d_k)	16	19	21	22	25.5	29	29.5	32	35	38	38	43	43	45	47.5	50	54	61
頭部高度(K)	5.5	6.5	7.5	8	9	10.5	12	13	15	17	18	20	21	22.5	24	26	28	32
f	1.5	2	2	2	2	2	3	3	3	3	3	3	3	3	3	3	3	3
頭座角度(θ)約	56°					48°				40°				36°				
孔徑(d_1)	11	13	14	15	17	19.5	20.5	21.5	23.5	25.5	26.5	28.5	29.5	32	34	35	38	42
長度(l)(2)	12~50	14~58	16~65	18~72	20~80	22~90	24~100	26~110	30~120	34~125	36~130	38~140	38~140	40~150	45~160	48~170	50~180	60~190

表 13.4 熱作成形鉚釘之長度(l)(JIS B 1214) (單位 mm)

10, 12, 14, 16, 18, 20, 22, 24, 26, 28, 30, 32, 34, 36, 38, 40, 42, 45, 48, 50, 52, 55, 58, 60, 62, 65, 68, 70, 72, 75, 80, 85, 90, 95, 100, 105, 110, 115, 120, 125, 130, 135, 140, 145, 150, 155, 160, 165, 170, 175, 180, 185, 190, 195, 200

表 13.5 半管式鉚釘(JIS B 1215)

(a) 薄圓鉚釘

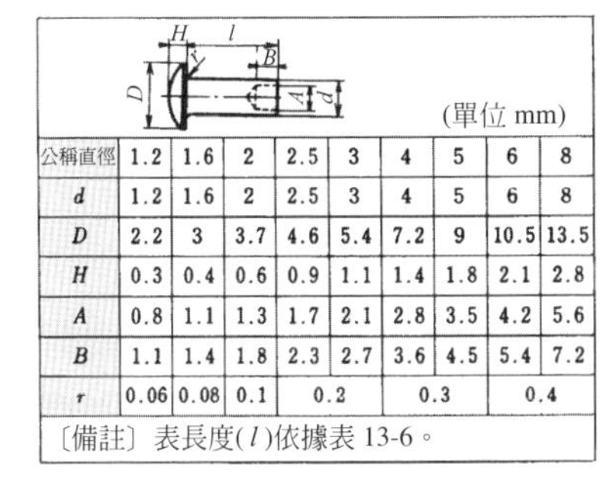

(單位 mm)

公稱直徑	1.2	1.6	2	2.5	3	4	5	6	8
d	1.2	1.6	2	2.5	3	4	5	6	8
D	2.2	3	3.7	4.6	5.4	7.2	9	10.5	13.5
H	0.3	0.4	0.6	0.9	1.1	1.4	1.8	2.1	2.8
A	0.8	1.1	1.3	1.7	2.1	2.8	3.5	4.2	5.6
B	1.1	1.4	1.8	2.3	2.7	3.6	4.5	5.4	7.2
r	0.06	0.08	0.1	0.2		0.3		0.4	

〔備註〕表長度(l)依據表 13-6。

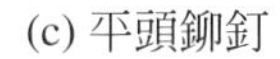

(c) 平頭鉚釘

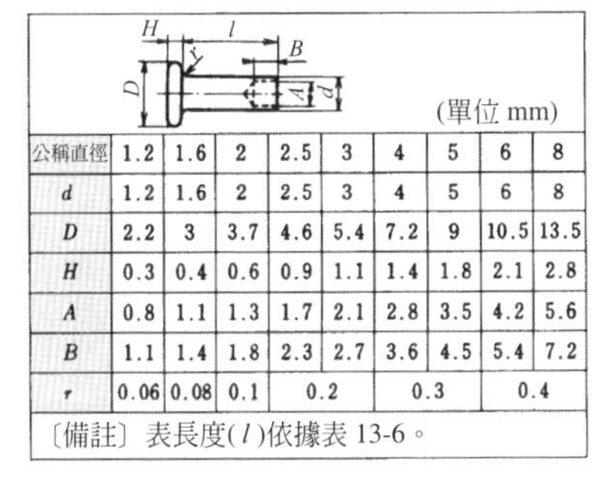

(單位 mm)

公稱直徑	1.2	1.6	2	2.5	3	4	5	6	8
d	1.2	1.6	2	2.5	3	4	5	6	8
D	2.2	3	3.7	4.6	5.4	7.2	9	10.5	13.5
H	0.3	0.4	0.6	0.9	1.1	1.4	1.8	2.1	2.8
A	0.8	1.1	1.3	1.7	2.1	2.8	3.5	4.2	5.6
B	1.1	1.4	1.8	2.3	2.7	3.6	4.5	5.4	7.2
r	0.06	0.08	0.1	0.2		0.3		0.4	

〔備註〕表長度(l)依據表 13-6。

(b) 結構鉚釘

(單位 mm)

公稱直徑	1.2	1.6	2	2.5	3	4	5	6	8
d	1.2	1.6	2	2.5	3	4	5	6	8
D	2.7	3.6	4.5	5.6	6.6	8.8	11	13	17
H	0.5	0.7	1	1.3	1.4	1.8	2.4	2.8	3.8
A	0.8	1.1	1.3	1.7	2.1	2.8	3.5	4.2	5.6
B	1.1	1.4	1.8	2.3	2.7	3.6	4.5	5.4	7.2
r	0.06	0.08	0.1	0.2	0.3		0.4	0.5	0.6

〔備註〕表長度(l)依據表 13-6。

(d) 斜座鉚釘

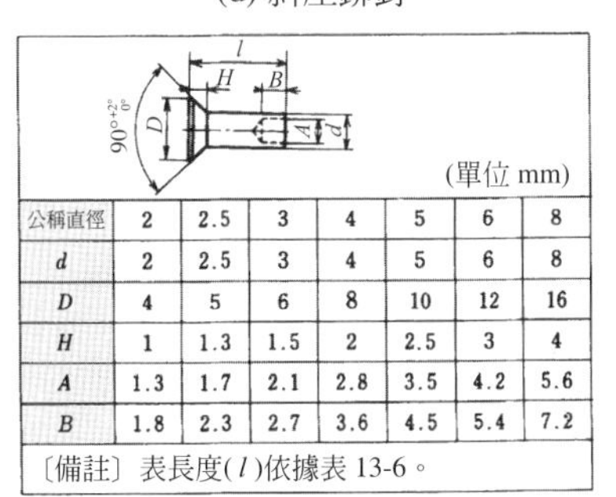

(單位 mm)

公稱直徑	2	2.5	3	4	5	6	8
d	2	2.5	3	4	5	6	8
D	4	5	6	8	10	12	16
H	1	1.3	1.5	2	2.5	3	4
A	1.3	1.7	2.1	2.8	3.5	4.2	5.6
B	1.8	2.3	2.7	3.6	4.5	5.4	7.2

〔備註〕表長度(l)依據表 13-6。

表 13.5　半管式鉚釘(JIS B 1215)(續)

(e)圓頭鉚釘

(單位 mm)

公稱直徑	1.2	1.6	2	2.5	3	4	5	6	8
d	1.2	1.6	2	2.5	3	4	5	6	8
D	2.2	3	3.7	4.6	5.4	7.2	9	10.5	13.5
H	0.7	1	1.2	1.5	1.8	2.4	3	3.6	4.8
A	0.8	1.1	1.3	1.7	2.1	2.8	3.5	4.2	5.6
B	1.1	1.4	1.8	2.3	2.7	3.6	4.5	5.4	7.2
r	0.06	0.08	0.1	0.2		0.3		0.4	

〔備註〕表長度(*l*)依據表 13-6。

表 13.6　半管式鉚釘之長度(*l*)(JIS B 1215)

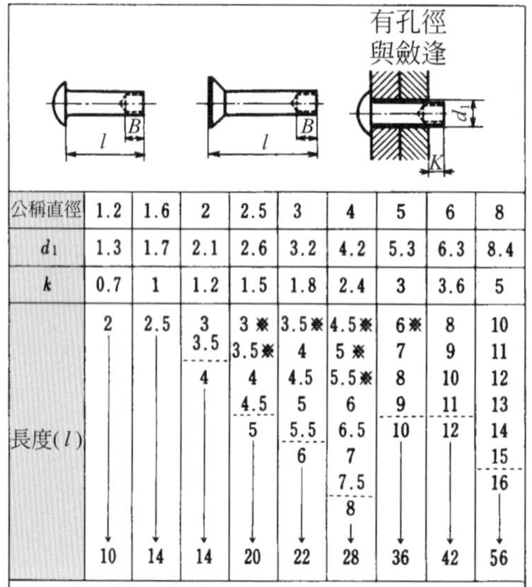

公稱直徑	1.2	1.6	2	2.5	3	4	5	6	8
d_1	1.3	1.7	2.1	2.6	3.2	4.2	5.3	6.3	8.4
k	0.7	1	1.2	1.5	1.8	2.4	3	3.6	5
長度(*l*)	2 ↓ 10	2.5 ↓ 14	3, 3.5, 4 ↓ 14	3※, 3.5※, 4, 4.5, 5 ↓ 20	3.5※, 4, 4.5, 5, 5.5, 6 ↓ 22	4.5※, 5※, 5.5※, 6, 6.5, 7, 7.5, 8 ↓ 28	6※, 7, 8, 9, 10 ↓ 36	8, 9, 10, 11, 12 ↓ 42	10, 11, 12, 13, 14, 15, 16 ↓ 56

〔備註〕1. 虛線指示斜座鉚釘之最小長度。
2. 長度(*l*)之階段；公稱直徑 1.2~4 時爲 0.5mm，5~8 時爲 1mm。

〔註〕有※符號者，*B* 之基本尺寸可用 0.8 *d*，設 *d* 爲鉚釘之公稱直徑。

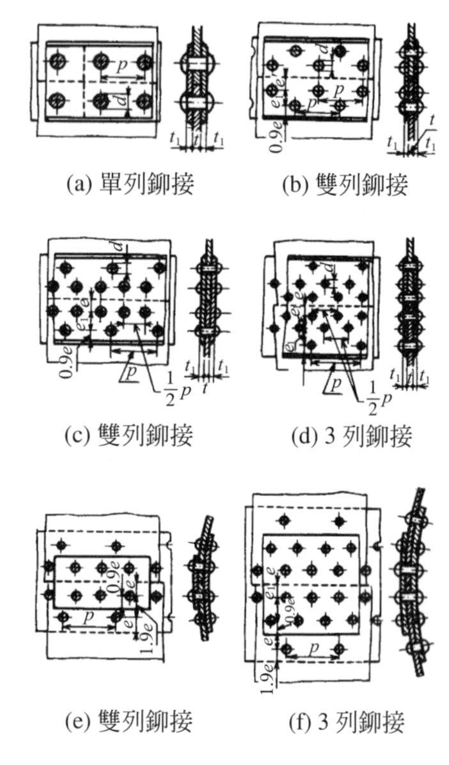

(a) 單列鉚接　(b) 雙列鉚接　(c) 雙列鉚接　(d) 3 列鉚接　(e) 雙列鉚接　(f) 3 列鉚接

圖 13.4　雙接

3.　鉚接之實例

以下說明圓筒容器之縱向鉚接與圓周鉚接交差部分之鉚合作業。

搭接如圖 13.5(a)與(b)所示，筒板的一端鍛打變薄後，再交差成同圖(d)所示之情況，如圖 13.6 係指示交叉附近之鉚合情況。

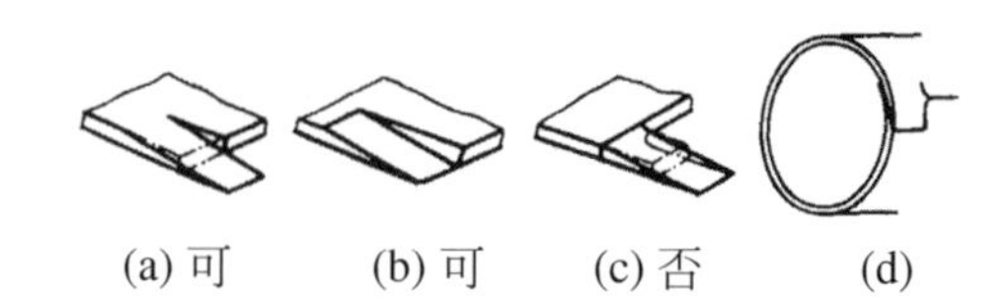

(a) 可　(b) 可　(c) 否　(d)

圖 13.5　搭接之鉚法

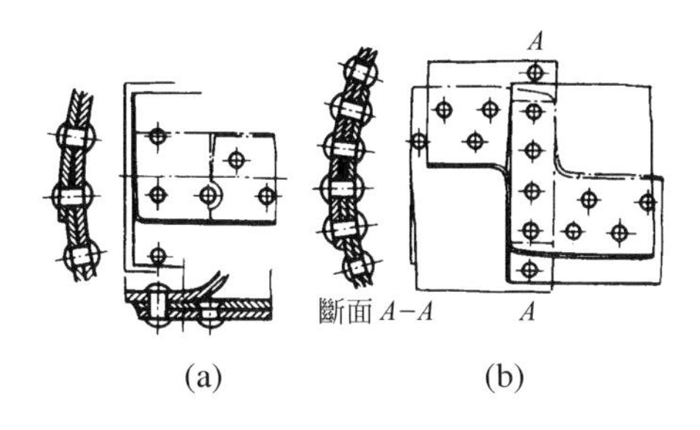

圖 13.6　使用搭接之圓筒交差部位

搭接的節距如圖 13.7 所示，至少要有 (d + 5 + 重疊)mm 以上，否則左邊的鉚釘無法鉚合。

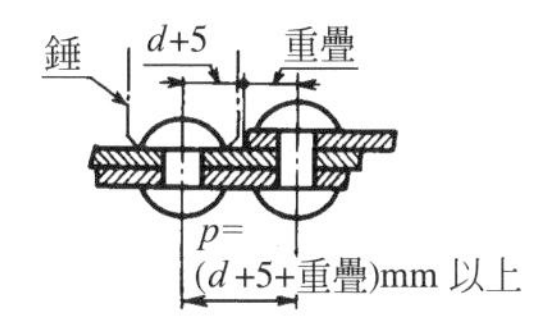

圖 13.7　搭接之鉚距

如圖 13.8 所示之圓筒即廣受採用之容器與壓力容器，圓筒部用圓筒鉚接及縱長鉚接，兩端安裝端板，尺寸比率敘述如下。

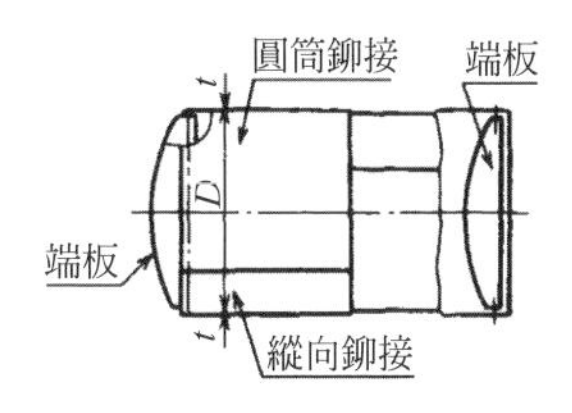

圖 13.8　容器之鉚接

4.　板厚

(1)　容器板厚t (mm)用下列公式計算：

$$t=\frac{DPx}{200\sigma_t\eta}+1$$

式中

t＝容器之板厚(mm)

D＝容器之內徑(mm)

P＝蒸汽壓力(N/mm^2)

σ_t＝板之抗拉強度(N/mm^2)

η＝鉚接效率

x＝安全因素

(2)　圓筒兩端之端板t_2 (mm)可用下式計算：

$$t_2=\frac{1}{98}\left\{D_1-r\left(1+\frac{2r}{D_1}\right)\right\}\sqrt{P}\cdots\text{平面端板}$$

$$t_2=\frac{PR}{2\sigma_s}\cdots\text{自外面加蓋的圓形端板}$$

式中

D_1＝端板外週之彎曲內徑(mm)

r＝同彎曲部的圓角內半徑(mm)

R＝圓形端板的球內半徑(mm)

σ_s＝板之容許抗拉強度(N/mm^2)
(鋼板時為 50～70)

(3)　液體與氣體容器用立式圓筒(槽)厚度t可用下列公式計算求出：

$$t=\frac{DP}{2\sigma_s\eta}+c$$

式中

D＝槽之內徑(mm)

P_a＝槽最深度壓力(N/mm^2)

η＝鉚接效率(參考表 13.7)

σ_s＝板之容許抗拉強度(N/mm^2)

c＝為防止板因腐蝕與外力而凹進之值，通常取為 4 mm。

表 13.7 是依巴氏計算之容器用各種鉚接之相關尺寸比率。

表 13.7　容器用各種鉚接之相關尺寸比例(依據 Rotscher)

鉚接分類	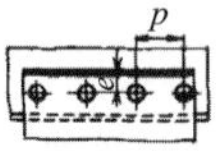	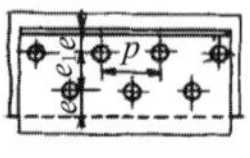	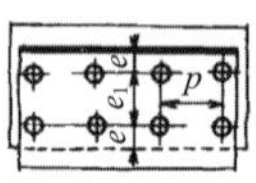	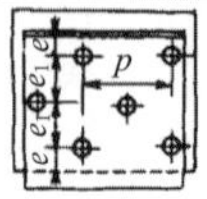	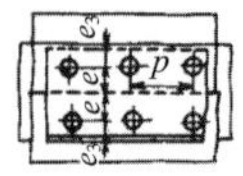
鉚接列數	1	2	2	3	1
每鉚接 1cm 寬之拉力 $W=\frac{DP}{2}$(kgf)	~500	390~950	390~1000	700~1350	350~850
鉚接效率η	0.58	0.69	0.67	0.74	0.68
鉚接孔徑 d (cm)	$\sqrt{5t}-0.4$	$\sqrt{5t}-0.4$	$\sqrt{5t}-0.4$	$\sqrt{5t}-0.4$	$\sqrt{5t}-0.5$
節距 p (cm)	$2d+0.8$	$2.6d+1.5$	$2.6d+1$	$3d+2.2$	$2.6d+1$
e (cm)	$1.5d$	$1.5d$	$1.5d$	$1.5d$	$1.5d$
e_1 (cm)	—	$0.6p$	$0.8p$	$0.5p$	—
e_2 (cm)	—	—	—	—	—
e_3 (cm)	—	—	—	—	$1.35d$
搭板 t_1 (cm)	—	—	—	—	$0.6\sim0.7t$
安全係數 x (手鉚合)	4.75	4.75	4.75	4.75	4.25
安全係數 x (機械鉚合)	4.5	4.5	4.5	4.5	4.0

鉚接分類	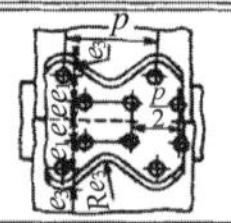	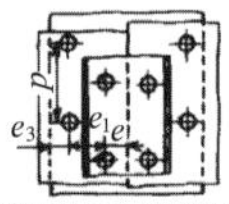	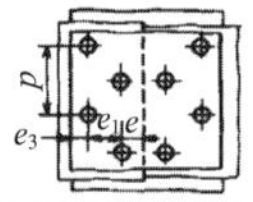		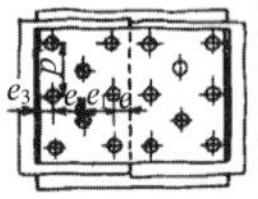
鉚接列數	1½	1½	2	2½	3
每鉚接 1cm 寬之拉力 $W=\frac{DP}{2}$(kgf)*	850~1600	850~1600	650~1350	1300~2300	1100~2400
鉚接效率η	0.82	0.82	0.76	0.85	0.81
鉚接孔徑 d (cm)	$\sqrt{5t}-0.5$	$\sqrt{5t}-0.6$	$\sqrt{5t}-0.6$	$\sqrt{5t}-0.7$	$\sqrt{5t}-0.7$
節距 p (cm)	$5d+1.5$	$5d+1.5$	$3.5d+1.5$	$6d+2$	$3d+1$
e (cm)	$1.5d$	$1.5d$	$1.5d$	$1.5d$	$1.5d$
e_1 (cm)	$0.4p$	$0.4p$	$0.5p$	$0.38p$	$0.6p$
e_2 (cm)	—	—	—	$0.3e$	—
e_3 (cm)	$1.5d$	$1.5d$	$1.35d$	$1.5d$	$1.5d$
搭板 t_1 (cm)	$0.8t$	$0.8t$	$0.6\sim0.7t$	$0.8t$	$0.8t$
安全係數 x (手鉚合)	4.25	4.35	4.25	4.25	4.25
安全係數 x (機械鉚合)	4.0	4.1	4.0	4.0	4.0

〔註〕上表之D＝容器之內徑(cm)，P＝蒸氣內壓力(kgf/mm²)(*1kgf≒9.8N)，t＝板厚(cm)。

5. 結構用鉚接

火車、起重機、一般結構物用鉚合，如圖 13.9 所示，用鋼板、平鋼、各種型鋼等組合，再用鉚釘結合，設計時鉚距沒有像容器之限制，比較自由，但爲了製作容易，鉚釘之作用力應平均分配，且須注意不可減弱板之強度，鉚釘直徑用下列公式計算：

$$d=\sqrt{50t}-2\ \text{mm}$$

式中

t＝鋼板、型鋼等之厚度(mm)

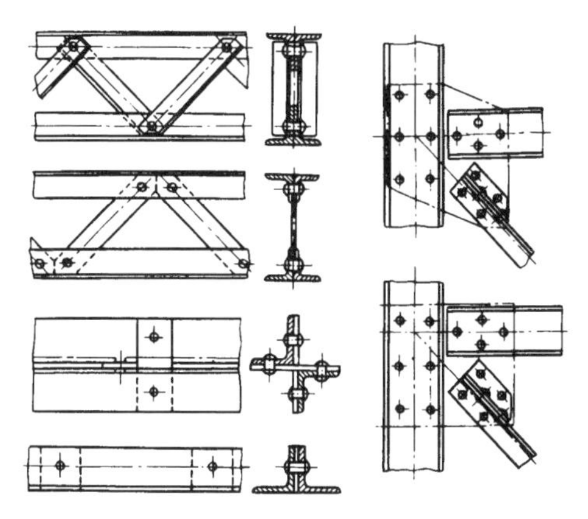

圖 13.9　結構用鉚接實例

型鋼鉚接時孔之位置須依據表 13.8，如鉚釘爲雙列時(型鋼之寬在 100 mm 以上)，側斜距須爲3d以上。

表 13.8　角鋼之鉚接排列 (單位 mm)

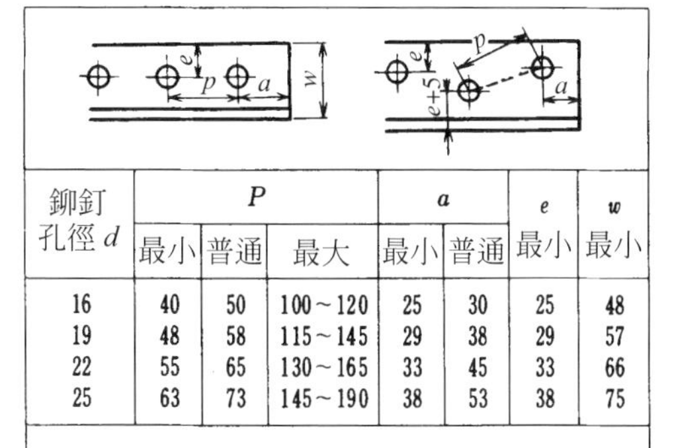

鉚釘孔徑 d	P			a		e	w
	最小	普通	最大	最小	普通	最小	最小
16	40	50	100～120	25	30	25	48
19	48	58	115～145	29	38	29	57
22	55	65	130～165	33	45	33	66
25	63	73	145～190	38	53	38	75

〔備註〕1. 雙列鉚釘用於w≧100mm 之情況，且最小w=305 d。
2. 交叉形釘孔之位置與鉚距依據表 13-9。
3. 形鋼之鉚孔分配依據表 13-10。

表 13.9　交錯鉚釘排列與鉚釘距離

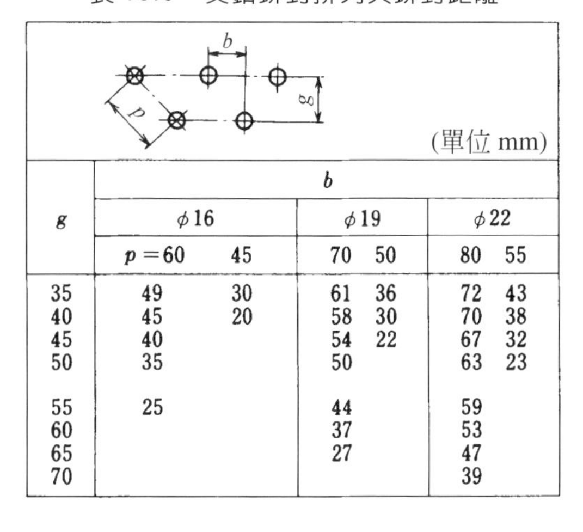

(單位 mm)

g	b					
	ϕ16		ϕ19		ϕ22	
	p＝60	45	70	50	80	55
35	49	30	61	36	72	43
40	45	20	58	30	70	38
45	40		54	22	67	32
50	35		50		63	23
55	25		44		59	
60			37		53	
65			27		47	
70					39	

6. 鉚接強度

鉚接受拉力破壞之情況如下：

⑴ **鉚釘剪斷時**：如圖 13.10(a)所示，鉚釘對剪力之阻力P_1 (N)爲：

$$P_1=\frac{\pi}{4}d^2\tau_s$$

式中

d＝鉚釘孔徑(mm)

τ_s＝鉚釘的剪斷強度(N/mm^2)

表 13.10　形鋼之交錯鉚接位置與鉚釘之垂直距離

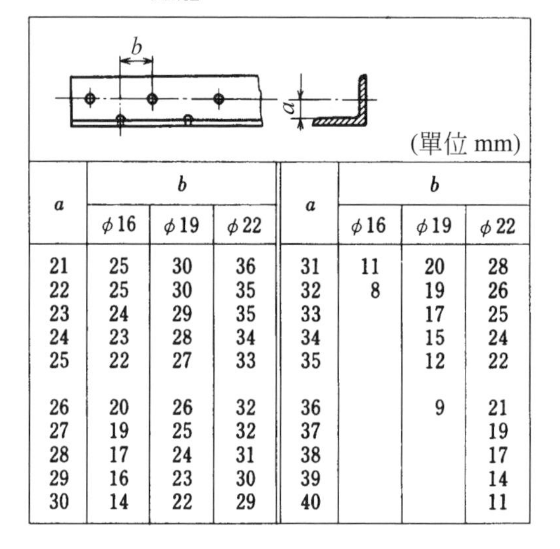

(單位 mm)

a	b			a	b		
	φ16	φ19	φ22		φ16	φ19	φ22
21	25	30	36	31	11	20	28
22	25	30	35	32	8	19	26
23	24	29	35	33		17	25
24	23	28	34	34		15	24
25	22	27	33	35		12	22
26	20	26	32	36		9	21
27	19	25	32	37			19
28	17	24	31	38			17
29	16	23	30	39			14
30	14	22	29	40			11

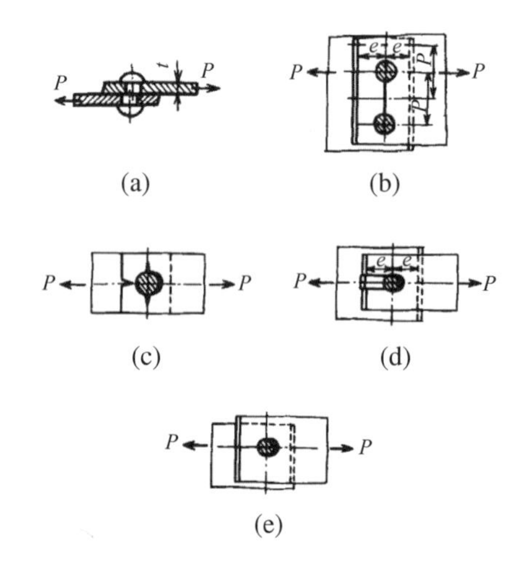

圖 13.10　鉚接的破壞

⑵　**鉚釘孔間之板切斷時：**　如圖 13.10(b)所示，鉚距長之容許拉力可由下式求知：

$$P_2=(p-d)t\sigma_t$$

式中

p＝鉚釘的最大節距(mm)

d＝鉚釘孔徑(mm)

t＝板厚(mm)

σ_t＝板之抗拉強度(N/mm²)

⑶　**鉚釘前之板端部分拉裂時**：如圖 13.10(c)所示，鉚釘壓於板之前端，引起彎曲力而遭破壞之阻力P_3(N)由下式計算：

$$P_3=\frac{\frac{4}{3}\left(e-\frac{d}{2}\right)^2 t\sigma_b}{d}$$

式中

d＝鉚釘孔徑(mm)

t＝板厚(mm)

σ_b＝板的彎曲強度(N/mm²)

e＝鉚釘孔中心至板端之長度(mm)

一般之e取爲1.5d左右，代入上式可得：

$$P_3'=\frac{4}{3}dt\sigma_b$$

⑷　**板被剪斷時**：如圖 13.10(d)所示，板被剪斷時之阻力P_4爲：

$$P_4=2et\tau_s'$$

式中

e，t與⑶之情況相同

τ_s＝板之抗剪強度(N/mm²)

與⑶相同e＝ 1.5d代入得

$$P_4'=3dt\tau_s'$$

⑸　**鉚釘或板之壓縮破壞**：如圖 13.10(e)所示，對壓縮力破壞之阻力P_5 (N)由

下式計算：

$P_5 = td\sigma_c$

式中

t，d＝板厚(mm)與鉚釘孔徑(mm)

σ_c＝板之壓縮強度(N/mm^2)

⑹ **鉚接之計算實例**：設計傳達 50 kN 拉力負荷之鉚接，試做下列之計算(圖 13.11)。

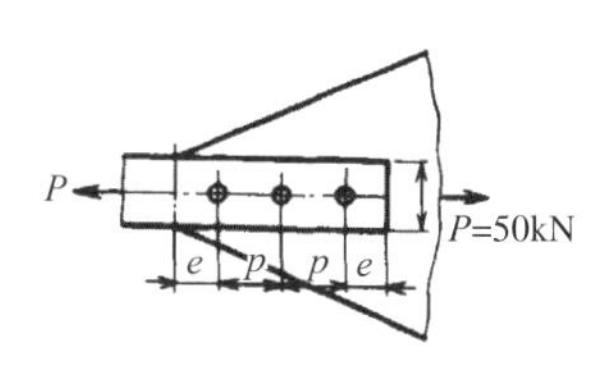

圖 13.11

設板厚 10 mm，鉚釘之容許剪應力 $\tau_s = 3/4\sigma_s$ (σ_s爲板的容許抗拉應力)。

板的材料使用軟鋼，容許抗拉應力 $\sigma_s = 90 \sim 150$ N/mm^2(靜負荷)，考慮安全因素故 $\sigma_s = 90$ N/mm^2。

① 板厚：設板截面積爲A mm^2，板寬爲b (mm)，厚度爲t (mm)，則：

$A = (b-d)t$ ....(1)

且

$A = \dfrac{P}{\sigma_s}$ ....(2)

代入⑵代得

$A = \dfrac{50000}{90} = 560$

$t = 10$ mm，代入⑴得

$560 = 10(b-d) \therefore b = 56 + d$ ....(3)

② 鉚釘直徑：鉚釘直徑依經驗公式得d爲：

$d = \sqrt{50t} - 4$

上式之t爲板厚(mm)，$t = 10$ mm 代入上式，則：

$d = \sqrt{50 \times 10} - 4 = 22.4 - 4 \div 20$ mm

此d值代入⑶式，則：

$b = 56 + d = 56 + 20 = 76$ mm

③ 鉚釘數：鉚釘數i由下式求出

$P = i\dfrac{\pi}{4}d^2\tau_s$ ....(4)

$\tau_s = \dfrac{3}{4}\sigma_s$

$\therefore \tau_s = \dfrac{3}{4} \times 90$

$= 67.5$ N/mm^2

$P = 50000$ N，$d = 20$ mm，$\tau_s = 67.5$ 代入⑷式，則：

$i = \dfrac{P}{\dfrac{\pi}{4}d^2\tau_s} = \dfrac{50000}{\dfrac{\pi}{4} \times 20^2 \times 67.5} \div 2.36 \doteqdot 3$ 根

鉚釘數要化爲整數。

④ 鉚接：鉚接之尺寸由經驗公式得：

$e = 2d$

$p = 3d$

因此，$d = 20$ mm

$e = 2d = 2 \times 20 = 40$ mm

$p = 3d = 3 \times 20 = 60$ mm

例題 1

試設計厚度 20 mm 之鋼板以 SV34 之鉚釘接合，採用鍋爐縱向鉚接，並用雙列鉚接雙側端板對接。

解 各列節距相同時，由表 13.7 得：

$d=\sqrt{50t}-6=25.6$ (mm)

鉚釘直徑 28 mm，即 $d=28$ mm，則：

$p=3.5d+15=3.5\times 28+15=113$ (mm)

$e=1.5d=1.5\times 28=42$ (mm)

$e_1=0.5p=0.5\times 113=56.5$ (mm)

$\tau_s=280$ N/mm^2，$\sigma_t=400$ N/mm^{2}時，

鉚接之母材效率η_1為：

$$\eta_1=\frac{(p-d)}{p}=\frac{(113-28)}{113}=0.752$$

$=75.2$ %

鉚釘效率η_2為：

$$\eta_2=\frac{2\times 1.8\cdot\pi\cdot d^2\cdot\tau_s}{4\cdot p\cdot t\cdot\sigma_t}$$

$$=\frac{2\times 1.8\times 3.14\times 28^2\times 280}{4\times 113\times 20\times 400}$$

$=0.687=69$ %

例題 2

板厚 10 mm，$D=2$ m，兩側端板雙列對接，鉚接直徑 16 mm，$\eta_1=\eta_2$，試決定鉚距p，並求鍋爐之蒸汽壓力，設鉚釘之容許剪應力$\tau_{\omega s}=70$ N/mm^2，板之容許抗拉應力$\sigma_s=120$ N/mm^2。

解 各列鉚釘相同時：

$$\eta_1=\frac{(p-d)}{p}，\eta_2=\frac{2\times 1.8\pi d^2\tau_{\omega s}}{4pt\sigma_s}$$

因$\eta_1=\eta_2$

$$1-\frac{d}{p}=\frac{2\times 1.8\pi d^2\tau_{\omega s}}{4\pi t\sigma_s}$$

$$\therefore p=d+\frac{0.9\pi d^2\tau_{\omega s}}{t\sigma_s}$$

$d=16$ mm，$t=10$ mm，

$\sigma_s=120$ N/mm^2，

$\sigma_{\omega s}=70$ N/mm^{2}代入上式

$$p=16+\frac{0.9\times 3.14\times 16^2\times 70}{10\times 120}$$

$=16+42.2$

$=16+42.2\fallingdotseq 59$ (mm)

$$\therefore\eta_1=\frac{p-d}{p}=\frac{59-16}{59}=0.728$$

$=72.8$ %

$P_2=(p-d)t\sigma_s$

$=(59-16)\times 10\times 120$

$=51600$ (N)

$$\sigma_c=\frac{P_2}{2td}=\frac{51600}{2\times 10\times 16}$$

$=161.3$ (N/mm^2)

使用蒸汽壓力P為

$$P=\frac{(t-1)\times 200\sigma_s\eta_1}{2000}$$

$$=\frac{(10-1)\times 200\times 120\times 0.728}{2000}$$

$\fallingdotseq 79$ (N/mm^2)

例題 3

如圖 13.12 所示，受 54 kN 偏心負荷之鉚接，試求鉚釘產生之最大應力，設鉚釘直徑為 22 mm。

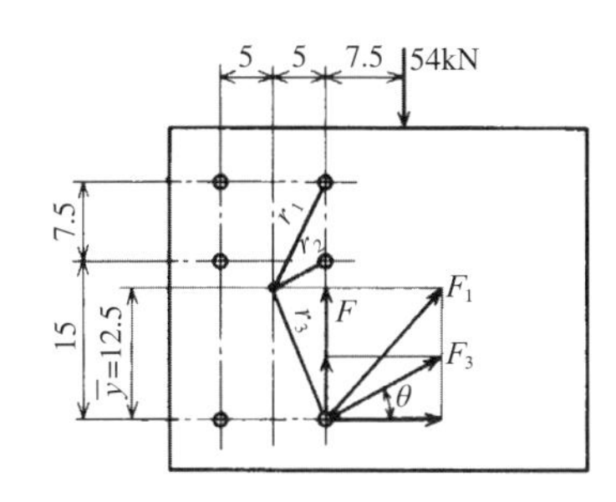

圖 13.12　例題 3 之圖

解 鉚釘之直接作用力F為

$$F=\frac{54000}{6}=9000\ (\mathrm{N/mm^2})$$

$$\bar{y}=\frac{2\times 22.5+2\times 15}{6}=\frac{75}{6}=12.5$$

$$\tan\theta=\frac{5}{12.5}=0.4\therefore\theta=21°50''$$

$$r_1^2=10^2+5^2=125$$

$$r_2^2=2.5^2+5^2=31.25$$

$$r_3^2=12.5^2+5^2=181.25$$

$$\therefore r_3=13.5$$

因此，

迴轉力矩為$=54000\times 12.5$

$=K(2\times 125+2\times 31.25$

$\times 31.25+2\times 181.25)$

(K為比例常數)

$$\therefore K=\frac{54000\times 12.5}{675}=1000$$

由此求出最大力

$$F_3=1000\times 13.5=13500\ (\mathrm{N})$$

F_3的分力分別是x、y，則：

$$\sin\theta=\frac{x}{13500}$$

$$x=13500\times 0.372=5022$$

$$\cos\theta=\frac{y}{13500}$$

$$y=13500\times 0.928=12528$$

依此所得合力F_r為：

$$F_r=\sqrt{(x+F)^2+y^2}$$

$$=\sqrt{(5022+900)^2+12528^2}$$

$$=13857\ (\mathrm{N})$$

剪斷面積$A=\frac{\pi}{4}\times 22^2=\frac{\pi}{4}\times 484$

$$=380.13\fallingdotseq 380\ (\mathrm{mm^2})$$

剪應力τ_s為：

$$\tau_s=\frac{13857}{380}=36.5\fallingdotseq 37\ (\mathrm{N/mm^2})$$

13.2 銲　接

銲接(熔接)是金屬以各種方法加熱產生局部溶解而接合之方法，使用最廣泛者為電氣熔接，又可分電弧熔接及電阻熔接二種。

電弧熔接如圖 13.13 所示，接合金屬與金屬電極之間以產生電弧的銲棒加熱，利用電極金屬之溶融，形成金屬之熔接。

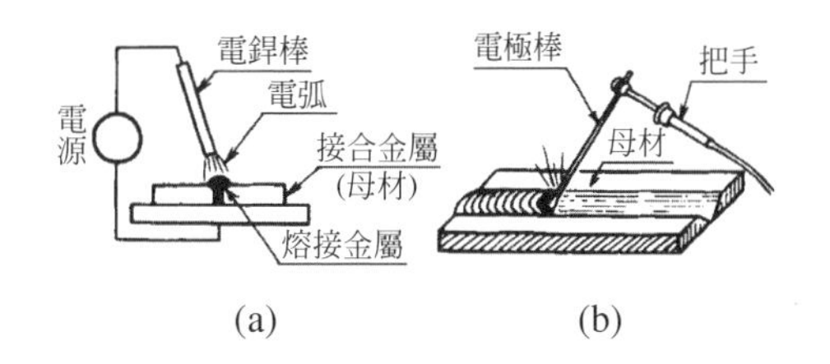

圖 13.13　電弧熔接電銲棒

電阻熔接是用電阻產生之熱量加熱溶解部分之壓接方法。

圖 13.14 為對接、縫接與電銲之原理圖解：

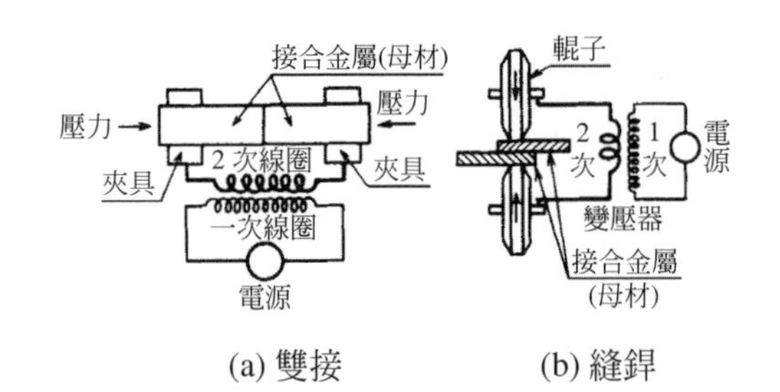

(a) 雙接　　(b) 縫銲

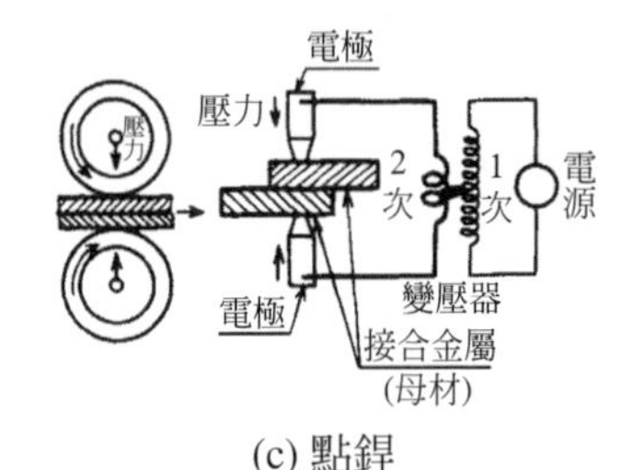

(c) 點銲

圖 13.14　電阻熔接

1.　接合與銲接的種類

一般常用的銲接種類，如圖 13.15 所示。

(a) 對接　(b) 搭板搭接　(c) 搭接

(d) T 型接合　(e) 角接　(f) 邊緣接合

圖 13.15　熔接之種類

⑴　**母材組合之形狀**：待銲金屬稱為母材，銲合之母材端口須加工成各種之形狀，如圖 13.16 有 I 形、V 形、X 形、U 形、H 形、平刃形、單刃形、雙刃形、塞形等各種組合。銲接表面形狀種類如下(圖 13.17)：

凸面：銲接表面呈凸狀
凹面：銲接表面呈凹狀
平面：銲接表面呈平面

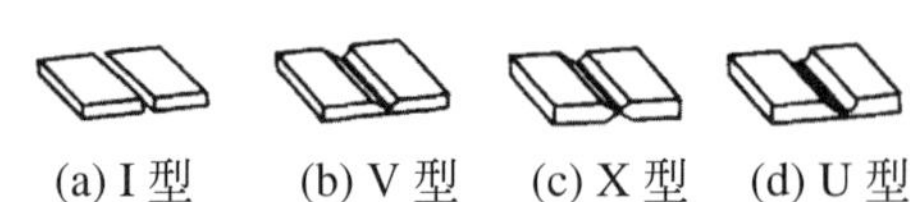

(a) I 型　(b) V 型　(c) X 型　(d) U 型

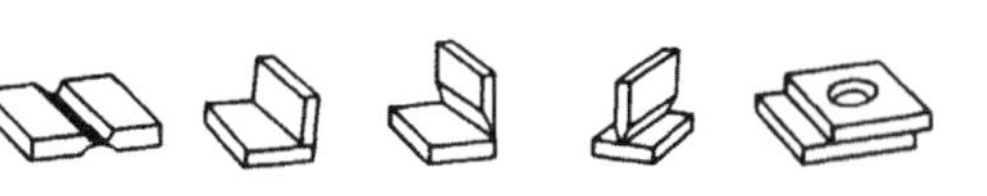

(e) H型　(f) 平刃型　(g)單刃型　(h) 雙刃型　(i) 塞型

圖 13.16　母材之接合形式

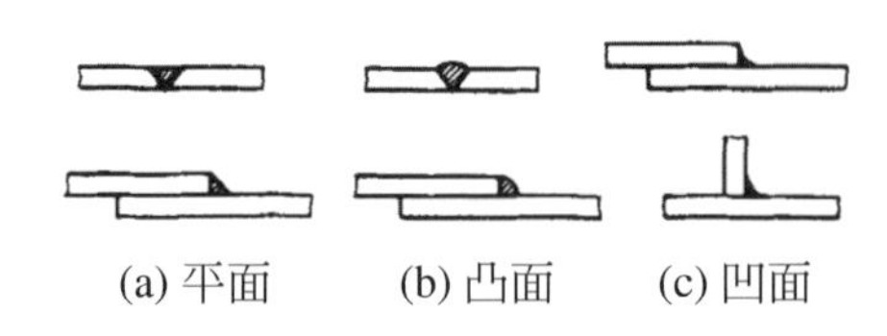

(a) 平面　(b) 凸面　(c) 凹面

圖 13.17　表面形狀之種類

其中凹面銲接限用於不須太大強度之接合。

⑵　**銲接型式**：銲接型式依母材組合方法所做之分類，如圖 13.18 所示有對頭熔接、塡角熔接、邊緣熔接與塞孔熔接四種。

圖 13.19(a)所示銲道呈無間斷銲接者稱為連續銲接，而圖(b)之間歇銲接稱為間歇銲接，後者又分為並銲與交叉銲二種。

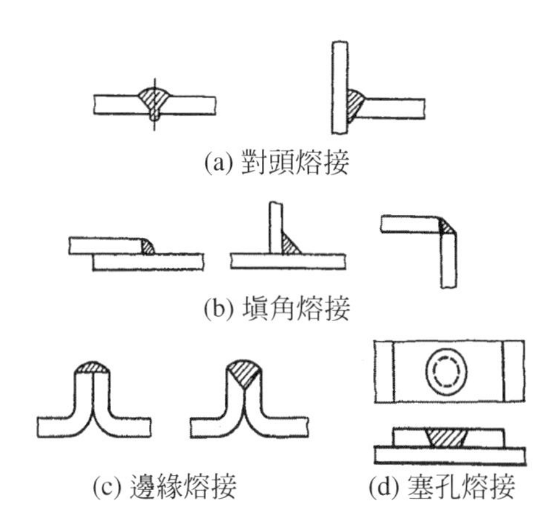

圖 13.18　熔接型式

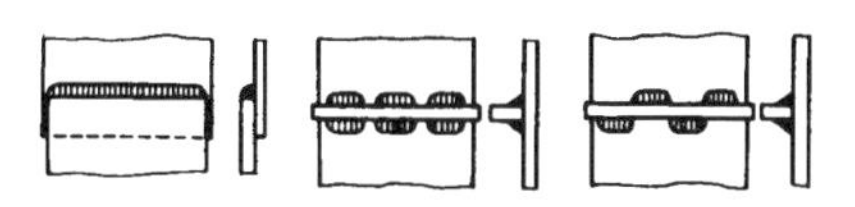

(a) 並銲熔接 (b) 交叉銲熔接
(1) 連續熔接　(2) 間歇熔接

圖 13.19　連續熔接與間歇熔接

2.　銲接之強度計算

⑴　**對頭銲接**：設圖 13.20 之h爲喉厚，a爲銲道，如考慮銲道強度時之抗拉應力σ爲：

$$\sigma = \frac{P}{hl}$$

式中

l＝銲接長度

如圖 13.21 所示，母材板厚不同時，爲安全起見應依薄板厚度計算。

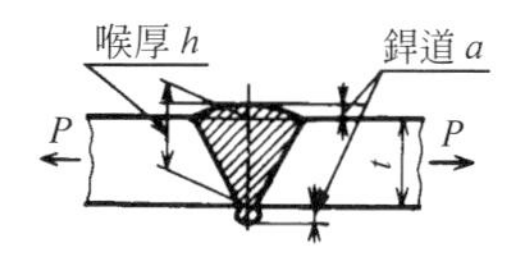

圖 13.20　喉厚與銲道

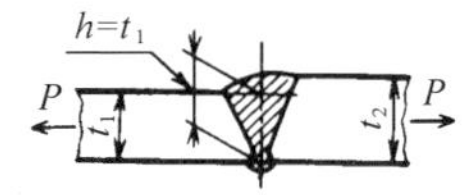

圖 13.21　板厚不同時

如圖 13.22 所示，有不熔接部分時，喉厚爲$h_a = h_1 + h_2$，使用同法計算，對於強度上很重視時，不要用這種銲接。

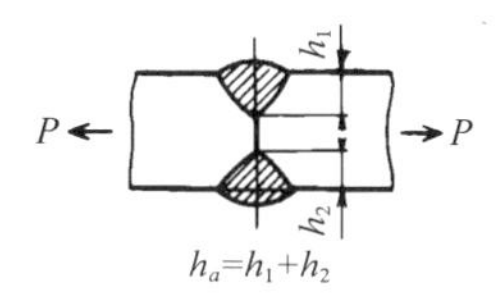

圖 13.22　有不熔接部分時

⑵　**塡角銲接**：塡角熔接參考如圖 13.23 所示：

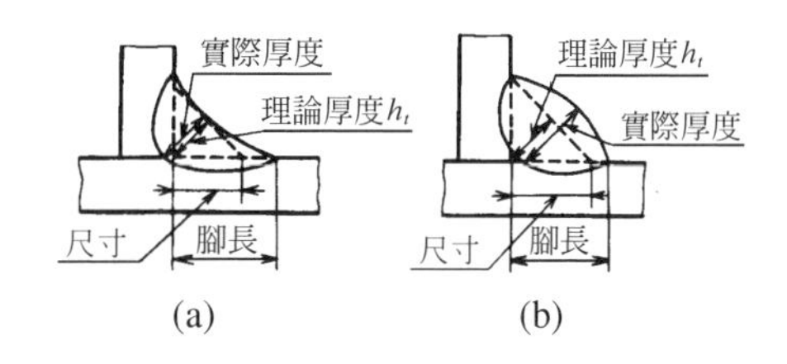

圖 13.23　理論之喉厚

$h_t = (0.7 \sim 0.3)h = 0.4h$【同圖(a)】

$h_t = h\cos 45° = 0.7h$【同圖(b)】

h_t稱爲理論喉厚，係應力計算之基礎，同圖之抗拉與剪應力分別爲：

$$\sigma=\frac{P}{h_t l}，\tau=\frac{P}{h_t l}$$

因此，最大應力τ_{max}可由下式求出：

$$\tau_{max}=\frac{1}{2}\sigma+\sqrt{\frac{1}{4}\sigma^2+\tau^2}=1.618\sigma$$

$$=1.618\frac{P}{h_t l}$$

表 13.11 是日本機械協會之軟鋼銲接容許應力，表 13.12 是各種銲接之計算公式。

表 13.11 軟鋼銲接之容許應力

負荷		設計強度 (N/mm²)	安全係數	容許應力 (N/mm²)
靜負荷	拉伸	280～340	3.3～4.0 (3.0)	70～100 (90～120)
靜負荷	壓縮	300～350	3.0～4.0 (3.0)	75～120 (90～120)
靜負荷	剪斷	210～280	3.3～4.0 (3.0)	50～85 (72～100)
吊上動負荷	拉伸或壓縮	280～340 或 300～350	6.0～8.0 (5.0)	35～60 (54～70)
吊上動負荷	剪斷	210～280	6.0～8.0 (4.5～5.0)	25～45 (43～56)
振動負荷	拉伸或壓縮	280～340 或 300～350	9.5～13.0 (8～12)	20～35 (48～60)
振動負荷	剪斷	210～280	9.5～13.0 (8～12)	15～30 (36～48)

〔備註〕1. 括號內是對於軟鋼(母材)採用的參考設計值。
2. 塡角銲將表中容許應力乘以 80%接合效率即可。

設計強度是適應作業方法、銲棒種類、技術員技術等條件而由設計者決定之數據，通常以母材強度之 70～85 %最適當。

表 13.13 是V形對頭熔接強度爲 100 %時，各種銲接強度之比較。

3. 銲接之設計

依據板厚選用接合形狀時，參考表 13.14 與 13.15 之銲接標準尺寸，板厚大時(16 mm以上)，因V形之容積加大，會產生翹曲現象，母材的翹曲傾向太大，底部的熔滲不夠充份時，改用 X 形、H 形與 U 形等，H 形與 U 形之熔滲良好，開口部分的容積不會太大，甚少產生翹曲之毛病，用於高溫高壓容器等之重要接合處，但母材的端口加工成本也相對地提高。

表 13.16 爲電阻熔接、點銲之金屬組合例子。

例題 4

參考圖 13.24，$h=$ 10 mm 前方塡角熔接之銲道垂直方向受 80 kW 拉力作用時，試求銲接部產生之應力，設銲道長＝200 mm。

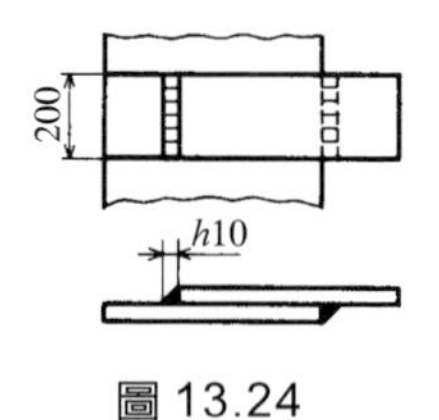

圖 13.24

解 最大剪應力τ_{max}爲：

$$\tau_{max}=\frac{1.618\times P}{hl}$$

$$\therefore\tau_{max}=\frac{1.618\times 80000}{10\times 200}=64.72\ (\text{N/mm}^2)$$

表 13.12 銲接之計算方式一覽表 (依據 C.H.Jennings)

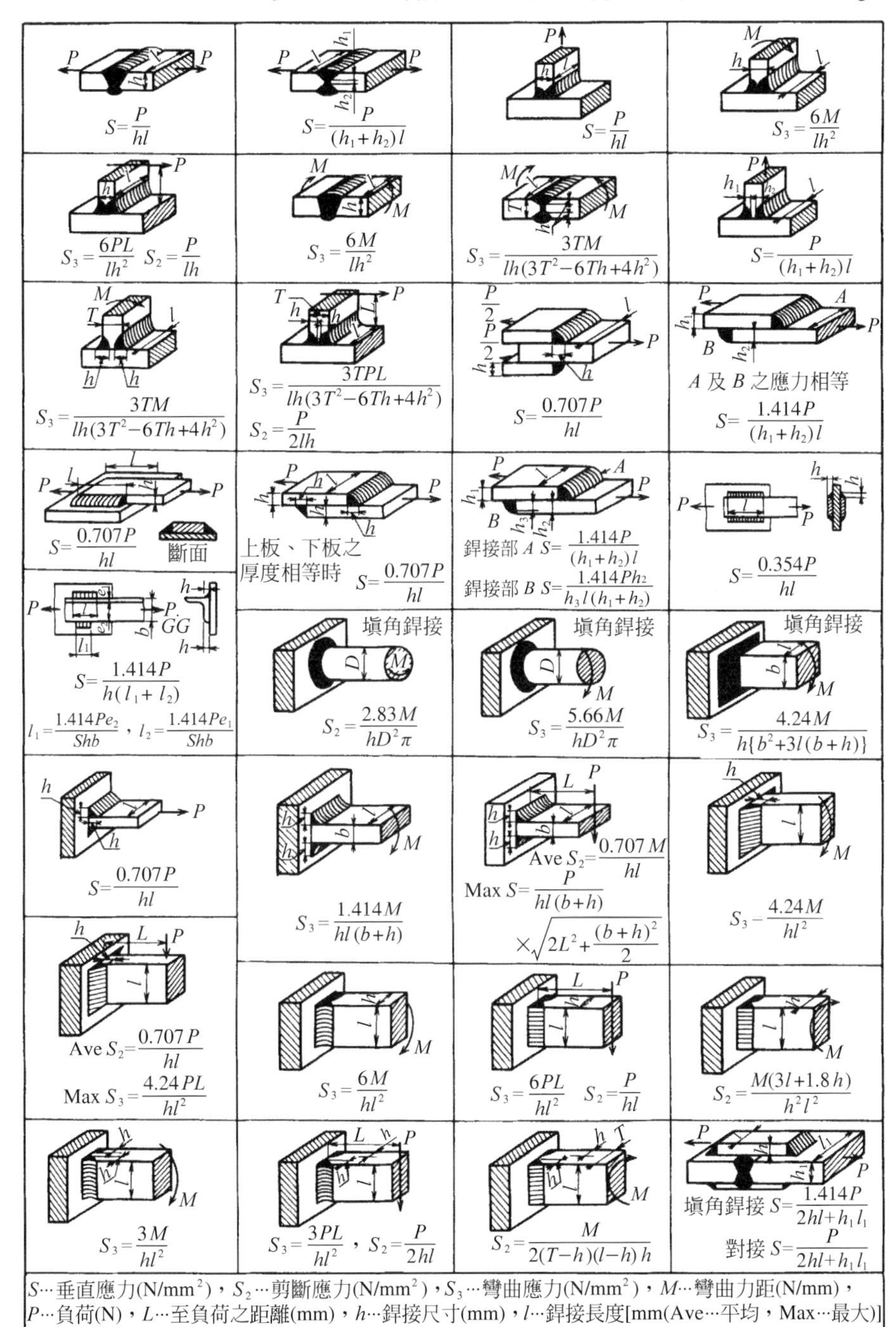

S…垂直應力(N/mm²)，S_2…剪斷應力(N/mm²)，S_3…彎曲應力(N/mm²)，M…彎曲力距(N/mm)，P…負荷(N)，L…至負荷之距離(mm)，h…銲接尺寸(mm)，l…銲接長度[mm(Ave…平均，Max…最大)]

表 13.13 各種銲接強度的比較

接合之種類	效率	接合之種類	效率
	% 100		% 120
	50		133
	50		135
	50		120
	100		160
	120		80

例題 5

如圖 13.25 所示之模具受與水平面呈 30°斜角之 100 kN 負荷作用時，試求l之適當尺寸，模具採用 16 mm 厚之鋼板。

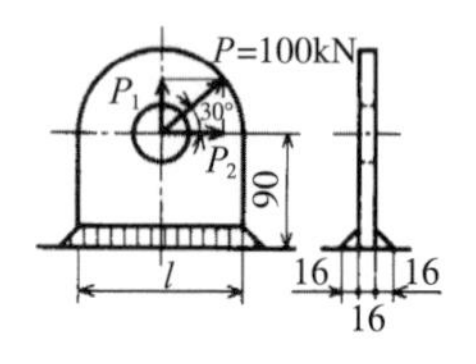

圖 13.25

解 垂直力$P_1 = P\sin 30° = 100000 \times 0.5$

$= 50000$ (N)

水平力$P_2 = P\cos 30° = 100000 \times \frac{\sqrt{3}}{2}$

$= 86600$ (N)

彎曲力矩M爲：

$M = 86600 \times 90 = 7794000$ (N·mm)

熔接有效面積A由銲長l求出：

$A = 2h(l + 2h + 16)\cos 45°$

由$h = 16$ mm

$A = 2 \times 11.3(l + 48)$

$= (22.6l + 1085)$ (mm^2)

抗拉應力σ_t爲：

$$\sigma_t = \frac{50000}{22.6l + 1085} \text{ (N/mm}^2\text{)}$$

彎曲應力σ_b由表 13.12 得：

表 13.14 對頭熔接之標準尺寸

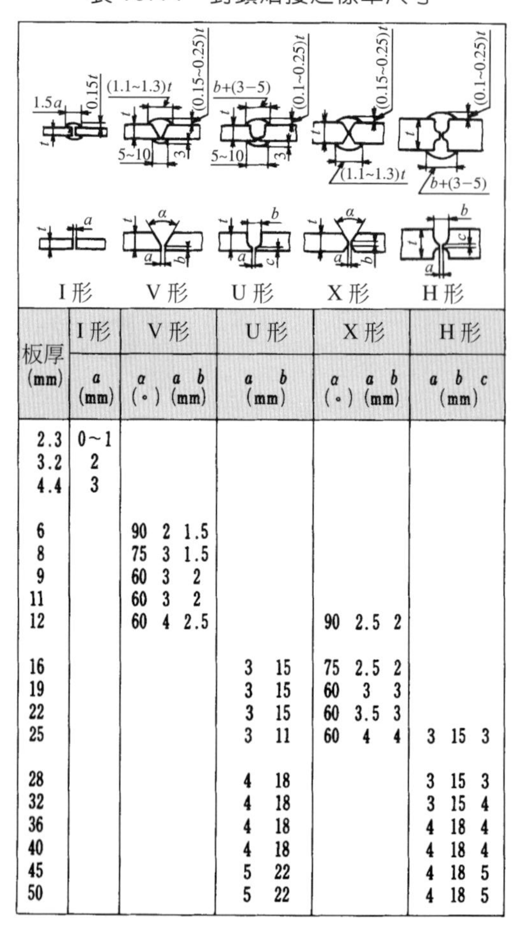

板厚 (mm)	I 形 a (mm)	V 形 α (°)	V 形 a (mm)	V 形 b (mm)	U 形 a (mm)	U 形 b (mm)	X 形 α (°)	X 形 a (mm)	X 形 b (mm)	H 形 a (mm)	H 形 b (mm)	H 形 c (mm)
2.3	0~1											
3.2	2											
4.4	3											
6		90	2	1.5								
8		75	3	1.5								
9		60	3	2								
11		60	3	2								
12		60	4	2.5			90	2.5	2			
16					3	15	75	2.5	2			
19					3	15	60	3	3			
22					3	15	60	3.5	3			
25					3	11	60	4	4	3	15	3
28					4	18				3	15	3
32					4	18				3	15	4
36					4	18				4	18	4
40					4	18				4	18	4
45					5	22				4	18	5
50					5	22				4	18	5

表 13.15　填角熔接之標準尺寸

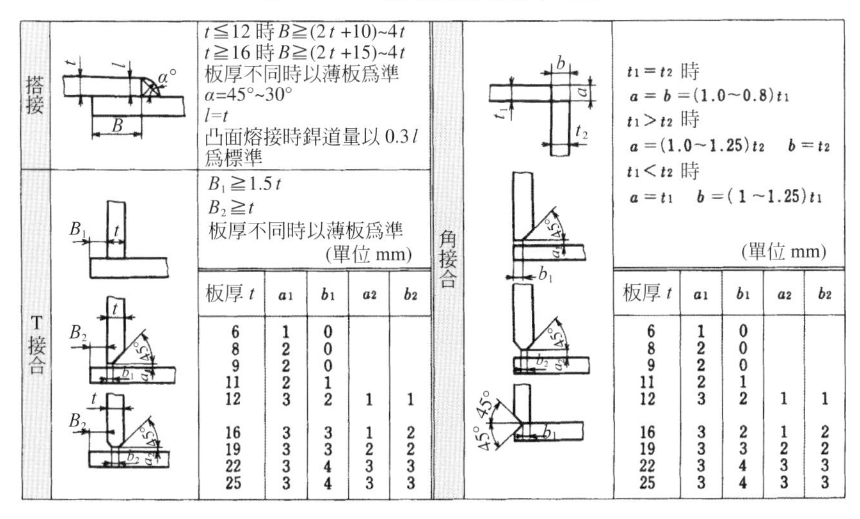

接合	說明
搭接	$t≦12$ 時 $B≧(2t+10)$~$4t$ $t≧16$ 時 $B≧(2t+15)$~$4t$ 板厚不同時以薄板爲準 $\alpha=45°$~$30°$ $l=t$ 凸面熔接時銲道量以 $0.3l$ 爲標準
T 接合	$B_1≧1.5t$ $B_2≧t$ 板厚不同時以薄板爲準 (單位 mm)
角接合	$t_1=t_2$ 時 $a=b=(1.0\sim0.8)t_1$ $t_1>t_2$ 時 $a=(1.0\sim1.25)t_2$　$b=t_2$ $t_1<t_2$ 時 $a=t_1$　$b=(1\sim1.25)t_1$ (單位 mm)

T 接合：

板厚 t	a_1	b_1	a_2	b_2
6	1	0		
8	2	0		
9	2	0		
11	2	1		
12	3	2	1	1
16	3	3	1	2
19	3	3	2	2
22	3	4	3	3
25	3	4	3	3

角接合：

板厚 t	a_1	b_1	a_2	b_2
6	1	0		
8	2	0		
9	2	0		
11	2	1		
12	3	2	1	1
16	3	2	1	2
19	3	3	2	2
22	3	4	3	3
25	3	4	3	3

表 13.16　可電阻焊、點焊之金屬組合

	鐵	不銹鋼	鉻鋼	鎳	鉬	蒙鈉合金	白銅	黃銅	青銅	錳	銅鈷合金	銅	鋁	鎂	鉬	鉛	錫	鎘	鋅	*鍍鋅鋼板	*鍍錫鋼板	*鍍鉻鋼板	*鍍鎳
鐵	○																						
不銹鋼	○	○																					
鉻鋼	○	○	○																				
鎳	○	○	○	○																			
鉬	○	○	○	○	○																		
蒙鈉合金	○	○	○	○	○	○																	
白銅銀	○	○	○	○	○	○	○																
黃銅	○	○	○	○	○	○	○	○															
青銅	○	○	○	○	○	○	○	○	○														
錳	○	○	○	○	○	○	○	○	○	○													
銅鈷合金	○	○	○	○	○	○	○	○	○	○	○												
銅	○	○	○	○	○	○	○	○	○	○	○	○											
鋁	●	●	⊕	●	△	⊕	⊕	△	⊕	△	△	△	○										
鎂									⊕				○	○									
鉬	○	○	○	○	○	○	○	●	●	○		●	⊕		○								
鉛						⊕	○	●	●	○	○					○							
錫	●	●		⊕	●	○	○	○	○	○	○	○	●			○	○						
鎘	○			⊕	●	○	○	○	○	○	○	○	●			○	○	○					
鋅	⊕			⊕	⊕	△	△	△	△	△	△	△	○			⊕	⊕	⊕	△				
* 鍍鋅鋼板	○	○	○	○	○	○	○	○	○	○	○	○	○			○	○	○	○	○			
* 鍍錫鋼板	○	○	○	○	○	○	○	○	○	○	○	○	○			○	○	○	○	○	○		
* 鍍鉻鋼板	○	○	○	○	○	○	○	⊕	⊕	○		○	●							○	○	○	
* 鍍鎳	○	○	○	○	○	○	○	○	○	○	○	○	⊕		○	●	○	○	⊕	○	○	⊕	○

○熔接良好
△熔接良好但減弱
⊕熔接不良
●不可能熔接
　空白爲未試驗
*電鍍材料做點銲時，電鍍熔入銲接金屬內或燒毀消失。

$$\sigma_b = \frac{4.24M}{h[l^2 + 3t(l + h)]}$$

$$= \frac{4.24 \times 7794000}{16 \times [l^3 + 3 \times 16(l + 16)]}$$

$$\doteqdot \frac{2070000}{l(l + 48) + 768} \text{ (N/mm}^2\text{)}$$

因合應力$\sigma = \sigma_t + \sigma_b$，故依表 13.17 之數值代入$l$值，計算$\sigma_t$，$\sigma_b$與$\sigma$之值。

由表 13.11 得容許應力爲 65 N/mm^2，如接合效率爲 80 %時之容許應力σ_a爲：

$\sigma_a = 65 \times 0.8 = 52$ (N/mm^2)

故$l = 200$ mm

表 13.17

l	170	180	190	200
σ_t	10.15	9.7	9.3	8.9
σ_b	54.7	49.5	45.0	41.1
σ	64.9	59.2	54.3	50.0

例題 6

容許抗拉強度 80 N/mm^2，厚度 20 mm 之鋼板，銲接長度 300 mm，熔接效率 80 %之對頭熔接，試求喉厚之大小，設熔接部之容許應力爲 60 N/mm^2。

解 $t = 20$ mm，$l = 300$ mm，

容許抗拉強度＝ 80 N/mm^2。

故負荷$P = 80 \times 20 \times 300 = 480000$ (N)

因熔接部之容許負荷爲P之 80 %

$= 480000 \times 0.8 = 384000$ (N)

故：

由$\sigma = \dfrac{P}{hl}$

$$h = \frac{P}{\sigma_l} = \frac{384000}{60 \times 300} \doteqdot 21.33 \text{ (mm)}$$

因此$h = 22$ mm

14

配管及密封裝置之設計

管子用來輸送水、水蒸氣、氣體與油等流體，管的接頭稱爲管接頭，閥之功用是改變流體之流量，管依材料大致可分金屬管與非金屬管二大類，非金屬管包含橡皮管、人纖管、體姆管、混泥土管等，種類繁多；本章討論主要著重於金屬管與其相關之接頭與閥，如管重量甚大時，因截面慣性矩亦大，故須以結構情況考慮(參考第四章)。

14.1 管 子

1. 管之種類

管子種類有鑄鐵管、鋼管、鉛管、銅管、鋁管、合金管等多種。

鑄鐵管主要用於水道、氣體、排水等地下埋設管路。

鋼管廣泛用於水道、氣體、鍋爐、油井、化學工業等，無接縫之抽拉鋼管稱爲無縫鋼管，而以鋼帶捲襯後銲接製成者稱爲銲接鋼管。

銅管常用於冷卻器與給油管、化學工業等，適於高溫、強度小，壓力在 0.8 MPa 以下，流體溫度 300℃以下之情況，黃銅管與鋼管相似，尙可用於回水器等；鉛管有純鉛管與合金鋁管，可以彎曲成各種形狀，耐酸性高，可用在酸性液體、水道等；鋁管與銅管之導熱、 導電性佳，純度高時，耐蝕性亦佳。

2. 管之選用

管之選用係依流體之物理、化學性質、使用條件等做適當之選擇，上述之管類規格如表 14.1 與表 14.2 所示。

表 14.3 爲 JIS 規定之配管用鋼管(通常稱氣體管)之標準尺寸，表 14.4 爲壓力配管用碳鋼之管尺寸、重量。

此種管用於較低壓的蒸汽、水、油、瓦斯、空氣等之配管，有鍍鋅管及未鍍鋅的黑管。

爲了增加設置處所之安全及安置便利，固有配管之識別方法，JIS 規定爲 Z 9102，可分顏色識別法及符號識別法二種，前者用於不必詳細說明管內物質時使用，可爲桿狀或長方形之塗色，後者用字母、化學符號、略號等，在顏色識別上用白色或黑色表示。

14.2 管之強度

管子內徑油輸送流體時之流量決定，如圖 14.1 爲管內流通之流體，速度分佈以中央最快，四週最慢，今假設管內的流速相同，平均速度爲 v_m (m/s)，管之內徑爲 D (mm)，則單位時間之流量 Q (m^3/sec)爲：

$$Q=\frac{\pi}{4}\left(\frac{D}{1000}\right)^2 v_m$$

$$D=1128\sqrt{\frac{Q}{v_m}}$$

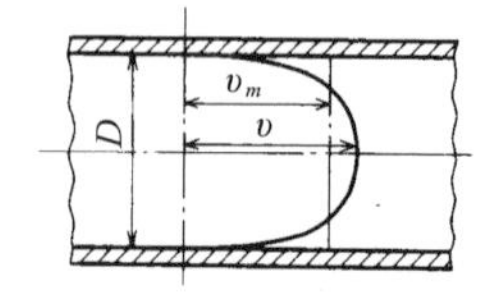

圖 14.1 管內流體的流速分佈

表 14.1　配管用鋼管之種類

JIS 號碼	名稱	符號	適用
G 3429	高壓氣體容器用無縫鋼管	STH	高壓氣體容器之製造用
G 3439	油井用無縫鋼管(1996 年廢除)	STO	油井之挖掘採油用
G 3442	水道用鍍鋅鋼管	SGPW	自來水用、給水用以外之水配管(空調、消防、排水等)用
G 3447	不銹鋼管	TBS	酪農、食品工業用
G 3452	配管用碳鋼鋼管	SGP	使用壓力比較的低時蒸汽、水、油、氣體與空氣等配管用
G 3454	壓力配管碳鋼鋼管	STPG	350℃程度以下使用之壓力配管用
G 3455	高壓配管碳鋼鋼管	STS	350℃程度以下使用壓力之高配管用
G 3456	高溫配管碳鋼鋼管	STPT	350℃以上溫度使用配管用
G 3457	配管用電弧銲接碳鋼鋼管	STPY	使用壓力比較的低之蒸汽、水、油、氣體與空氣等配管用
G 3458	配管用合金鋼鋼管	STPA	主要是高溫配管用
G 3459	配管用不銹鋼鋼管	TP	耐食用，耐熱用與高溫用之配管用
G 3460	低潤配管用鋼管	STPL	冰點以下特低溫配管用
G 3461	鍋爐，熱交換器用碳鋼鋼管	STB	管內外吸散熱用
G 3462	鍋爐，熱交換器用合金鋼鋼管	STBA	同上
G 3463	鍋爐，熱交換器用不銹鋼鋼管	TB	同上
G 3464	低溫熱交換器之鋼管	STBL	冰點下之特低溫，管內外吸散熱用
G 3465	鑽井用無縫鋼管	STM	鑽井用外管等用
G 5526	延性鑄鐵管	D	壓力下或無壓力下，水之輸送管等用

如已知Q與v_m，便可決定內徑D_o，v_m愈大，則管徑愈小，水頭損失愈多，能量損失愈高，故必須選用適當的v_m值，表 14.5 爲各種用途之平均速度v_m之值。

管厚爲t (mm)之受內壓力作用之薄壁圓筒須考慮管縫、腐蝕時，須用以下之修正公式：

$$t=\frac{p\cdot D}{200\eta\cdot\sigma_a}+C$$

式中

D＝管之內徑(mm)

p＝單位面積之內壓力(N/mm^2)

σ_a＝容許應力(N/mm^2)

η＝接縫效率

C＝腐蝕、磨耗之常數(mm)

σ_a、η、C之值由表 14.6 查知。

表 14.2　配管用非鐵金屬管之種類

JIS 號碼	名稱	符號	適用
H 3300	銅與銅合金無縫管	C××T，TS	展伸加工剖面圓形之管
H 3320	銅與銅合金焊接管	C××TW，TWS	高週波感應加熱焊接管
H 4080	鋁與鋁合金無縫管	A××TE，TD，TES，TDS	擠製加工、抽製加工管
H 4090	鋁與鋁合金焊接管	A××TW，TWS	高週波感應加熱焊接管及惰性氣體電弧焊接管
H 4202	鎂合金無縫管	MT，MT×B，C	擠型製造之管
H 4311	一般工業用鉛與鉛合金管	PbT，TPbT	擠型製造之一般工業用管
H 4552	鎳與鎳合金無縫管	Ni，NiCu××	圓錠展伸加工剖面圓形之管
H 4630	鈦金與鈦合金無縫管	TTP××H，C	熱交換器以外使用剖面圓形之耐蝕用管
H 4631	鈦或鈦合金換熱器用管	TTH××C，W	管內外吸收熱量為目的所使用剖面圓形之耐蝕用管

表 14.3　配管用碳鋼管(氣體管)之標準尺寸(JIS G 3452)

公稱直徑[1]		外徑 (mm)	外徑之公差(mm)		厚度 (mm)	厚度之公差	不含套頭之質量 (kg/m)
A	B		有斜管牙	其他之管			
6	1/8	10.5	±0.5	±0.5	2.0	+未規定 −12.5%	0.419
8	1/4	13.8	±0.5	±0.5	2.3		0.652
10	3/8	17.3	±0.5	±0.5	2.3		0.851
15	1/2	21.7	±0.5	±0.5	2.8		1.31
20	3/4	27.2	±0.5	±0.5	2.8		1.68
25	1	34.0	±0.5	±0.5	3.2		2.43
32	1 1/4	42.7	±0.5	±0.5	3.5		3.38
40	1 1/2	48.6	±0.5	±0.5	3.5		3.89
50	2	60.5	±0.5	±0.6	3.8		5.31
65	2 1/2	76.3	±0.7	±0.8	4.2		7.47
80	3	89.1	±0.8	±0.9	4.2		8.79
90	3 1/2	101.6	±0.8	±1.0	4.2		10.1
100	4	114.3	±0.8	±1.1	4.5		12.2
125	5	139.8	±0.8	±1.4	4.5		15.0
150	6	165.2	±0.8	±1.6	5.0		19.8
175	7	190.7	±0.9	±1.6	5.3		24.2
200	8	216.3	±1.0	±1.7	5.8		30.1
225	9	241.8	±1.2	±1.9	6.2		36.0
250	10	267.4	±1.3	±2.1	6.6		42.4
300	12	318.5	±1.5	±2.5	6.9		53.0
350	14	355.6	—	±2.8 [2]	7.9		67.7
400	16	406.4	—	±3.3 [2]	7.9		77.6
450	18	457.2	—	±3.7 [2]	7.9		87.5
500	20	508.0	—	±4.1 [2]	7.9		97.4

〔備註〕1. 公稱直徑可採 A 或 B。採 A 時用符號 A，採 B 時用符號 B，且將符號記於數字之後。
2. 公稱直徑 350A 以上的管外徑容許差，可依量測周長在±0.5%，或取至小數點後一位數字。

表 14.4 壓力配管用碳鋼管之尺寸及質量(JIS G 3454)

公稱直徑		外徑 (mm)	稱呼厚度											
			Schedule 10		Schedule 20		Schedule 30		Schedule 40		Schedule 60		Schedule 80	
A	B		厚度 (mm)	單位質量 (kg/m)	厚度 (mm)	單位質量 (kg/m)	厚度 (mm)	單位質量 (kg/m)	厚度 (mm)	單位質量 (kg/m)	厚度 (mm)	單位質量 (kg/m)	厚度 (mm)	單位質量 (kg/m)
6	⅛	10.5	—	—	—	—	—	—	1.7	0.369	2.2	0.450	2.4	0.479
8	¼	13.8	—	—	—	—	—	—	2.2	0.629	2.4	0.675	3.0	0.799
10	⅜	17.3	—	—	—	—	—	—	2.3	0.851	2.8	1.00	3.2	1.11
15	½	21.7	—	—	—	—	—	—	2.8	1.31	3.2	1.46	3.7	1.64
20	¾	27.2	—	—	—	—	—	—	2.9	1.74	3.4	2.00	3.9	2.24
25	1	34.0	—	—	—	—	—	—	3.4	2.57	3.9	2.89	4.5	3.27
32	1¼	42.7	—	—	—	—	—	—	3.6	3.47	4.5	4.24	4.9	4.57
40	1½	48.6	—	—	—	—	—	—	3.7	4.10	4.5	4.89	5.1	5.47
50	2	60.5	—	—	3.2	4.52	—	—	3.9	5.44	4.9	6.72	5.5	7.46
65	2½	76.3	—	—	4.5	7.97	—	—	5.2	9.12	6.0	10.4	7.0	12.0
80	3	89.1	—	—	4.5	9.39	—	—	5.5	11.3	6.6	13.4	7.6	15.3
90	3½	101.6	—	—	4.5	10.8	—	—	5.7	13.5	7.0	16.3	8.1	18.7
100	4	114.3	—	—	4.9	13.2	—	—	6.0	16.0	7.1	18.8	8.6	22.4
125	5	139.8	—	—	5.1	16.9	—	—	6.6	21.7	8.1	26.3	9.5	30.5
150	6	165.2	—	—	5.5	21.7	—	—	7.1	27.7	9.3	35.8	11.0	41.8
200	8	216.3	—	—	6.4	33.1	7.0	36.1	8.2	42.1	10.3	52.3	12.7	63.8
250	10	267.4	—	—	6.4	41.2	7.8	49.9	9.3	59.2	12.7	79.8	15.1	93.9
300	12	318.5	—	—	6.4	49.3	8.4	64.2	10.3	78.3	14.3	107	17.4	129
350	14	355.6	6.4	55.1	7.9	67.7	9.5	81.1	11.1	94.3	15.1	127	19.0	158
400	16	406.4	6.4	63.1	7.9	77.6	9.5	93.0	12.7	123	16.7	160	21.4	203
450	18	457.2	6.4	71.1	7.9	87.5	11.1	122	14.3	156	19.0	205	23.8	254
500	20	508.0	6.4	79.2	9.5	117	12.7	155	15.1	184	20.6	248	26.2	311
550	22	558.8	6.4	87.2	9.5	129	12.7	171	15.9	213	—	—	—	—
600	24	609.6	6.4	95.2	9.5	141	14.3	210	—	—	—	—	—	—
650	26	660.4	7.9	127	12.7	203	—	—	—	—	—	—	—	—

〔備註〕1. 管的稱呼方法依序爲管徑及稱呼厚度(Schedule 編號：Sch)。公稱直徑可用 A 或 B，而在數字之後分別標記 A 或 B。

2. 質量是以 1cm^3 之鋼板=7.85g，由下式計算而得，依 JIS Z 8401 取 3 位有效數字

$W = 0.02466\, t\,(D - t)$

W =管之單位質量(kg/m)

t =管厚(mm)，D=管外扇(mm)

3. 粗框內之尺寸爲常用品。

表 14.5 管内流速之基準
(日本機械學會編 機械設計)

流體	用途	平均速度 v_m (m/s)
水	上水道(長距離)	0.5～0.7
	上水道(中距離)	～1
	上水道直徑 3～15 mm	～0.5
	(近距離)直徑～30 mm	～1
	直徑＜100 mm	～2
	水力原動廠導水管	2～5
	消防用水管	6～10
	低水頭渦流泵排水管	1～2
	高水頭渦流泵排水管	2～4
	往復泵吸汲管(長管)	0.7 以下
	往復泵吸汲管(短管)	1
	往復泵排出管(長管)	1
	往復泵排出管(短管)	2
	暖房水管	0.1～3
空氣	低壓空氣管	10～15
	高壓空氣管	20～25
	小形氣化石油引擎吸汲管	15～20
	大形氣化石油引擎吸汲管	20～25
	小形柴油引擎吸汲管	14～20
	大形柴油引擎吸汲管	20～30
氣體	石碳氣管	2～6
蒸汽	飽和蒸汽管	12～40
	過熱蒸汽管	40～80

14.3 管接頭

管的連接方法有熔接、軟銲等永久性連接法，及接頭可以拆卸之連接法，前者優點爲：流體不會洩漏，可以節省重量與設備費用，但缺點則爲管路故障時，檢修非常不方便，因此重要部位必須使用可以拆卸之連接法。

管接頭可分栓入式接頭、銲接接頭、凸緣接頭(管凸緣)與伸縮接頭。

1. 栓入式管接頭

材料可爲可鍛鑄鐵與鋼管，兩者JIS都有規定。

(1) **栓入式可鍛鑄鐵製管接頭**：使用於水、油、蒸汽、空氣、氣體等一般配管情況之連接，如圖 14.2 爲其分類。

管的兩端通常切製管螺紋可以連接相同之管子，亦可使用接頭或短管頭。螺紋爲JIS B 0203 管用斜螺紋(參考本書第 8 章)，表示接頭大小之稱呼使用螺紋之稱呼，表示異怪接頭之稱呼方法如下：

① 有二個口徑時，依大口徑①、小口徑②之順序稱呼。

【例】 異怪肘管 1×3/8

② 有三個口徑時，同一或平行之中心線上依最大口徑①、最小口徑②、其它③之順序稱呼，但異怪 90°*Y*之情況依序爲最大口徑①、小口徑②與③。

【例】 異怪*T*3/4×3/4×1/4

異怪 90°*Y*1 1/4×3/4×3/4

③ 有四個口徑時，最大直徑①，與此同一或平行中心線上者爲②，其它 2 個中大口徑者爲③，小口徑爲④之順序。

【例】 異怪十字 3/4×3/4×1/2×1/2

如表 14.7 是栓入式管接頭之接合端部形狀。

表 14.6 受內壓之薄管容許應力(摘自日本機械學會編機械設計)

<table>
<tr><th colspan="2">材質</th><th colspan="2">接合效率η</th><th>抗拉強度
(N/mm²)</th><th>容許應力
σa
(N/mm²)</th><th colspan="2">C (mm)</th></tr>
<tr><td rowspan="2">鑄鐵</td><td>普通</td><td colspan="2" rowspan="2">—</td><td rowspan="2">—</td><td>25</td><td>t≦55</td><td>6(1−pD/27500)</td></tr>
<tr><td>高級</td><td>40</td><td>t>55</td><td>0</td></tr>
<tr><td colspan="2">鑄鋼</td><td colspan="2">—</td><td>450</td><td>60</td><td>t≦55
t>55</td><td>6(1−pD/66000)
0</td></tr>
<tr><td colspan="2" rowspan="2">鋼</td><td rowspan="2">無縫管
鍛接管
鉚接管</td><td rowspan="2">1.00
0.80
0.57~0.63</td><td>340~450</td><td>80</td><td colspan="2" rowspan="2">1</td></tr>
<tr><td>450~550</td><td>100</td></tr>
<tr><td colspan="2">銅</td><td colspan="2">—</td><td>200~250</td><td>20</td><td>D≦100
100<D≦125</td><td>1.5
0</td></tr>
<tr><td rowspan="2">鉛</td><td>純</td><td colspan="2" rowspan="2">—</td><td>12.5</td><td>2.5</td><td colspan="2" rowspan="2">0~3</td></tr>
<tr><td>1~3%Sb</td><td>—</td><td>5.0</td></tr>
<tr><td colspan="2">氯化乙烯</td><td colspan="2">—</td><td>50~60</td><td>—</td><td colspan="2">—</td></tr>
</table>

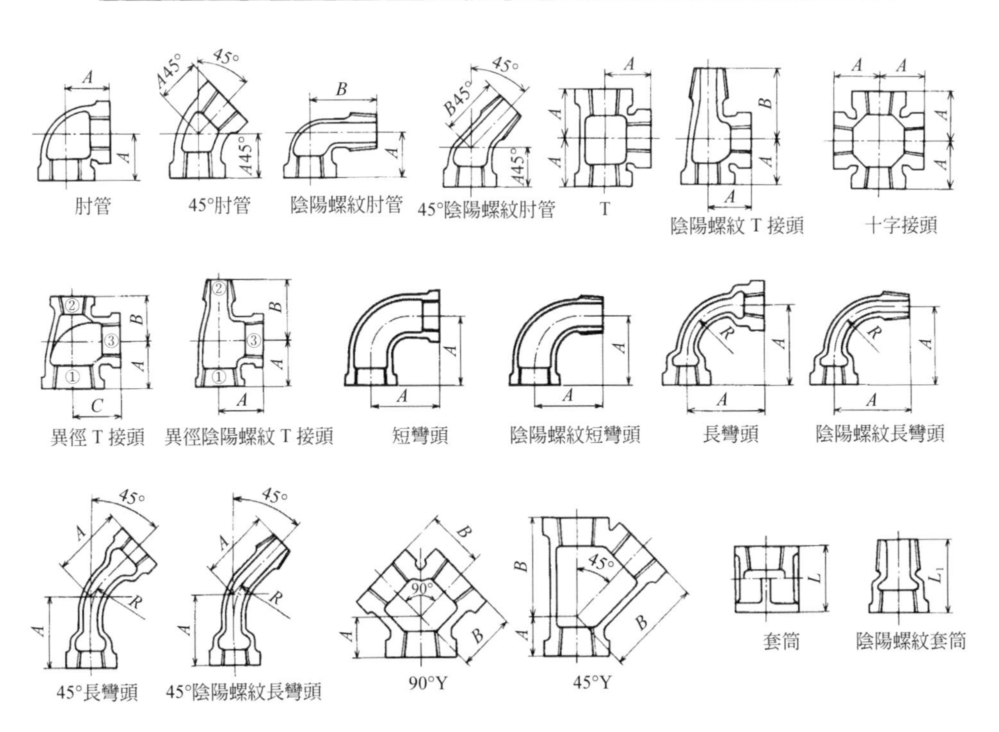

圖 14.2 栓入式可鍛鑄鐵管接頭(JIS B 2301 附錄)

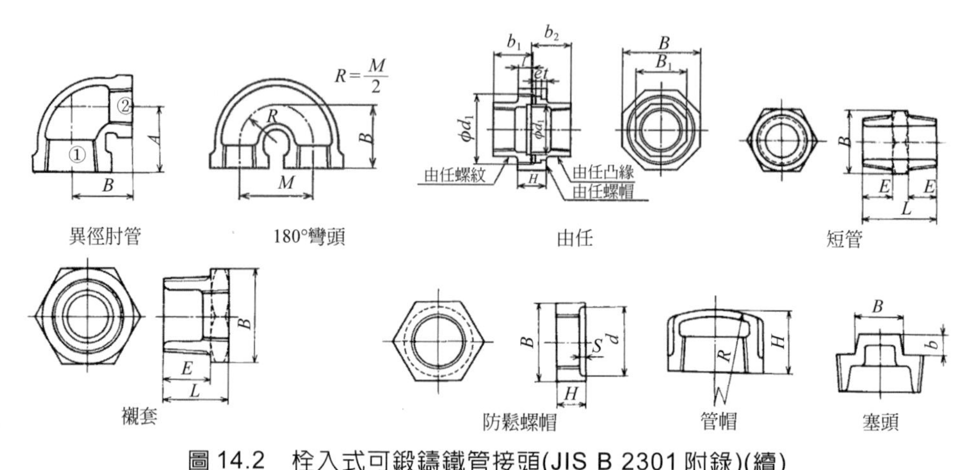

圖 14.2 栓入式可鍛鑄鐵管接頭(JIS B 2301 附錄)(續)

表 14.7 栓入式可鍛鑄鐵製管接頭的端部(JIS B 2301*) (單位 mm)

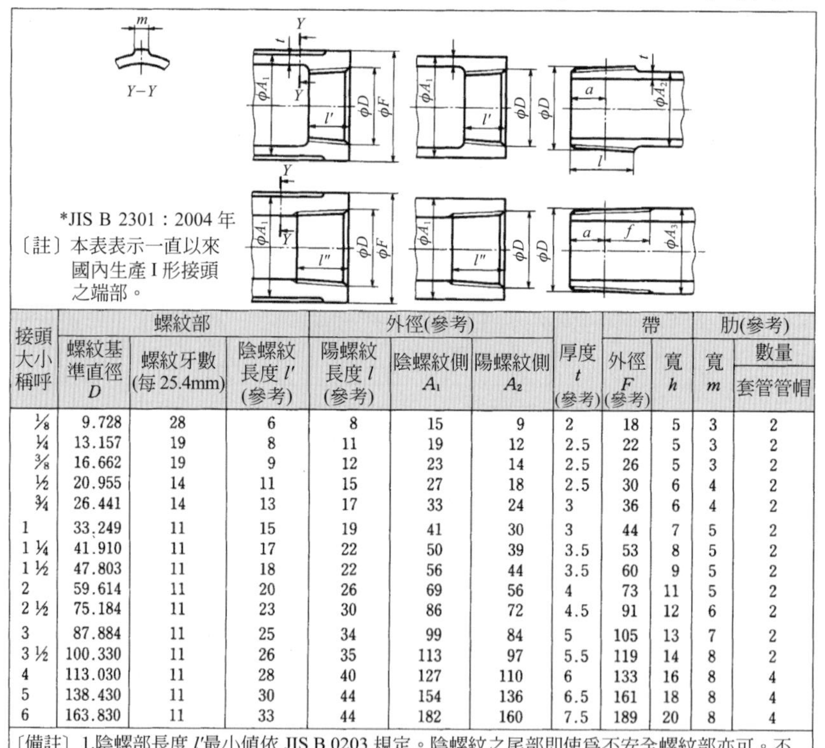

*JIS B 2301：2004 年

〔註〕本表表示一直以來國內生產 I 形接頭之端部。

接頭大小稱呼	螺紋部			外徑(參考)			厚度 t (參考)	帶		肋(參考)	
	螺紋基準直徑 D	螺紋牙數(每 25.4mm)	陰螺紋長度 l' (參考)	陽螺紋長度 l (參考)	陰螺紋側 A_1	陽螺紋側 A_2		外徑 F (參考)	寬 h	寬 m	數量 套管管帽
⅛	9.728	28	6	8	15	9	2	18	5	3	2
¼	13.157	19	8	11	19	12	2.5	22	5	3	2
⅜	16.662	19	9	12	23	14	2.5	26	5	3	2
½	20.955	14	11	15	27	18	2.5	30	6	4	2
¾	26.441	14	13	17	33	24	3	36	6	4	2
1	33.249	11	15	19	41	30	3	44	7	5	2
1 ¼	41.910	11	17	22	50	39	3.5	53	8	5	2
1 ½	47.803	11	18	22	56	44	3.5	60	9	5	2
2	59.614	11	20	26	69	56	4	73	11	5	2
2 ½	75.184	11	23	30	86	72	4.5	91	12	6	2
3	87.884	11	25	34	99	84	5	105	13	7	2
3 ½	100.330	11	26	35	113	97	5.5	119	14	8	2
4	113.030	11	28	40	127	110	6	133	16	8	4
5	138.430	11	30	44	154	136	6.5	161	18	8	4
6	163.830	11	33	44	182	160	7.5	189	20	8	4

〔備註〕1.陰螺部長度 l'最小值依 JIS B 0203 規定。陰螺紋之尾部即使爲不安全螺紋部亦可。不完全螺紋部時之錐形陰螺紋之有效螺紋部長度 l''(最小)依 JIS B 0203 規定。

2.圖中之 a 爲 JIS B 0203 所示自陽螺紋管端之基準徑之位置。陽螺紋之尾部即使爲不安全螺紋部亦可，超過此場合之基準徑位置有效螺紋部長度 f(最小)依 JIS B 0203 規定。

3.厚度 t 爲電鍍或表面處理前之厚度。

⑵ **栓入式鋼製接頭**：爲使用配管用碳鋼管(SGP)之管接頭，使用情況與可鍛鑄鐵相同，分類如圖 14.3 所示，螺紋爲 JIS B 0203 管用斜螺紋，接頭之稱呼以螺紋稱呼表示。

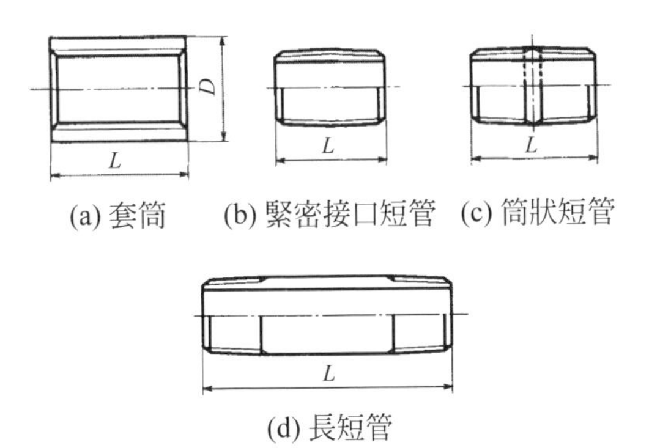

(a) 套筒　(b) 緊密接口短管　(c) 筒狀短管

(d) 長短管

圖 14.3　栓入式鋼管製管接頭(JIS B 2302)

2. 銲接式管接頭

管子聯接後不必再拆卸之情況或壓力配管、高壓配管、高溫配管、低溫配管、合金鋼配管或不銹鋼等特殊配管時，使用永久式熔接接頭，可分爲對頭熔接式管接頭與插入熔接式管接頭。

⑴ **對頭熔接式管接頭**：JIS 規定有一般配管用對頭熔接式管接頭(JIS B 2311)、配管用鋼製對頭熔接式管接頭(JIS B 2312)與配管用鋼板製對頭熔接式管接頭(JIS B 2313)。

如圖 14.4 爲一般配管用鋼製對頭熔接式管接頭之形狀，其中肘管與 180°彎曲型又有長、短尺寸二種。這種管接頭適用之配管與前述之栓入式管接頭相同，唯限一般使用壓力較低之配管用。

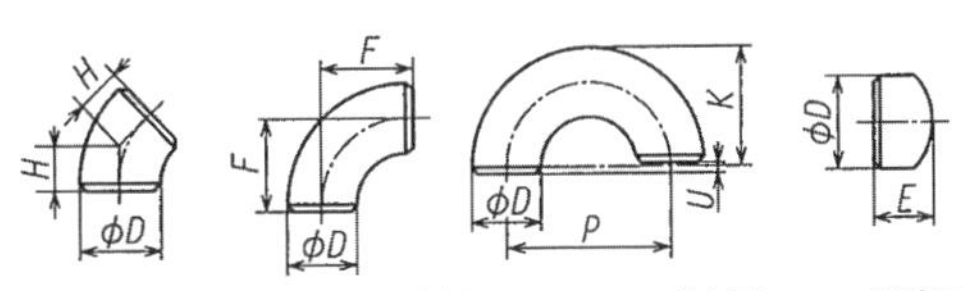

(a) 45°肘管　(b) 90°肘管　(c) 180°肘管　(d) 管帽

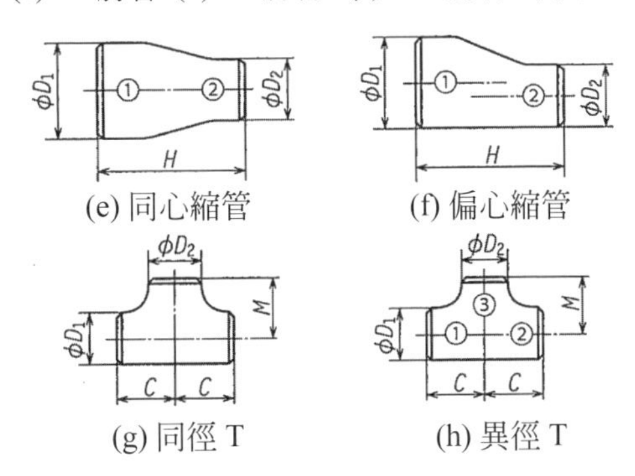

(e) 同心縮管　(f) 偏心縮管

(g) 同徑 T　(h) 異徑 T

圖 14.4　一般配管用鋼製對頭焊接式管接頭(JIS B 2311)

如圖 14.5 爲接頭端部之斜口形狀、尺寸，厚度之基本尺寸未達 4 mm 時，可用平端部，表 14.8 爲管接頭之外徑、內徑與厚度。

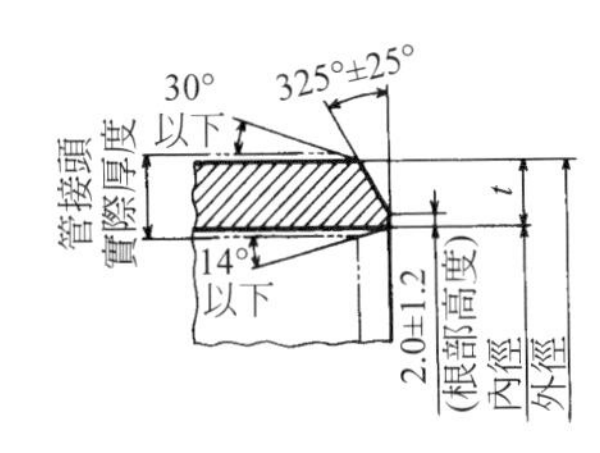

圖 14.5　接頭斜口的形狀(單位 mm)

特殊配管用管接頭之尺寸與形狀之規定與此相同，材料與連接之鋼管相同，有時亦可使用相當之材料，但厚度要用符合管材等級號碼之厚度。

表 14.8　一般配管用鋼製對頭熔接式管接頭之外徑、內徑與厚度(JIS B 2311)

(單位 mm)

公稱直徑		外徑	內徑	厚度
A	B			
15	½	21.7	16.1	2.8
20	¾	27.2	21.6	2.8
25	1	34	27.6	3.2
32	1 ¼	42.7	35.7	3.5
40	1 ½	48.6	41.6	3.5
50	2	60.5	52.9	3.8
65	2 ½	76.3	67.9	4.2
80	3	89.1	80.7	4.2
90	3 ½	101.6	93.2	4.2
100	4	114.3	105.3	4.5
125	5	139.8	130.8	4.5
150	6	165.2	155.2	5
200	8	216.3	204.7	5.8
250	10	267.4	254.2	6.6
300	12	318.5	304.7	6.9
350	14	355.6	339.8	7.9
400	16	406.4	390.6	7.9
450	18	457.2	441.4	7.9
500	20	508	492.2	7.9

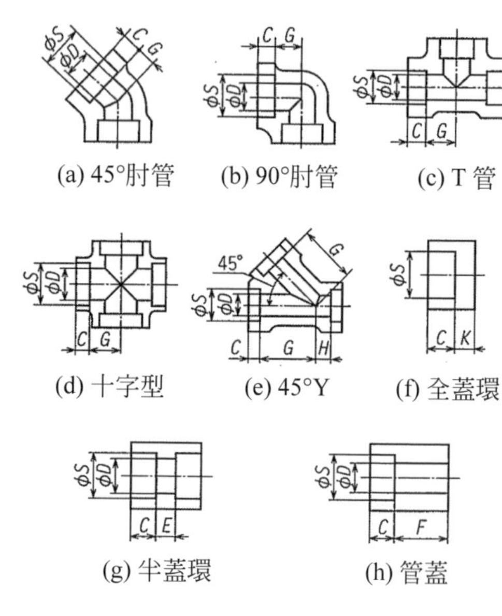

(a) 45°肘管　(b) 90°肘管　(c) T 管

(d) 十字型　(e) 45°Y　(f) 全蓋環

(g) 半蓋環　(h) 管蓋

圖 14.6　特殊配管用鋼製插入熔接式管接頭 (JIS B 2306)

⑵　**插入熔接式管接頭**：用於特殊配管，使用與配管相同或相當之材料，通常是型模鍛造後，再經切削加工製成，JIS B 2316 規定特殊配管用鋼製插入熔接式管接頭(圖 14.6)。

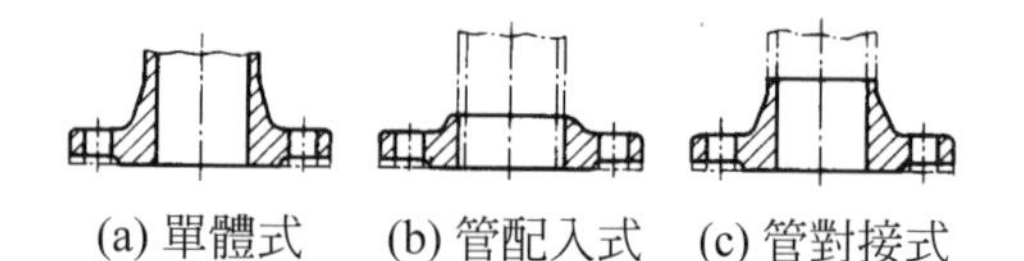
(a) 單體式　(b) 管配入式　(c) 管對接式

圖 14.7　主要凸緣接頭之種類

3.　管凸緣

⑴　**管凸緣之種類**：使用凸緣連接管子之凸緣稱為管凸緣，如圖 14.7 所示，大致可分整體式、管插入式與管對接式，整體式主要使用鑄造管、熔接式用鋼管或鑄管。

使用管凸緣連接管子時，如須完全氣密，須插入墊圈、墊座之形式，如圖 14.8 所示有大平面座、小平面座、配入形、槽形、全面座等。

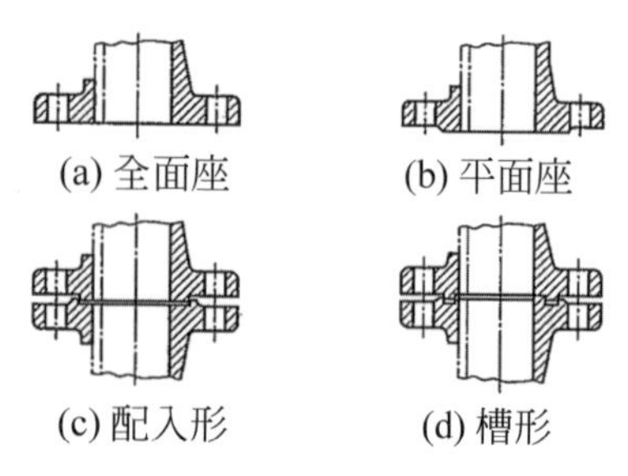
(a) 全面座　(b) 平面座

(c) 配入形　(d) 槽形

圖 14.8　墊座之形狀

⑵ **管凸緣之壓力－溫度基準**：管凸緣因使用材料、流體溫度之不同，定有各種最高使用壓力(JIS B 2220，2239)。表14.9～14.12顯示此等壓力，但最高使用壓力，隨只因溫度有關之“壓力－溫度基準”變更，因此同一公稱壓力及同一材料組符號內區分爲同基準(I～III)，使凸緣種類，公稱直徑分別適用於特定區分。依此，參考這些表，期望能正確使用。

⑶ **管凸緣之基本尺寸**：JIS對使用於蒸氣、空氣、氣體、水、油等配管之鋼鐵製管凸緣，隨新的修訂種類大幅增加，可整理成鋼製管凸緣(JIS B 2220)與鑄鐵製管凸緣(JIS B 2239)兩大類，此外管凸緣尺寸，也由傳統基準尺寸置換成製品尺寸之表。

鋼製及鑄鐵製管凸緣之尺寸，由於共通部分多，本書將其整理顯示。表14.13～14.18 爲公稱壓力分別爲 5K，10K，16K…63K 數值。

此外，輪軸之尺寸在製作時也是必要的，在此省略。

表 14.19 爲管凸緣之墊座尺寸。關於墊座依 JIS B 2404 規定。

⑷ **凸緣之計算**：如圖 14.9 之凸緣受 W (N)之外力作用時，由 $Wl=\pi D_o h^2/6\cdot\sigma_b$ 之關係式得凸緣厚度 h (cm)爲：

$$h=\sqrt{\frac{6Wl}{\pi D_o\sigma_b}}$$

式中

$$W=\frac{\pi D_m^2}{4}p$$

D_o＝管的外徑(mm)

l＝孔中心至凸緣安裝部之距離(mm)

σ_b＝凸緣材料之容許彎曲應力(N/mm^2)

D_m＝墊圈之平均直徑(mm)

p＝管內壓力(N/mm^2)

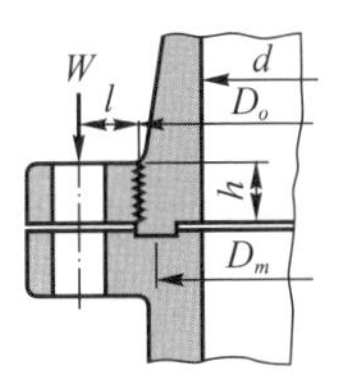

圖 14.9 凸緣之計算

表 14.9　鐵鋼管凸緣之壓力－溫度基準(JIS B 2220)

(單位 MPa)

公稱壓力	材料組符號 規定材料	區分	最高使用壓力 流體溫度(°C) T_L～120	220	300	350	400	425
5K	001, 002, 003a	I	0.7	0.6	0.5	—	—	—
		II	0.5	0.5	0.5	—	—	—
		III	0.5	—	—	—	—	—
	021a, 021b, 022a, 022b	I	0.7	0.6	0.5	—	—	—
		II	0.5	0.5	0.5	—	—	—
		III	0.5	—	—	—	—	—
	023a, 023b	I	0.7	0.6	0.5	—	—	—
		II	0.5	0.5	0.5	—	—	—
		III	0.5	—	—	—	—	—
10K	001, 002, 003a	I	1.4	1.2	1.0	—	—	—
		II	1.0	1.0	1.0	—	—	—
		III	1.0	—	—	—	—	—
	021a, 021b, 022a, 022b	I	1.4	1.2	1.0	—	—	—
		II	1.0	1.0	0.9	—	—	—
		III	1.0	—	—	—	—	—
	023a, 023b	I	1.4	1.2	1.0	—	—	—
		II	1.0	0.9	0.8	—	—	—
		III	1.0	—	—	—	—	—
16K	002, 003a	I	2.7	2.5	2.3	2.1	1.8*	1.6*
		II	1.6	1.6	1.6	—	—	—
		III	1.6	—	—	—	—	—
	021a, 021b, 022a, 022b	I	2.7	2.5	2.3	2.1	1.8	1.6
		II	1.6	1.6	1.6	1.6	1.5	1.5
		III	1.6	—	—	—	—	—
	023a, 023b	I	2.7	2.5	2.3	2.1	1.8	1.6
		II	1.6	1.6	1.5	1.4	1.3	1.3
		III	1.6	—	—	—	—	—
20K	002, 003a	I	3.4	3.1	2.9	2.6	2.3*	2.0*
		II	2.0	2.0	2.0	—	—	—

公稱壓力	材料組符號 規定材料	區分	最高使用壓力 流體溫度(°C) T_L～120	220	300	350	400	425	450	475	490	500	510
20K	021a, 021b, 022a, 022b	I	3.4	3.1	2.9	2.6	2.3	2.0	—	—	—	—	—
		II	2.0	2.0	2.0	2.0	1.9	1.9	—	—	—	—	—
		III	2.0	—	—	—	—	—	—	—	—	—	—
	023a, 023b	I	3.4	3.1	2.9	2.6	2.3	2.0	—	—	—	—	—
		II	2.0	2.0	1.9	1.7	1.7	1.7	—	—	—	—	—
		III	2.0	—	—	—	—	—	—	—	—	—	—
30K	002, 003a	I	5.1	4.6	4.3	3.9	3.4*	3.0*	—	—	—	—	—
	013a	I	5.1	4.6	4.3	3.9	3.8	3.6	3.4	3.0	—	—	—
	015a	I	5.1	4.6	4.3	3.9	3.8	3.6	3.4	3.2	3.0	—	—
	021a, 021b, 022a, 022b	I	5.1	4.6	4.3	3.9	3.8	3.6	3.4	3.2	3.0	—	—
		II	3.9	3.6	3.4	3.0	2.5	2.3	2.3	2.3	2.3	—	—
	023a, 023b	I	5.1	4.6	4.3	3.9	3.8	3.6	3.4	—	—	—	—
		II	3.5	3.0	2.9	2.6	2.1	2.0	2.0	—	—	—	—
40K	002, 003a	I	6.8	6.2	5.7	5.2	4.6*	4.0*	—	—	—	—	—
	013a	I	6.8	6.2	5.7	5.2	5.1	4.8	4.5	4.0			
	015a	I	6.8	6.2	5.7	5.2	5.1	4.8	4.5	4.2	4.0	3.8	3.6
		II	6.8	6.2	5.7	5.2	5.1	4.8	4.5	4.2	4.0	3.1	2.7
	021a, 021b, 022a, 022b	I	6.8	6.2	5.7	5.2	5.1	4.8	4.5	4.2	4.0	3.8	3.6
		II	5.2	4.8	4.5	4.1	3.4	3.1	3.1	3.1	3.1	3.0	3.0
	023a, 023b	I	6.8	6.2	5.7	5.2	5.1	4.8	4.5	—	—	—	—
		II	4.9	4.0	3.9	3.5	2.9	2.7	2.7	—	—	—	—
63K	002, 003a	I	10.7	9.7	9.0	8.1	7.2*	6.3*	—	—	—	—	—
	013a	I	10.7	9.7	9.0	8.1	8.0	7.6	7.1	6.3	—	—	—
	015a	I	10.7	9.7	9.0	8.1	8.0	7.6	7.1	6.6	6.3	5.9	5.6
		II	10.7	9.7	9.0	8.1	8.0	7.6	7.1	6.6	6.3	4.6	4.0
	021a, 021b, 022a, 022b	I	10.7	9.7	9.0	8.1	8.0	7.6	7.1	6.6	6.3	5.9	5.6
		II	8.1	7.1	6.7	6.2	5.1	4.7	4.6	4.6	4.6	4.5	4.5
	023a, 023b	I	10.7	9.7	9.0	8.1	7.2	6.6	6.4	—	—	—	—
		II	7.4	6.0	5.8	5.2	4.3	4.0	4.0	—	—	—	—

〔註〕1. 本表之材料組符號欄所示"參考材料"，在此省略，但*號材料組 002 之 JIS G5101 SC480 不適用。
2. 材料組符號欄之規定材料參考表 14.11。
3. 區分 II 爲相對區分 I 之壓力－溫度基準再加以限制，區分III則爲相對區分 II 再加以限制，依各別凸緣種類及公稱直徑，適用表 14.12。
4. T_L爲常溫以下之最低使用溫度，關於常溫以下最低使用溫度依買賣雙方協議之。
5. 表中所示溫度之中間溫度最高使用壓力，依比例彌補法求之。

表 14.10 鑄鐵製管凸緣壓力－溫度基準(JIS B 2239) (單位 MPa)

公稱壓力	材料組符號	最高使用壓力 流體溫度(°C) −10～120	220	300
5K	G2, G3	0.7	0.5	—
	D1, M1, M2	0.7	0.6	0.5
10K	G2, G3	1.4	1.0	—
	D1, M1, M2	1.4	1.2	1.0
	G2, D1, M1, M2	0.7	—	—

公稱壓力	材料組符號	最高使用壓力 流體溫度(°C) −10～120	220	300	350
16K	G2, G3	2.2	1.6	—	—
	D1, M1, M2	2.2	2.0	1.8	1.6
20K	G3, M1	2.8	2.0	—	—
	D1, M2	2.8	2.5	2.3	2.0

〔備註〕1. 材料組符號參考表 14.11。
2. 表中所示溫度之中間溫度最高使用壓力，依比例彌補法求之。

表 14.11 材料組符號一覽(JIS B 2220，2239)

(a) 鋼製管凸緣

材料組符號	材料符號 軋延材	鍛造材	鑄造材	備註
001	SS 400 S 20 C	SF 390A SFVC 1	SC 410 SCPH 1	碳鋼
002	S 25 C	SF 440A	SC 480	碳鋼
003a	—	SFVC 2A	SCPH 2	碳鋼
013a	—	SFVA F1	SCPH 11	低合金鋼
015a	—	SFVA F11A	SCPH 21	低合金鋼
021a	SUS 304[1]	SUS F304	SCS 13A	不銹鋼
021b	—	—	SCS 19A	不銹鋼
022a	SUS 316[1]	SUS F316	SCS 14A	不銹鋼
022b	—	—	SCS 16A	不銹鋼
023a	SUS 304L[1]	SUS F304L	—	不銹鋼
023b	SUS 316L[1]	SUS F316L	—	不銹鋼

(b) 鑄鐵製管凸緣

材料組符號	材料符號	抗拉強度最小 (N/mm^2)	伸長率最小 (%)	降伏強度最小 (N/mm^2)	備註
G1[2]	—	(145)	—	—	灰鑄鐵
G2	FC 200	200	—	—	灰鑄鐵
	—	214	—	—	灰鑄鐵
G3	FC 250	250	—	—	灰鑄鐵
D1	FCD-S[3]	415	18	276	球狀石墨鑄鐵
	FCD 350	350	22	220	球狀石墨鑄鐵
	FCD 400	400	15	250	球狀石墨鑄鐵
	FCD 450	450	10	280	球狀石墨鑄鐵
D2[2]	—	(400)	(5)	(300)	球狀石墨鑄鐵
	—	(600)	(3)	(370)	球狀石墨鑄鐵
M1	FCMB 27-05	270	5	165	墨心可鍛鑄鐵
	—	300	6	190	墨心可鍛鑄鐵
M2	—	340	10	220	墨心可鍛鑄鐵
	FCMB 35-10 FCMB 35-10S[3]	350	10	200	墨心可鍛鑄鐵

〔註〕(1) 有熱軋延不銹鋼與冷軋延不銹鋼。
(2) 材料組符號 G1，D2，爲表示材料組之構成，僅供參考。( )所示機械性質數值，係基於該規格所制定。
(3) 依適用法規規定材料規格之衝擊值必須滿足場合以外，不考慮衝擊值亦可。

〔備註〕1. JIS G 3101 之 SS 400，JIS G3201 之 SF 390A 及 SF 440A 爲碳含量 0.35%以下。
2. JIS G 4051 之 S 20 C 及 S 25 C 依 JIS G 0303 檢查，S 20 C 之抗拉強度在 400 N/mm^2以上，S 25 C 則在 440 N/mm^2 以上。

表 14.12 鋼製管凸緣之公稱直徑及壓力－溫度基準之適用(JIS B 2220)

(a) 公稱壓力 5K

材料組符號	001, 002, 003a								021a, 021b, 022a, 022b							023a, 023b						
凸緣種類	SOP	SOH	SW	LJ	TR	WN	IT	BL	SOP	SOH	SW	TR	WN	IT	BL	SOP	SOH	SW	TR	WN	IT	BL
公稱直徑 A 10	I	—	I	—	I	I	I	I	I	—	I	I	I	I	I	I	—	I	I	I	I	I
15	I	—	I	I	I	I	I	I	I	—	I	I	I	I	I	I	—	I	I	I	I	I
20	I	—	I	I	I	I	I	I	I	—	I	I	I	I	I	I	—	I	I	I	I	I
25	I	—	I	I	I	I	I	I	I	—	I	I	I	I	I	I	—	I	I	I	I	I
32	I	—	I	I	I	I	I	I	I	—	I	I	I	I	I	I	—	I	I	I	I	I
40	I	—	I	I	I	I	I	I	I	—	I	I	I	I	I	I	—	I	I	I	I	I
50	I	—	I	I	I	I	I	I	I	—	I	I	I	I	I	I	—	I	I	I	I	I
65	I	—	I	I	I	I	I	I	I	—	I	I	I	I	I	I	—	I	I	I	I	I
80	I	—	I	I	I	I	I	I	I	—	I	I	I	I	I	I	—	I	I	I	I	I
90	I	—	—	I	—	I	I	I	I	—	—	—	I	I	I	I	—	—	—	I	I	I
100	I	—	—	I	I	I	I	I	I	—	—	I	I	I	I	I	—	—	I	I	I	I
125	I	—	—	I	I	I	I	I	I	—	—	I	I	I	I	I	—	—	I	I	I	I
150	I	—	—	I	I	I	I	I	I	—	—	I	I	I	I	I	—	—	I	I	I	I
175	I	—	—	—	—	I	I	I	I	—	—	—	I	I	I	I	—	—	—	I	I	I
200	I	—	—	I	—	I	I	I	I	—	—	—	I	I	I	I	—	—	—	I	I	I
225	I	—	—	—	—	I	I	I	I	—	—	—	I	I	I	I	—	—	—	I	I	I
250	I	—	—	I	—	I	I	I	I	—	—	—	I	I	I	I	—	—	—	I	I	I
300	I	—	—	I	—	I	I	I	I	—	—	—	I	I	I	I	—	—	—	I	I	I
350	I	—	—	I	—	I	I	I	I	—	—	—	I	I	I	I	—	—	—	I	I	I
400	I	—	—	I	—	I	I	I	I	—	—	—	I	I	I	I	—	—	—	I	I	I
450	I	I	—	I	—	I	I	I	I	I	—	—	I	I	I	I	I	—	—	I	I	I
500	I	I	—	I	—	I	I	I	I	I	—	—	I	I	I	I	I	—	—	I	I	II
550	I	I	—	I	—	I	I	I	I	I	—	—	I	I	I	I	I	—	—	I	I	III
600	I	I	—	I	—	I	I	II	I	I	—	—	I	I	II	I	I	—	—	I	I	III
650	I	I	—	—	—	I	I	II	I	I	—	—	I	I	II	I	I	—	—	I	I	III
700	I	I	—	—	—	I	I	II	I	I	—	—	I	I	II	I	I	—	—	I	I	III
750	I	I	—	—	—	I	I	II	I	I	—	—	I	I	II	I	I	—	—	I	I	III
800	I	I	—	—	—	I	I	II	I	I	—	—	I	I	II	I	I	—	—	I	I	III
850	I	I	—	—	—	I	I	II	I	I	—	—	I	I	II	I	I	—	—	I	I	III
900	I	I	—	—	—	I	I	II	I	I	—	—	I	I	III	I	I	—	—	I	I	III
1000	I	I	—	—	—	I	I	II	I	I	—	—	I	I	III	I	I	—	—	I	I	III
1100	I	I	—	—	—	I	I	II	I	I	—	—	I	I	III	I	I	—	—	I	I	III
1200	I	I	—	—	—	I	I	II	I	I	—	—	I	I	III	I	I	—	—	I	I	III
1350	I	I	—	—	—	I	I	II	I	I	—	—	I	I	III	II	II	—	—	I	I	III
1500	I	I	—	—	—	I	I	II	I	I	—	—	I	I	III	II	II	—	—	I	I	III

(b) 公稱壓力 10K

材料組符號	001, 002, 003a								021a, 021b, 022a, 022b							023a, 023b						
凸緣種類	SOP	SOH	SW	LJ	TR	WN	IT	BL	SOP	SOH	SW	TR	WN	IT	BL	SOP	SOH	SW	TR	WN	IT	BL
公稱直徑 A 10	I	—	I	—	I	I	I	I	I	—	I	I	I	I	I	I	—	I	I	I	I	I
15	I	—	I	I	I	I	I	I	I	—	I	I	I	I	I	I	—	I	I	I	I	I
20	I	—	I	I	I	I	I	I	I	—	I	I	I	I	I	I	—	I	I	I	I	I
25	I	—	I	I	I	I	I	I	I	—	I	I	I	I	I	I	—	I	I	I	I	I
32	I	—	I	I	I	I	I	I	I	—	I	I	I	I	I	I	—	I	I	I	I	I
40	I	—	I	I	I	I	I	I	I	—	I	I	I	I	I	I	—	I	I	I	I	I
50	I	—	I	I	I	I	I	I	I	—	I	I	I	I	I	I	—	I	I	I	I	I
65	I	—	I	I	I	I	I	I	I	—	I	I	I	I	I	I	—	I	I	I	I	I
80	I	—	I	I	I	I	I	I	I	—	I	I	I	I	I	I	—	I	I	I	I	I
90	I	—	—	I	—	I	I	I	I	—	—	—	I	I	I	I	—	—	—	I	I	I
100	I	—	—	I	I	I	I	I	I	—	—	I	I	I	I	I	—	—	I	I	I	I
125	I	—	—	I	I	I	I	I	I	—	—	I	I	I	I	I	—	—	I	I	I	I
150	I	—	—	I	I	I	I	I	I	—	—	I	I	I	I	I	—	—	I	I	I	I
175	I	—	—	—	—	I	I	I	I	—	—	—	I	I	I	I	—	—	—	I	I	I
200	I	—	—	I	—	I	I	I	I	—	—	—	I	I	I	I	—	—	—	I	I	I
225	I	—	—	—	—	I	I	I	I	—	—	—	I	I	I	I	—	—	—	I	I	I
250	I	I	—	I	—	I	I	I	I	I	—	—	I	I	I	I	I	—	—	I	I	I
300	I	I	—	I	—	I	I	I	I	I	—	—	I	I	I	I	I	—	—	I	I	I
350	I	I	—	I	—	I	I	I	I	I	—	—	I	I	I	I	I	—	—	I	I	I
400	I	I	—	I	—	I	I	I	I	I	—	—	I	I	I	I	I	—	—	I	I	II
450	I	I	—	I	—	I	I	I	I	I	—	—	I	I	I	I	I	—	—	I	I	II

表 14.12 鋼製管凸緣之公稱直徑及壓力－溫度基準之適用(JIS B 2220)(續)

材料組符號	001, 002, 003a								021a, 021b, 022a, 022b							023a, 023b						
凸緣種類	SOP	SOH	SW	LJ	TR	WN	IT	BL	SOP	SOH	SW	TR	WN	IT	BL	SOP	SOH	SW	TR	WN	IT	BL
公稱直徑 A 500	I	I	—	I	—	I	I	II	I	I	—	—	I	I	II	I	I	—	—	I	I	III
550	I	I	—	I	—	I	I	II	I	I	—	—	I	I	II	I	I	—	—	I	I	III
600	I	I	—	I	—	I	I	II	I	I	—	—	I	I	II	II	II	—	—	I	I	III
650	I	I	—	—	—	I	I	II	I	I	—	—	I	I	II	II	II	—	—	I	I	III
700	I	I	—	—	—	I	I	II	I	I	—	—	I	I	II	II	II	—	—	I	I	III
750	I	I	—	—	—	I	I	II	I	I	—	—	I	I	II	II	II	—	—	I	I	III
800	I	I	—	—	—	I	I	II	II	II	—	—	I	I	III	II	II	—	—	I	I	III
850	I	I	—	—	—	I	I	II	II	II	—	—	I	I	III	II	II	—	—	II	II	III
900	I	I	—	—	—	I	I	II	II	II	—	—	I	I	III	II	II	—	—	II	II	III
1000	I	I	—	—	—	I	I	II	II	II	—	—	I	I	III	II	II	—	—	II	II	III
1100	II	I	—	—	—	I	I	II	II	II	—	—	I	I	III	II	II	—	—	II	II	III
1200	II	I	—	—	—	I	I	II	II	II	—	—	I	I	III	III	II	—	—	II	II	III
1350	II	I	—	—	—	I	I	II	II	II	—	—	I	I	III	III	II	—	—	II	II	III
1500	II	I	—	—	—	I	I	II	II	II	—	—	I	I	III	III	II	—	—	II	II	III

(c) 公稱壓力 16K

材料組符號	002, 003a							021a, 021b, 022a, 022b						023a, 023b					
凸緣種類	SOH	SW	LJ	TR	WN	IT	BL	SOH	SW	TR	WN	IT	BL	SOH	SW	TR	WN	IT	BL
公稱直徑 A 10	I	I	—	I	I	I	I	I	I	I	I	I	I	I	I	I	I	I	I
15	I	I	I	I	I	I	I	I	I	I	I	I	I	I	I	I	I	I	I
20	I	I	I	I	I	I	I	I	I	I	I	I	I	I	I	I	I	I	I
25	I	I	I	I	I	I	I	I	I	I	I	I	I	I	I	I	I	I	I
32	I	I	I	I	I	I	I	I	I	I	I	I	I	I	I	I	I	I	I
40	I	I	I	I	I	I	I	I	I	I	I	I	I	I	I	I	I	I	I
50	I	I	I	I	I	I	I	I	I	I	I	I	I	I	I	I	I	I	I
65	I	I	I	I	I	I	I	I	I	I	I	I	I	I	I	I	I	I	I
80	I	I	I	I	I	I	I	I	I	I	I	I	I	I	I	I	I	I	I
90	I	—	I	—	I	I	I	I	—	—	I	I	I	I	—	—	I	I	I
100	I	—	I	I	I	I	I	I	—	I	I	I	I	I	—	I	I	I	I
125	I	—	I	I	I	I	I	I	—	I	I	I	I	I	—	I	I	I	I
150	I	—	I	I	I	I	I	I	—	I	I	I	I	I	—	I	I	I	I
200	I	—	I	—	I	I	I	I	—	—	I	I	I	I	—	—	I	I	I
250	I	—	I	—	I	I	I	I	—	—	I	I	II	II	—	—	II	II	II
300	I	—	I	—	I	I	I	I	—	—	I	I	II	II	—	—	II	II	II
350	I	—	I	—	I	I	I	I	—	—	I	I	II	II	—	—	II	II	II
400	I	—	I	—	I	I	I	I	—	—	I	I	II	II	—	—	II	II	II
450	I	—	I	—	I	I	I	II	—	—	I	I	II	II	—	—	II	II	III
500	I	—	I	—	I	I	II	II	—	—	I	I	III	II	—	—	II	II	III
550	I	—	I	—	I	I	II	II	—	—	I	I	III	II	—	—	II	II	III
600	I	—	I	—	I	I	II	II	—	—	I	I	III	II	—	—	II	II	III

(d) 公稱壓力 20K

材料組符號	002, 003a							021a, 021b, 022a, 022b						023a, 023b					
凸緣種類	SOH	SW	LJ	TR	WN	IT	BL	SOH	SW	TR	WN	IT	BL	SOH	SW	TR	WN	IT	BL
公稱直徑 A 10	I	I	—	I	I	I	I	I	I	I	I	I	I	I	I	I	I	I	I
15	I	I	I	I	I	I	I	I	I	I	I	I	I	I	I	I	I	I	I
20	I	I	I	I	I	I	I	I	I	I	I	I	I	I	I	I	I	I	I
25	I	I	I	I	I	I	I	I	I	I	I	I	I	I	I	I	I	I	I
32	I	I	I	I	I	I	I	I	I	I	I	I	I	I	I	I	I	I	I
40	I	I	I	I	I	I	I	I	I	I	I	I	I	I	I	I	I	I	I
50	I	I	I	I	I	I	I	I	I	I	I	I	I	I	I	I	I	I	I
65	I	I	I	I	I	I	I	I	I	I	I	I	I	I	I	I	I	I	I
80	I	I	I	I	I	I	I	I	I	I	I	I	I	I	I	I	I	I	I
90	I	—	I	—	I	I	I	I	—	—	I	I	I	I	—	—	I	I	I
100	I	—	I	I	I	I	I	I	—	I	I	I	I	I	—	I	I	I	I
125	I	—	I	I	I	I	I	I	—	I	I	I	I	I	—	I	I	I	I
150	I	—	I	I	I	I	I	I	—	I	I	I	I	II	—	I	I	I	II
200	I	—	I	—	I	I	I	I	—	—	I	I	I	II	—	—	I	I	II
250	I	—	I	—	I	I	I	II	—	—	I	I	II	II	—	—	I	I	II
300	I	—	I	—	I	I	I	II	—	—	I	I	II	II	—	—	I	I	III
350	I	—	I	—	I	I	I	II	—	—	I	I	II	II	—	—	I	I	III
400	I	—	I	—	I	I	I	II	—	—	I	I	II	II	—	—	I	I	III

表 14.12 鋼製管凸緣之公稱直徑及壓力－溫度基準之適用(JIS B 2220)(續)

材料組符號		002, 003a							021a, 021b, 022a, 022b						023a, 023b					
凸緣種類		SOH	SW	LJ	TR	WN	IT	BL	SOH	SW	TR	WN	IT	BL	SOH	SW	TR	WN	IT	BL
公稱直徑 A	450	I	—	I	—	I	I	II	II	—	—	I	I	II	II	—	—	I	I	III
	500	I	—	I	—	I	I	II	II	—	—	I	I	III	II	—	—	I	I	III
	550	I	—	I	—	I	I	II	II	—	—	I	I	III	II	—	—	I	I	III
	600	I	—	I	—	I	I	II	II	—	—	I	I	III	II	—	—	I	I	III

(e) 公稱壓力 30K

材料組符號		002, 003a				013a				015a				021a, 021b, 022a, 022b				023a, 023b			
凸緣種類		SOH	WN	IT	BL	SOH	WN	IT	BL	SOH	WN	IT	BL	SOH	WN	IT	BL	SOH	WN	IT	BL
公稱直徑 A	10	I	—	—	I	I	—	—	I	I	—	—	I	I	—	—	I	I	—	—	I
	15	I	I	I	I	I	I	I	I	I	I	I	I	I	I	I	I	I	I	I	I
	20	I	I	I	I	I	I	I	I	I	I	I	I	I	I	I	I	I	I	I	I
	25	I	I	I	I	I	I	I	I	I	I	I	I	I	I	I	I	I	I	I	I
	32	I	I	I	I	I	I	I	I	I	I	I	I	I	I	I	I	I	I	I	I
	40	I	I	I	I	I	I	I	I	I	I	I	I	I	I	I	I	I	I	I	II
	50	I	I	I	I	I	I	I	I	I	I	I	I	I	I	I	II	I	I	I	II
	65	I	I	I	I	I	I	I	I	I	I	I	I	I	I	I	II	I	I	I	II
	80	I	I	I	I	I	I	I	I	I	I	I	I	I	I	I	II	I	I	I	II
	90	I	I	I	I	I	I	I	I	I	I	I	I	I	I	I	II	I	I	I	II
	100	I	I	I	I	I	I	I	I	I	I	I	I	I	I	I	II	I	I	I	II
	125	I	I	I	I	I	I	I	I	I	I	I	I	I	I	I	II	I	I	I	II
	150	I	I	I	I	I	I	I	I	I	I	I	I	I	I	I	II	II	I	I	II
	200	I	I	I	I	I	I	I	I	I	I	I	I	II	I	I	II	II	I	I	II
	250	I	I	I	I	I	I	I	I	I	I	I	I	II	I	I	II	II	I	I	II
	300	I	I	I	II	I	I	I	I	I	I	I	I	II	I	I	II	II	I	I	III
	350	I	I	I	II	I	I	I	II	I	I	I	I	II	I	I	III	II	I	I	III
	400	I	I	I	II	I	I	I	II	I	I	I	II	II	I	I	III	II	I	I	III

〔備註〕1. 本表省略公稱壓力 40K 及 63K。
2. 材料組符號欄之符號參考表 14.11。
3. 凸緣種類參考圖 14.10。
4. 關於壓力－溫度基準符號 I～III，參考表 14.9 之備註 3。
5. 公稱壓力 10K 薄型之公稱直徑依本規格所定。

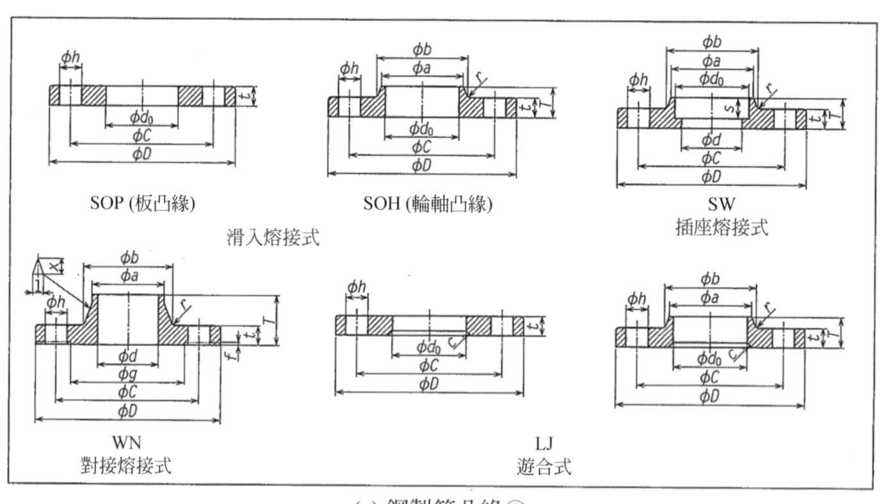

(a) 鋼製管凸緣①

圖 14.10 鋼製及鑄鐵製管凸緣之種類與稱呼方法

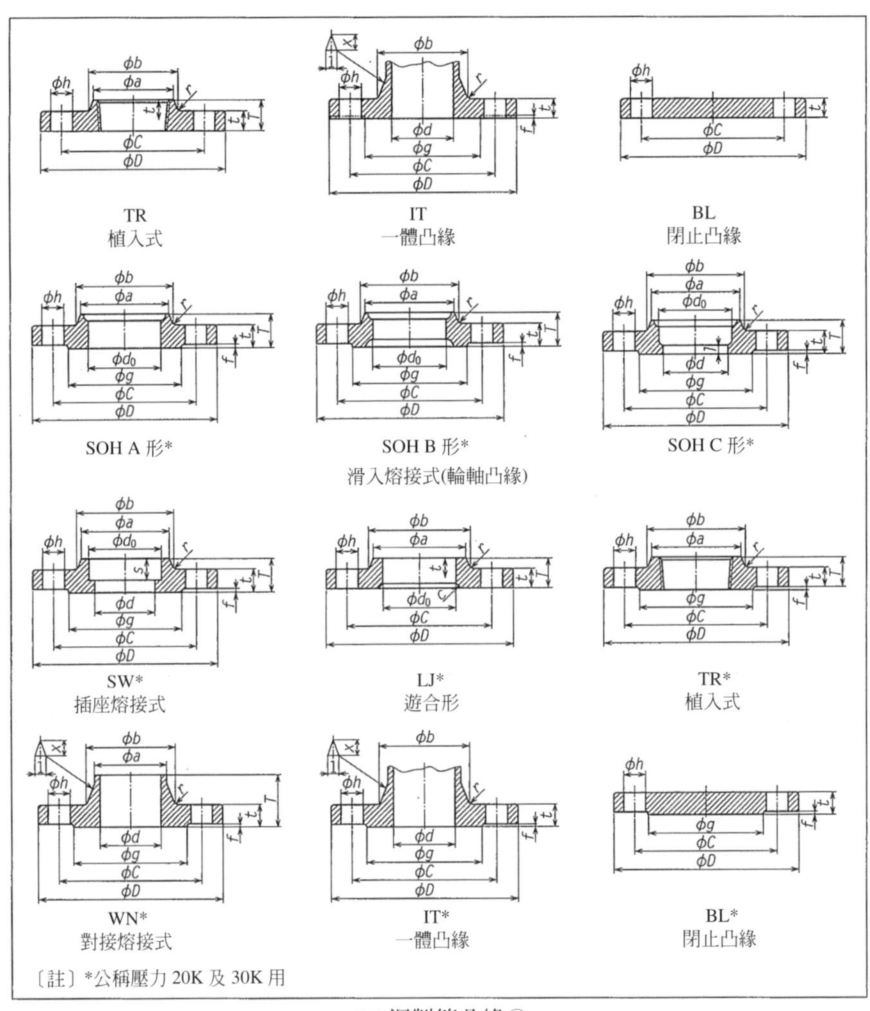

(a) 鋼製管凸緣②

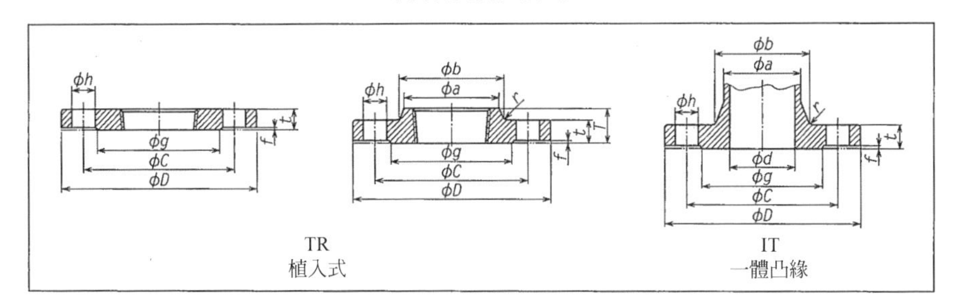

(b) 鑄鐵製管凸緣

圖 14.10　鋼製及鑄鐵製管凸緣之種類與稱呼方法(續)

表 14.13　鋼製及鑄鐵製公稱壓力 5K 凸緣尺寸(JIS B 2220，2239)

(單位 mm)

・凸緣形狀及符號參考圖 14.10。
・形狀別之稱呼直徑範圍如下(參考同圖)。

鋼製管凸緣場合　SOP … 10A ～ 1500A, SOH … 450A ～ 1500A, SW … 10A ～ 80A, LJ (左圖) … 15A ～ 400A, LJ (右圖) … 450A ～ 600A, TR … 10A ～ 150A, WN … 10A ～ 1500A, IT … 10A ～ 1500A, BL … 10A ～ 1500A

鑄鐵製管凸緣場合　TR … 15A ～ 150A, IT … 10A ～ 600A

公稱直徑 A	接合尺寸					內徑				插座深度 S	螺紋稱呼	平面座		凸緣厚度 t						凸緣全長 T		
	凸緣外徑 D	螺帽孔中心圓直徑 C	螺帽孔直徑 h	螺帽數	螺帽之螺紋稱呼	d_0		d(2)	(參考) d			直徑 g	高度 f									
鋼(1)	SOP, SOH, SW, LJ, TR, WN, IT, BL					SOP, SOH, SW	LJ	SW, WN	IT	SW	TR	WN, IT		BL 以外	BL	—				SOH, SW, LJ, TR	WN	—
鑄(1)	TR, IT					—	—	—	IT	—	TR	TR, IT		IT	—	TR			IT	—		TR
														D1, M2		G2	D1	M1	G2, G3			G2, D1, M1
10	75	55	12	4	M 10	17.8	—	12.7	10	10	Rc3/8(3)	39	1	9	9	—	—	—	12	13	24	—
15	80	60	12	4	M 10	22.2	23.4	16.1	15	10	Rc1/2	44	1	9	9	12	9	9	12	13	25	13
20	85	65	12	4	M 10	27.7	28.9	21.6	20	13	Rc3/4	49	1	10	10	14	10	10	14	15	28	15
25	95	75	12	4	M 10	34.5	35.6	27.6	25	13	Rc1	59	1	10	10	14	10	10	14	17	30	17
32	115	90	15	4	M 12	43.2	44.3	35.7	32	13	Rc1 1/4	70	2	12	12	16	12	13	16	19	33	19
40	120	95	15	4	M 12	49.1	50.4	41.6	40	13	Rc1 1/2	75	2	12	12	16	12	13	16	20	34	20
50	130	105	15	4	M 12	61.1	62.7	52.9	50	16	Rc2	85	2	14	14	16	14	15	16	24	36	24
65	155	130	15	4	M 12	77.1	78.7	67.9	65	16	Rc2 1/2	110	2	14	14	18	14	15	18	27	39	27
80	180	145	19	4	M 16	90.0	91.6	80.7	80	16	Rc3	121	2	14	14	18	14	15	18	30	41	30
90	190	155	19	4	M 16	102.6	104.1	93.2	90	—	—	131	2	14	14	—	—	—	—	—	41	—
100	200	165	19	8	M 16	115.4	116.9	105.3	100	—	Rc4	141	2	16	16	20	16	17	20	36	41	36
125	235	200	19	8	M 16	141.2	143.0	130.8	125	—	Rc5	176	2	16	16	20	16	18	20	40	43	40
150	265	230	19	8	M 16	166.6	168.4	155.2	150	—	Rc6	206	2	18	18	22	18	20	22	40	49	40
175	300	260	23	8	M 20	192.1	—	180.1	175	—	—	232	2	18	18	—	—	—	—	—	49	—
200	320	280	23	8	M 20	218.0	219.5	204.7	200	—	—	252	2	20	20	—	—	—	24	—	53	—
225	345	305	23	12	M 20	243.7	—	229.4	225	—	—	277	2	20	20	—	—	—	—	—	54	—
250	385	345	23	12	M 20	269.5	271.7	254.2	250	—	—	317	2	22	22	—	—	—	26	—	61	—
300	430	390	23	12	M 20	321.0	322.8	304.7	300	—	—	360	3	22	22	—	—	—	28	—	62	—
350	480	435	25	12	M 22	358.1	360.2	339.8	340	—	—	403	3	24	24	—	—	—	30	—	73	—
400	540	495	25	16	M 22	409	411.2	390.6	400	—	—	463	3	24	24	—	—	—	30	—	76	—
450	605	555	25	16	M 22	460	462.3	441.4	450	—	—	523	3	24	24	—	—	—	30	40	79	—
500	655	605	25	20	M 22	511	514.4	492.2	500	—	—	573	3	24	24	—	—	—	32	40	79	—
550	720	665	27	20	M 24	562	565.2	543.0	550	—	—	630	3	26	26	—	—	—	32	42	81	—
600	770	715	27	20	M 24	613	616.0	593.8	600	—	—	680	3	26	26	—	—	—	32	44	81	—
650	825	770	27	24	M 24	664	—	644.6	650	—	—	735	3	26	28	—	—	—	—	48	85	—
700	875	820	27	24	M 24	715	—	695.4	700	—	—	785	3	26	30	—	—	—	—	48	94	—
750	945	880	33	24	M 30	766	—	746.2	750	—	—	840	3	28	32	—	—	—	—	52	100	—
800	995	930	33	24	M 30	817	—	797.0	800	—	—	890	3	28	34	—	—	—	—	52	100	—
850	1045	980	33	24	M 30	868	—	847.8	850	—	—	940	3	28	36	—	—	—	—	54	108	—
900	1095	1030	33	24	M 30	919	—	898.6	900	—	—	990	3	30	36	—	—	—	—	56	108	—
1000	1195	1130	33	28	M 30	1021	—	1000.2	1000	—	—	1090	3	32	40	—	—	—	—	60	116	—
1100	1305	1240	33	28	M 30	1122	—	1098.6	1100	—	—	1200	3	32	44	—	—	—	—	71	136	—
1200	1420	1350	33	32	M 30	1224	—	1200.2	1200	—	—	1305	3	34	48	—	—	—	—	77	155	—
1350	1575	1505	33	32	M 30	1376	—	1346.2	1350	—	—	1460	3	34	54	—	—	—	—	80	164	—
1500	1730	1660	33	36	M 30	1529	—	1498.6	1500	—	—	1615	3	36	58	—	—	—	—	86	172	—

〔註〕1. 鑄鐵製管凸緣場合，在上表虛線以上範圍，稱呼直徑 90，175，225 除外。
2. (1) 鋼…鋼製管凸緣場合，鑄…鑄鐵製管凸緣場合。(2) 依接合鋼管內徑調整之。(3) 鑄鐵製管凸緣場合無。

表 14.14　鋼製及鑄鐵製公稱壓力 10K 凸緣尺寸(JIS B 2220，2239)

(單位 mm)

・凸緣形狀及符號參考圖 14.10。
・形狀別之稱呼直徑範圍如下(參考同圖)。
　鋼製管凸緣場合　SOP … 10A ～ 1500A, SOH … 250A ～ 1500A, SW … 10A ～ 80A, LJ (左圖) … 15A ～ 200A, LJ (右圖) … 250A ～ 600A, TR … 10A ～ 150A, WN … 10A ～ 1500A, IT … 10A ～ 1500A, BL … 10A ～ 1500A
　鑄鐵製管凸緣場合　TR … 15A ～ 150A, IT … 10A ～ 1500A

公稱直徑	接合尺寸 凸緣外徑 D	接合尺寸 螺帽孔中心圓直徑 C	接合尺寸 螺帽孔直徑 h	接合尺寸 螺帽數	接合尺寸 螺帽之螺紋稱呼	內徑 d_0	內徑 d_0	內徑 d [2]	內徑 (參考) d	插座深度 S	螺紋稱呼	平面座 直徑 g	平面座 高度 f	凸緣厚度 t	凸緣厚度 t	凸緣厚度 t	凸緣厚度 t	凸緣厚度 t	凸緣厚度 t	凸緣全長 T	凸緣全長 T	凸緣全長 T
鋼 [1]	SOP, SOH, SW, LJ, TR, WN, IT, BL					SOP, SOH, SW	LJ	SW, WN	IT	SW	TR	WN, IT		BL以外	BL	—				SOH, SW, LJ, TR	WN	—
A 鑄 [1]	TR, IT					—			IT	—	TR	TR, IT		IT D1, M2	—	TR G2	TR D1	TR M1	IT G2, G3	—		TR G2 [4], D1, M1
10	90	65	15	4	M 12	17.8	—	12.7	10	10	Rc⅜ [3]	46	1	12	12	—	—	—	14	16	29	—
15	95	70	15	4	M 12	22.2	23.4	16.1	15	10	Rc½	51	1	12	12	16	12	12	16	16	31	13
20	100	75	15	4	M 12	27.7	28.9	21.6	20	13	Rc¾	56	1	14	14	18	14	14	18	20	32	15
25	125	90	19	4	M 16	34.5	35.6	27.6	25	13	Rc1	67	1	14	14	18	14	15	18	20	36	17
32	135	100	19	4	M 16	43.2	44.3	35.7	32	13	Rc1¼	76	2	16	16	20	16	18	20	22	38	19
40	140	105	19	4	M 16	49.1	50.4	41.6	40	13	Rc1½	81	2	16	16	20	16	18	20	24	38	20
50	155	120	19	4	M 16	61.1	62.7	52.9	50	16	Rc2	96	2	16	16	20	16	18	20	24	40	24
65	175	140	19	4	M 16	77.1	78.7	67.9	65	16	Rc2½	116	2	18	18	22	18	20	22	27	44	27
80	185	150	19	8	M 16	90.0	91.6	80.7	80	16	Rc3	126	2	18	18	22	18	20	22	30	45	30
90	195	160	19	8	M 16	102.6	104.1	93.2	90	—	—	136	2	18	18	—	—	—	—	—	45	—
100	210	175	19	8	M 16	115.4	116.9	105.3	100	—	Rc4	151	2	18	18	24	18	20	24	36	45	36
125	250	210	23	8	M 20	141.2	143.0	130.8	125	—	Rc5	182	2	20	20	24	20	22	24	40	47	40
150	280	240	23	8	M 20	166.6	168.4	155.2	150	—	Rc6	212	2	22	22	26	22	24	26	40	53	40
175	305	265	23	12	M 20	192.1	—	180.1	175	—	—	237	2	22	22	—	—	—	—	—	55	—
200	330	290	23	12	M 20	218.0	219.5	204.7	200	—	—	262	2	22	22	—	—	—	26	—	58	—
225	350	310	23	12	M 20	243.7	—	229.4	225	—	—	282	2	22	22	—	—	—	—	—	58	—
250	400	355	25	12	M 22	269.5	271.7	254.2	250	—	—	324	2	24	24	—	—	—	30	36	65	—
300	445	400	25	16	M 22	321.0	322.8	304.7	300	—	—	368	3	24	24	—	—	—	32	38	68	—
350	490	445	25	16	M 22	358.1	360.2	339.8	340	—	—	413	3	26	26	—	—	—	34	42	79	—
400	560	510	27	16	M 24	409	411.2	390.6	400	—	—	475	3	28	28	—	—	—	36	44	85	—
450	620	565	27	20	M 24	460	462.3	441.4	450	—	—	530	3	30	30	—	—	—	38	48	90	—
500	675	620	27	20	M 24	511	514.4	492.2	500	—	—	585	3	30	30	—	—	—	40	48	99	—
550	745	680	33	20	M 30	562	565.2	543.0	550	—	—	640	3	32	34	—	—	—	42	52	111	—
600	795	730	33	24	M 30	613	616.0	593.8	600	—	—	690	3	32	36	—	—	—	44	52	112	—
650	845	780	33	24	M 30	664	—	644.6	650	—	—	740	3	34	38	—	—	—	46	56	116	—
700	905	840	33	24	M 30	715	—	695.4	700	—	—	800	3	34	40	—	—	—	48	58	132	—
750	970	900	33	24	M 30	766	—	746.2	750	—	—	855	3	36	44	—	—	—	50	62	139	—
800	1020	950	33	28	M 30	817	—	797.0	800	—	—	905	3	36	46	—	—	—	52	64	139	—
850	1070	1000	33	28	M 30	868	—	847.8	850	—	—	955	3	36	48	—	—	—	52	66	139	—
900	1120	1050	33	28	M 30	919	—	898.6	900	—	—	1005	3	38	50	—	—	—	54	70	140	—
1000	1235	1160	39	28	M 36	1021	—	1000.2	1000	—	—	1110	3	40	56	—	—	—	58	74	151	—
1100	1345	1270	39	28	M 36	1122	—	1098.6	1100	—	—	1220	3	42	62	—	—	—	62	95	170	—
1200	1465	1380	39	32	M 36	1224	—	1200.2	1200	—	—	1325	3	44	66	—	—	—	66	101	182	—
1350	1630	1540	45	36	M 42	1376	—	1346.2	1350	—	—	1480	3	48	74	—	—	—	70	110	200	—
1500	1795	1700	45	40	M 42	1529	—	1498.6	1500	—	—	1635	3	50	82	—	—	—	74	123	218	—

〔註〕1. 鑄鐵製管凸緣場合，稱呼直徑 90A，175A，225A 除外。
2. [1] 鋼…鋼製管凸緣場合，鑄…鑄鐵製管凸緣場合。[2] 依接合鋼管內徑調整之。[3] 鑄鐵製管凸緣場合無。[4] 凸緣全長，G2 場合，公稱直徑 A10~A40 無。

表 14.15　鋼製及鑄鐵製公稱壓力 10K 薄形凸緣尺寸(JIS B 2220，2239)　(單位 mm)

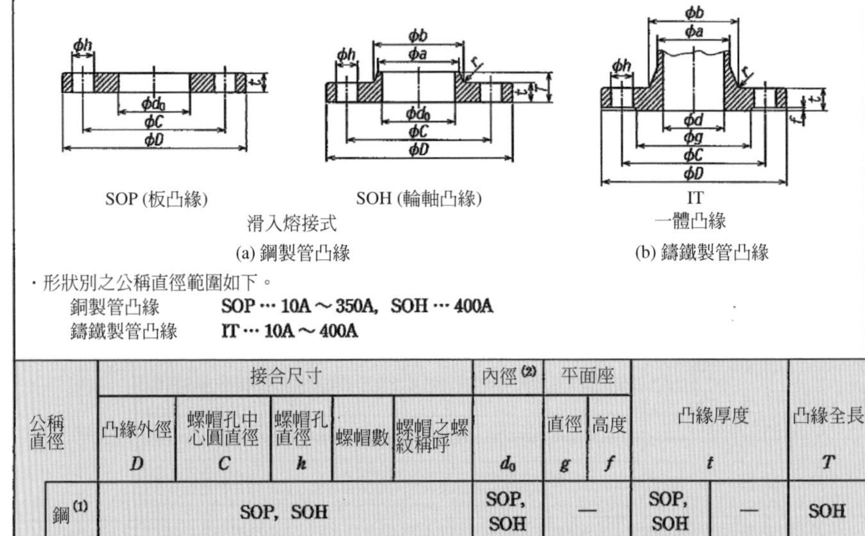

SOP (板凸緣)　　SOH (輪軸凸緣)

滑入熔接式

(a) 鋼製管凸緣

IT

一體凸緣

(b) 鑄鐵製管凸緣

・形狀別之公稱直徑範圍如下。

鋼製管凸緣　　SOP … 10A ～ 350A，SOH … 400A

鑄鐵製管凸緣　IT … 10A ～ 400A

公稱直徑		接合尺寸					內徑(2)	平面座		凸緣厚度		凸緣全長
		凸緣外徑 D	螺帽孔中心圓直徑 C	螺帽孔直徑 h	螺帽數	螺帽之螺紋稱呼	d_0	直徑 g	高度 f	t		T
A	鋼(1)	SOP, SOH					SOP, SOH	—		SOP, SOH	—	SOH
	鑄(1)	IT					—	—		IT D1, M2	IT G2, G3	—
10		90	65	12	4	M 10	17.8	46	1	9	12	—
15		95	70	12	4	M 10	22.2	51	1	9	12	—
20		100	75	12	4	M 10	27.7	56	1	10	14	—
25		125	90	15	4	M 12	34.5	67	1	12	16	—
32		135	100	15	4	M 12	43.2	76	2	12	18	—
40		140	105	15	4	M 12	49.1	81	2	12	18	—
50		155	120	15	4	M 12	61.1	96	2	14	18	—
65		175	140	15	4	M 12	77.1	116	2	14	18	—
80		185	150	15	8	M 12	90.0	126	2	14	18	—
90		195	160	15	8	M 12	102.6	—	—	14	—	—
100		210	175	15	8	M 12	115.4	151	2	16	20	—
125		250	210	19	8	M 16	141.2	182	2	18	22	—
150		280	240	19	8	M 16	166.6	212	2	18	22	—
175		305	265	19	12	M 16	192.1	—	—	20	—	—
200		330	290	19	12	M 16	218.0	262	2	20	24	—
225		350	310	19	12	M 16	243.7	—	—	20	—	—
250		400	355	23	12	M 20	269.5	324	2	22	26	—
300		445	400	23	16	M 20	321.0	368	3	22	28	—
350		490	445	23	16	M 20	358.1	413	3	24	28	—
400		560	510	25	16	M 22	409	475	3	24	30	36

〔註〕1. 鑄鐵製管凸緣場合，公稱直徑 90A，175A，225A 除外。

2. (1) 鋼…鋼製管凸緣場合，鑄…鑄鐵製管凸緣場合。

(2) 鑄鐵製管凸緣場合內徑(d)與公稱直徑 A 相同(參考)。

表 14.16 鋼製及鑄鐵製公稱壓力 16K 薄形凸緣尺寸(JIS B 2220，2239)

(單位 mm)

・凸緣形狀及符號參考圖 14.10。
・形式別之公稱直徑範圍如下(參考同圖)。
鋼製管凸緣場合 SOH … 10A ~ 600A, SW … 10A ~ 80A, LJ(右圖) … 15A ~ 600A TR … 10A ~ 150A WN … 10A ~ 600A, IT … 10A ~ 600A, BL … 10A ~ 600A
鑄鐵製管凸緣場合 TR … 25A ~ 150A, IT … 10A ~ 600A, 但是，公稱直徑 90A 除外。

公稱直徑	接合尺寸 凸緣外徑 D	接合尺寸 螺帽孔中心圓直徑 C	接合尺寸 螺帽孔直徑 h	接合尺寸 螺帽數	接合尺寸 螺帽之螺紋稱呼	內徑 d_0	內徑 d_0	內徑 d[2]	內徑 (參考) d	插座深度 S	螺紋稱呼	平面座 直徑 g	平面座 高度 f	凸緣厚度 t	凸緣厚度 t	凸緣厚度 t	凸緣厚度 t	凸緣全長 T	凸緣全長 T	凸緣全長 T	凸緣全長 T	凸緣全長 T
鋼[1]	SOH, SW, LJ, TR, WN, IT, BL					SOH, SW	LJ	SW, WN	IT	SW	TR	WN, IT		SOH, SW, LJ, TR, WN, IT, BL	—			SOH, SW, LJ	TR	WN	—	
A 鑄[1]	TR, IT					—			IT	—	TR	TR, IT		IT D1, M2	TR G2, D1	TR M1	IT G2, G3	—			TR G2	TR D1, M1
10	90	65	15	4	M 12	17.8	—	12.7	10	10	Rc⅜ [3]	46	1	12	—	—	14	16	16	31	—	—
15	95	70	15	4	M 12	22.2	23.4	16.1	15	10	Rc½ [3]	51	1	12	—	—	16	16	16	32	—	—
20	100	75	15	4	M 12	27.7	28.9	21.4	20	13	Rc¾ [3]	56	1	14	—	—	18	20	20	34	—	—
25	125	90	19	4	M 16	34.5	35.6	27.2	25	13	Rc1	67	1	14	—	18	18	20	20	36	—	19
32	135	100	19	4	M 16	43.2	44.3	35.5	32	13	Rc1¼	76	2	16	—	20	20	22	22	39	—	21
40	140	105	19	4	M 16	49.1	50.4	41.2	40	13	Rc1½	81	2	16	—	20	20	24	24	39	—	23
50	155	120	19	8	M 16	61.1	62.7	52.7	50	16	Rc2	96	2	16	—	20	20	24	24	40	—	26
65	175	140	19	8	M 16	77.1	78.7	65.9	65	16	Rc2½	116	2	18	—	22	22	26	27	46	—	29
80	200	160	23	8	M 20	90.0	91.6	78.1	80	16	Rc3	132	2	20	—	24	24	28	30	49	—	32
90	210	170	23	8	M 20	102.6	104.1	90.2	90	—	—	145	2	20	—	—	—	30	—	50	—	—
100	225	185	23	8	M 20	115.4	116.9	102.3	100	—	Rc4	160	2	22	—	26	26	34	36	56	—	38
125	270	225	25	8	M 22	141.2	143.0	126.6	125	—	Rc5	195	2	22	—	26	26	34	40	60	—	42
150	305	260	25	12	M 22	166.6	168.4	151.0	150	—	Rc6	230	2	24	—	28	28	38	40	69	—	42
200	350	305	25	12	M 22	218.0	219.5	199.9	200	—	—	275	2	26	—	—	30	40	—	73	—	—
250	430	380	27	12	M 24	269.5	271.7	248.8	250	—	—	345	2	28	—	—	34	44	—	81	—	—
300	480	430	27	16	M 24	321.0	322.8	297.9	300	—	—	395	3	30	—	—	36	48	—	88	—	—
350	540	480	33	16	M 30×3	358.1	360.2	333.4	335	—	—	440	3	34	—	—	38	52	—	104	—	—
400	605	540	33	16	M 30×3	409	411.2	381.0	380	—	—	495	3	38	—	—	42	60	—	115	—	—
450	675	605	33	20	M 30×3	460	462.3	431.8	430	—	—	560	3	40	—	—	46	64	—	126	—	—
500	730	660	33	20	M 30×3	511	514.4	482.6	480	—	—	615	3	42	—	—	50	68	—	128	—	—
550	795	720	39	20	M 36×3	562	565.2	533.4	530	—	—	670	3	44	—	—	54	70	—	135	—	—
600	845	770	39	24	M 36×3	613	616.0	584.2	580	—	—	720	3	46	—	—	58	74	—	141	—	—

〔註〕[1] 鋼…鋼製管凸緣場合，鑄…鑄鐵製管凸緣場合。
[2] 依接合鋼管內徑調整之。[3] 鑄鐵製管凸緣場合無。

表 14.17　鋼製及鑄鐵製公稱壓力 20K 薄形凸緣尺寸(JIS B 2220，2239)

(單位 mm)

・凸緣形狀及符號參考圖 14.10。
・形狀別之公稱直徑範圍如下(參考同圖)。
　鋼製管凸緣場合　SOH A 形…10A～600A，SOH B 形…10A～50A，SOH C 形…65A～600A，SW…10A～80A，LJ(右圖)…15A～600A，TR…10A～150A，WN…10A～600A，IT…10A～600A，BL…10A～600A
　鑄鐵製管凸緣場合　TR…40A～125A，IT…10A～600A，但是，公稱直徑 90A 除外。

公稱直徑	接合尺寸					內徑				插座深度	螺紋稱呼	平面座		凸緣厚度						凸緣全長		
	凸緣外徑 D	螺帽孔中心圓直徑 C	螺帽孔直徑 h	螺帽數	螺帽之螺紋稱呼	d_0		d (2)	(參考) d	S		直徑 g	高度 f	t						T		
鋼(1)	SOH, SW, LJ, TR, WN, IT, BL					SOH, SW	LJ	SOH, SW, WN	IT	SW	TR	SOH, SW, TR, WN, IT, BL		BL以外	BL	—				SOH, SW, LJ, TR	WN	—
A 鑄(1)	TR, IT					—			IT	—	TR	TR, IT		—		TR G3, M1	TR D1	IT G3	IT D1, M2	—		TR G3, D1, M1
10	90	65	15	4	M 12	17.8	—	12.7	10	10	Rc3/8 (3)	46	1	14	14	—	—	16	14	20	33	—
15	95	70	15	4	M 12	22.2	23.4	16.1	15	10	Rc1/2 (3)	51	1	14	14	—	—	16	14	20	34	—
20	100	75	15	4	M 12	27.7	28.9	21.4	20	13	Rc3/4 (3)	56	1	16	16	—	—	18	16	22	36	—
25	125	90	19	4	M 16	34.5	35.6	27.2	25	13	Rc1 (3)	67	1	16	16	—	—	20	16	24	38	—
32	135	100	19	4	M 16	43.2	44.3	35.5	32	13	Rc1¼ (3)	76	2	18	18	—	—	20	18	26	41	—
40	140	105	19	4	M 16	49.1	50.4	41.2	40	13	Rc1½	81	2	18	18	22	18	22	18	26	41	26
50	155	120	19	8	M 16	61.1	62.7	52.7	50	16	Rc2	96	2	18	18	22	18	22	18	26	42	27
65	175	140	19	8	M 16	77.1	78.7	65.9	65	16	Rc2½	116	2	20	20	24	20	24	20	30	48	31
80	200	160	23	8	M 20	90.0	91.6	78.1	80	16	Rc3	132	2	22	22	26	22	26	22	34	51	34
90	210	170	23	8	M 20	102.6	104.1	90.2	90	—	—	145	2	24	24	—	—	—	—	36	54	—
100	225	185	23	8	M 20	115.4	116.9	102.3	100	—	Rc4	160	2	24	24	28	24	28	24	36	58	40
125	270	225	25	8	M 22	141.2	143.0	126.6	125	—	Rc5	195	2	26	26	30	26	30	26	40	64	44
150	305	260	25	12	M 22	166.6	168.4	151.0	150	—	Rc6 (3)	230	2	28	28	—	—	32	28	42	73	—
200	350	305	25	12	M 22	218.0	219.5	199.9	200	—	—	275	2	30	30	—	—	34	30	46	77	—
250	430	380	27	12	M 24	269.5	271.7	248.8	250	—	—	345	2	34	34	—	—	38	34	52	87	—
300	480	430	27	16	M 24	321.0	322.8	297.9	300	—	—	395	3	36	36	—	—	40	36	56	94	—
350	540	480	33	16	M 30×3	358.1	360.2	333.4	335	—	—	440	3	40	40	—	—	44	40	62	110	—
400	605	540	33	16	M 30×3	409	411.2	381.0	380	—	—	495	3	46	46	—	—	50	46	70	123	—
450	675	605	33	20	M 30×3	460	462.3	431.8	430	—	—	560	3	48	48	—	—	54	48	78	134	—
500	730	660	33	20	M 30×3	511	514.4	482.6	480	—	—	615	3	50	50	—	—	58	50	84	136	—
550	795	720	39	20	M 36×3	562	565.2	533.4	530	—	—	670	3	52	52	—	—	62	52	90	143	—
600	845	770	39	24	M 36×3	613	616.0	584.2	580	—	—	720	3	54	56	—	—	66	54	96	149	—

〔註〕(1) 鋼…鋼製管凸緣場合，鑄…鑄鐵製管凸緣場合。
(2) 依接合鋼管內徑調整之。(3) 鑄鐵製管凸緣場合無。

表 14.18 鋼製公稱壓力 30K 薄形凸緣尺寸(JIS B 2220)

(單位mm)

SOH　　WN　　IT　　BL

・形狀別之公稱直徑範圍如下。(參照圖14.10)
公稱壓力30K時　SOH A 形 … 10A ～ 400A,　SOH B 形 … 10A ～ 50A,　SOH C 形 … 65A ～ 400A,　WN … 15A ～ 400A,　IT … 15A ～ 400A,
BL … 10A ～ 400A
公稱壓力40K, 63K時　WN,　BL … 15A ～ 400A

公稱直徑 A	接合尺寸													內徑			平面座			凸緣厚度 t			凸緣全長 T			
	凸緣外徑 D			螺帽孔中心圓直徑C			螺帽孔直徑h			螺帽數	螺帽之螺紋稱呼			d_0	d*		直徑 g		高度 f							
	30K … SOH, WN, IT, BL　40K・63K … WN, BL													SOH	SOH, WN	WN	30K … SOH, WN, IT, BL　40K・63K … WN, BL						SOH	WN		
	30K	40K	63K	30K	40K	63K	30K	40K	63K	共通	30K	40K	63K	30K	30K	63K	30K	40K	共通	30K	40K	63K	30K	30K	40K	63K
10	110	—	—	75	—	—	19	—	—	4	M 16	—	—	17.8	—	—	52	—	1	16	—	—	24	—	—	—
15	115	115	120	80	80	85	19	19	19	4	M 16	M 16	M 16	22.2	16.1	14.3	55	55	1	18	20	23	26	45	48	57
20	120	120	135	85	85	95	19	19	23	4	M 16	M 16	M 20	27.7	21.4	19.4	60	60	1	18	20	25	28	45	48	57
25	130	130	140	95	95	100	19	19	23	4	M 16	M 16	M 20	34.5	27.2	25.0	70	70	1	20	22	27	30	48	53	61
32	140	140	150	105	105	110	19	19	23	4	M 16	M 16	M 20	43.2	35.5	32.9	80	80	2	22	24	30	32	52	54	61
40	160	160	175	120	120	130	23	23	25	4	M 20	M 20	M 22	49.1	41.2	38.4	90	90	2	22	24	32	34	54	59	73
50	165	165	185	130	130	145	19	19	23	8	M 16	M 16	M 20	61.1	52.7	49.5	105	105	2	22	26	34	36	57	65	82
65	200	200	220	160	160	175	23	23	25	8	M 20	M 20	M 22	77.1	65.9	62.3	130	130	2	26	30	38	40	69	78	101
80	210	210	230	170	170	185	23	23	25	8	M 20	M 20	M 22	90.0	78.1	73.9	140	140	2	28	32	40	44	73	78	103
90	230	230	255	185	185	205	25	25	27	8	M 22	M 22	M 24	102.6	90.2	85.4	150	150	2	30	34	42	46	74	79	103
100	240	250	270	195	205	220	25	25	27	8	M 22	M 22	M 24	115.4	102.3	97.1	160	165	2	32	36	44	48	76	85	107
125	275	300	325	230	250	265	25	27	33	8	M 22	M 24	M 30×3	141.2	126.6	120.8	195	200	2	36	40	50	54	86	108	127
150	325	355	365	275	295	305	27	33	33	12	M 24	M 30×3	M 30×3	166.6	151.0	143.2	235	240	2	38	44	54	58	95	117	152
200	370	405	425	320	345	360	27	33	33	12	M 24	M 30×3	M 30×3	218.0	199.9	190.9	280	290	2	42	50	60	64	102	130	159
250	450	475	500	390	410	430	33	33	39	12	M 30×3	M 30×3	M 36×3	269.5	248.8	237.2	345	355	2	48	56	68	72	118	152	189
300	515	540	560	450	470	485	33	39	39	16	M 30×3	M 36×3	M 36×3	321.0	297.9	283.7	405	410	3	52	60	77	78	127	153	199
350	560	585	615	495	515	530	33	39	45	16	M 30×3	M 36×3	M 42×3	358.1	333.4	317.6	450	455	3	54	64	81	84	134	168	202
400	630	645	680	560	570	590	39	39	45	16	M 36×3	M 36×3	M 42×3	409	381.0	363.6	510	515	3	60	70	89	92	149	168	212

〔註〕依接合鋼管內徑調整之。

表 14.19 墊座之形狀與尺寸(JIS B 2220)

(單位mm)

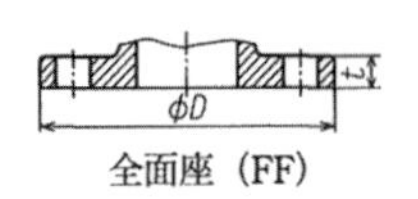

全面座（FF）

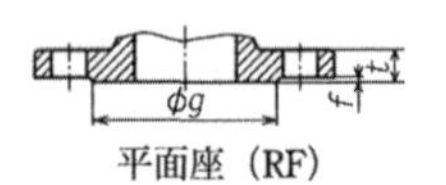

平面座（RF）

(　)內爲稱呼方法

公稱直徑 A	平面座 (RF)									
	公稱壓力									
	5K		10K		16K, 20K		30K		40K, 63K	
	g	*f*	*g*	*f*	*g*	*f*	*g*	*f*	*g*	*f*
10	39	1	46	1	46	1	52	1	52	1
15	44	1	51	1	51	1	55	1	55	1
20	49	1	56	1	56	1	60	1	60	1
25	59	1	67	1	67	1	70	1	70	1
32	70	2	76	2	76	2	80	2	80	2
40	75	2	81	2	81	2	90	2	90	2
50	85	2	96	2	96	2	105	2	105	2
65	110	2	116	2	116	2	130	2	130	2
80	121	2	126	2	132	2	140	2	140	2
90	131	2	136	2	145	2	150	2	150	2
100	141	2	151	2	160	2	160	2	165	2
125	176	2	182	2	195	2	195	2	200	2
150	206	2	212	2	230	2	235	2	240	2
175	232	2	237	2	—	—	—	—	—	—
200	252	2	262	2	275	2	280	2	290	2
225	277	2	282	2	—	—	—	—	—	—
250	317	2	324	2	345	2	345	2	355	2
300	360	3	368	3	395	3	405	3	410	3
350	403	3	413	3	440	3	450	3	455	3
400	463	3	475	3	495	3	510	3	515	3
450	523	3	530	3	560	3	—	—	—	—
500	573	3	585	3	615	3	—	3	—	—
550	630	3	640	3	670	3	—	3	—	—
600	680	3	690	3	720	3	—	3	—	—
650	735	3	740	3	—	—	—	—	—	—
700	785	3	800	3	—	—	—	—	—	—
750	840	3	855	3	—	—	—	—	—	—
800	890	3	905	3	—	—	—	—	—	—
850	940	3	955	3	—	—	—	—	—	—
900	990	3	1005	3	—	—	—	—	—	—
1000	1090	3	1110	3	—	—	—	—	—	—
1100	1200	3	1220	3	—	—	—	—	—	—
1200	1305	3	1325	3	—	—	—	—	—	—
1350	1460	3	1480	3	—	—	—	—	—	—
1500	1615	3	1635	3	—	—	—	—	—	—

〔註〕鑄鐵製管凸緣場合，只規定全面座(FF)與平面座(DF)。
〔備註〕1.全面座(FF)之 D 尺寸表14.13~14.16之凸緣外徑 D。
2.凸緣厚度 t 依表14.13~表14.18。

表 14.19 墊座之形狀與尺寸(JIS B 2220)(續) (單位 mm)

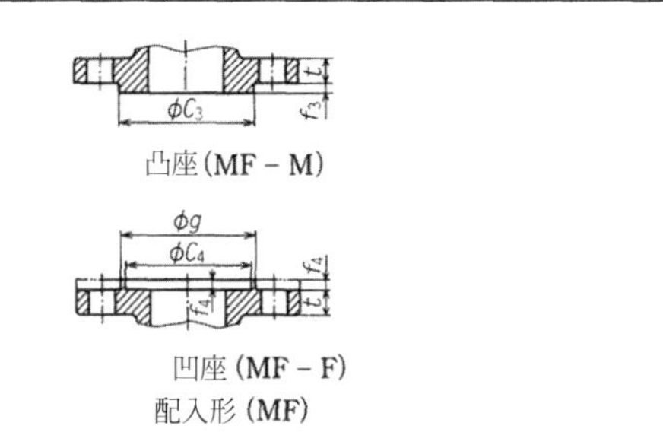

凸座(MF－M)

凹座(MF－F)

配入形(MF)

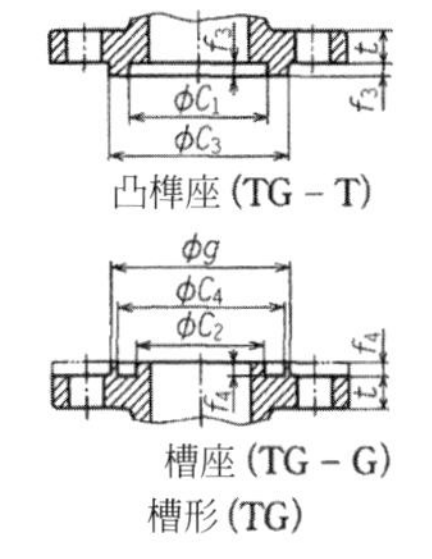

凸榫座(TG－T)

槽座(TG－G)

槽形(TG)

( )內爲稱呼方法

公稱直徑 A	配入形(MF) [1]				槽形(TG) [1]					
	凸座		凹座 [2]		凸榫座			槽座 [2]		
	C_3	f_3	C_4	f_4	C_1	C_3	f_3	C_2	C_4	f_4
10	38	6	39	5	28	38	6	27	39	5
15	42	6	43	5	32	42	6	31	43	5
20	50	6	51	5	38	50	6	37	51	5
25	60	6	61	5	45	60	6	44	61	5
32	70	6	71	5	55	70	6	54	71	5
40	75	6	76	5	60	75	6	59	76	5
50	90	6	91	5	70	90	6	69	91	5
65	110	6	111	5	90	110	6	89	111	5
80	120	6	121	5	100	120	6	99	121	5
90	130	6	131	5	110	130	6	109	131	5
100	145	6	146	5	125	145	6	124	146	5
125	175	6	176	5	150	175	6	149	176	5
150	215(212)	6	216(213)	5	190(187)	215(212)	6	189(186)	216(213)	5
175	—	—	—	—	—	—	—	—	—	—
200	260	6	261	5	230	260	6	229	261	5
225	—	—	—	—	—	—	—	—	—	—
250	325	6	326	5	295	325	6	294	326	5
300	375(370)	6	376(371)	5	340	375(370)	6	339	376(371)	5
350	415	6	416	5	380	415	6	379	416	5
400	475	6	476	5	440	475	6	439	476	5
450	523	6	524	5	483	523	6	482	524	5
500	575	6	576	5	535	575	6	534	576	5
550	625	6	626	5	585	625	6	584	626	5
600	675	6	676	5	635	675	6	634	676	5
650	727	6	728	5	682	727	6	681	728	5
700	777	6	778	5	732	777	6	731	778	5
750	832	6	833	5	787	832	6	786	833	5
800	882	6	883	5	837	882	6	836	883	5
850	934	6	935	5	889	934	6	888	935	5
900	987	6	988	5	937	987	6	936	988	5
1000	1092	6	1094	5	1042	1092	6	1040	1094	5
1100	1192	6	1194	5	1142	1192	6	1140	1194	5
1200	1292	6	1294	5	1237	1292	6	1235	1294	5
1350	1442	6	1444	5	1387	1442	6	1385	1444	5
1500	1592	6	1594	5	1537	1592	6	1535	1594	5

〔備註〕凸緣的厚度 t 及全長T，依表14.13~表14.18。

〔註〕1.配入形及槽形不適用公稱壓力5K及10K之薄形凸緣。

2.凹座及槽座尺寸依平面座 g 尺寸。但公稱壓力10K之形狀，如上圖之想像線所示。

( )內之尺寸，只限適用於公稱壓力10K之凸緣。

4. 短管頭

短管頭之兩端爲插端及承端，如圖 14.11 所示，插端配合承端之接合。

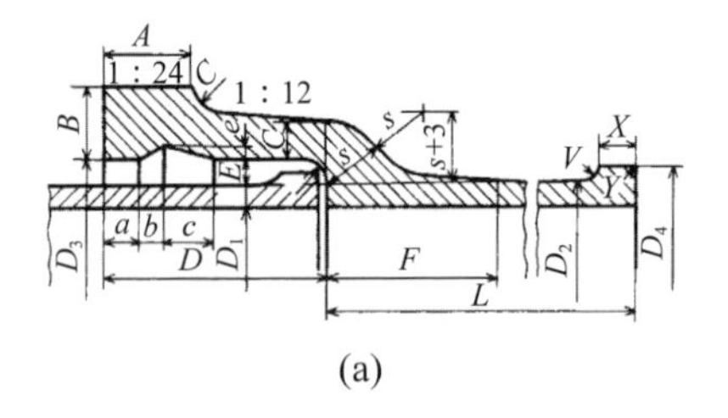

(a)

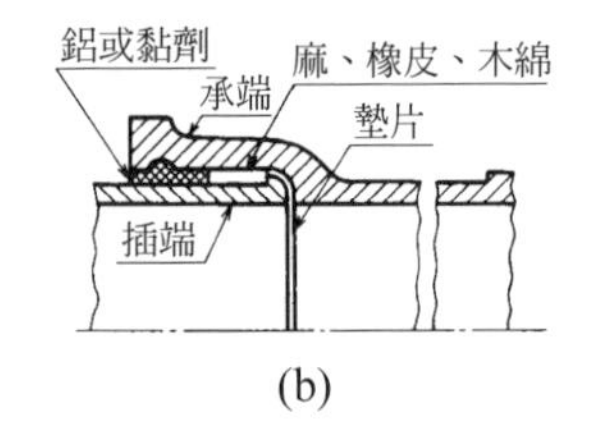

(b)

圖 14.11　短管頭

短管如不使用螺栓時，具有可撓性，用於水道用鑄鐵管。

5. 伸縮接頭

這種接頭在使用中可做相當大的延長，使用於須考慮因溫度變化而引起管伸縮之接合，通常採用如圖 14.12 所示之接合，通常採用如圖 14.12 所示之伸縮彎曲管、伸縮波形管與伸縮滑動管，都是借管的伸縮來調整接頭。

如圖 14.13 是安裝管子的實例之一，管的安裝以靠近歧管出處或閥附近爲原則，依管路之狀況、閥與接頭之狀況，多少要留有伸縮性，通常取爲 4 mm 左右。

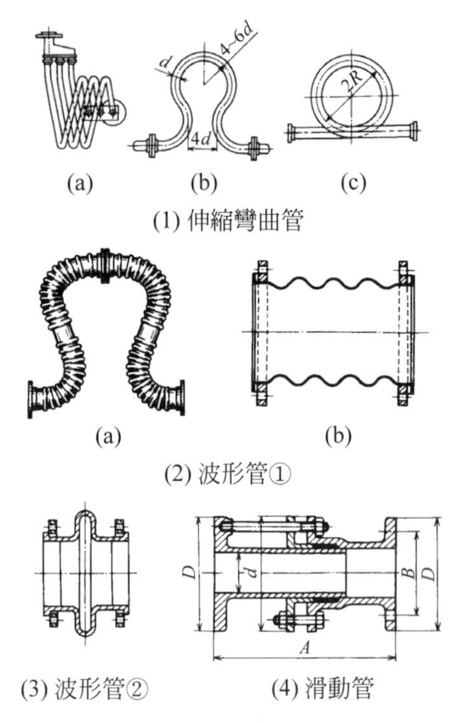

圖 14.12　各種伸縮接頭

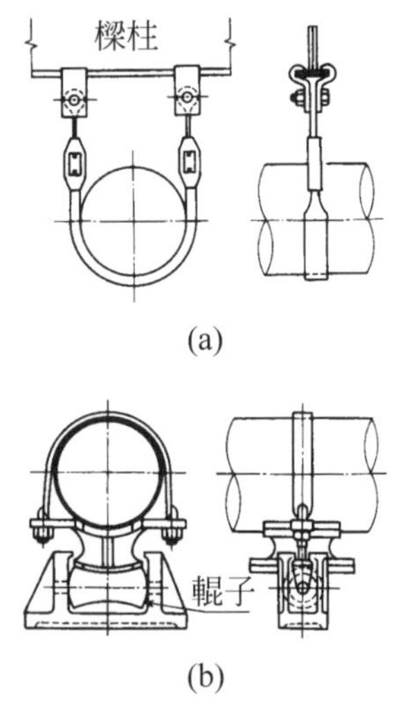

圖 14.13　管安裝實例

如圖 14.13 是可順應管之伸縮與振動之移動安裝，如圖 14.14(1)是固定之管子，如圖 14.14(2)是指示安裝之位置。

為配合管內流體之識別，應用下列之塗色：蒸汽(紅色)、水(綠色)、空氣(青色)、油(咖啡色)、氣體(灰色)、酸(橙色)、鹼(淡紫色)、瀝青(黑色)。

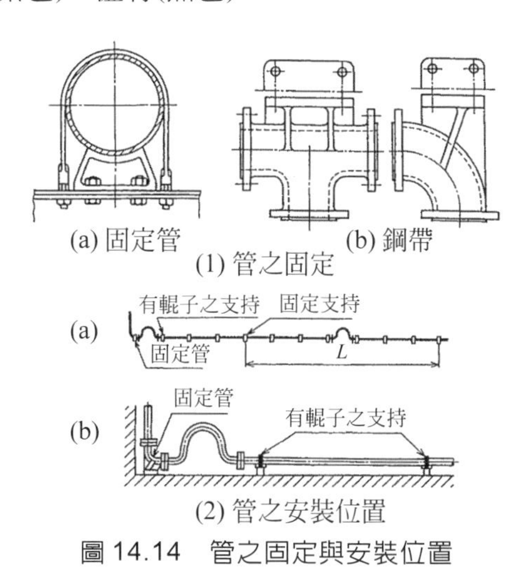

圖 14.14　管之固定與安裝位置

14.4 閥

閥用來停止或調節管中之流體，種類有停止閥、閘閥、止回閥、旋塞。

1. 停止閥

停止閥按閥箱之形式分為球閥與角閥，球形閥用於流向一定之管路，為目前使用最廣之閥類，角閥將流向改變 90°，兩種情況之接頭皆配合栓入式或凸緣接頭。

(1) **停止閥之規格**：表 14.21～表 14.23 是 JIS 規定球形閥與角閥之形狀與各部名稱。

(2) **停止閥主要部分之計算**

① **閥昇程**：如圖 14.15(a)所示，設l為閥昇程有效高度(mm)，則

$$l=\frac{d}{4}\cdots(\text{平面座之情況})$$

式中

d＝閥之口徑(mm)

同圖(b)所示為錐座時，大致與平面座相同，其它，同圖(c)之球面座、同圖(d)嵌入座等。

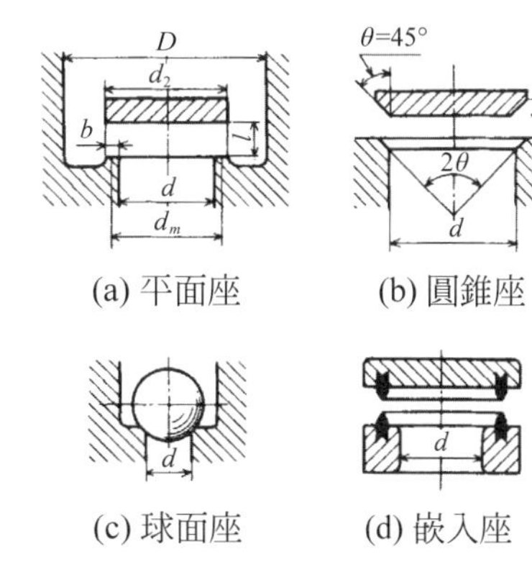

圖 14.15　停止閥形式

表 14.20　p_b之容許值

材質	p_b(N/mm²)*	材質	p_b(N/mm²)*
橡膠或皮	1.5~5	磷青銅	25
鑄鐵	8	鎳	30
青銅	10	黃銅	15

*1N/mm² = 1 MPa

② **閥座寬**：如圖 14.15(a)所示，設b為閥座寬(mm)，則：

$$\frac{\pi}{4}d_2^2p=\pi d_m b p_b$$

b可用上式求出。

式中

p＝作用在閥上側之流體壓力(MPa)

d_m＝閥座的平均直徑(mm)

p_b＝閥與閥座間的最大容許面壓力(MPa，表 14.20)

③ **閥箱之直徑與厚度**：設閥箱之直徑為D (mm)，閥之直徑為d_2 (mm)，則：

$$\frac{\pi}{4}(D^2-d_2{}^2)=\frac{\pi}{4}d^2$$

表 14.21　青銅閥構造、形狀與主要尺寸(JIS B 2011)　(單位 mm)

(a) 閥構造、形狀

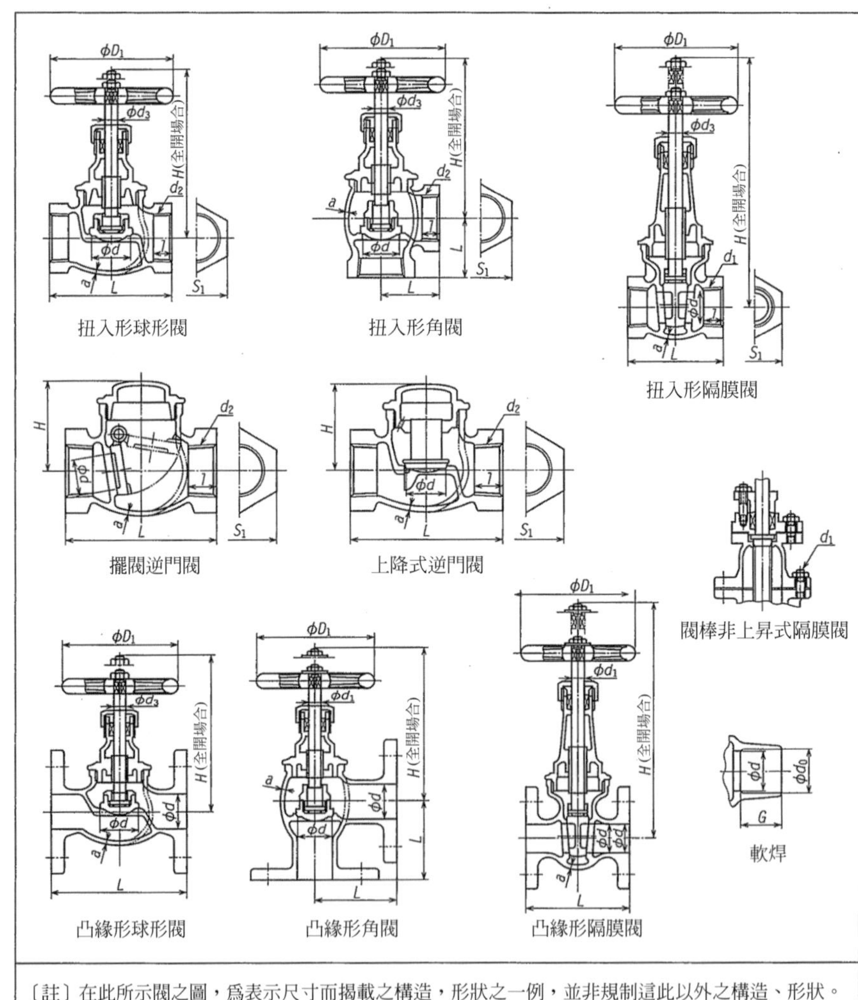

〔註〕在此所示閥之圖，為表示尺寸而揭載之構造，形狀之一例，並非規制這此以外之構造、形狀。

表 14.21　青銅閥構造、形狀與主要尺寸(JIS B 2011)(續)　(單位 mm)

(b) 閥之主要尺寸

公稱直徑		口徑及閥座口徑 *d*	面間尺寸 mm										閥箱厚度 *a* (最小) mm			蓋螺帽(參考)			
			扭入形							凸緣形									
			球閥	隔膜閥	柱閥	隔膜閥	角閥	上降式逆門閥	擺閥式逆門閥	球閥	隔膜閥	角閥	球形閥、隔膜閥	隔膜閥	其他閥	隔膜閥 5K, 10K		球形閥、角閥 10K	
A	B		5K	5K	10K	10K	10K	10K	10K	10K	10K	10K	5K	10K	10K	d_1		d_1	
8	(¼)	10	—	—	50	—	28	—	—	—	—	—	—	—	2.5	—	—	—	—
10	(⅜)	12	—	—	55	—	30	55	55	—	—	—	—	—	2.5	—	—	—	—
15	(½)	15	60	50	65	55	32	65	65	85	—	62	2	3	3	—	—	—	—
20	(¾)	20	70	60	80	65	40	80	80	95	—	65	2.5	3	3	—	—	—	—
25	(1)	25	80	65	90	70	45	90	90	110	100	80	2.5	3.5	3	—	—	—	—
32	(1¼)	32	100	75	105	80	55	105	105	130	110	85	3	3.5	3.5	—	—	—	—
40	(1½)	40	110	85	120	90	60	120	120	150	125	90	3.5	4	4	—	—	—	—
50	(2)	50	135	95	140	100	70	140	140	180	140	100	4	4.5	4.5	—	—	—	—
65	(2½)	65	160	115	180	120	90	—	—	210	170	—	4.5	5.5	5.5	M 12	6	—	—
80	(3)	80	190	130	200	140	100	—	—	240	190	—	5	6	6	M 12	8	M 12	8
100	(4)	100	—	—	260	—	125	—	—	280	—	—	—	—	7	—	—	M 16	8

公稱直徑		接續螺紋			軟焊形接續部			閥棒直徑 d_3 (最小)		全開高度 *H*(參考)							把手直徑 D_1 (參考)	
		稱呼 d_2	有效螺紋長度 *l*	二面寬 S_1	d_0		*G*			球閥	隔膜閥	球閥	隔膜閥	角閥	上降式逆門閥	擺閥式逆門閥		
A	B				(最大)	(最小)	(最小)	5K	10K	5K	5K	10K	10K	10K	10K	10K	5K	10K
8	(¼)	Rc¼	8	21	—	—	—	—	8.5	—	—	90	—	90	—	—	—	50
10	(⅜)	Rc⅜	10	24	—	—	—	—	8.5	—	—	95	—	100	35	40	—	63
15	(½)	Rc½	12	29	16.03	15.93	12.7	8.5	8.5	90	145	110	150	105	40	45	63	63
20	(¾)	Rc¾	14	35	22.38	22.28	19.1	8.5	10	105	165	125	175	130	55	50	63	80
25	(1)	Rc1	16	44	28.75	28.65	23.1	10	11	120	190	140	205	145	60	60	80	100
32	(1¼)	Rc1¼	18	54	35.10	35.00	24.6	11	13	135	225	170	245	175	70	70	100	125
40	(1½)	Rc1½	19	60	41.48	41.35	27.7	11	13	145	255	180	275	190	75	80	100	125
50	(2)	Rc2	21	74	54.18	54.05	34.0	13	15	175	305	205	325	225	90	95	125	140
65	(2½)	Rc2½	24	90	—	—	—	15	16	200	400 (240)	240	430 (260)	265	—	—	140	180
80	(3)	Rc3	26	105	—	—	—	16	18	230	460 (280)	275	490 (295)	275	—	—	180	200
100	(4)	Rc4	30	135	—	—	—	—	22	—	—	340	—	340	—	—	—	250

〔備註〕1. 面間尺寸 *L* 不適用於軟焊形。
2. d_2 依 JIS B 0203 規定。
3. 隔膜閥全開高度之()，表示閥棒非上昇式之場合。

表 14.22　灰鑄鐵公稱壓力 5K 外牙閘閥(JIS B 2031)　(單位 mm)

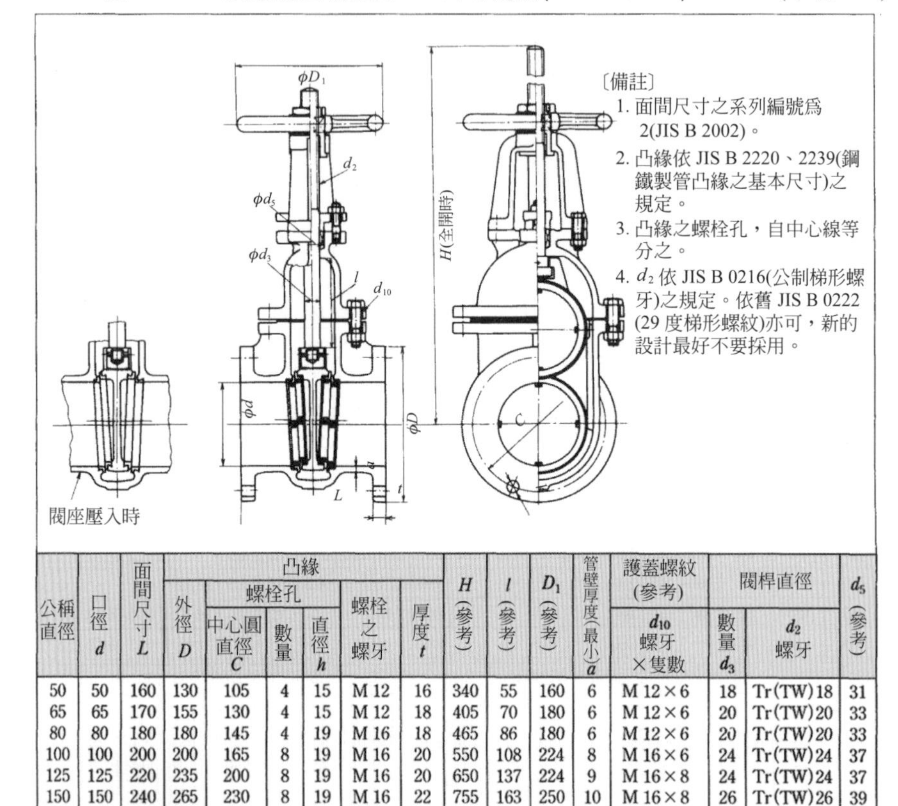

〔備註〕
1. 面間尺寸之系列編號爲 2(JIS B 2002)。
2. 凸緣依 JIS B 2220、2239(鋼鐵製管凸緣之基本尺寸)之規定。
3. 凸緣之螺栓孔，自中心線等分之。
4. d_2 依 JIS B 0216(公制梯形螺牙)之規定。依舊 JIS B 0222 (29 度梯形螺紋)亦可，新的設計最好不要採用。

公稱直徑	口徑 d	面間尺寸 L	凸緣 外徑 D	凸緣 螺栓孔 中心圓直徑 C	凸緣 螺栓孔 數量	凸緣 螺栓孔 直徑 h	凸緣 螺栓之螺牙	凸緣 厚度 t	H (參考)	l (參考)	D_1 (參考)	管壁厚度(最小) a	護蓋螺紋(參考) d_{10} 螺牙×隻數	閥桿直徑 數量 d_3	閥桿直徑 d_2 螺牙	d_5 (參考)
50	50	160	130	105	4	15	M 12	16	340	55	160	6	M 12×6	18	Tr(TW)18	31
65	65	170	155	130	4	15	M 12	18	405	70	180	6	M 12×6	20	Tr(TW)20	33
80	80	180	180	145	4	19	M 16	18	465	86	180	6	M 12×6	20	Tr(TW)20	33
100	100	200	200	165	8	19	M 16	20	550	108	224	8	M 16×6	24	Tr(TW)24	37
125	125	220	235	200	8	19	M 16	20	650	137	224	9	M 16×8	24	Tr(TW)24	37
150	150	240	265	230	8	19	M 16	22	755	163	250	10	M 16×8	26	Tr(TW)26	39
200	200	260	320	280	8	23	M 20	24	955	214	280	12	M 16×12	28	Tr(TW)28	41
250	250	300	385	345	12	23	M 20	26	1160	265	355	15	M 20×12	32	Tr(TW)32	48

表 14.23　灰鑄鐵公稱壓力 10K 球形閥及角閥(JIS B 2031)　(單位 mm)

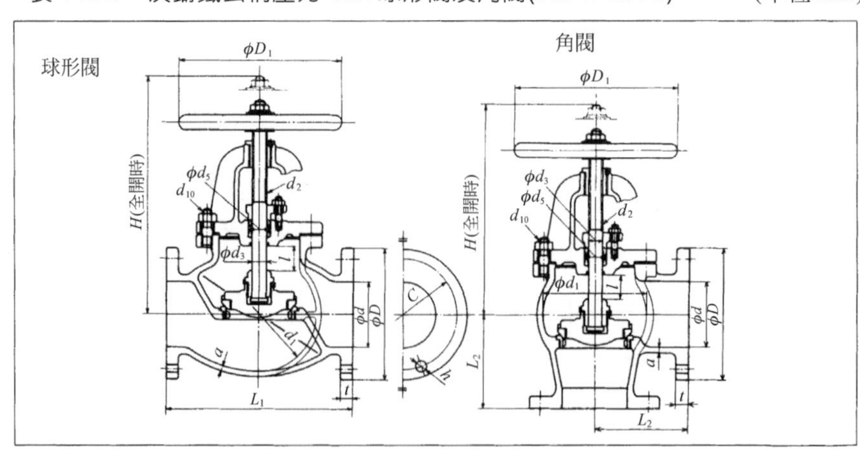

表 14.23 灰鑄鐵公稱壓力 10K 球形閥及角閥(JIS B 2031)(續) (單位 mm)

公稱直徑	口徑 d	面間尺寸		凸緣						H_1（參考）	H_2（參考）	l（參考）	D_1（參考）	管壁厚度（最小） a	d_1（參考）	螺栓（參考）	閥桿直徑		d_5（參考）
				外徑 D	螺栓孔			螺栓之螺牙	厚度 t										
		L_1	L_2		中心圓直徑 C	數量	直徑 h									d_{10} 螺牙×隻數	數量 d_3	d_2 螺牙	
40	40	190	100	140	105	4	19	M 16	20	250	左同	17	160	7	95	M 12×6	18	Tr(TW)18	31
50	50	200	105	155	120	4	19	M 16	20	275		20	180	7	110	M 12×6	20	Tr(TW)20	33
65	65	220	115	175	140	4	19	M 16	22	310		26	200	8	130	M 12×6	20	Tr(TW)20	33
80	80	240	135	185	150	8	19	M 16	22	340		30	224	8	150	M 16×6	24	Tr(TW)24	37
100	100	290	155	210	175	8	19	M 16	24	390		38	280	10	175	M 16×8	26	Tr(TW)26	39
125	125	360	180	250	210	8	23	M 20	24	460		46	315	11	225	M 20×8	28	Tr(TW)28	41
150	150	410	205	280	240	8	23	M 20	26	515		58	355	13	270	M 20×8	32	Tr(TW)32	48
200	200	500	230	330	290	12	23	M 20	26	610		74	450	15	330	M 20×12	38	Tr(TW)38	57

〔備註〕 1. 表面之間尺寸之系列編號，球形閥為 19(另有 20)，角閥 27(JIS B 2002)。
2. 凸緣依 JIS B 2210 之規定。
3. 凸緣之螺栓孔，自中心線等分。
4. d_2 依 JIS B 0216-3 之規定。但依舊 JIS B 0222 之規定，不使用新設計。
5. 閥箱之尺寸 d_1 表示分隔壁是做成圓形。

表 14.24 灰鑄鐵公稱壓力 10K 閘閥(JIS B 2031) (單位 mm)

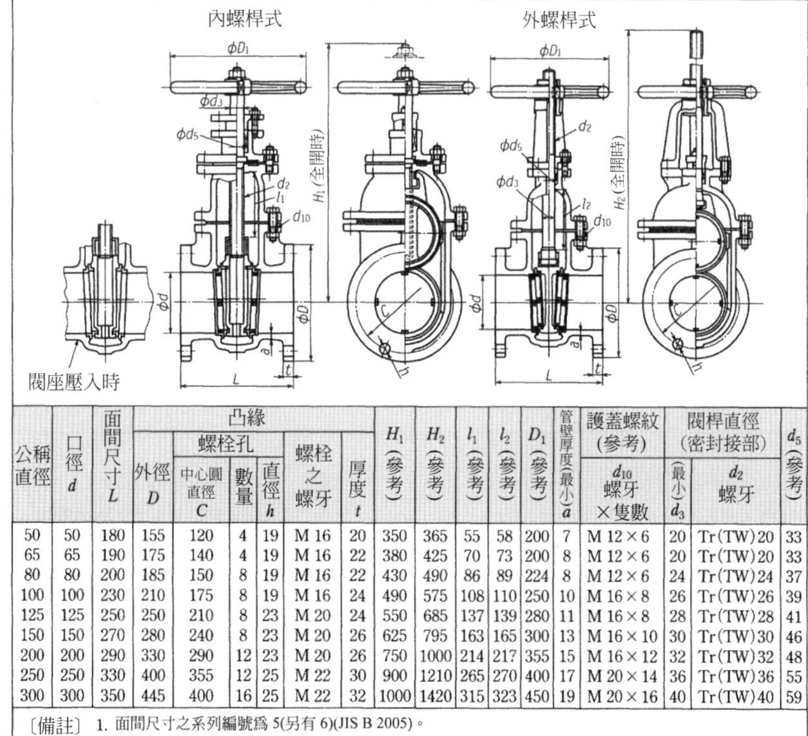

公稱直徑	口徑 d	面間尺寸 L	凸緣						H_1（參考）	H_2（參考）	l_1（參考）	l_2（參考）	D_1（參考）	管壁厚度（最小） a	護蓋螺紋（參考）	閥桿直徑（密封接部）		d_5（參考）
			外徑 D	螺栓孔			螺栓之螺牙	厚度 t										
				中心圓直徑 C	數量	直徑 h									d_{10} 螺牙×隻數	（最小） d_3	d_2 螺牙	
50	50	180	155	120	4	19	M 16	20	350	365	55	58	200	7	M 12×6	20	Tr(TW)20	33
65	65	190	175	140	4	19	M 16	22	380	425	70	73	200	8	M 12×6	20	Tr(TW)20	33
80	80	200	185	150	8	19	M 16	22	430	490	86	89	224	8	M 12×6	24	Tr(TW)24	37
100	100	230	210	175	8	19	M 16	24	490	575	108	110	250	10	M 16×8	26	Tr(TW)26	39
125	125	250	250	210	8	23	M 20	24	550	685	137	139	280	11	M 16×8	28	Tr(TW)28	41
150	150	270	280	240	8	23	M 20	26	625	795	163	165	300	13	M 16×10	30	Tr(TW)30	46
200	200	290	330	290	12	23	M 20	26	750	1000	214	217	355	15	M 16×12	32	Tr(TW)32	48
250	250	330	400	355	12	25	M 22	30	900	1210	265	270	400	17	M 20×14	36	Tr(TW)36	55
300	300	350	445	400	16	25	M 22	32	1000	1420	315	323	450	19	M 20×16	40	Tr(TW)40	59

〔備註〕 1. 面間尺寸之系列編號為 5(另有 6)(JIS B 2005)。
2. 凸緣依 JIS B 2220、2239 規定。
3. 凸緣之螺栓孔，自中心線等分。
4. d_2依 JIS B 0216–3 規定。但依舊JIS B 0222規定時，不使用新設計。

表 14.25　灰鑄鐵公稱壓力 10K 擺閥式止回閥(JIS B 2031)　(單位 mm)

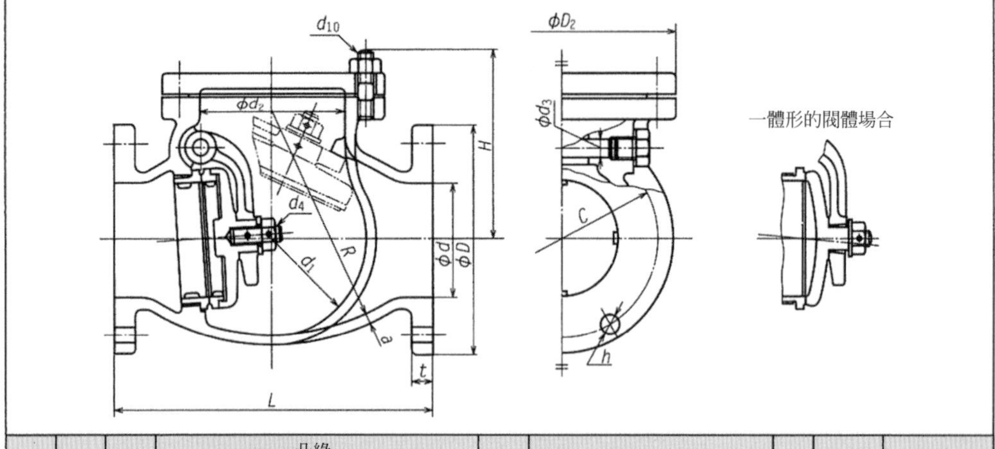

公稱直徑	口徑 d	面間尺寸 L	凸緣						H(參考)	管壁厚度(最小)	d_1(參考)	R(參考)	D_2(參考)	d_2(參考)	d_3(參考)	d_4 螺紋(參考)	護蓋螺栓(參考)
			外徑 D	螺栓孔 中心圓直徑	螺栓孔 數量	螺栓孔 直徑 h	螺栓之螺牙	厚度 t									d_{10} 螺紋×隻數
50	50	200	155	120	4	19	M 16	20	120	7	90	120	135	78	9	M 12	M 12×6
65	65	220	175	140	4	19	M 16	22	135	8	115	135	160	100	11	M 12	M 12×6
80	80	240	185	150	8	19	M 16	22	155	8	130	150	185	112	12	M 12	M 16×6
100	100	290	210	175	8	19	M 16	24	170	10	165	180	210	135	14	M 16	M 16×6
125	125	360	250	210	8	23	M 20	24	200	11	205	250	250	165	17	M 20	M 20×8
150	150	410	280	240	8	23	M 20	26	225	13	240	300	285	196	20	M 22	M 20×8
200	200	500	30	290	12	23	M 20	26	255	15	305	370	340	247	24	M 24	M 20×12

〔備註〕1. 面間尺寸之系列編號爲19(另有20)(JIS B002)
2. 凸緣依 JIS B 2220，2239 規定。
3. 凸緣之螺栓孔，自中心線等分。

從上式可求得閥箱之直徑。

亦即，設$d_2 \fallingdotseq d$，則$D \fallingdotseq 1.4d$。

閥箱厚度t (mm)爲：

$$t = \frac{PD}{2\sigma_t} + (2 \sim 6)\ \text{mm}$$

式中

σ_t＝材料之容許抗拉應力(N/mm^2)

④　作用在閥桿之力：流體壓力由閥之下側作用時，閥被關閉，此時閥桿所受之閉合力P (N)爲：

$$P = \frac{\pi}{4} d^2 p + \pi d b p_b'$$

上式p_b'爲壓降閥之壓力，通常取爲 5～8 MPa。

爲求出上式之P，故加在手輪之力矩M，則：

$$M = P\frac{d_e}{2}\tan(\alpha+\rho) = FR\ (\mathrm{N \cdot mm})$$

式中

d_e＝閥桿螺紋部之平均直徑(mm)

F＝手輪之作用力(N)

R＝手輪之半徑(cm)

α＝螺紋之傾斜角

ρ＝螺紋之摩擦角

此時：

若$2R \leqq 100$ mm時F＝ 30～100 N

若$2R \geqq 500$ mm時F＝ 300～500 N

2. 閘閥

閘閥與停止閥都是廣受採用之大口徑用閥，閘閥之特點是在全開狀況下，流動阻力比其它閥小，且壓力下降亦少，高壓時又可保持氣密，但要儘量避免當做節流閥(半開時)使用，否則閥皆會產生激烈的渦流；缺點爲結構高大。

JIS B 2011 及 JIS B 2031 爲青銅與鑄鐵製閘閥之形狀、尺寸規定，適用之常用壓力爲5K，10K(表 14.21～22 及表 14.24)，船用閘閥 JIS 另有 F7363～7369 之規定，其公稱壓力，5K、10K及 16K規定可適用之尺寸。

3. 止回閥

止回閥用於防止輸送流體一旦倒流。JIS B 2011 規定青銅10K牙口開閥式止回閥(表 14.34)JIS B 2011 中，規定青銅公稱壓力 10K 牙口開閥式止回閥及擺閥式閥(表 14.21)，JIS B 2031 中，規定灰鑄鐵公稱壓力，10K 擺閥式止回閥(表 14.25)。

其它尚有圖 14.16 所示之節流用蝶閥，利用圓盤之轉動，以增減管內流體之流量。

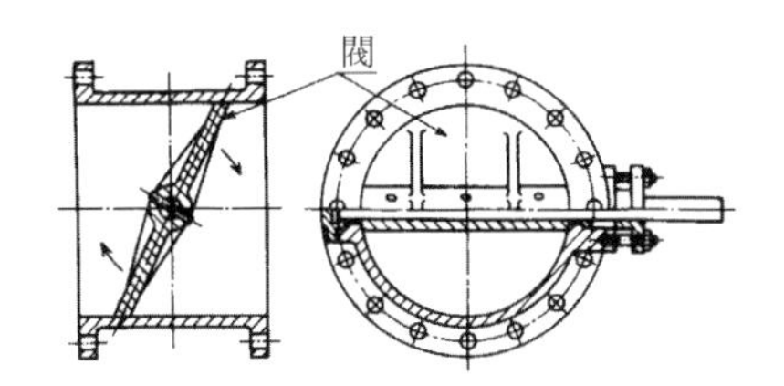

圖 14.16 蝶閥

所謂安全閥就是管內的流體壓力達到設定壓力時，流體會由閥自動地噴出，以防止危險之閥。

4. 旋塞

⑴ **旋塞**：旋塞是一種構造簡單的閥，利用轉動圓錐塞來開閉，適用於低壓之小直徑，由於安裝方便、操作迅速，全開時流動阻力小，故廣受採用，但不適用於高壓流體，其形狀有二向塞、三向塞等(圖 14.18、14.19)。表 14.26 及表 14.27 爲JIS所定(1999 年廢除)青銅牙口軸旋塞及牙口壓蓋旋塞。

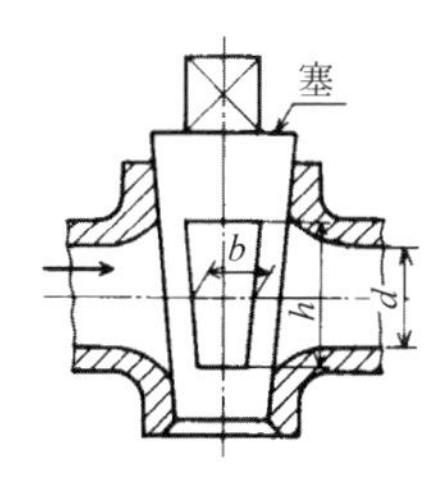

圖 14.17 旋塞之計算

⑵ **旋塞主要部分之計算**：參考圖 14.17 所示。

設

b＝塞口寬度(cm)

h＝塞口高度(cm)

d＝管口直徑(cm)

則可得下列之關係。

$$設 bh=\frac{\pi d^2}{4}，h=2b 則：$$

$$b=d\sqrt{\frac{\pi}{8}}=0.627d$$

由上式得：

$$\frac{b}{圓周}=\frac{0.627d}{\pi d}\fallingdotseq\frac{1}{5}$$

表 14.26　青銅牙口軸旋塞閥(JIS B 2191，1999 廢止)　(單位 mm)

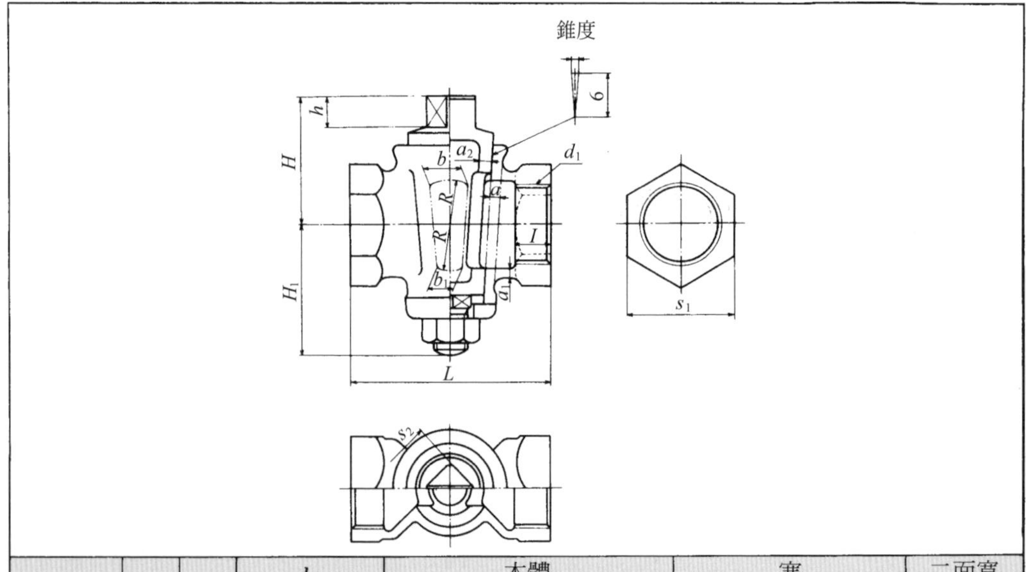

公稱直徑		口徑	面間尺寸 L	d_1		本體					塞				二面寬	
A	B			螺牙	有效螺牙部長度 I	a	a_1	b (參考)	b_1 (參考)	R (參考)	a_2 (參考)	H (參考)	H_1 (參考)	h (參考)	s_1	s_2 (參考)
10	⅜	10	50	R_c ⅜	10	3.5	2.5	6.6	5.4	9	2.5	35	31	11	24	10
15	½	15	60	R_c ½	12	4	2.5	8.8	7.3	11	3	40	36	12	29	12
20	¾	20	75	R_c ¾	14	4.5	2.5	12	10	14	3.5	49	43	14	35	14
25	1	25	90	R_c 1	16	5	3	15.3	12.7	18	4.5	56	50	16	44	17
32	1¼	32	105	R_c 1¼	18	5.5	3.5	19.8	16.3	22.5	5.5	67	61	18	54	19
40	1½	40	120	R_c 1½	19	6	4	26	22	25	6	77	67	22	60	23
50	2	50	140	R_c 2	21	6.5	4.5	31.6	26.4	32	6.5	91	81	24	74	26

〔備註〕1. 圖示構造及形狀例，不是規定特定的模型。
2. d_1 依 JIS B 0203(管用錐度螺紋)。
3. b，b_1及R是規定通路的面積，只要與其面積相等即可。
4. (參考)示參考尺寸。

表 14.27 青銅牙口壓蓋旋塞閥(JIS B 2191，1999 廢止) (單位 mm)

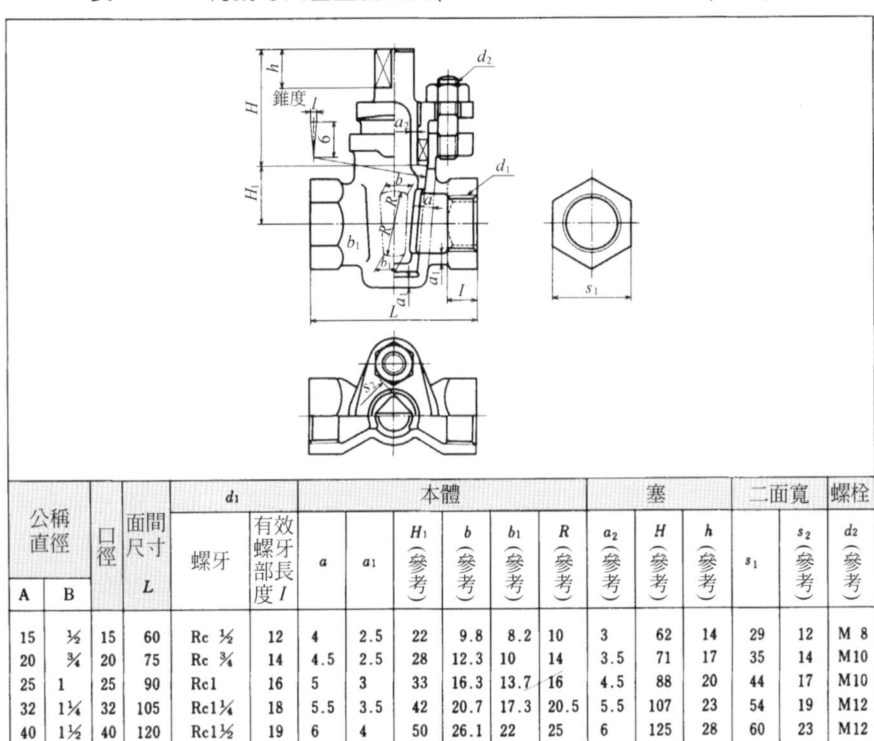

公稱直徑		口徑	面間尺寸	d_1		本體						塞			二面寬		螺栓
A	B		L	螺牙	有效螺牙部長度 l	a	a_1	H_1 (參考)	b (參考)	b_1 (參考)	R (參考)	a_2 (參考)	H (參考)	h (參考)	s_1	s_2 (參考)	d_2 (參考)
15	½	15	60	Rc ½	12	4	2.5	22	9.8	8.2	10	3	62	14	29	12	M 8
20	¾	20	75	Rc ¾	14	4.5	2.5	28	12.3	10	14	3.5	71	17	35	14	M10
25	1	25	90	Rc1	16	5	3	33	16.3	13.7	16	4.5	88	20	44	17	M10
32	1¼	32	105	Rc1¼	18	5.5	3.5	42	20.7	17.3	20.5	5.5	107	23	54	19	M12
40	1½	40	120	Rc1½	19	6	4	50	26.1	22	25	6	125	28	60	23	M12
50	2	50	140	Rc2	21	6.5	4.5	62	31.6	26.4	32	6.5	152	32	74	26	M16

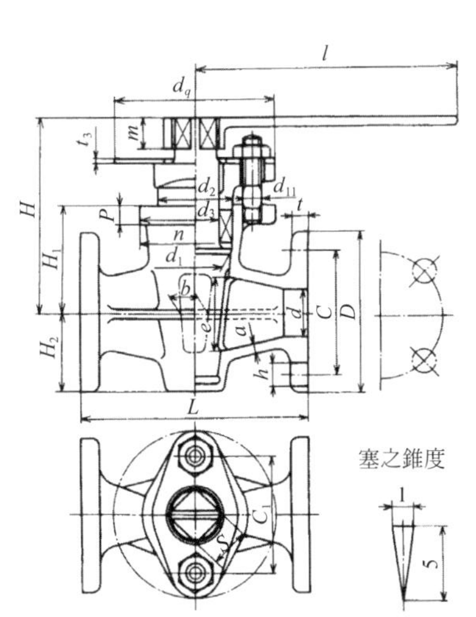

圖 14.18 船用青銅公稱壓力 5K 凸緣形雙向塞

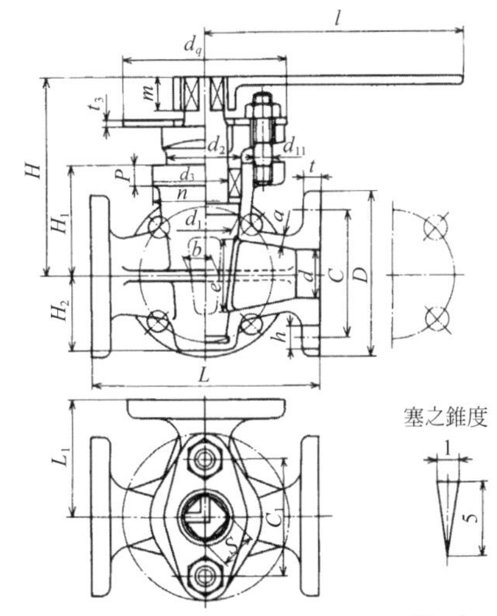

圖 14.19 船用青銅公稱壓力 5K 凸緣形三向塞

表 14.28　密封裝置的分類

方式		裝置
非接觸式	利用間隙	油(油脂)槽，螺紋形槽、迷宮式、多列金屬片、其它。
	利用離心力	吊環(墜條)、其他。
接觸式	主要利用直接接觸	密封環(毛氈、皮革、軟木、橡膠、塑膠等)，O形環、活塞環、其他。
	主要利用流體潤滑、介面潤滑	油封、機械油封
組合式		以上各密封裝置的適當組合。

14.5 密封裝置

密封裝置(seal)用以防止流體洩漏或異物自外部侵入。管接頭之類固定用途(靜止用途)的密封物稱為墊料(Gasket)，活塞或軸承等的密封物稱為填料(packing)，另有利用間隙或離心力密封的非接觸式，及直接接觸或經由介面潤滑而接觸的接觸式，以及上述方式之組合式等。表 14.28 示密封裝置的分類。

1. O 形環

O 形環主要以合成橡膠為原料，其剖面形狀如表 14.30 所示，為圓形環狀。安裝簡單且密封性佳，被廣用於一般機器的流體密封。

O 形環通常適當的壓擠量，而壓縮裝置於長方形剖面的槽內，利用橡膠本身的反彈力，使其壓著於壁面，而達密封作用。

(1) O 形環之種類

O 形環依材料及用途不同，可分類如表 14.29 所示。其中所謂的運動用，是指 O 形環的外徑面或內徑面是可做滑動用途，故不被用於回轉運動之場合。運動用 O 形環的壓擠量若過大，摩擦變大，除造成馬力損失外，並極易造成燒毀、破損等問題。通常都取約 10％左右。

所謂固定用是被用於靜止部分，壓擠量有在半徑方向(在圓筒面的槽)及在側面方向(平面的槽)，兩者均取約 20～30％。

至於眞空凸緣，因屬特殊的應用，本書不予討論。

(2) O 形環之形狀、尺寸

規格所定之 O 形環，如表 14.30～14.32 所示。ISO 一般工業用 O 形環，其內徑尺寸值之大半，由標準數中選取。

此外，ISO 精密機器用，眞空凸緣用，屬於特殊 O 形環，本書省略。

O 形環之直徑，應用於運動用者應稍大些，而固定用，而且高壓力時，亦以稍大者為宜。

至於在使用上無影響的話，運動用 O 形環做為固定用，而固定用 O 形環做為運動用亦無妨。特別是固定用 O 形環沒有公稱編號小於 25 之產品，因此，必要時，該部分尺寸的 O 形環可用運動用者代替。

表 14.29 O 形環之種類(JIS B 2401)

(a)用途別種類

用途別種類	用途記號	用途別種類	用途記號
ISO 一般工業用	系列 G	運動用 O 形環	P
		固定用 O 形環	G
ISO 精密機器用	系列 A	眞空凸緣用 O 形環	V

(b)材料種類及識別符號

材料種類[(1)]	形式 A Durometer 硬度[(2)]	材料種類代表之識別符號	備註	過往之識別符號(參考)
一般用丁腈膠[NBR]	A70	NBR-70-1	耐礦物油用	1 種 A 或 1A
	A90	NBR-90		1 種 B 或 1B
燃料用丁腈膠[NBR]	A70	NBR-70-2	耐汽油用	2 種或 2
氫化丁腈膠[HNBR]	A70	HNBR-70	耐礦物油、耐熱用	－
	A90	HNBR-90		
氟橡膠[FKM]	A70	FKM-70	耐熱用	4 種 D 或 4D
	A90	FKM-90		－
乙丙膠[EPDM]	A70	EPDM-70	耐動植物油用、煞車油用	3 種或 3
	A90	EPDM-90		－
矽橡膠[VMQ]	A70	VMQ-70	耐熱、耐寒用	4 種 C 或 4C
壓克力橡膠[ACM]	A70	ACM-70	耐熱、耐礦物油用	－

〔註〕
(1)[ ]內之簡稱參照 JIS K 6397。
(2)形式 A Durometer 硬度參照 JIS K 6253-3。

⑶ O 形環之外殼槽

O 形環之壓擠量對於密封性及耐久性有很大的影響，故在設計 O 形環外殼安裝槽時，必須將之列入做仔細的評估。

圖 14.20 示 O 形環之內徑及剖面直徑分別爲d，W，而O形環之內徑側及外徑側所接觸之圓筒面直徑分別爲d'、D，則壓擠量δ可由下式求得。

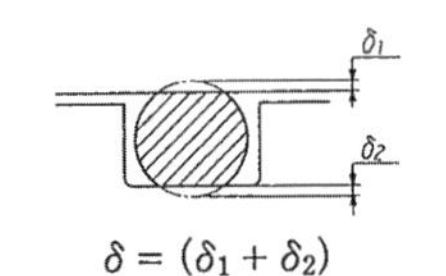

圖 14.20 壓擠量δ

$$\delta = W - \frac{D - d'}{2}$$

即壓擠量δ是W、d'及D決定的量，與 O 形環的內徑、外徑無關。

JIS對於該壓擠量的大小建議值分別爲：運動用及圓筒面固定用，最小約 8 %，才能發揮密封功能。而平面固定用

表 14.30　運動用 O 形環(P)的內徑、大小及容許差(JIS B 2401-1) (單位mm)

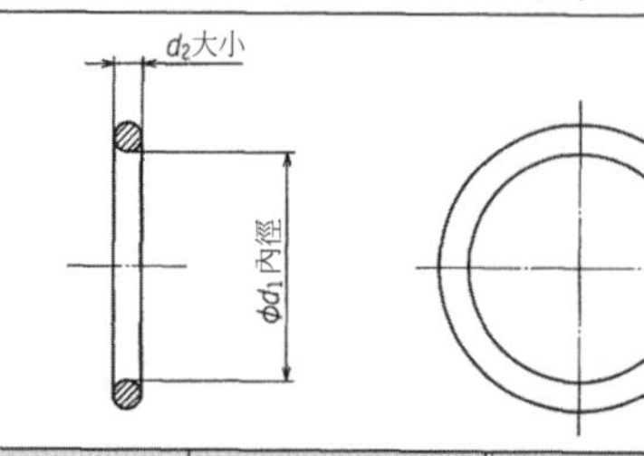

〔備註〕1.FKM及VMQ之 d_1 容許差中，VMQ爲上述容許差之1.5倍，而FKM爲上述容許差之1.2倍。

內徑 d_1 基本尺寸	內徑 d_1 容許差 ±	稱呼號碼	大小 d_2 之基準尺寸及容許差	內徑 d_1 基本尺寸	內徑 d_1 容許差 ±	稱呼號碼	大小 d_2 之基準尺寸及容許差	內徑 d_1 基本尺寸	內徑 d_1 容許差 ±	稱呼號碼	大小 d_2 之基準尺寸及容許差
2.8	0.14	P 3	1.9±0.08	41.7	0.39	P 42	3.5±0.10	154.5	1.23	P 155	8.4±0.15
3.8	0.14	P 4		43.7	0.41	P 44		159.5	1.26	P 160	
4.8	0.15	P 5		44.7	0.41	P 45		164.5	1.30	P 165	
5.8	0.15	P 6		45.7	0.42	P 46		169.5	1.33	P 170	
6.8	0.16	P 7		47.7	0.44	P 48		174.5	1.37	P 175	
7.8	0.16	P 8		48.7	0.45	P 49		179.5	1.40	P 180	
8.8	0.17	P 9		49.7	0.45	P 50		184.5	1.44	P 185	
9.8	0.17	P 10		47.6	0.44	P 48 A	5.7±0.13	189.5	1.48	P 190	
9.8	0.17	P 10 A	2.4±0.09	49.6	0.45	P 50 A		194.5	1.51	P 195	
10.8	0.18	P 11		51.6	0.47	P 52		199.5	1.55	P 200	
11.0	0.18	P 11.2		52.6	0.48	P 53		204.5	1.58	P 205	
11.8	0.19	P 12		54.6	0.49	P 55		208.5	1.61	P 209	
12.3	0.19	P 12.5		55.6	0.50	P 56		209.5	1.62	P 210	
13.8	0.19	P 14		57.6	0.52	P 58		214.5	1.65	P 215	
14.8	0.20	P 15		59.6	0.53	P 60		219.5	1.68	P 220	
15.8	0.20	P 16	2.4±0.09	61.6	0.55	P 62		224.5	1.71	P 225	
17.8	0.21	P 18		62.6	0.56	P 63		229.5	1.75	P 230	
19.8	0.22	P 20		64.6	0.57	P 65		234.5	1.78	P 235	
20.8	0.23	P 21		66.6	0.59	P 67		239.5	1.81	P 240	
21.8	0.24	P 22		69.6	0.61	P 70		244.5	1.84	P 245	
21.7	0.24	P 22 A	3.5±0.10	70.6	0.62	P 71		249.5	1.88	P 250	
22.1	0.24	P 22.4		74.6	0.65	P 75		254.5	1.91	P 255	
23.7	0.24	P 24		79.6	0.69	P 80		259.5	1.94	P 260	
24.7	0.25	P 25		84.6	0.73	P 85		264.5	1.97	P 265	
25.2	0.25	P 25.5		89.6	0.77	P 90		269.5	2.01	P 270	
25.7	0.26	P 26		94.6	0.81	P 95		274.5	2.04	P 275	
27.7	0.28	P 28		99.6	0.84	P 100		279.5	2.07	P 280	
28.7	0.29	P 29		101.6	0.85	P 102		284.5	2.10	P 285	
29.2	0.29	P 29.5		104.6	0.87	P 105		289.5	2.14	P 290	
29.7	0.29	P 30		109.6	0.91	P 110		294.5	2.17	P 295	
30.7	0.30	P 31	3.5±0.10	111.6	0.92	P 112		299.5	2.20	P 300	
31.2	0.31	P 31.5		114.6	0.94	P 115		314.5	2.30	P 315	
31.7	0.31	P 32		119.6	0.98	P 120		319.5	2.33	P 320	
33.7	0.33	P 34		124.6	1.01	P 125		334.5	2.42	P 335	
34.7	0.34	P 35		129.6	1.05	P 130		339.5	2.45	P 340	
35.2	0.34	P 35.5		131.6	1.06	P 132		354.5	2.54	P 355	
35.7	0.34	P 36		134.6	1.09	P 135		359.5	2.57	P 360	
37.7	0.37	P 38		139.6	1.12	P 140		374.5	2.67	P 375	
38.7	0.37	P 39		144.6	1.16	P 145		384.5	2.73	P 385	
39.7	0.37	P 40		149.6	1.19	P 150		399.5	2.82	P 400	
40.7	0.38	P 41		149.5	1.19	P 150 A	8.4±0.15				

表 14.31　固定用 O 形環(G)的內徑、大小及容許差(JIS B 2401-1)

(單位mm)

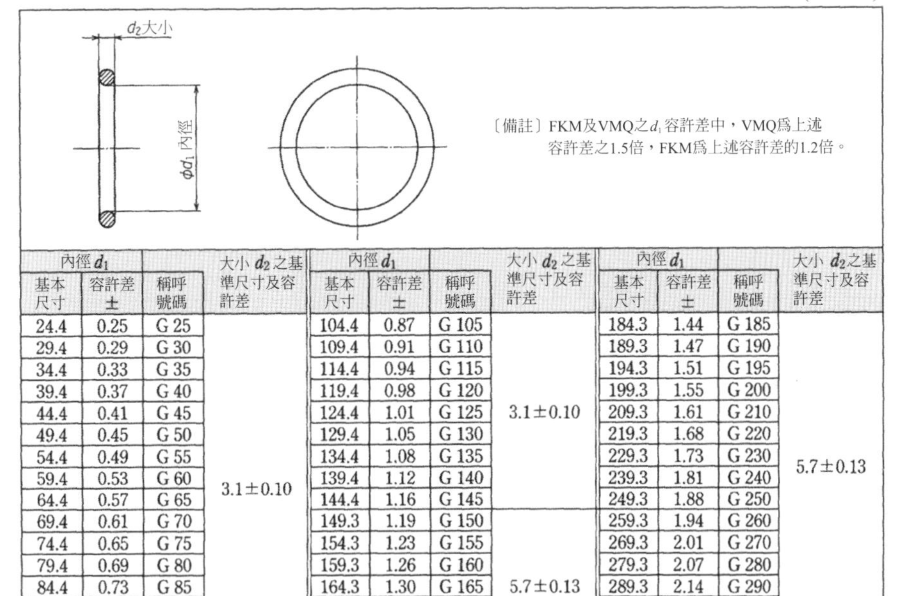

〔備註〕FKM及VMQ之d_1容許差中，VMQ爲上述容許差之1.5倍，FKM爲上述容許差的1.2倍。

內徑 d_1			大小 d_2之基準尺寸及容許差	內徑 d_1			大小 d_2之基準尺寸及容許差	內徑 d_1			大小 d_2之基準尺寸及容許差
基本尺寸	容許差 ±	稱呼號碼		基本尺寸	容許差 ±	稱呼號碼		基本尺寸	容許差 ±	稱呼號碼	
24.4	0.25	G 25	3.1±0.10	104.4	0.87	G 105	3.1±0.10	184.3	1.44	G 185	5.7±0.13
29.4	0.29	G 30		109.4	0.91	G 110		189.3	1.47	G 190	
34.4	0.33	G 35		114.4	0.94	G 115		194.3	1.51	G 195	
39.4	0.37	G 40		119.4	0.98	G 120		199.3	1.55	G 200	
44.4	0.41	G 45		124.4	1.01	G 125		209.3	1.61	G 210	
49.4	0.45	G 50		129.4	1.05	G 130		219.3	1.68	G 220	
54.4	0.49	G 55		134.4	1.08	G 135		229.3	1.73	G 230	
59.4	0.53	G 60		139.4	1.12	G 140		239.3	1.81	G 240	
64.4	0.57	G 65		144.4	1.16	G 145		249.3	1.88	G 250	
69.4	0.61	G 70		149.3	1.19	G 150	5.7±0.13	259.3	1.94	G 260	
74.4	0.65	G 75		154.3	1.23	G 155		269.3	2.01	G 270	
79.4	0.69	G 80		159.3	1.26	G 160		279.3	2.07	G 280	
84.4	0.73	G 85		164.3	1.30	G 165		289.3	2.14	G 290	
89.4	0.77	G 90		169.3	1.33	G 170		299.3	2.20	G 300	
94.4	0.81	G 95		174.3	1.37	G 175					
99.4	0.85	G 100		179.3	1.40	G 180					

表 14.32　ISO 一般工業用 O 形環內徑、大小及容許差(適用系列 G)(JIS B 2401-1)

(單位mm)

內徑 d_1		大小 d_2之基準尺寸及容許差	內徑 d_1		大小 d_2之基準尺寸及容許差	內徑 d_1		大小 d_2之基準尺寸及容許差
基本尺寸	容許差 ±		基本尺寸	容許差 ±		基本尺寸	容許差 ±	
1.8	0.13	1.8±0.08	8.75	0.18	1.8±0.08	22.4	0.28	1.8±0.08 2.65±0.09 3.55±0.1
2			9			23	0.29	
2.24			9.5			23.6		
2.5			9.75			24.3	0.30	
2.8			10	0.19		25		
3.15	0.14		10.6			25.8	0.31	
3.55			11.2	0.20		26.5		
3.75			11.6			27.3	0.32	
4			11.8			28		
4.5	0.15		12.1	0.21		29	0.33	
4.75			12.5			30	0.34	
4.87			12.8			31.5	0.35	2.65±0.09 3.55±0.1
5			13.2			32.5	0.36	
5.15			14	0.22	1.8±0.08 2.65±0.09	33.5		
5.3			14.5			34.5	0.37	
5.6	0.16		15			35.5	0.38	
6			15.5	0.23		36.5		
6.3			16			37.5	0.39	
6.7			17	0.24		38.7	0.40	
6.9			18	0.25	1.8±0.08 2.65±0.09 3.55±0.1	40	0.41	2.65±0.09 3.55±0.1 5.3±0.13
7.1			19			41.2	0.42	
7.5	0.17		20	0.26		42.5	0.43	
8			20.6	0.26		43.7	0.44	
8.5	0.18		21.2	0.27		45		

表 14.32　ISO 一般工業用 O 形環內徑、大小及容許差(適用系列 G)(JIS B 2401)(續)

(單位 mm)

內徑 d_1		大小 d_2 之基準尺寸及容許差	內徑 d_1		大小 d_2 之基準尺寸及容許差	內徑 d_1		大小 d_2 之基準尺寸及容許差
基本尺寸	容許差 ±		基本尺寸	容許差 ±		基本尺寸	容許差 ±	
46.2	0.45	2.65±0.09 3.55±0.1 5.3±0.13	165	1.26	3.55±0.1 5.3±0.13 7±0.15	360	2.52	5.3±0.13 7±0.15
47.5	0.46		167.5	1.28		365	2.56	
48.7	0.47		170	1.29		370	2.59	
50	0.48		172.5	1.31		375	2.62	
51.5	0.49		175	1.33		379	2.64	
53	0.50		177.5	1.34		383	2.67	
54.5	0.51		180	1.36		387	2.70	
56	0.52		182.5	1.38		391	2.72	
58	0.54		185	1.39		395	2.75	
60	0.55		187.5	1.41		400	2.78	
61.5	0.56		190	1.43		406	2.82	7±0.15
63	0.57		195	1.46		412	2.85	
65	0.58		200	1.49		418	2.89	
67	0.60		203	1.51	5.3±0.13 7±0.15	425	2.93	
69	0.61		206	1.53		429	2.96	
71	0.63		212	1.57		433	2.99	
73	0.64		218	1.61		437	3.01	
75	0.65		224	1.65		443	3.05	
77.5	0.67		227	1.67		450	3.09	
80	0.69		230	1.69		456	3.13	
82.5	0.71		236	1.73		462	3.17	
85	0.72		239	1.75		466	3.19	
87.5	0.74		243	1.77		470	3.22	
90	0.76		250	1.82		475	3.25	
92.5	0.77		254	1.84		479	3.28	
95	0.79		258	1.87		483	3.30	
97.5	0.81		261	1.89		487	3.33	
100	0.82		265	1.91		493	3.36	
103	0.85		268	1.92		500	3.41	
106	0.87		272	1.96		508	3.46	
109	0.89	3.55±0.1 5.3±0.13 7±0.15	276	1.98		515	3.50	
112	0.91		280	2.01		523	3.55	
115	0.93		283	2.03		530	3.60	
118	0.95		286	2.05		538	3.65	
122	0.97		290	2.08		545	3.69	
125	0.99		295	2.11		553	3.74	
128	1.01		300	2.14		560	3.78	
132	1.04		303	2.16		570	3.85	
136	1.07		307	2.19		580	3.91	
140	1.09		311	2.21		590	3.97	
142.5	1.11		315	2.24		600	4.03	
145	1.13		320	2.27		608	4.08	
147.5	1.14		325	2.30		615	4.12	
150	1.16		330	2.33		623	4.17	
152.5	1.18		335	2.36		630	4.22	
155	1.19		340	2.40		640	4.28	
157.5	1.21		345	2.43		650	4.34	
160	1.23		350	2.46		660	4.40	
162.5	1.24		355	2.49		670	4.47	

〔備註〕FKM及VMQ之d_1容許差中，VMQ為上述容許差之1.5倍，FKM為上述容許差的1.2倍。

*此規格於2012年修正後已廢除。

之最高值是材料永久壓縮應變極限約 30 %爲決定槽部尺寸的目標。

表 14.34 示JIS規定O形環直徑對應的槽部尺寸。

(4) 背托環

通常高壓情形下之 O 形環，會造成如圖 14.21(c)所示的擠出現象。其擠出之程度則視 O 形環的硬度，零件間之間隙、壓力等而定。但若使用背托環則可防止，如圖 14.22。

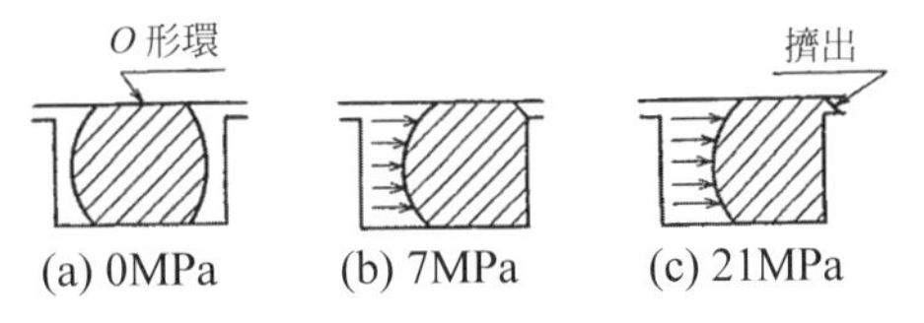

圖 14.21 因壓力造成的擠出

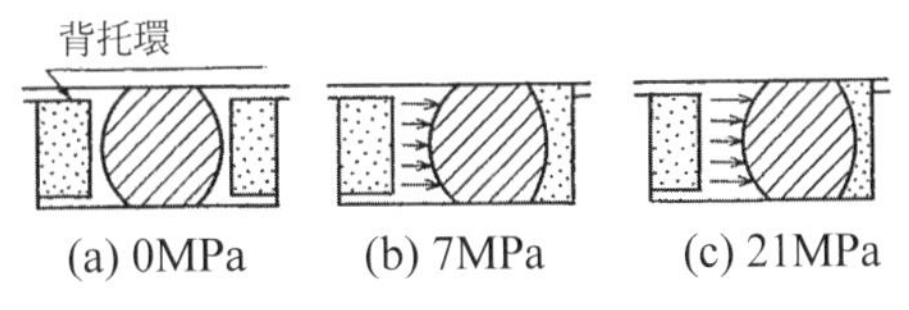

圖 14.22 背托環

背托環有螺旋狀、斜切及無接點 3 種形狀。其中以螺旋及斜切形較方便安裝。表 14.35 示聚四氟乙烯樹脂製的背托環尺寸。表 14.33 示評估使用背托環與否的零件間之間隙C之值及使用壓力的關係。

表 14.33 未使用背托環時之間隙場合(2g)的最大值(JIS B 2401-2 附錄)

壓力 g *表示型式 A，Durometer 硬度(JIS K 6253-3)。

(單位：mm)

使用壓力(MPa) / O形環之硬度	4 以下	4 以上 6.3 7 以下	6.3 以上 10 以下	10 以上 16 以下	16 以上 25 以下
70 HS	0.35	0.30	0.15	0.07	0.03
90 HS	0.65	0.60	0.50	0.30	0.17

表 14.34 O 形環安裝槽部的形狀、尺寸(JIS B 2401-2 附錄) (單位 mm)

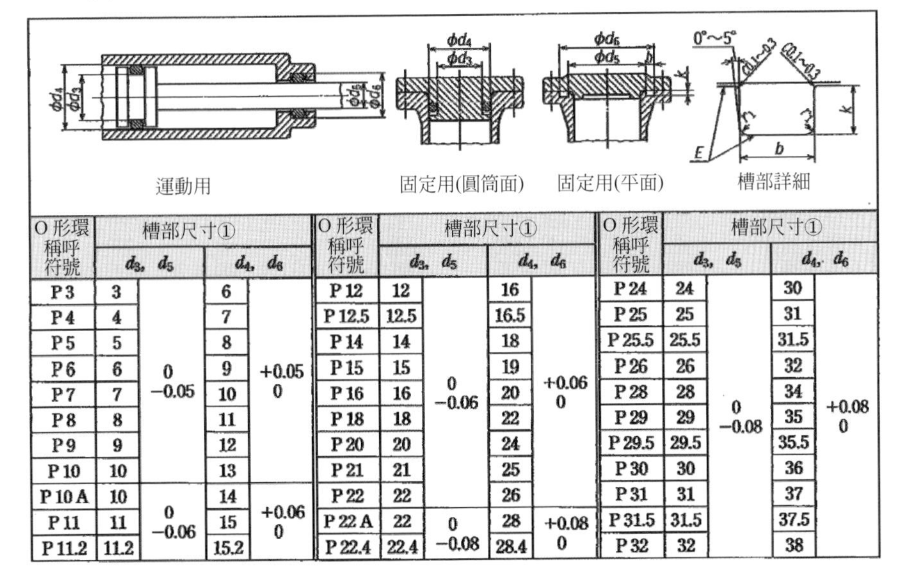

O形環稱呼符號	槽部尺寸① d_3, d_5		d_4, d_6	
P3	3	0 / −0.05	6	+0.05 / 0
P4	4		7	
P5	5		8	
P6	6		9	
P7	7		10	
P8	8		11	
P9	9		12	
P10	10		13	
P10A	10	0 / −0.06	14	+0.06 / 0
P11	11		15	
P11.2	11.2		15.2	

O形環稱呼符號	槽部尺寸① d_3, d_5		d_4, d_6	
P12	12	0 / −0.06	16	+0.06 / 0
P12.5	12.5		16.5	
P14	14		18	
P15	15		19	
P16	16		20	
P18	18		22	
P20	20		24	
P21	21		25	
P22	22		26	
P22A	22	0 / −0.08	28	+0.08 / 0
P22.4	22.4		28.4	

O形環稱呼符號	槽部尺寸① d_3, d_5		d_4, d_6	
P24	24	0 / −0.08	30	+0.08 / 0
P25	25		31	
P25.5	25.5		31.5	
P26	26		32	
P28	28		34	
P29	29		35	
P29.5	29.5		35.5	
P30	30		36	
P31	31		37	
P31.5	31.5		37.5	
P32	32		38	

表 14.34 O 形環安裝槽部的形狀、尺寸(JIS B 2401-2 附錄)(續) (單位 mm)

O 形環稱呼符號	槽部尺寸①			
	d_3, d_5		d_4, d_6	
P 34	34		40	
P 35	35		41	
P 35.5	35.5		41.5	
P 36	36		42	
P 38	38		44	
P 39	39		45	
P 40	40		46	
P 41	41	0 −0.08	47	+0.08 0
P 42	42		48	
P 44	44		50	
P 45	45		51	
P 46	46		52	
P 48	48		54	
P 49	49		55	
P 50	50		56	
P 48 A	48		58	
P 50 A	50		60	
P 52	52		62	
P 53	53		63	
P 55	55		65	
P 56	56		66	
P 58	58		68	
P 60	60	0 −0.10	70	+0.10 0
P 62	62		72	
P 63	63		73	
P 65	65		75	
P 67	67		77	
P 70	70		80	
P 71	71		81	
P 75	75		85	

O 形環稱呼符號	槽部尺寸①			
	d_3, d_5		d_4, d_6	
P 80	80		90	
P 85	85		95	
P 90	90		100	
P 95	95		105	
P 100	100		110	
P 102	102		112	
P 105	105		115	
P 110	110		120	
P 112	112		122	
P 115	115		125	
P 120	120		130	
P 125	125		135	
P 130	130		140	
P 132	132		142	
P 135	135	0 −0.10	145	+0.10 0
P 140	140		150	
P 145	145		155	
P 150	150		160	
P 150 A	150		165	
P 155	155		170	
P 160	160		175	
P 165	165		180	
P 170	170		185	
P 175	175		190	
P 180	180		195	
P 185	185		200	
P 190	190		205	
P 195	195		210	
P 200	200		215	
P 205	205		220	

O 形環稱呼符號	槽部尺寸①			
	d_3, d_5		d_4, d_6	
P 209	209		224	
P 210	210		225	
P 215	215		230	
P 220	220		235	
P 225	225		240	
P 230	230		245	
P 235	235		250	
P 240	240		255	
P 245	245		260	
P 250	250		265	
P 255	255		270	
P 260	260		275	
P 265	265		280	
P 270	270		285	
P 275	275	0 −0.10	290	+0.10 0
P 280	280		295	
P 285	285		300	
P 290	290		305	
P 295	295		310	
P 300	300		315	
P 315	315		330	
P 320	320		335	
P 335	335		350	
P 340	340		355	
P 355	355		370	
P 360	360		375	
P 375	375		390	
P 385	385		400	
P 400	400		415	

O 形環稱呼符號	槽部尺寸①			
	d_3, d_5		d_4, d_6	
G 25	25		30	
G 30	30		35	
G 35	35		40	
G 40	40		45	
G 45	45		50	
G 50	50		55	
G 55	55		60	
G 60	60	0 −0.10	65	+0.10 0
G 65	65		70	
G 70	70		75	
G 75	75		80	
G 80	80		85	
G 85	85		90	
G 90	90		95	
G 95	95		100	
G 100	100		105	

O 形環稱呼符號	槽部尺寸①			
	d_3, d_5		d_4, d_6	
G 105	105		110	
G 110	110		115	
G 115	115		120	
G 120	120		125	
G 125	125		130	
G 130	130		135	
G 135	135		140	
G 140	140	0 −0.10	145	+0.10 0
G 145	145		150	
G 150	150		160	
G 155	155		165	
G 160	160		170	
G 165	165		175	
G 170	170		180	
G 175	175		185	
G 180	180		190	

O 形環稱呼符號	槽部尺寸①			
	d_3, d_5		d_4, d_6	
G 185	185		195	
G 190	190		200	
G 195	195		205	
G 200	200		210	
G 210	210		220	
G 220	220		230	
G 230	230		240	
G 240	240	0 −0.10	250	+0.10 0
G 250	250		260	
G 260	260		270	
G 270	270		280	
G 280	280		290	
G 290	290		300	
G 300	300		310	

表 14.34 O 形環安裝槽部的形狀、尺寸(JIS B 2401-2 附錄)(續) (單位 mm)

O 形環稱呼符號	槽部尺寸②					參考				
	b	b_1	b_2	r_1 (最大)	E* (最大)	O 形環之實際尺寸	壓擠量			
	+0.25 0						(mm)		(%)	
	背托環					粗度				
	無	1 個	2 個				最大	最小	最大	最小
P3 ～ P10	2.5	3.9	5.4	0.4	0.05	1.9 ± 0.08	0.48	0.27	24.2	14.8
P10A ～ P22	3.2	4.4	6.0	0.4	0.05	2.4 ± 0.09	0.49	0.25	19.7	10.8
P22A ～ P50	4.7	6.0	7.8	0.8	0.08	3.5 ± 0.10	0.60	0.32	16.7	9.4
P48A ～ P150	7.5	9.0	11.5	0.8	0.10	5.7 ± 0.13	0.83	0.47	14.2	8.4
P150A ～ P400	11.0	13.0	17.0	1.2	0.12	8.4 ± 0.15	1.05	0.65	12.3	7.9
G25 ～ G145	4.1	5.6	7.3	0.7	0.08	3.1 ± 0.10	0.70	0.40	21.85	13.3
G150 ～ G300	7.5	9.0	11.5	0.8	0.10	5.7 ± 0.13	0.83	0.47	14.2	8.4

〔註〕1.*E 意味著尺寸 K 之最大值與最小值差，爲同軸度之 2 倍。
2. JIS B2401 之 P3～P400 爲運動用、固定用，而 G25～G300 只用於固定用，不使用於運動用。但是，P3～P400 中 4 種 C 之機械強度低材料，不希望用於運動用。

表 14.35 O 形環用聚四氟乙烯樹脂製背托環之形狀、尺寸(JIS B 2401-4)

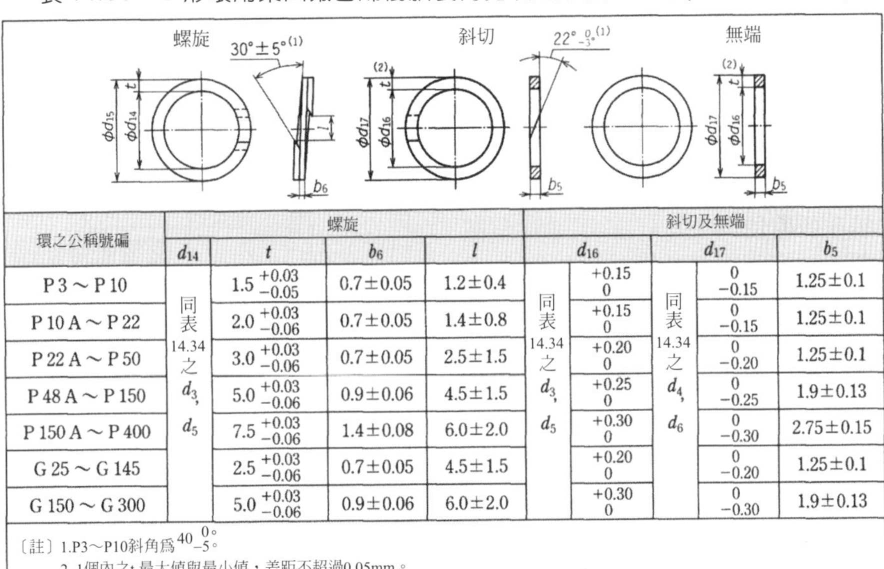

環之公稱號碼	螺旋				斜切及無端		
	d_{14}	t	b_6	l	d_{16}	d_{17}	b_5
P3 ～ P10	同表 14.34 之 d_3, d_5	1.5 $^{+0.03}_{-0.05}$	0.7±0.05	1.2±0.4	同表 14.34 之 d_3, d_5 $^{+0.15}_{0}$	同表 14.34 之 d_4, d_6 $^{0}_{-0.15}$	1.25±0.1
P10A ～ P22		2.0 $^{+0.03}_{-0.06}$	0.7±0.05	1.4±0.8	$^{+0.15}_{0}$	$^{0}_{-0.15}$	1.25±0.1
P22A ～ P50		3.0 $^{+0.03}_{-0.06}$	0.7±0.05	2.5±1.5	$^{+0.20}_{0}$	$^{0}_{-0.20}$	1.25±0.1
P48A ～ P150		5.0 $^{+0.03}_{-0.06}$	0.9±0.06	4.5±1.5	$^{+0.25}_{0}$	$^{0}_{-0.25}$	1.9±0.13
P150A ～ P400		7.5 $^{+0.03}_{-0.06}$	1.4±0.08	6.0±2.0	$^{+0.30}_{0}$	$^{0}_{-0.30}$	2.75±0.15
G25 ～ G145		2.5 $^{+0.03}_{-0.06}$	0.7±0.05	4.5±1.5	$^{+0.20}_{0}$	$^{0}_{-0.20}$	1.25±0.1
G150 ～ G300		5.0 $^{+0.03}_{-0.06}$	0.9±0.06	6.0±2.0	$^{+0.30}_{0}$	$^{0}_{-0.30}$	1.9±0.13

〔註〕1.P3～P10斜角爲$40^{0°}_{-5°}$
2. 1個內之t 最大值與最小值，差距不超過0.05mm。

表 14.36　外殼與 O 形環密封部之接觸表面性質(JIS B 2401-2)

機器部位	用途	壓力負載方式		表面粗度	
				Ra	R_{max}(參考)
外殼之側面及底面	固定用	無脈動	平面	3.2	12.5
			圓筒面	1.6	6.3
		有脈動		1.6	6.3
	運動用	使用背托環時		1.6	6.3
		未使用背托環時		0.8	3.2
O 形環密封部之接觸面	固定用	無脈動		1.6	6.3
		有脈動		0.8	3.2
	運動用	—		0.4	1.6
O 形環裝卸用倒角部	—	—		3.2	12.5

雖然使用壓力源只來自單側，最好亦使用 2 個背托環，而將 O 形環夾於其中。但若受限於空間，則需在低壓側使用 1 個背托環。

雖然在低壓情形下，O 形環並沒有被擠出的問題，但使用背托環，可以防止 O 形環因糾結、扭轉而受到損傷，延長其使用壽命。

⑸　外殼槽部的表面性質及倒角

槽部因有預留破壞餘裕空間，因此表面性質理應光滑，但卻因此而易造成洩漏，故有表 14.36 之規定。

槽部的倒角越大，容易造成擠出現象，但轉角太尖銳卻又容易傷害O形環，因此大都以 0.1～0.2 mm 倒角。

⑹　O 形環安裝注意事項

已裝有 O 形環的零件要組裝時，爲了不傷及 O 形環，最好應將端部或孔倒角，其值參考表 14.37。

表 14.37　O形環依大小之倒角尺寸(JIS B 2401-2)

(單位 mm)

倒角角度 15~30° 去除尖角
Z
爲易於組裝而做成有鞋拔作用的倒角
在槽內呈自由狀態的 O 形環

O 形環公稱號碼	O 形環大小	Z(最小)
P 3 ～ P 10	1.9 ± 0.08	1.2
P 10 A ～ P 22	2.4 ± 0.09	1.4
P 22 A ～ P 50	3.5 ± 0.10	1.8
P 48 A ～ P 150	5.7 ± 0.13	3.0
P 150 A ～ P 400	8.4 ± 0.15	4.3
G 25 ～ G 145	3.1 ± 0.10	1.7
G 150 ～ G 300	5.7 ± 0.13	3.0
A 0018 G ～ A 0170 G	1.80 ± 0.08	1.1
B 0140 G ～ B 0387 G	2.65 ± 0.09	1.5
C 0180 G ～ C 2000 G	3.55 ± 0.10	1.8
D 0400 G ～ D 4000 G	5.30 ± 0.13	2.7
E 1090 G ～ E 6700 G	7.00 ± 0.15	3.6

表 14.38　油封的種類(JIS B 2402)

種類		符號	圖例	種類
附彈簧油封	外周橡膠油封	S		型式 1
	外周金屬油封	SM		型式 2
	組立形外周金屬油封	SA		型式 3
	附保護唇外周橡膠油封	D		型式 4
	附保護唇外周金屬油封	DM		型式 5
	組立形附保護唇外周金屬油封	DA		型式 6
無彈簧油封	外周橡膠油封	G		型式 1
	外周金屬油封	GM		型式 2
	組立形油封	GA		型式 3

而裝設 O 形環必須經過螺牙的部分時，必須使用圖 14.23 所示的組裝治具。

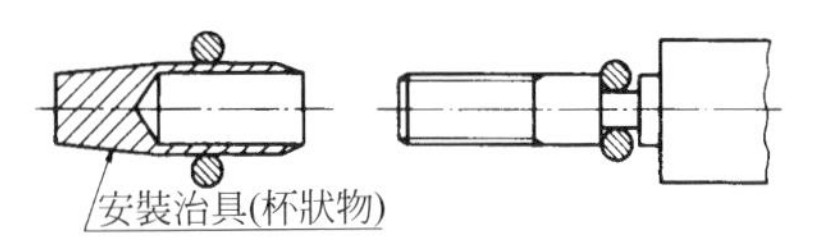

圖 14.23　經過螺牙部分的安裝

2.　油封

油封主要用於回轉軸，其優點①構造簡單，②不佔安裝空間，③溫度、轉速等的使用條件極廣，④選擇適當的合成橡膠，幾乎所有液體均適用。

⑴　**油封之構造**

油封由外周配合部、背面部、防塵部、唇部及密封面部等所組成，表 14.38 示 JIS 規定的 9 種。其所用符號的意義如下：

S：(single lip，單唇)
M：(metal lip，金屬外周)
A：(assembly seal，組立)
G：(grease seal，油脂用油封)
D：(double lip，附保護唇)

⑵　**油封之形狀、尺寸**

表 14.39 示 JIS 所規定油封的主要尺寸。

表 14.39　油封之稱呼尺寸(JIS B 2402-1)　　(單位 mm)

(a) 有彈簧油封

S　SM　SA　D　DM　DA

d_1	D	b	d_1	D	b	d_1	D	b	d_1	D	b
6	16, 22	7	30	52	8	85	110, 120	12	220	250	15
7	22		32	45, 47, 52		90	120		240	270	
8	22, 24		35	50, 52, 55		95	120		260	300	20
9	22		38	55, 58, 62		100	125		280	320	
10	22, 25		40	55, 62		110	140		300	340	
12	24, 25, 30		42	55, 62		120	150		320	360	
15	26, 30, 35		45	62, 65		130	160		340	380	
16	30		50	68, 72		140	170	15	360	400	
18	30, 35		55	72, 80		150	180		380	420	
20	35, 40		60	80, 85		160	190		400	440	
22	35, 40, 47		65	85, 90	10	170	200		450	500	25
25	40, 47, 52		70	90, 95		180	210		480	530	
28	40, 47, 52		75	95, 100		190	220				
30	42, 47		80	100, 110		200	230				

(b) 無彈簧油封(參考)(JIS B 2402-1 附錄)

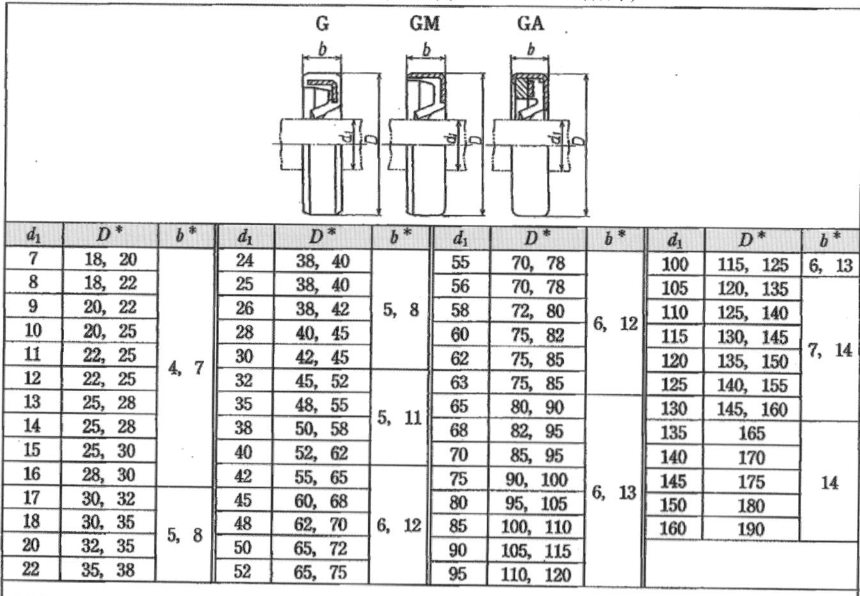

d_1	D*	b*	d_1	D*	b*	d_1	D*	b*	d_1	D*	b*
7	18, 20	4, 7	24	38, 40	5, 8	55	70, 78	6, 12	100	115, 125	6, 13
8	18, 22		25	38, 40		56	70, 78		105	120, 135	7, 14
9	20, 22		26	38, 42		58	72, 80		110	125, 140	
10	20, 25		28	40, 45		60	75, 82		115	130, 145	
11	22, 25		30	42, 45		62	75, 85		120	135, 150	
12	22, 25		32	45, 52	5, 11	63	75, 85		125	140, 155	
13	25, 28		35	48, 55		65	80, 90	6, 13	130	145, 160	
14	25, 28		38	50, 58		68	82, 95		135	165	14
15	25, 30		40	52, 62		70	85, 95		140	170	
16	28, 30		42	55, 65	6, 12	75	90, 100		145	175	
17	30, 32	5, 8	45	60, 68		80	95, 105		150	180	
18	30, 35		48	62, 70		85	100, 110		160	190	
20	32, 35		50	65, 72		90	105, 115				
22	35, 38		52	65, 75		95	110, 120				

〔註〕*$d_1=7\sim130$ 之各欄中，相對 D 之 b 值，當 D 值小時取較小值，D 值大時取較大值(例如：$d_1=7$ 欄中，$D=18$ 時 $b=4$，$D=20$ 時 $b=7$)。

15 工模與夾具之設計

15.1 工　模

如圖 15.1(a)所示，凸緣上要鑽許多孔，而且又要大量生產時，如把每個工件都先畫線再經鑽孔，由於轉換移動等工件，必使成品的製造效率大減。

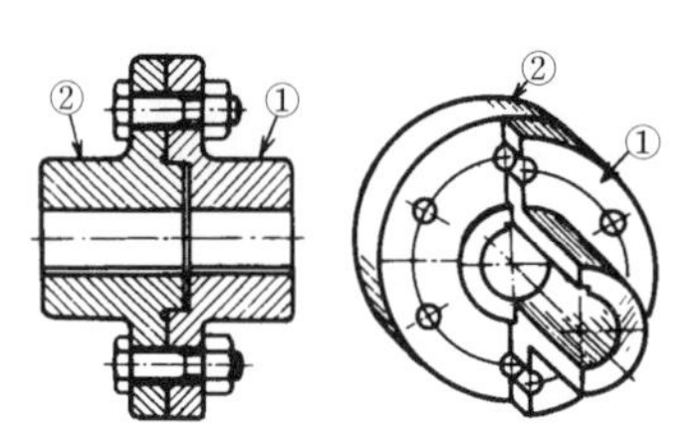

(a) 凸緣(工件)

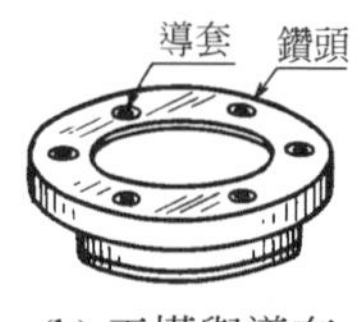

(b) 工模與導套

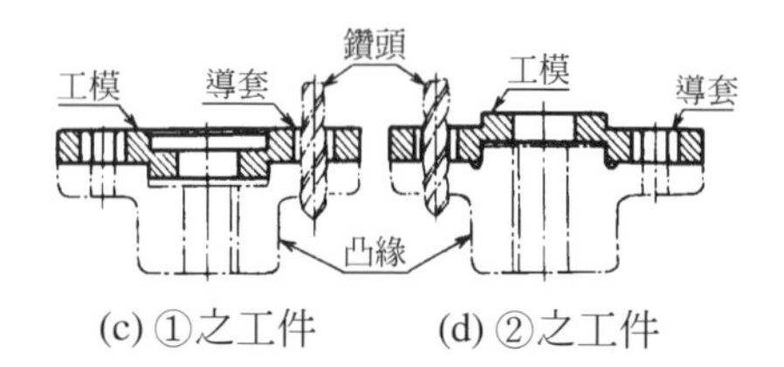

(c) ①之工件　　(d) ②之工件

圖 15.1　凸緣鑽孔用工模

工模即用來避免上述作業上之缺點，並達成大量生產之目標，同圖之(b)是凸緣鑽孔用工模，也是構造最簡單的一種工模，用途相當多，廣受一般喜愛，這種工模安裝在同圖之(c)與(d)，利用工模的導套引導鑽頭鑽孔，可以輕易地鑽好特定之孔。

圖 15.2 所示爲小型鑽孔工模，工件是利用槓桿與凸輪來夾緊，圖 15.3 是箱形工件用工模、工件置入工模內加蓋後，利用特殊墊圈與鎖緊螺絲夾緊固定後，再進行鑽孔。

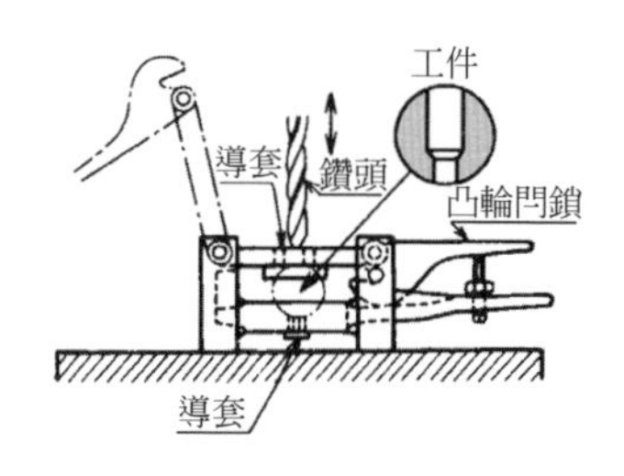

圖 15.2　小形鑽孔工模(凸輪與槓桿式之實例)

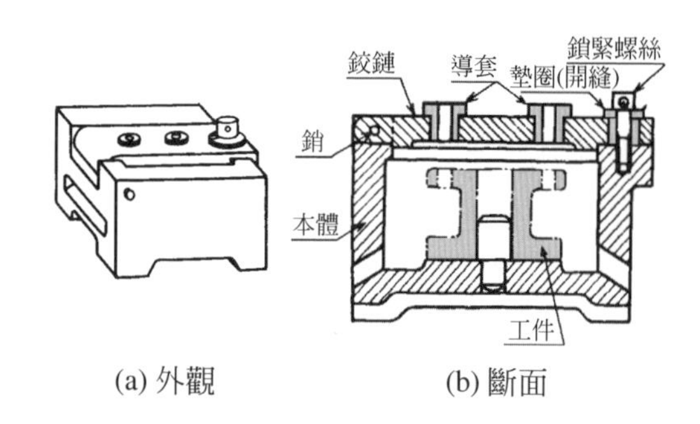

(a) 外觀　　(b) 斷面

圖 15.3　小形鑽孔工模(箱形工模)

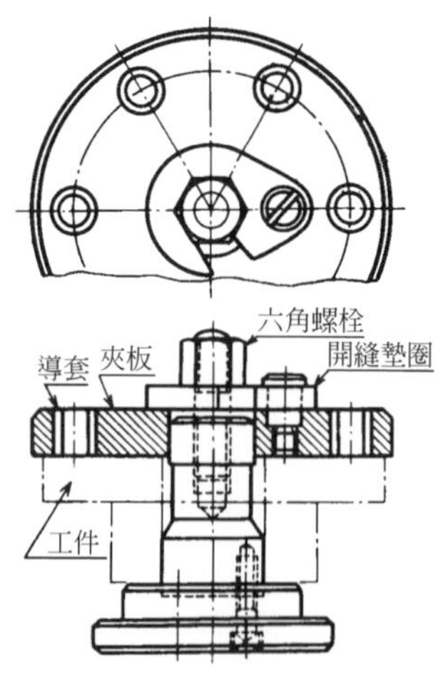

圖 15.4　中形鑽孔用工模

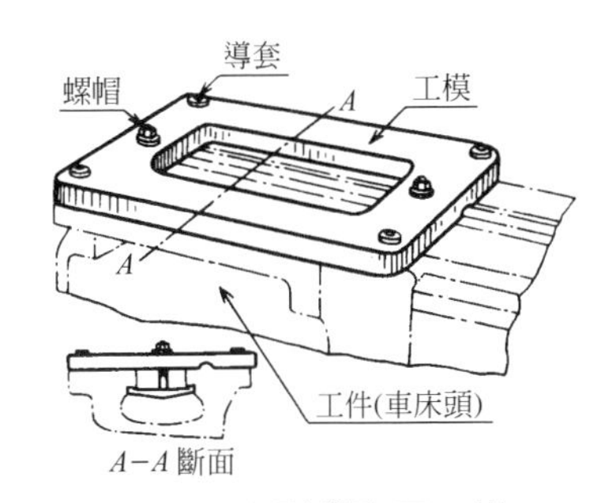

圖 15.5　大形鑽孔用工模

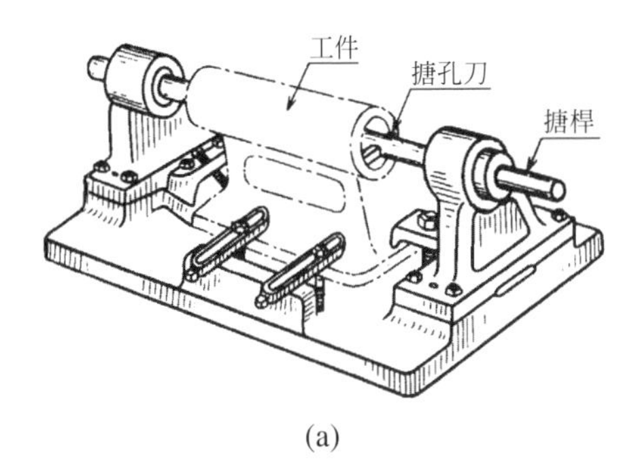

(a)

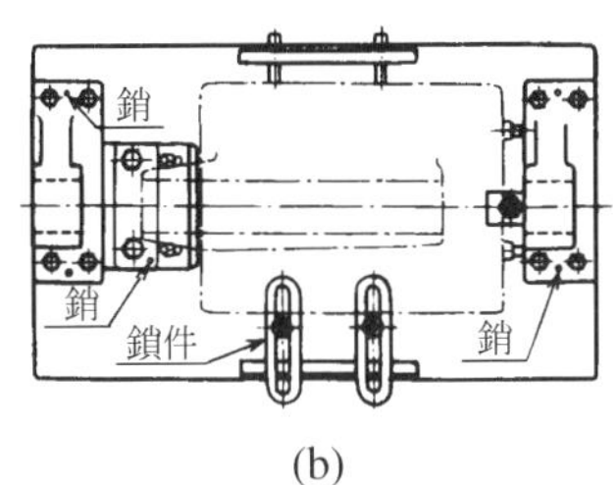

(b)

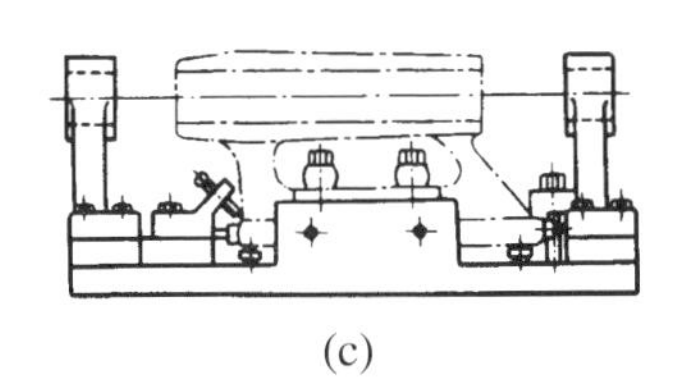

(c)

圖 15.6　搪孔用夾具與工模

圖 15.4 是中形鑽孔工模，工模板由墊圈與六角螺栓固定。圖 15.5 是車床機頭等使用的大形鑽孔工模，圖 15.6 則是搪孔工模。

15.2 夾　具

工件在加工時，用來正確地固定的夾具，雖有許許多多種類，但最簡單的一種如圖 15.7 所示，係以*T*螺栓與鎖件組成。

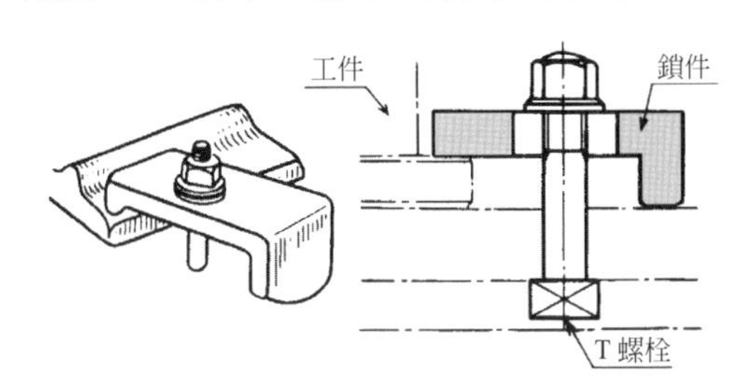

圖 15.7　鎖件與*T*螺栓式夾具

如依使用在工具上之夾具可分：圖 15.8 所示車床用夾具、圖 15.9 之銑床用夾具、圖 15.10 龍門鉋床用工模、圖 15.11 之牛頭鉋床用夾具使用最廣泛，其它尚有磨床、特殊工具機等之夾具，都具有相當大之功用。

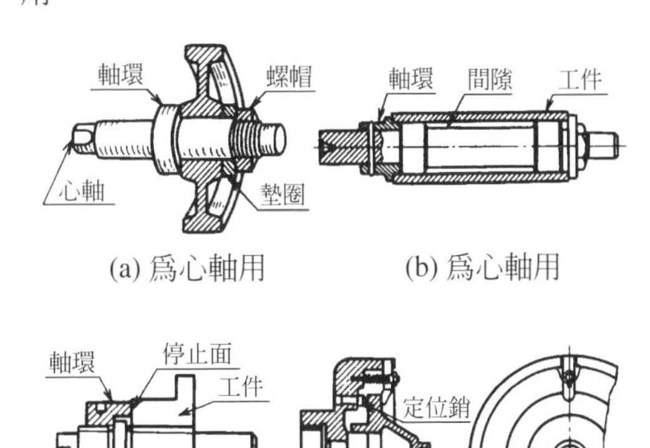

圖 15.8　車床用夾具

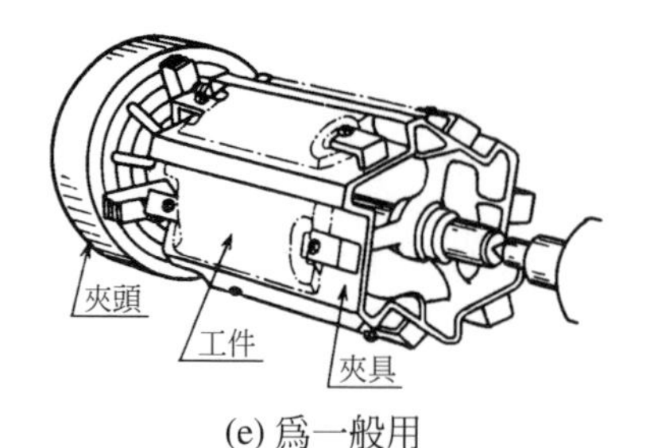

(e) 爲一般用

圖 15.8 車床用夾具(續)

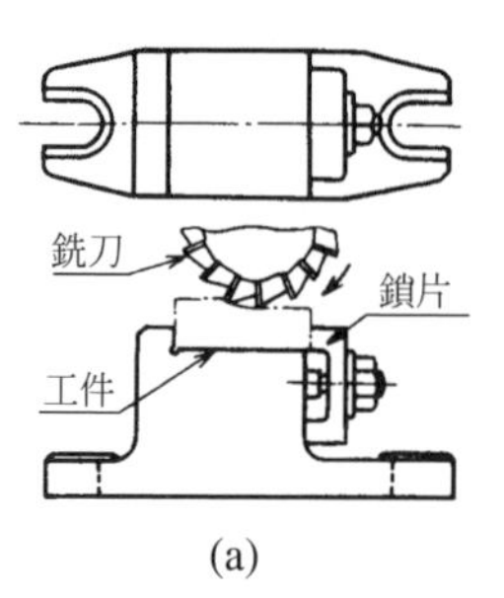

(a)

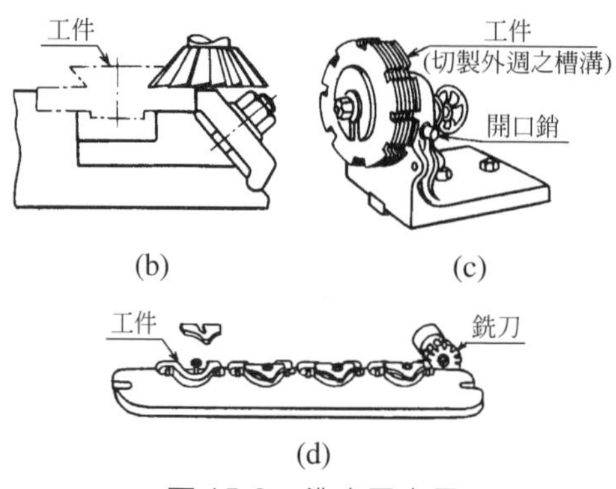

(d)

圖 15.9 銑床用夾具

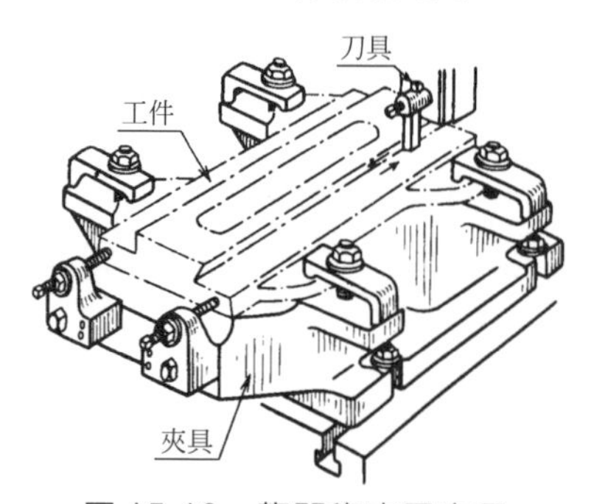

圖 15.10 龍門鉋床用夾具

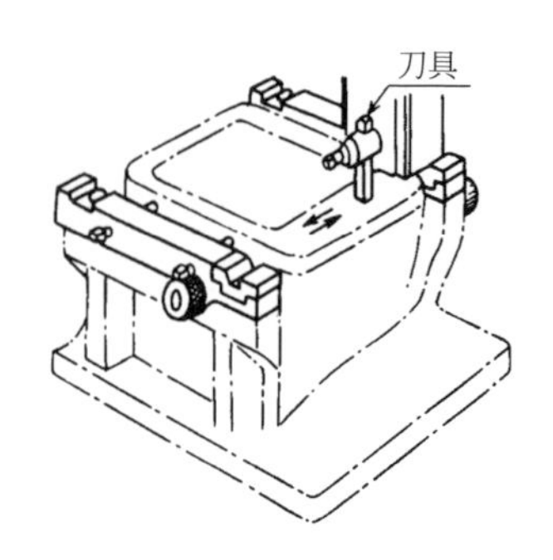

圖 15.11 牛頭鉋床用夾具

15.3 各種夾具、工模用零件之規格

一般常用的各種工模、夾具用零件，都制有標準尺寸之規格，表 15.1～表 15.22 爲其使用方法和規格表。

1. 工模用導套

工模常用的導套(或襯套)規定說明如下：

(1) 固定導套

固定導套本身壓入工模本體固定者。用於不需拆拔導套之場合，或較少量生產之場合。

固定導套分成有凸緣形及無凸緣形，如圖 15.12 所示。兩者外周之下方需做淺的倒角，以方便打入，而在內徑之上端則加工圓角，以方便刀具進入。工模本體厚者，用附有凸緣者，薄者則用無凸緣者。附有凸緣者，以導套的上面做定位，可以限制刀具加工之深度，如圖 15.13(a)。

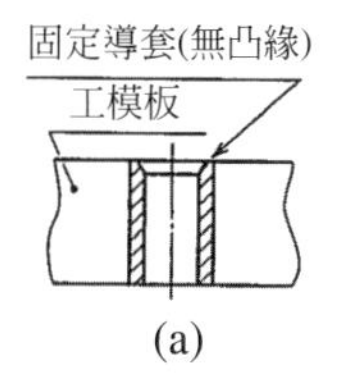

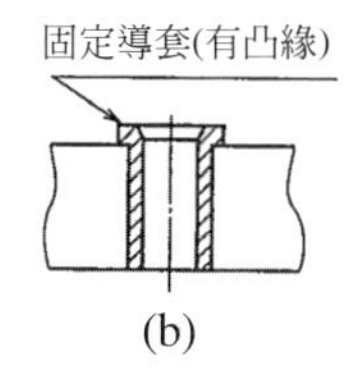

圖 15.12 工模用固定導套

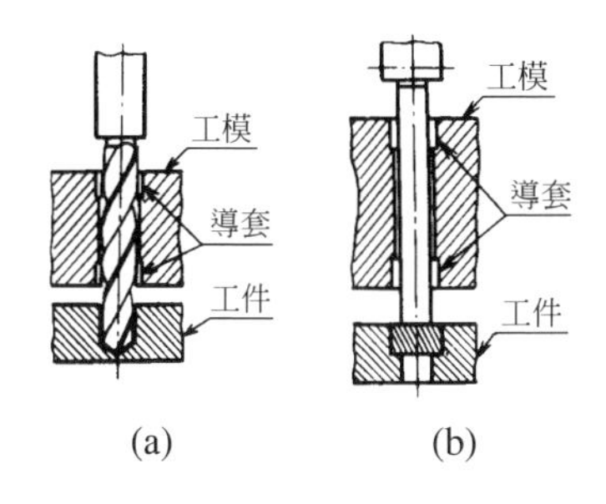

圖 15.13 固定導套(無帶圈)

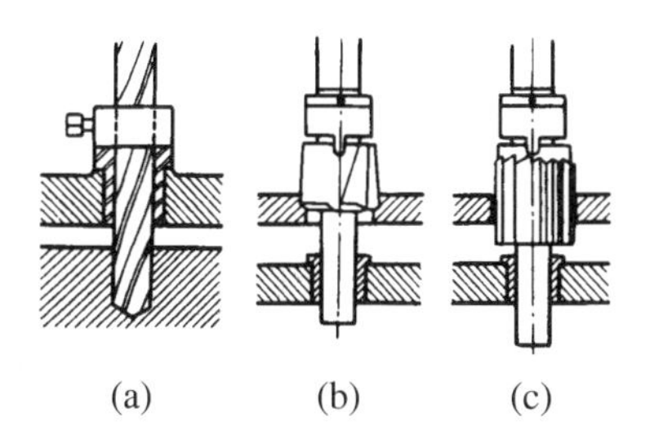

圖 15.14 固定導套(有帶圈)

表 15.1 示 JIS 所規定工模用固定導套的形狀及尺寸。

⑵ 嵌入導套

此亦即俗稱的可拆式導套。除了因其與刀具接觸而磨耗後，可將之拆換外，亦可用於同一中心，而上、下要黏不同直徑的孔時。

表 15.2 示 JIS 所規定嵌入導套的形狀及尺寸。由表中之圖示知，有圓形及右回轉用缺口形，左回轉用缺口形及缺口形等多種。

其中的圓形是單純插入使用，但在加工中，若有會隨刀具轉動或隨刀具上升之顧慮時，必須使用缺口形。如圖 15.15 所示，用定位螺絲或止動件及六角承窩螺栓將導套固定。表 15.4 及表 15.5 示 JIS 所規定止動件及定位螺絲之形狀及尺寸。

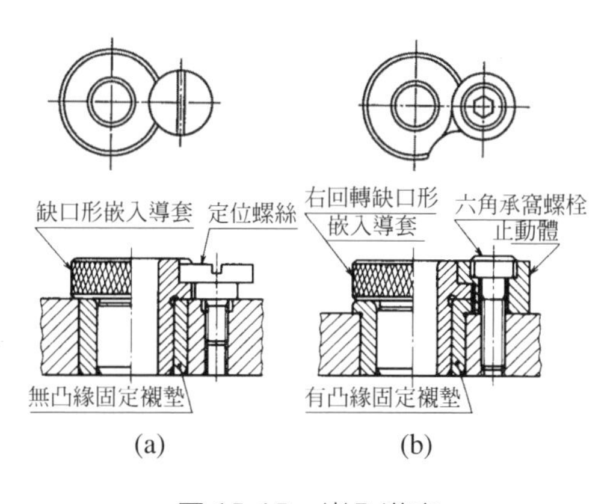

圖 15.15 嵌入導套

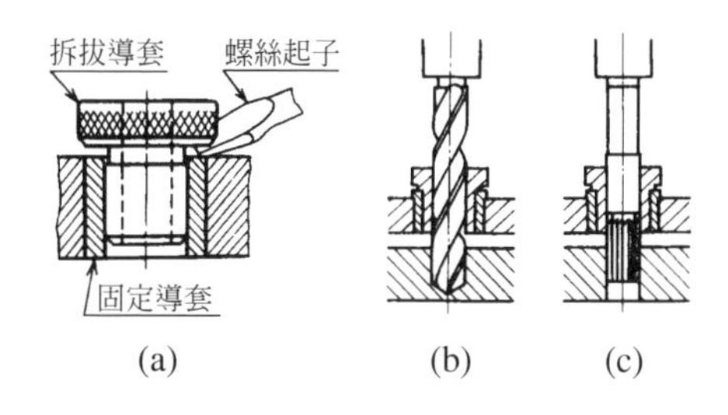

圖 15.16 嵌入導套使用實例

表 15.1　工模用固定導套(JIS B 5201)　(單位 mm)

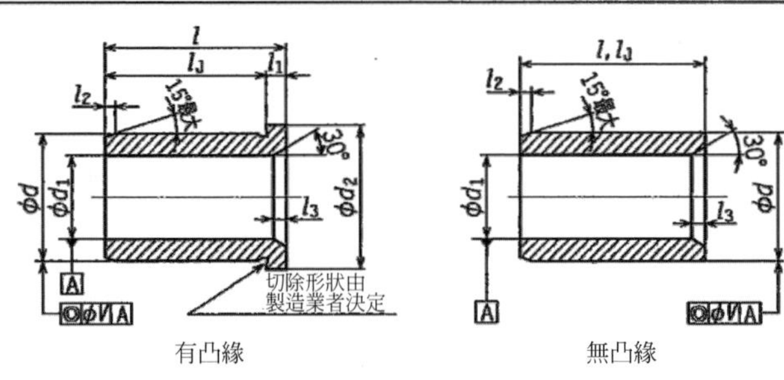

〔備註〕1. ＊l_3 為半徑之圓倒角亦可。
2. 表中 l_J 尺寸中，有括號者，盡可能不用。
3. l 及 l_J 之容許差以 $^{0}_{-0.05}$ mm，l_1 許差依 JIS B 0045(普通公差－第 1 部：個別公差標示無之長度尺寸相應之公差)規定之 m 級(中級)(參考)。

I 形

d_1 以上	d_1 以下	d	l_1	l	d_2 h13	l_2 最大	l_3* 最大	同心度 V
—	1	3	2	6　9	6	1	1	0.01
1	1.8	4			7			
1.8	2.6	5			8			
2.6	3.3	6	2.5	8　12　16	9			
3.3	4	7			10			
4	5	8			11			
5	6	10	3	10　16　20	13	1.25	1.5	0.02
6	8	12			15			
8	10	15		12　20　25	18	1.5	2	
10	12	18	4		22			
12	15	22		16　28　36	26			
15	18	26			30			
18	22	30	5	20　36　45	34	2.5	3	
22	26	35			39			
26	30	42		25　45　56	46			
30	35	48			52			0.04
35	42	55		30　56　67	59	3	3.5	
42	48	62	6		66			
48	55	70			74			
55	63	78		35　67　78	82		4	
63	70	85			90			
70	78	95		40　78　105	100			
78	85	105			110			
85	95	115		45　89　112	120			
95	105	125			130			

J 形

d_1 以上	d_1 以下	d	l_1	l_J
—	1	3	2	6　8
1	1.5	4		
1.5	2	5		6　8　10　12
2	3	7	2.5	8　10　12　16
3	4	8		
4	6	10	3	10　12　16　20
6	8	12		
8	10	15		12　16　20　25
10	12	18	4	
12	15	22		16　20　(25)　28　36
15	18	26		20　25　(30)　36　45
18	22	30	5	
22	26	35		
26	30	42		25　(30)　36　45　56
30	35	48	6	
35	42	55		30　35　45　56
42	48	62		
48	55	70		
55	63	78		35　45　56　67
63	70	85		
70	78	95		40　56　67　78
78	85	105		
85	95	115		45　56　67　89
95	105	125		

表 15.2 嵌入導套(圓形及缺口形)(JIS B 5201)　　(單位 mm)

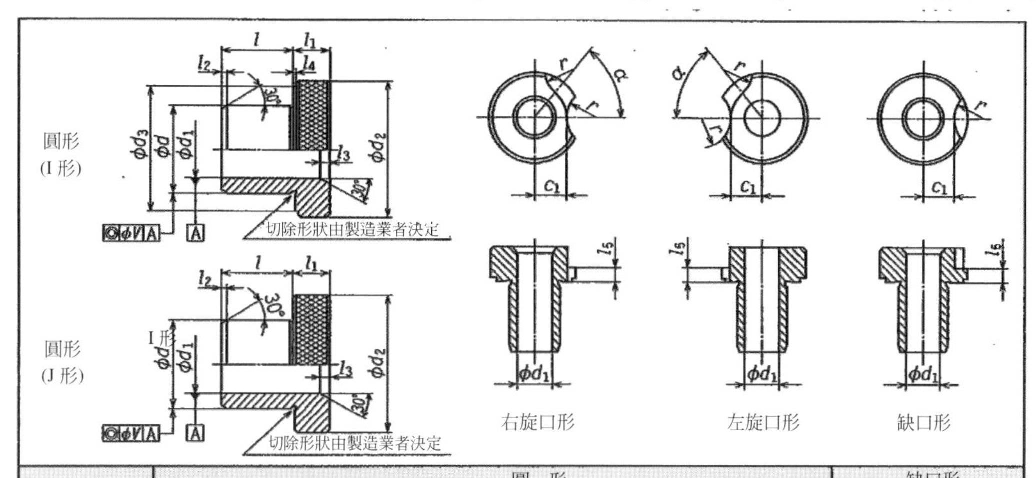

d_1 以上	d_1 以下	d	d_2 h13	d_3 0 −0.25	l [1] I形，J形	l_1	l_2 最大	l_3 [2] 最大	l_4 0 −0.25	同心度 V	l_5	C_1 最大	r	α (度)
—	4	8	15	12	10 12** 16	8	1.25	1.0	1	0.02	3	4.5	7.0	65
4	6	10	18	15	12 16** 20 25		1.5	1.5				6		
6	8	12	22	18		10					4	7.5	8.5	60
8	10	15	26	22	16 20** (25)** 28 36			2				9.5		50
10	12	18	30	26								11.5		
12	15	22	34	30	20 25** (30)** 36 45	12	2.5				5.5	13	10.5	35
15	18	26	39	35								15.5		
18	22	30	46	42	25 (30)** 36** 45 56			3				19		30
22	26	35	52	46					1.5	0.04		22		
26	30	42	59	53	30 35** 45** 56 67**		3.0					25.5		
30	35	48	66	60		16			2		7	28.5	12.5	
35	42	55	74	68				3.5				32.5		25
42	48	62	82	76	35 45** 56** 67 78**							36.5		
48	55	70	90	84								40.5		
55	62	78	100	94	40 56** 67** 78 105*			4				45.5		
62	70	85	110	104								50.5		20
70	78	95	120	114	45 50** 67** 89 112*							55.5		
78	85	105	130	124								60.5		

〔備註〕1. [1] l 值，*爲只用於 I 形，**爲只用於 J 形，[2] l_3 爲半徑之圓倒角亦可。
2. 表中 l 尺寸，有括號者，盡可能不使用。
3. l 之容許差爲 $^{0}_{-0.05}$ mm，l_1 之容許差依 JIS B 0405 規定 m 級(中級)(參考)。
4. 缺口形中未規定部分之尺寸，依圓形規定。

表 15.3　固定襯墊(JIS B 5201)　　(單位 mm)

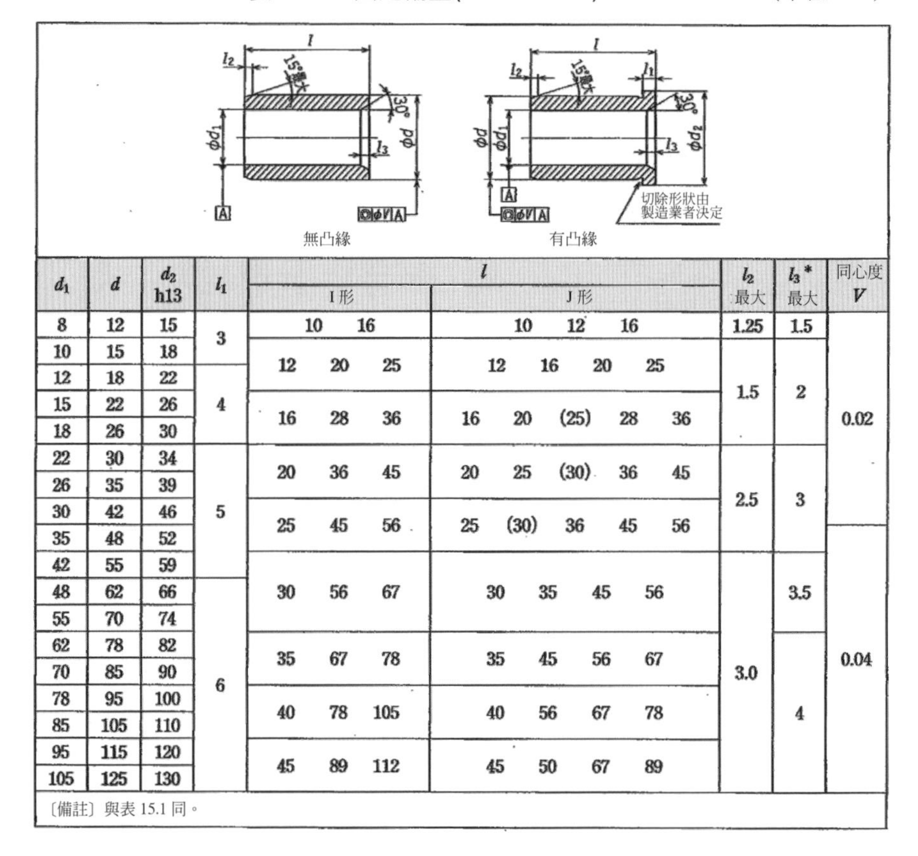

d_1	d	d_2 h13	l_1	l I形	l J形	l_2 最大	l_3* 最大	同心度 V
8	12	15	3	10　16	10　12　16	1.25	1.5	0.02
10	15	18		12　20　25	12　16　20　25	1.5	2	
12	18	22	4					
15	22	26		16　28　36	16　20　(25)　28　36			
18	26	30						
22	30	34	5	20　36　45	20　25　(30)　36　45	2.5	3	
26	35	39						
30	42	46		25　45　56	25　(30)　36　45　56			
35	48	52						
42	55	59		30　56　67	30　35　45　56	3.0	3.5	0.04
48	62	66	6					
55	70	74						
62	78	82		35　67　78	35　45　56　67		4	
70	85	90						
78	95	100		40　78　105	40　56　67　78			
85	105	110						
95	115	120		45　89　112	45　50　67　89			
105	125	130						

〔備註〕與表 15.1 同。

表 15.4　止動件(JIS B 5201)　　(單位 mm)

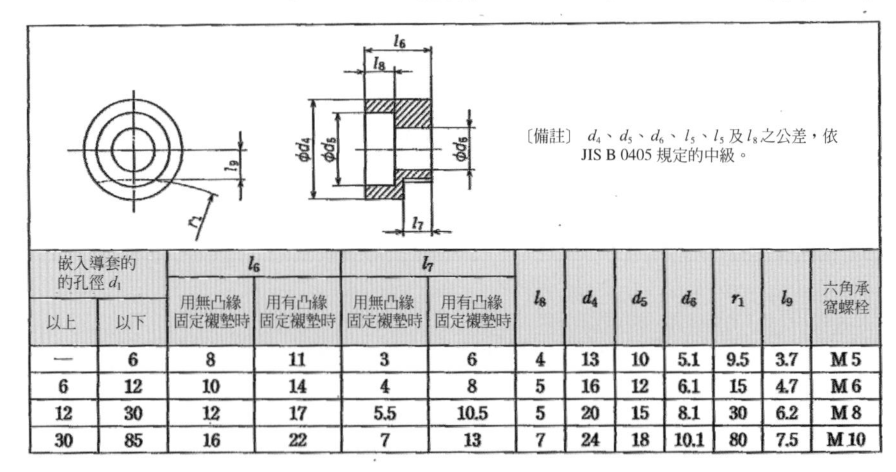

〔備註〕 d_4、d_5、d_6、l_5、l_5 及 l_8 之公差，依 JIS B 0405 規定的中級。

嵌入導套的的孔徑 d_1 以上	嵌入導套的的孔徑 d_1 以下	l_6 用無凸緣固定襯墊時	l_6 用有凸緣固定襯墊時	l_7 用無凸緣固定襯墊時	l_7 用有凸緣固定襯墊時	l_8	d_4	d_5	d_6	r_1	l_9	六角承窩螺栓
—	6	8	11	3	6	4	13	10	5.1	9.5	3.7	M 5
6	12	10	14	4	8	5	16	12	6.1	15	4.7	M 6
12	30	12	17	5.5	10.5	5	20	15	8.1	30	6.2	M 8
30	85	16	22	7	13	7	24	18	10.1	80	7.5	M 10

表 15.5　定位螺絲(JIS B 5201)　(單位 mm)

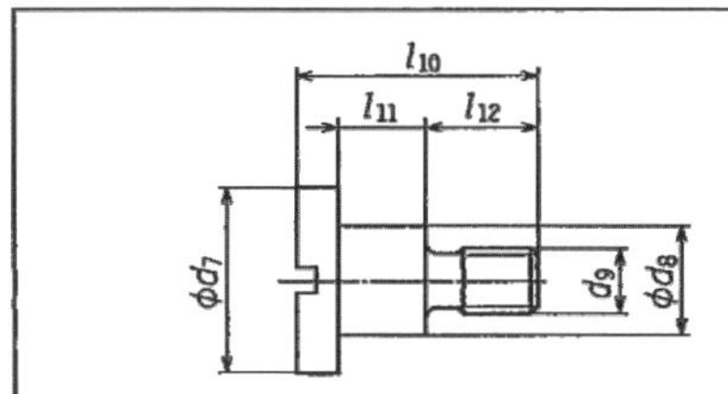

〔備註〕d_7、d_8 及 l_{10} 之容許差，依 JIS B 0405 規定 m 級(中級)，其它之尺寸容許差爲 C 級(粗級)。

嵌入導套的的孔徑 d_1		l_{10}		l_{11}		l_{12}	d_7	d_8	d_9
以上	以下	用無凸緣固定襯墊時	用有凸緣固定襯墊時	用無凸緣固定襯墊時	用有凸緣固定襯墊時			最大	
—	6	15	18	3	6	9	13	7.5	M 5
6	12	18	22	4	8	10	16	9.5	M 6
12	30	22	27	5.5	10.5	11.5	20	12	M 8
30	85	32	38	7	13	18.5	24	15	M 10

表 15.6　嵌入導套之止動件與定位螺絲之中心距離(JIS B 5201)　(單位 mm)

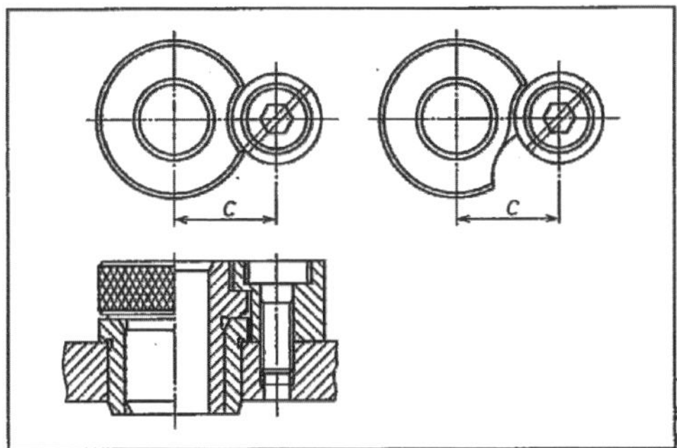

導套孔徑 d_1		C	導套孔徑 d_1		C
以上	以下	最小	以上	以下	最小
—	4	11.5	26	30	36
4	6	13	30	35	41
6	8	16	35	42	45
8	10	18	42	48	49
10	12	20	48	55	53
12	15	23.5	55	62	58
15	18	26	62	70	63
18	22	29.5	70	78	68
22	26	32.5	78	85	73

至於嵌入導套爲維持孔之大小及中心位置之精度，可採用圖示固定襯墊的方式。表 15.3 示 JIS 所規定固定襯墊的形狀及尺寸，其與固定導套同樣分爲有凸緣形及無凸緣形。

表 15.6 示嵌入導套固定時，導套與止動件，或定位螺絲的中心距離及固定螺絲的加工尺寸。

此外，述導套及襯墊之同心度値，如表 15.1～15.3 所示。

2. 工模、夾具用定位銷

工模及夾具之定位工作是極爲重要的。

因工作物或加工種類不同，有各種不同的定位方法，而通常採用 V 槽、3 平面式、銷等方式，如圖 15.17～圖 15.19 所示。

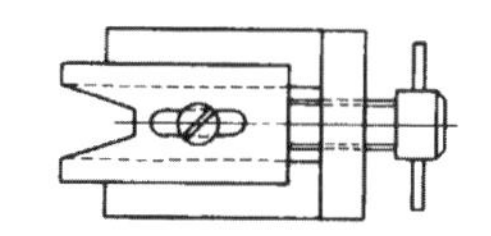

圖 15.17　利用 V 槽的方法

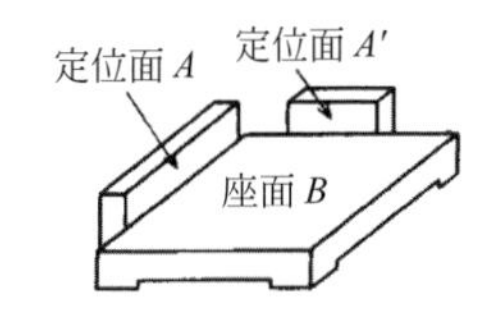

圖 15.18　利用 3 平面方法

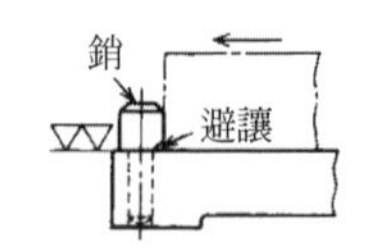

圖 15.19　利用銷的方法

JIS 中對於定位用銷有所規定，如下文所述。

表 15.7、15.8 示規格中，對於工模、夾具用定位銷的規定。有圓形、菱形、附凸緣圓形及附凸緣菱形，其中有凸緣者應用於必須防止傾倒的場合。

所有的銷均利用其圓筒部作定位，但利用 2 支銷定位時，原則上則圓形與菱形並用，如圖 15.20 所示。

表 15.7　工模及夾具用定位銷(圓形、菱形)
(JIS B 5216，1999 年廢止)

(單位 mm)

d (g6)	d_1 (p6)	l	l_1	l_2	l_3	d_2	l_4	B (約)	α (約)
3 以上 4 以下	4	11 13	2	4	5 7	—	—	1.2	50°
4 以上 5 以下	5	13 16	2	5	6 9	—	—	1.5	50°
5 以上 6 以下	6	16 20	3	6	7 11	—	—	1.8	50°
6 以上 8 以下	8	20 25	3	8	9 14	—	—	2.2	50°
8 以上 10 以下	10	24 30	3	10	11 17	M4	8	3	60°
10 以上 12 以下	12	27 34	4	10	13 20	M4	8	3.5	60°
12 以上 14 以下	14	30 38	4	11	15 23	M5	10	4	60°
14 以上 16 以下	16	33 42	4	12	17 26	M6	12	5	60°
16 以上 18 以下	18	36 46	5	12	19 29	M6	12	5.5	60°
18 以上 20 以下	20	39 47	5	12	22 30	M6	12	6	60°
20 以上 22 以下	22	41 49	5	14	22 30	M8	16	7	60°
22 以上 25 以下	25	41 49	5	14	22 30	M8	16	8	60°
25 以上 28 以下	28	41 49	5	14	22 30	M8	16	9	60°
28 以上 30 以下	30	41 49	5	14	22 30	M8	16	9	60°

表 15.8　工具及夾具用定位銷(附凸緣圓形，附凸緣菱形)
(JIS B 5216，1999 年廢止)

(單位 mm)

d (g6)	d_1 (h6)	D	l_1	l_2	l_3	l_4	d_2	a	B (約)	α (約)	l
4 以上 6 以下	12	16	3	8	12	10	M 6	8	2	50°	3, 4, 8, 10, 14, 18
6 以上 10 以下	12	16	3	12.5	12	14	M 6	8	3	50°	
10 以上 12 以下	12	18	4	12.5	14	15	M 6	8	4	60°	4, 8, 10, 14, 18, 22.4
12 以上 16 以下	16	20	4	14	16	17	M 8	10	4.5	60°	8, 10, 14, 18, 22.4, 28
16 以上 18 以下	16	25	4	14	16	17	M 8	10	6	60°	
18 以上 20 以下	16	25	4	14	16	17	M 8	10	6	60°	
20 以上 25 以下	20	30	5	14	16	18	M10	12	7.5	60°	
25 以上 30 以下	20	30.5	5	16	20	20	M10	12	9	60°	

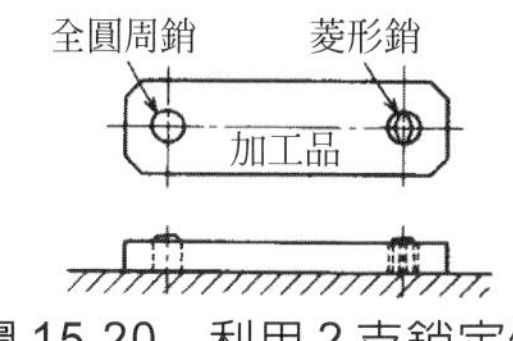

圖 15.20　利用 2 支銷定位

表 15.9 示銷的同心度公差。

表 15.9　定位銷的同心度
(JIS B 5216，1999 年廢止)
(單位 mm)

d	同心度公差 V
6 以下	0.005
6 以上 16 以下	0.008
16 以上 30 以下	0.010

3.　工模、夾具用鎖件

與導套相同廣泛用於工模的是鎖件，由於使用位置等不同，形式亦不同，對於常用者 JIS 制有規定，以下說明其形狀與標準尺寸。

⑴　**工模用鎖件(平形)**：圖 15.21 所示爲平形工模鎖件之實例。依頭部形狀有角形、尖頭形，而依鎖合部形狀則有 1 種、2 種、3 種(表 15.10 中之圖)。

爲便利移動而鬆脫夾緊作用，鎖件之貫通螺孔爲橢圓形，但有時不以孔之移動，而用迴轉亦可達成鬆脫。

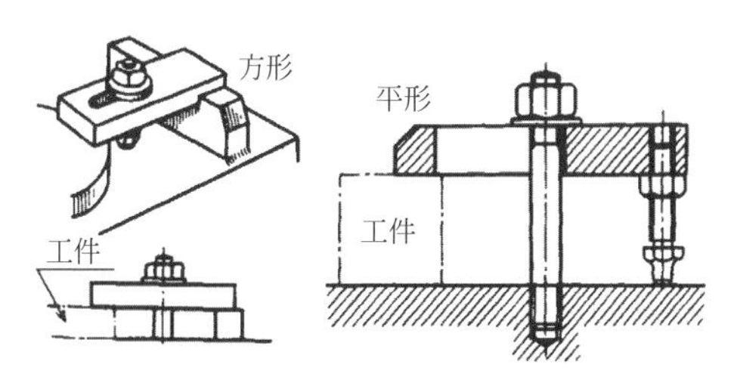

圖 15.21　形鎖件之實例

附槽形之槽功用，係防止銷件夾緊時，因螺帽間之摩擦而使銷件同時迴轉，造成的工件鬆脫；爲防止鎖件之迴轉，除確實壓緊工件外，鎖件與工件接觸之部位亦須考慮，如圖 15.21 所示，壓緊工件時，相互之間還要保持水平。

⑵　**工模用鎖件(附腳形)**：如圖 15.22 所示，大致與平形鎖件相同，唯支持側有製成R面之附腳，故夾緊時縱使稍有傾斜，亦可壓緊，表 15.11 爲附腳形之各部尺寸規格；如用在粗車削時，因加壓部份不平坦，且鎖件又可能有傾斜，故鎖件接觸之兩端均製成R面。如須夾緊工件粗面時，鎖件之接觸面必須爲鋸齒狀，增加夾緊力。

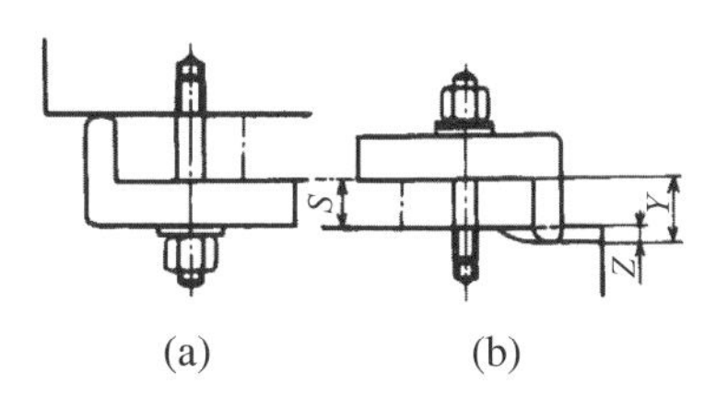

圖 15.22　附腳形工模鎖件(工件的$S=Y-Z$)

⑶　**工模用鎖件(U 形)**：平形與附腳形都用於較小形與中形之工模，U 形則用於大形工模之夾緊，如圖 15.23 所示之 U 形鎖件，表 15.12 爲其各部標準尺寸。

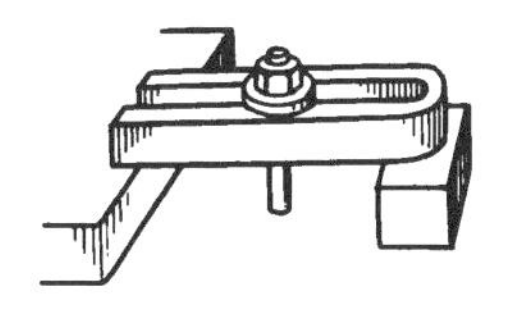

圖 15.23　U 形鎖件

⑷ **鎖件之使用方法**：使用鎖件時，應配合圖 15.24 所示之鎖緊台，而且爲保持相同之高度，使用如圖 15.25 所示彈簧墊圈之鎖件，對於工作甚方便，如未借助於彈簧，則鎖件每次下墜，再要夾緊工件時，又要用手撿起來，非常麻煩，影響生產力，圖 15.26 是特殊鎖件之使用方法。

表 15.10　工模用鎖件(平、附槽、附螺紋)(JIS B 5227)　(單位 mm)

1 種　2 種　3 種　附槽

稱呼	d	L	a	b	e	h	f	i	j	k	m	d1	鎖緊螺栓
6	7	40 50 63	15 20 25	20	10	9	3	6	1.5	7	6	M6	M6
8	9.5	50 63 80	20 25 35	25	12	12	4	8	1.5	9			M8
10	12	63 80	22 32	32	15	16	5	10	2	12	8	M8	M10
		100	40			9			3	14			
12	14	63	28	32	14	19	6	12	3	14	10	M10	M12
		80 100 125	30 40 50	40	20								
16	19	80	35	40	18	19	7	16	3	14	11	M12	M16
		100 125 160	35 45 65	50	26	25			3.5	17			
20	23	100 125	45 55	50	22	25	9	20	3.5	17	13	M16	M20
		160 200 250	60 80 105	63	32	30			4	20			
24	27	125 160 200	50 60 80	63	36	30	10	24	4	20	15	M18	M24
		250 315	100 130	71	42	35			5	27			
27	30	125 160 200	50 60 80	71	36	30	11	26	4	20	16	M20	M27
		250 315	100 130	80	42	40			5	27			

〔備註〕1. I 模用鎖件材料依 JIS B 3101 規定或使用較其高級者。
2. 必須倒角時之倒角角度θ 爲 15～45°。
3. 尺寸公差取 JIS B 0405 之粗級。

表 15.11　工模用鎖件(附腳形)(JIS B 5227，1999 年廢止)　(單位 mm)

1 種

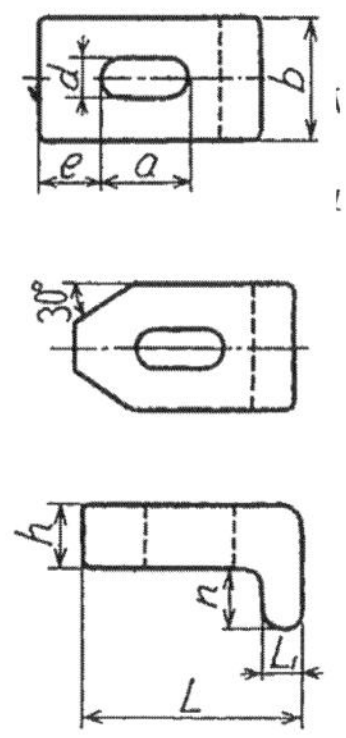

稱呼	d	L	a	b	e	h	L_1	k	j	n				鎖緊螺栓
6	7	40 50 63	15 20 25	20	10	9	7	7	1.5	5	10	15	20	M 6
8	9.5	50 63 80	20 25 35	25	12	12	9	9	1.5	10	15	20	25	M 8
10	12	63 80	22 32	32	15	16	12	12	2	15	20	25	30	M10
		100	40			19	14	14	3					
12	14	60	28	32	14	19	14	14	3	20	25	30	35	M12
		80 100 125	30 40 50	40	20									

(單位 mm)

2 種、3 種

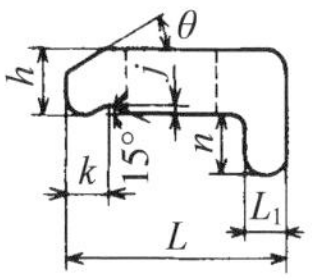

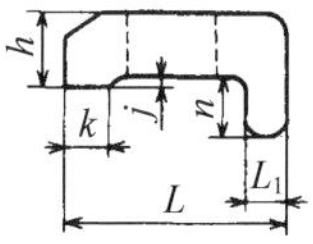

稱呼	d	L	a	b	e	h	L_1	k	j	n				鎖緊螺栓
16	19	80	35	40	18	17	14	14	3	20	30	40	50	M16
		100 125 160	35 45 65	50	26	25	17	17	3.5					
20	23	100 125	45 55	50	22	25	17	17	3.5	30	40	50	60	M20
		160 200 250	60 80 105	63	32	30	20	20	4					

〔備註〕1. 必須倒角時之倒角角度 15～45°。
2. 尺寸公差取 JIS B 0405 之粗級。

表 15.12 工模用鎖件(U 形)
(JIS B 5227，1999 年廢止)

(單位 mm)

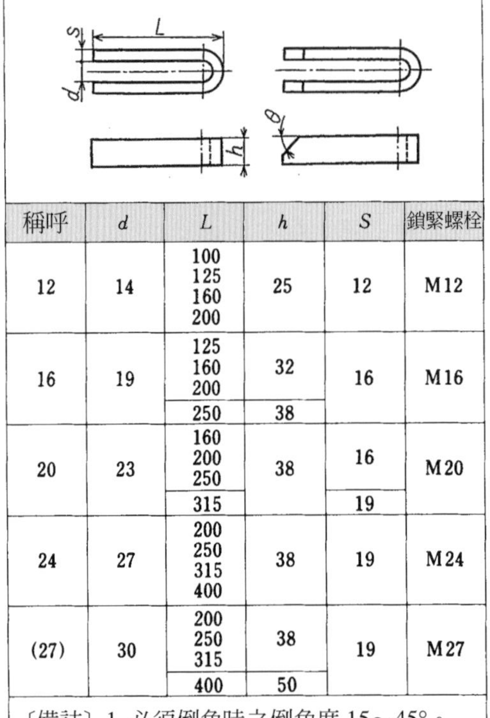

稱呼	d	L	h	S	鎖緊螺栓
12	14	100 125 160 200	25	12	M12
16	19	125 160 200	32	16	M16
		250	38		
20	23	160 200 250	38	16	M20
		315		19	
24	27	200 250 315 400	38	19	M24
(27)	30	200 250 315	38	19	M27
		400	50		

〔備註〕 1. 必須倒角時之倒角度 15～45°。
2. 稱呼欄中有括號者盡量不用。

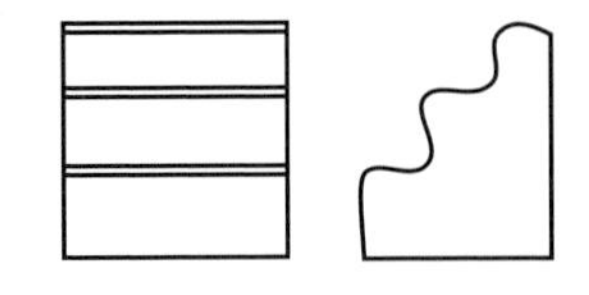

圖 15.24 工模用階段鎖緊台

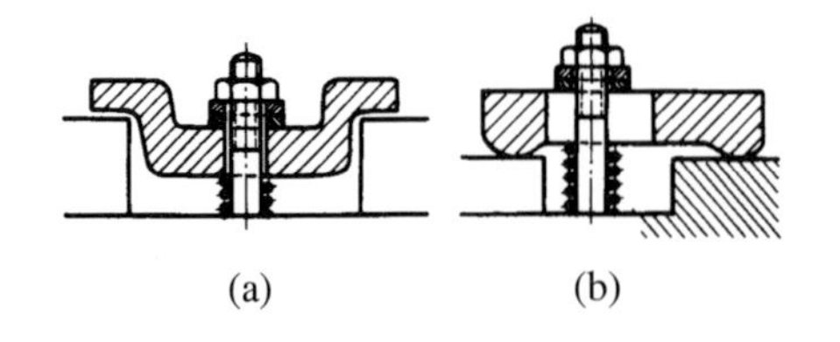

(a) (b)

圖 15.25 鎖件的使用方法

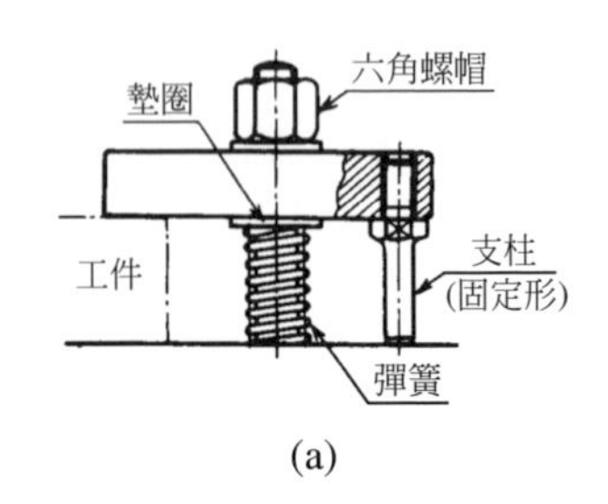

(a)

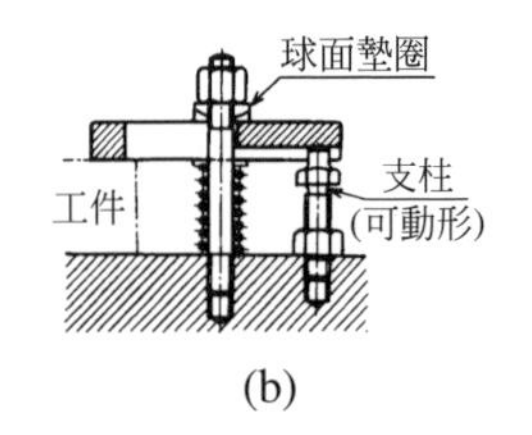

(b)

圖 15.26 特殊鎖件之使用方法

受夾緊工件，由於高度不同，而使鎖件傾斜時，如在螺帽下方墊上工模用球面墊圈(表 15.13，表 15.26)亦可達成固定之目的，若考慮夾緊螺帽之磨損問題，應使用工模用六角螺帽(表 15.14)，有效地活用墊圈、開縫墊圈與有槽墊圈可以提高夾緊、鬆脫之效率，表 15.15 與表 15.16 爲其標準尺寸。

4. 工模夾具用壓緊螺栓、螺帽與其它

工件裝在工模的方法，除使用鎖件之外，尚可使用壓緊螺栓、螺帽等固定方法，此類零件之使用實例及一般採用的標準尺寸如表 15.16～表 15.24 所示。

表 15.13　工模用球面墊圈(JIS B 5211，1999 年廢止)　(單位 mm)

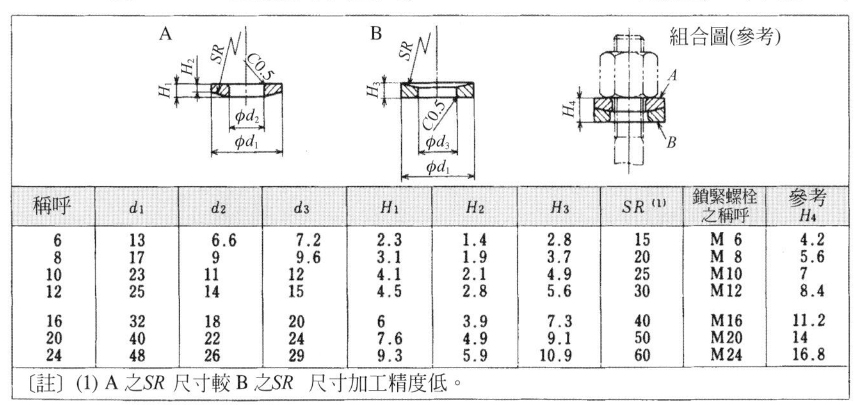

稱呼	d_1	d_2	d_3	H_1	H_2	H_3	SR (1)	鎖緊螺栓之稱呼	參考 H_4
6	13	6.6	7.2	2.3	1.4	2.8	15	M 6	4.2
8	17	9	9.6	3.1	1.9	3.7	20	M 8	5.6
10	23	11	12	4.1	2.1	4.9	25	M10	7
12	25	14	15	4.5	2.8	5.6	30	M12	8.4
16	32	18	20	6	3.9	7.3	40	M16	11.2
20	40	22	24	7.6	4.9	9.1	50	M20	14
24	48	26	29	9.3	5.9	10.9	60	M24	16.8

〔註〕(1) A 之SR 尺寸較 B 之SR 尺寸加工精度低。

表 15.14　工模用六角螺帽(JIS B 5226，1999 年廢止)　(單位 mm)

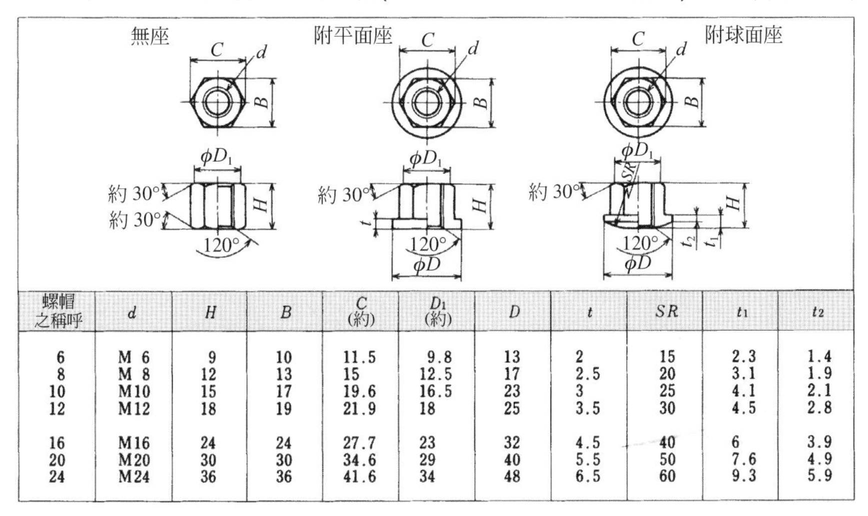

螺帽之稱呼	d	H	B	C (約)	D_1 (約)	D	t	SR	t_1	t_2
6	M 6	9	10	11.5	9.8	13	2	15	2.3	1.4
8	M 8	12	13	15	12.5	17	2.5	20	3.1	1.9
10	M10	15	17	19.6	16.5	23	3	25	4.1	2.1
12	M12	18	19	21.9	18	25	3.5	30	4.5	2.8
16	M16	24	24	27.7	23	32	4.5	40	6	3.9
20	M20	30	30	34.6	29	40	5.5	50	7.6	4.9
24	M24	36	36	41.6	34	48	6.5	60	9.3	5.9

表 15.15　工模用開槽墊圈(JIS B 5211，1999 年廢止)　(單位 mm)

稱呼	d	t	D
6	6.4	6	20, 25
8	8.4	6 8	25 30, 35, 40, 45
10	10.5	8 10	30, 35, 40, 45 50, 60, 70
12	13	8 10	35, 40, 45 50, 60, 70, 80
16	17	10 12	50, 60, 70, 80 90, 100
20	21	10 12	70, 80 90, 100
24	25	10 12	70, 80 90, 100

〔註〕D 係輥紋加工前之尺寸。

表 15.16 工模用鉤形墊圈 (JIS B 5211，1999 年廢止)

(單位 mm)

(單位 mm)

稱呼	d	d_1	D	r	R	S	t
6	6.6	8.5	20	2	8	18	6
8	9	8.5	26	3	8	21	6
10	11	8.5	32	3	8	24	6
12	13.5	10.5	40	3	10	27	8
16	18	10.5	50	3	10	33	8
20	22	10.5	60	3	10	38	8
24	26	12.5	65	4	12	42	10
(27)	29	12.5	70	4	12	45	10

表 15.17 工模用鉤形墊圈使用之螺栓 (JIS B 5211，1999 年廢止)

(單位 mm)

(單位 mm)

稱呼	d	d_1	D	H	a	b	T	L
6	M 6	8	11	6	5	3	6.5	21
8	M 8	10	14	6	6	4	8.5	26
10	M10	12	16	8	8	5	10.5	33

表 15.18 工模用 T 形螺帽(把手固定形)

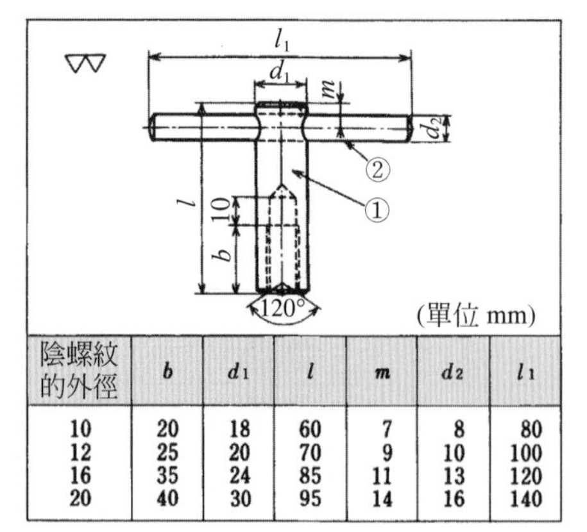

陰螺紋的外徑	b	d_1	l	m	d_2	l_1
10	20	18	60	7	8	80
12	25	20	70	9	10	100
16	35	24	85	11	13	120
20	40	30	95	14	16	140

表 15.19 工模用 T 形螺帽(把手可動形)

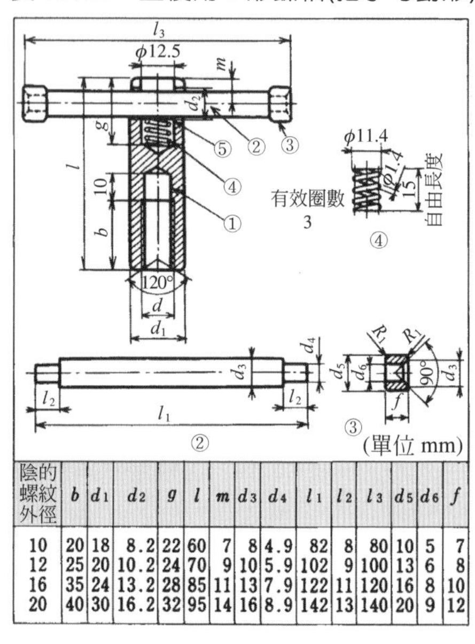

陰的螺紋外徑	b	d_1	d_2	g	l	m	d_3	d_4	l_1	l_2	l_3	d_5	d_6	f
10	20	18	8.2	22	60	7	8	4.9	82	8	80	10	5	7
12	25	20	10.2	24	70	9	10	5.9	102	9	100	13	6	8
16	35	24	13.2	28	85	11	13	7.9	122	11	120	16	8	10
20	40	30	16.2	32	95	14	16	8.9	142	13	140	20	9	12

表 15.20 工模用球把手

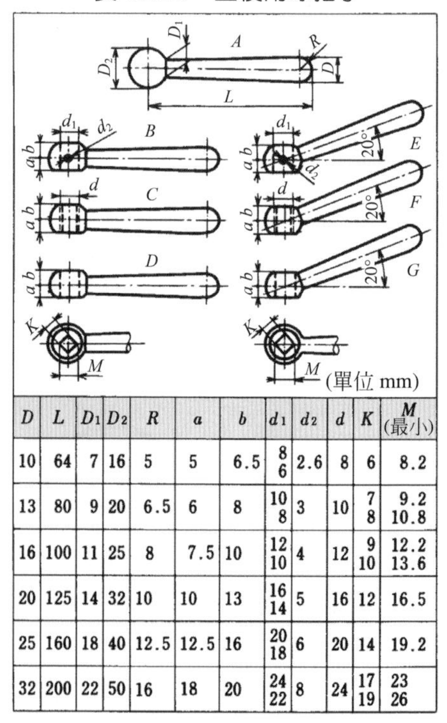

D	L	D_1	D_2	R	a	b	d_1	d_2	d	K	M (最小)
10	64	7	16	5	5	6.5	8 6	2.6	8	6	8.2
13	80	9	20	6.5	6	8	10 8	3	10	7 8	9.2 10.8
16	100	11	25	8	7.5	10	12 10	4	12	9 10	12.2 13.6
20	125	14	32	10	10	13	16 14	5	16	12	16.5
25	160	18	40	12.5	12.5	16	20 18	6	20	14	19.2
32	200	22	50	16	18	20	24 22	8	24	17 19	23 26

表 15.21　工模用鎖刀

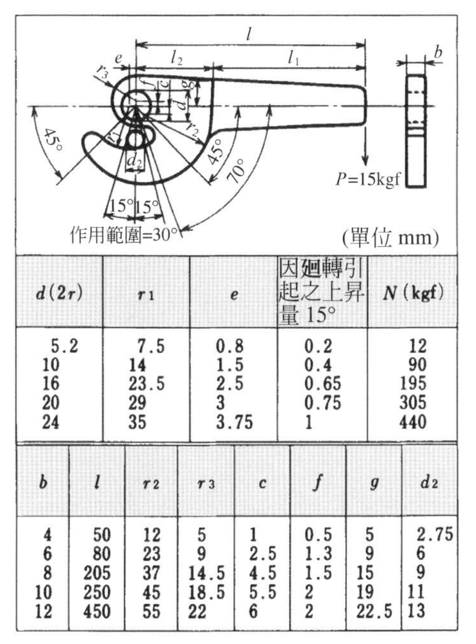

d(2r)	r_1	e	因廻轉引起之上昇量 15°	N (kgf)
5.2	7.5	0.8	0.2	12
10	14	1.5	0.4	90
16	23.5	2.5	0.65	195
20	29	3	0.75	305
24	35	3.75	1	440

b	l	r_2	r_3	c	f	g	d_2
4	50	12	5	1	0.5	5	2.75
6	80	23	9	2.5	1.3	9	6
8	205	37	14.5	4.5	1.5	15	9
10	250	45	18.5	5.5	2	19	11
12	450	55	22	6	2	22.5	13

表 15.22　工模用鎖緊螺栓

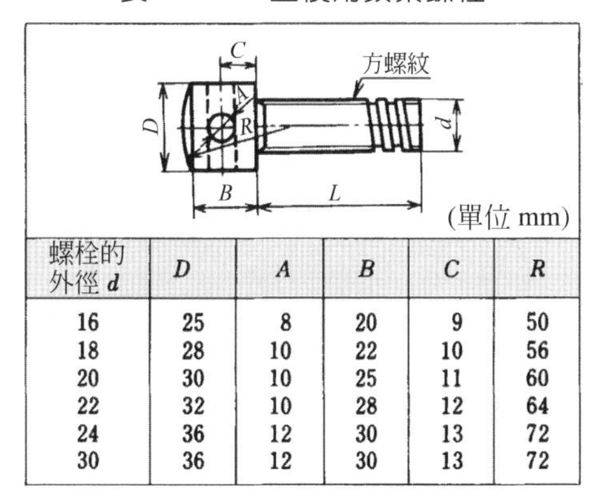

螺栓的外徑 d	D	A	B	C	R
16	25	8	20	9	50
18	28	10	22	10	56
20	30	10	25	11	60
22	32	10	28	12	64
24	36	12	30	13	72
30	36	12	30	13	72

5.　工模製作的鑽孔位置

如工模類、鑽孔位置多且相關位置又須正確時，若逐一畫線鑽孔，絕非智舉，故應用工模搪床，以使鑽孔正確有效地完

表 15.23　工模用鎖緊墊座部尺寸

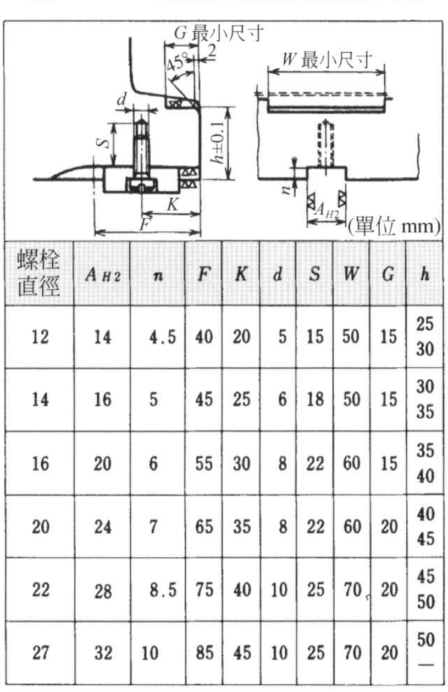

螺栓直徑	A_{H2}	n	F	K	d	S	W	G	h
12	14	4.5	40	20	5	15	50	15	25 30
14	16	5	45	25	6	18	50	15	30 35
16	20	6	55	30	8	22	60	15	35 40
20	24	7	65	35	8	22	60	20	40 45
22	28	8.5	75	40	10	25	70	20	45 50
27	32	10	85	45	10	25	70	20	50 —

表 15.24　工模鎖緊墊座部尺寸

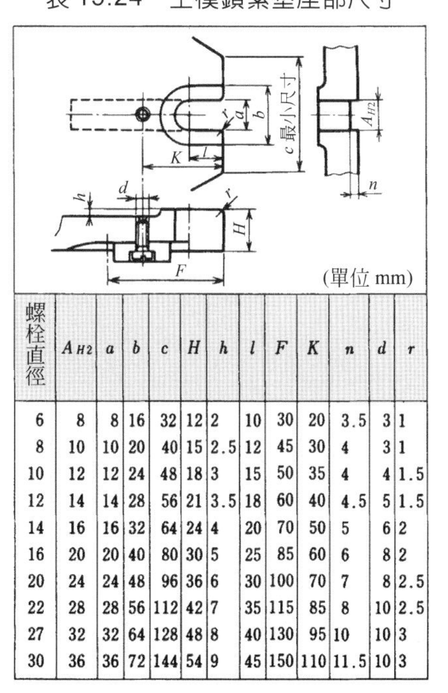

螺栓直徑	A_{H2}	a	b	c	H	h	l	F	K	n	d	r
6	8	8	16	32	12	2	10	30	20	3.5	3	1
8	10	10	20	40	15	2.5	12	45	30	4	3	1
10	12	12	24	48	18	3	15	50	35	4	4	1.5
12	14	14	28	56	21	3.5	18	60	40	4.5	5	1.5
14	16	16	32	64	24	4	20	70	50	5	6	2
16	20	20	40	80	30	5	25	85	60	6	8	2
20	24	24	48	96	36	6	30	100	70	7	8	2.5
22	28	28	56	112	42	7	35	115	85	8	10	2.5
27	32	32	64	128	48	8	40	130	95	10	10	3
30	36	36	72	144	54	9	45	150	110	11.5	10	3

直，且移動機構之螺紋精度很高，利用分厘卡、分度盤、游標尺義儀器，可達0.005之精度，位置測定用顯微鏡、角度測定用顯微鏡、中心衝用配件等附加裝置都能與鑽軸用心，加工迅速確實。

此外，表 15.25 為工模設計製圖必要之尺寸標準，表 15.26 為等分圓孔尺寸座標，而且表 15.27 為機械零件鑽二個孔之中心距離容許差。

6. 工模設計注意事項

① 必先決定定位之基準面。

② 工件夾緊要在正確位置。

③ 夾緊裝置務必拆裝容易與迅速。

④ 夾緊裝置之位置宜在抵抗刀具切削壓力最佳之位置。

表 15.25 工模設計製圖的尺寸標準

1. 中心孔：車床、銑床用的工模鑽孔，有下列 5 種。
   - D=12mm 以下 ±0.01mm
   - D=16mm 以下 ±0.01mm
   - D=20mm 以下 ±0.01mm
   - D=25mm 以下 ±0.01mm (車床儘量用此孔)
   - D=35mm 以下 ±0.01mm (銑床儘量用此孔)
2. 對心孔：對心孔(對心塞、螺栓用孔)的中心距離註明下列之尺寸公差。

   ±0.01 ±0.01 ±0.01
3. 螺栓孔的距離：如螺栓孔、螺楷孔等，軸與孔間有 0.5mm 以上之間隙時，孔中心距離須加下列之尺寸公差。

   ±0.05 ±0.05 ±0.05
4. 角度：鑽削孔徑及未有精確角度時，註明下列尺寸公差。

   ±30'

表 15.26 工模搪床加工時之等分圓孔座標值

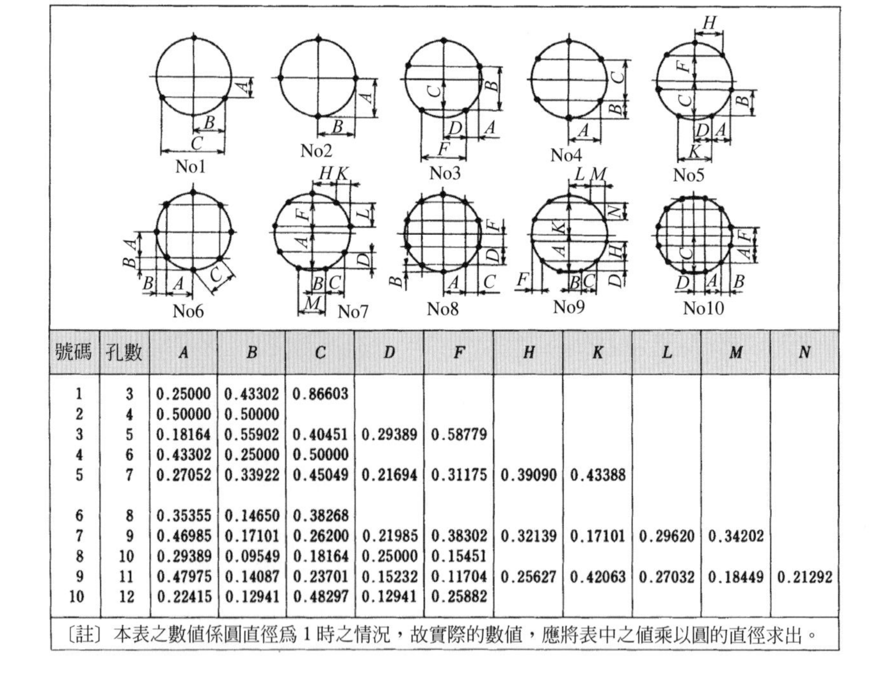

號碼	孔數	A	B	C	D	F	H	K	L	M	N
1	3	0.25000	0.43302	0.86603							
2	4	0.50000	0.50000								
3	5	0.18164	0.55902	0.40451	0.29389	0.58779					
4	6	0.43302	0.25000	0.50000							
5	7	0.27052	0.33922	0.45049	0.21694	0.31175	0.39090	0.43388			
6	8	0.35355	0.14650	0.38268							
7	9	0.46985	0.17101	0.26200	0.21985	0.38302	0.32139	0.17101	0.29620	0.34202	
8	10	0.29389	0.09549	0.18164	0.25000	0.15451					
9	11	0.47975	0.14087	0.23701	0.15232	0.11704	0.25627	0.42063	0.27032	0.18449	0.21292
10	12	0.22415	0.12941	0.48297	0.12941	0.25882					

〔註〕本表之數值係圓直徑為 1 時之情況，故實際的數值，應將表中之值乘以圓的直徑求出。

表 15.27 中心距離之容許差(JIS B 0613) (單位 mm)

中心距離之區分(mm)		等級				
以上	以下	0 級(參考)	1 級	2 級	3 級	4 級(mm)
—	3	± 2	± 3	± 7	± 20	± 0.05
3	6	± 3	± 4	± 9	± 24	± 0.06
6	10	± 3	± 5	± 11	± 29	± 0.08
10	18	± 4	± 6	± 14	± 35	± 0.09
18	30	± 5	± 7	± 17	± 42	± 0.11
30	50	± 6	± 8	± 20	± 50	± 0.13
50	80	± 7	± 10	± 23	± 60	± 0.15
80	120	± 8	± 11	± 27	± 70	± 0.18
120	180	± 9	± 13	± 32	± 80	± 0.2
180	250	± 10	± 15	± 36	± 93	± 0.23
250	315	± 12	± 16	± 41	± 105	± 0.26
315	400	± 13	± 18	± 45	± 115	± 0.29
400	500	± 14	± 20	± 49	± 125	± 0.32
500	630	—	± 22	± 55	± 140	± 0.35
630	800	—	± 25	± 63	± 160	± 0.4
800	1000	—	± 28	± 70	± 180	± 0.45
1000	1250	—	± 33	± 83	± 210	± 0.53
1250	1600	—	± 39	± 98	± 250	± 0.63
1600	2000	—	± 46	± 120	± 300	± 0.75
2000	2500	—	± 55	± 140	± 350	± 0.88
2500	3150	—	± 68	± 170	± 430	± 1.05

⑤ 工模與夾具的夾緊元件儘量合爲整體裝置。

⑥ 工模之定位銷，在裝配工件時，應避免設計在超出工作人員的視線外。

⑦ 設計的零件數儘量少。

⑧ 考慮切屑排出口，以便於清洗。

⑨ 各部均需做倒角或圓角加工。

⑩ 考慮重量及精度，要有足夠的剛性，重量隨之增加，必須注意。

如能注意以上各點，則除特殊加工外，使用工模必可提高工作效率。

16

尺寸公差與配合

16.1 產品幾何特性(GPS)

2016年3月，對沿用多年的《尺寸公差與配合方法-第1部分：公差、尺寸差與配合的基礎(JIS B 0401-1：1998)》進行了全面修訂。比較新舊標準的內容、概念和數字本身沒有任何變化，但所使用的術語已進行了重大修改。然而，由於原文(ISO)存在一些誤譯和不一致的解釋，本書旨在避免專業知識教育環境中的混淆，考慮與內部標準、國家認證考試等的一致性。仍有舊版中使用的術語標準被用作解釋。表16.1提供了新舊主要術語的比較，希望讀者適當使用。

表16.1　主要名詞新舊對照

新規格 JIS B 0401—1：2016		舊規格 JIS B 0401—1：1998	
產品幾何規格 (GPS) 與長度相關的尺寸公差之 ISO 代碼系統 一 第 1 部分：尺寸公差，尺寸差異和配合的基礎知識		尺寸公差及以及配合的方式一第 1 部分：尺寸公差，尺寸差異和配合的基礎知識	
項目編號	名詞	項目編號	名詞
3.1.1	尺寸特徵		
3.1.2	外形功能圖解		
3.2.1	圖解尺寸	4.3.1	基準寸法
3.2.2	適合尺寸	4.3.2	實寸法
3.2.3	容許公差尺寸	4.3.3	容許界線寸法
3.2.3.1	允許尺寸上限	4.3.3.1	最大容許寸法
3.2.3.2	允許尺寸下限	4.3.3.2	最小容許寸法
3.2.4	尺寸差異	4.6	寸法差
3.2.5.1	上偏差	4.6.1.1	允許尺寸上限
3.2.5.2	下偏差	4.6.1.2	允許尺寸下限

表 16.1　主要名詞新舊對照(續)

項目編號	名詞	項目編號	名詞
3.2.6	容許差基礎	4.6.2	容許差基礎
3.2.7	△ 值		
3.2.8	尺寸公差	4.7	尺寸公差
3.2.8.1	尺寸公差極限		
3.2.8.2	基本尺寸公差	4.7.1	基本公差
3.2.8.3	基本尺寸公差等級	4.7.2	公差等級
3.2.8.4	尺寸公差區間	4.7.3	公差帶
3.2.8.5	公差等級	4.7.4	公差帶等級
3.3.4	安裝寬度	4.10.4	配合的變化量
3.4.1	ISO 配合法	4.11	配合方法
3.4.1.1	基孔制配合法	4.11.2	孔參考配合
3.4.1.2	基軸制配合法	4.11.1	軸參考配合
		4.3.2.1	實際尺寸
		4.4	
		4.5	
		4..7.5	

[參考] 尺寸(長度、角度、位置的總稱)➡ 尺寸
尺寸(指長度和直徑)➡尺寸
尺寸(指位置或距離)位置
尺寸公差(長度和直徑)➡尺寸公差(僅限於長度和直徑)
尺寸(位置)➡形狀公差(僅限於位置)
尺寸、尺寸輔助線、理論尺寸(理論上爲眞確尺寸)

16.2 配　合

1. 配合方法與限規

機械零件等，圓軸與孔配合的情況非常多，軸與孔的配合關係稱爲配合，有配合關係之軸與孔，如軸之直徑比孔的直徑小時，產生如圖 16.1(a)之餘隙，而如軸之直徑比孔的直徑大時，產生如圖(b)所示之緊度。

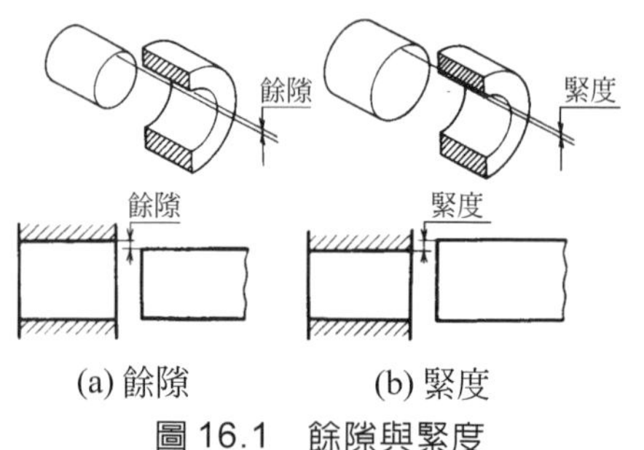

(a) 餘隙　(b) 緊度

圖 16.1　餘隙與緊度

由於緊度與餘隙之大小，可得各種不同功能之配合，故緊度與餘隙對於決定零件之功能，非常重要，所以大都須要極精密之加工，但在實際工作上，要大量生產尺寸精度相同之零件，實有困難，多少都會產生一些誤差，如依據零件之使用目的，而在實用上無妨礙的限度內，制定適當大小的二種限制尺寸(容許限制尺寸)，且在此範圍內(尺寸公差或簡稱公差)加工零件，則不但可以大量生產，而且可得零件之互換性，這種方式稱爲配合方式，實際成品尺寸(實際尺寸)須用圖 16.2 所示之限規測定檢查，是否在二種容許限制尺寸內(大者稱爲最大容許尺寸、小者稱爲最小容許尺寸)，限規有軸規(ring gage)與孔規(plug gage)二種。

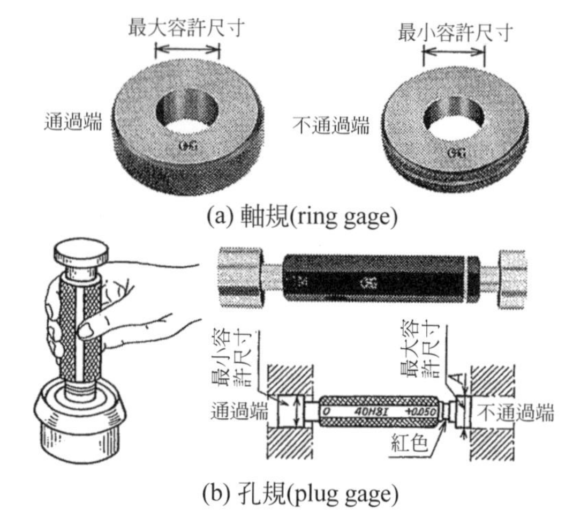

(a) 軸規(ring gage)

(b) 孔規(plug gage)

圖 16.2　限規

軸規之通過端尺寸爲最大容許尺寸，不通過端尺寸爲最小容許尺寸，若軸可以進入通過端、不能進入不通過端，表示成品合格，亦即，兩端皆無法進入時，表示產品加工尺寸大於最大容許尺寸，爲不合格品，同樣地，如兩端都可通過，表示加工尺寸小於最小容許尺寸。

孔規與軸規恰好相反，通過端尺寸依據最小容許尺寸不通過端尺寸依據最大容許尺寸，用孔規檢查孔時，不通過端受阻，而通過端可以插入，表示孔的尺寸公差在加工範圍內。

爲了防止限規通過端因測定時產生之磨耗，通常製造比不通過端要長，且在不通過端塗上紅色，以便識別，對其大小、種類，JIS 都有詳細規定。

限規是 1785 年由法國人 LeBlanc 發明，之後不久 1798 年，由美國人 Whitney 實用化，在機械技術史上是項極優異發明之一。

上述限規方法除可單獨用在配合部分外，亦可適當地應用，JIS B 0401(尺寸公差與配合)，即對 500 mm 以下機械零件容許限制尺寸、相互配合之孔與軸的組合、以及 500 mm 以上 3150 mm 以下之容許限制尺寸加以規定。

2. 配合的種類

配合依孔與軸的直徑大小可分下列三種：

⑴ **餘隙配合**：軸的最大容許尺寸比孔的最小容許尺寸小時(孔與軸之間有餘隙)。

⑵ **緊密配合**：軸的最小容許尺寸比孔的最大容許尺寸大時(孔與軸間有緊度)。

⑶ **中級配合**：軸之最大容許尺寸比孔之最小容許尺寸大(含兩者相等之情況)，而且軸之最小容許尺寸比孔之最大容許尺寸小時。

如上所述，孔與軸之加工皆容許公差，故實際上之餘隙或緊度，乃有圖 16.3 所示之範圍。

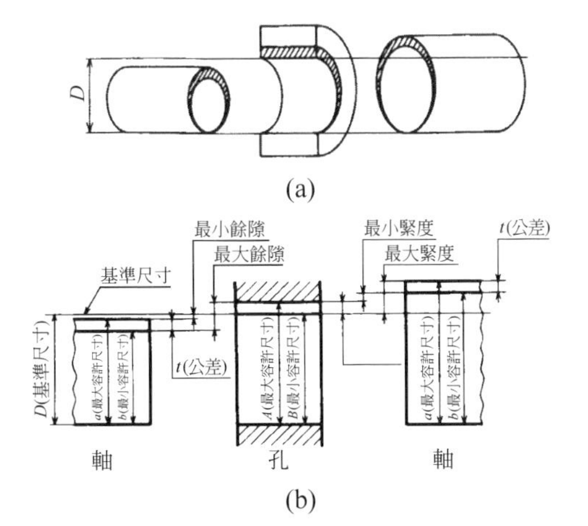

圖 16.3　餘隙與緊度的範圍

亦即將餘隙配合之孔最小容許尺寸與軸最大容許尺寸的差值，稱爲最小餘隙。而將孔之最大容許尺寸與軸最小容許尺寸的差值，稱爲最大餘隙。而緊密配合時，軸之最大容許尺寸與孔最小容許尺寸之差值稱爲最大緊度，軸之最小容許尺寸與孔的最大容許尺寸之差值，稱爲最小緊度。

中級配合時，依孔與軸之實際尺寸，可能爲餘隙或緊密配合，中級配合主要用於緊度比緊密配合小之情況，故務必按其需要選擇組合或調整，否則無法確保預期之功能。

3. 基孔制與基軸制

從事配合工作應先決定以孔或軸爲基準，前者稱爲基孔制，後者稱爲基軸制。

圖 16.4 即爲兩種制度，亦即(a)之基孔制，設定孔的公差固定，而變化相對的軸徑，以規定各種必要的餘隙或緊度之配合方式，(b)之基軸制與基孔制相反，設定軸徑之公差固定，而改變相對的孔徑，以規定各種必要的配合方法。

如上所述，則基孔制以孔最小容許尺寸做基準尺寸等配合(表示孔或軸徑大小之尺寸)，基軸制以軸之最大容許尺寸作爲基準尺寸來配合。

基孔制與基軸制各有其優缺點，除了英國採用基孔制爲多外，美、日等各國對外斷兩種制度皆合併使用，若要在基孔制或基軸制二者不受限制，任意選擇時，宜採用基孔制。

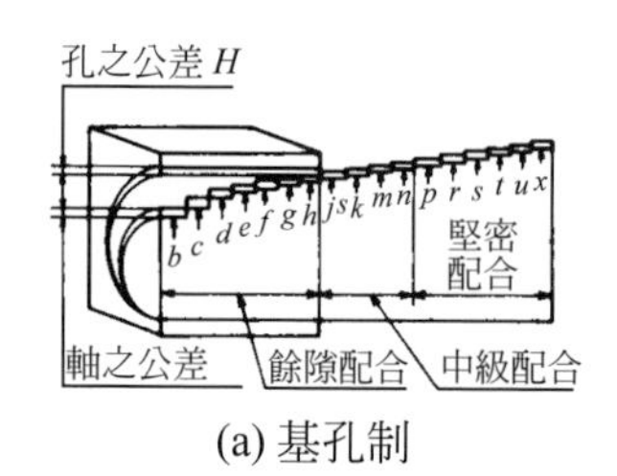

(a) 基孔制

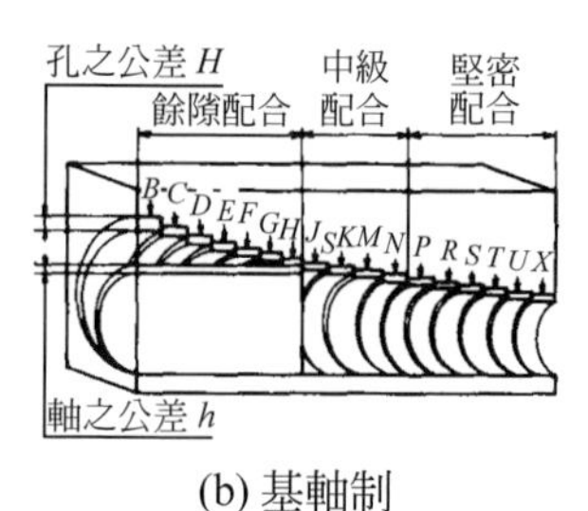

(b) 基軸制

圖 16.4 兩種基制

4. 配合圖示法

配合時之基準尺寸與孔、軸容許限制尺寸之關係圖示法如圖 16.5 所示。

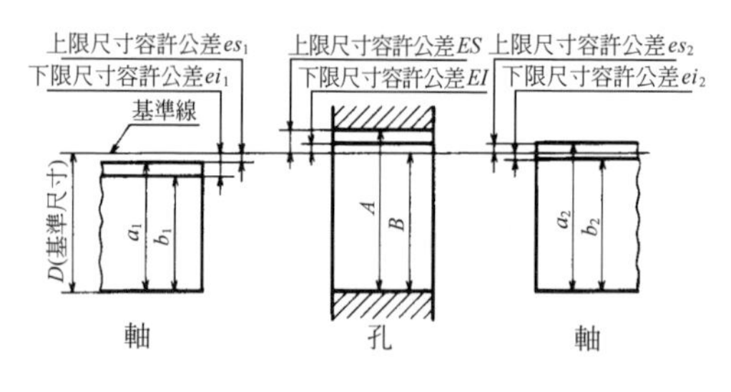

圖 16.5 上限及下限尺寸容許公差

圖中之基準線表示基準尺寸，此時之尺寸容許公差爲零，因此，若在此基準線爲基礎，則容許限制尺寸亦稱基準尺寸之最大容許尺寸與最小容許尺寸之尺寸公差，前者(最大容許尺寸減基準尺寸)稱爲上限容許公差，後者(最小容許尺寸減基準尺寸)稱爲下限容許公差。

這些名詞於下圖中，用下列符號表示。

孔之上限容許公差，用符號*ES*(Ecart Superieur 之縮寫)表示。

孔之下限容許公差，用符號*EI*(Ecart Interieur 之縮寫)表示。

軸之上限容許公差，用符號*es*表示。

軸之下限容許公差，用符號*ei*表示。

例如：如圖 16.5，基準尺寸 50.00(以下單位爲 mm)時，若

最大容許尺寸

$a_1 = 49.975$，$A = 50.025$，$a_2 = 50.070$

最小容許尺寸

$b_1 = 49.959$，$B = 50.000$，$b_2 = 50.054$

則，

上限容許公差

$es_1 = -0.025$，$ES = +0.025$，$es_2 = +0.070$

下限容許公差

$ei_1 = -0.041$，$EI = 0$，$ei_2 = +0.054$

於圖 16.5 及圖 16.6 中，上限容許公差及下限容許公差所示的 2 條線間所包含的區域稱爲公差域。

若用此公差域圖示餘隙配合、緊配合及中間配合的話，則如圖 16.7 所示。圖 16.8 示上述配合用語的圖解說明。

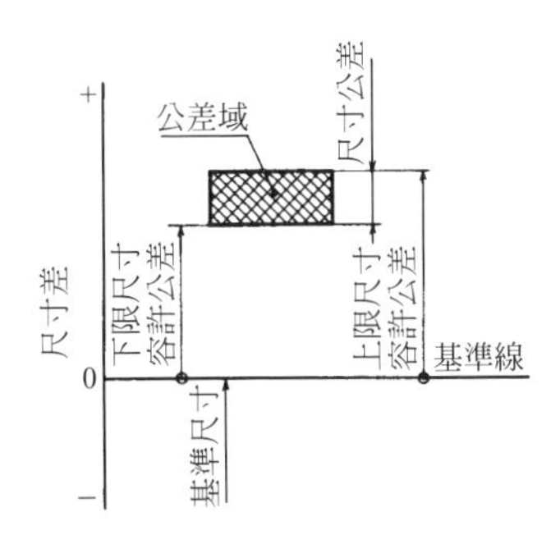

圖 16.6 公差域

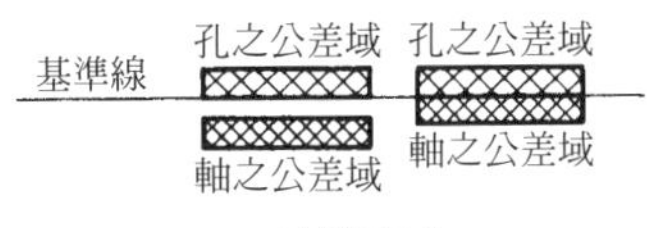

(a) 餘隙配合

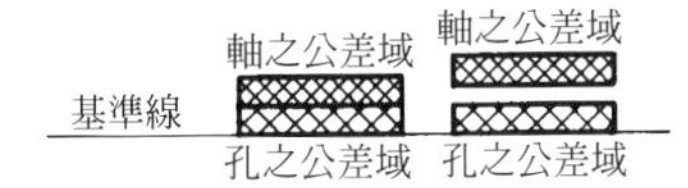

(b) 緊密配合

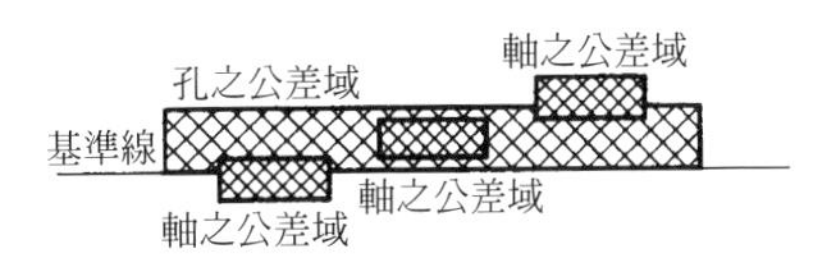

(c) 中級配合

圖 16.7 依公差域配合之圖示

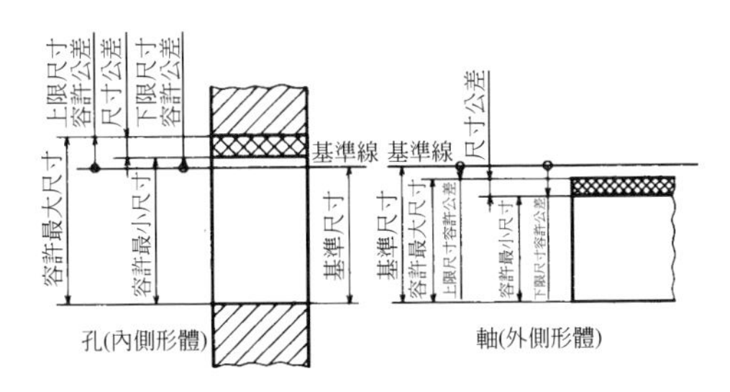

圖 16.8 配合用語之圖解

16.3 尺寸容許公差之取法

1. 尺寸的區分

軸徑與孔徑之尺寸愈大，加工精度反而愈低，故尺寸愈大，公差也須愈大。由於種尺寸範圍公差值計算相當麻煩，而且過份細分也不實用，故 JIS 制定如表 16.2 所示之區分，同一區分之尺寸，便屬於相同公差之等級。(JIS B 0401-1 附錄)

表 16.2 基準尺寸之區分

500mm 以下之基準尺寸			
主要區分		中間區分(1)	
以上	以下	以上	以下
—	3	無細區分	
3	6		
6	10		
10	18	10 14	14 18
18	30	18 24	24 30
30	50	30 40	40 50
50	80	50 65	65 80
80	120	80 100	100 120
120	180	120 140 160	140 160 180
180	250	180 200 225	200 225 250
250	315	250 280	280 315
315	400	315 355	355 400
400	500	400 450	450 500

500mm 以上 3150mm 以下之基準尺寸			
主要區分		中間區分(1)	
以上	以下	以上	以下
500	630	500 560	560 630
630	800	630 710	710 800
800	1 000	800 900	900 1 000
1 000	1 250	1 000 1 120	1 120 1 250
1 250	1 600	1 250 1 400	1 400 1 600
1 600	2 000	1 600 1 800	1 800 2 000
2 000	2 500	2 000 2 240	2 240 2 250
2 500	3 150	2 500 2 800	2 800 3 150

〔註〕
(1) 這些使用於 A～C 孔及 R～ZC 孔或 a～c 軸及 r～zc 軸的容許尺寸公差(參照表 16-3 及表 16-4)。
(2) 這些使用在 R～U 孔及 r～u 軸之容許尺寸公差(參照表16-3及表16-4)。

表 16.3　3150mm 以下基準尺寸之公差等級 IT 之數值 (JIS B 0401-2)

基準尺寸 (mm)		公差等級																	
		IT1[1]	IT2[1]	IT3[1]	IT4[1]	IT5[1]	IT6	IT7	IT8	IT9	IT10	IT11	IT12	IT13	IT14[2]	IT15[2]	IT16[2]	IT17[2]	IT18[2]
以上	以下	公差(基本公差)																	
		μm											mm						
—	3 [2]	0.8	1.2	2	3	4	6	10	14	25	40	60	0.1	0.14	0.25	0.4	0.6	1	1.4
3	6	1	1.5	2.5	4	5	8	12	18	30	48	75	0.12	0.18	0.3	0.48	0.75	1.2	1.8
6	10	1	1.5	2.5	4	6	9	15	22	36	58	90	0.15	0.22	0.36	0.58	0.9	1.5	2.2
10	18	1.2	2	3	5	8	11	18	27	43	70	110	0.18	0.27	0.43	0.7	1.1	1.8	2.7
18	30	1.5	2.5	4	6	9	13	21	33	52	84	130	0.21	0.33	0.52	0.84	1.3	2.1	3.3
30	50	1.5	2.5	4	7	11	16	25	39	62	100	160	0.25	0.39	0.62	1	1.6	2.5	3.9
50	80	2	3	5	8	13	19	30	46	74	120	190	0.3	0.46	0.74	1.2	1.9	3	4.6
80	120	2.5	4	6	10	15	22	35	54	87	140	220	0.35	0.54	0.87	1.4	2.2	3.5	5.4
120	180	3.5	5	8	12	18	25	40	63	100	160	250	0.4	0.63	1	1.6	2.5	4	6.3
180	250	4.5	7	10	14	20	29	46	72	115	185	290	0.46	0.72	1.15	1.85	2.9	4.6	7.2
250	315	6	8	12	16	23	32	52	81	130	210	320	0.52	0.81	1.3	2.1	3.2	5.2	8.1
315	400	7	9	13	18	25	36	57	89	140	230	360	0.57	0.89	1.4	2.3	3.6	5.7	8.9
400	500	8	10	15	20	27	40	63	97	155	250	400	0.63	0.97	1.55	2.5	4	6.3	9.7
500	630 [1]	9	11	16	22	32	44	70	110	175	280	440	0.7	1.1	1.75	2.8	4.4	7	11
630	800 [1]	10	13	18	25	36	50	80	125	200	320	500	0.8	1.25	2	3.2	5	8	12.5
800	1000 [1]	11	15	21	28	40	56	90	140	230	360	560	0.9	1.4	2.3	3.6	5.6	9	14
1000	1250 [1]	13	18	24	33	47	66	105	165	260	420	660	1.05	1.65	2.6	4.2	6.6	10.5	16.5
1250	1600 [1]	15	21	29	39	55	78	125	195	310	500	780	1.25	1.95	3.1	5	7.8	12.5	19.5
1600	2000 [1]	18	25	35	46	65	92	150	230	370	600	920	1.5	2.3	3.7	6	9.2	15	23
2000	2500 [1]	22	30	41	55	78	110	175	280	440	700	1100	1.75	2.8	4.4	7	11	17.5	28
2500	3150 [1]	26	36	50	68	96	135	210	330	540	860	1350	2.1	3.3	5.4	8.6	13.5	21	33

〔註〕(1) 基準尺寸 500mm 以上之對應公差等級 IT1～IT5 之公差值，是做實驗使用的暫定值。
(2) 公差等級 IT14～IT18 不適用於基準尺寸小於 1mm 者。

至於緊配量大的緊密配合及餘隙大的餘隙配合，爲了不造成表中“主要區分”的尺寸在各區間移動時，有過激的變化，因此，在一個區間再做 2～3 的細分，即“中間區分”。

2. 公差等級

尺寸公差係容許某些尺寸誤差之範圍，尺寸公差的大小，即可知道尺寸之精度。

製品因目的之不同，而有各種精度要求，必須以尺寸公差來表示其精、粗的程度。

JIS 規格中，製品精粗對應的尺寸公差大小，分爲 01 級、0 級、1～18 級共 20 個公差等級。再符號 IT(International Tolerance)後附加表示這些等級的數字，IT01，IT0，IT1～IT18，

這些公差等級的每一個，都有基本公差數值對應各基準尺寸區分間。但 IT01 及 IT0 較少使用，故未含於規格本體中，而揭示於附錄，同表亦將之省略。

此種基本公差用符號表示時，使用 IT 之符號((粗斜體)。

IT14～IT18 不適用於基準尺寸小於 1 mm 者。

3. 公差域的位置與公差域等級

如上所述，基本公差之數值，在各公差等級中是同一值，爲決定配合的間隙或

緊配量，必須規定其公差域要置於基準線的那一處對應位置。

以孔爲例，如圖 16.9(a)所示，公差域的位置是將公差域的下端，即下限尺寸容許公差，離基準尺寸最遠的位置者以*A*標示，漸接近基準軸則依序標示*B*、*C*、*D*～*G*，*H*則與基準軸一致。

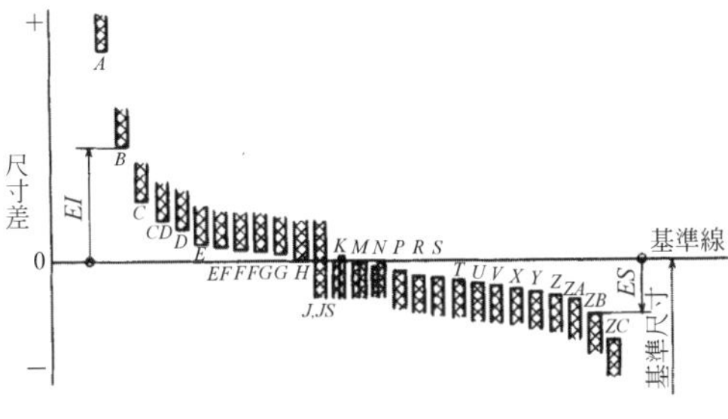

(a) 孔(內側形體)

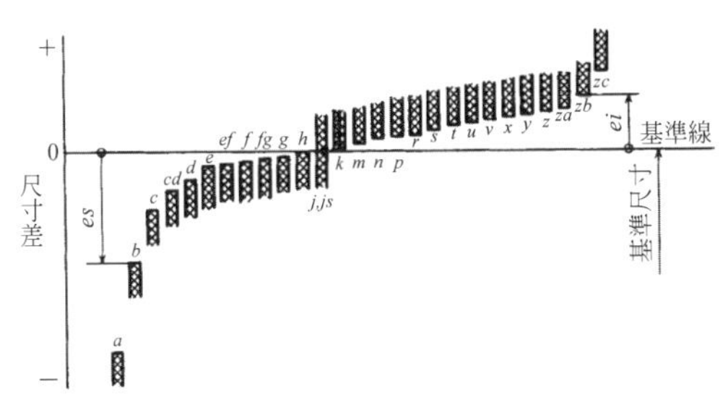

(b) 軸(外側形體)

圖 16.9 公差域的位置

而公差域之上端，即上限尺寸容許公差，逐漸遠離基準線，依序標示*P*、*R*、*S*～*ZC*。

圖中*J*、*K*、*M*及*N*，則分別標示在中間位置者。

而以軸爲例，如同圖(b)所示，恰與孔之場合相反，公差域的上端，即上限尺寸容許公差，離基準尺寸最遠者至接近基準軸者，依據標示*a*、*b*、*c*～*g*，*h*則與基準軸一致。下方以同理標示*j*～*zc*。

上述之公差域位置之符號與公差等級組合而所表示的稱爲公差域等級。

【例】孔*H7*，軸*g6*

此外，表示孔或軸的基準尺寸，可在上述公差域等級符號前標記相同於該數值(單位 mm)之數字。

【例】32H7，80js15

4. 基本尺寸容許公差

如前所述之尺寸公差是最大容許尺寸與最小容許尺寸之差值，亦即上限尺寸容許公差與下限容許公差之差值(參考圖 16.8)，如已知上、下限尺寸容許公差中任一數值，便可由加、減尺寸公差(表 16.3 之基本公差)，算出另一個限制公差。

制定規格時，一般以接近基本尺寸之尺寸容許公差做爲“基本尺寸容許公差”。

表 16.4 與表 16.5 是軸與孔的基本尺寸容許公差。

在軸之情況，如軸之最大容許尺寸小於基本尺寸，則以上限尺寸容許公差做爲基本尺寸之容許公差，如軸之最小容許尺寸比基本尺寸大時，則以下限尺寸容許公差做爲基本尺寸之容許公差。

軸的情況下，此基礎的尺寸容許公差，如表 16.5 中所示，除*j*軸、*k*軸外，各軸的各等級中，均爲同一數值。

但做爲基孔的尺寸容許公差，爲便於後述之基孔配合轉換爲基軸配合，則應遵照下述準則。

如表 16.4 中所見，基孔尺寸容許公差，大部分是與基軸的尺寸容許公差絕對值相同，只是改變其符號而已。但K、M、N之 3～8 級，P～ZC之 3～7 級，則再使用Δ之數值欄的數值。

此Δ是自該等級的 IT 基本公差之數值，減去上一級(即下一等級數字)的 IT 基本公差值而得($\Delta = IT_n - IT_{n-1}$，n：等級)。例如：基準尺寸區分 18 mm 以上，30 mm 以下之 P7，表中之Δ＝ 8，故上限尺寸容許公差ES＝−22 ＋8 ＝−14。而js軸，JS孔尺寸容許公差是取基本公差之二分之一，對稱平分於基準線二側，非成爲基礎的尺寸容許公差(參考圖 16.10)。

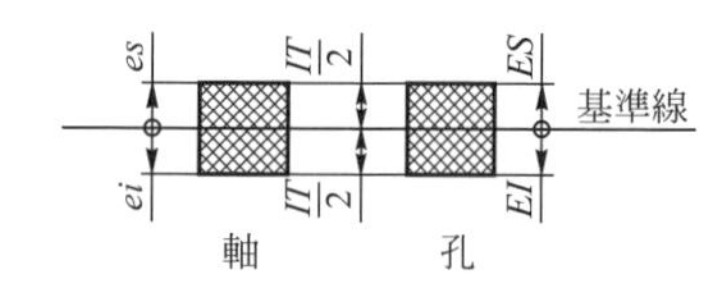

圖 16.10　JS孔及js軸的尺寸容許公差

5. 尺寸容許公差的求法

尺寸容許公差之值是使用上述成爲基礎的尺寸容許公差(表 16.3 及表 16.4)及基本公差之數值(表 16.2)，舉例說明其求法如下。

⑴　**求 50F7 孔之尺寸容許公差**

基準尺寸之區分　30～50 mm(表 16.1)
基本公差　25 μm(表 16.2)
基礎的尺寸容許公差　＋25 μm(表 16.3)
下限尺寸容許公差
　＝基礎的尺寸容許公差＝＋25 μm
上限尺寸容許公差
　＝(基礎的尺寸容許公差)＋(基本公差)
　＝＋25 μm＋25 μm ＝ 50 μm
最大容許尺寸
　＝ 50.000＋0.050 ＝ 50.050 mm
最小容許尺寸
　＝ 50.000＋0.025 ＝ 50.025 mm

⑵　**求 36p6 軸之尺寸容許公差**

基準尺寸之區分　30～50 mm(表 16.1)
基本公差　16 μm(表 16.2)
基礎的尺寸容許公差　＋26 μm(表 16.4)
下限尺寸容許公差
　＝基礎的尺寸容許公差＝ 26 μm
上限尺寸容許公差
　＝(基礎的尺寸容許公差)＋(基本公差)
　＝＋ 26 ＋16 ＝ 42 μm
最大容許尺寸
　＝ 36.000＋0.042 ＝ 36.042 mm
最小容許尺寸
　＝ 36.000＋0.026 ＝ 36.026 mm

⑶　**求 25R6 孔之尺寸容許公差**

基準尺寸之區分　18～30 mm(表 16.1)
基本公差　13 μm(表 16.2)
基礎的尺寸容許公差　−28 μm ＋Δ μm
Δ之值　4 μm(表 16.3)
上限尺寸容許公差
　＝基礎的尺寸容許公差
　＝−28 μm＋4 μm ＝−24 μm
下限尺寸容許公差
　＝(基礎的尺寸容許公差)−(基本公差)
　＝−24 μm−13 μm ＝−37 μm
最大容許尺寸
　＝ 25.000−0.024 ＝ 24.976 mm
最小容許尺寸
　＝ 25.000−0.037 ＝ 24.963 mm

JIS 中，目前爲止所述決定尺寸公差與配合方式之尺寸的溫度(標準溫度)爲 20℃。

表 16.4 容許公差之數值 (JIS B0401-1) (單位：μm)

基準尺寸 (mm)		全部之公差等級												IT6	IT7	IT8	IT8以下	IT8以上	IT8以下	IT8以上
		基礎的尺寸容許公差=下限尺寸容許公差 *EI*												基礎的尺寸容許差=上限尺寸容許公差 *ES*						
以上	以下	公差域的位置												公差域的位置						
		A[1]	B[1]	C	CD	D	E	EF	F	FG	G	H	JS[2]	J			K[5]		M[3][5]	
−	3	+270	+140	+60	+34	+20	+14	+10	+6	+4	+2	0	尺寸容許公差=±IT *n*/2 (*n*：IT 之符號)	+2	+4	+6	0	0	−2	−2
3	6	+270	+140	+70	+46	+30	+20	+14	+10	+6	+4	0		+5	+6	+10	−1+Δ		−4+Δ	−4
6	10	+280	+150	+80	+56	+40	+25	+18	+13	+8	+5	0		+5	+8	+12	−1+Δ		−6+Δ	−6
10	14	+290	+150	+95		+50	+32		+16		+6	0		+6	+10	+15	−1+Δ		−7+Δ	−7
14	18																			
18	24	+300	+160	+110		+65	+40		+20		+7	0		+8	+12	+20	−2+Δ		−8+Δ	−8
24	30																			
30	40	+310	+170	+120		+80	+50		+25		+9	0		+10	+14	+24	−2+Δ		−9+Δ	−9
40	50	+320	+180	+130																
50	65	+340	+190	+140		+100	+60		+30		+10	0		+13	+18	+28	−2+Δ		−11+Δ	−11
65	80	+360	+200	+150																
80	100	+380	+220	+170		+120	+72		+36		+12	0		+16	+22	+34	−3+Δ		−13+Δ	−13
100	120	+410	+240	+180																
120	140	+460	+260	+200		+145	+85		+43		+14	0		+18	+26	+41	−3+Δ		−15+Δ	−15
140	160	+520	+280	+210																
150	180	+580	+310	+230																
160	200	+660	+340	+240		+170	+100		+50		+15	0		+22	+30	+47	−4+Δ		−17+Δ	−17
200	225	+740	+380	+260																
225	250	+820	+420	+280																
250	280	+920	+480	+300		+190	+110		+56		+17	0		+25	+36	+55	−4+Δ		−20[3]+Δ	−20
280	315	+1050	+540	+330																
315	355	+1200	+600	+360		+210	+125		+62		+18	0		+29	+39	+60	−4+Δ		−21+Δ	−21
355	400	+1350	+680	+400																
400	450	+1500	+760	+440		+230	+135		+68		+20	0		+33	+43	+66	−5+Δ		−23+Δ	−23
450	500	+1650	+840	+480																
500	560					+260	+145		+76		+22	0							−26	
560	630																			
630	710					+290	+160		+80		+24	0							−30	
710	800																			
800	900					+320	+170		+86		+26	0							−34	
900	1000																			
1000	1120					+350	+195		+98		+28	0							−40	
1120	1250																			
1250	1400					+390	+220		+110		+30	0							−48	
1400	1600																			
1600	1800					+430	+240		+120		+32	0							−58	
1800	2000																			
2000	2240					+480	+260		+130		+34	0							−68	
2240	2500																			
2500	2800					+520	+290		+145		+38	0							−76	
2800	3150																			

〔註〕(1) 基孔尺寸容許差 A，B，不使用 1mm 以下之基準尺寸。

(2) 公差等級 JS7~JS11 場合，IT 符號 *n* 爲奇數時，化爲下一級之偶數。因此，所獲得尺寸容許差，即±IT *n*/2，可在μm 單位之以整數表示。

(3) 特殊場合…205~315mm 範圍之公差域 M6 時，*ES* (取代−11μm)而是−9μm。

(4) IT8 以上公差等級對應之基礎尺寸容許差 N，不得使用 1mm 以下之基準尺寸。

表 16.4 容許公差之數值(JIS B0401-1)(續)　　(單位：μm)

IT8 以下	IT8 以上	IT8 以下	公差等級 IT7 以上												公差等級					
基礎的尺寸容許公差=上限尺寸容許公差 *ES*															IT3	IT4	IT5	IT6	IT7	IT8
公差域的位置															Δ之數值					
N (4)(5)		P–ZC (4)	P	R	S	T	U	V	X	Y	Z	ZA	ZB	ZC						
−4	−4	IT7 以上公差等級再加 Δ之值	−6	−10	−14		−18		−20		−26	−32	−40	−60	0	0	0	0	0	0
−8+Δ	0		−12	−15	−19		−23		−28		−35	−42	−50	−80	1	1.5	1	3	4	6
−10+Δ	0		−15	−19	−23		−28		−34		−42	−52	−67	−97	1	1.5	2	3	6	7
−12+Δ	0		−18	−23	−28		−33		−40		−50	−64	−90	−130	1	2	3	3	7	9
								−39	−45		−60	−77	−108	−150						
−15+Δ	0		−22	−28	−35		−41	−47	−54	−63	−73	−93	−136	−188	1.5	2	3	4	8	12
						−41	−48	−55	−64	−75	−88	−118	−160	−218						
−17+Δ	0		−26	−34	−43	−48	−60	−68	−80	−94	−112	−148	−200	−274	1.5	3	4	5	9	14
						−54	−70	−81	−97	−114	−136	−180	−242	−325						
−20+Δ	0		−32	−41	−53	−66	−87	−102	−122	−144	−172	−226	−300	−405	2	3	5	6	11	16
				−43	−59	−75	−102	−120	−146	−174	−210	−274	−360	−480						
−23+Δ	0		−37	−51	−71	−91	−124	−146	−178	−214	−258	−335	−445	−585	2	4	5	7	13	19
				−54	−79	−104	−144	−172	−210	−254	−310	−400	−525	−690						
−27+Δ	0		−43	−63	−92	−122	−170	−202	−248	−300	−365	−470	−620	−800	3	4	6	7	15	23
				−65	−100	−134	−190	−228	−280	−340	−415	−535	−700	−900						
				−66	−108	−146	−210	−252	−310	−380	−465	−600	−780	−1000						
−31+Δ	0		−50	−77	−122	−166	−236	−284	−350	−425	−520	−670	−860	−1150	3	4	6	9	17	26
				−80	−130	−180	−258	−310	−385	−470	−575	−740	−960	−1250						
				−84	−140	−196	−284	−340	−425	−520	−640	−820	−1050	−1350						
−34+Δ	0		−56	−94	−158	−218	−315	−385	−475	−580	−710	−920	−1200	−1550	4	4	7	9	20	29
				−98	−170	−240	−350	−425	−525	−650	−790	−1000	−1300	−1700						
−37+Δ	0		−62	−108	−190	−268	−390	−475	−590	−730	−900	−1150	−1500	−1900	4	5	7	11	21	32
				−114	−208	−294	−435	−530	−660	−820	−1000	−1300	−1650	−2100						
−40+Δ	0		−68	−126	−232	−330	−490	−595	−740	−920	−1100	−1450	−1850	−2400	5	5	7	13	23	34
				−132	−252	−360	−540	−660	−820	−1000	−1250	−1600	−2100	−2600						
−44			−78	−150	−280	−400	−600													
				−155	−310	−450	−660													
−50			−88	−175	−340	−500	−740													
				−185	−380	−560	−840													
−56			−100	−210	−430	−620	−940													
				−220	−470	−680	−1050													
−66			−120	−250	−520	−780	−1150													
				−260	−580	−840	−1300													
−78			−140	−300	−640	−960	−1450													
				−330	−720	−1050	−1600													
−92			−170	−370	−820	−1200	−1850													
				−400	−920	−1350	−2000													
−110			−195	−440	−1000	−1500	−2300													
				−460	−1100	−1650	−2500													
−135			−240	−550	−1250	−1900	−2900													
				−580	−1400	−2100	−3200													

〔註〕 (5) 決定 IT8 以下公差等級對應之 K、M 及 N，以及 IT8 以下公差等級對應尺寸容許差 *P~ZC* 時，使用右側欄再加上Δ之數值。

例：18~30mm 範圍之 K7，$\Delta = 8\mu m$ ，即$ES = -2 + 8 = 6\mu m$。

18~30mm 範圍之 S6，$\Delta = 4\mu m$，即$ES = -35 + 4 = -31\mu m$。

表 16.5 基軸尺寸容許公差之數值(JIS B 0401-1)

基準尺寸 (mm)		全部之公差等級												IT5, IT6	IT7	IT8	IT4 ～ IT7	IT3 以下 IT7 以上場合
		基礎的尺寸容許公差=上限尺寸容許公差 *es*												基礎的尺寸容許公差=下限尺寸容許公差 *ei*				
以上	以下	公差域的位置												公差域的位置				
		a[1]	b[1]	c	cd	d	e	ef	f	fg	g	h	js[2]	j			k	
–	3	−270	−140	−60	−34	−20	−14	−10	−6	−4	−2	0	尺寸容許公差=±IT *n*/2 (*n*：IT 之符號)	−2	−4	−6	0	0
3	6	−270	−140	−70	−46	−30	−20	−14	−10	−6	−4	0		−2	−4		+1	0
6	10	−280	−150	−80	−56	−40	−25	−18	−13	−8	−5	0		−2	−5		+1	0
10	14	−290	−150	−95		−50	−32		−16		−6	0		−3	−6		+1	0
14	18																	
18	24	−300	−160	−110		−65	−40		−20		−7	0		−4	−8		+2	0
24	30																	
30	40	−310	−170	−120		−80	−50		−25		−9	0		−5	−10		+2	0
40	50	−320	−180	−130														
50	65	−340	−190	−140		−100	−60		−30		−10	0		−7	−12		+2	0
65	80	−360	−200	−150														
80	100	−380	−220	−170		−120	−72		−36		−12	0		−9	−15		+3	0
100	120	−410	−240	−180														
120	140	−460	−260	−200		−145	−85		−43		−14	0		−11	−18		+3	0
140	160	−520	−280	−210														
160	180	−580	−310	−230														
180	200	−660	−340	−240		−170	−100		−50		−15	0		−13	−21		+4	0
200	225	−740	−380	−260														
225	250	−820	−420	−280														
250	280	−920	−480	−300		−190	−110		−56		−17	0		−16	−26		+4	0
280	315	−1050	−540	−330														
315	355	−1200	−600	−360		−210	−125		−62		−18	0		−18	−28		+4	0
355	400	−1350	−680	−400														
400	450	−1500	−760	−440		−230	−135		−68		−20	0		−20	−32		+5	0
450	500	−1650	−840	−480														
500	560					−260	−145		−76		−22	0					0	0
560	630																	
630	710					−290	−160		−80		−24	0					0	0
710	800																	
800	900					−320	−170		−86		−26	0					0	0
900	1000																	
1000	1120					−350	−195		−98		−28	0					0	0
1120	1250																	
1250	1400					−390	−220		−110		−30	0					0	0
1400	1600																	
1600	1800					−430	−240		−120		−32	0					0	0
1800	2000																	
2000	2240					−480	−260		−130		−34	0					0	0
2240	2500																	
2500	2800					−520	−290		−145		−38	0					0	0
2800	3150																	

〔註〕(1) 基礎尺寸容許差 a、b，不使用在 1mm 以下之基準尺寸。

表 16.5 基軸尺寸容許公差之數值(JIS B 0401-1)(續)

全部之公差等級														基準尺寸 (mm)	
基礎的尺寸容許公差=下限尺寸容許公差*ei*															
公差域的位置														以上	以下
m	n	p	r	s	t	u	v	x	y	z	za	zb	zc		
+2	+4	+6	+10	+14		+18		+20		+26	+32	+40	+60	—	3
+4	+8	+12	+15	+19		+23		+28		+35	+42	+50	+80	3	6
+6	+10	+15	+19	+23		+28		+34		+42	+52	+67	+97	6	10
+7	+12	+18	+23	+28		+33		+40		+50	+64	+90	+130	10	14
							+39	+45		+60	+77	+108	+150	14	18
+8	+15	+22	+28	+35		+41	+47	+54	+63	+73	+98	+136	+188	18	24
					+41	+48	+55	+64	+75	+88	+118	+160	+218	24	30
+9	+17	+26	+34	+43	+48	+60	+68	+80	+94	+112	+148	+200	+274	30	40
					+54	+70	+81	+97	+114	+136	+180	+242	+325	40	50
+11	+20	+32	+41	+53	+66	+87	+102	+122	+144	+172	+226	+300	+405	50	65
			+43	+59	+75	+102	+120	+146	+174	+210	+274	+360	+480	65	80
+13	+23	+37	+51	+71	+91	+124	+146	+178	+214	+258	+335	+445	+585	80	100
			+54	+79	+104	+144	+172	+210	+254	+310	+400	+525	+690	100	120
+15	+27	+43	+63	+92	+122	+170	+202	+248	+300	+365	+470	+620	+800	120	140
			+65	+100	+134	+190	+228	+280	+340	+415	+535	+700	+900	140	160
			+68	+108	+146	+210	+252	+310	+380	+465	+600	+780	+1000	160	180
+17	+31	+50	+77	+122	+166	+236	+284	+350	+425	+520	+670	+880	+1150	180	200
			+80	+130	+180	+258	+310	+385	+470	+575	+740	+960	+1250	200	225
			+84	+140	+196	+284	+340	+425	+520	+640	+820	+1050	+1350	225	250
+20	+34	+56	+94	+158	+218	+315	+385	+475	+580	+710	+920	+1200	+1550	250	280
			+98	+170	+240	+350	+425	+525	+650	+790	+1000	+1300	+1700	280	315
+21	+37	+62	+108	+190	+268	+390	+475	+590	+730	+900	+1150	+1500	+1900	315	355
			+114	+208	+294	+435	+530	+660	+820	+1000	+1300	+1650	+2100	355	400
+23	+40	+68	+126	+232	+330	+490	+595	+740	+920	+1100	+1450	+1850	+2400	400	450
			+132	+252	+360	+540	+660	+820	+1000	+1250	+1600	+2100	+2600	450	500
+26	+44	+78	+150	+280	+400	+600								500	560
			+155	+310	+450	+660								560	630
+30	+50	+88	+175	+340	+500	+740								630	710
			+185	+380	+560	+840								710	800
+34	+56	+100	+210	+430	+620	+940								800	900
			+220	+470	+680	+1050								900	1000
+40	+66	+120	+250	+520	+780	+1150								1000	1120
			+260	+580	+840	+1300								1120	1250
+48	+78	+140	+300	+640	+960	+1450								1250	1400
			+330	+720	+1050	+1600								1400	1600
+58	+92	+170	+370	+820	+1200	+1850								1600	1800
			+400	+920	+1350	+2000								1800	2000
+68	+110	+195	+440	+1000	+1500	+2300								2000	2240
			+460	+1100	+1650	+2500								2240	2500
+76	+135	+240	+550	+1250	+1900	+2900								2500	2800
			+580	+1400	+2100	+3200								2800	3150

(2) 公差域等級js7~js11之場合，基準公差IT之數值爲奇數時，應化爲其下一級之偶數。
因此，該結果所得之尺寸許可差，即±IT/2的μm，以μm單位之整數標示之。

16.4 配合之適用

1. 常用配合

如前所述，孔與軸之種類、等級繁多，可按實際須要任意配合使用，但因規定有28種，由01級至18級各等級之孔與軸都是按順序配合，在實用上並無多大意義，因此，適當選用其中一部分組合，才可發揮配合功能之效率。

因此 JIS 規格由各種軸與孔中選出常用的種類與等級，制定基孔制與基軸制之“常用配合”，如表 16.7 與表 16.8 所示，而表 16.9～表 16.10 爲常用配合之軸與孔之尺寸容許公差，表 16.11～16.12 則爲常用基孔制與基軸制之配合表。

但是這些常用配合之孔、軸規格，並非限定公司或工廠都要採用，或不可採用規格以外之配合，而是鼓勵廠商開發更多種類、等級之孔與軸，再按成品之需求情況選用適當的配合，表 16.6 就是使用廠內規格之配合適用實例。

2. 基孔制換成基軸制

無論是採用基孔制或基軸制，都是由成品的構造、材料形狀、計器種類與數量等主要經濟因素來決定，例如：同一根軸上同時要有鬆配合與壓入配合時，基孔制因爲要符合軸之要求故須製成階段，而基軸制則無此缺點，但一般爲便利軸或孔之加工，無上述特別理由限制時，大都採用基孔制。

表 16.6　配合之適用實例

配合的種類	配合的適用
H7/p6	一般用壓入配合，必要時可以分解。
H6/h6	精密級推入配合，定位正確、裝配方便、生產費高。
H7/g6	無餘隙精密級之可動或定位配合。
H7/g7	低速軸頸、滑件等無餘隙的可動配合。
H8/f6	高級可動配合。
H8/f7	有潤滑的軸頸軸承，正常狀況下可動配合。
H9/e7	潤滑正常之軸承，高級的鬆動配合。
H9/e9	一般目的用之可動配合、寬配合、靜止配合。
H10/d9	非常鬆的靜止或可動配合，餘隙大、生產成本低。

無論何種原因，如要把基孔制換爲基軸制時，應用相同種類的孔與軸，以便獲得相同的功能；制定規格時要考慮此情況，故規定孔之基本尺寸的容許公差，如以下之說明。

基孔制配合改爲基軸配合時，通常將前者之基準孔換爲上一級之基準軸，例如：H7/f6 改爲 F7/h6，H7/s6 改爲 S7/h6。

(1) **餘隙配合時**：如圖 16.11 所示爲基孔制餘隙配合H7/f6 改爲基軸制F7/h6 配合時之狀況，最小餘隙分別是基準孔或基準軸的基本尺寸容許公差(0)與對方之軸或孔的基本尺寸容許公差(L)。

表 16.7　常用基孔配合

基準孔	軸之公差域等級																
	餘隙配合							中級配合			緊密配合						
H 6						g 5	h 5	js 5	k 5	m 5							
					f 6	g 6	h 6	js 6	k 6	m 6	n 6*	p 6*					
H 7					f 6	g 6	h 6	js 6	k 6	m 6	n 6*	p 6*	r 6*	s 6	t 6	u 6	x 6
				e 7	f 7		h 7	js 7									
H 8					f 7		h 7										
				e 8	f 8		h 8										
			d 9	e 9													
H 9			d 8	e 8			h 8										
		c 9	d 9	e 9			h 9										
H 10	b 9	c 9	d 9														

* 這些配合是依尺寸區分的例外。

表 16.8　常用基軸配合

基準軸	孔之公差域等級																
	餘隙配合							中級配合			緊密配合						
h 5							H 6	JS6	K 6	M 6	N 6*	P 6					
h 6					F 6	G 6	H 6	JS6	K 6	M 6	N 6	P 6*					
					F 7	G 7	H 7	JS7	K 7	M 7	N 7	P 7*	R 7	S 7	T 7	U 7	X 7
h 7				E 7	F 7		H 7										
					F 8		H 8										
h 8			D 8	E 8	F 8		H 8										
			D 9	E 9			H 9										
h 9			D 8	E 8			H 8										
		C 9	D 9	E 9			H 9										
	B 10	C 10	D 10														

* 這些配合是依尺寸區分的例外。

表 16.9 常用孔配合之尺寸容許公差(JIS B 0401-2 摘錄) (單位μm)

基準尺寸 (mm)		孔之公差域等級																			
		B10	C9	C10	D8	D9	D10	E7	E8	E9	F6	F7	F8	G6	G7	H5	H6	H7	H8	H9	H10
以上	以下	+	+	+	+	+	+	+	+	+	+	+	+	+	+	+	+	+	+	+	+
—	3	180 140	85 60	100	34	45 20	60	24	28 14	39	12	16 6	20	8 2	12	4	6	10 0	14	25	40
3	6	188 140	100 70	118	48	60 30	78	32	38 20	50	18	22 10	28	12 4	16	5	8	12 0	18	30	48
6	10	208 150	116 80	138	62	76 40	98	40	47 25	61	22	28 13	35	14 5	20	6	9	15 0	22	36	58
10	14	220 150	138 95	165	77	93 50	120	50	59 32	75	27	34 16	43	17 6	24	8	11	18 0	27	43	70
14	18																				
18	24	244 160	162 110	194	98	117 65	149	61	73 40	92	33	41 20	53	20 7	28	9	13	21 0	33	52	84
24	30																				
30	40	270 170	182 120	220	119	142 80	180	75	89 50	112	41	50 25	64	25 9	34	11	16	25 0	39	62	100
40	50	280 180	192 130	230																	
50	65	310 190	214 140	260	146	174 100	220	90	106 60	134	49	60 30	76	29 10	40	13	19	30 0	46	74	120
65	80	320 200	224 150	270																	
80	100	360 220	257 170	310	174	207 120	260	107	126 72	159	58	71 36	90	34 12	47	15	22	35 0	54	87	140
100	120	380 240	267 180	320																	
120	140	420 260	300 200	360	208	245 145	305	125	148 85	185	68	83 43	106	39 14	54	18	25	40 0	63	100	160
140	160	440 280	310 210	370																	
160	180	470 310	330 230	390																	
180	200	525 340	355 240	425	242	285 170	355	146	172 100	215	79	96 50	122	44 15	61	20	29	46 0	72	115	185
200	225	565 380	375 260	445																	
225	250	605 420	395 280	465																	
250	280	690 480	430 300	510	271	320 190	400	162	191 110	240	88	108 56	137	49 17	69	23	32	52 0	81	130	210
280	315	750 540	460 330	540																	
315	355	830 600	500 360	590	299	350 210	440	182	214 125	265	98	119 62	151	54 18	75	25	36	57 0	89	140	230
355	400	910 680	540 400	630																	
400	450	1010 760	595 440	690	327	385 230	480	198	232 135	290	108	131 68	165	60 20	83	27	40	63 0	97	155	250
450	500	1090 840	635 480	730																	

〔備註〕1. 公差域等級 D ~ U，基準尺 500mm 以上時省略。
2. 表中各段，上側數値爲上限尺寸容許差，下側數値爲下限尺寸容許差。

表 16.9　常用孔配合之尺寸容許公差(JIS B 0401-2 摘錄)(續)　(單位μm)

基準尺寸 (mm)		孔之公差域等級																	
		JS5	JS6	JS7	K5	K6	K7	M5	M6	M7	N6	N7	P6	P7	R7	S7	T7	U7	X7
以上	以下	±	±	±	+ −	+ −	+ −	−	−	−	−	−	−	−	−	−	−	−	−
—	3	2	3	5	0 4	0 6	0 10	2 6	2 8	2 12	4 10	4 14	6 12	6 16	10 20	14 24	−	18 28	20 30
3	6	2.5	4	6	0 5	2 6	3 9	3 8	1 9	0 12	5 13	4 16	9 17	8 20	11 23	15 27	−	19 31	24 36
6	10	3	4.5	7.5	1 5	2 7	5 10	4 10	3 12	0 15	7 16	4 19	12 21	9 24	13 28	17 32	−	22 37	28 43
10	14	4	5.5	9	2 6	2 9	6 12	4 12	4 15	0 18	9 20	5 23	15 26	11 29	16 34	21 39	−	26 44	33 51
14	18																		38 56
18	24	4.5	6.5	10.5	1 8	2 11	6 15	5 14	4 17	0 21	11 24	7 28	18 31	14 35	20 41	27 48	−	33 54	46 67
24	30																33 54	40 61	56 77
30	40	5.5	8	12.5	2 9	3 13	7 18	5 16	4 20	0 25	12 28	8 33	21 37	17 42	25 50	34 59	39 64	51 76	71 96
40	50																45 70	61 86	88 113
50	65	6.5	9.5	15	3 10	4 15	9 21	6 19	5 24	0 30	14 33	9 39	26 45	21 51	30 60	42 72	55 85	76 106	111 141
65	80														32 62	48 78	64 94	91 121	135 165
80	100	7.5	11	17.5	2 13	4 18	10 25	8 23	6 28	0 35	16 38	10 45	30 52	24 59	38 73	58 93	78 113	111 146	165 200
100	120														41 76	66 101	91 126	131 166	197 232
120	140	9	12.5	20	3 15	4 21	12 28	9 27	8 33	0 40	20 45	12 52	36 61	28 68	48 88	77 117	107 147	155 195	233 273
140	160														50 90	85 125	119 159	175 215	265 305
160	180														53 93	93 133	131 171	195 235	295 335
180	200	10	14.5	23	2 18	5 24	13 33	11 31	8 37	0 46	22 51	14 60	41 70	33 79	60 106	105 151	149 195	219 265	333 379
200	225														63 109	113 159	163 209	241 287	368 414
225	250														67 113	123 169	179 225	267 313	408 454
250	280	11.5	16	26	3 20	5 27	16 36	13 36	9 41	0 52	25 57	14 66	47 79	36 88	74 126	138 190	198 250	295 347	455 507
280	315														78 130	150 202	220 272	330 382	505 557
315	355	12.5	18	28.5	3 22	7 29	17 40	14 39	10 46	0 57	26 62	16 73	51 87	41 98	87 144	169 226	247 304	369 426	569 626
355	400														93 150	187 244	273 330	414 471	639 696
400	450	13.5	20	31.5	2 25	8 32	18 45	16 43	10 50	0 63	27 67	17 80	55 95	45 108	103 166	209 272	307 370	467 530	717 780
450	500														109 172	229 292	337 400	517 580	797 860

〔備註〕1. 公差域等級 D ~ U，基準尺 500mm 以上時省略。
2. 表中各段，上側數值爲上限尺寸容許差，下側數值爲下限尺寸容許差。

表 16.10 常用軸配合尺寸容許公差(JIS B 0401-2 摘錄) (單位μm)

基準尺寸 (mm)		軸之公差域等級																		
		b9	c9	d8	d9	e7	e8	e9	f6	f7	f8	g4	g5	g6	h4	h5	h6	h7	h8	h9
以上	以下	–	–	–	–	–	–	–	–	–	–	–	–	–	–	–	–	–	–	–
—	3	140	60	20			14			6			2				0			
		165	85	34	45	24	28	39	12	16	20	5	6	8	3	4	6	10	14	25
3	6	140	70	30			20			10			4				0			
		170	100	48	60	32	38	50	18	22	28	8	9	12	4	5	8	12	18	30
6	10	150	80	40			25			13			5				0			
		186	116	62	76	40	47	61	22	28	35	9	11	14	4	6	9	15	22	36
10	14	150	95	50			32			16			6				0			
14	18	193	138	77	93	50	59	75	27	34	43	11	14	17	5	8	11	18	27	43
18	24	160	110	65			40			20			7				0			
24	30	212	162	98	117	61	73	92	33	41	53	13	16	20	6	9	13	21	33	52
30	40	170	120																	
		232	182	80			50			25			9				0			
40	50	180	130	119	142	75	89	112	41	50	64	16	20	25	7	11	16	25	39	62
		242	192																	
50	65	190	140																	
		264	214	100			60			30			10				0			
65	80	200	150	146	174	90	106	134	49	60	76	18	23	29	8	13	19	30	46	74
		274	224																	
80	100	220	170																	
		307	257	120			72			36			12				0			
100	120	240	180	174	207	107	126	159	58	71	90	22	27	34	10	15	22	35	54	87
		327	267																	
120	140	260	200																	
		360	300																	
140	160	280	210	145			85			43			14				0			
		380	310	208	245	125	148	185	68	83	106	26	32	39	12	18	25	40	63	100
160	180	310	230																	
		410	330																	
180	200	340	240																	
		455	355																	
200	225	380	260	170			100			50			15				0			
		495	375	242	285	146	172	215	79	96	122	29	35	44	14	20	29	46	72	115
225	250	420	280																	
		535	395																	
250	280	480	300																	
		610	430	190			110			56			17				0			
280	315	540	330	271	320	162	191	240	88	108	137	33	40	49	16	23	32	52	81	130
		670	460																	
315	355	600	360																	
		740	500	210			125			62			18				0			
355	400	680	400	299	350	182	214	265	98	119	151	36	43	54	18	25	36	57	89	140
		820	540																	
400	450	760	440																	
		915	595	230			135			68			20				0			
450	500	840	480	327	385	198	232	290	108	131	165	40	47	60	20	27	40	63	97	155
		995	635																	

〔備註〕 1. 公差域等級 d~u(g、k、m 各 4 及 5 除外)，基準尺寸 500mm 以上時省略。
2. 表中各段，上側數値爲上限尺寸容許差，下側數値爲下限尺寸容許差。

表 16.10　常用軸配合尺寸容許公差(JIS B 0401-2 摘錄)(續)　(單位μm)

基準尺寸 (mm)		軸之公差域等級																
		js4	js5	js6	js7	k4	k5	k6	m4	m5	m6	n6	p6	r6	s6	t6	u6	x6
以上	以下	±	±	±	±	+	+	+	+	+	+	+	+	+	+	+	+	+
—	3	1.5	2	3	5	3	4 0	6	5	6 2	8	10 4	12 6	16 10	20 14	—	24 18	26 20
3	6	2	2.5	4	6	5	6 1	9	8	9 4	12	16 8	20 12	23 15	27 19	—	31 23	36 28
6	10	2	3	4.5	7.5	5	7 1	10	10	12 6	15	19 10	24 15	28 19	32 23	—	37 28	43 34
10	14	2.5	4	5.5	9	6	9 1	12	12	15 7	18	23 12	29 18	34 23	39 28	—	44 33	51 40
14	18																	56 45
18	24	3	4.5	6.5	10.5	8	11 2	15	14	17 8	21	28 15	35 22	41 28	48 35	—	54 41	67 54
24	30															54 41	61 48	77 64
30	40	3.5	5.5	8	12.5	9	13 2	18	16	20 9	25	33 17	42 26	50 34	59 43	64 48	76 60	96 80
40	50															70 54	86 70	113 97
50	65	4	6.5	9.5	15	10	15 2	21	19	24 11	30	39 20	51 32	60 41	72 53	85 66	106 87	141 122
65	80													62 43	78 59	94 75	121 102	165 146
80	100	5	7.5	11	17.5	13	18 3	25	23	28 13	35	45 23	59 37	73 51	93 71	113 91	146 124	200 178
100	120													76 54	101 79	126 104	166 144	232 210
120	140	6	9	12.5	20	15	21 3	28	27	33 15	40	52 27	68 43	88 63	117 92	147 122	195 170	273 248
140	160													90 65	125 100	159 134	215 190	305 280
160	180													93 68	133 108	171 146	235 210	335 310
180	200	7	10	14.5	23	18	24 4	33	31	37 17	46	60 31	79 50	106 77	151 122	195 166	265 236	379 350
200	225													109 80	159 130	209 180	287 258	414 385
225	250													113 84	169 140	225 196	313 284	454 425
250	280	8	11.5	16	26	20	27 4	36	36	43 20	52	66 34	88 56	126 94	190 158	250 218	347 315	507 475
280	315													130 98	202 170	272 240	382 350	557 525
315	355	9	12.5	18	28.5	22	29 4	40	39	46 21	57	73 37	98 62	144 108	226 190	304 268	426 390	626 590
355	400													150 114	244 208	330 294	471 435	696 660
400	450	10	13.5	20	31.5	25	32 5	45	43	50 23	63	80 40	108 68	166 126	272 232	370 330	530 490	780 740
450	500													172 132	292 252	400 360	580 540	860 820

〔備註〕1. 公差域等級 d~u(g、k、m 各 4 及 5 除外)，基準尺 500mm 以上時省略。
2. 表中各段，上側數值爲上限尺寸容許差，下側數值爲下限尺寸容許差。

表 16.11 常用基孔配合相關數值

(單位μm)

基準尺寸(mm)		H5		基準孔 H5 配合軸 *										H6		基準孔 H6 配合軸																					
		上限尺寸容許公差	下限尺寸容許公差	g		h		js		k		m		上限尺寸容許公差	下限尺寸容許公差	f		g			h			js				k			m			n		p	
				最大餘隙	最小餘隙	最大餘隙	最小餘隙	最大餘隙	最大緊度	最大餘隙	最大緊度	最大餘隙	最大緊度			最大餘隙	最小餘隙	最大餘隙		最小餘隙	最大餘隙		最小餘隙	最大餘隙	最大緊度	最大餘隙	最大緊度	最大餘隙	最大緊度		最大餘隙	最大緊度		最小緊度	最大緊度	最小緊度	最大緊度
以上	以下	(+)		g4		h4		js4			k4		m4	(+)		f6		g5	g6		h5	h6		js5		js6			k5	k6		m5	m6		n6		p6
—	3	4		9	2	7		5.5	1.5	4	3	2	5	6		18	6	12	14	2	10	12		8	2	9	3	6	4	6	4	6	8	−2	10	0	12
3	6	5		13	4	9		7	2	5	5	1	8	8		26	10	17	20	4	13	16		10.5	2.5	12	4	7	6	9		9	12	0	16	4	20
6	10	6		15	5	10		8	2	5	5	0	10	9		31	13	20	23	5	15	18		12	3	13.5	4.5	8	7	10	3	12	15		19	6	24
10 14	14 18	8		19	6	13		10.5	2.5	7	6	1	12	11		38	16	25	28	6	19	22		15	4	16.5	5.5	10	9	12	4	15	18	1	23	7	29
18 24	24 30	9		22	7	15		12	3	7	8	1	14	13		46	20	29	33	7	22	26		17.5	4.5	19.5	6.5	11	11	15	5	17	21	2	28	9	35
30 40	40 50	11		27	9	18		14.5	3.5	9	9	2	16	16		57	25	36	41	9	27	32		21.5	5.5	24	8	14	13	18	7	20	25		33	10	42
50 65	65 80	13		31	10	21		17	4	11	10	2	19	19		68	30	42	48	10	32	38		25.5	6.5	28.5	9.5	17	15	21	8	24	30	1	39	13	51
80 100	100 120	15	0	37	12	25	0	20	5	12	13	2	23	22	0	80	36	49	56	12	37	44	0	29.5	7.5	33	11	19	18	25	9	28	35		45	15	59
120 140 160	140 160 180	18		44	14	30		24	6	15	15	3	27	25		93	43	57	64	14	43	50		34	9	37.5	12.5	22	21	28	10	33	40		52	18	68
180 200 225	200 225 250	20		49	15	34		27	7	16	18	3	31	29		108	50	64	73	15	49	58		39	10	43.5	14.5	25	24	33	12	37	46	2	60	21	79
250 280	280 315	23		56	17	39		31	8	19	20	3	36	32		120	56	72	81	17	55	64		43.5	11.5	48	16	28	27	36		43	52		66	24	88
315 355	355 400	25		61	18	43		34	9	21	22	4	39	36		134	62	79	90	18	61	72		48.5	12.5	54	18	32	29	40	15	46	57	1	73	26	98
400 450	450 500	27		67	20	47		37	10	22	25	4	43	40		148	68	87	100	20	67	80		53.5	13.5	60	20	35	32	45	17	50	63	0	80	28	108

〔備註〕本表依 JIS B 0401-1986 規定(*之規格廢除)。且最小緊度爲負(−)值，即爲最大餘隙。

表 16.11　常用基孔配合相關數值(續)

(單位μm)

基準尺寸 (mm)		H7		基準孔 H7 配合軸																															
		上限尺寸容許公差	下限尺寸容許公差	e		f			g		h			js				k		m		n		p		r		s		t		u		x	
				最大餘隙	最小餘隙	最大餘隙		最小餘隙	最大餘隙	最小餘隙	最大餘隙		最小餘隙	最大餘隙	最大緊度	最大餘隙	最大緊度	最大餘隙	最大緊度	最大餘隙	最大緊度	最大餘隙	最大緊度	最小緊度	最大緊度	最小緊度	最大緊度	最小緊度	最大緊度	最小緊度	最大緊度	最小緊度	最大緊度	最小緊度	最大緊度
	以下	(+)		e7		f6	f7		g6		h6	h7		js6		js7			k6		m6		n6		p6		r6		s6		t6		u6		x6
—	3	10	0	34	14	22	26	6	18	2	16	20	0	13	3	15	5	10	6	8	8	6	10	−4	12	0	16	4	20	—	—	8	24	10	26
3	6	12		44	20	30	34	10	24	4	20	24		16	4	18	6	11	9		12	4	16	0	20	3	23	7	27	—	—	11	31	16	36
6	10	15		55	25	37	43	13	29	5	24	30		19.5	4.5	22.5	7.5	14	10	9	15	5	19		24	4	28	8	32	—	—	13	37	19	43
10	14	18		68	32	45	52	16	35	6	29	36		23.5	5.5	27	9	17	12	11	18	6	23		29	5	34	10	39	—	—	15	44	22	51
14	18																																	27	56
18	24	21		82	40	54	62	20	41	7	34	42		27.5	6.5	31.5	10.5	19	15	13	21	6	28	1	35	7	41	14	48	—	—	20	54	33	67
24	30																													20	54	27	61	43	77
30	40	25		100	50	66	75	25	50	9	41	50		33	8	37.5	12.5	23	18	16	25	8	33		42	9	50	18	59	23	64	35	76	55	96
40	50																													29	70	45	86	72	113
50	65	30		120	60	79	90	30	59	10	49	60		39.5	9.5	45	15	28	21	19	30	10	39	2	51	11	60	23	72	36	85	57	106	92	141
65	80																									13	62	29	78	45	94	72	121	116	165
80	100	35		142	72	93	106	36	69	12	57	70		46	11	52.5	17.5	32	25	22	35	12	45		59	16	73	36	93	56	113	89	146	143	200
100	120																									19	76	44	101	69	126	109	166	175	232
120	140	40		165	85	108	123	43	79	14	65	80		52.5	12.5	60	20	37	28	25	40	13	52	3	68	23	88	52	117	82	147	130	195	208	273
140	160																									25	90	60	125	94	159	150	215	240	305
160	180																									28	93	68	133	106	171	170	235	270	335
180	200	46		192	100	125	142	50	90	15	75	92		60.5	14.5	69	23	42	33	29	46	15	60	4	79	31	106	76	151	120	195	190	265	304	379
200	225																									34	109	84	159	134	209	212	287	339	414
225	250																									38	113	94	169	150	225	238	313	379	454
250	280	52		214	110	140	160	56	101	17	84	104		68	16	78	26	48	36	32	52	18	66		88	42	126	106	190	166	250	263	347	423	507
280	315																									46	130	118	202	188	272	298	382	473	557
315	355	57		239	125	155	176	62	111	18	93	114		75	18	85.5	28.5	53	40	36	57	20	73	5	98	51	144	133	226	211	304	333	426	533	626
355	400																									57	150	151	244	237	330	378	471	603	696
400	450	63		261	135	171	194	68	123	20	103	126		83	20	94.5	31.5	58	45	40	63	23	80		108	63	166	169	272	267	370	427	530	677	780
450	500																									69	172	189	292	297	400	477	580	757	860

〔備註〕最小緊度爲負值(−)，即爲最大餘隙。

表 16.11　常用基孔配合相關數值(續)　(單位μm)

基準尺寸(mm) 以上	基準尺寸(mm) 以下	H8 上限尺寸容許公差(+)	H8 下限尺寸容許公差	基準孔 H8 配合軸 d 最大餘隙 d9	d 最小餘隙	e 最大餘隙 e8	e 最大餘隙 e9	e 最小餘隙	f 最大餘隙 f7	f 最大餘隙 f8	f 最小餘隙	h 最大餘隙 h7	h 最大餘隙 h8	h 最小餘隙	H9 上限尺寸容許公差(+)	H9 下限尺寸容許公差	基準孔 H9 配合軸 c 最大餘隙 c9	c 最小餘隙	d 最大餘隙 d8	d 最大餘隙 d9	d 最小餘隙	e 最大餘隙 e8	e 最大餘隙 e9	e 最小餘隙	h 最大餘隙 h8	h 最大餘隙 h9	h 最小餘隙	H10 上限尺寸容許公差	H10 下限尺寸容許公差	基準孔 H10 配合軸 b 最大餘隙 b9	b 最小餘隙	c 最大餘隙 c9	c 最小餘隙	d 最大餘隙 d9	d 最小餘隙
—	3	14		59	20	42	53	14	30	34	6	24	28		25		110	60	59	70	20	53	64	14	39	50		40		205	140	125	60	85	20
3	6	18		78	30	56	68	20	40	46	10	30	36		30		130	70	78	90	30	68	80	20	48	60		48		218	140	148	70	108	30
6	10	22		98	40	69	83	25	50	57	13	37	44		36		152	80	98	112	40	83	97	25	58	72		58		244	150	174	80	134	40
10 14	14 18	27		120	50	86	102	32	61	70	16	45	54		43		181	95	120	136	50	102	118	32	70	86		70		263	150	208	95	163	50
18 24	24 30	33		150	65	106	125	40	74	86	20	54	66		52		214	110	150	161	65	125	144	40	85	104		84		296	160	246	110	201	65
30 40	40 50	39		181	80	128	151	50	89	103	25	64	78		62		244 254	120 130	181	204	80	151	174	50	101	124		100		332 342	170 180	282 292	120 130	242	80
50 65	65 80	46		220	100	152	180	60	106	122	30	76	92		74		288 298	140 150	220	248	100	180	208	60	120	148		120		284 394	190 200	334 344	140 150	294	100
80 100	100 120	54	0	261	120	180	213	72	125	144	36	89	108	0	87	0	344 354	170 180	261	294	120	213	246	72	141	174	0	140	0	447 467	220 240	397 417	170 180	347	120
120 140 160	140 160 180	63		308	145	211	248	85	146	169	43	103	126		100		400 410 430	200 210 230	308	345	145	248	285	85	163	200		160		520 540 570	260 280 310	460 470 490	200 210 230	405	145
180 200 225	200 225 250	72		357	170	244	287	100	168	194	50	118	144		115		470 490 510	240 260 280	357	400	170	287	330	100	187	230		185		640 680 720	340 380 420	540 560 580	240 260 280	470	170
250 280	280 315	81		401	190	272	321	110	189	218	56	133	162		130		560 570	300 330	401	450	190	321	370	110	211	260		210		820 880	480 540	640 670	300 330	530	190
315 355	355 400	89		439	210	303	354	125	208	240	62	146	178		140		640 680	360 400	439	490	210	354	405	125	229	280		230		970 1050	600 680	730 770	360 400	580	210
400 450	450 500	97		482	230	329	387	135	228	262	68	160	194		155		750 790	440 480	482	540	230	387	445	135	252	310		250		1165 1245	760 840	845 885	440 480	635	230

表 16.12　常用基軸配合相關數值

(單位μm)

基準尺寸(mm)		h4		基準軸 h4 配合孔 *								h5		基準軸 h5 配合孔												h6		基準軸 h6 配合孔												
				H		Js		K		M				H		JS		K		M		N		P				F			G			H			JS			
		上限尺寸容許公差	下限尺寸容許公差(－)	最大餘隙	最小餘隙	最大餘隙	最大緊度	最大餘隙	最大緊度	最大餘隙	最大緊度	上限尺寸容許公差	下限尺寸容許公差(－)	最大餘隙	最大緊度	最大餘隙	最大緊度	最大餘隙	最大緊度	最大餘隙	最大緊度	最小緊度	最大緊度	最小緊度	最大緊度	上限尺寸容許公差	下限尺寸容許公差(－)	最大餘隙		最小餘隙	最大餘隙		最小餘隙	最大餘隙		最大緊度	最大餘隙	最大緊度	最大餘隙	最大緊度
以上	以下			H5		Js5		K5		M5				H6		JS6		K6		M6		N6		P6				F6	F7		G6	G7		H6	H7		JS6		JS7	
—	3		3	7		5	2	3	4	1	6		4	10		7	3	4	6	2	8	0	10	2	12		6	18	22	6	14	18	2	12	16		9	2	11	5
3	6		4	9		6.5	2.5	4	5	1	8		5	13		9	4	7		4	9		13	4	17		8	26	30	10	20	24	4	16	20		12	4	14	6
6	10			10		7	3	5	5	0	10		6	15		10.5	4.5	8	7	3	12	1	16	6	21		9	31	37	13	23	29	5	18	24		13.5	4.5	16	7
10	18		5	13		9	4	7	6	1	12		8	19		13.5	5.5	10	9	4	15		20	7	26		11	38	45	16	28	35	6	22	29		16.5	5.5	20	9
18	30		6	15		10.5	4.5		8	1	14		9	22		15.5	6.5	11	11	5	17	2	24	9	31		13	46	54	20	33	41	7	26	34		19.5	6.5	23	10
30	50		7	18		12.5	5.5	9	9	2	16		11	27		19	8	14	13	7	20		28	10	37		16	57	66	25	41	50	9	32	41		24	8	28	12
50	80	0	8	21	0	14.5	6.5	11	10	2	19	0	13	32	0	22.5	9.5	17	15	8	24	1	33	13	45	0	19	68	79	30	48	59	10	38	49	0	28.5	9.5	34	15
80	120		10	25		17.5	7.5	12	13	2	23		15	37		26	11	19	18	9	28		38	15	52		22	80	93	36	56	69	12	44	57		33	11	39	17
120	180		12	30		21	9	15	15	3	27		18	43		30.5	12.5	22	21	10	33		45	18	61		25	93	108	43	64	79	14	50	65		37.5	12.5	45	20
180	250		14	34		24	10	16	18	3	31		20	49		34.5	14.5	25	24	12	37	2	51	21	70		29	108	125	50	73	90	15	58	75		43.5	14.5	52	23
250	315		16	39		27.5	11.5	19	20	3	36		23	55		39	16	28	27	14	41		57	24	79		32	120	140	56	81	101	17	64	84		48	16	58	26
315	400		18	43		30.5	12.5	21	22	4	39		25	61		43	18	32	29	15	46	1	62	26	87		36	134	155	62	90	111	18	72	93		54	18	64	28
400	500		20	47		33.5	13.5	22	25	4	43		27	67		47	20	35	32	17	50	0	67	28	95		40	148	171	68	100	123	20	80	103		60	20	71	31

〔備註〕本表依 JIS B 0401-1986 規定(*之規格廢除)。

表 16.12　常用基軸配合相關數值(續)　(單位μm)

基準尺寸(mm)		h6		基準軸 h6 配合孔																										h7		基準軸 h7 配合孔							
		上限尺寸容許公差	下限尺寸容許公差(－)	K				M				N				P				R		S		T		U		X		上限尺寸容許公差	下限尺寸容許公差(－)	E		F			H		
				最大餘隙	最大緊度	最大餘隙	最大緊度	最大餘隙	最大緊度	最大餘隙	最大緊度	最大餘隙	最大緊度	最大餘隙	最大緊度	最小緊度	最大緊度	最小緊度	最大緊度	最小緊度	最大緊度	最小緊度	最大緊度	最小緊度	最大緊度	最小緊度	最大緊度	最小緊度	最大緊度			最大餘隙	最小餘隙	最大餘隙		最小餘隙	最大餘隙		最小餘隙
以上	以下			K6		K7		M6		M7		N6		N7		P6		P7		R7		S7		T7		U7		X7				E7		F7	F8		H7	H8	
—	3		6	6	6	6	10	4	8	4	12	2	10	2	14	0	12		16	4	20	8	24	—	—	12	28	14	30		10	34	14	26	30	6	20	24	
3	6		8	10		11	9	7	9	8		3	13	4	16	1	17		20	3	23	7	27	—	—	11	31	16	36		12	44	20	34	40	10	24	30	
6	10		9	11	7	14	10	6	12	9	15		16	5	19	3	21	0	24	4	28	8	32	—	—	13	37	19	43		15	55	25	43	50	13	30	37	
10 14	14 18		11	13	9	17	12	7	15	11	18	2	20	6	23	4	26		29	5	34	10	39	—	—	15	44	22 27	51 56		18	68	32	52	61	16	36	45	
18 24	24 30		13	15	11	19	15	9	17	13	21		24		28	5	31	1	35	7	41	14	48	— 20	— 54	20 27	54 61	33 43	67 77		21	82	40	62	74	20	42	54	
30 40	40 50		16	19	13	23	18	12	20	16	25	4	28	8	33		37		42	9	50	18	59	23 29	64 70	35 45	76 86	55 72	96 113		25	100	50	75	89	25	50	64	
50 65	65 80		19	23	15	28	21	14	24	19	30	5	33	10	39	7	45	2	51	11 13	60 62	23 29	72 78	36 45	85 94	57 72	106 121	92 116	141 165		30	120	60	90	106	30	60	76	
80 100	100 120	0	22	26	18	32	25	16	28	22	35	6	38	12	45	8	52		59	16 19	73 76	36 44	93 101	56 69	113 126	89 109	146 166	143 175	200 232	0	35	142	72	106	125	36	70	89	0
120 140 160	140 160 180		25	29	21	37	28	17	33	25	40	5	45	13	52	11	61	3	68	23 25 28	88 90 93	52 60 68	117 125 133	82 94 106	147 159 171	130 150 170	195 215 235	208 240 270	273 305 335		40	165	85	123	146	43	80	103	
180 200 225	200 225 250		29	34	24	42	33	21	37	29	46	7	51	15	60	12	70	4	79	31 34 38	106 109 113	76 84 94	151 159 169	120 134 150	195 209 225	190 212 238	265 287 313	304 339 379	379 414 454		46	192	100	142	168	50	92	118	
250 280	280 315		32	37	27	48	36	23	41	32	52		57	18	66		79		88	42 46	126 130	106 118	190 202	166 188	250 272	263 298	347 382	423 473	507 557		52	214	110	160	189	56	104	133	
315 355	355 400		36	43	29	53	40	26	46	36	57	10	62	20	73	15	87	5	98	51 57	144 150	133 151	226 244	211 237	304 330	333 378	426 471	533 603	626 696		57	239	125	176	208	62	114	146	
400 450	450 500		40	48	32	58	45	30	50	40	63	13	67	23	80		95		108	63 69	166 172	169 189	272 292	267 297	370 400	427 477	530 580	677 757	780 860		63	261	135	194	228	68	126	160	

表 16.12　常用基軸配合相關數值(續)

(單位μm)

基準尺寸 (mm)		h8		基準軸 h8 配合孔											h9		基準軸 h9 配合孔															
		上限尺寸容許公差	下限尺寸容許公差(－)	D			E			F		H			上限尺寸容許公差	下限尺寸容許公差(－)	B		C			D				E			H		
				最大餘隙		最小餘隙	最大餘隙		最小餘隙	最大餘隙	最小餘隙	最大餘隙		最小餘隙			最大餘隙	最小餘隙	最大餘隙		最小餘隙	最大餘隙			最小餘隙	最大餘隙		最小餘隙	最大餘隙		最小餘隙
以上	以下			D8	D9		E8	E9		F8		H8	H9				B10		C9	C10		D8	D9	D10		E8	E9		H8	H9	
—	3		14	48	59	20	42	53	14	34	6	28	39			25	205	140	110	125	60	59	70	85	20	53	64	14	39	50	
3	6		18	66	78	30	56	68	20	46	10	36	48			30	218	140	130	148	70	78	90	108	30	68	80	20	48	60	
6	10		22	84	98	40	69	83	25	57	13	44	58			36	244	150	152	174	80	98	112	134	40	83	97	25	58	72	
10 14	14 18		27	104	120	50	86	102	32	70	16	54	70			43	263	150	181	208	95	120	136	163	50	102	118	32	70	86	
18 24	24 30		33	131	150	65	106	125	40	86	20	66	85			52	296	160	214	246	110	150	169	201	65	125	144	40	85	104	
30 40	40 50		39	158	181	80	128	151	50	103	25	78	101			62	332 342	170 180	244 254	282 292	120 130	181	204	242	80	151	174	50	101	124	
50 65	65 80		46	192	220	100	152	180	60	122	30	92	120			74	384 394	190 200	288 298	334 344	140 150	220	248	294	100	180	208	60	120	148	
80 100	100 120	0	54	228	261	120	180	213	72	144	36	108	141	0	0	87	447 467	220 240	344 354	397 407	170 180	261	294	347	120	213	246	72	141	174	0
120 140 160	140 160 180		63	271	308	145	211	248	85	169	43	126	163			100	520 540 570	260 280 310	400 410 430	460 470 490	200 210 230	308	345	405	145	248	285	85	163	200	
180 200 225	200 225 250		72	314	357	170	244	287	100	194	50	144	187			115	640 680 720	340 380 420	470 490 510	540 560 580	240 260 280	357	400	470	170	287	330	100	187	230	
250 280	280 315		81	352	401	190	272	321	110	218	56	162	211			130	820 880	480 540	560 590	640 670	300 330	401	450	530	190	321	370	110	211	260	
315 355	355 400		89	388	439	210	303	354	125	240	62	178	229			140	970 1050	600 680	640 680	730 770	360 400	439	490	580	210	354	405	125	229	280	
400 450	450 500		97	424	482	230	329	387	135	262	68	194	252			155	1165 1245	760 840	750 790	845 885	440 480	482	540	635	230	387	445	135	252	310	

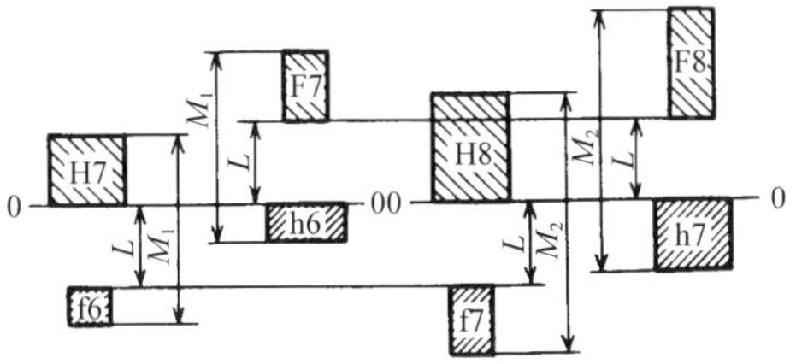
F7
F8
M1
M2
L
H7
H8
0
00
h6
h7
f6
f7

圖 16.11　餘隙配合時

最大餘隙爲(最小餘隙)＋(孔之公差)＋(軸之公差)M_1，兩種情況都等值時，可以獲得相同的配合功能。IT 基本公差之值與各等級之值相同，而且餘隙配合時，孔、軸的基本尺寸容許公差、正負符號改變，其種類則相同。

(2) **緊密配合時**：圖 16.12 如將H6/s5 改爲 S6/h5 之情況，此時最小緊度L_1是由s軸基本尺寸容許公差D減去基準孔H6之上限尺寸容許公差(IT6)之差值。

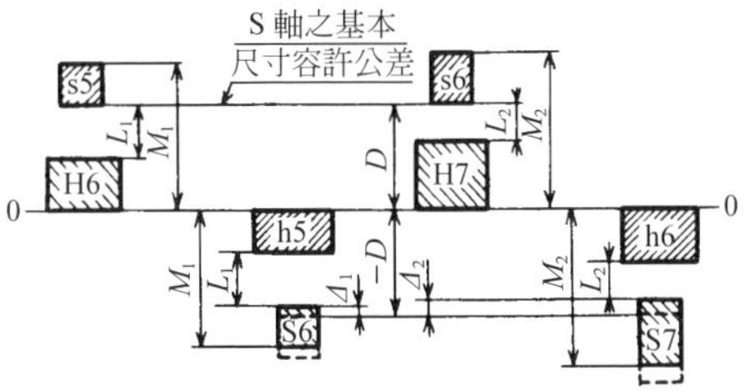
S 軸之基本
尺寸容許公差
s5
s6
H6
H7
h5
h6
S6
S7
L1
L2
M1
M2
D
−D
Δ1
Δ2
0

圖 16.12　緊密配合時

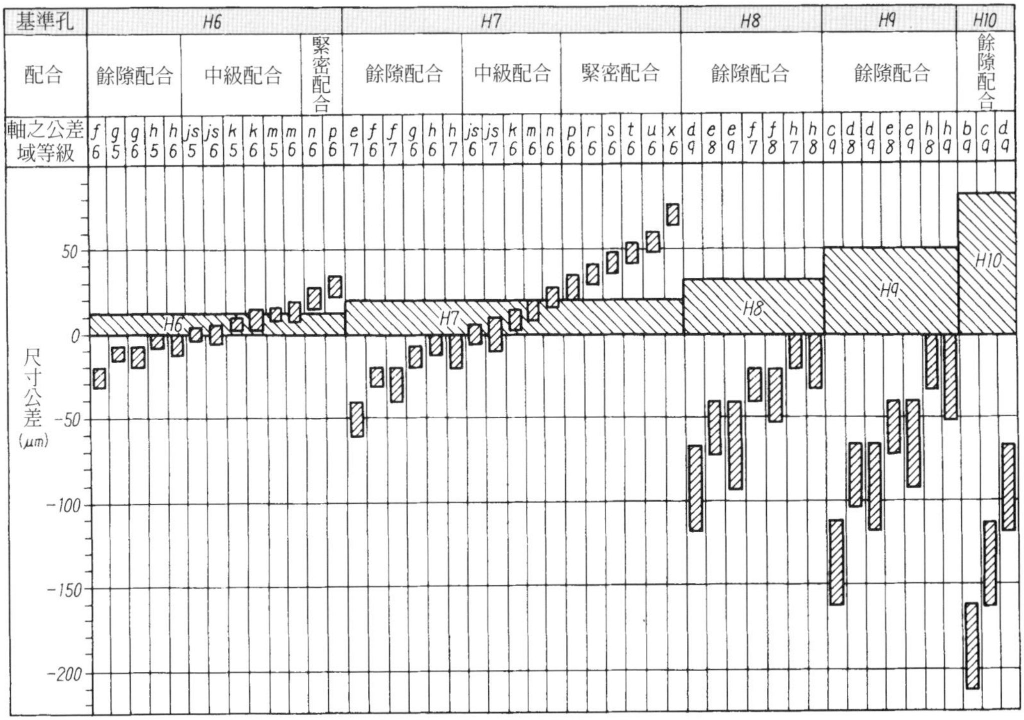
基準孔
H6
H7
H8
H9
H10
配合
餘隙配合
中級配合
緊密配合
軸之公差域等級
f6 g5 g6 h5 h6 js5 js6 k5 k6 m5 m6 n6 p6
e7 f6 f7 g6 h6 h7 js6 js7 k6 m6 n6 p6 r6 s6 t6 u6 x6
d9 e8 e9 f7 f8 h7 h8
c9 d8 d9 e8 e9 h8 h9
b9 c9 d9
尺寸公差
(μm)
50
0
−50
−100
−150
−200

圖 16.13　常用基孔配合公差域之相互關係(圖示基準尺寸 30 mm 時)

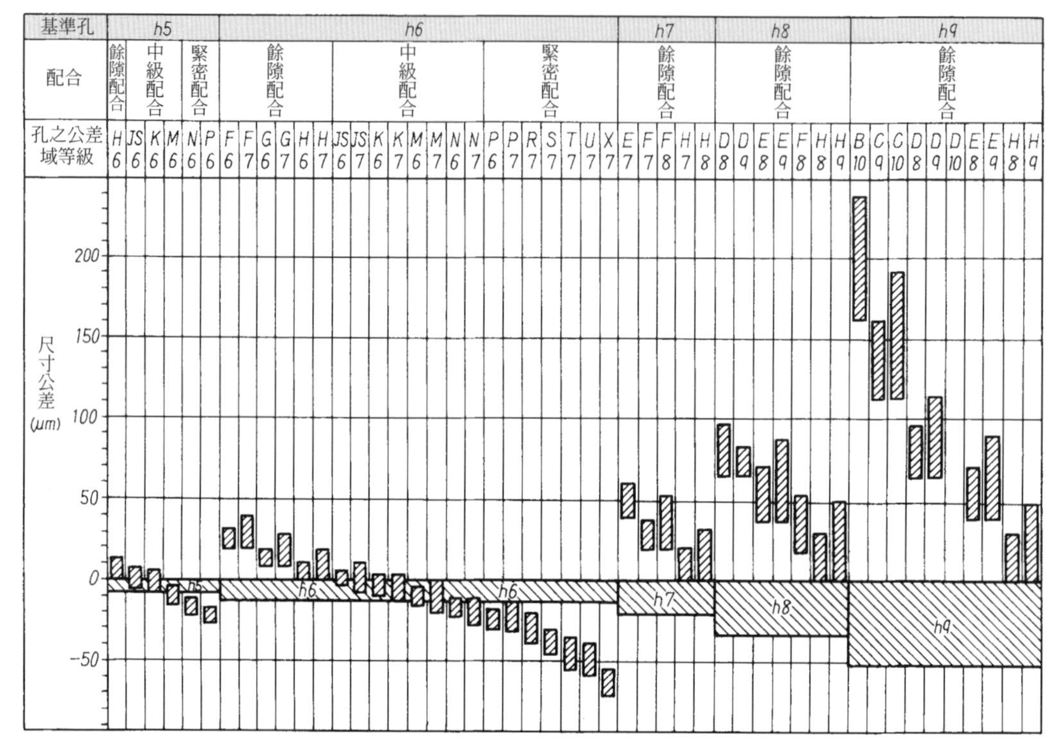

圖 16.14 常用基軸配合公差域之相互關係(圖示基準尺寸 30 mm 時)

若為S6/h5時，則s軸基本尺寸容許公差D的符號，要變成$-D$，而 S6 之基本尺寸容許公差 h5 比 H6 小(IT 基本公差值小)，此時之最小緊密度Δ_1比L_1小(圖中虛線所示之位置)。

因此為獲得相同之數值，S6之基本尺寸容許公差S6之基礎尺寸容許差只是IT6−IT5(基本公差 IT6 數值減去 IT5 之數值)必須接近基準尺寸(圖 16.12 實線所示位置)。

H7/s6 換成 S7/h6 時亦相同，S7 的基本尺寸容許公差$\Delta_2 =$ IT7−IT6，必須接近基本尺寸。

因此緊密配合由基孔制改為基軸制時，各等級之 IT 基本公差值之差將影響緊度，其(Δ)值必須接近基本尺寸，Δ值示於前面表 16.3。

17 機械製圖

17.1 何謂機械製圖

1. 製圖方法

設計者所設計之機械或零件，爲完成設計所須的加工與裝配，故應將設計者的規定完全傳達給操作者，因此一般採用製圖來達成此目的；製圖是整個生產過程的基礎，故如何將設計者之要求、正確、明白的表現在製圖上是重要之問題。

繪製機械圖稱爲製圖，有關製圖之各種規定、方法，稱爲製圖規格或製圖方法。

2. 製圖規格與日本工業規格(JIS)歷程

製圖方法除了要有效率外，並期能具有統一性。因此各國均制定有適合其國情的製圖規格。

日本亦製定有下列幾種國家規格，且歷經多次的修訂。

⑴ 製圖(JES*[1]第 119 號)

此規格於 1929 年著手制定，1930 年 12 月 1 日的商工省工業規格調查會第 9 次總會決定。1933 年 9 月 29 日，以商工省告示第 59 號公佈。

⑵ 製圖(臨時 JES*[2]第 428 號)

其以 JES 第 119 號爲主體，參考德國規格(DIN)等，於 1943 年 7 月 29 改定的規格。

⑶ 製圖通則(JIS*[3] Z 8302)

二次大戰結束後，日本工業界開始快速轉換爲和平產業，對於戰前及戰時中的規格全面再檢討而成，製圖規格亦將以前之臨時 JES 第 428 號再檢討，並參考美、英、德等各國規格，以求適用性，而在 1952 年 9 月 22 日所制定的製圖通則(JIS Z 8302)至今。

此規格可說是日本開始的正式體系完備的製圖規格。

⑷ 各行業別製圖規格

上述的 JIS 製圖通則，是廣泛的一般工業用製圖大綱，對於各行業可能因其特殊的要求，以致製圖方式有不足之處。因此，隨後又增補這些各行業的獨自性內容，於 1958 年分別制定機械製圖(JIS B 0001)，土木製圖通則(JIS A 0101)，建築製圖通則(JIS A 0150)。

而有別於這些製圖通則，在機械製圖方面敘述許多有關螺紋、齒輪、彈簧、滾動軸承、中心孔等，特殊的零件之略圖法，並分別制定其製圖規格。

⑸ 製圖規格的國際化

隨著快速的技術革新，工業技術中，國際交流程度日益明顯。國際標準化機構(ISO*[4])制定了國際的製圖規格。日本因而在 1973 年，將機械製圖規格(JIS B 0001)與ISO之製圖規格整合，做大幅的修改。

---

*[1] JES：Japanese Engineering Standards 之簡稱。日本標準規格。

*[2] 臨時 JES：臨時日本標準規格。

*[3] JIS：Japanese Industrial Standards之簡稱。日本工業規格。

*[4] ISO：International Orgainization for Standardization 之簡稱。

表 17.1　JIS 製圖規格體系

規格分類	規格編號	規格名稱
總則	Z8310	製圖總則
用語	Z8114	製圖—製圖用語
①基本事項相關規格	Z8311 Z8312 Z8313-0～2,-5,-10 Z8314 Z8315-1～4	製圖—製圖用紙尺寸及圖面樣式 製圖—表示的一般原則—線的基本原則 製圖—文字—第 0 部～第 2 部，第 5 部，第 10 部 製圖—尺度 製圖—投影法—第 1 部～第 4 部
②一般事項相關規格	Z8316 Z8317-1 Z8318 Z8322 B0021 B0022 B0023～B0025 B0024 B0025 B0026，B0028 B0027 B0029 B0031 B0601,B0610, B0631,B0671-1～3	製圖—圖形表示法原則 製圖—尺寸及公差的標示方法—第 1 部：一般原則 製品之技術文書情報(TPD)—長度及角度之容許公差標示方法 製圖—表示的一般原則 製品之幾何特性規範(GPS)—幾何公差標示方式—形狀、形態、位置及偏擺之公差表示方式 幾何公差之數據 製圖—幾何公差標示方式—最大實體公差方式及最小實體公差方式 製圖—公差表示方式之基本原則 製圖—幾何公差表示方式—位置度公差方式 製圖—尺寸及公差的表示方式—非剛性零件 製圖—輪廓之尺寸與公差之表示方法 製圖—姿勢及位置公差之表示方式 製品幾何特性規格(GPS)—表面狀態之圖示方法 製品幾何特性規格(GPS)—表面狀態輪廓曲線方式
③各業別獨自事項相關規格	A0101 A0150 B0001	土木製圖通則 建築製圖通則 機械製圖

表 17.1　JIS 製圖規格體系(續)

規格分類	規格編號	規格名稱
④特殊部分、零件相關規格	B0002-1～3	製圖—螺紋及螺紋零件—第 1 部～第 3 部
	B0003	齒輪製圖
	B0004	彈簧製圖
	B0005-1～2	製圖—轉動軸承—第 1 部～第 2 部
	B0006	製圖—方栓槽及鋸齒槽表示法
	B0011-1～3	製圖—配管之簡略圖示法—第 1 部～第 3 部
	B0041	製圖—中心孔之簡略圖示法
	B0051	零件之邊
⑤圖示符號相關規格	Z3021	銲接符號
	C0617-1～13	電機用圖符號—第 1 部～第 13 部
	C0303	屋內配線用圖符號
	Z8207	眞空裝置用圖符號等
	Z8210	指示用圖符號
⑥ CAD 相關規格	B3401	CAD 用語。
	B3402	CAD 製圖。
	Z8321	製圖—標示的一般原則—使用於 CAD 之線

3.　機械製圖規格修訂歷程

(1)　1985 年至 2000 年的修訂

機械製圖色彩濃厚的 ISO 製圖規格進行了修訂，1983 年對建築和土木工程製圖方法進行了較大的修訂，制定了一般工業的通用標準。與此同時，日本也以修訂後的 ISO 製圖規格爲基礎，對製圖規格體系本身進行了大幅修改，將各章作爲獨立的標準確立，而不是像以往的製圖總則那樣單一的規格。1985 年制定了各種規格(共 9 個，稱爲 Z 製圖規格組標準)。

表 17.2　日本工業規格分類(19 類)

分類符號	業別	分類符號	業別
A	土木及建築	L	纖維
B	一般機械	M	礦冶
C	電子及電機機械	P	紙漿與紙
		Q	管理系統
D	汽車	R	窯業
E	鐵路	S	日用品
F	船舶	T	醫療安全用具
G	鋼鐵	W	航空
H	非鐵金屬	X	資訊處理
K	化學	Z	其他

表 17.3　圖之種類

(a)依用途分

圖稱	說明
計畫圖	表示設計構想、計畫。
基本設計圖	完成製造圖或設計圖前，表示必要的基本設計計畫圖。
製造圖	表達建設或製造必要的所有資訊圖。
工程圖	表示製造工程之中途狀態或整體工程關連之圖。
(工作)工程圖	表示在特定的製造工程的應加工部分，加工方法，加工尺寸，使用工具等之工程圖。
檢查圖	標記檢查之必要事項的工程圖。
安裝圖	一件設備之概觀形狀與其組合之結構或相關設備間之關係，提供所需資訊之圖面。
訂製圖	訂購書附加表示物品大小，形狀、精度、情報等訂製內容之圖。
估價圖	估價表附加表示估價內容之圖。
承認用圖	要求訂製者承認訂購內容之圖面。
承認圖	訂製者承認訂購書內容的圖。
說明圖	說明構造、功能、性能之圖。
記錄圖	記錄用地、構造、結構組立品、零件材料形狀、材料、狀態等的圖面。

(b)依顯示形式分類

圖稱	說明
外觀圖	決定捆包、運送、安裝時所需對象物之外觀形狀，整體尺寸、質量之圖。
曲面線圖	以線群表示船體、汽車車體等複雜曲面之圖。
格線圖	標示格線，可方便讀取相關位置、模組尺寸等之圖。
線圖	用符號與線條表示設備、工廠之功能、各構造間之相互關係、物、能源、資訊之系統等之圖。
系統(線)圖	表示給水、排水、電力等系統之圖。
(工廠)工程圖	表示化學工廠等製造製品過程的機械設備流通狀態(工程)之系統圖。
(電機)接線圖	使用圖符號表示電機電路之接線功能之系統圖。 【備註】不考慮各組成零件之形狀、大小、位置等。
配線圖	表示在設備或其組成零件間之配線實態之系統圖。 【備註】考慮各組成零件之形狀、大小、位置等。

表 17.3　圖之種類(續)

(b)依顯示形式分類(續)

圖稱	說明
配管圖	表示在結構物、設備上聯接管線、配置管線之實態系統圖。
計裝圖	表示在工業位置、機械設備等設置、連接量測裝置、控制裝置等之系統線圖。
構造線圖	表示機械、橋樑等骨架，用以計算結構之線圖。
運動線圖	表示機械之構造、功能之線圖。
運動機構圖	使用表示機械構成元件之圖符號，以圖示機械之構造的運動線圖
運動功能圖	用表示運動功能之圖符號，圖示機械功能的運動線圖。
立體圖	利用軸側投影法、斜投影法或透視投影法所繪圖面之總稱。
分解立體圖	爲表示構成組立品之零件間相互關係，通常利用等角投影法或透視投影法，就其組成零件在共同的軸線上，相互以正向依順序分離排列方式所繪之組立圖。

(c)依內容分類

圖稱	說明
零件圖	包含定義零件所需之所有資訊，無法再分解之單一零件之圖。
材料圖	表示機械零件等，在鑄造、鍛造後，機械加工前之圖。
組合圖	二個以上之零件組合成部分組合立品(或組立)之狀態，表示其相互關係、組合所須尺寸等之圖。 【備註】圖中有包含零件欄者，亦有另備零件表者。
總組合圖	表示對象物全體組立狀態之組合圖。
部分組合圖	表示對象物局部組立狀態之組合圖。
結構圖、構造圖	包含決定一個結構所需要之所有資訊之圖。
基礎圖	表示構造物基礎之圖。
配置圖	表示地區內建築物位置或機械等之安裝位置詳細資訊之圖。
總配置圖	包含場所、參考事項、規模、顯示建築物配置之圖。
設備圖	在設備工業表示其各設備配置、製造流程之關係等之圖。

此外，表 17.1 中列出的許多標準已得到 ISO 的批准。2000 年對其進行了重大修訂並頒布，以使其保持一致。在起草標準體系中，首先將所有起草標準彙整。建立一般起草規則和起草術語，並根據這些規則，17.1 規定了表 1 中①至②所示的各種標準。隨著上一節提到的起草標準的已經建立，對機械技術製圖(JIS B 0001)具有很大的一致性和減少起草標準的檢查許多麻煩，並能夠使用此繪製機器、儀器工具等。該法於 2000 年 3 月頒布。

⑵ **2010 和 2019 修訂版**

(2)2010 年、2019 年修改圖創作，CAD 工具的使用不斷進步，2D-CAD 和 3D的實用化- CAD 也開始流行，與製圖相關的 ISO 標準的修訂和建立(例如 ISO 128,129 的某些部分..等)，所有它與 2D 繪圖有本質的不同，3D圖紙的規定適用於 2D圖紙；機械製圖則使用傳統上使用的基本繪圖規則。

2019 年修訂中，也考慮了 ISO/TC10 標準的修訂內容和 ISO/TC213 GPS 標準*中的圖示方法，但(1)修正了一些明顯的錯誤，並修改圖表以改善外觀。增加考量使用 CAD 情況的規定；③ 採用最新的 ISO 和 ASME 相關繪圖的標準；④ 增加日語國際化以及圖紙註釋。2019 年 5 月制定，增加了插圖示，並允許英文符號。

如果對修訂後的規格內容有疑問，請參閱各規格末尾的解釋性條款。 JIS B 0001 雖然沒有單一的 ISO 標準對應，但它歷史悠久，是機械工程領域和教育機構必不可少的製圖規格，我們將以機械製圖規格爲例進行說明和說明。

4. JIS 的分類符號與規格號碼

日本工業規格(JIS)制定各種產業的分類符號如表 17.2 所示。各規格均以 4 位數字表示。例如：“機械工業類的六角螺栓”爲“JIS B 1180”。

5. 圖的名稱

JIS 製圖用語揭示相關圖的名稱用語，如表 17.3 所示。其中在機械方面特別需要的有製造圖用的組立圖、部分組立圖、零件圖等。

17.2 製圖用紙之尺寸、圖之格式

1. 製圖用紙尺寸

製圖用紙有原圖用紙、複寫用紙、薄膜(micro film)用印畫紙等，這又有白紙及已印有輪廓或標題欄的分別。有多種尺寸可供選用。

JIS Z 831(製圖用紙之尺寸及圖之格式)中有規定製圖用紙尺寸。

通常是選用表 17.4(a)中*A*列尺寸(第 1 優先)。所用最小尺寸必須能使原圖保有清晰度及詳細度。但以使用上方便爲優先考慮時，則雖有各種尺寸規格之圖紙，不在此限。

長物品之繪圖，不必使用大的紙張，

自表 17.4(b)及(c)所示的延長尺寸中選用即可。

同表(b)示必須使用特別長的紙時，特別延長尺寸(第 2 優先)紙張，甚至要非常大的紙或例外的延長紙時，則自同表(c)的例外延長尺寸(第 3 優先)用紙選用。

這些延長尺寸分別以*A*列短邊長度之整數倍延長後，並以其作爲長邊而得。依其優先順序，選取必須之尺寸。

物品橫向較長者，亦可將之橫放而成橫長圖紙。

表 17.4 製圖用紙尺寸

(a)A 列尺寸(第 1 優先)

(單位 mm)

稱呼	尺寸 $a \times b$
A0	841×1189
A1	594×841
A2	420×594
A3	297×420
A4	210×297

(b)特別延長尺寸(第 2 優先)

(單位 mm)

稱呼	尺寸 $a \times b$
A3×3	420×891
A3×4	420×1189
A4×3	297×630
A4×4	297×841
A4×5	297×1051

(c)例外延長尺寸(第 3 優先)

(單位 mm)

稱呼	尺寸 $a \times b$	稱呼	尺寸 $a \times b$
A0×2*	1189×1682	A3×5	420×1486
A0×3	1189×2523**	A3×6	420×1783
A1×3	841×1783	A3×7	420×2080
A1×4	841×2378**	A4×6	297×1261
A2×3	594×1261	A4×7	297×1471
A2×4	594×1682	A4×8	297×1682
A2×5	594×2102	A4×9	297×1892

〔註〕 * 此尺寸與 A 列之 2A0 相等。
** 此尺寸是使用上的原因而定，不予建設。

2. 圖面之輪廓

製圖用紙周邊，使用中易發生破損等問題，因此所有尺寸規格之圖面均需設有輪廓。

通常是繪出輪廓線以顯示輪廓。而輪廓線爲 0.5 mm 粗的實線。

輪廓之大小，A_o及A_1規格是最小 20 mm，A_2、A_3及A_4規格是最小 10 mm。如表 17.5 所示。

要裝訂圖面時之預留空間，通常設在圖紙左側，且包含輪廓的最小寬度爲 20 mm。

表 17.5 圖之輪廓寬度 (單位 mm)

紙大小	c(最小)	d(最小)	
		不裝訂時	裝訂時
A0 A1	20	20	20
A2 A3 A4	10	10	20

〔備註〕要裝訂圖而有翻折時，*d*之部分設在標題欄左側，A4 橫放使用時，則在上側。

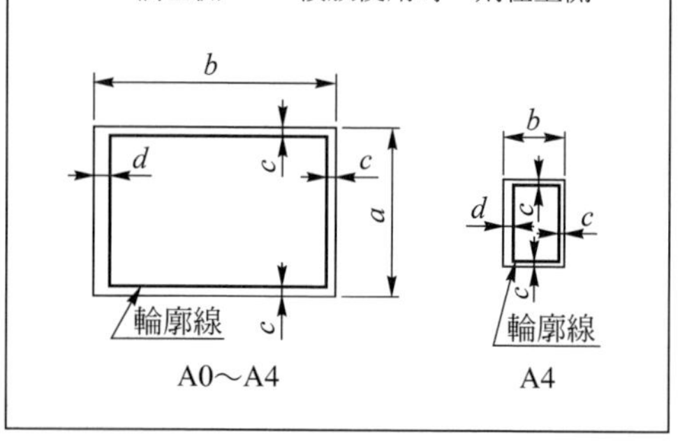

3. 標題欄的位置

圖上應設有標題欄，以便標註圖號、圖名、製圖者等相關資訊，不論是圖 17.1

所示用紙長邊在橫向的 X 形，或長邊在縱向的Y形，其位置均設在輪廓內的右下角。且標題欄應與圖面的方位一致。標題欄長度規定要小於 170 mm，但使用已印有輪廓、標題欄等圖紙時，X形用紙可採縱向，Y形用紙可採橫向，以免圖紙空間之浪費，如圖 17.2 所示。

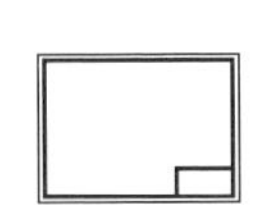

(a) 長邊在橫向的 X 形用紙

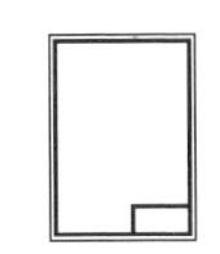

(b) 長邊在縱向的 Y 形用紙

圖 17.1　標題欄之位置

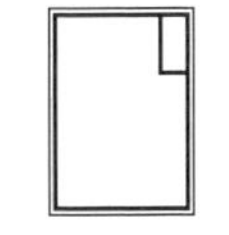

(a) 長邊在縱向的 X 形用紙

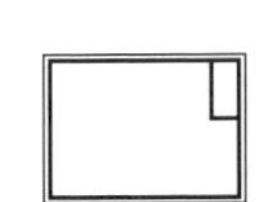

(b) 長邊在橫向的 Y 形用紙

圖 17.2　印有輪廓時

4.　中心符號

中心符號是爲了複印或微縮影片攝影時，方便做圖面之定位用。如圖 17.3 所示，在已截斷用紙的 2 條對稱軸兩端，自用紙端輪廓線之內側約 5 mm 間，用最小 0.5 mm粗的直線，分別標在上下左右4處。

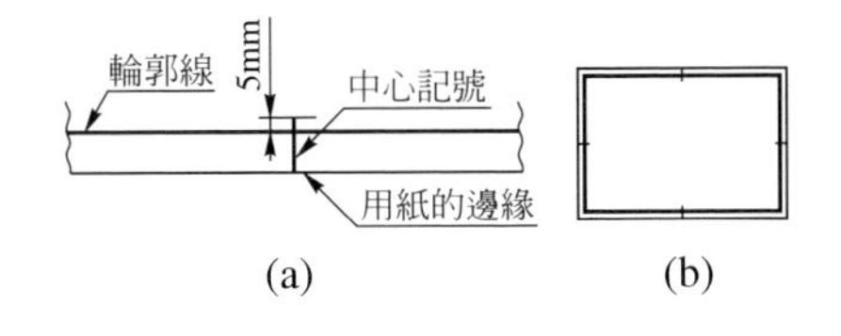

圖 17.3　中心符號

5.　方向符號

製圖板上之製圖用紙方向有標示時，若設有正三角形的方向符號較爲方便，如圖 17.4 所示。

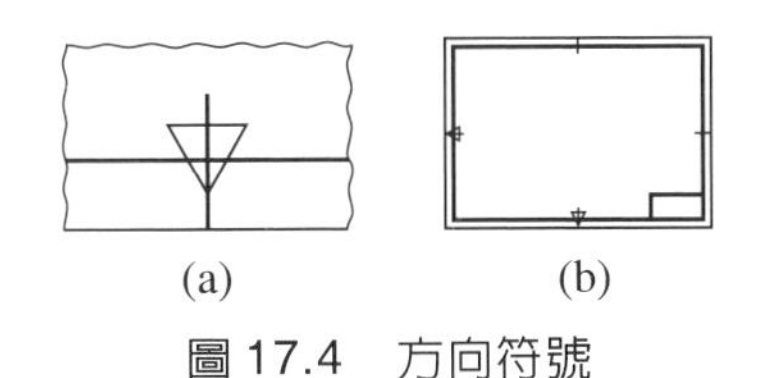

圖 17.4　方向符號

如同圖(b)所示，方向符號設在製圖用紙的長邊、短邊各 1 個，位置與中心符號一致，且橫切輪廓線。此時，方向符號之一，常由製圖者預先指定。

6.　比較用刻度

比較用刻度是爲了知道圖面縮小、放大時之比例大小而設。如圖 17.5，使用最小粗度 0.5 mm的實線，最小長度 100 mm，最小寬度 5 mm，以 10 mm 之間距做成刻度，不需標記數字。

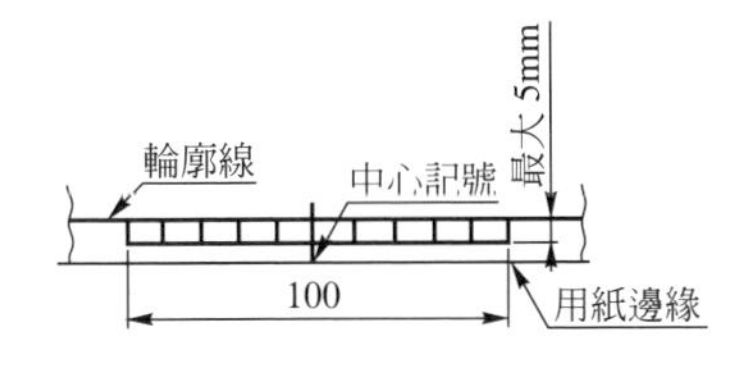

圖 17.5　比較用刻度(單位 mm)

比較用刻度設於輪廓內，接近輪廓線，其中心盡量與中心符號一致，做對稱配置。

7.　參照格子方式

爲方便顯示在圖中之特定部分之位置時，可將輪廓線做偶數等分，然後畫線並標記符號。如圖 17.6 所示。

1
2
3
4
5
6
A
B
C
D
在B−2所示區域

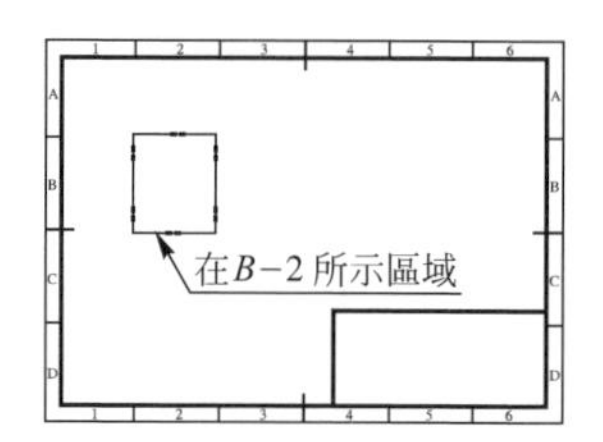

圖 17.6 參照格子方式

自圖面左下角沿橫軸標記 1、2、3……之數字，而在沿縱軸邊向上依序標記*A*、*B*、*C*……之大寫拉丁字母，並在上下、左右之相對稱之邊線框上，標記相同之符號。

要稱呼這些格子的位置，是縱橫二軸之符號組合，例如：*B*−2。

8. 裁斷符號

爲便於複印圖之裁斷，如圖 17.7 所示，在原圖的 4 個角落設裁斷符號。以該符號之外緣做爲裁斷之基準，而所得到之圖面尺寸，吻合表 17.4 之尺寸。

約 10mm

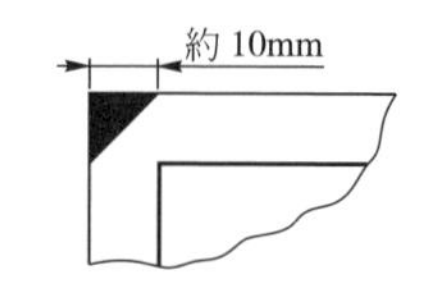

圖 17.7 裁斷符號

9. 圖紙之折摺法

A_0～A_3大小之複印圖，都折成A_4之大小以方便保管，關於圖紙之折法，在JIS Z 8311中的附錄有介紹，圖17.8示基本折法。

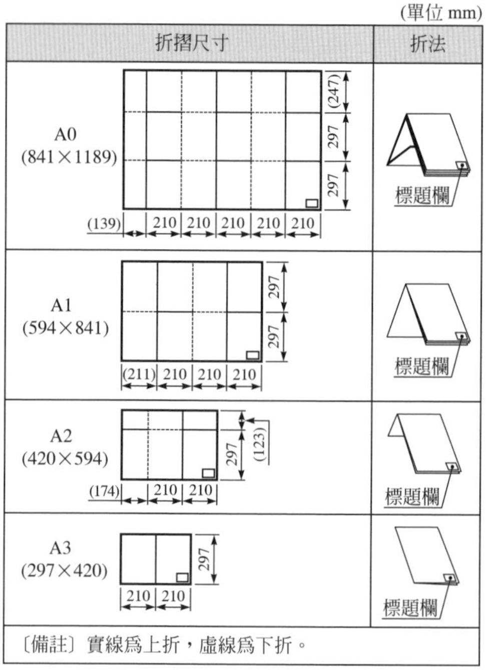

(單位 mm)
折摺尺寸
折法
A0
(841×1189)
(247)
297
297
(139)
210
210
210
210
210
標題欄
A1
(594×841)
297
297
(211)
210
210
210
標題欄
A2
(420×594)
297
(123)
(174)
210
210
標題欄
A3
(297×420)
297
210
210
標題欄
〔備註〕實線爲上折，虛線爲下折。

圖 17.8 基本折法

17.3 尺度、線與文字

1. 尺寸

爲方便在圖紙上畫出各種大小的實物，將這大小之比例之尺度。繪製縮小實物時採縮尺，繪製與實物大小相同時採實尺，繪製放大實物時採倍尺。

JIS 有關機械製圖，建議如表 17.6 的 18 種尺度。隨所繪製物件之複雜度，表示之目的，易於描述資訊，必須選擇易了解且不會錯誤的尺度。

所採用尺度，必須明示於圖上之標題欄。在同一圖上，有使用不同尺度時，於標題欄只標示主要尺度。其它尺度則標示於該相關零件之編號(例如：①)，或在註記詳細圖(或剖面圖)之文字(例如：A部)的附近。

表 17.6　尺度(JIS Z 8314)

種類	建設尺度		
倍尺	50：1	20：1	10：1
	5：1	2：1	
實尺	1：1		
縮尺	1：2	1：5	1：10
	1：20	1：50	1：100
	1：200	1：500	1：1000
	1：2000	1：5000	1：10000

圖形之尺寸不是與比例大小相符時，爲避免誤解，須在適當之處明確註記說明(例如：非比例尺)。

主要投影圖中之詳細部分過小時，因無法完全的顯示該尺寸，則在投影圖之附近繪製該部分之局部放大圖(或剖面圖)。

相反的，小物件以大的尺度繪製時，爲顯示實際之大小，常再繪製實尺圖，以便參考。此時實尺圖可簡略的只繪出物件之輪廓。

2. 線

(1) 線之種類及粗細

圖上所用的線通常爲實線、虛線、一點鏈線及二點鏈線 4 種(圖 17.9)。

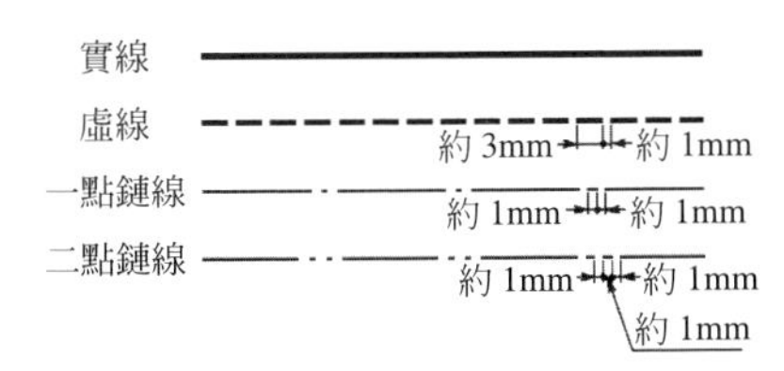

圖 17.9　線之種類

圖 17.10 及表 17.7 示 JIS 機械製圖中，對這些線之用途說明。

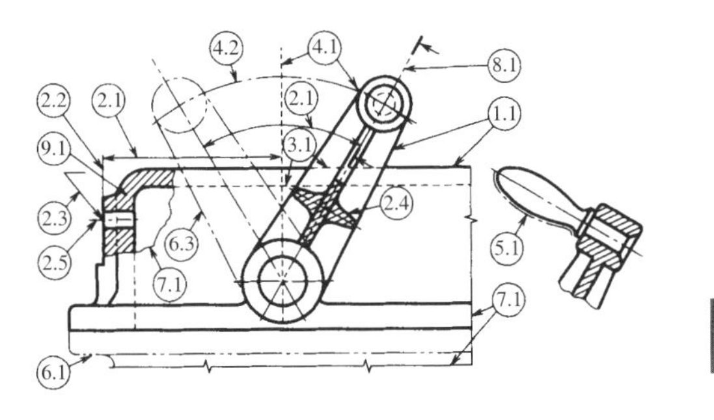

圖 17.10　線之用法圖例

線的粗細，可依圖紙及圖形大小做適當的選擇，但製圖用線有細線、粗線及極粗線 3 種。一般，若粗線爲 2，則細線爲 1，極粗線則爲 4 的比率粗度，而且由 0.13，0.18，0.25，0.35，0.5，0.7，1，1.4 及 2 之粗度中選取適當的。

以前，隱藏線是使用介於粗線與細線間的粗細，但因其只用於隱藏線，故爲了減少線粗細的種類，於 2000 年修改爲可用細線或粗線之任一種。但同一圖中，不可混用。

此外，以前假想線是使用二點鏈線(但粗細爲中間值)，而依 JIS B 0001-1973 改爲一點鏈線，但在 1985 年之修訂又改回二點鏈線。

(2) 線之優先順序

圖上有 2 種以上的線在同處重複時，以下列之優先順序，繪出該優先之線種(參考圖 17.11)。

表 17.7　各種線之用法

用途別名稱	線之種類*2		線之用途	圖 17.10 之對應編號
外形線	粗實線		用以表示物件可見之部分的形狀。	1.1
尺寸線	細實線		用以標記尺寸。	2.1
尺寸輔助線			自圖形引出以標記尺寸用。	2.2
引出線			引出用以標示說明、符號等。	2.3
回轉剖面線			用以表示在圖形內該部分切口回轉 90 度。	2.4
中心線			用以簡略表示圖形之中心線(4.1)	2.5
水平面線			表示水面、油面等之位置	—
隱藏線	細虛線或粗虛線		表示無法看見物件部分之形狀	3.1
中心線	細的一點鏈線		⑴表示圖形之中心。 ⑵表示中心移動的中心軌跡。	4.1 4.2
基準線			明示特定定位在何處之用。	—
間距線			表示反復採取圖形之間距的基準。	—
特殊指定線	粗的一點鏈線		表示需特殊加工部分等適用特別要求事項之範圍。	5.1
假想線*1	細二點鏈線		⑴表示參考鄰接部分。 ⑵表示刀具、工模等之參考位置。 ⑶表示可動部分的移動中特定的位置或移動的極限位置。 ⑷表示加工前或加工後的形狀。 ⑸表示剖面圖示的前面部分。	6.1 — 6.3 — —
重心線			表示連結剖面之重心的線。	—
斷面線	不規則波形之細實線或鋸齒線		表示打破對象物之局部的邊界，或去除局部的邊界。	7.1
切斷線	用細的一點鏈線，而端部及改變方向的部分用粗線*3		描繪剖面圖時，表示其切斷位置之對應圖用。	8.1
陰影	用細實線規則的並排。		指定圖形之特定部分與其它部分區別用。例如：表示剖面圖之缺口。	9.1

表 17.7　各種線之用(續)

用途別名稱	線之種類	線之用途	圖 17.10 之對應編號
【註】*1JIS Z 8316:1999 水準面線（附圖-圖形為表示原則）沒有特別規定。 *2假想線，根據投影法，圖中並不出現假想線，而是為了方便起見，用來表示必要的形狀。另外，函數它也用於補充顯示圖形，以幫助理解加工和機械加工（例如，在繼電器的情況下，其斷斷續續的關係）。 *3切斷線，如果不無混合之考慮，則端部和方向變化的部分無需加厚。 【備註】細線、粗線、極粗線的粗細比例為 1:2:4。其他管線類型為 JIS Z 8312:1999（圖 - 表示的一般原則 - 線條的基本原則）或 JIS Z 8321:2000（CAD 最好使用於一般原則）			

①外形線，②隱藏線，③切斷線，④中心線，⑤重心線，⑥尺寸輔助線。

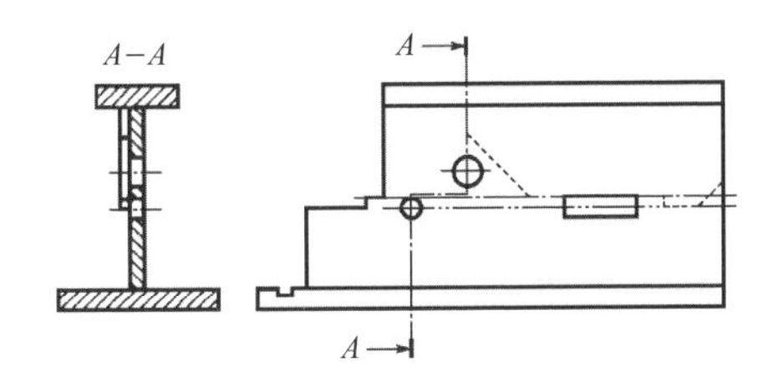

圖 17.11　線之優先順序

⑶　**線之間隔**

相互間極接近的線條，複印或複製時，容易造成混淆，故應依較下述線間隔(中心距離)大的距離繪線。

① 平行線的場合，最粗的線為粗線粗度 2 倍以上，且線與線間隔在 0.7 mm 以上較佳。

② 密集交叉線的場合，其線之最小間隔為最粗線粗度 3 倍以上(圖 17.12 (a))。

③ 多數線集中在一點的場合，為免混淆，線必須停止在線最小間隔為最粗線粗度的 2 倍位置，點的周圍留白即可(圖 17.12(b))。

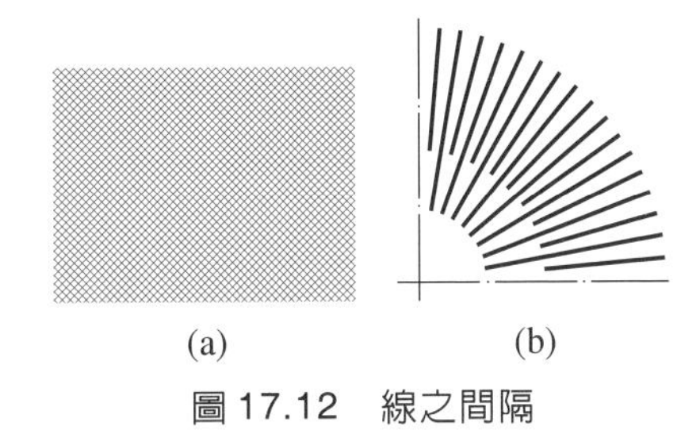

圖 17.12　線之間隔

⑷　**線條粗細方向之中心**

線條粗細方向之中心，須在線條理論上該繪製的位置上(圖 17.13)。

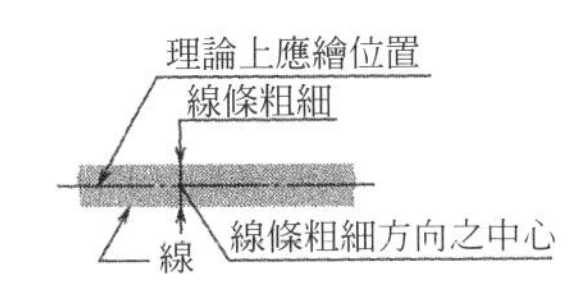

圖 17.13　線條粗細方向之中心位置

3.　文字

為說明圖形，必須在圖上書寫文字，而要使文字正確且易讀，必須要配合圖形，以適當的大小書寫。且要微縮攝影圖面時，更需有適當的書寫方法。

⑴　**文字的種類及大小**

製圖所用文字，依 JIS Z 8313(製圖—文字)規定。其中，第 0 部：通則，第

1部：羅馬字，數字及符號，第2部：希臘文字，第5部：CAD用文字，數字及符號，第10部：平假名、片假名及漢字共5部之規定。

① 漢字：製圖用漢字可利用常用漢字表。但16畫以上的漢字盡量用假名書寫[圖 17.14(a)]。

② 假名：假名可用平假名或片假名，一系列之圖面中不要混用。但外來語，動、植物之學名及提醒注意的表記可混用片假名(圖 17.14(b))。

③ 拉丁字、數字及符號：這些之字體可採同圖 17.14(c)之*A*形斜體文字或*A*形之直立體文字，但不要混用〔同圖 b〕。

此外，規格中亦有規定較此爲粗的字體($d=h/10$)，即*B*形字體(斜體及直立體)，本書省略之。

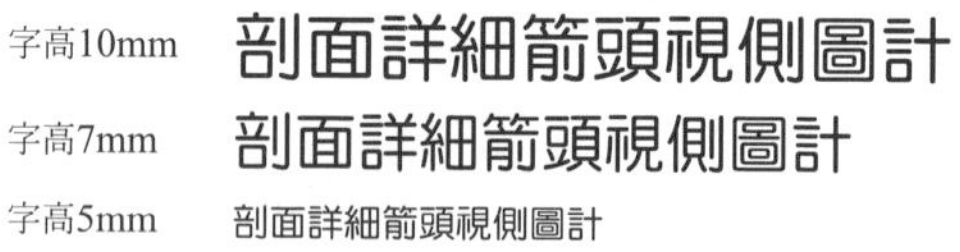

字高10mm 剖面詳細箭頭視側圖計
字高7mm 剖面詳細箭頭視側圖計
字高5mm 剖面詳細箭頭視側圖計

(a) 漢字例

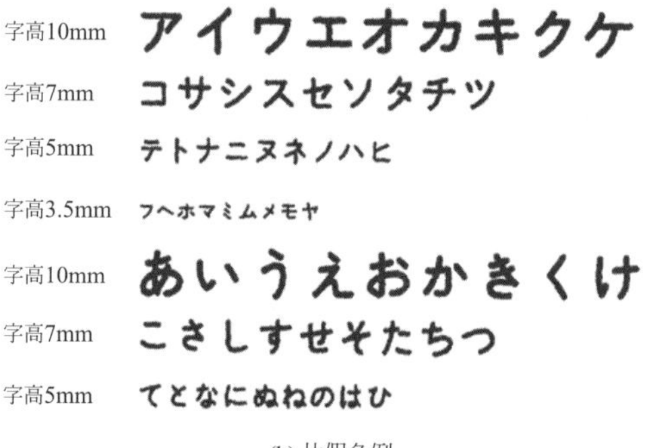

字高10mm アイウエオカキクケ
字高7mm コサシスセソタチツ
字高5mm テトナニヌネノハヒ
字高3.5mm フヘホマミムメモヤ
字高10mm あいうえおかきくけ
字高7mm こさしすせそたちつ
字高5mm てとなにぬねのはひ

(b) 片假名例

圖 17.14 文字大小、種類(縮小 32.5 %)

字高10mm 12345677890
字高5mm 12345677890
字高7mm ABCDEFGHIJKLMNOPQR
STUVWXYZ
aabcdefghijklmnopqrstuvwxyz

(c) 拉丁字及數字例

圖 17.14 文字大小、種類(縮小 32.5 %)(續)

④ 文字之字高

文字之大小(字高)是以圖 17.15 所示的基準框高度*h*稱呼之，自下列種類中選取。但有特別需要時，不在此限。

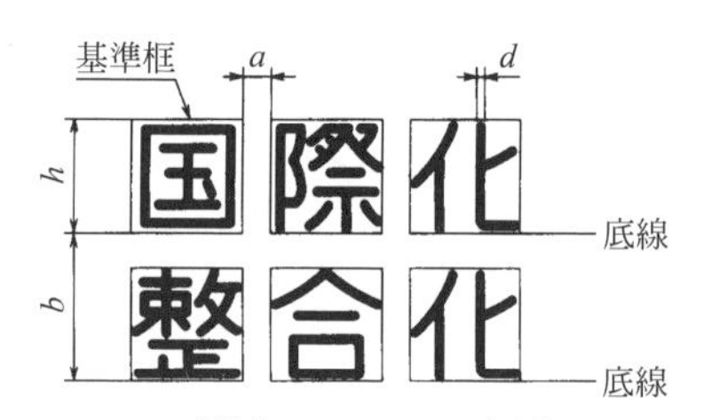

(a) 漢字(h=20mm 之例)

基準框 10 ぶっしゅ
基準框 10 ブラケット

(b) 平假名(h=10mm 之例) 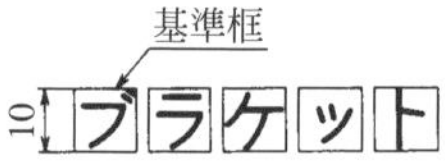　(c) 片假名(h=10mm 之例)

圖 17.15 文字間之間隔及底線之最小間距(縮小 32.5 %)

【漢字】

稱呼3.5*，5，7及10 mm4種。

【平假名及片假名】

稱呼2.5*，3.5，5，7及10 mm5種。

【拉丁字、數字及符號】

稱呼2.5*，3.5，5，7及10 mm5種。

*：有些複印方式，此大小並不適合。尤其是以鉛筆寫的時候，需特別注意。

⑤ 文字間的間隙：文字間之間隙a，應該是文字之線粗之2倍以上，2行以上時之最小底線間距b是文字之最大稱呼的14/10(參考圖17.15)。

⑵ **說明的文字敘述**

在圖中必須書寫文章時，需口語化，由左向右橫寫，並依需要分段書寫。

17.4 製圖方法

機械製圖大都採用正投影畫法，而且在正投影畫法中，又以正視畫法爲主(參考第七章之幾何畫法)。

1. 第一角法與第三角法

設H、V是二面相互垂直相交之平面，如圖17.16所示把空間分割成四大部分，從圖中之右上角開始分別把它命名爲第一角、第二角、第三角、第四角，如果把物體放置在第一角內投影則稱之爲第一角法，以下依此類推，分別稱爲第二角法、第三角法、第四角法。

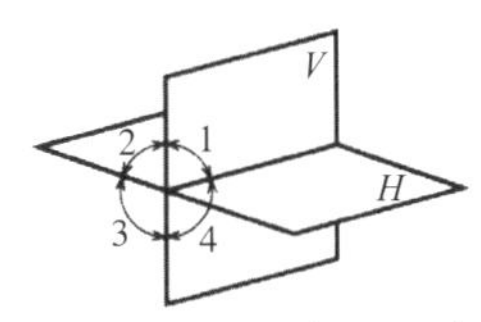

圖17.16 四個2面角

上述之畫法中，因第二角法和第四角法，很容易導致圖面上之混淆，故實際上皆不採用，現在世界各國廣泛採用者爲第一角法與第三角畫法。

對於物體之形狀比較複雜時，V、H二個平面無法表達明白時，可以加設如圖17.17所示之P平面，以補加自物體右側或左側所得之投影圖，這些投影圖分別稱爲正視圖、俯視圖(仰視圖)、側面圖(右側視圖或左側視圖。

圖17.18是第一角法與第三角法之比較，由圖可知，第一角法與第三角法的圖面配置完全相反，第一角法自上所視之圖置於正視圖之右方，因此在各圖的對照時，產生許多不方便，而第三角法則無此問題。故JIS機械製圖規格(JIS B 0001)規定“原則上投影法應採用第三角法，但是有關船舶及其它情況下，有必要時亦可採用第一角法”。

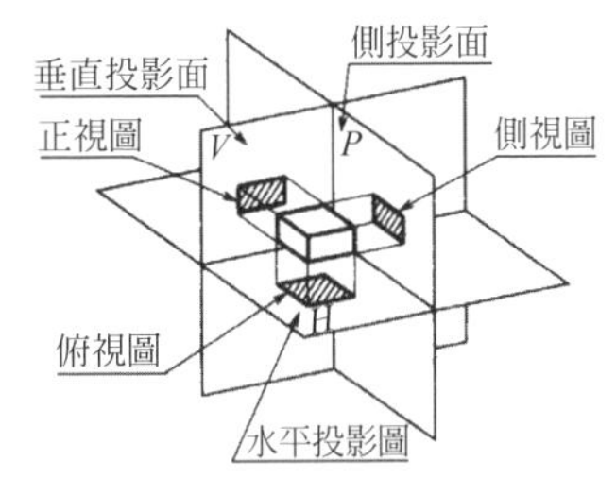

圖17.17 正視圖、俯視圖、側視圖

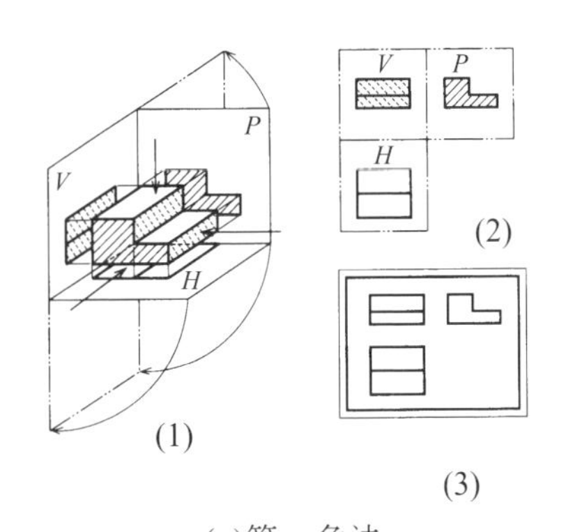

(a)第一角法

圖17.18 第一角法與第三角法之比較

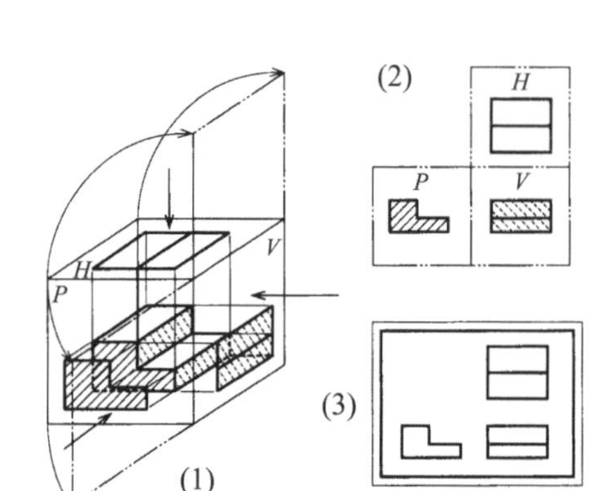

(b)第三角法

圖 17.18 第一角法與第三角法之比較(續)

圖 17.19 示投影法之符號。圖中應將使用投影法之符號明示於標題欄中，或在其附近標示。

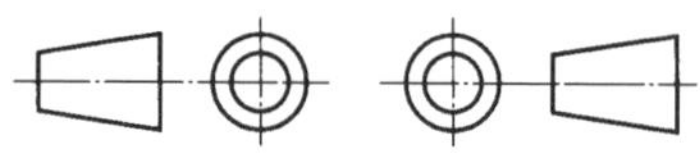

(a) 第一角法　(b) 第三角法

圖 17.19 表示投影法符號

⑴ **投影圖之名稱**

圖 17.20 示各投影圖依其視線方向而定之稱呼名稱。

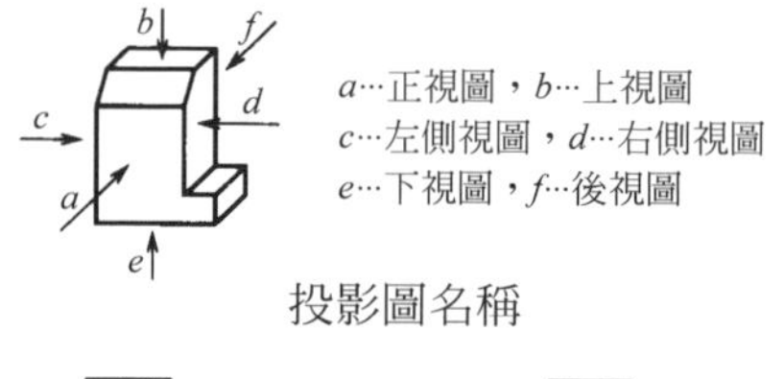

投影圖名稱

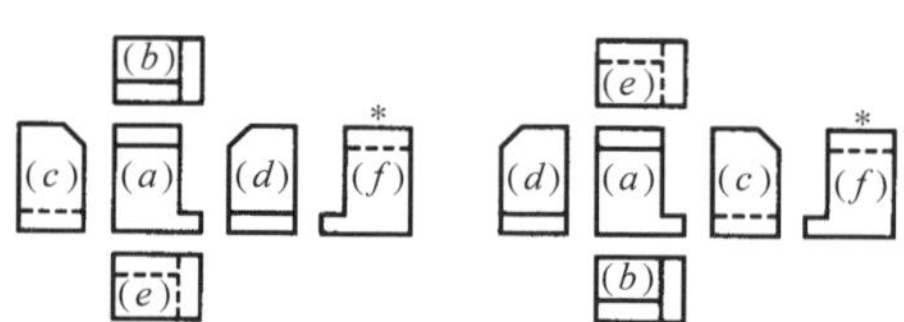

第三角法之基準配置　第一角法之基準配置

* 背視圖視情況畫在左側或加側

圖 17.20 投影圖名稱及第三角法、第一角法之基準配置

⑵ **第三角法的配製基準**

如圖 17.20 所視，第三角法是以正視圖(a)爲基準，其它之投影圖配置，如同圖所示。

⑶ **第一角法的配製基準**

如圖 17.20 所示，第一角法是以正視圖(a)爲基準，其它之投影圖配置，如同圖所示。

⑷ **箭頭標示法**

如上所述，由於紙張因素等，用第三角法正確配置投影圖，無法描述清楚時，或圖之局部，利用第三角法繪其位置，反而難以理解圖形時，則可用第一角法及下述之箭頭標示法。

如第一角法或第三角法，箭頭標示法是不依嚴密形式規範之投影法，如圖 17.21 所示，用箭頭及符號，由各種方向所見的投影圖，彼此間沒有相互關連，可以配置在任何位置。

此法是除了正視圖(亦稱主投影圖)以外之各投影圖，以箭頭標示其投影方向及使用識別文字，指示其彼此間之相互關係即可。

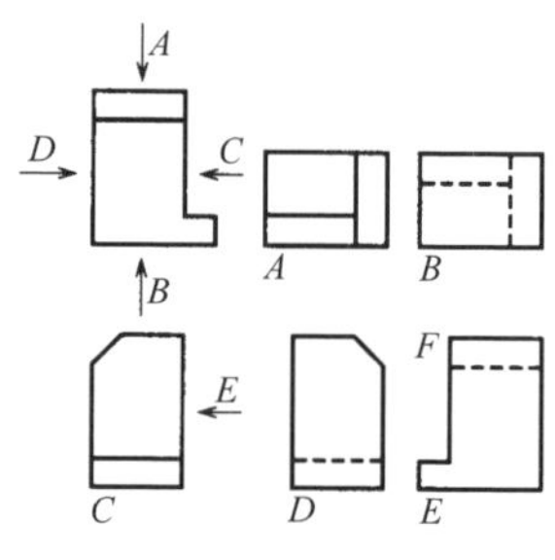

圖 17.21 箭頭標示法

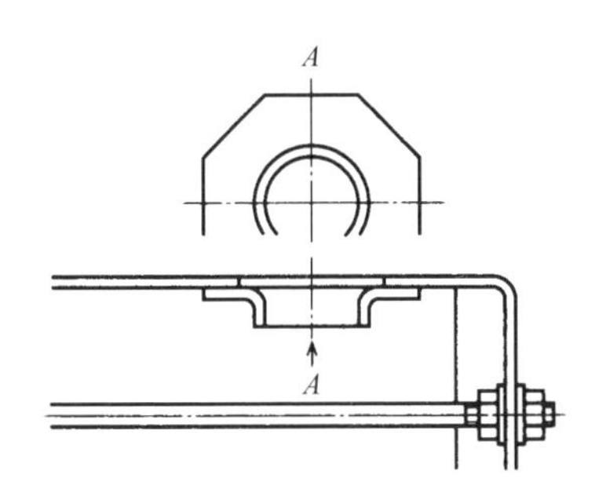

圖 17.22　混用投影法時

這些文字使用大寫的拉丁文字。無關於投影方向，全部向上，關連之投影圖是下或上，在 1 張圖中，要用相同的方法，明確寫出。利用此方法時，不需要投影法的符號(圖 17.22)。

2.　關於製圖之一般注意事項

製圖時設定主投影圖或選擇物體之正視圖極爲重要，應該選用最能表示物體特色之投影圖做爲正視圖，此與日常所用正視觀念稍有差異，只有選用最具代表性之平面，才能充分理解圖之含義。

裝配圖之主投影圖應選用可以代表功能之平面，而零件圖的主投影圖則以代表加工方法的平面爲主。

有關投影圖之幅數，應儘量簡明化，採用最少之圖數爲宜，一面視圖就可以表達者，限用一面視圖，如果須用二面圖才可表達者，限用二面圖，對於複雜形狀之物體，如有必要時在補加側視圖、俯視圖與仰視圖。

視圖之線條儘量少用虛線(斷線)，多用實線(可看部位)來表示，圖 17.23 係說明之實例。

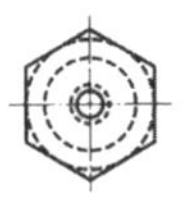
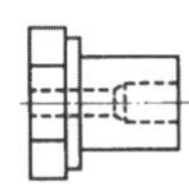

(a) 左側視圖(不良)　(b) 主投影圖　(c) 右側視圖(良)

圖 17.23　避免用虛線之實例

視圖上圖形要以物體加工最多之工程爲基準，並且用加工狀態之方向做爲圖示之方向，例如：車削之機件，如圖 17.24 (a)、(b)所示，機件之中心線要保持水平，和夾持在車床主軸之情況相同，而且描繪加工作業之重點置於右側爲宜，但對於平面切削，如本圖之(c)所示，反選其縱向爲水平，以表示其加工面。

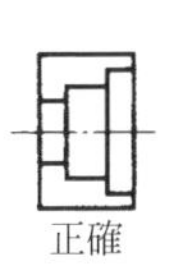
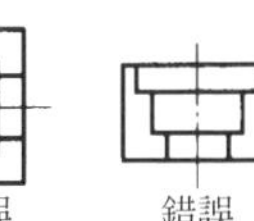

(a) 內車削時

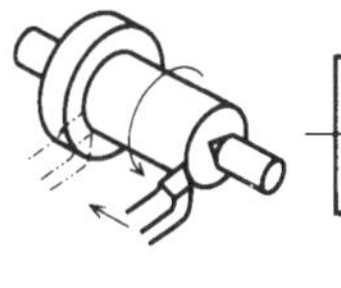
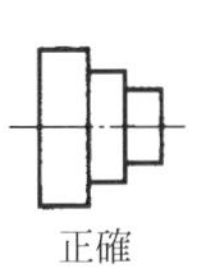
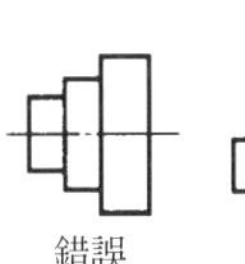

(b) 外車削時

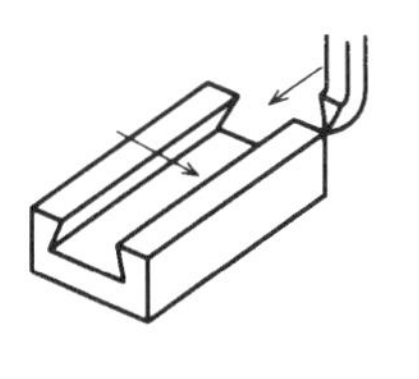
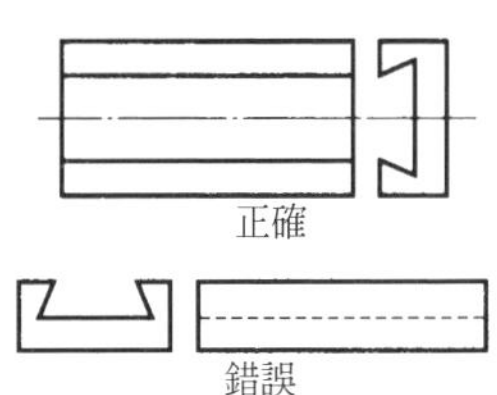

(c) 切削平面時

圖 17.24　考慮加工狀態

3. 特殊圖示法

⑴ 輔助投影圖

有傾斜面之物件，直接以其投影圖，無法表示傾斜部之實形，故需設平行於該輕斜面之輔助投影面，並將該輕斜面實形投影於此面，此種投影法稱爲輔助投影法，如圖 17.25 所示。

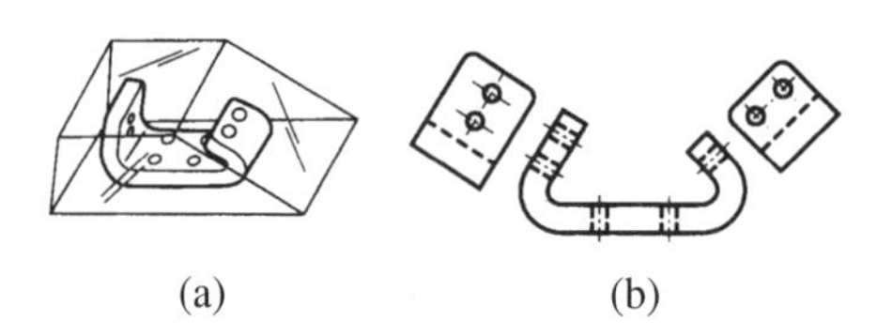

(a) (b)

圖 17.25 輔助投影圖

此投影圖若繪及傾斜部以外之部分，反而使該圖難以了解，因此採只傾斜部之部分投影圖或局部投影圖即可。(兩者於下文說明)

另因紙張因素，輔助投影圖無法置於斜面之對向位置時，則用箭頭及大寫拉丁文字標示，如圖 17.26(a)，或利用折曲中心線標示其投影關係，如同圖(b)。如果難以理解輔助投影視圖的佈圖關係，可以在顯示的每個字符號上，添加另一個位置的繪圖區域的劃分符號，如圖(c)所示。

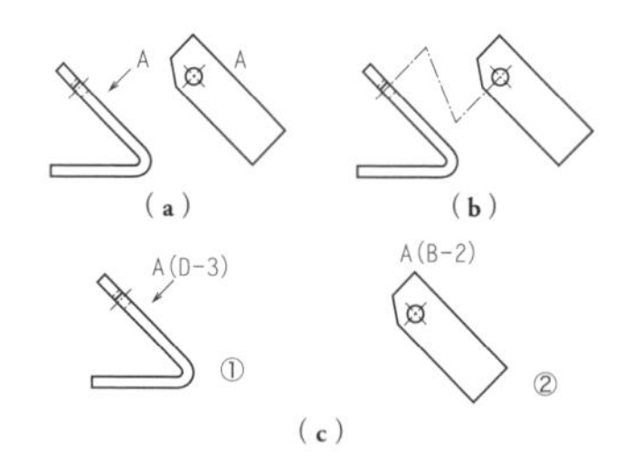

圖 17.26 無法置於正確位置時之輔助投影圖

⑵ 旋轉投影圖

有斜角的臂或輪臂等，投影面無法表示其實形時，可將該部分在一直線上回轉，以顯示其實形，如圖 17.27。至於有誤讀之慮時，則可借用製圖用之線，如同圖(b)。

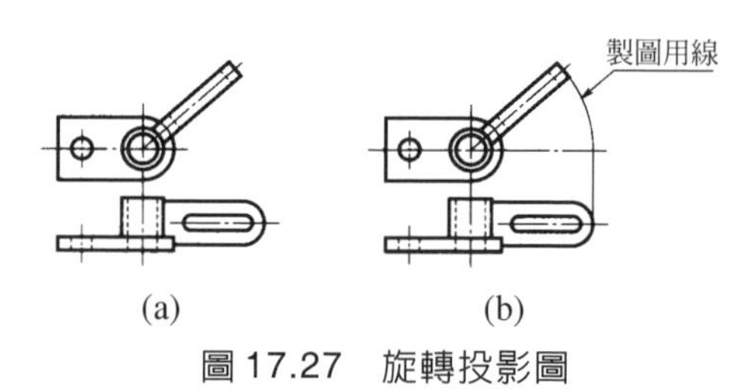

(a) (b)

圖 17.27 旋轉投影圖

⑶ 部分投影圖

只顯示圖之一部分就足夠時，只繪必要部分即可，稱其爲部分投影圖，如圖 17.28。此時，與省去部分之邊界用斷面線標示，但該邊界明顯時，可省略斷面線。

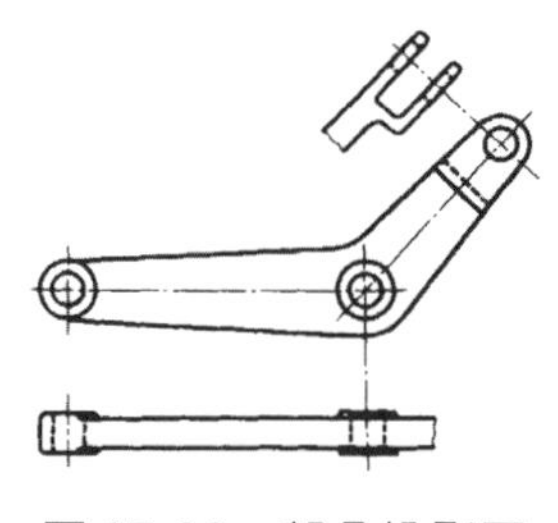

圖 17.28 部分投影圖

⑷ 局部投影圖

物件之孔、槽等，只顯示某一局部即足夠時，即可以局部投影圖表示之，如圖 17.29。

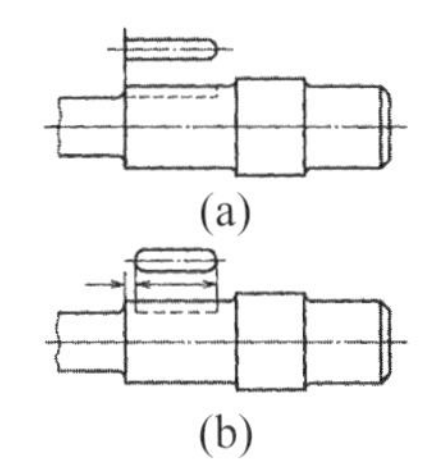

(a)

(b)

圖 17.29　局部投影圖

爲表示其投影關係，原則上，要在主投影圖上，與其中心線、基準線、尺寸輔助線等連結之。

⑸　**部分放大圖**

由於特定部分小，該部分難以詳細圖示或標記尺寸時，該部分用細實線(通常爲圓)圍起來，並用大寫拉丁文字標示，同時將該部分於適當處所，以適當尺度放大繪製。並附記標示的文字及使用的尺度，如圖 17.30。

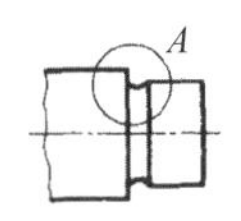

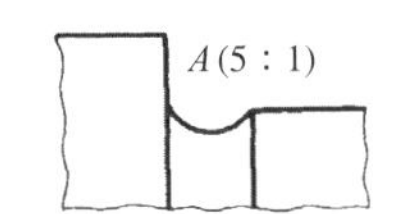

圖 17.30　部分放大圖

⑹　**假想圖**

如圖 17.31(a)～(d)所示，圖示物件之鄰接部，或物件之運動範圍、加工變化、或切斷面之前方某部分，或刀具、工模等，未顯示於原圖形，而是參考所必要者，則用假想線(細二點鏈線)繪出。

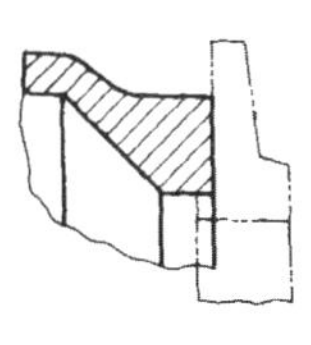

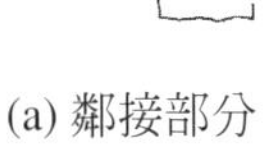

(a) 鄰接部分

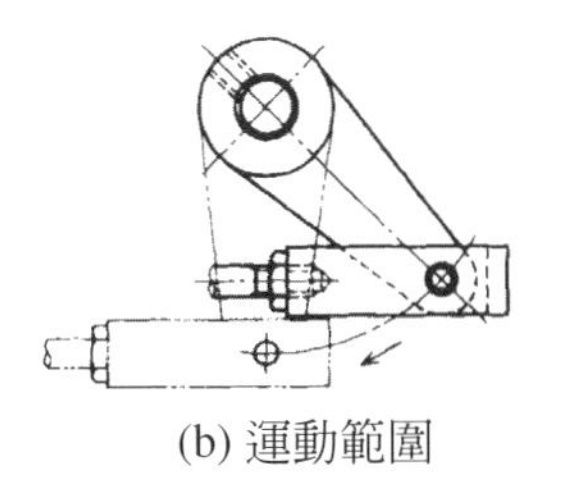

(b) 運動範圍

圖 17.31　假想圖

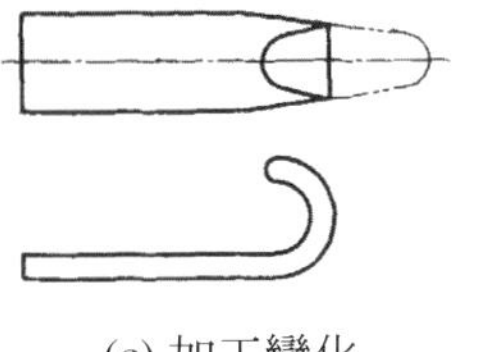

(c) 加工變化

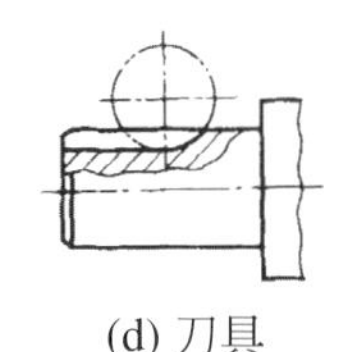

(d) 刀具

圖 17.31　假想圖(續)

4.　剖面線

爲表達物體內部看不見之形狀，通常用虛線表示，但對於複雜形狀之物件，使用虛線的條數則顯得相當繁多，不易理解，這種情況下，就需以剖面圖表示該部位之形狀，另一方面，由外部可以看到的物體，如果某部分需以一平面剖割之形狀時，同樣亦應用剖面圖表示，上述目的所用者皆屬剖面圖。

⑴　**全剖面圖**：有關剖面之表示，JIS 機械製圖規定以基本中心線切斷面表示，稱之爲全剖面圖，此時不必指示剖切線，圖 17.32 爲用斜線表示剖面之實例，有關斜剖面線於後詳述。

必要時，爲彰顯特定的部分而設切斷面，若不是用基準中心線，則必須利用切斷線標示切斷的位置，如圖 17.33 所示。

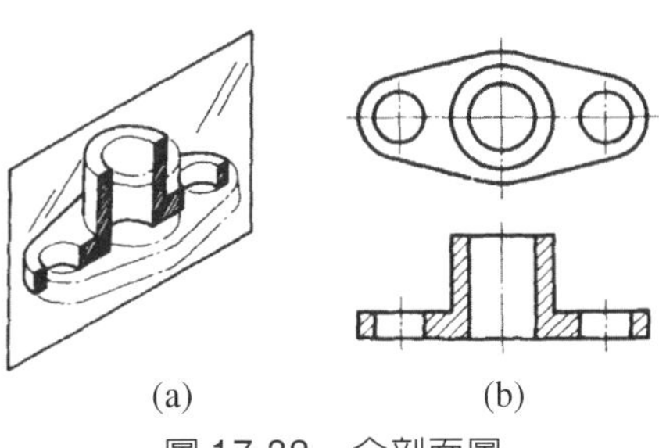

(a)　(b)

圖 17.32　全剖面圖

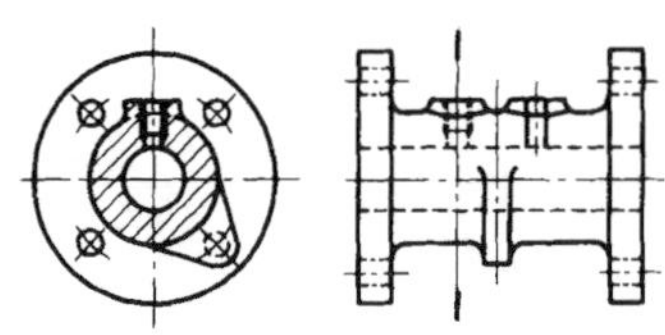

圖 17.33　不在基本中心線之剖面圖

⑵　**半剖面圖**：外形對稱之物體，中心線的一方用外形圖，另一方用剖面圖表示之圖形。(如圖 17.34)。

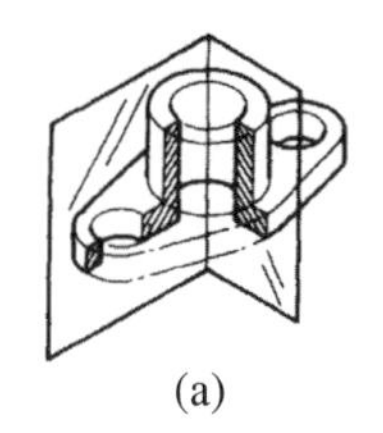

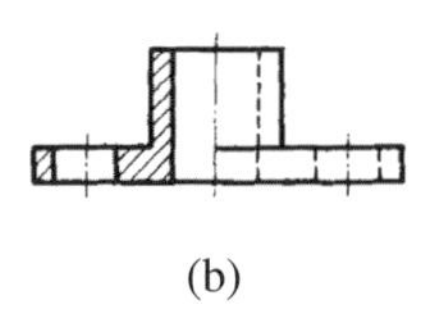

(a)　(b)

圖 17.34　半剖面圖

可在 1 個圖表示外形及剖面，但對於簡單的圖形則無太大的意義，應採全剖面圖。

⑶　**局部剖面圖**：只對外形圖必要處所的一部分破斷後表示之剖面(圖 17.35)。此時破斷邊界之部分使用破斷線(細的徒手畫線)。

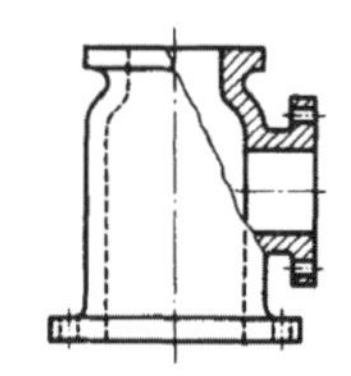

圖 17.35　局部剖面圖

⑷　**旋轉圖示剖面圖**：手輪或輪子等之臂或肋、輪緣、鉤、軸、結構物之材料組合切口，可用下述方法做 90 度回轉後表示之。

①　切斷處之前後，利用破斷線破斷之，該部分用外形線繪出(圖 17.36(a))。

②　在圖形內之切斷處，用細實線繪出(圖 17.36(b))。從前此法是用假想線而非細實線。

③　在切斷線的延長線上，用外形線繪出(圖 17.36(c))。

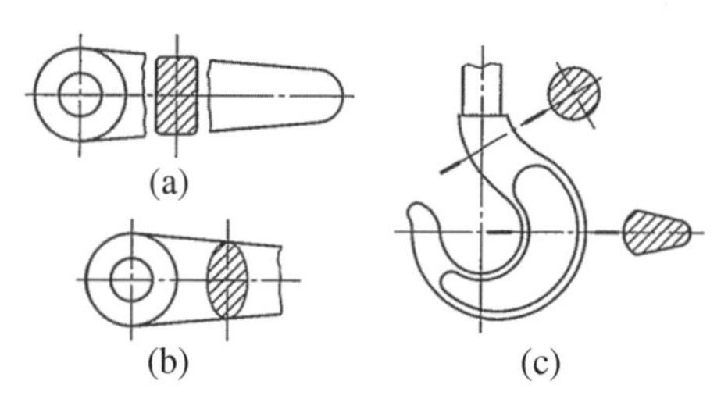

圖 17.36　旋轉圖示剖面圖

⑸　**利用多組剖面圖之組合**：複雜的物件大都不能只以一個切斷面表示，而需要一些切斷面，做各種組合的切斷。以下是主要的方式，必要時，應以箭頭標示剖面投影方向並附標文字符號。

①　銳角剖面圖、直角剖面圖：如圖 17.37 及圖 17.38 所示，是具有某斜角之剖切面所剖切之剖面圖，此時之*AOA*線與垂直之中心線，分別成銳角及直角，故稱爲銳角剖面圖、直角剖面圖。*AOA*線必須轉至垂直中心線之位置，以圖示剖面。

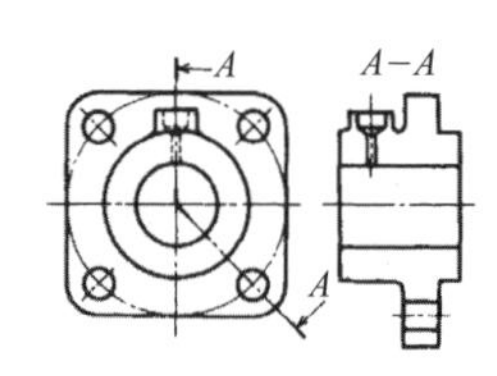

圖 17.37　銳角剖面圖

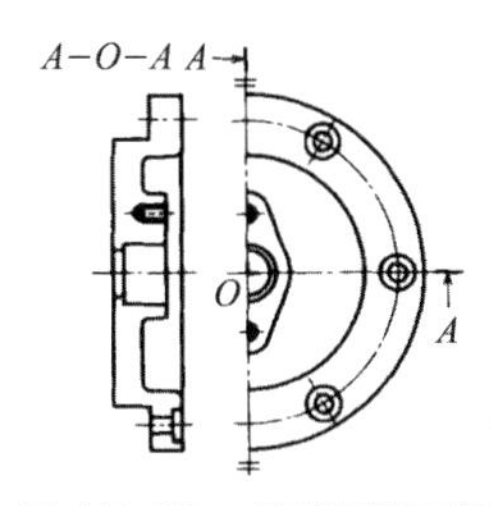

圖 17.38　直角剖面圖

② 階段剖面圖：如圖 17.39(a)所示，切斷二個以上之平面組合成階段段之合成面之物件，可得到如圖(b)之剖面，稱之爲階段剖面圖。

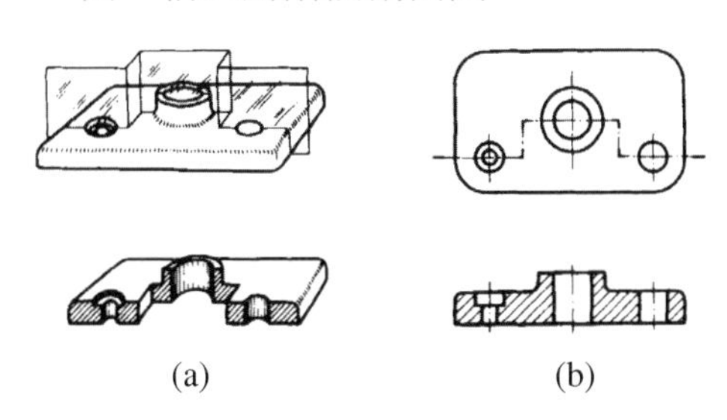

圖 17.39　階段剖面圖

階段剖面圖的剖切線是細的一點鏈線，兩端及重要部分要粗線，以達醒目效果，剖切面在剖面圖上是假設爲一沒有凹凸的一個平面。

③ 彎管等之剖面圖：圖 17.40 示表示彎曲管之剖面，沿該彎曲之中心線剖切，直接投影即可，不必展開在一直線上。

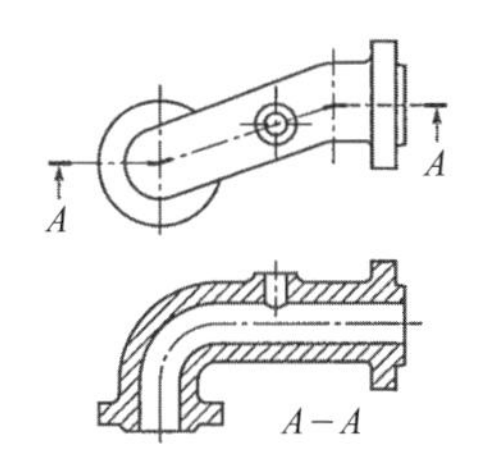

圖 17.40　彎曲管之剖面圖

④ 組合剖面圖

極複雜的物件，則再將上述的剖面做各種組合的剖切。圖 17.41 示其一例。

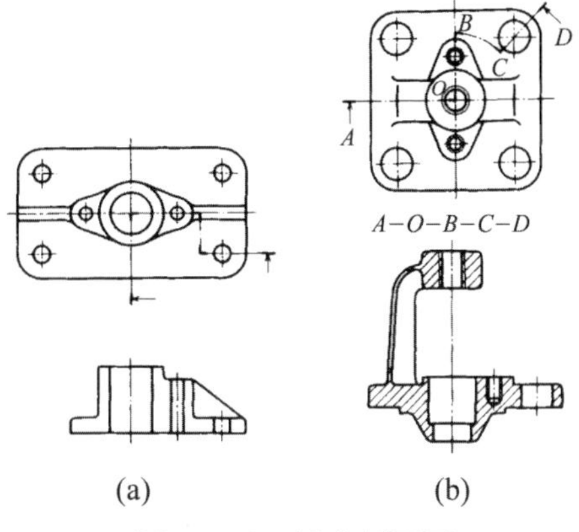

圖 17.41　組合剖面圖

⑹ 利用數個剖面圖標示

依物件不同，常有數個剖面圖分開繪示的情形。如圖 17.42～圖 17.44 所示，針對需要，使用數個剖面圖亦無妨。

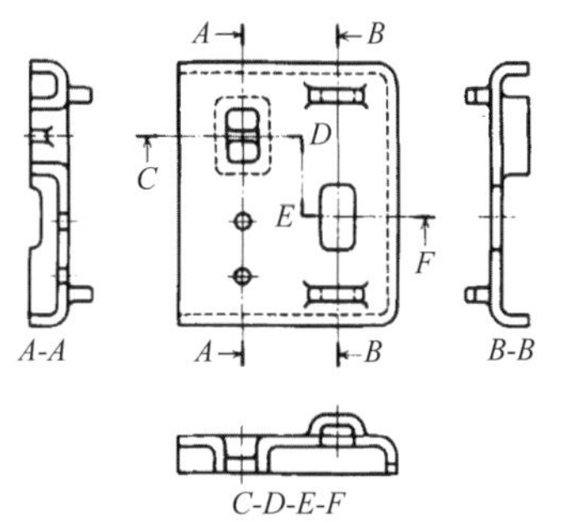

圖 17.42　利用數個剖面圖之標示①

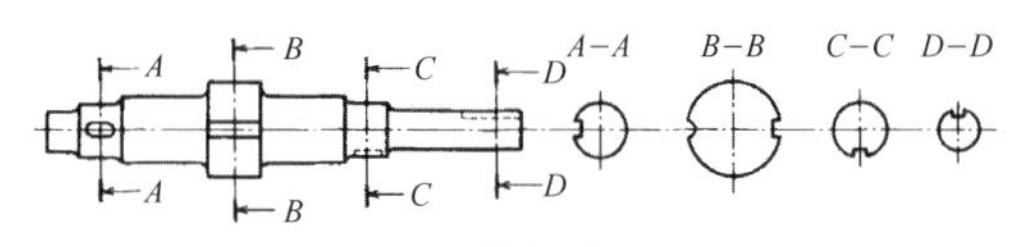

圖 17.43　利用數個剖面圖之標示②

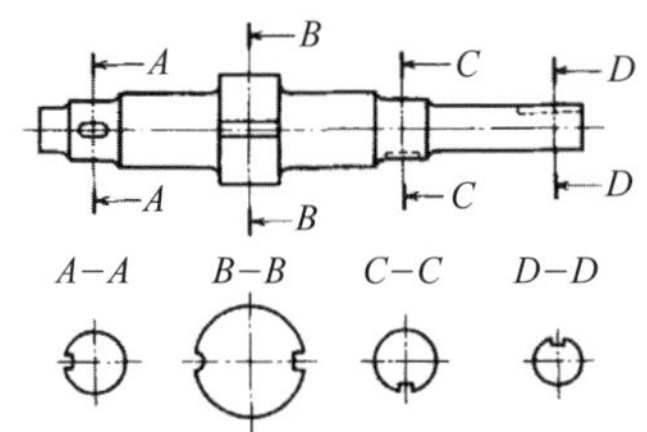

圖 17.44　利用數個剖面圖之標示③

一連串之剖面圖，為便於標示尺寸及了解圖，應繪出投影方向，如圖 17.43 及圖 17.44 所示。此時常將剖面圖配置於圖示之剖切線之延長線上或主中心線之延長線上。

圖 17.45 示物件之剖面徐徐變化之例，但若剖面有快速變化之部分，則將該部分之剖切線之間隔縮小。

⑺　**不需剖切零件**

有些工作不做剖面圖，反而更易了解。

如圖 17.46 所示，軸、銷、螺栓、鉚釘、鍵、銷、止擋螺栓、齒輪臂、輪齒等，一般不進行縱向切削。

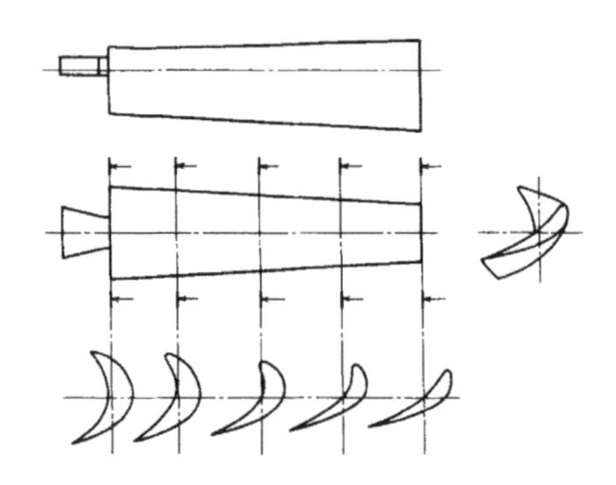
圖 17.45　剖面徐徐變化時

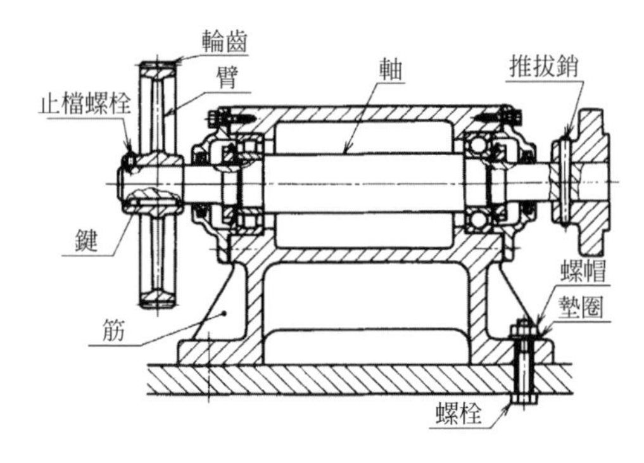

圖 17.46　不需剖切的元件

⑻　**剖面線與剖面塗色**：剖面部分畫剖面線之目的，在於使剖面部分明確易讀，但是由於很浪費時間，因此，除特別須要之情況下，大都採用剖面塗色，描圖時，可在裏面塗淡墨或以鉛筆塗色(如圖 17.47)。

畫剖面線時，不管工件之材質為何，都是使用和中心線或基線城 45°之傾斜細實線，線間的區隔，可因圖面大小而有少許差異，但一般為 2～3 mm 左右為適當。

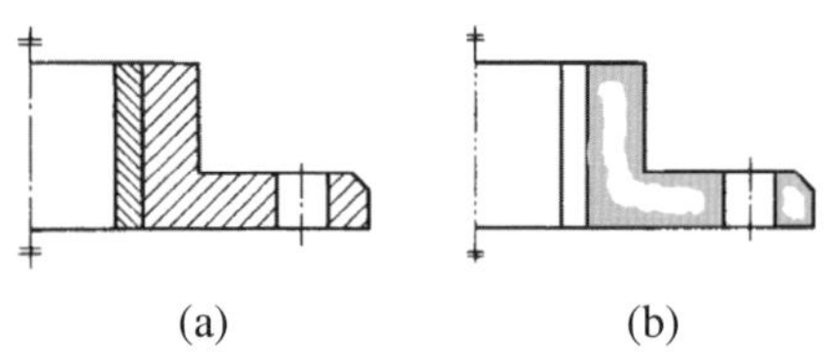

圖 17.47　剖面線(a)與剖面塗色(b)

其它有關畫剖面線之注意事項如下：

① 有兩個以上的零件相接時，應改變斜線的方向，或用不同的線間隔、角度來區別，此情況下，可以使用 JIS 機械製圖規定的剖面線角度 45°以外的角度。

② 像管類的工件做縱向剖切時，雖然剖切後使其分開，但仍屬同一工件，故斜線的方向及角度須保持一致。

但必須區別階段狀之剖面之各段所顯現的部分時，則必須畫剖面線，如圖 17.48。

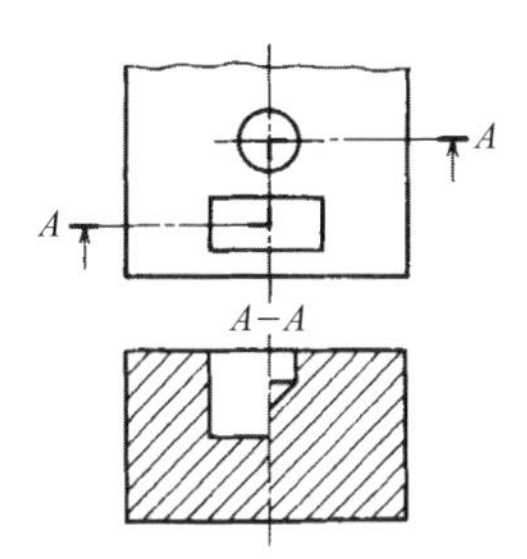

圖 17.48 階段狀之剖面的剖面線

③ 切口面積廣時，不必全面畫剖面線或塗色，而是沿其外形線，只標示適當範圍即可。如圖 17.49。

④ 剖面線部分內，若要標記文字或符號時，該部分之剖面線需中斷(圖 17.50)。

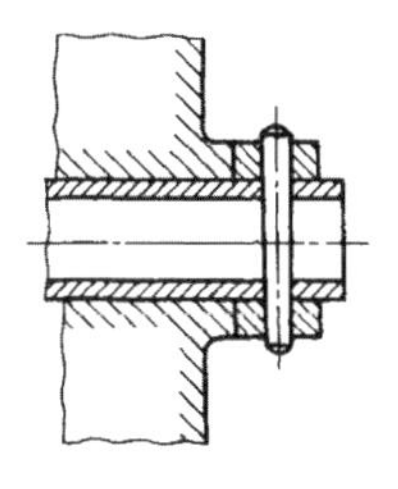

圖 17.49 切口面積廣時

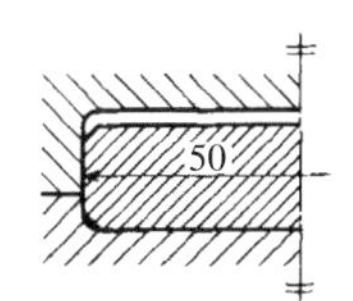

圖 17.50 剖面線中斷

⑤ 剖面圖上標示非金屬材料之場合，依圖 17.51 所示，或依對應規格[例如：JIS A 0150(建築製圖通則)]之標示方法。此時，可在零件圖中，另外標示代表材質之文字。

此方法，除剖面(切口)外，表示外觀之場合也可以用。

材 料	表 示
玻璃	
保溫吸音材	
木材	
混凝土	
液體	

圖 17.51 非金屬材料的表示法

(9) **薄板剖面圖**：襯墊、薄板、形鋼等薄切口之剖面是在其切口塗黑，如圖 17.52(a)，或不管其實際尺寸，而用 1 條極粗實線(外形線之 2 倍粗)表示，同圖(b)。

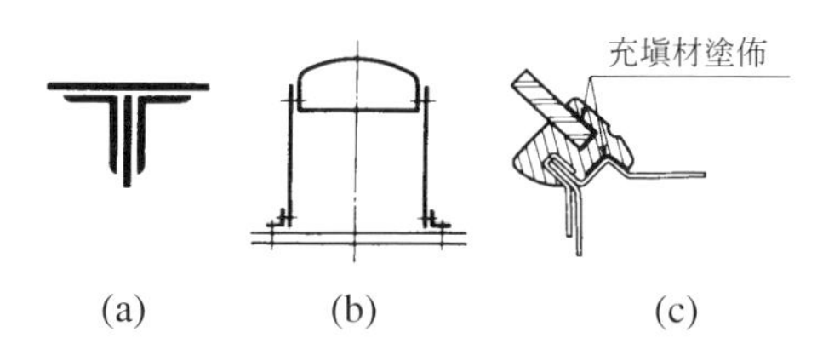

(a) (b) (c)

圖 17.52 薄板之剖面

至於這些情形在接近切口時，在表示這些圖形間，要有些微間隙(通常為 0.7 mm 以上)。但不需要有間隙時，則不受此限制，如同圖(c)。

5. 圖形之省略

⑴ **對稱圖形之省略**：上下或左右對稱的圖形，只繪其中心線的單側，可省略另一側，如圖 17.53。

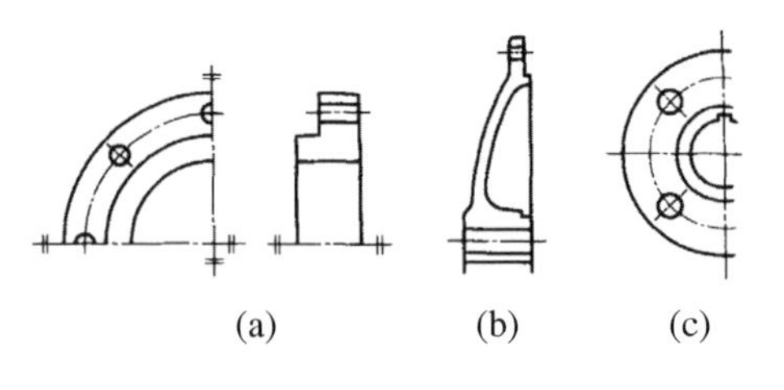

圖 17.53　對稱圖形省略一側

爲表示圖之一側被省略，如同圖(a)所示，在其對稱中心線兩端，必須附標 2 條短的平行細線(稱之爲對稱圖示符號)，但對稱中心線之單側圖形稍微超越對稱線的部分亦要繪出時，則可省略此對稱圖示符號，如同圖(b)、(c)所示。

⑵ **重複圖形之省略**：相同的螺栓孔、管孔、栓孔、梯子踏桿等同形物件，連續而多數並排時，只在其兩端部及重要處所表示實形，其它圖形則省略，只表示間距線與中心線的交點即可。如圖 17.54。

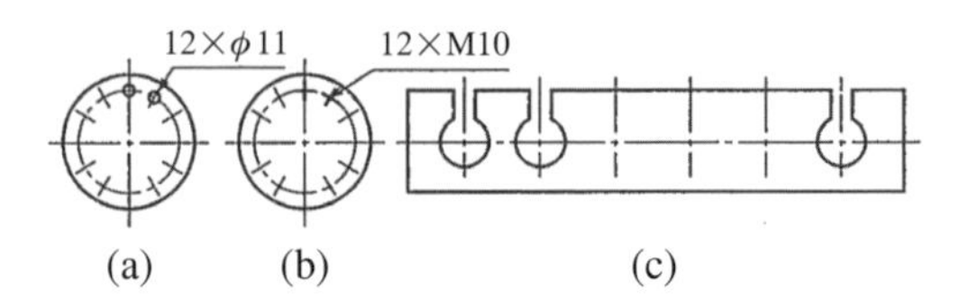

圖 17.54　重覆圖形之省略①

但在特定的交點有同形之物件並排時，則與上述方式同，如圖 17.55(a)所示，只在兩端部及重要處表示實形，其它則用適當的符號省略之，以標示圖形之位置，且在易懂之位置說明該符號之意義。

若是螺孔類，則不繪實形，全部用符號表示亦可，如圖 17.55(b)。

有二種以上重複圖形時，各種類均以不同的符號表示，如圖 17.55(c)。

⑶ **中間部分之省略**：軸、棒、管、形鋼之類，剖面形狀相同的物件，或齒條、工具機主螺牙等相同形狀，規則並排部分者，爲節約紙面，可以切除中間部分，將之縮短。

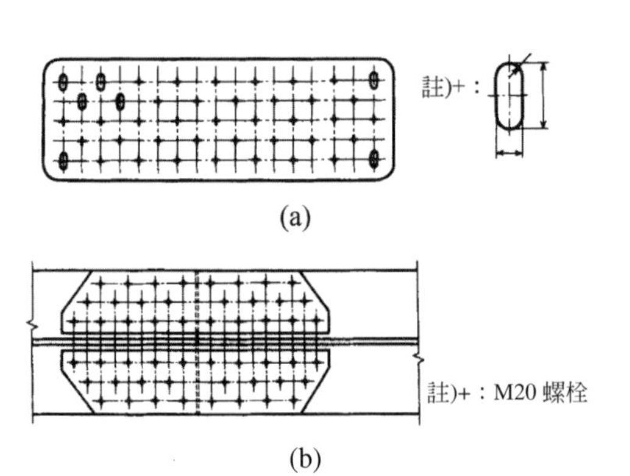

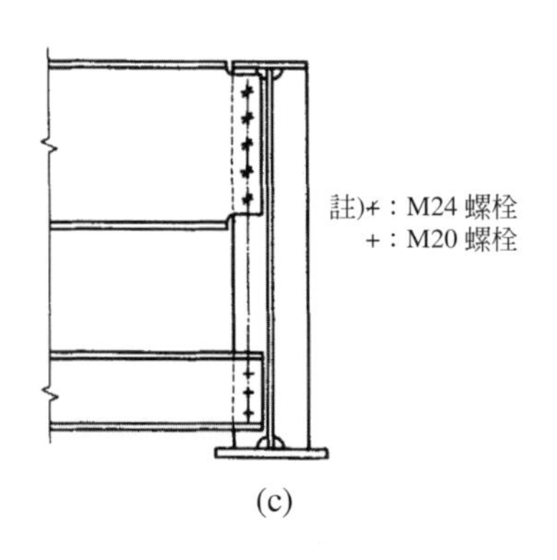

圖 17.55　重覆圖形之省略②

圖 17.56 示其例。這類的切取端部，必須用斷面線表示。

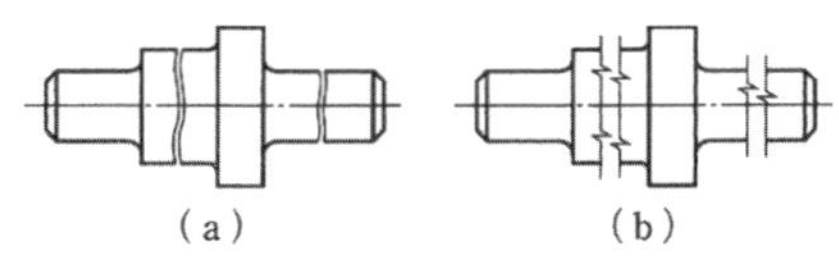

圖 17.56　省略中間部分圖示法

長的斜錐部分或斜度部分，同樣可以省略中間部分(圖 17.57)，但稍有傾斜時，同圖(b)所示，不依實際角度，可以連結兩端而成的角度，以一直線表示。

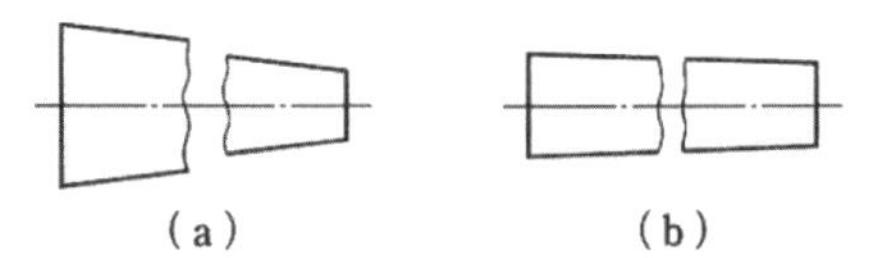

圖 17.57　有斜度物件之中間部分省略

6.　特殊圖示法

⑴　**展開圖**：板金類彎曲成形的物件，以正視圖表示實形，並繪展開圖表示，如圖 17.58。在展開圖的上側或下側，需註記“展開圖”。

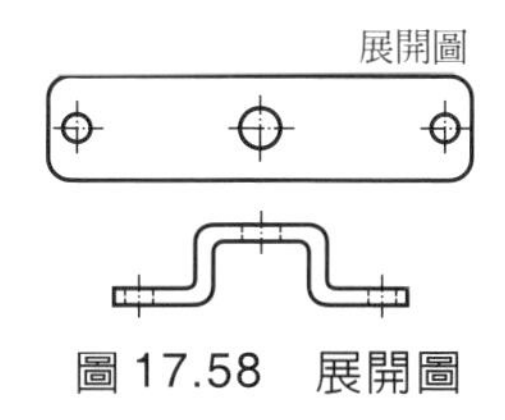

圖 17.58　展開圖

⑵　**簡明之圖示**

①　省略隱藏線：不妨礙判讀時，可將隱藏線省略(圖 17.59)。

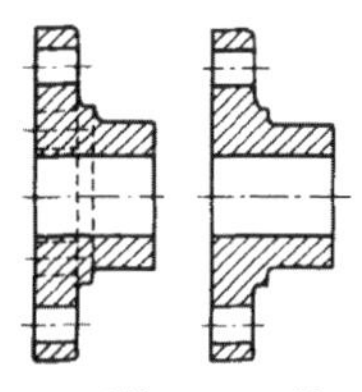

(a) 不佳　(b) 佳

圖 17.59　省略隱藏線

②　非必要部分之省略：繪輔助投影圖時，若將看見之部分全部繪出，有時反而造成圖之複雜化。可如圖 17.60 (c)所示，在其左右分別以部分投影圖表示。

③　局部具有特定形狀物件之圖示：有鍵槽的軸孔，管壁或氣缸壁上有孔或槽，有切口的環等，局部具有特定形狀之物件，該部分應盡量繪在圖之上側(圖 17.61)。

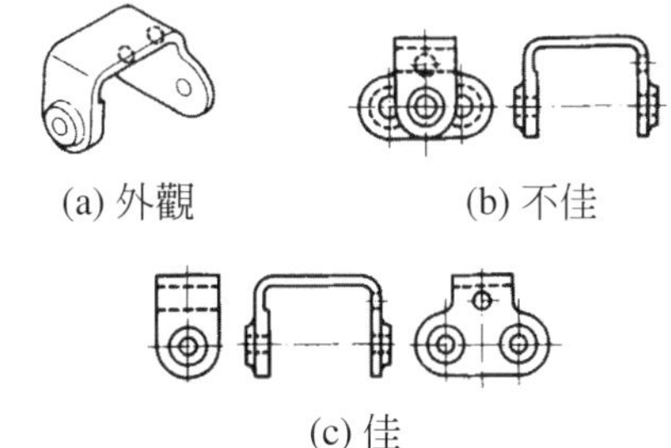

圖 17.60　部分投影圖表視

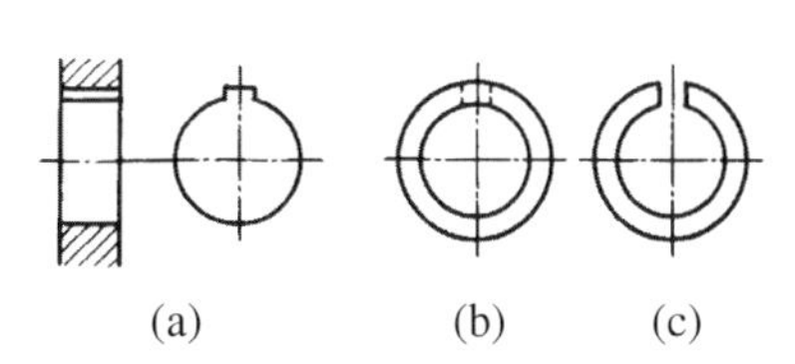

圖 17.61　局部具有特定形狀物件之圖示

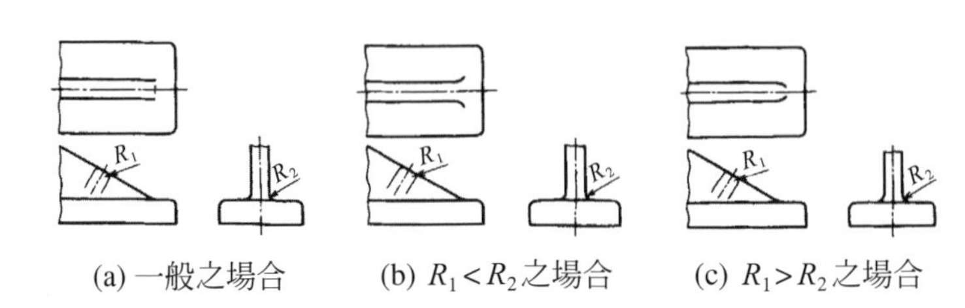

(a) 一般之場合　(b) $R_1 < R_2$ 之場合　(c) $R_1 > R_2$ 之場合

圖 17.64　表示肋的線條圖示法

④　節圓上之孔等之圖示：法蘭之螺栓孔等配置於節圓上之圖示，不在節圓上表示圓之之投影圖時，可只就 1 孔，利用回轉投影圖示之，在它側則繪一點鏈線表示，如圖 17.62。

⑶　**二面交叉部之圖示**

①　交叉部有圓弧時：二個面交叉而有圓弧角時，要在交叉部無圓弧時之相交位置繪實線來表示，如圖 17.63。通常是連結至外形線，如圖(a)，但亦可於兩端留出間隙，如圖(b)。

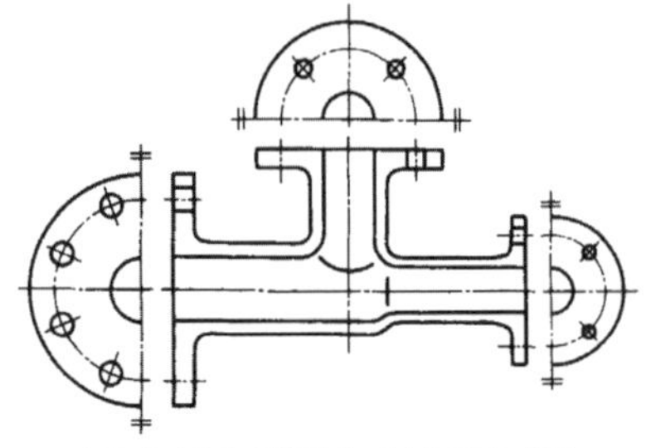

圖 17.62 節圓上之孔之圖示

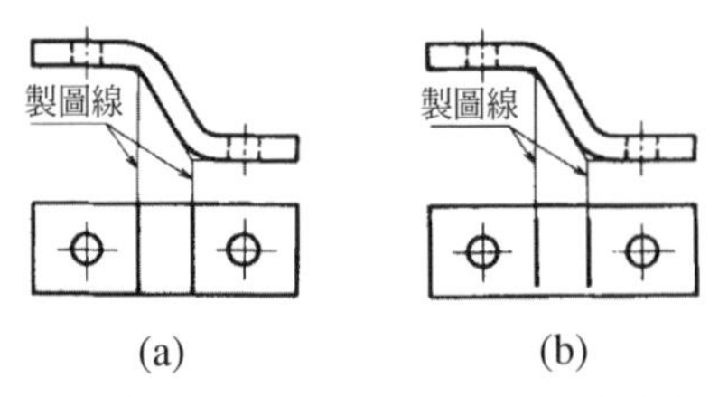

(a)　(b)

圖 17.63　交叉部有圓弧時之圖示

②　表示肋之線：通常如圖 17.64(a)，表示肋之線端保持直線狀即可，但肋頂部之圓弧與塡角之圓弧半徑不同時，則其末端應往內側或外側彎曲成弧狀，如同圖(b)。

③　貫接線之圖示：曲面與曲面，或曲面與平面相交時之貫接線，可用簡單的直線或圓弧做近似之表示，如圖 17.65。

⑷　**平面之圖示**：表示物件上之部分平面時，可用細實線繪出該部分之對角線，如圖 17.66。若該平面是在物體投影之不可見側，對角線亦用實線表示。

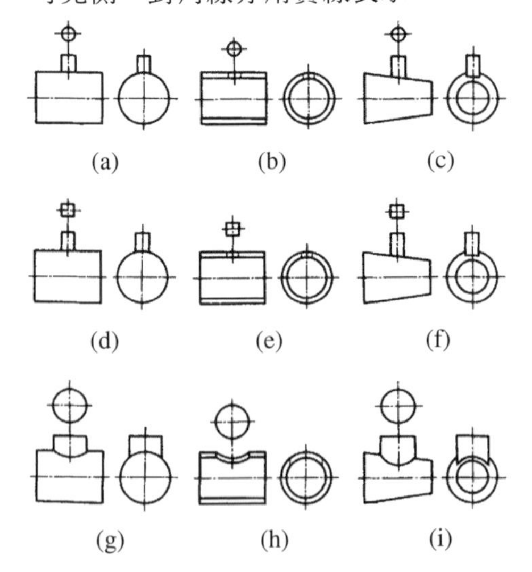

圖 17.65　貫接線之圖示法

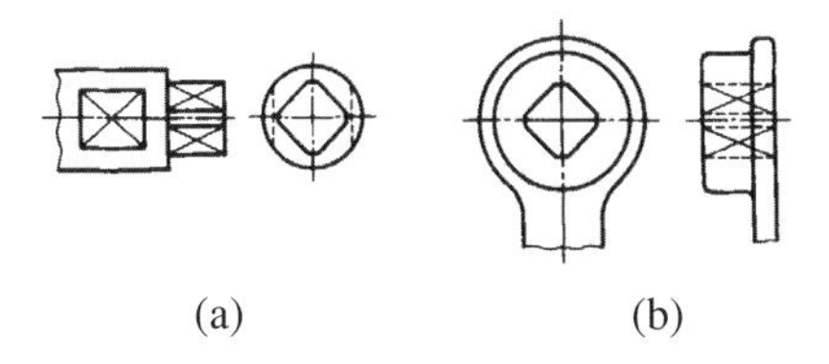

圖 17.66　平面之表示

⑸　**特殊加工部分之圖示**：物件之局部做熱處理等之特殊加工時，在該範圍內，以一點鏈線繪平行且稍偏離其外形線之表示線，如圖 17.67。

此外，要標示圖形中之特定的範圍時，可用粗的一點鏈線將之圍起來。

而上述情形均需配合文字等，說明該特殊加工之相關事項。

⑹　**銲接部分之圖示**：零件銲接成形時，必須表示該銲接部分供參考時，採如圖 17.68 之方式表示。

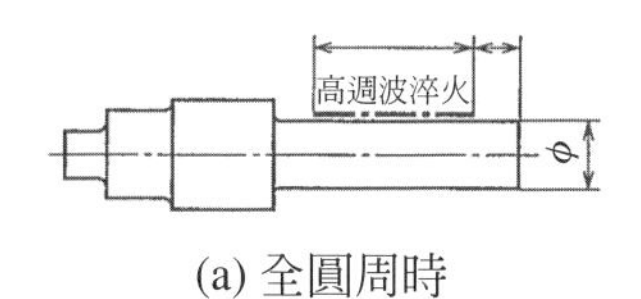

(a) 全圓周時

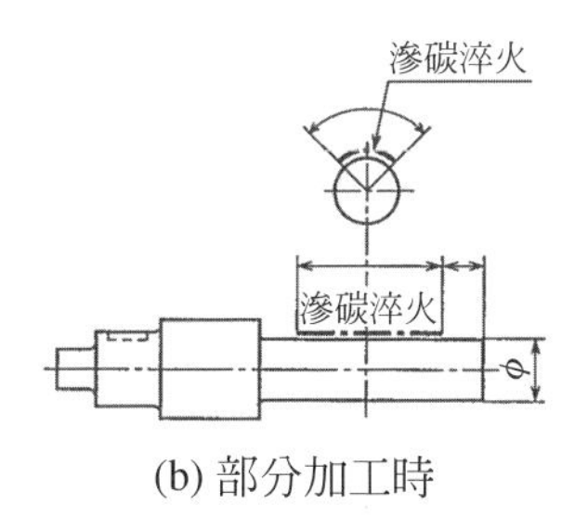

(b) 部分加工時

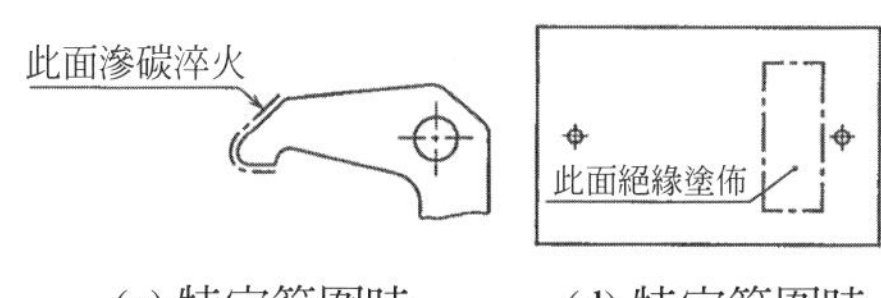

(c) 特定範圍時　(d) 特定範圍時

圖 17.67　特殊加工部分之表示法

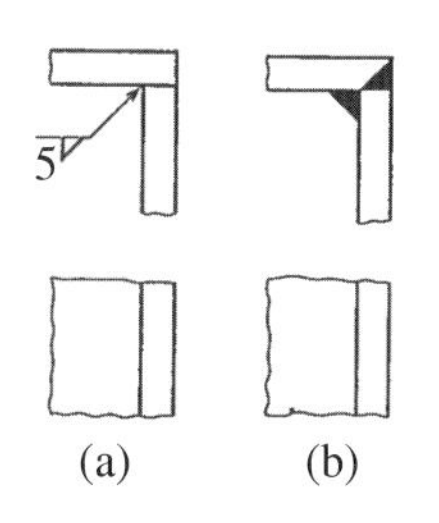

圖 17.68　組立圖中之銲接構件表示法

圖中，圖(b)為標示料件組合之關係與焊接種類及大小，而圖(a)用於表示料件之組合關係，因此這些均不是指定焊接之內容。

⑺　**滾跡線等之圖示**：如圖 17.69，圖 17.70 所示，為諸如經過壓紋的零件、金屬網、花紋鋼板等，表示其一部分外形狀態的方法。

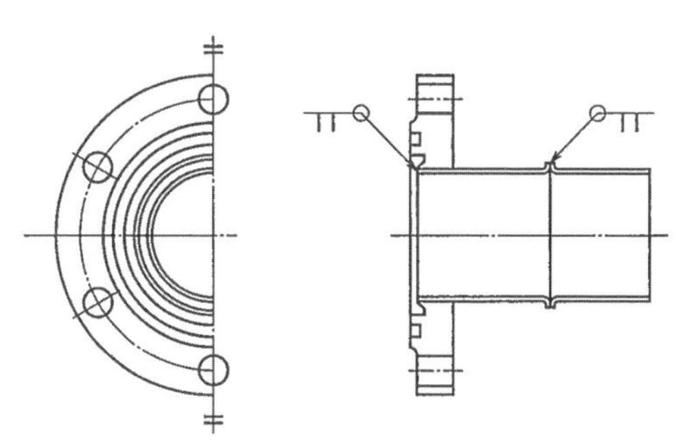

圖 17.69　壓紋之圖示法

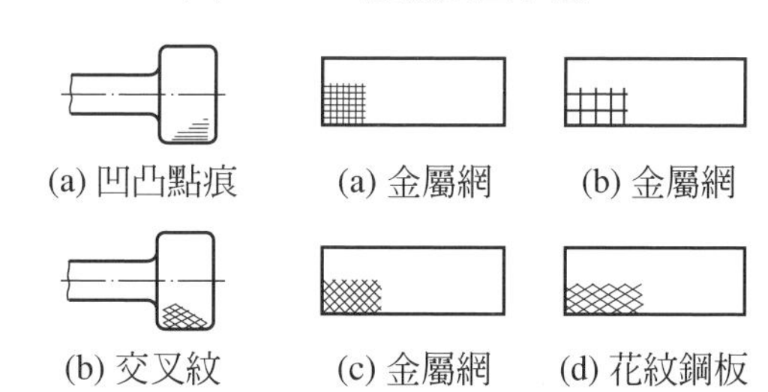

圖 17.70　金屬網、花紋鋼板之圖示法

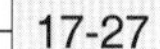

17.5 尺 寸

圖中最重要的是尺寸。有關尺寸的標註，應特別注意的事項有下列幾點。

1. 圖上所標註尺寸及其單位

⑴ 標註圖上的尺寸，不但要特別明示，且是表示完成品的加工尺寸。所標註之尺寸是實物之尺寸，與圖面之尺度無關。

⑵ 在圖上標註之尺寸是公制，其單位是用公制之 mm 時，不用標註該單位符號(mm)，(例如 15mm，則只標註 15 即可)。但使用 mm 以外之單位時，必須明確指示單位。

而表示 mm 以下之數字時，該小數點標於下方，數字之間隔出適當空格，在中間點出較大的小數點。

即使尺寸數值的位數較多，也不使用分位符號。

【例】 123.25　12.00　2300

從前所用的μ(micro，0.001 mm)，因逐漸採用國際單位系 SI(Systeme International d'Unite 之略)，所以已改稱μm(micro meter)(參照第一章)。

角度的單位使用度、分、秒，在圖上是以度「°」，分「′」，秒「″」之符號表示。例如：59 度 36 分之 25 秒，則寫成 59°36′25″表示之。

此外，用弳之單位表示角度値時，則以 rad 符號表示。

【例】 0.52 rad，2π rad

2. 標註尺寸之原則

在圖上標記尺寸時，需特別注意以下幾點，做最適切之標記。

① 考慮該物件之功能、加工、組立等，必要的所有尺寸，在圖上明確的指出。

② 最清晰的姿勢及位置，將該物件之大小之必要尺寸完全的標出。

③ 該物件功能上必要尺寸(功能尺寸)必須標註〔參考本節 13 項〕。

④ 尺寸，使用尺寸線，尺寸補助線，尺寸補助符號等。

⑤ 圖面標註尺寸，若無特別明示時，爲該物件最後加工完成尺寸。

⑥ 尺寸盡可能集中在主投影圖標示。

⑦ 尺寸須避免重複標示。

⑧ 尺寸盡可能標示不需要再計算求出。

⑨ 尺寸依需要，標示作爲基準點之點、線及面。

⑩ 相關尺寸，盡可能在一處集中標註。

⑪ 尺寸盡可能依工程別，分別標註。

⑫ 尺寸中，必要時依 JIS Z8318 標示尺寸之容許界限。

⑬ 關於參考尺寸，尺寸數值後以括號附記(上述③相同)。

此外，上述之主要在本節 14 項中詳細說明。

3. 標註尺寸之方法

⑴ 尺寸線、尺寸輔助線

如圖 17.71(a)所示，圖上標記尺寸原則是利用細實線做爲尺寸線及尺寸輔助線。

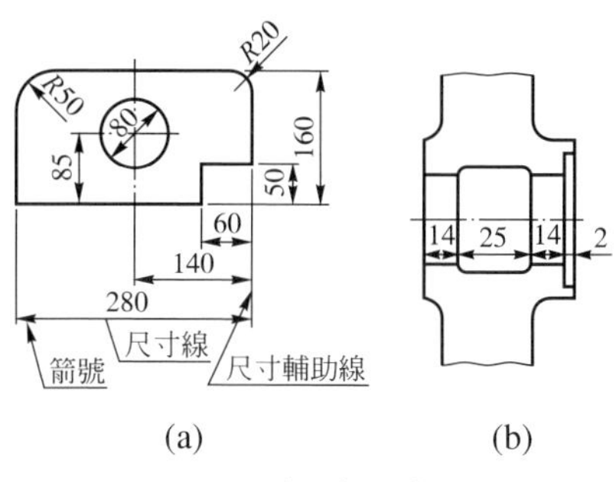

圖 17.71　標註尺寸之方法

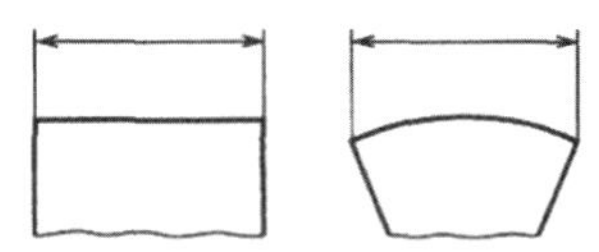

(a) 邊之長度尺寸　(b) 弦之長度尺寸

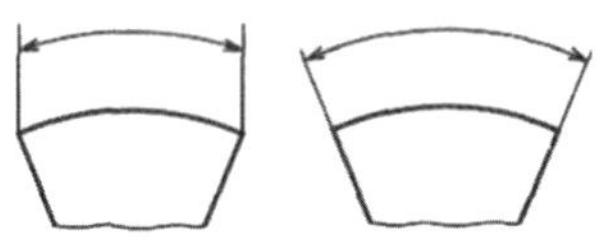

(c) 弧之長度尺寸　(d) 角度尺寸

圖 17.72　邊、弦、弧之長度及角度尺寸範例

尺寸線與指示之長度或量測之角度方向平行，且距圖形適當距離繪出。而尺寸輔助線則是由指示尺寸之端垂直於尺寸線繪出，並延長至稍超出尺寸線約 2～3 mm 左右。

另爲使圖形浮起易見，尺寸輔助線亦稍離開圖形繪出。

但若繪出尺寸輔助線，會造成圖形之混淆時，可直接在圖中繪尺寸線，如同圖 17.71(b)。

另如斜度部分之尺寸，必須特別明示指示尺寸點或線時，亦可與尺寸線適當角度(盡可能 60 度)，繪出相互平行的尺寸輔助線。如圖 17.73。

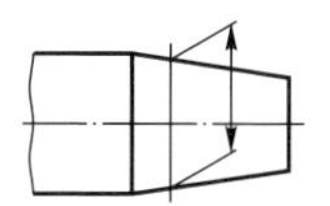

圖 17.73　有角度之尺寸輔助線標註法

標註角度尺寸的尺寸線，應以構成角度之二邊或其延長線(尺寸輔助線)之交點做中心，在其兩邊或其延長線間繪出圓弧表示。(圖 17.74)

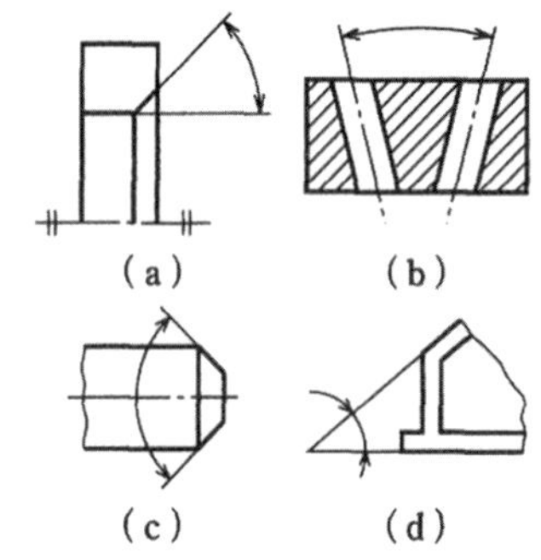

圖 17.74　角度尺寸的標註範例

(2) 末端符號

在標註尺寸及角度之尺寸線末端，應附加末端符號，以表示尺寸及角度之界限，如圖 17.75。

如圖所示，末端符號有箭號、黑圓點及斜線三種。通常都使用箭號，黑圓點及斜線只用於狹小處，有必要標示時。

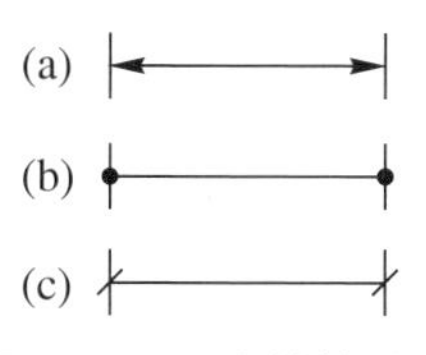

圖 17.75　末端符號

(3) 引出線

在狹小處要直接標註尺寸有困難時，可描繪部分放大圖中標記，或如圖 17.76

(a)所示，使用引出線標記。此時，可自尺寸線以傾斜的方向用引出線引出，在其端部直接標記[又，也可將線端折曲成水平，在其上側標記(JIS Z 8317-1)]，此時，可不必在引出端附加箭號。

引出線除此目的外，亦可用在標註加工方法、註記、對照編號時。如同圖(b)及(c)所示。自表示形狀之線繪出引出線時要附箭頭，而自表示形狀之線內側引出時，則要附黑圓點。

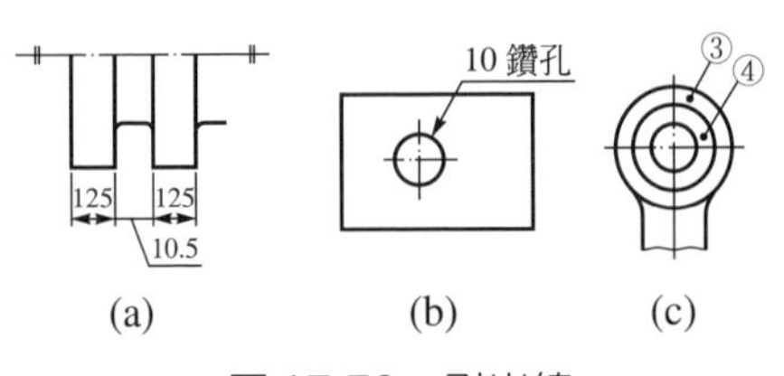

圖 17.76 引出線

4. 尺寸數值標註法

⑴ 一般之標註法

在尺寸線上註記尺寸數值時，一般而言尺寸線不可中斷，而在其中央上方稍微離開之位置標註，如圖 17.77。

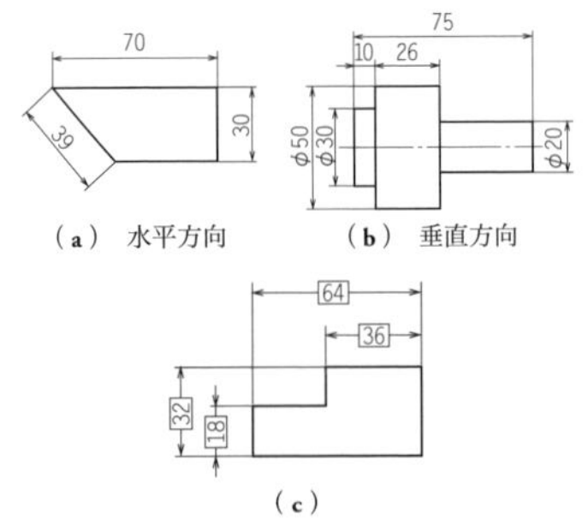

圖 17.77 尺寸數值標註法

尺寸線爲水平方向時，尺寸數字是向上。尺寸線爲垂直方向時，則是向左寫，尺寸線傾斜時，亦準此法(圖 17.78 圖(a))。

而與垂直線形成由左上向右下方約 30 度以下之角度方向〔同圖中陰影範圍(a)〕時，恐有混淆之虞，故應免標註尺寸線，或可在不致混淆的情況下，根據場所向上標註數值〔同圖(b)、(c)〕。

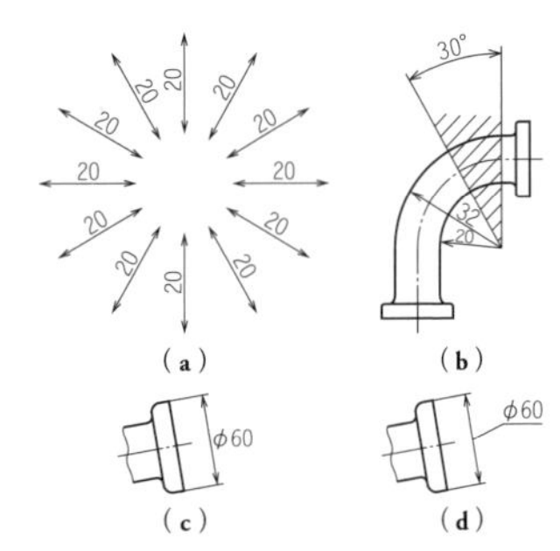

圖 17.78 傾斜之尺寸線上數字方向

角度之尺寸述字標註，如圖 17.79 (a)所示。但亦可如同圖(b)所示，全部向上。

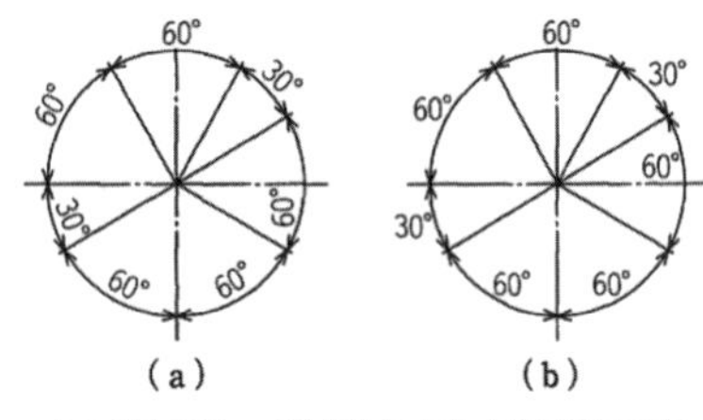

圖 17.79 角度之尺寸數字方向

⑵ 狹小處之標示法

當狹窄無空間標註尺寸數值時，可如圖 17.80 般，延長尺寸線，標註在其上側或外側。此時末端符號的箭頭，請改用黑圓點或斜線。

這種情形之直徑的尺寸線，箭頭向外側或內側均可。

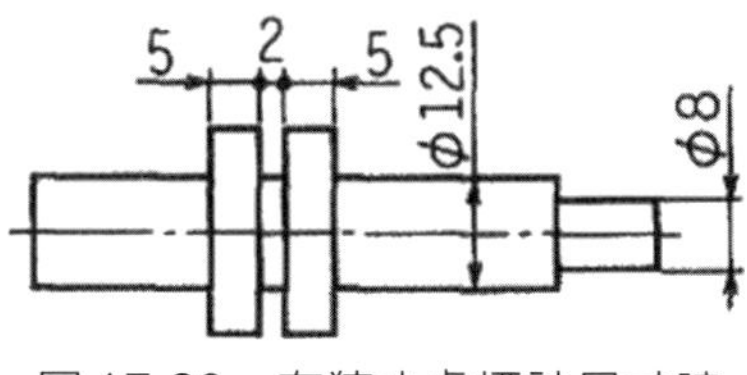

圖 17.80　在狹小處標註尺寸時

5. 尺寸之配置

(1) 串聯尺寸標示法

如圖 17.81 所示，串聯的各尺寸，標記在同一直線上，但有各尺寸累積之尺寸公差顧慮，故只用於無精密度要求之場合。

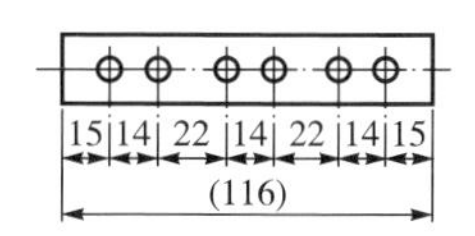

圖 17.81　串聯尺寸標示法

(2) 並聯尺寸標示法

依物件之功能，加工條件決定尺寸之基準部，各尺寸自基準部並列，各自繪出尺寸線標註尺寸的方法，如圖 17.82。此法可分別賦與各尺寸的公差，而不影響其它尺寸之公差。

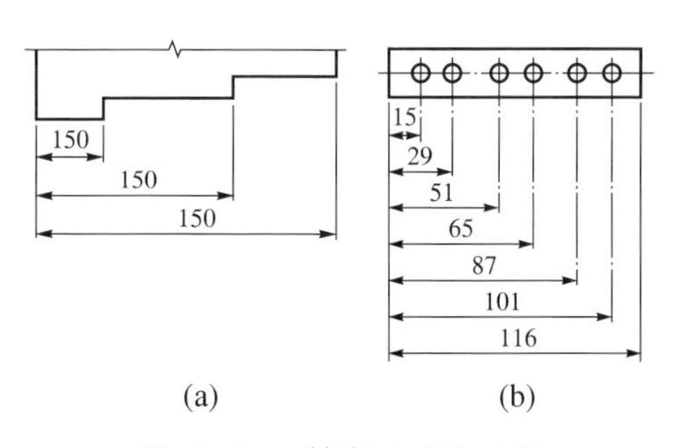

圖 17.82　並聯尺寸標示法

(3) 累進尺寸標示法

上述之並聯尺寸標示法，要標註許多尺寸時，必須有大的空間，其改善方法即是累進尺寸標示法。如圖 17.83 所示，用 1 條尺寸線標示各尺寸，在尺寸之起點位置標示起點符號(*O*)，尺寸線之另一端用箭頭，尺寸數值可並記於尺寸輔助線處，如圖(a)或圖(b)沿箭頭附近之尺寸線上標記。利用此方法時，除箭頭外，不使用端末符號。

另外，此標註法亦可使用於僅形體雙邊之間的尺寸線〔同圖(d)〕。

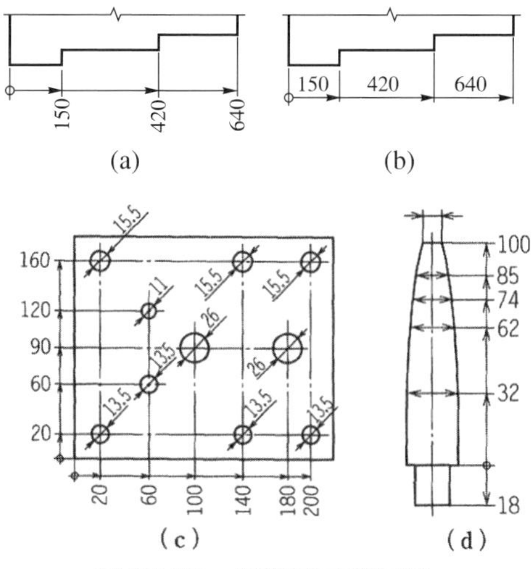

圖 17.83　累進尺寸標示法

(4) 座標尺寸標示法

標示多孔之位置或其大小等，可用座標標示，如圖 17.84。起點同樣要標示起點符號(*O*)，然後表示距起點的距離或角度。

必須考慮功能或加工條件，適切的選出起點，例如：基準孔，物件之某角落等。

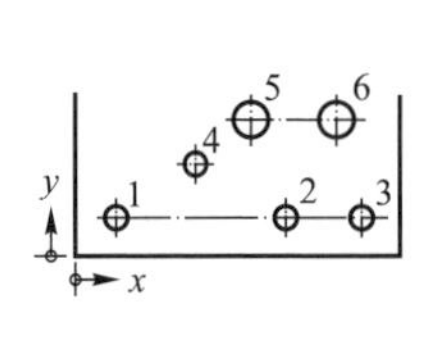

	x	y	φ
1	20	20	13.5
2	140	20	13.5
3	200	20	13.5
4	60	60	13.5
5	100	90	26
6	180	90	26

(a) 正座標尺寸標註法範例

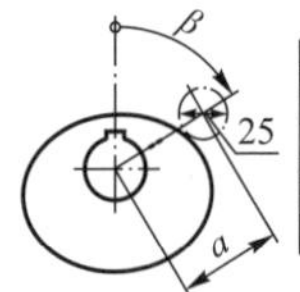

β	0°	20°	40°	60°	80°	100°	120~210°
a	50	52.5	57	63.5	70	74.5	76
β	230°	260°	280°	300°	320°	340°	
a	75	70	65	59.5	55	52	

(b) 極座標尺寸標註法範例

圖 17.84　座標尺寸標示法

6.　尺寸補助符號之標示法

與尺寸數値併記之各種符號，爲圖形之理解與圖面或說明省略爲目的，可使用下述之尺寸補助符號。(表 17.8)

表 17.8　尺寸補助符號種類

符號	意義
φ	180 度以上之圓弧直徑或圓之直徑
Sφ	180 度以上之球的圓弧直徑或球的直徑
□	正方形之邊
R	半徑
CR	控制半徑
SR	球半徑
⌒	圓弧長度
C	45 度倒角
︿	錐形倒角
t	厚度
⌴	魚眼孔*1 深魚眼
∨	錐形孔
↧	孔深度

〔註〕
*1　也包含稍將表面粗胚去除的魚眼孔。

(1)　**直徑符號 φ**

圓形物件之直徑標示是在尺寸數値前標註符號φ，兩者字體大小相同(圖 17.85)。但圖形爲圓形，明確知其爲直徑時，如圖 17.86 所示，可不用φ符號。

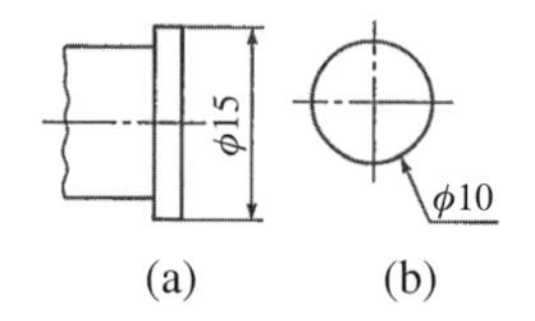

圖 17.85　直徑之標示法

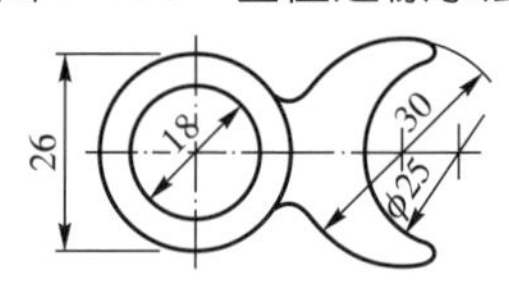

圖 17.86　有局部缺口的圖形時之直徑標示法

而當圓形的一部分有缺口，或圖 17.87 所示，只繪出中心線單側之圖形時，其尺寸線未接觸圓形之那端，必須超過圓之中心並適當延長，在此側不加末端符號(箭頭)，此時爲了不與半徑之尺寸誤解，應在尺寸數値前加φ之符號。

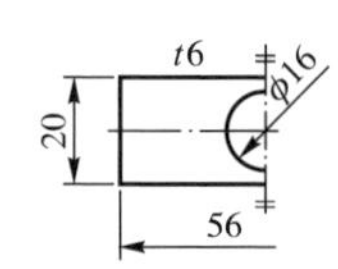

圖 17.87　省略中心線單側時之直徑標示法

連續不同直徑之圓筒時，可在圖形外側繪尺寸線，標示符號φ及尺寸數字，如圖 17.88。

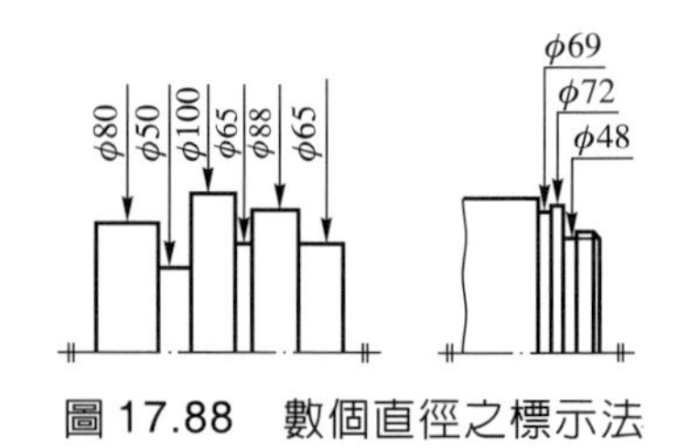

圖 17.88　數個直徑之標示法

⑵**球面符號 *Sφ*及*SR***

標示球之直徑或半徑時，必須在其尺寸數值前，附記與其字體大小相同的球之符號*Sφ*或*SR* (*S*爲 sphere 之略)。如圖 17.89。但從其他尺寸來導入球之半徑尺寸時，以半徑尺寸線與無數值之符號(*SR*)表示〔同圖(d)〕。

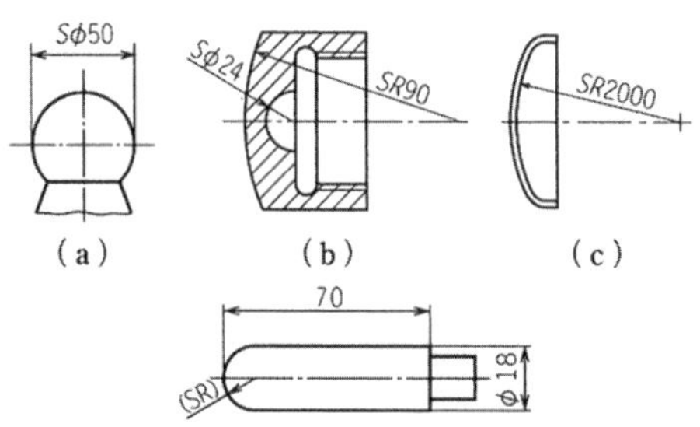

圖 17.89　球面符號φ及*SR*

⑶　**正方形之符號□**

物件之部分剖面是正方形時，在圖上未表示正方形的話，則可在表示其邊長之尺寸數字前標註與其字體大小相同的正方形符號□[圖 17.90(b)]。

圖上若有顯示正方形，可不用此符號[如圖(c)]。

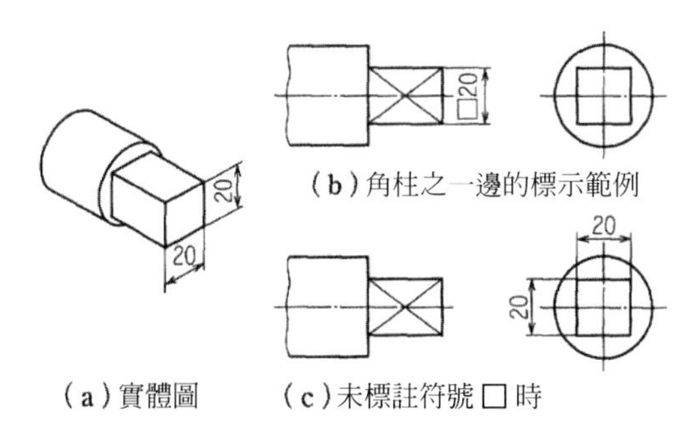

圖 17.90　正方形之符號□

⑷　**半徑之標示法**

如圖 17.91 所示，半徑尺寸是在尺寸數字前附符號*R*標示，兩者字體大小相同。半徑之尺寸線是只在圓弧端附末端符號(箭頭)，在中心側不附箭頭。(*R*爲 radius 之略)。

標示半徑之尺寸線只繪至圓弧之中心時，可不附*R*符號。

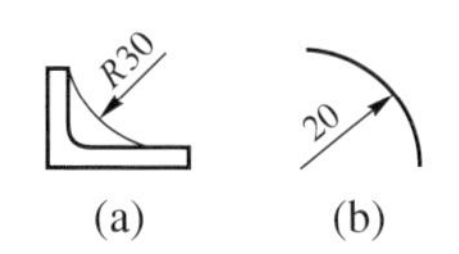

圖 17.91　半徑之標示法

小圓弧時，可利用圖 17.92 所示的方法。

爲指示半徑之尺寸而需要表示圓弧之中心位置時，可在該位置標示十字[圖 17.93(a)]或黑圓點[圖 17.102(a)]。

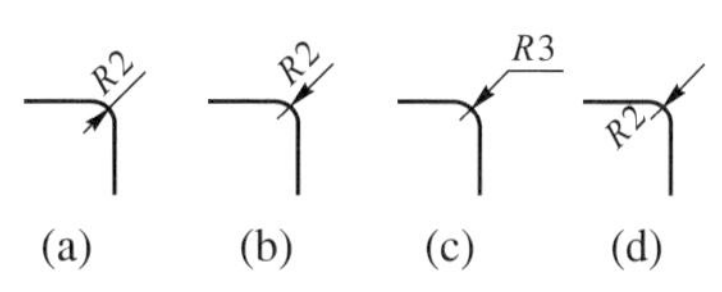

圖 17.92　小圓弧之半徑標示法

圓弧之半徑大時，要標示其中心的位置，但要節省紙張時，可將該半徑尺寸線折曲縮短。此時，尺寸線附有箭頭之部分，必須朝向眞正的中心位置[圖 17.93(a)]。

同一中心有數個不同半徑時，與標示長度尺寸的方法相同，可採累進尺寸標註法[圖 17.93(b)]。

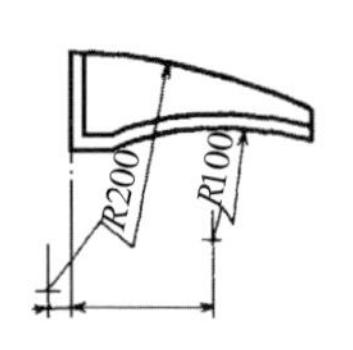

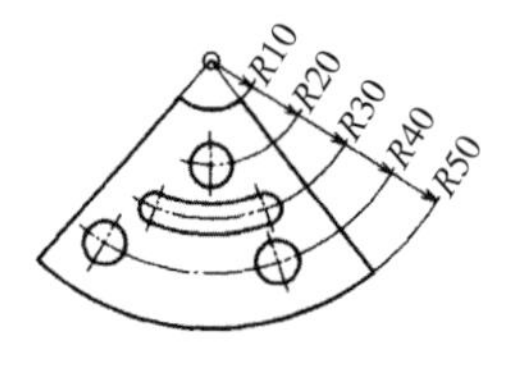

(a)半徑之縮短標註法　(b)半徑之累進標註法

圖 17.93

在未顯示實形之投影圖上，要指示實際之半徑或展開狀態之半徑時，必須在尺寸數值前標註“實際*R*”或“展開*R*”之文字，如圖 17.94。

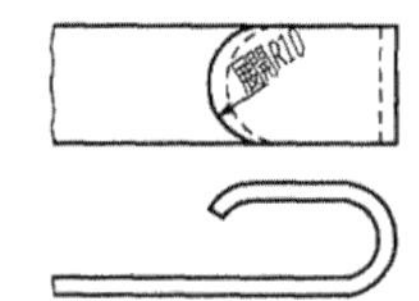

(a)實際*R*的標示　(b)展開*R*的標示

圖 17.94　未顯示實形部分之半徑標註法

從其他尺寸來導入尺寸半徑時，以無數值符號(*R*)來表示半徑。

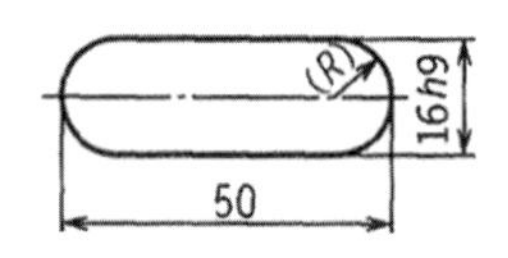

圖 17.95　半徑標示之範例

⑸　**控制半徑 *CR***

直線與半徑曲線間之接觸部分平滑地接合，最大容許半徑與最小容許半徑之間(兩曲面接觸之公差區域)存在之可規範半徑，稱爲控制半徑*CR*(圖 17.96)。當邊角做圓角等需要控制半徑的情況，標示符號“*CR*”在半徑數值之前[同圖(b)]。另外，*CR*爲control radius之略。

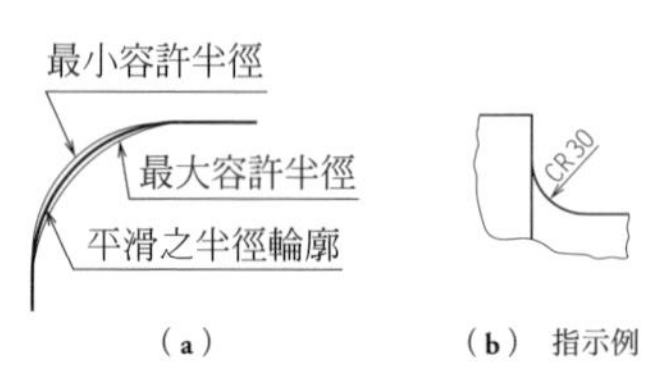

圖 17.96　控制半徑

⑹　**弦與圓弧長度之標示法**

① **弦之長度：** 原則上是畫出與弦垂直的尺寸輔助線，及與弦平行的尺寸線表示弦長，如圖 17.97(a)。

② **圓弧之長度：**畫出垂直於弦之尺寸輔助線，及與該圓弧同中心的圓弧尺寸線來表示圓弧長度。在尺寸數字之上標註表示弧長之符號⌒。如圖 17.97(b)。

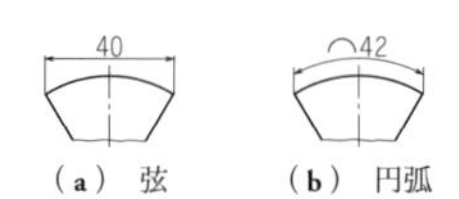

圖 17.97　弦及弧長標示法

而圓弧角度大時，或要標註一些連續的圓弧尺寸時，因不易繪出垂直於弦的尺寸輔助線，所以可採繪出自圓弧之中心成放射狀之尺寸輔助線。二個以上之同心圓弧中，要明示是那一個圓弧之尺寸時，要自圓弧之尺寸數字，用引出線之箭頭觸及該圓弧來表示，如圖 17.98(a)。長的圓弧則如圖 17.98(c)所示，在弧長尺寸數字之後在括號內標示圓弧之半徑。此時則不必在圓弧之尺寸數字上標註圓弧之符號。

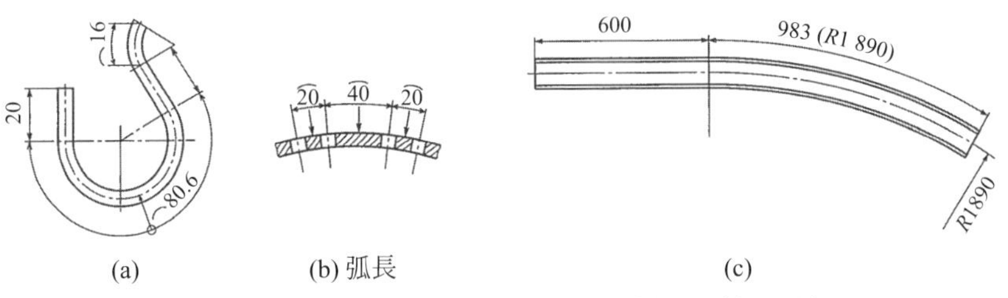

(a) (b) 弧長 (c)

圖 17.98 大的圓弧、連續的圓弧之尺寸標示法

(7) 倒角之符號 C

通常，倒角大都是 45 度。此時以倒角之尺寸數值×45°表示，如圖 17.99。或在尺寸數值前標註倒角符號c(chamfer 之略)，其字體大小與數字同。

非 45 度之倒角時，依通常之尺寸標示法標註，如圖 17.100。

表 17.9 是 JIS 所規定的R及C值。

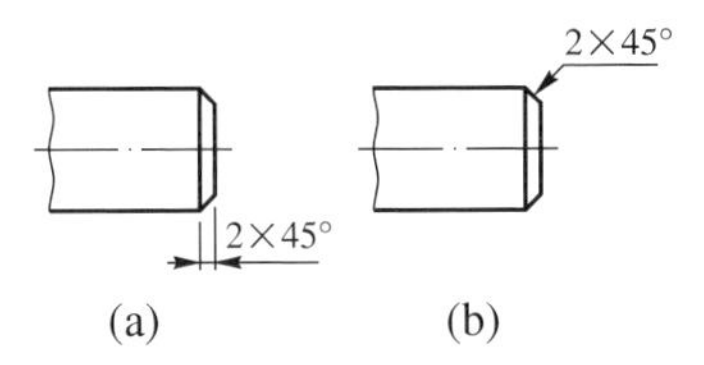

(a) (b)

(1) 以尺寸×45°表示

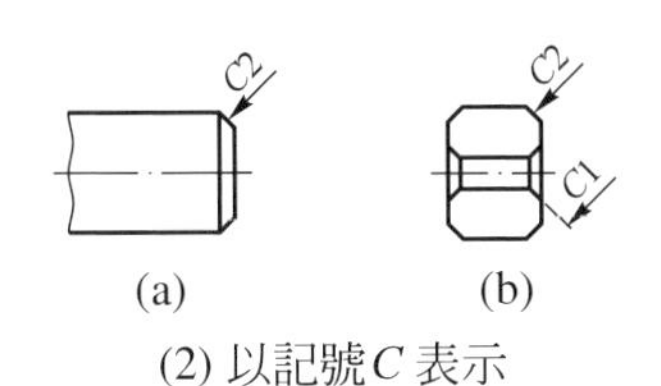

(a) (b)

(2) 以記號C 表示

圖 17.99 45°倒角之標示法

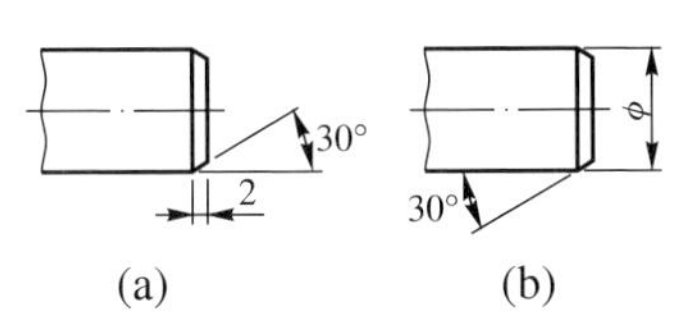

(a) (b)

圖 17.100 非 45°倒角之標示法

表 17.9 切削加工之倒角C及圓角R之值 (JIS B 0701) (單位 mm)

角之倒角	角落之倒角	角之圓角	角落之圓角
0.1	0.5	2.5(2.4)	12
—	0.6	3 (3.2)	16
—	0.8	4	20
0.2	1.0	5	25
—	1.2	6	32
0.3	1.6	8	40
0.4	2.0	10	50

〔備註〕括號內之數值，只在使用切削工具刀尖，加工角落圓角之場合使用。

(8) 圓錐形(底座)倒角符號

圓柱形將零件的尾端進行倒角以形成圓錐形(基座)形狀。如果尺寸值爲數字後面跟著“#圓錐形(底座)倒角符號，圓柱形則將零件的尾端進行倒角以形成圓錐形(基座)形狀。如果尺寸值爲在數值後，指定「#」後面的圓錐的頂角。(17.100②圖)”。

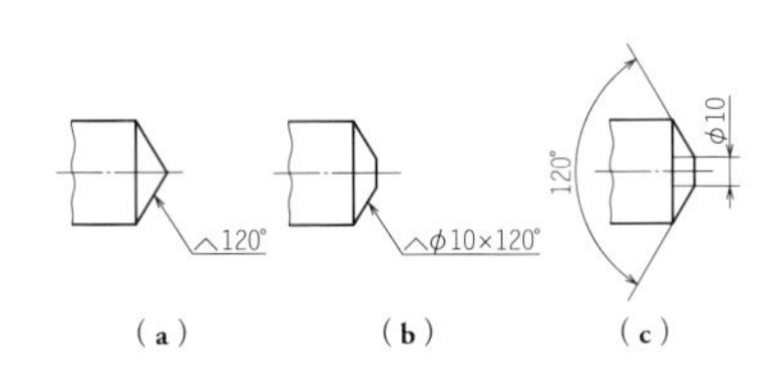

(a) (b) (c)

圖 17.100 ② 圖解 弦長和弧長的標註法

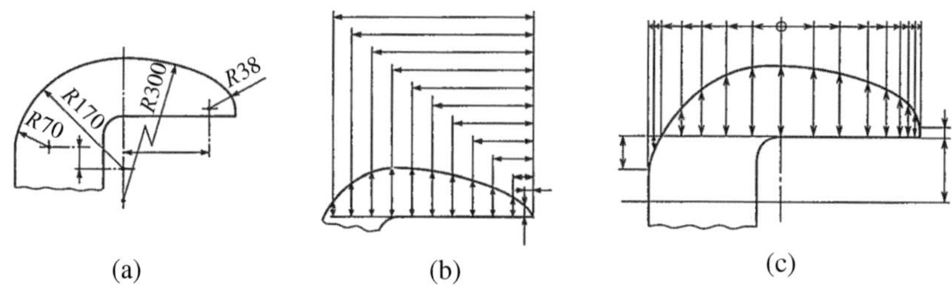

圖 17.102　曲線之尺寸標示法

⑼　**板厚度符號 *t***

圖上未表示板之厚度時，可在該圖中或圖之附近，於厚度尺寸數字前，標註與其字體大小相同的厚度符號*t* (*t*為 thickness 之略)。如圖 17.101。

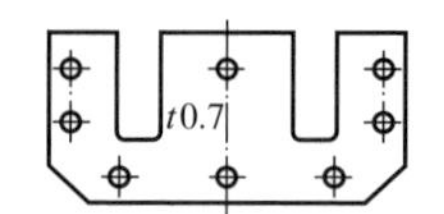

圖 17.101　板厚標示法

⑽　**曲線之標示法**

由一些圓弧所組成的曲線，通常是標示這些圓弧之半徑、中心點或圓弧之切線位置，如圖 17.102(a)之例。

曲線若非由圓弧組成，則需標示曲線上任意點之座標尺寸，如圖 17.102 (b)。此法亦可用於由圓弧構成之曲線。同圖(c)示利用累進尺寸標註法之例。

7.　孔之標示法

⑴　**依加工方法區別孔**

孔之加工方法有鑽孔、鉸孔、沖孔、鑄孔等，孔之尺寸最好亦標註其加工方法。如圖 17.103 所示，以刀具之稱呼尺寸或基準尺寸爲標示原則，並在其後標註區別加工方法之代號。

孔之尺寸，對小孔等，可使用引出線即可，此時，若爲圓孔的場合，自孔的外圓周，非圓孔的場合，自孔的中心線與外圍線之交點，分別繪出引出線，其線端部彎成水平線後標示即可(參照圖 17.104)。

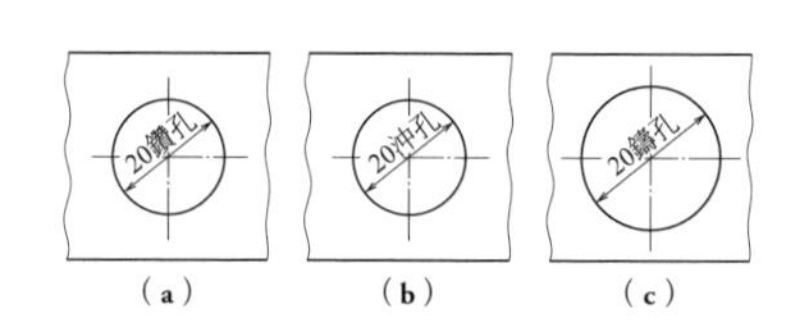

圖 17.103　孔之標示法

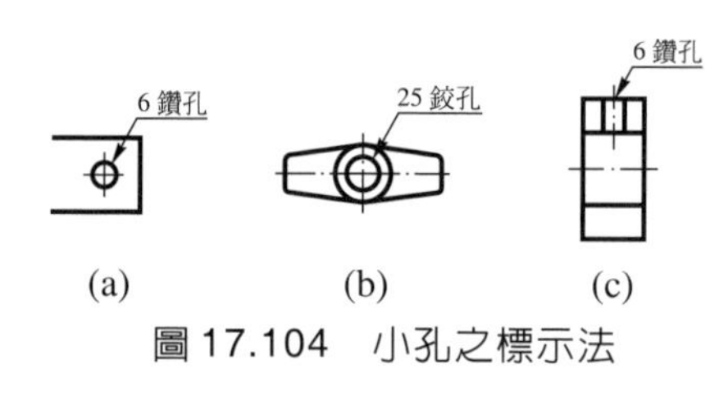

圖 17.104　小孔之標示法

⑵　**孔深之標示法**

標示孔深時，在標示孔直徑尺寸後，標示孔深符號“↧”，然後標註深度値[圖 17.105(a)]。但爲貫通孔時，可不標註孔深[同圖(b)]。

所謂孔深，爲鑽頭端部做出的圓錐部分，不包含以鉸刀端部倒角做出的圓筒深度部分[同圖(c)之 H]。

另外，傾斜孔之深度是表示孔在中心線上的長度尺寸[同圖(d)]。

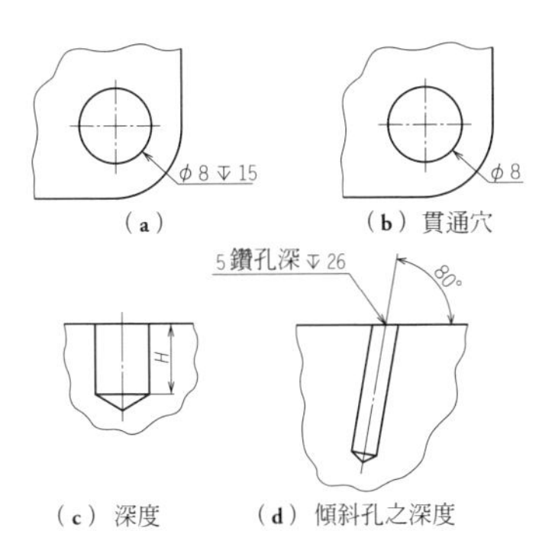

圖 17.105 ① 孔深之標示範例

圖 17.105 ②圖(a)所示為未貫通之鑽孔。鑽頂角一般為 118°，因此孔底的角度約為 120°。在這種情況下，必須同時標示鑽孔深度(不包括底部的圓錐部分)，如圖(b)所示。

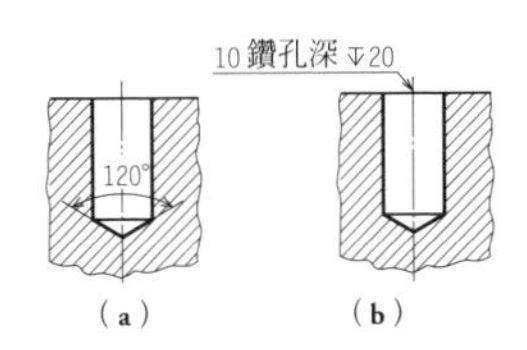

圖 17.105 ② 未貫通的孔

⑶ **魚眼孔之標示法**

所謂魚眼孔，就是為使螺栓、螺帽平穩鎖緊，在孔之表面加工淺的凹槽。另外，希望螺栓與螺帽頭沉入表面時，會加工更深的魚眼孔，稱為深魚眼。螺栓頭部為平頭時，則加工與其吻合的圓錐狀之凹槽，稱為錐形孔。

標註上述等孔部分之尺寸，使用表 17.8 之尺寸補助符號，如圖 17.106 所示，在表示魚眼孔直徑之尺寸前，標示魚眼孔符號“⌴”並標註魚眼孔數值。非貫通孔時，則孔深符號↧使用，然後標註魚眼孔數值(圖 17.107)。

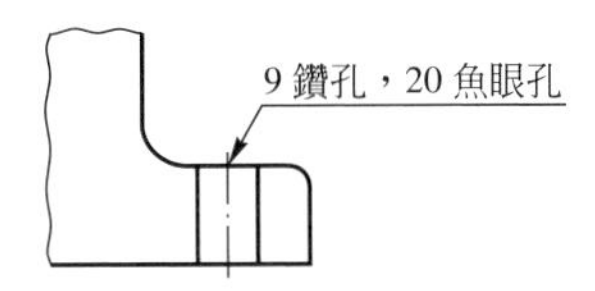

圖 17.106 魚眼孔之標示法

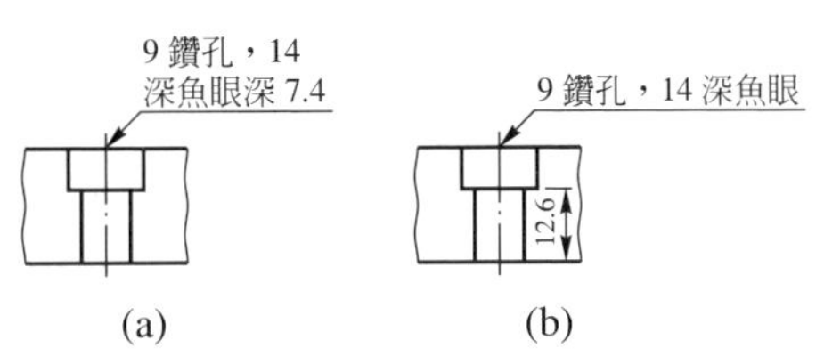

圖 17.107 深魚眼之標示法

當為錐形孔時，標示錐形孔符號“⌵”，然後標註錐形孔之孔直徑(圖 17.108 ①)。

表 17.10 示JIS規定的螺絲孔徑及魚眼孔徑。

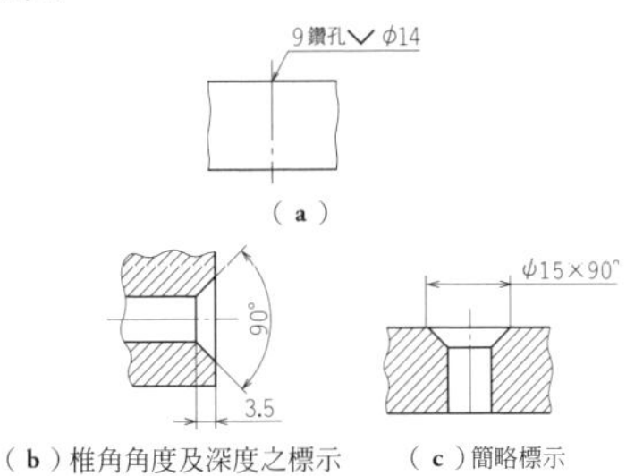

圖 17.108 ① 錐形孔之標示法

圖(c)顯示為不使用沉頭符號之簡化法。對於有沉頭孔的圖形，在尺寸線上方或其延長線上寫出沉頭孔入口直徑和沉頭孔角度，中間以「#」號表示。另外，圖 17.108 ②表示圓形沉頭孔之指定方法。

表 17.10 螺絲孔徑及魚眼孔徑尺寸(JIS B 1001)

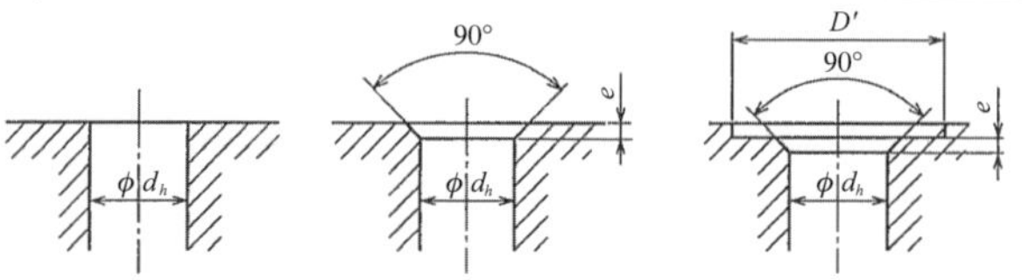

(單位 mm)

螺紋之稱呼	螺栓孔徑 d_h 1 級	2 級	3 級	4 級[1]	倒角 e	魚眼孔徑 D'
1	1.1	1.2	1.3	—	0.2	3
1.2	1.3	1.4	1.5	—	0.2	4
1.4	1.5	1.6	1.8	—	0.2	4
1.6	1.7	1.8	2	—	0.2	5
※ 1.7	1.8	2	2.1	—	0.2	5
1.8	2.0	2.1	2.2	—	0.2	5
2	2.2	2.4	2.6	—	0.3	7
2.2	2.4	2.6	2.8	—	0.3	8
※ 2.3	2.5	2.7	2.9	—	0.3	8
2.5	2.7	2.9	3.1	—	0.3	8
※ 2.6	2.8	3	3.2	—	0.3	8
3	3.2	3.4	3.6	—	0.3	9
3.5	3.7	3.9	4.2	—	0.3	10
4	4.3	4.5	4.8	5.5	0.4	11
4.5	4.8	5	5.3	6	0.4	13
5	5.3	5.5	5.8	6.5	0.4	13
6	6.4	6.6	7	7.8	0.4	15
7	7.4	7.6	8	—	0.4	18
8	8.4	9	10	10	0.6	20
10	10.5	11	12	13	0.6	24
12	13	13.5	14.5	15	1.1	28
14	15	15.5	16.5	17	1.1	32
16	17	17.5	18.5	20	1.1	35
18	19	20	21	22	1.1	39
20	21	22	24	25	1.2	43
22	23	24	26	27	1.2	46
24	25	26	28	29	1.2	50
27	28	30	32	33	1.7	55

螺紋之稱呼	螺栓孔徑 d_h 1 級	2 級	3 級	4 級[1]	倒角 e	魚眼孔徑 D'
30	31	33	35	36	1.7	62
33	34	36	38	40	1.7	66
36	37	39	42	43	1.7	72
39	40	42	45	46	1.7	76
42	43	45	48	—	1.8	82
45	46	48	52	—	1.8	87
48	50	52	56	—	2.3	93
52	54	56	62	—	2.3	100
56	58	62	66	—	3.5	110
60	62	66	70	—	3.5	115
64	66	70	74	—	3.5	122
68	70	74	78	—	3.5	127
72	74	78	82	—	3.5	133
76	78	82	86	—	3.5	143
80	82	86	91	—	3.5	148
85	87	91	96	—	—	—
90	93	96	101	—	—	—
95	98	101	107	—	—	—
100	104	107	112	—	—	—
105	109	112	117	—	—	—
110	114	117	122	—	—	—
115	119	122	127	—	—	—
120	124	127	132	—	—	—
125	129	132	137	—	—	—
130	134	137	144	—	—	—
140	144	147	147	—	—	—
150	155	158	165	—	—	—
(參考) d_h之容許差[2]	H 12	H 13	H 14	—	—	—

〔註〕 [1] 4 級主要適於鑄造孔。
[2] 尺寸容許公差數值與符號對應，依據 JIS B 0401(尺寸公差及配合)。

〔備註〕
1. 表中有塗黑之部分(▭)，在 ISO 273 中未規定。
2. 螺紋之稱呼有※記號者，在 ISO 261 中未規定。
3. 孔之倒角，依需要爲之，角度原則上爲 90°。
4. 對於某螺紋之公稱直徑，必需要比本表之魚眼直徑小或大時，應盡量自本表的魚眼直徑系列中選取適當數值。
5. 魚眼孔面與孔之中心線成直角，而魚眼深度，通常是可將表面粗胚去除即可。

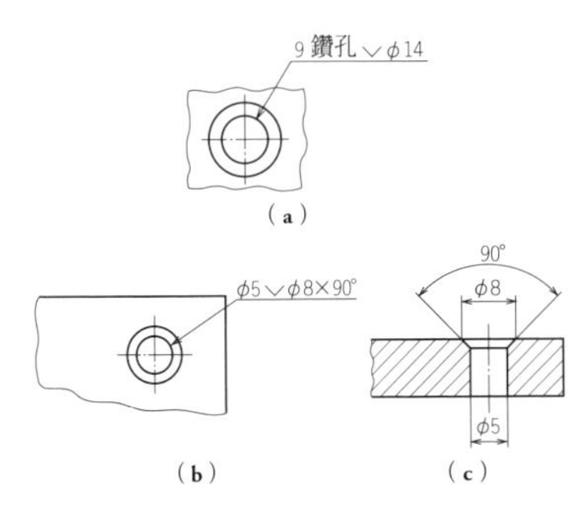

圖 17.108 ② 圓形沉頭孔範例

(4) 長圓孔之標示法

長圓之孔或槽，其圓弧之半徑是依其它尺寸自動決定時，則繪半徑之尺寸線，在括號內標註半徑符號，不必標記尺寸數值。如圖 17.109(a)、(b)。同圖(c)是以刀具尺寸標示例。

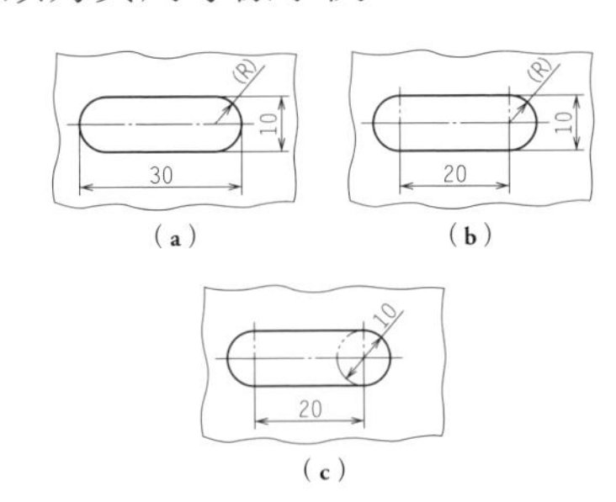

圖 17.109 長圓孔之標示法

(5) 連串孔之尺寸標示

要標示一連串同一尺寸之孔的尺寸時，可自其中 1 孔繪引出線，首先標註孔總數之數字，然後插入“*X*”記後，再標示孔之尺寸，如圖 17.110。

圖中 12×90(＝1080)之尺寸，表示計算後之結果，故 1080 及其下之 1170 是參考尺寸，最好在括弧內。

此法亦可用於同一形狀連續排列時之尺寸標示，不限於孔。

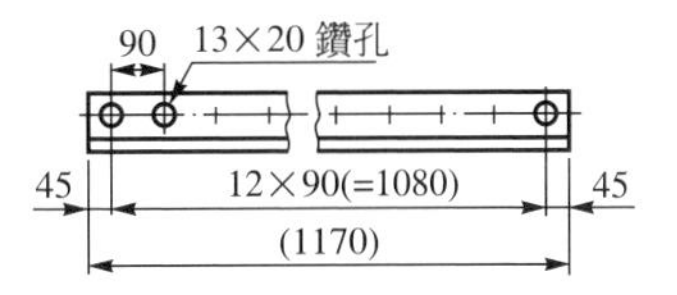

圖 17.110 連續孔之尺寸標示

8 鍵槽之標示法

(1) **軸之鍵槽**：要標示軸上鍵槽之尺寸時，如圖 17.111，必須分別標示鍵槽寬度、深度、長度、位置及端部尺寸，而鍵槽深度通常是以自鍵槽底至其反對側之軸面的尺寸標示。特別需要時，則如圖 17.112 所示，自位於鍵槽中心面上之軸面至鍵槽底部之尺寸，即切削深度表示之。

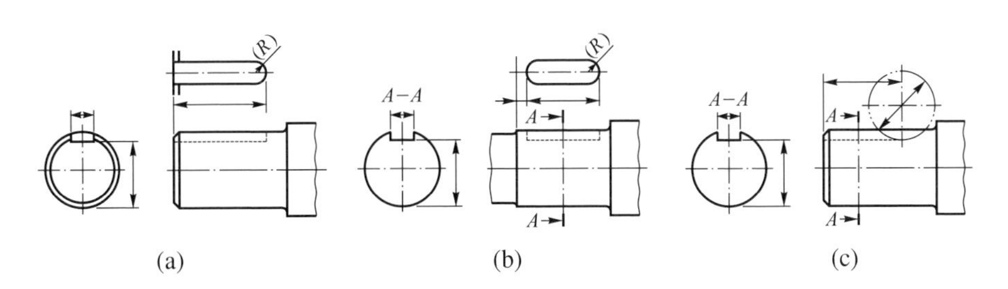

圖 17.111 軸上鍵槽之尺寸標示

鍵槽端部是利用鐵刀加工時，如圖 17.111(c)，必須標示自基準之位置至刀具之中心之距離及刀具之直徑。

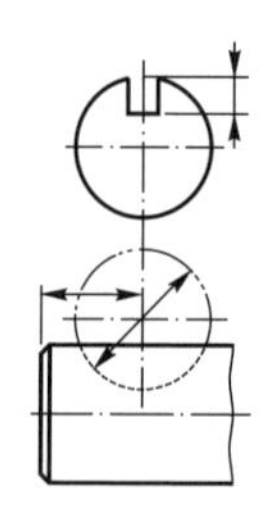

圖 17.112　以切削深度標示時

⑵ **孔之鍵槽**：如圖 17.113，標示孔之鍵槽尺寸時，常標註鍵槽寬度及深度，鍵槽深度通常如圖(a)所示，以鍵槽之反對側之孔徑面至鍵槽底之尺寸表示。有特別必要時，則如圖(b)所示，以自鍵槽中心面至鍵槽底的尺寸表示。

圖(c)示以鍵槽較深側表示推拔鍵之鍵槽深度尺寸。

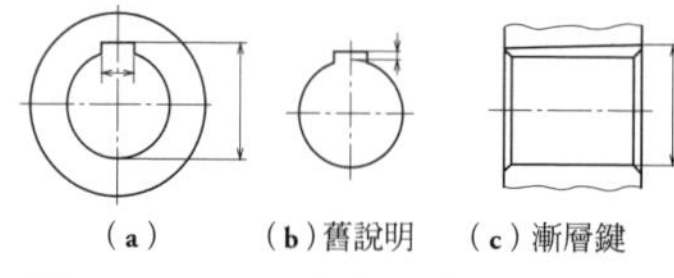

圖 17.113　孔之鍵槽尺寸標示

9.　斜度與錐度之標示法

17.114 當四邊形的一側傾斜時，如圖(a)所示，此傾斜稱爲斜率。另外，如該圖(b)所示，當相對於中心軸對稱地傾斜時，將此傾斜稱爲錐度。這些尺寸以大端和小端(圖中的 a-b)之差和長度(圖中的 l)來表示，但在附圖中，它們以這些分子爲 1 的比率的形式表示。

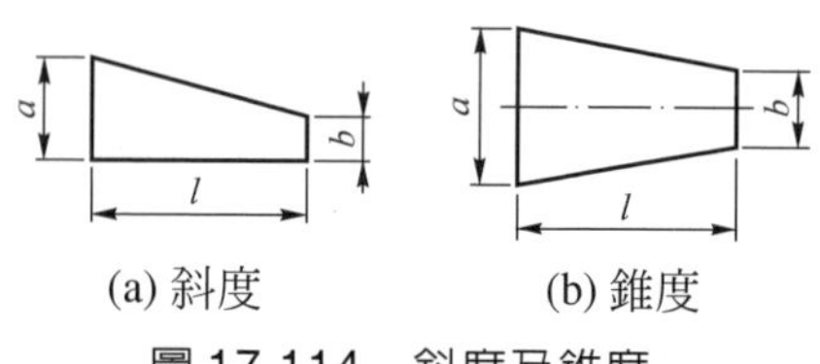

圖 17.114　斜度及錐度

從斜坡上畫一條引線，可在參考線上方[圖 17/115(a)①]，也可以稍微遠離參考線[圖。沿著與相同的方向畫線，然後寫下表示與梯度。錐度的畫法相同，表示錐度的等腰三角形符號，是透過指向參考線來繪製的。

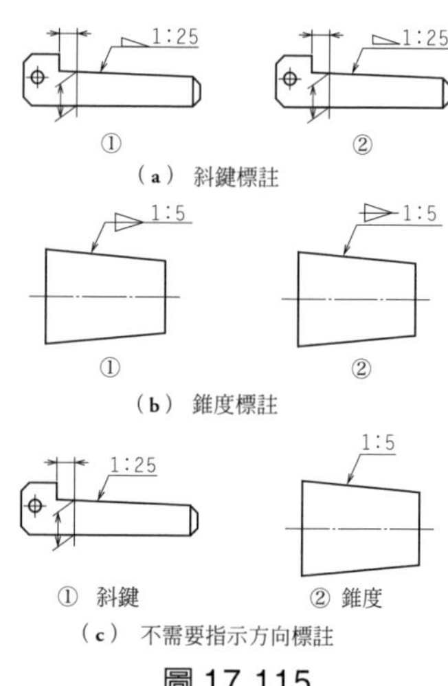

圖 17.115

如果從圖中可以清楚地看出，它是斜面或錐度及其方向，則可以省略這些符號[圖(c)]。

圍繞中心垂直之對稱繪製[圖(b)①]。只有當錐度精確配合時，才需輸入錐度，例如旋塞或鑽頭的手柄；否則，必須使用一般的尺寸標註方法。

工具機上，有很多配合部分是採錐度。此時可用標準錐度。常用標準錐度有莫氏錐度(Morse taper)，布郎-沙普錐度(Brown and Shape taper)，亞可夫氏錐度(Jacobs taper)。

表 17.11 示JIS之莫氏錐度刀柄及套筒之尺寸比例規格，將英制改爲公制。

在圖上指定這些標準錐度時，如圖 17.116 所示，標註其名稱及號數即可。而在加工圖上，宜併入錐度值，以方便作業。

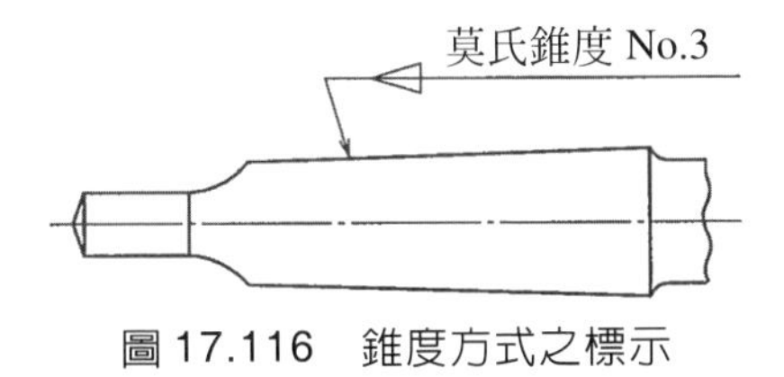

圖 17.116　錐度方式之標示

表 17.11　莫氏錐度(JIS B 4003)

[註] *錐度，以分類值爲基準。

(單位 mm)

莫氏錐度號數	錐度*		D	a	l_1 (最大)
0	$\frac{1}{19.212}$	0.05205	9.045	3	50
1	$\frac{1}{20.047}$	0.04988	12.065	3.5	53.5
2	$\frac{1}{20.020}$	0.04995	17.780	5	64
3	$\frac{1}{19.922}$	0.05020	23.825	5	81
4	$\frac{1}{19.254}$	0.05194	31.267	6.5	102.5
5	$\frac{1}{19.002}$	0.05263	44.399	6.5	129.5
6	$\frac{1}{19.180}$	0.05214	63.348	8	182

10. 薄壁處之標示法

通常在表示薄壁部之斷面上，以極粗的實線表示即可，而要在此標註尺寸時，則如圖 17.117(a)所示，沿圖形繪短細線，並接觸尺寸線之末端符號(箭頭)即可。此時尺寸代表至沿細實側爲止。

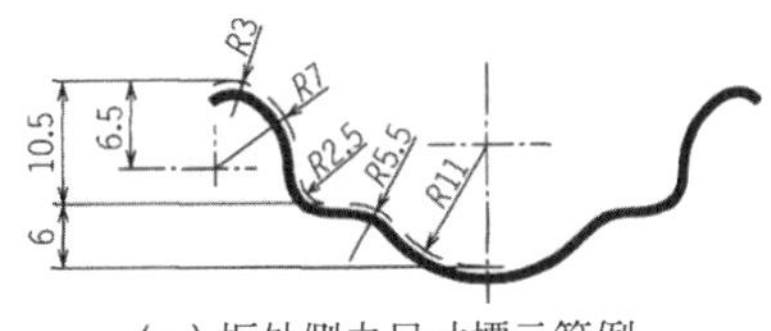

(a) 板外側之尺寸標示範例

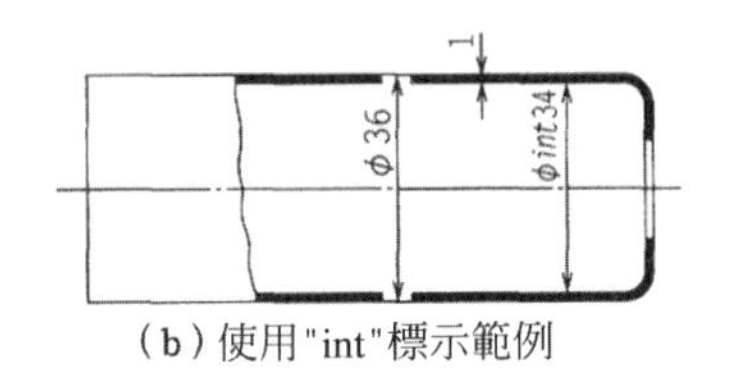

(b) 使用"int"標示範例

圖 17.117　薄壁部之尺寸標示法

其他如同圖(b)所示，可在內側標示尺寸數值前面附記“int”之文字。

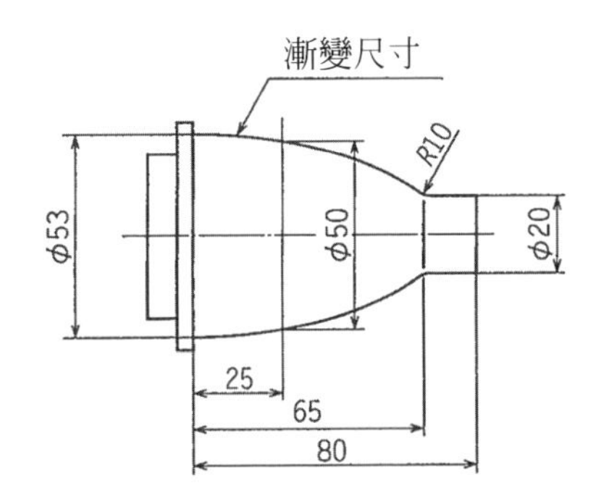

圖 17.118　漸變尺寸之標示法

另外如製罐品等尺寸逐漸變化(增加或減少)時，此種尺寸稱爲“漸變尺寸”。如圖 17.118 所示，當尺寸逐漸變化，已達到某一尺寸時，須標示漸變開始點之尺寸、途中必要處之尺寸、最後之尺寸，並明記爲“漸變尺寸”。

11. 鋼構之類的尺寸標示

如圖 17.119，鋼構之類的結構線圖，以粗實線連接結構材重心線之交點(稱爲格點)表示。其尺寸標示則是沿表示結構材之線條直接標註。

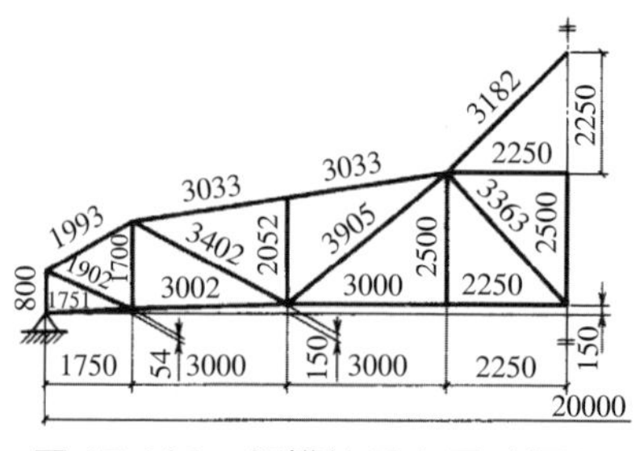

圖 17.119　鋼構線圖之尺寸標示

型鋼、鋼管、角鋼等之尺寸，則是依表 17.12 所示之表示方法，而如圖 17.120 所示，分別依各圖形標註。長度尺寸若非必要，可不予標註。2 片組合場合，在斷面形狀符號之前標示"2-"(同圖)或"2 片×"之文字。

使用不等邊角鋼時，不管圖示何邊，爲使其清晰，必須標示圖示之邊的尺寸。

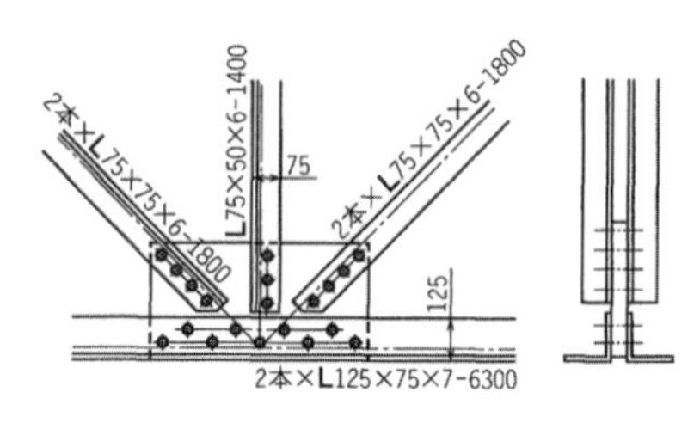

圖 17.120　鋼材之尺寸標示

12. 尺寸標註時之注意事項

尺寸標註有大小尺寸及位置尺寸之標註法。所謂大小尺寸是表示物品大小的尺

表 17.12　型鋼之標示法

種類	剖面形狀	表示方法	種類	剖面形狀	表示方法	種類	剖面形狀	表示方法
等邊角鋼		L $A\times B\times t\text{-}L$	T形鋼		T $B\times H\times t_1\times t_2\text{-}L$	帽形鋼		⎍ $H\times A\times B\times t\text{-}L$
不等邊角鋼		L $A\times B\times t\text{-}L$	H形鋼		H $H\times A\times t_1\times t_2\text{-}L$	圓鋼(普通)		φ $A\text{-}L$
不等邊不等厚角鋼		L $A\times B\times t_1\times t_2\text{-}L$	輕U形鋼		[$H\times A\times B\times t\text{-}L$	鋼管		φ $A\times t\text{-}L$
I形鋼		I $H\times B\times t\text{-}L$	輕Z形鋼		ʅ $H\times A\times B\times t\text{-}L$	四方管		□ $A\times B\times t\text{-}L$
U形鋼		[$H\times B\times t_1\times t_2\text{-}L$	有唇U形鋼		[$H\times A\times C\times t\text{-}L$	角鋼		□ $A\text{-}L$
球平形鋼		J $A\times t\text{-}L$	有唇Z形鋼		ʅ $H\times A\times C\times t\text{-}L$	扁鋼		▭ $B\times A\text{-}L$

寸，所謂位置尺寸則是表示物品予物品相對位置之尺寸。通常在圖面上，都會標註這些尺寸(圖 17.121)。

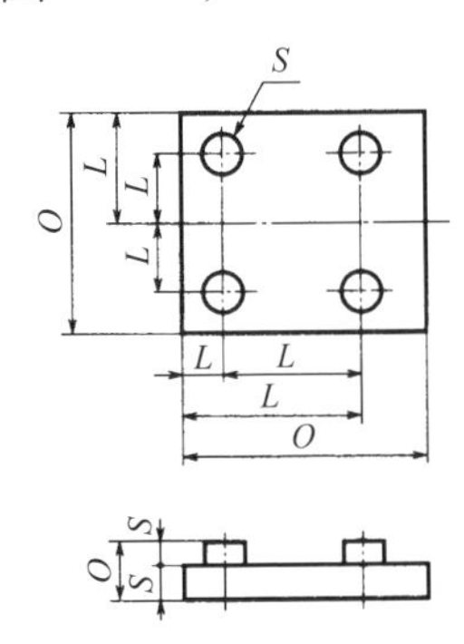

圖 17.121　大小尺寸(*S*)及位置尺寸(*L*)

依尺寸之性質，如圖 17.122 所示，可分為功能尺寸(functional dimension)、非功能尺寸(non-functional dimension)，及輔助尺寸(auxiliary dimension)三種。功能尺寸與該功能有直接關係，非功能尺寸，則因工作上等之理由而必須者。

至於參考尺寸為全體之長度等，參考用之尺寸，表示時最好加上括號。

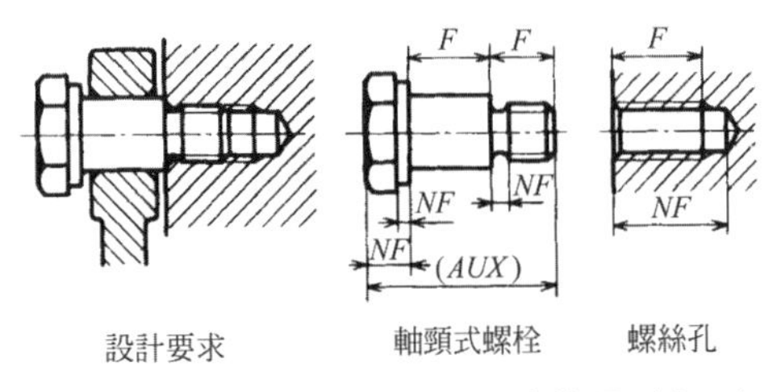

圖 17.122　功能尺寸(*F*)、非功能尺寸(*NF*)，及輔助尺寸(*Aux*)

這些尺寸的區別，因在後述的指定尺寸容許差時具有重要的意義，所以標註尺寸時必須特別注意。

(1)　**尺寸應盡量集中標記於正視圖上：**

不能標記於正視圖上時，標註於其他的投影圖(側視圖、俯視圖等)。此時，如圖 17.123 所示，為便於正視圖、左側視圖等相關的圖易於對照，尺寸應記於中間為佳。

(2)　**避免重複標註尺寸**

尺寸之標註應避免重複，而尺寸標記應完全，不必再使看圖的人計算。但有特別的理由時，為了圖面對照，且看圖方便，則正視圖及側視圖等有相關性的圖面，為了要同時更易理解時，某種程度的重複標註是允許的。

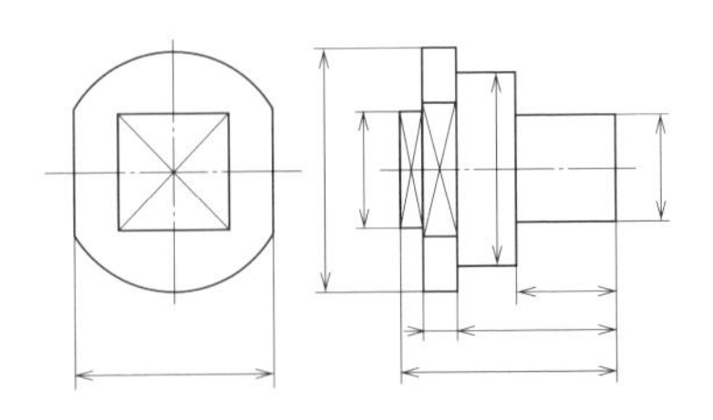

圖 17.123　標註尺寸之位置

尺寸重複標註時，最好是利用符號等，將重複的尺寸預先表示之，以便日後訂正圖面時，可以防止遺漏而且亦較方便(圖 17.124)。

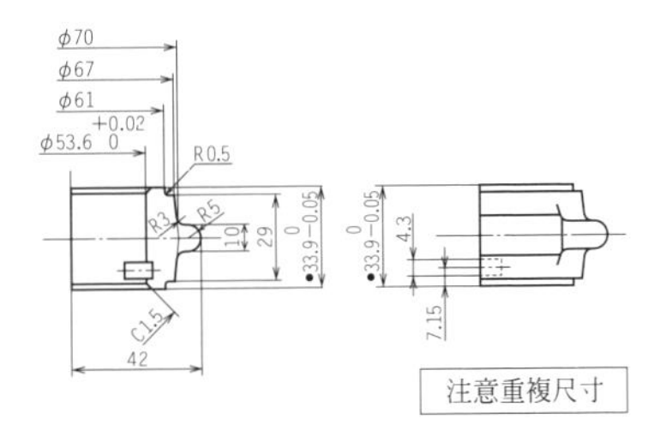

圖 17.124　明記重複尺寸

(3)　**不要標註不必要的尺寸**

標註全體的尺寸時，應如圖 17.125 所示，將之記於各部分尺寸之外側，在尺寸中較不重要的*C*不要標註，或以括號標註之。

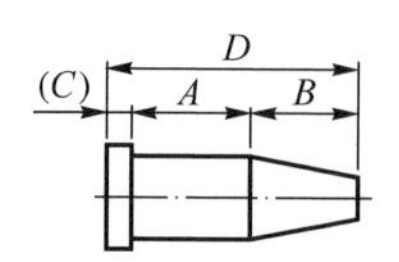

圖 17.125　不重要的尺寸C之標註法

圖 17.126 記有各個尺寸的容許差，而且全長做參考尺寸可附加括號表示之。尤應注意者，各個尺寸全部要標註，以及全體尺寸之標註都要有尺寸容許差時，必須要使各各尺寸之尺寸容許差與全體尺寸的尺寸容許差之間保持適當的關係。

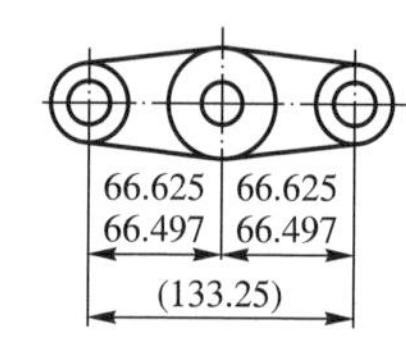

圖 17.126　各個尺寸都有尺寸容許差時

(4)　**尺寸的基準部要標註時**

製造或組立時，如果有作爲基準之處所(基準部)，則應先由此標註尺寸。此基準部(面、線、點)，大都由與裝配的配合件之關係來決定。因此成爲中心線、安裝面、加工面之基準。圖 17.127 即是依據基準部標註尺寸的方法。

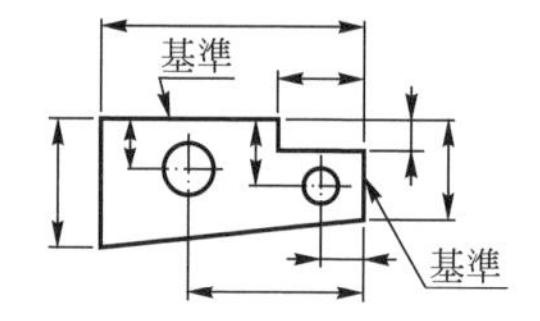

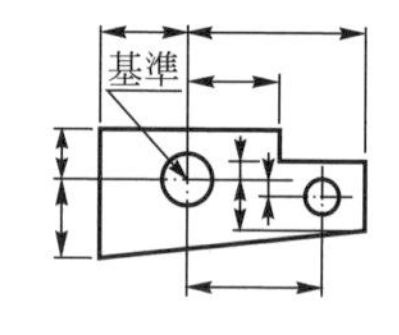

(a) 以特定面做基準時　(b) 以孔之中做基準時

圖 17.127　有基準部之尺寸標註法

(5)　**有相互關係的尺寸，只記於一處即可**

如圖 17.128 所示的法蘭(flange)因只有鑽孔工程，所以孔之尺寸及配置之標註，以標於畫有節圓的側視圖較標於正面圖上易於使看圖的人瞭解。

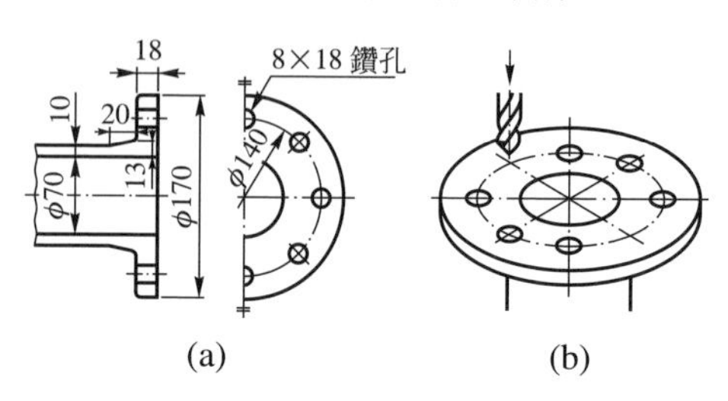

圖 17.128　法蘭之孔之尺寸標註

(6)　**尺寸以加工工程別標記時**

尺寸盡量以加工工程別標註，以方便各加工工程的作業者。但有兩種工程以上都需要的尺寸時，應以最後的工程所需者標註之(圖 17.129)。

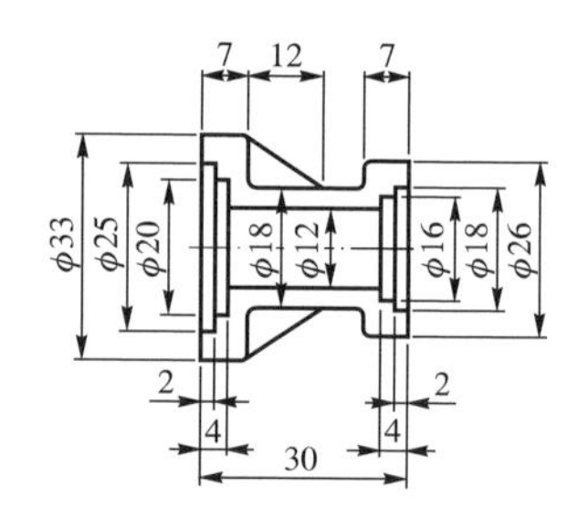

圖 17.129　依工程別標註尺寸

13. 其它一般的注意事項

(1)　**尺寸標示的位置**：尺寸數字之標註位置應選在不被圖上線條分割處。不要寫在線上(參考圖 17.130)。但不得已之情況下，可將該部分的線中斷再標註，如同圖(b)。

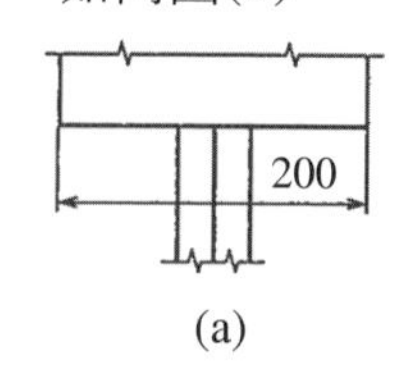

(a)

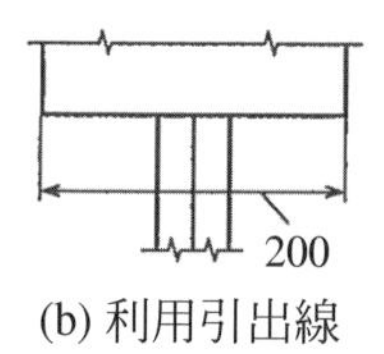

(b) 利用引出線

圖 17.130　尺寸數值之標示位置

⑵ **連續尺寸線**：尺寸線相鄰而連續時，應盡量在同一線上，如圖 17.131(a)。且相關部分之尺寸亦應在同一直線上標註，如同圖(b)(c)。

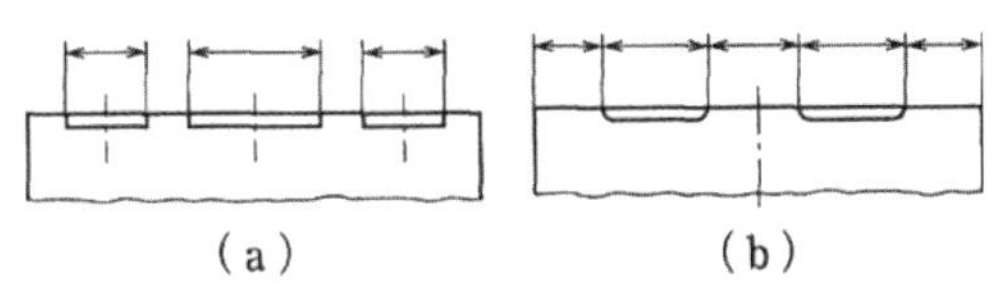

圖 17.131　尺寸線應盡量在同一線上

⑶ **數字平行之尺寸線**

平行引出數個尺寸線時，各尺寸線間隔應盡量相同。如圖 17.132(a)，小的尺寸在內側，大的尺寸在外側，尺寸數字之標註應排列整齊。但若因紙面空間無法取得足夠之尺寸線間隔，則如同圖(b)，尺寸數值相互錯開書寫亦可。

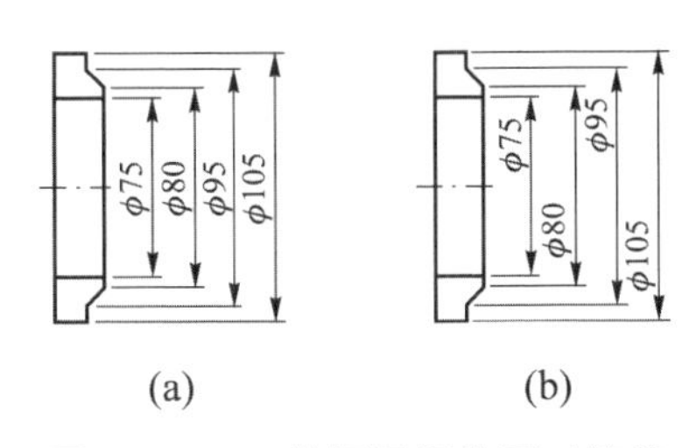

圖 17.132　數個平行的尺寸線時

⑷ **長的尺寸線時**：尺寸線長，尺寸數值標在中央不易讀取時，可以移近至任一方之末端符號(箭頭)，如圖 17.133)。

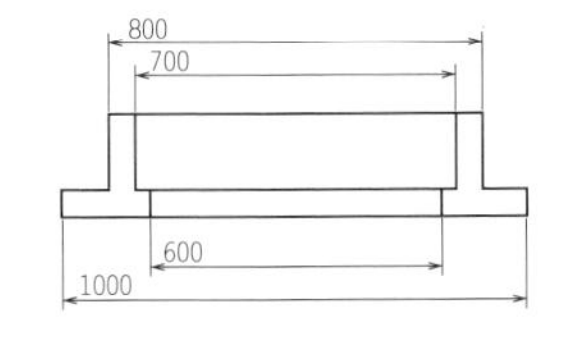

圖 17.133　長的尺寸線時

⑸ **對稱圖形省略一半時**：對稱圖形只表示對稱中心線之單側時，尺寸線必須越過其中心線並適當延長，該側不標末端符號(圖 17.134)。但無誤解之虞時，尺寸線不必超過中心線，如圖 17.135。對稱圖形且有數個半徑要標示時，尺寸線的長度要更短，應分數段標示，如圖 17.135。

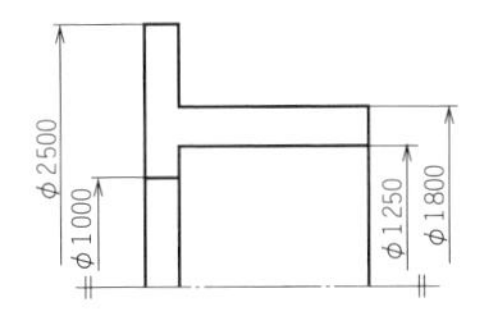

圖 17.134　省略半邊時之尺寸線

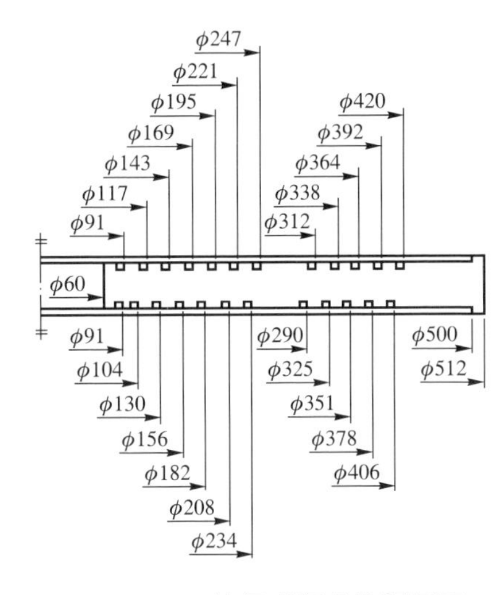

圖 17.135　數個半徑分數段標示

⑹ **利用符號文字時**：圖示數個有類似形狀之物件時，可在圖形上使用 1 個對應符號文字，將其對應數值另以表格表示於圖形附近，如圖 17.136。

圖 17.137 示利用符號文字來表示孔之直徑例。

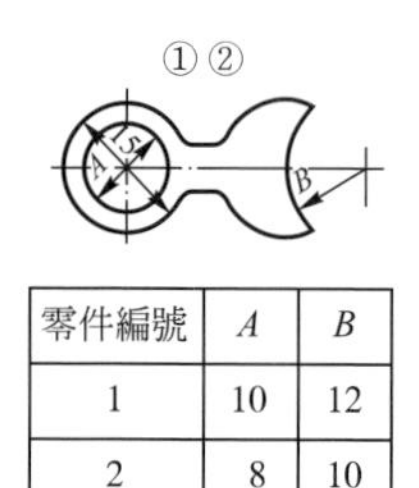

零件編號	A	B
1	10	12
2	8	10

圖 17.136　利用符號文字標示尺寸

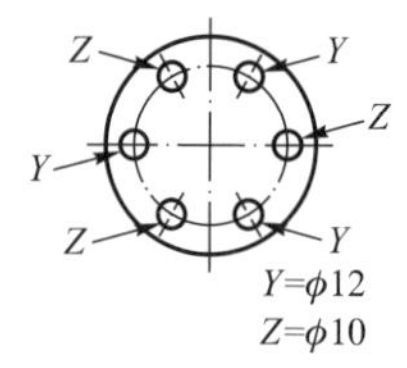

圖 17.137　利用符號文字標示直徑

⑺　**有圓角或倒角部分之標示法**：相互傾斜的二面間有圓弧或倒角時，應如圖 17.138 所示，將標示二面交叉位置處，即施以圓角或倒角前之形狀(作圖線)，用細實線表示，並自該交點處引出尺寸輔助線。

若交點必須明確時，則要使其線相互交叉或交點以黑圓點表示[圖 17.138 (b)、(c)]。

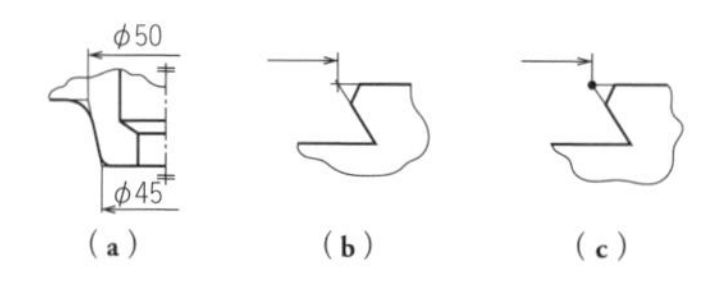

圖 17.138　用作圖線標示尺寸法

⑻　**圓弧部分之尺寸標示法**：原則上，圓弧小於 180 度，以半徑標示圓弧部分之尺寸，若大於 180 度，則以直徑表示，如圖 17.139。

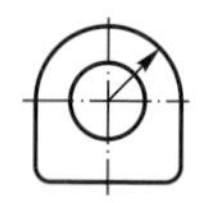

用半徑標示

圖 17.139　用半徑標示

用直徑標示

圖 17.140　用直徑標示

但若在加工上須要直徑尺寸時，即使圓弧小於 180 度，亦必須以直徑之尺寸標示，如圖 17.140 及圖 17.141 所示。

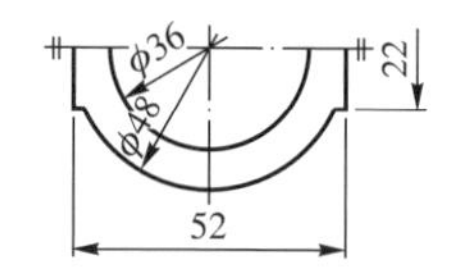

圖 17.141　直徑之尺寸標示法

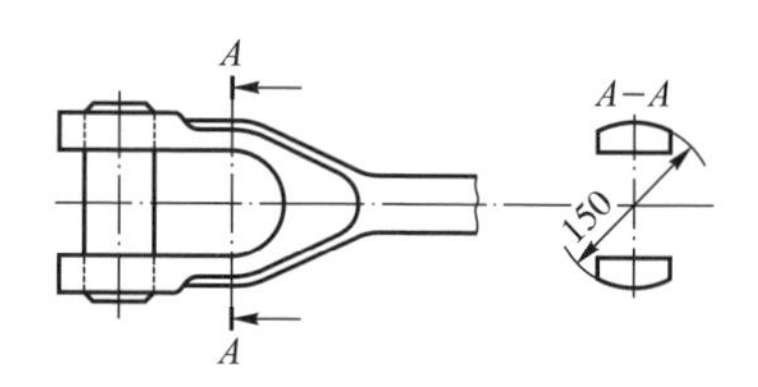

圖 17.142　直徑尺寸標示的必要性

⑼　**輪轂孔有鍵槽之尺寸**：剖面有鍵槽的輪轂孔之內徑尺寸標示時，在鍵槽側不附末端符號，如圖 17.142 所示。

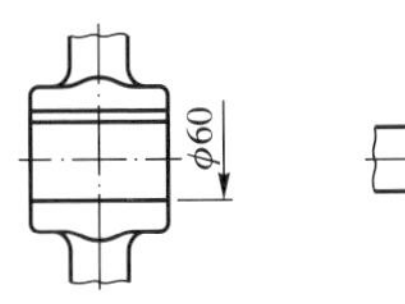

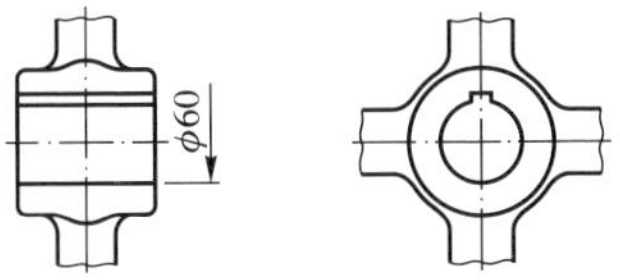

圖 17.143　孔有鍵槽之尺寸

⑽ **同一部分之尺寸**：T 形管接頭、閥室、考克等 1 個物件有二個以上相同尺寸之部分時，只標註一個尺寸即可。但未標示尺寸之部分，應如圖 17.144 所示，要有註明同一尺寸之提醒文字。

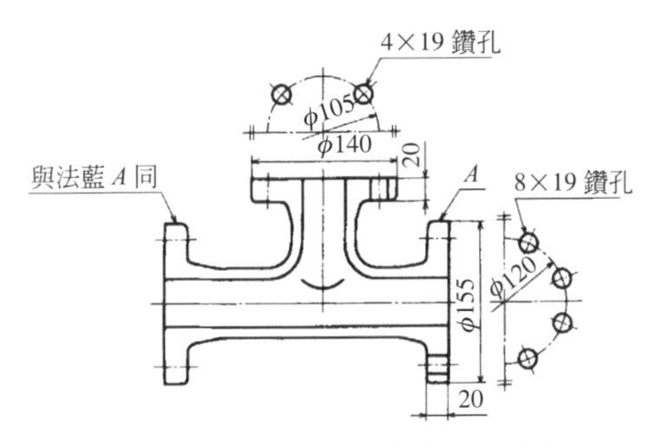

圖 17.144　同一部分之尺寸標示

⑾ **非比例尺寸時**：因各種原因，圖形之尺寸數值有非比例的情況。如圖 17.145，爲明示尺寸數值與圖形比例不一致，尺寸數值下方須繪製粗實線。

但局部切斷省略時，尤其是不必明示尺寸不一致時，不繪該線亦可。

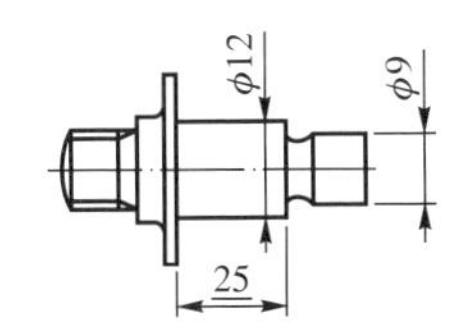

圖 17.145　非比例尺寸範例

17.6 螺紋製圖

螺紋有在圓筒外側面形成螺旋狀溝的陽螺紋及同樣在圓孔內面形成螺旋溝的陰螺紋(參考第 8 章)。

1. 螺紋及螺紋零件的製圖規格

螺紋之製圖規定在 JIS B 0002(製圖——螺紋及螺紋零件)中，並以製圖規格爲基礎。

舊規格 JIS B 0002～1956(螺紋製圖)制定以來，經過多年數次修定，又在 1998 年以 ISO 爲基礎做大幅度之修正迄今。此新規格分爲第 1 部：通則，第 2 部：高精密螺絲圈螺紋，及第 3 部：簡略圖示法 3 部。但第 2 部之高精密螺絲圈螺紋由於日本並不常見，故本章予以省略。

在上述規格之第 1 部，螺紋圖示是以實形圖示及通常圖示的方法，規定尺寸標示方法。第 3 部是規定螺紋及螺帽、小螺釘等之簡略圖示。

2. 螺紋及螺紋零件的圖示方法

⑴ 螺紋實形圖示

圖 17.146 示繪製近似螺紋實形的方法，用於刊物、使用說明書等，但因費時，只用於絕對必要之場合。此法並不必以精密之比例繪出螺紋之螺距或形狀等，扭轉線亦可用直線表示。

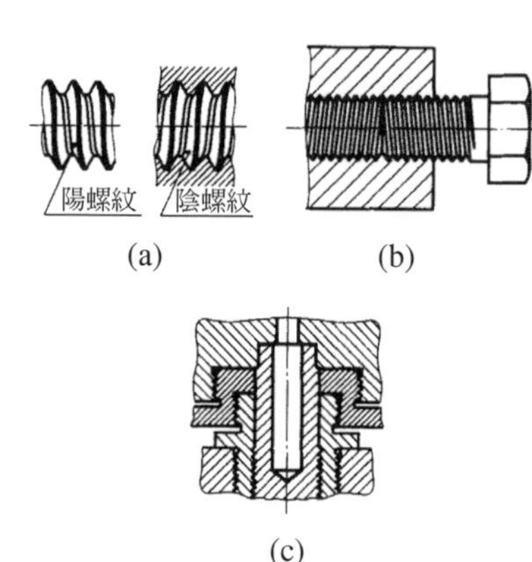

圖 17.146　螺紋之實形圖示

⑵　**螺紋通用圖示**

通常用於各類製圖，如下文說明，依慣例採用簡單之圖示法。

①　螺紋外觀及剖面圖：其有關線之使用法，如圖 17.147～148 所示。

螺紋峰頂連結線(陽螺紋外徑線、陰螺紋內徑線)…粗實線。

螺紋谷底連結線(陽螺紋、陰螺紋谷底線)…細實線。

表示螺紋峰頂與谷底之線間隔，盡量與螺紋之高度相等。但此間隔必須大於粗線粗度之2倍或大於0.7 mm。

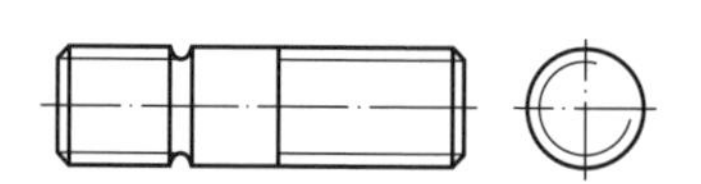

圖 17.147　螺紋之通用圖示(外形圖)

②　螺紋之側視圖：自螺紋端面投影之視圖(有顯示圓之圖)，螺紋之谷底用細線，如圖 17.147，圖 17.148。且以圓之 3/4 圓周表示局部。此時，開口 1/4 圓盡量在右上方。省略表示倒角圓之粗線。

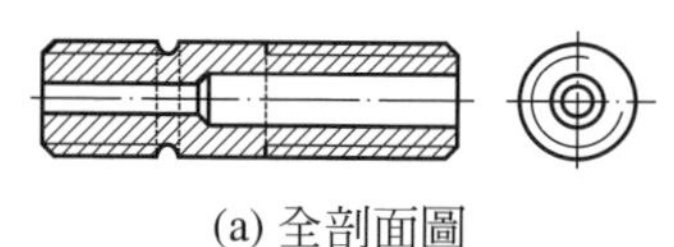

(a) 全剖面圖

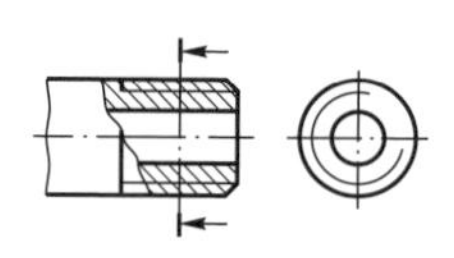

(b) 部分剖面圖

圖 17.148　螺紋之通常圖示(全剖面圖、部分剖面圖)

1/4 缺圓部分，在無妨礙時，亦可在其它位置，如圖 17.149。

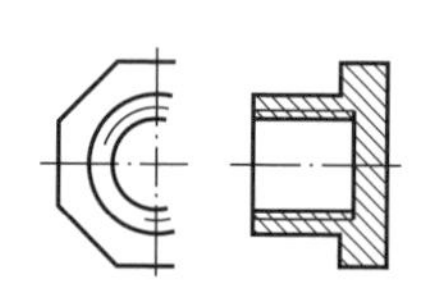

圖 17.149

此種缺 1/4 圓表示螺紋谷底的方法，在 1998 年亦以ISO為基礎加以修正，之前日本是以全國表示，如圖 17.150。

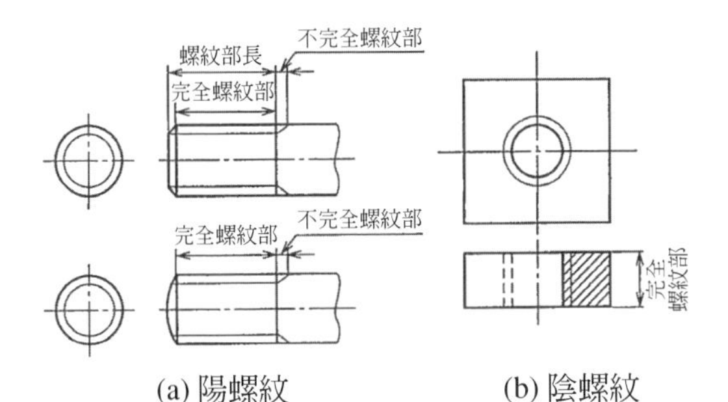

(a) 陽螺紋　(b) 陰螺紋

圖 17.150　舊規格之螺紋略畫法

③　隱藏的螺紋：隱藏之螺紋峰頂、谷底均用細的虛線表示，如圖 17.151。

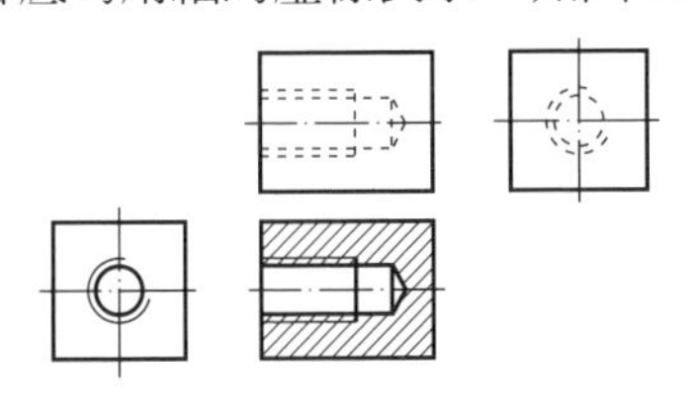

圖 17.151　隱藏的螺紋

④　螺紋零件之剖面圖：以剖面圖表示螺紋零件時之剖面線，延長繪至表示螺紋的峰頂，如圖 17.152。

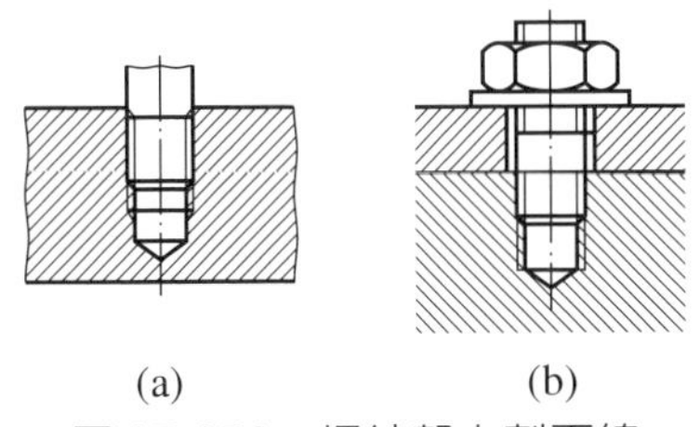
(a)　(b)

圖 17.152　螺紋部之剖面線

⑤　螺紋部分之長度邊界：螺紋部分之長度邊界，其可被看到時，用粗實線表示，若無法看到時，則用細的虛線表示。螺紋依部分斷面圖之標示場合，亦可省略，如圖 17.148(b)。

這些邊界線至陽螺紋外徑，或陰螺紋底徑之表示線爲止。如圖 17.153。

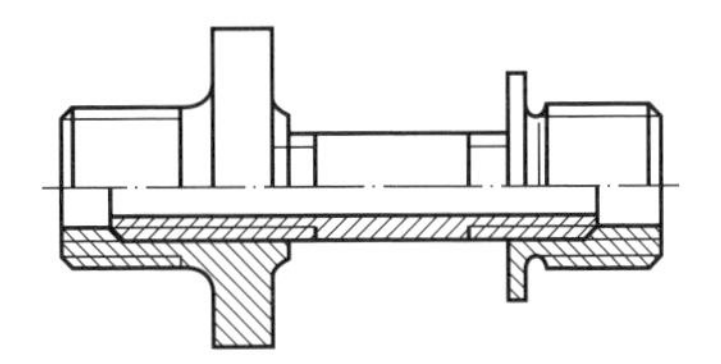

圖 17.153　螺紋部之長度邊界

⑥　不完全螺紋部：超過螺紋部分之終端之螺紋是不完全的部分，稱之爲不完全螺紋部，如圖 17.154。通常不圖示這部分，但功能上需要時(例如：螺樁，要清楚表示螺紋植入深度時)，或該部分要標示尺寸時，則以傾斜細實線表示。

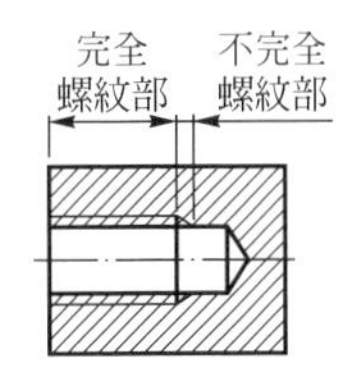

圖 17.154　不完全螺紋部

⑦　組立的螺紋零件：在螺紋零件之組立圖中，以陽螺紋優先，而陰螺紋採隱藏狀態圖示之。如圖 17.155。

在 1998 年修正前，要繪出陰螺紋的終點線$A-B$。但之後，依上述規定，已不再繪此線。

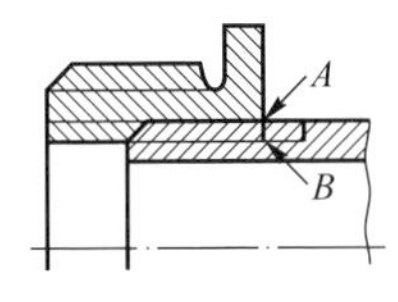

修正前：繪直線 $A-B$。
修正後：不繪直線 $A-B$。

圖 17.155

⑧ 螺紋之尺寸標示法：如圖 17.156，日本對於螺紋之公稱直徑，目前都是自表示陽螺紋峰頂或陰螺紋底徑之線所繪出之引出線來標示。1998 年修正與一般之尺寸標示法相同，以尺寸線及尺寸輔助線標示，如圖 17.157。

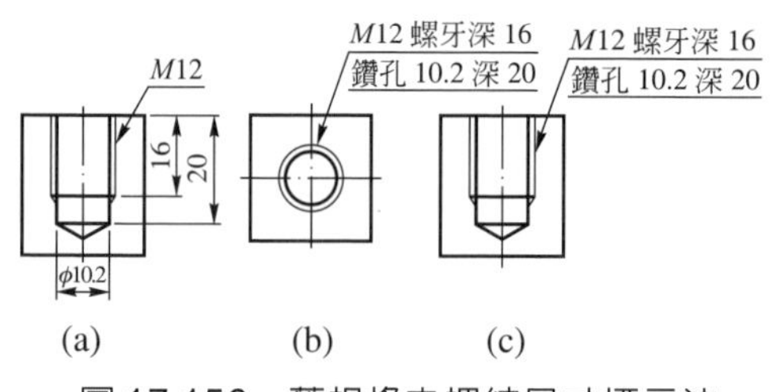

圖 17.156　舊規格之螺紋尺寸標示法

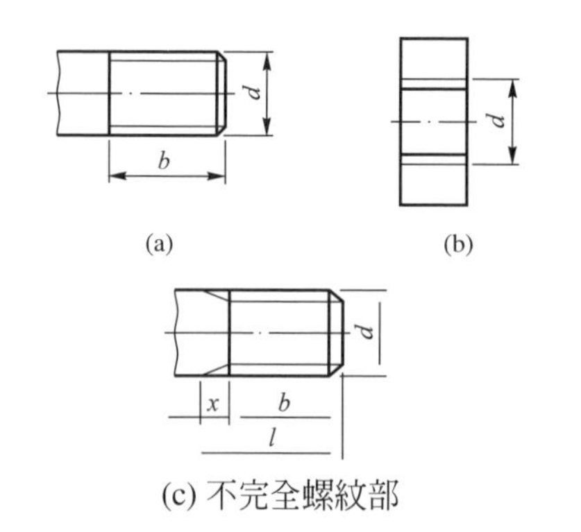

(c) 不完全螺紋部

圖 17.157　螺紋之尺寸標示法

通常必須標示螺紋長度尺寸，而其鑽孔深度常可省略亦無妨。而表示孔深之必要性是依零件本身或用何種刀具加工螺紋而定，故未標註時，需有螺紋長度之 1.25 倍。或如圖 17.158、圖 17.159 所示，以簡單的表示來指定深度亦可。

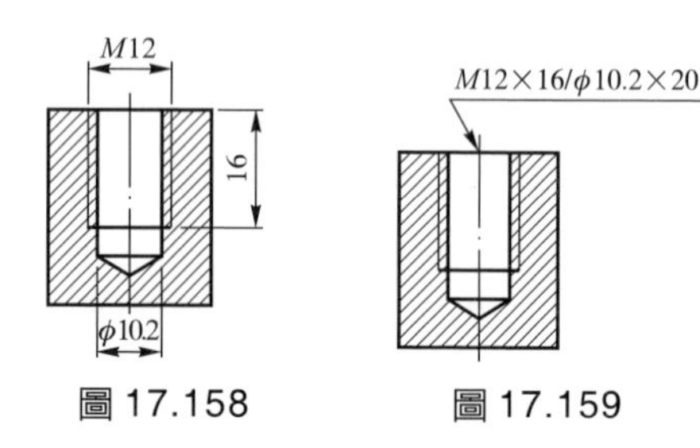

圖 17.158　　圖 17.159

(3) **螺紋簡略圖示**

① 一般簡略圖示：螺紋做最簡略圖示時，只表示螺紋零件之最低限之必要特徵即可。下述部分則不表示。

【例】螺帽及頭部之倒角角度，不完全螺紋部，螺紋端部形狀，切削用退刀槽。

② 螺絲及螺帽：螺絲頭部形狀、轉動螺絲之孔的形狀或螺帽形狀要表示時，可用表 17.13 所示之簡略圖示例。另亦可組合未在此圖示出之特徵。使用此簡略圖示時，不必圖示螺紋側之端面。

③ 小螺絲：下述場合，可用更簡略化之圖示法，如圖 17.160。

直徑(圖面上的)小於 6 mm。規則並列相同形狀及尺寸的孔或螺絲。

如圖所示，引出線之箭頭必須指向孔之中心線。

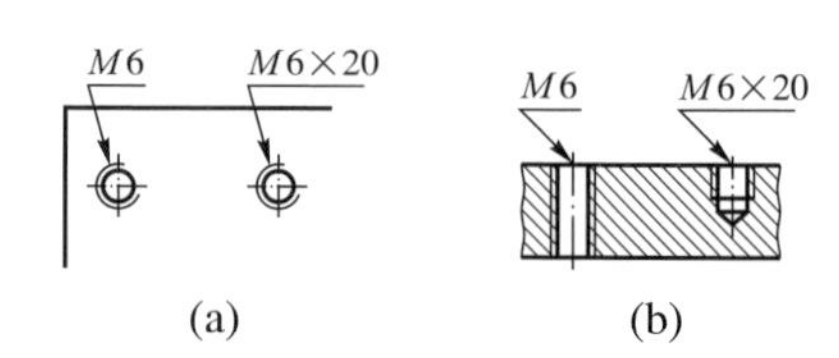

圖 17.160　螺紋之簡略化圖示法

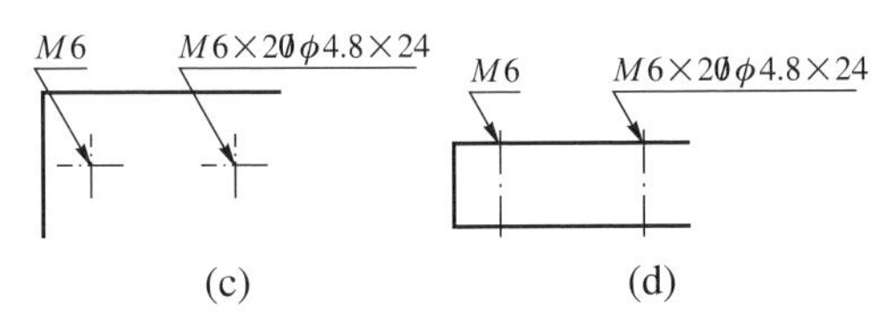

圖 17.160　螺紋之簡略化圖示法(續)

3. 螺紋表示方法

螺紋種類極多，其表示方法依 JIS 規定之螺紋表示法標示(JIS B 0123)。表 17.14 示各種螺紋之表示符號及螺紋之稱呼之表示方法。

(1) 螺紋表示方法之項目及組成

表示螺紋方法中之螺紋之稱呼，螺紋等級及螺牙旋向各項目，以下述方式組成，下文針對各項目加以說明。

螺紋稱呼 － 螺紋等級 － 螺牙旋向

表 17.13　螺絲及螺帽之簡略圖示例

No.	名稱	簡略圖示	No.	名稱	簡略圖示
1	六角螺栓		9	十字錐形小螺絲	
2	方頭螺栓		10	一字定位螺絲	
3	六角承窩螺栓		11	一字木螺釘及自攻螺絲	
4	一字平頭小螺絲(鍋頭形狀)		12	蝶形螺絲	
5	十字平頭小螺絲		13	六角螺帽	
6	一字圓頭錐形小螺絲		14	附溝槽六角螺帽	
7	十字圓頭錐形小螺絲		15	方形螺帽	
8	一字錐形小螺絲		16	蝶形螺帽	

表 17.14 各種螺紋表示記號及螺紋稱呼之表示方法例

區分	螺紋之種類		表示螺紋種類之記號	螺紋稱呼之表示方法例	引用規格
以 mm 表示螺距的螺紋	一般用公制螺紋	粗牙	M	M10	JIS B 0209-1
		細牙		M10×1	JIS B 0209-1
	小形螺紋		S	S0.5	JIS B 0201
	公制梯形螺紋		Tr	Tr12×2	JIS B 0216
用牙數表示螺距的螺紋	管用錐形螺紋	錐形陽螺紋	R	R 3/4	JIS B 0203
		錐形陰螺紋	Rc	Rc 3/4	
		平行陰螺紋	Rp	Rp 3/4	
	管用平行螺紋		G	G 5/8	JIS B 0202
	美英統一粗牙螺紋		UNC*1	1/2～13 UNC	JIS B 0206
	美英統一細牙螺紋		UNF*2	No.6～40 UNF	JIS B 0208

〔註〕*1 UNC…unified national coarse 的簡稱。 *2 UNF…unified national fine 的簡稱。

⑵ **螺紋之稱呼**

用表示螺紋種類之符號，表示直徑或稱呼徑之數字及螺距或每 25.4 mm 之螺牙數(以下稱牙數)稱呼螺紋。下列任一方式均可。

① 用 mm 表示螺距時：例如：公制粗牙螺紋、公制細牙螺紋及小形螺紋，表示法如下：

表示螺紋種類之記號	表示螺紋直徑之記號	×	螺距

公制粗牙螺紋時，依表 17.14，該種類之符號是 M，稱呼徑爲 10 mm 時，依表 8.1，其螺距是 1.5 mm，因此以“M10×1.5”表示。對粗牙螺紋而言，同一稱呼徑，其規定的螺距只有一種，故可省略螺距，以“M10”表示即可。小形螺紋時亦同。

但表 8.5 中可發現公制細牙螺紋，對於同一稱呼徑，所規定的螺距大都超過 1 種。故必須表示螺距。公制螺紋未標註螺距者視爲粗牙螺紋，否則視爲細牙螺紋。

② 美英統一螺紋時：美英統一粗牙及美英統一細牙螺紋之表示法如下。

表示螺紋直徑的數字或編號	–	螺牙數	表示螺紋種類之記號

美英統一螺紋之粗牙螺紋符號爲 UNC*1(Unified National Coarse)，細

牙螺紋符號爲UNF*2(Unified National Fine)，爲免易混淆，需全部標示牙數(*1、*2，參考表17.14)。

直徑小於 1/4 的小螺絲，是以取代直徑尺寸之No.1～No.12編號稱呼。其有號數螺紋之規定。以下例分別表示之。

【例】No.8-32 UNC，3/8-16 UNC，No. 0-80 UNF，5/16-24 UNF。

③ 非美英統一螺紋，並以牙數表示螺距之螺紋：各種管用螺紋即屬之。表示方法如下。

[表示螺紋種類之記號] [表示螺紋直徑之記號] × [螺牙數]

管用螺紋規定同一直徑只對應一種牙數，故通常省略牙數。

(3) 螺紋之等級

螺紋依其尺寸容許公差之精粗，分爲表 17.15 之數種等級。必要時，需在螺紋稱呼之後，繪一橫線，再附記此符號。

【例】M20-6H，M45×1.5-4h

不同等級之陽螺紋與陰螺紋組合時，要先標註陰螺紋等級，以向左下之斜線隔開後，再標示陽螺紋等級。

【例】M3.5-5H/6g

非必要時，可省略螺紋之等級

表 17.15　推薦之螺紋等級*

螺紋種類		螺紋等級(精↔粗)
公制螺紋	陽螺紋	4h, 6g, 6f, 6e
	陰螺紋	5H，6H，7H，6G
統一螺紋	陽螺紋	3A, 2A, 1A
	陰螺紋	3B, 2B, 1B
管用平行螺紋	陽螺紋	A, B
〔註〕*公制螺紋的場合，稱爲公差域等級。		

(4) 螺紋之牙數

在1導程(螺牙每一回轉前進之距離)間只有 1 條螺旋之螺紋稱爲單牙螺紋，爲一般所常用者。相對的，在 1 導程間有 2 條以上螺旋者，稱爲多牙螺紋，依其條數稱爲2牙螺紋、3牙螺紋等，如圖17.161。

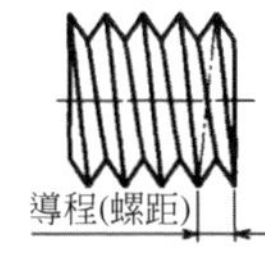

(a) 單牙螺紋

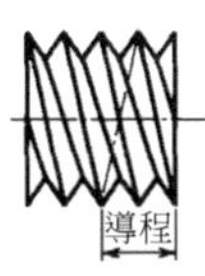

(b) 2 牙螺紋

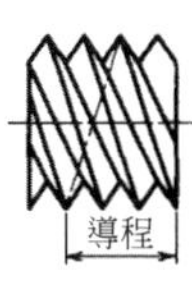

(c) 3 牙螺紋

圖 17.161　單牙及多牙螺紋

多牙螺紋的導程爲螺距乘以牙數。表示多牙螺紋要使用L(Lead)及P(Pitch)之文字。如下文所述。

① 多牙公制螺紋時

[表示螺紋種類之記號] [表示螺紋稱呼徑之數字] ×L [Lead] P [Pitch]

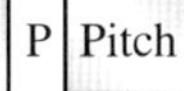

② 多牙公制梯形螺紋時

[表示螺紋種類之記號] [表示螺紋稱呼徑之數字] × [Lead] (P [Pitch])

【例】M8×L2.5P1.25…2 牙公制粗牙螺紋 M8 導程 2.5 螺距 1.25。

Tr40×14(P7)…2 牙公制梯形螺紋 Tr40 導程 14 螺距 7。

⑸ **螺牙之旋向**

螺牙幾乎都是在右方向切溝之右螺紋，依需要亦可在相反方向切溝之左螺紋。

用*LH*(left hand)表示左螺紋，附記於螺紋稱呼之後，如下例所示。右螺紋通常不標示。必要時，則用*RH*(right hand)符號。

【例】H8-LH，M14×1.5-LH。

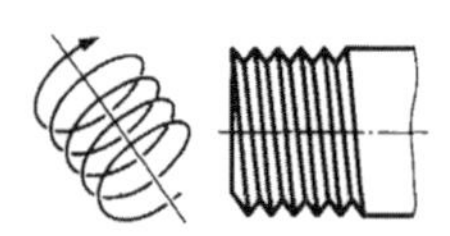

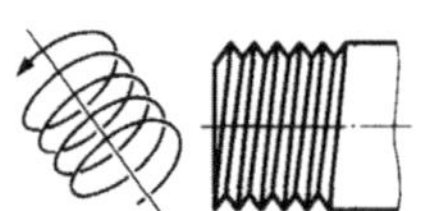

(a) 右螺紋　(b) 左螺紋

圖 17.162　螺牙之旋向

17.7 彈簧製圖

1. 彈簧之種類

彈簧的種類雖多，但依其形狀、性質等而予以分類時，則可分爲螺旋彈簧、疊板彈簧、筍狀彈簧、渦卷彈簧等。2007 年修訂之規格中，增加弦捲彈簧、安定器、彈簧銷等之例圖。

2. 彈簧之圖示法

以下就要談談依據 JIS 之彈簧製圖規格對這些彈簧略畫法之有關規定。

⑴ **螺旋彈簧**

螺旋彈簧分爲由圓的彈簧線卷曲而成者，及由四角形彈簧線卷曲而成者，更因受力之方向，而分爲下列幾種。

① 壓縮螺旋彈簧。

② 伸張螺旋彈簧。

③ 扭轉螺旋彈簧。

這些螺旋彈簧的製造圖，可依圖 17.163 所示的圖示法表示。

此種場合之圖示法最接近實際形狀，與一般之零件省略表示圖示法相同。至於其表示法則是以無荷重時之狀態爲畫圖之標準，標註尺寸時，必須明記荷重。而且，有必要表示荷重及高度(或長度)或撓曲量時，可用線圖或要目表(不易標註圖中的事項全部表示於其中)表示之。

所描之線圖，爲求方便起見，可如圖 17.163 ⑴之(a)或(b)所示，用直線表示。以此種線圖表示時之荷重與表示高度(或長度)或撓曲量座標軸之關係的線，應與表示彈簧之形狀之線(粗實線)同樣粗細。

此外，螺旋彈簧的螺旋部分，成爲螺旋投影，靠近座的部分簧距及角度雖連續變化，但可用簡單的直線表示。

上述之圖示法雖是最仔細的畫法，但實際上，如前所述，兩端以外的同一形狀部分可以如圖 17.164，以假想線畫省略之圖示。這種圖示法易廣用於其他的製造圖。

圖 17.165 所示者即爲訂購公司內之規格所定的彈簧或彈簧專門製造工場之標準品時描畫的圖示法。此即線圖的略圖，只表示彈簧之種類之圖示即可。此時彈簧材料之中心線應以粗實線畫之。

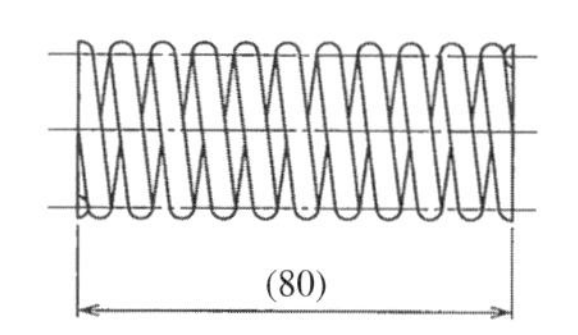

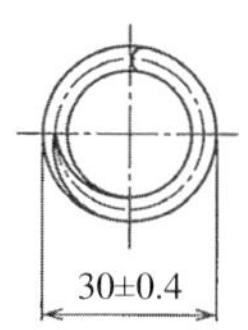

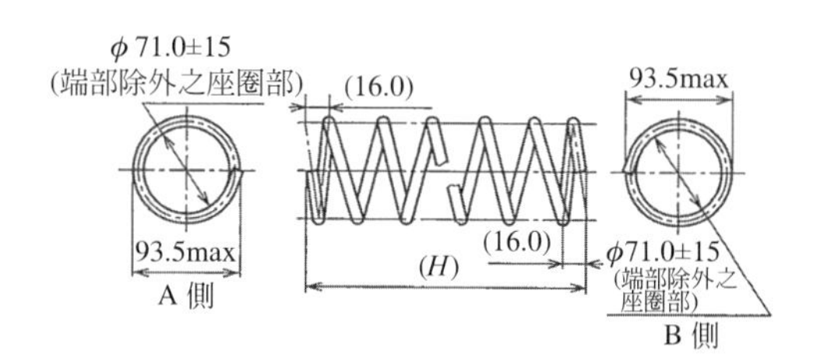

要目表

材料			SWOCSC-V
材料直徑		mm	4
螺旋平均直徑		mm	26
螺旋外徑		mm	30±0.4
總圈數			11.5
座圈數			各 1
有效圈數			9.5
卷曲方向			右
自由高度		mm	(80)
彈簧常數		N/mm	15.3
指定	高度	mm	70
	高度時之荷重	N	150±10%
	應力	N/mm^2	191
最大壓縮	高度	mm	55
	高度時之荷重	N	375
	應力	N/mm^2	477
密著高度		mm	(44)
尖端厚度		mm	(1)
螺旋外側面之傾斜		mm	4 以下
螺旋端部之形狀			封閉端(研磨)
表面處理	成形後之表面加工		珠擊
	防銹處理		塗防銹油

(a)

要目表

材料			SUP9
材料直徑		mm	9.0
螺旋平均直徑		mm	80
螺旋內徑		mm	71.0±1.5
總圈數			(6.5)
座圈數			A 側：0.75， B 側：0.75
有效圈數			5.13
卷曲方向			右
自由高度		mm	(238.5)
彈簧常數		N/mm	24.5±5%
指定	高度	mm	152.5
	高度時之荷重	N	2113±123
	應力	N/mm^2	687
最大壓縮	高度	mm	95.5
	高度時之荷重	N	3510
	應力	N/mm^2	1142
密著高度		mm	(79.0)
螺旋外側面之傾斜		mm	11.9 以下
硬度		HBW	388～461
螺旋端部之形狀		A 側	切除，螺距端
		B 側	切除，螺距端
表面處理	材料之表面加工		研磨
	成形後之表面加工		珠擊
	防銹處理		染黑

(b)

(1)壓縮螺旋彈簧

圖 17.163　各種螺旋彈簧(製造圖)

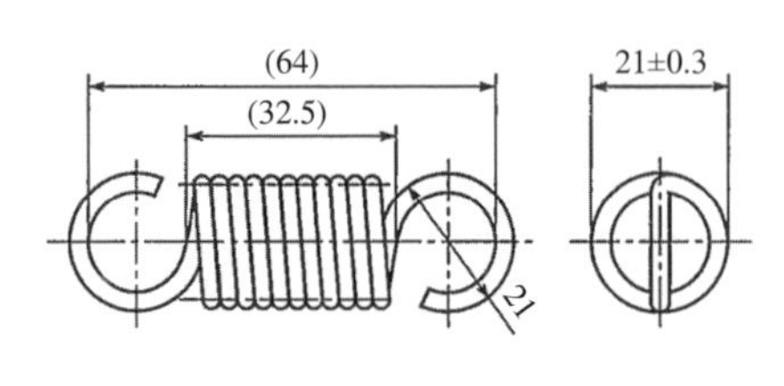

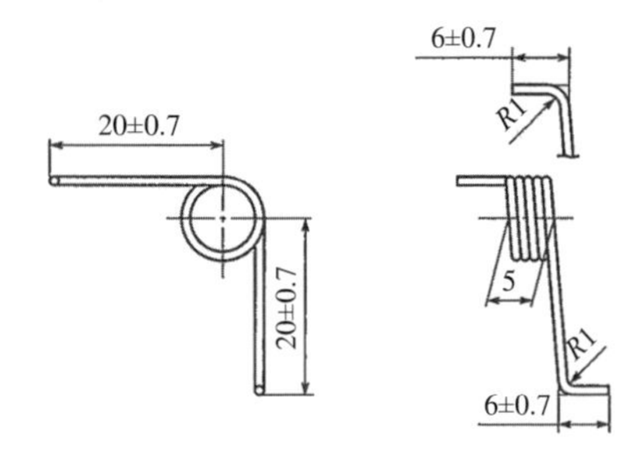

要目表

材料			SW-C
材料直徑		mm	2.6
螺旋平均直徑		mm	18.4
螺旋外徑		mm	21±0.3
總圈數			11.5
卷曲方向			右
自由高度		mm	(62.8)
彈簧常數		N/mm	6.26
初張力		N	(26.8)
負荷		N	—
負荷的長度		mm	—
指定	長度	mm	86
	長度荷重	N	172±10%
	應力	N/mm²	555
鉤之形狀			圓鉤
表面處理	成形後之表面加工		—
	防銹處理		塗防銹油

(2)拉伸螺旋彈簧

要目表

材料			SUS304-WPB
材料直徑		mm	1
螺旋平均直徑		mm	9
螺旋內徑		mm	8±0.3
總圈數			4.25
卷曲方向			右
自由角度(t)		度	90±15
指定	扭轉角	度	—
	扭轉角時之扭矩	N·mm	—
	(參考)計畫扭轉角	度	—
支撐棒直徑		mm	6.8
使用最大扭矩時之應力		N/mm²	—
表面處理			—

(3)扭轉螺旋彈簧

圖 17.163　各種螺旋彈簧(製造圖)(續)

至於組立圖，說明圖上之螺旋彈簧，亦可只以斷面圖示之。圖 17.166 即其圖示例。

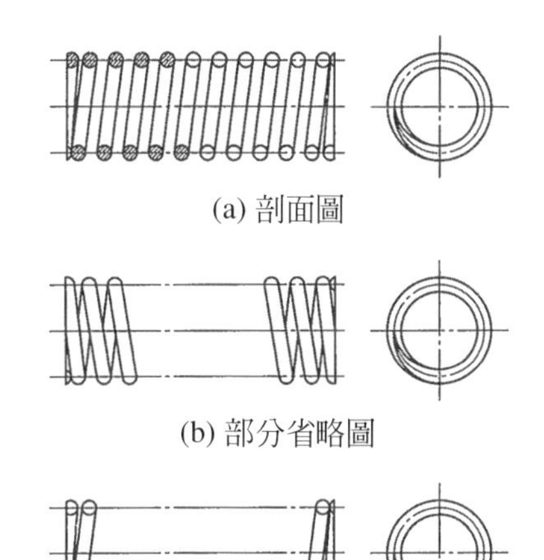

(a) 剖面圖

(b) 部分省略圖

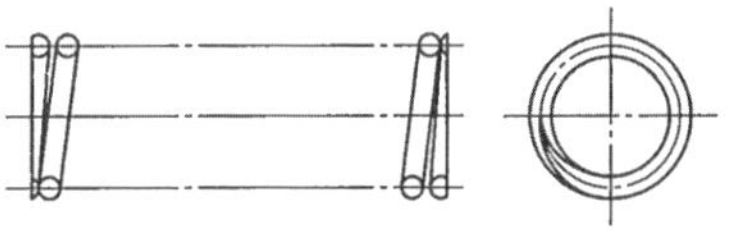

(c) 部分省略圖(b)之剖面圖

圖 17.164 壓縮螺旋彈簧之各種圖示法

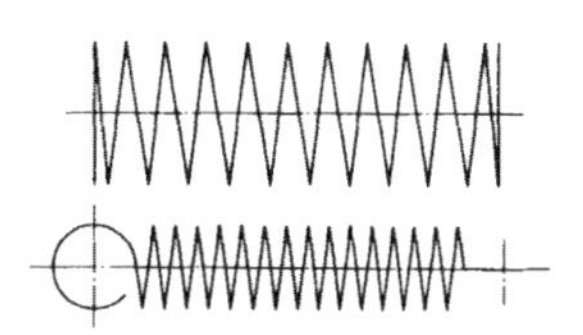

圖 17.165 利用 1 條實線圖示

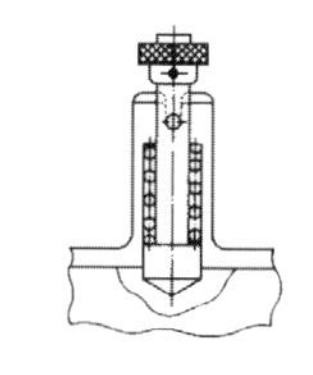

圖 17.166 用剖面圖示

由於一般都是右旋，因此若是左旋的場合，必須明記卷曲方向(圖 17.167)，但 2007 年之修訂此項目廢除。但是要目表中卷曲方向與以往相同明記。

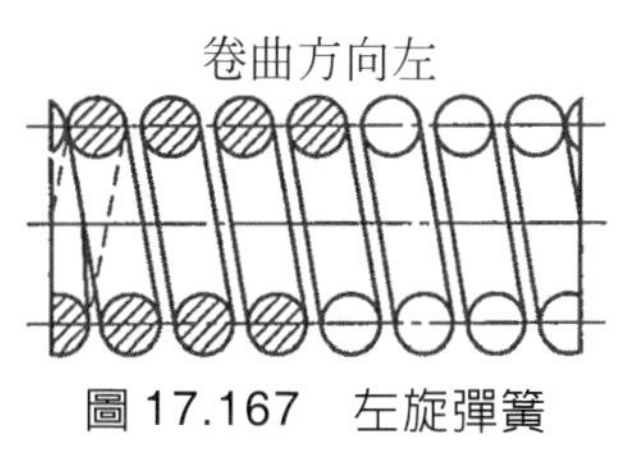

圖 17.167 左旋彈簧

⑵ 疊板彈簧

此爲數片彈簧板堆疊而成，常用於汽車、電車之車體，以承受強大的荷重。其規定列於 JIS B 2701 中。

圖 17.168 及圖 17.169 是承挑彈簧、底盤彈簧製造圖所用之圖示。疊板彈簧通常是畫以螺栓、螺帽、其他零件等組立而成的狀態，而這些零件的詳細圖則常另外繪製。通常彈簧板都已規格化，所以通常只要以其組立狀態標註其展開長度即可，但必須規格品以外者時，應畫一片彈簧板之圖以表示之。

疊板彈簧與螺旋彈簧相異之處在於彈簧板原則上是以水平狀態繪製，但如圖所見者，應以假想線繪至其在無荷重時之一部分狀態。

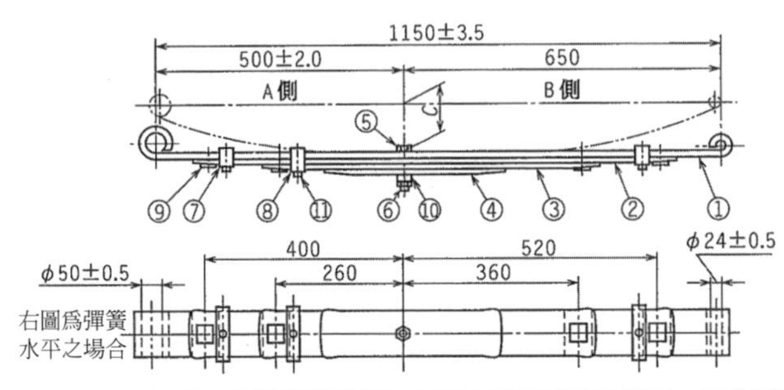

要目表

符號	零件符號	名稱	個數
5		中心螺栓	1
6		螺帽，中心螺栓	1
7		夾持器	2
8		夾持器	1
9		襯套	4
10		間條	1
11		鉚釘	3

彈簧(JIS G 4801 B型剖面)								
符號	展開度(mm)			板厚(mm)	板寬(mm)	材料	硬度(HBW)	表面處理
	A側	B側	計					
1	676	748	1424	6	60	SUP6	388 ~ 461	珠擊後富鋅塗布
2	430	550	980					
3	310	390	700					
4	160	205	365					

彈簧常數(N/mm)	1556			
	荷重(N)	翹起 C (mm)	跨距(mm)	應力(N/mm^2)
無荷重時	0	112	—	0
指定荷重時	2300	6 ± 5	1152	451
試驗荷重時	160	—	—	1000

圖 17.168 疊板彈簧(製造圖)

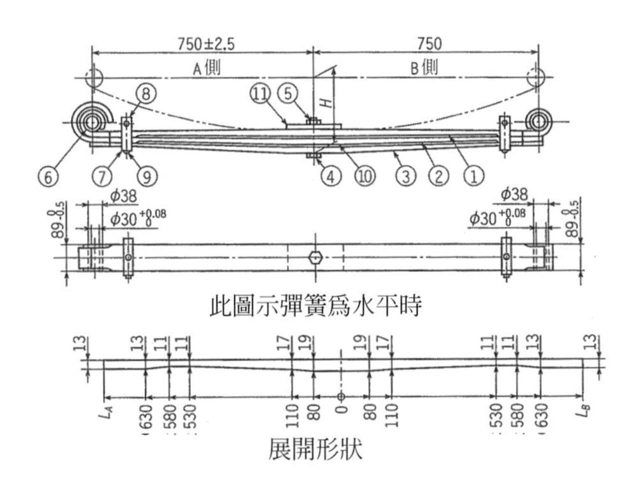

圖 17.169 底盤彈簧(製造圖例)

要目表

彈簧板(JIS G4801 B 型剖面)							
符號	展開長度 (mm)			板寬 (mm)	材料	硬度 (HBW)	表面處理
	L_A(A 側)	L_B(B 側)	計				
1	916	916	1832	90	SUP9A	388 ~ 461	珠擊後富鋅塗布
2	950	765	1715				
3	765	765	1530				

編號	名稱	數量
4	中心螺栓	1
5	螺帽、中心螺栓	1
≈	≈	≈
10	間條	3
11	間隙片	1

項目	單體時				安裝時(U 螺距 110mm)			
	彈簧常數 N/mm		250		彈簧常數 N/mm		265	
	荷重(N)	高度 H (mm)	跨距 (mm)	應力 (N/mm²)	荷重(N)	高度 H (mm)	跨距 (mm)	應力 (N/mm²)
無荷重時	0	180	–	0	0	175	–	0
指定荷重時	22000	92±6	1498	535	22000	92	1498	535
試驗荷重時	37010	32	–	900	37010	35	–	900

圖 17.169　底盤彈簧(製造圖例)(續)

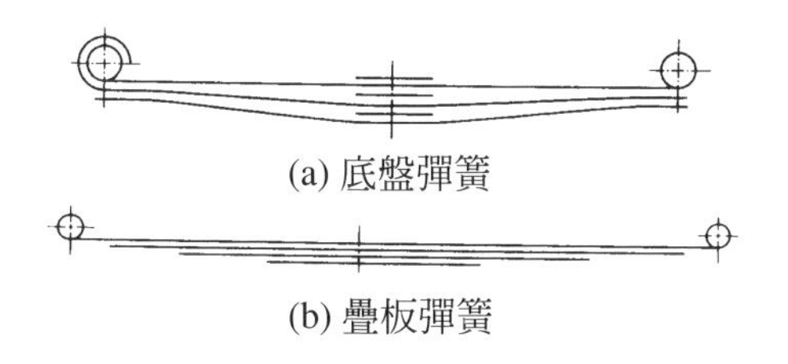

(a) 底盤彈簧

(b) 疊板彈簧

圖 17.170　疊板彈簧簡略圖

圖 17.170 是訂購彈簧專門製造工場之標準品或公司內規格所規定的彈簧時所用的線圖式略畫法，只以粗實線畫出其材料之中心線即可。

(3) **筍狀彈簧**

是將薄板做成渦卷狀抽拉之，或以鋼帶卷製而成，圖 17.171 所示筍狀彈簧即是此種彈簧之代表。此與螺旋彈簧相同，是在無荷重時之狀態下做爲描繪標準。

筍狀彈簧亦與螺旋彈簧相同，分成左旋及右旋，無特別指定時表示右旋。因此，必須左旋時，應明記“卷曲方向左”。

此種彈簧之製造圖，如圖 17.172 所示。繪出表示材料展開形狀之圖較方便。爲節省圖紙空間，展開圖之長度應取大的縮尺比率。同時要明示使用之縮小比率，或在尺寸數字下，引出粗實線，明示圖形與尺寸數值不成比例。

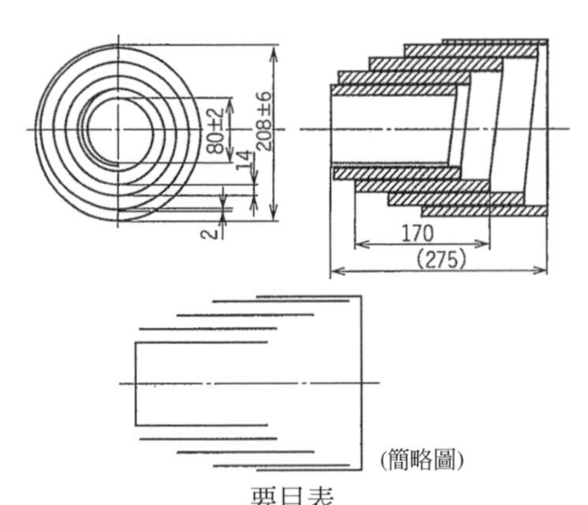

要目表

材料			SUP 9 或 SUP 9 A
板厚		mm	14
板寬		mm	170
內徑		mm	80 ± 2
外徑		mm	208 ± 6
總圈數			4.5
座圈數			各 0.75
有效圈數			3
螺旋方向			右
自由高度		mm	(275)
彈簧常數(至初接著時)		N/mm	1 290
指定	荷重	N	–
	荷重時之高度	mm	–
	高度	mm	245
	高度時之荷重	N	39 230 ± 15%
	應力	N/mm^2	390
最大壓縮	荷重	N	–
	荷重時之高度	mm	–
	高度	mm	194
	高度時之荷重	N	111 800
	應力	N/mm^2	980
初接著荷重		N	85 710
硬度		HBW	388 ～ 461
表面處理	成形後之表面加工		珠擊
	防銹處理		染黑

圖 17.171　筍狀彈簧

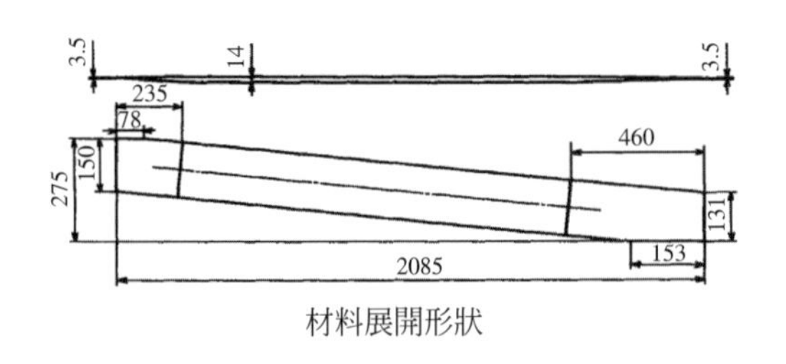

材料展開形狀

圖 17.172　筍狀彈簧展開圖

(4)　**渦卷彈簧**

此種彈簧用於鐘錶中之發條等，可以貯藏力量，將該力作爲原動力用時可使用此彈簧。圖 17.173 爲此種彈簧之製造圖圖示，圖 17.174 則爲用於組立圖等的省略圖示法。此時亦以無荷重時之狀態做爲描繪的標準。

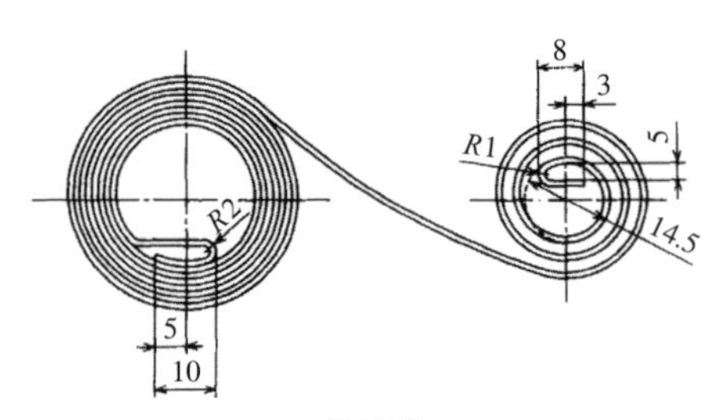

要目表

材料		SUS301-CSP
板厚	mm	0.2
板寬	mm	7.0
全長	mm	4000
硬度	HV	490 以上
10 轉時恢復之扭矩	N·mm	69.6
10 轉時之應力	N/mm^2	1486
渦卷軸徑	mm	14
內徑	mm	50
表面處理		–

圖 17.173　S 字形渦卷彈簧

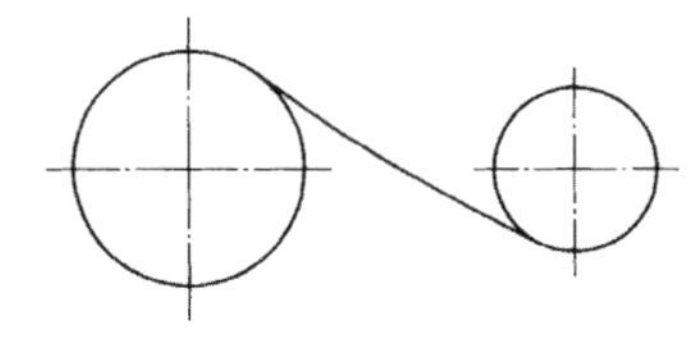

圖 17.174　S 字形渦卷彈簧之簡略圖

(5)　**盤形彈簧**

盤形彈簧是一種狀如無底盤子形狀的彈簧，大都與墊圈之使用情形相同。因此種彈簧之圖示並沒有特別奇異之處，所以說明省略(圖 17.175)。

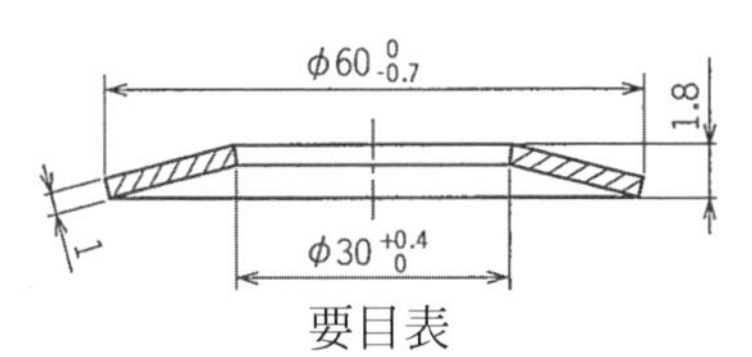

要目表

材料			SK85-CSP
內徑		mm	$30^{+0.4}_{0}$
外徑		mm	$60^{0}_{-0.7}$
板厚		mm	1
高度		mm	1.8
指定	撓曲	mm	1
	荷重	N	766
	應力	N/mm^2	1 100
最大壓縮	撓曲	mm	1.4
	荷重	N	752
	應力	N/mm^2	1 410
硬度		HV	400 ～ 800
表面處理	成形後之表面加工		珠擊
	防銹處理		塗防銹油

圖 17.175　盤形彈簧

17.8 齒輪製圖

1. 齒輪之圖示法

下文將以 JIS 爲基礎，談談有關一般機械上所使用的各種齒輪之圖示法。

齒輪之圖示與螺紋之圖示相同，是用省略齒形的略畫法表示。此時，所使用之線如下所列(圖 17.176)。

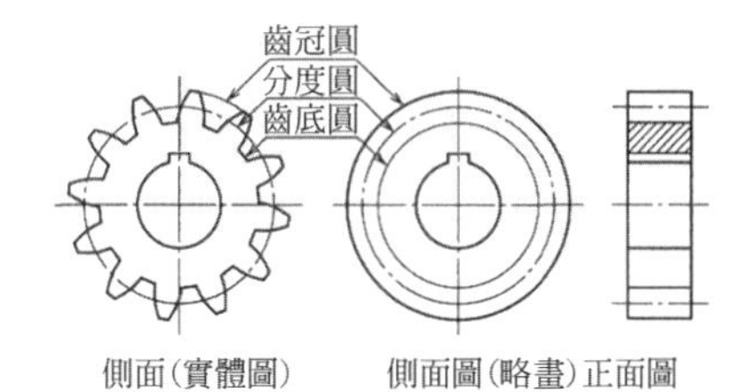

圖 17.176　齒輪圖示法之共通點

① 齒冠圓：以粗實線表示。

② 分度圓(節圓)：以細的一點鏈線表示。

③ 齒底圓：以細實線表示。

④ 齒傾斜方向：通常以 3 條細實線表示。

齒底圓可以省略，尤其是傘齒輪及蝸輪之側面圖(自齒輪軸方向所看之圖)，通常都將之省略。但是，以剖面圖表示正面圖(自齒輪軸之直角方向所看之圖)時，齒底圓之表示線應與外徑線同爲粗實線表示，此點應注意。此是因爲表示齒輪之齒未切斷。

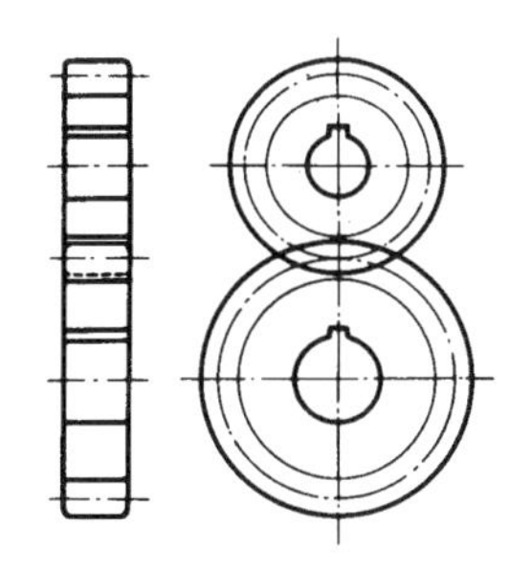

圖 17.177　一組囓合的正齒輪

圖 17.177 是表示一組相互囓合的正齒輪，兩齒輪之囓合部分之齒冠圓，都以粗實線表示之。而在必要時，亦可只在囓合部附近描繪齒形表示之。正面圖以剖面表示時，囓合部一方之齒冠表示線必須使用虛線。

2. 各種齒輪之製造圖例及要目表

製造高精度齒輪時，通常除了製造齒輪用圖面上的要目表所列項目外，還追加更詳細的事項。於是在製造齒輪外形素材之圖上，有切齒用要目表，而在檢查用時使用該兩者，如此才能製成具備所需精度的齒輪，這是不可或缺的工作。圖 17.178～圖 17.189 中之表，是有關各種齒輪之表示例。於這些要目表中，附有*符號者，是一般製圖時必須標註的事項，其他可依需要而追加。

下述之要目表標註事項之要領示以圖 17.178 之正齒輪爲例。其他齒輪可以此爲準。要目表本應置於圖面右側，因排版原因，故置於製作圖之下側，特請留意。

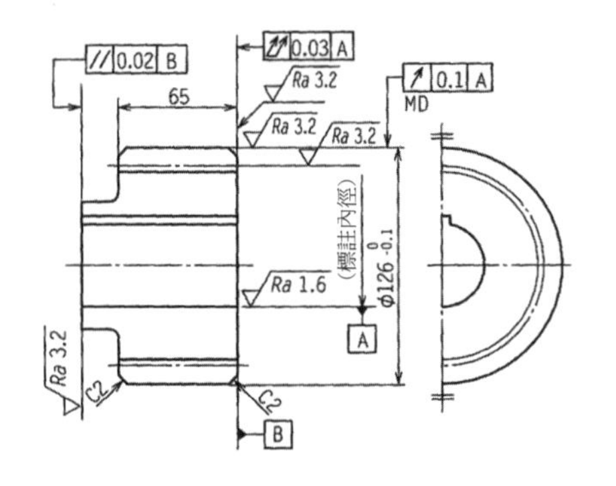

(單位 mm)

正齒輪				
齒輪齒形		轉位	加工方法	滾齒刀加工
基準刀具	齒列	普通齒	精度	JIS B 1702-1 7級
	模數	6		JIS B 1702-2 8級
	壓力角	20°	備註	配合齒輪齒數 50
齒數		18		配合齒輪轉位量 0
分度圓直徑		108		中心距離 207
轉位量		+3.16		齒隙 0.20～0.89
全齒高		13.34		*材料
齒厚	跨齒厚	$47.96^{-0.08}_{-0.38}$ (跨齒數=3)		*熱處理 *硬度

圖 17.178　正齒輪(標註例)

⑴　**齒輪齒形欄**

此欄中標註標準或轉位等之區別。齒輪齒形要做修整，而不利用刀具之齒形修整時，則標註“修整”字樣，同時圖示其所修正之齒形。如需要經過隆起加工(crowning)時，則應標註“隆起”字樣，並詳細圖示。

⑵　**基準刀具齒形欄**

此欄標註普通齒、短齒、長齒等之區別。修整刀具之齒形時，應如前述標註“修整”字樣，甚至以圖示齒形。

⑶　**基準刀具模數欄**

此欄從模數基準值(JIS B 1701-2，參照表 11.3)選擇標註。但非模數時，例如：是徑節(diameter pich)時，此欄應更改爲徑節。

⑷　**基準刀具壓力角欄**

表示刀具基準壓力角，漸開線齒輪之壓力角(齒形傾斜角度)以 20 度標註(參照圖 11.15)，嚙合壓力角應記於備註欄。

⑸　**分度圓直徑欄**

此欄通常標註齒數×模數之値。但齒直角方式的螺旋齒輪則應標註(齒數×模數)÷cos(螺旋角)之値。在圖上標註分度圓(基準節圓)直徑尺寸時，無論測量方法爲何應詳細標註計算數值，不標註尺寸容許公差。

⑹　**齒厚欄**

此欄標註利用跨齒、齒形卡規及銷或珠等各種齒厚測定法中，所選定的某一種齒厚測度法所得之計測標準尺寸及包含齒隙(back lash)之尺寸容許差。

⑺　**加工法欄**

必要時，於此欄指示所用切齒刀具，使用機械等。

螺旋齒輪，則應標註山形(折角)部之種類(圖 17.183)。

⑻ **精度欄**

標註齒輪之最終精度。齒輪之精度及測定方法由 JIS B 1702-1～2 及 JIS B 1704 所規定。

⑼ **備註欄**

將前述之各項目欄內未標註，而且爲了製造上之方便之事項標註於此欄中。例如：切齒及檢查時之必要事項，即轉位係數，對方齒輪之轉位位置牙數，與對方齒輪之中心距離、齒隙，必要時之材料、熱處理、硬度之相關事項。

3. 齒輪之略畫法(製造圖例)

⑴ **正齒輪**

如圖 17.178 中之表所示，齒厚欄標註利用齒厚測微器測得之跨齒厚(參考圖 11.40)之尺寸容許公差，並註明跨齒數之例，亦有使用銷(或珠)徑的方法。

⑵ **螺旋齒輪**

於圖 17.179 之表上的螺旋方向，若與右螺紋相對應者稱之爲右旋，與左螺紋對應者稱爲左螺旋。

表示齒傾斜方向的表示線，通常是使用 3 條細實線，而螺旋角則記於自該 3 條線之中央線所引出的線上。

正面圖是以剖面表示時，齒傾斜方向通常使用 3 條細雙點畫線(想像線)表示，此傾斜方向是自紙面向著自己面前之齒。若以破斷線表示紙面背後之齒傾斜，則因其與齒傾斜方向相反，所以要注意防止錯誤發生。

圖 17.180 是螺旋內齒輪之標註例。

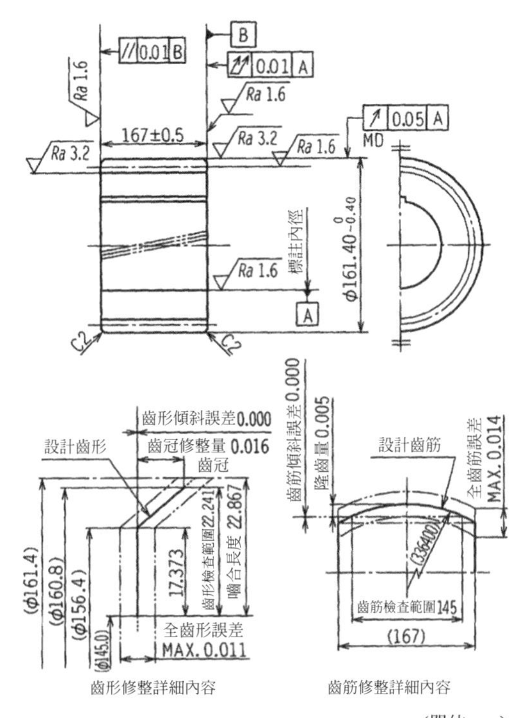

(單位 mm)

螺旋齒輪				
齒輪齒形	轉位	齒厚	跨齒厚	$62.45^{-0.08}_{-0.18}$ 跨齒數=5
齒形基準平面	齒直角			
基準刀具 齒形	普通齒			
基準刀具 模數	4.5	加工方法		研磨加工
基準刀具 壓力角	20°	精度		JIS B 1702-1 5 級
齒數	32			JIS B 1702-2 5 級
螺旋角	18.0°	備註	配合齒輪齒數	105
			配合齒輪轉位係數	0
螺旋方向	左		中心距離	324.61
			分度圓直徑	141.409
分度圓直徑	151.411		材料	SNCM 415
			熱處理	滲碳淬火
全齒高	10.13		硬度(表面)	HRC55～61
			有效硬化層深度	0.8～1.2
轉位係數	+0.11		齒隙	0.2～0.42
			兩齒面齒形修整及隆齒	

圖 17.179 螺旋齒輪(標示例)

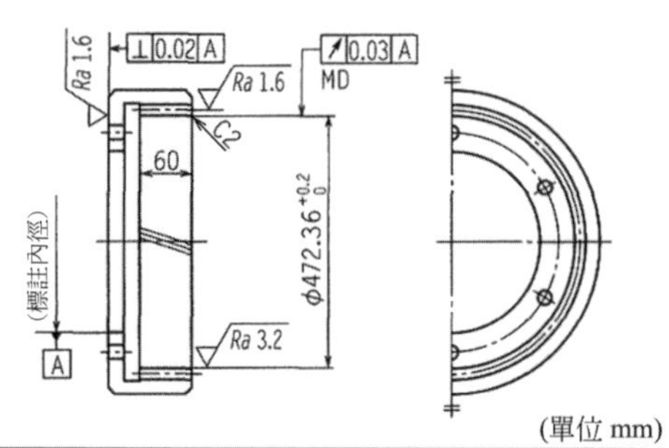

(單位 mm)

螺旋內齒輪				
齒輪齒形		標準	齒厚 跨銷(珠)尺寸	$470.088^{+0.953}_{+0.582}$ (珠徑=7.000)
齒形基準平面		齒直角		
基準刀具	齒形	普通齒	加工方法	小齒輪切刀加工
	模數	3	精度	JIS B 1702-1 8 級
	壓力角	20°		JIS B 1702-1 8 級
齒數		104	備註	配合齒輪齒數 38
螺旋角		30°		配合齒輪轉位係數 0
*導程		2613.805		中心距離 152.420
螺旋方向		圖示		齒隙 0.47～0.77
分度圓直徑		480.355		材料 S 45 C
全齒高		9.00		熱處理 淬火回火
轉位係數		0		硬度 HB201～269

圖 17.180　螺旋內齒輪(標示例)

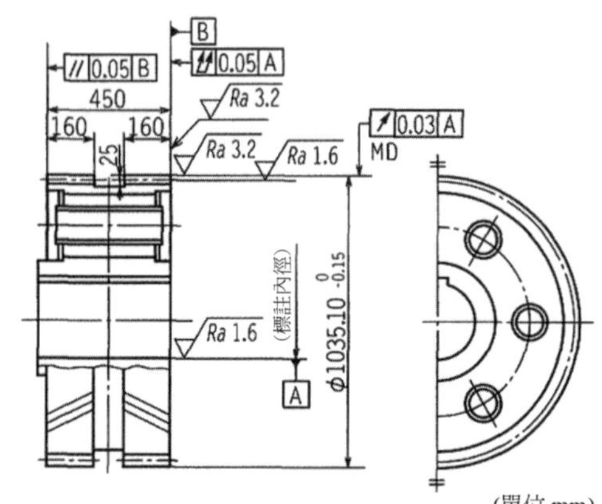

(單位 mm)

蝸旋齒輪				
齒輪齒形		標準	齒厚 齒直角弦齒厚	$15.71^{+0.15}_{-0.50}$
齒形基準平面		齒直角	弦齒高	10.05
基準刀具	齒形	普通齒		
	模數	10	加工方法	滾齒刀切削
	壓力角	20°	精度	JIS B 1702-1 8 級
齒數		92		JIS B 1702-2 8 級
螺旋角		25°	備註	配合齒輪齒數 20
螺旋方向		圖示		中心距離 617.89
*導程				齒隙 0.3～0.85
分度圓直徑		1015.11		材料
全齒高		22.5		熱處理
轉位係數		0		硬度

圖 17.181　蝸旋齒輪(標示例)

(3) 蝸旋齒輪

圖 17.181 中之表上齒厚欄之數值，是利用齒輪卡規測定法所得，是表示弦齒厚尺寸之尺寸容許差值。其下方數值是齒冠之測定值。

山形部形狀，JIS 並未規定其尺寸，如圖 17.182 所示在成形加工方法欄內標註名稱，以示其形狀。

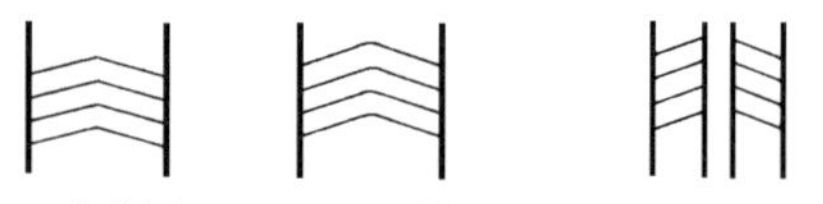

(a) 角對合　(b) 圓弧對合　(c) 中間溝槽對合

圖 17.182　螺齒輪(標示例)

(4) **螺齒輪**

螺齒輪是由大齒輪與小齒輪組成一對，因不能更改相嚙合齒輪之齒數，所以最好亦在圖上標註對方齒輪之必要項目以便對照。對於後述之斜齒輪(直齒、斜齒)及戟齒輪都應仿照此法辦理。

圖 17.183 是螺齒輪之標註例。

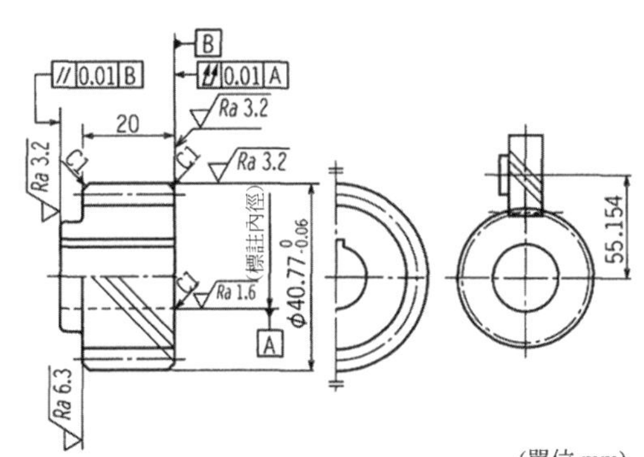

(單位 mm)

螺齒輪					
區別	小齒輪	(大齒輪)	區別	小齒輪	(大齒輪)
齒輪齒形	標準		齒厚 跨齒厚(齒直角)		
齒形基準平面	齒直角				
基準刀具 齒形	普通齒		齒厚 弦齒厚(齒直角)		
基準刀具 模數	2				
基準刀具 壓力角	20°		齒厚 跨銷(珠)尺寸	(珠徑=3.4)	
齒數	13	(26)	加工方法	滾齒刀切削	
軸角	90°		精度	JIS B 1702-1 8 級	
螺旋角	45°	(45°)		JIS B 1702-1 7 級	
螺旋方向	右		備註 齒隙	0.11～0.4	
分度圓直徑	36.769	(73.539)			

圖 17.183　螺齒輪(標示例)

(5) **直齒斜齒輪**

於圖 17.184 中，以括號表示的尺寸，雖非切齒所直接需要者，但卻是爲了計算方便而標註的參考尺寸。

而斜齒輪的齒冠及齒底圓錐角之線在到達頂點時易於混雜，所以在中途即應適可而止，由圖即可發現。

此外，最近在英美等國所採用的平行頂點齒隙式齒形，如圖 17.185 所示，齒冠及齒底圓錐角之頂點，與節圓錐角之頂點不一致。但使用這種齒形時，在圖上必須特別註明“平行頂點齒隙”。

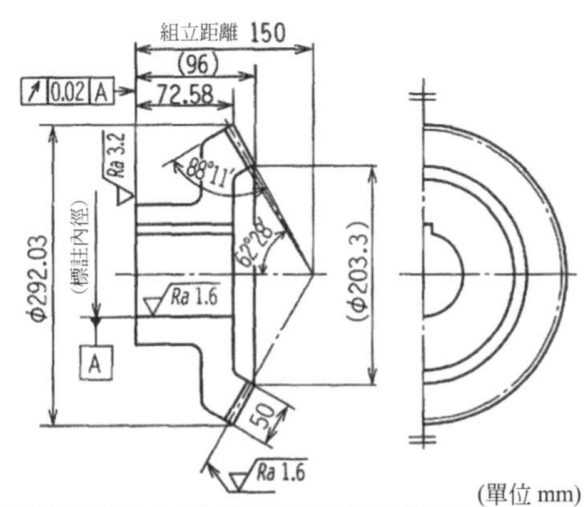

(單位 mm)

直齒斜齒輪					
區別	大齒輪	(小齒輪)	區別	大齒輪	(小齒輪)
模數	6		齒厚 量測位置	外端齒冠圓部	
壓力角	20°		齒厚 弦齒厚	$8.06^{-0.10}_{-0.15}$	
齒數	48	(27)	齒厚 弦齒高	4.14	
軸角	90°		加工方法	切削	
分度圓直徑	288	(162)	精度	JIS B 1704 8 級	
齒高	13.13				
齒冠高	4.11		備註	齒隙 0.2～0.5 嚙合情形 JGMA 1002-01 區分 B 材料 SCM420H 熱處理 有效硬化層深度 0.9～1.4 硬度(表面) HRC60±3	
齒根高	9.02				
外端圓錐距離	165.22				
分度圓錐角	60°39'	(29°21')			
齒底圓錐角	57°32'				
齒冠圓錐角	62°28'				

圖 17.184　直齒斜齒輪(標示例)

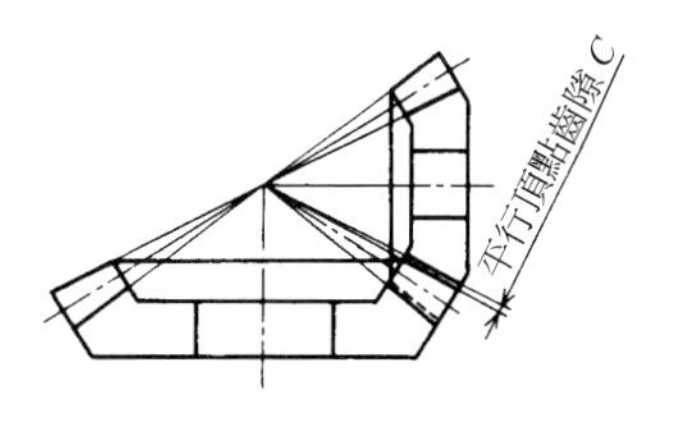

圖 17.185　平行頂點齒隙

(6) 蝸線斜齒輪及戟齒輪

蝸線斜齒輪及戟齒輪，切齒的方式較複雜，且大、小齒輪分別分開使用不易，是以成對方式使用。因此一張圖上最好是並列表示兩齒輪，此與其他齒輪一件一圖的方式有異。

圖 17.186 表示齒之螺旋之線，以 3 條細實線表示，與其他齒輪相同。螺旋角即是以於齒寬之中央一齒傾斜線之切線，與通過該接點的節圓錐母線的夾角。

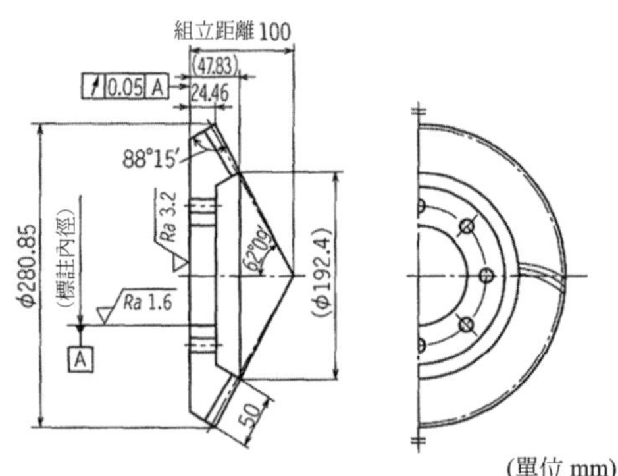

(單位 mm)

蝸線斜齒輪					
區別	大齒輪	(小齒輪)	區別	大齒輪	(小齒輪)
切齒方法	展開板法		外端圓錐距離	159.41	
銑刀直徑	304.8		分度圓錐角	60°24'	(29°36')
模數	6.3		齒底圓錐角	57°27'	
壓力角	20°		齒冠圓錐角	62°09'	
齒數	44	(25)	齒厚 量測位置	外端齒冠圓部	
軸角	90°		齒厚 圓弧齒厚	8.06	
螺旋角	35°		加工方法	研磨	
螺旋方向	右		精度	JIS B 1704 6 級	
分度圓直徑	277.2		備註	齒隙 0.18～0.23	
齒高	11.89			材料 SCM420H	
齒冠高	3.69			熱處理 滲碳淬火回火	
齒根高	8.20			有效硬化層深度 1.0～1.5 硬度(表面) HRC60±3	

圖 17.186 蝸線斜齒輪(標示例)

無法明確判定齒寬之中央位置時，亦可用自節圓錐之頂點之距離表示。

若自齒輪之上面看螺旋方向，其爲順時針方向者爲右，其爲逆時針方向者爲左。圖表示左螺旋。因此與之嚙合的小齒輪則爲右螺旋。

圖 17.187 是爲戟齒輪之標註例。

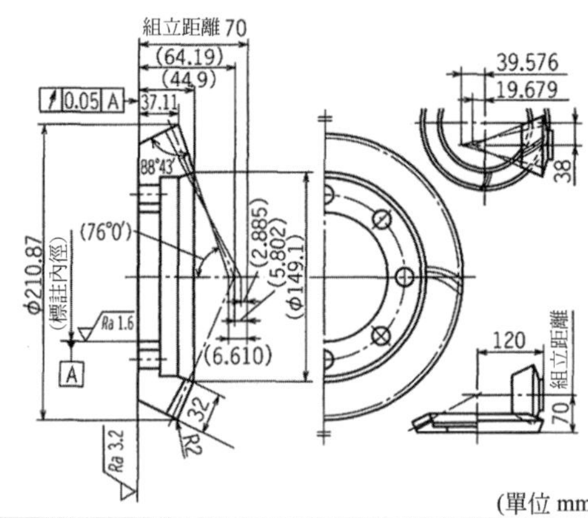

(單位 mm)

戟齒輪					
區別	大齒輪	(小齒輪)	區別	大齒輪	(小齒輪)
切齒方法	創成切齒法		分度圓錐角	74°43'	
銑刀直徑	228.6		齒底圓錐角	68°25'	
模數	5.12		齒冠圓錐角	76°0'	
壓力角總和	42.3°		齒厚 量測位置	自外端齒冠圓部距 16mm	
齒數	41				
軸角	90°		齒厚 弦齒厚(齒直角)	4.148	
螺旋角	26°25'	(50°0')			
螺旋方向	右		齒厚 弦齒高	1.298	
偏位量	38		加工方法	研磨加工	
偏位方向	下		精度	JIS B 1704 6 級	
分度圓直徑	210		備註	齒隙 0.15～0.25	
齒高	10.886			嚙合情形 JGMA 1002-01 區分 B	
齒冠高	1.655			材料 SCM420H	
齒根高	9.231			熱處理 滲碳淬火回火	
外端圓錐距離	108.85			有效硬化層深度 0.8～1.3 硬度(表面) HRC60±3	

圖 17.187 戟齒輪(標示例)

(7) 蝸桿

圖 17.188 中，由於蝸桿之齒形在 JIS B 1723(圓筒蝸桿齒輪尺寸)之齒形中規定，因此不需標示壓力角，此項與下述螺輪相同。

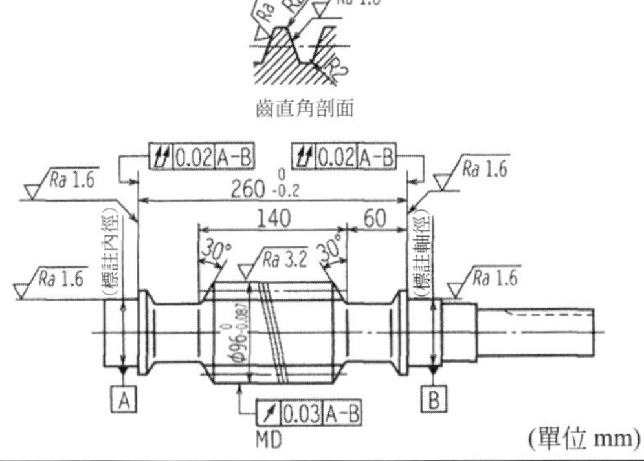

(單位 mm)

蝸桿				
齒形	K 形	齒厚	弦齒厚(齒直角)	$12.32^{0}_{-0.15}$
軸方向模數	8			
條數	2		弦齒高	8.018
螺旋方向	右		跨銷法銷徑	
分度圓直徑	80	備註	齒隙	0.21~0.35
直徑係數	10.00		中心距離	200
導角	11°18'36"		嚙合情形	JGMA 1002-01 區分 B
加工方法	研削		材料	S48C
*精度			熱處理	齒面高週波淬火
			硬度(表面)	HRC50~55

圖 17.188　蝸桿(標示例)

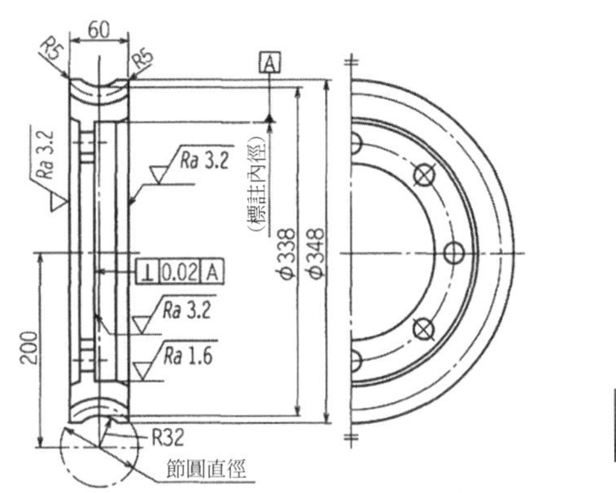

(單位 mm)

蝸輪				
配合蝸桿之齒形	K 形	齒厚	(參考)	
軸方向模數	8		弦齒厚(齒直角)	13.12
齒數	40			
分度圓直徑	320		弦齒高	8.12
配合蝸桿 條數	2	備註	齒隙(分度圓周方向)	0.21~0.35
配合蝸桿 螺旋方向	右		轉位量	0
配合蝸桿 導角	11°18'36"		嚙合情形	JGMA 1002-1 區分 B
加工方法	滾齒刀切削		材料	PBC2B
*精度				

圖 17.189　蝸輪(標示例)

⑻　**蝸輪**

在圖 17.189 右側視圖通常省略齒底圓及喉部之直徑圓。與同圖形狀不同的蝸輪亦準此圖示法標註。

⑼　**齒厚尺寸之標註法**

圖 17.190(a)爲利用跨齒厚測定法而做的齒厚尺寸標註法，同圖(b)是齒形卡規測定法之齒厚尺寸標註法，同圖(c)是跨銷或珠齒厚測定法之齒厚尺寸標註法之圖示例。

⑽　**扇狀(sector)齒輪**

圖 17.191 是表示齒形之一部的圖示例。除了圖示的扇狀齒輪外，其他如齒條、調時間齒輪、二片對合齒輪等亦必須遵照此種圖示法。

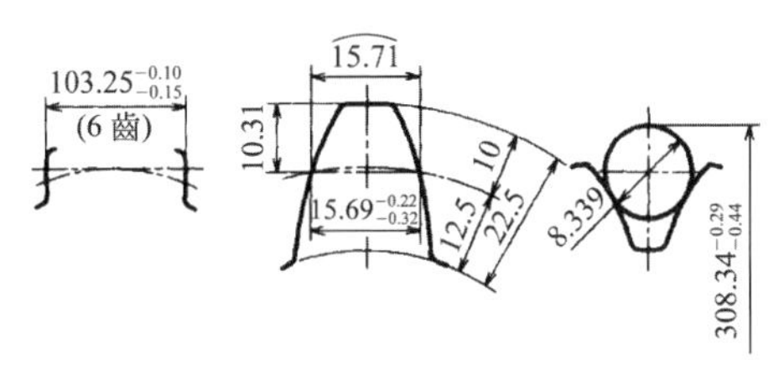

(a) 跨齒厚　(b) 圓弧齒桿　(c) 跨銷(珠)尺寸

圖 17.190　齒厚詳細及尺寸量測方法

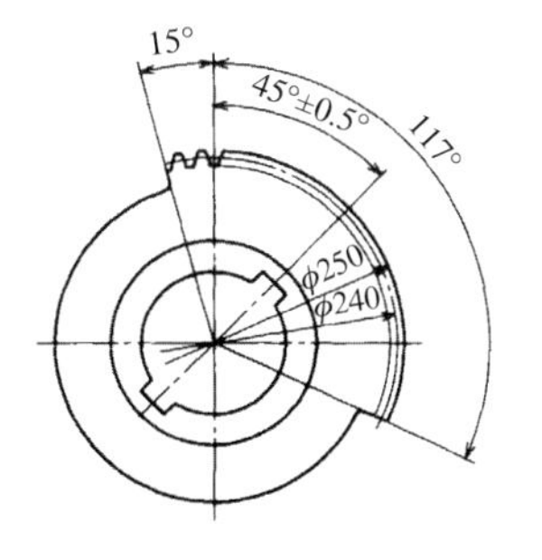

圖 17.191　扇狀齒輪

此時，齒之位置、尺寸，為了加工上的方便，最好以齒溝槽之中心表示，而不要以齒之山形部為中心。圖 17.192 所示的齒條，表示齒數時應標註實齒數。

扇狀齒輪之齒數標記，應標註全節圓上的所有齒數(全周齒數)，並以括號將扇狀部實際之齒數(實齒數)標註之。

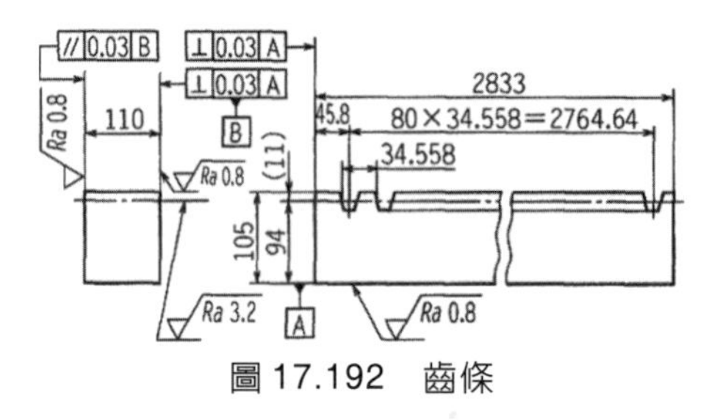

圖 17.192　齒條

⑾　**齒之倒角**

齒之倒角(chamfering)方式有很多種，圖 17.193 表示齒之倒角種類。圖 17.194 是最常使用的角形倒角尺寸標註例。

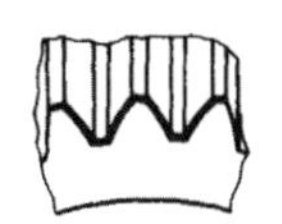
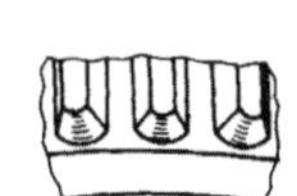
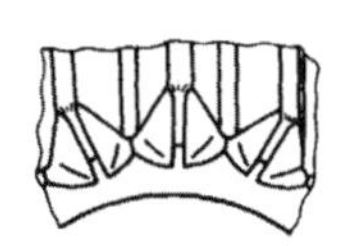

(a) 毛邊去除　(b) 圓形倒角　(c) 角形倒角

圖 17.193　齒之倒角之種類

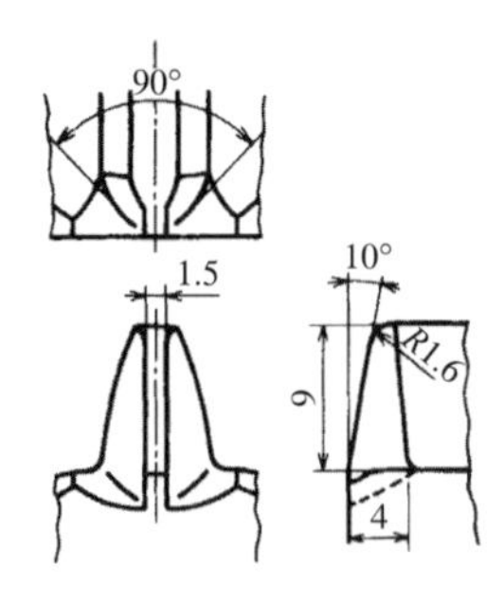

圖 17.194　齒之倒角

4.　齒輪之略畫法(組立圖)

以上所述為製造圖所用者，但組立圖等所用的略畫法於 JIS 中有規定，以下即是此規定的說明。

圖 17.195 是嚙合的正齒輪、螺旋齒輪、蝸旋齒輪之正視圖之略畫法。此時，齒底線及嚙合部之節距線可省略。

同圖(a)是正齒輪之一般圖示法，要特別表示是齒輪時，應如右側之圖所示，畫 3 條平行的細實線。螺旋齒輪、蝸旋齒輪之略畫法，應如同圖(b)、(c)所示，必須圖示齒傾斜方向的線(使用 3 條細實線)。此時所畫線之傾斜角與齒之實際角度無關，以適宜的角度畫出即可。

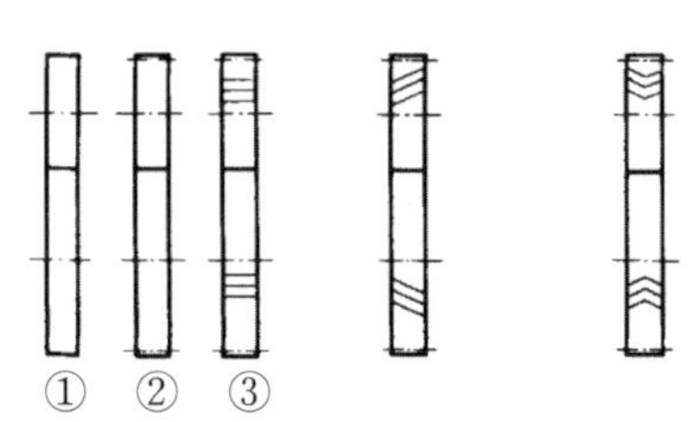

①　②　③

(a) 正齒輪　(b) 螺旋齒輪　(c) 蝸旋齒輪

圖 17.195　一組相互嚙合之齒輪之略畫法

圖 17.196 是一連串嚙合之齒輪省略圖。此方式可用於組立圖等。此時，若以正視圖投影表示而難以令人理解時，應如同圖(a)將之展開，直接表示中心間之實距離。因此，此時齒輪中心線之位置與側視圖並不一致，應注意之。

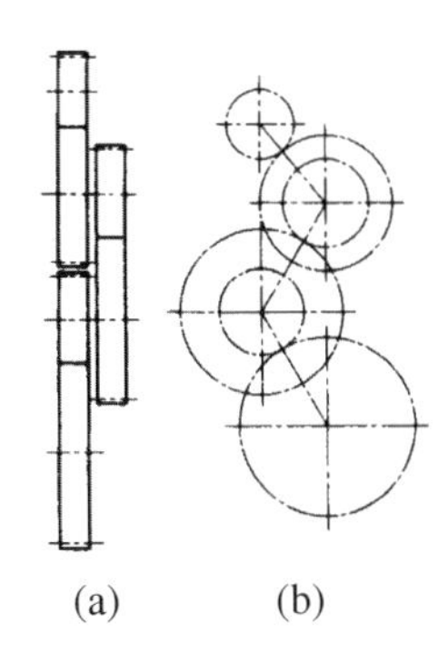

圖 17.196　囓合齒輪之圖示例

圖 17.197 為囓合的斜齒輪一般所用之圖示法。此外，圖 17.198(a)為組合圖等所用之簡略圖，而圖(b)為更簡略之簡略圖。

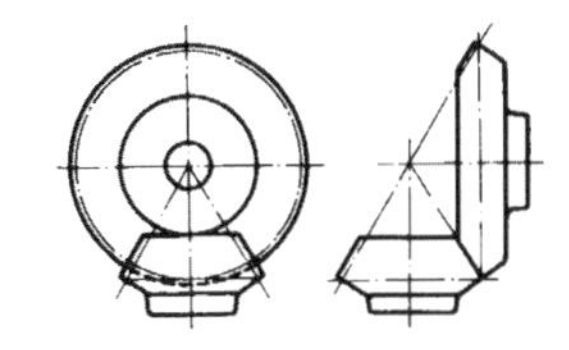

圖 17.197　斜齒輪之圖示法

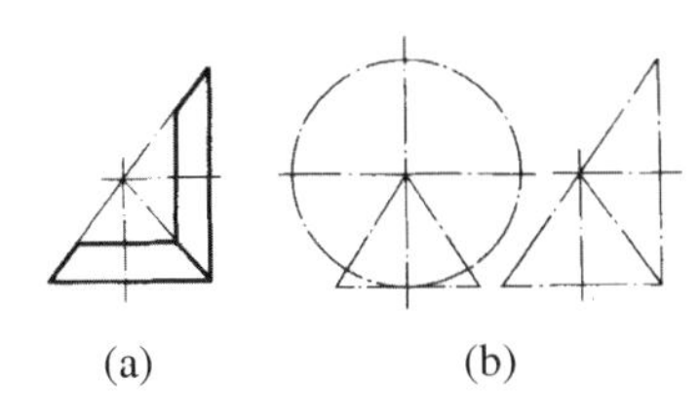

圖 17.198　斜齒輪之略圖法

圖 17.199 為蝸線斜齒輪，圖 17.200 為戟輪之略圖表示法。

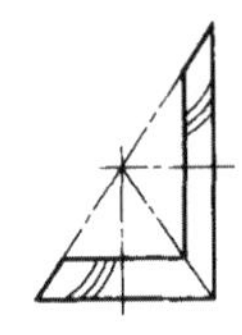

圖 17.199　蝸線斜齒輪

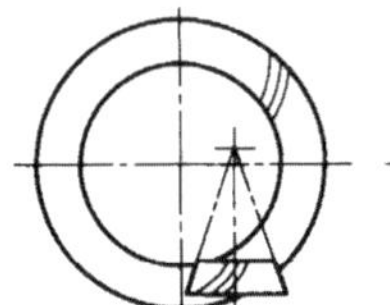
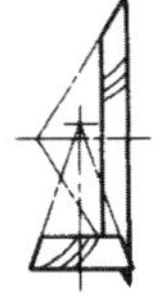

圖 17.200　戟輪

圖 17.201 是蝸桿及蝸輪之省略圖示。此時之節圓是以左側視圖上之彎曲齒中央部之直徑表示。

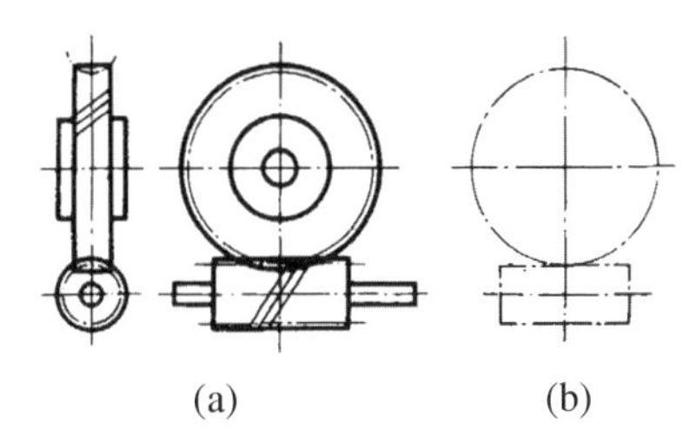

圖 17.201　蝸桿及蝸輪

圖 17.202 是螺齒輪之省略圖示。

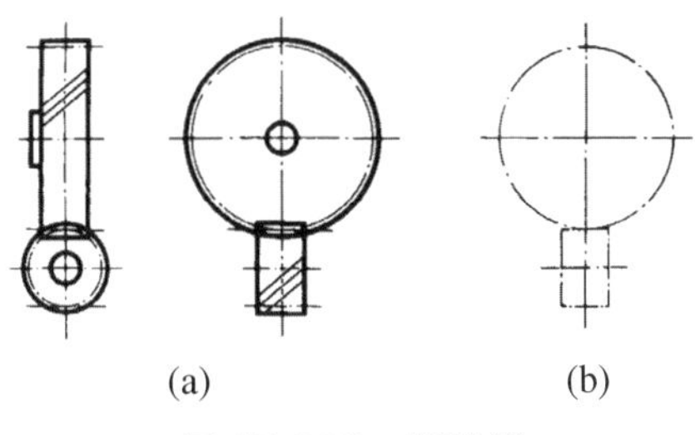

圖 17.202　螺齒輪

17.9 滾動軸承製圖

1. 滾動軸承圖示法

滾動軸承大都是以專門製造工場所製造的產品直接拿來使用，所以圖示時不必正確的描畫其尺寸、形狀，而可用所定的略畫法圖示之。

JIS 中，製圖——轉動軸承篇(JIS B 0005)，第一部：規定基本簡略圖示法及第二部：個別簡略圖示法，依簡略程度自行選用。

2. 基本略圖法

一般目的之滾動軸承圖示(例如：不必正確表示軸承形狀或荷重特性等)時，用四角形表示，如圖 17.203，且在該四角形中央繪直立的十字。此一十字不接觸外形線。

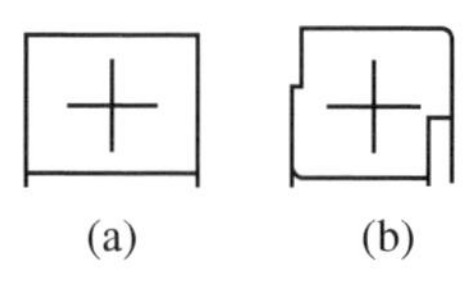

圖 17.203　滾動軸承基本省略圖示法

而其所用的線與圖上之外形線粗細相同。

同圖(b)示必須明示滾動軸承正確外形之圖示法，其剖面接近實際外形，同樣在其中央繪一直立十字表示即可。

圖 17.204 示對於軸承中心軸繪出其兩側之軸承時之情形。

軸承之簡略圖示，不加剖面線亦可，必要時，如圖 17.205，可加繪同一方向之剖面線。

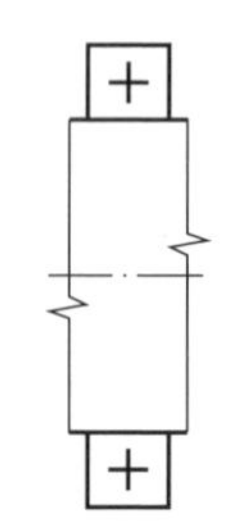

圖 17.204　繪出滾動軸承兩側時

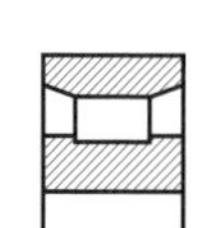

圖 17.205　滾動軸承之剖面線

3. 個別略圖法

個別略圖法用於必須更詳示轉動體之列數或有無調心等滾動軸承時用。表 17.16 示軸承之種類及其簡略圖示法。

表中簡略圖示法所示圖之元素之含意如下。

(1) **長實線之直線**

此線表示不能調心轉動體的軸線。

(2) **長實線之圓弧**

此線表示可以調心轉動體之軸線，或調心環、調心墊座。

(3) **短實線之直線**

此線使其與(1)項長實線之直線垂直相交，表示轉動體列數及位置。

線之種類與基本簡略圖示法相同，粗細與外形線相同。

圖 17.206 示使用此種簡略圖示之圖例。參考用之下半部分以接近實際狀況之剖面圖表示。

簡略圖示
詳細圖

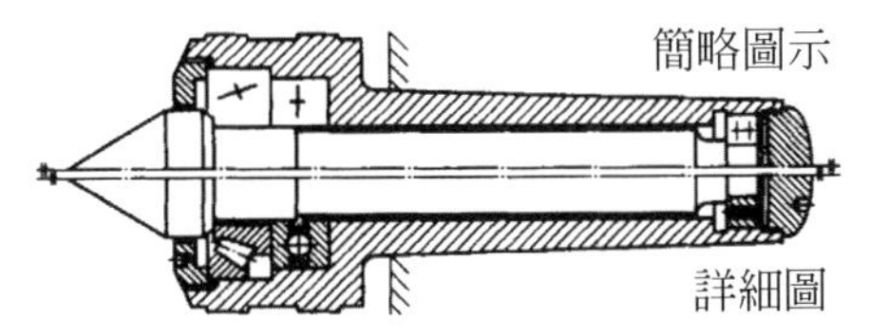

圖 17.206　軸承之個別略圖法使用例

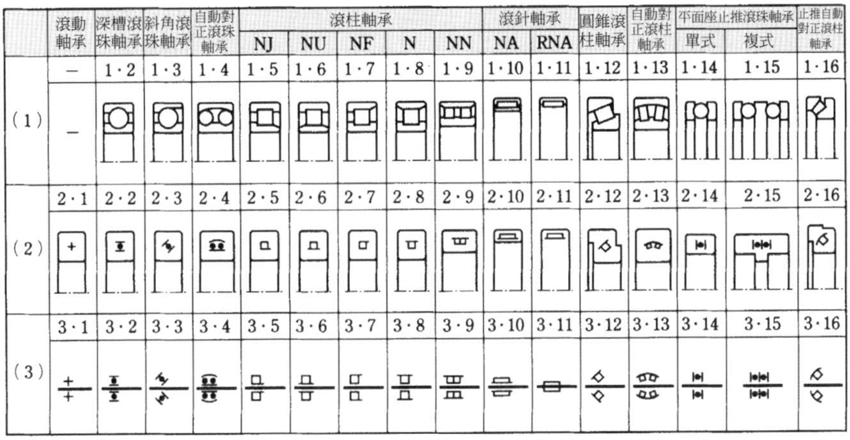

滾動軸承
深槽滾珠軸承
斜角滾珠軸承
自動對正滾珠軸承
滾柱軸承
NJ
NU
NF
N
NN
滾針軸承
NA
RNA
圓錐滾柱軸承
自動對正滾柱軸承
平面座止推滾珠軸承
單式
複式
止推自動對正滾柱軸承
(1)
—
1・2
1・3
1・4
1・5
1・6
1・7
1・8
1・9
1・10
1・11
1・12
1・13
1・14
1・15
1・16
(2)
2・1
2・2
2・3
2・4
2・5
2・6
2・7
2・8
2・9
2・10
2・11
2・12
2・13
2・14
2・15
2・16
(3)
3・1
3・2
3・3
3・4
3・5
3・6
3・7
3・8
3・9
3・10
3・11
3・12
3・13
3・14
3・15
3・16

圖 17.207　舊規格之滾動軸承略畫法

6026 C3P6
6026 C3P6
6026 C3P6
(a)
(b)
(c)

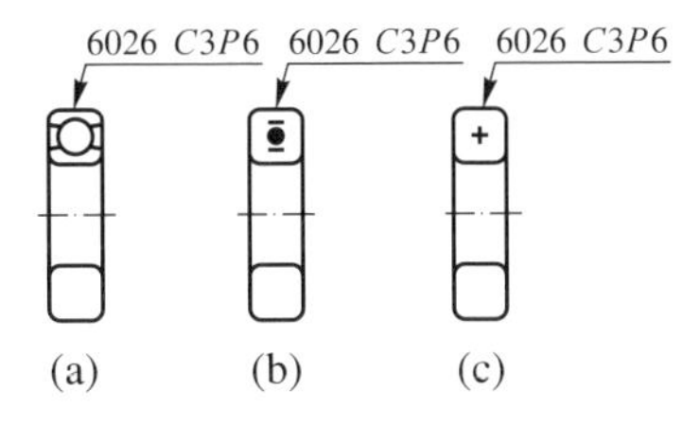

圖 17.208　稱呼號碼及等級符號之標註方法

表 17.16　滾動軸承之個別簡略圖示法(JIS B 0005-2)

(a) 滾珠及滾柱軸承

簡略圖示法	適用	
	滾珠軸承 圖例及規格	滾柱軸承 圖例及規格
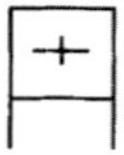	 單列深槽滾珠軸承(JIS B 1512) 單元用滾珠軸承(JIS B 1558)	 單列滾柱軸承(JIS B 1512)
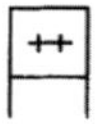	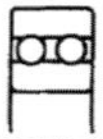 雙列深槽滾珠軸承(JIS B 1512)	 雙列滾柱軸承(JIS B 1512)
	–	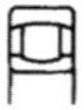 單列自動調心滾柱軸承(JIS B 1512)
	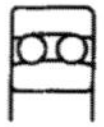 自動調心滾珠軸承(JIS B 1512)	 自動調心滾柱軸承(JIS B 1512)
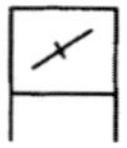	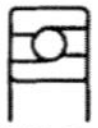 單列斜角滾珠軸承(JIS B 1512)	 單列滾錐軸承(JIS B 1512)

(b) 針狀滾柱軸承

簡略圖示法	圖例及相關規格		
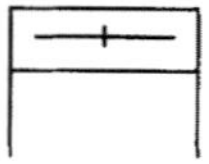	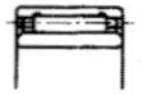 實體形針狀滾柱軸承(JIS B 1536)	 無內圈殼形針狀滾柱軸承(JIS B 1512)	 附徑向保持器針狀滾柱軸承(JIS B 1512)
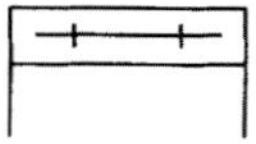	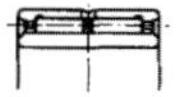 雙列實體形針狀滾柱軸承	 無內圈雙列殼形針狀滾柱軸承	 雙列徑向附保持器針狀滾子

(c) 止推軸承

簡略圖示法	適用	
	滾珠軸承 圖例及規格	滾柱軸承 圖例及規格
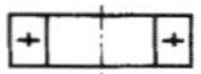	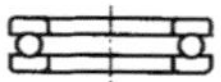 單式止推滾珠軸承(JIS B 1512)	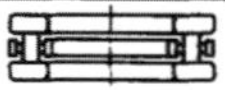 單式止推滾珠軸承  附止推保持器針狀滾柱(JIS B 1512)  附止推保持器圓筒滾柱
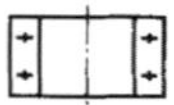	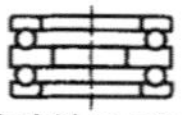 複式止推滾珠軸承(JIS B 1512)	–
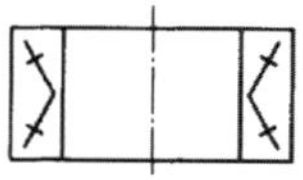	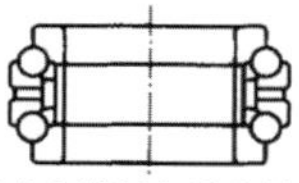 複式止推斜角滾珠軸承	–
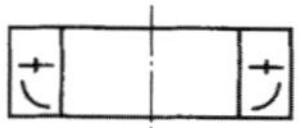	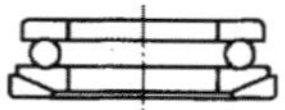 附調心座單式止推滾珠軸承	–
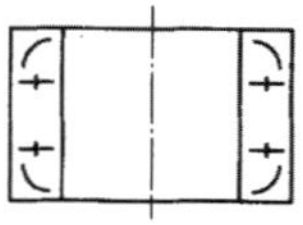	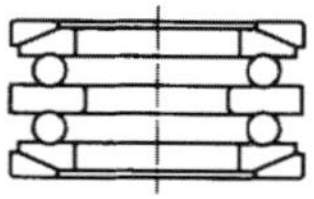 附調心座複式止推滾珠軸承	–
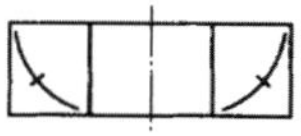	–	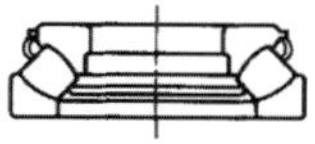 自動調心止推滾珠軸承(JIS B 1512)

4. 舊規格之滾動軸承略畫法

以上所述係依ISO標準，於 1998 年修正後之略圖法，但制定於 1956 年，至今仍使用之舊規格略圖法，因仍存在於圖上或文獻上，提供圖 17.207 供參考。

圖 17.208 示滾動軸承之稱呼號碼及等級符號之標示法。

17.10 中心孔之簡略圖示法

1. 中心孔概談

使用車床等做車削加工時，如圖 17.209 (a)所示，在工作物的一端或兩端常使用頂尖(center)支持，但要插入頂尖，必須使用同圖(b)所示的中心鑽頭在工作物上鑽中心孔。

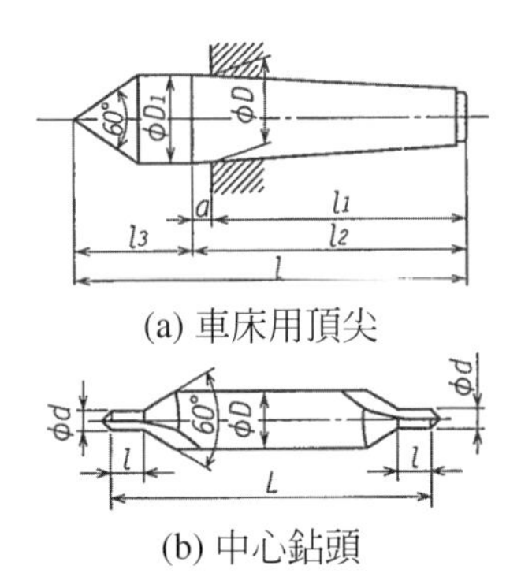

(a) 車床用頂尖

(b) 中心鉆頭

圖 17.209 車床用頂尖及中心鑽頭

表 17.17(a)示JIS中所規定的中心孔，有*R*形、*A*形及*B*形。工作物上不必特別表示這些之正確形狀、尺寸時，可用 JIS B 0041 規定的簡略圖示法。如同表(b)。

2. 中心孔之簡略圖示法

此種中心孔是因加工方便而鑽孔的，因此完成品中有必須保留此孔的場合，保留亦可的場合及不可保留的場合 3 種。此時，使用標示之符號來區分，在符號後標示中心孔之稱呼方法。

表 17.17 中心孔

(a)JIS 規定的中心孔(JIS B 1011)

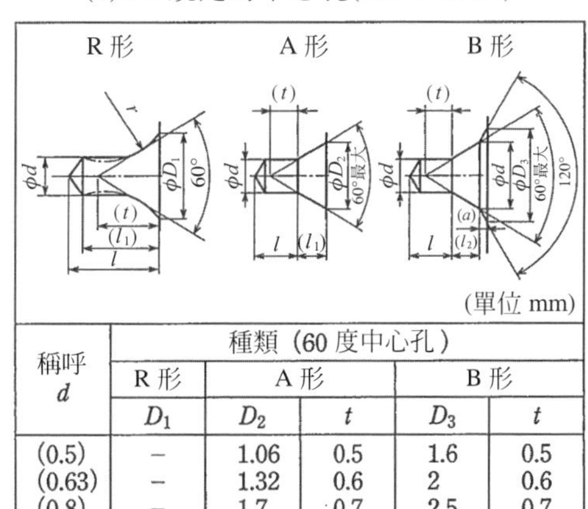

(單位 mm)

稱呼 d	種類（60 度中心孔）				
	R 形	A 形		B 形	
	D_1	D_2	t	D_3	t
(0.5)	–	1.06	0.5	1.6	0.5
(0.63)	–	1.32	0.6	2	0.6
(0.8)	–	1.7	0.7	2.5	0.7
1	2.12	2.12	0.9	3.15	0.9
(1.25)	2.65	2.65	1.1	4	1.1
1.6	3.35	3.35	1.4	5	1.4
2	4.25	4.25	1.8	6.3	1.8
2.5	5.3	5.3	2.2	8	2.2
3.15	6.7	6.7	2.8	10	2.8
4	8.5	8.5	3.5	12.5	3.5
(5)	10.6	10.6	4.4	16	4.4
6.3	13.2	13.2	5.5	18	5.5
(8)	17	17	7.0	22.4	7.0
10	21.2	21.2	8.7	28	8.7

表 17.17 中心孔(續)

(b) 中心孔之記號及稱呼方法之圖示法(JIS B 0041)

(單位 mm)

要求事項	記號	稱呼方法
中心孔殘留在最終加工完成的零件上	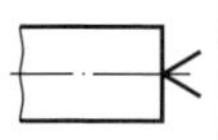	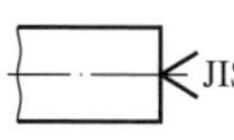 JIS B 0041-B2.5/8
中心孔亦可留在加工完成零件上時	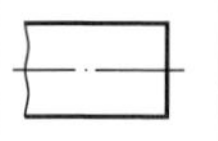	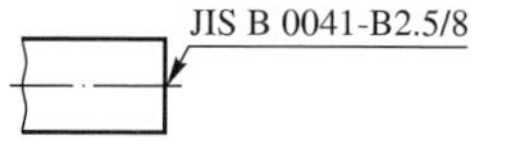 JIS B 0041-B2.5/8
中心孔不留在加工完成零件上時	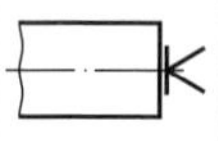	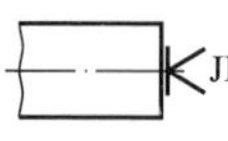 JIS B 0041-B2.5/8

(c)工作物之直徑與中心孔之稱呼

工作物直徑	稱呼	工作物直徑	稱呼
3～4	0.5	50～60	4
4～6	0.8	60～120	5
6～10	1	120～200	6
10～15	1.5	200～350	8
15～25	2	350～500	10
20～35	2.5	500～650	12.5
25～60	3		

【例】 JIS B 0041-B 2.5/8

JIS B 0041 此規格之規格符號。

-B…中心孔種類符號(R，A 或 B)。

2.5/8…引導孔徑d，魚眼孔徑D (D_1～D_3)，並列兩個數值，以斜線隔開。

但是，保留中心孔亦可的場合為無標示，因此自孔中心位置引出線標示亦可。

表 17.17(c)示對應工作物直徑之中心孔之稱呼。

17.11 銲接符號

1. 銲接

最近鉚接已逐漸被取代而廣用銲接。銲接方法種類很多，其中尤以電弧銲接法的發展最迅速，建築物、蒸氣鍋爐、船舶等之製造無不廣爲採用。

銲接的接合型式種類亦不少，而這些型式的圖示，有採用實形圖示，及使用銲接符號兩種，但目前大都已廣泛使用銲接符號表示。

但在高壓容器等方面，因受法律(高壓氣體管理方法等)之規戒，必須以詳細圖表示銲接部之實形。但非高壓部分亦可用銲接符號圖示。

2. 銲接之特殊用語

銲接有其使用之特殊用語，關於一些用語說明如下。

⑴銲接是在其母材端部做各種前加工，在可併合的空間部分熔入熔塡金屬以接合(參照圖 13.16)。此時端部之形狀稱爲起槽，此種加工稱爲起槽加工。另外，此時鉋削處之尺寸稱爲起槽尺寸。起槽的型狀及尺寸對其聯軸器之強度影響極大，須審愼決定。

⑵銲接起槽時，自銲接表面至底部間之距離(圖 17.210 中之 s)稱爲銲接深度。銲接做全滲透時等同於板厚[同圖(a)]。

⑶母材間之最短距離稱爲銲接根部間隙〔圖 17.210(b)〕。

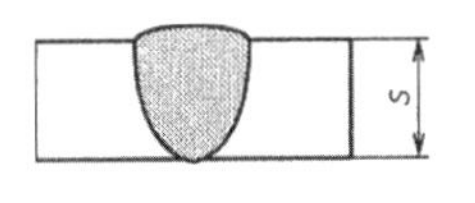

(a) 全滲透桿接

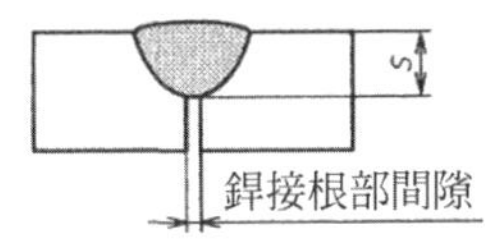

(b) 部份滲透桿接

圖 17.210　銲接深度

3.　銲接之種類及銲接符號

表 17.18 是 JIS Z 3021 所規定的銲接符號，同表(a)為銲接符號之表示。此類銲接，在母材的端口有各種的前加工，然後做適當的組合，而 X 形、H 形、K 形，兩面 J 形即是自兩面分別有 V 形、U 形、レ形、J 形的槽所組成者。標註這些符號時，要如圖 17.210 所示，引出說明線，在其基線部分(水平線之部分)將所要的符號標註。

JIS 中亦規定有同表(b)所示的輔助符號，隨需要而與前述的銲接符號一併標註。

表 17.18　銲接符號(符號欄之-------示基線)

(a) 基本符號

名稱	符號	名稱	符號	名稱	符號
I形起槽		レ形喇叭銲接		穿孔銲接	
V形起槽		端緣銲接		點銲 浮凸銲接	
レ形起槽		填角銲接*			
J形起槽		塞孔銲接 補槽銲接		縫銲	
U形起槽		聯珠銲接		斜面對接接頭	
V形喇叭銲接		堆銲		植釘銲接	

〔注〕*交錯斷續填角銲接時，補足符號 或 皆可。

(b) 對稱的銲接部組合符號

名稱	符號	名稱	符號	名稱	符號
X形起槽		兩面J形起槽		X形喇叭銲接	
K形起槽		H形起槽		K形喇叭銲接	

(c) 輔助符號

名稱	符號	名稱		符號	名稱		符號
滲透銲接		表面形狀	平形加工		加工方法	鑿平	C
背托條			凸形加工			輪磨	G
全周銲接			凹形加工			切削	M
現場銲接			銲趾加工			研磨	P

表 17.18　銲接符號(符號欄之-------示基線)(續)

〔註〕
*1 焊接順序以基線、尾叉、焊接符號等表示。
*2 輔助符號相對於基線，放置在基本符號的相對側。
*3 此符號應位於基線的上方和右側。
*4 若焊接後不進行精加工，請以平面或凹形符號表示。
*5 精加工的詳細內容，應在作業指導書或焊接技術手冊中註明。

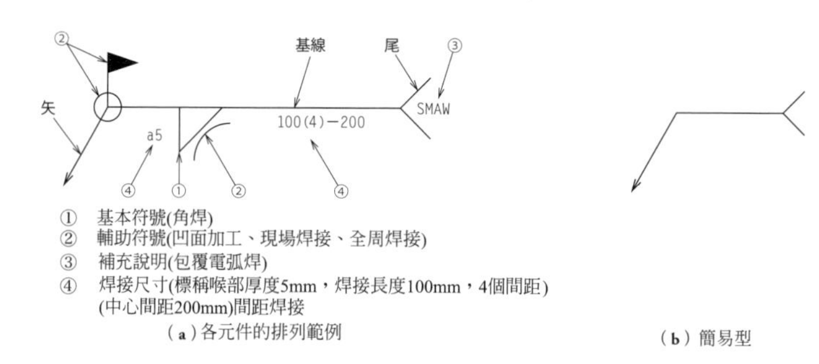

(a) 各元件的排列範例　　(b) 簡易型

圖 17.211　銲接符號之組成

4.　銲接符號之組成

以下說明銲接符號之組成及指示(圖 17.211)。

⑴引導線：引導線與基線盡可能呈 60 度之相對直線。引導線箭頭可繪於基線之任何一側，必要時可在其一側畫上兩條。但不可基線兩側皆畫。

另外，如同圖(c)之簡易形，僅銲接符號畫引導線與尾端等等，而未表示銲接部符號時，此接頭僅示爲銲接接頭。

⑵基線：銲接部符號標註在基線近乎中央處。如圖 17.212(a)，銲接側在引導線側或靠外側時，銲接部符號標註在基線下。另外，同圖(b)當銲接側在引導線之反對側或裏側時，則標註在基線上。

因此，當兩側皆銲接時，如X形、K 形、H 形等，標註銲接符號時應上下對稱的跨記在基線上。同圖(c)示點銲之範例(圖 17.212 之投影法爲第三角法)。

另外，當須要附加這些銲接符號之外之指示時，如上述之圖 17.211(b)與圖 17.213(b)，可在基線之引導線與反對側端，附記與基線成上下 45 度之尾端，標註指示在其中。

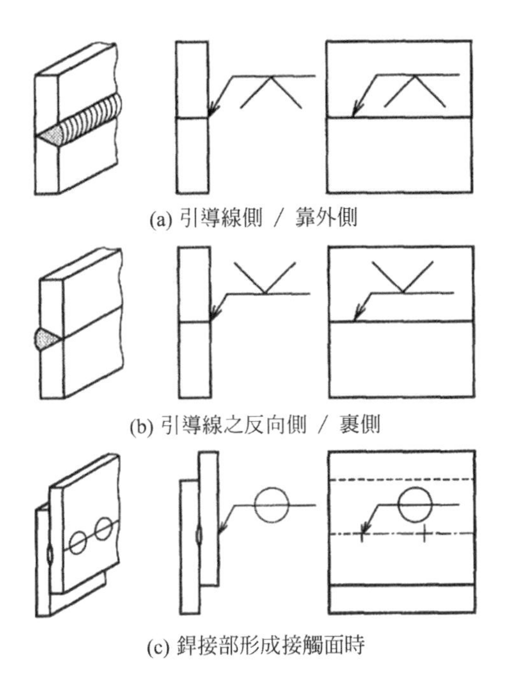
(a) 引導線側 / 靠外側

(b) 引導線之反向側 / 裏側

(c) 銲接部形成接觸面時

圖 17.212 銲接符號與相對基線之位置

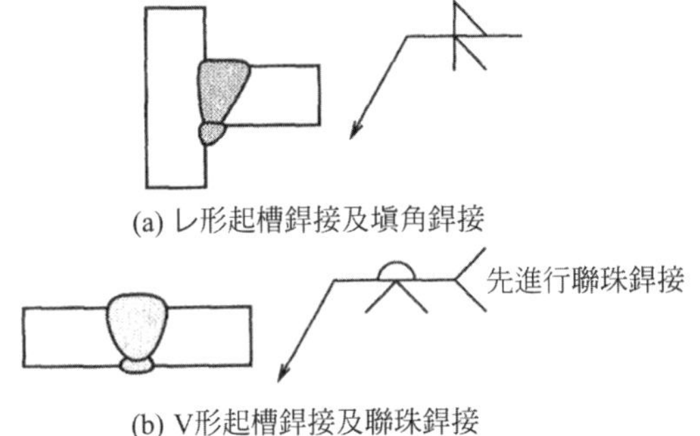

(a) レ形起槽銲接及填角銲接

(b) V形起槽銲接及聯珠銲接

圖 17.213 符號組合之範例

基線若有必要，可非水平呈傾斜狀，若接近垂直易造成基線上下關係難以辨識，可如圖 17.214 不使用基線在剖面線所示之範圍。

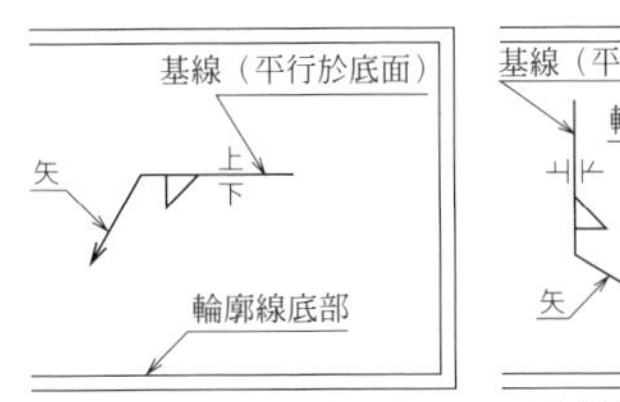

（a）繪製與底面平行的基線 （b）繪製與底面不平行的基線

圖 17.214 基線位置及上側、下側之定義

⑶起槽加工面之指定：レ形與 J 形等非對稱之銲接部，須先指示起槽加工面。此時如圖 17.215(a)，引導線須畫成折線，引導線箭頭端之接觸面即表示起槽加工面。若起槽加工面相當明顯，如同圖(b)可省略，但若不做折線時，會導致任一面皆可做起槽加工，須留意標註。

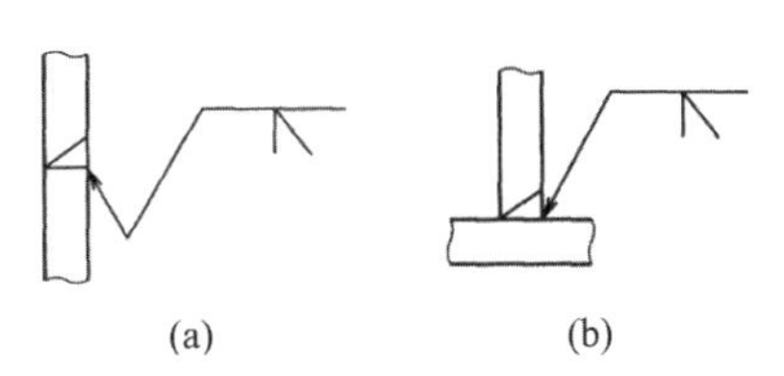
(a) (b)

圖 17.215 起槽加工面之指定

⑷全周銲接與現場銲接：全周銲接[圖17.216(a)]時，表示該符號所示處進行繞行全周之銲接，另外現場銲接如同圖(b)，指示在作業現場進行之銲接。上述銲接符號皆須標註在引導線與基線之交會點。

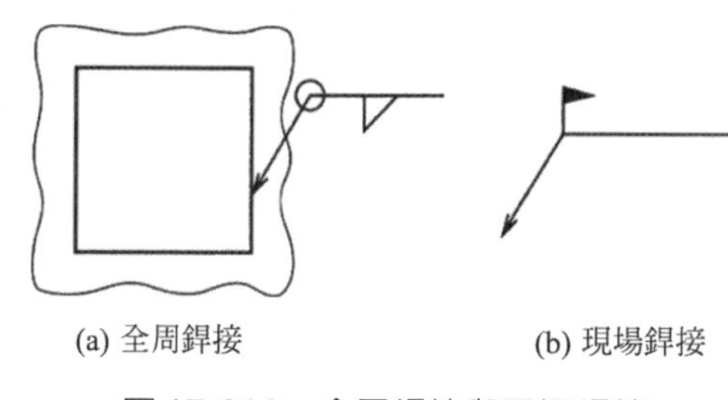

(a) 全周銲接 (b) 現場銲接

圖 17.216 全周銲接與現場銲接

5. 尺寸之指示

圖 17.217 示銲接符號與尺寸之標註範例。在同圖(a)的起槽銲接之斷面主尺寸爲“起槽深度”及“銲接深度”等，或爲表示其他任何尺寸。銲接深度 12mm 置於括號內，並標註在起槽深度 10mm 後。接著 ㄚ 符號中標註銲接根部間隙 2mm，其上方標註起槽角度 60 度。須指示事項時，加附尾端，再適當標註之。

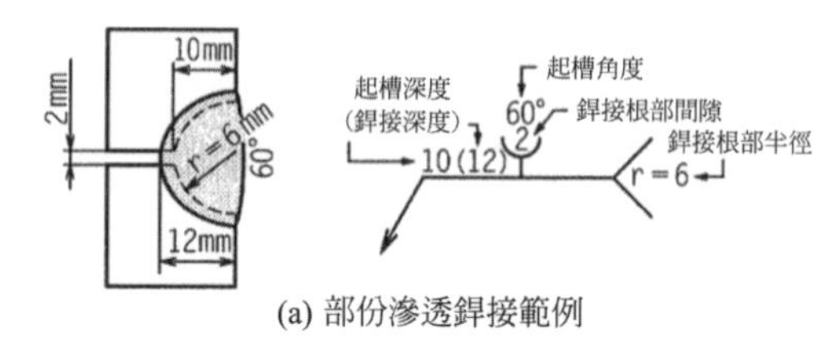

(a) 部份滲透銲接範例

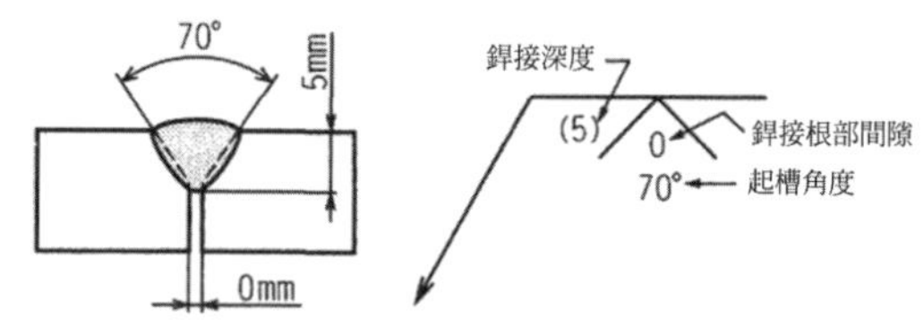

(b) 滲透銲接深度與起槽深度相同範例

圖 17.217 起槽銲接之斷面尺寸

在同圖(b)，V 形起槽符號∧中所標註之數字 0 示銲接根部間隙 0mm，其下方數字 70 度示起槽角度 70 度。另外，(5)示銲接深度。I形銲接時省略起槽深度，全滲透銲接時省略銲接深度。

表 17.19 示主要銲接種類與銲接符號之使用範例。

表 17.19　銲接符號之使用範例(第三角法)

銲接部之說明		實形	表示符號
I 形起槽	銲接根部間隙 2mm	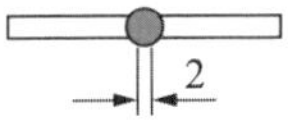 2	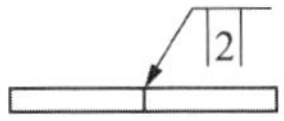 2
I 形起槽 雷射銲接	銲接根部間隙 0.1～0.2mm	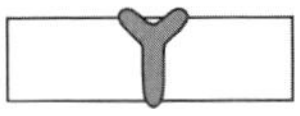	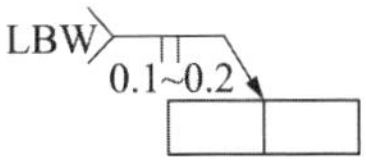 LBW 0.1~0.2
I 形起槽 閃光對焊		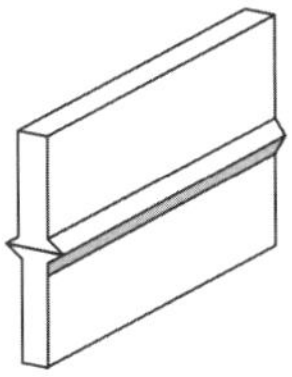	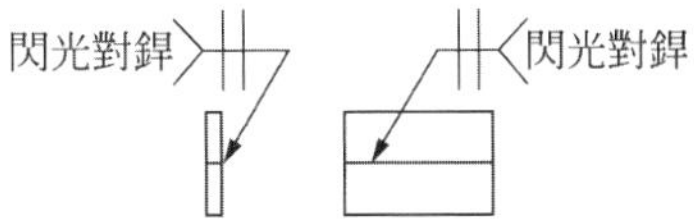 閃光對銲 閃光對銲
I 形起槽 摩擦壓接		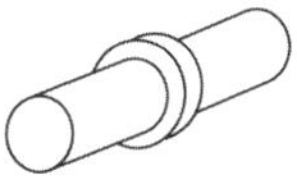	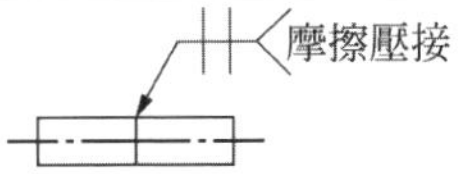 摩擦壓接
曲面接頭	銲槍硬銲 接合長度 4mm 間隙 0.25～0.75mm	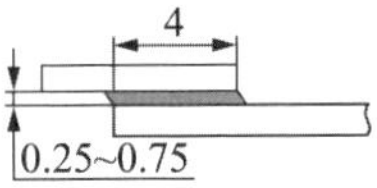 4 0.25~0.75	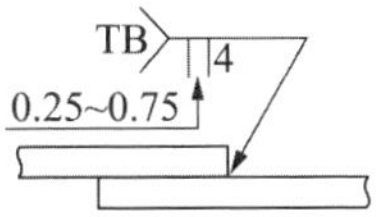 TB 4 0.25~0.75
V 形起槽	使用背托條 銲接根部間隙 5mm 起槽角度 45 度 表面切削加工	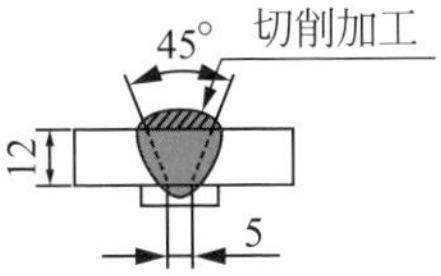 45° 切削加工 12 5	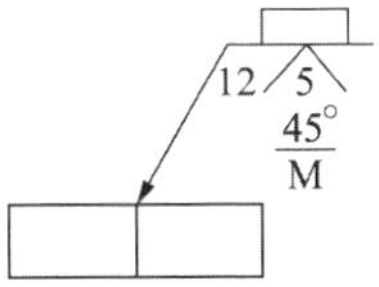 12 5 45° M
V 形起槽 部分滲透銲接	起槽深度 5mm 滲透銲接深度 5mm 起槽角度 60 度 銲接根部間隙 2mm	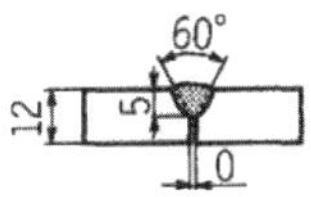 60° 12 5 0	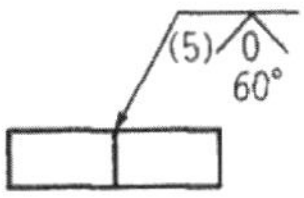 (5) 0 60°
V 形起槽 滲透銲接	起槽深度 16mm 起槽角度 60 度 銲接根部間隙 2mm	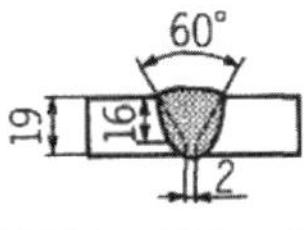 60° 19 16 2	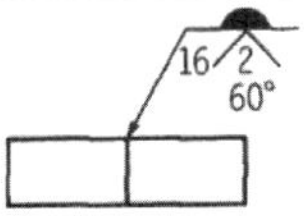 16 2 60°

(接續下頁)

銲接部之說明		實形	表示符號
V 形起槽 背刨後 背銲珠		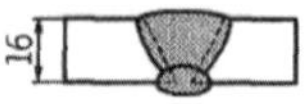	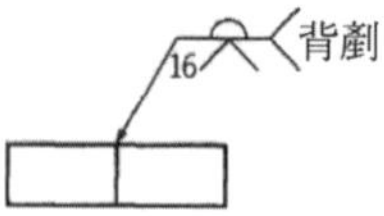
X 形起槽	起槽深度 引導線側 16mm 相反側 9mm 起槽角度 引導線側 60 度 相反側 90 度 銲接根部間隙 3mm	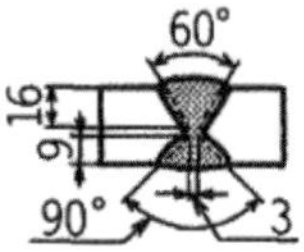	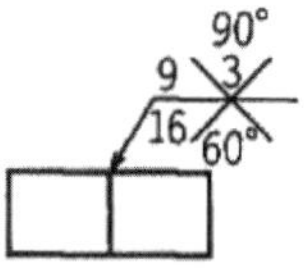
レ形起槽 部分滲透銲接	起槽深度 10mm 滲透銲接深度 10mm 起槽角度 45 度 銲接根部間隙 0mm	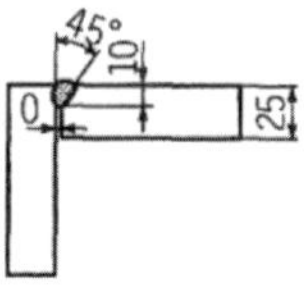	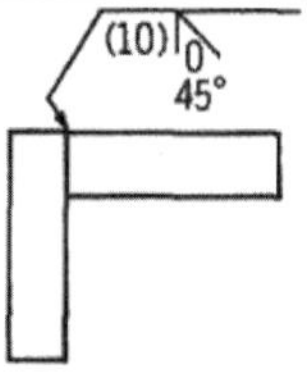
レ形起槽與 填角銲接組合	起槽深度 17mm 起槽角度 35 度 銲接根部間隙 5mm 填角尺寸 7mm	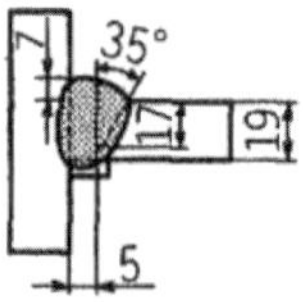	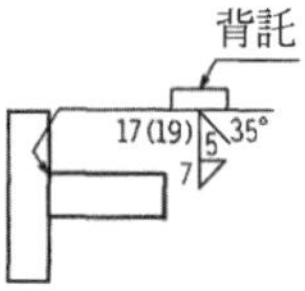
K 形起槽	起槽深度 10mm 起槽角度 45 度 銲接根部間隙 2mm	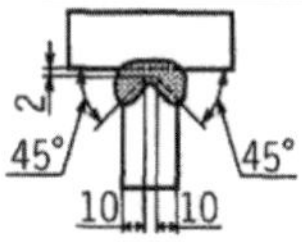	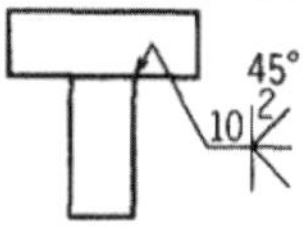
J 形起槽	起槽深度 28mm 起槽角度 35 度 銲接根部間隙 2mm 銲接根部半徑 12mm	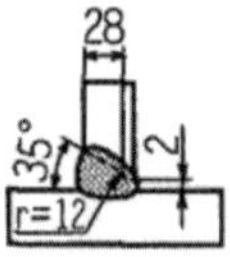	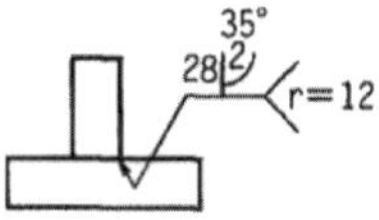
兩面 J 形起槽	起槽深度 24mm 起槽角度 35 度 銲接根部間隙 3mm 銲接根部半徑 12mm	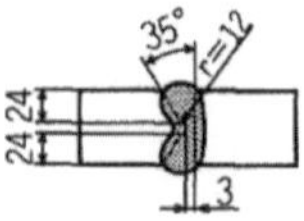	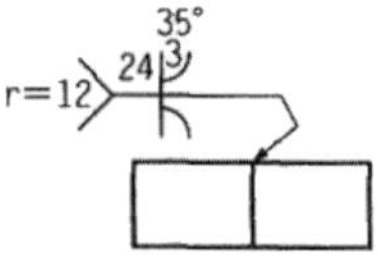

(接續下頁)

銲接部之說明		實形	表示符號
U 形起槽 全滲透銲接	起槽角度 25 度 銲接根部間隙 0mm 銲接根部半徑 6mm	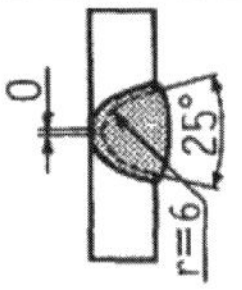 0 25° r=6	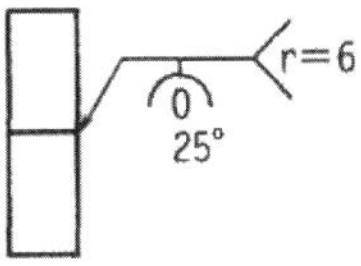 r=6 0 25°
H 形起槽 部分滲透銲接	起槽深度 25mm 起槽角度 25 度 銲接根部間隙 0mm 銲接根部半徑 6mm	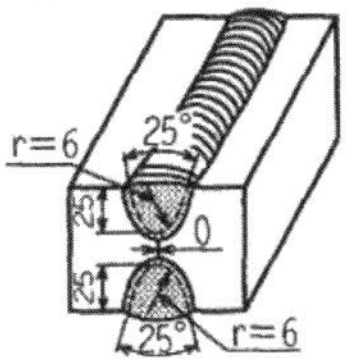 r=6 25° 20 0 20 25° r=6	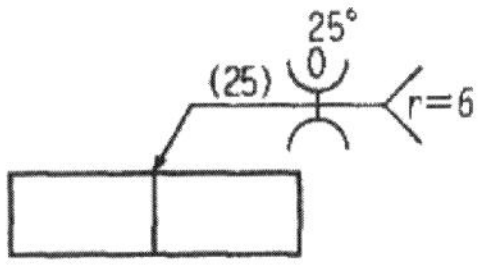 25° 0 (25) r=6
V 形喇叭銲接		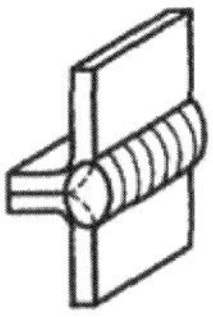	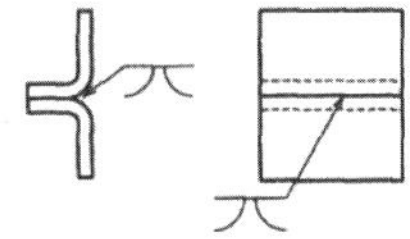
X 形喇叭銲接		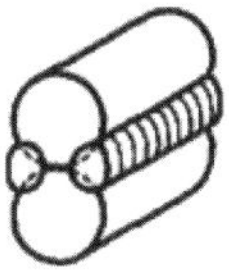	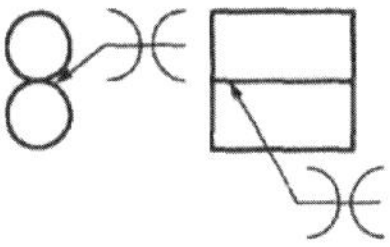
レ形喇叭銲接		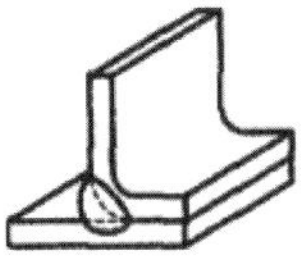	
K 形喇叭銲接		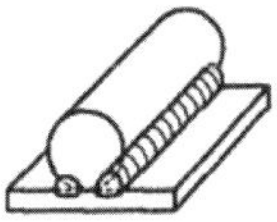	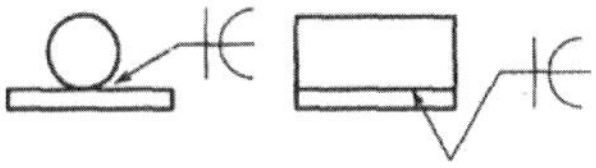
端緣銲接	熔填量 2mm 研磨加工	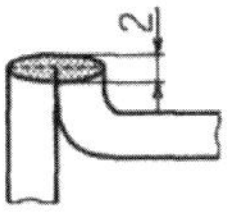 2	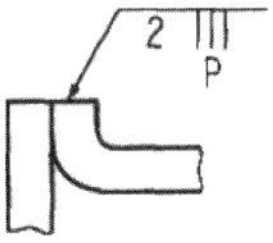 2 P
端緣銲接 滲透銲接		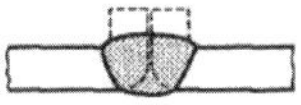	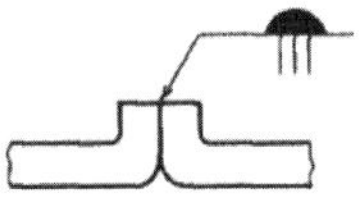

(接續下頁)

銲接部之說明		實形	表示符號
填角銲接	垂直板側腳長 6mm 水平板側腳長 12mm	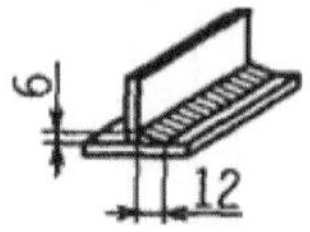	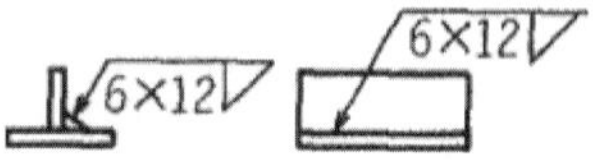
填角銲接	引導線側之腳 9mm 相反側之腳 6mm	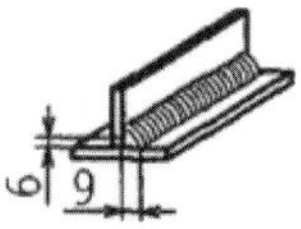	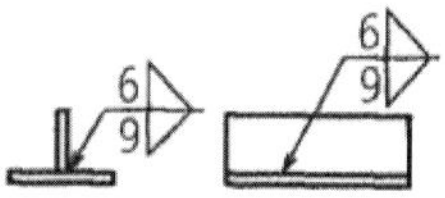
填角銲接 並列銲接	銲接長度 50mm 銲接數 3 間距 150mm	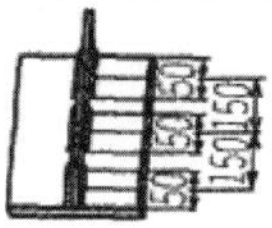	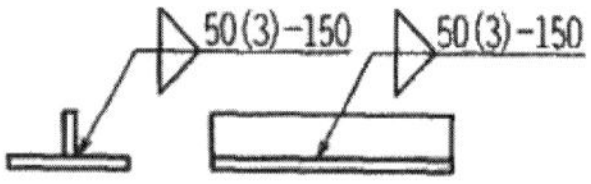
填角銲接 交錯銲接	引導線側之腳長 6mm 相反側之腳長 6mm 銲接長度 50mm 引導線側銲接數 2 相反側銲接數 2 間距 300mm	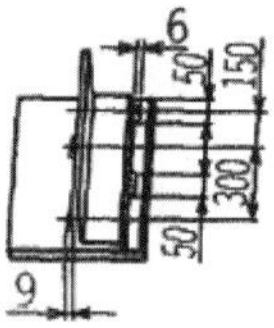	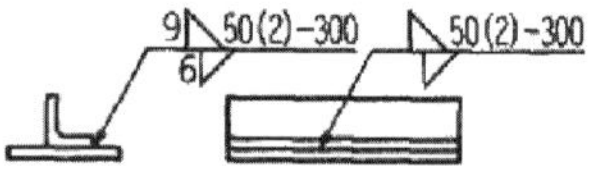
塞孔銲接	孔徑 22mm 銲接深度 6mm 起槽角度 60 度 銲接數 4 間距 100mm	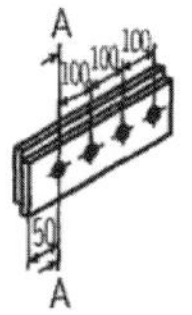	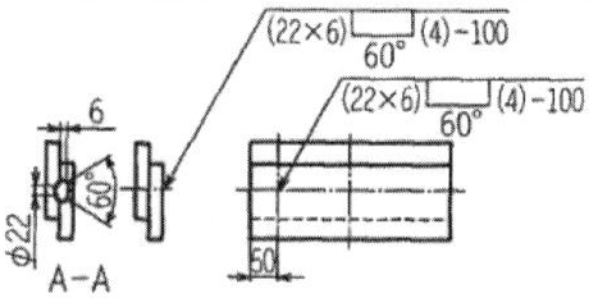
補槽銲接	寬 22mm 銲接深度 6mm 起槽角度 0 度 長度 50mm 銲接數 4 間距 150mm	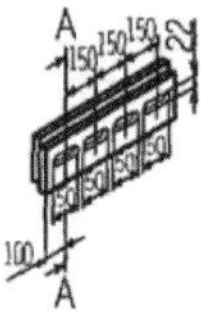	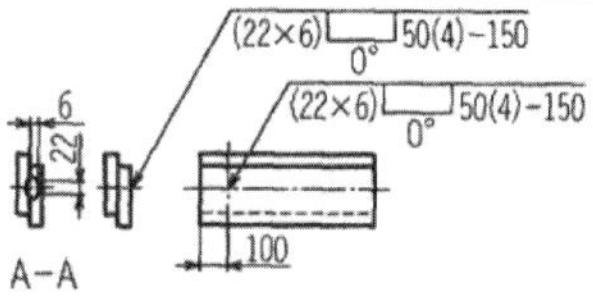
聯珠銲接 背剷後加工		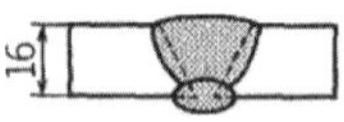	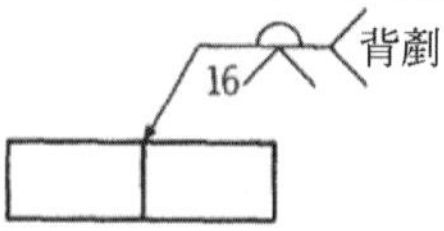
堆銲	堆銲厚度 6mm 寬 50mm 長度 100mm	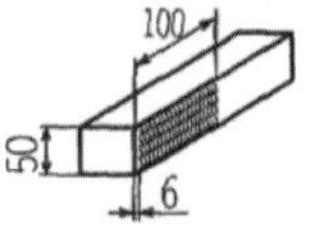	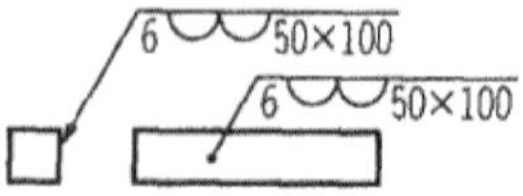

(接續下頁)

銲接部之說明		實形	表示符號
穿孔銲接 搭接接頭	間隙 0.0～0.2mm 銲接寬 1.0mm	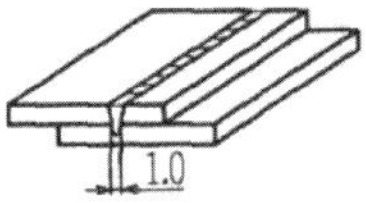 1.0	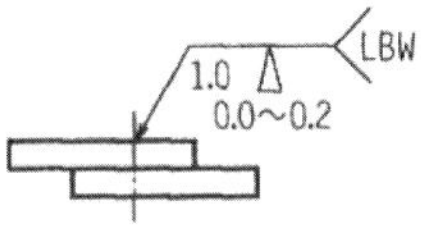 LBW 1.0 0.0～0.2
穿孔銲接 T形接頭	銲接寬 1.5mm	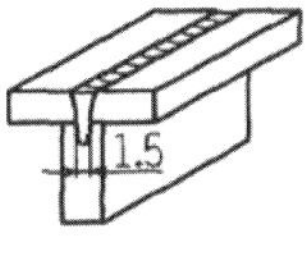 1.5	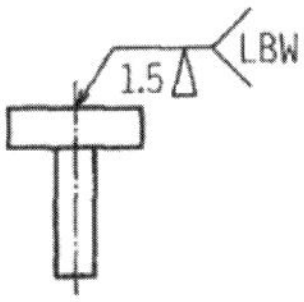 LBW 1.5
點銲	銲頭直徑 6mm 銲接數 3 間距 30mm	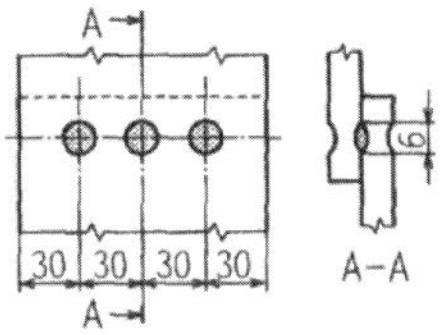 A 30 30 30 30 A 6 A-A	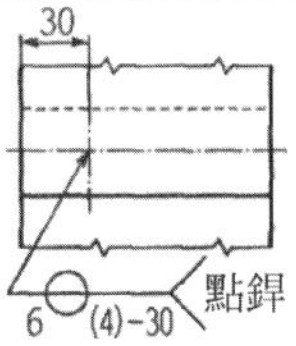 30 點銲 6 (4)-30
縫銲	銲頭寬 5mm	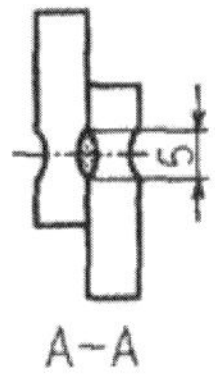 5 A-A	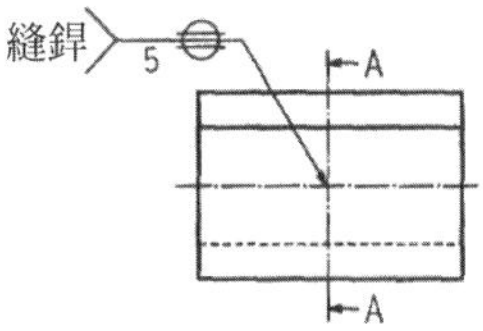 縫銲 5 A A
斜面對接接頭	銲槍硬銲斜面對接角度 30 度 間隙 1mm	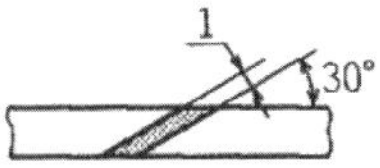 1 30°	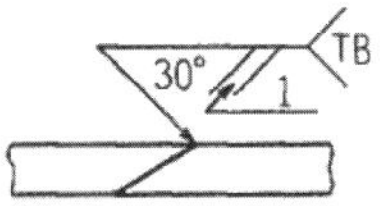 TB 30° 1
植釘銲接	50mm ϕ之植釘各列 7 根	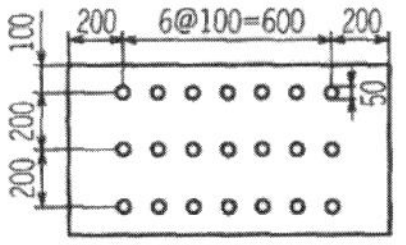 200 6@100=600 200 100 200 200 50	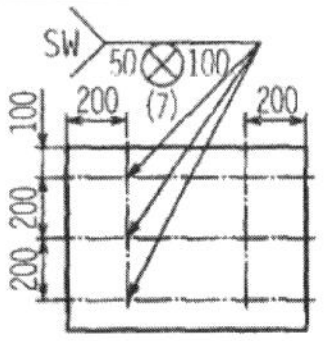 SW 50 100 (7) 200 200 100 200 200

17.12 表面之圖示方法

1. 關於表面織構

⑴ **所謂表面織構**：若觀察機械零件或結構零件等表面時，可知有鑄造、軋延等素材部分及刀具切削所留下部分。此時後者稱爲切削加工，特別稱爲除去加工。

甚至，不論有否除去加工，其表面由粗糙到光滑之各種不同凹凸階段。此凹凸階段稱爲表面粗度。此外，製品表面中，因加工而產生各種痕跡模樣。此稱爲痕跡方向。此種表面感覺量之總稱爲「表面織構」，以往「表面之圖示方法」大幅修訂，2003 年規定「表面織構之圖示方法」(JIS B0031：2003)。

關於以往JIS之「表面」與這回「表面狀態」之差異在何處，前者對“物之性質”之意義較薄弱，而且也只表示表面狀態之極小部分，因此理由，爲使成爲具有廣泛意義之技術用語而改變爲後者，而且極力排除意義模糊之解釋而變更規格。

簡單而言，新規格之特徵，在於“大幅擴大表面狀態之參數”(參考圖 17.218，舊 JIS 之參數只有 6 種)。

⑵ **輪廓曲線、斷面曲線、粗度曲線、波浪曲線**

表面粗度之測試，一般使用觸針式表面粗度測試儀。

將觸針沿測試面垂紋路方向，由獲得之輪廓曲線，利用λ_s輪廓曲線過濾器除去比粗度成分短之波長成分的曲線，稱爲斷面曲線。

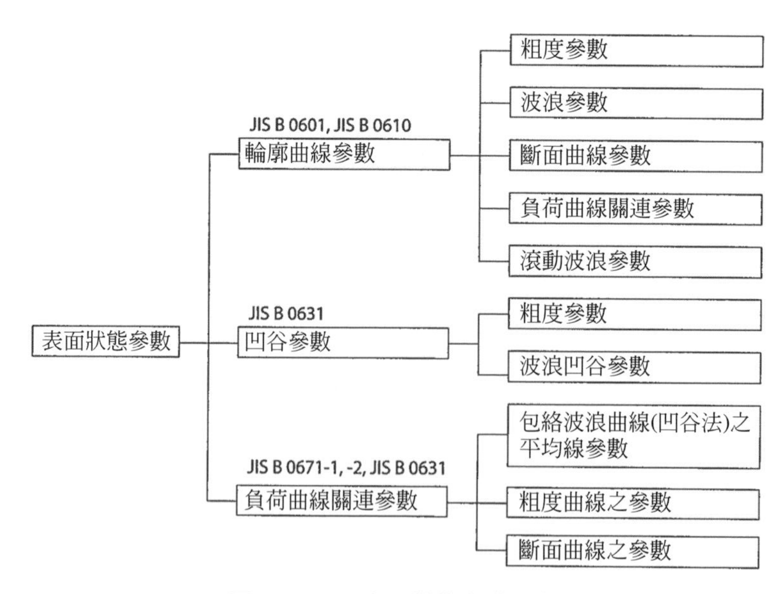

圖 17.218 表面狀態參數關係

此斷面曲線，包含細的凹凸粗度成分，與較大波之波浪成分，爲分離此兩者使用λ_c輪廓曲線過濾器，λ_f輪廓曲線過濾器來除去時，分別稱爲粗度曲線及波浪曲線(圖 17.219)。

此等曲線，對初學者而言恐怕不易理解，但所有均可由儀器使數位化後記錄之。最近開發之複合式表面狀態測試儀，其輪廓形狀解析功能，使半徑、距離、角度等各式各樣尺寸均可測試，具有一次測試可獲得所有參數之功能。

其操作之一例，首先測試對象物之輪廓曲線在液晶操作畫面上顯示，由其中列舉之參數中選取必要的，隨即計算數值並顯示。

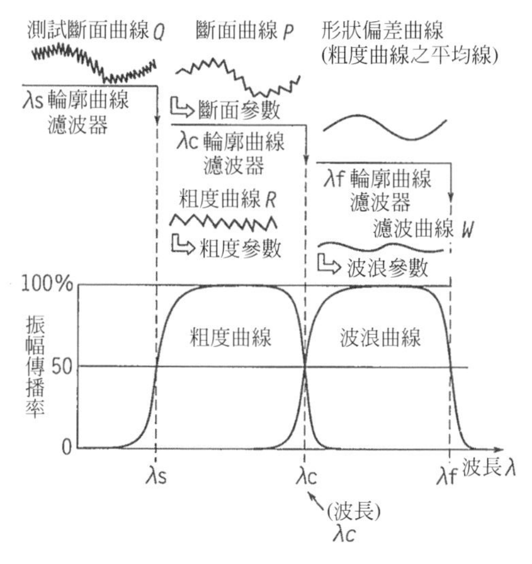

圖 17.219　斷面曲線、粗度曲線、波浪曲線

(a) 外觀

(b) 操作畫面

圖 17.220　最近之複合式表面性狀測定機

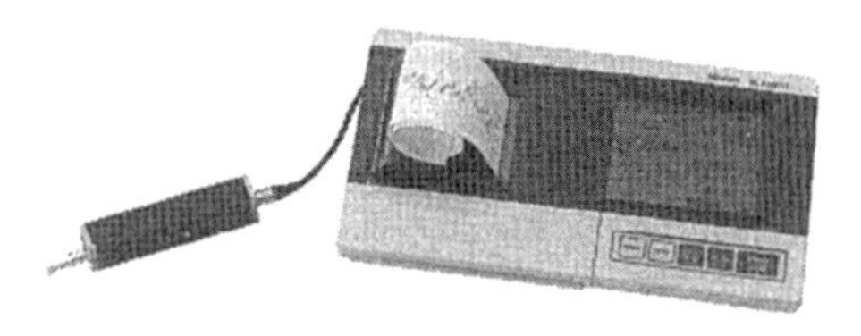

圖 17.221　可搬式表面粗度測定機

此外，即使不此種大型測試儀器，如小型可攜式測試儀，也可以分析 10 數種之參數。

⑶ **輪廓曲線參數：**

表 17.20 爲自輪廓曲線計算之各種參數與其符號。如表所示，粗度參數採用符號*R*，波浪參數採用符號*W*，斷面曲線參數採用 *P*，附記顯示參數種類之斜體小文字。表 17.21 爲其意義及計算。

表 17.20　各種參數及其符號(JIS B 0601)

(a) 粗度參數符號

	高度方向的參數											橫方向參數	複合參數	負荷曲線關連參數		
	山及谷						高度方向的平均									
粗度參數	*Rp*	*Rv*	*Rz*	*Rc*	*Rt*	Rz_{JIS}	*Ra*	*Rq*	*Rsk*	*Rku*	Ra_{75}	*RSm*	$R\Delta q$	*Rmr*(*c*)	$R\delta c$	*Rmr*

(b) 波浪參數符號

	高度方向的參數											橫方向參數	複合參數	負荷曲線關連參數		
	山及谷						高度方向的平均									
粗度參數	*Wp*	*Wv*	*Wz*	*Wz*	*Wt*	W_{EM}	*Wa*	*Wq*	*Wsk*	*Wku*	W_{EA}	*WSm*	$W\Delta q$	*Wmr*(*c*)	$W\delta c$	*Wmr*

(c) 斷面曲線參數符號

	高度方向的參數											橫方向參數	複合參數	負荷曲線關連參數		
	山及谷						高度方向的平均									
斷面曲線	*Pp*	*Pv*	*Pz*	*Pc*	*Pt*	—	*Pa*	*Pq*	*Psk*	*Pku*	—	*PSm*	$P\Delta q$	*Pmr*(*c*)	$P\delta c$	*Pmr*

表 17.21　參數符號及其意義

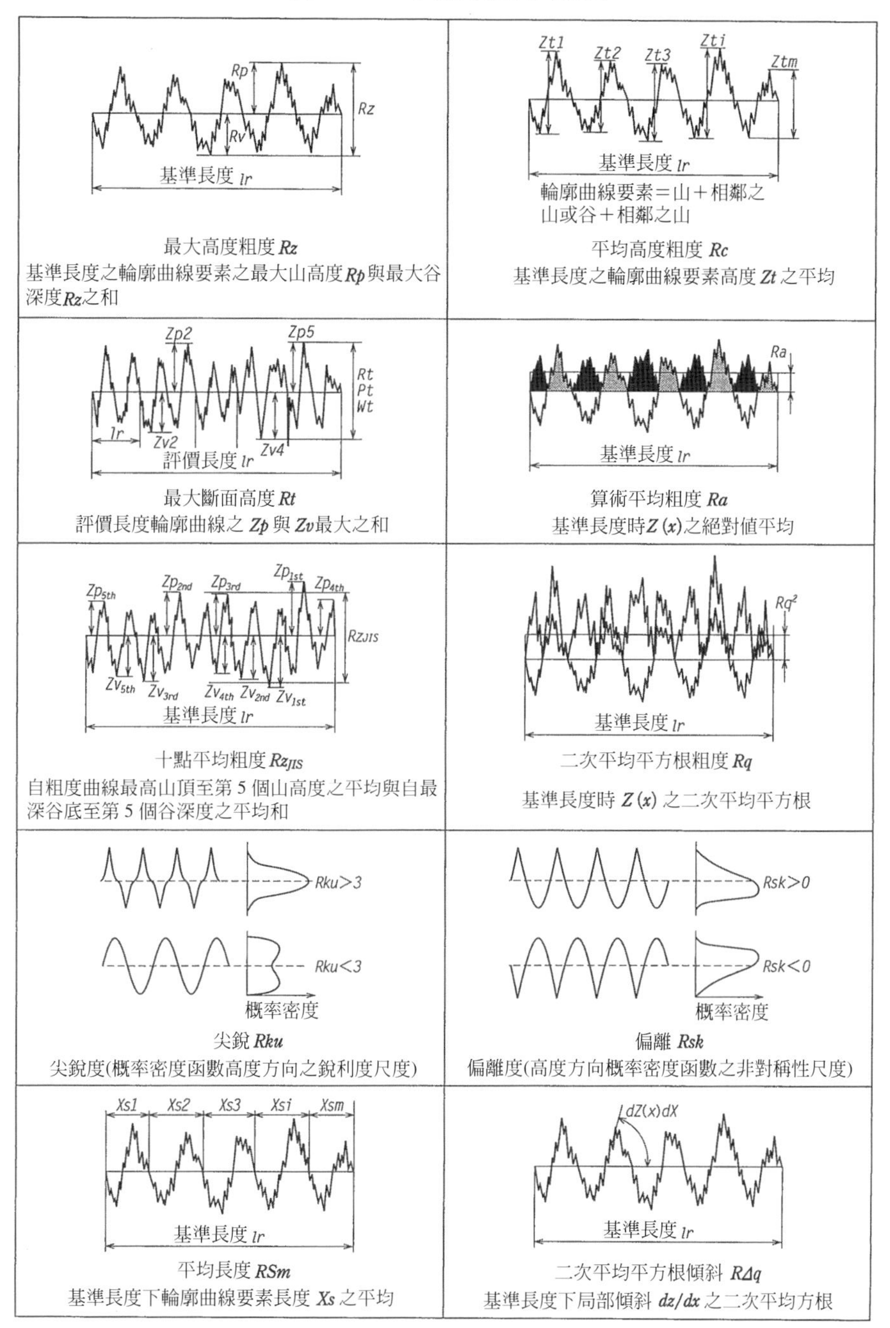

最大高度粗度 ***Rz*** 基準長度之輪廓曲線要素之最大山高度 ***Rp*** 與最大谷深度 ***Rz*** 之和	平均高度粗度 ***Rc*** 基準長度之輪廓曲線要素高度 ***Zt*** 之平均
最大斷面高度 ***Rt*** 評價長度輪廓曲線之 ***Zp*** 與 ***Zv*** 最大之和	算術平均粗度 ***Ra*** 基準長度時 ***Z (x)*** 之絕對值平均
十點平均粗度 Rz_{JIS} 自粗度曲線最高山頂至第 5 個山高度之平均與自最深谷底至第 5 個谷深度之平均和	二次平均平方根粗度 ***Rq*** 基準長度時 ***Z (x)*** 之二次平均平方根
尖銳 ***Rku*** 尖銳度(概率密度函數高度方向之銳利度尺度)	偏離 ***Rsk*** 偏離度(高度方向概率密度函數之非對稱性尺度)
平均長度 ***RSm*** 基準長度下輪廓曲線要素長度 ***Xs*** 之平均	二次平均平方根傾斜 ***RΔq*** 基準長度下局部傾斜 ***dz/dx*** 之二次平均方根

但是現在由於資訊決定性的不足，任何人均無法驅使如此多種參數，只好依賴表面粗度儀。在此，本書中針對上述輪廓曲線參數中，說明算術平均粗度*1，最大高度粗度*2，十點平均粗度*3等參數(參考腳註)。實際上，一般機械零件之加工表面，若指示此等粗度參數的話，大部分場合都足夠的。

⑷ **其他用語解說**

① 切斷值：對應相位補償高域濾波器之正 50%頻率之波長。

② 基準長度：自粗度曲線切斷值長度選取部分長度。

③ 評估長度：最高斷面高度場合中，由於基準長度之評估並不充分，因此取含一個以上基準長度之長度(一般爲 5 倍)，此稱爲評估長度。此評估長度所含基準長度之數目不足 5 的場合，在參數符號後附記基準長度之數目(例如：*Rp*3，*Rv*3，…3 爲基準長度之數目)。

④ 平均線：斷面曲線選取部分之波浪曲線轉換成直線之線。

*1 以前的規格，爲了簡化算術平均粗度，使用此參數時，省 *Ra* 略符號，只標註粗度值即可，但這次改正，必須標註所有的參數符號。

*2 以前的規格，使用 R_{max} 或 R_y 符號，但因座標軸關係表示上下採用 *Z*，因此新規格變更爲 *Rz*。

*3 以往十點平均粗度以 *Rz* 來表示，這次自 ISO 刪除由於 *Rz* 爲日本普遍使用之參數，因此舊規格名之 *Z* 同一高度採加 JIS(z_{JIS})作爲附錄參考用。

⑤ 選取部分：自粗度曲線沿平均線方向只選取基準長度之部分。

⑥ 通過帶域：指表面狀態評估對象之波長域，以低域(通過)濾波器與高域(通過)濾波器的組合來表示。

【例如】0.88-0.8。

⑦ 16%原則：參數測定值之中，超過指示要求值數目在 16%以下的話，此表面滿足要求值之原則，此爲標準原則。

⑧ 最大值原則：在對象面全域求取參數之中，一個也不超過指示要求值之原則。依此原則時，參數符號必須附記“max”。

2. 表面狀態之圖示方法

⑴ 表面狀態之圖示符號

圖示表面狀態時，如圖 17.222 所示之符號，自外側接觸其對象之面表示之。

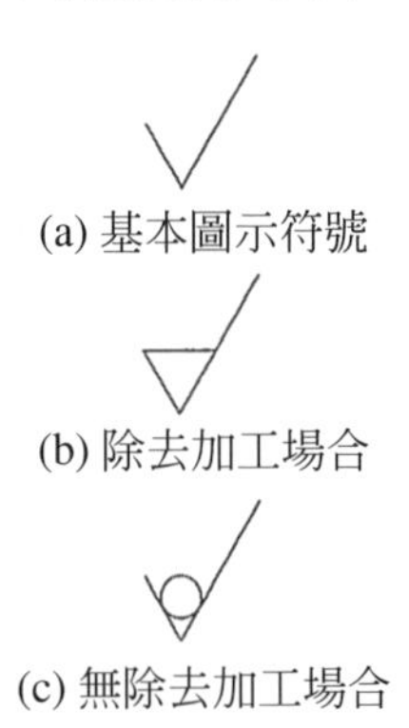

圖 17.222 表面狀態之圖示符號

圖(a)爲基本圖示符號，由於 60°傾斜之不同長度兩直線所構成。此符號，使用在不管該面是否有除去加工與否的場合，或後述簡略圖示的場合。

圖(b)爲對象面需要切削加工等除去加工的場合，符號之短側端點加以橫線表示。

又對象面不做除去加工場合，如圖(c)所示，符號內附加內接圓表示之。

此等圖示符號指示表面狀態要求事項時，在符號之長線端拉一適當長度之線，如下所述方式附記。

⑵ 參數之標準數列

參數之容許界限值，由表 17.22 及表 17.22 中，特別是優先選用粗體數值。

表 17.22　各個參數的標準數列

(a)*Ra* 之標準數列(JIS B 0031 附錄)

(單位 μm)

	0.012	0.125	1.25	**12.5**	125
	0.016	0.160	**1.60**	16.0	160
	0.020	**0.20**	2.0	20.0	**200**
	0.025	0.25	2.5	**25.0**	250
	0.032	0.32	**3.2**	32.0	320
	0.040	**0.40**	4.0	40.0	**400**
	0.050	0.50	5.0	**50.0**	
	0.063	0.63	**6.3**	63.0	
0.008	0.080	**0.80**	8.0	80.0	
0.010	**0.100**	1.00	10.0	**100.0**	

(b)*Rz* 及 R_{ZJIS} 之標準數列(JIS B 0031 附錄)

(單位 μm)

	0.125	1.25	**12.5**	125	1250
	0.160	**1.6**	16.0	160	**1600**
	0.20	2.0	20	**200**	
0.025	0.25	2.5	25	250	
0.032	0.32	**3.2**	32	320	
0.040	**0.40**	4.0	40	400	
0.050	0.50	5.0	**50**	500	
0.063	0.63	**6.3**	63	630	
0.080	**0.80**	8.0	80	**800**	
0.100	1.00	10.0	**100**	1000	

⑶ 表面狀態要求之指示位置

指示表面狀態圖示符號之要求事項時，如圖 17.223 所示位置分別標註之。

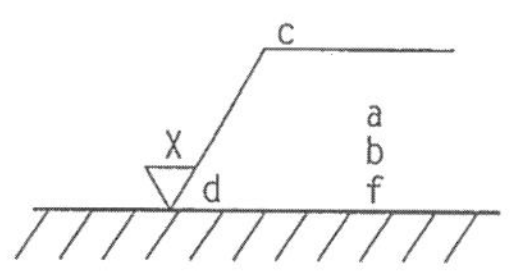

x：中心線平均粗度之值
a：中心線平均粗度以外之粗度值
b：切斷値度基準長度
c：加工方法
d：紋路及其方向
f：表面波浪 (JIS B 0610)

(a) 舊規格之指示位置

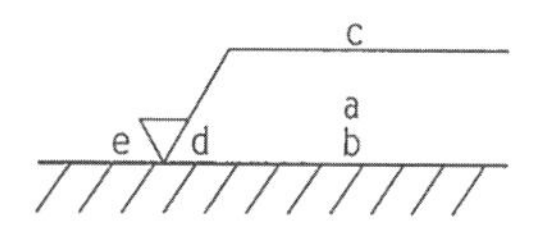

a：通過帶域或基準長度，參數及其値
b：要求兩個以上參數時之兩個以上參數指示
c：加工方法
d：紋路及其方向
e：切削量

(b) 新規格之指示位置

圖 17.223　指示表面性狀要求事項之位置

此場合，a 位置須標註項目，若揭示無含糊表面狀態之所有要求事項的話，如圖 17.224 所示極爲繁雜。因此由此等項目中，其標準條件所規定者，或一般省略也無妨之項目(圖中陰影部分)，可以無須標註。

但是，參數符號與容許界限值之間隔，必須空兩格(兩個半角空白)。主要是因爲若不空兩格，會與評估長度產生誤解(圖 17.225)。

爲參考起見，表 17.24(後述)爲指示表面狀態要求事項圖示符號標註例及其意義與解釋。此等要求事項中，紋路方向使用表 17.23 之符號。而加工方法符號參考第六章。

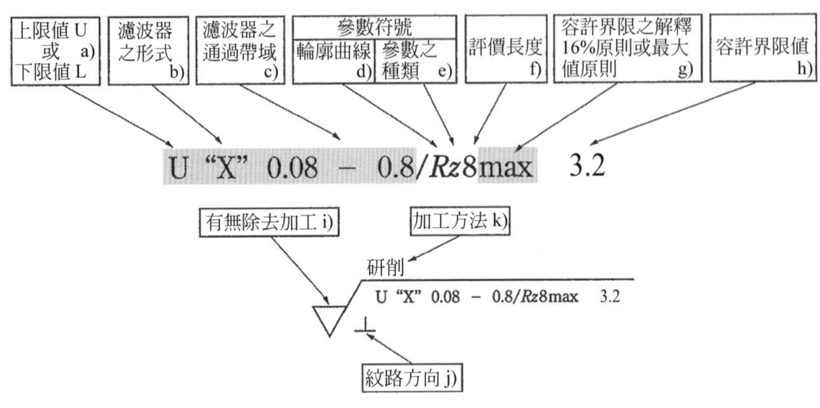

a) 參數容許界限之上限值(U)或下限值(L)
b) 濾波器形式 “X”
c) 通過帶域 “低域濾波器切斷值－高域濾波器切斷值” 般之指示
d) R，W，或 P 輪廓曲線
e) 表示表面性狀參數之種類
f) 表示基準長度之評價長度
g) 容許界限之解釋(“16%” 或 “最大值原則”)
h) μm 單位之容許界限值
i) 有無除去加工
j) 紋路方向
k) 加工方法

圖 17.224　指示圖面表面狀態管理項目

表 17.23　紋路方向之符號

記號	＝	⊥	×	M	C	R	P
解說	由加工所造成之紋路方向，與標註符號之投影面成平行	由加工所造成之紋路方向，與標註符號之投影面成直角	由加工所造成之紋路形成兩方向之交叉	由加工所造成之紋路係多方向之交叉或無方向	由加工所造成之紋路幾形成同心圓	由加工所造成之紋路幾形成輻射狀	紋路呈粒子狀之凹陷，無方向或粒子狀之突起
說明圖	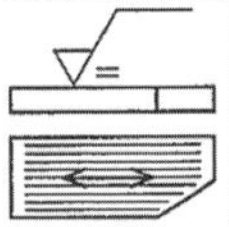 =	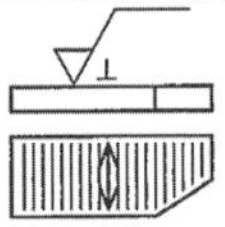 ⊥	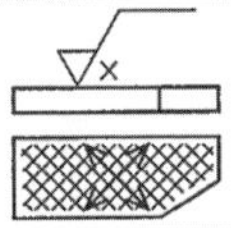 ×	 M	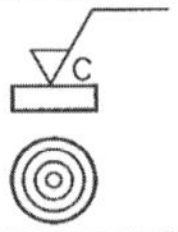 C	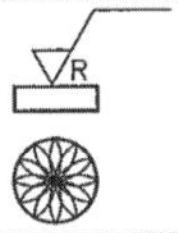 R	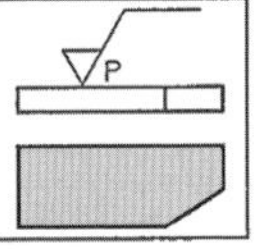 P

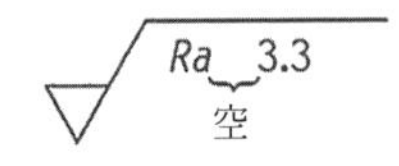

圖 17.225

(4)　**表面狀態圖示符號之標註方法**

①　一般事項：表面狀態之圖示符號(以下稱圖示符號)，如圖 17.226 所示，與對象面連接，且由圖面下方或右方讀取方式標註之。此場合，若無法在圖形下方或右方標註時，必須使用自外形線拉出引出線，引出補助線(參考圖 17.227)來標註。

此外，對於對象面非線而是面的場合，如圖 17.228(a)所示，線端符號非箭頭而是採用小的黑點來表示。

以往，爲簡易使用算術平均粗度，如圖 17.229 所示，圖示符號只標註 a 之文字即可，但所有的參數符號均需標註。而傾斜方向之標註場合，如圖(b)所示之特例則無法使用。

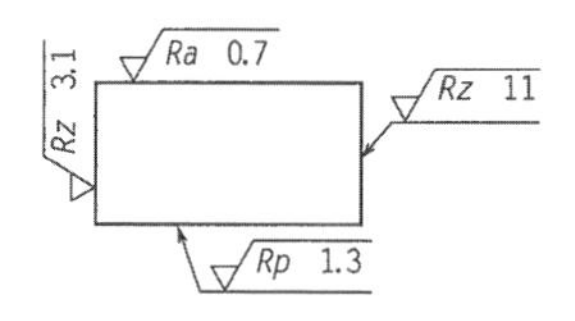

圖 17.226 表面狀態要求事項之方向

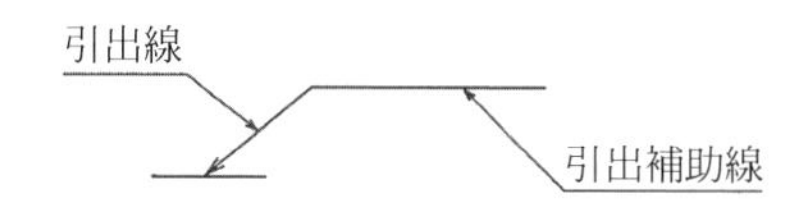

圖 17.227 引出線及引出補助線

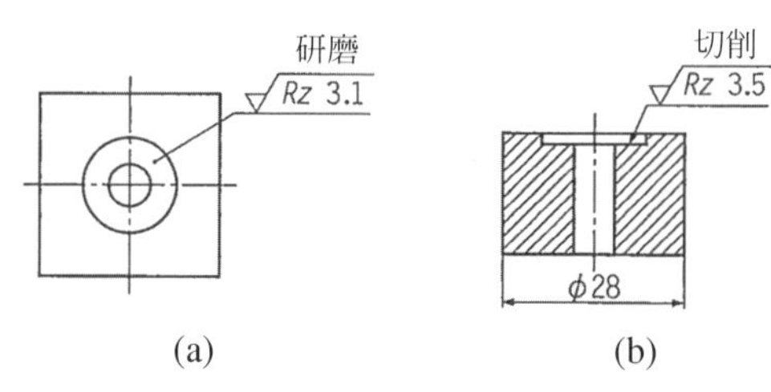

圖 17.228 引出線之兩種使用方式

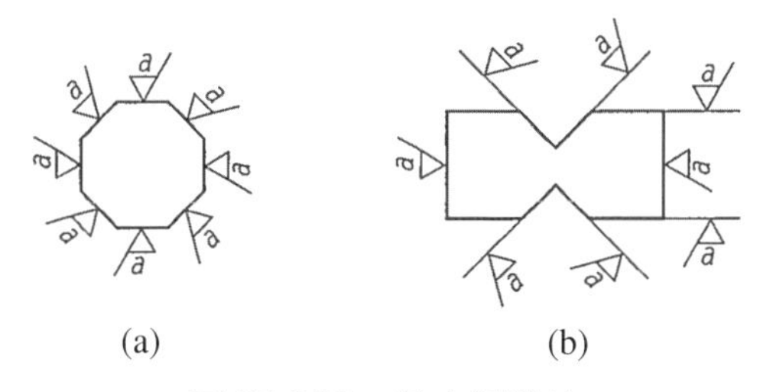

圖 17.229 禁止標註法

② 切削量之指示：一般切削量，只在同一圖面之後加工狀態指示之場合(圖 17.230 中之“3”爲切削量)，使用在鑄造件、鍛造件等素形材形狀之最後形狀(車削等)所表示之圖面。

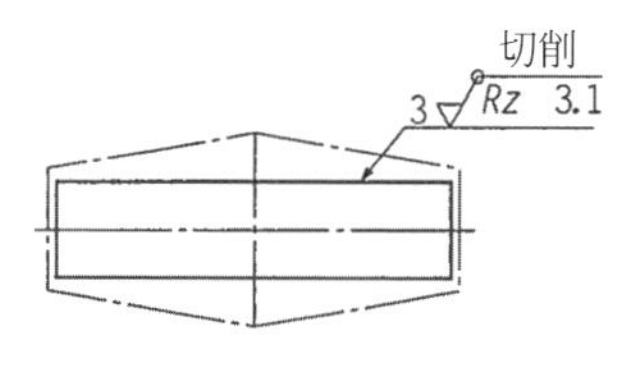

圖 17.230 切削量標示

③ 同一圖示符號近接兩處以上之指示場合：同一表面狀態兩處以上面之標註場合，圖 17.231 所示以分岔的箭頭標註。

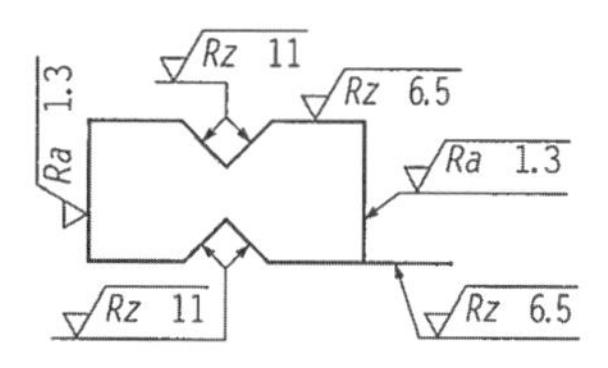

圖 17.231 表示表面外形線上指示之表面狀態要求事項

④ 標註尺寸補助線場合：圖示符號，連接尺寸補助線標註亦可。此種場合，對於圖形下方及右方之尺寸與①相同。

⑤ 零件一周之全周面中圖示符號之指示場合：對於以封閉外形線表示圖面中零件一圈之全周面表面狀態場合，如圖 17.232(a)所示，圖示符號之交點以圓圈符號標註即可。但是，若有引起誤解之虞，個別面之指示亦可。

⑥ 組合狀態之尺寸線標註場合：此場合之圖示符號，孔軸兩條尺寸線上，分別標註各別尺寸即可(圖 17.233)。

⑦ 公差標註框內標註合：圖示符號，如圖 17.234 所示，可連接公差標註框標註之。

⑧ 角柱的場合：角柱各面爲同一狀態的場合，一次的指示即可，各面均

異的場合，必須針對各面指示之[圖 17.235(b)]。

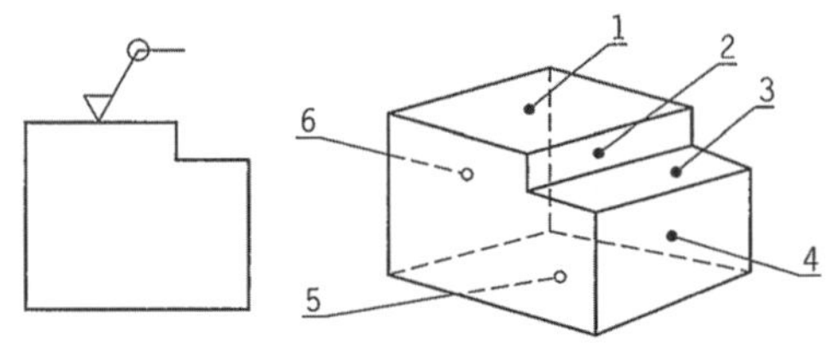

[參考] 所謂由外形線表示圖形之全表面，爲零件之三維表現(圖(b))表示之 6 面(除正面及背面外)

圖 17.232　零件全周面之標註

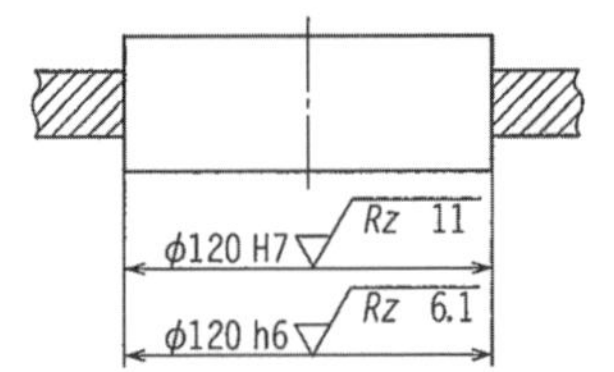

圖 17.233　二個以上尺寸線標註

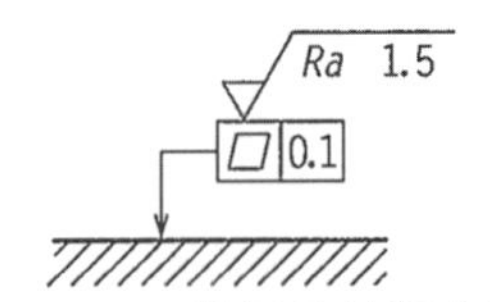

圖 17.234　幾何公差框之標註

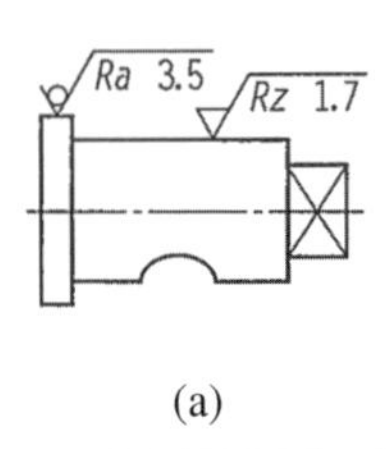

(a)

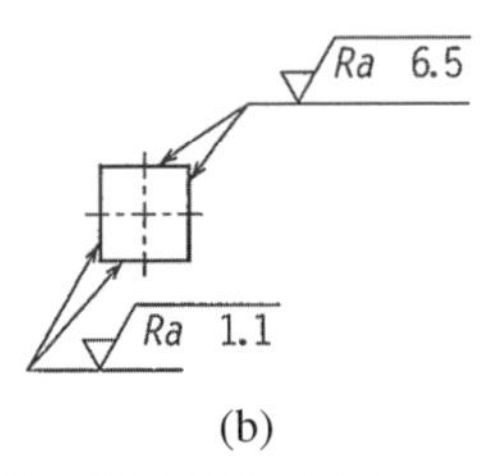

(b)

圖 17.235　圓筒面及角柱面之標註

⑸　**表面狀態要求事項之簡略圖示**

①　所有面均爲同一圖示符號的場合：零件所有面要求相同表面狀態的場合，並非個別標註，而是將要求事項，在圖面標題欄，或主投影圖，及零件符號之旁邊，用一明顯符號標註即可[圖 17.236(b)]。

②　大部分爲同一要求事項，只一部分不同的場合：大部分要求項目，如前項所述標註之，而不同要求事項表示時，以基本圖示符號[圖 17.236(b)]或部分相異表面狀態[圖 17.236(c)]以括號附記，非共通符號則在該面上標註之。

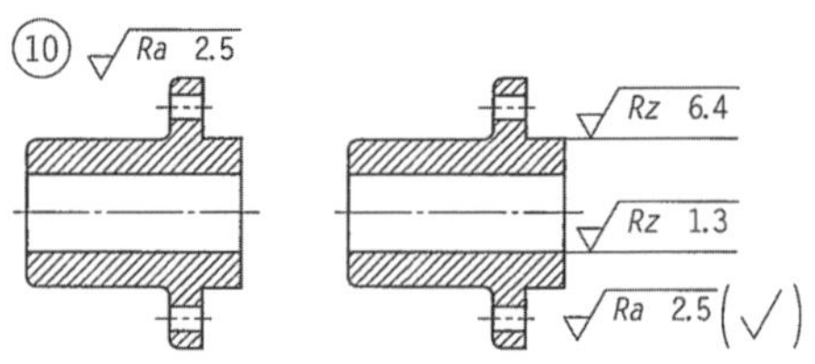

(a) 所有面皆同時　(b) 大部分相同(少部分不同)時

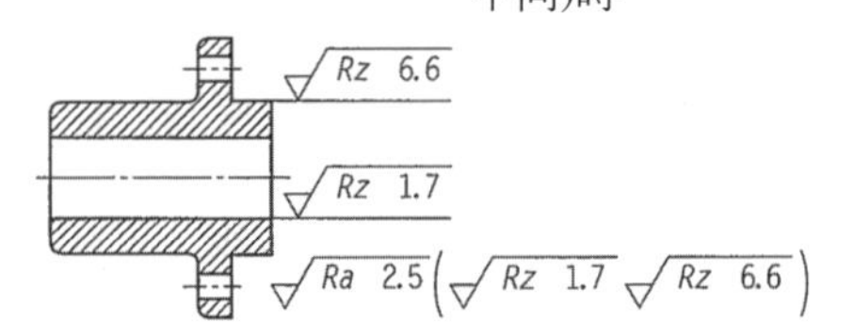

(c) 部分表面狀態不同時

圖 17.236　所有面或大部分面相同(部分不同)之表面狀態場合

③　反覆指示或受限空間之指示場合：此種場合，對象面以含文字圖示符號(符號與羅馬文字)標註之，在圖面中易讀取位置標註即可(圖 17.237)。

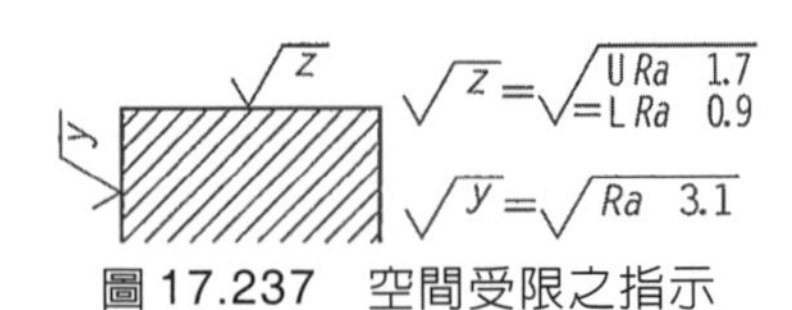

圖 17.237　空間受限之指示

3.　表面狀態圖示符號標註例與圖示例

表 17.24 爲依新規格所規定指示表面狀態要求事項之圖符號標註例與其意義及解釋，而其圖示例如表 17.25 所示。

表 17.24 指示表面狀態要求事項之圖示符號(JIS B 0031 附錄)

圖示符號	意味與解釋
Rz 0.5	無除去加工之表面，標準通過帶域，粗度曲線，最大高度，粗度 0.5μm，基準長度l_r之 5 倍的標準評估長度，“16%原則”(標準)
Rzmax 0.3	除去加工面，單側容許界面之上限值，標準通過帶域，粗度曲線，最大高度，粗度 0.3μm，基準長度l_r之 5 倍的標準評估長度，“最大值原則”
0.008-0.8/Ra 3.1	除去加工面，單側容許界面之上限值，標準通過帶域 0.008～0.8mm，粗度曲線，算術平均粗度 3.1μm，基準長度l_r之 5 倍的標準長度，“16%原則”(標準)
-0.8/Ra3 3.1	除去加工面，單側容許界面之上限值，標準通過帶域依 JIS B0633 基準長度 0.8mm (λ_s標準值 0.0025mm)，粗度曲線，算術平均粗度 3.1μm，基準長度l_r之 3 倍的評估長度，“16%原則”(標準)
U Ramax 3.1 L Ra 0.9	無除去加工表面，兩側容許界限之上限值及下限值，標準通過帶域，粗度曲線，上限值：算術平均粗度 3.1μm，基準長度l_r之 5 倍的評估長度(標準)，“最大值原則”，下限值：算術平均粗度 0.9μm，基準長度l_r之 5 倍的標準評估長度(標準)，“16%原則”(標準)
0.8-2.5/Wz3 10	除去加工面，單側容許界面之上限值，通過帶域 0.8～2.5mm，波浪曲線，最大高度波浪 10μm，基準長度l_w之 3 倍的評估長度，“16%原則”(標準)
0.008-/Ptmax 25	除去加工面，單側容許界面之上限值，通過帶域爲粗度曲線，λ_s＝0.008nm。無高域濾波器，斷面曲線，斷面曲線之最大斷面高度 25μm，相等於對象面長度之標準評估長度，“最大值原則”
0.0025-0.1//Rx 0.2	不論加工法之表面，單側容許界限之上限值，通過帶域λ_s＝0.0025mm；A ＝ 0.1mm，標準評估長度 3.2mm，粗度凹谷參數：粗度凹谷最大深度 0.2μm，“16%原則”(標準)
/10/R 10	無除去加工表面，單側容許界限之上限值，通過帶域λ_s＝0.008mm；A＝0.5mm(標準)，評估長度 10mm，粗度凹谷參數：粗度凹谷之平均深度 10μm，“16%原則”(標準)
W 1	除去加工面，單側容許界限之上限值，通過帶域 A ＝ 0.5mm(標準)；B＝2.5mm(標準)，評估長度 16mm(標準)，波浪凹谷參數：凹谷之平均深度 1mm，“16%原則”(標準)
-0.3/6/AR 0.09	與加工無關之表面，單側容許界限值，通過帶域λ_s＝0.008mm(標準)；A ＝ 0.3mm，評估長度 6mm，粗度凹谷參數：粗度凹谷平均長度 0.09mm，“16%原則”(標準)

表 17.25　表面狀態之圖示例(JIS B 0031 附錄)

	要求事項	圖示例
1	指示兩側容許界限表面狀態場合之指示 —兩側容許界限 —上限值 $Ra = 55\mu m$ —下限值 $Ra = 6.2\mu m$ —兩者均為“16％原則”(標準) —通過帶域 0.008-4 mm —標準評價長度(5×4mm = 20mm) —紋路與中心圓周幾乎呈同心圓狀 —加工方法：研磨	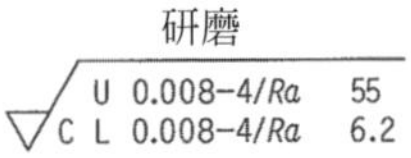 研磨 U 0.008-4/Ra 55 C L 0.008-4/Ra 6.2 〔參考〕原國際規格中，可明確理解 U 及 L 之例中，省略 U 及 L 亦可，但為迅速可判斷仍標註 U 及 L。
2	指示除一處外全表面之表面狀態場合之指示 除一處全表面之表面狀態 —單側容許界限之上限值 —$Rz = 6.1\mu m$ —“16％原則”(標準) —標準通過帶域 —標準評價長度(5×λc) —紋路方向：無要求 —加工方法：除去加工 一處不同之表面狀態 —片側容許界限之上限值 —$Ra = 0.7\mu m$ —“16％原則”(標準) —標準通過帶域 —標準評價長度(5×λc) —紋路方向：無要求 —加工方法：除去加工	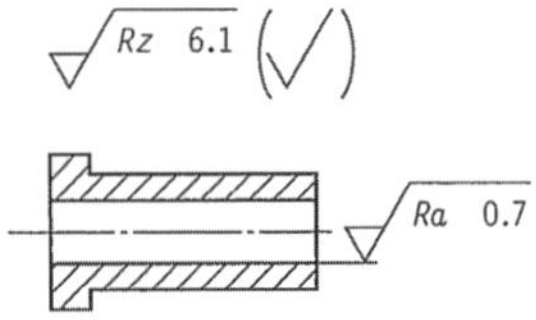 Rz 6.1 (√) Ra 0.7
3	指示兩個單側容許界限之表面狀態場合的指示 兩個單側容許界限之上限值 (1) $Ra = 1.5\mu m$ (2)“16％原則”(標準) (3)通過標準帶域 (4)標準評價長度(5×λc) (5) $Rzmax = 6.7\mu m$ (6)“最大值原則” (7)通過帶域-2.5mm (λs) (8)標準評價長度(5×2.5mm) —紋路方向：幾乎與投影面垂直 —加工方法：研削	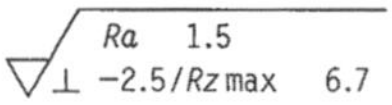 研削 Ra 1.5 ⊥ -2.5/Rzmax 6.7
4	指示封閉外形線一周之全表面狀態場合的指示 —單側容許界限之上限值 —$Rz = 1\mu m$ —“16％原則”(標準) —標準通過帶域 —標準評價長度(5×λc) —紋路方向：無要求 —表面處理：鎳、鉻電鍍 —適用封閉表面狀態要求事項外形線一周之全表面	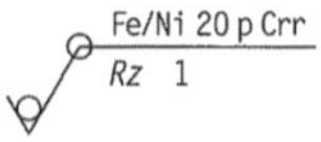 Fe/Ni 20 p Cr r Rz 1

表 17.25　表面狀態之圖示例(JIS B 0031 附錄)(續)

	要求事項	圖示例
5	指示單側容許界限及兩側容許界限之表面狀態場合的指示 —單側容許界限之上限值及兩側容許界限值 ⑴單側容許界限之 *R*a *R*a ＝ 3.1μm ⑵ "16％原則" (標準) ⑶標準通過帶域-0.8mm (λs) ⑷標準評價長度 (5×0.8 ＝ 4mm) ⑴兩側容許界限之 *R*z ⑵上限值 *R*z ＝ 18μm ⑶下限值 *R*z ＝ 6.5μm ⑷兩者的通過帶域 -2.5mm (λc) ⑸兩者的評價長度 (5×2.5 ＝ 12.5mm) ⑹ "16％原則" (標準) (可明確理解的場合，指示 U 及 L 亦可) —表面處理：鎳、鉻電鍍	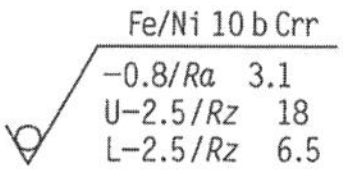 Fe/Ni 10 b Crr -0.8/*Ra* 3.1 U-2.5/*Rz* 18 L-2.5/*Rz* 6.5
6	相同尺寸法線上指示表面狀態要求事項與尺寸場合之指示 —溝槽側面之表面狀態 —單側容許界限之上限值 — *R*a ＝ 6.5μm — "16％原則" (標準) —標準評價長度(5×λc) —標準通過帶域 —紋路方向：無要求 —加工方法：除去加工 圓角部之表面狀態 —單側容許界限之上限值 — *R*a ＝ 2.5μm — "16％原則" (標準) —標準評價長度(5×λc) —標準通過帶域 —紋路方向：無要求 —加工方法：除去加工	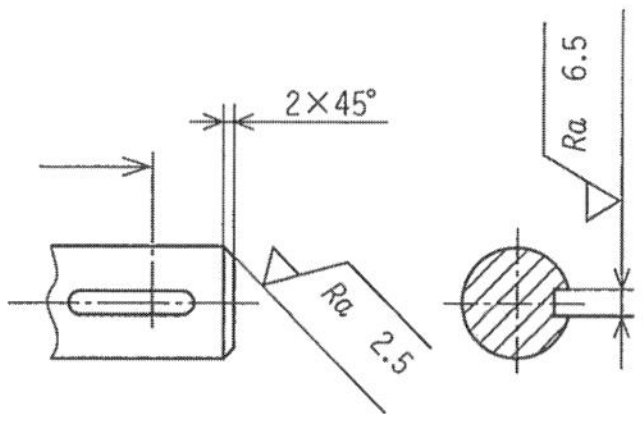 2×45° *Ra* 2.5 *Ra* 6.5
7	指示表面狀態與尺寸場合之指示 —在尺寸線上一併指示，或 —在相關尺寸補助線與尺寸線上分別指示 —例示三個參數之要求事項 —單側容許界限之上限值 —個別爲 *R*a ＝ 1.5μm，*R*a ＝ 6.2μm，*R*z ＝ 50μm， — "16％原則" (標準) —標準評價長度(5×λc) —標準通過帶域 —紋路方向：無要求 —加工方法：除去加工	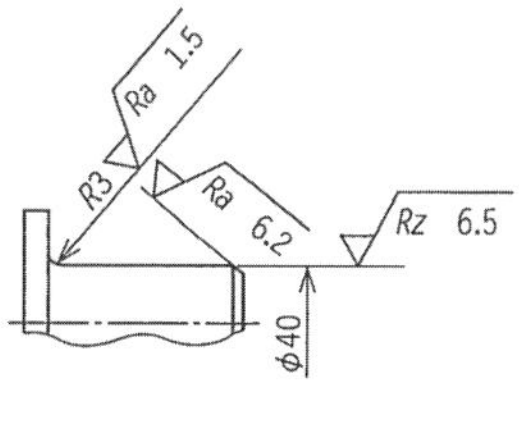 *Ra* 1.5 R3 *Ra* 6.2 *Rz* 6.5 φ40

表 17.25　表面狀態之圖示例(JIS B 0031 附錄)(續)

	要求事項	圖示例
8	指示表面狀態尺寸及表面處理場合，此例，指示依序施行三種加工方法或加工面。 第 1 階段加工 —單側容許界限之上限值 — $Rz = 1.7\mu$m — "16 %原則" (標準) —標準評價長度(5×λc) —標準通過帶域 —紋路方向：無要求 —加工方法：除去加工 第 2 階段加工 —鍍鉻之表面狀態無要求事項 第 3 階段加工 —只適用自圓筒表面端之單側容許界限之上限值 — $Rz = 6.5\mu$m — "16 %原則" (標準) —標準評價長度(5×λc) —標準通過帶域 —紋路方向：無要求 —加工方法：研削	Fe/Cr50 研削 Rz 6.5 Rz 1.7 50 φ29 h7

4.　加工符號之標註法

以往利用圖 17.238 所示之加工符號標註表面粗度之方式使用廣泛，即使現在由此種標註法的舊有圖面仍然相當多，以下簡單說明之。

此種加工符號，單獨使用亦可，此場合之三角符號之數目與表面粗度之數列關係如表 17.26 所示。指定值在此範圍外的場合，須注意在此符號之上附記指定值。

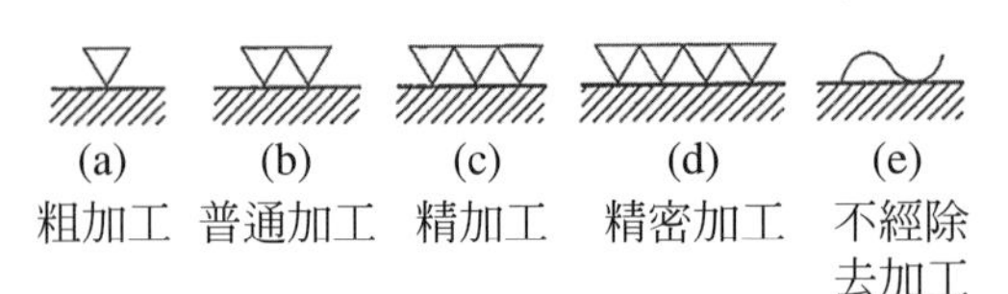

圖 17.238　加工符號(舊 JIS)

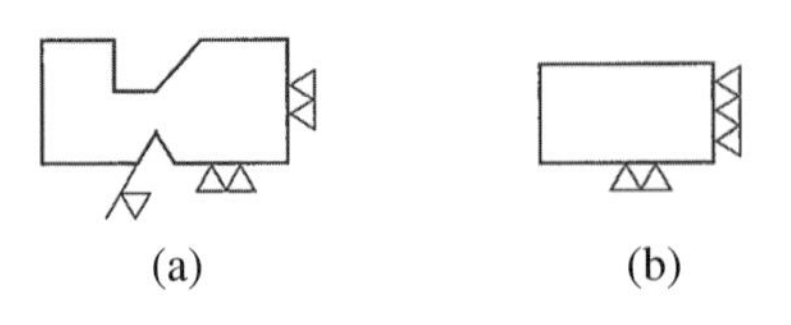

圖 17.239　一般標註法(舊 JIS)

表 17.26　加工符號之表面粗度區分(舊 JIS)

加工符號	表面粗度區分值		
	R_a	R_z	R_{ZJIS}
▽▽▽▽	0.2	0.8	0.8
▽▽▽	1.6	6.3	6.3
▽▽	6.3	25	25
▽	25	100	100
∼	無特別規定		

〔備註〕1.表中區分值以外值特別需要的場合，加工符號再附記該值。
2.指定表面粗度範圍跨越上表不同區分時，三角的數目依表面粗度上限標註之。

17.13 尺寸公差及配合之表示法

1.　ISO 配合方式之表示法

表示軸及孔之配合方式可用如十六章所述的配合符號，記於基準尺寸之右側，其大小和尺寸數字相同。

圖 17.240 爲其標註法之一例。圖中(a)之ϕ12g6 的ϕ12 爲此軸之基準尺寸，g6 爲基軸制配合的 6 級軸(餘隙配合)，圖中(b)之 H7，則表示基孔制 IT7 級的基準孔。

必要時，於這些表示符號之後，應附加該符號之尺寸容許差值。[圖 17.240(c)]。

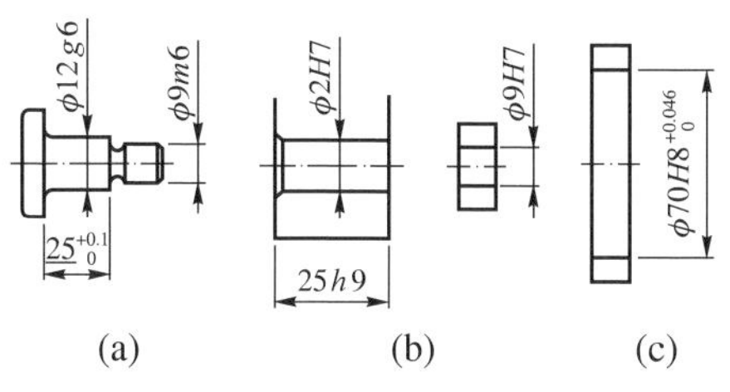

圖 17.240　配合符號之標註法

在同一基準尺寸的孔及軸之組立圖上，要同時標註配合之種類及等級時，不論是基孔制或基軸制，應如圖 17.241(a)所示，在尺寸線上以斜線區分，或在尺寸線上，分別標註孔及軸之符號，如圖(b)所示。

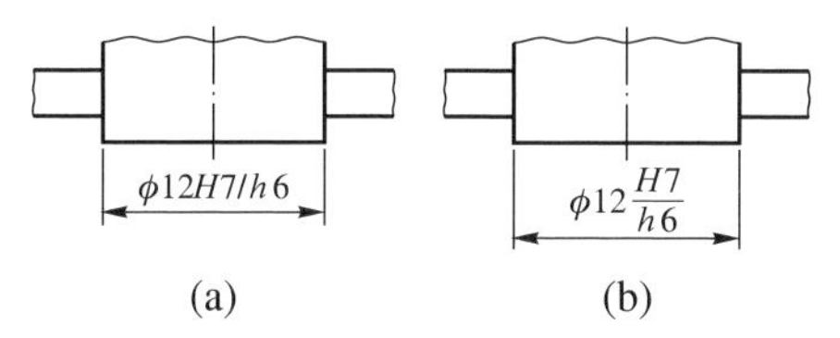

圖 17.241　組立圖上配合符號之合併

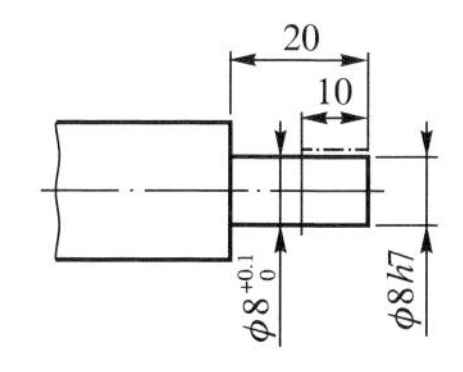

圖 17.242　指定配合部分範圍

孔或軸之全長不需要全部相互配合時，爲了節省加工面之加工時用，只於必要部分賦與尺寸容許差即可，如圖 17.242 所示，與外形線極近之外側畫一粗鏈線，用表示特殊加工的表示方法，而指定該配合部分之範圍(參考圖 17.67)。

2. ISO 不依配合方式時之尺寸容許差標註法

不依配合方式時之尺寸容許差，則用數值標註，不用符號。此時之標註法是準配合方式之用法，在基準尺寸之後標記尺寸容許差之數值，上方標記上限尺寸容許差，下方標記下限尺寸容許差，字體較基準尺寸稍小。尺寸容許差爲零時，則記 0 (圖 17.243)。

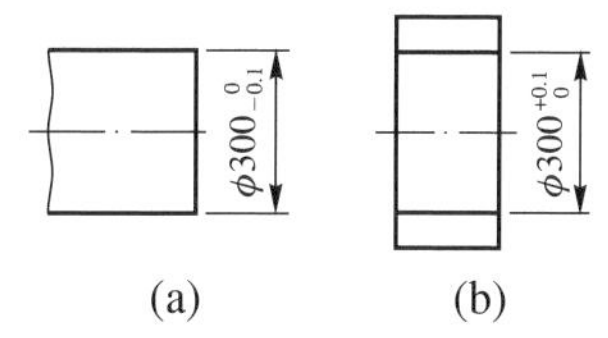

圖 17.243　利用數值標註尺寸容許差之方法

上限及下限之尺寸容許差相等的雙向公差方式，如圖 17.244 所示，使用±(plus，minus)符號，而只標註一個尺寸容許差之數值。

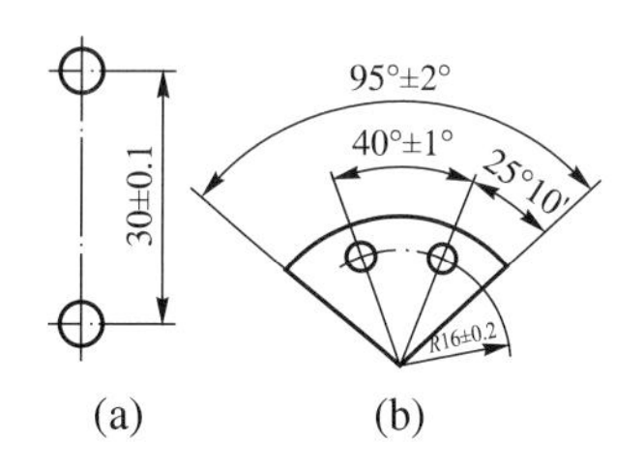

圖 17.244　雙向公差方式時

* 本章其他標示的尺寸容許差，因版面緣故，標示的字體較尺寸數字小。

有時因實際需要在標記公差時，是以容許限界尺寸表示之，如圖 17.245 所示。此時，最大容許尺寸標於上方，最小容許尺寸標於下方。

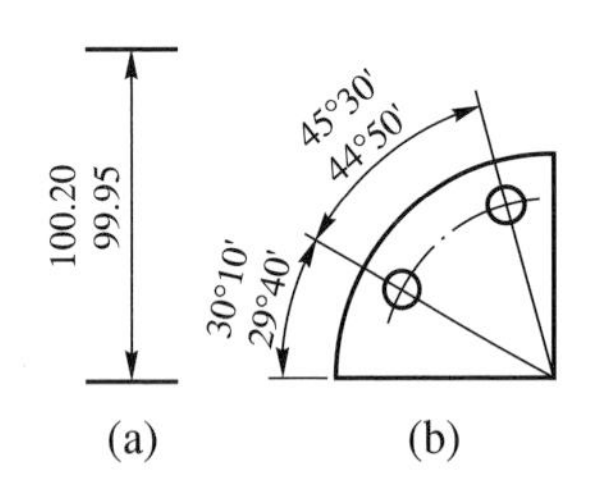

圖 17.245 以容許限界尺寸表示時

在組合零件上，對於同一基準尺寸的孔及軸，並記尺寸容許差時，與利用配合方式之標註法相同，孔之基準尺寸及尺寸容許差標於尺寸線上，軸之基準尺寸及尺寸容許差標於尺寸線下，並列標註(圖 17.246)。此時，爲明示孔及軸之區分，可於各自的表是齒寸之前標註孔及軸之文字[圖 17.246(a)]。

如圖 17.246(b)所示，對於非圓孔及軸之配合部之尺寸標註時，應使用零件編號，將彼此之關係明示之。

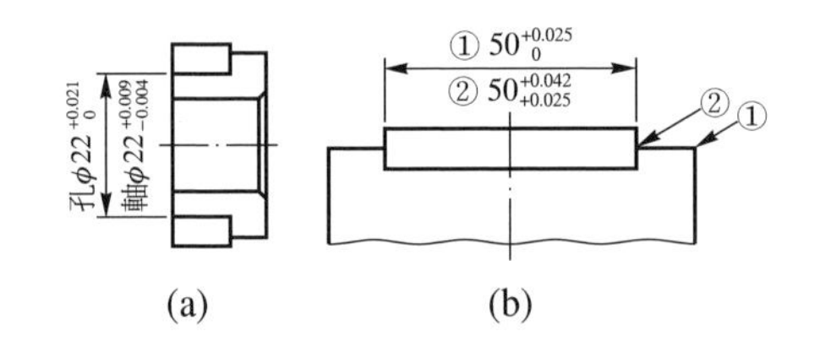

圖 17.246 組立圖上標記配合尺寸容許差

如圖 17.247 所示，在兩個以上並列長度的尺寸要各自標註公差時，因公差重複會造成影響總長度，於標註尺寸時應防引起相互之矛盾。此時應將較重要的尺寸(功能尺寸)公差標註，較不重要的尺寸(非功能尺寸或輔助尺寸)部分，則不標註公差或尺寸，或以括號包括之，此部分以不對其他部分造成不良影響爲原則，[圖 17.247 (a)、(b)、(c)]。

尺寸如圖 17.247 所示，通常設置標註尺寸之基準部，基準部是由與相配合件之關係而定。但選擇基準部時，必須注意不使公差重複出現。圖 17.247(d)爲利用零件之右端爲基準部標註尺寸之例。

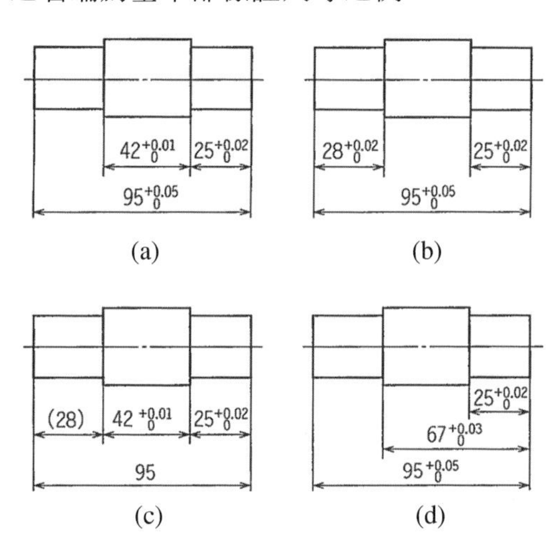

圖 17.247 避免公差重複之尺寸標註法

17.14 普通公差

尺寸容許差之中，有上述之組合般之功能的，及工作精度般單單製作的，必須注意兩者之意義全然不同。尤其是後者的場合，與組合等場合不同，尺寸容許差不具有積極的意義，製作或檢查不是相當嚴苛，又是相當鬆散。因此，JIS 將此種情形，在 JIS 0405 中規定爲普通公差。

表 17.27 爲JIS所規定普通公差中，相對長度尺寸之容許差。此爲圖面或規格書等，針對無要求功能上特別精度之尺寸，不標註個別容許差，適用於統括指示場合，訂定精級(f)，中級(m)，粗級(c)及極粗級(v)之四種等級。此外，針對角度尺度(同規格)及幾何公差(JIS B0419)也規定普通公差。

表 17.27 普通公差(相對長度尺寸；JIS B 0405) (單位 mm)

等級(符號) 尺寸之區分	精級 (f)	中級 (m)	粗級 (c)	極粗級 (v)
0.5 以上 3 以下	±0.05	±0.1	±0.2	—
3 以上 6 以下	±0.05	±0.1	±0.2	±0.5
6 以上 30 以下	±0.1	±0.2	±0.5	±1
30 以上 120 以下	±0.15	±0.3	±0.8	±1.5
120 以上 400 以下	±0.2	±0.5	±1.2	±2.5
400 以上 1000 以下	±0.3	±0.8	±2	±4
1000 以上 2000 以下	±0.5	±1.2	±3	±6
2000 以上 4000 以下	—	±2	±4	±8

17.15 幾何公差之圖示方法

最近由於期待機械製品性能能夠提高，所以各構成零件所要求的精度亦日益增高。提高精度不但是希望能夠提高製品性能、提高信賴性、增長製品壽命外，更因機械構造的複雜化，而零件數量增多，所以唯有提高精度才能確保零件的互換性、及減少組立時之累積誤差，並使組立工作易行。

而且設計者的意圖要利用圖面正確、完全、迅速的使作業者理解時，其情報可能限於數值及符號表示，而在全部生產過程中，無法做單一解釋。因此爲滿足這些要求，機械零件之標註已不再只是從以前的尺寸精度及表面粗度，對於眞直度、眞圓度、位置度等幾何學的情報特性亦有極嚴格的要求。

從前亦對這些精度規格有所制定，但主要因爲測定方法所可得到的數值，與幾何學的精度想法無法統一，所以幾乎未見實用化。

但因幾何學精度在經濟上較諸互換性含有更多重要的問題，所以美國及英國已於第二次世界大戰中開始面對這項問題，以嚴密的理論根據爲背景，創設幾何學精度圖示的規格體系。其後，ISO 國際規格亦制定同樣的規格，日本亦於 1974 年引進於 JIS 規格，但 1998 年以 ISO 之改訂規格爲基本，大幅的增加改訂規格(參考表 17.1)。

以下，針對此等規格加以說明(最大實體公差方式在下節 17.16 敘述之)。

1. 關於幾何公差方式

某些零件之某些部分，在圖上是以直線表示時，作業者只能盡量將其加工成正確的直線。而以圓表示的部分，亦是盡量的將之加工成圓形。

由於人所能做出的這類零件之部分不可能加工至完全的正確形狀(幾何學上的正確直線、圓、平面等)，反之，到底加工到何種程度方爲正確，容許偏差的程度爲何，即爲問題所在。

所謂幾何公差方式，是明確的定義對象物之形狀或位置等之偏差(這些總稱爲幾何偏差)，是有關幾何偏差之容許値(稱爲幾何公差)之表示及圖示法之規定，將這類問題做一完整的定義而所做的構想。

此種幾何公差方式，除了不容許如後述之舊有圖面之情報解釋不一定完全一致，模稜兩可等情形之同時，還要能排除尺寸公差之累積，且與最大實體原理(MMP)之採用配合，在經濟上具有極大效果的優點。

表 17.28　幾何特性使用之符號

公差之種類	特性	符號	是否標示數字
形狀公差	真直度	—	否
	平面度	⏥	否
	真圓度	○	否
	圓筒度	⌭	否
	線之輪廓度	⌒	否
	面之輪廓度	⌓	否
方向公差	平行度	//	是
	直角度	⊥	是
	傾斜角	∠	是
	線之輪廓度	⌒	是
	面之輪廓度	⌓	是
位置公差	位置度	⌖	是、否
	同心度(對中心點)	◎	是
	同軸度(對軸線)	◎	是
	對稱度	⌯	是
	線之輪廓度	⌒	是
偏擺公差	面之輪廓度	⌓	是
	圓周偏擺	↗	是
	全偏擺	⌰	是

表 17.28 是JIS所規定幾何公差之種類及其符號之表示。這十四種幾何公差各因其特性而將之分類成形狀公差、方向公差、位置公差及偏擺公差，更以其是否具有相關部分，而分成單獨形狀及相關形狀。

表 17.29 是表示圖示幾何公差時所用之附加符號。

表 17.29　附加符號

說明	符號
指示附公差形體	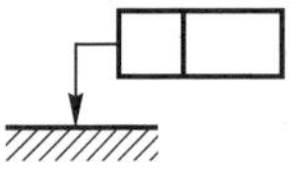
指示基準	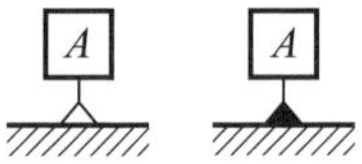 A　A
基準目標	$\phi 2$ / $A1$
理論的正確尺寸	50
凸出公差域	Ⓟ
最大實體公差方式	Ⓜ
最小實體公差方式	Ⓛ
自由狀態(非剛性零件)	Ⓕ
全周(輪廓度)	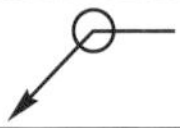
含括條件	Ⓔ
共通公差域	*CZ*
〔備註〕P、M、L、F、E 及 CZ 以外的文字記號，只是一個表示例。	

所謂真直度即是指直線形狀與幾何學上之正確直線間之偏差量大小，而真直度公差是指真直度之容許差，以下依此為準則。

此種幾何公差方式應注意之點為，所指定形體(此用語之意義將於後述)尺寸的容許界限，除非經特別指示，否則就不是幾何公差規制。稱此為獨立的原則。

所謂形體、有表面、孔、槽、牙峰、倒角部分，或如輪廓般之加工物的特定部分，這些形體中，有些是現實存在的(例如：圓周之外側表面)，有些是衍生的(例如：軸線)。

在圖上指示幾何公差，是基於功能上及互換性等之要求，只於不可忽略之處標記，不可胡亂標記。

幾何公差是指示對象物之形狀、方向及位置之偏差及有關偏擺之容許值，因生產方式及測定方法或檢查方法未有任何特別的規定，所以必須特別限定時，必應分別予以指示。於是在未指示之情形下，若能使精度在所定公差值以內，則使用任何方法均可。

2. 有關公差域

上述幾何公差，實際上其形體由一個以上之幾何學上的完全直線或表面來規制所指定之公差(長度單位)。此種容許範圍稱為公差或，表 17.30 為公差域種類。

利用這類公差域所規制的形體稱為附公差形體，附公差形體若不超出所歸納的公差域內，則任何的形狀或方項亦均被容許。

例如：圖 17.248 即表示位置度於圓筒公差範圍內，而孔之軸線有各種狀態之情形。圖 17.248(a)是孔之軸線與位於眞實位置軸線一致時，(b)為孔之軸線向左偏斜，位置之變動量達到極限時，(c)為孔之軸線在公差域內，以最大極限傾斜時之情形，但這三種情形孔之軸線都在公差域內，所以符合位置度之要求。

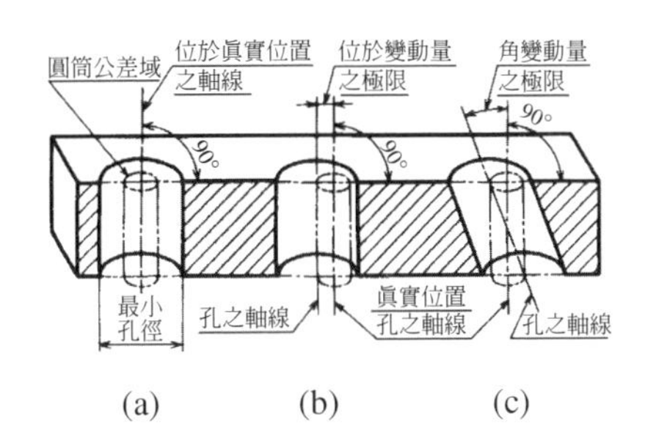

圖 17.248 位置度公差域之軸線關係

3. 利用尺寸容許差的公差域(有關圖面解釋的多樣性)

此處不以上述的公差域，而以圖 17.249 (a)所示，指示尺寸容許差。在這種圖上，對於四個孔之中心位置的解釋極為明瞭，不會有任何疑義發生，但若稍加檢討，則任何解釋均可成立。關於*A*孔，其中心之容許變動區域(公差域)，正如同圖(b)所示，可求出是在 0.2×0.2 mm之正方形面積內，在一致的求法下，其他三孔的尺寸公差受累積公差之影響，情形將不單純。

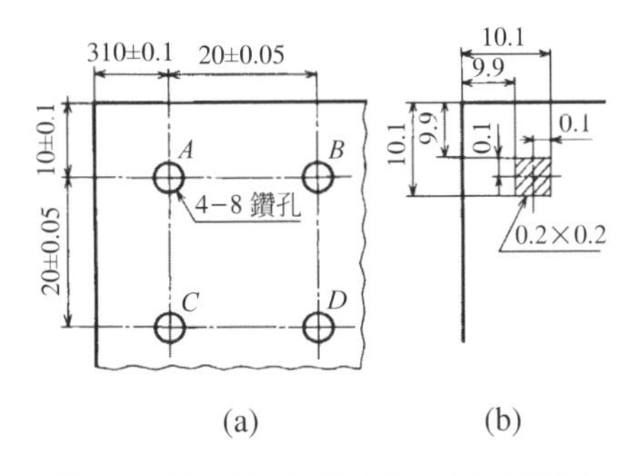

圖 17.249 利用尺寸公差的公差域

表 17.30　公差域及公差值

編號	公差域	公差值	適用幾何公差之例
(1)	圓之內部範圍	圓之直徑	點之位置度、同心度
(2)	兩個同心圓間之範圍	同心圓之半徑差	眞圓度
(3)	兩條等間隔線或平行二直線間之範圍	二線或二直線之間隔	線之輪廓度、平面度
(4)	圓筒內部範圍	圓筒之直徑	眞直度、同軸度
(5)	同軸之兩個圓筒間範圍	同軸圓筒半徑之差	圓筒度
(6)	兩條等間隔線或平行二直線間之範圍	面或二平面之間隔	面之輪廓度、平行度
(7)	球之內部範圍	球之直徑	點之位置度

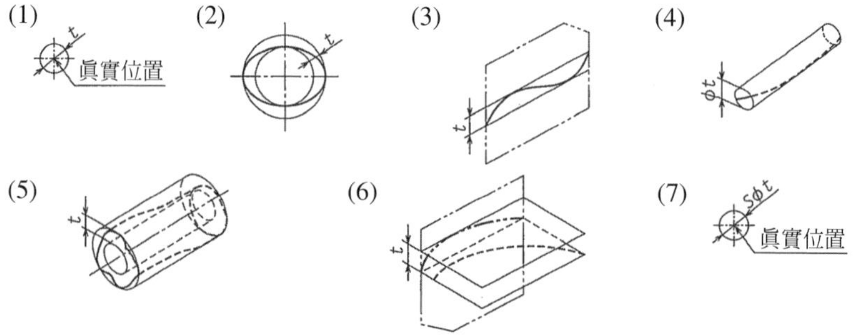

(1) 眞實位置 (2) (3) (4) (5) (6) (7) 眞實位置

現在假設A孔之中心位置是於圖 17.250 (a)之P點。此時依圖 17.249 之指示，以P點爲基準，在水平方向、垂直方向的最小尺寸各爲 19.95，最大尺寸爲 20.05，求右下方D孔之中心時，則如圖所示之 0.1×0.1 mm 之正方形面積是爲其公差域。

同樣情形下，如圖 17.250(b)所示，以P點爲基準，最小尺寸取 19.95，其兩側的容許差各爲 0.05，而最大尺寸爲 20.05 時，由圖可知，A孔以外之孔中心公差域爲 0.05×0.05 mm 的正方形。

這兩種解釋(這其中還能想出一些其他的解釋)是否都正確，無法用圖 17.249 之指示附加說明。

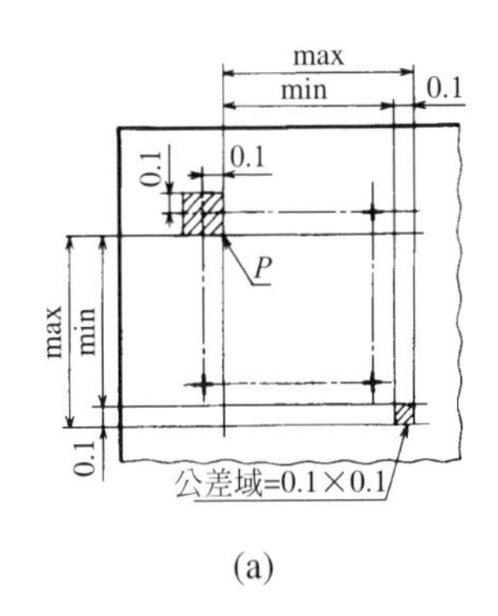

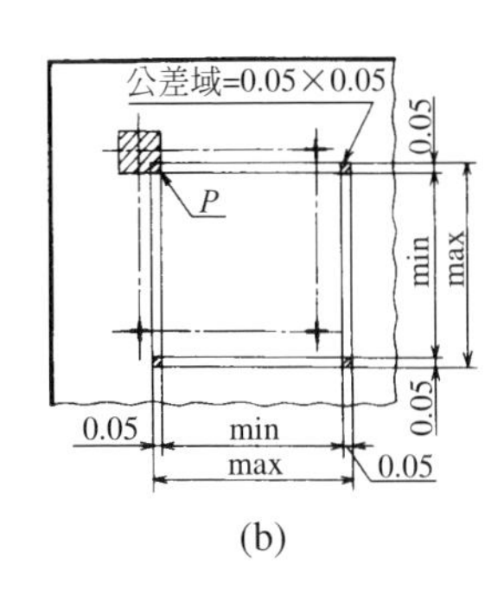

(a) (b)

圖 17.250

4. 利用位置度的公差域

以圖 17.250(b)所示的 0.2×0.2 的公差域來考慮看看。如圖 17.251 所示，此時中心位置之最大變動量是圖示對角線之方向，此時爲 0.2×1.4，即 0.28。在所有方向都容許此變動量時，則如圖 17.251(b)所示之方式，以 0.28 爲直徑之圓內範圍是爲此孔中心之公差域，與(a)圖相較，公差域面積較大 57 %。公差域擴大即表示工作較輕易，然而如此做是否對功能構成威脅應查清楚。

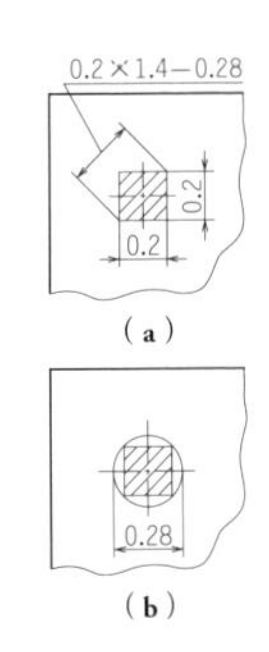

(a)

(b)

圖 17.251 公差域之比較

此類以圓之範圍指定位置度時，圓只要在該圓內之中心全部都屬合格，所以指示孔之中心位置的尺寸上不必賦與公差。即只標註眞實位置之尺寸(理論所謂的正確尺寸)即可。因此因這種尺寸無公差標記，所以當然無累積公差。

如此，使用位置度指示時，並不影響精度，且公差域增加 57 %，能提供圖上完全一致性之解釋。

5. 與公差域有關的一般事項

如前所述，幾何公差的規制是指所有被公差所規制的形體應包含在規定的公差域內，以下幾點應注意之。

(1) 公差域爲圓或圓筒時，在公差値之前應附ϕ符號，公差域爲球時，應附加$S\phi$表示之。

(2) 附公差形體因功能上的需要，指定有兩個以上的幾何公差。(例如：眞圓度及平行度等)。而且，若指定一個幾何公差，亦自動的受其他的幾何偏差所規制。例如：指定平行度公差時，對象物若爲線則同時受眞直度規制，若爲面則同時受平面度規制。

相反的，幾何公差亦有不規制其他

種類之幾何偏差者。例如：因眞直度公差不受平面度之規制，所以選擇公差域時必需特別注意。

⑶ 指定的公差在無特別理由時，適用於對象物形體之全長或全面。

⑷ 附公差形體，只要是包含於公差域內，任何形狀或方向均屬合理。但有補充的註記，或其他嚴格之規制時，則依所補之註記及規制爲之。

6. 基準(依據 JIS B 0022)

⑴ 單獨形體與相關形體

表 17.28 所表示的幾何公差中，眞直度及平面度等之公差，是指該線或該面單獨在其所定的公差域內即可，未規制與其他線或面之相關關係。適用於這類單獨公差的形體，稱爲單獨形體。

平行度或直角度等之公差，因與兩個或兩個以上的部分有相互關係，所以任何被考慮做基準者，不能指示其公差域。此類與基準部相關而適用公差之形體稱爲相關形體。

線與面之輪廓度公差，可視情形而爲單獨形體，及相關形體。

⑵ 基準、基準形體、實用基準形體

爲設定相關形體之公差域而設，理論上正確的幾何學的基準稱爲基準(datum)。此種基準可選點、直線、軸直線、平面及中心平面等，而各自稱爲基準點、基準直線、基準軸直線、基準平面及基準中心平面。

因這些基準是假想的，實際上選擇零件之線或面、孔之中心，或軸線等時難免有工作誤差，在幾何學上不能謂之是正確的形體。因此這種藉助基準的形體，稱之爲基準形體。

另一方面，於加工或檢查時，做爲基準之代用，使之與基準形體接觸而做爲基準的面，例如：用於平台、軸承、心軸(mandrel)等，此亦因有工作誤差，所以不足以稱爲是嚴密的基準，而是有所謂的實際利用的基準之含意，故稱之爲實用基準。圖 17.252 即是這些基準的表示。

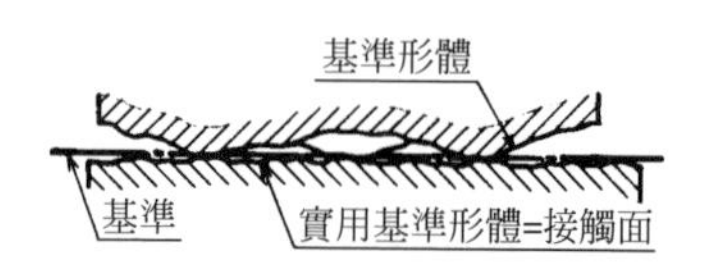

圖 17.252 基準

此種基準在圖中指示的有關方法將述於後，而表 17.29 所示的基準符號(稱爲基準三角符號)之長邊接觸於形體表示線，而自直角之頂點所引出線之端點加一正方形，在正方形內以適當的文字符號指示之。

⑶ 基準系

即使是相關形體中的平行度或直角度等，通常可以指示公差而使與一個基準相關，但必要設置兩個，或三個基準時，這類基準的群組稱爲基準系。尤其是在位置度公差時，大都指示三個相互垂直的 3 個平面做基準，此稱爲三平面基準系。此時，考慮基準的一義性，而有必要決定指示基準之優先順序時，這些基準平面，其優先順位分別稱之爲第一次基準平面、第二次基準平面，及第三次基準平面(圖 17.253)。此外，對應於這些基準的實用基準形體，則分別稱

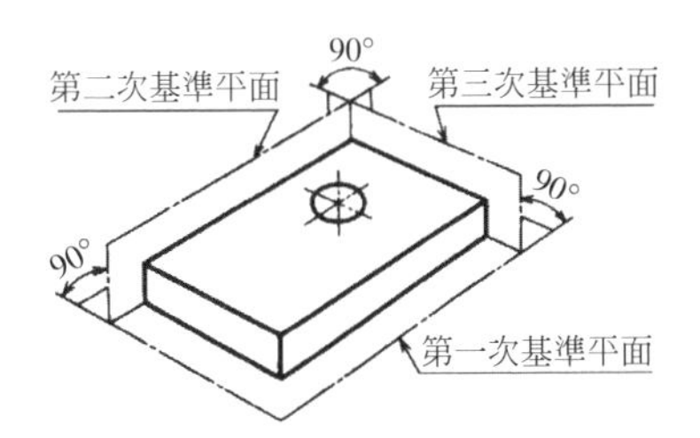

圖 17.253　三平面基準系

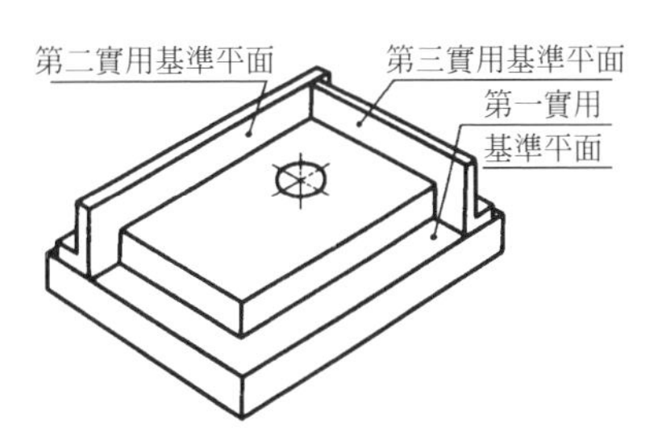

圖 17.254　三平面實用基準系

之爲第一實用基準平面、第二實用基準平面及第三實用基準平面(圖 17.254)。

(4)　**基準區(datum target)**

基準形體是面，而且是鑄件或鍛造品等不整齊形狀的零件時，若指示這種面爲基準平面，則於加工或檢查時在測定上會造成很大的誤差，反復性或再現性恐將有不良影響，因此在這種情形下，不要取全面爲基準平面，只指定代表該面特性的一些點、線或小部分區域，而以之設定基準平面。這類目的所指示的點、線或區域稱之爲目標區。

(5)　**基準之設定**

基準形體做爲所指定之形體，因無法避免某些程度之加工誤差，因此不能考慮將之直接做爲基準。於是在加工、測定、檢查時，要設定下列的基準。

①　直線或平面之基準

指定直線或平面之基準時，基準形體(即對象物)置於實用基準形體(此時通常使用平台)，可能的話應使最大間隔縮小而設定基準。於是平台上面即可視爲基準平面。

此時，對象物若能安穩的置放於平台上時，直接置於平台上即可，但若不能穩定時，則應如圖 17.255 所示，於適當之間隔置放支點，使對象物安定。此種支點，於線之基準形體時爲 2 個，而於平面之基準形體時爲 3 個。

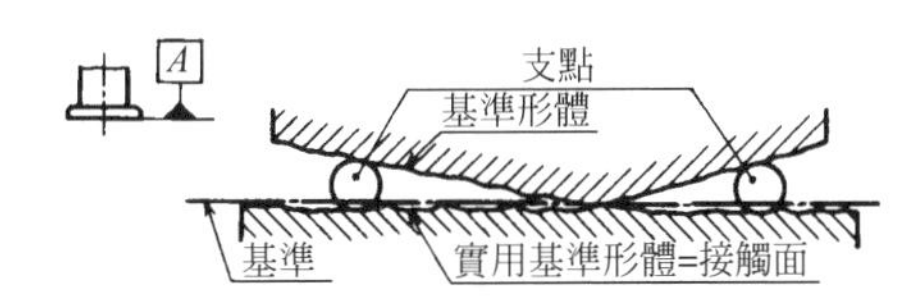

圖 17.255　直線或平面的基準之設定

②　圓筒軸線之基準

指定圓筒孔或軸之軸線做基準時，此種基準爲孔之最大內接圓筒(此時通常使用心軸(mandrel))之軸直線，或軸之最小外接圓筒(此時通常使用軸承)之軸直線設定做基準。

此時，基準形體對於在實用基準形體上不穩定時，則應如圖 17.256 所示所設定的結果應使此圓筒在任何方向之變動，其移動量均相等。

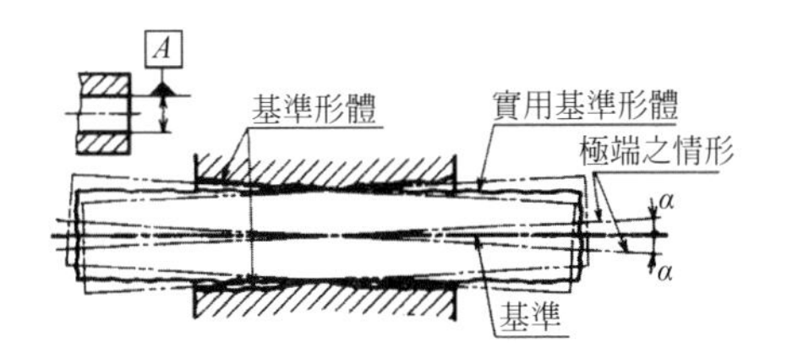

圖 17.256　圓筒軸線之基準設定

③ 共通基準

在兩側有軸頸部之軸類，具有共通軸直線的對象物，或具有共通中心平面對象物之基準，對於各別的基準形體，依共通的實用基準形體設定基準。圖 17.257 是利用時用基準形體 2 條最小外接同軸圓筒之軸直線設定共通軸直線之基準之例子。

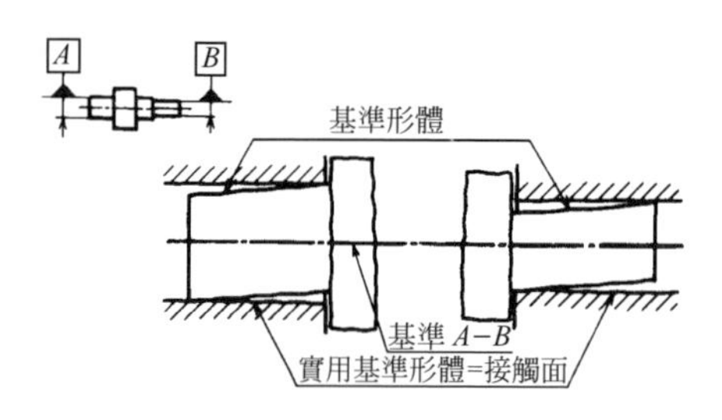

圖 17.257 共通基準之設定

④ 垂直於平面的圓筒軸線之基準

此時，如圖 17.258 所示，首先基準*A*是根據基準形體*A*相接觸的平台等之平的平面設定。基準*B*則是垂直於*A*且根據基準形體*B*內接之最大圓筒之軸直線而設定。此例之基準*A*爲第一次基準，基準*B*爲第二次基準。

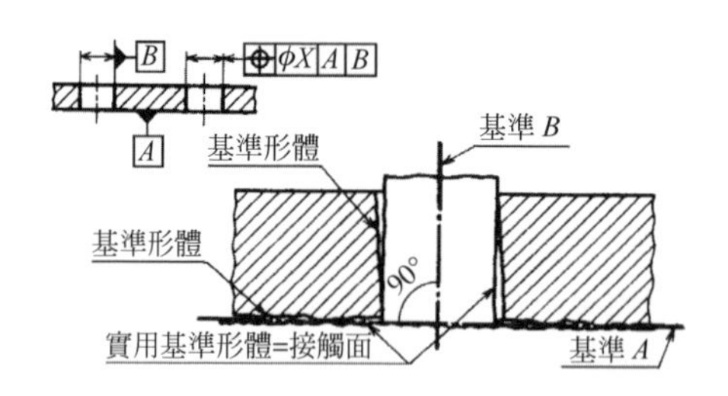

圖 17.258 垂直平面的圓筒軸線之基準設定

⑹ **基準之適用**

如上所述，基準及基準系是設定相關形體間之幾何學的關係而用的基準，所以相互間相關的基準形體及實用基準形體之精度，對於功能上的要求必須要完全，而且對於相關形體所指定幾何公差，因基準形體本身之形狀偏差並未做任何規制，所以必要時對於基準形體，最好亦指定符合基準目的之適量的形狀公差。

表 17.31 爲基準之圖示方法，且表示根據其所指定基準之基準形體及實用基準形體所設定該基準的方法之例。

7. 幾何公差之圖示法

⑴ **公差標記框**：在圖上指示幾何公差時，則用如圖 17.259 所示的長方形框，在長方形框中，要標記表示公差種類之符號，及公差值，彼此之間要分開，如圖所示。而且要明示相關形體基準時，則如圖 17.259(b)、(c)所示，在其後以英文大寫字母表示即可[有關基準之圖示法可參照下述之⑶項]。

至於同一公差適用二個以上之形體時，可如同圖(d)、(e)所示，用符號“×”，於公差標記框上方標註形體數。

⑵ **利用公差之形體標示方法**：公差標示框，對利用公差標示之形體(由公差域規制之形體)，如圖 17.260、圖 17.261 所示，由該框右側或自左側引出一條細線與指示線垂直連續，並在前端加箭頭。此時，箭頭指示之對方必須注意下列幾點。

表 17.31　基準之設定例(JIS B 0022)

種類		基準之圖示	基準形體	基準之設定
以點做基準時	球之中心	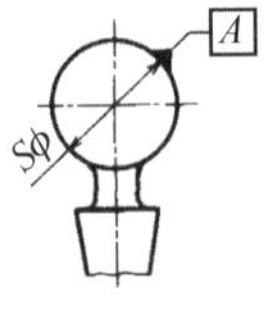 Sφ A	 實際之表面	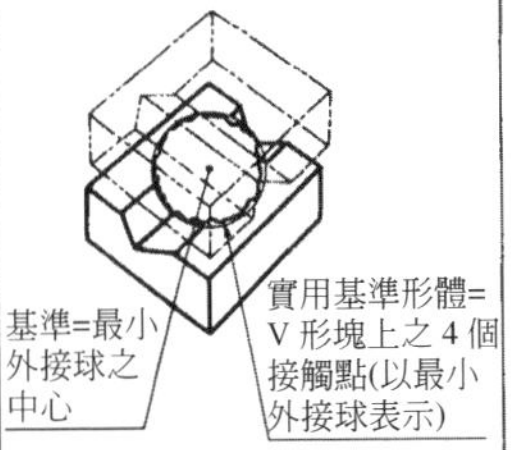 基準=最小外接球之中心 實用基準形體=V 形塊上之 4 個接觸點(以最小外接球表示)
	圓之中心	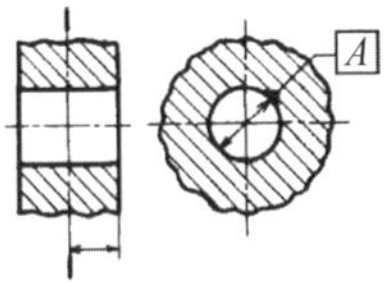 A	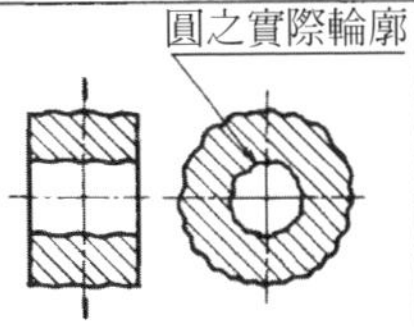 圓之實際輪廓	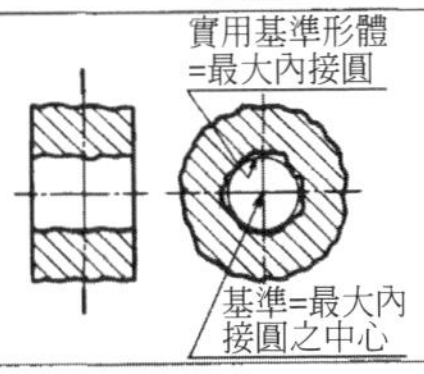 實用基準形體=最大內接圓 基準=最大內接圓之中心
	圓之中心	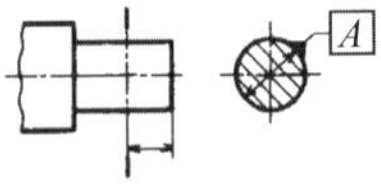 A	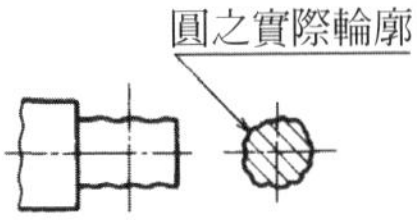 圓之實際輪廓	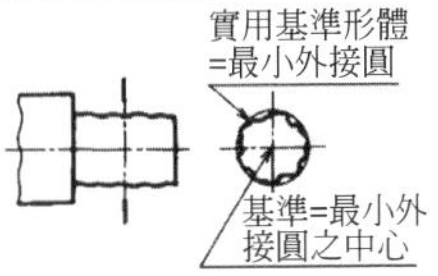 實用基準形體=最小外接圓 基準=最小外接圓之中心
以線做基準時	孔之軸線	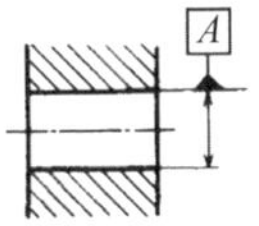 A	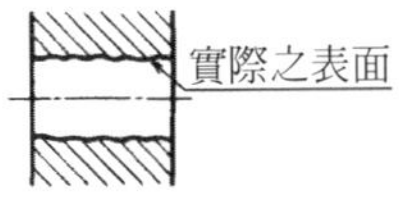 實際之表面	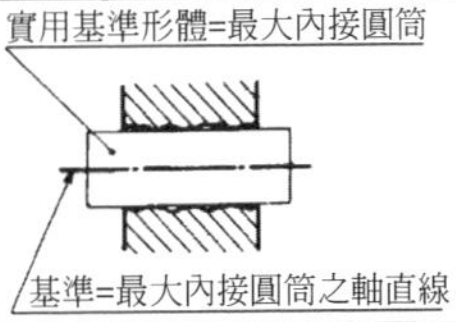 實用基準形體=最大內接圓筒 基準=最大內接圓筒之軸直線
	軸之軸線	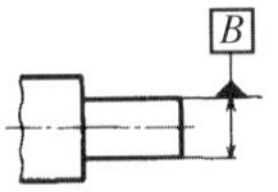 B	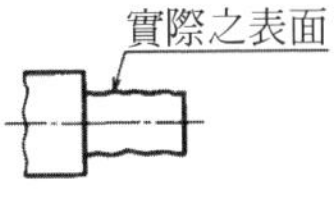 實際之表面	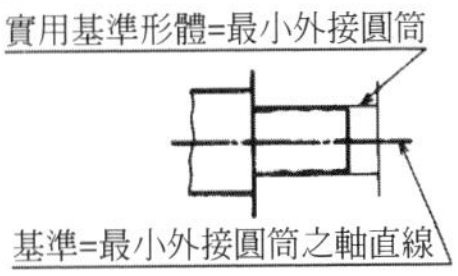 實用基準形體=最小外接圓筒 基準=最小外接圓筒之軸直線
以平面做基準時	零件之表面	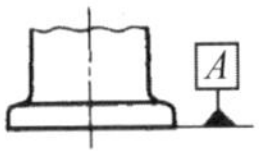 A	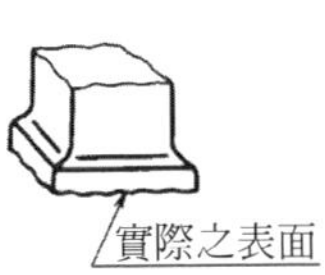 實際之表面	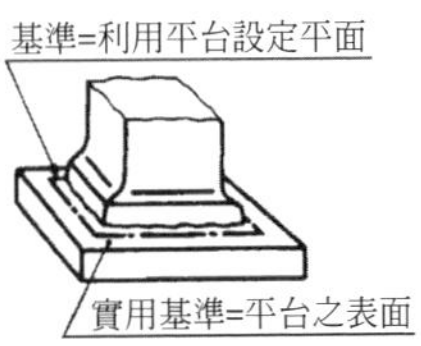 基準=利用平台設定平面 實用基準=平台之表面
	零件之兩個表面之中心平面	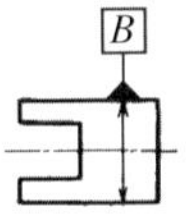 B	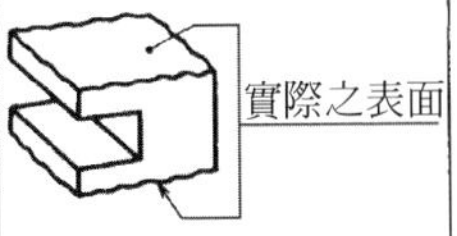 實際之表面	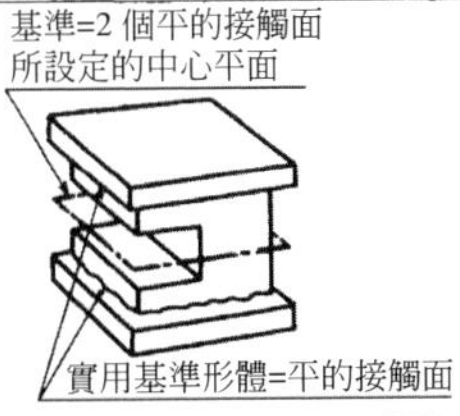 基準=2 個平的接觸面所設定的中心平面 實用基準形體=平的接觸面

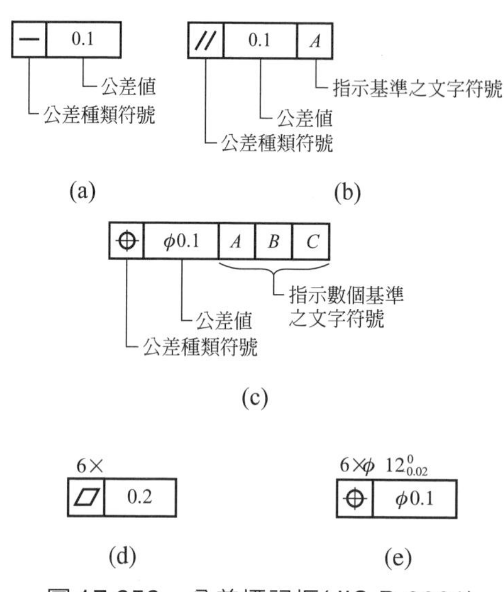

圖 17.259　公差標記框(JIS B 0021)

① 指示線或面本身公差時，在形體之外形線上或外形線之延長線上，與指示線箭頭垂直接觸。此種情形如圖 17.260 所示，應明確的避開尺寸線之位置而標註之。如果指示線之箭號與尺寸線一致時，則如下述②之解說。

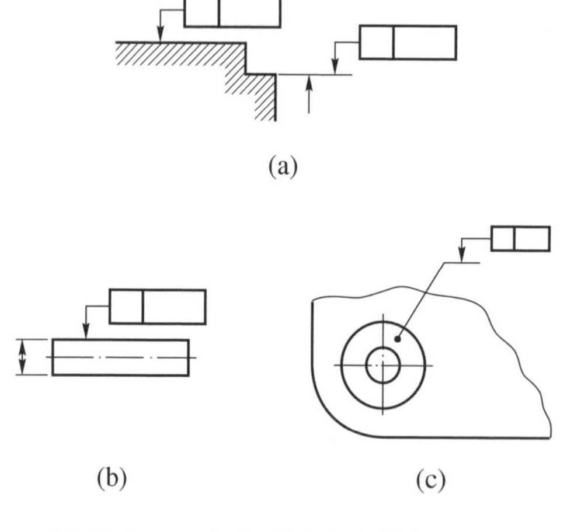

圖 17.260　在線或面本身指定公差時

在當做面表示之部分指示公差時，如同圖(c)所示，以附有黑圓點之引出線接觸該面。

② 指定賦與尺寸形體之軸線，或中心面公差時，則由尺寸線之延長線做爲公差標記框之指示線(圖 17.261)。

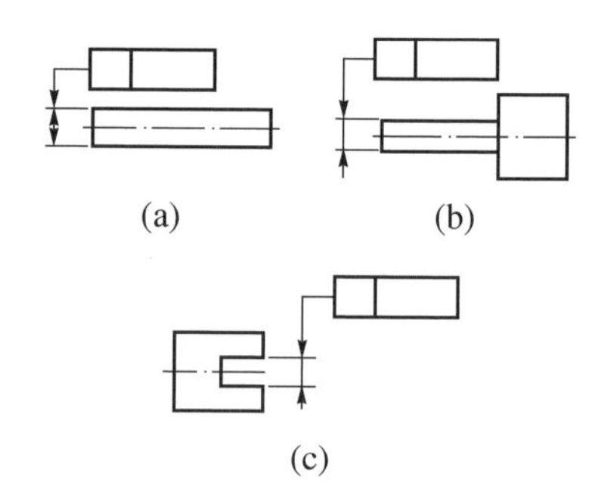

圖 17.261　指定軸線或中心面公差時

(3) **基準之圖示法**：指定相關基準公差時，在基準上附上塗黑的直角等腰三角形符號(稱爲基準三角符號)，如圖 17.262 所示，自三角形頂點引出指示線，以正方形框，將表示基準的英文大寫字母(稱爲基準文字符號)包圍之。

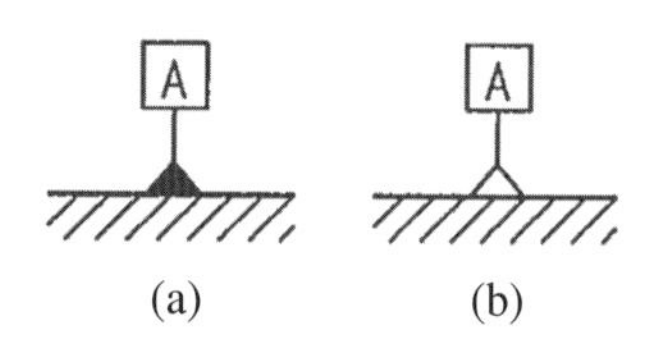

圖 17.262　基準文字符號

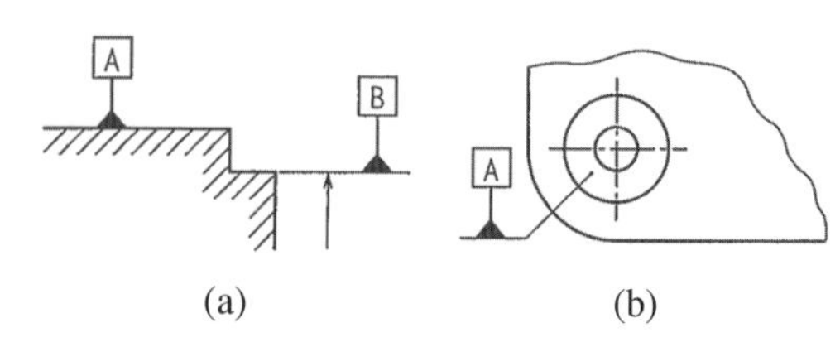

圖 17.263　在面或線上指定基準

若有必要亦可不將基準三角符號塗黑。標記基準三角符號時，應注意下列幾點。

① 線或面本身是基準形體時，在形體之外形線上或外形線之延長線上附記基準三角符號(圖 17.263)。此時，基準三角符號應明確避開尺寸線位置而標記之，如圖例所示。其有關之理由與前節所述相同。

② 賦與尺寸形體之軸直線，或中心面是基準形體時，尺寸線之延長線做爲基準之指示線如圖 17.264 所示。此時，尺寸線之箭號是自尺寸輔助線或外形線之外側標註時，則其中一個箭頭應以基準三角符號代用。

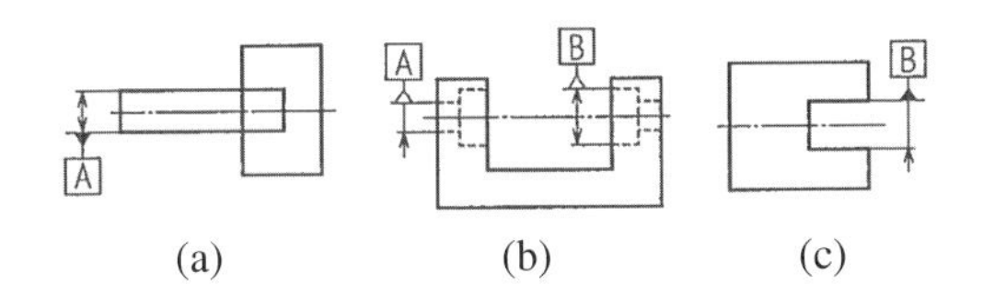

圖 17.264　在軸線或中心面上指定基準

③ 只適用基準形體限定部分的場合，此限定部分以粗虛線依尺寸標示來表示參考(圖 17.277)。

(4) **基準文字符號於公差標註框內之標註法**

① 基準爲一個時，是以一個文字符號指示該基準[圖 17.265(a)]。

② 兩個基準形體所設定的共通基準，是以連字符號(hyphen)將指示基準的 2 個文字符號相連結[圖 17.265(b)]。

③ 兩個以上的基準，且這些基準有優先順序時，由左至右依序安排其優先順序高者，框內的文字符號要分別隔開[圖 17.265(c)]。

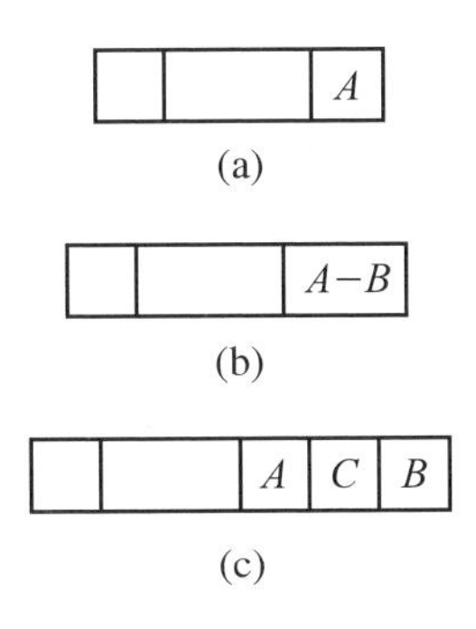

圖 17.265　基準文字符號之標註法

決定優先順序時，如圖 17.266、圖 17.267 所示，對公差影響很大，因此要特別注意。

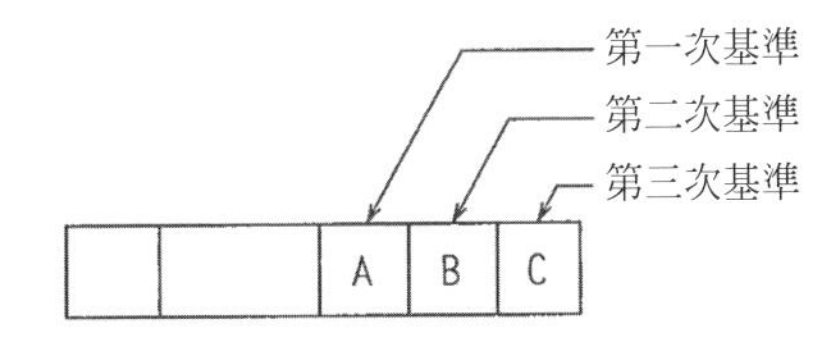

圖 17.266　基準的優先順位

(5) **公差之圖示方法與公差域之關係**

① 公差域形成原則：圖 17.268 及圖 17.269 表示平行度公差之圖示例與其公差域之關係。

如圖 17.268(a)所示，在公差值之前未標註ϕ時，此種線之公差域是存在於連結公差標註框與形體之指示線箭頭方向。於是此例即如同圖(b)所示，在間隔 0.1 mm 的兩平行(水平)平面所夾的區域即爲其公差域。若欲指定垂直的二平面間公差域時，指示線之箭頭必需呈水平狀而接觸形體。

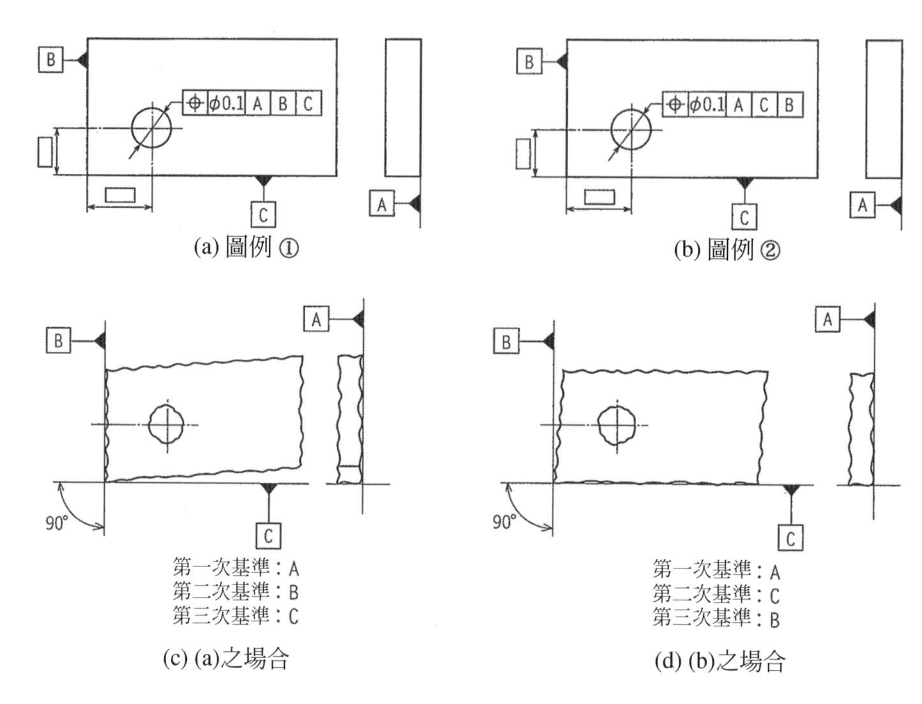

圖 17.267　基準系設定之注意事項

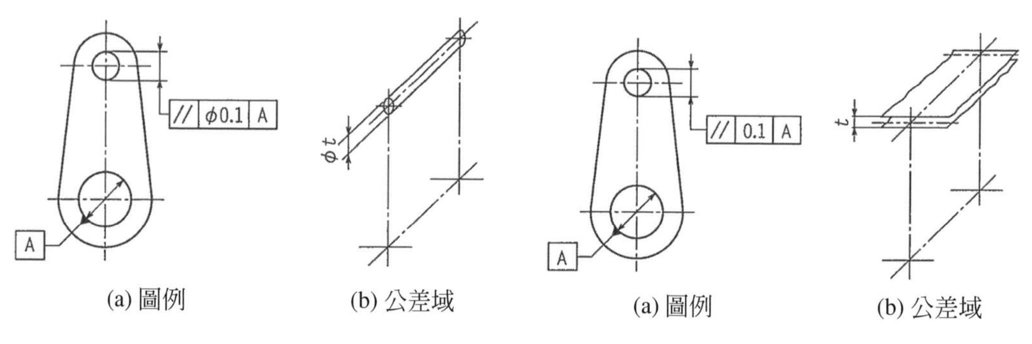

圖 17.268　公差域存在於圓筒內部

圖 17.269　公差域存在於指示線之箭頭方向內

如圖 17.269(a)所示，在公差值之前附記φ符號時，則公差域是存在於圓或圓筒之內部，於是此例即如同圖(b)所示，公差域是在直徑 0.1 mm的圓筒內部。

②　公差域之適用

❶　除了要特別指定，公差域之寬度適用在垂直指定的幾何形狀(參考圖 17.270)。

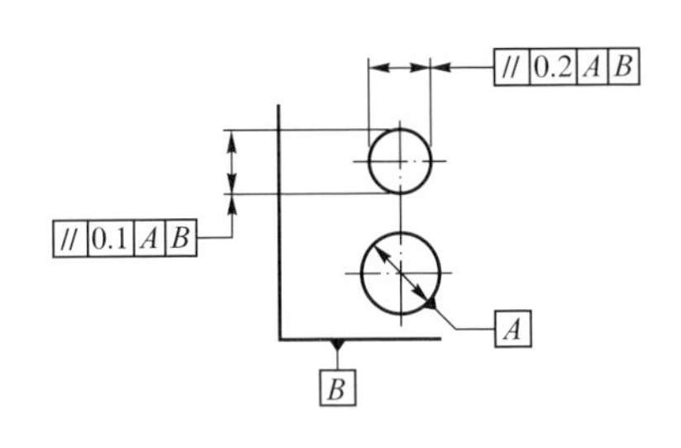

圖 17.270　公差域之適用①

❷　指示二個公差時，除了有特別指定，適用在公差域互成直角之場合(參考圖 17.271)。

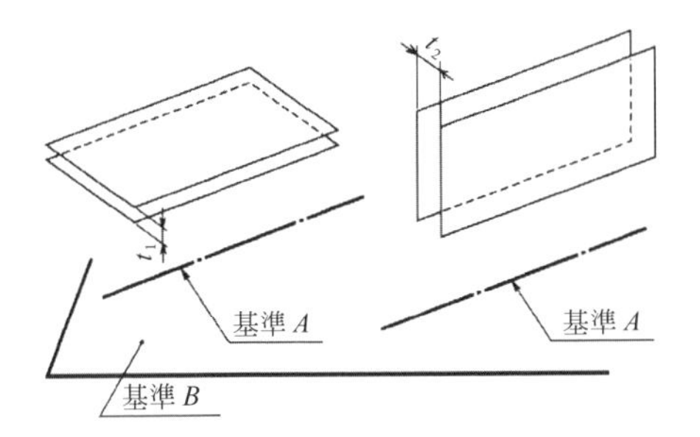

圖 17.271　公差域之適用②

❸　對於相互偏離形體要指定同一公差值時，如圖 17.272，設計共通的公差標註框，並自其引出指示線，分別接觸至各形體，而不必各形體分別以公差標註框來指定。

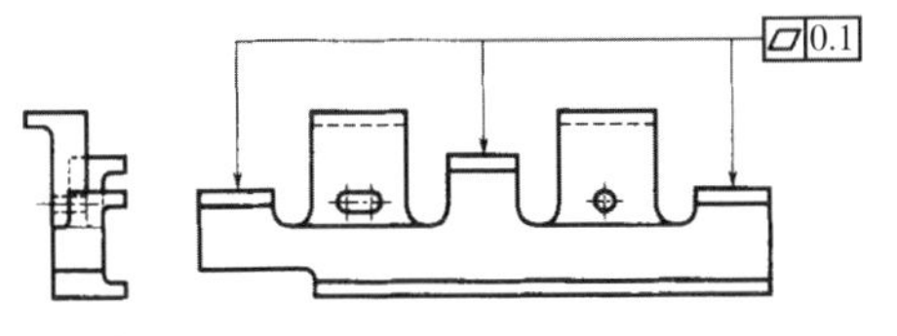

圖 17.272　形體偏離之同一公差值指定

❹　互偏離形體適用一個公差域時，如圖 17.273，必須在公差標註框中標註文字符號 "*CZ*" (Common zone 之略)。

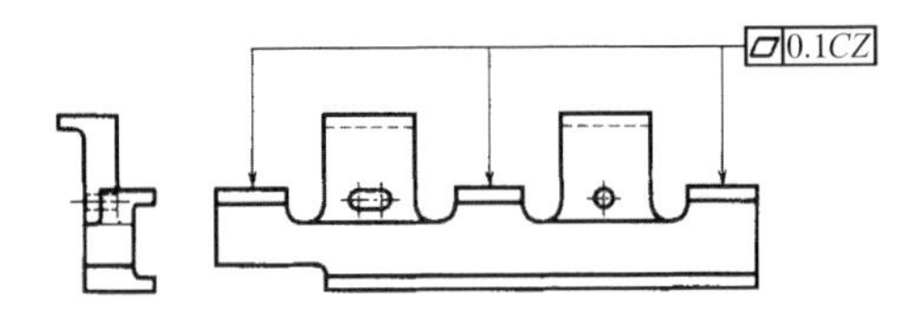

圖 17.273　共通公差域指示法

③　曲面之公差域寬：曲面之公差域(面之輪廓度或偏離)之寬，原則上是存在於所規制面的法線方向(圖 17.274)。但公差域不是在面之法線方向，而欲指定特定方向時，如圖 17.275 所示，必須指定其方向。

圖中角度α即使是 90°亦要指示。

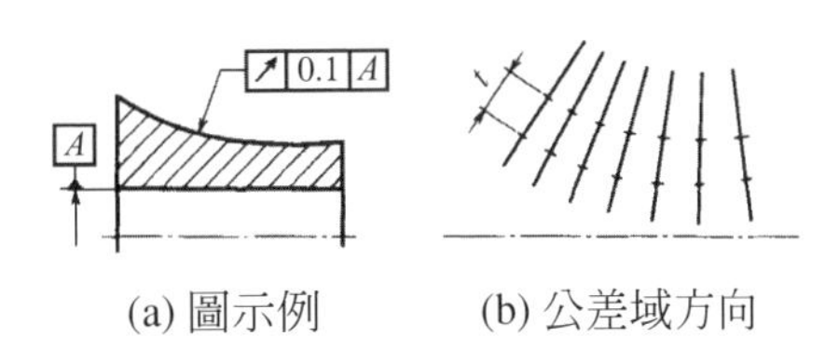

(a) 圖示例　(b) 公差域方向

圖 17.274　公差域之寬存在於法線方向

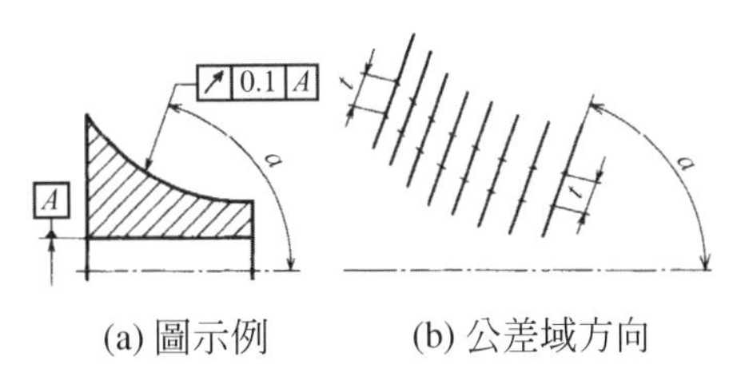

(a) 圖示例　(b) 公差域方向

圖 17.275　公差域在特別指定的方向上時

(6)　補足事項之標示方法

①　輪廓度特性適用於所有斷面外形或所有境界表面場合，如圖 17.276(1) 所示，使用符號 "全周長" 來表示。

全周表符號不是適用加工物所有表面，只適用標示輪廓度公差之表面。

如17.276圖(2)所示，關於標示螺紋峰之幾何公差及參照基準，螺絲(或齒輪等)外形之“MD”在無特別標示時，適用從節圓筒中所導出之軸線。

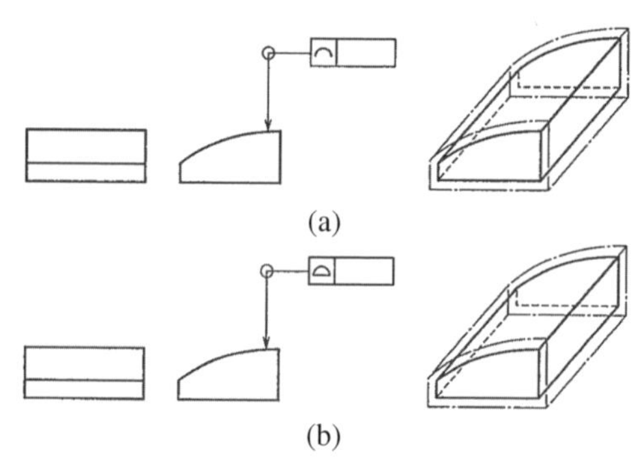

(1) 輪廓度特性的“全周長”標示例

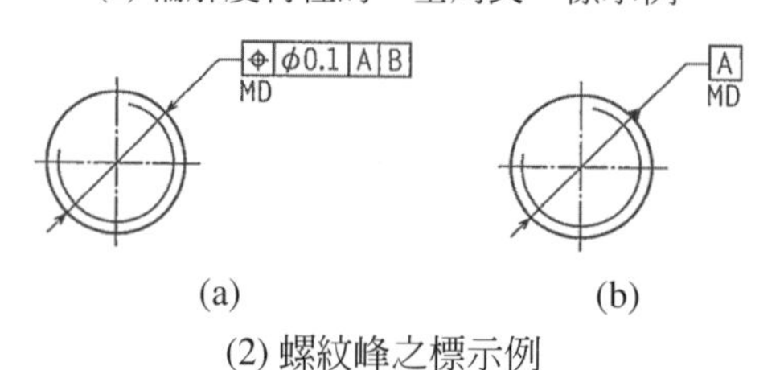

(2) 螺紋峰之標示例

圖 17.276　補足事項之標示方法

⑺　**公差之適用限定**

①　只於限定的範圍指定公差：只於線或面之某限定範圍內適用所指定的公差時，於線或面之外側加畫粗的一點鏈線以指示其限定其範圍即可(圖17.277)。

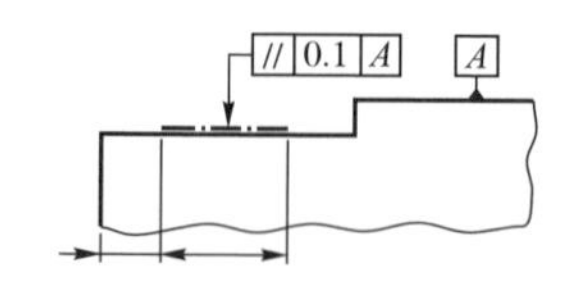

圖 17.277　公差適用範圍之限定

②　在限定長度指定公差時：在對象形體任意位置，於限定長度適用相同特性之公差時，該限定長度之數值標註於公差值後所繪斜線右側。此種指示法，如圖17.278，直接標註在形體之全體公差標註框之下方區域上。

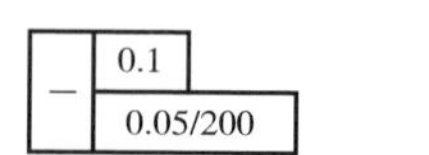

圖 17.278　限定之指示

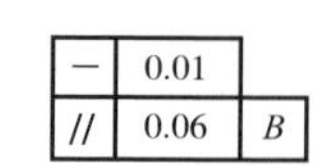

圖 17.279　數個公差之指示

③　數個公差之指定：對於一個形體必須指定二個以上之公差時，如圖17.279，爲求方便，可附在一個公差標註框下方將公差標註。

⑻　**理論的正確尺寸**：正如於圖17.250所說的，若以尺寸公差表示位置度時，由於公差之累積，而其解釋會有疑義產生，所以利用幾何公差指定位置度、輪廓度或傾斜度時，表示該附公差形體之位置之尺寸及角度上，不賦與尺寸容許差。此類尺寸即稱之爲“理論的正確尺寸”。此即如圖17.280所示，用框將尺寸數字圍起來，如 30，60° 所示。

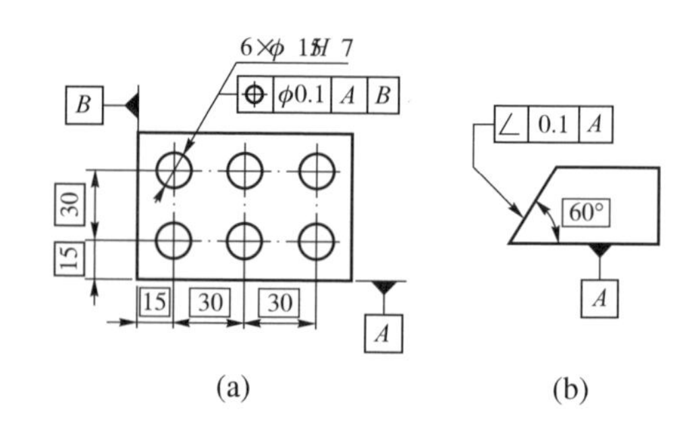

圖 17.280　理論的正確尺寸

於是如果圖 17.280(a)之左下方所標註的水平方向，及垂直方向的尺寸[15]，未以框圍起來時，這種尺寸適用於普通容許差，基準*A*、*B*失去意義，6 個孔全體可以變成普通容許差。此時，所謂理論的正確尺寸，則表示非爲其本身的尺寸容許差。

(9) **突出公差域**：用幾何公差所指示的形體公差域，通常是以指示線在所指示形體之中而形成，但亦有時是因與所組立的配合零件之關係，而必須指定於形體之外部。例如：如圖 17.281 所示，以螺栓結合 2 個零件時，螺栓孔之公差域不是在該零件之內部，而必須是在螺栓突出的部分。因此，公差域不是在該形體本身之內部，而是設於其外部時，稱爲“突出公差域”。如圖 17.281 所示，其突出部以細的二點鏈線表示，在其尺寸數字之前，及公差值之後，標註符號Ⓟ。P 爲 Projceted tolerance 之略。此種突出公差域，能適用於方向公差及位置公差。

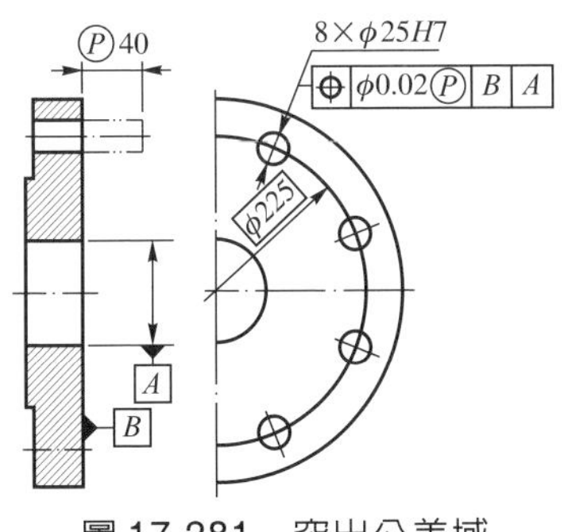

圖 17.281　突出公差域

(10) **最大實體公差方式之適用**：尺寸公差與幾何公差間相互依存關係，稱之爲“最大實體公差方式”，是以最大實體狀態爲基礎所給與的公差方式。(此種方式的詳細說明可參照下節)。

在幾何公差上指示這種最大實體公差方式的符號爲Ⓜ，此 M 爲 Maximum Material Condition 之略。

① 適用於附公差形體時，於公差值之後標註Ⓜ[圖 17.282(a)]。

② 適用於基準形體時，在表示基準的文字符號之後標註Ⓜ[圖 17.282(b)]。

③ 適用於附公差形體及其基準形體兩者時，在表示公差值之後及表示基準之文字符號後標註Ⓜ[圖 17.282(c)]。

(a) 適用利用之公差形體　(b) 適用基準形體

φ0.04 Ⓜ | A Ⓜ

(c) 適用利用之公差形體與基準形體

(1) 最大實體公差方式

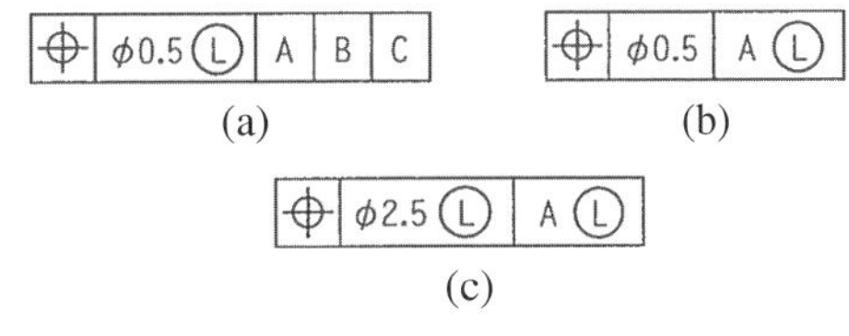

(a)　(b)

(c)

(1) 最小實體公差方式

圖 17.282　最大實體公差方式及最小實體公差方式之標示

此外，如圖 17.282(2)所示，以最小實體狀態爲基礎所給與的公差方式，稱之爲最小實體公差方式。

8. 基準區之圖示法

在圖中指示基準區時，使用如表 17.32 所示的基準區符號，且如圖 17.283 所示，以橫線區分圓形框(基準區標註框)來表示。

表 17.32　基準區符號

用途		記號	備註
基準區爲點時		X	用粗實線的×記號
基準區爲線時		X——X	以細實線連結兩個×記號
基準區爲一區域時	圓時		原則上以細假想線圍起來，並畫剖面線。但圖示困難時，以細實線代替細假想線亦可。
	長方形時		

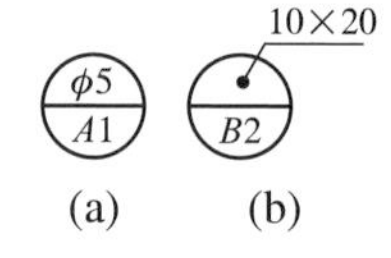

圖 17.283　基準區標註框

如表所示，基準爲點時，以粗實線之×符號表示，基準爲線時，以細實線連結二個×符號。

此外，基準區爲圓或長方形等區域時，則以細假想線圍起來，並畫剖面線，但以細假想線圖示有困難時，亦可以細實線代之。

此外，在基準區標註框之下方，應標註該基準區之標識符號，如*A*1、*A*2或*B*1、*B*2，上方則標記區域之大小，如ϕ5或 10×20 之。若區域之大小無法寫入框中時，應記於框外，並以引出線與框連結之。

此種基準區標註框，應以附箭頭的引出線與基準區符號連結，如圖 17.284 所示。

基準區通常都是用多個基準設定，所以一般是由基準區*A*1、*A*2、*A*3設置基準*A*，由*B*1、*B*2設置基準*B*，甚至由*C*1設定基準*C*的方法而形成三平面基準系。

9.　形體群做基準時之指示

基準不光是單一線或平面之形體，如數個孔，亦可用形體群來做基準。圖 17.285 即是以 8 個孔之實際位置做基準，規制其他 6 孔之群時之表示例，此種以形體群指定其他形體或形體群之基準時，必須如圖所示，於公差標註框上附加基準三角符號。

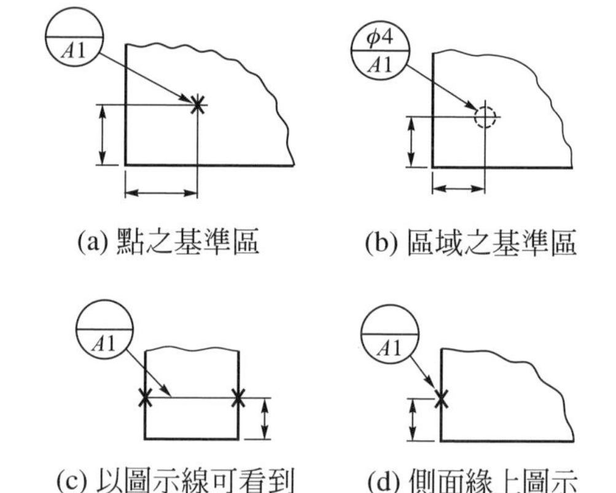

圖 17.284　基準區之標註法

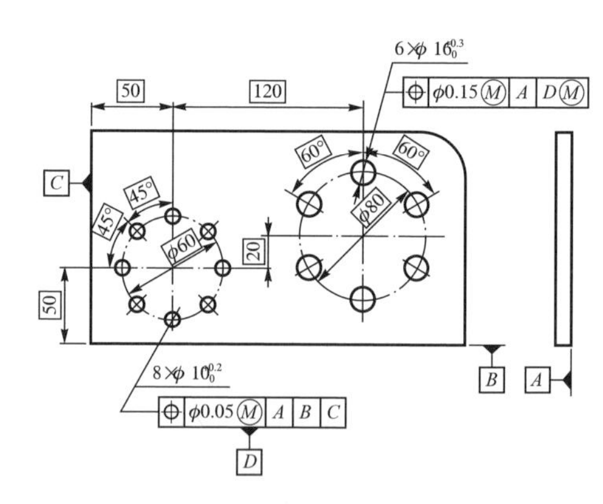

圖 17.285　形體群做基準時

10. 幾何公差之定義

表 17.33 爲各種幾何公差之詳細定義及其公差域。定義的所有圖，只標示與指示定義相關之偏差。

表 17.33　幾何公差之定義及指示方法與說明(JIS B 0021)　(單位 mm)

符號	公差域之定義	指示方法及說明
	(1)真差度公差	
—	對象平面內公差域只偏離 t，在指定方向，由平行兩直線規制之。 公差域依只偏離 t 之平行兩平面規制之。 〔備註〕此意義與舊 JIS B 0021 不同。 公差值之前附記符號 ϕ，公差域由直徑 t 之圓筒規制之。	上側表面上，平行指示方向投影面之任意實際(再現)線，必須在只偏離 0.1 之平行兩直線間。 圓筒表面上任意實際(再現)母線，必須在只偏離 0.1 之平行兩直線間。 〔備註〕關於母線之定義，並未標準化。 適用公差圓筒之實際(再現)軸線，必須在直徑 0.08 之圓筒公差域內。
	(2)平面度公差	
▱	公差域，由只偏離距離 t 之平行兩平面規制之。	實際(再現)表面，必須在只偏離 0.08 之平行兩平面之間。
	(3)真圓度公差	
○	對象橫斷面中，公差域由同軸之兩圓規制之。 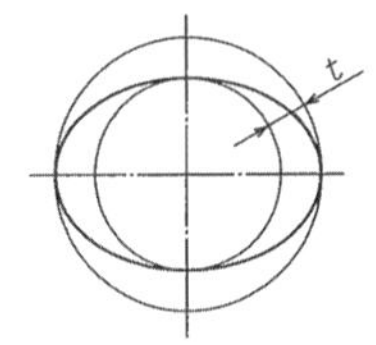	圓筒及圓錐表面任意橫斷面中，實際(再現)半徑方向之線，必須在半徑距離只偏離 0.03 共通平面上同軸之兩圓間。 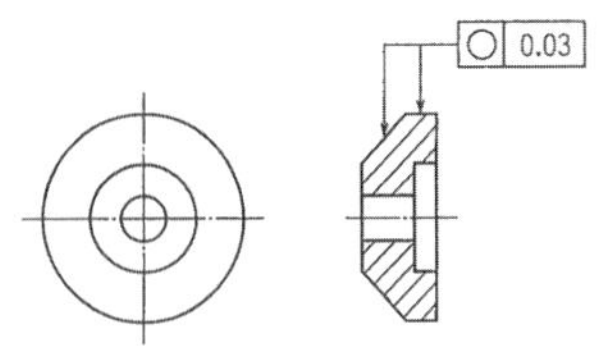

表 17.33　幾何公差之定義及指示方法與說明(JIS B 0021)(續)　(單位 mm)

符號	公差域之定義	指示方法及說明
○		圓錐表面任意橫斷面內，實際(再現)半徑方向線，必須在半徑距離只偏離 0.1 之共通平面上同軸之兩圓內。 〔備註〕半徑方向之線的定義並未標準化。 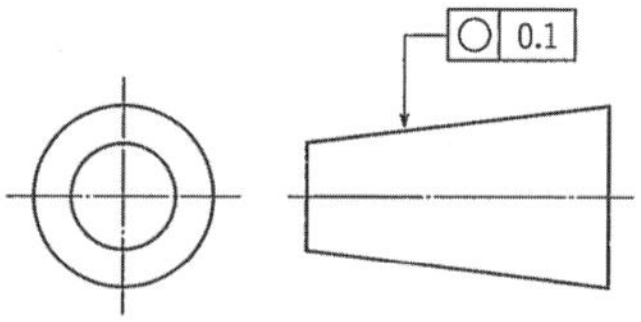
⌭	⑷圓筒度公差	
	公差域，由只偏離距離 t 之同軸兩圓筒規制之。 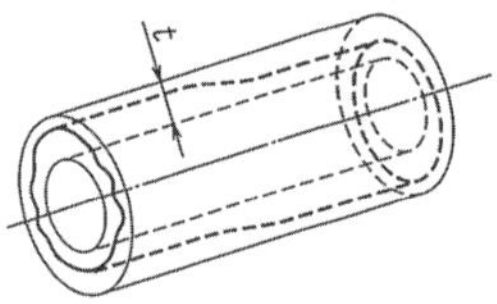	實際(再現)圓筒表面，必須在半徑距離只偏離 0.1 之同軸兩圓筒之間。 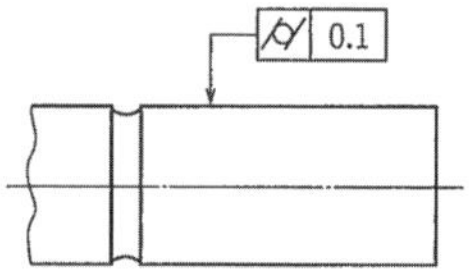
⌒	⑸與基準無關之線輪廓度公差(ISO 1660)	
	公差域，由直徑 t 之各圓的兩包絡線規制之，此等圓之中心位在具有理論正確，幾何學形狀之線上。 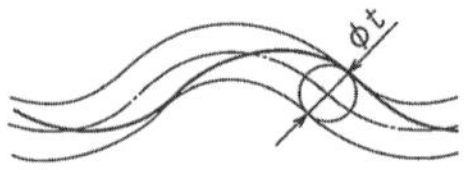	平行指示方向上投影面各斷面中，實際(再現)輪廓線，必須在直徑 0.04 之，此等圓中心位於具有理想幾何學形狀線上兩包絡線之間。 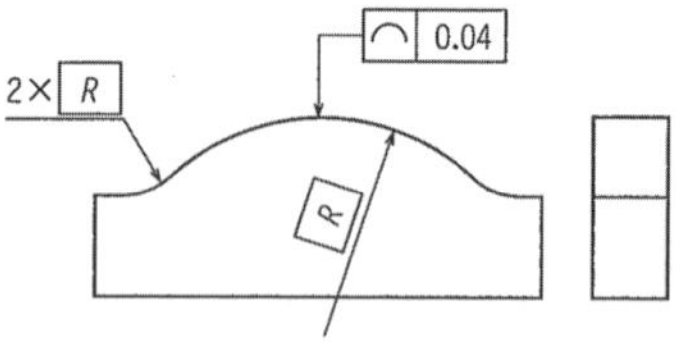

表 17.33　幾何公差之定義及指示方法與說明(JIS B 0021)(續)　(單位 mm)

符號	公差域之定義	指示方法及說明
	⑹與基準相關之線輪廓度公差(ISO 1660)	
⌒	公差域由直徑 t 之各圓之兩包絡線規制之，此等圓中心位於具有基準平面 A 及基準平面 B 相關之理論正確幾何形狀之線上。 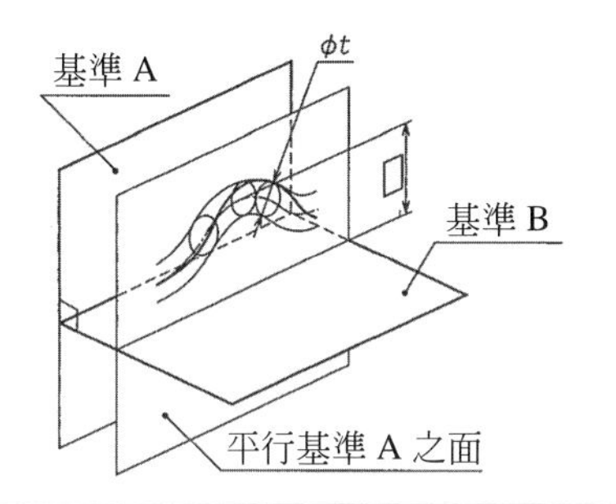 	平行指示方向上投影面各斷面中，實際(再現)輪廓線，必須在0.2之，此等圓中心位於具有基準平面 A 與基準平面 B 相關之理論幾何學輪廓線上之圓之兩包絡線間。 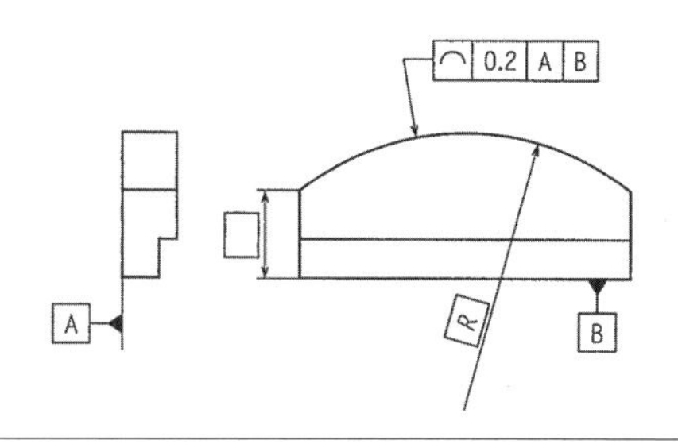
	⑺與基準無關之面輪廓度公差(ISO 1660)	
⌓	公差域，由直徑 t 之各球兩包絡線規制之，此等球之中心位於具有理論正確幾何學形狀之線上。 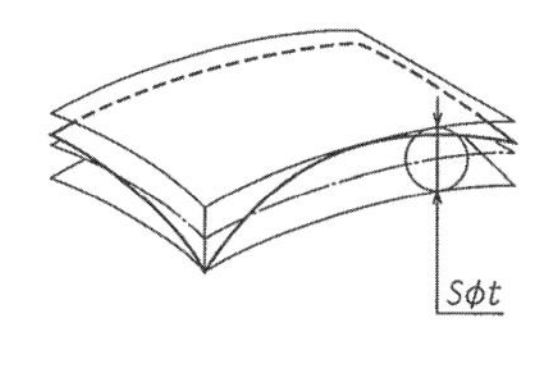 	實際(再現)表面，必須在直徑0.02之，此等球之中心，必須在具有理論的，正確的幾何形狀之表面上各球之兩個包絡面之間。 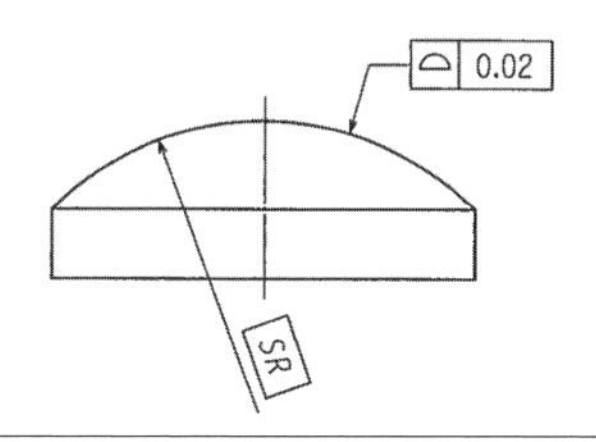
	⑻與基準相關之面輪廓度公差(ISO 1660)	
⌓	公差域，由直徑 t 之各球兩包絡線規制之，此等球之中心位於具有基準平面A相關理論正確的幾何學形狀之表面上。 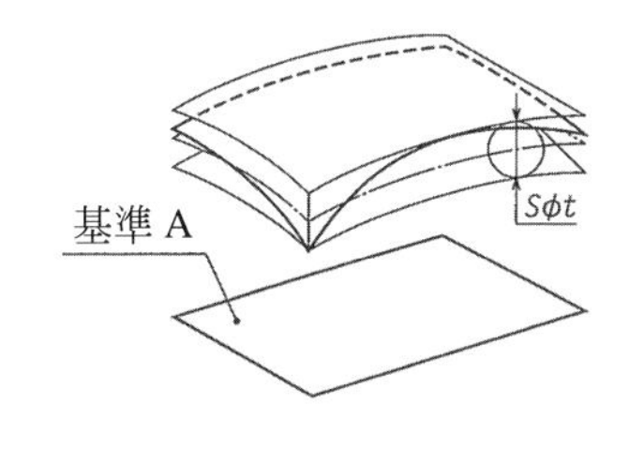 	實際(再現)表面，在直徑0.1之，此等球之兩等間隔包絡面之間，此球之中心位於具有基準平面 A 相關理論之幾何學形狀之表面上。 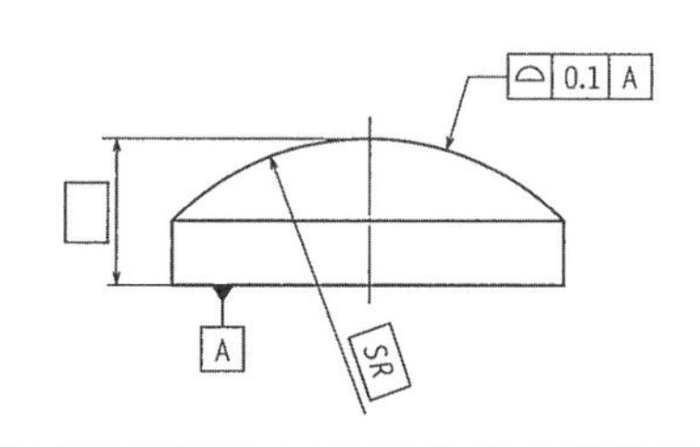

表 17.33　幾何公差之定義及指示方法與說明(JIS B 0021)(續)　(單位 mm)

符號	公差域之定義	指示方法及說明
	(9)平行度公差	
	①基準直線相關線之平行度公差	
//	公差域，由只偏離距離 t 之平行兩平面規制之。此等平面平行基準沿指示方向。 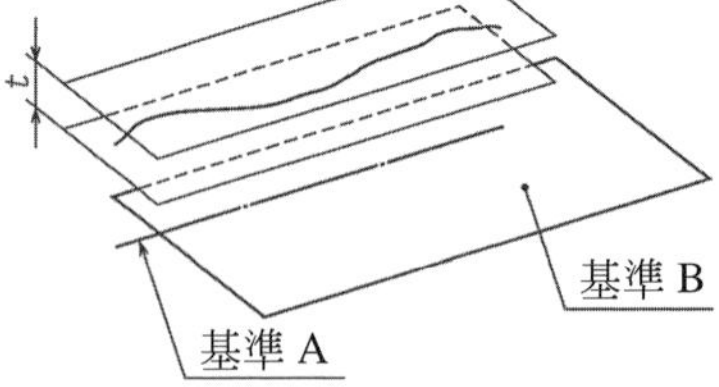 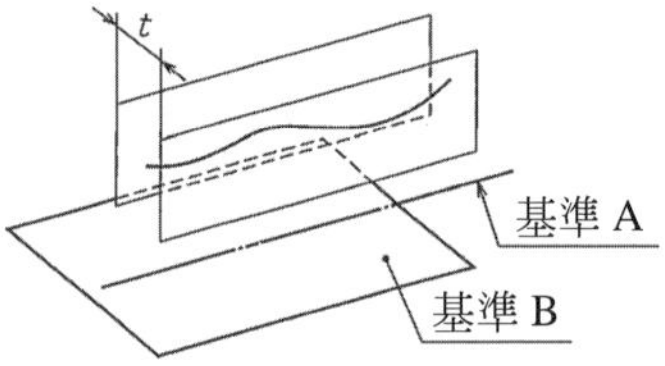 基準 A　基準 B　t	實際(再現)軸線，只偏離 0.1，平行基準軸直線 A，必須在指示方向之某平行兩平面間。 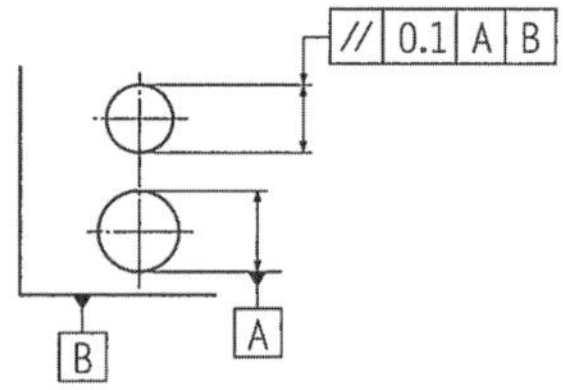 // 0.1 A B　A　B 實際(再現)軸線，只偏離 0.1，平行基準軸直線(基準軸線)，必須在指示方向之某平行兩平面間。 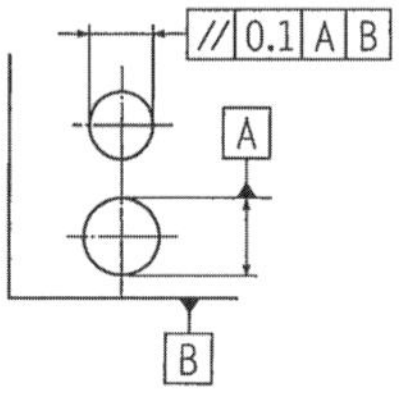 // 0.1 A B　A　B
//	公差域，只偏離距離 t_1 及 t_2〔參考圖(a)及(b)〕，由相互垂直之平行兩平面規制之，此等平面平行基準軸直線，沿指示方向。 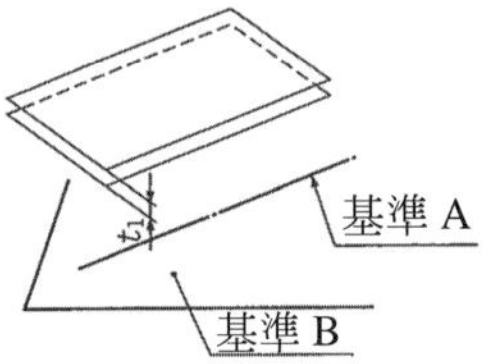 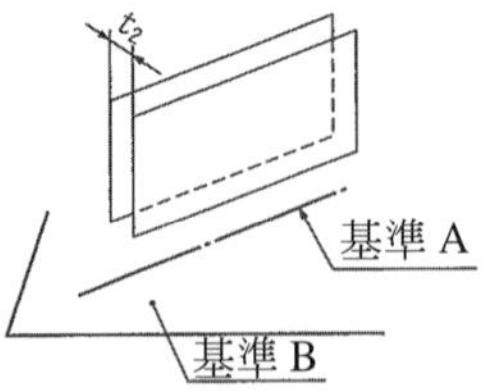 t_1　基準 A　基準 B t_2　基準 A　基準 B	實際(再現)軸線，沿個別指示方向相互垂直之平行兩平面，必須只偏離 0.2 及 0.1 之間。 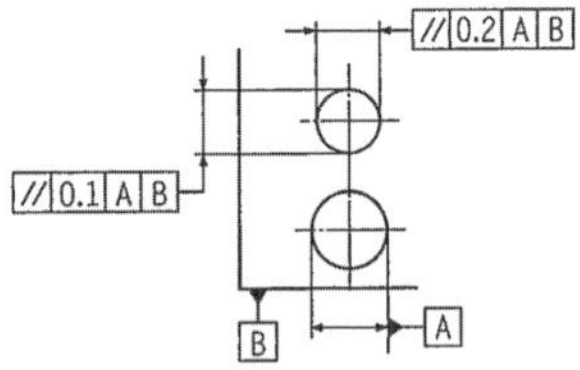 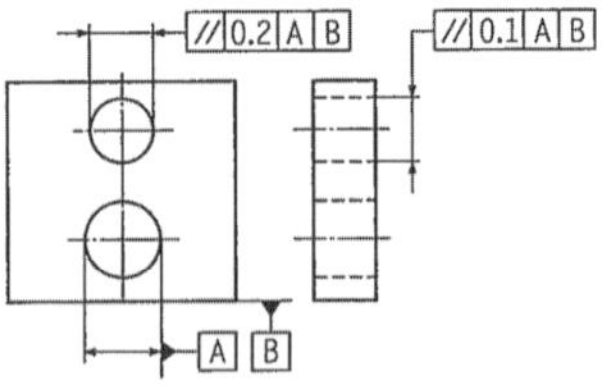 // 0.2 A B　// 0.1 A B　A　B // 0.2 A B　// 0.1 A B　A　B

表 17.33　幾何公差之定義及指示方法與說明(JIS B 0021)(續)　(單位 mm)

符號	公差域之定義	指示方法及說明
//	若公差值前附記符號ϕ時，公差域由平行基準直徑 t 之圓筒規制之。 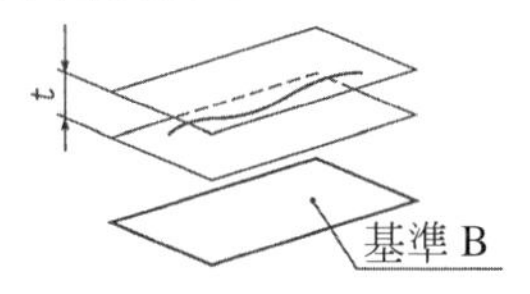 	實際(再現)軸線，必須在平行基準軸直線 A 直徑 0.03 之圓筒公差域之中。 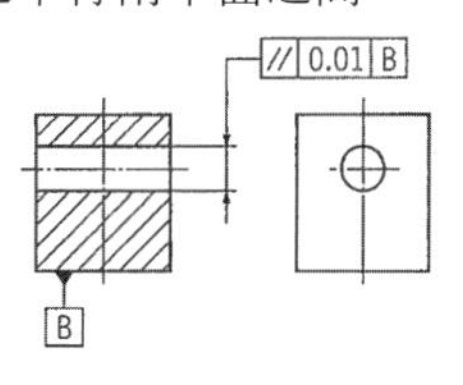
	②基準平面相關線之平行度公差	
	公差域，只偏離距離 t，由平行基準平面 B 之平行兩平面規制之。 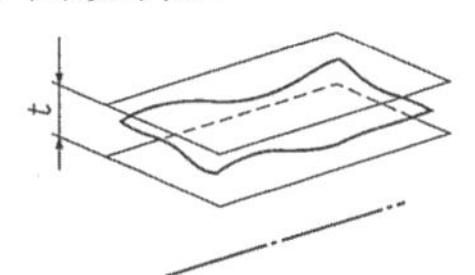 	實際(再現)軸線只偏離 0.01，必須在平行基準平面 B 之平行兩平面之間。 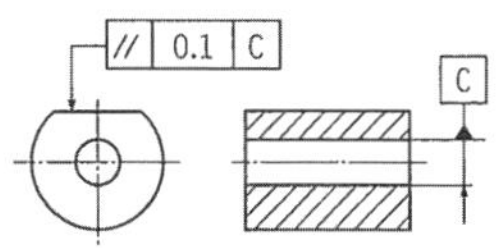
	③基準直線相關表面之平行度公差	
	公差域，只偏離距離 t，由平行基準軸直線之平行兩平面規制之。	實際(再現)表面，只偏離 0.1，必須在平行基準軸直線 C 之平行兩平面之間。
	④基準平面相關表面之平行度公差	
	公差域，只偏離距離 t，由平行基準平面之平行兩平面規制之。 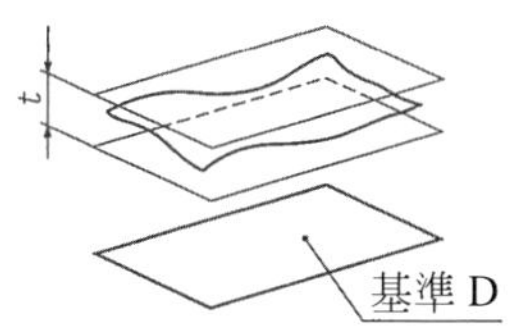 	實際(再現)表面，只偏離 0.01，必須在平行基準平面 D 之平行兩平面之間。 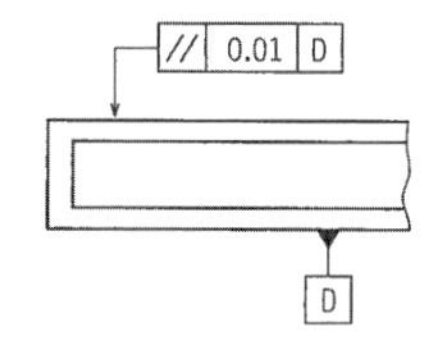

表 17.33　幾何公差之定義及指示方法與說明(JIS B 0021)(續)　(單位 mm)

符號	公差域之定義	指示方法及說明
//	⑤基準平面相關線要素之平行度公差	
	公差域，由只偏離距離 t，平行基準平面 A 與基準平面 B 垂直之平行平面規制之。 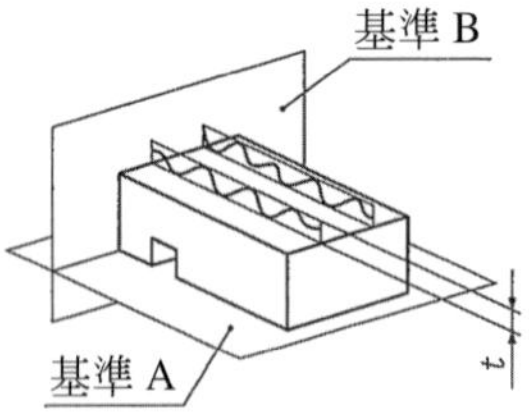	實際(再現)表面，只偏離 0.02，平行基準平面A，必須在與基準平面B垂直之平行兩直線之間。 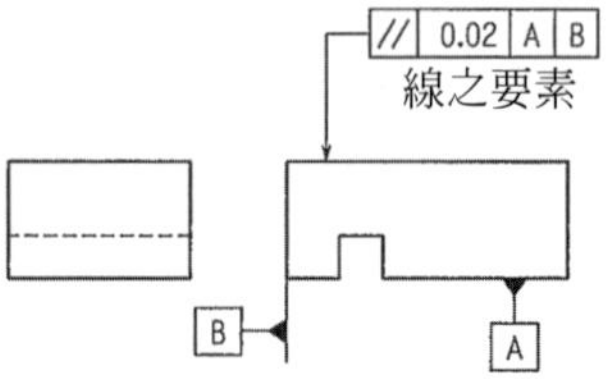
⊥	⑽直角度公差	
	①基準軸直線相關線之直角度公差	
	公差域，由只偏離距離 t，垂直基準之平行兩平面規制之。 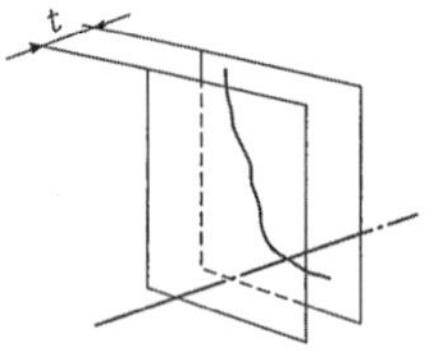	實際(再現)軸線，必須在只偏離 0.06 與基準軸直線 A 垂直之平行兩平面間。 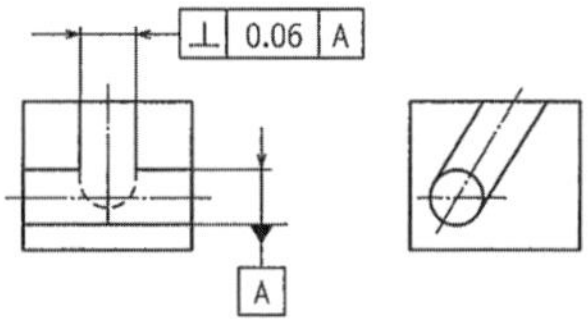
	②基準平面相關線之直角度公差	
	公差域，由只偏離距離 t，平行兩平面規制之。此平面與基準垂直。 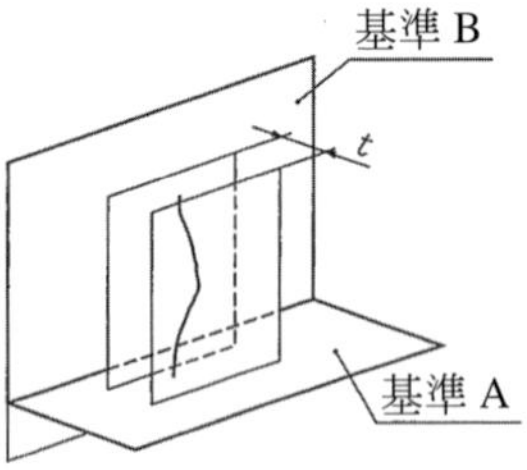	圓筒之實際(再現)軸線，必須在只偏離 0.1 與基準平面 A 垂直之平行兩平面之間。 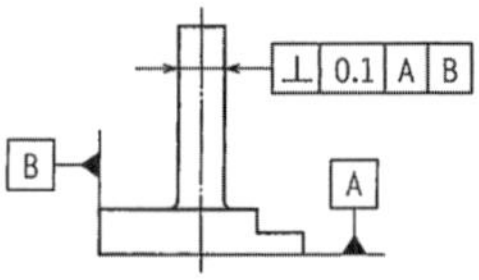

表 17.33　幾何公差之定義及指示方法與說明(JIS B 0021)(續)　(單位 mm)

<table>
<tr><th>符號</th><th>公差域之定義</th><th>指示方法及說明</th></tr>
<tr><td rowspan="5">⊥</td><td>公差域，由只偏離距離t_1及t_2，相互垂直之兩對平行兩平面規制之。該平面與基準垂直，沿指示方向。

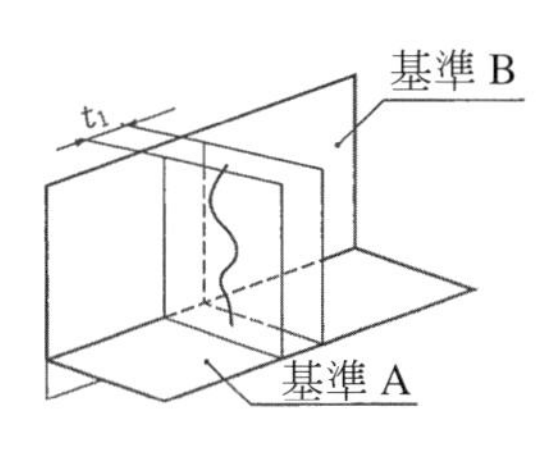

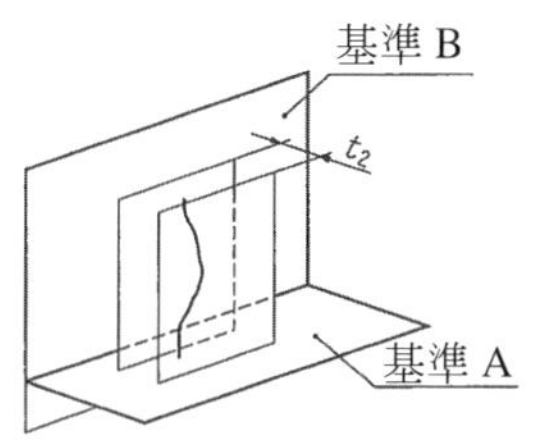
</td><td>圓筒之實際(再現)軸線，只偏離 0.1 及 0.2，沿指示方向，必須在相互垂直之兩對平行兩平面之間。兩對平行兩平面，必須垂直基準平面 A。

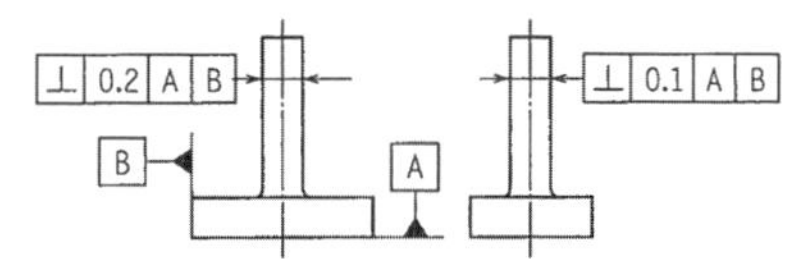
</td></tr>
<tr><td>公差值前附記符號ϕ時，公差域由與基準垂直之直徑t圓筒規制之。

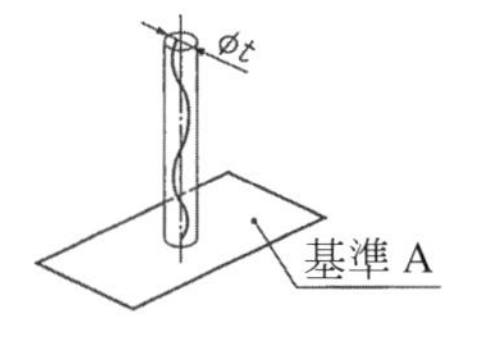
</td><td>圓筒之實際(再現)軸線，必須在與基準平面 A 垂直之直徑 0.1 圓筒公差域之中。

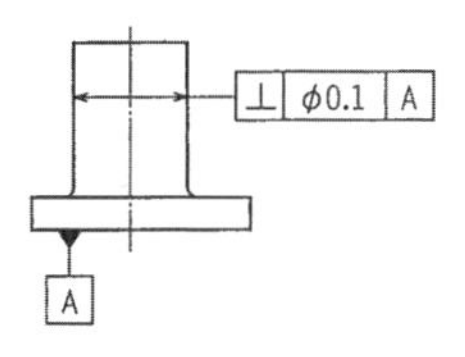
</td></tr>
<tr><td colspan="2">③基準直線相關表面之直角度公差</td></tr>
<tr><td>公差域，由只偏離距離t，垂直基準之平行兩平面規制之。

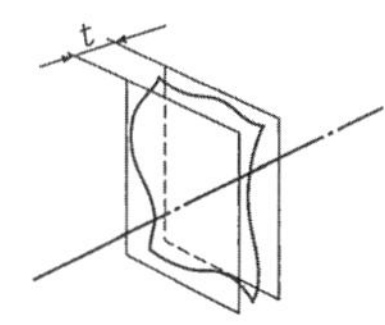
</td><td>實際(再現)表面，必須在只偏離 0.08 與基準軸直線 A 垂直之平行兩平面之間。

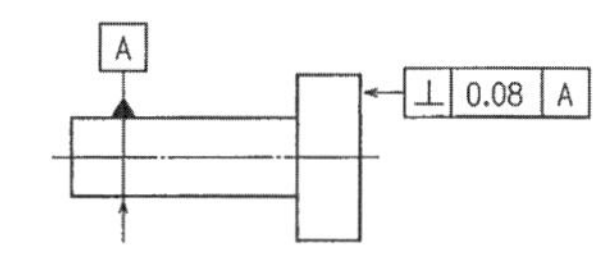
</td></tr>
</table>

表 17.33　幾何公差之定義及指示方法與說明(JIS B 0021)(續)　　(單位 mm)

符號	公差域之定義	指示方法及說明
⊥	④基準平面相關表面之直角度公差	
	公差域，由只偏離距離 t，與基準垂直之平行兩平面規制之。 t 基準 A	實際(再現)表面，必須在只偏離 0.08，與基準平面 A 垂直之平行兩平面之間。 ⊥ 0.08 A A
∠	⑾傾斜度公差	
	①基準直線相關直線之傾斜度公差	
	ⓐ同一平面內線及基準直線 公差域，由只偏離距離 t，與基準直線呈指定角度傾斜之平行兩平面規制之。 t α	實際(再現)軸線，必須在與基準軸直徑A–B呈理論正確 60°傾斜，只偏離 0.08 平行兩平面之間。 ∠ 0.08 A–B 60° A B
	ⓑ不同平面內線及基準直線 公差域，由只偏離距離 t，與基準呈指示角度傾斜之平行兩平面規制之。若對象之線與基準不在同一平面之場合，公差域適用於含基準平行對象線的平面所投影之對象線。 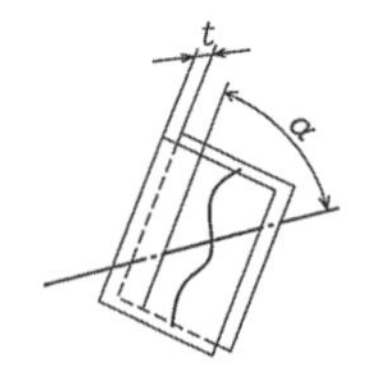 	含基準軸直線一平面上投影之實際(再現)軸線，必須在與共通基準軸直線 A–B 呈理論正確 60°傾斜，只偏離 0.08 之平行兩平面之中。 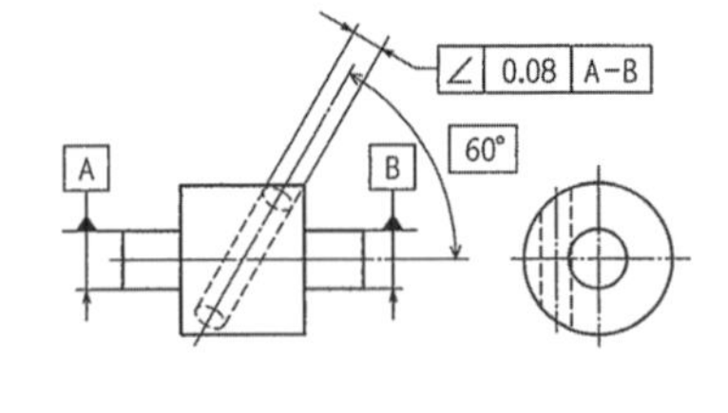

表 17.33　幾何公差之定義及指示方法與說明(JIS B 0021)(續)　　(單位 mm)

符號	公差域之定義	指示方法及說明
∠	②基準平面相關直線之傾斜度公差	
	公差域，由只偏離距離 t 與基準呈指定角度傾斜之平行兩平面規制之。 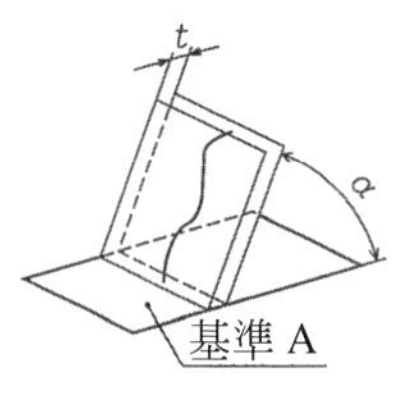 	實際(再現)軸線，必須在垂直相互垂直之基準A及基準B，且與基準平面A呈理論正確60°傾斜，只偏離 0.08 之平行兩平面間。 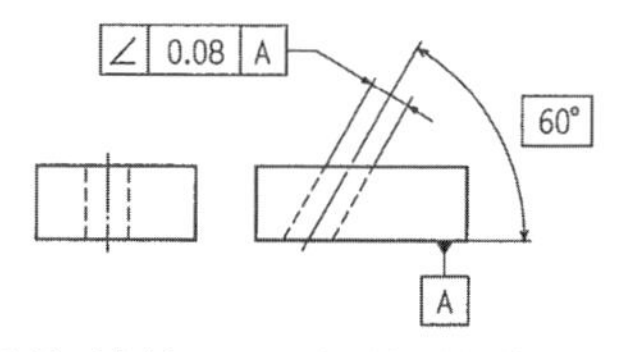
	公差值附記符號 ϕ 之場合，公差域由直徑 t 之圓筒規制之。圓筒公差域，平行一基準，且與基準 A 呈指定角度傾斜。 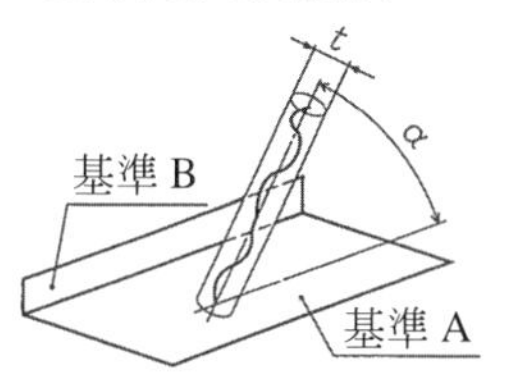 	實際(再現)軸線，必須平行基準 B，且與基準 A 呈理論正確 60°傾斜直徑 0.1 圓筒公差域之中。 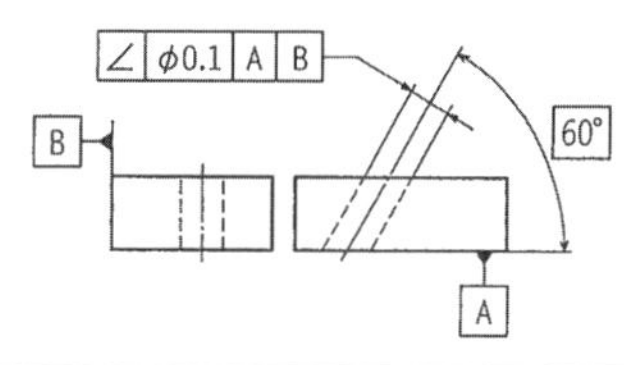
∠	③基準直線相關平面之傾斜度公差	
	公差域，由只偏離距離 t 與基準呈指定角度傾斜之平行兩平面規制之。 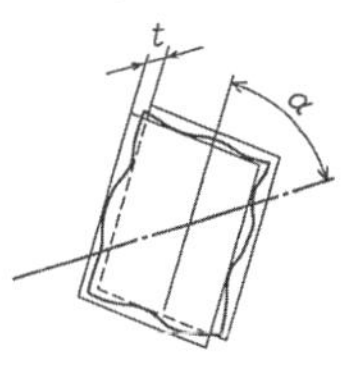 	實際(再現)表面，必須在只偏離 0.1，與基準軸直線A呈理論正確 75°傾斜平行兩平面之間。 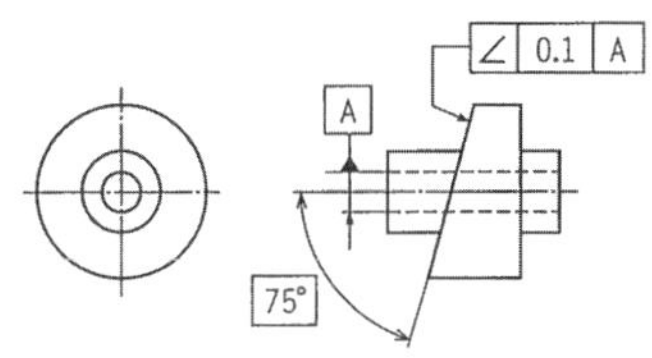
	④基準平面相關平面之傾斜度公差	
	公差域，由只偏離距離 t，與基準呈指定角度傾斜之平行兩平面規制之。 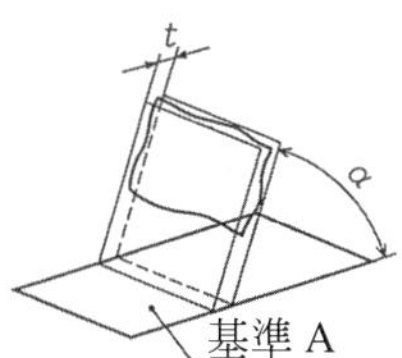 	實際(再現)表面，必須在只偏離 0.08，與基準平面A呈理論正確 40°傾斜之平行兩平面之間。 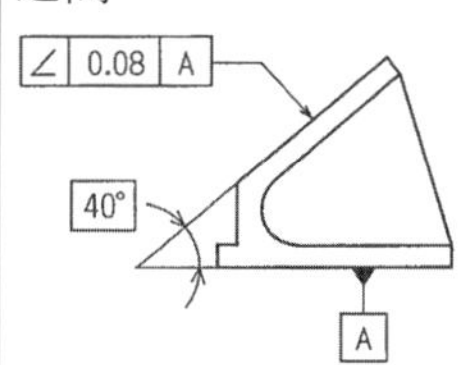

表 17.33　幾何公差之定義及指示方法與說明(JIS B 0021)(續)　(單位 mm)

<table>
<tr><th>符號</th><th>公差域之定義</th><th>指示方法及說明</th></tr>
<tr><td rowspan="4">⌖</td><td colspan="2">⑿位置度公差</td></tr>
<tr><td colspan="2">①點之位置度公差</td></tr>
<tr><td>公差值附記符號Sφ其公差域由直徑 t 之球規制之。球形公差線之中心，由與基準 A，B 及 C 相關之理論正確尺寸決定之。
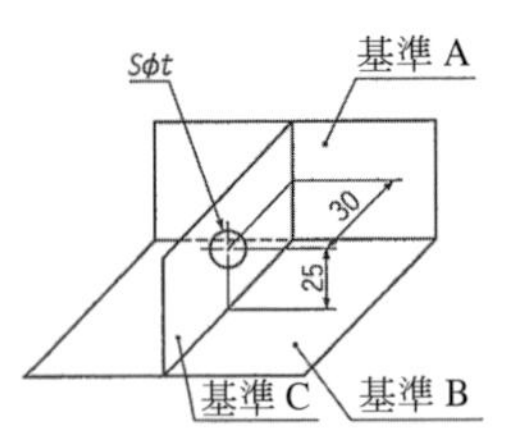
</td><td>球之實際(再現)中心必須在直徑 0.3 之球形公差域之中。該球之中心，必須與基準A，B 及 C 相關球之理論正確位置一致。
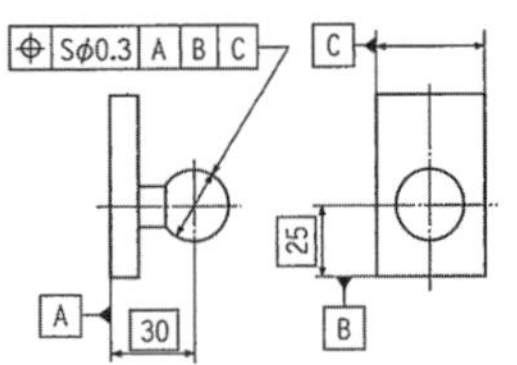
</td></tr>
<tr><td colspan="2">②線之位置度公差</td></tr>
<tr><td></td><td>公差域，由只偏離距離 t，與中心線對稱之平行兩平面規制之。該中心線，由與基準A相關之理論正確尺寸決定之。公差只沿一方向指示之。
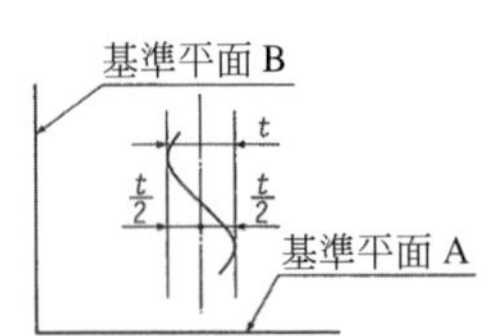
</td><td>各別實際(再現)之描線，必須在只偏離 0.1，與基準 A 及 B 相關之對象線之理論正確位置呈對稱之平行兩直線之間。
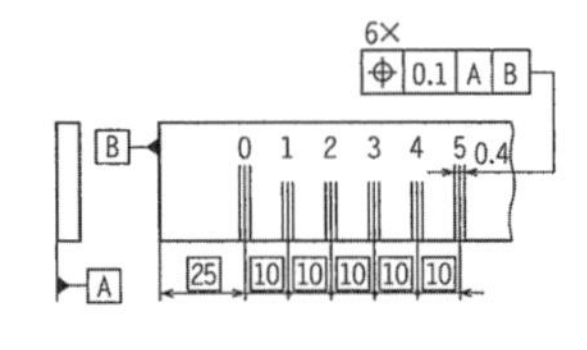
</td></tr>
<tr><td>⌖</td><td>公差域，由各別只偏離距離 t_1 及 t_2 對稱之兩對平行兩平面規制之。該軸線，由個別基準A，B 及 C 相關之理論正確尺寸決定之。公差，由與基準相關相互垂直兩方向指示之。
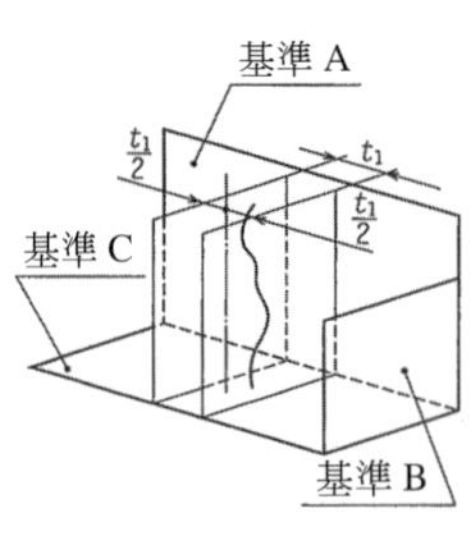

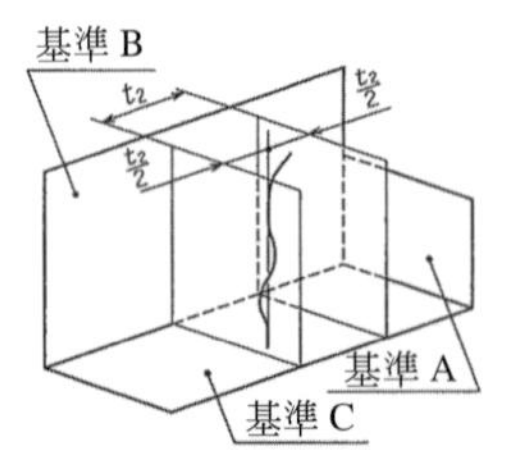
</td><td>個別孔實際(再現)軸線，必須在水平方向與垂直方向各只各偏離 0.05 與 0.2，即在指示方向，各別呈直角之兩對平行兩平面之間。平行兩平面之各對，位在與基準系相關之正確位置，及與基準平面C，A及B相關對象孔之理論正確位置對稱。
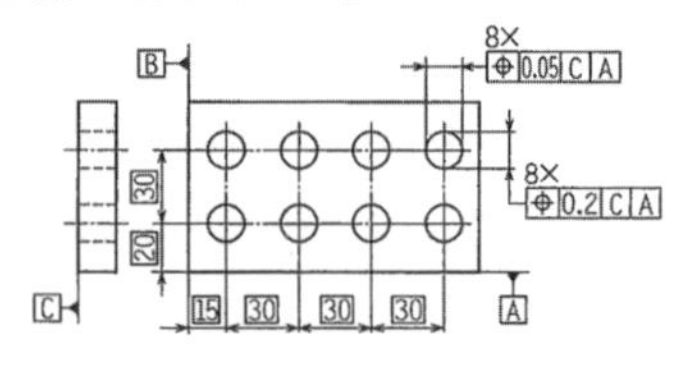
</td></tr>
</table>

表 17.33　幾何公差之定義及指示方法與說明(JIS B 0021)(續)　(單位 mm)

<table>
<tr><th>符號</th><th>公差域之定義</th><th>指示方法及說明</th></tr>
<tr><td rowspan="3">⌖</td><td>公差值附記符號 ϕ 之場合，公差域由直徑 t 之圓筒規制之。該軸線，由與基準 C，A 及 B 相關之理論正確尺寸決定之。
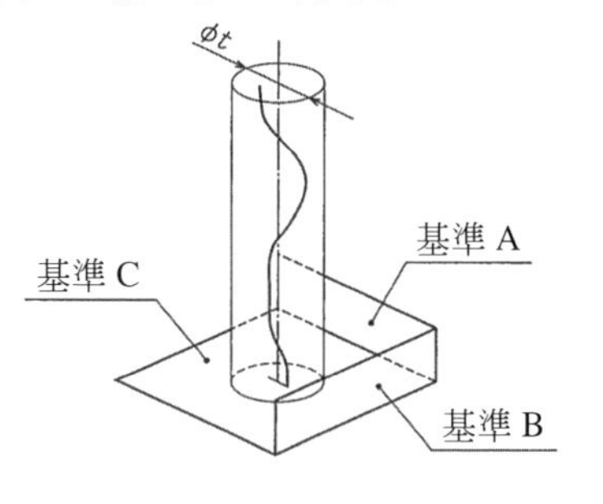
</td><td>實際(再現)軸線，必須該孔之軸線在與基準平面 C，A 及 B 相關之理論正確位置，直徑 0.08 圓筒公差域之中。
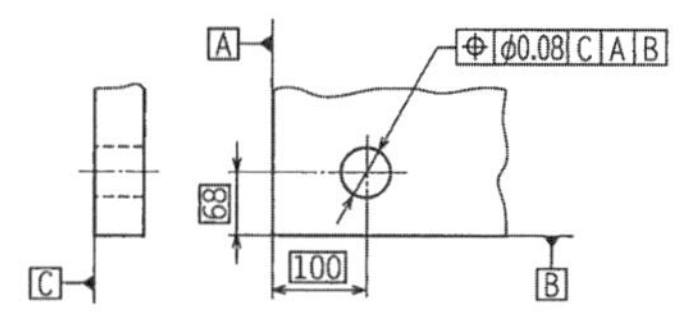

個別孔之實際(再現)軸線，與基準平面 A，B 及 C 相關之理論正確位置，某 0.1 圓筒公差域之中。
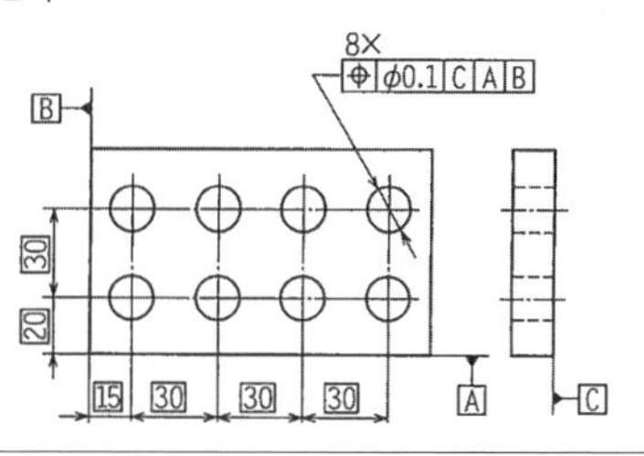
</td></tr>
<tr><td colspan="2">③平坦表面及中心平面之位置度公差</td></tr>
<tr><td>公差域，由只偏離 t 與由基準 A 及基準 B 相關理論正確尺寸所決定之理論正確位置呈對稱之平行兩平面規制之。
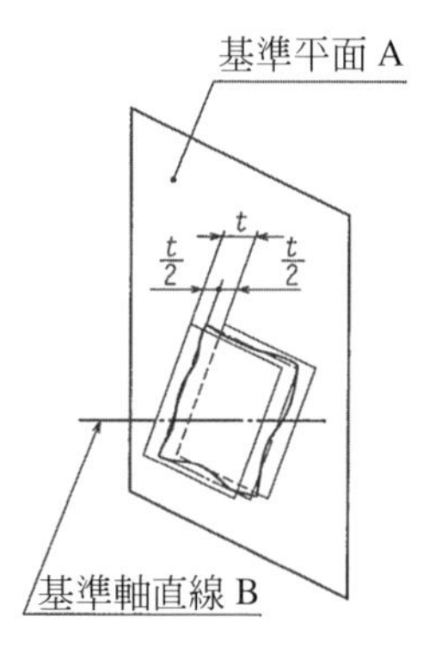
</td><td>實際(再現)表面，必須在只偏離 0.05，與基準軸直線 B 及基準平面 A 相關表面之理論正確位置呈對稱之平行兩平面之間。
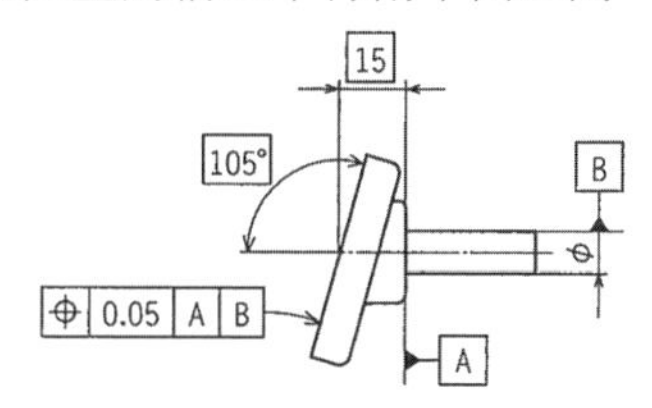

實際(再現)中心平面必須在只偏離 0.05，與基準軸直線A之中心平面理論正確位置呈對稱之平行兩平面之間。
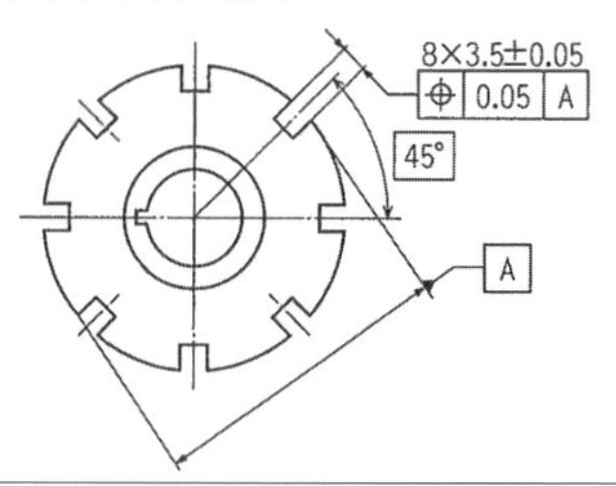
</td></tr>
</table>

表 17.33　幾何公差之定義及指示方法與說明(JIS B 0021)(續)　　(單位 mm)

符號	公差域之定義	指示方法及說明
◎	⒀同心度公差及同軸度公差	
	①點之同心度公差	
	公差值附記符號 ϕ 之場合，公差域由直徑 t 之圓規制之。圓形公差域之中心，與基準點 A 一致。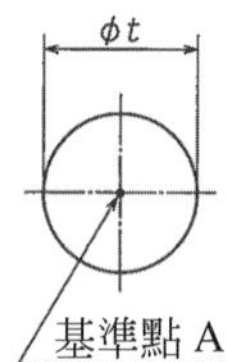	外側圓之實際(再現)中心，必須在與基準圓 A 同心之直徑 0.1 圓之中。
	②軸線之同軸度公差	
	公差值附記符號中，公差域由直徑 t 之圓筒規制之。圓筒公差域之軸線與基準一致。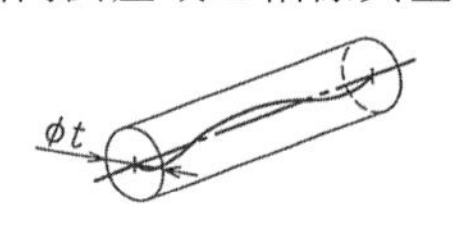	內側圓筒之實際(再現)軸線，必須與共通基準軸直線 A–B 同軸直徑 0.08 之圓筒公差域之中。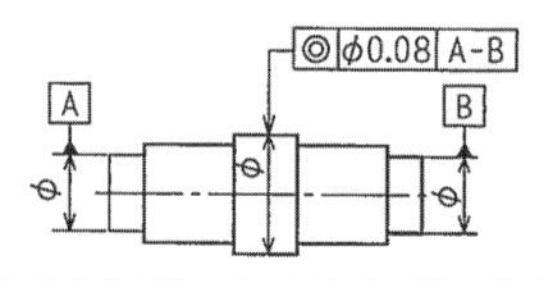
═	⒁對稱度公差	
	①中心平面之對稱度公差	
	公差域，只偏離 t，由基準相關對稱中心平面之平行兩平面規制之。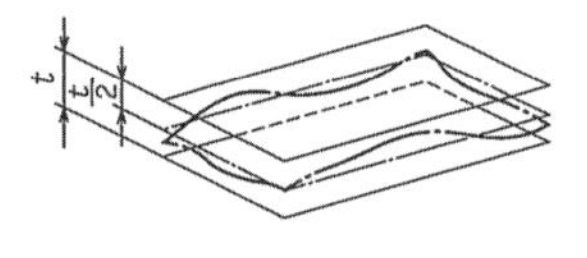	實際(再現)中心平面，必須在對稱基準中心，平面A只偏離 0.08 之平行兩平面之間。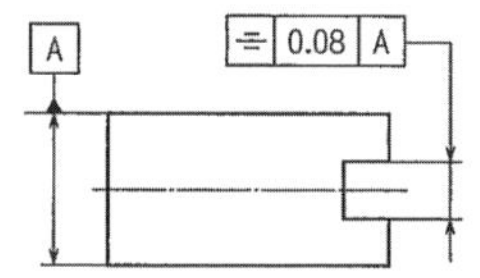實際(再現)中心表面，對稱共通基準中心平面 A–B，必須在只偏離 0.08 之平行兩平面之間。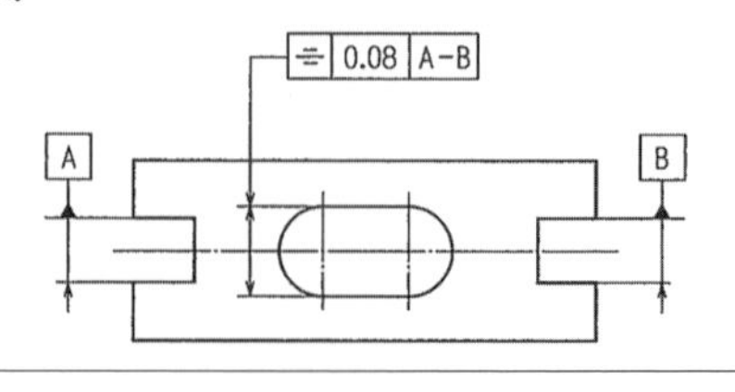

表 17.33　幾何公差之定義及指示方法與說明(JIS B 0021)(續)　(單位 mm)

<table>
<tr><th>符號</th><th>公差域之定義</th><th>指示方法及說明</th></tr>
<tr><td rowspan="4">↗</td><td colspan="2">⒂圓周偏離公差</td></tr>
<tr><td colspan="2">①圓周偏離公差–半徑方向</td></tr>
<tr><td>公差域，半徑只偏離 t，由與基準軸直線一致之同軸兩圓軸線成直角之任意橫斷面內規制之。
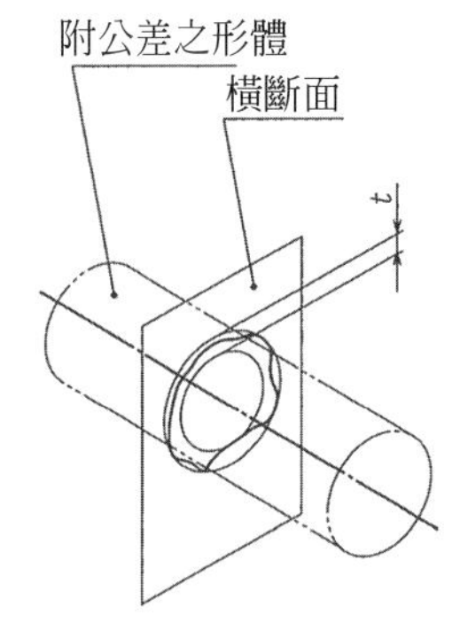</td><td>旋轉方向之實際(再現)圓周偏離，必須在基準軸直線 A 周圍，及其與基準平面 B 同時接觸旋轉之間，任意橫斷面中 0.1 以下。
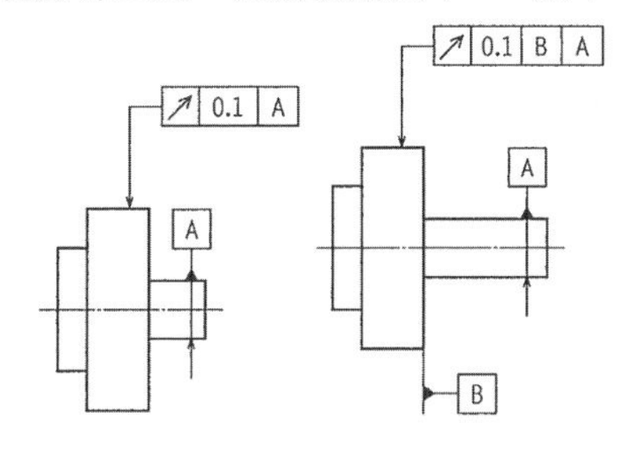</td></tr>
<tr><td>通常，偏離適用於軸周圍之完全旋轉，只適用一次旋轉之一部分，因此可規制之。</td><td>實際(再現)圓周偏離，必須在共通基準軸直線 A–B 周圍一次旋轉之間，任意橫斷面之 0.1 以下。
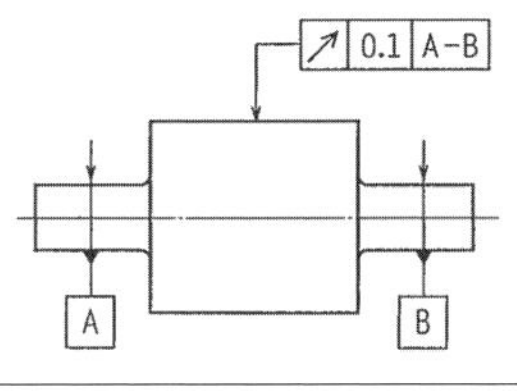</td></tr>
<tr><td>↗</td><td></td><td>旋轉方向實際(再現)圓周偏離，基準軸直線 A 周圍旋轉之間，測試指示公差部分時，必須在任意橫斷面之 0.2 以下。
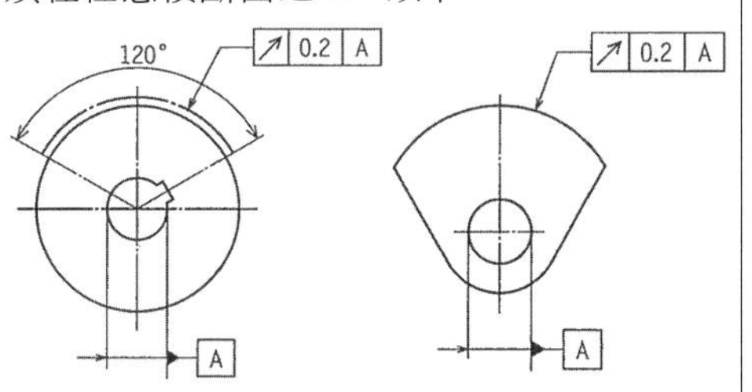</td></tr>
</table>

表 17.33　幾何公差之定義及指示方法與說明(JIS B 0021)(續)　(單位 mm)

<table>
<tr><th>符號</th><th>公差域之定義</th><th>指示方法及說明</th></tr>
<tr><td rowspan="4">↗</td><td colspan="2">②圓周偏離公差–軸方向</td></tr>
<tr><td>公差域，由該軸線與基準一致圓筒斷面內只偏離 t 之兩圓，任意之半徑方向位置規制之。
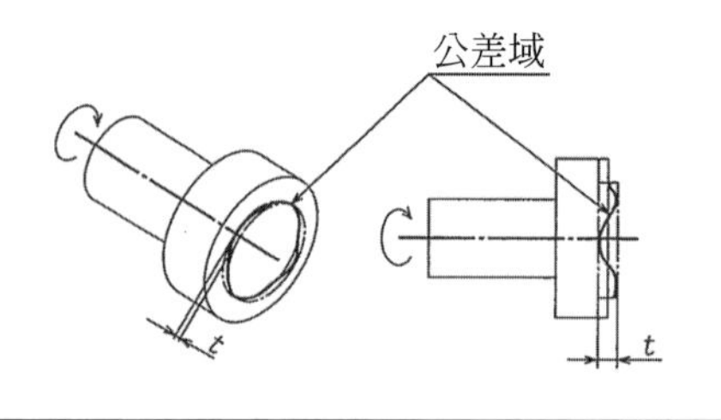
</td><td>與基準軸直線D一致圓筒軸中，軸方向之實際(再現)線，必須偏離 0.1，兩圓之間。
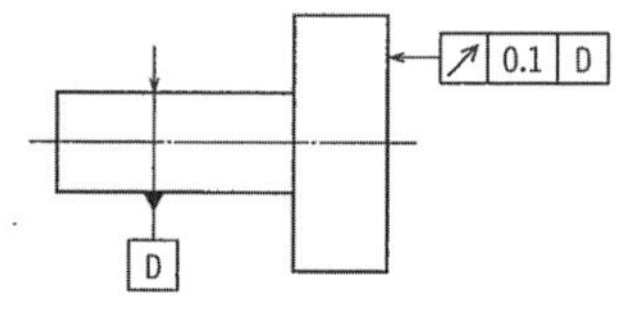
</td></tr>
<tr><td colspan="2">③任意方向之圓周偏離公差</td></tr>
<tr><td>公差域，只偏離 t，由該軸線與基準一致任意圓錐斷面之兩圓之中規制之。
除特別指示之場合外，測試方向垂直表面之形狀。
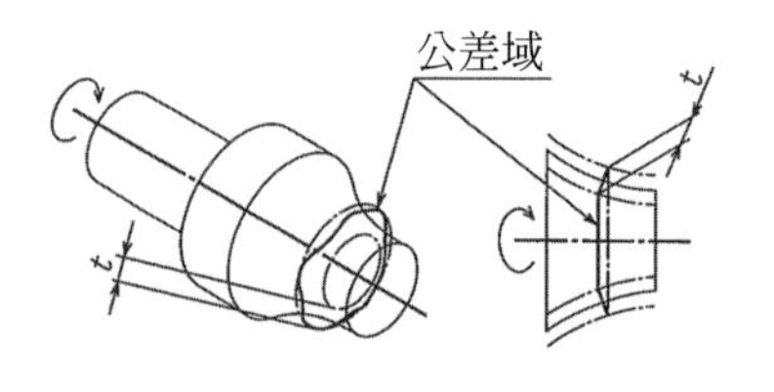
</td><td>實際(再現)偏離，必須在基準軸直線C周圍一次旋轉之間，任意圓錐斷面之 0.1 以下。
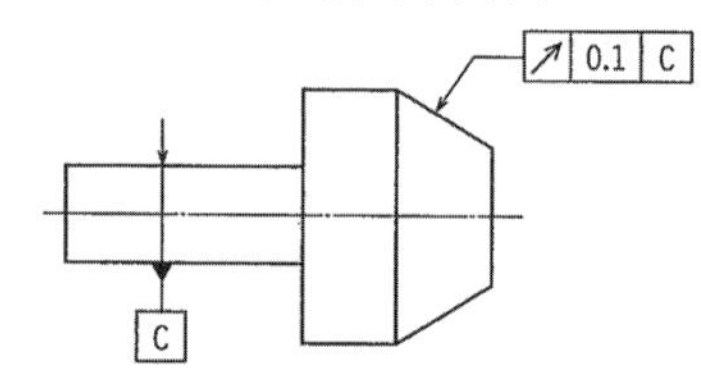

曲面之實際(再現)偏離，必須在基準軸直線C周圍旋轉間，圓錐之任意斷面內 0.1 以下。
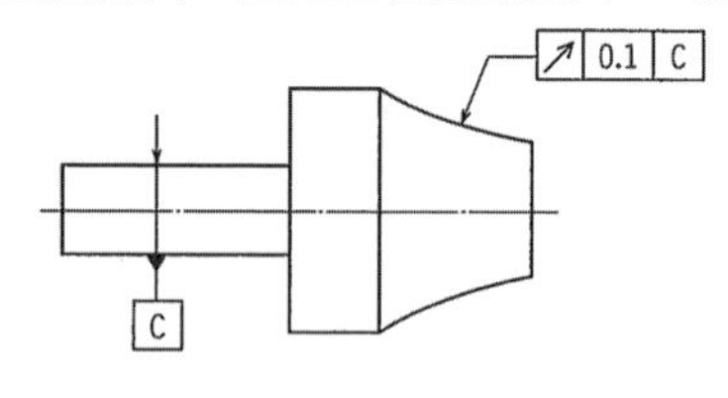
</td></tr>
</table>

表 17.33　幾何公差之定義及指示方法與說明(JIS B 0021)(續)　　(單位 mm)

<table>
<tr><th>符號</th><th>公差域之定義</th><th>指示方法及說明</th></tr>
<tr><td rowspan="2"></td><td colspan="2">④指定方向位置之圓周偏離公差</td></tr>
<tr><td>公差域，只偏離 t，該軸線由與基準一致之兩圓，指定角度之任意測試圓錐內規制之。 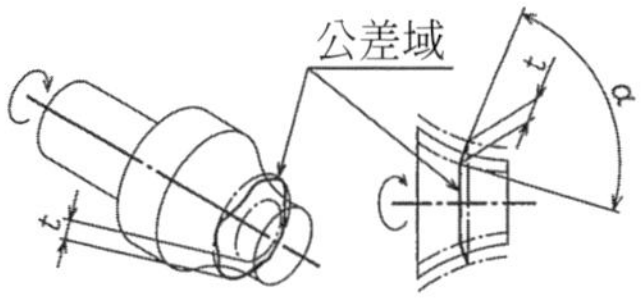
公差域</td><td>指定方向上實際(再現)圓周偏離，必須在基準軸直線C之周圍旋轉間，圓錐之任意斷面內 0.1 以下。 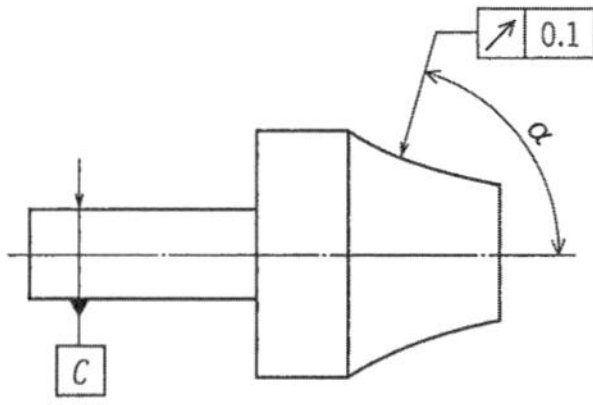
0.1 C</td></tr>
<tr><td rowspan="5"></td><td colspan="2">⒃全偏離公差</td></tr>
<tr><td colspan="2">①圓周方向之全偏離公差</td></tr>
<tr><td>公差域，只偏離 t，該軸線由與基準一致之兩同軸圓統規制之。 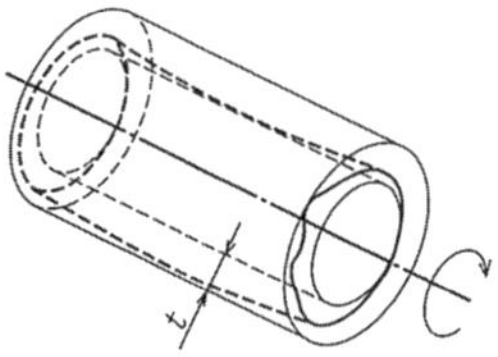</td><td>實際(再現)表面，為 0.1 之半徑差，其軸線必須在與基準軸直線 A–B 一致之同軸兩圓筒之間。 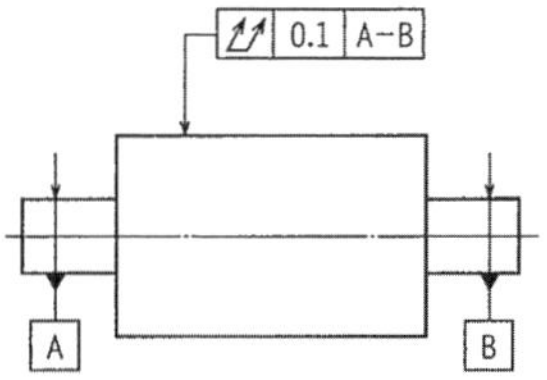
0.1 A–B</td></tr>
<tr><td colspan="2">②軸方向之全偏離公差</td></tr>
<tr><td>公差域，只偏離 t，由基準之直角的平行兩平面規制之。 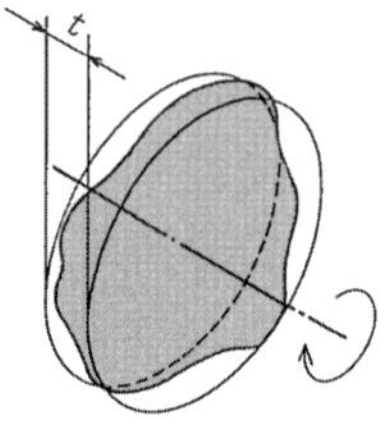</td><td>實際(再現)表面，只偏離 0.1，必須在基準軸直線 D 直角的平行兩平面間。 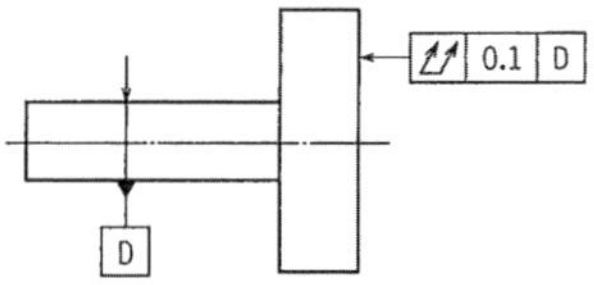
0.1 D</td></tr>
</table>

17.16 最大實體公差方式及其圖示法

前節所說明幾何公差方式之最大優點爲最大實體之原理(maximum material principle，略稱 MMP)之適用。下文將說明有關最大實體原理究竟爲何。

1. 關於最大實體

物品之形狀大致可分爲軸類的外側形體，及孔類的內側形體。無論是外側形體或內側形體，由於工作所容許的尺寸公差，該物品於加工完成後實體之狀態，換句話說，即其質量爲最大時，則外側形體即是最大容許尺寸，而對內側形體而言，則是最小容許尺寸。

於是，在所容許尺寸容許差中，實體之狀態爲最大時，即稱之爲最大實體狀態(maximum material condition，略稱MMC)。

然於相反情形時，即外側形體是最小容許尺寸，而內側形體是大容許尺寸時，則稱之爲最小實體狀態(least material condition，略稱 LMC)。

於有必要使組立(通常爲餘隙配合)的軸與孔具互換性時，任何一方均加工成最大實體狀態(MMC)，則配合之條件最嚴格，若任何一方或雙方，不採用MMC時，則配合較輕易，而雙方均以最小實體狀態(LMC)加工完成時，則配合情形最鬆。

配合(此時爲餘隙配合)，雖容許此類間隙之變動，而此種容許全變動量，具有防止其一方之極限於配合時之干涉，而且相反之極限具有防止超過必要之餘隙的功用。

此處重要者爲，於上述之配合，即使其條件是最差之情形的 MMC 時，因要保證必要的互換性，所以不能完全採用 MMC，而應近於 LMC，但因此配合會有餘裕產生，而活用此種餘裕，若將之用在適當的幾何公差(例如：位置度公差)上，則可使全體之公差變動量很大。

2. 最大實體原理之定義

依據前文所述，最大實體之定義如下。

最大實體之原理爲『關於各個零件，做爲對象之形體，不採用其最大實體狀態(MMC)時，尺寸公差與幾何公差相互依存，而可在其上追加公差的公差方式原理』。

即對於形體所給與之公差並非絕對性的，該形體在最大實體加工完成時雖只適用最小限公差，但形體之尺寸脫離 MMC 時(例如：孔變大、軸變小)，只要將該錯誤之量追加於當初所給與之公差，使公差增大者。

3. 最大實體原理之說明

最大實體原理，只由上述之定義想必亦難以理解，所以下文將以位置度公差爲例詳加說明。而位置度公差是最廣泛應用最大實體之原理者。

(1) 尺寸公差與位置公差之關係

要考慮尺寸公差與位置公差之關係時，可猶如圖 17.286(a)所示的 4 孔零件，及圖 17.286(b)所示，配合於孔上的四個固定銷之零件實例來看看。

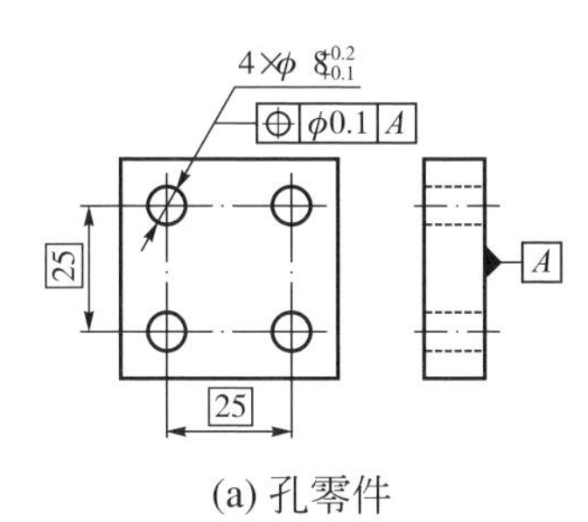

(a) 孔零件

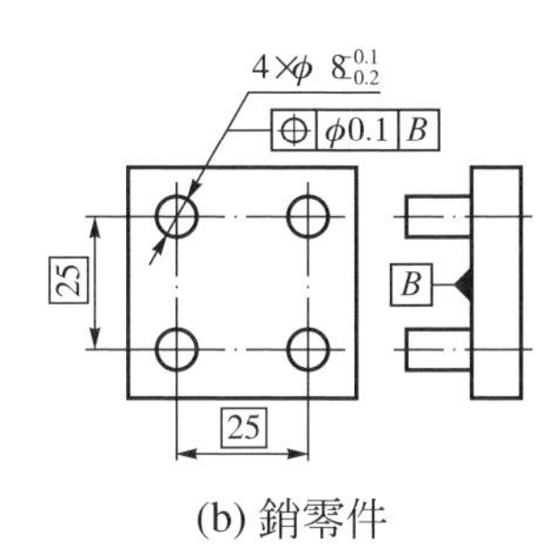

(b) 銷零件

圖 17.286　孔零件與銷零件

① 孔與銷之最大實體尺寸

最大實體狀態時之尺寸稱爲最大實體尺寸(maxinum material size，略稱 MMS)。

因此由於孔徑標識爲$\phi 8^{+0.2}_{+0.1}$，其 MMS 爲最小容許尺寸時，即爲 8.1 mm。相對的，因銷之標識尺寸爲$\phi 8^{-0.1}_{-0.2}$，其 MMS 爲最大容許尺寸時，即爲 7.9 mm。因此孔與銷之 MMS 差爲，8.1－7.9 = 0.2 mm，此即爲該配合之最小間隙。

此最小間隙，可利用做對於孔與銷之位置度公差。因爲，即使孔與銷是以 MMS 加工完成時，間隙可以保證最低爲 0.2，所以只要孔或銷之中心位置不偏離 0.2，則於配合時將不會引起干涉。此種位置度公差因是對孔及銷雙方，所以由合計成的此値分配即可。若孔與銷同量分配，則各爲 0.1。於是孔及銷之位置度公差爲ϕ0.1，即其中心之位置要在ϕ0.1之圓內區域(圖 17.287)。

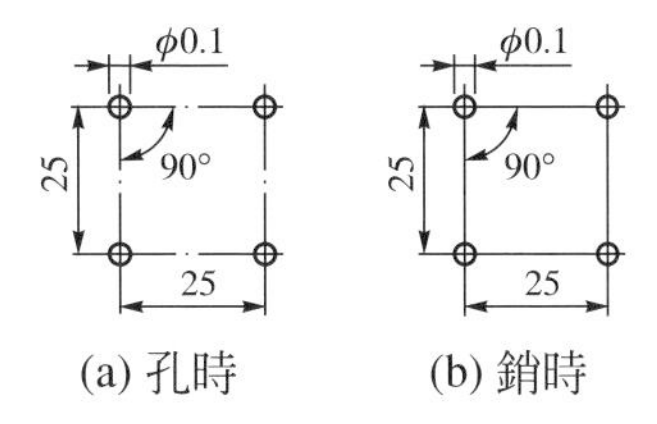

(a) 孔時　　(b) 銷時

圖 17.287　最大實體尺寸時之公差域

圖 17.288 表示其實形。此時，孔及銷均是最大實體尺寸(MMS)加工，且(a)圖之孔位置度爲公差域之最內側，且銷之同樣公差域位置度是在最外側。即表示在對於配合最差的條件狀態下加工之情形。但即使在這種情形下，孔及銷之極限距離並不相互侵入對方之區域，由此可知，配合並不造成干涉。

圖 17.288(b)恰與上述情形相反，孔之位置度是在公差域之最外側，且銷之同樣公差域位置度是在最內側，但此種情形下，結果亦與上述情形相同，不相互侵入對方領域，所以可以保證兩者之配合。

圖 17.288 示二孔與銷之關係，雖是 180°的改變方向，但因公差域爲圓(因此其極限位置在圓周上)，所以即使不在 180°內，在 360°內的任何角度此結果亦均成立。因此孔及銷之數量

並不限二個，只要滿足上述之條件，則數量多少並不影響配合之保證效果。圖 17.289 即是 4 個孔及銷之實例。

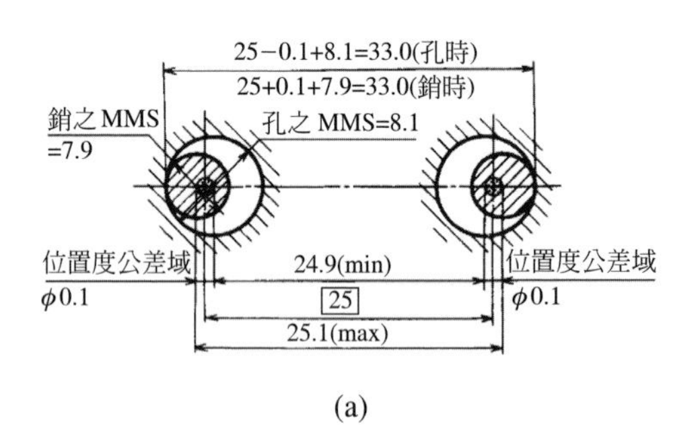

(a)

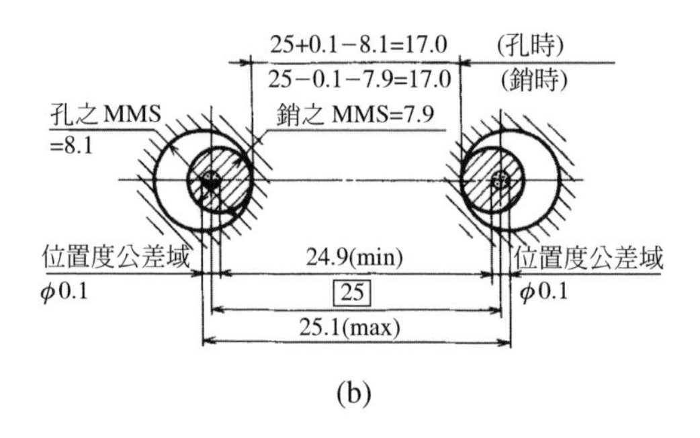

(b)

圖 17.288　最小間隙做為位置度公差值

② 孔及銷之實效尺寸

圖 17.290 是在上述的 4 個孔及銷中，取出一個的放大表示圖。

於這些孔及銷中，位置度各在最差之情形時，是這些中心在公差域爲 ϕ0.1 之圓周上時。

因此如圖所示，以ϕ0.1 之圓周上任意一點爲中心，各自的最大實體尺寸做直徑而依次描繪其圓，則孔方面如圖 17.290(a)所示，可得到ϕ8.0 的內接包絡圓，而銷方面如圖 17.290(b)所示，可得到ϕ8.0 的外接包絡圓。

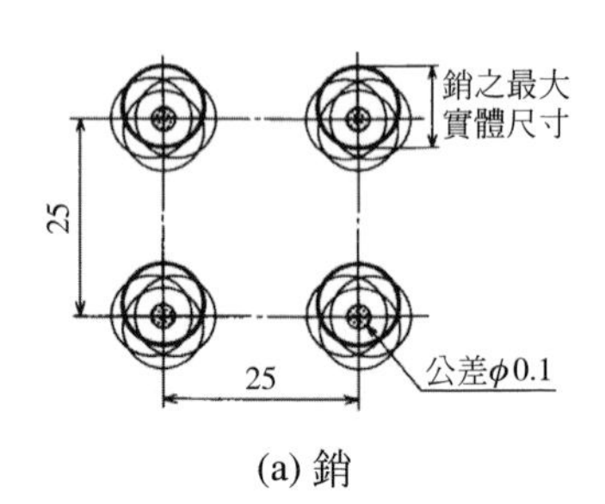

(a) 銷

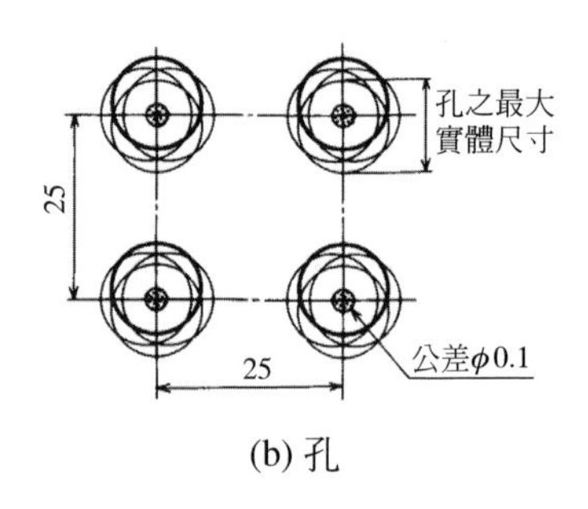

(b) 孔

圖 17.289　4 個孔及銷時

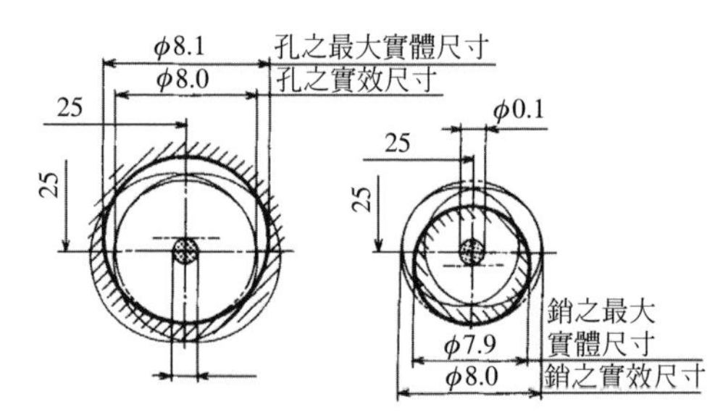

(a) 孔之實效尺寸　　(b) 銷之實效尺寸

圖 17.290　孔及銷之實效尺寸

這些包絡圓是表示孔及銷的表面所有偏差之極限位置。即於孔之情形時，其直徑不能超過 MMS8.1，而且中心之位置度公差域是在ϕ0.1 之圓區域內的所有孔之表面亦要在此內接包絡圓(若考慮爲立體則爲包絡圓筒)之外側，而不能在其內側。

同理，於銷之情形時，其直徑亦不能超過 MMS7.9，而且其中心若不超出位置度公差域ϕ0.1 之外，其銷之任何表面亦必須只能在此外接包絡圓筒之內側，不能超出其外側。

於是，具備上述條件的任何孔及銷，相互間亦可畫一線以清楚的分界之，因彼此並不侵入對方之限界，所以在任何場所中均可保證其互換性。

形成極限之限界狀態者稱爲實效狀態。因上述之限界狀態是圓筒，所以稱爲實效圓筒，其直徑稱爲實效尺寸(virtual size，略稱 VS)。實效狀態除了圓及圓筒外，還有平行的二直線或二平面等，此時之實效尺寸則爲該二直線或二平面間之距離。

因此實效尺寸因是表示最差極限之尺寸，如後所述，將之具體化後，即可用作幾何公差之檢查規。即以此種實效尺寸所加工完成的對方配合零件(稱爲功能規)使之配合時，若配合不發生干涉，則表示該零件爲合格品。

③ 動態公差線圖

與上述情形相同，若在線圖上繪製時，則可得圖 17.291 所示之結果。圖中，橫軸代表孔及銷之直徑，縱軸代表位置度公差。由圖可知，孔徑是在 8.1 至 8.2 之間變化，位置度則是在ϕ0至ϕ0.1 的變動範圍內(公差域)，即畫斜線所示部分。銷之情形亦同。

此類線圖稱之爲動態公差線圖。即孔及銷等之形體尺寸，位置度公差，若在圖之公差域內，則爲合格之零件，若在圖之公差域外側，則爲不合格零件。

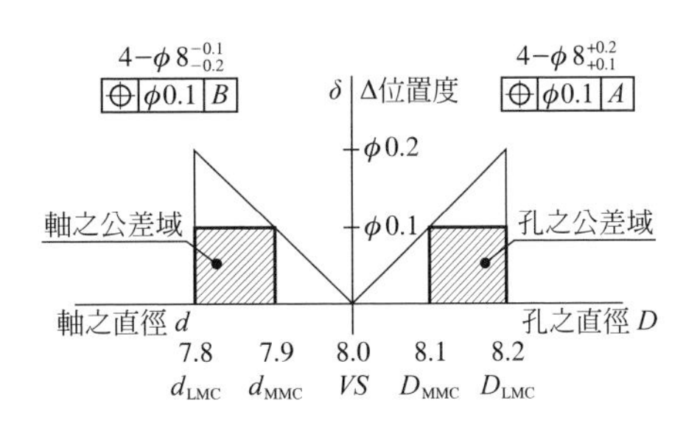

圖 17.291　動態公差線圖

圖中，外接於孔及銷之公差域，以細線所示之直角等腰三角形之斜線，橫軸之交點座標是表示實效尺寸。即兩斜線之交點是 8.0，此即是孔及銷各自的實效尺寸。

此類實效尺寸，即是表示其形體之最大實體尺寸，與其形體之幾何公差兩者之總合效果所產生的限界狀態之尺寸，實際上是在外側形體最小容許尺寸加上方向或位置之公差尺寸而成，而對內側形體而言，則是在最小容許尺寸減去方向或位置之公差尺寸而成。

⑵ 位置度公差適用最大實體原理時

於圖 17.287 中，如果孔及銷之極限與上述情形相反，即可認爲其是以最小實體尺寸(least material size，略稱LMS)加工完成者。

孔之最小實體尺寸(LMS)是 8.2，銷之最小實體尺寸是 7.8，兩者之差，即最大間隙爲 8.2−7.8 ＝ 0.4。此 0.4 所謂的間隙，與已說明的最小間隙之情形相同，可利用做爲孔及銷之位置度公差。前述之情形因是利用得到的0.2位置度公差，而目前之情形則是由孔及銷最大實體尺寸(MMS)不合之部分，即只有0.2，增大做位置度公差，合計能使用0.4。圖17.292表示其形態。即孔及銷均以LMS，即8.2及 7.8 加工過後，即使位置度公差域增大至ϕ0.4(孔及銷雙方同量分攤時，如圖示ϕ0.2)，亦不致造成配合之干涉。即在此種情形中，容許在位置度上追加公差，即表示可適用最大實體之原理。圖17.293是適用最大實體之原理時，分別各取出一個孔及銷之圖示例。

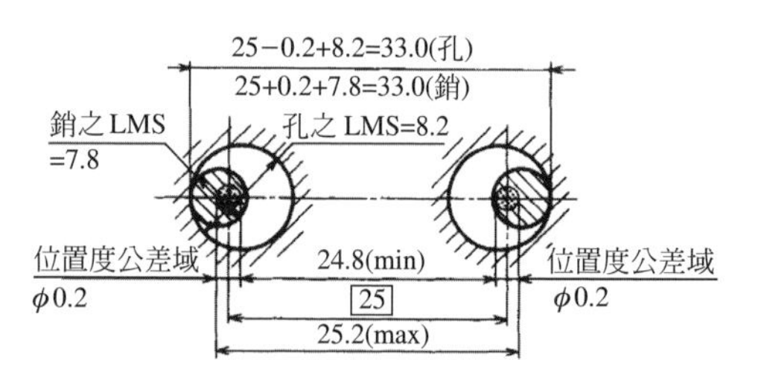

圖 17.292 增大最大間隙做位置度公差値

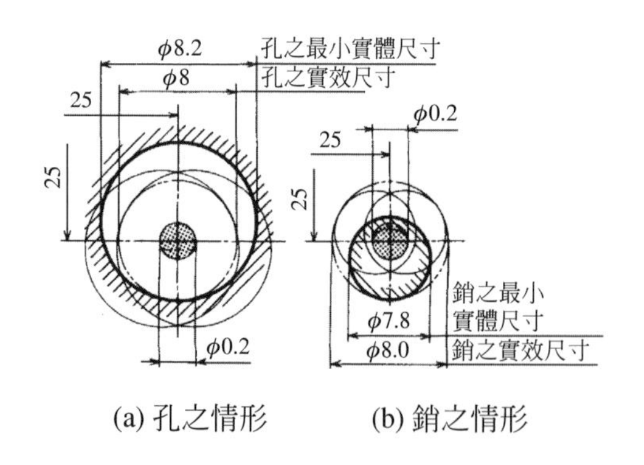

圖 17.293 適用最大實體之原理時之公差域之增大

此種形態若用動的公差線圖表示時，則如圖17.294所示，即若以孔而言，直徑由MMS之8.1增加至LMS之8.2，增加量只有0.1，而可使位置度公差增大至0.2。即使不是 LMS，只有由 MMS 往LMS偏移之偏移量，亦能使之往位置度公差上累積。圖中細斜線的直角三角形部分，是表示所增大之公差域，此稱之爲增加公差域。此圖之橫軸表示直徑尺寸，縱軸表示位置度公差，且兩者之值因是相對的同量，所以增加公差域是由直角等腰三角形表示，此點應注意之。

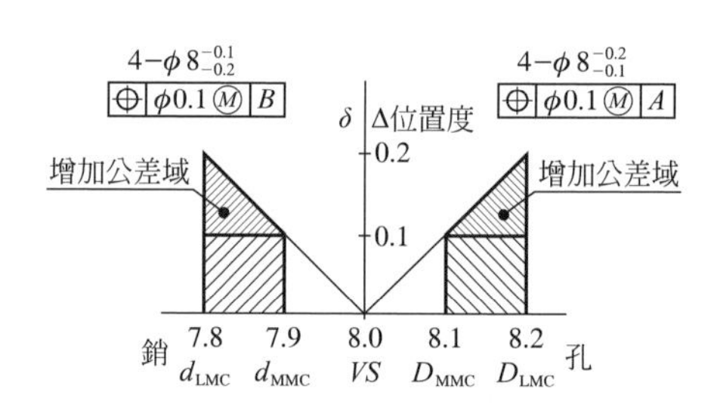

圖 17.294 適用最大實體之原理時之動態公差線圖

銷之情形亦完全相同。而且這些增大的公差域，可使與對方配合件之加工尺寸(稱爲實尺寸)彼此間無相互關係，即可以同時使雙方之公差域增大，且所得到之增加公差域之量可使工作更輕易，而達到經濟的效果。

這些最大實體之原理表示於所適用的圖上時，如前節所述，應於公差標註框中使用Ⓜ之符號表示之。如果未標註Ⓜ符號時，因適用通例之公差，所以不容許增大公差，此點應特別注意。

⑶ 位置度公差為零時

前面曾說明過，在尺寸公差範圍內的實尺寸變動，亦會使位置度公差跟著變動。但因前文所述是於最大實體原理之定義，即『尺寸公差即幾何公差(此處爲位置度公差)相互依存而能容許追加的公差』，所以若依此定義，相反的位置度公差之變動亦會使尺寸公差變動。

於是，如果現在孔之中心位置度是零時，即可以認爲孔之中心是在理論上的正確位置。誠然極端情形所可聽到的說法若位置度是零，則可認爲所要之位置度公差是超過最小間隙最初之限制而變小的結果。

圖 17.295 表示在此種情形時所用之動態公差線圖。圖中表示孔及銷的直角等腰三角形斜邊與橫軸之交點是 8.0，此 8.0 之點正如前圖 17.290 所示，是爲孔及銷之實效尺寸。

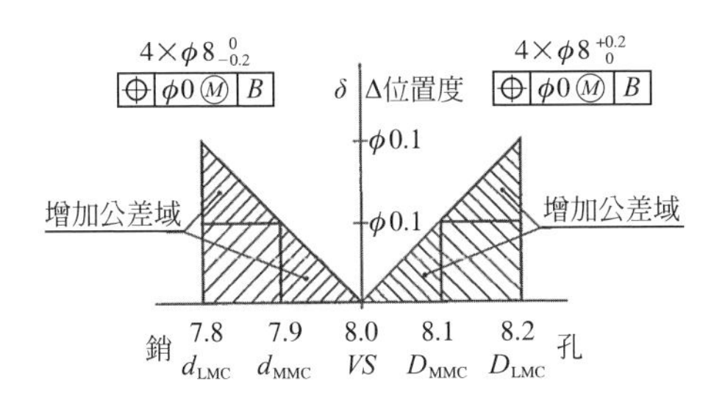

圖 17.295 適用零位置度公差時之動態公差線圖

因此孔及銷各超過其最大實體尺寸，因亦以此實效尺寸(VS)加工完後，這些中心若在理論的正確位置(稱爲眞位置)，換言之，即若位置度公差是零，則可保證配合作業之順暢。

於是，若位置度公差變小，其變小量可以超過形體之尺寸，及最大實體尺寸，且接近實效尺寸。

這類公差方式之想法是稱之爲零位置度公差方式，此種情形之增加公差域更爲擴大，此由圖中的細斜線部分擴大至全體即可以瞭解。

適用零位置公差方式時之圖示法，首先因是使尺寸公差擴大，所以此時孔爲$\phi 8_{0}^{+0.2}$，銷爲$\phi 8_{-0.2}^{0}$表示之，且在公差標註框內之公差值以ϕ0Ⓜ表示即可。

依此擴大公差域不但可使實際工作非常輕鬆，同時可使製品之合格率大幅提升，因此具有極高的經濟效果。

⑷ 包絡之條件

前節所說明者，應特別注意之事項爲，形體以零位置度加工完成時，因眞圓度之關係，有時並不能保證可以組立。

此因位置度公差之規制並未將眞圓度公差列入規制，且形體加工成最大實體時，即使位置度公差(若以立體考慮則爲眞直度公差)爲零，若眞圓度公差(若以立體考慮則爲圓筒度公差)爲零，無法保證無干涉的配合。

因此，指示最大實體尺寸時，應不附有能超過完全形狀(此處之圓筒度爲零)之包絡面的條件，此稱之爲包絡之條件。在圖上指示包絡之條件時，應使用Ⓔ之符號，記於尺寸公差之後，如圖 17.296 所示。

若要在圖 17.296 表示所要求條件，則應如圖 17.297 所示。

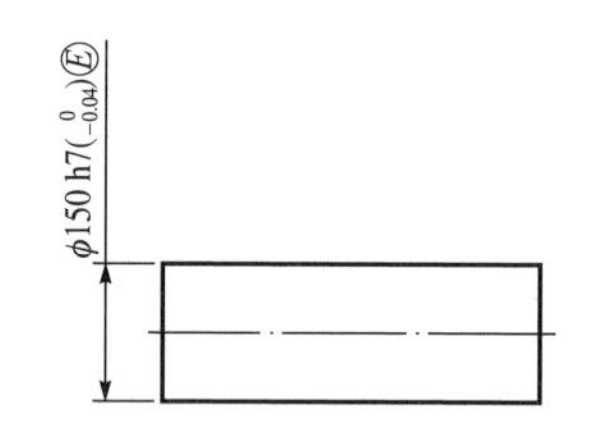

圖 17.296　標註包絡之條件

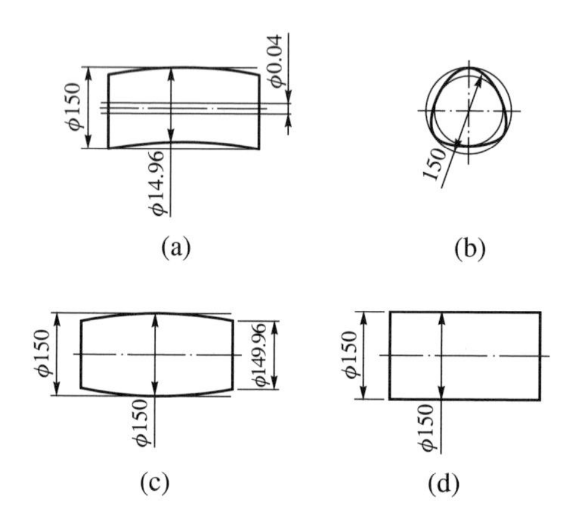

圖 17.297　包絡條件之解釋

① 功能上的必要條件

❶ 軸之表面不能超過最大實體尺寸(此時爲最大容許尺寸)ϕ150 之包絡面。

❷ 軸之任何直徑之實尺寸亦不能較ϕ149.96 小。

② 圖示法之解釋

❶ 軸之全部必須在ϕ150 之完全形狀之包絡面境界中。

❷ 軸之任何直徑之實尺寸，亦在ϕ150 及ϕ149.96 間變動[圖 17.297(a)～(c)]。因此所有直徑之實尺寸，當軸之最大實體尺寸是ϕ150 時，必須是正確的圓筒，[圖 17.297(d)]。

4. 最大實體公差方式之適用例

上述最大實體公差方式是利用位置度之例加以說明者，而此方式除了適用於位置外，亦適用於如表 17.28 所示，包含方向公差及位置度公差的所有公差。以下即舉一些例子以表示其適用情形。

(1) 與基準平面相關之軸平行度公差(圖 17.298)。

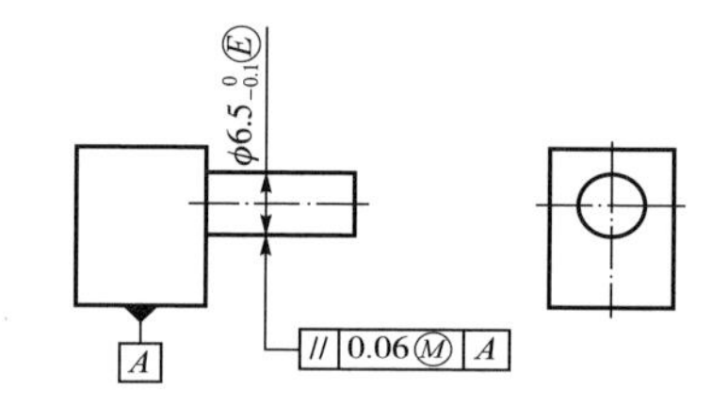

圖 17.298　平行度公差之適用例

① 功能上的要求事項

如此圖例之情形，因公差域是指示在二平行平面間之區域，所以其實效狀態變成二平行平面間之區域，其距離，即實效尺寸，是加上銷之最大實體尺寸公差值所成之值，所以必須要有下列的功能條件。

❶ 銷之直徑是ϕ6.5 之最大實體尺寸時，軸線必須平行基準平面A，且在相距 0.06 的二平行平面間。

❷ 銷之實體不能超過平行基準平面A的實體狀態(6.5＋0.06 ＝ 6.56)。

② 說明

實際之銷必須適合下列之條件(圖 17.299)。

❶ 銷之直徑必須在 0.1 之尺寸公差內，因此可在ϕ6.5 至ϕ6.4 之間變動。

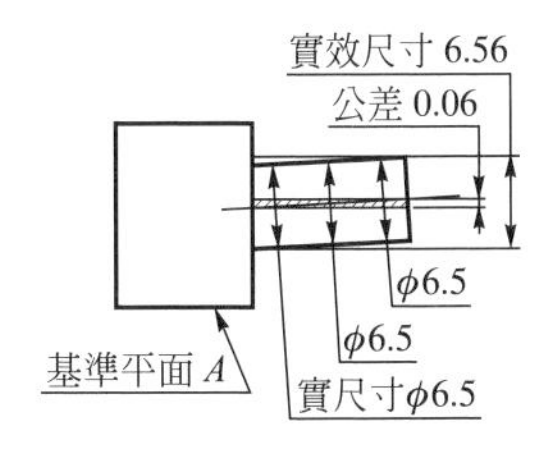

(a) MMS(銷之最大容許尺寸)時

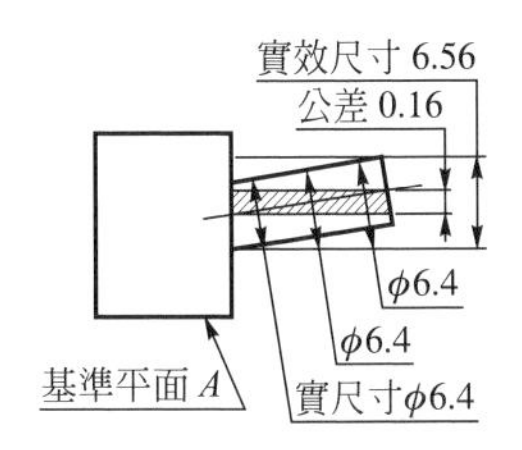

(b) LMS(銷之最小容許尺寸)時

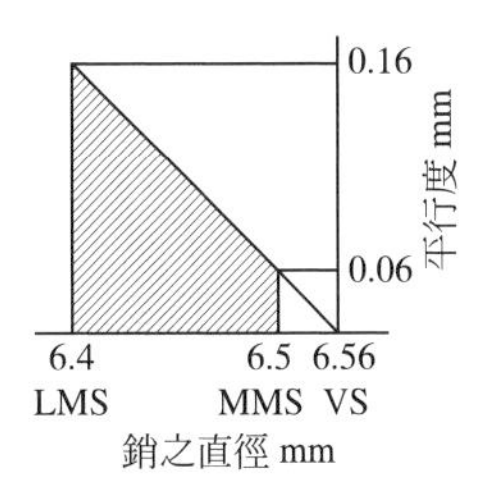

(c) 動態之公差線圖

圖 17.299　圖 17.298 之說明

❷　銷之直徑是ϕ6.5 之 MMS 時，軸線必須在平行基準平面A，且相距 0.06 的二平行平面間[圖 17.299(a)]。

銷的直徑爲LMS之ϕ6.4時，軸線可在最大 0.16 之公差域(二個平行平面之距離)，同圖(b)變動。

❸　實際之銷應平行基準平面A，且不能超過相距 6.56 的二平行平面所設定實效狀態之境界。圖 17.299(c)表示此種情形下之動態公差線圖。

⑵　**與基準平面相關之孔直角度公差(圖 17.300)。**

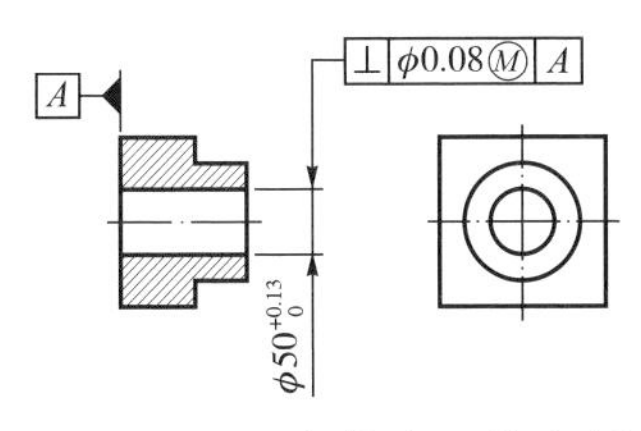

圖 17.300　直角度公差之例

①　功能上的要求事項

❶　孔之直徑爲MMS之ϕ50時，軸線必須在基準平面A成直角，且ϕ0.08之公差域內。

❷　孔部之實體不能超過與基準平面A成直角的實效狀態[ϕ(50－0.08)＝ϕ49.92]。

②　說明

實際之孔必須適合下列條件(圖 17.301)。

❶　孔之直徑必須在 0.13 之尺寸公差內。因此可以在ϕ50 至ϕ50.13 之間變動。

❷　孔之直徑是MMS之ϕ50時，軸線必須在與基準平面A成直角，且ϕ0.08 之公差域內[圖 17.301(a)]。

此外，孔之直徑是 LMS 之ϕ50.13時，軸線可以在最大至ϕ0.21之公差域內變動[圖 17.301(b)]。

❸　實際之孔應與基準平面A成直角，且不能超過具有ϕ49.92 之完全形狀的內接圓筒所設定實效狀態之境界。

圖 17.301(c)表示此種情形下之動態公差線圖。

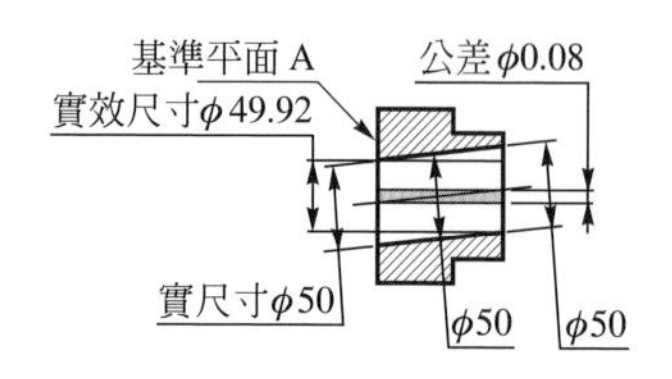

(a) MMS(孔之最小容許尺寸)時

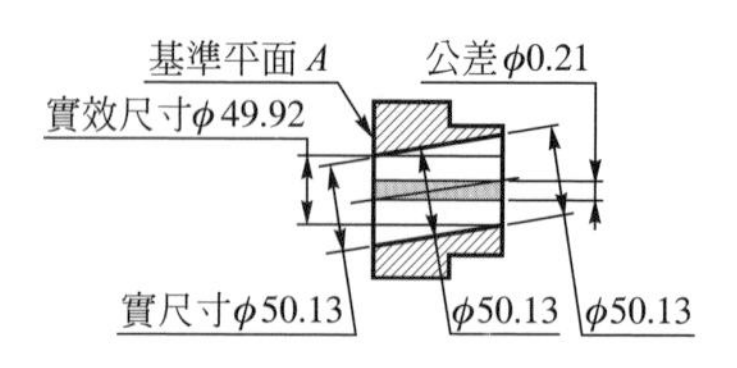

(b) LMS(孔之最大容許尺寸)時

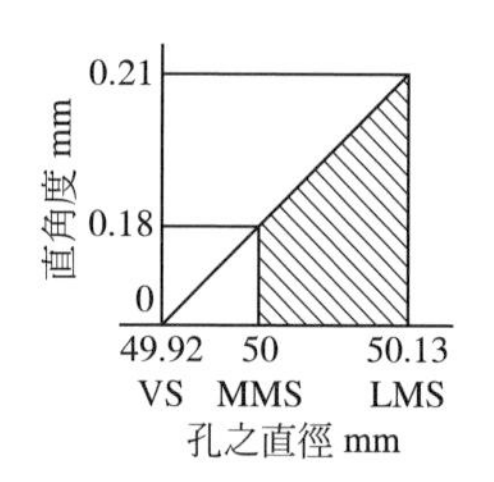

(c) 動態之公差線圖

圖 17.301　圖 17.300 之說明

(3) **與基準平面相關之溝槽傾斜度公差(圖 17.302)。**

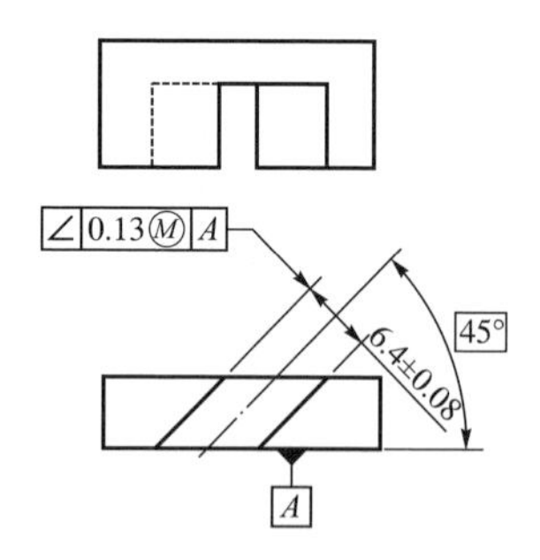

圖 17.302　傾斜度公差之例

① 功能上的要求事項

❶ 槽寬是 MMS 之 6.32 時，槽之中心面必須在相距 0.13 的二平行平面內，且此二平行平面應對基準平面*A*，形成所規定的 45°傾斜角。

❷ 槽部之實體，不能超過與基準平面*A*依所規定角度傾斜的實效狀態(6.32−0.13 = 6.19)。

② 說明

實際之槽必須適合下列之條件(圖 17.303)。

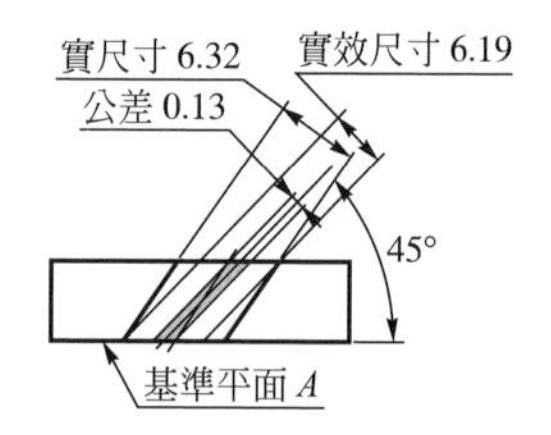

(a) MMS(槽之最小容許尺寸)時

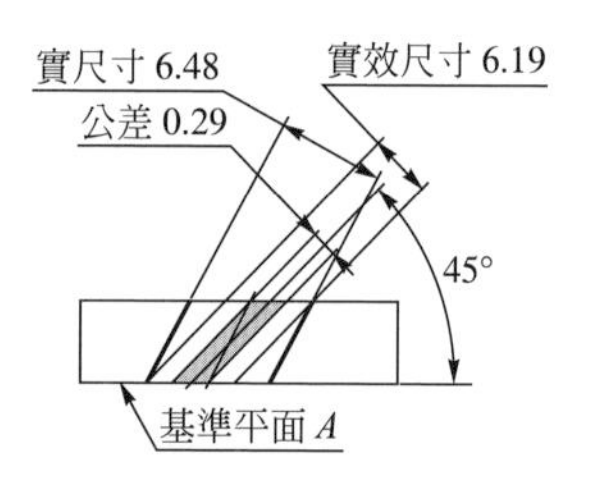

(b) LMS(槽之最大容許尺寸)時

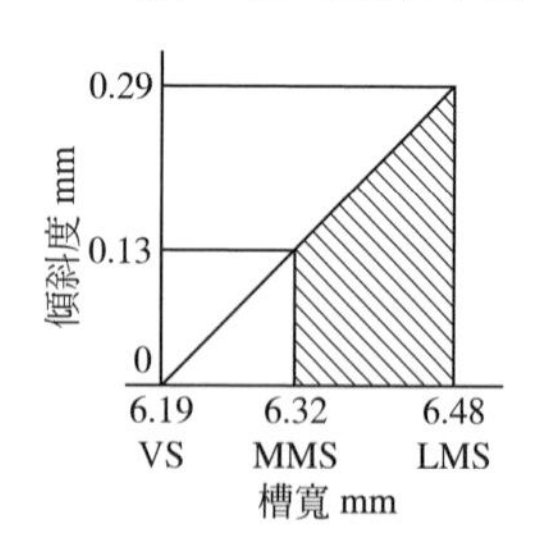

(c) 動態公差線圖

圖 17.303　圖 17.302 之說明

❶ 槽寬必須在 0.16 之尺寸公差內。因此可以在6.32至6.48之間變動。

❷ 槽寬是 MMS 之6.32時，槽之中心面必須在對於基準平面*A*傾斜所規定的45°角，且相距 0.13 的二平行平面間[圖 17.303(a)]。

此外，槽寬是LMS之6.48時，槽之中心面可以在最大至0.29的公差域內變動[圖 17.303(b)]。

❸ 實際之溝槽不能超過，對基準平面*A*傾斜所指定的45°角，而相距 6.19 的二平行平面所設定實效狀態之境界。

圖 17.303(c)表示此種情形下之動態公差線圖。

(4) **相互關連四孔之位置度公差(圖 17.304)。**

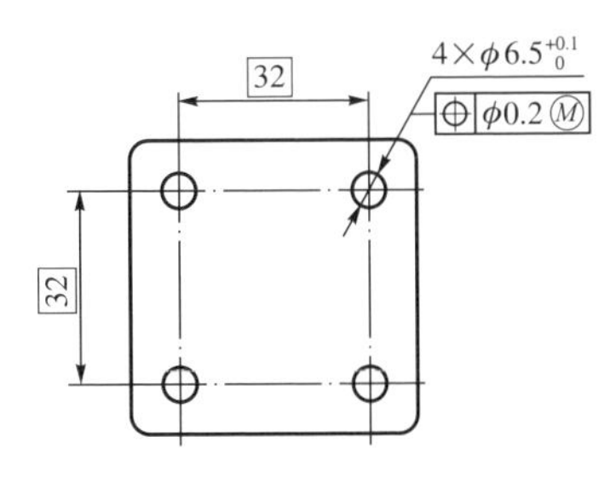

圖 17.304 位置度公差之例

① 功能上的要求事項

❶ 各孔之直徑是MMS之ϕ6.5時，4 個孔之軸線都應在ϕ0.2 的位置度公差域內。

❷ 位置度公差域必須在相互所規定的正確位置。

❸ 各孔之實效尺寸爲ϕ(6.5−0.2)=ϕ6.3，且不能超過孔部之實體。

② 說明

實際之孔必須適合下列條件(圖 17.305)。

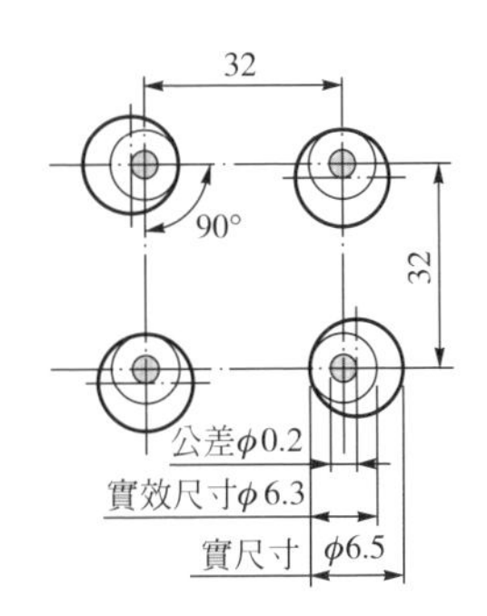

(a) MMS(孔之最小容許尺寸)時

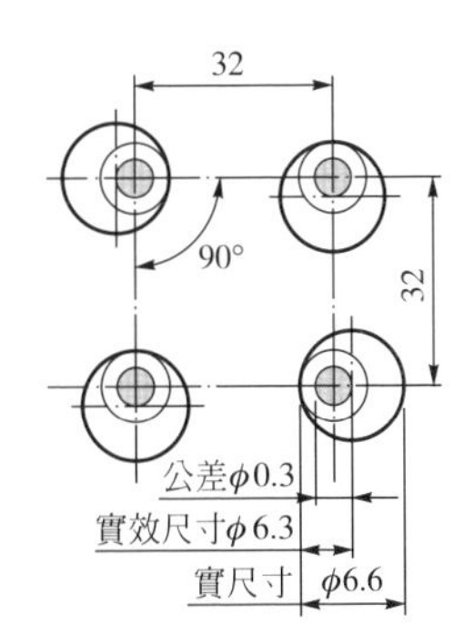

(b) LMS(孔之最大容許尺寸)時

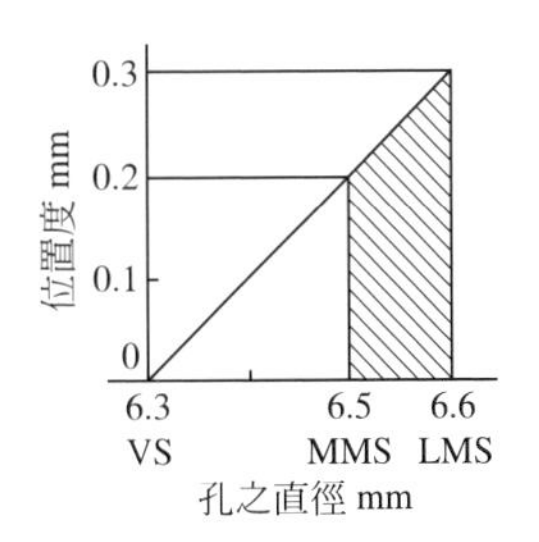

(c) 動態公差域圖

圖 17.305 圖 17.304 之說明

❶ 各孔之直徑必須在 0.1 尺寸公差內，因此可以在φ6.5 至φ6.6 之間變動。

❷ 孔之直徑是 MMS 之φ6.5 時，各孔之軸線必須在φ0.2 的位置度公差內[圖 17.305(a)]。

此外，孔之直徑是LMS之φ6.6時，各孔之軸線可以在φ0.3 的公差域內變動[圖 17.305(b)]。

❸ 位置度公差域必須在相互所規定的正確位置。

❹ 4 個孔不能超過以眞實位置做中心，由φ6.3 完全形狀的內接圓筒所設定實效狀態之境界。

圖 17.305(c)是表示此種情形下之動態公差線圖。

(5) **相互關連之零位置公差(圖 17.306)。**

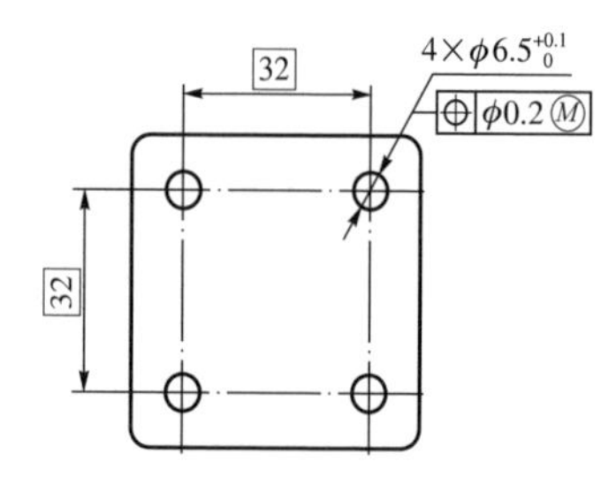

圖 17.306　零位置度公差之例

① 功能上的要求事項

❶ 各孔之直徑是MMS之φ6.3時，4 個孔之軸線必須在所規定正確的位置。

❷ 各孔之實效尺寸與MMS之φ6.3一致時，孔部之實體不能超過此值。

② 說明

實際之孔必須適合下列條件(圖 17.307)。

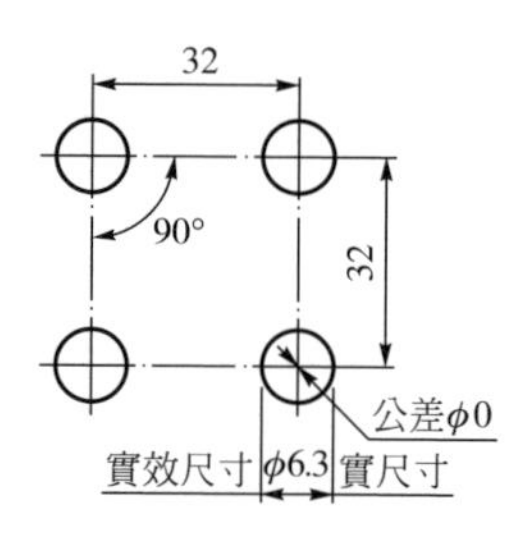

(a) MMS 時

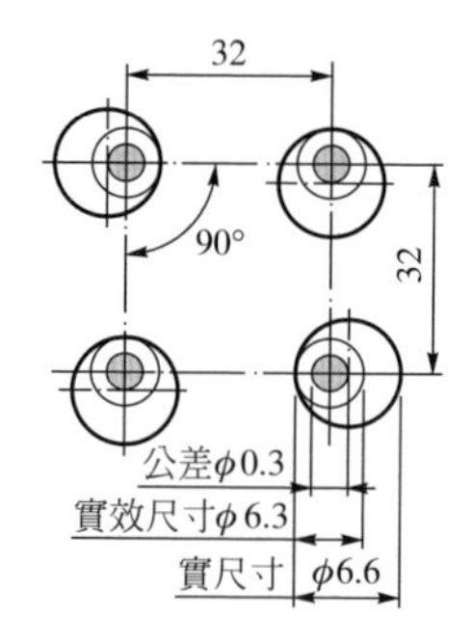

(b) LMS 時

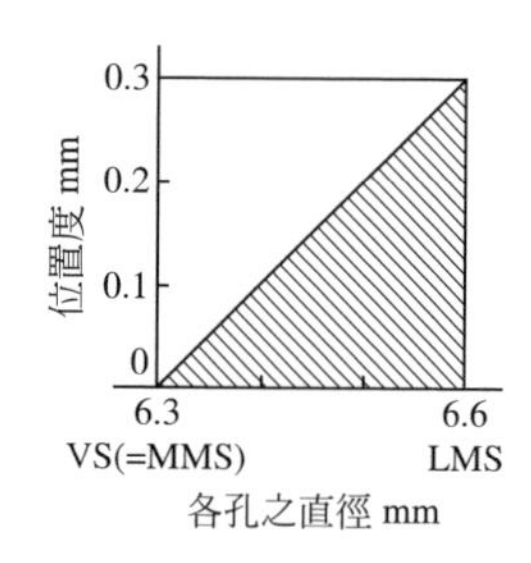

(c) 動態公差域圖

圖 17.307　圖 17.306 之說明

❶ 各孔之直徑必須在 0.3 之尺寸公差內。因此可以在φ6.3 至φ6.6 之間變動。

❷ 孔之直徑是 MMS 之φ6.3 時，位置度公差域是φ0，各孔之軸線必須在所定正確的位置[圖 17.307(a)]。

此外，孔之直徑是LMS之ϕ6.6時，其軸線最大可以在ϕ0.3之公差域範圍內變動[圖17.307(b)]。

❸ 位置度公差域必須在彼此所規定的正確位置。

❹ 4個實際孔，不能超過以在所決定正確的位置中心上，具有ϕ6.3的完全形狀之內接圓筒所設定實效狀態之境界。

圖17.307(c)表示此種情形下之動態公差線圖。

(6) MMS亦適用於基準形體時

最大實體公差方式可以適用於附公差形體及其基準形體兩者。此種情形之實例，如圖17.308所示。

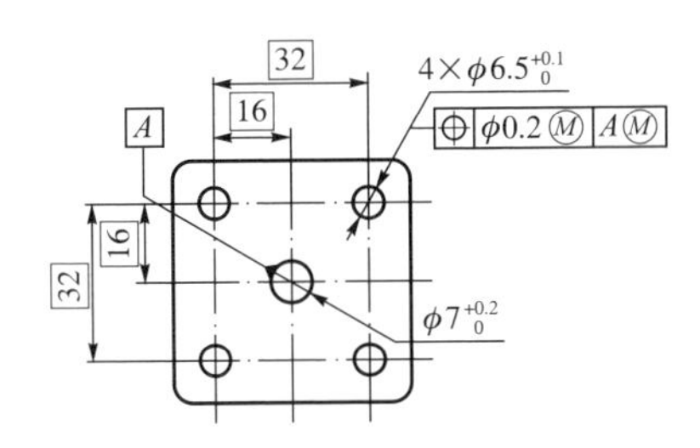

圖17.308 MMC亦適用於基準形體時

① 功能上的要求事項

❶ 各孔之直徑是MMS之ϕ6.5時，4個孔之軸線必須在ϕ0.2之公差域內。

❷ 基準孔之直徑是MMS之ϕ7時，位置度之公差域必須彼此在正確的位置，且對基準軸直線*A*亦是在正確的位置。

❸ 4個孔各自的實效尺寸爲ϕ(6.5－0.2)＝ϕ6.3，且孔部實體不能超過此值。

② 說明

實際之孔必須適合下列條件(圖17.309)。

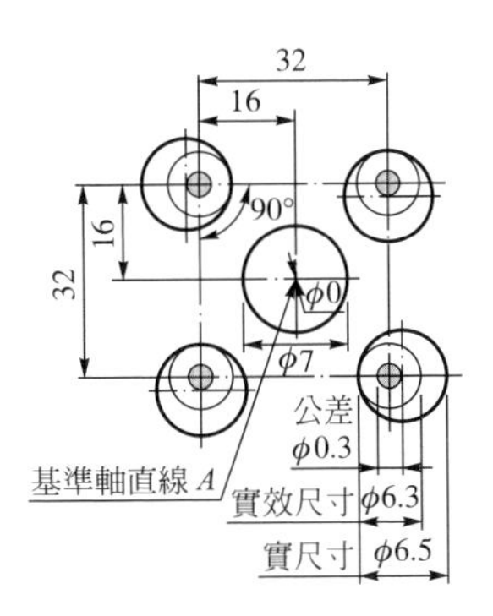

(a) MMS時

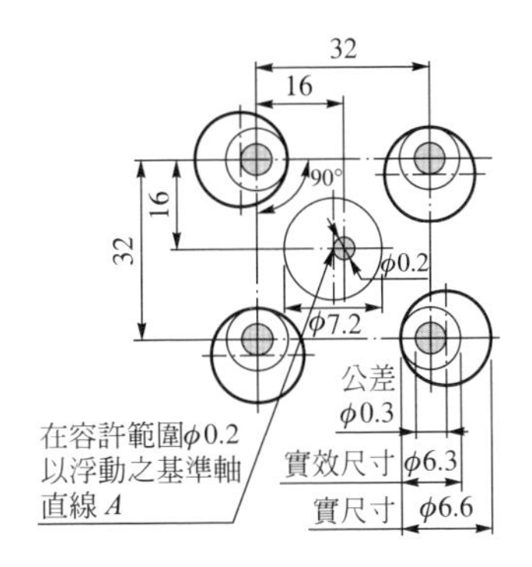

(b) LMS時

圖17.309 圖17.308之說明

❶ 各孔之直徑必須在0.1之尺寸公差內。因此，可以在ϕ6.5至ϕ6.6之間變動。

❷ 孔之直徑是MMS之ϕ6.5時，各孔之軸線必須在ϕ0.2之位置度公差內[圖17.309(a)]。

此外，孔之直徑是LMS之ϕ6.6時，各孔之軸線最大可在ϕ0.3內變動[圖17.309(b)]。

❸ 位置度公差域必須在彼此相對正確位置上。此外，基準孔之直徑是 MMS 之ϕ7 時，對於基準軸直線亦必須在正確的位置[圖 17.309(a)]。

❹ 基準孔之直徑是 LMS 之ϕ7.2 時，基準軸直線A，可以在ϕ0.2 之範圍內浮動[圖 17.309(b)]。

❺ 4 個實際孔，不能超過以在所決定正確的位置中心上，具有ϕ6.3 之完全形之內接圓筒所設定實效狀態之境界。

5. 功能量規

由上述之說明想必已瞭解最大實體公差方式及關於其有用性，因幾何公差本身並不限定有關的測定或檢查方法，所以未特別指示時，可以任意選擇測定或檢查之方法。但適用最大實體公差方式實際之互換性零件方面，若指檢查配合之可能性時，使用下述之功能量規極為方便。

⑴ 功能量規之原理

所謂功能量規，即以最大實體之原理為根本，於檢查零件時，以模擬組合之對方零件最嚴苛狀態的量規，而此一最嚴苛之狀態，即是使用前述之實效尺寸(VS)。

於是，例如：對孔零件，可用具有其實效尺寸之直徑的軸量規，此外對於銷零件，是使用具有與其相同實效尺寸之直徑的孔量規。

⑵ 功能量規之例

圖 17.310 與前節之圖 17.304 相同，但用於檢查此零件的功能量規，應滿足下列的條件。

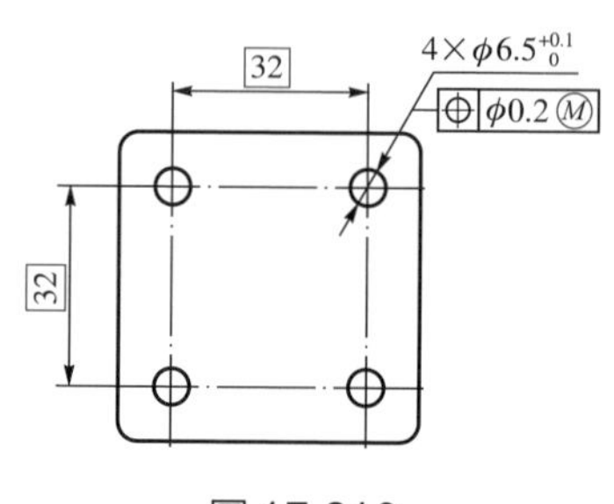

圖 17.310

① 4 個孔要在所規定正確的位置，且保證不超過具有實效尺寸為ϕ6.3 之直徑的完全形狀之內接圓筒之境界。

② 孔之直徑要保證在ϕ6.5 與ϕ6.6 之間。

對於上述之①項，使用如圖 17.311 所示，實效尺寸具體化的圓筒之功能量規，若用此量規檢查時，不能與此量規配合之零件，則為不合格品，因為很明顯的孔之表面是存在於實效尺寸之圓筒內部。至於②項，則分別使用個別的限界量規等來檢查。

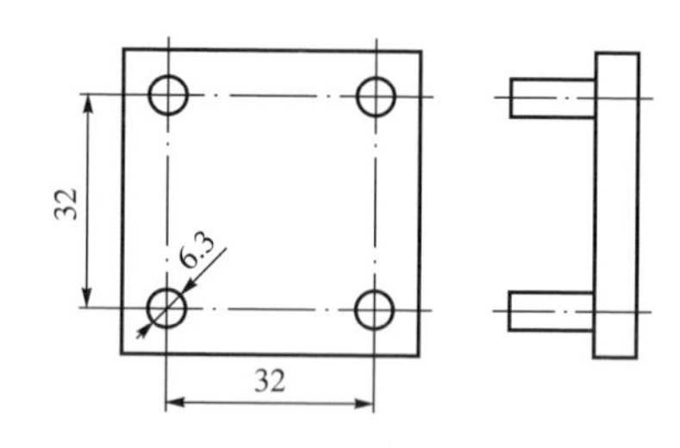

圖 17.311 圖 17.310 之功能量規

而指定基準之零件時，必須在量規上附屬實用基準形體。其情形之實例如：圖 17.312 所示。

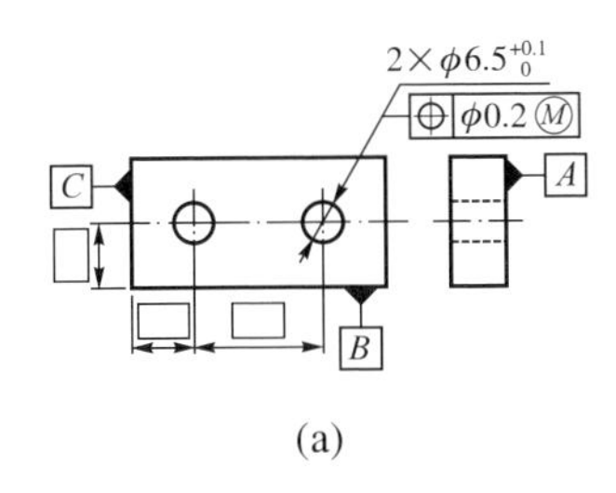

(a)

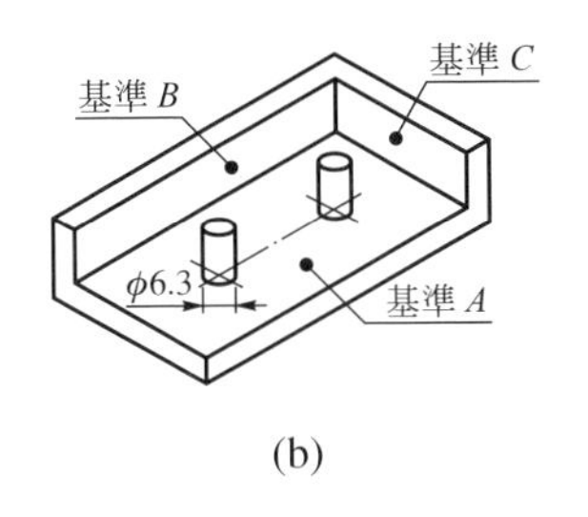

(b)

圖 17.312　有基準時之功能量規

17.17 配管製圖

管可用於傳送液體、氣體等，是各種動力發生設備、控制設備等所不可或缺之構件。管之配置稱爲配管(piping)，配管用之圖面繪製，JIS在「製圖——配管之簡略圖示法——第1部～第3部」(JIS B 0011-1～3)有所規定。

此規格的第 1 部規定通則及正視圖，第 2 部爲等角規圖，第 3 部爲換氣系統及排水系統之末端裝。

1. 正投影法配管圖

⑴ 管類之圖示法

表示管類之流線與管徑無關，以與管中心線一致的一條實線表示。

彎曲部簡化如圖 17.313(a)，流線直至頂點折彎亦可，但爲了更明確化，可用圓弧表示，如同圖(b)。

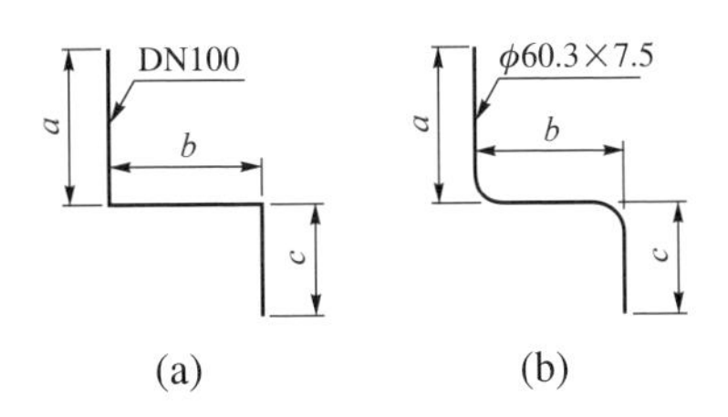

(a)　(b)

圖 17.313　管之圖示法

⑵ 線粗細

配管制圖表示管之線條，通常只用 1 種粗細的線。有特別需要時，亦可用 2 種以上不同粗細的線。

表 17.34 示配管製圖用線之種類。

⑶ 管徑標註法

表示配管用鋼管公稱直徑的方法有 *A*(公制)及*B*(英制)二種。如圖 17.313(a)，在表示公稱直徑的尺寸數字前，標註"DN"符號。"DN"表示標準尺寸(nomial size)。

如圖 17.313(b)，管之尺寸由管外徑(*d*)及厚度(*t*)組成，例：φ60.3×7.5。

⑷ 管之交叉部及接合部

未連結之交叉部，如圖 17.314(a)之①所示，繪出沒有切口線而使其交叉即可。但必須明示管後有管路時，則如同圖(a)之②所示，要用表示隱藏管的方式，用有切口的線表示。此一切口是線條直徑之 5 倍以上。

表 17.34　配管製圖用線種類(JIS B 0011-1)

線之種類		稱呼	線之適用處(參考 JIS Z 8316)
A	————	粗實線	A1 流線及結合零件
B	————	細實線	B1 剖面線。 B2 標註尺寸(尺寸線、尺寸輔助線)。 B3 引出線。 B4 等角格子線。
C	〜〜〜〜	徒手繪之波形細實線	C1/D1 剖切線(表示對象物局部破壞之境界或去除局部的境界)。
D	—∧/—∧/—	鋸齒細實線	
E	— — — —	粗虛線	E1 明示在其它圖上之流線
F	— — — —	細虛線	F1 地板。 F2 壁。 F3 玄關。 F4 孔(沖孔)。
G	—·—·—	細的一點鏈線	G1 中心線。
EJ	—·—·—	極粗的一點鏈線*	EJ1 申請契約之境界。
K	—··—··—	細的二點鏈線	K1 鄰接零件之輪廓。 K2 面對切斷面之形體。
【註】*種類 G 之 4 倍粗。			

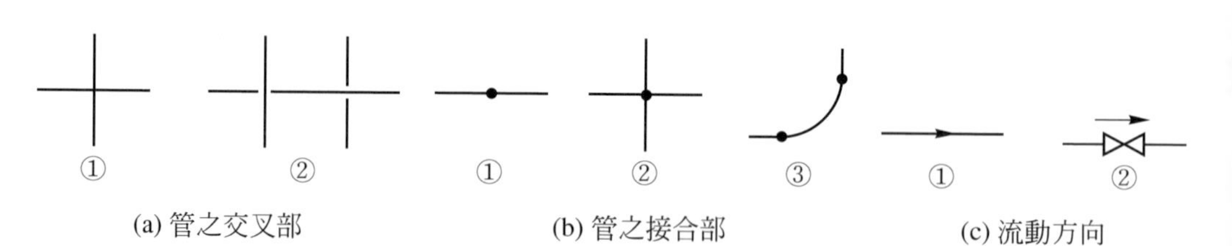

圖 17.314　管之交叉部、接合部及流動方向表示法

以銲接方式的永久接合部，點之直徑取線徑之 5 倍，如圖 17.314(b)。

⑸ **流動方向**

如圖 17.314(c)，在管線上或表示閥門之圖符號附近以箭頭指示流動方向。

⑹ **以前之簡略圖示法**

ISO 中有規定表示配管系統之簡略圖示符號，日本正在製作母案中，預估將來可做相關規格之修定、增補，但在完成前，為求方便，仍將 JIS 所定之簡略圖符號置於附錄中，表 17.35 示其概要。

2. 等角投影法配管圖

配管施工通常為三度空間，故其施工圖最好是能符合提供三度空間完整之內容要求。如圖 17.315 之等角投影配管圖即是。

此時，各管或組合管之座標，應採用整體完工後之座標為主，平行該座標軸的管，無需特別指示，平行該軸繪製即可，與座標軸方向偏斜的管，需用有剖面線之輔助投影面表示。

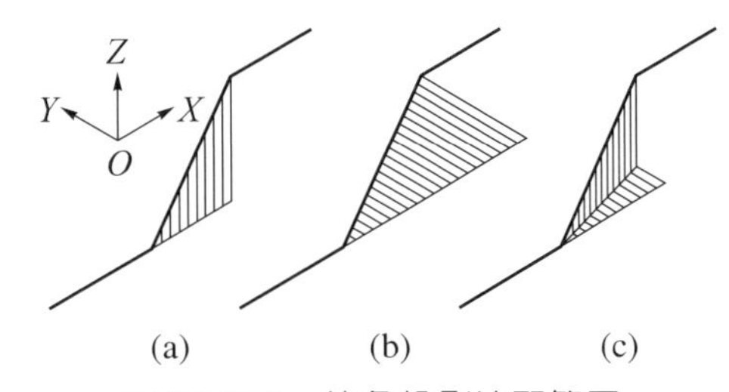

圖 17.315 等角投影法配管圖

17.18 各種製圖用圖符號

JIS 中關於這些圖符號，規定各種規格，如表 17.36～17.43，圖 17.316 所示，為這些規格中之主要拔粹。

表 17.36 油壓、空壓用圖符號(JIS B 0125-1)(舊規格)

名稱	圖符號
主管路 引導管路	
泵浦、壓縮機、馬達	l
計器、迴轉接頭	$\frac{1}{2}\sim\frac{3}{4}l$
逆止閥、滾子	$\frac{1}{4}\sim\frac{1}{3}l$
油箱(通氣式)	管端不在液中
	管端在液中
	與頭箱連結之管路
	局部表示符號
機械之連結(轉軸)	單方向
	雙向

名稱	圖符號
油壓泵浦及馬達	
空壓泵浦及馬達	
油壓泵浦單向流動定容量形單向回轉形	
空壓馬達二方向流動定容量形二方向回轉形	
可變容量形泵浦、馬達	
搖動形作動器	油壓　空壓
搖動形作動器氣壓定角度二方向搖動形	

名稱	圖符號
單動壓缸	
單動壓缸(附彈簧)	(1)
	(2)
雙動壓缸 (1) 單桿 (2) 雙桿	(1)
	(2)
雙動壓缸(附緩衝)	2:1
單動多段形壓缸	空壓
雙動多段形壓缸	油壓

名稱	圖符號
空油轉換器(單動形)	
常閉雙口閥	
常閉雙口閥	
常開三口閥	
手動切換雙口閥	
止回閥(逆止閥)	
釋壓閥	
停止閥	
可調節流閥	
壓力錶	

表 17.37　電氣用圖符號(JIS C 0617-2～10)

名稱	圖記號	名稱	圖記號	名稱	圖記號	名稱	圖記號
直流		繞線或線圈		一次電池或電池		光電二極體	
交流		電感		保險絲		光電池	
可調		可變電感		開關		PNP電晶體	
連接處(接點)		交互電感		整流器		NPN電晶體	
端子							
接地		鐵心變壓器或變成器		交流電源		單接合電晶體(P形基極)	
箱接地		可變交互電感		回轉機(馬達)	M	單接合電晶體(N形基極)	
電阻器		靜電容量或電容器		二極體		擴音器(一般)	
可變電阻或可變電阻器		可變靜電容量或電容器		透納二極體		揚聲器(一般)	
附中間接點		電容器(有極性)		雙向性二極體		天線接點	

表 17.38　屋內配線用圖符號(JIS C 0303)

名稱	圖符號	名稱	圖符號	名稱	圖符號	名稱	圖符號
頂板暗線		接戶點		螢光燈		配電盤	
地板暗線		電線溝		非常用照明		電力量計	Wh
明線		合成樹脂導線		誘導燈		內線電話器	T
向上佈線		電扇		插座		按鈕	
向下佈線		窗形冷氣器	RC	點滅器		蜂鳴器	
直通佈線		吊燈 HID燈		開關	S	火警感知器	
接地		壁燈 •HID燈		配線用切斷器	B	煙感知器	S

表 17.39 建築材料、構造表示符號(JIS A 0617-2～10)

名稱	表示符號	名稱	表示符號	名稱	表示符號	名稱	表示符號
牆壁(一般)		鋼管		粗石工		保溫吸音材	註明材料名稱
混凝土及鋼筋混凝土		木材或木板牆	化粧合板	砂礫、砂	註明材料名稱	網	註明材料名稱
輕量牆壁(一般)			構造材	石材或倣造石	註明石材名稱，倣造石名稱	平板玻璃	
普通磚牆			補肋構造材	磚工疊砌	註明材料名稱，疊砌法	瓷磚或混合陶器	註明材料名稱 註明材料名稱
輕量磚牆		地盤		草蓆墊		其他材料	描繪輪廓且註明材料名稱

表 17.40 建築平面表示符號(JIS A 0150)

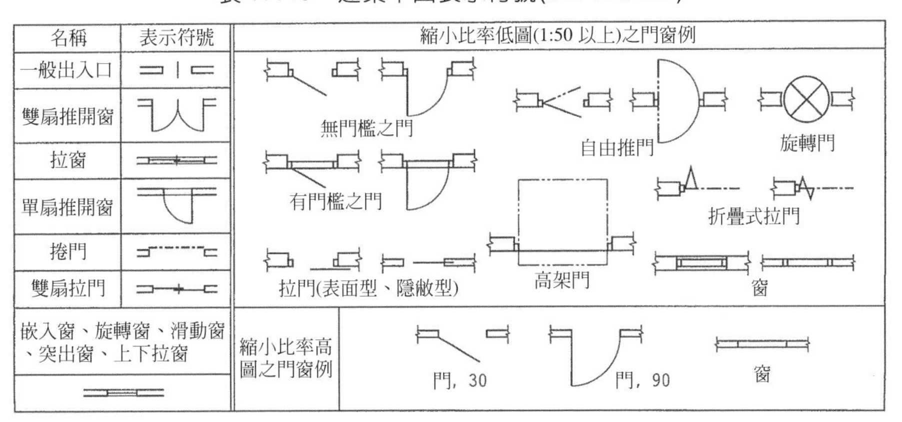

名稱	表示符號
一般出入口	
雙扇推開窗	
拉窗	
單扇推開窗	
捲門	
雙扇拉門	
嵌入窗、旋轉窗、滑動窗、突出窗、上下拉窗	

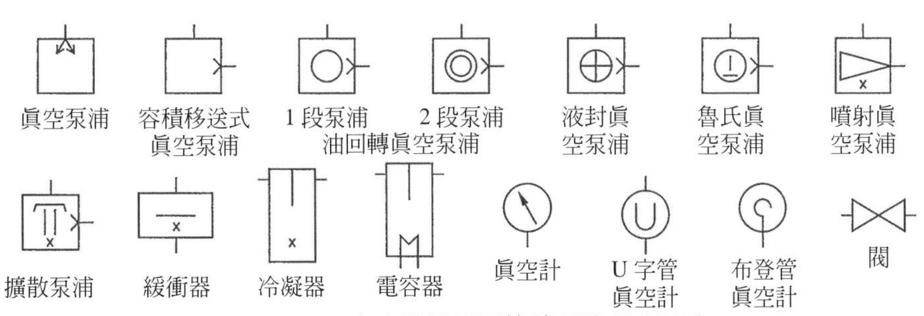

圖 17.316 真空裝置用圖符號(JIS Z 8207)

表 17.41 工程基本圖符號及表示例(JIS Z 8206)

基本工程	符號名稱	符號	意義
加工	加工	◯	表示原料、材料、零件及製品形狀、性質產生變化過程。
搬運	搬運	○	表示原料、材料、零件及製品位置產生變化過程。
停滯	貯藏	▽	表示原料、材料、零件及製品因計劃之貯存過程。
	停滯	D	表示原料、材料、零件及製品非因計劃產生之滯留狀態。
檢查	數量檢查	□	測試原料、材料、零件及製品量及個數，將其結果與基準比較了解差異之過程。
	品質檢查	◇	測試原料、材料、零件及製品品質特性結果與基準比較，判定批料合格，不合格或個品良，不良之過程。

[備註] 搬運符號之直徑，爲加工符號直徑之 1/2～1/3。以符號⇨取代○亦可。但是，此符號不代表搬運方向。

表示例

工程分析圖(車軸部品)(其 1)

距離 (m)	時間 (min)	工程路徑	工程之內容說明
		▽	材料倉庫內
15	0.85	㋫	以兩輪拖車搬運至生產線
	125.00	▽	
1	0.05	(手)	以手搬至機械上
	1.00	①	車床切削端面
		〰	
3	0.20	㋙	輸送帶自動搬送
	0.50	◇4	軸徑自動檢查
3	0.20	(手)	以手搬至拖車上
	62.50	▽	
		〰	
	0.35	◇9	軸徑檢查
3	0.15	(手)	以手搬至拖車上
	30.00	D	
3	0.15	(手)	以手搬至檢查機上
		〰	
	125.00	▽	拖車上
	0.10	□13	數量檢查
7	0.75	㋫	以兩輪拖車搬運至完成品
		▽	放置場

17.19 圖面管理

圖是製造機械時所使用，但亦用於其他有關的作業。如此重要的圖面若未有適當的保管與運用，必有重複或混亂、遺失之現象發生，而影響作業的順利。因此爲消除這些不正常現象，於是能使圖面合理保管及運用的管理即稱之爲圖面管理。通常，以原圖之製作、原圖之運用，以及檢圖爲中心，且包含複印圖之處理。

1. 識別號碼

機械零件雖各有其名稱，但爲保持各零件彼此之間的關係，各零件賦與號碼以便整理。此編號稱爲零件號碼。

零件號碼以如圖 17.317(a)所示，將數字(較尺寸數字大，高約 5～8 mm 且線粗)記於圓內(直徑 10～16 mm，粗度約爲外形線的 1/2)，自零件圖中，或邊上畫引出線而註明零件號碼。

表 17.42　鋼筋端部之簡略圖示法(JIS A 0101)

端部狀態	表示（立面圖）
端部呈90度彎曲之鋼筋	
端部介於90度至180度彎曲之鋼筋	
端部呈180度彎曲之鋼筋	
筆直鋼筋並列或皆在同一面上時	1 2　1 2 在端部上細線， 並附上對應之號碼

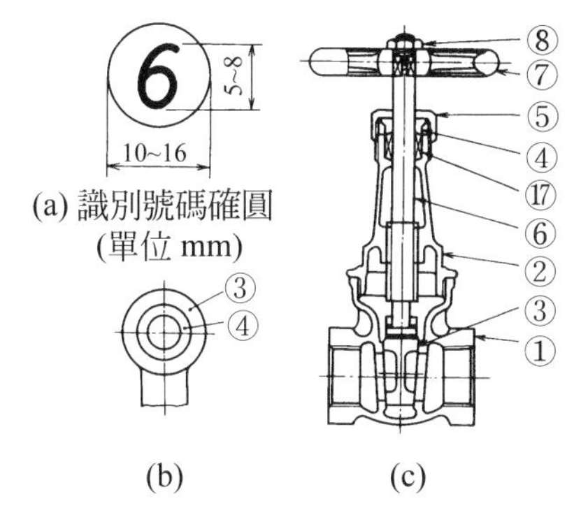

圖 17.317　標註識別號碼的方法

欲於組立圖上標記零件號碼時，應自各零件畫引出線，而在此引出線端部附加箭號，如圖 17.317(c)所示，但從實體部引出時，箭號應以黑圓點「・」代替爲佳，如圖 17.317(b)所示。此種引出線爲與尺寸線區別，所以用斜線。

2.　標題欄、零件表及明細表

⑴　標題欄

標題欄設於圖面右下角，於欄中明記圖號、品名、比例尺、投影法之區別、製圖設計所名稱、圖面完成年月日等，負責人之簽名，各公司、工場的標註方

表 17.43　孔、螺栓、鉚釘之符號表示法

孔、螺栓、鉚釘	無平頂頭	正向側、平頂頭	背向側、平頂頭	均平頂頭
工場削孔、工場接合				
工場削孔、現場接合				
現場削孔、現場接合				

式都各有不同。

圖 17.318 表示標題欄，是廣被採用的一般標準式例子。因圖號是為圖面整理或使用上之方便，所以按機械之種類及圖面大小與製圖之順序而編號者居多。例如：車床(lathe)之軸(shaft)使用 A3 之紙製圖，第一張圖之表示爲"LS-3001"。圖號除於標題欄表示外，不妨倒註於圖之左上角。如此，則萬一圖紙圖號部分遭毀或整理時不愼倒放時，亦不難尋覓所求之圖樣。

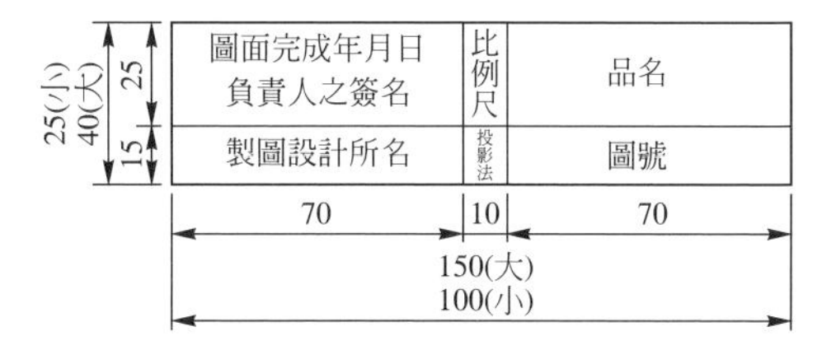

圖 17.318　標題欄

⑵　零件表

零件表是記載畫於圖上各零件的有關事項。圖 17.319 是通常所採用的零件表，零件表一般是接於右下角之標題欄上。

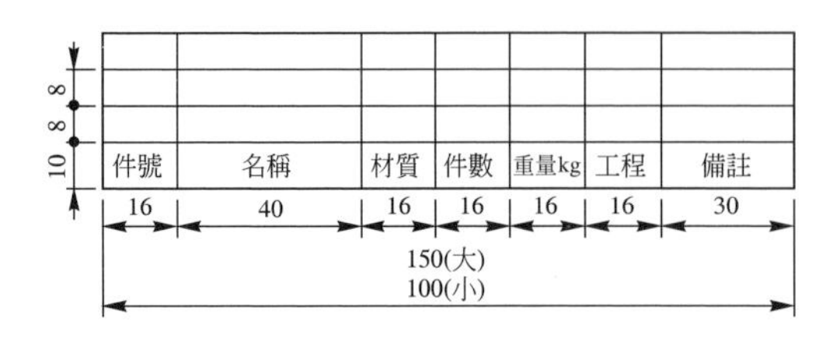

圖 17.319 零件表

此表中之工程欄是標註零件之加工過程。

例如：鑄件經機械加工時，表示歷經木模工廠，然後送入鑄造工場，再送到機械加工場的過程。

要將這些工場名稱——標註相當麻煩，所以一般使用下列之略稱。

木——木模工場。

機——機械加工場。

倉——倉庫。

板——板金工場。

鑄——鑄造工場。

組——加工組立工場。

鍛——鍛造工場。

試——試驗場。

能夠使用標準品時，應於備註欄內，標註該零件於JIS中所規定的稱呼方法。

JIS之製圖規格中，並未規定有關零件表之位置及零件表上記載事項等，所以所採用的形式種類繁多。

⑶ **明細表**

簡單的機械組立圖，全部零件之明細可以標註於零件表中，但若是複雜的組立圖，則因無法全部標註，所以此時必須特別製作所謂的明細表。此表是記載所有零件明細之表格，與組立圖分開製作(圖 17.320)。

		製作	審查	訂貨者		張數	
				數量			
				日限			
項次	圖號	名稱	員數	材質	工程	重量	備註

圖 17.320 明細表

此種明細表，保持組立圖與零件圖之溝通，實際製造時所需圖面之張數，所要準備的材料，記載有關圖面之出圖等，令人一目了然，且便於圖面之管理。

3. 設計圖之訂正、變更

圖面增製完後，有時必須變更圖形或尺寸等。此種變更有屬於描圖或計算上之錯誤所引起的變更，及設計圖本身雖無錯誤，但由於材質，或設計方針之改變，及受加工上之限制而需要之變更。

由於以上的原因要變更設計圖時，訂正後有時並不保留變更前之圖形及尺寸，但少數之情形，於修改後必須保留修改前之原樣。其理由是因爲在修改前其製品已依設計圖製妥，且要令人了解其變更經過而作參考之用。

⑴ **變更文字**

設計變更等所用文字中，對於易誤解之文字或與其他符號相同的文字，盡可能避免使用以期正確。

此外，一項變更包含很多事項時，爲表是各項目，則應於變更文字後添加文字(如A_1、A_2、A_3)。

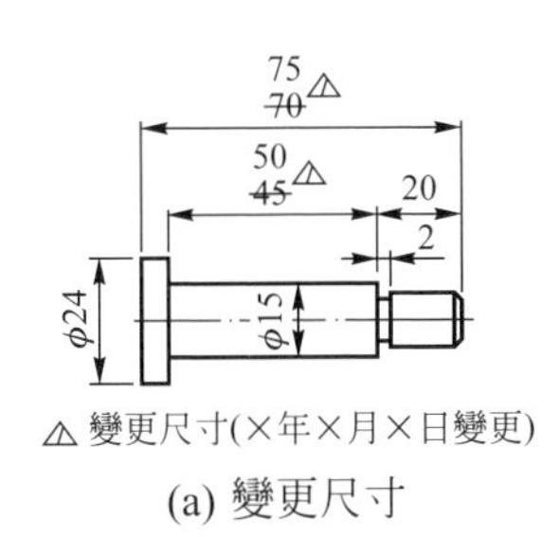

(a) 變更尺寸

符號	年月日	訂正事項	簽章
△A	52.3.20.	變更材質	
△B	同上	同上	

(b)

圖 17.321　變更文字

⑵　**變更數字**

要保留變更前之圖形、尺寸時，可以如圖 17.321(a)所示，以 1～2 條線將數字消掉，而在其上或下添入新的數字。且在變更之部分應另註變更日期、理由等以供參考。

圖中無法容納變更文字時，應選用適當符號(如*A*、*B*)等，並於如圖 17.321 (b)所示之訂正欄上標註必要事項。

⑶　**變更圖形**

由於改變設計而要變更圖形之一部分時，勿以橡皮擦去，而應只將該部分另行描繪於附近有適當空白部位(圖 17.322)。

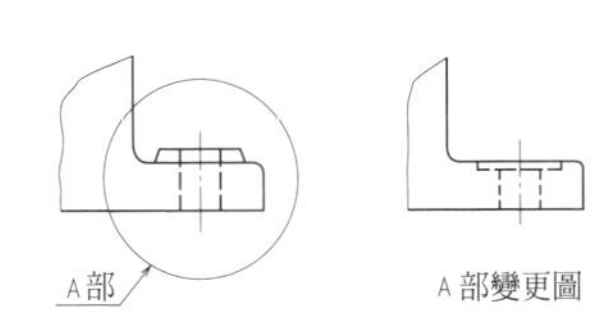

圖 17.322　變更圖形

4.　檢圖

現在之工業之中心在於設計圖，即設計圖上絕無任何錯誤，但一旦發出之設計圖，似乎難以不做任何之變更、訂正，即可如流水般的順利的達到最後目的，因此設法減少錯誤係一種極重要之工作。爲達到此目的，目前最廣爲應用之方法即是利用檢核表(check list)之檢圖法。

表 17.44 是目前美國通常所使用的檢核表之一例。在日本的各工場所使用的是如表 17.45 所示的組立圖用檢核表。表 17.46 是零件圖用檢核表。

使用這類檢核表，而做各項之檢圖工作，則可發現設計圖之錯誤，而做訂正，以提高圖面之權威，並能防止很多麻煩的發生。

表 17.44　依美國規格的檢核表一例

圖	尺寸及說明	標題要目
①尺度是否適當。 ②圖之佈置及選用是否適當。 ③剖面、箭頭是否適當。 ④詳細圖之選定是否適當。 ⑤是否有不必要之圖。 ⑥投影是否正確。 ⑦圖是否以正確之尺寸繪製。 ⑧圖是否以正確而濃線條繪製。	①尺寸是否正確。 ②是否有尺寸之重複。 ③是否有未註之尺寸。 ④尺之指示位置是否正確。 ⑤關於尺寸線、文字、數字是否有不正確而色淡之線條。 ⑥螺紋之指示是否正確。 ⑦是否有錯字或遺漏。 ⑧公差之指示是否適當。 ⑨加工符號之指示是否適當。 ⑩註記事項是否適當。	①名稱是否適當。 ②機件號碼是否正確。 ③一般公差之註明是否適當。 ④材料之規格是否適當。 ⑤所必要之熱處理之指示是否適當。 ⑥所必要之表面處理之指示是否適當。 ⑦所必要之物理性質之指示是否適當。 ⑧零件所歸屬之路線之指示是否適當。 ⑨是否有必要項目之漏註及錯字。 ⑩不必要之項目是否悉數擦掉。

表 17.45　組立圖用檢核表

①性能是否合乎設計規格書之要求。
②關於保持精度是否有不安定之機構。
③活動部分是否與其他部分有不必要之接觸，應核對活動圖以策安全。
④裝配、分解是否容易。
⑤關於旋轉方向及旋轉數，是否有漏註或錯誤。
⑥負荷(徑向、推力)方向及支承是否適當。
⑦加油方法是否妥當。
⑧是否有省工時之部分，對工作方法是否有疑問之處。
⑨材料是否使用標準尺寸。
⑩是否使用標準及機件規格之量規。
⑪關於操作及保安是否有不備之處。
⑫在按裝及輸送上是否有不妥之處。
⑬是否有註明軸間之距離。

表 17.46　零件圖用檢核表

(a)圖面內容之檢核表

檢查項目	檢圖事項
①尺寸	①以量尺一一核對各零件之圖樣尺寸。 ②工作尺寸之註明方法是否適當。 ③是否有尺寸之漏寫或重複。 ④要注意投影及剖面圖之不足，或投影之錯誤。
②數量	①要核對零件數量及適用號碼。 ②要注意零件是否遺漏。
③規格標準零件	①將規格、標準零件應對照其規格及基本形予以核對。 ②所採購之零件應對照其產品目錄予以核對。 ③與量規有關之尺寸，應對照其規格予以核對。並須注意量規號碼之漏註與否。 ④齒輪、蝸桿、彈簧等之計算值應對照裝配圖上之數值予以核對。
④組合尺寸	①應核對配合、組合尺寸及配合符號是否正確。 ②能否裝卸，尤其對零件之接觸面加以特別注意。 ③應注意螺距之誤註及漏註。 ④應核對與配件及工模之關係位置及尺寸。
⑤材質、熱處理	①應核對材質之適當與否，熱處理及硬度等。 ②經熱處理後，應對其加工法加以特別之注意。 ③特別要注意淬火硬度之漏註。 ④對於表面處理之指示應加特別之注意。
⑥加工法	①核對其加工法(加工機械及工具)及加工尺寸。 ②應注意加工上所須要之基準面及輔助突面之漏註。 ③應注意加工符號是否適當及是否有漏註之部分。 ④應注意平面度、直角度、平行度及加工上必要之特別記事項是否有漏註之處。
⑦動作	①應核對設計規格之動作及調整量。 ②動作時尤其注意零件是否有接觸之部分。 ③對於螺輪、螺旋齒輪、蝸桿之旋轉方向及推力方向應加注意。

表 17.46 零件圖用檢核表(續)

(a)圖面內容之檢核表(續)

檢查項目	檢圖事項
⑧最後檢圖	①再度核對訂正尺寸。 ②核對上是否有遺漏，應加注意。
⑨描圖檢圖	核對描圖之訂正部分。

(b)事務上的檢核表

檢圖項目	檢圖要目	檢圖項目	檢圖要目
製圖年月日	是否業已註明。	數量	註明之數量是否適當。
圖號	是否業已註明。	材質符號	所註明之符號是否適當。
設計者	是否經過核對而蓋章。	尺度	圖形與尺度是否適當。
製圖者	是否經過核對而蓋章。	圖法	是否以適當且指定之圖法所繪製。
零件號碼	是否業已註明。	備考	是否註明相配零件號碼、名稱。
零件名稱	是否業已註明。		

5. 圖之保管

可能的話，設計圖應先登記於原圖總帳(設計圖原登記簿)，或原圖登記卡上，且保管於檔案櫃中(設計圖庫)，現場所使用者全都發給由原圖複製的複印圖。至於原圖之借用，除變更圖形、尺寸外，絕不准許。又原圖業經變更或作廢時，各蓋“舊圖”或“廢圖”之印記於最顯眼之處，且必須與新圖分開保管。

圖 17.323 是原圖登記卡之一例，圖 17.324 是複印圖借用卡之一實例。

原圖登記卡

整理 No	
檔案 No	

圖號
原圖尺寸
原圖製作 年 月 日
圖
原圖製圖員

月日	摘要	月日	摘要	月日	摘要

圖 17.323 原圖登記卡

機種	尺寸	圖號	
姓名	借出日期	預定歸檔日	簽章
借出理由：			

圖 17.324 複印圖借出卡

17.20 草　圖

1. 關於草圖

所謂草圖是對於已製成之機械，觀察其形狀、尺寸、構造，及材質等，通常以鉛筆且徒手繪圖之圖樣，草圖通常在

(1) 再製造同一機械時。

(2) 損傷零件重新再製時。

(3) 經改造而製造新製品時。

等情形用之。一般根據草圖繪製製造圖但有時對較簡單者或急用之情形下，亦有直接以草圖代用做製造圖者。

2. 草圖之用具

繪製草圖時，通常準備下列之用具。

(1) 鉛筆(HB)。

(2) 小刀。

(3) 紙張(方格紙或白紙)。

(4) 橡皮擦。

(5) 量尺(摺疊尺)。

(6) 卡鉗(外卡鉗、內卡鉗)。

此外，需要精密的尺寸測定儀器有，

(7) 分度器。

(8) 游標卡尺。

(9) 測微器。

(10) 各種量規(深度規、測隙規、螺紋規等)。

除上述用具外，有時亦必須扳手、鐵鎚、角尺等。且工作中易接觸油汙，所以應預先準備肥皂以便洗滌。

3. 草圖之畫法

形狀之草圖，應依製圖法繪製(圖 17.325)，但如屬簡單之零件，則以圖 17.326 所示，可以透視圖繪之。對於在工作上所必須之各種事項應妥為註明，不可遺漏。

畫草圖時應注意之事項如下。

(1) 畫草圖時，先畫機械之組立圖，以便了解各零件間之關係，然後再分解機械而畫零件圖。

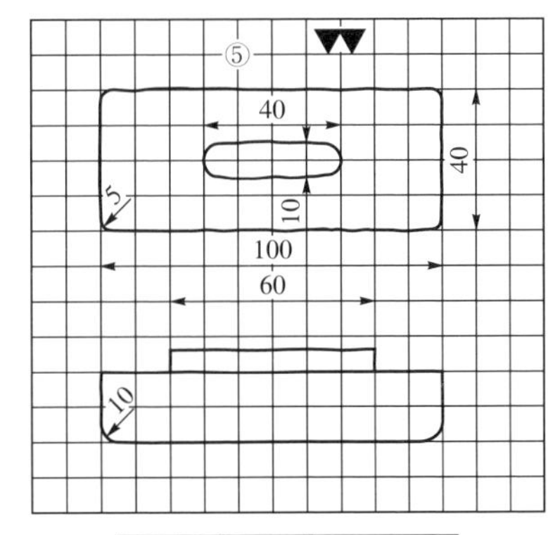

圖號	名稱	材質	個數
FC-4005	鎖緊板	SF340	1

圖 17.325　三角法之草圖

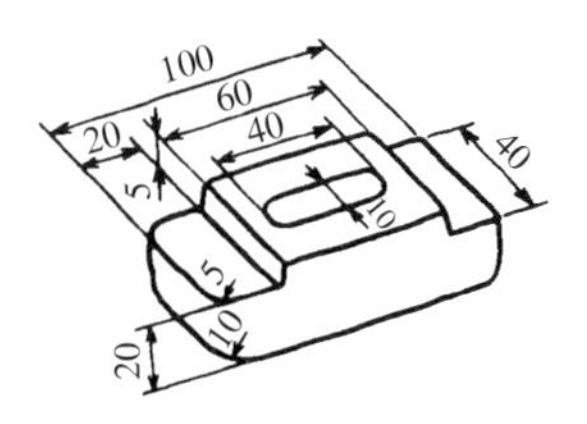

圖 17.326　透視圖之畫法

(2) 零件如是 JIS 之標準品時，則可以略畫法或公稱方式處理之。

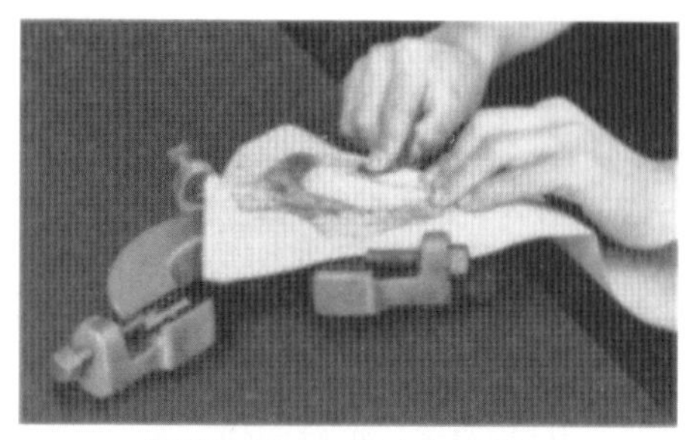

圖 17.327　印痕之方法

圖 17.328　印痕之方法

(3) 尺寸應正確量測，尺寸難以判定時，仍應以實形及實例尺寸爲主。

(4) 對於所使用材料、加工程序、加工方法，及配合等級等均應特別注意標註之。

(5) 關於鑽孔之位置或平面形之曲線等，於其表面上塗以紅丹或油墨，並將圖紙按上，而取得其實際形狀(圖 17.327、圖 17.328)。對於複雜之曲面等，可以如圖 17.329 所示，以鉛筆沿零件外形描繪。

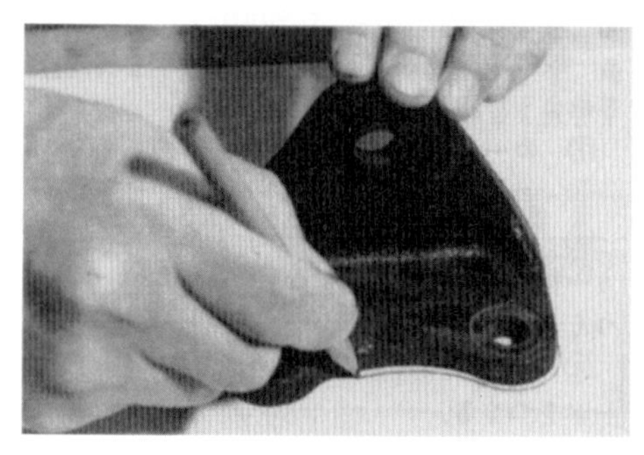

圖 17.329　描繪外形之方法

18 CAD製圖

18.1 何謂 CAD

在現在的設計工作中，CAD(computer aided design)已經常識化，由於近年IT(Information technology)技術革新的快速進展，一些較前更具成本效益的機器陸續被開發出來。

CAD 原意就是利用電腦輔助設計工作。目前電腦亦不僅限於用在設計上，最近也利用電腦描圖。即所謂CAD製圖。以下所述CAD即是以此意義爲主。但此處應先特別注意的是，所謂CAD不是說機械爲描圖之高手，而是人來操作機械進行描圖，故與手繪圖同樣要具備製圖法之基本知識才行。

18.2 CAD 之硬體

圖 18.1 示 CAD 系統例，通常以電腦本體爲中心，再由其周邊設備形成硬體，輔以軟體使這些設備發揮運作功能。

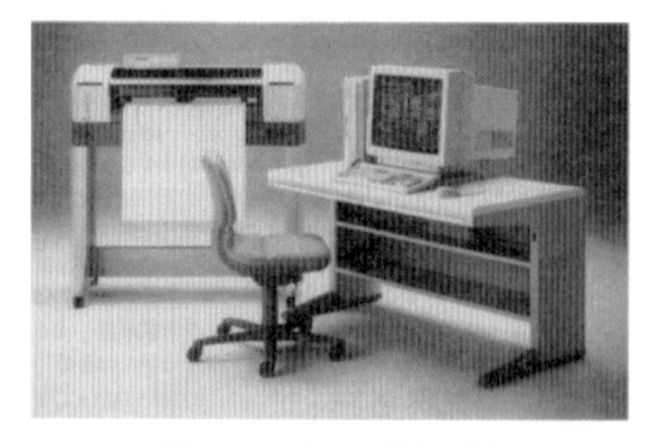

圖 18.1　CAD 系統之例

圖 18.2～圖 18.4 示數位化器、繪圖器等周邊設備。

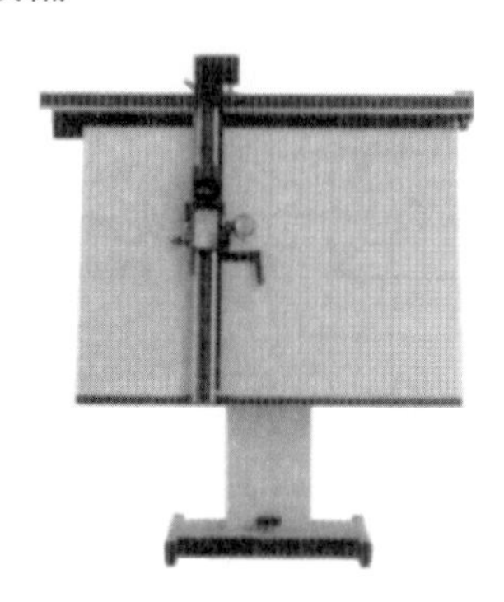

圖 18.2　數位化器

圖 18.3　繪圖器(回轉鼓形)

圖 18.4　繪圖器(平頭形)

最近市售的一些CAD用軟體，亦可在一般家庭用個人電腦上使用。

18.3 CAD 之軟體

1. CAD 軟體之功能

市售 CAD 軟體，通常要具有下列功能。

⑴ **圖形處理軟體**——模型之形狀可以在顯示器上顯示二次元或三次元圖形之功能。

⑵ **形狀塑造**——以各種方式建構模型之功能。

⑶ **會話處理**——經由顯示器，使用者能與電腦順利對話溝通。

CAD並不只是繪圖，若能同時用以做該部分之強度計算等，則更為方便。因此，常自市售軟體選擇用者本身希望其具備之功能之軟體，加以組合後用以執行工作。

2. 二次元之 CAD 系統

二次元 CAD 可視為顯示器當做製圖板。但與一般手繪圖不同的是，一經登錄之圖，其移進、移出、改變形狀均極自由，故可利用既有圖進行應用設計或編輯設計，大幅縮短作業時間。

⑴ 建立基本圖形功能

電腦內部軟體，只要具備輸入繪製二次元圖形的點、直線、或圓弧、曲線等指令(命令功能)者，即可建構圖形。

因機種或軟體之不同，啓動CAD即會顯示功能桿、狀態桿、指令線、作圖區域及一些工具桿。自其中選取需要者構築作業環境，即可方便執行該指令。

⑵ 圖形編輯功能

利用上述建立基本圖形功能所完成的圖形，用一個指令可以執行連結系統指令合成一連串操作的功能，稱為巨集指令。其具備功能如下：

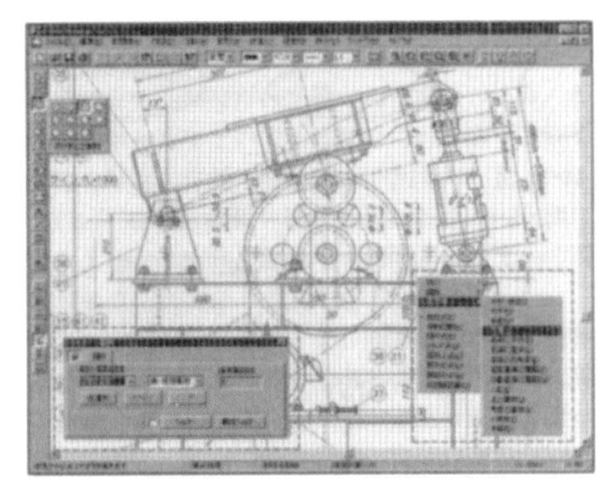

圖 18.5 指令之例

① 移動、複製——使圖形移動至指定位置之功能，以及同一圖形反復製作功能。

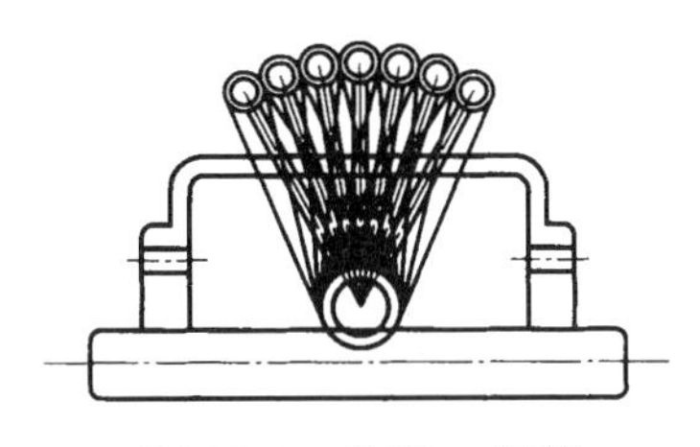

圖 18.6 移動、複製

② 回轉——圖形在指示的回轉中心或以某回轉角轉動之顯示功能。

③ 反轉——使圖形對某對稱軸反轉之功能。

④ 參數——基本圖形之各尺寸值做參數預做成之程式，只要輸入所需要尺寸之各參數值，即可轉換為新圖形之功能(圖 18.7)。

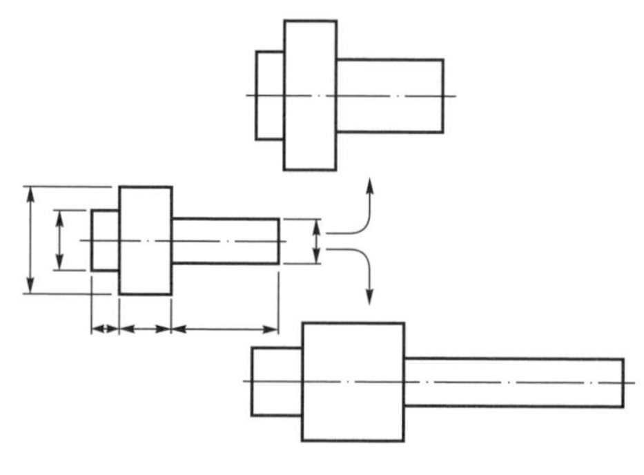

圖 18.7　參數

⑤　剖面線——外形線所圍起來之封閉區域，可以任意之圖型塗佈、填充，即製圖所習稱的剖面線。

⑥　圖層——CAD製作之圖形，可以分數層做有效的分離保存。對於複雜之圖形，可就其各屬性分爲數層個別預做保存，然後能將其全部輸出或只輸出需要圖層予以組合之功能(圖18.8)。

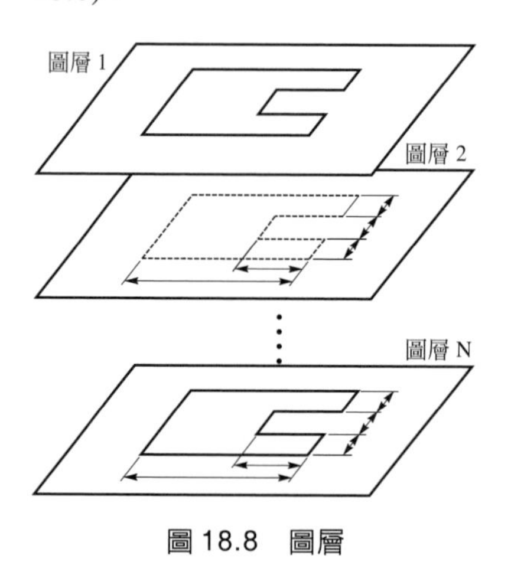

圖 18.8　圖層

3.　三次元 CAD 系統

以電腦內部之數列處理物體之三次元形狀稱爲形狀塑造，其軟體稱爲造形者。三次元CAD可用於線框模型，表面模型及實體模型之造形。

⑴　**線框模型**

如圖 18.9，線框模型是以物體之稜線及頂點表現的三次元形狀模型，有如金屬網般。即在二次元圖形再增加z軸之資料，而在三次元空間作業。數據結構簡單，幾何學的運算或顯示速度快，模型或三視圖、透視圖等之繪製容易爲其優點，但不能繪剖面圖或消除隱藏，應用範圍受限。

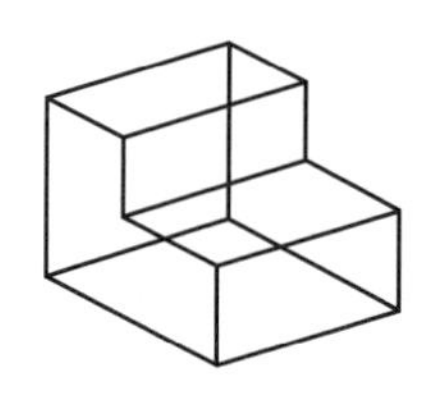

圖 18.9　線框模型

⑵　**表面模型**

如圖 18.10，表面模型是線框模型多了面之資料，以面之集合表現物體，此種模型因含有面，故可製剖面圖或除去隱藏。

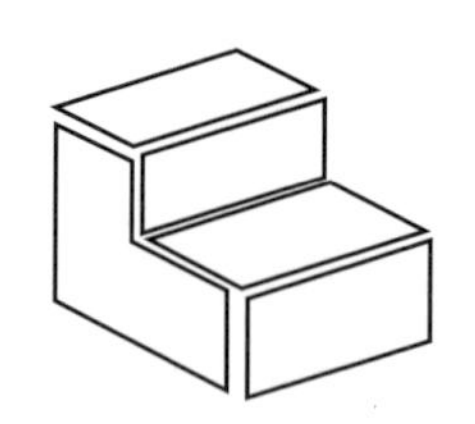

圖 18.10　表面模型

另亦有應用於曲面加工，確認零件之干涉，透視藍圖之處理等。

⑶ 實體模型

表面模型雖有面之定義，但尚不能完全定義立體物件，故沒有立體之體積或重心，慣性矩，截面二次矩等之物件內部數據(此稱為質量性質)。因此，對象物要表現完全的立體，需實體模型之方法，圖 18.11。

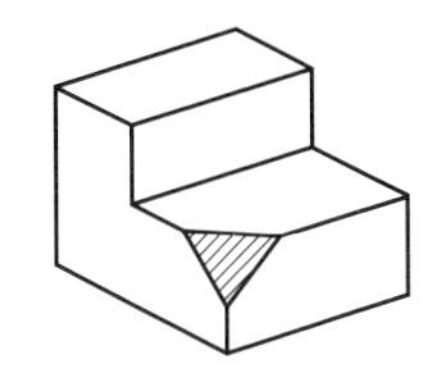

圖 18.11　實體模型

已定義為結果之三次元形狀，做為頂點、稜線、面等之邊界情報，以其連結關係表現者即為實體模型。為使物體形狀本身明確，可以計算物質性質等為其最大優點，但處理之資料極複雜，電腦負荷增加。

表面實體模型之形狀模型中，以B-Reps(boundary representation，邊界表現)及 CSG(construcive solid geometry)二者為主。

① CSG 法：將圖 18.12 所謂原形的基本立體形狀元件，做放大、縮小、移動、回轉等之操作，並做累積運算，以完成所需立體之定義，如圖 18.13。

累積運算有利用相同原形做最大空間之和集合；自一個原形除去重複部分空間之差集合及製作只剩雙方原形重複部分之積集合的操作。反復操作，即可定義出期望之形狀。如圖 18.14。

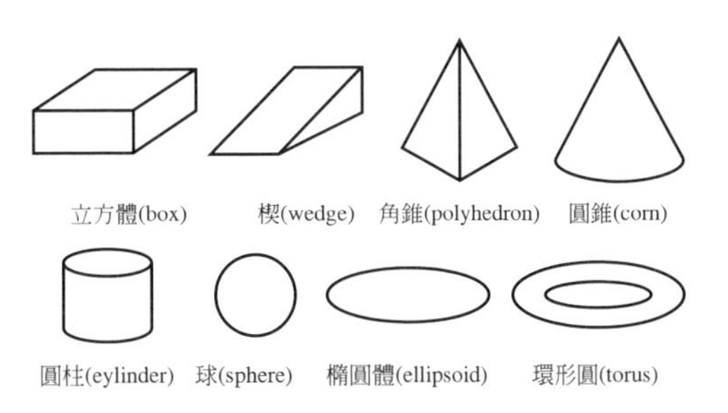

圖 18.12　原形例

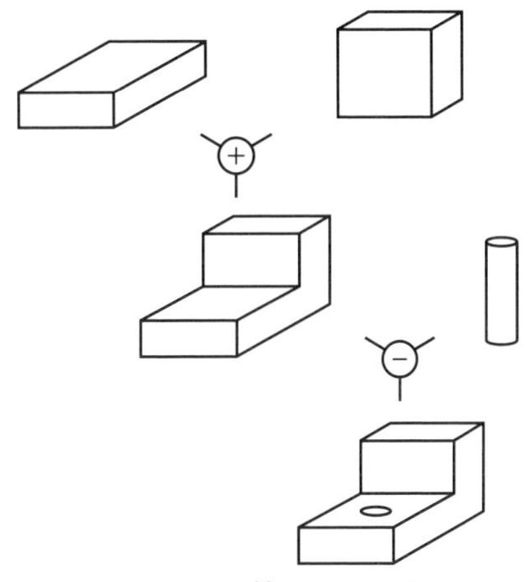

圖 18.13　利用 CSG 顯示

② B-Reps 法：如圖 18.15，在圍成立體邊界面的方向情報亦加入之表現方法。

此種方法是由表現立體、面、稜線、頂點等之境界面相關模型相位元素，及表現頂點位置、稜線、面之方程式等形狀之幾何要素組成。

B-Reps 較 CSG 構造複雜，資料量多，能將實際之幾何要素快速顯現，因其有數據構造，表現與自由曲面之組合，局部之變形亦較容易。因此，傾向被用以三面圖或剖面圖等之繪圖，製作*NC*磁帶等注重表面形狀的作業系統。

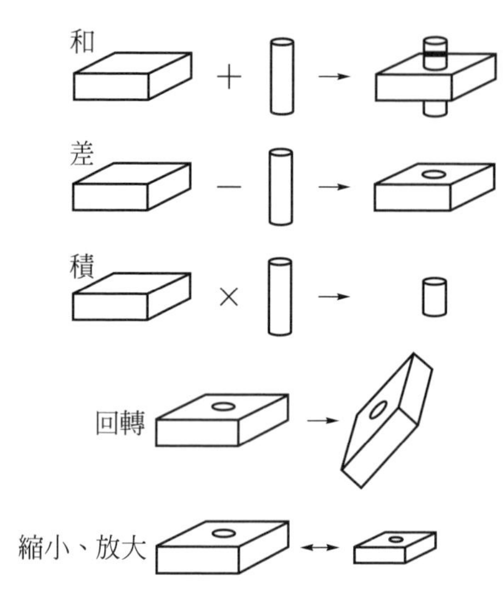

圖 18.14　實體模型之產生、變形例

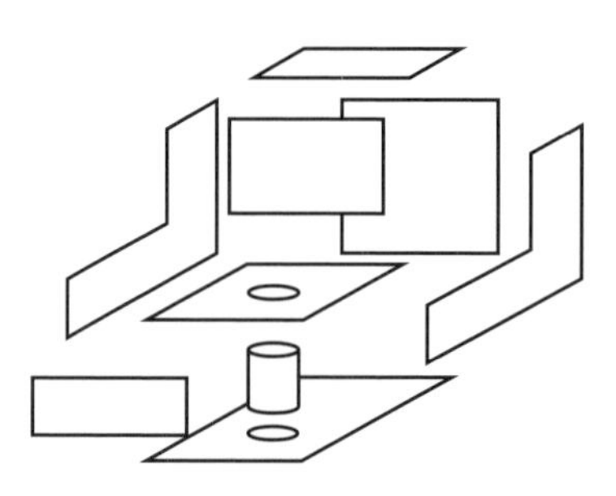
圖 18.15　利用 B-Reps 法表示

(4)　**特徵基礎模型**

從前CAD之實體模塑的方法，一般是用累積運算組合原形而完成複雜的形狀，最近的特徵基礎模塑方法則頗受注意。很多實體塑型都有此功能。

特徵即指具有意義形狀之一致性，所謂特徵基礎模塑，就是以該特徵單位製作加工模型之方法。

此時，模型內有形狀、特徵之資料。隨參數之變更，特徵可因而自由變更形狀。圖 18.16 表示代表性之特徵。

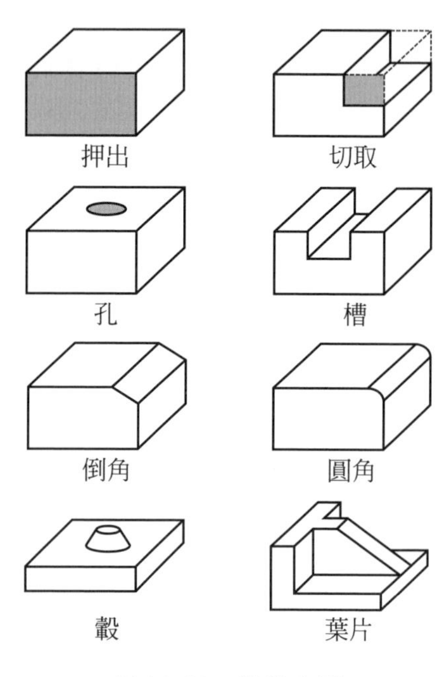

圖 18.16　特徵之例

18.4 JIS-CAD 製圖規格

1.　關於 CAD 製圖規格

至前章爲止所述事項全爲手繪圖。隨近來電腦技術之顯著發展，開發了利用電腦製圖之CAD製圖(computer aided design and drawing)系統。隨企業使用之後，學校教育亦快速的引進。

其並不僅限於設計、製圖階段，可利用機械設備讀取圖面，並將該情報直接送往製造過程的CAM(computer aided manufacturing)系統已被開發，兩者組成的CAD/CAM系統可以發揮極大之效益。在這樣之趨勢下，JIS 有關 CAD 之製圖規格(JIS B 3402：CAD機械製圖)規定，在 2000 年全面修訂，下文爲該修訂規格之說明。

2. 此規格之適用範圍

前章節所述有關製圖大都是原則，手繪、CAD 並無太大差異，但 CAD 本身之特異性，在某些場合被視爲例外。因此，除下文說明事項外，均可視爲與手繪同。

3. CAD 製圖應具備情報

CAD製圖必須明記圖名、圖號、製圖者、審核者等等圖面管理所必要之情報。以及正確的投影圖、剖面圖尺寸、三次元形狀數據等形狀上之必要情報。另視需要註明材料、表面粗度、熱處理條件、引用規格等。這些情報必須明確標示，要表現一致性，以免造成誤解。

CAD製圖要使用適切之系統，不要與手繪圖混用。但製圖者之類的簽名，不視爲混用。

此外，製造製品(或零件)的 CAD 情報，必須隨時嚴加管理。

4. 圖紙大小及格式(參考 17.2 節)

5. 線

(1) **線之種類、用途及粗細**(參考 17.3 節 2. 項)。

(2) **線之要素長度**

圖 18.17 示虛線、一點鏈線、二點鏈線、點線等之線之要素長度。

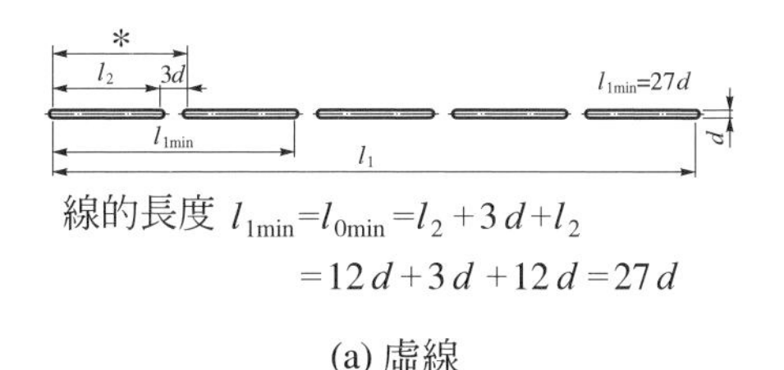

線的長度 $l_{1min}=l_{0min}=l_2+3d+l_2$
$=12d+3d+12d=27d$

(a) 虛線

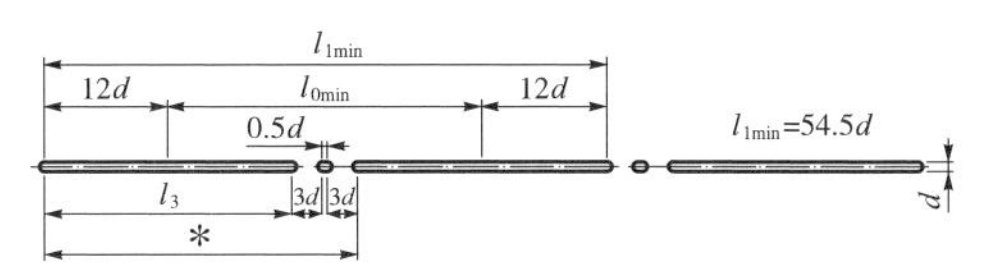

(b) 一點長鏈線

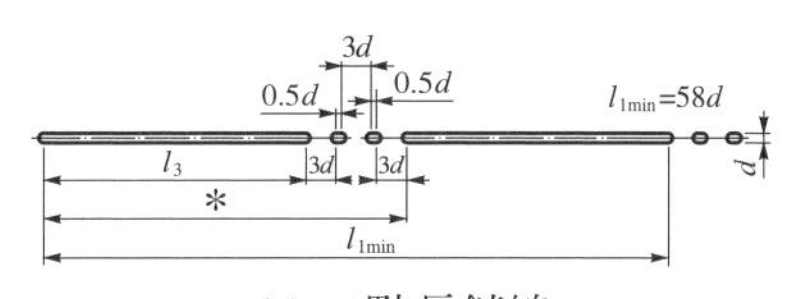

(c) 二點長鏈線

〔註〕*線之組成單位

圖 18.17　線之要素長度

(3) **線之組合**

如圖 18.18，組合二條不同種類的線，形成另具意義的線。

(a) 實線與虛線組合

(b) 實線與一致波形實線之組合

圖 18.18　線之組合

(4) **線之交叉**

以長、短線所構成的線，使其相交時，盡量用長線使之交叉，如圖 18.19。但亦可一方以短線交叉，最好不要短線與短線交叉。

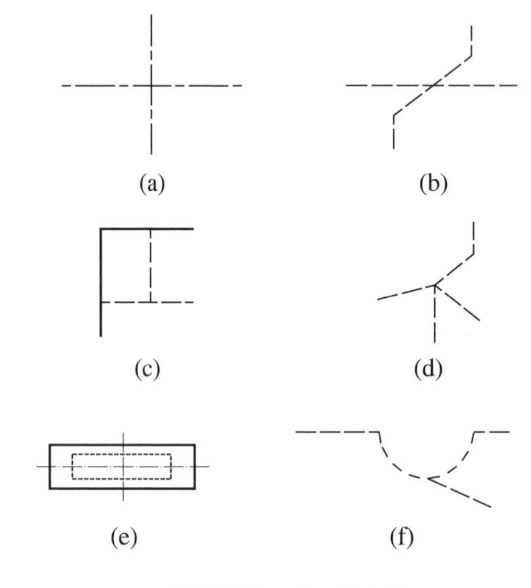

圖 18.19 線之交叉

(5) **線之顏色**

線之顏色標準爲黑色，使用其它顏色或併用顏色時，必須在圖上註記該線顏色代表之含意。使用其它顏色時，需能複印出鮮明線條才行。

6. 文字

文字種類有中文、英文及阿拉伯數字。文字之大小及字體並未特別規定。

7. 比例尺

比例尺是表示所繪圖形之長度與實物長度之筆。實尺爲 1：1，縮尺：例如 1：2，倍尺：例如 5：1。

實尺、縮尺、倍尺均不用之例外情形，則標示"非比例尺"。

至於在二次元圖形之圖上顯示三次元圖形的參考圖時，在該三次元圖形上，不標示比例尺。

8. 圖形表示方法(參考 17.4 節)。

9. 尺寸標註(參考 17.5 節)。

10. 尺寸容許界限(參考 17.13 節)。

11. 幾何公差(參考 17.15，17.16 節)。

12. 表面狀態(參考 17.12 節)。

13. 金屬硬度

表面金屬硬度有洛氏硬度(HR)、維氏硬度(HV)、勃氏硬度(HB)等。

【例如】維氏硬度時，HV400。

14. 熱處理

在標題欄中，其附近或圖中，標註熱處理之方法，溫度、後處理方法等。

【例】油 淬 火 回 火，810℃～560℃，320℃～270℃，HV410～480。

15. 銲接指示(參考 17.11 節)。

16. 對照編號

通常用阿拉伯數字，依組立順序、組成零件之重要性等依序編號。組立圖之零件不在同一張圖時，應標註其圖號取代對照編號。

如圖 18.20 所示，對照編號要用可以明確區分的文字書寫，或用圖將文字圍住，並用引出線連至對應圖形。要標註很多對照編號時，可縱向或橫向書寫成列(參考圖 17.317)。

圖 18.20 對照編號

17. 舊 JIS 的 CAD 製圖規格

前文已說明 2000 年修正後之 CAD 製圖規格，但若為之前的規格，線本身要素之長度規定，如圖 18.21，供做參考。

⑴ **實線**：連續的線。

⑵ **虛線**：線長與間隔之比例，基準為 3 : 1。

⑶ **一點鏈線**：長線長度、間隔、短線長度之比例基準為 9 : 1 : 1。

⑷ **二點鏈線**：長線長度、間隔、短線長度、間隔、短線長度之比例基準為 15 : 1 : 1 : 1 : 1。

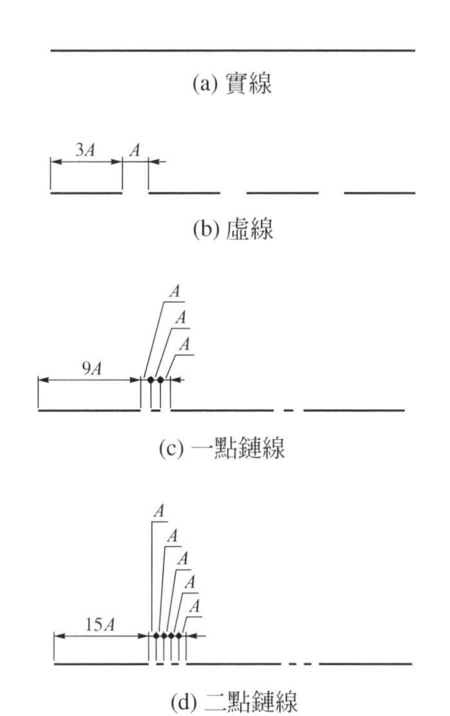

圖 18.21　舊 CAD 製圖規格中之線種類

18.5 CAD 用語

JIS B 3401 中定義機械工業有關 CAD 的用語。表 18.1 示用語中之選粹。

表 18.1　主要的 CAD 用語(摘自 JIS B 3401)

(a)一般

用語	定義	英文(參考)
自動設計	設計產品相關規則或方法程式化，利用電腦自動進行設計。	automated design
CAD	由製品之形狀、其他屬性資料變成模型，建立在電腦內部，利用分析、處理進行設計。	computer aided design
CAM	以電腦內部已有模型爲基礎，建立生產所必要的各種情報，以及據此進行生產的形式。	computer aided manufacturing
CAD/CAM	利用 CAD 在電腦內部建立的模型，爲 CAM 所利用，據以進行設計、生產之形式。	—
CAE	在CAD過程，利用電腦內部所建立之模型，進行各種模擬，技術分析等工學之檢討。	computer aided engineering
自動製圖	用電腦內部建立之模型，以自動化設備描繪對象物之圖面。	automated drafting
參數設計	製品或其部分，利用形狀類形化，尺寸賦與參數，以達方便建立電腦內部模型之設計方法。	parametric design
電腦動態模擬	利用電腦圖像技術，建立動畫，或據以產生新動畫。	computer animation
電腦影像、圖形處理	電腦內部所表現之模型顯示在圖形顯示器之技術。	computer graphics

表 18.1 主要的 CAD 用語(摘自 JIS B 3401)(續)

(b)設備

用語	定義	英文(參考)
工作站	以可以共用其它計算機系統與資料的自立形計算機系統，並備有高性能處理裝置、顯示裝置、外部記憶裝置等，且有多視窗、網路工作等之功能者。	workstation
(圖形)顯示器	顯示圖或畫像之裝置。 【備註】依掃描線控制方式之不同，有光柵形及向量形。	graphic display
片版	具有指示位置功能之機構，爲一特殊的平板狀輸入裝置，通常做爲位置輸入裝置使用(JIS X 0013)。 【備註】通常用在菜單之指定、顯示器上之圖形游標之控制。	tablet
滑鼠	平面上移動操作的手持式位置輸入裝置(參考 JIS X 0013)。 【備註】通常用做顯示器上之圖形游標控制。有機械式及光學式。	mouse
座標讀取機、數位化器	座標數位化輸入裝置。	coordinate digitizer
設備座標	依設備座標系所指定的座標(參考 JIS X 0013)。	device coordinate
繪圖機	由電腦之資料繪圖、描圖之裝置。 【備註】有以向量影像作畫的筆型繪圖機及點影像描畫之光柵繪圖機。	plotter

(c)塑型

用語	定義	英文(參考)
模型	由某對象取出必要之數據，顯示該對象者。	model
塑型	在電腦內製造模型，同時變更既有模型之技術。	modeling
主體模型	除對象物形狀外，與其應用有關之各種數據之模型。	object model

表 18.1 主要的 CAD 用語(摘自 JIS B 3401)(續)

(c)塑型(續)

用語	定義	英文(參考)
製品模型	利用製造製品所必要的形狀、功能及其它數據，在電腦內顯現該製品的模型。	product model
形狀塑造、幾何塑造、形狀處理	在電腦內部建立、顯現或控制形狀模型，而要進行這些操作的技法。	geometric modeling
形狀模型、幾何模型	在電腦內部顯現平面上或三次元空間內之形狀的模型。	geometric model
線框模型	利用稜線顯現三次元形狀之形狀模型	wire frame model
表面模型	利用面以顯現三次元形狀的形狀模型	surface model
實體模型	明確規定三次元形狀其所占空間而顯現的形狀模型。	solid model
三次元模型	顯現三次元形狀的形狀模型可分爲利用體積情報的實體模型，利用面情報的表面模型，利用線情報的線框模型。	three-demensional (geometic) model
2 1/2 次元模型	利用拂掠顯現三次元形狀的形狀模型。	$2\frac{1}{2}$-demensional (geometic) model
質量性質	依物體形狀不同的面積、體積、一次慣性矩、二次慣性矩、重心等之特性值。	mass property
累積運算	將形狀當做點集合，利用該集合之和、積、差建立新形狀之操作。	set operation
局部運算	形狀模型做局部變形之操作。	local operation
拂掠	平面上定義之圖形在空間內移動，利用該軌跡建立三次元形狀之操作。	sweep
CSG	利用所謂原始服務之基本形狀要素，經累積運算，在電腦內部顯現三次元形狀，而建立實體模型之方法。	constructive solid geometry
邊界表現	利用頂點、稜線、環、面、殼之連接情報，在電腦內部顯現三次元形狀之邊界，以建立實體模型之方法。	boundary repesentation
線織面、規範面	線段兩端分別在三次元空間內之 2 條曲線上連續移動時，定義該線段軌跡的曲面。	ruled surface

表 18.1　主要的 CAD 用語(摘自 JIS B 3401)(續)

(c)塑型(續)

用語	定義	英文(參考)
形狀模型器	建立、顯現、控制、操作形狀模型之軟體。簡稱爲模型器。	geometric modeler
殼	在邊界鄰接之面的集合。	shell
環	表示稜線端點連接所構成封閉輪廓、面之邊界。	loop
頂點、頂	爲表示形狀模型的對應點元素、幾何之點。	vertex
多角形	表示形狀之折線。	polygon
修剪	去除形狀之局部之修正操作。	trimming
複製	製作與指定形狀相同形狀之操作。	copying
鏡射	對於所指定點、直線或平面，要製作與指定形狀成對稱形狀之操作。	mirroring
參數曲線	利用一個媒介變數之變化，做爲其函數值，以指定座標製作之曲線。	parametric curve
原形	當做累積運算操作之基本形狀。	primitive
尺寸	尺寸數值、或尺寸數值與尺寸線所組成之尺寸要素。	dimension
干涉確認	平面上或三次元空間內，審視數個形狀間組合情形。	interference check

(d)對話

用語	定義	英文(參考)
游標	用於指示要在表面上操作之位置，爲可動且可視之符號(參考 JIS X 0013)。	cursor
格子	在圖像顯示器上顯現一定間隔之格子。	grid
菜單	佈置在圖像顯示器上之的操作，在屬性目錄中之項目可以利用指示裝置或手指選擇。	menu
插畫	操作、屬性之象形表現	icon

表 18.1 主要的 CAD 用語(摘自 JIS B 3401)(續)

(d)對話(續)

用語	定義	英文(參考)
圖層	用以表示數個畫像重疊。	layer
橡膠帶法	動態表示目前指示點至現在游標顯示點之追蹤軌跡技術。	rubber band rechnique
陰影法	爲貼切表面三次元形狀之畫像，考慮面之傾斜、光源之位置等，決定面之配色或明暗度。	shading
陰影處理	三次元形狀之畫像附有影子之操作。	shadowing
畫 素，PEL(略稱)。	可以獨立分配顏色或亮度比例，爲顯示面之最小要素(參考 JIS X 0013)。	pixel
宣染	描繪三次元形狀時，賦與明亮度及顏色，使其接近現實質感。	rendering
隱線消除	不顯現三次元形狀之投影圖上，實際上看不到的線。	hidden line removal
消除隱面	不顯現三次元形狀之投影圖上，實際上看不到的面。	hidden surface removal
填充	以規定之模樣埋入二次元封閉區域。	fill

19 標準數

19.1 關於標準數

在設計或規格上所定之數值，各有技術性之根據自不待言，但是在生產上爲爭取簡便，對數值之選擇務具統一性且在數量上應限制其種類。

所謂標準數其規定之目的如上述，凡工業上所使用之諸數值，應具合理且統一性之晝分，其作用似在晝一化，即將具有公比之數種等比數列，經整理而排列爲實用上方便之數值系列。

因此在工業標準化或在設計上，JIS規定，不但選擇上述晝分性數值時，而且於選擇單一性之數值時，應照已標準數作根據。

表 19.2 係表示於 JIS Z 8601 所規定之標準數。在此表中"基本數列之標準數"欄之數值爲標準數，R5，R10，R20，R40 係數列之符號。此種數列是各有一定之公比之等比數列，例如：已R5之數列而言，1.00，1.60，2.50，4.00，6.30 之數列係約 1.6 公比之等比數列。即排於第 3 之數值 2.50 係等於1.6^2，排於第 4 之數值 4.00 亦等於1.6^3，以下數值間之關係莫不如此。又R10，R20，R40 等數列，其公比是各爲約 1.25，1.12，1.06 之等比數列。

關於標準數之一般項與公比之關係如表 19.1 所示。

表 19.1 標準數一般項與公比之關係

數列	公比	第n項之數值(n爲自然數)
R 5	$\sqrt[5]{10} \fallingdotseq 1.60$	$(1.60)^{n-1} \fallingdotseq (\sqrt[5]{10})^{n-1} = (10^{\frac{1}{5}})^{n-1}$
R10	$\sqrt[10]{10} \fallingdotseq 1.25$	$(1.25)^{n-1} \fallingdotseq (\sqrt[10]{10})^{n-1} = (10^{\frac{1}{10}})^{n-1}$
R20	$\sqrt[20]{10} \fallingdotseq 1.12$	$(1.12)^{n-1} \fallingdotseq (\sqrt[20]{10})^{n-1} = (10^{\frac{1}{20}})^{n-1}$
R40	$\sqrt[40]{10} \fallingdotseq 1.06$	$(1.06)^{n-1} \fallingdotseq (\sqrt[40]{10})^{n-1} = (10^{\frac{1}{40}})^{n-1}$

如此，標準數均按十進法自 1 至 10 間，一律晝分爲等比級數式階梯，例如：R5 之系列所示，其晝分之數爲 5 個，其公比爲$\sqrt[5]{10}$。以下R10，R20，R40 之系列亦如此，其晝分之數各爲 10 個、20 個、40 個，其公比各爲$\sqrt[10]{10}$、$\sqrt[20]{10}$、$\sqrt[40]{10}$。

於表 19.2 中，雖僅列記標準數列之自 1 至 10 之數值，但是對所示之數值之 10，100，1000…10^n倍者，或 1/10，1/100，1/1000…10^{-n}倍者亦包含於標準數內，如此則可適用於任何大小之範圍。

又標準數自 1 至 10 之自然數中包含 7 以外之全部。根據後述之計算法則，各數值之 2 乘、3 乘…n乘亦係標準數，又 1/2(= 0.50)、1/3(0.335)、1/4(= 0.25)、1/5(= 0.20)、1/8(= 0.125)、1/16(= 0.063)等分數值亦包含於內。

至於$\sqrt{2}$約等於 1.4，$\sqrt{3}$約等於 1.7，$\sqrt[3]{2}$約等於 1.25 大致相等於標準數。又π(= 3.14)則以 3.15 之標準數，絕對零度−273，以 R80 數列之 272 標準數，可作充分之代用。

表 19.2　標準數(JIS Z 8601)

基本數列之標準數				排列編號			計算值	特別數列之標準數	計算值
R 5	R10	R20	R40	0.1 以上 1 未滿	1 以上 10 未滿	10 以上 100 未滿		R80	
1.00	1.00	1.00	1.00	−40	0	40	1.0000	1.00 1.03	1.0292
			1.06	−39	1	41	1.0593	1.06 1.09	1.0902
		1.12	1.12	−38	2	42	1.1220	1.12 1.15	1.1548
			1.18	−37	3	43	1.1885	1.18 1.22	1.2232
	1.25	1.25	1.25	−36	4	44	1.2589	1.25 1.28	1.2957
			1.32	−35	5	45	1.3335	1.32 1.36	1.3725
		1.40	1.40	−34	6	46	1.4125	1.40 1.45	1.4538
			1.50	−33	7	47	1.4962	1.50 1.55	1.5399
1.60	1.60	1.60	1.60	−32	8	48	1.5849	1.60 1.65	1.6312
			1.70	−31	9	49	1.6788	1.70 1.75	1.7278
		1.80	1.80	−30	10	50	1.7783	1.80 1.85	1.8302
			1.90	−29	11	51	1.8836	1.90 1.95	1.9387
	2.00	2.00	2.00	−28	12	52	1.9953	2.00 2.06	2.0535
			2.12	−27	13	53	2.1135	2.12 2.18	2.1752
		2.24	2.24	−26	14	54	2.2387	2.24 2.30	2.3041
			2.36	−25	15	55	2.3714	2.36 2.43	2.4406
2.50	2.50	2.50	2.50	−24	16	56	2.5119	2.50 2.58	2.5852
			2.65	−23	17	57	2.6607	2.65 2.72	2.7384
		2.80	2.80	−22	18	58	2.8184	2.80 2.90	2.9007
			3.00	−21	19	59	2.9854	3.00 3.07	3.0726
	3.15	3.15	3.15	−20	20	60	3.1623	3.15 3.25	3.2546
			3.35	−19	21	61	3.3497	3.35 3.45	3.4475
		3.55	3.55	−18	22	62	3.5481	3.55 3.65	3.6517
			3.75	−17	23	63	3.7584	3.75 3.87	3.8681
4.00	4.00	4.00	4.00	−16	24	64	3.9811	4.00 4.12	4.0973
			4.25	−15	25	65	4.2170	4.25 4.37	4.3401
		4.50	4.50	−14	26	66	4.4668	4.50 4.62	4.5973
			4.75	−13	27	67	4.7315	4.75 4.87	4.8697
	5.00	5.00	5.00	−12	28	68	5.0119	5.00 5.15	5.1582
			5.30	−11	29	69	5.3088	5.30 5.45	5.4639
		5.60	5.60	−10	30	70	5.6234	5.60 5.80	5.7876
			6.00	− 9	31	71	5.9566	6.00 6.15	6.1306
6.30	6.30	6.30	6.30	− 8	32	72	6.3096	6.30 6.50	6.4938
			6.70	− 7	33	73	6.6834	6.70 6.90	6.8786
		7.10	7.10	− 6	34	74	7.0795	7.10 7.30	7.2862
			7.50	− 5	35	75	7.4989	7.50 7.75	7.7179
	8.00	8.00	8.00	− 4	36	76	7.9433	8.00 8.25	8.1752
			8.50	− 3	37	77	8.4140	8.50 8.75	8.6596
		9.00	9.00	− 2	38	78	8.9125	9.00 9.25	9.1728
			9.50	− 1	39	79	9.4406	9.50 9.75	9.7163

19.2 關於標準數之用語及符號

1. 基本數列

如上述，於表 19.2 所列舉之各數值及對此乘 10 之正或負之整數冪之數值均屬標準數，於 R5，R10，R20，R40 各欄所列記之數列稱爲基本數列。

欲表示此等數列之使用範圍時，接於數列符號之後，應以括弧註明，其例如下：

【例】R10(1.25…)
屬於 R10 數列且 1.25 以上者。
R20(…45)
屬於 R20 數列且 45 以下者。
R40(7.5…300)
屬於 R40 數列且 7.5 以上 300 以下者。
R20(…22.4…)
屬於 R20 數列且含 22.4 者。

2. 特別數列

此數列是由$\sqrt[80]{10}$作公比之等比數列所得，稱爲特別數列，以 R80 符號表示之。無法以 R40 所表示之小數系列外，不可使用 R80。

3. 理論值

公比各爲$\sqrt[5]{10}$，$\sqrt[10]{10}$，$\sqrt[20]{10}$，$\sqrt[40]{10}$及$\sqrt[80]{10}$之等比數列之各項之值稱爲理論值，亦包含這些值之$10^{\pm n}$ (n爲正整數)倍。

4. 計算值

將理論值之有效數字計算至 5 位數而進整之數值。

5. 誘導數列

自任意之數列之任意之數值開始，取每第 2 個、第 3 個…第P個數值所排列之數值稱爲誘導數列，P稱爲 Pitch(節距)數。例如：照相機之光圈刻度使用 1.40，2.0，2.8，4，5.6…32 等數值，此種數值屬於 R20 數列，是自 1.40 開始取每第 3 個數值之數列。即此數列之數值由 R20 所引導之誘導數列，其節距(pitch)數爲 3，其符號之表示法如下所示。

基本數列符號／節距數(數列之範圍)

以上述之光圈之例表示則R20/3(1.4…32)。

表 19.3 所示即爲於工程學上所使用之主要數列及公比。

表 19.3 基本數列及主要誘導數列

系列種類	符號	公比(約)	對下列數值之增大比率(%)
誘導數列	R 5/3	4	300
誘導數列	R 5/2	2.5	150
誘導數列	R 10/3	2	100
基本數列	R 5	1.6	60
誘導數列	R 20/3	$1.4 \fallingdotseq \sqrt{2}$	40
基本數列	R 10	1.25	25
誘導數列	R 40/3	1.18	18
基本數列	R 20	1.12	12
誘導數列	R 80/3	1.09	9
基本數列	R 40	1.06	6

6. 變位數列

增加比率雖選擇任意之數列，例如：選擇與 R10 相等，但是其數值欲列於其他數列，例如：列於 R40 內時，可導出誘導數列之R40/4，此種誘導數列特稱爲變位數列。

7. 排列編號

R40 數列可用下列方式表示之。

$(\sqrt[40]{10})^0 = 1$

$(\sqrt[40]{10})^1 = 1.06$

$(\sqrt[40]{10})^2 = 1.12$

…

$(\sqrt[40]{10})^{40} = 10$

以對數表示則如下式

$\log \sqrt[40]{10}1 = 0$

$\log \sqrt[40]{10}1.06 = 1$

$\log \sqrt[40]{10}1.12 = 2$

…

$\log \sqrt[40]{10}10 = 40$

如此以 R40 數列之$\sqrt[10]{10}$爲底之對數，即以自 0 至 40 之數列所表示，此種對數之數值稱爲排列編號，如表 19.2 所示。換言之，此數值與對 R40 數列按順序所排列之號數相同，此種排列編號因有對數之性質，如下節所述，對於標準數間之計算可作有效之利用。

19.3 標準數之活用

1. 利用標準數之計算法則

標準數係根據十進法之等比數列，所以成立如下之計算法則。

⑴ 標準數與標準數之積或商亦屬於標準數

標準數之一般項(n項a_n)，其公比爲R則成爲$a_n = R_{n-1}$，同理m項a_m成爲$a_m = R^{m-1}$。因此$a_n \times a_m = R^{(n-1)+(m-1)} = R^{n+m-2}$，$a_n \div a_m = R^{(n-1)-(m-1)} = R^{n-m}$。由此可知標準數與標準數之積或商亦屬於標準數。

⑵ 標準數之整數冪亦屬標準數

例如：$\sqrt[10]{10} = 1.25 = \sqrt[3]{2}$，故 $2 = 1.25^3$亦屬於標準數。

根據以上所述之法則，如習於標準數則乘除之計算得以及時算妥。其算法之一爲以暗算計算之方法，先概算乘除之答數，由概算之大數從表 19.2 中即能選擇近似之標準數。

例如：要計算 2.00×3.15 時，先暗算大數即 2×3 = 6，從表中尋覓近於 6 之標準數則可得 6.3。

2. 使用排列編號之計算方法

⑴ 標準數之積

擬求二標準數N_1、N_2之積之相當標準數時，其計算方法如用排列編號則極爲簡便，茲舉列如下：

先從表 19.2 中讀取對應於N_1及N_2之排列編號，又讀取此兩個排列編號總和之標準數即為答數。

【例】2.24×4.75 之計算方法
2.24 之排列編號…14
4.75 之排列編號…27
排列編號之和 14＋27 ＝ 41
列於排列編號 41 之標準數…10.6

(2) **標準數之商**

擬求二標準數N_1、N_2商之相當標準數時，如上述方法先讀取此兩個排列編號之差，又讀取此兩個排列號數之差數之標準即為其答數。

【例】6.30÷25 之計算方法
6.30 之排列編號…32
25 之排列編號…56
排列編號之差 32－56 ＝－24
列於排列編號－24之標準數…0.25

(3) **標準數之冪**

擬求相當於標準數N之正整數冪之標準數之方法，由表讀取具有相當等於N之排列編號與冪指數二者之積之排列編號之標準數，即為答數。

【例】$(2.24)^2$之計算方法
2.24 之排列編號…14
排列編號與冪指數之積 14×2 ＝ 28
列於排列編號 28 之標準數…5.00

(4) **標準數之乘根**

擬求相當於標準數N之乘根之標準數之方法，(對於N之排列編號)÷(N之根指數)之數值，如係整數則自表讀取與此值具有相等排列編號之標準數即可。

【例】$\sqrt{0.16}$之計算法
2.24 之排列編號…14
排列編號與根數之商(－32)÷2＝－16
列於排列號數－16之標準數…0.4

19.4 標準數之使用法

欲由標準數中選擇數值時，最好自標準數列中選取其增加比率較大數列者為宜。即在可能範圍內應選擇R5 數列中之數值，但R5 數列中之數值不適當時，則按順序選擇於 R10，R20，R40 數列中之標準數。

限標準數不能取於基本數列時，可取於特別數列，或使用計算值。

必要時則兼用若干之數列或使用誘導數列均可，表 19.4 係表示適用標準數之各種實例。

表 19.4 標準數之適用實例

區別	內容
尺寸	機件各部之長度、寬度、高度、板厚、圓棒直徑，管之內外徑，線徑、節距(例如：螺栓孔等)。
面積	各表面積，管、軸等之剖面積。
容積	氣體、水等之槽、容器、搬運車。
額定值	出力(kW，馬力)、扭矩、流量、壓力。
重量	紗之支數、鐵鎚頭。
比值	齒輪、皮帶輪等之變速比。
其他	抗拉強度、安全率、回轉數、周速、濃度、溫度，用於試驗或檢查實驗之數值(實驗件之尺寸、時間等)。

【圓筒形容器之例】

製造一系列的圓筒容器時，直徑爲d，高度h，若R10(100，…)及R10(125…)π＝3.15 (π雖爲 3.14，但爲使用標準數之近似值)時，其容積V因爲只是標準數之積。

$$V=\left(\frac{\pi}{4}\right)d^2h$$

所表示之，所以V當然是標準數，此例如：表 19.5 所示，V之數列是以 R10/3 所表示。

表 19.5　圓筒形容器之尺寸、容積

編號	直徑d(mm)	高度h(mm)	容積$V(l)$
	R10	R10	R10/3
1	100	125	1
2	125	160	2
3	160	200	4
4	200	250	8
5	250	315	16
6	315	400	31.5
7	400	500	63
8	500	630	125
9	630	800	250
10	800	1000	500

d
h

附錄　各種數據與資料

附表 1　各種度量衡單位換算表

1.長度換算表

單位	mm	cm	m	km	in	ft	yd	mile
1 mm	1	0.1	0.001	0.000001	0.03937	0.0032808	0.0010936	0.(6)6214
1 cm	10	1	0.01	0.00001	0.3937	0.032808	0.010936	0.(5)6214
1 m	1000	100	1	0.001	39.37	3.28084	1.0936	0.(3)6214
1 km	1000000	100000	1000	1	39370	3280.84	1093.61	0.62137
1 in	25.40	2.540	0.0254	0.(4)254	1	0.0833	0.02778	0.(4)1578
1 ft	304.8	30.48	0.3048	0.(3)3048	12	1	0.3333	0.(3)1894
1 yd	914.4	91.44	0.9144	0.(3)9144	36	3	1	0.(3)5682
1 mile	1609344.0	160934.40	1609.34	1.60934	63360	5280	1760	1

〔備註〕表中(　)內之數字表示小數點以下 0 之數目。〔例〕0.(2)1 = 0.001

2.質量換算表

單位	kg	g	ton	grain	short ton	long ton	lb
1 kg=1 N/m^2	1	10^3	10^{-3}	15.432×10^3	1.10231×10^{-3}	0.98421×10^{-3}	2.205
1 g	10^{-3}	1	10^{-6}	15.432	1.10231×10^{-6}	0.98421×10^{-6}	2.205×10^{-3}
1 ton	10^3	10^{-6}	1	15.432×10^6	1.10231	0.98421	2.205×10^3
1 grain	0.06480×10^{-3}	0.06480	0.06480×10^{-6}	1	0.07143×10^{-6}	0.06378×10^{-6}	0.01429×10^3
1 short ton	0.90719×10^3	0.90719×10^6	0.90719	14.00×10^{-6}	1	0.89286	2000
1 long ton	1.01605×10^3	1.01605×10^6	1.01605	15.680×10^{-6}	1.1200	1	2240
1 lb	0.4536	0.4536×10^3	0.4536×10^{-3}	7000	0.5000×10^{-3}	0.44643×10^{-3}	1

3. 壓力換算表

單位	Pa = N/m^2	kgf/cm^2	atm	bar	mmHg(0°C)	mmAq(4°C)	lbf/in^2[psi]
1 Pa=1 N/m^2	1	1.01972×10^{-5}	0.986923×10^{-5}	10^{-5}	0.75006×10^{-2}	1.0197×10^{-1}	1.450377×10^{-4}
1 kgf/cm^2	0.980665×10^5	1	0.967841	0.980665	735.56	10^4	14.22334
1 atm=760 mmHg	1.01325×10^5	1.03323	1	1.01325	760	1.0332×10^4	14.69595
1 bar	10^5	1.01972	0.986923	1	0.75006×10^3	1.0197×10^4	14.50377
1 lbf/in^2	6894.757	7.030695×10^{-2}	6.804596×10^{-2}	6.894757×10^{-2}	51.71493	703.0695	1

4. 能量換算表

單位	J = Nm	kW·h	kgf·m	PS·h	kcal$_{15}$ *	kcal$_{IT}$ *	Btu
1 J=10^7 erg	1	2.77778×10^{-7}	0.1019716	3.77673×10^{-7}	2.38920×10^{-4}	2.38846×10^{-4}	0.9480×10^{-3}
1 kW·h	3600000	1	367097.8	1.35962	860.11	859.845	3413
1 kgf·m	9.80665	2.72407×10^{-6}	1	3.703070×10^{-6}	2.34301×10^{-3}	2.34228×10^{-3}	9.297×10^{-3}
1 PS·h	2647796	0.735499	270000	1	632.611	632.415	2510
1 kcal$_{15}$	4185.5	1.16264×10^{-3}	426.80	1.58075×10^{-3}	1	0.99969	3.977
1 kcal$_{IT}$	4186.8	1.16300×10^{-3}	426.935	1.58124×10^{-3}	1.00031	1	3.968
1 Btu	1055.056	2.930711×10^{-4}	107.5	3984×10^{-3}	0.25207	0.25200	1

〔註〕*是 1kWh=860kcal 所定之單位，cal$_{15}$是 1kg 純水自 14.5°C 加熱至 15.5°C，上升 1°C 所需要的熱量。

5.功率(動力)換算表

單位	kW	kgf·m/s	PS	$kcal_{IT}$/h	$kcal_{15}$/h	ft·lbf/s	Btu/h
1 kW=1 kJ/s	1	101.9716	1.3596	859.845	860.11	0.737562×10^{3}	3412
1 kgf·m/s	9.80665×10^{-3}	1	0.013333	8.4324	8.4345	7.233013	33.460
1 PS	0.735499	75	1	632.415	632.611	542.4762	2509.52
1 $kcal_{IT}$/h	1.163×10^{-3}	0.11859	1.58124×10^{-3}	1	1.00031	8.577847×10^{-1}	3.9682
1 $kcal_{15}$/h	1.16264×10^{-3}	0.11856	1.58075×10^{-3}	0.99969	1	8.575192×10^{-1}	3.9669
1 Btu/h	0.2931×10^{-3}	29.8878×10^{-3}	3.9850×10^{-4}	0.2520	0.2521	2.1618×10^{-1}	1

附表2 硬度關係表之例(ISO/DIS 4964：1984)

維氏硬度	勃氏硬度		洛氏硬度				洛氏表面硬度			蕭氏硬度	抗拉強度
	鋼球	超硬合金球	刻尺 A *1	刻尺 B *2	刻尺 C *1	刻尺 D *1	刻尺 15N *1	刻尺 30N *1	刻尺 45N *1		
(HV)	(HBS)	(HBW)	(HRA)	(HRB)	(HRC)	(HRD)	(HR15N)	(HR30N)	(HR45N)	(HS)	(MPa)
940	—	—	85.6	—	68	76.9	93.2	84.4	75.4	98.0	—
900	—	—	85.0	—	67	76.1	92.9	83.6	74.2	95.6	—
865	—	—	84.5	—	66	75.4	92.5	82.8	73.3	93.4	—
832	—	(739)	83.9	—	65	74.5	92.2	81.9	72.0	91.2	—
800	—	(722)	83.4	—	64	73.8	91.8	81.1	71.0	89.0	—
772	—	(705)	82.8	—	63	73.0	91.4	80.1	69.9	87.1	—
746	—	(688)	82.3	—	62	72.2	91.1	79.3	68.8	85.2	—
720	—	(670)	81.8	—	61	71.5	90.7	78.4	67.7	83.3	—
697	—	(654)	81.2	—	60	70.7	90.2	77.5	66.6	81.5	—
674	—	(634)	80.7	—	59	69.9	89.8	76.6	65.5	79.7	—
653	—	615	80.1	—	58	69.2	89.3	75.7	64.3	78.1	—
633	—	595	79.6	—	57	68.5	88.9	74.8	63.2	76.4	—
613	—	577	79.0	—	56	67.7	88.3	73.9	62.0	74.8	—
595	—	560	78.5	—	55	66.9	87.9	73.0	60.9	73.2	2075
577	—	543	78.0	—	54	66.1	87.4	72.0	59.8	71.7	2015
560	—	525	77.4	—	53	65.4	86.9	71.2	58.6	70.2	1950
544	(500)	512	76.8	—	52	64.6	86.4	70.2	57.4	68.8	1880
528	(487)	496	76.3	—	51	63.8	85.9	69.4	56.1	67.3	1820
513	(475)	481	75.9	—	50	63.1	85.5	68.5	55.0	65.9	1760
498	(464)	469	75.2	—	49	62.1	85.0	67.6	53.8	64.5	1695
484	451	455	74.7	—	48	61.4	84.5	66.7	52.5	63.1	1635
471	442	443	74.1	—	47	60.8	83.9	65.8	51.4	61.9	1580
458	432	432	73.6	—	46	60.0	83.5	64.8	50.3	60.6	1530
446	421	421	73.1	—	45	59.2	83.0	64.0	49.0	59.4	1480
434	409	409	72.5	—	44	58.5	82.5	63.1	47.8	58.2	1435
423	400	400	72.0	—	43	57.7	82.0	62.2	46.7	57.1	1385
412	390	390	71.5	—	42	56.9	81.5	61.3	45.5	55.9	1340
402	381	381	70.9	—	41	56.2	80.9	60.4	44.3	54.9	1295
392	371	371	70.4	—	40	55.4	80.4	59.5	43.1	53.8	1250
382	362	362	69.9	—	39	54.6	79.9	58.6	41.9	52.7	1215
372	353	353	69.4	—	38	53.8	79.4	57.7	40.8	51.6	1180
363	344	344	68.9	—	37	53.1	78.8	56.8	39.6	50.6	1160
354	336	336	68.4	(109.0)	36	52.3	78.3	55.9	38.4	49.6	1115
345	327	327	67.9	(108.5)	35	51.5	77.7	55.0	37.2	48.6	1080
336	319	319	67.4	(108.0)	34	50.8	77.2	54.2	36.1	47.6	1055
327	311	311	66.8	(107.5)	33	50.0	76.6	53.3	34.9	46.6	1025
318	301	301	66.3	(107.0)	32	49.2	76.1	52.1	33.7	45.5	1000
310	294	294	65.8	(106.0)	31	48.4	75.6	51.3	32.5	44.6	980
302	286	286	65.3	(105.5)	30	47.7	75.0	50.4	31.3	43.6	950
294	279	279	64.7	(104.5)	29	47.0	74.5	49.5	30.1	42.7	930
286	271	271	64.3	(104.0)	28	46.1	73.9	48.6	28.9	41.7	910
279	264	264	63.8	(103.0)	27	45.2	73.3	47.7	27.8	40.9	880
272	258	258	63.3	(102.5)	26	44.6	72.8	46.8	26.7	40.0	860
266	253	253	62.8	(101.5)	25	43.8	72.2	45.9	25.5	39.3	840
260	247	247	62.4	(101.0)	24	43.1	71.6	45.0	24.3	38.5	825
254	243	243	62.0	100.0	23	42.1	71.0	44.0	23.1	37.7	805
248	237	237	61.5	99.0	22	41.6	70.5	43.2	22.0	37.0	785
243	231	231	61.0	98.5	21	40.9	69.9	42.3	20.7	36.4	770
238	226	226	60.5	97.8	20	40.1	69.4	41.5	19.6	35.7	760
230	219	219	—	96.7	(18)	—	—	—	—	34.7	730
222	212	212	—	95.5	(16)	—	—	—	—	33.6	705
213	203	203	—	93.9	(14)	—	—	—	—	32.4	675
204	194	194	—	92.3	(12)	—	—	—	—	31.2	650
196	187	187	—	90.7	(10)	—	—	—	—	30.2	620
188	179	179	—	89.5	− (8)	—	—	—	—	—	600
180	171	171	—	87.1	− (6)	—	—	—	—	—	580
173	165	165	—	85.5	− (4)	—	—	—	—	—	550
166	158	158	—	83.5	− (2)	—	—	—	—	—	530
160	152	152	—	81.7	(0)	—	—	—	—	—	515

〔註〕*1 鑽石圓錐壓子，*2 鋼球或超硬碳化鎢合金球(ϕ1.5875mm)壓力。括號內爲一般使用範圍外之數據。

附表 3　慣性矩及斷面係數

斷面	斷面積 A	重心之距離 e	慣性矩 I	斷面係數 $Z=I/e$
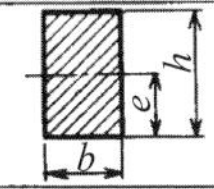	bh	$\frac{h}{2}$	$\frac{bh^3}{12}$	$\frac{bh^2}{6}$
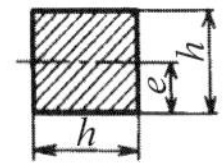	h^2	$\frac{h}{2}$	$\frac{h^4}{12}$	$\frac{h^3}{6}$
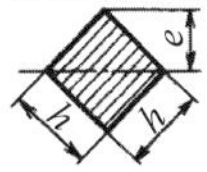	h^2	$\frac{h}{2}\sqrt{2}$	$\frac{h^4}{12}$	$0.1179h^3=\frac{\sqrt{2}}{12}h^3$
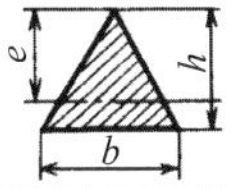	$\frac{bh}{2}$	$\frac{2}{3}h$	$\frac{bh^3}{36}$	$\frac{bh^2}{24}$
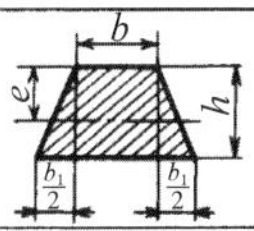	$(2b+b_1)\frac{h}{2}$	$\frac{1}{3}\times\frac{3b+2b_1}{2b+b_1}h$	$\frac{6b^2+6bb_1+b_1^2}{36(2b+b_1)}h^3$	$\frac{6b^2+6bb_1+b_1^2}{12(3b+2b_1)}h^2$
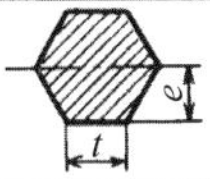	$\frac{3\sqrt{3}}{2}t^2$ $=2.598t^2$	$\sqrt{\frac{3}{4}}t=0.866t$	$\frac{5\sqrt{3}}{16}t^4=0.5413t^4$	$\frac{5}{8}t^3$
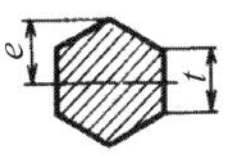		t		$\frac{5\sqrt{3}}{16}t^3=0.5413t^3$
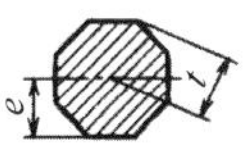	$2.828t^2$	$0.924t$	$\frac{1+2\sqrt{2}}{6}t^4=0.6381t^4$	$0.6906t^3$
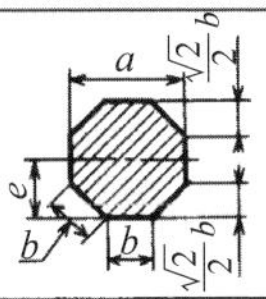	$0.8284a^2$	$b=\frac{a}{1+\sqrt{2}}$ $=0.4142a$	$0.0547a^4$	$0.1095a^3$
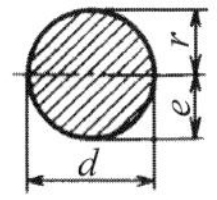	$\pi r^2=\frac{\pi d^2}{4}$	$\frac{d}{2}$	$\frac{\pi d^4}{64}=\frac{\pi r^4}{4}=0.0491d^4$ $\fallingdotseq 0.05d^4$ $=0.7854r^4$	$\frac{\pi d^3}{32}=\frac{\pi r^3}{4}=0.0982d^3$ $\fallingdotseq 0.1d^3$ $=0.7854r^3$
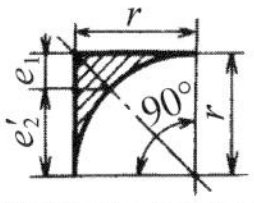	$r^2\left(1-\frac{\pi}{4}\right)$ $=0.2146r^2$	$e_1=0.2234r$ $e_2=0.7766r$	$0.0075r^4$	$\frac{0.0075r^4}{e_2}=0.00966r^3$ $\fallingdotseq 0.01r^3$
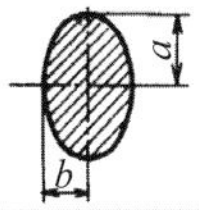	πab	a	$\frac{\pi}{4}ba^3=0.7854ba^3$	$\frac{\pi}{4}ba^2=0.7854ba^2$

附表 3　慣性矩及斷面係數(續)

斷面	斷面積 A	重心之距離 e	慣性矩 I	斷面係數 $Z=I/e$
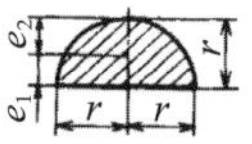	$\frac{\pi}{2}r^2$	$e_1=0.4244r$ $e_2=0.5756r$	$\left(\frac{\pi}{8}-\frac{8}{9\pi}\right)r^4=0.1098r^4$	$Z_1=0.2587r^3$ $Z_2=0.1908r^3$
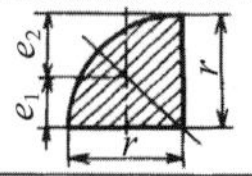	$\frac{\pi}{4}r^2$	$e_1=0.4244r$ $e_2=0.5756r$	$0.055r^4$	$Z_1=0.1296r^3$ $Z_2=0.0956r^3$
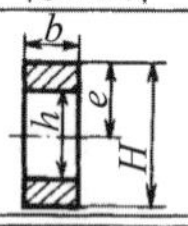	$b(H-h)$	$\frac{H}{2}$	$\frac{b}{12}(H^3-h^3)$	$\frac{b}{6H}(H^3-h^3)$
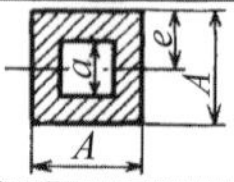	A^2-a^2	$\frac{A}{2}$	$\frac{A^4-a^4}{12}$	$\frac{1}{6}\left(\frac{A^4-a^4}{A}\right)$
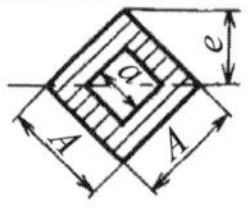	A^2-a^2	$\frac{A}{2}\sqrt{2}$	$\frac{A^4-a^4}{12}$	$\frac{A^4-a^4}{12A}\sqrt{2}$ $=0.1179\frac{A^4-a^4}{A}$
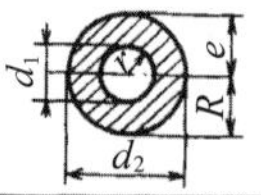	$\frac{\pi}{4}(d_2^2-d_1^2)$	$\frac{d_2}{2}$	$\frac{\pi}{64}(d_2^4-d_1^4)$ $=\frac{\pi}{4}(R^4-r^4)$	$\frac{\pi}{32}\left(\frac{d_2^4-d_1^4}{d_2}\right)$ $=\frac{\pi}{4}\times\frac{R^4-r^4}{R}$
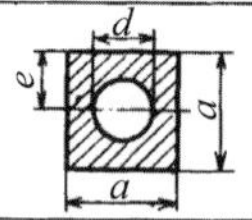	$a^2-\frac{\pi d^2}{4}$	$\frac{a}{2}$	$\frac{1}{12}\left(a^4-\frac{3\pi}{16}d^4\right)$	$\frac{1}{6a}\left(a^4-\frac{3\pi}{16}d^4\right)$
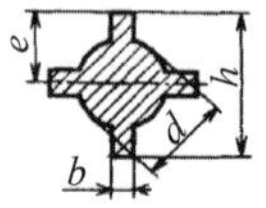	$2b(h-d)$ $+\frac{\pi}{4}d^2$	$\frac{h}{2}$	$\frac{1}{12}\left\{\frac{3\pi}{16}d^4+b(h^3-d^3)\right.$ $\left.+b^3(h-d)\right\}$	$\frac{1}{6h}\left\{\frac{3\pi}{16}d^4+b(h^3-d^3)\right.$ $\left.+b^3(h-d)\right\}$
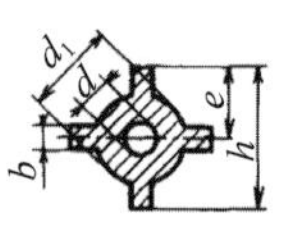	$2b(h-d)+$ $\frac{\pi}{4}(d_1^2-d^2)$	$\frac{h}{2}$	$\frac{1}{12}\left\{\frac{3\pi}{16}(d_1^4-d^4)\right.$ $+b(h^3-d_1^3)$ $\left.+b^3(h-d_1)\right\}$	$\frac{1}{6h}\left\{\frac{3\pi}{16}(d_1^4-d^4)\right.$ $+b(h^3-d_1^3)$ $\left.+b^3(h-d_1)\right\}$

斷面	斷面積	重心之距離	慣性矩	斷面係數
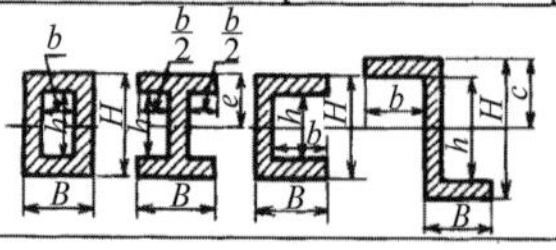	$HB-hb$	$\frac{H}{2}$	$\frac{1}{12}(BH^3-bh^3)$	$\frac{1}{6H}(BH^3-bh^3)$
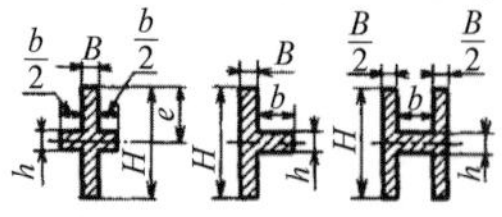	$HB+hb$	$\frac{H}{2}$	$\frac{1}{12}(BH^3+bh^3)$	$\frac{1}{6H}(BH^3+bh^3)$
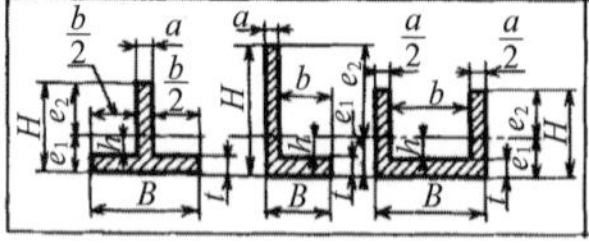	HB $-b(e_2+h)$	$e_2=H-e_1$ $e_1=\frac{1}{2}\times\frac{aH^2+bt^2}{aH+bt}$	$\frac{1}{3}(Be_1^3-bh^3+ae_2^3)$	$Z_1=\frac{I}{e_1}$ $Z_2=\frac{I}{e_2}$

附表 4　受負荷時之應力與撓度

1. 單純樑

負荷	反作用力	彎曲力矩	撓度
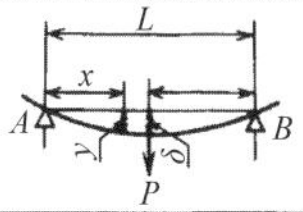	$A=B=\frac{P}{2}$	$M_x=\frac{Px}{2}$ $M_{max}=\frac{PL}{4}$	$\delta=\frac{PL^3}{48EI}$
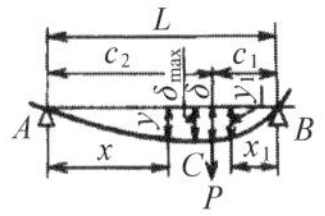	$A=\frac{Pc_1}{L}$ $B=\frac{Pc_2}{L}$	Ac：$M_x=\frac{Pc_1 x}{L}$ Bc：$M_{x1}=\frac{Pc_2 x_1}{L}$ $M_{max}=\frac{Pc_2 c_1}{L}$	$\delta=\frac{P}{3EI}\times\frac{c_2^2 c_1^2}{L}$ $x=c_2\sqrt{\frac{1}{3}+\frac{2}{3}\times\frac{c_1}{c_2}}$
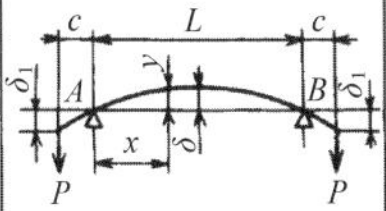	$A=B=P$	$M=-PC$	$\delta=\frac{PL^2c}{8EI}$ $\delta_1=\frac{P}{EI}\left(\frac{c^3}{3}+\frac{c^2L}{2}\right)$
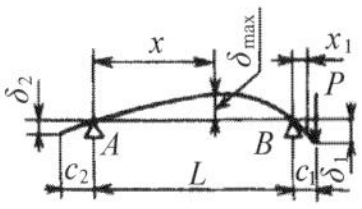	$A=\frac{Pc_1}{L}$ $B=P\frac{L+c_1}{L}$	$M_x=-P\frac{c_1 x}{L}$ $M_{x1}=-P(c_1-x_1)$ $M_B=-Pc_1$	$\delta_{max}=\frac{PL^2}{9EI}\times\frac{c_1}{\sqrt{3}}$ $x=0.577L$ $\delta_1=\frac{Pc_1^2}{3EI}(L+c_1)$ $\delta_2=\frac{Pc_1c_2L}{6EI}$
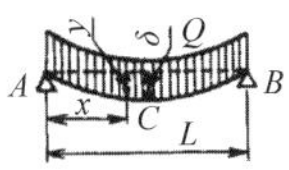	$A=B=\frac{Q}{2}$	$M_x=\frac{Qx}{2}\left(1-\frac{x}{L}\right)$ $M_{max}=\frac{QL^2}{8}$	$\delta=\frac{5QL^4}{384EI}$
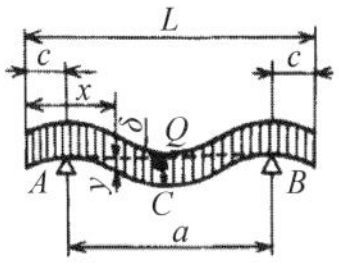	$A=B=\frac{Q}{2}$	$M_x=-\frac{Qx}{2}\left(\frac{x}{L}-1+\frac{c}{x}\right)$ $M_A=M_B=-\frac{Qc^2}{2L}$ $M_C=-\frac{QL}{4}\left(-\frac{1}{2}+\frac{2c}{L}\right)$	$\delta=\frac{QL^3}{24EI}\left(\frac{5}{16}-\frac{5}{2}\times\frac{c}{L}+6\frac{c^2}{L^2}-4\frac{c^3}{L^3}-\frac{c^4}{L^4}\right)$
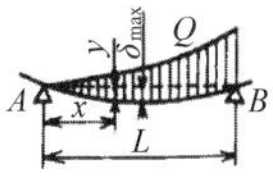	$A=\frac{1}{3}Q$ $B=\frac{2}{3}Q$	$M_x=\frac{Qx}{3}\left(1-\frac{x^2}{L^2}\right)$ $M_{max}=\frac{2}{9\sqrt{3}}QL=0.128QL$	$\delta_{max}=0.01304\frac{QL^3}{EI}$ $x=0.5193L$
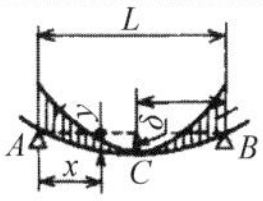	$A=B=\frac{Q}{2}$	$M_x=Qx\left(\frac{1}{2}-\frac{x}{L}+\frac{2}{3}\times\frac{x^2}{L^2}\right)$ $M_{max}=\frac{QL}{12}$	$\delta=\frac{3QL^3}{320EI}$
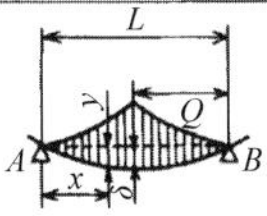	$A=B=\frac{Q}{2}$	$M_x=Qx\left(\frac{1}{2}-\frac{2}{3}\times\frac{x^2}{L^2}\right)$ $M_{max}=\frac{QL}{6}$	$\delta=\frac{QL^3}{60EI}$

附表 4　受負荷時之應力與撓度(續)

負荷與反作用力	彎曲力矩	負荷與反作用力	彎曲力矩
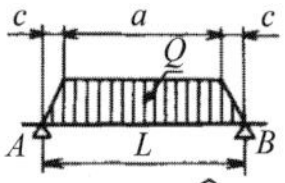 $A=B=\frac{Q}{2}$	$M_{max}=Q\frac{8c^2+3a(4c+a)}{24(c+a)}$	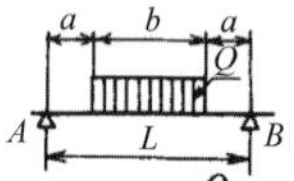 $A=B=\frac{Q}{2}$	$M_{max}=\frac{Q}{4}\left(L-\frac{b}{2}\right)$
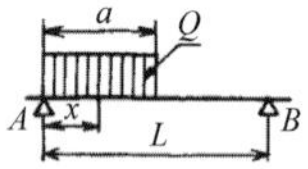 $A=Q\frac{2L-a}{2L}$ $B=Q\frac{a}{2L}$	$M_{max}=\frac{Q}{2}a\left(1-\frac{a}{2L}\right)^2$ $x=a\left(1-\frac{a}{2L}\right)<a$	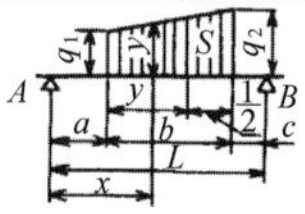 $y_1=\frac{b}{3}\times\frac{q_1+2q_2}{q_1+q_2}$ $y_2=\frac{b}{3}\times\frac{2q_1+q_2}{q_1+q_2}$ $A=\frac{q_1+q_2}{2}b\frac{c+y_2}{L}$ $B=\frac{q_1+q_2}{2}b\frac{a+y_1}{L}$	$y=q_1+\frac{(x-a)(q_2-q_1)}{b}$ $M_x=A_x-\frac{(x-a)^2(2q_1+y)}{6}$ $x>a$
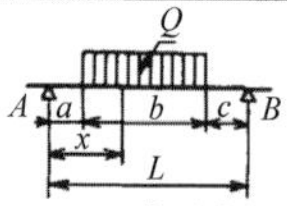 $A=Q\frac{2c+b}{2L}$ $B=Q\frac{2a+b}{2L}$	$M_x=A_x-\frac{Q(x-a)^2}{2b}$ $M_{max}=A\left(a+\frac{Ab}{2Q}\right)$ $x=a+\frac{Ab}{2Q}$	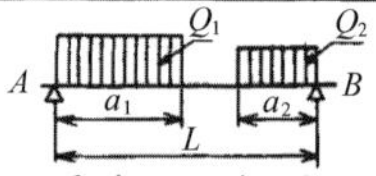 $A=\frac{Q_1(2L-a_1)+Q_2a_2}{2L}$ $B=\frac{Q_2(2L-a_2)+Q_1a_1}{2L}$	$A<Q_1$ $M=\frac{A^2a_1}{2Q_1}$ $B<Q_2$ $M=\frac{B^2a_2}{2Q_2}$

負荷與反作用力	彎曲力矩	撓度	負荷與反作用力	彎曲力矩	撓度
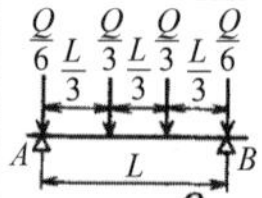 $\frac{Q}{6}\ \frac{L}{3}\ \frac{Q}{3}\ \frac{L}{3}\ \frac{Q}{3}\ \frac{L}{3}\ \frac{Q}{6}$ $A=B=\frac{Q}{2}$	$M_{max}=\frac{QL}{9}$	$\delta=\frac{23QL^3}{1944EI}$	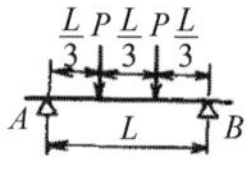 $\frac{L}{3}\ P\ \frac{L}{3}\ P\ \frac{L}{3}$ $A=B=P$	$M_{max}=\frac{PL}{3}$	$\delta=\frac{23PL^3}{648EI}$
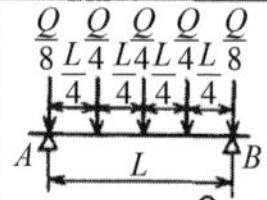 $\frac{Q}{8}\ \frac{L}{4}\ \frac{Q}{4}\ \frac{L}{4}\ \frac{Q}{4}\ \frac{L}{4}\ \frac{Q}{4}\ \frac{L}{4}\ \frac{Q}{8}$ $A=B=\frac{Q}{2}$	$M_{max}=\frac{QL}{8}$	$\delta=\frac{19QL^3}{1536EI}$	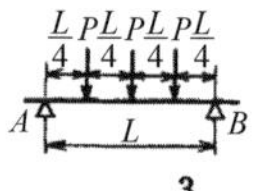 $\frac{L}{4}\ P\ \frac{L}{4}\ P\ \frac{L}{4}\ P\ \frac{L}{4}$ $A=B=\frac{3}{2}P$	$M_{max}=\frac{PL}{2}$	$\delta=\frac{19PL^3}{384EI}$
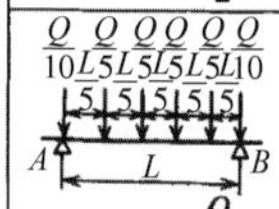 $\frac{Q}{10}\ \frac{L}{5}\ \frac{Q}{5}\ \frac{L}{5}\ \frac{Q}{5}\ \frac{L}{5}\ \frac{Q}{5}\ \frac{L}{5}\ \frac{Q}{5}\ \frac{L}{5}\ \frac{Q}{10}$ $A=B=\frac{Q}{2}$	$M_{max}=\frac{3QL}{25}$	$\delta=\frac{63QL^3}{5000EI}$	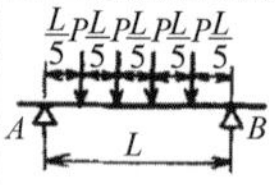 $\frac{L}{5}\ P\ \frac{L}{5}\ P\ \frac{L}{5}\ P\ \frac{L}{5}\ P\ \frac{L}{5}$ $A=B=2P$	$M_{max}=\frac{3PL}{5}$	$\delta=\frac{63PL^3}{1000EI}$

2.懸臂樑

負荷與反作用力	彎曲力矩	撓度	負荷與反作用力	彎曲力矩	撓度
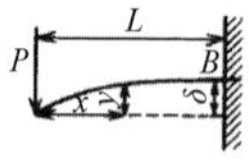 $B=P$	$M_x=P_x$ $M_{max}=PL$	$\delta=\frac{PL^3}{3EI}$	 $B=Q$	$M=\frac{Qx^2}{2L}$ $M_{max}=\frac{QL}{2}$	$\delta=\frac{QL^4}{8EI}$

附表 4　受負荷時之應力與撓度(續)

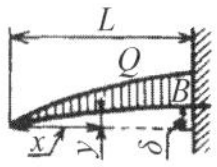	$B=Q$	$M_x=\dfrac{Qx^3}{3L^2}$ $M_{max}=\dfrac{QL}{3}$	$\delta=\dfrac{QL^3}{15EI}$

3.固定樑

荷重	反力	彎曲力矩	撓度
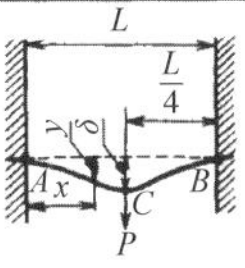	$A=B=\dfrac{P}{2}$	$M_x=\dfrac{PL}{2}\left(\dfrac{x}{L}-\dfrac{1}{4}\right)$ $M_A=M_B=-\dfrac{PL}{8}$ $M_C=+\dfrac{PL}{8}$	$\delta=\dfrac{PL^3}{192EI}$
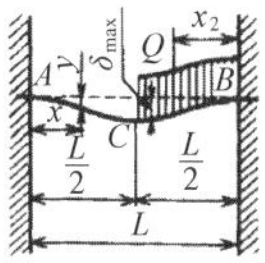	$A=\dfrac{3}{16}Q$ $B=\dfrac{13}{16}Q$	$M_{x1}=\dfrac{3}{16}Qx_1-\dfrac{5}{96}QL$ $M_{x2}=\dfrac{13}{16}Qx_2-\dfrac{Qx_3{}^2}{L}-\dfrac{11}{96}QL$ $M_A=-\dfrac{5}{96}QL$，$M_B=-\dfrac{11}{96}QL$	$\delta_{max}=\dfrac{QL^3}{333EI}$ $x_2=0.445L$ $\delta=\dfrac{QL^3}{384EI}$
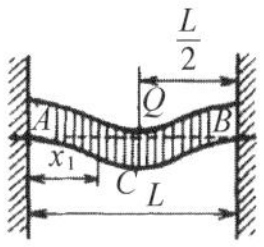	$A=B=\dfrac{Q}{2}$	$M_x=-\dfrac{QL}{2}\left(\dfrac{1}{6}-\dfrac{x}{L}+\dfrac{x^2}{L^2}\right)$ $M_A=M_B=-\dfrac{QL}{12}$ $M_C=\pm\dfrac{QL}{24}$	$\delta=\dfrac{QL^4}{384EI}$
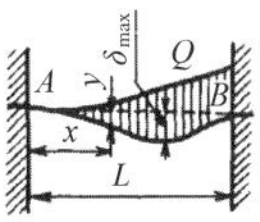	$A=\dfrac{3}{10}Q$ $B=\dfrac{7}{10}Q$	$M_x=-\dfrac{QL}{30}\left(10\dfrac{x^3}{L^3}-9\dfrac{x}{L}+2\right)$ $M_{max}=+0.0492QL$ $x=0.548L$ $M_A=-\dfrac{QL}{15}$，$M_B=-\dfrac{QL}{10}$	$\delta_{max}=\dfrac{Qx^3}{384EI}$ $x=0.525L$
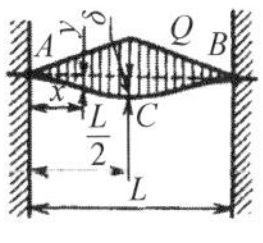	$A=B=\dfrac{Q}{2}$	$M_x=-QL\left(\dfrac{5}{48}-\dfrac{x}{2L}+\dfrac{2x^3}{3L^2}\right)$ $M_A=M_B=-\dfrac{5}{48}QL$ $M_C=+\dfrac{QL}{16}$	$\delta=\dfrac{7QL^3}{1920EI}$

負荷	反作用力與彎曲力矩
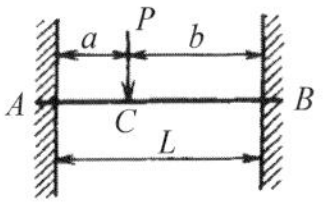	$A=P\dfrac{b}{L^3}(L^2-a^2+ab)$　$M_A=-P\dfrac{ab^2}{L^2}$ $B=P\dfrac{a}{L^3}(L^2-b^2+ab)$　$M_B=-P\dfrac{ba^2}{L^2}$ $M_C=2P\dfrac{a^2b^2}{L^3}$　$\delta_c=\dfrac{Pa^3b^3}{3EIL^3}$
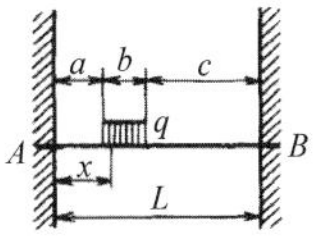	$A=A_0-\dfrac{M_A-M_B}{L}$　$M_A=-\dfrac{q}{12L^2}[4L\{(b+c)^3-c^3\}-3\{(b+c)^4-c^4\}]$ $B=B_0-\dfrac{M_B-M_A}{L}$　$M_B=-\dfrac{q}{12L^2}[4L\{(a+b)^3-a^3\}-3\{(a+b)^4-a^4\}]$ $M_x=M_{0x}+M_A\left(1-\dfrac{x}{L}\right)+M_B\dfrac{x}{L}$

附表 4 受負荷時之應力與撓度(續)

負荷	反作用力與彎曲力矩
(圖: A, B, C, a, b, q, x, L)	$A=\frac{qb^3}{20L^3}(3L+2a)$ $B=\frac{qb}{20L^3}(10L^3-3Lb^2-2ab^2)$ M_{max} 是在 $x=a+\frac{b^2}{L}\sqrt{\frac{3L+2a}{10L}}$ 點產生 A－C $M_x=A_x+M_a$ $M_A=-\frac{qb^3}{60L^2}(2L+3a)$ $M_C=\frac{qb^3}{30L^3}(3a^2+3aL-L^2)$ C－B $M_x=A_x+M_A-\frac{q(x-a)^3}{6b}$ $M_B=-\frac{qb^2}{60L^2}(10aL+3^2)$
(圖: A, B, a, b, q, x, L)	$A=A_0-\frac{M_A-M_B}{L}$ $B=B_0+\frac{M_B-M_A}{L}$ $M_x=M_{0x}+M_A\left(1-\frac{x}{L}\right)+M_B\frac{x}{L}$ $M_A=-\frac{q}{L^2}\left(\frac{L^2a^2}{2}-\frac{2}{3}La^3+\frac{a^4}{4}\right)$ $M_B=-\frac{q}{L^2}\left(\frac{La^3}{3}-\frac{a^4}{4}\right)$
〔註〕 A_0，M_{0x} 等爲相當於簡支樑時之數值。	

4.一端具自由支架之懸臂樑

負荷	反力	彎曲力矩	撓度
(圖: L, L/2, L/2, A, B, C, x, P, δ_{max})	$A=\frac{5P}{16}$ $B=\frac{11P}{16}$	$M_C=+\frac{5PL}{32}$ $M_{max}=M_B=-\frac{3PL}{16}$	$\delta_{max}=\sqrt{\frac{1}{5}}\frac{PL^3}{48EI}$ $x=0.447L$
(圖: L, y, Q, A, B, x, δ_{max})	$A=\frac{3}{8}Q$ $B=\frac{5}{8}Q$	$M_x=\frac{Qx}{2}\left(\frac{3}{4}-\frac{x}{L}\right)$ $M_{max}=M_B=-\frac{QL}{8}$ $M_C=\frac{9}{128}QL$	$\delta_{max}=\frac{QL^3}{185EI}$ $x=\frac{L}{16}(1+\sqrt{33})$ $=0.4215L$
(圖: L, y, δ_{max}, Q, A, B, C, x, 0.477L)	$A=\frac{Q}{5}$ $B=\frac{4}{5}Q$	$M_x=Qx\left(\frac{1}{5}-\frac{x^2}{3L^2}\right)$ $M_{max}=M_B=\frac{QL}{7.5}$ $M_C=0.06QL$	$\delta_{max}\fallingdotseq\frac{QL^3}{210EI}$ $x=\frac{L}{\sqrt{5}}=0.447L$

負荷	反作用力與彎曲力矩
(圖: P, a, b, A, B, C, L)	$A=\frac{P}{2}\frac{b^2}{L^3}(a+2L)$ $B=-\frac{P}{2}\left(\frac{3a}{L}-\frac{a^3}{L^3}\right)=P-A$ $M_B=-\frac{-Pa(L^2-a^2)}{2L^2}$ $M_C=\frac{Pa}{2}\left(2-\frac{3a}{L}+\frac{a^3}{L^3}\right)$ $\delta_c=\frac{Pb^3a^2(4L-b)}{12EIL^3}$ $x=b$
(圖: a, b, q, A, B, x, L)	$A=A_0-\frac{q}{2L^3}\left(\frac{L^2a^2}{2}-\frac{a^4}{4}\right)$ $B=B_0+\frac{q}{2L^3}\left(\frac{L^2a^2}{2}-\frac{a^4}{4}\right)=qa-A$ $M_B=-\frac{q}{2L^2}\left(\frac{L^2a^2}{2}-\frac{a^4}{4}\right)$ $M_x=M_{0x}+M_B\frac{x}{L}$
〔註〕 A_0，M_{0x} 等爲相當於簡支樑之數值。	

附表 5　棒材重量表例

1.圓棒鋼材

直徑(mm)	kg/m	直徑(mm)	kg/m
φ6	0.222	50	15.4
8	0.395	55	18.7
9	0.499	60	22.2
10	0.617	65	26.0
12	0.888	70	30.2
13	1.04	75	34.7
14	1.21	80	39.5
15	1.39	90	49.9
16	1.58	100	61.7
18	2.00	110	74.6
19	2.23	120	88.8
20	2.47	130	104
22	2.98	140	121
25	3.85	150	139
28	4.83	160	158
32	6.31	165	168
35	7.54	180	200
36	7.99	200	247
38	8.90	210	272
42	10.9	250	385
44	11.9	280	483
46	13.0		

2.鑄鐵圓棒(FC)

直徑(mm)	kg/m
φ20	2.26
40	9.05
60	20.5
80	36.2
100	56.5
120	82.0
140	111.0
160	145
180	183.1
200	226

3.青銅圓棒(BCo)

直徑(mm)	kg/m
φ20	2.67
30	6.0
40	10.7
50	16.7
60	24.6
80	42.5
90	55.4
100	66.6
120	96.0

4.黃銅圓棒(BSBM)

直徑(mm)	kg/m	直徑(mm)	kg/m
φ6	0.246	35	8.38
9	0.554	38	9.88
12	0.985	42	12.1
14	1.341	44	13.25
16	1.752	50	17.1
19	2.470	55	20.7
22	3.311	60	24.6
25	4.27	65	28.9
26	4.62	70	33.5
28	5.36	85	49.3
32	7.00		

5.四角鋼材

邊(mm)	kg/m	邊(mm)	kg/m
7	0.385	30	7.07
12.7	1.17	31.75	7.90
15	1.77	32	8.04
15.87	1.98	38	11.3
19.05	2.89	44	15.2
22	3.80	50	19.6
25	4.91	75	44.2

6.角隅重量表例 (單位 kg/m)

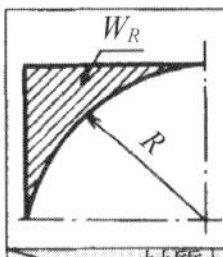

W_R：角隅重量(kg)÷$0.215\,R^2 r$
R：R尺寸(mm)
r：單位體積之重量(kg/cm²)

R(mm) ＼ 材質	鑄件	鋼	黃銅
5	0.035	0.039	0.043
10	0.15	0.16	0.18
15	0.35	0.38	0.42
20	0.62	0.67	0.74
25	0.97	1.11	1.16
30	1.4	1.52	1.68
35	1.89	2.04	2.26
40	2.48	2.69	2.98
45	3.13	3.39	3.76
50	3.87	4.17	4.62

附表 6　主要元素符號與密度

元素名稱	符號	密度(20°C) g/cm³	元素名稱	符號	密度(20°C) g/cm³	元素名稱	符號	密度(20°C) g/cm³
鋅	Zn	7·133(25°)	溴	Br	3·12	鈉	Na	0·9712
鋁	Al	2·699	鋯	Zr	6·489	鉛	Pb	11·36
銻	Sb	6·62	水銀	Hg	13·546	鈮	Nb	8·57
硫	S	2·07	氫	H	$0·0899\times10^{-3}$	鎳	Ni	8·902(25°)
鐿	Yb	6·96	錫	Sn	7·2984	鉑	Pt	21·45
釔	Y	4·47	鍶	Sr	2·60	釩	V	6·1
銦	Ir	22·5	銫	Cs	1·903(0°)	鈀	Pd	12·02
銦	In	7·31	鈰	Ce	6·77	鋇	Ba	3·5
鈾	U	19·07	硒	Se	4·79	砷	As	5·72
氯	Cl	$3·214\times10^{-3}$	鉍	Bi	9·80	氟	F	$1·696\times10^{-3}$
鎘	Cd	8·65	鉭	Tl	11·85	鑪	Pu	19·00～19·72
鉀	K	0·86	鎢	W	19·3	鈹	Be	1·848
鈣	Ca	1·55	碳	C	2·25	硼	B	2·34
金	Au	19·32	鉭	Ta	16·6	鎂	Mg	1·74
銀	Ag	10·49	鈦	Ti	4·507	鎂	Mn	7·43
鉻	Cr	7·19	氮	N	$1·250\times10^{-3}$	錳	Mo	10·22
矽	Si	2·33(25°)	鐵	Fe	7·87	鉬	I	4·94
鎵	Ge	5·323(25°)	碲	Te	6·24	鐳	Ra	5·0
鈷	Co	8·85	銅	Cu	8·96	鋰	Li	0·534
氧	O	$1·429\times10^{-3}$	釷	Th	11·66	磷	P	1·83

附表 7　平面面積與各數值

名稱	尺寸	面積	重心之位置等值
三角形	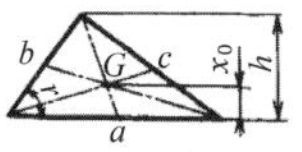	$A=\frac{ah}{2}=\frac{ab\ \sin\gamma}{2}$ $=\sqrt{s(s-a)(s-b)(s-c)}$ $s=\frac{a+b+c}{2}$	$x_0=\frac{h}{3}$
長方形	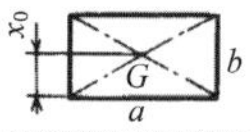	$A=ab$	$x_0=\frac{b}{2}$
平行四邊形	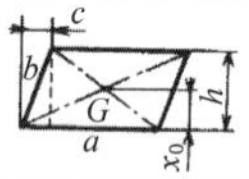	$A=ah$ $h=\sqrt{b^2-c^2}$	$x_0=\frac{h}{2}$
梯形	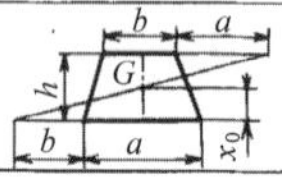	$A=\frac{a+b}{2}h$	$x_0=\frac{h}{3}\frac{a+2b}{a+b}$
不等邊四邊形	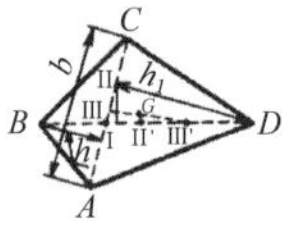	$A=\frac{h+h_1}{2}b$	$A-\mathrm{III}'=\mathrm{III}'-C$ $B-\mathrm{II}'=\mathrm{II}'-D$ $C-\mathrm{II}=A-\mathrm{I}$ $D-\mathrm{III}=B-\mathrm{I}$ G為$\mathrm{II}-\mathrm{II}'$　$\mathrm{III}-\mathrm{III}'$之交點
等邊多角形	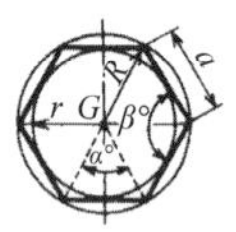	$A=\frac{na^2}{4}\cot\frac{\alpha}{2}=\frac{nR^2}{2}\ \sin\alpha$ $=nr^2\tan\frac{\alpha}{2}$	$R=\frac{r}{\cos\frac{180}{n}}=\frac{a}{2\sin\frac{180}{n}}$ $r=R\cos\frac{180}{n}=\frac{c}{2}\cot\frac{180}{n}$ $a=2R\sin\frac{180}{n}=2\sqrt{R^2-r^2}$ $\alpha^\circ=\frac{360}{n}$; $\beta^\circ=180-\alpha$
影響面	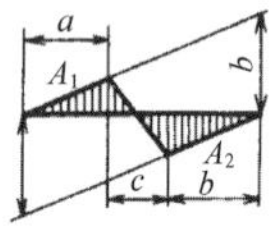	$A_1=\frac{h}{2}\frac{a^2}{a+b}$ $A_2=\frac{h}{2}\frac{b^2}{a+b}$ $A_2-A_1=\frac{h}{2}(b-a)$	各三角形之重心位置參照前項。
圓	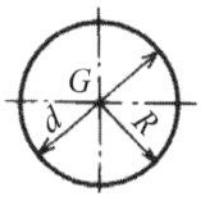	$A=d^2\frac{\pi}{4}=\pi r^2=\frac{sd}{4}$ 圓周 $s=\pi d$	–
環形		$A=\pi\frac{D^2-d^2}{4}=\pi(R^2-r^2)$	–
扇形①	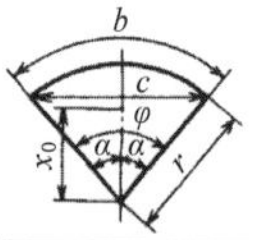	$A=\frac{br}{2}=\frac{\varphi}{360}\pi r^2$	$x_0=\frac{2}{3}r\frac{c}{b}=\frac{2}{3}\sin a\frac{180r}{\alpha^\circ\pi}=\frac{r^2c}{3A}$ $b=r\frac{\varphi^\circ\pi}{180}=0.01745r\varphi^\circ$

附表 7　平面面積與各數值(續)

名稱	尺寸	面積	重心之位置等值
橢圓	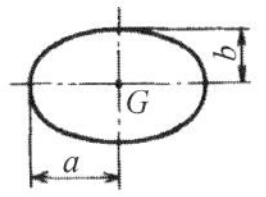	$A=\pi ab$	週長 $s=\pi(a+b)k$
弓形	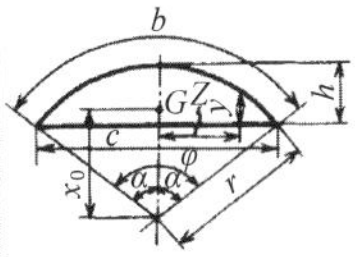	$A=\dfrac{r^2}{2}\left(\dfrac{\varphi^\circ\pi}{180}-\sin\varphi\right)$ $=\dfrac{r(b-c)+ch}{2}$	$x_0=\dfrac{c^3}{12A}=\dfrac{2}{3}\dfrac{r^3\sin^3\alpha}{A}$ $=\dfrac{4}{3}\dfrac{r\sin^3\alpha}{\dfrac{\alpha^\circ}{90}\pi-\sin 2\alpha}$ $r=\dfrac{c^2}{8h}+\dfrac{h}{2}$； $b=r\dfrac{\pi\varphi^\circ}{180}=0.01745r\varphi^\circ$ $c=2r\sin\dfrac{\varphi}{2}=2\sqrt{h(2r-h)}$ $h=r-r\cos\dfrac{\varphi}{2}$ $y=\sqrt{r^2-z^2}-(r-h)$
環形之部分	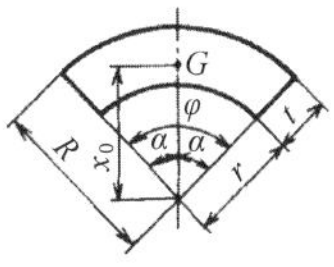	$A=\dfrac{\varphi^\circ\pi}{360}(R^2-r^2)$	$x_0=\dfrac{2}{3}\dfrac{R^3-r^3}{R^2-r^2}\sin\alpha\dfrac{180}{\alpha^\circ\pi}$
扇形②	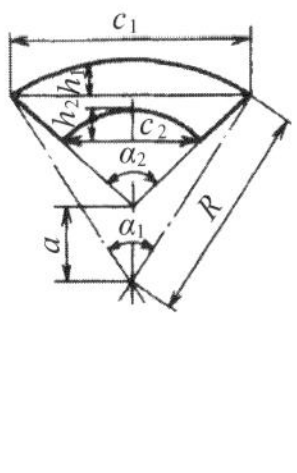	$A=\dfrac{\pi R^2\alpha_1}{360}-\dfrac{\pi r^2\alpha_2}{360}-\dfrac{ac_1}{2}$	$r=\dfrac{c_2^2}{8h_2}+\dfrac{h_2}{2}$； $R=\dfrac{c_1^2}{8h_1}+\dfrac{h_1}{2}$ $\sin\dfrac{\alpha_2}{2}=\dfrac{c_2}{2r}$；$\sin\dfrac{\alpha_1}{2}=\dfrac{c_1}{2R}$ $c_1=2\sqrt{h_1(2R-h_1)}$； $c_2=2\sqrt{h_2(2r-h_2)}$ $h_1=R-R\cos\dfrac{\alpha_1}{2}$； $h_2=r-r\cos\dfrac{\alpha_2}{2}$
拋物線	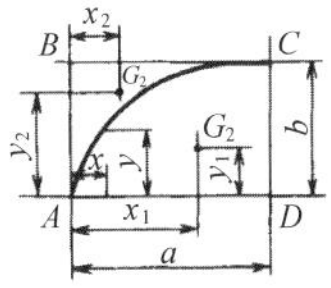	面積 ACD　$A_1=\dfrac{2}{3}ab$ 面積 ABC　$A_2=\dfrac{1}{3}ab$	G_1：$x_1=\dfrac{3}{5}a$,　$y_1=\dfrac{3}{8}b$ G_2：$x_2=\dfrac{3}{10}a$,　$y_2=\dfrac{3}{4}b$

橢圓週長係數 k：

$\dfrac{a-b}{a+b}=$	0.1	0.2	0.3	0.4	0.5
$k=$	1.0025	1.0100	1.0226	1.0404	1.0635
$\dfrac{a-b}{a+b}=$	0.6	0.7	0.8	0.9	1.0
$k=$	1.0922	1.1267	1.1674	1.2148	1.2695

附表 8　立體之容積與各數值

V…容積　A_s…側面積　x…底面至重心之距離　S…表面積　A_b…底面積

尺寸	容積與名數值	尺寸	容積與名數值
正方體 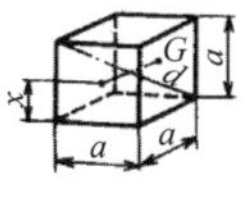	$V=a^3$ $S=6a^2$ $A_s=4a^2$ $x=\frac{a}{2}$ $d=\sqrt{3}a=1,7321a$	截頭圓錐 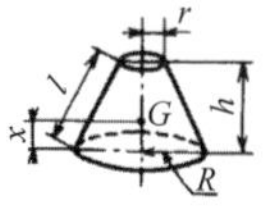	$V=\frac{\pi h}{3}(R^2+Rr+r^2)$ $=\frac{h}{4}[\pi a^2+\frac{1}{3}\pi b^2]$ $A_s=\pi la$ $a=R+r$ $b=R-r$ $l=\sqrt{b^2+h^2}$ $x=\frac{h}{4}\frac{R^2+2Rr+3r^2}{R^2+Rr+r^2}$
長方體 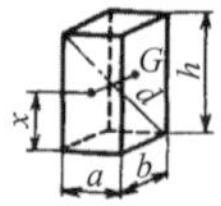	$V=abh$ $S=2(ab+ah+bh)$ $A_s=2h(a+b)$ $x=\frac{h}{2}$ $d=\sqrt{a^2+b^2+h^2}$	角錐 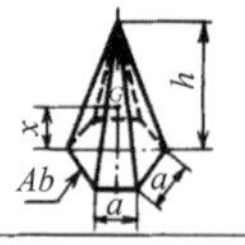	$V=\frac{A_b h}{3}$ $x=\frac{h}{4}$
正六角柱 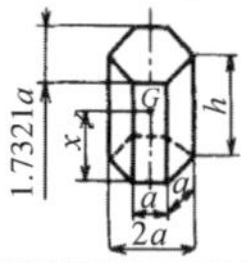	$V=2.598a^2h$ $S=5.1963a^2+6ah$ $A_s=6ah$ $x=\frac{h}{2}$ $d=\sqrt{h+4a^2}$	球 	$V=\frac{4\pi r^3}{3}=4.188790205r^3$ $=\frac{\pi d^3}{6}=0.523598776d^3$ $S=4\pi r^2=\pi d^2$ $r=\sqrt[3]{\frac{3V}{4\pi}}=0.620351\sqrt[3]{V}$
圓錐 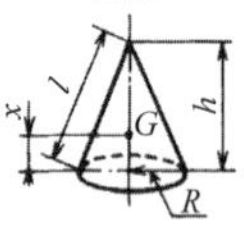	$V=\frac{\pi R^2 h}{3}$ $A_s=\pi Rl$ $l=\sqrt{R^2+h^2}$ $x=\frac{h}{4}$	部份球 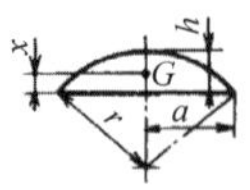	$V=\frac{\pi h}{6}(3a^2+h^2)=\frac{\pi h^2}{3}(3r-h)$ $A_s=2\pi Vh=\pi(a^2+h^2)$ $a^2=h(2r-h)$ $x=\frac{3}{4}\frac{(2r-h)^2}{3r-h}$
正多角柱 a=邊長 n=邊數 A_b=底面積	$V=A_b h$ $S=2A_b+nha$ $A_s=nha$ $x=\frac{h}{2}$	方塞體 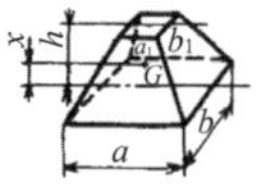	$V=\frac{h}{6}[(2a+a_1)b+(2a_1+a)b_1]$ $=\frac{h}{6}[ab+(a+a_1)(b+b_1)+a_1b_1]$ $x=\frac{h}{2}\frac{ab+ab_1+a_1b+3a_1b_1}{2ab+ab_1+a_1b+2a_1b_1}$
圓柱　中空圓柱 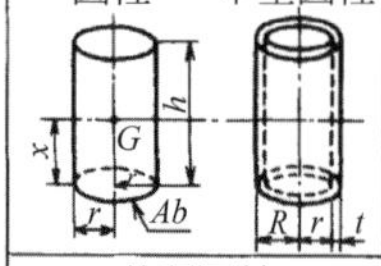	圓柱： $V=\pi r^2h$ $=A_s h$ $S=2\pi r(r+h)$ $A_s=2\pi rh$ $x=\frac{h}{2}$ 中空圓柱： $V=\pi h(R^2-r^2)$ $=\pi ht(2R-t)$ $=\pi ht(2r+t)$ $x=\frac{h}{2}$	圓環 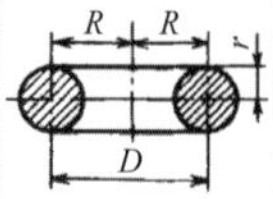	$V=2\pi^2Rr^2=19.739Rr^2$ $=\frac{1}{4}\pi^2Dd^2=2.4674Dd^2$ $S=4\pi^2Rr=39.478Rr$ $=\pi^2Dd=9.8696Dd$
截頭圓柱 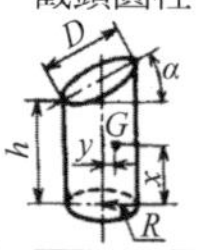	$V=\pi R^2h$ $A_s=2\pi Rh$ $D=\frac{2R}{\cos\alpha}$ $x=\frac{h}{2}+\frac{R^2\tan^2\alpha}{8h}$ $y=\frac{R^2\tan\alpha}{4h}$	球形扇形 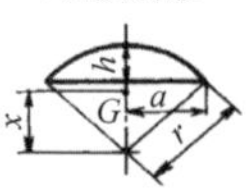	$V=\frac{2\pi r^2h}{3}=2.0943951024r^2h$ $S=\pi r(2h+a)$ $x=\frac{3}{8}(2r-h)$
截頭角錐 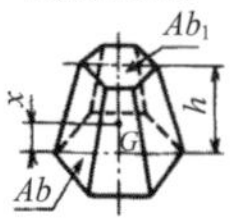	$V=\frac{h}{3}(A_b+A_{b1}+\sqrt{A_bA_{b1}})$ $x=\frac{h}{4}\frac{A_b+2\sqrt{A_bA_{b1}}+3A_{b1}}{A_b+\sqrt{A_bA_{b1}}+A_b}$	球帶 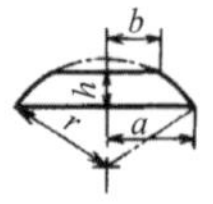	$V=\frac{\pi h}{6}(3a^2+3b^2+h^2)$ $A_s=2\pi rh$ $r^2=a^2+\left(\frac{a^2-b^2-h^2}{2h}\right)^2$

國家圖書館出版品預行編目資料

機械設計製圖便覽 / 大西清原著.； 施議訓編譯.-- 三版. -- 新北市：全華圖書股份有限公司，202403
面 ； 公分
譯自：JIS にもとづく機械設計製図便覧,
ISBN 978-626-328-858-4(平裝)
1.CST：機械設計
446.19 113001617

機械設計製圖便覽

JIS にもとづく機械設計製図便覧

原出版社 / 株式会社 オーム社
原 著 / 大西 清
編 譯 / 施議訓
發行人 / 陳本源
執行編輯 / 林昱先
出版者 / 全華圖書股份有限公司
郵政帳號 / 0100836-1 號
圖書編號 / 0103604
版次 / 三版一刷
出版日期 / 2024 年 4 月
定價 / 新台幣 700 元
ISBN / 978-626-328-858-4(平裝)
全華圖書 / www.chwa.com.tw
全華網路書店 Open Tech / www.opentech.com.tw
若您對本書有任何問題，歡迎來信指導 book@chwa.com.tw

臺北總公司(北區營業處)
地址：23671 新北市土城區忠義路 21 號
電話：(02) 2262-5666
傳真：(02) 6637-3695、6637-3696

南區營業處
地址：80769 高雄市三民區應安街 12 號
電話：(07) 381-1377
傳真：(07) 862-5562

中區營業處
地址：40256 臺中市南區樹義一巷 26 號
電話：(04) 2261-8485
傳真：(04) 3600-9806(高中職)
(04) 3601-8600(大專)

讀者回函卡

掃 QRcode 線上填寫 ▶▶▶

姓名：＿＿＿＿ 生日：西元＿＿年＿＿月＿＿日 性別：□男 □女

電話：（ ）＿＿＿＿ 手機：＿＿＿＿

e-mail：（必填）＿＿＿＿

註：數字零，請用 Φ 表示，數字 1 與英文 L 請另註明並書寫端正，謝謝。

通訊處：□□□□□

學歷：□高中・職 □專科 □大學 □碩士 □博士

職業：□工程師 □教師 □學生 □軍・公 □其他

學校／公司：＿＿＿＿ 科系／部門：＿＿＿＿

・需求書類：

□ A. 電子 □ B. 電機 □ C. 資訊 □ D. 機械 □ E. 汽車 □ F. 工管 □ G. 土木 □ H. 化工

□ I. 設計 □ J. 商管 □ K. 日文 □ L. 美容 □ M. 休閒 □ N. 餐飲 □ O. 其他

・本次購買圖書為：＿＿＿＿ 書號：＿＿＿＿

・您對本書的評價：

封面設計：□非常滿意 □滿意 □尚可 □需改善，請說明＿＿＿＿

內容表達：□非常滿意 □滿意 □尚可 □需改善，請說明＿＿＿＿

版面編排：□非常滿意 □滿意 □尚可 □需改善，請說明＿＿＿＿

印刷品質：□非常滿意 □滿意 □尚可 □需改善，請說明＿＿＿＿

書籍定價：□非常滿意 □滿意 □尚可 □需改善，請說明＿＿＿＿

整體評價：請說明＿＿＿＿

・您在何處購買本書？

□書局 □網路書店 □書展 □團購 □其他＿＿＿＿

・您購買本書的原因？（可複選）

□個人需要 □公司採購 □親友推薦 □老師指定用書 □其他＿＿＿＿

・您希望全華以何種方式提供出版訊息及特惠活動？

□電子報 □ DM □廣告（媒體名稱＿＿＿＿）

・您是否上過全華網路書店？（www.opentech.com.tw）

□是 □否 您的建議＿＿＿＿

・您希望全華出版哪方面書籍？＿＿＿＿

・您希望全華加強哪些服務？＿＿＿＿

感謝您提供寶貴意見，全華將秉持服務的熱忱，出版更多好書，以饗讀者。

填寫日期： / /

2020.09 修訂

親愛的讀者：

感謝您對全華圖書的支持與愛護，雖然我們很慎重的處理每一本書，但恐仍有疏漏之處，若您發現本書有任何錯誤，請填寫於勘誤表內寄回，我們將於再版時修正，您的批評與指教是我們進步的原動力，謝謝！

全華圖書 敬上

勘誤表

書號		書名		作者	
頁數	行數	錯誤或不當之詞句		建議修改之詞句	

我有話要說：（其它之批評與建議，如封面、編排、內容、印刷品質等・・・）